세포 생물학

Karp's Cell Biology

제8판

대표역자 고 용
감 수 최의주

김대성 · 김상훈 · 김완종 · 김진영 · 김충호 · 송권화
송문정 · 유순지 · 유희주 · 이병천 · 이호정 · 전태훈
정철희 · 조사연 · 조성국 · 조영준 · 최미영 공 역

Janet Iwasa
University of Utah

Wallace Marshall
University of California, San Francisco

월드사이언스
worldscience.co.kr

Karp's Cell Biology by Janet Iwasa · Wallace Marshall

EIGHT EDITION

Karp's 세포생물학 제8판

인 쇄 | 2019년 2월 7일
발 행 | 2019년 2월 15일

저 자 | Janet Iwasa · Wallace Marshall
공 역 자 | 고 용 · 김대성 · 김상훈 · 김완종 · 김진영 · 김충호 송권화 · 송문정 · 유순지 · 유희주 · 이병천 · 이호정 전태훈 · 정철희 · 조사연 · 조성국 · 조영준 · 최미영
감 수 자 | 최의주
발 행 인 | 박선진
발 행 처 | (주)도서출판 월드사이언스

주 소 | 서울특별시 서초구 도구로 115, 1층(방배동, 월드빌딩)
등록일자 | 1988년 2월 12일
등록번호 | 제 16-1601호
대표전화 | (02) 581-5811~3
팩 스 | (02) 521-6418

E-mail | worldscience@hanmail.net
U R L | http://www.worldscience.co.kr

정 가 | **45,000원**
I S B N | 978-89-5881-285-2

이 도서의 국립중앙도서관 출판시도서목록(CIP)은 서지정보유통지원시스템 홈페이지(http://seoji.nl.go.kr)와 국가자료공동목록시스템(http://www.nl.go.kr/kolisnet)에서 이용하실 수 있습니다. (CIP제어번호: CIP2019003939)

저자들에 관하여

재닛 이와사(Janet Iwasa) 박사는 유타대학교 생화학과 교수이다. 그녀는 윌리암스 대학을 졸업하고 캘리포니아대학교 샌프란시스코 분교(UCSF)에서 세포생물학 박사학위를 받았으며, UCSF에서 생물학적 과정의 시각화에 처음으로 관심을 가지게 되었다. 박사후 연구원을 하면서 국립과학재단으로부터 연구비를 받아 하버드대학교의 노벨수상자 잭 쇼스택(Jack Szostak) 박사 그리고 보스턴 소재 과학박물관과 공동으로 멀티미디어 전시회를 개최하기도 하였다. 그 후 하버드 의과대학 세포생물학과 교수로 재직하면서 과학적 교류, 탐구 및 봉사활동에 도움을 주기 위하여 시각적 도구를 활용하였다. Janet 박사의 수상 경력이 있는 삽화들과 동영상들은 여러 유명 과학 잡지들뿐만 아니라 뉴욕 타임스 신문에도 실렸었다.

월리스 마샬(Wallace Marshall) 박사는 UCSF 생화학/생물리학과 교수이다. 뉴욕에서 태어나 뉴욕주립대학교 스토니브룩 분교에서 전기공학/생화학을 전공하고, UCSF에서 존 시댓(John Sedat) 교수의 지도하에 염색체 조직체계를 연구하여 생화학 박사학위를 취득하였다. 예일대학교 조엘 로젠바움(Joel Rosenbaum) 교수 밑에서 박사후 연구원을 하면서 섬모, 편모 및 중심립을 모델로 이용하여 세포소기관의 크기 조절 그리고 세포의 구성체계에 대하여 흥미를 갖고 연구를 시작하였다. 2003년에 UCSF 교수로 옮겨 녹조류, 효모, 섬모충류 및 포유동물 세포 등을 포함한 다양한 모델생물종들의 세포 구성체계에 관한 연구를 계속하였다. Marshall 박사는 세포생물학 연구 외에 UCSF 약학대학에서 인간 대사학, 일반대학원에서 세포생물학, 그리고 세포행동에 관한 2주 실험과목도 운영하였다. 또한, 2014년에는 미국 세포생물학회 연례회의를 주간하기도 하였다. 현재 매사추세츠주 우즈 홀에 있는 해양생물연구소의 생리학 여름강좌를 공동운영하고 있다.

제8판을 출간하면서

지난 20여 년 동안 Karp 박사는 세포생물학 책을 정확성과 접근성에 중점을 두고서 집필하였다. 그래서 세포생물학, 분자생물학 혹은 생화학을 잘 모르는 학생일지라도 단지 알려진 사실만을 공부하는 것이 아니라 사실을 발견하는 과정으로서 세포생물학을 배울 수 있었다. 이러한 접근방법에 의하여 세포생물학 분야 이상의 더 많은 지식들을 배울 수 있을 뿐만 아니라 과학이 어떻게 작동하며, 새로운 실험들이 어떻게 이전의 관념을 뒤집을 수 있으며, 새로운 기법들이 어떻게 획기적인 발견으로 이어질 수 있는지를 학생들이 배울 수 있는 좋은 기회를 제공함으로써 세포생물학을 재미있게 만들고 있다.

이번 8번째 개정판에서 Karp 박사는 기존의 장점은 그대로 유지하면서도 학생들의 효율적인 지식 습득을 우선적으로 고려하고자 하였다. 이러한 개편은 Karp 박사의 독특한 실험적 접근법을 기반으로 우리의 독창적인 관점을 오늘날의 기술과 접목시킴으로써 이루어질 수 있다.

지난 개정판들의 주요 특이점은 세포생물학이 어떻게 의학 및 사회적 측면에서 우리의 일상에 영향을 미치는지를 강조한 점이다. <*인간 질병과의 연관성*>에서는 인간이 관심을 갖는 주제를 강조하고, 기초 세포생물학을 재조명재조명할 뿐만 아니라 주요 발견들이 어떻게 임상으로 발전하는지에 대한 실례를 보여주고 있다. 이번 8판에서는 이러한 특이점을 확충하여 각 장마다 최소한 하나의 <인간 질병과의 연관성>을 장의 마지막에 기술하였다. 여기에 세포생물학을 근간으로 하는 다양한 치료와 약품들을 이용한 최신의 임상시험들을 소개하였으므로 보건과학 분야에 관심 있는 학생들에게 도움이 되기를 희망한다. 그 외에도, 모든 장들은 문제점 혹은 질문을 기술한 짧은 "머리말"로 시작하는데, 이는 과학에 대한 열정을 불러일으키기 위하여 고안되었다. 우리는 이러한 형식이 독자들에게 과학, 사회 그리고 지구 사이의 관계에 대하여 더 많이 생각할 수 있는 기회를 제공하기를 희망한다.

Karp 박사와 같이 이번 8판 작업을 하면서 그의 집필력과 세포 및 분자생물학의 많은 주제 중에서 최신 첨단 분야를 지속적으로 파악하는 능력에 대하여 경의를 표하는 바이다. 이번과 미래에 출간될 Karp의 세포생물학 편에서는 실험적 접근방법에 근간을 둔 재미있고, 현대적이고, 읽기 쉬운 내용을 제공하고자 하는 카프 박사의 본래 소명을 수행하는 데 전념할 것이다. 본서에 대한 여러분들의 생각과 조언을 환영하니 편하게 연락하기 바란다.

Janet Iwasa(jiwasa@gmail.com)
Wallace Marshall(Wallace.Marshall@ucsf.edu)

감사의 글

제럴드 카프(Gerald Karp) 박사는 수년 동안 본서를 훌륭하게 집필하고 편집하는 데 많은 심혈을 기울인 결과로 우리가 감사히 물려받을 만한 뛰어난 업적을 남겼다. 이번 개정판을 준비하면서 우리는 그의 통찰력, 지혜 및 조언에 대해 고마움을 표한다.

이번 제8판 출간이 가능하게 한 John Wiley & Sons 출판사의 많은 분들께 감사의 말씀을 드린다. 케빈 위트(Kevin Witt)는 우리를 시작 단계부터 참여하게 하였으며 본서 출간을 위해 많은 열의를 보여주었다. 보니 로쓰(Bonnie Roth)는 문서를 작성하고 편집하는 전체 과정 동안 뛰어난 지도와 상담을 지원해 주었다. 캐리 톰슨(Carrie Thompson), 멜리사 에드워드(Melissa Edwards), 베쓰 피어슨(Beth Pearson) 및 리즈 베어드(Liz Baird)는 문서와 다양한 미디어들이 조화롭게 구성되도록 도와주었다. SPI Global의 패티 도노반(Patty Donovan)은 문서 작성 및 문서 흐름에 따른 수많은 그림과 사진의 배치에 중심 역할을 해주었다. 빌리 레이(Billy Ray)는 본 개정판에 사용된 새로운 그림과 사진들을 얻는 데 많은 도움을 주었다.

재닛 이와사(Janet Iwasa)는 생물학자가 되도록 용기를 주고 인도해준 롭 새비지(Rob Savage), 다이크 멀린스(Dyche Mullins) 및 잭 조스택(Jack Szostak) 박사들에게 감사한다. 또한 식구들 아담(Adam), 아키(Aki) 및 켄조(Kenzo) 그리고 부모님 쿠니(Kuni)와 미에코(Mieko)의 후원과 격려에 특별히 감사를 표한다.

월리스 마샬(Wallace Marshall)은 학자의 길을 처음부터 인도해 준 과학 분야 스승인 롤프 스턴글란즈(Rolf Sternglanz), 존 시댓(John Sedat) 및 조엘 로센바움(Joel Rosenbaum) 박사들에게 감사한다. 부모님 클리포드와 아델 마샬(Clifford and Adele Marshall)에게 오늘의 그를 만들어 주신 것에 감사한다. 그리고 식구들 제니퍼(Jennifer)와 와이어스(Wyeth)에게 그 동안의 지속적인 격려와 후원에 감사한다.

번역서를 출간하며

세포는 생명체를 구성하는 기본 단위로서 생명을 연구하는 모든 학문에서 가장 근간이 되는 요소이다. 이러한 세포의 다양한 특성에 관한 정보는 지난 수세기 동안 많이 축적되어 왔을 뿐만 아니라 새로운 사실들도 최근 많이 발견되고 있으며, 또한 이들을 기반으로 한 응용학문들도 빠른 속도로 확대되어 발전하고 있는 추세이다. 이러한 경향에 발맞추어 세포에 관한 기초 및 응용정보를 체계적이고 깊이 있게 잘 정리한 Karp's Cell Biology 8판이 출간되었다.

Karp's Cell Biology는 약 2~3년 주기로 개정판을 지속적으로 출간하여 어느덧 7편의 개정판을 출판하였고, 2017년 12월에는 8판을 출간하여 세포와 연관된 최신의 정보들을 여느 세포학 교재들보다도 더 신속하게 우리들에게 제공하는 아주 훌륭한 강점을 지니고 있다. 더욱이 이번 개정판에서는 Karp 교수뿐만 아니라 두 분의 교수들(Janet Iwasa 및 Wallace Marshall)이 공동으로 참여하여 최근에 밝혀진 세포에 관한 여러 최신 정보를 폭넓게 기술함은 물론 인체의 생리 혹은 병리와 연관된 세포의 역할에 관해 보다 심층적으로 기술하였다. 이 과정에서 우리가 아는 세포학 지식을 단순히 나열하는 것이 아니라, 이를 어떻게 알았는지를 밝힌 역사적으로 중요한 실험들을 순차적으로 깊이 있게 설명함으로써 세포의 주요 개념에 대한 이해를 한층 증진하고자 노력하였다. 또한 이러한 개념들을 인간의 질병과 연계하여 원인을 설명하고 치료를 위한 미래 지향적 방향을 제시한 부분들은 본 교재의 다른 강점이다. 따라서 역자들은 본 교재를 통해 생물학 관련 학부생 및 연구자들에게 세포에 관한 다양하고 깊이 있는 최신의 정보들을 제공하여 생물체에 대한 정확하고 포괄적인 개념을 함양하거나 관련 학문 및 산업에 응용할 수 있는 지식을 습득하는 데 조금이나마 도움을 줄 수 있는 기회를 마련하고자 번역서를 출간하게 되었다.

끝으로 번역서 출간에 지속적인 지원을 제공한 월드사이언스 출판사 관계자 모든 분들에게 깊은 감사를 드리며, 본 번역서가 세포의 정교하고 환상적인 세계를 알리는 데 초석이 되어 세포와 관련한 학문적 발전에 일조하기를 기대한다.

2019년 2월

역자 일동

역자들에 관하여

대표역자

고 용 고려대학교 생명과학대학 생명공학부

감수자

최의주 고려대학교 생명과학대학 생명과학부

공역자

김대성 고려대학교 생명과학대학 생명공학부

김상훈 경희대학교 이과대학 생물학과

김완종 순천향대학교 자연과학대학 생명시스템학과

김진영 단국대학교 생명자원과학대학 동물자원학과

김충호 고려대학교 생명과학대학 생명과학부

송권화 고려대학교 생명과학대학 생명공학부

송문정 고려대학교 생명과학대학 생명공학부

유순지 경희대학교 이과대학 생물학과

유희주 가톨릭대학교 공과대학 생명·환경학부

이병천 고려대학교 생명과학대학 생명공학부

이호정 고려대학교 생명과학대학 생명공학부

전태훈 고려대학교 생명과학대학 생명공학부

정철희 고려대학교 생명과학대학 생명공학부

조사연 중앙대학교 약학대학

조성국 한국교통대학교 식품생명학부 생명공학전공

조영준 대구대학교 과학생명융합대학 생명과학과

최미영 선문대학교 건강보건대학 제약생명공학과

목 차

6 유전자 발현 조절 220

7 DNA 복제와 복구 282

8 세포의 막 311

9 미토콘드리아와 유산소호흡 368

16 암 673

17 면역 709

18 세포 및 분자생물학 기술 742

CHAPTER

1 세포생물학 서론

목 차

인간은 세포들이다

우리는 세포들로 만들어져 있다. 세포들은 우리의 피부, 기관 및 근육들을 형성한다. 우리의 생각과 욕망을 관장하는 뇌 또한 세포로 구성되어 있다. 혈관에는 많은 세포들이 존재한다. 수정은 다른 2종류의 세포들이 단순히 합쳐진 후에 증식하여 배아를 형성하는 과정이다. 작은 배아로부터 시작하여 점점 더 많은 세포들이 더해져서 커다란 성인이 된다. 우리가 아픈 이유는 세포들이 종종 미친 듯이 날뛰기 때문이다. 우리가 늙는 이유는 세포들이 영혼을 포기하기 때문이다. 우리가 죽어 묻히면 세포들의 꾸준한 활동에 의하여 형성되었던 구조물들인 뼈, 치아, 머리카락만이 남을 것이다. 많은 약들은 세포가 행동하는 양식을 바꾸도록 작용하며, 최근에는 세포 그 자체가 아픈 사람들을 치료하기 위하여 약으로서 사용되고 있다. 모든 살아 있는 물체들은 하나 이상의 세포들로 구성되어 있기 때문에 생명의 기원은 세포의 기원과 일치한다. 본 장에서는 세포가 무엇인지 그리고 세포가 어떻게 작용하는지를 탐구하고, 다양한 연관주제들은 전반적으로 이 책을 통해 심층적으로 소개될 것이다.

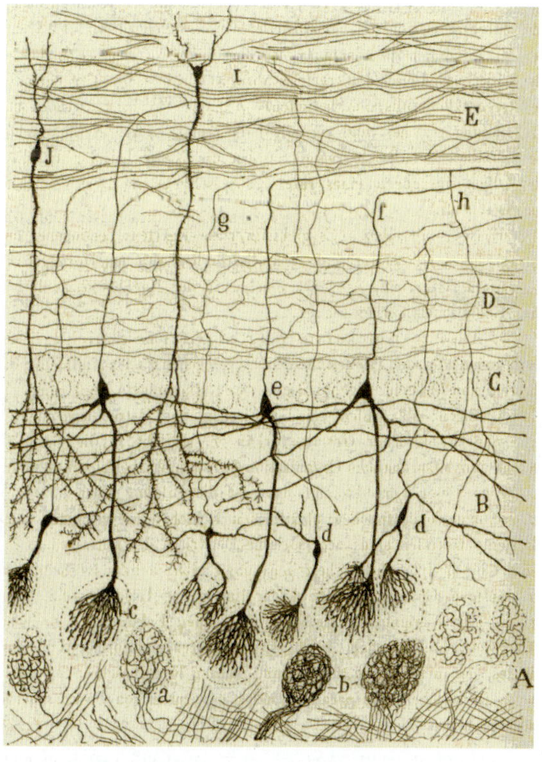

산티아고 레이먼 카잘(Santiago Ramón y Cajal)이 직접 그린 고양이 뇌의 신경세포. Cajal은 카밀로 골지(Camillo Golgi)가 제안했던 '뇌는 신경세포가 연속적으로 연결된 네트워크가 아니라 오히려 많은 수의 신경세포들로 구성되어 있다'는 것을 처음으로 인식한 학자였다. Cajal과 Golgi는 이 점에 대하여 오랫동안 논쟁을 했지만, 결국 Cajal의 세심한 연구에 의하여 뇌는 실제로 각 신경세포들의 집단이라는 것이 밝혀졌다.

출처: Histology of the Nervous System of Man and Vertebrates by Cajal (1995)의 그림 "Neurons in the Cat Brain." Oxford University Press의 허가를 얻음.

1.1 세포의 발견

세포들과 그것들이 형성하는 구조물들은 너무 작아서 직접 보거나 듣거나 만질 수 없다. 그럼에도 불구하고 세포들의 모든 미세구조들은 실제로 자세히 연구되어 매년 수많은 연구논문들의 주제가 되고 있다. 세포 및 분자생물학은 무엇인가를 발견하기 위한 인간의 호기심 그리고 그러한 발견이 이루어질 수 있는 복잡한 기구와 정교한 기법을 고안하는 인간의 창조적 지능에 많은 기여를 한다. 하지만 이것이 세포 및 분자생물학자들이 이러한 새로운 발견물들을 독차지한다는 의미는 아니다. 과학영역의 한편에서는 천문학자들은 궤도관측망원경을 이용하여 우주대폭발 이후 수백만 년이 지난 130억 년 전에 존재했던 것으로 여겨지는 지구로부터 멀리 떨어진 원시은하의 형상을 찾아내었다. 다른 한편에서 핵물리학자들은 광속에 가까운 속도로 양성자와 다른 양성자를 인위적으로 서로 충돌시켜 모든 아원자 입자들(subatomic particles)에 질량을 부여하는 것으로 제안되었던 가상의 입자—힉스 보손(the Higgs boson)—의 존재를 확인하였다. 분명히, 우주는 세계 안에 또 다른 세계들로 구성되어 있으며, 이러한 모든 양상들은 흥미로운 연구주제를 제공하고 있다.

이 책을 통해 분명해지겠지만, 세포생물학과 분자생물학은 **환원주의자**(*reductionist*) 입장에서 다루어진다; 즉, 전체를 구성하는 요소들에 관한 정보를 통하여 전체의 특성을 설명할 수 있다는 개념이다. 이런 관점에서 볼 때, 우리가 느끼는 생명에 대한 놀라움과 신비는 생명체의 모든 것이 생명계의 "기구(machinery)"가 작용함으로써 일어난다는 것으로 설명될 수 있을 것이다. 이것이 이루어지기 위해서는 세포 활동의 기본적인 기작들의 아름다움과 복잡성에 대한 깊은 이해가 같이 수반되어야만 한다.

현미경 검사법

세포들은 크기가 작으므로 작은 물체를 확대하여 보여주는 기구인 **현미경(microscope)**의 도움을 받아야만 관찰이 가능하다. 우리는 굽은 유리표면이 빛을 굴절시켜 상을 형성하는 놀라운 능력을 언제 처음으로 발견하였는지는 모른다. 안경은 13세기에 유럽에서 처음 만들어졌고, 최초의 복합(이중 렌즈)광학현미경은 16세기 말에 만들어졌다. 17세기 중반까지 소수의 선구자적인 과학자들은 직접 만든 현미경을 이용하여 육안으로는 전혀 볼 수 없었던 세계를 밝혔다. 세포의 발견(**그림 1.1a**)은 27세에 영국 최고의 과학원인 런던왕립협회 관장에 임명된 현미경학자 로버트 후크(Robert Hooke)에 의하여 이루어졌다. Hooke가 풀고자 노력했던 많은 의문점들 중의 하나는 왜 코르크(나무의 껍질 부분)로 만든 병마개는 병속에 있는 공기를 보존하는 데 있어서 적합한가이었다. 그는 1665년에 기술하기를 "나는 깨끗한 코르크 조각을 면도날과 같이 날카로운 주머니칼로 잘라낸 다음 **현미경**(*microscope*)으로 조사해보니 마치 벌집처럼 생긴 작은 구멍들을 관찰할 수 있었다." Hooke는 수도원에서 생활하는 수도사들이 살고 있는 작은 방들이 연상되어 그러한 구멍들을 **세포**(*cell*)라고 명명하였다. 사실 Hooke는 죽은 식물조직의 내용물이 비어있는 세포벽을 관찰한 것이었는데, 세포벽은 살아 있던 세포가 만든 것이다.

(a)

(b)

그림 1.1 **세포의 발견.** (*a*) Hooke가 2개의 렌즈를 사용하여 만든 복합현미경들 중 하나. (삽입도) Hooke가 얇은 코르크 절편을 그린 그림이며, "세포들(cells)"이 벌집모양으로 되어 있다. (*b*) Leeuwenhoek가 세균 및 다른 미생물들을 관찰하기 위하여 사용한 하나의 렌즈로 구성된 현미경. 이 현미경은 2개의 금속판 사이에 양면 볼록렌즈를 끼워 만들어졌는데, 물체를 약 270배로 확대할 수 있었으며, 해상도는 약 1.35 μm이었다.

출처: (a) The Granger Collection, New York; (삽입도) Biophoto Associates/Getty Images, Inc.; (b) © Bettmann/Corbis

한편, 옷감과 단추를 판매하는 네덜란드의 안톤 반 레벤후크(Antonie van Leeuwenhoek)는 렌즈를 갈아서 매우 질 좋은 현미경을 만드는 취미를 갖고 있었다(그림 1.1*b*). Leeuwenhoek는 50년 동안 그가 만든 현미경을 이용한 관찰기록을 편지로 작성하여 런던왕립학회로 보냈다. Leeuwenhoek는 현미경 하에서 연못 물방울을 최초로 관찰하였는데, 놀랍게도 앞뒤로 쏜살같이 움직이는 아주 작은 "극미동물들(animalcules)"이 바글거리는 것을 관찰하였다. 또한 그는 후추가루를 풀은 물에서 그리고 치아 표면에 낀 부산물에서 다양한 형태의 세균을 최초로 기술하였다. 이전에 보지 못했던 미시세계를 기록한 그의 초기 편지들을 받은 런던왕립학회는 Leeuwenhoek의 관찰이 회의적이었기 때문에 이를 확인하기 위하여 관장인 Hooke를 파견하였다. Hooke는 사실임을 확인하였고, Leeuwenhoek는 곧 세계적인 유명인사가 되어 러시아의 피터(Peter) 황제와 영국의 여왕 등의 방문을 받았었다.

세포설

1830년대까지 세포의 중요성은 널리 인식되지 못하였다. 1838년, 식물학자로 전환한 독일의 변호사 마티아스 슐라이덴(Mathias Schleiden)은 여러 가지 조직의 구조는 다를지라도 식물은 세포로 이루어져 있고, 식물의 배아는 하나의 세포로부터 생긴 것이라고 결론지었다. 1839년, 독일의 동물학자이며 Schleiden의 동료인 데오도르 슈반(Theodor Schwann)은 세포에 기반한 동물에 관한 종합보고서를 출간하였다. Schwann은 식물과 동물의 세포는 구조적으로 비슷하다고 결론지으면서 다음과 같은 두 가지 조항의 **세포설(cell theory)**을 제안하였다.

- 모든 생명체들은 하나 또는 그 이상의 세포로 이루어져 있다.
- 세포는 생명체의 구조적 단위이다.

세포의 기원(*origin*)에 관한 Schleiden과 Schwann의 생각은 통찰력이 부족했던 것으로 판명되었다; 두 사람은 세포가 비세포적인 물질(noncellular materials)로부터 생길 수 있다고 생각하였다. 당시 탁월함을 인정받았던 이 두 과학자들의 생각은 다른 생물학자들이 생물이 자연발생적으로 생기지 않는 것처럼 세포도 그런 방법으로 생기지 않는다는 것을 증명할 때까지 과학계에서 몇 년 동안 유지되었다. 1855년 독일의 병리학자인 루돌프 피르호(Rudolph Virchow)는 세포설의 3번째 조항을 추가로 주장하였다.

- 세포들은 이미 존재했던 세포들의 분열에 의해서만 생성된다.

1.2 세포의 기본 특성

식물과 동물이 살아 있는 것처럼 세포도 살아 있다. 사실 생명은 세포의 가장 기본적인 특성이며, 세포는 이러한 특성을 나타내기 위한 가장 작은 단위이다. 세포의 구성요소들은 분리되면 파괴되지만, 세포들은 식물 또는 동물로부터 분리되어 실험실에서 얼마 동안 자라고 증식하여 배양될 수 있다. 만일 조건이 맞지 않으면, 세포들은 죽게 될 것이다. 죽음 또한 생명체의 가장 기본적인 특성 중의 하나라고 생각될 수 있는데, 오직 살아 있는 존재만이 죽음에 직면하기 때문이다. 놀랍게도 우리 몸속의 세포들은 보통 "자신의 손에 의해(by their own hand)"—세포가 더 이상 필요하지 않거나 또는 세포가 암으로 전환될 위험을 스스로 제거하려는 세포 내부의 프로그램에 따라—스스로 죽는다.

인간의 세포는 1951년 존스홉킨스대학교(Johns Hopkins University)의 죠지와 마타 그레이(Geroge and Martha Grey) 부부에 의해 최초로 배양되었다. 그 세포는 악성종양으로부터 얻었는데, 기증자인 헨리에타 랙스(Henrietta Lacks)의 이름을 따서 헬라세포(Hela cell)라고 명명되었다. 맨 처음 채취된 세포들이 분열되며 내려오는 헬라세포들은 오늘날 전 세계의 실험실에서 아직도 자라고 있다(**그림 1.2**). 이 세포들은 몸속에 있는 세포들보다 연구하기에 훨씬 더 용이하기 때문에, **시험관 내(*in vitro*,** 배양용기 속, 몸 밖)에서 자란 세포들은 세포 및 분자생물학자들의 중요한 연구도구가 되었다. 사실 이 책에서 논의될 많은 정보는 실험실에서 배양된 자란 세포를 이용하여 얻어진 것이다.

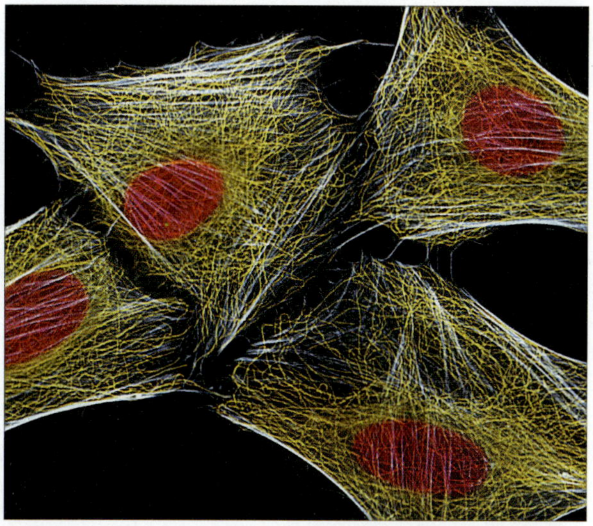

그림 1.2 **헬라세포**는 오랜 기간 동안 배양되고 있는 최초의 인간 세포이며, 오늘날에도 아직 이용되고 있다. 배양 시 수명이 제한되어 있는 정상 일반 세포들과는 다르게, 이 암세포들은 성장과 분열에 좋은 조건이 유지되는 한 무한정 배양될 수 있다.

출처: Torsten Wittmann/Photo Researchers, Inc.

세포의 가장 근본적인 몇 가지 특성을 알아보면서 세포에 대한 탐구를 시작하기로 한다.

세포는 대단히 복잡하지만 잘 체계화되어 있다

복잡성은 접하면 알 수 있지만 설명하기에는 어려운 특성이다. 현재로서는 복잡성을 질서와 일관성의 측면에서 생각할 수 있다. 구조가 더 복잡해질수록 적절한 곳에 있어야 할 부품들의 수는 더 많아지며, 자연과 그 부품들의 상호작용에서 생기는 오차의 허용범위는 더 좁아지고, 체계(system)를 유지하기 위해 발휘되어야 하는 조절 또는 제어작용은 더 많아진다. 세포의 활동은 놀라울 정도로 정교하게 일어난다. 예를 들어, DNA 복제는 첨가되는 1,000만 개의 뉴클레오티드 당 1개 이하의 오차비율로 이루어지며, 잘못 첨가된 뉴클레오티드들의 대부분은 결함을 인식하는 정교한 수선기작에 의해 신속하게 교정된다.

이 책을 통해 우리는 생명의 복잡성을 여러 다른 수준에서 알 수 있게 될 것이다. 우리는 원자들이 작은 크기의 분자들로, 이 분자들은 거대한 중합체로, 서로 다른 중합체 분자들은 복합체로, 이 복합체들은 세포내 소기관으로 그리고 결국 세포들로 체계화되는 것을 살펴볼 것이다. 분명해지겠지만 모든 수준에서 매우 높은 일관성을 엿볼 수 있을 것이다. 고배율 전자현미경으로 보면, 각 유형의 세포는 일정한 모습을 갖고 있다; 즉, 세포의 소기관들은 한 종의 1개체에서부터 다른 개체에 이르기까지 특별한 모양과 위치를 가지고 있다. 이와 비슷하게, 각각의 소기관은 일정한 고분자들로 구성되어 있어서 예측할 수 있는 양상으로 배열되어 있다. 여러분들의 소화계에서 영양물질의 이동을 담당하는 소장의 내벽세포들을 생각해 보라. **그림 1.3**은 소장의 여러 다른 수준들이 체계화된 구성을 나타내고 있다.

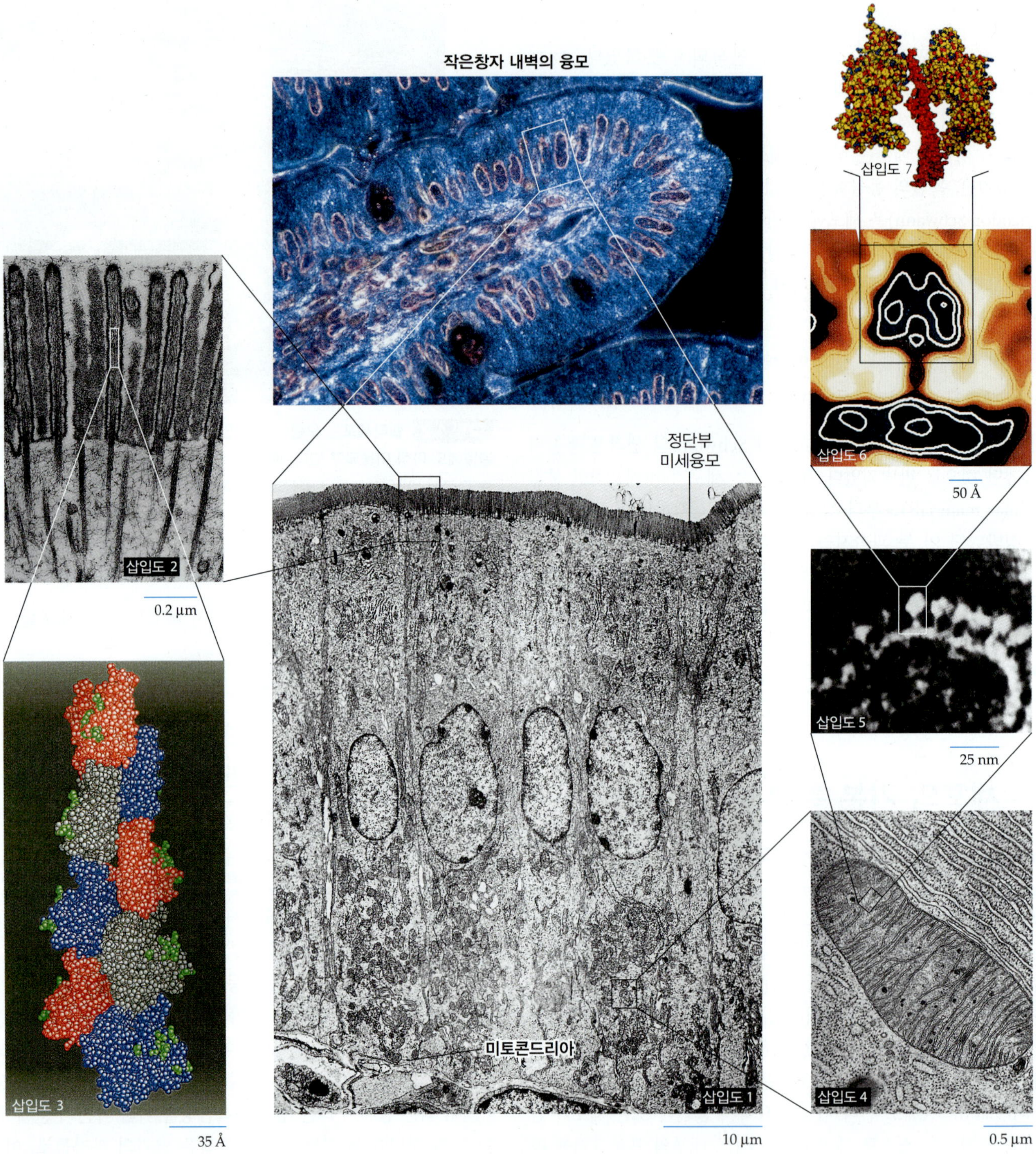

그림 1.3 세포 및 분자 체제의 수준들. 밝은 색깔로 염색된 절편의 사진은 소장의 내벽에 있는 미세융모를 광학현미경으로 관찰한 구조이다. 삽입도 1은 소장의 내벽을 싸고 있는 상피세포층의 전자현미경 사진이다. 소장의 통로와 인접한 각 세포의 정단부(apical) 표면에는 영양물질을 흡수하는 수많은 미세융모가 있다. 상피세포의 기저부에는 많은 미토콘드리아가 있으며, 여기에서 세포가 이용할 수 있는 에너지가 만들어진다. 삽입도 2는 정단부에 있는 미세섬유 다발로 구성된 미세융모를 보여준다. 삽입도 3은 미세섬유를 구성하는 액틴단백질의 소단위들을 보여준다. 삽입도 4는 상피세포의 기저부에서 발견되는 것과 비슷한 하나의 미토콘드리온을 보여준다. 삽입도 5는 막으로부터 돌출된 자루가 달린 미토콘드리온 내막의 일부를 보여주며, ATP가 합성되는 자리에 해당한다. 삽입도 6과 7은 ATP-합성기구의 분자모형들로서, 제9장에서 자세히 논의된다.

출처: 광학현미경사진 Cecil Fox/Photo Researchers; (삽입도 1) Shakti P. Kapur, Georgetown University Medical Center 제공; (삽입도 2) Mark S. Mooseker and Lewis G. Tilney, *J. Cell Biol.* 67:729, 1975에서 발췌. the Rockefeller University Press의 허가를 얻음; (삽입도 3) Kenneth C. Holmes 제공; (삽입도 4) Keith R. Porter/Photo Researchers 제공; (삽입도 5) Humberto Fernandez-Moran 제공; (삽입도 6) Roderick A. Capaldi 제공; (삽입도 7) Wolfgang Junge, Holger Lill, Siegfried Engelbrecht, University of Osnabrück, Germany 제공.

소장의 내벽을 이루는 상피세포들은 담장의 벽돌들처럼 서로 단단히 연결되어 있다(그림 1.3 삽입도 1). 이 세포들에서 소장의 통로 쪽을 향하여 있는 정단부 끝에는 영양물질의 흡수를 촉진하는 긴 돌기인 **미세융모**(*microvilli*)가 있다(삽입도 2). 미세융모는 특이한 배열로 중합된 **액틴**(*actin*) 단량체들로 구성된 골격구조를 갖고 있기 때문에(삽입도 3) 세포의 정단부 표면에서 바깥쪽으로 돌출된 구조를 유지할 수 있다. 이 상피세포의 아랫부분 끝에는 많은 수의 미토콘드리아가 있어서(삽입도 4) 막의 다양한 수송과정에 필요한 에너지를 공급한다. 각 미토콘드리온은 일정한 형태의 내막들을 갖고 있으며, 내막들에는 전기적으로 작동하는 ATP-합성기구와 같은 단백질들이 일정하게 배열되어 있다(삽입도 5~7).

세포의 매우 환상적인 측면 중의 하나는 세포들은 근본적으로 무작위적인 물리과정을 이용하여 체계화가 매우 다르게 구성되어 있다는 점이다. 비록 살아 있는 세포들은 매우 복잡하고 질서정연하더라도, **무작위적**(*stochastic*)인 과정들이 모든 세포 활동에 있어 매우 중요한 역할을 한다는 것이 최근 점점 분명해지고 있다. 살아 있는 세포 내의 많은 분자들은 외부로부터 얻은 열에너지에 의하여 무작위적으로 이동한다. 세포들은 매우 질서정연한 방법으로 이러한 움직임을 이용할 수 있는 능력을 진화시켰다. 하나의 예를 들자면, 단백질은 수백 개의 아미노산들로 구성되어 수십만 달톤의 분자량을 가진 복잡한 분자이다. 커다란 크기임에도 불구하고, 단백질들은 매우 정교한 3차원의 고유한(native) 구조로 접힌 폴리펩티드 사슬로 구성되어 있다. 만약 제대로 적절하게 접히지 않는다면, 단백질은 본연의 의미있는 기능을 잃을 것이다. 1969년 콜럼비아대학교(Columbia University)의 사이러스 레빈탈(Cyrus Levinthal)은 이러한 접힘과정의 어떤 특성을 발견하였고, 이는 Levinthal의 역설이라고 알려지게 되었다. 역설의 한 부분은 만약 단백질 접힘이 단순히 분자들의 무작위한 이동에 의한 것이라면 단백질이 고유한 구조로 접히기 위해서는 우주의 시간보다 더 오랜 시간이 걸린다는 것을 Levinthal은 알아내었다. 이러한 각본에 의하면, 단백질이 적절하게 접히는 데 걸리는 시간은 아마도 원숭이가 피아노 앞에 앉아 베토벤(Beethoven)의 협주곡 하나를 작곡하기 위하여 걸리는 시간과 견줄만할 것이다. 단백질 접힘에 대한 역설의 본질은, 비록 접힘과정은 매우 복잡할지라도 단백질이 실제로 고유한 구조로 접히는 시간은 1초도 채 안된다는 것이 밝혀지고 더 분명해졌다. 이러한 역설은 어떻게 풀렸는가? 비록 단백질 접힘이 무작위적인 열역학적 운동에 의하여 일어난다 하더라도, 과정은 매우 단계적으로 일어나서 덜 구조화된 중간대사물은 더 잘 형성된 나중의 중간대사물을 안내하는 방향으로 단백질이 접힌다. 다시 말하면, 접힘경로는 고유한 구조가 형성될 때까지 단백질들이 한 단계에서 다음 단계로 매우 빠르게 "도약(jump)"하는 것을 의미한다. 단백질 접힘의 역설에 관한 해답을 피아노 앞에 앉은 원숭이에게 적용하면, 원숭이가 적절한 음을 두드릴 때마다 음은 기록되면서 협주곡의 다음 음을 향해 움직이는 것과 마찬가지일 것이다. 원숭이가 열정적인 연주가이라면 협주곡은 매우 빨리 완성될 것이다. 이러한 형태의 현상들은 "편향된(biased)" 것이라고 말할 수 있다. 이러한 현상들은 무작위적인 활동에 의존하지만, 원하는 결과로 향하는 길목에 놓여있는 중간단계를 선택했기 때문에 원하는 결과로 이어지는 것이다.

다행스럽게도 진화는 생물학적 체계의 수준에서 오히려 느리게 진행되었다. 예를 들면, 사람과 고양이는 매우 다른 해부학적 특징을 갖고 있지만 그들의 조직을 구성하는 세포들 그리고 그 세포를 구성하는 소기관들은 매우 비슷하다. 그림 1.3의 삽입도 3에 나타낸 액틴섬유와 삽입도 6의 ATP-합성효소는 인간, 달팽이, 효모, 미국 삼나무 등과 같은 다양한 생물에서 발견되지만 그 구조는 거의 동일하거나 비슷하다. 한 종류의 생물을 구성하는 세포를 연구하여 얻은 정보는 흔히 다른 형태의 생물체에 직접 적용된다. 단백질의 합성, 화학에너지의 보존, 막의 구성 등과 같은 가장 기본적인 과정들의 대부분은 모든 생명체들에서 놀라울 정도로 비슷하다.

세포는 유전프로그램과 이를 사용하는 방법을 갖고 있다

생명체들은 많은 유전자들의 암호화된 정보에 따라서 만들어진다. 인간의 유전프로그램은, 만일 이를 낱말로 바꾼다면, 수백만 쪽을 채울 정도로 충분한 정보를 갖고 있다. 놀랍게도 이러한 방대한 양의 정보는 영어 알파벳 아이(*i*) 위의 점보다 수백 배 더 작은 세포핵에 들어있는 1쌍의 염색체 속에 들어 있다.

유전자들은 단순히 정보의 저장소 이상의 역할을 한다: 유전자들은 세포의 구조를 만들기 위한 청사진, 세포가 활동하기 위한 지시, 그리고 자신을 복제하기 위한 프로그램 등을 위한 방안을 구성한다. 유전자들의 분자구조는 유전정보의 변화(돌연변이)를 일으킬 수 있어서 개체 사이의 변이를 만들며, 이런 변이는 생물학적 진화의 기본을 형성한다. 세포가 자신의 유전정보를 이용하고 선날하는 기작을 발견한 것은 최근 10여 년간 과학이 이룬 가장 큰 업적 중의 하나였다.

세포는 자신과 같은 세포를 더 만들 수 있다

개개의 생물들이 생식에 의해 생길 수 있는 것과 마찬가지로, 개개의 세포들도 역시 그렇다. 세포들은 하나의 "모(mother)"세포의 내용물이 2개의 "딸(daughter)"세포 속으로 배분되는 분열에 의하여 생식된다. 분열하기 전에 유전물질은 정확하게 복제되며, 각 딸세포는 완전하게 그리고 동일한 비율로 유전물질을 전달받는다. 대부분의 경우, 2개의 딸세포들의 부피는 거의 같다. 그러나 사람의 난모세포(oocyte)가 분열할 때처럼, 일부의 경우에서는 세포들이 유전물질을 반만 받음에도 불구하고 거의 모든 세포질을 계속 유지할 수 있다(**그림 1.4**).

세포는 에너지를 얻고 활용한다

모든 생물학적 과정에는 에너지의 투입이 필요하다. 실제로 지구상의 생명체들이 이용하는 모든 에너지는 태양으로부터 전자기방사선(electromagnetic radiation)의 형태로 도달한다. 빛에너지는 광합성 세포의 막에 있는 빛을 흡수하는 색소에 의해 포획된다(**그림 1.5**). 빛에너지는 광합성에 의하여 화학에너지로 전환되어 설탕(sucrose) 또는 녹말(starch)과 같은 에너지가 풍부한 탄수화물에 저장된다. 대부분의 동물세포들에서 사용될 에너지는 흔히 포도당(glucose)의 형태

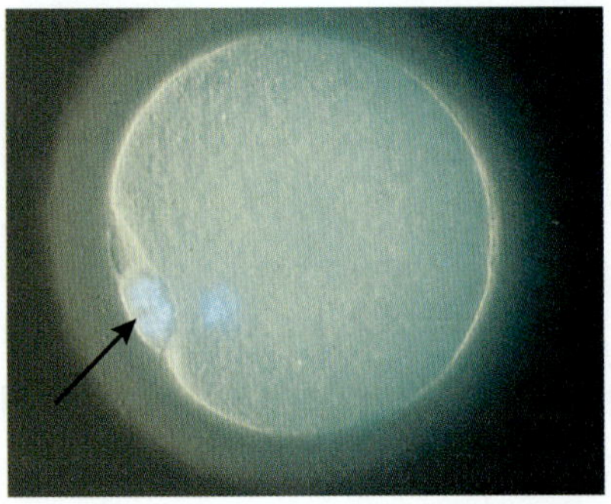

그림 1.4 **세포의 생식.** 이 포유동물의 난모세포는 조금 전에 매우 불균등하게 분열을 하였는데, 세포질의 대부분이 장차 수정하면 배아로 발달할 능력을 갖고 있는 커다란 난모세포 속에 들어 있다. 다른 세포는 거의 대부분이 핵물질(파란색으로 염색된 염색체로 나타나 있음, 화살표)로 구성되어 기능을 상실한 잔여물에 불과하다.

출처: Jonathan van Blerkom 제공

그림 1.5 **에너지의 획득.** 살아 있는 실모양의 해캄속(*Spirogyra*) 녹조류 세포. 지그재그로 보이는 리본 모양의 엽록체는 태양으로부터 에너지를 포획하여 광합성을 하는 동안 화학에너지로 전환시키는 장소이다.

출처: M. I. Walker/Photo Researchers, Inc.

로 가포장된다. 인간의 경우, 포도당은 간에서 혈액으로 방출되어 전신을 순환하면서 화학에너지를 모든 세포들에 전달한다. 세포 안에 들어간 포도당은 에너지가 쉽게 쓰일 수 있는 형태(보통 ATP)로 저장되어 나중에 세포들의 수많은 활동에 쓰일 수 있는 방향으로 분해된다. 세포들은 거대분자들과 그것들로 구성된 소기관을 합성하고 분해하는데 엄청난 양의 에너지를 소비한다. 이러한 소위 "재편성(turnover)"은 피할 수 없는 손상에 노출되어 있는 세포성분들을 온전하게 유지할 뿐만 아니라 세포로 하여금 변화된 환경에 빨리 대처할 수 있게 한다.

세포는 다양한 화학반응을 수행한다

세포들은 축소된 화학공장처럼 작용한다. 가장 단순한 세균세포일지라도 수백 가지의 다른 화학적 전환들을 일으킬 수 있지만, 비생물계에서는 그 중의 어느 한 가지도 눈에 띌만한 속도로 일어나지 않는다. 실제로 세포 안에서 일어나는 모든 화학적 변화에는 화학반응의 속도를 매우 증가시키는 분자인 효소(*enzyme*)가 필요하다. 하나의 세포 안에서 일어나는 화학반응 전체를 그 세포의 **물질대사(metabolism)**라고 한다.

세포는 기계적인 활동을 한다

세포는 활발한 활동이 일어나는 장소이다. 여러 가지 물질들이 이곳에서 저곳으로 운반되고, 세포 안의 구조물들은 조립되었다가 신속히 해체되며, 많은 경우에 세포 전체가 한 장소에서 다른 장소로 이동한다. 이러한 형태의 활동은 세포 안에서 동적이고 기계적인 변화에 의해 일어나며, 이런 활동의 대부분은 "운동(motor)"단백질의 형태 변화에 의해 시작된다. 운동단백질은 기계적 활동을 수행하려고 세포에서 사용되는 많은 종류의 분자"기계들(machines)" 중 하나이다.

세포는 자극에 반응할 수 있다

일부의 세포는 확실한 방법으로 자극에 반응한다; 예를 들어, 단세포 원생생물은 자신의 이동경로에 있는 장애물을 피해서 이동하거나 또는 영양분의 공급원을 향하여 이동한다. 다세포 식물 또는 동물을 구성하는 세포들은 자극에 대하여 덜 분명하게 반응한다. 대부분의 세포들은 매우 특별한 방법으로 환경 속의 물질들과 상호작용하는 수용체(*receptor*)들로 싸여 있다. 세포들은 다른 세포들의 표면에 있는 물질들에 대해서 뿐만 아니라 호르몬, 성장인자, 세포외 물질 등에 대한 수용체들을 갖고 있다. 세포의 수용체들은 외부 물질들이 표적세포에서 특수한 반응을 일으킬 수 있는 경로를 제공한다. 세포들은 대사활성을 변화시키거나, 한 곳에서 다른 곳으로 이동하거나, 심지어 자살까지 하면서 특수한 자극에 반응할 수 있다.

세포는 자기조절을 할 수 있다

최근 세포를 묘사하기 위하여 새로운 용어가 사용되고 있다: 강건함(*robustness*). 세포는 강건하다. 즉, 세포들은 구성과 행동에 있어 위험한 변화로부터 보호되기 때문에 건강하고 내구성이 있다. 만약 위험한 변화가 일어난다면, 특별한 되먹임회로(feedback circuit)가 작동되어 세포를 적절한 상태로 되돌려준다. 세포에 에너지가 필요한 것은 물론이거니와 복잡하고 질서정연한 상태를 유지하기 위해서는 끊임없는 조절이 필요하다. 세포에서 조절기작의 중요성은 세포가 고장날 때에 가장 확실하게 드러난다. 예를 들면, 세포가 자신의 DNA를 복제할 때 생기는 실수를 교정하지 못하면 쇠약한 돌연변이로 될 수 있으며, 세포의 성장을 조절하는 안전장치가 파괴되면 그 세포는 개체 전체를 파멸시킬 수 있는 암세포로 전환될 수 있다. 우리는 어떻게 세포가 자신의 활동을 조절하는가를 점차적으로 배우겠지만, 아직도 밝혀지지 않은 것들이 훨씬 더 많다.

독일의 발생학자 한스 드리쉬(Hans Driesch)가 1891년에 수행했던 다음과 같은 실험을 살펴보자. Driesch는 바다성게의 배아에서 2개 또는 4개의 세포를 완전히 분리시킬 수 있었고, 이 분리된 세포들이 각각 정상적인 배아로 발달하는 것을 관찰하였다(**그림 1.6**). 배아의 일부분만을 형성하도록 운명지워진 세포가 어떻게 자신의 활동을 조절하여 완전한 배아를 형성할 수 있을까? 분리된 세포가 자신의 이웃 세포들이 없어진 것을 어떻게 인식하고, 이런 인식작용이 세포의 발달과정을 어떻게 다시 새로운 방향으로 조절할까? 배아의 일부분이 전체를 지각하는 능력을 어떻게 가질 수 있을까? 우리는 이런 질

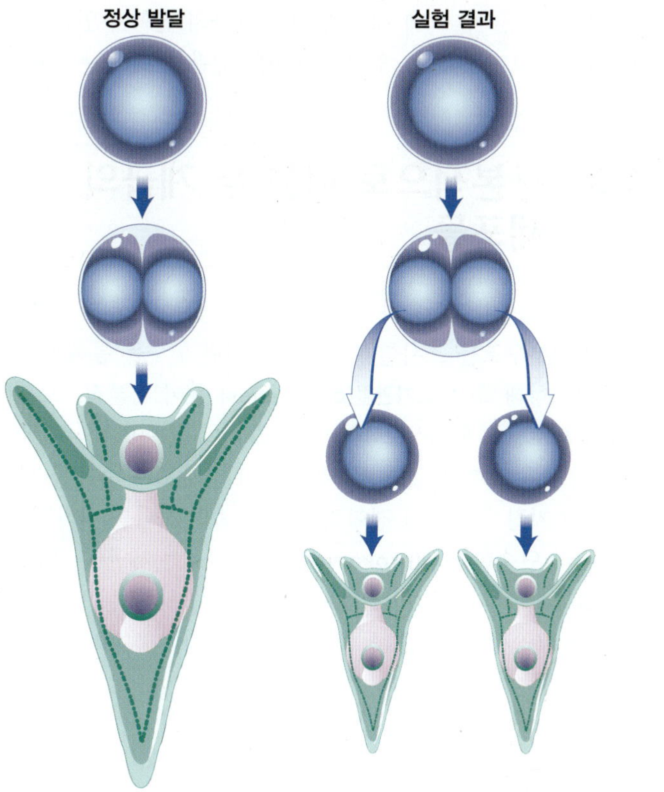

그림 1.6 **자기조절.** 왼쪽 그림은 수정란에서 하나의 배아가 형성되는 바다성게의 정상적 발생 과정을 보여준다. 오른쪽 그림은 첫 번째 분열이 일어난 후, 서로 분리된 배아의 세포들이 그 상태에서 배아로 발달하는 것을 보여준다. 아무런 방해를 받지 않은 것처럼, 각각의 분리된 세포는 자신의 이웃 세포들이 없다는 것을 인식하여, 온전한 배아의 반쪽으로 발달하지 않고 완전한(크기는 더 작지만) 하나의 배아를 형성하도록 자신의 발생을 조절한다.

문들에 대해서 이 실험이 실행되었던 100여 년 전에 비해 현재에도 훨씬 더 발전된 답변을 할 수 없다.

이 책 전체를 통해서 우리는 일련의 질서정연한 단계들이 필요한 많은 과정들에 관하여 논의할 것이다. 이 일련의 과정들은 자동차 조립라인에서 공장 인부들이 차가 이동함에 따라서 특수한 조절장치를 추가하고, 제거하며, 특별히 조율하는 것과 매우 비슷하다. 세포에서는 제품설계를 위한 정보가 핵산 속에 있으며, 공장 인부들은 주로 단백질에 해당한다. 세포의 화학적 특성을 비생물계의 특성으로부터 구별하는 데 있어서 어느 요소보다 더 중요한 역할을 하는 것이 바로 이 두 가지 형태의 고분자물질들(핵산과 단백질)이다. 세포 안에서 인부(단백질)들은 방향을 의식하지 않고 작용해야 한다. 과정의 각 단계는 다음 단계가 자동적으로 촉발될 수 있는 방식으로 자연발생적으로 일어나야만 한다. 여러 면에서 세포들은 오렌지 즙을 짜는 기묘한 장치(**그림 1.7**)와 비슷하게 작동한다. 세포의 각 활동은—자연선택과 생물학적 진화에 의한 오랜 세월의 산물인—매우 복잡한 분자 도구들과 기계들의 특별한 조합을 필요로 한다. 생물학자들의 1차 목표는 세포의 특정 활동에 관여하는 분자의 구조 및 각 구성요소의 역할, 이 요소들이 상호작용하는 방법, 그리고 이런 상호작용을 조절하는 기작 등을 이해하는 것이다.

세포는 진화한다

세포는 어떻게 생겨났을까? 생물학자들이 제기한 모든 주요 질문들 중에서 이 물음에 답하는 것이 가장 어려울 것이다. 세포는 세포 이전의 어떤 유형의 생물 형태로부터 진화되었는데, 이 생명체는 원시의 바다 속에 존재했던 무생명의 유기물질들로부터 진화된 것으로

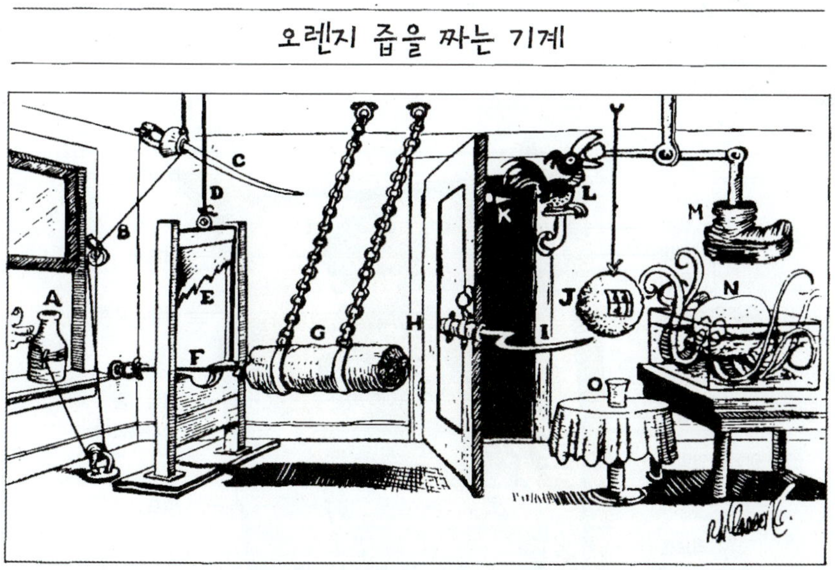

버츠(Butts) 교수는 승강기를 타고 내릴 때에 오렌지 즙을 짜는 간단한 기계를 발견한다. 우유배달부가 빈 우유병을 들고 가면(**A**), 줄이 당겨져서(**B**) 칼(**C**)에 의해 줄이 잘라진다(**D**). 이어서 단두대의 칼날(**E**)이 내려와 밧줄(**F**)을 자르게 되어 공성망치(**G**)가 풀리고, 이 망치는 열린 문(**H**)에 부딪치고 문이 닫히게 된다. 문에 붙어 있는 낫(**I**)은 오렌지(**J**) 끝부분을 자름과 동시에 큰 못(K)이 "바보 매(prune hawk)"(**L**)를 찌르니 괴로워서 소리 지른다. 이에 따라 입에 물었던 자두를 놓게 됨으로써 운전사의 구두(**M**)가 잠자는 문어(**N**) 위에 떨어진다. 문어는 화를 벌컥 내며 깨어나 오렌지 위에 그려 놓은 운전사의 얼굴을 쳐다보면서 오렌지를 공격하여 짓누르니, 오렌지 속의 모든 즙이 유리잔(**O**) 속으로 들어간다.

그림 1.7 **세포의 활동**은 흔히 이러한 "루브 골드버그(Rube Goldberg) 기계"와 비슷하게 일어나는데, 이 장치는 하나의 일이 "자동적으로" 그 다음 일들을 차례차례 일어나게 만든다.

출처: Rube Goldberg is the ® and © of Rube Goldberg, Inc.

추정된다. 세포의 기원에 관하여는 거의 모든 것이 미궁에 빠져 있지만, 세포의 진화에 관해서는 오늘날 살아 있는 개체들을 대상으로 연구될 수 있다. 만일 여러분들이 사람의 장관 속에 살고 있는 세균세포의 특징(**그림 1-18a** 참조)과 그 관을 싸고 있는 세포의 특징(**그림 1.3**)을 관찰한다면, 이 두 세포들 사이의 차이점에 놀랄 것이다. 그러나 살아 있는 개체들에 존재하는 모든 다른 세포들처럼 이 두 유형의 세포들은 유전부호, 원형질막, 리보솜 등 많은 특징들을 공유한다. 현대생물학의 한 견해에 따르면, 모든 살아 있는 개체들은 30억 년보다 더 이전에 살았던 공통의 조상세포로부터 진화하였다. 이 조상세포는 모든 살아 있는 개체로 발생하였기 때문에 흔히 **최종우주공통조상**(*last universal common ancestor, LUCA*)이라고 불리운다. 우리는 이 장의 끝에 있는 <역사적 실험>에서 세포가 진화하는 동안 일어났던 몇몇 현상들을 검토할 것이고, 다음에 나오는 장들에서는 생명체의 기원에 관한 생화학적 측면을 탐구할 것이다. 진화는 단순히 과거의 한 사건이 아니라 아직 나타나지 않은 생물들에 존재하는 세포들의 특성을 변형시키기 위해 지속되고 있는 진행 과정임을 기억하기 바란다. 예를 들어, 약제 내성에 대한 세균의 진화는 인간의 건강을 위협하고 있으며, 제3장 <인간 질병과의 연관성>에서 논의할 것이다.

1.3 근본적으로 다른 두 계급의 세포들

전자현미경을 널리 이용하게 되면서부터 생물학자들은 아주 다양한 세포의 내부구조를 조사할 수 있었다. 이런 연구를 통해서 크기, 내부구조의 형태 혹은 **소기관들(organelles)** 등이 기본적으로 다른 두 계급의 세포들—원핵세포와 진핵세포—이 있음이 확실해졌다(**그림 1.8**). 어떤 중간형이 없이 두 계급의 다른 세포가 존재한다는 것은 생물계의 가장 근본적인 진화적 분류들 중의 하나를 나타낸다. 구조적으로 더 단순한 **원핵(prokaryotic)**세포들로는 세균이 포함되는 반면, 구조적으로 더 복잡한 **진핵(eukaryotic)**세포들에는 원생생물(protists), 균류(곰팡이), 식물, 동물 등이 포함된다.[1]

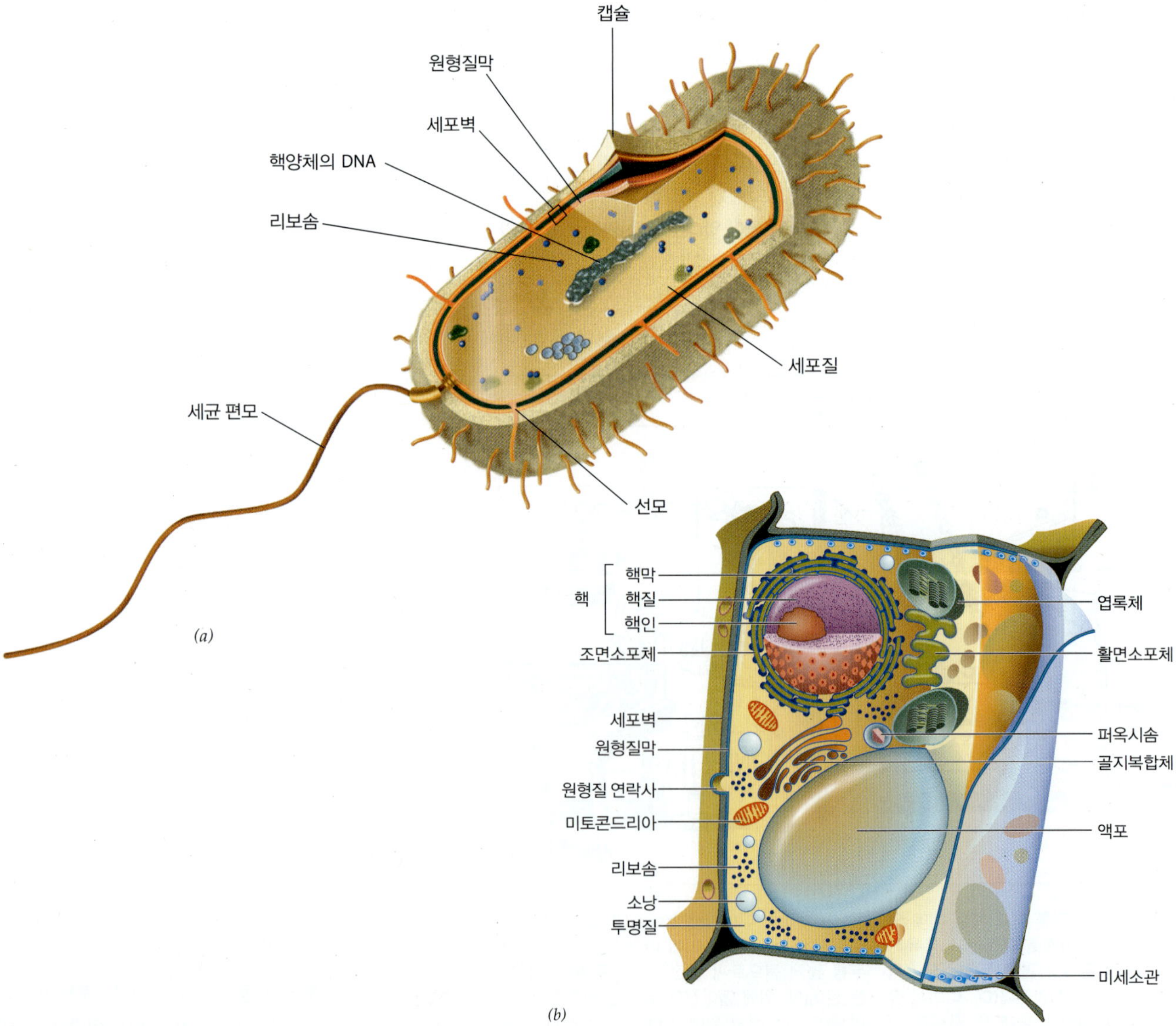

그림 1.8 **세포의 구조.** "일반화된" 세균(*a*), 식물(*b*), 동물(*c*) 등의 세포를 그림으로 나타낸 모식도. **참고**: 소기관들은 실제 크기대로 그려지지 않았다.

출처: D. J. Des Marais, *Science* 289:1704, 2001에서 발췌. AAAS의 허가를 얻음..

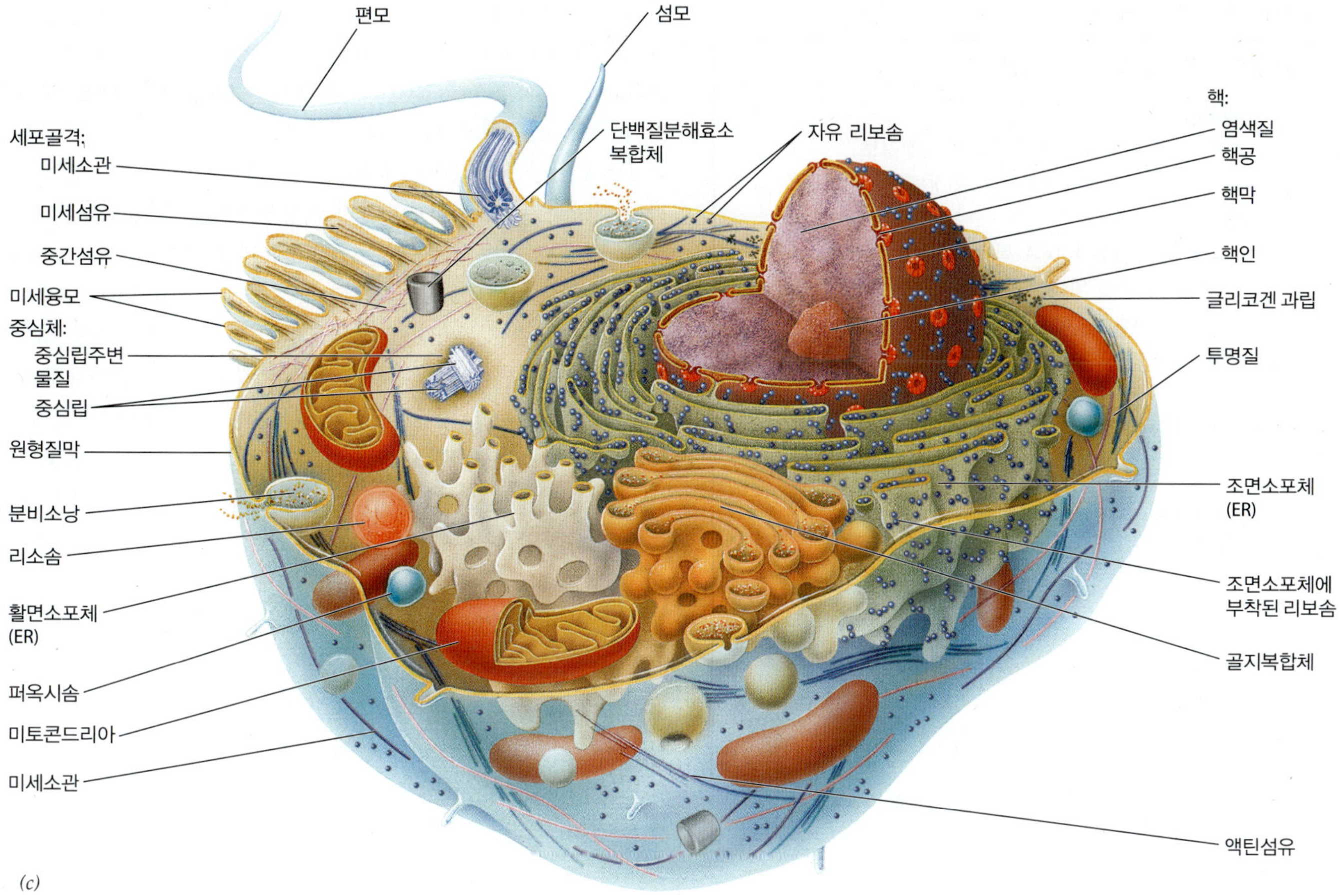

그림 1.8 (*계속*):

우리는 언제 원핵세포들이 지구 상에 최초로 출현했는지 모르지만, 원핵생물체에 관한 증거는 약 27억 년 전의 바위에서 얻어졌다. 이 바위는 화석화된 미생물뿐만 아니라 남세균(cyanobacteria)을 포함한 특별한 유형의 원핵생물에서 특징적으로 볼 수 있는 복잡한 유기분자들을 갖고 있다. 이런 분자들은 비생물적으로, 즉 살아 있는 세포가 관련되지 않고는 합성될 수 없었을 것이다. 남세균은 24억 년 전 즈음에 출현한 것이 거의 확실한데, 그 이유는 이러한 원핵생물들의 광합성 활동으로 생긴 부산물인 산소가 그 당시의 대기에 스며들게 되었기 때문이다. 진핵생물의 출현시대 역시 확실하지 않다. 복잡한 다세포 동물은 약 6억 년 전 화석기록에 갑자기 나타나지만, 보다 더 단순한 진핵생물들은 10억 년 이전에 지구 상에 존재했었다는 많은 증거가 있다. 다수의 주요 생물군들이 지구 상에 출현한 추정년대를 **그림 1.9**에 나타내었다. 이 그림을 얼핏 살펴보더라도, 생명체가 지구의 형성과 그 표면의 냉각에 이어서 얼마나 "빠르게" 생겼는가를 알 수 있으며, 복잡한 동물과 식물의 진화가 얼마나 오래 걸렸는지를 알 수 있다.

다음의 원핵 및 진핵세포들 사이의 간단한 비교는 이 두 유형들 사이에 존재하는 많은 유사점뿐만 아니라 많은 기본적 차이점을 보

[1]원핵생물과 진핵생물의 개념 폐지에 관한 제안의 검토에 관심이 있으면, 페이스(N. R. Pace)가 기고한 글(*Nature* 144:289, 2006)을 읽기 바란다.

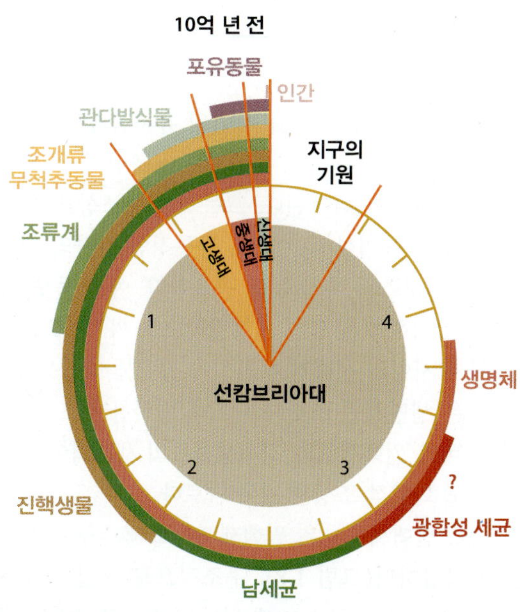

그림 1.9 지구의 생물지리학적 시계. 과거 50억 년 동안의 지구 역사에서 주요 생물군들이 출현한 연대를 나타낸 그림. 복잡한 동물들(조개류 무척추동물)과 관다발식물들이 비교적 최근에 생긴다. 생명의 기원을 나타낸 시대는 가정하여 표시한 것이다. 그 밖에, 광합성 세균은 훨씬 더 일찍 생겼을 것이므로 의문부호로 표시하였다. 지질시대들은 그림의 중앙에 표시하였다.

출처: D. J. Des Marais, *Science* 289:1704, 2001에서 발췌. AAAS의 허가를 얻음.

표 1.1 원핵세포와 진핵세포의 비교

두 유형의 세포들이 공통으로 갖고 있는 특징들:

- 비슷한 구조의 원형질막
- 동일한 유전부호를 사용하여 DNA에서 암호화된 유전정보
- 비슷한 리보솜을 갖고 있는 것을 비롯하여, 유전정보의 전사와 해독을 위한 비슷한 기작들
- 공유된 대사경로들(예: 해당작용과 TCA 회로)
- ATP 형태인 화학에너지 보존을 위한 비슷한 장치들(원핵생물에서는 원형질막에 위치하며, 진핵생물에서는 미토콘드리아 막에 위치함)
- 비슷한 광합성 기작(남세균과 초록색 식물 사이에서)
- 막단백질의 합성과 삽입을 위한 비슷한 기작
- 비슷한 구조의 단백질분해효소복합체(proteasome) (고세균과 진핵생물 사이에서)

원핵세포에서는 발견되지 않는 진핵세포의 특징들:

- 복잡한 기공구조를 갖고 있는 핵막에 의하여 핵과 세포질로 구분됨
- 유사분열 구조에 응축할 수 있는 DNA와 관련 단백질로 구성된 복잡한 염색체들
- 막으로 된 복잡한 세포소기관들(소포체, 골지복합체, 리소솜, 엔도솜, 퍼옥시솜, 글리옥시솜 등)
- 유산소호흡(미토콘드리아)과 광합성(엽록체)을 위한 특수화된 세포소기관들
- 복잡한 세포골격계(미세섬유, 중간섬유, 미세소관)와 관련 운동단백질들
- 복잡한 편모와 섬모
- 입자물질을 원형질막 소낭 속에 집어넣어서 소화하는 능력(식세포작용)
- 섬유소를 갖고 있는 세포벽(식물에서)
- 염색체를 분리시키는 미세소관으로 구성된 방추체를 이용한 세포분열
- 부모 각각으로부터 유래된 세포당 2벌의 유전자(2배체) 존재
- 3가지의 다른 RNA 합성효소들(RNA 중합효소들) 존재
- 감수분열과 수정이 필요한 유성생식

여준다(그림 1.8 참조). 두 세포들 사이의 유사점과 차이점을 표 1.1에 열거하였다. 공유된 특징들은 진핵세포가 조상인 원핵세포로부터 거의 확실히 진화했음을 나타낸다. 그들의 공통조상으로 인하여, 이 두 유형의 세포들은 동일한 유전언어, 공통적인 일련의 대사경로, 그리고 많은 공통된 구조적 특징 등을 공유한다. 예를 들면, 두 유형의 세포들은 모두 유사하게 구성된 원형질막으로 싸여있고, 이 막은 생물계와 비생물계 사이의 선택적 투과성의 장애물 역할을 한다. 이 두 유형의 세포들은 생명체를 보호하기 위해 단단한 **세포벽**(*cell wall*)으로 싸여 있다. 비록 원핵세포와 진핵생물들의 세포벽이 비슷한 기능을 수행할지라도 화학적 조성은 매우 다르다.

내부적으로, 진핵세포들은 원핵세포들보다—구조 및 기능적으로—훨씬 더 복잡하다(그림 1.8). 구조적으로 복잡한 정도의 차이는 각각 그림 1.18*a*와 그림 1.10에 나타낸 세균과 동물세포의 전자현미경 사진을 보면 확실하다. 이 세포들은 세포질로 둘러싸여 있으며, 세포의 유전물질을 저장하는 핵 부위가 있다. 원핵세포의 유전물질은 **핵양체(nucleoid)** 속에 있다: 둘러싸고 있는 세포질과 구별할 수 있는 막이 없어서 그 경계가 불분명한 부위이다. 이와 대조적으로, 진핵세포들은 **핵(nucleus)**을 갖고 있다: 핵막(*nuclear envelope*)이라고 하는 복잡한 막구조로 싸여 있는 부위이다. 핵 구조의 이러한 차이는 원핵[*prokaryotic*: *pro* = 전(before), *karyon* = 핵(nucleus)] 및 진핵[*eukaryotic*: *eu* = 진정한(true), *karyon* = nucleus)]이라는 용어의 근거가 된다. 원핵세포들은 비교적 적은 양의 DNA를 갖고 있다; 세균의 DNA 함량은 약 60만 개 내지 거의 800만 개의 염기쌍에 이르기까지 다양하며, 이는 약 500가지 이상의 단백질을 암호화한다.[2] 비록 빵을 굽는 데 사용하는 "단순한(simple)" 효모세포(yeast cell)는 가장 복잡한 원핵생물보다 약간 더 많은 DNA(약 6,200가지의 단백질을 암호화할 수 있는 1,200만 개의 염기쌍)를 갖고 있지만, 대부분의 진핵세포는 훨씬 더 많은 유전 정보를 갖고 있다. 원핵세포와 진핵세포들은 모두 DNA가 들어 있는 염색체를 갖고 있다. 진핵세포들은 많은 수의 염색체를 갖고 있으며, 각 염색체는 하나의 선상으로 된 DNA 분자를 지니고 있다. 반면, 지금까지 연구된 거의 모든 원핵생물들은 하나의 원형 염색체를 갖고 있다. 더 중요한 것은, 원핵생물의 DNA와 다르게 진핵생물의 염색체에 있는 DNA는 단백질과 단단히 결합하여 **염색질(chromatin)**이라고 알려진 복잡한 핵단백질을 형성한다.

또한 이 두 유형의 세포질도 매우 다르다. 진핵세포의 세포질에는 아주 다양한 구조물들이 들어 있는데, 이는 어떤 동식물세포를 막론하고 전자현미경 사진을 보면 쉽게 알 수 있다(**그림 1.10**). 가장 단순한 진핵생물인 효모의 구조는 보통의 세균보다 훨씬 더 복잡한데, 효모와 세균의 유전자 수는 비슷하다. 진핵세포들은 막으로 싸여있는 다양한 소기관들을 갖고 있는데, 미토콘드리아는 세포활동에 쓰일 수 있는 화학에너지를 만들고, 소포체는 세포의 많은 단백질과 지질을 만들며, 골지복합체는 물질을 저장하고 변형하여 세포의 특별한 목적지로 수송하며, 단일 막으로 둘러싸인 다양한 크기의 주머니 구조들도 갖고 있다. 식물세포들은 그 외에도 광합성이 일어나는 장소인 엽록체를 갖고 있으며, 세포 부피의 대부분을 차지하는 커다란 액포도 갖고 있다. 전체적으로 진핵세포의 막은 세포질을 여러 구획으로 나누며, 각 구획 속에서는 특수화된 활동이 일어난다. 반면, 원핵세포들의 세포질은 막으로 된 구조를 기본적으로 갖고 있지 않지만, 예외적으로 남세균은 광합성이 일어나는 복잡한 막을 갖고 있다(그림 1.15 참조).

진핵세포들의 세포질에 있는 통로(channel)와 소낭(vesicle)들은 막들에 의해 서로 연결되어 계(system)를 형성하여, 세포의 한 부분에서 다른 부분으로 물질을 수송하는 작용뿐만 아니라 세포 내부와 그 환경 사이에서의 물질 이동에 관여한다. 원핵세포는 크기가 작기 때문에 세포질 속에서 특정한 방향으로 물질을 전달하는 일이 그다지 중요하지 않지만, 필요한 물질은 단순확산에 의해 이동이 일어날 수 있다.

또한 진핵세포들에는 막으로 싸여있지 않은 많은 구조들이 있는데, 세포의 수축, 운동, 지지 등에 관여하는 세포골격의 관(tubule)과 섬유 등이 이에 속한다. 원핵세포들은 어떠한 세포골격 구조도 갖고 있지 않은 것으로 오랫동안 생각되어 왔지만, 원시적인 세포골격섬

[2] 800만 개로 이루어진 염기쌍의 길이는 DNA 분자 3 mm와 거의 같다.

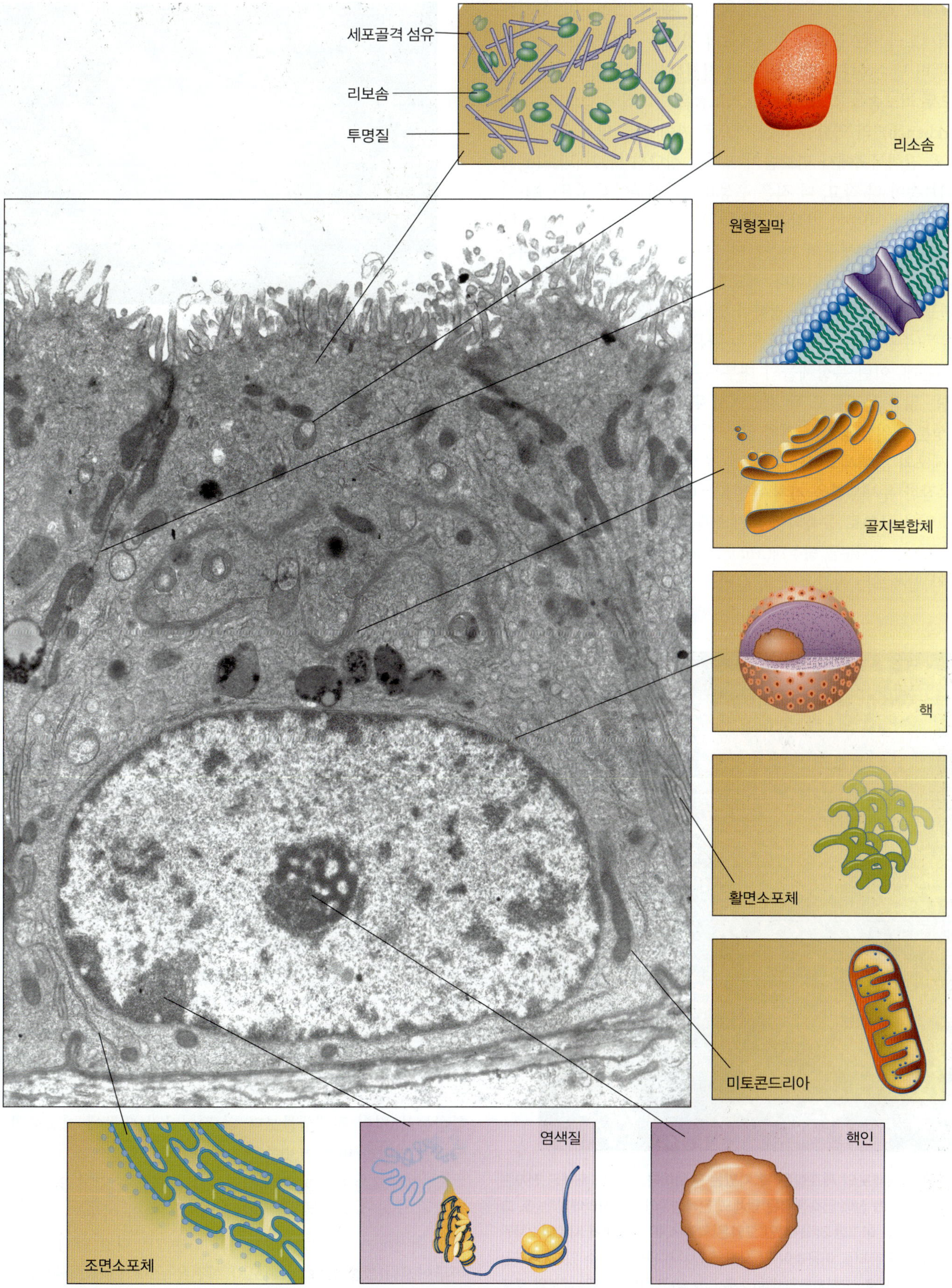

그림 1.10 **진핵세포의 구조.** 이 상피세포는 수컷 쥐의 생식도관을 따라 줄지어 있다. 다양하고 많은 소기관들을 이 그림의 둘레에 모식도로 나타내었다.

출처: David M. Phillips/Photo Researchers, Inc.

유가 세균에서 최근 발견된 바 있다(제13장 참조). 그렇지만, 아직까지는 원핵세포의 세포골격이 진핵세포의 것보다 구조적으로 기능적으로 훨씬 더 단순하다고 말하는 것이 적절하다. 원핵세포와 진핵세포들은 모두 리보솜을 갖고 있는데, 리보솜은 단백질이 합성되는 "작업대(workbench)"의 역할을 하는 막으로 싸여 있지 않은 입자이다. 원핵세포와 진핵세포에서 리보솜의 크기는 상당히 다르더라도(원핵세포의 리보솜이 더 작고, 더 적은 구성요소로 이루어져 있음), 이 세포들의 리보솜은 비슷한 기작을 통해 단백질을 조립한다. **그림 1.11**은 단세포로 된 진핵생물의 가장자리 근처의 세포질 일부를 보여주는 채색된 전자현미경 사진이다. 세포의 이런 부분에는 막으로 싸여진 소기관들이 존재하지 않는 경향이 있다. 이 사진은 세포골격을 이루는 섬유들(주황색)과 세포질에 있는 다른 고분자 복합체들(청록색)을 보여주는데, 이런 복합체들의 대부분은 리보솜이다. 진핵세포의 세포질에는 많은 물질들로 꽉 차있어서 **투명질(cytosol)**이라고 일컫는 액체 성분을 위한 공간이 거의 없는 것을 이 사진에서 볼 수 있다.

원핵세포와 진핵세포 사이의 다른 주요 차이점은 더 있다. 진핵세포는 복잡한 유사분열을 거쳐 분열하는데, 이 과정에서 복제된 염색체는 조밀한 구조로 응축되어 미세소관으로 된 장치에 의해 분리된다(**그림 1.12**). 유사분열 방추체(*Mitotic spindle*)라고 불리는 이 장치에 의해 각 딸세포는 똑같은 양의 유전물질을 받는다. 원핵생물에서

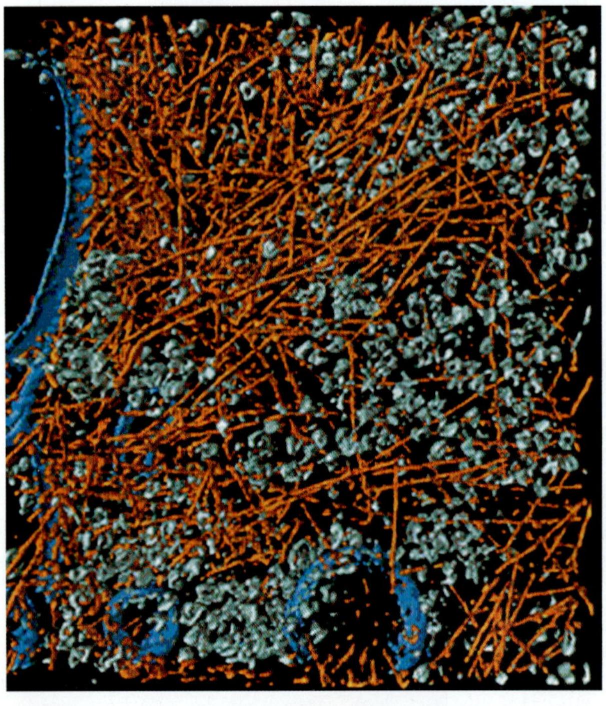

그림 1.11 **진핵세포의 세포질은 꽉 차있는 구획이다.** 여기의 채색된 전자현미경 사진은 관찰하기 전에 급속동결된 단세포 진핵생물의 가장자리에 있는 조 그만 부분을 보여준다. 이러한 3차원적인 모양은 각각 다른 각도에서 시료의 2차원 디지털상을 찍고, 컴퓨터를 이용하여 각 사진을 합쳐서 만들어질 수 있다. 세포골격섬유들은 주황색으로, 고분자복합체들(주로 리보솜)은 청록색으로, 세포막 부분은 파란색으로 나타내었다.

출처: Ohad Medalia et al., *Science* 298:1211, 2002, Figure 3a에서 발췌. AAAS의 허가를 얻음. 사진은 Wolfgang Baumeister 제공.

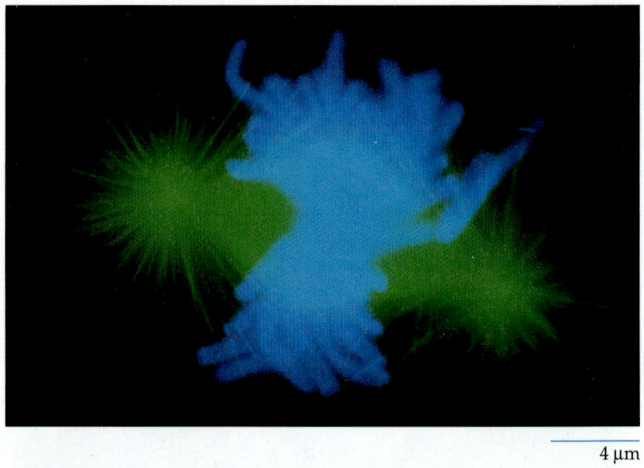

그림 1.12 **진핵생물에서의 세포분열**은 염색체를 분리시키는 정교한 장치인 방추체의 조립이 필요하며, 이 방추체는 주로 미세소관들로 구성되어 있다. 이 사진에서 미세소관들은 초록색으로 보이는데, 이는 미세소관들이 초록색형광염료에 연결된 항체와 결합되어 있기 때문이다. 이 세포를 고정하여 파란색으로 염색하여 보면, 염색체들이 2개의 딸세포들 속으로 곧 분리되려고 하고 있다.

출처: Conly L. Rieder 제공.

는 복제 후 유전체 복사본을 분리하는 방추체가 없다. 과거에는 세포 표면에 달라붙은 DNA가 세포막이 자라면서 당겨지면서 유전체 복사본이 분리되어지는 것으로 여겨졌다. 그러나 살아 있는 세포를 이용한 연구에서 DNA는 세포가 성장하는 것보다 더 빨리 분리되는 것이 관찰됨으로써 원핵세포들이 유전체를 분리하는 정확한 기작은 현재 알려지지 않고 있다. 최근의 몇몇 모델들은 DNA의 조절된 복제 혹은 접힘에 근거하여, 두 복사본들이 2개의 독립된 덩어리로 접힌 후 분리된다고 설명하고 있다.

대부분의 원핵생물들은 무성적으로 증식한다. 원핵생물은 오직 단일 염색체의 복사본 1개만을 갖고 있어 감수분열(meiosis), 배우자 형성, 또는 진정한 수정 등과 비교할 만한 과정들을 갖고 있지 않다. 비록 진정한 유성생식을 하지 않지만, 일부 원핵생물들은 접합(*conjugation*)을 통해서 DNA 조각이 하나의 세포에서 다른 세포로 전달된다(**그림 1.13**). 그러나 수용세포는 공여세포로부터 결코 전체 염색체를 받지 않으며, 일시적으로 수용세포는 자신과 상대방의 DNA를 함께 갖는다. 이 세포는 곧 본래대로 단일 염색체를 갖게 된다. 원핵생물은 동종의 다른 개체와 DNA를 교환하는 데 있어 진핵생물만큼 효율적이지 않더라도, 원핵생물은 환경에서 외부 DNA를 포착하여 결합하는 능력이 진핵생물보다 더 뛰어나기 때문에 미생물의 진화에 커다란 영향을 미쳤다(30쪽).

진핵세포는 다양하고 복잡한 운동기작들을 갖고 있는 반면, 원핵세포의 기작은 비교적 단순하다. 원핵세포의 이동은 세포에서 돌출되어 회전하는 **편모**(*flagellum*)라고 하는 가느다란 단백질섬유에 의해 이루어진다(**그림 1.14a**). 편모의 회전은 초당 1,000회 이상이며, 주위에 있는 액체에 압력을 가하여 세포가 액체 매질을 거쳐서 앞으로 나아가게 한다. 많은 원생생물들과 정자세포를 포함하는 일부 진핵세포들 또한 편모를 갖고 있지만, 이들의 편모는 세균의 단순한 단백질

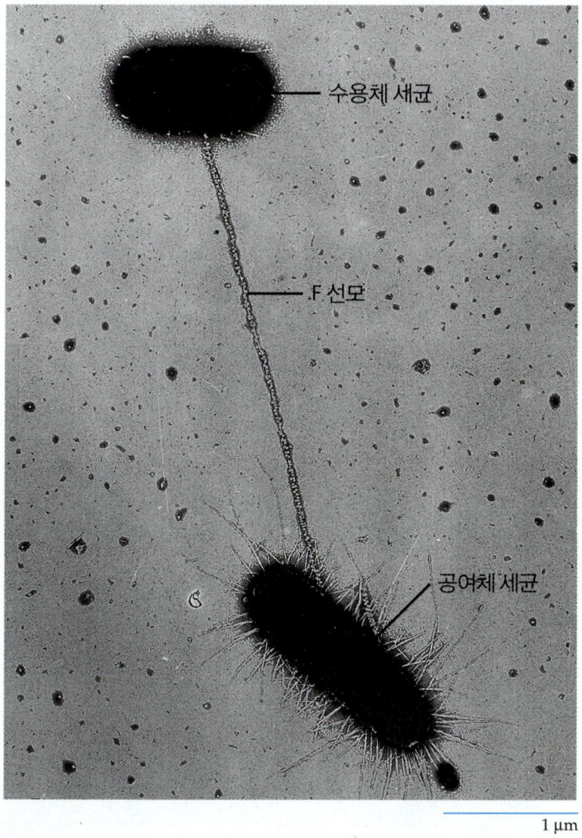

그림 1.13 세균의 접합. 이 전자현미경 사진은 F 선모라고 일컫는 공여체 세균의 구조가 수용체 세균에 연결되어 접합하는 1쌍의 세균을 보여주고 있으며, F 선모를 통하여 DNA가 전달되는 것으로 생각되고 있다.

출처: Charles C. Brinton, Jr.와 Judith Carnahan 제공.

섬유보다 훨씬 더 복잡한 형태이며(그림 1.14*b*), 다른 기작에 의하여 세포의 이동이 일어난다.

이전 절에서 원핵세포와 진핵세포 체계의 가장 중요한 차이점들을 살펴보았고, 다음 장들에서 이런 점들을 더 자세하게 설명할 것이다. 여러분들이 원핵생물을 열등한 것으로 생각하기 전에, 이 생물들은 30억 년 이상 동안 지구 상에 존재하고 있으며, 지금 이 순간에도 1조 개 정도의 원핵생물들이 여러분들의 몸 표면에 달라붙어 있고, 소화관 속에서 영양분을 취하고 있다는 것을 잊지 않기 바란다. 우리는 이러한 생물들을 개개의 단일 생명체로 생각하지만, 최근의 견해에 의하면 이들은 여러 종들이 모여 복잡한 집단(생물막, *biofilm*)에서 사는 것으로 밝혀졌다. 우리의 치아에서 자라는 플라크(plaque) 층이 생물막의 한 예이다. 이 생물막 속에 있는 서로 다른 세포들은 식물 또는 동물세포들처럼 서로 다른 특수한 활동들을 수행한다. 또한 원핵생물들은 대사적으로 매우 정교하며 고도로 진화된 생명체로 간주하기 바란다. 예로서, 사람의 소화관과 실험실 배양용기에서 모두 살고 있는 대장균(*Escherichia coli*)과 같은 세균은 1~2가지의 저분자량 유기화합물 및 약간의 무기이온들이 들어있는 배지에서 잘 살고 증식하는 능력을 갖고 있다. 다른 세균들은 무기물질들만으로 된 양분에서 살 수 있다. 어떤 세균종은 지표면으로부터 수천 미터 아래의 온천에서 발견되었는데, 이들은 무기물질의 화학반응에 의해 발생된 수소분자로 현무암 위에서 살아 간다. 이와 대조적으로, 대사적으로 가장 뛰어난 우리 몸 안의 세포들은 많은 비타민과 다른 필수 물질들과 같은 다양한 유기화합물들을 필요로 하지만, 세포들 자신이 이런 물질들을 만들 수는 없다. 사실 이러한 여러 필수 영양성분은 대장에서 사는 세균들에 의해 만들어진다.

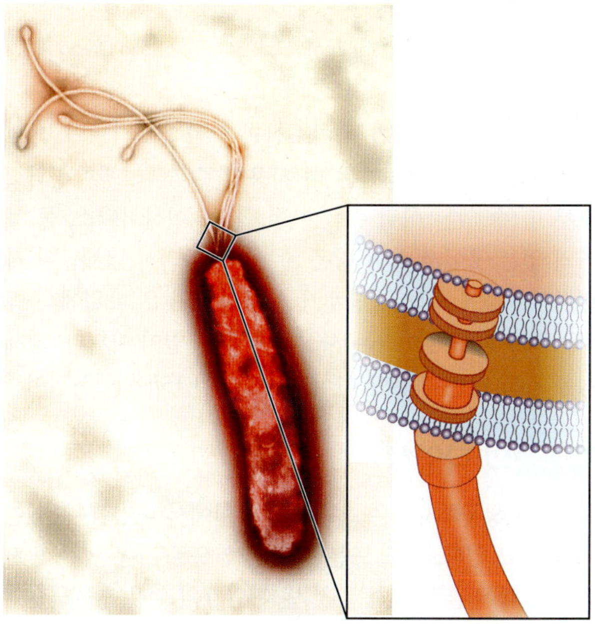

(*a*)

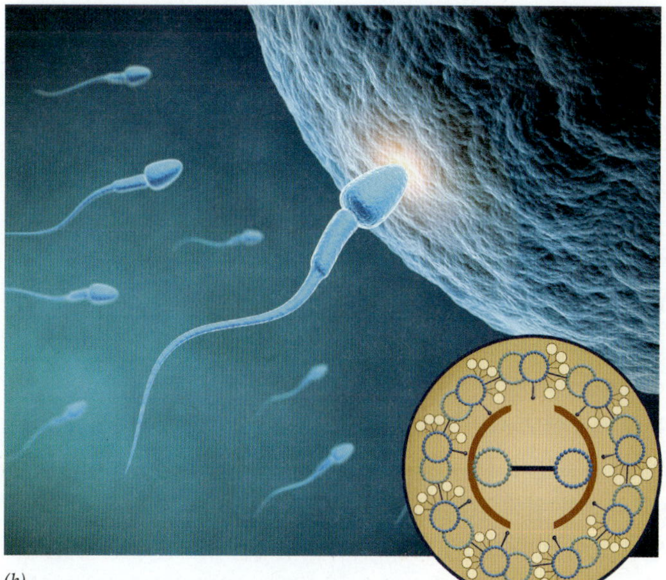

(*b*)

그림 1.14 원핵세포와 진핵세포에서 편모의 차이. (*a*) 많은 편모를 갖고 있는 세균 *Helicobaqcter.* 삽입도는 하나의 세균 편모의 일부를 보여주고 있는데, 이 편모는 주로 플라젤린(flagellin)이라고 하는 단일 단백질로 구성되어 있다. (*b*) 사람의 정자세포는 하나의 편모가 일으키는 파동운동에 의하여 움직인다. 삽입도는 포유동물 정자 편모 중앙중심부의 횡단면이다. 진핵세포들의 편모는 매우 비슷하기 때문에, 이 횡단면은 원생생물 또는 녹조류 편모의 것과 동일할 수 있다.

출처: (a) Heather Davies/Science Photo Library/Corbis; (b) Sashkin/Shutterstock.

1.4 원핵세포의 유형

원핵세포와 진핵세포 사이의 차이는 구조적으로 얼마나 복잡한가에 따라 결정되며(표 1.1에 설명된 것처럼) 계통발생적 유연관계에 근거하지 않는다. 원핵생물은 2개의 주요 분류군으로 나뉜다: 고세균(Archaea 또는 archaebacteria)과 세균(Bacteria 또는 eubacteria). 고세균에 속하는 원핵생물들은 다른 원핵생물군(세균)에 속하는 것보다 진핵생물들과 더 밀접하게 연관되어 있다. 생물계는 크게 세 가지로 나누어 표시할 수 있는데, 이러한 발견에 관한 실험은 이 장의 끝에 있는 <역사적 실험>에서 논의된다.

고세균 영역과 세균 영역

고세균 영역에는 진화적으로 연결되어 있는 여러 무리의 개체들이 포함되며, 이들 사이의 진화적 유연관계는 핵산에 있는 뉴클레오티드서열의 유사성에 의해 밝혀졌다. 가장 잘 알려진 고세균은 극히 나쁜 환경에 사는 종들이며, 흔히 "호극성 생물(extremophiles)"이라고 한다. 여기에 속하는 무리들은 메탄생성균(methanogens, 이산화탄소와 수소가스를 메탄가스로 전환시킬 수 있는 원핵생물), 호염균(halophiles, 사해 또는 5M 염화마그네슘 정도의 염도를 지닌 심해유역 등과 같은 염분이 대단히 많은 환경에 사는 원핵생물), 호산균(acidophiles, pH가 0 정도인 낮은 산성도에서 사는 세균으로서, 폐쇄된 광산갱도의 오염된 물 등에서 발견되는 원핵생물), 호열균(thermophiles, 매우 높은 온도에서 사는 원핵생물) 등이 있다. 호열균에 속하는 극호열균(hyperthermophiles)은 해저에서 뜨거운 물이 분출되는 구멍에 산다. 이 중에서 가장 최근에 기록을 보유한 세균은 "균주 121(strain 121)"이라고 명명되었는데, 그 이유는 멸균기에 수술기구를 소독할 때의 온도인 초고온(121°C)의 물에서 자라고 분열할 수 있기 때문이다. 흙과 바다에 사는 세균들에 대한 최근 분석에 따르면, 고세균 영역에 속하는 많은 생물들은 정상 온도, pH 및 염도에서 서식하고 있는 것으로 알려졌다.

다른 모든 원핵생물들은 세균 영역으로 분류된다. 여기에는 가장 작은 세포로 알려진 직경 0.2 μm의 마이코플라스마(mycoplasma)가 포함된다. 이 세균은 원핵생물 가운데 유일하게 세포벽이 없으며, 유전자가 500개 정도인 작은 유전체를 갖고 있다. 세균들은 남극의 바다에 떠 있는 거대한 얼음덩어리부터 가장 건조한 아프리카의 사막은 물론 식물과 동물의 내부에 이르기까지 지구에서 생각할 수 있는 모든 서식지들에서 살고 있다. 세균들은 지표면으로부터 수 km 아래에 있는 암석층에도 사는 것으로 알려졌다. 이런 세균들은 1억 년 이상 동안 지구 표면에 사는 생물들로부터 고립되었던 것으로 생각된다. 가장 복잡한 원핵생물은 남세균이며, 광합성이 일어나는 정교하게 배열된 막이 있다(**그림 1.15a**). 이러한 남세균의 막은 식물의 엽록체에 있는 광합성을 위한 막과 매우 비슷하다. 진핵식물에서와 같이, 남세균의 광합성은 물 분자를 분해하여 산소분자가 방출되는 방식으로 이루어진다.

많은 남세균은 광합성뿐만 아니라 질소가스를 질소의 환원형(암모니아와 같은)으로 전환시키는 **질소고정(nitrogen fixation)**도 할 수 있다. 질소고정은 세포가 아미노산과 뉴클레오티드와 같은 질소함유 유기화합물들을 합성하는 데 사용할 수 있다. 광합성과 질소고정을 모두 할 수 있는 이런 종들은 빛, 질소, 이산화탄소, 물 등의 자원이 거의 없는 곳에서 살아 남을 수 있다. 따라서 남세균이 불덩이 같은 화산분출물에 의해 생명체가 사라진 헐벗은 바위에 군락을 이루고 사는 최초의 생물이라는 사실은 놀라운 일이 아니다. 남세균에 의해 점유된 또 다른 특별한 서식지가 그림 1.15*b*에 예시되어 있다.

그림 1.15 남세균. (*a*) 남세균의 전자현미경 사진은 광합성이 일어나는 세포질 속의 막들을 보여준다. 이 막들은 식물세포의 엽록체에 있는 틸라코이드(thylakoid) 막과 매우 비슷하다. 이것은 식물의 엽록체가 공생하는 남세균에서 진화되었음을 암시한다. (*b*) 남세균은 지구의 극지방에 사는 곰의 털 안쪽에도 살고 있어서 곰의 털색이 특이하게 파란색으로 보인다.

출처: (a) Norma J. Lang 제공; (b) Zoological Society of San Diego 제공.

원핵생물의 다양성

대부분의 미생물학자들은 그들의 실험실에서 배양할 수 있는 미생물들만 잘 알고 있다. 기도 또는 요로 감염으로 고통 받는 환자가 의사에게 갔을 때에 흔히 취하는 첫 번째 단계의 일은 병원균을 배양하는 것이다. 일단 세균이 배양되면, 동정을 하여 적당한 처방을 내린다. 질병을 일으키는 대부분(*most*)의 원핵생물들의 배양은 비교적 쉬운 것으로 입증되었지만, 자연에서 자유롭게 사는 세균들은 그렇지 않다. 광학현미경 하에서 원핵생물들은 잘 보이지 않고 또한 형태가 잘 구별되지 않기 때문에 문제가 복잡해진다. 오늘날 약 6,000종의 원핵생물들이 전통적인 방법으로 동정되어 있는데, 이 수치는 지구 상에 존재하는 것으로 추정되는 100만 종의 전체 원핵생물 가운데 0.1% 이하에 불과하다. 원핵생물계의 다양성에 대한 이해는 특정 미생물을 분리하여 동정하지 않는 분자생물학적 기법들을 사용함으로써 최근 매우 증가하고 있다.

우리가 캘리포니아 해안가 태평양의 상층에 살고 있는 원핵생물의 다양성에 관하여 알고자 한다고 가정해 보자. 연구자들은 이런 미생물들을 배양하기 보다는 채취한 바닷물에 있는 세포를 농축하고, DNA를 추출하며, 염기서열을 분석하는 일에 집중할 것이다. 모든 개체들은 리보솜에 있는 RNA 또는 어떤 대사경로의 효소 등을 암호화하는 일정한 유전자들을 공유한다. 모든 생물들이 이런 유전자들을 공유한다고 할지라도, 그 유전자들을 구성하고 있는 뉴클레오티드들의 서열은 종에 따라 매우 다양하다. 이러한 다양성은 생물학적 진화의 기초가 된다. 특정한 서식지에서 얻은 특정 유전자의 DNA 서열이 다양하다는 것을 밝힐 수 있는 기술을 사용함으로써, 그 서식지에 사는 종의 다양성을 직접 알 수 있다. 최근의 서열분석기술은 매우 신속하고 비용 측면에서 효율적이어서, 실제로 일정한 서식지에 사는 미생물들이 지닌 모든 유전자들의 서열을 분석하여 종합적인 유전체 또는 **메타게놈**(*metagenome*)을 만들 수 있다. 이러한 접근을 통해서 미생물들이 만드는 단백질들의 유형을 알 수 있고 그래서 이 단백질들이 관여하는 여러 대사활동 등에 관하여 알 수 있다.

이러한 분자생물학적 기법들은 장관, 입, 질, 피부 등의 우리 몸에 사는 수많은 "보이지 않는 승객들(unseen passengers)"의 놀랄만한 다양성을 밝히는 데 쓰이고 있다. 인간의 **미생물군유전체**(*microbiome*, **미생물군집**)라고 알려진 이러한 미생물들은 나이, 음식, 지리, 건강상태 등이 서로 다른 사람들에게서 이런 미생물들을 확인하고 특징을 알아내기 위한 많은 국제연구활동의 주제가 되고 있다. 예를 들어, 살찐 사람과 마른 사람들은 그들의 소화관에 있는 세균집단이 현저히 다르다는 것이 이미 증명되었다. 살찐 사람의 체중이 감소할 때, 갖고 있던 세균의 종류가 더 마른 사람이 갖는 세균종의 양상으로 바뀐다. 체중이 다른 124명으로부터 채취한 분변을 분석한 최근 연구는 1,000종 이상의 다른 세균들이 존재함을 밝혔다. 종합하면, 이러한 미생물들은 인간 유전체에 들어있는 것보다 약 150배 많은 3백만 이상의 다른 유전자들을 갖고 있는 것이다. 이러한 미생물 유전체에 의하여 만들어지는 단백질들은 비타민 합성, 복잡한 식물 당분의 분해, 병원성 개체의 성장 억제 등에 관여한다.

염기서열을 기초로 한 분자기술을 이용하여 생물학자들은 이전에 알지 못했던 수많은 원핵생물들이 지구의 거의 모든 서식지들에 산다는 것을 발견하였다. 지구의 주요 서식지들에 사는 원핵생물들의 추정수치를 표 1.2에 나타내었다. 이 원핵생물들의 90% 이상이 현재 바다 밑바닥의 표면 아래에 있는 침전물과 토양의 상층에 사는 것으로 생각된다. 그러한 깊은 침전물에서는 영양분이 거의 없어 거기에서 살고 있는 미생물들은 오직 몇백 년에 한 번씩만 분열하는 것으로 추측되고 있다. 표 1.2는 세계의 원핵세포들이 내뿜는 탄소량의 추정치를 보여준다. 이 숫자를 더 알기 쉽게 말하면, 이는 지구 상에 있는 모든 식물들이 갖는 전체 탄소량과 거의 같다.

표 1.2 세계에 존재하는 원핵생물의 수와 생물량

환경	원핵세포의 수 ($\times 10^{28}$)	원핵생물에서 탄소의 페타그램(Pg)*
수중 서식지	12	2.2
바다 표면의 아래	355	303
토양	26	26
육지 표면의 아래	225~250	22~215
전체	415~640	353~546

*1 petagram (Pg) = 10^{15}g.

출처: W. B. Whitman 등, *Proc. Nat'l. Acad. Sci. U.S.A.* 95:6581, 1998.

1.5 진핵세포의 유형

여러 가지 측면에서 가장 복잡한 진핵세포는 식물 또는 동물에서 발견되지 않고, **그림 1.16**에 있는 것처럼 오히려 **단세포**(*unicellular*) 원생생물에서 발견된다. 이 생물은 환경을 감지하며, 음식물을 포획하고, 과량의 액체를 밖으로 내보내며, 포식자로부터 도피하는 등의 복잡한 활동을 위해서 필요한 모든 장치가 하나의 세포 속에 들어 있다.

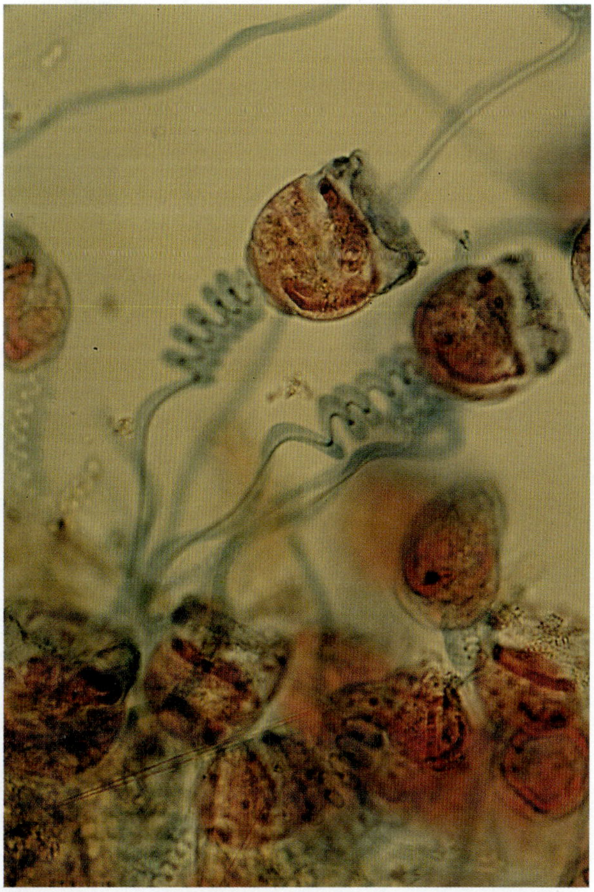

그림 1.16 종벌레(Vorticella), 섬모가 달린 복잡한 원생생물. 여기에 단세포 생물인 종벌레가 많이 보인다; 이들 대부분은 "머리"가 움츠러들어 있는데, 그 이유는 파란색으로 염색된 리본 모양의 수축성 자루가 짧아졌기 때문이다. 각 세포는 여러 벌의 유전자가 들어 있는 대핵(화살표)이라고 일컫는 1개의 커다란 핵을 갖고 있다.

출처: Carolina Biological Supply Co./Phototake.

세포 분화

복잡한 단세포 생물들은 한 가지의 진화경로를 보여준다. 다른 경로는 특정 활동들이 서로 다른 유형의 특수화된 세포들에 의하여 수행되는 다세포 생물들의 진화로 이어졌다. 특수화된 세포들은 **분화(differentiation)**라고 일컫는 과정에 의해 형성된다. 예를 들어, 사람의 수정란은 배발달 과정을 거치면서 약 250가지의 독특한 유형의 분화된 세포들을 형성하게 된다. 일부의 세포들은 특정한 소화선으로, 다른 세포들은 커다란 골격근육으로, 또 다른 세포들은 뼈 등으로 된다(**그림 1.17**). 배아를 구성하는 각 세포의 분화경로는 주로 주위 환경으로부터 받는 신호들에 의해 좌우되며, 이러한 신호들은 그 배아 내에서 세포의 위치에 의해 좌우된다. 뒤에 있는 <인간 질병과의 연관성>에서 논의되는 것처럼, 연구자들은 배양용기에서 분화 과정을 조절하는 방법을 터득하여 이러한 지식을 인간의 복잡한 질병 치료에 적용하고 있다.

분화의 결과, 서로 다른 유형의 세포들은 독특한 모양을 획득하고 특이한 물질들을 함유한다. 골격근세포들은 특이한 수축단백질로 구성된 섬유들이 정교하게 배열된 그물 모양의 구조를 갖으며, 연골세포들은 기계적인 지지작용을 하는 다당류와 콜라겐 단백질을 함유하는 독특한 기질로 둘러싸이게 되며, 적혈구는 산소를 운반하는 헤모글로빈 단백질로 채워진 원반 모양이 된다. 이 세포들은 많은 차이가 있지만, 다세포 식물과 동물의 다양한 세포들은 비슷한 소기관들로 구성된다. 예를 들어, 미토콘드리아는 모든 유형의 세포들에서 기본적으로 발견된다. 그러나 어떤 유형의 세포에서 미토콘드리아는 둥근 모양이지만, 다른 유형에서는 매우 긴 실 모양일 수 있다. 어떤 경우이든 다양한 소기관들의 수, 모양, 위치 등은 특정한 세포 유형의 활동과 서로 연관될 수 있다. 이것은 관현악의 다양한 작품들에 비유된다: 모든 작품들은 동일한 음표로 구성되지만, 다양한 편곡에 의해 각 작품은 독특한 특징과 아름다움을 자아낸다.

모델생물들

살아 있는 생명체들은 대단히 다양하며, 특정한 실험분석에서 얻은 결과는 연구되고 있는 특정 생물에 따라 다를 수 있다. 그래서 세포

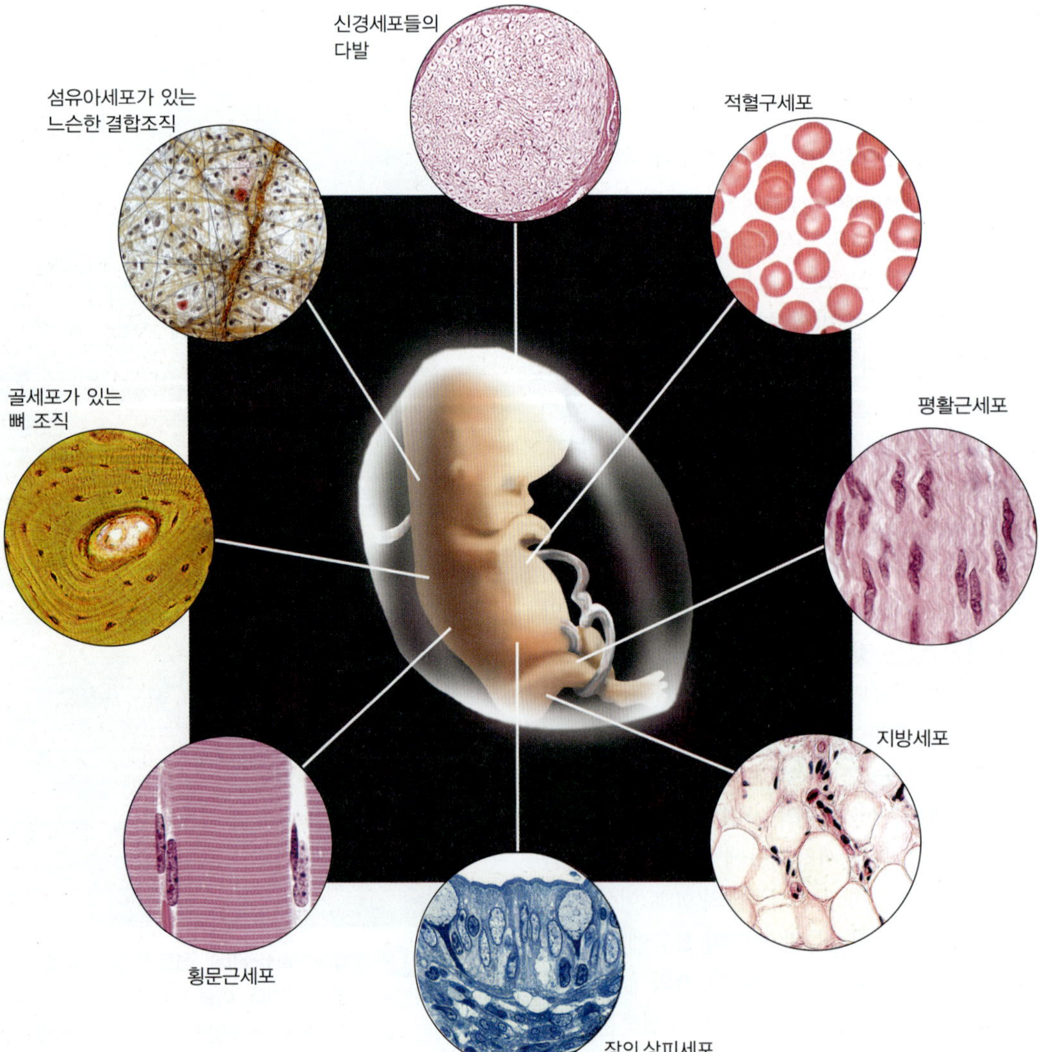

그림 1.17 **세포 분화의 경로.** 사람 태아에서 몇 가지 유형의 분화된 세포들을 보여준다.

출처: Michael Ross, University of Florida 제공.

및 분자생물학자들은 많은 연구활동들을 몇 가지 "대표적인(representaive)" 또는 **모델생물들(model organisms)**에 집중하고 있다. 이러한 연구들을 통해 얻어진 종합적인 지식들은 거의 모든 생명체가, 특히 인간들이, 공유하는 생명현상의 기본 과정을 이해하기 위한 하나의 기틀을 제공할 것이다. 모델생물에 집중함으로써 다른 많은 생물들이 세포 및 분자생물학의 연구에 널리 이용되지 않는다는 것은 아니다. 그럼에도 불구하고, 6가지의 모델생물들—1종류의 원핵생물과 5종류의 진핵생물—은 많은 주목을 받고 있다: 세균의 일종인 대장균(*Escherichia coli*), 출아효모균(*Saccharomyces cervisiae*), 꽃피는 식물인 애기장대(*Arabidopsis thaliana*), 선충의 일종인 예쁜꼬마선충(*Caenorhabditis elegans*), 초파리의 일종인 노랑초파리(*Drosophila melanogaster*), 그리고 쥐의 일종인 생쥐(*Mus musculus*). 이 생물들은 어떤 문제를 해결하기 위한 연구주제로서 특히 유용한 이점을 갖고 있다(**그림 1.18**). 이 책에서는 생쥐 및 배양된 포유류 세포 등의

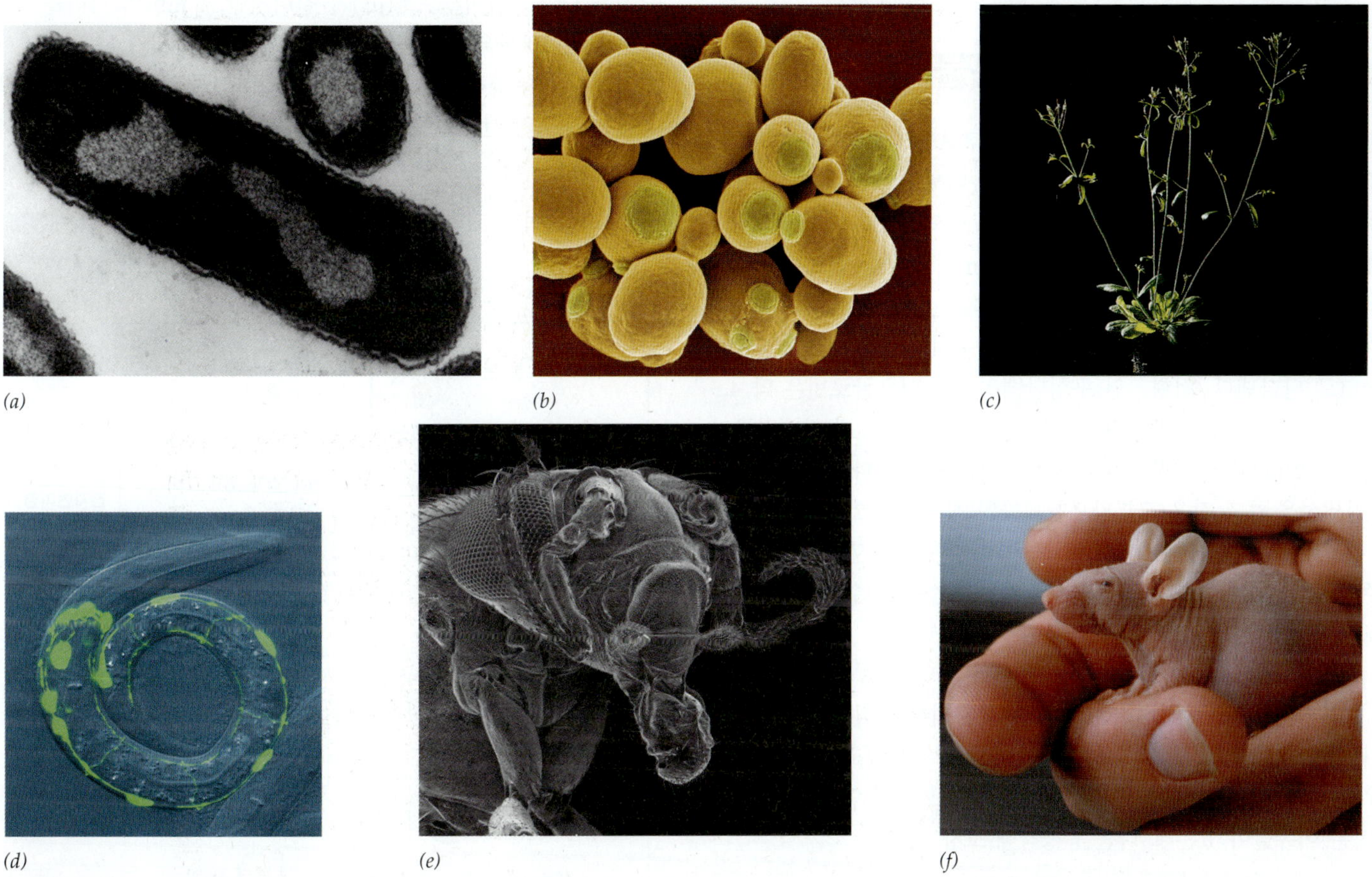

그림 1.18 6가지의 모델생물들. (a) 대장균(*Escherichia coli*)은 사람과 다른 포유동물의 소화관 속에 사는 막대 모양의 세균이다. 복제, 전사, 해독 등의 기작을 비롯한 세포의 기초 분자생물학에 관한 많은 주제들은 원래 이 원핵생물을 대상으로 연구되었다. 이 원핵세포의 비교적 단순한 구조체계가 전자현미경 사진으로 보여진다. (b) 효모균(*Saccharomyces cervisiae*)은 일반적으로 제빵 및 양조효모로 더 잘 알려져 있다. 이 효모균은 흔히 연구된 진핵생물들 가운데 가장 덜 복잡한 구조를 가지고 있으나, 사람의 세포 속에 있는 단백질들과 유사한 단백질들을 많이 갖고 있다. 흔히 이런 단백질들은 이 두 생물들에서 보존된(같은) 기능을 갖고 있다. 이 종은 약 6,200가지의 단백질을 암호화하는 작은 유전체를 갖고 있으며, 반수체 상태(세포 하나가 갖고 있는 각 유전자가 대부분 진핵세포에서처럼 2벌이 아니라 1벌인)로 자랄 수 있고, 유산소 또는 무산소 상태에서 자랄 수 있다. 이 생물은 돌연변이체를 이용하여 유전자를 확인하는 데 이상적이다. (c) 십자화과 식물에 속하는 애기장대(*Arabidopsis thaliana*)는 현화식물로서는 매우 작은 유전체(1억 2,000만 개의 염기쌍)를 갖고 있는데, 세대기간이 빠르며, 큰 종자를 생산하고, 단 몇 인치 높이로 자라는 작은 식물이다. (d) 현미경으로 볼 수 있는 크기의 예쁜꼬마선충(*Caenorhabditis elegans*)은 한정된 수의 세포(약 1,000개)로 이루어져 있고, 각 세포는 정밀한 패턴의 세포분열에 의해 발달한다. 이 동물은 쉽게 배양되며, 동결된 상태에서 살아 있을 수 있으며, 투명한 체벽, 짧은 세대기간, 유전자 분석의 용이함 등의 이점을 갖고 있다. 이 현미경 사진은 초록색형광단백질(GFP)로 표지된 유충의 신경계를 보여 주고 있다. 이 생물의 연구를 개척한 연구자들에게 2002년 노벨상이 수여되었다. (e) 초파리의 하나인 노랑초파리(*Drosophila melanogaster*)는 크기가 작지만 복잡한 진핵생물로서, 실험실에서 쉽게 배양이 가능하여 며칠만에 성체로 자란다. 이 초파리는 유전학, 발생분자생물학과 단순행동에 관한 신경생물학의 연구에 적당하다. 어떤 유충세포들은 거대 염색체를 갖고 있으며, 각 유전자들은 진화와 유전자 발현의 연구에 사용될 수 있다. 여기에서는 돌연변이체를 보여주고 있는데, 정상적인 초파리(야생형)에서는 안테나가 있어야 할 자리에 다리가 발달되어 있다. (f) 생쥐(*Mus musculus*)는 실험실에서 기르기 쉽다. 수천 가지의 유전적 특징을 갖는 생쥐들이 개발되었으며, 그 중의 대다수는 성체를 보관할 공간이 부족하여 얼린 배아의 상태로 저장되어 있다. 이 사진에 있는 "털 없는 쥐(nude mouse)"는 흉선이 없이 발달되어서 사람조직을 거부하지 않으므로 이식을 받을 수 있다.

출처: (a) Biophoto Associates/Photo Researchers; (b) Biophoto Associates/Photo Researchers; (c) Erik Jorgensen, University of Utah 제공. *Trends Genetics*, Vol. 14, Cover#12, 1998에서 발췌. Elsevier의 허가를 얻음; (d) Erik Jorgensen, University of Utah 제공. *Trends Genetics*, Vol. 14, Cover#12, 1998에서 발췌. Elsevier의 허가를 얻음; (e) David Scharf/Photo Researchers, Inc. (f) Ted Spiegel/© Corbis Images.

포유동물을 대상으로 한 연구결과들을 집중적으로 다룰 것인데, 그 이유는 그 결과들을 사람에게 가장 잘 적용할 수 있기 때문이다. 그러나 포유동물의 세포에 관해서 우리가 알고 있는 많은 부분은 연구하기 더 쉬운 다른 모델생물들을 이용한 연구들에서 처음으로 발견되었다. 따라서 다른 종들의 세포들을 대상으로 한 많은 연구사례들도 기술할 것이다. 여러분은 이렇게 훨씬 더 작고 단순한 생명체들과 여러분들이 세포 및 분자 수준에서 얼마나 비슷한가를 발견하면 놀라게 될 것이다.

1.6 세포의 크기와 내용물

그림 1.19는 세포생물학의 관심사인 많은 구조의 상대적인 크기를 보여주고 있다. 세포 속의 구조를 설명하기 위해서는 두 가지 길이의 단위가 가장 흔히 사용된다: **마이크로미터**(μm)와 **나노미터**(nm). 1 μm는 10^{-6} m이며, 1 nm는 10^{-9} m이다. 1 nm의 1/10인 **옹스트롬**(Å)은 원자의 크기를 표시하기 위해 분자생물학자들이 흔히 사용하며, 1Å은 수소원자의 직경과 거의 같다. 생물을 구성하는 고분자들은 Å이나 nm로 나타낸다. 전형적인 구형단백질인 마이오글로빈은 약 4.5 nm × 2.5 nm이고, 콜라겐 또는 미오신과 같은 매우 긴 단백질들의 길이는 100 nm 이상이며, DNA의 폭은 약 2.0 nm이다. 리보솜, 미세관, 미세섬유 등과 같은 고분자복합체들의 직경은 5~25 nm 정도 된다. 이들의 크기는 아주 작은데도 불구하고, 이런 고분자복합체들은 아주 다양한 기계적, 화학적, 전기적 활동을 수행할 수 있는 고도로 정교한 "나노기계들(nanomachines)"을 구성한다.

세포와 소기관들의 크기는 μm 단위로 나타낼 수 있다. 예를 들어, 핵의 직경은 약 5~10 μm이며, 미토콘드리아의 길이는 약 2 μm이다. 원핵세포들의 길이는 보통 약 1~5 μm 정도이고, 진핵세포의 경우는 약 10~30 μm 정도 이다. 대부분의 세포가 그렇게 작은 데에는 많은 이유들이 있는데, 다음을 생각해 보자.

- 대부분의 진핵세포들은 2벌의 유전자가 들어 있는 1개의 핵을 갖고 있다. 유전자들은 정보를 운반하는 전령 RNA(messenger RNA)를 형성하기 위한 틀의 역할을 하기 때문에, 세포는 일정한 시간 안에 제한된 수의 전령 RNA만을 형성할 수 있다. 세포의 세포질 부피가 크면 클수록, 그 세포가 필요한 수의 전령을 합성하는 시간은 더 오래 걸릴 것이다.
- 세포의 크기가 증가할 때, 표면적/부피의 비율은 감소한다.[3] 세포가 환경과 물질을 교환할 수 있는 능력은 세포의 표면적에 비례한다. 만일 세포가 일정한 크기 이상으로 자랐다면, 이 세포의 표면은 자신의 대사활성에 필요한 물질들(예: 산소, 영양물질)을 흡수하기에 충분히 넓지 않을 것이다. 장의 상피와 같이 용질 흡수를 위해 특수화된 세포들은 흔히 미세융모를 갖고 있어서, 물질을 교환할 수 있는 표면적은 매우 증가한다(그림 1.3 참조). 커다란 식물세포의 내부는 대사적으로 활발한 세포질보다는 액체로 채워진 큰 액포가 점유하고 있다(그림 12.36*b* 참조).
- 세포는 분자들의 무작위 운동(확산, *diffusion*)에 주로 의존한다. 예를 들면, 산소는 세포의 표면에서 세포질을 거쳐 미토콘드리아 내부에까지 확산되어야 한다. 확산에 필요한 시간은 이동하는 거리의 제곱에 비례한다. 예로서, 산소가 1 μm의 거리를 확산하기까지는 단 100마이크로초(μs)가 걸리지만, 1 mm의 거리를 확산하는 데는 10^6배의 긴 시간이 걸린다. 세포의 부피가 더 커지면서 표면에서 내부까지의 거리가 더 길어질 때, 물질들을 물질대사가 활발한 세포의 안팎으로 확산시키는 데 걸리는 시간은 굉장히 더 길어진다.

그러나 이런 제약에도 불구하고, 몇몇 진핵세포들은 매우 크다.

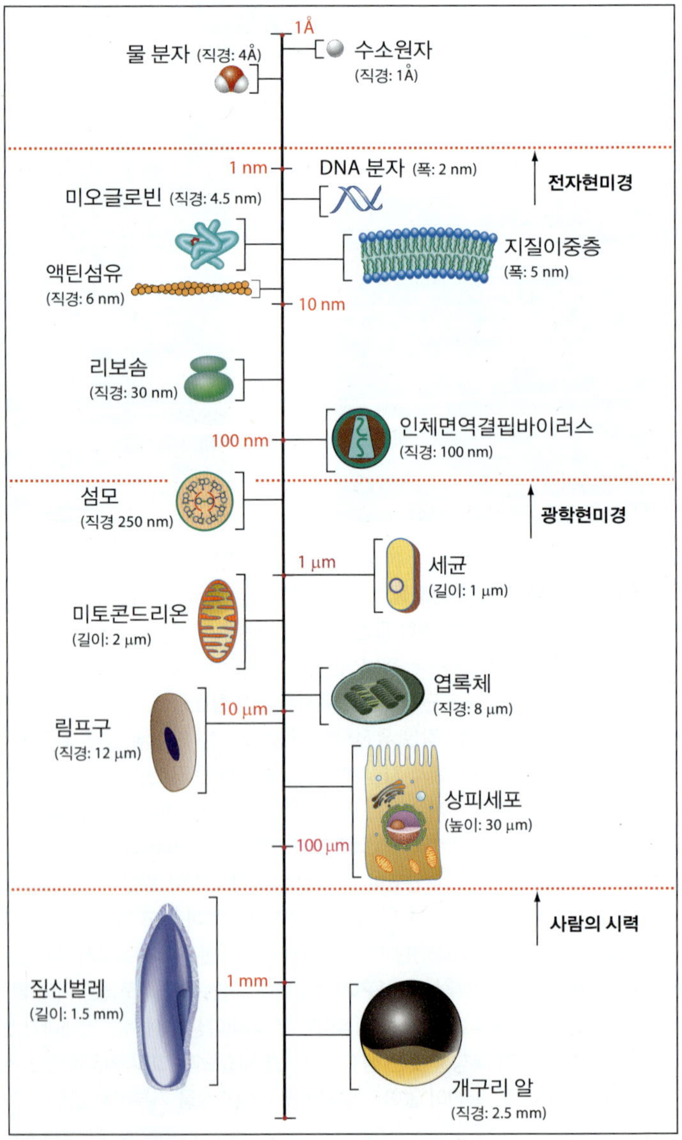

그림 1.19 세포와 세포 구성요소들의 상대적 크기. 이 구조들의 크기는 7단계 이상으로 다르다.

[3]변의 길이가 1 cm와 10 cm인 정육면체들의 표면적과 부피를 비교 계산하여 이 설명을 확인할 수 있다. 작은 정육면체의 표면적/부피의 비율이 큰 정육면체에서의 비율보다 훨씬 더 크다.

담수연못에서 사는 단세포 생물인 *Stentor coeruleus*는 1 mm 이상의 크기로 자라고, 커다란 단세포 녹조류인 *Acetabularia*는 10 cm 이상으로 자란다. 거대한 단세포 녹조류인 *Caulerpa*는 수 m 길이로 자랄 수 있으며 수백만 개의 핵을 보유한다. 그러나 이처럼 커다란 세포의 크기는 그런 이상한 생물들에만 국한된 것이 아니다. 사실 우리 자신의 몸 안에도 그러한 세포들이 있다. 신경세포는 매우 길게 뻗어있다; 예를 들어, 척수 안의 운동신경세포는 1 m 정도의 길이가 될 수 있는 축삭을 갖고 있다.

세포들이 나노기계의 집합체라는 사실은 **합성생물학**(*synthetic biology*)이라고 알려진 연구분야를 창출하였으며, 이 분야의 목표는 실제 세포에서 발견되는 똑같은 구성요소를 이용하여 실험실에서 살아있는 형태의 단순한 세포를 만들어 내는 것이다. **그림 1.20**처럼, 합성생물학은 구성요소로서 세포의 분자들, 분자복합체들 및 소기관들을 사용한다. 이 연구자들의 한 가지 동기는 단순히 이 목표를 이루는 것이며, 그 과정에서 적절한 구성요소들이 화학적으로 합성된 물질로부터 모아졌을 때 세포수준의 생명체가 자연적으로 생기는 것을 증명하는 것이다. 현재 시점에서는 과학자들은 이런 목표를 향해 첫 번째 발걸음을 내딛기 시작했을 뿐이다. 그러한 연구는 생명체의 기원을 밝히고, 생명공학에 매우 새로운 접근을 시도할 수 있는 잠재력을 갖고 있다. 그러나 생명체를 창조하는 일은 윤리문제와 종교적 의구심을 불러일으킬 수 있기 때문에, 합성생물학의 더 적절한 목표는 시작점으로 기존의 개체를 사용하여 의학과 산업 혹은 환경정화 등의 분야에 독특한 가치가 있는 새로운 생명의 형태를 개발하는 것이다.

대부분의 생물학자들이 주장하는 것처럼, 만약 세포의 특성과 활동이 그 세포의 유전 청사진으로부터 생성된 것이라면, 새로운 유전 청사진을 기존 세포의 세포질 속에 도입시킴으로써 새로운 유형의 세포를 창조할 수 있을 것이다. 이러한 가능성은 2007년 크레이그 벤터(J. Craig Venter)와 동료들에 의하여 증명되었는데, 하나의 세균의 유전체를 유연관계가 가까운 세균종의 유전체와 대체를 하였더니 하나의 세균종이 다른 세균종으로 효과적으로 전환되었다. 여러 기술적인 문제점들을 극복한 후인 2010년에 연구진은 실험실에서 화학적으로 합성된 DNA 조각을 가지고 (효모세포 속에서) 세균의 유전체를 구성할 수 있었다. 약 1.1백만 염기쌍을 가진 합성된 공여 유전체의 DNA는 연구자들에 의하여 많은 부분에서 변형이 되었다. 변형된 *M. mycoides* 유전자를 유연관계가 있는 세균종(*M. capricolum*)에 주입시켰더니 숙주세포의 원래 유전체를 대체하였다. 유전체 이식 후, 이식받은 세포는 공여 DNA가 나타내는 특성을 빨리 나타내었다. 요컨대 이 연구자들은 다른 생물들로부터 취한 새로운 유전자들을 첨가시킬 수 있는 "유전자 골격(genetic skeleton)"을 가진 세포들을 생산한 것이다.

세계의 과학자들은 싸고 간단한 전구물질들로부터 의약품, 탄화수소기반 연료분자 및 다른 유용한 화학물질들을 생산할 수 있는 대사경로를 갖는 개체들을 유전학적으로 만들고자 노력하고 있다. 여러 회사들은 햇빛, 물, 이산화탄소로부터 디젤연료를 생산할 수 있는 유전적으로 조작된 남세균을 배양하고 있고, 다른 회사의 연구진들은 미역에 있는 복잡한 다당류를 생물연료 에탄올로 발효시키기 위하여 일반적인 실험실 세균인 대장균을 유전적으로 조작하고 있다. 이러한 일들은 다른 세 가지 세균종들로부터 얻어진 유전자들의 조합을 대장균에 주입시켜야만 가능하다. 또한, 효모유전체를 "재작성(rewriting)"하려는 작업이 시작되었는데, 이는 진핵세포들도 유전적으로 조작된 생물제조공장을 설계하려는 노력의 일환이 되었음을 의미한다.

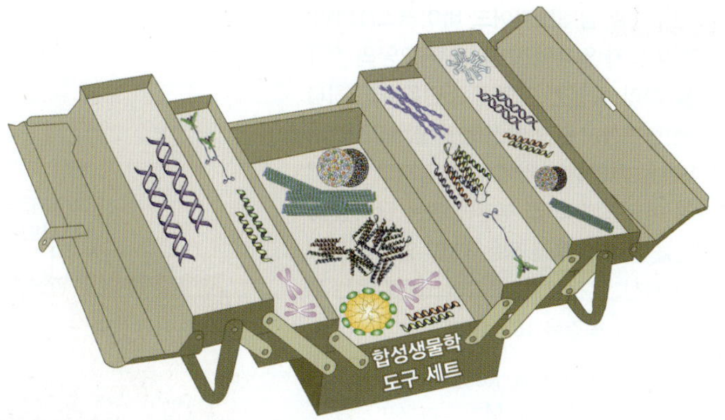

그림 1.20 미래 합성생물학자들의 도구 세트? 이러한 도구 세트에는 아마도 핵산, 단백질, 지방 및 많은 다른 유형들의 생체분자들이 포함될 것이다.

원칙적으로 <인간 질병과의 연관성>에 기술된 한 유형의 세포가 전혀 다른 유형의 세포로 유도된 연구들 또한 합성생물학의 다른 형태이다. 이런 많은 노력의 결과로, 생물학자들은 더 이상 자연계에서 얻을 수 있는 세포들을 연구하는 데 국한되지 않고 실험조작을 통해 얻어질 수 있는 세포들에도 관심을 돌릴 수 있다.

1.7 바이러스

19세기 말에, 루이스 파스퇴르(Louis Pasteur)와 다른 사람들의 연구결과는 과학계에 식물과 동물의 전염병이 세균에 의해 생긴다는 것을 확신시켰다. 그러나 담배식물에서의 담배모자이크병과 가축에서의 구제역병에 관한 연구는 이런 병의 원인이 다른 감염원에 있음을 시사하였다. 예를 들어, 광학현미경으로 보아서 수액에 세균의 증거가 없는 경우에도, 병에 걸린 담배의 수액은 건강한 식물에게 모자이크병을 전염시킬 수 있음이 밝혀졌다. 감염원의 크기와 본질을 더 잘 이해하기 위해서, 러시아의 생물학자 드미트리 이바노브스키(Dmitri Ivanovsky)는 병에 걸린 식물의 수액을 구멍의 크기가 너무 작아서 가장 작은 것으로 알려진 세균조차도 통과하지 못하는 여과기에서 걸렀다. 여과된 액체에는 아직도 전염성이 남아 있었기 때문에, Ivanovsky는 가장 작은 것으로 알려진 세균보다 더 작은 그리고 아마도 더 단순한 병원체에 의해 병이 생겼다고 1892년에 결론지었다. 이 병원체는 **바이러스(virus)**라고 알려지게 되었다.

1935년, 록펠러연구소(Rockefeller Institute)의 웬델 스탠리(Wendell Stanley)는 담배모자이크병을 일으키는 바이러스가 결정화될 수 있었고, 이 결정체가 전염성이 있었다고 보고하였다. 결정체를 형성하는 물질은 매우 질서정연하고 윤곽이 뚜렷한 구조이며, 가장 단순

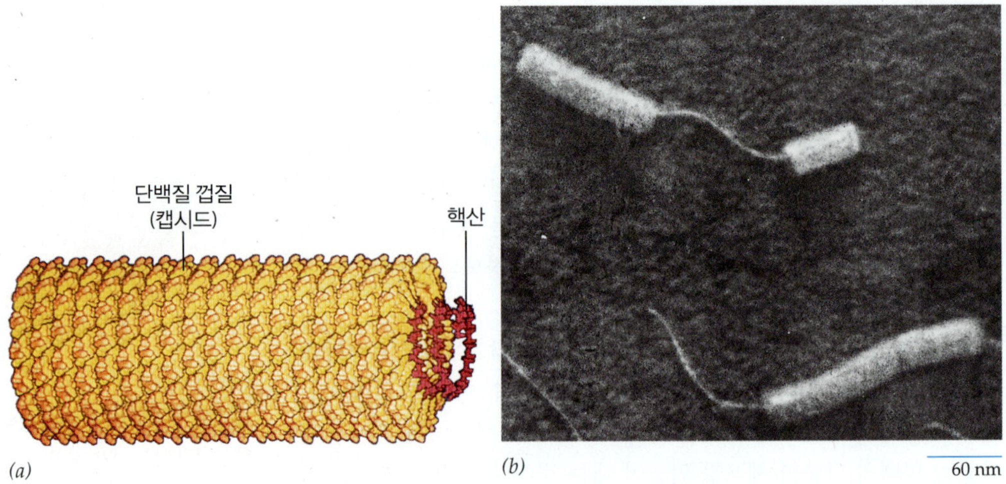

그림 1.21 담배모자이크 바이러스(TMV). (*a*) TMV 입자 일부의 모형. 자루 모양의 전체 입자를 따라 동일한 단백질 소단위들이 하나의 나선형 RNA 분자(빨간색)를 감싸고 있다. (*b*) 페놀을 처리하여 위에 있는 입자의 가운데 부분과 아래 입자의 끝 부분에 있는 단백질 소단위들을 제거한 후에 찍은 TMV 입자의 전자현미경 사진. 온전한 이 바이러스의 길이는 약 300 nm이고, 직경은 18 nm이다.

출처: (a) Gerald Stubbs, Keuchi Namba, and Donald Caspar 제공; (b) M.K. Corbett 제공.

한 세포보다 훨씬 덜 복잡하였다. Stanley는 담배모자이크 바이러스(tobacco mosaic virus, TMV)가 단백질이었다고 잘못 결론지었다. 사실, TMV는 막대기 모양의 입자로서, 하나의 RNA 분자가 단백질 소단위들로 구성된 나선형 껍질에 의해 둘러싸여 있다(**그림 1.21**).

바이러스는 후천성면역결핍증(AIDS), 소아마비, 유행성 감기, 에볼라 출혈열, 홍역, 그리고 몇 가지의 암 등을 포함하는 사람의 여러 질병들을 일으킨다. 바이러스는 모양, 크기, 구조 등이 매우 다양하지만, 이들 모두는 공통된 특성을 갖고 있다. 모든 바이러스는 반드시 세포 속에서 기생한다; 즉, 바이러스는 숙주세포 속에 있지 않으면 증식할 수 없다. 특정 바이러스에 따라서 숙주는 식물, 동물, 세균 등의 세포일 수 있다. 살아 있는 세포의 바깥에서 바이러스는 고분자 덩어리에 지나지 않는 입자(**비리온, virion**)로 존재한다. 비리온은 적은 양의 유전물질을 갖고 있는데, 바이러스에 따라서 1가닥 또는 2가닥으로 된 RNA 또는 DNA일 수 있다. 놀랍게도 몇몇 바이러스들은 3개 또는 4개 정도의 유전자들을 갖고 있지만, 다른 바이러스들은 수백개 정도의 많은 유전자만을 갖고 있다. 비리온의 유전물질은 단백질 껍질(캡시드, *capsid*)로 둘러싸여 있다. 비리온은 혼자서는 증식과 물질대사 또는 생명과 관련된 다른 활동 등을 할 수 없는 생명이 없는 고분자집합체이다. 이런 이유로 비이러스는 생물로 간주되지 않으며, 살아 있다고 말하지 않는다.

바이러스의 캡시드는 보통 특정한 수의 소단위들로 구성되어 있다. 소단위로 구성되면 여러 이점들이 있는데, 그 중 가장 확실한 것은 유전정보의 절약이다. 만일 바이러스의 껍질이 TMV에서처럼 단일 단백질의 여러 복사본 또는 많은 다른 바이러스 껍질처럼 몇 개의 단백질로 구성된다면, 이 바이러스는 캡시드를 암호화하기 위해서 오직 하나 또는 몇 개의 유전자만 필요하다. 많은 바이러스의 캡시드는 평면을 갖는 다면체로 구성된 소단위들로 되어 있다. 바이러스의 다면체 모양은 보통 20개의 면이 있는 **20면체**(*icosahedron*)가 일반적이다. 예를 들면, 포유류의 호흡기감염을 일으키는 아데노바이러스는 20면체의 캡시드를 갖고 있다(**그림 1.22a**). AIDS를 일으키는 인체면역결핍바이러스(*human immunodeficiency virus, HIV*)를 포함한 많은 동물 바이러스에서 캡시드는 바이러스가 숙주세포의 표면을 가르고 나올 때 숙주세포의 변형된 원형질막에서 유래된 지질을 함유하는 외피로 싸여 있다(그림 1-22*b*). 세균 바이러스(박테리오파지, *bacteriophage*)는 가장 복잡한 바이러스 중의 하나이며(그림 1-22*c*), 지구 상에 가장 많이 존재한다. (유전물질의 구조와 특성을 밝혀낸 중요한 실험들에 사용되었던) T 박테리오파지는 DNA를 포함하는 다면체의 머리, DNA를 세균세포 속으로 주입시키는 통로인 원통형 자루, 그리고 달 착륙선과 비슷한 꼬리의 섬유들 등으로 구성되어 있다.

바이러스의 표면에는 숙주세포의 특별한 표면 구성성분과 결합할 수 있는 단백질이 있다. 예를 들어, HIV 입자의 표면에서 돌출된 단백질은(그림 1-22*b*에서 gp120으로 표시된 것은 분자량이 120,000달톤[4]인 당단백질을 나타냄) 백혈구 표면에 있는 (CD4라고 일컫는) 특수 단백질과 상호작용하여, 이 바이러스가 숙주세포 속으로 들어가는 것을 쉽게 해준다. 바이러스와 숙주 단백질 사이의 상호작용은 바이러스의 특이성, 즉 바이러스가 들어가서 감염시킬 수 있는 숙주세포의 유형을 결정한다. 일부 바이러스는 넓은 **숙주범위**(*host range*)를 가지고 있어서 다양한 기관 또는 숙주종의 세포들을 감염시킬 수 있다. 예를 들면, 광견병을 일으키는 바이러스는 개, 박쥐, 사람을 포함한 여러 유형의 포유동물 숙주들을 감염시킬 수 있다. 그러나 대부분의 바이러스들은 비교적 좁은 숙주범위를 갖고 있다. 예를 들어, 인간의 감기와 유행성 감기바이러스들은 오직 사람 숙주의 호흡기 상피세포만을 감염시킬 수 있다.

숙주-세포 특이성이 변하면 엄청난 결과를 가져올 수 있다. 이러한 점은 1918년에 전 세계적으로 퍼졌던 유행성 감기로 3,000만 명 이상이 죽은 사실이 말해주고 있다. 이 바이러스는 일반적으로 유행성 감기에 희생되지 않는 특히 젊은 성인에게 치명적이었다. 사실, 미국에서는 이 바이러스로 죽은 675,000명 때문에 평균기대수명이 몇 살 더 낮아졌었다. 지난 몇 년 동안의 가장 칭송받은—그리고 논

[4]1달톤은 원자질량의 1단위, 즉 하나의 수소(^{1}H) 원자 질량과 같다.

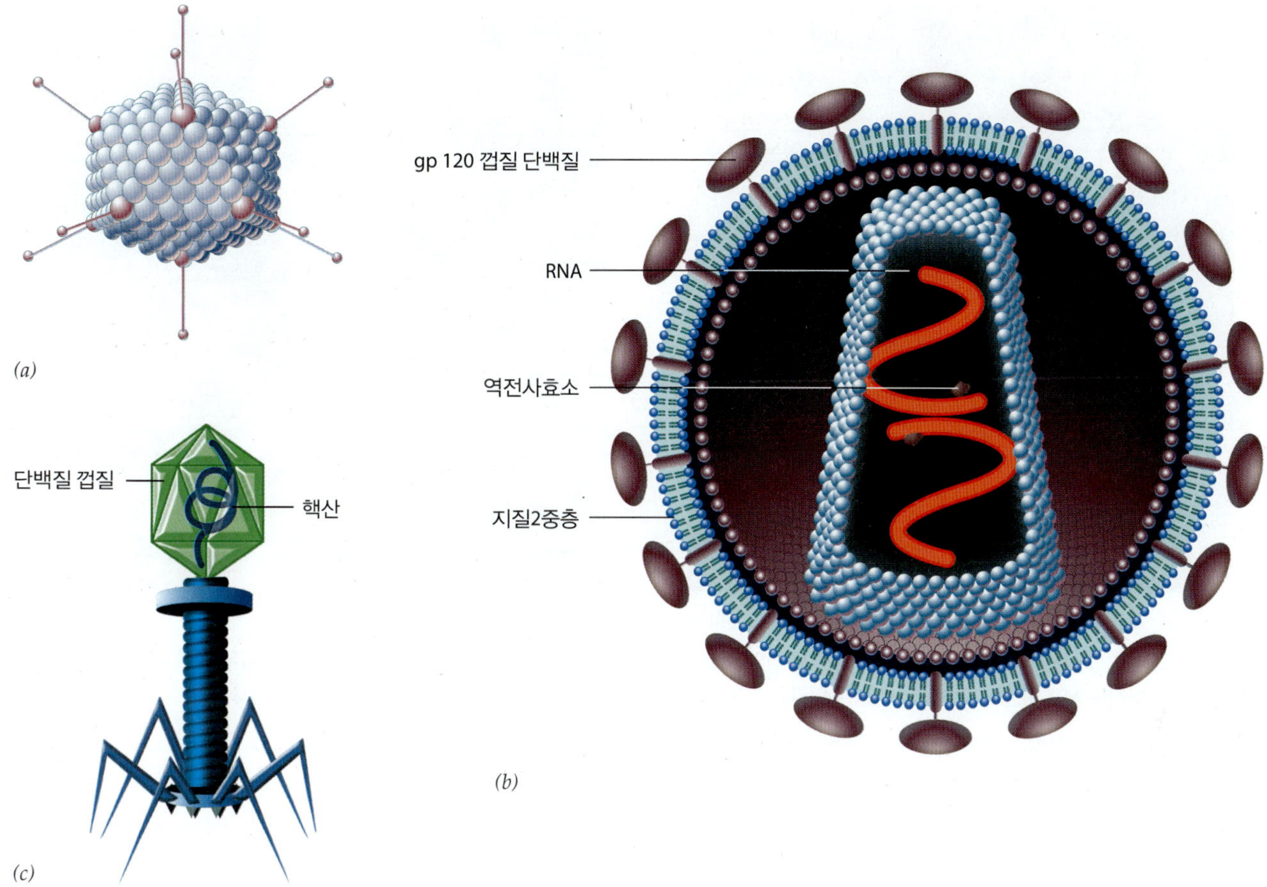

그림 1.22 바이러스의 다양성. (*a*) 아데노바이러스, (*b*) 인체면역결핍바이러스(HIV), (*c*) T-짝수 박테리오파지 등의 구조. **참고**: 이 바이러스들은 실제 크기와 같은 배율로 그려져 있지 않다.

란이 많은—업적으로 여겨지는 연구들 중의 하나는 이런 유행성 바이러스의 유전체서열을 결정하고, 매우 유독한 이 바이러스의 유전체를 재구성할 수 있게 된 것이었다. 이 연구는 90년 전에 감염으로 죽은 희생자들의 보존된 조직에서 이 바이러스의 유전체(1한 가지의 단백질을 암호화하는 8개의 분리된 RNA 분자들로 된 유전체의 일부)를 분리함으로써 이루어졌다. 가장 잘 보존된 조직은 알래스카의 영구 동토층에 매장되었던 북미 원주민 여성에게서 얻은 것이었다. 그 "1918 바이러스(1918 virus)"의 염기서열은 조류에서 인간으로 옮겨진 병원체인 것으로 나타났다. 이 바이러스가 상당한 수의 돌연변이가 축적되어 포유류 숙주에 적응했다 할지라도, 예상했던 것처럼 그 유전물질이 사람의 유행성 감기바이러스의 것과 결코 교환되지 않았었다.

1918 바이러스의 염기서열 분석결과는 이 바이러스가 왜 매우 치명적이었으며, 이 바이러스가 어떻게 사람들 사이에 매우 효율적으로 전염되었는지를 설명할 수 있는 몇몇 단서를 제공하였다. 유전체서열을 사용하여 연구자들은 실험실에서 1918 바이러스를 특별히 맹독성인 감염입자로 재구성하였다. 실험실의 생쥐는 현대 인간의 유행성 감기바이러스에 감염되어도 정상적으로 살아 남는 반면, 재구성된 1918 바이러스는 감염된 생쥐를 100% 죽였을 뿐만 아니라 이 생쥐 허파 속에 수많은 바이러스 입자를 생산하였다. 공중보건의 잠재위험성 때문에, 1918 바이러스의 전체 염기서열과 이의 재구성은 오직 정부의 안전자문단이 승인한 후에만 그리고 현재의 유행성 감기바이러스의 백신과 약품이 재구성된 바이러스로부터 생쥐를 보호하는지를 증명한 후에만 진행되었다.

바이러스의 감염에는 두 가지 기본 유형들이 있다. (1) 대부분의 경우, 바이러스는 숙주의 정상적인 합성활동을 억제하고, 바이러스의 핵산과 단백질을 만들기 위해서 숙주세포에서 가용한 물질들을 사용하도록 숙주세포의 방향을 바꾸어 새로운 비리온을 조립한다. 바꿔 말하면, 바이러스는 세포들처럼 자라지 않는다; 바이러스는 구성성분들을 이용하여 직접 성숙한 크기의 비리온으로 조립된다. 결국, 감염된 세포는 파열되고(용해, *lyses*), 이웃 세포들을 감염시킬 수 있는 새로운 세대의 바이러스 입자들을 방출한다. 이러한 **용균**(*lytic*) 감염의 예를 **그림 1.23a**에 나타내었다. (2) 다른 경우는, 감염 바이러스가 숙주세포를 죽이지 않지만 대신 자신의 DNA를 숙주세포 염색체의 DNA 속으로 삽입시켜 **통합된다**(*integrates*). 이렇게 통합된 바이러스 DNA를 **프로바이러스(provirus)**라고 한다. 통합된 프로바이러스는 바이러스와 숙주세포의 유형에 따라 다른 효과를 나타낼 수 있다.

- 프로바이러스를 갖고 있는 세균세포들은 자외선과 같은 자극에 노출될 때까지 정상적으로 행동한다. 이런 자극원은 휴면상태의

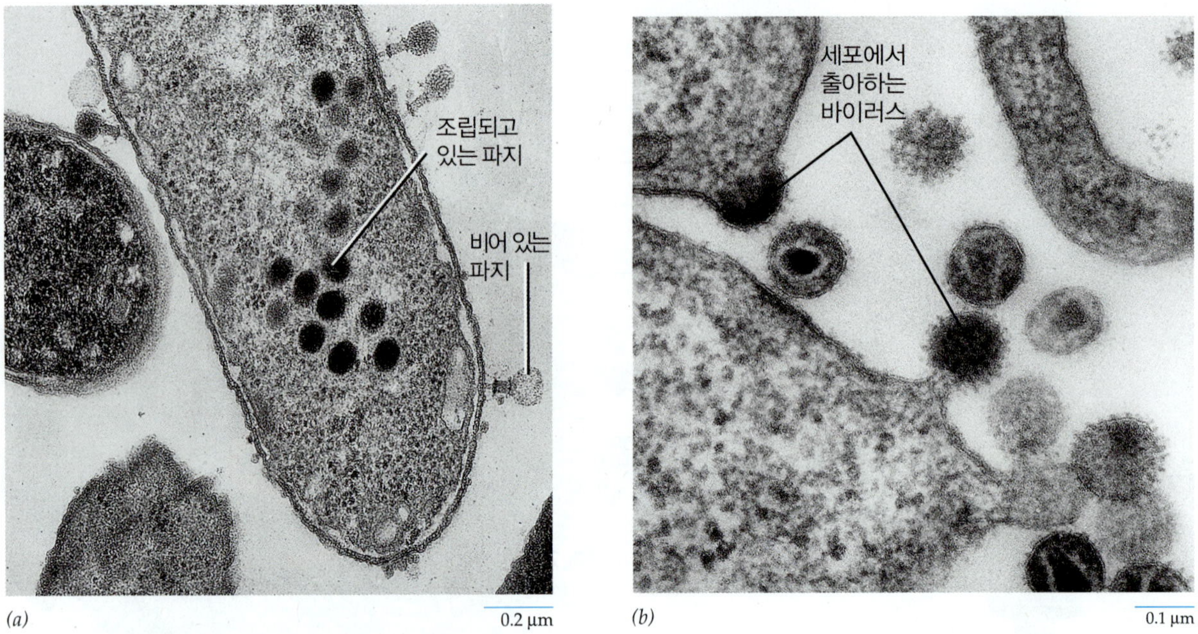

그림 1.23 바이러스 감염. (*a*) 세균세포가 박테리오파지에 의해 감염된 말기상태를 보여주는 전자현미경 사진. 바이러스 입자들은 세포 속에서 조립되고 있으며, 속이 비어 있는 파지의 껍질이 아직도 세포 표면에 있다. (*b*) 감염된 인간의 림프구에서 출아하고 있는 HIV 입자를 보여주는 전자현미경 사진.

출처: (*a*) Jonathan King and Erika Hartwig 제공; (*b*) Hans Gelderblom 제공.

바이러스 DNA를 활성화시켜 세포를 용해시키고 바이러스 후손을 방출하게 된다.

- 프로바이러스를 갖고 있는 일부 감염된 동물세포들은 용해되지 않고 세포 표면에서 출아하는 새로운 바이러스 후손을 만든다. 인체면역결핍바이러스(HIV)는 이런 방식으로 작용한다; 감염된 세포들은 얼마동안 생존하면서 새로운 비리온을 생산하는 공장처럼 행동한다(그림 1-23*b*).
- 프로바이러스를 갖고 있는 일부 동물세포들은 자신의 성장과 분열의 자제력을 잃고 악성으로 된다. 이런 현상은 배양된 세포를 적당한 종양바이러스로 감염시켜 실험실에서 쉽게 연구될 수 있다.

바이러스가 나쁜 점들만 있는 것은 아니다. 바이러스 유전자의 활동은 숙주 유전자의 활동과 비슷하기 때문에, 연구자들은 훨씬 더 복잡한 숙주 속에서 DNA 복제와 유전자 발현의 기작을 연구하기 위한 도구로써 수십 년 동안 바이러스를 사용하였다. 더욱이, 유전자치료를 통한 인간 질병치료의 기초역할을 할 기술로써 바이러스는 인간의 세포 속에 외부의 유전자를 도입시키기 위한 수단으로 사용되고 있다. 최근 곤충과 세균을 죽이는 바이러스는 곤충 페스트와 세균 병원체들과의 전쟁에서 더 커다란 역할을 할 것이다. 서구의 의사들이 항생제에 의존하는 동안, 박테리오파지는 동유럽과 러시아에서 세균감염을 치료하기 위해서 수십 년 동안 사용되어 왔다. 항생제에 내성을 보이는 세균이 증가함에 따라, 박테리오파지가 감염된 생쥐를 대상으로 한 전망이 밝은 연구가 다시 시작될 것이다. 현재 많은 생명공학회사들은 세균 감염과 싸우며 세균 오염으로부터 식품을 보호하기 위해 박테리오파지를 생산하고 있다.

바이로이드

1971년에 바이러스가 가장 단순한 유형의 감염원이 아니라는 것을 발견한 것은 뜻밖이었다. 그 해, 미국 농무부의 디에너(T. O. Diener)는 감자가 울퉁불퉁하며 비틀리고 갈라지게 되는 감자갈쭉병(spindle-tuber disease)을 보고하였는데, 이 병은 단백질 껍질이 전혀 없는 작은 원형 RNA 분자로 된 감염원에 의해 생긴다. Diener는 이 병원체를 **바이로이드(viroid)**라고 명명하였다. 바이로이드 RNA의 크기는 작은 바이러스의 1/10 정도 되는 약 240~260개의 뉴클레오티드이다. 나출된 바이로이드 RNA가 어떤 단백질을 암호화한다는 증거는 발견된 바 없다. 오히려, 바이로이드가 관여하는 생화학적 활동들은 숙주세포의 단백질을 이용하여 일어난다. 예를 들면, 감염된 세포 속에서 바이로이드 RNA가 복제될 때는 숙주의 RNA 중합효소 II를 이용하는데, 이 효소는 보통 숙주의 DNA를 전령 RNA로 전사한다. 바이로이드는 세포의 정상적인 유전자 발현 경로를 간섭하여 질병을 일으키는 것으로 생각된다. 바이로이드가 농작물에 미치는 영향은 심각할 수 있다: 카당-카당(cadang-cadang)으로 불리는 바이로이드병은 필리핀의 코코야자나무 밭을 완전히 파괴하였으며, 또 다른 바이로이드는 미국의 국화산업에 큰 피해를 입혔다. 바이로이드보다 더 단순한 다른 유형의 감염원 발견에 대하여는 제2장의 <인간 질병과의 연관성>에 기술되어 있다.

인간 질병과의 연관성

세포대체치료의 전망

많은 인간의 질병들은 특별한 유형의 세포들이 죽기 때문에 발생한다. 예를 들어, 제1형 당뇨병은 췌장에 있는 β-세포가 파괴되어서 일어나고, 파킨슨병은 뇌에 있는 도파민을 생성하는 신경세포가 유실되어 생기며, 심장질환은 심장에 있는 심장근육세포(심근세포)가 죽음으로써 발병한다. 환자로부터 세포를 분리하여 그 환자가 필요로 하는 세포로 전환을 시킨 다음에 그 환자에게 다시 주입하여 잃어버린 기능을 회복시키는 가능성을 상상해보라. 최근의 연구들은 과학자들에게 이러한 유형의 치료가 언젠가는 흔하게 수행될 것이라는 희망을 연구자들에게 안겨주고 있다. 세포대체치료의 개념을 더 잘 이해하기 위하여, 우리는 오늘날 많이 시행되고 있는 **골수이식**(*bone marrow transplantation*)이라고 하는 수술을 생각할 수 있다. 이 수술은 제공자의 골반뼈 내부에서 추출된 세포를 수용자의 몸속에 주입시키는 것이다.

골수이식은 백혈구의 성질과 숫자에 영향을 미치는 암들인 림프종(lymphoma)과 백혈병(leukemia)을 치료하기 위해서 흔히 이용된다. 치료를 하기 위해서 환자는 높은 수준의 방사선 그리고/또는 화학약품에 노출된다. 이런 치료가 암세포를 죽이기 위한 것이지만, 혈액형성세포(조혈세포)들이 특히 방사선과 독한 화학약품에 민감하기 때문에 동시에 적혈구와 백혈구 형성에 관련된 모든 세포들도 죽인다. 일단 환자의 혈액형성 세포들이 파괴되면, 건강한 제공자의 골수세포를 이식하여 파괴된 혈액형성 세포들을 대체시킨다. 이 골수는 환자의 혈액형성 골수조직을 증식시켜 새로 공급할 수 있는 소량의 세포를 갖고 있기 때문에 이식 수용자의 혈액조직을 재생시킬 수 있다.[1] 골수 속에 있는 이러한 혈액형성세포를 **조혈줄기세포(hematopoietic stem cells, HSCs)**라고 하며, 1960년대 초반에 토론토대학(University of Toronto)의 어니스트 맥컬로크(Ernest McCulloch)와 제임스 틸(James Till)에 의하여 발견되었다. 이 세포들은 우리 몸속에서 매 분마다 늙어서 죽는 수백만 개의 적혈구와 백혈구를 대체하는 일을 맡고 있다(그림 17.6 참조). 놀랍게도, 단 **하나의**(*single*) 조혈줄기세포는 방사선을 쪼인 생쥐의 전체 조혈계를 재형성할 수 있다. 아이에게 조혈줄기세포를 투여함으로써 치료할 수 있는 질병이 생기는 경우를 대비하여, 하나의 "줄기세포 보험(stem-cell insurance policy)"과 같은 개념으로서 신생아의 탯줄에 있는 혈액을 저장하는 부모들이 늘고 있다. 지금까지 우리는 세포대체치료의 한 유형을 기술하였고, 이제부터는 더 많은 치료잠재력을 갖는 다른 네 가지 유형들을 살펴 보도록 한다.

성체줄기세포

골수에 있는 조혈줄기세포는 **성체**(*adult*)줄기세포의 한 종류이다. **줄기세포(Stem cells)**는 (1) 자기 재생, 즉 자신과 같은 세포들을 더 많이 생성할 수 있고, (2) 다능성, 즉 두 가지 이상의 성숙한 세포유형들로 분화할 수 있는 미분화 세포라고 정의된다. 골수에 있는 조혈줄기세포는 단지 한 가지 유형의 성체줄기세포일 뿐이다. 성인의 장기 대부분은 조직의 특정한 세포들을 대체시킬 수 있는 줄기세포를 갖고 있다. 재생능력에 대해서 알려지지 않은 성인의 뇌에서도 새로운 신경세포와 아교세포(glial cells, 뇌의 신경세포를 지지하는)를 재생시킬 수 있는 줄기세포가 있다. **그림 1a**는 성체의 골격근에서 분리된 줄기세포이다; 이 "위성세포(satellite cells)"는 손상된 근육조직의 치료가 필요할 때 분열하여 분화하는 것으로 생각된다. 그림 1*b*는 지방조직 속에 있는 성체줄기세포를 생체 외에서 배양하여 분화된 지방세포들이다.

사람의 심장은 심장의 근육조직(심근의 근육세포)과 심장의 혈관을 형성하는 세포 이렇게 두 가지로 분화할 수 있는 줄기세포를 갖고 있다. 이러한 심장줄기세포들은 심한 심장마비를 경험한 환자에서 건강한 심장조직을 재생시킬 수 있는 잠재력을 갖고 있으리라 희망되어 왔다. 이에 힘입어 심장마비로 인해 심장조직이 심각하게 손상된 환자를 대상으로 했던 2개의 임상실험결과들이 2011년 후반에 발표되었으며, 이러한 기념비적인 보고들로 인해 희망은 현실화되었다. 심장수술 동안 각 환자로부터 줄기세포를 추출하여 생체외 배양으로 많이 증식시킨 후에 다시 환자에 주입하였다. 몇 달 후, 주입 받은 환자의 손상된 심장근육의 상당부분(약 50%)이 주입된 줄기세포로부터 생성된 건강한 조직으로 대체되었다. 줄기세포를 주입받지 않은 대조군 환자들과 비교하여, 이러한 심장조직의 재생은 삶의 질도 분명히 향상시켰다. 성체줄기세포는 **자가**(*autologous*)치료의 대표적인 방법이기 때문에 세포대체치료에 있어 이상적이다; 즉, 한 환자로부터 세포를 추출하여 바로 그 동일 환자에게 이식한다. 결과적으로, 이러한 줄기세포는 면역거부의 문제에 직면하지 않는다. 심장줄기세포의 이러한 훌륭한 결과는 성체줄기세포에 대한 관심을 다시 불러일으켰지만, 병든 조직을 재생시

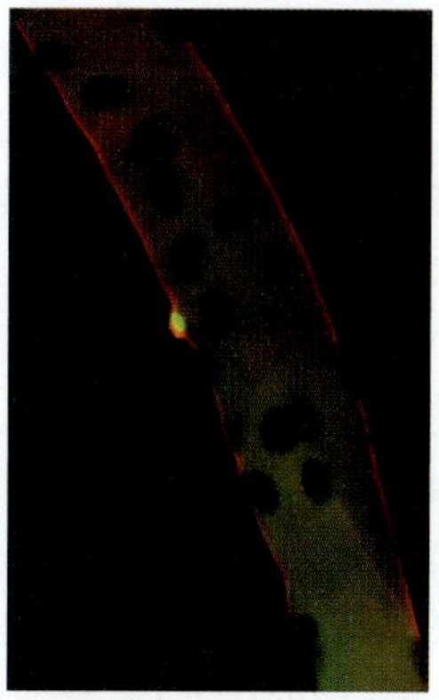

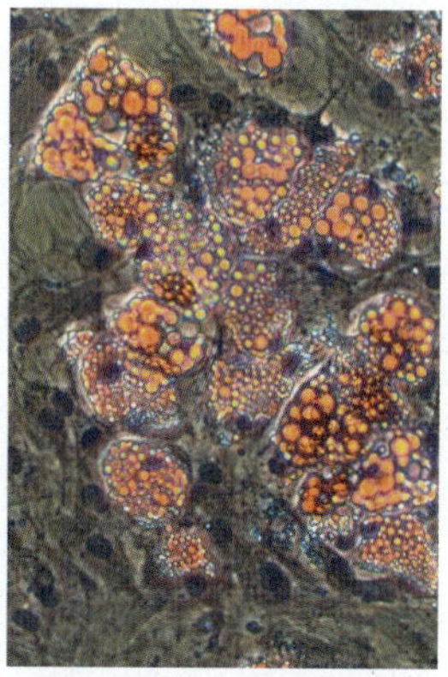

(*a*) (*b*)

그림 1 성체근육줄기세포. (*a*) 파란색으로 염색된 많은 핵을 갖고 있는 근섬유의 일부. 하나의 줄기세포(노란색)가 근섬유의 바깥 표면과 빨간색으로 염색된 세포 바깥층(또는 기저막) 사이에 끼어 있다. 미분화된 줄기세포는 이렇게 노란색으로 보이는데, 이 줄기세포가 분화된 근섬유에는 없는 단백질을 갖고 있기 때문이다. (*b*) 배양되는 성체줄기세포들이 지방세포들로 분화하고 있다. 이렇게 진행될 수 있는 줄기세포들이 성체의 지방조직과 골수에 존재한다.

출처: (*a*) Charlotte A. Collins et al., Cell 122:291, 2005에서 발췌. Elsevier의 허가를 얻음; (*b*) Thermo Fisher Scientific 제공. Nature 451:855, 2008에서 발췌.

계속

키기 위하여 골수로부터 추출한 줄기세포의 분화를 조절하려는 시도가 여러 번 실패한 후에는 시들어졌다. 개발 중에 있는 대부분의 성체줄기세포치료는 중간엽줄기세포(mesenchymal stem cell, MSC)를 사용한다. 이 세포들은 골수에서 얻어질 수 있지만, 앞서 언급한 조혈줄기세포와 다르다. 이 줄기세포들은 혈액세포들을 생성하지 못하고, 오히려 여러 조직들과 기관들에서 발견되는 다양한 다른 유형의 세포들을 생성한다. 또한 중간엽줄기세포는 지방흡입술 과정 동안 지방조직으로부터 얻을 수 있다. 현재 중간엽줄기세포로부터 유래된 세포들을 이용하여 다양한 질병들(심장병, 당뇨병 및 전신홍반증과 크론병과 같은 면역질환)을 치료하고자 100건 이상의 임상시도들이 이루어지고 있다. "프로카이멀(Prochymal)"이라고 불리우는 중간엽줄기세포치료는 미국 식품의약국이 최초로 승인한 세포치료인데, 크론병을 치료할 뿐만 아니라 골수이식을 받은 환자들에서 일어날 수 있는 면역반응을 치료하기 위해서도 사용된다.

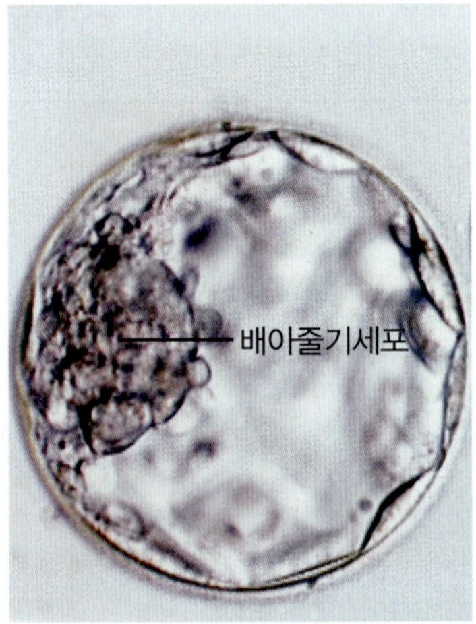

(a)

배아줄기세포

지난 10여 년 동안 이 분야에서 일어났던 흥분된 많은 일들은 포유류의 매우 어린 배아에서 분리된 줄기세포인 **배아줄기세포[embryonic stem (ES) cells]**의 연구에서 이루어졌다(**그림 2a**). 이 줄기세포들은 포유류 태아의 모든 다양한 구조들로 만들어지는 초기 배아에 있는 세포들이다. 성체줄기세포와는 다르게, 배아줄기세포들은 **다능성**(*pluripotent*)이다; 즉, 이 세포들은 몸을 구성하는 모든 유형의 세포로 분화할 수 있다. 대부분의 경우, 인간의 배아줄기세포들은 불임치료병원에서 제공된 배아로부터 분리되었다. 전 세계적으로, 하나의 배아로부터 유래되어 유전적으로 각각 다른 수많은 종류의 인간 배아줄기세포들이 실험적 연구를 위해서 이용될 수 있다.

임상연구자들의 장기적인 목표는 배아줄기세포를 세포대체요법에 쓰일 수 있는 모든 유형의 세포들로 분화시킬 수 있는 배양방법을 알아내는 것이다. 이런 측면의 연구는 상당히 발전하였으며, 배아에서 얻은 분화된 세포들을 이식하면 병에 걸렸거나 상해를 입은 장기를 가진 동물의 상태가 호전될 수 있다는 많은 연구들이 있다. 사람을 대상으로는 2009년 척추손상환자에게 처음으로 시도되었다. 신경세포를 둘러싸는 미엘린수초를 형성하는 희소돌기아교세포(oligodendrocyte)를 이용하는 것이다(그림 8.5 참조). 인슐린, 갑상샘 호르몬, 특정 성장인자의 조합물 등이 포함된 배지에서 배양된 인간의 배아줄기세포는 환자에게 이식되어 희소돌기아교세포로 분화하였다. 이 특별한 배양방법은 배아줄기세포의 분화를 어떤 다른 유형의 세포들보다도 희소돌기아교세포로 유도하였다. 그러나 불행하게도 이식받은 환자의 증상은 특별히 호전되지 않았고, 시도했던 회사는 더 이상 관여를 하지 않기로 결정하였다.

배아줄기세포치료는 황반변성(macular degeneration)과 같은 망막퇴화질환의 치료법으로 많은 연구들이 현재 이루어지고 있다. 망막퇴화의 다른 형태를 치료하기 위하여, 배아줄기세포를 망막에서 아주 중요한 세포인 망막색소상피세포(retinal pigmented epithelial cells)로의 분화를 유도하는 연구들이 현재 진행되고 있다.

배아줄기세포치료의 가장 큰 위험은 분화된 세포집단 사이에 혹시라도 미분화된 배아줄기세포들이 있는지를 모르는 것이다. 미분화

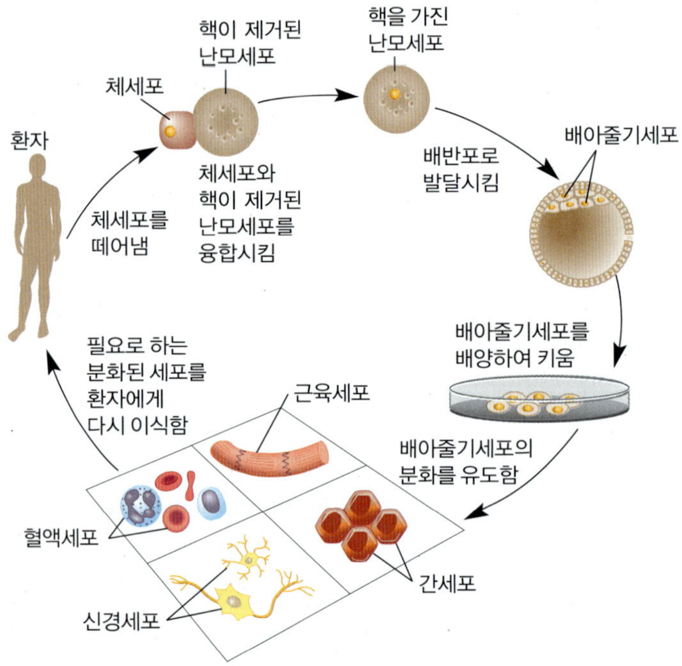

(b)

그림 2 배아줄기세포의 분리와 잠재적 이용. (*a*) 배아발달의 초기단계인 포유동물의 배반포(blastocyst)이며, 다능성의 배아줄기세포가 내세포괴(inner cell mass)를 구성하고 있다. 일단 분리가 되면, 비교적 쉽게 배양된다. (*b*) 세포대체치료에 이용하기 위하여 분화된 세포를 얻기 위한 잠재적 방법. 환자로부터 조직의 작은 조각을 채취하고, 체세포 중 1개는 이미 핵이 제거된 공여자의 난자와 융합시킨다. 환자의 세포핵을 포함하는 융합된 난자는 초기 배아로 발달하도록 배양하고, 배아줄기세포를 채취하여 배양한다. 배아줄기세포들은 필요한 유형의 세포로 분화가 유도된 후에 기관기능을 회복하기 위하여 환자에 이식된다. (현재, 핵이 먼저 제거되지 않은 난자를 사용하는 경우에는 가능하지만, 여기에 기술된 방법에 의하여는 어떠한 영장류로부터도 배아줄기세포를 갖는 배반포단계의 배아를 얻는 것은 가능하지 않다. 이러한 시도에 의하여 생산된 배아줄기세포는 3배체(triploid)이다; 즉, 각 염색체는 2개가 아니라 3개씩—1개는 난자로부터 그리고 2개는 공여세포의 핵으로부터—이 보통 형성된다. 그럼에도 불구하고, 이러한 3배체의 배아줄기세포는 다능성이어서 이식이 가능하다.)

출처: © Phanie/SuperStock

된 배아줄기세포들은 기형종(teratoma)이라고 하는 양성종양을 형성할 수 있는데, 이 종양은 머리카락과 치아를 포함하는 여러 가지 분화된 조직들이 모인 괴상한 덩어리를 갖고 있을 수 있다. 중추신경계 속에 기형종이 형성되면 심각한 결과를 초래할 수 있다. 또한 현재 배아줄기세포의 배양에는 인간유래 이외의 생물학적 물질들이 사용되는데, 이런 물질들도 병을 일으킬 수 있는 잠재적인 위험성을 지니고 있다.

이런 초창기 연구에 사용된 배아줄기세포는 환자와는 전혀 혈연관계가 없는 사람의 배아로부터 유래된 세포주로부터 분리된 것이어서 이식환자로부터 면역거부라는 문제에 접하게 된다. 그러나 배아줄기세포를 원하는 데로 "맞추는(customize)" 것이 가능해져서, 맞춤 제작된 배아줄기세포는 치료받는 환자의 유전적 구성과 똑같다. 그림 2*b*에 나타난 것과 같이, 이것은 **체세포핵치환**(*somatic cell nuclear transfer, SCNT*)이라고 하는 우회적인 방법으로 이루어질 수 있을 것으로 생각되며, 혈연관계가 없는 여성 제공자의 난자에서 얻은 미수정란에서부터 시작된다. 미수정란의 핵은 치료받을 환자의 핵으로 대체될 것이며, 따라서 이 난자는 환자의 것과 동일한 염색체를 갖게 된다. 그 후 이 난자가 초기 배아단계로 발달하면, 난자로부터 배아줄기세포들을 분리하고 배양하여 환자에게 필요한 유형의 세포들로 분화하도록 유도될 것이다. 이 방법은 단지 배아줄기세포의 공급원으로 이용하기 위하여 사람의 배아를 형성해야 하기 때문에, 이를 시행하기 전에 중요한 윤리적 문제가 해결되어야 한다. 더욱이 체세포핵치환 과정은 비용이 매우 많이 들고 또한 기술적으로 어렵기 때문에 일상적인 의학치료로써 시행되기에는 거의 불가능하다. 만일 배아줄기세포를 기반으로 하는 치료가 실행된다면, 수백~수천의 서로 다른 배아줄기세포들을 보관하는 줄기세포은행을 이용할 가능성이 높다. 이런 은행은 대다수의 환자들이 이용하기에 적절한 조직적합성이 매우 가까운 세포들을 갖고 있을 것이다.

유도만능줄기세포

포유동물에서 세포 분화의 과정은 불가역적이라고 오래 전부터 생각해 왔다; 일단 하나의 세포가 섬유아세포, 백혈구, 또는 연골세포로 되면, 이 세포는 결코 다른 유형의 세포로 되돌아갈 수 없다. 이런 생각은 2006년 교토대학교(Kyoto University)의 신야 야마나카(Shinya Yamanaka)와 공동연구자들이 충격적인 발견을 발표하여 산산이 부서졌다; 완전히 분화된 생쥐 세포—이 경우에 결합조직 섬유아세포의 한 유형—를 다능성 줄기세포로 재프로그램 하는 데 성공하였다. 그들은 생쥐의 섬유아세포에 배아줄기세포의 특징인 4개의 핵심 단백질을 암호화하는 유전자를 도입함으로써 이런 개가를 올렸다. 이 유전자들(OSKM: *Oct4*, *Sox2*, *Klf4*, *Myc*)은 세포들을 미분화된 상태로 유지시킬 뿐만 아니라 자기 재생을 계속하는 데 있어서 중요한 역할을 하는 것으로 생각된다. 이 유전자들은 유전자를 운반할 수 있는 바이러스를 사용하여 배양된 섬유아세포에 주입되었고, 재프로그램된 이런 희귀한 세포들은 배양하는 다른 세포들로부터 특수화된 기술로 선별되었다. 그들은 이 새로운 유형의 세포들을 **유도만능줄기세포**(*induced pluripotent stem cell, iPS cell*)라고 명명하였다. 그들은 이 세포들을 생쥐의 배반포에 주입하여 난자와 정자를 포함한 몸의 모든 세포들로 분화하는 것을 발견함으로써, 이 세포들이 정말로 다능성을 나타낸다는 사실을 증명하였다. 그 다음 해부터 그와 똑같은 재프로그램 성과가 인간의 세포를 대상으로 많은 실험실들에서 이루어졌다. 이것은 배아줄기세포 분화를 위해 이미 개발된 비슷한 실험기법을 이용하여 다양한 유형들의 신체 세포로 분화하도록 유도될 수 있는 다능성의 세포들을 연구자들에게 무한정으로 공급할 수 있다는 것을 의미한다.

실제로, iPS 세포들은 **그림 3**에 나타낸 것과 같이 생쥐의 겸상적혈구빈혈증(sickle cell anemia)과 같은 특정 질병들을 고치기 위해 실험동물에서 이미 사용되고 있다. 이 같은 동물실험의 성공적인 결과를 토대로, iPS 세포들을 환자들에 적용하려는 시도가 시작되고 있다. iPS 세포치료의 첫 번째 임상시도는 2014년에 시작되었다. 위에서 언급한 진행 중인 배아줄기세포치료와 비슷하게, 이 시도도 황반변성을 치료하기 위하여 iPS 세포에서 유래된 망막색소상피세포를 사용하였는데, 현재 결과를 기다리고 있다.

iPS 세포의 유용성은 세포대체치료를 훨씬 넘어 확대될 수 있다. iPS 세포는 복합유전질환을 가진 환자의 성체 세포로부터 또한 만들어

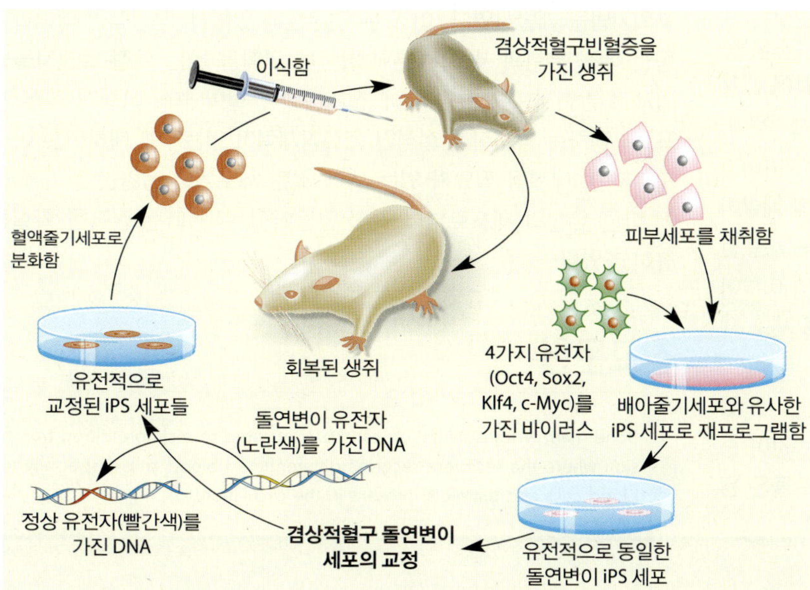

그림 3 생쥐에서 유전병인 겸상적혈구빈혈증 치료에 사용하기 위한 유도만능줄기(iPS) 세포들을 만드는 단계들. 병에 걸린 동물로부터 피부세포들을 채취하고, 바이러스를 이용하여 4개의 필요한 유전자를 세포 속으로 주입하면 유전프로그램이 재구성되어 미분화상태의 iPS 세포들로 발달하게 한다. 그 후, iPS 세포들의 결함유전자(globin)를 정상유전자로 대체시키고, 이렇게 교정된 iPS 세포들은 정상적인 혈액줄기세포들로 분화된다. 그런 다음, 이 혈액줄기세포들이 병에 걸린 생쥐에 다시 주입되면, 분열하여 정상적인 혈액세포들로 분화함으로써 이 유전병이 치료된다.

출처: Rudolf Jaenisch, *Cell* 132:5, 2008에서 발췌. Elsevier의 허가를 얻음.

계속

졌었다. 그런 후에 연구자들은 이렇게 만들어진 iPS 세포를 특정 질환에 의하여 영향을 받았던 특수한 세포로 실험실에서 분화하였다. 그러한 연구들을 통해 관찰이 불가능한 몸 속 깊은 곳에서 질병 발생의 기작을 실험실 배양접시 안에서 밝혀줄 수 있기를 희망하고 있다. 이러한 "질병 iPS 세포(diseased iPS cells)"는 "배양용기 안의 환자(patients in a Petri dish)"로 간주되고 있다. 이러한 세포들의 임상적 적용성은 하나의 예로써 설명될 수 있다. 긴 QT 증후군(Long QT syndrome)이라 불리는 심장질환을 가진 환자로부터 유래된 iPS 세포를 불규칙적으로 수축["박동(beats)"]하는 심장근육세포로 배양용기 안에서 분화시켰다. 이러한 배양용기 안에서 관찰되는 질병특이적 표현형은 이 질병을 치료하기 위해 사용되는 여러 의약품들에 의하여 고쳐질 수 있다. 더욱이 질병 iPS 세포로부터 분화된 이 심근세포들은 시사프라이드(cisapride) 약물에 노출되면, 불규칙한 수축은 증가되었다. Cisapride는 몇몇 환자들에서 심장부정맥을 일으킨다는 보고로 인하여 미국시장에서 사라지기 전까지 속쓰림을 치료하기 위하여 사용된 약물이다. 이러한 유형의 결과는 질병 iPS 세포로부터 유래된 분화된 세포는 질병의 진행을 멈출 수 있는 잠재력을 가진 의약품을 선별하는 데 유용한 목표물로서 제공될 수 있다는 것을 제안하고 있다.

배아줄기세포와는 다르게, iPS 세포의 제작에는 배아를 사용할 필요가 없다. 이 점은 배아줄기세포들을 연구하는 데 따르는 모든 윤리적 의구심을 해소시키며, 또한 실험실에서 이런 세포들을 훨씬 더 쉽게 만들 수 있게 해준다. 그러나 iPS 세포에 관한 연구가 증가하면서 이 세포들의 치료잠재력은 점점 덜 분명해지고 있다. 처음 몇 년 동안의 연구에서는 iPS 세포와 배아줄기세포의 잠재력을 근본적으로 구별할 수 없었다. 그렇지만 최근의 연구들에서 iPS 세포는 배아줄기세포가 갖고 있는 "높은 질(high quality)"이 없으며 또한 모든 iPS 세포들은 똑같지 않다는 것을 보여주고 있다. 예를 들어, iPS 세포들은 배아줄기세포에서는 발견되지 않는 유전체의 돌연변이와 무작위적인 여분의 복사본 등과 같은 유전이상을 보이고 있다. 또한, iPS 세포의 염색질에는 유래되었던 원래 세포의 특정 DNA가 남아있다는 사실은 iPS 세포가 배아줄기세포와 같은 다능성 세포로 완전히 재프로그램화 되지 않았다는 것을 뜻하고 있다. 기원세포의 이러한 잔존물들은 iPS 세포가 다른 세포유형으로 분화되기 보다는 유래되었던 기원세포로 다시 돌아가는 방향으로의 분화가 더 쉽게 이루어지도록 만든다. 이러한 iPS 세포의 분명한 결점은 성체조직에 영향을 미치는 질환을 치료하기 위하여 사용되는 경우에는 심각한 장애가 되지 않지만 중요한 의문점을 제기한다. 또한 iPS 세포는 다른 문제점도 갖고 있다. 유전자를 운반하는 바이러스를 사용하지 않고 세포를 효율적으로 재프로그램하는 기술의 개발이 중요한데, 그 이유는 바이러스를 이용하여 재프로그램된 세포들은 암을 일으킬 가능성이 있기 때문이다. 이런 측면에서 많은 진척이 이루어졌지만, 유전자전이를 위해 다른 방법을 사용했을 경우에 iPS 세포 제작효율은 일반적으로 떨어지고 있다.

배아줄기세포와 같이, 미분화된 iPS 세포들도 기형종을 만들 수 있기 때문에 오직 완전히 분화된 세포들만을 사람에게 이식하는 것이 중요하다. 또한 배아줄기세포처럼 현재 사용되고 있는 iPS 세포들은 원래 이 세포를 제공한 사람과 동일한 조직항원을 갖고 있기 때문에, 만일 이 세포들이 다른 사람(수용자)에게 이식될 경우 면역공격을 일으킬 것이다. 그러나 배아줄기세포의 제작과 다르게, 개인별로 맞추어 조직적합성을 보이는 iPS 세포들을 만드는 것은 훨씬 더 쉬운데, 그 이유는 각 환자의 피부를 떼어내어 iPS 세포들을 간단히 만들 수 있기 때문이다. 특수한 제공자로부터 iPS 세포들의 집단을 생산하는 것은 아직 상당한 시간과 비용 및 전문기술이 필요하다. 결국, 만일 iPS 세포들이 치료용으로 개발된다면, 이 세포들은 대부분의 잠재적인 수용자에게 조직적합성을 가진 세포들을 공급할 수 있는 세포은행에서 나올 것으로 보인다. 또한 iPS 세포들로부터 모든 유전자를 제거하여 임의의 수용자에게 이 유전자들이 이식되지 않도록 방지하는 것도 가능할 것이다.

직접세포재프로그래밍

2008년에 세포를 재프로그램하는 분야는 한 가지 유형의 분화된 세포가 다른 유형의 분화된 세포로 직접 전환된다는 "전환분화(transdifferentiation)"의 경우가 발표되면서 또 다른 의외의 방향으로 전개되었다. 이에 의하면, 장 속의 음식물을 소화시키기 위하여 효소를 생산하는 췌장의 샘꽈리세포(acinar cell)들이 인슐린을 합성하고 분비하는 췌장의 β-세포로 전환되었다. 재프로그램 과정은 세포들이 중간 줄기세포상태를 거치지 않고 며칠 안에 직접 일어났다. 그리고 이 일은 세포들이 살아있는 쥐의 췌장 속에서 정상적으로 살아 남아 있는 동안에 일어났다. 이런 개가는 배아에서 β-세포의 분화에 중요한 것으로 알려진 세 가지 유전자를 운반하는 바이러스를 동물에 주입하여 이루어졌다. 주입받는 수용체는 당뇨병에 걸린 생쥐였고, 유의한 수의 샘꽈리세포가 β-세포로 전환분화됨으로써 이 동물은 훨씬 적은 양의 인슐린으로도 혈당을 조절하게 되었다. 또한 이 실험에서 사용된 아데노바이러스(adenovirus)가 수용체 세포에 영구적으로 남아 있지 않다는 것이 주목할 만한 일이며, 이로써 유전자운반체인 바이러스를 사람에게 사용하여 생길 수 있는 우려의 일부가 사라지게 되었다. 이 최초의 발표 이후, 많은 실험실들은 한 유형의 분화된 세포(통상적으로 섬유아세포)를 다능성을 가진 중간세포의 유형이 없이 신경세포, 심근세포, 혈액전구세포 등의 다른 유형의 세포들로 직접 전환할 수 있는 세포외기법을 개발하였다. 이 모든 경우들에 있어서, 정상적인 배아발달 동안 특정 유형의 세포로 분화하는 데 역할을 하는 특정 유전자들을 강제로 발현하도록 했을 때에 전환분화는 일어난다. 이렇게 직접 재프로그램하는 방식이 현실적인 치료잠재력이 있는지에 대하여는 아직 모르지만, 대체될 필요가 있는 병에 걸린 세포들이 동일한 장기 속에서 다른 유형의 세포로부터 직접 만들어질 수 있다는 전망을 확실히 높이고 있다.

참고문헌

1. Bone marrow transplantation can be contrasted to a simple blood transfusion where the recipient receives differentiated blood cells (especially red blood cells and platelets) present in the circulation.

역사적 실험

진핵세포의 기원

우리는 이 장에서 세포들은 2그룹(원핵세포와 진핵세포)으로 분류된다는 것을 알았다. 이렇게 생물을 세포수준에서 분류하는 방식이 제안된 거의 그때부터 생물학자들은 다음과 같은 질문에 관심을 갖게 되었다: 진핵세포의 기원은 무엇인가? 대부분의 사람들은 (1) 원핵세포가 진핵세포보다 먼저 생겼으며, (2) 원핵세포로부터 진핵세포가 생겼다는 것에 동의한다. 첫 번째 논지는 화석기록에서 직접 입증될 수 있는데, 화석기록에 의하면 진핵세포가 존재했던 시기보다 약 10억 년 전쯤인 약 27억 년 전의 바위 속에 원핵세포가 존재했음을 보여준다(9쪽 참조). 두 번째 논지는 두 유형의 세포들이 다른 생물들로 독립적으로 진화될 수 없는 많은 복잡한 특성들(예: 매우 비슷한 유전부호, 효소, 대사경로, 원형질막)을 공유하기 때문에, 서로 유연관계를 갖고 있어야만 된다는 사실에서 그렇다.

1970년 무렵까지, 사람들은 진핵세포의 소기관들이 점차로 더 복잡하게 되는 점진적인 진화 과정을 거쳐 원핵세포로부터 진핵세포가 진화되었다고 일반적으로 믿었다. 이런 생각은 당시 보스턴대학교(Boston University)의 린 마굴리스(Lynn Margulis)의 연구에 의해 극적으로 바뀌게 되었다. Margulis는 이전에 세안했다가 받아들여지지 않았던 개념을 부활시켰는데, 그 개념은 진핵세포의 일부 세포소기관들—특히 미토콘드리아와 엽록체—이 큰 숙주세포의 세포질 속에서 함께 살았던 작은 원핵세포로부터 진화되었다는 것이다.[1] 이 가설을 **세포내공생설(endosymbiont theory)**이라고 하는데, 서로 공생관계로 살아 가는 더 단순한 두 가지 이상의 독립된 세포들로부터 더 복잡한 하나의 "혼합된(composite)" 세포로 어떻게 진화할 수 있는가를 기술하고 있다.

가장 초기의 원핵세포 조상은 혐기성이며 종속영양을 하는 세포들이었을 것으로 추정되었다: **혐기성**(*anaerobic*)이란 세포들이 산소분자를 사용하지 않고 영양물질로부터 에너지를 얻었다는 뜻이며, **종속영양**(*heterotrophic*)이란 무기물들(이산화탄소 및 물과 같은)로부터 유기화합물을 합성할 수 없었지만 대신 그들 환경에 있는 유기화합물로부터 에너지를 얻어야 했음을 뜻한다. 이러한 원핵세포 조상들은 세포 내부에 막으로 된 구조물을 형성할 수 있는 능력을 획득한 것으로 당시에는 생각되었는데, 내부 막 속에 DNA를 포함함으로써 핵이 형성되는 것으로 여겨졌다. 이러한 내부 막의 발달은 핵 또는 다른 내부 구조물을 갖고 있다는 측면에서 진핵생물과 비슷하게 여겨지는 최초의 생물체를 생산하였다(**그림 1**). 이것은 차후에 모든 진핵생물들을 생성한 최초의 생물체이기 때문에, **최초의 진핵생물 공통조상**(*first eukaryotic common ancester*, FECA)으로 알려져 있다. 비록 세포 내부 막들의 존재가 오직 진핵생물들에서만 있는 특성으로 한때는 생각되었을지라도, 특정 세균들은 매우 복잡한 내부막계를 형성할 수 있다는 것이 지금은 알려져 있다. 오늘날 알려진 가장 좋은 예는 세균 *Gemmata obscuriglobus*이며, 다양한 복잡한 내부 막들을 형성한다(**그림 2**). 그러나 3차원으로 재구성된 *G. obscuriglobus*의 구조를 자세히 살펴보면,

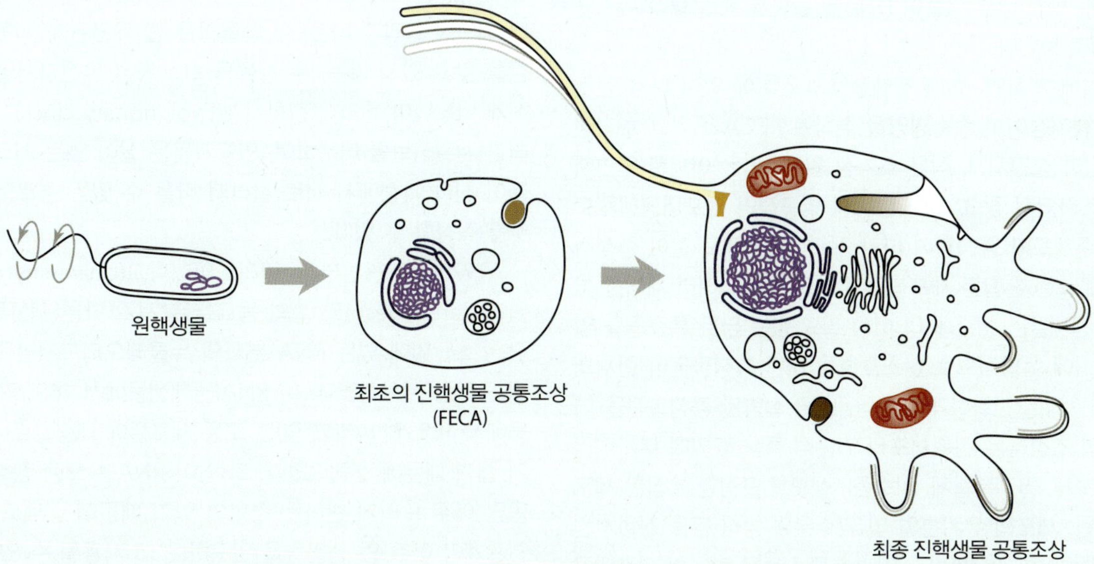

그림 1 **진핵생물의 진화 과정을 나타낸 모형.** 원핵생물 조상으로부터 내부 구조물들이 발달하기 시작하여 핵과 같은 막으로 싸인 내부 구조물들을 갖는 개체로 발달한다. 그러한 개체는 최초의 진핵생물 공통조상(FECA)으로 알려져 있다. 세포 내부 막들을 형성하는 분자기계들은 FECA가 미토콘드리아를 섭취하여 공생관계를 유지하는 개체를 형성하였다. 추가적인 진화적 혁신으로 인하여 모든 진핵세포계열에 공통적인 섬모, 인트론 이어맞추기, 감수분열과 같은 특징들을 갖게 되었다. 이러한 모든 특징들을 갖는 개체는 결국 현존하는 모든 진핵세포계열로 발달하였으며, 최종 진핵생물 공통조상(LECA)으로 알려져 있다. LECA는 엽록체를 생산하여 광합성을 할 수 있는 세균과 세포 내에서 공생하는 차후 진화 과정을 통하여 다른 계급들의 진핵세포들로 발달하였다.

출처: F.D. Mast 등, *Trends Cell Biol.* 24:435–442, 2014에서 발췌.

계속

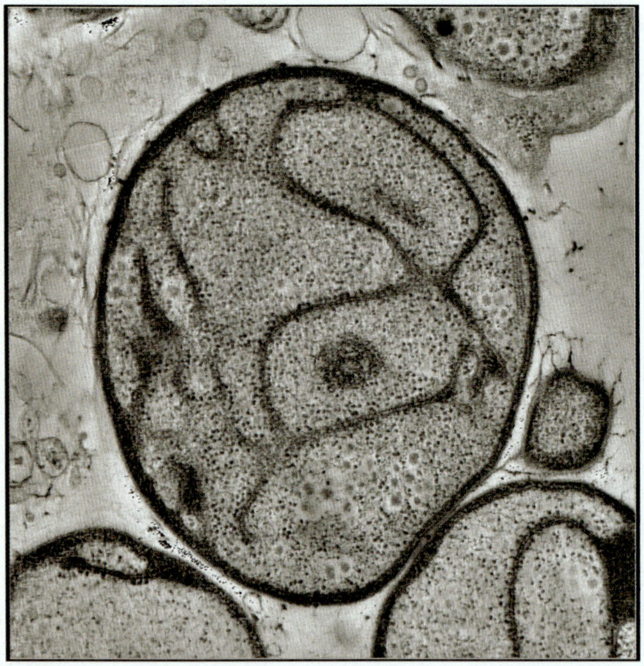

그림 2 복잡한 내부 막계를 갖는 원핵생물. 복잡한 내부 막들을 갖는 세균(*Gemmata obscuriglobus*)의 전자현미경 사진. 비록 이러한 막들이 진핵생물들 내부에 존재하는 막으로 둘러싸인 소기관을 형성하지 않을지라도, 원핵생물 내부에도 막구조물을 형성할 수 있는 능력이 존재한다는 것을 보여준다.

출처: R. Santarella-Mellwig 등, *Plos Biol.* 11:E1001565, 2013에서 발췌.

이러한 내부 막들은 진핵세포의 소기관들과 같은 닫힌 구조물을 형성하지 않는다.[2] 그래서 FECA 탄생에 있어 가장 중요한 단계는 내부 막 그 자체의 형성이 아니라 이러한 내부 막들이 닫힌 내부 구조물로 더 발달하는 데 있으며, 특히 내부 막들이 DNA를 감싸서 핵을 형성하는 단계는 중요한 것으로 보인다.

세포내공생설에 의하면, 현대 진핵생물의 진화에 있어 다음 단계는 크기가 크고 혐기성이며 종속영양을 취하는 FECA가 작고 호기성인 원핵생물을 잡아 삼켰지만, 작은 호기성 원핵생물은 어찌된 일인지 세포질 속에서 소화되지 않고 살아 남아서 영구적인 세포내공생체로 살게 되었다. 숙주세포가 증식함에 따라 세포내공생체도 같이 증식하게 되었기 때문에 그런 혼합된 세포집단이 만들어졌다. 여러 세대를 거치면서 세포내공생체들은 생존에 더 이상 필요 없는 많은 특징들을 잃게 되었으며, 과거에 독립적으로 산소호흡을 하던 미생물들이 현재의 미토콘드리아 전구체로 진화하게 되었다. 방금 설명된 공생과정을 거쳐 형성된 세포의 조상들은 진핵세포의 기본적 특징들 외에 부가적인 세포소기관들(소포체, 골지복합체, 리소좀), 섬모를 포함한 복잡한 세포골격, 인트론 접합, 세포의 유사분열 및 감수분열 방식 등을 진화시킨 하나의 세포계열을 이룰 수 있었다. 이러한 특징들은 하나의 세포내공생체가 발생되었을 때 일어난 것과 같이, 단일과정으로 일어난 것이 아니라 점진적인 진화 과정을 거쳐 생긴 것으로 제안되고 있다. 오늘날 현존하는 모든 진핵생물들은 이러한 형질을 획득한 **최종 진핵생물 공통조상**(*last eukaryotic common ancester*, LECA)이라고 알려져 있는 세포로부터 유래되었다. 현재 진화세포생물학의 연구는 잔존하는 진핵생물과 원핵생물계통들의 특징들을 비교함으로써 FECA와 LECA의 분자적, 구조적, 기능적 특성들을 재구성하는 데 초점이 맞추어져 있다. 가장 오래된 화석은 약 18억 년 전으로 거슬러 올라가 존재했던 진핵생물의 잔해인 것으로 생각된다.

Margulis는 또 다른 세포내공생체, 특히 남세균의 획득은 초기의 종속영양 진핵생물을 녹조류 및 식물 등 광합성을 하는 진핵생물들의 조상으로 전환시킬 수 있었던 것으로 제안하였다.[3] 엽록체의 획득(약 10억 년 전)은 세포내공생 과정의 마지막 단계에서 일어났던 일들 중 하나였음에 틀림없는데, 이 소기관들이 오직 식물과 녹조류에만 있기 때문이다. 이와는 대조적으로, 이미 알려진 모든 진핵세포 무리들은 (1) 미토콘드리아를 갖고 있거나 또는 (2) 미토콘드리아를 갖고 있던 생물로부터 진화되었다는 분명한 증거를 보이고 있다.[a] 미토콘드리아와 엽록체는 공생생물체들로부터 진화 과정을 거처 발생했다는 개념은 현재 많은 증거들에 의해 지지를 받고 있으며, 이 책의 여러 장에서도 언급될 것이다.

살아 있는 모든 생물들을 원핵생물과 진핵생물의 두 범주로 분류하는 것은 기본적으로 세포의 구조에 의해 두 가지로 나눌 수 있음을 의미하지만, 이런 분류가 반드시 정확한 계통발생적 구분, 즉 살아 있는 생물들 사이의 진화적 유연관계를 나타내는 것은 아니다. 원핵생물과 진핵생물처럼, 수십억 년 동안 시간적으로 떨어져 있었던 생물들 사이의 진화적 유연관계를 어떻게 밝히는가? 생물들을 나누려고 시도하는 현대적 분류체계는 살아 있는 생물체의 DNA 서열을 비교함을 기초로 하고 있다.[4] 생물체들 사이에 하나의 핵산을 구성하는 뉴클레오티드서열이 다른 이유는 자손으로 전달된 DNA에 돌연변이가 일어났기 때문이다. 돌연변이들은 오랜 기간에 걸쳐 비교적 일정한 비율로 특정 유전자에 축적될 수 있다. 결과적으로, 뉴클레오티드서열을 비교하면 생물체들이 서로 다른 생물체들과 얼마나 가까운 유연관계인가를 알아낼 수 있다. 예를 들어, 가까운 유연관계인(즉, 하나의 공통조상으로부터 최근에 갈라져 나온) 두 생물들은 먼 유연관계인(즉, 최근의 공통조상을 갖고 있지 않는) 두 생물들보다 특정 유전자서열에서 차이가 더 적게 나타나야 한다. "진화시계(Evolutionary clock)" 역할을 하는 이러한 서열정보를 이용하여, 연구자들은 살아 있는 서로 다른 생물무리들이 진화 과정에서 서로 갈라져 나올 수 있는 경로를 나타내는 계통수를 작성할 수 있다.

1970년대 중반부터, 일리노이대학교(University of Illinois)의 칼 워즈(Carl Woese)와 그의 동료들은 서로 다른 생물들에서 리보솜의 작은 소단위에 있는 RNA 분자의 뉴클레오티드서열을 비교하는 일련의 연구를 시작하였다. 이 RNA(원핵생물에서 16S rRNA 또는 진핵생물에서 18S rRNA라고 함)는 모든 세포들에 대량으로 존재하며 정제하기 쉽기 때문에 선택되었다. 또한 이 RNA는 오랜 진화 과정을 거치는 동안 아주 느리게 변하는 경향이 있기 때문에 선택되었는데, 이는 유연관계가 아주 먼 생물들을 연구하는 데 사용될 수 있음을 뜻한다. 그

[a]미토콘드리아가 없는 혐기성 단세포 진핵생물들[예: 장에 기생하는 흡반편모충류(*Giardia*) 원생동물]이 다수 있다. 수 년 동안, 이 생물들은 미토콘드리아의 세포내공생이 이들 미토콘드리아가 없는 무리들이 진화한 후에 일어났다는 가설의 근거를 이루었다. 그러나 최근 이런 생물들의 핵 DNA를 분석한 결과는 미토콘드리아로부터 핵으로 옮겨진 유전자들이 있다는 것을 시사하고 있는데, 이는 이 생물들의 조상이 진화 과정에서 그들의 미토콘드리아를 잃어 버렸음을 뜻한다.

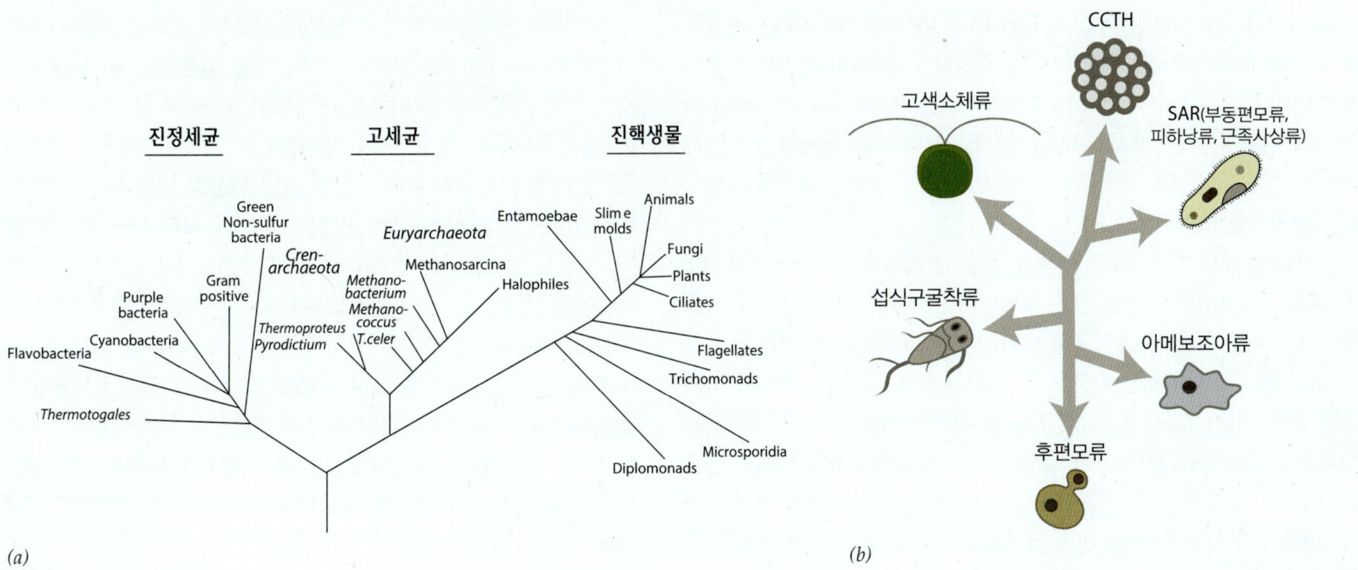

그림 3 생물체의 영역들(domains). (*a*) 생명체의 3영역들을 보여주는 rRNA 서열 비교에 근거한 계통수. 표시된 것처럼 고세균(Archaea)은 2가지의 더 작은 무리로 나뉜다. (*b*) 현존하는 진핵생물류들 사이의 계통관계. (*a*)에서 열거된 rRNA의 초기분석결과는 일련의 초기와 후기의 진화 과정들로 인하여 다양한 계열의 진핵생물들이 형성되었다는 것을 제안하지만, 최근 유전자와 유전체의 더 세밀한 분석결과는 LECA로부터 파생된 주요 6계통들은 "슈퍼그룹(supergroup)"이라고 알려진 서로 다른 계급의 진핵생물들을 형성하였다고 제안하고 있다. 동물과 균류는 서로 다르게 보이지만, 분자수준에서는 매우 유사하여 같이 하나의 그룹(후편모류)을 형성한다. 식물과 녹조류 역시 서로 다르게 보이지만 분자수준에서는 매우 연관이 있어 하나의 그룹(고색소체류)을 형성한다. 이전에 "원생생물"로 알려졌던 많은 다양한 종들을 포함하는 광범위한 다른 진핵생물들은 4개의 다른 그룹들로 최근 확실히 분리된다: 섭식구굴착류(기생충의 일종인 흡반편모충과 자유아메바 포함), 아메보조아류, SAR(짚신벌레 같은 섬모충류, 규조류 및 갈색조류 포함), CCTH(흔하지 않으며 특성이 잘 알려져 있지 않은 단세포 개체들로 구성).

출처: (a) C. R. Woese 등, *Proc. Nat'l. Acad. Sci. U.S.A.* 87:4578, 1990에서 발췌; (b) F.D. Mast 등, *Tends Cell Biol.* 24:435–442, 2014에서 발췌.

들의 첫 번째 연구 중 하나에서, Woese와 그의 동료들은 광합성을 하는 **유글레나속**(*Euglena*) 원생생물의 엽록체에 있는 리보솜에서 16S rRNA를 분석하였다.[5] 그들은 이 엽록체 rRNA 분자의 서열이 진핵생물의 세포질에 있는 것보다 남세균의 리보솜에서 발견된 16S rRNA 서열과 훨씬 더 비슷하다는 것을 알게 되었다. 이 발견은 엽록체가 남세균의 공생에 의해 기원되었다는 강력한 증거를 제공하였다.

1977년에 워즈와 죠지 폭스(Woese and Gorge Fox)는 분자진화 연구의 이정표가 되는 논문을 발표하였다.[6] 그들은 13종의 원핵생물과 진핵생물 종들에서 정제된 리보솜의 작은 소단위 rRNA의 뉴클레오티드서열을 비교하였다. 그들은 이 서열들이 뚜렷이 3개의 무리로 구분되는 것을 발견하였는데, 확실히 각 무리 내에 있는 rRNA들은 다른 두 무리의 rRNA들보다 서로 훨씬 더 비슷하다. 첫 번째 무리에는 오직 진핵생물들만 있었으며, 2번째는 "전형적인(typical)" 세균들(그램-양성, 그램-음성, 남세균), 3번째는 메탄-생산 "세균(bacteria)"들이었다. Woese와 Fox는 메탄을 생산하는 생물들은 "진핵생물 세포질과의 유연관계보다도 전형적인 세균에 더 유연관계를 보이지 않는 것 같다"는 의외의 결론을 내렸다. 이 결과는 이들 3무리의 생물들이 세포체계를 갖춘 생물들의 초기 진화 과정에서 서로 갈라져서 세 가지 독립된 진화계열을 나타내고 있다는 것을 암시한다. 결과적으로 그들은 이 생물들을 세 가지의 다른 계(kingdom)로 지정하여 진핵생물계(Urkaryotes), 진정세균계(Eubacteria), 고세균계(Archaebacteria)로 명명하였으며, 원핵생물을 근본적으로 다른 두 가지의 무리로 구분하고 있다.

계속된 후속연구들은 원핵생물들이 유연관계가 먼 2개의 계열로 나누어질 수 있다는 생각을 지지하게 되었고, 고세균의 범위를 온천과 심해의 공기구멍에 사는 호열성 세균과 매우 짠 호수와 바다에 사는 호염성 세균 등 최소한 2무리가 포함되도록 확대되었다. 1989년에 발간된 2개의 보고서는 생물의 계통수에 근거하여 고세균이 진정세균보다 실제로 진핵생물에 더 가까운 유연관계에 있음을 시사하였다.[7,8] 두 연구진은 아주 다양한 원핵생물, 진핵생물, 미토콘드리아, 엽록체 등에 있는 여러 단백질들의 아미노산서열을 비교하였다. rRNA의 서열을 바탕으로 하여 만든 계통수는 동일한 결론에 이르렀다(**그림 3a**).[9] 그 후에 발표된 논문에서 Woese와 동료들은 수정된 분류체계를 제안하였으며, 이것은 현재까지 널리 받아들여지고 있다. 이 체계에서 고세균, 진정세균, 진핵생물 등을 분리된 영역(domain)으로 지정하여, 각각 고세균역(Archaea), 진정세균역(Bacteria), 진핵생물역(Eucarya)으로 명명되었다.[b] 다른 비슷한 DNA 서열 분석연구들은 진핵생물을 6개의 다른 무리로 구분하였는데(그림 3*b*), 사람을 포함하는 동물은 "후편모생물(opisthokonts)"로 알려진 무리에 속한다. 그림 3*a*의 모형에 따르면, 생물의 계통수에서 일어난 첫 번째 중요한 분리에 의해서 2개의 독립된 계열이 만들어졌는데, 그 중의 하나는 세균을 그리고 또 다른 하나

[b]많은 생물학자들은 고세균(archaebacteria)과 진정세균(eubacteria)이라는 용어를 싫어한다. 이 용어들이 문헌에서 점차 사라지고 단순하게 각각 *archaea*와 *bacteria*로 대체되고 있지만, 많은 연구자들은 출판된 논문에서 앞의 용어들을 계속 사용하고 있다. 저자는 세균의(bacterial)라는 뜻에 대하여 생길 수 있는 혼돈을 피하기 위해서, 이 생물들에 대하여 고세균과 진정세균이라는 용어를 계속 사용할 것이다.

계속

는 고세균과 진핵생물이 되었다. 만일 이 견해가 옳다면, 세포내공생체를 흡수하여 최초의 진핵세포로 되는 계열을 형성하게 된 것은 진정세균이 아닌 바로 고세균이었다. 비록 숙주인 원핵세포가 고세균이었다 하더라도, 미토콘드리아와 엽록체로 진화된 이 세포내공생체들은 진정세균임이 거의 확실한데, 그 이유는 현재 이 무리에 속하는 세균들과 밀접한 유연관계를 보이기 때문이다.

1995년까지 그림 3*a*에 나타낸 유형의 계통수는 주로 16S-18S rRNA를 암호화하는 유전자의 분석에 근거한 것이었다. 그때까지 다른 몇 가지 유전자들을 계통적으로 비교한 결과, 그림 3*a*에 그려진 체계가 너무 단순화된 것임을 제안하고 있었다. 원핵세포와 진핵세포의 기원에 관한 의문은 고세균과 진정세균에 속하는 여러 가지 원핵생물 유전체와 진핵생물인 효모(*Saccharomyces cerevisiae*) 유전체의 전체 염기서열이 보고된 1955년과 1997년 사이에 지대한 관심을 받게 되었다. 현재 연구자들은 수백 개의 유전자들의 서열을 동시에 비교할 수 있으며, 이런 분석으로 인하여 여러 가지 풀리지 않는 의문들이 새롭게 제기되어서 3개 영역 사이를 구별하는 경계선이 더 모호하게 되었다.[10] 예를 들어, 다수의 고세균 유전체들은 상당수의 진정세균 유전자를 갖고 있는 것으로 나타났다. 고세균에 있는 이들 대부분 유전자들의 산물은 유전정보 전달 과정(염색체 구조, 전사, 해독, 복제)에 관여되어 있다. 그런데 이 유전자들은 진정세균 세포에서 그와 비슷한 관계에 있는 유전자들과 매우 달랐으며, 실제로는 진핵세포에서 그에 해당하는 유전자들과 비슷하였다. 이런 관찰은 그림 3*a*의 체계와 아주 잘 맞는다. 반면에, 물질대사에 필요한 효소들을 암호화하는 고세균의 여러 유전자들은 확실하게 진정세균의 특징을 나타내었다.[11,12] 또한 진정세균종들이 갖고 있는 유전체들은 때로 고세균의 특징을 지닌 상당수의 유전자들을 갖고 있어서 이들의 기원이 혼합되어 있다는 증거를 보였다.[13]

고생물체의 기원을 연구하는 대부분의 연구자들은 그림 3*a*에서 구별한 것과 같은 계통수의 기본골격을 사용하여 왔다. 그들은 고세균에 진정세균의 것과 유사한 유전자들이 있는 것은 (그리고 반대의 경우도 마찬가지로) **종간 유전자 이동**[*horizontal gene transfer* (*HGT*) 또는 *lateral gene transfer*][14]이라고 하는 현상에 의하여 한 종에서 다른 종으로 유전자들이 이동된 결과라고 주장한다. 그림 3*a*의 계통수를 만들 수 있게 했던 원래의 전제에 따르면, 유전자들은 다른 종의 생물이 아닌 자신의 부모로부터 물려받는다. 이 전제는 비슷한 뉴클레오티드서열로 된 어떤 유전자(예: rRNA 유전자)를 두 종이 모두 갖고 있을 때, 연구자는 두 종이 가까운 유연관계를 갖는다고 결론을 내릴 수 있다. 그러나 만일 세포가 주위환경에 있는 다른 종으로부터 유전자를 받아들일 수 있다면, 실제로 유연관계가 없는 두 종이 매우 비슷한 서열을 가질 수 있다. 원핵생물의 진화 과정에서 종간 유전자 이동의 중요성을 다룬 것은 유연관계가 있는 두 가지의 진정세균들[**대장균속**(*Escherichia*)과 **살모네라속**(*Salmonella*)]의 유전체들을 비교한 연구에서 이루어졌다. 두 진정세균들이 나뉘어졌던 시기인 지난 1억 년 동안 대장균 유전체의 약 20%에 해당하는 755개의 유전자가 "외부(foreign)" 유전자들로부터 유래되었다는 사실이 발견되었다. 이들 755개의 유전자들은 여러 다른 종류의 원균들로부터 최소한 23네 가지의 독립된 종간이동의 결과로 얻어졌다.[15] (병원균의 항생물질 내성에 관한 종간 유전자 이동의 효과가 제3장의 <인간 질병과의 연관성>에서 논의된다.)

만일 유전체들이 다양한 원천종으로부터 유래한 유전자들로 구성된 모자이크라면, 계통발생적 유연관계를 결정하는 데 사용하기 위해서는 어떤 유전자들을 어떻게 선택해야 하는가? 한 가지 견해에 따르면, 유전정보활동(전사, 해독, 복제)에 관련된 유전자들은 계통발생적 유연관계를 결정하기 위해서 가장 좋은 대상이 되는데, 그 이유는 이런 유전자들은 물질대사반응에 관련된 유전자들보다 다른 종으로 덜 이동되는 것 같기 때문이다.[16] 이 저자들은 유전정보에 관련된 유전자들(예: rRNA)의 산물은 큰 복합체의 일부이며, 그 구성성분들은 여러 다른 분자들과 상호작용을 해야만 한다고 주장한다. 외부에서 유래된 유전자 산물은 기존의 체제에 통합될 수 있을 것 같지 않다. "정보관련 유전자들(informational genes)"이 비교의 대상으로 사용될 때, 고세균과 진정세균은 명확하게 서로 다른 무리들로 명확히 나누어지는 경향이 있는 반면에 고세균과 진핵생물은 그림 3에서와 같이 진화적인 친척으로 함께 묶이는 경향이 있다.[더 많은 논의는 문헌 17을 참조할 것.]

진핵생물의 유전체들을 분석한 결과, 유전물질이 혼합되었다는 비슷한 증거를 보였다. 효모유전체를 연구한 결과에서 고세균과 진정세균 모두에서 유래된 유전자들이 분명히 존재하는 것으로 나타난다. "정보관련 유전자들"은 고세균의 특징을 갖는 경향이 있으며, "물질대사관련 유전자들(metabolic genes)"은 진정세균의 특징을 갖는 경향이 있다.[18] 진핵생물 유전체가 갖고 있는 혼합된 특징에 대해서는 여러 가지 설명이 가능하다. 진핵세포들은 고세균 조상으로부터 진화되어 오면서 같은 환경에서 살았던 진정세균으로부터 유전자들을 획득했을 것이다. 또한, 진핵세포의 핵에 있는 유전자들 중의 일부는 미토콘드리아와 엽록체로 진화된 세포내공생체들의 유전체에서 이동된 진정세균의 유전자들로부터 기원된 것이 확실하다.[19] 많은 연구자들은 진핵생물의 유전체가 처음에 고세균과 진정세균이 융합된 후에 두 가지 유전체들이 통합되어 기원된 것이라고 더 강력하게 제안하였다.[예:20] 유전자 획득에 대한 이러한 다양한 경로들이 있다면, 그림 3*a*에서처럼 단순하게 그려진 계통수로 생물 전체 유전체의 진화역사를 나타낼 수 없다는 것은 분명하다.[21–23에서 검토되었음] 그 대신, 특정 유전체에 있는 각 유전자 또는 유전자들의 무리는 그 자체의 독특한 진화수(evolutionary tree)를 갖고 있지만, 이러한 진화수는 최초의 진핵생물 조상의 기원을 밝히려고 하는 과학자들에게는 도움이 안 될 수도 있다.

참고문헌

1. Sagan (Margulis), L. 1967. On the origin of mitosing cells. *J. Theor. Biol.* 14:225–274.
2. Santarella-Mellwig, R. 2013. Three-dimensional reconstruction of bacteria with a complex endomembrane system. *PLoS Biology.* 11:e1001565.
3. Spiegel, F. W. 2012. Contemplating the first Plantae. *Science* 335:809–810.
4. Zuckerkandl, E. & Pauling, L. 1965. Molecules as documents of evolutionary history. *J. Theor. Biol.* 8:357–365.
5. Zablen, L. B., et al. 1975. Phylogenetic origin of the chloroplast and prokaryotic nature of its ribosomal RNA. *Proc. Nat'l. Acad. Sci. U.S.A.* 72:2418–2422.
6. Woese, C. R. & Fox, G. E. 1977. Phylogenetic structure of the prokaryotic domain: The primary kingdoms. *Proc. Nat'l. Acad. Sci. U.S.A.* 74:5088–5090.
7. Iwabe, N., et al. 1989. Evolutionary relationship of archaebacteria, eubacte-

ria, and eukaryotes inferred from phylogenetic trees of duplicated genes. *Proc. Nat'l. Acad. Sci. U.S.A.* 86:9355–9359.
8. Gogarten, J. P., et al. 1989. Evolution of the vacuolar H+-ATPase: Implications for the origin of eukaryotes. *Proc. Nat'l. Acad. Sci. U.S.A.* 86:6661–6665.
9. Woese, C., et al. 1990. Towards a natural system of organisms: Proposal for the domains Archaea, Bacteria, and Eucarya. *Proc. Nat'l. Acad. Sci. U.S.A.* 87:4576–4579.
10. Doolittle, W. F. 1999. Lateral genomics. *Trends Biochem. Sci.* 24:M5–M8 (Dec.)
11. Bult, C. J., et al. 1996. Complete genome sequence of the methanogenic archaeon, *Methanococcus jannaschii*. *Science* 273:1058–1073.
12. Koonin, E. V., et al. 1997. Comparison of archaeal and bacterial genomes. *Mol. Microbiol.* 25:619–637.
13. Nelson, K. E., et al., 1999. Evidence for lateral gene transfer between Archaea and Bacteria from genome sequence of *Thermotoga maritima*. *Nature* 399:323–329.
14. Ochman, H., et al. 2000. Lateral gene transfer and the nature of bacterial innovation. *Nature* 405:299–304.
15. Lawrence, J. G. & Ochman, H. 1998. Molecular archaeology of the *Escherichia coli* genome. *Proc. Nat'l. Acad. Sci. U.S.A.* 95:9413–9417.
16. Jain, R., et al. 1999. Horizontal gene transfer among genomes: The complexity hypothesis. *Proc. Nat'l. Acad. Sci. U.S.A.* 96:3801–3806.
17. McInerney, J. O. & Pisani, D. 2007. Paradigm for life. *Science* 318:1390–1391.
18. Rivera, M. C., et al. 1998. Genomic evidence for two functionally distinct gene classes. *Proc. Nat'l. Acad. Sci. U.S.A.* 95:6239–6244.
19. Timmis, J. N., et al. 2004. Endosymbiotic gene transfer: organelle genomes forge eukaryotic chromosomes. *Nature Rev. Gen.* 5: 123–135.
20. Martin, W. & Müller, M. 1998. The hydrogen hypothesis for the first eukaryote. *Nature* 392:37–41.
21. Zimmer, C. 2009. On the origin of eukaryotes, *Science* 325:666–668.
22. Steel, M. & Penny, D. 2010. Common ancestry put to the test. *Nature* 465: 168–169.
23. Wilson, K. L. & Dawson, S. C. 2011. Functional evolution of nuclear structure. *J. Cell Biol.* 195:171–181.

요 약

세포설은 3개의 조항으로 이루어진다. (1) 모든 생물체들은 하나 또는 그 이상의 세포들로 구성되어 있다; (2) 세포는 생물체의 기본적인 체계의 단위이다; (3) 모든 세포들은 이미 존재하고 있는 세포들로부터 생긴다. (2쪽)

세포는 다음과 같은 생명체의 특성들을 갖고 있다. 세포들은 매우 복잡하며, 세포 이하의 구조는 매우 체계화되어 있고 예측할 수 있다. 세포를 만들기 위한 정보는 세포의 유전자들 속에 암호화되어 있다. 세포는 분열에 의해 증식한다; 세포는 화학에너지를 이용하여 활동한다; 세포는 효소에 의해 조절된 화학반응을 수행한다; 세포는 수많은 기계적 활동들을 한다; 세포는 자극에 반응한다; 세포는 상당한 수준의 자기조절을 할 수 있다. (3쪽)

세포들은 원핵이거나 진핵이다. 원핵세포들은 고세균과 진정세균 중에서만 발견되는 반면, 모든 다른 생물체들—원생생물, 균류, 식물, 동물—은 진핵세포로 구성되어 있다. 원핵세포와 진핵세포들은 비슷한 세포막, 유전정보의 저장 및 사용을 위한 공통 체제, 비슷한 대사 경로 등을 포함하는 여러 가지 공통된 특징을 갖고 있다. 원핵세포들은 진핵세포의 특징인 막으로 된 소기관들(예: 소포체, 골지복합체, 미토콘드리아, 엽록체), 염색체, 세포골격 등을 갖고 있지 않기 때문에 더 단순하다. 또한 두 유형의 세포들은 세포분열 기작, 운동구조, 세포벽의 유형(만일 세포벽이 있다면) 등에 의해서도 구별될 수 있다. 복잡한 식물과 동물은 각각 특별한 활동을 위해 특수화된 서로 다른 여러 가지 유형들의 세포들을 갖고 있다. (8쪽)

세포들의 크기는 거의 항상 현미경적이다. 세균세포들의 길이는 보통 1~5 μm인 반면, 진핵세포는 일반적으로 10~30 μm이다. 세포의 크기가 작은 것은 다음과 같은 몇 가지 이유 때문이다: 핵들은 제한된 수의 유전자를 갖고 있으며, 표면적(세포의 물질교환 표면 역할을 하는)은 세포의 크기가 증가하면 줄어들고, 세포의 표면과 내부 사이의 거리가 멀면 물질이 단순확산을 위한 거리가 더 멀어진다. (18쪽)

바이러스는 살아 있는 세포 속에 있을 때만 증식할 수 있는 비세포성 병원체이다. 세포의 밖에서, 바이러스는 고분자 덩어리 또는 비리온으로 존재한다. 비리온들은 다양한 모양과 크기로 형성되지만, 이들 모두는 단백질로 된 껍질 속에 들어있는 바이러스의 핵산으로 구성된다. 바이러스에 감염되면 (1) 바이러스 자손이 형성될 때 숙주세포를 파괴하거나 또는 (2) 숙주세포의 DNA 속으로 바이러스 핵산을 통합시켜 흔히 숙주세포의 활동을 변화시킨다. 바이러스는 살아 있는 생물체로 간주되지 않는다. (19쪽)

개념 문제

1.1 세포의 발견

1. 로버트 후크는 언제 처음으로 세포에 관하여 기술하였으며, 실제로 그가 본 것은 무엇인가?

2. 세포설을 구성하는 3요소들은 무엇인가?

1.2 세포의 기본 특성

3. 모든 세포들이 공유하는 기본적인 특성들을 열거하고, 각 특성의 중요성을 기술하시오.

4. 살아 있는 모든 개체들이 공통조상으로부터 유래되었다고 제안할 수 있는 세포의 특성들을 기술하시오.

5. 지구 상의 생명체를 돕는 에너지의 출처는 무엇인가? 이 에너지는 어떻게 하나의 개체에서 다른 개체로 전달이 되는가?

1.3 근본적으로 다른 두 계급의 세포들

6. 원핵세포와 진핵세포를 구조적, 기능적, 대사적 관점에서 차이점들을 비교하시오.

1.4 원핵세포의 종류

7. 원핵생물들 중에서 많은 호극성 생물(extremophiles)을 포함하는 것으로 가장 잘 알려져 있는 그룹은 무엇인가?

1.5 진핵세포의 종류

8. 세포 분화의 중요성은 무엇인가?

1.6 세포의 크기 및 구성요소들

9. 왜 세포는 거의 항상 아주 작은가?

10. 만약 미토콘드리아의 길이가 2 μm이라면, 이것은 몇 옹스트롬(Å)인가? 몇 나노미터(nm)인가? 몇 밀리미터(mm)인가?

1.7 바이러스

11. 바이러스의 어떤 특성들이 세균과 다른가?

12. 바이러스는 어떤 유형의 감염을 일으킬 수 있는가?

13. 다음을 비교하시오: 핵양체와 핵; 세균과 정자의 편모; 고세균과 남세균; 질소고정과 광합성; 박테리오파지와 담배모자이크바이러스; 프로바이러스와 비리온.

분석 문제

1. 세포의 구조 또는 기능에 관한 몇 가지 문제를 생각해 보자. 하나의 식물이나 동물 전체를 또는 배양된 세포 집단을 대상으로 연구했을 때, 질문에 답하기 위한 자료를 얻기 위해서는 어느 경우가 더 쉬울까? 이 두 가지(생물체 전체와 배양된 세포) 연구의 유리한 점과 불리한 점은 무엇인가?

2. 그림 1.3은 수많은 미세융모를 갖고 있는 장의 상피세포를 보여준다. 이러한 미세융모를 갖고 있는 생물체에게 유리한 점은 무엇인가? 유전된 돌연변이의 결과로 미세융모가 없는 사람에게 무슨 일이 일어날 것으로 예상하는가?

3. 성공적으로 배양된 최초의 인간 세포는 악성 종양에서 얻어졌다. 이것은 단순히 암세포의 유용성을 의미한다고 생각하는가? 또는 이런 세포가 세포배양을 하는 데 있어서 더 좋은 대상일 수 있다는 것인가? 이유는?

4. 그림 1-8*b*, *c*의 식물과 동물 세포들의 그림에서, 식물세포에는 있고 동물세포에는 없는 어떤 구조가 있다. 이 구조들이 식물의 생명에 어떤 영향을 미친다고 생각하는가?

5. 세포들은 특정 자극들에 반응할 수 있는 수용체들을 세포 표면에 갖고 있다. 인체의 많은 세포들은 혈액을 순환하는 특정 호르몬들과 결합할 수 있는 수용체들을 갖고 있다. 이런 호르몬 수용체들이 왜 중요하다고 생각하는가? 만일 세포들이 이런 수용체들을 갖고 있지 않다면 혹은 모든 세포들이 똑같은 수용체들을 갖고 있다면, 몸의 생리적 활동에 어떤 결과를 초래할 것인가?

6. 만일 여러분이 바이러스가 살아 있는 생물체라고 주장한다면, 이러한 주장을 뒷받침하기 위해 바이러스의 어떠한 구조적 및 기능적 특징들을 말할 것인가?

7. 세포들 속에서 일어나는 활동들이 그림 1.7의 Goldberg 만화에서 본 것과 유사한 방식으로 일어난다고 가정한다면, 이것은 조립라인에서 자동차를 만들거나 농구경기에서 자유투를 던지는 것과 같은 인간의 활동과 어떻게 다른가?

8. 세균세포와 다르게, 진핵세포의 핵은 복잡한 구멍들이 있는 2중 막으로 싸여 있다. 원핵세포와 비교하여, 이런 2중 핵막은 진핵세포에서 일어나는 DNA와 세포질 사이의 물질 이동에 어떻게 영향을 미칠 것으로 생각하는가?

9. 그림 1.16에 있는 섬모를 가진 원생생물의 사진을 살펴보고, 우리 몸의 근육세포 혹은 신경세포는 하지 않지만, 이 세포가 수행하는 몇 가지 활동들을 생각해 보시오.

10. 다음 중 어떤 유형의 세포가 가장 큰 부피를 갖는다고 예상하는가: 매우 납작한 세포 또는 둥근 세포? 이유는?

11. 여러분이 1890년대에 살고 있는 과학자로서 식물의 생장을 저해하고 잎에 반점을 생기게 하는 담배의 병을 연구한다고 상상해 보자. 이 병에 걸린 식물의 수액을 건강한 식물에 주입시켰을 때, 그 식물로 병이 옮겨갈 수 있다는 것을 여러분은 알 것이다. 여러분은 가장 좋은 광학현미경으로 그 수액을 관찰하여 세균이 없다는 것을 확인한다. 그리고 가장 작은 것으로 알려진 세균이 통과할 수 없는 크기의 구멍을 가진 여과기에 그 수액을 거른다. 그러나 여과기를 통과한 액체는 아직도 병을 옮길 수 있다. 100년 이전에 이 실험을 했던 Dmitri Ivanovsky와 같이, 여러분은 아마도 감염원이 알져지지 않은 특별히 작은 세균이었다고 결론지을 것이다. 이 가설을 오늘날 시험하기 위해서 여러분은 어떤 종류들의 실험들을 수행할 것인가?

12. 대부분의 진화생물학자들은 모든 미토콘드리아는 하나의 조상 미토콘드리온에서 진화했으며, 모든 엽록체들은 하나의 조상 엽록체로부터 진화했다고 믿는다. 바꿔 말하면, 이런 소기관들을 생기게 한 공생의 사건은 오직 한 번만 일어났다. 만일 이런 경우라면, 이 소기관들의 획득을 29쪽의 그림 3*a*에 있는 계통수의 어느 곳에 위치시키겠는가?

13. 1918 감기바이러스의 완전한 서열과 유독성 바이러스 입자의 재구성 등에 관한 발표는 커다란 논쟁을 불러 일으켰다. 이 연구결과의 발표를 옹호했던 사람들은 이런 정보가 유행성 감기바이러스의 독성을 더 잘 이해하도록 도울 수 있으며, 더 좋은 치료법 개발을 도울 수 있다고 주장하였다. 이 발표에 반대하는 사람들은 이 바이러스가 생화학무기를 이용한 폭력주의자들에 의해 재구성될 수 있거나 또는 부주의한 연구자에 의해 돌발적으로 방출되어 또 다른 전 세계적 유행병이 생길 수 있다고 주장하였다. 이러한 연구 수행의 가치에 관하여 여러분은 어떤 의견을 갖고 있는가?

CHAPTER 2

생체 분자의 구조와 기능

목 차

생명의 화학적 근원

대략 46억 년 전에, 우리 태양계는 기체와 먼지의 거대한 소용돌이 구름으로부터 형성되었다. 최초 10억 년 동안, 지구는 격동적인 곳으로 격렬한 화산 분출과 소행성의 충돌이 지속적으로 일어나는 행성이었다. 그러나 이 기간 동안에, 원시적인 형태의 세포 형태로 생명이 이 행성에 최초로 나타났을 것으로 과학자들은 믿고 있는 시기이다. 고대의 미생물이 스트로마톨라이트(stromatolite)라고 부르는 강화암석형태를 형성하였을 것으로 생각되며, 이는 생명이 35억 년 전에 증식하였을 가능성을 제시한다.

연구자들은 최초의 세포(원세포로 부름)는 매우 단순하고 막으로 둘러싸인 핵산(DNA 혹은 RNA)으로 구성되었으며, 이들 세포가 따뜻한 물웅덩이 또는 대양에 있는 심해의 해저열수구 근처에서 생성되었을 것이라는 가설을 세웠다. 그러나 가장 핵심적인 딜레마는 핵산과 막 분자들이 초기 지구행성에서 어떻게 동시에 형성되는가를 이해하는 데 있는데, 이는 근본적으로 생물학이 화학으로부터 탄생하였는가라는 질문이다.

맨 처음으로부터 생명을 만들기: 컴퓨터를 이용하여 만든 원세포. 자가-복제하는 핵산을 포함하고 있는 인공적인 지질 소낭을 가지고 있다. 적절하게 혼합된 화학적 재료물질이 공급되면 자가-조립이 되어 복제하는 이러한 원세포의 능력은 생명의 근원에 있어서 화학이 대단히 중요한 역할을 한다는 것을 강조한다.

출처: Janet Iwasa가 만든 이미지를 허가를 얻어 사용함.

1952년 해롤드 유리(Harold Urey)와 그의 대학원생인 스탠리 밀러(Stanley Miller)는 초기 지구에서의 조건이 생물학적 분자의 동시 합성에 유리한가를 시험하는 실험을 고안하였다. 그들은 물, 메탄, 암모니아, 그리고 수소를 봉인된 유리 기구 안에서 순환시키고, 열과 전기의 형태(번개의 효과를 흉내내기 위하여)로 에너지를 도입하여 지구의 초기 대기처럼 보이게 만들었다. 2주일 기간이 지난 후, 유리 기구 내부는 여러 종류의 아미노산과 당을 포함한 유기화합물로 덮여 있었으며, 이는 초기 행성의 조건들이 궁극적으로 초기 세포에 도입된 유기화합물을 창조하는 데 이상적이라는 아이디어를 제안하였다. 최근에는 연구자들이 생물 발생 이전에 RNA와 막의 구성요소인 리보뉴클레오티드 및 지방산을 포함하는, 여러 가지 추가적인 분자들을 창조하는 가능한 경로를 발견하였다. 몇몇 실험실에서는 원시세포의 형성을 허용하는 조건들을 발견하기 위한 시도를 현재도 하고 있다.

여러 가지 미스터리가 아직도 남아있다. Miller-Urey 실험으로 창조된 분자들은 L 및 D 형태의 광학이성질체(서로 거울상을 형성하는)의 혼합물인 반면, 지구상의 모든 생명체는 오직 L 형태의 아미노산과 D-형태의 당만을 사용한다. 이러한 선택이 어떻게 그리고 왜 생겨났을까?

2.1 공유결합

살아있는 물질의 원자적인 기초를 간단하게 점검함으로써 이 장을 시작하고자 한다. 세포수준의 이러한 구성 체계는 원자수준으로부터 단지 하나의 작은 단계로서, 세포막을 가로지르는 물질의 수송 또는 근육수축 활동 동안에 분자의 몇몇 원자들의 운동의 중요성을 우리가 점검할 때 분명해진다. 세포 및 세포소기관의 성질들은 그들을 구성하고 있는 분자들의 활동으로부터 직접적으로 유래한다. 간단한 광학현미경 하에서도 상당히 자세하게 그 과정을 추적할 수 있는 세포분열과 같은 과정을 생각해보자. 세포가 분열할 때 일어나는 활동을 이해하기 위해서는, 예를 들어 DNA와 단백질 분자들 사이의 상호작용에 대하여 알아야 할 필요가 있다. 서로 다른 세포로 분리될 수 있도록 염색체가 응축하여 막대 모양으로 포장되게 하며, 세포에서 어느 시기에 분해되었다가 다음 어느 시기에 완전히 다른 세포 내 장소에서 재조립되게 하는 단백질을 포함하는 미세소관의 분자적 형성을 이해하기 위해서는 이러한 상호작용을 알아야 한다. 또한 세포막의 바깥 부분을 변형시켜 이것을 세포의 중간으로 끌어당겨서 세포를 둘로 나누는 지질 성분의 특성도 알 필요가 있다. 생체분자의 주요 유형의 특성과 구조에 대한 논리적인 지식이 없이는 세포의 기능에 대한 이해를 시작하는 것조차 불가능하다. 생물학적 사건들을 일어나게 하여 생명이 탄생하도록 한 화학에 대한 이해를 제공하는 것이 이 장의 목표이다. 원자들이 서로 형성할 수 있는 결합의 유형을 고려함으로써 이 장을 시작하고자 한다.

분자를 구성하는 원자들은 한 쌍의 원자들 사이에서 전자쌍을 공유하는 **공유결합(covalent bonds)**으로 연결된다. 두 원자 사이의 공유결합의 형성은 최외곽 전자각이 채워졌을 때 가장 안정하다는 근본적인 원칙에 의해서 결정된다. 따라서 한 원자가 형성할 수 있는 결합의 숫자는 외곽 전자각의 채우는 데 필요한 전자의 숫자에 달려있다.

여러 가지 원자들의 전자 구조가 **그림 2.1**에 나타나있다. 수소 또는 헬륨 원자의 외각(그리고 유일한 전자각)은 2개의 전자를 가질 때 채워지게 된다. 그림 2.1에 있는 다른 원자들의 외각은 8개의 전자를 가질 때 채워진다. 따라서 6개의 외각 전자를 갖고 있는 산소 원자는 2개의 수소 원자와 결합하여 물 분자를 형성함으로써, 외각을 채울 수 있다. 산소 원자는 각 수소 원자와 하나의 단일(*single*) 공유결합(H:O 또는 H—O로 표시)으로 연결되어 있다. 공유결합의 형성에는 에너지의 방출이 수반되는데, 후에 결합이 깨지게 될 때 에너지는 재흡수 되어야 한다. C—H, C—C, 또는 C—O 공유결합을 깨는 데 필요한 에너지는 보통 80~100 kcal/mole[1] 사이로 상당히 크기에, 대부분의 조건에서 공유결합은 상당히 안정된 상태의 결합이다. 이와 비교하여, 한 분자의 열에너지는 단지 0.6 kcal/mol이다. 따라서 분자에 가해지는 열 진동은 공유결합을 부수기에는 아주 약하기 때문에 대부분의 조건에서 공유결합은 매우 안정하다. 이 장에서는, 우리가 결합이 강하다고 말할 때는 결합을 부수는 데 필요한 에너지가 분자의 열에너지보다 훨씬 크다는 것을 의미한다. 역으로, 결합이 약하다고 말할 때는 결합을 부수는 데 필요한 에너지가 열에너지보다 작거나 같은 크기라는 것을 의미한다.

여러 가지 경우에, 1쌍 이상의 전자를 공유하는 결합으로 2개의 원자들이 연결될 수 있다. 산소 분자(O_2)에서 일어나는 것처럼, 만일 2개의 전자쌍을 공유한다면 공유결합은 2중결합(*double bond*)이며, 만일 3개의 전자쌍을 공유한다면(질소 분자, N_2에서와 같이), 이 공유결합은 3중결합(*triple bond*)이다. 4중결합은 일어나지 않는 것으로 알려져 있다. 원자들 사이의 결합 유형은 분자의 모양을 결정하는 데 중요하다. 예를 들어, 단일결합으로 연결된 원자들은 서로 회전할 수 있는 반면에, 2중(또한 3중)결합은 이런 능력이 없다. 그림 10.6에 그려져 있는 것처럼, 2중결합들은 에너지-포획 중심(energy-capturing centers)으로서 작용할 수 있으며, 이것은 호흡이나 광합성과 같이 생명체에 중요한 과정을 추진하게 된다.

수소분자(H_2)에서처럼, 동일한 원소의 원자들이 서로 결합할 때, 외각의 전자쌍들은 결합된 원자들 사이에 동등하게 공유된다. 그러나 서로 다른 2개의 원자들이 공유결합되었을 때, 양전하를 띤 한 원자의 핵이 다른 전자보다 더 외각에 있는 전자에 대하여 더 큰 인력

[1]1칼로리(calorie)는 1 g(gram)의 물 온도를 1°C 올리는 데 필요한 열에너지의 양이다. 1킬로칼로리(kcal)는 1,000칼로리(또는 1 Cal)에 해당한다. 칼로리 외에도, 에너지를 일의 형태인 줄(Joule)로 표시할 수 있는데, 이 단위는 역사적으로 일(work) 형태의 에너지를 측정하기 위해 사용되었다. 1킬로칼로리는 4,186 Joules과 같다. 역으로, 1 Joule은 0.239칼로리이다. 몰(mole)은 분자의 아보가드로 수(Avogadro's number; 6×10^{23})이다. 어떤 물질의 1몰은 그램(g)으로 표시한 그 물질의 분자량과 동일하다.

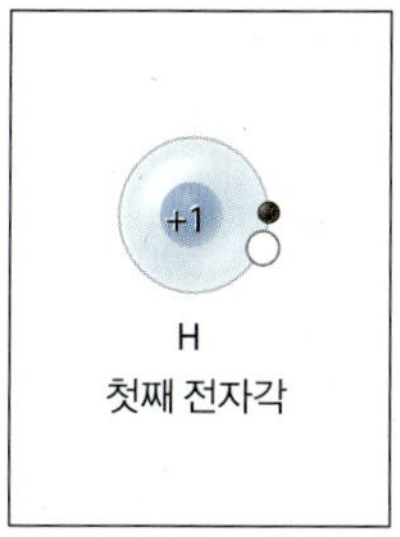

그림 2.1 여러 일반적인 원자에 있는 전자의 배열. 전자는 원자의 핵 주위에 "구름" 또는 전자의 경계에 의해 대략 정해진 구형이나 아령 모양을 가진 궤도함수 또는 오비탈(orbitals) 안에 존재한다. 각 오비탈은 최대 2개의 전자를 포함하며, 이것이 전자(그림에서 검은색 점으로 표시)를 쌍으로 표시하는 이유이다. 가장 안쪽에 있는 각(shell)은 단일 오비탈(따라서 2개의 전자)을 포함하며, 두 번째 각은 4개의 오비탈(따라서 8개의 전자)을, 세 번째 각 또한 4개의 오비탈을 포함하고 있다. 바깥쪽에 있는 각의 전자 숫자가 원소의 화학적 성질을 결정하는 주된 요인이다. 외각 전자의 숫자가 유사한 원자는 유사한 성질을 가지고 있다. 예를 들어, 리튬(Li)과 나트륨(Na)은 하나의 최외각 전자를 가지고 있으며, 둘 다 매우 반응성이 큰 금속이다. 탄소(C)와 실리콘(Si) 원자는 4개의 서로 다른 원자와 결합할 수 있다. 그러나 탄소 원자는 다른 탄소 원자와 결합할 수 있어 긴 사슬의 유기 분자를 형성하는 반면, 원자의 크기 때문에 실리콘 원자는 실리콘 원자와 결합하지 못하므로 유사한 분자를 형성할 수 없다. 네온(Ne)과 아르곤(Ar)은 최외각이 전자로 완전히 채워져 있는 상태이다. 따라서 이들 원자는 반응성이 없기 때문에 불활성 기체라고 부른다.

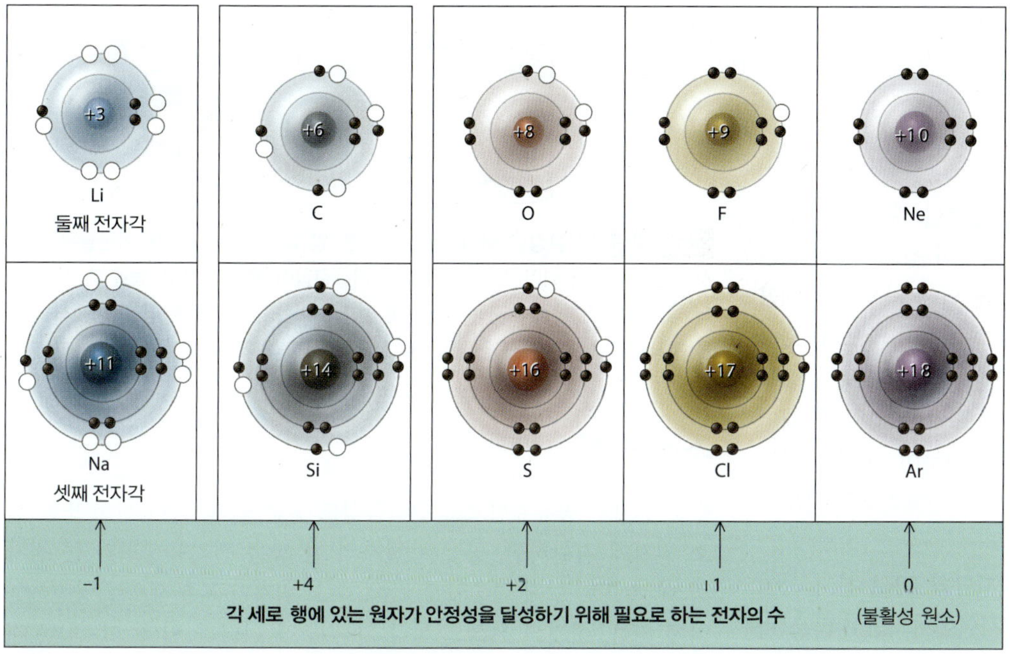

을 발휘한다. 결과적으로, 공유된 전자는 더 큰 인력을 발휘하는 원자, 즉 더 큰 **전기음성도를 가진 원자(electronegative atom)**에 가까이 위치하려는 경향이 있다. 생체 분자에 가장 보편적으로 존재하는 원자들 중에서, 산소와 질소가 강한 전기음성도를 갖고 있다.

극성 및 비극성 분자들

하나의 물 분자를 살펴보자. 물 분자에 있는 하나의 산소 원자는 어느 수소 원자보다도 전자를 훨씬 강하게 끌어당긴다. 그 결과, 물 분자의 O—H 결합은 극성화되었다(*polarized*)라고 하며, 원자 중 하나는 부분적으로 음전하를 띠고 다른 원자는 부분적으로 양전하를 띤다. 이것은 일반적으로 아래와 같은 방식으로 표시된다.

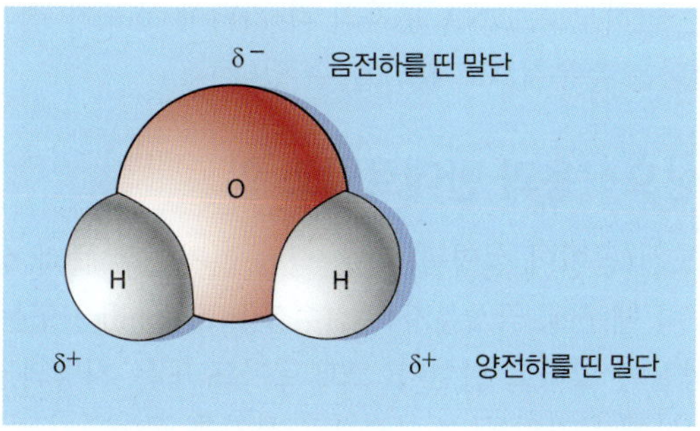

물과 같이, 전하가 비대칭적으로 분포[또는 **쌍극자**(*dipole*)]하는 분자를 **극성(polar)** 분자라고 한다. 생물학적으로 중요한 극성 분자들은 하나 또는 그 이상의 전기음성도가 큰 원자, 즉 보통 산소, 질소, 그리고/또는 황 등의 원자를 포함하고 있다. 모두 탄소와 수소 원자들로 구성된 분자들처럼, 전기음성도가 큰 원자가 없거나 강한 극성 결합을 갖고 있지 않은 분자들을 **비극성(nonpolar)** 분자라고 한다. 분자의 반응성을 결정하는 데에는 강한 극성 결합의 존재가 가장 중요하다. 밀랍(wax)이나 지방 같은 커다란 비극성 분자는 상대적으로 반응성이 매우 낮다. 단백질과 인지질을 포함하여, 보다 관심 있는 생체 분자들 중 몇몇은 서로 다르게 반응하는 극성 및 비극성 부위를 모두 갖고 있다.

이온화

몇몇 원자들은 전기음성도가 매우 크기 때문에, 이들 원자들은 화학 반응을 하는 동안 다른 원자로부터 전자를 포획할 수 있다. 예를 들어, 나트륨(은색 빛깔의 금속) 원소와 염소(독성 가스) 원소가 서로 섞일 때, 각 나트륨 원자의 외각에 있는 전자 하나가 전자가 부족한 염소 원자로 이동한다. 그 결과로, 이런 2개의 원자들은 전하를 가진 **이온(ion)**으로 전환된다.

$$2\,\mathrm{Na}\cdot + :\ddot{\mathrm{Cl}}:\ddot{\mathrm{Cl}}: \rightarrow 2\,\mathrm{Na}:\ddot{\mathrm{Cl}}: \rightarrow 2\,\mathrm{Na}^{+} + 2\,:\ddot{\mathrm{Cl}}:^{-}$$

염소 이온은 여분(핵 안에 양성자의 숫자에 비하여 상대적으로)의 전자를 가지고 있기 때문에, 염소 이온은 음전하(Cl^-)를 가지므로 **음이**

온(anion)이라고 한다. 전자를 잃어버린 나트륨 원자는 여분의 양전하(Na^+)를 가지므로 **양이온(cation)**이라고 한다. 결정으로 존재할 때, 이들 두 이온은 염화나트륨 또는 소금을 형성한다.

위에 그려진 Na^+와 Cl^- 이온은 외각이 전자로 채워졌기 때문에 비교적 안정되어 있다. 하나의 원자 내에서 전자들이 서로 다르게 배열하게 되면 **자유라디칼(*free radical*)**이라는 고도로 반응성을 지닌 종류(species)를 만들 수 있다. 자유라디칼의 구조와 생물학적 중요성은 이 장의 <인간 질병과의 연관성 I>에서 논의한다.

2.2 비공유결합

분자를 구성하는 원자들 사이의 공유결합은 강력한 결합이다. 분자들(또는 큰 생체 분자의 서로 다른 부분들) 사이의 상호작용은 비공유결합이라고 하는 여러 종류의 약한 결합들에 의해 좌우된다. **비공유결합(noncovalent bond)**은 전자의 공유에 의존하지 않으며, 오히려 서로 다른 전하를 가진 원자들 사이에 끌어당기는 힘, 즉 인력에 의존한다. 각각의 비공유결합은 약해서(약 1~5 kcal/mol) 쉽게 깨어지고 재형성된다. 이 책 전체에서 분명히 알게 되듯이, 이러한 비공유결합의 특징은 세포내 분자들 사이에 역동적인 상호작용을 하도록 매개한다.

비록 개개의 비공유결합은 약하지만, 두 가닥의 DNA 분자 사이에서 또는 커다란 단백질의 서로 다른 부분 사이에서처럼 수많은 비공유결합이 서로 협력하여 작용하면 비공유결합들의 인력은 서로 더해져서 누적된다. 전체적으로 보면, 비공유결합은 구조에 상당한 안정성을 제공한다. 이제 세포에 중요한 여러 가지 유형의 비공유결합을 살펴보고자 한다.

이온결합: 전하를 띤 원자 사이의 인력

소금의 결정은 양전하를 띤 Na^+ 이온과 음전하를 띤 Cl^- 이온 사이의 정전기적 인력에 의해 서로 잡혀 있다. 이와 같이 완전하게 전하를 띤 구성 성분들 사이의 인력의 이러한 유형을 **이온결합(ionic bond)**[또는 염다리(*salt bridge*)]이라고 한다. 소금 결정 안에서 이온결합은 아주 강력하다. 그러나 소금 결정이 물에 녹으면, 각각의 이온들은 물 분자에 의해 둘러싸이게 되며, 이로 인하여 서로 반대 전하를 가진 이온들이 이온결합을 형성하기에 충분한 거리로 서로 접근하는 것이 억제된다(**그림 2.2**). 세포는 주로 물로 구성되었기 때문에, 유리(*free*)(즉, 결합되지 않은) 이온들 사이의 결합은 별로 중요하지 않다. 대조적으로, 큰 생체 분자들에서 서로 반대 전하를 띤 부분 사이의 약한 이온결합은 상당히 중요하다. 예를 들어, DNA 분자에서 음전하를 띤 인산기의 원자가 단백질 표면에 있는 양전하를 띤 부분과 밀접하게 결합되어 있을 때, 이들 사이의 이온결합은 DNA와 단백질의 복합체를 서로 붙잡고 있도록 돕는다(**그림 2.3**). 세포에서 이온결합의 세기는 물이 존재하기 때문에 보통 약하지만(약 3kcal/mol), 단백질 중심부의 깊은 곳에서는, 물 분자가 종종 배제되어 있기 때문에, 이온결합이 훨씬 더 강력할 수 있다.

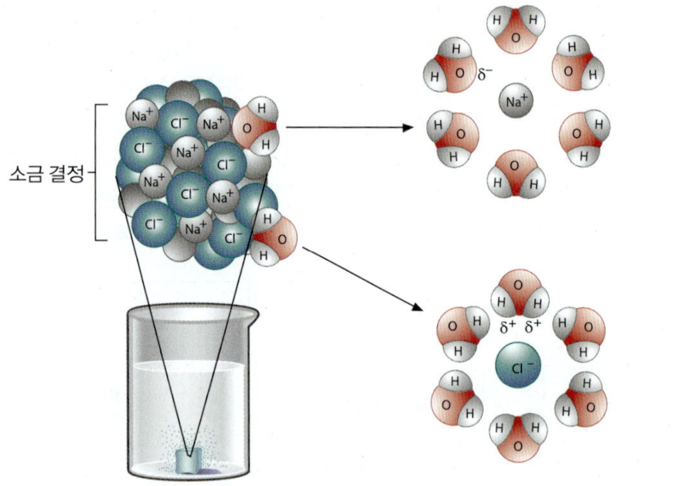

그림 2.2 염 결정의 해리. 물에 넣으면, 염 결정의 Na^+와 Cl^- 이온들은 물 분자로 둘러싸이게 되어, 두 이온 사이의 이온결합이 깨진다. 염이 녹을 때, 물 분자의 음전하를 띤 산소 원자는 양전하를 띤 Na 이온과 연합하게 되고, 양전하를 띤 물 분자의 수소 원자는 음전하를 띤 Cl 이온과 연합하게 된다.

수소결합

수소 원자가 공유결합으로 전기음성도가 큰 원자, 특히 산소 또는 질소 원자에 결합하면, 공유된 전자의 한 쌍은 전기음성도가 큰 원자의 핵 쪽으로 크게 치우치게 되어, 수소 원자가 부분적으로 양전하를 띠게 된다. 이것은 35쪽의 물 분자에서 잘 나타나 있다. 그 결과, 전자가 비어 있는 양전하를 띤 수소 원자의 핵은, 두 번째로 전기음성도가 큰 원자의 공유되지 않은 외각 전자쌍에 충분히 가깝게 접근할 수 있고, 따라서 서로 끌어당기는 상호작용을 형성한다(**그림 2.4**). 이러한 약한 인력을 갖는 상호작용을 **수소결합(hydrogen bond)**이라고 한다. 용액에서 분자 내부의 혹은 분자들 사이의 수소결합은 대략 1 kcal/mol의 에너지를 가지는데, 이는 열에너지와 대략 비슷한 수준이다. 그러므로 생체분자의 수소결합은 손쉽게 부서질 수 있다.

수소결합은 대부분의 극성 분자들 사이에서 일어나며, 물의 구조와 성질을 결정하는 데 특히 중요하다(뒤에 논의되었음). DNA 분자의 두 가닥 사이에서 일어나는 것처럼, 수소결합은 또한 큰 생체 분자들에 존재하는 극성 부분 사이에서도 형성된다(그림 2.3 참조). 수소결합의 세기는 더해져서 누적되기 때문에, 가닥들 사이에 있는 수많은 수소결합은 DNA 2중나선 구조를 안정하게 만든다. 그러나 각 수소결합은 약하므로, DNA 분자의 각 가닥에 효소가 접근할 수 있도록 두 가닥은 부분적으로 분리될 수 있다.

소수성 상호작용과 반데르발스 힘

당과 아미노산(곧이어 설명됨) 같은 극성 분자들은 물과 상호작용할 수 있는 능력 때문에, 극성분자는 친수성(hydrophilic) 또는 "물을 좋아하는" 성질이 있다고 말한다. 스테로이드 또는 지방과 같은 비극성 분자들은 물 분자의 극성 부분으로 분자를 끌어당기는 전하를 띤 부분을 가지고 있지 않으므로 근본적으로 비수용성이다. 비극성분자들이 물과 섞이면, 비극성이며 **소수성(hydrophobic)**인 또는 "물을 무

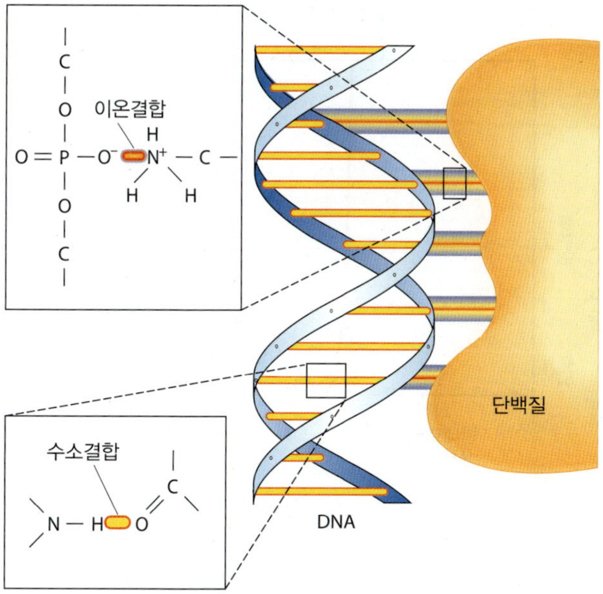

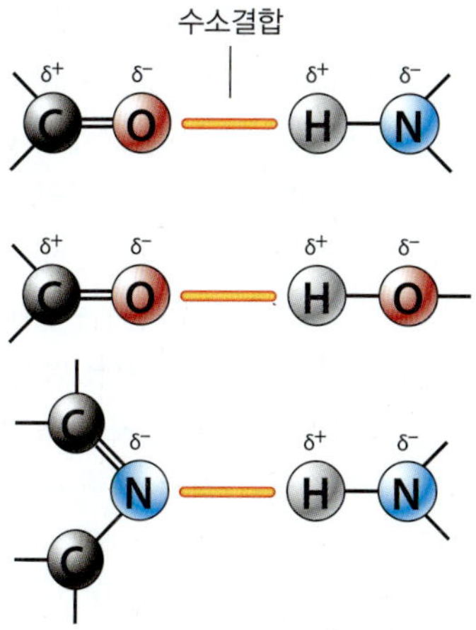

그림 2.4 **수소결합**은 질소 또는 산소 원자와 같이 부분적으로 음전하를 띠고 있는 전기음성도가 큰 원자와 부분적으로 양전하를 띤 수소 원자 사이에서 형성된다. 전형적으로 수소결합(약 0.18 nm)은 훨씬 더 센 결합인 공유결합보다 대략 2배 정도 길다.

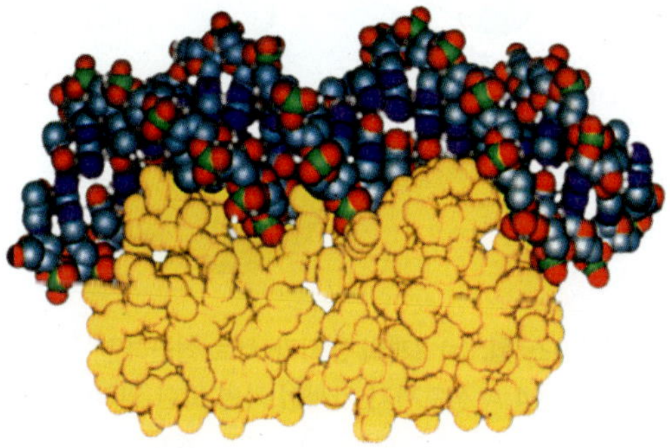

그림 2.3 **비공유 이온결합**은 그림 오른쪽에 있는 단백질(노란색 원자)과 왼쪽의 DNA 분자를 서로 잡아 주는 데 중요한 역할을 한다. 이온결합은 양전하를 띤 단백질의 질소 원자와 음전하를 띤 DNA의 산소 원자 사이에서 형성된다. 비록 하나의 비공유결합은 비교적 약하고 쉽게 부서지만, 두 가닥의 DNA 사이에서처럼, 다수의 비공유결합은 전체적으로 복합체를 상당히 안정되게 만든다.

출처: Stephen Harrison, Harvard Biochemistry Department 제공.

서워 하는" 분자들은 서로 뭉쳐져서 극성인 주위 환경에 대한 노출을 최소화한다(**그림 2.5**). 비극성 분자들의 이러한 연합을 **소수성 상호작용(hydrophobic interaction)**이라고 한다. 이것이 소고기 또는 닭고기 수프를 숟가락으로 저었을 때 지방 분자의 작은 방울이 액체 스프 표면 위에 다시 나타나는 이유이다.

위에서 기술된 유형의 소수성 상호작용은, 소수성 분자들 사이에 인력의 결과로 일어난 것이 아니라 소수성 표면으로부터 물 분자를 배척하려는 역동적인 에너지에 기인하여 생기기 때문에, 진정한 결합으로 분류하지 않는다.[2] 이러한 유형의 상호작용 이외에도 소수성

[2]이 설명은 소수성 상호작용이 엔트로피(무질서)의 증가로 추진된다는 일반적으로 인정된 가설을 반영한 것이다. 소수성 그룹이 수용성 용매로 향하게 되면, 물 분자는 소수성 그룹 주위의 우리(cage) 안에서 질서정연하게 된다. 소수성 그룹이 용매 주위로부터 빠져 나가면 이러한 용매 분자는 무질서하게 된다. 이러한 관점에 대한 논의와 다른 관점에 대한 논의는 *Nature* 437:640, 2005와 *Curr. Opin. Struct. Biol.* 16:152, 2006에서 볼 수 있다.

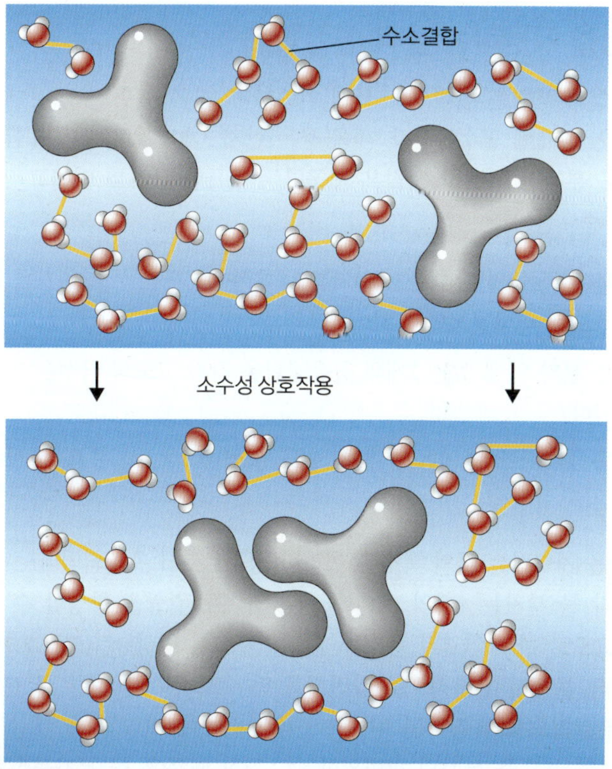

그림 2.5 **소수성 상호작용**에서, 비극성(소수성) 분자는 집합체로 서로 뭉치게 되어, 주위를 둘러싼 물 분자에 대한 노출이 최소화된다.

부위는 정전기적 인력에 기초하여 서로 약한 결합을 형성할 수 있다. 극성 분자들은 그들의 구조 내부에 영구적이며 비대칭적인 전하 분포를 갖고 있기 때문에, 극성 분자들은 서로 결합한다. 비극성 분자(H_2 또는 CH_4)를 구성하는 공유결합을 더욱 자세히 살펴보면, 전자 분포가 항상 대칭이 아니라는 것을 알 수 있다. 주어진 어떤 한 순간에, 한 원자 주위의 전자의 분포는 통계학적인 문제이며, 따라서 한 순간은 다음 순간과 서로 다르다. 그러므로 어떤 주어진 시간에, 비

록 원자가 다른 원자와 전자를 동일하게 공유한다 하더라도 전자밀도는 한 원자의 한쪽 편에서 더 크게 생길 수 있다. 전자분포에 있어서 이러한 일시적인 비대칭성은 그 분자 안에서 순간적으로 전하를 분리(쌍극자, *dipole*)시키게 된다. 만일 일시적인 쌍극자를 가진 2개의 분자들이 서로 매우 가까이 있으며 적절한 방식으로 서로 향하고 있다면, 그 분자들은 그들을 함께 결합시키는 **반데르발스 힘(van der Waals force)**이라는 약한 인력을 받게 된다. 더욱이, 하나의 분자에 있는 전하의 일시적인 분리가 인접한 분자에서 유사한 분리를 유도할 수 있다. 이러한 방식으로, 추가적인 인력이 비극성 분자들 사이에 형성될 수 있다. 반데르발스 힘 하나는 매우 약하며(0.1~0.3 kcal/mol) 2개의 원자들이 떨어져 있는 거리에 매우 민감하다(**그림 2.6a**). 그렇지만 이 장 후반부에서 보는 것처럼, 예를 들어 항체와 바이러스 표면에 있는 단백질과 같이 서로 상호작용하는 생체 분자들은 흔히 상보적인 표면을 갖고 있다. 그 결과, 서로 상호작용하는 분자들의 많은 원자들은 서로 매우 가까이 접근할 기회를 갖고 있기에(그림 2.6*b*), 반데르발스 힘은 생물학적 상호작용에 있어서 중요하다.

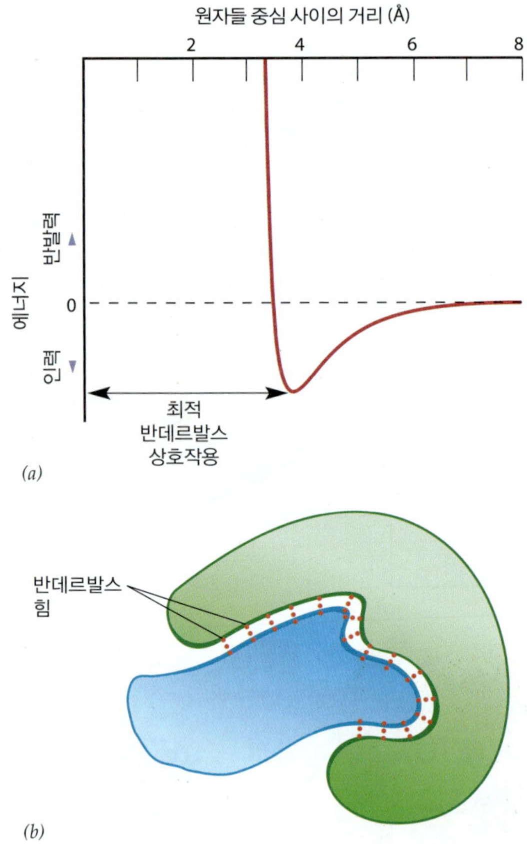

그림 2.6 **반데르발스 힘.** (*a*) 2개의 원자가 서로 접근하면, 원자들은 특정 거리까지, 즉 전형적으로 약 4 Å 정도까지 가까이 가면 약한 인력이 증가하는 것을 경험하게 된다. 만일 두 원자가 더 가까이 가게 되면, 원자들의 전자구름이 서로 반발하여 원자를 서로 멀어지게 한다. (*b*) 비록 각각의 반데르발스 힘은 매우 약하지만, 이 그림에서 나타난 것처럼(예로서 그림 2.40 참조), 만일 두 거대분자가 서로 상보적인 표면을 가지고 있다면 대단히 많은 다수의 인력이 형성될 수 있다.

생명을 지탱하는 물의 성질

지구상의 생명은 전적으로 물에 의존하며, 물은 우주 어느 곳에서든 생명의 존재에 필수적이다. 비록 물은 단지 3개의 원자만을 포함하지만, 물 분자는 특출한 성질은 제공하는 독특한 구조를 가지고 있다.[3] 가장 중요한 것은

1. 물은 한쪽 말단에 산소 원자를 반대쪽에 2개의 수소 원자를 가진 고도로 비대칭적인 분자이다.
2. 물 분자 안에 있는 2개의 공유결합은 각각 고도의 극성을 가지고 있다.
3. 물 분자 안에 있는 3개의 모든 원자는 수소결합을 형성하기 쉽다.

생명을 지탱하는 물의 특성은 이러한 성질로부터 유래되었다.

각 물 분자는 4개의 다른 물 분자와 수소결합을 형성할 수 있어서, 고도로 서로 연결된 분자들의 그물 구조를 형성한다(**그림 2.7**). 한 분자의 물에서 부분적으로 양전하를 띤 수소 원자가 다른 물 분자에서 부분적으로 음전하를 띤 산소 원자 근처에 배열될 때, 수소결합이 형성된다. 물 분자의 광범위한 수소결합 때문에, 물 분자들은 서로 부착하려는 경향이 강하다. 이 특성은 물의 열에 대한 성질(thermal property)에서 가장 분명하게 볼 수 있다. 예를 들어, 물을 가열하면 대부분의 열에너지는 분자의 운동(이 경우는 온도가 증가하는 것으로 측정된다)에 기여하기보다는 수소결합을 파괴하는 데 사용된다.

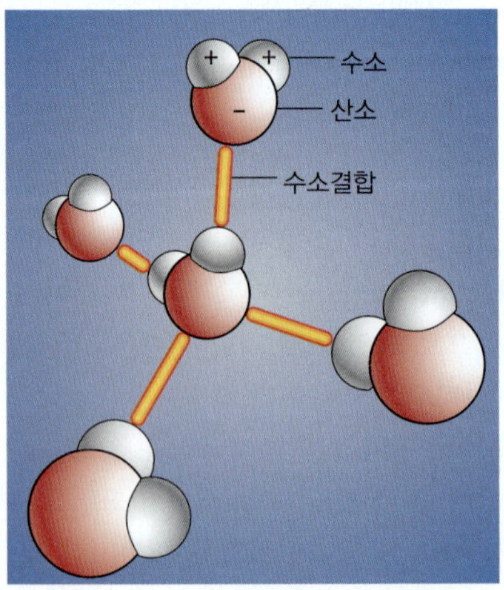

그림 2.7 **인접한 물 분자들 사이에서 형성된 수소결합.** 물 분자의 각 수소 원자는 완전한 양전하의 10분의 4 정도를 가지고 있으며, 한 산소 원자는 완전한 음전하의 10분의 8 정도의 음전하를 띠고 있다.

유사하게, 액체로부터 기체 상태로 증발하기 위해서 물 분자들은 이웃 물 분자들을 잡고 있는 수소결합을 파괴해야 할 필요가 있으며, 이것이 물을 수증기로 전환시키는 데 매우 많은 에너지가 소요되는

[3]물의 구조를 잘 이해하기 위한 한 가지 방식은 황화수소(H_2S)와 비교하는 것이다. 산소와 마찬가지로, 황은 6개의 최외각(outmost shell) 전자를 가지고 있으며 2개의 수소 원자와 단일결합을 형성한다. 그러나 황은 더 큰 원자이기 때문에, 황은 산소보다 전기음성도가 작으며, 수소결합을 형성할 수 있는 능력이 크게 줄어든다. 실온에서 H_2S는 액체가 아니고 기체이다. 실제로, H_2S가 얼어서 고체가 되기 위해서는 온도가 $-86^{\circ}C$로 떨어져야 한다.

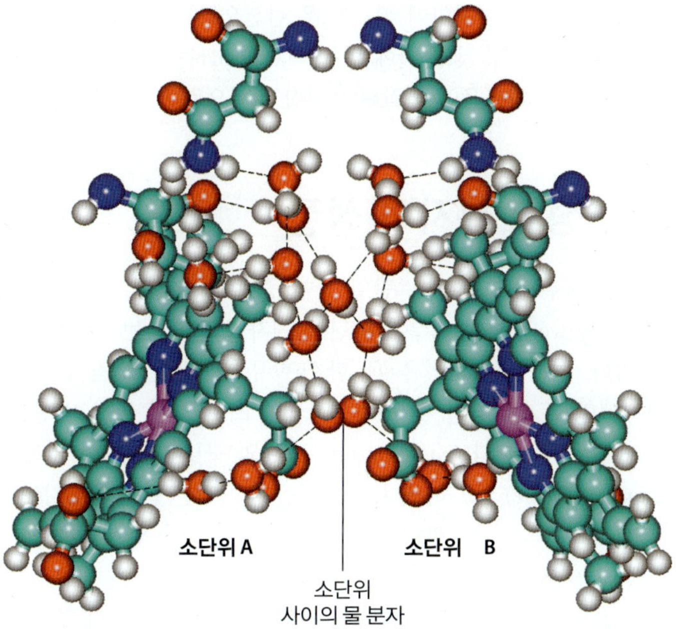

그림 2.8 **단백질 구조에서 물의 중요성.** 대합조개 헤모글로빈 분자의 두 소단위 사이에서 물 분자(하나의 빨간색 산소 원자와 2개의 작은 회색 수소 원자로 구성)가 질서 정연한 위치에 자리 잡고 있음을 보여준다.

출처: Martin Chaplin, *Nature Revs. Mol. Cell Biol.* 7:864, 2006에서 발췌. © 2006, by Macmillan Publishers Limited.

이유이다. 포유동물은 땀을 흘릴 때, 이런 성질의 이점을 갖고 있다. 그 이유는 몸에서 흡수된 물을 증발시키는 데 열이 필요하기 때문이며, 그래서 몸이 시원하게 된다.

세포 안에 있는 작은 부피의 수용성 액체에는 대단히 복잡한 용해된 물질들, 또는 용질(*solute*)들의 혼합물이 들어 있다. 실제로, 물은 다른 어떤 용매보다 여러 가지 물질을 녹일 수 있다. 그러나 물은 용매 그 이상의 역할을 한다. 물은 생체 분자의 구조를 결정하며 생체 분자가 관여하는 상호작용의 유형을 결정한다. 세포에서 물은 유동성 기질로서, 그 주위에 세포의 불용성 구조가 만들어진다. 물은 또한 세포의 한 구획에서 다른 구획으로 물질이 통과하여 이동하는 매질(medium)이다. 여러 세포 반응에서 물은 반응물 또한 생성물이다. 또한 물은 여러 가지 방식으로 과도한 열, 추위, 방사선 손상으로부터 세포를 보호한다.

물은 여러 가지 서로 다른 유형의 화학그룹과 약한 결합을 형성할 수 있기 때문에, 세포에서 그토록 중요한 인자이다. 36쪽에 있는 강력한 극성의 O—H 결합을 가진 물 분자가 어떻게 이온 주위에 껍질 또는 각(shell)을 형성하여 이온들을 서로 분리할 수 있는가를 기억하자. 유사하게, 물 분자는 아미노산 및 당과 같이 극성 그룹(group)을 포함하는 유기분자와 수소결합을 형성하여, 세포 내에서 유기분자가 확실하게 용해되도록 한다. 또한 물은 거대 분자와 거대 분자가 형성하는 복합체(막과 같은)의 구조와 기능을 유지하는 데 대단히 중요한 역할을 한다. **그림 2.8**은 한 단백질 분자의 두 소단위들 사이에서 물 분자들의 질서정연한 배열을 보여준다. 물 분자는 서로 그리고 이 단백질의 특정 아미노산과 수소결합을 형성한다.

2.3 산, 염기, 그리고 완충용액

양성자들은 원자의 핵들에서 발견될 뿐만 아니라, 수소 원자가 공유된 전자를 잃어버릴 때마다 양성자(수소 이온)들이 매질로 방출된다. 식초의 성분인 초산이 해리(*dissociation*)라고 하는 아래 반응이 진행되는 경우를 생각해보자.

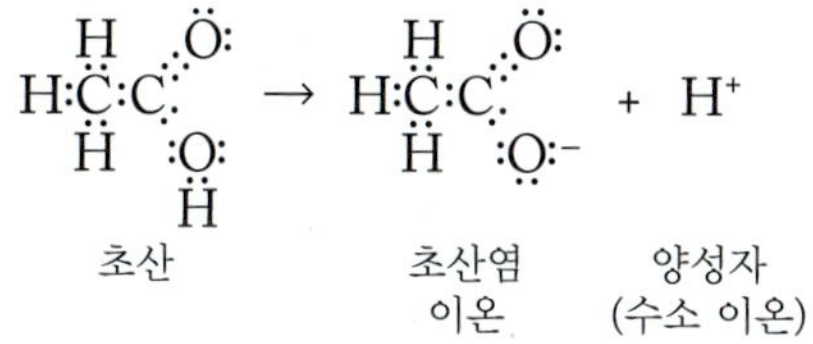

수소 이온을 방출(제공)할 수 있는 분자를 **산(acid)**이라고 한다. 위 반응에서 초산 분자에 의해 방출된 양성자(수소 이온)는 자유로운 상태로 남아 있지 않다. 대신, 수소 이온은 다른 분자와 결합한다. 양성자를 포함하는 가능한 반응은 아래와 같은 것들이 있다.

- 물 분자와 결합하여 히드로니움(hydronium) 이온(H_3O^+)을 형성.

$$H^+ + OH^- \rightarrow H_2O$$

- 수산 이온(OH^-)과 결합하여 물 분자를 형성.

$$H^+ + OH^- \rightarrow H_2O$$

- 단백질에 있는 아미노기(—NH_2)와 결합하여 전하를 띤 아민을 형성.

$$H^+ + -NH_2 \rightarrow -NH_3^+$$

양성자(수소 이온)를 받아들일 수 있는 모든 분자를 **염기(base)**라고 정의한다. 산과 염기는 쌍으로 또는 짝(*couple*)으로 존재한다. 산이 양성자를 잃어버리면(초산이 수소 이온을 포기하는 경우처럼) 산은 염기(이 경우에, 초산염 이온)가 되며, 이 염기를 그 산의 **공역염기**(*conjugated base*) 또는 짝염기라고 한다. 유사하게, 염기(—NH_2기와 같은)가 수소 이온을 받아들이면 산을 형성하며(이 경우에 —NH_3^+), 이 산을 그 염기의 **공역산**(*conjugated acid*) 또는 짝산이라고 한다. 따라서 산은 언제나 짝염기보다 양전하를 항상 하나 더 가지고 있다. 물은 양쪽성(*amphoteric*) 분자, 즉 산과 염기 모두로 작용할 수 있는 분자의 예이다.

$$\underset{\text{산}}{H_3O^+} \rightleftharpoons H^+ + \underset{\text{양쪽성 분자}}{H_2O} \rightleftharpoons \underset{\text{염기}}{OH^-} + H^+$$

또 다른 중요한 양쪽성 분자인 아미노산에 대해서는 50쪽에서 논의할 것이다.

산들은 수소 이온을 잃어버리는 용이함의 정도가 매우 다양하다. 수소 이온을 쉽게 잃어버리면 버릴수록, 즉 수소 이온에 대한 짝염기의 인력이 덜 강할수록, 더 강한 산이 된다. 염산은 매우 강력한 강산으로, 손쉽게 수소 이온을 물 분자에 전달한다. 염산(HCl)과 같은 강산의 짝염기는 약염기(표 2.1)이다. 대조적으로, 초산은 물에 녹았을 때 대부분의 양성자는 해리하지 않은 상태로 남아 있으므로, 비교적 약산이다. 어떤 의미에서, 산의 해리 정도를 용액의 구성성분 사이에서 수소 이온에 대한 경쟁의 관점으로 생각할 수 있다. 물은 염소이

표 2.1 산과 염기의 강도

산			염기
아주 약함	H_2O	OH^-	강함
약함	NH_4^+	NH_3	약함
	H_2S	S^{2-}	
	CH_3COOH	CH_3COO^-	
	H_2CO_3	HCO_3^-	
강함	H_3O^+	H2O	아주 약함
	HCl	Cl^-	
	H_2SO_4	SO_4^{2-}	

온 보다 더 좋은 경쟁자, 즉 더 강한 염기이기 때문에 HCl은 완전히 해리된다. 대조적으로, 초산염 이온은 물 보다 더 강한 염기이기 때문에, 대부분의 양성자(수소 이온)는 해리하지 않은 초산의 형태로 남아있다.

용액의 산성도는 수소 이온[4]의 농도로 측정되며 **pH**로 표현된다.

$$pH = -\log[H^+]$$

위 식에서 $[H^+]$는 수소 이온의 몰(molar) 농도이다. 예를 들어, pH 5의 용액은 10^{-5} M의 수소 이온을 포함하고 있다. pH는 로그척도(log scale)이기 때문에, pH 단위가 하나 증가하면 H^+ 농도의 10배 감소(또는 OH^- 농도의 10배 증가)에 해당한다. 예를 들어, 위액(pH 1.8)은 혈액(pH 7.4)의 H^+ 농도보다 거의 백만 배 정도 높다.

물 분자는 수산(hydroxyl) 이온과 수소 이온으로 해리, 즉 $H_2O \rightarrow H^+ + OH^-$으로 해리한다. 순수한 물에서 H^+와 OH^-의 농도는 대략 모두 10^{-7} M이다. 그러므로 순수한 물은 pH가 7.0이며, 물은 다른 분자들이 녹아 있는 표준 용매(standard solvent)로 간주하기 때문에, 보통 pH 7을 "중성"이라 말한다.

수소 이온 농도의 변화는 생체 분자의 이온 상태에 영향을 미치기 때문에, 대부분의 생물학적 작용들은 pH에 민감하다. 예를 들어, 수소 이온 농도가 증가함에 따라, 아미노산의 $—NH_2$기는 수소 이온과 결합하여 $—NH_3^+$가 되고, 단백질의 전체 활성이 파괴될 수 있다. pH가 약간만 변화해도 생물학적 반응을 방해할 수 있다. 생명체들과, 이를 구성하는 세포들은 **완충용액(buffer)**에 의해 pH 변화로부터 보호된다. 완충용액은 결합하지 않은 상태의 수소 이온이나 수산 이온과 반응하여 pH의 변화에 저항하는 화합물이다. 완충용액은 보통 약산과 그 약산의 짝염기를 포함하고 있다. 예를 들어, 혈액은 탄산과 중탄산염 이온에 의해 완충되어 있으며, 이 완충용액은 보통 혈액의 pH가 대략 7.4 정도로 유지되게 한다.

$$\underset{\text{중탄산염 이온}}{HCO_3^-} + \underset{\text{수소 이온}}{H^+} \rightleftharpoons \underset{\text{탄산}}{H_2CO_3}$$

만일 수소 이온 농도가 증가하면(근육이 운동하는 동안 일어나는 것처럼), 중탄산염 이온은 과다하게 생성된 수소 이온과 결합하여, 용액으로부터 수소 이온을 제거한다. 역으로, 과잉의 OH^- 이온[과다호흡(hyperventilation) 동안에 생기는]은 탄산으로부터 유래한 수소 이온에 의해 중화된다. 세포 안에 있는 액체의 pH는 $H_2PO_4^-$와 HPO_4^{2-}로 구성된 인산 완충용액에 의해 유사한 방식으로 조절된다.

[4]수용액 안에서, 수소 이온은 유리된 상태로 존재하는 것이 아니고 H_3O^+ 또는 $H_5O_2^+$로 존재한다. 간단하게 하기 위하여, 이들을 단순히 양성자 또는 수소 이온이라고 표기한다.

2.4 생체 분자의 성질

생명체의 대부분은 물이다. 만일 물이 증발해 버리면, 남아있는 건조중량(dry weight)의 대부분은 탄소 원자를 포함하는 분자로 구성되어 있다. 처음 발견되었을 때, 탄소-함유 분자들은 오직 살아있는 생명체에만 존재하였던 것으로 생각되었고, 따라서 이를 비생물계에서 발견된 무기분자(*inorganic molecule*)와 구별하기 위해 유기분자(*organic molecule*)라고 하였다. 화학자들이 이러한 탄소-함유 분자들을 실험실에서 더욱 더 많이 합성할 수 있다는 것을 알게 되어, 유기화합물과 연관된 신비로움은 사라지게 되었다. 살아있는 생명체들에 의해 생산된 화합물을 **생화학물질(biochemicals)**이라고 한다.

생명체의 화학은 탄소 원자의 화학에 중점을 두고 있다. 이러한 역할을 가능하게 하는 탄소의 근본적인 성질은 탄소가 믿을 수 없을 만큼 수많은 분자들을 형성할 수 있다는 데 있다. 외각에 4개의 전자를 가지고 있는 탄소 원자는 4개의 다른 원자와 결합할 수 있다. 가장 중요한 것은, 각 탄소 원자는 다른 탄소 원자와 결합할 수 있어서 탄소 원자의 긴 사슬을 포함하는 골격을 가진 분자들을 구성하는 것이다. 탄소를 포함하는 골격은 선형(linear), 가지형(branched), 또는 고리형(cyclic)일 수 있다.

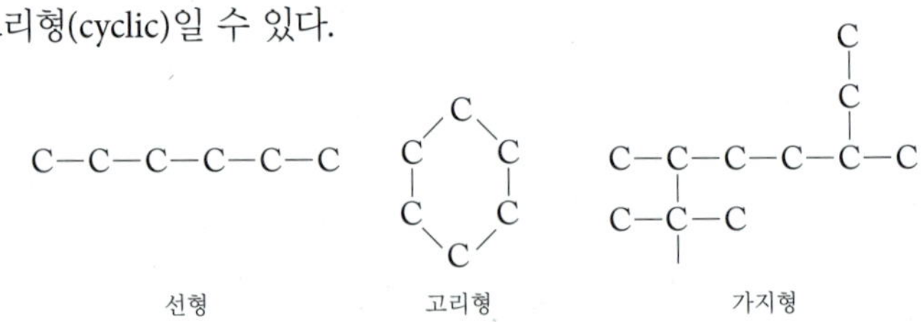

콜레스테롤은 탄소 원자들의 다양한 배열로 구성되어 있다(**그림 2.9**).

탄소의 크기 및 전자 구조는 수십만 가지가 알려진 거대한 숫자

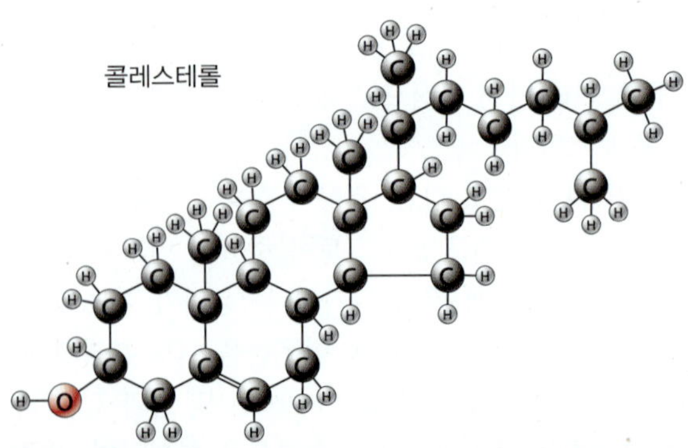

그림 2.9 콜레스테롤 탄소 원자(검은색 공으로 표시)가 4개의 다른 탄소 원자들과 어떻게 공유결합을 형성할 수 있는가를 보여주는 콜레스테롤의 구조. 결과적으로, 탄소 원자는 서로 연결되어 거의 무한정으로 다양한 유기 분자들의 골격을 형성한다. 콜레스테롤의 탄소 골격은 스테로이드(예; 에스트로겐, 테스토스테론, 코티솔)의 특징인 4개의 고리를 포함한다. 여기에 나타난 콜레스테롤 분자는 분자 구조를 그리는 또 다른 방식인 공-막대 모델로 그려져 있다.

의 분자들을 만들기에 특히 적합하다. 대조적으로, 주기율표에서 탄소 바로 아래 있고 외각에 4개의 전자를 갖는 실리콘(그림 2.1 참조)은 양전하를 띤 핵이 너무 커서 인접한 원자의 외각 전자를 끌어당길 수 없기 때문에, 커다란 분자들을 서로 잡아주는 데 필요한 충분한 힘을 가질 수 없다. 생체 분자의 성질은 오직 탄소와 수소 원자만을 가지고 있는 **탄화수소**(*hydrocarbon*)라는 유기분자의 가장 간단한 그룹으로부터 시작함으로써 가장 잘 이해할 수 있다. 에탄(C_2H_6) 분자는 간단한 탄화수소로, 각 탄소 원자가 다른 탄소뿐만 아니라 3개의 수소 원자와 결합한 2개의 탄소 원자로 구성되어 있다.

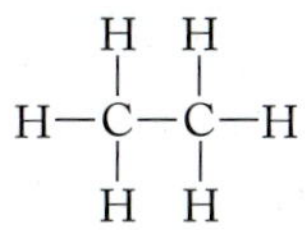

에탄

작용기

비록 탄화수소는 고대 식물과 동물의 잔존물로부터 형성된 화석연료의 대부분을 차지하지만, 대부분의 살아있는 세포 안에서 탄화수소는 양적으로 중요하지 않다. 생물학에서 중요한 여러 유기분자들은 탄화수소처럼 탄소 원자들의 사슬을 갖고 있지만 어떤 수소 원자들은 여러 가지 **작용기(functional group)**들로 치환된다. 작용기는 흔히 하나의 단위로 작용하는 원자들의 특정한 무리(grouping)로서, 유기분자에게 물리적 성질, 화학적 반응성, 수용액에서 용해도 등을 갖게 한다. 보다 보편적인 몇 가지 작용기가 표 2.2에 나열되어 있다. 작용기 사이에 가장 일반적인 연결의 두 가지는 카르복실기와 알코올 사이에서 형성되는 **에스테르 결합(ester bond)**과 카르복실기와 아민 사이에서 형성되는 **아미드 결합(amide bond)**이다.

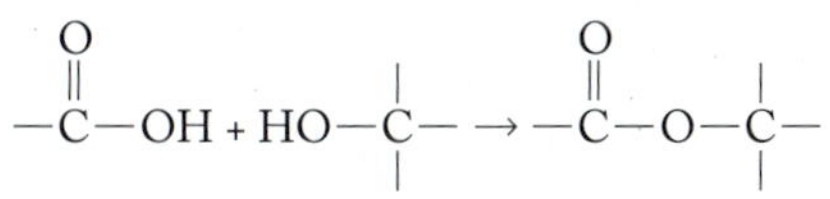

산 알코올 에스테르

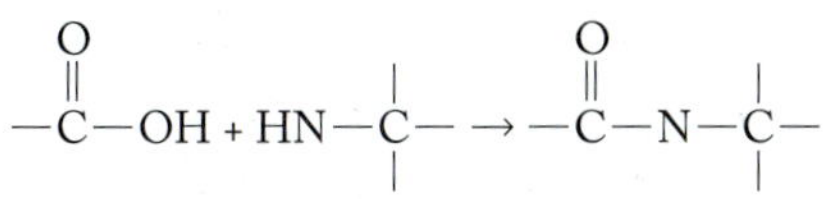

산 아민 아미드

표 2.2에 있는 작용기의 대부분은 전기음성도가 큰 원자(N, P, O, S)를 하나 또는 그 이상 갖고 있으며 유기분자들을 더 극성으로, 더 물에 잘 녹도록, 그리고 더 반응성이 크도록 만든다. 이러한 작용기의 몇 가지는 이온화할 수 있으며 양전하 또는 음전하를 띠게 된다. 다양한 작용기로 치환됨으로써 분자들에 미치는 효과는 쉽게 증명된다. 위에 그려진 에탄(CH_3CH_3)은 독성이 있는 인화성 기체이다. 수소 원자 중 하나를 수산기(—OH)로 대체하면 그 분자(CH_3CH_2OH)는 맛있게 되며, 이것이 에틸알코올이다. 카르복실기(—COOH)로 치환하면 그 분자는 식초의 강한 맛을 내는 성분인 초산(CH_3COOH)이 된다. 설프하이드릴기(—SH)기로 치환하면, 생화학자들이 효소 반응을 연구하는 데 사용하는 아주 불쾌한 냄새가 나는 물질인 에틸머캡탄(CH_3CH_2SH)이 형성된다.

기능에 따른 생체 분자의 분류

살아있는 세포에서 일반적으로 발견되는 유기분자는 대사반응에서 역할을 기초로 하여 몇 가지 부류로 분류할 수 있다.

1. ***거대분자.*** 구조를 형성하고 세포의 활동을 수행하는 분자들은 수십 개에서부터 수백만 개의 원자를 포함하는 **거대분자(macromolecule)**라고 하는 매우 크고 고도로 질서정연한 분자이다. 거대분자들의 크기와 이들이 취할 수 있는 복잡한 모양 때문에, 이러한 거대분자들의 일부는 커다란 정확성과 효율성을 가지고 복잡한 임무를 수행한다. 다른 어떤 특성보다도, 거대분자들은 생명체에게 생명의 특성을 갖게 하여, 생명체를 비생물계로부터 화학적으로 구별되게 한다.

   거대분자는 단백질, 핵산, 다당류, 몇몇 지질의 네 가지 주요 부류로 나눌 수 있다. 앞의 세 가지는 수많은 저분자량의 구성요소들 또는 **단량체**(*monomer*)로 구성된 **중합체**(*polymer*)이다. 이러한 고분자들은 철도의 객차들을 연결하여 하나의 열차를 만드는 것과 비슷한 **중합화**(*polymerization*) 과정에 의해 단량체들로부터 만들어진다(**그림 2.10**). 각 유형의 고분자의 기본 구조와 기능은 모든 생명체에서 유사하다. 그러나 각 고분자를 만드는 단량체들의 특수한 서열을 살펴보면, 생명체 사이의 다양성이 분명하게 된다. 여러 가지 세포 구조에서의 이러한 분자들의 위치에 대한 개요가 **그림 2.11**에 나타나 있다.

2. ***거대 분자의 구성요소.*** 세포의 DNA를 제외하고는 세포 내에서 대부분의 거대 분자들은 세포 자체와 비교하여 짧은 반감기를 갖고 있으며 지속적으로 분해되고 새롭게 대체된다. 결과적으로, 대부분의 세포는 거대 분자로 쉽게 결합될 수 있는 저분자량인 전구물질(precursor)들의 공급원[또는 풀(*pool*)]을 가지고 있다. 이들에는 다당류의 전구물질인 당, 단백질의 전구물질인 아미노산, 핵산의 전구물질인 뉴클레오티드, 그리고 지질로 결합되는 지방산 등이 포함된다.

3. ***대사중간산물.*** 세포에 있는 분자는 복잡한 화학 구조를 가지며 특별한 출발물질(starting material)로부터 시작하여 단계적인 순

표 2.2 작용기

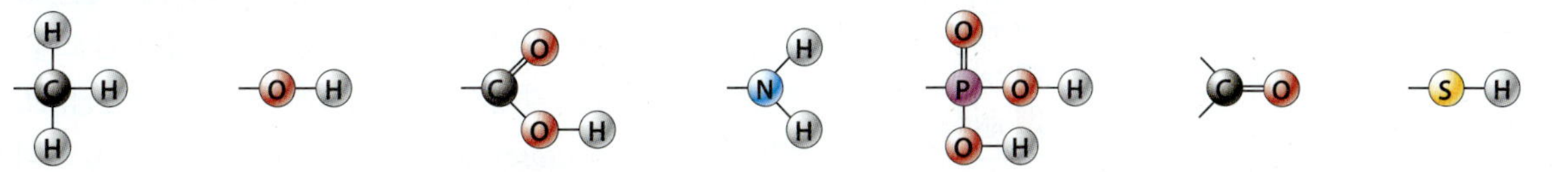

메틸기 수산기 카르복실기 아미노기 인산기 카르보닐기 설프하이드릴기

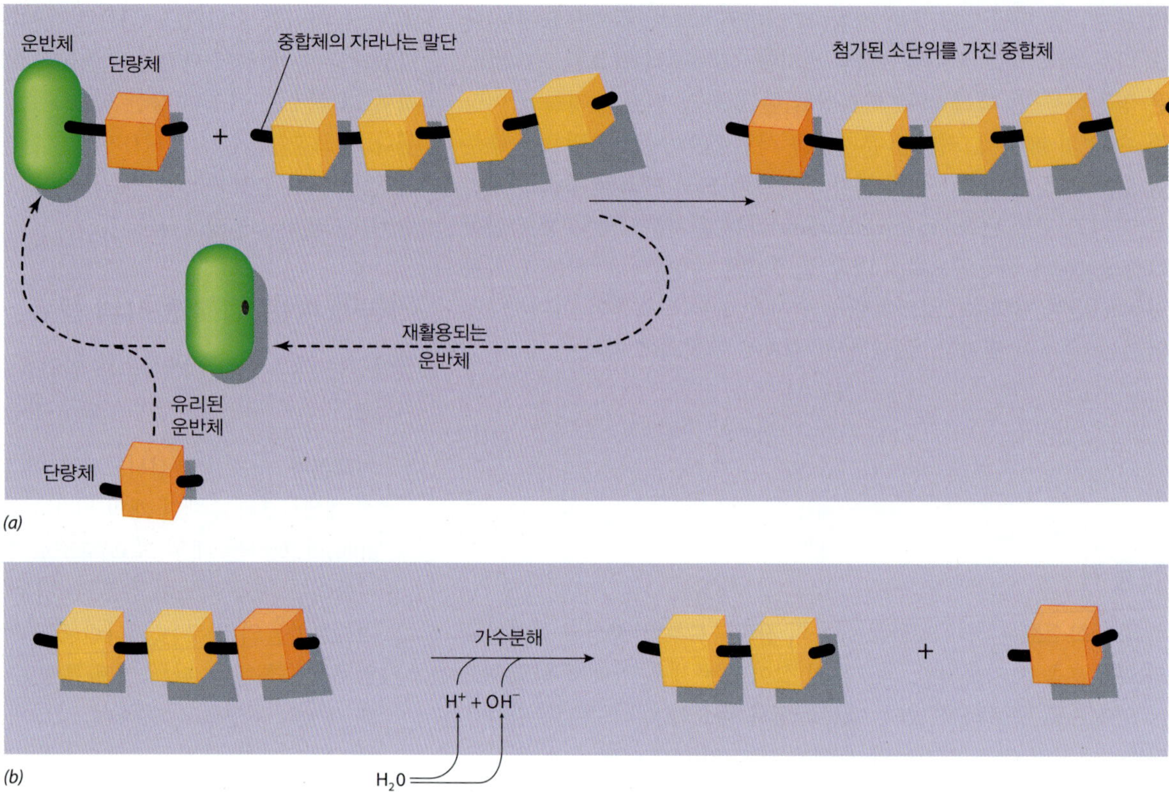

그림 2.10 단량체와 중합체; 중합화와 가수분해. (*a*) 다당류, 단백질, 핵산은 공유결합으로 서로 연결된 단량체(소단위)로 구성되어 있다. 유리된(free) 단량체는 단순히 서로 반응하여 거대분자가 되지는 않는다. 대신에, 커가는 거대분자의 말단에 단량체를 나중에 전달하기 위하여 각 단량체는 운반체 분자에 부착돼서 먼저 활성화되어야 한다. (*b*) 단량체를 서로 연결한 결합의 가수분해로 거대분자는 분해된다. 가수분해는 물에 의해 결합이 쪼개지는 과정이다. 이러한 반응 모두는 특정 효소에 의해 촉매된다.

서에 따라 합성되어야 한다. 세포에서, 일련의 각 화학반응을 **대사경로(metabolic pathway)**라고 한다. 세포는 화합물 A로 시작하여, 이것을 화합물 B로 전환시키며, 그 다음 화합물 C로 전환시키고, 기능적인 몇몇 최종산물(단백질의 구성요소인 아미노산과 같은)을 생산할 때까지 계속 전환된다. 최종산물에 이르는 경로 도중에 형성된 화합물들은 그 자체로는 기능을 갖고 있지 않을 수 있으며, 이러한 화합물들을 **대사중간산물(metabolic intermediate)**이라고 한다.

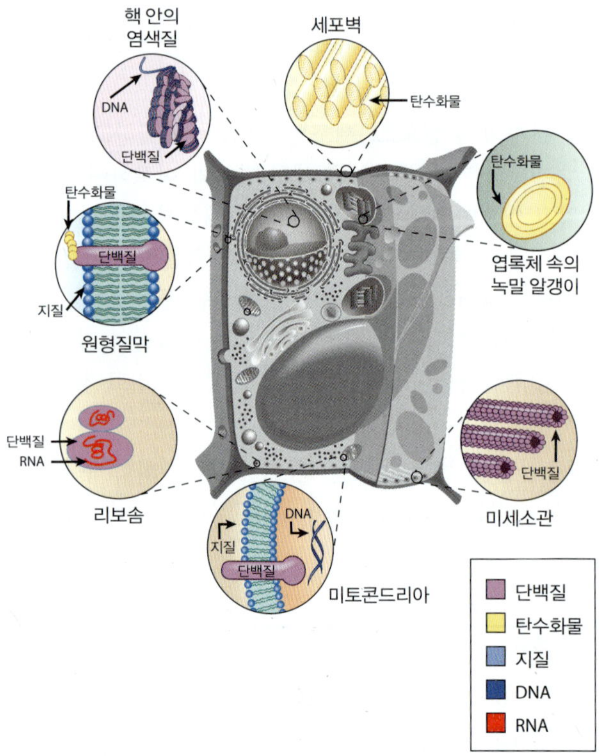

그림 2.11 여러 가지 세포 구조를 구성하는 생물학적 분자의 유형에 대한 개관.

4. ***그 밖의 기능을 가진 분자.*** 이것은 분명히 광범위한 부류의 분자들이지만 예상하는 것만큼 많지 않다. 세포 건조중량의 거의 대부분은 거대 분자들과 이들의 직접적인 전구물질로 구성되어 있다. 그 외의 기능을 하는 분자들에는 주로 단백질의 부속물(adjunct)로 작용하는 비타민들, 몇몇 스테로이드 또는 아미노산 호르몬들, ATP와 같이 에너지 저장에 관련된 분자들, cyclic AMP와 같은 조절분자들, 그리고 요소와 같은 대사노폐물 등이 포함된다.

2.5 탄수화물

흔히 **글리칸(glycan)**이라고도 부르는 **탄수화물(carbohydrate)**은 단당류(*monosaccharide*) 및 당이 구성요소로서 이루어진 더 커다란 모든 분자들을 포함한다. 탄수화물은 화학에너지의 저장고로서 그리고 생물학적 구조를 만들기 위한 튼튼한 재료로서 주된 기능을 한다. 대부분의 당은 일반적으로 $(CH_2O)_n$의 구조식을 갖는다. 세포대사에서 중요한 당은 n 값이 3에서 7 사이이다. 3개의 탄소를 포함하는 당은 3탄당(*triose*)로 알려져 있으며, 4개의 탄소는 4탄당(*tetrose*), 5개의 탄소는 5탄당(*pentose*), 6개의 탄소는 6탄당(*hexose*), 그리고 7개의 탄소를 가진 당은 7탄당(*heptose*)으로 알려져 있다.

단순당의 구조

각 당 분자는 단일결합에 의해 선형으로 연결된 탄소 원자의 골격으로 구성되어 있다. 카르보닐(*carbonyl*)기를 가지고 있는 탄소를 제외하고, 골격의 각 탄소 원자는 하나의 수산기(—OH기)에 연결되어 있다. 만일 카르보닐기가 내부 위치(케톤기를 형성)에 자리 잡고 있으면, 이러한 당은 **그림 2.12a**에 나타난 과당과 같은 **케토오스**(*ketose*)이다. 만일 카르보닐기가 당의 한쪽 말단에 위치하고 있으면, 알데히드기를 형성하며, 이 분자는 그림 2.12*b*~*f*에 예시된 포도당(glucose)과 같은 **알도오스**(*aldose*)로 알려져 있다. 다수의 수산기 때문에, 당은 물에 매우 잘 녹는 경향이 있다.

비록 그림 2.12*a*,*b*에 나타난 직선-사슬 구조식이 여러 당의 구조를 비교하는 데 유용하지만, 이 구조식은 5개 또는 그 이상의 탄소 원자가 폐쇄형 또는 고리 구조의 분자로 전환시키는 자가-반응(그림 2.12*c*)을 진행한다는 사실을 반영하지 못한다. 용액상태에서는, 당의 아주 작은 부분만이 개방형 직선-사슬 형태이며, 나머지 대부분은 고리형 구조를 가진다. 직선형은 사슬의 말단에 있는 알데히드기는 단백질, 특히 헤모글로빈과 반응할 수 있기에 중요하다. 당뇨병을 가진 환자들은 혈중 당 농도가 높으며 개방형 사슬 형태의 이러한 당은 헤모글로빈과 반응하여 당뇨병의 진행 과정을 추적하기 위한 혈액검사로 공공 사용되는 헤모글로빈 A1c라는 변형된 헤모글로빈을 생성한다. 직선형의 당이 헤모글로빈과 반응하는 것과 유사한 반응이 콜레스테롤 대사에 관여하는 단백질과도 일어나기에 당뇨병이 심장질환의 원인이 되는 이유 중에 하나이다. 개방형 사슬형태의 당은 의학 분야에서 상당히 중요하지만, 거의 대부분의 당은 고리형으로 발견되며, 이 형태가 다른 유형의 단수화물을 만드는 재료로서 사용된다. 당의 고리형태는 보통 독자에게 가장 가까운 곳에 위치한 선을 두껍게 그린 종이의 평면에서 수직으로 놓여 있는(돌출해 있는) 상태로 **평평한**(*planar*) 평면구조로 그린다(그림 2.12*d*). H 원자와 OH기는 종이 평면에 평행으로 놓여 있으며 당의 고리의 평면으로부터 위 또는 아래로 뻗어 나와 있다. 실제로는, 당 고리는 평면구조가 아니라 보통 의자 모양을 닮은 3차원적 입체구조로 존재한다(그림 2.12*e*, *f*).

입체이성질체

이전에 주지한 바와 같이, 탄소 원자는 4개의 다른 원자와 결합할 수 있다. 탄소 원자 주위의 작용기의 배열은 **그림 2.13a**와 같이 탄소를 정사면체의 중심에 놓고, 결합된 작용기가 4개의 꼭짓점으로 뻗어 나온 형태로 그린다. 그림 2.13*b*는 3탄당 알도오스인 글리세르알데히드(glyceraldehyde)의 분자를 그린 것이다. 글리세르알데히드의 2번째 탄소 원자는 4개의 서로 다른 작용기(—H, —OH, —CHO, 그리고 —CH_2OH)와 결합한다. 글리세르알데히드처럼, 탄소 원자에 결합한 4개의 작용기가 모두 다르면, 서로 겹쳐질 수 없는 두 가지 가능한 **배열 형태**(*configuration*)가 존재한다. 이들 두 분자[**입체이성질체**(*stereoisomer*) 또는 **광학이성질체**(*enantiomer*)]는 근본적으로 동일한 화학적 반응성을 가지지만 두 구조는 거울 상(mirror image, 오른손과 왼손의 짝과 같은)이다. 관례에 따라서, 만일 2번 탄소의 수산기가 오른쪽으로 향하고 있으면 그 분자를 D-글리세르알데히드라고 부르며, 왼쪽으로 향하고 있으면 L-글리세르알데히드라고 부른다(그림 2.13*c*). 2번 탄소는 입체이성질체가 형성되는 원인이 되는 부위로 작용하기 때문에, 이 탄소를 **비대칭적**(*asymmetric*) 탄소 원자라고 한다.

당 분자 골격의 길이가 증가하며, 비대칭 탄소 원자의 숫자 또한 증가하게 되고, 따라서 입체이성질체의 숫자도 증가하게 된다. 4탄당 알도오스는 2개의 비대칭 탄소 원자를 가지고 있으며, 따라서 4개의 서로 다른 배열로 존재할 수 있다(**그림 2.14**). 유사하게, 5탄당 알도오스는 8개 그리고 6탄당 알도오스는 16개의 서로 다른 배열 형태가 가능하다. 이들 당을 D 또는 L로 각각 지명하는 것은 알데히드로부터 가장 멀리 떨어진 비대칭 탄소 원자에 부착된 작용기의 배열에 따르는 관례에 기초를 두고 있다(알데히드와 연결된 탄소를 C1으로 지명). 만일 이 탄소의 수산기가 오른쪽을 향하고 있으면, 알도오스는

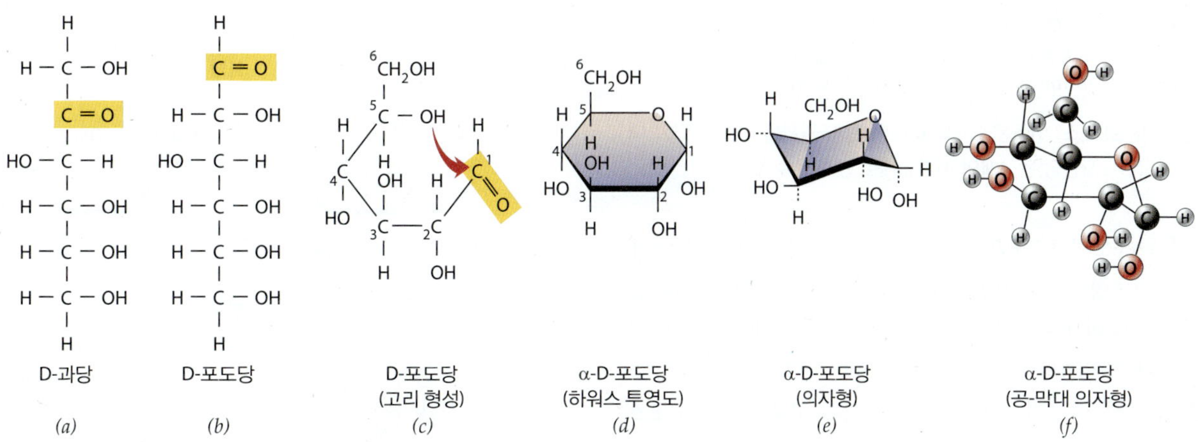

그림 2.12 **당의 구조.** (*a*) 케토헥소오스[케토는 내부에 카르보닐(노란색)기를 가지고 있음을 의미하며 헥소오스, 즉 6탄당은 6개의 탄소로 구성되어 있기 때문이다.]인 과당의 직선형 사슬 구조식. (*b*) 알도헥소오스(알도는 분자의 말단에 카르보닐기가 위치하고 있음을 의미한다.)인 포도당의 직선형 사슬 구조식. (*c*) 포도당이 개방형 사슬에서 폐쇄형 사슬(피라노오스 고리)로 전환되는 자가 반응. (*d*) 포도당은 일반적으로 독자에게 가장 가까운 곳에 위치한 곳을 굵은 선으로 표시하며 H와 수산기가 고리의 위쪽이나 아래쪽으로 돌출한 형태로 책의 종이 면에 수직으로 놓인 납작한 평면 고리 모양으로 그린다. α-D-포도당으로 표지하는 기본 원리는 다음 절에서 논의한다. (*e*) 포도당의 의자형 입체구조는 *d*에서 그려진 납작한 평면형태의 고리구조와 비교하여 보다 정확하게 그려진 3차원적 구조이다. (*f*) 포도당의 의자형 입체구조의 공-막대 모델

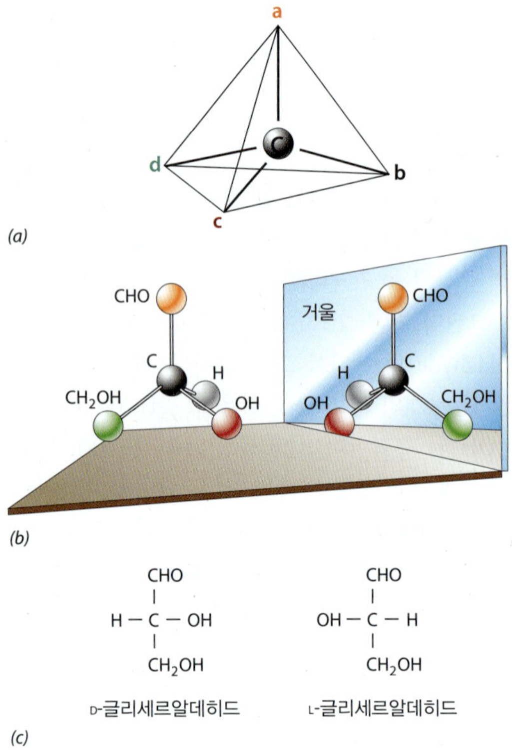

그림 2.13 **글리세르알데히드의 입체이성질체.** (*a*) 하나의 탄소 원자에 결합된 4개의 작용기(a, b, c, d로 표지)는 정사면체의 4개의 꼭짓점을 점유하고 있다. (*b*) 글리세르알데히드는 단지 3개의 탄소를 가진 알도오스이며, 이것의 2번째 탄소 원자는 4개의 서로 다른 그룹(—H, —OH, —CHO, 그리고 —CH_2OH)과 결합한다. 따라서 글리세르알데히드는 겹쳐지지 않지만 서로가 각각의 거울상인 두 가지 가능한 입체구조로 존재할 수 있다. 이러한 두 입체이성질체(또는 광학이성질체)는 비대칭(또는 *chiral*) 탄소 원자 주위에 4개 그룹의 배열 형태로 구별할 수 있다. 이러한 두 이성질체의 용액은 평면-편광을 서로 반대방향으로 회전시키며, 따라서 광학적으로 활성이 있다고 말한다. (*c*) 글리세르알데히드의 직선형-사슬 구조식. 관례에 따라, D-이성질체는 —OH기가 오른쪽에 있도록 표시한다.

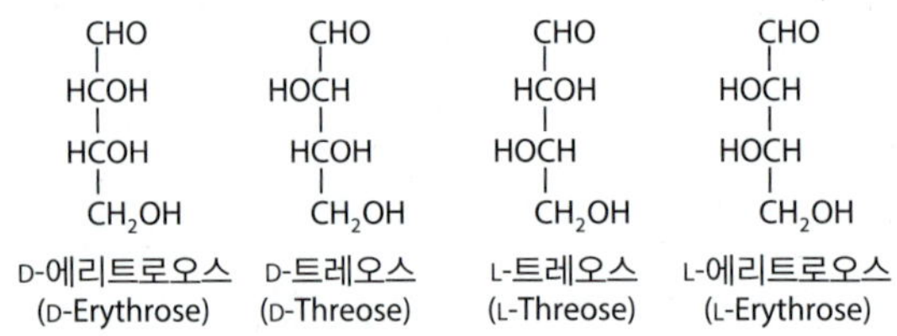

그림 2.14 **알도테트로오스.** 이들은 2개의 비대칭 탄소 원자를 가지고 있기 때문에, 알도테트로오스(알도사탄당)는 4개의 배열형태로 존재할 수 있다.

D-당이고, 만일 왼쪽으로 향하면 이것은 L-당이다. 살아있는 세포에 있는 효소는 D형과 L형의 당 사이를 구별할 수 있다. 전형적으로, 입체이성질체(D-포도당과 L-퓨코오스와 같이) 중 단지 하나의 입체이성질체만을 세포가 사용한다.

직선-사슬 포도당 분자가 6개 원자로 구성된 고리인 피라노오스(*pyranose*)로 전환되는 자가-반응이 그림 2.12*c*에 나타나있다. 개방된 사슬에서의 전구체(precursor)와 달리, 고리의 C1은 4개의 서로 다른 작용기를 가지고 있으며, 따라서 당 분자 안에서 새로운 비대칭 중심이 된다. 여분의 비대칭 탄소 원자 때문에, 피라노오스의 각 유형은 α와 β 입체이성질체로 존재한다(**그림 2.15**). 관례에 따라서, 첫 번

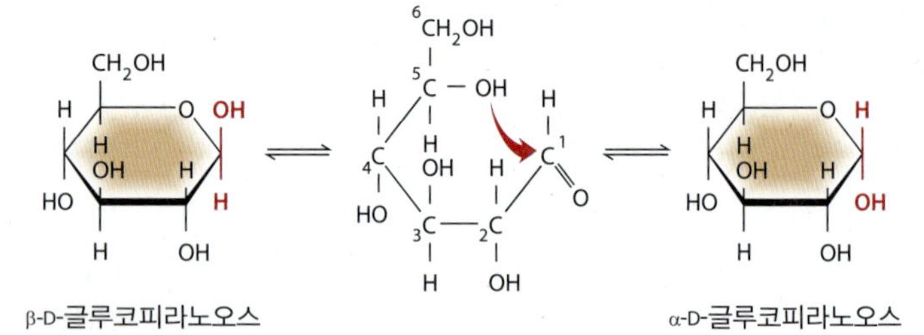

그림 2.15 **α-와 β-피라노오스의 형성.** 포도당 분자의 피라노오스(pyranose) 고리(6개 탄소 고리)를 형성하는 자가-반응이 진행되면, 2개의 입체이성질체가 생성된다. 2개의 이성질체는 분자의 개방형 사슬 형태를 통하여 서로 평형을 이룬다. 관례에 따라, 1번 탄소의 —OH기가 고리의 평면에 대하여 아래쪽으로 뻗어 나온 경우 α-피라노오스이며, 수산기가 위쪽으로 향하면 β-피라노오스이다.

째 탄소의 OH기가 고리의 평면의 아래쪽을 향하고 있으면 이 분자는 α-피라노스이며, 수산기가 위로 향하고 있으면 β-피라노오스이다. 두 형태 사이의 차이점은 생물학적으로 중요한 결과를 가져온다. 예를 들어, 밀집된 형태의 모양을 가진 녹말 및 글리코겐은 길게 뻗은 형태의 섬유소와 입체구조에서 큰 차이가 있다(이후에 논의됨).

당들의 연결

당은 더 큰 분자를 형성하기 위해 공유결합인 **배당결합**[또는 **글리코시드결합(glycosidic bond)**]에 의해 서로 연결될 수 있다. 배당결합은 한 당의 C1 탄소 원자와 또 다른 당의 수산기 사이의 반응에 의하여 형성되며 두 당 사이에 —C—O—C— 연결을 형성한다. **그림 2.16**과 **그림 2.17**에 지적한, 그리고 아래에서 논의하는 바와 같이, 당들은 다양한 서로 다른 배당결합에 의하여 연결될 수 있다. 이당류(*Disaccharide*)는 단지 2개의 당 단위로 구성된 분자다(그림 2.16). 이당류는 주로 손쉽게 이용할 수 있는 에너지 저장고의 역할을 한다. 설탕은 식물에서 한 부분으로부터 다른 부분으로 화학에너지를 운반하는 식물 수액의 주요 성분이다. 대부분의 포유류 젖에 존재하는 유당(젖당)은 새로 태어난 포유류에게 초기 성장과 발달에 필요한 연료를 공

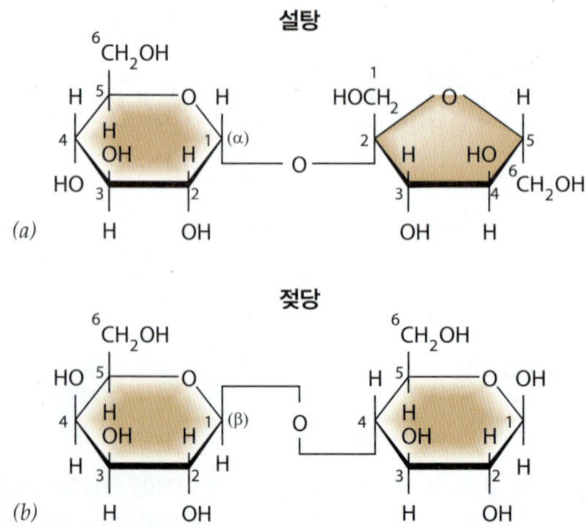

그림 2.16 **이당류.** 설탕과 젖당은 가장 보편적인 이당류이다. 설탕은 포도당과 과당으로 구성되어 있으며 α(1 → 4) 결합으로 연결되어 있는 반면, 젖당은 β(1 → 4)결합으로 연결된 포도당과 갈락토오스로 구성되어 있다.

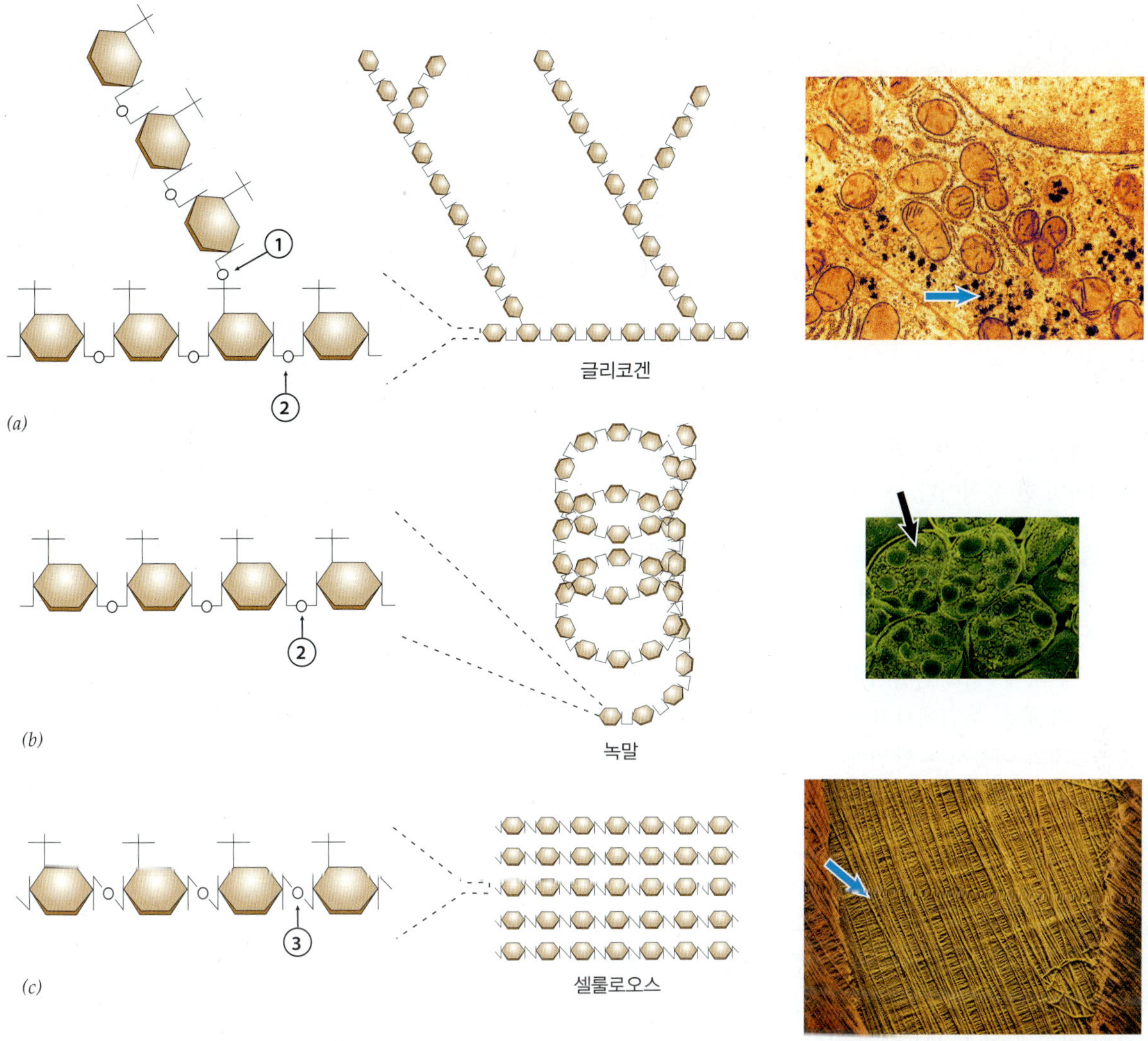

그림 2.17 동일한 당 단량체로 구성되었지만 극적으로 서로 다른 성질을 가지는 세 가지 다당류. 글리코겐(*a*), 녹말(*b*), 그리고 셀룰로오스(*c*) 모두는 전적으로 포도당 소단위로 구성되어 있지만 단량체가 서로 연결된 방식(세 가지 서로 다른 유형의 연결은 동그라미 안에 숫자로 표지)이 다르기 때문에, 이들의 화학적 및 물리적 성질은 서로 매우 다르다. 글리코겐 분자는 가장 많이 가지가 나있으고, 녹말 분자는 나선형 배열을 취하고 있으며, 셀룰로오스 분자는 가지가 없고 매우 길게 뻗어 있다. 글리코겐과 녹말은 에너지 저장고인 반면, 셀룰로오스는 서로 묶여서 다발을 형성하여 구조적 역할에 적합한 강인한 섬유를 형성한다. 색깔을 입힌 전자현미경 사진은 간세포의 글리코겐 과립, 식물 씨앗에 있는 녹말 낟알, 식물세포의 세포벽에 있는 셀룰로오스 섬유를 보여준다. 각각은 화살표로 표시하였다.

출처: (*a*) Don W. Fawcett/Photo Researchers, Inc.; (*b*) Jeremy Burgess/Photo Researchers, Inc.; (*c*) Biophoto Associates/Photo Researchers, Inc.

급한다. 음식에 있는 유당은 장의 벽을 따라 존재하는 세포의 원형질막에 있는 효소인 락테이즈(lactase)에 의해 가수분해된다. 유년시절이 지나면 여러 사람이 효소를 잃어버리며 유제품을 섭취하면 위장 장애를 가지게 된다.

당은 또한 서로 연결되어 짧은 길이의 사슬 형태인 **올리고당(oligosaccharide)**으로 연결되기도 한다. 대부분의 올리고당은 흔히 지질이나 단백질에 공유결합으로 연결돼서 이들을 각각 당지질과 당단백질로 전환시키는 형태로 발견된다. 세포 표면으로부터 밖으로 뻗어 나온 형태로 올리고당이 존재하는 원형질막의 당지질과 당단백질에서 올리고당은 특히 중요하다(그림 8.4*a* 참조). 올리고당은 여러 서로 다른 조합의 당 단위로 구성될 수 있기 때문에, 이러한 탄수화물은 정보에 관한 역할, 즉 한 유형의 세포를 다른 유형의 세포로부터 구별하는 기능을 할 수 있으며, 세포의 주위와 세포가 특정한 상호작용을 중개하는 것을 도와주는 역할을 한다.

다당류

19세기 중반까지는, 에너지 대사에 핵심적인 당인 포도당의 수준이 높아졌기 때문에 생기는 당뇨병을 앓는 사람의 혈액은 단맛이 나는 것으로 알려져 있었다. 저명한 프랑스 생리학자인 클로드 버나드(Claude Bernard)는 혈당의 원천을 연구함으로써 당뇨병의 원인을 찾고자 하였다. 그 당시에는 인간이나 동물에 존재하는 당은 이전에 섭취한 음식물이 소화되어 분해된 것이어야 한다고 가정하였었다. 개를 가지고 연구한 결과, Bernard는 동물이 전적으로 탄수화물이 없는 식사를 하더라도 혈액은 아직도 정상적인 수준의 포도당을 유지하고 있다는 것을 발견하였다. 분명히, 포도당은 다른 유형의 화합물로부터 우리 몸에서 형성될 수 있었다.

더 연구한 후에, Bernard는 포도당이 간으로부터 혈액으로 들어간다는 것을 밝혔다. 그는 그가 **글리코겐(glycogen)**이라 명명한, 비수용성 포도당 중합체가 간 조직에 들어 있다는 것을 발견하였다. Bernard는 여러 가지 음식물(단백질과 같은)은 간으로 운반되며 간에서 화학적으로 포도당으로 전환되고 글리코겐으로 저장된다고 결론지었다. 그 다음에, 우리 몸이 연료로서 당이 필요하면 간에 있는 글리코겐은 포도당으로 전환되고, 포도당이 결핍된 조직에 공급하기 위해 포도당은 혈류로 방출된다. Bernard의 가설에서, 간에서 글리코겐의 형성과 분해 사이의 균형은 혈액 내의 포도당을 비교적 일정한 수준(항상성, *homeostatic*)으로 유지하는 데 있어서 가장 중요한 결정 요인이었다.

Bernard의 가설은 올바른 것으로 판명되었다. 그가 명명한 글리코겐이라는 분자는 배당결합에 의해 연결된 당 단위들의 중합체인 **다당류(polysaccharide)**의 한 유형이다.

글리코겐 및 녹말: 영양학적 다당류 글리코겐은 단 한 가지 종류의 단량체, 즉 포도당으로 구성된 가지가 달린 중합체이다(그림 2.17*a*). 글리코겐 분자에서 당 단위들의 대부분은 $\alpha(1 \rightarrow 4)$ 배당결합(그림 2.17*a*의 제2형 결합)에 의해 서로 연결되어 있다. 2개의 당 단위가 중합체의 가지가 생기지 않은 부위에서처럼 연결된 것과는 달리, 가지가 생기는 지점은 3개의 이웃하는 단위에 연결된 하나의 당을 갖고 있다. 가지를 형성하는 여분의 이웃하는 포도당은 $\alpha(1 \rightarrow 6)$ 배당결합(그림 2.17*a*의 제1형 결합)으로 연결되어 있다.

글리코겐은 대부분의 동물에서 잉여 화학에너지의 저장고로서 작용한다. 예를 들어, 인간 골격근은 전형적으로 대략 30분 동안의 적당한 운동을 위한 에너지를 공급하기에 충분한 글리코겐을 포함하고 있다. 여러 가지 요인에 따라, 글리코겐은 일반적으로 분자량이 1백만~4백만 정도의 범위에 있다. 세포에 저장되었을 때, 글리코겐은 전자현미경으로 보면 검게 염색되는 불규칙한 과립 안에 고도로 농축되어 있다(그림 2.17*a*, 오른쪽).

대부분의 식물은 남아도는 화학에너지를 **녹말(starch)** 형태로 저장한다. 녹말은 글리코겐과 마찬가지로 포도당의 중합체이다. 예를 들어, 감자와 곡물(cereals)은 주로 녹말로 구성되어 있다. 녹말은 실제로 두 가지 서로 다른 중합체인 아밀로오스(amylose)와 아밀로펙틴(amylopectin)의 혼합물이다. 아밀로오스는 가지가 나지 않은, 나선형의 분자로 당은 $\alpha(1 \rightarrow 4)$ 결합으로 연결(그림 2.17*b*)되어 있는 반면에, 아밀로펙틴은 가지를 형성한다. 아밀로펙틴은 글리코겐에 비하여 가지가 훨씬 덜 나와 있고 불규칙적인 모양으로 나있다. 녹말은 작은 입자 또는 녹말 입자(*starch grain*)로 저장되어 있다(그림 2.17*b*, 오른 쪽). 이 녹말 입자들은 식물세포 내에서 막으로 둘러싸인 소기관(색소체, *plastid*) 속에 조밀하게 채워져 있다. 비록 동물은 녹말을 합성하지 않지만, 동물은 녹말을 쉽게 가수분해할 수 있는 효소(아밀레이즈, *amylase*)를 가지고 있다.

섬유소, 키틴, 그리고 글리코사미노글리칸: 구조 다당류 몇몇 다당류의 일부는 쉽게 소화되는 에너지 저장고로 작용하는 반면에, 다른 다당류는 단단하고 내구성이 있는 구조 물질을 형성한다. 예를 들어, 면화와 아마포는 대부분이 식물 세포벽의 주요 성분인 **셀룰로오스(cellulose)**로 구성되어 있다. 면직물의 내구성은 길고 가지가 나지 않은 셀룰로오스 분자에 기인하는데, 셀룰로오스 분자는 곁에 서로 나란히 질서정연하게 배열된 집합체를 이뤄서 잡아당기는 힘(장력)에 저항하는 데 이상적으로 구성된 분자적 케이블을 형성한다. 글리코겐과 녹말과 마찬가지로, 셀룰로오스도 오직 포도당으로만 구성되어 있지만, 셀룰로오스의 성질은 포도당이 $\alpha(1 \rightarrow 4)$ 결합 대신에 $\beta(1 \rightarrow 4)$ 결합으로 포도당 단위가 연결되었기 때문에 다른 다당류와는 판이하게 다르다. 얄궂게도, 다세포 동물은(드문 예를 제외하고) 지구상에 가장 풍부한 유기물질로 화학에너지가 많이 들어있는 셀룰로오스를 분해하는 효소가 없다. 흰개미나 양처럼 섬유소를 분해하여 "먹고 사는" 동물은 섬유소를 분해하는 데 필요한 셀룰로오스 분해효소(cellulase)를 합성하는 박테리아(bacteria)와 원생동물에게 서식처를 제공하여 섬유소를 분해한다. 셀룰로오스는 식용섬유소(*dietary fiber*)의 중요한 구성요소인데, 식용섬유소는 우리가 먹지만 소화시킬 수 없는 모든 다당류를 포함하는 넓은 의미의 용어이다

모든 생물학적 다당류가 포도당 단량체로 구성된 것은 아니다. 키틴(*Chitin*)은 N-아세틸글루코사민이라는 당으로 구성된 가지가 나지 않은 중합체이다. N-아세틸글루코사민은 포도당과 구조는 유사하지만, 고리의 2번 탄소에 결합된 수산기 대신에 아세틸 아미노기를 갖고 있다.

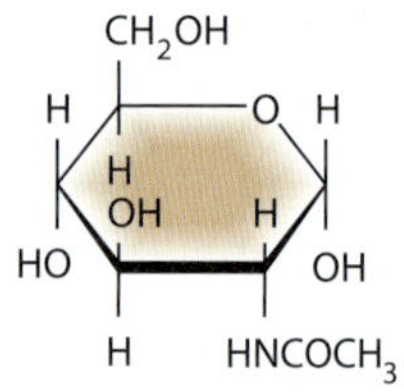

N-아세틸글루코사민

키틴은 무척추동물, 특히 곤충, 거미, 그리고 갑각류의 외피에 구조를 형성하는 물질로서 널리 분포한다. 키틴은 단단하고 탄력성이 있지만 몇몇 플라스틱과 같은 유연한 물질이다. 곤충들이 크게 성공한 것은 고도의 적응성을 가진 이런 다당류 때문이다(**그림 2.18**).

그림 2.18 메뚜기의 반짝이는 외골격의 주요 구성성분은 키틴이다.

출처: Anthony Bannister/Gallo Images/© Corbis.

보다 복잡한 구조를 가진 또 다른 다당류 집단은 **글리코사미노글리칸(glycosaminoglycan 또는 GAG)**이다. 다른 다당류와는 달리, GAG는 —A—B—A—B—의 구조를 갖는데, A와 B는 2개의 서로 다른 당을 나타낸다. 가장 많이 연구된 GAG는 헤파린(heparin)으로, 폐 조직 및 다른 조직에 있는 세포에서 조직 손상에 반응하여 헤파린이 분비된다. 헤파린은 혈액응고를 억제하여, 심장이나 폐로 가는 혈액의 흐름을 차단하는 혈전(clot)의 형성을 방지한다. 헤파린은 혈액응고에 필요한 핵심 효소(thrombin)의 억제제(antithrombin)를 활성화하여 혈전 형성을 방지한다. 보통 돼지 조직에서 추출한 헤파린은 대수술을 마친 환자의 혈액응고를 방지하기 위하여 지난 수십 년 동안 사용되어 왔다. 헤파린과 달리, 대부분의 GAG들은 세포를 둘러싼 공간에서 발견되며, 이들의 구조와 기능은 11.3절에서 논의된다. 가장 복합적인 다당류는 식물세포의 세포벽에서 발견된다(11.12절).

2.6 지질

지질은 비극성 생체 분자의 다양한 집단으로, 지질의 공통적 성질은 클로로포름, 벤젠과 같은 유기 용매에 녹는 능력 및 물에 녹지 않는 성질이며, 이러한 성질이 지질의 여러 다양한 생물학적 기능을 설명해 주는 성질이다. 세포의 기능에 중요한 지질은 지방, 스테로이드, 그리고 인지질이다.

지방

지방(fat)은 3개의 지방산이 에스테르결합에 의해 연결된 글리세롤 분자로 구성되어 있으며, 복합적인 지방 분자를 **트리아실글리세롤(triacylglycerol)**이라고 한다(**그림 2.19a**). **지방산(fatty acid)**의 구조를 생각해봄으로써 시작한다. 지방산은 한쪽 말단에 하나의 카르복실기를 갖는 길고, 가지가 나지 않은 탄화수소의 사슬이다(그림 2.19*b*). 지방산 분자의 두 말단은 서로 매우 다른 구조를 갖고 있기 때문에 서로 다른 성질을 지닌다. 탄화수소의 사슬은 소수성인 반면, 생리학적 pH에서 음전하를 띤 카르복실기(—COOH)는 친수성이다. 한 분자 안에서 소수성과 친수성 부분을 모두 가지고 있는 분자를 **양친매성(amphipathic)**이 있다고 하며, 이러한 분자는 생물학적으로 중요한 성질을 가지고 있다. 지방산으로 구성된 우리에게 익숙한 비누의 이용을 알아봄으로써 지방산의 성질을 알 수 있다. 지난 수세기 동안, 비누는 지방산과 글리세롤 사이의 결합을 깨기 위하여 강알칼리(NaOH 또는 KOH)에서 동물성 지방을 가열하여 만들었다. 오늘날, 대부분의 비누는 합성하여 만든다. 비누가 윤활유 성질을 가진 그리스(grease)를 녹이는 능력은 각 지방산의 소수성 말단이 그리스를 안에 집어넣은 반면, 친수성 말단은 주위의 물과 상호작용할 수 있다는 사실에 기인한다. 그 결과로, 그리스 성분(기름 성분)은 물에 의해 분산될 수 있는 교질입자 또는 미셀(*micelles*)로 전환될 수 있다(**그림 2.20**).

지방산은 탄화수소의 사슬의 길이와 2중결합의 존재 유무에 따라 서로 다르다. 세포에 존재하는 지방산은 전형적으로 그 길이가 14에서 20개 탄소 정도로 서로 다르다. 스테아르산(그림 2.19*b*)과 같이

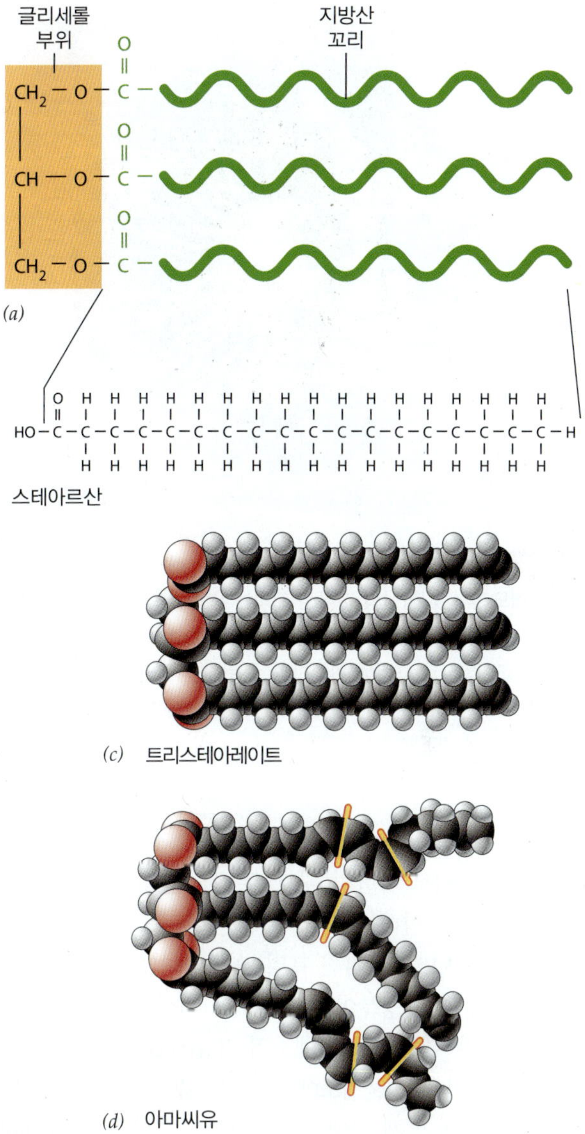

그림 2.19 지방과 지방산. (*a*) 트리아실글리세롤(트리글리세리드 또는 중성지방으로 불림)의 기본 구조. 주황색으로 표시한 글리세포 부위(moiety)는 꼬리부분이 초록색으로 표시된 3개의 지방산의 카르복실기와 3개의 에스테르 결합으로 연결되어 있다. (*b*) 동물성 지방에 보편적으로 존재하는 탄소 18개를 가진 포화지방산인 스테아르산. (*c*) 3개의 동일한 스테아르산을 포함하는 트리아실글리세롤, 즉 트리스테아레이트(tristearate)의 공간-채움 모델. (*d*) 3개의 불포화지방산(리놀레인산, 올레익산, 리놀레닉산)을 포함하는 아마(flax) 씨앗에서 유래한 트리글리세롤인 아마씨유(linseed oil)의 공간-채움 모델. 분자 안에서 비틀린 형태(kinks)를 생성하는 불포화의 부위는 노란색-주황색 막대로 표시하였다.

2중결합이 없는 지방산은 **포화(saturated)** 지방산이며 2중결합을 가지고 있는 지방산은 **불포화(unsaturated)** 지방산으로 서술한다. 자연계에 존재하는 지방산은 2중결합을 *cis* 구조(공간구조)로 가지고 있다. 2중결합(*cis* 구조)은 지방산 사슬의 비틀림(kinks)을 만든다.

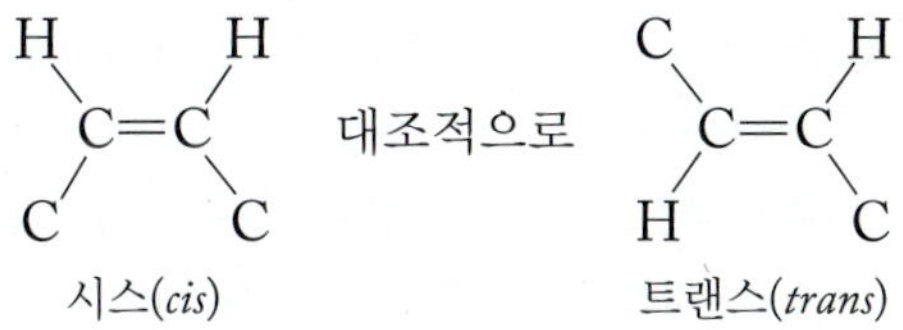

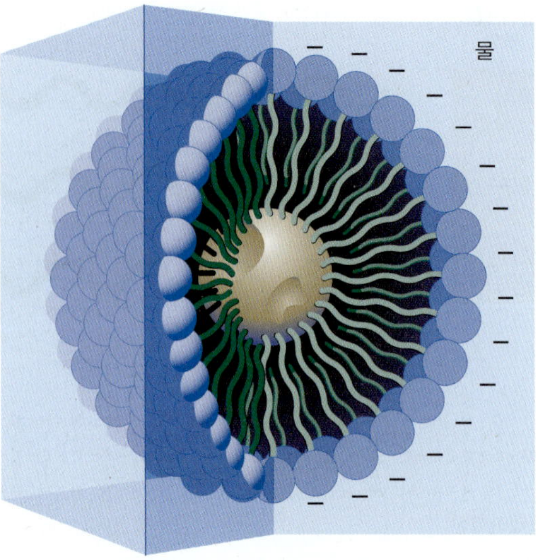

그림 2.20 **비누는 지방산으로 구성되어 있다.** 비누 교질입자 또는 마이셀(micelle)의 모식도에서, 지방산의 비극성 꼬리는 안쪽 방향으로 향한다. 비극성 꼬리들은 녹여야 할 기름기 많은 물질과 상호작용하여 이 물질을 녹인다. 음전하를 띤 머리 부분은 교질입자의 표면에 위치하며, 주위를 둘러싼 물과 상호작용한다. 또한 이러한 방식으로 막을 세제로 추출함으로써 비수용성의 경향을 가진 막단백질을 녹일 수 있다.

결과적으로, 지방산 사슬이 2중결합을 더 많이 가지면 가질수록 이러한 긴 사슬들이 서로 나란히 배열되는 데 덜 효율적이 된다. 이러한 성질은 지방산을 포함하는 지질이 녹는 온도를 낮춘다. 2중결합이 없는 지방산(그림 2.19*c*)을 가진 트리스테아레이트(tristerarate)는 동물성 지방의 가장 흔한 성분이며 실온보다 훨씬 높은 온도에서도 고체 상태로 남아있다. 대조적으로, 채소의 지방(vegetable fat)에 2중결합이 다수 존재하는 점은, 식물세포에서나 식료품 상점의 진열대에서나 모두, 식물성 지방의 액체 상태를 설명해주며, "다중불포화(polyunsaturated)"로 표지하는 점을 설명해 준다. 실온에서 액체인 지방을 **기름(oil)**이라고 한다. 트리스테아레이트가 액체 상태일 때의 온도보다 훨씬 낮은 온도에서도 액체 상태로 남아있는 아마 씨앗에서 추출한 휘발성이 높은 지질인 아마씨(linseed) 기름의 구조가 그림 2.19*d*에 나타나있다. 마가린과 같은 고체 쇼트닝은 불포화 식물성 기름의 2중결합을 수소 원자로 화학적으로 환원시킴으로써(**수소화**, *hydrogenation*) 생산된다. 수소화 과정은 또한 *cis* 2중결합의 일부를 사슬의 비틀림 대신에 직선형인 **트랜스**(*trans*) 2중결합으로 전환시킨다. 이 과정이 부분적으로 수소화된 지방 또는 트랜스 지방(trans fat)을 생성한다.

지방 분자는 3개의 동일한 지방산(그림 2.19*c*처럼)을 포함할 수 있거나, 그림 2.19*d*에서 같이 하나 이상의 지방산 종류를 포함하는 **혼합형 지방**(*mixed fat*)일 수 있다. 올리브유 또는 버터지방처럼 대부분의 자연계에 존재하는 지방은 서로 다른 지방산 종류를 가진 분자의 혼합물이다.

지방은 화학적 에너지가 매우 풍부하다. 지방 1그램은 탄수화물 1그램의 에너지 함량의 2배 이상을 포함하고 있다(이유는 3.8절에서 논의되었음). 탄수화물은 주로 단기간에, 신속하게 이용할 수 있는 에너지원으로 기능을 하는 반면, 지방은 장기간 동안 에너지를 비축을 위하여 저장하는 기능을 한다. 평균 체격의 사람은 대략 0.5 kg의 탄수화물을 주로 글리코겐 형태로 가지고 있는 것으로 추정되었다. 이 정도 양의 탄수화물은 대략 2,000 kcal 정도의 에너지를 제공한다. 격렬한 운동을 하는 동안에는, 신체에 저장된 모든 탄수화물이 거의 전부 소모되어 고갈된다. 대조적으로, 보통 사람은 대략 16 g의 지방(144,000 kcal의 에너지에 해당)을 가지고 있으며, 우리 모두 잘 아는 것처럼, 저장된 지방이 고갈되는 데 매우 오랜 시간이 걸릴 수 있다.

지방은 극성 그룹이 없기 때문에, 지방은 극단적으로 비수용성이며 수분이 없는 지질의 작은 방울(droplet)의 형태로 세포에 저장된다. 글리코겐 과립이 물을 포함하는 것과는 달리, 지질의 작은 방울은 물을 포함하지 않기에, 지질은 극도로 농축된 대표적인 저장 연료이다. 여러 포유류에서, 지방은 세포질이 하나 또는 몇 개의 커다란 지질 방울로 채워진 특수한 세포(**지방세포**, *adipocyte*)에 저장된다. 변화하는 지방의 양을 수용하기 위해 지방세포는 놀라울 정도로 세포의 부피가 변화할 수 있는 능력을 보여준다.

스테이드

스테로이드는 특징적인 4개의 고리를 가진 탄화수소의 골격을 기초로 하여 만들어진다. 가장 중요한 스테로이드 중 하나는 **콜레스테롤**(*cholesterol*)로서, 콜레스테롤은 동물의 세포막 구성성분이며, 테스토스테론, 프로게스테론, 에스트로겐과 같이 여러 스테로이드 호르몬의 합성을 위한 전구체이다(**그림 2.21**). 콜레스테롤은 대부분의 식물세포에는 존재하지 않기에, 야채유를 "무콜레스테롤"로 간주하는지만, 식물세포는 콜레스테롤과 관련된 화합물을 대량으로 포함하고 있다.

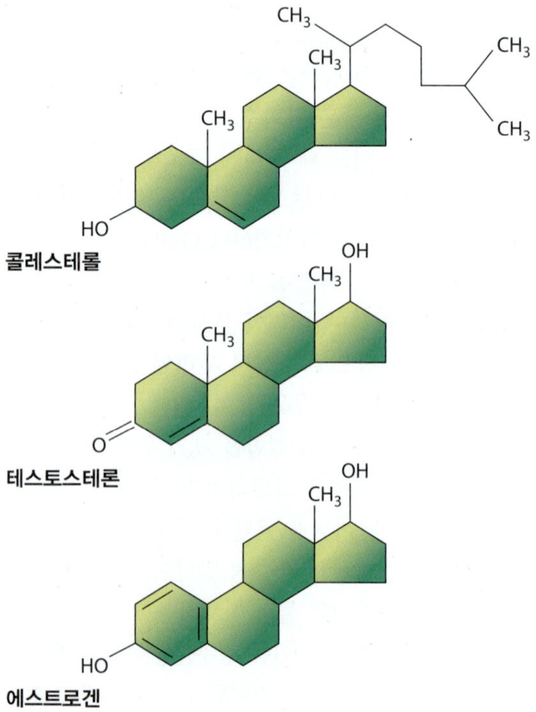

그림 2.21 **스테로이드 구조.** 모든 스테로이드는 기본적인 4개의 고리 골격 구조를 공유하고 있다. 콜레스테롤, 테스토스테론, 에스트로겐 사이의 화학적 구조의 작은 차이가 커다란 생물학적 차이를 만든다.

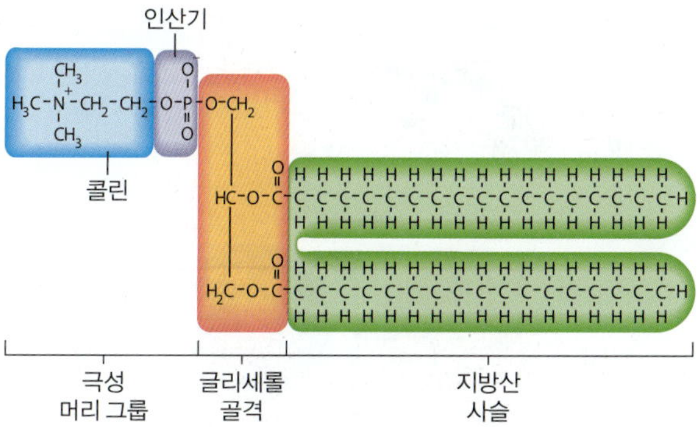

그림 2.22 **인지질 포스파티딜콜린.** 이 분자는 글리세롤 골격으로 구성되어 있으며, 수산기가 2개의 지방산과 인산기가 공유결합으로 연결되어 있다. 음전하를 띤 인산기는 또한 작고 양전하를 띤 콜린(choline) 그룹에 연결되어 있다. 포스파티딜콜린을 포함하는 분자의 말단은 친수성인 반면, 지방산 꼬리로 구성된 반대쪽 말단은 소수성이다. 포스파티딜콜린 및 다른 인지질의 구조와 기능은 8.2절에서 상세히 논의한다.

인지질

가장 보편적인 인지질의 구조가 **그림 2.22**에 나타나 있다. 인지질 분자는 지방(트리아실글리세롤)을 닮았지만, 3개의 지방산 대신에 단지 2개의 지방산만을 포함하기에 디아실글리세롤(*diacyglycerol*)이다. 글리세롤의 3번째 수산기는 인산기와 공유결합으로 연결되어 있으며, 그림 2.22에서와 같이, 콜린과 같은 작은 극성 그룹과 다시 공유결합으로 연결되어 있다. 따라서 지방 분자와는 달리, 인지질은 서로 매우 다른 성질을 갖는 두 말단을 포함하고 있다. 인산기를 포함하는 한 말단은 확실하게 친수성의 성질을 가지고 있으며, 2개의 지방산 꼬리로 구성된 다른 말단은 명백하게 소수성의 성질을 가지고 있다. 인지질은 주로 세포막에서 기능을 하기 때문에 그리고 세포막의 성질은 인지질 조성에 달려 있으므로, 인지질은 세포막과 연계하여 8.2절과 15.4절에서 더 자세히 논의한다.

2.7 단백질의 구성요소

단백질은 세포의 거의 모든 활동을 수행하는 거대분자이다. 단백질은 이러한 활동이 일어나게 하는 분자적 도구이자 기구이다. 효소로서, 단백질은 대사반응의 속도를 크게 증가시킨다. 구조적 케이블로서, 단백질은 세포내부와 세포의 주변의 외부에서도 기계적인 지지대를 제공한다(**그림 2.23a**). 호르몬, 성장인자, 그리고 유전자 활성인자(activator)로서, 단백질은 여러 다양한 조절기능을 수행한다. 막 수용체 및 수송체로서, 단백질은 세포가 어느 것과 반응할 것인가와 어떤 유형의 물질이 세포로 들어오고 또는 세포를 떠나갈 것인가를 결정한다. 수축성 섬유와 분자적 모터로서, 단백질은 생물학적 운동을

그림 2.23 **주로 단백질로 구성된 수천 가지의 생물학적 구조의 네 가지 예.** 이들에는 (*a*) 열전도의 차단(thermal insulation), 비행, 성의 인지를 위하여 새들이 적응한 결과인 깃털과 (*b*) 단백질-기반 실크로 만들어진 거미줄은 지금까지 알려진 가장 강력한 물질 중 하나이다. (*c*) 단백질 케라틴(keratin)으로 구성된 인간 털, 그리고 (*d*) 케라틴으로 또한 구성된 손톱.

출처: (a) Darrell Gulin/Getty Images, Inc.; (b) © gabriela schaufelberger/iStockphoto; (c) © Science Picture.Co; (d) Tamara83/Shutterstock.

위한 기구를 구성한다. 단백질의 여러 다른 기능들 중에서, 단백질은 항체로서 또한 독소로서 작용하며, 혈액을 응고시키고, 빛을 흡수하거나 반사하며(그림 2.23*b*), 그리고 신체의 한 부분에서 다른 부분으로 물질을 수송한다.

한 유형의 분자가 그렇게 많은 다양한 기능을 어떻게 가질 수 있는가? 그것에 대한 설명은 단백질이, 하나의 집단으로서(*as a group*), 가질 수 있는 거의 무한정한 숫자의 분자 구조에 있다. 그러나 각 단백질은 특정한 기능을 수행할 수 있는 독특하고도 규정된 구조를 가지고 있다. 가장 중요한 것은, 단백질이 다른 분자들과 선택적으로 상호작용이 가능하도록 하는 모양과 표면을 단백질은 갖고 있는 것이다. 다른 말로 하면, 단백질은 고도의 **특이성(specificity)**을 보인다. 예를 들어, 특정 DNA를 자르는 효소는 특이적인 8개 뉴클레오티드의 서열을 가진 DNA의 부분을 인식하는 반면, 65,535개 뉴클레오티드로 구성된 DNA의 나머지 모든 가능한 서열을 무시한다.

아미노산의 구조

단백질은 아미노산 단량체로 만들어진 중합체이다. 각 단백질은 그 분자에게 독특한 성질을 지니게 하는 독특한 아미노산 서열을 갖고 있다. 어떤 단백질의 여러 가지 능력은 그 단백질을 구성하는 아미노산들의 화학적 성질을 조사함으로써 이해할 수 있다. 바이러스에서든지 또는 사람에서든지, 20가지의 아미노산이 단백질을 구성하는 데 일반적으로 사용된다. 아미노산의 구조에서 두 가지 측면, 즉 모든 아미노산들에 공통인 것은 무엇이고 각 아미노산에서 독특한 것은 무엇인가를 고려해야 한다. 우선 아미노산들이 공유하는 특성부터 시작하고자 한다.

모든 아미노산은 아미노기와 카르복실기를 가지고 있으며, 하나의 탄소 원자인 α-탄소에 의하여 두 작용기가 서로 분리되어 있다(**그림 2.24a,b**). 중성 수용액에서, α-카르복실기는 양성자(수소 원자)를 잃어버려 음전하 상태(—COO^-)로 존재하며, α-아미노기는 수소 이온을 받아들여 양전하 상태(NH_3^+)로 존재한다(그림 2.24*b*). 네 가지의 서로 다른 작용기와 결합한 탄소 원자는 서로 겹쳐지지 않는 2개의 공간 배열(입체이성질체, *stereoisomer*)로 존재한다는 것을 44쪽에서 이미 보았다. 아미노산도 또한 비대칭 탄소 원자를 가지고 있다. 글리신을 제외하고, 아미노산의 α-탄소는 4개의 서로 다른 작용기와 결합하기 때문에 각 아미노산은 D 또는 L형으로 존재할 수 있다(**그림 2.25**). 리보솜에서 단백질합성에 사용되는 아미노산은 항상 L-아미노산이다. L-아미노산의 "선택"은 세포의 진화 과정에서 아주 초기에 일어났어야 하며 수십억 년 동안 보전되어 왔어야 한다. 그러나 미생물들은 세포벽의 펩티드와 몇 가지 항생물질[예, 그라미시딘 A(gramicidin A)]을 포함하여 몇몇 작은 펩티드를 합성하는 데 D-아미노산을 사용한다.

단백질합성 과정 동안 각 아미노산은 2개의 다른 아미노산과 연결되어, **폴리펩티드 사슬(polypeptide chain)**이라고 하는 길고 연속적이며 가지가 나지 않은 중합체를 형성한다. 폴리펩티드 사슬을 구성하는 아미노산들은 **펩티드 결합(peptide bond)**으로 연결된다. 즉, 이 결합에서는 한 아미노산의 카르복실기를 이웃 아미노산의 아미노기와 연결시키면서 물 1분자가 제거된다(그림 2.24*c*). 펩티드 결합으로

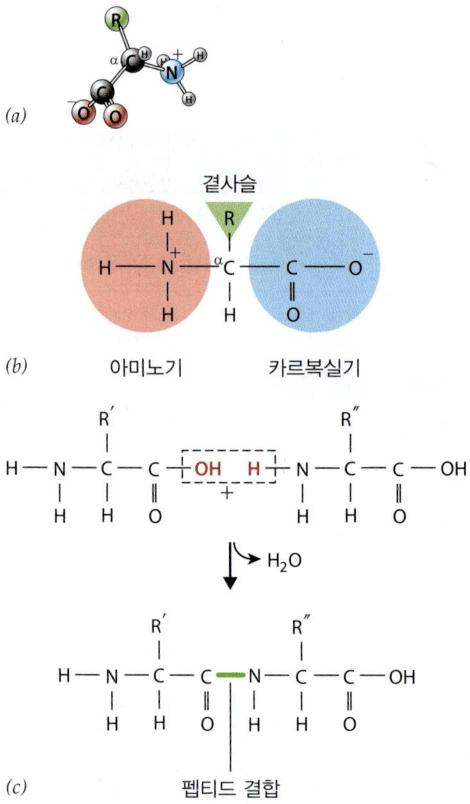

그림 2.24 아미노산 구조. 일반적인 아미노산의 공-막대 모형(*a*)과 화학 구조식(*b*)으로 R 그룹은 여러 화학적 그룹(chemical group) 중 하나일 수 있다(그림 2.26 참조). (*c*) 여기에 전하를 띠지 않은 상태로 그려진 두 아미노산의 축합에 의해서 펩티드 결합이 형성된다. 세포에서, 이 반응은 리보솜에서 아미노산이 운반체(tRNA 분자)로부터 길어지는 폴리펩티드 사슬의 말단으로 전달될 때 일어난다(참조).그림 5.49

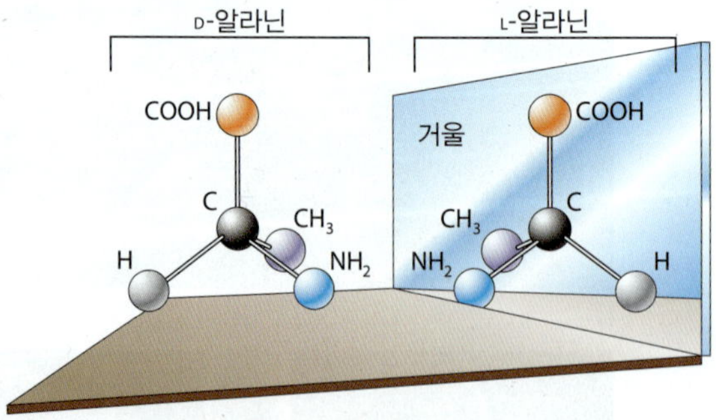

그림 2.25 아미노산의 입체이성질체. 글리신을 제외한 모든 아미노산의 α-탄소는 4개의 서로 다른 그룹에 결합하기 때문에, 두 가지 입체이성질체가 존재할 수 있다. 그림에는 알라닌의 D와 L 형을 보여준다.

연결되어 한 줄의 아미노산들로 구성된 폴리펩티드 사슬은 다음과 같은 골격을 갖는다.

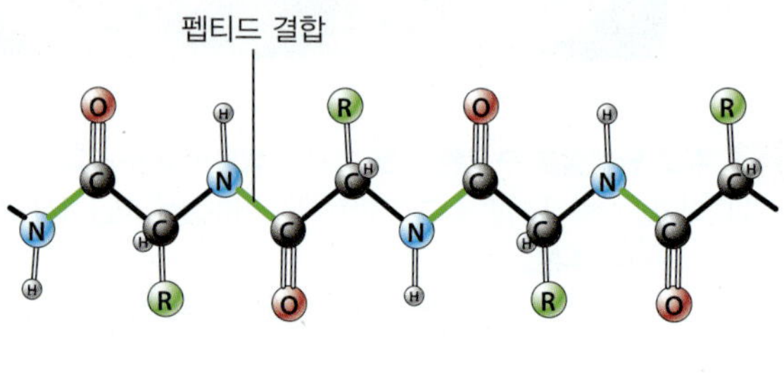

"평균적인" 폴리펩티드 사슬은 대략 450개의 아미노산을 갖고 있다. 폴리펩티드 중 가장 긴 것으로 알려진 것은 근육단백질인 타이틴(titin)으로 3만 개 이상의 아미노산들로 되어 있다. 아미노산이 일단 폴리펩티드 사슬로 결합되면, 아미노산을 잔기(*residue*)라고 부른다. 사슬에서 한쪽 끝에 있는 잔기의 *N*-말단(*N-terminus*)은 유리된, 즉 결합되지 않은(free) α-아미노기를 갖고 있는 반면에, 반대쪽 끝에 있는 잔기의 *C*-말단(*C-terminus*)은 유리된 α-카르복실기를 갖고 있다. 아미노산 이외에도, 많은 단백질들은 폴리펩티드가 합성된 후에 첨가된 다른 유형의 구성성분들을 갖고 있다. 이러한 성분들에는 탄수화물(당단백질을 형성), 금속-함유 그룹(금속단백질을 형성), 유기화합물 그룹(예: 플라보단백질) 등이 포함된다.

곁사슬의 성질

폴리펩티드의 골격, 또는 주사슬은 모든 폴리펩티드에 공통적으로 존재하는 각 아미노산 부분으로 구성되어 있다. α-탄소에 결합한 **곁사슬(side chain)** 또는 **R 그룹(R group)**(그림 2.24)은 20가지 구성요소들 사이에 매우 변동이 심하며, 이러한 변화성으로 인하여 궁극적으로 단백질들이 다양한 구조와 활성을 갖게 된다. 만일 다양한 아미노산 곁사슬들을 모두 고려한다면, 곁사슬은 완전히 전하를 띤 것에서부터 소수성인 것까지 아주 다양한 구조적 특징을 보여주며, 곁사슬들은 매우 다양한 공유결합과 비공유결합에 참여한다. 다음 장에서 논의된 것과 같이, 효소에서 "활성부위"의 아미노산 곁사슬은 많은 서로 다른 유기화학반응을 촉진(촉매)할 수 있다. 아미노산 곁사슬의 다채로운 특징은 그 분자의 구조와 활성을 길징하는 분자내부(*intramolecular*)의 상호작용, 그리고 다른 폴리펩티드를 포함하여 다른 분자들과 폴리펩티드의 관계를 결정하는 분자사이(*intermolecular*)의 상호작용 등에 모두 중요하다(62쪽).

아미노산은 곁사슬의 특성에 따라 분류된다. 아미노산은 전하를 띤 극성 아미노산, 전하를 띠지 않는 극성 아미노산, 비극성 아미노산, 그리고 독특한 성질을 갖는 아미노산 등 대략 네 가지 부류로 나누어진다(**그림 2.26**).

1. ***전하를 띤 극성***(그림 2.26*a*). 이 그룹의 아미노산은 아스파르트산(aspartic acid), 글루탐산(glutamic acid), 리신(lysine), 아르기닌(arginine)을 포함한다. 이러한 네 가지 아미노산은 완전히 전하를 띠게 되는, 즉 곁사슬이 비교적 강한 유기산 및 염기를 갖고 있다. 글루탐산과 리신의 이온화반응이 **그림 2.27**에 나타나 있다. 생리학적 pH에서, 이러한 아미노산들의 곁사슬은 거의 언제나 완전히 전하를 띤 상태로 존재한다. 결과적으로, 곁사슬들은 다른 전하를 띤 상대와 이온결합을 형성할 수 있다. 예를 들어, 히스톤 단백질의 양전하를 띤 아르기닌 잔기는 음전하를 띤 DNA의 인산기와 이온결합으로 연결된다(그림 2.3 참조). 비록 생리학적 pH에서 대부분의 경우 히스티딘(histidine)은 단지 부분적으로 전하를 띠지만, 히스티딘도 또한 전하를 띤 극성 아미노산이다. 실제로, 생리학적 pH 범위에서, 양성자(수소 이온)를 얻거나 잃어버릴 수 있는 히스티딘의 능력 때문에, 많은 단백질들의 활성부위에서 히스티딘은 특히 중요한 잔기이다(그림 3.13에서처럼).
2. ***전하를 띠지 않은 극성***(그림 2.26*b*). 이러한 아미노산들의 곁사슬은 부분적인 음전하 또는 양전하를 가지고 있어서 물을 포함하여 다른 분자들과 수소결합을 형성할 수 있다. 이러한 아미노산들은 흔히 반응성이 매우 크다. 아스파라긴(asparagine)과 글루타민(glutamine)(각각 아스파르트산과 글루탐산의 아마이드), 트레오닌(threonine), 세린(serine), 그리고 티로신(tyrosine) 등이 이 부류에 속한다.
3. ***비극성***(그림 2.26*c*). 이러한 아미노산의 곁사슬은 소수성이며, 정전기적 결합을 형성하거나 물과 상호작용하는 것이 불가능하다. 이 부류의 아미노산은 알라닌(alanine), 발린(valine), 류신(leucine), 이소류신(isoleucine), 트립토판(tryptophan), 페닐알라닌(phenylalanine), 그리고 메티오닌(methionine) 등이다. 비극성 아미노산들의 곁사슬은 일반적으로 산소와 질소 원자가 없다. 곁사슬들은 주로 크기와 모양에서 다양하며, 하나 또는 다른 곁사슬들이 단백질의 중심부 속의 특별한 공간에 조밀하게 채워지게 하는데, 이들은 반데르발스 힘과 소수성 상호작용의 결과로 서로 결합한다.
4. ***다른 세 가지 아미노산***—글리신(glycine), 프롤린(proline), 시스테인(cysteine)(그림 2.26*d*)—은 다른 아미노산들과 구별되는 독특한 성질을 가지고 있다. 글리신의 곁사슬은 단지 수소 원자로만 구성되었으며, 이런 이유로 글리신은 매우 중요한 아미노산이다. 곁사슬이 없기 때문에, 글리신 잔기들은 2개의 폴리펩티드 골격(또는 동일한 폴리펩티드의 두 부분)이 서로 아주 가까이 접근할 수 있는 자리를 제공한다. 이 밖에도, 글리신은 다른 아미노산보다 더 유연하며, 글리신의 골격 부분이 움직이도록 또는 경첩을 형성하도록 한다. 프롤린은 고리구조의 일부로서(프롤린을 이미노산으로 만드는) α-아미노기를 갖는다는 점에서 독특하다. 프롤린은 α-나선구조(55쪽)와 같이 질서정연한 2차 구조에 잘 맞지 않는 소수성 아미노산으로서, 흔히 뒤틀리거나 또는 경첩을 형성한다. 시스테인은 큰 반응성을 가진 설프하이드릴기(—SH)를 갖고 있으며, 흔히 다른 시스테인 잔기와 **이황화(—SS—) 다리(disulfide bridge)**로서 공유결합으로 연결되어 있다.

시스테인

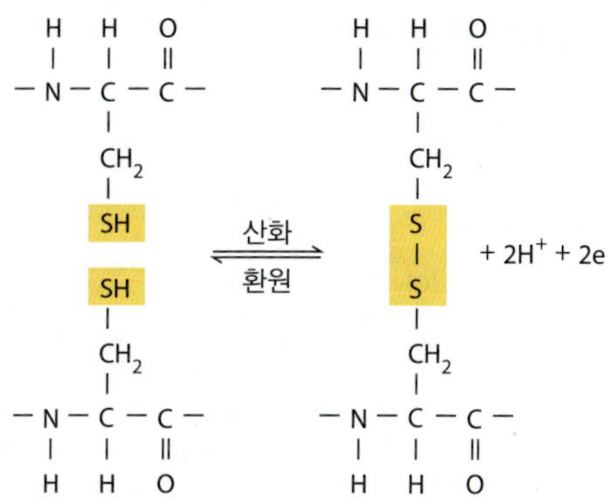

이황화 다리는 폴리펩티드 골격에서 또는 2개의 분리된 폴리펩티드에서 서로 떨어져 있는 2개의 시스테인 사이에서 흔히 형성된다. 이

전하를 띤 극성

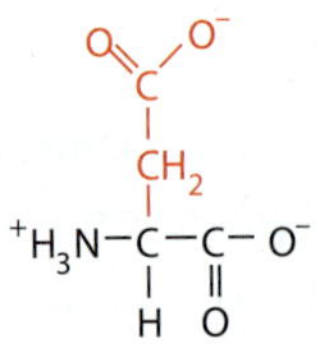

아스파르트산
(Asp 또는 D)

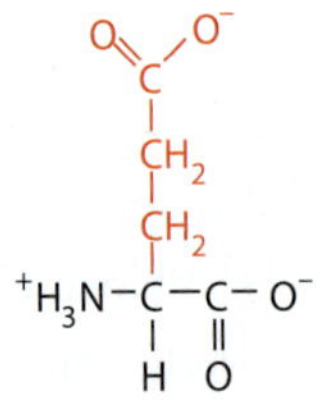

글루탐산
(Glu 또는 E)

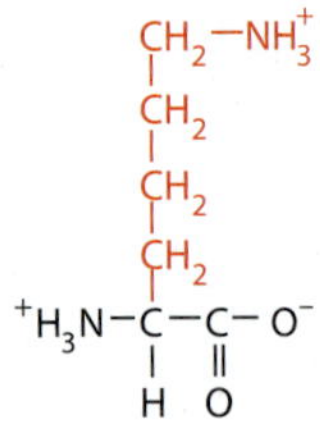

리신
(Lys 또는 K)

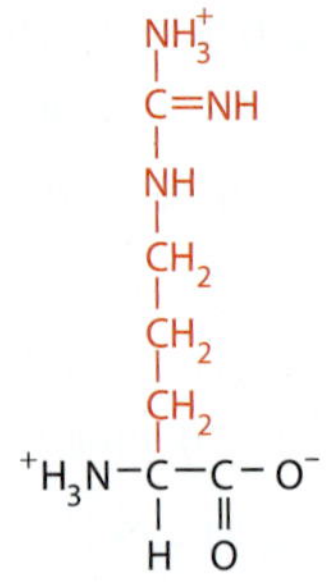

아르기닌
(Arg 또는 R)

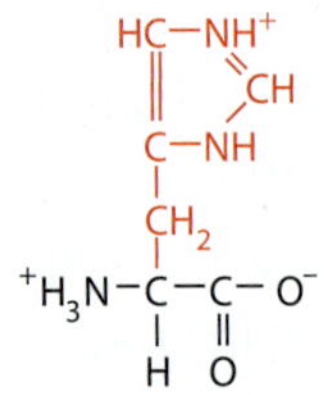

히스티딘
(His 또는 H)

결사슬(R 그룹)의 성질:

친수성 곁사슬은 생리학적 조건 하에서 완전하게 전하(+ 또는 –)를 띠는 경향이 있는 산 또는 염기로 작용한다. 곁사슬은 이온결합을 형성하며 종종 화학반응에 관여한다.

전하를 띠지 않은 극성

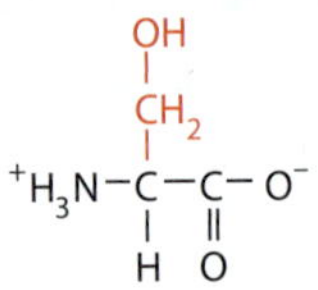

세린
(Ser 또는 S)

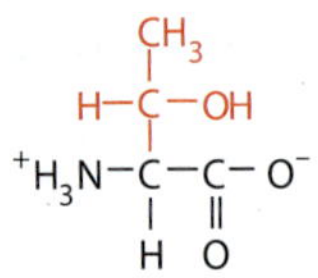

트레오닌
(Thr 또는 T)

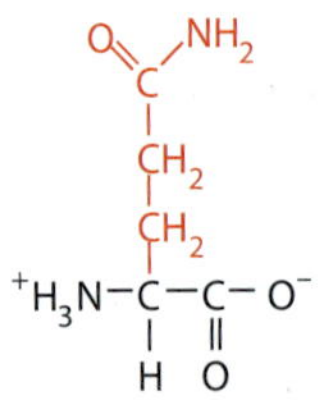

글루타민
(Gln 또는 Q)

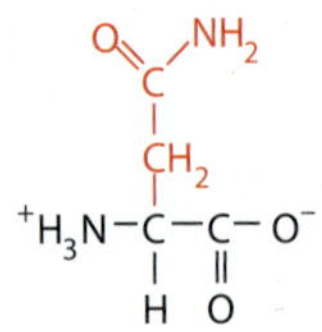

아스파라긴
(Asn 또는 N)

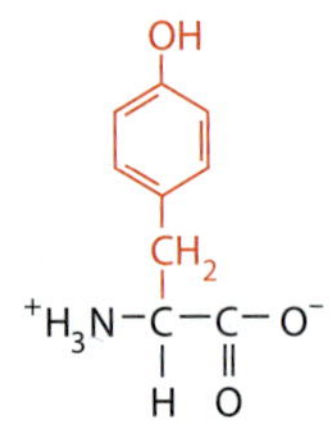

티로신
(Tyr 또는 Y)

곁사슬(R 그룹)의 성질:

친수성 곁사슬은 화학반응에 참가할 수 있게 하는 부분적으로 + 또는 – 전하를 띠는 경향이 있으며, 수소결합을 형성하고, 물과 연합할 수 있다.

비극성

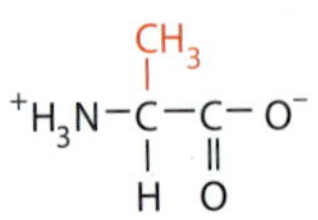

알라닌
(Ala 또는 A)

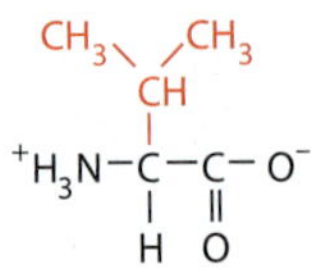

발린
(Val 또는 V)

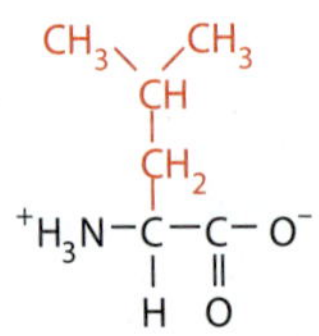

류신
(Leu 또는 L)

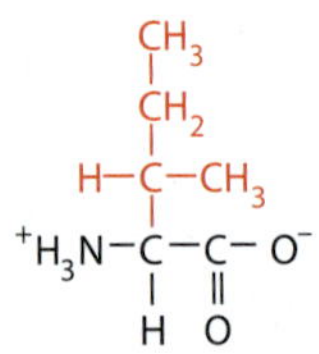

이소류신
(Ile 또는 I)

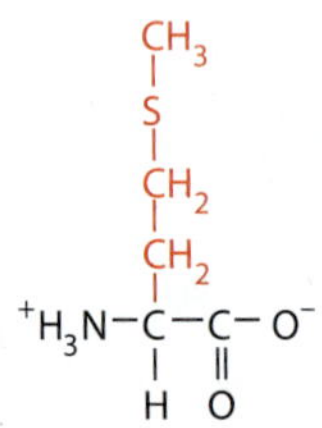

메티오닌
(Met 또는 M)

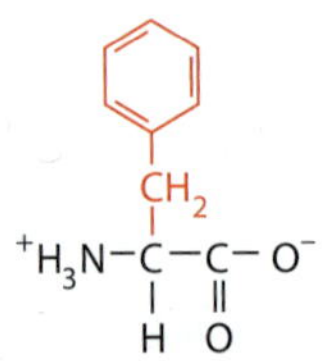

페닐알라닌
(Phe 또는 F)

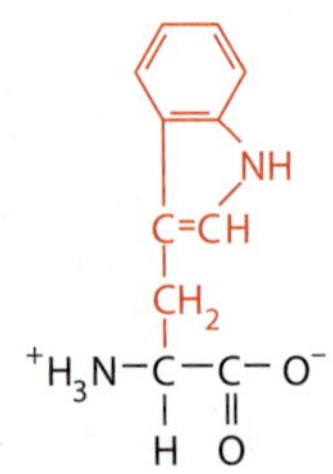

트립토판
(Trp 또는 W)

곁사슬(R 그룹)의 성질:

소수성 곁사슬은 거의 대부분이 C와 H 원자로 구성된다. 이들 아미노산은 수용성 매질로부터 멀어져 안으로 묻혀 있으며, 수용성 단백질의 내부 중심을 형성하는 경향이 있다. 소수성 곁사슬은 지질 이중층과 연합함으로써 막에서 중요한 역할을 한다.

독특한 성질을 가진 곁사슬

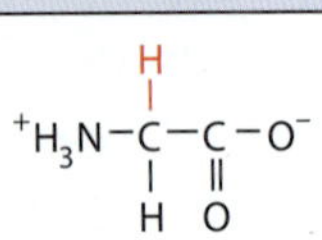

글리신
(Gly 또는 G)

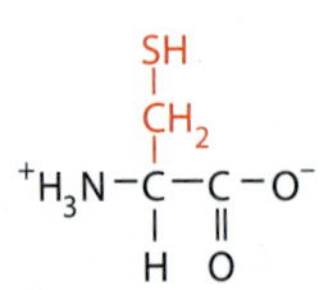

시스테인
(Cys 또는 C)

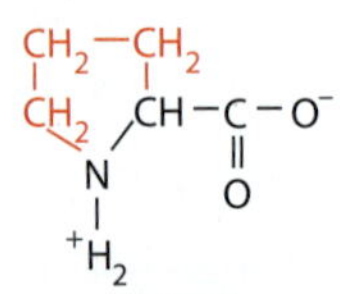

프롤린
(Pro 또는 P)

곁사슬은 단지 수소원자로만 구성되어 있으며 소수성 또는 친수성 환경에 끼워 맞추어질 수 있다. 글리신은 종종 두 폴리펩티드가 매우 근접한 부위에 자리 잡고 있다.

비록 곁사슬은 극성이며 전하를 띠지 않지만, 다른 시스테인의 곁사슬과 이황화결합으로 연결되어 공유결합을 형성하는 독특한 성질을 가지고 있다.

비록 곁사슬은 소수성이지만, 곁사슬은 정돈된 2차 구조를 파괴하고 폴리펩티드 사슬이 비틀려 꺾이게 하는 독특한 성질을 가지고 있다.

그림 2.26 아미노산의 화학적 구조. 이들 20개 아미노산은 단백질에서 가장 일반적으로 발견되는 아미노산으로, 보다 명확하게 말하자면 DNA에 의해 암호화되는 아미노산을 대표한다. 다른 아미노산들은 20개 아미노산 중 하나에 대한 변형의 결과로 생긴다. 본문에 기술한 바와 같이, 아미노산은 곁사슬의 성격에 따라 4개의 그룹으로 나뉜다. 모든 분자들은 중성 pH의 용액에서 이온화된 상태로 존재하는 유리(free) 아미노산 형태로 그려져 있다.

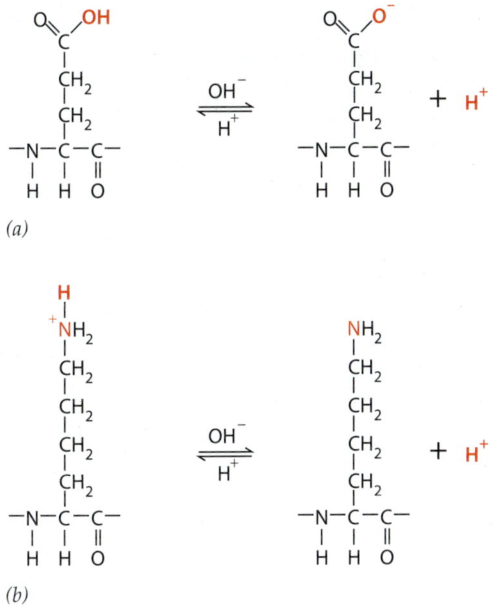

그림 2.27 **전하를 띤 극성 아미노산의 이온화.** (*a*) 글루탐산(glutamic acid)의 곁사슬은 카르복실기가 이온화하면 수소 이온을 잃어버린다. 카르복실기의 이온화 정도는 매질의 pH에 달려 있다. 수소 이온의 농도가 크면 클수록(pH가 낮으면 낮을수록), 이온화 상태로 존재하는 카르복실기의 비율은 작아진다. 역으로, pH가 높아지면 카르복실기로부터 수소 이온의 이온화가 증가하게 되어, 음전하를 띤 글루탐산 곁사슬의 비율이 늘어나게 된다. 곁사슬의 50%가 이온화되고 50%가 전하를 띠지 않는 상태에서의 pH를 pK라 부르며, 유리 글루탐산의 곁사슬의 경우 4.4이다. 생리학적 pH에서, 거의 모든 폴리펩티드의 글루탐산 잔기는 음전하를 띠고 있다. (*b*) 리신(lysine)의 곁사슬은 아미노기가 수소 이온을 얻으면 이온화된다. 하이드록실이온 농도가 크면 클수록, 양전하를 띤 아미노기의 비율이 더 작아진다. 리신의 곁사슬의 50%가 전하를 띠고 50%가 전하를 띠지 않는 pH는 유리 리신의 곁사슬의 pK인 10.0이다. 생리학적 pH에서, 폴리펩티드의 리신 잔기의 거의 모두는 양전하를 띠고 있다. 일단 폴리펩티드로 도입되면, 전하를 띤 그룹의 pK는 주위 환경에의 하여 크게 영향을 받을 수 있다.

황화 다리는 특히 물리적 및 화학적인 스트레스를 받기 쉬운 세포 바깥쪽에 있는 단백질들의 복잡한 모양을 안정화시키는 것을 돕는다. 예를 들어, 털은 이황화 다리로 교차 연결된 여러 가닥의 시스테인이 풍부한 단백질인 케라틴 섬유로 구성되어 있다. 머리카락을 둥그렇게 말기 위하여 파마를 할 때, 미용사는 머리카락을 파마기에 넣고 이황화 다리를 깨는 환원제를 첨가한 다음 케라틴 섬유들이 서로 미끄러져 지나가도록 한다. 환원제를 씻어 낸 다음에, 이황화 다리를 재형성시켜 케라틴 섬유가 새로운 위치에 고정되도록 하여 머리카락이 파마기에 의해 말려진 형태로 오랫동안 유지되도록 한다. 동일한 원리가 직모(hair-straitening) 처리하는 데도 적용되는데, 이 경우에는 환원제를 첨가하기 전에 머리카락을 직선으로 잡아당긴다.

이 절에 기술한 아미노산들 전부가 모든 단백질들에서 발견되는 것은 아니며, 또한 다양한 아미노산들이 동일한 방식으로 단백질에 분포하는 것도 아니다. 많은 다른 아미노산이 단백질에서 발견되지만, 이들은 폴리펩티드 사슬에 결합된 후(*after*) 20가지 기본 아미노산들의 곁사슬이 변화되어 생긴다. 이러한 이유로 이들을 **번역 후 변형(posttranslational modification, PTM)**이라고 한다. 수십 가지의 서로 다른 유형의 PTM이 증명되었다. 가장 흔하고 중요한 PTM은 인산기를 세린, 트레오닌, 티로신 잔기에 가역적으로 첨가하는 것이다. 리신(lysine) 아세틸화는 또 다른 광범위하게 퍼진 중요한 PTM으로 포유류 세포에서 수천 가지 단백질에 영향을 미친다. PTM은 단백질의 특성과 기능을 극적으로 변화시킬 수 있는데, 특히 단백질

(*a*) (*b*)

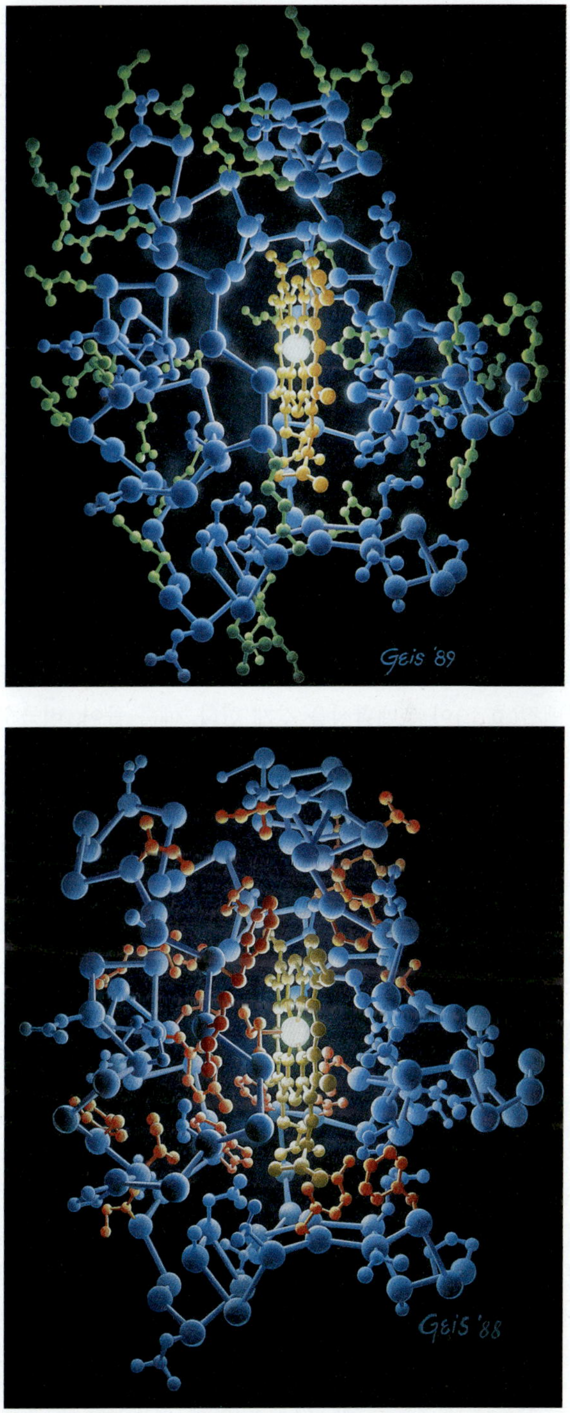

그림 2.28 **수용성 단백질 사이토크롬 c에서 친수성과 소수성 아미노산의 배열.** (*a*) 초록색으로 나타낸 친수성 곁사슬은 주위의 수용성 매질과 접촉하는 단백질의 표면에 주로 위치한다. (*b*) 빨간색으로 표시된 소수성 잔기는 주로 단백질의 중심 부위, 특히 중앙의 헴(heme) 그룹의 근처에 주로 위치한다.

출처: Irving Geis Collection/Howard Hughes Medical Institute의 그림. HHMI 저작권 소유.

의 3차 구조, 활성의 수준, 세포 내의 위치, 수명, 그리고/또는 다른 분자들과의 상호작용 등의 변형에 의해서 변화될 수 있다. 핵심 조절 단백질에서 인산기의 존재 여부에 의해, 세포가 암세포로 또는 정상 세포로 행동할 것인지 아닌지를 결정할 가능성이 있다. PTM 때문에, 하나의 폴리펩티드가 여러 가지 서로 다른 생물학적 분자들로 존재할 수 있다.

아미노산 곁사슬의 이온성, 극성, 또는 비극성의 특성은 단백질의 구조와 기능에 대단히 중요하다. 대부분의 수용성 단백질(즉, 막단백질이 아닌)은 극성 잔기들이 분자의 표면에 위치하여 주위의 물 분자와 결합할 수 있으며, 수용액에서 단백질의 용해도에 기여하도록 구성되어 있다(**그림 2.28a**). 대조적으로, 비극성 잔기들은 주로 분자의 중심부에 위치되어 있다(그림 2.28*b*). 단백질 내부의 소수성 잔기들은 흔히 서로 조밀하게 채워져서, 3차원적 조각퍼즐(jigsaw puzzle)을 만들게 되며, 그 안에서 보통 물 분자는 배제된다. 이러한 잔기들의 비극성 곁사슬 사이의 소수성 상호작용은 단백질 접힘 과정(61쪽)의 추진력이 되며 실제로 그 단백질의 전체적인 안정성에 기여한다. 많은 효소에서, 반응성을 가진 극성 작용기는 비극성 내부로 돌출되어, 그 단백질(효소)이 촉매활성을 갖게 한다. 예를 들어, 비극성 환경은 전하를 띤 작용기(group)들 사이의 이온성 상호작용을 촉진시킬 수 있는데, 이런 상호작용은 수용액 환경에서 물과의 경쟁으로 인하여 줄어들게 할 것이다. 물에서는 감지할 수 없을 만큼 느린 속도로 진행되는 몇몇 반응이 단백질 안에서는 백만분의 일초 안에 일어날 수 있다.

2.8 단백질의 1차 구조와 2차 구조

생물학에서, 형태와 기능 사이의 밀접한 관계를 단백질에서보다 더 잘 보여주는 것은 어느 곳에도 없다. 대부분 단백질들의 구조는 완전하게 결정되었고 예측 가능하다. 이런 거대한 분자들 중의 하나에서 각 아미노산이 그 구조의 특수한 자리에 위치하여, 그 단백질이 당면한 문제를 해결하는 데 요구되는 정확한 모양과 반응성을 갖도록 한다. 단백질의 구조는 몇 가지 체제의 수준에서 설명될 수 있는데, 각 수준은 서로 다른 양상을 강조하며 각 수준은 서로 다른 유형의 상호작용에 의존한다. 일반적으로, 1차(*primary*), 2차(*secondary*), 3차(*tertiary*), 4차(*quaternary*) 구조의 4단계로 단백질의 구조를 설명한다. 첫째로 1차 구조는 단백질의 아미노산 서열을 중요시하는 반면, 나머지 3구조는 공간에서 분자의 구성 체제를 중요시한다. 단백질의 작용 기작 및 생물학적 기능을 이해하기 위해서 단백질이 어떻게 구성되었는가를 알아보는 것이 필수적이다.

1차 구조

한 폴리펩티드의 1차 구조는 그 사슬을 구성하는 아미노산들의 특수한 직선 모양(linear)의 서열이다. 20개 서로 다른 구성요소들을 가지고, 형성될 수 있는 서로 다른 폴리펩티드의 숫자는, n이 사슬에 있는 아미노산의 개수일 때, 20^n이다. 대부분의 폴리펩티드는 100개를 훨씬 넘는 아미노산을 갖고 있기 때문에, 가능한 서열의 다양성은 근본적으로 무한정이다. 생명체가 생산하는 모든 단백질에 있는 아미노산의 정확한 배열순서에 대한 정보는 그 생명체의 유전체(genome) 정보에 의해 암호화된다.

이 후에 보는 바와 같이, 아미노산 서열이 단백질의 3차원적 모양과 따라서 단백질의 기능을 결정하는 데 필요한 정보를 제공한다. 그러므로 아미노산의 서열이 전적으로 가장 중요하고, DNA에 있는 유전자 돌연변이의 결과로 서열에서 일어나는 변화가 쉽게 묵인되지 않을 수 있다. 이러한 관계에 대한 최초의 그리고 가장 잘 연구된 예는 적혈구가 낫 모양으로 되는 **겸상적혈구빈혈증**(*sickle cell anemia*) 질환의 원인이 되는 헤모글로빈의 아미노산 서열의 변화이다. 증상이 심각하며 유전되는 이 빈혈증은 헤모글로빈 분자 내에서 오직 단 하나의 아미노산 서열 변화에 의해 생긴다. 즉, 정상적인 상태에서는 전하를 띤 글루탐산이 위치될 곳이 비극성 발린 잔기로 바뀐 것이다. 헤모글로빈 구조에서 이러한 변화가 적혈구 세포의 모양에 극적인 영향을 미칠 수 있어서, 원반-모양의 세포에서 낫-모양의 세포로 전환된다(**그림 2.29**). 이러한 적혈구 세포 모양의 변화는 작은 혈관을 막히기 쉽게 하여 통증과 치명적인 상황의 원인이 된다. 서로 연관된 생명체 사이에서 동일한 단백질의 아미노산 서열이 서로 다른 점에 의해 입증된 것처럼, 아미노산 변화의 모두가 이런 극적인 효과를 보이는 것은 아니다. 1차 구조 서열의 변화가 묵인될 수 있는 정도는 단백질의 모양 또는 기능적으로 중요한 잔기들이 얼마나 저해되었는가 하는 정도에 달려 있다.

단백질의 아미노산 서열은 1950대 초에 캠브리지대학교(Cambridge University)의 프레더릭 생어(Frederick Sanger)와 그의 공동연구자들에 의해 최초로 결정되었다. 소의 인슐린이 이 연구를 위해 선택되었는데, 그 이유는 손쉽게 구할 수 있으며 각각 21개와 30개 아미노산으로 구성된 2개의 폴리펩티드의 크기가 작았기 때문이다. 새롭게 떠오르는 분야인 분자생물학에서 인슐린의 **서열결정**(*sequencing*)은 중대한 업적이 되었다. 규칙적이거나 반복적인 구조를 가진 다당류와는 다르게, 세포 내에서 가장 복잡한 분자인 단백질은 규정

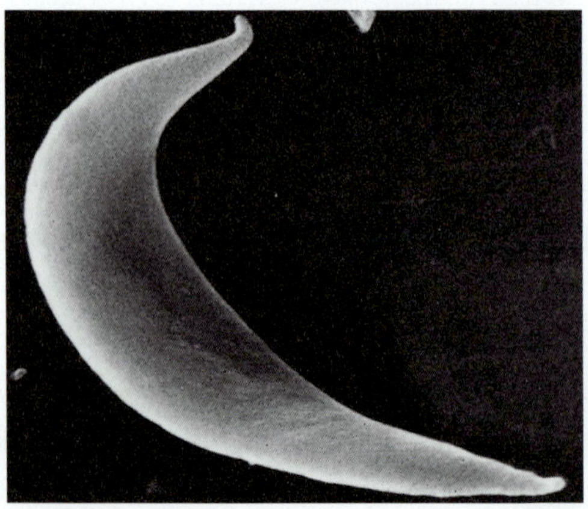

그림 2.29 주사현미경 사진. 겸상(낫 모양)적혈구빈혈증을 가진 사람의 적혈구의 주사현미경 사진. 그림 8.32*a*의 정상적인 적혈구 세포의 사진과 비교하시오.

출처: J. T. Thornwaite, B. F. Cameron, and R. C. Leif 제공

할 수 있는 하부구조(substructure)를 갖고 있음이 밝혀졌다. 인슐린이거나 또 다른 종류의 단백질이라도, 각 특정한 폴리펩티드는 한 분자로부터 또 다른 분자로 변화하지 않는 정확한 아미노산의 서열을 가지고 있다. 신속한 DNA 염기서열 결정을 위한 기술의 발전(18.22절 참조)으로, 폴리펩티드의 1차 구조는 암호화하는 유전자의 뉴클레오티드 염기서열로부터 추론될 수 있다. 지난 수년 동안에, 인간을 포함하여 수백여 가지 생명체들에서 유전체들의 완전한 염기서열이 결정되었다. 이 정보는 결국 연구자들에게 한 생명체가 만들 수 있는 모든 단백질에 대하여 알 수 있도록 할 것이다. 그러나 1차 구조 서열에 관한 정보로부터 높은 수준의 단백질 구조에 대한 지식으로 해독해 내는 것은 만만찮은 도전으로 남아있다.

2차 구조

모든 물질은 공간에 존재하며 그러므로 3차원적으로 표현할 수 있다. 단백질은 수많은 원자 사이의 연결로 형성되었기에, 따라서 단백질의 모양은 매우 복잡하다. **입체구조(conformation)**라는 용어는 분자에 있는 원자의 3차원적 공간배열, 즉 공간적인 구성 체계를 의미한다. 2차 구조는 폴리펩티드의 부분들의 입체 공간구조로 설명한다. 2차 구조에 대한 초기연구는 캘리포니아공과대학(California Institute of Technology)의 라이너스 폴링(Linus Pauling)과 로버트 코리(Robert Corey)에 의해 수행되었다. 여러 개의 아미노산이 서로 연결된 간단한 펩티드의 구조를 연구함으로써, Pauling과 Corey는 폴리펩티드 사슬은 이웃하는 아미노산 사이에서 최대한으로 수소결합을 가능하게 하는 입체구조로 존재한다고 결론지었다.

두 가지 입체구조가 제안되었었다. 한 입체구조에서는, 폴리펩티드의 골격이 원통형의, 나선형으로 돌아가는 **알파(α) 나선[alpha(α) helix]**이라고 하는 형태를 취한다(**그림 2.30a**). 골격은 나선의 안쪽에 놓여 있으며, 곁사슬은 바깥쪽으로 향해 뻗어있다. 나선형 구조는 한 펩티드 결합의 원자들과 나선을 따라 펩티드 결합의 바로 위와 바로 아래 위치한 원자들 사이의 수소결합으로 안정화되어 있다(그림 2.30*b*). 1950년대에 실제 단백질의 X-선 회절 양상이 밝혀짐으로써 α 나선의 존재가 확인되었다. 머리카락에서 발견되는 단백질 케라틴(keratin)에서 최초로 α 나선의 존재가 확인된 후에, 마이오글로빈(myoglobin)과 헤모글로빈(hemoglobin)과 같은 여러 산소-결합 단백질에서 확인되었다(그림 2.35 참조). α 나선에서 서로 반대편 양쪽 표면들은 서로 대비되는 성질을 가지고 있을 수 있다. 수용성 단백질에서, α 나선의 바깥쪽 표면은 흔히 용매와 접촉하는 극성 잔기를 포함하는 반면, 안쪽을 바라보는 표면은 전형적으로 비극성 곁사슬을 포함하고 있다.

Pauling과 Corey가 제안한 두 번째 입체구조는 **베타(β) 병풍[beta (β) pleated sheet]** 구조로서, 곁에 나란히 놓여 있는 여러 개의 폴리펩티드들로 구성된다. 꼬여서 원통형으로 된 α 나선과 달리, 하나의 β 판(sheet) 구조에서 폴리펩티드[혹은 **β 가닥(β strand)**]의 각 부분의 골격은 접혀지거나 병풍과 같은 입체구조를 취한다(그림 2.31*a*). α 나선과 마찬가지로, β 판은 또한 많은 수의 수소결합이 특징이다. 그러나 수소결합들은 폴리펩티드 사슬의 장축에 대하여 수직으로 향하고 있으며 사슬의 한 부분으로부터 다른 부분으로 가로질러 향하고 있다(그림 2.31*b*). β 판의 가닥은 이웃하는 가닥과 같은 방향으로 서로 평행하게 나가거나 또는 이웃하는 가닥과 반대 방향으로 역평행으로 나간다. 그림 2.31*b*는 역평행 β 판을 보여준다. α 나선처럼, β 판도 또한 여러 서로 다른 단백질에서 발견되었다. β 가닥은 고도로 확장되기 때문에, β 판은 잡아당기는 힘(장력)에 대하여 저항한다. 명주실(silk)은 대량의 β 판을 포함하고 있는 단백질로 구성되며 명주실의 강도는 이러한 구조적 특성에 기인하는 것으로 생각된다. 놀랍게도, 인간 머리카락의 10분의 1 두께를 가진 거미줄(거미의 실크)의 섬유는 동일한 무게의 강철 섬유보다 약 5배 정도 강하다.

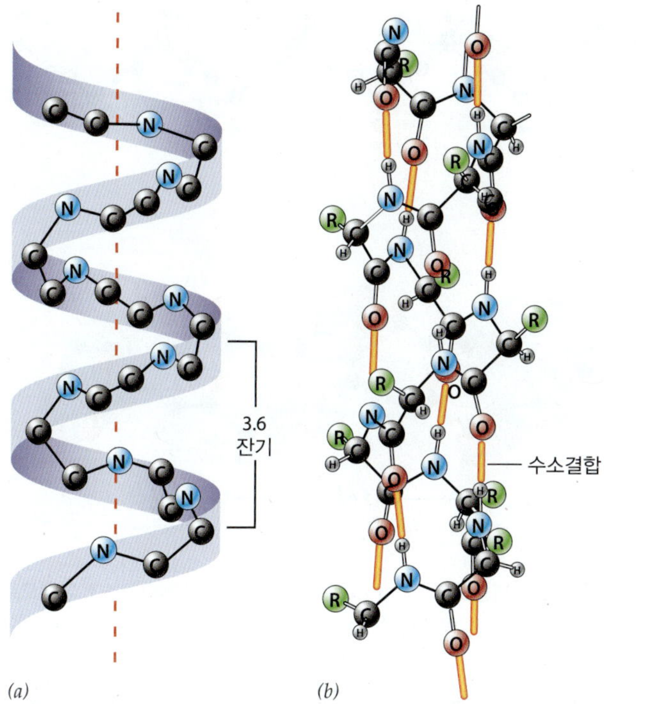

그림 2.30 **알파 나선.** (*a*) α 나선의 지역에서 폴리펩티드 골격이 차지하는 중심축 주위의 나선형 경로. 각각의 완전한 회전(360°)은 3.6 아미노산 잔기에 해당한다. 중심축을 따라 인접한 잔기 사이의 거리는 15 Å이다. (*b*) α 나선의 골격의 원자들의 배열과 아미노산 사이에서 형성되는 수소결합. 나선형의 회전 때문에, 매 4번째 아미노산의 펩티드 결합은 서로 근접하게 된다. 한 펩티드 결합의 카르보닐기(C═O)가 또 다른 펩티드 결합의 이민기(H—N)에 접근하게 되면 둘 사이에서 수소결합이 형성되는 결과를 가져온다. 수소결합(주황색 막대)은 근본적으로 원통의 축에 평행하며 따라서 사슬의 회전을 서로 붙잡아준다.

출처: (a, b) the Irving Geis Collection/Howard Hughes Medical Institute의 그림. HHMI 저작권 소유.

α 나선 또는 β 판 구조로 구성되지 않은 폴리펩티드 사슬의 부분은 경첩, 회전(turn), 고리(loop), 손가락 모양의 돌출 부위 등으로 구성될 수 있다. 흔히, 이들은 폴리펩티드 사슬의 가장 유연한 부분이며 생물학적 활성이 가장 큰 부위이다. 예를 들어, 항체 분자는 다른 분자(항원)와 특이적인 상호작용을 하는 것으로 알려졌다. 이러한 상호작용은 항체 분자의 한쪽 말단에 있는 일련의 고리(loop)에 의해서 중개된다(그림 17.15 및 17.16 참조). 2차 구조의 여러 가지 유형이 **그림 2.32**에 가장 간단한 형태로 그려져 있으며, α 나선은 나선형

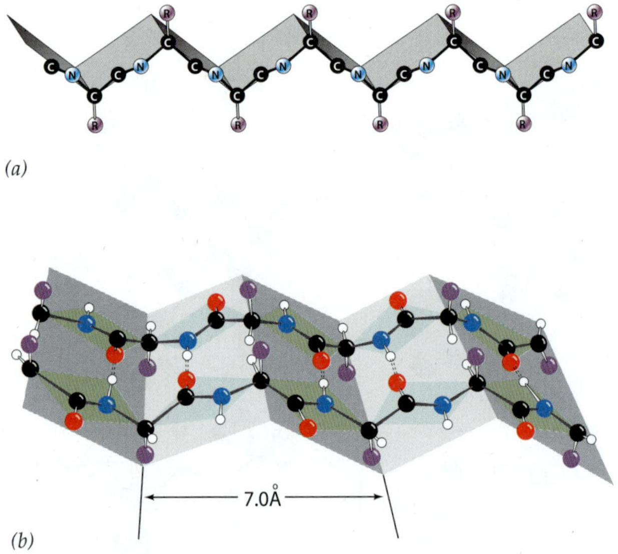

그림 2.31 **β-병풍구조.** (*a*) β 시트(sheet)의 각 폴리펩티드는 β 가닥으로 불리는 길게 신장되었지만 병풍처럼 접혀진 입체구조를 취한다. 시트 또는 판의 평면의 위쪽과 아래쪽의 α-탄소의 위치로 인하여 병풍구조가 생긴다. 연속적인 곁사슬(그림에서 R 그룹)은 골격으로부터 위쪽과 아래쪽으로 뻗어 나온다. 축을 따라 인접한 잔기 사이의 거리는 3.5 Å이다. (*b*) β-병풍구조는 서로 평행하게 배열되고 이웃하는 골격의 카르보닐기와 이민기 사이의 수소결합의 규칙적인 배열에 의해 서로 연결된 여러 β 가닥으로 구성되어 있다. 폴리펩티드의 이웃하는 부분은 평행하게(서로 같은 방향의 N-말단 → C-말단 방향) 또는 역평행(서로 반대 방향의 N-말단 → C-말단 방향)으로 배열될 수 있다.

출처: (b) the Irving Geis Collection/Howard Hughes Medical Institute의 그림. HHMI 저작권 소유. 허가를 얻어 재인쇄함.

리본으로 표시되었고, β 가닥은 납작한 화살로 그리고 연결 부위는 가느다란 가닥으로 표시되었다.

2.9 단백질의 3차 구조

2차 구조 다음 수준은 3차 구조로, 폴리펩티드 전체의 입체구조를 기술한다. 2차 구조는 골격의 펩티드 결합을 형성하는 원자들 사이의 수소결합으로 주로 안정되는 반면, 3차 구조는 단백질의 다양한 곁사슬 사이의 비공유결합의 배열에 의해 안정화된다. 2차 구조는 주로 작은 수의 입체구조에 한정되어 있지만 3차 구조는 거의 무한정한 구조를 갖는다.

단백질의 상세한 3차 구조는 보통 **X-선 결정학(X-ray crystallography)** 기술을 이용하여 결정한다. 이 기술(3.6절 및 18.16절에서 자세히 설명되었음)에서, 단백질 결정에 얇은 X-선 빔(beam)을 쏘면, 단백질 속에 있는 원자의 전자들에 의해 흩어진(회절된) 복사선(radiation)은 복사선-민감성 판 또는 검출기를 때리게 되어, **그림 2.23**과 같은 점들의 상을 형성한다. 이러한 점들의 패턴이 단백질의 구조를 직접적으로 보여주지는 않지만, 이러한 패턴에 대하여 컴퓨터 프로그램으로 회절에 관한 복잡한 수학적 분석을 거치면, 연구자는 이 패턴이 만들어졌던 구조를 거꾸로 추론할 수 있다. 3차 구조는 또한 핵자기공명(nuclear magnetic resonance, NMR) 분광법으로도 결정될 수 있는데, NMR은 단백질 용액을 강력한 자기장 안에 놓고 원자들 사이의 거리에 대한 정보를 제공하는 스펙트럼을 생성하는 전자파로 탐침하는 방법이다(**그림 2.34a**). X-선 결정학과 마찬가지

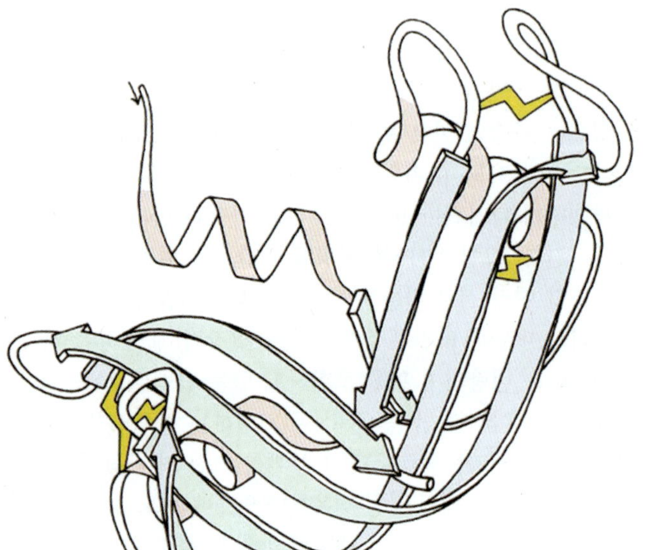

그림 2.32 **RNAse의 리본 모형.** α 나선의 지역은 나선 모양으로, β 가닥은 화살표가 폴리펩티드의 N-말단 → C-말단 방향을 가리키는 납작한 리본모양으로 그려져 있다. 규칙적인 2차 구조(예; α 나선 또는 β 가닥)를 취하지 않는 사슬의 부위는 주로 루프(loop)와 회전(turn) 부위로 구성되어 있으며 초록색으로 나타내었다. 2황화결합은 노란색으로 표시하였다.

출처: Jane S. Richardson의 그림.

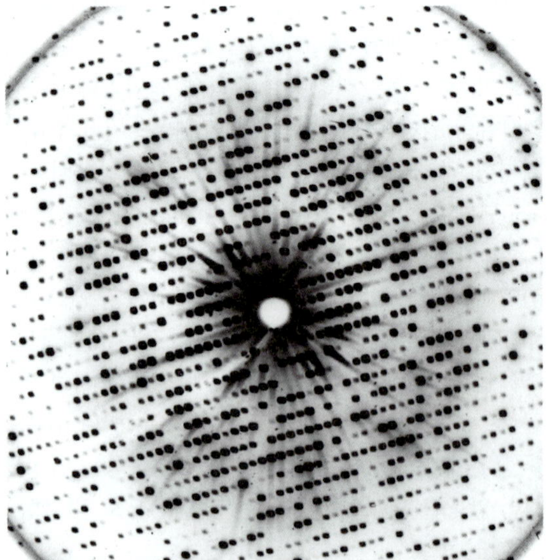

그림 2.33 **마이오글로빈의 X-선 회절 패턴.** 단백질 결정 안에 있는 원자들에 의해 X-선 빔(beam)이 회절 되어 필름의 특정 지점을 X-선이 가격하여 점들의 패턴이 생성된다. 점들의 위치와 강도(검은색)로부터 유래한 정보는 X-선을 회절 시킨 단백질의 원자들의 위치를 계산하는 데 사용될 수 있으며, 그림 2.35에서 보는 바와 같은 복잡한 구조를 이끌어낸다.

출처: John C. Kendrew 제공

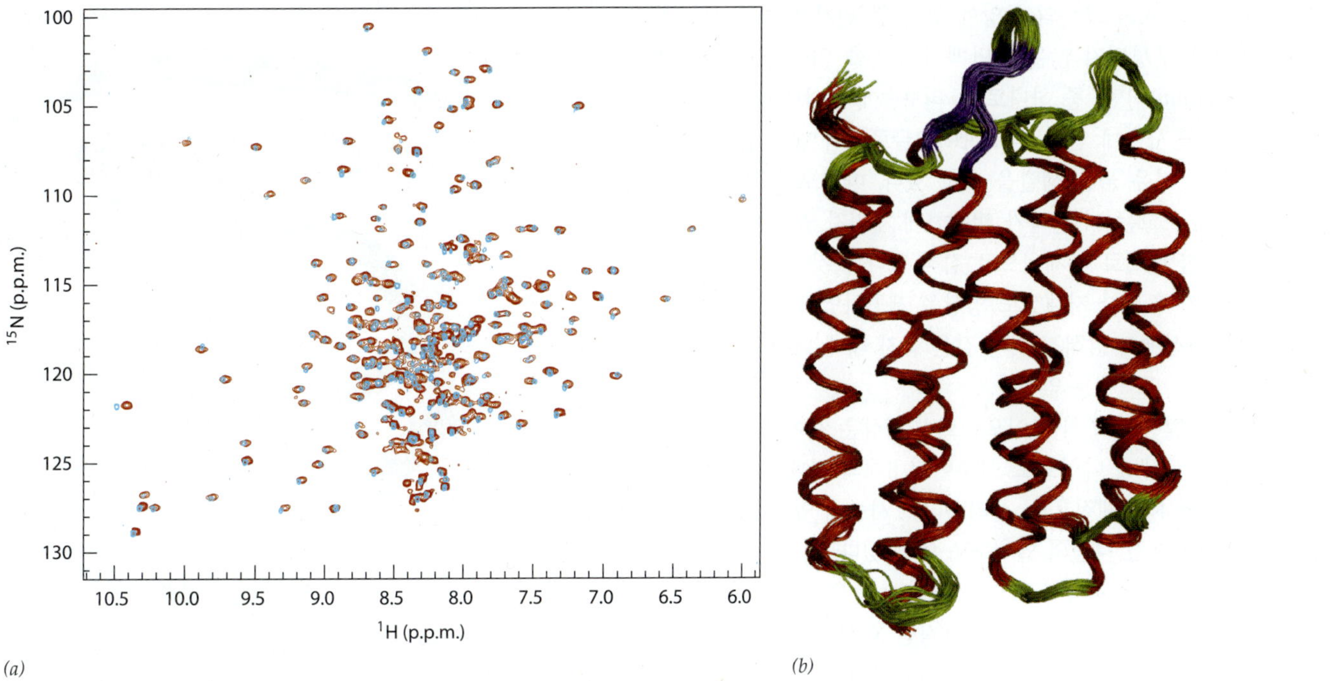

그림 2.34 NMR 분광법은 단백질 결정이 없이도 3차 구조를 밝혀준다. (*a*) 막관통 나선 단백질인 감각 로돕신(sensory rhodopsin) II의 NMR 스펙트럼. (*b*) 측정된 NMR 스펙트럼들과 일치하는, 컴퓨터로 계산된 30개의 해석을 보여주는 NMR에 의한 감각 로돕신 II의 구조의 해법. 모든 해석이 전체적인 모양에 일치한다는 사실은 이 해석에 높은 신뢰를 가져야 한다는 것을 지적해 준다.

출처: Antoine Guatier et al.,, *Nature Struct. Mol. Biol.*, 17, 768. 2010에서 빌췌

로, 스펙트럼 자체는 단백질의 구조를 직접적으로 보야 주지는 않지만, 관찰된 스펙트럼을 만들어냈던 구소를 김퓨디 프로그램으로 추론할 수 있다(그림 2.34*b*). X-선 결정학과 NMR의 두 방법은 각각 장점과 단점을 가지고 있다. X-선 결정학은 큰 단백질의 고해상도 구조를 제공할 수 있지만 단백질이 순수한 결정으로 형성될 수 있어야 하기 때문에 제한적이다. NMR은 결정화 과정이 필요하지 않으며, 단백질에 약제가 결합하는 부위를 신속하게 밝혀낼 수 있지만, 단백질의 크기가 증가하게 되면 이 방법을 적용하기가 점점 더 어려워진다.

모든 단백질은 고정된 3차원적 구조를 가지고 있으며, 이 점이 각 단백질이 독특한 구조와 특정한 기능을 가지도록 하는 것으로 여러 해 동안 추정하였다. 최근 몇 년 동안에 더욱 더 많은 단백질 구조가 해독됨에 따라, 놀라울 정도의 많은 단백질이 정해진 입체구조를 가지고 있지 않은 상당한 크기의 부분을 포함하고 있음이 분명해졌다. 이러한 일정한 구조를 갖지 않는 또는 **무질서한**(*disordered*) 부분을 포함하는 단백질의 예는 75쪽의 그림 1에 있는 PrP 단백질의 모델에서 그리고 그림 6.13*c*에 있는 히스톤 꼬리에서 볼 수 있다. 단백질에 있는 무질서한 지역은 그림에서 점선으로 표시하였으며, 폴리펩티드의 이러한 부분은 여러 서로 다른 위치에 존재할 수 있다. 이는 X-선 결정학으로 연구될 수 없다는 사실을 전해준다. 무질서한 부분은 예측 가능한 아미노산 조성을 갖는 경향이 있는데, 이 부분에는 전하를 띤 극성 아미노산 잔기들이 풍부하며 비극성 잔기들은 결핍되어 있다. 완전하게 규정된 구조가 없는 단백질이 유용한 기능을 할 수 있을까 하는 의문이 들 수도 있다. 실제로, 이러한 무질서한 지역은 흔히 DNA와 결합하거나 다른 단백질과 결합하여, 지극히 중요한 세포 과정에서 매우 핵심적인 역할을 한다. 놀랍게도, 이러한 부분은 일단 적절한 상대와 결합하게 되면 대개 물리적인 전환이 진행되어 일정하게 접힌 구조를 갖는 것으로 보인다.

전체적인 입체구조에 기초하여, 대부분의 단백질을 길게 늘어진 모양의 **섬유성 단백질(fibrous protein)** 또는 빽빽하게 채워진 모양의 **구형 단백질(globular protein)**의 범주로 분류할 수 있다. 살아있는 세포의 외부에서 구조 물질로 작용하는 대부분의 단백질은 결합조직의 콜라겐(collagen)과 엘라스틴(elastin), 머리카락과 피부의 케라틴(keratin), 그리고 실크 단백질과 같은 단백질들은 섬유성 단백질이다. 이들 단백질은 단백질이 노출된 곳에 작용하는 잡아당기는 힘이나 찢는 힘(shearing force)에 저항성을 갖는다. 대조적으로, 세포 내부에 있는 대부분의 단백질은 구형 단백질이다.

마이오글로빈: 3차 구조가 결정된 최초의 구형 단백질

구형 단백질의 폴리펩티드 사슬은 접혀지고 뒤틀려져서 복잡한 모양을 가지게 된다. 직선형의 아미노산 서열에서 서로 떨어진 지점들은 여러 가지 유형의 결합으로 서로 연결되고 바로 옆에 근접하게 된다. 구형 단백질의 3차 구조에 대하여 간략하게 살펴 본 것은 1957년 캠브리지대학교(Cambridge University)의 존 켄드류(John Kendrew)와 그의 동료들이, 그림 2.33에 나타난 것과 같은 X-선 회절 양상을 이용하는, X-선 결정학 연구를 통하여 최초로 본 것이다. 그들이 보고한 단백질이 마이오글로빈(myoglobin)이였다.

마이오글로빈은 근육 조직에서 산소를 저장하는 기능을 한다. 산

소 분자는 헴(heme) 그룹의 중앙에 있는 철 원자에 결합한다. 헴은 아미노산으로 구성되지 않은 비단백질 부분을 의미하는 **보결분자단**(*prosthetic group*)의 예 중 하나로서, 리보솜에서 단백질이 조립된 후에 폴리펩티드 사슬에 연결된다. 마이오글로빈의 헴 그룹 때문에 대부분의 근육조직은 붉은 색깔을 띠고 있다. 마이오글로빈의 구조에 대한 첫 번째 보고는 이 분자가 빽빽하게 채워져 있으며 폴리펩티드 사슬이 복잡한 배열로 자체적으로 접혀 있다는 것을, 즉 구형이라는 것을 밝혀주기 충분한 저해상도 영상을 제공하였다. 그 전에 보고된 DNA 이중 나선에서 밝혀진 것과 같은 분자 내에 대칭성이나 규칙성의 증거는 이 단백질에는 없었다.

세련되지 않은 최초의 마이오글로빈 영상은 길이가 7~24개 아미노산 길이를 가진 α 나선으로 이루어진 8개의 막대 모양의 구간이 있음을 밝혀냈다. 전체적으로, 폴리펩티드 사슬에 있는 153개 아미노산의 대략 75%는 α 나선의 입체구조 안에 있다. 이것은 이후에 조사된 다른 단백질과 비교하여 보면 유별나게 높은 비율이다. β 판, 즉 β 병풍구조는 발견되지 않았다. 추가적인 X-선 회절 자료를 사용하여 마이오글로빈을 분석한 결과, 보다 더 자세한 마이오글로빈 분자의 그림을 얻게 되었다(**그림 2.35** 및 그림 3.16). 예를 들어, 철이온의 산화(전자를 잃음)없이도 산소의 결합을 촉진시키는 소수성 곁사슬의 주머니(pocket) 안에 헴 그룹이 자리 잡고 있음을 보여준다. 마이오글로빈은 2황화결합을 가지고 있지 않으며, 단백질의 3차 구조는 상호작용에 의해서만 서로 붙잡고 있다. 곁사슬 사이에서 일어나는 모든 비공유결합이 마이오글로빈 단백질 안에서 일어나며, 여기에는 수소결합, 이온결합, 반데르발스 힘이 발견된다(**그림 2.36**). 마이오글로빈과는 달리, 대부분의 구형 단백질은 α 나선구조와 β 병풍구조를 모두 가지고 있다. 가장 중요한 점은, 이러한 초기 기념비적인 연구로, 각 단백질이 아미노산 서열과 생물학적 기능을 연계시킬 수 있는 독특한 3차 구조를 가지고 있다는 것이 밝혀졌다.

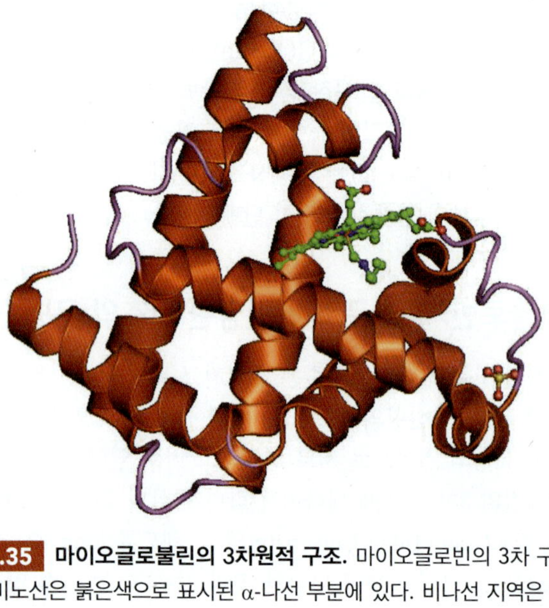

그림 2.35 마이오글로불린의 3차원적 구조. 마이오글로빈의 3차 구조. 대부분의 아미노산은 붉은색으로 표시된 α-나선 부분에 있다. 비나선 지역은 폴리펩티드 사슬이 방향을 바꾸는 회전(보라색) 부위에 주로 존재한다. 헴의 위치는 초록색과 파란색으로 그리고 배위결합을 하는 철 원자는 주황색으로 표시하였다.

출처: the Creative Commons Attribution-ShareAlike 3.0 License에 저작권 있음.

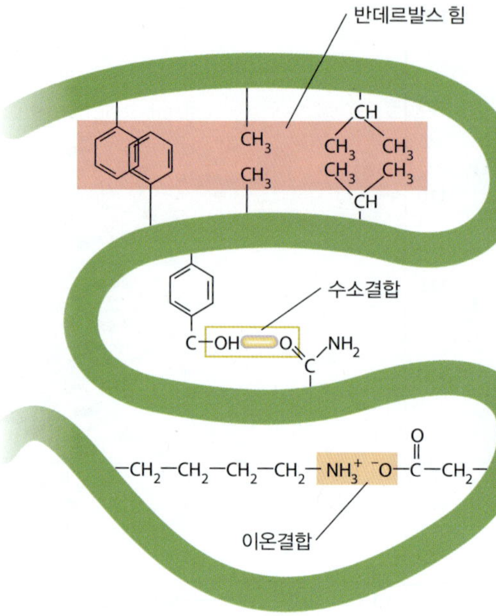

그림 2.36 단백질의 입체구조를 유지하는 비공유결합의 유형.

예측하지 못했던 단백질 사이의 유사성을 3차 구조로 밝히는 것이 가능해졌다

1차 구조의 유사성은 두 단백질이 유사한 구조와 기능을 가지고 있는가를 결정하는 데 종종 사용된다. 그러나 가끔 1차 구조의 아미노산 서열 수준에서는 서로 관련이 없는 것처럼 보이는 단백질들도 유사한 3차 구조를 가지고 있음이 알려졌다. 단백질의 상호작용 및 효소활성을 결정하는 것은 3차 구조이며, 이러한 구조적 유사성은 이들 단백질이 유사한 기능을 가지고 있음을 가리킨다. **그림 2.37**에서, 진핵세포의 액틴과 박테리아 MreB의 두 단백질은 1차 구조인 아미노산 서열은 유사성을 보지지 않지만 3차 구조는 확연히 서로 관련되어 있음을 보여준다. 13.6절에 논의하는 바와 같이, 두 단백질은 세포골격 섬유를 형성한다.

단백질 도메인

마이오글로빈과는 달리, 대부분의 진핵세포 단백질은 둘 또는 그 이

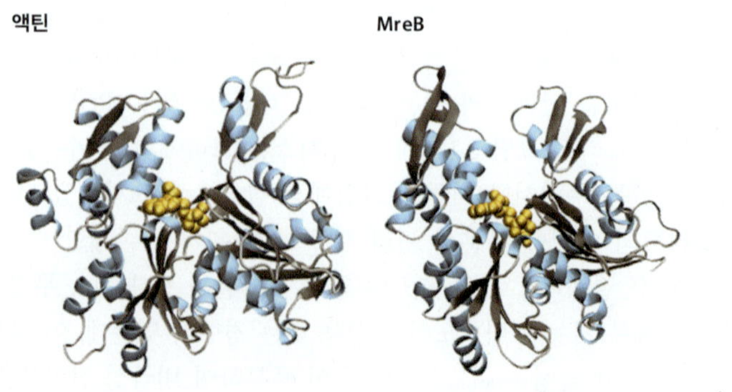

그림 2.37 서로 다른 서열, 유사한 구조. 두 단백질, 액틴과 MreB의 1차 구조(아미노산 서열)는 서로 완전히 다르지만 공통의 3차 구조를 공유하고 있다.

출처: Bill Wickstead and Keith Gull, *J. Cell Biol.* 194:513–525, 그림 1에서 발췌.

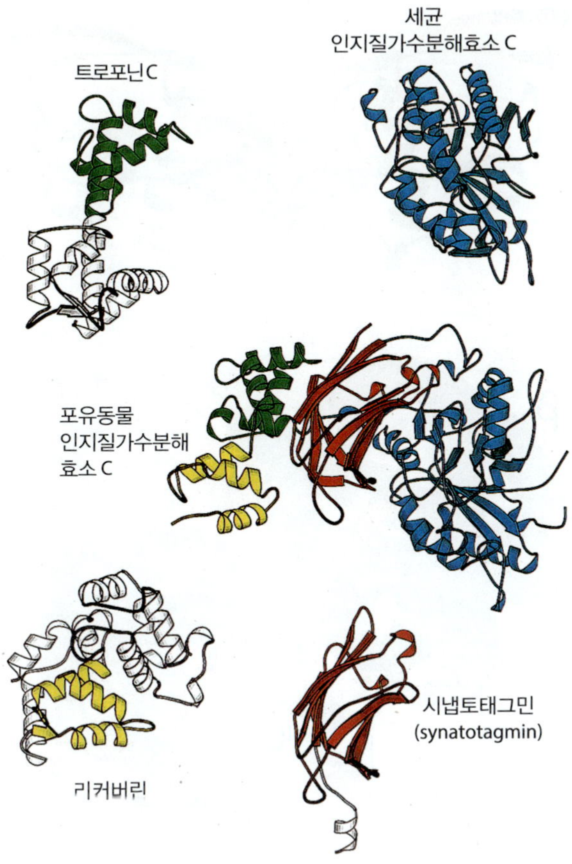

그림 2.38 단백질은 구조적인 단위, 또는 도메인으로 만들어졌다. 포유류 효소인 인지질분해효소 C(phospholipase C)는 서로 다른 색깔로 표시된 4개의 도메인(영역)으로 건조되었다. 이 효소의 촉매 도메인은 파란색으로 표시하였다. 이 효소의 각 도메인은, 동일한 색깔로 표시한 바와 같이, 연관이 없는 다른 단백질에서도 발견된다.

출처: Liisa Holm and Chris Sander, *Structure* 5:167에서 발췌. Elsevier의 허가를 얻음.

상의 공간적으로 독립된 기본 단위(module)들, 또는 서로 독립적으로 접히는 **도메인(domain, 또는 영역)**들로 구성되어 있다. 예를 들어, **그림 2.38**의 중앙부에 있는 포유류 효소인 인지질가수분해효소 C (phospholipase C)는 4개의 독립된 영역들로 구성되어 있으며, 그림에서 서로 다른 색깔로 그려져 있다. 폴리펩티드의 서로 다른 영역은 흔히 반-독립적인(semi-independent) 방식으로 기능을 하는 부분을 나타낸다. 예를 들어, 영역들은 조효소 및 기질 또는 DNA 가닥 그리고 또 다른 단백질과 같은 서로 다른 인자들과 결합할 수도 있으며, 또한 영역들은 서로에 대하여 상대적으로 독립적으로 움직일 수도 있다. 단백질 영역 또는 도메인은 흔히 특정한 기능으로 확인할 수 있다. 예를 들어, PH 도메인을 갖는 단백질은 특정한 인지질을 포함하는 막에 결합하는 반면, 크로모도메인(chromodomain)을 포함하는 단백질은 또 다른 단백질에 있는 메틸화된 리신(lysine) 잔기에 결합한다. 새롭게 확인된 단백질의 기능은 단백질이 가지고 있는 영역에 의해 보통 예측할 수 있다 .

하나 이상의 도메인을 포함하는 여러 폴리펩티드는 각 도메인이 한때 독립된 분자였던 부분을 대표하는 서로 다른 조상 단백질을 암호화하는 유전자의 융합에 의해 진화 과정 동안 생성되었을 것으로 생각된다. 예를 들어, 포유류 인지질가수분해효소 C의 각 도메인은 또 다른 단백질에서는 상동적 단위(homologous unit)로서 확인되었다(그림 2.38). 몇몇 도메인은 하나 또는 매우 적은 수의 단백질에서만 발견된다. 다른 도메인들은 진화 과정 동안 이리저리 옮겨 다녀 광범위하게 섞여서, 도메인 이외의 다른 지역은 진화적 유연관계가 거의 없거나 전혀 없는 여러 종류의 단백질에서 나타난다. 도메인을 서로 섞으면 독특한 조합의 활성을 가진 단백질이 만들어진다. 평균적으로, 초파리나 효모와 같이 덜 복잡한 생명체의 단백질에 비하여, 포유류 단백질은 더 크고 더 많은 도메인을 포함하는 경향이 있다.

단백질 안에서 역동적인 변화

비록 X-선 결정학으로 밝혀진 구조는 정교하고 매우 상세한 구조를 가지고 있지만, 이 구조들은 시간이 고정된 정적인 영상이다. 대조적으로, 단백질은 정적이거나 고정된 것이 아니며, 상당한 내부적 운동이 가능한 형태이다. 다른 말로 하면, 단백질은 "움직이는 부속"을 가진 분자이다. 단백질은 나노미터 크기의 작은 물체이기 때문에, 단백질은 단백질 주위 환경의 에너지의해 크게 영향을 받는다. 단백질 내에서 결합의 배열에서 무작위적이며 소규모의 변동으로 인하여 분자 내에서 끊임없는 열운동(thermal movement)을 만들어낸다. 핵자기공명(NMR)과 같은 분광학적 기술은 단백질 내에서 역동적인 운동을 추적할 수 있으며, 이러한 기술이 수소결합의 이동, 외부 곁사슬의 파동 운동, 대략 단일 결합 하나 정도로 티로신과 페닐알라닌 잔기에 있는 방향족 고리의 완전한 회전 등을 밝혀냈다. 이러한 운동이 단백질의 기능에 중요한 역할을 하는 것은 한 신경세포에서 다른 신경세포로 자극을 전달한 다음 남아있는 아세틸콜린 분자를 분해하는 효소인 아세틸콜린 에스터레이즈(acetylcholine esterase)의 연구에서 볼 수 있다(4.16절). 이 효소의 3차 구조가 X-선 결정학으로 처음 밝혀졌을 때, 효소 분자에서 깊은 골짜기의 바닥에 위치한 효소의 촉매 부위로 아세틸콜린 분자가 들어가는 분명한 경로가 없었다. 실제로, 이 위치로 향하는 좁은 입구는 여러 개의 커다란 아미노산 곁사슬로 완전히 막혀 있었다. 연구자들은 효소 안에 있는 수천 개의 원자의 무작위적 운동을 고성능 컴퓨터를 사용하여 모의실험(simulation)할 수 있었으며, 이 실험으로 다른 실험 기술로는 달성할 수 없는 결과를 얻었다. 이러한 분자 역동(MD) 모의실험은 단백질에 있는 곁사슬의 역동적인 운동이 "관문(gate)"의 신속한 개폐작용을 일으켜서, 아세틸콜린 분자가 효소의 촉매 부위로 확산되게 할 것임을 보여주었다(**그림 2.39**). X-선 결정학으로 얻은 단백질의 구조, 즉 **결정구조**(*crystal structure*)는 평균적인 구조 또는 "기저 상태(ground state)"로 간주한다. 단백질은 기저 상태로부터 역동적인 여행(excursion)을 떠날 수 있으며 단백질이 지니고 있는 에너지의 양을 기초로 하여 접근 가능한 또 다른 입체구조를 취할 수 있다.

단백질 안에서 특수한 분자의 결합으로 일어나는 예측 가능한(무작위적이지 않은) 운동을 **입체구조 변화(conformational change)**라고 말한다. 입체구조의 변화는 전형적으로 분자의 여러 부분이 공동으로 작용하여 조화를 이루며 이동하는 과정이 관련되어 있다. 81쪽에 있는 그림 3*a* 및 그림 3*b*에 그려진 폴리펩티드를 비교하면 세균 단

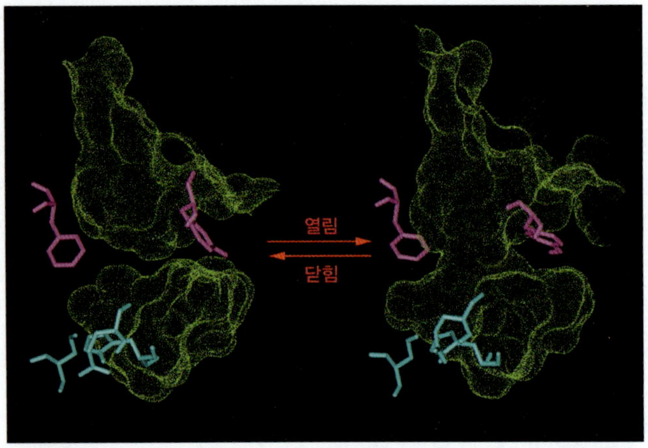

그림 2.39 효소 아세틸콜린 에스터레이즈 내부에서 일어나는 역동적인 이동. 이 효소의 일부분이 여기에서는 서로 다른 입체구조로 그려져 있다. (1) 티로신과 페닐알라닌 잔기(자주색)의 곁사슬의 한 부분인 방향족 고리의 존재로 인하여 촉매 부위로 들어가는 입구가 닫힌 폐쇄형 입체구조(왼쪽)와 (2) 곁사슬의 방향족 고리가 밖으로 회전하여 촉매 부위로 들어가도록 하게 하는 "관문(gate)"이 열린 상태의 개방형 입체구조(오른쪽). 결합 길이, 결합 각도, 정전기적 인력과 반발력, 반데르발스 힘 등을 포함한, 분자를 구성하는 원자들에 대한 여러 가지 정보들을 참작한 컴퓨터 프로그램을 사용하여 이들 영상이 제작되었다. 이 정보를 이용하여, 연구자들은 아주 짧은 기간 안에 여러 원자의 운동에 대한 시뮬레이션(simulation)이 가능하게 되었으며, 그 결과로 단백질이 취할 수 있는 입체구조의 영상을 연구자에게 제공하게 된다. 위 그림의 동영상은 웹(http://mccammon.ucsd.edu)에서 볼 수 있다.

출처: J. Andrew Mccammon 제공

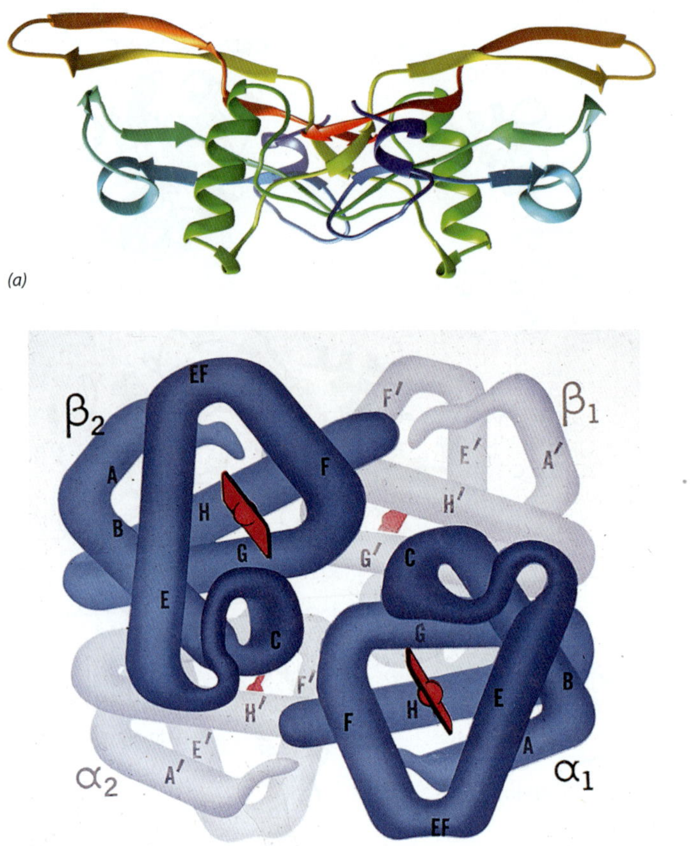

그림 2.40 4차 구조를 가진 단백질. (*a*) 2개의 동일한 소단위로 구성된 이량체 단백질인 형질전환 성장인자-β2(TGF-β2)의 그림. (*b*) 비공유결합으로 연결된 2개의 α-글로빈과 2개의 β-글로빈 사슬(이형사량체)의 헤모글로빈 분자의 그림이다. 4개의 글로빈 폴리펩티드가 완전한 헤모글로빈 분자로 조립될 때, O_2 결합과 방출의 반응속도는 분리된 폴리펩티드가 보여주는 속도와 서로 매우 다르다. 이는 한 폴리펩티드에 O_2가의 결합하면 다른 폴리펩티드의 입체구조의 변화가 일어나 O_2 분자에 대한 친화력을 변화시키기 때문이다.

출처: (a) www.rcsb.org에서 발췌; (b) the Irving Geis Collection/Howard Hughes Medical Institute의 그림. AAAS의 허가를 얻음. HHMI 저작권 소유.

백질(GroEL)이 또 다른 단백질(GroES)과 상호작용할 때 GroEL 입체구조가 극적으로 변화하는 것을 보여준다. 단백질이 참여하는 거의 모든 활성은 그 분자 내에서 입체구조의 변화를 수반한다(예를 보려면, http://molmovdb.org 참조). 근육이 수축하는 동안 일어나는 미오신(myosin) 단백질의 입체구조 변화는 그림 13.52에 나타나 있다. 이 경우에, 미오신이 액틴에 결합하면 미오신의 머리 부분이 조금 회전(20°)하게 되며, 그 결과 인접한 액틴섬유가 50~100 Å 정도 이동하게 된다. 근육의 수축 단백질들 속에서 일어나는 수백만 가지의 입체구조 변화가 서로 더해지는 효과의 결과로 신체 운동이 일어난다는 사실을 고려하면, 이러한 역동적인 일의 중요성을 인식할 수 있을 것이다.

2.10 단백질의 4차 구조

마이오글로빈과 같은 많은 단백질은 단 하나의 폴리펩티드 사슬만으로 구성된 반면, 대부분의 단백질들은 하나의 사슬, 또는 **소단위(subunit)**보다 더 많은 사슬로 만들어졌다. 그 소단위들은 공유결합인 2황화결합으로 연결될 수도 있지만 대부분은 이웃하는 폴리펩티드의 상보적인 표면들에 있는 소수성 "부분들(patches)" 사이에서 보통 일어나는 것처럼, 흔히 비공유결합에 의해 서로 붙잡고 있다. 소단위들로 구성된 단백질은 **4차 구조(quaternary structure)**를 갖는다고 한다. 단백질에 따라서, 폴리펩티드 사슬들은 서로 동일할 수 있거나 또는 서로 다를 수 있다. 동일한 2개의 소단위로 구성된 단백질은 동질2량체(*homodimer*)라고 하는 반면에, 서로 다른 소단위 2개로 구성된 단백질은 이질2량체(*heterodimer*)이다. 동질2량체 단백질의 리본 그림이 **그림 2.40a**에 그려져 있다. 단백질의 두 소단위는 서로 다른 색깔로 그려져 있으며, 접촉하는 상보적 부위를 형성하는 소수성 잔기들이 표시되어 있다.

헤모글로빈의 구조

다수의 소단위를 가진 단백질 중 가장 많이 연구된 단백질은 적혈구의 산소-운반 단백질인 헤모글로빈이다. 사람의 헤모글로빈 한 분자는 2개의 α-글로빈과 2개의 β-글로빈 폴리펩티드로 구성되어 있으며, 각 폴리펩티드는 하나의 산소 분자와 결합한다(그림 2.40*b*). 1959년 캠브리지대학교의 맥스 퍼루츠(Max Perutz)에 의해 헤모글로빈의 3차 구조가 밝혀졌는데, 이것은 초기 분자생물학 분야의 기념비적인 업적 중 하나이다. Perutz는 헤모글로빈 분자에서 4개의 글로빈 폴리펩티드 각각은 마이오글로빈과 유사한 3차 구조를 가지고 있음을 증명하였다. 이것은 하나의 공통의 산소(O_2)-결합 기작을 가진 공통 조상의 폴리펩티드로부터 진화되었다는 사실을 강력하게 지지한다. Peruz는 또한 산소와 결합한 헤모글로빈과 산소가 떨어진 헤모글로빈의 구조를 비교하였다. 그렇게 하여, 그는 산소의 결합으로 산소와 결합된 철 원자가 헴(heme) 그룹의 평면에 더 가까이 이동하는 과정이 수반된다는 것을 발견하였다. 논리에 맞지 않는 것처럼 보이는 이런 철 원자 하나의 위치 이동이 철에 연결된 α 나선을 잡아당기고, 이어지는 α 나선의 이동은 소단위 안에서 그리고 소단위 사이에서 일련의 점진적으로 더 큰 이동에 이르게 한다. 이 발견은 단백질의 복잡한 기능이 그 입체구조의 작은 변화에 의해 수행될 수 있다는 것을 처음으로 밝혀냈다.

단백질–단백질 상호작용

비록 헤모글로빈은 4개의 소단위로 구성되었지만, 헤모글로빈은 아직도 한 가지 기능을 가진 하나의 단백질로 간주된다. 각자가 특정한 기능을 가진 서로 다른 단백질이 물리적으로 서로 연계되어 훨씬 더 커다란 **다중단백질 복합체(multiprotein complex)**를 형성하는 것의 여러 예들이 알려졌다. 최초로 발견되었고 많이 연구된 다중단백질 복합체 중 하나는 대장균(*E. coli*)의 피루브산 탈수소효소 복합체(pyruvate dehydrogenase complex, PDC)로 3개의 서로 다른 효소로 이루어진 60개의 폴리펩티드 사슬로 구성되어 있다(**그림 2.41**). 이 복합체를 구성하는 효소들은 해당작용과 TCA회로를 연결하는 일련의 반응을 촉매한다(그림 9.7 참조). 이 효소는 서로 밀접하게 연합되어 있기 때문에, 한 효소의 산물은 세포의 수용성 매질에 희석되지 않고 다음 순서의 효소로 직접 보낼 수 있다.

세포 안에서 형성되는 다중단백질 복합체는 PDC처럼 일반적으로 안정된 조립체가 아닐 수 있다. 실제로, 대부분의 단백질은 어떤 한 주어진 시간에 세포 내에서 상황에 따라 결합과 분해를 번갈아서 하는 매우 역동적인 양상으로 다른 단백질과 상호작용한다. 상호작용하는 단백질은 서로 상보적인 표면을 갖는 경향이 있다. 한 분자의 돌출 부위는 대응하는 단백질의 함입 부위, 즉 주머니(pocket) 안에 흔히 끼워 맞추어진다. 일단 두 분자가 접촉할 정도로 가까이 접근하면, 그들의 상호작용은 비극성결합들로 의해 안정화된다.

그림 2.42a에 있는 빨간색으로 색칠한 물체를 SH3 도메인이라고 하며, 분자적 신호전달에 관여하는 200개 이상의 서로 다른 단백질의 부분에서 발견된다. SH3 도메인의 표면은, 또 다른 단백질로부터 뻗어 나온 상보적인 "손잡이(knob)"로 채워진 상태로 된, 얕은 소수성 "주머니"를 갖고 있다(그림 2.42*b*). SH3처럼, 많은 수의 서로 다른 구조 도메인이 단백질 사이의 상호작용을 중개하는 연계분자(adaptor)로 작용하는 것이 확인되었다. 여러 경우에서, 단백질–단백질 상호작용은 핵심 아미노산에 인산기의 첨가와 같은 변형에 의해 조절된다. 이 핵심 아미노산은 그 단백질이 어떤 다른 단백질 상대와

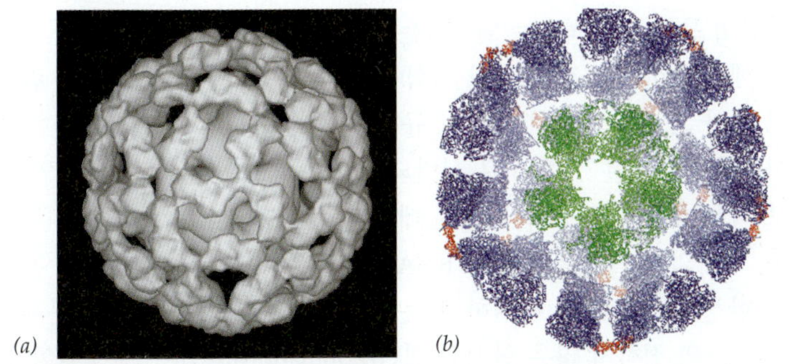

그림 2.41 파이루베이트 탈수소효소: 다중단백질 복합체(pyruvate dehydrogenase: a multiprotein complex). (*a*) 전자현미경법으로 결정된 박테리아 파이루베이트 탈수소효소 E1E2 소복합체(subcomplex)의 3차원 재구성. 분자량은 1,100만 달톤이다. (*b*) 각 소단위 단백질의 결정 구조를 전자현미경으로 관찰된 커다란 규모의 구조에 끼워 맞춰서 결정한 파이루베이트 탈수소효소 복합체의 분자 구조. 복합체의 중심은 dihydrolipoyl acetyltransferase 효소 분자(초록색)로 구성되어 있다. 파이루베이트 탈수소효소 4량체(파란색)는 중심을 둘러싼 외곽을 형성한다. 온전한 파이루베이트 탈수소효소는 3번째 단백질을 포함하고 있는데, 이 단백질은 실제로 더 크며, 구조가 완전히 밝혀지지 않아 여기에 포함하지 않았다.

출처: Jacqueline Milne et al., 2002. *Embo J.* 21:5587–98에서 발췌.

그림 2.42 단백질–단백질 상호작용. (*a*) 서로 상호작용하는 두 단백질의 상보적인 분자 표면 부분을 보여주는 모형. 빨간색의 분자는 효소 PI3K(효소의 기능은 제15장에서 논의)의 SH3 도메인. 위쪽 그림에서 공간-채움 모형으로 나타낸 펩티드와 같이, SH3 도메인은 프롤린을 포함하는 여러 종류의 펩티드에 특이적으로 결합한다. 이 효소의 표면에 있는 소수성 포켓(hydrophobic pocket)에 들어맞는 펩티드의 프롤린(Pro4 Pro5 Pro7)을 그림에 표시하였다. 이 펩티드의 폴리펩티드 골격은 노란색으로, 그리고 곁사슬은 초록색으로 나타내었다. (*b*) 펩티드의 몇몇 잔기들이 SH3 도메인의 소수성 포켓에 들어맞는 방식을 보여주는 SH3 도메인과 펩티드 사이의 상호작용의 도식적 모형.

출처: Hongtao Yu and Stuart Schreiber, *Cell* 76:940에서 발췌. Elsevier의 허가를 얻음. Hongtao Yu and Stuart Schreiber 제공.

결합하는 능력을 켰다껐다할 수 있는 스위치로 작용한다. 더욱 더 많은 복합적인 분자 활성이 발견됨에 따라, 단백질 사이에서 상호작용의 중요성이 점점 더 분명해지고 있다. 예를 들어, DNA 합성, ATP 생성, RNA 가공 등과 같은 다양한 과정들 모두는 여러 가지 상호작용하는 단백질로 구성된 "분자 기구(molecular machine)"에 의해 이루어진다. 상호작용하는 단백질 중 일부는 서로 안정된 관계를 형성하며 다른 일부는 일시적인 관계로만 남는다. 효모를 대상으로 한 대규모 연구에서 수백여 개의 서로 다른 단백질 복합체가 정제되었다.

2.11 단백질 접힘

1950년대 후반에 마이오글로빈의 3차 구조의 규명으로 단백질 구조의 복잡성을 인식하게 되었다. 곧바로 "이렇게 복잡하고, 접혀지며, 비대칭적인 구성체제가 어떻게 세포 안에서 일어나게 되었는가?"라는 중요한 질문이 떠오르게 되었다. 이 문제에 대한 최초의 직관적인 이해는 1956년 미국 국립보건원(NIH)의 크리스천 안핀센(Christian Anfinsen)에 의한 우연한 관찰로 얻어졌다. Anfinsen은 리보핵산분해효소(ribonuclease, RNAse) A의 성질을 연구하고 있었는데, RNAse A는 사슬의 여러 부분을 연결하는 4개의 2황화결합을 가진 124개 아미노산으로 구성된 하나의 폴리펩티드 사슬로 이루어진 작은 효소이다. 각 2황화결합을 한 쌍의 설프하이드릴기(—SH)(51쪽 그림 참조)로 전환시키는 머캡토에타놀(mercaptoethanol)과 같은 환원제를 첨가하면 단백질의 2황화결합은 일반적으로 환원되어 깨지게 된다. 모든 2황화결합이 환원제에 접근 가능하게 만들기 위하여, Anfinsen은 분자가 우선 부분적으로 풀려야 한다는 것을 발견하였다. 단백질의 풀려진 또는 해체된 상태를 **변성(denaturation)**이라고 한다. 변성 상태는 세제, 유기용매, 방사선, 열, 그리고 요소나 염화구아니딘(guanidine chloride)과 같은 화합물을 포함하는 여러 가지 물질에 의해 일어날 수 있으며, 이 모든 물질은 단백질의 3차 구조를 안정화시키는 여러 상호작용을 방해하기 때문에 변성을 일으킨다.

Anfinsen이 RNAse A 분자를 머캡토에타놀과 고농도의 요소로 처리했을 때, 그는 처리한 재료에서 효소는 모든 활성을 잃어버리는 것을 발견했으며, 이런 것은 단백질 분자가 완전히 풀어질 경우에 예상될 수 있을 것이다. 처리한 재료에서 요소와 머캡토에타놀을 제거했을 때, 그는 놀랍게도 분자가 정상적인 효소활성을 회복하는 것을 발견하였다. 풀려진 단백질로부터 다시 형성된(접힌) 활성을 가진 RNAse 분자는 실험의 시작 단계에 존재했던 바르게 접힌, 즉 **본래의(native)** 분자와 구조적으로나 기능적으로나 서로 구별할 수 없었다(**그림 2.43**). 다방면에 걸친 연구 후에, Anfinsen은 아미노산의 직선형 서열은 폴리펩티드의 3차원적 입체구조를 형성하는 데 필요한 모든 정보를 갖고 있는 것으로 결론내렸다. 바꾸어 말하면, RNAse는 **자가조립(self-assembly)**을 할 수 있는 능력이 있었다. 제3장에서 논의된 것처럼, 이 과정은 더 낮은 에너지의 상태로 향해 진행하려는 경향이 있다. 이 개념에 따르면, 접힌 후에 폴리펩티드 사슬이 취하는 3차 구조는 낮은 에너지를 가진 접근 가능한 구조로서, 그 사슬에 의해 형성될 수 있는 열역학적으로 가장 안정된 구조를 가지게 한다. 생물학적으로 적당한 기간 안에 바르게 접힌 상태에 자발적으로 도달하게 할 수 있는 폴리펩티드 사슬을 생성할 수 있는 그러한 아미노산 서열이 진화 과정에서 선택된 것처럼 보인다.

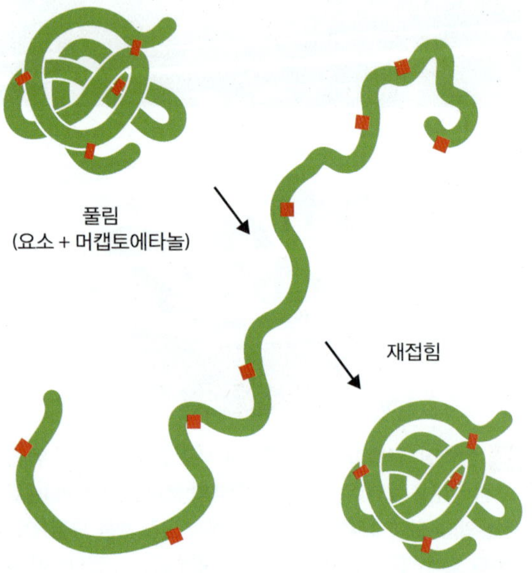

그림 2.43 리보핵산분해효소(RNAse)의 변성과 재접힘. 올바르게 접혀진 상태의 RNAse(ribonuclease) 분자(분자내 이황화결합이 표시된)는 β-머캡토에타놀(mercaptoethanol)과 8M의 요소로 환원되고 접힘이 풀린다. 이들 시약을 제거한 후, 단백질은 자발적으로 재접힘 과정을 진행한다.

출처: C. J. Epstein, R. F. Goldberger, and C. B. Anfinsen, *Cold Spring Harbor Symp. Quant. Biol.* 28:439, 1963에서 발췌. Cold Spring Harbor Laboratory Press의 허가를 얻어 재인쇄함.

단백질 접힘의 역동성

단백질 접힘 과정의 연구에는 수많은 논쟁거리가 있다. 이러한 논쟁거리 중 상당수는 단백질 접힘 분야는 전형적으로 수백만분의 1초의 시간의 동안 순간적으로 일어나는 복합적인 분자적 사건들을 연구하는 데 필요한 고도로 정교한 실험 과정과 분광학적 과정 그리고 컴퓨터 연산 과정에 의해서 성질이 규명될 수 있는 사실로부터 기인한다. 이러한 실험들은 종종 서로 상반되는 결과를 보이며, 하나 이상의 서로 다른 해석이 가능하게 하는 데이터를 생성한다. 단순화하기 위하여, 하나의 영역으로 구성된 RNAse와 같은 "간단한" 단백질로 논의를 한정하고자 한다. 격렬하게 논쟁하고 있는 가장 근본적인 문제는 한 종류의 접히지 않은 단백질 집단(population)의 모든 구성원이 유사한 하나의 경로를 따라서 접혀지는가, 아니면 다양한 세트의 경로에 의해서 접혀지다가 어떻게든 동일한 본래의 상태로 수렴하여 모이게 되는가하는 점이다. 고성능 컴퓨터의 도움으로 접힘을 연구한 최근 결과는 두 가지 관점이 모두 맞으며, 단백질이 처음 접혀지기 시작할 때, 단백질은 초기에 여러 가지 형태의 서로 다른 입체구조를 탐색하다가 결국은 점점 제한된 세트의 가능한 입체구조를 취하게 된다는 것을 제시하였다(그림 2.45 참조).

대대적으로 논의되는 또 다른 문제는 접힘 과정 동안 여러 가지 단계들에서 일어나는 사건의 유형들에 관한 것이다. **그림 2.44a**에 그

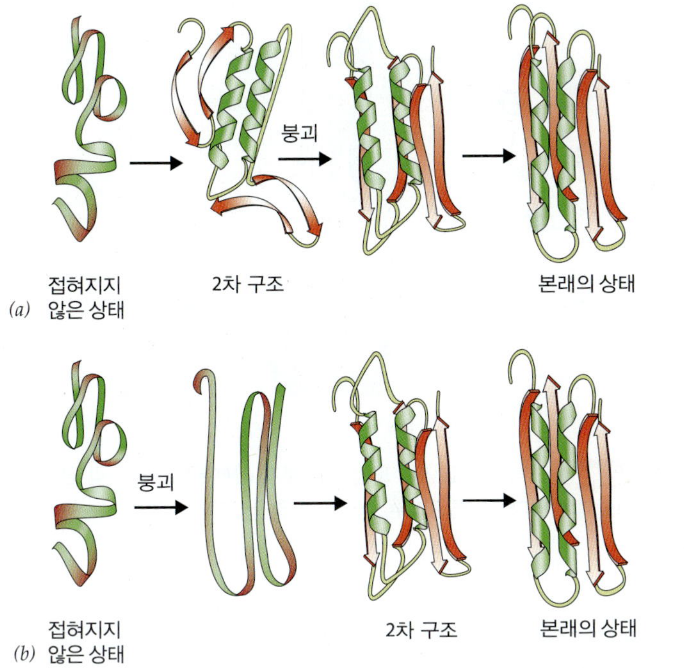

그림 2.44 **두 가지 선택적인 경로**에 의해서 새롭게 합성된 또는 변성된 단백질이 올바르게 접혀진 본래의 입체구조로 될 수 있다. 말려서 꼬인 부분은 α 나선을, 화살표는 β 가닥을 나타낸다.

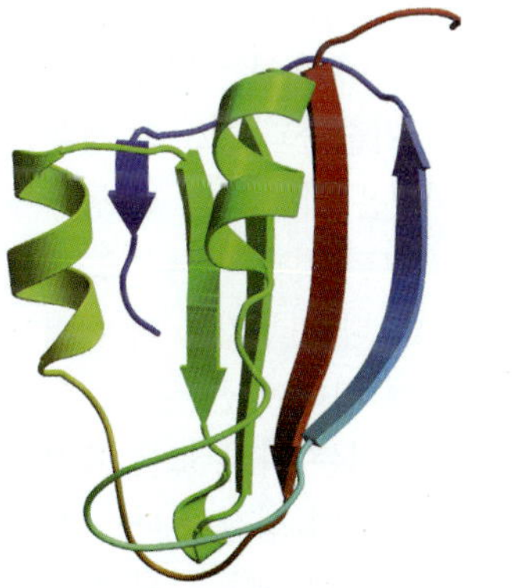

그림 2.45 **접힘 경로를 따라서** 아크릴인산기분해효소(acryl phophatase)의 본래의 3차 구조를 보여주는 영상

출처: K. Lindorff-Larsen, et al, *Trends Biochem. Sci.* 30:14, 2005, 그림 1B에서 발췌. Elsevier의 허가를 얻음. Christopher Dobson의 이미지.

려진 과정에서, 분자 내 상당부분의 2차 구조 형성을 유도하는 이웃 잔기들 사이의 상호작용에 의해 단백질 접힘이 시작된다. 일단 α 나선과 β 병풍구조가 형성되면, 그 다음 단계의 접힘은 비극성 잔기를 단백질의 중심으로 함께 몰아 넣는 소수성 상호작용에 의해 추진된다. 그림 2.44*b*에 나타난 또 다른 방식에 따르면, 단백질 접힘에서 첫 번째 주요 사건은 조밀한 구조를 형성하기 위하여 폴리펩티드가 붕괴되는 과정이며, 오직 그 다음에 의미 있는 2차 구조가 전개된다. 최근 연구에 따르면 그림 2.44에 있는 두 가지 경로는 서로 극단적인 반대의 경우이며, 대부분의 단백질은 아마도 2차 구조 형성과 조밀하게 되는 과정이 동시에 일어나는 중간 과정에 의해 접혀질 것이다. 이러한 초기의 접힘에서 일어나는 일들은 부분적으로 접힌 일시적인 구조를 형성하도록 하며, 이 구조는 바르게 접힌 단백질을 닮았지만 완전하게 접힌 분자에 있는 아미노산 곁사슬 사이의 여러 가지 특정 상호작용이 없는 구조일 것이다(**그림 2.45**).

만일 단백질이 본래(native)의 상태에 도달하는 중이라면, 반드시 넘어야 할 에너지 장벽의 가장 위에 있는 분자의 상태를 나타내는 구조를 전이(transition) 구조라 한다. 전이 구조는 서로 밀접하게 관련된 구조들의 총체(앙상블)이기 때문에 수많은 각각의 선들로 구성되어 있다. 전이 구조의 전체적인 건축 과정은 본래의 상태 구조의 건축과정과 유사하지만, 온전하게 접혀진 단백질이 보여주는 더욱 정교한 여러 구조적인 특성은 아직 드러나지 않은 상태이다. 전이 상태에서 본래의 단백질 구조로 전환하는 과정에는 2차 구조 형성의 완성과 아미노산 곁사슬의 더 촘촘한 포장, 그리고 수용액으로부터 소수성 아미노산 곁사슬이 내부로 들어가게 하는 과정들이 포함된다.

만일 접힘을 주관하는 정보가 단백질의 아미노산 서열에 있다면, 단백질의 아미노산 서열로부터 단백질의 3차 구조를 예측하는 것이 가능해야 한다. 이러한 처음부터 시작하는(*de novo*) 구조적 예측은 단백질과학 분야에서 성배로 여겨져 왔으며 아직도 풀리지 않은 문제로 남아 있다. 그러나 만일 관심을 가지고 있는 단백질이 3차 구조가 이미 알려진 다른 단백질과 1차 구조인 아미노산 서열이 밀접하게 연관되어 있다면, 구조가 알려지지 않은 단백질의 아미노산 서열과 이에 상응하는 구조가 이미 알려진 단백질의 아미노산의 서열을 나란히 배열함으로써 미지의 단백질에 구조에 대한 합리적인 추론이 가능하게 된다. 이렇게 서열을 서로 비교하여 구조를 예측하는 이 과정은 **단백질골격 모델링(threading)**으로 알려져 있다. 1차 구조인 아미노산 서열이 단백질의 접힘을 결정한다는 사실은 이 서열의 변화는 단백질이 접혀지는 방식을 변화시킬 가능성이 있고, 이것은 비정상적인 3차 구조로 이끌게 된다는 것을 의미한다. 실제로, 유전 질환의 원인인 여러 가지 돌연변이는 단백질의 3차 구조를 변화시키는 것으로 밝혀졌다. 몇몇 경우에서, 단백질이 잘못 접혀짐으로써 치명적인 결과를 가져온다. 비정상적인 단백질 접힘의 결과로 발생하는 치명적인 신경퇴행성 질환의 두 가지 예에 대하여 이 장의 말미에 있는 <인간 질병과의 연관성 II>에서 논의한다.

분자샤페론의 역할

모든 단백질이 자가-조립의 단순한 과정에 의해 최종적인 3차 구조를 취할 수 있는 것은 아니다. 이는 적절하게 접히는 데에 필요한 정보가 이러한 단백질의 1차 구조에 없기 때문이 아니라, 접혀지고 있는 단백질들은 혼잡한 세포 구획 안에서 다른 분자들과 비선택적으로 상호작용하는 것을 방지해야 하기 때문이다. 접혀지지 않은 또는 잘못 접힌 단백질이 적절한 3차원적 입체구조에 이르도록 도와주는 기능을 가진 몇 가지 단백질 집단(family)이 진화하였다. 이런 "도와주는 단백질(helper protein)"을 **분자샤페론(molecular chaperone)**이라고 하며, 이들은 짧은 구간의 소수성 아미노산에 선택적으로 결합한다. 이 짧은 구간은 정상적으로 접힌 입체구조를 지닌 단백질에서는 안에 묻혀 있지만 비정상적으로 접힌 단백질에서는 외부로 노출되어 있는 경향이 있다.

진핵세포의 세포기질에서 작동하는 두 집단의 분자샤페론의 활성이 **그림 2.46**에 그려져 있다. 분자샤페론은, 단백질을 세포소기관으로 도입하는 과정(그림 12.47*a* 참조)부터 단백질 응집을 방해하거나 원상회복 과정 등에 이르기까지, 세포 내에서 여러 가지 활성에 관여한다. 여기에서는 새롭게 합성되는 단백질에 대한 분자샤페

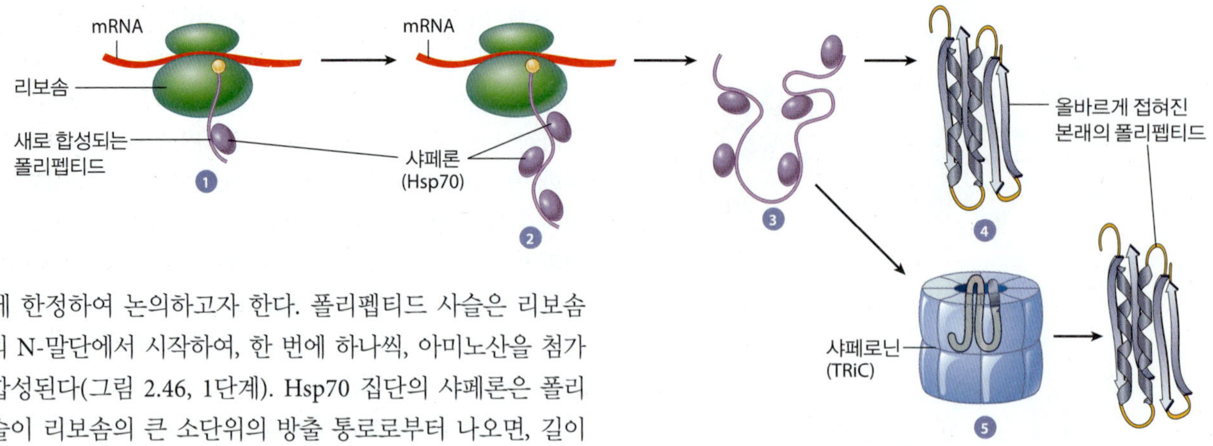

그림 2.46 단백질의 접힘을 도와주는 분자 샤페론의 역할. 각 단계들은 본문에 기술되어 있다. (다른 샤페론 집단들이 알려졌지만 여기에서는 논의하지 않는다.)

론의 역할에 한정하여 논의하고자 한다. 폴리펩티드 사슬은 리보솜에서 사슬의 N-말단에서 시작하여, 한 번에 하나씩, 아미노산을 첨가함으로써 합성된다(그림 2.46, 1단계). Hsp70 집단의 샤페론은 폴리펩티드 사슬이 리보솜의 큰 소단위의 방출 통로로부터 나오면, 길이가 늘어나고 있는 폴리펩티드 사슬에 결합한다(2단계). Hsp70 샤페론은, 부분적으로 형성된 즉, 새로 합성되는 폴리펩티드(*nascent polypeptide*)가 응집되거나 또는 잘못 접히게 하는 세포기질 속의 다른 단백질과 결합하는 것을 방지하는 것으로 생각된다. 일단 폴리펩티드의 합성이 끝나면(3단계), 이러한 여러 가지 단백질은 샤페론에 의해 세포기질로 그저 단순하게 방출되며 세포기질에서 자발적으로 바르게 접혀지게 된다(4단계). 다수의 더 커다란 폴리펩티드는 Hsp70 단백질로부터 샤페로닌(*chaperonin*)이라고 하는 다른 유형의 샤페론으로 전달된다(5단계). 샤페로닌은 원통형 단백질 복합체로서 방(chamber)을 갖고 있다. 그 방 속에서 새로 합성된 폴리펩티드가 세포 속에 있는 다른 고분자의 방해를 받지 않고 접혀질 수 있다. TRiC는 포유류 세포에서 합성된 폴리펩티드 중에서 15% 정도까지의 단백질들의 접힘을 돕는 샤페론으로 생각된다. Hsp70 그리고 샤페로닌의 발견과 작용 기작은 이 장 말미에 있는 <역사적 실험>에서 자세하게 논의된다.

2.12 단백질체학 및 상호작용체학

최근에는 모든 관심이 유전체서열분석에 쏠렸기 때문에, 유전자는 주로 정보저장 단위인 반면, 단백질이 세포활성을 조정한다는 사실에 대한 시각을 잃어버리고는 한다. 유전체 염기서열 규명은 어떤 의미에서 "부품목록(parts list)"을 밝히는 것이다. 인간 유전체는 아마도 2만~2만 2,000개 사이의 유전자를 갖고 있으며, 각 유전자는 잠재적으로 서로 다른 여러 가지 단백질을 만들 수 있다.[5] 오늘날까지, 이러한 단백질 분자들 중 일부에 대해서만 그 특성이 밝혀졌다.

단백질체학

사람이나 아니면 다른 생명체라도, 어떤 한 생명체에 의해 생산된 단백질의 전체 목록(염기서열)은 그 생명체의 **단백질체(프로테옴, proteome)**라고 알려져 있다. 또한 단백질체(*proteome*)라는 용어는 어떤 특정한 조직, 세포, 또는 세포내 소기관에 존재하는 모든 단백질의 목록에도 적용된다. 현재 연구되고 있는 전체 단백질 숫자가 너무 많기 때문에, 연구자들은 하나의 실험에서 여러 가지 단백질의 성질 또는 활성을 결정할 수 있는 기술 개발을 추구해 왔다. **단백질체학(프로테오믹스, Proteomics)**라는 새로운 용어가 확장 중에 있는 단백질 생화학 분야를 설명하기 위해 만들어졌다. 이 용어는 많고 다양한 단백질을 대규모로 연구하기 위해 발달된 기술들과 초고속 컴퓨터 등이 사용된다는 개념을 내포하고 있다. 이것은 지난 십여 년 동안에 걸쳐 유전체 연구에서 매우 성공적으로 증명된 것과 기본적으로 동일한 접근 방식이다. 그러나 단백질은 DNA보다 다루기가 더 어렵기 때문에, 단백질체학 연구는 유전체학 연구에 비하여 근본적으로 더욱 어렵다. 물리적인 관점에서 보면, 한 유전자는 다른 모든 유전자와 거의 동일한 반면, 각 단백질은 독특한 화학적 성질이 다르며 단백질 마다 다루는 요구 조건이 서로 독특하다. 더욱이, 손쉽게 구할 수 있는 효소로 적은 양의 특정 DNA 부분은 크게 증폭할 수 있는 반면, 단백질의 양은 증가시킬 수 없다. 중요한 세포 작용을 조절하는 여러 가지 단백질은 세포당 적은 수의 복사본만이 존재한다는 점을 고려하면, 이 점은 매우 다루기 힘든 골치 아픈 일이다.

전통적으로, 단백질 생화학자들은 특정 단백질에 대한 여러 가지 질문의 답을 얻으려 추구해 왔다. 이들 질문에는 아래와 같은 질문들이 포함되어 있다. 단백질이 시험관 속에서(*in vitro*) 어떤 특정한 활성을 보이는가? 이러한 활성이 어떻게 세포 운동 또는 DNA 복제와 같은 특정한 기능을 세포가 수행하도록 돕는가? 단백질의 3차원적 구조는 무엇인가? 세포 안에서 단백질은 어디에 위치하고 있는가? 단백질은 생명체의 발생 과정에서 언제 나타나며 어떤 유형의 세포에서 나타나는가? 단백질이 합성된 후 화학적 작용기(예, 인산기 또는 당 그룹)가 첨가되면 그 단백질이 어떻게 변형되는가? 그렇다면 활성은 어떻게 변형되는가? 얼마나 많은 단백질이 존재하는가? 그리고 단백질이 분해되기 전에 얼마나 오랫동안 생존하는가? 생리학적 활성이나 질병의 결과로 단백질의 수준이 변화되는가? 세포 내에서

[5]하나의 유전자가 하나 이상의 폴리펩티드로 될 수 있는 여러 가지 방식이 있다. 가장 중요한 기작 두 가지는 이 책의 다른 장에서 논의하는 선택적 스플라이싱(splicing)과 번역후변형(PTM) 과정이다. 또한 여러 가지 단백질은 하나 이상의 독특한 기능을 갖는다는 점이 주목되고 있다. 산소-저장 단백질로 오랫동안 연구해 왔던 마이오글로빈조차도 최근 연구결과에서 일산화질소(NO)를 질산염(NO_3^-)로 변환시키는 데 관여하는 것으로 밝혀졌다.

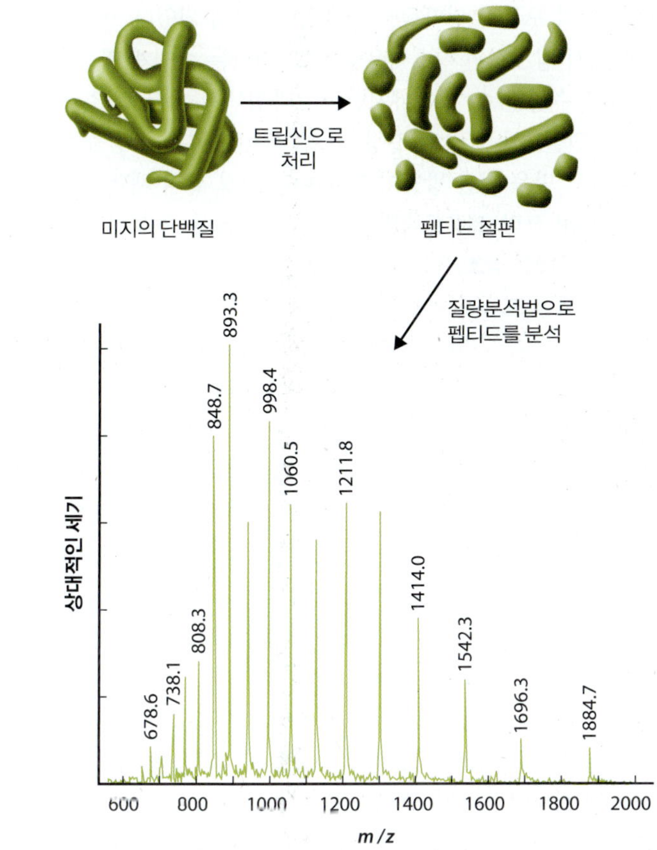

그림 2.47 **질량분석법(mass spectrometry)에 의한 단백질 확인 과정.** 세포 또는 다른 시료에서 분리된 한 단백질을 효소 트립신으로 처리한다. 펩티드 조각들을 질량분석기에 도입하여 펩티드가 이온화되어 질량/전하(m/z) 비율에 따라 분리되게 한다. 분리된 펩티드는 정확한 m/z 비율이 가리키는 피크의 패턴으로 나타난다. 연구자들이 이러한 비율을, 유전체에 의해 암호화된 가상의 단백질을 이론적으로 분해한 비율과 비교함으로써 연구하고자 하는 단백질을 확인할 수 있다. 위 경우는 헴 그룹이 없는 말(horse)의 마이오글로빈의 MS 스펙트럼(spectrum)이다.

출처: J. R. Yates, *Methods Enzymol.* 271:353, 1996에서 발췌하여 재인쇄. Elsevier의 허가를 얻음.

어떤 단백질이 다른 단백질과 상호작용하는가? 생물학자들은 이러한 질문들에 대한 답을 얻기 위해 수십 년 동안 시도했으나, 대부분의 경우에 있어서 그들은 한 번에 한 가지 단백질을 가지고 시도하였다. 단백질체학 연구자들은 유사한 질문에 대하여, 특정 세포에 의해 생산된 방대한 단백질들의 목록을 만들기 위한 **대규모**(*high-throughput*)의 자동화된 기술을 이용하여 더 포괄적인 규모의 유사한 질문에 대한 답을 얻으려고 시도하였다.

단백질체학에서 핵심적인 기술은 질량분석기술로서, 미지의 시료의 화학적 구조를 탐침 하는 방법이다. 18.15절에 더 자세히 논의된 바와 같이, 질량분석기술은 분자 또는 분자의 절편의 정확한 질량을 결정하는 기술로서, 측정된 질량으로 그 분자를 확인하는 데 사용할 수 있다. 시험관 안에 있는 미지의 단백질을 확인하고자 한다고 가정해 보자. 단백질은 우선 소화효소인 트립신을 처리하여 여러 개의 펩티드로 분해한다. 이러한 펩티드를 질량분석기에 도입하면 펩티드는 기체성 이온으로 전환되며, 펩티드들은 질량/전하(m/z) 비율에 따라서 분리된다. **그림 2.47**에 나타난 것과 같이, 그 결과는 알려진 m/z 비율의 일련의 피크로 표시된다. 피크의 패턴이 그 단백질의 고도로 특징적인 **펩티드 질량 지문**(*peptide mass fingerprint*)을 만들어 낸다. 하지만 펩티드 질량 지문에 기초하여 단백질을 어떻게 확인할 수 있는가?

그 답은 유전체학으로부터 나왔다. 일단 유전체의 서열분석이 결정되면, 암호화된 단백질의 아미노산 서열을 예측할 수 있다. 이러한 목록의 “가상 단백질(virtual proteins)”은 그 다음에 이론적으로 트립신으로 처리하여 분해할 수 있으며, 그 결과 생긴 가상 펩티드의 질량을 계산하여 데이터베이스에 입력할 수 있다. 일단 이러한 과정이 실행되면, 질량분석기로 얻어진 정제된 단백질의 실제 펩티드 질량은 컴퓨터를 사용하여 유전체에 의해 암호화된 모든 폴리펩티드의 이론적인 분해에 의해 추정된 질량과 비교할 수 있다. 이러한 유형의 데이터베이스 검색에 기초하여, 대부분의 경우에 분리하여 질량분석기로 분석한 단백질을 곧바로 확인할 수 있다. 질량분석기는 정제된 단백질을 한 번에 하나씩 다루도록 제한된 것이 아니며, 복잡한 혼합물에 존재하는 단백질들도 또한 분석할 수 있다(18.15절). 질량분석기술로 세포에서 추출한 모든 단백질을 분석함으로써, 세포 안에 존재하는 모든 단백질의 목록을 만드는 것이 가능하게 되었다. 이 목록은 세포의 단백질체로 알려졌다. 단백질체학은 2개의 서로 다른 단백질이 시간에 따라 단백질 조성이 어떻게 달라지는가를 비교할 때 특히 유용하다. 예를 들어, 신체 안에서 호르몬이 분비하기 전과 후에, 약제를 투여한 후에, 또는 특정 질병에 걸린 동안에 난백질체를 분석할 수 있다. 이러한 전이 과정 동안 서로 다른 단백질의 양의 변화는 주어진 상황에서 세포 기능이 어떻게 변화하는가에 대한 중요한 단서를 제공할 수 있다.

단백질체학은 의료 진료 분야의 발전에 중요한 역할을 할 것으로 믿는다. 대부분 인간 질병은 혈액이나 또는 다른 체액에 존재하는 수천 개의 단백질 중에 분명하게 나타나는 단백질의 패턴 또는 **생체지표**(*biomarkers*)를 남긴다. 어떤 질병에 특성을 보이는 특정 생체지표 단백질이 혈액이나 소변 시료에 존재하는가를 그리고 이 단백질이 얼마만큼 존재하는가를 결정하는 가장 간단한 방법은 특정 항체와 상호작용하는 단백질을 측정하는 것이다. 예를 들어, 이러한 방식이 남성의 전립선암을 검색하는 데 일반적으로 사용되는 PSA 검사의 기초가 된다. PSA는 정상적인 남성의 혈액에서 발견되는 단백질이지만, 전립선암에 걸린 남성에서는 혈액에 높은 수준으로 존재한다. PSA수준은 항-PSA 항체에 결합하는 오줌에 존재하는 단백질의 양을 측정함으로써 결정된다. 이러한 유형의 진단 시험을 개발하는 데 가장 어려운 장벽은 가장 믿음직한 생체지표로 작용하는 단백질이 무엇인가를 알아내는 일이다. 이 일에 단백질체학을 적용할 수 있다. 건강한 사람의 혈액에 존재하는 단백질들을 여러 가지 질병, 특히 암에 걸린 사람들의 혈액에 존재하는 단백질을 비교하려는 여러 가지 시도가 실행되었다. 초기에는, 이러한 생체지표를 탐색한 시험 결과는 한 연구그룹이 발견한 것을 다른 그룹에서 시도하면 재현할 수 없기 때문에 일반적으로 신뢰할 수 없는 것으로 판명되었다. 주된 어려움은 인간 혈액 혈청은 매우 복잡한 용액이라는 사실에 기인하며, 복잡한 이유는 이 혈청에는 그 양의 차이가 수십억 배에 달하는 수천 가지 단백질들이 들어 있기 때문이다. 그러나 단백질체학과 질량분석기술이 향상됨에 따라, 복잡한 시료에 대한 정보가 점점 더 풍부해졌다. 질병에 대한 중요한 생체지표를 밝혀내는 데 단백질체학이 이미 사용되었다. 예를 들어, 항체에 기초한 시험을 이용하여 여러 종류의 생체지표를 검출하는 난소암에 대한 OVA1 혈액검사가 수많은 환자의 시료를 단백질체학적으로 분석한 데이터를 사용하여 발명되었다. OVA1 검사는 이미 암에 걸린 것이 확인된 환자에 주로 사용되는데, 이는 암이 발견되어 외과수술을 하기 전에 종양에 대하여 더 많은 정보를 얻기 위하여 실행한다. 언젠가는 하나의 혈액검사를 사용하여 심장, 간, 신장 질환의 존재를 초기 단계에서 밝혀서, 질환이 치명적인 상황에 도달하기 전에 치료할 수 있기를 희망하고 있다.

단백질을 분리하는 기술과 질량분석기술은 단백질의 기능에 대하여서는 아무것도 알려주지 않는다. 연구자들은 한 번에 한 단백질씩 결정하는 대신에 대규모로 단백질 기능을 결정할 수 있는 기술을 고안하기 위하여 연구하고 있다. 몇몇 새로운 기술들이 이 임무를 달성하기 위해 개발되었다. 여러 기술 중 단지 하나의 기술만, 즉 유전체 전체에 걸친 RNA 간섭(RNA interference, RNAi)을 이용하는 기술에 대해서만 여기서 고려해 보고자 한다. RNAi는 세포가 특정 mRNA에 결합하여 이 mRNA가 단백질로 번역되는 것을 억제하는 작은 RNA(siRNA라 부름) 생산하는 세포 안에서 일어나는 과정이다. 이러한 현상과 이 현상의 이용에 대해서는 5.10절과 18.25절에서 자세히 설명되어 있다. 현재 목적을 위하여, 연구자들이 유전체에 의해 생성되는 거의 모든 mRNA의 번역을 억제할 수 있는 siRNA의 모음(도서관)을 합성할 수 있는 점에 단순히 주목하기로 한다. 각 mRNA는 특정 단백질을 암호화하는 특정 유전자의 발현을 나타낸다. 그러므로 세포내 특정 과정에서 어떤 siRNA가 그 과정을 억제하였는가를 확인함으로써 어떤 단백질이 관련되어 있는가를 알아낼 수 있다. RNAi는 전체 유전체의 대규모 조사에 사용될 수 있으며, 각각의 유전자 또는 일련의 유전자들의 기능을 시험하는 데 또한 이용될 수 있다. RNAi와 단백질체학의 조합은 매우 강력하다. 관심을 가지고 있는 어떤 과정 동안에, 단백질체학적 분석이 특정 단백질의 수준의 변화를 제시하면 곧바로, 그 단백질의 기능이 이 과정과 연관이 있는가를 알기 위해 적절한 siRNA로 그 단백질의 발현을 차단시킬 수 있다.

상호작용체학

단백질–단백질 상호작용을 연구하는 대부분의 연구자들은 그들이 연구하는 단백질(단백질 X)이 또 다른 단백질(단백질 Y)과 상호작용을 하는가를 알기 원한다. 18.12절에 논의된 바와 같이, 어떤 특정한 한 쌍에서 단백질 사이의 상호작용을 시험하기 위해서는 몇 가지 기술이 사용될 수 있다. 그러나 최근 몇 년 동안은 여러 연구팀들이 범세계적인 규모로 단백질–단백질 상호작용에 대한 연구를 착수하였다. 예를 들어, 연구자들은 출아효모(*Saccharomyces cerevisiae*)의 유전체에 의해 암호화되는 6천여 개 이상의 단백질들 사이에서 일어나는 모든 상호작용들을 알고 싶어 한다. 점점 더 많은 수의 생명체에서 그런 것과 같이, 출아효모의 유전체 전체가 서열 규명이 되었으며, 클로닝되고 원하는 대로 사용할 수 있는 각각의 DNA 분절(segment)로서 유전체 내 거의 모든 유전자들을 이용할 수 있게 되었다. 이 모든 단백질 사이에서 잠재적인 상호작용에 대한 검사는 손쉽게 자동화되며 로봇에 의해 수행될 수 있어야지만, 이 과정에서 너무 많은 거짓된 상호작용을 만들어내지 않고 진정한 상호작용 대부분을 검출하기 충분히 민감하고 믿을 만한 방법이 필요하다. 가장 널리 채택되는 방법 중 하나는 TAP-꼬리 질량분석법이다. 이 접근에서, 친화성 크로마토그래피 방법(**제18장 참조**)을 사용하여 쉽게 정제할 수 있는 TAP-꼬리로 부르는 단백질 꼬리를 암호화하는 DNA와 관심을 가지고 있는 유전자의 DNA를 융합시킨다. 이러한 TAP-꼬리 유전자를 세포 안에서 발현시키고, 그 다음 세포를 터트려서 TAP-꼬리 단백질을 정제하며, 이 과정에서 관심 단백질과 상호작용하는 여러 단백질들이 함께 정제된다. TAP-꼬리 단백질과 공동으로 정제된 단백질들은 그 다음 그림 2.47에 나타낸 것과 같은 질량분석기술로 확인한다. 유전체 안에 있는 각 유전자들에 대하여 이러한 과장을 반복하게 되면, 결국에는 서로 공동 정제된, 따라서 세포 내부에서 아마 상호작용하는, 모든 단백질을 보여주는 지도를 만들 수 있다. 이러한 상호작용의 온전한 세트를 세포의 "상호작용체(interactosome)"로 부른다.

대규모의 단백질–단백질 상호작용으로부터 얻은 결과를 **그림 2.48**에 나타난 네트워크의 형태로 제시할 수 있다. 이 그림은 SH3 도메인을 가지는 여러 가지 효모 단백질의 잠재적인 결합 상대를 보여주며(그림 2.42*a* 참조), 어떤 한 생명체 전체 수준에서 이러한 상호작용의 복잡성을 보여준다. Las 17(그림 2.48의 중앙 근처와 자리 잡고 있는)과 같이 다중의 결합 상대를 가지고 있는 단백질들을 단백질 상호작용 네트워크에서 중심 또는 허브(*hub*)라 말한다. 중심단백질은 비중심단백질보다 더 필수적인 단백질, 즉 이 단백질이 없으면 생명체가 생존할 수 없는 단백질인 경향이 있다. 몇 가지 중심단백질은 서로 다른 몇몇 접속면을 가지고 있으며 서로 다른 많은 수의 상대와 동시에 결합할 수 있다. 대조적으로, 다른 중심단백질은 하나의 접속

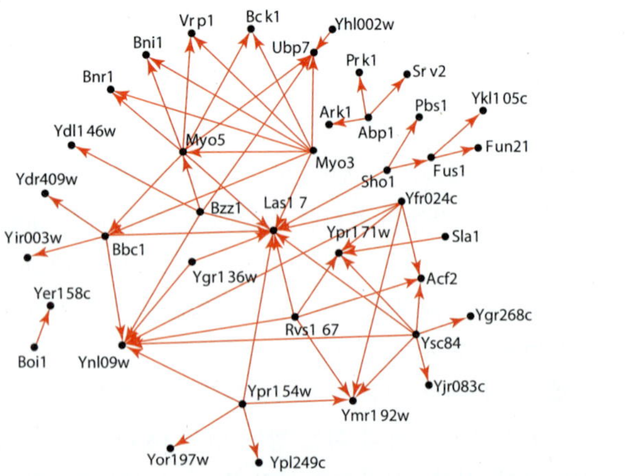

그림 2.48 단백질–단백질 상호작용의 네트워크. 각 빨간색 선은 이름을 표지한 검은색 점으로 표시된 두 효모 단백질 사이의 상호작용을 나타낸다. 각 경우에, 화살표는 SH3 도메인 단백질로부터의 이 단백질이 결합하는 표적단백질로 향한다. 여기에 그려진 59가지 상호작용은 단백질–단백질 상호작용을 측정하는 두 가지 서로 다른 유형의 기술을 사용하여 검출하였다.

출처: A.H.Y. Tong, et al., *Science* 295:323, 2002에서 발췌하여 재인쇄. AAAS의 허가를 얻음.

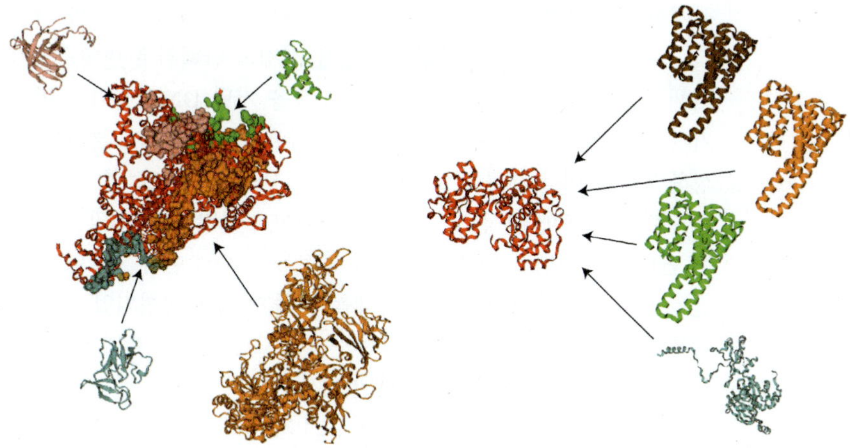

그림 2.49 **허브(hub) 단백질의 단백질-단백질 상호작용.** (*a*) 세포에서 메신저 RNA를 합성하는 효소 RNA 중합효소 II는 다중의 접속면을 이용하여 다수의 다른 단백질과 동시에 결합한다. (*b*) 발아하는 효모의 세포분열 주기를 조절하는 다른 단백질을 인산화시키는 효소 Cdc28. Cdc28은 서로 다른 여러 가지 단백질(Cln1-Cln3)과 동일한 접속면에서 결합하기에, 이들 단백질 중 한 번에 하나만이 결합된다.

출처: Damien Devos and Robert B. Russell, *Curr. Opin. Struct. Biol.* 17:373에서 발췌. Elsevier의 허가를 얻음.

면을 가지고 있어 몇몇 서로 다른 상대와 결합할 수 있지만 한 번에 오직 하나만의 단백질과 접속할 수 있다. 허브단백질의 이러한 유형들의 한 예가 **그림 2.49**에 그려져 있다. 그림 2.49*a*에 그려져 있는 허브단백질은 유전자 발현에서 중심적인 역할을 하는 반면, 그림 2.49*b*에 그려져 있는 허브단백질은 세포 분열 과정에서 똑같이 중요한 역할을 한다. 전반적으로, 진핵생명체의 유전체에 의해 암호화되는 각 단백질은, 평균적으로, 5개의 서로 다른 단백질 상대와 상호작용하는 것으로 추정되었다. 이 추정에 따르면, 인간 단백질은 대략 10만 개의 서로 다른 상호작용을 하는 관계를 맺을 것이다.

이들 네트워크 도표를 볼 때, 대규모의 자동화된 어떠한 실험도 몇 가지 오류를 가지고 있음을 기억하는 것이 중요하다. 상호작용체 데이터의 경우, 몇몇 진정한 상호작용이 누락되기도 하는데, 이는 예를 들어, 상호작용이 너무 약해서 정제 과정에서 살아남지 못하기 때문에, 또는 상호작용 하는 도메인(영역)을 TAP 꼬리가 파괴하기 때문이다. 마찬가지로, 이러한 분석으로 보고된 상호작용의 일부는 세포에서 실제로 일어나는 진정한 상호작용을 나타내는 것이 아닐 수 있다. 예를 들어, 특정 단백질 복합체를 정제할 때 어떤 한 단백질이 불순물로 존재한다면, 이 단백질은 TAP-꼬리 단백질과 상호작용하는 단백질로 잘못 보고될 것이다. 그러므로 보다 직접적인 방법을 사용하여 향후 실험에 대한 지침으로 사용될 수 있는 잠재적인 상호작용을 보여주는 것으로서 상호작용체 데이터세트(dataset)를 생각하는 것이 가장 좋다.

잠재적인 상호작용의 긴 목록을 획득하는 것 이외에, 이런 유형의 대규모 연구로부터 세포의 활동에 관하여 무엇을 배우는가? 유전체-염기서열 규명 프로젝트는 과학자들에게 이전까지 그 존재 자체가 알려지지 않았던 수많은 단백질들의 아미노산 서열을 제공하였다. 이들 단백질은 무엇을 하는가? 단백질의 기능을 결정하기 위한 한 가지 접근 방식은 그 단백질과 상호작용하는 단백질들을 확인하는 것이다. 만일, 예를 들어 어떤 한 알려진 단백질이 DNA 복제에 관여하는 것으로 나타났다면, 그리고 이 단백질이 알려지지 않은 어떤 단백질과 상호작용하는 것으로 밝혔다면, 그 알려지지 않은 단백질 또한 세포의 DNA-복제 기구의 일부분일 것이다. 따라서 이러한 접근의 한계에도 불구하고, 이러한 대규모 단백질 상호작용 연구는 가능한 상호작용 상대에 기초하여 알려지지 않은 유전자의 기능을 추론하는 데 출발점을 제공한다.

2.13 단백질공학

분자생물학의 발전으로 살아있는 생명체가 만든 단백질과 다른 새로운 단백질을 고안하고 대량 생산하는 기회가 만들어졌다. 현재의 DNA-합성 기술을 가지고, 어떤 서열이라도 원하는 아미노산 서열을 가진 단백질을 생산하는 데 사용할 수 있는 인공적인 유전자를 만드는 것이 가능하다. 또한 아미노산을 연결하는 화학적인 기술을 사용하여 폴리펩티드를 맨 처음부터 합성할 수 있다. 폴리펩티드를 화학적으로 합성하는 전략으로 연구자들이 자연계에 존재하는 20가지 아미노산 이외의 아미노산을 단백질에 도입시킬 수 있었다.

이런 유형의 공학적 시도가 갖는 문제점은 거의 무한대로 다양하게 제조할 수 있는 단백질 중에서 어떤 것이 유용한 기능을 가진 것인가를 알아내는 일이다. 예를 들어, AID 바이러스나 인플루엔자 바이러스의 표면에 결합하는 치료용 단백질을 제조하기를 원하는 제약회사를 생각해 보자. 컴퓨터 시뮬레이션 프로그램이 바이러스 표면에 결합해야 하는 단백질 모양을 예측할 수 있다고 가정하자. 이러한 단백질을 생산하기 위하여 어떤 아미노산 서열을 서로 연결하여야 하는가? 해답은 단백질의 1차 구조와 그것의 3차 구조 사이의 복잡한 상관관계를 주관하는 규칙을 상세하게 이해할 필요가 있다. **그림 2.50**은 재구성한 1918년 인플루엔자 바이러스(21쪽)에서 존재하는 hemagglutinin (HA) 단백질의 표면에 결합할 수 있는 또 다른 단백질의 제조를 가능하게 하는 지식을 단백질 생화학자들이 가지고 있음을 보여준다. 바이러스가 인간 세포로 들어가기 위해 HA 단백질을 사용하며, 이론적으로는 HA를 억제하면 바이러스의 감염이 방지된다. 그림 2.50*a*는 HA 단백질이 제조된(engineered) 작은 단백질(녹색)의 근처에 있음을 보여준다. 이 단백질은 HA 단백질의 표면에 있는 소수성 부위(patch)와 높은 친화력으로, 즉 강하게 결합할 수 있다. 그림 2.50*b*는 HA 단백질(회색)의 표적 부위와 디자인된 단백질(보라색)의 결합표면 사이의 상호작용을 더 가까이에서 본 그림을 보여준다. 디자인된 단백질의 곁사슬이 HA의 α-나선에 있는 부위와 매우 특이적인 방식으로 상호작용하는 것을 볼 수 있다. 이 펩티드는 HA 단백질의 기능을 억제하는 것으로 밝혀졌으며, 어쩌면 항바이러스 약제로서 HA 결합 펩티드를 개발하려는 미래의 노력의 방향을 가르쳐준다.

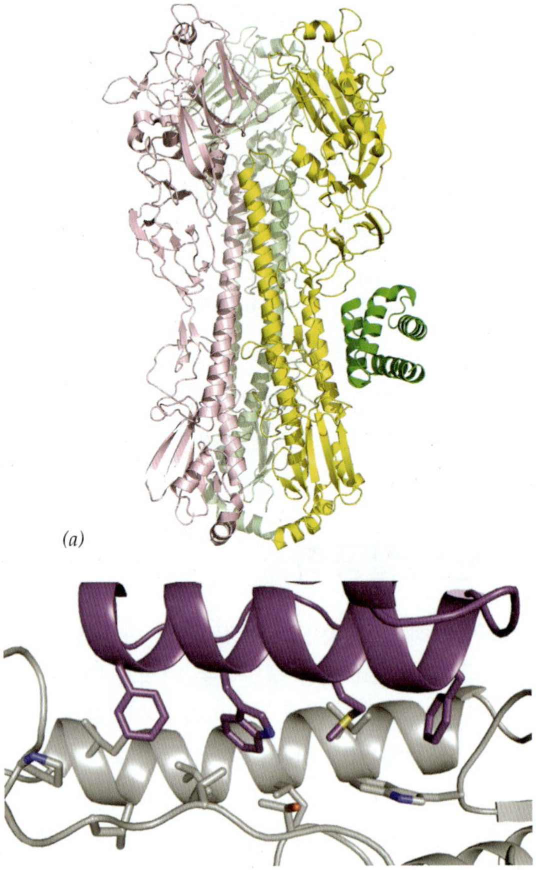

그림 2.50 다른 단백질의 표면에 특이적으로 결합할 수 있는 단백질의 컴퓨터 디자인. (*a*) 컴퓨터로 디자인한 단백질은 초록색으로 그리고 이 단백질의 표적 단백질(H1N1 1918 인플루엔자 바이러스의 HA 단백질)은 왼편에 여러 가지 색깔로 표시되었다. 컴퓨터로 디자인한 단백질의 구조는 예측된 아미노산 서열로부터 생성된 실제 단백질의 구조와 잘 들어맞는다. (*b*) 표적인 HA 단백질의 소수성 나선 부위(회색)와 디자인된 단백질(보라색) 사이의 실제 접촉면. 디자인된 단백질의 곁사슬은 HA 나선에 있는 부위와 상호작용하는 것을 보여준다.

출처: (a) Sarel J. Fleishman, et al., Science 332:820, 2011에서 발췌, David Baker 제공, (b) Bryan S. Der and Brian Kuhlman, *Science* 332:801, 2011에서 발췌. AAAS의 허가를 얻어 재인쇄함.

새로운 단백질의 생산

어떤 한 화학반응을 촉매할 수 있는 단백질을 맨 처음부터 아미노산을 화학적으로 연결하는 것은—즉, 효소를 디자인하는 것은—오늘날 생명공학의 가능성의 범위 밖에 있다. 이 임무의 막중함을 고려해 볼 때, 2008년 연구자들이 자연에 존재하는 것으로 알려진 어떤 효소도 촉매하지 않는 두 가지 서로 다른 유기화학 반응을 촉매할 수 있는 인공 단백질을 성공적으로 설계하여 생산했다는 보고는 놀라움으로 다가 왔다. 관련된 반응들 중 하나는 탄소-탄소 결합을 깨는 반응이며, 다른 하나는 탄소 원자로부터 수소 이온을 전달하는 반응이다. 이러한 단백질 구조의 설계는 선택된 각 반응을 가속할 수 있는 촉매 기작을 선택하여 시작되었다. 그 다음에 이 일을 달성하기 위하여 아미노산 곁사슬을 적절한 장소에 배치하여 **활성부위**(*active site*)를 형성하는 이상적인 공간을 구성하기 위해서 컴퓨터를 기반으로 한 계산을 사용하였다. 다음 단계는 알려진 단백질 구조 중에서 그들이 설계한 활성부위를 유지할 수 있는 틀 또는 골격의 역할을 할 단백질 구조를 찾는 것이다. 컴퓨터 모형을 실제의 단백질로 변형시키기 위해, 그러한 단백질을 암호화할 가능성을 지닌 DNA 서열을 만들기 위해 컴퓨터 기술을 사용하였다. 그들은 제안된 DNA 분자를 합성하였으며, 이를 세균 세포에 도입시켜 단백질을 제조하였다. 그 다음 단백질의 촉매 활성을 시험하였다. 이어서 가장 좋은 전망을 보이는 단백질은 시험관 내에서 진화의 과정을 거치게 한다. 즉, 이 단백질은 변화된 단백질의 새로운 세대를 만들기 위해 변형되었으며, 그 다음 그런 단백질들은 향상된 활성을 지니도록 선별할 수 있었다. 결국, 연구팀은 비촉매반응보다 백만 배만큼 반응속도를 증가시킬 수 있는 단백질을 얻었다. 이것은 천연 효소가 뽐내는 그러한 속도의 증가는 아니더라도, 생화학자들에게는 놀랄만한 업적이다. 실제로, 이것은 궁극적으로 과학자들이 거의 모든 화학반응을 촉매할 수 있는 단백질을 맨 처음부터 실험실에서 구성할 수 있음을 시사한다.

새로운 단백질을 생산하는 또 다른 접근 방식은 세포에 의해 이미 생산된 단백질을 변형시키는 것이다. 최근에는 DNA 기술이 발달하여, 연구자들이 인간 염색체에서 개별 유전자를 분리하고, 정밀하게 확정된 방법으로 유전자의 정보 내용을 변화시켜서, 변화된 아미노산 서열을 가진 단백질을 합성할 수 있게 되었다. 이 기술을 **부위-지향적 돌연변이유발(site-directed mutagenesis)**이라고 하며(18.25절), 기초연구와 응용 생물학분야 모두에서 여러 가지 서로 다른 용도로 사용된다. 예를 들어, 만일 연구자들이 폴리펩티드의 기능 또는 단백질의 접힘에서 특정 잔기의 역할에 대하여 알기를 원한다면, 서로 다른 전하, 소수성 특성, 또는 수소-결합 성질을 갖는 아미노산으로 치환시키는 방법으로 유전자를 변화시킬 수 있다. 그 다음에, 변형된 단백질의 구조와 기능에 대한 치환 효과를 확인할 수 있다. 이 책 전반에 걸쳐 논의되는 바와 같이, 부위-지향적 돌연변이유발은 생물학자에게 관심이 있는 거의 모든 단백질의 작은 부분의 특정 기능을 분석하는 데 있어 매우 귀중하다는 것이 증명되고 있다.

부위-지향적 돌연변이유발은 또한 임상적으로 유용한 단백질 구조를 다양한 생리학적 효과를 갖도록 변형시키는 데 사용된다. 예를 들어, 2003년 FDA에 의해 허가된 약제인 소마버트(Somavert)는 다수의 변화를 포함하는 변형된 형태(version)의 인간 성장호르몬(growth hormone, GH)이다. GH는 일반적으로 표적세포의 표면에 있는 수용체에 결합하여 생리학적 반응을 일으킨다. 소마버트는 GH 수용체에 GH와 경쟁적으로 결합하지만, 약제와 수용체 사이의 상호작용으로 인하여 GH의 세포반응이 야기되지 않는다. 소마버트는 성장호르몬이 과량 생산된 결과로 생기는 질병인 선단비대증(acromegaly)의 치료를 위해 처방된다.

구조-기반 약제의 설계

새로운 단백질의 생산은 분자생물학 분야에서 최근에 발전하는 임상적인 응용의 한 가지이다. 또 다른 하나는 알려진 단백질에 결합함으로써 단백질의 활성을 억제하는 방식으로 작용하는 새로운 약제의 개발이다. 제약회사들은 식물이나 미생물에서 분리되었거나 또는 화학적으로 합성된 수백만 가지의 서로 다른 유기화합물을 소장하고

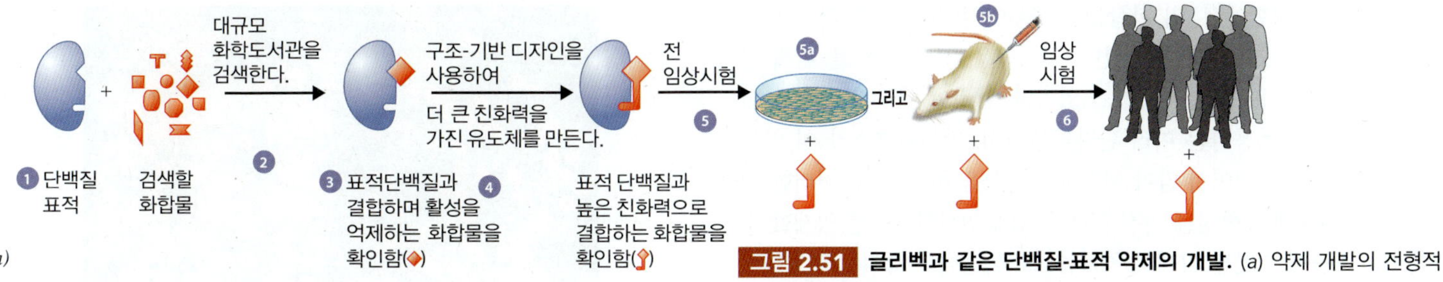

(a)

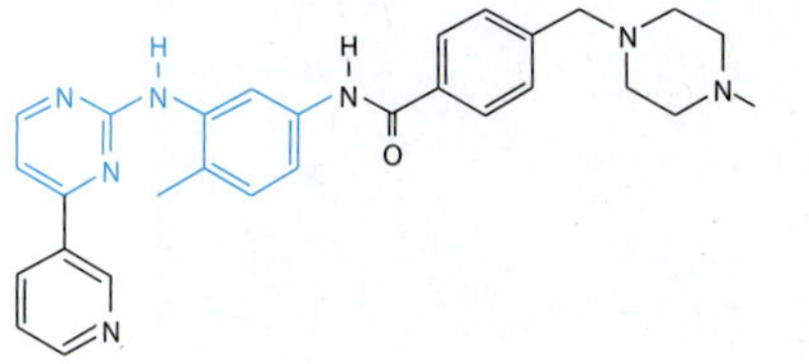

(b)

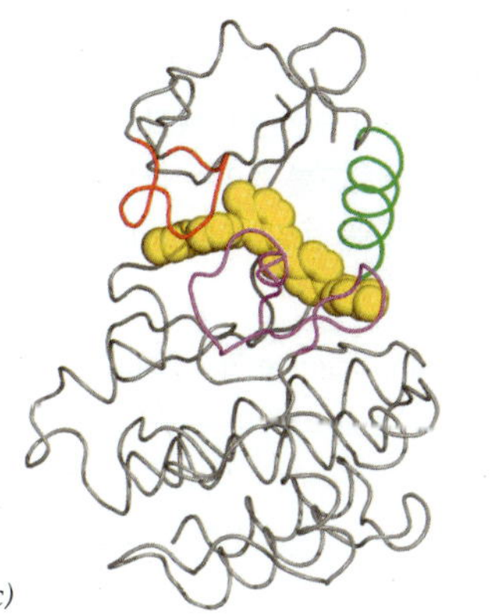

(c)

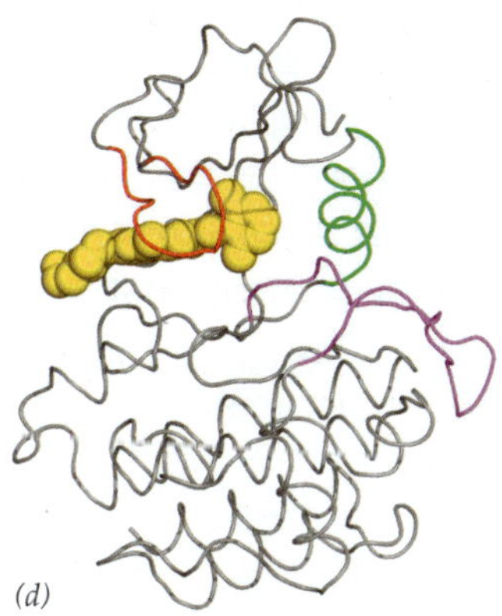

(d)

그림 2.51 글리벡과 같은 단백질-표적 약제의 개발. (*a*) 약제 개발의 전형적인 단계. 1단계에서, 질병에 원인이 되는 단백질(예, ABL)을 확인한다. 이 단백질은 효소 활성을 억제하는 약제에 대한 표적이 될 가능성이 매우 크다. 2단계에서, 알맞은 친화력을 가지고 결합하며 효소활성을 억제하는 것을 찾기 위해 수천 개의 화합물과 단백질을 배양한다. 3단계에서, 이러한 화합물 중 하나(예, ABL의 경우 2-phenylaminopyrimidine)가 확인되었다. 4단계에서, 더 큰 결합 친화력을 가져서 낮은 농도에서도 사용될 수 있는 이 화합물의 유도체(예, 글리벡; Gleevec)를 만들기 위해 표적 단백질에 대한 구조에 대한 지식이 사용된다. 5단계에서, 문제의 화합물은 독성과 효능에 대하여 전 임상(preclinical) 시험을 생체 내에서 실행한다. 임상 전 시험은 전형적으로 배양된 인간세포에서 수행하거나(5*a*단계)(예, CML에 걸린 환자에서 추출한 세포) 또는 실험동물(5*b*단계)(예, 인간 CML 세포를 이식한 생쥐)에서 수행한다. 만일 약제가 동물에서 안전하고 효과적인 것처럼 보이면, 약제는 77쪽에서 논의한 임상시험(6단계)을 거친다. (*b*) 글리벡의 구조. 분자의 파란색 부분은 ABL 인산화효소의 억제제로 초기에 확인된 2-phenylaminopyrimidine 화합물의 구조를 가리킨다. (*c,d*) 글리벡(노란색으로 표시)과 결합한 복합체(*c*)와 다사티닙(dasatinib)이라 불리는 2세대 억제제와 결합한 복합체(*d*)에서 ABL의 촉매 도메인의 구조. 글리벡은 비활성화된 단백질의 입체구조에 결합하는 반면, 다사티닙은 활성화된 입체구조에 결합한다. 두 결합 모두 세포가 종양성의 표현형을 가지는 데 필요한 활성을 방지한다. 다사티닙은 글리벡에 내성이 생긴 종양세포에 대하여 효과적이다.

출처: (c & d): Ellen Weisberg et al., courtesy of James D. Griffin, *Nature Revs. Cancer* 7:353, 2007에서 발췌. Macmillan Publishers Limited의 허가를 얻어 재인쇄함.

있는 화학물질의 "도서관"(chemical "library")을 이용하고 있다. 잠재적인 약제를 찾기 위한 한 가지 방법은, 이러한 화합물들의 조합에 표적화되어 있는 단백질을 노출시켜서, 만일 있다면 어느 화합물이 알맞은 친화력으로 단백질에 결합하는가를 결정하는 것이다. 소위 **구조-기반 약제 설계**(*structure-based drug design*)라 부르는 또 다른 방식은 표적 단백질의 구조에 대한 지식을 기반으로 하고 있다. 만일 단백질의 3차 구조가 결정되어 사용될 수 있는, 또 다른 접근 방식은 "가상의(virtual)" 약제 분자들을 컴퓨터로 설계하는 것이다. 이 분자들의 모양과 크기는 그 단백질의 갈라진 틈과 공간에 맞추어서 비활성화되도록 해야 할 것이다.

그림 2.51a에 나타낸 글리벡(Gleevec; 일반명 Imatinib) 약제의 개발을 생각해 보면 이 두 가지 기술을 모두 설명할 수 있다. 특히 만성골수세포백혈병(chronic myelocytic leukemia, CML)과 같은, 상대적으로 희귀한 몇 가지 암의 치료를 위해, 글리벡을 임상에 도입한 것은 대변혁을 일으켰다. 제15장과 제16장에서 충분히 논의되는 바와 같이, 티로신 인산화효소(tyrosine kinase)라는 효소 그룹은 흔히 정상세포가 종양세포로 전환되는 데 관여한다. 티로신 인산화효소는 표적단백질 안에 있는 특정한 티로신 잔기에 인산기를 첨가하여 반응을 촉매하여, 표적단백질을 활성화 또는 억제시킬 수 있다. CML로 진행되는 것은 거의 전적으로 ABL이라고 하는 티로신 인산화효소가 지나치게 활성화되어 일어난다.

1980년에 연구자들이 티로신 인산화효소를 억제할 수 있었던 2-페닐아미노피리미딘(2-phenylaminopyrimidine)이라는 화합물을 확인하였다. 이 화합물은 이런 특정한 활성을 보이는 화합물을 찾으려고 커다란 화학물질 도서관을 무작위로 선발하여 발견되었다(그림 2.51*a*). 흔히 이런 식의 맹검법 선발(blind screening) 실험의 다른 경우에서처럼, 2-페닐아미노피리미딘은 매우 효율적인 약제로 만들어지지 않았을 것이다. 그 이유 중 하나는 이것이 단지 약한 효소억제제라는 것이다. 이것은 이 약제가 대단히 많은 양으로 사용되었어야 했을 것이라는 뜻이다. 2-페닐아미노피리미딘을 사용 가능한 약제가 개발될 수 있는 출발점이라는 의미로 선도(*lead*) 화합물이라고 한다. 이 선도 분자로 시작하여, 더 큰 효능과 특이성을 가진 화합물이 구조-기반 약제 설계(structure-based drug design)를 이용하여 합성되었다. 이 과정에서 출현한 화합물 중의 하나가 글리벡이었으며(그림 2.51*b*), 이 화합물은 비활성화 형태의 ABL 티로신 인산화효소와 단단히 결합하여 이 효소가 활성화되지 못하게 막는다는 것이 발견되었다. 세포가 암세포로 변화하는 데 이 효소의 활성화 단계가 필요하다. 이 약제와 이 효소의 표적 사이에 일어나는 상호작용의 보완적 성질이 그림 2.51*c*에 나타나 있다. 임상 전(preclinical) 연구에서 글리벡은 실험실에서 CML 환자로부터 얻은 세포의 성장을 강력하게 억제하며, 이 화합물은 동물실험에서 해롭지 않다는 것이 증명되었다. 바로 첫 번째 글리벡의 임상시험에서, 이 화합물을 하루에 한번 복용한 거의 모든 CML 환자에서 증상이 완화되었다. 글리벡은 CML 치료를 위해 일차적으로 처방되는 주된 약제가 되었지만, 이것이 이야기의 끝은 아니다. 글리벡을 복용하는 여러 환자들은 ABL 인산화효소가 이 약제에 저항성을 갖게 되어서 암이 재발하는 경험을 하게 된다. 이러한 경우에는 글리벡에 저항성을 가진 형태의 ABL 인산화효소를 억제할 수 있는 더 최근에 고안된 약제로 치료함으로써 암을 지속적으로 억제할 수 있다. 이러한 더 새로운(제2세대) ABL 인산화효소억제제 중 하나가 단백질에 결합한 상태로 그림 2.51*d*에 나타나 있다.

2.14 단백질 적응과 진화

적응은 어떤 한 생명체가 특정한 환경에서 생존할 가능성을 향상시키는 특성이다. 눈이나 골격과 같은 다른 유형의 특성과 똑같은 방식으로, 단백질은 자연선택과 진화적 변화를 겪게 되는 생화학적 적응이다. 이것은 서로 매우 다른 환경에서 사는 진화적으로 관련된, 즉 상동의(*homologous*) 단백질을 비교함으로써 가장 잘 밝혀졌다. 예를 들어, 호염성(halophilic, 소금을 좋아하는) 고세균의 단백질은 대단히 높은 세포기질 염 농도(4 M KCl까지)에서도 단백질의 용해도와 기능을 유지할 수 있도록 아미노산이 치환되어 있다. 다른 생명체의 상동 단백질과는 달리, 예를 들어 호염성 생명체의 말산 탈수소효소(malate dehydrogenase) 단백질의 표면은 아스파트산과 글루탐산 잔기들로 덮여 있다. 이 잔기들의 카르복실기는 물 분자에 대하여 소금과 경쟁한다(**그림 2.52**).

서로 다른 생명체에서 분리한 상동단백질들은 거의 동일한 모양과 접히는 양상을 보이지만, 아미노산 서열은 놀랄 만큼 서로 다르다. 두 생명체 사이의 진화적 거리가 크면 클수록, 그들 단백질의 아미노산 서열의 차이는 더욱 더 크다. 몇몇 경우에는, 단백질의 중요한 부위에 위치한 단 몇 개의 핵심 아미노산이 그 단백질이 연구되었던 모든 생명체에 존재할 것이다. 226개의 글로빈 아미노산 서열을 비교하면, 이들 모든 폴리펩티드에서 단 2개의 잔기만이 절대적으로 보전되어 있음이 밝혀졌다. 즉, 그 중 하나는 산소(O_2)의 결합과 방출에서 핵심 역할을 하는 히스티딘 잔기이다. 이러한 관찰은 단백질의 2차 구조와 3차 구조는 1차 구조보다 진화 과정 동안 훨씬 느리게 변화함을 나타낸다. 그러나 이것은 단백질의 입체구조가 1차 구조의 단순한 변화에 의해 영향을 받지 않는다는 것을 의미하는 것은 아니다. 이러한 변화의 한 예가 **그림 2.53**에 나타나 있다. 이 경우, 어떤 한 단백질에 실험적으로 도입된 아미노산의 치환이 커다란 단백질 분자 안에 한 작은 영역의 입체구조를 완전히 변화시킨다. 아미노산 45 위치에 류신을 가진 왼쪽의 폴리펩티드는 3개의 α 나선의 다발로 구성된 입체구조를 가지는 반면, 이 위치에 티로신을 가진 오른쪽 폴리펩티드는 α 나선 하나와 4개의 가닥으로 구성된 β-시트(판) 구조 하나를 가지고 있다. 만일 이 정도로 큰 규모의 효과를 가지는 돌연변이가 일어난다면, 새로운 기능적 성질을 가지는 단백질이 형성되는 결과를 가져올 것이며 따라서 전적으로 새로운 단백질 계열 집단의 조상 단백질이 생성되는 근원이 될 수 있다.

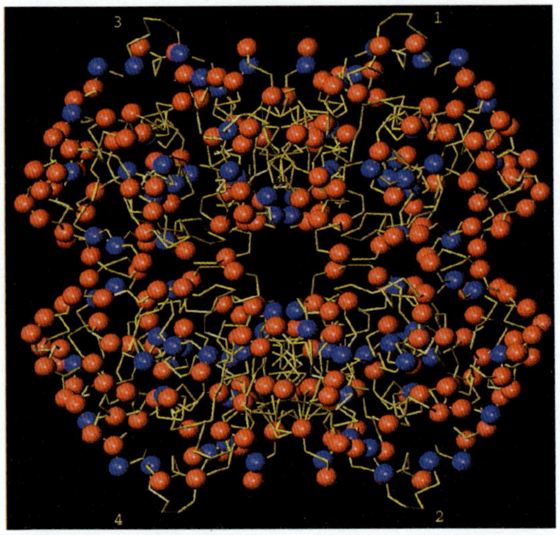

그림 2.52 호염성 고세균(halophilic archaebacterium)로부터 얻은 말산 탈수소효소에 있는 극성이며 전하를 띤 아미노산 잔기의 분포. 빨간색 공은 산성 잔기를 파란색 공은 염기성 잔기를 나타낸다. 효소의 표면은 단백질의 순전하가 −156이 되게 하여 극도로 염도가 높은 환경에서 용해도를 높이는 산성 잔기들로 덮여 있는 것으로 보인다. 비교하자면, 대양에 서식하는 돔발상어(dogfish)의 상동적인 단백질 효소의 순전하는 +160이다.

출처: O. Dym, M. Mevarech, and J. L. Sussman, Science 267:1345에서 발췌. AAAS의 허가를 얻어 재인쇄함.

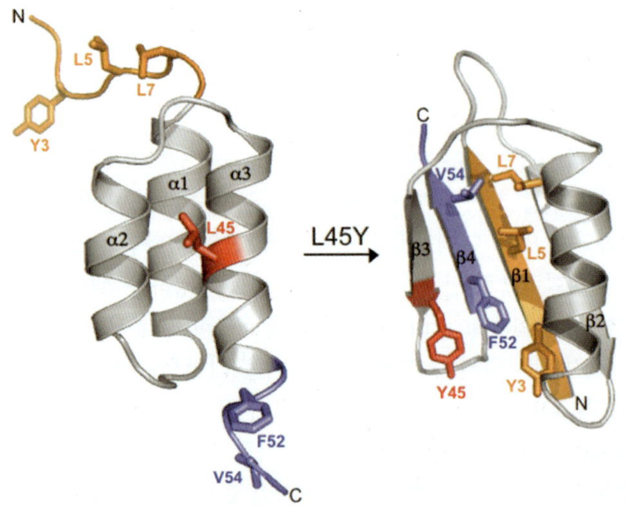

그림 2.53 단일 아미노산 치환의 결과로 일어나는 입체구조의 극적인 효과. 56개의 아미노산을 가진 폴리펩티드에서 매우 중요한 위치에 있는 아미노산 류신을 티로신으로 바꾸면, 이 폴리펩티드의 골격의 전체적인 접힘이 변환되는 결과를 보인다. 이 단일 아미노산 치환으로 아미노산 잔기의 85%가 그들의 2차 구조를 바꾸었다. 모형 구조에서, 이러한 입체구조의 전환을 가져오는 두 아미노산(L45, Y45) 곁사슬의 공간적인 배열을 빨간색으로 나타내었다. N-말단 아미노산은 주황색으로 C-말단 아미노산은 파란색으로 표시하였다.

출처: Patrick A. Alexander et al., Courtesy of Philip N. Bryan, Proc. *Nat'l Acad. Sci. U.S.A.* 106:21153, 2009, 그림 6에서 발췌.

진화가 어떻게 서로 다른 생명체들에서 서로 다른 변형(version) 단백질들을 생산하는가를 알아보았다. 그러나 (한 종 내의) 개체들 사이에도 서로 다른 변형 단백질들이 만들어진다. 글로빈이나 콜라겐과 같이 어떤 특정한 기능을 가진 단백질을 예로 들어보자. 이렇게 많은 서로 다른 변형 단백질들이 인간 유전체에 의해 암호화된다. 대부분의 경우에, **동형(isoform)**으로 알려진 한 단백질의 서로 다른 변형들은 서로 다른 조직 또는 서로 다른 발생의 단계에서 작용하도록 적응되었다. 예를 들어, 사람들은 수축성 단백질인 액틴의 동형들을 암호화하는 6개의 서로 다른 유전자들을 갖고 있다. 이들 동형 중 2개는 평활근에서 발견되며, 하나는 골격근에서, 다른 하나는 심근에서, 나머지 2개는 거의 모든 유형의 세포에서 발견된다.

더욱 더 많은 아미노산 서열과 단백질의 3차 구조가 보고됨에 따라, 대부분의 단백질은 관련된 분자들의 더 큰 **집단(family)**[또는 대집단(*superfamily*)]의 구성요소들임이 분명해졌다. 단백질 집단의 여러 구성요소들을 암호화하는 유전자들은 진화 과정 동안에 일련의 중복(duplication) 과정을 거친 하나의 조상 유전자로부터 생긴 것으로 생각된다(그림 4.23 참조). 오랜 기간에 걸쳐, 여러 가지 복사본의 뉴클레오티드 서열은 관련된 구조를 가진 단백질을 생산하기 위해 다른 서열로 갈라진다. 여러 가지 단백질 집단들에는 다양한 기능을 갖도록 진화된 놀랄 만큼 다양한 여러 종류의 단백질들이 포함되어 있다. 단백질 집단들이 확장되는 것은 오늘날 복잡한 동물과 식물의 유전체에서 암호화된 많은 단백질의 다양성에서 비롯된 것이다.

2.15 핵산

핵산은 **뉴클레오티드(nucleotide)**라고 하는 단량체들의 긴 사슬(가닥, strand)로 구성된 고분자이다. 핵산은 주로 유전정보의 저장과 전달을 하는 작용을 하지만, 또한 핵산은 구조적 역할이나 촉매 역할도 할 수 있다. 살아있는 생명체에서는 두 가지 유형의 핵산, 즉 **디옥시리보핵산(deoxyribonucleic acid, DNA)**과 **리보핵산(ribonucleic acid, RNA)**이 발견된다. 비록 여러 가지 바이러스에서는 RNA가 유전물질로 작용하지만, DNA는 모든 세포성 생명체의 유전물질로 작용한다. 세포에서, DNA에 저장된 정보는 RNA 메시지(message)의 형성을 통하여 세포의 활동을 결정하는 데 사용된다. 현재의 논의에서, 대표적인 분자로서 단일가닥 RNA를 사용하여 핵산의 기본구조를 살펴볼 것이다. DNA의 구조는 생명체의 화학적 기초에 관한 중심 역할과 연계될 수 있는 제4장에서 다룰 것이다.

RNA 가닥에 있는 각 뉴클레오티드는 세 부분으로 구성되어 있다(**그림 2.54a**). 즉, 이 세 부분은 (1) 5탄당인 리보오스(ribose), (2) 질소염기(이 분자에서 질소 원자가 고리구조를 형성하기 때문에), 그리고 (3) 인산기이다. 당과 질소염기는 **뉴클레오시드(*nucleoside*)**를 형성하고, RNA 가닥의 뉴클레오티드는 리보뉴클레오시드-1-인산으로 알려져 있다. 인산기는 당의 5′(5번 탄소)에 연결되어 있으며, 질소염기는 당의 1번 탄소에 부착되어 있다. 핵산 가닥이 형성되는 동안, 한 뉴클레오티드에서 당의 3′(3번 탄소)에 부착되어 있는 수산기는 그 가닥의 다음 뉴클레오티드에 있는 5번 탄소에 부착된 인산기와 에스테르결합으로 연결된다. 따라서 RNA(또는 DNA) 가닥의 뉴클레오티드는 당-인산기 결합(그림 2.54*b*)으로 연결되어 있다. 이 연결을 *3′-5′*-이인산에스테르결합(*phosphodiester bonds*)이라고 하며, 그 이유는 인산기 원자가, 인접한 2개의 당으로부터 각각 하나씩, 2개의 산소 원자와 에스테르결합을 이루기 때문이다.

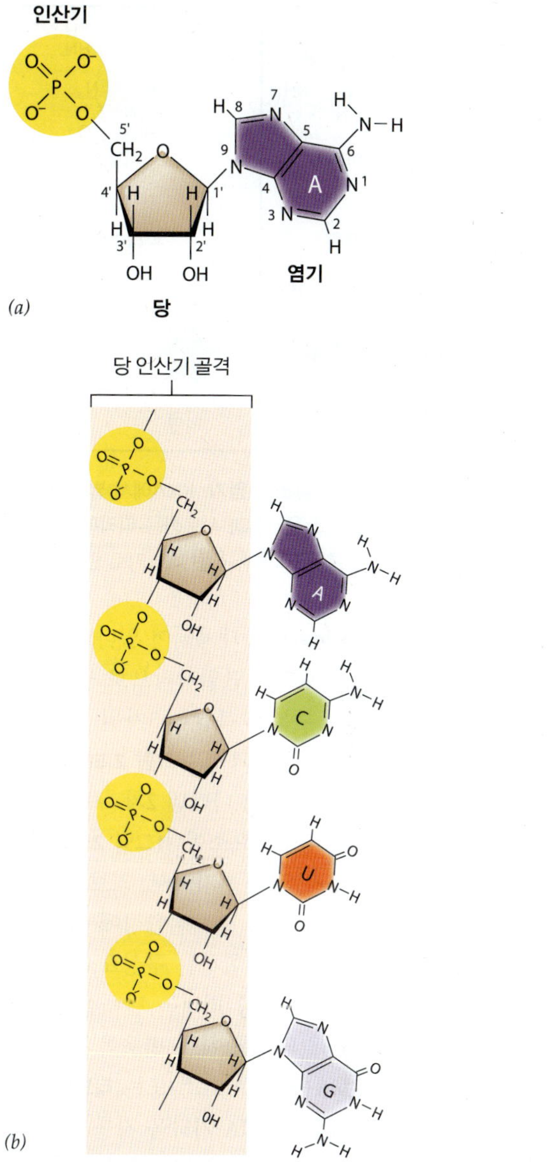

그림 2.54 **뉴클레오티드 및 RNA의 뉴클레오티드 가닥.** (*a*) 뉴클레오티드는 핵산의 가닥을 만드는 단량체이다. 뉴클레오티드는 당, 질소성 염기, 인산기의 세 부분으로 구성되어 있다. RNA의 뉴클레오티드는 당으로 2번째 탄소 원자에 수산기가 결합된 리보오스를 가지고 있다. 대조적으로, DNA의 뉴클레오티드는 2번째 탄소 원자에 수산기 대신에 수소 원자가 부착된 디오시리보스를 당으로 가지고 있다. 각 뉴클레오티드는 5′말단(당의 5′쪽에 해당되는)과 3′말단을 가지고 있어 양 말단이 서로 다른 극성을 띠고 있다. (*b*) 한 당의 3′ 수산기를 인접하는 당의 5′ 인산기에 연결하는 공유결합에 의해 가닥을 형성하기 위해 뉴클레오티드는 서로 연결된다.

RNA(또는 DNA)의 한 가닥은 질소염기로 구별되는 4개의 서로 다른 유형의 뉴클레오티드를 포함하고 있다. 핵산에는 두 가지 유형의 염기, 즉 피리미딘과 퓨린 염기가 있다(**그림 2.55**). **피리미딘(Pyrimidine)**은 단일 고리로 구성된 작은 분자이며, **퓨린(purine)**은 2개의 고리로 구성된 더 큰 분자이다. RNA는 두 가지 서로 다른 퓨린인 **아데닌(adenine)**과 **구아닌(guanine)**을 갖고 있으며, 그리고 두 가지 서로 다른 피리미딘인 **시토신(cytosine)**과 **우라실(uracil)**을 갖고 있다. DNA에는 우라실 대신에 여분의 메틸기가 고리에 붙어 있는

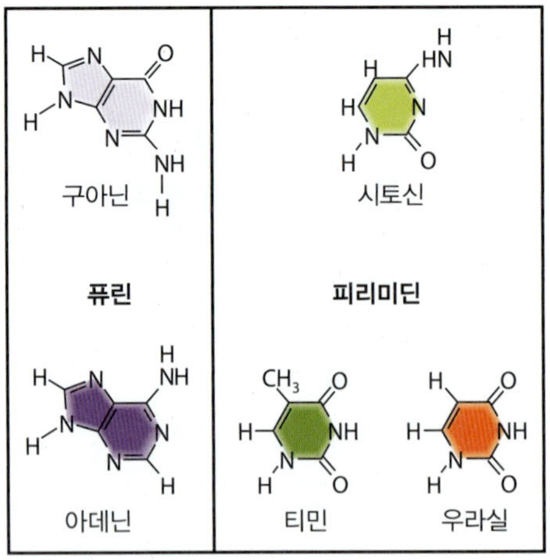

그림 2.55 **핵산에 있는 질소성 염기.** RNA에서 발견되는 4개의 표준 염기 중 아데닌과 구아닌은 퓨린이고 우라실과 시토신은 피리미딘이다. DNA에서, 피리미딘 염기인 티민과 시토신은 고리에 부착된 메틸기로 인하여 우라실과 구별된다.

피리미딘인 **티민(thymine)**으로 대체되어 있다(그림 2.55).

비록 RNA들은 연속적인 단일가닥으로 구성되지만, RNA는 흔히 광범위한 이중가닥 부분과 복잡한 3차원 구조를 갖는 분자를 만들기 위해 스스로 접힌다. 이 과정은 **그림 2.56**에 나타난 2개의 RNA에서 볼 수 있다. 그림 2.56*a*에 나타낸 2차 구조를 가진 RNA는 세균 리보솜의 작은 소단위의 구성요소이다(**그림 2.57** 참조). 리보솜 RNA는 유전정보를 운반하지 않는 분자로서, 리보솜 단백질이 부착될 수 있는 골격구조의 역할을 하며 단백질합성에 필요한 여러 가지 다양한 수용성 성분을 인식하고 결합하는 구성요소의 역할을 한다. 큰 소단위 리보솜의 리보솜 RNA 중 하나는 단백질합성 과정에서 아미노산이 공유결합으로 연결되도록 하는 반응을 촉매하는 작용을 한다. 촉매 역할을 하는 RNA를 RNA 효소 또는 **리보자임(ribozyme)**이라고 한다. 그림 2.56*b*는 자신의 RNA 가닥을 자를 수 있는 소위 망치머리(hammerhead) 리보자임의 3차 구조를 그린 것이다. 그림 2.56*b*에 나타난 두 경우 모두에서, 이중가닥 지역은 염기들 사이의 수소결합으로 서로 연결되어 있다. 이와 동일한 원리로 DNA 분자의 두 가닥이 서로 연결된다.

뉴클레오티드는 핵산의 구성요소로서 중요할 뿐만 아니라, 또한 뉴클레오티드 자체가 중요한 역할을 한다. 모든 생명체에서 수시로 사용되는 에너지의 대부분은 뉴클레오티드인 **아데노신 3인산(adenosine triphosphate, ATP)**에서 유래된다. ATP의 구조와 세포의 물질대사에서 ATP의 핵심 역할은 다음 장에서 논의된다. **구아노신 3인산(Guanosine triphosphate, GTP)**은 세포 활성에서 커다란 중요성을 갖는 또 다른 뉴클레오티드이다. GTP는 여러 종류의 단백질(G 단백질이라고 하는)에 결합하며, 이들 단백질의 활성을 작동시키기 위한 스위치로 작용한다(예: 그림 5.49 참조).

2.16 복합적인 거대분자 구조의 형성

단백질 구조의 연구에서 얻은 교훈이 세포 속의 더 복잡한 구조에 어느 정도로 적용될 수 있을까? 또한 막, 리보솜, 그리고 세포골격의 구성요소들과 같이 서로 다른 유형의 소단위로 구성된 구조들도 자체적으로 조립될 수 있을까? 가장 안정된 배열을 형성하기 위해 조각(소단위)들을 서로 잘 맞춤으로써 세포 이하의 체제(subcellular organization)가 얼마나 간단하게 설명될 수 있을까? 세포소기관의 조립은 잘 이해되어 있지 않지만, 서로 다른 유형의 소단위들이 고차원 배열을 형성하기 위해 자가-조립(self-assembly)될 수 있음은 다음 예들에서 분명하다.

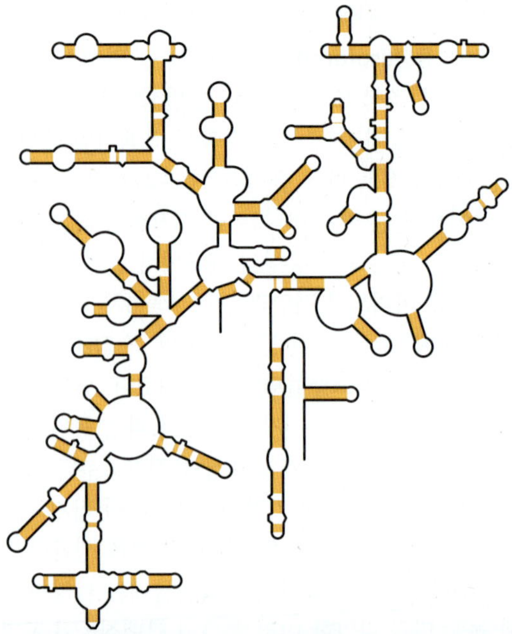
(a)

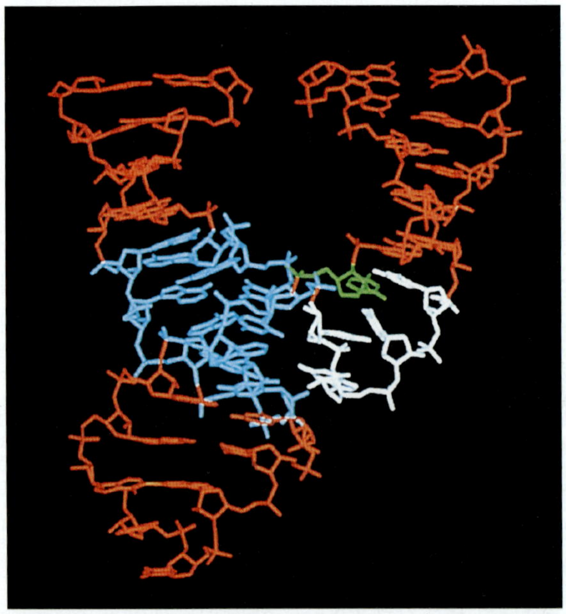
(b)

그림 2.56 **RNA는 복잡한 모양을 가질 수 있다.** (*a*) 이 리보솜 RNA는 박테리아 리보솜의 작은 소단위의 내부 구성성분이다. 이 2차원적 개요에서, RNA 가닥은 고도로 정돈된 패턴으로 자체적으로 접혀져서 분자의 대부분은 이중가닥으로 존재한다. (*b*) 소위 망치머리(hammerhead)라고 불리는 이 리보자임은 비로이드(viroid)의 작은 RNA 분자이다(22쪽). 이 RNA의 이중가닥 부분의 나선형의 성질은 이 분자의 3차원 모형에서 인지할 수 있다.

출처: William G. Scott, et al., *Cell* 81:993에서 발췌. Elsevier의 허가를 얻음.

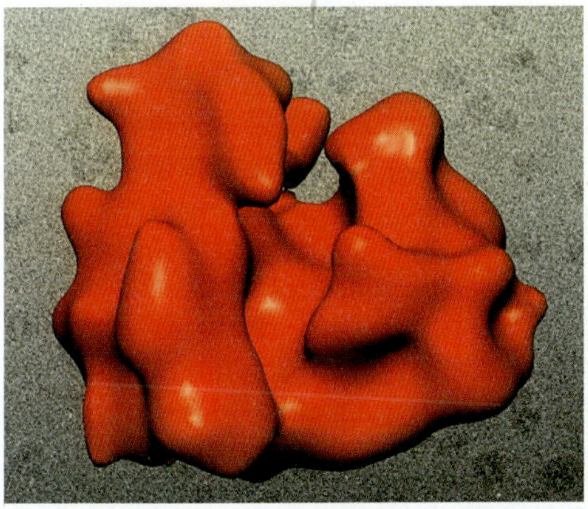

그림 2.57 밀 생식세포(germ cell)의 세포질에서 얻은 리보솜의 재구성. 재구성은 고해상도 전자현미경 사진에 기초하여 만들어졌으며, 이 진핵세포 리보솜의 두 소단위, 즉 왼편의 작은 소단위(40S)와 오른편의 큰 소단위(60S)를 보여준다. 리보솜의 내부 구조는 5.15와 5.16절에서 논의한다.

출처: Adriana Verschoor, et al., *J. Cell Biol.*, Vol. 133 (cover 3), 1996에서 발췌. Rockefeller University Press의 허가를 얻음.

담배모자이크바이러스의 조립

특정한 조립 과정이 자발적으로 이루어진다는 가장 확실한 증거는, 최종 구조를 형성하는 고분자들만 있을 때, 생리학적 조건 하에서 조립이 생체 외에서 일어날 수 있다는 것을 증명한 것이다. 1955년, 캘리포니아대학교의 하인즈 프랜켈-콘라트(Heinz Fraenkel-Conrat)와 로블리 윌리암즈(Robley Williams)는 담배모자이크바이러스(tobacco mosaic virus, TMV) 입자가 자가-조립될 수 있었음을 실험적으로 증명하였다. 이 TMV 입자는 2,130개의 동일한 단백질 소단위로 구성된 나선형의 캡슐 안에 감겨져 있는 하나의 긴 RNA 분자(대략 6,600 뉴클레오티드)로 구성되어 있다(그림 1.21 참조). 그들의 실험에서는 TMV RNA와 단백질을 각각 따로 정제하고, RNA와 단백질을 적절한 조건하에서 함께 섞어서 단기간 동안 배양한 후에, 이로부터 성숙한 감염성 바이러스 입자들이 다시 만들어졌다. 두 가지 구성요소들(RNA 및 단백질)이 입자 형성에 필요한 모든 정보를 갖고 있음이 분명해졌다.

리보솜 소단위의 조립

TMV 입자와 마찬가지로, 리보솜은 RNA와 단백질로 구성되어 있다. 단순한 TMV와 달리, 리보솜은 몇 가지 서로 다른 유형의 RNA와 상당히 많은 수의 단백질을 포함하고 있다. 리보솜의 출처와 무관하게, 모든 리보솜은 크기가 서로 다른 2개의 소단위들로 구성되어 있다. 비록 리보솜 소단위들이 흔히 대칭적인 구조로 그려지지만, 실제로 그림 2.57에 나타낸 것처럼, 소단위들은 매우 불규칙한 모양이다. 세균의 큰(또는 50S) 리보솜 소단위는 두 분자의 RNA와 대략 32개의 서로 다른 단백질들을 갖고 있다. 세균의 작은(또는 30S) 리보솜 소단위는 하나의 RNA 분자와 21개의 서로 다른 단백질들을 갖고 있다. 리보솜의 구조와 기능은 5.15와 5.16절에서 자세히 논의된다.

리보솜 연구에 관한 이정표 중 하나는 1960년대 중반 위스콘신대학교(University of Wisconsin)의 마사야수 노무라(Masayasu Nomura)와 그 동료들이 이룬 것이었다. 그들은 리보솜의 소단위를 구성하던 21개의 단백질과 RNA 각각 정제한 후 섞었을 때, 완전하고 충분히 기능적인 세균의 30S 소단위를 재구성하는 데 성공하였다. 작은 소단위의 구성성분들은 입자 전체의 조립에 필요한 모든 정보를 가지고 있다는 것이 명백하게 되었다. 생체 외에서 재구성하는 동안 서로 다른 단계에서 형성되는 중간물질들을 분석한 결과, 소단위 조립은 생체 내에서의 과정과 매우 유사하게 단계적으로 연속된 방식으로 일어난다는 것을 보여주었다. 작은 소단위(16S)의 단백질들 중 적어도 하나의 단백질은 오직 리보좀 조립에만 작용하는 것처럼 보인다. 즉, 이 단백질을 재구성 혼합물에서 제거하면 조립 과정은 크게 느려지지만 완전한 기능을 가진 리보솜을 형성하는 것을 방지하지는 않았다. 세균에서 큰 소단위의 재구성은 1970년대에 이루어졌다. 세포 밖에서 리보솜을 재구성하는 데는 50°C에서 대략 2시간이 걸리지만, 세균은 10°C의 낮은 온도에서도 몇 분 안에 같은 구조를 조립할 수 있다는 것은 주목할 만한 일이다. 세균은 정제된 구성성분으로 실험을 시작한 연구자들이 이용할 수 없는 무엇인가를 사용할지도 모른다. 예를 들어, 세포 내에서 리보솜의 조립은 <역사적 실험>에서 기술한 샤페론과 같은 단백질 접힘 과정에서 작용하는 보조 인자들이 참여했을 수 있다. 실제로, 진핵세포 내에서 리보솜이 형성될 때에, 최종 리보솜 입자에는 없는 많은 단백질들이 일시적으로 결합할 필요가 있으며, 또한 큰 소단위 리보솜 RNA 전구체(precursor)의 뉴클레오티드 중 절반 정도가 제거될 필요가 있다(5.4절 참조). 그 결과, 성숙한 진핵세포 리보솜의 구성요소들은 세포 밖에서 자신을 재구성하기 위한 정보를 더 이상 가지고 있지 않다.

인간 질병과의 연관성

I. 자유라디칼은 노화의 원인인가?

이 책으로 학습하는 동안, 노화 과정의 원인으로 여겨지는 몇 가지 서로 다른 생물학적 요인들에 대하여 논의할 것이다. 많은 생물학자들은 노화의 원인으로 믿어 왔던 한 요인, 즉 우리 몸의 조직에 대한 손상이 점진적으로 축적되어 노화가 된다는 요인에 대하여 고려해보자. 이 생각은, 시간이라는 천연의 요소를 도입하기 때문에, 일정한 느린 속도로 손상이 일어나는 한 오래 살게 되면 될수록 더 많은 손상이 축적되기

계속

때문에, 호소력이 있다. 호소력이 있지만, 이 생각을 실제로 시험하는 것은 손상의 근원을 알아야 할 필요가 있으며, 그 다음 손상의 속도가 변화되면 실제로 노화과정이 변화가 있었는가를 물어보아야 한다. 무엇이 손상을 받으며, 이러한 손상이 무엇을 하는가? 가장 파괴적인 손상은 아마도 DNA에서 일어날 것이다. DNA의 변화는 세포의 기능저하를 점진적으로 촉진하는 잘못된 유전적 정보를 생산하게 한다. 세포 손상이 어떻게 일어나며, 이러한 손상이 인간보다 수명이 짧은 침팬지에게서 왜 더 빨리 일어나는가? 그 답은 아마도 원자수준에 있을 것이다.

원자는 전자각이 전자로 완전히 채워졌을 때 안정화된다. 전자각은 궤도(함수) 또는 오비탈(orbital)로 구성되어 있으며, 각 오비탈은 최대 2개의 원자를 가질 수 있다. 짝을 이루지 않은 전자 하나를 포함하는 오비탈을 가진 원자 또는 분자는 대단히 불안정한 경향이 있으며 이들을 **자유라디칼(free radical)**이라고 한다. 자유라디칼은 공유결합이 깨질 경우 각 부분이 공유한 전자를 반씩 보유할 때 형성되거나 또는 원자 또는 분자가 산화-환원반응 동안 하나의 전자를 받아들일 때 자유라디칼이 형성된다. 예를 들어, 물은 태양으로부터의 복사에너지에 노출될 때 자유라디칼이 형성된다.

$$H_2O \rightarrow \underset{\substack{\text{하이드록실 라디칼} \\ (\text{"•" 자유라디칼})}}{HO\bullet} + H\bullet$$

자유라디칼은 극도로 반응성이 높으며 단백질, 핵산, 그리고 지질을 포함하는 여러 유형을 분자를 화학적으로 변형시킬 수 있다. 이것은 면역계의 몇 가지 세포들이 면역세포가 삼킨 박테리아를 죽이는 수단으로 면역세포의 세포질 내에서 자유라디칼을 생성한다는 사실에 의해 실제로 증명되었다. 하이드록실(hydroxyl) 라디칼의 형성이 아마도 햇빛이 피부에 손상을 주는 주요 요인일 것이다.

1956년, 네브래스카대학교(University of Nebraska)의 덴햄 하먼(Denham Harman)은 노화가 자유라디칼에 의해 일어난 조직 손상의 결과라고 제안하였다. 자유라디칼이라는 주제는 생물학자나 의사들에게 낯익은 주제가 아니기 때문에, 이 제안은 중요한 관심을 불러일으키지 못하였다. 그러다 1969년, 듀크대학교(Duke University)의 죠 맥코드(Joe McCord)와 어윈 프리도비치(Irwin Fridovich)가 수퍼옥사이드 디스뮤테이즈(superoxide dismutase, SOD)라는 효소를 발견하였는데, 이 효소의 유일한 기능은 산소 분자가 여분의 전자를 취하여 형성되는 자유라디칼 유형인 수퍼옥사이드 라디칼($O_2\cdot^-$)의 파괴였다. SOD는 다음 반응을 촉매한다.

$$O_2\bullet^- + O_2\bullet^- + 2H^+ \rightarrow \underset{\text{과산화수소}}{H_2O_2} + O_2$$

과산화수소 또한 반응성이 큰 산화제이며, 이런 이유로 과산화수소는 흔히 살균제와 표백제로 사용된다. 만일 과산화수소가 신속하게 파괴되지 않는다면, 과산화수소는 분해되어 세포의 거대분자들을 공격하는 하이드록실 라디칼을 형성할 수 있다. 과산화수소는 세포에서 일반적으로 카탈레이즈(catalase) 또는 글루타티온 과산화효소(glutathione peroxidase)에 의해 파괴된다.

후속 연구로 수퍼옥사이드 라디칼은 세포에서 일상적인 산화적 대사과정에서 형성되며, SOD는 박테리아로부터 인간까지 다양한 생명체의 세포 안에 존재한다는 것이 밝혀졌다. 실제로, 동물은 세포질, 미토콘드리아, 세포외부 형태의 세 가지 서로 다른 동형(isoform)의 SOD를 소유하고 있다. 인간 미토콘드리아 내로 들어온 산소의 1~2% 정도는 정상적인 호흡 과정의 최종 산물인 물 대신에 과산화수소로 전환된다. SOD의 중요성은 이 효소가 없는 박테리아와 효모의 돌연변이체에서 확연히 볼 수 있다. 이들 세포는 산소가 존재하는 환경에서 자랄 수 없었다. 유사하게, 미토콘드리아 형태의 효소(SOD2)가 결핍된 생쥐는 태어난 후 1주일 이상을 살 수 없었다. 역으로, H_2O_2-파괴 효소인 카탈레이즈의 수준이 높은 미토콘드리아를 가지도록 유전자 조작한 생쥐는 그렇지 않은 생쥐보다 20% 정도 더 오래 살았다. 2005년에 보고된 이 발견은 증강된 항산화 방어 작용이 포유동물의 수명을 증가시킬 수 있다는 것을 보여준 최초의 발견이다. 비록 슈퍼옥사이드나 하이드록실 라디칼과 같은 자유라디칼의 파괴적인 성질에 대하여는 의심할 바 없으나, 노화 과정의 요인으로서 이러한 물질의 중요성은 아직까지 논쟁 중이다. 몇 가지 경우에서는, 산소 라디칼이 증가되도록 교란시키면 수명이 줄어들기보다는 오히려 늘어났다. 더욱이, 무작위적인 손상의 축적이 노화에 관련이 있다는 전반적인 개념은, 효모나 선형동물 모델에서, 돌연변이가 일어나면 생명체가 훨씬 더 오래 살도록 하는 특정 유전자가 발견되어 도전받고 있다. 이러한 유전자의 존재가 "예정된 노화(programmed aging)"라 알려진 경쟁 이론으로 이끌었는데, 여기에는 생명체가 생식기가 지난 후에는 자신의 노쇠를 유도하는 기작을 가지도록 진화해 왔다는 것을 사실을 받아들인다. 자유 라디칼에 의한 손상이 노화를 어느 정도 결정하는가에 대한 질문의 답은 따라서 미해결된 상태로 있다.

관련된 분야의 연구로는 시험관에서 자유라디칼을 파괴할 수 있는 항산화제(antioxidant)라고 하는 물질의 연구이다. 이러한 물질의 판매는 비타민/건강보조제 산업의 주요 수입원이 된다. 신체에서 발견되는 보편적인 항산화제는 글루타티온(glutathione), 비타민 E와 C, 그리고 베타-카로틴(당근 및 다른 채소에 있는 주황색 색소)을 포함한다. 비록 이들 물질이 자유라디칼을 파괴하는 능력 때문에 식단에 유익하겠지만, 쥐 및 생쥐에 대한 연구는 이들 물질이 노화 과정을 지연시키거나 최대 수명을 증가시켰다는 확실히 믿을만한 증거를 제공하지는 못하였다.

II. 잘못 접힌 단백질은 치명적인 결과를 가져올 수 있다

1996년 4월 의학잡지 랜싯(*Lancet*)에 출간된 논문은 유럽인에게 광범위한 경보를 울렸다. 이 논문은 뇌를 공격하여 운동 균형감 상실 및 치매의 원인이 되는 희귀한 치명적인 질환인 크로이츠펠트-야콥(Creutzfeldt-Jakob disease, CJD)에 걸린 10명의 환자에 대한 연구를 기술하고 있다. 여러 다른 질환과 마찬가지로, CJD는 특정 가계에서 유전성 질환으로 일어나기도 하며 질병의 내력이 없는 가계의 개인들에서 산발적으로 일어나기도 한다. 그러나 거의 모든 다른 유전성 질환과는 달리, CJD는 또한 후천성(*acquired*, **획득성**)일 수도 있다. 최근에 이르기 전까지는, CJD를 획득한 사람은 진단이 내려지지 않은 CJD를 가진 사람에 의해 제공된 장기 또는 장기 생산물을 받아들인 사람이었다. 1996년 랜싯 의학잡지에 기술된 사례는 후천성이였지만, 이 질환의 외견상의 근원은 감염된 개체가 수년 전에 먹었던 오염된 소고기로 보였다. 오염된 소고기는 동물이 운동 균형(motor coordination)을 잃어버리고 치매 행동 증상이 발생하는 퇴행성 신경질환에 걸린 영국에서 키운 가축에서 유래한 것이다. 이 질환은 "광우병(mad cow disease)"으로 일반적으로 알려지게 되었다. 오염된 소고기를 먹어서 CJD에 걸린 환자는 전형적인 형태의 이 질환에 걸린 환자와 몇 가지 기준에서 서로 구별할 수 있다. 지금까지 대략 200여 명이 오염된 소고기로부터 걸린 질병으로 인해 환자가 사망하였으며, 이런 사망자의 숫자는 감소하고 있는 중이다.[1]

가계에서 발생하는 질환은 그 원인을 추적해 보면 잘못된 유전자가 항상 원인인 반면, 오염된 근원으로부터 획득된 질병은 언제나 감염 물질이 원인이다. 어떻게 동일한 질환이 유전성이며 감염성일 수 있는가? 이 물음에 대한 답은 점진적으로 얻게 되었는데, 지난 수십 년 동안 1960년대 파푸아 뉴기니 원주민들이 한때 걸렸던 이상한 질병에 대한 D. 칼톤 가이다쉑(D. Carleton Gajdusek)의 관찰로부터 시작되었다. Gajdusek은 이 섬에 사는 사람은 장례식 도중에 그들은 최근 사망한 친척의 뇌 조직을 먹는 의식으로 인하여, 원주민들이 "쿠루(kuru)"라고 부르는 치명적인 퇴행성신경질환에 걸렸다는 것을 보여주었다. 쿠루로 사망한 환자의 뇌를 부검한 결과, 특정 뇌 부위를 현미경으로 보면 작은 구멍(액포화, vacuolation)이 무수히 많이 있는, 즉 스펀지와 닮은 모양의 조직을 갖는 **해면뇌병증**(*spongiform encephalopathy*)이라는 질환의 독특한 병리학적 소견을 보였다.

[1]얼핏 보기에, 사망자가 줄어들어 전염병의 유행이 막바지에 다다른 것으로 보이지만, 보건 당국이 우려하는 몇 가지가 있다. 한 가지 이유는, 영국에서 수술하는 동안 제거된 조직에 대한 연구는 수천 명이 증상을 보이지 않는 상태로 그 질병에 감염되었을 가능성을 암시한다(Science 335:411, 2012 논문에서 논의). 임상적으로 이들이 질병으로 결코 발전되지 않더라도, 이들은 수혈을 통해 다른 사람에게 CJD를 전달할 수 있는 잠재적 보인자(carrier)로 남아있다. 실제로, 적어도 2명이 질병을 지니고 있는 헌혈자로부터 수혈 받은 후 CJD에 걸린 것으로 믿어진다. 이러한 발견은 원인 물질(그 성질에 대하여서 아래에 논의)의 존재에 대하여 혈액검사를 할 필요가 있다는 점을 강조한다.

쿠루에 걸린 섬주민의 뇌는 CJD에 걸린 환자의 뇌와 현미경에 나타난 모습이 놀랄 만큼 유사하다는 것이 곧 알려지게 되었다. 이러한 관찰은 중요한 질문을 던지게 되었다. 즉, 유전적인 질환으로 알려진 CJD에 걸린 사람의 뇌는 감염 물질을 포함하였는가? 1968년 Gajdusek은 CJD로 사망한 환자의 뇌 생검(biopsy)으로부터 추출물을 적합한 실험동물에 주사하였을 때, 그 동물은 실제로 쿠루 또는 CJD의 뇌와 유사한 해면뇌병증으로 발전되었음을 보여주었다. 추출물에는 그 당시에는 분명히 바이러스라고 여겼던 감염성 물질이 포함되어 있었다.

1982년, 캘리포니아대학교(UCSF)의 스탠리 프루지너(Stanley Prusiner)는 바이러스와는 달리 CJD에 원인이 되는 감염성 물질에는 핵산이 없으며, 단지 단백질로만 구성되어 있다는 논문을 발표하였다. Prusiner는 이 단백질을 **프리온**(*prion*)이라 불렀다. 이러한 "오직 단백질만(protein only)"이라 불렸던 가설은 처음에는 상당히 회의적으로 받아들여졌지만, Prusiner 및 다른 연구자들의 후속 연구들로 인하여 이 제안은 압도적인 지지를 받게 되었다. 초기에는 프리온 단백질은 외부의 물질로서 핵산이 없는 바이러스와 유사한 입자일 것으로 추정하였다. 이러한 예상과는 달리, 프리온 단백질은 세포 자신의 염색체에 있는 유전자(*PRNP*)에 의해 암호화된다는 것이 곧 밝혀졌다. 이 유전자는 정상적인(*normal*) 뇌 조직에서 발현되며, 신경세포의 표면에 존재하는 PrP^C(세포성 프리온 단백질)로 표시하는 단백질을 암호화한다. PrP^C의 정확한 기능은 미스터리로 남아있다. 변형된 형태의 이 단백질의 변형된 형태(PrP^{Sc}, 스크레이피 프리온 단백질)가 CJD를 가진 사람의 뇌에 존재한다. 정상적인 PrP^C와는 달리, 변형된 형태의 이 단백질은 신경세포에 축적이 되며, 집합체(aggregates)를 형성하여 신경세포를 죽인다.

정제된 상태에서, PrP^C와 PrP^{Sc}는 서로 매우 다른 성질을 갖는다. PrP^C는 염 용액에서 수용성인 단량체 분자로 유지되고 있으며, 단백질 분해 효소에 의해 쉽게 파괴된다. 반면에, PrP^{Sc} 분자는 서로 상호작용하여 효소에 의해 분해되지 않는 비수용성 원섬유(fibril)를 형성한다. 이러한 차이에 근거하여, 두 형태의 PrP 단백질은 서로 다른 아미노산 서열을 가질 것으로 예상할 수 있지만, 이 경우는 그렇지 않다. 두 형태는 동일한 아미노산 서열을 가지고 있지만, 두 형태는 폴리펩티드가 3차원적 단백질 분자로 접혀지는 과정이 서로 다르다(**그림 1**). PrP^C 분자는 대부분이 α-나선 부위 및 상호 연결 코일로 구성되어 있는 반면, PrP^{Sc} 분자의 중심은 주로 β 병풍구조로 되어 있다.

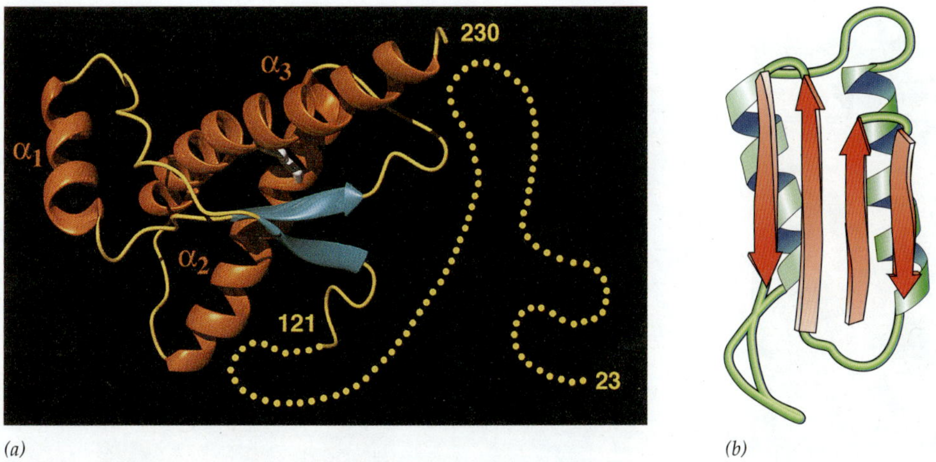

(a) (b)

그림 1 **구조의 비교.** (*a*) NMR 분광법에 의해 결정된 정상적인 (PrP^C) 단백질의 3차 구조. 주황색 부분은 α-나선 부분을 나타내며, 파란색 부분은 짧은 β 가닥을 나타낸다. 노란색 점선은 일정한 구조를 가지지 않는 폴리펩티드의 N-말단 부분이다. (*b*) 대부분이 β-병풍구조로 된, 비정상적이며 감염성을 가진 프리온 단백질(PrP^{Sc})의 제안된 모형. 프리온 단백질의 실제 3차 구조는 아직 결정되지 않았다. 이 그림에 나타난 2분자는 세포를 죽이는 집합체를 생산하는 폴리펩티드 사슬에 의해 생성된다. (이 그림에 나타난 2분자는 입체구조만이 서로 다르기 때문에 형태이성질체로 부른다.)

출처: (a) Rockefeller University Press의 허가를 얻어 Adriana Verschoor, et al., *J. Cell Biol.*, Vol. 133 (cover 3), 1996에서 발췌; (b) S.B. Prusiner, *Trends Biochem. Sci.* 21:483, 1996에서 발췌. Elsevier의 허가를 얻어 재인쇄함.

계속

돌연변이로 인하여 폴리펩티드가 덜 안정적이며 비정상적인 PrP^{Sc}로 어떻게 접혀지기 쉬운가를 이해하는 것은 어렵지 않지만, 이러한 단백질이 어떻게 감염성 물질로서 작용할 수 있는가는 어렵다. 유력한 가설에 따르면, 비정상적인 프리온 분자(PrP^{Sc})는 정상적인 단백질 분자(PrP^{C})와 결합할 수 있으며 정상적인 단백질을 비정상적인 형태로 접혀지게 할 수 있다는 것이다. 이러한 전환은 시험관 안에서 일어날 수 있다는 것이 밝혀졌는데, 준비된 PrP^{C} 시료에 PrP^{Sc}를 첨가하면 PrP^{C} 분자가 PrP^{Sc} 입체구조로 전환될 수 있었다. 드물게 보는 경우로 잘못 접힌 단백질의 결과이거나 또는 오염된 소고기에 노출되었던 결과이거나 간에, 이 가설에 따르면 프리온 형태로 전환되는 연쇄반응이 시작되고 비정상적인 프리온형태가 모여 비수용성 원섬유가 형성된다. 프리온이 퇴행성 신경질환에 이르게 하는 정확한 기작은 아직 밝혀지지 않았다.

CJD는 독특한 감염성 성질을 가진 단백질에 의한 희귀한 질환이다. 반면에 알츠하이머 질환(Alzheimer's disease, AD)은 65세에는 약 10%까지 그리고 80세 이상의 경우 아마도 40% 정도가 걸리는 일상적인 질병이다. AD를 가진 사람은 기억 상실, 혼돈, 추론 능력의 상실을 보인다. CJD와 AD는 여러 중요한 특징을 공유한다. 두 질환 모두는 산발적이거나 유전적으로 일어나는 치명적인 퇴행성 신경질환이다. CJD와 마찬가지로, 알츠하이머 질환에 걸린 사람의 뇌는 아밀로이드(*amyloid*)라고 하는 비수용성 물질의 원섬유 축적물을 포함하고 있다(**그림 2**).[2] 두 질환 모두에서, 원섬유 축적물은 주로 β 병풍구조로 된 폴리펩티드의 자가-결합(self-association)의 결과이다. 두 질환 사이에는 또한 여러 기본적인 차이점이 있다. 질병을 일으키는 집합체를 형성하는 두 단백질은 서로 관련이 없으며, 영향을 받는 뇌의 부위가 서로 다르고, AD를 일으키는 단백질은 비감염성이다(즉, AD는 비록 뇌 안에서 세포로부터 다른 세포로 퍼질 수는 있지만 한 사람으로부터 다른 사람으로 전염되지 않는다).

[2]아밀로이드라는 용어는 AD에서 발견되는 비정상적인 단백질에만 한정되지 않는다는 점에 주목하여야 한다. 여러 서로 다른 단백질들이 β-병풍구조가 풍부한 비정상적인 입체구조를 가질 수 있으며 이 구조는 단백질 단량체가 특정 염색약에 결합하는 아미로이드 원섬유로 뭉치게 한다. 아밀로이드 원섬유는 β-가닥이 원섬유의 장축에 대하여 수직으로 배열된 분자구조를 가진 구조로 정의한다. 프리온 질병의 PrP-Sc-형성 원섬유도 또한 아밀로이드라 말한다.

지난 20년 동안, AD에 대한 연구에서는 이 질환이 아밀로이드 β-펩티드(*amyloid β-peptide, Aβ*)라고 하는 분자의 생성에 의해 일어난다는 것을 주장하는 **아밀로이드가설**(*amyloid hypothesis*)이 지배하였다. Aβ는 원래 신경세포의 막을 관통하는 **아밀로이드 전구체 단백질**(*APP, amyloid precursor protein*)로 불리는 커다란 단백질의 일부분이다. Aβ 펩티드는 APP 분자로부터 2개의 특정 효소인 β-분비효소(β-secretase)와 γ-분비효소(γ-secretase)에 의해 절단된 다음에 방출된다(**그림 3**). Aβ 펩티드의 길이는 다소 변동적이다. 주된 종류는 40개 아미노산(Aβ40으로 표시)을 가진 것이지만, 2개의 소수성 아미노산을 추가적으로 가지고 있는 소수의 펩티드(Aβ42로 표시)도 또한 생산된다. 이들 펩티드 모두는 주로 α-나선으로 구성된 수용성 형태로 존재하지만, Aβ42는 상당량의 β-병풍구조를 포함하는 매우 다른 입체구조로 자발적으로 다시 접혀지는 경향을 가지고 있다. 잘못 접힌 Aβ42 형태의 분자가 뇌에 손상을 줄 가능성이 가장 크다. Aβ42는 작은 복합체(oligomer, 올리고머)뿐만 아니라 전자현미경 하에서 원섬유로 관찰할 수 있는 커다란 집합체로 자가-결합을 하는 경향이 있다. 이들 아밀로이드 원섬유가 세포외 아밀로이드 플라크(amyloid plaque)의 형태로 신경세포의 외부에 축적(deposit)된다(그림 2). 비록 논쟁에 대한 결말은 아직 멀었지만, 대부분의 증거는 비수용성 집합체가 아니고 수용성 올리고머가 신경세포에 더 독성이 있다는 것을 암시한다. 예를 들어, 배양된 신경세포는 Aβ 단량체 또는 원섬유 집합체에 의해서 보다는 수용성 Aβ 올리고머의 존재에 의해서 훨씬 더 손상을 받는다. 뇌에

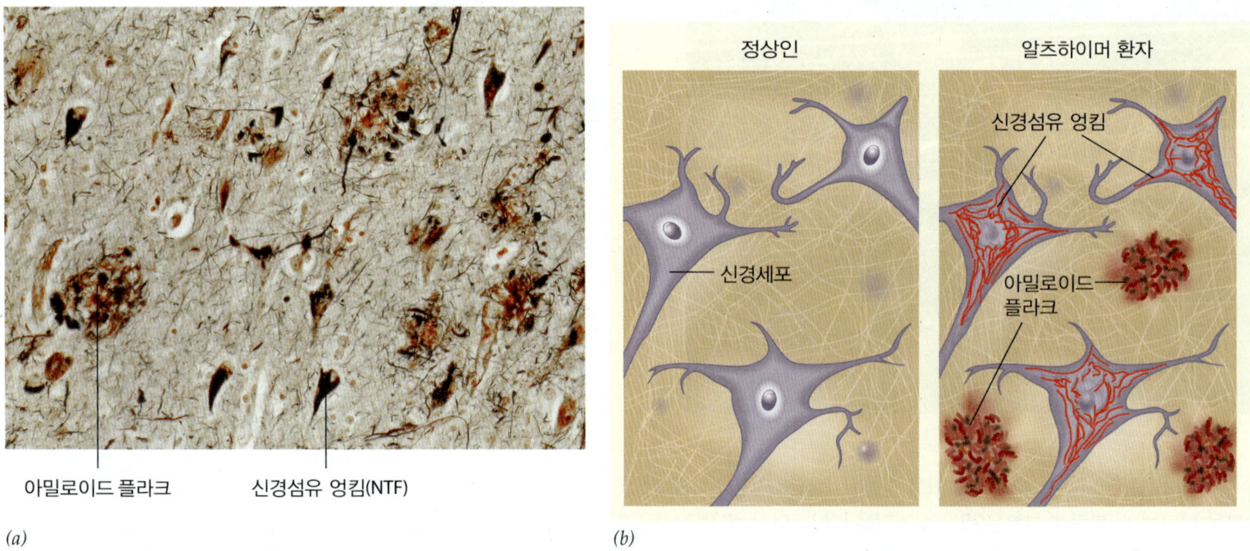

그림 2 알츠하이머 질환. (*a*) 알츠하이머 질환으로 사망한 사람의 뇌 조직의 결정적인 특징. (*b*) Aβ 펩티드의 집합체를 포함하는 아밀로이드 플라크(amyloid plaque)가 세포 외부에(신경 세포 사이에) 나타나는 반면, 신경섬유엉킴(NFTs)은 세포 내부에 나타난다. <인간 질병과의 연관성> 말미에서 논의한 NFTs는 신경세포의 미세소관 구성 체제를 유지하는 데 관련된 타우(tau)라고 하는 잘못 접힌 단백질이 엉켜 있는 엉킴 또는 결절(tangle)들로 구성되어 있다. 플라크와 엉킴 모두가 질환의 원인으로 제시되고 있다.

출처: (a) © Thomas Deerinck, NCMIR/Photo Researchers, Inc.; (b) © American Health Assistance Foundation.

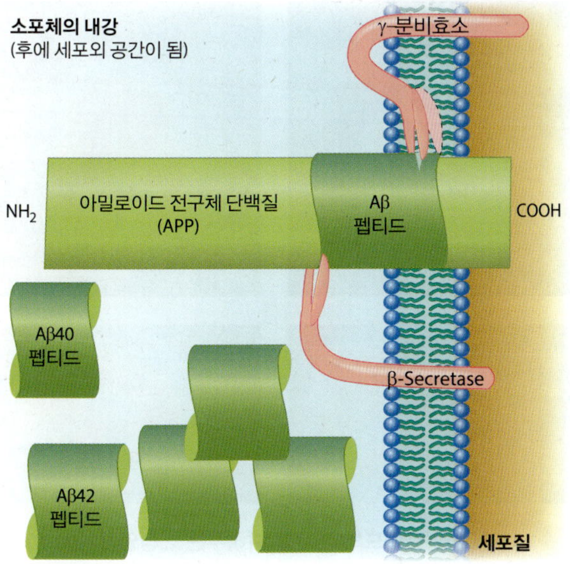

그림 3 **Aβ 펩티드의 형성.** Aβ 펩티드는 아밀로이드 전구체 단백질(APP)로부터 두 효소 β-분비효소(또한 BACE1이라 부름)와 γ-분비효소에 의해 분해된 결과로 떨어져 나온다. APP와 두 분비효소는 모두 막을 관통하는 단백질인 것이 흥미롭다. APP의 절단은 세포 안에서(아마도 소포체에서) 일어나며, Aβ 산물은 궁극적으로 세포 외부 공간으로 분비된다. γ-분비효소는 APP 분자에서 두 부위를 자를 수 있어 Aβ40 또는 Aβ42 펩티드를 생산하며, 주로 Aβ42 펩티드가 그림 2에 나타난 아밀로이드 플라크 생성의 원인이 된다. γ-분비효소는 막 안에 있는 부위에서 기질을 분해하는 다중소단위(multisubunit) 효소이다.

서, Aβ 올리고머(oligomer)는 한 신경세포를 다른 신경세포에 연결하는 시냅스(synapse)를 공격하는 것처럼 보이며, 결국에는 신경세포가 죽음에 이르게 한다. 유전적인 형태의 AD에 걸린 사람은 Aβ42 펩티드의 생산을 증가시키는 돌연변이를 가지고 있다. 여분의 *APP* 유전자의 복사본을 가지거나, *APP* 유전자의 돌연변이에 의해서, 또는 γ-분해효소의 소단위를 암호화하는 유전자(*PSEN1*, *PSEN2*)의 돌연변이에 의해서 Aβ42가 과량생산될 수 있다. 이러한 돌연변이를 가진 사람은 50대와 같이 비교적 젊은 나이에 질병의 증상이 나타난다. 아밀로이드 형성을 증가시키는 유전자의 돌연변이가 AD의 원인이라는 사실은 아밀로이드 형성이 질환의 근원이라는 것을 선호하는 가장 강력한 논리적 근거이다. 아밀로이드 가설에 반대하는 가장 강력한 논리는 뇌에서 아밀로이드 플라크의 숫자 및 크기와 질병의 중증 정도 사이의 상관관계가 약하다는 것이다. 기억 상실이나 치매의 증상이 전혀 없거나 거의 없는 노인들이 상대적으로 높은 수준의 아밀로이드 축적물을 뇌에 가질 수 있으며, 심각한 증상을 보이는 노인들에서는 뇌에 아밀로이드 축적물이 거의 없거나 전혀 없을 수 있다.

AD의 치료를 위해 현재 시장에 나와 있는 모든 약제들은 단지 증상이 더 나빠지지 않도록 하는 목적으로 것으로서, 어떠한 약제도 질병의 진행을 멈추게 하는 데에는 아무런 효과가 없다. 아밀로이드 가설을 이정표로 삼아, 연구자들은 AD와 연관된 정신 저하를 반전시키거나 또는 반전과 예방 모두를 위한 새로운 약제를 개발하는 데 세 가지 기본적인 전략을 추구하였다. 이들 전략에는 (1) 우선적으로 Aβ42 펩티드의 형성을 방지하고, (2) 일단 아밀로이드가 형성이 되면 Aβ42 펩티드(또는 펩티드가 형성한 아밀로이드 축적물)를 제거하며, (3) Aβ 분자들 사이의 상호작용을 방지하여 올리고머와 원섬유 집합체가 형성되지 않도록 하는 전략이다. 각각의 전략을 시험하기 전에, 연구자들은 어떤 유형의 약제가 AD의 예방이나 치료에 성공적인가를 어떻게 결정할 수 있는가 하는 방법을 우선 고려해야 한다.

사람의 질병 치료 개발을 위한 가장 좋은 접근법 중 하나는 유사한 질병이 발생하는 실험동물(특히, 생쥐)을 찾아서 잠재적인 치료 방법의 효율성을 시험하기 위해 이들 동물을 사용하는 것이다. 사람의 질병을 모방하여 같은 질병을 보이는 동물을 **동물모델**(*animal model*)이라고 한다. 어떤 이유에서든지, 노화된 쥐의 뇌에서는 인간에서 볼 수 있는 아밀로이드 축적물의 증거가 없으며, 1995년 이전에는 AD에 대한 동물모델이 없었다. 1995년에, 연구자들은 아밀로이드 플라크가 발생되고, 기억이 필요한 임무를 잘 수행하지 못하는 생쥐의 계통(strain)을 만들 수 있다는 것을 발견하였다. 연구자들은 AD의 원인이 되는 돌연변이된 인간 APP 유전자를 지니도록 생쥐를 유전공학적으로 조작하여 이 생쥐 계통을 만들었다. 유전자 조작, 즉 **형질전환**(*transgenic*)된 생쥐는 AD에 대한 잠재적인 시험을 하는 데 매우 귀중한 것으로 판명되었다. AD 치료의 분야에서 가장 고무적인 치료요법은 위에서 언급한 두 번째 전략을 중심으로 연구가 시도되며, 새로운 약제의 개발에 필요한 몇 가지 단계들을 보여주기 위해 이들의 연구를 사용한다.

1999년에, 엘란 제약회사(Elan Pharmaceuticals)의 데일 쉔크(Dale Schenk)와 그 동료들은 비범하고 놀라운 발견을 출간하였다. 그들은 돌연변이 인간 *APP* 유전자를 가진 생쥐에게 문제를 일으키는 바로 그 물질인 집합체 Aβ42 펩티드를 반복적으로 주사함으로써 아밀로이드 플라크(amyloid plaque)의 형성이 방지된다는 것을 발견하였다. 실제로는, 연구자들 질병에 대한 예방주사로 면역화(immunization)시켰다. 어린(6주) 생쥐를 Aβ42로 면역화시키면, 생쥐들은 나이가 들어도 아밀로이드 축적으로 발전되지 않았다. 이미 광범위한 아밀로이드 축적물을 포함하는 늙은(13개월) 생쥐들을 Aβ42로 면역화시키면, 원섬유 축적물의 상당 부분이 신경계에서 사라졌다. 더욱 중요한 점은, 면역화된 생쥐는 같은 배에서 태어난 비면역화된 생쥐보다 기억을 기반으로 하는 시험을 더 잘 수행하였다.

면역화 과정에서 동물에 부작용이 없었다는 사실과 함께, 생쥐에 대한 이러한 실험들이 극적으로 성공하자, 정부 관계자들은 신속하게 Aβ42 백신(vaccine)의 임상시험 제1단계 단계를 승인하였다. 제1단계 임상시험은 새로운 약제 또는 절차를 사람을 대상으로 시험하는 첫 번째 단계로써, 보통 배양된 세포에서와 동물모델에서 전 임상(preclinical) 시험을 수년간 실행한 후에 시작한다. 제1단계 시험은 적은 수의 시험 대상을 가지고 실행하며 질병에 대한 효율성 보다는 절차의 안정성을 추적하여 관찰하도록 고안되었다.

서로 독립적인 두 Aβ 백신의 제1단계 임상시험에서 어떤 대상도 아밀로이드 펩티드 주사로 인한 부작용을 보이지 않았다. 따라서 더 많은 대상을 가지고, 절차(또는 약제)의 효과성의 정도를 얻기 위하여 고안된 제2단계 임상시험을 진행할 수 있도록 연구자들에게 허락되었다. 이 특정 제2단계 임상시험은 무작위적이고, 이중맹검법으로, 그리고 위약-대조군(placebo-controlled) 연구로 실행되었다. 이런 유형의 연구는;

1. 환자는 **무작위적**(*random*)으로 2그룹으로 나누어, 한 그룹은 심사

계속

중인 치료 인자(단백질, 항체, 약제 등)를 투여하고 또 다른 그룹은 **위약**(*placebo*, 치료 효과가 없는 비활성 물질)을 투여한 점을 제외하고는 2그룹을 최대한 유사하게 처리하였다.

2. 연구는 이중맹검법(*double blind test*)으로, 즉 누구에게 치료인자를 투여하고 누구에게 위약을 투여하였는지를 연구자나 환자가 알 수 없도록 실행하였다.

Aβ 백신의 제2단계 임상시험은 2001년에 시작되었으며, 미국과 유럽에서 350명 이상의 경증 또는 중증 AD로 진단받은 환자가 등록하였다. 합성된 β-아밀로이드(또는 위약)를 2차례 주사하였을 때, 실험 대상의 6%에서 잠재적으로 생명에 위협을 주는 염증반응이 뇌에 발생하였다. 이러한 환자들의 대부분은 스테로이드로 성공적으로 치료되었지만, 임상실험은 중지되었다. 보다 최근에는, 염증반응을 유도하지 않는 Aβ 단백질의 절편을 사용하여 면역화 시도를 실행하였으나 이들 시도의 결과는 아직 알려지지 않았다.

Aβ42로 환자에 예방주사하면 원천적으로 위험성을 가지고 있다는 것이 분명해지자, 신체 밖에서 생산된 Aβ42에 대한 항체를 투여하는 보다 안전한 형태의 면역화 치료를 추구하기로 결정되었다. 이런 유형의 접근은 치료용 항체를 자신이 직접 생산하지 않기 때문에 **수동면역**(*passive immunization*)으로 알려져 있다. 항-Aβ42 항체(bapineuzumab으로 명명)로 수동면역시키면 형질전환 생쥐에서 기억 기능을 회복시킬 수 있었다고 이미 증명되었으며, 제1단계 및 제2단계 임상실험에서 안전하고 효과적이라고 밝혀졌다. 정부 인가를 얻기 전 마지막 단계는 제3단계 임심실험으로, 전형적으로 더 많은 다수의 대상(몇몇 임상 센터에서 1,000명 또는 그 이상의 대상)으로 기준이 되는 치료방식에 대하여 새로운 방식이 얼마나 더 효율적인가를 비교하는 단계이다. 항Aβ항체에 대한 제3단계 임상실험의 첫 번째 결과는 2008년에 보고되었으며, 그 결과는 실망스러웠다. 항체가 이 질환의 진행을 방지하는 혜택을 제공한다는 증거가 거의 없거나 또는 전혀 없었다. Aβ 단백질의 다른 부위를 인식하는, 솔라뉴맙(Solanezumab)으로 알려진, 또 다른 항체가 현재 제3단계 임상시험 중이다. 지금까지의 결과에 따르면 알츠하이머 증상이 심하지 않은 환자에서는 인지 기능의 회복에 효과적이지만 더 심각한 중증 환자에서는 효과가 없었다. 인간 건강에 미치는 AD의 지대한 영향과 이러한 유형의 약제로부터 얻을 수 있는 커다란 금전적 이익으로 인하여, 제약회사들은 이들 면역학적 전략 중 하나가 어떤 치료 목적의 가치를 보일 것이라는 가능성 때문에 실패의 위험을 무릅쓰고 모험을 감행하고 있다.

그러던 중, 2001년부터 시작된 초기 면역화 시도에서 Aβ42로 면역화한 몇몇 환자의 광범위하고 포괄적인 분석의 결과가 2008년에 보고되었다. 이들 환자 그룹의 분석은 Aβ42 백신이 질병의 진행을 방지하는 데 효과가 없음을 지적하였다. 심각한 중증 치매로 사망한 이들 환자 중 몇몇은 그들의 뇌에 아밀로이드 플라크가 거의 남아있지 않았다는 것은 특히 놀라운 일이었다. 이러한 발견은 경미한 또는 중간 증상의 치매를 이미 가지고 있는 환자에게서 아밀로이드 축적물을 제거하여도 질병의 진행을 중지시키지 못한다는 것을 강력하게 암시한다. 이러한 결과들은 하나 이상의 방식으로 해석되었다. 한 해석은 아밀로이드 축적물은 치매 증상의 원인이 아니라는 해석이다. 또 다른 해석은 면역화가 시작되었을 때는 이미 축적물의 비가역적인 독성 효과가 일

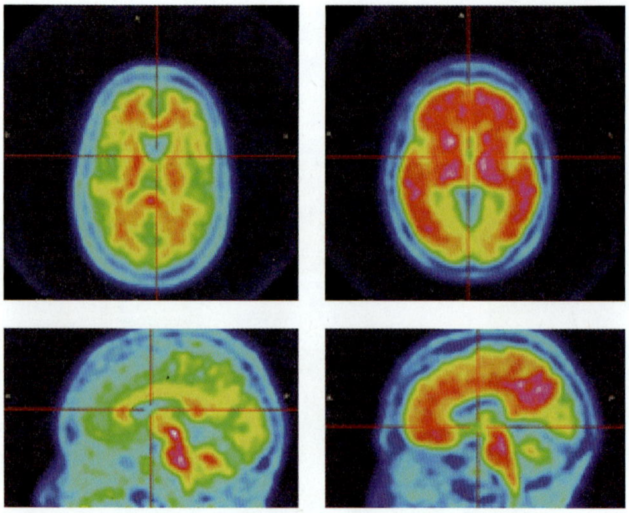

그림 4 뇌에서 아밀로이드의 존재를 밝혀주는 신경영상기술. 이 양전자단층촬영(PET) 스캔은 방사선동위원소로 표지된 플루테미타몰(flutemeatamol)라 부르는 화합물을 주사한 두 사람의 뇌를 보여준다. 왼편은 건강한 사람의 뇌를 보여주고, 오른편은 광범위한 아밀로이드의 축적을 보여주는 AD 환자의 뇌를 보여준다. 인지기능장애를 보이지 않는 사람에서도 이 기술로 아밀로이드 축적을 감지할 수 있다. 증상이 없는 이러한 사람들은 AD로 발병하는 고위험군에 있는 것으로 추정된다. 이러한 축적이 없는 사람들은 가까운 장래에 이 질병에 걸릴 확률이 낮은 저위험군에 속한다고 간주할 수 있다.

출처: Ken Garber, Nature Biotechnology 30, 575 (2012) 제공.
DOI: 10.1038/nbt0712-575 2012년 7월 10일 온라인 출판.

어났었기에, 기존에 존재하는 아밀로이드 축적물을 제거하는 치료방법을 사용하여 질병 진행경로를 역전시키기에는 이미 너무 늦었다는 해석이다. 이러한 점에서, AD의 임상적 증상이 나타나기 10년 또는 그 전에 이미 뇌에서 아밀로이드 축적물의 형성이 시작되었다는 점을 주목하는 것이 중요하다. 만일 치료가 더 초기에 시작되었다면, 질병의 증상이 결코 나타나지 않을 수 있음이 가능하다. 이런 유형("예방적 시험"으로 알려짐)의 최초의 임상시험은 2012년 시작되었다. 이 시험에서, *PSEN1* 유전자의 돌연변이로 인하여 조기-발병 AD로 진행될 운명인 수백 명의 개인(individual)들에게, 미래의 아밀로이드의 축적을 차단하여 이 질병을 예방하고자 하는 희망을 가지고, 항-Aβ 항체로 치료하였다. 또한 AD에 취약하게 하는 것으로 알려진 어떤 돌연변이도 지니지 않은 많은 수의 환자들에게, 신세대의 항체인 Solaneumab을 사용하여, 추가적인 시험이 시작되었다. 질병의 시작은 그 결과를 보이는 데 일반적으로 수십 년이 걸릴 수 있다. 질병의 시작을 지연시키는 치료의 능력을 시험하는 예방적 시험은 수행하는 데 자연히 오랜 시간이 걸리며, 그래서 결과는 아직 알려지지 않았다.

분명히, 예방적 치료는 질병이 발병하려는 시기에 있는 환자에게 가장 의미가 있다. 이제는 뇌 영상 기술 방식(brain-imaging procedure)의 최근 발전으로 인해서, 임상학자가 AD의 어떤 증상도 나타나기 전에 개체의 뇌에 있는 아밀로이드 축적물을 관찰하는 것이 가능하게 되었다(**그림 4**). 이러한 연구들에 기초하여, AD 발생의 고위험군에 속한 사람에게 증상이 발생하기 전에 예방적 치료를 시작하는 것이 아마도 가능하게 될 것이다.

위에서 설명한 서로 다른 두 가지 전략을 따라서 약제들이 개발되

었다. 알츠헤메드(Alzhemed)와 실로-이노시톨(scyllo-inositol)은 Aβ 펩티드에 결합하여 분자적 집합체 형성과 원섬유 형성을 방해하는 두 가지 작은 분자들이다. 그러나 두 가지 중 어떤 약제도 가벼운 증상부터 중간 증상 환자의 질병 진행을 중지시키는 데 효과적이지 못하다는 것이 임상시험에서 증명되었다. 위에서 설명한 세 번째 전략은 Aβ 펩티드의 생산을 중지시키는 것이다. 이것은 β 또는 γ-분비효소를 억제함으로써 달성될 수 있는데, 이는 내부의 펩티드를 방출시키기 위해 APP를 자르는 경로에서 두 효소 모두가 필요하기 때문이다(그림 3). 제약회사들은 혈류로부터 뇌로 들어갈 수 있는 강력하면서도 충분히 작은 분자의 β-분비효소 억제제를 개발하는 데 큰 어려움을 겪었다. 그러나 MK-8931로 알려진 이러한 억제제 중 하나는 현재 제3단계 임상시험 중이다. 배양된 신경세포와 형질전환된 AD 생쥐 모두에서, Aβ 펩티드들의 생산을 차단하는 여러 개의 강력한 억제제들이 개발되었다. 그러나 이 부류의 억제제들이 극복해야 할 생물학적 문제점이 존재한다. APP를 절단하는 것 이외에도, 이 효소활성은 또한 놋치(Notch)라 불리는 단백질이 관여하는 핵심적인 신호경로에서 필요하다. 가장 촉망받는 γ-분비효소 억제제 중 두 가지이었던 플루리잔(flurizan) 및 세마가세스탓(semagacestat)은 AD의 진행을 중지시키는 어떤 효능도 보여주지 못하였다. 약효가 없는 점 이외에도, 세마가세스탓은 아마도 놋치 경로를 차단한 결과로 일어난 것으로 추정되는 부정적인(adverse) 부작용이 나타났다. 약제 설계자들의 목표는 APP 절단을 차단하지만 놋치의 절단을 방해하지 않는 화합물(예, begacestat)을 개발하는 것이다.

종합적으로 고려해보면, 각각은 AD 경로에서 서로 다른 단계를 목표로 한 3개의 희망적인 약제의 실패로 인하여, AD 치료법 분야가 앞으로 나아가야 할 경로가 불분명한 상태로 남게 되었다. 몇몇 제약회사는 아밀로이드 집합체의 형성을 방지하는 데 목표를 둔 새로운 약제의 개발을 계속하고 있는 반면, 다른 회사들은 다른 방향으로 움직이고 있다. 이러한 발견들은 또한 보다 더 근본적인 의문을 불러일으킨다. Aβ 펩티드는 AD로 이르게 하는 근원적인 기작의 일부분이라도 되는가? 아직 언급하지는 않았지만, Aβ만이 AD를 가진 사람의 뇌에서 발견되는 잘못 접힌 유일한 단백질은 아니다. 신경세포의 세포골격(13.2절)의 일부로서 기능을 하는 타우(tau)라고 하는 또 다른 단백질은 신경세포 길이 전체로 물질이 이동하는 것을 방해하는 신경원섬유엉킴(neurofibrillary tangle, NFT)이라고 하는 엉켜진 세포성 섬유의 다발로 발전한다(그림 2). NFT는 신경세포에서 타우 단백질 분자가 과도하게 인산화될 때 형성된다. 타우 단백질을 암호화하는 유전자에 돌연변이가 NFT의 형성이 특징인 희귀한 형태의 치매(FTD로 부름)의 원인이 되는 것이 밝혀졌다. 따라서 NTF는 치매와 연관이 있다고 알려졌지만, 위에서 언급한 형질전환 AD 생쥐 모델은 NFT를 발생시키지 않았기 때문에, AD 발생의 원인 요인으로서 NFT는 대체로 무시되어 왔다. 만일 생쥐에서 얻은 결과를 추정하여 인간에 적용하면, NFT는 AD 환자에서 나타나는 인지의 퇴보(cognitive decline)에 필요한 것이 아니라는 것을 암시한다. 그러나 AD로 사망한 사람의 뇌를 부검해 보면, NFT 장애가 아밀로이드 플라크의 농도보다 인지기능장애와 신경세포의 손실에 훨씬 더 상관관계가 있음을 알 수 있다. Aβ 경로에서 유전자의 돌연변이들이 명확하게 AD의 원인이 된다는 점과 함께, 그렇지만 바로 NFT가 인지의 퇴보와 상관관계가 있는 점을 고려해 볼 때, Aβ와 NFT가 모두 AD의 원인(etiology)과 관련되어 있다. 여러 연구자들은 Aβ 침착이 어떻게든 NFT 형성을 유도한다는 "아밀로이드 연쇄반응 가설(amyloid cascade hypothesis)"로 알려진 이 생각을 신뢰한다. 그러나 이것이 일어나는 기작은 아직 알려지지 않은 상태이다. 실제로, 이 글을 쓰는 이 시점에, 대부분의 희망적인 새로운 약제는 β-아밀로이드에 작용하는 약제 대신에 NFT들에 작용하는 약제이다. 이 경우에, NFT를 용해하는 염화메틸티오니니늄[methylthioninium chloride (상품명 remberTM)] 약제는 경증과 중간 정도 AD 증세를 보이는 300여 명 이상의 환자 그룹에 대하여 제2단계 임상실험 중이다. 위약을 받은 환자와 비교하여, 이 약제는 정신적 퇴보(mental decline)가 1년 동안 평균 81%까지 감소하였다. 류코 메틸티오니니늄이라 부르는 변형된 형태의 약제가 현재 AD와 FTD에 대하여 대규모의 제3단계 임상시험이 현재 진행 중이나, 아직까지 결과가 나오지는 않았다. 타우 단백질에 인산기를 붙이는 효소(GSK-3) 중 하나를 억제하는 다른 화합물이 AD의 치료제로서 현재 연구 중이다. GSK-3 억제제 중 하나인 발프로에이트(valproate)는 부정적인 효과로 인하여 임상시험이 중지되었다. (이들 치료에 대한 연구결과는 www.alzforum.org/dis/tre/drc에서 검색할 수 있다)

AD에 대한 수많은 연구는 인간 AD 유전자들을 가진 형질전환 생쥐 실험에 기초를 두고 있다. 이러한 동물들은 AD 약제를 시험하는 전임상의 연구대상으로 역할을 해 왔으며, AD의 발생에 원인이 되는 질병의 기작을 이해하는 것을 목표로 하는 기초연구에 광범위하게 사용되어 왔다. 그러나 이들 동물모델이 사람의 질병을 얼마나 정확하게 모방하는지, 특히 동물에게 상응하는 질병을 발생시키는 데 원인이 되는 돌연변이 유전자가 없는 사람들이 걸리는 산발적인 인간 질환과 얼마나 정확하게 흡사한지에 대한 의문이 제기되어 왔다.

역사적 실험

샤페론: 단백질이 적합하게 접힌 상태에 이르도록 돕는 분자

1962년에, 초파리속(*Drosophila*) 곤충의 발생 과정을 연구하던 이탈리아 생물학자인 F. M. 리토사(Ritossa)는 호기심을 불러일으키는 발견을 보고하였다.[1] 초파리 유충(larvae)의 발생 과정에서 온도를 25°C에서 32°C로 올리면, 유충 세포의 거대염색체에서 여러 가지 새로운 부위가

계속

활성화되었다. 제4장에서 보게 될 것으로써, 이러한 곤충 유충의 거대 염색체는 유전자발현을 시각적으로 보여준다(그림 4.8 참조). 이 결과는 온도가 증가하면 새로운 유전자들의 발현을 유도했다는 것을 나타냈다. 약 10년 후, 이 발견은 온도가 상승한 다음 유충에서 나타난 몇 가지 단백질을 규명함으로써 증명되었다.[2] **열-충격 반응(heat-shock response)** 이라고 하는 이러한 반응은 초파리에 한정되지 않고 거의 모든 유형의 생명체—세균에서부터 식물과 동물에 이르기까지—의 여러 가지 많은 세포들에서 일어날 수 있다는 것이 곧 밝혀졌다. 자세히 시험해 본 결과, 이 반응이 일어나는 동안 생산된 그 단백질은 열충격을 받은 세포에서뿐만 아니라, 정상적인 조건하에 있는 세포에서도 낮은 농도로 발견되었던 것으로 밝혀졌다. 이러한 소위 **열충격 단백질**(*heat-shock protein, hsp*)들의 기능은 무엇인가? 이 질문에 대한 해답은 겉보기에는 서로 관련되어 있지 않은 일련의 연구들에 의해 점진적으로 밝혀졌다.

세균의 리보솜 또는 담배모자이크바이러스 입자와 같은 몇몇 복합적인 다중소단위(multiple subunits) 구조들은 정제된 소단위로부터 자가 조립이 가능하다는 것을 73쪽에서 보았다. 박테리오파지(bacteriophage) 입자(그림 1.22*c* 참조)를 구성하는 단백질들은 또한 자가-조립을 할 수 있는 놀라운 능력을 가지고 있지만, 일반적으로 그 입자들은 세포 밖에서, 완전하고 기능적인 바이러스 입자를 스스로 형성할 수 없다는 것이 1960년대에 밝혀졌다. 세균 세포 내에서의 파지(phage) 조립에 관한 실험에서, 파지가 세균의 도움을 필요로 한다는 것이 확인되었다. 예를 들어, *GroE*라고 하는 세균의 한 돌연변이 균주는 정상적인 파지의 조립을 도울 수 없었다는 것이 1973년에 밝혀졌다. 파지의 유형에 따라, 파지 입자의 머리 또는 꼬리 부분이 부정확하게 조립되었다.[3,4] 이러한 연구들은, 비록 이런 숙주 단백질이 최종 바이러스 입자의 구성 요소가 아니더라도, 세균 염색체에 의해 암호화된 단백질이 바이러스의 조립에 참여했다는 것을 암시하였다. 세균 단백질이 바이러스의 조립을 돕기 위해 진화된 것은 분명히 아니므로, 파지 조립에 필요한 세균 단백질은 세포의 정상적인 활동에 어떤 역할을 하지만 정확한 역할은 알 수가 없었다. 후속 연구에 의해, 세균 염색체의 *GroE* 자리에는 실제로 2개의 서로 분리된 *GroEL* 및 *GroES* 유전자들을 갖고 있으며, 이들은 2개의 서로 독립적인 GroEL과 GroES 단백질을 암호화한다는 것이 밝혀졌다. 전자현미경 하에서, 정제된 GroEL 단백질은 2개의 원반들로 구성된 원통형 조립체(assembly)로 보였다. 각 원반은 중앙 축 주위에 대칭으로 배열된 7개의 소단위로 구성되어 있다(**그림 1**).[5,6]

수년 후, 완두를 대상으로 한 연구는 식물의 엽록체에 유사한 조립-촉진 단백질이 있다는 것을 암시하였다.[7] 루비스코(Rubisco)는 엽록체에 있는 커다란 단백질로 광합성 과정 동안 대기 중의 CO_2 분자를 취하여 유기 분자에 공유결합으로 연결하는 반응을 촉매하는 효소이다(10.9절 참조). 루비스코는 8개의 작은 소단위(분자량 14kDa)와 8개의 큰 소단위(55 kDa) 등 모두 16개의 소단위로 구성되어 있다. 엽록체 안에서 합성된 루비스코의 큰 소단위들은 독립된 상태로 존재하지 않고, 분자량 60 kDa의 동일한 소단위들로 구성된 거대한 단백질 조립체와 결합되어 있다는 것이 알려졌다. 그들의 논문에서, 연구자들은 루비스코의 큰 소단위들과 60 kDa의 폴리펩티드로 형성된 복합체가 완전한 루비스코 분자의 조립 과정에서 생긴 중간산물이었을 가능성을 고려하였다.

포유류 세포에 대한 독립적인 연구에서, 다중소단위 단백질의 조립을 돕는 것으로 보였던 단백질의 존재가 또한 밝혀졌다. 루비스코와 마찬가지로, 항체분자는 두 가지 서로 다른 소단위들, 즉 더 작고 가벼운 사슬과 더 크고 무거운 사슬로 된 하나의 복합체로 구성된다. 루비스코의 큰 소단위가 최종 복합체에서는 발견되지 않는 다른 단백질과 결합되는 것처럼, 항체 복합체의 무거운 사슬 또한 다른 단백질과 결합되어 있다.[8] 새로 합성된 무거운 사슬과 결합하지만, 가벼운 사슬과 이미 결합한 무거운 사슬과는 결합하지 않는 이 단백질은 **결합단백질** (*binding protein, BiP*)로 명명되었다. BiP는 후에 70 kDa의 분자량을 갖는 것으로 알려졌다.

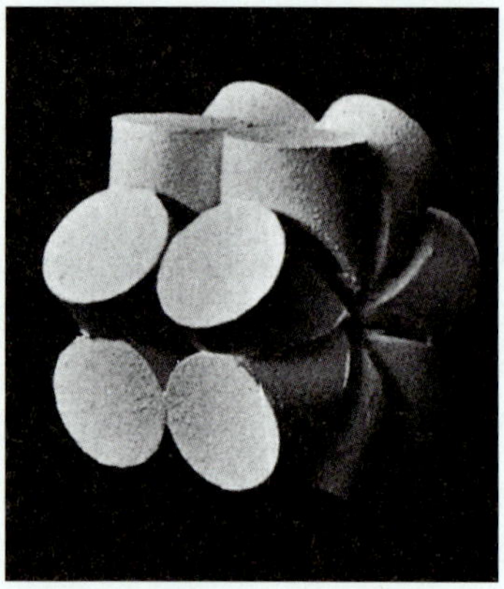

그림 1 전자현미경과 분자량 결정으로 얻은 데이터에 따라 건조한 GroEL 복합체의 모형. 복합체는 2개의 원반(disk)로 구성되어 있는 것으로 나타나 있다. 각 원반은 중심축 주위에 대칭으로 배열된 7개의 동일한 소단위로 구성되어 있다. 후속 연구로 복합체가 2개의 내부 방을 포함하고 있음이 밝혀졌다.

출처: T. Hohn et al., *J. Mol. Biol.* 129:371에서 발췌. Elsevier의 허가를 얻음.

지금까지, 두 가지 연구를 논의해 왔다. 즉, 하나는 열-충격반응에 관한 것이고 다른 하나는 단백질 조립을 촉진하는 단백질에 관한 것이다. 이 두 연구 분야는 1986년에 하나로 합쳐지게 되었다. 그 이유는, 열-충격반응에서 가장 뚜렷하게 나타나는 단백질들 중 하나로 이 단백질의 분자량 때문에 **열충격 단백질** *70*(*heat-shock protein 70, hsp70*)으로 명명되었던 단백질이 항체 분자의 조립에 연관된 단백질인 결합단백질(BiP)과 동일하다는 것이 그 때에 밝혀졌기 때문이다.[9]

열충격 단백질의 발견 이전에도, 단백질의 구조는 온도에 민감하다는 것이 알려져 있었다. 그 이유는 온도가 약간만 상승하여도 이 정교한 분자가 풀리기 시작하기 때문이다. 단백질 구조가 접히지 않으면(unfolding) 이전에 단백질의 중심부에 묻혀 있던 소수성 잔기들이 외부로 노출된다. 수프(soup) 그릇에 있는 지방 분자들이 서로 뭉쳐서 기름방울이 되듯이, 표면에 소수성 부분들을 가진 단백질도 또한 서로 뭉치게 된다. 결과적으로, 세포가 열충격을 받으면 수용성 단백질이 변성되어 집합체를 형성한다. 1985년의 한 보고서는, 온도가 상승한 다음 새롭게 합성된 hsp70 분자는 핵 안으로 들어가서 핵단백질의 집합체에 결합하면, 그 집합체의 해체를 촉진하는 도구처럼 작용한다는 것을 증명하였다.[10] 바람직하지 않는 상호작용을 방지해서 단백질의 조립을 도와주는 역할을 하기 때문에, hsp70 및 관련 분자들을 **분자샤페론 (molecular chaperone)**이라고 명명하였다.[11]

세균의 열충격 단백질 GroEL과 식물의 루비스코 조립 단백질이 서로 상동단백질이었음이 곧 밝혀졌다. 실제로, 두 단백질들은 500여 개 이상의 아미노산 잔기들 중 거의 절반 정도의 동일한 아미노산을 공유하고 있다.[12] *Hsp60* **샤페론 집단**(*Hsp60 chaperone family*)에 속하는 두 단백질들이 그렇게 많은 동일한 아미노산을 갖고 있다는 것은 두 유형의 세포에서 이 단백질들의 유사하고 필수적인 기능이 있음을 반영한다. 그렇다면 그 필수적인 기능은 무엇인가? 이 시점에서, 그들의 주된 기능은 루비스코와 같은 다중소단위 복합체의 조립을 중개하는 것으로 생각되었다. 이러한 관점은 1989년 예일대학교(Yale University)의 아써 홀위치(Arthur Horwich)와 뮨헨대학교(Univrsity of Munich)의 율리치 하틀(F.-Ulrich Hartl) 및 월터 뉴퍼트(Walter Neupert)와 그 동료들이 실행한 미토콘드리아의 분자샤페론을 연구한 실험으로 바뀌게 되었다.[13,14] 세포질에서 새롭게 만들어진 미토콘드리아 단백질은 길게 늘어지고 풀려진 단량체 형태로 미토콘드리아 외막을 통과해야 한다는 것이 알려졌다. 미토콘드리아 안에 있는 Hsp60 샤페론 집단에 속하는 또 다른 단백질의 활성이 변화된 돌연변이체가 발견되었다. 이 돌연변이 샤페론을 지니고 있는 세포에서, 미토콘드리아로 수송되는 단백질들은 활성화된 형태로 접혀지지 못했다.[13] 단일 폴리펩티드로 구성된 단백질이라도 본래의 입체구조로 접혀지지 않았다. 이러한 발견으로 샤페론 기능에 대한 인식이, 샤페론이 이미 접힌 소단위를 더 큰 복합체로 조립되도록 돕는다는 개념에서 샤페론이 세포의 폐쇄된 공간 안에서 폴리펩티드 사슬을 접히도록 돕는다는 현재의 이해로 바뀌게 되었다.

이런 연구 및 다른 연구 등에서 얻은 결과들은 세포 안에 적어도 두 가지 주요 분자샤페론 집단이 존재함을 나타냈다. 즉, 하나는 BiP와 같은 Hsp70 샤페론이며 다른 하나는 Hsp60, GroEL, 루비스코 조립 단백질과 같은 Hsp60 샤페론[또한 **샤페로닌**(*chaperonin*)이라고도 한다]이다. 여기서는 가장 잘 알려진 GroEL과 같은 Hsp60 샤페론에 초점을 맞추어 논의할 것이다.

1979년에 처음으로 밝혀진 GroEL은 이중 도넛과 비슷한 2개의 층으로 이뤄진 고리로 배열된 14개의 폴리펩티드 소단위들로 구성된 거대한 분자 복합체이다.[5,6] 최초로 전자현미경 사진을 찍은 지 15년 후에, X-선 결정학으로 GroEL 복합체의 3차원 구조가 결정되었다.[15] 이 연구는 GroEL 원통 안에 중앙 공동(central cavity)이 있다는 것을 밝혔다. 후속 연구에 의해, 이 공동은 2개의 분리된 독립적인 방으로 나뉜다는 것이 증명되었다. 각 방은 GroEL 복합체 고리들 중 하나의 중심부 속에 위치하며 접히고 있는 폴리펩티드를 둘러싸기에 충분할 정도로 크다.

전자현미경으로 연구한 결과, GroEL과 협동으로 작용하는 두 번째 단백질인 GroES의 구조와 기능에 대한 정보를 또한 얻게 되었다. GroEL과 마찬가지로, GroES는 중심 축 주위에 대칭으로 배열된 7개 소단위들을 가진 고리 모양의 단백질이다. 그러나 GroES는 단 하나의 고리로 구성되어 있으며, GroES의 소단위(10 kDa)는 GroEL 소단위(60 kDa)보다 훨씬 작다. GroES는 GroEL 원통의 양 말단의 어느 한쪽 위에 맞는 덮개 또는 돔(dome) 모양으로 보인다(**그림 2**). GroEL의 한쪽 말단에 GroES가 부착되면 GroEL의 입체구조가 극적으로 변화되어 GroEL이 부착된 말단의 내부 방 부피가 확연히 증가한다.[16]

이러한 입체구조 변화의 중요성은 예일대학교(Yale University)의 아써 홀위치(Arthur Horwich)와 폴 시글러(Paul Sigler) 실험실에서 X-선 결정학 연구에 의해 매우 자세하게 밝혀졌다.[17] **그림 3**에 나타낸 것처럼, GroES 덮개가 결합되면, GroEL 원통의 그 말단에서 GroEL 고

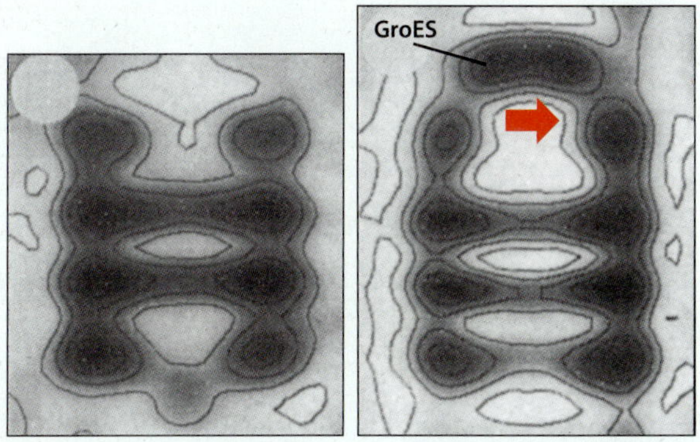

그림 2 액체 에탄(ethane)에서 동결하여 −170°C에서 검사한 고해상도 전자현미경에 기초한 GroEL의 재구성. 왼쪽 영상은 GroEL 복합체를 보여주며, 오른쪽 영상은 원통의 한 말단에서 돔 형태로 보이는 GroES와 결합한 GroEL 복합체를 보여준다. GroES이 결합하면, GroEL 고리(화살표) 윗부분을 구성하는 단백질의 정단면 말단의 입체구조가 현저하게 변화되는 현상, 즉 위쪽 방이 눈에 띄게 확장되는 결과를 가져오는 현상이 수반되는 것이 분명해진다.

출처: S. Chen, et al., Courtesy of Helen R. Saibil, *Nature* 371:263에서 발췌. Macmillan Publishers Limited의 허가를 얻어 재인쇄함.

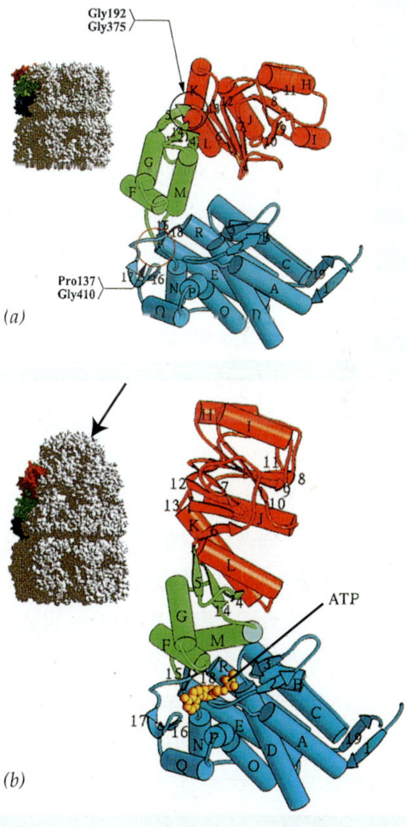

그림 3 GroEL에서 입체구조의 변화. (*a*) 왼쪽 모형은 GroEL 샤페론을 구성하는 2개의 고리의 표면의 개관. 오른쪽 그림은 윗부분의 GroEL 고리의 소단위 중 하나의 3차 구조를 보여준다. 폴리펩티드 사슬은 3개의 도메인으로 접혀질 수 있음을 보여준다. (*b*) GroES 고리(화살표)가 GroEL 원통에 결합할 때, 인접하는 고리의 각 GroEL 소단위의 정단면 도메인은 대략 60° 정도 극적으로 회전을 하여, 중간 도메인(초록색으로 표시)이 경첩처럼 작용하게 된다. 폴리펩티드의 부분들의 이러한 이동(shift)의 효과로 GroEL 벽이 눈에 띄게 올라가고, 방이 확장되게 된다.

출처: Z. Xu, A.L. Horwich, and P. B. Sigler, *Nature* 388:744, 1997에서 발췌. Macmillan Publishers Limited의 허가를 얻어 재인쇄함.

계속

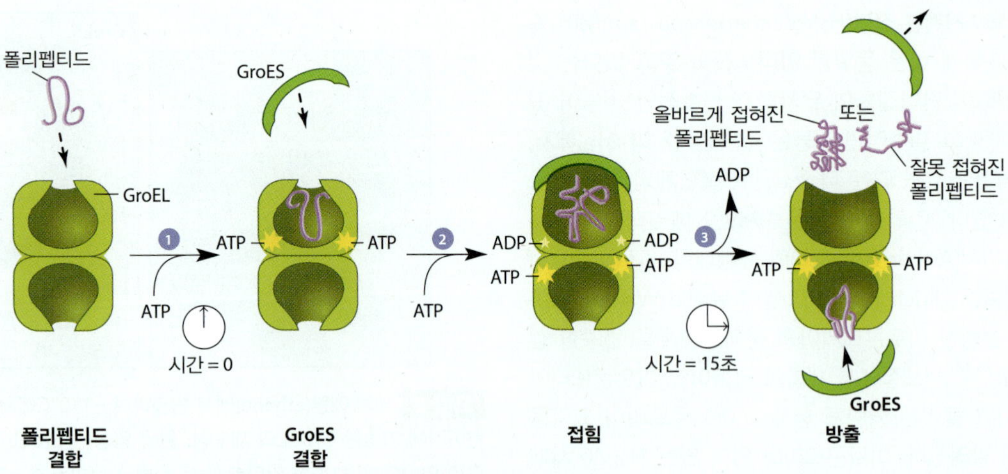

그림 4 GroEL-GroES의 도움에 의한 폴리펩티드의 접힘 과정에서 일어나는 단계를 제안하는 모식도. GroEL은 번갈아 활성을 보이는 동등한 구조와 기능을 가진 2개의 방으로 구성되어 있다. 각 방은 GroEL 복합체를 형성하는 2개의 고리 중 하나의 고리 안에 위치해 있다. 비정상적인 폴리펩티드는 2개의 방 중 하나에 들어가며(1단계), 방 벽에 있는 소수성 부위에 결합한다. GroES 덮개(cap)의 결합은 방 윗부분의 벽의 입체구조의 변화를 생성하여 방의 확장의 원인이 되며, 방 벽으로부터 비정상적인 폴리펩티드를 벽으로 둘러싸인 공간으로 방출하게 한다(2단계). 대략 15초 정도가 흐른 후, GroES는 복합체로부터 분리되고 폴리펩티드는 방으로부터 방출된다(3단계). 그러나 만일 폴리펩티드가 단지 부분적으로 접혀졌거나 혹은 잘못 접혀졌다면, 폴리펩티드는 다시 한 번 접힘 과정을 위하여 GroEL 방에 재결합한다.

출처: A. L. Horwich, et al., *Proc. Nat'l. Acad. Sci. U.S.A.* 96:11037, 1999.

리를 구성하는 소단위들의 정단부(빨간색) 영역이 60° 회전하게 된다. GroES의 부착은 GroEL 방을 확장하는 입체구조의 변화를 일으키는 것 이상의 일을 한다. GroES가 부착하기 전에는, GroEL 방 내부의 벽면이 소수성 성질을 갖게 하는 소수성 잔기들이 노출되어 있다. 바르게 접힌 폴리펩티드의 내부에 묻혀 있던 소수성 잔기들이 잘못 접힌 폴리펩티드에서 노출된다. 소수성 표면은 서로 상호작용하는 경향이 있기 때문에, GroEL 공동의 소수성 벽면은 잘못 접힌 폴리펩티드의 표면에 결합하게 된다. GroES가 GroEL에 결합하면 GroEL 벽의 소수성 잔기들은 내부로 묻히고 다수의 극성 잔기들이 노출되어, 방 벽의 특성을 변화시킨다. 이런 변화의 결과, 소수성 상호작용으로 GroEL 벽에 결합된 잘못 접힌 폴리펩티드는 방 안의 공간으로 옮겨진다. 일단 방 벽에 결합된 상태에서 풀려나게 되면, 폴리펩티드는 보호된 환경에서 접힘을 계속할 수 있는 기회를 갖는다. 대략 15초 후에, GroES 덮개는 GroEL 고리로부터 떨어지게 되고, 폴리펩티드는 방에서 방출된다. 만일 그 폴리펩티드가 방출된 그때까지 바르게 접힌 본래의 입체구조에 도달되지 않는다면, 그 폴리펩티드는 동일한 또는 다른 GroEL과 다시 결합할 수 있고, 그 과정은 반복된다. GroEL-GroES-도움으로 접히는 동안에 일어날 것으로 생각되는 몇 단계들을 그린 모형이 **그림 4**에 있다.

대장균의 세포질에 있는 대략 2,400개의 단백질들 중 약 250개는 정상적으로 GroEL과 상호작용한다.[18] 하나의 샤페론이 그렇게 많은 서로 다른 폴리펩티드들과 결합하는 것이 어떻게 가능한가? GroEL 결합 부위는 정단부 영역(apical domain)에 있는 2개의 α 나선에 의해 주로 형성된 소수성 표면으로 구성되는데, 정단부 영역은 부분적으로 접힌 또는 잘못 접힌 폴리펩티드에 접근할 수 있는 거의 모든 소수성 잔기 서열에 결합할 수 있다.[19] 결합되지 않은 GroEL 분자 및 다수의 서로 다른 펩티드와 결합된 GroEL 분자 사이의 결정 구조를 비교하면, GroEL 소단위의 정단면 영역에 있는 결합부위는 서로 다른 상대와 결합될 때 그 위치를 국지적으로 조절할 수 있는 것으로 밝혀졌다. 이런 발견은, 결합부위가 구조적인 유연성을 갖고 있어서 상호작용해야 하는 특정 폴리펩티드의 모양에 맞게 자신의 모양을 조절할 수 있음을 암시한다.

또한 다수의 연구 결과는, GroEL 단백질이 외부 방해 없이 접힐 수 있는 방을 단순히 수동적으로 제공하는 것 이상의 일을 한다는 것을 제시하였다. 한 연구에서, 부위-지향적 돌연변이유발 방법이 곁사슬이 접힘 방의 천정에 매달려 있는 GroES의 핵심 잔기인 Tyr71을 변형시키기 위해 사용되었다.[20] 이 잔기의 방향족 고리 때문에, 티로신(tyrosine)은 중간 정도로 소수성인 잔기이다(그림 2.26). Tyr71이 양전하 또는 음전하를 가진 잔기로 치환되었을 때, 그 결과로 생기는 Gro-EL-GroES 변이는 하나의 특수한 외래 폴리펩티드인 녹색형광단백질(green fluorescence protein; GFP)의 접힘을 도와주는 능력이 증가함을 보였다. 그러나 GFP 접힘을 증가시키기 위해 GroEL-GroES의 능력을 향상시켰던 Tyr71을 치환하면, 인위적이 아닌 자연 상태의 기질 단백질들을 접히도록 돕는 이 샤페로닌의 능력이 감소되었다. 따라서 샤페로닌이 GFP와 상호작용하도록 더욱더 특수화되었을 때, 이 샤페로닌은 서로 연관되지 않은 구조를 가진 단백질들의 접힘을 돕는 일반적인 능력을 상실하였다. 이러한 발견은 접힘 방의 벽 안에 있는 각 아미노산들이 접힘 반응에 어느 정도 참여할 수 있음을 암시한다. 또 다른 연구 자료들은, 바르게 접히지 않은 단백질이 GroEL에 결합한 후에 기질 단백질의 강제적인 풀림이 뒤따른다는 것을 암시하였다.[21] 형광공명에너지전달(fluorescence resonance energy transfer, FRET) 기술은 연구자들이 특정 작용 동안의 서로 다른 시각에 단백질 분자의 서로 다른 부분들 사이의 거리를 결정할 수 있게 하는 방법이다(18.31절에서 논의되었음). 이 연구에서, 연구자들은 접힘 과정에 있는 단백질(이 경우에는 루비스코)이 비교적 조밀한 상태로 GroEL 고리의 정단부 영역에 결합된 것을 발견하였다. 조밀한 성질은, 루비스코 사슬의 반대편 말단에 위치하는 아미노산들에 부착된 FRET 꼬리표(tag)들이 서로 근접하여 있음으로써 밝혀졌다. 그 다음에, GroEL 공동의 부피를 확장시키는 입체구조의 변화(그림 3) 동안에, 결합된 루비스코 단백질은 그 분자의 양 말단에 붙은 꼬리표 사이의 거리가 증가하는 것으로 보아 강제적으로 풀렸다. 이 연구는, 루비스코 폴리펩티드가 풀려진 상태로 완전히 되돌아가서, 처음부터 새로 접힐 기회를 갖는다는 것을 암시한다. 이런 작용은 바르게 접히지 않은 단백질이 영구적으로 잘못 접힌 상태로 잡혀있지 않도록 도울 것이다. 바꿔 말하면, 각 개개의 단백질이 GroEL-GroES 방으로 들어가는 것은, 그 단백질이 매회 접힘 과정을 거쳐 본래의 바르게 접힌 상태에 더 가까이 가는 일련의 단계들 중 한 시기라기보다는, 본래의 바르게 접힌 상태에 도달하도록 완전히 접히거나 전혀 접히지 않도록 시도하는 기회를 갖는 것이다. 분자샤페론에 대한 최근 연구에 대한 논평(review)는 참고문헌 22~23에서 볼 수 있다.

분자샤페론은 접힘과정에 필요한 정보를 전달하지 않지만, 그 대신 단백질들을 바르게 접히는 경로에서 빠져나오지 못하게 하며, 잘못 접혀졌거나 또는 응집된 상태로 있는 자신들을 발견하지 못하게 한다는 것을 명심하기 바란다. Anfinsen이 수십 년 전에 발견했던 것처럼, 단백질의 3차 구조는 아미노산의 서열에 의해서 결정된다.

참고문헌

1. Ritossa, F. 1962. A new puffing pattern induced by temperature shock and DNP in *Drosophila. Experentia* 18:571–573.
2. Tissieres, A., Mitchell, H. K., & Tracy, U. M. 1974. Protein synthesis in salivary glands of *Drosophila melanogaster*: Relation to chromosomal puffs. *J. Mol. Biol.* 84:389–398.
3. Sternberg, N. 1973. Properties of a mutant of Escherichia coli defective in bacteriophage lambda head formation (GroE). *J. Mol. Biol.* 76:1–23.
4. Georgopoulos, C. P. et al. 1973. Host participation in bacteriophage lambda head assembly. *J. Mol. Biol.* 76:45–60.
5. Hohn, T. et al. 1979. Isolation and characterization of the host protein groE involved in bacteriophage lambda assembly. *J. Mol. Biol.* 129: 359–373.
6. Hendrix, R. W. 1979. Purification and properties of groE, a host protein involved in bacteriophage assembly. *J. Mol. Biol.* 129:375–392.
7. Barraclough, R. & Ellis, R. J. 1980. Protein synthesis in chloroplasts. IX. *Biochim. Biophys. Acta* 608:19–31.
8. Haas, I. G. & Wabl, M. 1983. Immunoglobulin heavy chain binding protein. *Nature* 306:387–389.
9. Munro, S. & Pelham, H.R.B. 1986. An Hsp70-like protein in the ER: Identity with the 78 kD glucose-regulated protein and immunoglobin heavy chain binding protein. *Cell* 46:291–300.
10. Lewis, M. J. & Pelham, H.R.B. 1985. Involvement of ATP in the nuclear and nucleolar functions of the 70kD heat-shock protein. *EMBO J.* 4: 3137–3143.
11. Ellis, J. 1987. Proteins as molecular chaperones. *Nature* 328:378–379.
12. Hemmingsen, S. M. et al. 1988. Homologous plant and bacterial proteins chaperone oligomeric protein assembly. *Nature* 333:330–334.
13. Cheng, M. Y. et al. 1989. Mitochondrial heat-shock protein Hsp60 is essential for assembly of proteins imported into yeast mitochondria. *Nature* 337:620–625.
14. Ostermann, J., et al. 1989. Protein folding in mitochondria requires complex formation with hsp60 and ATP hydrolysis. *Nature* 341: 125–130.
15. Braig, K. et al. 1994. The crystal structure of the bacterial chaperonin GroEL at 2.8A. *Nature* 371:578–586.
16. Chen, S. et al. 1994. Location of a folding protein and shape changes in GroEL-GroES complexes. *Nature* 371:261–264.
17. Xu, Z., Horwich, A. L., & Sigler, P. B. 1997. The crystal structure of the asymmetric GroEL-GroES-(ADP)7 chaperonin complex. *Nature* 388: 741–750.
18. Kerner, M. J. et al. 2005. Proteome-wide analysis of chaperonindependent protein folding in *Escherichia coli*. *Cell* 122:209–220.
19. Chen, L. & Sigler, P. 1999. The crystal structure of a GroEL/peptide complex: plasticity as a basis for substrate diversity. *Cell* 99:757–768.
20. Wang, J. D. et al. 2002. Directed evolution of substrate-optimized GroEL/S chaperonins. *Cell* 111:1027–1039.
21. Lin, Z. et al. 2008. GroEL stimulates protein folding through forced unfolding. *Nature Struct. Mol. Biol.* 15:303–311.
22. Rothman, J. E. & Schekman, R. 2011. Molecular mechanisms of protein folding in the cell. *Cell* 146:851–854.
23. Saibil, H. 2013. Chaperone machines for protein folding, unfolding, and disaggregation. *Nature Reviews Molecular Cell Biology* 14: 630–642.

요 약

공유결합이 원자들을 서로 붙잡아 분자를 형성한다. 공유결합은 원자가 최외각 전자를 공유하고 각 공유자들이 완전히 채워진 전자각을 갖게 되는 경우에 형성되는 안정된 조합이다. 공유결합은 공유전자 쌍의 숫자에 따라 단일, 2중, 3중결합이 될 수 있다. 만일 결합에 있는 전자들이 구성 원자들 사이에 동등하게 공유되지 않는다면, 전자에 대하여 더 큰 인력을 가진(전기음성도가 더 큰) 원자는 부분적으로 음전하를 갖는 반면, 다른 원자는 부분적으로 양전하를 갖는다. 극성 결합이 없는 분자는 비극성 또는 소수성 성격을 갖고 있어서 이들 분자는 물에 녹지 않는다. 극성결합을 가진 분자는 극성 또는 친수성 성질을 갖고 있으며 그 분자는 물에 녹는다. 생물학적으로 중요성을 가진 극성 분자는 탄소와 수소 원자 외에도 주로 O, N, S, 또는 P 원자를 포함하고 있다. (34쪽)

비공유결합은 동일한 분자 안에서 또는 가까이 있는 두 분자들 사이에서 양전하를 띤 부분과 음전하를 띤 부분 사이의 약한 인력에 의해 형성된다. 비공유결합은 생물학적 분자의 구조를 유지하고 역동적인 활동을 중개하는 데 있어서 핵심 역할을 한다. 비공유결합에는 이온결합, 수소결합, 그리고 반데르발스 힘이 포함된다. 이온결합은 전하를 완전하게 띠는 양전하와 음전하 그룹 사이에서 형성된다. 수소결합은 공유결합으로 연결된 수소 원자(부분적으로 양전하를 띤)와 공유결합으로 연결된 질소 또는 산소 원자(부분적으로 음전하를 띤) 사이에서 형성된다. 반데르발스 힘은 원자 주위에서 전자 분포의 순간적인 비대칭으로 인하여 일시적으로 전하를 나타내는 두 원자 사이에서 형성된다. 비극성 분자 또는 고분자의 비극성 부분은 수용성 환경에서 서로 연합하는 경향이 있기 때문에 소수성 상호작용을 형성한다. 이런 비공유 상호작용의 여러 가지 예를 들자면, 이온결합에 의한 DNA와 단백질의 결합, 수소결합에 의한 DNA 두 가닥의 결합, 그리고 수소결합, 소수성 상호작용과 반데르발스 힘의 결과로 수용성 단백질에서 소수성 중심의 형성 등이 있다. (36쪽)

물은 생명체가 의존하는 독특한 성질을 가지고 있다. 물 분자를 형성하는 공유결합은 고도의 극성을 갖고 있다. 그 결과, 물은 거의 모든 극성 분자와 수소결합을 형성할 수 있는 탁월한 용매이다. 또한 물은 생물학적 분자들의 구조를 결정하며 그 분자들이 관여할 수 있는 상호작용들의 유형을 결정하는 주요 물질이다. 한 용액의 pH는 수소(또는 히드로니움) 이온 농도의 크기이다. 수소 이온 농도의 변화가 생물학적 분자들의 이온 상태를 변화시키기 때문에 대부분의 생물학적 작용들은 pH에 예민하다. 수소 이온 또는 수산이온과 반응하는 화합물인 완충용액에 의해 세포는 pH 변동으로부터 보호된다. (38쪽)

탄소 원자는 생체 분자의 형성에 매우 중요한 역할을 한다. 각 탄소 원자는 다른 탄소 원자를 비롯하여 4개의 다른 원자와 결합할 수 있다. 이런 성질은 탄소 원자의 사슬로 골격을 구성하는 커다란 분자를 형성할 수 있다. 수소와 탄소 원자만으로 구성된 분자를 탄화수소라고 한다. 생물학적으로 중요한 분자의 대부분은 하나 또는 그 이상의 전기음성도가 큰 원자를 포함하는 작용기를 갖고 있어서, 분자를 더 극성으로, 더 수용성으로, 그리고 더욱 반응성이 크게 한다. (40쪽)

생체 분자들은 네 가지 유형, 즉 탄수화물, 지질, 단백질, 그리고 핵산 등으로 구성된다. 탄수화물에는 단순당 및 당 단량체로 구성된 더 큰 분자(다당류) 등이 있다. 탄수화물은 주로 화학에너지의 저장창고 역할 및 생물체 구성을 위한 튼튼한 물질의 역할을 한다. 단순당은 3~7개 탄소 원자의 골격으로 구성되며, 각 탄소 원자는 카르보닐기를 지닌 하나의 탄소 원자를 제외하고 모두 수산기와 결합한다. 5개 이상의 탄소 원자를 가진 당은 자가-반응하여 고리-모양의 분자를 형성한다. 4개의 서로 다른 작용기에 연결된 당 골격을 따라 있는, 그런 탄소 원자들은 입체이성질체 부위이며, 서로 겹쳐지지 않는 이성질체의 쌍을 만든다. 카르보닐기로부터 가장 멀리 떨어진 비대칭 탄소는 그 당이 D 또는 L 형인지를 결정한다. 당은 다른 당과 배당결합(글리코시드 결합)으로 연결되어 이당류, 올리고당류, 그리고 다당류를 형성한다. 동물에서, 당은 주로 신속하게 에너지를 제공하는 가지형 다당류인 글리코겐으로 저장된다. 식물에서, 포도당은 가지형이 아닌 아밀로오스와 가지형인 아밀로펙틴으로 구성된 녹말로 저장된다. 글리코겐과 녹말에서 대부분의 당은 $\alpha(1 \rightarrow 4)$ 결합에 의해 연결된다. 셀룰로오스는 식물 세포에서 만들어진 구조 다당류로 세포벽의 주요 구성요소의 역할을 한다. 셀룰로오스의 포도당 단량체는 $\beta(1 \rightarrow 4)$ 결합으로 연결되며, 이 결합은 거의 모든 동물에는 존재하지 않는 효소인 섬유소 분해효소(cellulase)에 의해 분해된다. 키틴은 *N*-아세틸글루코사민 단량체로 구성된 구조 다당류이다. (42쪽)

지질은 매우 다양한 구조와 기능을 가진 소수성 분자이다. 지방은 3개의 지방산이 에스테르화된 글리세롤 분자로 구성되어 있다. 지방산은 사슬의 길이와 2중결합(불포화의 부위)의 위치가 서로 다르다. 지방은 화학에너지가 대단히 풍부하다. 지방 1 g은 탄수화물 1 g의 에너지 함량보다 2배 이상의 에너지를 갖고 있다. 스테로이드는 4개의 고리로 이루어진 탄화수소의 특성을 갖고 있는 지질이다. 스테로이드는 콜레스테롤뿐만 아니라 콜레스테롤로부터 합성된 여러 가지 호르몬(예, 테스토스테론, 에스트로겐, 프로게스테론)을 포함한다. 인지질은 인산기를 포함하는 지질분자로서 소수성 말단과 친수성 말단을 모두 갖고 있으며 세포막의 구조와 기능에 중추적인 역할을 한다. (47쪽)

단백질은 아미노산으로 구성된 다양한 기능을 하는 거대 분자이며, 아미노산은 펩티드 결합으로 연결되어 폴리펩티드 사슬로 된다. 다양한 기능을 하는 단백질에는 효소, 구조 물질, 막수용체, 유전자 조절 인자, 호르몬, 운반체, 그리고 항체 등이 있다. 20개의 서로 다른 아미노산이 하나의 단백질로 결합되는 순서는 DNA에 있는 뉴클레오티드의 서열에 의해 암호화된다. 20개의 모든 아미노산은 하나의 공통된 구조적 체계를 공유하고 있다. 즉, 모든 아미노산은 아미노기, 카르복실기, 그리고 다양한 구조로 된 하나의 곁사슬 등이 결합된 α-탄소로 구성되어 있다. 현행 분류표에서, 곁사슬은 4개의 부류로 나눈다. 즉, 생리학적 pH에서 완전하게 전하를 띤 것들, 극성이지만 전하를 띠지 않으며 수소결합을 할 수 있는 것들, 비극성으로 반데르발스 힘에 의해 상호작용하는 것들, 그리고 독특한 성질을 가진 세 가지 아미노산(프롤린, 시스테인, 글리신) 등으로 나눈다. (49쪽)

단백질의 구조는 점차 복잡해지는 네 가지 수준에서 설명할 수 있다. 1차 구조는 폴리펩티드의 아미노산 서열로 설명된다. 2차 구조는 폴리펩티드의 골격 부분들이 3차원적 구조(입체구조)를 형성한다. 3차 구조는 전체 폴리펩티드가 입체구조를 형성하며, 4차 구조는 단백질을 구성하는 2개 이상의 폴리펩티드 사슬들이 공간적으로 배열되어 형성된다. α 나선과 β-병풍구조 모두는 많은 단백질에서 공통적으로 안정되어 있고 최대한으로 수소결합되어 있는 2차 구조이다. 단백질의 3차 구조는 고도로 복잡하고 개개의 단백질 유형에서 독특하다. 대부분의 단백질은 전체적으로 구형이며 그 속에 있는 폴리펩티드가 접혀서 조밀한 분자를 형성한다. 이런 조밀한 형태에서 특정 잔기는 그 단백질의 특수한 기능을 수행하도록 전략적으로 위치한다. 대부분의 단백질은 서로 구조적 기능적 독립성을 유지하게 하는 2개 또는 그 이상의 영역들로 구성되어 있다. 부위-지향적 돌연변이유발 기술을 이용하여, 연구자들은 특수한 치환을 만들어 특수한 아미노산 잔기들의 역할에 대하여 알 수 있다. 최근에는 종합적이고 대규모로 단백질의 다양한 성질을 연구하기 위하여 질량분석법과 고성능 컴퓨터 연산을 사용하는 새로운 단백질체학 분야가 생겼다. 예를 들어, 노랑초파리의 유전체에 의해 암호화되는 수천 개의 단백질 사이의 다양한 상호작용이 대규모 기술로 분석되었다. (53쪽)

본래의 입체구조를 이루기 위해서 하나의 폴리펩티드 사슬에 필요한 정보는 단백질의 1차 구조에 의해 암호화된다. 몇몇 단백질들은 스스로 그들의 최종 입체구조로 접힌다. 반면 다른 단백질들은 제대로 접히기 위해 부분적으로 접힌 중간산물이 응집되는 것을 막아 주는 비특이적인 샤페론의 도움을 필요로 한다. (61쪽)

핵산은 주로 뉴클레오티드 단량체 가닥으로 구성되는 정보 분자이다. 한 가닥에 있는 각 뉴클레오티드는 당, 인산기, 질소 염기로 구성되어 있다. 뉴클레오티드는 한 뉴클레오티드의 3′ 수산기와 인접한 뉴클레오티드의 5′ 인산기 사이의 결합으로 연결되어 있다. RNA와 DNA는 모두 네 가지 서로 다른 뉴클레오티드로부터 조립된다. 즉, 뉴클레오티드는 피리미딘(시토신 또는 우라실/티민) 또는 퓨린(아데닌 또는 구아닌) 염기에 의해 구별된다. DNA는 두 가닥으로 된 핵산이며, RNA는 일반적으로 단일가닥이나, 단일가닥이 종종 자체적으로 접혀서 두 가닥인 부분을 형성하기도 한다. 핵산에 있는 정보는 한 가닥으로 된 뉴클레오티드의 특수한 서열로 암호화된다. (71쪽)

개념 문제

2.1 공유결합

1. 산소 원자는 핵 안에 8개의 양성자를 가지고 있다. 산소 원자는 몇 개의 전자를 가지고 있는가? 내부 전자각에는 몇 개의 오비탈(orbitals)이 있는가? 외각에는 몇 개의 전자를 가지고 있는가? 외각이 완전히 채워지기

전에 몇 개의 전자가 더 들어갈 수 있는가?

2. 둘을 서로 비교하고 대조하시오.

나트륨 원자와 나트륨 이온; 2중결합과 3중결합; 전기음성도가 큰 원자와 적은 원자; 또 다른 산소 원자와 결합한 산소 원자의 전자분포와 2개의 수소 원자와 결합한 산소 원자의 전자분포

2.2 비공유결합

3. 공유결합과 비공유결합을 구별할 수 있는 몇 가지 성질을 서술하시오.
4. 각설탕과 같은 극성 분자는 왜 물에 쉽게 녹는가? 지방의 기름방울은 왜 수용액의 표면에 형성되는가? 땀이 신체를 왜 시원하게 하는가?

2.3 산, 염기, 그리고 완충용액

5. 만일 염산을 물에 첨가한다면, 이것이 수소 이온 농도와 pH에 어떤 영향을 미치는가? 그리고 용액 안의 어떤 단백질의 이온의 전하에 어떤 영향을 미치는가?
6. 염기와 짝산 사이의 관계는 무엇인가?

2.4 생체 분자의 성질

7. 탄소 원자가 생명에 그토록 대단히 중요한 이유는 무엇인가?
8. 4개의 서로 다른 작용기를 그리시오. 이러한 작용기의 각각은 어떻게 물에서 분자의 용해도를 변화시키는가?

2.5 탄수화물

9. 포도당의 중합체로 구성된 세 가지 다당류의 이름은 무엇인가? 이들 거대분자들은 어떻게 서로 다른가?

2.6 지질

10. 지질 분자의 세 가지 서로 다른 유형에 대하여 서술하시오. 이들은 각각의 생물학적 역할은 무엇인가?

2.7 단백질의 구성요소

11. 서로 다른 아미노산을 구별하는 주요 성질은 무엇인가? 이러한 차이점이 단백질의 구조와 기능에서 어떤 역할을 하는가?
12. 글리신, 프롤린, 시스테인이 다른 아미노산들과 구별되는 차이점은 무엇인가?

2.8 단백질의 1차 구조와 2차 구조

13. α 나선의 성질은 β 가닥과 어떻게 다른가? 이들은 어떤 점에서 유사한가?

2.9 단백질의 3차 구조

14. 단백질의 구조를 결정하는 데 있어 X-선 결정학과 NMR 사이의 몇 가지 차이점은 무엇인가? NMR은 X-선 결정학으로 알 수 없는 어떤 것을 우리에게 밝혀줄 수 있는가?

2.10 단백질의 4차 구조

15. 단백질의 1차 구조, 2차 구조, 3차 구조, 4차 구조의 차이점에 대하여 서술하시오.

2.11 단백질 접힘

16. 단백질이 분자적 기계로서 작용한다면, 입체구조의 변화가 단백질 기능에 있어서 대단히 중요한 이유를 설명하시오.

2.12 단백질체학 및 상호작용체학

17. 이 절에서 논의된 두 가지 방법 중 어느 것이 단백질의 1차 구조에 관한 정보를 제공하는가? 단백질 복합체의 4차 구조에 관한 정보는 어느 것이 제공하는가?

2.13 단백질공학

18. 단백질 구조에 대한 지식이 새로운 약제를 개발하는 데 도움을 줄 수 있는 몇 가지 방법은 무엇인가?

2.14 단백질 적응과 진화

19. 단 하나의 아미노산이 어떤 단백질의 2차 구조 또는 3차 구조를 변화시킬 수 있는가?

2.15 핵산

20. 뉴클레오티드의 구조와 이들 단량체가 연결되어 폴리뉴클레오티드의 가닥을 형성하는 방식에 대하여 서술하시오. RNA를 단일가닥 핵산으로 서술하는 것은 왜 너무 단순화된 서술인가?
21. 어떤 거대분자들이 중합체인가? 각 유형의 단량체에서 기본구조는 무엇인가? 각 유형의 고분자에서 다양한 단량체들은 서로 어떻게 다른가?

2.16 복합적인 거대분자 구조의 형성

22. 어떤 유형의 증거가 박테리아의 리보솜 소단위는 자가-조립이 가능하지만 진핵세포의 소단위는 불가능하다는 것을 제시하는가?
23. 특정한 리보솜 단백질이 리보솜 기능에는 역할을 하지만 조립 과정에는 역할을 하지 않는다는 것을 지적해 주는 증거는 무엇인가?

분석 문제

1. 축전지(battery) 안에 있는 산은 pH가 대략 1인 반면, 음료수 콜라의 pH는 대략 3 정도이다. 어느 것이 더 높은 수소 이온의 농도를 가지는가? 어느 정도 더 많은가? 만일 와인에 있는 수소 이온의 농도가 콜라의 수소 이온 농도의 10분의 1이라면, 와인의 pH는 무엇인가?
2. 겸상(낫 모양)적혈구빈혈증은 아미노산 발린(valine)이 글루탐산(glutamic acid)으로 치환되어서 생긴 결과이다. 만일 그 자리에 류신(leucine)으로 치환된 돌연변이가 일어났다면 그 효과는 어떻게 될 것으로 예측하는가? 만일 아스파르트산(asphaltic acid)이라면 어떻게 될 것인가?
3. 아미노산 글리신(glycine), 이소류신(isoleucine), 리신(lysine) 중에서, 어느 것이 산성 수용액에 가장 잘 녹을 것으로 예상되는가? 가장 잘 녹지 않는 아미노산은?
4. C_5H_{12}를 가진 분자로부터 몇 개의 구조이성질체가 형성될 수 있는가? C_4H_8을 갖는 경우에는?
5. 글리세르알데히드(glyceraldehyde)는 3개의 탄소를 가진 유일한 알도오스이며, 2개의 입체이성질체가 존재한다. 유일한 케토오스인 다이하이드록시아세톤(dihydroxyacetone)의 구조는 무엇인가? 이것은 몇 개의

입체이성질체를 가질 수 있는가?

6. 세균은 환경의 온도 변화에 따라 이들이 생산하는 지방산의 종류를 변화시키는 것으로 알려져 있다. 온도가 떨어지면 어떤 유형의 지방산 생산으로 변화될 것으로 예측되는가? 이러한 적응이 왜 필요한가?

7. 폴리펩티드 골격 —C—C—N—C—C—N—C—C—NH_2에서 α-탄소를 확인하시오.

8. 다음 중 올바른 것은? 용액의 pH를 증가시키면 (1) 카르복실산의 해리를 억제할 것이다. (2) 아미노기의 전하를 증가시킨다. (3) 카르복실산의 해리를 증가시킨다. (4) 아미노기의 전하를 억제시킨다.

9. 네 가지 부류의 아미노산 중 어느 것이 수소결합을 형성할 잠재력이 가장 큰가? 어느 것이 이온결합을 할 수 있는 잠재력이 가장 큰가? 어느 것이 소수성 상호작용을 할 가능성이 가장 큰가?

10. 만일 피루브산 탈수소효소 복합체(PDC)의 세 가지 효소가 복합체로 존재하기보다는 물리적으로 서로 분리된 단백질로 존재한다면, 이들 효소에 의해 촉매되는 반응속도에 어떤 영향을 미칠 것으로 예상되는가?

11. 리보핵산가수분해효소(ribonuclease, RNAse)나 마이오글로빈(myoglobin)은 모두 4차 구조를 가지고 있지 않다는 것에 동의하는가? 왜 그런가? 또는 왜 그렇지 않은가?

12. 몇 가지의 서로 다른 트리펩티드(tripeptide)가 가능한가? 한 분자의 헤모글로빈에 존재하는 폴리펩티드의 카르복실 말단은 몇 개가 존재하는가?

13. C-말단인 리신(lysine) 잔기와 4개의 글리신 잔기로 구성된 펜타펩티드(pentapeptide)를 분리하였다. 그림 2.27의 설명에 있는 정보를 이용하여, 만일 리신 곁사슬의 pK가 10이고 말단 카르복실기의 pK가 4라면, pH 7에서 이 펩티드의 구조는 무엇인가? pH 12에서는 무엇인가?

14. 글루탐산(pK 4.3)과 아르기닌(pK 12.5)의 곁사슬은 어떤 조건하에서 서로 이온결합을 형성할 수 있다. 다음 조건 하에서 관련된 곁사슬의 부분을 그리시오. 그리고 이온결합을 형성할 수 있는가를 표시하시오. (a) pH 4; (b) pH 7; (c) pH 12; (d) pH 13

15. 염의 농도가 높은 용액은 RNAse를 변성시킬 수 있을 것으로 예측하는가? 왜 그런가? 또는 왜 그렇지 않은가?

16. 여러분은 <인간 질병과의 연관성>에서 (1) PRNP 유전자의 돌연변이는 폴리펩티드가 PrP^{Sc} 입체구조로 더 많이 접히도록 만들어 CJD를 일으키며, (2) PrP^{Sc} 프리온에 노출되면 또한 CJD를 일으키는 감염에 이르게 한다는 것을 읽었다. 이 질환에 걸릴 유전적 경향이 없는 사람에게서 이 질병이 드물게 발생하는 경우를 어떻게 설명할 수 있는가?

17. 다운증후군을 가지고 태어난 사람은 21번 염색체에 여분(세 번째)의 복사본을 갖고 있다. 21번 염색체는 APP 단백질을 암호화하는 유전자를 가지고 있다. 다운증후군을 가진 사람이 어린 나이에 알츠하이머 질환이 발생될 것으로 추측하는 이유는 무엇인가?

18. 우리는 74쪽에서, 진화가 어떻게 유사한 기능을 가진 관련된 분자들로 구성된 단백질 집단들이 존재하도록 하였는가를 보았다. 또한 매우 유사한 기능을 가진 단백질들이 진화적 유연관계의 증거를 보이지 않는 1차 및 3차 구조를 가진 몇 가지 예가 알려져 있다. 예를 들어, 2개의 단백질 분해효소(protease)인 서브틸리신(subtilisin)과 트립신(trypsin)은 기질을 공격하는 기작이 동일함에도 불구하고 그들이 상동이라는 증거를 보이지 않는다. 이러한 우연의 일치를 어떻게 설명하겠는가?

19. 여러 가지 서로 다른 아미노산 서열들은 기본적으로 동일한 3차 구조로 접혀질 수 있다는 설명에 동의하는가? 동의하는 입장이라면 그 증거로서 어떤 자료를 인용하겠는가?

20. 어떤 과학자가 말하기를, "어떤 새로운 단백질 구조가 규명되었다고 들었을 때 구조생물학자가 제일 처음 물어보는 질문은 더 이상 '어떻게 생겼는가?'가 아니고 이제는 '어떤 것과 유사한가?'이다."라고 한다. 위 설명은 무엇을 의미한다고 추측하는가?

CHAPTER

3

생물에너지론, 효소, 대사

목차

우리의 신체는 먹는 것에 따라서 변하지 않는다

인간의 신체는 상상하기 힘들 정도로 복잡한 구조로 되어있다. 매일 우리의 신체는 약 2000 kcal의 에너지를 운동, 대사, 사고 등에 사용한다. 우리는 이러한 에너지를 음식으로부터 얻지만, 직접적으로 화학연료(예, 가솔린)를 기계적인 힘으로 전환할 수 있는 자동차 엔진과 달리, 우리의 신체는 음식의 영양소를 생물학적 에너지의 보편적 통화단위인 소분자 ATP로 전환하기 위해 복잡한 일련의 생화학반응들을 수행한다. 이러한 거미줄처럼 복잡한 반응들은 에너지를 위해 ATP를 생산하거나 세포나 조직의 구성단위를 위해 생화학물질을 만드는 반응에 이용되는 생체분자들을 연료로 사용하는 일련의 효소들에 의해 조율된다.

사람들은 각기 다른 식습관을 갖고 있다. 저탄수화물 다이어트(low carb diets), 완전 채식 다이어트(vegan diets), 팔레오 다이어트(paleo diets) 등 다양한 종류의 음식섭취 방법들이 존재하며, 이들은 각기 다른 생화학물질들로 구성되어 있다. 그러나 사람들이 각기 다른 식습관을 갖고 있다 하더라도 그들의 외형은 같아 보이고, 비슷하게 행동하며, 같은 종류의 세포와 생체분자들을 갖고 있다. 만약 당신이 매일 옥수수를 먹는다고 해서 당신이 옥수수 식물로 변하는 것은 아니다. 그렇다면 섭취하는 음식이 사람마다 다양함에도 불구하고, 우리 신체의 화학적 구성성분이 어떻게 일정하게 유지될 수 있을까? 이에 대한 해답은 한 유형의 생화학물질을 다른 유형으로 전환할 수 있는 효소들에 의해 조율되는 생화학적 반응들의 네트워크에 있다. 우리는 우리가 먹는 것 그대로의 구성성분에 의해 이루어지는 것이 아니라 우리 몸 안에 있는 효소들에 의해 전화된 다른 유형의 생화학물질들에 의해 이루어진다.

Giuseppe Arcimboldo: Rudolf II of Habsburg as Vertumnus.
출처: GiuseppeArcimboldo

3.1 생물에너지론

살아있는 세포는 활발히 움직인다. 모든 유형의 고분자(macromolecule)들은 원재료들로부터 조합되어 만들어지며, 생산된 폐기물들은 배출되고, 유전적 지시는 핵에서 세포질로 전달되며, 소낭(vesicle)들은 분비경로를 따라 이동하고, 이온들은 세포막을 가로질러 수송되는 등의 다양한 활동들이 세포 내에서 이루어지고 있다. 세포는 이러한 높은 활동성을 유지하기 위해서 에너지를 얻고 소비해야 한다. 이처럼 살아 있는 생물체 내에서 일어나는 다양한 유형의 에너지 전환에 대해 연구하는 것을 **생물에너지론(bioenergetics)**이라 한다.

에너지(energy)는 일을 할 수 있는 능력, 즉 물체를 움직이거나 변형시킬 수 있는 능력으로 정의된다. **열역학(thermodynamics)**은 이 우주에서 일어나는 사건들을 수반하는 에너지의 변화를 연구하는 학문이다. 우리는 다음 절에서 사건이 일어나는 방향과 사건이 일어나기 위해 에너지의 투입이 요구되는지를 예측할 수 있게 도와주는 일련의 개념에 대해 살펴볼 예정이다. 그러나 열역학적 측정은 특정 과정이 얼마나 빨리 일어나는지 또는 그러한 과정을 수행하기 위해 세포에 의해 사용되는 기작이 무엇인지를 결정하는 데에는 도움을 주지는 못한다.

열역학 제1법칙

열역학 제1법칙(first law of thermodynamics)은 에너지 보존의 법칙이다. 즉, 에너지는 창조되거나 소멸되지 않고, 한 형태에서 다른 형태로 전환(변환)된다는 사실이다. 기계에너지를 전기에너지로 **전환(transduction)**하는 것은 현재 바람으로부터 에너지를 생산하는 풍력터빈(**그림 3.1a**)에서 이루어지고 있으며, 마찬가지로 기계에너지를 화학에너지로 전환은 가스동력발전기에 의해서 이루어지고 있다. 에너지는 또한 저장될 수 있다. 예를 들면, 전기에너지는 충전식 배터리를 이용하여 화학적 형태로 저장될 수 있으며(그림 3.1*b*), 기계에너지는 태엽으로 움직이는 장난감의 용수철에 저장될 수 있다. 저장된 에너지는 한 장소에서 다른 장소로 전달될 수 있는데, 예를 들어 휘발유에 저장된 화학에너지는 유조차를 통해 먼 곳으로 운반될 수 있다. 저장된 에너지는 저장형태를 다른 유용한 형태로 전환하여 사용될 수 있다. 예를 들면, 배터리에 저장된 전기에너지는 전기모터에 의해 기계적인 일로 전환될 수 있다(그림 3.1*c*).

세포들 또한 에너지를 전환하고, 저장하며, 전달할 수 있다. 뒤에 나오는 장에서 다시 한 번 논의될 예정이지만, ATP와 같은 특정 생물학적 분자들에 저장된 화학에너지는 근육이 수축할 때는 기계에너지로(그림 3.1*d*), 막을 가로질러 이온들이 이동할 때는 전기에너지로(그림 3.1*e*), 우리가 추위에 노출됐을 때는 열에너지로 전환된다. 생물학적 세계에서 가장 중요한 에너지전환은 광합성이라 불리는 빛의 화학에너지로의 전환이다. 이러한 전환은 직간접적으로 거의 모든 생물체의 활동에 대한 동력을 공급하기 위한 연료를 제공한다.[1] 반딧

[1]생물들 중에서 몇몇 공동체는 광합성과 무관한 것으로 알려져 있다. 여기에는 해저바닥의 열수 배출구에 거주하면서, 박테리아의 화학합성에 의해 얻을 수 있는 에너지에 의존하는 공동체들이 포함된다.

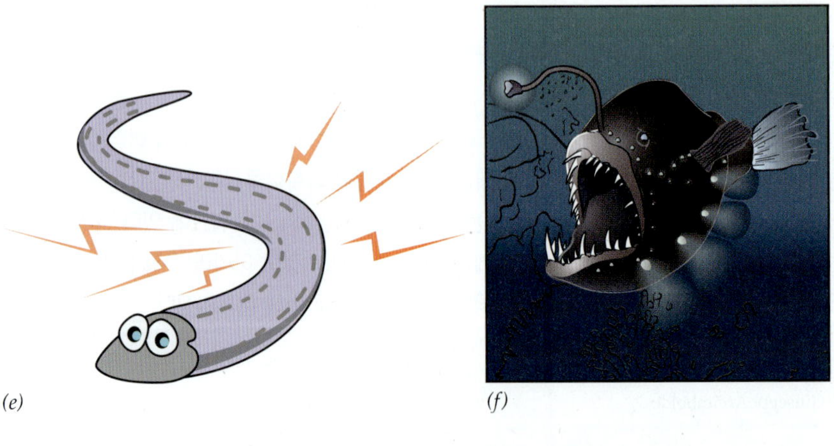

그림 3.1 에너지변환의 예. (a) 풍력발전에 의해 기계에너지를 전기에너지로 전환, (b) 배터리 내부에 화학적 형태의 전기에너지로 저장, (c) 선풍기를 작동시키는 전기모터에 의해 전기에너지를 기계에너지로 전환, (d) 근육에 의해 화학에너지를 기계에너지로 전환, (e) 전기를 일으키는 기관을 통해 500볼트를 발생시키는 전기뱀장어에 의해 화학에너지를 전기에너지로 전환, (f) 발광생물에 의해 화학에너지를 빛으로 전환.

출처: (a) pedrosala/Shtterstock

불과 발광 물고기를 포함한 많은 수의 동물들은 화학에너지를 다시 빛으로 전환시킬 수 있다(그림 3.1*f*). 그러나 전환 과정과 상관없이 우주에서 에너지의 총량은 항상 일정하다.

물질을 포함한 에너지 전환을 논의하기 위해서는 우주를 두 부분으로 나눌 필요가 있다. 이 두 부분은 각각 우리가 실제 연구하는 계(*system*)와 주위(*surroundings*)라고 불리는 우주의 나머지 부분이다. 계는 우주에서 특정 공간 또는 특정 양의 물질 등 다양한 방법으로 정의될 수 있다. 예를 들면, 살아있는 세포는 아마도 계가 될 것이다. 사건(또는 일)이 일어나는 동안 발생하는 계의 에너지변화는 열량변화와 일의 작업수행변화 이렇게 두 가지로 나타낼 수 있다. 열역학 제1법칙에 따라 비록 계는 에너지를 얻거나 잃더라도 주변은 이에 상응하는 에너지를 잃거나 얻어서 우주 에너지의 양이 일정하게 유지되도록 균형을 맞춰야만 한다. 계의 에너지는 내부에너지(*internal energy, E*)라 불리며, 전환 과정에서 그것의 변화를 ΔE (delta *E*)로 표시한다. 열역학 제1법칙을 표현하는 한 방법은 $\Delta E = Q - W$이며, 여기서 Q는 열에너지 그리고 W는 일에너지이다. 만약 계가 거리(distance, d)만큼 힘(force, F)을 사용하여 당기거나 밀 경우, 이동 중에 수행된 일은 $W = Fd$이다. 이 정의는 일이라는 단어에 관한 우리의 직관적인 생각과 맞아떨어진다. 무거운 물체를 들어 올린다고 상상했을 때, 만약 들어 올리는 높이를 2배 늘린다면 일도 2배 더 증가하며, 무게를 2배 늘린다면 중력이 2배 증가하므로 마찬가지로 일이 2배 증가한다.

계의 최종 내부에너지는 과정에 따라 달라지며 그 결과로 초기 내부에너지보다 크거나, 동일하거나, 작을 수 있다. 아울러 초기 내부에너지는 주위와의 관계에 영향을 받는다(**그림 3.2**). 다른 말로 하면, ΔE는 양의 값이거나 0이거나 음의 값을 가질 수 있다. 계가 반응용기 안의 내용물이라고 생각했을 때, 압력과 부피의 변화가 없는 한 주위에 대해 계가 수행하는 일이 없거나 그 반대인 경우도 마찬가지다. 그러한 경우 최종 내부에너지는 열이 흡수됐을 때는 초기보다 증가하고, 열이 방출됐을 때는 초기보다 감소할 것이다. 열을 잃어버리는 반응을 **발열반응(exothermic)**이라 부르며, 열을 얻는 반응을 **흡열반응(endothermic)**이라 부른다. 많은 반응들이 이러한 두 가지 유형 중의 하나이다. 특정 반응에 대한 ΔE가 음이거나 양일 수 있기 때문에, 그것이 반응이 일어날 가능성에 대한 정보를 제공하지는 않는다. 특정 전환의 가능성을 결정하기 위해 몇 가지 추가적인 개념이 필요하다.

열역학 제2법칙

열역학 제2법칙(second law of thermodynamics)은 우주에서 일어나는 반응이 방향성을 갖는다는 개념을 표현한 것이다. 즉, 모든 반응들은 높은 에너지 상태에서 낮은 에너지 상태로 "내리막 길(downhill)"을 향해 가는 경향을 갖고 있다. 따라서 모든 에너지 변화는 추가 작업을 수행하기 위해 필요한 에너지를 잃게 된다. 돌이 절벽에서 바닥으로 떨어지면 추가적인 일을 할 수 있는 능력이 감소하며, 그것이 다시 절벽으로 올라갈 가능성은 매우 희박하다. 유사한 경우로, 반대되는 전하는 서로 끌어당겨 떨어지지 않고서 같이 움직이며, 열은 더 따뜻한 곳에서 덜 따뜻한 곳으로 이동한다. 이러한 반응들은 일방적으로 일어나며, **자발적(spontaneous)**이라고 일컬어진다. 이는 열역학적으로 유리하고 외부에너지의 투입 없이도(*without the input of external energy*) 일어날 수 있음을 의미하는 용어이다.

열역학 제2법칙의 개념은 원래 열엔진에 적용하기 위하여 공식화되었으며, 영구 기관(perpetual-motion machine)을 만드는 것이 열역학적으로 불가능하다는 생각을 보여주기 위해 만들어진 법칙이나. 즉, 다른 말로 외부에너지의 투입 없이 영구적으로 작동하는 100%의 효율을 갖는 기계를 만드는 것은 불가능하다는 뜻이다. 에너지의 일부는 기계가 작동할 때 필연적으로 손실된다. 유사한 관계가 살아있는 유기체에도 적용된다. 예를 들면, 기린이 나뭇잎을 뜯어먹거나 사자가 기린을 잡아먹을 때, 먹이에 저장되어 있는 화학에너지의 일부는 먹이를 섭취하는 동물이 사용하지 못한다.

그러한 과정 동안 손실된 에너지는 매순간 우주로 전달되어 우주의 무질서도가 증가하는 결과를 야기한다. 이러한 무질서도의 획득은 **엔트로피(entropy)**라는 용어에 의해 측정되고, 사용 가능한 에너지의 손실은 $T\Delta S$로 나타낼 수 있다. 여기서 ΔS는 초기상태와 최종상태 사이에서 일어나는 엔트로피의 변화를 나타낸다. 엔트로피는 무작위적이기 때문에, 지정된 일을 수행하는 데 이용될 수 없는 물질의 입

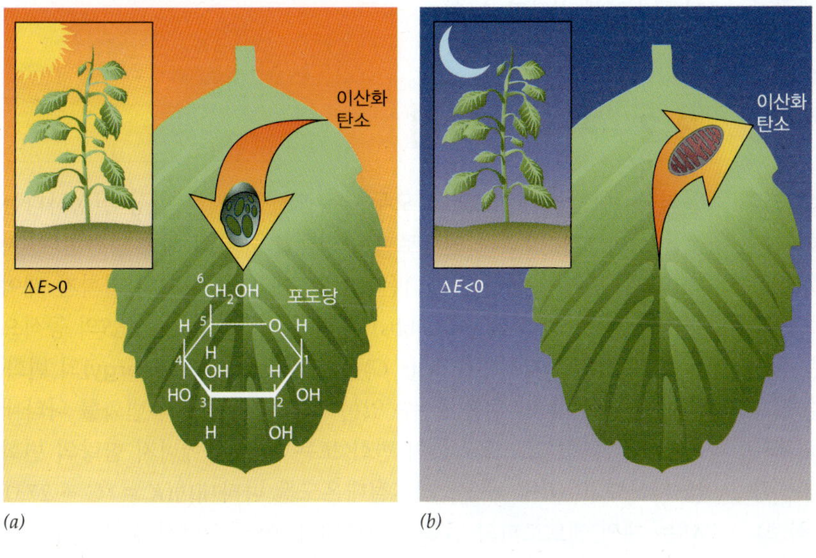

그림 3.2 계의 내부에너지 변화. 이 예에서 계는 식물의 특정 잎으로 한정할 것이다. (*a*) 낮 동안 태양빛은 잎의 엽록체에 있는 광합성 색소에 의해 흡수되고 이산화탄소를 그림에 나와 있는 포도당 분자(최종적으로 설탕이나 녹말로 만드는 데 이용)와 같은 탄수화물로 전환시키는 데 사용된다. 세포가 빛을 흡수할 때 내부에너지는 증가하고 우주의 나머지 부분에 존재하는 에너지는 감소해야만 한다. (*b*) 밤 동안 세포와 그 주위 사이의 에너지 관계는 역전되어 낮 동안 만들어졌던 탄수화물은 미토콘드리아에서 이산화탄소로 산화되고 에너지는 세포가 밤에 활동하는 데 사용된다.

자들의 무작위적(*random*)인 움직임과 관련이 있다. 열역학 제2법칙에 따르면 모든 사건은 우주의 엔트로피의 증가를 수반한다. 예를 들면, 각설탕을 뜨거운 물에 넣었을 때 결정형태의 규칙적인 배열 상태에서 설탕분자가 용액에 골고루 퍼지는 좀 더 불규칙적인 배열 상태로 자발적으로 바뀐다(**그림 3.3a**). 각설탕의 분자가 용액에 용해되어 있을 때, 그들 움직임의 자유도는 증가하고 따라서 계의 엔트로피도 증가한다. 뭉쳐져 있는 상태에서 흩어진 상태로의 변화는 분자들의 무작위적인 움직임의 결과이다. 설탕분자들은 균일한 분포를 갖는 것이 가장 가능성이 높은 상태이기 때문에, 실제로 가능한 부피까지 흩어져서 균일한 분포로 존재한다.

세포 내에서 당의 산화로부터 발생하거나 또는 혈관을 통해 혈액이 흐를 때 발생하는 마찰로부터 발생하는 열의 방출은 엔트로피증가의 또 다른 예이다. 살아있는 유기체에 의한 열에너지의 방출은 원자 또는 분자들의 무작위적인 움직임의 속도를 증가시킨다. 그것은 추가적인 일을 수행하기 위해 다시 사용될 수 없다. 원자와 분자의 운동에너지는 온도와 함께 증가한다. 엔트로피가 0이 되는, 즉 그러한 모든 움직임이 멈추는 온도는 오직 절대 0도(0K)이다.

다른 자발적 반응들과 마찬가지로 계와 주위를 구분해야만 한다. 열역학 제2법칙은 우주에서 총 엔트로피가 증가한다는 사실만 오직 말하지만, 우주의 한 부분, 즉 계의 무질서도는 주위와의 상호작용을 통해 감소할 수 있다. 그림 3.3에서 용해된 설탕은 엔트로피가 감소할 수 있다. 즉, 물을 증발시켜 설탕이 재결정화가 되면 엔트로피는 감소하게 되지만(그림 3.3*b*), 그 결과는 주위의 엔트로피를 더욱 더 크게 증가시킨다. 기체상에서 증가된 물 분자의 자유도는 설탕결정분자들의 감소된 자유도와 균형을 이룬다.

생명은 비슷한 원리로 작동한다. 살아있는 유기체들은 그들이 접해 있는 환경의 엔트로피를 감소시켜 자신의 엔트로피를 증가시킬 수 있다. 엔트로피는 아미노산과 같이 상대적으로 간단한 구조의 분자들이 근육세포의 단백질 마이오글로빈(myoglobin)처럼 좀 더 복잡한 구조의 분자들로 배열될 때 유기체 안에서 감소한다. 그러나 이러한 일이 발생하기 위해서는 주위환경의 엔트로피가 증가해야만 한다. 즉, 간이나 근육에 저장되어 있는 글리코겐(glycogen)처럼 복잡하고 고도로 배열된 분자들이 열의 배출과 함께 더 간단하고 덜 배열되어 있는 화합물(예, H_2O와 CO_2)로 전환되어 방출되면, 주위환경의 엔트로피는 증가할 수 있다. 살아있는 생물이 최소한 잠시 동안이라도 그러한 높은 배열과 불가능해 보이는 상태를 유지할 수 있게 해주는 것이 대사의 특징이다.

살아있는 생물의 에너지 상태에 대한 또 다른 측정은 고분자의 정보내용에 의해 제공된다. 정보는 정의하기는 어렵지만 인식하기는 쉬운 주제이다. 정보는 구조의 단위(subunit)들의 배열순서로 측정될 수 있다. 예를 들면, 단위들에 의해 특정 선형서열이 고도로 배열된 단백질과 핵산은 엔트로피가 낮지만 정보내용이 많다. 많은 정보내용(낮은 엔트로피와 함께)을 유지하는 것은 에너지의 투입을 필요로 한다. 간의 한 세포 내에 한 분자의 DNA만 있다고 가정했을 때에 그 세포는 DNA를 감시하고, 손상된 곳을 찾고, 그곳을 수리하는 각각의 기능을 지니고 있는 다양한 단백질들을 갖고 있다(7.8절 참조).

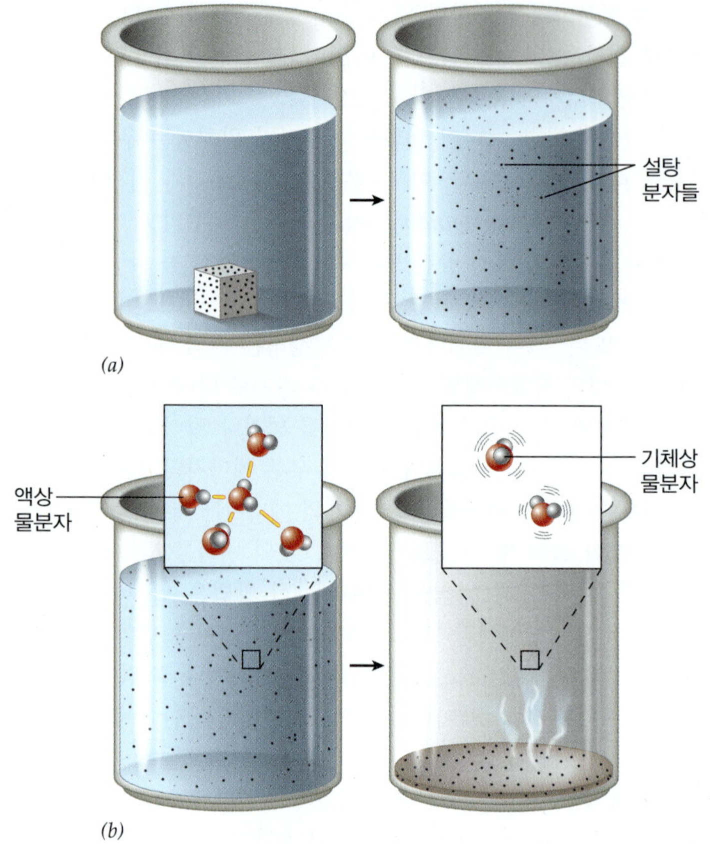

그림 3.3 사건은 우주의 엔트로피 증가에 의해 수반된다. (*a*) 각설탕은 자유로운 움직임이 제한되어 있는 매우 질서정연하게 배열된 상태의 설탕 분자들을 갖고 있다. 각설탕이 녹을 때 설탕 분자들의 자유로운 움직임은 크게 증가하고, 이러한 무작위 운동을 통해 사용 가능한 공간 전체에 균일하게 분포된다. 일단 이러한 일이 한 번 일어나면 재분포가 다시 일어나지 않으며 계의 엔트로피는 최고에 도달한다. (*b*) 용액을 통해 무작위로 퍼진 설탕 분자들은 주위의 엔트로피가 증가된 경우에만 배열된 상태로 되돌아 올 수 있다. 이러한 경우는 액체 상태의 좀 더 배열된 물 분자들이 증발 후 기체 상태가 되면서 배열이 깨져 무질서하게 되었을 때 일어난다.

활동하고 있는 세포 내의 뉴클레오티드(nucleotide) 손상은 그 영향이 너무 커서 이러한 에너지를 소비할 틈도 없이 DNA의 정보 내용이 급속하게 손상될 수 있다.

3.2 자유에너지

열역학 제1법칙과 제2법칙 모두 우주의 에너지는 항상 일정하다는 것을 나타낸다. 그러나 엔트로피는 최대값을 향해 계속 증가한다. 처음 이 두 법칙에 내재된 개념은 1878년에 미국 출신의 화학자 제이 윌러드 기브스(J. Willard Gibbs)에 의해 $\Delta H = \Delta G + T\Delta S$의 공식으로 합쳐졌다. 여기서 ΔG(delta G)는 **자유에너지(free energy)**의 변화, 즉 반응 과정 동안 일을 할 수 있는 유용한 에너지의 변화를 나타내며, ΔH는 엔탈피(*enthalpy*)의 변화 또는 계의 총에너지 함량의 변화를 나타내고(ΔE에 해당), T는 절대온도를 나타내며(K = °C + 273), ΔS는 계의 엔트로피의 변화를 나타낸다. 이 등식에서 총에너지의 변화는 이용 가능한 에너지의 변화(ΔG)와 추가적인 일을 수행하기 위해서 이용할 수 없는 에너지($T\Delta S$)를 합한 것과 같다.

$\Delta G = \Delta H - T\Delta S$로 재배열되어 쓰일 때, 이 공식은 특정 반응이 자발적으로 일어나는지를 측정할 수 있는 척도가 된다. 이 공식은 반응이 진행되는 방향과 정도를 예측할 수 있게 해준다. 모든 **자발적**(*spontaneous*) 에너지 전환들은 반드시 음의 ΔG 값을 가져야 한다. 즉, 반응은 더 낮은 자유에너지 상태로 진행되어야만 한다. ΔG의 크기는 또 다른 반응에서 사용되기 위해 전달될 수 있는 최대에너지의 양을 나타내지만, 이 반응이 얼마나 빠른 속도로 진행되는지에 대해서는 알 수 없다. 자발적으로 일어날 수 있는 반응, 즉 열역학적으로 유리($-\Delta G$)한 반응들을 **에너지방출(exergonic)**이라 한다. 반대로 주어진 반응에서 ΔG가 양의 값을 갖는다면, 그 반응은 자발적으로 일어날 수 없다. 그러한 반응들은 열역학적으로 불리하며 다른 말로 **에너지흡수(endergonic)**라 한다. 일반적으로 에너지흡수반응은 에너지를 방출하는 반응들과 짝을 이뤄서 발생할 수 있다는 사실을 알게 될 것이다.

주어진 전환에서 ΔH와 ΔS는 계와 주위 사이의 관계에 따라 양 또는 음의 값을 가질 수 있다(그러므로 만약 계가 열을 얻는다면 ΔH는 양의 값을 갖게 되며, 반대로 열을 빼앗긴다면 음의 값을 갖게 될 것이다. 만약 계의 무질서도가 증가한다면 ΔS는 양의 값을 갖게 되며, 반대로 무질서도가 감소한다면 음의 값을 갖게 될 것이다). ΔII와 ΔS 사이의 역작용(counterplay)은 물과 얼음 사이의 전환으로 설명된다. 물이 액체상태에서 고체상태로 전환되는 것은 엔트로피의 감소(**그림 3.4**에 설명된 것처럼 ΔS는 음)와 엔탈피의 감소(ΔH는 음)를 수반한다. 이러한 전환이 발생하기 위해(예를 들면, ΔG가 음이 되기 위해) ΔH는 $T \Delta S$보다 더 음의 값을 가져야만 하며, 이러한 일은 오직 0°C 이하에서만 일어난다. 이러한 관계는 10°C, 0°C, −10°C에서 1mole의 물이 얼음으로 변할 때 각 항(term)들의 값을 나타낸 표 3.1에서 볼 수 있다. 모든 경우에서 온도와 상관없이 얼음의 에너지 수준(level)은 물보다 낮다(ΔH는 음). 그러나 더 높은 온도에서 공식($T\Delta S$)의 엔트로피항은 엔탈피항보다 더 음의 값을 갖는다. 따라서 자유에너지 변화는 양이며, 그 반응은 자발적으로 일어날 수 없다. 계는 0°C에서 평형상태(equilibrium)에 있지만, −10°C에서는 고체화 과정이 유리하며, 이때 ΔG는 음의 값을 갖는다.

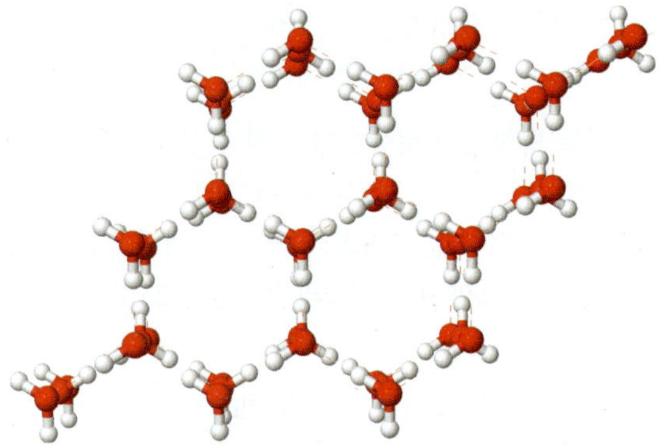

그림 3.4 **물이 얼 때**, 얼음의 물 분자는 좀 더 배열된 상태가 되기 때문에 엔트로피는 감소한다. 얼음에 있는 많은 수의 수소결합들은 물-얼음 전이의 엔탈피를 전이가 잘 이루어지는 방향으로 유리하게 만들지만 반면에 감소된 엔트로피는 이러한 전이를 불리하게 만든다. 자유에너지에 대한 엔트로피의 기여도는 온도에 따라 달라지는데, 높은 온도에서는 얼음보다는 액상의 물 상태로 존재하는 것이 좀 더 유리하다. 더 낮은 온도에서 자유에너지의 엔트로피 항은 결국 수소결합의 유리한 엔탈피가 우세할 때까지 크기가 더 작아지고, 이때 얼음은 액상의 물보다 좀 더 에너지 적으로 유리해진다.

출처: 이 저작물은 the Creative Commons Attribution-ShareAlike 3.0 라이선스에 따라 사용이 허가되었음.

표 3.1 물-얼음 전환의 열역학

온도 (°C)	ΔE (cal/mol)	ΔH (cal/mol)	ΔS (cal/mol · °C)	$T\Delta S$ (cal/mol)	ΔG (cal/mol)
−10	−1343	−1343	−4.9	−1292	−51
0	−1436	1436	−5.2	−1436	0
+10	−1529	−1529	−5.6	−1583	154

출처: I. M. Klotz, *Energy Changes in Biochemical Reactions*, Academic Press, 1967. Elsevier의 허가를 얻음.

화학반응에서의 자유에너지 변화

지금까지 일반적인 용어로 자유에너지의 개념에 대해서 설명하였으며, 이러한 정보를 세포 내에서 일어나는 화학반응들에 적용시킬 수 있다. 세포 내의 모든 화학반응들은 가역적이며, 이러한 반응들은 정방향과 역방향으로 진행되는 2개의 반응들이 동시에 일어난다는 사실을 고려해야 한다. 질량작용의 법칙에 따라 반응속도는 반응물의 농도에 비례한다. 예를 들면, 다음 반응식을 생각해보자.

$$A + B \rightleftharpoons C + D$$

정반응의 속도는 A와 B의 몰농도에 직접적으로 비례한다. 정반응의 속도는 k_1[A][B]로 나타낼 수 있으며, 여기서 k_1은 정반응의 속도상수(rate constant)이다. 역반응의 속도는 k_2[C][D]로 나타낼 수 있다. 그러나 모든 화학반응들은 정반응과 역반응의 속도가 같아지는 평형상태(state of equilibrium)를 향해 느리게 진행된다. 평형상태에서 단위시간당 동일한 수의 A와 B 분자들은 C와 D분자들로 전환된다. 따라서 평형상태에서,

$$k_1[A][B] = k_2[C][D]$$

이것은 다음과 같이 다시 배열될 수 있다.

$$\frac{k_1}{k_2} = \frac{[C][D]}{[A][B]}$$

즉, 평형상태에서 반응물의 농도에 대한 생성물의 농도비를 예측할 수 있다. 이 비율은 k_1/k_2로 나타낼 수 있으며, **평형상수(equilibrium constant, K_{eq})**라 일컫는다.

평형상수를 이용하여 주어진 조건에서 반응이 진행되는 방향(정방향 또는 역방향)을 예측할 수 있다. 예를 들면, 우리가 위의 반응을 조사한다고 가정하고, 섞여 있는 4개의 구성성분들(A, B, C, D) 각각의 농도가 0. 5 M이라 한다면,

$$\frac{[C][D]}{[A][B]} = \frac{[0.5][0.5]}{[0.5][0.5]} = 1$$

반응이 진행되는 방향은 평형상수에 의해 결정될 것이다. 만약 K_{eq}가 1보다 더 크다면, 반응은 역방향보다는 C와 D의 생성물이 형성되는 방향인 정방향으로 더 빠른 속도로 진행될 것이다. 예를 들어, K_{eq}가 9.0이 된다면, 평형상태에서 반응물의 농도는 0.25 M, 생성물의 농도는 0.75 M이 될 것이다.

$$\frac{[C][D]}{[A][B]} = \frac{[0.75][0.75]}{[0.25][0.25]} = 9$$

반면에 K_{eq}가 1보다 더 작다면, 역반응이 정반응보다 더 빠른 속도로 진행될 것이다. 따라서 A와 B의 농도는 C와 D의 농도가 감소한 만큼 증가할 것이다. 어떤 주어진 순간에 반응이 진행되는 실제 방향은 반응에 참여하는 모든 분자들의 상대적인 농도비에 의해 결정되기 때문에 K_{eq}를 이용해 예측할 수 있다. 우리가 반응에 대한 K_{eq} 값을 알 수 있다면, K_{eq}에 대한 방정식을 작성하고 거기에 반응물과 생성물의 실제농도를 대입하여 계산된 값을 예측된 K_{eq} 값과 비교하여 반응이 진행될 방향을 결정할 수 있다. 만약 두 값이 동일하다면, 반응은 이미 평형상태에 돌입했을 것이다. 그러나 만약 계산된 값이 K_{eq} 값보다 작다면, 반응은 생성물을 형성하는 방향으로 진행될 것이다.

평형상수 중 하나의 특수유형은 **해리상수(dissociation constant,** K_d)이다. 해리상수는 두 분자가 얼마나 잘 결합해 있는지를 측정한 것이다. 예를 들면, 단백질 A가 리간드 B에 결합한다면, 이 반응식은 다음과 같다.

$$AB \rightleftharpoons A + B$$

여기서 AB는 B와 A가 결합된 복합체이다. 일반적으로 이러한 결합은 비공유 상호작용에 의해 일어난다. 이 반응에서 평형상수는 해리상수라 불리고, 다음과 같이 정의된다.

$$K_d = \frac{[A][B]}{[AB]}$$

여기서 [AB]는 B와 A가 결합된 복합체의 농도이다. 반면에 [A]와 [B]는 결합되지 않은 A와 B의 농도이다. K_d를 정의한 방정식을 살펴보면 K_d 값이 더 작아질수록 [AB]는 [A]와 [B]를 곱한 값보다 더 커짐을 알 수 있다. 그러므로 제약 화학자가 특정 단백질에 결합하는 세기에 따라 저해제들의 순위를 매길 때 K_d 값을 측정할 수 있고, 이때 가장 작은 K_d 값을 갖는 저해제가 가장 강한 결합을 하게 될 것이다.

다시 에너지론의 주제로 돌아가 보자. 평형상태에서 생성물에 대한 반응물의 비율은 반응물과 생성물의 상대적인 자유에너지 수준에 의해 결정된다. 반응물의 총 자유에너지가 생성물의 총 자유에너지보다 더 크다면, ΔG는 음의 값을 갖게 되고, 반응은 생성물을 만드는 방향으로 진행된다. ΔG가 더 커질수록 반응은 평형으로부터 더 멀어지고, 계에 의해 더 많은 일이 수행된다. 반응이 진행될수록 반응물과 생성물 사이에서 자유에너지 차는 감소(ΔG의 음의 값이 0을 향해 근접)하고, 이 반응은 그 차이가 0이 될 때까지 진행된다(ΔG = 0).

따라서 주어진 반응에 대한 ΔG는 시간에 따른 반응 혼합물의 변화에 따라 달라지기 때문에, 다양한 반응들의 에너지론을 비교하는 것은 무의미하다. 반응들 사이의 공정한 비교를 위해 일련의 **표준상태**(*standard conditions*)에서 일어나는 자유에너지의 변화를 적용하여 객관적으로 반응들을 비교하고 다양한 형태의 계산을 적용해왔다. 생화학반응을 위한 표준상태는 25°C(298 K), 1기압(1 atm), 그리고 모든 반응물과 생성물의 농도는 1.0 M이다[여기서 물은 예외적으로 55.6 M이며 H^+는 10^{-7} M (pH = 7.0)로 맞춘다].[2] **표준 자유에너지 변화(standard free-energy change, $\Delta G°'$)**는 표준상태에서 반응물이 생성물로 전환될 때에 방출되는 자유에너지를 말한다. 명심해야 할 점은 표준상태는 세포 내에서 적용되기 힘들기 때문에, 세포의 에너지 계산에 있어서 표준 자유에너지 차의 값을 사용하는 데 주의해야만 한다.

평형상수와 표준 자유에너지 변화 사이의 관계는 다음과 같은 식으로 나타낸다.

$$\Delta G°' = -RT \ \ln K'_{eq}$$

자연대수(Natural log, ln)를 $\log_{10}$으로 전환하면 이 식은 다음과 같이 된다.

$$\Delta G°' = -2.303RT \ \log K'_{eq}$$

여기서 R은 기체상수(1.987cal/mol · K)이고, T는 절대온도(298 K)이다.[3] log1.0은 0이기 때문에 평형상수가 1보다 큰 경우 $\Delta G°'$는 음의 값을 갖고, 이는 표준상태에서 반응이 자발적으로 일어날 수 있음을 말한다. 1보다 작은 평형상수를 갖는 반응은 $\Delta G°'$가 양의 값을 갖기 때문에 표준상태에서 자발적으로 일어날 수 없다. 예로서 다음과 같은 반응을 생각해 보자: A + B $\rightleftharpoons$ C + D, 만일 $\Delta G°'$가 음의 값을 갖는다면, 반응물과 생성물이 모두 pH7에서 1.0 M 농도로 존재할 때, 이 반응은 오른쪽으로 진행될 것이다. 음의 값이 커질수록 오른쪽 반응은 평형에 도달하기 전에 더욱 빨리 진행될 것이다. 같은 조건 하에서 $\Delta G°'$가 양의 값을 가지면, 반응은 왼쪽으로 진행되는 역반응이 유리하다. 표 3.2에서 $\Delta G°'$와 K'_{eq}의 사이의 관련성을 보여준다.

대사반응에서의 자유에너지 변화

세포 내에서 가장 중요한 화학반응들 중 하나는 ATP의 가수분해이다(**그림 3.5**). 이 반응에서,

$$ATP + H_2O \rightarrow ADP + P_i$$

생성물과 반응물 사이의 표준 자유에너지 차이는 −7.3 kcal/mol이다. 이 정보에 근거하여 ATP의 가수분해는 매우 유리한 반응(에너지방출), 즉 평형상태에서 [ADP]/[ATP]가 커지는 방향으로 반응이 진행된다. 이 반응이 왜 유리한 반응인지에 대한 이유가 몇 가지 있는데, 그 중 하나는 그림 3.5에 나와 있다. ATP^{4-}에 가깝게 위치해 있는 4개의 음전하들에 의해 생기는 정전기적 척력은 ADP^{3-}로 바뀌면서

[2] $\Delta G°'$는 pH 7을 포함한 표준상태로 나타내고, $\Delta G°$'는 H^+의 농도가 1.0 M^+(pH 0.0)인 표준상태이다. K'_{eq} 또한 pH 7에서 반응혼합물을 나타낸다.

[3] 이 식의 오른쪽 변은 표준상태에서 반응이 평형상태로 진행되면서 잃어버린 자유에너지의 양과 동일하다.

표 3.2 25°C에서 K'_{eq}와 $\Delta G^{\circ\prime}$ 사이의 관계

K'_{eq}	$\Delta G^{\circ\prime}$ (kcal/mol)
10^6	−8.2
10^4	−5.5
10^2	−2.7
10^1	−1.4
0	0.0
10^{-1}	1.4
10^{-2}	2.7
10^{-4}	5.5
10^{-6}	8.2

감소된다.

ΔG와 $\Delta G^{\circ\prime}$ 사이의 차이점을 기억해 두는 것은 중요하다. $\Delta G^{\circ\prime}$는 주어진 반응에 대해 고정된 값이고, 계의 표준상태에서 반응이 진행될 방향을 알려준다. 세포 내에서는 표준상태가 될 확률이 매우 드물기 때문에 $\Delta G^{\circ\prime}$ 값은 특정 반응이 특정 세포기관 안에서 특정 시간에 발생할 때 그 방향을 예측하는 데 사용될 수 없다. 이를 위해서는 특정 시간에 반응물과 생성물의 농도에 의해 결정되는 ΔG를 알아야만 한다. 25°C에서

$$\Delta G = \Delta G^{\circ\prime} + 2.303RT \log \frac{[C][D]}{[A][B]}$$

$$\Delta G = \Delta G^{\circ\prime} + 2.303(1.987\,\text{cal/mol} \cdot \text{K})(298\text{K}) \log \frac{[C][D]}{[A][B]}$$

$$\Delta G = \Delta G^{\circ\prime} + (1.4\,\text{kcal/mol}) \log \frac{[C][D]}{[A][B]}$$

여기서 [A], [B], [C], [D]는 특정 시간의 실제 농도이다. ΔG의 계산은 세포 내에서 반응이 진행되는 방향과 특정 반응이 얼마나 평형에 가까운지를 알려준다. 예를 들면, ATP 가수분해를 위한 반응물과 생성물의 전형적인 세포 농도는 [ATP] = 10 mM, [ADP] = 1 mM, $[P_i]$ = 10 mM이다. 이 값들을 다음 방정식에 대입해 보자.

$$\Delta G = \Delta G^{\circ\prime} + 2.303RT \log \frac{[ADP][P_i]}{[ATP]}$$

$$\Delta G = -7.3\,\text{kcal/mol} + (1.4\,\text{kcal/mol}) \log \frac{[10^{-3}][10^{-2}]}{[10^{-2}]}$$

$$\Delta G = -7.3\,\text{kcal/mol} + (1.4\,\text{kcal/mol})(-3)$$

$$\Delta G = -11.5\,\text{kcal/mol}\ (\text{or} -46.2\,\text{kJ/mol})$$

비록 ATP 가수분해를 위한 $\Delta G^{\circ\prime}$ 값은 −7.3 kcal/mol이지만, 세포는 높은 값의 [ATP]/[ADP] 비율을 유지하기 때문에 이 반응을 위한 세포 내의 일반적인 ΔG의 값은 약 −12 kcal/mol이다. 이 사실은 계가 평형으로부터 얼마나 멀리 떨어져 있는지를 수치로 표현하기 위한 방법으로, ΔG를 이용하는 것이 매우 유용하다는 것을 알려준다.

반응물과 생성물의 상대적 농도가 반응의 진행에 유리하기 때문에 세포 내에서 양의 $\Delta G^{\circ\prime}$를 갖는 많은 반응들이 일어난다. 이것은 두 가지 방식으로 일어날 수 있다. 첫 번째는 ΔG와 $\Delta G^{\circ\prime}$ 사이의 중요한 차이에 의해 일어나며, 두 번째는 양의 $\Delta G^{\circ\prime}$ 값을 갖는 반응이 저장된 화학에너지의 투입에 의해 이끌어지는 것이다.

해당작용(Glycolysis)의 반응(그림 3.24 참조)에서 디히드록시아세톤 인산(dihydroxyacetone phosphate)이 글리세르알데히드 3-인산(glyceraldehyde 3-phosphate)으로 전환되는 것을 생각해 보자. 이 반응의 $\Delta G^{\circ\prime}$는 +1.8 kcal/mol이지만 여전히 세포 내에서 생성물이 만들어진다. 이 반응이 진행될 수 있는 이유는 다른 세포 반응들이 평형상수보다 높은 생성물에 대한 반응물의 비율을 유지하기 때문이다. 이러한 상태가 유지되는 한, 반응물의 상대적인 농도가 생성물보다 높기 때문에 ΔG는 음의 값을 가질 것이며, 반응은 사발적으로 글리세르알데이드 3-인산을 생성하는 방향으로 진행될 것이다. 이것은 세포대사의 중요한 특징을 나타내는데, 이러한 반응들은 고립된 시험관에서는 독립적으로 일어날 수 없다. 수많은 반응들이 세포 내에서 자발적으로 일어난다. 한 반응의 생성물이 일련의 다음 반응의 반응물이 될 수 있고 또한 한 대사과정에서 생성된 생성물이 다음 대사과정을 위한 반응물이 될 수 있기 때문에 이러한 모든 반응들이 서로

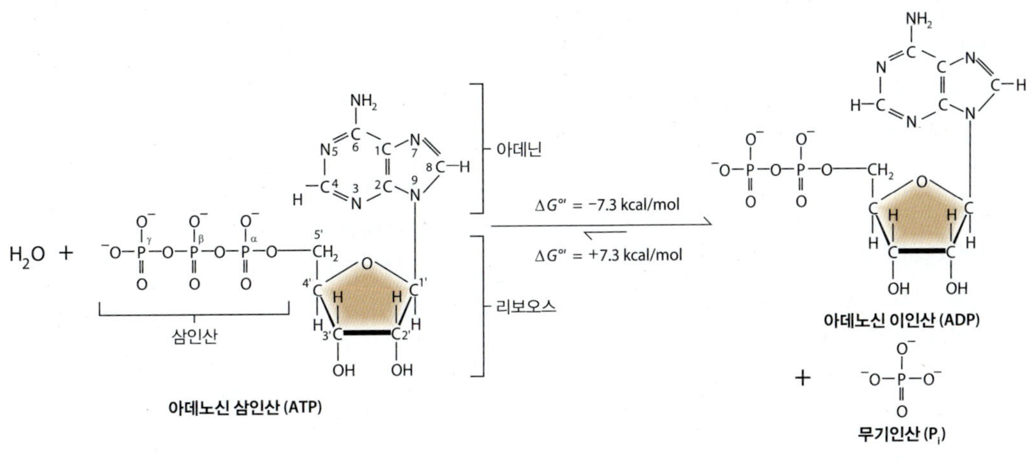

그림 3.5 ATP 가수분해. 아데노신 삼인산(adenosine triphosphate, ATP)은 많은 생화학반응들의 일부로 가수분해된다. 여기서 보는 것처럼 대부분의 반응들에서 ATP는 ADP와 무기인산(P_i)으로 가수분해되지만 일부는 오직 하나의 인산기만을 가지고 있는 AMP와 피로인산(pyrophosphate, PP_i)으로 가수분해(여기에 나와 있지는 않음)된다. 양쪽 반응 모두 같은 $\Delta G^{\circ\prime}$값(−7.3 kcal/mol 또는 30.5 kJ/mol)을 갖고 있다.

밀접하게 연관되어 있다. 디히드록시아세톤 인산을 소모해서 글리세르알데히드 3-인산을 생성하는 반응을 유지하기 위해, 반응은 두 분자의 농도비를 유리하게 유지해야 한다. 즉, 이 반응은 대사경로 중간에 위치하게 됨으로써, 생성물은 연속된 다음 반응에 의해 충분히 빠른 속도로 제거되는 방식으로 농도를 유지한다.

3.3 에너지흡수반응과 에너지방출반응의 연결

큰 양의 $\Delta G^{\circ\prime}$ 값을 갖는 반응들은 일반적으로 에너지의 투입에 의해 진행된다. 글루타민 합성효소(glutamine synthetase)에 의해 글루탐산(glutamic acid)으로부터 글루타민(glutamine) 아미노산을 생산하는 과정을 생각해 보자.

$$\text{글루탐산} + \text{암모니아}(NH_3) \rightarrow \text{글루타민} \qquad \Delta G^{\circ\prime} = +3.4\ \text{kcal/mol}$$

이러한 에너지흡수반응은 글루탐산이 두 가지 연속된 에너지방출반응과 연결되어 글루타민으로 전환되기 때문에 세포 내에서 일어난다.

첫 번째 반응 : 글루탐산 + ATP →
글루타밀 인산(glutamyl phosphate) + ADP
두 번째 반응 : 글루타밀 인산 + NH_3 → 글루타민 + P_i

전체 반응: 글루탐산 + ATP + NH_3 →
글루타민 + ADP + P_i
$\Delta G^{\circ\prime} = -3.9\ \text{kcal/mol}$

글루타민의 형성은 ATP 가수분해와 연결(*coupled*)되어 있다. ATP 가수분해를 위한 음의 ΔG 값이 글루탐산으로부터 글루타민을 합성하기 위한 양의 ΔG보다 더 큰 음의 값을 갖는 한, 결과적으로 전체 반응은 음의 ΔG를 갖게 되고, 이는 "하향반응(downhill)" ATP 가수분해반응이 "상향반응(uphill)" 글루타민의 합성을 진행시키는 형태가 된다. 두 화학반응을 연결시키기 위해 첫 번째 반응의 생성물은 두 번째 반응의 반응물이 된다. 이 경우 두 반응 사이의 연결고리는 글루타밀 인산(glutamyl phosphate)이며, 이런 것들을 **공통 중간산물**(*common intermediate*)이라 부른다. 본질적으로 에너지방출반응인 ATP 가수분해는 2단계로 일어난다: 첫 번째 단계에서는 글루탐산이 인산기의 수용체로 작용하고, 두 번째 단계에서는 인산기가 NH_3로 치환된다.

ATP 가수분해는 ATP 수준이 평형상태일 때 보다 항상 더 높게 유지(ADP 수준에 대해 상대적으로)되기 때문에, 세포 내에서 글루타민 같은 분자들의 형성을 이끄는 데 사용될 수 있다. 이것은 다음 계산을 통해 증명될 수 있다. 위에서 언급된 대로 P_i의 일반적인 세포 내 농도는 약 10mM이다. 이러한 조건에서 평형상태의 [ADP]/[ATP] 비율을 계산하기 위하여 평형상태에서 ΔG 값을 0으로 놓고 다음 방정식(93쪽 참조)을 풀 수 있다.

$$\Delta G = \Delta G^{\circ\prime} + (1.4\ \text{kcal/mol})\log\frac{[\text{ADP}][\text{P}_i]}{[\text{ATP}]}$$

$$0 = -7.3\ \text{kcal/mol} + (1.4\ \text{kcal/mol})\log\frac{[\text{ADP}][10^{-2}]}{[\text{ATP}]}$$

$$0 = -7.3\ \text{kcal/mol} + (1.4\ \text{kcal/mol})\left(\log 10^{-2} + \log\frac{[\text{ADP}]}{[\text{ATP}]}\right)$$

$$7.3\ \text{kcal/mol} = (1.4\ \text{kcal/mol})(-2) + (1.4\ \text{kcal/mol})\log\frac{[\text{ADP}]}{[\text{ATP}]}$$

$$\log\frac{[\text{ADP}]}{[\text{ATP}]} = \frac{10.1\ \text{kcal/mol}}{1.4\ \text{kcal/mol}} = 7.2$$

$$\frac{[\text{ADP}]}{[\text{ATP}]} = 1.6\times 10^{7}$$

따라서 평형상태에서 ADP 농도는 ATP 농도보다 10^7배 이상 더 높음을 알 수 있다. 그러나 실제로 대부분의 세포에서 ATP 농도는 ADP 농도보다 10배에서 100배 더 높다. 이것은 굉장히 중요한 사실인데, 그 이유는 일을 진행하기 위해 실제적으로 ATP와 ADP의 상대적인 농도가 중요하기 때문이다. 만약 세포 내 ATP, ADP, P_i가 섞여 있는 상태에서 평형상태를 유지하고 있다면, 얼마나 많은 ATP가 존재하는지에 상관없이 세포는 더 이상 일을 수행하지 않을 것이다.

ATP 가수분해는 막을 가로질러 전하를 분리하고, 용질(solute)의 농도를 조절하고, 근육세포에서 섬유(filament)를 움직이고, 단백질의 성질을 바꾸는 등 대부분의 에너지흡수반응들을 진행시키는 데 사용된다(**그림 3.6**). ATP는 말단 인산기를 아미노산, 당류, 지질, 단백질 등 다양한 분자들에 전달할 수 있기 때문에 다양한 반응들을 위해서 사용될 수 있다. 대부분의 연결된 반응들은 이러한 인산기가 초기 단계에서 ATP로부터 수용체로 전달되고, 다음 단계에서 제거된다(그림 8.46 참조).

3.4 평형상태와 정류상태의 대사

반응이 평형상태로 접근할수록 일을 수행하기 위해 필요로 하는 자유에너지는 최소값을 향해 감소하고, 엔트로피는 최대값을 향해 증가한다. 따라서 반응이 평형상태로부터 더 멀어질수록 엔트로피의 증가에 대해 일을 수행할 수 있는 능력은 덜 손실된다. 세포대사는 근본적으로 비평형 대사(nonequilibrium metabolism)이다. 즉, 반응물에 대한 생성물의 비율이 비평형상태로 유지된다. 이것은 일부 반응들이 세포 내에서 평형상태 혹은 평형상태에 가까운 조건에서 일어나지 않는다는 것을 의미하는 것은 아니다. 실제로 대사과정의 많은 반응들이 아마도 평형상태에 가깝게 일어날 것이다(그림 3.25 참조). 그러나 적어도 일부 대사반응은 근본적으로 비가역적이 되도록 평형상태로부터 멀리 떨어져있다. 이러한 현상은 대사가 단일 방향으로 진행되도록 한다. 이렇듯 단일 방향으로 진행되는 반응이 중요한 이유는, 전체 대사경로를 통한 물질들의 흐름이 비가역적 반응에 참여하는 효소의 활성을 활성화시키는 것에 의해 증가될 수 있거나 또는 저해하는 것에 의해 감소될 수 있어서 세포의 대사조절을 용이하게 만들어 주기 때문이다.

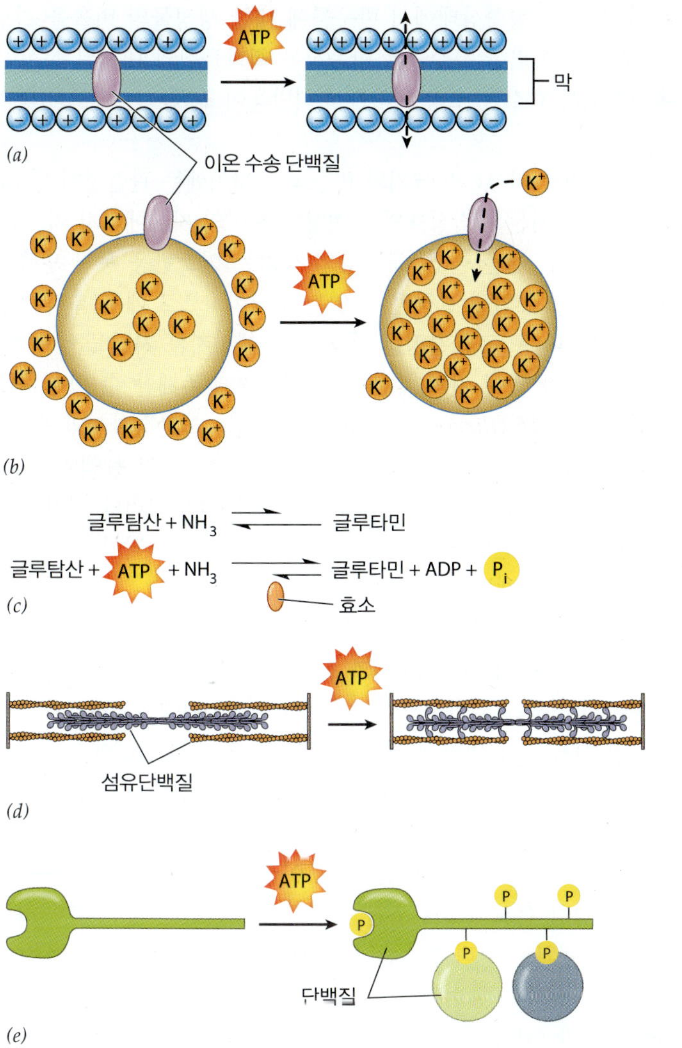

그림 3.6 **ATP 가수분해의 몇 가지 역할.** 세포 내에서 ATP를 가수분해해서 얻은 에너지는 다음과 같이 사용될 것이다. (*a*) 막을 가로질러 전하를 분리, (*b*) 세포 내 특정 용질을 농축, (*c*) 불리한 화학반응을 추진, (*d*) 근육세포의 수축 동안 일어나는 섬유들의 서로 가로지르는 이동, (*e*) 인산기를 단백질로 전달하여 단백질 성질을 변화시키고 그로 인해 원하는 반응을 일으킴. 이 경우 추가된 인산기가 다른 단백질들에 대한 결합부위의 역할을 한다.

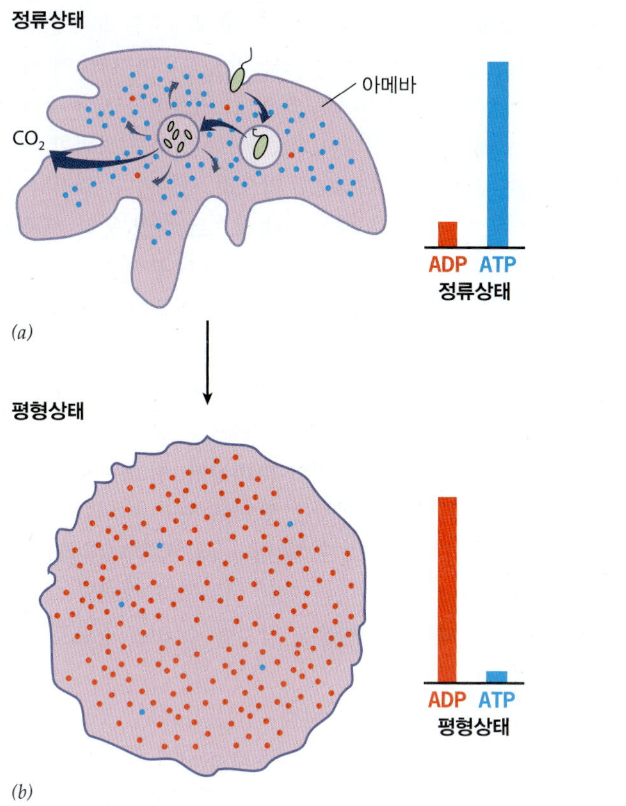

그림 3.7 **정류상태 대 평형상태.** (*a*) 아메바가 외부로부터 영양분을 지속적으로 섭취하는 한 평형상태로부터 멀리 떨어진 정류상태의 화합물 농도를 유지하기 위해 필요한 에너지를 얻을 수 있다. 정류상태에서 ATP와 ADP의 농도는 색깔 있는 점들과 막대도표로 표시했다. (*b*) 아메바가 죽었을 때 ATP와 ADP의 농도(또한 다른 생화학물질)는 평형상태의 비율에 가깝게 바뀐다.

열역학의 기본적인 원리는 가역적 평형상태에서 비생물체(nonliving)의 닫힌 계(*closed system*)(계와 주위 사이에 물질교환이 없다)를 기준으로 만들어졌다. 세포대사의 독특한 모습은 다른 관점으로 바라봐야 한다. 세포대사는 시험관 안의 환경과는 다르게 열린 계(*open system*)이기 때문에 그 자체를 비가역적, 비평형상태의 조건으로 유지할 수 있다. 물질과 에너지는 계속적으로 혈류나 배양배지로부터 세포로 이동한다. 외부로부터 세포 내로 이동하는 정도는 단순히 숨을 멈춰보면 알게 된다. 산소는 세포대사를 위해 굉장히 중요한 반응물이기 때문에 우리는 항상 외부로부터 산소 공급을 필요로 한다. 세포 안팎으로 산소와 다른 물질들의 계속된 이동은 세포대사가 **정류상태(steady state)**로 머무를 수 있도록 한다(**그림 3.7**). 정류상태에서 최종 반응물과 생성물의 농도는 상대적으로 일정하지만, 개개의 반응들이 꼭 평형상태에 있을 필요는 없다. 이것은 세포대사물질들의 농도가 변하지 않는다는 것을 의미하지는 않는다. 세포들은 환경변화에 따라 핵심 기질들의 농도를 계속 조절할 수 있다. 예를 들면, 인슐린(insulin) 호르몬처럼 대사조절에 관여하는 기질들의 수준은 당류, 아미노산, 지방 등의 생산이 이루어질 때 급격하게 증가하거나 감소할 수 있다. 달리 말해, 세포는 동적(*dynamic*) 비평형상태로 존재하고 있다고 말할 수 있는데, 그 이유는 정방향과 역방향의 반응속도가 환경변화에 따라 비자발적으로 증가하거나 감소할 수 있기 때문이다.

3.5 생물학적 촉매제로서의 효소

에탄올이 만들어지기 위해 온전한(intact) 효모가 필요한지에 대한 논쟁이 19세기 말에 있었다. 한쪽 편에서는 유기화학자 유스투스 폰 리비히(Justus von Liebig)가 알코올(alcohol)을 생산하는 반응이 자신이 시험관에서 실험했던 발효반응과 별 차이가 없었다고 주장했고, 다른 한편에서는 생물학자 루이스 파스퇴르(Louis Pasteur)가 발효과정은 오직 온전하고 고도로 체계화된 살아있는 세포 내에서만 일어날 수 있다고 주장하였다.

1897년 Pasteur 사후 2년이 지났을 때 미생물학자 한스 뷔흐너(Hans Buchner)와 그의 형제 화학자 에드아르트(Eduard)는 "효모주스(yeast juice)"를 만들었다. 그들은 효모세포를 모래알갱이에 갈은 후 여과지를 통해 여과시켜 주스를 만들었으며, 나중에 사용하기 위해 이를 보존하는 방법을 연구하였다. 처음에는 방부제를 첨가하여 부패를 막으려 했으나 실패한 후, 잼이나 젤리를 보관할 때 사용했던 방법인 설탕을 첨가하여 부패를 막으려 시도했다. 그러나 설탕이 첨가된 효모주스는 가스와 함께 계속적으로 수일 동안 거품이 발생했다. 이를 이상하게 여긴 Eduard는 몇 가지 분석을 더 수행한 후, 마침내 발효과정에서 에탄올과 이산화탄소 거품이 생산된다는 것을 발견했다. 이를 통해 Buchner는 발효가 이루어지기 위해 온전한 세포가 꼭 필요하지는 않다는 사실을 보여줬다.

그로부터 얼마 지나지 않아 유기화학자들이 행하는 일반적인 화학반응과 발효가 다르다는 것이 밝혀졌다. 발효는 비생물계에는 존재하지 않는 독특한 촉매제들을 필요로 하고, 이러한 촉매제들은 **효소**[**enzyme**, 그리스어로 "효모 내(in yeast)"로부터 유래]라 불리었다. 효소는 세포 내에서 일어나는 모든 반응들과 관계된 대사의 매개체이다. 효소가 없다면 대사반응은 감지할 수 없을 정도로 매우 느리게 일어날 것이다.

효소가 단백질이라는 첫 번째 증거는 1926년 코넬대학교(Cornell University)의 제임스 섬너(James Sumner)에 의해 처음 알려졌는데, 그는 작두콩에서 요소분해효소(urease)를 결정화하고 구성성분을 확인했다. 비록 그 당시 그의 발견이 대부분의 과학자들에 의해 인정받지 못했지만, 그 후 다른 효소들이 단백질임이 밝혀졌고 곧 이어 수십 년에 걸쳐 모든 생물학적 촉매들이 단백질이라는 사실이 받아들여졌다. 마침내 특정 생물학적 반응들이 RNA 분자에 의해서도 촉매된다는 사실이 알려졌지만, 명확성을 위해 아직까지 효소(*enzyme*)라는 용어는 일반적으로 단백질 촉매제를 위해 사용된다. RNA 촉매제를 위해서는 리보자임(*ribozyme*)이라는 용어를 별도로 사용한다. 본 장에서는 단백질 촉매제에 한정하여 설명할 것이고, 제5장에서 RNA 촉매제의 특성에 대하여 설명할 것이다.

효소가 단백질이라 하더라도 그들 중 많은 것들이 복합단백질(conjugated protein)이다. 이러한 복합단백질은 비유기물(금속) 혹은 유기물(**조효소**, **coenzymes**)로 이루어져 있는 **보조인자**(**cofactor**)라는 비단백질 성분을 포함하고 있다. 비타민(vitamins)과 그 유도체들은 종종 이러한 조효소의 기능을 수행한다. 보조인자는 효소의 기능을 위해 중요한 역할을 하고, 종종 아미노산이 할 수 없는 촉매활성을 수행하기도 한다. 예를 들면, 이전 장에서 설명한 대로 마이오글로빈에서 헴기(heme group)의 철(Fe) 원자는 산소가 결합하는 부위이고, 세포대사에 의해 이용될 때까지 산소를 저장한다.

효소의 특성

모든 촉매제들처럼 효소는 다음 특성을 갖고 있다: (1) 적은 양만 필요하다. (2) 반응 과정 동안 비가역적으로 변하지 않기 때문에 개별 반응에 반복적으로 참여할 수 있다. (3) 반응의 열역학에는 어떤 영향도 미치지 않는다. 이러한 효소의 특성들 중 마지막 특성은 매우 중요하다. 효소는 화학반응에 에너지를 공급하지 않아 반응이 열역학적으로 유리한지 혹은 불리한지를 결정하지 않기 때문이다. 유사하게, 효소는 평형상태에서 반응물에 대한 생성물의 비율을 결정하지 않는다. 이러한 특성들은 반응하는 화학물질의 내재된 특성이다. 촉매제로서 효소는 오직 유리한 화학반응이 진행되는 속도를 증가시킬 수 있다.

특정 반응의 ΔG의 크기와 반응속도 사이에는 관련성이 없고, 다만 ΔG의 크기는 시작상태와 평형상태 사이의 자유에너지 차이만 알려줄 뿐이다. 예를 들면, 포도당의 산화는 연소반응 동안 방출되는 에너지의 양에 의해 결정될 수 있는 열역학적으로 매우 유리한 반응이다. 그러나 포도당 결정은 다소 낮은 에너지를 지닌 물질이며, 눈에 띄는 전환 없이 거의 무한하게 공기 중에 존재할 수 있다. 즉, 포도당은 **열역학적**(*thermodynamically*)으로는 불안정하지만 **속도론적**(*kinetically*)으로는 안정하다. 설탕이 용해되어도 그 용액이 멸균 상태로 유지되는 한 빠르게 분해되지 않을 것이다. 그러나 여기에 약간의 세균을 첨가한다면 짧은 시간 안에 설탕은 흡수되어 세균 내에서 효소에 의해 분해될 것이다.

효소는 매우 뛰어난 촉매제이다. 산(acid), 백금(metallic platinum), 마그네슘(magnesium)과 같이 유기화학자들이 실험실에서 사용하는 촉매제는 일반적으로 반응속도를 100배에서 1,000배까지 증가시켜준다. 이에 반해서 효소는 보통 반응속도를 10^8에서 10^{13}까지 혹은 그 이상 증가시킨다(표 3.3). 이를 근거로 효소가 없을 때 3년에서 30만 년까지 걸리는 반응시간을 효소는 단 1초 만에 일어나도록 줄여준다. 더욱 더 중요한 점은, 이러한 효소에 의한 반응이 세포 내의 적당한 온도와 pH 조건 하에서 일어난다는 사실이다. 그리고 무기촉매제와는 달리 효소는 촉매 대상이 되는 반응물에 매우 특이적으로 결합하는 장점이 있다. 효소에 결합하는 반응물을 **기질**(**substrate**)이라 한다. 예를 들면, 헥소키나아제(hexokinase) 효소가 기질인 포도당과 함께 100여 개의 다른 저분자량 화합물을 섞은 용액 속에 있다면, 오직 포도당 분자만이 효소에 의해 인식되어 반응이 진행될 것이다. 물론 실질적으로 이렇게 다른 화합물들이 항상 같이 일정하게 섞여 있을 확률은 낮겠지만, 효소와 기질 또는 다른 형태의 단백질과 그에 결합하는 기질 사이에 존재하는 특이성은 생명활동에 필요한 질서를 유지하는 데 매우 중요하다.

높은 수준의 활성 및 특이성을 바탕으로 효소-촉매 반응이 매우 질서정연하게 진행되고 생성물의 형성이 적절하게 이루어진다. 이런 의미에서 효소는 대사의 방향을 조절하는 조절자로서의 역할을 한다고 말할 수 있다. 화학적 부산물의 형성이 연약한 세포의 생명에 급격한 손상을 주기 때문에 이것은 매우 중요하다. 마지막으로, 다른 촉매제와 다르게 효소활성은 특정 순간에 세포의 필요성에 의해 조절될 수 있다. 이 장과 이 책의 나머지 부분에서 알 수 있듯이, 세포의 효소들은 실로 축소된 분자기계들의 놀라운 집합물이다.

활성화 에너지 장벽의 극복

효소는 어떻게 효과적으로 촉매반응을 수행할 수 있을까? 첫 번째로 생각해 볼 질문은, 열역학적으로 유리한 반응은 효소가 없는 상태에서는 왜 비교적 빠른 속도로 스스로 진행하지 않는가이다. 열역학적으로 매우 유리한 가수분해가 일어나는 ATP조차 조절된 효소반응에

표 3.3 다양한 효소들의 촉매활성

효소	비효소의 $t_{1/2}$[1]	전환수[2]	속도증가율[3]
OMPdecarboxylase	78,000,000년	39	1.4×10^{17}
Staphylococcalnuclease	130,000년	95	5.6×10^{14}
Adenosinedeaminase	120년	370	2.1×10^{12}
AMP nucleosidase	69,000년	60	6.0×10^{12}
Cytidinedeaminase	69년	299	1.2×10^{12}
Phosphotriesterase	2.9년	2,100	2.8×10^{11}
Carboxypeptidase A	7.3년	578	1.9×10^{11}
Ketosteroid isomerase	7주	66,000	3.9×10^{11}
Triosephosphateisomerase	1.9일	4,300	1.0×10^{9}
Chorismatemutase	7.4시간	50	1.9×10^{6}
Carbonicanhydrase	5초	1×10^{6}	7.7×10^{6}
Cyclophilin,human	23초	13,000	4.6×10^{5}

[1]효소가 없는 상태에서 반응물의 반이 생성물로 전환되는 데 소요되는 시간.
[2]포화상태의 기질농도에서 작용할 때 초당 단일 효소 분자에 의해 촉매된 반응의 수.
[3]비촉매 반응에 대하여 효소-촉매 반응에 의해 수행된 반응속도의 증가.
출처: A. Radzicka and R. Wolfenden, *Science* 267:91, 1995. AAAS의 허가를 얻음.

의해 분해될 때까지 세포 내에서 안정하게 유지된다. 만일 그렇지 않았다면, ATP는 생물학적으로 쓸모가 없었을 것이다.

일부 화학적 전환이 이루어지도록 반응물 내의 특정 공유결합이 끊어지는 경우가 있는데, 이를 위해서 반응물들은 **활성화 에너지(activation energy, E_A)**라고 불리는 장벽을 극복하기에 충분한 운동에너지(kinetic energy)를 보유하고 있어야만 한다. 활성화 에너지는 **그림 3.8**에서 도표로 표시되어 있는데, 이 도표에서 활성화 에너지는 곡선의 높이로 표현되어 있다. 화학반응에서 반응물들은 종종 절벽의 꼭대기에서 바닥으로 막 떨어지려는 찰나의 정지상태에 있는 물체와 비교된다. 만약 그 상태로 남아 있다면, 그 물체는 거의 무한정으로 정점에 머물러 있을 것이다. 그러나 누군가가 충분한 에너지를 사용하여 마찰력이나 작은 장애물을 극복하고서 그 물체를 절벽 가장자리로 밀어 넣었다면, 그 물체는 자연히 바닥으로 떨어질 것이다. 일단 장벽을 극복하고 정점에 도달하게 되면, 그 물체는 낮은 에너지 상태로 떨어질 잠재력을 갖게 된다.

실온에 있는 용액의 분자들은 주어진 순간에 개별적으로 일정한 운동에너지와 함께 무작위적인 움직임을 갖는 상태로 존재한다. 분자들의 집단에서 각각의 분자들의 에너지는 매우 작은 에너지를 갖는 것부터 훨씬 더 큰 에너지를 갖는 것까지 종-모양의 곡선(**그림 3.9**)으로 분포되어 있다. 높은 에너지를 갖는 분자(활성화된 분자)들은 보통 충돌에 의해 다른 분자들로 과량의 에너지가 전달될 때까지 짧은 시간 동안만 존재한다. 하나의 반응물 분자가 2개의 생성물 분

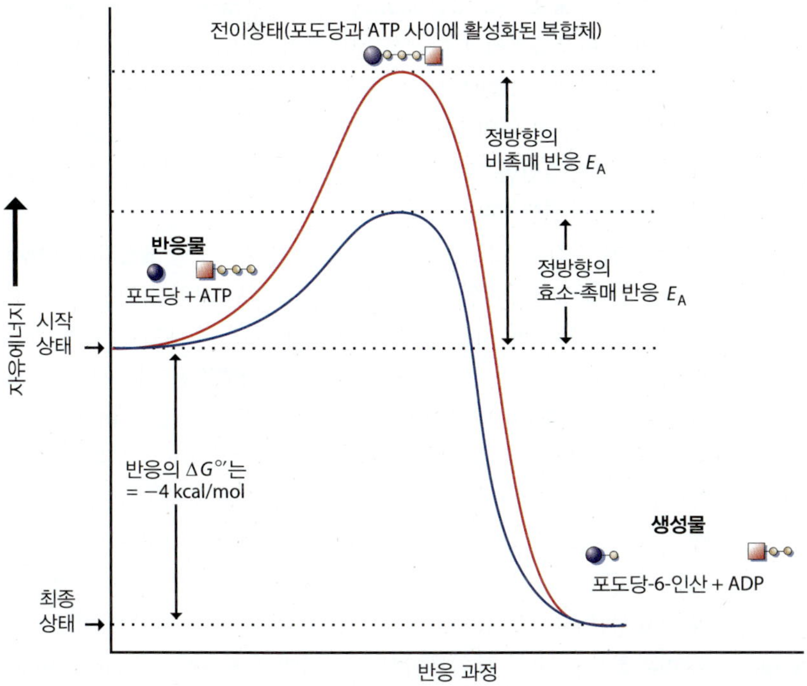

그림 3.8 활성화 에너지와 효소반응. 포도당-6-인산의 형성이 열역학적으로 유리한 반응($\Delta G°' = -4$ kcal/mol)이지만, 이 반응을 위해 필요한 원자의 재배열이 일어날 수 있게 하려면 활성화 상태에 도달해야만 하고 이를 위해 충분한 에너지를 반응물이 가지고 있어야만 한다. 이때 필요한 에너지의 양을 활성화 에너지(E_A)라 부르고 곡선의 높이로 나타낸다. 활성화 에너지는 고정된 값이 아니며 특정 반응경로에 따라 다양하다. E_A는 반응물이 효소촉매와 함께 있을 때 크게 낮아진다. [이 그림은 간단한 하나의 단계로 이루어진 반응기작을 묘사하고 있다. 많은 효소반응들은 중간산물을 형성하는 두 단계 또는 그 이상의 단계로 이루어져 있다(그림 3.13에 나와 있는 것처럼). 반응에서 각각의 단계는 고유의 E_A 및 다른 전이상태를 갖고 있다.]

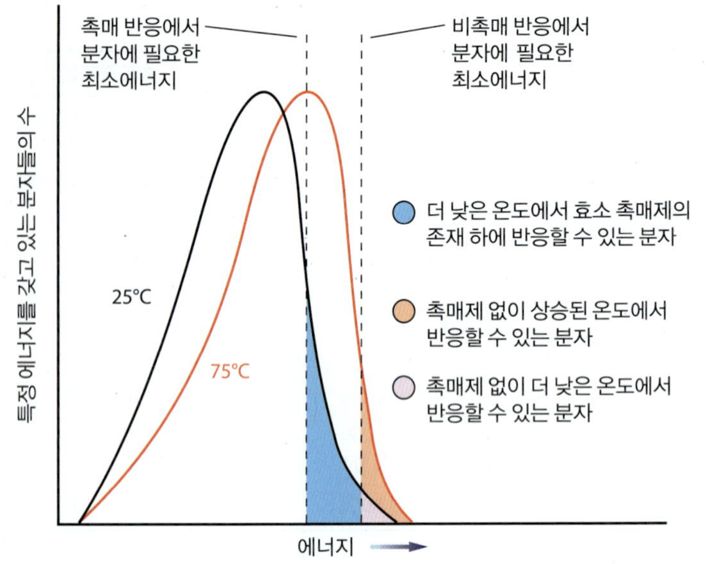

그림 3.9 **활성화 에너지를 낮췄을 때 반응속도에 대한 효과.** 종 모양의 곡선은 두 가지 다른 온도에서 반응혼합물에 있는 분자 집단의 에너지 함량을 나타낸다. 반응이 일어나기 위해 필요한 에너지를 충분히 갖고 있는 반응물 분자들의 수는 혼합물을 가열하거나 효소촉매제를 첨가하는 것에 의해 증가한다. 열은 분자들의 에너지 함량을 높여서 반응속도를 증가시키기 때문에 전체 분자 집단 중 더 높은 비율의 분자들이 활성화 에너지 장벽을 극복하기 위한 에너지를 충분히 가지게 된다(빨간색 대 파란색 곡선). 반면에 효소는 반응이 일어나기 위해 필요한 활성화 에너지를 낮춤으로써 이러한 일을 한다(수직 점선).

자들로 분리되는 반응을 살펴보자. 만약 주어진 반응물 분자가 활성화 에너지를 극복할 수 있는 충분한 에너지를 얻는다면, 2개의 생성물 분자들로 충분히 분리될 수 있다. 반응속도는 주어진 순간에 충분한 운동에너지를 갖고 있는 반응물 분자의 수에 따라 달라진다. 반응속도를 증가시키는 한 가지 방법은 반응물의 에너지를 증가시키는 것이다. 이것은 실험실에서 반응혼합물을 가열하는 것에 의해 충분히 이루어질 수 있는 일이다(그림 3.9). 반대로 효소가 매개된 반응을 가열한다면 오히려 효소의 변성을 야기하여 비활성화될 가능성이 크다.

반응물이 에너지 언덕의 꼭대기에 있고 생성물로 전환되기 전 단계에 있을 때, 그 반응물은 **전이상태(transition state)**에 있다고 한다(그림 3.8). 이 시점에서 반응물은 순간적으로 결합들이 형성되기도 하고 끊어지기도 하면서 활성화된 복합체를 형성한다. 세균의 프롤린 입체이성질체화효소(proline racemase)는 프롤린의 D-와 L-입체이성질체(stereoisomers)의 상호 전환을 촉매하는데, 이를 살펴봄으로써 전이상태 구조의 모습을 설명할 수 있다.

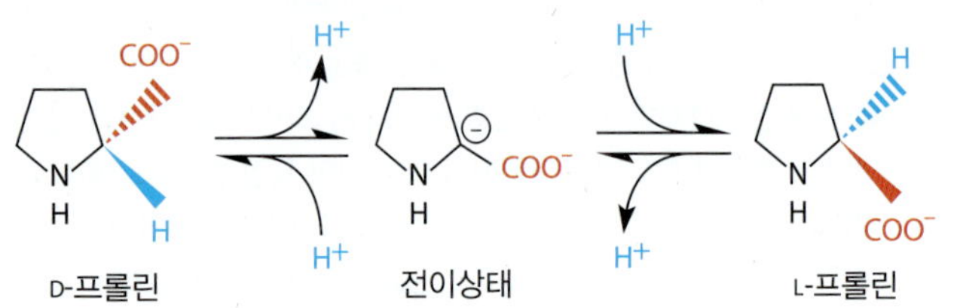

이 반응은 프롤린 분자의 α-탄소로부터 양성자를 잃게 되면서 양방향으로 진행한다. 결과적으로 전이상태 구조는 탄소 원자에 의해 형성된 세 가지 결합들이 모두 같은 평면에 있는 음으로 하전된 카르바니온(carbanion)을 갖고 있다.

반응을 위한 표준 자유에너지의 차와는 달리 전이상태에 도달하기 위해 필요한 활성화 에너지는 고정된 값이 아니라 사용된 반응기작에 따라 다양하다. 효소는 활성화 에너지 장벽의 크기를 감소시켜 반응을 촉매한다. 따라서 열에 의한 촉매작용과는 달리 효소는 기질이 특별히 높은 에너지 수준에 도달하지 않아도 높은 반응성을 갖도록 만든다. 효소에 의한 촉매반응과 비촉매반응에서 각각 반응할 수 있는 분자의 비율에 대한 비교는 그림 3.9에 나와 있다. 효소는 반응물과의 직접적인 결합보다는 전이상태의 반응물과 더 강한 결합을 하여 활성화된 복합체를 보다 낮은 에너지 상태로 안정화시켜 활성화 에너지를 낮출 수 있다. 결과적으로 초기 반응물과 전이상태 사이의 기하학 및 효소에 대한 결합 특성의 차이는 효소의 작용기작을 연구하기 위한 중요한 대상이 된다. 전이상태의 중요성은 여러 가지 관점으로 설명될 수 있다. 예를 들면,

- 반응물의 전이상태를 닮은 화합물은 효소의 촉매부위에 더 강하게 결합할 수 있기 때문에 매우 효과적인 저해제가 될 수 있다.
- 항체(antibody)는 효소와 같은 촉매특성을 갖고 있지 않지만, 오히려 특정 분자에 대해 높은 특이성을 갖고 결합한다. 그러나 반응물의 전이상태를 닮은 화합물에 결합하는 항체는 때론 효소처럼 행동하고 그러한 화합물의 분해를 촉매한다.

전이상태에 있는 반응물이 생성물로 전환되면, 결합된 분자에 대한 효소의 친화력이 감소하여 생성물은 방출된다.

활성자리

촉매제로서 효소는 결합을 생성하거나 끊는 과정을 촉진한다. 이를 위해 효소는 반응물들 사이에 일어나는 활동에 밀접하게 연관되어 있다. 효소는 **효소-기질 복합체[enzyme-substrate (ES) complex]**라고 불리는 반응물과의 복합체를 형성하여 이러한 일을 수행한다. 효소-기질 복합체는 **그림 3.10**에 개괄적인 그림으로 나타냈으며, 그림 3.14에 그 모형이 나와 있다. 효소와 기질 사이의 결합은 많은 경우 일시적인 공유결합을 형성하는 것으로 알려져 있지만 사실 대부분의 경우는 비공유결합이다.

기질에 직접적으로 결합하는 효소 분자의 부위를 **활성자리(active site)**라 한다. 활성자리와 기질은 서로 상보적인 모양을 갖고 있기 때문에 매우 정밀하게 서로 결합할 수 있다. 효소에 대한 기질의 결합은 단백질 자체의 구조를 결정하는 비공유 상호작용(이온결합, 수소결합, 소수성결합)에 의해 이루어진다. 예를 들면, **그림 3.11a**에서 묘사된 효소는 기질의 음으로 하전된 원자들이 결합하는 부위에 전략적으로 양으로 하전된 잔기를 가지고 있다. 활성자리는 기질과의 결합 외에도 기질에 영향을 주고 반응물의 활성화 에너지를 낮추는 특정한 아미노산 사슬의 배열을 갖고 있다. 활성자리에 있는 각 곁사슬의 중요성은 하나의 특정 아미노산을 다른 특성을 지닌 아미노산으로 치환하는 기술인 부위특이적 돌연변이 유도(site-directed muta-

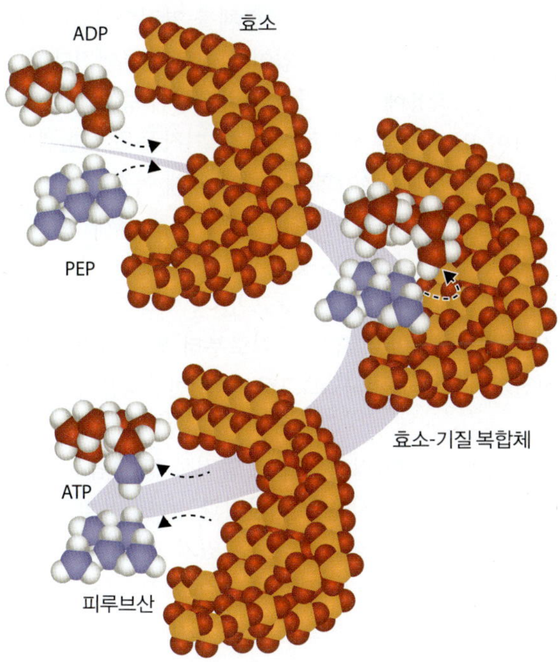

그림 3.10 **효소-기질 복합체 형성.** 피루브산 인산화효소(그림 3.24 참조)에 의해 촉매되는 반응을 나타낸 개요도. 두 가지 기질 인산에놀피루브산(phosphoenolpyruvate)과 ADP는 효소에 결합하여 효소-기질(ES) 복합체를 형성하며 이를 통해 생성물인 피루브산과 ATP의 형성을 이끈다.

genesis, 18.25절)에 의해서 평가될 수 있다.

활성자리는 일반적으로 수용성인 주위환경(aqueous surroundings)으로부터 떨어져 단백질 깊숙이 들어가 있는 갈라진 틈 안에 묻혀 있다. 기질이 활성자리의 틈으로 접근할 때, 결합되어 있던 물 분자가 제거되며(탈용매, desolvation), 이를 통해 소수성 환경이 만들어지고 여기에 결합하게 된다. 활성자리에 있는 곁사슬의 반응성은 세포의 수용성 용매로부터 차단된 환경에서 더 크다. 활성자리를 구성하는 아미노산들은 보통 일렬로 펼쳐진 폴리펩티드(polypeptide) 사슬을 따라 갔을 때 서로 떨어져 있는 위치에 존재하지만, 이러한 폴리펩티드가 3차 구조로 접힐 때는 서로 가까이 위치하게 된다(그림 3.11*b*). 활성자리의 구조를 통해 효소의 촉매활성뿐만 아니라 기질에 대한 **특이성**(*specificity*)도 알 수 있다. 위에서 언급한 대로 대부분의 효소는 오직 하나 혹은 소수의 밀접하게 관련된 생물학적 분자들과 결합할 수 있다.

3.6 효소 촉매작용의 기작

감지할 수 없는 속도로 느리게 일어나는 반응을 효소는 어떻게 초당 수백 번 이상 반응이 일어나도록 할 수 있을까? 답은 효소-기질 복합체의 정보에 있다. 효소는 용액으로부터 기질을 선택한 후 커다란 촉매 분자의 표면에 붙잡아 둔다. 이렇게 되면 기질의 물리적 그리고 화학적 특성이 다음 절에서 설명될 몇 가지 방법으로 영향을 받게 될 수 있다.

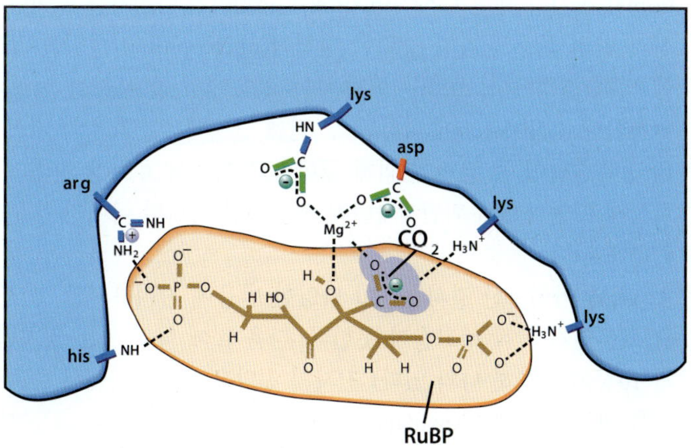

(*a*)

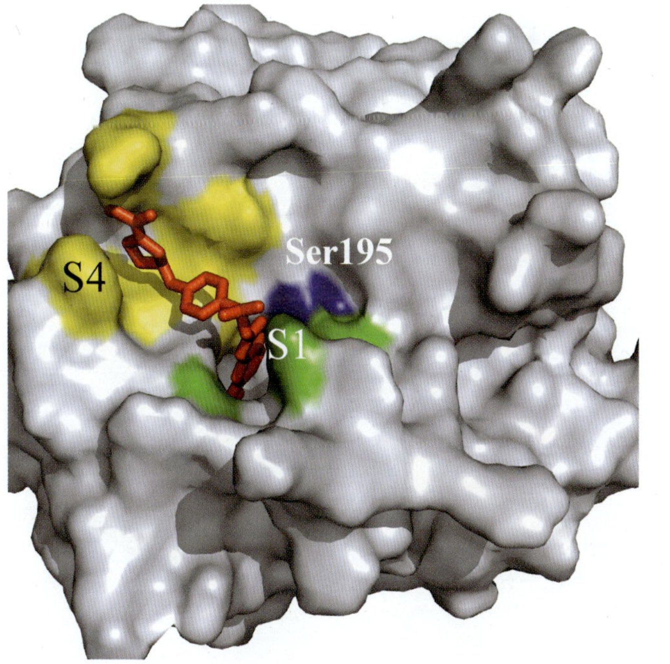

(*b*)

그림 3.11 **효소의 활성자리.** (*a*) 리불로오스-2인산카복실화효소(ribulose bisphosphate carboxylase)의 활성자리를 나타낸 개요도. 결합된 기질들(RuBP와 CO_2)과 효소의 특정 아미노산 곁사슬들 사이에 상호작용하는 다양한 부위를 보여주고 있다. 이러한 비공유결합은 활성자리의 기질-결합 특성을 결정하는 것과 더불어 생성물로의 전환을 촉진시키는 방식으로 기질의 특성을 변화시킨다. (*b*) 혈액응고 효소인 Factor Xa와 프로트롬빈(prothrombin) 기질을 닮은 화학적 저해제(빨간색으로 겹쳐 있음)가 결합되어 있는 활성자리를 나타낸 전자밀도지도(electron density map). 회색표면은 효소의 아미노산 곁사슬들을 구성하고 있는 원자의 전자궤도의 가장 끝부분을 나타낸다. 따라서 이 부분은 활성자리의 원자들이 차지한 공간을 시각적으로 묘사하고 있다. 기질이 단백질의 깊은 틈(일반적으로 활성자리)에 결합한다는 사실을 명백히 확인할 수 있다. 활성자리의 195번 세린은 파란색으로 표시되어 있다. S1과 S4로 알려진 기질로서 결합할 수 있는 분자를 결정하기 위해 중요한 단백질 부위는 여러 개의 곁사슬들로 구성되어 있으며 노란색과 초록색으로 표시되어 있다.

출처: (a) D. A. Harris, *Bioenergetics at a Glance*, P. 88, Blackwell, 1995; (b) Yeh CH, Fredenburgh JC, Weitz JI. 2012. Oral direct factor Xa inhibitors. *Circulation Research* 111, 1069–1078에서 발췌.

기질의 방향

한 움큼의 너트와 볼트를 가방 안에 넣고 5분 동안 흔든다고 가정해 보자. 다 흔든 후 하나를 꺼냈을 때, 볼트와 너트가 단단하게 결합되어 있는 경우는 거의 없을 것이다. 그러나 한 손에는 볼트를 다른 한 손에는 너트를 집은 후 너트 안으로 볼트를 돌려 넣는다면, 쉽게 단단하게 결합되어 있는 볼트와 너트를 얻을 수 있다. 너트와 볼트를 적절한 방향으로 배열함으로써 계의 엔트로피를 크게 감소시킬 수 있다. 효소는 유사한 방법으로 기질의 엔트로피를 낮춰준다.

효소의 표면에 결합한 기질은 반응 동안 정밀하게 정확한 방향으로 서로 가깝게 다가간다(**그림 3.12a**). 그러나 위에서 살펴봤듯이 반응물이 용액에 자유롭게 있으면서 충분한 에너지를 갖고 병진(translational)운동과 회전(rotational)운동을 하더라도 효소와 전이상태 복합체의 형성을 초래하는 충돌을 반드시 일으키지는 않는다.

기질반응성의 변화

효소는 전하를 띠는 것부터 비극성인 것까지 매우 다양한 형태의 곁사슬을 갖는 아미노산들로 구성되어 있다. 기질이 효소의 표면에 결합했을 때, 기질 분자 안의 전자의 배치는 근처 곁사슬들에 의해 영향을 받는다(그림 3.12*b*). 이러한 영향은 기질의 반응성을 증가시키고, 반응 동안 형성되는 전이상태 복합체를 안정화시킨다. 이러한 효과는 열과 같은 외부 에너지의 유입이 없이도 이루어진다.

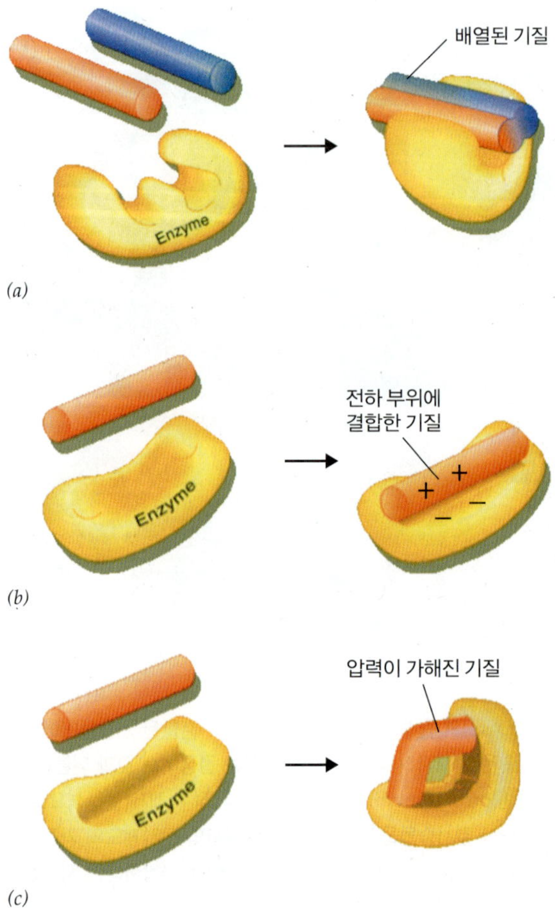

그림 3.12 효소가 반응을 촉진하는 기작. (*a*) 정확한 기질 방향을 유지함, (*b*) 정전기적 구성을 바꿔 기질반응성을 변화시킴, (*c*) 기질의 특정 결합을 끊도록 물리적 압력을 가함.

효소와의 상호작용에 의해 기질의 반응성이 증가되는 몇 가지 일반적인 기작이 있다. 기본적으로 이러한 기작들은 시험관에서 유기반응의 기작을 연구하는 유기화학자들에 의해 특징지어진 것들과 유사하다. 예를 들면, 반응속도는 pH 변화에 의해 크게 영향을 받는다. 효소는 배지의 pH를 바꾸지는 못하지만 산성 또는 염기성 곁사슬을 갖는 아미노산들을 무수히 많이 갖고 있다. 이러한 곁사슬들은 양성자를 기질로 줄 수도 있고 혹은 기질로부터 받을 수도 있기 때문에 기질의 정전기적 성질을 바꾸고 그로 인해 반응성을 증가시켜 줄 수 있다.

많은 효소들의 활성자리에는 부분 양전하 또는 음전하를 갖는 곁사슬들이 있다. 그러한 곁사슬들은 기질과 상호작용할 수 있고 그로 인해 기질의 정전기적 성질을 바꿀 수 있기 때문에 마찬가지로 기질의 반응성을 바꿀 수 있다. 또한 그러한 곁사슬들은 기질과의 상호작용을 통해 순간적으로 효소와 기질 사이에 공유결합을 형성할 수 있다. 소장에서 음식물의 단백질을 분해하는 효소인 키모트립신(chymotrypsin)은 이러한 방식으로 작용한다. 키모트립신이 기질단백질의 펩티드 결합을 가수분해할 때 일어나는 일련의 반응들이 **그림 3.13**에 나와 있다. 그림 3.13에서 반응은 두 가지 단계로 나눌 수 있다. 첫 번째 단계에서 세린(serine)의 곁사슬에 있는 원자들 중 전기음성도(electronegative)가 큰 산소 원자가 기질의 탄소 원자를 "공격한다(attack)". 결과적으로 기질의 펩티드 결합은 가수분해되고 이어서 생성물의 하나로 기질의 나머지 부분이 제거된 채 세린과 기질 사이에 새로운 공유결합이 형성된다. 그림 설명에서 나와 있는 대로 이러한 반응을 수행하기 위한 세린의 능력은 근처에 있는 히스티딘(histidine) 잔기가 세린 수산기(hydroxyl group)의 양성자를 끌어당겨 수산기 안의 산소 원자가 강력한 친핵적(nucleophilic) 성질을 갖는 것에 의해 결정된다. 효소는 촉매하는 반응에서 물 분자를 적절히 잘 이용한다. 그림 3.13*b*에 나타난 두 번째 단계에서는 효소와 기질 사이의 공유결합이 물 분자에 의해 끊어지고 이어서 효소가 원래의 비결합상태로 돌아오게 되면서 2번째 생성물인 기질의 나머지 부분을 방출하게 된다.

비록 아미노산 곁사슬들이 다양한 반응에 참여하지만 그 자체만으로는 전자를 잘 주고받지 못한다. 다음 절에 나와 있는 것처럼(9장과 10장에 자세히 나와 있다) 전자의 전달은 세포대사에서 중요한 역할을 하는 산화-환원(oxidation-reduction)반응의 중심이 되는 사건이다. 효소는 이러한 반응들을 촉매하기 위해 전자를 주거나 제거하여 기질의 반응성을 높이는 보조인자(금속이온 또는 조효소)를 갖고 있다. 효소들은 많은 경우 활성자리에 위치한 아미노산 잔기들 중 하나를 화학적으로 변형시켜 전자를 받아들이는 보조인자로 사용한다.

기질의 변형 유도

효소의 활성자리는 결합하는 기질에 대해 상보적이지만, 기질이 결합한 후 효소의 일부 원자들의 상대적인 위치가 바뀐다는 연구결과들이 보고되었다. 많은 경우 이러한 구조변화를 통해 효소와 반응물 사

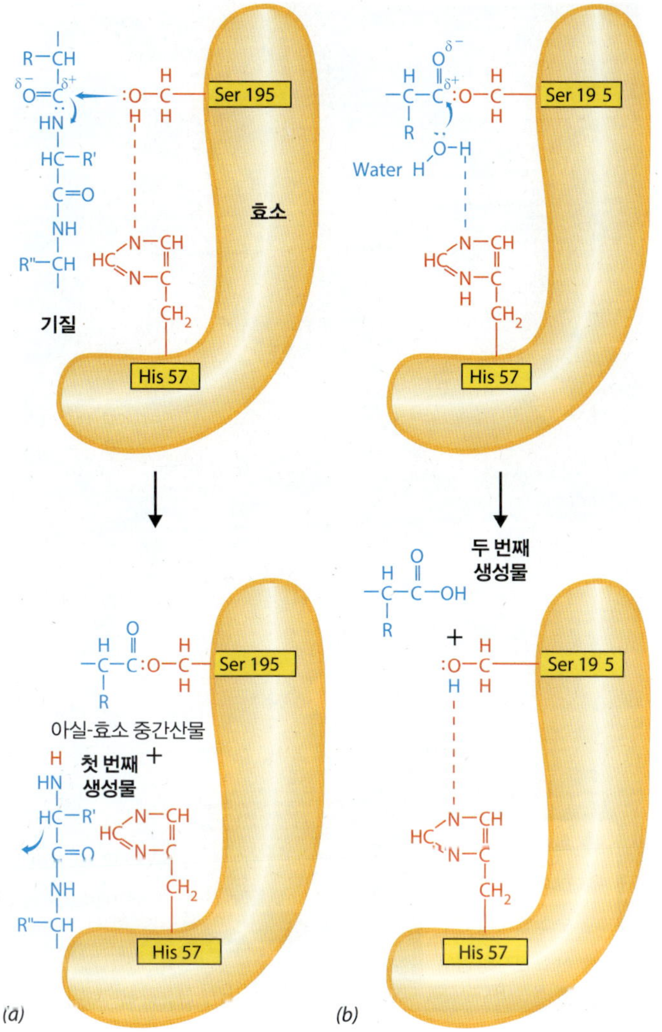

그림 3.13 **키모트립신의 촉매 기작을 나타내는 개요도.** 반응은 두 가지 단계로 나뉜다. (*a*) 효소 내 195번 세린의 전기음성도가 큰 산소 원자는 부분 음전하를 갖고 있는데, 이 산소 원자는 부분 양전하를 갖는 기질 내 카르보닐 탄소 원자에 친핵적 공격(nucleophilic attack)을 가하여 펩티드 결합을 끊는다. 폴리펩티드 기질은 파란색으로 표시되어 있다. 이 세린은 히스티딘 잔기(His 57)에 가깝게 위치하는 것에 의해 반응성이 커지는데, 그 이유는 히스티딘이 세린으로부터 양성자를 끌어당겨 결국 끊어진 펩티드 결합의 질소 원자에 그 양성자를 제공하기 때문이다. 히스티딘의 곁사슬은 생리적 pH에서 양성자를 주고받을 수 있는 약한 염기이기 때문에 이러한 작용을 할 수 있다(리신과 같은 더 강한 염기는 이러한 pH에서 완전히 양성자화된 상태일 것이다). 기질의 일부는 세린 곁사슬을 이용해 효소와 일시적인 공유결합을 형성한다. 반면에 기질의 나머지 부분은 첫 번째 생성물로 방출된다. (세린과 히스티딘 잔기들은 1차 구조 서열상에서 138개 아미노산 거리만큼 떨어져 있지만 폴리펩티드의 접힘을 통해 효소 내에서 가까이 위치하게 된다. 여기에 나와 있지는 않지만 102번 아스파르트산 잔기 또한 히스티딘의 이온 상태에 영향을 주어 촉매 작용에 역할을 한다.) (*b*) 두 번째 단계에서 물 분자 내의 전기음성도가 큰 산소 원자는 효소로부터 기질에 연결된 공유결합을 제거하여 결합되지 않은 효소 분자를 다시 형성하도록 한다. 첫 번째 단계에서 히스티딘은 양성자 전달자의 역할을 하는데, 이 단계에서 양성자는 물로부터 제거되고 이로 인해 물 분자 내의 산소 원자는 더 강력한 친핵성을 갖게 된다. 이어서 양성자는 효소의 세린 잔기로 전달된다.

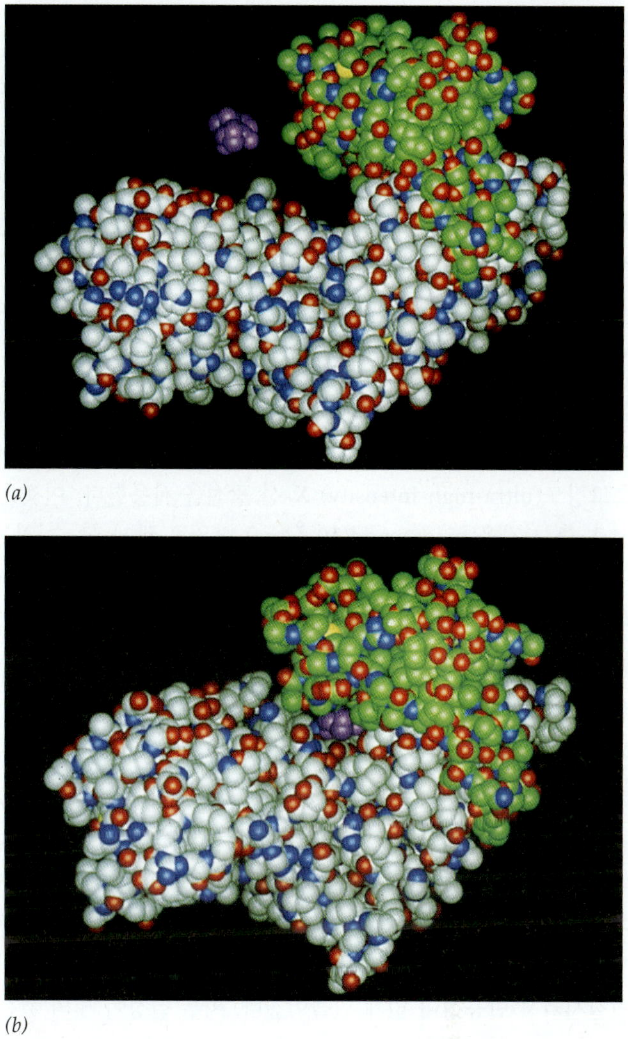

그림 3.14 **유도 적합의 예.** 포도당 분자가 헥소키나아제 효소에 결합할 때 단백질은 활성자리 주머니 안에 기질을 닫아두고 효소와 기질의 반응기들을 정렬하는 구조변화를 진행한다.

출처: Thomas A. Steitz, Yale University 제공.

이에 상보적 적합성이 향상되고(**유도적합, induced fit**), 효소의 적절한 활성화 기들이 반응 장소로 이동한다. 유도 적합의 예는 **그림 3.14**에 나와 있다. 효소 분자 내에서 이러한 형태의 움직임은 분자기계의 역할을 하는 단백질의 좋은 예이다. 이러한 구조적 변화가 발생할 때 기계적인 작업이 진행되어 효소가 기질 분자 내의 특정 결합에 대해 물리적 힘을 발휘할 수 있게 된다. 이것은 기질의 불안정화에 영향을 줘서 강도가 완화되는 전이상태를 야기하도록 한다(그림 3.12*c*).

효소가 특정 반응을 촉매하는 기작을 이해하기 위해 반응이 진행되는 동안 효소와 기질 모두에서 일어나는 원자 및 전자 구조의 다양한 변화를 이해하는 것이 꼭 필요하다. 이전 장에서 X-선 결정학(X-ray crystallography)을 이용한 기술을 통해 어떻게 커다란 효소분자의 상세한 구조를 풀 수 있는지에 대해서 알아봤다. 일반적으로 단백질 결정의 부피는 약 40~60%가 추출용매로 구성되어 있기 때문에 대부분의 결정화된 효소는 높은 수준의 효소활성을 보유하고 있다. 따라서 X-선 회절(X-ray diffraction) 기술을 사용해 반응 기작을 연구하는 것은 충분히 가능하다. 그러나 한 가지 제약이 있는데 그것은 시간이다. 일반적인 결정학연구에서 필요한 데이터를 수집하기 위해 효소결정은 반드시 수시간 혹은 수일 동안 X-선 광선에 노출되어야만 한다. 이러한 연구로부터 얻은 사진은 전체 시간 동안 수집한 분자구조에 대해 평균적인 분자 구조를 보여준다. 그러나 최근 혁신적인 기술의 발달로 인해 X-선 결정학 기술을 사용하여 효소가 단일 반응을 촉매하는 과정에서 발생하는 순간적인 구조변화를 활성자리에서 관측할 수 있게 되었다. 이러한 방식을 시간-분석 결정학(*time-resolved crystallography*)이라 하며, 다음과 같은 내용을 포함하고 있다.

- 핵물리학자들이 원자보다 작은 입자(subatomic particle)를 연구하기 위하여 사용하는 기기인 싱크로트론(synchrotron)에 의해 생긴 초고강도(ultra-high-intensity) X-선 광선을 사용한다. 이것은 X-선 노출 시간을 picosecond(10^{-9} sec) 단위로 짧게 할 수 있는데, 이러한 시간의 단위는 효소가 하나의 화학적 전환을 촉매하기위해 필요로 하는 시간과 동일한 시간단위이다.
- 효소 결정의 온도를 절대온도 20~40K로 냉각시켜 반응을 100억배 정도의 높은 비율로 느리게 하고, 이를 통해 순간적으로 존재하는 중간산물들의 수명을 대폭 증가시킨다.
- 기술을 이용해 결정 전체에 걸쳐 반응이 동시에 일어나도록 하면, 결정 내에 있는 모든 효소 분자들이 동 시각에 동일한 반응단계에 있게 된다. 예를 들면, ATP가 기질인 반응의 경우 ATP 분자들이 효소결정으로 스며들 수 있는데, 이때의 ATP 분자들은 감광성(photosensitive) 결합을 이용하여 불활성기(예: 니트로페닐기)를 연결시켜서 반응성이 없게 만들어진다. 이후 결정이 빛의 짧은 파동에 노출되면, "갇혀 있던(caged)" 모든 ATP 분자들이 방출되어 결정의 구석구석에 있는 효소들의 활성자리에서 동시에 반응을 시작한다.
- 반응의 특정 단계에서 운동에너지 장벽을 높여 반응이 느리게 진행되도록 하는 부위 지향적 돌연변이(site-directed mutagenesis, 18.25절)로부터 발현된 효소를 이용한다. 이것은 특정 중간산물의 수명을 증가시킨다.
- 개개의 수소 원자들을 볼 수 있게 해주는 초고(원자 수준의)분해능(예: 0.8 Å)을 이용하여 구조를 결정한다. 이러한 수소 원자들은 단백질의 수소결합에 존재하거나 또는 산성기와 결합될 수 있고 아울러 이를 통해 결합된 물 분자의 존재 여부, 촉매 결사슬의 정확한 입체구조, 촉매하는 동안 기질의 일부에서 나타나는 미묘한 변화 등을 알 수 있다. 이러한 고분해능 사진으로부터 얻은 상세한 정보는 **그림 3.15**에 나와 있는 수소결합을 통해 설명된다.

연구자들은 이러한 기술들을 조합하여 단일 촉매반응 동안 연속된 단계에서 효소의 3차 구조를 결정할 수 있게 만들었다. 이러한 개개의 "스냅사진(snapshots)"을 순서대로 배열하여, 반응이 진행됨에 따라 나타나고 사라지는 다양한 촉매 과정의 중간산물들을 보여주는 "영화(movie)"를 만들어냈다. 이러한 방식들을 사용하여 수집될 수 있는 데이터의 예는 **그림 3.16**에 나와 있다.

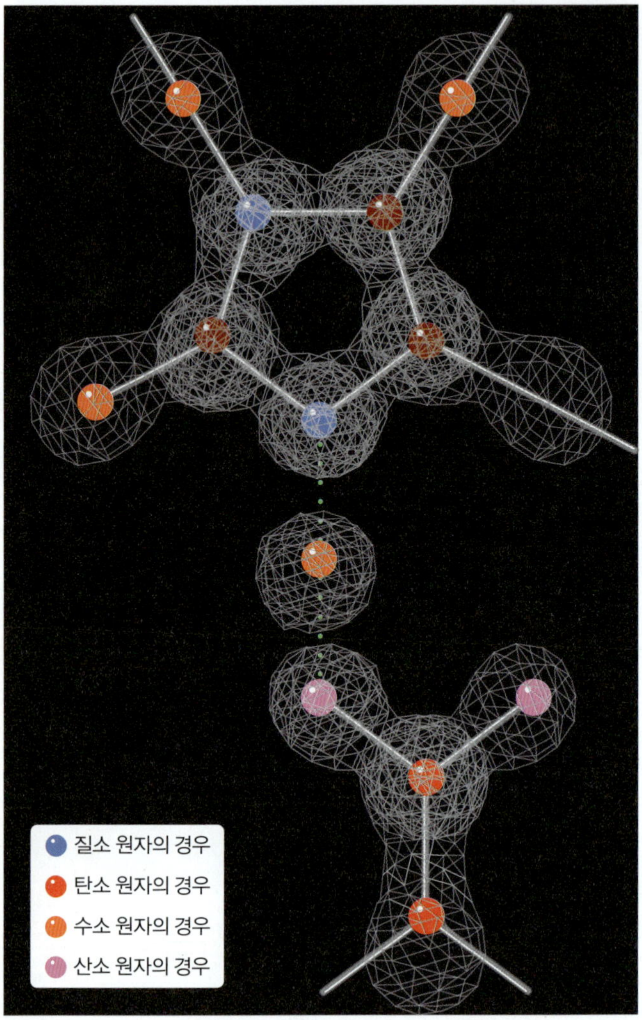

그림 3.15 단일 수소결합(초록색 점선)의 전자밀도지도. 이 지도는 원자수준(0.78 Å)의 분해능에서 단백질분해효소인 서브틸리신(subtilisin)의 극히 일부분을 보여주고 있다. 수소결합(주황색)은 히스티딘 잔기의 고리에 있는 질소 원자와 아스파르트산 잔기에 있는 산소 원자 사이에 공유되어 있는 것을 보여준다.

출처: Peter Kuhn et al., *Biochemistry* 37:13450, 1998, Richard Bott; © 1998 American Chemical Society 제공.

과거에는 효소가 기질을 생성물로 전환시킬 때 일어나는 구조변화에 초점을 맞춘 연구가 주목을 받아왔지만, 최근에는 기질과 결합하지 않은 단백질 내부에서 일어나는 구조변화에 초점을 맞춘 연구가 많은 관심을 받고 있다. 그림 2.39에 나와 있는 것처럼, 단백질은 중요한 기능과 관련해서 내재된(고유한) 움직임을 갖고 있는 동적인 분자이다. 그림 2.39에서 묘사된 경우처럼, 이러한 움직임은 기질이 효소의 활성자리에 들어가도록 도와준다. 다양한 실험방법을 통해 이러한 형태의 고유한 움직임을 분석한 결과, 단백질은 촉매주기동안 감지될 수 있는 많은 종류의 움직임들을 기질이 없는 경우에도 한다는 사실을 알 수 있었다. 만약 이것이 사실이라면, 진화 과정에서 단백질 기능과 연관된 고유한 움직임을 갖고 있는 단백질 구조가 선택되었음을 의미한다. 이것은 아마도 기질(들)이 특정 구조변화를 유도하기보다는 효과적으로 결합할 수 있는 단백질 구조를 그저 "기다리고(waiting)" 있을 것이라는 사실을 암시한다.

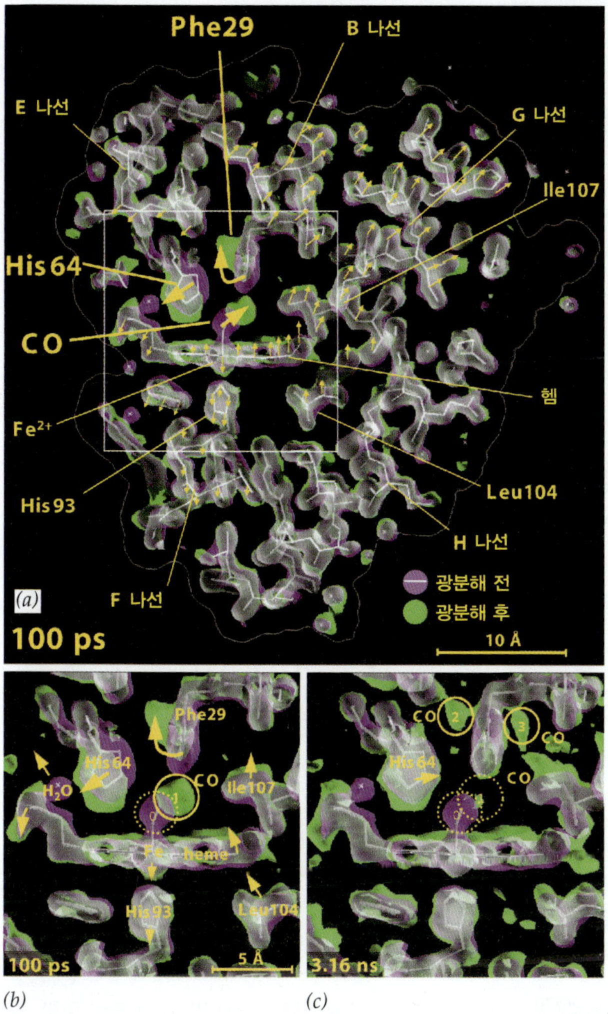

그림 3.16 마이오글로빈(myoglobin): 영상. 시간-분석 X-선 결정학의 예에서 마이오글로빈(Mb)의 구조는 헴(heme)기에 CO 분자가 결합됐을 때 그리고 CO 분자가 방출된 후 다양한 시간대에서 각각 결정되었다. (CO와 O_2는 Mb의 같은 부위에 결합하지만 이런 유형의 연구에서는 CO가 더 적합하다.) CO의 방출은 결정을 레이저 빛의 섬광(광분해, photolysis)에 노출시켜 동시다발적으로 전체 결정에서 일어나도록 유도되었다. 각각의 구조는 싱크트론의 하나의 강력한 X-선을 통해 결정되었다. 여기서 연구되고 있는 마이오글로빈 분자는 하나의 아미노산을 치환하여 분석이 더 용이하도록 만들어졌다. (*a*) 결합부위로부터 CO가 방출된 후 100피코초(1피코초는 1초의 10억분의 1)까지 일어나는 변화를 보여주는 Mb 분자를 6.5 Å 두께로 자른 절편. 레이저 섬광에 노출되기 전 Mb의 구조는 심홍색으로 보이며 레이저 섬광에 노출되고 나서 100피코초 후의 단백질 구조는 초록색으로 보인다. 이 시기 동안 구조변화가 없는 분자의 부분들은 흰색으로 보인다. CO-결합부위 근처의 3곳에서 큰 규모의 이동이 있었다(노란색 화살표로 표시). (*b*) (a)에서 네모 상자 부분을 확대한 사진. 방출된 CO(실선 원)는 처음 결합했던 부위(점선 원)로부터 2 Å 떨어져 위치한다. CO의 이동은 His64를 바깥으로 밀어내는 Phe29의 회전에 의해 수반되고 이어서 결합된 물 분자로부터 떨어진다. (*c*) 레이저 섬광에 노출된 후 3.16나노초(nanosecond)까지 CO 분자는 두 위치(2와 3으로 표시) 중 하나로 이동하고, Phe29와 His64는 초기 상태로 완화되며, 헴기는 헴 지역에서 증가된 초록색 음영으로 표시된 것처럼 상당한 이동을 하였다.

출처: Friedrich Schotte, et al, *Science* 300: 1946. 2003; AAAS의 허가를 얻어 재인쇄함.

3.7 효소 속도론

효소는 반응을 촉매하는 능력이 매우 다양하다. 효소의 촉매활성은 다양한 실험조건에서 반응을 촉매하는 속도를 연구하는 **속도론(kinetics)**을 통해 알 수 있다.

효소 속도론의 미카엘리스-멘텐 모형

1913년에 레오너 미카엘리스(Leonor Michaelis)와 모드 멘텐(Maud Menten)은 생성물이 형성되는 속도(반응속도)를 측정했을 때, 기질의 농도와 효소의 반응속도 사이에 수학적 관련성이 있다는 사실을 밝혀냈다. 이러한 관계는 **그림 3.17**에서 나타난 것처럼 쌍곡선을 그리는 방정식(104쪽에 주어짐)에 의해 표현될 수 있다. 실험으로 반응속도를 결정하기 위해 반응혼합물은 정해진 온도에서 하나를 제외한 모든 구성요소들을 포함하여야 한다. 이후 나머지 하나를 추가함과 동시에 반응이 시작된다. 만약 반응이 시작됨과 동시에 어떤 생성물도 혼합물에 존재하지 않는다면, 그로부터 시간에 따라 형성되는 생성물의 양을 통해 반응속도를 구할 수 있다. 이 과정에서 고려해야 할 복잡한 요소들이 있다. 우선 반응시간이 길면 기질농도는 금방 줄어들고 생성물의 농도는 크게 증가하게 될 것이다. 이로 인해 같은 효소에 의해 촉매되는 역반응을 야기하여 다시 기질농도를 높일 수 있다. 여기서 우리가 알고자 하는 것은 초기(*initial*) 속도이며, 이것은 어떤 생성물도 형성되지 않은 상태에서의 속도를 의미한다. 따라서 초기 속도를 정확히 측정하기 위해서는 짧은 반응시간과 민감한 측정기술이 요구된다.

그림 3.17에 나와 있는 것과 같은 곡선을 그리기 위해 같은 양의 효소를 포함하지만 기질의 농도가 각기 다른 일련의 반응혼합물을 이용해 초기 속도를 구한다. 이 곡선을 통해 초기 속도는 기질농도에 따라서 다양하다는 사실을 명백히 알 수 있다. 효소 분자들은

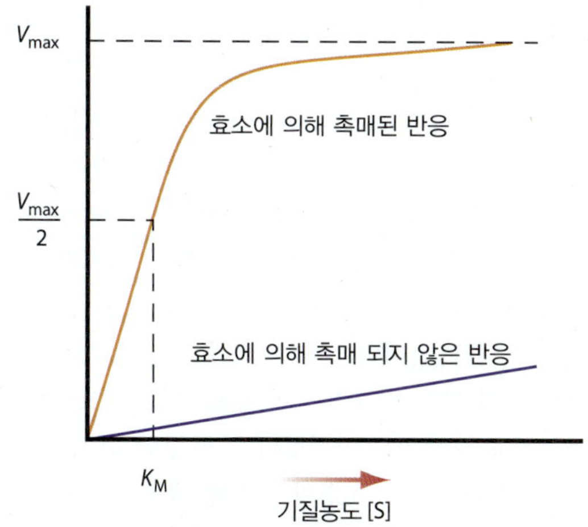

그림 3.17 효소-촉매 반응의 속도(velocity)와 기질농도 사이의 상관관계. 각각의 효소 분자는 주어진 시간 동안 오직 정해진 수의 반응만 촉매할 수 있기 때문에, 반응 속도는(일반적으로 초당 형성된 생성물의 분자들로 표현된다) 기질농도가 증가할수록 최대속도에 가까워진다. 반응이 최대속도의 반($V_{max}/2$)이 될 때의 기질농도를 미카엘리스 상수(K_M)라 부른다.

낮은 기질농도에서 일정 시간 동안 상대적으로 적은 수로 기질과 충돌한다. 결과적으로 효소는 "한가한 시간(idle time)"을 갖게 되고 이것은 기질 분자들이 속도를 제한하는 요인이 되는 것을 말한다. 효소 분자들은 높은 기질 농도에서 생성물로 전환되는 것보다 더 빠르게 기질 분자들과 충돌한다. 따라서 개개의 효소 분자들은 최대속도로 일하게 되는데, 이것은 효소 분자들이 속도를 제한하는 요인이 되는 것을 말한다. 결과적으로, 반응혼합물의 기질농도가 증가할수록 효소는 기질과의 결합에 있어서 점점 **포화**(*saturation*)된 상태에 도달하게 되고, 이론적으로 완전히 기질로 포화된 상태의 초기 속도를 **최대속도(maximal velocity, V_{max})**라 한다.

효소의 촉매활성을 측정하기 위한 가장 간단한 방법은 V_{max}로부터 계산될 수 있는 **전환수(turnover number)**를 이용하는 것이다. 전환수[또는 **촉매상수**(*catalytic constant*), k_{cat}]는 단위시간당 하나의 효소 분자에 의해 생성물로 전환되는 최대 기질 분자의 수이다. 10^6만큼 큰 전환수를 갖는 효소도 있는 반면에 일반적인 효소의 전환수는 초당 1~10^3이다(표 3.3 참조). 이러한 값들은 효소의 일부 분자들이 많은 수의 기질 분자들을 생성물로 빠르게 전환할 수 있음을 명백히 보여준다.

V_{max} 값은 그림 3.17과 같은 그래프로부터 얻을 수 있는 유용한 항이다. 또 다른 유용한 항인 **미카엘리스 상수(Michaelis constant,** K_M**)**는 반응속도가 V_{max}의 1/2일 때의 기질농도이다. 그 이름에서 알 수 있듯이 K_M은 주어진 효소에 대한 상수값이며 따라서 기질이나 효소의 농도에 영향을 받지 않는다. V_{max}와 K_M의 관계는 미카엘리스-멘텐 방정식에서 잘 나타나있으며, 그림 3.17에 있는 그래프를 구하는 데 사용될 수 있다.

$$V = V_{max}\frac{[S]}{[S]+K_M}$$

위 방정식에 따르면 기질농도 [S]가 K_M과 동일한 값을 가질 때 반응속도 V는 $V_{max}/2$가 되거나 최대속도의 반이 된다. 따라서 $V = V_{max}/2$일 때 K_M = [S]이다.

그림 3.17과 같은 쌍곡선을 그린 후 정확한 V_{max}와 K_M의 값을 구하기 위해서는 매우 많은 수의 점들의 좌표를 구해야만 한다. 그러나 한스 라인웨버(Hans Lineweaver)와 딘 버크(Dean Burk)에 의해 공식화된 방법을 이용하면 좀 더 쉽고 정확하게 구할 수 있다. 그것은 양변에 각각 속도와 기질농도에 대한 역수(reciprocal)를 좌표로 나타내는 방법이다. 이렇게 되면 쌍곡선의 그래프가 직선의 그래프로 바뀌게 되고(**그림 3.18**), 이때 직선의 그래프에서 x-절편은 $-1/K_M$이고, y-절편은 $1/V_{max}$이며, 그리고 기울기는 K_M/V_{max}이 된다. 따라서 V_{max}와 K_M의 값은 비교적 적은 수의 점들로 그려진 직선을 외삽법(extrapolation)으로 예측함으로써 쉽게 구할 수 있다.

대부분의 경우 K_M은 효소의 기질에 대한 친화도를 나타내는 단위가 된다. K_M이 커질수록 $V_{max}/2$에 도달하기 위해 요구되는 기질농도는 더 증가하게 되기 때문에 결과적으로 기질에 대한 효소 친화도는 감소하게 된다. 대부분의 효소들에 대한 K_M은 10^{-1}~10^{-7}이고, 일반적으로는 약 10^{-4} M이다. 효소 속도론에 영향을 주는 다른 요소들은 반응배지의 pH와 온도이다. 각각의 효소는 최대 활성을 나타낼 수 있는 최적의 pH와 온도를 갖고 있다(**그림 3.19**). 효소활성에 대한 온도의 영향은 미생물의 성장을 억제시키는 냉장의 놀라운 효과에 의해 설명된다.

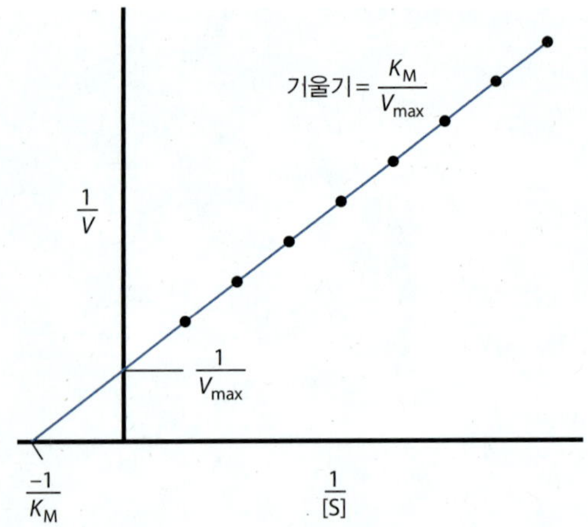

그림 3.18 **라인웨버-버크 도면**은 속도와 기질 농도의 역수로 나타내고 이로부터 V_{max}와 K_M을 쉽게 계산할 수 있다.

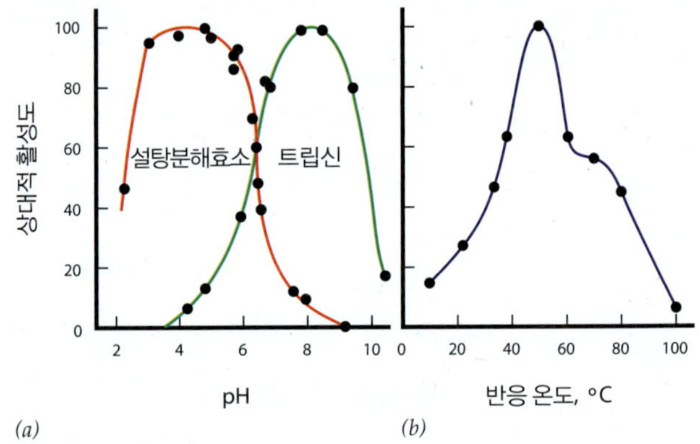

그림 3.19 **효소-촉매 반응속도에 대한 (*a*) pH 및 (*b*) 온도의 영향.** 곡선의 모양과 적정 pH와 온도는 특정 반응에 따라 다양하다. (*a*) pH의 변화는 기질과 효소의 이온 특성뿐만 아니라 효소의 구조에도 영향을 미친다. (*b*) 더 낮은 온도에서 반응속도는 온도가 올라갈수록 반응물의 증가된 에너지 때문에 빨라진다. 더 높은 온도에서는 이러한 긍정적인 효과가 효소의 변성 때문에 사라진다.

출처: (a) E. A. Moelwyn-Hughes, In The Enzymes, J. B. Sumner and K. Myrback, Eds., Vol. 1, Academic Press, 1950에서 발췌. (b) K. Hayashi et al., *Journal Biochem.* 64:93, 1968에서 발췌. Oxford University Press의 허가를 얻음.

효소저해제

효소저해제(Enzyme inhibitor)는 효소에 결합하여 활성을 낮추는 분자이다. 세포는 많은 효소들의 활성을 조절하기 위해, 생화학자들은 효소의 특성을 연구하기 위해, 그리고 많은 제약회사들은 약으로 사용하기 위해 저해제를 이용한다. 효소저해제는 가역적이냐 비가역적이냐에 따라 크게 두 가지 형태로 나눌 수 있다.

비가역적 저해제(Irreversible inhibitor)는 효소 내의 아미노산 잔기들 중 하나와 공유결합을 하여 단단하게 결합하는 물질이다. 디이소프로필인산불화물(diisopropylphosphofluoridate)이나 유기인산화합물(organophosphate) 살충제와 같은 많은 신경가스는 아세틸콜린 에스테라아제(acetylcholinesterase)의 비가역적 저해제로 작용한다. 이 효소는 근육의 수축을 담당하는 신경전달물질인 아세틸콜린을 분해하는 데 중요한 역할을 한다. 이 효소가 저해되면 근육은 지속적으로 자극되어서 영구적인 수축 상태로 있게 된다. 다음에 다룰 <인간 질병과의 연관성>에서 설명된 것으로서, 항생제 페니실린(penicillin)은 세균의 세포벽 형성에 주된 역할을 하는 효소의 비가역적 저해제로서 작용한다.

반면에 가역적 저해제(reversible inhibitor)는 효소에 약하게 결합하기 때문에 쉽게 제거될 수 있다. 간략하게 가역적 저해제의 두 경우인 경쟁적 그리고 비경쟁적 형태에 대해서 알아보자. **경쟁적 저해제(Competitive inhibitor)**는 효소의 활성자리에 접근하는 기질과 경쟁하는 가역적 저해제이다. 기질들은 결합하는 활성자리에 대해 상보적인 구조를 갖고 있기 때문에 경쟁적 저해제들은 같은 결합부위에 결합하는 기질과 경쟁하기 위해 유사한 구조를 가져야만 한다. 그러나 이들 저해제는 생성물로 전환되지 않기 때문에 기질이 생성물로 전환되는 것을 막는다는 점에서 기질과 다르다(**그림 3.20**). 효소의 결합부위에 대해 기질과 경쟁할 수 있는 분자들의 형태를 분석하면, 활성자리의 구조와 기질과 효소 사이의 상호작용의 형태에 대한 정보를 얻을 수 있다.

경쟁적 효소저해는 다음 예에서 설명된 것처럼 일반적으로 사용되는 많은 약들이 작동하는 기본 원리이다. 앤지오텐신 전환효소(Angiotensin converting enzyme, ACE)는 10개의 잔기로 된 펩티드(앤지오텐신 I)를 8개의 잔기로 된 펩티드(앤지오텐신 II)로 만들어주는 단백질분해효소이다. 증가된 수준의 앤지오텐신 II는 고혈압(*hypertension*)을 야기하는 주된 위험인자이다. 1960년대 일라이 릴리(Eli Lilly)라는 회사에서 근무하던 존 베인(John Vane)과 그의 동료들은 ACE를 저해할 수 있는 화합물을 찾기 시작했다. 기존의 연구들로부터 브라질 살모사의 뱀독이 단백질분해효소의 저해제를 갖고 있다는 것이 알려졌고, 이들은 이러한 뱀독의 구성성분 중 하나가 테프로티드(Teprotide)라 불리는 ACE의 강력한 경쟁적 저해제 펩티드임을 밝혀냈다. 테프로티드가 고혈압 환자의 혈압을 낮출 수는 있었지만, 문제는 입으로 섭취됐을 때 빠르게 분해되는 펩티드 구조이기 때문에 유용한 약으로 사용되지는 못했다.

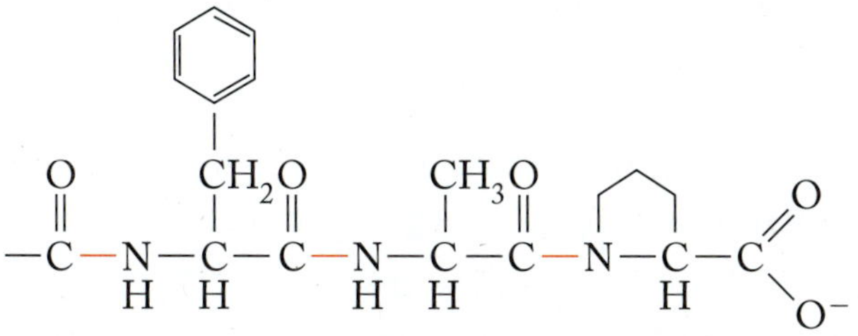

테프로티드(teprotide, 펩티드 결합은 빨간색으로 표시되었음)

이어진 연구는 비펩티드 저해제를 개발하는 데 초점이 맞춰졌고, 마침내 켑토프릴(Captopril)이라고 알려진 화합물을 합성하는 데 성공했다. 이 화합물은 ACE에 결합하여 작용하는 첫 번째 항고혈압약이 됐다.

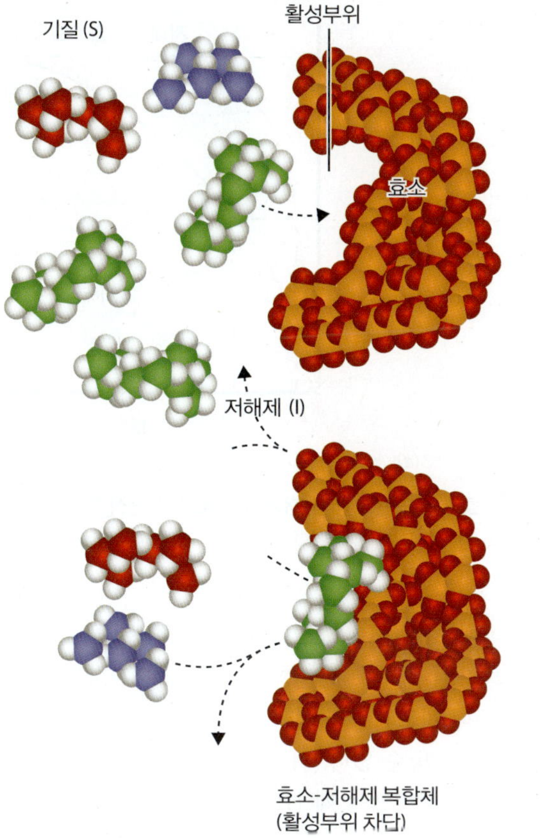

그림 3.20 **경쟁적 저해제.** 경쟁적 저해제의 분자적 유사성 때문에 효소의 결합부위에 결합하는 기질과 결합에 대해 경쟁할 수 있다. 경쟁적 저해제의 효과는 저해제와 기질의 상대적 농도에 따라 영향을 받는다.

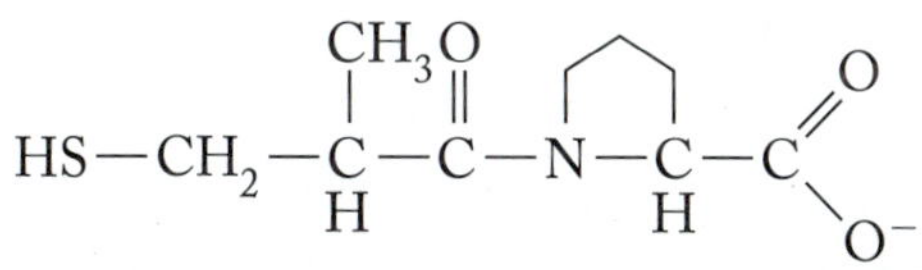

켑토프릴(captopril)

경쟁적 저해제의 효과는 효소에 대한 상대적인 친화도에 달려있다. 그럼에도 불구하고, 기질/저해제 비율이 충분히 크면 경쟁적 저해는 극복할 수 있다. 달리 표현하면, 효소와 저해제 사이의 충돌횟수보다 효소와 기질 사이의 충돌횟수가 상대적으로 훨씬 많아서 효소와 저해제 사이의 충돌을 무시할 수 있을 정도가 되면 저해효과는 최소로 줄어들게 된다. 충분히 높은 기질농도가 주어지면 이론적으로 경쟁적 저해제가 있어도 효소의 최대속도에 도달하는 것이 가능하다. 많은 약들이 효소를 저해하여 인간의 질병을 치료하는 데 사용되어 왔기 때문에 충분히 높은 효소 친화도를 갖는 화합물을 개발하여 자연상의 기질농도에 효과적으로 경쟁할 수 있게 하는 것은 매우 중요하다. 그러한 강력한 결합을 하는 화합물을 개발하는 과정은 2장의 BCR-ABL 저해제 글리벡(Gleevec)을 다룬 부분에서 설명되었다(그림 2.51).

비경쟁적 저해제(Noncompetitive inhibitor)에서 기질과 저해제는 같은 결합부위에 대해 경쟁하지 않는다. 일반적으로 저해제는 효소의 활성자리와는 다른 부위에 결합한다. 저해의 강도는 오직 저해

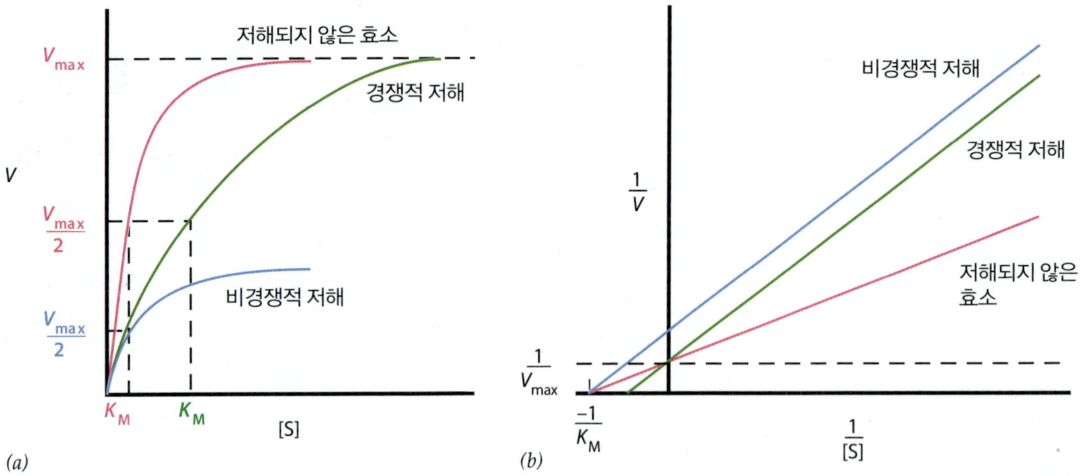

그림 3.21 효소 속도론에 대한 저해제의 효과. 경쟁적 저해제와 비경쟁적 저해제의 효과는 반응속도에 대한 기질농도의 변화(*a*) 또는 그 역수(*b*)로 그래프를 그려 반응속도론을 나타냈을 때 구분할 수 있다. 비경쟁적 저해제는 K_M에 영향을 미치지 않고 V_{max}를 줄이는 반면에, 경쟁적 저해제는 V_{max}에 영향을 미치지 않고 K_M을 증가시킨다.

제의 농도에 의해 결정되고, 기질농도를 증가시켜도 이러한 저해효과를 극복하지는 못한다. 집단 내의 일부 효소분자들은 비경쟁적 저해제가 있을 때 반드시 비활성화가 되기 때문에 효소분자 집단의 최대속도에는 도달할 수 없다. 티프라나비어(Tipranavir)는 백혈구세포가 HIV에 의해 감염됐을 때 HIV에 의해 생산되는 단백질분해효소에 대한 강력한 비경쟁적 저해제이다. 이 효소에 대해 작동하는 리토나비어(ritonavir)와 같은 다른 저해제들과 달리 티프라나비어는 효소의 펩티드 기질을 닮지 않았고 기질과 경쟁하지도 않는다. 경쟁적 저해제 또는 비경쟁적 저해제가 있을 때 효소 속도론에 대한 효과는 **그림 3.21**에 나와 있다. 예를 들면, 비경쟁적 저해제가 있을 때 V_{max}는 낮아지고, 경쟁적 저해제가 있을 때 K_M은 증가한다. 두 경우 모두에서, 기울기(K_M/V_{max})는 저해되지 않은 반응에 비해 증가된다. 113쪽에서 다시 다뤄질 것이지만, 세포는 대사경로에 있는 주요 효소들의 활성을 조절하기 위하여 비경쟁적 저해를 이용한다.

3.8 대사

대사(Metabolism)는 세포 내에서 일어나는 생화학반응의 집합이며, 엄청나게 다양한 분자의 전환이 그 안에서 이루어진다. 이러한 반응들의 대부분은 일련의 연속된 화학반응이 일어나는 **대사경로(metabolic pathway)**로 무리지어질 수 있는데, 이때 각각의 반응은 특별한 효소에 의해 촉매되고, 한 반응의 생성물은 다음 반응을 위한 반응물이 된다. 대사경로를 구성하고 있는 효소들은 보통 미토콘드리아나 세포질 같은 세포의 특정 지역에 모여 있다. 많은 증거들에 의하면 대사경로의 연속된 반응의 효소들은 종종 한 효소의 생성물이 직접 다음 효소의 활성자리로 전달되어 기질로 쓰일 수 있도록 물리적으로 서로 연결되어 있다고 한다.

대사경로를 따라 각각의 단계에서 형성된 화합물을 **대사중간산물[metabolic intermediates** 또는 대사산물(*metabolite*)]이라 하며, 궁극적으로 최종산물을 만드는 데 사용된다. 최종산물은 폴리펩티드의 구성성분이 되는 아미노산 또는 에너지 생산을 위해 소모될 수 있는 당과 같이 세포 내에서 특별한 역할을 할 수 있는 분자들이다. 세포의 대사경로는 하나의 경로에 의해 생성된 화합물이 그 시점 세포의 필요에 의해 다양한 경로의 지점으로 운반되도록 서로 연결되어 있다. 이 절에서는 화학에너지의 전달과 사용을 이끄는 대사에 관해서 집중적으로 다룰 것이다.

대사경로는 크게 두 가지 형태로 나눌 수 있다. **이화작용경로(catabolic pathway)**는 복잡한 분자들을 분해하여 더 간단한 생성물로 만드는 것을 말한다. 이화작용경로는 크게 두 가지 중요한 기능을 갖고 있다. 우선, 분해를 통해 다른 분자들을 합성하는 데 사용할 수 있는 유용한 원료(raw material)를 생성한다. 그 다음으로 이러한 과정을 통해 세포 활동을 위해 필요한 화학에너지를 공급한다. 다음에 자세히 설명하겠지만 이화작용경로에 의해 공급되는 에너지는 일시적으로 두 가지 형태로 저장된다. 하나는 고에너지 인산(주로 ATP)이고, 다른 하나는 고에너지 전자쌍(주로 NADPH)이다. **동화작용경로(Anabolic pathway)**는 더 간단한 물질로부터 더 복잡한 화합물을 합성하는 것을 말한다. 동화작용경로는 에너지를 필요로 하는데, 이를 위해 에너지를 방출하는 이화작용경로에 의해 생성된 화학에너지를 사용한다.

그림 3.22는 동화작용 및 이화작용의 주요 경로가 서로 연결되어 있는 것을 매우 단순하게 표현한 개요도를 보여주고 있다. 우선 고분자들은 자신이 만들어질 때 사용된 구성요소들로 분해(가수분해)된다(1 단계, 그림 3.22). 고분자가 아미노산, 당, 지방 등의 구성요소들로 가수분해가 되면, 세포는 이들을 다음과 같이 재사용할 수 있다. (1) 같은 종류의 다른 고분자들을 합성하는 데 이용(1단계)하고, (2) 다른 생성물을 만들기 위해 다른 화합물로 전환시키고, (3) 더 간단한 물질로 분해(2단계 및 3 단계, 그림 3.22)하며 이 과정에서 방출되는 자유에너지를 획득한다.

고분자의 다양한 구성요소들을 분해하는 경로들은 분해되는 특정 화합물에 따라 매우 다양하다. 그러나 이러한 모든 분자들은 최종적으로 유사하게 대사될 수 있는 다양한 작은 화합물로 전환된다. 따

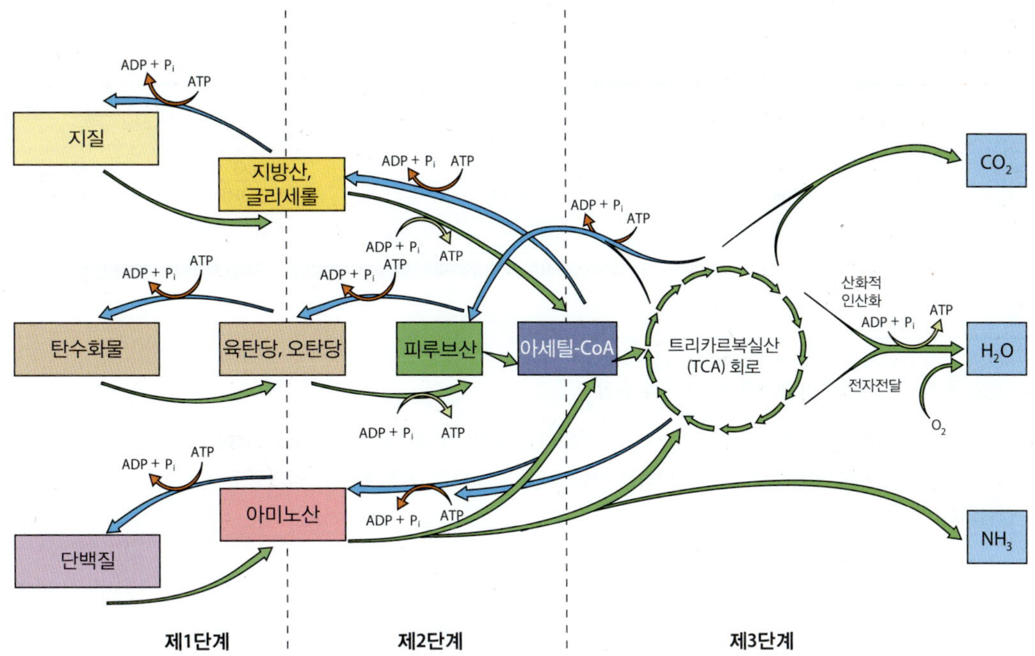

그림 3.22 대사의 3단계. 이화작용경로(오른쪽으로 향한 초록색 화살)는 공통 대사산물을 형성하기 위해 한 곳으로 모이고 3단계에서 ATP 합성을 이끈다. 이화작용경로(왼쪽으로 향한 파란색 화살)는 3단계의 몇 가지 전구체들로부터 시작하고 크고 다양한 세포물질을 합성하기 위해 ATP를 사용한다. 핵산을 위한 대사경로는 좀 더 복잡하며 여기에는 나와 있지 않다.

라서 처음 시작하는 기질이 매우 다양한 구조를 가진 고분자물질이라 하더라도 이화대사경로를 거쳐 결국에는 같은 종류의 저분자량의 대사산물로 전환된다. 이러한 이유 때문에 이화대사경로는 수렴(convergent)된다고 일컬어진다.

주목할 점은 이 장에서 설명된 화학반응과 대사경로는 사실상 가장 간단한 세균에서 가장 복잡한 식물이나 동물까지 모든 살아있는 세포에 존재한다. 이러한 경로들은 진화상 매우 이른 시기에 나타났고, 오랜 진화 과정을 거쳐 현재까지도 존재한다.

산화 및 환원: 전자의 역할

이화 및 동화대사경로 모두 한 반응물에서 다른 물질로 전자가 전달되는 핵심 반응을 포함하고 있다. 반응물의 전자상태를 변화시키는 반응을 **산화–환원반응[oxidation–reduction(또는 redox) reactions]**이라 한다. 이러한 유형의 변화들은 전자를 얻거나 뺏기는 과정을 포함한다. 금속 철(Fe^0)을 제일철(ferrous, Fe^{2+}) 상태로 전환시킨다고 생각해보자. 철 원자는 한 쌍의 전자를 잃어버림으로써 좀 더 양의 상태가 된다. 원자가 하나 이상의 전자를 잃게 되면, 이를 산화(*oxidized*)됐다고 말한다. 이 반응은 가역적이기 때문에 Fe^{2+}도 다시 한 쌍의 전자를 얻어 좀 더 음의 상태인 Fe^0로 전환될 수 있다. 원자가 하나 이상의 전자를 얻게 되면, 이를 환원(*reduced*)됐다고 말한다.

금속 철(Fe^0)이 산화되기 위해서는 철로부터 방출된 전자를 다른 물질이 받아야만 한다. 반대로 제일철(Fe^{2+})이 환원되기 위해서는 다른 물질로부터 방출된 전자를 제일철이 받아야만 한다. 즉, 한 반응물의 산화는 다른 반응물의 환원과 동시에 일어나야만 하며, 그 반대의 경우도 마찬가지이다. 철을 포함한 다음 반응을 살펴보자.

$$Fe^0 + Cu^{2+} \rightleftharpoons Fe^{2+} + Cu^0$$

산화-환원반응 동안 산화된 물질(또는 전자를 잃어버린 물질)은 **환원제(reducing agent)**라 불리고, 환원된 물질(또는 전자를 얻은 물질)은 **산화제(oxidizing agent)**라 불린다.

철이나 구리 같은 금속의 산화 또는 환원은 전자를 완전히 얻거나 잃는 것을 말한다. 그러나 동일한 일이 대부분의 유기화합물에서는 일어나지 않는데, 세포대사에 참여하는 유기화합물의 산화 및 환원은 공유결합으로 연결되어 있는 탄소를 중심으로 일어나기 때문이다. 제2장에서 논의되었듯이, 한 쌍의 전자는 2개의 다른 원자에 의해 공유되고, 이때 전자는 극성결합(polarized bond)으로 연결된 2개의 원자들 중 하나로 더 강하게 끌려간다. C—H 결합에서 탄소 원자가 수소 원자보다 전자를 더 강하게 끌어당긴다. 따라서 전자의 일부는 탄소 쪽으로 쏠려 있게 되고, 이 때문에 탄소 원자가 환원된 상태에 있다고 말한다. 반대로 C—O 또는 C—N 결합처럼 탄소가 탄소보다 전자친화도가 높은 원자와 결합되어 있으면, 전자는 탄소로부터 멀어져 전자친화도가 높은 산소나 질소 쪽으로 쏠리게 되고 이때 탄소 원자는 산화된 상태에 있다고 말한다. 탄소는 다른 원자들과 공유할 수 있는 4개의 최외각 전자(outer-shell electron)를 갖고 있기 때문에 다양한 산화환원 상태로 존재할 수 있다. 이 내용은 완전히 환원된 상태의 메탄(CH_4)으로부터 완전히 산화된 상태의 이산화탄소까지 하나의 탄소 원자를 갖고 있는 일련의 분자들을 산화상태에 따라 보여주는 **그림 3.23**에 잘 나와 있다. 유기분자의 상대적인 산화상태는 탄소 원자당 수소 원자의 수 그리고 산소 원자 및 질소 원자들의 수를 비교하여 결정할 수 있다. 다음에 다시 간략히 다룰 예정이지만 유기 분자에 있는 탄소 원자의 산화상태는 분자의 자유에너

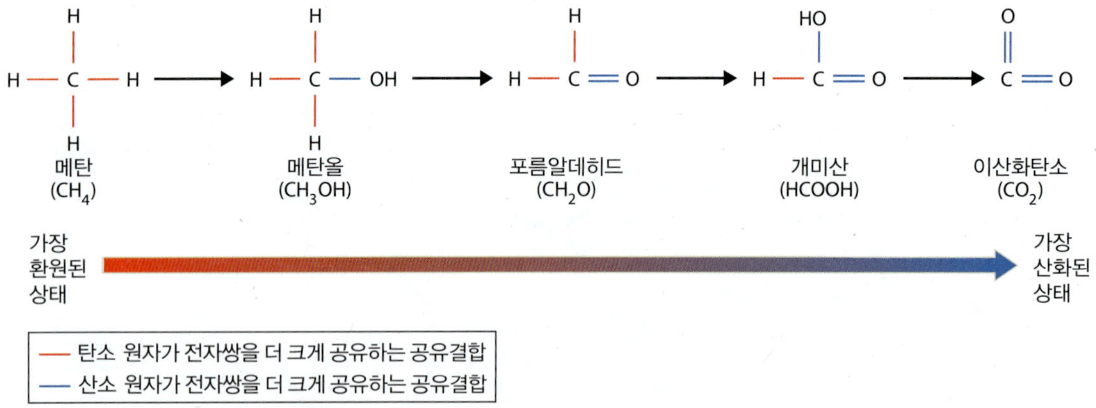

그림 3.23 탄소 원자의 산화상태는 결합하는 원자에 따라 다르다. 각각의 탄소 원자는 다른 원자들과 최대 4개의 결합을 형성할 수 있다. 간단하게 하나의 탄소를 포함하고 있는 이러한 일련의 분자들은 탄소 원자가 가질 수 있는 다양한 산화상태를 보여준다. 가장 환원된 상태로 탄소는 4개의 수소와 결합되어 있고 가장 산화된 상태로 탄소는 2개의 산소와 결합되어 있다(이산화탄소를 형성).

지 함량의 척도가 된다.

에너지의 획득과 이용

난로나 자동차를 작동시키기 위한 화학연료로 사용되는 화합물들은 천연가스(메탄)와 석유제품과 같은 매우 환원된 상태의 유기화합물이다. 이러한 분자들이 산소에 의해 연소되어 이산화탄소와 일산화탄소 가스와 같은 산화된 상태로 바뀔 때 에너지가 방출된다. 화합물의 환원된 정도는 세포 내에서 화학적인 일을 수행하는 능력을 알 수 있는 척도가 된다. “연료(fuel)” 분자로부터 추출될 수 있는 수소 원자가 더 많을수록 최종적으로 더 많은 ATP가 생성될 수 있다.

탄수화물은 연속된 (H—C—OH) 단위를 갖고 있기 때문에 화학에너지가 풍부하다.

지방은 연속된 (H—C—H) 단위를 갖고 있는데, 이는 더욱더 환원된 상태이기 때문에 단위무게당 에너지가 더 많다. 다음 내용에서는 탄수화물에 더 집중해서 설명할 것이다.

녹말(starch)과 글리코겐(glycogen)의 유일한 구성요소인 포도당(glucose)은 식물과 동물 모두의 에너지대사에서 핵심이 되는 분자이다. 포도당의 완전한 산화에 의해 방출되는 자유에너지는 매우 크다.

$$C_6H_{12}O_6 + 6O_2 \rightarrow 6CO_2 + 6H_2O$$

$$\Delta G^{\circ\prime} = -686 \text{ kcal/mol}$$

ADP를 ATP로 전환하는 데 필요한 자유에너지는 상대적으로 작다.

$$ADP + P_i \rightarrow ATP + H_2O \qquad \Delta G^{\circ\prime} = +7.3 \text{ kcal/mol}$$

위의 예들을 통해 알 수 있듯이 포도당을 CO_2와 H_2O로 완전히 산화시키면 충분히 많은 에너지를 방출하므로 많은 수의 ATP를 생성할 수 있다. 제9장에서 다룰 예정이지만, 대부분의 세포 내의 일반적인 환경에서는 1분자의 포도당이 산화되면 약 36분자의 ATP가 생성된다. 이렇게 많은 ATP 분자들이 생성되기 위해 하나의 당 분자는 많은 소단계들을 통해 분해된다. 그러한 단계들 중 일부 단계들은 반응물과 생성물 사이의 자유에너지 차이가 상대적으로 크기 때문에 ATP를 생성하기 위한 반응에 연결될 수 있다.

포도당의 이화작용은 기본적으로 2단계로 나누고, 이는 모든 호기성 유기체들에서 동일하다. 첫 번째 단계인 **해당작용(glycolysis)**은 세포(기)질의 용해성 상에서 발생하고, 최종적으로 피브루산(pyruvate)을 생성한다. 두 번째 단계는 **트리카르복실산회로**[**tricarboxylic acid (또는 TCA) cycle**]로서 진핵세포는 미토콘드리아에서 그리고 원핵세포는 세포기질에서 일어나며, 최종적으로 탄소 원자를 CO_2로 산화시킨다. 포도당의 화학에너지의 대부분은 고에너지 전자의 형태로 저장되며, 이 전자들은 기질 분자들이 해당작용과 TCA회로가 진행되는 동안 산화될 때에 제거된다. 이러한 전자들의 에너지는 최종적으로 ATP를 합성하기 위해 사용된다. 다음 절에서는 산소 없이도 일어나는 포도당 산화의 첫 번째 단계인 해당작용의 과정들에 대해 소개할 것이다. 이것은 아마도 진화상 초창기에 존재했던 혐기성 생물들이 이용한 에너지 획득 경로일 것이며, 오늘날 살고 있는 혐기성 생물들이 이용하는 주된 이화작용경로로 남아있다. 제9장에서 미토콘드리아와 유산소 호흡에서의 역할을 설명할 때 포도당 산화에 관한 줄거리가 완성될 것이다.

3.9 해당작용과 ATP 생성

해당작용의 반응들과 촉매하는 효소들이 **그림 3.24**에 나와 있다. 특정 반응을 논하기에 앞서 대사의 열역학과 관련해서 중요한 부분들을 알아야 한다. 앞서서 ΔG와 $\Delta G^{\circ\prime}$ 사이의 차이점에 대해 강조했듯이, 세포 내에서 특정 반응이 진행되는 방향을 결정하는 것은 ΔG이다. 세포 내의 대사산물의 실제 농도를 알 수 있다면, 반응의 ΔG를 알 수 있다. **그림 3.25**는 해당작용의 반응들에 대한 일반적인 ΔG 값을 보여준다. 그림 3.24의 $\Delta G^{\circ\prime}$ 값과는 대조적으로 세 가지 반응을 제외한 나머지 모든 반응들은 0에 가까운 ΔG 값을 갖고 이러한 반응들은 거의 평형상태에 가깝다. 그러나 세 가지 반응들은 세포 내에서 비가역적이며, 평형상태로부터 멀리 떨어져 있고, 직접적으로 해당작

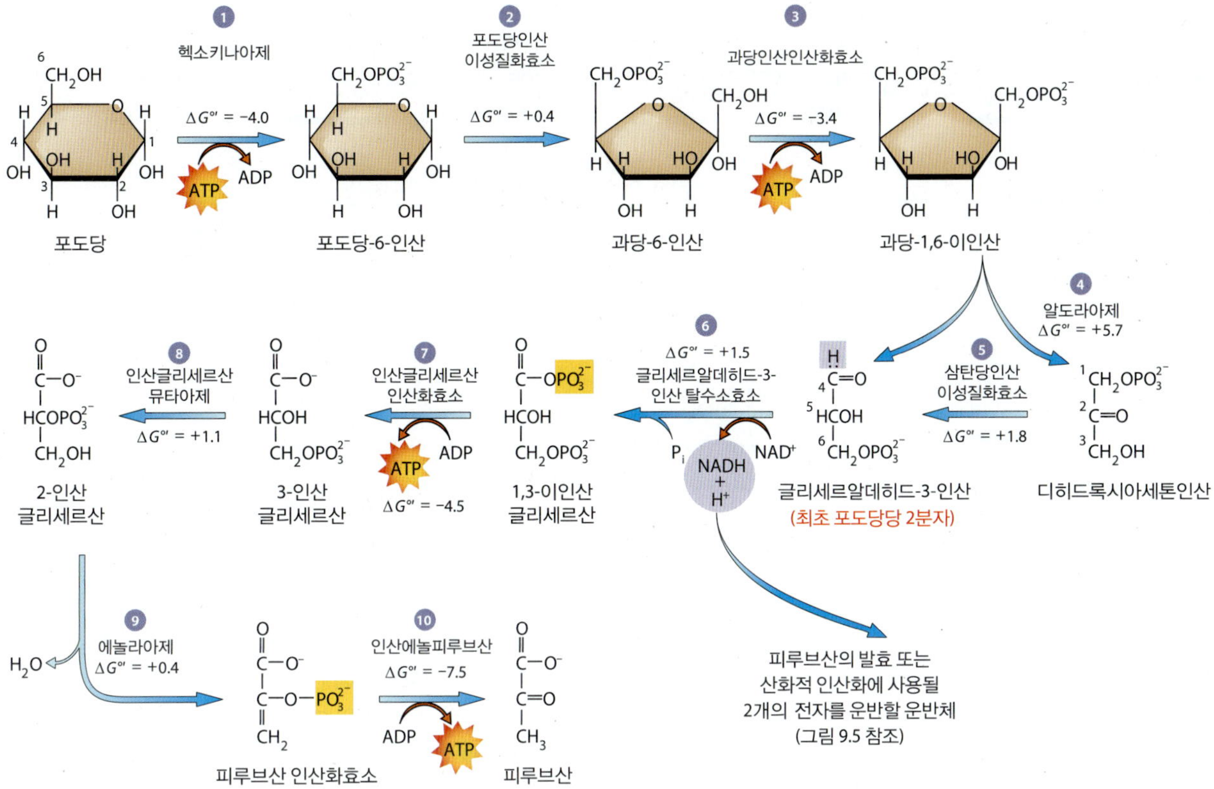

그림 3.24 **해당작용의 단계들.**

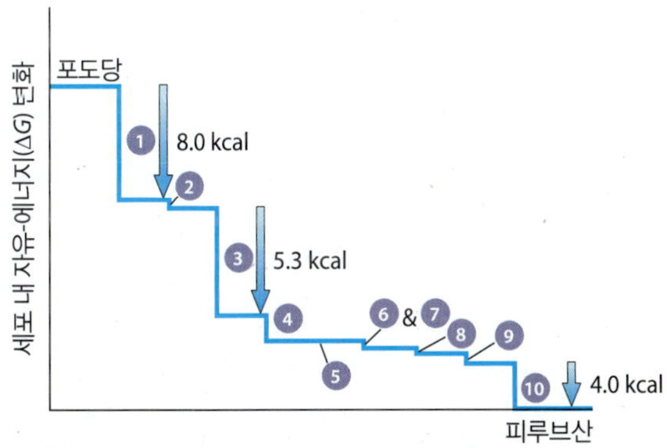

그림 3.25 **심장근육조직에서 해당작용의 자유에너지 목록.** 단계 번호들은 그림 3.24에 있는 해당작용의 반응들의 번호와 일치한다. 헥소키나아제, 과당인산인산화효소, 피루브산 인산화효소(반응 1, 3, 10)를 제외한 다른 모든 반응들은 평형상태에 있거나 평형상태에 가까이 있다. 이러한 3개의 예외적인 효소들은 자유에너지에서 큰 차이를 보인다.

용의 경로를 통해 대사산물들을 이동시키는 추진력을 갖게 한다.

1905년 영국인 과학자 아더 하든(Arthur Harden)과 윌리엄 영(William Young)은 효모세포에 의해 포도당이 분해되어 CO_2 가스 기포가 발생하는 과정을 연구하고 있었다. Harden과 Young은 대사될 수 있는 포도당이 충분히 남아있음에도 불구하고 기포 발생이 실제적으로 느려지고 결국에는 멈춘다는 것을 발견했다. 이것은 명백히 포도당을 포함한 배지의 다른 중요한 성분이 고갈되었음을 의미한다. 그 후 많은 수의 기질들을 갖고 실험한 결과, 무기인산을 첨가하면 반응이 다시 시작된다는 것을 발견했다. 결론적으로, 반응에서 인산성분이 고갈되었고, 이를 통해 인산기가 대사경로에서 중요한 역할을 한다는 것을 첫 번째 단서로 찾아냈다. 인산기의 중요성은 해당작용의 시작 반응을 통해 설명된다.

해당작용은 한 분자의 ATP를 소모하여 당에 인산기를 연결시키는 것(1단계, 그림 3.24)으로 시작한다. 이 단계에서 ATP의 사용은 궁극적으로 포도당 산화 사업을 위한 에너지 투자로 간주될 수 있다. 인산화는 인산기가 다른 수용체 주위로 이동하여 전달되는 연속된 반응에 참여할 수 있도록 당을 활성화시킨다. 또한 인산화는 포도당의 세포막 통과를 어렵게 만들어 세포 내에서 머무르도록 함으로써, 세포가 더욱더 많은 포도당을 주위환경으로부터 흡수하도록 도와준다. 포도당-6-인산(glcose 6-phosphate)은 과당-6-인산(fructose 6-phosphate)으로 전환된 후 다음 단계에서 두 번째 ATP 분자를 소모하여 과당-1,6-이인산(fructose 1,6-bisphosphate)으로 전환된다(2, 3단계). 6탄소의 이인산은 2개의 3탄소 일인산으로 분리되어(4단계), ATP 생성이 연결된 첫 번째 에너지방출반응을 준비한다. 이제 ATP 형성에 관한 논의로 돌아가 보자.

해당작용에서 ATP 생성

ATP는 기본적으로 두 가지 다른 단계를 거쳐 형성되는데, 이 두 가지 모두 해당작용의 글리세르알데히드-3-인산에서 3-인산글리세르산(3-phosphoglycerate)으로 전환되는 하나의 화학반응(6, 7단계)으로 나타난다. 전체 반응은 알데히드(aldehyde)가 카르복실산(carboxylic acid)으로 산화되는 것이고(그림 3.23참조), 이것은 2개의 다른 효소

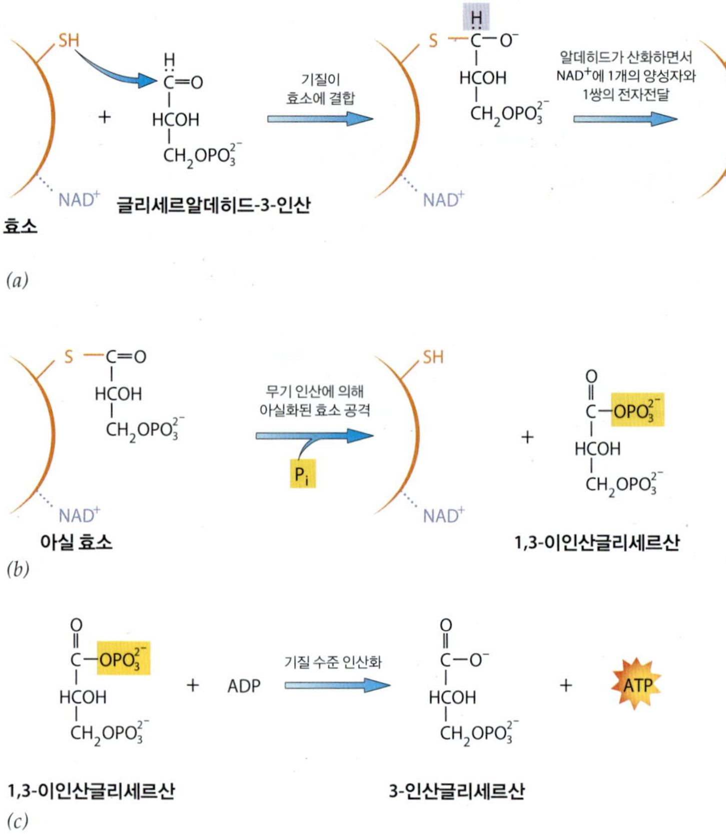

그림 3.26 화학적 산화 동안 에너지의 전달. 글리세르알데히드-3-인산이 3-인산글리세르산으로 산화되는 과정은 알데히드가 카르복실 산으로 환원되는 한 예로서 두 가지 효소들에 의해 촉매되는 두 단계를 거쳐 일어난다. 첫 번째 반응은((*a*)와 (*b*) 부분) 글리세르알데히드-3-인산 탈수소효소에 의해 촉매되며, 이 반응을 통해 기질로부터 하나의 수소화이온(2개의 전자와 1개의 양성자)이 NAD^+로 전달된다. 한 번 환원된 NADH 분자는 세포기질로부터 온 NAD^+ 분자에 의해 치환되고 (*a*) 결합된 기질은 인산화되어 방출된다(*b*). 인산글리세르산 인산화효소에 의해 촉매되는 두 번째 반응((*c*) 부분)은 기질수준 인산화의 한 예이며, 이 과정을 통해 인산기가 기질 분자(이 경우 1,3-이인산글리세르산)로부터 ADP로 전달되어 결국 ATP를 형성하는 데 쓰인다.

들에 의해 촉매 되는 두 단계를 통해 일어난다(그림 3.24). 이 효소들 중 첫 번째 효소는 반응을 촉매하기 위해 니코틴아미드 아데닌 디뉴클레오티드(nicotinamide adenine dinucleotide, NAD)라 불리는 비단백질 보조인자(조효소)를 필요로 한다. 이번 장과 다음 장에 나와 있는 것처럼, NAD는 전자를 주고받음으로써 에너지 대사에서 중요한 역할을 한다. 첫 번째 반응(**그림 3.26a,b**)은 2개의 전자와 하나의 양성자[수소화 이온(hydride ion), $:H^-$]가 글리세르알데히드-3-인산(산화됨)으로부터 NAD^+(환원됨)로 전달되는 산화환원반응이다. 조효소의 환원된 형태는 NADH(**그림 3.27**)이다. 이러한 형태의 반응을 촉매하는 효소를 **탈수소효소(dehydrogenase)**라 부르고, 탈수소효소 중 위의 반응을 촉매하는 효소를 글리세르알데히드-3-인산 탈수소효소(*glyceraldehyde 3-phosphate dehydrogenase*)라 한다. 비타민 니아신(niacin)으로부터 유도되는 NAD^+ 분자는 수소화 이온(예, 전자와 양성자 모두)을 받아들이는 조효소로 작용하며, 이를 위해 탈수소효소에 약하게 결합되어 있다. 아울러 이러한 반응에서 형성되는 NADH는 새로운 NAD^+ 분자와 교환을 통해 효소로부터 방출된다.

여기서 잠시 위의 반응으로 돌아가 NADH 형성의 결과에 대해 이야기해보자. NADH는 쉽게 대부분의 다른 전자수용체로 전자를 전달할 수 있기 때문에 상대적으로 높은 에너지를 가지고 있는 화합물로 간주될 수 있다(NADH는 세포 내의 다른 전자수용체들 보다 상대적으로 높은 전자전달 전위를 갖고 있는 것으로 알려졌다, 표 9.1 참조). 전자들은 보통 NADH로부터 **전자전달 사슬**(*electron-transport chain*)을 구성하고 있는 일련의 막 내부의 전자운반체로 전달된다. 전자가 이 사슬을 따라 이동할 때 연속적으로 점점 더 낮은 자유 에너지 상태로 이동하며 최종적으로 산소 분자로 이동하여 산소 분자를 물 분자로 환원시킨다. 그러한 전자전달 과정에서 발생하는 에너지는 산화적 인산화(*oxidative phosphorylation*)라 불리는 과정에 의해 ATP를 생성하는 데 사용된다. 전자전달과 산화적 인산화는 제9장에서 더 상세히 다룰 것이다.

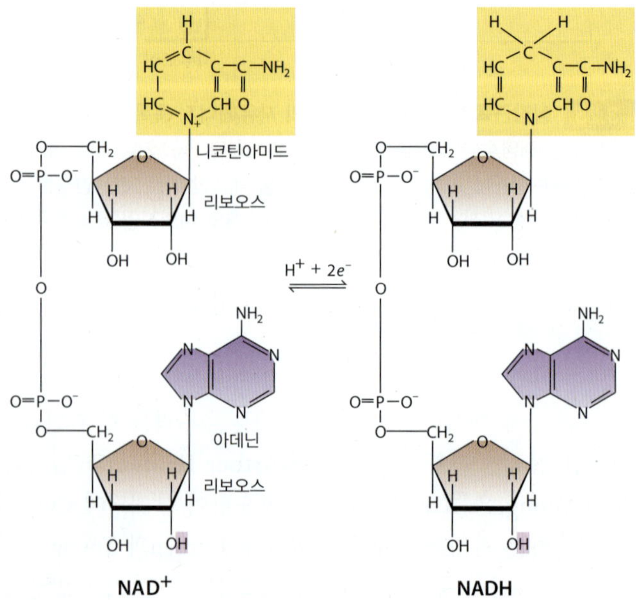

그림 3.27 NAD^+의 구조와 NADH로의 환원. 리보스 부분에 있는 2′ OH(보라색 네모상자 안에 표시되었음)가 인산기와 공유결합했을 때 그 분자는 $NADP^+$/NADPH이다. 이 분자의 기능은 이 장의 후반부에서 논의된다.

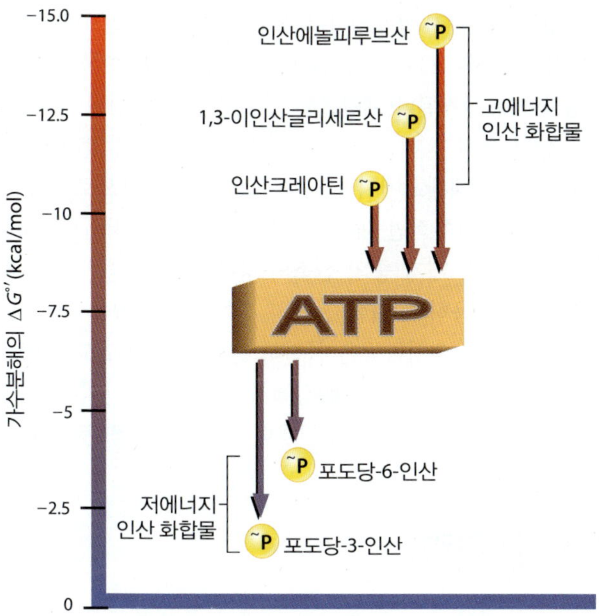

그림 3.28 **인산 전달전위에 따른 화합물의 순위.** 눈금 위에서 더 높은 위치에 있는 인산화된 화합물(가수분해 시 더 음의 $\Delta G°'$값)은 더 낮은 위치에 있는 화합물보다 인산기에 대해 더 낮은 친화력을 갖는다. 결과적으로 눈금 위에서 더 높은 위치에 있는 화합물들은 쉽게 그들의 인산기를 더 낮은 위치에 있는 화합물로 전달하여 인산화를 시킨다. 따라서 인산기는 해당작용이 일어나는 동안에 1,3-이인산이나 또는 인산에놀피루브산으로부터 ADP로 전달될 수 있다.

NADH와 전자전달사슬은 ATP 생성을 위한 간접 경로이며, 이외에 글리세르알데히드-3-인산에서 3-인산글리세르산으로 전환되는 과정은 ATP 생성을 위한 직접 경로이다. 이러한 진세적인 해당작용반응의 두 번째 단계에서(7단계, 그림 3.24와 3.26*c*) 인산기는 1,3-이인산글리세르산에서 ADP로 전달되며, 이 과정을 통해 ATP 분자가 생성된다. 이 반응은 이인산글리세르산 인산화효소(*phosphoglycerate kinase*)에 의해 촉매된다. ATP 생성을 위한 직접 경로는 **기질수준 인산화(substrate-level phosphorylation)**라 일컬어지고, 그 이유는 인산기가 기질들 중 하나(이 경우는 1,3-이인산글리세르산)로부터 ADP로 전달되기 때문이다. 해당작용의 두 번째 기질수준 인산화를 포함한 나머지 반응들은(8~10단계) 그림 3.24에 나와 있다.

ADP의 기질수준 인산화는 ATP에 관하여 중요한 점을 보여준다. 이 경우 ATP의 형성은 에너지흡수(endergonic)가 아니라 에너지방출(exergonic)이기 때문에 ATP는 대사반응에 의해 비교적 쉽게 형성될 수 있다. 인산화된 많은 분자들이 가수분해되면 ATP보다 더 음인 $\Delta G°'$ 값을 갖는다. **그림 3.28**은 몇몇 인산화된 화합물의 가수분해 시 생기는 상대적인 $\Delta G°'$ 값을 보여준다. 눈금에서 더 높은 값을 가진 공여체(donor)는 더 낮은 값을 가진 분자를 인산화하기 위해 사용될 수 있으며, 이 반응의 $\Delta G°'$는 그림에서 주어진 두 값들 사이의 차와 같을 것이다. 예를 들면, ATP를 생성하기 위해 1,3-이인산글리세르산에서 ADP로 인산기를 전달하는 반응의 $\Delta G°'$는 −4.5kcal/mol(−11.8 kcal/mol + 7.3 kcal/mol)이다. 이러한 **전달전위(transfer potential)**의 개념은 양성자, 전자, 산소, 인산기 등의 전달되는 그룹에 상관없이 일련의 공여체들과 수용체(acceptor)들을 비교하기 위해 유용하다. 눈금 위에서 더 높은 곳에 위치한 분자들, 즉 다시 말해서 더 큰 자유에너지(더 큰 $-\Delta G°'$)를 갖고 있는 분자들은 눈금 상 더 낮은 곳에 있는 분자들로 전달되는 그룹에 대해 더 적은 친화력을 갖고 있다. 친화력이 더 적을수록 더 좋은 공여체이다. 반대로 더 큰 친화력을 가질수록 더 좋은 수여체가 된다.

해당작용의 중요한 특징은 산소가 없어도 제한된 수의 ATP를 만들 수 있다는 것이다. 1,3-이인산글리세르산과 대사경로 상 더 나중에 나오는 인산에놀피루브산(phosphoenolpyruvate, 10단계, 그림 3.24 참조)에 의한 ADP의 기질수준 인산화 모두 산소 분자를 필요로 하지 않는다. 따라서 해당작용은 ATP를 생성할 수 있는 **혐기성 경로(anaerobic pathway)**로 간주될 수 있는데, 이는 산소 분자가 없는 환경에서 지속적으로 ATP를 공급할 수 있음을 의미한다. 2분자의 ATP는 해당작용 동안 1분자의 글리세르알데히드-3-인산으로부터 피루브산으로 산화되는 과정에서 기질수준 인산화에 의해 생성된다. 포도당 1분자가 2분자의 글리세르알데히드-3-인산을 생성하기 때문에 결과적으로 1분자의 포도당이 피루브산으로 산화될 때마다 4분자의 ATP가 생성된다. 반면에 2분자의 ATP가 해당작용을 시작하기 위해 가수분해되기 때문에 1분자의 포도당이 산화될 때 마다 세포는 실질적으로 총 2분자의 ATP를 얻게 된다. 해당작용의 반응들을 위한 알짜 방정식은 아래와 같다.

$$\text{포도당} + 2\text{ADP} + 2\text{P}_i + 2\text{NAD}^+ \rightarrow$$
$$2\text{피루브산} + 2\text{ATP} + 2\text{NADH} + 2\text{H}^+ + 2\text{H}_2\text{O}$$

해당작용의 최종산물인 피루브산은 혐기성 경로(산소에 대해 독립적인)와 호기성 경로(산소에 대해 의존적인)의 연결지점에 위치해 있는 핵심 대사산물이다. 산소 분자가 없는 환경에서 피루브산은 다음 절에서 설명될 발효 과정으로 들어가게 된다. 산소 분자가 있는 경우, 피루브산은 제9장에서 설명될 호기성 호흡에 의해 더 분해가 된다.

피루브산의 혐기성 산화: 발효 과정

해당작용을 통해 1분자의 포도당이 피루브산으로 산화되는 과정에서 매우 적은 양의 ATP를 세포에 공급할 수 있다는 사실을 알았다. 그러나 해당작용의 반응들은 매우 빠른 속도로 일어나기 때문에 이 경로를 통해 충분히 많은 양의 ATP를 공급할 수 있다. 실제로 효모, 암세포, 근육세포 등을 포함한 많은 종류의 세포들이 ATP 공급원으로 해당작용에 많이 의존한다. 그러나 그러한 세포들이 직면해야만 하는 문제가 있다. 글리세르알데히드-3-인산의 산화에 의한 생성물 중 하나는 NADH이다. NADH의 형성은 반응물들 중 하나인 NAD^+를 소모하여 일어나는데, 이러한 NAD^+는 세포 내에서 적게 공급된다. NAD^+는 해당작용의 중요한 단계에서 꼭 필요한 반응물이기 때문에 NADH로부터 재생성되어야만 한다. 그렇지 않은 경우, 글리세르알데히드-3-인산의 산화는 더 이상 일어나지 않으며, 이로 인해 해당작용의 다음 반응도 일어날 수 없다. 그러나 산소는 전자전달사슬의 최종 전자수용체이기 때문에 산소 없이는 NADH가 전자전달사슬에 전자를 주는 방법을 통해 NAD^+로 산화될 수 없다. 그러나 세포는 산소 없이도 **발효(fermentation)**에 의해 NAD^+를 재생성할 수 있다. 발효

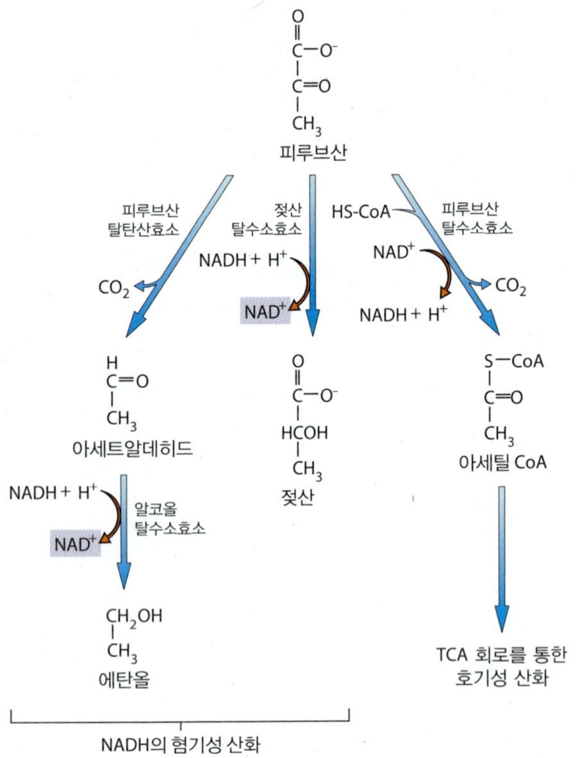

그림 3.29 **발효.** 대부분의 세포는 산소 분자에 의존하는 호기성 호흡을 한다. 만약 산소 공급이 중단되면 격렬한 수축을 겪는 골근육 세포나 혐기성 상태에서 살아가는 효모세포에서처럼 NAD^+를 발효에 의해 재생성할 수 있게 된다. 근육세포는 발효에 의해 젖산을 생성할 수 있는 반면에 효모세포는 발효에 의해 에탄올을 생성할 수 있다. TCA 회로에 의한 피루브산의 호기성 산화는 제9장에서 더 자세히 다룰 것이다.

에서 전자들은 NADH로부터 해당작용의 최종산물인 피루브산 또는 피루브산의 유도체로 전달된다(**그림 3.29**). 해당작용처럼 발효는 세포의 기질에서 일어난다. 산소 분자에 의존하는 대부분의 유기체들은 발효가 산소 분자 수준이 낮을 때 NAD^+를 재생성하기 위한 일시적 수단이 될 수 있기 때문에 해당작용은 계속 이어지고 ATP 생성도 유지될 수 있다.

발효의 생성물은 세포 또는 생물의 유형에 따라 다양하다. 근육세포가 반복적으로 수축될 때 산소수준이 너무 낮아져 세포대사를 위해 필요로 하는 수준보다 부족한 경우가 발생한다. 이러한 조건에서 근육세포는 피루브산을 젖산(lactate)으로 전환하여 NAD^+를 재생성한다. 산소의 양이 다시 충분해지면 젖산은 계속된 산화에 의해 피루브산으로 전환될 수 있다. 효모세포는 다른 대사경로를 통해 혐기성 환경을 극복할 수 있다. 효모세포는 그림 3.29에 나타낸 바와 같이 피루브산을 에탄올(ethanol)로 전환한다.

비록 발효가 많은 유기체들의 대사에 부수적이지만 필요하고 일부 혐기성 세균에게는 유일한 대사에너지원이지만, 해당작용 단독으로 얻는 에너지는 포도당이 이산화탄소와 물로 완전 산화될 때 얻는 에너지와 비교해보면 빈약한 편이다. 1분자의 포도당이 완전 산화되면 686 kcal가 방출된다. 반대로 포도당이 표준조건하에서 에탄올로 전환되면 57 kcal가 방출되고, 젖산으로 전환되면 오직 47 kcal가 방출된다. 어떤 경우든지 포도당 1분자가 해당작용과 발효에 의해 산화될 때 오직 2분자의 ATP가 생성된다. 즉, 대략 90% 이상의 에너지가 발효생성물에서 제거된다(에탄올의 연소에 의해 증명된 것처럼).

지구 상의 초창기 때는 산소가 아직 존재하지 않았기 때문에 아마도 원시적인 원핵세포에서 해당작용과 발효가 당으로부터 에너지를 얻을 수 있는 일차적인 대사경로였을 것이다. 남세균(cyanobacteria)의 출현에 따라 대기 중의 산소의 양은 급격히 증가했고, 따라서 호기성 대사를 사용하기 위한 전략의 진화가 가능했을 것이다. 결과적으로 해당작용의 생성물들은 완전히 산화될 수 있었고, 훨씬 더 많은 ATP가 생성될 수 있었다. 제9장에서 미토콘드리아의 구조와 기능을 설명할 때, 이런 일이 어떻게 이루어지는지 알아볼 것이다.

3.10 환원력

단백질, 지방, 핵산과 같은 복잡한 생물학적 분자들을 합성하기 위해 필요한 에너지는 주로 해당작용과 전자전달사슬에 의해 생성되는 ATP로부터 공급된다. 그러나 지방과 지질들을 포함한 많은 물질들이 그것들을 합성하는 데 이용된 대사산물들보다 더 환원된 상태이다. 지방의 합성은 인산기를 제외하고 NADH와 구조적으로 유사한 NADPH(그림 3.27의 그림설명에 나와 있음)로부터 높은 에너지의 전자를 전달받아 환원된 대사산물을 필요로 한다. 세포 내에 저장된 NADPH는 세포의 사용가능한 에너지 함량의 지표가 되는 **환원력(reducing power)**을 나타낸다. NADPH의 사용은 광합성의 핵심 반응들 중 하나에 의해서 설명될 수 있다.

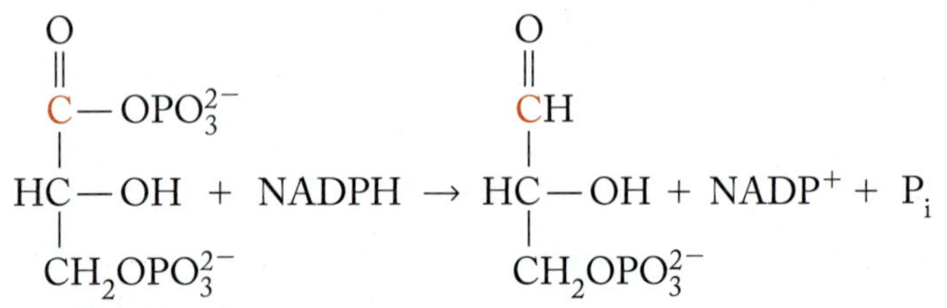

1,3-이인산글리세르산 글리세르알데히드-3-인산

이 반응에서 양성자와 함께 1쌍의 전자는 NADPH로부터 기질인 1,3-이인산글리세르산으로 이동하여 탄소 원자를 환원시킨다(빨간색으로 표시됨).

NADPH의 산화된 형태인 $NADP^+$는 아래 반응처럼 NAD^+로부터 형성된다.

$$NAD^+ + ATP \rightleftharpoons NADP^+ + ADP$$

그러고 나서 NADPH는 $NADP^+$의 환원에 의해 형성될 수 있다. NADH처럼 NADPH는 높은 전자전달전위를 갖고 있기 때문에 높은 에너지의 화합물이다. 이러한 전자형태로 자유에너지가 전달되면 수용체를 더 환원된 그리고 더 높은 에너지를 가진 상태로 만들어준다.

환원력을 대표하는 NADH와 NADPH는 독특하지만 서로 연관되어 있다. 이들의 환원력 구분은 1차적인 대사에서의 역할이 나눠지는 것을 반영한다. NADH와 NADPH는 다른 효소들에 의해 조효소로 인식된다. 동화작용경로에서 환원시키는 역할을 하는 효소들은 조효소로 NADPH를 이용하고 반면에 이화작용경로에서 탈수소효소로 작용하는 효소는 조효소로 NAD^+를 이용한다. 이들이 다르게 이용된다고 해도 수소전달효소(*transhydrogenase*)에 의해 촉매되는 반응에서 한 조효소(NADH)는 다른 조효소($NADP^+$)를 환원시킬 수 있다.

$$NADH + NADP^+ \rightleftharpoons NAD^+ + NADPH$$

에너지가 풍부할 때는 NADPH 생성이 선호되며, 이는 성장을 위해 중요한 새로운 고분자들을 합성하는 데 필요한 전자의 공급원이 된다. 반대로 에너지가 부족할 때는 대부분의 NADH의 높은 에너지 전자들은 ATP를 생성하기 위해 "현금화(cashed in)"되고, 세포의 생합성을 위해 필요한 최소치의 NADPH만 생성한다.

3.11 대사조절

특정 순간에 세포 내에 존재하는 ATP의 양은 놀랄 만큼 적다. 예를 들면, 세균세포는 반감기가 매우 짧은(1초 또는 2초 정도) ATP 분자들을 대략 100만 개 가지고 있다. 이처럼 ATP의 제한된 공급 때문에 실제로 총 ATP 분자들에 저장된 자유에너지의 총량이 크지 않다는 것은 명백하다. 대신에 세포의 에너지는 탄수화물이나 지방의 형태로 저장된다. ATP이 수준이 떨어질 때 높은 에너지를 저장하고 있는 분자들을 소모하여 ATP를 증가시키는 방향으로 반응이 시작된다. 비슷하게 ATP의 수준이 높을 때에는 평소 ATP 생성을 유도하는 반응들이 저해된다. 이와 같이 세포는 수많은 대사경로에서 핵심효소들을 소설하여 중요한 에너지방출반응들을 조절한다.

단백질의 기능은 그 구조와 밀접하게 연관되어 있다(예, 입체구조). 따라서 세포가 핵심 단백질 분자들의 입체구조를 변형시켜 단백질 활성을 조절하는 것은 놀라운 일이 아니다. 이 경우, 효소 촉매활성의 조절은 활성자리의 구조 변형을 중심으로 일어난다. 효소의 활성자리의 모습을 변형시키는 두 가지 일반적인 기작은 공유결합 변형(covalent modification)과 다른 자리 입체성 조절(allosteric modulation)이며, 둘 다 포도당 산화를 조절하는 데 핵심적인 역할들을 한다.[4]

공유결합 변형에 의한 효소활성 조절

1950년대 중반 워싱턴대학(University of Washington)의 에드몬드 피셔(Edmond Ficher)와 에드윈 크렙스(Edwin Krebs)는 글리코겐 가인산분해효소(glycogen phosphorylase)를 연구하고 있었다. 이 효소는 글리코겐을 포도당 소단위로 분해하는 효소로서 근육세포에서 발견되었다. 또한 이 효소는 활성 상태 또는 비활성 상태로 존재할 수 있다. Ficher와 Krebs는 근육세포의 정제되지 않은 추출물을 시험관에 준비한 후 여기에 오직 ATP를 넣었을 때만 비활성 효소 분자들이 활성화되는 것을 발견했다. 이들은 추가분석을 통해 추출물에서 "전환효소(converting enzyme)"라 불리는 두 번째 효소를 밝혀냈다. 이 효소는 ATP로부터 인산기를 글리코겐 가인산분해효소 분자를 구성하고 있는 841번째 아미노산으로 전달해준다. 인산기의 존재는 효소분자의 활성자리의 모습을 바꾸고 그로 인해 효소활성을 높여준다.

후속 연구를 통해 인산기의 추가(또는 제거)로 알려진 효소의 공유결합 변형은 효소의 활성을 바꾸기 위한 일반적인 기작이라는 것이 밝혀졌다. 인산기를 다른 단백질들로 전달하는 효소들을 **단백질 인산화효소(protein kinase)**라고 하며, 호르몬 작용, 세포분열, 단백질 발현 등과 같은 다양한 활성들을 조절한다. Ficher와 Krebs에 의해 발견된 "전환효소(converting enzyme)"는 후에 가인산분해효소 인산화효소(phosphorylase kinase)라 명명되었고, 이 효소의 조절은 15.6절에서 더 자세히 다룰 것이다. 기본적으로 두 가지 다른 형태의 단백질 인산화효소가 있다. 하나는 인산기를 기질 단백질의 특정 티로신 잔기로 전달하는 것이고, 다른 하나는 인산기를 기질 단백질의 특정 세린 또는 트레오닌 잔기에 전달하는 것이다. 단백질 인산화효소의 중요성은 효모세포의 모든 유전자들 중에 약 2%(약 6,200개 중에 113개)가 이러한 종류의 효소들을 발현하는 데 이용된다는 것이다.

다른 자리 입체성 조절에 의한 효소활성 조절

다른 자리 입체성 조절(Allosteric modulation)은 효소의 활성이 효소의 활성자리와 공간적으로 구분되는 **다른 자리(allosteric site)**에 결합하는 물질에 의하여 저해되거나 활성화되는 기작이다. 다른 자리 입체성 부위에 화합물이 결합하면 단백질을 통해 "잔물결(ripple)"이 일듯 전체 구조에 영향을 미치게 되고, 이는 활성자리의 모습에 정해진 변화를 야기한다. 아울러 이러한 변화는 활성자리가 다른 자리 입체성 부위와 효소의 반대 위치에 있거나 또는 단백질 내에 다른 폴리펩티드에 위치해 있더라도 가능하다. 특정 효소나 다른 자리 입체성 조절자에 영향을 받는 활성자리의 변화는 반응을 촉매하기 위한 능력을 활성화하거나 저해할 것이다. 다른 자리 입체성 조절은 분자구조와 기능 사이의 밀접한 관계를 보여준다. 다른 자리 입체성 조절자에 의해 유도된 효소 구조의 작은 변화조차도 효소활성의 중요한 변화를 야기할 수 있다.

세포는 에너지를 낭비하지 않으며 필요 없는 화합물은 생산하지 않는 매우 효율적인 생산공장이다. 세포가 동화작용의 조립라인을 멈추기 위해 사용하는 1차적인 기작들 중 하나는 **되먹임 저해(feedback inhibition)**인데, 이는 다른 자리 입체성 조절의 한 유형이다. 이러한 되먹임 저해에서 대사경로의 첫 번째 단계를 촉매하는 효소는 그 경로의 최종 생성물(예, 아미노산)의 농도가 일정수준에 도달했을 때 일시적으로 비활성화된다. 이러한 내용은 2종류의 기질 A와 B가 최종산물 E로 전환되는 간단한 경로를 나타낸 **그림 3.30**에 설명되어 있다. 생성물 E의 농도가 증가할 때 그것은 효소 BC의 다른 자리 입체성 부위에 결합하여 활성자리에 구조적 변화를 야기하고 이는 곧 효소활성을 감소시킨다. 되먹임 저해는 즉각적으로 세포의 동화경로 활성에 대해 세밀한 조절을 하게 된다.

[4]또한 대사는 효소의 농도 조절을 통해 조절된다. 효소가 합성되고 분해되는 상대적 속도에 대해서는 다음 장에서 다룬다.

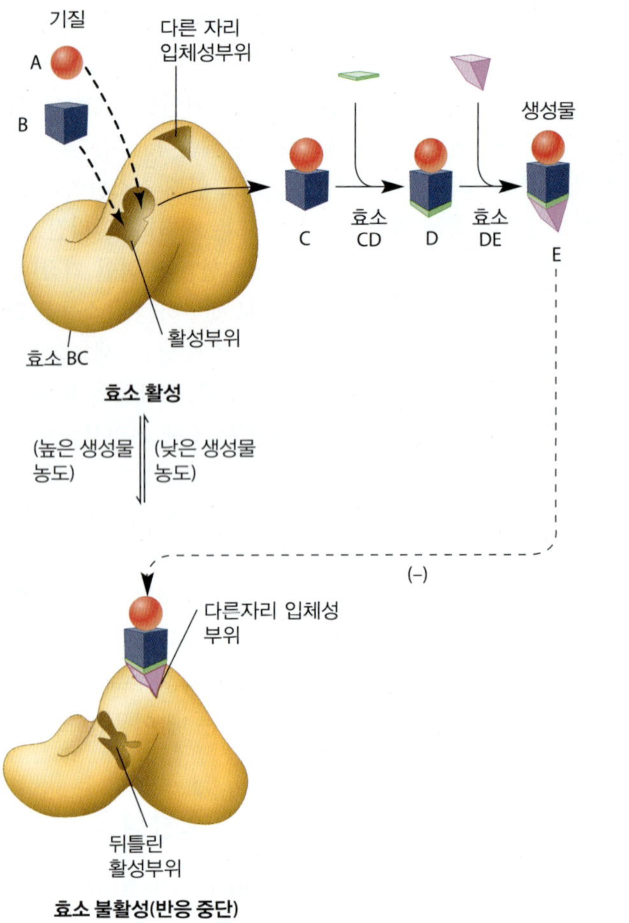

그림 3.30 **되먹임 저해.** 대사경로를 통한 대사산물의 흐름은 그 경로의 첫 번째 효소(효소 BC)의 다른 자리 입체성 부위에 그 경로의 마지막 생성물(화합물 E)이 결합하여 첫 번째 효소의 활성이 저해될 때 멈춘다. 되먹임 저해는 세포가 더 이상 필요 없는 화합물을 생성하기 위해 자원을 낭비하는 것을 막는다.

3.12 이화작용과 동화작용경로 분리

포도당의 합성(**포도당신생과정, Gluconeogenesis**)을 이끄는 동화경로과정을 간단히 생각해보면 합성경로의 몇 가지 중요한 면을 알 수 있을 것이다. 대부분의 세포는 포도당을 화학에너지의 중요한 자원으로 활용하기 위해 산화시키는 동시에 피루브산으로부터 포도당을 합성할 수 있다. 그렇다면 세포가 이러한 두 가지 정반대의 경로를 어떻게 같이 사용할 수 있을까? 첫 번째 중요한 점은 비록 일부 효소들이 양쪽 방향의 반응을 모두 촉매할 수 있다 하더라도 포도당신생과정은 단순히 해당작용반응들을 역반응으로 진행하여 이루어질 수 없다는 것이다. 해당작용경로는 열역학적으로 비가역반응을 3종류 포함하고 있고(그림 3.25), 이러한 반응들은 포도당신생과정에서 어떻게든 우회하여야만 한다. 해당작용의 모든 반응들이 가역적일 수 있더라도 세포 입장에서는 대사활성을 조절하는 것이 여의치 않다. 왜냐하면 두 가지 다른 경로가 서로에 대해 독립적으로 조절될 수 없기 때문이다. 결국 두 가지 다른 경로의 모든 반응들이 가역적이라면, 같은 효소가 양쪽 반응에서 모두 작용하여 세포는 포도당 합성을 멈출 수 없고 대신 분해를 시작하게 될 것이다.

포도당이 분해되는 경로와 합성되는 경로를 비교해 보면, 대부분의 반응들은 진행되는 방향만 다를 뿐 서로 같은 반응을 공유하는 반면에 일부 다른 반응들은 같은 반응을 공유하지 않는다(1단계에서 3단계까지, **그림 3.31**)는 것을 알 수 있다. 세포는 두 가지 상반되는 경로에서 일부 핵심 반응을 촉매할 때 서로 다른 효소들을 사용하기 때문에 동일한 분자를 합성하고 분해하는 데 생겨날 수 있는 열역학적 문제와 조절 문제 모두를 해결할 수 있다.

이 문제는 해당작용과 포도당신생과정의 핵심 효소들을 보다 더 자세히 살펴보면 잘 이해할 수 있다. 그림 3.31의 2단계에서 나타난 것처럼 해당작용반응의 한 효소인 포스포프룩토키나아제(*phosphofructokinase*)는 다음 반응을 촉매한다.

$$\text{과당-6-인산} + \text{ATP} \rightleftharpoons \text{과당-1,6-이인산} + \text{ADP}$$

$\Delta G^{\circ\prime}$는 −3.4 kcal/mol이며, 이 값은 이 반응을 비가역적으로 만든다. 이 반응은 ATP 가수분해와 연결되어 있기 때문에 이렇게 큰 $-\Delta G^{\circ\prime}$ 값을 갖는다. 포도당신생과정의 경우 과당-6-인산의 생성은 간단히 과당-*1,6*-이인산가수분해효소(*fructose 1,6-bisphosphatase*)에 의한 가수분해에 의해 촉매된다.

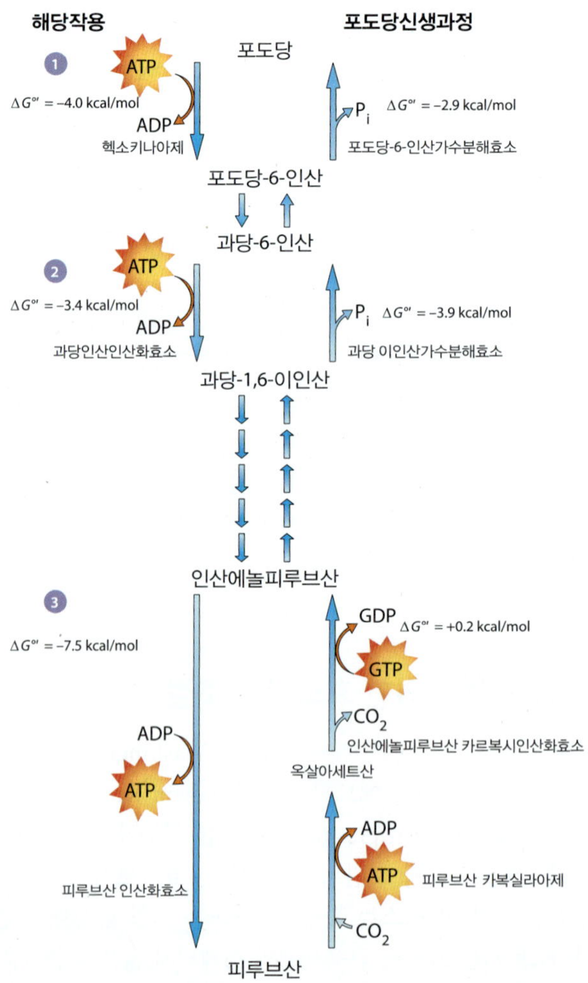

그림 3.31 **해당작용 대 포도당신생과정.** 비록 방향은 서로 반대이지만 대부분의 반응들이 이 두 경로에서 같다. 반면에 해당작용의 세 가지 비가역반응들은(여기는 1단계부터 3단계까지) 포도당신생과정 경로에서 다르지만 열역학적으로 유리한 반응들에 의해 대체된다.

$$\text{과당-1,6-이인산} + H_2O \rightleftharpoons \text{과당-6-인산} + P_i \quad \Delta G^{\circ\prime} = -3.9\text{kcal/mol}$$

위에서 설명된 해당작용과 포도당신생과정의 특정 효소들은 각각의 경로에서 핵심이 되는 효소들이다. 이러한 효소들은 AMP와 ATP에 의해 부분적으로 조절된다. 그런데 여기서 명심해야할 점은 세포 내 AMP의 농도는 ATP의 농도와 반비례 관계라는 점이다. 즉, ATP의 수준이 낮을 때 AMP의 수준은 높고, 그 반대의 경우도 성립된다. 결과적으로, 증가된 AMP의 농도는 세포에 ATP 연료가 고갈됐음을 알리는 신호가 된다. ATP가 포스포프룩토인산화효소의 기질이긴 하지만, ATP는 또한 동시에 다른 자리 입체성 저해제의 역할도 수행한다. 이에 반해 AMP는 다른 자리 입체성 활성제의 역할을 수행한다. ATP 수준이 높을 때, 효소의 활성은 감소되기 때문에 해당작용에 의해 추가적인 ATP가 형성되지 않는다. 반대로 ADP와 AMP의 수준이 ATP에 비해 상대적으로 높을 때, 효소의 활성은 증가되고 따라서 ATP의 합성을 촉진시킨다. 반면에 포도당신생과정의 핵심 효소인 과당-1,6-이인산가수분해효소의 활성은 증가된 수준의 AMP에 의해 저해된다.

대사조절에 있어서 다른 자리 입체성 조절의 중요성은 AMP-활성화 단백질 인산화효소(AMP-activated protein kinase, AMPK)에 대한 최근 연구에 의해 설명된다. 위에서 언급된 가인산분해효소 인산화효소(phosphorylase kinase)처럼 AMPK는 인산기를 다른 단백질 구조 안의 특정 세린이나 트레오닌 잔기에 전달하여 그 효소의 활성을 조절한다. 또한 AMPK의 활성은 번역 후 변형(posttranslational modifications)에 의해 스스로 조절된다. 즉, 이 효소는 인산기를 추가하는 것에 의해 활성화되고, 다시 이러한 인산기를 제거하는 것에 의해 저해된다. 지금 여기서 더 중요한 사실은 AMPK는 ATP 가수분해의 생성물인 AMP와 ADP 모두에 의해 활성화된다는 점이다. AMP는 AMPK 효소의 다른 자리 입체성 부위에 결합하여 그리고 ADP는 위에서 언급된 인산기의 제거를 막음으로써 각각 이 AMPK 효소를 활성화시킨다. AMP 또는 ADP 농도가 증가할 때 AMPK는 활성화되어 동화작용경로에 포함되어 있는 핵심 효소들을 인산화시켜 저해한다. 그러나 동시에, 활성화된 AMPK는 이화작용경로에 있는 핵심 효소들을 똑같이 인산화시키지만 동화작용경로와는 달리 이 효소들은 저해되는 대신 활성화된다. AMPK의 활성화는 ATP를 소모하는 경로의 활성을 감소시키고, 반대로 ATP를 생성하는 경로의 활성을 증가시켜서 결국 세포내 ATP의 농도를 증가시킨다.

적어도 포유동물에서 AMPK는 세포의 에너지 조절에만 관여하는 것이 아니라 몸 전체의 에너지 균형의 조절에도 관여한다. 포유동물의 식욕은 혈액 내 특정 영양소들과 호르몬들의 수준에 반응하는 뇌의 시상하부 내 중추에서 조절된다. 예를 들어, 혈당(blood glucose)의 감소는 시상하부의 신경세포 내의 AMPK를 활성화시켜 시상하부에 식욕을 자극하도록 신호를 주게 된다. 반대로 음식을 먹은 후 느끼게 되는 포만감은(feeling of being "full") 같은 뇌세포에서 AMPK의 활성화를 저해하는 특정 호르몬[예, 지방세포에 의해 분비되는 렙틴(leptin)]에 의해서 유도된다. AMPK는 "에너지 온도조절장치(energy thermostat)"의 역할을 수행하기 때문에 비만과 당뇨 두 가지 모두를 치료하기 위한 약물 개발의 1차적인 표적이 된다. 당뇨 치료제로 사용되고 있는 메트포르민(metformin)은 AMPK를 활성화시켜 간에서 포도당신생과정을 억제하고 따라서 혈당 수준을 낮춘다.

인간 질병과의 연관성

I. 항생제 내성 증가의 문제

얼마 전까지만 해도 인류의 건강은 더 이상 심각한 세균감염에 의해 위협받지 않을 것이라 여겼다. 나병(leprosy), 폐렴(pneumonia), 임질(gonorrhea) 등과 같은 세균성 질병들은 다양한 항생제들 중 그에 맞는 항생제를 처방하여 치료되었다. 이러한 항생제들은 숙주인 사람에게 해를 주지 않으면서 세균들만 선택적으로 죽일 수 있었다. 그러나 과거 수십 년 동안 "신비의 약(wonder drug)"에 대한 병원성 세균의 내성(resistance)이 증가함에 따라 사정이 급격히 악화되었고, 이로 인해 한 번 치료받은 많은 사람들을 죽음으로 내몰아왔다. 실제로 선진국에서는 이미 사라졌던 결핵(tuberculosis, TB)이 현재 의술로는 치료 불가능한 극도의 약재 내성(extremely drug resistance, XDR)의 형태로 다시 발생하고 있다. XDR-TB가 세계의 보건 위기의 주된 요인이 될 처지에 있다는 것은 굉장히 우려되는 상황이다. 더 심각한 문제는 제약업계가 새로운 항생제 개발을 위한 투자를 급격히 줄이고 있다는 사실이다. 제약업계의 이러한 투자 변화는 일반적으로 다음과 같은 이유로 인해 재정적 해택이 부족하기 때문이다. (1) 항생제는 단기간만 복용한다(이와는 반대로 당뇨 또는 우울증 치료제는 장기간 복용함). (2) 계속적으로 동일한 **효능**(*efficacy*)을 갖는 다른 약들과 달리 새로운 힝생제가 개발되더라도 세균이 곧 저항성을 갖게 되어 약의 수명이 짧아지는 위험부담을 갖고 있다. (3) 가장 효과적인 항생제는 널리 사용되는 것을 자제하는데, 그 이유는 다른 항생제들이 치료효과를 보이지 못했을 때 마지막에 사용하기 위해서다. 이런 이유로 새로운 항생제를 개발하기 위해 비영리단체를 조직하자는 논의가 폭넓게 진행되고 있다.

여기에서는 간략하게 표적이 되는 효소를 중심으로 한 항생제의 작동기작과 세균내성의 획득에 대해서 살펴보도록 한다. 대부분의 항생제들은 토양에 살거나 실험실에서 쉽게 배양할 수 있는 미생물들이 생산하는 천연물로부터 유도된다. 표 1은 항생제들의 주요 부류, 각각의 부류의 예들, 이러한 화합물이 작동하는 세균세포 내 표적, 이러한 화합물들에 대해 내성을 갖게 된 세균의 작용기작 등의 목록을 보여준다. 우선 항생제의 표적이 되는 몇 가지 주요 유형에 대해 살펴보자.

1. **세균의 세포벽을 합성하는 데 관여하는 효소들.** 페니실린과 그 유도체[예, 메티실린(methicillin)]들은 세포벽을 견고하게 해주는 마지

계속

막 교차결합(cross-linking)반응을 촉매하는 펩티드전이효소(transpeptidase)계열의 효소들에 결합하는 기질의 구조적 유사체이다. 만약 이러한 화합물에 의한 저해효과로 펩티드전이효소를 통한 교차결합반응이 일어나지 않는다면 세포벽의 견고성이 떨어지게 된다. 페니실린은 펩티드전이효소의 비가역적 저해제이다. 이러한 항생제는 효소의 활성자리에 정확하게 들어맞으며 효소와 공유결합에 의한 복합체를 형성하기 때문에 한 번 결합하면 제거될 수 없다. 항생제인 반코마이신(vancomycin)은 펩티드전이효소 그 자체보다는 오히려 펩티드 기질에 결합하여 펩티드 전이(transpeptidation)를 저해한다. 일반적으로 펩티드전이효소 기질의 말단은 D-알라닌-D-알라닌 디펩티드(dipeptide)로 끝난다. 반코마이신에 대한 내성을 갖기 위해 세균은 이 항생제에 결합하지 않는 다른 말단을 합성해

표 1 항생제의 임상적 사용과 저항방법

항생제 분류	예	표적	저항방법
β-락탐 (β-lactams)	페니실린[Penicillins(암피실린, ampicillin)] 세팔로스포린[Cephalosporins(세파마이신, cephamycin)] 페넴[Penems(메로페넴, meropenem)] 모노박탐[Monobactams(아즈트레오남(aztreonam)]	펩티도글리칸 생합성	가수분해 유출 변경된 표적
아미노글리코시드 (Aminoglycosides)	젠타마이신(Gentamicin) 스트렙토마이신(Streptomycin) 스펙티노마이신(Spectinomycin)	번역	인산화 아세틸화 뉴클레오타이딜화 유출 변경된 표적
당펩티드 (Glycopeptides)	반코마이신(Vancomycin) 테이코플라닌(Teicoplanin)	펩티도글리칸 생합성	펩티도글리칸 생합성의 프로그램 재작성
테트라시클린 (Tetracyclines)	미노사이클린(Minocycline) 타이제사이클린(Tigecycline)	번역	단일 산소화 유출 변경된 표적
매크롤라이드 (Marcrolides)	에리트로마이신(Erythromycin) 아지트로마이신(Azithromycin)	번역	가수분해 글리코실화 인산화 유출 변경된 표적
린코사미드 (Lincosamides)	클린다마이신(Clindamycin)	번역	뉴클레오타이딜화 유출 변경된 표적
스트렙토그라민 (Streptogramins)	시네르시드(Synercid)	번역	C—O 분해효소(Type B streptogramins) 아세틸화(Type A streptogramins) 유출 변경된 표적
옥사졸리디논 (Oxazolidinones)	리네졸리드 (Linezolid)	번역	유출 변경된 표적
페니콜 (Phenicols)	클로람페니콜 (Chloramphenicol)	번역	아세틸화 유출 변경된 표적
퀴놀론 (Quinolones)	시프로플록사신 (Ciprofloxacin)	DNA 복제	아세틸화 유출 변경된 표적
피리미딘 (Pyrimidines)	트리메소프림 (Trimethoprim)	DNA 복제	유출 변경된 표적
술폰아미드 (Sulfonamides)	설파메톡사졸 (Sulfamethoxazole)	DNA 복제	유출 변경된 표적
리파마이신 (Rifamycins)	리팜핀 (Rifampin)	번역	ADP-리보실화 유출 변경된 표적
지질펩티드(Lipopeptides) 양이온 펩티드 (Cationic peptides)	댑토마이신(Daptomycin) 콜리스틴(Colistin)	세포막 세포막	변경된 표적 변경된 표적 유출

출처: ANNUAL REVIEWS, INC.의 허가를 얻어 Annual Review Genet 2010, 44:27, *Enzymology of Antibiotic Resistance*, M. Moror and G. D. Wright에서 발췌.

야만 하는데, 이를 위해서는 몇 가지 효소활성들을 새롭게 포함하는 우회경로가 필요하다. 결론적으로 반코마이신은 세균이 내성을 갖기가 매우 힘든 것으로 증명된 항생제이며, 그런 이유로 항상 다른 항생제들이 듣지 않았을 때 쓸 수 있는 최후의 보루로 사용되어 왔다. 그러나 안타깝게도 포도상구균(*Staphylococcus aureus*)을 포함한 반코마이신 내성을 갖는 병원성 세균들이 최근에 출현하였다. 포도상구균은 보통 피부와 코의 통로에 서식한다. 이 세균은 평소 때는 상대적으로 해롭지 않지만, 병원에 있는 환자의 노출된 상처나 치료용 관 등을 통해 감염이 되면 생명을 위협하는 감염병의 가장 흔한 원인이 된다. 여러 해 동안 메티실린 내성 포도상구균(methicillin-resistant *S. aureus*, MRSA)이 미국에서만 매해 10,000명 이상의 환자를 죽게 하여 병원에서 대혼란이 일어났다. 이 숫자는 한 해 미국에서 AIDS에 의해 죽는 환자 수보다도 더 많은 수이다. MRSA 감염은 고등학교 체육관이나 탁아소 같은 개인 간의 접촉이 빈번한 지역사회 거주지에서 나타난다. 많은 경우 반코마이신은 이러한 감염을 막을 수 있는 유일한 항생제이다. 결과적으로 MRSA가 병원 내의 다른 흔한 감염성 세균(*E. faecium*)으로부터 반코마이신에 대한 내성 유전자 집단을 획득하여 내성을 갖게 될 수 있다는 것을 알게 되었고 이는 인류의 보건에 큰 경종을 울렸다. 이제껏 반코마이신에 대해 내성을 갖는 MRSA는 매우 드물게 나타났고 이러한 세균이 병원이나 지역사회에서 크게 확대되지는 않았지만 퍼지는 것은 시간문제일 수도 있다. 이러한 이유 때문에 감염성질환 전문가들은 개선된 위생 프로그램을 갖추고 감염의 초기 징후를 보이는 환자를 무조건 격리하도록 병원에 강력히 권고하였다. 이러한 권고를 이행한 곳은 치명적인 감염의 발생률이 줄었다는 것이 증명되었고, 이울러 최근에 MRSA에 의해 사망하는 비율을 50%까지 줄였다.

2. **세균의 유전정보를 복제, 전사, 번역하는 체계를 구성하는 요소들.** 세균이나 진핵세포는 유전정보를 저장하고 사용하기 위해 유사한 체계를 가지고 있지만 또한 이 두 유형의 세포 사이에는 많은 다른 점들이 존재하기 때문에 약학자들은 그 점을 이용할 수 있다. 예를 들면, 스트렙토마이신(streptomycin)과 테트라사이클린(tetracycline)은 세균의 리보솜(ribosome)에 결합하지만 진핵세포의 리보솜에 결합하지는 않는다. 시프로플록사신(ciprofloxacin, 상품명은 Cipro)과 같은 퀴놀론계 항균제(quinolone)들은 합성에 의해서만 만들어진 항생제의 드문 예이다(천연물로부터 유래되지 않음). 퀴놀론계 항균제들은 세균의 DNA 복제를 위해 필요로 하는 DNA 자이레이즈(gyrase) 효소를 저해한다.
3. **세균에서만 특이적으로 대사반응을 촉매하는 효소.** 예를 들면, 술파제(sulfa drug)는 파라-아미노벤조산(*p*-aminobenzoic acid, PABA) 화합물과 매우 유사하기 때문에 효과적인 항생제이다. 세균은 이 PABA를 필수 조효소인 엽산(folic acid)으로 전환시킨다. 인간은 엽산을 합성하는 효소가 없기 때문에 이러한 필수 조효소를 음식섭취를 통해서 얻어야만 한다. 따라서 술파제는 인간의 대사에 아무런 영향을 끼치지 않는다.

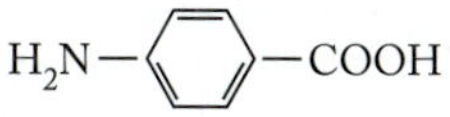
파라-아미노벤조산(PABA)

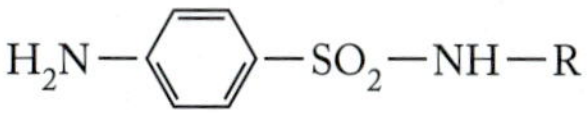
술파제(sulfa drug)

최근에 승인된 거의 모든 종류의 "새로운(new)" 항생제들은 실험실에서 화학적으로 변형되어 온 현존하는 화합물들의 유도체이다. 즉, 이러한 화합물들은 그들이 유래된 화합물과 동일한 핵심부위와 골격을 갖고 있기 때문에 같은 화학적 부류에 속하는 것으로 간주될 수 있다. 현존하는 약물들은 표적이 되는 세균에 의해 획득된 내성기작에 대한 취약성을 줄이기 위해 화학적으로 변형되었다. 1995년에 시작된 병원성 세균 유전체의 서열결정(genome sequencing)이 새로운 약물 표적을 밝혀낼 수 있을 것이라 기대했지만 아직까지 성공적인 결과를 얻지는 못했다. 주목할만한 점은 1963년 이래로 오직 두 가지 새로운 부류의 항생제들만이 개발되어서 승인을 받은 것이다. 이 두 가지 새로운 부류들 중 하나는 리네졸리드(linezolid, 상표이름은 Zyvox) 항생제를 포함한다. 이 항생제는 2000년에 도입됐으며 세균의 리보솜에 특이적으로 작용하여 단백질 합성을 막는다. 또 다른 새로운 부류의 항생제는 2003년에 도입됐으며 댑토마이신(daptomycin, 상표이름은 Cubicin)으로 대표되는 사이클릭 리포펩티드(cyclic lipopeptide)로 세균막의 기능을 망가뜨려 효능을 발휘한다. 많은 과학자들은 리네졸리드와 댑토마이신의 사용을 줄여서 세균의 내성획득을 최소화하기를 희망했지만 리네졸리드 내성 MRSA가 이미 병원에서 나타나기 시작했으며 댑토마이신 내성 *E. Faecium*은 점점 더 보편화되고 있다. 우리는 또 한 번 유효한 항생제가 없어서 사소한 찰과상이나 상처에도 수많은 사람들이 죽어가는 "후기 항생제 세대(post antibiotic age)"에 빠르게 가까워지는 것에 대해 큰 우려를 갖고 있다.

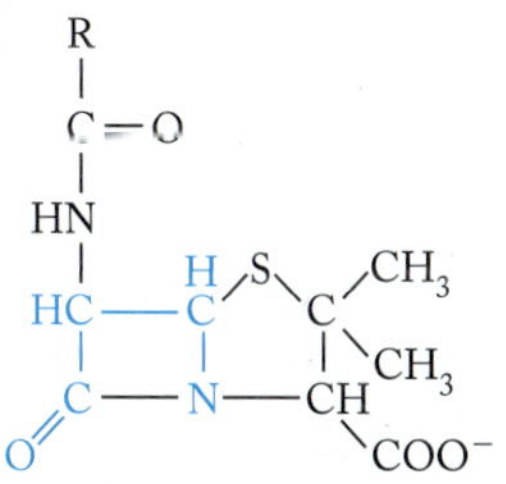
페니실린
(penicillin)

세균은 여러 가지 독특한 기작을 통해 항생제 내성을 획득하며, 이러한 기작들의 많은 수가 페니실린 예를 통해 설명될 수 있다. 페니실린은 4개의 β-락탐(β-lactam)고리(그림에서 파란색으로 표시됨)를 갖는 β-락탐이다.

1940년대까지 연구자들은 특정 세균들이 락탐고리를 끊을 수 있는 β-락타메이스[β-lactamase, 또는 페니실리네이스(penicillinase)]라고 불리는 효소를 갖고 있어서 페니실린으로부터 세균을 보호해준다는 사실을 발견했다. 페니실린이 2차 세계대전 동안 항생제로 처음 도입됐을 때에는 병을 야기하는 어떤 주요 세균들도 β-락타메이스 유전자를 갖고 있지 않았다. 이것은 항생제가 나오기 전부터 실험실 배양을 통해 전달되어온 세균의 DNA를 조사하여 확인할 수 있다. 오늘날 β-락타메이스 유전자는 다양한 감염성 세균에 존재하고, 이러한 세포들에 의해 생성된 β-락타메이스는 페니실린 내성의 1차 원인이다. 그렇다면 이러한 종들이 어떻게 그런 유전자를 얻을 수 있었을까?

β-락타메이스 유전자의 광범위한 발생은 얼마나 쉽게 유전자들이 같은 종의 세균뿐만 아니라 다른 종의 세균들에게까지 퍼질 수 있는

계속

지를 보여준다. 이러한 일들이 일어날 수 있는 몇 가지 방법들이 있는데, 우선 접합(conjugation, 그림 1.13)을 통해 한 세균으로부터 다른 세균으로 직접적으로 DNA가 전달될 수 있고, 형질도입(transduction)을 통해 세균의 유전자가 바이러스에 의해 전달될 수 있으며, 형질전환(transformation)을 통해 세균 주위의 배지에 있는 외래 DNA 자체를 세포 안으로 도입할 수 있다. 약학자들은 가수분해효소에 더 큰 저항성을 가진 페니실린 유도체를 합성하여 β-락타메이스의 확산을 막으려 시도했다. 현재는 더 이상 사용되지 않는 메티실린은 1959년에 β-락타메이스 저항성 항생제로 처음 생산되었다. 그러나 예상대로 이 새로운 항생제를 가수분해할 수 있는 β-락타메이스를 갖고 있는 세균의 진화가 자연선택에 의해 빠르게 이루어졌다.

모든 페니실린 내성 세균이 β-락타메이스를 갖고 있지는 않다. 그 중 일부는 세포벽을 변형시켜 항생제의 출입을 막음으로써 내성을 갖게 되었다. 또 다른 세균들은 한 번 세포 내로 들어온 항생제를 다시 배출할 수 있는 **유출펌프**(*efflux pump*)를 갖고 있기 때문에 내성을 갖게 되었다. 마찬가지로 어떤 세균들은 항생제와 결합하지 않는 변형된 펩티드전이효소와 같이 바뀐 표적을 갖기 때문에 내성을 갖게 되었다. 예를 들면, 세균성 수막염은 수막염균(*Neisseria meningitidis*)에 의해 일어난다. 이 세균이 β-락타메이스를 갖게 됐다는 사실은 아직까지 알려진 바 없지만, 그들의 펩티드전이효소의 유전자가 돌연변이로 변형되어 효소의 항생제에 대한 결합력이 약해지면서 페니실린 내성을 갖게 되었다는 것은 이미 알려진 사실이다.

항생제 내성의 문제점은 세균성 질환에만 국한되지 않고 AIDS의 치료에서도 주된 관심사가 되었다. 매우 높은 수준의 정확도를 가진 DNA 복제효소와는 다르게 **역전사효소**(*reverse transcriptase*)라 불리는 AIDS 바이러스의 복제효소는 상대적으로 낮은 수준의 정확도 때문에 굉장히 높은 비율의 돌연변이를 생성한다. 바이러스는 매우 빠른 생성속도(하루에 한 사람에게서 생성되는 바이러스 입자는 10^8개 이상)와 함께 높은 생성오류비율(복제된 1만개의 염기 당 약 하나)을 갖고 있기 때문에 항생제 내성 변이체(variant)가 감염된 개인에게서 나타날 확률이 매우 높다. 이러한 문제에 대해 우리는 다음과 같이 대응하고 있다.

- 각기 다른 바이러스 효소들을 표적으로 하는 여러 가지 항생제들을 같이 처방함. 이것은 모든 항생제에 대해 내성을 갖는 변이체가 나타날 확률을 크게 줄여준다.
- 표적이 되는 바이러스 효소의 가장 높게 보존된 부위와 상호작용하는 항생제의 개발. 이 부위는 돌연변이 시 결함을 갖는 효소를 생성할 가능성이 매우 높다. 이러한 점은 표적이 되는 효소의 구조와 기능을 알고, 가능성 있는 항생제가 표적과 상호작용하는 방식을 아는 것이 매우 중요함을 강조한다.

II. 식이제한과 수명

우리는 제2장에서 노화는 유리기(free radical)들에 의해 축적된 손상으로부터 온다는 학설에 대해 논의했다. 여기서는 많은 모델동물들의 칼로리 섭취를 줄여 수명을 연장하고 노화를 늦출 수 있다는 실험결과를 바탕으로 한 노화의 다른 측면에 대해 논의할 것이다.

그림 3.22에 나와 있는 대사의 복잡한 네트워크는 세포의 모든 생화학적 경로와 인간의 생리학적 측면을 다루고 있다. 따라서 전체적인 대사활동의 변화가 우리의 건강과 안녕에 큰 영향을 끼칠 수 있다는 것은 놀라운 일이 아니다. 한 가지 중요한 예는 대사활동과 수명이 잠재적으로 연결되어 있다는 것이다. 초기에 칼로리 섭취를 줄이는 것이 수명을 연장시킬 수 있다는 생각은 쥐와 생쥐를 이용한 연구로부터 시작됐다. 이 실험에서 동물에게 약 10~30% 감소된 양의 음식을 섭취하게 한 결과, 평균수명(average lifespan)과 최대수명(maximum lifespan)이 모두 증가하는 것을 확인할 수 있었다. 그 효과는 극적이었지만 다음과 같은 궁금증 두 가지를 여전히 남겼다. 첫째, 그 효과에 대한 분자 및 세포 기작은 무엇인가? 둘째, 사람에게서도 같은 효과를 보일 수 있을 것인가?

식이제한(Caloric restriction)을 이용한 기작연구는 효모(yeast, *Saccharomyces cerevisiae*), 초파리(fruit fly, *Drosophila melanogaster*), 예쁜꼬마선충(nematode, *Caenorhabditis elegans*)과 같은 강력한 모델동물들을 이용해 진행되어 왔다. 이러한 동물들은 짧은 수명을 가지고 있기 때문에 쥐나 생쥐를 이용한 실험보다 빨리 끝날 수 있고 또한 상대적으로 훨씬 적은 비용만 소모된다. 또한 이러한 동물들은 유전학적으로 설치류보다 훨씬 더 쉽게 유전자를 확인할 수 있다. 철저한 실험들을 통해 설치류에서 관측된 것처럼, 식이제한이 초파리와 예쁜꼬마선충의 수명을 연장시킨다는 것을 확인했다(**그림 1**). 이러한 모델을 이용한 유전적 실험들을 통해 식이제한에 의한 노화조절에 관여하는

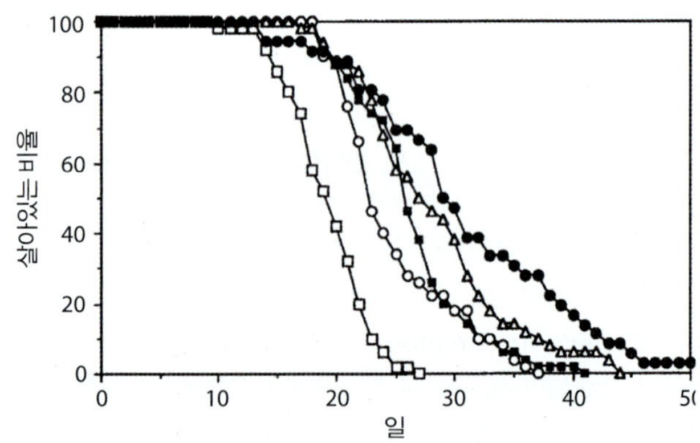

그림 1 음식 섭취를 줄이는 방법에 의한 예쁜꼬마선충의 수명연장. 카플란-마이어(Kaplan-Meier) 곡선으로 알려진 이 그래프는 태어난 후 일정 시간(또는 나이)마다 살아있는 동물의 비율을 보여준다. 어떤 동물이든 최대 수명이 있기 때문에 결국 이 곡선은 0으로 떨어지게 되어있다. 증가된 수명은 오른쪽으로 이동한 곡선으로 알 수 있는데, 그 이유는 일반적인 조건에서 성장한 동물보다 특정 나이에 살아있는 비율이 더 높다는 것을 의미하기 때문이다. 이 도표는 음식섭취를 줄인 네 가지 유형의 돌연변이 예쁜꼬마선충의 수명곡선을 보여주고 있는데, 이들이 음식을 먹는 기관인 인두(pharynx)를 통한 음식섭취가 적절히 이루어지지 않도록 돌연변이를 만들어 진행된 실험결과이다. 비교를 위해 정상인 예쁜꼬마선충의 수명곡선은 하얀색 네모로 표시되었다. 정상인 예쁜꼬마선충은 평균적으로 약 20일을 사는 데 반해 음식섭취가 줄어든 돌연변이 예쁜꼬마선충의 수명은 30일까지 증가했다.

출처: B. Lakowski and S. Hekimi. 1998. The genetics of caloric restriction in *Caenorhabditis elegans*. Proc. Natl. Acad. Sci. U.S.A. 95:13091–13096.

다양한 유전자들을 발굴해 왔다. 이러한 실험에서 얻은 한 가지 흥미로운 결과는 식이제한이 적용되는 시기에 따라서 그 효과에 관여하는 유전자들이 다르다는 것이다. 예를 들면, 태어나면서부터 죽을 때까지 일생 동안 식이제한을 하는 것과 나이가 들어서 식이제한을 시작하는 것은 동일한 수명연장 효과를 갖지만 다른 유전적 경로를 통해 수명연장에 관여한다는 것이다. 식이제한이 아마도 활성산소의 생성을 증가시킨다는 사실이 모델동물을 이용한 연구를 통해 보여졌다. 그러나 2.2절에서 논의되었듯이, 활성산소가 노화를 촉진시킨다고 알려졌으나 이러한 식이제한을 이용한 실험에서는 활성산소의 증가에도 불구하고 노화가 늦춰졌으며, 이것은 아마도 활성산소가 실제적으로 노화를 늦추도록 보호해주는 역할을 한 것이라 여겨진다. 식이제한을 통한 수명연장은 아마도 활성산소의 긍정적인 효과 때문이 아닌가 여겨진다.

분자 기작과는 상관없이 대략 20% 정도의 식이제한에 의해서 사람의 노화가 늦춰질 수 있다면 그것은 굉장히 흥미진진한 사실이다. 다이어트를 경험해 본 사람들이라면 알 수 있듯이 더 적은 칼로리를 섭취하는 것은 쉽지 않은 일이지만, 그것이 노화와 관련된 많은 증상들을 늦추거나 막을 수 있다면 굉장히 매력적인 일이 될 것이다. 식이제한이 이전 실험에 이용된 설치류보다 인간에 더 가까운 동물에게도 효과적인지를 조사하기 위해 붉은 털 원숭이(rhesus monkey)를 이용한 큰 규모의 연구가 1980년대에 2곳에서 시작되었다. 한 곳은 위스콘신 국립영장류연구센터(Wisconsin National Primate Research Center, WNPRC)이고, 다른 한 곳은 미국 국립보건원(NIH)에 속해있는 국립노화연구소(National Institute of Aging, NIA)이다. 영장류는 쥐나 생쥐보다 훨씬 더 오래 살기 때문에(초파리나 예쁜꼬마선충은 이들 보다도 훨씬 수명이 짧다) 이러한 실험들은 수십 년 동안 수행되어야만 한다. 흥미롭게도 이 2개의 실험은 서로 다른 결과를 보였다. WNPRC에서 수행된 연구결과에 의하면 식이제한이 원숭이의 수명을 늘린 것으로 나타났지만, NIA에서 수행된 연구결과에 의하면 이러한 식이제한이 아무런 효과도 보이지 않는 것으로 나타났다. 이 2개의 실험 사이에 한 가지 중요한 차이점은 NIA 연구에서는 천연성분을 기반으로 한 음식을 제공했고, WNPRC 연구에서는 락트알부민(lactalbumin) 그리고 설탕(sucrose)과 같은 정제된 성분을 이용해 합성된 음식을 제공했다는 점이다. 천연성분을 포함한 음식이 좀 더 건강한 음식이라고 전제한다면 아마도 WNPRC에서 사용된 음식이 건강에 더 좋지 않은 영향을 미쳤을 것이고, 따라서 이들의 섭취를 줄임으로써 심장병이나 다른 병에 의한 죽음을 줄여 수명이 늘어나는 효과를 가졌을 것으로 예측할 수 있다.

WNPRC와 NIA에서 수행된 연구에서 공통적으로 나타난 부분은 전체적인 건강의 지표들이 식이제한이 이루어진 원숭이에서 향상되었다는 점이다(예를 들면, 혈당수준). 따라서 인간이 식이제한을 수행한다면, 비록 수명연장은 보장할 수 없더라도 나이가 들어서 좀 더 건강하고 활동적인 삶을 살 수 있을 것이다. 또한 중요하게 고려되어야 할 점은 특별히 암이나 심장마비가 오지 않는 한 대부분의 사람들은 나이가 들었다고 해서 죽지는 않는다는 점이다. 비만은 당뇨, 심장병, 암과 같은 많은 질병발생의 원인이 되기 때문에 노화에 미치는 영향에 상관없이 우리의 칼로리 섭취를 줄이는 것은 어쨌든 좋은 생각이다.

식이제한이 수명을 연장하기 위한 전략으로서 효과적인지를 증명하는 것과 상관없이 노화와 칼로리 섭취와의 상관관계를 연구하는 것은 대사가 직접적으로 우리의 삶에 영향을 미칠 수 있고 우리가 먹는 음식에 의해 변할 수 있다는 것을 일러준다.

요 약

에너지는 일을 할 수 있는 능력이다. 에너지는 화학적, 기계적, 빛, 전기적, 열 등 다양한 형태로 발생할 수 있으며 상호전환이 가능하다. 에너지가 서로 교환될 때마다 우주의 총에너지의 양은 일정하지만 추가적인 일을 할 수 있게 해주는 자유에너지의 손실은 있다. 엔트로피로 잃어버린 사용가능한 에너지는 우주의 무작위성과 무질서를 증가시키는 데 이용된다. 살아있는 유기체들은 낮은 엔트로피의 계이며, 궁극적으로 태양으로부터 유도된 외부 에너지의 일정한 투입에 의해 유지된다. (88쪽)

모든 자발적인(에너지방출) 에너지 전환은 높은 자유에너지 상태에서 더 낮은 자유에너지 상태로 진행된다. 즉, ΔG는 음의 값이어야만 한다. 화학반응에서 ΔG는 반응물과 생성물 사이에서 자유에너지 함량의 차와 동일하다. ΔG가 더 클수록 반응은 평형상태에서 더 멀어진다. 반응이 진행될수록 ΔG는 감소하고, 결국에는 평형상태인 0에 도달한다. 화학반응들의 에너지 변화를 비교하기 위해 반응물과 생성물 사이의 자유에너지 변화는 일련의 표준상태에서 결정되고, $\Delta G°'$로 표시한다. $\Delta G°'$는 $-2.303\ RT \log K'_{eq}$이다. 1보다 큰 평형상수를 갖는 반응은 음의 $\Delta G°'$ 값을 갖고 있다. 명심해야할 점은 $\Delta G°'$는 표준상태에서 반응혼합물의 반응이 진행되는 방향을 알려주는 고정된 값이라는 것이다. 그러나 세포 내에서 특정 순간에 반응의 방향을 알려주지는 않는다. 이를 결정하는 것은 특정 순간에 반응물과 생성물의 농도에 의존하는 ΔG이다. 양의 $\Delta G°'$를 갖는 반응은(예로서, 디히드록시아세톤인산이 글리세르알데히드 3-인산으로 전환되는 반응) 세포 내에서 일어날 수 있는데, 그 이유는 생성물에 대한 반응물의 비율이 K'_{eq}에 의해 예측된 것보다 더 높은 값으로 유지되기 때문이다. (90쪽)

ATP의 가수분해는 매우 유리한 반응이며($\Delta G°' = -7.3$ kcal/mol), 불리한 반응을 진행시키기 위해 사용될 수 있다. 불리한 반응을 진행시키기 위해 ATP 가수분해를 사용하는 것은 글루타민 합성효소에 의해 글루탐산과 암모니아로부터 글루타민을 합성($\Delta G°' = +3.4$ kcal/mol)하는 과정에 나타나있다. 이 반응은 대사의 공통 중간산물인 글루타민인산의 형성을 통해서 진행된다. ATP 가수분해는 그러한 과정에서 반응을 진행시키는 역할을 수행할 수 있는데, 그 이유는 세포는 평형상태보다 훨씬 더 증가된 [ATP]/[ADP] 비율을 유지하기 때문이다. 그러나 세포대사가 비평형상태에서 일어난다는 것을 의미한다. 이것은 모든 반응이 평형을 유지한다는 것을 의미하는 것은 아니다. 오히려 대사경로에서 특정 핵심반응들은 큰 음의 ΔG 값을 갖기 때문에 세포 내에서 그 반응을 기본적으로 비가역적으로 만들고 전체경로가 진행되도록 이끌어주는 역할을 한다. 반응물과 생성물의 농도는 상대적으로 일정한 비평형상태(정류상태) 값으로 유지될 수 있는데, 물질들이 계속적으로 외부 배지로부터 세포 내부로 공급되고 또한 세포 내 노폐물도 계속적으로 제거되기 때문이다. (92쪽)

효소들은 반응물에 결합하여 특정 화학반응의 속도를 크게 증가시키며 반응물이 생성물로 전환될 확률을 크게 높여주는 단백질이다. 일반적인 촉매제들처럼 효소는 적은 양으로 존재한다. 또한 반응 과정 동안 비가역적으로 바뀌지 않으며, 반응의 열역학에 영향을 주지 않는다. 따라서 효소는 정반응으로 진행되는 불리한 반응(+ΔG를 갖는 반응)을 만들지 않으며, 평형상태에서 반응물에 대한 생성물의 비율을 변화시킬 수 없다. 효소는 촉매제로서 오직 유리한 반응의 속도를 증가시킬 수 있고, 이것은 세포 내의 적당한 온도와 pH 조건에서 이뤄질 수 있다. 또한 효소는 기질에 대한 특이성, 원하지 않는 부산물을 생성하지 않는 매우 높은 효율성, 촉매활성에 대한 조절가능 등의 특징이 있다. (95쪽)

효소는 활성화 에너지(E_A)를 낮추고, 이를 통해 반응을 진행시키기 위해 반응물이 필요로 하는 운동에너지를 낮춰 작용한다. 결과적으로 효소에 의해 훨씬 더 높은 비율의 반응분자들이 생성물로 전환되기 위해 필요한 에너지를 갖게 된다. 효소는 효소-기질 복합체를 형성하여 E_A를 낮춘다. 기질에 결합하는 효소의 부위는 활성자리라 불린다. 이러한 활성자리는 필요한 아미노산 잔기들과 보조인자들을 지니고서 기질에 영향을 주어 화학적 전환을 촉진시킨다. 효소의 촉매반응을 촉진하는 기작들은 다음과 같다. 적절한 방향으로 반응물을 붙잡을 수 있으며, 기질의 정전기적 특성에 영향을 주어 좀 더 반응성이 높도록 만들 수 있고, 기질 내의 특정 결합을 약화시키는 물리적 압박을 가할 수 있다. (96쪽)

대사는 세포 내에서 일어나는 생화학적 반응의 집합이다. 이러한 반응들은 특정 효소들에 의해 촉매되는 일련의 화학반응들로 구성된 대사경로로 분류될 수 있다. 대사경로는 다음과 같이 크게 두 가지 유형으로 나눌 수 있다. 화합물이 분리되고 에너지가 방출되는 이화작용경로와 세포 내에 저장된 에너지를 이용해 좀 더 복잡한 화합물을 합성하는 동화작용경로이다. 다양한 구조의 고분자들은 이화작용경로에 의해 상대적으로 적은 수의 저분자 대사산물로 분해될 수 있고, 이러한 대사산물들은 동화작용경로에 원료물질로 공급되어 좀 더 복잡한 화합물로 합성하는 데 사용될 수 있다. 양쪽 경로 모두 산화-환원 반응들을 포함하고 있다. 이러한 반응들은 전자가 한 기질에서 다른 기질로 전달되어 수용체의 환원상태를 증가시키고 동시에 공여체의 산화상태를 증가시킨다. (106)

탄소 원자당 수소의 개수로 측정되는 유기분자의 환원상태는 분자의 에너지 함량의 대략적인 크기를 알게 해준다. 1 mole 포도당은 이산화탄소와 물로 완전히 산화될 때 686 kcal의 에너지를 방출한다. 반면에 1 mole ADP가 ATP로 전환될 때 오직 7.3 kcal의 에너지를 필요로 한다. 따라서 1 mole 포도당의 산화는 많은 수의 ATP 분자를 생성하기 위해 충분한 에너지를 생성할 수 있다. 포도당의 이화작용의 첫 번째 단계는 해당작용으로서, 이 과정 동안 포도당은 피루브산으로 전환되며 이때 2분자의 ATP와 2분자의 NADH를 최종적으로 얻는다. ATP 분자는 인산기가 기질로부터 ADP로 전달되는 기질-수준의 인산화를 통해 생성된다. NADH는 알데히드가 카르복실산으로 산화되어 생성되는데, 이 과정 동안 기질로부터 수소화물 이온(1개의 양성자와 2개의 전자)을 NAD^+로 전달한다. 호기성 상태에서 대부분의 세포들은 전자전달 사슬을 이용해 NADH를 산화시키고, 유산소호흡을 통해 ATP를 생성한다. 혐기성 상태에서 NADH의 높은 에너지 전자들은 발효과정을 통해 피루브산을 환원시키는 데 사용되며, 이 과정에서 NAD^+는 재생성된다. NAD^+의 재생성은 해당작용이 계속 진행되는 데 필요하다. (108쪽)

효소의 활성은 일반적으로 공유결합 변형과 다른 자리 입체성 조절에 의해 조절된다. 공유결합 변형은 종종 ATP로부터 인산기를 하나 또는 그 이상의 세린, 트레오닌, 또는 티로신 잔기로 전달하여 일어나며, 이 과정은 단백질 인산화효소에 의해 촉매된다. 다른 자리 입체성 조절자는 효소의 활성자리로부터 떨어진 부위에 비공유결합에 의해 결합하여 작용한다. 조절자의 결합은 활성자리의 구조를 변화시키고, 효소의 활성을 증가시키거나 감소시킨다. 다른 부위 입체성 조절의 일반적인 예는 되먹임 저해제로 경로의 최종생성물이 다른 부위 입체성 조절에 의해 그 경로에 오직 하나뿐인 첫 번째 효소를 저해한다. 이화작용경로에 의해 분해될 화합물이 동화작용경로의 최종 생성물의 역할을 할 수도 있다. 예를 들면, 포도당은 해당작용에 의해 분해되고, 포도당신생과정에 의해 합성된다. 대부분의 효소들이 이러한 두 가지 경로에 의해 공유되는 반면, 3개의 핵심 효소들은 각각의 경로에 다르게 존재한다. 따라서 이 두 가지 경로는 서로 독립적으로 조절되며, 다른 방법을 통해 이러한 비가역 반응을 극복한다. (113쪽)

개념 문제

3.1 생물에너지론

1. 열역학 제1법칙과 제2법칙의 차이점을 설명하고, 이 두 가지 법칙을 이용해 우주에서 일어나는 사건의 방향을 어떻게 설명할 수 있는가?
2. 질서정연하게 배열된 채 살아있는 상태를 유지하는 것이 어떻게 열역학 제2법칙과 일치하는가?
3. 계의 엔트로피가 줄어드는 경우와 늘어나는 경우에 대해서 각각 두 가지 예를 들어 설명하시오.

3.2 자유에너지

4. ΔG가 각각 음, 0, 양의 값일 때, ΔG와 $\Delta G°'$ 사이의 차이점 그리고 정방향과 역방향 반응의 상대적인 속도 사이의 차이점을 설명하시오. $\Delta G°'$와 K'_{eq} 사이의 관계는 무엇인가? 세포는 어떻게 $+\Delta G°'$ 값을 갖는 반응을 수행하는가?
5. 세포가 1보다 더 큰 [ATP]/[ADP] 비율을 유지하는 것이 어떻게 가능한가? 이런 비율이 평형상태에서 예측된 값과 어떻게 다른가?
6. 어떤 이유로 0℃보다 높은 온도에서 얼음을 형성하는 것이 불가능할까?

3.3 에너지흡수반응과 에너지방출반응의 연결

7. 불리한 화학반응을 일으키는 공통 중간산물의 역할은 무엇일까?

3.4 평형상태와 정류상태의 대사

8. 닫힌계를 정의하시오. 세포는 닫힌계일까?

3.5 생물학적 촉매제로서의 효소

9. 큰 ΔG 값과 작은 E_A 값을 갖는 반응이 어떻게 가능할까? 또한 작은 ΔG 값과 큰 E_A 값은 어떻게 가능할까?

10. 효소가 결합하는 기질에 대해 어떻게 특이성을 가질 수 있는지 설명하시오.

3.6 효소 촉매작용의 기작

11. 효소에 의해 촉매된 반응단계들을 나타낸 그림 3.13을 익힌 후, 그림 설명을 보지 않고 무엇이 일어났는지 설명하시오.

3.7 효소 속도론

12. K_M과 V_{max}를 구분해서 설명하시오.

3.8 대사

13. 이화작용경로는 왜 수렴(convergent)으로 설명되는 반면에 동화작용경로는 분기(divergent)로 설명되는가?

3.9 해당작용과 ATP 생성

14. 호기성 상태와 혐기성 상태의 세포에 의해 포도당 산화가 일어났을 때에 각각 얻는 에너지를 비교하시오. 이러한 두 가지 유형의 대사에 있어서 최종생성물의 차이는 무엇일까?

15. 인산기전이전위(phosphate transfer potential)가 의미하는 바를 설명하시오. 인산에놀피루브산의 인산기전이전위는 어떻게 ATP의 인산기전이전위와 비교될까? 이것이 열역학적으로 의미하는 바는 무엇일까(예, 가수분해의 상대적인 $\Delta G°'$의 관점에서)? 인산기에 대한 결합력의 관점에서 그것이 의미하는 바는 무엇일까?

16. 글리세르알데히드 3-인산이 3-인산글리세르산으로 산화되는 반응에서 어떤 화합물이 환원제로 작용할까? 어떤 화합물이 산화제로 작용할까? 어떤 화합물이 산화될까? 어떤 화합물이 환원될까?

17. 해당작용의 어떤 반응들이 ATP 가수분해와 연결되어 있을까? 어떤 반응들이 기질수준의 인산화를 포함할까? 어떤 반응들이 발효에 의존하거나 또는 지속되는 호기성 호흡에 의존할까?

3.10 환원력

18. 환원력은 왜 에너지의 한 형대로 고려될까?

3.11 대사조절

19. 세포 내에서 AMP와 ATP 수준이 어떤 상관관계를 갖고 있을까? 해당작용은 높은 수준의 ATP에 의해서 저해될까 아니면 높은 수준의 AMP에 의해서 저해될까?

3.12 이화작용과 동화작용경로 분리

20. 활성자리의 구조를 변화시켜 효소 활성을 조절하는 두 가지 일반적인 기작들은 무엇일까?

분석 문제

1. 키모트립신에 의해 촉매된 반응에 영향을 주기 위하여 pH를 낮추면 어떤 효과가 있는가? pH를 높이면 이 반응에 어떤 영향을 미치는가?

2. 되먹임 저해는 전형적으로 대사경로의 후반부에 있는 효소보다 오히려 첫 번째 효소의 활성을 변화시킨다. 왜 그런지 설명하시오.

3. 94쪽의 글루타민 형성 반응을 살펴본 후 3번째(또는 전체) 반응과 관련된 아래의 문장들이 참인지 거짓인지 말하고 그 이유를 설명하시오.
   a. 만약 그 반응이 역으로 쓰였다면, $\Delta G°'$는 +3.9 kcal/mol일 것이다.
   b. 만약 모든 반응물과 생성물이 실험을 시작할 때 표준상태에 있었다면, 일정시간이 지난 후 $[NH_3]/[ADP]$ 비율은 감소할 것이다.
   c. 반응이 진행될수록 $\Delta G°'$는 0에 가까워진다.
   d. 평형상태에서 정반응과 역반응은 동일하게 일어나고, [ATP]/[ADP] 비율은 1이 된다.
   e. 세포 내에서 [글루타민]/[글루탐산] 비율이 1보다 더 클 때, 글루타민이 형성되는 것이 가능하다.

4. 새로운 효소를 분리 정제한 후 세 가지 다른 기질농도에서 반응속도를 측정하였다. 시간에 따른 생성물의 양을 나타낸 곡선의 기울기가 세 가지 농도에서 모두 같았다. 이 반응혼합물의 조건에 대해 어떤 결론을 내릴 수 있는가? 만약 기질농도 대신 효소농도를 다르게 했다면, 속도가 달라지는가?

5. 리소자임(Lysozyme)은 단일반응을 촉매하는 데 대략 2초 정도 걸리기 때문에 느리게 작용하는 효소이다. 리소자임의 전환수는 얼마인가?

6. S $\rightleftharpoons$ P 반응에서 1 mole 생성물(P)이 1 mole 기질(S)과 같은 자유에너지를 갖고 있다면, 이 반응의 K'_{eq} 값은 얼마인가? $\Delta G°'$ 값은 얼마인가? 만약 1 M 농도의 용액 S를 갖고 반응을 시작한다면, 자발적으로 P를 생성하는 반응을 하는가? 그렇다면 평형상태에 도달했을 때 S와 P의 농도는 얼마인가?

7. 세포 내 ATP 가수분해의 ΔG는 대략 −12 kcal/mol이며, 반면에 $\Delta G°'$는 −7.3 kcal/mol일 때 농도비율이라는 용어가 의미하는 바는 무엇인가?

8. 세포에 의해 조절되는 효소들은 전형적으로 비평형상태에서 반응을 진행한다. 평형상태에 가깝게 작동하는 효소에 대해 다른 자리 입체성 저해는 어떤 영향을 미치는가?

9. A $\rightleftharpoons$ B 반응에서 만약 K'_{eq} 값이 10^3이라면 $\Delta G°'$는 얼마일까? 만약 K'_{eq} 값이 10^{-3}이라면 $\Delta G°'$는 얼마인가? 그림 3.24에 나와 있는 헥소키나아제의 K'_{eq} 값은 얼마인가?

10. 첫 번째 반응의 $\Delta G°'$는 −1kcal/mol이고, 두 번째 반응의 $\Delta G°'$는 −4 kcal/mol이다. 표준상태에서 두 반응들 모두 자발적으로 생성물을 형성하는 방향으로 진행된다는 것은 그들의 $\Delta G°'$ 값이 반드시 음이라는 것을 나타낸다. 두 번째 반응의 K'_{eq} 값이 첫 번째 반응의 K'_{eq} 값보다 더 크겠는가 아니면 더 작은가? 그렇다면 얼마나 차이가 나는가?

11. 만약 XA + Y $\rightleftharpoons$ XY + A 반응의 $\Delta G°'$ 값이 +7.3 kcal/mol이라면, 이 반응은 세포 내에서 ATP 가수분해와 연결되어 진행될 수 있는가? 그 이유는? 또는 그렇지 않은 이유는?

12. 두 단백질 A와 B는 서로 결합하여 복합체를 형성한다고 가정해보자. 몇 가지 다른 온도에서 해리상수를 측정하였고, 이를 통해 온도를 높였을 때 K_d가 감소한다는 것을 발견했다. 이것은 A와 B의 결합이 온도가 증가함에 따라 좀 더 유리해짐을 의미하는가? 아니면 좀 더 불리해짐을 의미하는가?

13. 화합물 Z를 생성하기 위한 화합물 X와 화합물 Y의 반응은 불리한 반응이다($\Delta G°' = +5$ kcal/mol). 만약 ATP가 이 반응을 진행시키기 위해 사용된다면, 일어날 화학반응을 그려보시오.

14. ATP는 에너지 대사의 중심 분자로 진화하였다. 1,3-이인산글리세르산도 같은 기능을 할 수 있는가? 왜 그런가? 아니면, 왜 그렇지 않은가?

15. [ATP]/[ADP] 비율이 100:1까지 상승한 반면에, P_i 농도는 10 mM로 유지된 세포에서 ATP 가수분해에 대한 ΔG를 계산하시오. 이것을 반응이 평형상태에 있고, P_i 농도가 10 mM로 유지될 때의 [ATP]/[ADP] 비율과 어떻게 비교할 수 있을까? 반응물과 생성물이 모두 표준상태(1 M)에 있을 때 ΔG 값은 얼마인가?

16. 아래의 반응을 고려해보시오.

$$\text{포도당} + P_i \rightleftharpoons \text{포도당-6-인산} + H_2O$$
$$\Delta G°' = +3 \text{ kcal/mol}$$

이 반응의 평형상수 K'_{eq} 값은 얼마인가? (주: 물의 농도는 무시해도 된다). 위의 반응에서 양의 $\Delta G°'$가 의미하는 것은 이 반응이 결코 자발적으로 왼쪽에서 오른쪽으로 진행될 수 없음을 의미하는가?

17. 생리적 상태에서 [포도당] = 5 mM, [포도당-6-인산] = 83 mM, [P_i] = 1 mM이다. 이러한 상태에서 문제 16번의 반응이 자발적으로 왼쪽에서 오른쪽으로 진행될 수 있는가? 만약 그렇지 않다면, 포도당을 제외한 다른 반응물과 생성물의 농도가 위에서 언급된 것과 동일할 때에 반응이 왼쪽에서 오른쪽으로 진행되기 위해 필요한 포도당의 농도는 얼마인가?

18. 다음 반응을 고려해보자.

$$\text{글루탐산} + \text{암모니아} \rightleftharpoons \text{글루타민} + H_2O$$
$$\Delta G°' = +3.4 \text{ kcal/mol}$$

만약 암모니아(NH_3)의 농도가 10 mM이라면, 25°C에서 반응이 자발적으로 왼쪽에서 오른쪽으로 진행되기 위해 필요한 글루탐산/글루타민 비율은 얼마인가?

19. 세포 내 글루타민의 합성은 문제 18번에서 묘사된 반응에 의해 일어날 수 없다. 실제 반응은 글루타민 합성과 ATP 가수분해가 연결되어 있다.

$$\text{글루탐산} + \text{암모니아} + \text{ATP} \rightleftharpoons \text{글루타민} + \text{ADP} + P_i$$

이 반응의 $\Delta G°'$ 값은 얼마인가? 암모니아를 제외한 모든 반응물과 생성물이 10 mM로 존재한다고 가정해보자. 이 반응을 오른쪽으로 진행시켜 최종적으로 글루타민을 합성하기 위해 필요한 암모니아의 농도는 얼마인가?

20. 비경쟁적 저해제는 효소가 기질에 결합하지 못하게 하지는 않는다. 비경쟁적 저해제가 있을 때 기질농도를 증가시키면, 어떤 효과가 있는가? 비경쟁적 저해제가 효소의 V_{max}에 영향을 미치는가? 또는 K_M에 영향을 미치는가? 간략하게 설명하시오.

CHAPTER

4

유전자, 염색체 및 유전체

목 차

유전체학, 개인에 적용되다

2003년 겨울, 새로운 분야인 개인 유전체학의 상징이 된 여자 아이가 태어났다. 그녀는 베아 리엔호프(Bea Rienhoff)로 대체로 건강한 아기였으나, 두 눈 사이가 넓고 손과 발이 구부러졌으며 근육 힘도 약한 비정상적인 특징을 보였다. 유능한 유전학자인 그녀의 아버지 휴 리엔호프(Hugh Rienhoff)는 이 특징들이 유전질환에 대한 잠재적 표식임을 인지하였다. 이에 대한 진단을 받아보려고 2년 동안 전문의들을 찾아다녔으나 Bea의 부모는 아무 것도 알아내지 못했다. 좌절감에 빠져 있던 그들은 간이 유전학 실험실을 집에다 차려놓고 "Bea 프로젝트"라고 부르게 되는 개인적인 연구를 시작하였다. 아버지는 딸의 유전체 안에 어떤 돌연변이가 존재하고 있는지 밝혀내고자 하였다.

이전의 유사한 유전 질환들에서 나타났던 Bea의 증상들로 보아, Rienhoff는 TGF-β 경로 어딘가에 돌연변이가 일어났을 것으로 생각하게 되었다. 그는 Bea의 DNA를 이 대사 경로를 연구하고 있는 사람들에게 보내 서열을 분석하고 최근 발표된 사람 유전체의 서열과 비교하도록 하였다. 그럼에도 불구하고 아무 것도 알아내지 못하게 되자 연구를 확장시켜 학계와 산업계 전문가들에게 도움을 요청하게 되었다.

2009년 Rienhoff는 단백질을 암호화하는 유전체 부분(엑솜, exome)을 서열 분석하는 일루미나(Illumina)라는 회사에 의뢰하였다. 그는 이 회사가 Bea와 식구들의 엑솜의 서열을 시험사례로 분석할 수 있을 것으로 믿었다. 데이터 분석 결과, Bea의 엑솜에서만 TGF-β 3 단백질을 암호화하는 한 유전자의 단일 점 돌연변이가 확인되었을 뿐 다른 식구들에서는 발견되지 않았다. 세포배양 실험을 통해, 연구자들은 점 돌연변이가 TGF-β 경로에서 전체 신호전달과정을 약화시키는 비기능성 단백질을 생성한다는 사

(계속)

출처: Leah Fasten Photography 제공

실을 알아냈다. 아직까지 Bea Rienhoff는 이름도 정해지지 않은 이 돌연변이 및 그에 동반된 증후군을 갖고 있는 유일한 사람이다. 현재 그 돌연변이가 장기적으로 건강에 영향을 미치는지 알아보기 위해 동물모델을 만들어내는 연구가 진행 중이다. Bea의 아버지는 연구자들이 같은 돌연변이들을 갖는 다른 동물들이 결과적으로 건강하게 장수하는 것을 확인할 수 있기를 고대하고 있다.

4.1 유전단위로서 유전자의 개념

우리가 알고 있는 유전자의 개념은 생물학자들에 의해 유전의 특성이 점점 더 많이 밝혀짐에 따라서 놀라운 진화를 거쳐 왔다. 최초 연구에서는 유전자들이 전 생애 동안 유지되고 그 자손 각각에 전달되는 분리된 인자들인 것으로 밝혀졌다. 그 다음 세기 동안에, 이런 유전적 인자들이 염색체에 존재하며, 독특한 성질을 지니고 있는 고분자인 DNA로 이루어져 있음이 알려졌다. **그림 4.1**은 1953년 DNA의 2중 나선 구조에 관한 설명으로 완성된 유전물질의 발견 과정에서 몇몇 초기 업적들을 개괄적으로 보여주고 있다. 이 전환점 이후 수십 년 동안에, 분자생물학의 주요 분야는 한 종에 존재하는 유전정보의 집합체인 **유전체(genome)**에 초점을 맞추기 시작하였다. 유전체는 특정 생물체를 "만드는(build)" 데 필요한 모든 유전자들을 포함하고 있다. 지난 10여 년 동안 세계 곳곳의 실험실들 간의 공동연구로, 사람 그리고 사람과 가장 가까운 종인 침팬지 유전체를 포함하여 많은 다른 생물 유전체들의 뉴클레오티드 서열을 완벽하게 밝혀냈다. 인류 역사상 처음으로, 근연 생물들의 유전체에서 상응하는 부위들을 비교함으로써 인류 진화의 유전적 경로를 재구성하는 방법을 터득하게 되었다. 우리가 하나의 공통 조상으로부터 갈라져 나온 이래로, 우리 유전체의 어느 부위는 복제되었고, 어느 부위는 사라졌는지를 알 수 있게 되었다. 즉, 특정 유전자 또는 조절부위(regulatory region)의 어떤 뉴클레오티드들이 변화가 있었는지 아니면 일정하게 유지되었는지를 조사할 수 있게 되었다. 또한 가장 중요한 것으로서, 세월이 지나는 동안 유전체의 어느 부분은 자연선택(natural selection)을 받았으며, 어느 부분은 자유롭게 무작위적으로 변동되었는지를 알 수 있게 되었다. 또한 우리는 생물의 한 종으로서 인류의 역사에 관하여 더 많은 것을 알기 위해 이 정보를 이용하기 시작하였다. 즉, 이 정보를 이용해 우리가 언제 어디서 생겼으며, 우리가 서로 얼마나 연관되어 있고,우리가 살고 있는 지구의 지역들을 어떻게 점유해 왔는지 알 수 있게 되었다.

유전학이라는 과학은 오늘날 체코공화국 세인트 토마스(St. Thomas) 수도원의 수사인 그레고르 멘델(Gregor Mendel)의 업적으로 1860년대에 시작되었다. Mendel의 실험실은 수도원 마당의 조그만 정원이었다. Mendel이 어떤 동기로 연구를 시작했는지 우리가 정확하게 알 수는 없지만, 그는 분명한 실험계획을 염두에 두고 있었다. 즉, 그의 실험 목적은 서로 다른 유전형질을 갖는 완두 식물들을 서로 교잡시켜서 형질들이 후손에게 어떻게 전달되는지를 알아내는 것이었다. Mendel은 뚜렷한 특성을 지닌 식물들을 발생시키는 다양한 씨앗들을 구할 수 있었기 때문만이 아니라 실질적인 여러 이유들로 완두를 선택하였다. Mendel은 식물의 키와 꽃 색깔처럼 두 형태가 분명히 구별되고, 각각 다르게 표현되는 7가지의 뚜렷한 형질에 초점을 맞춰서 선택하였다(표 4.1). Mendel은 여러 세대 동안 식물들

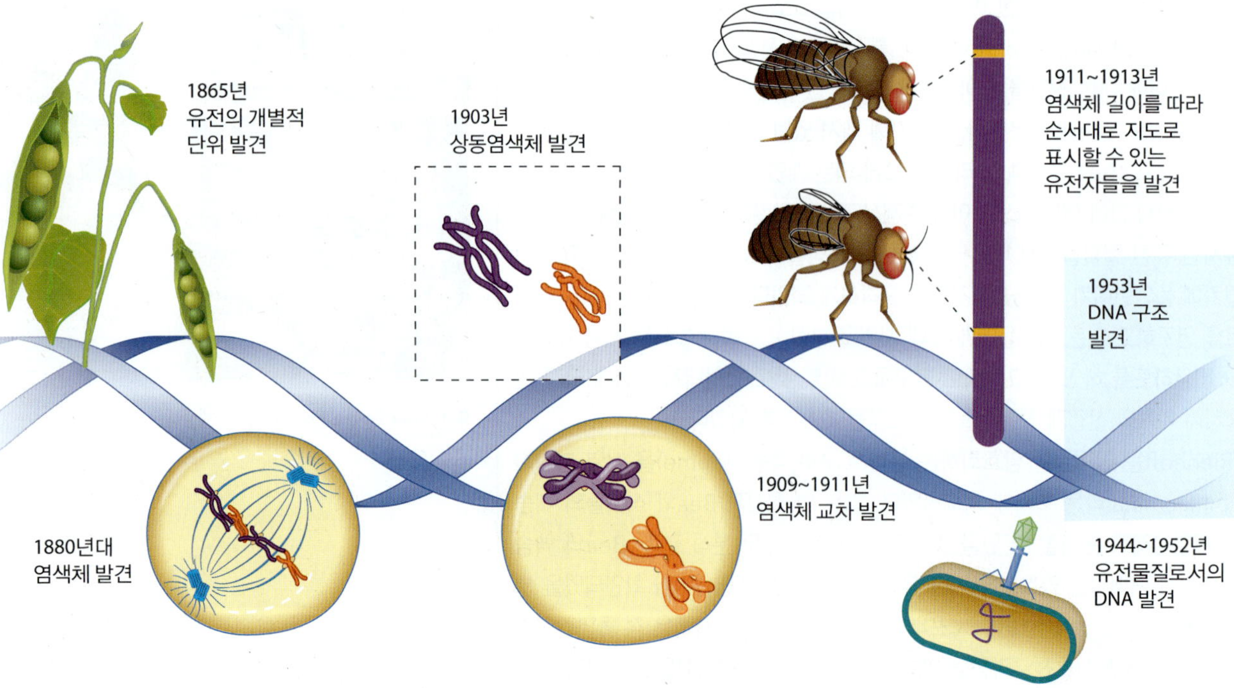

그림 4.1 **유전자 특성에 대한 초기의 주요 발견들을 개괄적으로 나타낸 그림.** 이 발견들에 대한 설명은 본문에 서술되어 있다.

표 4-1 멘델이 비교한 완두콩의 7가지 형질들

형질	우성 대립형질	열성 대립형질
키	크다	작다
씨앗 색깔	노란색	초록색
씨앗 모양	둥글다	주름지다
꽃 색깔	자주색	하얀색
꽃 위치	줄기 전체	줄기 끝
꼬투리 색깔	초록색	노란색
꼬투리 모양	팽창형	수축형

(멘델의 연구는 www.mendelweb.org를 참조할 것)

을 교잡시켜 여러 가지 특성들을 갖는 개체들의 수를 세었다. 몇 년 동안의 연구 결과, Mendel은 다음과 같은 결론을 이끌어냈으며 현대 유전학적 용어로써 아래와 같이 표현되고 있다.

1. 식물의 형질은 유전 인자(또는 단위)에 의해 결정되었다. 이는 후에 **유전자(gene)**라고 명명되었다. 각 식물은 한 형질의 발달을 조절하는 1쌍의 유전자를 보유하고 있으며, 각각은 양친으로부터 유래하였다. 이 2개의 복사본은 서로 동일하거나 또는 다를 수 있다. 한 유전자의 대립하는 형질을 **대립인자(allele)**라고 한다. 연구된 7가지의 형질 각각에 대해, 두 대립인자 중 하나는 다른 것에 대해 우성이었다. 같은 식물에서 두 대립인자가 함께 존재하면, 열성 대립인자의 존재는 우성에 의해 가려졌다.
2. 식물에 의해 만들어진 각 생식세포(배우자, *gamete*)는 각각의 형질에 대한 유전자의 단 하나의 복사본만 갖고 있었다. 특정 배우자는 일정한 형질을 나타내는 열성 또는 우성 대립인자 중 어느 하나를 가질 수 있지만, 둘 모두를 가질 수 없다. 각 식물은 웅성 및 자성 배우자의 결합으로 생겨났다. 결과적으로, 식물에서 각 유전자를 지배하는 대립인자들 중 하나는 모계로부터, 다른 하나는 부계로부터 유전되었다.
3. 어떤 형질을 지배하는 대립인자 쌍이 한 개체의 식물에서 일생 동안 유지되기는 하지만, 이들은 배우자가 형성되는 동안 서로 분리(격리, *segregated*)되었다. 이러한 관찰이 Mendel의 독립의 법칙에 대한 기초를 마련하였다.
4. 한 형질에 대한 대립인자 쌍의 분리는 또 다른 형질에 대한 대립인자의 분리에 아무런 영향도 주지 못하였다. 예를 들면, 특정 배우자는 씨앗 색깔을 지배하는 부계 유전자와 씨앗 모양을 지배하는 모계 유전자를 받을 수 있었다. 이러한 관찰은 Mendel의 독립 분리의 법칙에 대한 기초를 마련해 주었다.

Mendel은 그의 연구 결과들을 브륀 자연사학회(Natural History Society of Brünn) 회원들에게 발표하였으나, 발표에 대한 토론 내용이 회의록에 기록되지 않았다. Mendel의 실험은 1866년 브뢴 학회지에 실렸으나 그가 사망하고서 16년이 지난 1900년까지 주목을 받지 못하였다. 그 해, 3명의 유럽 식물학자들은 독립적으로(*independently*) 동일한 결론을 내리고, 35년 동안 전 유럽의 수많은 도서관 서가에 방치되어 있던 Mendel의 논문을 재발견하게 되었다.

4.2 염색체의 발견

Mendel은 유전형질이 유전자에 의해 지배된다는 분명한 증거를 제시하였지만, 그의 연구에서는 이 인자의 물리적 특성이나 생물체 속 위치에 대해서는 전혀 다루지 않았다. Mendel의 연구와 그 재발견 사이 기간 동안에, 많은 생물학자들은 세포에서 유전에 관한 물리적 기초와 같은 다른 측면에 대하여 관심을 갖게 되었다.

1880년대까지 유럽의 여러 생물학자들은 세포의 작용들을 면밀하게 연구하고 있었고, 새로 규명되는 세포 구조들을 관찰하기 위하여 개량된 광학현미경을 이용하였다. 이 과학자들 어느 누구도 Mendel의 연구를 몰랐지만, 그들은 유전 특성을 지배하는 것이 무엇이든지 세포에서 세포로, 그리고 세대에서 세대로 전달될 것이라는 사실은 이해하고 있었다. 이와는 별개로 복잡한 동식물을 구성하고 유지하는 데 필요한 모든 유전정보는 단일 세포 안에 들어갈 수 있어야 한다는 중요한 인식을 하게 되었다. 1880년대 초 독일의 생물학자 월터 플래밍(Walther Flemming)은 분열 중인 세포를 관찰하여 세포를 분리시키는 고랑을 따라 생기는 면에 의해 세포질 내용물들이 한 딸세포와 다른 딸세포에 무작위로 배분된다는 사실을 밝혀냈다. 이와는 달리, 세포는 핵 내용물을 딸세포들 사이에 균일하게 나누려고 하는 뚜렷한 경향을 보였다. 세포분열하는 동안 핵물질은 눈으로 볼 수 있는 "실가닥(threads)" 모양을 갖게 되어서, "색깔을 띠는 구조(colored bodies)"라는 뜻을 가진 **염색체(chromosome)**로 명명하였다.

이즈음, 수정 과정이 관찰되었고, 정자와 난자 두 배우자의 역할에 대해서도 알려졌다. 정자는 작은 세포이기는 하지만, 훨씬 더 큰 난자만큼 유전적으로 중요하다는 것도 알려져 있었다(**그림 4.2**). 매우 다른 이 두 세포들이 갖는 공통점은 무엇이었을까? 가장 뚜렷한 특징은 핵과 염색체였다. 수컷에서 제공되는 염색체의 중요성은 정상적인 경우 1개이지만, 그와 달리 2개의 정자가 수정된 성게 알에 관한 독일 생물학자 데오도르 보베리(Theodore Boveri)의 연구를 통해 분명해졌다. 다정자수정(*polyspermy*)이라고 하는 이런 현상은 세포분열을 방해하거나 배아가 초기에 죽는 특징이 있다. 어째서 훨씬 큰 난자 속에 작은 정자핵 하나가 더 있는 것이 그렇게 처참한 결과를 초래하게 될까? 두 번째 정자는 여러 벌의 염색체와 여분의 중심립을 주게 된다. 이 부가적인 성분들 때문에 딸세포들은 다양한 수의 염색체들을 받게 되고, 배아의 비정상적인 세포분열을 야기한다. 보베리는 "정상적인 발생 과정은 염색체들의 특별한 조합에 의존하며, 이는 각각의 염색체들이 서로 다른 특성을 지닐 수 밖에 없음을 의미한다"는 결론을 내렸다. 이것이 염색체들 사이에 질적인(*qualitative*) 차이가 존재한다는 최초의 증거였다.

회충속(*Ascaris*)에서 수정 후에 일어나는 과정들이 가장 면밀하게 연구되었는데, 일부 염색체들은 크기 때문에, 오늘날 생물학 실험에서 관찰할 수 있는 것처럼, 19세기에도 쉽게 관찰할 수 있었다. 1883년, 벨기에 생물학자인 에드워드 반 베네덴(Edouard van Beneden)은

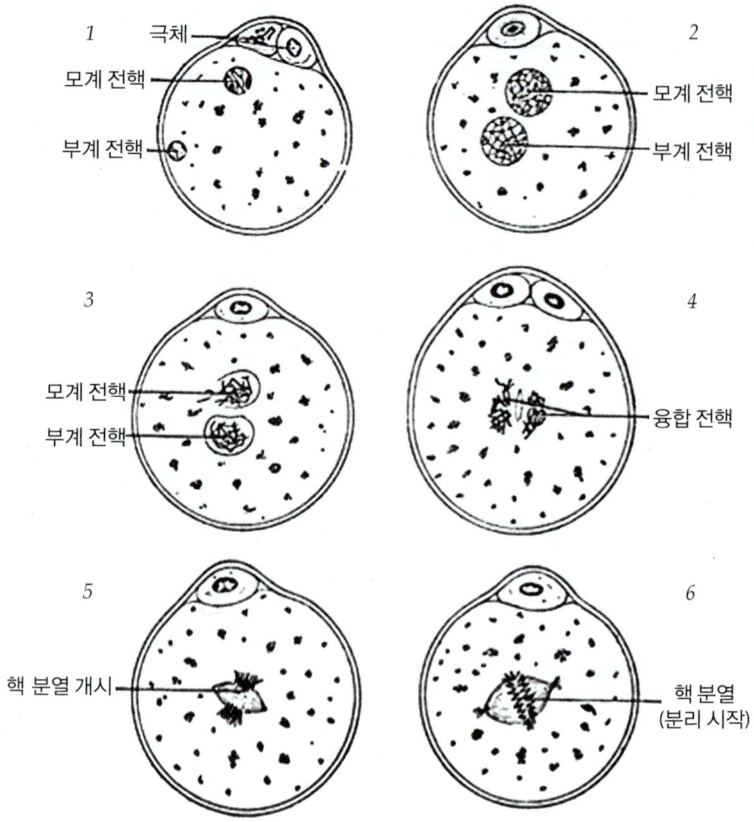

그림 4.2 **19세기 고전적 연구로 밝혀진 회충속(Ascaris) 기생충에서, 수정 후 일어나는 일련의 변화들.** 암컷과 수컷 배우자 모두 2개의 염색체를 포함하고 있다. 난자 세포질 안에서 정자와 난자 핵(전핵이라 부름)들이 융합(5와 6 사이)하여 4개의 염색체를 갖는 접합자가 만들어진다. *1*에 보이는 제2극체는 14.12절에서 기술된 것처럼 이전 감수분열에서 생긴 것이다.

출처: T. Boveri, *Jenaische Zeit* 22: 685, 1988에서 발췌.

그 회충 몸의 세포에는 4개의 커다란 염색체들이 있으나, 수정 직후 난자 속에 있는 암컷과 수컷의 핵 하나에는 염색체가 2개씩 밖에 없다는 사실에 주목하였다(그림 4.2). 이와 같은 시기에, 감수분열(meiosis) 과정이 알려졌고, 1887년에는 독일의 생물학자 오거스트 바이스만(August Weismann)이 감수분열은 배우자 형성 이전에 비해 염색체 수가 "반으로 줄어드는 분열(reduction division)"임을 제시하였다. 만일 감수분열이 일어나지 않아서, 각 배우자가 성체 세포와 같은 수의 염색체를 갖는 상태로 두 배우자가 결합하면 자손 세포의 염색체 수는 2배가 될 것이다. 그렇다면, 염색체의 수는 매 세대가 지날 때마다 2배가 되어야 하는데, 그런 일은 일어나지도 않고, 일어날 수도 없다.[1]

4.3 염색체: 유전자의 실체적 운반체

Mendel 연구의 재발견과 확인은 세포생물학 연구에 즉각적인 반향을 불러 일으켰다. 유전 단위의 운반체는 물리적 성질이 무엇이든, Mendel의 법칙과 일치하는 방식으로 행동할 수밖에 없었다. 1903년 컬럼비아대학교(Columbia University)의 대학원생이던 월터 서튼(Walter Sutton)은 Mendel이 제시한 유전인자의 물리적 운반체는 염색체라고 직접 지목하는 논문을 발표하였다. Sutton은 뒤이어 메뚜기의 정자세포 발생을 연구하여, 회충에서처럼 크고 쉽게 관찰되는 염색체들을 찾아냈다. 정자를 만들어내는 세포를 정원세포라고 하며, 이들은 2회의 서로 다른 유형의 세포분열을 거친다. 정원세포는 체세포분열로 나뉘어져 더 많은 정원세포들을 생산하거나, 감수분열에 의해 정자로 분화하는 세포들을 만들어낸다(그림 14.41*a*를 보라). Sutton은 메뚜기 정원세포의 유사분열 시기를 관찰하여 23개 염색체들의 수를 확인하였다. 23개 염색체들의 모양과 크기를 주도면밀하게 조사하여 "꼭 빼닮은(look-alike)" 쌍들이 존재한다는 사실을 발표하였다. 11쌍의 염색체와 쌍으로 되어 있지 않은 하나의 **부속염색체**(*accessory chromosome*, 이는 후에 성을 결정하는 X 염색체임이 밝혀짐)를 식별할 수 있었다. Sutton은 각 세포 안에 **상동염색체(homologous chromosome)**라고 부르는 염색체 쌍이 있음을 알아냈고, 이는 Mendel에 의해 규명된 유전인자 쌍과 정확하게 일치하는 것이었다.

Sutton은 감수분열이 막 시작되는 세포의 염색체의 조사를 통해, 각 쌍의 염색체들은 서로 합쳐져서 2가(*bivalent*) 염색체라고 하는 복합체를 형성한다는 사실을 알아냈다. 11개의 2가 염색체가 관찰되었고, 각각 두 상동염색체가 만나는 부위에서 함입되어 있는 모습을 보였다(**그림 4.3**). 뒤이어 일어나는 1차 감수분열로 두 상동염색체들이 분리된 세포들로 나뉘어졌다. 이것이 이론적 토대 위에서 Weismann이 15년 먼저 제안한 감수분열이었다. 유전인자는 개체의 생애 동안 함께 쌍으로 존재하다가 배우자를 형성할 때 서로 분리된다는 Mendel의 제안에 대한 물리적 기초가 있었다. Sutton이 관찰한 감수분열은 Mendel의 다른 관찰들도 설명해주었다. 즉, 배우자는 각 유전자의 한 벌(allele)만을 갖고, 한 대립인자를 포함하는 배우자의 수와 다

[1]감수분열 과정을 잊어버린 독자들은 진핵생물의 생활사에 주요 사건들을 다루고 있는 제14장 11절을 읽기 바란다.

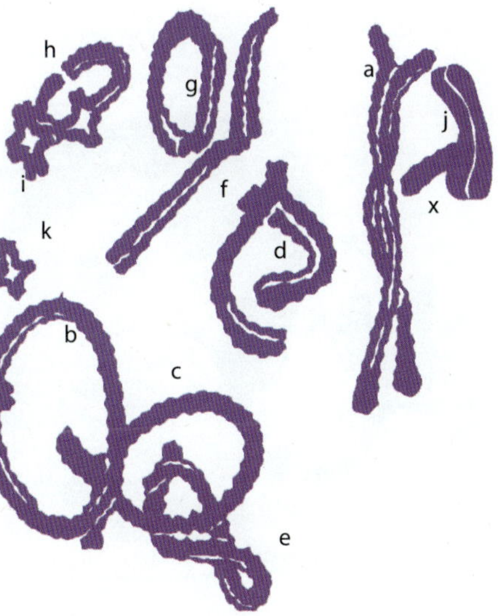

그림 4.3 상동염색체들. 감수분열 전기에 결합되어 2가 염색체를 형성하는 수컷 메뚜기의 상동염색체를 나타낸 Sutton 그림. 11쌍의 상동염색체들(*a~k*)과 하나의 X 염색체가 보인다.

출처: W. S. Sutton, *Biol. Bulletin* 4:24, 1902. Biological Bulletin by Marine Biological Laboratory(Woods Hole, Mass.) 1902. Marine Biological Laboratory의 허가를 얻어 지적재산권 청산 센터를 통해 교과서 사용을 목적으로 재사용함..

른 대립인자를 포함하는 수는 같으며, 수정으로 두 배우자가 결합되어 각 형질에 대한 두 대립인자를 갖는 개체가 만들어진다. 그러나 많은 의문들에 대해 대답하지 못하고 있었다. 예를 들면, 염색체 안에서 유전자들이 어떻게 체제화되어 있고 특수한 유전자들의 위치를 어떻게 알아낼 수 있었을까?

연관군으로서 염색체

Sutton은 염색체 행동과 Mendel의 대립인자 사이의 연관성을 분명하게 알았으며, 더불어 확연한 의문점 하나를 찾아냈다. Mendel은 7가지 형질을 조사하여 각 형질은 독립적으로 유전된다는 사실을 알아냈다. 이 관찰은 Mendel의 독립분리법칙의 기초를 마련하였다. 만일 실로 구슬을 꿰맨 것처럼 유전자들이 염색체 상에서 함께 묶여져 있다면, 유전자들은 염색체가 다음 세대로 전달되듯이 양친에서 자손으로 함께 전달될 것이다. 동일한 염색체 위의 유전자들은 마치 서로 연결된(*linked*) 것처럼 작용한다. 즉, 이들은 동일한 **연관군(linkage group)**의 일부가 된다.

Mendel의 7가지의 형질들은 어떻게 해서 독립적으로 분리된 것일까? 그들 모두 다른 연관군, 즉 다른 염색체 상에 존재하였을까? 공교롭게도 완두는 상동염색체 7쌍을 갖고 있다. Mendel의 각 형질을 지배하는 유전자들은 다른 염색체에 존재하거나 동일한 염색체 상에서 독립적으로 작용할 정도로 멀리 떨어져 있다. Sutton의 연관군에 대한 예언은 곧 확인되었다. 2년 이내에, 완두콩의 두 형질(꽃 색깔과 꽃가루 모양)에 대한 유전자들이 서로 연관되어 있는 것으로 알려졌고, 염색체 연관에 대한 다른 증거들도 빠르게 축적되었다.

4.4 초파리의 유전 분석

유전학 연구가 곧 하나의 특별한 생물체인 초파리속(*Drosophila*) 곤충에 집중되었다(**그림 4.4**). 초파리는 10일 정도의 세대기간(알에서 성적 성숙기인 성체까지)을 가지며 일생동안 1,000개까지 알을 낳는다. 더욱이 초파리는 매우 작아서, 많은 개체수를 유지할 수 있고 가두거나 사육하기가 쉬우며 비용이 적게 든다. 1909년, 컬럼비아대학교의 토마스 헌트 모르건(Thomas Hunt Morgan)은 초파리를 이상적인 실험동물로 생각하여 유전학 연구의 새 지평을 열게 되는 일을 시작하였다. 이 곤충으로 연구를 시작하였을 때 한 가지 주요한 약점이 있었는데, 그것은 실험에 사용할 수 있는 단 하나의 "계통(strain)" **야생형(wild type)** 밖에 없었던 것이다. Mendel은 여러 가지 완두 씨앗들을 구입하기만 하면 되었으나, Morgan은 다양한 형질을 갖는 초파리들을 생산해야만 하였다. Morgan은 충분한 수의 초파리들을 사육하면 야생형에서 변종들이 생겨날 것으로 기대하였다. 수천 마리의 초파리들을 관찰한 후 1년 만에 그는 야생형과는 유전적 특징이 확연히 다른 개체인 최초의 **돌연변이체(mutant)**를 찾아냈다. 정상 야생형의 눈은 빨간색이었는데, 그 돌연변이체는 흰 눈을 가졌다(그림 4.4).

1915년까지, Morgan과 그의 제자들은 다양하게 변형된 구조들을 갖는 85종류의 돌연변이체들을 찾아냈다. 드물게 나타나는 자발적인 변화인 **돌연변이(mutation)**는 유전자에서 일어나 영속적으로 유지되기 때문에 변화된 형질은 한 세대에서 다음 세대로 전달된다. 유전자에서의 자발적이고 유전적인 변화에 대한 설명은 초파리 유전학 연구를 훨씬 뛰어넘는 결과들을 만들어냈다. 그것은 진화론에서 중요한 연결고리에 대한 증거, 즉 집단 안에 존재하는 다양성의 기원에 대한 기작을 제시해 주었다. 유전자 변이체들이 저절로 발생될 수 있다면, 고립된 집단이 유전적으로 서로 달라지고 결국에는 새로운 종이 생겨날 수도 있는 것이다.

돌연변이는 진화에서 필요한 일이기도 하지만, 유전학자들에게는 야생형 상태를 비교할 수 있도록 해주는 하나의 도구이다. 초파리 돌연변이체들은 서로 분리되어 있었기 때문에 실험실에서 집단으

그림 4.4 노랑초파리(*Drosophila melanogaster*). 야생형 암컷 초파리와 흰 눈을 갖고 있는 돌연변이형 수컷의 사진.

출처: Stanley J. P. Iyadurai 제공

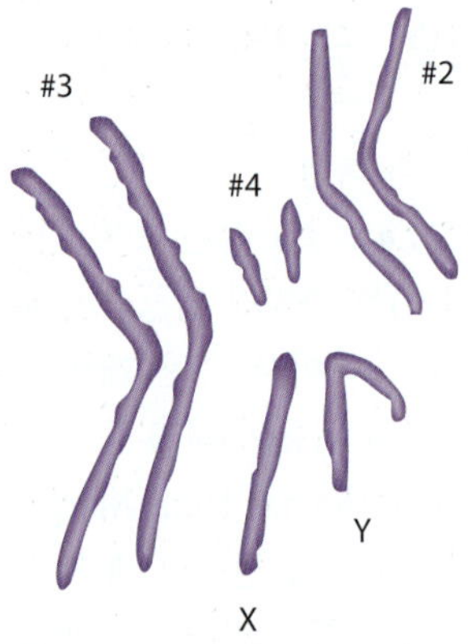

그림 4.5 초파리는 4쌍의 상동염색체를 갖고 있으며, 그 중 1쌍은 아주 작다. 서로 닮지 않은 염색체 쌍은 성을 결정하는 염색체들이다. 사람과 마찬가지로 수컷 초파리는 XY이고 암컷은 XX이다.

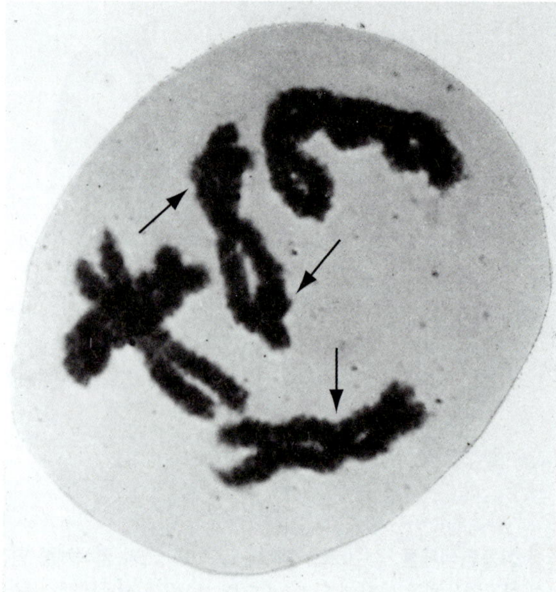

그림 4.6 교차현상을 보여주는 부분들. 백합의 감수분열 중인 세포 사진에서 보는 바와 같이, 상동염색체는 감수분열 중에 서로 감싸고 있다. 두 염색체가 교차되는 지점을 교차점[*chiasma*(복수는 chiasmata), 화살표]이라고 하며, 초기에 교차가 일어나는 자리이다.

출처: A. H. Sparrow, *Annals of the New York Academy of Sciences*, 1508, 1951. John Wiley & Sons로부터 허가를 얻음.

로 사육되고 잡종 교배시킬 수 있었다. 예상대로, 85개의 돌연변이들이 모두 독립적으로 분리되지는 않았기에, Morgan은 이들이 4개의 서로 다른 연관군에 속한다는 사실을 알아낼 수 있었는데, 그것들 중 하나가 극히 일부(1,915개 중 2개)의 돌연변이 유전자를 지니고 있었다. 이러한 발견은 초파리 세포가 4쌍의 상동염색체(그 중 하나는 매우 작음)를 갖는다는 관찰과 정확하게 일치하였다(**그림 4.5**). 따라서 유전자들이 염색체 상에 존재한다는 것은 거의 의심의 여지가 없게 되었다.

교차와 재조합

유전자들이 모여 연관군으로 존재하는 것은 확인되었으나, 동일한 염색체에서 대립인자들 사이의 연관에 관해서는 종종 불완전(*incomplete*)하였다. 바꾸어 말하자면, 원래 한 염색체에 함께 존재하는 짧은 날개 및 검은 체색(그림 4.7에서처럼)과 관련된 2개의 다른 유전자들의 대립인자들은 배우자 형성 과정에서 언제나 함께 존재하는 것은 아니었다. 분리된 상동염색체 위의 각 유전자에 의해 나타나는 모계 및 부계 형질들은 섞여져서 결국 배우자의 동일한 염색체 위에 존재하게 된다. 반대로, 동일한 염색체에 있으면서 함께 유전되는 두 형질은 결국 분리된 배우자에게 배분된다.

1911년, Morgan은 연관에서 "절단(breakdown)"에 대해 설명하였다. 2년 앞서, 얀센(F. A. Janssens)은 2가의 상동염색체가 감수분열 동안 서로 감겨져 있는 모습을 관찰하였다(**그림 4.6**). Janssens은 모계 및 부계 염색체 사이의 이러한 상호작용으로 절단과 조각의 교환이 일어난다고 제안하였다. 이 제안을 적용하여, Morgan은 **교차(crossing over)** 또는 **유전자 재조합(genetic recombination)**이라는 현상으로 유전형질의 우연한 조합을 갖는 자손(재조합체, *recombinant*)이 출현하는 기작을 설명할 수 있다고 주장하였다. 교차의 예가 **그림 4.7**에 나타나 있다.

동일한 염색체 위에 있는 여러 다양한 대립인자들을 지닌 성체들 사이에서 반복적으로 교차가 이루어진 후 자손들을 분석하여 다음 사실들을 보여주었다. (1) 눈 색깔 및 날개 길이와 같은 한 염색체 상의 특정 유전자 쌍 사이의 재조합률은 기본적으로 일정하다. (2) 눈 색깔과 날개 길이 대 눈 색깔과 몸 색깔 같은 서로 다른 유전자 쌍들 사이의 재조합율은 매우 다르다

특정 유전자 쌍이 교차가 일어날 때마다 거의 비슷한 재조합 빈도를 보인다는 사실은 염색체에서의 유전자의 **위치**(자리: 복수는 **loci**, 단수는 locus)가 고정되어 있어 초파리들 사이에서 다르지 않음을 강력하게 암시하였다. 각 유전자의 자리가 고정되어 있다면 두 유전자 사이에서의 재조합 빈도를 두 유전자 사이에 떨어져 있는 거리를 가늠하게 해 줄 수 있다. 염색체 상의 두 위치에서 절단이 일어날 경우 그 거리가 크면 클수록 나누어질 가능성이 커지기 때문에 재조합 빈도도 더 커지게 된다. 1911년 컬럼비아대학교의 학부생으로 Morgan 실험실에서 연구하고 있던 알프레드 스튜어트반(Alfred Sturtevant)은 재조합 빈도는 한 염색체에서 각 유전자들의 상대적인 위치를 그리는 데 이용할 수 있을 것이라 믿었다. 이러한 지도를 작성하는 원리의 한 예를 그림 4.7에서 보여주고 있다. 이 예에서, 초파리 날개 길이와 몸 색깔에 대한 유전자들은 염색체 상에서 서로 상당히 멀리 떨어져 있어서, 절단과 교차에 의해 연관되지 않을 것으로 보인다. 이와는 반대로, 눈 색깔과 몸 색깔에 대한 유전자들은 서로 매우 가깝게 위치하기 때문에 연관되기가 쉽다. 재조합 빈도를 사용함으로써 당시 가장 뛰어난 유전학자 중 한 사람이 된 Sturtevant은 초파리 4개 염색체에서 유전자들의 연속된 순서에 대한 상세한 지도를 작성하였다. 재조합 빈도는 다양한 종류의 진핵생물 종뿐만 아니라, 바이러스에서 세균에 이르기까지 염색체 지도를 만드는 데도 이용되고 있다.

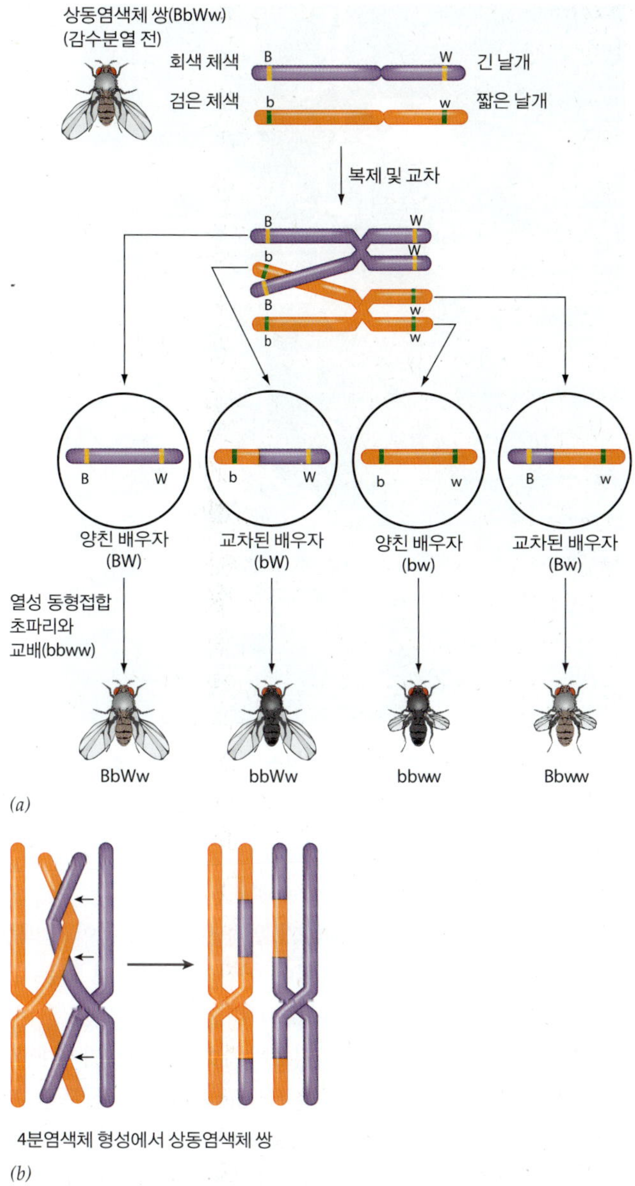

그림 4.7 교차는 모계 염색체와 부계 염색체 사이에서 대립형질을 뒤섞는 효과를 가져 온다. (*a*) 초파리 2번 염색체의 이형접합자에서 한 번의 교차 및 그로부터 만들어진 배우자를 보여주는 그림. 교차가 일어난 배우자 어느 한 쪽이 수정되면 자손은 어느 쪽 양친도 갖지 않았던 대립인자가 혼합된 염색체를 갖게 된다. (*b*) 감수분열하는 동안에 3번의 교차(빨간색 화살표)가 일어나 형성된 2가(4분)염색체.

돌연변이 유발 및 거대 염색체

돌연변이체에 대한 연구는 유전자들이 저절로(*spontaneous*) 변화되어 나타나야 가능했기 때문에 유전학 연구 초기에는 느리고 지루한 과정을 거쳐야만 했다. 1927년, 열성 대립인자의 존재를 밝히기 위해 설계된 특별한 계통의 초파리를 이용하여, 뮬러(H. J. Muller)는 치사량 이하의 X-선을 조사하여 대조군에서 자연발생하는 경우보다 돌연변이가 100배 더 잘 발생된다는 사실을 알아냈다. 이 발견은 중요한 결과였다. 실질적인 면에서, X-선이나 자외선과 같은 돌연변이원의 사용으로 유전학 연구에 유용한 돌연변이체의 수는 크게 늘어났다. 이 관찰은 산업 및 의료분야에서 방사선 사용의 증가에 대한 위험성도 지적하였다. 오늘날, 초파리 돌연변이들은 흔히 사육 배지에 화학 돌연변이원(에틸 메탄 설폰산, ethyl methane sulfonate)을 첨가함으로써 만들어지고 있다.

1933년 텍사스대학교(University of Texas)의 테오필러스 페인터(Theophilus Painter)가 어떤 곤충 세포에서 거대염색체를 재발견하여 생물학에서의 기본 원리를 설명하였다. 생물들 간에 거시적 수준뿐만 아니라 세포 및 그 이하 수준에서도 커다란 변이가 존재하므로, 특정한 유형의 세포는 특정한 연구 분야에 훨씬 유용해진다. 초파리 유생의 침샘세포에는 다른 부위의 세포에 있는 염색체보다 100배 더 두꺼운 염색체들이 포함되어 있다(**그림 4.8a**). 이 세포들은 유생 발생 과정에서 분열을 멈추고, 성장을 유지한다. DNA 복제는 계속되어, 수많은 세포들에서 일어나는 고도의 분비작용을 유지하는데에 필요한 유전물질을 공급하게 된다. 복제된 DNA 가닥은 측면배열로 옆에 부착하게 되어 정상 염색체의 DNA 가닥의 수보다 1,024배 많게 된다(그림 4.8*a*의 삽입도).

이와 같은 특별한 **다사염색체(polytene chromosome)**는, 이름에서와 같이, 염색하여 현미경으로 관찰해보면 약 5,000개의 띠로 보이는 미세한 구조들이 많이 있는 것을 볼 수 있다. 띠 유형은 1개체의 세대 간에는 기본적으로 일정하지만 초파리 속의 다른 종들 사이에서는 상당한 차이가 관찰된다. Painter는 곧 개개의 띠가 특정 유전자와 관련된 것임을 알아냈다. 거대 염색체 상에 있는 이 유전자들의 상대적인 위치는 재조합 빈도에 따라 그려진 유전자 지도를 토대로 예상되는 결과와 일치하여 전체 지도 자성 과정에 대한 확실한 시각적 정보를 얻을 수 있게 되었다.

곤충의 거대 염색체는 다른 면으로도 유용하다. 다른 종의 다사염색체들 사이의 띠 유형의 비교는 염색체 수준에서 진화상의 변화를 알 수 있는 더 할 나위 없이 좋은 기회를 제공하였다. 더불어, 이 염색체들은 비활성 세포구조들이 아니라, 특정 발생시기에서 특정 부위가 부풀어지는 역동적인 구조이다(그림 4.8*b*). 이러한 염색체 퍼프는 DNA가 빠른 속도로 전사되고 있는 부위로서 유전자 발현에 대해 직접 눈으로 볼 수 있는 최고의 예들 중 하나이다.

4.5 DNA 구조

대표적인 유전학자들이 유전형질의 전달을 조절하는 규칙과 유전자와 염색체의 관계를 밝혀냈다. 1934년 Morgan은 노벨상 수락연설에서, "유전학 실험이 가능한 수준에서, 유전자가 가상적인 단위인지 아니면 물질 입자인지의 차이는 별로 중요하지 않다"고 말하였다. 그러나, 1940년대까지 새로운 많은 의문들이 있어 왔으나 그 중에 제일은 "유전자의 화학적 성질이 무엇인가?"였다. 이 질문에 답하는 실험은 이 장의 끝 부분 <역사적 실험>에 요약되어 있다. 일단 유전자들이 DNA로 이루어진 것이 분명해진 다음, 생물학자들은 새로운 의문점에 봉착하였다. 그 질문들이 이 장의 나머지 부분을 채우게 될 것이다.

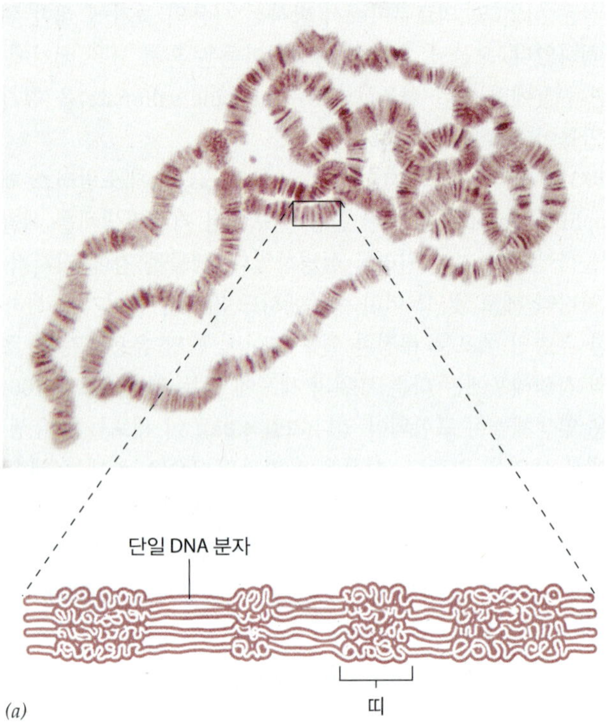

(a)

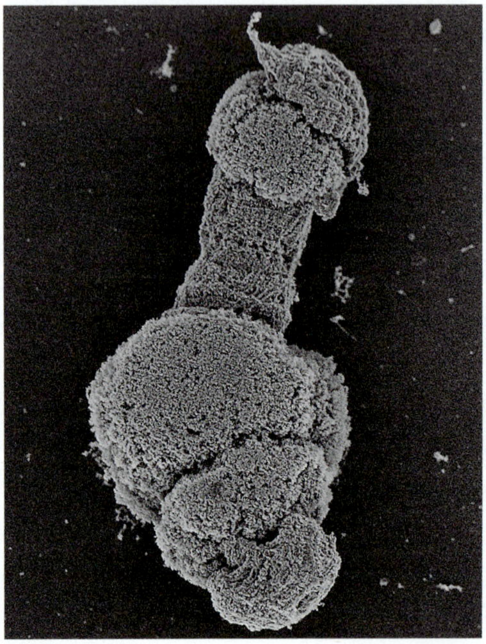

(b)

그림 4.8 곤충 애벌레의 거대 다사염색체. (*a*) 초파리 유생의 침샘에서 나온 거대 다사염색체로서 어둡게 염색되어 뚜렷하게 보이는 수천 개의 띠가 보인다. 띠들은 특정 유전자들이 존재하는 부위로 밝혀졌다. 삽입된 그림은 다사염색체가 다수의 각 DNA 분자들로 어떻게 구성되는지 보여주고 있다. 염색된 띠는 DNA가 더 조밀하게 응축된 부위에 해당한다. (*b*) 깔다구속(*Chironomus*) 곤충 애벌레에 있는 거대 다사염색체의 주사전자현미경 사진은 특정 부위가 부풀어서 "퍼프(puff)"를 형성한 것을 보여준다. 염색체 퍼프는 DNA가 매우 활발하게 전사되고 있는 부위이다.

출처: (a) Andrew Syred/Photo Researchers, Inc. Company of Biologists, Ltd. 허가를 얻어 재인쇄함; (b) Terry Allen and Claus Pelling, *J. Cell Science*, cover of vol. 93, part 4, 1989에서 발췌. Company of Biologists, Ltd.로부터 허가를 얻어 재인쇄함

그림 4.9 1953년 캠브리지대학교의 제임스 왓슨과 프랜시스 크릭에 의해 조립된 DNA 모형.

출처: Science and Society/Superstock

복잡한 거대분자의 작용을 이해하기 위해서는—그것이 단백질, 다당류, 지질, 또는 핵산이건—그 물질이 어떻게 이루어져 있는지에 대해 아는 일이 필수적이다. DNA 구조의 비밀은 1950년대에 미국과 영국의 많은 실험실들에서 연구되었으며, 1953년 캠브리지대학교(Cambridge University)의 제임스 왓슨(James Watson)과 프랜시스 크릭(Francis Crick)에 의해 밝혀졌다(**그림 4.9**). 그들이 제시한 DNA 구조를 설명하기 전에 당시 알려져 있던 사실들을 생각해보자.

DNA를 구성하는 기본 단위는 **뉴클레오티드(nucleotide)**로 알려져 있으며, 이것은 5탄당인 데옥시리보오스(*deoxyribose*)의 5번 탄소 위치에 인산 하나가 에스테르 결합을 이루고 있고, 1번 탄소 위치에 질소 염기가 하나 결합되어 있다(**그림 4.10a,b**).[2] 핵산에는 2종류의 염기가 있는데, 단일 고리로 이루어진 **피리미딘(pyrimidine)**과 두 고리로 이루어진 **퓨린(purine)**이다(그림 4.10*c*). DNA는 2개의 피리미

[2]여기서 약간의 용어들을 소개할 필요가 있다. 그림 4.10에서 5탄당에 연결된 4개의 질소염기들 중 하나로 구성된 분자를 뉴클레오시드라고 한다. 당이 데옥시리보오스이면, 그 뉴클레오시드는 데옥시리보뉴클레오시드가 된다. 부착된 염기에 따라 4개의 중요한 데옥시리보뉴클레오시드, 즉 데옥시아데노신, 데옥시구아노신, 데옥시티미딘, 데옥시시티딘 등이 있다. 뉴클레오시드에 하나 또는 그 이상의 인산기가 결합(일반적으로 5번 위치, 그렇지 않은 경우는 3번 위치)되어 있으면 그 물질을 뉴클레오티드라고 한다. 인산의 수에 따라 뉴클레오시드 5′-일인산, 뉴클레오시드 5′-이인산, 뉴클레오시드 5′-삼인산이 있다. 이들에 대한 예들로서는 데옥시아데노신 5′-일인산(dAMP), 데옥시구아노신 5′-이인산(dGDP) 및 데옥시시티딘 5′-삼인산(dCTP)이다. RNA 대사에 관여하는 유사한 뉴클레오시드와 뉴클레오티드에는 당으로 데옥시리보오스가 아니라 리보오스가 포함되어 있다. 아데노신 삼인산(ATP)과 같은 에너지 대사에 관여하는 뉴클레오티드는 리보오스를 포함하는 물질이다.

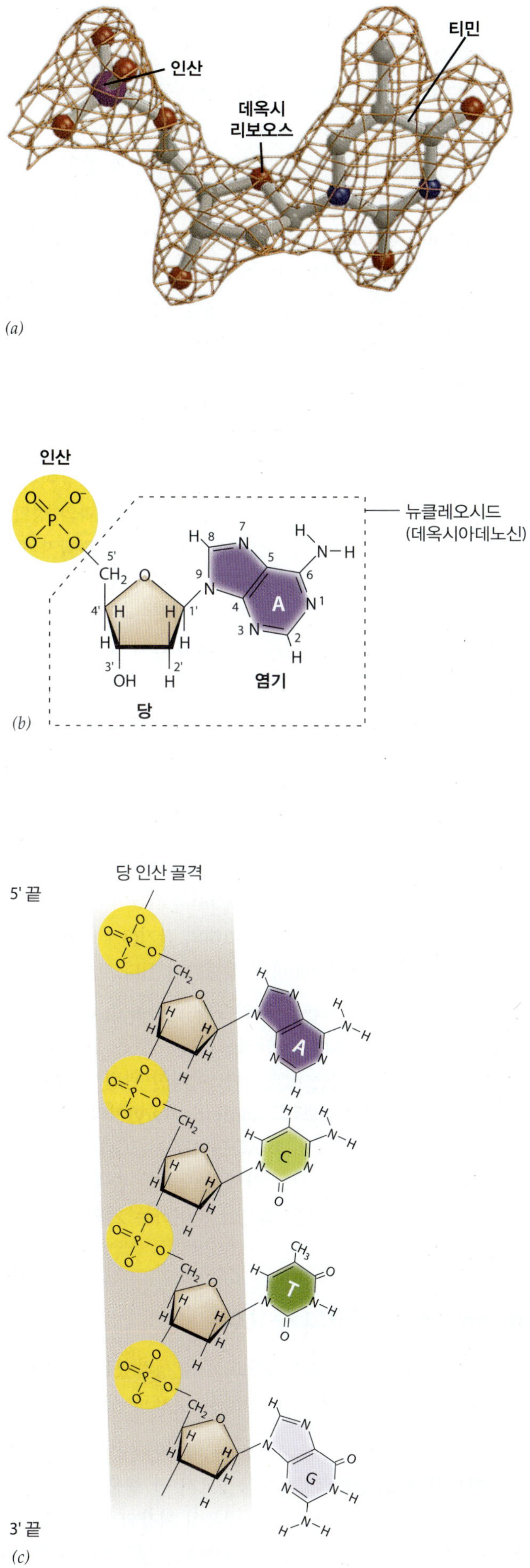

딘인 티민(*thymine, T*)과 시토신(*cytosine, C*) 및 2개의 퓨린인 구아닌(*guanine, G*)과 아데닌(*adenine, A*)으로 이루어져 있다. 뉴클레오티드들은 당과 인산기가 *3′-5′*-인산디에스테르 결합(*3′-5′-phosphodiester bond*)을 하여 골격을 이루면서 서로 공유결합하여 선형의 중합체, 즉 가닥(*strand*)을 형성한다. 각 당에 부착된 염기들은 선반을 쌓아놓은 것과 같이 중심기둥으로부터 돌출되어져 있는 것으로 여겨진다.

뉴클레오티드는 방향성 구조로서, 인산이 위치하는 한쪽 끝은 *5′*끝(*5′ end*), 다른 쪽 끝은 *3′*끝(*3′ end*)이라고 한다(그림 4.10*b*). 한 가닥에 쌓여진 뉴클레오티드들 각각은 같은 방향으로 향하고 있기 때문에 전체 가닥은 방향성을 지니게 된다. 가닥의 한 쪽 끝은 *3′* 끝, 다른 쪽은 *5′*끝이다(그림 4.10*c*). X-선 회절로 분석하여 보면 기둥을 형성하는 뉴클레오티드들 간의 거리는 3.4 Å(0.34 nm)로서 매 3.4 nm 마다 반복되는 구조가 있음을 암시하였다.

이 장 끝에 있는 <역사적 실험>에서 논의된 것과 같이, 여러 해 동안 DNA는 TGCATGCATGC처럼 4개의 뉴클레오티드가 단순 반복되어 구성된 것으로 생각되어졌으나, 그렇게 되어서는 정보를 지닌 거대분자로 작용할 수 없다. 1950년, 컬럼비아대학교의 어윈 샤가프(Erwin Chargaff)는 4-뉴클레오티드 설(tetranucleotide theory)에 치명타를 입히고 DNA 구조에 대한 생생한 정보를 알려 주는 중요한 발견을 보고하였다. DNA의 뉴클레오티드 서열이 중요성에 대한 실마리를 쥐고 있다고 믿었던 Chargaff는 DNA 시료 내 각 염기들의 상대적인 양, 즉 **염기조성(base composition)**을 알아냈다. DNA 시료의 염기조성을 알아내기 위해서는 부착된 당으로부터 염기들을 가수분해하여 종이 크로마토그라피(paper chromatography)를 실시하여 분리하고 염기들이 이동한 거리에 따른 4지점의 물질의 양을 조사함으로써 가능해졌다.

만약 4-뉴클레오티드 설이 맞았다면, DNA 시료 안의 4개의 염기 각각은 전체의 25%씩 존재했어야 한다. Chargaff는 4개의 염기 비율이 4-뉴클레오티드 설로 예견되는 1:1:1:1의 비율과는 크게 다르며, 생물 종에 따라서도 매우 다르다는 것을 알아냈다. 예를 들면, 결핵균의 A:G 비율은 0.4인데 비해, 사람의 A:G 비율은 1.56이었다. DNA 공여자로서 사용되었던 동물이나 식물에서도 마찬가지로, 염기조성은 한 종에 있어서는 일정하게 유지되었다. 다른 종의 DNA에서는 염기조성이 크게 다르기는 하지만 중요한 수리적 연관성이 발견되었다. 특정한 DNA 시료에서 퓨린의 수는 항상 피리미딘의 수와 같았다. 구체적으로, 아데닌의 수는 항상 티민의 수와 같았고, 구아

그림 4.10 DNA의 화학적 구조. (*a*) 티민 염기를 포함하는 DNA 뉴클레오티드 모형; 데옥시티미딘 5′-일인산(dTMP). 그물 구조는 이 분자를 구성하는 원자들의 전자밀도를 나타낸다. (*b*) 아데닌 염기를 포함하는 DNA 뉴클레오티드의 화학적 구조, 즉 이 분자는 데옥시아데노신 5′-일인산 (dAMP)이다. 뉴클레오티드는 뉴클레오시드가 인산에 결합되어 구성된다. 즉, 이 분자의 뉴클레오시드 부분(즉, 데옥시아데노신)은 점선으로 둘러싸여 있다. (*c*) 4개의 뉴클레오티드를 보여주는 단일 DNA 가닥의 한 부분에 대한 화학적 구조.

출처: (a) Arnon Lavie et al., *Nature Str. Biol.* 4:604, 1997, Fig. 2a.에서 발췌. Macmillan Publishers Ltd.로부터 허가를 얻어 재인쇄함

닌의 수는 항상 시토신의 수와 같았다. 다시 말해, Chargaff는 다음과 같은 DNA 염기조성에 대한 규칙을 발견하였던 것이다.

$$[A]=[T], [G]=[C], [A]+[T]\neq[G]+[C]$$

Chargaff의 발견으로 DNA 분자는 새로운 국면을 맞이하여 생물 종에 따른 특수성과 개별성을 갖게 되었다. 그러나 염기 등가성(equivalency)의 중요성은 불확실한 상태로 남았다.

Watson-Crick의 제안

단백질 구조에 대해 제2장에서 논의할 때, 단백질 작용의 결정인자로서 2차 및 3차 구조의 중요성이 강조되었다. 마찬가지로, 생물학적인 작용을 알기 위해서는 DNA의 3차원적 구조에 관한 정보가 필요하다. 런던 킹스대학(King's College London)의 로잘린 프랭클린(Rosalind Franklin)과 모리스 윌킨스(Maurice Wilkins)가 얻어냈던 X-선 회절 분석 자료와 4종류의 뉴클레오티드 조각들로 만들어진 모형을 이용하여, Watson과 Crick은 아래와 같은 DNA 구조를 제안하였다(그림 4.10):

1. DNA는 두 사슬의 뉴클레오티드들로 이루어져 있다. 라이너스 폴링(Linus Pauling)에 의해 연이어 제시된 DNA가 3개의 뉴클레오티드 가닥들로 이루어졌다고 하는 틀린 제안 다음에 이 결론이 도출되었다.
2. 두 사슬은 서로 꼬여 1쌍의 오른손 방향의 나선구조를 형성한다. 오른손 방향의 나선은 DNA 중심축을 내려다보는 관찰자의 입장에서 보면 점점 멀어짐에 따라 각 나선이 시계 방향으로 돌아가게 된다. DNA의 나선형의 특징은 Franklin의 X-선 회절상으로 만들어진 반점 유형으로 밝혀졌으며, 이것은 킹스대학을 방문했던 Watson에게 소개되었다.
3. 하나의 2중나선을 이루는 두 사슬은 반대 방향으로 달린다; 즉, 두 가닥은 반평행(*antiparallel*)을 이룬다. 따라서, 한 사슬이 $5' \rightarrow 3'$ 방향이라면 다른 쪽 사슬은 $3' \rightarrow 5'$ 방향으로 배열되어야 한다.
4. 각 사슬의 당-인산-당-인산 골격은 분자 외측에 위치하고 두 벌의 염기들은 가운데 쪽으로 돌출하고 있다. 인산기는 DNA가 강한 음전하를 띠도록 한다(**그림 4.11a**).
5. 염기들은 이 분자 장축에 거의 수직으로 평면을 차지하고 있어서 판을 하나씩 쌓아놓은 것과 같은 모습이다. 평면상의 염기들 사이의 소수성 상호작용과 반데르발스 힘(van der Waals force)은 전체 DNA 분자에 안정성을 부여한다. 이와 함께, 나선형 회전과 평면상의 염기쌍들은 회전형 계단 모양을 이루게 한다. 이러한 방식의 구조는 이 장이 시작되는 사진에서 뚜렷하고, 거기에 원래의 Watson-Crick 모형이 그려져 있다.
6. 두 가닥은 한 가닥의 염기와 그에 상응하는 다른 가닥의 염기 사이에서 수소결합에 의해 서로 붙어 있다. 각 수소결합은 매우 약해서 잘 끊어지기 때문에 DNA 가닥은 여러 작용들이 일어나는 과정에서 분리될 수 있다. 그러나 수소결합의 강도는 부차적인 것이고, 다수의 수소결합이 가닥들을 서로 연결해주기 때문에 2중나선은 안정된 구조가 될 수 있다.
7. 이 구조 골격의 인 원자에서 축의 중심부까지의 거리는 1 nm이다(따라서 2중 나선의 폭은 2 nm가 된다).
8. 한 사슬의 피리미딘은 항상 다른 사슬의 퓨린과 쌍을 형성한다. 이런 배열 때문에 전 길이를 따라 폭 2 nm인 분자가 되는 것이다.
9. 시토신의 4번 탄소와 아데닌의 6번 탄소에 연결된 질소 원자들은 흔히 이미노(NH) 형이 아니라 아미노(NH_2) 구조로 존재한다(그림 4.10*c*). 마찬가지로, 구아닌의 6번 탄소와 티민의 4번 탄소에 연결된 산소 원자들은 흔히 에놀(CO—H) 형이 아니라 케토(C═O) 구조로 존재한다. 이러한 염기 위치에 대한 구조적 제한은 아데닌이 티민하고만 결합할 수 있는 구조를 지닌 유일한 퓨린이고, 구아닌은 시토신하고만 결합할 수 있는 퓨린임을 암시해주는 것이다. 따라서, A-T와 G-C만이 가능한 쌍이다(그림 4.11*c*). Chargaff에 의해 수행된 염기조성 분석결과와 정확하게 일치하는 이 결과는 1952년 캠브리지에서 3명의 과학자가 만났을 때 Watson과 Crick에게 전해졌다. A-T와 G-C 염기쌍은 동일한 기하학적 구조를 지니기 때문에 염기서열에 대한 아무런 제한점도 없게 된다(그림 4.11*c*). 즉, DNA 분자는 아주 다양한 뉴클레오티드 서열을 가질 수 있게 된다.
10. 나선의 회전 사이의 공간에는 2중나선의 바깥 표면을 휘어 감는 폭이 다른 두 홈이 있다- 좀 넓고 깊은 큰 홈(*major groove*)과 좁고 얕은 작은 홈(*minor groove*)이 그것이다(그림 4.11*a*, *b*). DNA와 결합하고 있는 단백질들은 흔히 이 홈들 안에 결합되어 있는 영역을 구성하고 있다. 많은 경우에, 홈에 결합된 단백질이 가닥을 분리하지 않은 채로 뉴클레오티드 서열을 해독해 낼 수도 있다.
11. 2중나선은 한 바퀴 회전하는 데 10개의 잔기(3.4 nm)가 쓰이며, 분자량 100만 달톤마다 150바퀴 회전하게 된다.
12. 한 가닥의 A는 항상 다른 가닥의 T와 결합하고, G는 항상 C와 결합하기 때문에 2가닥의 뉴클레오티드 서열은 언제나 서로 상대적으로 고정되어 있는 상태이다. 이러한 관련성 때문에, 2중나선의 2사슬은 서로 **상보적(complementary)**이라고 한다. 예를 들면, A는 T와 상보적이고, 5′-AGC-3′는 3′-TCG-5′와 상보적이며, 따라서 전체 사슬은 상호 간에 상보적인 관계를 갖는다. 앞으로 다루겠지만, 상보성은 핵산이 관여하는 거의 모든 작용과 기작에서 아주 중요하다.

Watson-Crick 제안의 중요성

생물학자들이 DNA가 유전물질이라고 처음 생각했을 때부터, DNA는 다음의 세 가지 주요 기능을 수행할 것으로 생각하였다(그림 4.12).

1. ***유전정보의 저장.*** DNA는 유전물질로서 한 생물체가 지니고 있는 모든 유전적 특징을 결정하는 내용이 저장된 기록을 포함하고 있어야 한다. 분자적인 측면에서, DNA는 생물체에서 합성되는

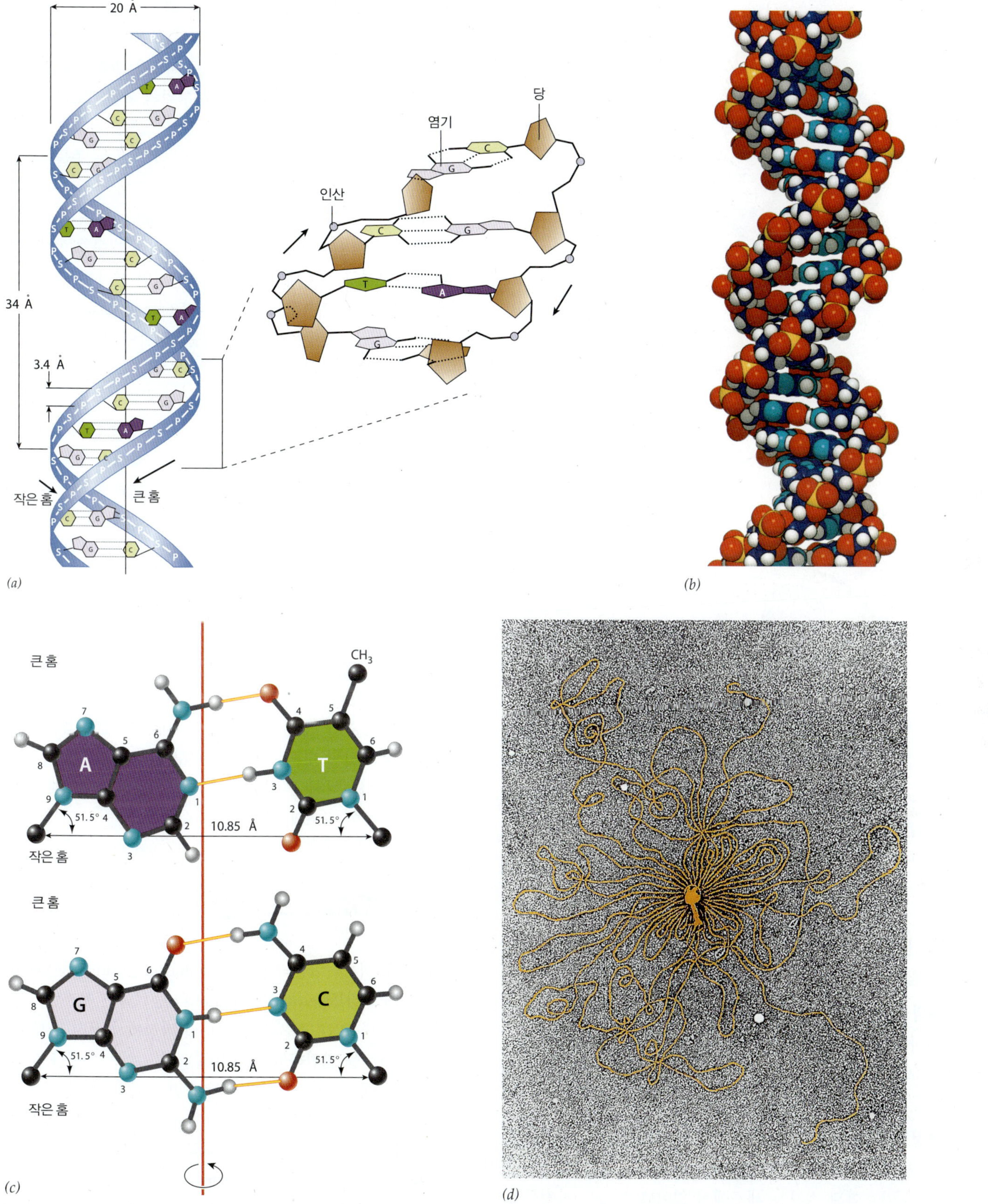

그림 4.11 **2중나선.** (*a*) DNA 2중나선의 개요도. (*b*) B형 DNA의 공간-충전 모형. (*c*) 왓슨-크릭의 염기쌍. 원래 모형에는 A-T 및 G-C를 2개의 수소결합으로 나타냄; 라이너스 폴링(Linus Pauling)에 의해 G-C 쌍에는 3개의 수소결합이 있는 것으로 밝혀졌다. (*d*) T2 파아지 머리에서 추출한 DNA의 전자현미경 사진. 선형의 DNA 분자(유리된 양 끝에 주목)는 길이가 68 μm로서, DNA를 포함하는 파아지 머리 보다 60배 더 크다.

출처: (b) Nelson Max, Lawrence Livermore National Laboratory and the Department of Energy에서 제공; (c) Figure 28.6 on page 854 form Voet and Voet, *Biochemistry* 2e; copyright 1995. John Wiley & Son, Inc.로부터 허가를 얻어 재인쇄함; (d) A. K. Kleinschmidt, et al., *Biochim Biophys. Acta* 61: 861, 1962, Elsevier로부터 허가를 얻음.

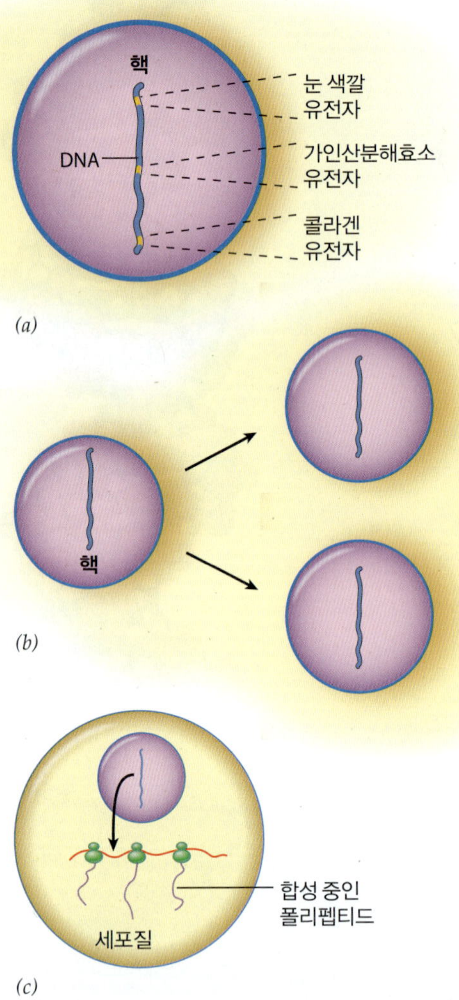

그림 4.12 유전물질로서 DNA의 세 가지 기능. (*a*) DNA는 유전형질을 암호화하는 정보를 포함해야 한다. (*b*) DNA는 자신의 복제를 지시하는 정보를 포함해야 한다. (*c*) DNA는 특정 단백질의 조립을 지시하는 정보를 포함해야 한다.

모든 단백질의 아미노산 서열에 대한 정보를 포함하고 있어야 한다(그림 4.12*a*).

2. ***복제와 유전.*** DNA는 새로운 DNA 가닥을 합성(복제, replication)하는 데 필요한 정보를 포함하고 있어야 한다. DNA 복제는 한 세포에서 딸세포로, 한 개인에서 자손에게로 유전정보가 전달되도록 하는 과정이다(그림 4.12*b*).

3. ***유전정보의 발현.*** DNA는 정보를 저장하는 센터로서의 기능 외에도, 세포 작용에 대한 통제자로서의 역할도 수행한다. 따라서 DNA에 암호화된 정보는 세포에서 일어나고 있는 과정들에 참여할 수 있는 형태로 발현되어야 한다. 더 구체적으로 말하면, DNA의 정보는 폴리펩티드 사슬에 통합되는 특정 아미노산의 순서를 지시하는 데 사용된다(그림 4.12*c*).

DNA 구조에 대한 Watson-Crick 모형은 이러한 3개의 유전 기능 중 앞의 2개가 일어날 수 있는 방법에 대하여 제안하였다. 이 모형은 DNA의 정보 내용이 염기들의 선상 배열에 있을 것이라는 가정을 강력하게 지지해주었다. DNA의 일정 부분은 각 유전자에 해당하게 된다. 그 부위의 특정한 뉴클레오티드 서열은 관련 폴리펩티드 안의 아미노산 서열을 지시하게 된다. 그 부위의 뉴클레오티드의 서열이 변화하면 그 유전자의 유전적 돌연변이와 같은 결과가 나타난다. 뉴클레오티드 서열의 차이는 종 안에서의 개인 또는 종들 사이에서 유전적 변이가 형성되도록 하는 것으로 추정된다.

두 번째 기능으로서, Watson과 Crick이 DNA 구조에 대한 최초의 발표에 이 물질이 어떻게 복제되는지에 대한 제안이 포함되었다. 이것은 분자구조에 대한 연구가 기본적인 분자적 기작에 대한 가설을 직접 이끌어 낸 첫 시도였다. Watson과 Crick은 복제 과정에서 DNA 나선 두 가닥을 결합하는 수소결합이 끊어져 마치 지퍼가 양쪽으로 분리되는 모양으로 가닥들이 점진적으로 나뉘어진다고 제안했다. 질소 염기들이 노출되어 있는 상태의 분리된 가닥은 각각 주형(*template*)으로 작용하여 상보적인 뉴클레오티드의 순서를 지정함으로써 상보적인 가닥이 조립되도록 한다. 복제가 완료되면 2개의 2중가닥 DNA 분자들이 만들어지는데, (1) 서로 동일한 서열을 가지며, (2) 원래 DNA 서열과도 같다. Watson-Crick의 제안에 따르면, 각 DNA 2중나선의 한 가닥은 원래 DNA 분자에서 온 것이고, 하나는 새로이 합성된 것이다(그림 7.1 참조). 제7장에서 논의되는 바와 같이, Watson-Crick의 제안은 DNA 복제 기작을 예견하는 데 매우 잘 들어맞았다. 위에서 언급된 3개의 중요한 기능들 중에서 DNA에 의해 특정 단백질의 조립이 조절되는 기작에 대해서만은 여전히 수수께끼로 남아있다.

DNA 구조가 밝혀진 것은 그 자체로도 중요할 뿐만 아니라, 유전물질이 관여하는 모든 작용들을 연구하는 자극제가 되었다. 일단 그 구조가 받아들여진 후, 유전암호 이론, DNA 합성 또는 정보전달에 관한 이론들이 구조와 일치해야만 하였다.

4.6 DNA 초나선

1963년 캘리포니아공과대학교(California Institute of Technology)의 예롬 비노그라드(Jerome Vinograd)와 동료들은 분자량이 같은 2개의 폐쇄 고리형 DNA 분자가 원심분리 과정에서 전혀 다른 침강속도를 보이는 사실을 발견하였다(18.10절). 심도 있는 연구를 통해 DNA 분자는 그 자체로 꼬여져 있기 때문에 먼저 침강하는 분자는 마치 양 끝이 반대 방향으로 꼬여진 고무 띠 모양이거나, 유선전화 사용 후 꼬여진 전화선처럼 더 조밀한 형태를 갖게 된다는 사실을 밝혀냈다(**그림 4.13a,b**). 이런 DNA를 **초나선(supercoiled)** 상태에 있다고 한다. 초나선 DNA는 풀린 경우보다 더 응축되어 있어서 부피가 작기 때문에 원심력 또는 전기장 내에서 더 빠르게 이동하게 된다(그림 4.13*c*).

초나선 구조는 편평한 표면 위에 자유롭게 놓여 있는 한 줄의 2중나선 DNA를 생각해보면 가장 잘 이해할 수 있다. 이 상태에서는 DNA가 나선 한 바퀴 회전할 때마다 10개의 염기쌍을 가지는데, 이러한 경우를 **풀려져**(*relaxed*) 있다고 한다. DNA 두 가닥 양 끝이 단

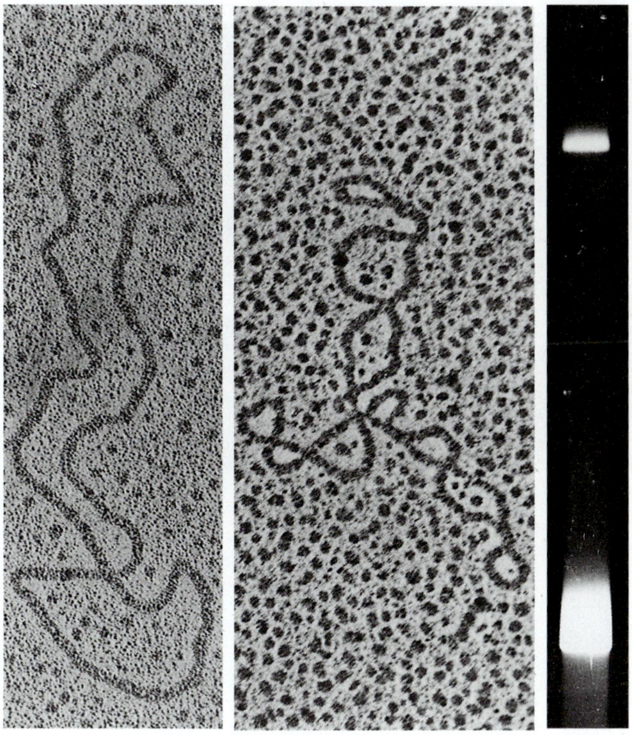

그림 4.13 DNA의 초나선구조. (*a,b*) 파아지 DNA의 이완된 고리형(*a*) 및 초나선 상태(*b*)의 구조 차이를 보여주는 전자현미경 사진. (*c*) 이완되거나 초나선 형태의 SV40 DNA 분자들을 혼합하여 전기영동하면, 초나선 형태의 응축된 DNA는 이완된 형태보다 훨씬 더 빠르게 이동한다. 전기영동을 한 후 에티디움 브로마이드로 젤을 염색하여 2중나선 구조 안으로 스며든 형광 물질을 관찰함으로써 DNA 분자가 확인된다.

출처: (a and b) James C. Wang; (c) Walter Keller, *Proc. Nat'l Acad. Sci. U.S.* 72:2553, 1975에서 발췌.

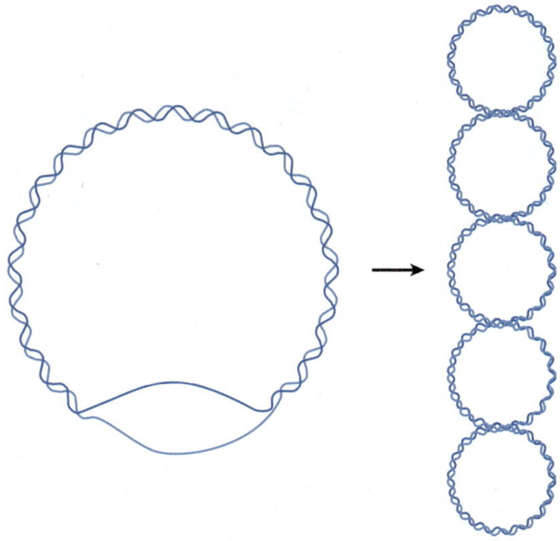

그림 4.14 덜 꼬인 DNA 구조. 왼쪽 DNA 분자는 덜 꼬인 상태로서 나선 회전당 평균 10 염기쌍보다 더 많다. 덜 꼬인 분자는 오른쪽에 나타난 것처럼 저절로 음성 초나선구조를 하게 된다.

순히 합쳐져 고리를 형성한다면, 풀려진 상태이다. 그러나 끝 부분이 연결되기 이전에(*before*) 꼬여진다면 무슨 일이 발생할 지 생각해 보라! DNA가 감겨져 있는 2중나선의 반대 방향으로 꼬인다면 이 분자는 풀어지려는 경향을 나타낼 것이다. 느슨해진(*underwound*) DNA 분자의 경우 나선 회전당 염기쌍의 수는 더 많아지게 된다(**그림 4.14**). 이 분자는 회전당 10개의 잔기를 가질 때 가장 안정하기 때문에, 초나선 구조로 감겨짐으로써 느슨해지는 장력에 견딜 수 있게 된다(그림 4.14).

DNA가 느슨하게 감겨진 상태를 음성 초나선(*negatively supercoiled*)이라 하고, 과도하게 감겨진 상태를 양성 초나선(*positively supercoiled*)이라 한다. 자연계에 존재하는 고리형 DNA들(예: 미토콘드리아, 바이러스 및 세균의 DNA들)은 한결같이 음성 초나선구조를 하고 있다. 초나선구조는 작은 고리형 DNA들에만 한정되지 않고, 진핵세포의 선형 DNA에서도 관찰된다. 예를 들면, 음성 초나선구조는 염색체 DNA가 현미경적 크기의 세포핵 속에 포함될 수 있도록 응축하는 과정에 중요한 역할을 수행한다(6.2절). 음성 초나선 DNA는 느슨하게 감겨져 있는 상태이므로, 복제(DNA 합성) 및 전사과정(RNA 합성)에서 나선 두 가닥을 분리하는 힘으로 작용한다.

세포들이 2중 나선 DNA의 초나선 상태를 바꾸기 위해서 효소들에 의존한다. 이러한 효소들은 DNA의 기하학적 위치(*topology*)를 바꾸기 때문에 **위상이성질화효소(topoisomerase)**라고 한다. 세포 안에는 두 가지 부류로 나눌 수 있는 여러 종류의 위상이성질화효소들이 포함되어 있다. 제*I*형 위상이성질화효소(*type I topoisomerase*)는 2중나선의 한 가닥을 일시적으로 절단함으로써 DNA 분자의 초나선 상태를 변화시킨다. 사람의 제I형 위상이성질화효소의 작용 기작에 대한 모형이 **그림 4.15a**에 나와 있다. 이 효소는 DNA의 한 가닥을 절단하여 상보적인 가닥이 회전해 초나선구조를 풀어주게 된다. 제I형 위상이성질화효소는 DNA 복제 및 전사와 같은 과정에서 필수적으로 요구된다. 이 효소는 이중의 상보적인 DNA 가닥들이 분리되고 풀리는 동안 과도하게 초나선이 형성되는 것을 막아주는 기능을 수행한다(그림 7.6에서처럼). 제*II*형 위상이성질화효소(*ype II topoisomerase*)는 DNA의 양 가닥을 일시적으로 절단한다. 또 다른 DNA 부분(또는 완전히 분리된 분자)이 잘려진 부위를 통해 이동하여 잘려진 가닥이 재봉합된다. 예상대로 이 복잡한 반응 기작은 그림 4.15*b*에 나타낸 것처럼, 일련의 극적인 구조변화가 수반되어 일어난다. 이 효소들은 일종의 "마술(tricks)"을 부릴 수 있다. 제II형 위상이성질화효소들은 DNA를 더욱 꼬거나 풀 수 있을 뿐만 아니라(그림 4.15*c*, 그림 1), DNA 매듭을 묶거나 풀어낼 수도 있다(그림 4.15*c*, 그림 2). 이들은 독립적인 DNA 고리들을 만들어 서로 연결될(*catenated*) 수 있고, 또는 연결된 고리들을 (a) (b) (c)의 개별적인 상태로 분리할 수도 있다[그림 4.15*c*(3), *d*]. 제II형 위상이성질화효소는 유사분열 과정에서 복제된 염색체가 나누어지기 전에 DNA 분자를 풀어주는 데 필요하다. 사람의 제II형 위상이성질화효소는 잘린 DNA 가닥이 봉합되지 못하도록 하는 여러 약물들[예: 에토포시드(etoposide) 및 독소루비신(doxorubicin)]의 표적이 되고 있다. 따라서 이 약물들은 분열 중인 세포들만을 선택적으로 파괴하기 때문에 암 치료제로 사용되고 있다.

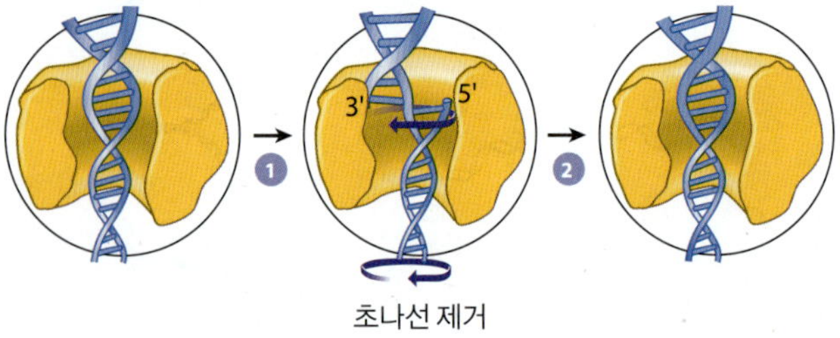

(a)

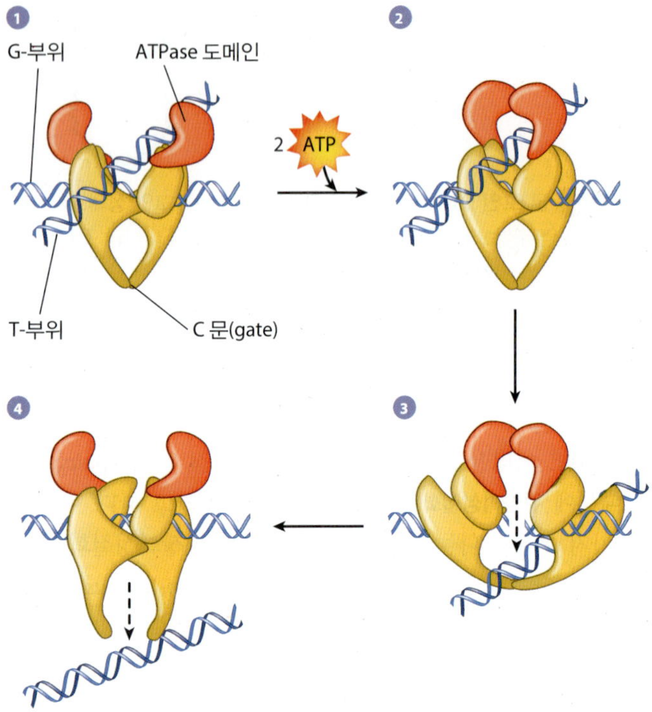

(b)

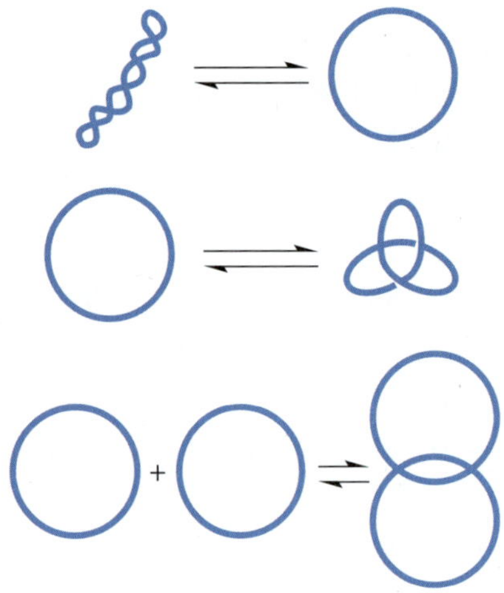

(c)

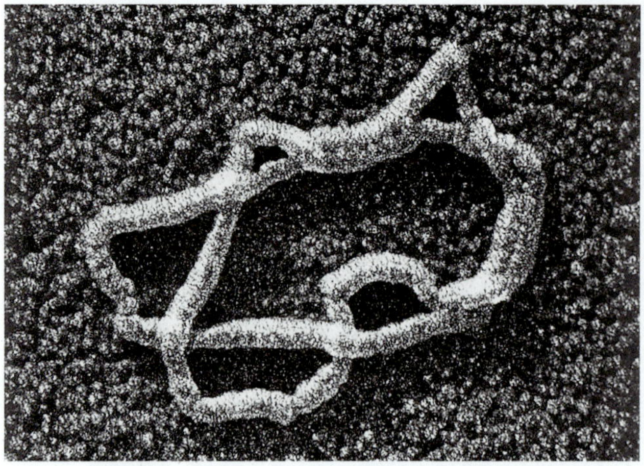

(d)

그림 4.15 **DNA 위상이성질화효소.** (*a*) 사람의 제I형 위상이성질화효소의 작용을 나타내는 모형. 이 효소(노란색)는 DNA 가닥들 중 하나를 자르고(1단계), 온전한 가닥의 인산-2-에스테르 결합 주변을 회전한다. 잘린 가닥이 방출된다(2단계). (**주:** 이 그림은 제IB형 위상이성질화효소를 나타낸 것이며, 세균에서 발견된 제IA형 효소는 다른 기작으로 작용한다.) (*b*) 동일한 2개의 단위로 이루어진 2량체 효소인 제II형 위상이성질화효소의 작용을 보여주는 X-선 결정학에 기초한 분자 모형. 1단계에서, 이 효소는 열린 형이기 때문에 G-DNA에 결합할 수 있다. 이 G-DNA는 T-DNA(또는 수송 DNA) 부위가 지나갈 문(gate)을 형성하기 때문에 붙은 명칭이다. 2단계에서, 이 효소는 구조 변화를 거쳐 G 부위에 결합한다. 3단계와 4단계에서, 이 효소는 ATP와 결합하고, G 부위가 절단되며 T 부위가 열린 "문(gate)"으로 통과하게 된다. 괄호 안의 단계는 T 부위가 G 부위를 지나 운반되는 중간단계를 가상적으로 보여주고 있다. 이 단계에서, G 부위의 양쪽 잘린 끝은 효소와 공유결합한다. 5단계에서 G 부위 양쪽 끝이 결합하여 T 부위는 방출된다. ATP가 가수분해되어 ADP와 Pi를 방출시켜 초기 단계의 상태로 돌아간다. (*c*) 위상이성질화효소에 의해 촉매되는 반응 유형들. (1) 초나선-이완반응(supercoiling-relaxation reaction) (2) 매듭-풀림반응(knotting-unknotting reaction) (3) 연결-분리반응(catenation-decatenation reaction) (*d*) 연결된 환형 DNA 1쌍에 대한 전자현미경 사진. 이런 형태의 DNA는 특정 위상이성질화효소가 없는 세균에서 얻을 수 있다.

4.7 유전체의 구조

DNA는 다수의 원자들이 서로 결합되어 일정한 배열을 하고 있으므로 X-선 결정학과 같은 기법으로 관찰할 수 있는 거대분자이다. 그러나 DNA는 단순한 분자적 용어로만 설명하기에는 꽤 어려운 특징이기도 한 정보저장소로서의 역할도 한다. 위에서 보았듯이 유전자가 DNA의 특정 부분이라고 한다면, 각 생물체의 양친에서 유전되는 유전정보의 총합은 생명이 시작되는 시점의 수정란 속에 존재하는 모든 DNA 부분들의 합과 같은 것이다. 비록 서로 다른 개체들이 유전자들의 조금 다른 유형의 대립인자를 변함 없이 지니고 있지만, 종 집단을 이루는 모든 개체들은 동일한 유전자 세트를 공유하고 있다. 이와 같이 각 생물 종은 고유한 유전정보를 지니고 있는데, 이를 유전체(genome)라고 한다. 사람의 경우 유전체는 기본적으로 22개의 다른 상염색체들 및 X-와 Y-성염색체를 포함하는 **반수체(haploid)**의 염색체들 안에 존재하는 전체 유전정보와 같다.

유전체의 복잡성을 알아내는 방법을 이해하기 위해서는 먼저 DNA 2중나선의 가장 중요한 특징 중의 하나인 두 가닥이 분리되는 성질인 **변성(denaturation)**에 대해 생각해 볼 필요가 있다.

DNA 변성

Watson과 Crick이 제안한 것과 같이, DNA 분자 두 가닥은 약한 비공유결합으로 연결되어 있다. DNA를 생리식염수에 놓고 서서히 온도를 높여주면, 어느 지점에서 가닥의 분리가 시작된다. 2~3도 범위에서 이 과정이 완료되고 용액 속에는 원래 가닥으로부터 완전히 분리된 단일가닥의 DNA 분자들이 존재하게 된다. 온도에 의한 변성(또는 *DNA 용융*; *DNA melting*) 과정은 용해된 DNA의 자외선 흡수도 증가로 추적 관찰할 수 있다. 일단 DNA의 두 가닥이 분리되면, 염기 중첩으로 소수성 상호작용이 크게 감소하여 염기들의 전자적 성질이 변화하고, 자외선 흡수도가 증가하게 된다. DNA 변성에 따른 자외선 흡수도 증가에 관해서는 **그림 4.16**에 나타나 있다. 흡수도 변화가 1/2이 되는 상태에서의 온도를 용융온도(*melting temperature*, T_m)라고 한다. DNA의 GC 함량(%G + %C)이 높을수록 T_m 값은 증가한다. 이처럼 GC 함량이 높은 DNA가 안정성이 증가하는 것은 AT 쌍에 비해 염기 사이에 좀 더 많은 수소결합이 있음을 반영하고 있는 것이다(그림 4.11*c*).

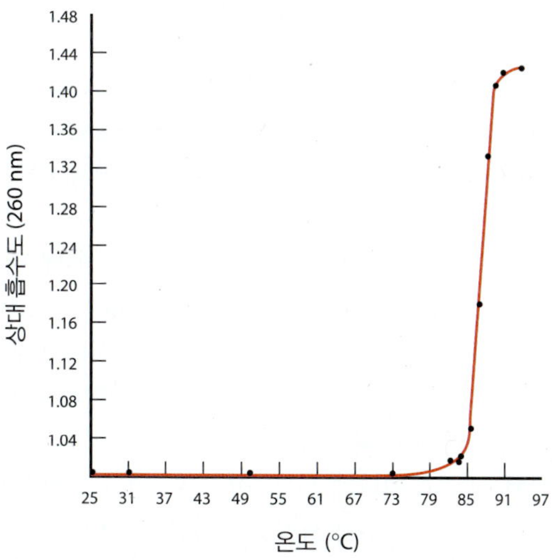

그림 4.16 **DNA의 열 변성.** 0.3 M 구연산나트륨 용액에서 T6 파아지 DNA가 열 변성현상을 나타내는 곡선. DNA의 "용융(melting)", 즉 두 가닥의 분리는 작은 바이러스의 단순한 DNA들에서는 특히 좁은 범위의 온도에서만 일어난다. 흡수도가 증가하는 1/2 지점의 온도를 T_m이라고 한다.

출처: J. Marmur and P. Doty, *Journal Molecular Biology* 3:593, 1961; copyright 1961. Journal of Molecular Biology by Academic Press. Academic Press의 허가를 얻어 지적재산권 청산 센터를 통해 교과서 사용을 목적으로 재사용함.

DNA 복원

DNA의 두 가닥이 열에 의해 분리되는 것은 기대하지 못했던 결과가 아니지만, 단일가닥이 정확한 염기쌍으로 안정한 2중가닥의 분자로 되는 재결합(*reassociation*) 과정은 거의 상상도 못하던 일이다. 그러나, 1960년 하버드대학교(Harvard University)의 율리우스 마머(Julius Marmur)와 폴 도티(Paul Doty)는 열 변성이 일어난 세균 DNA 용액을 서서히 식히면, DNA는 다시 2중나선의 특징을 회복하게 된다는 사실을 밝혀냈다. 즉, 자외선을 덜 흡수하였고, 다시 세균 세포를 형질전환(transformation)시킬 수 있는 유전물질로서 작용하였다[이 장의 마지막 <역사적 실험>에서 논의됨]. 이 연구를 통해 상보적인 단일가닥의 DNA 분자는 **복원(renaturation; reannealing)**이라고 하는 과정을 통해 재결합할 수 있다는 사실이 분명해졌다. 이 사실은 분자생물학에서 이루어진 가장 유용한 발견들 중의 하나로 평가되고 있다. 한편, DNA 복원이 다음 단락에서 논의된 주제인 복잡한 유전체를 연구하는 토대가 되었다. 또 다른 면에서 보면, DNA 복원은 핵산의 상보적인 가닥들이 혼합되어 2중가닥으로 된 혼성(hybrid) 분자를 형성하는 핵산 혼성화(*nucleic acid hybridization*)라고 하는 방법의 개발을 이끌어냈다. 단일가닥 핵산이 어떻게 혼성화되는지는 그림 4.20에 설명되어 있으며, 자세한 기작이나 예에 관해서는 다음 장에서 논의될 것이다. 핵산 혼성화는 DNA 서열 분석, DNA 클로닝 및 DNA 증폭과 같은 현대 생명공학 분야에서 핵심적인 역할을 하고 있다.

생물에 따라 유전체의 복원 속도가 달라지는 것을 연구함으로써 유전체 안에 존재하는 서열 유형을 알 수 있게 되었다. 바이러스와 세균 DNA의 복원은 유전자가 선형 배열을 하고 있기 때문에 단일 대칭곡선을 따라 일어난다(**그림 4.17**). 이와 대조적으로, 식물과 동물의 DNA 조각들을 재결합하도록 하면, 곡선은 전형적으로 다소 뚜렷한 세 가지 유형의 서열 복원 단계를 나타낸다. 그것은 세 유형의 DNA 서열이 복원되는 유형에 해당한다(**그림 4.18**). 세 유형들을 각각 **고도반복부분(highly repeated fraction)**, **중도반복부분(moderately repeated fraction)**, **비반복부분(nonrepeated fraction)**이라고 한다.

고도반복 DNA 서열

직렬반복(tandem repeat)이라고도 하며, 전체 DNA의 1~10% 정도 차지하고 있다. 고도 반복 부분은 대체로 짧고(최대 길이가 수백 뉴클레오티드) 특정 서열 자체가 여러 번 반복하는 덩어리 형태로 존재한다. 이렇게 서열 끝과 끝이 연결되어 배열되어 있는 서열을 직렬(*in tandem*)로 존재한다고 말한다. 고도 반복 서열은 부수체 DNA(satellite DNA), 미소부수체(minisatellite DNA), 미세부수체(microsatellite DNA) 등과 같이 여러 개의 중복되는 범주로 나눌 수 있다.

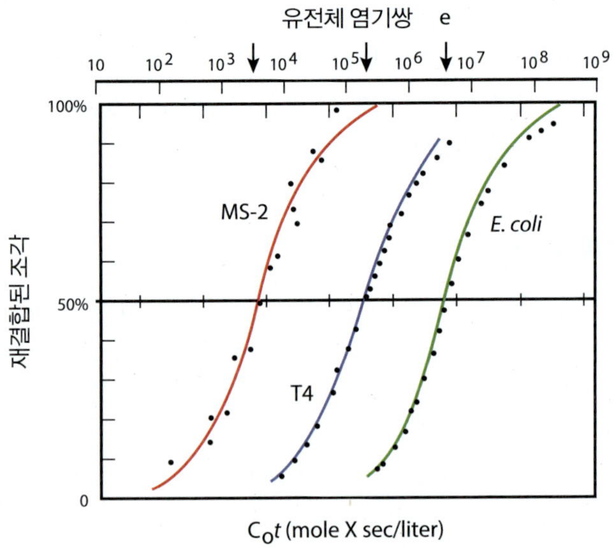

그림 4.17 **바이러스와 세균 DNA의 복원 동역학.** 곡선들은 2종류 바이러스(MS-2와 T4)와 세균(대장균, *E. coli*)의 경우, 분리된 DNA 가닥들이 복원되는 상태를 보여주고 있다. (2중가닥 DNA가 형성되는 정도를 초기 DNA 농도(C_0)와 배양 시간(t) 두 변수가 합쳐진 C_0t에 대한 값을 점으로 표시하였다. 단시간 배양한 고농도의 DNA를 포함하는 용액은 장시간 배양한 저농도의 용액과 동일한 C_0t를 갖는다; 두 경우 모두 재결합된 DNA의 비율이 동일하다.) 유전체 크기, 즉 생물체의 전체 유전정보 한 벌의 뉴클레오티드 염기쌍의 수를 위쪽 숫자 눈금에 화살표로 표시하였다. 복원 곡선의 모양은 매우 간단하여 단일 기울기로 나타난다. 그러나 시간이 지남에 따라 복원 양상은 상보적인 조각들의 농도와 그에 따른 유전체 크기에 따라 매우 다른 양상을 보이게 된다. 유전체의 크기가 클수록, 그리고 용액 내 상보적인 조각들의 농도는 더 낮을수록, 복원이 완료되는 데에 걸리는 시간은 점점 길어진다.

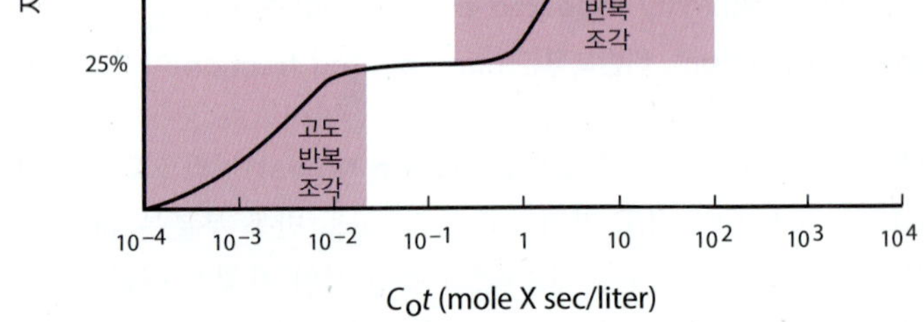

그림 4.18 **진핵생물 DNA의 복원을 나타내는 이론적인 모형.** 단일가닥의 DNA가 재결합하도록 할 때, 유전체 내 반복 빈도에 따라 세 가지 유형의 조각들, 즉 고도반복 DNA 조각, 중도반복 DNA 조각, 비반복 DNA 조각 등으로 구별된다. (**주:** 이것은 이론적인 모형으로서 3종류의 서열들이 실제 복원 곡선에서 뚜렷이 분리되지 않는다.)

- **부수체 DNA.** 부수체 DNA(satellite DNA)들은 서열의 길이가 짧고 (5~수백 개의 염기쌍 길이) 수백만 염기쌍의 DNA로 이루어진 아주 큰 덩어리를 형성한다. 다수 종들에서 이 DNA 부분의 염기 조성이 다른 DNA 염기 조성과는 많이 다른데 이 서열을 포함하는 조각들은 밀도구배 원심분리에 의해 뚜렷한 "부수체(satellite)" 띠로 나누어진다(그래서 이름이 부수체 DNA임). 부수체 DNA들은 아주 빠르게 진화하는 경향이 있어서, 근연종 간에도 유전체 요소들의 서열을 다양하게 하는 원인이 된다. 염색체 중심절 안의 부수체 DNA의 존재에 대해서는 그림 4.20에 기술되어 있고, 6.5절에서 더 자세히 기술하게 될 것이다.
- **미소부수체 DNA.** 미소부수체(minisatellite DNA) 서열은 길이가 약 10~100개의 염기쌍 범위이고, 3,000회 반복하는 꽤 큰 덩어리로 나타난다. 이와 같이 미소부수체 서열은 부수체 서열보다 유전체의 훨씬 짧은 부분을 차지한다. 미소부수체는 불안정하여 특정 서열의 복사본 수가 부등교차의 결과로 세대를 거듭함에 따라 증가하거나 감소하기도 한다(그림 4.23 참조). 즉, 특정 미소부수체 길이는 집단 내에서 또는 같은 가족 구성원 사이에서도 크게 달라질 수 있다. 미소부수체들은 길이가 매우 다양하기(*polymorphic*) 때문에, 범죄사건 또는 친자 감별에서 개인을 확인하는 데 사용하는 *DNA* 지문(*DNA fingerprinting*) 기술의 토대가 되고 있다(**그림 4.19**).
- **미세부수체 DNA.** 미세부수체(microsatellite DNA)는 가장 짧은 (1~9개의 염기쌍 길이) 서열이며, 약 10~40 염기쌍 길이의 작은 덩어리 형태로 유전체에 고르게 산재되어 분포한다. DNA 복제 효소들은 이렇게 작은 반복 서열을 포함하는 유전체 부위를 복제하기가 곤란하므로 세대가 지남에 따라 DNA의 길이가 변하는 원인이 된다. 집단 내에서 이 서열의 길이가 다양하기 때문에 아래의 예에서 설명되는 것처럼, 미세부수체 DNA는 서로 다른 인류 집단 사이의 관련성을 분석하기 위하여 사용되고 있다. 많은 인류학자들은 현대인류는 아프리카에서 왔다고 주장한다. 이것이 사실이라면 아프리카 인류 집단의 유전체들은 더 오래 분지되어 왔기 때문에 아프리카 사람들은 다른 대륙에 사는 사람들 보다 DNA 서열이 더 크게 달라야 할 것이다. 아프리카 기원에 대한 주장은 사람의 DNA 서열 연구로 지지 받고 있다. 60개의 미세부수체를 분석한 한 연구를 통해 아프리카 사람들은 아시아나 유럽 사람들보다 유전적 다양성이 훨씬 더 크다는 사실이 알려졌다. 대부분의 미세부수체는 유전자 밖에 위치하므로, 그래서 길이가 변하여도 일반적으로 모르고 지나게 된다. 이것은 <인간 질병과의 연관성>에서 논의되는 미세부수체 서열과는 다른 경우이다.

진핵생물 유전체가 다수의 짧은 DNA 서열들을 포함하고 있다는 사실이 분명해지고 나서, 연구자들은 이러한 DNA 서열들이 염색체 어느 부분에 존재하는지를 알고자 노력하였다. 예를 들면, 부수체 DNA 서열들은 염색체의 특정 부위에 집중되어 있을까, 아니면 다른 것들과 끝이 연결되어 고르게 산재되어 있을까? DNA 복원의 발견이 광범위한 핵산 혼성화 방법의 발전을 이끌었다고 이미 언급하였다(제

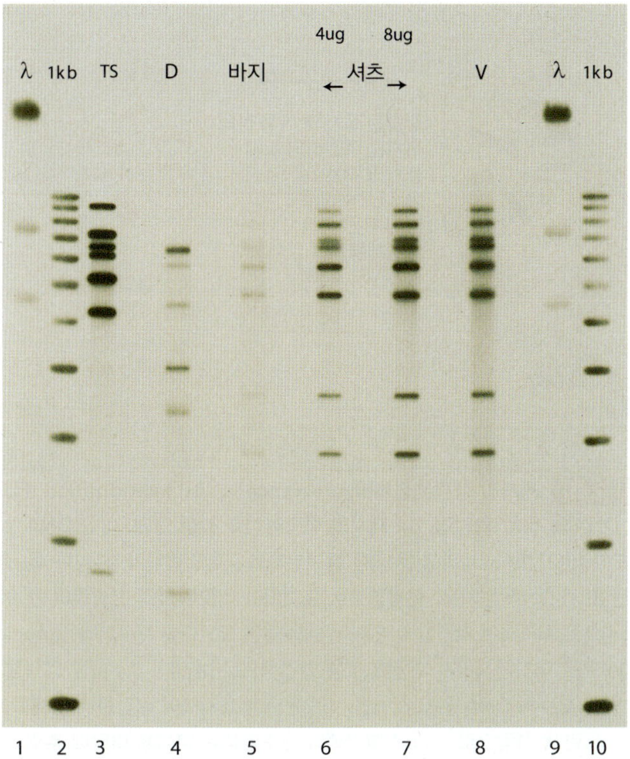

그림 4.19 **DNA 지문 작성.** DNA 샘플로 개인을 확인하는 데 널리 사용되는 기법으로서, 우선 DNA는 특정 핵산분해효소(제한효소라고 부름)를 처리하여 절단하고, DNA 조각들을 젤 전기영동법으로 크기에 따라 분리한다. 젤에서의 특정 DNA 조각의 위치는 알고자 하는 서열에 상보적인 서열을 지닌 표지 탐침자를 이용하여 알아낼 수 있다. 이 탐침과 결합된 DNA 조각들의 길이는 유전체에 직렬반복 다양성(variable numbers of tandem repeat, VNTR)이 있기 때문에 사람에 따라서 다양해진다. 법의학 실험실에서는 사람에 따라서 고도로 다양한 형태를 보이는 것으로 알려져 있는 보통 13개 정도의 VNTR을 분석한다. 두 사람에서 이 부위의 VNTR들이 같을 확률은 천문학적으로 적다. 이 그림에서 보여주는 DNA 지문은 피의자가 젊은 여성을 살해한 범죄사건에 사용된 것이다. 피의자의 바지와 셔츠에 묻은 혈흔을 피해자 및 피의자로부터 얻어 낸 이미 알고 있는 표준 혈액과 비교하였다. 피의자 옷의 혈흔에서 나온 DNA는 피의자 자신의 표준 혈액과는 일치하지 않았고, 피해자 혈액에서 얻어낸 DNA와 일치하였다. 젤의 각 열에는 다음과 같은 출처가 다른 DNA가 포함되어 있다. 즉, 1, 2, 3, 9 및 10번은 대조군 DNA 시료, 4번은 피의자의 혈액, 5번은 피의자 바지에 묻은 혈액, 6 및 7번은 피의자 셔츠에서 나온 혈액, 8번은 피해자의 혈액 등이다. DNA 증폭기술(즉, PCR)의 도래와 함께, 극소량의 DNA 시료를 갖고도 이러한 분석을 할 수 있게 되었다.

출처: Orchid Cellmark, Princeton, New Jersey 제공

18장에서 자세히 논의함). 부수체 DNA 서열의 위치를 알아내는 것은 핵산 혼성화의 분석력을 분명하게 보여준다.

이미 기술되었던 복원 실험(그림 4.18)에서, 상보적인 DNA 가닥들은 용액 속에서 무작위로 충돌하는 과정으로 서로 결합하게 된다. 제자리 혼성화(*in situ hybridization*)라고 하는 실험법이 1969년 예일대학교(Yale University)의 파두(Mary Lou Pardue)와 갤(Joseph Gall)에 의해 개발되었다. 제자리(*in situ*)라는 용어는 "현장에서(in place)"라는 의미로서 염색체의 DNA를 특별하게 표지된 DNA 시료와 그대로 반응하도록 유지시키는 사실을 언급한 것이다. 제자리 혼성화 연구 초기에, 탐지되는 DNA(probe DNA)를 방사성 물질로 표지하여 자기방사기록법으로 위치를 확인할 수 있게 되었다. 이 기법은 형광염료로 표지된 탐침을 사용하여 형광현미경으로 위치를 분석하게 되면서 해상도가 향상되었다(**그림 4.20b**에서처럼). 이러한 기법을 **형광 제자리 혼성화(fluorescence in situ hybridization, FISH)**라고 하며, 단일 DNA 섬유를 따라 다른 서열들의 위치를 알아내는 데 사용될 정도로 발전해 왔다.

핵산 혼성화 실험을 수행하기 위해서는 두 반응물들이 단일가닥이어야 한다. 그림 4.20에서 나와 있는 실험에서, 분열 중인 세포의 염색체들을 슬라이드 위에 펼치고, 뜨거운 염 용액으로 염색체를 처리하여 DNA 가닥을 분리시켜 단일가닥으로 만들어 놓는다. 이어서 혼성화 단계에서, 변성된 염색체를 비오틴으로 표지된 단일가닥 부수체 DNA와 반응시키고, 이 표지된 DNA는 염색체에 위치한 부수체 DNA의 상보적인 가닥과 선택적으로 결합한다. 반응시킨 후, 용액에 남아있는 비혼성화된 부수체 DNA를 씻어 내거나 또는 분해시켜서 결합된 표지 DNA 조각들을 골라낸다. 그림 4.20의 설명에서 기술된 것처럼, 부수체 DNA는 염색체의 중심절 부위에 위치한다(그림 6.26 참조). FISH를 이용한 또 다른 예가 **그림 4.21**에 나와 있다.

중도반복 DNA 서열 동물 및 식물의 유전체에서 적당한 정도로 반복된 DNA 서열 부분(moderately repeated DNA sequences)은 생물체에 따라서 전체 DNA의 약 20%부터 80% 이상까지 다양하다. 이 부위는 수회에서 수만 회까지 유전체 안에서 반복되는 서열을 포함하고 있다. 중도 반복 DNA 부분에는 RNA(예: rRNAs) 또는 단백질(예: 히스톤)과 같이 유전자 산물을 암호화하는 서열과 암호화 기능이 없는 서열을 포함하고 있다. 이 비암호화 부위는 직렬 서열의 클러스터로서 존재하기 보다는 유전체 전체에 걸쳐 산재(즉, 삽입, *interspersed*)하고 있다. 대부분 반복서열들은 짧은 삽입인자(short *in*terspersed *e*lements; SINE) 또는 긴 삽입인자(*l*ong *in*terspersed *el*ements; LINE)라고 하는 2종류의 군에 속한다. SINE 및 LINE 서열에 대해서는 145쪽에 논의되어 있다.

비반복 DNA 서열 Mendel이 처음에 예상했던 것처럼, 가시적인 유전형질의 유형에 대한 전통적인 연구가 유전학자들이 각 유전자는 단일(반수체) 염색체마다 한 벌씩 존재한다는 결론을 이끌어냈다. 변성시킨 진핵생물 DNA를 복원하도록 두면, 중요한 조각 절편이 상대 절편을 만나는 일이 느리기 때문에 유전체당 한 벌로 존재하는 것으로 추정된다. 이 부분이 비반복 또는 단일-복사본(*nonrepeated* 또는 *single-copy*) DNA 서열을 구성하며, 유전의 Mendel 법칙을 보이는 유전자들이 여기에 속한다. 유전체 안에 한 벌 존재하기 때문에, 비반복 서열은 하나의 특정 염색체의 특별한 부위에 위치하게 된다(그림 4.21).

서로 다른 서열이 다양하게 존재하는 것을 고려해보면, 비반복 부분들은 분명 최대의 유전정보 양을 포함하고 있는 것이다. 비반복 부분 안에는 히스톤 이외에 사실상 모든 단백질들을 암호화하는 DNA 서열들이 포함되어 있다. 이러한 서열들이 다수 복사본으로 존

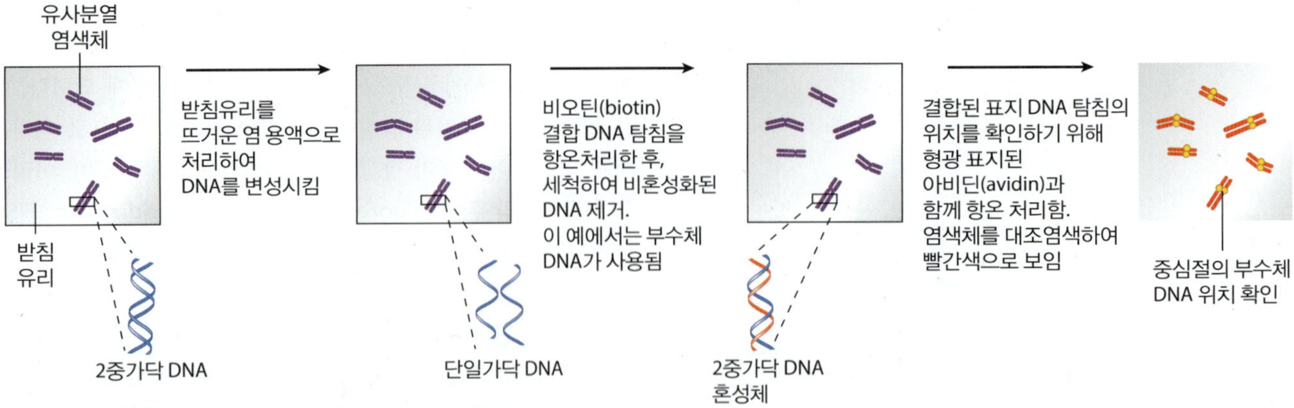

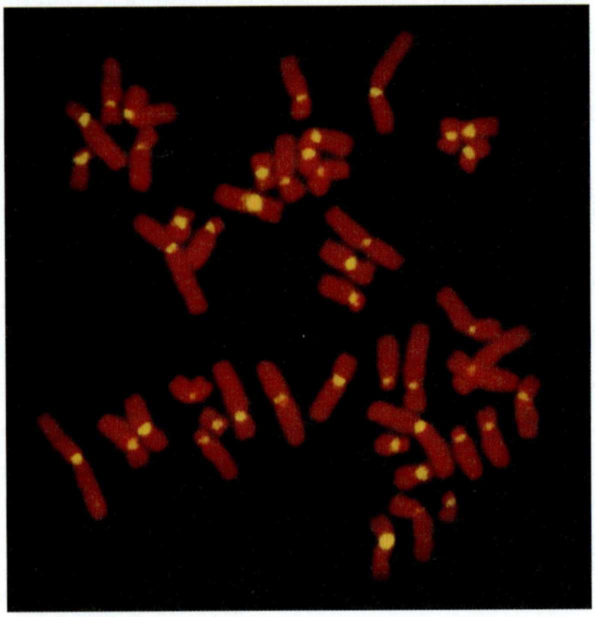
(b)

그림 4.20 제자리 형광혼성화(fluorescence in situ hybridization, FISH)와 부속 DNA의 위치 확인법. (*a*) 제자리 형광혼성화 실험 단계. 탐침 DNA 뉴클레오티드가 비오틴(biotin)과 같은 작은 유기분자와 공유결합된다. 혼성화 후, 결합된 비오틴-표지 DNA 위치를, 형광염료로 표지되고 비오틴과의 친화력이 큰 아비딘(avidin)으로 처리하여 확인할 수 있다. 염색체들은 요오드화 프로피디움(propidium iodide)으로 대조염색하기 때문에 보통 빨간색으로 보인다. (*b*) 사람 염색체 중심절에 있는 부수체 DNA 위치 확인법. 비오틴으로 표지되어 결합한 부수체 DNA의 위치는 노란색 형광으로 나타나 빨간색의 대조염색된 염색체 바탕에 뚜렷이 관찰된다. 각 염색체가 응축된 부위에서만 형광이 나타나 중심절의 위치를 표시해준다.

출처: Huntington F. Willard, *Trends Genet.* 6:414, 1990에서 발췌. Elsevier의 허가를 얻음)

재하지 않는다 하더라도, 폴리펩티드를 암호화하는 유전자들은 보통 관련 유전자들의 집단(a family of related genes)을 구성하는 요소들이다. 진핵세포 내의 글로빈, 액틴, 미오신, 콜라겐, 튜불린, 인테그린 및 대분분 단백질들에서 그렇다. 다유전자 집단(multigene family)의 각 유전자는 서로 다르지만 유사한 서열에 의해 암호화된다. 다음 절에서 다유전자 집단의 기원에 관하여 살펴볼 것이다.

사람의 유전체가 서열화되고 분석되었기 때문에, 이제는 비교적 정확하게 단백질 아미노산을 암호화하는 꽤 작은 DNA 서열을 알아낼 수 있게 되었다. 만일 1960년에 여러분이 사람 유전체 유전학자에게 사람 유전체 중 1.5% 이하만 단백질의 아미노산들을 암호화한다고 주장하였다면, 터무니없는 제안이라고 하였을 것이다. 그러나 그것은 유전체 서열을 통해 도출된 사실이다. 다음 절에서, 나머지 98%의 DNA가 어떻게 진화해왔는지 보다 잘 이해할 수 있을 것이다.

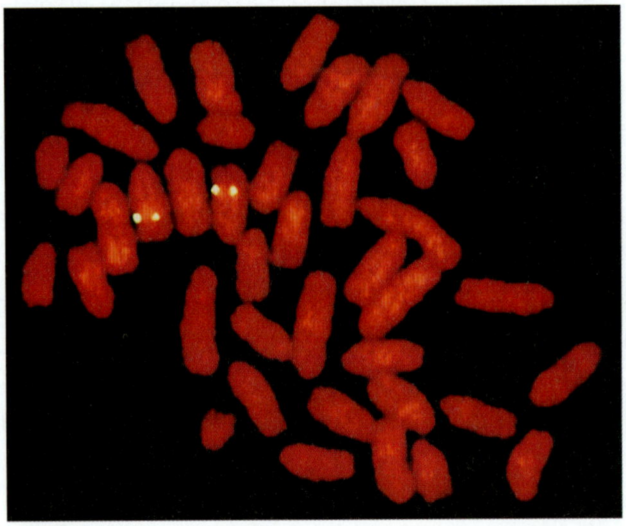

그림 4.21 비반복 DNA 서열의 염색체 위치 확인. 분열 중인 이 염색체들은 생쥐의 세포들로서 비반복 유전자에 의해 암호화되는 핵 내 라민 단백질들 중 하나(lamin B2)를 암호화하는 비오틴(biotin) 표지 DNA와 반응시켰다. 표지 DNA가 결합된 부위는 밝은 점으로 나타난다. 라민 유전자는 10번 염색체 쌍에 존재하고 있다. 세포가 분열 과정으로 들어가기 전에 DNA는 복제되기 때문에 각 염색체는 두 벌의 유전자들을 갖게 된다.

출처: Monika Zewe et al., courtesy of Werner Franke, *Eur. J. Cell Biol.* 56:349, 1991에서 발췌. Elsevier의 허가를 얻음.

4.8 유전체의 안정성

우리는 DNA가 유전물질이기 때문에, 기나긴 진화의 세월 동안 정보량이 느리게 변화된 보존적인 물질로 생각하는 경향이 있다. 사실상, 유전체의 서열 구조는 한 세대에서 다음 세대로는 물론 한 개체의 생애 동안에도 빠르게 변화할 수 있다.

전유전체 중복(다배체화)

이 장의 첫 번째 절에서 논의된 것처럼, 완두콩과 초파리들은 각 세포 안에 상동염색체 쌍들을 갖고 있다. 이러한 세포들을 **2배체(diploid)**의 염색체를 갖고 있다고 한다. 만일 어떤 사람이 근연 종의 생물의 세포에 존재하는 염색체들의 수를 비교해보면, 특히 고등식물들에서, 일부 종은 근연종보다 훨씬 더 많은 수의 염색체를 갖고 있음을 알 수 있다. 동물들 중에서는 널리 연구된 제노푸스속(*Xenopus laevis*) 개구리는 이와 근연종(*X. tropicalis*)에 비해 2배의 염색체 수를 갖고 있다. 이러한 유형의 모순은 **다배체화(polyploidization)** 또는 **전유전체 중복(whole-genome duplication)**이라는 과정으로 설명할 수 있다. 다배체화는 자손에서 양친 염색체의 2배에 해당하는 수를 지닌 경우이다. 즉, 자손에서 각 염색체는 2개가 아닌 4개의 상동염색체들을 갖게 된다. 다배체화는 다음과 같은 두 가지 방식 중 한 가지 방식으로 야기된다. 즉, 하나는 2개의 종이 짝짓기하여 두 양친으로부터 유래한 두 염색체들이 결합된 잡종 개체를 만들어내는 경우이다. 또 다른 방식으로서 단세포 배아가 세포가 분리되지 않으면서 염색체 복제를 거치고 이것이 생존하는 배아로 발생하게 되는 것이다. 첫 번째 기작은 식물에서 가장 흔하게 일어나고, 두 번째는 동물에서 가장 흔하게 일어난다. 다배체화는 **그림 4.22**에 있는 여러 농작물들(밀, 바나나 및 커피)을 포함하는 현화식물에서 특히 흔하게 나타난다. 다배체화가 식물계통에서 나타날 때, 염색체 수는 급격하게 2배가 되고, 대부분의 경우 진화 과정에서 원래 2배수의 상태로 복원하는 경향을 보인다. 결과적으로 현생 식물 종들은 진화 단계에서 유전자 수를 걸러내는 서로 다른 단계에서 포착되는 것이다. 이것이 서로 다른 식물들의 유전체에서 유전자 수가 동물들에서보다 훨씬 더 다양하게 되는 이유이다.

"갑작스러운(sudden)" 염색체 수의 배가는 개체가 염색체 수는 증가하여도 생존하고 번식할 수 있을 정도로 커다란 진화적 잠재력을 갖게 하는 극적인 변화이다. 환경에 따라서, 다배체화는 아주 많은 유전정보를 가진 새로운 종의 탄생을 유도할 수도 있다. 한 유전자의 많은 복사본들은 서로 다른 여러 유형의 운명에 직면할 수 있다. 즉, 결실에 의해 소실될 수 있고, 불리한 돌연변이에 의해 불활성화되거나, 또는 새로운 기능을 하는 새 유전자로 진화할 수도 있는 것이다. 이러한 측면에서 보면, 여분의 유전정보는 진화적 다양성의 재료가 되는 것이다. 1971년 미국 로스앤젤레스의 희망암센터(Hope Cancer Center)의 스스무 오노(Susumu Ohno)는 "2R" 가설을 제안하였는데, 그는 훨씬 단순한 무척추동물로부터 척추동물로의 진화는 진화 초기에 전체 유전체의 복제를 위한 독립된 2회전에 의해 가능해졌다고 주장하였다. Ohno는 유전체 복제에 의해 생산된 수천 개의 여분 유전자들이 자연선택의 틀이 되어 보다 복잡한 척추동물체를 구성하는 데 요구되는 새로운 유전자로 된다는 사실을 제안하였다. 지난 35년 동안, 유전학자들은 Ohno의 제안을 지지하거나 또는 부정할 수 있는 증거를 찾기 위해 노력하면서 뜨겁게 논란을 벌여 왔다.

그림 4.22 염색체 배수성을 보이는 농작물들의 예. 그림에는 평지에서 추출한 평지유, 밀로 만든 빵, 용설란으로 만든 밧줄, 커피콩, 바나나, 솜, 감자 및 옥수수가 있다.

출처: A. R. Leitch and I. J. Leitch, *Science* 320:481, 2008에서 발췌. AAAS의 허가를 얻음.

유전자 분석에 직면한 문제는 초기 척추동물의 기원 이후, 수억 년이라는 지난 세월의 여정이다. 이 세상에서 강이나 바다가 유유히 흐르는 것처럼 염색체 재배열과 돌연변이가 서서히 조상 유전체의 모습을 변화시킨 것이다. 다수의 무척추동물 및 척추동물에서 완전한 서열이 밝혀졌지만, 대부분 유전자들의 기원을 규명하는 일은 난공불락의 도전으로 남아 있다. 2R 가설에 대한 가장 강력한 증거는 최근 창고기 유전체 분석에서 나왔다. 창고기는 등뼈가 없어서 무척추동물에 속하지만 척추동물에 속하는 척삭동물문의 하나로서 분명하게 규명된 여러 특징들(예: 척삭, 등쪽 관상의 신경삭, 분절성 체근육 등)을 보유하고 있다. 현대 척추동물과 창고기의 계통은 놀라울 정도로 유전자가 두 동물군 사이에 비슷하지만 5억 5천만 년 전에 나누어진 것으로 생각된다. 그러나 연구자들이 어떤 집단의 유전자들을 좀 더 자세히 연구한 결과, 척추동물 유전체들은 대체로 창고기 유전체의 상동서열에 비해 그러한 유전자들의 수가 4배 더 많이 포함하고 있었다. 이러한 발견은 조상 척추동물 계통에서 전체 유전체 복제가 2회전에 걸쳐 이루어졌다는 Ohno의 가설을 강력하게 지지하는 것이다.

DNA 서열의 중복과 변화

다배체는 유전체 중복의 극단적인 예이고, 진화 과정에서 드물게 일어난다. 이와는 반대로, **유전자 중복(gene duplication)**은 단일 염색체의 작은 부분이 복제되는 것으로서, 놀라울 정도로 잦은 빈도로 발생하며 유전체 분석으로 쉽게 발생여부를 알 수 있다.[3] 어떤 추정에 따르면 유전체 안에서 각 유전자는 100만 년마다 약 1% 확률로 복제된다. 유전자 복제는 여러 서로 다른 기작으로 일어날 수 있으나 가장 흔한 것은 **그림 4.23b**에 설명된 것처럼 부등교차(*unequal crossing over*) 과정으로 생겨나는 것으로 생각하고 있다. 부등 교차는 1쌍의 상동염색체가 감수분열 동안에 정확하게 배열되지 않았을 때 일어난다. 정렬 불량의 결과로, 상동염색체 간의 유전물질 교환으로 한 염색체는 여분(중복, duplication)의 DNA를 받고, 다른 염색체는 그 만큼의 DNA를 잃게(결실, deletion)된다. 만일 특정 서열의 중복이 다음 세대에서 반복되면 그 염색체 안의 특정 부위에 직렬 반복 부분의 덩어리가 형성된다(그림 4.29 참조).

대부분의 유전자 중복은 진화 과정에서 결실을 통해 소실되거나 불리한 돌연변이로 기능을 발휘하지 못하게 된다. 그렇지만, 낮은 비율이지만 "여분(extra)"의 복사본이 유리한 돌연변이들 축적하여 새로운 기능을 획득하기도 한다. 유전자의 두 복사본이 모두 돌연변이를 거쳐 원래 유전자에 의해 수행되던 것보다 더 특수한 기능으로 진화하는 경우도 흔히 나타난다. 두 경우에서 두 유전자들은 밀접하게 연관된 서열들을 가지게 될 것이며, 따라서 비슷한 폴리펩티드를 암호화하여 α 및 β-튜불린(13.2절)과 같이 특정 단백질의 다른 이성체들을 암호화하는 것이다. 한 유전자의 계속적인 중복은 더 많은 이성체(예; γ-튜불린)를 형성하게 된다. 이러한 실험으로 연이은 유전자 중복은 비슷한 아미노산 서열을 지닌 폴리펩티드를 암호화하는 유전자 군을 발생시킬 수 있다는 사실이 분명해졌다. 다유전자 집단의 형성에 대해서는 글로빈 유전자의 진화에서 설명된다.

[3]사실상 중복(duplication)은 전유전체, 유전자, 부분 중복 등의 세 범주로 구별할 수 있다. 마지막 범주의 부분 중복은 염색체의 큰 부분(수천 kb 내지 수십만 kb 길이)이 중복되는 것을 의미하는데, 여기에서는 논의되지 않았으나 유전체 진화에 중요한 의미를 갖고 있다. 오늘날 인류 유전체의 약 5%는 3,500만 년 동안 진행되어 온 부분 중복으로 이루어져 있다.

글로빈 유전자의 진화

헤모글로빈은 4개의 글로빈 폴리펩티드로 이루어진 4량체이다(그림 2.40*b* 참조). 포유류 또는 어류에서 글로빈 유전자들을 조사해보면 특징적인 구조를 볼 수 있다. 이 유전자들의 각각은 3개의 엑손(exon)과 2개의 인트론(intron)으로 구성되어 있다. 엑손은 유전자에서 아미노산들을 암호화하는 부분인 데 비해 인트론은 암호화하지 않는 서열이다. 엑손과 인트론에 대해서는 5.6절에서 자세히 논의될 것이다(그림 5.21 참조). 우선 이 유전자들을 진화의 징표로 이용해보기로 하자. 식물단백질인 레그헤모글로빈(leghemoglobin)과 근육단백질인 마이오글로빈과 같은 글로빈 유사 폴리펩티드를 암호화하는 유전자들을 조사해보면 4개의 엑손과 3개의 인트론이 존재하는 것을 알 수 있다. 이러한 사실은 글로빈(globin) 유전자가 오래된 형태임을 암시한다. 오늘날의 글로빈 폴리펩티드는 약 8억 년 전 글로빈 엑손 2개가 융합하여 만들어진 조상형으로부터 유래하였다고 생각된다(**그림 4.24**, 1단계).

하나의 글로빈 유전자만을 지닌(2단계) 것으로 알려진 다수의 원시 어류들은 글로빈 유전자가 처음 복제되기 이전에 다른 척추동물로부터 갈라져 나왔을 것으로 생각된다(3단계). 약 50억 년 전 복제가 일어난 다음 돌연변이에 의해 두 복사물은 갈라져서 동일한 염색체 상에서 서로 다른 글로빈 종류, 즉 α형과 β형으로 분리되었다(4단계). 이것은 양서류(*Xenopus*)와 제브라피시(zebra fish)에서의 배열이다. 다음 단계에서, α형과 β형은 재배열이라고 하는 과정을 통해 서로 다른 염색체로 이동되었다(5단계). 그 다음 각 유전자는 연이어 복제와 분기(divergence)를 거쳐(6단계) 오늘날의 사람에 존재하는 글로빈 유전자 배열을 만들어낸 것이다(7단계). 이러한 사실들은 척추동물 글로빈 유전자의 진화 과정에서 전형적인 유전자 중복이 특수한

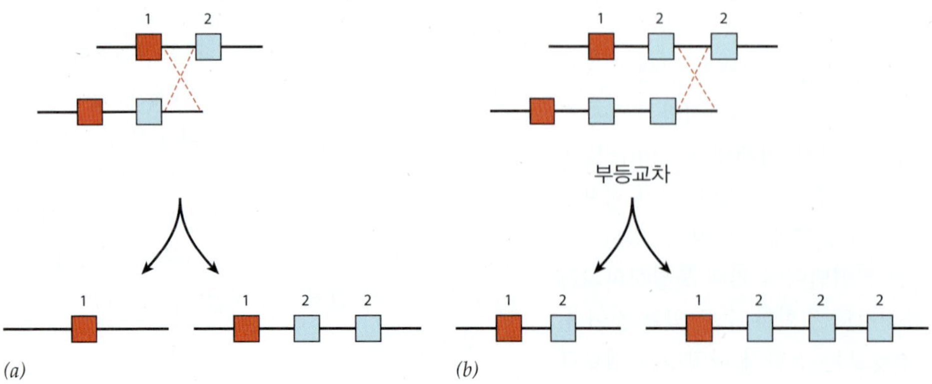

그림 4.23 **복제된 유전자들 사이의 부등교차는 유전자 수의 변화를 일으키는 원동력이 된다.** (*a*) 초기 단계로서 2개의 관련 유전자들이 있다(1과 2). 2배체 상태에서 감수분열 과정 중에 한 염색체의 1번 유전자는 다른 염색체의 2번 유전자와 배열될 수 있게 된다. 이 정렬 불량 상태에서 교차가 일어난다면, 배우자의 절반은 2번 유전자를 갖지 못하며 절반은 여분의 2번 유전자를 지니게 될 것이다. (*b*) 다음 세대에서도 감수분열 과정에서 부등교차가 계속되면, 직렬로 반복된 DNA 서열이 점차적으로 발생하여 진화하게 된다.

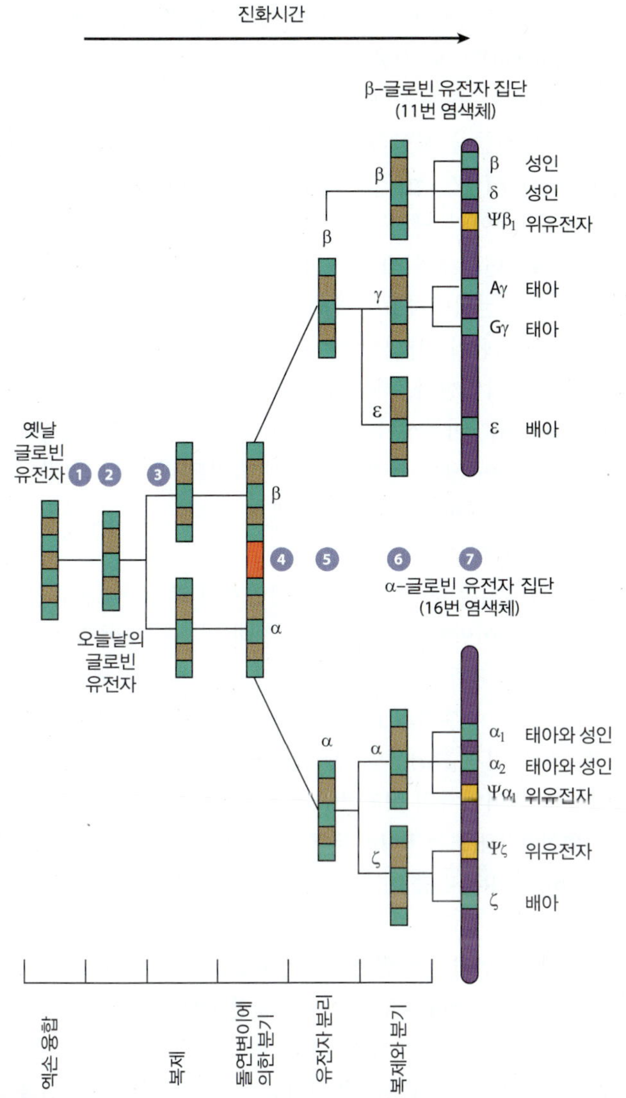

그림 4.24 글로빈 유전자의 진화 경로. 엑손들은 빨간색, 인트론은 노란색으로 표시됨. 모식도에서 표시된 진화 단계는 본문에서 논의하였다. 사람의 16번과 11번 염색체 상에 있는 α- 및 β-글로빈 유전자의 배열(오른쪽에 인트론을 제외하여 나타냄)은 수백만 년 동안의 진화 산물이다. 헤모글로빈 분자는 2쌍의 폴리펩티드 사슬들로 구성되어 있다—1쌍은 α-글로빈 소집단(subfamily)의 구성요소이며, 다른 쌍은 β-글로빈 소집단의 구성요소이다. α-글로빈과 β-글로빈의 특수한 조합이 발생 단계들에서 다르게 관찰된다. 배아, 태아 및 성인 헤모글로빈에서 관찰되는 α- 및 β-글로빈 사슬들이 표시되어 있다.

기능을 갖는 유전자 집단을 어떻게 해서 만들어내는지를 설명해준다.

글로빈 유전자의 DNA 서열을 분석하여, 연구자들은 기능을 발휘하는 글로빈 유전자의 서열을 갖지만 기능을 갖지 않는 심각한 돌연변이들을 축적한 유전자들을 발견하였다. 진화 산물인 이러한 유형의 유전자들을 **위유전자(pseudogene)**라고 한다. 그 예들은 그림 4.24의 사람 알파(α)- 및 베타(β)-글로빈 유전자 두 곳에서 모두 발견된다. 사람의 유전체는 대략 11,000개의 위유전자를 포함하고 있다. 비록 그것들이 기능을 갖는 단백질을 암호화하지는 않지만, RNA로 전사되어 조절기능을 갖을 수 있다. 사람 유전자의 두 글로빈 유전자를 조사하면, 얼마나 많은 DNA가 유전자 내 인트론이나 유전자들 사이의 간격부분(spacer)으로서 비암호서열을 구성하는지에 관해 확실하게 알 수 있다. 사실상 글로빈 부위는 유전체의 대부분 다른 부위들 보다 암호서열의 훨씬 높은 부분을 구성하고 있다.

4.9 "이동 유전자"와 유전체의 역동성

정상적인 진화 과정에서 일어나는 반복서열을 보면, 반복현상은 드물게 직렬로 일어나며 둘 또는 몇몇 염색체에 존재하기도 하고, 유전체 전체에 걸쳐 분산되어 있기도 한다(그림 4.24 글로빈 유전자 경우에서처럼). 반복서열들에서 한 집단의 모든 구성요소들이 단일 유전자로부터 생겼다고 가정한다면, 개개의 구성요소들이 어떻게 서로 다른 염색체에 분산될 수 있을까?

유전 요소들이 유전체 주변에서 움직여 다닐 수 있다고 주장한 최초의 사람은 뉴욕의 연구소(Cold Spring Harbor Laboratories)에서 옥수수를 이용하여 연구하고 있던 유전학자 바바라 맥클린톡(Barbara McClintock)이다. 옥수수의 유전형질은 흔히 잎의 무늬와 씨 색깔이 변화함으로써 달라진다(**그림 4.25**). 1940년대 후반, McClintock은 어떤 돌연변이들은 매우 불안정하여 한 식물의 생애 동안 세대에 따라서 나타나거나 사라진다는 사실을 발견하였다. 몇 년 간의 심층 연구를 통하여, 그녀는 어떤 유전 요소들은 한 염색체 안에서 이곳저곳으로 전혀 다른 곳을 이동한다는 결론을 내렸다. 그녀는 이러한 유전자 재배열을 **전위(transposition)**라고 하였고, 움직이는 유전요소를 **전이요소(transposable element)**라고 하였다. 한편, 세균을 연구하는 분자생물학자들은 "이동 유전자(jumping gene)"가 존재하는 증거를 찾지 못하였다. 그들의 연구로 유전자들은 개체 사이에서 또는 세대 간

그림 4.25 옥수수에서 유전자 전위의 가시적인 증거. 옥수수 낟알들은 색깔이 대체로 일정하다. 이 낟알의 반점들은 색소 형성에 관여하는 효소를 암호화하는 한 유전자의 돌연변이로 생긴 것이다. 이런 유형의 돌연변이는 매우 불안정하여 낟알 하나가 발생하는 동안에 생겨났다가 사라지곤 한다. 이러한 불안정한 돌연변이들은 발생 기간 동안에 이 유전자들에 전이인자들이 결합하거나 떨어지는 결과로서 나타나기도 하고 사라지기도 한다.

출처: Venkatesan Sundaresan, Cold Spring Harbor Laboratory 제공.

에서도 일정하게 유지되도록 염색체 상에 선형으로 위치하는 안정한 요소로 보였다. 따라서 McClintock의 발견은 대부분 묵살되었다.

전이인자

1960년대 후반, 몇몇 실험실들에서 세균의 어떤 DNA 서열은 드물게 유전체의 한 곳에서 다른 곳으로 이동한다는 사실을 알아냈다. 이러한 세균의 전이요소를 **전이인자**(또는 **트랜스포손, transposon**)라고 한다. 대부분의 전이인자는 공여 DNA로부터 전이인자의 절단과 표적 DNA 부위에 삽입을 단독으로 촉매하는 단백질인 **전이효소**(*transposase*)를 암호화한다. 이 "잘라붙이기(cut-and-paste)" 기작은 전이인자의 양 끝에 특수한 서열을 결합시키는 독립된 2개의 전이효소 소단위에 의해 중재된다(**그림 4.26**, 1단계). 두 소단위가 결합하여 활성형의 2량체가 되어(2단계) 전이인자 절단을 일으키는 일련의 반응을 촉매한다(3단계). 전이효소-전이인자 복합체는 표적 DNA와 결합하게 되고(4단계), 전이효소는 전이인자가 새로운 위치로 통합되는 반응을 촉매한다(5단계). 전이 요소가 통합되면 표적 DNA에서 소량의 복제물이 만들어져 삽입 부위에서 전이된 요소를 지니게 된다. 표적부위 복제는 전이인자가 포함되어 있는 유전체 부위를 확인하는 "발자국(footprint)"으로 작용한다.

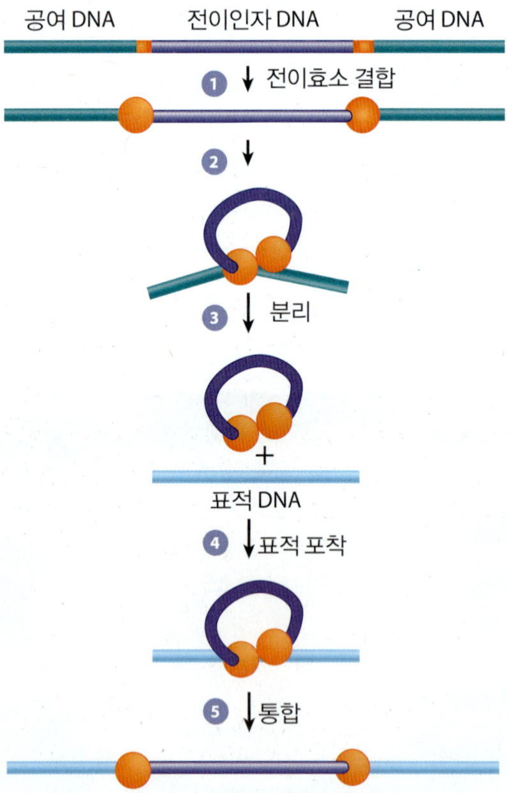

그림 4.26 "잘라붙이기" 방식에 의한 세균 전이인자(transposon)의 유전자 전위. 본문에서 논의된 것과 같이, 이 세균 Tn5 전이인자의 양 끝은 1쌍의 전이효소(transposase) 소단위의 2량체화에 의해 함께 운반된다. 2중나선 두 가닥이 끝에서 끊어지고, 효소와 결합된 채로 전이인자를 잘라낸다. 전이인자-전이효소 복합체는 표적 DNA에 의해 포착되고, 전이인자가 전이된 요소를 옆에 끼고 있는 작은 복사물을 만드는 식으로 삽입된다. (모든 DNA 전이인자가 이러한 기작으로 이동하는 것은 아니다.)

출처: D. R. Davies et al., *Science* 289:77, 2000에서 발췌. AAAS의 허가를 얻음.

McClintock이 처음에 설명했던 바와 같이, 진핵생물의 유전체는 다수의 전이인자들을 포함하고 있다. 사실상 사람 세포 핵 속 DNA의 *2/3(two-thirds)*가 전이인자들로부터 유래되었다! 거의 대부분(99% 이상)의 전이인자들은 한 곳에서 다른 곳으로 이동할 수 없다. 즉, 그들은 돌연변이에 의해 변형되거나 또는 세포에 의해 이동이 억제된다. 그러나 전이인자들이 위치를 바꿀 때 그들은 표적 DNA에 광범위하게 삽입한다. 사실상 많은 전이인자들은 단백질 암호 유전자의 중심부에 삽입한다. 하나의 핵심 혈액응고 유전자의 가운데로 "이동된(jumped)" 이동성 유전 요소에 의해 생기는 몇 가지 경우의 혈우병을 포함하여 많은 예가 사람에서 확인된 바 있다. 사람에서 질병을 일으키는 돌연변이들의 약 500개 중 하나는 전이인자의 삽입으로 인하여 일어난다.

그림 4.27에서는 진핵생물의 전이인자의 주요한 2종류인 DNA 전이인자와 역전이인자 및 서로 다른 전이 기작을 보여주고 있다. 위에서 원핵생물의 경우를 설명한 바와 같이, 대부분 진핵생물의 DNA 전이인자들은 공여 부위의 DNA로부터 절단되어 먼 곳의 표적 부위에 삽입된다(그림 4.27*a*). 이 "잘라붙이기" 기작은 동식물계 전체에서 나타나는 전이인자의 마리너(*mariner*) 군에 의해 이용된다. 이와 반대로, **역전이인자**(또는 **RNA 유래 전이인자**, **레트로트랜스포손**, **retrotransposon**)는 RNA 중간산물이 관여하는 "베껴붙이기(copy-and-paste)" 기작으로 작동한다(그림 4.27*b*). 전이인자 DNA는 전사되어 RNA를 생산하고, 이것은 **역전사효소**(**reverse transcriptase**)에 의해 "역전사된(reverse transcribed)" 상보적인 DNA를 만든다. DNA 복사물은 2중나선이 되어 표적 DNA 부위 속으로 통합된다. 대부분의 경우에 역전이인자 그 자체는 역전사효소를 암호화하는 서열을 포함하고 있다. AIDS를 유발하는 레트로바이러스는 RNA 유전체를 복사하여 숙주세포 염색체 안으로 DNA 복사물을 통합시키는 과정에서 이와 매우 유사한 기작을 이용한다.

유전체 진화에 있어서 이동성 유전 요소들의 역할

중도반복 DNA 서열들이 진핵생물 유전체의 중요한 부분을 구성하고 있다는 사실은 이미 살펴보았다. 유전체에서 서열이 직렬로 존재하고 DNA 중복으로 형성되는 고도반복부분(부수체, 미소부수체 및 미세부수체 DNA)과는 다르게, 대부분의 중도반복부분 서열들은 산재되어 있고 이동성 유전요소들의 전이에 의해 발생한다. 사실상 사람 DNA에서 가장 흔한 2개의 중도반복서열 집단—*Alu* 및 L1 집단—은 전이인자(transposon)들이다. 2종류의 산재요소(interspersed element)들인 SINE와 LINE을 상기해보자. *Alu*는 전자의 예이고 L1은 후자의 예가 된다. L1 전이서열 전 길이(최소 6,000개의 염기쌍)가 두 촉매 작용을 하는 독특한 단백질을 암호화한다. 즉, RNA로부터 DNA를 만들어내는 역전사효소 및 삽입 이전에 표적 DNA에 틈을 만들어내는 핵산내부가수분해효소(endonuclease)가 그것이다. 사람 유전체는 약 50만 벌의 L1을 포함하고 있는 것으로 추정되지만

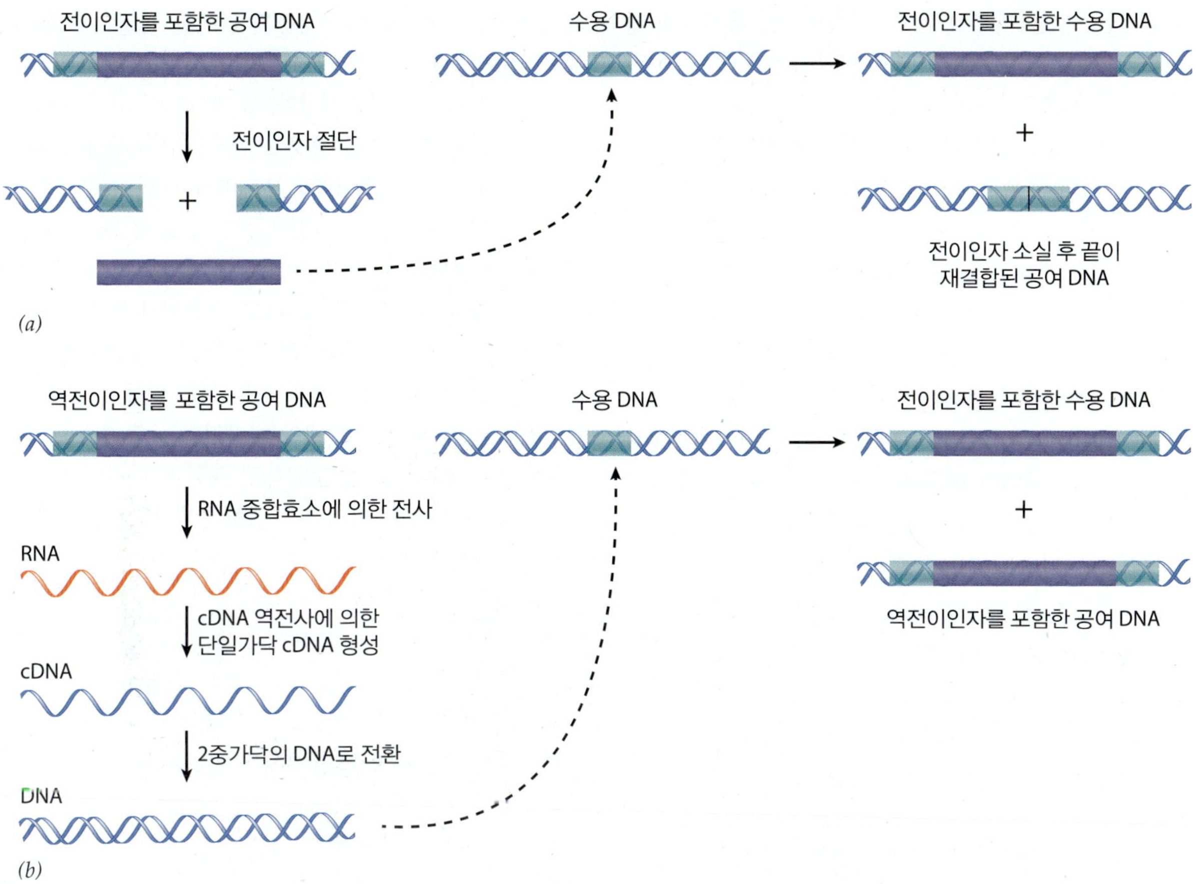

그림 4.27 **전이요소들의 도식적 이동 경로.** (a) DNA 전이인자가 "잘라붙이기" 경로에 의해 이동하며, 그 기작은 그림 4.25에 나타나 있다. 약 3%의 사람 유전체는 DNA 전이인자로 이루어져 있으며 이들은 전이가 불가능하다. (즉, 이들은 모두 조상시절 작용의 결과로서 유전체에 남아있는 유물이다.) (b) 역전이인자가 "베껴붙이기" 경로에 의해 이동한다. 역전이 단계는 핵과 세포질 양쪽에서 일어나고 세포 자신의 것들을 포함하여 수많은 단백질들이 필요하다. 사람 유전체의 40% 이상은 역전이인자들로 구성되어 있으며, 이들 중 일부(40~100개)만이 전이할 수 있는 것으로 생각된다. 한 가지 이상의 전이 기작이 알려져 있다.

이들 대부분은 불완전하고 부동 요소이다. 약 2%의 사람들이 양친 모두에게 존재하지 않았던 새로운 L1 요소를 보유하고 있는 것으로 추정된다.

Alu 서열은 L1 보다 훨씬 풍부하고 사람 유전체 전체의 100만 부위 이상에 산재되어 존재한다. *Alu*는 길이가 300 염기쌍 정도의 짧고 유사한 서열들로 이루어진 군이다. *Alu* 서열은 막 결합 리보솜에 있는 신호인식입자(signal recognition particle)의 작은 RNA와 아주 흡사하다(그림 12.12). 진화 과정에서 이 세포질 내 RNA가 역전사효소에 의해 DNA로 역전사되어 유전체에 통합된 것으로 추정하고 있다. 어마어마한 *Alu*의 증폭은 L1 서열에 의해 암호화된 역전사효소와 핵산내부가수분해효소를 이용한 역전이 때문에 야기된 것으로 생각된다.

사람 유전체에 많이 존재하는 것으로 보아, *Alu* 서열은 다른 동물계의 유전체에서도 반복되어 있을 것으로 기대할 수 있으나 그렇지는 않다. 비교유전체 연구를 통해 *Alu* 서열은 약 6,000만 년 전에 영장류 유전체에서 전이요소로서 출현하였고 그 이후 복사본이 계속적으로 증가하였음을 알 수 있다. *Alu* 전이 속도는 영장류 진화 과정에서 현재의 인류에서는 약 200명 출생에 1회 발생하는 정도로 크게 감소하였다. 이와 같은 전이 현상이 *Alu* 서열의 위치를 사람에 따라서 달라지게 하고 인류 집단에서 유전적 다양성에 기여하는 것이다(4.13절).

생물체에서 전이요소와 같이 새로운 것들이 발견될 때 생물학자들이 던지는 최초의 질문은 언제나 '기능이 무엇인가?'라는 것이었다. 전이를 연구하는 많은 연구자들은 전이요소들을 주로 "쓰레기(junk)"라고 믿고 있었다. 이러한 견해에 따르면, 전이요소는 일종의 유전적 기생체로서, 외부에서 숙주 유전체를 공격하여 그 유전체 안에서 확산되고 자손에게도 전달될 수 있다—그것이 숙주가 생존하고 증식하는 과정에 심각한 부작용이 없는 한 그렇다. 그렇다고 하더라도, 전이요소들이 진핵생물의 유전체에 긍정적인 공헌을 할 수 없다는 의미는 아니다. 진화는 따라가야 할 미리 정해진 경로가 없는 기회적인 과정임을 기억하자. 기원이 어떠하든 간에 DNA 서열이 일단 유전체 안에 존재하면 진화 과정에서 어떤 유익한 방향으로든지 "사용하려는(put to use)" 가능성(*potential*)을 갖게 된다. 이런 이유로 전이요소에 의해 형성된 유전체 부분을 "유전적 고물상(genetic scrap yard)"이라고 한다. 전이요소들이 적응적 진화에 관련된 것으로 보이는 다음과 같은 몇 가지의 방법이 있다.

1. 전이요소들은 가끔 자신들이 장소를 이동할 때 숙주 유전체의 일부를 함께 운반하기도 한다. 이론적으로 연관성 없는 숙주 유전체 두 부분이 함께 운반되어 새로운 성분을 구성할 수 있게 되는 것이다. 이것은 서로 다른 조상 유전자로부터 유래된 영역을 구성하는 단백질 진화의 중요한 기작이 될 수 있다(그림 2.38에서처럼)
2. 원래 전이요소에서 유래한 DNA 서열들은 유전자 발현을 조절하는 DNA 부분은 물론 진핵생물의 유전자 일부로 존재한다. 예를 들면, 유전자 발현을 조절하는 여러 전사 인자들은 전이 요소들에서 유래된 DNA 부분에 결합한다. 기능에 대한 뚜렷한 증거가 없다고 하더라도 다수의 전이 요소들은 근연관계가 먼 척추동물들 유전체에서 위치와 서열이 매우 비슷하다. 이러한 유형의 진화상의 보존은 이 서열들이 숙주의 생존에 일종의 유리한 역할을 수행할 것임을 암시한다(4.11절).
3. 어떤 경우, 전이요소들 자체가 유전자를 형성하는 것으로 보인다. 염색체 끝에서 DNA 복제에 중요한 역할을 수행하는 효소인 말단부합성효소(telomerase, 그림 6.24*c* 참조)는 고대의 역전이 인자에 의해 암호화된 역전사효소로부터 유래하였다. 항체 유전자 재배열(그림 17.18 참조)에 관여하는 유전자들은 고대의 전이 인자에 의해 암호화된 전이효소(transposase)에서 유래한 것으로 생각된다. 이것이 사실이라면 전염병에 걸리지 않는 능력은 전이의 직접적인 결과이다.
4. 포유동물의 뇌세포들은 다른 조직들에 비하여 매우 높은 수준의 L1 역전위가 있음이 최근의 많은 연구들에 의하여 밝혀졌다. 이는 이러한 이동인자들이 신경세포 유전체의 여러 부위에 삽입되어 신경세포들이 기능적으로 다양하게 활동하는 요인이 되는 것으로 추정하고 있다.

한 가지는 분명하다. 즉, 전위(transposition)는 생물체의 유전적 조성에 커다란 영향을 미쳤다.

불과 20년 전만해도 분자생물학자들이 유전체가 유전정보를 안정하게 저장하는 기능에만 주목한 것은 흥미롭다. 오늘날 생물체들이 유전적 재배열에 의한 대규모의 파괴에 직면하면서 하루하루를 지내고 있음은 놀라운 일인 것 같다. 전위 현상을 발견한 공로로 McClintock은 81세인 1983년 노벨상을 단독 수여하였는데, 그것은 최초의 발견으로부터 약 35년이 지나서였다.

4.10 유전체 서열 분석: 생물학적 진화의 발자취

유전체의 모든 DNA의 뉴클레오티드 서열을 밝히는 것은 실로 엄청난 일이다. 1980년대와 1990년대에 연구자들이 큰 DNA 절편들을 클로닝할 수 있는 새로운 운반체들을 개발하고 큰 절편의 뉴클레오티드 서열을 자동으로 분석할 수 있는 기법들도 발전하면서 이러한 과업을 성취할 수 있는 기술들이 점차 발전되었다(18.22절에서 논의됨). 1995년 최초로 원핵생물의 완전한 서열이 보고되었고, 그 다음 해에 진핵생물로서 출아하는 효모(*Saccharomyses cerevisiae*)의 완전한 서열이 최초로 발표되었다. 그 후 몇 년 사이에 여러 원핵생물, 초파리, 선충류, 현화식물 등을 포함하는 진핵생물의 유전체 서열이 보고되었으며, 과학계는 사람 유전체에 대한 연구 결과들을 기대하게 되었다. 연구자들은 이 유전체들이 약 32억 개의 염기쌍을 포함하는 사람 유전체보다 훨씬 작기 때문에 서열분석을 비교적 빠르게 수행할 수 있었다. 이 수에 대해 다른 관점에서 볼 때, DNA의 각 염기쌍이 이 페이지에 있는 글자 하나에 해당한다면 사람 유전체에 포함된 정보는 약 100만 페이지에 이르는 책을 만들 수 있을 것이다.

2001년에 사람 유전체의 대략적인 뉴클레오티드 서열이 발표되었다. 각 절편은 4회 실험에 대한 평균치로 서열화했기 때문에 그 서열을 "대략(rough)"이라고 표현하였다. 이는 완전히 정확하지 않고, 여러 부위가 서열화하기 어려운 부분들이 있기 때문이다. 암호화하는 유전자의 수 및 종류들을 설명하기 위한 사람의 유전체 서열을 규명하는 최초의 시도는 유전자 수에 관한 놀라운 관찰을 이끌어냈다. 연구자들은 사람 유전체는 대략 3만 개 정도의 단백질을 암호화하는 유전자들을 포함하고 있다고 결론지었다. 서열분석이 이루어질 때까지만 하더라도 사람 유전체에는 일반적으로 최소한 5만 개 어쩌면 15만 개의 유전자가 포함되어 있을 것으로 추측되었다.

사람 유전체 서열의 "완결판(finished version)"은 2004년에 보고되었는데, (1) 각 부위는 정확성(99.99%)을 기하기 위해 7~10회 서열화되었고, 서열에는 최소한의 틈(gap)들이 포함되어 있다. 이 틈은 주로 기다란 고도반복 DNA가 염색체의 중심절 부근에 있는 염색체의 일부—흔히 "암흑물질(dark matter)"이라고 함—를 포함하고 있다. 철저한 노력에도 불구하고, 이 부위를 복제(clone)하는 것은 불가능한 것으로 판명됨에 따라, 그 염기서열을 정확하게 밝혀내는 것도 현재의 기술로는 불가능한 것으로 알려져 있다.

뉴클레오티드 서열에 대한 큰 업적이 이루어져 있으나 사람 유전체에서 단백질을 암호화하는 유전자들의 실제 수에 대해서는 불확실한 상태로 남아있다. 다양한 컴퓨터 소프트웨어 프로그램(알고리즘)을 사용하여 유전자들을 동정하는 것은 대단히 어려운 일이며, 사실상 초기에 추정되었던 3만 개의 단백질 암호 유전자들도 점차적으로 하향 조정되고 있다. 대부분 생물학자들에게 충격적으로 받아들여지겠지만, 현재의 추정치는 약 2만 개 정도로 생각되고 있다. 이것은 사람이 복어, 닭, 생쥐 등을 포함하는 대부분의 다른 척추동물들은 물론, 현미경적 크기의 벌레나 겨자식물하고도 거의 같은 수의 단백질 암호 유전자들을 갖고 있음을 의미하는 것이다(**그림 4.28**).[4]

[4]단백질을 암호화하는 유전자들의 수 그리고 유전체 내 전체 DNA 양 사이의 연관성은 거의 없다는 것을 그림 4.28에서도 알 수 있다. 예를 들면, 다른 척추동물들과 비슷한 수의 유전자를 갖고 있는 복어 유전체의 크기는 사람 유전체의 1/8 정도이다. 극단적인 경우로서, 어떤 도롱뇽의 유전체는 사람 유전체 크기의 약 30배 정도이다. 척추동물들 사이에서 유전체 크기가 다른 것은 주로 반복 DNA와 같은 비암호 부위의 차이가 크기 때문이다. 이러한 차이에 대한 진화적 중요성은 확실하지 않다.

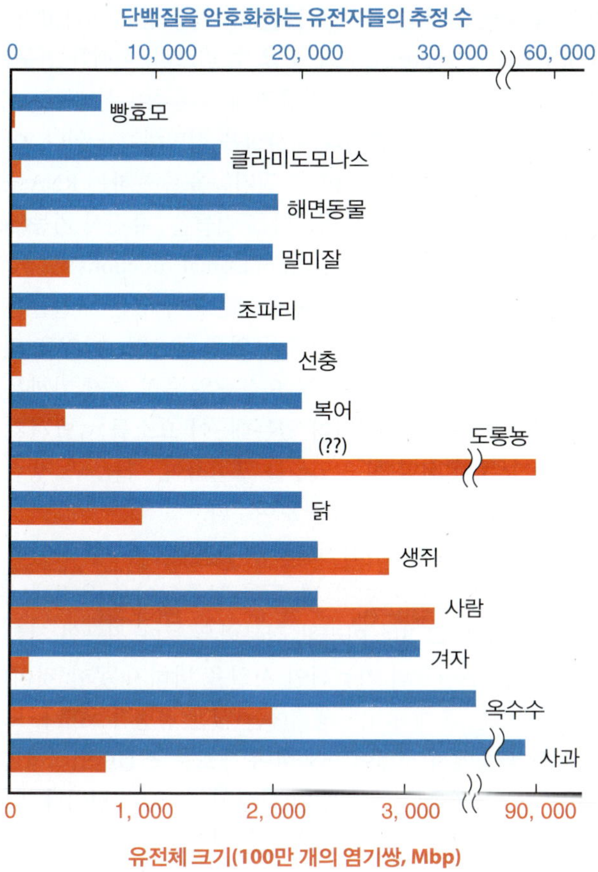

그림 4.28 **유전체 비교.** 유전체 서열 분석이 이루어진 진핵생물들 중, 단백질-암호화 유전자들의 수(파란색 막대)는 효모에서 약 6,200개에서부터 사과의 57,000개에 이르기까지 다양하며, 척추동물은 약 2만 개를 갖고 있는 것으로 생각된다. (사과에서 유전자 수가 많은 것은 비교적 최근에 전 유전체 복제 때문인 것으로 판단됨.) 생물의 복잡성이 뚜렷이 증가하여도 유전자 수는 크게 증가하지 않는 것이 흥미롭다. 예를 들어, (1) 클라미도모나스(Chlamydomaons)와 같은 단세포 진핵생물이 단순한 다세포 생물이 해면동물(sponges)로 전환하지도 않았으며, (2) 무척추동물이 척추동물로 전환한 것도 아니라, 단백질 암호화 유전자들의 수의 변화 때문인 것이다. 한편, 단백질 암호화 유전자의 수는 진핵생물들 간에는 크게 차이가 없으나, 한 유전체 안의 DNA 양(붉은색 막대기)은 일부 도롱뇽에서 900억 염기쌍에 이르는 것처럼 차이가 크게 난다. (이 양서류의 실제 유전자 수는 알려져 있지 않음)

생물체 사이에 복잡성의 차이를 단백질 암호 유전자들의 수로써 설명할 수 없다면, 이것을 어떻게 설명할 수 있을까? 우리는 그러한 의문에 대해 정확한 답을 하지 못하지만 고려해 볼 수 있는 몇 가지 가능성을 다음과 같이 열거해 볼 수는 있다. 즉,

1. 제6장에서 기술되겠지만, 단일 유전자는 선택적 이어맞추기(*alternative splicing*)라는 과정의 결과로 다수의 단백질을 암호화할 수 있다(6.17절 참조). 최근의 몇몇 연구들을 통해 사람 유전자의 90% 이상이 이어맞추기 과정을 거치기 때문에, 사람 유전체에 의해 암호화되는 단백질의 실제 수는 유전자의 수보다 몇 배 더 많은 것으로 생각된다. 생물들 사이의 보다 큰 차이는 이러한 기작이나 "유전자 증진(gene-enhancing)"과 같은 기작이 더 연구된 후에나 드러날 것으로 보인다. 이러한 기대는 척추동물 유전자들이 파리나 기생충의 경우보다 더 복잡해지는 경향이 있으며 선택적 이어맞추기 빈도가 더 높다는 관찰 결과와 일치한다.
2. 분자생물학자들은 유전자 발현을 조절하는 기작을 연구하는 데 상당한 노력을 경주해 왔다. 이러한 노력에도 불구하고, 이 기작들에 관한 우리들의 이해는 매우 제한적이다. 예를 들면, 유전체의 많은 부분이 복잡한 배열을 한 RNA들로 전사되지만, 우리는 대부분의 RNA들이 세포 안에서 무슨 기능을 하는지 거의 모르고 있다. 이러한 다수의 RNA는 유전자 조절 기능을 갖고 있는 것으로 믿어지고 있는 추세이다. 이러한 비암호 RNA들의 수와 복잡성은 다양한 생물의 복잡성 수준과도 관련되어 있다는 증거도 축적되고 있다. 예를 들면, 최근의 한 연구에 의하면, 연구자들은 다양한 생물들에서 생산되는 마이크로 RNA(microRNA, miRNA)들의 수를 규명하였다. 다음 장에서 논의되는 것처럼, 마이크로 RNA들은 가장 잘 연구된 조절 RNA들 중의 하나이다. 연구자들은 해면동물에서 약 10개 그리고 말미잘에서 약 40개의 마이크로 RNA들이 발현된다는 사실을 알아냈다. 이것은 기생충과 초파리에서 약 150개, 사람에서 적어도 1,000개가 알려진 것과 비교된다. 이것이 마이크로 RNA의 수가 형태적 복잡성의 1차적인 결정인자임을 의미하는 것은 아니다. 오히려 우리가 생물학적 다양성의 기초를 이해하기 위해서는 유전자 조절에 관하여 더 많이 알아야 할 것이라는 사실을 제시하고 있다.
3. 지난 10여 년 동안 새로운 생물학 연구 분야(시스템 생물학)가 등장하여 개별 작용보다 복합적인 연결망으로 작용하는 단백질들의 작용에 초점을 맞추어 연구되고 있다. 아주 간단한 단백질 연결망의 예가 그림 2.48에 표시되었다. 세포들이 수천 종류의 단백질들을 만들어내고 다양하게 상호작용을 하는 것을 고려해 볼 때, 이 연결망은 매우 복잡하고 역동적인 과정이다. 연결망을 구성하는 요소가 조금만 증가하거나 또는 복잡성이나 크기가 조금만 증가하여도, 그 연결망의 복잡성은 극적으로 증가하며 생물체의 복잡성도 따라서 크게 증가된다.

여러 가지 다른 요인들이 이 논의에 추가될 수 있지만, 일반적인 요지는 확실하다. 즉, 다세포 생물들에서 서로 다른 집단 사이에 복잡성의 분명한 차이에 비해, 한 생물의 유전체에서 유전정보 양의 차이는 사실상 크지 않다.

4.11 비교유전체학: "보존되어 있다면, 그것은 틀림없이 중요한 것이다"

다음의 사실들을 생각해보자. (1) 유전체의 대부분은 유전자들 사이를 채우는 DNA로 이루어져 있으며 그것이 유전자간(intergenic) DNA이다. (2) 약 2만 개 정도의 단백질을 암호화하는 유전자들은 비암호 부위(인트론 DNA)로 주로 이루어져 있다. 이러한 사실들을 함께 생각해보면, 유전체의 단백질 암호 부위는 전체 DNA의 지극히

일부(약 1.5%로 추산됨)임을 알 수 있다. 유전체의 대부분 유전자간 또는 인트론 DNA는 개체의 생존과 번식에 직접 관여하지 않기 때문에 그 서열이 변화하지 않도록 하는 선택적 압력을 받지 않는다. 그 결과, 대부분의 유전자간 및 인트론 DNA 서열들은 생물체가 진화하는 동안 빠르게 변화하는 경향이 있다. 바꾸어 말하면, 이 서열들은 보존되지 않는 경향을 보인다. 이와 반대로, 단백질을 암호화하는 서열이나 또는 유전자 발현을 조절하는 서열을 포함하는 DNA 부분들은 자연선택을 받는다(그림 6.44 참조). 자연선택은 이러한 기능적 요소들에서 돌연변이를 갖고 있는 개체들의 유전체를 제거하는 경향이 있다.[5] 그 결과, 이 서열들은 보존되는 경향을 보인다. 따라서 기능적 서열을 규명하기 위한 최선의 방법은 서로 다른 유형의 생물들의 유전체를 비교하는 것이다.

사람과 생쥐는 7,500만 년 전에 공통 조상으로부터 갈라져 나왔다는 사실에도 불구하고, 이 두 종은 유사한 유전자 무리를 공유하고 있다. 예를 들면, 그림 4.24에 나타난 사람의 글로빈 유전자의 수와 순서는 기본적으로 생쥐 DNA 해당 부분에서 보이는 것과 기본적으로 유사하다. 결과적으로, 생쥐와 사람 유전체의 해당 부위들을 배열하는 것이 가능해진다. 사람의 12번 염색체는 일련의 부분들로 구성되어 있는데, 이 부분들의 각각은 생쥐 염색체에서 DNA 구역과 거의 일치한다. 각 구역을 갖고 있는 생쥐 염색체 수가 아래에 표시되어 있다.

사람의 12번 염색체

사람 염색체의 이 그림을 잠시만 살펴보더라도, 시간의 경과에 따라 진화에 의해서 새로운 종들이 생기는 염색체 구조의 극적인 변화를 알 수 있다. 한 종에서 동일한 염색체 상에 있는 유전자들의 구역들은 다음 종에서 다른 염색체로 분리될 수 있다. 시간이 흐름에 따라, 염색체들이 서로 나누어지거나 합쳐짐으로써 염색체 수가 증가하거나 감소할 수 있다. 염색체들이 취한 유전자 위치의 이러한 변화는 생물들의 표현형에 거의 영향을 주지 못하지만, 이런 변화는 진화 과정에 뚜렷한 시각적 발자취를 남긴다.

생쥐와 사람 유전체의 상동부분이 뉴클레오티드 서열에 기초하여 배열되었을 때, DNA 서열의 약 5%가 두 종 간에 고도로 보존되어 있음을 알 수 있다. 이것은 이미 알려져 있는 단백질-암호화 부위와 유전자 조절 부위를 합한 것(유전체의 약 2%를 점유함)보다 훨씬 높은 비율이다. 우리가 만약 분자진화론의 가장 중요한 원리를 신봉한다면 "보존되어 있다면, 그것은 틀림없이 중요한 것이다(if it's conserved, it must be important)"라고 할 수 있으며, 이러한 연구는 "불필요한(useless)" 서열로 이루어진 유전체 부분들이 실제로는 중요하지만 기능을 모르고 있을 뿐이라는 사실을 설명해주고 있다. 이 부위의 일부는 의심할 여지 없이 여러 조절기능을 수행하는 RNA들을 전사한다(5.11과 5.12절에서 논의됨). 다른 것들은 "유전적 기능(genetic functions)"보다는 "염색체 기능(chromosomal functions)"을 갖고 있을 것으로 보인다. 예를 들면, 이렇게 보존되어 있는 서열들은 세포분열 이전에 염색체의 쌍을 형성하기 위해 중요할 수 있을 것이다. 기능이 무엇이든지, 이러한 유전체 요소들은 흔히 가장 가까운 유전자로부터 매우 먼 곳에 위치되어 있는데, 이 요소들은 발견된 것들 중에서 가장 보존된 서열들 중 일부를 포함하여, 사람, 쥐, 생쥐 등의 유전체들 사이에 실질적 동질성을 보여준다.

사람과 생쥐와 같이, 진화적으로 먼 관계인 두 종 사이의 유전체 부분을 비교해보면, 수천만 년 동안 보존되어온 유전체 부분들을 확인할 수 있다. 그러나 이러한 접근법은 보다 최근의 진화적 기원을 갖는 사람 유전체의 기능적인 서열을 밝히지 못할 것이다. 예를 들면, 사람에는 존재하지만 생쥐에는 없는 유전자들이나, 또는 영장류의 진화 과정에서 서열이 변화하여 새로운 조절단백질에 결합하도록 하는 조절부위들도 이 경우에 포함될 수 있을 것이다. 인간 유전체에 존재하는 모든 기능적 요소들을 확인하기 위한 공동의 노력(ENCODE 프로젝트라고 함)이 현재 진행 중에 있다. 그러나 불행하게도, 우리는 이러한 많은 기능적 요소들을 인식하는 데 필요한 지식을 갖고 있지 않으며 그 과업의 성공 여부도 확실하지 않다. 최근의 연구에서 한 가지는 분명하게 되었다. 즉, 상당한 비율의 기능적인 DNA 서열은 끊임없이 진화하고 있어서 고도로 보존되지 않는다는 것이다. 바꾸어 말하면, 우리가 광범위하게 보존된 서열을 규명하는 일에만 매달린다면 유전체에서 가장 중요한 기능적 요소들을 놓칠 위험이 있는 것이다.

4.12 "인류 탄생"의 유전적 기초

우리는 보존된 서열에 초점을 맞춤으로써, 다른 생물체들과 공유하고 있는 특징을 알아보려고 하는 경향이 있다. 우리 자신의 고유한 생물학적 진화를 잘 이해하기 위해서는 우리들과 다른 생물체의 유전체 부분들을 더 면밀하게 살펴보아야 한다. 침팬지는 우리와 가장 가까운 동물로서, 근래 500~700만 년 전의 공통 조상을 갖고 있었다. 침팬지와 사람 사이의 DNA 서열과 유전자 구조의 차이를 자세히 분석해보면 직립 보행이나 도구 및 언어 사용과 같은 사람에게만 유일한 특징들에 대한 유전적 기초를 알 수 있을 것으로 생각한다. 후자의 특징들은 침팬지의 4배에 이르는 1,300 cm^3의 부피를 갖는 우리의 뇌에서 기원을 찾을 수 있을 것이다.

침팬지 유전체의 초안은 2005년에 보고되었다. 대략 침팬지와 사람 유전체는 약 4%가 다른데, 이는 수천만 개에 해당되는 것으로, 예비 연구에서 기대했던 것보다 상당히 더 크게 분기된(달라진) 수준이

[5]우리는 자연선택의 상반되는 양면을 인식할 수 있다. 변화가 개체의 생존과 생식의 가능성을 감소시키기 때문에, 음성선택(negative selection)은 중요한 기능을 갖는 서열들을 유지(보존)하려는 방향으로 작용한다. 유전체의 이런 부위들은 기능이 없는 서열들보다 아주 느리게 진화한다. 기능이 없는 서열들은 개체의 적응에 효과가 없어서 자연선택 대상이 되지 않는다(그러한 서열들을 중립적으로 진화한다고 말함). 이와는 대조적으로, 다윈의 양성선택(positive selection)은 개체가 환경에 더 잘 적응하여 생존하고 번식할 수 있는 서열의 변화를 선택함으로써 종 분화와 진화를 촉진한다. 이런 부위들은 기능이 없는 부분들보다 더 빠르게 진화한다.

다. 이렇게 분기된 이유들 중 일부는 두 유전체 사이의 단일 뉴클레오티드의 변화에 기인하지도 하지만, 대부분은 결실 및 부분 중복과 같은 큰 차이들 때문이다(주석[2] 참고).

연구자들은 아마도 자연선택에 반응하여 유전적 다양성이 사라지는 속도 보다 더 빠르게 진화하는 수백 개의 사람 유전자들을 규명하였다. 그러나 이러한 유전자들이 "우리를 사람이 되게(making us human)" 하였는지는 확실하지 않다. 일부 가장 빠르게 진화하는 유전자들은 유전자 발현을 조절하는 데 관여하는 단백질(예: 전사인자들)을 암호화한다. 이들은 다수의 다른 유전자 발현에 영향을 미칠 수 있기 때문에, 바로 이 유전자들이 중요한 표현형의 차이를 일으키는 것으로 생각된다. 사실상 침팬지와 사람에서 전사인자들의 차이는 다양한 뇌 단백질의 발현 차이를 나타나게 한다. 이것은 FOXP2라고 하는 뇌 특이 전사인자에 대한 조사를 해봄으로써 명확해진다.

사람과 침팬지 사이의 FOXP2 단백질을 비교해보면, 최후의 공통 조상에서 갈라진 시기 이후 사람에서 2개의 아미노산이 차이나는 것을 볼 수 있다. 두 아미노산 치환이 FOXP2 기능에 미치는 영향을 분석하려면 *FOXP2* 유전자가 결핍된 사람 신경세포를 이용하여 침팬지 세포와 비교하여 알아볼 수 있다. 그 결과, 사람 *FOXP2* 유전자를 발현하는 세포에서는 침팬지 전사인자를 발현하는 세포에 비해 100개 이상의 표적유전자들의 발현이 유의하게 증가하거나 억제되는 것으로 나타났다. 이 유전자가 매우 흥미롭게 된 이유는 *FOXP2* 유전자의 돌연변이를 갖는 사람은 심각한 언어 장애를 겪는다는 사실 때문이다. 다른 결손들 중에서 이 질병을 가진 사람은 구두전달에 필요한 입술과 혀를 세밀하게 움직이는 근육운동을 할 수 없다. 침팬지의 경우와는 다른, 이와 같은 "언어 유전자(speech gene)"의 변화는 현생 인류가 출현한 것으로 생각되는 지난 12만 년에서 20만 년 동안 사람 유전체에 고정(*fixed*)되어 있었음을 추정할 수 있다. 이러한 발견은 *FOXP2* 유전자의 변화가 인류의 언어 발달과 진화에 중요한 역할을 하였음을 암시하는 것이다.

침팬지와 사람 사이에는 뇌 발달에 영향을 주는 유전자들을 포함하여 유전체 상의 여러 차이점들이 알려져 있다. 그 중 하나로 *SRGAP2*가 있는데, 침팬지나 다른 영장류와는 달리 사람에서는 복제되어 있는 것으로 알려져 있다. 백만 년에서 3백만 년 사이에 부분적인 유전자 복제의 결과, 부모로부터 물려받은 전장의 *SRGAP2*에 추가로 3개의 절단된 복사본을 가지고 있다. 생쥐 및 세포배양 실험에서 *SRGAP2C*라고 하는 복제 산물 하나가 발현되어 부모 SRGAP2 단백질과 이합체를 형성하여 활성을 중지시킬 수 있는 것으로 나타났다. 결과적으로, 뉴런들의 가시 모양 수상돌기(주변 뉴런들로부터 메시지를 받아들이는 뉴런의 한 부위)들의 수가 극적으로 증가하여 영장류 무리들에 비해 사람 뇌가 크게 발달하게 된 것이다.

관심을 끄는 또 다른 유전자는 침에 존재하는 전분 분해효소인 아밀라제(amylase)를 암호화한다. 침팬지는 비교적 전분 섭취를 적게 하여 유전체 안에 하나의 아밀라제1(*AMY1*) 유전자 복사본을 갖고 있다(그림 4.29*a*). 사람의 진화 과정에서는 *AMY1* 유전자 사본들이 증가하는 방향으로 선택되어 사람 침에 이 효소의 농도가 높아지게 되었다. 아밀라제 농도 증가는 진화 과정에서 *AMY1* 유전자의 발현이 증가하여 나타난 것이지만, 이 경우는 유전자 중복의 결과이다. **그림 4.29b**에 나타냈고 다음 절에서 논의되겠지만, *AMY1* 유전자 복사본의 수는 다양하다. 사실상 이 유전자 복사본의 수는 전분 양이 더 많이 포함된 음식물을 섭취하는 사람 집단에서 더 많아지는 경향이 있다.

사람 진화 분야에서 가장 흥미로운 궁금증의 하나는 현생 인류(즉, *Homo sapiens*)와 다른 고인류(즉, 지금은 멸종된 인류 종)와의 관계이다. 현생 인류와 해부학적으로 동일한 조상은 약 20만 년 전 아프리카에서 진화하였다. 그러나, *Homo sapiens*가 20만 년 전 지구상에 존재하던 유일한 인간 종은 아니다. 사실상, 네안데르탈인(Neanderthals)과 최근 발견된 데니소바인(Denisovans)이라고 하는 인류 조상들도 현생 인류가 대륙에 이주한 지 수천 년 후인 3만 5천 년 전에도 유럽에 살았다. 이들 세 인류 종들은 초기에만 하더라도 중

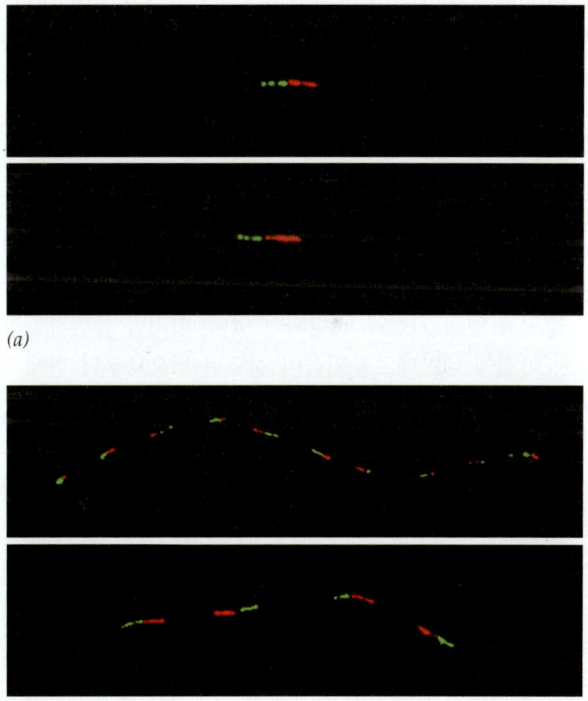

(a)

(b)

그림 4.29 **사람 진화 과정에서의 아밀라제 유전자 복제.** 침팬지(*a*) 또는 사람(*b*)에서 1쌍의 상동염색체가 *AMY1* 유전자의 다른 부위에 결합하는 빨간색과 초록색 탐침자로 혼성화되어 있다. 이 유전자는 전분-분해효소인 타액 아밀라제를 암호화한다. 각 염색체 상의 *AMY1* 유전자 복사본의 수는 형광 탐침자가 반복되는 수로 확인할 수 있다. 침팬지는 각 염색체 상에 하나의 *AMY1* 유전자를 가지며(즉, 유전체당 1개), 사람은 여러 개의 복사본을 갖고 있다. 이 유전자 복사본의 수는 두 상동염색체 중 하나에 어떤 사람은 복사본 4개를 갖고 있고, 다른 사람은 10개를 갖고 있는 것으로 나타난 바와 같이 사람 유전체에서 다양하다. 이것이 복사본 수의 변이(*copy number of variation*)에 대한 예이다. 더불어 어떤 사람 집단의 유전체에서 *AMY1* 유전자 복사본의 수는 그 집단의 섭식 중 전분의 양과 연관되어 있는 경향을 보인다. 이러한 상관성은 *AMY1* 유전자의 복사본 수가 자연선택에 의해 영향을 받고 있음을 강하게 암시하고 있는 것이다.

출처: George H. Perry, et al., courtesy of Nathaniel J. Dominy, *Nature Gen.* 39:1257, 2007. (Macmillan Publishers Ltd.의 허가를 받음)

동지역의 동일한 지역에 살았다. 비슷한 지역에 살았고 해부학적으로 유사하다는 이유로 고생물학자들은 (1) 다른 종 간 이종교배가 있었거나 (2) 이종교배 없이 현생 인류가 다른 종을 대체했을 것이라고 생각하고 있다. 이러한 의문에 대한 답을 얻기 위해서는 현생 인류와 고인류 간 DNA 서열의 차이에 관한 자세한 정보가 있어야 한다.

1990년대 후반 초기, 네안데르탈인 화석에서 미토콘드리아 DNA(mtDNA)를 분리하고 서열을 알아내는 기술을 개발하기에 이르렀다. 미토콘드리아는 세포 내에서 크기가 매우 작고 다수의 미토콘드리아 유전체가 있어서 화석에서 mtDNA를 분석하는 것은 핵 DNA에 비해 쉽다. 이러한 연구들을 통해 얻어낸 결과들은 네안데르탈인의 mtDNA 서열이 현생 인류의 mtDNA와 크게 다르며 현생 인류 mtDNA 유전체에 영향을 주지 못한 채 소멸되어 갔음을 암시하고 있다. 바꾸어 말하면, 두 종 사이에는 이종 교배가 없었을 뿐만 아니라 30만 년 전 공통 조상을 갖지도 않았다는 것이다.

2010년, 독일 막스 플랑크 연구소(Max Planck Institute)의 스반테 페보(Svante Pääbo)와 동료들은 네안데르탈인의 핵(*nuclear*) 유전체 서열을 완전히 해독하여 현생 인류와 네안데르탈인의 유전체는 99.84% 동일하다고 결론지었다. 예를 들어, 네안데르탈인은 현생 인류가 지닌 동일한 *FOXP2* 유전자를 가지고 있어서 그들도 역시 언어를 구사하는 기술이 있었음을 암시하고 있다. 뿐만 아니라, 다수의 네안데르탈인들과 현생 인류의 핵 유전체를 비교해 본 바에 따르면 현생 유럽과 아시아인 DNA의 1~4% 정도가 네안데르탈인에서 기원한 것으로 생각된다. 네안데르탈인 유래 DNA의 여러 유전자들이 면역계의 병원체 인식 기능과 관련되어 있다. 이러한 유전자들은 습득함으로써 이전에 네안데르탈인들이 걸렸던 병으로부터 현생 인류를 보호해줄 수 있게 되었다. 이와는 반대로, 아프리카인들의 유전체에서는 네안데르탈인의 유전자가 섞여 있다는 증거가 없다. 이 데이터에 의하면, 현생 인류와 네안데르탈인은 유럽과 아시아로 이동하기 전 어느 시점에 교배가 이루어진 것이다. 최근 네안데르탈인과 데니소바인들의 전체 유전체를 분석한 자료에서 홍적세 후기에 Homo 3종 간 낮은 수준의 이종 교배가 있었음을 확인할 수 있다. 이러한 발견들은 인류 계통수에 관한 흥미로운 추정을 가능하게 해주고 있다. 과거 10만 년 동안 다수의 인류 종들이 지구상에 살았었다고 생각하는 일부 연구자들에 따르면, 현재 우리 인류 집단이야말로 "최후의 인간(the last humans standing)"으로 기술될 수 있겠다.

이 절에서는 사람과 다른 포유동물과의 유전적 차이에 초점을 맞추었다. 연구자들은 "인류 탄생(being human)"의 유전적 기초를 규명하는 과정을 많이 진행하지 못하였기 때문에 제한된 논의 밖에 할 수 없다. 이후 몇 년이 지나면 어떤 변화가 나타나게 될 것이다. "무엇이 우리를 사람으로 만드는가"라는 주제로 들어가는 데 있어서, 분자수준에서 조차 많은 비유전체 요인들이 고려되지 않았음을 명심하기 바란다.

4.13 인류 집단 내 유전적 변이

유전체 전체에서 동일한 DNA 서열을 갖는 사람은 일란성 쌍생아 말고는 없기 때문에 당신과 정확하게 똑같은 사람은 이 세상에 없다. 초기 인간유전체사업(Human Genome Project)으로 서열을 분석한 사람 유전체는 주로 한 남성의 것에서 유래된 것이었다. 서열 분석이 완료된 후, DNA 서열이 사람 집단에서 얼마나 다양한가에 대해서 관심의 초점이 모아졌다. **유전적 다형성(genetic polymorphism)**은 다른 개인들 사이에 다양한 유전체 부위들이다. 이 용어는 한 종의 집단에서 적어도 1%의 빈도로 나타나는 유전적 변이를 일컫는다. 유전적 다형의 개념은 1900년 오스트리아의 의사인 칼 란트슈타이너(Karl Landsteiner)가 사람들은 적어도 A, B 또는 O의 3종류의 혈액형을 갖는다는 사실을 발견하면서부터 시작되었다. 그림 8.12에서 논의되겠지만, ABO 혈액군은 당-운반 효소를 암호화하는 다른 대립유전자들을 보유한 사람들에서 조사된 결과이다.

DNA 서열의 변이

사람의 경우 집단 구성원들 사이에서 가장 흔한 유형의 유전적 변이성은 유전체 부위의 단일 뉴클레오티드 차이이다. 이러한 부위들을 **단일 뉴클레오티드 다형성(single nucleotide polymorphism, SNP)**이라고 한다. 대부분의 SNP["스닙(snip)"으로 발음한다]은 A나 G와 같은 대립인자들로 발생한다. 대부분의 스닙들은 사람의 진화 과정 동안 단 한 번의 돌연변이로 발생하는 것으로 생각되며 공통의 조상으로부터 나온 사람들이 공유하게 된다. 흔하게 발생하는 스닙은 여러 민족 집단에서 내려온 수백 명의 개인 유전체들의 DNA 서열을 비교함으로써 확인되고 있다. 평균적으로 무작위로 선택된 두 사람 유전체에서는 300만 개의 단일 뉴클레오티드, 즉 1,000개의 염기쌍 중에서 하나씩 차이를 보인다. 이것은 얼핏 많은 수인 것처럼 보이지만, 사람의 경우 평균 99.9%의 뉴클레오티드 서열이 사람마다 유사하다는 의미이다.

(지역적으로 다른 1,092명의 전 유전체를 공개하였던 '1000 유전체 프로젝트'와 같은) 차세대 서열분석법을 이용한 대규모 프로젝트를 통해 0.5% 이하에서 나타나는 희귀 단일염기 다양체(single-nucleotide variant; SNP)의 수가 놀라울 정도로 많은 것으로 보고되었다. 현재 추정치로는 개인마다 100여 개의 희귀 단일염기 다양체를 각자의 엑솜(*exome*; 단백질을 암호화하는 유전체의 한 부분)에 보유하고 있다. 연구자들은 현생 인류에서 보이는 다수의 SNP들은 지난 400세대 동안 일어난 폭발적인 인구 증가에 기인하는 것으로 생각하고 있다. 즉, 이러한 자연선택은 해로운 돌연변이들을 "파내는(weed out)" 데에 많은 시간이 걸리지 않게 된 것은 매우 최근의 일이다. 이러한 유전적 다양성이 사람에서 발생하는 질병에 대한 취약성을 다양하게 하는 것으로 생각하고 있다. 사람 유전체 서열 다양성에 대한 임상의학적 내용이 '인간 질병과의 연관성'에 논의되어 있다.

구조적 변이

그림 4.30a에 나타낸 것처럼, 유전체의 부분들은 복제, 결실, 삽입, 역위(DNA 조각이 반대 방향으로 있는 경우), 그 밖의 일 등의 결과로 변화될 수 있다. 이러한 유형의 변화들은 길이가 보통 수천~수백만

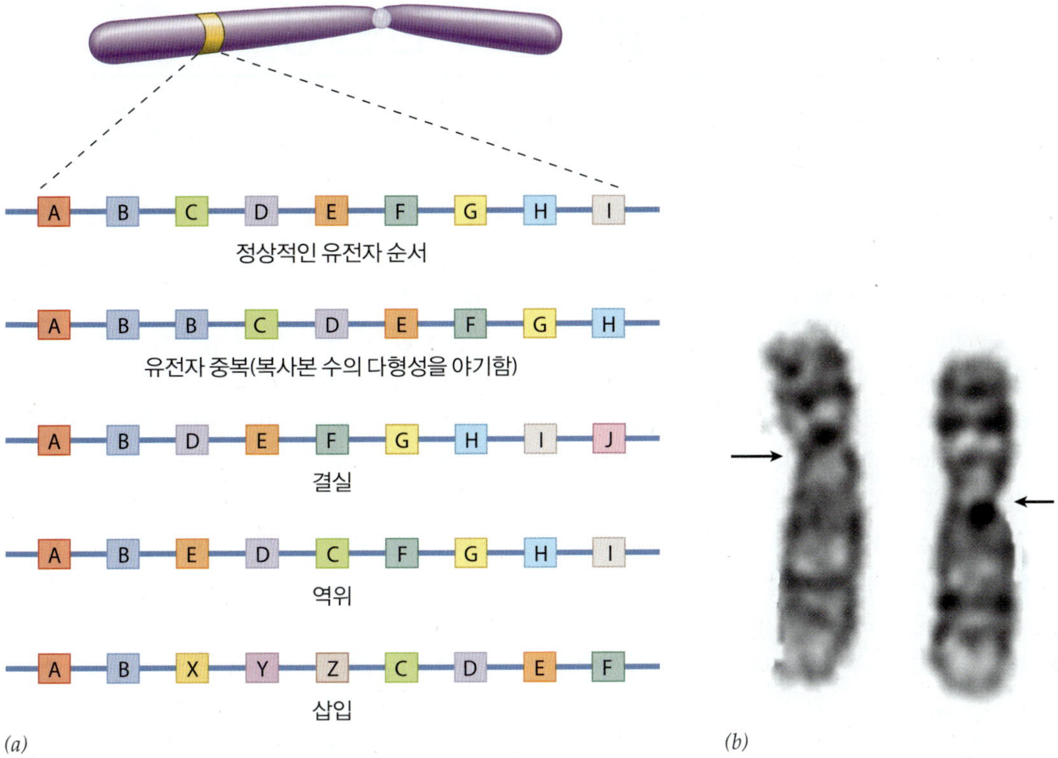

그림 4.30 구조적 변이체들. (*a*) 한 염색체의 기능적 부분(예: 수천 개의 염기쌍)을 포함하는 주요 유전체 다형성의 개요. 대부분의 이러한 다형성은 너무 작아서 염색체를 현미경으로 관찰하는 방법으로는 알 수 없으나, 유전자들의 수 및 위치는 쉽게 확인할 수 있다. (*b*) 왼쪽은 사람의 정상적인 9번 염색체이고, 오른쪽은 염색체의 중심절(화살표)을 포함하는 커다란 역위가 있는 9번 염색체이다. 현미경으로 뚜렷이 보이는 이 역위는 사람에서 1% 정도 존재한다.

출처: Charles Lee, *Nature Gen.* 37:661, 2005에서 발췌. Macmillan Publishers Ltd.의 허가를 얻음.

개의 염기쌍의 범위에 있는 DNA 조각에서 일어난다. 비교적 크기가 커다랗기 때문에, 이런 종류의 다형성을 **구조적 변이체**(*structural variant*)라고 하며, 우리는 이런 구조의 존재에 대한 규모 및 중요성을 겨우 이해하기 시작하는 단계에 있다.

현미경에 의한 염색체 분석 초기부터 동일한 염색체 구조를 갖는다고 모든 사람이 건강한 것은 아니라고 알려져 있다. 그림 4.30*b*에서는 30년 전부터 알려져 있는 흔한 염색체 역위의 예를 보여주고 있다. 최근의 연구에 의하면 현미경으로 보기에는 너무 작고, 통상적인 서열분석으로 찾아내기에는 너무 커다란 중간 크기의 구조적 변이가 예상되었던 것보다 훨씬 많은 것으로 드러났다. 한 추정에 따르면, 인간 유전체에는 500 내지 130만 염기 정도의 길이를 갖는 1,000개 정도의 구조적 변이가 알려져 있다. 그 추정치는 아주 다양하지만, 구조적 변이의 영향을 받는 유전체 부분이 SNP 영향을 받는 부분보다 훨씬 큰 것만은 분명하다. 결과적으로, 구조적 변이는 사람들 사이에서 표현형의 차이를 발휘하는 중요한 효과를 갖는다.

복사본 수의 변이

그림 4.19에서 논의된 것과 같이, DNA 지문 작성법은 미소부수체 서열들의 길이 차이에 의존하며, 이는 염색체의 특정 부위에 존재하는 서열의 복사본 수에 따라 달라진다. 즉, 이것은 **복사본 수의 변이**(*copy number variation, CNV*)의 예가 된다. 최근에 훨씬 더 큰 크기(1 kb)의 CNV들도 사람 집단에서 흔하며, 단백질을 암호화하는 유전자들을 포함하여 유전체의 약 10~15%를 차지하고 있는 것으로 밝혀졌다. 큰 크기의 CNV들은 DNA 부분의 복제 또는 결실의 결과로 나타나는 구조적 변이의 한 유형이다. 그러한 CNV들 때문에 많은 사람들이 생리적으로 중요한 단백질들을 암호화하는 유전자들을 여러 벌 갖게 된다. 여분의 유전자 복제물은 일반적으로 단백질을 과잉 생산하여 세포 안에서 유지되어야 하는 오묘한 생화학적 평형을 파괴시키게 된다. 예를 들면, 조기에 알츠하이머 질환이 발생하는 사람들 대다수는 이 병을 유발하는 것으로 알려진 단백질을 암호화하는 과잉의 *APP* 유전자를 갖고 있는 것으로 알려져 있다(제2장의 <인간 질병과의 연관성 I> 참고). 어떤 경우에는 전분 함량이 많은 음식을 섭취하는 사람 집단에서, 아밀라제 유전자(*AMY1*)가 반복적으로 복제되어 갖게 되는 여벌의 유전자가 오히려 유익할 수도 있다(그림 4.29*b*). 그림 4.29*b*에서, 사람의 상동염색체의 두 쪽에 있는 *AMY1* 유전자들의 수를 나타내는 CNV의 사례를 보여준다. 한 염색체는 *AMY1* 유전자 4개만을 갖고 있으나 상동염색체는 10개를 갖고 있음을 볼 수 있다.

인간 질병과의 연관성

I. 트리뉴클레오티드 반복서열 신장으로 발생하는 질병들

생물학자들은 수십 년 동안 유전자는 언제나 안정한 독립체로서 이전 세대에서 다음 세대로 유전되는 것으로 믿었다. 하지만 생식계통에서는 드물게 유전자 염기서열들의 변화가 일어나는데, 이 변화가 다음 세대로 유전되는 돌연변이를 야기한다. 이것은 Mendel 유전학의 기초적인 원리들 중 하나이다. 그 후 1991년 여러 실험실에서 부모와 자식 간에 특정 유전자의 염기서열이 급격하게 변하는 "동적 돌연변이(dynamic mutation)"를 보고하였다. 각각의 경우에서 이 돌연변이들은 서열의 일부분으로서 반복(repeat)되는 트리뉴클레오티드 단위(예: CCC나 CAG)를 갖고 있는 유전자에 영향을 미치게 된다. 대부분 사람들의 경우, 이런 특별한 유전자들은 상대적으로 적은(하지만 다양한) 수의 반복적인 트리뉴클레오티드를 갖고 있고, 그들은 반복되는 수의 변화 없이 그대로 다음 세대에 유전자를 물려주었다. 이와는 반대로, 어떤 집단의 일부 사람들은 많은 수의 반복단위를 갖고 있는 돌연변이형의 유전자를 가졌다. 정상형과는 다르게, 돌연변이 대립유전자는 굉장히 불안정하고 부모에서 자식으로 유전될 때마다 반복단위의 수가 증가한다. 반복단위의 수가 임계수치를 넘어서면 이 돌연변이 대립유전자를 지닌 개체는 심각한 질병에 걸리게 된다.

현재 20여 개의 질병들이 분명하게 트리뉴클레오티드 반복의 신장에 의해 발병되는 것으로 알려져 있다. 이런 질병들을 두 가지의 기본적인 범주로 나눌 수 있는데, 이에 대해 차례대로 논의해 보기로 하자. 제1형의 질환들은 모두 신경퇴행성 장애로서 돌연변이 유전자의 암호 부위에서 CAG 트리뉴클레오티드 반복의 신장으로 발생한다(**그림 1**). 가장 널리 퍼져 있고 연구가 잘 되어 있는 신경퇴행성 장애인 헌팅턴 질환(Huntington's disease, HD)을 살펴봄으로써 이 병의 특성을 설명할 수 있다. HD는 자신도 모르게 균형 잡힌 동작을 할 수가 없고, 우울증이나 짜증 같은 성격의 변화를 일으키는 심각한 병이다. 증상은 보통 30~50세쯤에 나타나며 증상이 점점 악화되다가 사망에 이르게 된다.

안정적으로 유전되는 정상 *HD* 유전자는 CAG 트리뉴클레오티드 복사본을 6~35개 정도 갖고 있다. *HD* 유전자가 암호화하는 단백질을 헌팅틴(huntingtin)이라고 하는데, 이 단백질의 정확한 기능은 아직 알려지지 않았다. CAG는 글루타민 아미노산을 암호화하는 코돈이다. 그러므로 정상적인 헌팅틴 폴리펩티드는 1차 구조로서 6~35개의 다글루타민 경로(polyglutamine tract)를 갖는다. 우리는 폴리펩티드를 아주 명확한 1차 구조라고 알고 있고, 실제로도 대부분이 그렇지만, 헌팅틴은 보통 다글루타민 경로의 길이가 따라 다양한 상태를 보인다. 이 단백질은 다글루타민 경로가 대략 35개 이하의 글루타민 잔기를 가질 때 정상적으로 기능을 수행하는 것으로 보인다. 그러나 만약 글루타민 잔기가 35개 이상이 되면, 그 단백질은 새로운 성질을 가지게 되고, 그 단백질을 보유하고 있는 사람은 HD 발병에 취약하게 된다.

HD는 이상한 특성을 많이 보인다. 대부분의 유전병들과는 달리, HD는 남자나 여자에 관계없이 정상 *HD* 대립유전자를 갖고 있든지 없든지 간에 발병되는 우성 유전병이다. 실제로 *HD* 대립유전자를 동형으로 갖고 있는 사람이 이형으로 갖고 있는 사람보다 병이 더 심각하지도 않다. 이것은 헌팅틴 폴리펩티드의 돌연변이가 어떤 특별한 기능을 수행하지 못해서가 아니라, 어떤 형태의 독성 형질을 얻는 **기능획득**(*gain-of-function*) 돌연변이라서 그렇다. 이러한 해석은 생쥐를 통한 연구에서도 확인할 수 있다. 변이된 사람의 *HD* 대립유전자가 삽입된 생쥐는 사람에게서 발견되는 신경퇴행성 질병과 유사하게 발병한다고 한다. 1개의 비정상 대립유전자만으로도 질병

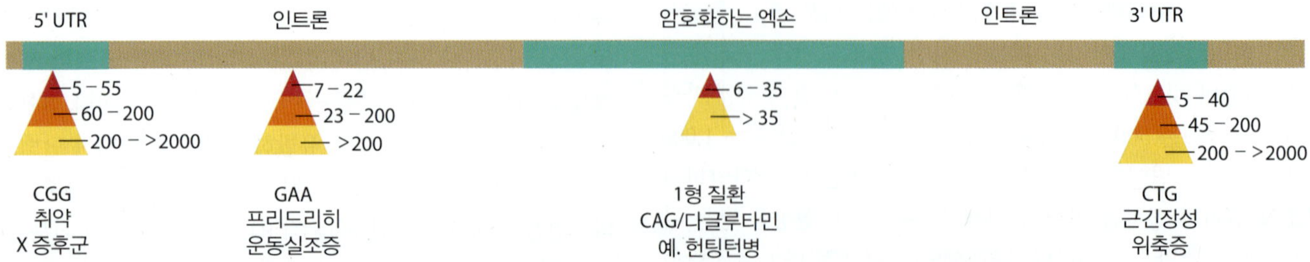

그림 1 트리뉴클레오티드 반복 서열과 사람의 질병. 맨 위의 선은 여러 개의 분명한 부분(자주색 상자)들로 표시된 전령 RNA로 전사되는 일반적인 유전자를 보여주고 있다. 5'끝 비전사 부분(5'UTR), 폴리펩티드 아미노산 서열에 대한 정보를 지닌 암호화 엑손 및 3'끝 비전사 부분(3'UTR)을 포함하고 있다. DNA의 인트론은 성숙한 전령 RNA에서는 존재하지 않는다. 4개의 서로 다른 질병들(취약 X 증후군, 프리드리히 실조증, 헌팅턴 질환, 근육긴장퇴행위축증 등)과 관련된 트리뉴클레오티드 서열의 일반적 위치를 각 피라미드 위치로 표시하였다. 정상(빨간색), 운반자(주황색) 및 환자(노란색)의 경우에, 질환을 유발하는 유전자에서 반복서열의 수를 표시하였다. 헌팅턴 질환과 같은 제1형 질병 유전자는 발병하지는 않았으나 불안정한 대립인자를 보유하는 사람인 중간 상태의 "보인자"가 나타나지 않는다.

출처: J-L Mandel, *Nature* 386:768, 1997; Copyright 1997에서 발췌. Macmillan Publishers Limited의 허가를 얻음.

을 유발시키기에 충분한 것이다. HD 및 기타 CAG 장애의 또 다른 특성은 이전 세대에서 다음 세대로 유전될수록 더 심각해지고, 어린 나이일수록 더 잘 발병하는 유전적 예측(genetic anticipation)이라는 현상을 갖고 있는 것이다. 이전에는 HD의 특징을 알 수 없었지만, 이제는 변이된 대립유전자에서 CAG 서열이 반복되는 수가 이전 세대에서 다음 세대로 넘어갈 때 극적으로 증가하는 것을 쉽게 증명하고 있다.

HD에 관한 분자생물학적인 근거는 아직 분명하지 않지만 글루타민 경로가 길어지면 왜 뇌세포에 유독한지에 대해서는 충분히 설명할 수 있다. 한 가지 부정할 수가 없는 특성이 있는데, 그것은 헌팅틴의 다글루타민 경로가 35개 이상의 잔기를 가질 때 그 단백질(또는 그 단백질로부터 잘린 단편)은 비정상적인 접힘을 통해 잘못 접힌 물질들을 만드는 것이다. 이 단백질은 (1) 다른 변이된 헌팅틴 물질에 붙어서 알츠하이머 환자의 뇌에서 발견되는 것과는 다른 불용성의 집합체를 형성하며, (2) 정상적인 야생형의 헌팅틴 물질과는 상호작용하지 않는 수많은 단백질들과 결합한다. 이런 변이된 헌팅틴 물질에 붙는 단백질들은 유전자 발현 조절에 관련된 몇몇의 전사 인자들이다. TBP(그림 5.17 참조) 및 CBP(그림 6.50 참조)와 같이 세포에 존재하는 몇 가지 중요한 전사인자들은 특별하게 돌연변이 다글루타민 경로와 집합체를 형성할 수 있게 하는 신장된 다글루타민을 지니고 있다. 사실 HD 환자의 퇴화된 뉴런에 존재하는 단백질 집합체는 이들 두 전사 인자들을 모두 보유하고 있다. 이로 인해 변이된 헌팅틴이 전사 인자들을 격리시켜서, 뉴런의 건강과 생존에 필요한 유전자의 전사를 방해한다. 이 가설은 유전적으로 조작된 생쥐의 뇌 세포에 중요한 특정 전사인자를 발현하는 능력이 결여되었다는 연구를 통해 뒷받침되었다. 이런 생쥐들은 변이된 *HD* 유전자를 갖는 동물들이 보여주는 신경퇴행성 장애와 같은 형태의 이상 소견을 보였다. 축삭수송, 미토콘드리아의 투과능력, 분열, 콜레스테롤 합성, 단백질 분해 같은 기초적인 뉴런의 과정들도 *HD*의 돌연변이에 의해 방해되고, 이로 인해 신경세포가 죽는 주요 요인이 되고 있다. 한편 여러 HD 연구자들은 세포가 죽는 요인에 대해 다른 견해를 갖고 있다. 그들은 세포가 죽는 이유가 독성의 단백질 집합체 때문이 아니라 수용성의 돌연변이 단백질(또는 돌연변이 단백질의 단편) 때문이라고 주장한다. 사실 이 관점을 지지하는 사람들은 변이된 단백질 집합체가 해로운 물질들을 격리시킴으로써 세포를 보호한다고 주장한다. 사실상 현재 많이 제안되고 있는 치료법들은 환자에게 더 해로운 이 집합체의 형성을 막는 데 초점이 맞추어져 있기 때문에, 실제 원인이 되는 이런 가능성들을 구분하는 일이 매우 중요하다.

제2형의 트리뉴클레오티드 반복 질환은 여러 측면에서 제1형 질환과 다르다. 제2형 질환은 (1) CAG 뿐만이 아니라 다양한 트리뉴클레오티드의 신장으로부터 발생하고, (2) 관련된 트리뉴클레오티드가 아미노산을 암호화하지 않는 유전자의 어느 한부분에 존재하며(그림 1), (3) 트리뉴클레오티드가 수천의 반복으로 된 대량 신장으로 나타나고, (4) 이 질환은 뇌뿐만 아니라 신체의 다양한 부위에 영향을 끼친다. 가장 연구가 많이 되어 있는 제2형 질환은 취약 X 증후군(fragile X syndrome)인데, 이는 변이된 X 염색체가 특히 손상받기 쉬워서 이렇게 명명되었다. 취약 X 증후군은 수많은 육체적인 이상뿐만 아니라 정신지체가 생기는 것이 특징이다. 이 질환은 RNA에 결합하는 단백질을 암호화하는 *FMR1*이라고 하는 유전자에서 동적인 돌연변이가 일어나서 생긴다. RNA에 결합하는 이 단백질은 신경의 발달과 시냅스의 기능에 관련된 특정 mRNA들의 번역을 조절한다. 이 유전자의 정상 대립유전자는 mRNA의 5′ 비암호화 부분(그림 1)과 일치하는 유전자의 부분에 반복적인 특정 트리뉴클레오티드(CGG) 복사본을 대략 5~55개 정도를 포함하고 있다. 그러나 트리뉴클레오티드 복사본의 수가 대략 60개를 넘어서면, 그 자리는 매우 불안정해지고 복사본 개수가 수천 개로 급증하는 경향을 띠게 된다. 60~200개 복사본의 트리뉴클레오티드를 갖고 있는 *FMR1* 유전자를 지닌 여성은 일반적으로 정상 표현형을 보이지만, 후손들에게 굉장히 불안정한 염색체를 옮기는 보인자이다. 만약 이 염기의 반복 수가 200개를 넘으면, 그 사람은 거의 정신지체자가 된다. 기능획득의 결과로, 질환을 유발하는 비정상적인 *HD* 대립유전자와는 달리 비정상적인 *FMR1* 대립유전자는 기능 손실의 결과로 질환을 유발한다. 즉, 많은 CGG를 갖고 있는 *FMR1* 대립유전자는 선택적으로 비활성화되어서 유전자가 전사나 번역이 되지 않는다. 비록 트리뉴클레오티드의 반복으로 인해 유발되는 질환들의 효과적인 치료책은 없다 하더라도, 유전학적 선별과정을 통해 변이된 대립유전자를 유전시키거나 보유하는 위험성은 판별할 수 있다.

II. 유전체 분석의 의학적 응용

지난 수십 년 동안, 천여 개의 유전자들이 희귀한 유전병의 요인으로 확인되었다. 대부분의 경우, 연구되고 있는 질병을 유발하는 유전자는 전통적인 유전적 연관 연구를 통해 확인되었다. 그런 연구는 특정 질병이 유난히 높은 빈도로 나타나는 다수의 가족들을 조사하는 것으로부터 시작된다. 먼저 해야 할 과제는 가족 전체 구성원들이 공유하는 유전체의 바뀐 부분이 어디인지 알아내는 것이다. 질병과 관련된 유전자 부분이 확인되면, 그 부분의 DNA를 분리하고 돌연변이 유전자를 정확히 찾아낼 수 있다. 이런 유전학적 접근 방법은 침투율(penetrance)이 매우 높은 유전자, 즉 사람이 질환에 걸릴 것이 거의 확실한 돌연변이 형태의 유전자를 확인하는 데 매우 적합하다. 예를 들면, 헌팅턴(Huntington) 질환과 관련된 돌연변이 유전자는 매우 높은 침투율을 보인다. 게다가 다른 유전자의 결함 때문에 이 질병이 유발되는 경우는 없다. 매우 높은 침투율을 보이는 유전자들은 멘델의 유전을 따른다고 알려져 있으며, 3,000개 이상의 유전자들이 밝혀져 있다.

암, 심부전, 알츠하이머, 당뇨, 천식, 우울증, 나이와 관련된 다양

계속

한 질병 등과 같이 우리를 괴롭히는 대부분의 질병들은 유전적 소인들을 갖고 있거나, 적어도 가족력과 관련되는 경향을 보인다. 그러나 헌팅턴 질환처럼 유전되는 장애와는 다르게, 단 하나의 유전자가 그 질환과 명확하게 연결되어 있는 경우는 없다. 그 대신에 수많은 유전자들이 조금씩 관여하면서 종합적으로 장애를 유발시켜 발병에 영향을 미치는 것으로 보인다. 게다가 장애의 발생은 비유전적인(예: 환경) 요인에 의해서도 영향을 받는다. 예를 들면, 당뇨가 발생할 가능성은 심각하게 비만인 사람에서 굉장히 높고, 폐암의 경우는 흡연을 하는 사람에서 발생할 가능성이 굉장히 높다. 의료 연구계의 한 가지 목표는 흔하면서도 유전적으로 복잡한 질병들의 발생에 관계되는 유전자를 밝히는 것이다.

질병 침투율이 낮은 통상적인 질환들을 일으키는 대부분의 유전자들은 가계도 연구를 통해 확인될 수 없다. 그 대신에 그런 유전자들은 큰 집단 내에서의 질병 발생정도를 분석함으로써 가장 잘 확인된다. 이런 방법의 연구를 수행하기 위해, 연구원들은 질병을 갖고 있을 만한 사람의 인자형(genotype)과 질병에 걸리지 않으면서 비슷한 민족적 배경을 갖고 있는 사람의 인자형을 비교한다. 그래서 당뇨나 흔한 유전적인 다형성 같은 특정한 질병에서의 **연관성**[*association*, 또는 상호관계(correlation)]를 찾는 것을 목표로 한다. 이런 접근방법의 잠재적인 가치는 1990년대 초에 지질단백질 ApoE를 암호화하는 대립유전자와 알츠하이머 발병 가능성의 강력한 연관성을 발견함으로써 입증되었다. 알츠하이머병은 *ApoE4* 대립유전자를 1개라도 갖고 있는 개체는 이 대립유전자를 갖고 있지 않은 개체보다 신경퇴행성 장애를 더 잘 발생시킨다는 연구에서 밝혀졌다. 이런 발견들은 콜레스테롤 대사, 심혈관계 건강, 알츠하이머병 사이의 관계를 연구하는 데 중요한 분야가 되었다.

전유전체 연관연구(genome-wide association study, GWAS)는 이름에서 말해주듯이 질병의 상태와 유전체의 어딘가에 존재할지 모르는 다형성(polymorphism) 사이의 관련성을 찾는다. 이것은 연구에 참여하는 모든 대상자들의 유전체 뉴클레오티드 서열을 분석하는 것이 필요하다. 이전에도 언급했듯이, 사람의 유전적 다양성의 가장 흔한 형태는 단일 뉴클레오티드 다형성(single nucleotide polymorphism, SNP)이다. 유전자 암호화의 특수성이나 유전자 발현 조절을 바꿔버리는 많은 SNP가 복잡한 질병 발생에 대한 감수성에 중요한 역할을 한다. 사람의 DNA 샘플의 염기서열을 분석하는 비용이 크게 저렴해졌기 때문에, 연구자들은 건강한 사람보다 특정한 질병을 앓고 있는 사람에서 더 많이 일어나는 SNP를 규명하기 위해 많은 사람들의 유전체를 분석해왔다. 확인된 SNP가 직접적으로 질병에 영향을 끼치지 않더라도, 그것들은 영향을 끼칠만한 자리 근처에서 유전적인 표지로서 작용한다. 이 원리들은 노인성 황반변성(age-related macular degeneration, AMD)에 대해 2005년에 출간된 전유전체 연관분석에서 잘 설명되어 있다. 초기에 연구자들은 SNP와 질병의 관계를 찾고자 96명의 노인성 황반병성 환자를 50명의 대조군과 비교하여 염기서열이 분석된 10만 개 이상의 SNP를 분석하였다. 그들은 면역이나 염증반응과 관련된 *CFH*라는 유전자의 인트론(비암호화 부위)에 존재하는 SNP와 질병을 갖고 있는 개체들 사이에서 강력한 연관성을 찾았다. 연구자들이 노인성 황반변성과 관련된 유전체 부위를 알아내어, 96명의 전체 *CFH* 유전자의 배열을 밝혔다. 그들은 CFH 단백질의 특정 위치에 히스티딘을 갖고 있게 되는 *CFH* 유전자의 암호화 구역에 있는 다형성이 그들이 규명한 다형성과 단단히 연결되어 있음을 발견하였다. 노인성 황반변성의 위험과는 관련되지 않은 CFH 단백질의 다른 대립유전자는 이 위치에 티로신을 갖고 있었다. 그들의 이런 발견은 염증반응이 노인성 황반변성의 발생에 근본적인 요인이라는 추가적인 증거를 얻게 되었고, 이 질환의 치료법에 대한 명확한 표적을 제시하였다.

많은 전유전체 연관연구가 지난 몇 년 동안 이루어져 왔다. 다수의 연구들에서, 수천 명의 유전체가 면밀히 조사되었고, 그 결과는 분리된 경우와 대조군의 독립적인 분석이 사실임을 확고히 해 주었다. 이런 연구들은 사람에게서 가장 흔한 SNP를 갖는 수천 개의 DNA 조각을 넣을 수 있는 상업적으로 생산된 칩의 실질적인 사용을 가능하게 하였다. 연구자들은 칩 안에 있는 DNA 샘플이 분석될 수 있도록 반응시킬 수 있고, 한 개인의 DNA에 존재하는 SNP를 확인할 수 있다. 이런 연구들의 결과로, 우리는 유전자들(비암호화된 DNA 구역까지도)의 목록을 갖고 있기 때문에 특정한 대립유전자나 변종이 한 사람이 다양한 질병(예: 심장질환, 크론병, 당뇨병, 여러 종류의 암)에 걸릴 가능성을 높인다는 사실을 알게 되었다.

연구자들이 이런 통합적인 연구를 시작했을 때 이전에 특정 질병과 무관하다고 생각했던 유전자들을 조사함으로써, 이 연구가 일반 질환들의 근본적인 기초를 새롭게 이해할 것으로 기대하였다. 이런 유전자들의 산물은 가족성 콜레스테롤 혈증(familial hypercholesterolemia, 제12장 <역사적 실험> 참조)과 관련된 HMG-CoA 환원효소 유전자와 LDL 수용체 유전자가 콜레스테롤 수치를 낮추는 스타틴(statin: HMG-CoA 환원효소 억제제)의 발현을 유도하는 데 중요한 역할을 하는 것으로 확인된 것처럼, 궁극적으로 약물요법에 대한 새로운 이정표의 목표가 되었다. 이런 통합적인 유전학 연구는 비록 신약 개발을 이끌지 못하였다 하더라도, 통상적인 여러 질병들이 발생하는 중요한 경로와 기작을 밝혀냈다. 한 가지 예를 들면, 제2형 당뇨병을 유발할 수 있는 유전자들은 인슐린을 분비하는 이자 세포에서 작용하여 기능 장애를 야기하는 단백질을 암호화한다. (이 연구 결과들에 관심있는 독자들은 www.snpedia.com를 보라.)

비록 전유전체 연관분석이 통상질환들을 유발하는 유전자들을 밝혀내는 데 성공하였다고 하더라도, 임상유전학자들에게는 아직도 실망스러운 부분이 남아 있다. 여러 해가 지나면서, 우리는 유전이 대부분 일반 질환들의 발생에 관여하는 정도를 알게 되었다. 최근의 전유전체 연관분석의 결과를 보면 대부분 확인된 질병을 유발하는 "취약 대립유전자(susceptibility alleles)"들은 전형적으로 이 유전자들이 없을 때에 비해 1.5배 미만으로 미약하게 특정 질환 발생을 증가시켰다. 크론병 혹은 제2형 당뇨병처럼, 어떤 사람이 특정 질환을 유발하는 유전자들을 모두 갖고 있는 데도 그 사람이 병에 걸리지 않고 있다면, 이것은 그 질병의 발생에 유전학적 요인이 기여한다는 것을 설명하지 못한다. 이런 질병들과 관련된 유전적인 위험 요인들은 아직 대부분 확인되지 않았다. 예를 들면, 다수의 대립유전자들이 아직 연구를 통해 밝혀지지 않은 질병 유발의 위험성(매우 낮은 침투율을 갖는)에 관여할지도 모른다. 그렇다면, 낮은 침투율을 보이는 변종들의 확인은 큰 가치가 없을지도 모른다. 반대로, 다수의 흔하지 않은 대립유전자가 질병의 위험성을 높일지도 모른다. 이 대립유전자들은 흔하지 않기 때문에 최근의 전유전체 연관분석에서 간과되어 왔다. 즉, SNP에 의존하는 연관분석에서는 발견되지 않는 유전자의 구조적인 변형으로 인해 발병의 위험성이 높아질 가능성이 있는 경우이다.

일반 질병들에 대한 대부분의 유전적 위험 인자들이 다수 규명되어져야 할 것이다. 예를 들어, 대다수의 일반 대립유전자들이 사소한 위험(즉, 매우 낮은 침투율)에 관계된다. 이것이 만일 사실이라면, 낮은 침투율을 알아내는 것으로는 실용적인 가치가 거의 없게 된다. 이와는 반대로 발병의 위험성을 크게 높이는 다수의 변이체들도 있을 수 있다. 그러나 그러한 경우는 드물어서(0.1~1%), 대개 간과되는 편이다. 또 다른 사라진 유전(missing heritability)의 한 경우로서 **상위억제**(*epistasis*) 현상이 있다. 한 대립인자가 다른 부위의 대립인자에 영향을 주게 되는 것이다. 바꾸어 말하면, 유전자들은 상호작용을 하기 때문에 연구자들은 특정 표현형을 나타낼 때 특정 조합의 결과로서 생각하지 않으면 안된다. 특정 질병에 대한 개별적인 변이체를 조합의 결과로 측정하지 않고 알아내는 것은 어렵다.

어려움이 있기는 하더라도, 언젠가는 어떤 뉴클레오티드가 한 사람의 유전체 내에서 중요한 위치에 있는지를 식별함으로써 한 사람이 유전적으로 어떤 특정 질병에 잘 걸리는지를 확인할 수 있을 것이다. 유전적 변이에 대한 정보는 특정한 약제가 사람에게 도움이 될지 또는 심각한 부작용을 초래할지, 즉 사람이 그 약제에 어떻게 반응할 것인지에 대해 암시해준다. 한 사례를 인용하자면, TPMT) 효소를 암호화하고 있는 유전자에 2개의 특정한 SNP를 가진 대립유전자를 갖는 사람들은 어린 아이들의 백혈병을 치료하기 위해 흔히 사용되는 티오퓨린(thiopurine) 계통의 약물대사 작용을 할 수 없다. 이 대립유전자를 동형으로 갖고 있는 사람들은 적당량의 티오퓨린 약으로 치료를 받게 되면 골수에서 생명에 치명적인 손상을 받게 될 위험성이 매우 높아진다. 대부분의 질병들은 많은 대안적인 치료들로도 치유가 될 수 있어서 치료를 할 때에는 적절한 약을 사용하는 것이 매우 중요하다. 제약업계에서는 SNP 정보들을 통해 의사들이 각각의 개인의 유전적인 프로필에 맞춤식으로 특정한 약을 조제하는 "맞춤식 약물 요법(customized drug therapy)"이 도래하기를 바라고 있다. 이미 환자의 DNA를 선별해서 2개의 다른 시토크롬(cytochrome) P-450 유전자 중에 어느 것이 변종인지를 의사들이 결정할 수 있는 DNA 칩 사용을 FDA가 승인하는 시대가 시작되었다. 이런 유전자들은 진통제와 항우울제부터 속 쓰림에 대한 약물 처방전에 이르기까지 사람마다 다양한 약물 대사 작용을 얼마나 효율적으로 할 수 있는지 확인하는 과정에 도움을 준다.

이런 다형성의 수가 유전체 안에 굉장히 많기 때문에 연관분석 연구에서의 SNP 정보를 이용한다는 것은 엄청난 과업이다. 연구자들은 사람들의 여러 개체군들에서 SNP의 분포를 연구하기 시작하면서, 연관 분석을 더 간단하게 만든 깜짝 놀랄만한 발견을 하였다. 그것은 바로 SNP의 큰 부분들이 최근 인간의 진화 과정을 통해 하나의 단위체로서 함께 유전되어 왔다는 것이다. 만약 당신의 염색체의 특정 구역에 각각 소수의 다형성 부위가 있는 특정한 서열이 있다면 그 구역의 다른 모든 다형성 부위에 있는 서열들은 상당히 높은(90% 정도) 정확도로 예측될 수 있다. 유전자 재조합(예: 교차)은 DNA 내에서 무작위로 일어나는 것은 아니기 때문에, 유전자 지도 작성 논의에서 제시되었던 것처럼, SNP의 확장은 유전체 속에서 많은 세대를 거치면서 함께 유지되어 왔다고 생각된다. 그 대신 재조합이 잘 일어나는 짧은 DNA 단편들(1~2kb)과 낮은 빈도로 재조합되는 "빈발 부위(hot spot)" 사이의 DNA 부위들이 있다. 그 결과, DNA의 어떤 부분들은(전형적으로 20kb 길이) 이전 세대에서 다음 세대로 온전히 유전되는 경향이 있다. 이런 부분들을 **반수체형(haplotype)**이라고 한다. 반수체형은 "거대한 다유전자 대립유전자들(giant multigenic alleles)"과 같다. 즉, 만약 여러분이 어떤 특정 염색체 상에서 특정 부위를 선택한다면, 그 구역에서는 약간의 다른 반수체형들만이 발견된다(**그림 1**). 각 반수체형은 유전체 구역에 있는 소수의 단일염기다양성("tag SNP"이라고 함)으로 정의된다. 반수체형 속에 있는 일단의 tag SNP들의 정체가 규명되면, 반수체형 전체의 특성도 알 수 있게 된다.

2002년도에 대략 25개 집단의 연구원들이 인간 개체군에 존재하는 다양한 반수체형들을 분석하고 규명하기 위해 국제 반수체형지도 개발사업(International HapMap Project)이라는 공동 작업을 시작하였다. 반수체형지도(HapMap)는 인종적으로 다른 4개의 개체군들 중 270명에서 24개의 다른 염색체들에 존재했던 모든 반수체형

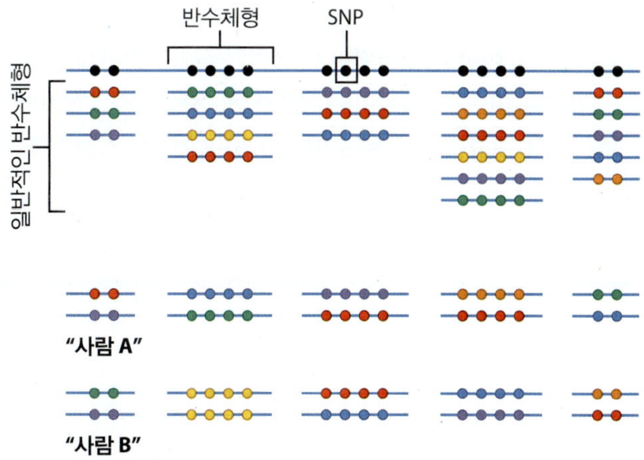

그림 1 유전체는 구역[반수체형(haplotype)]들로 나누어져 있다. 위쪽 선은 닫힌 원으로 나타낸 다수의 스닙(SNP)들을 포함하는 DNA 부분을 보여주고 있다. 특정 이 부위는 매우 다양한 짧은 DNA 조각들에 의해 나누어진 5개의 반수체형으로 구성되어 있다. 각 반수체형은 소수의 변이체들을 발생시킨다. 여기에서 보여주는 각 반수체형은 3개 내지 6개의 변이체들로 존재한다. 각 반수체형 변이체는 빨간색이 다르게 표시된 특정 스닙들로 특징지워진다. 특정 반수체형 변이체의 모든 스닙들은 하나의 집단으로 유전되고 다른 집단에서도 함께 존재한다는 것을 나타내기 위하여 동일한 빨간색으로 그려져 있다. 그림 아래의 각 사람은 두 염색체 각각에 반수체형의 특별한 조합을 갖고 있다. 어떤 반수체형 변이체는 여러 다른 민족들에서 나타나고, 다른 것들은 제한된 분포를 보인다.

계속

들(개체군의 최소 5% 이상 존재하는 반수체형들)을 포함한다. 아프리카의 요루바, 중국, 일본 그리고 북유럽(유타에 정착한 후손들)에 있는 사람들을 대상으로 조사하였다. 이 프로젝트는 2006년에 완성되었고 유전체 전체에 걸쳐 균등하게 분포한 400만 개 이상의 tag SNP를 토대로 하여 반수체형 지도를 발표하였다. 반수체형 지도의 이용이 가능해졌기 때문에 연구원들은 특정 질환과 특정 반수체형과의 관계를 규명할 수 있게 되었다. 반수체형지도의 분석은 인류 집단의 기원과 이주에 대한 정보를 알 수 있게 하며, 인간 유전체의 형태를 나타내는 요인들에 대한 의미 있는 자료들을 얻게 하였다. 그것은 다음의 예를 통해 설명할 수 있다. 성인인 우리가 위에 탈이 나지 않고 우유를 마실 수 있는지 없는지는 [즉, 우리가 젖당 내성(lactose tolerant)이 있는지 없는지는] 유전체 속에 젖당 분해효소에 대한 유전자를 갖고 있는지 여부에 따라 결정된다. 젖당 내성은 독특하게 긴 반수체형과 관련이 있는데, 이 반수체형은 성인에서 영원히 발현되는 젖당분해효소의 유전자를 갖고 있다. 이런 특정한 반수체형은 오랜 역사 동안 착유동물을 키워온 유럽의 사람들에서 높은 빈도로 발견되고, 대부분의 사하라 아프리카 남부지방과 동남아시아 사람들처럼 역사적으로 착유동물을 길러오지 않은 곳에서는 굉장히 희박한 빈도로 발견된다. 유럽인들 사이에서의 이런 높은 빈도는 영양 섭취를 위해 유제품에 의존했던 개체군 내에서 굉장히 바람직하며 선택적인 압력을 받았음을 암시하고 있다. 이런 단일 반수체형은 100만 개 이상의 염기서열을 갖는데, 이것은 더 작은 단편으로 분리되어 교차되지 않도록 구역(block)으로 모여 있지 않았음을 암시한다. 사실 이 반수체형은 낙농업이 발생했을 시기로 생각되는 5,000년~1만 년 전에 상당한 선택적인 압력을 받았을 것으로 추정된다. 낙농업에 종사하는 아프리카 동부의 여러 개체군들이 영원히 젖당 분해효소를 발현하는 것도 주목할 만하다. 이 아프리카 사람들에게서 젖당 내성 표현형의 돌연변이는 유럽인들에서 발견되는 돌연변이와는 다른데, 이는 그 특성이 두 집단으로 독립적으로 진화하였고 인간 역사에서 수렴진화의 좋은 예시를 보여준다는 것을 암시하고 있다.

2006년 반수체형 지도가 성공함에 따라, 일부 유전학자들은 고도의 전유전체 서열분석이 가능해질 때까지는 반수체형 지도가 임시 방편의 수단이 될 것으로 인식하고 있다. 여러 해 동안 천여 명의 연구원들이 노력하여 인간 유전체의 서열을 처음으로 밝혀낸 인간유전체사업(Human Genome Project)은 대략 10억 달러의 비용이 들었을 것으로 추정된다. 2014년에는 전체 인간 유전체 서열을 분석하는 비용이 약 1,000달러로 낮아졌다. 이렇게 비용의 급격한 절감과 노력은 DNA 서열분석을 위한 새로운 방법을 발전시킴으로써 가능하게 되었다. 이런 가격 절감과 많은 노력으로 인하여 DNA 서열을 결정하는 새로운 세대의 방법들을 개발하는 것이 가능해졌고, 이런 새로운 기술들을 이용하여 대규모의 서열분석 작업들이 진행되고 있다. 최소한 1,000명에 대한 완벽한 유전체 서열을 비교하기 위해 2008년에 1,000 유전체사업(1,000 Genome Project)이라고 불리는 국제 협력 연구가 시작되었다. 2014년, 14개의 인류집단 내 1,092명의 개인 전유전체 서열을 분석하여 발표하였다. 연구자들은 사람의 질병을 일으키는 데 관여하는 유전체 내의 변종을 알아내기 위해 유전자 자료들을 추출해내고 있다. 유전체 서열분석 및 신생아 이상 감별 프로젝트(Genomic Sequencing and Newborn Screening Disorders Project)라고 하는 대규모의 서열분석 노력이 2013년에 시작되었다. 이 프로젝트로 1,500명의 신생아 전체 유전체 분석을 통해 신생아의 질병을 조기에 찾아낼 수 있게 된다. 더 중요한 것은 유전체 서열분석을 둘러싼 윤리적, 법적 및 사회적 이슈를 탐구할 기금이 마련되어 있어서, 유전체 서열분석이 더 자주 이루어질 몇 년 동안 뜨겁게 토론이 벌어질 것이다.

최근 몇 년 사이, 또 하나의 발전은 소량의 주형 DNA를 가지고도 유전체의 서열분석을 할 수 있게 된 것이다. 이러한 기술로 연구자들은 단 하나의 세포로부터 전유전체의 서열분석을 가능하게 하는 뛰어난 업적을 성취하게 되었다. 많은 연구를 통해, 건강하거나 병에 걸린 조직내 세포와 세포들 사이에 상당한 다양성이 있음이 분명해졌다. 예를 들어, 어떤 암의 진행상태는 시간이 경과함에 따라 여러 특수한 돌연변이들이 축적되어 나타나는 것이다. 단일 세포 유전체 연구는 암세포에서 일어나는 자세한 유전적 변화를 알 수 있게 해줌으로써, 암의 치료와 예방에 획기적인 발전을 약속하고 있다.

역사적 실험

유전자의 화학적 성질

Mendel이 콩과 식물의 유전을 통해 그의 연구 결과를 밝혀낸 3년 후에, 프리드리히 미셔(Friedrich Miescher)는 스위스의 의대를 졸업하고 독일에 있는 튜빙겐(Tubingen)에서 최초의 화학자(또한 최초의 생화학자일 가능성도 있음) 중 한 사람인 언스트 호프 세일러(Ernst Hoppe-Seyler) 아래에서 공부하였다. Miescher는 세포핵의 화학적인 내용물에 관심이 있었다. 세포질 구성성분과의 혼합을 최소한으로 막고 세포핵을 추출하기 위해서, Miescher는 크고 많은 양을 얻기 쉬운 세포가 필요하였다. 그래서 그는 백혈구 세포를 선택했는데, 이 세포들은 지역 진료소에서 버려진 외과용 붕대에 있는 고름에서 구할 수 있었다. Miescher는 그 세포들을 묽은 염산에 넣었는데, 이 염산은 그가 돼지의 위에서 얻은 추출물에서 단백질을 제거한 것이었다(위 추출물에는 단백질분해효소인 펩신이 들어 있음). 이런 과정으로 생긴 잔여물은 주로 용기 바닥에 가라앉는 분리된 세포핵들로 이루어져 있었다. 그 다음 Miescher는 묽은 알칼리로 핵을 추출하였다. 알칼리 용해성 물질은 더 묽은 산을 통한 침전과 묽은 알칼리를 통한 재추출 과정을 통해 더 정제되었다. Miescher는 알칼리성 추출물이 이전에 발견된 것들과는 다른 특성을 보인다는 사실을 알아냈다. 그 물질은 매우 크고 산성이며 인을 매우 많이 함유했던 것이다. 그는 그 물질을 "뉴클레인(nuclein)"이라고 하였다. Miescher는 1년을 보내고 나서 고국인 스위스로 돌아갔고, 그 발견에 매우 신중했던 Hoppe-Seyler는 연구를 계속하였다. 그 결과가 확실해지자 Miescher는 1871년도에 그의 발견을 발표하였다.[1]

스위스로 돌아온 Miescher는 세포핵의 화학적인 특성을 계속 연구하였다. Miescher는 라인강 근처에 살면서 상류로 거슬러 올라오는 난자와 정자로 가득 찬 연어를 쉽게 접할 수 있었다. 정자는 핵을 연구하기에 이상적인 세포이다. 백혈구 세포처럼 정자도 매우 많은 양을 얻을 수 있고, 총부피의 90%를 핵이 차지하기 때문이다. Miescher가 정자 세포로부터 추출한 뉴클레인은 백혈구에 있는 인의 양보다 훨씬 높은 농도의 인을 함유하였다(거의 무게로 10% 이상). 이것은 이 시료에 단백질이 훨씬 적게 섞여 있음을 의미하였다. 사실상 그것들은 상대적으로 깨끗한 DNA이었다. 핵산(nucleic acid)이라는 용어는 1889년에 Miescher의 제자 중 1명이며 다양한 동물 조직과 효모에서 단백질이 없는 DNA를 정제하는 방법을 연구한 리차드 알트만(Richard Altmann)이 명명하였다.[2]

지난 19세기 마지막 20년 동안, 수많은 생물학자들은 염색체에 초점을 맞췄고, 세포분열 사이와 세포분열 중의 변화를 설명하였다(4.2절). 염색체를 볼 수 있는 한 가지 방법은 빨간색소로 세포 구조를 염색시키는 것이다. 차하리아스(E. Zacharias)라는 식물학자는 염색체를 염색시킨 빨간색소가 펩신이 들어 있는 염산 용액에서 Miescher의 방법을 이용하여 추출한 뉴클레인도 염색시킨다는 사실을 알아냈다. 더 나아가 뉴클레인을 제거하는 방법으로 알려져 있는 방법인 펩신-염산-추출 세포가 다시 묽은 알칼리로 처리되었을 때 그 세포의 잔여물(염색체의 잔여물도 포함)은 더 이상 염색이 가능한 물질을 갖고 있지 않았다. 이것과 그 밖의 결과들로 뉴클레인이 염색체의 구성성분일 것이라고 강조되었다. 상당한 선견지명의 한 제안에서 수정 과정 중 염색체의 변화를 연구하였던 오토 헤르트비히(Otto Hertwig)는 1884년에 다음과 같이 말하였다. "저는 적어도 뉴클레인이 수정뿐만 아니라 유전 형질을 전달하는 데에도 중요한 역할을 할 가능성이 높은 것으로 생각합니다."[3] 역설적이게도 뉴클레인의 특성에 대해 더 많이 알게 될수록,, 오히려 유전물질로서의 입지는 갈수록 낮아졌다.

Miescher가 DNA를 발견한 이후 50년 동안, DNA의 화학적 성질과 특성들이 밝혀졌다. 이 연구에서 가장 중요한 공헌들 중 하나가 1891년에 러시아에서 미국으로 이주한 후 뉴욕에 있는 록펠러연구소(Rockefeller Institute)에 정착한 피버스 레벤(Phoebus Aaron Levene)에 의해 이루어졌다. Levene은 그가 1929년에 뉴클레오티드의 당이 2-디옥시리보오스라는 것을 밝혀냈을 때 궁극적으로 DNA의 화학적 성질의 가장 난해한 문제를 해결한 사람이었다.[4] 당을 분리하기 위해 Levene과 런던(E. S. London)은 수술로 개의 위를 열어 DNA를 넣고 동물의 장에서 시료를 수집하였다. DNA가 위와 장을 거치면서 동물 소화관의 여러 효소들의 작용으로 분리되고 분석이 가능한 구성성분으로 뉴클레오티드가 조각났다. Levene은 1931년 핵산에 관한 내용을 단행본으로 요약하였다.[5]

Levene은 DNA의 골격 구조를 밝혀 인정을 받는 동안에도 유전자의 화학적인 특성을 찾는 과정에서 꼬여져 있는 골격구조를 알아냄으로써 신뢰를 얻게 되었다. 이 기간 동안 단백질은 굉장히 복잡하고, 매우 다양한 화학반응에 촉매작용을 하는 데 뛰어난 특이성을 지닌다는 것이 더욱 더 명백해졌다. 반면에 DNA는 4개의 뉴클레오티드 구성 요소의 단조로운 반복으로 구성되었을 것으로 생각되었다. DNA 구조에 대한 이러한 테트라뉴클레오티드 설(tetranucleotide theory)의 중요한 옹호자가 Levene이었다. 염색체는 오직 DNA와 단백질, 이 두 구성성분으로 구성되기 때문에 단백질이 유전물질이라는 것이 그 당시에는 의심의 여지가 거의 없었다.

DNA 구조 연구가 이루어지는 한편에서는 세균학 분야에서 외형상 독자적인 연구가 진행되고 있었다. 1920년도 초반에는 많은 종류의 병원균이 두 가지 다른 형태로 실험실에서 배양될 수 있었다. 치명적인 병균, 즉 질병을 일으킬 수 있는 세균 세포는 매끄럽고 돔 형태의 규칙적인 군체(colony)를 형성하였다. 반면에 치명적이지 않은 세균 세포는 거칠고 납작하며 불규칙적인 군체를 형성하였다(**그림 1**).[6] 영국의 미생물학자인 아크라이트(J. A. Arkwright)는 이 두 가지 유형을 설명하기 위해 매끄러운(smooth, S)과 거친(rough, R)

그림 1 오른쪽의 크고 윤기 있어 보이는 군체들은 병원성 S-형 폐렴구균들이고, 왼쪽의 작은 군체들은 비병원성 R-형 폐렴구균들이다. S 군체 세포들은 열처리되어 죽은 S 폐렴구균들의 DNA에 의해 R 세균의 형질전환된 결과로 나타난 것이다.

출처: O. T. Avery, C. M. Macleod, and M. Mccarty, J. Exp. Med. 79:153, 1944. 에서 발췌. The Rockefeller University Press의 허가를 얻음.

계속

이라는 두 용어를 사용하였다. 현미경으로 관찰하면, S 군체를 형성한 세포들은 젤리 같은 피막에 둘러싸여 있었지만, R 군체를 형성한 세포들은 피막이 존재하지 않았다. 이 세균 피막은 숙주의 방어로부터 세균을 보호해주는데, 이 때문에 세균 피막을 갖고 있지 않은 R 세포들은 실험동물에서 감염을 일으킬 수가 없는 것이다.

사람의 건강에 커다란 영향을 미치기 때문에, 폐렴을 일으키는 폐렴균(*Streptococcus pneumoniae*, 또는 간단히 pneumococcus)은 미생물학자들 사이에서 관심의 대상이 되어왔다. 1923년 영국 보건부(British Ministry of Health)의 의사였던 프레드릭 그리피스(Frederick Griffith)는 폐렴균이 S나 R 군체 중 하나로 배양될 수 있으며, 두 가지 유형은 상호 전환이 가능하다는 것을 증명하였다. 즉, R형 세균이 S형으로 변할 수 있고, 그 반대도 가능한 것이다.[7] 예를 들면, Griffith가 쥐에 특별히 많은 양의 R형 세균을 주입하면, 그 동물에서 흔하게 폐렴이 발병하고 S형의 군체를 형성한 세균이 생기는 것을 발견한 것이다.

폐렴균은 초기에 면역학적으로 서로 구별될 수 있는 여러 가지 유형(제1형, 제2형, 제3형)이 있다는 것을 알았다. 바꾸어 말하면, 감염된 동물로부터 얻을 수 있는 항체는 세 가지 중에 한 가지 유형뿐이었다. 게다가 한 가지 유형의 세균은 절대 다른 유형의 세포가 되지 않았다. 세 가지 유형의 폐렴균 각각은 R형이나 S형 둘 중의 어느 한 가지 유형으로만 존재할 수 있었다.

1928년에 Griffith는 다양한 세균 물질들을 생쥐에 주입하던 도중에 놀라운 발견을 하였다.[8] 열처리로 죽인 많은 수의 S 세균이나 살아있는 적은 수의 R 세균을 주입하여도, 그 자체로는 생쥐에 무해하였다. 하지만 두 가지 세균을 함께 같은 생쥐에 주입하면, 폐렴이 발병하였고 생쥐는 죽었다. 그는 치명적인 세균을 생쥐에서 추출하여 배양하였다. 이 발견을 더 알아보기 위해 그는 다른 유형의 세균 조합을 주입하였다(**그림 2**). 처음에는 8마리의 생쥐에 가열하여 죽은 제1형 S 세균을 살아있는 제2형 R 균주 소량과 함께 주사하였다. 8마리 중 2마리가 폐렴에 걸렸고 Griffith는 감염된 생쥐로부터 치명적인 제1형 S 세균을 추출하고 배양할 수 있게 되었다. 열로 죽은 세균이 다시 살아날 가능성은 절대로 있을 수 없기 때문에, Griffith는 죽은 제1형 세포가 피막이 없고 살아있는 제2형 세포에게 무엇인가를 건네주어 피막이 있는 제1형 형태로 **형질전환된**(*transformed*) 것으로 결론지었다. 형질이 전환된 세균은 배양액 속에서 자랄 때 계속적으로 제1형 세포들을 생산하기 시작하였다. 즉, 그 형질전환은 안정되고 영구적이었다.

Griffith의 형질전환 발견은 Levene이 연구하는 곳과 같은 록펠러 연구소의 면역학자인 오스왈드 애버리(Oswald Avery)의 실험실을 포함하여, 세계적으로 다른 실험실의 연구들을 통해 빠르게 확고해졌다. Avery는 죽은 세포에서 방출된 물질이 살아있는 세포의 외형을 변형시킨다는 발상에 회의적이었지만, 그의 실험실에 있는 마틴 도슨(Martin Dawson)이 그 결과가 사실임을 입증했을 때 그 또한 확신하게 되었다.[9] Dawson은 더 나아가 살아있는 동물 숙주 내에서는 형질전환이 일어날 필요가 없음을 보여주었다. 항 R 혈청이 포함된 세균 배양액에 치명적이지 않은 소량의 R 세포를 넣으면, 죽은 S 세균의 추출물은 R 세포에서 치명적인 S형으로 변할 수 있었다. 형질전환된 세포는 항상 죽은 S 세포의 특징을 지닌 유형(제1형, 제2형, 또는 제3형)을 보였다.[10]

그 다음 단계는 Avery의 실험실에 있는 또 다른 멤버였던 리오넬 알로웨이(J. Lionel Alloway)가 맡았는데, 그는 형질전환 물질을 용해시킬 수 있었다. 이 과정은 죽은 공여세포를 신속히 얼리고 해동한 후에 파괴된 세포를 가열하고, 그 현탁액을 원심분리하며, 세균의 경로를 차단시키는 필터에 이 상층액을 통과시킴으로써 이루어졌다. 여과된 용해성 추출물은 원래의 열사된 세포처럼 같은 형질전환 능력을 가졌다.[11]

그 후 10년 동안 Avery와 그의 동료들은 형질전환을 일으키는 물질을 정제하는 것과 그것의 특성을 밝혀내는 데 초점을 맞췄다. 이것은 오늘날에도 매우 놀랄만한 사건이기 때문에 세계의 어느 실험실에서도 Avery가 말한 것처럼 형질전환 인자의 정체를 밝히지 못하고 있었다. 연구는 매우 느리게 진행되었다.[12] 결국 Avery와 그의 동료인 콜린 맥로드(Colin MacLeod)와 맥클린 맥카티(Maclyn

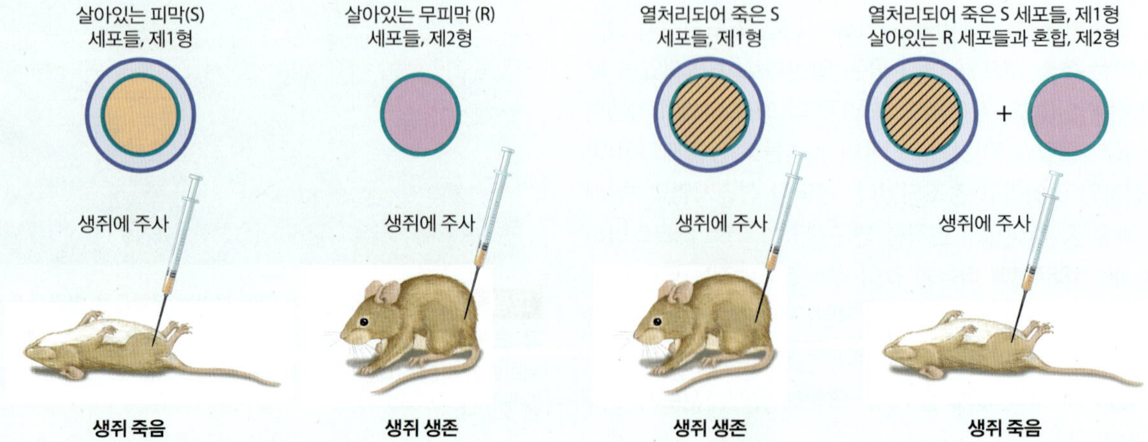

그림 2 세균의 형질전환을 발견한 Griffith의 실험 개요

McCarty)가 60억 개 중에 단 1개만 형질전환을 활성화시킨 용해성 추출물로부터 그 물질을 분리하는 데 성공하였다. 모든 증거들은 그 활성화 물질이 DNA임을 시사하였다. (1) 화학적인 성질들이 DNA의 특성과 같음을 증명하였고, (2) 그 물질의 어떤 유형도 추출물에서 찾아볼 수 없었으며, (3) 다양한 효소들을 이용하여 시험해 본 결과, DNA를 분해하는 효소만이 형질전환인자를 비활성화시켰음을 입증하였다.

1944년에 게재된 그 논문은 매우 세밀하게 작성되었고, 유전자는 단백질이 아니라 DNA로 구성되어 있다는 극적인 진술을 하지 않았다.[13] 그 논문은 대중들에게 거의 관심을 끌지 못하였다. 3명의 저자 중 1명인 McCarty는 배 멀미 치료약인 드라마민(Dramamine)의 효과를 시험하고 있던 레슬리 게이(Leslie Gay)와 함께 존스 홉킨스대학교로부터 1949년에 연설을 요청받았을 때 이에 대해 설명하였다. 넓은 홀은 많은 사람들로 꽉 차 있었고, 그는 이렇게 말했다. "Gay의 논문에 대한 짧은 질문과 토론 후에 의장님께서 저를 두 번째 연설자로 소개해 주셨습니다. 많은 사람들이 홀에서 줄줄이 빠져나가는 소음 때문에 의장님이 말하는 것을 거의 들을 수가 없었습니다. 많은 사람들이 다 빠져나가고, 제가 연설을 몇 분 동안 하고 난 후에, 나는 대략 35명의 사람들이 강연에 남아있는 것을 보았는데, 그들이 남은 이유는 폐렴구균의 형질전환에 대해 듣고 싶거나, 예의상 남아있어야 된다고 느꼈기 때문이었습니다." 그러나 Avery 자신이 발견의 잠재성에 대한 자각은 세균학자인 그의 동생 로이(Roy)에게 1943년에 편지를 보냈을 때 드러났다.

> <물론 이것이 아직 입증되지는 않았지만, 만약 우리가 옳다면 핵산은 단지 구조적으로만 중요한 것이 아니라, 생화학적인 대사와 세포의 특정한 성질을 결정하는 데 기능적으로도 활성 물질임을 의미하겠지. 그리고 그건 화학물질로 세포 내에서 예측이 가능하고 유전적인 변화를 유도하는 것이 가능하게 되겠지. 이것은 유전학자들이 오랫동안 품어온 꿈이잖아. . . . 바이러스가 유전자일 수도 있는. . . . 그러나 나는 그 기작에 대해서는 전혀 관심이 없고. . . . 물론 문제가 없는 것도 아니고. . . . 그건 유전학, 효소화학, 세포대사 및 탄수화물 합성 등등과 같은 것들과 관련이 있겠지. 그러나 단백질 없이 DNA가 생물학적 활성을 지니고 특수한 성질을 가진다는 사실를 지금은 누구나 다 확신할 수 있으며 충분히 설명할 수 있는 증거가 충분히 있어. 그것은 풍선에 바람을 불어 넣는 것처럼 무척 재미있는 일인데, —그러나 어떤 이가 그것을 증명하기 전에는 다른 사람들의 말을 경청하는 것이 현명하겠지.>

책 속 많은 글들과 구절들에서 Avery의 발견이 왜 더 큰 찬사를 받지 못했는지를 다뤘다. 그 이유 중 일부는 논문이 쓰여졌을 때 매우 조용한 태도를 취하고 있었고, Avery가 유전학자가 아닌 세균학자라는 사실 때문이었다. 어떤 생물학자들은 Avery의 준비물에 소량의 단백질이 들어가서 오염되었을 것이고, DNA가 아닌 그 단백질이 형질전환인자였을 것이라고 믿었다. 다른 사람들은 세균의 형질전환에 대한 연구가 유전학 분야에 어떤 연관이 있는지조차 의심하였다.

Avery의 논문이 출판되고 몇 년이 지난 후 유전학 기류는 매우 중요한 면에서 변화가 있었다. 세균 염색체의 존재가 인정되었으며, 다수의 저명한 유전학자들이 이 원핵생물들에 관심을 돌렸다. 과학자들은 가장 단순한 유기체의 연구로부터 얻어낸 지식이 가장 복잡한 식물과 동물에서 작동하는 기작을 밝혀줄 것이라고 믿었다. 게다가 DNA의 염기조성에 대해 연구한 Chargaff와 그의 동료의 연구는 일련의 뉴클레오티드가 단순히 반복되는 것으로 구성된 물질이라는 개념을 산산이 깨뜨렸다.[14] 이 발견은 연구원들에게 DNA가 정보 저장으로서의 기능을 수행하는 데 필요한 특성을 지닌다는 가능성을 부각시켰다.

세균의 형질전환에 대한 Avery의 논문이 게재되고서 7년이 지난 후에 뉴욕에 있는 콜드 스프링 하버(Cold Spring Harbor) 연구소의 알프레드 허쉬(Alfred Hershey)와 마타 체이스(Martha Chase)는 세균 세포에 감염되는 훨씬 더 단순한 시스템을 가진 바이러스인 박테리오파지에 관심을 돌렸다. 1950년에 연구원들은 바이러스도 유전적인 프로그램을 지니고 있음을 알아냈다. 바이러스는 그들의 유전물질을 숙주인 세균에 주입하고, 감염된 세포 내에서 새로운 바이러스 입자를 형성시켰다.

바이러스 입자를 형성하게 하는 유전물질이 DNA 또는 단백질임이 분명한 이유는 이 두 물질이 바이러스가 갖고 있는 유일한 물질이었기 때문이다. 전자현미경을 통한 관찰은 감염 과정에서 많은 수의 박테리오파지는 세포 표면에 꼬리 섬유를 붙여놓고 세포 밖에 존재함을 보였다(**그림 3**). Hershey와 Chase는 바이러스의 유전물질은 반드시 두 가지 특성을 지닌다고 추론하였다. 첫 번째로, 만약 그 물질이 감염 중에 새로운 박테리오파지를 형성시킨다면, 이것은 감

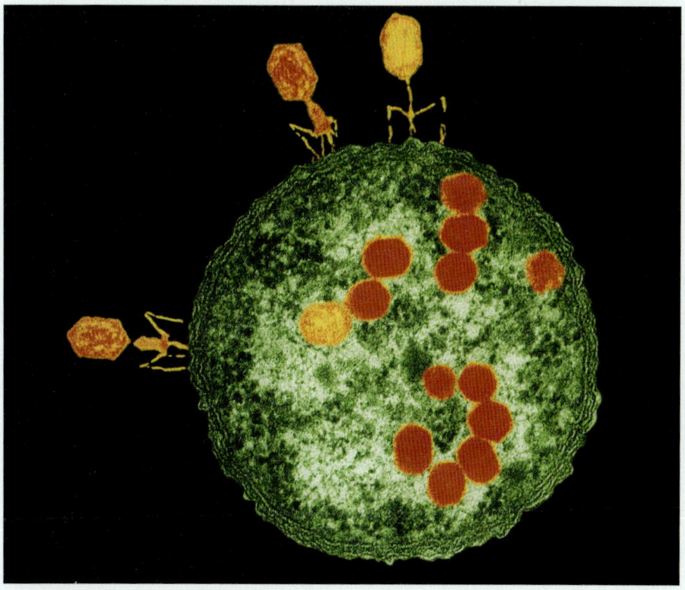

그림 3 T4 박테리오파아지에 감염된 세균의 전자현미경 사진. 세균의 외부 표면에 꼬리섬유에 의해 부착하고 있는 각 파이지를 볼 수 있으며, 숙주 세포의 세포질에서 새로운 파이지의 머리 부분이 조립되고 있다.

출처: Lee D. Simon/Photo Researchers, Inc.

계속

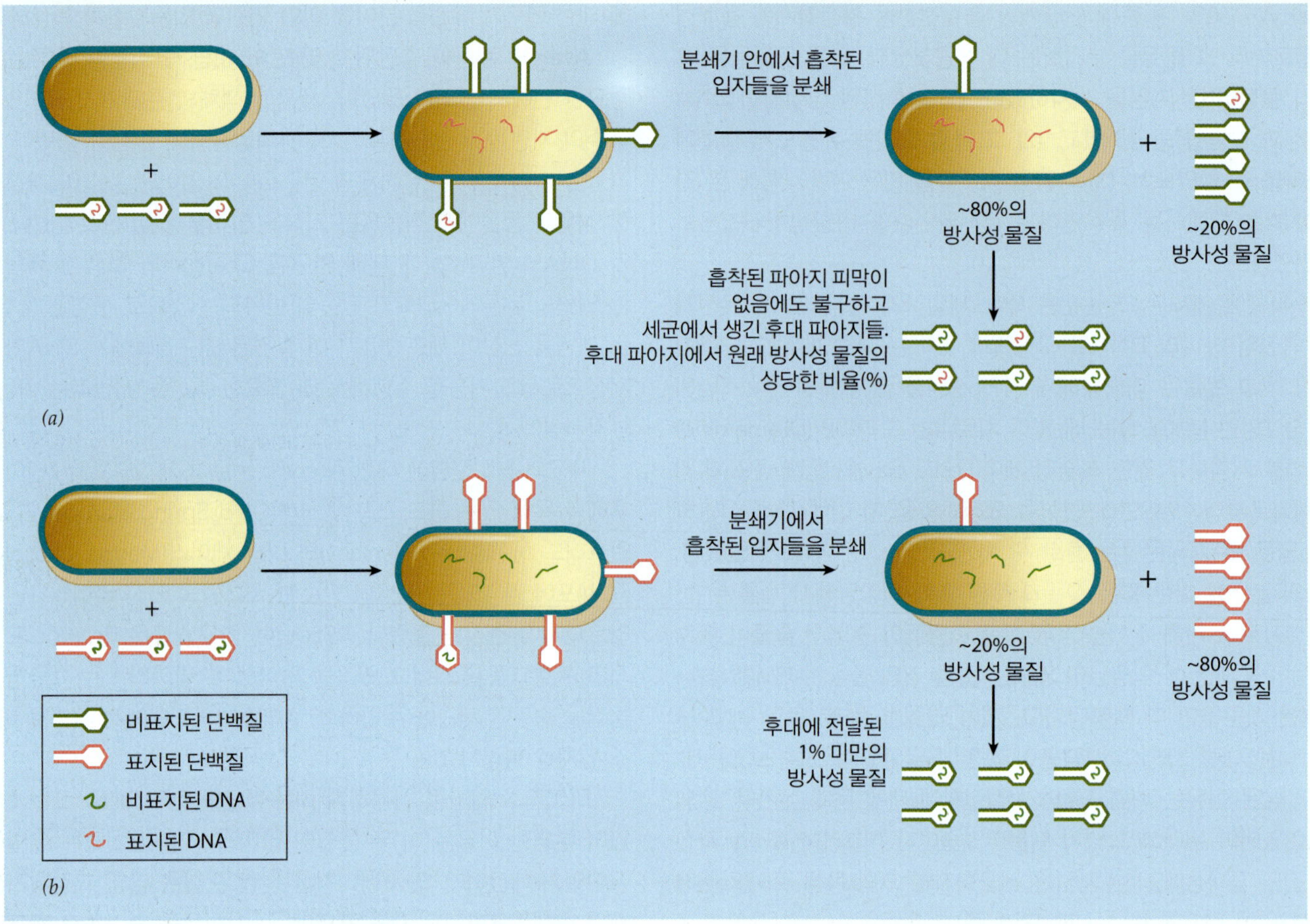

그림 4 동위원소 ^{32}P로 표지된 DNA(빨간색 DNA 분자)를 포함하는 파아지에 감염된 세균세포들은 방사성 물질로 표지됨에 따라서 표지된 파아지들이 생기는 것을 보여주는 허시-체이스(Hershey-Chase)의 실험. 반대로, ^{35}S를 포함하는 파아지들에 의해 감염된 세균세포들은 방사성 물질로 표지되지 않았으며, 비표지 바이러스들만 생겼다.

염된 세포 속으로 이동해야 한다는 것이다. 두 번째로, 만약 그 물질이 유전 정보를 갖고 있다면 이것은 다음 세대의 박테리오파지로 이동되어야 한다는 것이다. Hershey와 Chase는 감염을 위해 사용하려고 박테리오파지가 들어있는 2개의 집단을 준비하였다(**그림 4**). 한 집단은 방사성 물질로 표지된 DNA([^{32}P]DNA)가 들어있고, 다른 1개는 방사성 물질로 표지된 단백질([^{35}S]protein)이 들어 있었다. DNA는 황(S) 원자가 결여되어 있고, 단백질은 인(P) 원자가 결여되어 있기 때문에, 이 2개의 방사성 동위원소들은 두 가지 유형의 고분자에 구별되는 표지를 해 주었다. 그들의 실험계획은 한 유형의 박테리오파지가 세균세포의 한 집단을 감염시키도록 하고 몇 분간 기다린 후에 그 세포의 표면에 있는 빈 바이러스를 벗겨내는 것이었다. 세균을 파지의 외피와 분리시키려는 여러 방법들을 시도한 후에, 그들은 감염된 세포의 현탁액을 워어링 혼합기(Waring blender)에 넣는 것이 가장 좋은 방법임을 알아냈다. 바이러스 입자가 세포에서 떨어지기만 하면, 그 세균은 원심분리되어 현탁액에 있는 빈 바이러스 외피만을 남겨두고 시험관 아래에 가라앉게 된다.

이런 방법을 통해, Hershey와 Chase는 비어있는 외피에 남은 방사성 물질의 양과 세포 내로 들어간 방사성 물질의 양을 측정한 후 비교하였다. 그들은 세포가 단백질이 표지된 박테리오파지에 감염되었을 때는 많은 양의 방사성 물질이 빈 외피에 남아 있음을 발견하였다. 이와는 반대로, 세포들을 DNA가 표지된 박테리오파지에 감염시켰을 때는 많은 양의 방사성 물질이 숙주세포 속으로 들어간 것을 확인하였다. 그들이 방사성 물질이 다음 세대로 전달되는 것을 추적 관찰했을 때, 1% 미만의 표지된 단백질이 후손에게서 발견되었음을 확인한 반면에, 대략 30%의 표지된 DNA가 다음 세대에서 발견되었다.

1952년에 발표된 Hershey-Chase 실험[15]으로 테트라뉴클레오티드 설이 폐기되고, 동시에 DNA가 유전물질임을 인정하는 데 방해되는 장애물 모두가 제거되었다. 이전에는 대부분 무시되어 왔던 물질이 갑자기 새롭게 대단한 주목을 받게 된 것이다. 그 무대가 바로 2중나선의 발견이었다.

참고문헌

1. Miescher, J. F. 1871. *Hoppe-Seyler's Med. Chem. Untersuchungen.* 4:441.

2. Altmann, R. 1889. *Anat. u. Physiol., Physiol. Abt.* 524.
3. Taken from Mirsky, A. E. 1968. The discovery of DNA. *Sci. Am.* 218:78–88. (June)
4. Levene, P. A. & London, E. S. 1929. The structure of thymonucleic acid. *J. Biol. Chem.* 83:793–802.
5. Levene, P. A. & Bass, L. W. 1931. *Nucleic Acids.* The Chemical Catalog Co.
6. Arkwright, J. A. 1921. Variation in bacteria in relation to agglutination both by salts and by specific serum. *J. Path. Bact.* 24:36–60.
7. Griffith, F. 1923. The influence of immune serum on the biological properties of pneumococci. *Rep. Public Health Med. Subj.* 18:1–13.
8. Griffith, F. 1928. The significance of pneumococcal types. *J. Hygiene* 27:113–159.
9. Dawson, M. H. 1930. The transformation of pneumoccal types. *J. Exp. Med.* 51:123–147.
10. Dawson, M. H. & Sia, R.H.P. 1931. In vitro transformation of pneumococcal types. *J. Exp. Med.* 54:701–710.
11. Alloway, J. L. 1932. The transformation in vitro of R pneumococci into S forms of different specific types by use of filtered pneumococcus extracts. *J. Exp. Med.* 55:91–99.
12. McCarty, M. 1985. *The Transforming Principle: Discovering That Genes Are Made of DNA. Norton.*
13. Avery, O. T., MacLeod, C. M., & McCarty, M. 1944. Studies on the chemical nature of the substance inducing transformation of pneumococcal types: Induction of transformation by a deoxyribonucleic acid fraction isolated from pneumococcus type III. *J. Exp. Med.* 79:137–158.
14. Chargaff, E. 1950. Chemical specificity of nucleic acids and mechanism of their enzymic degradation. *Experentia* 6:201–209.
15. Hershey, A. D. & Chase, M. 1952. Independent functions of viral protein and nucleic acid in growth of bacteriophage. *J. Gen. Physiol.* 36:39–56.

요 약

염색체는 유전정보 전달체이다. 초기의 여러 발견들로 생물학자들은 염색체의 유전적 역할에 대하여 생각하게 되었다. 세포분열 시 염색체들이 딸세포들로 나누어진다는 명백한 관찰, 한 종의 염색체들은 세포의 세대를 거듭하여도 모양과 수가 일정하다는 사실, 배발생 과정은 특정 염색체들의 수가 정확하게 맞아야 한다는 발견, 염색체 수는 배우자 형성 이전에 반으로 분리되고 수정 시 정자와 난자의 결합에 의해 다시 2배로 된다는 발견 등이 포함되었다. Mendel 법칙의 발견으로 생물학자들은 유전자의 운반체를 확인하는 새로운 지평을 열게 되었다. 메뚜기의 배우자 형성에 관한 Sutton의 연구로 상동염색체가 존재하며, 배우자 형성에 앞서 세포분열하는 동안 상동염색체들이 결합하고, 제1감수분열에서 상동염색체가 나누어진다는 사실이 밝혀졌다. (126쪽)

양친으로부터 자식으로 전달되는 염색체 상에 유전자들이 함께 존재하고 있으면 동일한 염색체 상의 유전자들은 서로 연결되어 있어서 연관군을 형성하게 된다. 연관군이 존재한다는 것은 여러 생물들에서 확인되었는데, 특히 초파리에서 이 곤충세포에 존재하는 염색체들의 수와 크기에 해당하는 4개의 연관군으로 분류되는 수많은 돌연변이들을 발견하였다. 동시에, 연관은 불완전한 것으로 밝혀졌다. 즉, 원래 한 염색체에 존재하던 대립인자들은 배우자형성 과정에서 언제나 함께 남아있는 것이 아니라, 부모의 상동염색체 사이에서 다시 섞일 수 있다. Morgan에 의해 교차라고 부르게 된 이러한 현상은 제1감수분열에서 서로 붙어있던 상동염색체의 절편들이 절단되고 재결합된 결과이다. 같은 염색체 상에 여러 돌연변이들을 지닌 성체들의 교잡에서 나온 자손들을 분석해보면 두 유전자의 재조합 빈도는 이들의 상대적인 거리에 의해 측정할 수 있음을 알 수 있다. 따라서, 재조합 빈도는 어떤 생물 종의 각 염색체에 있는 유전자들의 일련의 순서를 나타내는 유전자 지도를 만드는 데 이용될 수 있다. 재조합 빈도에 기초한 초파리 유전자 지도는 초파리 유충 조직에 존재하는 거대 다사염색체에서 여러 띠들을 분석함으로써 독립적으로 입증되었다. (127쪽)

〈역사적 실험〉에서 언급된 실험들은 DNA가 유전물질이라고 하는 결정적 증거를 제시하였다. DNA는 골격 구조의 바깥쪽에 질소 염기들이 있고 안쪽에 마주하며 반대 방향으로 배열된 2개의 뉴클레오티드 사슬로 이루어진 나선형 분자이다. 한 가닥의 아데닌을 포함하는 뉴클레오티드는 언제나 다른 가닥의 티민을 포함한 뉴클레오티드와 쌍을 이루고, 마찬가지로 구아닌을 포함한 뉴클레오티드는 시토신을 포함한 뉴클레오티드와 결합한다. 결과적으로, 두 가닥의 DNA 분자는 서로 상보적이다. 유전 정보는 가닥을 구성하는 뉴클레오티드들의 특수한 서열 속에 암호화되어 있다. DNA 구조에 관한 Watson-Crick의 모형은, DNA 가닥이 분리되어 각 가닥을 주형으로 사용하여 뉴클레오티드 조립 순서를 지시함으로써 상보적인 가닥을 구성하는 복제 기작을 제안하였다. DNA가 어떤 특정한 단백질의 합성을 통제하는 기작은 수수께끼로 남아있다. 그림 4.10에 그려진 DNA 분자는 나선 한 바퀴 회전에 10개의 염기쌍을 갖는 풀려진 상태이다. 세포 안에서 DNA는 덜 감기게 되므로(회전당 10개 이상의 염기쌍을 포함), 이를 음성 초나선 구조라고 하며 복제 및 전사과정에서 가닥의 분리를 용이하게 한다. 초나선 상태의 DNA는 가닥을 끊어내어 재배열하고 다시 봉합하는 위상이성질화효소에 의해 변화된다. (129쪽)

반수체의 염색체에 존재하는 모든 유전정보가 그 생물의 유전체를 구성한다. 유전체를 이루는 DNA 서열의 다양성과 이러한 서열들의 복사본의 수가 유전체의 복잡성을 설명해준다. 유전체의 복잡성을 이해하는 일은 DNA 분자를 구성하는 두 가닥이 열에 의해 분리된다는 사실을 보여주는 초기 연구를 통해 발전해왔다. 용액의 온도가 낮아지면 상보적인 단일가닥들은 재결합하여 안정한 2중가닥의 DNA 분자를 형성한다. 재결합 과정을 분석함으로써 상보적인 서열의 농도를 측정할 수 있고, 일정 DNA 안의 서열의 다양성을 측정할 수 있게 되었다. 유전체 내의 특정 서열의 복사본 수가 더 많을수록 재결합하는 농도는 증가하고, 속도가 더 빨라진다. (136쪽)

진핵세포의 DNA 조각들을 재결합하도록 하면, 곡선은 대체로 3종류의 DNA 서열을 재결합시키는 것과 일치하는 3단계를 보인다. 고도반복 조각은 여러 번 반복되는 짧은 DNA 서열이다. 이것에는 염색체 중심절에 위치하는 부수체 DNA, 미소부수체 DNA, 미세부수체 DNA 등이 포함된다. 미소부수체 및 미세부수체 DNA는 매우 다양하여, 어떤 유전 질환의 원인이 되고 DNA 지문 기법의 기초가 된다. 중간 정도의 반복 서열은 여러 종류의 비암호화 기능뿐만 아니라 리보솜 및 운반 RNA 또는 히스톤 단백질을 암호화한다. 비반복 조각은 염색체 반수체마다 한 벌씩 존재하는 단백질 암호화 유전자들을 포함한다. (137쪽)

유전체의 서열 구조는 진화 과정에서 천천히 또는 전위(transposition)의 결과로 빠르게 변화할 수 있다. 진핵생물의 단백질을 암호화하는 유전자들은 흔히 공통의 조상 유전자에서 진화해 온 증거를 보이는 다유전자 집단이다. 이 과정에서 첫 단계는 주로 불균등 교차에 의해 발생하는 유전자의 중복(duplication)이라고 생각된다. 일단 중복이 일어나면, 뉴클레오티드 치환이 서로 다른 방법으로 다양한 구성요소들을 변화시켜서, 비슷하지만 동일하지 않은 구조의 반복 서열 집단을 만들 것으로 기대된다. 예를 들면, 글로빈 유전자들은 2개의 다른 염색체 상에 위치하는 유전자 무리들로 구성된다. 각 유전자 무리는 동물의 일생 중 서로 다른 시기에 생산되는 글로빈 폴리펩티드를 암호화하는 다수의 동류(同類) 유전자들을 포함하고 있다. 또한 이 유전자 무리들은 글로빈 유전자와 상동성이지만 비기능적인 위유전자(pseudogene)도 포함하고 있다. (141쪽)

어떤 DNA 서열은 전위에 의해 유전체에서 위치를 빠르게 이동할 수 있다. 이러한 전이가 가능한 요소들을 전이인자(또는 트랜스포손, transposon)라고 하며, 이들은 유전체 전체에 걸쳐 무작위로 삽입될 수 있다. 가장 잘 연구된 전이인자는 세균에서 밝혀져 있다. 이들은 끝 부분에서 역반복되고, 통합에 필요한 전이효소(transposase)를 암호화하는 내부 마디를 갖고 있으며, 통합 부위에서 측면에 전이인자들을 갖고 있는 표적 DNA 서열의 반복구조가 형성되는 특징이 있다. 진핵세포의 전이인자들은 여러 기작으로 이동될 수 있다. 대부분의 경우, 전이인자들은 RNA로 전사되고 이 요소가 암호화한 역전사효소에 의해 복사되며 DNA 복사본은 특정 부위에 통합된다. 사람 DNA의 반복 마디에는 *Alu*와 L1 집단이라는 2개의 커다란 전이인자 집단이 있다. (143쪽)

지난 10여 년 사이에 다수의 원핵 및 진핵생물 유전체들의 서열 분석이 이루어졌다. 이러한 노력으로 유전체에서 단백질을 암호화하거나 암호화하지 않는 부분들의 배열과 진화에 대해 많은 진전을 이루었다. 사람 유전체에는 단백질을 암호화하는 유전자가 약 20만 개에 불과하지만, 선택적 이어맞추기(alternative splicing)와 같은 유전자 증진 작용의 결과로 그 보다 많은 종류의 단백질들이 합성될 수 있다. 사람 유전체의 기능 수행 부위에 관한 정보는 잘 보존되는 부분과 서열 변화를 거치는 부분의 서열을 비교하여 얻을 수 있다. 보존된 서열들은 단백질을 암호화하거나 조절 기능을 수행하는 것으로 추정된다. 침팬지와 사람 유전체는 4% 정도가 다르다. 두 생물의 유전체 서열을 비교하면, 인류 계통에서 양성선택되고 인류에게만 특징적으로 존재하는 유전자에 대한 정보를 얻을 수 있다. (146쪽)

개념 문제

4.1 유전단위로서 유전자의 개념

1. 대립인자란 무엇인가? 이것은 유전자와 어떤 관계인가?
2. Mendel의 독립분리의 법칙을 설명하시오.

4.2 염색체의 발견

3. 초기 현미경학자들은 무슨 근거로 염색체가 세포의 유전정보를 포함하고 있다고 믿게 되었는가?

4.3 염색체: 유전자의 실체적 운반체

4. 연관군이란 무엇인가? 그것과 염색체와의 관계는? 한 종에서 연관군의 수를 어떻게 알 수 있는가?

4.4 초파리의 유전 분석

5. 염색체 상의 유전자 위치를 결정하는 과정에 유전자 돌연변이가 어떻게 활용되는가?
6. 불완전 연관은 무슨 뜻인가? 감수분열 과정에서 이것은 상동염색체와 무슨 관계가 있는가?
7. 곤충의 다사염색체들은 정상 염색체들과 어떻게 다른가?

4.5 DNA 구조

8. DNA 가닥이 극성(방향성)을 갖는다는 것은 무슨 의미인가? 두 가닥이 역평행하다는 것은 무슨 의미인가? 큰 홈과 작은 홈을 갖는다는 것은 무슨 의미인가? 한 가닥이 다른 가닥과 상보적이라는 것은 무슨 의미인가?
9. Chargaff에 의한 DNA 염기 조성 분석 결과와 2중나선 구조는 어떤 상관성이 있는가?

4.6 DNA 초나선

10. 덜 감긴 것과 더 감긴 DNA는 서로 어떻게 다른가? 2종류의 위상이성질화효소들은 어떻게 다른가?

4.7 유전체의 구조

11. 유전체란 무엇인가? 세균 유전체의 복잡성은 진핵생물의 경우와 비교하여 어떻게 다른가?
12. *DNA* **변성**(*DNA denaturation*)이란 무엇인가? 변성 정도가 DNA의 GC 함량에 의해 어떻게 결정되는가? 이 변수는 T_m에 어떤 영향을 미치는가?
13. 미세부수체 DNA 서열이란 무엇인가? 이 서열이 사람 질병들과 어떤 관계가 있는가?
14. 유전체의 어느 부분이 대부분의 정보를 포함하고 있는가? 이것이 왜 사실인가?

4.8 유전체의 안정성

15. 글로빈을 암호화하는 유전자와 같은 다유전자군들이 생겨난 진화상의

과정을 설명하시오. 이 과정에서 위유전자들은 어떻게 발생하였는가? 이들은 어떻게 완전히 다른 기능을 갖는 단백질들을 만들어낼 수 있었는가?

4.9 "이동 유전자"와 유전체의 역동성

16. 유전 요소들이 유전체의 한 부위에서 다른 부위로 움직일 수 있는 두 가지 기작을 설명하시오.

17. 전이요소들이 지난 5,000만 년 동안 사람 유전체의 구조에 미친 영향을 기술하시오.

4.10 유전체 서열 분석: 생물학적 진화의 발자취

18. 사람 유전체에는 몇 개의 유전자들이 포함되어 있는가? 연구자들은 그 수에 대해 왜 놀랐는가?

19. 생물체의 복잡성에 관여하는 유전자 외의 부가적인 요소들은 무엇인가?

4.11 비교유전체학: "보존되어 있다면, 그것은 틀림없이 중요한 것이다"

20. 사람 유전체의 몇 %가 단백질을 암호화하는 것으로 알려져 있는가? 비암호 부위들은 무슨 기능 때문에 보존되어 왔는가?

4.12 "인류탄생"의 유전적 기초

21. 사람 유전체와 침팬지 유전체는 얼마나 유사한가? 사람과 침팬지의 형질 차이를 이끌어내는 유전적 변화들을 제시하시오.

4.13 인류 집단 내 유전적 변이

22. 사람의 유전적 다형성의 유형들을 설명하시오. 가장 흔한 유형은 어떤 것인가?

분석 문제

1. Mendel이 연구했던 완두식물에서, 만일 7가지 형질 중 2가지가 1개의 염색체 상에 서로 가까이 위치하는 유전자들에 의해 암호화되었다면, 멘델의 실험결과는 어떻게 달라졌겠는가?

2. Sutton은 멘델의 분리법칙에 대한 가시적인 증거를 제시할 수 있었다. 그런데도 그는 왜 멘델의 독립분리의 법칙을 가시적으로 확인하거나 부정할 수 없었는가?

3. 유전자 X, Y 및 Z는 모두 한 염색체 상에 있다. 아래의 자료를 이용하여 유전자 순서와 상대적인 거리를 나타내는 간단한 유전자 지도를 그려보시오.

교차 빈도	유전자 사이
36%	X-Z
10%	Y-Z
26%	X-Y

4. 한 염색체의 맞은 편 끝 대립인자들은 교차에 의해 독립적으로 잘 나뉘어져 분리된다. 이 두 유전자가 동일한 연관군에 속하는지에 대해 유전적 교차 실험으로 어떻게 결정할 수 있는가? 핵산 혼성화 실험을 이용하면 어떻게 되겠는가?

5. 그림 4.18 곡선에서 리보솜 RNA를 암호화하는 DNA의 복원은 어디에서 관찰할 수 있을까? DNA 절편의 서열이 리보솜 RNA를 암호화하는 것으로 가정하시오. 그림 4.18에 나타나 있는 전체 DNA 곡선 상에 이 DNA의 복원을 덧붙여 그려 넣으시오.

6. 현 인류 유전체의 약 5%는 지난 3,500만 년 동안 일어난 부분 중복으로 구성되어 있다. 염색체의 특정 부위 하나가 복제된 이래로 얼마나 긴 시간이 지난 것으로 추정할 수 있는가?

7. 본문에서 적어도 사람 유전체의 최소 2/3는 전이요소들로부터 유래하였다고 적시하였다. 실제 비율은 훨씬 더 높은데도, 다른 많은 서열들의 기원을 밝혀내는 것은 불가능하다. 사람 유전체에서 많은 서열의 기원을 알아내는 일이 왜 어려운가?

8. 동일한 자외선 흡수도를 지닌 단일가닥 및 2중가닥으로 된 2개의 DNA 용액이 있다고 생각해보자. 이 두 용액에서 DNA의 농도를 어떻게 비교할 것인가?

9. 분열 중인 염색체들과 표지된 마이오글로빈 mRNA 사이의 제자리혼성화 실험에서 어떤 유형의 표지 양상이 기대되는가? 동일한 염색체들과 표지된 히스톤 DNA 사이에서는 어떠한가?

10. Chargaff의 염기조성 규칙에 따르면, 다음 중 어느 것이 DNA 시료의 특징을 나타내는 것인가?

    (1) [A] + [T] = [G] + [C];
    (2) [A]/[T] = 1;
    (3) [G] = [C];
    (4) [A] + [G] = [T] + [C].

    만일 2중가닥 DNA의 C 함량이 15%라면 A 함량은 얼마인가?

11. DNA 단일가닥 염기들의 30%가 T라고 한다면, 그 가닥 염기의 30%가 A이다. 맞는가 혹은 틀리는가? 왜 그런가?

12. T_m은 용액 내에서 50%의 DNA 분자가 단일가닥 상태에서의 온도를 나타낸다는 설명에 동의하는가?

13. 단 하나의 개재서열[intervening sequence, 또는 인트론(intron)]만을 포함하는 β-글로빈 유전자를 보유한 영장류를 가정해보자. 이 동물은 두 번째 인트론이 출현하기 이전에 다른 동물로부터 갈라져 나온 원시 조상으로부터 진화하였다고 생각할 수 있는가?

14. 1966년에, 학술지 <*Lancet*>에 혈액 공여자의 DNA에서 3-뉴클레오티드 신장 수준에 관한 보고가 발표되었다. 이 연구자들은 3-뉴클레오티드 신장은 나이가 들어감에 따라 뚜렷이 감소한다는 사실을 알아냈다. 이 발견에 대한 설명을 할 수 있는가?

15. 집단의 절반은 아데닌(A), 나머지 절반은 구아닌(G)을 지니고 있는 곳에서 유전체의 특정 SNP를 찾고 있었다고 생각해보자. 이 변이체들 중 어느 것이 고대 인류에 존재하였고 사람 진화 과정에서 어느 것이 빈발하였는지 알 수 있는 방법이 있는가?

16. 그림 4.24와 4.29를 살펴보면, 앞 그림의 유전자 배열은 수억 년에 걸쳐 진화하였으며, 뒤 그림의 유전자 배열은 수천 년에 걸쳐 진화하였다. 장차 사람 아밀레이즈 유전자의 진화 가능성에 대해 토론해보시오.

CHAPTER 5

유전자 발현의 과정

목차

우리 유전체에 있는 DNA는 우리 몸의 모든 단백질을 만드는 데 필요한 모든 정보를 가지고 있다. 이것은 DNA를 복제하는 데 필요한 단백질과 DNA를 RNA로 전사하는 데 (필요한 단백질) 그리고 RNA를 단백질로 번역하는 데 필요한 단백질을 포함한다. 단백질 생산에는 DNA와 RNA를 필요로 하고 DNA 복제와 RNA 생산에는 단백질을 필요로 한다. 이런 상호 의존성은 진화에 있어서 닭이 먼저냐-달걀이 먼저냐의 문제를 야기하였다. 단백질-기반의 생명은 단백질 서열을 암호화하기 위한 DNA 혹은 RNA 없이는 불가능하다. 그리고 DNA- 혹은 RNA-기반의 생명은 유전물질을 복제하는 단백질 효소 없이는 불가능하다. 그렇다면 처음에 생명이 어떻게 생겨날 수 있었을까? 이 장에서 보게 되듯이 RNA는 어떤 경우에는 효소처럼 작용할 수 있으며, 사실 RNA-기반의 효소적 촉매는 단백질을 합성하는 기구(machinery)의 필수적인 부분이다. 현대적 생물체에서는 DNA 복제가 단백질 효소에 의해 추진되는 반면, DNA와 RNA가 자유 뉴클레오티드와 염기쌍을 이루는 능력에 대해서는 다음 시나리오를 제안한다. 여기에서 RNA 서열은 자발적으로 형성되고 나서 자가복제할 수 있게 되었는데, 궁극적으로 자신을 여러번 자가 번식한 복사본이 생기게 한다. 이것은 "**RNA 세계(RNA world)**" 가설로 알려져 있다. 여기에서 생명은 RNA로 시작했다고 제안한다. 정확하게 원시성 자가 번식한 RNA 분자가 어떻게 생겼는지는 알려져 있지 않지만, 적어

(계속)

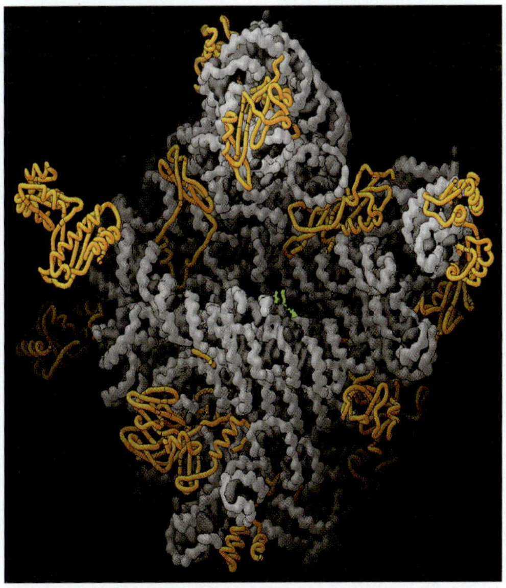

X-선 결정학에 의해 2.4 Å의 분해능에서 측정된 원핵세포 리보솜의 큰 소단위의 모형. 이 그림은 소단위에 있는 활성자리의 갈라진 틈을 보여주고 있다. 이 부위는 모두 RNA로 구성되어 있다. RNA는 회색, 단백질은 금색으로 나타냈으며 활성자리에는 억제자(초록색)가 결합되어 있다. 단백질을 만들기 위한 촉매로서 RNA의 역할은 지구상에서 생명의 기원 초기의 자취로 생각되는데, 여기서 RNA는 유전체와 촉매 두 가지 모두로서 역할을 하므로 DNA나 단백질보다 앞선다.

출처: Thomas A. Steitz, Yale University 제공

도 이런 특정한 생명의 기원 시나리오는 실험적으로 검사해 볼 수 있다. 왜냐하면 우리는 RNA 분자를 실험실에서 합성할 수 있고 자가복제할 수 있는지를 검사할 수 있으며, 다른 기본적인 생화학적 기능을 수행할 수 있는지를 검사할 수 있기 때문이다. 아마도 최초의 생명은 스스로 복제하는 RNA와 하나의 단순한 막을 합친 것이었을 것이다. 이 막은 화학물질을 주변의 원시적인 혼합용액과 선택적으로 교환할 수 있었다. 이 장을 통하여 RNA가 분자생물학에서 핵심적인 역할을 한다는 것을 알게 될 것이며 고대 기원의 잔기로서 역할을 한다는 것을 알게 될 것이다.

5.1 유전자, 단백질, RNA 사이의 관계

여러 가지 면에서, 지난 100년 동안 생물학의 발전은 유전자에 대한 개념이 변화하고 있는 데에서 잘 나타난다. Mendel의 업적의 결과로, 생물학자들은 유전자들이 특정 형질의 출현을 지배하는 별개의 요소라는 것을 알게 되었다. 주어진 기회에서 하나의 유전자가 하나의 형질을 지배한다는 개념을 Mendel은 찬성하지 않을지도 모른다. Boveri, Weismann, Sutton 그 외 동시대의 사람들은 유전자는 염색체의 일부로서 물질적인 실체를 갖는다는 것을 발견하였다. Morgan과 Sturtevant 및 그의 동료들은 유전자들은 특정 주소를 갖고 있다는 것을 증명하였다. 즉, 유전자들이 특정 염색체 상의 특정 부위에 위치하며, 이 주소는 어떤 종(species)을 이루는 하나의 개체에서 다음 개체에까지 변함 없이 유지된다. Griffith와 Avery 및 Hershey와 Chase는 유전자가 DNA로 이루어져 있음을 증명하였고, Watson과 Crick은 DNA 구조의 수수께끼를 풀었다. DNA 구조를 이해함으로써 이 고분자가 어떻게 유전정보를 암호화하는지를 설명할 수 있게 되었다.

이런 개념들을 공식화하는 것은 유전을 이해하기 위한 경로를 따라 가는 중요한 단계들이었지만, 세포의 활동을 지배하는 한 유전자에 저장된 정보가 어떻게 작동하는지에 대한 기작에 대해서는 어느 누구도 다루지 않았다. 이것이 이 장에서 논의될 주요 주제이다. 우리는 유전자의 본질에 대한 부가적인 파악에서부터 시작할 것이며, 이를 통해서 우리는 유전된 형질의 발현에 있어서 유전자의 역할에 관한 이해에 좀 더 가까이 접근할 것이다.

DNA가 유전물질이라는 증거

유전자의 기능에 대한 최초의 의미 있는 이해는 스코틀랜드 내과 의사인 아치발드 개롯(Archibald Garrod)에 의해 이루어졌다. 그는 1908년에 특정 효소들의 결핍으로 생긴 희귀 유전 질환들을 가진 사람들에서 나타난 증후군을 보고하였다. Garrod가 연구한 질병들 중 하나는 알캡톤유리아(*alcaptonuria*)였다. 이 질병은 오줌이 공기 중에 노출되면 검은색으로 변하기 때문에 쉽게 진단되었다. Garrod은 알캡톤유리아를 가진 사람의 혈액에는 호모제니스틱 산(homogenistic acid)을 산화시키는 효소가 결핍되어 있다는 것을 발견하였다. 호모제니스틱 산은 페닐알라닌과 티로신이 분해되는 과정에서 생기는 혼합물인데, 이것이 축적되면 소변으로 배출되어 공기 중에서 산화되면서 어두운 색을 띄게 된다. Garrod은 유전적 결함인 특정한 효소와 특정 물질대사 조건 사이의 연관성을 발견하였다. 그는 이러한 질병을 "선천성 대사 이상(inborn errors of metabolism)"이라고 하였다. 유전학에서 기본적으로 중요한 초기의 다른 관찰들이 이루어졌을 때도 그러했던 것처럼, Garrod의 발견도 수십 년 동안 그 가치를 인정받지 못했다.

유전자가 효소의 생산을 지시한다는 생각은 1941년 캘리포니아 공과대학교의 죠지 비들(George Beadle)과 에드워드 테이텀(Edward Tatum)에 의해 부활되었다. 그들은 열대지방의 붉은빵곰팡이속(*Neurospora*)의 곰팡이를 연구하였다. 이 곰팡이는 단일 유기탄소원(예: 설탕), 무기염, 바이오틴(비타민 B_1) 등을 함유하는 아주 단순한 배지에서 잘 자란다. 붉은빵곰팡이는 살아가는 데 매우 적은 물질들을 필요로 하기 때문에, 이 곰팡이가 필요로 하는 대사산물들을 모두 합성한다고 생각하였다. 비들과 테이텀은 이와 같이 여러 가지 물질을 합성할 수 있는 폭 넓은 능력을 가진 생물체는 효소 결핍증에 아주 예민할 것이라고 판단하였으며, 이런 성질은 적당한 실험 계획으로 쉽게 찾아낼 수 있을 것으로 생각하였다. 그들이 고안한 실험 방법이 **그림 5.1**에 요약되어 있다.

Beadle과 Tatum의 계획은 곰팡이 포자에 방사선을 쪼여 특정 효소가 결핍된 세포를 유발하는 돌연변이 세포를 선발하는 것이었다. 방사선은 DNA에 손상을 초래하기 위하여 사용되었고, 그 결과 DNA 서열에 변화(돌연변이)가 생겨났다. 그러한 돌연변이들을 찾아내기 위하여 방사선을 쪼인 포자들이 이 생물체가 합성해 내는 것으로 알려진 필수 화합물들이 들어 있지 않은 **최소배지**(*minimal medium*)에서 자랄 수 있는 능력을 조사하였다(그림 5.1). 만약 포자가 최소배지에서는 생존할 수 없으나, 특정 물질대사 복합체 조효소[예: coenzyme A인 판토텐산(pantothenic acid)]를 첨가한 배지에서 생존한다면, 연구자들은 이 세포는 필수 화합물의 합성을 방해하는 효소가 결핍된 것으로 결론을 내릴 수 있을 것이다.

Beadle과 Tatum은 처음 실험에서 1,000개 이상의 세포에 방사선을 쪼였다. 2개의 세포가 최소배지에서 생존할 수 없다는 것이 증명되었다. 즉, 그 2개의 세포 중 하나는 피리독신(pyridoxine, 비타민 B_6)을 필요로 했고, 다른 하나는 티아민(thiamine, 비타민 B_1)을 필요로 했다. 결국, 방사선을 쪼인 약 10만 개의 포자들을 조사한 결과, 수십 개의 돌연변이 세포가 분리되었다. 각 돌연변이 세포는 하나의 유전자 결함을 가졌고 그 결과 세포가 효소 결핍을 초래하여 특정 물질대사 반응을 촉진하지 못하였다. 결과는 명확하였다. 즉, 하나의 유전자는 하나의 특정한 효소를 구성하는 정보를 지니고 있다. 이 결론은 "1유전자-1효소(one gene-one enzyme)" 가설로 알려지게 되었다. 일단 효소들이 흔히 1개 이상의 폴리펩티드 사슬로 구성된다는

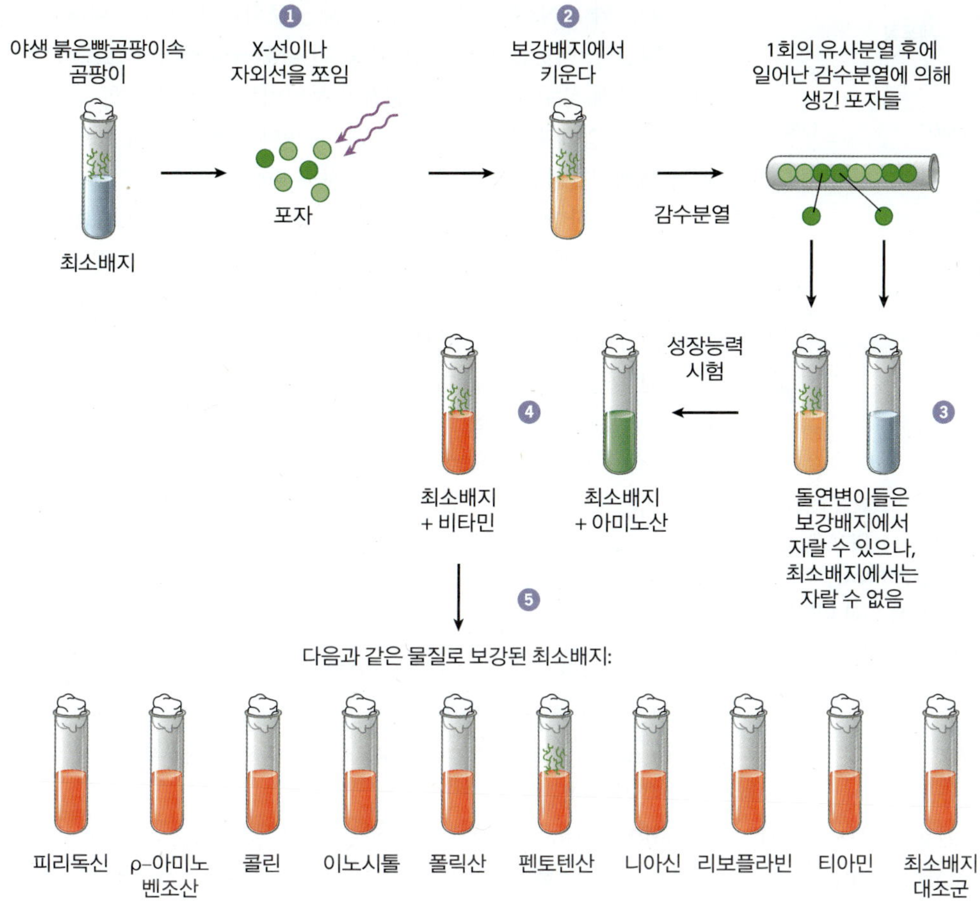

그림 5.1 붉은빵곰팡이속(*Neurospora*) 곰팡이에서 유전자 돌연변이를 분리하기 위한 Beadle-Tatum의 실험. 돌연변이를 유도하기 위하여 포자에 (X-선이나 자외선을) 쪼였으며(1단계) 보강배지에서 군체(colony)로 성장하도록 하였다(2단계). 이어서 군체에서 생긴 유전적으로 동일한 포자들이 최소배지에서 혹은 보강배지에서 자랄 수 있는 능력이 있는지 조사하였다(3단계). 성장하지 못한 것들은 돌연변이체였으며, 돌연변이 유전자를 식별하기 위한 실험이 실시되었다. 4단계에 나타낸 예에서처럼, 돌연변이 세포들의 시료는 비타민으로 보강된 최소배지에서 자라는 것이 발견되었으나, 아미노산으로 보충된 최소배지에서는 자라지 않았다. 이 관찰은 비타민을 합성하는 효소가 결핍되었다는 것을 암시한다. 5단계에서, 하나 또는 또 다른 비타민으로 보충된 최소 배지에 있는 동일한 세포의 성장은 판토텐산(조효소 A의 일부)의 형성에 관여된 유전자에 결함이 있음을 시사한다.

것이 알려지면서, 각 폴리펩티드는 자신의 유전자에 의해 암호화되며, 그 개념은 "1유전자-1폴리펩티드(one gene-one polypeptide)"로 변경되었다.

이러한 관계는 한 유전자의 기본적인 기능에 대해 가까이 다가간 상태이지만, 이것은 단일유전자가 주로 선택적 이어맞추기(alterenative splicing) 결과(6.17절에서 논의됨)로서 다양한 폴리펩티드를 생산한다는 것이 발견됨으로써 변경되었다. 유전자를 폴리펩티드를 위한 정보 저장으로 엄밀하게 묘사하는 것은 너무 좁은 정의라는 것이 분명하다. 여러 유전자는 폴리펩티드 합성을 위한 정보를 보유하는 대신에 자신의 대가로 RNA로서 기능을 하는 RNA 분자를 암호화한다. 이것을 명심하면서, 유전자를 단일 폴리펩티드 사슬 혹은 1개 혹은 더 많은 기능을 가진 꿈에 대한 정보를 가진 DNA 분절로 정의하는 것이 가장 좋을 것 같다.

세포를 통한 정보 흐름의 개요

유전자에는 폴리펩티드를 만드는 데 필요한 정보가 담겨 있다. 그러나 이 정보는 DNA 염기가 직선으로 나열된 불활성화한 형태로 저장된 것이어서 세포에서 물질대사적 기능을 수행할 수 없다. **유전자 발현(Gene expression)**은 유전자 안에 암호화된 정보를 사용하여 기능적 산물(예를 들면, 효소)을 생산하는 것을 말한다. DNA 부분(segment) 안에 들어 있는 정보는 RNA 분자의 형성을 거쳐서 세포에 유용하게 만들어질 수 있다. DNA 주형으로부터 RNA를 합성하는 것을 **전사(transcription)**라고 한다. 전사(*transcription*)라는 용어는 DNA의 4개의 디옥시리보뉴클레오티드 글자에 암호화되어 있는 정보를 RNA의 4개의 리보뉴클레오티의 글자로 이뤄진 비슷한 언어로 다시 쓰는 혹은 전사되는 과정을 의미한다. 여기에서는 전사의 기작에 대해 간단히 살펴볼 것인데, 이에 앞서서 폴리펩티드의 형성에 있어서의 유전자의 역할에 대해 계속적으로 검토할 것이다.

1950년대에 수행된 연구결과로 유전정보와 아미노산 서열 사이에 어떤 관계가 있는지 알게 되었다. 그러나 이 지식 자체는 특정 폴리펩티드 사슬이 어떤 기작으로 생성되는지에 대한 단서를 마련하지 못한다. 우리가 현재 알고 있는 바와 같이, 유전자와 그의 폴리펩티드 사이에는 중간산물이 존재한다. 즉, 그 중간산물은 **전령 RNA (messenger RNA, mRNA)**이다. mRNA의 중대한 발견은 1961년 파리의 파스퇴르연구소(Pasteur Institute)의 프랭코 쟈콥(Francois Jacob)과 쟈크 모노드(Jacques Monod), 캠브리지대학교의 시드니 브래너(Sydney Brenner), 캘리포니아공과대학교의 매튜 메셀슨(Matthew Meselson)에 의해 이루어졌다. mRNA는 유전자를 구성하는 2개의 DNA 가닥들 중 한 가닥에 대한 상보적인 복사물로 조립된다. mRNA의 염기 서열은 이것이 전사된 유전자의 서열에 상보적이기 때문에 mRNA는 유전자 자체처럼 폴리펩티드 조립을 위한 동일한 정보를 가진다. 이러한 이유 때문에 mRNA를 "센스(sense)" 가닥 혹은 코딩(coding) RNA로 묘사될 수 있다. 진핵세포 mRNA는 최종(혹은 성숙된) 형태로 합성되지 않고, 그 대신에 자신보다 훨씬 더 큰 pre-mRNA로부터 잘려나간 (혹은 가공된)다. 진핵세포 내에서 유전정보의 흐름에 있어서 mRNA의 역할에 대한 개요가 **그림 5.2**에 그림

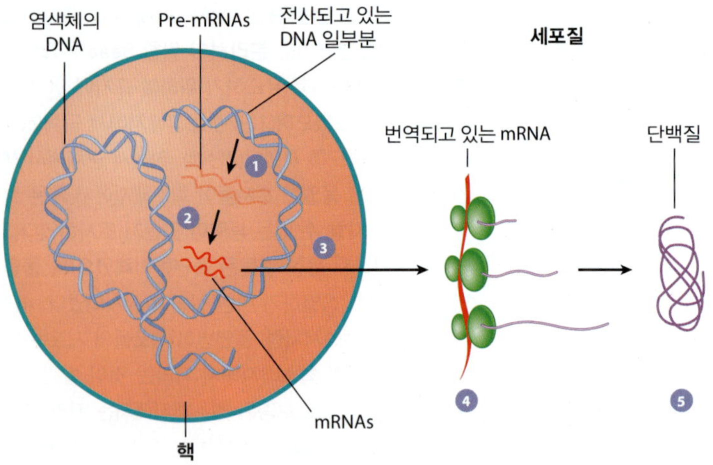

그림 5.2 진핵세포에서 정보 흐름의 개요. 핵 속에 위치된 염색체의 DNA는 유전 정보 전체를 저장하고 있다. DNA의 선택된 부위들에서 pre-mRNA로 전사되며(1단계), 이 pre-mRNA는 전령 RNA로 가공된다(2단계). 전령 RNA는 핵으로부터 운반되어서(3단계), 세포질로 이동된다. 세포질에서 mRNA를 따라 이동하는 리보솜에 의하여 폴리펩티드로 번역된다(4단계). 번역 이후에, 그 폴리펩티드는 접혀서 자신의 고유한 입체구조를 형성한다(5단계).

으로 설명되어 있다.

전령 RNA를 사용함으로써 세포는 정보 저장기능과 정보 활용기능을 분리시킬 수 있게 되었다. 유전자는 커다란 고정된 DNA 분자의 일부로서 핵 내에 격리되어 저장되어 있는 반면에, 유전자의 정보는 훨씬 더 작고 움직이기 쉬운 핵산 분자로 전달되어서 세포질로 이동한다. 일단 세포질로 이동하면, mRNA는 주형의 역할을 할 수 있어서, DNA와 mRNA의 염기서열에 의해 암호화된 특정 순서로 아미노산들의 결합을 지시하게 된다. 또한 전령 RNA를 사용함으로써, 세포는 그의 합성물의 양을 크게 증폭시킬 수 있다. 1개의 DNA 분자는 많은 mRNA 분자를 형성하는 주형의 역할을 할 수 있으며, 각각의 mRNA 분자는 수많은 폴리펩티드 사슬 분자들을 형성하는 데 사용될 수 있다. DNA-기반을 한 유전자는 RNA-기반을 한 전령을 암호화하고, 전령은 그 다음에 단백질로 번역이 된다는 개념은 **중심원리(Central Dogma)**로 알려져 있다.

단백질은 **번역(translation)**이라고 하는 복잡한 과정에 의해 세포질에서 합성된다. 번역은 리보솜을 포함한 여러 가지 서로 다른 요소들의 참여를 필요로 한다. 리보솜은 세포질에 있는 "기구(machine)"로서, 이 복합체는 어느 mRNA에 의해 암호화된 정보를 번역하도록 컴퓨터처럼 프로그램될 수 있다. 리보솜은 단백질과 RNA로 이루어져 있다. 리보솜에 포함되어 있는 RNA들을 **리보솜 RNA(ribosomal RNA, rRNA)**라고 한다. rRNA는 mRNA처럼 유전자를 이루는 DNA 가닥들 중 하나의 가닥으로부터 전사된다. rRNA는 정보를 제공하는 능력을 수행하기보다 아미노산들이 서로 공유결합으로 연결되는 화학반응을 촉매하고 구조적으로 지지하는 역할을 한다. **운반 RNA(transfer RNA, tRNA)**는 단백질 합성 과정에 필요한 세 번째 RNA이다. 운반 RNA는 mRNA 염기서열에 있는 암호를 폴리펩티드의 아미노산 "알파벳(alphabet)"으로 번역하는 일을 수행한다.

rRNA와 tRNA는 모두 그들의 2차 구조와 3차 구조에 의해 활성이 나타난다. 비슷한 2개의 가닥으로 된 나선 구조를 갖고 있는 DNA와는 다르게, 많은 RNA들은 (원천이 무엇이든 간에) 복잡한 3차구조의 형태로 접힌다. 이 형태는 RNA의 유형에 따라 현저히 다르다. 그래서 단백질들처럼, RNA 분자들은 서로 다른 모양으로 인해 다양한 기능을 수행한다. 단백질들처럼, RNA 분자들의 접힘은 일정한 규칙을 따른다. 단백질의 접힘 과정에서 소수성 부위는 내부로 향하게 되는 반면에, RNA 접힘은 상보적인 염기쌍을 갖는 부위들을 형성하게 된다(**그림 5.3**). 그림 5.3에서 보여주는 것처럼, 염기쌍을 이룬 부위들은 보통 2중-가닥(그리고 2중-나선)으로 된 "기둥(stem)"을 형성한다. 이 기둥 부분은 단일-가닥으로 된 "고리들(loops)"과 연결되어 있다. 오로지 표준형 왓슨-크릭(Watson-Crick) 염기쌍만으로 이루어진 DNA와는 달리, RNA는 때로는 비표준형 염기쌍(그림 5.3, 삽입도)과 변형된 질소 염기들(nitrogenous bases)을 갖고 있다. 이 분자의 이러한 특이한 부위들은 단백질과 다른 RNA를 인식하는 자리의 역할을 하며, RNA 접힘을 촉진하고, 이 분자의 구조의 안정화를 돕는다. 상보적인 염기-짝짓기의 중요성은 tRNA와 rRNA 구조를 훨씬 더 확대되고 있다. 이 장의 전반에 걸쳐서 보게 될 것으로써, RNA 분자들 사이에(*between*) 염기쌍의 형성은 RNA가 관여하는 대부분의 활성에 있어서 중심 역할을 한다.

mRNA, rRNA, tRNA의 역할들은 이 장의 다음 절에서 상세히 다루어진다. 진핵세포들은 세포의 물질대사에서 아주 중요한 역할을 하는 많은 다른 종류의 RNA들을 만든다. 이런 RNA들에는 소형

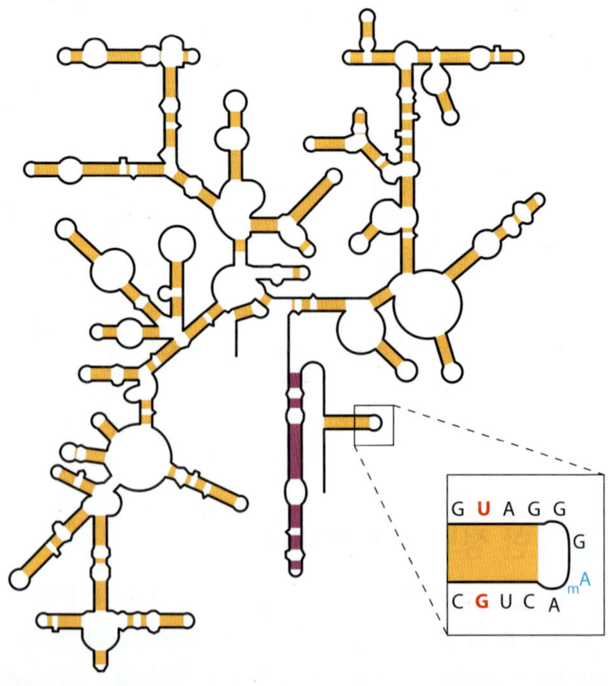

그림 5.3 세균 리보솜 RNA의 2차 구조는 단일가닥의 서로 다른 부위 사이에 광범위한 염기-짝짓기를 보여주고 있다. 확대된 부위는 비표준형 염기쌍(G-U)과 변형된 뉴클레오티드인 메틸아데노신을 포함하는 기둥-고리(stem-loop)의 염기서열을 보여준다. 나선들 중 하나는 205쪽에서 논의된 것처럼 리보솜 기능에서 중요한 역할을 하기 때문에 다른 색으로 표시되었다. RNA 3차 구조의 한 예를 그림 5.41*b*에 나타내었다.

핵 RNA(small nuclear RNA, snRNA), 소형인 RNA(small nucleolar RNA, snoRNA), 소형 간섭 RNA(small interfering RNA, siRNA), 마이크로 RNA(microRNA, miRNA), 다양한 비암호화 RNA, 즉 아미노산 서열에 대한 정보가 없는 RNA 등이 포함된다. 이 RNA들의 대부분은 유전자 발현의 다양한 양상을 조절하는 기능을 제공한다. 이 RNA들의 일부는 지난 2~3년 사이에 갑자기 나타났는데, 이것은 앞으로 밝혀져야 할 많은 세포 활성들이 있다는 것을 상기시킨다.

RNA 구조에 관한 기본적인 자료에 관해서는 2.15절에서 복습할 수 있다.

5.2 전사에서의 RNA중합효소의 역할

전사는 DNA 가닥이 RNA 가닥을 합성하는 데 필요한 정보를 제공하는 과정이다. 원핵세포와 진핵세포의 전사를 책임지는 효소는 **DNA-의존 RNA 중합효소(DNA-dependent RNA polymerase)** 또는 단순히 **RNA 중합효소(RNA polymerase)**라고 한다. 이 효소는 뉴클레오티드를 한 번에 하나씩 RNA 가닥에 결합시킬 수 있으며, 이 RNA 가닥의 염기서열은 DNA의 두 가닥 중에서 주형(*template*)의 역할을 하는 한 가닥에 상보적이다.

RNA 합성에서 첫 번째 단계는 RNA 중합효소와 DNA 주형의 결합이다. 이것은 보다 일반적인 흥미로운 문제, 즉 단백질과 핵산이라는 2개의 아주 다른 고분자들의 특이한 상호작용이라는 문제를 제기한다. 서로 다른 단백질들이 서로 다른 유형의 기질과 결합하여 서로 다른 반응을 촉매하도록 진화된 것과 같이, 단백질들이 핵산의 한 가닥에 있는 특이한 서열을 인식하고 결합하도록 진화되었다. 전사가 일어나기 전에 RNA 중합효소가 결합하는 DNA 상의 자리를 **프로모터(promoter)**라고 한다. 진핵세포의 RNA 중합효소는 스스로 자신의 프로모터에 결합할 수 없지만, **전사인자(transcriptional factor)**라는 추가적인 단백질들의 도움을 필요로 한다. 프로모터는 중합효소의 결합자리를 제공하는 것 이외에, DNA의 두 가닥 중에서 어느 가닥이 전사될 것이고, 전사가 시작되는 자리가 어디인가를 결정하는 정보를 갖고 있다.

RNA 중합효소는 DNA 주형가닥을 따라서 5′끝(5′ end)을 향하여(즉, 3′→5′ 방향으로) 이동한다. 중합효소가 전진함에 따라, DNA는 일시적으로 풀리고, 중합효소는 5′끝에서 3′ 방향으로 신장하는 RNA의 상보적인 가닥을 조립한다(**그림 5.4a,b**). RNA 중합효소는 (매우 순조로운) 다음 반응을 촉매한다.

$$RNA_n + NTP \rightarrow RNA_{n+1} + PP_i$$

위 반응에서 리보뉴클레오시드 3인산(ribonucleoside triphosphate, NTP) 기질은 공유결합 사슬로 중합됨에 따라 뉴클레오시드 1인산으로 나누어진다(그림 5.4*c*). 핵산(그리고 단백질)을 합성하도록 하는 반응은 제3장에서 논의된 중간대사(intermediary metabolism)의 합성 반응과는 본래부터 다르다. 아미노산 등과 같이 작은 분자를 형성하게 하는 일부의 반응은 상당한 역반응이 측정될 수 있는 평형상태에 충분히 근접할 수도 있는 반면에, 핵산과 단백질을 합성하게 하는 반응들은 거의 역반응이 없는 조건 하에서 일어나야 한다. 이 조건은 전사가 다음과 같은 두 번째 반응의 도움으로 이루어지는 동안에 일어나게 된다.

$$PP_i \rightarrow 2P_i$$

이 반응은 피로인산가수분해효소(pyrophosphatase)라는 다른 효소에 의해 촉매된다. 이 경우에 첫 번째 반응에서 생성된 피로인산(PP_i)은 무기인산(P_i)으로 가수분해된다. 피로인산이 가수분해되면서 많은 양의 자유에너지를 방출하고 뉴클레오티드를 기본적으로 비가역적으로 결합시킨다.

중합효소가 DNA 주형을 따라 이동할 때, 상보적인 뉴클레오티드를 자라나는 RNA 사슬에 결합시킨다. 전사되고 있는 DNA 가닥에 있는 뉴클레오티드와 적당한 (왓슨-크릭) 염기쌍을 형성할 수 있는 뉴클레오티드가 RNA 가닥에 결합된다. 이것은 그림 5.4*c*에서 볼 수 있는데, 이 주형의 티민-함유 뉴클레오티드가 들어오는 아데노신 5′-삼인산과 염기쌍을 이룬다. 일단 중합효소가 DNA의 특정한 부분을 지나가면 DNA 2중나선은 재형성된다(그림 5.4*a*,*b*에서처럼). 결과적으로, RNA 사슬은 RNA-DNA 혼성체(hybrid)로서 주형과 결합한 상태로 존재하지 않는다(중합효소가 작동하고 있는 장소의 바로 뒤에 있는 약 9개의 뉴클레오티드를 제외하고). RNA 중합효소는 자라나는 RNA 분자에 초당 약 20~50개의 뉴클레오티드를 결합시킬 수 있으며, 한 세포 내에서 다수의 유전자가 수백 개 또는 그 이상의 RNA 중합효소에 의해 동시에 전사된다. 특정 유전자가 전사되는 횟수는 엄격하게 조절되고 유전자의 종류와 지배적인 조건에 의존하여 극적으로 달라진다. 그림 5.4*d*의 전자현미경 사진은 다수의 RNA 중합효소 분자들과 결합되어 있는 파아지 DNA 분자를 보여준다.

RNA 중합효소는 엄청나게 긴 RNA를 형성할 수 있는 능력을 갖는다. 결과적으로, 효소는 긴 주형가닥 위에서 DNA에 부착된 채로 남아 있어야 한다[이런 효소를 **진행적**(*processive*) 효소라고 한다]. 이와 동시에, 이 효소는 주형의 뉴클레오티드에서 다음 뉴클레오티드로 이동할 수 있을 정도로 (DNA) 주형에 느슨하게 결합되어 있어야 한다. 각각의 중합효소(단백질) 분자들 사이의 차이점들을 평균하는 데 도움을 주는 생화학적 방법들을 사용하여, 진행성과 같은 RNA 중합효소의 어떤 특성을 연구하는 것은 어렵다. 결과적으로, 연구자들은 각 세포 골격의 운동단백질(motor)을 연구하는 데 사용된 것과 비슷하게, 단일 RNA 중합효소 분자들의 활성을 추적하기 위한 기술을 개발하였다. 이런 연구에 대한 두 가지 예를 **그림 5.5**에 나타내었다. 이 예에서, 단일 RNA 중합효소는 덮개유리 표면에 부착되어 있으며, (DNA의) 한쪽 끝에 형광구슬을 공유결합으로 연결시킨 DNA 분자가 전사되도록 하였다. 형광구슬의 이동을 형광현미경으로 추적·관찰할 수 있다.

그림 5.5*a*에서는 구슬이 매질 속에서 자유롭게 움직이고 구슬의 이동 범위가 중합효소와 구슬 사이에 있는 DNA의 길이에 비례한다. 중합효소가 주형을 전사함에 따라, 연결되어 있는 DNA 가닥은 길어지고 구슬의 이동거리는 증가한다. 이런 유형의 시스템을 이용하면, 연구자들이 각 중합효소의 전사 속도를 연구할 수 있으며, 중합효소가 꾸준히 또는 불연속적으로 움직이면서 DNA를 전사하는지를 결정

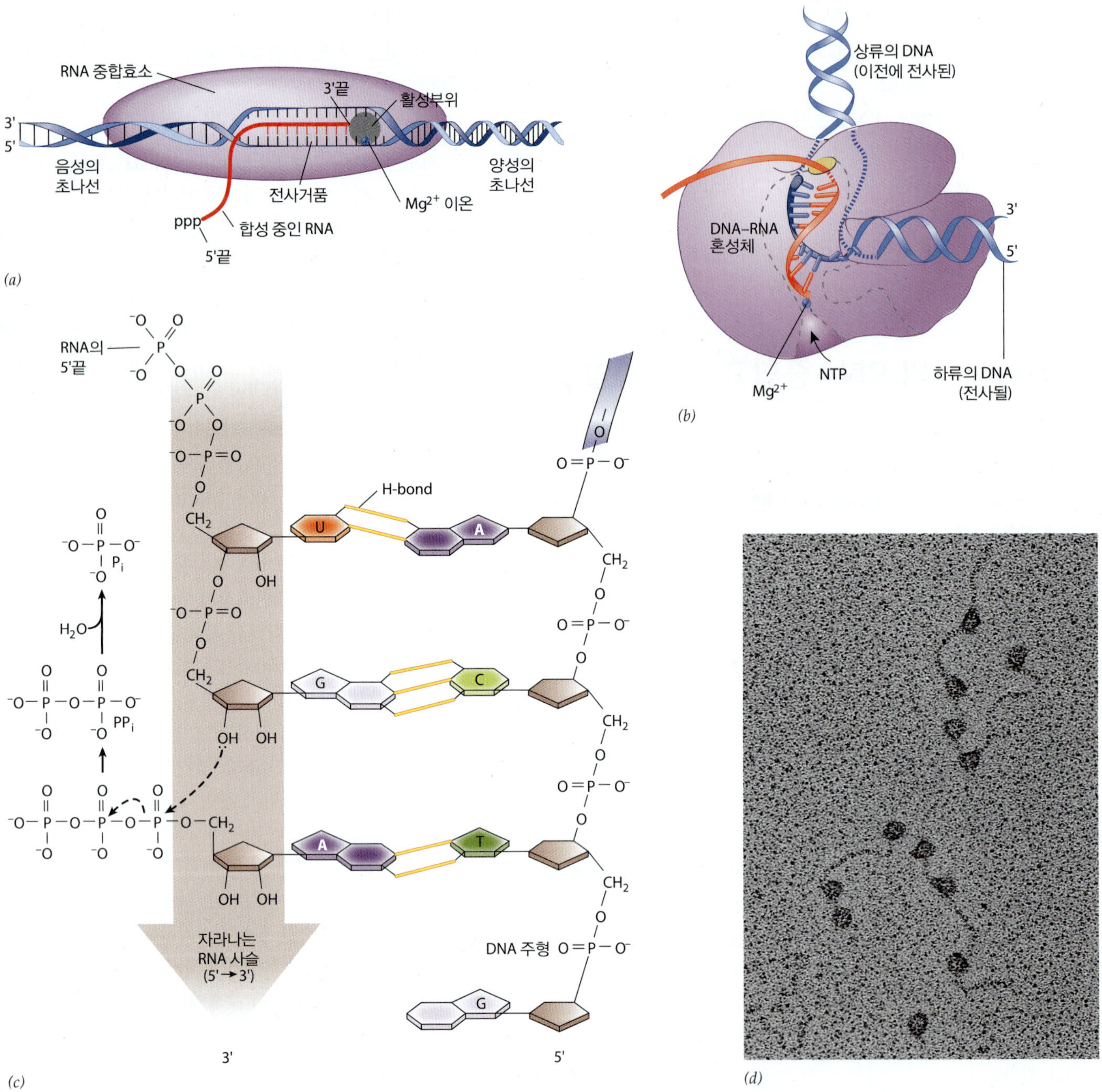

그림 5.4 **전사하는 동안 신장하는 사슬.** *(a)* 전사하는 동안에 새로 합성된 RNA 분자가 신장하는 과정을 나타낸 도식적 모형. 중합효소는 DNA의 약 35개 염기쌍을 덮는다. 단일가닥으로 구성된 전사 거품은 약 15개 염기쌍에 걸쳐 있으며, DNA-RNA 혼성체 상태로 있는 조각은 약 9개 염기쌍을 포함하고 있다. 이 효소는 자신의 앞 쪽에 과회전(overwound)[양성의 초나선(positively supercoiled)] DNA를 만들고, 자신의 뒤 쪽에는 저회전(underwound)[음성의 초나선(negatively supercoiled)] DNA를 만든다(135쪽). 이 상태는 위상이성질화효소(topoisomerase)에 의해서 완화된다(135쪽). *(b)* 전사의 신장과정에서 RNA 중합효소의 개요도. DNA의 하류(downstream) 부분은 중합효소에 있는 홈 속에 놓여 있으며, 효소에서 가장 큰 2개의 소단위에 의해 형성된 1쌍의 턱으로 고정되어 있다. DNA가 활성자리 지역에서 급격한 회전을 하여, 그림에서 DNA의 상류(upstream) 부분이 위로 뻗어 있다. 새로 합성되는 RNA가 효소의 활성자리로부터 따로 떨어진 경로를 통하여 나오고 있다. *(c)* 사슬의 신장은 자라나는 가닥 끝에 있는 뉴클레오티드의 3′OH가 들어오는 뉴클레오시드 삼인산의 5′ α-인산을 공격하여 일어난다. 방출된 피로인산이 연이어 잘려지고, 이로써 이 반응은 중합화의 방향으로 진행된다. 주형가닥의 뉴클레오티드와 들어오는 뉴클레오티드 사이의 염기쌍의 기하학적 구조에 의해 각 부위에서 4개의 가능한 뉴클레오시드 삼인산 중에서 어느 뉴클레오티드가 들어와서 자라나는 RNA 사슬로 결합될지가 결정된다. *(d)* 파지 DNA 주형에 결합된 여러 개의 RNA 중합효소의 전자현미경 사진.

출처: (d) Robley C. Williams 제공

할 수 있다. 그림 5.5*b*에서, 전사되고 있는 DNA 분자의 끝에 있는 구슬이 초점이 맞추어진 레이저 빔에 의해 잡힌다. 레이저 트랩에 의해 생긴 작은 힘은 중합효소가 DNA의 전사를 중단시키기에 충분할 때까지 변화될 수 있다. 전사되고 있는 단일 RNA 중합효소 분자들 상에서 측정하여 보면, 효소들이 미오신 분자보다 몇 배 많은 힘으로 주형 위에서 한 번에 1개의 염기(3.4 Å)씩 이동할 수 있는 것으로 나타난다(제13장에서 미오신과 다른 운동단백질의 검토 부분 참조).

비록 RNA 중합효소가 비교적 강력한 운동단백질(motor)이지만,

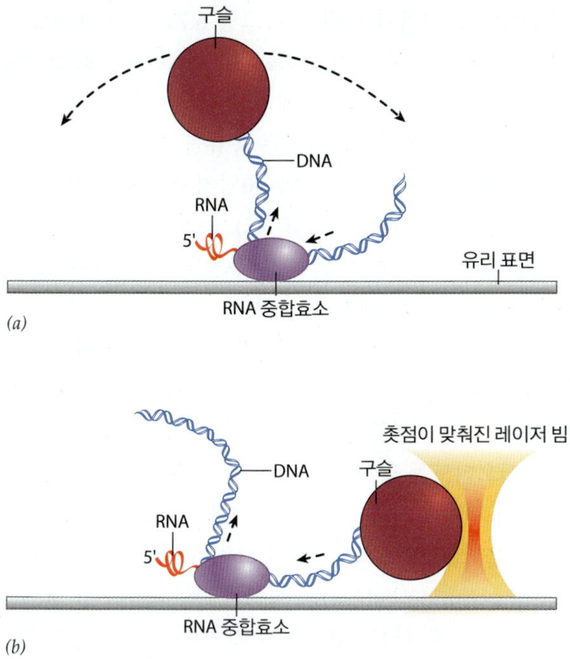

그림 5.5 단일 RNA 중합효소의 활성을 추적하기 위한 실험 기술의 예. (*a*) 이 실험방법에서, RNA 중합효소 분자가 아래에 있는 덮개유리 위에 부착되어 있고, 상류 끝에 형광구슬을 포함하는 DNA 분자가 전사되도록 하였다. 화살표는 중합효소를 통한 DNA의 이동을 나타낸다. 이동 속도와 중합효소의 신행은 형광현미경을 사용하여 시간 경과에 따라 구슬의 위치를 관찰함으로써 추적될 수 있다. (*b*) 이 실험방법에서, 부착된 중합효소가 하류의 끝에 구슬을 가진 DNA 분자를 전사하고 있다. *a*에서처럼, 화살표는 DNA의 이동 방향을 나타낸다. 구슬은 광학(레이저) 트랩에 잡히는데, 이 트랩은 레이저 빔을 조절하여 변화될 수 있는 일려진 힘을 전달한다. 이런 유형의 기구는 전사하는 중합효소에 의해서 생긴 힘을 측정할 수 있다.

출처: J. Gelles and R. Landick, *Cell* 93:15, 1998에서 발췌. Elsevier Science의 허가를 얻어 재인쇄함.

이 효소는 꾸준하게, 즉 연속적인 방식으로 이동할 필요는 없으나 주형을 따라 특정 위치에서 멈출 수 있으며, 또는 앞 방향으로의 전진을 재개하기 전에 뒤로 되돌아 갈 수도 있다. 다양한 장애물을 건너가도록 효소의 능력을 향상시켜주는 몇 가지의 신장인자(elongation factor)가 밝혀졌다. 어떤 경우에 잘못된 뉴클레오티드가 끼어 들어가면, 멈춰 섰던 RNA 중합효소가 (되짚어 가서) 새로 합성된 전사체의 3′끝(3′ end)을 잘라 없애고 앞으로 이동을 계속하기 전에 사라진 부분을 재합성하는 일이 일어난다. 잘못 합병된 뉴클레오티드를 인지하고 제거하는 RNA 중합효소의 능력을 **교정(proofreading)**이라고 한다. 이런 교정하는 기능은 뉴클레오티드를 합병하는 데 필요한 효소의 활성자리와 동일한 곳에서 수행된다.

5.3 원핵세포와 진핵세포에서 전사의 개요

이쯤에서, 세균과 진핵세포의 전사과정 사이의 차이점을 알아보는 것이 도움이 된다.

세균에서의 전사

대장균(*E. coli*)과 같은 세균은 한 가지 유형의 RNA 중합효소를 갖고 있는데, 이것은 5개의 소단위(subunit)들이 단단히 결합되어 **핵심효소(core enzyme)**를 형성한다. 세균 세포로부터 핵심효소가 정제되어 세균 DNA 분자와 리보뉴클레오티드 삼인산이 있는 용액에 첨가되면, 이 효소는 DNA에 결합하여 RNA를 합성할 것이다. 그러나 정제된 중합효소에 의해 생산된 RNA 분자들은 세포 내에서 발견되는 것들과 동일하지는 않는데, 이유는 핵심효소는 세포 내에서 정상적으로는 무시하는 부위인 DNA의 무작위 부위에 결합하였기 때문이다(**그림 5.6a**). 그러나 DNA와 결합하기 전에 시그마 인자(*sigma factor*,

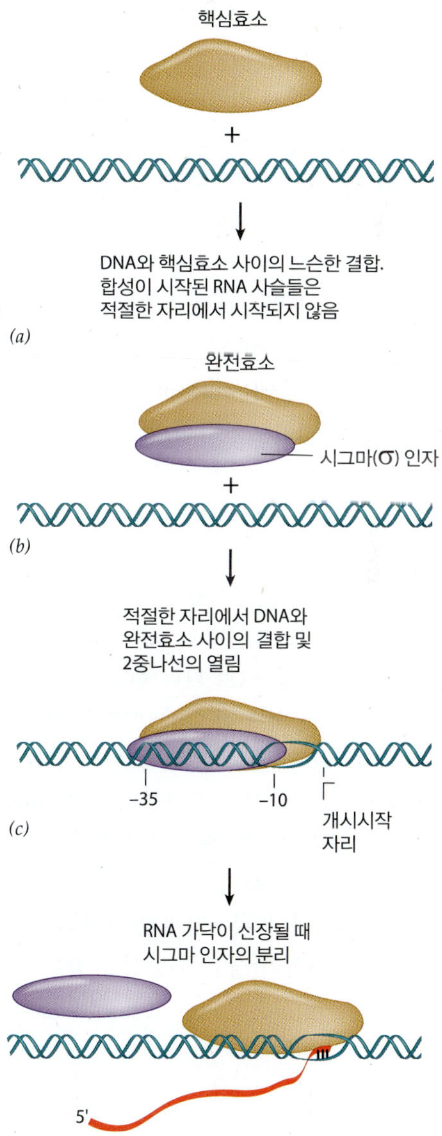

그림 5.6 세균에서 전사 개시의 개요도. (*a*) 시그마 인자가 없는 상태에서는 핵심효소가 특수한 개시 부위에 있는 DNA와 상호 결합하지 않는다. (*b-d*) 핵심효소가 시그마 인자와 결합된 상태에서는, 완전한 효소[또는 전효소(holoenzyme)]는 DNA의 프로모터에 결합할 수 있으며, DNA 2중나선의 가닥을 분리시킬 수 있고, 적당한 시작 부위에서 전사를 시작할 수 있다(그림 5.7 참조). 여기에 나타낸 전통적인 모형에서, 시그마 인자는 핵심효소로부터 떨어져 나오고, 핵심효소는 전사과정의 신장을 할 수 있다. 최근 연구들은 적어도 어떤 경우에서는 σ가 중합효소에 남아 있을지도 모른다는 것을 제안한다.

σ)라고 하는 정제된 보조 폴리펩티드가 RNA 중합효소에 첨가되면, 전사는 선택된 위치에서 일어난다(그림 5.6*b~d*). 시그마 인자가 핵심 중합효소에 결합하면 DNA 상에 있는 프로모터 부위에 대한 효소의 친화력이 증가되고 일반적인 DNA에 대한 친화력은 감소하게 된다. 그 결과, 완전한 효소는 적당한 프로모터 부위를 인식하고 결합할 때까지 DNA 위를 자유롭게 미끄러지는 것으로 생각된다.

세균의 RNA 중합효소를 X-선 결정법으로 분석한 결과(그림 5.8 참조), 양성전하를 띤 내부 통로를 둘러싸는 한 쌍의 움직이는 족집게를 가진 게의 집게발(crab claw) 같은 분자 모양을 하고 있다는 것을 알았다. 시그마 인자가 프로모터와 상호결합하면서 효소의 집게발은 통로내부에 들어있는 DNA 2중가닥의 하단부(하류)를 꽉 잡는다(그림 5.4*b*에서처럼). 그러고 나서 효소는 전사 시작 부위를 둘러싸는 부위에 있는 두 DNA 가닥을 분리[또는 용해(*melt*)]한다(그림 5.4*c*). 중합효소와 시그마 인자 및 가닥이 분리된 DNA 복합체를 열린 복합체(*Open Complex*)라고 부른다. 가닥이 분리됨으로써 주형가닥은 효소의 통로의 뒷벽에 위치한 활성자리에 접근하게 된다. RNA 중합효소는 RNA 전사체를 조립하려고 많은 시도를 하지만 실패가 많은 것으로 보아 전사의 개시는 어려운 일인 것 같다. 약 10개의 뉴클레오티드를 성공적으로 통합시켜서 자라나는 전사체로 되게 하면, 효소는 구조에 있어서 중요한 변화를 겪어서 DNA 위를 전진적으로 이동할 수 있는 **전사연장 복합체**(*transcriptional elongation complex*)로 변형된다. 그림 5.6*d*의 모형에서 시그마 인자가 방출되고 난 후에 연장 복합체가 형성된다.

위에서 언급된 것처럼, 프로모터는 RNA 중합효소가 결합하는 DNA 상의 부위이다. 세균 프로모터는 RNA 합성이 시작하는 곳의 바로 앞 부위에 있는 하나의 DNA 가닥에 위치한다(**그림 5.7**). 전사가 시작되는 곳에 있는 뉴클레오티드를 +1로 나타내고 그것보다 앞에 있는 뉴클레오티드를 −1로 나타낸다. 전사 시작부위보다 앞에 있는 DNA의 부위(주형의 3′끝 쪽을 향하는)를 그 부위의 **상류**(*upstream*)라고 한다. 전사 시작부위보다 뒤에 있는 DNA의 부위(주형의 5′끝 쪽을 향하는)를 그 부위로부터 **하류**(*downstream*)라고 한다. 세균의 수많은 유전자들의 전사 시작부위 바로 앞에 위치한 DNA 염기서열을 분석하였을 때 두 가지 짧게 뻗은 DNA 부위가 유전자들 마다 비슷하게 나타난다는 것이 밝혀졌다. 그 중 하나는 전사 시작부위로부터 약 35염기 상류에 중심을 잡은 구간인데, 전형적으로 TTGACA 서열이 나타난다(그림 5.7). 이 TTGACA 서열을 (−35 요소라고 알려져 있는데) **공통서열(consensus sequence)**이라고 한다. 공통서열은 유전자들 간에 약간의 차이는 있으나 보존된 서열 중에서 가장 공통적으로 나타나는 종류를 가리킨다. 두 번째 보존된 서열은 전사 시작부위로부터 약 10염기 상류에서 발견되고 공통서열로 TATAAT이 나타난다(그림 5.7). 프로모터에 있는 이 부위는 −10 요소(*element*)라고 하고, 발견한 사람의 이름을 따서 **프립노브 상자**(*Pribnow box*)라고 부른다. 이 부위는 전사가 시작되는 부위에 있는 상세한 뉴클레오티드를 확인하는 책임을 맡고 있다. 시그마 인자가 프립노브 상자를 인지할 때, 단백질 내부의 아미노산 잔기들은 비주형가닥의 TATAAT 서열의 6개 각각의 뉴클레오티드와 상호결합한다. 이 뉴클레오티드들 중 2개는 포개진 뉴클레오티드 (층)에서 밖으로 (튀어)나와 단백질의 핵심부위로 향해 있다. 이 작용이 프로모터 DNA의 주변을 열리게(melting)하여 그림 5.6과 그림 5.7에서 보이는 전사거품(transcription bubble)의 형성하도록 하는 것으로 보인다.

세균세포는 서로 다른 다양한 시그마 인자들을 갖고 있는데, 이들은 서로 다른 종류의 프로모터 서열을 인식한다. σ^{70}은 대부분의 유전자들의 전사를 시작하기 때문에 “살림(housekeeping)” σ 인자로 알려져 있다. 선택적 시그마 인자는 공통적인 반응에 참여하는 특이적인 소수의 유전자들의 전사를 시작한다. 예를 들면, 대장균 세포가 갑작스러운 온도 상승에 노출되면, 새로운 시그마 인자가 합성되어 다른 프로모터 서열을 인식하고 일련의 **열충격 유전자들**(*heat-shock genes*)의 균형 잡힌 전사가 일어나도록 한다. 이 유전자들의 산물들은 세포의 단백질이 고열로부터 손상되는 것을 보호한다(제2장의 역사적 실험 II 참조).

전사가 유전체 위의 특정 부위에서 시작되는 것처럼, 특수한 뉴클레오티드 서열에 도달하면 전사는 중단한다. 대략 약 절반 정도는 로(*rho*)라고 하는 반지 모양의 단백질이 세균의 전사의 종결에 필요로 한다. Rho는 새로이 합성된 RNA를 둘러싸고 가닥을 따라 5′ → 3′ 방향으로 중합효소를 향하여 이동한다. 그곳에서 로(*rho*)는 RNA 전사체가 결합되어 있던 DNA로부터 RNA 전사체를 분리시킨다. 다른 경우에는 중합효소가 **종결서열**(*termination sequence*)에 도달하면 전사를 중단한다. 종결자(terminator) 서열은 전형적인 머리핀 루프(hairpin loop)로 접혀있는데, 이것이 RNA 중합효소가 부가적인 인자의 필요 없이 완성된 RNA 사슬을 방출하게 한다.

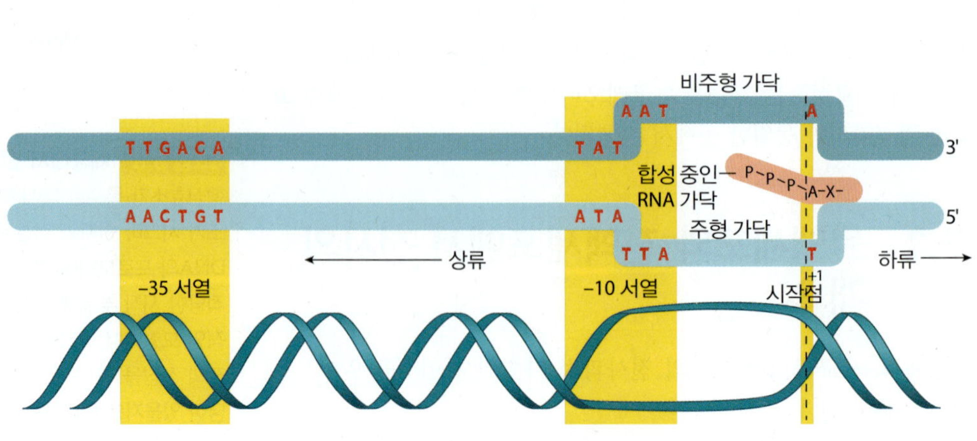

그림 5.7 세균 대장균의 DNA에서 프로모터 부위의 기본적 요소들. 전사의 시작에 필요한 핵심이 되는 조절 서열들은 전사가 시작되는 부위로부터 −35와 −10에 위치한 부위에서 발견된다. 개시 부위는 유전자의 +와 −사이의 경계에 표시된다.

표 5.1 진핵세포의 핵 RNA 중합효소들

효소	합성되는 RNA들
RNA 중합효소 I	큰 rRNA(28S, 18S, 5.8S)
RNA 중합효소 II	mRNA, 대부분의 소형핵 RNA(snRNA, snoRNA) 대부분의 마이크로 RNA, 말단부합성효소(telomerase), RNA
RNA 중합효소 III	tRNA, 5S rRNA, U6 snRNA를 포함하는 다른 소형 RNA
RNA 중합효소 IV, V (식물에만 해당)	siRNA

진핵세포에서 전사와 RNA 가공

진핵세포는 세 가지 뚜렷이 다른 전사효소를 핵 안에 갖고 있다. 이 효소들 각각은 서로 다른 그룹의 RNA를 합성하는 역할을 한다(표 5.1). 식물은 두 가지 추가적인 RNA 중합효소를 갖는데, 이들은 생명에 필수적이지는 않다. 다수의 RNA 중합효소를 갖는 원핵생물은 발견된 것이 없는 반면에, 가장 단순한 진핵세포인 효모는 포유동물 세포에 있는 것과 동일한 세 가지 핵 전사효소를 갖고 있다. RNA 중합효소의 수에 있어서의 이러한 차이점은 원핵세포와 진핵세포 간의 또 다른 뚜렷한 차이점이다.

그림 5.8a는 생물의 세 가지 영역(domain), 즉 고세균(Archea), 세균, 진핵세포 등에서 각각의 RNA 중합효소들의 표면 구조를 보여준다. 이 그림을 상세히 들여다 보면 몇 가지 특색이 분명하다. 세균과 진핵세포의 효소들보다 고세균과 진핵세포의 효소들이 구조상으로 더 유사하다는 것이 분명하다. 이런 특성은 고세균과 진핵세포가 진화적으로 관련이 있음을 반영하는데, 이것은 제1장의 <역사적 실험>에서 설명되었다. 그림 5.8*a*에 나타낸 각 단백질을 구성하고 있는 소단위(subunit)들은 서로 다른 색깔로 표시되어 있는데, 이것은 RNA 중합효소가 다수의 소단위로 이뤄진 효소라는 것을 즉시 증명하는 것이다. 서로 다른 효소들 간에 서로 상응하는(homologous)(즉, 공통의 조상의 폴리펩티드에서 유래된) 소단위들은 동일한 색깔로 나타냈다. 따라서 그림 5.8*a*를 통하여 세 가지 영역(domain)에서 RNA 중합효소들은 몇 개의 소단위들을 서로 공유하고 있다는 것이 확실하다. 그림 5.8*a*에 있는 효모 효소는 총 12개의 소단위를 갖고 있고 세균 효소의 상응 부위는 7개가 있으나, 두 효소의 기본 적인 핵심 구조는 사실상 거의 동일하다. 이러한 RNA 중합효소 구조에 있어서 진화적 보전은 그림 5.8*b*에서 드러나는데, 이것은 세균과 진핵세포 효소의 상동 부위를 훨씬 더 높은 해상도로 보여주고 있다.

스탠포드대학교(Stanford University)의 로저 콘버그(Roger Kornberg)와 동료들이 효모 RNA 중합효소 II의 X-선 결정법 구조에 대해 발표함으로써 진핵세포의 전사에 대한 이해는 훨씬 더 높아졌다. 우리는 이 연구에 대한 결과로 그리고 연이어 다른 실험실에서의 연구 결과들로 인해, RNA 중합효소가 DNA를 따라서 이동하면서 RNA의 상보적인 가닥을 전사하는 작용 기작에 대해 이제 상당히 많이 알고 있다. 원핵세포와 진핵세포 사이에서 전사의 중요한 특색은 진핵세포가 많고 다양한 **전사인자**(*transcription factor*)라는 보조의 단백질들을 필요로 한다는 점이다. 이 단백질들은 중합효소가 주형에 결합하는 것에서부터 전사의 시작까지 또는 전사의 연장과 종결까지 전사 과정의 거의 모든 면에서 중요한 역할을 한다. 비록 전사인자들이 세 가지 모든 진핵세포 RNA 중합효소들의 작동에 결정적으로 중요하지만, RNA 중합효소 II에 의한 mRNA의 합성에 관한 것들만 논의 될 것이다(179쪽).

세 가지의 진핵세포 RNA 모두—mRNA, rRNA, tRNA—는 최종 RNA 산물보다 훨씬 더 긴 전구체 RNA 분자로부터 유래된다. 초

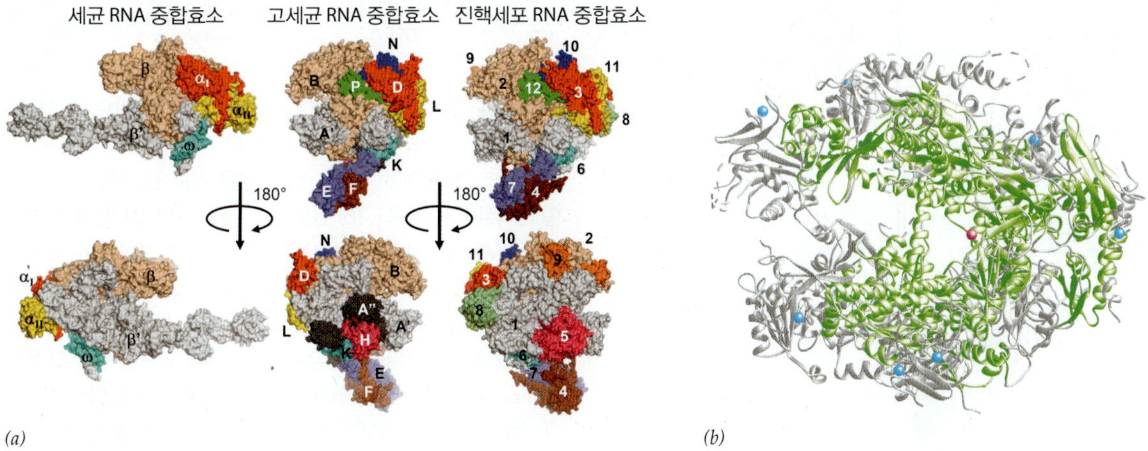

그림 5.8 원핵세포와 진핵세포의 RNA 중합효소 구조의 비교. (*a*) 생명체의 3개 영역(domain)에서 유래한 RNA 중합효소들. 효소의 각 소단위는 서로 다른 색깔로 나타내고 그 효소에 대한 관습적인 명명법에 따라서 꼬리표가 붙여졌다. 상동의 소단위들은 동일한 색깔로 표시되었다. 고세균과 진핵세포의 중합효소가 구조에서 세균과 진핵세포의 중합효소보다 더 유사하다는 것을 알 수 있다. (여기서 보여 지는) RNA 중합효소 II는 3개의 주요한 진핵세포의 핵 RNA 중합효소들 중 하나이다. (*b*) 효모 RNA 중합효소 II의 핵심 구조의 리본 도해. 효모 효소와 구조적으로 상동인 세균 중합효소의 부위들은 초록색으로 보인다. 하류의 DNA를 움켜쥐는 큰 통로는 뚜렷하다. 통로의 끝과 활성자리 내에 위치하는 2가의 Mg^{2+} 이온은 1개의 빨간색 원으로 보여진다.

출처: (a) Akira Hirata, Brianna J. Klein, and Katsuhiko S. Murakami, *Nature* 451:852, 2008에서 발췌. Macmillan Publishers의 허가를 얻음; (b) Patrick Cramer, et al., *Science* 292:1874, 2001, Fig. 12b에서 발췌. AAAS의 허가를 얻음. Roger Kornberg, Stanford University School of Medicine 제공.

기의 전구체 RNA는 전사된 DNA의 전체 길이와 동일한 길이를 가지며, 이를 **1차 전사물(primary transcript, pre-RNA)**이라고 한다. 1차 전사물이 전사되어 나온 DNA에 해당하는 부분을 **전사단위(transcription unit)**라고 한다. 1차 전사물은 세포 내에서 나출된[nakid] 상태로 있지 않고 합성될 때조차 단백질과 결합된 상태로 있게 된다. 1차 전사물은 전형적인 일시적으로 존재하는 분자인데, 일련의 "잘라 붙이는(cut-and-paste)" 반응에 의해 작고 기능적인 RNA로 가공된다(*processed*). RNA 가공에는 다양한 작은 RNA(90~300개의 뉴클레오티드 길이의)와 이들과 결합된 단백질을 필요로 한다. 다음 절에서는 주요 진핵세포 RNA들 각각의 전사와 RNA 가공에 연관된 활성들을 알아볼 것이다.

5.4 진핵세포 리보솜 RNA와 운반 RNA의 합성과 가공

진핵세포는 수백만 개의 리보솜을 갖고 있고 각 리보솜은 몇 개의 rRNA 분자와 수십 개의 리보솜 단백질들로 구성되어 있다. 진핵세포 리보솜의 구성요소는 **그림 5.9**에서 보여주고 있다. 리보솜의 수는 아주 많아서 대부분의 세포들 안에 있는 80% 이상의 RNA가 리보솜 RNA를 구성하고 있다. 세포에 그렇게 많은 전사물을 제공하기 위하여 rRNA를 암호화하는 DNA 서열은 주로 수백 번 반복되어 있다.

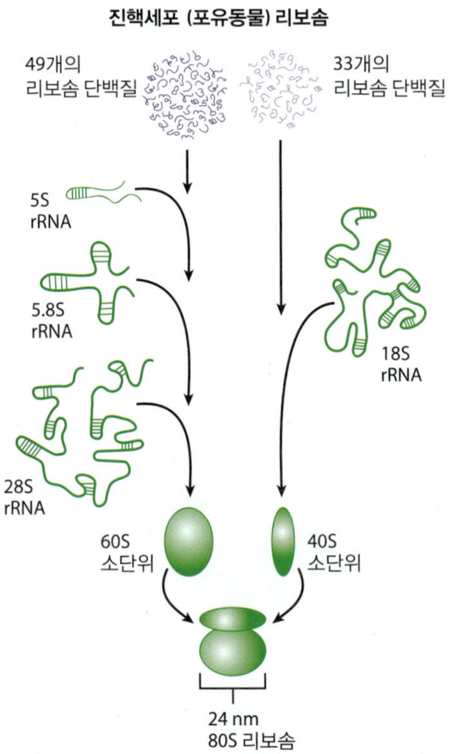

그림 5.9 **포유동물 리보솜의 고분자 조성.** 이 개요도는 포유동물의 리보솜에서 각 소단위들에 있는 구성요소들을 보여준다. rRNA의 합성과 가공 및 리보솜 소단위의 조립은 다음 쪽에서 논의된다.

출처: D. P. Snustad et al., *Principles of Genetics*에서 발췌. John Wiley & Sons, Inc.의 허가를 얻어 재인쇄함.

이 DNA를 **rDNA**라고 부르고, 유전체의 1개 또는 몇 개 부위에 전형적으로 무리를 이루고 있다. 사람의 유전체는 5개의 rDNA 군집을 갖고 있고, 각각은 서로 다른 염색체 위에 존재한다. 분열하지 않는(간기의) 세포에서는 rDNA 군집이 모여서 1개 또는 몇 개의 불규칙적인 형태의 **인(nucleoli, 단수는 nucleolus)**이라고 하는 핵의 구조를 이루며, 이것은 리보솜을 생산하는 기능을 한다(**그림 5.10a**).

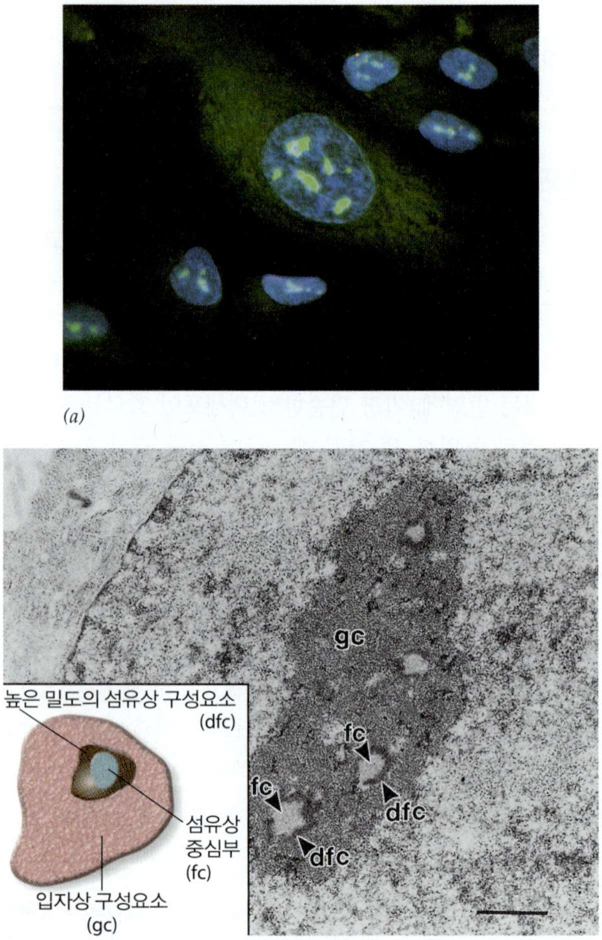

(*a*)

(*b*)

그림 5.10 **인.** (*a*) RNA에 결합하는 형광 염색약으로 염색한 사람의 폐 섬유아세포(fibroblast)의 광학현미경 사진. 파란색 형광 DNA 염색약으로 파랗게 강조된 핵은 여러 개의 인을 가지고 있다. 인은 리보솜을 만드는 공장이며 rRNA와 리보솜 단백질이 풍부하다. (*b*) 인을 가진 핵 부분의 절단면을 관찰한 전자현미경 사진. 인에서 세 가지 뚜렷한 부위들이 형태적으로 구별될 수 있다. 인의 대부분은 입자 구성요소(gc)로 이루어져 있으며, 이 요소에는 리보솜 조립의 다양한 단계에서 리보솜의 소단위들이 포함되어 있다. 섬유중심부(fibrillar center, fc)는 입자부위에 속에 들어 있으며, 이 섬유중심부는 높은 밀도의 섬유 구성요소(dense fibrillar component, dfc)로 둘러싸여 있다. 삽입도는 인에 있는 이런 부위들의 개요도이다. 하나의 모형에 의하면, fc는 리보솜 RNA를 암호화하는 DNA를 가지며, dfc는 새로 생기는 rRNA 전구체(pre-rRNA) 및 이와 결합된 단백질들을 갖고 있다. 이 모형에 의하면, pre-rRNA의 전사는 fc와 dfc 사이에 있는 경계에서 일어난다. (**주:** 인은, 이 책에서 논의되지 않는, 리보솜의 생합성과 무관한 다른 기능들을 갖고 있다.) 오른쪽 아래의 측정선은 1 μm임.

출처: (a) Thermo Fisher Scientific 제공; (b) Pavel Hozak, et al., *J. Cell Science* 107:646, 1994에서 발췌. The Company of Biologists Ltd.의 허가를 얻음. http://jcs.biologists.org/content/107/2/639.full.pdf+html?sid=8e44240f- 0860-4bea-bef4-b79b866c0261

인의 대부분은 새로 생기는 리보솜의 소단위들로 구성되어 있어서, 인이 입자(grain) 모양을 지니게 한다(그림 5.10*b*). 이런 많은 입자들 속에는, 주로 섬유 물질로 구성된 1개 또는 그 이상의 둥근 중심부들이 있다. 그림 5.10의 설명에서 논의된 것처럼, 섬유 물질은 rDNA 주형과 새로 합성되는 rRNA 전사체들로 구성된 것으로 생각되고 있다. 다음 절에서는 이런 rRNA 전사체들이 합성되는 과정을 살펴볼 것이다.

rRNA 전구체의 합성과 가공

진핵세포 리보솜은 4개의 별개의 리보솜 RNA들, 즉 3개의 큰 소단위와 1개의 작은 소단위를 갖고 있다. 사람의 경우, 큰 소단위는 28S와 5.8S 및 5S RNA를 각각 1개씩을 그리고 작은 소단위는 18S RNA 1개를 갖고 있다.[1] 이들 rRNA들 중 세 가지(28S, 18S, 5.8S)는 pre-rRNA를 전사하는 RNA 중합효소 I이라 불리는 효소에 의해 하나의 1차 전사물[**rRNA 전구체(pre-rRNA)**라고 하는]이 합성된 다음, (이로부터) 다양한 핵산가수분해효소(nuclease)에 의해 만들어진다. 5S rRNA는 인 바깥에 분리된 RNA 전구체로부터 합성되는데, 이 전구체는 RNA 중합효소 III이라 불리는 다른 효소에 의해 합성된다. pre-rRNA를 가지고 pre-rRNA 가공에 대한 논의를 시작할 것이다.

다른 RNA 전사물과 비교할 때, pre-rRNA의 두 가지 특성은 메틸화된(methylated) 뉴클레오티드와 위유리딘(pseudouridine) 부위가 많이 있다는 것이다. 사람의 pre-rRNA가 첫 번째로 잘라질 때까지, 100개 이상의 메틸기(methyl group)가 분자에 있는 리보스기(ribose group)에 붙으며, 유리딘(uridine) 부위의 약 95%가 위유리딘으로 전환된다(그림 5.13*a* 참조). 이러한 모든 변형은 뉴클레오티드가 초기의 RNA에 통합되고 난 후, 즉 전사 후에(*posttranscriptionally*) 일어난다. 변형된 뉴클레오티드는 특별한 자리에 위치하고 있으며 생물체 사이에 보존되어 온 그 분자의 부분 안에 무리를 이루고 있다. pre-rRNA의 변형된 모든 뉴클레오티드는 모두 최종산물에 남아 있는 반면에, 변형되지 않은 부분은 가공이 일어나는 동안에 제거된다. 메틸기와 위유리딘의 기능은 분명하지 않다. 이러한 변형된 뉴클레오티드는 pre-rRNA를 효소의 절단으로부터 보호할 수 있으며, rRNA를 최종 3차 구조로 접히도록 촉진할 수 있고, 그리고/또는 rRNA와 다른 분자들과의 상호결합을 촉진할 수 있다.

rRNA는 아주 심하게 메틸화되어 있기 때문에, 이들의 합성은 대부분의 방사성 물질로 표지된 메티오닌(methionine)과 함께 세포를 배양한 후에 추적될 수 있다. 이 메티오닌은 거의 모든 세포에서 메틸기 공여체 역할을 하는 화합물이다. 메틸기는 효소에 의해서 메티오닌에서 pre-rRNA의 뉴클레오티드로 전달된다. 포유동물의 배양된 세포에 $[^{14}C]$메티오닌이 짧은 시간 동안 주어지면, 결합된 방사성 물질의 상당량이 약 13,000 뉴클레오티드 길이에 해당하는 45S RNA 분자 속에 존재하게 된다. 45S RNA는 더 작은 분자들로 쪼개지고 더 다듬어져서 28S, 18S, 5.8S rRNA 분자들로 된다. 세 가지의 성숙된 rRNA의 길이를 합치면 약 7,000 뉴클레오티드 또는 그 이하로 1차 전사물의 절반보다 약간 크다.

포유동물 세포를 표지된 메티오닌과 함께 짧게 배양한 후, 표지되지 않은 배지에서 다양한 시간 간격으로 연속적으로 배양하여 세포를 추적함으로써 45S pre-rRNA로부터 성숙된 rRNA로의 가공 경로의 몇 단계를 확인할 수 있다(**그림 5.11**). [이런 유형의 "펄스추적

[1]S 값(또는 Svedberg 단위)은 RNA의 침강계수를 지칭한다. 이 값이 클수록, 원심분리를 하는 동안에 분자들이 힘의 필드를 통과하여 더 빨리 이동하고, (화학적으로 유사한 분자들의 그룹일 경우에는) 분자의 크기가 더 크다. 28S, 18S, 5.8S, 5S는 5000, 2000, 160, 120 뉴클레오티드의 뉴클레오티드 길이를 각각 구성하고 있다.

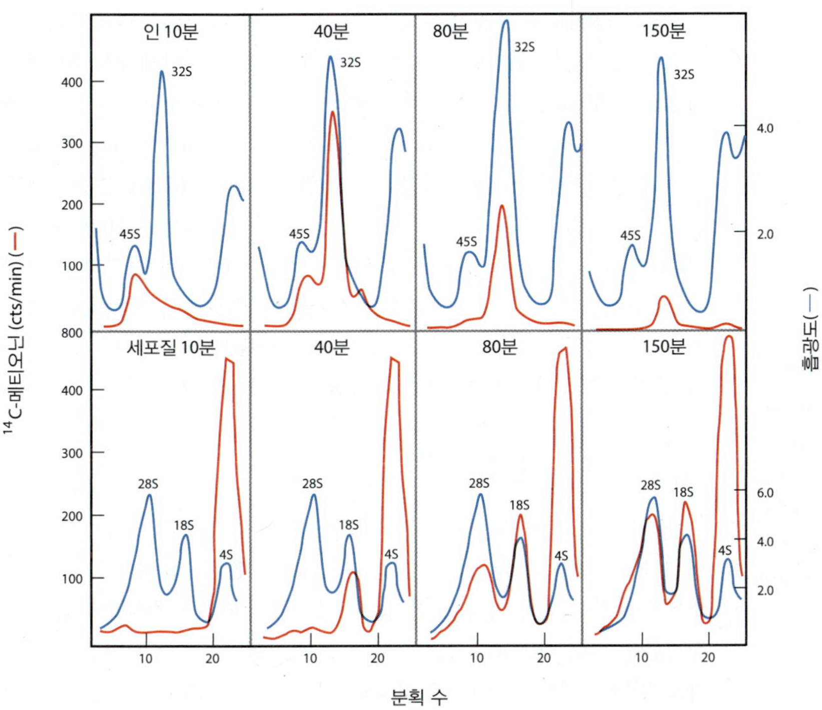

그림 5.11 **rRNA 합성과 가공의 역학적 분석.** 포유동물 세포들의 배양을 $[^{14}C]$메티오닌에서 10분간 항온처리하고, 그림의 각 구획(panel)에서 표시하고 있는 대로 다양한 시간 동안 표지되지 않은 배지에서 연속적으로 배양하여 추적하였다. 추적한 후에, 세포를 방사성 동위원소가 없는 배지로 씻어내고, 균질화시킨 다음, 인과 세포질 분획을 준비하였다. 각 분획에서 추출한 RNA를 자당밀도구배침강법(sucrose density-gradient sedimentation)으로 분석하였다. 18.10절에 논의된 것처럼, 이 기술은 RNA들을 크기 별로 분리한다(크기가 클수록, 시험관의 바닥에 더 가깝게 위치하며, 이것이 분획 1번에 해당함). 연결된 선은 각 세포 분획의 UV 흡광도를 나타내는데, 각 크기 층에 있는 RNA 양의 측정을 제공한다. 이 흡광도 도표는 시간에 따라 변하지 않는다. 점선은 추적하는 동안의 다양한 시간대의 방사능을 보여 준다. 인 RNA의 도표(위쪽 분석표)는 45S rRNA 전구체와 그에 연이어서 전환된 32S 분자를 보여 준다. 32S 분자는 28S와 5.8S rRNA의 전구체이다. 45S 전구체의 다른 주요 산물들은 핵을 아주 빨리 떠난다. 그러므로 인 RNA에서 현저하게 나타나지 않는다. 아래쪽 도표는 세포질에서 성숙된 rRNA의 출현을 시간대 별로 보여 주고 있다. 18S rRNA는 더 큰 28S rRNA들보다 훨씬 더 먼저 세포질에 출현하는데, 이것은 전자가 인으로부터 더 빨리 탈출하는 것과 상관관계가 있다.

출처: H. Greenberg and S. Penman, *J. Mol. Biol.* 21:531, 1966에서 발췌. Academic Press의 허가를 얻음.

(pulse-chase)" 실험은 466쪽에서 다뤄졌다]. 위에서 언급한 것처럼, 이런 유형의 실험에서 표지된 첫 번째 종류는 10분 뒤에 얻은 인의 RNA 분획(fraction)에서 방사성 물질이 최고치로 나타나는(빨간색 점선) 45S 1차 전사물이다. 약 1시간 뒤에 45S RNA는 인에서 사라지고 대부분 45S 1차 전사물의 두 가지 산물들 중 하나인, 32S RNA로 대체된다. 32S RNA는 40~150분 사이에 인의 분획에서 뚜렷한 최고치로 나타난다. 32S RNA는 성숙된 28S와 5.8S RNA로 되는 전구체이다. 45S 1차 전사물의 다른 주요 산물은 아주 빠르게 인을 떠나서 세포질에서 성숙된 18S rRNA로 나타난다(40분 세포질 분획에서 발견됨). 두 시간이 이상 지난 후에 거의 모든 방사성 물질은 인을 떠나고 대부분은 세포질의 28S와 18S rRNA에 축적된다. 4S RNA 최고치에 있는 방사성 물질은 5.8S rRNA와 작은 tRNA 분자로 전달된 메틸기를 포함한다. **그림 5.12**는 rRNA 1차 전사물의 가공에서의 과정을 보여준다.

pre-rRNA 가공에서의 snoRNA의 역할

pre-rRNA의 가공은 수많은 **소형인 RNA(small, nucleolar RNA, snoRNA)**의 도움으로 완수된다. 소형인 RNA는 특정 단백질들과 포장되어 **소형인 리보핵단백질(small, nucleolar ribonucleoprotein, snoRNPs)**이라는 입자를 형성한다. 전자현미경 사진은 snoRNPs는 rRNA 전구체가 완전히 전사되기 전부터 rRNA 전구체에 결합되기 시작한다는 것을 나타낸다. pre-rRNA와 결합한 첫 번째 RNP 입자는 U3 snoRNA와 20개 이상의 서로 다른 단백질들을 포함하고 있다. rRNA-가공 기구를 구성하는 거대한 요소는 전사물의 5′끝의 제거를 촉매한다(그림 5.12). 그림 5.12에 나타낸 다른 효소에 의한 절단의 일부는 **"엑소솜(exosome)"**에 의해서 촉매되는 것으로 생각된다. 엑소솜은 10여 개의 서로 다른 핵산말단가수분해효소(exonuclease)로 이뤄진 RNA를 분해하는 기구이다.

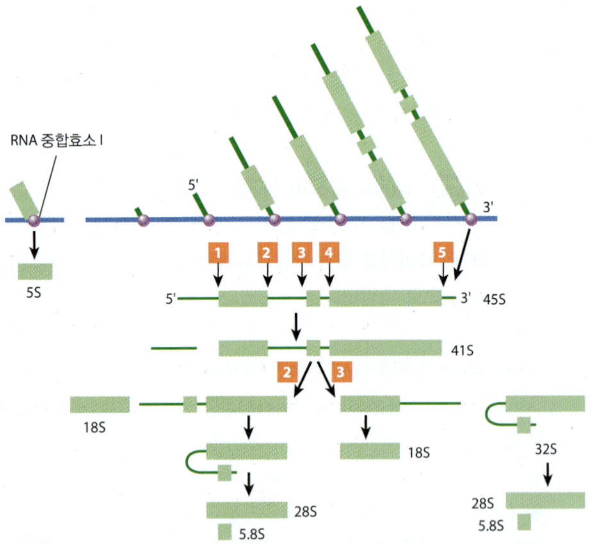

그림 5.12 **포유동물 리보솜 RNA의 가공에 대한 제안되는 도식.** rRNA의 1차 전사물은 약 1만 3,000 염기로 된 45S 분자이다. 이 pre-rRNA가 가공되는 동안에 주요한 절단 결과는 상자 안에 든 숫자로 표시되어 있다. 1차 전사물의 1부위와 5부위에서의 절단이 5′과 3′ 외부의 전사된 서열을 제거하고, 41S 중간산물을 생산한다. 두 번째 절단은 세포의 유형에 따라 2부위나 3부위에서 일어날 수 있다. 3부위에서의 절단은 먼저 번 그림의 곡선으로 보여지는, 32S 중간산물을 생성한다. 최종 가공 단계가 일어나는 동안, 28S와 5.8S 섹션이 서로 분리되고, 다양한 중간산물들의 끝이 잘려져 나가 최종적으로 성숙된 크기로 된다.

출처: After R. P. Perry, *J. Cell Biol.* 91:29s, 1981에서 발췌. Rockefeller University Press의 허가를 얻음.

U3와 다수의 다른 snoRNA는 세포에 (세포당 약 10^6개로) 대량으로 존재하기 때문에 몇 년 전에 확인되었다. 그 후에, 보다 낮은 농도로(세포당 약 10^4개로) 존재하는 서로 다른 종류의 snoRNA가 발견되었다. 적은 양으로 존재하는 snoRNA는 기능과 뉴클레오티드 서열의 유사성을 바탕으로 2종류로 나눌 수 있다. 한 종류의 구성요소(*box C/D snoRNA*라고 함)는 pre-rRNA에서 어느 뉴클레오티드의 리보스(ribose) 성분이 메틸화될 것인지를 결정하는 반면에, 다른 종류를 구성하는 요소(*box H/ACA snoRNA*라고 함)는 어느 유리딘이 위유리딘으로 전환될 것 인지를 결정한다. 이 두 반응에 의해 변형된 뉴클레오티드의 구조는 **그림 5.13a**에 나타나 있다.

두 가지 snoRNA 종류는 모두 rRNA 전사물에 상보적이며 길게(약 10~21 뉴클레오티드) 펴진 부분을 갖고 있다. 이러한 snoRNA는 상보적인 뉴클레오티드 서열을 가진 한 가닥으로 된 핵산이 2중가닥의 혼성물을 형성할 수 있다는 훌륭한 예를 보여준다. 이 경우에 각 snoRNA는 pre-rRNA의 특수한 부위에 결합하여 RNA-RNA 2중가닥을 형성한다. 결합된 snoRNA는 pre-rRNA 내의 특정 뉴클레오티드를 변화시킬 snoRNP 내에 들어 있는 효소-메틸라아제(methylase)나 위유리딜라아제(pseudouridylase)를 안내한다. 종합하면, 대략 200개의 서로 다른 snoRNA들이 있는데, 각각은 pre-rRNA에 있는 메틸화된 리보스나 위유리딘화된 리보스의 각 자리를 담당한다. 이 snoRNA를 암호화하는 유전자들 중 하나가 삭제되면 pre-rRNA 내의 뉴클레오티드 중 한 곳은 효소에 의한 변화가 실패하게 될 것이다. 두 가지 종류의 snoRNA들의 작용기작을 그림5.13*b*,*c*에 나타내었다.

인은 rRNA를 가공하는 장소일 뿐만 아니라 2종류의 리보솜 소단위를 조립하는 곳이다. 리보솜 조립의 서로 다른 단계에서 200가지 이상의 서로 다른 단백질들이 참여하는 것이 알려졌다. 이 단백질들을 2종류로 나눌 수 있다: 그 중의 하나는 소단위에 남아있는 리보솜 단백질이며, 다른 하나는 가공 시기에만 필요하여 rRNA 중간산물과 일시적으로 결합하는 보조 단백질이다. 후자의 무리에는 10개 이상의 RNA 헬리카아제(helicase)들이 있으며, 이 효소들은 2중가닥으로 된 RNA 부분을 풀어준다. 이 효소들은 아마도 리보솜을 형성하는 동안 일어나는 전구 리보솜 입자(pre-ribosomal particles)로부터 snoRNA의 분해를 포함하는 많은 구조적 재배열에 관여할 것이다.

5S rRNA의 합성과 가공

약 120개의 뉴클레오티드 길이의 5S rRNA는 원핵세포와 진핵세포에서 모두 큰 리보솜 소단위의 일부로 존재한다. 진핵세포에서, 5S rRNA 분자는 다수의 동일한 유전자들에 의해 암호화되는데, 이 유전자들은 다른 rRNA 유전자들과는 분리되어 있으며 인 바깥에 위치하고 있다. 합성된 후에, 5S rRNA는 인으로 운반되어 리보솜 소단위

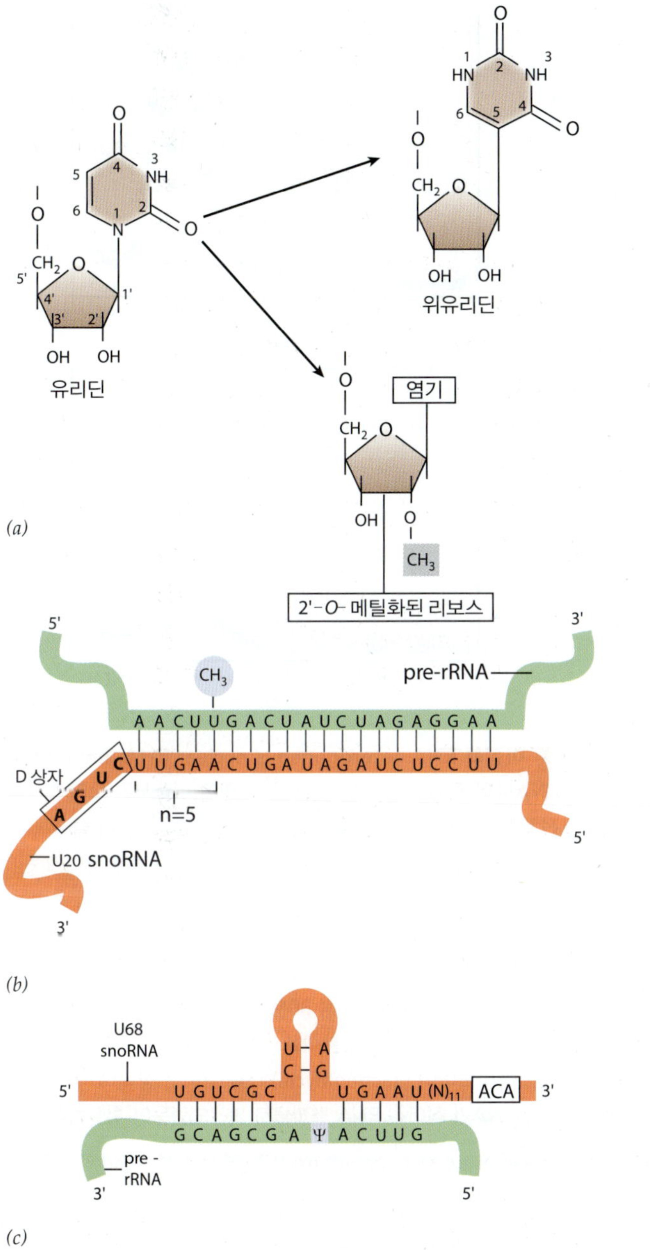

그림 5.13 **pre-RNA의 변성.** (a) pre-RNA의 뉴클레오티드에서 가장 빈번하게 변성되는 것은 유리딘에서 위유리딘으로의 전환(isomerization)과 리보스의 2′ 부위의 메틸화이다. 유리딘을 위유리딘으로 전환시키기 위해서, N1-C1′ 결합이 절단되고, 우라실 고리가 120° 회전하여 고리의 C5가 리보스의 1′과 새로운 결합을 형성하는 위치로 가져가게 된다. 이러한 화학적 변화는 디스케린(dyskerin)이라고 하는 snoRNPs의 단백질 요소에 의하여 촉매된다. (b) U20 snoRNA와 2′ 리보스 메틸화를 이끄는 pre-rRNA의 부분 사이의 RNA-RNA 2중가닥(duplex)의 형성. 각각의 경우, rRNA에 있는 메틸화된 뉴클레오티드는 D 상자(box)로부터 5개 염기쌍에 위치한, snoRNA의 뉴클레오티드에 수소결합으로 연결된다. 불변의 서열인 CUGA를 포함하는 D 상자는 리보스 메틸화를 안내하는 모든 snoRNA 안에 들어 있다. (c) U68 snoRNA와 유리딘을 위유리딘(Ψ)으로 전환시키는 pre-rRNA 부분 사이의 RNA-RNA 2중가닥의 형성. 유리디닐화는 snoRNA에서 접힌 머리핀에서 절대적으로 고정된 위치에서 일어난다. 위우리디닐화를 안내하는 snoRNA는 공통의 ACA 서열을 갖는다.

출처: (b) J.-P. Bachellerie and J. Cavaillé, *Trends in Bioch. Sci.* 22:258, 1997에서 발췌. Elsevier Science의 허가를 얻음; (c) P. Ganot et al., *Cell* 89:802, 1997에서 발췌.

조립에 관여하는 다른 요소들과 합쳐진다.

5S rRNA 유전자는 RNA 중합효소 III에 의해 전사된다. RNA 중합효소 III는 세 가지 RNA 중합효소 중에서도 특별한 RNA 중합효소인데, 이것은 표적유전자의 전사되는 부위 속에 위치된 프로모터 자리에 결합할 수 있다.[2] 프로모터가 유전자 내부에 위치한다는 것은 변형된 5S rRNA 유전자를 숙주세포에 도입하여 숙주 RNA 중합효소 III에 대한 주형의 역할을 할 수 있는 DNA가 될 수 있는지를 확인함으로써 최초로 분명하게 증명되었다. 5′ 측면(flanking) 부위 전체를 삭제할 수 있었고, 5′ 측면 부위 전체를 제거하여도 여전히 정상적인 전사개시 자리에서 DNA의 전사를 시작할 수 있었다. 그러나 유전자의 중앙 부분이 포함된 부위가 삭제되면 중합효소는 DNA를 전사하지 않을 것이며 또한 결합조차 하지 않을 것이다. 만약 5S rRNA 유전자의 내부에 위치하는 프로모터가 유전체의 다른 부위에 삽입되면, 그 새로운 자리가 RNA 중합효소 III에 의해 전사되는 주형으로 된다.

운반 RNA

식물세포와 동물세포는 약 50개의 서로 다른 운반 RNA를 갖고 있는데, 이들 각각은 반복적인 DNA 서열에 의해 암호화된다. 반복 정도는 생물체에 따라 다양하다: 즉, 효모 세포는 총(*total*) 275개의 tRNA 유전자를 가지며, 초파리는 약 850개, 사람은 약 1,300개를 가지고 있다. 운반 RNA는 유전체에 흩어져 있는 작은 무리(cluster)들에 발견되는 유전자들로부터 합성된다. 단일 무리는 전형적으로 서로 다른(*different*) tRNA 유전자들을 복수로 갖고 있는데, 반대로 특정 tRNA를 암호화하는 DNA 서열은 1개 이상의 무리에서 발견되는 것이 보통이다. 한 무리에 들어 있는 DNA(*tDNA*)는 대개 비전사된 간격부위(nontranscribed spacer region)로 이뤄져 있는데, 이것은 병렬 반복적인 배열에서 불규칙적인 간격으로 위치하는 tRNA 암호화 서열을 갖는다(**그림 5.14**).

5S rRNA처럼, tRNA는 RNA 중합효소 III에 의해 전사되고, 이 프로모터 서열은 유전자의 5′ 측면 부위가 아니라 암호화하는 부위 내부에 위치한다. 운반 RNA 분자의 1차 전사물은 최종산물보다

[2] RNA 중합효소 III는 여러 개의 서로 다른 RNA들을 전사한다. pre-5S RNA 또는 pre-tRNA를 전사할 때에는 유전자 내부의 프로모터(internal promoter)에 결합하고, U6 snRNA를 포함하여 몇 가지 다른 RNA의 전구체를 전사할 때에는 상류의 프로모터에 결합한다.

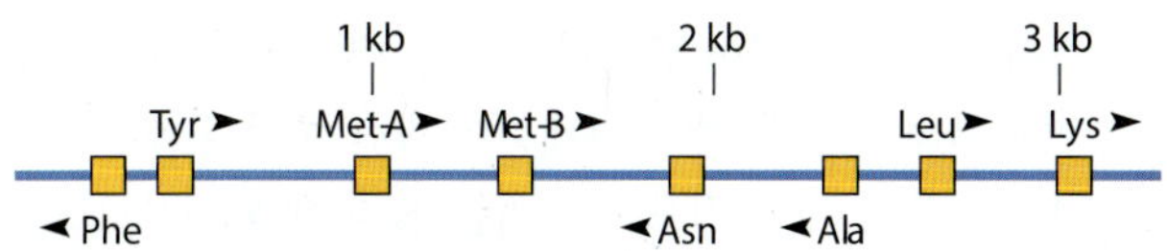

그림 5.14 **제노푸스속(*Xenopus*) 양서류에서 운반 RNA를 암호화하는 유전자들의 배열.** 다양한 tRNA 유전자들과 공간들을 보여주고 있는, DNA의 3.18 kb 조각.

출처: S. G. Clarkson et al., in D. D. Brown, ed., *Developmental Biology Using Purified Genes*, Academic Press, 1981에서 발췌.

더 크며, 전구체 tRNA의 5′쪽과 3′쪽 조각(그리고 어떤 경우에는 작은 내부의 조각)들이 모두 잘려나가게 된다. 게다가, 다수의 염기들은 변형되어야 한다(그림 5.40 참조). pre-tRNA 가공에 관여하는 효소들 중 하나는 리보핵산가수분해효소 P(ribonuclease P)라고 하는 핵산내부가수분해효소(endonuclease)인데, 이것은 세균세포와 진핵세포 모두에 들어 있고, RNA와 단백질 소단위들로 구성되어 있다. pre-tRNA 기질의 절단을 촉매하는 것은 리보핵산가수분해효소 P의 RNA 소단위인데, 이 주제에 대해서는 이 장의 끝에 있는 <역사적 실험>에서 논의된다.

5.5 진핵세포 전령 RNA의 합성과 구조

DNA를 단백질로 발현하는 첫 단계는 유전적 명령(instruction)을 핵에서 세포질로 운반하는 전령 RNA를 합성하는 것이다. RNA의 전사는 RNA 중합효소가 프로모터라고 불리는 DNA의 부위에 결합함으로써 시작된다. 그 과정은 일반전사인자라고 불리는 한 무리의 단백질들에 의해 촉진된다.

이질핵 RNA(hnRNA)의 형성

진핵세포를 짧은 시간 동안 [^{3}H]유리딘이나 [^{32}P]인을 넣고 배양한 후, 즉시 죽이면 방사성 물질능의 대부분은 다음의 특징을 가진 큰 무리의 RNA 분자에 통합된다. (1) 이 RNA 분자들은 (80S나 50,000 뉴클레오티드까지 정도의) 큰 분자량을 갖는다. (2) 하나의 무리로서, 이 RNA 분자들은 다양한 이질적 뉴클레오티드 서열을 갖는 RNA이다. (3) 이 RNA들은 핵 안에서만 발견된다. 이러한 특징들 때문에 이 RNA들을 **이질핵 RNA(heterogeneous nuclear RNA, hnRNA)**로 명명하고, **그림 5.15a**에서는 빨간색 방사성 선으로 표시되고 있다. [^{3}H]유리딘이나 [^{32}P]인에서 짧은 시간 동안 배양한 세포를 비방사성 배지로 옮긴 후, 죽여서 RNA를 정제하기 전에 몇 시간 동안 추적해 보면, 핵에 있는 큰 RNA에 포함된 방사성 양은 급격하게 떨어지고, 대신에 세포질에서 발견되는 훨씬 더 작은 mRNA들에서 나타난다(그림 5.15*b*의 빨간색 선). 이런 초기의 실험은 제임스 다넬 주니어(James Darnell, Jr.)와 클라우스 쉐르(Klaus Scherrer) 및 동료들에 의해 최초로 시작되었고, 빠르게 표지된 큰 hnRNA는 주로 작은 세포질 mRNA의 전구체였다는 것이 제안되었다. 이러한 해석은 지난 40년 넘게 수많은 연구자들에 의해 충분히 입증되었다.

그림 5.15에 있는 파란색과 빨간색 선이 아주 다른 과정을 따라 가는 것에 주목하는 것이 중요하다. 파란색 선은 각 분획의 광학밀도(즉, 자외선의 흡광도)를 나타내는데, 원심분리한 후 각 분획에 들어있는 RNA 양에 대한 정보를 알려준다. 파란색 선을 보면 세포 내 RNA의 대부분은 18S rRNA와 28S rRNA(시험관의 꼭대기 근처에 머무는 다양한 작은 RNA들과 함께)들로 존재하는 것이 분명하다. 각 분획의 방사성을 나타내는 빨간색 선은 짧은 펄스 동안에 서로 다른 크기의 RNA들에 결합된 방사성 뉴클레오티드의 수를 나타낸다. 이 도표들에서 hnRNA(그림 5.15*a*)도 mRNA(그림 5.15*b*)도 세포 내에 들어 있는 RNA의 중요한 분획을 구성하고 있지 못하다는 것을 분명히 알 수 있다. 만약 그렇다면, 파란색 선과 빨간색 선 사이에는 큰 관련성이 있을 것이다. 그래서 비록 mRNA(와 hnRNA 전구체)가 대부분의 진핵세포에서 총 RNA의 작은 부분을 차지하고 있지만, 어느 특정 순간에는 세포에 의해 합성되는 RNA의 큰 부분을 차지한다(그림 5.15*a*). 그 이유는 그림 5.15의 흡광도 좌표(plot)에 나온 hnRNA와 mRNA가 대체로 이 RNA들이 짧은 시간이 지난 뒤에 분해된다는 증거가 거의 없기 때문이다. hnRNA가 합성되고 있을 때조차 mRNA로 가공되는(또는 완전히 분해되는) 것에 대해서는 분명한 사실이다. 이와는 대조적으로, 수일 내지 수주로 측정되는 반감기를 가진 rRNA와 tRNA는 점차적으로 축적되어 세포 내에서 대부분을 차지하는 종류가 된다. 성숙된 28S rRNA와 18S rRNA 내에 약간의 방사성이 축적되는 것은 3시간-추적 후에 관찰될 수 있다(그림 5.15*b*). mRNA의 반감기는 약 15분에서 수일까지의 범위로 종류에 따라서 다양하다.

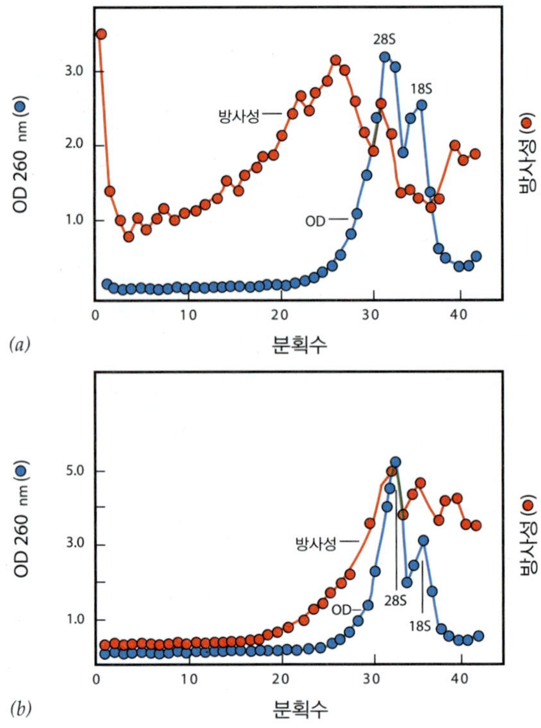

그림 5.15 이질핵 RNA(heterogeneous nuclear RNA, hnRNA)의 형성과 더 작은 mRNA로의 전환. (*a*) 30분 동안 [^{32}P]-인에 노출시킨 오리 혈구세포로부터 추출된 전체 RNA의 침강 패턴을 보여주는 곡선. RNA가 더 클수록 원심분리 동안에 더 멀리 이동하여 궁극적으로는 시험관의 바닥 근처에 놓이게 된다. 흡광도(파란색 선)는 원심분리 시험관의 서로 다른 부위에 있는 RNA의 총량을 가리키는 반면에, 그에 해당하는 방사성을 나타낸다. 새로 합성되는 RNA의 대부분은 아주 커서, 안정한 18S rRNA와 28S rRNA보다 훨씬 더 크다는 것이 분명하다. 이 큰 RNA가 hnRNA이다. (*b*) *a*에서처럼 30분 동안 짧은 시간에 표지된 세포들로부터 추출한 RNA의 흡광도와 방사성 분석표. 그러나 여기서는 추가적인 RNA의 합성을 방해하는, 액티노마이신(actinomycin) D를 넣어준 상태에서 3시간 동안 추적하였다. 큰 hnRNA가 작아진 RNA 결과물로 가공되었음이 확실하다.

출처: G. Attardi et al., *J. Mol. Biol.* 20:160, 1966에서 발췌. Academic Press의 허가를 얻음.

mRNA 전사를 위한 기구

모든 진핵세포의 mRNA 전구체는 RNA 중합효소 II에 의해 합성되는데, 이 효소는 10여 개의 서로 다른 소단위들로 이루어져 있으며, 이 소단위들은 효모에서 포유류까지 주목할 만하게 잘 보존되어 있다. RNA 중합효소 II는 다수의 **일반전사인자(general transcription factor, GTF)**들의 협력으로 프로모터에 결합하여 **개시전 복합체**(*preinitiation complex, PIC*)를 형성한다. 이러한 단백질들을 일반전사인자라고 하는데, 그 이유는 폭넓게 다양한 생물체들 사이에서 다양한 유전자들의 전사가 정확하게 일어나기 위해서는 동일한 단백질들을 필요하기 때문이다. 비록 이 중합효소가 전사 시작부위의 양 옆이 있는 DNA와 접촉을 이루지만, PIC 조립의 핵을 이루는 프로모터 요소는 각 전사단위의 5′쪽에 놓여 있다(**그림 5.16b** 참조). 우리는 가장 잘 연구된 프로모터들을 논의의 대상으로 할 것이다. 이런 프로모터들은 달걀흰자를 암호화하는 난알부민(ovalbumin) 유전자나 헤모글로빈 폴리펩티드를 암호화하는 글로빈 유전자처럼 고도로 발현되는 조직-특이적 유전자들과 연관되어 있다. 이 유전자들의 프로모터의 결정적인 부위는 전사가 개시되는 부위로부터 24~32개의 염기 앞(상류)에 놓여 있다(그림 5.16*a*). 이 부위는 흔히 올리고뉴클레오티드 5′-TATAAA-3′과 아주 유사하거나 동일한 공통서열을 갖고 있으며 TATA 상자(box)로 알려져 있다.

개시전 복합체의 조립에 있어서 첫 번째 단계는 이 프로모터들의 TATA 상자를 인식하는, *TATA*-결합 단백질(*TATA-binding protein, TBP*)이라고 하는 단백질이 프로모터에 결합하는 것이다(그림 5.16*b*). 그래서 세균 세포에서처럼, 정제된 RNA 중합효소는 프로모터에 직접 결합할 수 없으며 자신 위에서 정확한 전사를 시작할 수 없다. TBP는 TFIID(*t*ranscription *f*actor for RNA polymerase *II*, fraction *D*)라고 하는 훨씬 더 큰 단백질 복합체의 소단위로 존재한다.[3] X-선 결정학에 의하여 TBP가 RNA 중합효소 II 프로모터에 결합하여 DNA의 입체구조에 극적인 뒤틀림 현상을 일으킨다는 것이 밝혀졌다. **그림 5.17a**에서 보이는 것처럼, TBP는 자신을 2중가닥의 작은 홈(minor groove)에 삽입시켜서 DNA-단백질 상호작용의 자리에서 DNA 분자를 80° 이상 휘게 한다. TBP가 TATA에 결합하는 동안에 TFIID 복합체의 다른 소단위들은 전사 개시부위 하류에 놓여 있는 요소들을 포함한 DNA의 다른 부위들에 결합한다.

TFIID의 결합은 완전한 개시전 복합체의 조립을 위한 자리를 마련해 주는 역할을 하며, 이 과정은 그림 5.16*b*의 그림에서처럼 순차적인 방법으로 일어나는 것으로 생각되고 있다. 세 가지 GTF들(TFIID의 TBP, TFIIA, TFIIB)이 DNA와 상호작용하는 것을 그림 5.17*a*에 나타내었다. 프로모터에 결합된 세 가지 GTF들의 존재는 나중에 다수의 소단위로 이뤄진 RNA 중합효소와 이에 결합된 THIIF가 결합하는

[3]TBP는 실제로, 모든 세 가지 진핵세포 RNA 중합효소들의 결합을 중재하는 보편적인 전사인자이다. TBP는 세 가지 서로 다른 단백질 복합체들의 소단위들 중 하나로 존재한다. TFIID의 소단위로써, TBP는 RNA 중합효소 II의 결합을 증가시킨다. SL1이나 TFIIIB의 소단위로써, TBP는 RNA 중합효소 I이나 III의 결합을 증가시킨다. 많은 중합효소 II 프로모터들이 그러한 것처럼, 중합효소 I과 III 프로모터들도 TATA 상자가 결핍되어 있다. DNA의 이 부위 전체는 TBP에 결합한다.

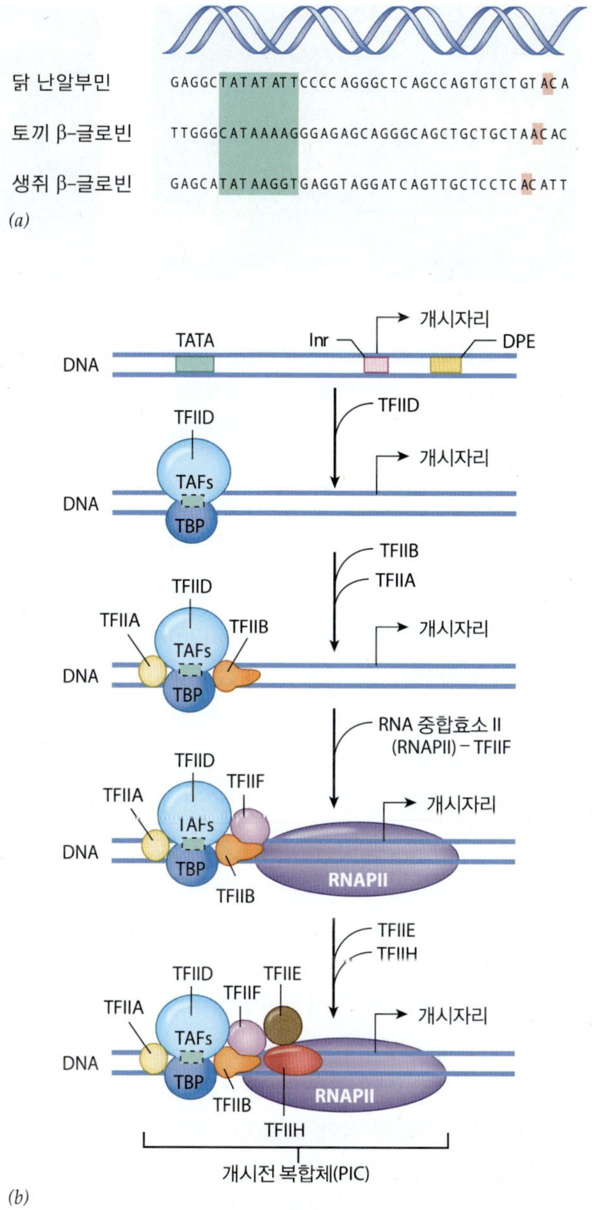

그림 5.16 **진핵세포 중합효소 II 프로모터로부터의 전사의 시작.** (*a*) 세 가지 서로 다른 진핵세포 유전자들에 있는 전사가 시작되는 부위로부터 바로 상류부분의 뉴클레오티드 서열. TATA 상자는 파란색 음영으로 나타나있다. 많은 진핵세포 프로모터들은 전사가 시작되는 부위를 포함하며 개시자(initiator, Inr)라고 하는, 두 번째로, 보존된 핵심 프로모터 요소를 포함한다(주황색으로 보임). 다른 프로모터 요소들은 그림 6.45에 나타내었다. 주목해야 할 사항은 (1) 대부분의 진핵세포 프로모터들은 인식할 수 있는 TATA 상자가 결핍되어 있고, (2) 여러 개의 서로 다른 프로모터 요소들이, 예를 들면 *b*에서 보여지는 DPE는 전사 개시부위에서부터 하류에 위치함이 확인되었다. 서로 다른 유전자들은 프로모터 요소들을 서로 다른 조합들을 포함하고 있어서, 작은 부분만 PIC 조립의 핵을 이루는 데 필요하다. (*b*) RNA 중합효소 II에 대한 개시전 복합체의 조립에 있어서 각 단계별 개요의 모형. 중합효소 자체를 RNAP II로 표시하였고; 다른 요소들은 완전한 복합체를 조립하는 데 필요한 다양한 일반전사인자들이다. TFIID는 TATA 상자에 특이적으로 결합하는, TBP 소단위와 TBP와 연합하는 요소들(TBP-associated factor, TAFs)로 총칭하여 불리는 많은 다른 소단위들을 포함한다. TFIIB는 RNA 중합효소가 결합하는 자리를 제공한다고 생각된다. 세균 시그마 인자와 유사한 소단위를 포함하는, TFIIF는 들어오는 중합효소에 결합한다. TFIIH는 10개의 소단위들을 포함하는데, 그 중 3개가 효소적 활성을 지닌다.

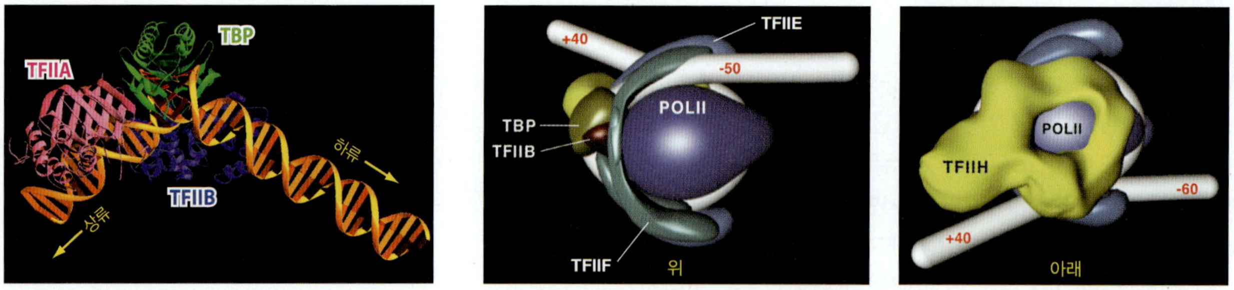

(a) (b)

그림 5.17 개시전 복합체의 형성의 구조적 모형. (a) DNA와 세 가지 GTFs인, TFIID, TFIIA, TFIIB에 의해 형성된 복합체의 모형. TATA 상자와 TBP 사이의 상호작용은 DNA를 약 80° 구부려서 TBP가 TATA 상자의 상류와 하류에 있는 DNA와 모두 결합할 수 있게 한다. (b) 개시전 복합체의 모형의 꼭대기와 바닥의 경관. <그림 5.16b>의 개요도 모형과는 달리, DNA(하얀색으로 보이는)는 개시전 복합체 주위를 휘감고, 그 결과 GTFs가 전사 개시부위의 양쪽에 있는 모든 DNA와 접촉할 수 있는 것으로 생각된다.

출처: (a) Gourisankar Ghosh and Gregory D. Van Duyne, Structure 4:891, 1996, Fig. 2에서 발췌. Elsevier의 허가를 얻음; (b) M. Douziech et al., *Mol. Cell Biol.* 20:8175, 2000, Fig. 7a에서 발췌. Benoit Coulombe 제공. American Society for Microbiology의 허가를 얻어 재인쇄함.

데 있어서 플랫폼(승차장) 역할을 한다(그림 5.17b). 일단 RNA 중합효소-THIIF가 자리를 잡으면, 또 다른 쌍의 GTF들(TFIIE와 TFIIH)이 복합체에 결합하여 RNA 중합효소를 활발히 전사하는 기구로 변형시킨다. 개시전 복합체의 3차 구조 모형은 그림 5.17b에 있다.

TFIIH는 효소의 활성을 가진 것으로 알려진 유일한 GTF이다. TFIIH의 소단위들 중 하나는 RNA 중합효소를 인산화시키는 단백질 인산화효소로 작용하는 반면에(아래에서 논의됨), 이 단백질의 2개의 다른 소단위는 DNA를 풀어주는 효소(helicases)로 작용한다. DNA 헬리카아제의 활성은 프로모터의 DNA 가닥을 분리시키는 데 필요하여, 중합효소가 주형가닥에 접근 가능하도록 한다. 일단 전사가 시작되면, TFIID를 포함하는 몇 개의 GTFs는 프로모터의 뒤에 남아 있을 수 있는 반면에, 나머지들은 복합체로부터 방출된다(**그림 5.18**). TFIID가 프로모터에 결합된 채 남아 있는 한, 추가적인 RNA 중합효소 분자들은 프로모터 부위에 결합할 수 있을 것이며, 지연되지 않고 전사의 추가적인 과정을 시작할 수 있을 것이다.

RNA 중합효소 II의 가장 큰 소단위의 카르복실-말단 영역(CTD, carboxyl-terminal domain)은 특이한 구조를 갖는데, 7개의 아미노산 서열(-Tyr1-Ser2-Pro3-Tyr4-Ser5-Pro6-Ser7-)이 여러 번 되풀이 되어 반복적으로 존재한다. 사람의 CTD는 7-펩티드(heptapeptide)를 52번 반복하고 있다. 이 7-펩티드에서 7개의 모든 부위는 어떻게든 효소에 의한 변형이 가능하다. 따라서 우리는 단백질 인산화효소(protein kinase)에 의한 인산화의 첫 번째 후보인 2번과 5번의 세린에 한하여 논의할 것이다. 개시전 복합체로 조립된 RNA 중합효소는 인산화가 되지 않은 반면에, 전사를 진행하고 있는 동일한 효소는 과하게 인산화되어 있다. 즉, 첨가된 인산기 모두는 CTD에 위치한다(그림 5.18). CTD 인산화는 적어도 5번에 위치한 세린 잔기를 인산화하는 TFIIH를 포함하여, 4개의 서로 다른 인산화효소에 의해 촉매될 수 있다. TFIIH에 의한 중합효소의 인산화는 효소를 GTFs 와/또는 프로모터 DNA로부터 분리시키는 방아쇠를 당기는 역할을 하여, 효소를 개시전 복합체로부터 탈출시켜 DNA 주형을 따라 이동하도록 한다. 전사의 최초 단계에서 CTD의 5번 세린 잔기가 인산화되는데, 이것은 5′ 모자 형성과 같은 mRNA 가공의 최초 단계에 관여하는 단백질들을 위한 결합자리를 제공한다. RNA 중합효소가 전사되고 있는 유전자를 따라 이동할 때 다른 인산화효소(P-TEFb)가 2번에 위치한 세린 잔기를 인산화한다(그림 5.32 참조). 인산화 양상에서 이런 변화는 RNA 가공과 전사 종결에 관여하는 추가적인 단백질인자들이 모이는 것을 용이하게 한다. 이런 방법으로 CTD는 성숙된 mRNA의 형성을 위하여 필요한 인자들이 역동적으로 결합하고 떨어지는 플랫폼 역할을 한다. 대략 추산해 보면 신장하는 RNA 중합효소 II는 50

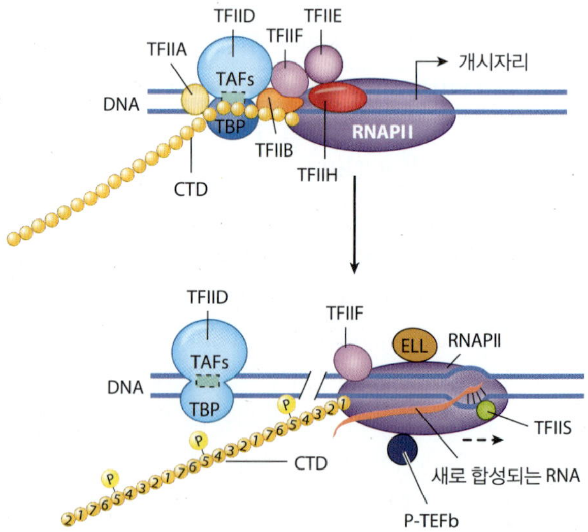

그림 5.18 RNA 중합효소 II에 의한 전사의 시작은 C-말단 영역(CTD)의 인산화와 연관되어 있다. 전사의 개시는 CTD의 각 7개 반복의 5번째 위치에 있는 세린 잔기의 TFIIH-촉매 인산화와 연관되어 있다. 인산화는 전사 기구의 일반전사인자들과/또는 프로모터 DNA로부터의 분리를 유발시키는 것으로 생각된다. SII, ELL, P-TEFb는 많은 신장요소들 중 세 가지인데, 중합효소가 DNA를 따라 이동할 때 중합효소에 결합된다. SII는 중합효소가 멈춘 후에 다시 이동하도록 도와주는 반면에, P-TEFb는 신장이 시작되고 난 후에 CTD의 2번 세린 잔기를 인산화시키는 인산화효소이다. 2번 세린 잔기의 인산화는 RNA 이어맞추기(splicing)와 폴리아데닐화 요소들의 모집을 촉진시키는 것으로 생각되며, 이들의 활성은 다음 절에서 논의된다(그림 5.32 참조).

개 이상의 요소들을 포함하고 있으며, 총 300만 달톤(dalton) 이상의 분자량으로 구성되어 있다.

RNA 중합효소 II에 의한 전사 종결은 잘 알려져 있지 않다. 단백질을 암호화하는 유전자의 DNA는 세균 세포에서처럼 확실한 종결 서열을 갖고 있지 않다. 사실 RNA 중합효소 II는 궁극적으로 가공된 mRNA의 3′끝을 생기게 할 그 위치를 지나서 다양하고 광범위한 거리를 이동할 수 있다. 그래서 3′말단이 전사종결에 의해 단순히 생겨나는 세균의 mRNA와 달리, 진핵세포 mRNA의 3′말단의 형성은 각 분리된 단계들이 연속적으로 일어남으로써 결정된다(184쪽).

RNA 중합효소 II는 그의 GTFs와 함께 시험관 속에서(*in vitro*) 대부분의 프로모터로부터 낮은 수준의 전사를 촉진하는 데 충분하다. 제6장에서 자세히 논의될 것으로서, 다양한 **특이**(*specific*) 전사인자들은 DNA 상의 조절 부위에 있는 다수의 자리에 결합할 수 있다. 이 특이 전사인자들은 (1) 개시전 복합체를 특정 프로모터에서 조립하느냐 못하느냐를 그리고/또는 (2) 중합효소가 그 프로모터로부터 새로운 전사를 어떤 속도로 시작하는지를 결정할 수 있다. mRNA가 생산되는 과정을 논의하기 전에 먼저 mRNA의 구조를 설명하면, 가공 과정의 일부에 대한 이유가 분명해질 것이다.

mRNA의 구조

전령 RNA는 아래와 같은 특성을 공유한다:

1. mRNA는 특정 폴리펩티드를 암호화하는 뉴클레오티드의 연속적인 서열을 갖고 있다.
2. mRNA는 세포질에서 발견된다.
3. mRNA는 번역될 때에 그들은 리보솜에 결합되어 있다.
4. 대부분의 mRNA는 하나의 중요한 비암호화하는 부분을 갖는데, 이 부분은 아미노산들의 조립을 지시하지 않는다. 예를 들면, 각 글로빈 mRNA의 25%는 비암호화되는, 비번역되는 부위를 갖고 있다(**그림 5.19**). 비암호화 부위는 mRNA의 5′끝과 3′끝 양쪽에서 발견되고 중요한 조절 역할을 하는 서열들을 포함한다(6.18절).
5. 진핵세포의 mRNA는 세균 mRNA나 tRNA나 rRNA에서 발견되지 않는 특수한 변형을 5′끝과 3′끝에 갖고 있다. 거의 모든 진핵세포 mRNA의 3′끝은 50~250 아데노신 잔기들이 연결되어 폴리(A) 꼬리를 형성하는 반면에 5′끝은 메틸 구아노신 모자(cap)을 갖는다(그림 5.19).

우리는 곧 되돌아가서 mRNA가 특수화된 5′끝과 3′끝을 어떻게 갖게 되는지를 설명할 것이다. 그러나 첫째로 mRNA가 어떻게 세포에서 형성되는지를 이해하기 위해서는 짧게 우회하는 것이 필요하다.

5.6 분할 유전자: 뜻밖의 발견

hnRNA가 거의 발견되자마자 표지된 핵 RNA의 무리가 세포질 mRNA의 전구물질이라는 것이 빠르게 제안되었다(185쪽). 핵심

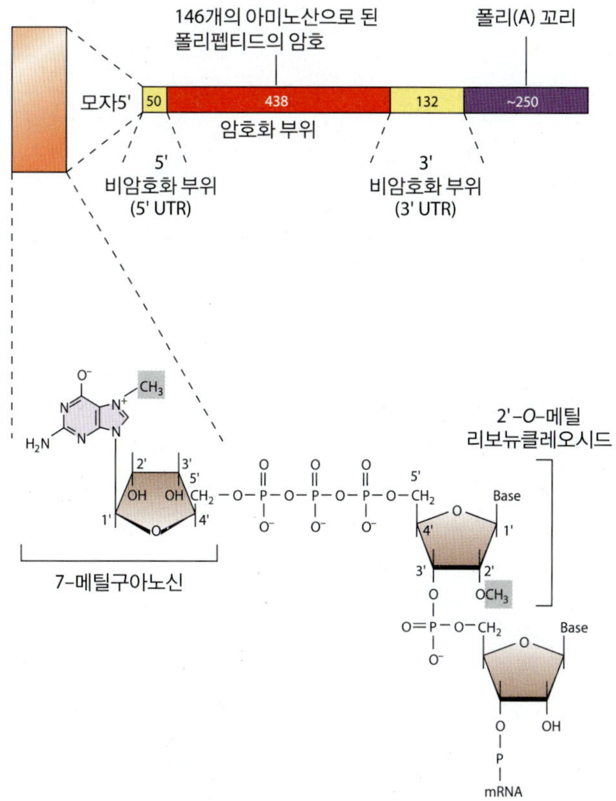

그림 5.19 사람 β-글로빈 mRNA의 구조. mRNA는 5′ 메틸구아노신 모자, 암호화 부위의 양옆에 있는 5′ 비암호화 부위와 3′ 비암호화 부위, 그리고 3′ 폴리(A) 꼬리 등을 갖고 있다. 각 조각의 길이는 뉴클레오티드 숫자로 표시하였다. 폴리(A) 꼬리의 길이는 다양하다. 보통 약 250 뉴클레오티드로 시작하여, 그림 6.62에서 보여주는 바와 같이, 점차적으로 감소한다. 5′ 모자의 구조가 보인다.

을 찌르는 중요한 점은 두 RNA 집단 사이의 크기의 차이였다. 즉, hnRNA는 mRNA보다 몇 배는 더 컸다(**그림 5.20**). 세포는 왜 훨씬 작은 분자로 될 전구체였던 큰 분자를 합성할까? 리보솜 RNA의 가공에 대한 초기의 연구는 성숙된 RNA가 큰 전구물질을 절단하여 만들어졌다는 것을 보여주었다. 큰 부분이 여러 가지 다양한 rRNA 중간산물(그림 5.12)의 5′끝과 3′끝 양쪽에서부터 제거되어 최종의 성숙된 rRNA 산물이 만들어졌다는 것을 기억하자. hnRNA가 가공되어 mRNA로 되는 설명을 하는 유사한 경로가 있을 것으로 생각되었다. 그러나 mRNA가 아주 다양한 집단을 구성하기 때문에, rRNA에서 시도된 것처럼, 한 종류의 mRNA가 가공되는 과정의 각 단계들을 이어가는 것은 불가능하였다. 그 문제는 예기치 않은 발견으로 해결되었다.

1977년까지 분자생물학자들은 전령 RNA의 연속적인 선형의 뉴클레오티드 서열은 유전자에서 DNA의 한 가닥에 있는 연속적인 뉴클레오티드 서열과 상보적이라고 가정하였다. 그 해에, 메사추세츠공과대학교(Massachusetts Institute of Technology, MIT)의 필립 샵(Philip Sharp)과 그의 동료들 그리고 뉴욕의 콜드스프링하버 연구소(Cold Spring Harbor Laboratories)의 리챠드 로버트(Richard Roberts)와 루이스 쵸우(Louise Chow) 및 그 동료들에 의해 현저히 새로운 발견이 이루어졌다. 이들은 그들이 연구한 mRNA는 DNA 상

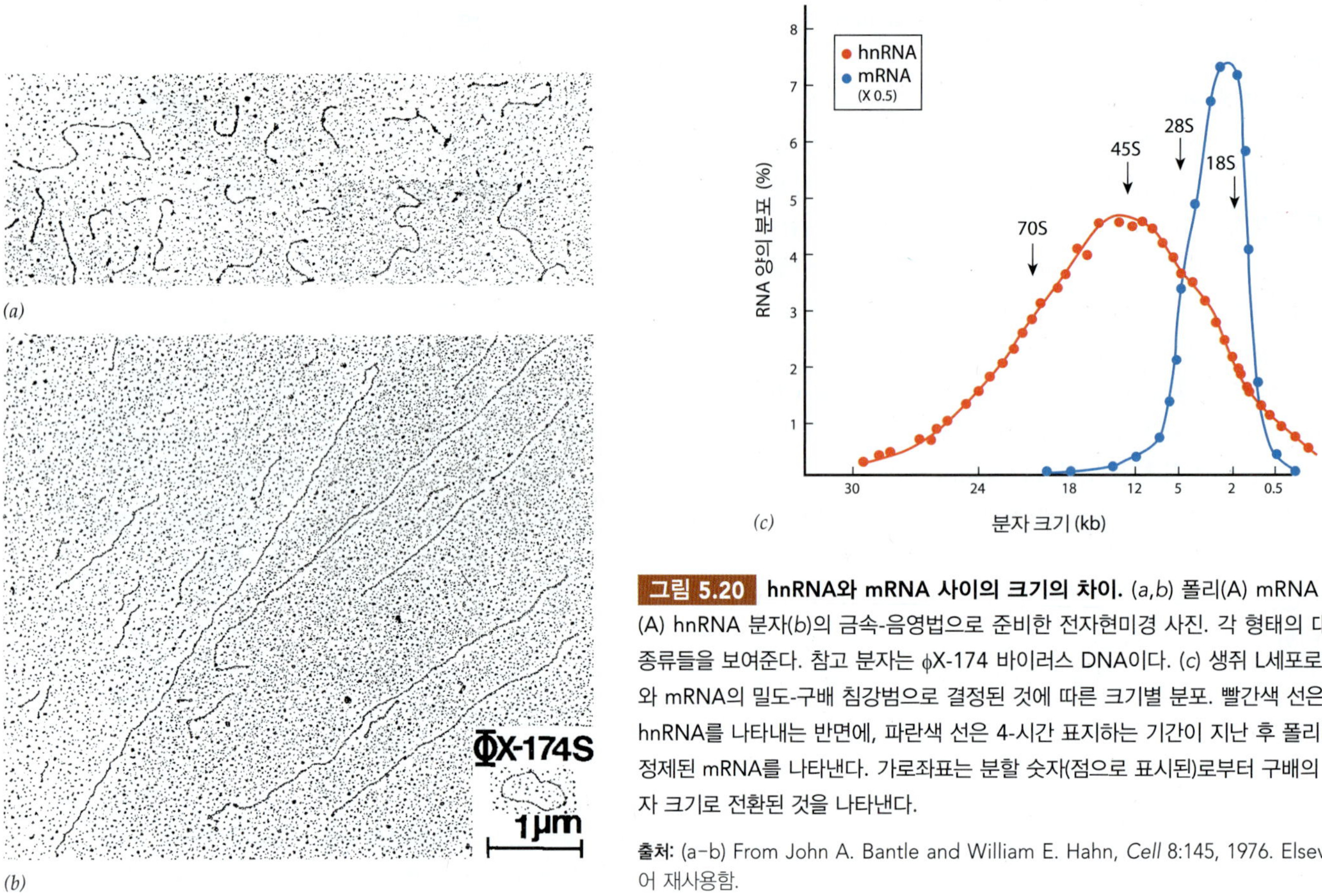

그림 5.20 hnRNA와 mRNA 사이의 크기의 차이. (*a*,*b*) 폴리(A) mRNA 분자(*a*)와 폴리(A) hnRNA 분자(*b*)의 금속-음영법으로 준비한 전자현미경 사진. 각 형태의 대표적인 크기의 종류들을 보여준다. 참고 분자는 ϕX-174 바이러스 DNA이다. (*c*) 생쥐 L세포로부터의 hnRNA와 mRNA의 밀도-구배 침강법으로 결정된 것에 따른 크기별 분포. 빨간색 선은 재빨리 표지된 hnRNA를 나타내는 반면에, 파란색 선은 4-시간 표지하는 기간이 지난 후 폴리리보솜으로부터 정제된 mRNA를 나타낸다. 가로좌표는 분할 숫자(점으로 표시된)로부터 구배의 측정에 의해 분자 크기로 전환된 것을 나타낸다.

출처: (a–b) From John A. Bantle and William E. Hahn, *Cell* 8:145, 1976. Elsevier의 허가를 얻어 재사용함.

의 어느 부분으로부터 전사되는데, 전사되는 부위는 주형가닥을 따라 서로 떨어져 있다는 것을 발견하였다.

아데노바이러스(adenovirus) 유전체의 전사를 분석하는 동안에 첫 번째 중요한 발견이 이뤄졌다. 아데노바이러스는 다양한 포유동물 세포에 감염할 수 있는 병원체이다. 수많은 서로 다른 아데노바이러스 mRNA는 5′끝에 동일한 150~200개의 뉴클레오티드를 갖고 있다는 것이 발견되었다. 이 선도서열은 이 mRNA에 대한 각 유전자의 프로모터 부위 근처에 위치되어 있는 뉴클레오티드의 반복된 구간에 해당하는 것으로 예상할 수도 있다. 그러나 더 분석해 본 결과, 5′ 선도서열은 반복된 서열에 상보적이지 않고, 더욱이 주형 DNA에 있는 뉴클레오티드의 연속된 구간에 상보적이지도 않다는 것이 밝혀졌다. 그 대신 선도서열은 3개의 뚜렷이 다른, 분리된 DNA 부분들[(**그림 5.21**)의 선 위에 있는 x, y, z 구역으로 표시된]에서부터 전사되었다. 이 구역들 사이에 있는 DNA 부위는 **개재서열(intervening sequence**, 그림 5.21에서 I_1부터 I_3까지)이라고 하며, 이 서열은 일치하는 mRNA에서 웬일인지 빠져 있다. 개재서열의 존재는 바이러스 유전체의 특성인 것으로 주장될 수 있으나, 곧 기본적인 관찰이 세포의 유전자 자체로 확장되었다.

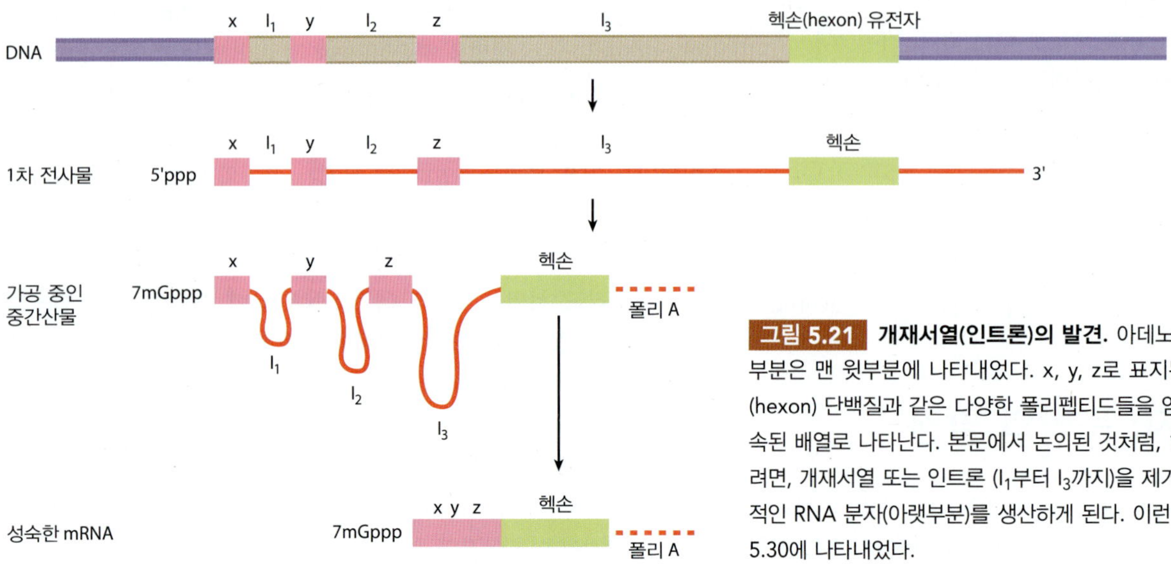

그림 5.21 개재서열(인트론)의 발견. 아데노바이러스(adenovirus) 유전체의 부분은 맨 윗부분에 나타내었다. x, y, z로 표지된 비연속된 서열 구역들은 헥손(hexon) 단백질과 같은 다양한 폴리펩티드들을 암호화하는 성숙한 mRNA에서 연속된 배열로 나타난다. 본문에서 논의된 것처럼, 1차 전사물이 mRNA로의 전환되려면, 개재서열 또는 인트론 (I_1부터 I_3까지)을 제거하고 남은 부분을 연결하여 연속적인 RNA 분자(아랫부분)를 생산하게 된다. 이런 일이 일어나는 각 단계들을 그림 5.30에 나타내었다.

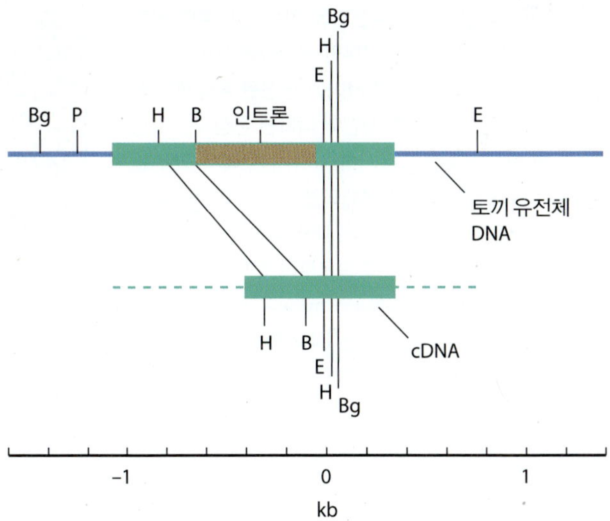

그림 5.22 진핵세포 유전자에서 인트론의 발견. 제18장에서 논의된 것처럼, 세균은 특정 뉴클레오티드 서열들의 자리에서 DNA 분자를 인식하고 자르는 제한효소를 갖고 있다. 그림은 토끼의 β-글로빈 유전자(위)의 부위에 있는 제한효소 절단부위의 지도와 이와 일치하는, β-글로빈 mRNA로부터 준비한 cDNA의 지도(아래)를 보여준다. (cDNA는 mRNA를 주형으로 사용하여 역전사효소에 의하여 시험관 속에서 만들어진 DNA이다. 그러므로, cDNA는 mRNA에 상보적인 서열을 갖는다. 제한효소는 RNA를 절단하지 않으므로, 이 실험에서는 cDNA가 사용되어야 한다.) 문자는 다양한 제한효소가 2개의 DNA를 절단하는 부위를 나타낸다. 위의 지도는 *Eco*RI (E) 효소에 대한 절단부위로부터 약 700개의 염기쌍에 위치하는, *Bam*HI (B) 효소에 대한 절단부위를 포함하는 글로빈 유전자를 보여준다. 글로빈 cDNA를 동일한 효소로 처리하였을 때에는(아래 지도), 대응하는 B와 E 부위들은 단지 67 뉴클레오티드 떨어진 곳에 위치하였다. 유전체에서 준비된 DNA는 대응하는 cDNA(그러므로 cDNA가 생산된 mRNA에는 없는)에서 빠져 있는, 상당히 큰 부위를 갖는다는 것이 증명되었다. 글로빈 유전자의 완전한 염기서열 분석으로 두 번째 더 작은 인트론을 갖고 있는 것으로 밝혀졌다.

출처: From A. J. Jeffreys and R. A. Flavell, *Cell* 12:1108, 1977; by permission from Cell Press.

비바이러스성 세포의 유전자에서 개재서열의 존재는 1977년 네덜란드의 알렉 제프리(Alec Jeffreys)와 리챠드 플라벨(Richard Flavell) 그리고 프랑스의 피에르 샴본(Pierre Chambon)의 의해 처음으로 보고되었다. Jeffreys와 Flavell은 글로빈 폴리펩티드의 아미노산 서열을 암호화하는 글로빈 유전자의 내부에 직접 자리 잡고 있는 약 600 염기의 개재서열을 발견하였다(**그림 5.22**). 이 발견의 기초는 그림 설명에 논의되어 있다. 개재서열은 곧 다른 유전자들에서도 발견되었고, 개재서열—**분할유전자(split gene)**라고 하는—을 가진 유전자의 존재는 예외가 아닌 규칙이라는 것이 분명해졌다. 성숙된 RNA에 기여하는 분할유전자의 일부를 **엑손(exon)**이라고 하는 반면에, 개

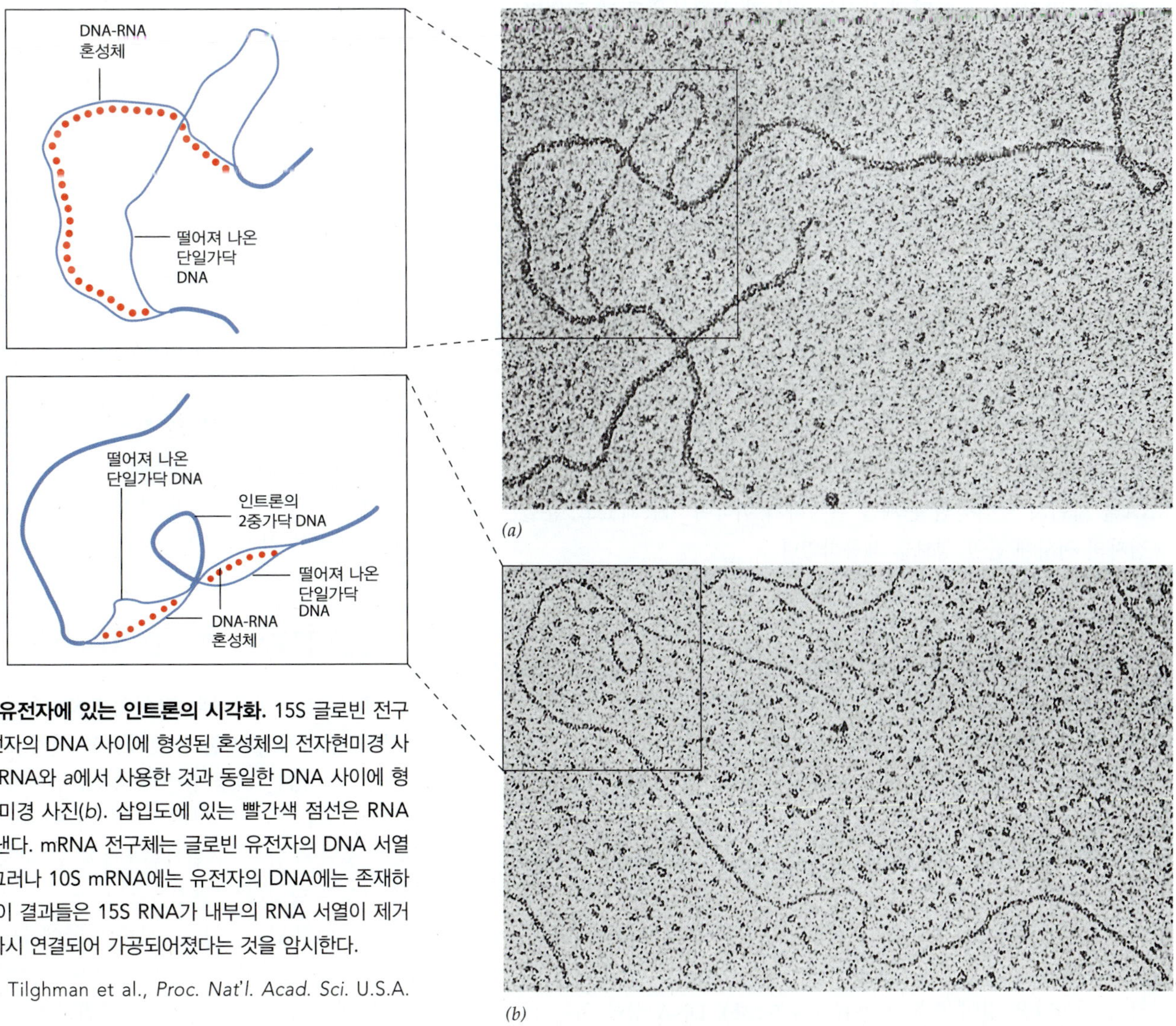

그림 5.23 글로빈 유전자에 있는 인트론의 시각화. 15S 글로빈 전구체 RNA와 글로빈 유전자의 DNA 사이에 형성된 혼성체의 전자현미경 사진(*a*)과 10S 글로빈 mRNA와 *a*에서 사용한 것과 동일한 DNA 사이에 형성된 혼성체의 전자현미경 사진(*b*). 삽입도에 있는 빨간색 점선은 RNA 분자들의 위치를 나타낸다. mRNA 전구체는 글로빈 유전자의 DNA 서열과 길이가 동일하다. 그러나 10S mRNA에는 유전자의 DNA에는 존재하는 부위가 빠져 있다. 이 결과들은 15S RNA가 내부의 RNA 서열이 제거되고 그 옆 부위들이 다시 연결되어 가공되어졌다는 것을 암시한다.

출처: (a–b) Shirley M. Tilghman et al., *Proc. Nat'l. Acad. Sci.* U.S.A. 75:1312에서 발췌.

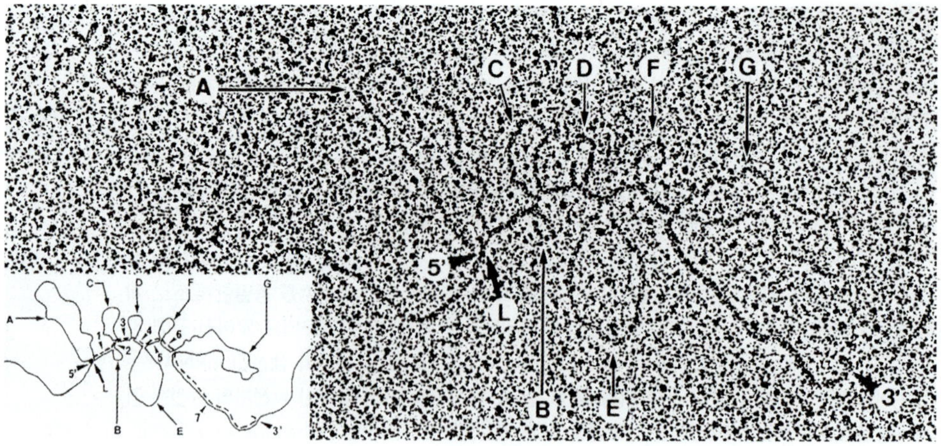

그림 5.24 난알부민 유전자에 있는 인트론의 시각화. 난알부민 mRNA와 난알부민 유전자를 포함하고 있는 닭의 유전체 DNA 조각 사이에 형성된 혼성체의 전자현미경 사진. 이 현미경 사진에 나타낸 혼성체는 그림 5.23*b*의 사진과 특징이 유사하다. 두 경우에서 DNA는 유전체로부터 직접적으로 정제되었으므로, 이것은 유전자 전체 서열을 갖는다. 이와는 대조적으로, RNA는 완전히 가공되어졌는데, 인트론으로부터 전사되었던 부위는 제거되었다. 유전체 DNA와 mRNA가 혼성화가 되면, mRNA 상에 존재하지 않는 DNA의 부위는 고리 모양(loop)으로 튀어 나온다. 7개의 인트론들의 고리들(A-G)은 구별될 수 있다.

출처: Pierre Chambon 제공.

재서열을 **인트론(intron)**이라고 한다. 비록 단순한 진핵세포(효모나 선충)들의 인트론은 더 복잡한 식물과 동물의 것보다 그 수가 적고 크기가 작으나, 분할유전자는 진핵세포들에서 널리 퍼져 있다. 인트론은 mRNA뿐만 아니라 tRNA와 rRNA를 암호화하는 유전자들을 포함한 모든 종류의 유전자에서 발견된다.

인트론을 가진 유전자들의 발견으로 그런 유전자들은 인트론들이 빠진 전령 RNA를 어떻게 생산해 내는가의 질문을 하게 되었다. 한 가지 비슷한 가능성은 세포가 전사단위 전체와 일치하는 1차 전사물을 만들고 DNA의 인트론에 해당하는 RNA 상의 부위를 어떻게든 제거한다는 것이었다. 만약 이런 경우라면, 인트론과 일치하는 부위는 1차 전사물에 존재해야만 한다. 그러한 설명은 hnRNA 분자가 최종적으로 생산하는 mRNA 분자보다 훨씬 더 큰 이유를 제공한다.

핵 RNA에 관한 연구는 지금까지 몇몇 mRNA 전구체(**pre-mRNA**)의 크기가 결정되는 것까지 진행되어 왔다. 예를 들면, 글로빈 서열은 최종 글로빈 mRNA는 10S의 침강계수를 갖는 것과 달리, 글로빈 서열은 15S에서 침강되는 핵 RNA 분자 속에 존재한다는 것이 발견되었다. (R-loop 형성이라고 알려진) 기발한 기술이 National Institute of Health, NIH)에 있는셜리 티그만(Shirley Tilgman), 필립 리더(Philip Leder)와 그들의 공동연구자들에 의해 15S와 10S의 글로빈 RNA들 사이의 물리적인 관계를 결정하기 위하여 사용되었고, 분할유전자의 전사에 관한 정보를 제공하였다.

137쪽의 내용을 돌이켜 보며, 단선의 상보적인 DNA 가닥들은 서로 간에 특이적으로 결합할 수 있다. 단선의 DNA와 RNA 분자들은 그들의 뉴클레오티드 서열이 상보적인 한은 서로 결합할 수 있다; 이것이 18.181절[DNA-RNA 복합체를 혼성체(*hybrid*)라고 함]에서 논의되고 있는 DNA-RNA 혼성화(DNA-RNA hybridization)의 기본이다. Tilgman과 그의 동료들은 15S 글로빈 RNA와 혼성화된 글로빈 유전자를 포함하는 DNA 조각을 조사하기 위하여 전자현미경을 사용하였다. 혼성은 연속적인 2중가닥의 DNA-RNA 복합체(**그림 5.23a**의 빨간색 점과 파란색 선)로 구성된 것으로 관찰되었다. 이와 비교하여, 동일한 DNA 조각을 10S 글로빈 mRNA와 반응시켰을 때에는, 암호화부위의 중앙에 있는 DNA의 큰 부분이 2중가닥의 고리를 형성하며 튀어나온 것이 관찰되었다(그림 5.23*b*). DNA 상에 있는 큰 인트론으로부터 나온 고리는 작은 글로빈 메시지의 어느 부위와도 상보적이지 않았다. 15S RNA는 10S mRNA 형성 동안에 제거된 유전자의 인트론과 일치하는 조각을 포함한다는 것이 분명하였다.

거의 동시에 비슷한 종류의 혼성화 실험이 암탉의 알에서 발견된 단백질인 난알부민을 암호화하는 DNA와 그에 해당하는 mRNA 간에 실시되었다. 난알부민 DNA와 mRNA 혼성체는 7개의 뚜렷한 고리를 포함하는데, 이것은 7개의 인트론과 일치한다(**그림 5.24**). 종합하면, 인트론은 8개의 연결된 암호화부위(엑손) 안에 있는 DNA의 크기의 약 3배를 차지한다. 그 다음의 연구들은 각각의 엑손은 평균 150 뉴클레오티드라는 것을 밝혔다. 이와는 대조적으로, 각각의 인트론은 평균 3,500 뉴클레오티드인데, 이것이 왜 hnRNA 분자가 mRNA보다 훨씬 더 큰 가에 대한 이유이다. 두 가지 극단적인 경우를 인용해 보면, 사람 디스트로핀(dystrophin) 유전자는 이와 상응하는 메시지를 암호화하는 데 필요한 길이보다 대략 100배이고, 제I형 콜라겐(type I collagen) 유전자는 50개 이상의 인트론을 포함한다. 사람 유전자는 평균 약 9개의 인트론을 가지며 전사단위의 95%까지 차지한다.

이 발견들과 다른 발견들은 진핵세포에서 mRNA 형성은 훨씬 더 큰 pre-mRNA로부터 리보뉴클레오티드의 내부 서열이 제거됨으로써 일어난다는 제안에 대하여 강력한 증거를 제공한다. 이제 이것이 일어나는 과정을 살펴보기로 하자.

5.7 진핵세포 전령 RNA의 가공

RNA 중합효소 II는 전사단위 전체의 DNA에 상보적인 1차 전사물을 조립한다. 전사가 활발한 유전자들을 전자현미경으로 조사하면, 합성이 진행되고 있는 과정 동안에 RNA 전사물이 단백질 및 더 큰 입자들과 결합되는 것으로 나타난다(**그림 5.25**). 단백질과 리보핵산 단백질로 구성되어 있는 이 입자들은 1차 전사물을 성숙된 전령으로 전환시키는 일을 담당하는 물질들을 포함하고 있다. 이 전환 과정은 5′ 모자와 3′ 폴리(A) 꼬리를 전사물의 끝에 붙이는 것과 간섭하는 어떤 종류의 인트론도 제거하는 것을 필요로 한다. 가공이 완결되면, mRNA와 이와 결합하는 단백질들로 이뤄진 mRNP는 핵으로부터 나

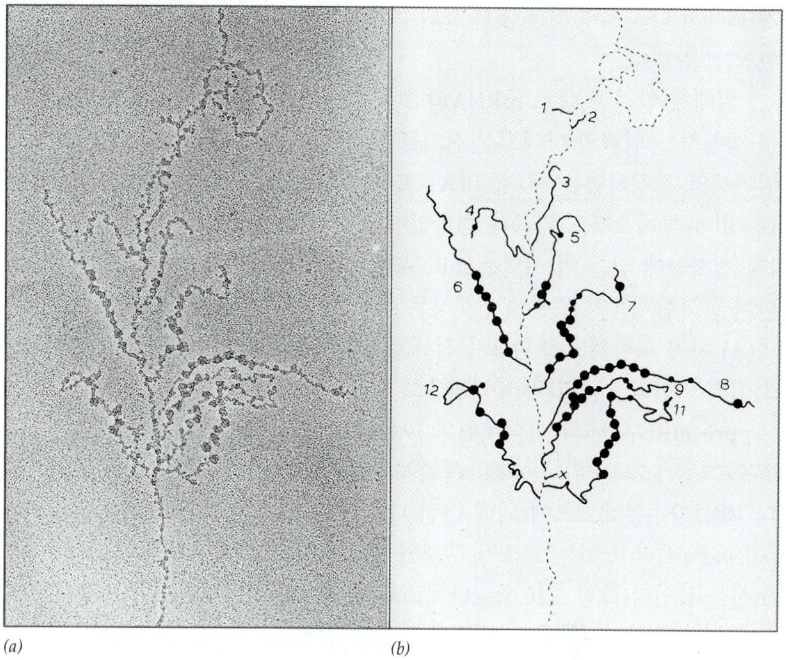

그림 5.25 **pre-mRNA 전사물들은 합성되고 있을 때(즉, 전사와 동시에) 가공된다.** (*a*) 새로 합성되는 RNA 전사물에 부착된 리보핵산단백질 입자들을 보여주고 있는 비리보솜 전사단위의 전자현미경 사진. (*b*) a 부분에 있는 현미경 사진의 해설적인 그림. 점선은 염색질(DNA) 가닥을 나타내고, 실선은 리보핵산단백질(RNP) 섬유들를, 검은색 원들은 이 섬유들과 결합된 RNP 입자들을 나타낸다. 각각의 전사물에는 번호를 붙였는데, 개시부위에서 가장 가까운 것을 1로 시작한다. RNP 입자들은 새로 합성되는 RNA 전사물을 따라 무작위로 분포되어 있는 것이 아니고, RNA 가공이 일어나고 있는 특수한 부위에 결합되어 있다.

출처: Ann L. Beyer, Oscar L. Miller, Jr., and Steven L. Mcknight, *Cell* 20:78, 1980에서 발췌. Elsevier의 허가를 얻음.

갈 준비가 완료된다.

5′ 모자와 3′ 폴리(A) 꼬리

모든 RNA의 5′끝은 RNA 합성의 개시부위에 통합된 첫 번째 뉴클레오시드 삼인산에서 유래한 3개의 인을 보유하고 있다. mRNA 전구체의 5′끝이 합성되면, 2~3개의 효소활성이 분자의 이 끝에서 작용한다(**그림 5.26**). 첫 번째 단계에서는 삼인산의 마지막 인이 제거되고 5′끝이 이인산으로 된다(그림 5.26, 1단계). 그러고 나서 GMP가 거꾸로(*inverted*) 방향으로, 즉 구아노신의 5′끝이 RNA 사슬의 5′끝을 향하도록 연결된다(그림 5.26, 2단계). 그 결과 첫 번째 두 뉴클레오시드는 흔치 않은 5′-5′ 삼인산 다리(triphosphate bridge)에 의해 연결된다. 마지막으로, 삼인산 다리의 내부에 있는 뉴클레오티드는 리보스의 2번 위치가 메틸화되는 반면에, 끝에 있는 거꾸로 달린 구아노신의 구아닌 염기의 7번 위치가 메틸화된다(그림 5.26, 3단계). RNA의 5′끝은 이제 **메틸구아노신 모자**(**methylguanosine cap**, 그림 5.19에서 더 자세히 나타내었음)를 갖는다. RNA 분자가 합성되는 아주 이른 시기 동안에 1차 전사물의 5′끝에 이러한 효소에 의한 수정이 아주 빠르게 일어난다. 사실 모자를 만드는 효소들은 중합효소의 인산화된 CTD에 의해 모집된다(그림 5.32 참조). mRNA의 5′끝에 있는 메틸구아노신 모자는 몇 가지 기능을 한다. 즉, mRNA의 5′끝이 핵산말단가수분해효소에 의해 분해되는 것을 막아주고, mRNA

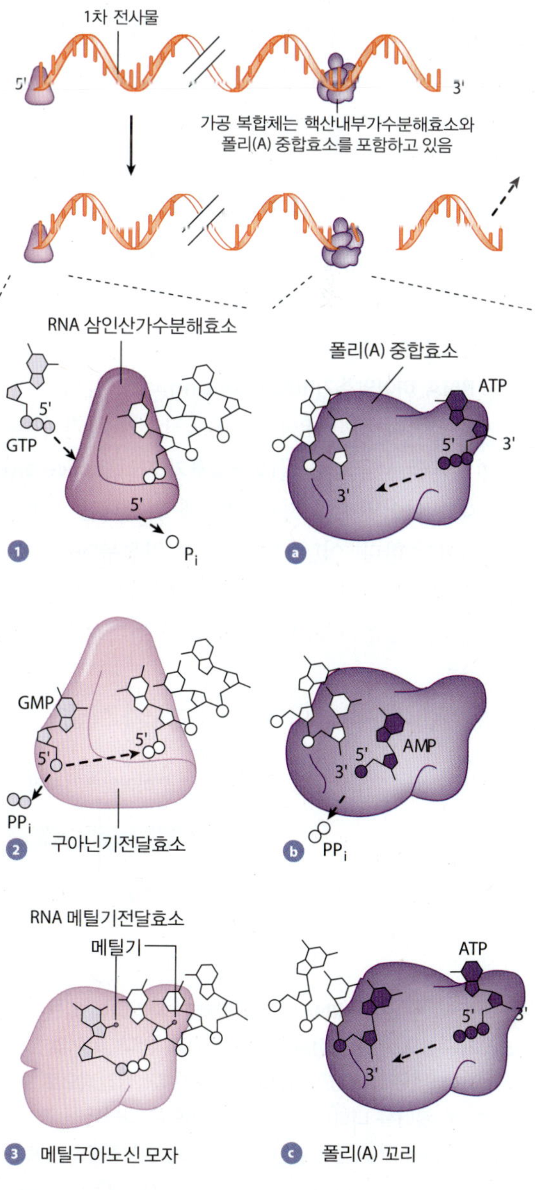

그림 5.26 **pre-mRNA에 5′ 메틸 구아노신 모자(cap)와 3′ 폴리(A) 꼬리를 첨가하는 단계들.** 새로 합성되는 pre-mRNA의 5′끝은 모자형성(capping) 효소에 결합한다. 포유동물에 있는 5′끝에는 2개의 활성자리가 있는데, 서로 다른 반응을 촉매한다. 끝의 인산기를 제거하는 3인산가수분해효소(1단계)와 구아닌 잔기를 거꾸로 된 방향으로, 즉 5′-에서 -5′ 연결로 붙이는, 구아니닐 전달효소(2단계)이다. 3단계에서, 서로 다른 메틸기전달효소가 메틸기를 끝의 구아노신 모자에 붙이고, 새로 합성되는 RNA의 끝에 있는 뉴클레오티드의 리보스에 각각 붙인다. CBC라고 하는 단백질 복합체가 완전한 모자(보이지 않음)에 결합한다. pre-mRNA의 3′끝에서는, 큰 단백질 복합체가 조립되는 아주 다른 일련의 사건들이 일어난다. 첫째, 핵산내부가수분해효소가 1차 RNA 전사물을 잘라서, 원래의 3′끝으로부터 상류에 새로운 3′끝이 생겨난다. *a*~*c* 단계에서, 폴리(A) 중합효소가 아데노신 잔기를 DNA 주형의 참여 없이 3′끝에 붙인다. 전형적인 포유동물 mRNA는 200~250 아데노신 잔기를 그의 완전한 폴리(A) 꼬리에 갖는다. 하등 진핵세포에서는 그 수가 상당히 적다.

출처: D. A. Micklos and G. A. Freyer, *DNA Science*, Carolina Biological Supply Co.에서 발췌.

가 핵에서 나와 수송되는 것을 도와주며, mRNA 번역의 개시에 중요한 역할을 한다.

위에서 알려진 대로 mRNA의 3′끝은 **폴리(A) 꼬리[poly(A) tail]**를 형성하는 일련의 아데노신 잔기를 포함한다. 여러 개의 mRNA를 염기서열 결정하였을 때, 폴리(A) 꼬리는 AAUAAA 서열로부터 약 10~30 뉴클레오티드 다음에 변함없이 시작한다는 것이 증명되었다. 1차 전사물에 있는 이 서열은 mRNA의 3′끝에 가공반응을 수행하는 단백질 복합체들의 조립을 인식하는 부위로 사용된다(그림 5.26). 폴리(A) 가공 복합체도 또한 1차 전사물을 합성하고 있는 RNA 중합효소 II의 인산화된 CTD와 물리적으로 결합되어 있다(그림 5.32 참조).

pre-mRNA 내의 인식부위의 하류를 자르는 핵산내부가수분해효소(그림 5.26의 위)는 가공 복합체의 단백질들 중에 포함되어 있다. 핵산가수분해효소에 의해 잘린 다음에 폴리(A) 중합효소[*poly(A) polymerase*]라고 하는 효소가 주형의 도움 없이 250개 쯤 되는 아데노신을 붙인다(그림 5.26, *a*~*c*단계). 제6장의 <인간 질병과의 연관성>에서 논의되는 것처럼, 단백질과 결합된 폴리(A) 꼬리는 mRNA가 핵산말단가수분해효소에 의해 때 이른(미성숙) 분해가 되는 것을 방지한다. 많은 유전자들은 3′비번역 부위에 1개 이상의 폴리(A) 인식서열을 갖는다는 사실에 주목하는 것이 중요하다. 이런 유전자들은 길이가 다른 3′비번역 부위를 갖는 mRNA들로 전사되고 그 결과 서로 다른 조절 영향을 받게 될 수 있다.

RNA 이어맞추기: pre-RNA로부터 인트론의 제거

pre-mRNA의 가공에서 중요한 단계는 **그림 5.27**에서 보여주고 있다. 이미 논의한 5′ 모자(cap)와 3′ 폴리(A) 꼬리의 형성 이외에 간섭하는 DNA 서열(인트론)에 상응하는 1차 전사물에 끼어 있는 부위는 **RNA 이어맞추기(RNA splicing)**라고 알려진 복잡한 과정에 의해서 제거되어야 한다. RNA를 이어맞추기 하기 위해서는 가닥에 있는 각 인트론의 5′끝과 3′끝(**이어맞추기 자리, splice site**)에서 절단이 이루어지고 이어맞추기 자리 양쪽에 위치하는 엑손들은 공유결합으로 연결되어야 한다. 어떤 이어맞추기 연접부에서 단일 뉴클레오티드가 첨가되거나 결손되는 것은 mRNA가 잘못 번역되는 결과를 가져오기 때문에 이어맞추기 과정은 절대적인 정확성으로 일어나는 것이 아주 중요하다.

동일한 기본적인 이어맞추기 기구가 어떻게 수천 개의 서로 다른

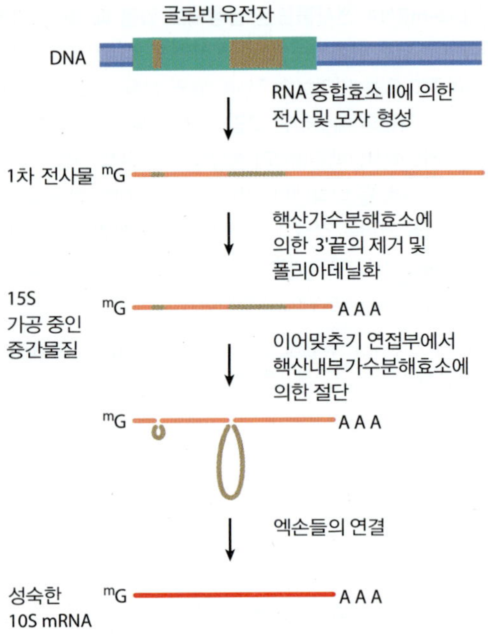

그림 5.27 글로빈 mRNA 가공 동안의 각 단계별 개요. 인트론은 갈색으로 나타냈고, 이 유전자의 초록색 부분은 엑손, 즉 성숙한 mRNA에 나타나 있는 DNA 서열이다.

pre-mRNA의 엑손-인트론 경계를 인식할까? 효모에서 곤충 또는 포유류에 이르기까지의 범위에 있는 진핵세포들의 엑손과 인트론 사이의 수천 개의 연결지점을 조사한 결과로부터 아주 오래된 진화적 기원을 가진 보존된 뉴클레오티드 서열이 이어맞추기 자리에 존재한다는 것을 밝혀내었다. 포유동물의 pre-mRNA 분자 내에 들어 있는 엑손-인트론 경계에서 가장 흔히 발견되는 서열은 그림 5.28에서 보여주고 있다. 인트론의 5′끝에 있는 G/GU (5′ 이어맞추기 자리, *the 5′ splice site*)와 인터론의 5′끝에 있는 AG/G (3′ 이어맞추기 자리, *the 3′ splice site*) 및 3′ 이어맞추기 자리 근처의 폴리피리미딘 트랙(*polypyrimidime track*)이 가장 방대한 진핵세포의 pre-mRNA 내에 들어 있다.[4] 게다가 인트론의 옆 부위는 **그림 5.28**에서 나타난 것처럼 선호하는 뉴클레오티드를 포함하는데, 이것은 이어맞추기 자리를 인식하는

[4]인트론의 약 1퍼센트는 5′끝과 3′끝에 AT와 AC 2-뉴클레오티드를 갖는다(GU 및 AG 대신에). 이 AT/AC 인트론은 U12 이어맞추기 소체(spliceosome)라고 하는 서로 다른 형태의 이어맞추기 소체에 의해서 가공된다. U12 이어맞추기 소체는 주를 이루는 이어맞추기 소체의 U2 snRNA 대신에 U12 snRNA를 포함한다.

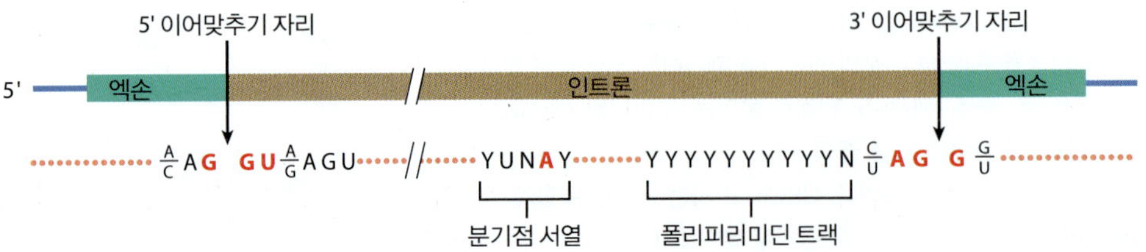

그림 5.28 pre-mRNA의 이어맞추기 자리들에 있는 뉴클레오티드 서열. pre-mRNA는 폴리펩티드를 구성하는 정보를 암호화하는 것 이외에, RNA 이어맞추기에 필요한 기구를 지시하는 정보 또한 보유해야 한다. 이어맞추기 자리의 지역에 나타낸 뉴클레오티드 서열은 많은 수의 pre-mRNA의 분석을 토대로 하여 이루어졌고, 이에 따라서 공통(*consensus*) 서열이라고 붙인다. 빨간색으로 보이는 염기들은 사실상 불변이다. 검은색의 염기는 그 위치에서 선호하는 염기를 나타낸다. N은 4개의 뉴클레오티드 중 하나를 나타내며, Y는 피리미딘을 나타낸다. 3′ 이어맞추기 자리 근처의 폴리피리미딘 트랙은 전형적으로 10~20 피리미딘을 포함한다. 보여주고 있는 분기점은 사람 pre-mRNA에서 발견되는 것이며, 전형적으로 인트론의 3′끝에서부터 약 30염기 상류에 위치한다.

데 중요한 역할을 한다. 그림 5.28에서 표시된 서열들은 이어맞추기 자리의 인식에 필요하지만, 그러나 이들만으로 충분하지는 않다. 인트론은 보통 수천 개의 뉴클레오티드로 이루어지며, 흔히 그림 5.28에 나타낸 공통서열과 일치하는 내부의 부위를 가지고 있다—그러나 세포는 그들을 이어맞추기 신호로 인식하지 않고 결과적으로 무시한다. 엑손과 인트론을 구분할 수 있도록 하는 추가적인 단서는 엑손 내에 있는 **엑손 이어맞추기 증폭자**(*exonic splicing enhancer, ESE*)라는 특수한 서열에 의해서 제공된다(그림 5.28, 삽입도 A 참고). 이어맞추기 자리 또는 ESE 내에서 DNA 서열의 변화는 인트론을 포함시키거나 엑손을 제외시킬 수 있다. 사람 유전병의 약 15%는 pre-mRNA 이어맞추기를 변화시키는 돌연변이로부터 직접적으로 생긴다. 게다가, 사람 집단에서 나타나는(154쪽) 흔한 질병에 대한 감수성에서 "정상적인" 유전적 변화의 많은 경우는 RNA 이어맞추기의 효능에 대한 이 변화의 영향에서 비롯될 수 있다.

RNA 이어맞추기 기작을 이해하면 RNA 분자의 상당히 뛰어난 능력에 대해 감탄을 하게 된다. RNA 분자가 화학반응을 촉매하는 능력이 있다는 증거는 1982년 콜로라도대학교(University of Colorado)의 토마스 첵(Thomas Cech)과 동료들에 의해 얻어졌다. 이 장의 <역사적 실험>에서 길게 논의한 것처럼, 이 연구자들은 섬모를 가진 테트라하이메나속(*Tetrahymena*) 원생동물이 합성하는 rRNA 전구체(pre-rRNA)는 스스로 이어맞추기할 수 있다는 것을 발견하였다. RNA 효소들 또는 **리보자임(ribozyme)**의 존재를 밝힌 것 이외에, 이 실험은 RNA 이어맞추기 기작에 있어서 RNA와 단백질의 상대적인 역할에 대한 생물학자들의 생각을 변화시켰다.

테트라하이메나의 pre-rRNA에 있는 인트론은 제1인트론군(*group I intron*)의 예인데, 이것은 논의되지 않을 것이다. 또 다른 종류의 자가-이어맞추기 인트론은 제2인트론군(*group II intron*)인데, 곧 이어 곰팡이의 미토콘드리아, 식물의 엽록체, 다양한 세균과 고세균에서 발견되었다. 제2인트론군은 **그림 5.29a**에서 2차원으로 보여주고 있는 것처럼, 복잡한 구조로 접혀 있다. 제2 인트론군은 달아나는 송아지를 잡기 위해 목동이 사용하던 밧줄 모양 비슷하여 **올가미 구조**(*lariat*, 그림 5.29*b*)라고 불리는 중간 단계를 거쳐서 자가-이어맞추기를 한다. 제2 인트론군 이어맞추기의 첫 단계는 5′ 이어맞추기 부위가 절단(그림 5.29*b*, 1단계)되고, 그 후에 인트론의 5′끝과 인트론의 3′끝 근처에 있는 아데노신 간에 공유결합으로 올가미구조가 형성된다(2단계). 이어서 3′ 이어맞추기 자리가 절단되면 올가미 구조가 방출되고 엑손의 잘려진 끝끼리 공유결합으로 연결되도록 한다(3단계).

진핵세포 내의 pre-mRNA 분자로부터 인트론이 제거되는 동안에 일어나는 단계는 제2 인트론군이 거치는 것과 아주 유사하다. 근본적인 차이점은 pre-mRNA는 자가-이어맞추기를 할 수 없고, 대신에 수많은 **소형핵 RNA(small nuclear RNA, snRNA)**와 그와 결합된 단백질들을 필요로 한다. 대형의 각 hnRNA 분자가 전사되면서 다양한 종류의 단백질들과 결합하여 **이질핵 리보핵산단백질(heterogeneous nuclear ribonucleoprotein, hnRNP)**를 형성하는데, 이는 다음에 일어날 가공 반응을 위한 기질을 대표한다. pre-mRNA의 각 인트론이 **이어맞추기 소체**[또는 **스플라이세오솜(spliceosome)**]라

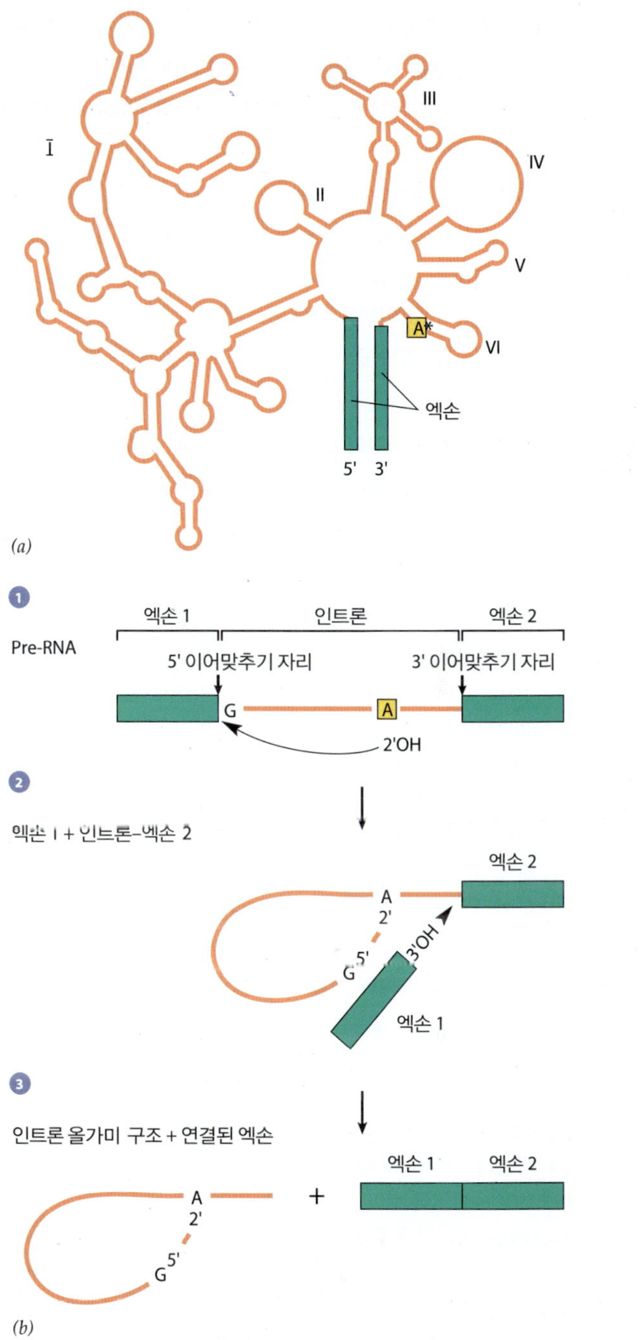

그림 5.29 **제2인트론의 구조와 자가-이어맞추기 경로.** (*a*) 제2인트론의 2차 구조 (빨간색으로 나타냈음). 인트론은 접혀서 6개의 특징적인 영역을 구성하는데, 중앙에서 퍼져 나간 모양을 한다. 별표 모양은 영역 VI에서 튀어 나온 아데노신 뉴클레오티드를 나타내고, 본문에 설명된 것과 같은 올가미 구조를 형성한다. 인트론의 두 끝은 2개의 인트론-엑손 경계의 근접에 의해 나타나듯이, 서로 가까이에 붙여진다. (*b*) 제2인트론의 자가-이어맞추기의 단계들. 1단계에서, 인트론 내에 있는 아데노신의 2′ OH(*a*부분의 영역 VI에 있는 별표모양)는 5′ 이어맞추기 자리를 친핵성(nucleophilic) 공격을 수행하여, RNA를 잘라서 인트론의 첫 번째 뉴클레오티드와 예외적인 2′-5′ 포스포디에스터 결합을 형성한다. 이 가지를 가진 구조를 올가미 구조라고 표현한다. 2단계에서, 옮겨진 엑손의 자유로운 3′OH는 3′ 이어맞추기 자리를 공격하여, 인트론의 다른 부위를 자른다. 이 반응의 결과로, 인트론은 자유로운 올가미 구조로 방출되고, 나란히 위치하는 2개의 엑손들의 3′ 끝과 5′ 끝끼리 연결된다(3단계). pre-mRNA로부터 인트론의 이어맞추기에서 유사한 과정이 뒤따른다. 그러나 자가-이어맞추기에 의해서 일어나기 보다는, 이 단계들은 많은 추가 인자들의 도움이 필요하다.

고 하는 고분자와 결합되면서 가공이 일어난다. 각 이어맞추기 소체는 다양한 단백질들과 몇 개의 독특한 리보핵단백질 입자들로 이뤄져 있다. 이 구조를 **소형핵 리보핵산단백질(small nuclear ribonucleoproteins, snRNP)**라고 하는데, 그 이유는 특수한 단백질과 이에 결합한 snRNA로 구성되어 있기 때문이다. 이어맞추기 소체는 조립식으로 미리 만들어진 상태에서는 핵 안에 존재하지 않고, pre-mRNA에 결합한 snRNP의 구성요소로서 집합한다. 일단 이어맞추기 소체 기구가 조립되면, snRNP가 전사물로부터 인트론을 잘라내고 엑손의 끝을 함께 붙이는 반응을 수행한다. 절단된 인트론은 포유동물의 pre-mRNA의 평균 95%를 구성하는데, 핵에서 분해된다.

RNA 이어맞추기에 대한 우리의 이해는 대체로 시험관 속에서 pre-mRNA를 정확하게 이어맞추기 할 수 있는 무세포 추출물(cell-free extract)의 연구를 통하여 이루어졌다. 이어맞추기 소체의 조립에 있어서 주된 단계의 일부와 인트론의 제거는 **그림 5.30**에 나타낸 그리고 그 그림의 설명에 좀 더 상세히 설명되어 있다. 종합하면 인트론을 제거하기 위해서는 몇 개의 snRNP 입자, 즉 U1 snRNP, U2 snRNP, U5 snRNP 및 U4와 U6 snRNA가 서로 결합된 것을 포함하는 U4/U6 snRNP 등을 필요로 한다. snRNP는 자신의 snRNA 이외

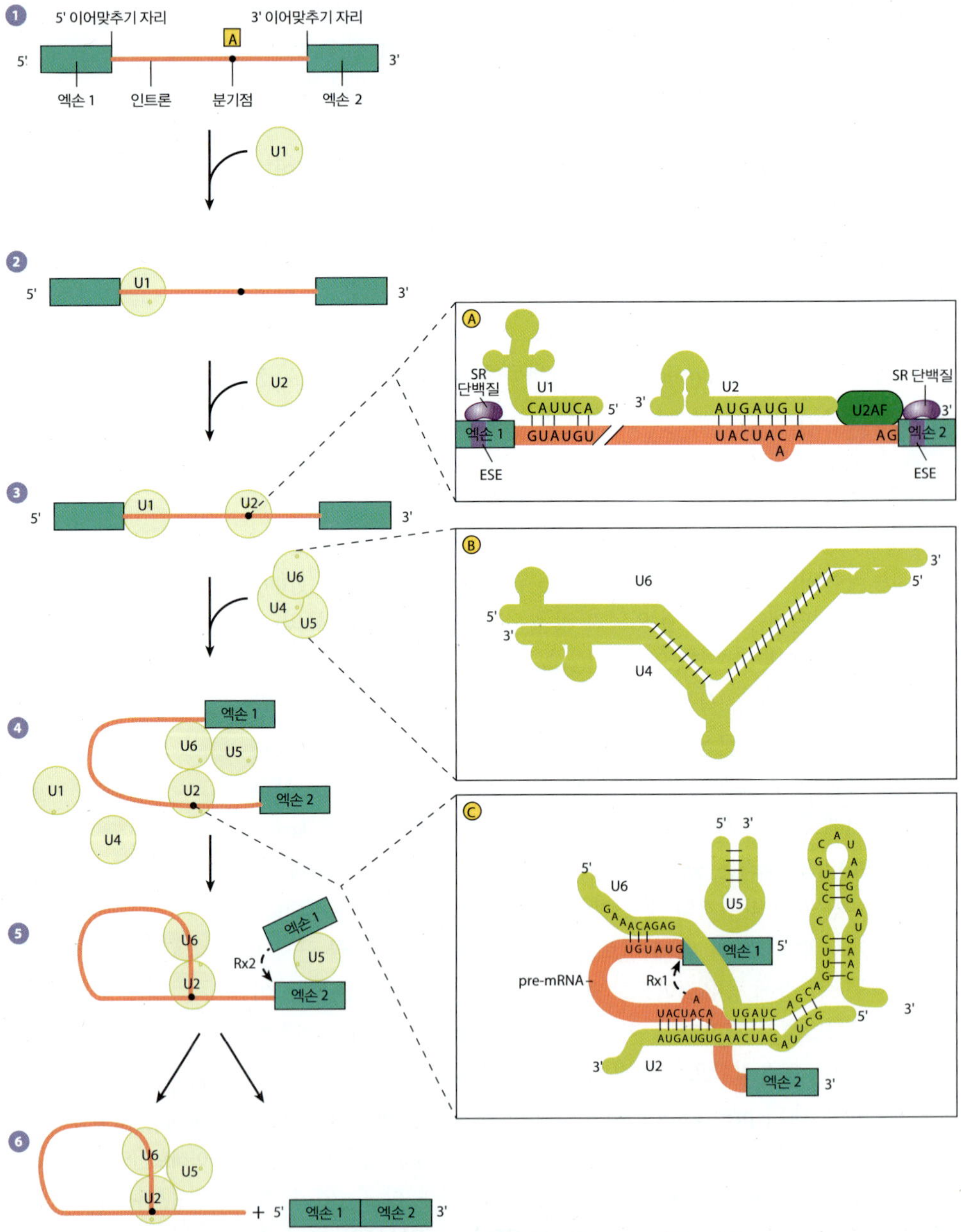

그림 5.30 이어맞추기 기구의 조립과 pre-mRNA 이어맞추기하는 동안 일어나는 단계들의 도식적 모형. 1단계는 이어맞추기되어야 할 pre-mRNA의 부위를 보여 준다. 2단계에서, 이어맞추기 요소의 첫 번째인 U1 snRNP가 인트론의 5′ 이어맞추기 자리를 공격한다. U1 snRNA의 뉴클레오티드 서열은 pre-mRNA의 5′ 이어맞추기 자리에 상보적이고, 이어맞추기 부위와 U1 snRNA 사이에 특수한 염기쌍을 형성함으로써, U1 snRNP는 처음에 인트론의 5′ 측에 결합한다는 증거가 있다(삽입도 A 참조). 그 다음으로 U2 snRNP가 이어맞추기 복합체에 들어가서, 특수한 아데노신 잔기(점) 주위의 나선에서 튀어 나오게 하는 방법으로(3단계), pre-mRNA에 결합한다(삽입도 A에 나타낸 것처럼). 이 튀어나온 부위는 나중에 올가미 구조의 가지가 되는 부위이다. U2는 3′ 이어맞추기 부위 근처의 폴리피리미딘 트랙에 결합하는, U2AF 단백질에 의해 선별된 것으로 생각된다. U2AF는 또한 엑손 이어맞추기 증폭자(ESEs)에 결합하는, SR 단백질에도 결합한다. 이 결합들은 인트론/엑손 경계를 인식하는 중요한 역할을 한다. 다음 단계는 U4/U6와 U5 snRNP가 pre-mRNA에 결합하는 것이다. 이것은 U1의 교체와 동반되어 일어난다(4단계). 이어맞추기 소체(spliceosome)의 조립은 pre-mRNA와 특수한 snRNA 사이의 그리고 snRNA들 자체 내에서 연속적으로 일어나는 역동적인 상호작용을 포함한다. 그들이 pre-mRNA와 함께 복합체에 들어감에 따라, U4와 U6 snRNA들은 서로 간에 심하게 염기쌍을 이룬다(삽입도 B). U4 snRNA는 이어서 2중나선에서 벗겨져 나가고 U4와 쌍을 이루던 U6의 부위는 U2 snRNA의 부위와 염기쌍을 이룬다(삽입도 C). U6 snRNA의 또 다른 부위는, 먼저 번에 결합되었던(삽입도 A) U1 snRNA가 떨어져 나간 채, 5′ 이어맞추기 자리에 위치하고 있다(삽입도 C). U6는 리보자임이고, U4는 그것의 촉매 활성의 억제자라고 제안되고 있다. 이 가정에 의하면, U1과 U4 snRNA가 이동되면, U6 snRNA는 인트론 제거에 필요한 두 가지 화학반응을 촉매하는 위치에 있게 된다. 또 다른 관점에서, 그 반응은 U6 snRNA의 활성과 U5 snRNA의 단백질의 연합에 의하여 촉매된다. 기작이 무엇이든지 상관없이, 첫 번째 반응(삽입도 C에 있는 화살표시)의 결과 5′ 이어맞추기 부위가 절단되어, 유리 상태의 5′엑손과 올가미 구조 인트론-3′ 엑손 중간산물을 형성한다(5단계). 유리 상태의 5′ 엑손은 이어맞추기 소체의 U5 snRNA와의 결합에 의해 지탱되는 것으로 생각되며(5단계), U5 snRNA는 또한 3′ 엑손과도 결합하고 있다(5단계). 5′ 이어맞추기 자리의 첫 번째 절단반응에 이어서 3′ 이어맞추기 자리에서 두 번째 절단반응(5단계의 화살표)이 일어나는데, 이때 올가미 구조 인트론을 잘라내고, 그와 동시에 2개의 이웃하는 엑손들의 끝을 연결한다(6단계). 이어맞추기가 일어난 후에, snRNP는 pre-mRNA로부터 방출되어야 한다. snRNA들 사이의 원래 결합은 회복되어야 하고, snRNP는 다른 인트론의 자리에서 재조립되어야 한다.

에도, 10여 개 또는 그 이상의 단백질들을 포함하고 있다. 에스엠 단백질(*Sm protein*)이라고 하는 하나의 단백질 집단은 모든 snRNP 내에 들어 있다. Sm 단백질은 서로 결합하며, 각 snRNA(U6 snRNA를 제외하고)의 보존된 부위에 연달아 결합하여 snRNP의 핵심부를 형성한다. **그림 5.31a**은 U1 snRNP의 구조적 모형을 보여주는데, snRNA의 위치, Sm 단백질, 입자 내에 있는 다른 단백질들이 표시되어 있다. 그림 5.31*b*는 단지 U1 snRNA이다. Sm 단백질은 전신홍반루푸스(systemic lupus erythematosus)라는 자가면역질환을 가진 환자에서 생산된 항체의 표적이기 때문에 최초로 확인되었다. snRNP의 다른 단백질들은 각 입자에만 유일하게 존재한다.

그림 5.30에서 나타낸 일들은 RNA 분자들 사이에 일어날 수 있는 복잡하고 역동적인 상호작용의 좋은 예이다. 이어맞추기 소체가 조립되는 동안에 일어나는 RNA 분자들 사이에 다수의 재배열은 snRNP에 들어있는, ATP-소비 RNA 헬리카아제에 의해 일차적으로 중재된다. RNA 헬리카아제는 그림 5.30(삽입도 A)에 나타낸 U4-U6 2중가닥(duplex)처럼 2중가닥 RNA를 풀어줄 수 있어서 RNA가 떨어져 나가 새로운 짝과 결합할 수 있다. 이어맞추기 소체의 헬리카아제는 RNA를 그림 5.30(삽입도 B)의 U2AF 단백질을 포함하여 이것과 결합하고 있는 단백질로부터 떼어내는 것으로 생각된다. 적어도 8개의 서로 다른 헬리카아제가 효모의 pre-mRNA 이어맞추기에 관련되어 있는 것으로 나타났다.

(1) pre-mRNA는 제2 인트론군이 스스로 이어맞추기할 때 일어나는 화학반응과 동일한 쌍의 화학반응에 의해 이어맞추기되며, 그리고 (2) pre-mRNA 이어맞추기에 필요한 snRNA는 제2 인트론군의 일부와 밀접하게 비슷하다. 이런 사실은 snRNP의 촉매적으로 활발한 요소는 단백질이 아니라 snRNA라는 것을 시사하였다. 이 시나리오에 따르면, 이어맞추기 소체는 리보자임으로 작용하고 단백질은 snRNA의 적절한 3차 구조를 유지하고 특정 pre-mRNA가 가공되는 동안에 사용되어야 할 이어맞추기 자리를 선택하는 것과 같은 다양한 보조 역할을 할 것이다. RNA 이어맞추기에 참가하는 다양한 snRNA들 중에서 촉매적인 역할을 담당하는 것으로 U6가 가장 가능성이 높은 후보로 생각된다. 그러나 최근의 연구들은 U5 snRNP의 단백질들 중 적어도 하나(즉, Prp8이라고 하는 단백질)를 이어맞추기 소체의 촉배부위에 아주 가까이 놓고 있다. 게다가, Prp8은 pre-mRNA를 절단하는 데 안성맞춤의 RNAase 영역을 포함하고 있다. 이 발견은, 이어맞추기 소체의 RNA와 단백질 구성요소 두 가지의 합동작용이 RNA 이어맞추기에 필요한 두 가지 화학반응을 촉매하는 일을 담당한다는 제안에서 다시 주목을 받았다.

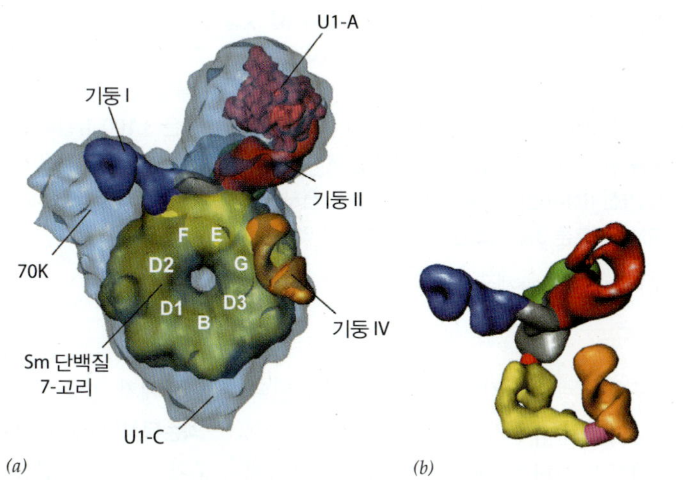

그림 5.31 **snRNP의 구조.** (*a*) 동결전자현미경법으로 얻은 생화학적 자료들과 구조적 정보를 바탕으로 한 U1 snRNP 입자의 모형. 입자의 중심부에는 고리 모양의 단백질 복합체가 있는데, 이것은 모든 U snRNP에 공통인 7개의 서로 다른 에스엠(Sm) 단백질로 구성되어 있다. 3개의 다른 단백질들(70K, U1-A, U1-C라고 명명된)은 U1 snRNP에만 유일하다. 기둥 I, II, IV는 165-염기 U1 snRNA의 일부이다. snRNP는 세포질에서 조립되어 핵으로 수송되고, 핵에서 그의 기능을 수행한다. (*b*) *a*에서와 동일한 방향으로 있는 U1 snRNA의 모형. 더 높은 고해상도 모델은 Nature 458: 455, 2009에서 볼 수 있다.

출처: (a–b) Holger Stark et al., *Nature* 409:541, 2001에서 발췌. Macmillan Publishers Limited의 허가를 얻음.

엑손 내에 자리 잡은 엑손 이어맞추기 증폭자(ESE)라고 하는 서열은 이어맞추기 기구가 엑손을 인식하는 데 중요한 역할을 한다. ESE는 에스알 단백질(*SR protein*)이라고 하는 RNA-결합 단백질 집단(family)의 결합부위로 작용한다. SR 단백질이란 다수의 아르기닌(arginine, R)과 세린(serine, S) 때문에 붙여진 이름이다. SR 단백질들은 상호작용하는 연결망을 형성하여, 인트론/엑손의 경계 부위에 걸쳐 있고 이어맞추기 자리에 snRNP를 모집하는 것을 돕는 것으로 생각된다(그림 5.30, 삽입도 A 참조). 또한 양(+) 전하를 띤 SR 단백질은 전사가 개시될 때 CTD에 붙여진 음(−) 전하를 띤 인산기와 정전기적으로 결합한다(그림 5.18). 그 결과, 인트론에서의 이어맞추기 기구의 조립은 중합효소에 의한 인트론의 합성과 함께 일어난다. CTD는 넓은 범위의 다양한 이어맞추기 인자들(splicing factors)을 모이게 하는 것으로 생각된다. 사실, mRNA 가공과 세포질로의 반출(export)에 필요한 기구의 대부분은 거대한 "mRNA 생산공장(mRNA factory)"의 일부로서 중합효소와 함께 이동한다(**그림 5.32**).

대부분의 유전자는 많은 인트론을 갖고 있기 때문에, <그림 5.30>에 나타낸 이어맞추기 반응은 1개의 1차 전사물 위에서 반복하여 일어나야 한다. 인트론이 우선 순서대로 제거되어서, 1차 전사물과 성숙된 mRNA 사이의 크기인 특이한 가공 중간산물을 형성한다는 증거가 제시되었다. 암탉의 수란관에 있는 세포의 오보뮤코이드(ovomucoid) mRNA가 핵에서 가공되는 동안 형성된 중간산물의 예가 **그림 5.33**에 나와 있다.)

5.8 분할 유전자와 RNA 이어맞추기의 진화학적 암시

화학반응을 촉매할 수 있는 RNA의 발견은 생물학적 진화에 관한 생각에 커다란 충격을 가져다 주었다. 유전물질로서 DNA가 발견된 이후, 생물학자들은 단백질과 DNA 중에서 어느 것이 먼저 만들어졌는지 궁금해 하였다. 이 난제는 두 가지 고분자들의 기능이 얼핏 보기에 겹치지 않는 것으로부터 생겨났다. 단백질은 반응을 촉매하는 반

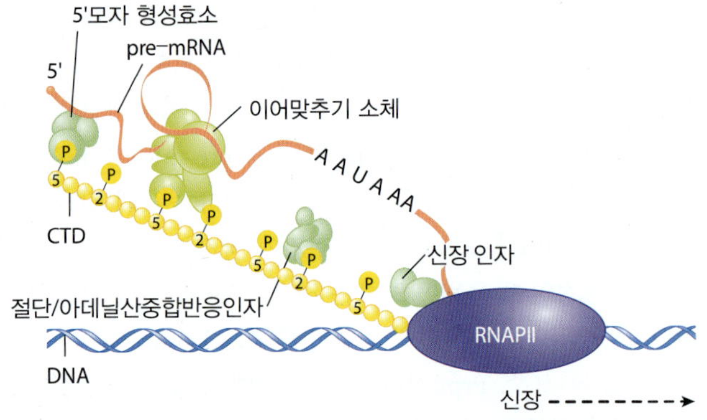

그림 5.32 전사, 모자 형성(capping), 아데닐산중합반응(polyanenylation), 이어맞추기 등의 조정을 위한 기작의 개요도. 이 단순화된 모형에서, RNA 중합효소의 큰 소단위의 C-말단 부위(CTD)(179쪽)가 모자 형성, 아데닐산중합반응, 인트론의 제거 등을 포함하는, pre-mRNA의 가공에 관여된 요소들의 구성을 위한 유연한 골격의 역할을 한다. 여기에서 나타낸 단백질 이외에도, 중합효소는 아마도 염색질 주형을 변형하는 효소들은 물론 전사인자들과도 결합되어 있을 것이다. 중합효소에 결합된 단백질들은 어느 특정 시각에 CTD의 어느 세린 잔기가 인산화되었는지에 의존할 것이다. 인산화된 세린 잔기의 양상은 중합효소가 전사 중인 유전자의 처음부터 끝까지 진행됨에 따라 변화한다(<그림 5.18>과 비교하기). 5번 잔기에 연결된 인산기는 주로 중합효소가 RNA의 3′끝을 전사할 무렵에 대체로 소실된다.

출처: E. J. Steinmetz, *Cell* 89:493, 1997에서 발췌. Cell Press의 허가를 얻음.

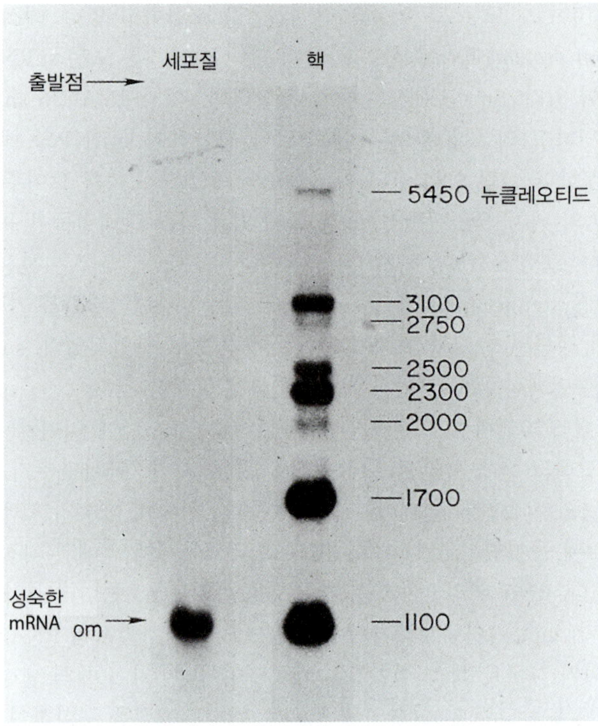

그림 5.33 오보뮤코이드(ovomucoid) pre-mRNA의 가공. (*a*) 사진은 노던 블럿(Nothern blot)이라는 기술을 보여주고 있는데, 이 기술로 추출된 RNA(이 경우에는 암탉의 수란관 세포의 핵으로부터)를 전기영동으로 분리시킨 뒤, 막 필터(membrane filter) 위에 옮겼다. 이어서 필터 위에 고정된 RNA는 방사성 동위원소로 표지된 cDNA(이 경우에, 오보뮤코이드 mRNA로부터 만든)와 함께 상보적인 서열을 갖는 RNA의 위치를 드러내 보이는 띠(band)를 형성하도록 항온처리하였다. 오보뮤코이드 단백질을 암호화하는 성숙한 mRNA는 1,100 뉴클레오티드 길이이며, 블럿의 아래쪽에 보인다. 또한 핵은 오보뮤코이드 mRNA의 뉴클레오티드 서열도 포함하는 더 큰 크기의 다수의 RNA를 갖고 있음에 틀림없다. 블롯 상에서 가장 큰 RNA는 5,450 뉴클레오티드 길이를 가지며, 이것은 오보뮤코이드 전사단위의 크기와 일치한다. 즉, 이 RNA는 아마도 1차 전사물일 것이며, 이것으로부터 궁극적으로 mRNA가 절단될 것이다. 다른 뚜렷한 띠들은 3,100 뉴클레오티드 길이를 가진 RNA(인트론 5와 6이 없는 전사물에 상응함), 2,300 뉴클레오티드 길이를 가진 RNA(인트론 4, 5, 6, 7이 없는 전사물), 1,700 뉴클레오티드 길이를 가진 RNA(인트론 3을 제외한 모든 인트론이 없는 전사물)이다.

출처: Bert O'Malley 제공.

면에, 핵산은 정보를 저장한다. 1980년대 초기에 리보자임의 발견으로 한 가지 분자—RNA—가 두 가지 기능을 할 수 있다는 것이 분명해졌다.

이 장의 시작 부분에서 소개되었듯이, RNA가 촉매자가 될 수 있다는 발견은 생명의 진화 과정에서 초기 단계에서는 DNA와 단백질 두 가지 모두 존재하지 않았다는 믿음에 힘을 주었다. 이 기간 동안에, RNA 분자가 두 가지 임무를 수행하였다. 즉, 유전 물질의 역할을 하였고, RNA 복제에 필요한 반응을 포함하는 화학반응을 촉매하였다. 단지 진화의 후반부에, 촉매작용 및 정보저장의 기능이 각각 단백질 및 DNA로 넘겨졌고, 이에 따라서 RNA는 유전정보의 흐름에서 중개자로서 주로 작용하기 위해 남아있다. 많은 연구자들이 이어맞추기는 오래된 RNA 세계로부터 온 유산의 한 예로 믿는다.

세포는 자신의 전사물로부터 개재서열을 제거해야 하기 때문에, 비록 인트론의 존재가 세포에게 추가된 부담을 주지만, 인트론은 자체의 장점 없이 존재하지 않는다. 다음 장에서 보겠지만, RNA 이어맞추기는 세포의 조절을 받는 mRNA 형성의 경로를 따르는 단계들 중 하나이다. 많은 1차 전사물이 둘 또는 그 이상의 경로에 의해서 가공될 수 있기 때문에, 하나의 경로에서 인트론으로 작용하는 서열이 다른 경로에서 엑손으로 된다. 선택적 이어맞추기(*alternative splicing*)라고 하는 이 과정의 결과, 동일한 유전자가 한 가지 이상의 폴리펩티드를 암호화할 수 있다.

또한 인트론의 존재는 생물학적 진화에서 중요한 영향을 미쳐왔다고 생각된다. 단백질의 아미노산 서열을 조사할 때, 여러 개의 다른 단백질 부분에 상동 구간(section)이 자주 발견된다(예로써, 그림 2.38 참조). 이런 유형의 단백질은 거의 확실히 다른 유전자의 일부를 구성하는 유전자에 의하여 암호화된다. 유연관계가 없는 유전자들 사이에서 유전자 "모듈(module)"의 이동—**엑손뒤섞임(exon shuffling)**이라고 하는 과정—은 엑손들 사이에서 불활성의 공간 점유 부분처럼 작용하는, 인트론의 존재에 의하여 대단히 쉽게 일어날 수 있게 된다. 유전자 재배열(genetic rearrangement)은 DNA 분자의 절단을 필요로 하는데, 이것은 생물체를 나쁘게 할 수 있는 돌연변이의 유발 없이, 인트론 내에서 일어날 수 있다. 시간이 경과함에 따라, 엑손들은 다양한 방법으로 독립적으로 뒤섞여질 수 있어서, 새롭고 유용한 암호화 서열을 찾아서 거의 무한정한 수로 조합될 수 있다. 엑손뒤섞임의 결과, 진화는 점돌연변이의 느린 축적에 의해 일어날 필요가 있을 뿐만 아니라, 단일 세대에서 새로운 단백질의 출현이라는 "비약적 도약(quantumm leap)"에 의해서 전진할 수도 있다.

5.9 실험실에서의 새로운 리보자임 만들기

RNA가 유일한 촉매제로 작용했다고 하는 RNA 세계의 실현 가능성에 대한 많은 생물학자들의 마음속에 있는 주요 문제점은, 자연적으로 생기는(*naturally occurring*) RNA에 의해 촉매된 반응은 오늘날까지 불과 몇 개 밖에 발견되지 않았다는 것이다. 이들 반응 중에는 RNA의 이어맞추기(splicing)에 필요한 포스포다이에스터 결합의 절단과 연결이 포함되고, 단백질이 합성되는 동안에 펩티드 결합 형성이 포함된다. 이 반응들은 RNA 분자가 촉매작용을 할 수 있는 유일한 유형의 반응인가? 아니면 RNA 분자의 촉매 범위가 보다 효율적인 단백질 효소의 진화에 의해 엄격히 제한되어 온 것인가? 많은 집단의 연구자들은 실험을 통해 새로운 RNA 분자를 만들어서 RNA의 촉매작용 가능성(*potential*)을 탐구하였다. 비록 이 실험들이, 이러한 RNA 분자들이 고대 생명체들에 존재했다는 것을 증명할 수 없을지라도, RNA 분자가 자연도태(natural selection)의 과정을 통하여 진화할 수 있었다는 원리(*principle*)를 입증한다.

하나의 접근법으로, 연구자들은 RNA가 어떻게 만들어져야 하는가에 대해서 어떠한 예상해 본 구조도 없이 요행수로 촉매작용을 하는 RNA를 만들었다. 이 RNA는 자동화된 DNA 합성 기구들이 무작위(*random*) 뉴클레오티드 서열들로 DNA가 조립되게 함으로써 만들어진다. 이 DNA들이 전사되어서, RNA의 뉴클레오티드 서열 또한 무작위로 되어 있는 한 무리의 RNA들을 만든다. 일단 RNA 무리가 만들어지면, RNA들이 갖고 있는 특성에 의해 개개의 RNA들이 그 무리로부터 선택될 수 있다. 이런 접근법을 "시험관 속 진화(test-tube evolution)"라고 표현하고 있다.

한 연구 집단에서, 연구자들은 먼저 특정 아미노산에 결합된 RNA를 선택하고, 이어서 특정 아미노산을 표적화된 tRNA의 3′끝으로 운반할 RNA를 골라냈다. 이것은 아미노아실-tRNA 합성효소에 의해서 수행되는 동일한 기본 반응이다. 여기서 아미노아실-tRNA 합성효소는 단백질 합성에서 필요한 것으로써(201쪽) 아미노산을 tRNA에 연결하는 효소이다. 아미노산은 처음에 리보자임에 의해 수행되는 촉매 반응을 향상시키는 부속물(조효소)로써 사용되어 왔을 것으로 추측된다. 시간이 지남에 따라, 리보자임은 아마도 작은 단백질을 형성하기 위해서 특수한 아미노산들을 한 줄로 이어질 수 있도록 진화되었을 것이며, 그 작은 단백질은 그들의 RNA 선조보다 더 용도가 많은 촉매제로 진화되었을 것이다. 이 장에서 나중에 보게 되겠지만, 리보솜—단백질 합성을 담당하는 리보핵산단백질 기구—은 근본적으로는 리보자임이라고 마음속으로 생각하고 있는데, 이것은 이러한 진화적 각본을 강하게 지지한다.

원시의 세포에서 단백질이 (RNA로부터) 작업량을 더 많이 공유하여 넘겨 받게 됨에 따라, RNA 세계는 점차로 "RNA-단백질 세계(RNA-protein world)"로 변형되어 갔다. 그 후의 시점에, 아마도 RNA는 유전물질로써 DNA에 의해 대체되었을 것이며, 이것은 생명의 형태를 현재의 "DNA-RNA-단백질 세계(DNA-RNA-protein world)"로 나아가게 하였다. DNA의 진화는 아마도 오직 두 가지 형태의 효소들을 필요로 하였을 것이다. 즉, 리보뉴클레오티드를 디옥시리보뉴클레오티드로 전환시키는 리보뉴클레오티드 환원제 그리고 RNA를 DNA로 전사하는 역전사효소이다. RNA 촉매제가 DNA 합성이나 전사에 관여되는 것이 아닌 것으로 나타난 사실은, DNA-RNA-단백질 3개 조에서 DNA는 현장에 나타나는 가장 마지막 구성요소라는 생각을 지지한다.

진화가 진행되는 과정의 어느 지점에서, 암호는 그 유전물질이 특정 단백질로 결합될 아미노산의 서열을 지정할 수 있도록 진화되어야 했다. 이 암호에 대한 성질은 이 장의 후반부에서 다루어지는 주제이다.

5.10 작은 조절 RNA와 RNA 침묵 경로

RNA 분자가 유전자 발현에 직접적으로 관여한다는 생각은 수수께끼 같은 목격을 하면서 시작되었다. 페츄니아(petunia) 식물의 꽃잎은 일반적으로 옅은 자주색이다. 1990년 두 집단의 연구자들이 색소를 생산하는 효소를 암호화하는 유전자를 추가로 도입하여 꽃의 색깔을 더 진하게 만들려는 시도에 대해 보고하였다. 놀랍게도, 추가 유전자의 존재는 예상한 것처럼 더 진한 색소로 되게 하기 보다는 오히려 꽃잎의 색소를 잃어버리게 하였다(**그림 5.34a**). 계속된 연구에

그림 5.34 **RNA 간섭.** (*a*) 페츄니아 식물은 정상적으로 옅은 자주색 꽃을 갖는다. 세포가 색소 생산에 요구되는 효소를 암호화하는 가외의 유전자[전이유전자(transgene)]를 가지므로 이 식물의 꽃은 하얀색으로 나타난다. 추가된 유전자(전이유전자)는 RNA 간섭을 일으켜 이식유전자에서 전사된 mRNA와 식물 자신의 유전자들에서부터 전사된 mRNA를 모두 특이적 파괴를 이끈다. 그 결과, 꽃들은 대체로 탈색된다. (*b*) 동물의 인두에서 특이적으로 발현된, GFP 융합 단백질(466쪽)을 암호화하는 유전자를 가진 선충. (*c*) 이 선충은 *b*에 나타낸 것과 동일한 유전인자형을 가진 부모로부터 발생되었다. 그의 생식선은 GFP 융합 단백질을 암호화하는 mRNA에 상보적인 dsRNA의 용액으로 주입되었다. 눈으로 보이는 색깔의 결핍은 RNA 간섭에 의한 mRNA의 파괴를 반영한다.

따르면, 이러한 실험 조건 하에서 추가된 유전자와 유전체 안에 있는 정상적인 대응유전자가 모두 전사되지만, 그 결과 생긴 mRNA는 어떻게든 분해되었다는 것을 암시하였다. 그 현상은 **전사후 유전자침묵**(*posttranscriptional gene silencing, PTGS*)으로 알려지게 되었다.

1998년까지 이런 유전자침묵의 형성에 대한 분자적 기초에 대하여 이해되지 못하였다. 그 해에 워싱톤의 카네기연구소(Carnegie Institute of Washington)의 앤드류 파이어(Andrew Fire)와 메사츄세츠대학교(University of Massachusetts)의 크레이그 멜로(Craig Mello)와 그들의 동료들은 꼬마선충(*C. elegans*)으로 실험을 수행하였다. 그들은 이 선충에서 특정 근육 단백질의 생산이 중단되기를 희망하면서 서로 다르게 준비한 몇 가지의 RNA를 주입하였다. 그 중에서 하나의 준비물은 "센스(sense)" RNA, 즉 표적단백질을 암호화하는 mRNA의 서열을 가진 RNA이었다. 또 다른 하나는 "안티센스(anti-sense)" RNA, 즉 의문을 갖고 있는 mRNA에 상보적인 서열을 가진 RNA이었다. 세 번째는 센스와 안티센스 서열이 서로 결합된 2중가닥 RNA로 구성되었다. 단일가닥 RNA는 어느 것도 큰 효과를 보이지 않았으나, 2중가닥 RNA는 암호화하는 단백질의 생산을 중단시키는 데 아주 효과적이었다. Fire와 Mello는 이 현상을 **RNA 간섭(RNA interference, RNAi)**으로 설명하였다. 그들은 2중가닥 RNA(double-stranded RNA, dsRNA)를 세포에 넣은 후 첨가된 dsRNA와 동일한 서열을 가진 mRNA가 선택적으로 파괴되는 반응이 유도되는지를 입증하였다. 예를 들어 얘기해 보자면, 누군가가 선충의 세포 속에서 글리코겐 가인산분해효소(glycogen phosphorylase)의 생산을 중단시키려고 했는데, 선충의 표현형에서 이 효소의 결핍 효과를 확인할 수 있었다. 놀랍게도, 표적 mRNA와 동일한 서열을 공유하는 dsRNA 용액 속에 선충을 그냥 놔둠으로써 이 결과를 얻을 수 있었다. 유사한 실험을 그림 5.34*b*,*c*에 나타내었다. 이 현상은 비록 기작은 완전히 다르지만, 특정 단백질을 암호화하는 특정 유전자가 결핍된 유전자제거 생쥐의 형성과 효과면에서 유사하다.

dsRNA-매개 RNA 간섭의 현상은 더 넓은 범위의 **RNA 침묵(RNA silencing)** 현상의 예인데, 이 현상에서 보통 단백질 기구와 함께 작용하는 작은 RNA가 다양한 방법으로 유전자 발현을 억제하도록 작용한다. RNAi는 외부 유전 물질 또는 원치 않은 유전 물질의 존재로부터 생물체를 방어하기 위해, "유전적 면역 체계(genetic immune system)"의 유형으로 진화했다고 생각된다. 보다 특이적으로, RNAi는 아마도 바이러스의 복제를 막기 위한 그리고/또는 유전체 내에 있는 전이인자[또는 트랜스포손(transposon)]의 이동을 억제하기 위한 기작으로서 진화했을 것이다. 왜냐하면, 앞의 두 가지 잠재적으로 위험한 과정은 dsRNA의 형성을 포함할 수 있기 때문이다. 세포는 dsRNA를 원하지 않는 것으로 인식할 수 있다. 왜냐하면, 그런 분자는 세포의 정상적인 유전자 활성에서는 생산되지 않는 분자이기 때문이다.

RNAi 경로에서 포함된 과정들은 **그림 5.35a**에서 보여주고 있다. 반응을 시작하는 2중가닥 RNA는 첫째로 다이서(Dicer)라고 하는 특별한 형태의 리보핵산가수분해효소에 의하여 **소형간섭 RNA(small interferingRNA, siRNA)**라고 하는, 작은 (21~23뉴클레오티드) 2중가닥 조각들로 쪼개진다. 그림 5.35*a*에 나타낸 것처럼, 다이서가 속한 효소들은 dsRNA 기질에 특이적으로 작용하여 3′가닥의 끝이 튀어나온 작은 dsRNA를 만든다. 그래서 이 작은 dsRNA는 아르고노트(Argonaute) 단백질 집단의 구성하는 요소를 포함하는 복합체 (그림 5.35*a*에는 *pre-RISC*로 확인됨)에 실리게 된다. 아르고노트 단백질은 알려진 모든 RNA 침묵 경로에서 핵심적인 역할을 한다. RNA 침묵 경로들에서 RNA의 2중가닥 중 한 가닥(승객가닥이라고 하는)은 2개로 갈라지고, 그 다음에 pre-RISC로부터 분리된다. RNA 2중가닥 중 나머지 가닥 하나(안내자 가닥이라고 하는)는 그의 아르고노트 단백질(partne, 상대방)과 함께 *RISC*라고 하는 동류 단백질 복합체로 결합된다. 다수의 서로 다른 다양한 RISC가 그들이 갖고 있는 특정한 아르고노트 단백질에 의해 확인 및 구별된다. 동물세포에서, 전형적인 siRNA를 갖고 있는 RISC들은 아르고노트(Argonaute) 단백질 Ago2를 포함하고 있다. RISC는 상보적인 서열을 가진 RNA에 결합하기 위해서 아주 작은 단일가닥 siRNA를 위한 기구를 제공한다. 일단 결합되면, 표적 RNA는 Ago2 단백질의 리보핵산가수분해효소 활성에 의하여 특수한 부위에서 잘린다. 그래서 siRNA는 표적 RNA들의 수많은 복사본의 파괴를 조정할 수 있는데, 표적 RNA들은 바이러스 전사물 또는 전이인자(transposon) 또는 역전이인자[또는 레트로트랜스포손(retrotransposon)]로부터 전사된 RNA거나 또는 이 절(節)의 시작 부분에서 설명된 것처럼 연구자들이 표적으로 삼는 숙주세포의 mRNA일 수 있다.

RNA 간섭은 식물과 선충에서 널리 연구되어 왔다. 일반적으로 척추동물은 잘 발달된 면역계에 의존하는 대신, RNAi를 바이러스에 대한 방어로 활용하지 않는다고 여겨져 왔다.[5] 사실, dsRNA가 세포배양에서 성장하는 포유동물 세포에 첨가되거나 포유동물의 몸에 직접 주입되면 **특이적인**(*specific*) 단백질의 번역이 중단되는 것 대신에 보통은 단백질의 합성이 일반적으로 억제되는 **전반적인**(*global*) 반응을 일으킨다. 단백질 합성의 이러한 전반적인 감소(17.1절에서 논의됨)는 바이러스의 감염으로부터 세포를 보호하기 위한 수단으로 진화되어 왔다고 생각된다. 전반적인 반응을 극복하기 위하여, 연구자들은 아주 작은 dsRNA의 사용에 의지하게 되었다. 21 뉴클레오티드 길이(즉, 다른 생물체에서 RNA 간섭이 일어나는 동안에 중간산물로 생산된 siRNA의 크기와 같은)의 합성된 dsRNA를 포유동물 세포에 주입하면 단백질 합성의 **전반적인**(*global*) 억제를 유발하지 않는다는 것을 발견하였다. 게다가, 그러한 dsRNA는 RNAi의 능력이 있었다. 즉, dsRNA는 뉴클레오티드 서열과 일치하는 mRNA에 의해 암호화되는 특정 단백질의 합성을 억제하였다. 다른 mRNA에 의해 암호화되는 단백질들은 일반적으로 영향을 받지 않았다. 이 기법은 특수한 유전자들의 기능에 대하여 더 알기 위한 중요한 실험적 전략이 되고 있다. 누구라도 전사된 mRNA를 파괴시킬 dsRNA를 사용하여 의문

[5]포유동물은 siRNA 생산에 필요한 모든 요소들을 갖고 있다. 최근 연구들은 siRNA(또는 endo-siRNA라고 하는)가 포유동물의 난모세포와 배아줄기세포에서 생산됨을 암시하였다. 이것은 이들 세포에서 전이요소(transposable element)의 이동을 방지하기 위한 기작의 일환으로 이뤄진다. 포유동물의 난모세포에서 endo-siRNA의 형성은 난모세포-특이 다이서에 의해 형성되는데, 이것은 체세포에서 발견되는 다이서와 달리, dsRNA에서 siRNA의 생산을 매우 잘한다.

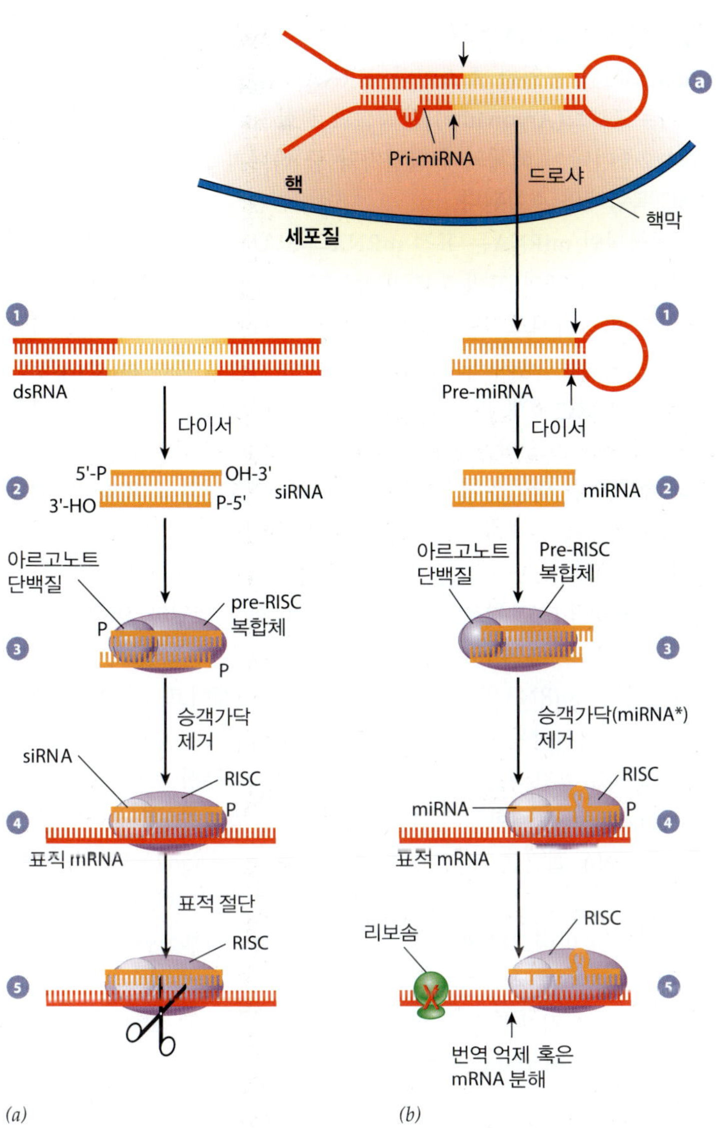

그림 5.35 **siRNA와 miRNA의 형성과 그들의 작용기작.** (*a*) 1단계에서, 두 가닥으로 된 RNA의 양쪽 가닥은 핵산내부가수분해효소 다이서(endonuclease Dicer)에 의해 잘려서 한 가닥의 끝이 튀어나온, 작은(21~23 뉴클레오티드) siRNA를 형성한다(2단계). 3단계에서, siRNA는 pre-RISC라는 단백질 복합체와 결합된다. 그것은 siRNA 2중가닥 중에서 승객가닥을 자르고 제거하는 능력을 가진 아르고노트(Argonaute) 단백질(전형적으로 Ago2)을 갖고 있다. 4단계에서, 단일가닥의 안내자 RNA(guide RNA)가 RISC 복합체의 단백질들과 결합하여, 상보적인 서열을 가진 표적 RNA에 결합한다. 표적 RNA는 상황에 따라서 바이러스 RNA, 전이인자의 전사물, 또는 mRNA 등일 수 있다. 5단계에서, 표적 RNA는 아르고노트 단백질에 의해 특수한 부위가 절단된 후에 분해된다. (*b*) 마이크로 RNA는 단일가닥의 전구체 RNA로부터 유래하는데, 전구체 RNA는 자신을 뒤로 맞접어서 한쪽 끝에 기둥-고리(stem-loop) 부분을 가진 2중가닥 RNA를 형성하여 상보적인 서열을 갖는다(*a* 단계). 이러한 위-dsRNA(pseudo-dsRNA)(또는 pri-miRNA)는 드로샤(Drosha)라고 하는 핵산내부가수분해효소(endonuclease)를 갖고 있는 단백질 복합체에 의해서 말단의 고리(loop) 근처가 절단되어, 한 쪽 끝에 3′가닥의 끝이 튀어나온 pre-miRNA를 만든다. pre-miRNA는 세포질로 보내지고, 거기서 다이서에 의해 절단되어 작은 2중가닥 miRNA로 된다(2단계). 2중가닥 RNA는 아르고노트(Argonaute) 단백질(전형적으로 Ago1)을 포함하는 단백질 복합체와 결합되어 가닥들이 분리되고 승객가닥(miRNA*라고 하는)이 제거된다. 그 다음, 단일가닥의 안내자 miRNA는 mRNA 상의 상보적인 부위에 결합하여(4단계) 5단계에 나타낸 것처럼 정보의 번역을 억제한다(또는 선택적으로, 6.19절에서 논의된 것처럼, mRNA를 불안정화시키고 분해하게 만든다). siRNA와는 달리, 번역을 억제하는 miRNA는 표적 mRNA에 오직 부분적으로만 상보적이어서 튀어나온 혹 모양을 만든다. 대부분의 식물 miRNA와 소수의 동물 miRNA는 mRNA에 정밀하게 상보적이거나 거의 상보적이다; 이런 경우, 상호결합의 결과로 *a*에 나타낸 것과 같은 방법으로, Ago2에 의한 mRNA의 분해가 이뤄진다. (인트론에서 유래된 특정 종류의 miRNA는 긴 헤어핀 pri-miRNA를 이루지 않고, 가공을 위해 드로샤를 필요로 하지 않는다는 것을 지적할 수 있다.)

시 되는 특수한 유전자의 활성을 단순히 죽일 수 (또는 더 정확하게는 감소시킬 수) 있으며, 그리고 암호화된 단백질의 결핍 결과로 생기는 세포의 이상을 찾아낼 수 있다(예: 그림 12.8 참조). 이제는 전체 유전체에 있는 각 유전자를 표적하는 siRNA를 포함하는 라이브러리의 사용이 가능해졌다. 로봇의 도움으로 라이브러리를 사용하여 특정 연구에서 관심 있는 과정(process)에 필요한 모든 유전자들을 전체 유전체에서 식별해 내는 것이 가능해졌다. RNAi의 임상적 중요성의 가능성은 이어지는 <인간 질병과의 연관성>에서 논의된다.

5.11 작은 RNAs: miRNA와 piRNA

1993년경, 꼬마선충 배(embryo)의 *lin-4* 유전자가 결핍된 정상적인 말기 유충(애벌레)으로 발생할 수 없다는 것이 알려졌다. 그 해에 하버드대학교의 빅터 앰브로스(Victor Ambros), 그레이 루브컨(Gary Ruvkun)과 그들의 동료들은 *lin-4* 유전자가 LIN4 단백질을 암호화하는 특수한 mRNA의 3′ 비번역부위(UTR)에 있는 부분에 상보적인 작은 RNA를 암호화한다는 사실을 발표하였다. 유충이 발생하는 동안, *lin-4* RNA는 상보적인 mRNA에 결합하여 발생의 다음 단계로 전환시키는 정보의 번역을 차단한다는 것을 제안하였다. 작은 *lin-4* RNA를 생산할 수 없는 돌연변이체는 비정상적으로 높은 수준의 LIN4 단백질을 갖고 있어서 보통 말기의 유충 시기로 전환할 수 없다. 이것이 유전자 발현에서 RNA 침묵의 첫 번째 예이었다. 그러나 이런 발견이 더 넓은 범위의 중요성으로 인정받기까지는 몇 년이 더 걸렸다. 2000년에, 이 작은 선충 RNA들 중 하나—21 뉴클레오티드 길이의 *let-7*이라고 하는—가 진화하는 동안에 아주 잘 보존되었다는 것이 밝혀졌다. 예를 들면, 사람은 *let-7*과 동일하거나 거의 동일한 몇 개의 RNA를 암호화한다. 이런 관찰은 이 RNA들에 대한 관심을 폭발시켰다.

miRNAs: 유전자 발현을 조절하는 작은 RNA들

식물과 동물은, 크기가 작기 때문에 수십 년 동안 간과해 온 **마이크로 RNA(microRNA, miRNA)**라고 하는 작은 RNA 무리를 생산한다는 것이 최근에 증명되었다. 선충에서 처음으로 발견되었을 때, *let-4*나 *let-7*과 같은 특수한 miRNA들이 발생 과정의 특정 시기에만 또는 식물이나 동물의 특정 조직에서만 합성되어서, 조절작용을 하는 것으로 생각되었다. 지브라피시가 발생하는 동안 특수한 miRNA의 선택적인 발현의 예를 **그림 5.36**에 나타내었다. 대략 21~24 뉴클레오티드

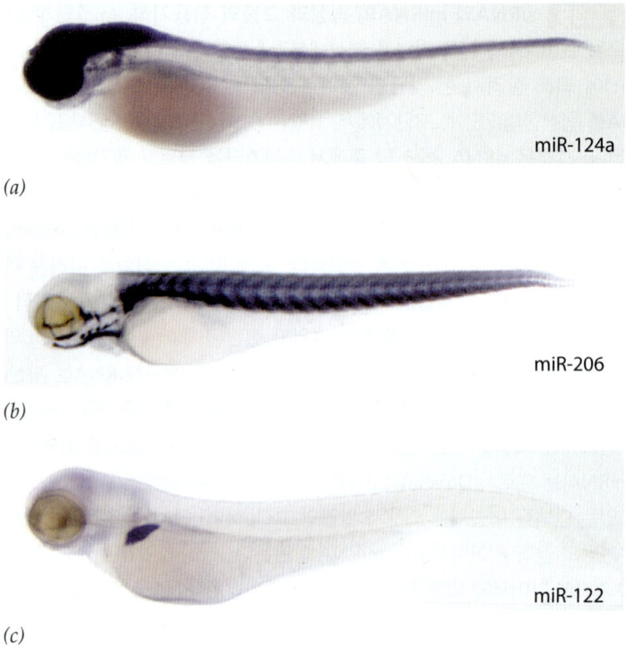

그림 5.36 마이크로 RNA는 배발생(embryonic development)하는 동안에 특수한 조직에서 합성된다. 이 지브라피시(zebra fish) 배아의 현미경 사진은 세 가지 서로 다른 miRNA들의 특이적 발현을 보여주는데, miRNA들의 위치는 파란색 염료로 표시되어 나타나 있다. *miR-124a*는 신경계에서 특이적으로 발현되고 (*a*), *miR-206*은 (골격)근육에서(*b*), miR-122는 간에서(*c*) 특이적으로 발현된다.

출처: (a–c) Erno Wienholds, Wigard Kloosterman, et al., Science 309:311, 2005에서 발췌. Ronald H. A. Plasterk 제공, AAAS의 허가를 얻어 재인쇄함.

길이인 miRNA들을 RNAi에 관여하는 siRNA와 동일한 크기의 범위에 있다. 이 관찰은 일치 이상의 의미가 있는데, 그 이유는 miRNA가 siRNA의 형성을 담당하는 유사한 가공 기구에 의해서 생기기 때문이다. miRNA와 siRNA는 모두 전사후 RNA 침묵경로(posttranscriptional RNA silencing pathway)에서 작용하기 때문에 "사촌(cousin)"으로 간주될 수도 있다. 그러나 중요한 차이점이 있다. siRNA는 바이러스 또는 전이요소(transposable element)의 2중가닥 산물(또는 연구자에 의해 제공된 dsRNA)로부터 유래되며, 이것이 유래된 것과 동일한 전사물을 표적으로 삼는다. 이에 반하여, miRNA는 유전체의 극히 평범한 부분에 의해 암호화되어서 정상적인 세포내 프로그램의 일부로서 특정 mRNA를 표적으로 삼는다. 바꾸어 말하면, siRNA는 주로 유전체 보전을 유지하기 위해 작용하는 반면에, miRNA는 주로 유전자 발현을 조절하기 위해 작용한다.

전형적인 miRNA의 합성 경로가 그림 5.35*b*에 나타나 있다. miRNA는 RNA 중합효소 II에 의하여 5′ 모자와 폴리(A) 꼬리를 가진 1차 전사물로 합성된다. 이러한 1차 전사물은 자신을 뒤로 맞접어서 그림 5.35*b*의 1단계에 나타낸 *pri-miRNA*라고 하는 긴 2중가닥 머리핀 모양의 RNA를 형성한다. pri-miRNA는 핵 내에서 드로샤(Drosha)라고 하는 효소에 의해 절단되어서 1단계에 나타낸 것처럼, 짧은 2중가닥의 머리핀 모양인 RNA(*pre-miRNA*)를 형성한다. pre-miRNA는 세포질로 내보내진 다음, 작은 2중가닥 miRNA로 된다. miRNA는 다이서(Dicer)에 의해서 pre-miRNA로부터 절단되는데, 다이서는 siRNA의 형성하는 일을 맡고 있는 핵산가수분해효소(nuclease)와 동일한 효소이다. siRNA와 같이, 2중가닥의 miRNA도 아르고노트(Argonaute) 단백질과 결합되며, 이들이 함께 있으면 RNA 2중가닥이 해체되어 단일가닥 중 하나가 그림 5.35*b*에서처럼 RISC 복합체와 결합된다.

전형적인 miRNA는 표적 mRNA의 3′ UTR에 있는 부위에 부분적으로 상보적이다(그림 5.35*b*에서처럼) 그리고 원래 선충에서 발견된 것과 마찬가지로, 번역의 억제자로 작용한다. 이 경우에, 염기쌍을 이루는 것은 "종자 또는 시드(seed)" 부위라고 하는 miRNA의 5′ 끝 근처에 있는 6개 또는 7개의 뉴클레오티드(miRNA의 전형적인 2~8 뉴클레오티드)에서 이루어지며, 또한 miRNA의 다른 곳에서 몇 개의 추가적인 염기쌍이 형성된다. RISC 복합체의 miRNA는 연합된 아르고노트 단백질이 결합된 mRNA에 가깝게 위치하도록 안내한다. 아르고노트 단백질은 이 mRNA를 분해하거나 번역 저해를 일으키는데(그림 6.63 참조), 이것은 6.19절에서 논의된다. 번역의 저해는 그 자체가 차후에 mRNA 분해를 이끈다고 제안되었고, 아르고노트에 결합한 miRNA의 주요한 기능은 번역 억제이고 그것이 mRNA의 절단을 지시하는 것이라고 제안되었다. 그러나 어떤 miRNA(특히 식물에서 발견되는)는 mRNA 뼈대에 있는 특정 포스포디에스터(phosphodiester) 결합의 절단을 유도한다. 그림 5.35*a*에서 나타난 것처럼, mRNA 절단은 RISC 복합체에 들어 있는 Ago2 단백질의 "슬라이서(얇게 쓰는 기구, slicer)" 활성에 의해 촉진된다. mRNA 절단을 지시하는 마이크로 RNA는 표적 mRNA의 일부에만 상보적이라기보다 mRNA 표적에 완전히 상보적인 경향이 있다.

miRNA 유전자들은 몇 가지 서로 다른 방법으로 식별되었다. 즉, 대부분은 유전체 DNA 서열을 컴퓨터로 분석하여 확인되었다. 그러나 또한 돌연변이의 동정 혹은 작은 세포 RNA의 직접적인 염기서열분석 실험을 통하여 확인되었다. 추정에 따르면, 사람들은 1,000개 이상의 서로 다른 miRNA를 암호화할 수 있음을 시사하고 있다. 사람의 전령 RNA들 중에서 약 3분의 1은 유사 miRNA에 상보적인 서열을 갖고 있는데, 이 유사 miRNA는 이러한 작은 조절 RNA들이 고등생물에서 유전자 발현의 조절에 어느 정도 관여될 수 있는지 그 단서를 알려준다. 단일 miRNA는 수십 또는 수백의 서로 다른 mRNA들에 결합될 수 있다. 거꾸로, 많은 mRNA들은 다수의 서로 다른 miRNA에 상보적인 서열을 갖고 있는데, 이것은 이들 miRNA가 유전자 발현의 정도를 미세 조정(fine-tune)하기 위하여 다양한 조합을 이루어 작용할 수 있음을 암시하는 것이다. 이러한 예상은 세포들이 특정 miRNA를 강제로 받아들이도록 하고 그 miRNA를 발현하도록 하는 실험들에 의해 지지된다. 이러한 조건 하에서, 유전공학적으로 변형된 세포에서 많은 수의 mRNA들이 부정적으로 영향을 받는다. 서로 다른 miRNA 유전자들이 이런 세포들에 주입되면, 서로 다른 무리의 mRNA들이 하향조절(downregulate)되는데, 이것은 그 효과가 서열-특이적임을 나타낸다. miRNA에 의한 mRNA 발현 수준이 미세 조정되는 이러한 유형은 훨씬 더 많은 극적인 효과를 보이는 *lin-4*와 같은 특정 miRNA와는 뚜렷이 대조를 이룬다. *lin-4*는 표적 miRNA의 발현을 발생 과정에서 주요 변화를 유발할 수 있을 정도로 감소시킨다(193쪽).

마이크로 RNA는 신경계에서의 형태 형성, 세포증식 및 세포사멸의 조절, 식물에서의 잎과 꽃의 발생, 다양한 세포 유형의 분화 등을 비롯한 여러 과정에 관련되어 있음을 나타내고 있다. 암 발생에서의 miRNA의 역할은 16.10절의 끝에서 알아본다. 포유동물의 발생과 조직 항상성 과정에서 개개의 miRNA들의 역할에 관한 분석은 연구의 중심이 될 것으로 기대한다.

piRNA: 생식세포에서 작용하는 작은 RNA들

우리는 제10장에서, 전이요소(transposable element)가 삽입된 유전자의 활성은 교란될 수 있기 때문에 유전체에 위협을 가한다는 것을 알아보았다. 만일 이런 유형의 유전체 도약(genomic jumping)이 성인의 일생 동안에 간이나 신장 세포에서 일어났었다면, 유전자의 전이가 특정 세포와 그 딸세포(만약 그 체세포가 여전히 세포분열을 할 수 있다면)에게만 영향을 미치기 때문에 그 결과는 최소화될 것이다. 그러나 유전자 전이가 생식세포들(germ cells), 즉 배우자들(gametes)—을 생산할 수 있는 세포에서 일어난다면, 이 유전자 전이는 다음 세대의 개체에 있는 모든 세포에 영향을 미칠 가능성이 있다. 그래서 생식세포에서 전이요소의 이동을 억제하는 특수화된 기작이 진화되었다는 것은 놀라운 일이 아니다.

siRNA의 확실한 기능들 중 하나는 전이요소의 이동을 막는 것이라고 193쪽에서 언급되었다. 최근 연구에 의하면, 동물의 생식세포들이 생식계열에서 전이요소의 이동을 억제하는 **피위-상호작용 RNA (piwi-interacting RNA, piRNA)**라고 하는 다른 종류의 소형 RNA를 발현하는 것으로 나타난다. piRNA는 이와 결합하는 단백질들의 이름을 따라 명명되었다. PIWI라고 하는 이 단백질들은 RISC 복합체의 일부로서 siRNA와 miRNA와 결합하는 단백질들과 동일한 집단인 아르고노트(Argonaute) 집단의 한 부류에 속한다. PIWI 단백질의 역할에 대해서는 노랑초파리에서 가장 잘 연구되어 있는데, 노랑초파리에서 이 단백질들을 삭제하면 생식세포에서 전이요소 이동의 억제에 결함을 초래하게 되어 궁극적으로 배우자 형성에 실패하게 된다. piRNA와 이에 결합된 PIWI 단백질은 수컷 생쥐에서 성공적인 배우자 형성에도 필요하지만, 암컷 생쥐(192쪽의 주석에서 논의된 endo-siRNA에 의해 일차적으로 제공된 전이인자에 대항하는 방어로)에는 필요하지 않다. 그 역할에 대해서는 충분하게 이해되어 있지 않다.

piRNA와 si/miRNA 사이에는 다음과 같은 몇 가지 중요한 차이점이 있다. 즉, (1) piRNA는 24~32 뉴클레오티드 길이로 측정되어 다른 소형 RNA들 보다 길다. (2) 대다수 포유동물의 piRNA는 거대한 유전체의 유전자 자리(locus)의 적은 수의 염색체 위에 배치시킬 수 있는데, 이들 중 일부는 수천 개의 서로 다른 piRNA를 암호화할 수 있다. (3) piRNA는 증폭 과정을 겪게 될 수 있어서 추가적인 piRNA 복사본을 생성한다. (4) piRNA의 형성은 dsRNA의 형성이나 다이서 리보핵산가수분해효소에 의한 절단을 포함하지 않는다. 그 대신, piRNA 생합성은 긴 단일가닥의 1차 전사체에 작용하는 PIWI 단백질의 핵산내부가수분해효소(endonuclease)인 Zucchini라 불리는 단일가닥 RNA 핵산내부분해효소(ssRNA endonuclease) 활성에 의존하여 짧은 piRNA를 방출하는 것으로 나타난다. 전이인자에 저항하여 세포 내에서 활성화된 piRNA는 그 다음의 단계에서 증폭된다. 어떤 세포 유형에서는 침묵이 염색질의 상태를 변형시킴으로써 이뤄지지만(제6장에서 논의됨), 표적 RNA 발현을 침묵시키기 위해 작용하는 piRNA의 기작은 분명하게 밝혀지지 않은 상태이다.

5.12 CRISPR과 다른 비암호화 RNAs

siRNA와 piRNA는 모두 바이러스 유전체나 트랜스포존과 같은 위험한 유전체 요소에 저항하는 방어로서 진화되었다. 주요한 차이점은 그들이 어떻게 발생했느냐에 있다. siRNA는 세포에 있는 어떤 종류의 dsRNA에 의해 생성되는데, dsRNA는 바이러스 유전체의 특징이다. 이에 반하여, piRNA는 숙주세포 유전체에서 암호화되어 있고, 숙주에 유사한 서열을 가진 어떤 전사물도 공격하도록 준비된, 유전적으로 암호화된 방어를 제공한다. 후자의 전략은 CRISPR로 알려진 RNA-기반의 경로를 통하여 많은 세균에서 사용되고 있다.

CRISPR: 세균에 있는 비암호화 RNAs

많은 세균의 유전체 내에 짧은 DNA 분절(segment)을 포함하는 유전체 유전자 자리가 있는데, 이것은 반복된 DNA 서열에 의해 분리되며 박테리오파지 바이러스의 DNA서열과 동일하다. 이 반복된 유전자자리는 Clustered Regularly Interspaced Short Palindromic Repeats(CRISPR)라고 부른다. 세균의 유전체에 존재하며, 세균세포의 조상에 침입한 바이러스로부터 얻은 바이러스 서열은 그러한 이전의 공격이 기억된다. CRISPR 유전자자리는 하나의 긴 단선의 RNA 분자로 전사되는데, piRNA 전구물질과 매우 유사하다. single-guide RNA(sgRNA) 혹은 CRISPR RNA(crRNA)라 불리는 개별적인 작은 RNA 서열은 잘려 나와 cas9이라 불리는 단백질에 실린다. Cas9은 결합된 sgRNA를 이용하여 표적을 찾고, 안내 RNA와 상보적인 어떤 DNA라도 자른다. 이것은 바이러스 유전체 DNA를 자름으로써 바이러스로부터 자신을 방어하기 위하여 세균에서 진화된 시스템이지만, CRISPR-cas9 시스템은 진핵세포에서 작동하도록 유전자 조작되었다. 세포에서 Cas9을 발현함에 따라 적당한 안내 RNA와 함께 세포 내의 유전체에 있는 dsDNA 절단(break)을 생성할 수 있다. 세포가 이 절단을 수선하려고 할 때, DNA에 삽입(insertion) 혹은 결실(deletion)을 유발시켜서 유전자 돌연변이를 생성한다. CRISPR-cas9 시스템은 관심있는 어떤 종류의 유전자에 돌연변이 형성을 할 수 있게 한다. 더욱이 수선 과정은 염색체 재배열이나 잘린 부위와 상동성을 공유하는 새로운 DNA 서열의 삽입을 이끌 수 있다. 그러므로 유전체를 마음대로 교정하거나 변형하도록 허락한다. 사실 어떤 생물체에서 CRISPR-cas9 시스템을 사용하여 돌연변이 생성과 유전체 교정을 하는 능력은 유전자 조작에서 혁신으로 이끌었다. 포유동물이나 식물처럼 그 이전에는 표적된 유전자 변형이 극단적으로 어려웠던 생명체에서는 특히 그러 하였다.

다른 비암호화 RNAs

세포 분자생물학의 분야가 발전함에 따라, RNA 분자의 놀랄만한 구조적 기능적 다양성을 점차로 이해하게 되었다. 이 책의 앞 쪽에서 설명한 것처럼, 지난 몇 십 년 동안에 새로운 유형의 RNA가 자주 발견되어 왔다. 그러나 연구자들은 최근 발견들 중에서 한 가지 혼란스러움에 대해서는 준비되어 있지 않다. 이것은 생쥐나 사람 유전체의 적어도 2/3는 정상적으로 전사되는데, 이것은 존재하는 것으로 생각되는 "의미 있는(meaningful)" DNA 서열들의 숫자에 근거하여 예상된 것 보다 훨씬 더 많은 숫자이다. 사실, 이러한 전사된 DNA에 포함된 서열의 대부분은 일반적으로 "쓰레기(junk)"로 생각되며, 이에는 포유동물 유전체의 상당히 큰 부분을 차지하는 다수의 전이요소들이 포함되어 있다. 일부 연구들은 유전자와 유전자간 부위(intergenic region) 사이에 어떤 기본적 차이가 있는지에 대해 의문을 제기한다. 즉, 그들은 전사가 유전체 내의 예상되지 않은 모든 자리에서 시작할 수 있다고 보고하며, 그리고 전사물들은 넓은 범위에 걸쳐 다른 전사물과 겹치는 것으로 보고하고 있다. 다른 연구들에서 세포들은 흔히 DNA 요소의 양쪽 가닥을 전사하여, 센스(*sense*) RNA와 안티센스(*antisense*) RNA를 모두 만들어 낸다는 것을 밝히고 있다. 또한 안티센스 RNA는 다음과 같은 중합효소에 의해 합성될 수 있다. 즉, 이 중합효소는 처음에 단백질을 암호화하는 유전자의 프로모터에 결합했다가 그 다음에 염색체의 반대(*opposite*) 가닥에 있는 자리로부터 상류로 이동하여, 다시 말해 그 유전자 자체를 전사하는 중합효소 분자로부터 반대 방향으로 이동하여 합성한다.

세포 또는 생물체의 DNA가 그의 유전체(genome)를 구성하며 그것이 생산한 단백질은 단백질체(proteome)을 구성하는 것과 마찬가지로, 세포나 생물체에 의해 합성된 RNA는 이의 **전사체(transcriptome)**를 구성한다. 포유동물 세포의 전사체는 왜 그렇게 큰가? 바꾸어 말하면, 세포는 왜 다양한 유형의 DNA 서열들 모두를 전사하는가? 우리는 이 기본적인 질문에 대한 대답을 알지 못한다. 하나의 관점에 따르면, 이렇게 만연하는 많은 전사 활성은 유전자 발현의 복잡한 과정에 수반되는 단순한 "배경소음(background noise)"이다. 이러한 관점을 지지하는 사람들은 단백질을 암호화하는 유전자들이 결여된 유전체 구역을 삭제시킨 생쥐를 갖고 연구한 결과를 인용한다. 이 결과에서, 비록 삭제된 DNA 서열로부터 정상적으로 생산되었을 비암호화 RNA(noncoding RNA, *ncRNA*)를 합성할 수 없더라도, 생쥐는 건강하게 발생할 수 있다는 것이 발견되었다. 대조적인 관점에 의하면, 생산되고 있는 많은 비암호화 RNA는 아직까지 확인되어야 할 다양한 조절 활성에 관여되어 있다. 이 입장을 지지하는 사람들은 이러한 만연하는 전사 활성이 무작위적이지 않다고 암시하는 결과들을 인용한다. 즉, 많은 비암호화 전사체는 독특하고 재생산할 수 있는 조직-특이성 분포 양상을 보여서, 이들의 기원이 유전체의 특수한 자리로 추적될 수 있다. 단지 지난 10여 년 동안에 siRNA, miRNA, piRNA의 존재가 드러났고, 작은 ncRNA의 다른 종류는 발견되지 않은 채로 있을 가능성이 있다는 것을 기억해 두자. 모든 nc 전사물이 작은 것은 아니다. 6.4절과 6.16절에서 각각 논의되는, 염색질 구조 혹은 유전자 전사의 조절자로 작용하는 몇 가지 진화적으로 보존된 긴(200 염기 이상) ncRNA(예: *XIST*와 *HOTAIR* 및 *AIRE*, 이들의 기능은 다음 장에서 논의됨)도 발견되었다. 유전체 연구는 수천 가지의 보존된 긴 ncRNA(lncRNA)가 있다는 것을 보여준다. 이들의 생물학적 기능들 중 몇 가지는 밝혀졌는데, 이들은 아마도 빙산의 일각일 것이다. 포유류 유전체의 거대한 전사 산물은 우리가 훨씬 덜 복잡하다고 생각하는 생물체(그림 4.28 참조)와 왜 거의 동일한 수의 유전자를 갖는지에 대한 이유를 설명해 줄 열쇠를 갖고 있다. 실질적인 설명과 무관하게, 한 가지 사실은 분명하다. 즉, 진핵세포에서 RNA들의 많은 역할에 대해 우리가 아직 이해하지 못한 것이 상당히 많이 있다.

5.13 유전 정보의 암호화

1953년에 DNA의 구조가 밝혀진 이후로, 폴리펩티드에 있는 아미노산 서열은 유전자의 DNA에 있는 뉴클레오티드 서열에 의해 결정된다는 것이 확실하게 되었다. DNA가 단백질 조립을 위한 직접적이며 물리적인 주형의 역할을 할 수 있었다는 것은 매우 불가능할 것 같았다. 그 대신, 뉴클레오티드 서열에 저장된 정보가 몇 가지 유형의 **유전암호(genetic code)**로 존재했을 것으로 추정되었다. DNA로부터 단백질까지 전령 RNA가 정보 흐름의 중간물질로서 발견됨으로써, 리보뉴클레오티드 "알파벳(alphabet)"으로 쓰여진 서열이 아미노산을 구성하는 "알파벳"에 있는 서열을 암호화할 수 있는 방법으로 관심이 바뀌었다.

유전암호의 특성

유전암호의 첫 번째 모형 중 하나는 물리학자인 죠지 개모(George Gamow)에 의해 제안되었다. 그는 폴리펩티드에 있는 각 아미노산은 3개의 연속된 뉴클레오티드에 의해 암호화된다고 제안하였다. 바꾸어 말하면, 아미노산에 대한 암호 또는 **코돈(codon)**은 뉴클레오티드 삼중자(triplet)이었다. Gamow는 잠깐 동안의 탁상공론식 논리로 이 결론에 도달했다. 그는 각 아미노산이 자체의 유일한 코돈을 갖기 위해서 적어도 3개의 뉴클레오티드가 필요할(*require*) 것으로 생각하였다. DNA(또는 mRNA) 상의 특정 부위에 있을 수 있는 4개의 가능한 염기와 일치하는 4개의 서로 다른 문자로 된 알파벳을 사용하여 쓸 수 있는 단어의 숫자를 생각해 보라. 1개의 문자로 된 단어는 4가지가 가능하고, 2개의 문자로 된 단어는 16(4^2)가지가 가능하며, 3개의 문자로 된 단어는 64(4^3)가지가 가능하다. 20개의 서로 다른 아미노산(단어, word)들이 구체적으로 지정되어야 하기 때문에, 코돈은 적어도 3개의 연속된 뉴클레오티드(문자, letter)를 갖고 있어야 한다. 이 암호의 삼중자(triplet) 특성은 캠브리지대학교의 프랜시스 크릭(France Crick), 시드니 브래너(Sydney Brenner)와 동료들이 수행한 여러 가지의 통찰력 있는 유전 실험들에 의해 증명되었다.[6]

[6]분자유전학에 있어서 초기의 혁신적인 연구의 귀납적 효력과 정밀함에 대한 느낌을 전달하는 짧은 연구 논문을 읽기 위해 찾는 사람은 이 유전암호에 대한 실험을 네이쳐(*Nature* 192:1227, 1961)에서 찾을 수 있다. (이 고전적 실험에 관한 논의에 대해서는 셀(*Cell* 128:815, 2007)을 참조하기 바란다.)

염기서열	코돈	
원래의 서열 ... AGCATCG. . .	중복되는 암호 . . ., AGC GCA CAT ATC TCG . . .	중복되지 않는 암호 . . ., AGC ATC. . .
단일염기 치환 후의 서열 ... AGAATCG. . .	중복되는 암호 . . ., AGA GAA AAT ATC TCG . . .	중복되지 않는 암호 . . ., AGA ATC. . .

그림 5.37 중복되는 유전암호와 중복되지 않는 유전암호 사이의 구별. 암호가 중복되어 있는지 또는 중복되어 있지 않은지에 따라, 단일 염기 치환에 의해 mRNA의 정보 내용에 미치는 효과. 영향을 받는 코돈들은 빨간색으로 밑줄 쳐져 있다.

암호가 삼중자였다고 제안한 것 이외에, Gamow는 또한 삼중자가 **중복되어**(*overlapping*) 있었다고 제안하였다. 비록 이 제안이 틀렸다는 것이 증명되었지만, 이것은 유전암호에 관하여 흥미로운 질문을 제기한다. 다음의 뉴클레오티드 서열을 생각해보자.

—AGCAUCGCAUCGA—

만약 암호가 중복되어 있다면, 리보솜은 움직일 때마다 새로운 코돈을 인식하면서, 한 번에 1개의 뉴클레오티드씩 mRNA를 따라서 이동할 것이다. 위의 서열에서 AGC가 하나의 아미노산을 지정하면, GCA가 다음 아미노산을, CAU가 그 다음 등등을 지정할 것이다. 이에 비하여, 만약 암호가 **중복되어 있지 않다**(*nonoverlapping*)고 하면, mRNA를 따라 있는 각 뉴클레오티드는 1개의 코돈의 일부, 그리고 단 1개의 코돈의 일부일 것이다. 앞의 서열에서, AGC, AUA, GCA가 연속적인 아미노산을 지정할 것이다.

유전암호가 중복되었는지 또는 중복되지 않았는지에 대한 결론은 겸상적혈구빈혈증(sickle cell anemia)이 원인이 되는 돌연변이 헤모글로빈과 같은 돌연변이 단백질의 연구에서 추론될 수 있었다. 겸상적혈구빈혈증에서, 연구된 대부분의 다른 경우에서처럼, 돌연변이 단백질은 1개의 아미노산이 치환되어 있는 것으로 밝혀졌다. 만약 암호가 겹치면, DNA에서 염기쌍들 중 1개의 변화가 3개의 연속된 코돈에 영향을 미칠 것으로 예상되며(**그림 5.37**), 따라서 일치하는 폴리펩티드에 있는 3개의 연속적인 아미노산에 영향을 미칠 것으로 예상된다. 그러나 만약 암호가 겹치지 않으며 각 뉴클레오티드가 단 1개의 코돈의 일부라면, 단 1개의 아미노산이 교체될 것으로 예상된다. 이들 및 기타의 자료들은 이 암호가 중복되어 있지 않음을 나타내었다.

특정한 삼중자 암호는 64개의 서로 다른 아미노산을 지정할 수 있고 지정되어야 할 아미산은 오직 20개 밖에 없는 현실이므로, 나머지 44개 삼중자의 기능에 관한 의문이 생긴다. 만약 이들 44개의 삼중자의 일부 또는 모두가 아미노산을 암호화한다면, 적어도 일부의 아미노산은 1개 이상의 코돈에 의하여 지정될 것이다. 이런 유형의 암호를 **퇴화한**(*degenerate*) 것이라고 말한다. 밝혀진 바와 같이, 64개의 가능한 코돈들 거의 모두가 아미노산들을 지정함에 따라, 이 암호는 대단히 퇴화한 것이다. 아미노산을 지정되지 않는(64개 중 3개) 코돈들은 특별한 "구두점(punctuation)" 기능을 한다—이 코돈들은 리보솜에 의해 종결코돈으로 인식되어 유전암호 읽기를 종결시킨다.

코돈의 식별

암호의 일반적인 특성은 1961년경에 알려졌으나, 특수한 삼중자가 암호화될 때 어떻게 배정되는가에 대해서는 아무 것도 발견된 것이 없었다. 그 당시에 대부분의 유전학자들은 전체 암호를 해석하는 데에는 여러 해가 걸릴 것이라고 생각했다. 그러나 마샬 니렌버그(Mashall Nirenberg)와 하인리히 마태이(Heinrich Matthaei)에 의하여 돌파구가 만들어졌다. 그들은 유전정보를 인위적으로 합성하여 그것이 어떤 종류의 단백질을 암호화하는지를 확인하는 기술을 개발하였다. 그들이 시험한 첫 번째 정보는 **폴리***U*[*poly*(*U*)]라고 했던 유리딘(uridine)으로 구성된 폴리리보뉴클레오티드(polyribonucleotide)이었다. 폴리(U)를 20가지 아미노산과 단백질 합성에 필요한 물질(리보솜과 여러 가지 가용성 인자)들과 함께 세균추출물이 들어 있는 시험관에 넣었을 때, 이 실험 장치는 인위적으로 만들어진 전령의 지시를 따라서 폴리펩티드를 합성하였다. 조립된 폴리펩티드가 분석되었고, 그것이 폴리페닐알라닌—아미노산 페닐알라닌의 중합체—인 것이 확인되었다. 이에 따라 Nirenberg와 Matthaei는 코돈 UUU가 페닐알라닌을 지정한다는 것을 알아냈다.

그 후 4년 여에 걸쳐서, 이 연구는 많은 실험실에서 이루어져서 가능한 모든 64네 가지 코돈에 대한 아미노산의 지정을 시험하기 위하여 합성된 mRNA가 만들어졌다. 그 결과는 **그림 5.38**에 나타낸 유전암호의 만능해독도표이었다. 이 도표는 mRNA에서 가능한 6네 가지 코돈 각각에 대한 뉴클레오티드 서열을 표로 만든 것이다. 도표를 읽는 방법은 그 그림에 딸린 설명에 있다.[7]

그림 5.38에 있는 코돈 배정에 대한 첫 번째 예외는 미토콘드리아 mRNA의 코돈에서 생기는 것으로 밝혀졌다. 예를 들면, 사람 미토콘드리아에서 UGA는 종결 대신에 트립토판으로 읽히고, AUA는 이소류신 대신에 메티오닌으로 읽히며, AGA와 AGG는 알기닌 대신에 종결로 읽힌다. 더 최근에, 원생동물과 곰팡이의 핵 DNA 코돈 여기저기에서 예외가 발견되었다. 이러한 불일치점이 있더라도, 작은 편차는 그림 5.38에 있는 표준유전암호로부터 나온 2차적인 변화로써 진화되었음이 확실하다. 그림 5.38에 있는 유전암호는 **보편적인**(만능의, *universal*), 즉 모든 살아있는 생물체에 존재하는 것으로 여겨진다. 바꾸어 말하면, 오늘날 지구상에 존재하는 모든 알려진 생물체는 공통 진화의 기원을 공유한다.

그림 5.38에 있는 코돈 도표를 검토해 보면 아미노산 배정이 무작위로 이뤄진 것이 아님을 명백하게 나타내고 있다. 만일 특수한 아

[7] 202쪽에서 설명된 것처럼, 리보솜은 폴리펩티드 합성을 시작하는 코돈으로 항상 AUG를 인식한다. 합성된 폴리뉴클레오티드를 가지고 한 초기의 실험에서, 폴리뉴클레오티드를 합성하기 위하여 세균의 용액을 사용하는 단계는 드물게 높은 Mg^{2+} 농도에서 수행되었는데, 이것은 리보솜을 어떤 코돈에서도 번역을 시작할 수 있게 하였다.

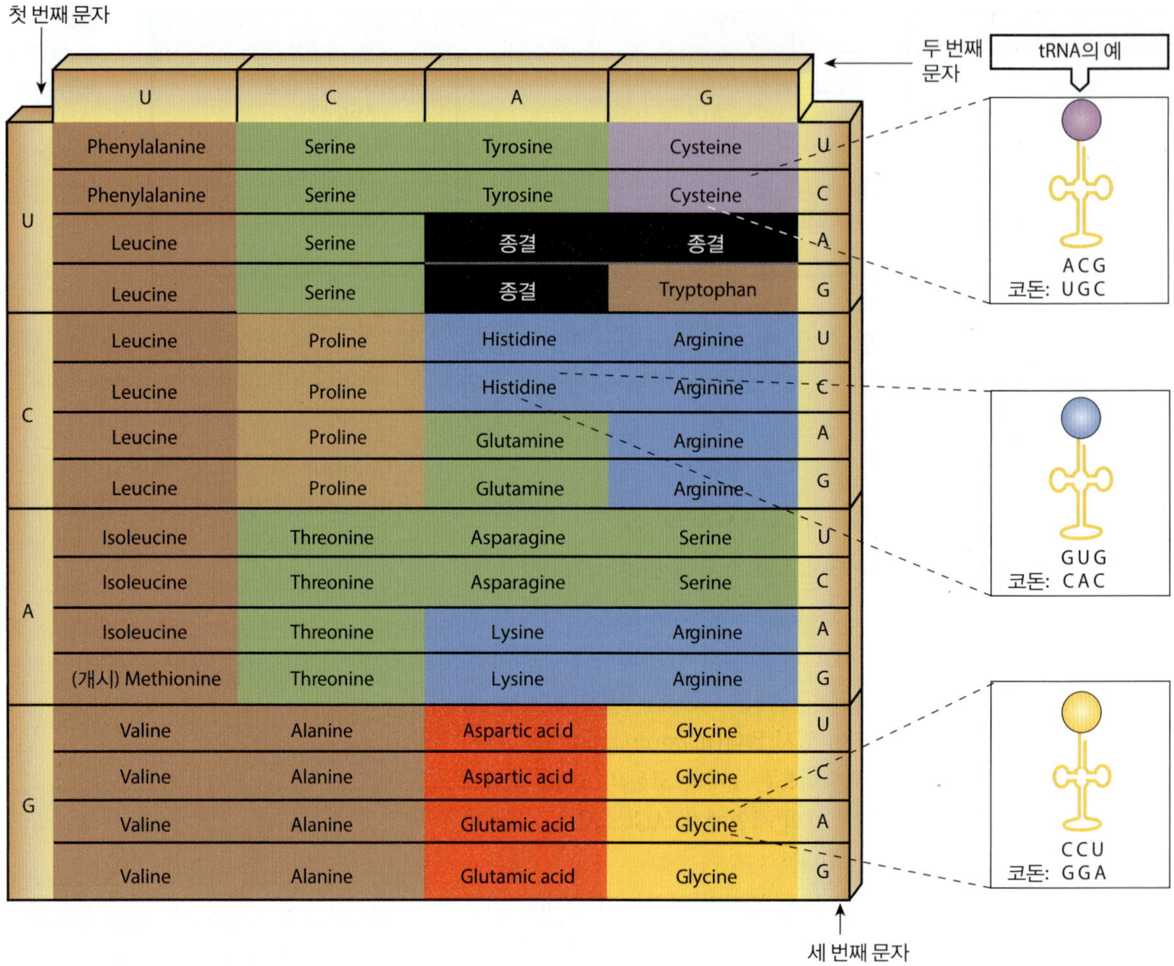

그림 5.38 **유전암호.** 이 만능해독도표는 64개의 가능한 각각의 mRNA 코돈들 그리고 그 코돈에 의해 지정된 해당 아미노산 등을 일람표로 만든 것이다. 예를 들면, UGC 코돈을 번역하는 도표를 사용하기 위하여, 왼쪽에 표시된 줄에서 첫 번째 문자(U)를 찾는다. 그 다음에 오른쪽으로 줄을 따라 가서, 꼭대기에 표시된 두 번째 문자(G)를 찾고, 이어서 오른쪽에 표시된 줄에서 세 번째 문자(C)와 일치하는 아미노산을 찾는다. UGC는 시스틴(cysteine)의 삽입을 지정한다. 각각의 아미노산(2개를 제외한)은 그 아미노산의 삽입을 명령하는 2개 또는 그 이상의 코돈을 가지며, 이것은 퇴화한 암호를 만든다. 특정한 아미노산은 관련성이 있는 코돈들에 의해 암호화되는 경향이 있다. 이러한 특징은 염기치환이 단백질의 아미노산 서열에서 변화를 일으킬 가능성을 감소시킨다. 또한 비슷한 특징을 가진 아미노산들은 무리지어 있는 경향이 있다. 산성의 곁사슬을 가진 아미노산들은 빨간색으로 표시되어 있으며, 염기성의 곁사슬을 가진 아미노산들은 파란색으로, 극성 비전하 곁사슬을 가진 아미노산들은 초록색으로, 소수성의 곁사슬을 가진 아미노산들은 갈색으로 각각 표시되어 있다. 다음 절에서 논의된 것처럼, 세포에서의 해독은 tRNA들에 의해서 수행되며, tRNA들 중 몇 개는 그림의 오른쪽에 도식적으로 그려져 있다. UAA와 UAG 및 UGA는 종결코돈으로 읽힌다.

미노산에 대한 코돈 상자를 들여다보면, 특수 아미노산들은 도표의 특정 부위 내에 무리 지으려는 경향이 있다. 이러한 무리 짓기는 동일한 아미노산을 지정하는 코돈들에서 유사성을 나타낸다. 코돈 서열에서 이런 유사성의 결과로, 흔히 한 유전자에서 단일염기 변화를 일으키는 자연발생적 돌연변이들은 일치하는 단백질의 아미노산 서열의 변화를 만들어내지 않을 것이다. 아미노산 서열에 영향을 주지 않는 뉴클레오티드 서열의 변화를 유사염기변화(*synonymous base change*)라고 하는 반면에, 아미노산 치환을 유발하는 변화를 비유사염기변화(*nonsynonymous base change*)라고 한다. 두 가지 돌연변이가 **그림 5.39**에 묘사되어 있는데, 이 그림은 이 장에서 논의되고 있는 몇 가지 서로 다른 형태의 돌연변이들을 보여준다. 유사염기변화(그림 5.39*a*)는 비유사염기변화(그림 5.39*b*)보다 생물체의 표현형을 훨씬 적게 변화시킨다. 결과적으로 비유사염기변화는 훨씬 더 자연도

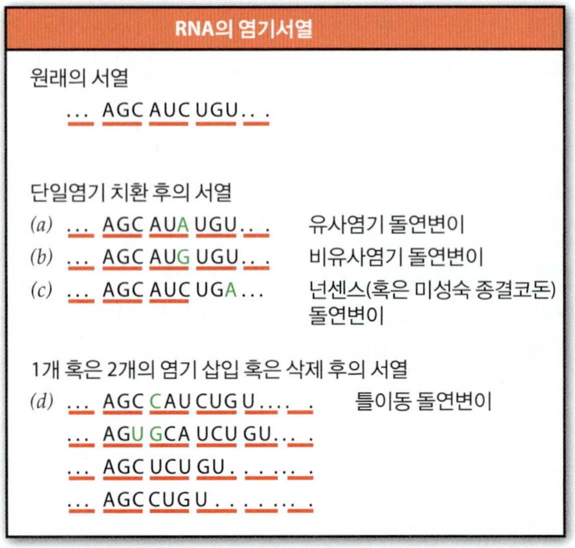

그림 5.39 **유전자는 여러 가지 형태의 돌연변이가 일어날 수 있다.** 빨간선은 암호를 보여준다. (*a*) 유사염기변이 돌연변이(이 경우에 AUC에서 AUA로)는 아미노산을 암호화하는 배정에 영향을 주지 않는다. 그러나 대체 pre-mRNA 이어맞추기, 번역 효율, mRNA 안정도 등등 표현형의 효과를 가질 수 있다. (*b*) 비유사염기변이(혹은 미스센스) 돌연변이(이 경우에 AUC에서 AUG로)는 단백질 서열에서 단일 아미노산의 변화를 유발한다. (*c*) 넌센스(혹은 미성숙 종결코돈) 돌연변이(이 경우에 UGU에서 UGA로)는 리보솜이 돌연변이가 일어난 곳에서 mRNA 번역을 중단하게 만든다. 그 결과, 단백질합성의 미성숙 종결이 일어난다. (*d*) 틀이동돌연변이는 1개 혹은 2개 염기의 삽입 혹은 삭제에 의해 일어날 수 있는데, 이것은 리보솜을 틀린 해독틀로 이동하게 만들어서 돌연변이가 일어난 부위부터 비정상적인 아미노산 서열 만들어지도록 한다.

태에 의해서 선택되거나 또는 도태되지 않는 경향이 있다. 이제 침팬지와 사람의 경우와 같이, 유연관계가 있는 생물들에서 유전체의 염기서열을 분석하여, 상동(homologous) 유전자들의 염기서열을 직접적으로 알아볼 수 있으며, 이를 통해 얼마나 많은 변화가 유사염기변화인지 또는 비유사염기변화인지 알 수 있다. 암호화하는 부위에서 비유사염기의 치환을 과도하게 보유한 유전자들은 자연도태에 의해서 영향을 받게 될 가능성이 있다(148쪽의 각주 참조).

"안전장치(safeguard)"라는 측면에서 보면 암호는 이의 퇴화(degeneracy)를 능가한다. 코돈 배정은 유사한(*similar*) 아미노산들은 유사한 코돈에 의해서 지정되는 경향이 있도록 되어 있다. 예를 들면, 다양한 소수성의 아미노산들(그림 5.38에서 갈색 상자로 표시되었음)은 도표의 앞에 있는 2개의 세로 단에 무리를 이루고 있다. 결과적으로, 이 코돈들 중 하나에서 하나의 염기 치환으로 생기는 돌연변이는 1개의 소수성 잔기를 다른 것으로 치환할 가능성이 있다. 게다가, 아미노산과 관련된 코돈들 사이의 가장 큰 유사성은 삼중자에서 처음 2개의 뉴클레오티드에서 나타나는 반면에, 가장 큰 가변성은 세 번째 뉴클레오티드에서 나타난다. 예를 들면, 글리신은 4개의 코돈에 의해서 암호화되는데, 4개 모두 뉴클레오티드 GG로 시작한다. 이런 현상에 대한 설명은 운반 RNA의 역할을 논의하는 다음 절에서 한다.

5.14 코돈의 해독: 운반 RNA의 역할

핵산과 단백질은 서로 다른 유형의 문자로 쓰인 두 가지 언어와 같다. 이것이 단백질 합성을 번역(*translation*)이라고 하는 이유이다. 번역은 mRNA의 뉴클레오티드 서열에 암호화된 정보를 필요로 하는데, 이 암호화된 정보는 해독(번역)되어서 아미노산들을 폴리펩티드 사슬로 조립되도록 지시하는 데 사용된다. mRNA에 있는 정보의 해독은 연계분자(adaptor)로 작용하는 운반 RNA에 의해 이루어진다. 한편, 각 tRNA는 특수한 아미노산(aa-tRNA로서)과 연결되고, 다른 한편으로는 동일한 tRNA가 mRNA 상에 있는 특정 코돈을 인식할 수 있다. mRNA 상에 연속되어 있는 코돈들과 특정한 aa-tRNA 사이의 상호작용은 아미노산의 질서정연한 서열을 가진 폴리펩티드를 합성하도록 한다. 이것이 어떻게 일어나는지 이해하기 위해서는 먼저 tRNA의 구조를 고찰해야 한다.

tRNA의 구조

1965년, 코넬대학교(Cornell University)의 로버트 홀리(Robert Holly)가 7년 동안 연구한 후, RNA 분자의 첫 번째 염기서열을 발표했는데, 그것은 알라닌이라는 아미노산을 운반하는 효모의 전령 RNA의 염기서열이다(**그림 5.40a**). 이 tRNA는 77개의 뉴클레오티드로 구성되어 있고, 그 중 10개는 RNA의 네 가지 표준 뉴클레오티드(A, G, C, U)로부터 변형되어 있으며, 그 그림에서 음영으로 표시되어 있다.

그 후 몇 년 동안에 걸쳐, 다른 tRNA 종류들이 정제되어 염기서열이 분석되었고, 서로 다른 모든 tRNA에 있는 몇 가지 독특한 유사성이 분명하게 되었다(그림 5.40*b*). 모든 tRNA는 대략 동일한 길이—73~93개의 뉴클레오티드—였으며, 모두 의미 있는 특이한 염기(unusual base) 비율을 갖고 있었다. 이 특이한 염기들은 RNA 사슬로 결합된 후(*after*), 즉 전사 후에(*posttranscriptionally*) 네 가지 표준 염기들 중 1개가 효소에 의해 변화되어 생기는 것으로 밝혀졌다. 그 외에, 모든 tRNA는 분사의 한 부분에 있는 뉴클레오티드 서열이 분자의 다른 부분에 위치하는 서열과 상보적인 서열을 갖고 있었다. 이러한 상보적인 서열 때문에, 다양한 tRNA는 클로버 잎처럼 2차원적으로 그려질 수 있는 구조를 형성하는 것과 비슷한 방식으로 접히게 된다. tRNA 클로버 잎에서 염기쌍을 이룬 기둥(stem) 부분과 쌍을 이루지 않은 고리(loop) 부분이 그림 5.42와 그림 5.43에 나타나 있다. 고리 부분에 집중되어 있는 특이한 염기들은 이 고리 부분에서 수소결합의 형성을 파괴해서 다양한 단백질들에 대한 잠재적인 인식 자리의 역할을 한다. 성숙한 모든 tRNA는 3′끝에 CCA 삼중자 서열을 갖는다. 이 3개의 뉴클레오티드는 tRNA 유전자에서 암호화될 수 있거나(많은 원핵세포에서) 또는 효소에 의해 첨가될 수 있다(진핵세포에서). 후자인 경우, 하나의 재능 있는 효소가 3개의 모든 뉴클레오티드를 DNA 또는 RNA 주형의 도움 없이 적당한 순서로 첨가한다.

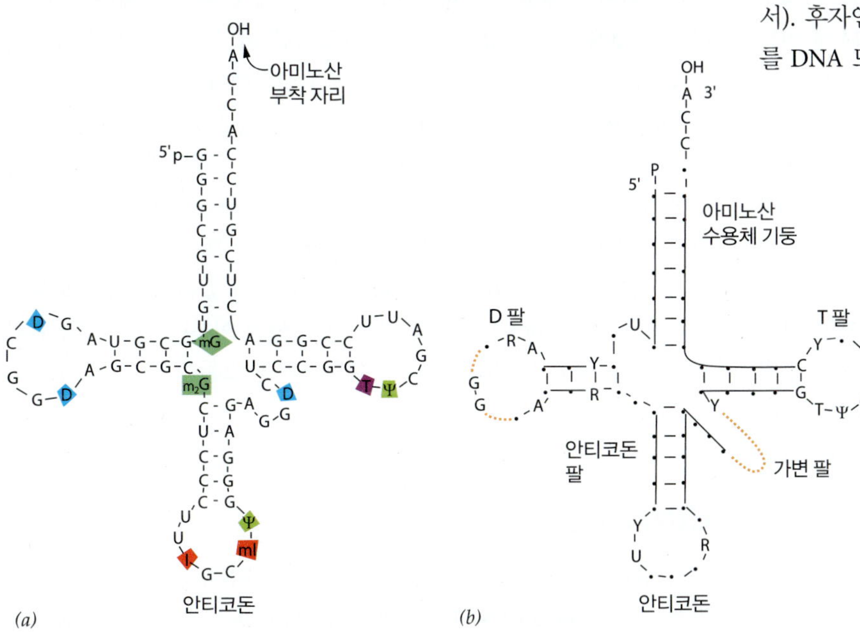

그림 5.40 **운반 RNA의 2차원 구조.** (*a*) 효모 $tRNA^{Ala}$의 클로버 잎 모양의 뉴클레오티드 서열. 아미노산은 tRNA의 3′끝에 연결되는 반면에, 반대쪽 끝은 안티코돈, 이 경우에 IGC를 갖는다. 안티코돈의 기능은 나중에 논의된다. 이 tRNA는 4개의 염기, A, U, G, C 이외에, 위유리딘(ψ), 리보티미딘(T), 메틸이노신(mI), 다이메틸구아노신(me_2G), 디하이드로유리딘(D), 메틸구아노신(meG) 등을 갖고 있다. 이러한 tRNA에 있는 10개의 변형된 염기 자리들은 색깔 음영으로 표시되어 있다. (*b*) 클로버 잎 모양에서 tRNA의 일반화된 그림. 모든 tRNA(원핵세포와 진핵세포 모두)에 공통적인 염기들이 문자, 즉 R은 불변의 퓨린, Y는 불변의 피리미딘, ψ는 불변의 위유리딘 등으로 표시되어 있다. tRNA 사이에 가장 큰 가변성은 4~21개의 뉴클레오티드 범위에 이를 수 있는, V(가변) 팔에서 일어난다. D 팔에 2개의 작은 가변성 자리가 있다.

그림 5.41 **tRNA의 구조.** (*a*) 다음의 *b* 부분과 일치하는 색깔로 표시된 분자의 다양한 부위를 가진 효모 페닐알라닐 tRNA의 2차 구조. (*b*) X-선 결정학에서 유래한 $tRNA^{Phe}$의 3차원 구조. 아미노산 수용체(AA) 팔과 TΨC(T) 팔은 연속된 2중나선을 형성하며, 안티코돈(AC) 팔과 D 팔은 부분적으로 연속된 2중나선을 형성한다. 이러한 2개의 나선 기둥들이 만나서 L자 모양의 분자를 형성한다.

출처: Michael Carson, University of Alabama at Birmingham 제공.

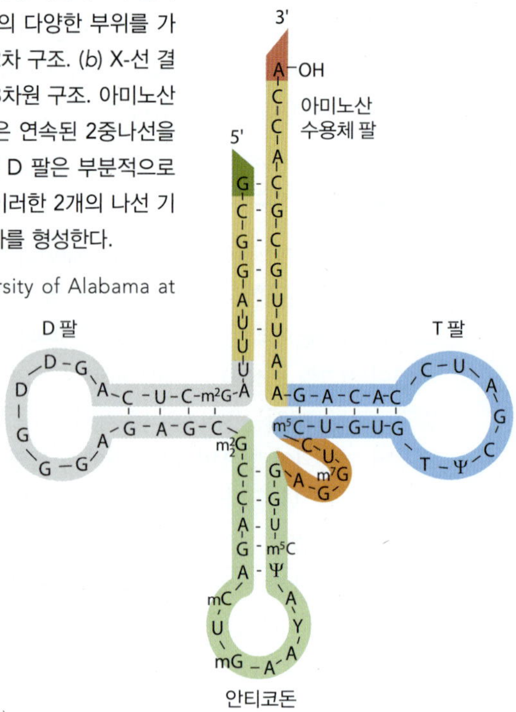

(*a*)

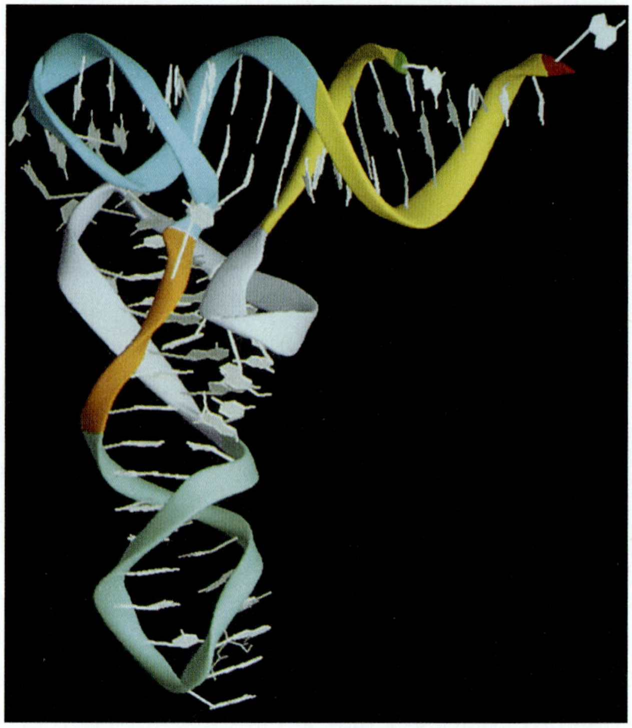

(*b*)

지금까지 우리는 이 연계분자들을 오직 2차, 또는 2차원적 구조로만 생각하였다. 전령 RNA는 독특하고 명확한 3차 구조로 접혀 있다. X-선 회절분석은 tRNA가 L자 모양으로 배열된 2개의 2중나선으로 구성된 것을 보여준다(**그림 5.41b**). 모든 tRNA 분자들에 있는 유사한 자리에서 발견된 이 염기들[그림 5.40*b*의 불변하는(*invariant*) 염기들]은 L자 모양의 3차 구조를 만드는 데 특히 중요하다. tRNA들의 공통적인 모양은 단백질 합성 동안에 일련의 유사한 반응에 모두 참여한다는 사실을 반영한다. 그러나 각각의 tRNA는 다른 tRNA와 구분되는 특이한 특징을 갖고 있다. 다음 절에서 논의된 것처럼, 이런 특이한 특징은 하나의 아미노산을 적당한(관련성 있는, cognate) tRNA에 효소에 의해 부착되는 것을 가능하게 만든다.

전령 RNA는 mRNA 코돈들의 서열을 아미노산 잔기의 서열로 번역한다. mRNA에 포함된 정보는 운반 RNA와 전령 RNA에 있는 상보적인 서열들 사이의 염기쌍 형성을 통하여 해독된다(그림 5.47 참조). 그래서 핵산에서 일어나는 다른 과정과 마찬가지로, 염기쌍 간의 상보성이 번역 과정의 핵심에 자리 잡고 있다. mRNA의 코돈과 이런 상보적인 결합에 참여하는 tRNA의 부위는 **안티코돈(anticodon)**이라고 하는 3개의 연속된 뉴클레오티드 부분인데, 이것은 tRNA 분자에서 고리 부분의 가운데에 위치되어 있다(그림 5.41*a*). 이 고리는 반드시 7개의 뉴클레오티드로 구성되며, 이들 중 중앙의 3개가 안티코돈을 구성한다. 안티코돈은 L자 모양인 tRNA 분자의 한쪽 끝에 위치하는데, 아미노산이 결합되는 끝의 반대쪽에 있다(그림 5.41*b*).

61개의 서로 다른 코돈들이 하나의 아미노산을 지정할 수 있다는 사실을 감안할 때, 세포는 적어도 61개의 서로 다른 tRNA들을 가질 것으로 예상할 수 있으며, 그 tRNA들 각각은 그림 5.38의 코돈들 중 하나에 상보적인 서로 다른 안티코돈을 갖는다. 그러나 동일한 아미노산을 지정하는 코돈들 사이의 가장 큰 유사성은 삼중자에서 앞에 있는 2개의 뉴클레오티드에서 나타나는 반면에, 이와 동일한 코돈들에서 가장 큰 가변성은 삼중자의 마지막 뉴클레오티드에서 나타난다는 것을 기억해보라. U로 끝나는 16개의 코돈을 생각해보자. 모든 경우에, 만일 그 U가 C로 바뀌었다면, 동일한 아미노산이 지정된다(그림 5.38에서 앞에서 두 번째 줄). 이와 비슷하게, 대부분의 경우에 또한 세 번째 자리에서 A와 G 사이의 교체는 아미노산 결정에 아무런 영향이 없다. 세 번째 위치에 있는 염기의 교환 가능성은 Francis Cric(프랜시스 크릭)이 동일한 운반 RNA가 1개 이상의 코돈을 인식할 수도 있다는 것을 제안하기에 이르렀다. 그의 제안은 불안정(동요) 가설(*wobble hypothesis*)로 명명되었는데, 이 가설은 tRNA의 안티코돈과 mRNA의 코돈 사이에 공간적 배치에 관한 요건이 앞에 있는 2개의 위치에 대해서는 아주 엄격하지만 세 번째 위치에는 더 유연하하는 것을 제한하였다. 그 결과, 동일한 아미노산을 지정하고 세 번째 위치만 다른 2개의 코돈은 단백질 합성에서 동일한 tRNA를 사용해야 한다. 다시 한 번, Crick의 가정은 사실로 증명되었다.

코돈의 세 번째 위치의 불안정을 지배하는 규칙들은 다음과 같다(**그림 5.42**). 즉, 안티코돈의 U는 mRNA의 A 또는 G와 쌍을 이루며, 안티코돈의 G는 mRNA의 U 또는 C와 쌍을 이룬다. 그리고 안티코돈의 I [이노신(inosine), 원래의 tRNA 분자에 있는 구아닌으로부터 유래되었음]는 mRNA의 U, C 또는 A와 쌍을 이룬다. 불안정의 결과로써, 예를 들면 류신(leusine)에 대한 6개의 코돈은 단 3개의 tRNA를 필요로 한다.

tRNA 장전

폴리펩티드가 합성되는 동안, 각각의 운반 RNA 분자가 올바른(관련성 있는, cognate) 아미노산에 결합하는 것은 결정적으로 중요한

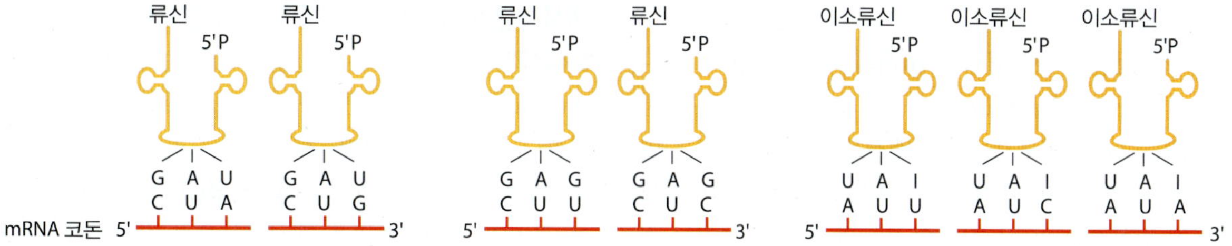

그림 5.42 코돈과 안티코돈 사이의 상호작용에서 불안정(동요). 일부의 경우에, tRNA 안티코돈의 5′끝에 있는 뉴클레오티드는 mRNA 안티코돈의 3′끝(세 번째 위치)에 있는 1개의 뉴클레오티드보다 더 많은 것과 쌍을 이룰 수 있다. 그 결과, 1개 이상의 코돈이 동일한 tRNA를 사용할 수 있다. 불안정 도해에서 짝짓기의 규칙들은 본문과 그림에 표시되어 있다.

데, 이 과정은 *tRNA* 장전(*tRNA charging*)으로 알려져 있다. 아미노산들은 **아미노아실-tRNA 합성효소(aminoacyl-tRNA synthetase, aaRS)** 라는 효소에 의해 그와 특이적으로 연관된 tRNA의 3′끝에 공유결합으로 연결된다(**그림 5.43**). 비록 예외가 많이 있지만, 생물체는 보통 20가지의 서로 다른 아미노아실-tRNA 합성효소를 갖고 있는데, 그 중 하나가 20가지의 아미노산들 중 1개씩을 단백질로 결합시킨다. 각각의 합성효소가 그 아미노산에 적당한 모든 tRNA를 "장전시킬(charging)" 수 있다(즉, 그림 5.38에 나타나 있는 것처럼, 각 tRNA의 안티코돈은 아미노산을 지정하는 다양한 코돈들의 하나를 인식한다). 아미노아실-tRNA 합성효소는 단백질-핵산 상호작용을 지정하는 아주 좋은 예이다. 어떤 공통 특징이 특정 아미노산을 지정하는 모든 tRNA 종류들 사이에 존재해야 한다. 그 이유는, 단일 아미노아실-tRNA 합성효소가 이런 모든 tRNA를 인식할 수 있도록 하는 반면, 이와 동시에 다른 아미노산들에 대한 모든 tRNA들을 식별할 수 있어야 하기 때문이다. 기질로 선택되거나 또는 거부되는 원인이 되는 tRNA의 구조적 특징에 관한 정보는 주로 다음의 두 가지 근거에서 나온다. 즉,

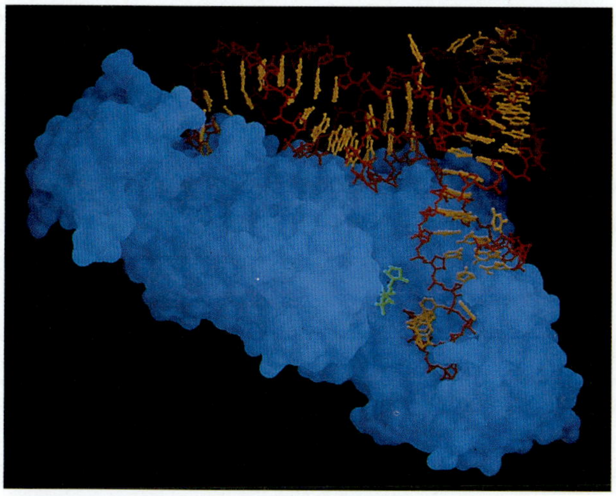

그림 5.43 tRNA와 그의 아미노아실-tRNA 합성효소 사이의 상호작용을 3차원으로 나타낸 그림. $tRNA^{Gln}$(빨간색과 노란색)과 복합체를 이루는, 대장균 글루타밀-tRNA 합성효소(파란색)의 결정 구조. 이 효소는 tRNA의 수용체 기둥 부분과 안티코돈 사이의 상호작용을 통하여 이 특수한 tRNA를 인식하며 다른 tRNA들을 구별한다.

출처: Thomas A. Steitz, Science vol. 246에서 발췌; AAAS의 허가를 얻어 재인쇄함.

1. X-선 결정학에 의한 효소들의 3차원 구조의 결정. X-선 결정학은, 연구자들이 tRNA 상의 어느 자리가 단백질과 직접 접촉하는지를 확인할 수 있게 해준다. 그림 5.43에 예시된 것처럼, tRNA의 두 끝—수용체 기둥부분과 안티코돈—은 이 효소들 대부분에 의해 인식되는 데 특히 중요하다.
2. tRNA에서 변화(특이적으로 연관된 합성효소에 의해 아미노아실화를 일으키는 tRNA 분자에서의 변화)의 결정. 예를 들면, $tRNA^{Ala}$(그림 5.40*a*에 있는 분자의 5′끝으로부터 온 세 번째 G가 관여하는 G-U 염기쌍)에 있는 특이적인 염기쌍은 알라닐-tRNA 합성효소와의 상호작용을 1차적으로 결정한다. 이 특이적인 염기쌍이 $tRNA^{Phe}$ 또는 $tRNA^{Cys}$의 수용체 기둥 부분에 삽입되면, 이 tRNA들이 알라닐-tRNA 합성효소에 의해 인식되는 데 충분하며 또한 알라닌을 아미노아실화시키기에 충분하다.

아미노아실-tRNA 합성효소는 다음 두 단계의 반응을 수행한다. 즉,

첫 번째 단계: ATP + 아미노산 → 아미노아실-AMP + PP_i

두 번째 단계: 아미노아실-AMP + tRNA → 아미노아실-tRNA + AMP

첫 번째 단계에서, ATP의 에너지는 효소에 결합되어 있는 아데닐화된(adenylated) 아미노산을 형성하여 아미노산을 활성화시킨다. 이 반응이 폴리펩티드 합성을 이끄는 화학반응에서 1차적으로 에너지를 필요로 하는 단계이다. 아미노산을 tRNA 분자에 전달하여(위의 두 번째 단계), 결국은 자라나는 폴리펩티드 사슬로 전달하는 것과 같은, 연속적으로 일어나는 일들은 열역학적으로 순조롭게 일어난다. 이어서 첫 번째 반응에서 생산된 PPi는 Pi로 가수분해되고, 전체 반응은 생성물이 형성되는 방향으로 더 진행된다(169쪽). 나중에 알게 되겠지만, 단백질을 합성하는 동안 에너지가 소비됨에도, 이것은 펩티드 결합 형성에 사용되지 않는다. 두 번째 단계에서, 효소는 자신에게 결합된 아미노산을 특이적으로 연관된 tRNA의 3′끝에 전달한다.

단백질에 첨가된 20가지 아미노산 중에서 일부는 다른 것과 구조적으로 매우 유사하다. 이 "유사해 보이는(similar-looking)" 아미노산을 다루는 반응을 촉매하는 합성효소는 전형적으로 촉매자리 이외에 두 번째 자리인 교정자리(editing site)를 가지고 있다. 합성효소가 우연히 촉매자리에 있는 tRNA에 부적당한 아미노산을 놓이게 했다면, 효소의 교정 기작이 활성화되어 아미노산과 tRNA 사이의 결합

이 교정자리에서 끊어진다.

번역 기구에 의해 정상적으로 결합된 20개의 아미노산들과 다른, 즉 비천연 아미노산(unnatural amino acid)들을 포함하고 있는 시험관 속에서 또는 세포 속에서, 연구자들이 단백질을 합성할 수 있는 여러 가지 방법이 개발되었다. 이러한 비천연 아미노산들은 폴리펩티드 사슬에 결합된 후에 정상적인 아미노산들의 변화에 의해서 생기는 것이 아니라, mRNA 내에서 직접 암호화된다. 유전암호의 이런 "확장(expansion)"은 보통 종결코돈 중 하나를 인식하는 실험적으로 변형된 tRNA의 사용을 그리고 비천연 아미노산을 특수하게 인식하는 특이적으로 연관된 아미노아실-tRNA 합성효소의 사용을 포함한다. 이어서 비천연 아미노산은 특정한 종결코돈이 mRNA 속에서 만날 때마다 폴리펩티드 사슬에 결합된다. 이런 방법을 이용하여, 연구자들은 단백질의 활성을 알릴 수 있는 화학 작용기를 갖고 있는 단백질을 합성할 수 있으며, 또한 그들은 가능성 있는 약물 또는 다른 상업적 활용에 사용하기 위한 새로운 구조와 기능을 가진 단백질을 설계할 수 있다.

5.15 유전 정보의 번역: 개시

단백질 합성 또는 번역(*translation*)은 세포 내에서 가장 복잡한 합성 활성일 것이다. 단백질을 조립하기 위해서는 결합된 아미노산을 가진 모든 다양한 tRNA, 리보솜, 전령 RNA, 서로 다른 기능을 가진 많은 단백질들, 양이온, GTP 등을 필요로 한다. 이 복잡성은 다음 사실을 생각하면 놀라운 일이 아니다. 즉, 단백질 합성이 20가지의 서로 다른 아미노산을 서로 다른 문자를 사용하는 언어로 쓰인 암호화된 정보의 지시에 따라 정확한 서열로 결합시킬 필요가 있기 때문이다. 다음의 논의에서, 더 단순하고 더 잘 이해되어 있는 세균에서 작동 중인 번역 기작을 주로 설명할 것이다. 그 과정은 진핵세포에서와 놀랄 만큼 유사하다. 폴리펩티드 사슬의 합성은 세 가지 별개의 활성, 즉 사슬의 개시(*initiation*), 사슬의 신장(*elongaton*), 사슬의 종결(*termination*)로 나누어질 수 있다. 이 활성들을 차례로 설명할 것이다.

일단 mRNA에 부착되면, 리보솜은 항상 mRNA를 따라 한 코돈에서 다음 코돈으로, 즉 3개의 연속된 뉴클레오티드로 된 구획들을 따라 이동한다. 적합한 삼중자(triplet)가 읽혀지는 것을 보장하기 위하여, 리보솜은 AUG로 지정되어 있는 **개시코돈(initiation codon)**이라고 하는 mRNA의 정확한 자리에 결합한다. 이러한 코돈에 결합함에 따라, 리보솜은 자동적으로 적당한 **번역틀(reading frame)**에 놓이게 되기 때문에 그 시점부터 전체 유전정보를 정확하게 읽는다. 예를 들면, 다음 경우에서

—CUAGUUACAUGCUCCAGUCCGU—

리보솜은 개시코돈인 AUG부터 다음 3개의 뉴클레오티드인 CUC로 이동하고, 그 다음에는 CAG 등등으로 선 전체를 따라 이동한다.

원핵세포에서의 번역의 개시

세균세포에서 번역 개시의 기본적인 단계는 그림 5.44에 예시되어 있다.

개시 1단계: 리보솜의 작은 소단위를 개시코돈으로 가져오기 그림 5.44에서처럼, mRNA는 완전한 리보솜에 결합하지 않고, 작은 소단위(small subunit)와 큰 소단위(large subunit)에 분리된 단계에서 결합한다. 개시의 첫 번째 주요 단계는 리보솜의 작은 소단위가 유전정보(mRNA)에서 첫 번째 AUG 서열(또는 첫 번째 중 하나)에 결합하는 것이며, AUG 서열은 개시코돈으로 작용한다.[8] 작은 소단위가 안쪽에 있는 다른 코돈과는 대조적으로 첫 번째의 AUG 코돈을 어떻게 선택하는가? 세균 mRNA는 개시코돈 앞에 5~10개 뉴클레오티드의 특이 서열[발견자의 이름을 따서 샤인-달가노(Shine-Dalgarno) 서열이라고 함]을 갖고 있다. Shine-Dalgarno 서열은 작은 리보솜 소단위의 16S 리보솜 RNA(*ribosomal RNA*)의 3′끝 근처의 뉴클레오티드 서열에 상보적이다.

rRNA --ACCUCCUUUA 3′
mRNA ---GGAGGA--- 5′

mRNA와 rRNA의 상보적인 서열 사이의 상호작용에 의해서 AUG 개시코돈에 30S 소단위가 위치하게 된다.

그림 5.44에 요약된 단계들 중 몇몇은 **개시인자(initiation factor**: 세균에서는 IF 그리고 진핵생물에서는 eIF라고 함)라고 하는 가용성 단백질의 도움을 필요로 한다. 세균 세포는 3개의 개시인자—IF1, IF2, IF3—를 필요로 하며, 이들은 30S 단위에 결합한다(그림 5.44의 1단계). IF2는 첫 번째 아미노아실-tRNA의 결합에 필요한 GTP-결합 단백질이다. IF3은 큰 소단위(50S)가 30S 소단위에 너무 일찍 결합하는 것을 방지할 수 있으며, 또한 최초의 aa-tRNA가 제자리로 들어가도록 촉진할 수도 있다. IF1은 30S 소단위가 mRNA에 결합하는 것을 촉진시키며, 개시(initiator) aa-tRNA가 리보솜의 잘못된 자리에 들어가는 것을 방지할 수 있다.

개시 2단계: 최초의 aa-tRNA를 리보솜으로 가져오기 코돈 배치(그림 5.38)를 살펴보면, AUG는 개시코돈만을 나타내는 것이 아니라는 것을 알 수 있다. 즉, 이 코돈은 메치오닌(methionine)을 지정하는 유일한 코돈이기도 하다. 사실, 메치오닌은 폴리펩티드 사슬의 N-말단에 결합되는 첫 번째 아미노산이다. [세균에서, 최초의 메티오닌은 포밀기(formyl group)을 갖고 있어서 *N*-포밀메티오닌(N-formylmethionine)을 만든다.] 이어서 메티오닌(또는 *N*-포밀메티오닌)은 새로 합성된 대부분의 단백질에서 효소에 의해 제거된다. 세포는 두 가지 독특한 메티오닐-tRNA를 갖고 있다. 즉, 하나는 단백질 합성을 시작하는 데 사용되고, 다른 하나는 메티오닐(methyonyl) 잔기를 폴리펩티드 내부로 결합시킨다. 개시 aa-tRNA는 IF2 개시인자에 의해 리보솜의 P자리로 들어가고(그림 5.44, 2단계), 거기에서 tRNA의 안티코돈의 고리 부분은 mRNA 상의 AUG 코돈에 결합한다. IF1과 IF3는 방출된다.

개시 3단계: 완전한 개시 복합체 조립하기 일단 개시 tRNA(initiator

[8]또한 GUG도 개시코돈으로 작용하며 몇 개의 정상적인 유전정보에서와 같은 것으로 밝혀졌다. GUG가 사용될 때, 안쪽에 있는 GUG 코돈은 발린(valine)을 지정한다는 사실에도 불구하고, *N*-포밀메티오닌도 여전히 개시복합체를 형성하기 위해 사용된다.

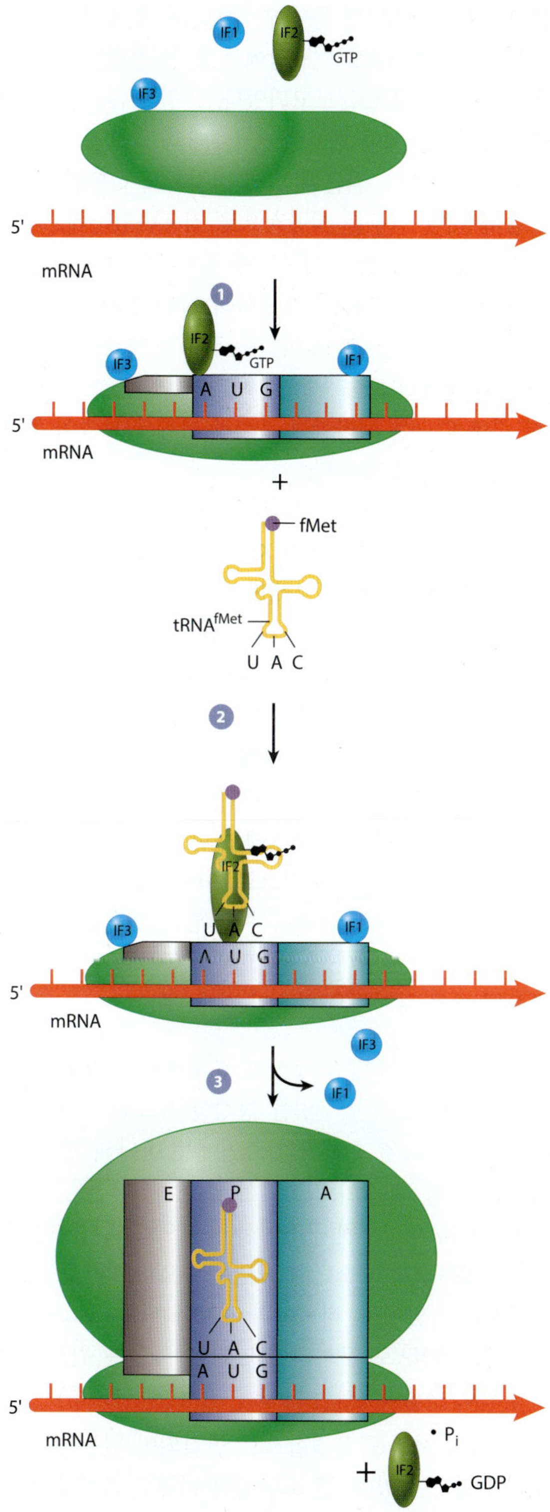

그림 5.44 **세균에서 단백질 합성의 개시.** 1단계에서, 번역의 개시는 30S 리보솜 소단위와 AUG 코돈이 있는 mRNA와 결합하여 시작하는데, 이 단계는 IF1과 IF3을 필요로 한다. 본문에 설명된 것처럼, rRNA 상의 상보적인 뉴클레오티드 서열과 mRNA 사이의 상호작용 결과, 30S 리보솜 소단위가 AUG 개시코돈에서 mRNA와 결합한다. 2단계에서, 포밀메티오닐-$tRNA^{fMet}$가 IF2-GTP에 결합함으로써 포밀메티오닐-$tRNA^{fMet}$가 mRNA와 30S 리보솜 소단위로 구성된 복합체와 결합하게 된다. 3단계에서, 50S 소단위가 복합체와 결합하고, GTP는 가수분해 되며, IF2-GDP는 방출된다. 개시자 tRNA는 리보솜의 P자리에 들어가는 반면에, 그 후의 모든 tRNA들은 A자리에 들어간다(그림 5.47 참조).

tRNA)가 AUG 코돈에 결합하면 IF3이 방출되고, 큰 리보솜 소단위가 복합체에 결합하며, IF2에 결합되었던 GTP는 가수분해된다(그림 5.44, 3단계). GTP의 가수분해는 아마도 리보솜의 입체구조 변화를 일으킬 것이며, 이 변화는 IF2-GDP를 방출시키기 위해 필요한데, 이로써 번역의 진행이 이뤄진다.

진핵생물에서 번역의 개시

진핵생물 리보솜은 세균세포 리보솜보다 크며, 60S와 43S의 큰 소단위와 작은 소단위를 가지고 있다. 그리고 세균세포 리보솜에서는 발견되지 않는 추가적인 단백질을 포함한다. 진핵생물 mRNAsms 5′ 모자와 3′ 꼬리와 같은 전문화된 형태를 가지고 있다. 진핵생물에서 번역의 개시가 세균세포에서의 과정과 비교하여 아주 다르고 더 복잡한 것은 놀라울 일이 아니다. 더욱이 이 과정은 유전자 발현에 대한 통제가 행사되는 중요한 단계이다(6.18절 참조). 진핵생물은 적어도 12개 개시인자를 필요로 하는데, 이 인자들은 총 25개 이상의 폴리펩티드 사슬로 이루어져 있다. **그림 5.45**에 나타낸 것처럼, 이들 eIF 중 몇 개(예: eIF1, eIF1A, eIF5, eIF3)는 mRNA에 결합하도록 준비하고 있는 40S 소단위(subunit)에 결합한다. 또한 메티오닌에 연결된 개시 tRNA도 mRNA와 상호작용하기 전에 40S 소단위에 결합한다. 개시 tRNA는 eIF2-GTP와 결합되어 있는 소단위의 P자리로 들어간다. 일단 이런 일이 일어나면, 개시인자들 및 장전된(charged) tRNA와 결합되어 있는 리보솜의 작은 소단위(이것들은 43S 개시전 복합체를 이룸)는 mRNA의 5′끝을 찾을 준비가 되어 있으며, mRNA의 5′끝에는 메틸구아노신 모자(methylguanosine cap)가 있다(181쪽).

mRNA에 이미 결합된 개시인자들 무리의 도움으로, 43S 복합체는 원래 mRNA에 모이게 된다(그림 5.45). 이 인자들 사이에서, (1) eIF4E는 진핵 mRNA의 5′ 모자에 결합하고, (2) eIF4A는 mRNA를 따라 43S 복합체의 이동을 방해할 2중가닥 부위를 제거하면서 mRNA의 5′를 따라서 이동한다. 그리고 (3) eIF4G는 mRNA의 5′ 모자 끝과 폴리아데닐화된(polyadenylated) 3′끝 사이에 연결자(linker)의 역할을 한다(그림 5.45). 그래서 eIF4G는 사실상 직선형의 mRNA

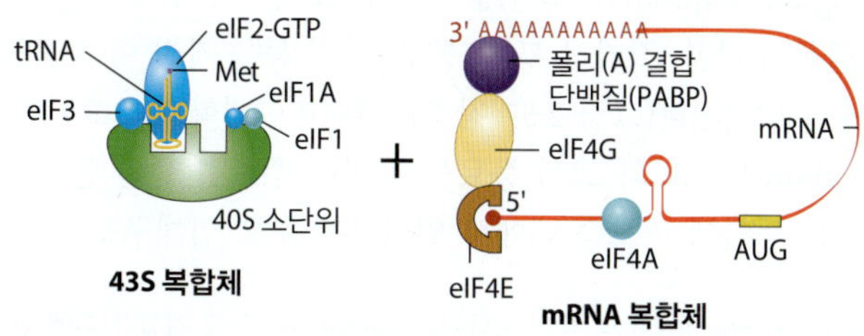

그림 5.45 **진핵생물에서 단백질 합성의 개시.** 본문에서 설명된 것처럼, 개시는 두 가지 복합체와의 결합으로 시작된다. 복합체들 중 하나는(43S 복합체라고 하는) 몇 개의 개시인자들 및 개시 tRNA에 결합된 40S 리보솜 소단위를 갖고 있는 반면에, 다른 하나는 별도의 개시인자들 무리에 결합된 mRNA를 갖고 있다. 이 결합은 43S 복합체에 있는 eIF3과 mRNA 복합체에 있는 eIF4G 사이의 상호작용에 의해 이루어진다. eIF1 eIF1A는 리보솜 작은 소단위에 있는 구조 변화를 유도하여 mRNA의 입장을 수용할 수 있도록 걸쇠를 연다고 생각된다. 일단 43S 복합체가 mRNA의 5′끝에 결합하면, 그것은 적절한 개시코돈에 도달할 때까지 유전정보를 따라 자세히 살피면서 지나간다.

를 원형의 유전정보(mRNA)로 전환시킨다.

일단 43S 복합체가 mRNA의 5′끝에 결합하면, 복합체는 AUG 개시코돈을 갖고 있는 인식 가능한 뉴클레오티드 서열(전형적으로 5′—CCACCAUGC—3′)에 도달할 때까지 mRNA의 유전정보를 따라서 자세히 살피면서 지나간다. 일단 43S 복합체가 적절한 AUG 코돈에 도달하면, eIF2에 결합된 GTP는 가수분해되고, 리보솜의 큰 소단위(60S)는 복합체와 결합하여 개시 복합체를 완성한다[9]. 완전한 80S 리보솜을 형성하기 위하여 eIF5B-GTP라 불리는 또 다른 GTP-결합 단백질의 활성이 필요하다. 이 결합된 GTP도 가수분해된다. 결합된 2분자 GTP의 가수분해와 완전한 리보솜의 형성은 모든 개시인자의 방출과 동반한다. 이것은 개시 tRNA의 안티코돈이 조립된 리보솜의 P자리에 있는 AUG 개시코돈에 결합된 채 있도록 한다. 이제 복합체는 전개에서의 첫 번째 단계에 대한 준비가 되었다.[9,10]

리보솜의 역할

이제 우리는 완전한 리보솜이 조립된 지점에 와 있어서, 이러한 다중소단위(multisubunit) 구조물의 구조와 기능을 더 면밀하게 알아 볼 수 있다. 리보솜은 몇 가지 관점에서 제13장에 설명된 운동단백질 분자들과 유사한 분자 기구(machines)이다. 번역되는 동안에, 리보솜은 GTP 가수분해에 의해 방출된 에너지로 추진되는 기계적 변화의 반복된 주기를 겪는다. 물리적인 선로(track)를 따라 단순히 이동하는 미오신(myosin)이나 키네신(kinesin)과는 다르게, 리보솜은 암호화된 정보를 지닌 mRNA "테입(tape)"을 따라 이동한다. 달리 말하면, 리보솜은 프로그램으로 작동할 수 있는(*programmable*) 기구이다. 즉, mRNA에 저장된 정보는 번역되는 동안 리보솜이 받아들이는 아미노아실-tRNA의 순서를 결정한다. 세포 내에 있는 많은 다른 기구와 구별되는 리보솜의 다른 특징은 리보솜의 구성성분인 RNA들의 중요성이다. 리보솜의 RNA들은 tRNA를 선택하고, 정확한 번역을 보증하며, 단백질 요소들과 결합하고, 아미노산을 중합시키는 일 등에서 중요한 역할을 한다(이 장의 끝에 있는 <역사적 실험>에서 논의됨).

고분해능 동결전자현미경 영상화 기술(cryoelectron microscopic imaging techniques)(18.16절)을 사용한 초기의 연구에 의하면, 리보솜은 불룩한 부분, 갈라진 부분, 통로, 다리 등을 가진 아주 불규칙한 구조임이 밝혀졌다(그림 2.57 참조). 컬럼비아대학교의 요아킴 프랑크(Joachim Frank)와 그의 동료들에 의해 주로 수행된 연구들에서, 번역되는 동안에 리보솜 내에서 일어나는 주요 입체구조 변화에 대한 증거를 얻었다. 1990년대 동안에, 리보솜을 결정화하는 데 상당한 진전이 이루어졌으며, 1990년대 말에는 X-선 결정학에 의해 원핵세포의 리보솜 구조가 최초로 보고되었다. 그림 5.48*a* 및 *b*는 X-선 결정학에 의해 밝혀진, 세균 리보솜에서 2개의 리보솜 소단위들의 전체적인 구조를 보여준다. 최근에 X-선 결정학으로 훨씬 더 큰 진핵생물의 리보솜에 대한 연구를 성공적으로 적용하였는데, 이 리보솜은 원핵세포 리보솜과 동일한 핵심구조와 일차적인 기능을 공유하였다. 동시에 고분해능 동결전자현미경에서의 진전 결과, 결정화 없이 리보솜의 원자구조를 결정하는 것이 가능하여 번역과정의 넓은 범위의 서로 다른 상태에서 리보솜 구조를 보다 쉽게 결정할 수 있게 되었다. 이러한 구조 연구는 생화학적 분석과 함께 리보솜의 복잡하고 역동적인 기능을 알 수 있게 한다.

각 리보솜에는 운반 RNA 분자와 결합하는 세 가지의 자리가 있다. 즉, 이 자리들을 **A(아미노아실) 자리[A(aminoacyl) site]**, **P(펩티딜) 자리[P(peptidyl) site]**, **E(출구) 자리[E(exit) site]**라고 하며, 다음 절에서 설명되는 것처럼, 이 자리들은 신장 주기의 연속적인 단계에서 각 tRNA를 받아들인다. 리보솜의 작은 소단위와 큰 소단위 양쪽에 있는 A, P, E 자리들에 결합된 tRNA의 위치를 **그림 5.46a,b**에 나타내었다. tRNA는 이런 자리들에 결합하고 2개의 리보솜 소단위들 사이에 있는 공간에 놓여 있다(그림 5.46*c*). 결합된 tRNA의 안티코돈 끝은 소단위와 접촉하는데, 이것은 mRNA에 포함된 정보를 해독하는 데 중요한 역할을 한다. 이와는 대조적으로, 아미노산을 운반하는 결합된 tRNA의 끝은 큰 소단위와 접촉하는데, 펩티드 결합의 형성을 촉매하는 데 중요한 역할을 한다. 이런 고분해 구조에 관한 연구에 의해 밝혀진 주요한 다른 특성들은 다음과 같다. 즉,

1. 작은 소단위와 큰 소단위 사이의 경계면은 거의 RNA만이 늘어서 있는 비교적 널찍한 구멍을 형성한다(그림 5.46*c*). 이 구멍과 마주하고 있는 작은 소단위의 측면에는 하나의 연속적인 2중가닥 RNA 나선이 그 길이로 늘어서 있다. 이 나선은 <그림 5.3>에 있는 16S rRNA의 2차원 구조에서 음영으로 표시되어 있다. 서로 마주하고 있는 2개의 소단위 표면은 mRNA 및 들어오는 tRNA의 결합자리가 있어서, 리보솜의 기능에 아주 중요하다. 이런 표면들이 주로 RNA로 구성되어 있다는 사실은 원시의 리보솜이 RNA 만으로 구성되었다는 제안을 지지한다(191쪽).
2. 아미노산들이 서로 공유결합으로 연결되어 있는 활성자리 또한 RNA로 구성되어 있다. 큰 소단위의 이러한 촉매부위는 깊게 갈라진 틈에 위치하는데, 이 틈은 새로 형성된 펩티드 결합이 물 용매에 의해 가수분해되는 것을 방지한다.
3. mRNA는 작은 리보솜 소단위의 목을 감는 좁은 홈에 위치하여 A, P, E자리를 통과한다. A자리에 들어가기 전에, mRNA 안에 들어 있을지도 모르는 2차 구조가 제거되며, 이것은 리보솜의 헬리카아제(helicase) 활성에 의해 일어난다.
4. 터널은 활성자리에서 시작하여 리보솜 큰 소단위의 핵심부를 완전히 통과하여 지난다. 이 터널은 리보솜을 통하여 신장하고 있는 폴리펩티드의 전위를 위한 통로이다(그림 5.46*c*).

[9]모든 mRNA들이, 리보솜의 작은 소단위가 mRNA의 5′끝에 결합한 후에 번역되는 것은 아니다. 많은 바이러스 mRNA, 비교적 적은 수의 세포성 mRNA, 특히 유사분열 및 스트레스를 받는 기간 동안에 사용되는 mRNA 등은 리보솜이 내부 리보솜 입구자리(*internal ribosomal entry site*, IRES)에 있는 mRNA에 결합됨으로써 번역된다. IRES는 mRNA의 5′끝으로부터 약간 떨어진 곳에 위치될 수 있다.

[10]여기에서 제시되는 설명은 mRNA가 여러 개의 리보솜에 의해 반복적으로 번역되고 있는 평형상태를 유지하는 (정상상태, steady-state) 번역과 관련되어 있다. 번역의 첫 번째(혹은 선구자적) 회전은 몇 가지 독특한 특징을 가진다. mRNA의 5′ 끝에 있는 모자에는 eIF4E 대신에 이형이합체인 CBC(cap-binding complex)가 결합되어 있다. 번역의 첫 회전과 평형상태를 유지하는 회전 사이의 차이는 셀(*Cell* 142:368, 2010)에서 논의되고 있다.

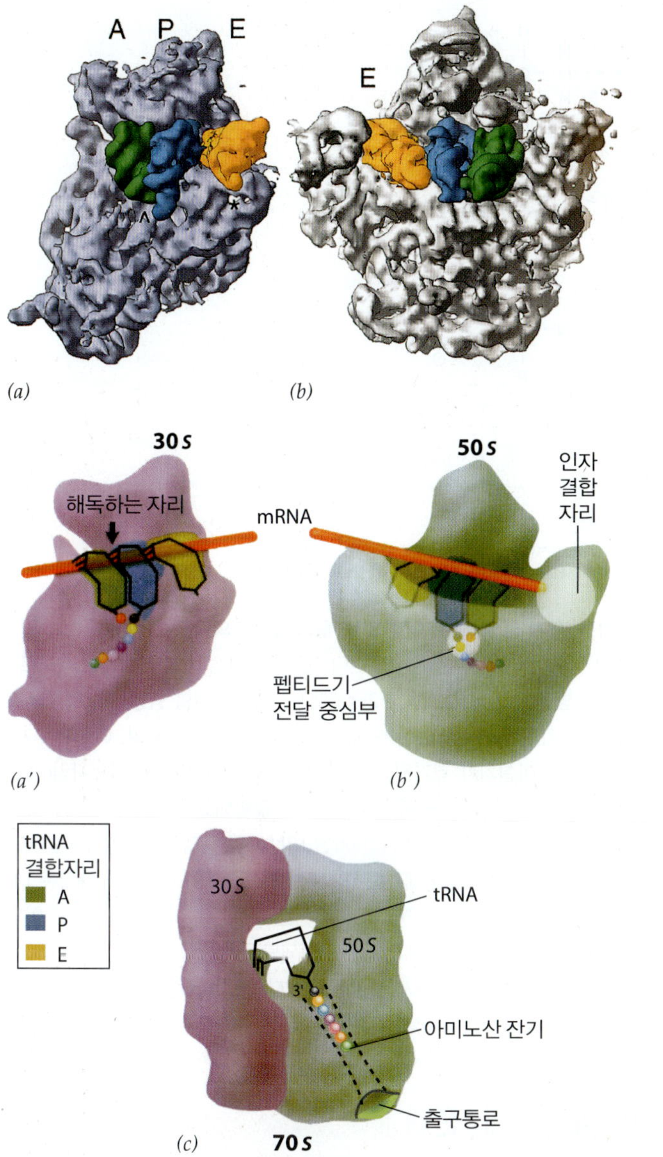

그림 5.46 X-선 결정학 자료들을 바탕으로 한 세균 리보솜의 모형으로서, 2개의 리보솜 소단위들의 A, P, E자리에 결합된 tRNA를 보여준다. (*a*~*b*) 2개의 소단위 사이의 경계면에 나타낸 3개의 결합된 tRNA와 함께, 30S 소단위와 50S 소단위를 각각 보여 주는 장면. (*a′*~*b′*) 앞의 *a*와 *b* 부분에서 보여준 구조에 해당하는 그림들. *a′*에 있는 30S 소단위의 그림은 3개의 tRNA의 안티코돈들의 대략적인 위치를 보여주며, 또한 그들이 mRNA의 상보적인 코돈과 상호작용하는 것을 보여준다. *b′*에 있는 50S 소단위의 그림은 tRNA자리들을 반대 방향에서 보여준다. A자리와 P자리에 있는 tRNA의 아미노산 수용체 말단은, 펩티드 결합 형성이 일어나는, 소단위의 펩티딜(peptidyl) 운반자리 속의 가까이에 있다. 신장인자 EF-Tu 및 EF-G의 결합자리는 소단위 오른쪽에 있는 돌출부에 위치한다. (*c*) 70S 세균 리보솜의 그림으로써, 각 tRNA 분자가 걸쳐 있는 2개의 소단위들 사이에 있는 공간 그리고 50S 리보솜 속의 통로를 보여준다. 50S 리보솜 속의 통로를 통해서 새로 합성되는 폴리펩티드가 리보솜으로부터 나온다.

출처: (a–b) Jamie H. Cate et al., *Science* 285:2100, 1999에서 발췌; (c) A. Liljas, *Science* 285:2078, 1999에서 발췌; AAAS의 허가를 얻어 재인쇄함.

5. 리보솜 소단위들을 구성하는 대부분의 단백질들은 다수의 RNA-결합부위들을 갖고 있으며, rRNA의 복잡한 3차 구조를 안정화시키 위해 이상적으로 위치되어 있다.

5.16 유전 정보의 번역: 신장과 종결

개시 후에 폴리펩티드 사슬의 합성은 신장과 그리고 종결로 진행한다. 세균 세포에서 번역의 신장(elongation) 과정에서 기본적인 단계들이 **그림 5.47**에 예시되어 있다. 일련의 이 단계들은 아미노산이 자라나는 폴리펩티드 사슬에 중합됨에 따라 계속 반복된다.

신장의 1단계: 아미노아실-tRNA의 선택

P자리 속의 적당한 곳이 장전된 개시자 tRNA로 채워짐으로써, 리보솜에서 비어 있던 A자리에 두 번째 아미노아실-tRNA가 들어올 수 있으며, 이것이 신장의 첫 단계이다(그림 5.47*a*, 1단계). 두 번째 아미노아실-tRNA가 A자리에 결합하기 위해서는 세균에서는 EF-Tu(또는 Tu)라고 하며, 진핵세포에서는 eEF1α라고 알려진 GTPase를 필요로 한다. EF-Tu는 아미노아실-tRNA를 리보솜의 A자리에 운반하는데 필요하다. 비록 어떤 아미노아실-tRNA-Tu-GTP 복합체가 그 자리에 들어갈 수 있더라도, A자리에 위치하는 mRNA 코돈과 상보적인 안티코돈만이 리보솜 내에서 필요한 입체구조 변화를 일으킬 것이며, 이로써 tRNA가 해독 센터에 있는 mRNA에 결합된 채로 남아있게 된다. 일단 적합한 아미노아실-tRNA-Tu-GTP가 mRNA 코돈에 결합되면, 이 GTP는 가수분해되고 Tu-GDP 복합체가 방출되어서, 리보솜의 A자리에는 결합된 aa-tRNA가 남게 된다.

신장의 2단계: 펩티드 결합 형성

첫 단계의 마지막에서, 별개의 tRNA에 부착된 2개의 아미노산이 서로 반응할 수 있는 그런 위치에 나란히 놓이게 된다(그림 5.46*a′*,*b′*). 새로운 단백질 사슬의 첫 번째 펩티드 결합의 경우에는 P자리는 개시 tRNA를 잡고, 단백질의 다른 모든 펩티드 결합에서 P자리는 신장하는 펩티드 사슬에 결합된 tRNA를 갖고 있다. 모든 경우에, A자리는 신장을 위해 사슬 첨가에 필요한, 새로이 도달하는 아미노아실 tRNA를 잡는다. P자리는 신장하는 펩티드 사슬을 잡고 A자리는 사슬에 첨가될 새로이 도달하는 아미노산을 잡는다는 것을 기억하라. "펩티드 사슬(peptidyl chain)"과 아미노아실-tRNA("aminoacyl-tRNA")는 글자 P와 A로 각각 시작한다는 것에 주목하면, 유용할 것이다. 신장 주기의 두 번째 단계는 나란히 놓인 2개의 아미노산들 사이에 펩티드 결합이 형성되는 것이다(그림 5.47*a*, 2단계). 펩티드 결합 형성은 A자리에 있는 aa-tRNA의 아민(amine) 질소가 P자리의 tRNA에 결합된 아미노산의 카르보닐(carbonyl) 탄소에 친핵성 공격을 수행할 때 이루어져서, P-자리의 tRNA를 옮겨 놓는다(그림 5.47*b*). 이 반응의 결과, A자리에 있는 두 번째 코돈에 결합된 tRNA는 연결된 2-펩티드(dipeptide)를 갖는 반면에, P자리에 있는 tRNA의 아실기(acyl group)가 제거된다. 펩티드 결합 형성은 외부의 에너지 투입 없이 자발적으로 일어난다. 이 반응은 리보솜 큰 소단위의 구성요소인 **펩티드기 전달효소(peptidyl transferase)**에 의하여 촉매된다. 오랫동안 펩티드기 전달효소는 리보솜을 구성하는 단백질들 중 하나로 추측되었다. 그 후 RNA의 촉매작용 능력이 분명해짐에 따라

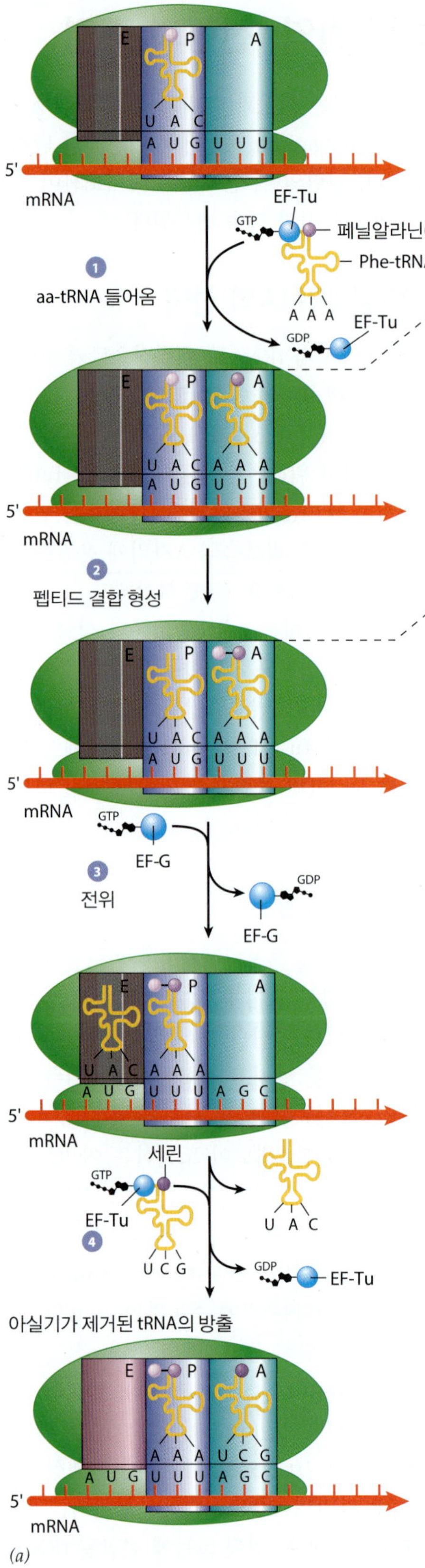

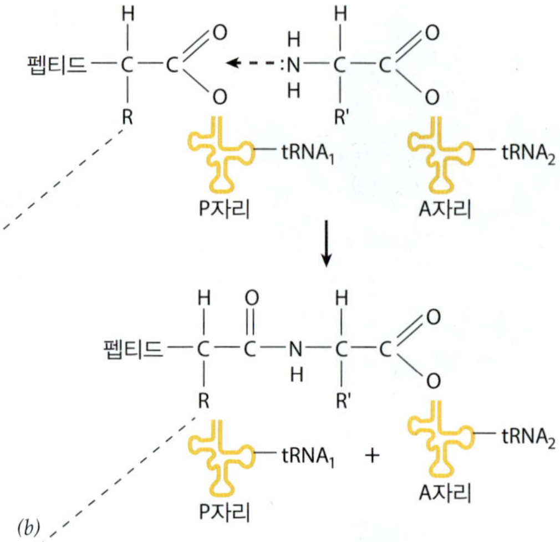

그림 5.47 **세균에서 번역하는 시기 동안 새로 합성되는 폴리펩티드의 신장 단계들.** (*a*) 1단계에서, mRNA의 두 번째 코돈에 상보적인 아미노아실기 tRNA의 안티코돈이 리보솜의 비어 있는 A자리로 들어간다. tRNA의 결합은 EF-Tu-GDP가 방출되어 이루어진다. 2단계에서, 펩티드 결합 형성은 새로 합성되는 폴리펩티드를 P자리의 tRNA로부터 A자리의 아미노아실-tRNA로 전달하여 이루어지며, 이로써 A자리에는 2-펩티딜-tRNA가 형성되고 P자리에는 아실기가 제거된 tRNA가 형성된다. 이 반응은 리보자임(ribozyme)으로 작용하는 rRNA의 일부분에 의해 촉매된다. 3단계에서, EF-G가 결합되고 이와 결합된 GTP가 가수분해되면, 리보솜이 mRNA에서 전위된다. 전위는 아실기가 제거된 tRNA 및 펩티딜-tRNA가 각각 E자리 및 P자리로 이동하여 이루어진다. 4단계에서, 아실기가 제거된 tRNA는 리보솜에서 떨어지고 새로운 아미노아실-tRNA가 A자리로 들어간다. (*b*) 펩티드 결합 형성 그리고 이어지는 아실기가 제거된 tRNA의 이동. 리보솜은 1초 동안에 약 5개의 아미노산을 생장하는 폴리펩티드에 결합되도록 촉매할 수 있는데, 이러한 속도는 용액에서 모형 기질을 사용하는 촉매되지 않은 반응에서 관찰된 것보다 약 1,000만 배 더 빠른 것이다.

서, 관심사는 펩티드 결합 형성의 촉매제로서 리보솜 RNA(ribosomal RNA)로 바뀌었다. 이제는 펩티드기 전달효소 활성은 리보솜 소단위의 단백질 분자에서 제공되는 것이 아니라, 그 대신에 리보솜 큰 소단위의 커다란 리보솜 RNA 분자의 뉴클레오티드의 도움을 받아 P자리 tRNA에 확실히 존재한다는 것이 밝혀졌다. 달리 말하면, 펩티드기 전달효소는 tRNA와 리보솜의 뉴클레오티드 잔기로 이뤄져 있는 리보자임(ribozyme)이며, 이것은 이 장의 끝 부분에 있는 <역사적 실험>에서 설명된 주제이다.

신장의 3단계: 전위

첫 번째 펩티드 결합이 형성되어서, A자리에 있는 tRNA 분자의 한 쪽 끝이 mRNA 상의 상보적인 코돈에 연결된 채로 남아있으며, 또한 그 tRNA 분자의 다른 쪽 끝은 2-펩티드에 연결된 채로 남아 있다(그림 5.47*a*, 2단계). P자리의 tRNA는 이제 연결된 아미노산이 전혀 없다. **전위(translocation)**라고 불리는 다음 단계는 작은 소단위가 큰 소단위에 대하여 작은(6°) 제동장치(ratchet)와 같이 작동하는 특징이 있는데, 이것은 그림 5.48*a*에서 설명되어 있다. 제동장치 작동(ratchet motion) 결과, 리보솜은 mRNA를 따라 5′→3′ 방향으로 3개의 뉴클레오티드(하나의 코돈)를 이동한다(그림 5.47*a*, 3단계). 전위는 (1) 2-펩티딜(dipeptidyl)-tRNA(mRNA의 두 번째 코돈과 여전히 수소결합 되어 있음)가 리보솜의 A자리에서 P자리로 이동되는 것과 (2) 그리고 아실기가 제거된(deacylated) tRNA가 P자리에서 E자리로 이동되어서 이루어진다. 이런 이동이 일어나면서 2개의 tRNA는 모두 mRNA에 있는 코돈에 수소결합으로 연결된 채 있는다. 전위 과정의 중간 단계가 동결전자현미경으로 관찰된 바 있는데, 이것은 부분적으로 전위된 "중간상태(hybrid state)"에 있는 tRNA를 보여준다. 이런 중간상태에서, tRNA에 있는 안티코돈의 말단은 여전히 작은 리보솜 소단위의 A자리와 P자리에 위치하는 반면, tRNA의 수

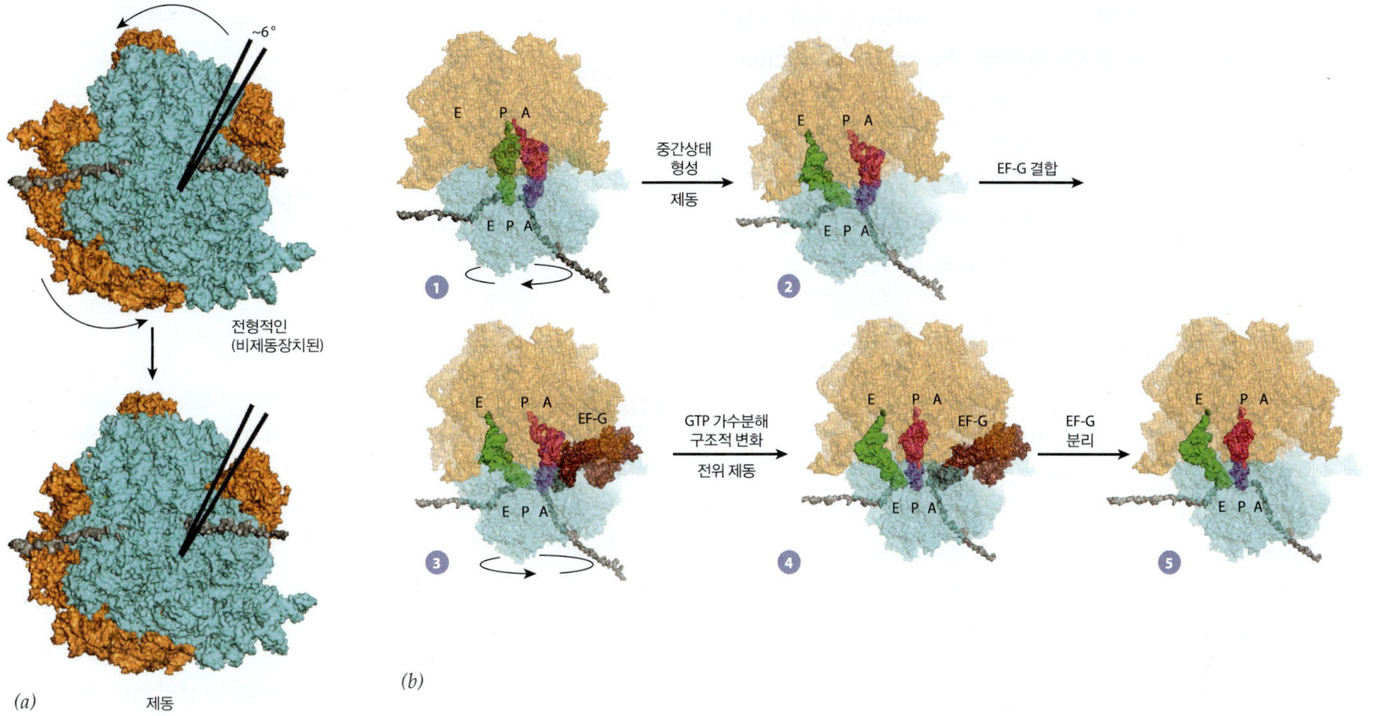

그림 5.48 세균에서 번역의 신장 동안 전위 단계들의 구조적 모델. (*a*) 원핵세포 리보솜의 전형적인 상태에서부터 조금씩 증가된(ratcheted) 상태(이것은 서로 간에 소단위들이 6° 회전됨)로 이동된 묘사. (*b*) 본문에서 설명된 대로 전위 동안에 일어나는 각 단계들.

출처: (a–b) T. Martin Schmeing and V. Ramakrishnan, *Nature* 461:1230, 2009에서 빌췌. Macmillan Publishers Ltd.의 허가를 얻어 재인쇄함. Venki Ramakrishnan 제공.

용체(acceptor) 말단들은 큰 리보솜 소단위의 P 및 E자리로 이동하였다. tRNA는 A/P 와 P/E 중간상태를 차지한다고 말한다. 전위 과정 동안에 일어나는 다양한 단계들은 **그림 5.48b**에서 설명되어 있다. 그림 5.48*b*의 1단계에 있는 전형적인("classic") 비제동장치된 상태에서 중간 상태인 제동장치된 상태(2단계)로의 전환은 자발적으로 일어난다. 즉, 다른 인자들의 참여 없이 일어난다. 리보솜이 자발적으로 두 상태 사이를 왔다갔다할 수 있는 것으로 여겨진다. 일단 중간상태로 전환되면 GTP-결합된 신장인자(세균의 EG-F와 진핵생물의 eEF2)는 리보솜에 결합하여(3단계) 제동장치된 상태에 있는 리보솜을 안정화시키는데, 이에 따라 tRNA가 전형적인 A/A와 P/P 형태로 되돌아가는 것을 방지한다. 결합된 GTP의 가수분해는 구조적 변화를 유발하여 mRNA와 결합된 tRNA의 안티코돈 고리를 작은 리보솜 소단위로 이동시키고, 그 결과 결합된 tRNA를 E/E와 P/P 상태에 놓고 A자리는 비워둔다(4단계). 동시에 리보솜은 비제동장치된 상태로 다시 맞춰진다. 이 반응에 이어서, EF-G-GDP는 리보솜에서 떨어진다.

신장의 4단계: 아실기가 제거된 tRNA의 방출

신장의 마지막 단계(그림 5.47*a*, 4단계)에서, 아실기가 제거된 tRNA가 리보솜에서 방출되어, E자리를 비우게 된다.

신장의 각 주기 동안에, 적어도 2분자의 GTP가 가수분해된다. 즉, 한 분자는 아미노아실-tRNA가 선택되는 동안에 그리고 다른 한 분자는 전위되는 동안에 가수분해된다. 신장의 각 주기는 약 1/20초가 걸리며, 이 시간의 대부분은 아마도 주위의 세포기질로부터 aa-tRNA를 고르는 데 소비될 것이다. 일단 펩티딜-tRNA가 전위되어 P자리로 이동되면, 다른 아미노아실-tRNA가 들어가도록 A자리가 다시 열리는데, 이 경우에 들어가는 아미노아실-tRNA의 안티코돈은 세 번째 코돈에 상보적이다(그림 5.47*a*). 일단 세 번째 장전된 tRNA가 A자리에 있는 mRNA와 결합되면, 2-펩티드가 P자리의 tRNA로부터 A자리의 aa-tRNA에 의해 이동되어서, 두 번째 펩티드 결합을 형성한다. 그 결과, A자리의 tRNA에는 3-펩티드(tripeptide)가 결합된다. P자리의 tRNA에는 다시 아미노산이 없는 상태가 된다. 펩티드 결합 형성은 리보솜이 네 번째 코돈으로 전위되고 그리고 아실기가 제거된 tRNA의 방출에 이어서 일어나며, 그 결과 이 주기는 다시 시작하기 위해 준비된다. 그러므로 리보솜에 있는 세 가지 위치를 통하는 각 tRNA 단계는 첫째, (tRNA는) A자리에 결합하고, 펩티드 결합을 형성하고 난 후에는 P자리로 이동한다. 펩티드 결합 형성의 다음 주기 후에는 E자리로 옮겨가는데, 거기서 (tRNA는) 리보솜을 떠난다. A에서 P로, 그리고 나서 E로의 순서는 나무에서 나무로 흔들리는 원숭이를 생각하고 두문자어(acronym) "Ape"을 기억함으로써 외울 수 있을 것이다.

이 절에서 리보솜이 mRNA를 따라서 한 번에 3개의 뉴클레오티드(1개의 코돈)를 어떻게 이동하는지를 알아보았다. 리보솜에 의해 이용되는 mRNA의 특정한 코돈 서열(즉, 해독틀)은 번역 시작 단계에서 리보솜이 개시코돈에 결합될 때 고정된다. 가장 파괴적인 돌연변이들 중 일부는 단일 염기쌍이 DNA에 첨가되었거나 또는 DNA에서 삭제되는 것이다. 다음 서열에서 단일 혹은 2개의 뉴클레오티드의 첨가(혹은 단일 혹은 2개의 뉴클레오티드의 삭제)에 따른 영향을 생각해 보자(그림 5.39*d*). 리보솜이 돌연변이의 지점에서부터 암호화하는 서열의 나머지를 모두 부정확한 해독틀의 mRNA를 따라 이동한다. 이런 유형의 돌연변이를 **틀이동 돌연변이(frameshift mutation)**라고 한다. 틀이동 돌연변이는 돌연변이가 일어난 지점으로부터 완전히 비정상적인 아미노산 서열을 조립하게 만든다. 20년 이상 동안 리보솜이 항상 1개의 삼중자(triplet)에서 다음 삼중자로 이동된다고 가정되었다. 그 후 몇 가지 예에서 mRNA가 재암호화하는 신호(recoding signal)를 갖고 있어서 리보솜이 mRNA의 해독틀을 변경시킨다는 것이 발견되었다.

광범위하고 다양한 항생제들은 세균세포에서 단백질합성의 다양한 양상을 방해하는 효과를 갖고 있다(인간 질병과의 연관성, 제3장). 예를 들면, 스트렙토마이신(streptomycin)은 세균 세포의 리보솜 소단위에 선택적으로 결합하여, mRNA의 코돈들 중 일부가 잘못 읽히도록 해서, 비정상적인 단백질의 합성을 증가시킨다. 항생제는 진핵세포의 리보솜에는 결합하지 않기 때문에, 숙주세포에 있는 mRNA의 번역에 영향을 미치지 않는다. 스트렙토마이신에 대한 세균의 내성은 리보솜 단백질, 특히 S12의 변화에서 유래될 수 있다.

종결

그림 5.38에 나타낸 것처럼, 64개의 3-뉴클레오티드(trinucleotide) 코돈 중 3개는 아미노산을 암호화하는 대신 폴리펩티드 조립을 중단시키는 종결(termination) 코돈으로 작용한다. 종결코돈에 상보적인 안티코돈을 갖는 tRNA는 존재하지 않는다.[11] 리보솜이 이들 UAA, UAG, UGA 코돈들 중 어느 하나에 도달되면, 그 신호는 더 이상의 신장을 중단하도록 읽혀서, 마지막 tRNA와 결합된 폴리펩티드를 방출한다.

종결시키기 위해서는 방출인자(*release factor*)들이 필요하다. 방출인자는 두 가지 무리로 나누어질 수 있다. 즉, 리보솜의 A자리에 있는 종결코돈을 인식하는 제1부류 RF들, 그리고 기능이 잘 알려져 있지 않은 GTP-결합 단백질(G-proteins)인 제2부류 RF들이다. 세균은 2개의 제1부류 RF들을 갖고 있다. 즉, RF1은 UAA와 UAG 종결코돈을 인식하고, RF2는 UAA와 UGA 종결코돈을 인식한다. 진핵생물은 세 가지 종결코돈을 인식하는 1개의 제1부류 RF인, eRF1을 갖고 있다. 제1부류 RF는 **그림 5.49**에서 나타낸 것처럼, 리보솜의 A자리에 들어간다. 거기서 방출인자의 한쪽 말단에 보존된 3-펩티드

[11]이러한 설명에 대해서 약간의 예외가 있다. 이 장에서는 코돈들이 20가지 서로 다른 아미노산들의 결합을 지시하는 것으로 설명되어 있다. 실질적으로, 셀레노시스테인(selenosysteine)이라고 하는 21번째 아미노산이 아주 적은 수의 폴리펩티드에 결합된다. 셀레노시스테인은 희귀한 아미노산으로 셀레니움(selenium) 금속을 갖고 있다. 예를 들면, 포유동물에서 10개 정도의, 산화-환원 반응에 관여하는 단백질에서 생긴다. 셀레노시스테인은 $tRNA^{Sec}$라고 하는 자신의 tRNA를 갖지만, 자신의 aa-tRNA 합성효소는 결여되어 있다. 이 독특한 tRNA는 세릴(seryl)-tRNA 합성효소에 의해서 인식되며, 이 효소는 세린(serine)을 $tRNA^{Sec}$의 3′끝에 붙인다. 그 후에, 세린은 효소에 의해 셀레노시스테인으로 변형된다. 셀레노시스테인은 세 가지 종결코돈들 중 하나인 UGA에 의해 암호화된다. 대부분의 경우, UGA는 종결 신호로 읽힌다. 그러나 몇 가지 경우에, UGA가 mRNA의 접힌 부위 다음에 오게 되는데, 그 부위에는 특수한 신장인자가 결합하여 리보솜이 종결인자보다는 $tRNA^{Sec}$를 A자리에 모이도록 한다. 22번째 아미노산인 피롤리신(pyrrolysine)은 일부 고세균의 유전암호에 있는 또 다른 종결코돈(UAG)에 의해 암호화된다. 피롤리신은 자신의 tRNA 및 aa-tRNA 합성효소를 갖는다.

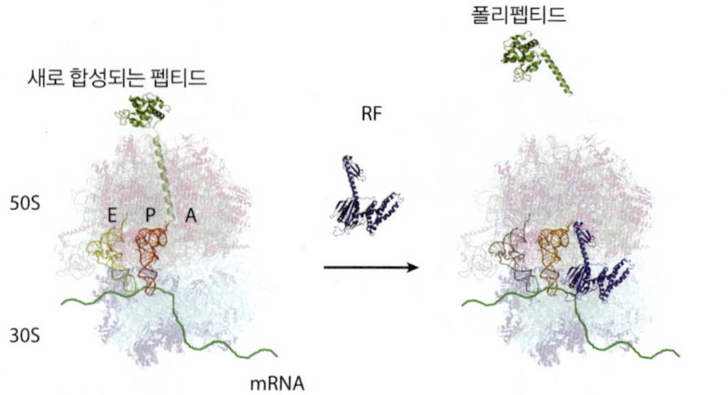

그림 5.49 세균에서 번역 종결의 첫 단계의 구조적 모델. (*a*) 리보솜이 UAA 혹은 UAG 종결코돈에 도달하면 제1부류 RF가 A자리에 들어가서 들어오는 aa-tRNA과 비슷한 방법으로, 나란히 놓이게 된다. 리보솜의 펩티드기 전달효소 센터에 위치하는 RF의 A 영역은 폴리펩티드를 P자리에 있는 펩티딜-tRNA와 연결하는, 에스터 결합의 가수분해를 촉진한다. 그 결과 완전한 폴리펩티드가 방출된다.

출처: H. S. Zaher and R. Green, *Cell* 136:747, 2009에서 발췌. Elsevier의 허가를 얻음. Rachel Green, Johns Hopkins School of Medicine 제공.

(tripeptide)가 A자리에 있는 종결코돈과 직접적으로 상호작용하는 것과 작은 리보솜 소단위의 mRNA의 몇 개 뉴클레오티드에 영향을 줄 수 있는 결정적인 구조변화를 유발하는 것으로 생각된다. 이어서 새로 합성되는 폴리펩티드 사슬을 tRNA에 연결하는 에스테르결합은 가수분해되고, 완성된 폴리펩티드는 방출된다. 이 시점에서, 제2부류 RF에 결합된 GTP가 가수분해되어 리보솜의 A자리로부터 제1부류 RF가 방출된다. 번역의 마지막 단계는 P자리로부터 아실기가 제거된 tRNA의 방출, 리보솜으로부터 mRNA의 해체, 리보솜의 큰 소단위와 작은 소단위로의 분해 등이 포함된다. 분해된 리보솜의 큰 소단위와 작은 소단위는 또 다른 번역 주기를 준비한다. 이러한 최종 단계에는 많은 단백질 요소들이 필요한데, 이들은 진핵생물에서와 세균세포에서 매우 다르다. 세균세포에서, 이러한 단백질들로서 EF-G 및 IF3, 그리고 리보솜 소단위의 분리를 촉진시키는 리보솜 재활용 요소(ribosome recycling factor, RRF) 등이 있다.

5.17 mRNA 감시와 품질관리

세 가지의 종결코돈은 많은 다른 코돈으로부터 단일염기 변화에 의해 쉽게 형성될 수 있기 때문에(그림 5.38 참조), 유전자의 암호화하는 서열 내에 종결코돈을 만들어서 돌연변이가 생기는 것을 예상할 수 있다(그림 5.39*c*). 이런 유형의 돌연변이를 **넌센스 돌연변이(nonsense mutation)**라고 한다. 이 돌연변이는 수십 년 동안 연구되었으며, 사람의 유전 장애에서 약 30%가 이 돌연변이에 의해 생긴다. 또한 미성숙 종결코돈(premature termination codon, PTC)이라고도 하는 이 종결 코돈은 보통 이어맞추기(splicing)가 일어나는 동안에 mRNA에 삽입된다. 세포는 미성숙 종결코돈을 가진 mRNA의 유전정보를 찾아낼 수 있는 mRNA 감시 기작을 갖고 있다. 대부분의 경우, 그러한 돌연변이를 가진 mRNA는 **넌센스-중재 붕괴(nonsense-mediated decay, NMD)**라고 하는 과정에 의해서 선택적으로

파괴되기 전에 단 한 번만 번역된다. NMD는 세포가 비기능적인 단축된 단백질을 만들지 않도록 보호한다.

세포가 어떻게 유전정보의 번역을 끝내야 할 적당한 종결코돈 그리고 미성숙 종결코돈을 구별할 수 있을까? 이러한 능력을 이해하기 위해서, 우리는 포유동물 세포에서 pre-mRNA 가공이 일어나는 일들을 다시 생각해 보아야 한다. 앞에서 언급되지는 않았으나, 인트론이 이어맞추기 소체(spliceosome)에 의해 제거될 때, 단백질의 한 복합체가 전사체의 새로 형성된 엑손-엑손 접속부로부터 20~24 뉴클레오티드 상류에 위치하고 있다. 이러한 이어맞추기 과정의 주요 장소를 **엑손-연접부 복합체(exon-junction complex, EJC)**라고 하며, 이것은 번역될 때까지 mRNA와 함께 남아 있다. 정상적인 mRNA에서, 종결코돈은 전형적으로 마지막 엑손 부위에 있으며, EJC는 그 자리의 바로 상류에 있다. mRNA가 번역의 첫 번째 주기를 수행함에 따라, EJC는 전진하는 리보솜에 의하여 제거되거나 불활성화되는 것으로 생각된다. 리보솜이 번역을 끝냈을 때, 그위에 EJC가 남아 있는 어떤 전령도 리보핵산가수분해효소에 의한 분해라는 뜻으로 표시된다. 정상적인 종결코돈은 마지막 인트론 다음에 있기 때문에, 마지막 EJC의 하류는 리보솜이 번역을 끝내고 해체가 될 때까지 제거되어야 할 EJC를 가지고 있을 것이다. 그러나 미성숙 종결코돈을 가진 mRNA가 번역되는 동안에 어떤 일이 일어날 것인지 생각해보자. 리보솜은 돌연변이가 일어난 자리에서 멈출 것이며 그 다음에 분리되어서, 미성숙 종결코돈의 자리로부터 하류에 있는 mRNA에 부착되어있던 EJC이 남게 된다. 이것이 비정상적 유전정보를 효소에 의해 파괴되게 하는 일련의 일들을 작동시킨다.

NMD는 낭포성섬유증(cystic fibrosis) 또는 근육영양실조증(muscular dystrophy) 같은 돌연변이 유전자로부터 전사된 mRNA를 제거하는 데 있어서 역할을 하는 것으로 가장 잘 알려져 있다. 하나는 정상, 나머지 하나는 질환을-일으키는 대립형질(allele)을 가진 이형접합체(heterozygotes)에서 NMD는 돌연변이 대립형질에서 암호화된 단백질을 제거할 수 있기 때문에 잠재적으로 독성인 효과를 방지한다. 2개의 질환을-일으키는 대립형질을 가진 동형접합체(homozygotes)에서 NMD는 매우 큰 해를 입증할 수 있는데, (약간의 활성을 가진 적이 자주 있는) 단축된 돌연변이 단백질의 생산을 방지하기 때문이다. 몇몇 생명공학 회사들이 비성숙 종결 코돈에 의한 질병을 치료하는 약품을 개발하고 있다. 그 방법은 이어맞추기 동안에 종결코돈을 가진 엑손이 건너뛰게 되거나(*exon skipping*이라 불림), NMD를 방해하거나, 혹은 리보솜이 PTC에서 번역을 종결하지 않고 읽혀서 번역되게 하는 것 등이다. 세 가지 형태의 약품 모두는 NMD에 의해 분해되는 전체 전령을 가진 것 대신에, 넌센스 코돈을 가진 RNA가 번역이 되어 약간의 기능을 가진 단백질로 만들어지도록 한다. 이런 약품의 존재하에서 돌연변이 유전자에서 만들어진 단백질은 비정상적으로 짧거나 혹은 비정상의 아미노산 서열을 가지고 있지만, 이것은 치명적인 질환으로부터 환자를 구제하기에 충분한 잔여 활성을 지니고 있을 수도 있다. 두 가지 약품이 개발 중에 있고 2014년에 임상시험을 시작하였는데, 에테플러센(eteplirsen)과 SRP-4053이다. 이들은 모두 돌연변이 유전자의 NMD를 피하기 위하여 근육영양실조증 유전자인 디스트로핀(dystrophin)에서 엑손 스키핑을 촉진한다.

NMD는 생물학적 진화에서 기회주의적인 성질의 또 다른 암시의 역할을 한다. 진화가 엑손 뒤섞임(191쪽)을 촉진하기 위해 인트론들의 존재를 "이용한(taken advantage)" 것과 마찬가지로, NMD는 이러한 유전자 삽입이 품질관리 기작을 확립하기 위해 제거되는 과정을 이용하였다. 그런 품질관리 기작은 오직 무결점 mRNA만이 번역될 수 있는 단계로 진행되도록 보장한다.

5.18 폴리리보솜

번역되고 있는 전령 RNA를 전자현미경으로 관찰하면, 많은 리보솜들이 mRNA 실의 길이를 따라 붙어 있는 것을 언제나 볼 수 있다. 리보솜들과 mRNA의 이러한 복합체를 **폴리리보솜(polyribosome)** 또는 **폴리솜(polysome)**이라고 한다(**그림 5.50a**). 각 리보솜은 개시코돈에서 소단위들로부터 처음으로 조립된 다음, 그 지점에서부터 mRNA의 3′끝을 향하여 종결코돈에 도달할 때까지 이동한다. 각 리보솜이 개시코돈으로부터 멀리 이동함에 따라, 또 다른 리보솜이 mRNA에 결합하고 번역 활성을 시작한다. 번역 개시가 일어나는 속도는 연구된 mRNA에 따라 다양하다. 즉, 일부의 mRNA는 다른 것보다 훨씬 더 높은 밀도로 결합된 리보솜들을 갖고 있다. 여러 개의 리보솜에 의한 동시적인 번역은 동일 mRNA의 세포에서의 단백질 합성 속도를 크게 증가시킨다. 동결전자현미경 단층촬영법(cryoelectron tomography, 18.16절)을 이용하는 최근의 연구들에 따르면, "유리(free) 상태의" (즉, 막에 결합되어 있지 않는) 폴리솜에 있는 리보솜들의 3차원적 배열과 방향성이 아주 고도로 질서정연함을 나타냈다. 이 기술로 만들어진 폴리솜의 모형이 그림 5.50*b*에 있다. 이 모형 폴리솜을 구성하는 리보솜들은 밀도 있게 꽉 들어 차있고 "2개의 열(double-row)"로 배열되어 있다. 더욱이, 각각의 리보솜들은 새로 합성되는 폴리펩티드(빨간색 또는 초록색 섬유들)가 세포질 쪽을 향한 바깥 표면에 위치하는 방향으로 배열되어 있다. 이런 방향성은 새로 합성되는 사슬들 사이의 거리를 최대화하고, 그래서 그 사슬들이 서로 상호작용할 가능성 그리고 아마도 응집될 가능성 등을 최소화하는 것으로 제안되었다. 그림 5.50*c*는 ER 막의 세포질쪽 표면에 결합된 폴리솜의 전자현미경 사진이다. 이 폴리솜들은 세포가 고정되었을 당시에 막 그리고/또는 소기관 단백질들의 합성에 참여하고 있었던 것으로 추정된다(473쪽). 각 폴리솜 내의 리보솜들은 ER 막의 표면에 원형 고리 또는 나선형으로 구성된 것으로 나타난다.

전사와 번역과정에서 일어나는 기본적인 일을 설명하였는데, 이제 원핵세포에서 두 과정을 보여주는 사진(**그림 5.51**)에 대한 설명으로 이 장을 마치려고 한다. 진핵세포에서, 전사는 핵 속에서 일어나며 번역은 많은 중간 단계를 거쳐 세포질에서 일어난다. 이와는 다르게, 세균세포에서는 그와 상응하는 활성들이 밀접하게 연결되어 있다. mRNA의 합성은 리보솜이 유전정보를 번역하면서 이동하는 것과 동일한 방향, 즉 5′끝에서 3′끝으로 진행된다. 결과적으로, RNA 분자가 생산되기 시작하자마자, 5′끝에 리보솜이 결합할 수 있

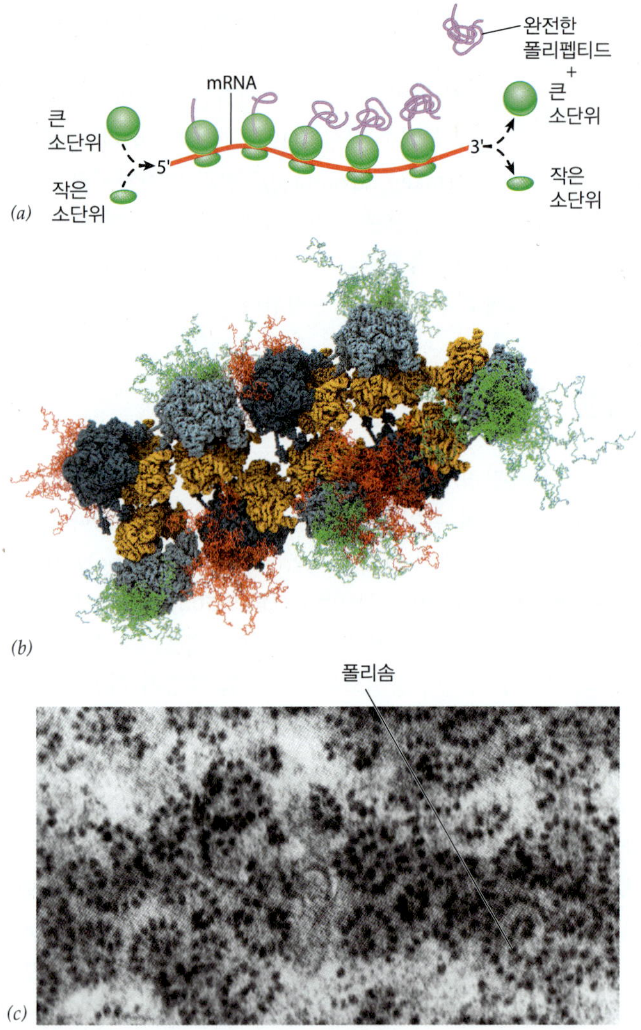

그림 5.50 폴리리보솜. (*a*) 폴리리보솜(폴리솜)의 개요도. (*b*) 이러한 3차원 모형은 시험관 속에서 번역되고 있는 세균 폴리리보솜을 동결전자현미경 단층촬영으로 만들어졌다. 단층사진을 얻기 위해, 재료를 −196°C에서 액체 에탄에서 유리모양으로 만들었다(얼음 결정의 형성 없이 유리와 같은 고체 얼음으로 얼렸다). 전자현미경 사진을 다양한 기울기 각도에서 촬영하여, 3차원 재구성을 만들기 위한 자료를 얻었다. (*c*) ER 주머니의 바깥 가장자리를 지나는 절단면의 전자현미경 사진. 리보솜들이 고리 및 나선형으로 배열되어서, 폴리솜을 형성하기 위해 리보솜들이 mRNA 분자에 부착되어 있음을 암시한다.

출처: (a–b) Florian Brandt et al., courtesy of Wolfgang Baumeister, *Cell* 136:267, 2009에서 발췌. Elsevier의 허가를 얻음; (c) Don W. Fawcett/Photo Researchers/Getty Images, Inc.

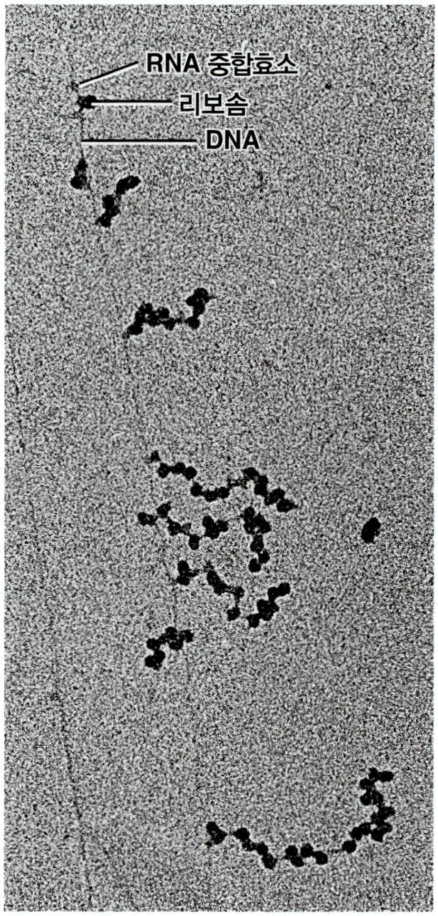

그림 5.51 전사와 번역의 시각화. 전사되는 대장균 염색체 부분의 전자현미경 사진. DNA는 사진의 길이를 따라 달리는 희미한 선으로 보이는 반면에, 새로 합성되는 mRNA 사슬의 한쪽 끝에 아마도 RNA 중합효소 분자가 부착되어 있는 것으로 보인다. 새로 합성되는 RNA와 결합된 입자들은 번역을 수행하는 리보솜들이다. 즉, 세균에서 전사와 번역은 동시에 일어난다. mRNA 분자는 개시자리로부터 거리가 증가함에 따라 길이가 증가한다.

출처: Oscar L. Miller, Jr., Barbara A. Hamkalo, and C. A. Thomas, *Science* 169:392, 1970에서 발췌; AAAS의 허가를 얻어 재인쇄함.

다. 그림 5.51*a*에 있는 전자현미경 사진은 전사되는 DNA, 새로 합성되고 있는 mRNA들, 새로운 mRNA들 각각을 번역하는 리보솜들 등을 보여 준다. 이 하나의 전자현미경 사진은 실제에서의 중심원리(central dogma) 전체를 보여준다.

인간 질병과의 연관성

RNA 간섭의 임상적 응용

약제 개발은 길고 어려운 과정이다. 제2장에서 논의되었듯이, 약제는 보통 질병에 관여하는 단백질을 억제함으로써 작용한다. 질병에 관여하는 단백질의 3차 구조를 사용하여 그 단백질을 특이적으로 억제하는 화학물질을 개발하는 것이 때로는 가능하다. 그러나 그림 2.51에서 논의된 글리벡(Gleevec)과 같은 성공에도 불구하고, 일반적으로 이런 접근은 매우 어려우며 실패하기 쉽다. 짧은 siRNA를 세포에 넣어줌으로써 특정 유전자의 발현을 감소시키는 능력을 가진, RNAi의 발견으로 치료제 개발의 다른 시도를 제안하게 되었다. 표적 단백질의 활성자리에 결합하여 그 단백질을 억제하는 작은 화학물질을 만드는 것 대신에, 효소를 암호화하는 유전자를 표적으로 하는 RNAi를 사용하여 잠재적으로 동일한 결과를 얻을 수 있다. 화학억제자가 그러듯이 이것은 효소활성을 낮출 것이다. 그러나 이 치료 물질은 설계하기가 훨씬 더 쉬워서, 유전자의 서열을 보는 것으로 할 수 있다. 설계하기 쉬운 것 이외에, siRNA는 약제 개발 노력의 골칫거리인 부정확한 영향(off-target effect)를 덜 겪는다. 특정한 한 가지 단백질을 억제하도록 설계된 약제가 우연히 한 가지 혹은 그 이상의 다른 단백질을 억제할 때, 부정확한 영향이 일어난다. 화학 약제는 작기 때문에 다른 단백질의 다양한 결합주머니에 꼭 들어맞기 쉽지만, 특정 표적에만 특이적 결합을 확인하는 것은 매우 어렵다. 부정확한 영향이 사람 환자를 임상 시험할 때까지 나타나지 않는 경우도 자주 있다. 이러한 특이성 결핍은 약제 개발 산업에서 심각한 문제이다. RNAi는 잠재적으로 훨씬 더 특이적이다. 왜냐하면 어떤 잠재적 siRNA도 특정 표적 유전자에만 상보적이고 다른 어떤 유전자에도 상보적이 아니라는 것을 전체 인간 유전체와 비교할 수 있기 때문이다. 이런 이유로 siRNA-기반 치료제 개발에 어마어마한 투자가 이뤄져 오고 있다.

인간 세포에서 RNAi 반응을 생산하는 두 가지 방법이 있다. 그 첫째는 합성된 siRNA 분자를 첨가하는 것이다. 세포들을 21~23 뉴클레오티드 (길이의) 합성된 siRNA와 함께 배양하면, 세포들이 이 분자를 흡수하여, 상보적인 mRNA를 공격하는 mRNA-절단 리보핵산 단백질 복합체(그림 5.35*a*에서처럼)와 결합된다. 두 번째 처리 방법은 세포를 DNA 구조(construct)를 역위반복(inverted repeat) 서열과 함께 숙주 세포 유전체 속으로 끼워넣을 수 있는 바이러스에 노출시키는 것이다. 유전자가 전사됨에 따라서, RNA 산물은 자신을 뒤로 맞접어서 머리핀(hairpin) 모양(예: 2중가닥)의 siRNA 전구체(그림 5.35*b*와 유사한)를 형성하며, 이 전구체는 활성을 가진 siRNA로 가공된다. 합성된 siRNA를 사용하는 것은 일시적인 효과를 가져 올 가능성이 있는데, 치료받는 상태에 따라 도움이 될 수도 있고 안 될 수도 있다. 이와 대조적으로, DNA를 세포의 유전체에 끼워넣는 바이러스 매개체를 사용하는 것은 1회의 사용으로 지속적인 치료 효과를 얻을 수 있는 잠재력이 있다. 불행하게도, 바이러스를 사용하는 것은 거대한 면역 반응을 유발할 수 있어서, RNAi-기반 치료를 운반하는 방법으로의 선호도가 떨어졌다.

모든 잠재적인 약제 기술과 마찬가지로, RNAi 치료제 개발의 첫 단계는 siRNA를 병에 걸린 환자나 실험동물 모델(예: 사람을 괴롭히는 것과 비슷한 병에 걸린 동물들)의 세포에서 실험되는 임상 전의 연구이다. 이런 임상 전의 연구들은 RNAi가 광범위한 질병 및 바이러스 감염을 치료할 것이라는 기대를 불러 일으켰다. 우리는 몇 가지의 사례를 고려할 수 있다. 위에서 언급한 대로, 암세포들은 일반적으로 암 표현형 생산을 담당하는 비정상 단백질을 암호화하는 1개 이상의 돌연변이 유발 유전자를 갖고 있다. 예를 들면, 백혈병의 한 유형은 2개의 정상 유전자의 융합으로 생긴 *BCR-ABL*라는 유전자에 의해 발생된다. *BCR-ABL* 융합유전자에서 생긴 mRNA에 저항하는 siRNA는 배양에서 악성 세포를 정상 표현형으로 전환시키 능력이 증명되었다. 마찬가지로, 확장된 CAG 트랙(tract)을 갖고 있는 유전자로 인해 헌팅턴 질환(Huntington's disease, 152쪽)이 발병된 형태일 때, 이 유전자에 대항하는 siRNA가 비정상인 단백질 생산을 차단하는 것을 보여주었다.

siRNA의 치료 가치를 조사하는 많은 임상 전의 연구는 바이러스성 감염에 집중하였다. 인플루엔자, HIV, 또는 간염 바이러스 서열에 상보적인 siRNA를 투여함으로써, 실험동물들은 이런 바이러스들에 의한 감염을 예방했거나 감염을 제거하였다. 에이즈의 경우, 환자로부터 정제한 줄기세포에 HIV를 암호화하는 mRNA를 표적으로 하는 siRNA를 가진 매개체(vector)를 형질주입시킨 다음에, 환자의 혈류로 다시 재주입될 수 있기를 기대한다. 이러한 줄기세포들은 siRNA를 다소 지속적으로 생성할 가능성이 있어서, 그 줄기세포 자신과 그의 후손 세포들이 바이러스에 의한 파괴에 저항하게 한다. 하지만, 바이러스 감염을 치료하기 위해서 RNAi를 사용하는 데에는 장애물들이 있다. RNAi의 특징은 장점과 불리한 점 모두 다 될 수 있는 놀라운 서열 특이성이다. 이런 병원균들이 급속히 돌연변이로 바뀌는 경향이 있기 때문에, 궁극적으로 RNAi는 바이러스에 대항하는 효력이 없는 것으로 증명될 수 있다. 돌연변이들은 유전체 서열의 변화를 일으켜서, 치료 siRNA에 대해 이미 완전히 상보적이지 않은 mRNA를 생산하도록 한다.

siRNA 기술은 이제 성장하고 있는 임상실험의 기초가 되고 있다. 환자에서 RNAi 치료제의 첫 번째 시험은 점진적 시력상실을 일으키는 노인 환자의 망막 뒤에 있는 혈관의 과도한 성장에 의한 **황반변성(macular degeneration)**의 형성을 대상으로 이루어졌다. 이러한 혈관의 과도한 성장은 성장인자인 VEGF의 생산에 의해 자극을 받는데, VEGF는 세포표면 수용체인 VEGFR1에 결합하여, 그의 효과를 유도한다. 임상시험에서, VEGF를 암호화하는 mRNA를 표적으로 하는 siRNA가 병에 걸린 환자의 눈에 직접 주입되었다. 이런 초기 임상실험은 siRNA는 유익한 효과가 있다는 것을 제시하였다. 그러나 후기 임상실험(phase III)은 결론을 지지하는 것을 실패하였고, 약제(Bevasiranib라고 하는)에 대한 작업은 중단되었다. 황반변성을 치료하던 초기에는 유망하였던 또 다른 siRNA인, ANG-745는 임상II기 실험에서 효력이 없다는 것이 발견되어 더 이상의 개발이 중단되었다. 황반변성과 또 다른 안과학의 질병들은 계속해서 siRNA 치료를 유망한 후보로 본다. 왜냐하면 siRNA 분자를 주사나 점안약으로 적용하는 것이 쉽기 때문이다.

또 다른 일련의 임상실험은 유아 입원의 일반적인 원인인 호흡기 바이러스인 RSV를 대상으로 하여 시작되었다. 이러한 실험에서, 성인 실험대상자들은 바이러스의 주요 단백질을 암호화하는 mRNA에 대응하도록 유도된 siRNA(ALN-RSV01이라고 하는)를 포함하는 연무질(에어로졸, aerosol)을 흡입한다. 초기 임상II 실험은 치료가 위험한 부작용을 유발하지 않고 바이러스 수준을 낮추는 데 효과적이라고 제안하였으나, 두 번째 임상II 실험은 실패하였고, 그 치료는 더 이상 연구되고 있지 않고 있다.

노화와 관련된 황반변성과 RSV 호흡 감염 등 이 두 가지 질환은 RNAi 치료의 국부적 적용으로 치료될 수 있는데, siRNA를 직접 세포에 쉽게 전달하도록 만든다. 실제로 눈, 폐, 피부는 접근이 쉬운 조직이라는 단순한 이유 때문에, 지금까지 개발된 siRNA 치료의 주요 표적으로 되어 왔다. 다른 조직이나 기관에 영향을 주는 질병은 병이 난 조직에 RNAi를 운반하는 어려움이 주요 장애물이다. 이런 어려움을 극복하기 위한 시도로써, 다양한 종류의 나노(nano) 크기의 입자들이 개

계속

발되었다. 즉, (1) siRNA에 결합하거나 또는 siRNA를 캡슐에 넣어서 (2) 혈류 속으로 주입한 다음에 siRNA가 적절한 조직이나 기관을 표적으로 삼도록 개발되었다. 그러한 나노입자는 혈류에 주입될 수 있고 신장과 간 같은 기관에 도달한다. 그러한 캡슐에 넣어진 나노입자(nanoparticle-encapsulated) siRNA 중 하나가 TKM-PLK1인데, 세포분열의 조절에 중요한 PLK1(polo-like kinase)라 불리는 효소를 표적으로 한다. 실험실 실험에서 PLK1 활성의 감소로 암세포에서 세포 죽음으로 이끌었고, 종양 성장이 감소할 수 있다(**그림 1**). 그러므로 PLK1는 siRNA-기반 암치료를 위한 유망한 표적으로 사용된다. TKM-PLK1 siRNA-나노입자는 신장에 닿도록 siRNA를 데리고 가고, 최근에는 신장(kidney) 근처에 있는 부신(adrenal gland) 세포에 영향을 주는 암인 ACC(adrenocortico carcinoma, 부신피질암종)의 치료를 위해 임상 II 시험에 평가되고 있다. Patisiran(파티시란)이라 불리는 또 다른 캡슐에 든 나노입자 siRNA는 ATTR(transthyretin mediated amyloidosis, 트란스타이레틴 매개하는 아밀로이드증)라 불리는 유전병을 치료하기 위하여 설계되었다. ATTR은 정상적인 비타민 A 수송에 관여하는 TTR(transthyretin, 트란스타이레틴) 단백질을 암호화하는 유전자의 돌연변이에 의해 발생한다. ATTR에서 돌연변이가 TTR 단백질을 부적절하게 접히게 하고, 단백질 엉킴(tangles)이 신경계와 심장에 축적하여 신경장애(neuropathy)와 심장병을 일으킨다. 파티시란 siRNA는 TTR 단백질을 표적하고 잘못 접힌 단백질의 정도를 줄이는 것을 목표로 단백질의 생산을 감소시킨다. 파티시란은 안전하다고 알려졌고, 임상 II 시험에서 유효하며, 지금은 임상 III 시험이 진행 중이다.

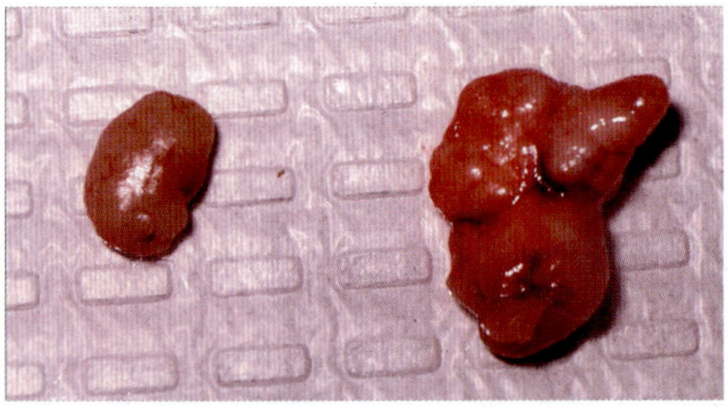

그림 1 암치료 표적으로서의 PLK1. 종양을 발생하기 쉬운 유전자돌연변이를 가진 세포들이 삽입된 생쥐로부터 얻은 종양. 왼쪽에 있는 종양은 PKL1의 억제자로 치료된 세포로부터 얻었는데, 오른쪽에 있는 치료받지 않은 종양과 비교하면 종양의 성장이 크게 감소되었음을 보여준다.

출처: Luo et al., Cell 137:835–848, 2009에서 발췌.

오늘날 30개 이상의 siRNA-기반 치료제가 임상시험에서 검사를 받았으며, 이들 중 많은 것은 여전히 진행 중이다. 아직까지 이들 치료제 중 한 가지도 환자에게 사용하는 것에 대해 FDA의 승인을 얻지 못하고 있지만, 그렇다고 해서 이 접근의 장래성이 사라진 것은 아니다. 고혈중콜레스테롤, 특정 암, 간염, 전 세계적인 유행성 독감(pandemic flu)과 다른 질병들을 목표로 siRNA의 임상적 실험이 계획되거나 진행 중에 있다. 여기에 설명된 연구들은 오랜 연구 과정에서 단지 시작단계에 불과하지만, RNA 간섭은 언젠가 다양한 장애에 대응하는 귀중한 치료전략이 될 것임을 강력하게 암시한다.

역사적 실험

촉매로서 RNA의 역할

1970년대를 거치면서 생화학과 분자생물학 분야의 연구 덕분에 우리는 단백질과 핵산의 역할에 대한 이해를 확실하게 할 수 있었다. 단백질들은 세포 속에서 여러 가지 일들을 일어나게 하는 물질이었으며, 효소는 생물체 속에서 화학 반응의 속도를 가속시키는 역할을 하는 물질이었다. 한편, 핵산은 세포 내의 정보 분자로서, 뉴클리오티드 서열 속에 유전적 명령을 저장하는 물질이었다. 단백질과 핵산 사이의 분업은 생명과학 안에서 그어지는 어떤 구분과 마찬가지로 분명히 구분되는 것 같았다. 그 후 1981년에 한 논문이 출간되면서 이와 같은 구분이 불분명하게 되기 시작하였다.[1]

콜로라도대학교의 토마스 체크(Thomas Cech)와 그의 동료들은 섬모를 가진 원생동물인 테트라하이메나(*Tetrahymena thermophila*)에 의해 합성된 리보솜 RNA의 전구물질(pre-rRNA)이 성숙한 rRNA 분자로 변환되는 과정을 연구해 오고 있었다. 테트라하이메나의 pre-rRNA는 약 400개의 뉴클리오티드로 이루어진 인트론을 포함하는데, 이 인트론은 이웃하는 부분들이 서로 연결되기 전에 1차 전사물로부터 절단되어야 한다.

Cech는 세포로부터 분리된 핵들이 pre-rRNA를 합성할 수 있으며 전체 이어맞추기 반응을 수행할 수 있다는 것을 이미 발견했다. 이어맞추기하는 효소들은 어떤 유형의 세포들로부터 아직 분리되지 않았으며, 테트라하이메나가 이 효소들을 연구하기에 좋은 대상일 수 있을 것 같았다. 첫 번째 단계는 완전한 상태에서 pre-rRNA를 분리하고, 정확한 이어맞추기를 얻기 위해 반응 혼합물에 첨가해야 하는 핵의 최소 구성요소를 결정하는 것이었다. 분리된 핵이 저농도의 1가 양이온(5 mM NH_4^+)을 포함하는 배지 속에서 배양되었을 때, pre-rRNA 분자는 합성되었지만 인트론은 제거되지 않았다는 것이 밝혀졌다. 이것으로 인해 연구자들은 온전한 전구물질을 정제할 수 있게 되었으며, 연구자들은 이 온전한 전구체를 핵의 추출물에서 이어맞추기(splicing) 활성을 분석하기 위한 기질로 사용하고자 하였다. 그러나 그들은 정제된 전구물질이 Mg^{2+}와 구아노신 인산(guanosine phosphate)(예: GMP 또는 GTP 등의)의 존재 하에 고농도의 NH_4^+에서 단독으로 배양되었을 때, 인트론이

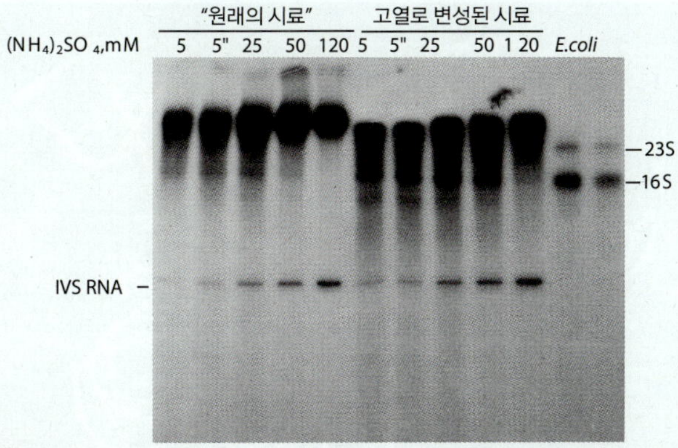

그림 1 **서로 다른 황화암모니움[$(NH_4)_2SO_4$] 농도에서 전사된 후, ^{32}P로 표지된 테트라하이메나속(*Tetrahymena*) 원생동물의 정제된 리보솜 RNA가 폴리아크릴아마이드 젤 전기영동에 의해 분석되었다.** 맨 위의 숫자들은 황화암모니움의 농도를 나타낸다. 그림에는 두 무리의 표본들이 제시되어 있는데, 하나는 “원래의 시료(native)”이고, 다른 하나는 열로 변성시킨 것이다. 열로 변성시킨 표본은 상보적인 염기들 사이의 수소 결합으로 붙어있을 수 있는 분자들을 분리시키기 위해 완충액에서 5분 동안 끓인 뒤 얼음 위에서 냉각시켰다. 오른쪽 2개의 세로 행은 세균의 16S 및 23S rRNA들이 포함되어 있는데, 이들은 크기가 알려져 있어서 젤에서 다른 띠(band)와 비교할 수 있는 표지(marker)로 사용될 수 있다. 띠들의 위치로부터 판단할 때, 황화암모니움의 농도가 높아짐에 따라서 작은 RNA의 존재는 분리된 인트론[IVS, 개재서열(intervening sequence)]과 같은 크기로 나타난다. 이러한 자료는 rRNA가 다른 추가적인 요소들의 도움 없이 인트론을 잘라낼 수 있었다는 최초의 암시이다.

출처: T. R. Cech et al., *Cell* 27:488, 1981에서 발췌. Elsevier의 허가를 얻음.

전구체로부터 이어맞추기 되었다는 것을 발견하였다(**그림 1**).[1] 뉴클리오티드-서열 분석에 의해서, 전구체로부터 절단된 작은 RNA가 그 5′끝에 구아닌-함유 뉴클리오티드가 첨가된 인트론이었음이 확인되었다. 첨가된 뉴클리오티드는 반응 혼합물에 첨가되었던 GTP로부터 유래된 것으로 밝혀졌다.

하나의 인트론을 이어맞추기하는 것은 그 인트론에 접한 서열을 인식하여, 그 인트론의 양쪽에 있는 포스포디에스테르(phosphodiester) 결합을 자르고, 인접한 조각들을 연결해야 하는 복잡한 반응이다. 연구자들은 RNA가 이어맞추기를 수행할 능력이 있는지를 시험하기 전에, RNA에 달라붙을 수도 있는 단백질을 제거하기 위해 모든 노력을 기울였다. RNA는 세제-페놀과 함께 추출되었고, 기울기를 통해 원심분리되었으며, 단백질분해효소로 처리되었다. 합리적인 설명은 두 가지 밖에 없었다. 한 가지는 이어맞추기가 RNA에 아주 단단히 결합된 어느 단백질에 의해 수행다는 것이고, 다른 한 가지는 pre-rRNA 분자가 스스로를 이어맞추기 할 능력이 있었다는 것이다. 그렇지만 두 번째 설명은 받아들이기가 쉽지 않았다.

단백질 오염물질의 존재에 대한 의문을 해결하기 위해, Cech와 동료들은 핵의 이어맞추기 단백질을 어쩌면 갖고 있을 수 없는 인공시스템을 이용하였다.[2] 그들은 rRNA 전구체를 암호화하는 DNA를 대장균 안에서 합성하여 정제하였으며, 정제된 세균 RNA 중합효소에 의해 시험관 속에서 전사를 위한 주형으로 사용하였다. 그런 다음, 그들은 시험관 속에서 합성된 pre-rRNA를 정제하였고, 1가 및 2가 이온들 그리고 구아노신 복합체의 존재 하에 단독으로 배양하였다. 그 RNA는 세포 안에 있었던 적이 없으므로, 세포의 이어맞추기 효소에 의해 오염될 수 없었을 것이다. 그러나 분리된 pre-rRNA는 그 세포 안에서 정확한 이어맞추기 반응 과정을 겪었다. 이는 그 RNA가 스스로 이어맞추기 했음에 틀림없다.

이런 실험 결과, RNA는 복잡한 다단계 반응을 촉매할 수 있다는 것을 보여주었다. 계산을 해보면, 그 반응은 비촉매 반응 속도의 약 100억배나 촉진되었다. 그래서 단백질효소와 마찬가지로, RNA는 작은 농도에서 활동적이며, 화학반응을 대단히 빨리 가속시킬 수 있었다. 이러한 RNA와 “표준 단백질성 효소들(standard proteinaceous enzymes)” 사이의 주된 차이는, RNA가 독립적인 기질에 대해서보다 자신에게 작용했다는 것이다. Cech는 이 RNA를 “리보자임(ribozyme)”이라고 하였다.

1983년에 RNA의 촉매작용과 관련이 없는 두 번째의 예가 발견되었다.[3] 예일대학교(Yale University)의 시드니 알트만(Sidney Altman)과 덴버에 있는 국립유대인병원(National Jewish Hospital)의 노만 페이스(Norman Pace)는 세균에서 운반 RNA 전구체의 가공에 관여되어 있는 효소인 리보핵산가수분해효소(ribonucelase) P에 관하여 공동 연구를 하고 있었다. 이 효소는 단백질 및 RNA 모두로 구성되어 있다는 점에서 특이하였다. 고농도(60mM)의 Mg^{2+}를 함유하는 완충제에서 항온처리 되었을 때, 정제된 RNA 소단위(subunit)는 전체 리보핵산가수분해효소 P 분자가 세포 내에서 했던 것과 똑같이 tRNA 전구체의 5′끝을 제거할 수 있음이 밝혀졌다(**그림 2**, 7번 열). 시험관 속 반응에 의한 반응 산물은 가공된 성숙한 tRNA 분자를 포함하였다. 이와 대조적으로, 이 효소의 분리된 단백질 소단위는 촉매작용을 하지 않았다(그림 2, 5번 열).

단백질 오염물질이 반응을 실제로 촉매하고 있었을 가능성을 제거하기 위해, 리보핵산가수분해효소 P의 RNA 부분을 재조합된 DNA 주형으로부터 시험관 속에서 합성하였다. 세균 세포로부터 추출되었던 RNA와 마찬가지로, 어떤 단백질도 첨가되지 않은 이러한 인공적으로 합성된 RNA는 tRNA 전구체를 정확하게 절단할 수 있었다.[4] Cech에 의해 연구된 rRNA 가공 효소와는 다르게, 리보핵산가수분해효소 P의 RNA는 그 자신에 대해서가 아니라 다른 분자에 대해 기질로 작용하였다. 그래서 리보자임이 단백질성 효소와 동일한 촉매 특성을 갖고 있음이 입증되었다. 리보핵산가수분해효소 P의 촉매작용하는 RNA 소단위와 전구체 tRNA 기질 사이의 상호작용하는 모형이 **그림 3**에 제시되어 있다.

RNA가 화학반응에 촉매 역할을 할 수 있었다는 것이 증명됨으로써 예전의 질문을 재검토할 적절한 분위기가 조성되었다. 리보솜에서 큰 소단위의 어떤 구성요소가 펩티드기 전달효소, 즉 펩티드 결합 형성의 촉매제인가? 1970년대 동안에 몇 개의 독자적인 발견에 의해, 리보솜 RNA가 단순히 리보솜 단백질들이 적당한 위치에 자리 잡게 하는 뼈대 역할을 하여 번역을 촉매하는 것 이상의 일을 할 수도 있다는 가능성이 제기되었다. 그 증거에는 다음과 같은 유형의 자료들이 포함된다. 즉,

1. 대장균의 특정 균주는 콜리신(colicin)이라는 세균을 죽이는 단백질을 암호화하는 유전자를 갖고 있다. 이 독성물질 중의 하나인 콜리신 E3는 민감한 세균세포에서 단백질 합성을 저해하는 것으로 알려졌다. 콜리신 E3로 처리된 세포로부터 분리된 리보솜은 대부분의 기준에 의하면 완벽하게 정상으로 나타났지만, 시험관 속에서는 단백질 합성을 수행할 수 없었다. 그런 리보솜에 대한 추가분석을 통해서, 리보솜 단백질이 아니라 rRNA에 결함이 있다는 것이 밝혀졌다. 콜리신에 의해서, 리보솜 소단위의 16S RNA는 3′끝으로부터 약 50개의 뉴클리오티드가 절단되는데, 그것은 전체 소단위가 단백질 합성을 수행할 수 없게 만든다.[5]

계속

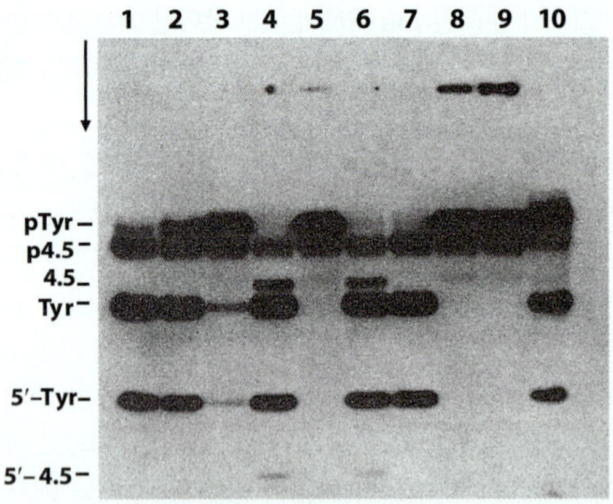

그림 2 티로시닐(tyrosinyl)-tRNA의 전구체(pTyr) 및 4.5S RNA(p4.5)라고 하는 또 다른 RNA의 전구체를 함유하는 반응 혼합물의 폴리아크릴아마이드 젤 전기영동 결과. 우리는 pTyr에만 초점을 맞출 것인데, 이 pTyr는 보통 리보핵산가수분해효소 P에 의해 2개의 RNA 분자인 Tyr 및 5′-Tyr(전구체의 5′ 끝임)으로 가공된다. 전기영동하는 동안 이동하는 이 3개의 위치들은 젤의 왼쪽에 표시되어 있다. 1번 행은 pTyr(및 p4.5)가 완전한 리보핵산가수분해효소 P와 함께 항온 처리되었을 때, 반응혼합물에서 나타나는 RNA들을 보여준다. 그 혼합물에는 pTyr이 거의 남아있지 않다. 즉, pTyr는 2개의 생성물(Tyr와 5′-Tyr)로 전환되었다. 5번 행은 pTyr가 리보핵산가수분해효소 P의 정제된 단백질 성분과 함께 항온 처리되었을 때, 반응혼합물에서 나타나는 RNA들을 보여준다. 그 단백질은 tRNA 전구체를 절단할 수 없음을 보여주는데, 그 이유는 2개의 생성물이 이동할 띠가 없다는 것으로 증명되기 때문이다. 이와는 대조적으로, pTyr가 리보핵산가수분해효소 P의 정제된 RNA 성분(7번 행)과 함께 항온 처리되었을 때, 이 pTyr는 마치 온전한 리보핵단백질이 사용된 것처럼 효과적으로 가공되었다.

출처: Cecilia Guerrier-Tokada et al., *Cell* 35:850, 1983에서 발췌. Elsevier의 허가를 얻음.

2. 접근하기 쉬운 RNA 뉴클리오티드들 사이의 결합을 자르는 효소인 리보핵산가수분해효소 T_1로 리보솜 큰 소단위를 처리하였을 때, 펩티드기 전달효소 반응을 수행하기 위한 이 큰 소단위의 능력이 상실되었다.[6]
3. 클로람페니콜(chloramphenicol), 카보마이신(carbomycin), 에리트로마이신(erythromycin) 등을 비롯한 펩티드 결합 형성을 방해하는 항생제들에 대한 광범위한 연구들은 이 약제들이 단백질이 아니라 리보솜 RNA에 작용함을 암시하였다. 예로써, 리보솜은 리보솜 RNA에 있는 염기들의 치환 결과로 클로람페니콜의 효과에 대한 저항력을 갖게 된다는 것이 발견되었다.[7]
4. 리보솜 RNA는 리보솜 단백질의 아미노산 서열보다 훨씬 더 고도로 보존된 염기서열을 갖고 있는 것으로 밝혀졌다. 리보솜 RNA의 일부 부위는 원핵생물, 식물, 동물 등으로부터 분리된 리보솜은 물론, 미토콘드리아와 엽록체로부터 분리된 리보솜에서도 거의 변화되지 않았다. rRNA 서열이 아주 고도로 보존되어 있다는 사실은 이 분자들이 리보솜의 기능에 핵심 역할을 한다는 것을 나타낸다.[8,9] 사실, 1975년 우즈(C. R. Woese)와 그의 동료들이 발표한 논문은 "이들 보존된 부위들 그리고 이미 알려져 있는 리보솜 단백질 결합 부위들 사이에 상관관계가 거의 없기 때문에, RNA의 넓은 영역이 리보솜의 기능에 직접적으로 관여되어 있다는 것은 시사하는 바가 크다"

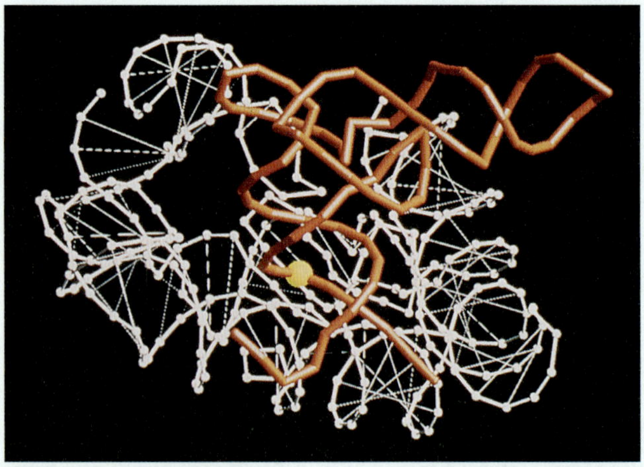

그림 3 세균 리보핵산가수분해효소 P의 촉매작용을 하는 RNA 소단위의 일부(하얀색)와 그에 결합된 기질인 전구체 tRNA(빨간색)의 분자모형. 전구체 tRNA에서 리보자임에 의한 절단이 일어나는 자리는 노란색 공으로 표시되어 있다. 사람 미토콘드리아에 있는 RNase P가 촉매 활성에 RNA 요소를 필요로 하지 않는 단백질 효소라는 것은 흥미롭다. 이 미토콘드리아 RNase P 효소는 고대 RNA로부터 단백질에 의해 촉매 활성이 진화적으로 인수된 예일 것이라고 생각된다.

출처: Michael E. Harris and Norman R. Pace 제공.

고 기술하고 있다.[8]

Cech와 Altman의 실험실들에서 촉매작용하는 RNA를 발견한 이후, 리보솜 RNA의 역할에 대한 연구가 가속되었다. 캘리포니아대학교 산타크루즈 분교(University of California, Santa Cruz)의 해리 놀러(Harry Noller)와 그의 동료들에 의한 연구는 펩티드기 전달효소 중앙부 속 또는 주변에 있는 리보솜 RNA의 위치를 정확히 짚어냈다.[9] 한 연구에서, 리보솜에 결합된 운반 RNA가 특수 화학약품에 의한 공격으로부터 (리보솜) 큰 소단위의 rRNA에 있는 특정 염기들을 방어한다는 것이 밝혀졌다. 화학적 공격으로부터 방어된다는 것은 tRNA가 방어된 rRNA 염기들에 아주 가까이 놓여 있어야 한다는 증거이다.[10] tRNA의 3′끝(아미노산에 결합된 CCA를 가진 끝)이 제거되면, 방어작용은 일어나지 않는다. 이것이 펩티드 결합 형성에 관련된 tRNA의 말단인데, 펩티드기 전달효소 자리에 가까이 위치하는 것으로 예상된다.

분리된 리보솜 RNA가 특별한 기능을 가진 것으로 생각하려는 시도는 항상 실패로 끝났다. 비록 리보솜 RNA가 특정한 기능을 가졌다하더라도, 리보솜 단백질의 존재는 rRNA를 적절한 입체구조로 유지하기 위해 가장 필요할 것 같다고 추정되었다. 리보솜 단백질과 rRNA가 수십억 년 동안 서로 진화해 온 것을 고려할 때, 두 분자는 서로 의존적일 것으로 예상된다. 이러한 기대에도 불구하고, 정제된 rRNA의 촉매력은 마침내 Noller와 공동연구자들에 의해 1992년에 증명되었다.[11] 고온에서 사는 세균인, 쎄르무스 아쿠아티쿠스(*Thermus aquaticus*)의 특히 안정적인 리보솜으로 실험할 때, Noller는 리보솜 큰 소단위를 단백질-추출 세제(SDS), 단백질-분해 효소(proteinase K), 몇 번에 걸친 페놀(phenol, 단백질 변성제)로 처리하여 준비하였다. 이 약제들 모두는 적어도 리보솜 소단위에서 단백질의 95%를 제거하고, rRNA를 남겼다. rRNA와 결합되어 남아 있는 5%의 단백질 대부분은 리보솜 단백질의 작은 부분들로 이뤄진 것으로 확인되었다. 거의 모든 단백질이 제거되었음에도 불구하고, 아직 rRNA는 완전한 소단위의 펩티드기 전달효소 활성의 80%를 간직하고 있었다. 그 촉매 활성은 리보핵산가수분해효소의 처리와 클로람페니콜에 의해 차단되었다. 남아 있는 소량의 단백질을 제거하기 위해 RNA를 추가로 처리하였을 때, 그 준비물은 촉매 활성을 상실하였다. 남아 있는 단백질이 어떤 촉매적 중요성을 갖고 있을 가능성이 없기 때문에, 펩티드기 전달효소가 리보자임을 증명했던 이 실험들은 일반적인 동의를 얻고 있다.

이 결론에 대한 최종 확증은 X-선 결정학 연구에서 얻은 결과를 기다렸다. 리보솜 소단위들의 복잡성으로부터 예상되는 바와 같이, 그러한 입자를 고질의 결정으로 얻는 것은 매우 어려운 시도였다. 이 분야에서의 가장 큰 성공은 이스라엘의 와이즈만연구소(Weizman Institute)에 있는 아다 요나스(Ada Yonath)와 동료들에 의해 이뤄졌다. 이들은 고온과 고염도의 물에서 사는 원생생물인 고극성균(extremophiles)으로부터 준비된 리보솜을 사용하였다는 것이 밝혀졌다. 리보솜 소단위의 X-선 결정학적 분석에서의 노력은 고분해 결정구조에 대한 결과들이 2000년에 게재되면서 최종적으로 끝이 났다.(1) 예일대학교의 토마스 스타이츠(Thomas Steitz), 피터 무어(Peter Moore), 그리고 그들의 동료들[12]은 사해(Dead Sea)에 사는 고세균인 할로아르쿨라 마리스모르투이(*Haloarcula marismortui*)의 리보솜 큰 소단위와 (2) 캠브리지대학교의 벤카트라만 라마크리슈난(Venkatraman Ramakrishnan)과 동료들[13] 및 독일과 이스라엘에 있는 아다 요나스(Ada Yonath)와 동료들[14]은 호열성 세균인 쎄르무스 쎄르모필러스(*Thermus thermophilus*)의 30S 소단위를 대상으로 연구하였다. 이제는 세균세포와 진핵생물의 리보솜 전체의 고분해 구조가 가능한데, 이것은 번역 과정의 서로 다른 단계에서 결정되는 리보솜-기질에서의 역동적인 변화를 허락한다.[15] 이 구조들이 해결되고 난 후의 핵심 질문은 리보솜 단백질의 어떤 아미노산이 펩티드 전달 반응을 촉매하기 위해 위치하고 있는가 하는 것이었다. 리보솜 큰 소단위 내의 펩티드기 전달효소를 확인하기 위하여, Steitz와 동료들은 이 소단위의 결정을 펩티드기 전달효소 활성자리에 단단히 결합하여 펩티드 결합 형성을 저해하는 물질인 CCdA-인산-퓨로마이신(puromycin)에 담갔다. 원자 분해능(atomic resolution) 수준에서 이 소단위의 구조를 확인한 결과, 결합된 저해제의 위치 및 펩티드기 전달효소 활성자리의 위치 등이 밝혀졌다.[16] 놀랍게도 이 연구에서 활성자리 저해제는 소단위의 갈라진 틈 안에서 결합된 것이 발견되었다. 이곳은 23S rRNA의 보존된 뉴클레오티드 잔기들에 의해 완전히 둘러 싸여 있다. 사실, 하나의 펩티드 결합이 합성되는 자리에서 약 18 Å 이내에는 리보솜 단백질의 단일 아미노산 곁사슬이 없다. 이 결과로 보아, 리보솜이 리보자임이라는 결론을 주장하는 것은 어쩌면 어려운 것 같다. 그러나 분자생물학의 많은 다른 예에서와 같이, 최종적인 결론에 도달하는 것에 조심해야 할 것 같다. 펩티드기 전달 부위 근처에 위치한 23S rRNA 뉴클레오티드 전체를 조심스럽게 돌연변이 유발 연구를 결과, 촉매작용에 강한 영향을 보이는 것은 실패했는데, 이는 23S RNA가 촉매반응에 직접 참여하는 것은 아니라는 것을 제안한 것으로, 이 결론은 분자 모델 분석에 의해 지지를 받는다.[17] 리보솜 단백질도 리보솜 RNA도 촉매반응에 직접 참여하지 않는다면, 무엇이 참여할까? P자리 tRNA의 A76잔기(CCA 모티브에 포함된 사슬의 마지막 잔기)의 2′-OH 그룹은 A자리 아미노아실 tRNA의 알파 아민 그룹에 매우 가까이 위치하며, 실험에서 A76잔기는 2′-deoxy 유도체와 대체되었는데, 이것은 이 잔기가 중요한 촉매적 역할을 한다는 것을 제시한다.[18] 23S rRNA 잔기는 더 나은 촉매반응을 위해 기질의 위치정하기에 두드러진 역할을 하는 것으로 보이는데[17], 리보솜은 RNA-기본의 작업대로, 즉, 그 위에서 tRNA는 펩티드 결합 형성을 촉매할 수 있다고 여겨진다. A76 2′-OH의 역할을 보여주는 실험에서의 초기에 혼돈된 양상은 정상과 2′-deoxy A76 사이의 펩티드 전달 효능에서의 차이는 —OH 그룹의 단순한 화학적 촉매 효능에서 예상되는 것보다 훨씬 더 크다는 것이었다. 이 역설은 tRNA의 A76잔기의 2′-OH가 리보솜 RNA 활성자리의 형태를 안정화시키는 데 역할을 한다는 발견으로 해결되었다. 따라서, A76을 2′-deoxy 유도체로 대체하여 생기는 효과는 적어도 리보솜의 펩티드 전달 부위의 형태가 불안정해지기 때문에 일어난다.[19]

참고문헌

1. CHECH, T.R., ZAUG, A.J., & GRABOWSKI, P.J. 1981. In vitro splicing of the ribosomal RNA precursor of *Tetrahymena*. *Cell* 27:487–496.
2. KRUGER, K. ET AL. 1982. Self-splicing RNA : Autoexcision and autocyclization of the ribosomal RNA intervening sequence of *Tetrahymena*. *Cell* 31:147–157.
3. GUERRIER-TOKADA, C. ET AL. 1983. The RNA moiety of ribonuclease P is the catalytic subunit of the enzyme. *Cell* 35:849–857.
4. GUERRIER-TOKADA, C. ET AL. 1984. Catalytic activity of an RNA molecule prepared by transcription in vitro. *Science* 223:285–286.
5. BOWMAN, C.M. ET AL. 1971. Specific inactivation of 16S ribosomal RNA produced by colicin E3 in vivo. *Proc. Nat'l. Acad. Sci. USA.* 68:964–968.
6. CERNA, J., RYCHLIK, I., & JONAK, J. 1975. Peptidyl transferase activity of Escherichia coli ribosomes digested by ribonuclease T1. *Eur. J. Biochem.* 34:551–556.
7. KEARSEY, S. & CRAIG, I. W. 1981. Altered ribosomal RNA genes in mitochondria from mammalian cells with chloramphenicol resistance. *Nature* 290:607–608.
8. WOESE, C. R. ET AL. 1975. Conservation of primary structure in 16S ribosomal RNA. *Nature* 254:83–86.
9. NOLLER, H. F. & WOESE, C. R. 1981. Secondary structure of 16S ribosomal RNA. *Science* 212:403–411.
10. MOAZED, D. & NOLLER, H. F. 1989. Interaction of tRNA with 23S rRNA in the ribosomal A, P, and E sites. *Cell* 57:585–597.
11. NOLLER, H. F., HOFFARTH, V., & ZIMNIAK, L. 1992. Unusual resistance of peptidyl transferase to protein extraction procedures. *Science* 256:1416–1419.
12. Ban, N. et al. 2000. The complete atomic structure of the large ribosomal unit at 2.4A solution. *Science* 289:905–920.
13. Wimberly, B. T. et al. 2000 Structure of the 30S ribosomal subunit. Nature 407: 327–339.
14. Schluenzen, F. et al. 2000. Structure of functionally activated small ribosomal subunit at 3.3A solution. *Cell* 102: 615–623.
15. Ramakrishnan, V. 2014. The ribosome emerge from black box. *Cell* 159: 979–984.
16. NISSEN, P. ET AL. 2000. The structural basis of ribosome activity in peptide bond synthesis. *Science* 289:920–930.
17. Leung, E. K. Y. et al. 2011. The mechanism of peptidyl transfer catalysis by the ribosome. *Annu. Rev. Biochem.* 80: 527–555.
18. Weinger, J. S. et al. 2004. Sustrate-assisted catalysis of peptide bond formation by the ribosome. *Nat. Struct. Mol. Biol.* 11: 1101–6.
19. Zaher, H. S. et al. 2011 The 2′-OH group of the peptidyl-tRNA stabilizes an active conformation of the ribosomal PTC. EMBO J. 30: 2445–2453.

요 약

유전자와 단백질 사이의 관계에 대한 우리의 이해는 많은 주요 관찰 결과에 의해 얻어졌다. 최초의 중요한 관찰은 Garrod에 의해 이루어졌는데, 그는 유전적 물질대사 질환으로 고생하는 환자들이 특정 효소를 갖고 있지 않았다고 결론지었다. 그 후, Beadle과 Tatum이 붉은빵곰팡이속(*Neurospora*) 곰팡이의 유전자에서 돌연변이를 유도하였으며, 그 영향을 받던 특정 물질대사 반응을 확인하였다. 이 연구들은 "1유전자-1효소"의 개념에 이르렀고, 이어서 더 정밀하게 바뀐 "1유전자-1폴리펩티드 사슬"의 개념에 도달하였다. (166쪽)

유전자 발현에서 첫 번째 단계는 RNA 중합효소에 의한 DNA 주형가닥의 전사이다. 중합효소 분자는 프로모터(promotor) 부위에 결합하여 DNA 상의 적절한 자리로 향하게 되는데, 프로모터 부위는 거의 모든 경우에 전사가 시작되는 자리로부터 바로 상류에 위치한다. 중합효소는 DNA 주형가닥을 따라 3′에서 5′ 방향으로 이동하여, 5′에서 3′ 방향으로 자라는 (주형가닥에) 상보적이고 역평행한 RNA 가닥을 조립하게 된다. 5′에서 3′ 방향을 따라 이동하는 각 단계에서, 중합효소는 리보뉴클레오티드 삼인산(NTP)이 뉴클레오시드 일인산으로 가수분해되어 결합되는 반응을 촉매한다. 이 반응은 방출된 피로인산염의 가수분해에 의해 더욱 더 진행된다. 원핵세포는 한 가지 유형의 RNA 중합효소를 갖고 있는데, 이 효소는 유전자들이 전사되는 것을 결정하는 서로 다른 다양한 시그마 인자들과 결합할 수 있다. 전사가 시작되는 자리는 개시자리로부터 약 10개의 염기 상류에 위치한 뉴클레오티드 서열에 의해 결정된다. (171쪽)

진핵세포는 세 가지 별도의 RNA 중합효소들(I, II, III)을 갖고 있으며, 이 효소들 각각은 서로 다른 무리의 RNA 합성을 담당한다. 세포가 갖고 있는 RNA의 약 80%는 리보솜 RNA(rRNA)이다. 리보솜 RNA(5S 종류를 제외한)는 RNA 중합효소 I에 의해 합성되며, 운반 RNA 및 5S rRNA는 RNA 중합효소 III에 의해 합성되고, mRNA는 RNA 중합효소 II에 의해 합성된다. 세 가지 유형의 RNA들 모두 최종 RNA 산물보다 더 긴 1차 전사물로부터 유래된다. RNA 가공은 다양한 소형핵 RNA(snRNA)들을 필요로 한다. (173쪽)

네 가지의 rRNA들 중에서 세 가지(5.8S, 18S, 28S rRNA)는 인 속에 위치하는 DNA(rDNA)로 구성된 단일 전사단위로부터 합성되며, 이 RNA들은 인에서 일어나는 일련의 반응에 의해 가공된다. 양서류 난모세포로부터 얻은 인을 흩어지게 하여 활발하게 전사되는 rDNA를 밝힐 수 있는데, 이런 rDNA는 "크리스마스 나무"들 모양이 연결되어 사슬과 같은 형태를 이루고 있었다. 그 나무들의 각각은 전사단위이며, 그 가지가 작을수록 더 짧은 RNA를 나타낸다. RNA의 길이가 짧을수록 전사의 더 이른 시기, 즉 RNA 합성이 시작된 자리에 더 가까이 있다. 이 복합체를 분석했을 때, rRNA 유전자들의 직렬 배열, 전사단위를 분리시키는 비전사된 부위의 존재, 그리고 전사물의 가공에 관여하는 결합된 리보핵산단백질(RNP) 입자의 존재 등이 밝혀졌다. rRNA 가공의 단계들이 배양된 포유동물 세포를 [^{14}C]메티오닌과 같이 표지된 전구체에 노출시켜서 연구되었다. [^{14}C]메티오닌의 메틸기는 pre-rRNA에 있는 몇 개의 뉴클레오티드에 전달된다. 메틸기가 존재함으로써, RNA 상의 특정 자리가 핵산가수분해효소에 의해 절단되는 것으로부터 보호되며 RNA 분자의 접힘을 돕는다고 생각된다. 45S 1차 전사물의 약 반 정도는 세 가지의 성숙한 rRNA 산물들이 형성되는 과정에서 제거된다. 또한 인은 두 가지 리보솜 소단위들의 조립이 이뤄지는 장소이다. (174쪽)

빠르게 표지된 RNA들의 동적인 연구에 의해, mRNA가 훨씬 더 큰 전구체로부터 유래된다는 것이 처음으로 제안되었다. 진핵세포가 [^{3}H]유리딘이나 다른 표지된 RNA 전구체에서 1분 내지 몇 분 동안 배양되면, 그 표지의 대부분은 아주 큰 분자량을 가진 한 무리의 RNA 분자들 그리고 핵에 제한되어 있는 다양한 뉴클레오티드 서열 등에 결합된다. 이 RNA들을 이질핵 RNA(또는 hnRNA)라고 한다. [^{3}H]유리딘과 함께 짧게 배양된 세포들을 표지되지 않은 전구체들이 들어 있는 배지에서 1시간 또는 그 이상 추적하였을 때, 방사성은 보다 작은 세포질 mRNA에서 나타난다. 이런 증거 그리고 hnRNA와 mRNA 모두에서 5′ 모자와 3′ 폴리(A) 꼬리가 존재한다는 것과 같은 다른 증거 등은 hnRNA가 mRNA의 전구체였다는 결론에 이르게 하였다. (178쪽)

pre-mRNA는 몇 가지의 일반전사인자들과 함께 RNA 중합효소 II에 의해 합성된다. 이 일반전사인자들은 이 중합효소가 적절한 DNA자리를 인식하여 적절한 뉴클레오티드에서 전사를 시작하도록 한다. 많은 유전자에서, 프로모터는 TATA 상자를 포함하고 있는 부위에서 전사개시 자리로부터 상류에 위치한다. TATA 상자는 TATA-결합 단백질(TBP)에 의해 인식되는데, TBP가 DNA에 결합함으로써 개시전 복합체의 조립을 시작한다. RNA 중합효소 부분이 인산화됨으로써, 중합효소가 이탈되어 전사가 시작되게 한다. (179쪽)

우리의 유전자에 대한 개념에 있어서 가장 중요한 변화 중의 하나는, 1970년 후반에, 한 유전자의 암호화 부위들이 연속적인 뉴클레오티드 서열을 형성하지 않는다는 발견과 함께 이루어졌다. 이런 점에서, 첫 번째 관찰은 아데노바이러스(adenovirus) 유전체 전사의 연구에 관하여 이루어졌다. 이 연구에서, 몇 개의 서로 다른 전령 RNA들의 말단 부위가 DNA에서 다수의 불연속 부분들에 의해 암호화된 것과 동일한 뉴클레오티드 서열로 구성되어 있다는 것이 발견되었다. 암호화하는 부분들 사이에 있는 부위를 개재서열 또는 인트론(intron)이라고 한다. 비슷한 상황이 β-글로빈(globin)과 난알부민(ovalbumin)을 암호화하는 것과 같은, 세포 내 유전자들에도 존재하는 것이 곧 발견되었다. 각각의 경우에서, 폴리펩티드 부분을 암호화하는 DNA의 부위(엑손)들은 비암호화 부위(인트론)들에 의해 서로 나누어져 있다. 계속된 분석에 의하면, 전체 유전자는 하나의 1차 전사물로 전사되는 것으로 나타났다. 인트론에 해당하는 부위들이 pre-mRNA에서 계속적으로 절단되어서, 인접한 암호화 부위들이 서로 연결된다. 절단과 연결의 이러한 과정을 RNA 이어맞추기(splicing)이라고 한다. (181쪽)

1차 전사물이 mRNA로 가공되는 과정에서 중요한 단계들에는 5′ 모자의 첨가, 3′끝의 형성, 3′ 폴리(A) 꼬리의 첨가, 인트론의 제거 등이 있다. 5′ 모자의 형성은 끝에 있는 다음과 같은 단계적인 반응으로 일어난다. 즉, 말단 인산기가 제거되고, GMP가 역방향으로 첨가되며, 메틸기들이 첨가된 구아노신 및 전사물 자체의 첫 번째 뉴클레오티드 모두에 전달된다. mRNA의 최종 3′끝은 AAUAAA 인식자리로부터 바로 하류에 있는 곳에서 1차 전사물을 절단됨으로써, 그리고 폴리(A) 중합효소에 의해 한 번에 1개씩 아데노신기가 첨가됨으로써 형성된다. 1차 전사물에서 인트론이 제거되는 것은 각 인트론의 5′과 3′ 양쪽에 있는 이어맞추기(splicing) 자리들에 있는 불변하는 잔기들에 의존한다. 이어맞추기는 많은 구성요소들로 된 이어맞추기 소체(spliceosome)에 의해 수행된다. 이 소체에는 인트론 제거 자리에서 단계적으로 조립되는 다양한 단백질들과 리보핵산단백질 입자들(snRNP)이 포함되어 있다. 연구에 의하면, 아마도 단백질들과 함께 이어맞추기 소체의 snRNA들은 촉매적으로 활발한 snRNP의 구성요소들임을 시사한다. 분할유전자(split gene)들의 분명한 진화적 이점들 중의 하나는 엑손들이 그 유전체 내에서 쉽게 뒤섞일 수 있어서, 이미 존재하던 부위들로부터 새로운 유전자들이 형성되는 것이다. (185쪽)

대부분의 진핵세포들은 상보적인 mRNA를 파괴시키는 2중가닥으로 된 RNA(siRNA)에 의해 유도된 RNA 간섭이라는 기작을 갖고 있다. RNA 간섭은 바이러스 감염 그리고/또는 전이인자 이동에 대항하는 방어의 수단으로서 진화된 것으로 생각된다. 연구자들은 mRNA를 표적화하여 특수한 단백질의 합성을 중단시키는 현상을 이용하였다. 진핵세포 유전체는 특수한 mRNA의 번역을 조절하는 다수의 작은 마이크로 RNA(miRNA)(20~25개의 뉴클레오티드)를 암호화한다. siRNA와 miRNA는 모두 공동 가공 기구에 의해 만들어지는데, 이 기구는 전구물질을 자르는 다이서(Dicer) 효소와 단일가닥으로 된 안내 RNA(guide RNA)를 붙잡는 역할을 하는 작동인자 복합체 RISC를 포함한다. 단일가닥으로 된 안내 RNA와 RISC는 mRNA를 자르거나 mRNA의 번역을 차단하는 역할을 한다. piRNA라고 하는 세 번째 종류의 작은 조절 RNA는 단일가닥 RNA 전구체로부터 형성되며, 생합성되는 동안 다이서 효소를 필요로 하지 않는다. piRNA는 생식세포에서 전이요소 이동을 억제하는 작용을 한다. (191쪽)

아미노산들이 폴리펩티드로 결합되기 위한 정보는 mRNA에 있는 삼중자(triplet) 코돈의 서열에 암호화되어 있다. 삼중자에 덧붙여, 유전암호는 중복되지 않으며 퇴화한다. 중복되지 않는 암호에서, 각 뉴클레오티드는 하나의 유일한 코돈의 일부이며, 리보솜은 mRNA의 유전정보를 따라 한 번에 3개의 뉴클레오티드씩 이동해야 한다. 리보솜이 mRNA의 개시코돈인 AUG에 결합하는데, 이것은 리보솜을 자동적으로 적절한 해독틀에 놓이게 하여 mRNA의 유전정보 전체를 바르게 읽는다. 4개의 서로 다른 뉴클레오티드로부터 구성된 삼중자 암호는 64(4^3)개의 서로 다른 코돈을 가질 수 있다. 이 암호는 퇴화하는데, 그 이유는 20개의 서로 다른 아미노산들 중의 대부분은 1개 이상의 코돈을 갖기 때문이다. 64개의 가능한 코돈들 중 61개는 아미노산을 지정하고, 나머지 3개는 리보솜이 번역을 중단시키는 종결코돈이다. 코돈의 배정은 근본적으로 보편적(만능)이며, 이들의 서열은 mRNA에서 염기치환이 폴리펩티드에 미치는 효과를 최소화하는 경향이 있도록 되어 있다. (196쪽)

DNA와 RNA의 뉴클레오티드 알파벳에 있는 정보는 번역과정에서 운반 RNA에 의해 해독된다. 운반 RNA는 유사한 L자 모양의 3차원 구조와 몇 개의 불변하는 잔기 등을 공유하는 작은 RNA(73~93개의 뉴클레오티드 길이)이다. tRNA의 한 쪽 끝은 아미노산을 갖고 있으며, 다른 쪽 끝은 mRNA의 삼중자 코돈에 상보적인 3개의 뉴클레오티드로 된 안티코돈 서열을 갖고 있다. 코돈과 안티코돈 사이의 상보성을 위한 입체적 필요조건은 코돈의 3번째 위치가 느슨하게 되어 있는 것인데, 이것은 동일한 tRNA를 사용하기 위해 동일한 아미노산을 지정하는 서로 다른 코돈을 허락하기 위해서이다. 각 tRNA가 적합한(관련성을 가진) 아미노산에 연결되는 것, 즉 특정한 아미노산은 특정 tRNA 안티코돈이 결합하는 mRNA 코돈에 의해 지정되는 것이 필수적이다. tRNA가 관련성을 가진 적합한 아미노산과 연결되는 것은 아미노아실-tRNA 합성효소라고 하는 한 무리의 효소들에 의해서 이루어진다. 각 효소는 20개 아미노산들 중 하나에 특이적이며, 그리고 아미노산이 연결되어야 하는 모든 tRNA를 인식할 수 있다. (199쪽)

단백질 합성은 다양한 tRNA와 이에 결합된 아미노산, 리보솜, 전령 RNA, 많은 단백질, 양이온, GTP 등이 모두 관여하고 있는 복잡한 종합적 활성이다. 그 과정은 뚜렷한 세 가지 활성, 즉 개시, 신장, 종결로 나누어진다. 개시의 1차 활성은 작은 리보솜 소단위를 mRNA의 개시코돈에 정확하게 부착시키는 것이며, 이로써 특수한 개시자(initiator) tRNA가 리보솜 속으로 들어가고(진입하고) 번역 기구를 조립하여 전체 번역과정을 위한 해독틀을 마련한다. 신장 과정 동안에, tRNA 진입의 주기, 펩티드 결합의 형성, tRNA의 방출 등은 각 아미노산이 결합될 때 마다 스스로 반복된다. 아미노아실-tRNA는 A자리로 들어가서 mRNA의 상보적인 코돈에 결합한다. tRNA가 들어간 후에, P자리의 tRNA에 결합된 새로 합성되는 폴리펩티드는 A자리의 tRNA에 있는 아미노산으로 전달되어 펩티드 결합이 형성된다. 펩티드 결합의 형성은 큰 rRNA의 일부가 리보자임으로 작용하여 촉매된다. 신장의 마지막 단계에서, P자리에 있던 아실기가 제거된(deacylated) tRNA가 E자리로 옮겨감에 따라, 리보솜은 mRNA의 다음 코돈으로 위치를 이동하고, E자리에 있던 아실기가 제거된 tRNA는 리보솜으로부터 방출된다. 개시와 신장 모두 GTP 가수분해를 필요로 한다. 리보솜이 3개의 종결코돈들 중 하나에 도착하면 번역이 끝난다. 리보솜이 개시코돈에서 조립되고 mRNA의 3′끝을 향하여 짧은 거리를 이동한 후에, 보통 또 다른 리보솜이 개시코돈에 결합하여 각 mRNA는 동시에 다수의 리보솜에 의해 번역되어서, 세포 내의 단백질 합성 속도가 대단히 증가된다. mRNA와 이에 결합된 리보솜들의 복합체를 폴리리보솜(polyribosome)이라고 한다. (202쪽)

개념 문제

5.1 유전자, 단백질, RNA 사이의 관계

1. Beadle과 Tatum은 하나의 유전자가 하나의 특이한 효소를 암호화한다고 어떻게 결론지을 수 있었나?
2. RNA의 2차 구조와 3차 구조를 비교하시오.

5.2 전사에서의 RNA 중합효소의 역할

3. 유전자 발현에서 프로모터의 역할은 무엇인가? 세균 중합효소에 대한 프로모터는 어디에 위치하는가?

5.3 원핵세포와 진핵세포에서 전사의 개요

4. 세균에서 전사의 개시 동안에 일어나는 단계들을 설명하시오. 시그마 인자의 역할은 무엇인가? 뉴클레오티드가 자라나는 RNA 사슬로 결합되는 반응의 성질은 무엇인가? 뉴클레오티드 결합의 특이성은 어떻게 결정되는가? 피로인산염 가수분해의 역할은 무엇인가?
5. 원핵생물과 진핵생물을 구분하는 RNA 중합효소는 몇 개인가? pre-RNA와 성숙한 RNA 사이에 무슨 관계가 있는가?

5.4 진핵세포 리보솜 RNA와 운반 RNA의 합성과 가공

6. 1차 전사물, 전사단위, 전사되는 공간들, 성숙된 rRNA 사이의 차이점들을 서술하시오.
7. 전사되고 있는 rDNA의 전자현미경 사진을 그림으로 그리시오. 비전사된 공간, 전사된 공간, RNA 중합효소 분자, U3 snRNP, 프로모터를 표시하시오.

8. 척추동물의 유전체 내에 있는 rRNA와 tRNA를 암호화하는 유전자들의 구성을 비교하시오.

5.5 진핵세포 전령 RNA의 합성과 구조

9. hnRNA와 mRNA 사이의 관련성은 무엇인가? 이 관련성은 어떻게 밝혀졌나?

5.6 분할 유전자: 뜻밖의 발견

10. 인트론은 무엇인가? 인트론과 엑손의 존재는 어떻게 밝혀졌나?

5.7 진핵세포 전령 RNA의 가공

11. pre-mRNA를 mRNA로 가공하는 과정에서 일반적인 단계는 무엇인가? snRNA와 이어맞추기 소체(spliceosome)의 역할은 무엇인가?

5.8 분할 유전자와 RNA 이어맞추기의 진화학적 암시

12. 'RNA 세계'라는 용어는 무엇을 의미하는가? 어떤 증거에 의해서 이것의 존재가 주장되는가?

5.9 실험실에서의 새로운 리보자임 만들기

13. RNA 분자들의 촉매 활성에 적용할 때, "시험관 속 진화"라는 말은 무엇을 의미하는가?

5.10 작은 조절 RNA와 RNA 침묵 경로

14. 이중가닥 RNA가 siRNA로 전환되고, 그리고나서 표적 RNA를 붕괴하는 데 사용되는 단계는 무엇인가?

5.11 작은 RNAs: miRNA와 piRNA

15. siRNA, miRNA, piRNA는 무엇인가? 이 RNA들 각각은 세포에서 어떻게 형성되는가? 이 RNA들에 대하여 제안된 기능은 무엇인가?

5.12 CRISPR과 다른 비암호화 RNAs

16. CRISPR RNA와 piRNA를 RNA가 어떻게 만들어지고 무슨 단백질이 결합되어 있는가 하는 관점에서 비교하라

17. CRISPR 시스템의 DNA를 자르는 능력이 연구자들에게 쓸모가 많은 이유가 무엇인가? RNAi가 동일한 목적으로 사용될 수 없는 이유는 무엇인가?

5.13 유전 정보의 암호화

18. 유전암호가 삼중자이고 중복되어 있지 않다는 것은 무엇을 의미하는지 설명하시오. DNA의 염기 조성이 서로 다른 생명체들 사이에 매우 다양했다는 발견은 유전암호에 관하여 무엇을 암시했는가? UUU 코돈의 정체는 어떻게 밝혀졌는가?

19. DNA의 염기치환이 중복되지 않는 암호와 중복되는 암호에 미치는 영향 사이의 차이를 구별하시오.

20. 유사염기변화와 비유사염기변화 사이를 구분하시오.

5.14 코돈의 해독: 운반 RNA의 역할

21. tRNA들을 왜 연계 분자라고 하는가? tRNA들은 공통적으로 어떤 구조적 양상을 갖고 있는가?

22. tRNA와 아미노아실-tRNA 합성효소 사이에 일어나는 상호작용의 특성을 설명하시오. tRNA와 mRNA 사이에 일어나는 상호작용의 특성을 설명하시오. 불안정(동요) 가설은 무엇인가?

5.15 유전 정보의 번역: 개시

23. 원핵세포에서 리보솜 작은 소단위가 번역의 개시를 어디에서 시작하는지 어떻게 아는가? 이 과정이 진핵세포에서와 어떻게 다른가?

24. 원핵세포와 진핵세포 중에서 개시 단계에서 유심히 살피며 지나가는(scanning) 것은 어느 것인가?

5.16 유전 정보의 번역: 신장과 종결

25. 번역의 개시 단계가 번역의 신장 단계와 다른 점이 무엇인지 설명하시오.

26. 번역과정에서 신장하는 동안, 아미노아실-tRNA는 A자리로 들어가고, 펩티딜-tRNA는 P자리로, 그리고 아실기가 제거된 tRNA는 E자리로 들어간다고 설명될 수 있다. 이 일들이 각각 어떻게 일어나는지를 설명하시오.

5.17 mRNA 감시와 품질관리

27. 넌센스 돌연변이의 효과가 틀이동 돌연변이의 효과와 어떻게 다른가? 왜 그런가?

5.18 폴리리보솜

28. 폴리리보솜은 무엇인가? 원핵세포와 진핵세포에서 폴리리보솜의 형성이 어떻게 다른가?

분석 문제

1. 그림 5.38의 암호 도표를 살펴보자. 유일한 tRNA를 가진 코돈, 즉 그 코돈에만 사용되는 tRNA는 어느 것이라고 생각하는가? 많은 코돈들이 자신의 유일한 코돈을 왜 갖고 있지 않는 것일까?

2. 프로플라빈(proflavin)은 자신이 DNA에 끼여 들어가서 틀이동 돌연변이(207쪽)를 일으키는 화합물이다. 프로플라빈에 의해 유도된 돌연변이의 아미노산 서열에 미치는 효과는 중복된 코돈과 중복되지 않는 코돈 사이에 어떻게 다르게 나타나는가?

3. 여러분이 세포의 물질대사에 단 한 가지만 영향을 미치는 신약을 분리했다고 가정해 보자. 즉, 이 신약은 pre-rRNA가 rRNA로 분해되는 것을 완전히 저해한다. 포유동물 세포들에 이 신약을 처리하여 배양한 후, 이 세포들에 [^{3}H]유리딘을 2분 동안 공급한 다음, 신약을 넣은 표지되지 않은 배지에서 4시간 동안 배양하고 나서, RNA를 추출하여 설탕(sucrose) 밀도기울기를 통해 원심분리시킨다. 여러분이 얻을 것으로 생각하는 밀도 기울기의 분획 수에 대한 260 nm에서의 흡광도와 방사능에 대한 좌표를 표시하여 곡선을 그리시오. RNA의 S값을 사용하여 가로좌표(X-축)를 표시하시오.

4. 저해하는 약물이 없는 상태에서 포유동물 세포들을 [^{3}H]유리딘에서 48시간 동안 배양한 후, 방사성 RNA를 얻었다고 가정하고, 이 방사성 RNA의 도표를 앞의 질문에서와 동일한 축을 사용하여 그림으로 그리시오.

5. 여러분이 2개의 염기가 반복되는 뉴클레오티드(dinucleotide)(예:

AGAGAGAG)로부터 합성된 RNA를 얻었다고 가정해 보자. 또한 Nirenberg(니렌버그)와 Matthaei(마테이)가 폴리페닐알라닌(phenylalanine)을 합성하는 데 사용했던 것처럼, 시험관 내 단백질-합성 체계에서 하나의 폴리펩티드를 합성하기 위해 이런 합성 RNA를 전령으로 사용했다고 가정해 보자. 이런 특정한 폴리뉴클레오티드로부터 어떤 유형의 폴리펩티드가 만들어지겠는가? 한 가지 유형 이상의 폴리펩티드가 만들어질 것으로 예상하는가? 왜 그런가? 아니면 왜 그렇지 않은가?

6. 만약 여러분이, 주형을 필요로 하지 않고 뉴클레오티드를 무작위로 중합체로 결합시키는 효소를 발견하였다고 가정하자. 2개의 서로 다른 전구체(예: CTP와 ATP)를 사용하여 합성된 RNA에서 얼마나 많은 서로 다른 코돈들을 발견할 수 있을 것으로 생각하는가? [폴리뉴클레오티드 가인산분해효소(polynucleotide phosphorylase)라고 하는 효소는 이런 유형의 반응을 촉매하고 코돈을 식별하는 연구에 사용되었다.]

7. 15S 글로빈 pre-mRNA의 부분을 그림으로 그리고, 비암호화하는 부위들을 표시하시오.

8. 세균에서 5-펩티드(pentapeptide)를 합성할 때 필요할 것으로 여겨지는 최소한의 GTP의 개수는 얼마인가?

9. 197쪽에 유사코돈변화(synonymous codon change)는 일반적으로(*generally*) 생물체의 표현형을 변화시키지 않는다고 기술되어 있다. 이것이 사실이 아닌 경우를 생각할 수 있는가? 이것은 유전 물질의 암호화 필요성에 대하여 무엇을 말하는가?

10. 여러분은 다음의 설명에 동의합니까? 겸상적혈구빈혈증은 1개의 아미노산이 변화되어 생긴 것임이 발견되었다. 이 발견으로, 유전암호가 중복되지 않는다는 것이 증명되었다. 왜 그런가? 아니면 왜 그렇지 않은가?

11. 지중해빈혈(thalassemia)은 아미노산 코돈을 종결코돈으로 전환시키는 돌연변이에 의해 특징이 나타나는 질환이다. 여러분이 아주 다양한 지중해빈혈 환자들에게서 정제한 mRNA들을 가지고 시험관 속에서 합성된 폴리펩티드들을 비교한다고 가정하자. 여러분은 이런 폴리펩티드들의 비교에 대해 어떻게 예상하는가? 그림 5.38의 코돈 도표를 참고해 보시오. 1개의 염기 치환으로 얼마나 많은 아미노산 코돈들이 종결코돈으로 바뀔 수 있는가?

12. 여러분은 유전암호가 A와 T 오직 2개의 문자로만 구성된다는 것이 이론적으로 가능하다고 생각하는가? 만약 그렇다면, 하나의 코돈을 만드는 데 필요한 최소의 뉴클레오티드는 몇 개인가?

13. 192쪽에서 실험들은 독특한 촉매 특성을 지닌 리보자임을 합성하게 한다고 보고되었다. 2001년, RNA 가닥을 주형으로 사용하여 기존의 RNA 끝에 리보뉴클레오티드를 14개까지 결합시킬 수 있는 인공 리보자임이 분리되었다. 이 리보자임은 어떤 종류의 RNA 서열을 주형으로 사용할 수 있었고 98.5%의 정확도로 새로 합성된 RNA 가닥으로 상보적인 뉴클레오티드를 결합시킬 것이다. 만약 여러분이 고대의 RNA 세계를 지지하였다면, 이 발견을 여러분의 경우를 주장하기 위해 어떻게 사용하겠는가? 이것은 고대의 RNA 세계의 존재를 증명할 것인가? 만일 그렇지 않다면, 그러한 RNA 세계에 대한 가장 강력한 증거는 무엇이라고 생각하는가?

14. 세균세포에서 mRNA 합성이 다른 종류에서 보다 더 빠른 속도로 일어나지만, 그 세포 속에는 매우 적은 양의 mRNA가 들어 있다. 어떻게 이런 경우가 있을 수 있는가? 전사 속도와 mRNA의 붕괴 속도 면에서 mRNA의 평형 상태를 유지하는 농도를 설명하는 수식을 작성해보라. mRNA는 일정한 속도로 생성되고 mRNA 붕괴는 그의 농도에 비례하는 속도로 일어난다고 가정하라.

15. 만약 세린에 대한 코돈이 5′-AGC-3′이라면, 이 삼중자에 대한 안티코돈은 5′ — — — 3′일 것이다. 선 위에 뉴클레오티드를 적으시오. 불안정(동요) 현상은 이러한 코돈-안티코돈 상호작용에 어떻게 영향을 미칠 것인가?

16. DNA보다 단백질이 먼저 진화했다(즉, RNA 세계가 RNA-DNA 세계보다는 RNA-단백질 세계로 진화되었음)는 주요 논쟁 중의 하나는, 번역 기구가 매우 다양한 RNA들(예: tRNA, rRNA)을 포함하는 반면에, 전사 기구는 RNA와 관련된 어떤 증거도 없다는 사실에 바탕을 두고 있다. 이러한 관찰을 바탕으로 한 초기 진화 단계에 관한 논쟁을 여러분은 어떻게 설명할 수 있겠는가?

17. 틀이동 돌연변이와 넌센스 돌연변이가 207과 208쪽에 설명되어 있다. 넌센스 돌연변이는 흔히 미성숙 종료코돈을 지닌 mRNA의 NMD(넌센스-중재 붕괴, nonsense-mediated decay)에 의해 파괴에 이른다고 언급되었다. 틀이동 돌연변이를 갖고 있는 mRNA가 NMD를 당한다고 예상하는가?

18. 그림 5.14의 화살촉표는 다양한 tRNA 유전자의 전사 방향을 나타낸다. 이 그림이 하나의 염색체 내에 있는 각 DNA 분지 가닥의 주형 활성에 대하여 무엇을 말하는가?

19. 유전자들은 보통 유전적 돌연변이의 결과로 비정상적인 표현형을 발견함으로써 찾게 된다. 이와는 다르게, 유전자들은 흔히 유전체의 DNA 서열을 조사함으로써 확인될 수 있다. miRNA를 암호화하는 유전자들은 아주 최근까지 왜 발견되지 않았다고 생각하는가?

20. 스트레스 상태에서 리보솜은 mRNA에 독립적으로, 신장하는 단백질 사슬의 끝에 아미노산을 첨가할 수 있다는 것이 최근에 발견되었다. 진핵생물에서 번역이 멈출 때, 리보솜 작은 소단위는 mRNA와 함께 분리된다. 합성 중인 폴리펩티드를 포함하는 리보솜 큰 소단위는 알라닌과 트레오닌으로 충전된 tRNA의 모집을 직접 매개하는, Rqc2와 Ltn1라 불리는 두 가지 단백질에 결합한다. 그 결과 알라닌과 트레오닌이 첨가되어 펩티드 사슬은 계속 자라게 된다. 이러한 리보솜이 mRNA에 독립적으로 아미노산을 첨가할 수 있는 능력은 RNA 세계 가설에 반하는 논쟁을 하는 것인가? 이 신장이 mRNA-독립적이라는 것은 모든 RNA에 독립적이라는 것을 의미하는가? "단백질 세계" 각본은 특정한 서열 정보를 전파하는 능력이 있다는 관점에서, RNA 세계와 비교하여 어떤 도전에 직면하고 있는가?

CHAPTER 6

유전자 발현 조절

목 차

우리는 티렉스를 다시 만들 수 있을까?

영화 쥬라기 공원(*Jurassic Park*)에서 과학자들은 공룡의 피를 흡입 후 호박(amber)에 보존된 모기로부터 공룡의 DNA를 분리하여 도마뱀 난자의 유전체(genome)에 삽입했다. 공룡의 유전자는 도마뱀이 공룡으로 성장하게 했다. 사실, 호박에 보존된 고대의 샘플에서 많은 양의 공룡 DNA를 얻는 것은 불가능하며, 할 수 있다하더라도 도마뱀 유전체에서 공룡 유전자가 제대로 발현되고 조절되도록 하는 것은 쉽지 않은 작업이다. 이 장에서 보게 되겠지만, 유전자 발현은 유전체의 수 많은 DNA 요소에 의해 조절되며, 유전자를 유전체의 임의의 자리에 삽입할 경우 발현된다 하더라도 비정상적으로 발현될 수도 있다. 공룡 환생에 대한 가설적인 적용 외에도, 유전자 발현의 조절은 현실의 경우, 예를 들어 환자의 유전체에 존재하는 유전적 결함을 정상적인 형태의 유전자 삽입을 통하여 해결하려는 연구에서도 또한 중요하다고 하겠다(유전자 치료).

호박에 보존된 모기

출처: The Natural History Museum / Alamy Inc.

6.1 세균에서의 유전자 발현 조절

형태와 기능이 분명하게 차이가 있음에도 불구하고, 다세포 유기체를 구성하는 세포는 동일한 유전자 세트를 가지고 있다. 모든 세포에 존재하는 유전자 정보는 다목적 대형건물의 건설을 위해 준비된 청사진에 비유될 수 있다. 다른 시간대에 모든 청사진이 필요하지만, 특정 층 또는 방에서 작업하는 동안에는 작은 일부분만 사용된다. 이와 마찬가지로, 수정란은 발달하는 유기체의 각 세포에 완벽하게 복제된 일련의 전체 유전자 세트를 나눠주지만 특정 세포에서는 유전자의 일부만이 발현된다. 세균이나 원생동물과 같은 단세포 유기체도 완전한 유전자 세트를 가지고 있지만, 환경 신호나 음식 공급원에 따라 한 번에 일부만 발현된다. 그러므로 모든 유기체의 세포들은 그들이 어떤 특정한 순간에 사용하는 것보다 훨씬 더 많은 유전적인 정보를 가지고 있다. 세포는 필요할 때만 특정 유전자를 발현함으로써 그 유전 정보를 정확하게 조절할 수 있는 기작을 가지고 있다. 유전자 발현의 변화는 배아의 한 부분에서 일반적으로 활성화되는 유전자들을 다른 자리에서도 발현되게 함으로써 새로운 유기체 생산에 필요한 새로운 발달 패턴을 이끌어 내고, 이는 진화에서 중요한 역할을 수행한다. 유전자 발현의 변화는 많은 질병, 특히 암에서 나타나며, 현재 스테로이드 호르몬 유사품을 포함한 모든 처방약의 10%가 유전자 발현 수준에서 작용하는 것으로 알려져 있다. 이번 장에서는 원핵세포와 진핵세포가 유전자 발현 조절을 통하여 특정 RNA와 단백질들은 합성되게 하는 반면 다른 RNA와 단백질들은 합성되지 않도록 하는 몇 가지 방법을 알아보도록 하겠다. 우리가 아는 유전자 발현 조절의 대부분은 서로 다른 상황에서의 단일 유전자 검사 연구에 기반을 두고 있다. 하지만, 새로운 기술의 출현과 전체 유전체의 염기서열결정과 더불어, 우리는 발현되는 유전자들의 전체 목록이 어떻게 조절되는지를 이해하기 시작하고 있다.

세균 유전체의 조직

원핵 유전체는 다양한 형태로 구성되어 있지만, 가장 흔한 DNA 유전체는 원형 2중가닥 배열을 가지고 있다. 그러한 유기체들에 있어, 남아도는 DNA는 거의 없다; 거의 모든 DNA는 개별적인 전사단위 사이에 거의 빈 공간 없이 RNA나 단백질을 암호화한다. 게다가, 같은 생물학적 반응에 관련된 유전자들은 종종 전체 그룹의 통합 조절을 위해 함께 무리지어 존재한다. 예를 들어, 플라젤라 형성에 관련된 유전자 세트가 설탕 대사와 관련된 유전자 그룹에 직접적으로 인접해 있을 수 있다. 이러한 배열 때문에, 전사 또는 번역을 어디서, 언제 시작할지와 끝낼지에 대한 결정을 정확하게 조절하는 것이 중요하다.

세균의 오페론

세균세포는 환경과 직접적으로 접촉하며 살고 있는데, 그 환경의 화학적 구성이나 온도는 순간적으로 급격하게 변할 수 있다. 어떤 시기에는 특정한 영양 공급원이 존재하는 반면, 다른 시기에는 그 영양물이 없을 수도 있다. 세균 배양을 최소 배지에서, (1) 유당(lactose) 또는 (2) 트립토판(tryptophan) 함유 배지로 옮긴 후 발생할 사건에 대해 생각해보자.

1. 유당은 포도당과 갈락토스(galactose)로 구성된 이당류(그림 2.16 참조)이며, 이의 산화로 세포에 대사 중간물질과 에너지를 공급할 수 있다. 유당 대사반응(분해)의 첫 번째 단계는 두 당(β-갈락토시드 연결)을 연결하는 결합을 가수분해하는 것이며, 이는 β-갈락토시다아제(β-galactosidase)에 의해 촉매되는 반응이다. 세균 세포가 최소한의 조건에서 자라고 있을 때는 β-갈락토시다아제가 필요하지 않다. 최소 조건 하에서, 보통 세포는 5개 미만의 β-갈락토시다아제와 1개의 β-갈락토시다아제 mRNA를 가지고 있다. 배양 배지에 유당을 첨가한 후 몇 분 이내에 세포는 약 1,000배나 많은 β-갈락토시다아제 분자를 가지게 된다. 유당의 존재가 이 효소의 합성을 유도한 것이다(**그림 6.1**).
2. 트립토판은 단백질 합성에 필요한 아미노산이다. 인간에게, 트립토판은 필수 아미노산이다; 이것은 꼭 음식으로 섭취해야만 한다. 반면, 세균세포는 여러 효소들의 작용에 의한 일련의 반응으로 트립토판을 합성할 수 있다. 트립토판이 없는 상태에서 자라는 세포들은 이러한 효소들을 암호화하는 유전자들을 활성화시킨다. 하지만 만약 트립토판이 배지에 존재할 경우, 세포들은 더 이상 이 아미노산을 합성할 필요가 없고, 트립토판을 합성하는 효소들은 그 생산이 몇 분 안에 억제된다.

세균에서, 트립토판 합성에 필요한 효소들을 암호화하는 유전자들은 **오페론(operon)**이라고 불리는 기능성 복합제 형태로 염색체에 함

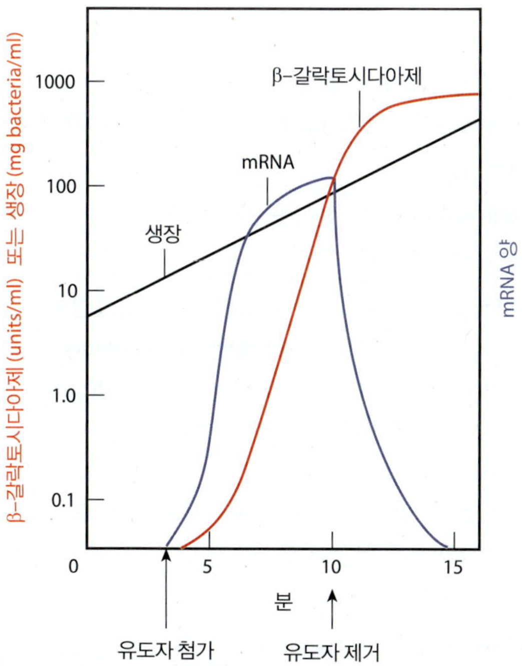

그림 6.1 대장균에서의 β-갈락토시다아제 동역학. 유당과 같은 β-갈락토사이드가 이 세균의 배양액에 첨가되면, β-갈락토시다아제 효소를 만드는 mRNA의 생산이 빠르게 시작되어 1분 이내에 단백질이 출현하고 그 농도가 매우 빠르게 증가한다. 유도자를 제거하면, mRNA의 재빠른 분해로 그 양이 급격하게 감소한다. 새로운 분자들이 더 이상 합성되지 않기 때문에 효소의 양이 감소한다.

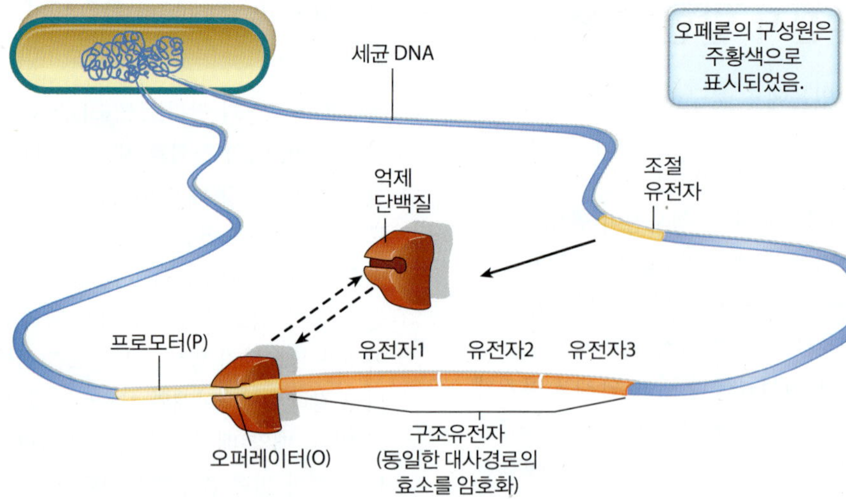

그림 6.2 **세균 오페론의 구성.** 대사경로를 구성하는 효소들은 세균 염색체 내에 연속적으로 존재하는 일련의 구조 유전자들에 의해 암호화되어 있다. 오페론의 구조 유전자들은 개별 폴리펩티드로 번역되는 단일 폴리시스트로닉 mRNA로 전사된다. 구조 유전자의 전사는 오페론의 일부인 조절 유전자에 의해 합성된 억제인자에 의해 조절된다. DNA의 오퍼레이터 자리에 결합할 때, 억제인자는 RNA 중합효소가 프로모터로부터 구조 유전자로 이동하는 것을 차단한다.

께 모여 있다. 오페론의 모든 유전자들은 1961년에 처음으로 파리 파스퇴르연구소의 프랑수아 제이콥(Francois Jacob)과 자크 모노드(Jacques Monod)가 제기한 기작에 의해 통합적으로 조절된다. 전형적인 세균 오페론은 구조 유전자, 프로모터 영역, 오퍼레이터 지역, 그리고 조절 유전자로 구성된다(**그림 6.2**).

- **구조 유전자(Structural genes)**는 효소 자체를 암호화한다. 오페론의 구조 유전자는 대개 서로 인접해 있고, RNA 중합효소는 하나의 구조 유전자에서 다른 유전자로 이동하여 모든 유전자를 하나의 mRNA로 전사한다. 2개 이상의 폴리펩티드에 대한 정보를 포함하고 있는 mRNA를 **폴리시스트로닉**(*polycistronic*) mRNA라고 부른다. 폴리시스트로닉 mRNA는 대사경로의 다양한 개별 효소로 번역된다.
- **프로모터(Promoter)**는 전사를 시작하기 전에 RNA 중합효소가 DNA에 결합하는 자리이다.
- **오퍼레이터(Operator)**는 일반적으로 프로모터(그림 6.4 참조)와 인접하거나 중첩되어 있으며 대개 **억제인자(repressor)** 단백질의 결합자리로 작용한다. 억제인자는 **유전자 조절 단백질(gene regulatory protein)**의 한 예로 DNA 내에서 특정 염기쌍의 서열을 인식하고 높은 친화력으로 그 자리에 결합하는 단백질이다. 이 장의 나머지 부분에서 볼 수 있듯이, 세균 억제인자와 같은 DNA 결합단백질들은 유전체의 특정 부분이 전사될지 말지 그 여부를 결정하는 데 중요한 역할을 한다.
- **조절 유전자(Regulatory gene)**는 억제인자 단백질을 암호화한다.

오페론 발현의 열쇠는 오퍼레이터의 서열과 억제인자의 유무에 달려 있다. 억제인자가 오퍼레이터에 결합하면(**그림 6.3**), RNA 중합효소가 전사를 시작할 수 없다. 오퍼레이터에 결합하여 전사개시를 방해하는 억제인자의 능력은 그의 구조에 기인하는데, 간단히 말해 유당이나 트립토판과 같은 대사경로의 주요 화합물에 의해 다른 자리 입체성 자리(allosterically) 반응으로 조절된다. 이 주요 대사물질의 농도에 따라 특정 시간에 오페론의 활성 혹은 비활성 상태가 결정된다.

트립토판 오페론 트립토판(또는 *trp*) 오페론과 같은 억제(*repressible*) 오페론에서는 억제인자 자체가 오퍼레이터에 결합할 수 없다. 대신, 억제인자는 **보조억제인자**(*corepressor*)로 기능하는(그림 6.5*a*) 트립토판과 같은 특수 인자와 함께 복합체를 형성할 경우에만 DNA 결합 단백질로 작용할 수 있다. 트립토판이 없는 상태의 억제인자 구조로는 오퍼레이터에 결합이 어렵기에, 대신 RNA 중합효소가 프로모터에 결합하고 트립토판 오페론의 구조 유전자들을 전사한 다음 트립토판을 합성할 수 있는 효소들이 생산된다. 일단 트립토판이 존재하게 되면, 트립토판 생합성 경로의 효소들은 더 이상 필요하지 않게 된다. 이러한 조건하에서, 트립토판의 농도가 증가하면 트립토판-억제인자 복합체가 형성되어 오퍼레이터에 결합한 뒤 전사를 차단한다.

***LAC* 오페론** *Lac* 오페론은 세균세포에서 유당을 분해하는 데 필요한 효소의 생산을 조절하는 유전자들의 집합체이다. *Lac* 오페론은 **유도 오페론(inducible operon)**의 한 예인데, 주요 대사물질의 존재가(이 경우, 유당) 오페론의 전사를 유도함으로써 구조 유전자들을 암호하는 단백질의 합성을 허용한다(그림 6.3*b*). 락토오스 오페론은 일렬로 늘어선 3개의 구조 유전자를 포함하고 있다: β-갈락토시다아제를 암호화하는 *z* 유전자; 유당의 세포내 유입을 촉진하는 갈락토시드 퍼미에이즈(galactoside permease)를 암호화하는 *y* 유전자; 생리학적 기능이 모호한 씨오갈락토시드 트랜스아세틸레이즈(thiogalactoside transacetylase)를 암호화하는 *a* 유전자. 만약 유당이 배지에 존재하면, 이 당은 제한된 양으로 존재하는 갈락토시드 퍼미에이즈를 통하여 세포에 들어간 후, *Lac* 억제인자에 결합한다. 이는 억제인자의 구조를 변화시켜 억제인자가 오퍼레이터의 DNA에 결합하지 못하게 한다. 이로 인해 RNA 중합효소는 자유로이 오페론을 전사하고 그

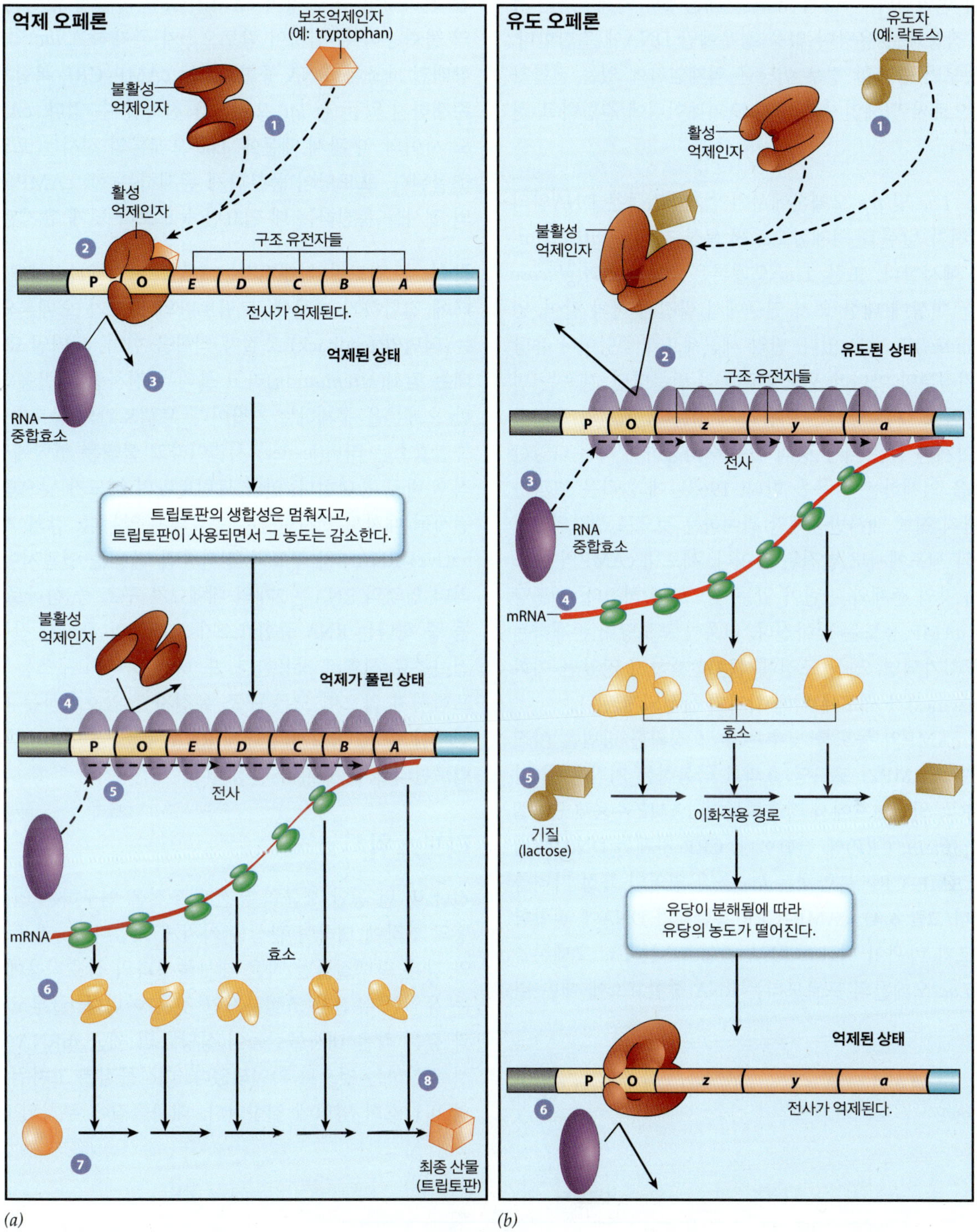

그림 6.3 오페론에 의한 유전자 조절. 유도 및 억제 오페론들은 유사한 원리로 작동한다. 만약 억제인자가 오퍼레이터에 결합 가능하면 유전자는 발현이 멈춰지고, 만약 억제인자가 비활성 형태로 오퍼레이터에 결합이 불가능해지면 유전자는 발현된다. (*a*) 트립토판 오페론과 같은 억제 오페론에서는, 억제인자 자체는 오퍼레이터에 결합이 불가능하여 효소를 암호화하는 구조 유전자들이 활발하게 전사된다. 트립토판 오페론의 효소들은 필수 아미노산인 트립토판의 합성에 관여하는 일련의 반응들을 촉매한다. (1) 트립토판이 풍부할 때, 트립토판 분자는 비활성 억제인자와 결합하여 억제 보조인자로 작용하며 (2) 오퍼레이터에 결합 가능한 모양으로 바뀌어 (3) 구조 유전자들의 전사를 차단한다. 따라서, 트립토판의 농도가 높을 때는 오퍼레이가 억제되어 트립토판의 과다 생산을 방지한다. (4) 트립토판 농도가 낮을 경우, 억제인자는 보조억제인자의 부족으로 오퍼레이터에 결합이 어려워짐에 따라 트립토판의 합성(8)에 필요한 효소(7)의 전사(5)와 번역(6)이 일어나게 된다. (*b*) 유도 오페론에서는 (1) 유도자(이 경우, 이당인 유당)는 억제인자에 결합하여 (2) 오퍼레이터(O) 결합을 방지한다. (3) 이때 억제인자가 없으면 RNA 중합효소는 프로모터(P)에 부착하여 구조 유전자를 전사한다. 따라서 유당 농도가 높으면 오페론이 유도되고, *lac* 오페론에 의해 암호화된 당 분해효소가 전사되어 번역된다(4). 설탕이 대사되면서(5) 그 농도가 감소하여 결합된 유도자가 억제인자에서 분리되고, 이로 인해 오퍼레이터에 결합이 다시 가능해져서 전사를 방지하게 된다(6). 따라서 오페론은 유도자의 농도가 낮을 때 불필요한 효소의 합성을 예방하기 위해 억제된다.

결과 3′ 단백질이 번역된다. 따라서 유도 오페론에서 억제인자는 **유도자(inducer)**[1]로 작용하는 유당이 없을 경우에만 DNA에 결합한다. 배지에 유당의 농도가 증가할 경우 이당은 억제인자에 있는 결합자리로부터 분리됨으로써 억제인자가 다시 오퍼레이터에 결합하고 전사를 억제하게 한다.

이화생성물 억제 *Lac* 및 *trp* 오페론에서의 억제인자들은 DNA와의 상호작용으로 유전자 발현을 억제함으로써 **음성 조절**(*negative control*)로 영향력을 행사한다. 또한, *Lac* 오페론은 **포도당 효과**(*glucose effect*)라고 불리는 현상에 대한 초기 연구에서 발견된 바와 같이, **양성 조절**(*positive control*)도 받고 있다. 만약 세균세포가 젖당이나 유당과 같은 다양한 기질뿐만 아니라 포도당도 공급 받는다면, 세포는 먼저 포도당을 이용하고 다른 당들은 이용하지 않는다. 배지의 포도당은 β-갈락토시다아제와 같은 다른 당의 활용을 가능하게 하는 다양한 대사효소의 생성을 억제하는 작용을 한다. 1965년에 놀라운 결과가 나왔다: 이전에 단지 진핵 대사반응에만 관여하는 것으로 생각되었던 cAMP가 대장균의 세포에서도 발견된 것이다. 세포내 cAMP의 농도는 배지 내의 포도당의 존재와 관련이 있는 것으로 밝혀졌다; 포도당 농도가 높을수록 cAMP 농도는 낮아진다. 더욱이 포도당이 존재하는 배지에 cAMP가 첨가되면, 정상 조건에서는 존재하지 않았던 이화효소(catabolic enzymes)가 세포에 의해 갑자기 합성되게 된다.

포도당이 어떻게 cAMP의 농도를 낮추는지 그 정확한 방법은 아직 밝혀지지 않았지만, cAMP가 포도당 효과를 극복하는 기작은 잘 알려져 있다. cAMP는 원핵세포에서 작용하는데, *cAMP* **수용체 단백질**(*cAMP receptor protein, CRP*)에 결합한다. CRP 자체는 DNA에 결합할 수 없지만 cAMP–CRP 복합체는 *lac* 조절 영역의 특정 자리를 인식하여 결합한다(**그림 6.4**). cAMP–CRP 복합체가 DNA에 결합할 경우 DNA의 구조가 바뀌어 비로소 RNA 중합효소는 *Lac* 오페론을 전사할 수 있다. *Lac* 오페론의 프로모터는 RNA 중합효소에 대한 결합 친화력이 높지 않아 cAMP–CRP 복합체 없이는 전사 개시가 거의 불가능하다. 심지어 락토오스가 존재하고 *lac* 억제인자가 비활성 상태일 때조차, RNA 중합효소는 cAMP–CRP 복합체가 높은 농도로 존재하지 않는 한 *lac* 오페론을 전사할 수 없다. cAMP와 포도당 농도 사이의 역 관계 때문에, *Lac* 오페론의 전사는 포도당 농도에 의해 조절된다. 포도당이 풍부하게 존재하는 한, cAMP의 농도는 오페론의 전사를 촉진하는 데 필요한 농도보다 낮게 유지된다.

[1]실제 유도자는 유당으로부터 형성되지만 당을 연결하는 결합 유형이 유당과 다른 알로유당(allogalactose)이다.

감쇠 트립토판 억제인자는 트립토판이 있는 상태에서만 오퍼레이터에 결합하기 때문에, 트립토판의 농도가 오페론의 전사를 조절하는 되먹임(feedback) 조절자 역할을 한다. 되먹임 조절의 두 번째 형태는 **감쇠**(*attenuation*)라고 불리는 전사종결 반응의 조절로 트립토판 오페론을 통제하는 기작이다. 트립토판의 농도가 높을 경우, RNA 중합효소는 리더(leader) 서열이라고 불리는 영역에서 전사를 시작한 직후 바로 중단한다. 만약 트립토판의 농도가 낮으면, 전체 오페론이 전사될 때까지 전사반응은 종료되지 않는다. 감쇠 기작은 대체(alternative) RNA 2차 구조와 전사종결 반응을 연관지어준다. 전사 직후 리더 영역의 RNA는 2개의 대체 2차 구조 중 하나로 접힌다. 이 구조들 중 하나는 RNA 중합효소가 오페론의 끝까지 진행되는 것을 막는 전사종료 신호로 작용한다. 또 다른 하나의 구조는 전사종료 신호를 포함하지 않으며 모든 구조 유전자를 암호화하는 하나의 mRNA를 전사할 수 있다. 2개의 대체 RNA 구조 중 어느 것이 형성될지는 트립토판의 농도에 따라 결정된다.

리보스위치

지난 몇 년 동안 세균의 유전자 조절을 연구하는 연구원들은 다른 유형의 기작에 대하여 관심을 가지게 되었다. *lac*과 트립토판 억제인자와 같은 단백질들만 작은 대사물질과의 상호작용에 의해 영향을 받는 유일한 유전자 조절분자인 것은 아니다. 글루코사민이나 아데닌과 같은 작은 대사물질들이 상당수의 세균 mRNA에 특이성을 갖고서 결합하는 것으로 확인되었다. 대사물질은 고차원으로 구조화된 5′의 비암호화 영역에 결합한다. 대사물질에 부착된 mRNA들은 소위

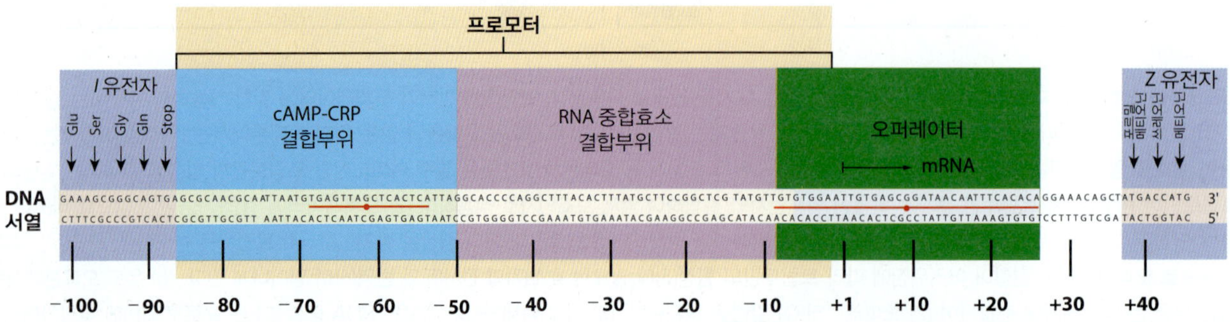

그림 6.4 ***Lac*** **오페론의 조절 영역에 대한 뉴클레오티드 서열.** RNA 중합효소(172쪽)의 시그마 소단위는 *Lac* 오페론에 결합하는데, 그 친화력은 높지 않다. 오페론의 전사는 cAMP-CRP 중합체가 존재하는 경우를 제외하고는 매우 비효율적이다. cAMP의 농도는 포도당의 농도에 반비례하기 때문에, *Lac* 오페론은 포도당 수치가 낮지 않으면 활성화되지 않는다. 전사 시작 지점은 +1로 표시되며, 번역이 시작된 지점에서 상류(upstream) 약 40번째 뉴클레오티드 정도의 거리에 있다. CRP 영역과 오퍼레이터에서의 유사서열 영역은 빨간색 수평선으로 표시되어 있다.

출처: R. C. Dickson et al., *Science* 187:32,1975; 저작권 1975, AAAS의 허가를 얻어 재인쇄함.

리보스위치(riboswitches)라고 불리는데, 접혀진 구조에 따라 대사물질의 생산과 관련된 유전자의 발현이 달라진다. 따라서 리보스위치는 트립토판 오페론의 감쇠를 조절하는 대체 RNA 구조와 유사한 되먹임 기작을 통해 작동한다. 대부분의 리보스위치는 전사 종결 또는 번역 개시를 차단함으로써 유전자 발현을 억제한다. 오퍼레이터와 함께 기능하는 억제인자와 마찬가지로, 리보스위치는 세포가 특정 대사물의 이용 가능한 수준의 변화에 따라 자신의 유전자 발현 수준을 조절할 수 있게 한다. 단백질 보조인자(cofactor)의 도움 없이 작용할 수 있다는 점은, 리보스위치가 고대 RNA 세계에서 온 또 다른 유산일 가능성을 제시한다(190쪽).

6.2 진핵생물에서의 유전자 발현 조절: 세포핵의 구조와 기능

원핵생물들과 진핵생물들 사이의 주요한 차이점은 진핵세포 내에는 핵이 존재한다는 것이다. 게다가 대부분의 진핵생물은 체세포 분열 동안 쉽게 시각화될 수 있는 선형 염색체로 배열되어 있는 2중가닥 DNA 분자로 이루어진 훨씬 더 큰 유전체를 가지고 있다(그림 6.22*b* 에서처럼). 진핵생물의 유전자 발현 조절을 논의하기 전에, 우리는 먼저 핵 내의 유전체들을 구분한 결과물들과 큰 유전체가 어떻게 **염색질(chromatin)**로 불리는 DNA-단백질 복합체로 포장되는지에 대해 논의할 것이다. 원핵생물들의 DNA는 염색질로 포장되지 않는다; 그 결과, RNA 중합효소, 억제인자 및 CRP-cAMP 복합체와 DNA 결합 단백질들은 선호하는 자리에 바로 결합할 수 있다. 이와는 대조적으로, 진핵생물의 DNA 결합단백질들은 복잡한 DNA-단백질 복합체 속에서 선호하는 결합자리를 찾아야 한다.

유전 정보의 저장 및 이용의 중요성을 고려할 때, 진핵세포의 핵은 처음에는 뚜렷한 차이점이 없는 형태를 보였다(**그림 6.5**). 핵의 내용물은 핵과 세포질 사이의 경계를 형성하는 복잡한 핵막(*nuclear envelope*)에 둘러싸인 점성을 가진 비정형적인 물질 덩어리로 존재한다. 전형적인 간기(interphase; 비유사분열기) 세포의 핵에는 다음의 세 가지가 포함된다: (1) 염색질(*chromatin*)로 명명된 아주 긴 핵단백질 섬유형태의 염색체, (2) 리보솜 RNA의 합성과 리보솜 조립(174쪽)에 작용하는 부정형의 전자 밀집 구조를 가지는 하나 이상의 핵인(*nucleoli*), (3) 핵의 용질(solutes)들이 녹아있는 유동성의 핵질(*nucleoplasm*).

세포의 유전물질을 주변 세포질과 분리하는 것은 진핵생물과 원핵생물을 구분하는 가장 중요한 단 하나의 특징일 수 있다. 핵막의 출현은 생물학적 진화에서 기념비적인 사건이다. **핵막(Nuclear envelope)**은 서로 10~50 nm 정도 떨어져 평행하게 존재하는 2개의 세포막으로 구성된다(**그림 6.6**). 외부 핵막과 세포골격(cytoskeleton)의 요소들을 연결하는 60개 이상의 특징적인 막단백질들(transmembrane protein)이 핵막에 존재한다(그림 6.6*a*). 내부와 외부 핵막은 단백질 복합체로 이루어진 원형 구멍을 형성하는 자리에서 연결된다. 평균적인 포유류 세포는 수천 개의 핵공(nuclear pore)을 가지고 있다. 바깥쪽 막은 일반적으로 리보솜들이 박혀 있고 조면소포체(rough endoplasmic reticulum)의 막과 연결되어 있다. 막 사이의 공간은 소포체 내강(그림 6.6*a*)과 연결되어 있다.

동물세포의 핵막 내부 표면은 세포막 단백질에 의해 **핵 라미나(nuclear lamina)**라고 불리는 얇은 섬유성 그물에 부착되어 있다(**그림 6.7**). 핵 라미나는 핵막에 기계적인 지지대로 작용하며, 핵 주변(그림 6.6*b*)의 염색질 섬유가 부착되는 자리이기도 하며, DNA 복제와 전사에서도 잘 알려지지 않은 기능을 수행하는 것으로 알려져 있다. 핵

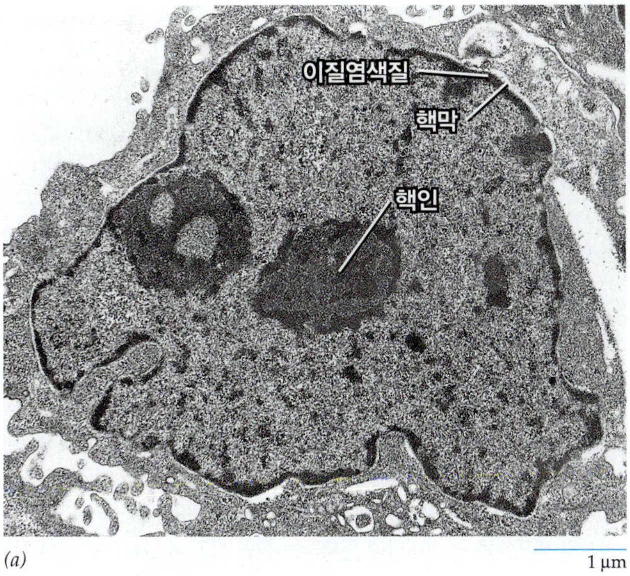

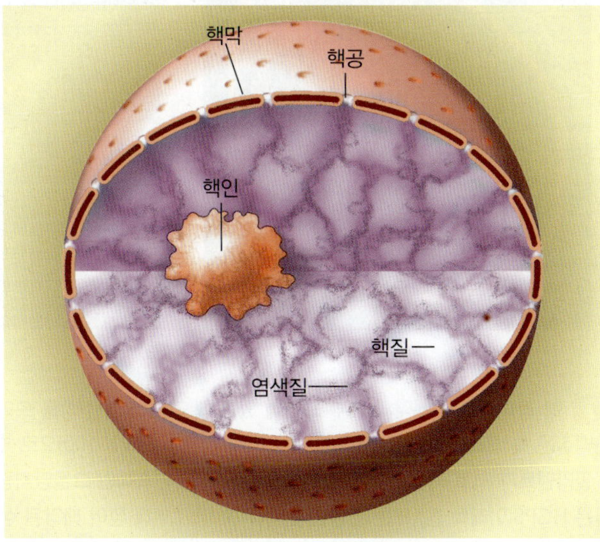

그림 6.5 **세포 핵.** (*a*) 간기 헤라(HeLa) 세포핵의 전자 현미경 사진. 이질염색질(235쪽)이 핵막의 전체 내부 표면에 존재한다. 2개의 눈에 띄는 핵인이 있고, 염색사 덩어리가 핵질 전체에 흩어져 있는 것을 볼 수 있다. (*b*) 핵의 주요 구성 요소 일부를 보여 주는 개략도.

출처: (a) Werner W. Franke, *Int. Rev. Cytol.* (Suppl.) 1974년 4월 13일, Elsevier의 허가를 얻음.

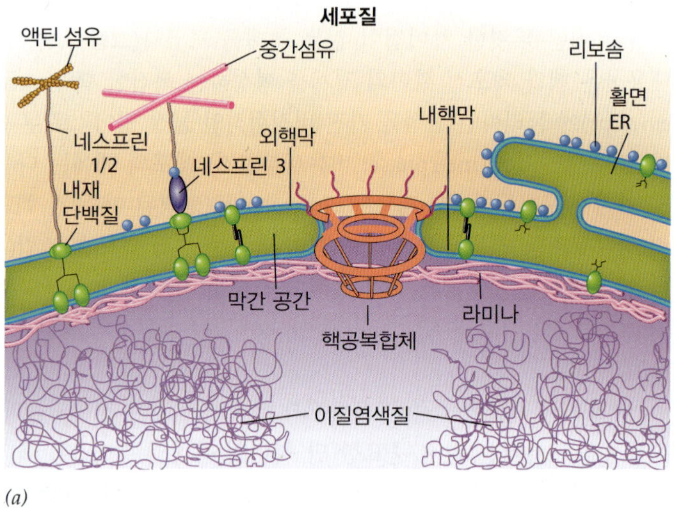

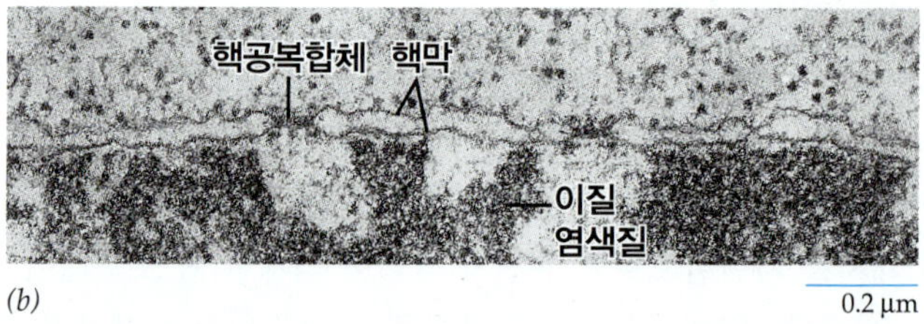

그림 6.6 **핵막.** (*a*) 2중 막, 핵공 복합체, 핵 라미나, 그리고 조면소포체(RER) 외막과의 연속성을 보여 주는 개략도. 핵막의 각 막은 그들 자신의 독특한 보완 단백질을 포함하고 있다. 세포골격의 액틴 섬유와 중간 섬유는 섬유 단백질(nesprin)에 의해 외부 핵막과 연결된다. (*b*) 양파 뿌리 끝 세포의 핵막 일부 단면 전자현미경 사진. 공간 사이에 있는 2중 막(NM), 핵공 복합체(NPC), 그리고 핵공 영역으로 확장되지 않은 관련된 이질염색질(HC)을 주목하라.

출처: (b) W.Franke 외, *J. Cell Biol.* 1981년 91:47s, 그림 8. 록펠러대학교 출판부의 허가를 얻음.

라미나 섬유는 직경이 약 10 nm이며, 라민(*lamin*)으로 불리는 폴리펩티드로 이루어져 있다. 라민은 세포질의 10 nm 중간 섬유로 조립되는 폴리펩티드와 동일한 슈퍼패밀리(superfamily)의 구성원이다(표 13.2 참조). 체세포분열 전에 일어나는 핵 라미나 분해반응은 라민의 인산화에 의해 유도된다.

라민 유전자들(*LMNA*) 중 하나에 돌연변이가 생기면 다양한 인간 질병의 원인으로 작용하는데, 이 중에는 특별히 취약한 핵을 가지는 근육세포로 인해 발생하는 드문 형태의 근육위축증(muscular dystrophy, EDMD2)이 있다. *LMNA*의 돌연변이는 또한 10대의 심장마비로 인한 조기 노화와 죽음으로 특징지어지는, 허친슨-길포드 프로게리아 증후군(Hutchinson-Gilford progeria syndrome, HGPS) 이라고 불리는 질병과 연관되어 있다. 그림 6.7*c*는 HGPS 환자의 세포에서 얻은 보기 흉한 핵을 나타내는데, 핵 구조를 결정하는 데 있어서의 핵 라미나의 중요성을 보여 준다. 그림 6.7*c*에 묘사된 표현형이 동의 돌연변이[synonymous mutation, 같은 아미노산에 대한 다른 코돈(codon)이 생긴 것]에 의한 것이라는 점은 매우 흥미롭다. 이 경우는 DNA 염기서열의 변화로 인해 그 전사체의 이어맞추기 방법이 바뀜에 따라 정상보다 짧은 단백질이 생산되어 표현형이 달라졌다. 이는 유전자의 서열이 어떻게 "다중 코드(multiple code)"로 작용하는지를 보여 주는 예이다: 하나는 번역 기계를 지시하고 다른 하나는 이어맞추기 기계와 단백질 접힘을 지시한다.

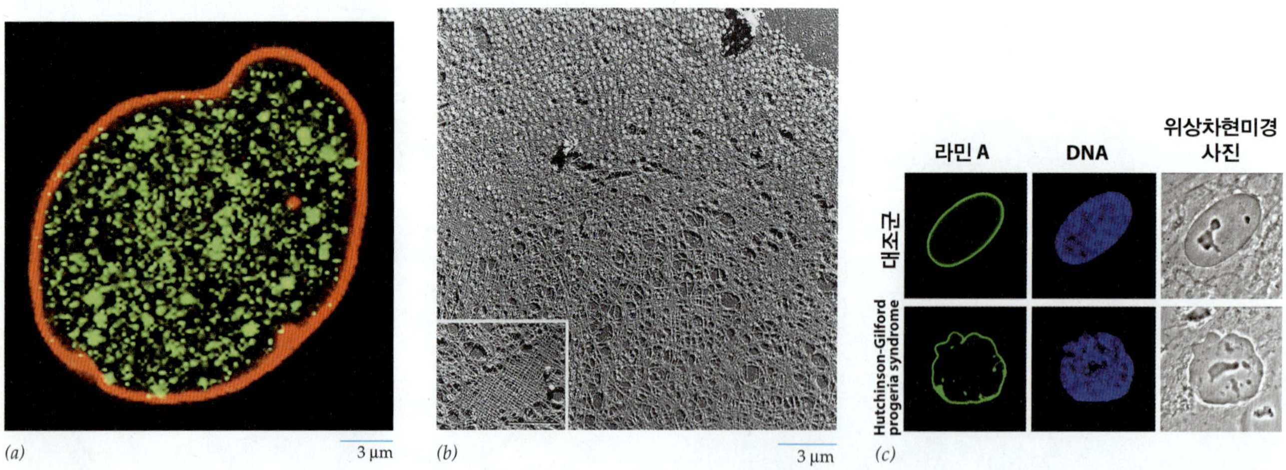

그림 6.7 **핵 라미나.** (*a*) 핵막의 내부 표면에 있는 핵 라미나(빨간색)를 드러내기 위해 형광 표지된 항체로 시각화시킨 인간의 세포핵. 핵 매트릭스(matrix)의 일부로 제시된 단백질은 녹색으로 보인다. (*b*) 비이온 세제 트리톤(triton X-100)으로 추출한 개구리 난모세포(oocyte)의 동결건조 후 금속 음영 처리한 핵막의 전자현미경 사진. 라미나는 필라멘트가 서로 거의 수직으로 향하도록 구성된 연속적인 그물망처럼 보인다. 내부(inset)는 핵공이 기계적으로 제거된 잘 보존된 영역을 나타낸다. (*c*) 이 현미경 사진들은 HGPS(아래쪽 행) 또는 건강한 환자(위쪽 행)로부터 얻어 배양된 섬유아세포(fibroblast) 내의 핵을 보여 준다. 단백질 라민 A(왼쪽 열), DNA(중간 열) 염색을 위해 세포는 위상차 광학현미경 (오른쪽 열) 아래 살아 있는 상태에서 처리되었다. HGPS 환자의 세포핵은 핵 라미나에 존재하는 잘린 라민 A 단백질로 인해 기형으로 보인다.

출처: (a) H. ma, A. J. Selemal, R. Beresney, *J. Cell Biol.* 146:535, 그림. 2. 록펠러대학교 출판부의 허가를 얻음. (b) U.Aeby, J. Con, L. Buhle, and L. Gerace, *Nature* 323:561,1986. Mammillan Publishers Limited의 허가를 얻음, (c) Anna Mattout et al., Yosef Gruenbaum의 제공. *Curr. Opin. Cell Biol.* 2006년 18:338, Elsevier로부터 허가를 얻음.

핵공 복합체와 핵질 수송에서의 역할

핵막은 핵과 세포질 사이의 장벽이고, 핵공은 그 장벽을 관통하는 관문이다. 세포질과 세포 외부 공간 간 고분자의 통과를 막는 세포막과는 달리, 핵막은 RNA와 단백질이 핵과 세포질 사이 양방향으로 이동하는 활동의 중심 역할을 한다. 핵 내 유전물질의 복제와 전사는 세포질에서 합성되어 핵막을 가로질러 전달되는 많은 단백질의 참여가 필수적이다. 반대로, 핵에서 제조된 mRNA, tRNA 및 리보솜 소단위는 핵막을 통해 반대 향으로 운반되어야 한다. 스플라이세오좀(Spliceosome, 187쪽)과 snRNA와 같은 일부 구성요소는 양방향으로 이동하며, 핵에서 합성되어 세포질의 RNP 입자로 조립된 후, mRNA 가공을 위해 다시 핵으로 역수송된다. 2개의 주요 세포 구획 사이의 교통량의 척도를 이해하기 위해, 약 1,000만 개의 리보솜을 포함하는 것으로 추정되는 HeLa 세포 하나를 고려해 보자. 그것의 성장을 지원하기 위해서, 단일 HeLa 세포핵은 1분마다 약 560,000개의 리보솜 소단위 단백질을 받아들이고 약 14,000개를 내보낸다.

이 모든 물질들이 핵막을 어떻게 통과할까? 한 초기 연구에서, 작은 금 입자를 세포에 주입하였을 때, 핵공을 통한 이의 이동이 전자현미경으로 관찰되었다. **그림 6.8a,b**와 같이, 이러한 입자들은 핵공의 중심을 통해 일렬로 세포질에서 핵으로 이동한다. 정상적인 활동 과정에서 고정된 세포의 전자현미경도 미립자들이 핵공을 통과할 수 있다는 것을 보여 주었다. 예를 들어, 그림 6.8*c*에 표시된 바와 같이, 이러한 핵공 중 하나를 통해 리보솜 소단위의 구성 요소로 추정되는 과립 모양 물질이 핵공을 관통하여 압착되어 있는 것을 볼 수 있다.

금 입자나 리보솜 소단위 크기의 물질이 핵공을 통과할 수 있다는 점을 볼 때, 이들 핵공은 열린 통로로 가정할 수 있겠지만 사실은 그 반대다. 핵공에는 핵막에 걸쳐 있으면서 세포질과 핵질로 돌출해 있는 '**핵공복합체(nuclear pore complex, NPC)**'로 불리는 도넛 모양의 구조물이 있다. NPC는 리보솜 질량의 15~30배 정도에 달하는 거대 분자복합체로서, 8번 반복되는 구조물로 인해 8각 대칭형태를 가지고 있다(그림 6.10). 그들의 상당한 크기와 복잡성에도 불구하고, NPC는 효모와 척추동물에서 많이 보존되어 있는 **뉴클레오포린**(*nucleoporin*)이라고 불리는 약 30개의 다른 단백질만을 포함하고 있다. 각 뉴클레오포린은 8각형 대칭 구조를 유지하는 여러 개(8, 16 또는 32)의 사본으로 존재한다.

NPC의 구조는 **그림 6.9**의 전자현미경과 **그림 6.10**의 모델에서 볼 수 있다. NPC의 중심부는 뉴클레오포린 고리에 둘러싸여 있는 중앙 통로인데, 이의 재배열에 따라 그 직경의 크기가 약 20nm에서 40nm로 변경 가능하다. NPC는 정적 구조가 아니며, 많은 구성 요소 단백질들이 몇 초에서 몇 분 사이에 새로운 사본으로 대체된다는 발견에서 증명되었다. 최근 연구에서는 뉴클레오포린의 동적 교환이 NPC와 연합되어 있는 염색질의 전사를 활성화하는 역할을 한다고 제안되었다.

뉴클레오포린의 일부 단백질들을 구성하는 아미노산 서열에 많은 수의 페닐알라닌-글리신(phenylalanine-glycine)이 반복되고 있음이 발견되었다(FG, 첫 글자를 땄음). FG 반복은 FG 영역(domain)

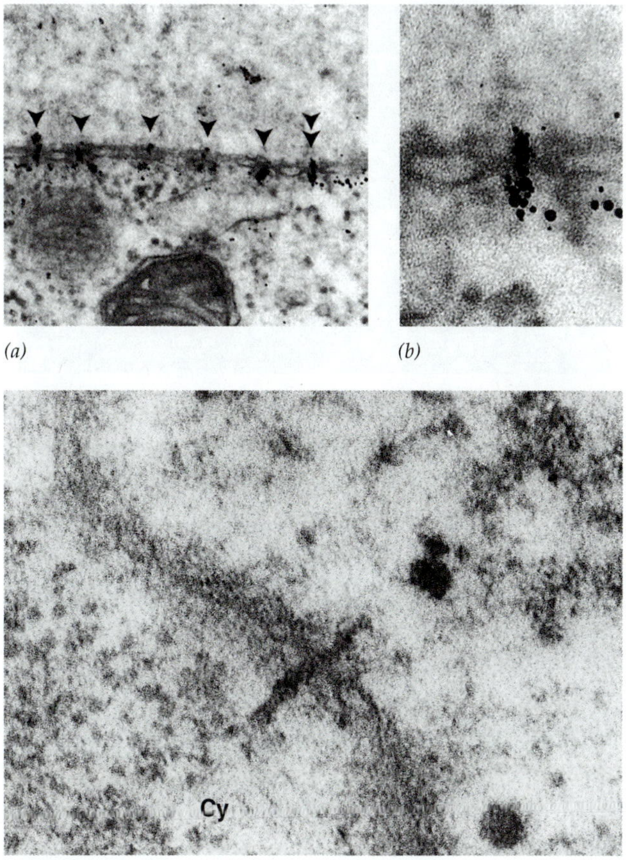

(a) *(b)* *(c)* 0.1 μm

그림 6.8 핵공을 통한 물질의 이동. (*a*) 일반적으로 핵에서 발견되는 단백질로 고딩된 금 입자를 주사한 후 몇 분 내에 씩은 개구리 난모세포의 핵-세포질 경계 영역의 전자현미경 사진. 이 입자들은 세포질에서 핵 방향으로 핵공의 중앙을 통과한다. (*b*) 더 높은 배율에서는 금 입자가 각 핵공 내에서 일렬로 모여 있는 것이 관찰된다. (*c*) 핵공을 통한 과립형 물질의 이동을 보여주는 곤충 세포의 핵막 관통 전자현미경 사진.

출처: (a, b) C. M. Feldherr 제공; (c) Barbara J. Stevens과 Hewson Swift, *J. Cell Biol.* 31:72, 1966, Fig. 23 록펠러대학교 출판부의 허가를 얻음.

이라고 불리는 각 분자의 특정 영역에 모여 있다. FG 영역은 특이한 아미노산 구성으로 인해 늘어져서 휘기 쉬운 비정형의 구조(56쪽)로 되어 있다. FG 반복을 포함하는 뉴클레오포린의 섬유성 FG 영역이 NPC의 중앙 통로에 늘어서 있다. FG 영역은 소수성 그물망이나 체를 형성하여 핵과 세포질 간 고분자들(약 40,000Da 이상)의 자유로운 확산을 막는다.

1982년에, 영국 의학연구위원회(Meical Research Council)의 로버트 라스키(Robert Laskey)와 그의 동료 연구원들은 양서류 난모세포의 풍부한 핵단백질 중 하나인 뉴클레오플라스민이 **핵위치 신호(nuclear localization signal, NLS)**로 기능하는 아미노산을 포함한다는 것을 발견했다. 이 염기서열은 단백질이 핵공을 통과하여 핵 안으로 들어갈 수 있게 해 준다. 가장 잘 연구된 또는 "고전적인(classical)" NLS는 양전하를 띤 아미노산으로 이루어서 1~2개의 짧은 스트레치(stretch)로 구성되어 있다. 예를 들어, 바이러스 SV40에 의해 암호화된 T 항원은 Pro-Lys-Lys-Lys-Arg-Lys-Val-로 식별된 NLS를 포

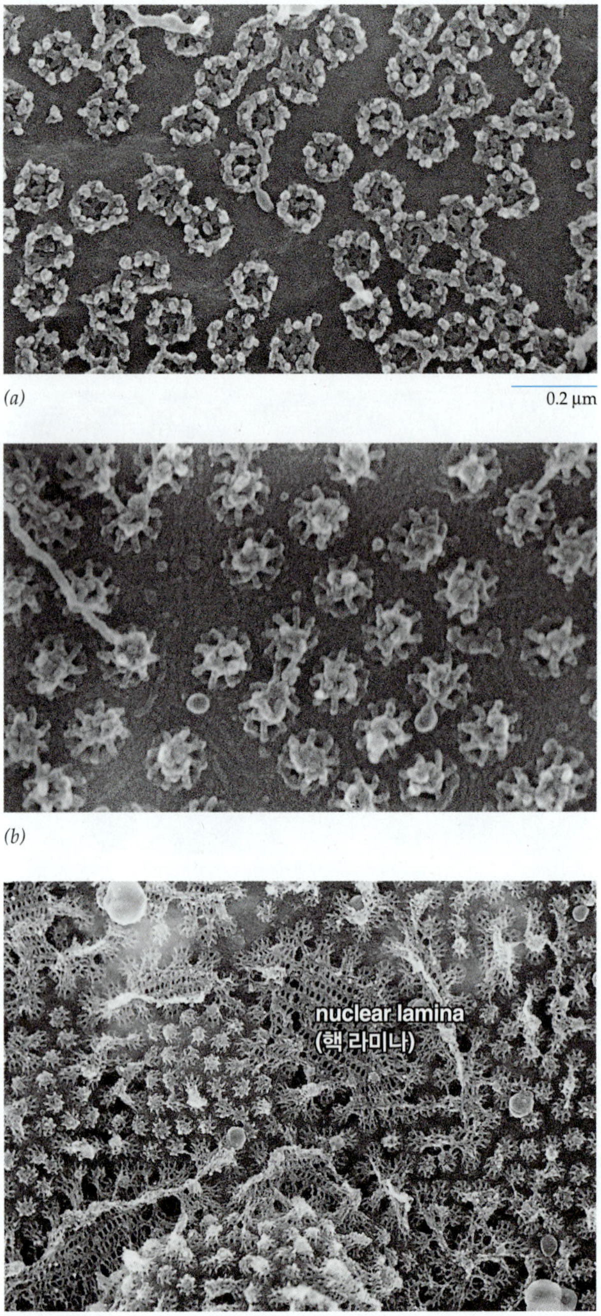

(a) (b) (c)

그림 6.9 양서류 난모세포에서 분리된 핵막으로부터 추출한 핵공복합체의 주사전자현미경 사진. (*a*) 핵공복합체의 주변 세포질 고리를 보여 주는 핵막의 세포질 방향 표면. (*b*) 바구니 모양의 복합체 내부를 보여 주는 핵막의 핵 방향 표면. (*c*) NPC의 분포와 온전한 핵 라미나(NEL) 부분이 보여지는 핵막의 핵 방향 표면. 이 모든 현미경 사진들은 분리 후, 고정, 탈수, 건조 및 금속 코팅으로 처리된 핵막을 이용하여 제작되었다.

출처: (a–c) M. W. Goldberg, and T. D. Allen, *J. Cell Biol.* 119:1431, 1992, Figure 1-3. 록펠러대학교 출판부의 허가를 얻어 재인쇄함..

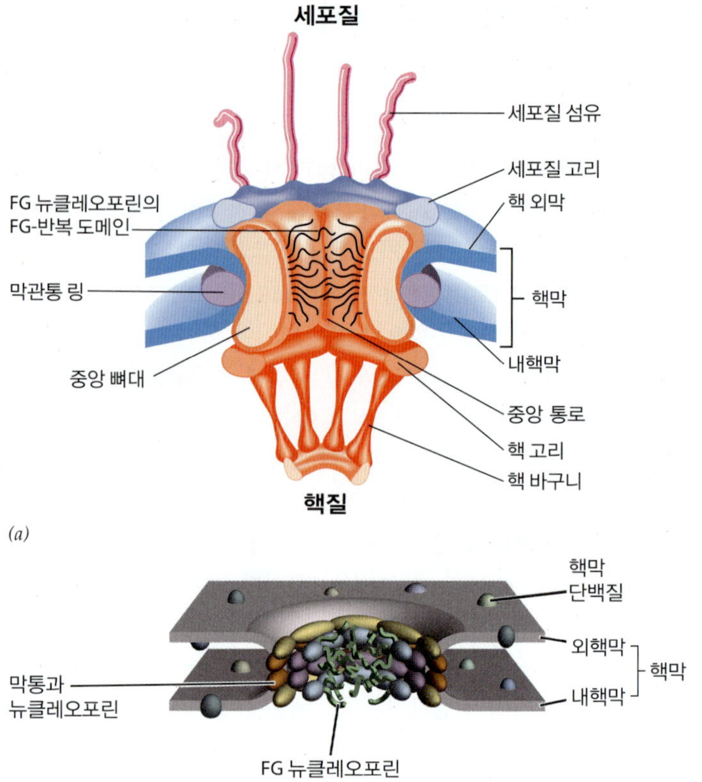

(a) (b)

그림 6.10 척추동물 핵공복합체(NPC) 모델. (*a*) 핵막 내에 위치한 척추동물 NPC의 개략적 표현. 이 정교한 구조물은 복합체를 핵막에 고정시키는 뼈대(scaffold)와 막관통 고리, 세포질과 핵 고리, 핵 바구니, 그리고 8개의 세포질 섬유로 구성되어 있다. FG 포함 핵단백질은 중앙 통로에 늘어서는데, 그의 비정형 FG 영역이 개방부로 신장되어 소수성 그물망을 형성한다. (*b*) 핵공 복합체 일부를 3차원으로 재구성하여 구조물 내에서 개별 뉴클레오포린 분자의 위치를 확인할 수 있다. FG 뉴클레오포린은 녹색으로 표시되어 있다. 여러 개의 막통과 뉴클레오포린은 핵공 막에 걸쳐 NPC를 핵막에 고정시키는 외부 고리를 형성한다.

출처: (b) Javier Fernandez-Martinez와 Michael P. Rout, *Curr. Opin. Cell Biol.* 21: 604, 2009, Elsevier의 허가를 얻음.

함한다. 만약 이 서열의 염기성 아미노산 중 하나가 비극성 아미노산으로 대체되면, 단백질은 핵 내로 수송되지 못한다. 반대로, 만약 이 NLS가 혈청 알부민과 같은 비핵단백질에 융합된 후 세포질에 주입되면, 수정된 단백질은 핵에 들어가서 축적된다. 따라서, 핵에 단백질을 자리잡게 하는 것은 원칙적으로 미토콘드리아와 퍼옥시좀(peroxisome)과 같은 특정 기관(organelle) 내로 분리되도록 예정되어 있는 다른 단백질의 운송과 유사하다(12.11절). 이러한 모든 경우에, 단백질은 세포소기관으로의 운송을 매개하는 특정 수용체에 의해 인식되는 특별한 "주소(address)"를 가지고 있다.

단백질과 RNP를 선택적으로 핵 내로 수송할 수 있는 시험관내 시스템 개발로 인해 핵 수송에 대한 연구는 매우 활발한 연구 분야가 되어왔다. 연구원들은 이러한 시스템들을 이용해, 핵막을 가로질러 고분자들을 수송하는 이동식 전달수용체(*transport receptor*)의 기능을 하는 단백질군을 찾아냈다. 이 군 내에서 임포틴(*importin*)은 세포질에서 핵으로 고분자를 이동시키고, 엑스포틴(*exportin*)은 반대 방향으로 고분자를 이동시킨다.

그림 6.11a는 고전적인 NLS를 포함하는 뉴클레오플라스민 같은 단백질을 핵 내로 수송하는 과정에서 발생하는 몇 가지 주요 단계(예: nucleoplasmin)를 보여준다. 핵으로의 수송은 NLS를 포함하는

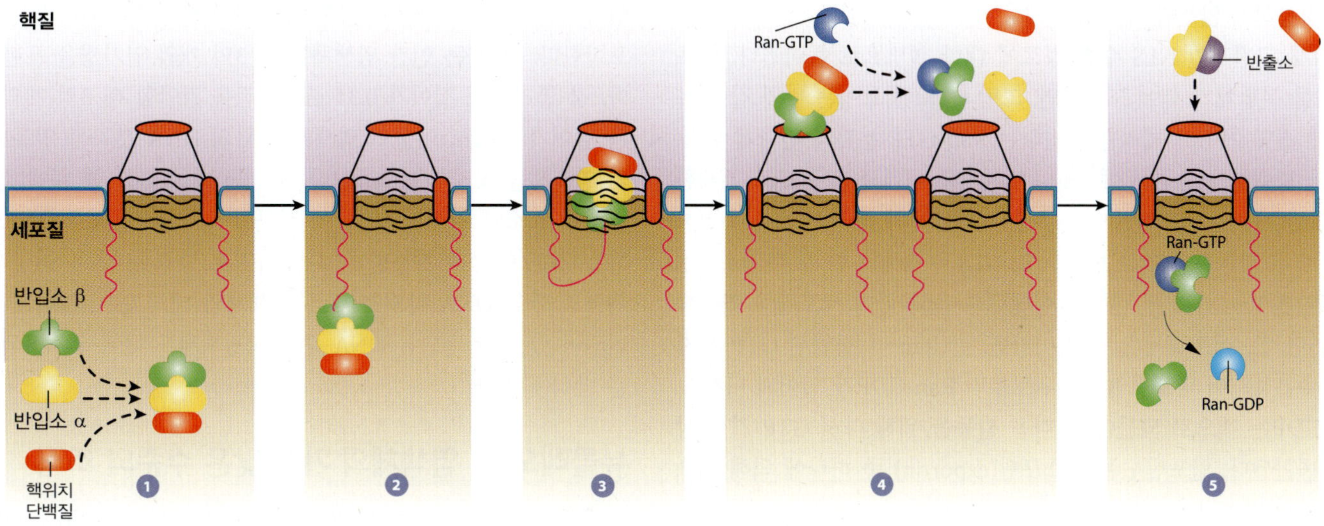

(a)

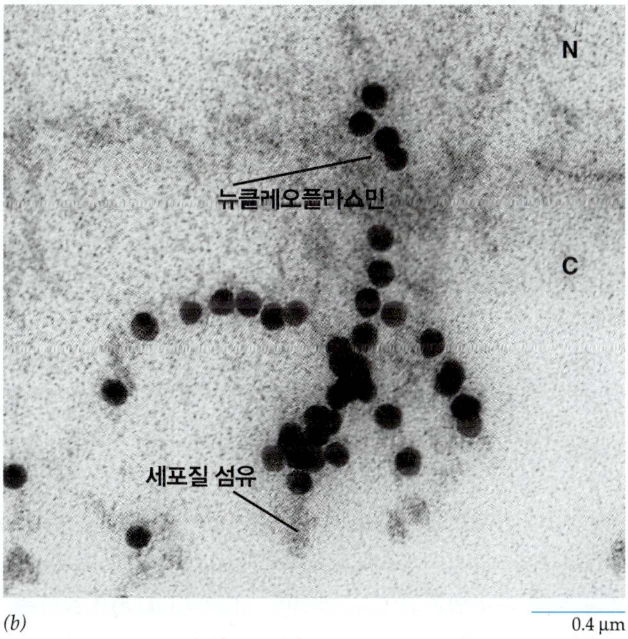

(b)

그림 6.11 세포질에서 핵으로의 단백질 수송. (a) 핵 단백질 수송의 제안된 단계. 핵 위치 신호(NLS)가 있는 단백질은 이성이합체 수용체(importin α/β)(1단계)에 결합하여 세포질 섬유와 연결된 복합체를 형성한다(2단계). 수용체-화물 복합체는 핵공(3단계)을 통해 핵질로 이동하여 Ran-GTP와 상호작용 후 해리된다(4단계). Ran-GTP와 결합된 임포틴 β 소단위(importin β subunit)는 다시 세포질로 전달되며, 여기서 Ran-GTP는 가수분해된다(5단계). Ran-GDP는 이후 핵으로 다시 전송된 후 Ran-GTP로 변환된다. 반대로, 임포틴 α는 세포질로 다시 수송된다. (b) 뉴클레오플라스민은 개구리 난모세포의 핵질에 고농도로 존재하는 단백질이다. 금 입자로 코팅된 뉴클레오플라스민이 개구리 난모세포의 세포질에 주입되면 핵공 복합체의 외부 고리로부터 돌출한 세포질 섬유에 결합하는 것으로 보인다. 몇몇 입자들은 또한 기공을 통해 핵으로 이동하는 것을 볼 수 있다.

출처: (a) M. Ohno et al., 92:3 *Cell* 27, 1998; Cell by Cell press에 의한 모델을 기반으로 함. Cell press의 허가를 받아 저작권 청산 센터를 통해 책에 다시 사용하는 형식으로 인쇄됨; (b) W. D. Richardson et al., *Cell* 52:662, 1988; Elsevier의 허가를 얻음. A. D. Mills 제공.

화물 단백질이 세포질에 존재하며 수용성의 이성이합체인 임포틴 α/β라는 NLS 수용체에 결합하는 것으로 시작된다(1단계, 그림 6.11*a*). 운반수용체는 단백질 화물을 핵의 외부 표면으로 유도하여, NPC의 외부 고리에서 확장된 세포질 섬유에 결합하는 것으로 간주된다(2단계). 그림 6.11*b*는 이 섬유들에 결합된 많은 금 입자를 보여 준다; 이 입자들은 핵공 복합체를 통해 운반되는 NLS를 포함하는 핵 단백질로 코팅되어 있다. 수용체-화물 복합체는 FG 포함 뉴클레오프로틴의 FG 영역과 일련의 연속적인 상호작용을 통해 핵공으로 이동하는데, 이로써 NPC를 통한 수용체-화물 복합체의 이동이 일어난다(3단계, 그림 6.11*a*).

결합 화물이 NPC를 통해 이동하면, GTP-결합단백질인 **Ran**이 운반된 단백질을 핵 내로 방출하게 된다. 이전 장에서 설명한 Sar1(490쪽)및 EF-Tu(202쪽)와 같은 GTP 결합단백질과 마찬가지로 Ran은 활성 GTP가 결합된 활성형 혹은 GDP 결합 비활성형으로 존재할 수 있다. 핵질 운송 조절에 있어서 Ran의 역할은 세포가 핵에서는 Ran-GTP의 농도를 높게 유지하고 세포질에서는 Ran-GTP의 농도를 매우 낮게 유지하는 기작에 기반을 두고 있다. 핵막을 가로질러 생기는 Ran-GTP의 가파른 농도 기울기는 특정 부속단백질의 구간편중(compartmentalization)에 기인한다(자세한 설명은 그림 15.21*b* 참조). 이 부속 단백질들 중 하나(*RCC1*이라고 함)는 핵에 편중되어, Ran-GDP에서 Ran-GTP로의 변환 반응을 촉진함으로써 핵 내에 Ran-GTP의 농도를 높게 유지한다. 또 다른 부속단백질(RanGAP1)은 세포질 안에 있으면서 Ran-GTP에서 Ran-GDP로의 가수분해를 촉진하여 세포질 내 Ran-GTP의 농도를 낮게 유지한다. 따라서, GTP 가수분해에 의해 방출되는 에너지는 핵막을 가로지르는 Ran-GTP 농도 기울기 유지에 사용된다. 아래에 논의된 바와 같이, Ran-GTP 농도 기울기는 수용체를 매개로 하는 확산에 의한 핵 수송 반응을 유도한다; 여기에는 어떤 운동 단백질이나 ATP 분해효소도 작용하지 않는다.

이제 고전적인 NLS 수송 경로에 대한 설명으로 돌아간다. 임포틴-화물 복합체가 핵에 도착하면, 그림 6.11*a*에 보이는 바와 같이 복합체에 결합하여 그 해리를 유발하는 Ran-GTP 분자와 만나게 된다. 이러한 명백한 기능 때문에 Ran-GTP는 핵 내에 높은 농도로 존재한다. Ran-GTP는 세포질로부터 수송된 복합체의 해리 반응을 촉진한다. 수송된 화물은 핵질로 방출되고, NLS 수용체의 한 부분(임포틴 β 소단위)은 Ran-GTP에 결합된 형태로 다음과 함께 세포질로 역수송된다(5단계). 세포질에 일단 들어가면, 란(Ran)에 결합된 GTP 분자가 가수분해되어 임포틴 β 소단위로부터 Ran-GDP가 떨어져 나간다. Ran-GDP는 핵으로 되돌아와, 다음 활동을 위해 다시 GTP 결합 상태로 변환된다. 임포틴 α는 엑스포틴(exportin) 중 하나에 의해 세포질로 다시 반송된다.

Ran-GTP는 세포질로부터의 수송에 관여한 것처럼 고분자를 핵 밖으로 이끄는 데 중요한 역할을 한다. Ran-GTP는 본질적으로 핵에 국한되어 있음을 상기해보자. 그림 6.11*a*의 4단계에서 볼 수 있듯이, Ran-GTP는 핵내 반입된 복합체의 해리를 유도하는 반면, Ran-GTP는 핵외 반출 복합체의 조립(*assembly*)을 촉진한다. 핵외 반출 단백질은 핵막을 통해 세포질로 운반하는 수송 수용체에 의해 인식되는 아미노산 서열(*nuclear export signal, NES*)을 가진다.

RNA 전송

핵에서 수송되어 나오는 대부분은 다양한 종류의 RNA(mRNAs, rRNAs, snoRNAs, miRNAs 및 tRNAs)로 구성되어 있는데, 이들은 핵에서 합성되지만 세포질에서 기능하거나 혹은 세포질에서 변환된 다음 핵에서 기능하기 위해 되돌아간다. 이 RNA들은 NPC를 통해 리보핵단백질(ribonucleoprotein, RNP) 형태로 NPC를 통과한다.

단백질 수송과 마찬가지로 RNA 수송은 핵공을 통해 mRNP 복합체를 운반하는 수송 수용체와 연관되어 있다. 핵에서 세포질로의 mRNP 운반은 광범위한 개조(remodeling)와 관련이 있다: 특정 단백질들이 mRNA로부터 분리되는 반면, 어떤 단백질들은 복합체에 추가된다. 수많은 연구들이 pre-mRNA 이어맞추기와 mRNA 반출이 기능적으로 연결되어 있음을 보여 주고 있다; 성숙한(즉, 완전히 가공된) mRNA만 핵 반출이 가능하다. 만약에, mRNA가 여전히 잘려 나가지 않은 인트론을 가지고 있다면, 그 RNA는 핵 안에 남아 있게 된다.

6.3 염색체와 염색질

염색체는 체세포분열의 초기에는 어디에서도 보이지 않으며, 세포분열이 끝나면 다시 사라지는 듯하다. 염색체의 출현과 소멸은 초기 세포학자들에게 어려운 질문을 던져 주었다: 비분열 세포에서 염색체의 특징은 무엇인가?

보통의 인간 세포는 46개의 염색체로 나누어진 64억 쌍의 DNA 염기쌍을 가지고 있다(2배체의 염색체 수). 각각의 염색체는 하나의 연속적인 DNA 분자를 포함한다; 염색체가 클수록, 더 많은 DNA를 포함한다. 가장 큰 인간 염색체는 약 3억 개의 염기쌍을 포함하고 있다. 각 염기쌍의 길이가 0.34 nm인 점을 감안할 때 3억 개의 염기쌍은 길이가 10 cm 이상인 염색체 하나의 DNA 분자를 만든다. 46개의 염색체를 직경이 10 μm(1×10^{-5}m)에 불과한 핵 내에 집어넣고, 동시에 효소와 조절단백질들이 접근할 수 있는 상태로 DNA를 유지하는 것은 어떻게 가능한가? 마찬가지로 중요한 것은, 어떻게 각 염색체의 단일 DNA 분자는 다른 염색체와 대책 없이 얽히지 않게 정리되어 있는가? 정답은 DNA 분자가 진핵세포 내에서 포장되는 놀라운 방식에 있다.

뉴클레오솜: 염색체의 가장 낮은 수준의 조직

염색체는 DNA와 관련 단백질들이 모여 있는 **염색질**(*chromatin*)로 구성되어 있다. 진핵 DNA의 질서정연한 포장은 염기성 아미노산인 아르기닌과 리신이 비정상적으로 많이 함유된 눈에 띄는 **히스톤(histone)**이라는 작은 단백질 그룹을 필요로 한다. 히스톤에는 H1, H2A, H2B, H3, H4라는 이름의 5가지 종류가 있다. 히스톤의 아미노산 서열, 특히 H3과 H4는 긴 진화 시간 동안 거의 변화가 없었다. 예를 들어, 완두콩과 소의 H4 히스톤에는 102개의 아미노산이 들어 있는데, 단지 2개의 아미노산에서만 차이를 보인다. 히스톤은 왜 그렇게 고도로 보존되어 있는가? 한 가지 이유는 양전하로 충전된 히스톤이 음전하를 띈 DNA 분자와 상호작용하는 현상이 모든 유기체에서 동일하게 나타나기 때문이다. 게다가, 히스톤 분자에 있는 거의 모든 아미노산은 DNA나 다른 히스톤 같은 다른 분자와 상호작용을 하고 있다. 결과적으로, 히스톤에서는 매우 적은 수의 아미노산만이 단백질의 기능에 심각한 영향을 미치지 않는 다른 아미노산으로 대체 가능하다.

1970년대 초에, 염색질에 비특이적인 DNA 분해효소(nuclease)를 처리하였을 때, 대부분의 DNA가 약 200개의 기본 염기쌍 조각으로 된다는 사실이 발견되었다. 반면에, **나출된**(*naked*) DNA(즉, 단백질이 없는 DNA)에 유사한 처리를 할 경우 크기가 무작위인 조각들로 나타났다. 이 발견은 염색체의 DNA가 길이에 따라 일정한 주기적인 자리를 제외하고는 효소의 공격으로부터 보호된다는 것을 암시한다. DNA와 관련된 단백질이 이러한 보호를 제공하는 것으로 추정되었다. 1974년에, DNA 분해효소와 다른 정보를 이용하여, 로저 콘버그(Roger Kornberg)는 완전히 새로운 염색체 구조를 제안했다. Kornberg는 DNA와 히스톤이 **뉴클레오솜(nucleosome)**이라 불리는 반복적인 소단위로 구성된다고 제안했다. 우리는 이제 각각의 뉴클레오솜은 146개 염기쌍으로 된 초나선 DNA(134쪽)가 원반 모양의 8개 히스톤 분자복합체를 거의 2번 감아서 만든 **뉴클레오솜 중심입자**(*nucleosome core particle*)를 포함한다는 것을 알고 있다(**그림 6.12a**). 각 뉴클레오솜의 히스톤 중심 입자는 각각 히스톤 H2A, H2B, H3 및 H4가 2개의 사본으로 된 옥타머(octamer)로 구성된다(**그림 6.13a**). 나머지 히스톤(H1 유형)은 뉴클레오솜 중심입자 외부에 위치한다. H1 히스톤은 하나의 뉴클레오솜 중심입자를 다음 입자에 연결하는 **연결** *DNA*(*linker DNA*)의 일부와 결합하기 때문에 **연결 히스톤**(*linker*

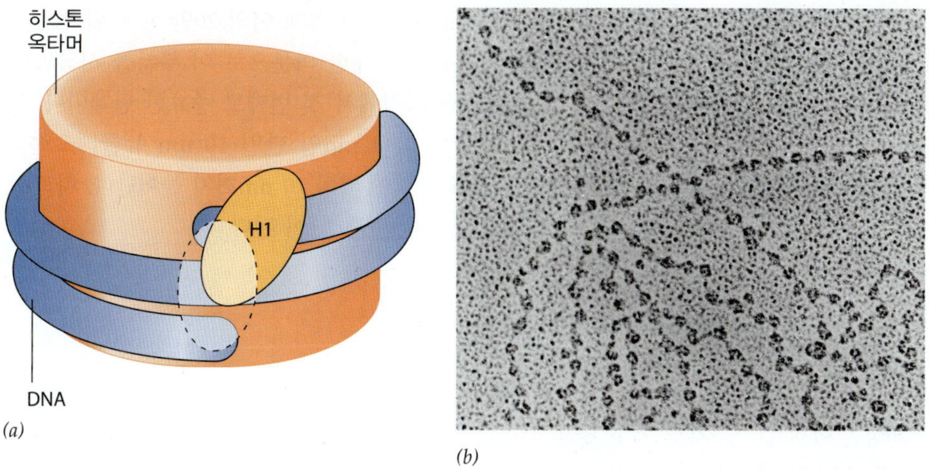

그림 6.12 염색질의 뉴클레오솜 조직. (*a*) 뉴클레오솜 중심입자와 관련 히스톤 H1 분자의 구조를 보여 주는 개략도. 중심입자 자체는 8개의 중심 히스톤 분자(각각 H2A, H2B, H3, H4)가 음전하를 띈 초나선 DNA가 1.8번(46개의 기본 쌍) 감는 것으로 구성된다. H1 링커 히스톤은 DNA가 뉴클레오솜에 들어가고 나오는 자리 근처에 결합한다. 표시된 것은 H1 분자의 대체 가능한 2개 위치이다. (*b*) 초파리(drosophila) 세포핵에서 방출된 염색질 섬유의 전자현미경 사진. 뉴클레오솜 중심입자는 직경이 약 10 nm이며, 직경이 약 2 nm인 노출된 링커 DNA의 짧은 가닥으로 연결되어 있다.

출처: (b) 버지니아대학교 Oscar L. Miller의 강좌.

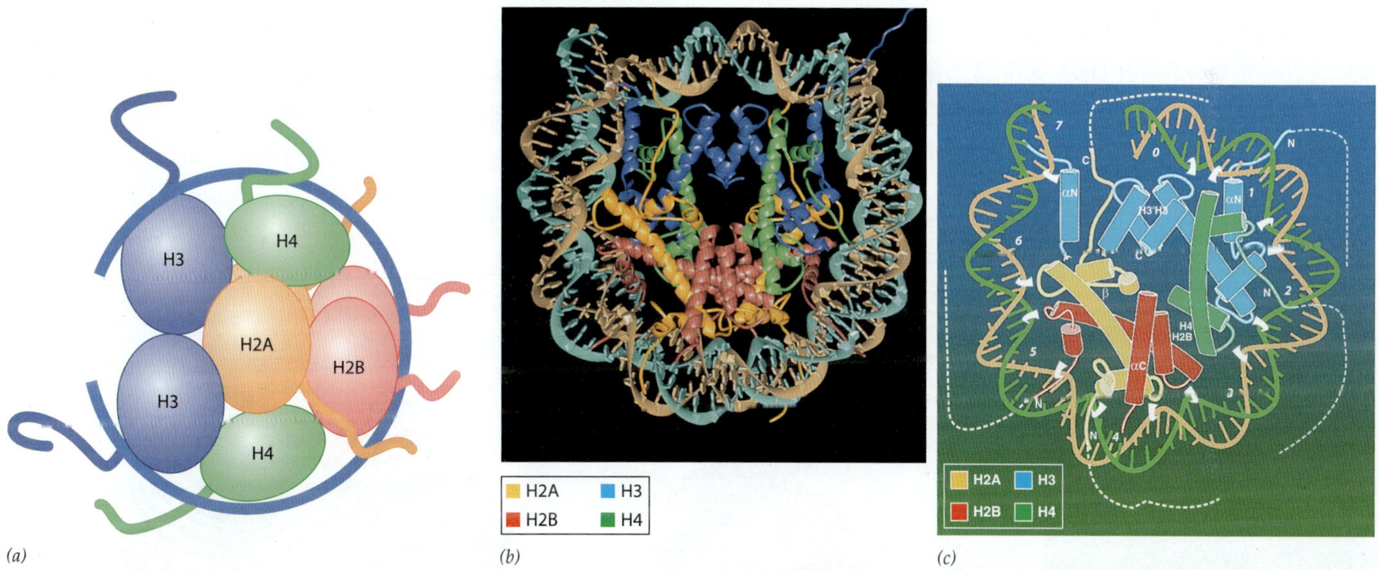

그림 6.13 뉴클레오솜의 구조. (*a*) 4개의 히스톤 이합체(각 2개의 H3/H4 이합체와 H2A/H2B 이합체)로 구성된 히스톤 옥타머로 이루어진 뉴클레오솜 중심입자의 개략도. (*b*) DNA 초나선의 중심축 아래로 본 뉴클레오솜 중심입자의 X-ray 결정학적 구조로, 중심 옥타머의 8개 히스톤 분자 각각의 위치를 보여 준다. 히스톤은 4개의 이합체로 이루어진 복합체로 구성된다. 각각의 히스톤 이합체는 27개에서 28개의 DNA 염기쌍과 결합하며, DNA의 작은 홈이 히스톤 중심과 접촉한다. (*c*) DNA 초나선 1바퀴(73개의 염기쌍)와 4개의 히스톤 중심분자를 보여 주는 뉴클레오솜 중심 입자 절반의 단순화된 도식 모델이다. 범례로 표시한 것처럼 4개의 다른 히스톤이 별도의 색상으로 표시되었다. 각각의 중심 히스톤은 (1) 히스톤 접힘(fold)으로 불리는 구형 영역으로 구성되어 있으며, 이 영역은 3개의 α 나선(실린더로 표시됨)과 (2) 유연하고 확장된 N형으로 구성된다. 히스톤 분자와 DNA 사이의 간헐적인 상호작용 지점은 흰색 고리로 표시된다. 점선은 히스톤 꼬리의 가장 바깥쪽 부분을 나타내며 수정자리이다. 이 유연한 꼬리는 정의된 3차 구조가 부족하기 때문에 *b*의 X-선 구조에 나타나지 않는다.

출처: (a) C. David Allis, et al., *Epigenetics*, Figure 3.5, p. 30, copyright 2007. Cold Spring Harbor Laboratory의 허가를 받아 인쇄; (b) Karolin Luger and Timothy J. Richmond, et al., *Nature* 389:252, 1997, Fig. 1. Mammillan Publishers Limited의 허가를 얻어 재인쇄함; (c) D. Roll에 의한 도면 작성, 1997, Mammillan Publishers Limited.

histone)이라고 불린다. 형광을 이용한 연구는 H1 분자가 염색질과 분리되었다가 재결합되는 반응을 지속한다는 것을 보여 준다. H1 단백질과 히스톤 옥타머는 약 168개의 DNA 염기쌍과 상호작용한다. H1 히스톤 분자는 낮은 이온강도의 용액에 처리할 경우 염색질에서 선택적으로 제거될 수 있다. H1단백질이 제거된 염색질을 전자현미경 아래에서 보면, 뉴클레오솜 중심입자와 노출된 링커 DNA는 그림 6.12*b*의 "구슬 목걸이(beads on the string)"처럼 별개의 요소로 관찰된다.

DNA 포장에 대한 우리의 이해는 X-선 결정학에 의해 얻어진 뉴클레오솜 중심입자의 형상에 의해 크게 발전되었다. 뉴클레오솜 중심입자를 구성하는 8개의 히스톤 분자는 H2A-H2B 이합체(dimer) 2개와 H3-H4 이합체 2개로 구성된다(그림 6.13*a*,*b*). 히스톤 분자의 이합체 형성은 C 말단 영역에 의해 매개되며, 이 영역은 주로 α 나선(그림 6.13*c*에 실린더로 표시)이 뉴클레오솜 중심입자에 작게 접혀 있다. 대조적으로, 각 뉴클레오솜 중심입자의 N-말단 조각(및 H2A의 C-말단 포함)은 그림 6.13*c*의 점선으로 표시되는 길고 유연한 꼬리 형태를 취하는데, 중심입자를 감는 DNA 나선으로부터 돌출되어 있다. 수년간 히스톤은 활성이 없는 구조적 분자로 여겨졌지만, 긴 N-말단 부분은 중요한 효소들의 표적이 되는데, 이로 인해 염색질에 단백질의 결합이 가능하게 된다. 염색질은 역동적인 세포 구성요소로, DNA 전사, 압축, 복제, 재조합 및 보수(repair)의 복잡한 기능을 촉진하기 위해 히스톤, 조절단백질, 그리고 다양한 효소들이 핵단백질 복합체를 드나든다.

히스톤 변형만이 뉴클레오솜의 히스톤 특징을 바꾸는 유일한 기작은 아니다. 위에서 설명한 네 가지 “재래식(conventional)” 중심입자 히스톤 외에도, 대부분 세포에서 여러 대체 형태의 H2A와 H3 히스톤이 합성된다. 소위 말하는 이 히스톤 변형체의 중요성은 아직 잘 알려져 있지 않지만, 특수 기능을 가질 것으로 생각된다. 이러한 변형체 중 하나인 CENP-A의 위치와 명백한 기능이 243쪽에 설명되어 있다. 또 다른 변형체인 H2A.X는 염색질 전체에 분포되어 있으며, 일부 뉴클레오솜에서 기존 H2A를 대체한다. H2A.X는 DNA 주형 파손 자리에서 인산화되어 DNA 복구 효소를 모집하는 역할을 한다. H2Z와 H3.3이라는 2개의 다른 중심 히스톤 변형체는 전사 활성화를 포함한 여러 활동에 관여하지만, 그 역할에 대해서는 논쟁의 여지가 있다.

우리는 지름이 10 μm인 핵이 어떻게 이의 20만 배에 달하는 길이의 DNA를 담을 수 있는가에 대한 의문으로 이 부분을 시작했다. 뉴클레오솜의 조립은 압축 과정에서 첫 번째로 중요한 단계이다. 뉴클레오티드 사이의 간격이 0.34 nm인 단일 10 nm 뉴클레오솜의 200개 염기쌍은 완전히 확장되면 거의 70 nm까지 늘어난다. 따라서, 뉴클레오솜의 DNA 포장 비율은 약 7:1이 된다.

높은 수준의 염색질 구조

직경이 10 nm인 뉴클레오솜 중심입자들을 둘러싸고 있는 DNA 분자는 가장 낮은 수준의 염색질 조직이다. 그러나 세포 내에서 염색질은 비교적 확장된 “구슬 목걸이(beads on the string)” 상태로 존재하지 않는다. 핵에서 염색질을 분리하여 생리적 이온 강도로 맞춰주면 약 30 nm 두께의 섬유가 관찰된다(**그림 6.14a**). 20년 이상의 연구에도 불구하고 30 nm 섬유의 구조는 여전히 논란의 대상이다. 저온 전자현미경(Cryo-electron microscopy)을 이용하여 재구성된 구조가 그림 6.14*b*,*c*에 제안되고 있는데, 여기서 뉴클레오솜은 2개의 층으로 정렬되어 2중나선 구조를 형성한다. DNA를 따라 있는 연속적인 뉴클레오솜들은 2개의 서로 다른 층으로 배열되어 있고, 교차된 뉴클레

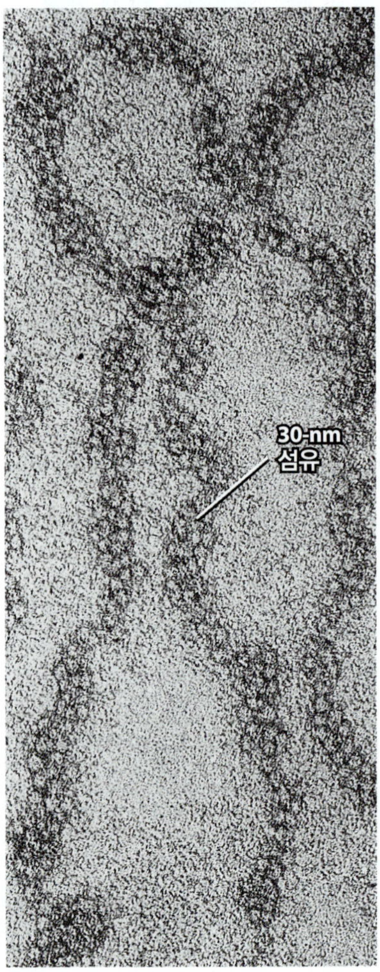

(a)

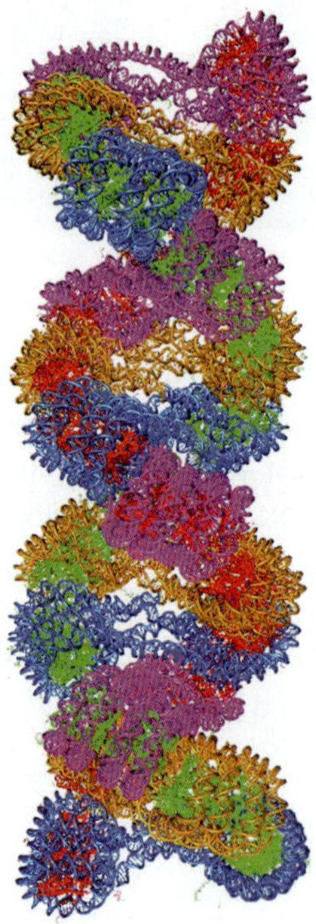

(b)

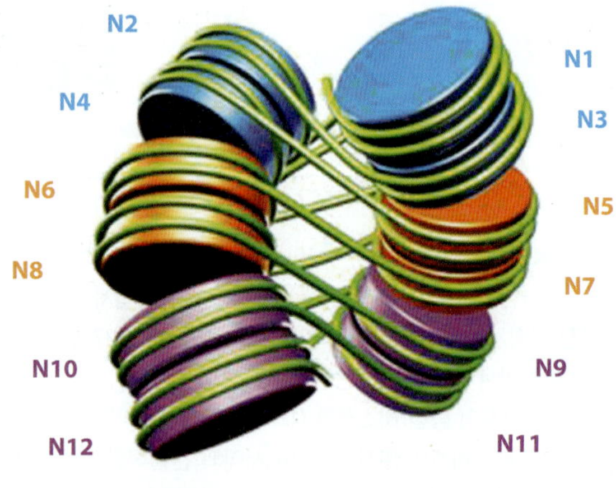

(c)

그림 6.14 **30 nm 섬유.** (*a*) 저장액 내에서 파괴된 세포의 핵으로부터 방출된 30 nm 염색질 섬유의 전자현미경 사진. (*b*) 저온 전자현미경 데이터에 뉴클레오솜의 원자 구조물을 적용시킨 30 nm 섬유의 구조 모델. 히스톤은 빨강과 초록으로 표시됨. DNA는 파란색, 금색, 보라색으로 표시됨. 뉴클레오솜들은 사슬 내에 연속적인 뉴클레오솜 쌍(같은 색의 DNA로 표시)들로 이루어진 2중나선을 형성하는데, 이 2중나선의 중간을 가로질러 링커 DNA가 존재한다. (*c*) N1에서 N12까지 번호가 붙은 12개의 뉴클레오솜의 섬유 구조를 나타내는 개략도로, 쌍으로 쌓인다. 그런 다음 이 쌍들은 2중나선의 2개 사슬을 형성하기 위해 끝과 끝이 연결되어 있다. Linker DNA는 녹색으로 표시됨.

출처: (a) Barbara Hamkalo와 Jerome B. Rattner의 허가를 얻음, (b, c) Feng Song et al., *Science* 344:376–380. 2014.

오솜은 그들의 링커 DNA를 통해 나선을 가로질러 상호작용한다. 30 nm 섬유의 조립으로 DNA 압축 비율은 추가로 6배 혹은 전체 40배 더 증가한다.

30 nm 섬유의 유지관리는 히스톤 분자와 이웃한 뉴클레오솜들 사이의 상호작용에 달려 있다. 링커 히스톤과 중심 히스톤은 둘 다 염색질의 고도 압축에 연루되어 있다. 예를 들어, H1 링커 히스톤을 압축된 염색질에서 선택적으로 추출할 경우, 30 nm 섬유는 그림 6.12*b*에 보이는 것처럼 더 얇고 더 확장된 구슬이 꿰어진 선 모양을 형성한다. H1 히스톤을 다시 첨가하면 고차원의 구조물로 복원된다. 인접한 뉴클레오솜의 중심 히스톤은 길고 유연한 꼬리를 사용하여 상호작용할 수 있다. 예를 들어, 구조 연구를 통해 1개의 뉴클레오솜 중심입자에 속하는 H4 히스톤의 N-말단 꼬리는 뉴클레오솜 입자 사이의 링커 DNA뿐만 아니라 인접한 입자들의 H2A/H2B 이합체와도 광범위한 접촉을 한다는 사실이 밝혀졌다. 이러한 유형의 상호작용은 뉴클레오솜 섬유를 더 굵은 섬유로 접히도록 조정하는 것으로 간주된다. 사실, 꼬리가 없는 H4 히스톤으로 만들어진 염색질 섬유는 고차원의 섬유로 접혀지지 않는다.

DNA 포장의 다음 단계는 30 nm 염색질 섬유가 일련의 크고, 초나선 고리 혹은 영역들로 모여 더 굵은(80~100 nm) 섬유로 압축되는 것으로 생각된다. DNA 고리는 그 염기가 명확하지 않은 핵 골격(scaffold)의 일부인 단백질에 묶여 있다. 정상적으로, 염색질 섬유의 고리는 핵 안에 퍼져 있어 보이지 않지만, 그들의 존재는 특정한 상황에서 드러날 수 있다. 예를 들어, 분리된 유사분열기(*mitotic*) 염색체를 히스톤을 추출하는 용액으로 처리할 경우, 히스톤이 없는 DNA는 단백질 골격으로부터 고리처럼 확장되어 나온 것을 볼 수 있다(**그림 6.15a**). 이러한 DNA 고리를 유지하는 데 중요한 역할을 하는 단백질 중에는 유사분열(14.6절) 동안에 복제된 DNA 분자들을 함께 붙들고 있는 것으로 가장 잘 알려진 코헤신(cohesin)이 있다. 코헤신은 그림 6.15*b*와 같이 작용할 수 있는 고리 모양의 단백질이다.

유사분열기 염색체는 염색질 압축의 최종적인 단계이다; 1 μm의 유사분열기 염색체 길이는 일반적으로 약 1 cm의 DNA를 포함하며, 이는 포장 비율이 10,000:1이다. 이러한 압축은 14.6절에 설명된 덜 알려진 방식에 의해 진행된다. 뉴클레오솜 섬유에서 유사분열기 염색체에 이르는 다양한 수준의 염색질 조직에 대한 개요는 **그림 6.16**에 설명되어 있다.

6.4 이질염색질과 진정염색질

체세포분열이 완료된 후에, 고도로 압축된 유사분열기 염색체의 대부분은 간기의 퍼진 상태로 돌아간다. 그러나 약 10%의 염색질은 간기 동안 응축되고 압축된 형태로 남아 있다. 이러한 압축되고, 짙게 염색된 염색질은 일반적으로 그림 6.5*a*와 같이 종종 핵 라미나 가까이 핵 주변에 집중되어 있다. 간기 동안 압축된 상태의 염색체를 **진정염색질(euchromatin)**과 구별하기 위해 **이질염색질(heterochromatin)**이라고 부르는데, 이것은 분산되어 있으며 활동적인 상태로 돌아간

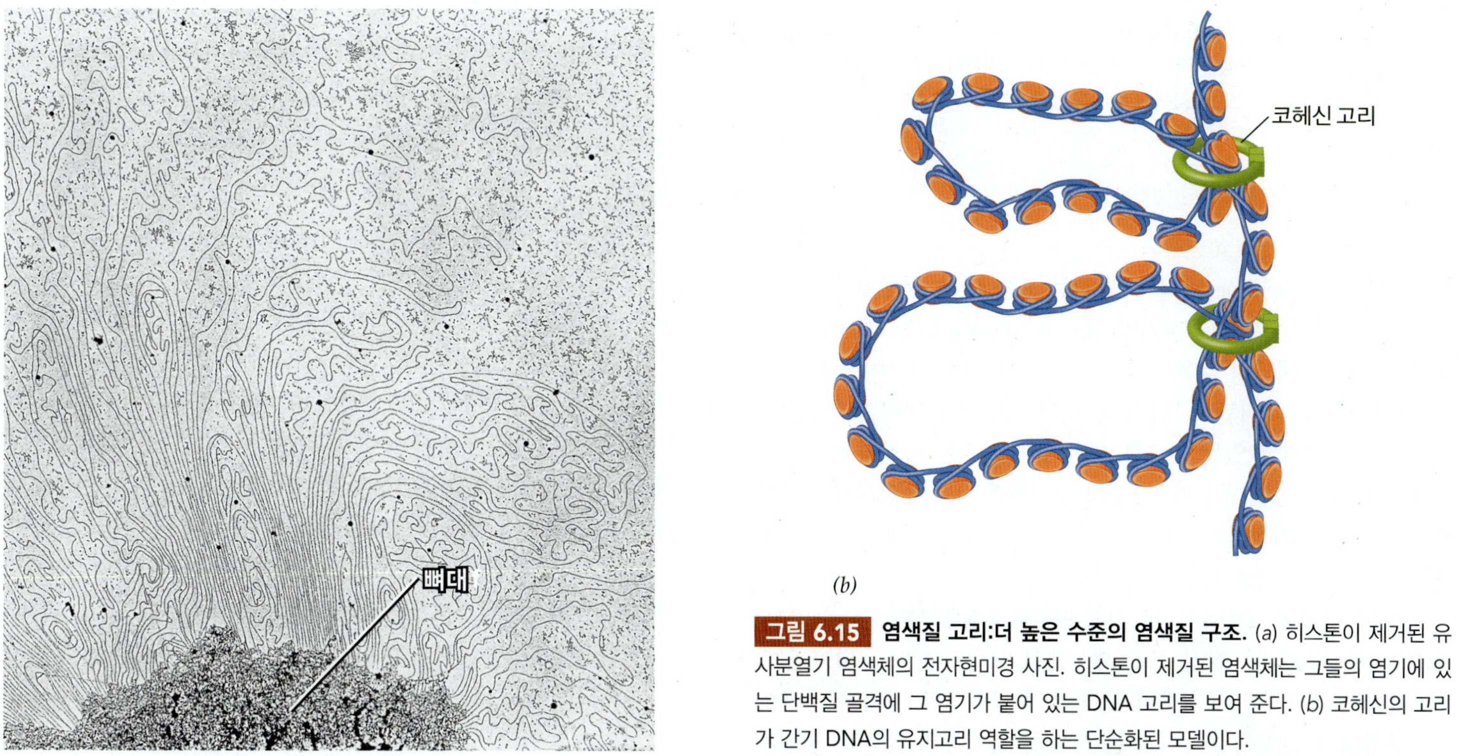

(*a*) (*b*)

그림 6.15 염색질 고리:더 높은 수준의 염색질 구조. (*a*) 히스톤이 제거된 유사분열기 염색체의 전자현미경 사진. 히스톤이 제거된 염색체는 그들의 염기에 있는 단백질 골격에 그 염기가 붙어 있는 DNA 고리를 보여 준다. (*b*) 코헤신의 고리가 간기 DNA의 유지고리 역할을 하는 단순화된 모델이다.

출처: (a) James R. Paulson and US Laemmli, *Cell* 12:823, Elsevier의 허가를 얻음.

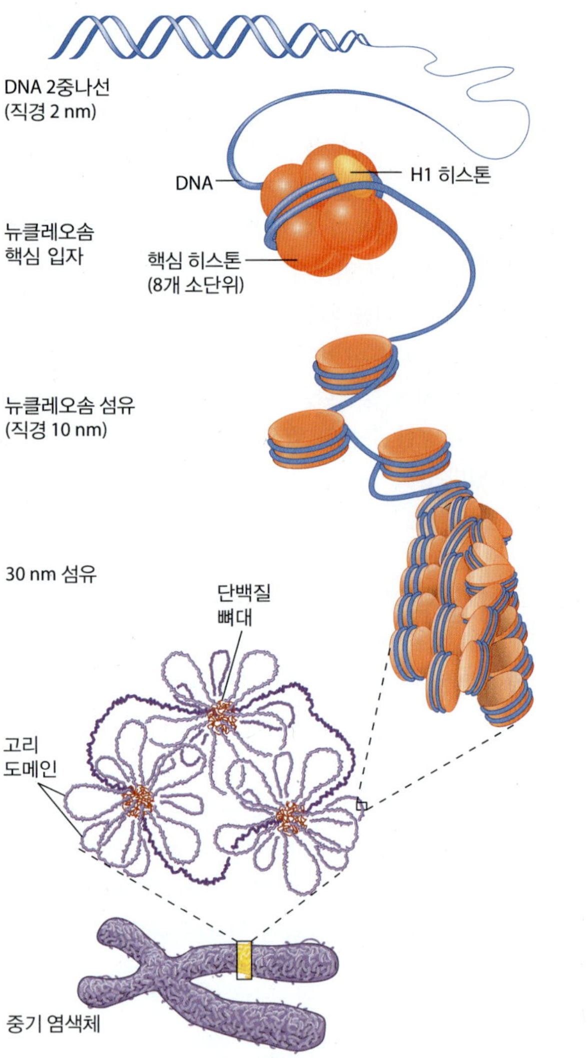

그림 6.16 **염색질 조직 수준들.** 나출된 DNA 분자들이 히스톤을 둘러싸서 뉴클레오솜을 형성하는데, 이것은 가장 낮은 수준의 염색질 조직을 나타낸다. 뉴클레오솜은 30 nm 섬유로 구성된 다음 고리 영역으로 조직된다. 세포들이 유사분열을 준비할 때, 고리들은 유사분열 염색체로 더욱 압축된다(그림 14.13 참조).

다. [^{3}H]유리딘(uridine)과 같은 방사능 표지 RNA 전구체가 세포에 제공된 후, 고정, 분할 및 자기방사(autoradiograph)될 때, 이질염색질 덩어리는 표지되지 않은 채로 존재하는데, 이는 이들이 전사 활성이 거의 없음을 나타낸다. 핵 주변 지역들은 전사 억제를 촉진하는 요소들을 포함하고 있는 것으로 생각되며, 이것은 이질염색질의 존재에 유리한 환경을 만든다. 나중에 논의하겠지만, 유전체의 특정한 영역은 그것이 진정염색질인지 이질염색질인지에 상관없이 한 세포 세대에서 다음 세대로 안정적으로 유전된다.

이질염색질은 2종류로 나뉜다. **구성적 이질염색질(constitutive heterochromatin)**은 항상 모든 세포에서 압축된 상태로 남아 있으며, 따라서 영구적으로 침묵하는 DNA를 나타낸다. 포유류 세포에서, 구성적 이질염색질의 대부분은 다른 염색체의 말단과 중심체(centromere) 및 수컷 Y 염색체의 말초자리(distal arm) 같은 일부 자리에서 발견된다. 구성적인 이질염색질의 DNA는 주로 반복되는 배열로 구성되며 상대적으로 유전자가 적다(137쪽). 사실, 일반적으로 활동적인 유전자들이 전이(transposition)나 전좌(translocation)의 결과로 이 지역에 인접한 위치로 이동할 때, 그들은 전사가 중단되는데, 이는 위치효과(*position effect*)라고 알려져 있다. 이질염색질은 영향력이 일정한 거리 너머까지 퍼져 나가 근처의 유전자에 영향을 미치는 인자를 포함하고 있는 것으로 생각된다. 염색체를 따라 생기는 이질염색질의 확산은 유전체의 특수한 장벽 서열(*boundary element*)에 의해 확실하게 차단된다. 구성적인 염색질은 또한 상동의 반복 서열 간 유전자 재조합을 억제한다. 이러한 유형의 재조합은 DNA 중복 및 결실로 이어질 수 있다(그림 4.23 참조).

임의 이질염색질(facultative heterochromatin)은 유기체 삶의 특정 단계 또는 특정 유형으로 분화된 세포에서 특이적으로 비활성화된 염색질이다(그림 17.9*b*에서처럼). 암컷 포유류의 세포에 있는 염색체와 수컷의 염색체를 비교함으로써 구성 염색질의 예를 볼 수 있다. 수컷 세포는 작은 Y염색체와 훨씬 큰 X염색체를 가지고 있다. X와 Y염색체는 몇 개의 유전자만 공통으로 가지고 있기 때문에, 수컷들은 대부분의 성 염색체에 있는 대부분 유전자들의 사본을 하나만 가지고 있다. 암컷 세포는 2개의 X염색체를 가지고 있지만, 그 중 하나만 전사가 활성화되어 있다. 또 다른 X염색체는 1949년에 발견된 연구원의 이름을 따서 바소체(*Barr body*)라고 불리는데, 이질염색질 덩어리로 응축되어 있다(**그림 6.17a**). 바소체의 형성은 수컷과 암컷 모두의 세포가 동일한 수의 활성 X염색체를 가지는 것을 보장하며, 그 결과 X-연관 유전자에 암호화된 유전자로부터 동일한 양이 합성된다.

X염색체 비활성화

1961년 영국의 유전학자 메리 라이언(Mary Lyon)은 쥐의 털 색깔 유전에 대한 연구를 바탕으로 다음과 같은 제안을 했다.

1. 암컷 포유류에서 X염색체의 이질염색질화는 초기 배아발달 중에 일어나서, 그 염색체의 유전자 비활성화로 연결된다.
2. 배아에서의 이질염색질화는 부계 유래 X염색체와 모계 유래 X염색체가 비활성화될 확률이 주어진 모든 세포에서(*in any given cell*) 동일하다는 점에서 무작위의 반응이다. 결과적으로, 비활성화 시점에, 부계 X는 배아의 한 세포에서 비활성화될 수 있고, 모계 X는 이웃 세포에서 비활성화될 수 있다. X염색체가 비활성화되면, 그것의 이질염색질 상태가 DNA를 통해 많은 세포 분열을 통해 전달되어 동일한 X염색체가 특정 세포의 모든 자손에서 비활성화된다. X염색체 비활성화 과정은 쥐 배아줄기세포의 분화 과정에서 가장 잘 연구되어 있다. 배아줄기세포는 매우 초기의 배아에서 유도되어 2개의 활성 X염색체를 가지고 있다.
3. 이질염색질화된 X염색체의 활성화는 감수분열이 시작되기 전에 암컷 생식세포에서 일어난다. 그 결과, 2개의 X염색체 모두 난자 형성기간 동안 활성화되며, 모든 생식세포는 진정염색질인 X염색체를 받게 된다.

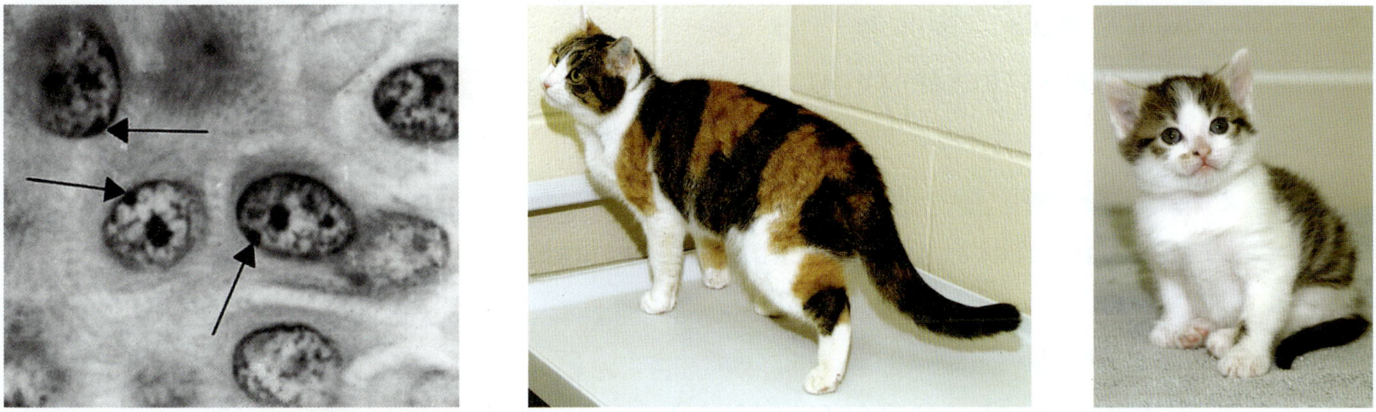

(a) (b) (c)

그림 6.17 조건적 염색질. (a) 비활성화된 X염색체는 바소체(화살표)라고 하는 짙게 염색된 이질염색질 구조로 나타난다. (b) 초기 배아 발달 과정에서 서로 다른 세포에서 X염색체 중 하나가 무작위로 비활성화되면 조직 조각들이 모자이크화되고 칼리코 고양이의 색 패턴을 만들어낸다. 각 패치는 비활성화 당시 배아에 존재했던 한 세포의 자손으로 구성된다. 이러한 패치들은 하나의 X염색체에는 검은색 털 색깔 대립유전자와 다른 X염색체에는 오렌지색 털 색깔 대립유전자를 가진 이형접합체(heterozygotes) 칼리코 고양이들에게서 시각적으로 명백하게 나타난다. 이것은 수컷의 모든 세포들이 검은색이나 주황색의 털을 가지고 있기 때문에 수컷 칼리코 고양이들이 사실상 존재하지 않는 이유를 설명해 준다(이 고양이의 흰 점은 다른 상염색체 색 유전자 때문이다). (c) 이 고양이는 *b*의 고양이로부터 복제되었다. 두 동물은 유전적으로 동일하지만 다른 털 패턴을 가지고 있는데, 이는 X 비활성화 과정의 무작위 특성을 반영한 것이다(다른 무작위의 발달 현상과 마찬가지로).

출처: (a) E. G. (Mike) Bertram 제공; (b–c) 텍사스 A&M 대학교 수의학 및 생물 의학 대학(b–c)의 강의 제공.

리용의 가설은 곧 확인되었다.[2] 모계 유래 X염색체와 부계 유래 X염색체는 동일 특성에 대해 다른 대립유전자를 포함할 수 있기에, 성체 암컷은 다른 세포에서 다른 대립유전자가 작용하는 일종의 유전적 모자이크(*genetic mosaics*)이다. X염색체 모자이크 현상은 칼리코 고양이를 포함한 일부 포유류의 털 색깔의 패치워크에 반영되어 있다(그림 6.17*b*,*c*). 인간의 색소성 유전자는 X염색체에 존재하지 않기 때문에 "칼리코 여성(calico women)"은 존재하지 않는다. 그럼에도 불구하고, X염색체 비활성화에 따른 모자이크 현상은 여성에게 나타난다. 예를 들어, 적색이나 녹색의 좁은 빔을 정상적인 적녹색 색맹의 보인자인 여성의 눈에 비추면, 색약(defective color vision)인 망막세포의 패치가 정상 시력의 세포들 사이에 흩어져 있는 것이 발견된다.

X 비활성화의 원인이 되는 기작은 비활성화되는 X 염색체(X_i)의 한 유전자(사람의 *XIST*)에서 전사되는 단백질이 아닌 하나의 비암호화 RNA 분자에 의해 시작된다는 1992년 보고서 이후 관심의 초점이 되어왔다. *XIST* RNA는 매우 작은 경향이 있는 다른 많은 비암호화 RNA와 구별되는 큰 사본(17Kb 이상)이다. 그 크기 때문에 XIST는 긴 비암호화 RNA(즉, lncRNA)로 묘사되며, 세포 활동에서 조절인자로 발견된 계속 증가하는 긴 목록의 첫 번째 주자이다. 사실, 현재 적어도 7개의 구별되는 lncRNA가 X염색체 비활성화에 관련된 것으로 여겨지고 있다: 우리는 현재의 논의를 *XIST*로 제한할 것이다. *XIST* RNA는 전사된 곳으로부터 X염색체의 길이를 따라 선택적으로 축적되며, 선택된 자리에서 유전자를 비활성화시키는 특정 단백질 복합체를 모집하는 것을 돕는다.[3] *XIST* 유전자는 비활성화의 개시에 필요하지만, 한 세포 세대에서 다음 세대로 이를 유지하는 데에는 필요하지 않다. 이 결론은 *XIST* 유전자가 삭제된 비활성화 X염색체를 포함하는 특정 여성에게서 종양세포가 발견된 것에 기초한다. X비활성화는 다음 절에서 논의할 바와 같이 DNA 메틸화(264쪽)와 억제능의 히스톤 변형에 의해 유지되는 것으로 생각된다.

히스톤 코드와 이질염색질 뉴클레오솜의 형성

그림 6.13*c*는 히스톤 꼬리가 밖으로 돌출되어 있는 뉴클레오솜 중심 입자의 개괄적인 모형을 보여주고 있다. 그러나 이 모델은 뉴클레오솜들 사이의 중요한 차이점이 나타나지 않은 일반적인 형태일 뿐이다. 세포는 히스톤 꼬리의 특정 아미노산 잔기에 화학 그룹을 추가하거나 제거할 수 있는 많은 수의 효소를 포함하고 있다. 변형될 수 있는 잔기들, 특히 메틸화, 아세틸화, 인산화 또는 유비퀴틴화가 가장 두드러지게 나타나며, 이 잔기들은 색상 막대로 표시되어 있다(**그림 6.18**). 지난 10년간 염색질의 특정 부분의 상태와 활성이 히스톤 꼬리 부분의 특정한 변형, 또는 변형된 부분의 조합에 의존한다는 가설이 **히스톤 코드(histone code)**로 알려지게 되었다. 다른 말로 하면, 중

[2]여기서 논의된 X염색체의 무작위 비활성화는 자궁에 배아가 착상된 이후에 발생하는 X염색체 비활성화의 두 번째 단계이다. 발달 초기에 발생하는 첫 번째 단계는 무작위가 아니라 부계 유래 X염색체의 비활성화로 이어진다. 부계 유래 X염색체의 초기 비활성화는 배아 밖 조직(예를 들어, 태반)을 만드는 세포에서 유지되며 본문에서 논의되지 않는다. 초기 부계 유래 X 비활성화는 배아 조직을 만드는 세포에서 제거되고 이후 무작위의 X 비활성화가 발생한다.

[3]염색체의 약 15%의 유전자가 알려지지 않은 기작에 의해 비활성화를 비껴간다. 탈주자들은 Y염색체에 존재하는 유전자들도 포함하는데, 이들 유전자들이 양성에서 동일하게 발현될 수 있도록 해 준다.

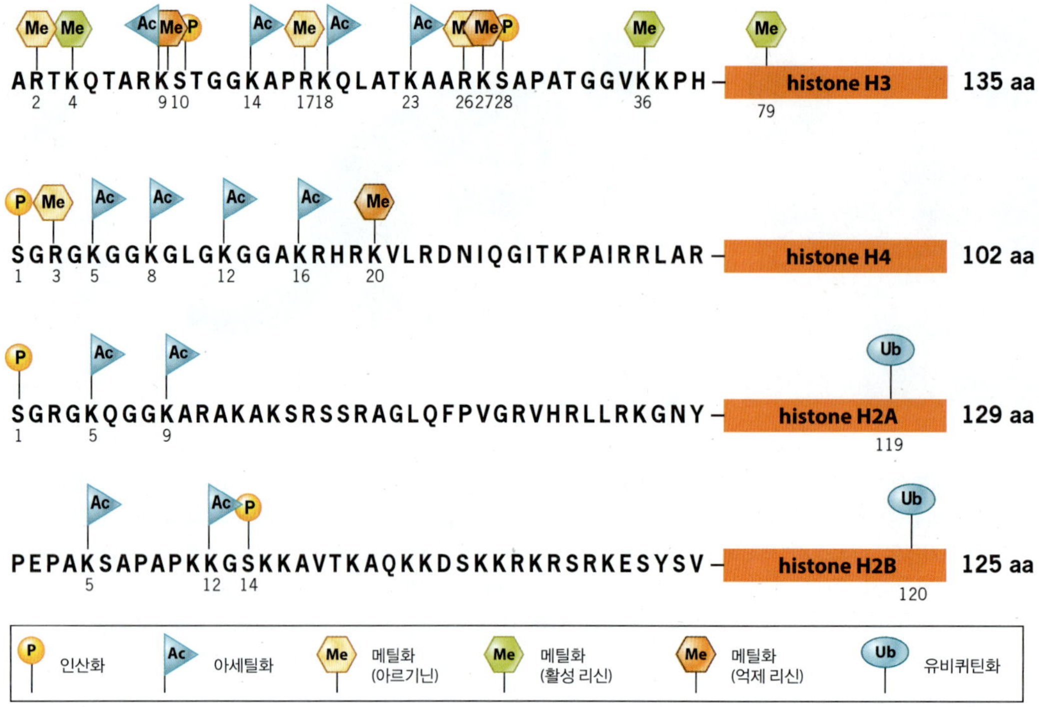

그림 6.18 히스톤 변형 및 히스톤 코드. 뉴클레오솜 DNA를 지나 확장되는 히스톤 단백질로부터 나오는 아미노 말단 꼬리는 메틸, 아세틸, 인산염기의 공유결합적 첨가에 의한 효소반응으로 변형된다. 메틸기는 리신(K) 또는 아르기닌(R) 잔기에, 아세틸기는 리신 잔기에, 인산염기는 세린(S) 잔기에 추가된다. 작은 유비퀴틴 단백질은 H2A와 H2B의 중심부(꼬리가 아닌)의 리신 잔기중 하나에 첨가될 수 있다. 각 리신 잔기에는 1, 2, 3개의 메틸기가 첨가될 수 있으며, 각각의 아르기닌 잔기에는 1, 2개의 메틸기가 첨가될 수 있다. 이러한 변형은 히스톤 코드의 개념으로 이어지는 염색질의 전사 활성을 조절하는 히스톤과 상호작용하는 단백질에 대한 히스톤의 선호도에 영향을 미친다. 리신의 아세틸화가 전사활성으로 이어진다는 것은 널리 알려져 있다. 메틸화 효과는 이러한 잔기들 중 어느 것이 변형되었는지에 따라 크게 달라진다. 예를 들어, 본문에 나오는 바와 같이 히스톤 H3(즉, H3K9)의 리신 9의 메틸화는 일반적으로 이질염색질에 존재하며, 전사 억제와 관련이 있다. H3K27과 H4K20의 메틸화는 전사 억제와 강하게 관련되어 있는 반면, H3K4와 H3K36의 메틸화는 전사활성화와 연관되어 있다. 이러한 변형을 촉매하는 효소들이 있는 것처럼, 그것들을 특이적으로 제거하는 효소들(탈아세틸화효소, 탈메틸화효소, 탈인산화효소, 탈유비퀴틴화 효소)도 있다.

출처: C. David Allis 외, *Epigenetics*, Figure 3.6, page 31, Copyright 2007. Cold Spring Harbor Press의 허가를 얻어 재인쇄함.

심 히스톤의 꼬리를 장식하는 변형의 패턴은 이러한 뉴클레오솜의 특성을 지배하는 암호화된 정보를 포함한다. 연구에 따르면, 히스톤 꼬리 변형은 염색질 구조와 기능에 영향을 미치는 두 가지 방법으로 작용한다고 한다.

1. 수정된 잔기들은 특정한 배열의 비히스톤 단백질을 모집하기 위한 도킹 자리 역할을 하며, 그 다음에 일부 염색질의 특성과 활성을 결정한다. 변형된 히스톤 잔기들에 선택적으로 결합하는 일부 특정 단백질의 표본 추출은 **그림 6.19**에 표시되어 있다. 그림 6.19의 히스톤에 결합된 각각의 단백질은 염색질 활성이나 구조의 일부 측면을 조절할 수 있다.
2. 변형된 잔기들은 인접한 뉴클레오솜들의 히스톤 꼬리가 상호작용하는 방식이나 뉴클레오솜들이 결합된 DNA와 상호작용하는 방식을 바꾼다. 이러한 상호작용 유형의 변화는 염색질의 고차원적 구조의 변화로 이어질 수 있다. 예를 들어, 히스톤 H4의 16번째 위치에서 리신 잔기의 활성화는 인접한 뉴클레오솜의 히스톤 H2A 분자와의 상호작용을 방해하며, 차례로 압축된 30 nm 염색질 섬유의 형성을 제한한다.

현재로서는 X염색체 비활성화 등과 같은 상황에서 발생하는 이질염색질의 형성으로 논의를 제한하겠다. 간단한 설명을 위해, 우리는 세포가 히스톤 코드를 이용하는 일반적인 원리를 설명하는 단일 잔기(H3의 리신9)의 변형에 초점을 맞출 것이다. 여러 가지 다른 히스톤 변형 조치는 그림 6.18에 나와 있으며, 이에 수반되는 범례에 설명되어 있으며, 다른 예는 260쪽에 설명되어 있다. 이 장을 통해 보게 될 것처럼, 단순히 유전자의 변화를 한 번에 보는 것이 아니라 유전체 차원의 전사에 영향을 미치는 히스톤 변형과 같은 변화를 분석하는 기술이 최근 몇 년 사이에 개발되었다. 이것은 우리에게 단지 몇 년 전에 가능했던 것보다 이러한 각 현상의 일반적인 중요성에 대한 더 넓은 관점을 제시해준다.

이질염색질 내와 진정염색질 영역 내 뉴클레오솜의 비교는 현저한 차이를 보여준다. 이질염색질 영역 내 히스톤 H3의 9번 위치(Lys9 또는 K9)에 있는 리신 잔기는 대부분 메틸화되는 반면 이 잔기는 진정염색질 영역 내에서는 아세틸화된다. H3과 H4 히스톤에서 아세틸기를 제거하는 것은 진정염색질에서 이질염색질로 바꾸는 초기 단계이다. 전사 억제와 히스톤 탈아세틸화 사이의 관계는 비활성화된 이질염색질의 암컷 X염색체와 정상 수준의 아세틸화 상태

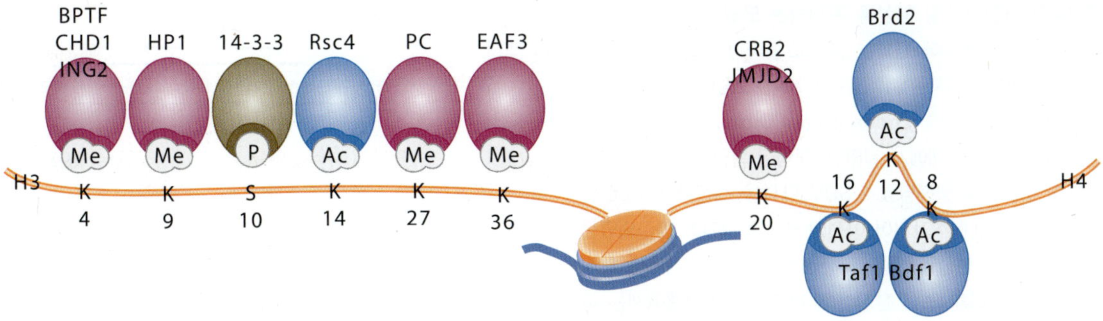

그림 6.19 변형된 H3 또는 H4 잔기들에 선택적으로 결합하는 단백질의 예. 각각의 결합 단백질은 염색질의 구조 및/또는 기능을 바꾸는 활성을 가지고 있다. 이 도면에 나타내지 않은 추가적으로 복잡한 내용들이 존재한다. 즉, 한 히스톤 잔기의 변형이 다른 잔기에서의 반응에 영향을 미칠 수 있는데, 이를 크로스톡(cross-talk) 현상이라 한다. 예를 들어, 염색질 단백질 HP1과 H3K9의 결합은 인접한 세린 잔기(H3S10)의 인산화에 의해 차단되며, 일반적으로 유사분열 동안 발생한다.

출처: T. Kouzarides, *Cell* 128:696, 2007; Cell by Cell Press. Cell Press의 허가를 얻음. 지적재산권 청산센터를 통해 교과서 사용을 목적으로 재인쇄됨.

를 나타내는 히스톤들이 있는 활성화된 진정염색질 X염색체를 비교함으로써 알 수 있다(**그림 6.20**). 히스톤 탈아세틸화는 오로지 이 특정 기능만 가지는 것으로 보이는 효소(**히스톤 메틸전이효소**, *histone methyltransferase*)에 의해 촉매되는 H3K9의 메틸화를 동반한다. 인간의 SUV39H1이라고 불리는 이 효소는 이질염색질 내에서 발견되며, 메틸화 반응을 통해 해당 사리의 이질염색질 성질을 안정화시킨다.

리신 9번 위치에서 메틸화는 히스톤 H3 꼬리에 중요한 속성을 부여한다: 그것은 **크로모 영역**(*chromodomain*)이라고 불리는 특정한 영역을 포함하는 단백질에 높은 친화성으로 결합할 수 있다. 인간 유전체는 최소 30개의 크로모 영역을 가진 단백질을 포함하고 있으며, 그 중에서 가장 잘 연구된 단백질은 **헤테로크로마틴 단백질** *1(heterochromatic protein 1, HP1)*이다. HP1은 이질염색질의 형성과 유지에 관련되어 있다. 일단 H3 꼬리에 결합되면, HP1은 (1) H3K9 잔기를 메틸화시키는 효소인 SUV39H1 그리고 (2) 근처의 뉴클레오솜에 존재하는 다른 HP1 분자 등의 다른 단백질과 상호작용하는 것으로 생각된다. HP1 단백질의 이러한 결합특성은 메틸화된 뉴클레오솜의 상호 연결 네트워크의 형성을 촉진하여, 압축된 고차원의 염색질 영역을 생성한다(**그림 6.21** 참조). 가장 중요한 것은, 이 상태가 한 세대에서 다음 세대로 세포분열을 통해 전달된다는 것이다(243쪽에 논의됨). 부모 세포에 존재하는 히스톤 변형은 딸세포에 새로 축적되는 뉴클레오솜에 동일한 변형이 생기도록 어떻게든 지시해야 한다. 이의 기작은 잘 알려져 있지 않다.

많은 유기체에 대한 연구는 RNA 간섭(193쪽)에 관련된 것과 특성이 유사한 작은 RNA(small RNAs)가 유전체의 특정 부분에서 H3K9 메틸화가 일어나고, 그 결과 이질염색질화되게 하는 역할을 담당하는 것으로 보인다. 이질염색질 조립 동안 발생하는 것으로 생각되는 여러 작용의 종류에 대한 모델이 그림 6.21에 설명되어 있다. 중심체나 고도로 반복되는 트랜스포존(transposable element) 영역에서 파생된 RNA는 RNA 간섭 경로에 의해 가공되어 히스톤 H3의 리신 9를 변형시키는 히스톤 메틸전달효소(methyltransferase) 등의 히스톤 변형 효소를 모집한다. 이러한 방식의 변형은 HP1 크로모 영역 단백질 패밀리의 구성원을 모집하여 이질염색질 형성과 유전자 침묵으로 이어진다. 이는 특히 이동식 트랜스포존과 바이러스성 DNA의 침묵에 중요하다. 만약 RNA 간섭 기구의 구성 요소가 삭제되면 H3K9의 메틸화와 이질염색질화에 문제가 생겨 이동식 DNA 요소가 활성화된다. 이질염색질 형성에 있어서의 역할 외에도, RNA 간섭 기구는 한 세포 세대에서 다음 세대로의 이질염색질의 상태 유지에도 기능할 수 있다. 이러한 연구 결과는 빠르게 증가하고 있는 역할 목록에서 비암호화 RNA가 또 다른 역할을 수행함을 알려준다. 대부분의 유전체가 전사되는 것으로 현재 생각된다는 사실을 고려하면(196쪽), 배아 발달이나 생리학적 자극에 반응하여 생겨나는 염색질 구조

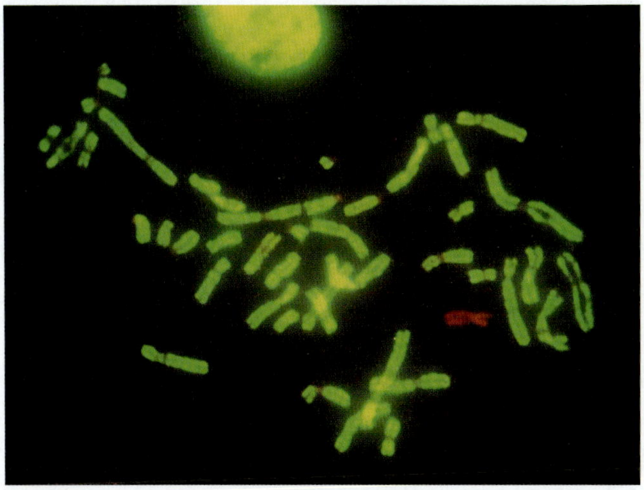

그림 6.20 전사 활동과 히스톤 아세틸화 사이의 상관관계에 대한 실험적 입증. 이 중기 염색체 확산은 녹색을 띠는 아세틸화된 H4에 대한 형광 항체로 표지되었다. 비활성화된 X를 제외한 모든 염색체들은 아세틸화 히스톤에 대한 항체로 밝게 염색된다.

출처: Peter Jeppesen 제공. P. Jeppesen와 B. M. Turner, cover of *Cell* vol. 74, No. 2, 1993, Elsevier의 허가를 얻음. Peter Jeppesen 제공

그림 6.21 small RNA가 이질염색질 형성을 통제하는 모델. 최근 연구에 따르면 비암호화 RNA가 이질염색질 형성에 역할을 한다고 한다. 이 모델에서 RNA는 반복 DNA 서열의 양쪽 가닥에서 전사된다(1단계). RNA는 2중나선형 분자(2단계)를 형성하는데, 이는 RNA 간섭 기구의 Endonuclease Dicer 및 기타 관련 요소(193쪽)에 의해 가공된다(3단계). 4단계에서, siRNA-단백질 복합체는 초기 RNA의 상보적 자리에 결합되어 히스톤 메틸전달효소 SUV39H1을 소집한다. 이로 인해 메틸기가 히스톤 H3의 K9 잔기에 추가되어 이전에 H3K9 잔기에 연결되었던 아세틸기를 대체한다. (아세틸기는 진정염색질에서 전사되는 지역이 가지는 특징인데, 히스톤 탈아세틸화 효소에 의해 리신 잔기에서 제거된다. 5단계에서서는 아세틸기가 모두 메틸기로 대체되었는데, 이는 HP1 단백질의 결합자리로 작용한다(6단계). DNA의 경계 원소는 염색질의 인접한 영역으로의 이질염색질화의 확산을 방지한다. HP1이 히스톤 꼬리에 결합하면, 염색질은 HP1 단백질 분자 간의 상호작용을 통해 고도로 더 압축된 구조로 포장될 수 있다(7단계). 또한, 효소 SUV39H1은 메틸화된 히스톤 꼬리에 결합하여(표시되지 않음), 추가적인 뉴클레오솜의 메틸화가 가능하다. 8단계에서는 고도로 압축된 이질염색질 영역이 형성된다.

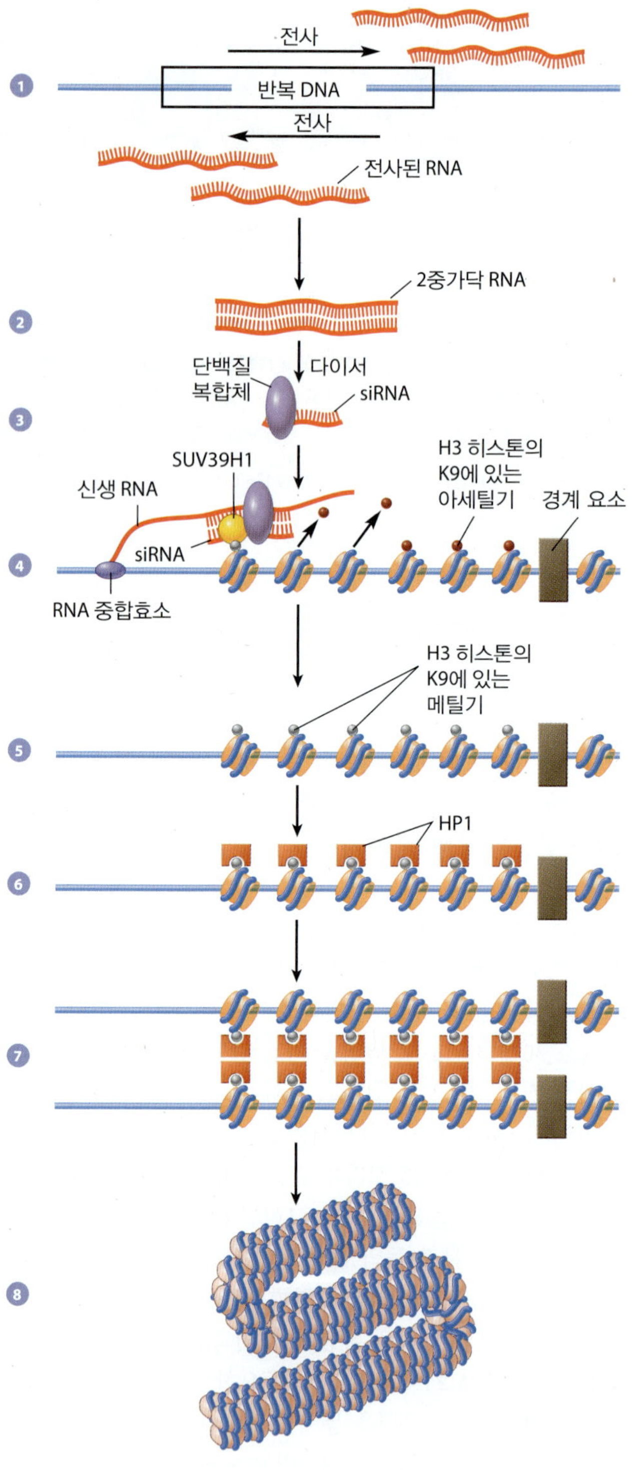

의 변화 대부분을 유도하는 데 있어 RNA가 중요한 역할을 한다는 사실을 발견하는 것은 놀라운 일이 아니다.

6.5 유사분열기 염색체의 구조

간기 세포의 염색질은 상대적으로 분산된 상태에서는 복제와 전사 같은 간기 활동을 선호한다. 대조적으로, 유사분열기의 염색질은 가장 고도로 응축된 상태로 존재하며, 각 딸세포로의 DNA 전달을 용이하게 한다. 염색체가 유사분열 전기 동안에 압축될 때는, 주로 염색체 내 DNA 분자의 길이와 중심체의 위치에 따라 정해지는 뚜렷하고 예측 가능한 형태로 된다(나중에 논의됨). 분열 세포의 유사분열기 염색체는 **그림 6.22a**에 묘사된 기법으로 가시화될 수 있다. 이 기법에서 분열 중인 세포는 열린 상태로 유지되며, 세포의 핵에서 나온 유사분열기 염색체는 매우 작은 영역에 걸쳐 슬라이드 표면에 안착하여 부착된다(그림 6.22*b*). 그림 6.22*b*에 표시된 염색체는 염색체 표본을 특정 염색체에 결합하는 다색 형광 DNA 탐침으로 배양하는 염색 방법으로 준비되었다. DNA 탐침과 컴퓨터 기반 시각화 기법의 다양한 조합을 사용하여, 각각의 염색체는 다른 "가상의 색(virtual color)"으로 "도장(painted)"될 수 있어 훈련을 받은 사람은 쉽게 식별할 수 있다. 이 기법은 다채로운 이미지를 제공할 뿐만 아니라 임상 유전학자들이 놓칠 수 있는 염색체 이상을 발견할 수 있도록 해주는 탁월한 해상도를 제공한다(이 장의 마지막에 나오는 <인간 질병과의 연관성> 그림 2 참조).

개별 염색체를 그림 6.22*b*와 같은 사진으로 절단할 경우, 그림 6.22*c*와 같이 상동 쌍(인간에서는 23)으로 일치시키고 크기 순서로 정렬할 수 있다. 이러한 종류의 표본을 **핵형(karyotype)**이라고 한다. 그림 6.22*c*의 핵형에서 나타난 염색체는 염색체를 교차 띠 모양으로 보이게 하는 염색법을 사용하여 준비되었다. 이러한 띠의 패턴은 종의 각 염색체마다 매우 특징적이며, 염색체 식별을 통하여 하나의 종과 다른 종을 비교할 수 있는 근거를 제공한다(<인간 질병과의 연관성> 그림 3 참조). 핵형은 혈액세포 배양 과정에서 일상적으로 준비 가능하며, 개인의 염색체 이상 여부를 검사하는 데 사용된다. 이 장의 끝에 있는 <인간 질병과의 연관성>에서 논의된 바와 같이, 추가되거나 소실되거나 또는 심하게 변형된 염색체들은 이런 방식으로 발견될 수 있다.

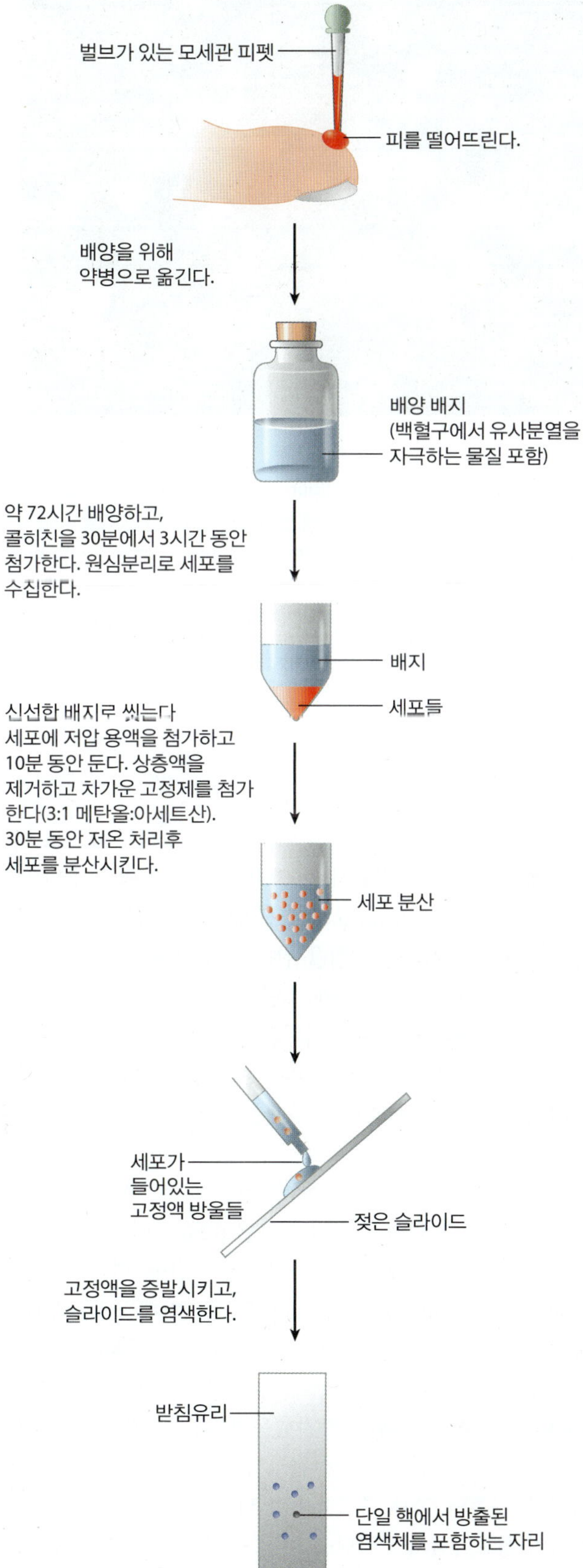

(a)

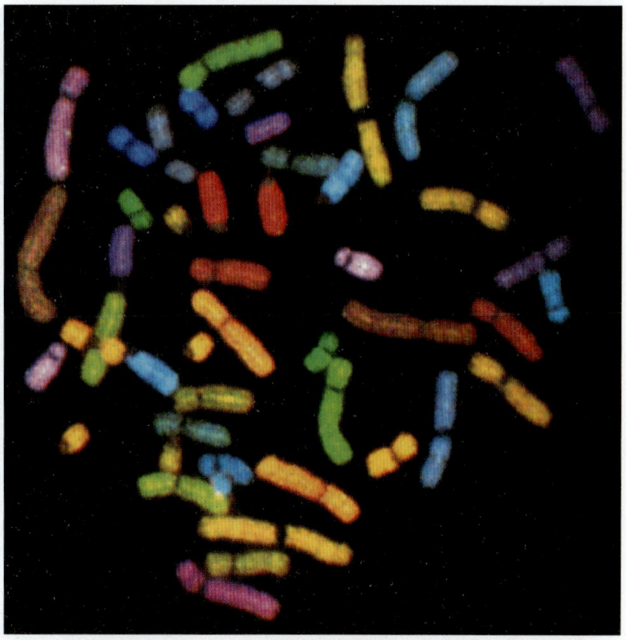

(b)

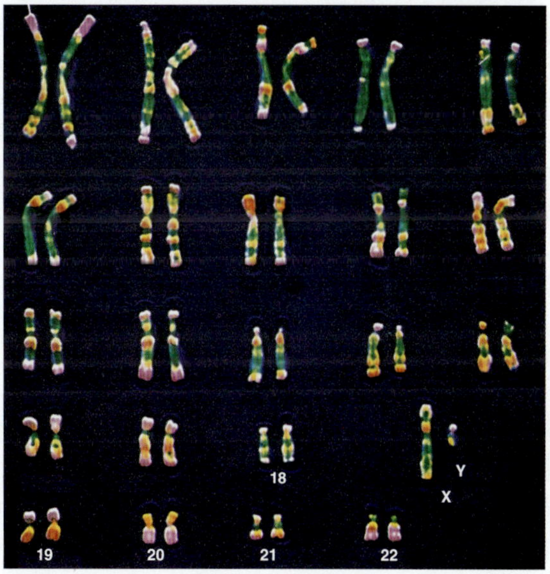

(c)

그림 6.22 인간의 유사분열 염색체와 핵형. (*a*) 말초 혈관의 백혈구로부터 현미경 관찰을 위한 유사분열기 염색체 표본을 얻는 데 사용되는 절차. (*b*) 하나의 분열 중인 인간 세포에서 나온 유사분열 염색체의 군집 사진. 각 염색체의 DNA를 2개 이상의 형광 염료로 공유결합된 여러 종류의 DNA 탐침과 혼성화시켰다. 다른 염색체들은 이 염료들의 다른 조합에 결합한 결과 다른 파장의 빛을 방출한다. 다른 염색체의 방출 스펙트럼은 컴퓨터 가공을 통하여 뚜렷하고 구별이 가능한 표시색으로 변환된다. 동일한 색과 크기의 염색체를 찾음으로써 상동염색체 쌍을 확인할 수 있다. (*c*) 핵형으로 배열된 인간 남성의 염색된 염색체. 염색체 크기에 따라 배열된 쌍을 이루는 상동의 핵형은 단일 핵에서 방출된 염색체 사진에서 준비하였다.

출처: (b) E. Schröck et al., Evelin Schröck과 Thomas Ried 제공, *Science* 273:495, 1996; © 1996, AAAS 허가를 얻어 재인쇄됨; (c) CNRI/Science Photo Library/ Photo Researchers.

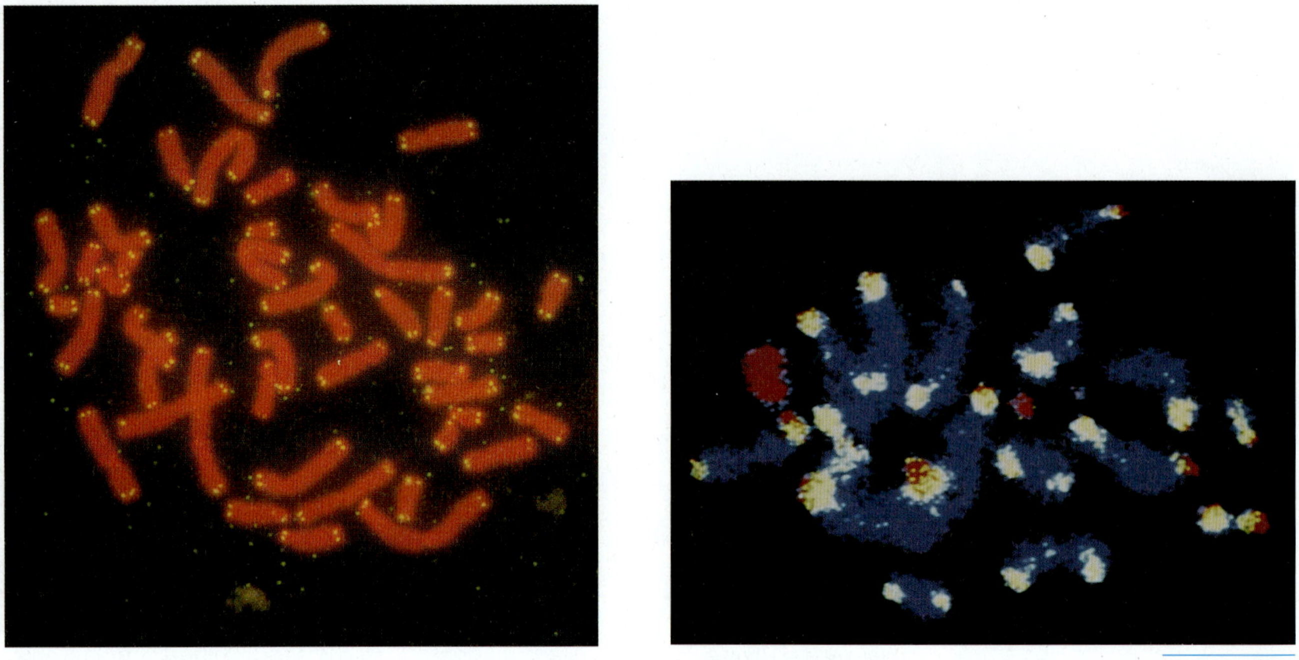

(a) (b) 2 μm

그림 6.23 **말단절(telomere).** (*a*) 인간 염색체 말단절에 존재하는 TTAGGG 서열을 포함한 DNA 탐침의 원위치 혼성화(in situ hybridization). (*b*) 말단절에 특이적으로 결합되는 특정 단백질의 전시. 이 염색체들은 효모세포의 감수분열기 핵으로부터 준비되어, 형광 항-RAP1 항체에 의해 말단절에 위치하는 것으로 나타나는 RAP1 단백질과 함께 배양하였다. 파란색 영역은 DNA 염색을 나타내고, 노란색 영역은 항RAP1 항체 표지를 나타내며, 빨간색 영역은 프로피듐요오드로 염색된 RNA를 나타낸다. 인간은 유사한 말단절 단백질을 가지고 있다(hRAP1은 쉘터린 복합체의 일부를 구성한다).

출처: (a) J. Meyne, in R. P. Wagner, *Chromosomes: A Synthesis*, Wiley, 1993, John Wiley & Sons, Inc.의 허가를 얻어 재인쇄함.; (b) Franz Klein et al., *J. Cell Biol.* 117:940, 1992, Fig. 4c. Susan M. Gasser 제공, Rockefeller University Press의 허가를 받아 재인쇄함.

말단절

원형 DNA 분자로 구성된 대부분의 원핵 염색체들과는 대조적으로, 각각의 진핵 염색체는 하나의 연속적인 DNA 분자를 포함한다. 각 DNA 분자의 끝은 특수한 단백질 그룹과 함께 **말단절(telomere, 텔로미어)**이라고 불리는 염색체의 각 말단에 캡을 형성하는 특이한 반복적인 배열로 구성되어 있다. 인간의 말단절은 약 500회에서 5000회까지 반복되는 TTAGGG/AATCCC 서열을 가진다(**그림 6.23a**). 종마다 상당히 다른 대부분의 반복서열과는 달리, 동일한 말단절 서열이 척추동물 전체에서 발견되며, 대부분의 다른 유기체에서도 발견된다. 이러한 서열의 유사성은 말단절이 다양한 유기체에서 보존된 기능을 한다는 것을 암시한다.

제7장에서 논의한 바와 같이, DNA를 복제하는 DNA 중합효소는 DNA 가닥의 합성을 시작할 수 없고 기존 가닥의 3′말단에만 뉴클레오티드를 추가한다. 복제는 이후 제거되는 짧은 RNA 프라이머(1단계, **그림 6.24a**) 합성 후 각각의 새로 합성된 가닥의 5′말단에서 시작된다(2단계). 이러한 기작과 3단계에 나온 추가 가공 단계로 인해 각 가닥의 5′말단에 짧은 DNA 조각이 소실된다. 그 결과, 3′말단을 가진 가닥이 5′말단을 가진 가닥 위로 돌출된다. 보호되지 않은 단일가닥 말단으로 존재하는 대신, 돌출된 가닥은 그림 6.24*b*에 묘사된 것처럼 2중가닥 부분으로 "비집고 들어가(tucked back)" 고리형태를 이룬다. 이 형태는 DNA의 말단절을 보호하는 것으로 여겨진다. 말단절에 특이적으로 결합하며, 말단절 기능에 필수적인 많은 단백질이 확인되었다. 그림 6.23*b*의 염색체에 결합하는 단백질은 효모 말단절 길이를 조절하는 역할을 한다. 동물세포의 말단절 DNA는 쉘터린(shelterin)이라 불리는 6개 소단위로 구성된 단백질 복합체에 결합한다. 그 기능들 중에는, 쉘터린은 세포의 DNA 수선 기구가 말단절 말단을 손상되었거나 깨진 DNA 가닥으로 잘못 판단하여 유전체의 완전성(integrity)에 중대한 문제를 초래하는 것을 방지하는 역할도 있다.

세포가 DNA의 끝을 복제할 수 없는 경우, 염색체는 각 세포 분열에 따라 점점 더 짧아질 것이다(그림 6.24*a*). 이 곤경은 "말단 복제 문제(end-replication problem)"라고 불린다. 1984년 캘리포니아 대학(University of California, Berkeley)의 엘리자베스 블랙번(Elizabeth Blackburn)과 캐롤 그레이더(Carol Greider)가 돌출된 가닥의 3말단에 새로운 반복 단위를 추가할 수 있는 새로운 효소인 **말단절합성효소(telomerase, 텔로머라제)**를 발견했을 때 유기체가 최종 복제 문제를 해결하는 주요 기작이 드러났다(그림 6.24*c*). 가닥의 3′말단의 끝이 길어지면, 기존의 DNA 중합효소는 새로 합성된 3′ 조각을 주형으로 사용하여 상보가닥의 5′말단을 이전 길이로 되돌릴 수 있다. 말단절합성효소는 RNA 주형을 사용하여 DNA를 합성하는 역전사효소이

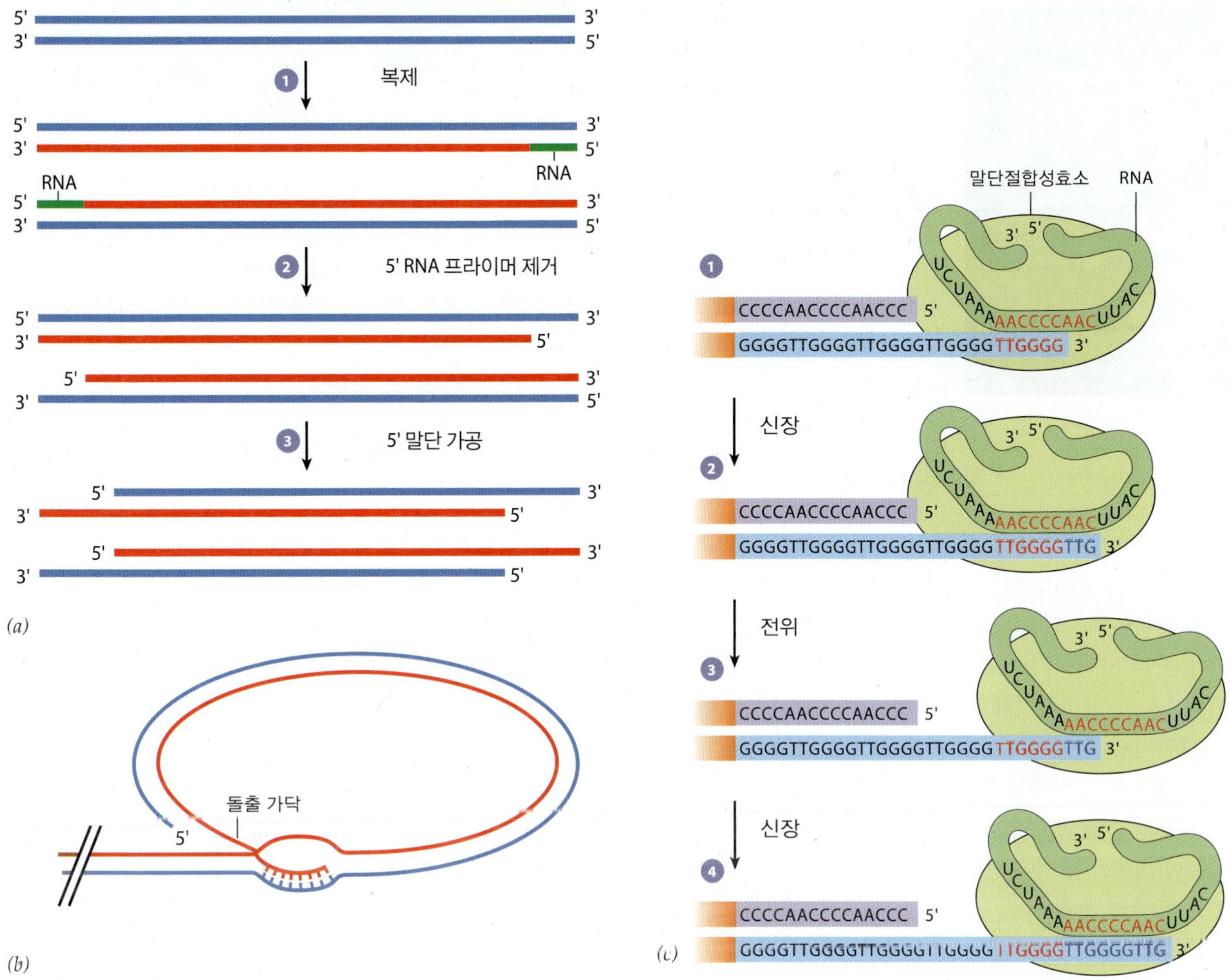

그림 6.24 말단 복제 문제와 말단절합성효소의 역할. (*a*) 염색체의 DNA가 복제될 때(1단계) 새로 합성된 가닥(빨간색)의 5′말단은 인접한 DNA의 합성을 위해 프라이머 역할을 하는 RNA(녹색)의 짧은 조각을 포함한다. 이 RNA가 제거되면 (2단계) DNA의 5′말단은 이전 세대의 DNA 끝보다 짧아진다. 염색체의 각 끝에서 5′말단은 뉴클레이즈 활성에 의해(3단계) 단일가닥 돌출부의 길이가 증가한다. (*b*) 단일가닥 돌출부는 홀로 남아 있지 않고 여기에 표시된 것처럼 2중가닥을 침범하여 하나를 대체해서 고리를 형성한다. 이 고리는 염색체의 끝을 보호하고 말단절 길이를 조절하는 특정 말단절 캡핑 단백질의 복합체에 대한 결합자리이다. (*c*) 말단절합성효소의 작용 기작. 효소는 C-풍부 가닥을 지나서 연장되는 G-풍부 가닥의 끝에 상보적인 RNA 분자를 포함하고 있다. 말단절합성효소 RNA는 G-풍부 가닥(1단계)의 돌출된 끝에 결합한 다음, 가닥의 3′말단(2단계)에 뉴클레오티드를 첨가하기 위한 주형으로 작용한다. DNA의 일부가 합성된 후, 말단절합성효소 RNA는 신장 중에 있는 가닥의 새로운 끝(3단계)으로 미끄러져 추가 뉴클레오티드(4단계)의 결합에 필요한 주형으로 작용한다. 상보적인 가닥의 간극은 복제 중합효소인 α-primase에 의해 채워진다(그림 7.21 참조).

다. 대부분의 역전사효소와 달리 이 효소는 주형으로 사용되는 RNA를 포함한다(그림 6.24*c*).

말단절은 염색체의 매우 중요한 부분이다: 그들은 염색체의 완전한 복제에 필요하다; 그들은 핵산분해효소 및 다른 불안정한 영향으로부터 염색체를 보호하는 뚜껑을 형성한다; 그들은 염색체의 말단이 서로 융합되는 것을 방지한다. **그림 6.25**는 말단절합성효소가 부족하도록 유전적으로 조작된 마우스의 유사분열 염색체를 보여준다. 많은 염색체에서 말단 융합 현상이 나타났으며, 이는 염색체가 후속 세포 분열에서 찢겨나가는 치명적인 결과를 초래했다. 최근의 실험으로 말단절에 대한 추가 역할이 제안되었는데, 이로 인해 현재의 연구에 초점을 맞추게 되었다..

연구자가 당신의 피부에서 작은 생검을 실시하여, 섬유아세포 개체군을 진피로부터 분리하고, 이 세포가 풍부한 배양 배지에서 자라도록 허용한다고 가정해 보자. 섬유아세포는 배양에서 매일 분열하여 결국 접시 전체를 덮을 것이다. 이 세포의 일부를 첫 번째 접시에서 분리하여 두 번째 접시로 옮기면 다시 한 번 증식하여 이 접시를 덮을 것이다. 지난 세기 전반기에 생각했던 것처럼, 이 세포들을 무한정 배양할 수 있다고 생각할 수도 있겠지만, 이는 틀렸다. 필라델피아의 위스타연구소(Wistar Institute)의 레오나드 헤이플릭(Leonard Hayflick)과 폴 무어헤드(Paul Moorhead)가 1961년에 발견한 것처

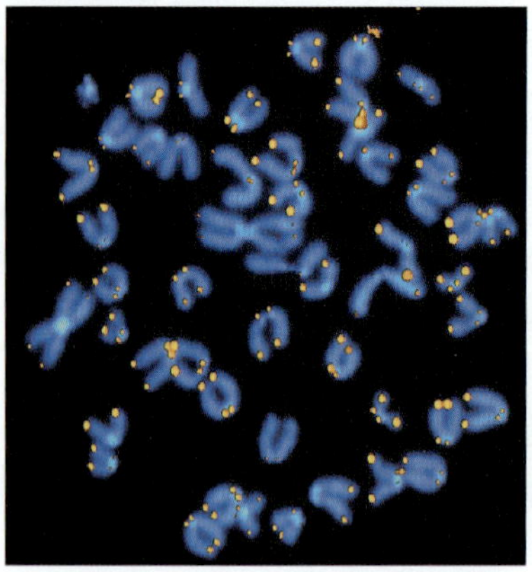

그림 6.25 텔로머레이즈와 염색체의 완전성. 이 전자현미경 사진의 염색체는 효소 말단절합성효소에 대한 기능적 유전자가 없는 쥐의 세포에서 유래한 것이다. 말단절은 형광 표지 말단절 탐침과 함께 원위치에서 혼성화되면 노란색 반점으로 나타난다. 일부 염색체는 말단절이 전혀 존재하지 않으며, 많은 염색체가 끝에서 서로 융합되어 있다. 염색체 융합은 하나 이상의 중심체를 가진 염색체를 생성하며, 그 결과 세포분열 동안 염색체 파괴를 초래한다. 말단절의 손실로 인한 유전적 불안정성은 세포가 암이 되는 주요 원인일 수 있다.

출처: Maria a. Blasco et al., Carol W. Greider 제공, *Cell*, vol. 91, cover #1, 1997, Elsevier의 허가를 얻음.

럼, 세포는 약 50~80번의 개체 증식 후에 완전히 분열을 멈추고 복제 노화(*replicative senescence*)라고 불리는 단계에 들어간다. 실험의 시작과 끝에서 섬유아세포의 말단절의 평균 길이를 비교하면 배양의 시간이 지남에 따라 말단절 길이가 급격히 감소한다. 대부분의 세포에 말단절합성효소가 부족하기에 말단절은 짧아지게 되고, 이로 인해 염색체 말단의 손실을 막을 수 없다. 매 세포 분열로 염색체의 말단절은 더욱더 짧아진다. 말단절 단축은 각 세포 내에서 생리적 반응이 유발되어 세포가 성장과 분열을 멈추게 하는 중요한 지점까지 계속된다. 말단절합성효소를 재활성화시킬 수 있는 세포는 성장과 분열을 재개하고 불멸의 존재가 된다. 이러한 세포는 일반적으로 암을 유발한다(760쪽 참조).

흥미롭게도 말단절합성효소는 대부분의 세포에서 발견되지 않지만 주목할 만한 예외가 있다. 생식선의 생식세포는 말단절합성효소 활성을 유지하며, 염색체의 말단절은 세포 분열의 결과로 줄어들지 않는다. 결과적으로, 각 자손은 최대 길이의 말단절을 포함하는 접합체로서 생명을 시작한다. 마찬가지로, 피부와 내장에 위치한 줄기세포와 혈액 형성 조직의 조혈 줄기세포도 이 효소를 발현하여 이들 세포가 계속해서 증식하여 이러한 기관에 필요한 엄청난 수의 분화된 세포를 계속 생성할 수 있게 한다. 말단절합성효소의 중요성은 말단절합성효소 RNA 또는 단백질 소단위 중 하나를 암호화하는 유전자에 대해 이형접합체인 개인에서 말단절합성효소 수준이 크게 감소하는 희귀한 경우에 의해 밝혀졌다. 이러한 사람들은 평생 동안 충분한 수의 혈액세포를 생산할 수 없기 때문에 골수장애(bone marrow failure)로 고통받는다.

말단절이 세포가 분열할 수 있는 횟수를 제한하는 데 중요한 요소라면, 말단절 단축이 정상적인 인간 노화의 주요 요인이 될 것으로 기대할 수 있다. 많은 연구가 이 제안을 지지한다. 사실 일부 생물학자들은 말단절 길이를 일종의 "수명 시계(longevity clock)"로 묘사하며, 특정 개체가 시간순이 아닌 생물학적으로 얼마나 빠르게 노화되는지 측정한다. 나이 이외에, 심리적 스트레스는 말단절 길이의 중요한 조절 인자일 수 있다. 여러 연구에 따르면 만성적인 심리적 스트레스를 경험한 개인과 어린 시절의 외상은 말단절 길이가 통계적으로 유의미하게 감소한다는 사실을 보여준다. 이 연구는 주로 스스로 보고한 스트레스 수준에 기반을 두고 있으며 일부 경우에는 소수의 샘플을 포함함에도 불구하고 말단절 수준의 분자생물학에 잠재적으로 영향을 미칠 수 있다는 생각때문에 추가적인 연구가 더 필요한 실정이다. 몇몇 회사는 현재 사람의 혈액세포 샘플에서 말단절의 길이를 측정하는 서비스를 제공하지만, 그러한 검사가 연령 또는 스트레스 관련 질병에 대한 개인의 위험을 유용하게 측정할 수 있는지 여부를 여전히 조사 중이다.

비록 말단절이 매우 긴 사람이 보통 사람보다 더 천천히 나이를 먹을 가능성이 있다고 해도, 고려해야 할 또 다른 측면이 있다. 많은 증거가 말단절의 단순한 단축이 잠재적인 종양 세포의 분열 수를 제한함으로써 암으로부터 인간을 보호하는 데 중요한 역할을 한다는 것을 보여준다. 말단절이 긴 사람이 심각한 악성 종양의 발병에 더 취약한지 여부는 결정되어야 한다. 그럼에도 불구하고 암 성장과 말단절 사이의 관계는 연구의 주요 초점이다. 악성 세포는 신체의 정상적인 성장 조절을 벗어나 무한정 분열을 계속하는 세포이다. 악성 종양 세포가 어떻게 말단절의 단축 없이 스스로 죽음을 초래하지 않으면서 반복적으로 분열할 수 있을까? 검출 가능한 말단절합성효소 활성이 부족한 정상 세포와 달리 인간 종양의 약 90%는 활성 말단절합성효소를 함유한 세포로 구성된다.[4] 한 시나리오에 따르면, 종양의 성장은 말단절합성효소의 발현이 재활성화된 세포에 대한 집중적 선택을 동반한다. 종양세포의 대다수는 말단절합성효소를 발현하지 못하고 죽는 반면, 효소를 발현하는 희귀 세포는 "불멸(immortalized)"한다. 이것은 말단절합성효소의 활성화 자체가 세포를 악성으로 만든다는 것을 의미하지는 않는다. 제16장에서 논의한 것처럼, 암의 발달은 세포가 전형적으로 비정상적인 염색체를 발달시키고, 세포 접착의 변화와 정상 조직을 침범하는 능력을 발달시키는 다단계 과정이다. 말단절 유지 및 무제한 세포분열은 암세포의 하나의 특성에 불과하다. 그러나 그것은 여전히 암의 중요한 특성이며 말단절합성효소가 암세포에서 억제될 수 있다면 광범위한 암을 치료하는 효과적

[4]나머지 다른 10%는 말단절합성효소가 없이 말단절의 길이를 유지하는 유전적 재조합에 근거한 대체 기작을 갖는다.

인 방법으로 증명할 수 있다. Imetelstat라고 불리는 말단절합성효소 억제제는 현재 혈소판의 과잉 생산을 특징으로 하는 고혈소판증 치료를 위한 2기 임상 시험 중이며 만성 백혈병의 한 형태인 골수섬유증인 혈소판 과다생산 혈액병인 고혈소판증(thrombocythemia) 치료를 위한 2기 임상시험 중에 있다. 말단절 DNA 서열과 말단절합성효소의 초기 발견이 리보자임 발견에 이용된 동일한 단일세포 연못 생물인 테트라히메나(*Tetrahymena*)에서 수행되었다는 점이 흥미롭다(186쪽). *Tetrahymena*는 많은 수의 작은 염색체로 조직된 유전체를 가지고 있어 단일세포의 경우 전형적인 포유류 세포보다 훨씬 많은 수의 말단절을 포함하기 때문에 생화학적 방법을 사용하여 말단절과 말단절합성효소를 연구하는 데 큰 이점이 있다. 이것은 처음에 그러한 세포로부터 말단절합성효소를 분리하는 것이 더 용이함을 의미한다. 이 점은 의학적으로 중요한 발견이 세포 생물학의 특정 측면을 연구하기 쉽게 하는 특이하거나 특이한 특징을 가진 모델 유기체에 기반한다는 사실을 다시 알려준다.

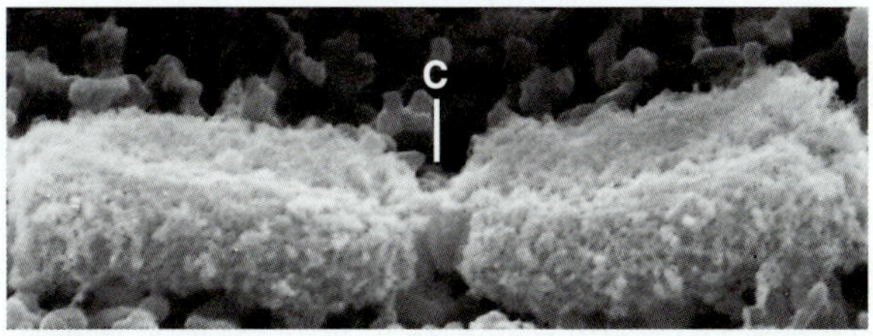

그림 6.26 각 유사분열 염색체는 뚜렷한 만입으로 나타나는 자리인 중심체를 가지고 있다. 유사분열기 염색체의 주사전자현미경 사진. 중심체(C)는 고도로 반복적인 DNA 서열(위성 DNA)과 유사분열과 감수분열 동안 방추사(spindle microtubules) 부착 자리 역할을 하는 키네토코어(kinetochore)라는 단백질 함유 구조를 포함하고 있다(제14장에서 논의).

출처: Jerome B. Rattner, *Bioess.* 13:51, 1991, © 1991. John Wiley & Sons의 허가를 얻어 재인쇄함.

중심체

그림 6.22에 묘사된 각 염색체는 외부 표면이 뚜렷하게 만입되는 자리를 포함한다. 압축 자리는 염색체의 **중심체(centromere)**를 나타낸다(**그림 6.26**). 인간에서 중심체는 적어도 500 kb까지 확장되는 171-염기쌍 DNA 서열[α-위성 *DNA*(*α-satellite DNA*)라고 함]이 일렬로 반복된다. 이 DNA의 연장은 염색체의 다른 부분의 그것과 구별되는 특정 단백질과 관련이 있다. 예를 들어, 중심체 염색질은 포유동물에서 CENP-A라고 불리는 독특한 H3 히스톤 변종을 포함하고 있으며, 이는 중심체 뉴클레오솜의 특정 부분에서 기존의 H3를 대체하고 이러한 뉴클레오솜에 고유 특성을 부여한다. 유사분열 염색체가 형성되는 동안, CENP-A 함유 뉴클레오솜은 중심체의 외부 표면에 위치하여 동원체(kinetochore) 조립을 위한 플랫폼 역할을 한다. 동원체는 차례로 세포분열 동안 염색체를 분리하는 미세소관의 부착자리 역할을 한다(그림 14.16 참조). CENP-A가 결핍된 염색체는 동원체를 조립하지 못하고 세포분열 중에 소실된다.

이전 장에서 필수 세포기능을 담당하는 DNA 서열이 보존되는 경향이 있다고 제안되었다. 따라서 중심체 DNA가 밀접한 관련이 있는 종들 사이에서도 뉴클레오티드 서열의 현저한 차이를 나타냈다는 것을 발견한 것은 놀라운 일이었다. 이 발견은 DNA 서열 자체가 중심체 구조와 기능의 중요한 결정 요인이 아니며, 인간에 대한 다음 연구에 의해 강력하게 뒷받침되는 결론임을 시사한다. 매 2,000명마다 약 1명이 마커 염색체(*marker chromosome*)라고 불리는 추가적인 작은 염색체를 형성하는 염색체 DNA의 과도한 조각을 가진 세포를 가지고 태어난다. 어떤 경우에는 마커 염색체에 위성 DNA가 없지만 복제된 마커 염색체가 각 분열에서 딸세포로 정상적으로 분리될 수 있게 해주는 1차 수축과 완전한 기능의 중심체가 여전히 포함되어 있다. 분명히, 이 마커 염색체의 다른 DNA 서열은 CENP-A 및 기타 중심체 단백질을 포함하는 자리로 "선택(selected)"된다. 중심체는 사람의 모든 세포에 있는 마커 염색체의 동일한 자리에 나타나, 그 특성이 세포 분열 동안 딸 염색체로 전달된다는 것을 의미한다. 한 연구에서 마커 염색체는 가족 구성원의 3세대에 걸쳐 안정적으로 전달되는 것으로 나타났다.

6.6 후성유전학: 유전에는 DNA보다 더 많은 것이 있다

6.5절에 기술된 바와 같이, α-위성 DNA는 중심체 개발에 필요하지 않다. 실제, 수십 개의 관련 없는 DNA 서열이 마커 염색체의 중심체에서 발견되었다. 그 장소를 지워지지 않게 중심체로 표시하는 것은 DNA가 아니라 거기에 존재하는 CENP-A 함유 염색질이다. 이러한 발견들은 더 큰 문제를 제기한다. 모든 유전형질이 DNA 서열에 의존하는 것은 아니다. 유전자에 암호화되지 않은 유전은 유전(*genetic*)에 대립되는 의미로 **후성유전(epigenetic)**이라고 부른다. 234쪽에 논의된 X염색체의 비활성화는 후성유전현상의 또 다른 예이다. 2개의 X염색체는 동일한 DNA 서열을 가질 수 있지만 하나는 비활성화되고 다른 하나는 활성화된다. 더욱이, 비활성화 상태는 각 세포에서 그 사람의 삶 전체에 걸쳐 그 딸세포들에게 전달된다. 그러나 유전적 유전과는 달리, 후성유전상태는 대개 역전될 수 있다; 예를 들어, X염색체는 생식세포가 형성되기 전에 다시 활성화된다.

생물학자들은 (1) 후성유전정보가 저장되는 기작과 (2) 후성유전상태가 세포에서 세포로 그리고 부모에서 자식으로 전달될 수 있는 기작을 이해하기 위해 노력해 왔다. 이 토론에서, 우리는 주로 한 세포의 유전자 활성의 상태라는 한 종류의 후성유전현상에 초점을 맞출 것이다. 표피의 기저에 있는 줄기세포를 고려해보자(그림 11.1). 이 세포의 특정 유전자들은 전사적으로 활성화되어 있고 다른 유전자들은 억제되어 있다. 그리고 이러한 유전자 활성의 특징적인 패턴이 한 세포에서 그 딸들에게 전달되는 것이 중요하다. 하지만 모든 딸세포가 줄기세포로 생명을 유지하는 것은 아니다; 그들 중 일부는 새로운 헌신으로 성숙한 표피 세포로의 분화 과정을 시작한다. 이 단계에서는 해당 세포의 전사 상태를 변경해야 한다. 최근의 관심은 특정한 염색질 영역의 전사상태 결정과 다음 세포세대로의 전달에 중요한 요소로서 히스톤 코드(235쪽)에 집중되어 왔다.

세포의 DNA가 복제될 때, 뉴클레오솜의 일부로서 DNA와 연관된 히스톤들은 DNA 분자들과 함께 딸세포들에게 무작위로 분포된다. 결과적으로, 각 딸 DNA 가닥은 부모 가닥과 관련된 중심 히스톤의 약 절반을 받게 된다(그림 7.23 참조). 딸 DNA 가닥들과 연관된 다른 절반의 중심 히스톤들은 새로 합성된 히스톤 분자들로부터 모집된다. 부모의 염색체에서 히스톤 꼬리에 있는 변형은 딸 염색체의 새로 합성된 히스톤에 도입될 변경 사항을 결정하는 것으로 생각된다. 예를 들어, 238쪽에서 우리는 염색질의 이질염색질 부분이 히스톤 H3의 9번 위치에 메틸화 리신 잔기를 가지고 있음을 보았다. 이 메틸화 반응의 원인이 되는 효소는 이질염색질의 구성 요소 중 하나로 존재한다. 이질염색질이 복제됨에 따라, 이 히스톤 메틸기 전이효소는 새로 합성된 H3 분자를 메틸화시켜 딸 뉴클레오솜에 삽입하는 것으로 생각된다. 이러한 방식으로, H3의 메틸화 패턴, 즉 그 응축된 이질염색질 상태는 모세포에서 그 자손에게 전달된다. 반대로, 진정염색질은 아세틸화된 H3 꼬리를 포함하는 경향이 있고, 이 변형은 또한 부모의 염색질로부터 자손의 염색질로 전달되며, 이 또한 딸세포에서 영속하는 활성화된 진정염색질 영역에 의한 후성유전학적 기작으로 작용한다. 히스톤 변형은 후성유전학 정보의 전달자를 나타내며 DNA에 대한 공유결합적 변형은 또 다른 형태이다. 이 후자의 주제는 264쪽에 실려 있다.

후성유전학적 상태의 부적절한 변형은 수많은 질병과 관련이 있다. 또한, 일란성 쌍둥이들 사이의 신체적 외모, 질병에 대한 민감성, 장수의 차이는 부분적으로 그들이 나이가 들면서 쌍둥이들 사이에 나타나는 후성유전학적 차이에 기인할 수 있다는 증거가 있다. 일란성 쌍둥이의 **후성유전체**(*epigenome*)에서 이러한 차이점들 중 일부는 개인이 경험한 환경 조건의 차이에 기인한 것으로 추정되며, 다른 것들은 단순하게 인간의 수명 주기 동안에 발생한 무작위적 차이의 결과이다.

6.7 조직화된 소기관으로서의 핵

전자현미경으로 진핵세포의 세포질을 검사하면 다양한 막 세포소기관과 세포골격 요소가 존재함을 알 수 있다. 반면에 핵을 검사하면 일반적으로 흩어진 덩어리의 염색질과 불규칙한 핵인(nucleoli)만이 드러난다. 그 결과, 연구자들은 핵이 무작위로 배치된 구성 요소의 "자루(sack)"라는 인상을 남겼다. 형광 *in situ hybridization*(FISH, 139쪽)과 살아있는 GFP 표지 세포의 이미징(747쪽)을 포함한 새로운 현미경 기술의 개발로 간기 핵 내에서 특정 유전자좌를 나타낼 수 있게 되었다. 이 연구를 통해 핵이 상당한 질서를 유지하고 있음이 분명해졌다. 예를 들어, 주어진 간기 염색체의 염색질 섬유는 한 그릇의 스파게티처럼 핵을 통해 흩어져 있지 않고 다른 염색체의 영역과 광범위하게 겹치지 않는 별개의 영역에 집중되어 있다(**그림 6.27**).

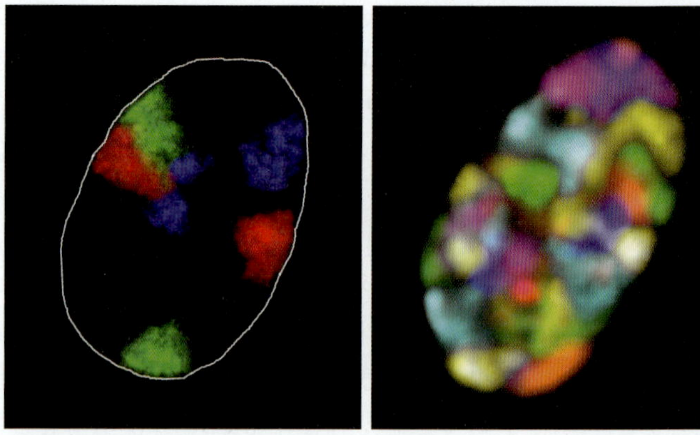

그림 6.27 **염색체 영역.** (*a*) 3쌍과 (*b*) 23쌍의 인간 염색체는 모두 그림 6.22*b*에 설명된 것과 유사한 형광 in situ hybridization 분석을 사용하여 검출된 후 각 인간 염색체가 다른 염색체와 구별되는 식별 가능한 색으로 표시될 수 있다. 각 염색체는 핵 내에서 뚜렷한 영역을 차지하는 것으로 밝혀졌다.

출처: (a) Michael R. Hubner and David L. Spector, Irina Solovei 제공; (b) Michael R. Hubner and David L. Spector, Irina Solovei and Andreas Bonzer, Annual Review of Biophysics, Volume 39; 471, Fig. 1, 2010. Annual Reviews, Inc.의 허가를 얻어 재인쇄함.

주어진 염색체 영역의 핵 내의 위치는 완전히 무작위가 아니다. **그림 6.28**에 나타난 전자현미경 사진에서 인간 염색체 번호 18(녹색으로 표시)을 구성하는 염색질은 핵 주변부 근처의 영역을 차지하는 반면, 염색체 번호 19(빨간색으로 표시)의 염색질은 세포기관 내에서 보다 중앙에 위치한다. 이러한 핵 위치의 차이는 이 두 염색체의 활성 수준과 관련이 있을 수 있다. 염색체 번호 18은 유전자가 상대적으로 없지만 염색체 번호 19는 단백질 암호 서열이 풍부하며, 그 중

그림 6.28 **간기 핵 내에 특정한 염색체 위치.** 2중 형광표지 in situ hybridization에서 녹색과 빨간색으로 각각 표지된 18번과 19번 염색체가 드러난 인간 림프구(파란색으로 염색)의 핵에 대한 전자현미경 사진. 18번 염색체보다 단백질 암호화 유전자의 밀도가 더 높은 19번 염색체는 세포 핵 내의 중심부에 위치하는 경향이 있다.

출처: Jenny A. Croft et al., Wendy A. Bickmore 제공, *J. Cell Biol.* 145:1119, 1999, Fig. 1. Rockefeller University Press의 허가를 얻어 재인쇄함.

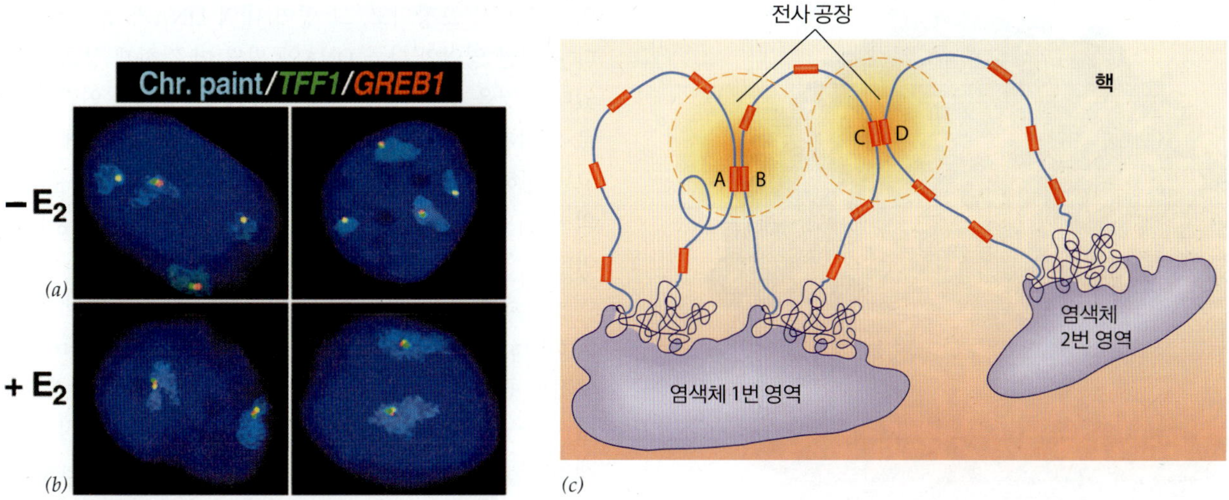

그림 6.29 **생리적 자극에 반응하여 멀리 떨어진 곳에 위치한 유전자 사이에서도 상호작용은 발생할 수 있다.** (*a*) 호르몬으로 처리되지 않은 유방암 선에서 유래된 2개의 세포. 각 세포에서 형광으로 표지된 2번과 21번 염색체 영역은 핵 내에서 서로 독립적으로 존재한다. (*b*) 유방암 세포의 동일한 종류의 두 세포를 에스트로겐 처리 한 다음 60분 후에 시각화하였다. 2번과 21번 염색체 영역 사이의 상호작용이 분명해 보인다. 면밀한 검사는 21번 염색체의 TFF1 유전자좌(녹색)와 2번 염색체의 GREB1 유전자좌(빨간색)가 같은 장소에 위치함을 보여준다. 이 연구에서 호르몬 처리 세포의 약 절반이 여기에 묘사된 바와 같이 2중 대립유전자(즉, GREB1 대립유전자와 상호작용하는 TFF1 대립유전자)를 나타냈다. (*c*) 동일한 염색체(A 및 B)의 다른 영역 또는 다른 염색체(C 및 D)의 유전자가 핵 내에서 어떻게 결합될 수 있는지를 보여주는 그림. 어떤 경우에는 먼 유전자좌에서 나온 DNA 서열이 서로의 전사 활동에 영향을 미칠 수 있으며, 다른 경우에는 이러한 먼 유전자가 전사 과정에 관련된 공통의 단백질 풀을 공유할 수 있다.

출처: (a, b) Qidong Hu et al., Michael G. Rosenfeld 제공, *Proc. Nat'l Acad. Sci. U.S.A.* 105:19200, 2008, Fig. 2b and 2c. © 2008, National Academy of Sciences, U.S.A.

낮은 부분이 아니라도 이 세포에서 전사될 것이다. 비활성 X염색체가 핵의 한쪽 가장자리에 있고 활성 X염색체가 내부적으로 위치하는 여성의 핵에서도 비슷한 성향이 관찰된다(그림 6.17*a*).

유전자가 일반적으로 자신의 영역 내에 있으면서 전사되더라도 개별 염색질 섬유는 이 영역에서 상당히 멀리까지 확장될 수 있다. 또한, 일반적인 생물학적 반응에 참여하지만 다른 염색체에 존재하는 DNA 서열은 유전자 전사에 영향을 줄 수 있도록 핵 내 같은 공간에 함께 위치한다. 서로 다른 유전자좌 사이의 상호작용은 "염색체 구조 포착(chromosome conformation capture, 3C)"을 포함하는 다양한 기술의 발명에 의해 밝혀졌다. 이 접근법에서 세포는 포름알데히드 처리로 고정되어 핵 내에서 가까운 곳에 존재하는 DNA 서열이 서로 공유결합으로 연결된다[이들은 "붙잡힌다(captured)"고도 표현함]. 고정 과정이 끝난 후 DNA는 제한효소(18.20절)에 의해 절단되며, 절단 생성물은 고정 당시 주어진 DNA 서열["미끼(bait)" 서열]과 유전체의 어떤 DNA 서열이 상호작용하는지 결정하기 위해 분석된다. 예를 들어, 연구자는 골수에서 적혈구의 분화 과정에서 유전체 전체의 어떤 DNA 서열이 글로빈 유전자좌와 상호작용하는지 알고 싶어 할 수 있다. 이 기술을 사용하여 상호작용하는 것으로 밝혀진 DNA 서열은 일반적으로 동일한 염색체에 존재하는 서열이다. 예를 들어, 그림 6.48에 묘사된 것처럼, 동일한 유전자에 대한 증폭자와 프로모터 사이에는 이런 일이 일어날 것으로 예상할 수 있다. 그러나 서로 다른 염색체에 존재하는 DNA 간의 상호작용에 대해서도 많은 사례가 발견되었다. 이러한 염색체 간 상호작용의 좋은 예는 배양하고 있는 인간 유방세포(정상 및 악성 유형 모두)에 에스트로겐 호르몬(**그림 6.29**)을 처리한 연구에서 볼 수 있다. 에스트로겐은 에스트로겐 수용체(ERα)에 결합하여 많은 수의 표적유전자의 전사를 유도한다. 인간에서 에스트로겐의 표적유전자 중 두 가지는 2번 염색체에 위치한 *GREB1*과 21번 염색체에 위치한 *TFF1*이다. 세포를 에스트로겐으로 처리하기 전에 2번과 21번 염색체 영역은 서로 먼 위치에 있고 *GREB1*과 *TFF1* 유전자 좌위들은 각각의 염색체 영역(그림 6.29*a*)의 내부에 자리잡고 있다. 그러나 세포가 에스트로겐에 노출된 후 몇 분 안에 이 두 염색체 영역은 서로 가까운 물리적 근접성으로 재배치되고 두 유전자 좌위들은 각 영역의 가장자리에 함께 위치한다(그림 6.29*b*). 이 연구는 유전자가 전사기구가 집중되어 있는 전사 공장이라고 불리는 핵 내의 위치로 물리적으로 이동한다는 아이디어를 뒷받침하는데, 동일한 반응에 관여하는 유전자가 동일한 공장에 함께 존재하는 경향이 있다(그림 6.29*c*). 많은 연구 결과에 따르면 핵 내의 염색체 유전자좌의 움직임은 액틴-미오신 상호작용에 의해 유도된다. 5C 및 Hi-C로 알려진 염색체 구조 포획 기술의 보다 정교한 버전은 많은 다른 유전체 영역에 대해 상호작용을 동시에 분석할 수 있게 하고, 수천 개의 장거리 고리 상호작용의 존재를 보여 주었으며, 그 중 대부분은 약 100 kb 상류에 위치한 프로모터와 유전자의 상호작용을 포함한다. 수학 기술은 핵 내 유전체의 구조적 배열을 계산하기 위해 폴리머 폴딩(folding)의 물리적 모델과 결합된 이러한 유전체 전체 상호작용 데이터를 사용하도록 고안되었다(**그림 6.30**). 이러한 연구에서 지금까지의 주요 결과는 유전체가 수백 kb 크기의 일련

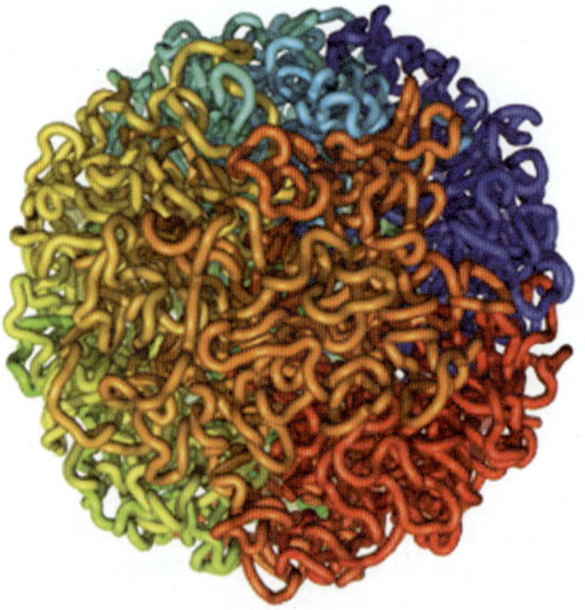

그림 6.30 **핵 내 유전체의 전체 포장.** HiC의 염색체 상호작용 측정과 고분자의 물리적 모델을 결합함으로써 인간 유전체가 핵 내에서 어떻게 포장되는지에 대한 모델을 재구성할 수 있다. 여기 이미지는 HiC 결과의 통계적 특징을 정확하게 예측하는 프랙탈 구형으로 알려진 이론적 모델을 보여 주며, 이러한 배열은 메가베이스 규모에서 유전체의 조직을 나타낼 수 있음을 시사한다.

출처: Erez Lieberman-Aiden et al., *Science*. 326:289–293, 2009, AAAS의 허가를 얻어 재인쇄함.

의 영역으로 포장되고, 그 영역 내의 DNA가 유전체의 다른 부분보다 동일한 영역의 다른 DNA와 훨씬 더 강하게 상호작용하는 경향이 있다는 것을 보여준다. 이 영역은 위상학적으로 연관된 영역(TAD)으로 알려져 있다. TAD에 포함된 유전자가 조화롭게 조절될 수 있다고 가정하지만, 유전자 발현에 대한 이러한 높은 수준의 유전체 조직의 실제 영향은 여전히 잘 이해되지 않기에 현재 중요한 연구 영역이다.

핵 조직과 유전자 발현 사이의 상호관계에 대한 또 다른 예는 **그림 6.31a**에 설명되어 있다. 이 전자현미경 사진은 pre-mRNA 이어맞추기과 관련된 단백질 인자 중 하나에 대한 형광 항체로 염색된 세포를 나타낸다. 가공 기구는 핵 전체에 균일하게 퍼지기보다는 20~50개의 불규칙한 영역에 집중되어 있으며, "반점(speckles)"이라고 한다. 현재의 견해에 따르면, 이러한 반점은 가까운 전사 지점에서 사용하기 위한 이어맞추기 요소를 공급하는 동적 저장소 역할을 한다. 그림 6.31*a*의 핵에 있는 녹색 점은 반점 중 하나의 근처에서 전사되는 바이러스 유전자이다. 그림 6.31*b*의 전자현미경 사진은 반점 영역에서 pre-mRNA 합성이 최근에 활성화된 인근 사이트로 이어지는 이어맞추기 인자의 흔적을 보여준다. 핵인과 반점을 포함한 핵의 다양한 구조는 동적이고 안정된 상태의 구획이며, 그 구성 요소는 끊임없이 구조물 내외로 이동한다. 그 활동이 차단되면, 그 물질이 핵질에 분산될 때 구획은 단순히 사라진다.

핵인 및 반점 이외에, 여러 다른 유형의 핵체(예: Cajal 몸체, GEM 및 PML 몸체)가 현미경 하에서 종종 관찰된다. 이 핵체들 각각은 역동적인 방식으로 구조 안팎으로 움직이는 많은 수의 단백질을 포함한다. 이 핵체 중 어느 것도 막으로 둘러싸여 있지 않기 때문에 이러한 대규모 이동에는 특별한 수송 기작이 필요하지 않다. 이러한 핵 구조에 다양한 기능이 부여되었지만, 아직 잘 알려져 있지 않

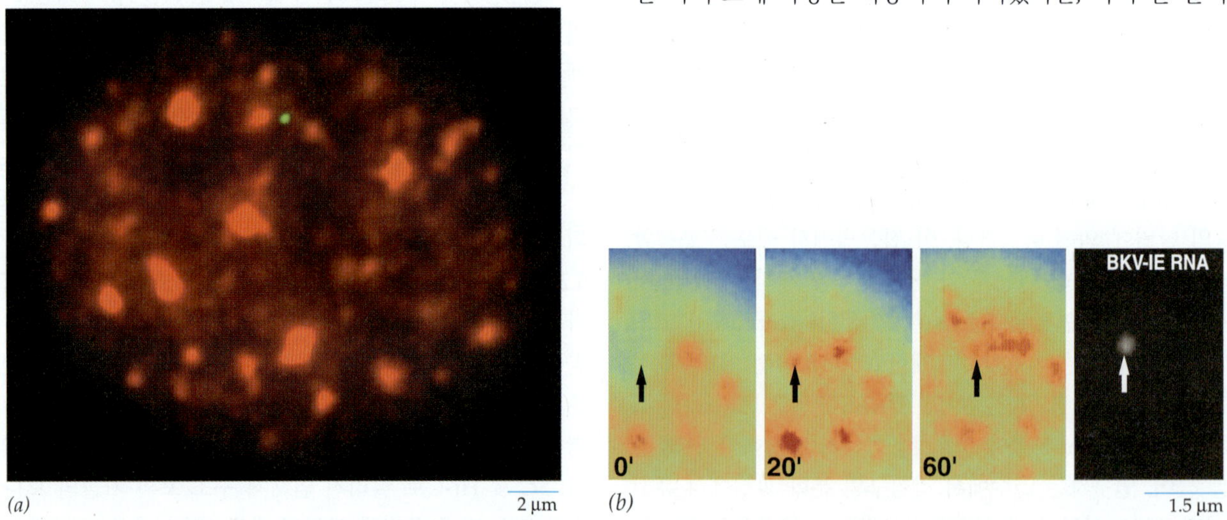

그림 6.31 **세포의 mRNA 가공 기구의 핵 구획화.** (*a*) pre-mRNA 가공과 관련된 인자 중 하나에 대해 형광 항체로 표지된 세포의 핵. mRNA 가공 기구는 약 30~50개의 개별 자리 또는 "반점"에 국한되어 있다. 이 전자현미경 사진에 표시된 세포는 cytomegalovirus에 감염되었으며, 그 유전자(녹색 점으로 표시)는 이 영역 중 하나의 근처에서 전사되고 있다. (*b*) 배양된 세포는 바이러스로 감염되었고, 전사는 cyclic AMP의 첨가에 의해 활성화된다. 이미지는 전사 활성화 후 여러 시간대에 볼 수 있다. 이 세포에서 바이러스 유전체의 전사 자리는 화살표로 표시되어 있다. 이 자리는 바이러스 RNA를 형광 표지 탐침으로(네 번째 프레임의 흰색 화살표로 표시) 혼성화하는 실험의 마지막에 공개되었다. Pre-mRNA 이어맞추기 인자(주황)는 전사되는 유전자의 방향으로 기존 반점으로부터 흔적을 형성한다.

출처: (a) Tom Misteli와 David L. Spector, *Curr. Opin. Cell Biol.* 10:324, 1998, Elsevier의 허가를 얻음; (b) Tom Misteli, Javier F. Caceres, and David L. Spector, *Nature* 387:525, 1997, Macmillan Publishers Ltd의 허가를 얻어 재인쇄함.

다. 또한, 그들은 세포의 생존에 필수적이지 않은 것처럼 보여서, 더는 논의되지 않을 것이다.

6.8 진핵생물의 유전자 조절 개요

수만 개의 유전자를 포함하는 유전체를 소유하는 것 외에도 복잡한 식물과 동물은 여러 가지 유형의 세포로 구성된다. 예를 들어, 척추동물은 수백 가지의 다른 세포 유형으로 구성되어 있고, 각각은 세균 세포보다 훨씬 복잡하며, 각각 특수 활동을 수행할 수 있는 특징적 군집의 단백질과 RNA가 필요하다. 연구자들은 복잡한 다세포 생물체의 모든 세포가 그 유기체의 다른 세포가 되기 위해 필요한 모든 유전자를 포함하고 있음을 보여주기 위해 수년 동안 고군분투해왔다. 이 널리 알려진 가설에 대한 설득력 있는 증거는 마침내 1950년대 후반에 2명의 연구자들이 얻었는데. 하나는 식물, 다른 하나는 동물 연구에서 유래했다. 이 주요 실험 중 하나는 코넬 대학(Cornell University)의 프레드릭 스튜어드(Frederick Steward)와 그의 동료들에 의해 수행되었는데, 성숙한 식물에서 분리된 뿌리세포가 정상적이고, 다양한 모든 세포 유형을 포함하는 완전한 식물로 발달하도록 유도될 수 있음을 입증했다. 두 번째 실험에서 옥스포드 대학(Oxford University)의 존 구르돈(John Gurdon)은 *Xenopus* 올챙이의 분화된 장 세포에서 핵을 제거하고, 자신의 핵이 파괴된 난자에 이식할 경우, 기증자 핵을 포함하는 수혜자 난자가 정상적인 성체 양서류로 발달할 수 있음을 보여주었다. 이 복제된 동물에 존재하는 모든 핵은 체세포에서 채취한 핵에서 유래된 것으로 나타났다. 또 다른 최근의 획기적인 연구에서 스코틀랜드의 이안 윌모트(Ian Wilmot) 그룹은 배양된 유선 세포에서 추출한 핵을 염색체가 제거된 수정되지 않은 난자로 이식함으로써 양(돌리, Dolly)을 복제할 수 있었다(**그림 6.32**). 이 실험은 완전한 유전적 사용설명서가 성인 세포에 존재하며 올바른 조건 하에서 전체 유기체의 발달을 지원할 수 있음을 입증한다. 돌리가 태어난 이래로 연구자들은 생쥐, 소, 염소, 돼지, 토끼 및 고양이를 포함한 12개 이상의 다른 포유동물을 성공적으로 복제했다. 따라서 그 세포의 특성에 대한 결정은 유전자의 존재 유무가 아니라 그 유전자가 어떻게 활용되는지에 달려 있다. 예를 들어, 간세포가 되는 세포들은 특정한 "간 유전자(liver genes)"를 발현하여 간세포가 되며, 간기능에 관여하지 않는 유전자를 억제한다.

그림 6.32 동물의 복제는 핵이 유전 정보의 완전한 세트를 보유하고 있음을 보여준다. 이 실험에서는 한 품종의 양에서 나온 핵이 제거된 난자를 다른 품종의 암컷의 유선 세포와 융합시켰다. 활성화된 알은 건강한 양으로 발달했다. 신생아 양의 모든 유전자는 유방 세포 핵(유전자 마커의 사용으로 입증 됨)에서 유래되었기 때문에 이 실험은 분화된 세포가 원래 접합체에 존재하는 모든 유전 정보를 보유하고 있다는 널리 알려진 믿음을 확인시켜 준다. 핵 이식 실험에서 일반적으로 발생하는 주요 어려움은 활성 체세포(비정자) 세포의 핵이 갑자기 상대적으로 비활성인 난자의 세포질에 투입될 때 발생한다. 기증자 핵에 손상을 주지 않기 위해, 배양된 세포를 배양 배지에서 혈청의 함량을 크게 줄여서, 강제로 정지 상태(G_0이라고 함)로 만들었다.

위에서 설명한 복제실험의 성공은 염색질의 후성상태에 의존하는 분화된 세포의 전사상태가 돌이킬 수 없는 것은 아니라는 결론을 이끌어냈다. 복제실험을 하는 동안 분화세포의 핵은 자신이 유래한 성인 조직의 유전자를 발현하는 것을 멈추고 갑자기 놓인 활성화된 난자에 적합한 유전자를 선택적으로 발현할 수 있다. 우리는 이러한 복제실험을 통해 분화된 세포의 핵이 새로운 환경의 세포질에 존재하는 요인에 의해 재 프로그래밍 될 수 있다고 결론지을 수 있다. 분자생물학의 핵심에 자리잡고 있는 선택적 유전자 발현의 주제가 이 장의 나머지 부분을 차지할 것이다.

평균적인 세균의 세포는 약 3,000개의 폴리펩티드를 암호화하기에 충분한 DNA를 함유하고 있으며, 그 중 약 1/3은 일반적으로 특정 시기에 발현된다. 이것을 수백만 가지의 다른 폴리펩티드를 암호화하기에 충분한 DNA(60억 염기쌍)를 포함하는 인간 세포와 비교해 보라. 이 DNA의 대다수가 실제로 단백질 암호화 정보를 포함하지는 않지만, 전형적인 포유류 세포는 주어진 시기에 적어도 5,000개의 다른 폴리펩티드를 만드는 것으로 추정된다. 해당작용 효소 및 호흡사슬의 전자운반체와 같은 이러한 폴리펩티드의 대부분은 신체의 거의 모든 세포에 의해 합성된다. 동시에, 각 세포 유형은 그 분화된 상태에 고유한 단백질을 합성한다. 각 세포 유형에 고유한 특성을 부여하는 것은 다른 어떤 구성 요소보다도 이러한 단백질들이다.

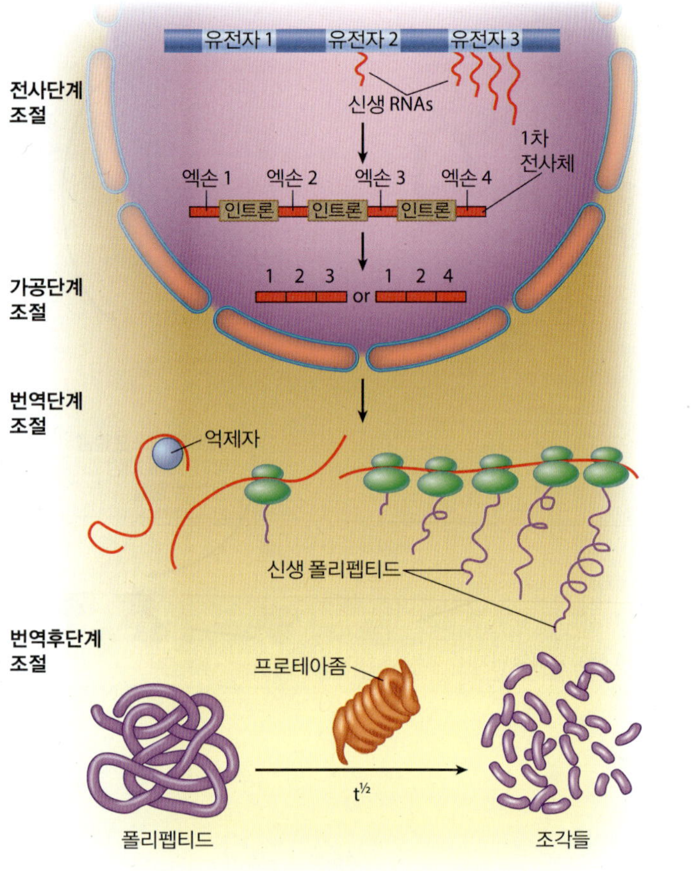

그림 6.33 **진핵세포의 유전자 조절.** 전사 단계 조절은 어떤 유전자가 전사되고 얼마나 자주 사용되는지를 결정한다. 가공 단계 조절은 1차 전사체의 어느 부분이 세포 mRNA pool의 일부가 되는지를 결정한다. 번역 단계 조절로는 특정 mRNA가 번역되는지 여부와 얼마나 자주 얼마나 오래 번역할 것인지를 결정하며, 번역 후 단계 조절은 특정 단백질의 수명을 결정한다.

인간의 골수 내부에서 발달하는 적혈구의 상황을 생각해보라. 인체에 있는 수백 가지 다른 유형의 세포 중에서 적혈구로 이어지는 혈통의 세포만이 헤모글로빈 단백질을 생산한다. 게다가 헤모글로빈은 적혈구 단백질의 95% 이상을 차지하지만, 2개의 헤모글로빈 폴리펩티드를 암호화하는 유전자는 발달 중인 세포의 총 DNA의 100만분의 1도 안 된다. 세포는 염색체 건초 더미에서 이 유전자 바늘을 찾아야 할 뿐만 아니라, 이 소수의 폴리펩티드의 생산이 세포의 지배적인 합성활동이 될 정도로 그 발현을 조절해야 한다. 특정 단백질의 합성으로 이어지는 일련의 반응에는 여러 가지 개별 단계가 포함되어 있기 때문에 조절이 가능한 몇 가지 단계가 있다. 우리는 **그림 6.33**의 개요에서 설명한 바와 같이 진핵세포에서의 유전자 발현 조절에 대해 네 가지 수준에서 논의할 것이다.

1. **전사조절 기작(transcriptional control)**은 특정 유전자가 전사될 수 있는지 여부와 그렇다면 얼마나 자주 전사될 것인지를 결정한다.
2. **가공조절 기작(processing control)**은 1차 mRNA 전사체(pre-mRNA)가 폴리펩티드로 변환될 수 있는 메신저 RNA로 가공되는 경로를 결정한다.
3. **번역조절 기작(translational control)**은 특정 mRNA가 실제로 번역되는지 여부와 그 기간이 얼마나 자주 그리고 얼마나 긴지를 결정한다.
4. **번역후 조절 기작(posttranslational control)**은 단백질의 활성과 안정성을 조절한다.

이 장의 다음 절에서 우리는 이 조절 전략들을 차례로 들여다 볼 것이다.

6.9 전사 조절

원핵세포에서와 마찬가지로, 차별화된 유전자 전사는 진핵세포가 유전자 발현을 활성화하거나 억제하는 주요 기작이다. 배아 발달의 다른 단계에서, 다른 조직의 세포에서, 또한 다양한 유형의 자극에 노출된 세포에서 서로 다른 유전자가 발현된다. 조직 특이적 유전자 발현의 예가 **그림 6.34**에 나와 있다. 이 경우 근육 특이적 단백질을 암호화하는 유전자가 근육 조직이 될 쥐 배아의 세포에서 전사되고 있다.

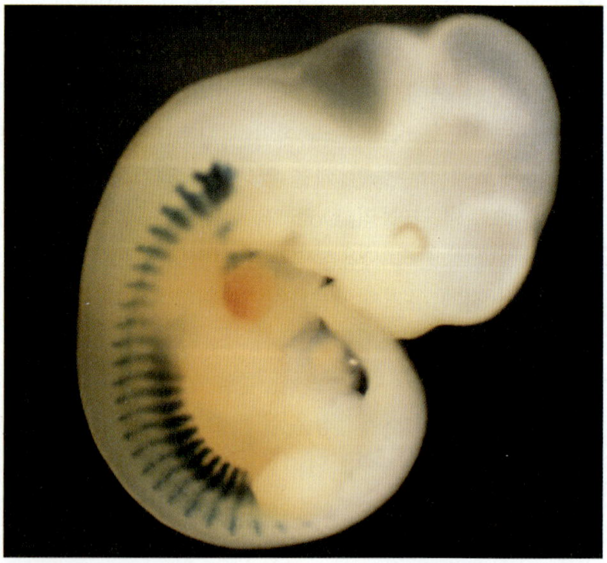

그림 6.34 **조직 특이적 유전자 발현에 대한 실험적 증명.** 마이오게닌(myogenin) 유전자의 전사는 근육 조직이 될 11.5일된 쥐 배아(the myotome of the somites)의 자리에서 특히 활성화된다. 이 사진은 리포터 역할을 하는 세균의 갈락토시다아제 유전자의 상류에 접합시킨 마이오게닌 유전자의 조절 영역을 포함하는 형질전환 쥐 배아를 보여준다. 간단한 조직 화학검사에서 도출되는 청색으로 β-갈락토시다아제의 존재를 쉽게 파악할 수 있기 때문에 유전자의 조직 특이적 발현을 모니터링하기 위해 이 유전자가 자주 사용된다. 마이오게닌 유전자의 조절 영역에 결합하는 전사인자에 의한 전사활성화가 파랗게 염색된 세포에서 일어났다.

출처: T. C. Cheng et al., Eric N. Olson 제공, *J. Cell Biol.* 119: 1652, 1992, Rockefeller University Press의 허가를 얻어 재인쇄함.

생물학에서는 특정 유형의 문제를 해결하는 방식을 근본적으로 바꾸는 새로운 기술이 발명되는 경우가 많이 있다. 이러한 두 가지 기술은 **DNA 미세배열**[**DNA microarray**, 또는 "DNA 칩(DNA chip)"]과 **RNA 뉴클레오티드 서열 결정**(**RNA sequencing**, RNA Seq)이다. 이러한 기술은 유기체 또는 세포 유형의 모든 유전자의 활동을 동시에 프로파일링할 수 있게 해준다. 이는 한 번에 하나 또는 몇 개의 유전자만 분석하는 것으로 제한되는 초기 기술과는 대조적이다. 두 접근법 모두에서 먼저 세포, 조직 또는 전체 유기체에서 RNA를 추출한다. 두 가지 기술은 유전자 발현 패턴을 분석하는 방법에 따라 차이가 생긴다.

DNA 미세배열

먼저, 효모 균주가 다음의 두 가지 조건[(1) 포도당이 존재할 때, 혹은 (2) 포도당이 고갈되고 효모가 탄소원으로 에탄올을 사용하기 시작할 때]에서 서로 다르게 발현하는 유전자를 확인하기 위해 미세배열을 사용하는 방법을 알아볼 것이다(**그림 6.35**). 그림 6.35*a*는 이러한 유형의 실험에서 수행되는 기본 단계의 개요를 보여준다; 이들 단계는 다음과 같이 간략하게 설명될 수 있다:

1. 연구하고자 하는 개별 유전자가 들어있는 DNA 단편을 제18장에서 논의된 기술을 사용하여 분리한다. 그림 6.35*a*의 하단에 있는 a단계에 묘사된 경우, 판(plate)의 각 홈(well)에는 복제된 특정한 효모 유전자가 소량 들어가 있다. 다른 홈에는 다른 유전자가 들어있다. 복제된 DNA는 유리 슬라이드에 순서대로 한 번에 하나씩 찍히는데, 이 과정은 슬라이드 (b단계)의 특정 위치에 농축된 DNA 용액을 나노 리터(nanoliter) 단위로 전달하는 자동화기기에 의해 수행된다. 완성된 DNA 미세배열이 c단계에서 보여진다. 이 기술을 사용하여 수천 개의 다른 유전자 또는 심지어 전체 유전체의 DNA 조각을 유리 표면 위에 찍을 수 있다.
2. 한편, 연구 중인 세포에 존재하는 mRNA는 분리된(1단계, 그림 6.35*a*) 후 형광표지된 상보적인 DNA(cDNAs)(2단계)로 전환된다(cDNA의 제조 방법은 그림 18.46에 설명되어 있다). 그림 6.35에 설명된 예에서, 2개의 다른 세포 집단으로부터 cDNA가 준비돼서, 하나는 녹색 형광으로 표지되고, 다른 하나는 적색 형광으로 표지된다. 표지된 cDNA의 두 가지 샘플은 혼합(3단계)된 다음 고정된 DNA(4단계)를 포함하는 슬라이드에서 함께 배양된다.
3. 표지된 cDNA와 혼성화된 미세배열의 DNA는 형광현미경(5단계) 하에서의 슬라이드 검사로 확인된다. 형광을 나타내는 미세배열의 모든 지점은 연구 중인 세포에서 전사되는 유전자를 나타낸다.

그림 6.35*b*는 이 실험의 실제 결과를 보여준다. 그림 6.35*b*의 미세배열에 있는 각 지점은 효모 유전체의 다른 유전자에서 얻어 고정시킨 DNA 단편을 가지고 있다. 다 합쳐서, 이 반점들은 효모 세포에 존재하는 약 6,200개의 단백질 암호화 유전자의 DNA를 포함한다. 위에서 논의했듯이, 이 특정 DNA 미세배열은 2개의 다른 cDNA 개체군의 혼합물과 혼성화되었다. 녹색형광으로 표지된 cDNA의 한 개체군은 고농도의 포도당 존재 하에서 자란 효모 세포의 mRNA로부터 합성되었다. 대부분의 세포와 달리, baker's 효모 세포는 포도당과 산소가 존재할 때 포도당을 에탄올로 빠르게 전환시키는 해당작용(glycolysis)을 통해 에너지를 얻는다 (3.9절). 적색 형광으로 표지된 cDNA의 다른 개체군은 에탄올은 풍부하지만 포도당이 부족한 배지에서 호기성으로 성장한 효모 세포의 mRNA로부터 합성되었다. 이러한 조건 하에서 성장하는 세포는 TCA 사이클의 효소를 필요로 하는 산화적 인산화에 의해 에너지를 충당한다(373쪽). 2개의 cDNA 개체군은 혼합된 후 미세배열의 DNA 탐침에 혼성화시킨 다음 슬라이드를 형광현미경으로 검사한다. 하나 또는 다른 성장 배지에서 활성을 가지는 유전자는 미세배열에서 녹색 또는 적색 반점으로 나타난다(5단계, 그림 6.35*a*,*b*). 그림 6.35에서 색이 없는 반점은 어느 성장배지에서도 전사되지 않은 유전자를 나타내는 반면, 노란색 형광을 갖는 반점은 두 가지 유형의 배지 모두에서 전사되는 유전자를 나타낸다. 미세배열의 작은 부분이 클로즈업되어 삽입도에 표시되었다.

그림 6.35*b*에 나타난 실험 결과는 두 가지 다른 성장조건의 효모 세포에서 전사된 유전자를 나타낸다. 하지만 또 중요하게도, 이 결과는 세포에 존재하는 개별적인 mRNA의 풍부함에 대한 정보도 제공한다는 점인데, 이 풍부함은 각 반점의 형광강도에 비례한다. 예를 들어, 매우 강한 녹색 형광을 나타내는 반점은 글루코오스 존재 하에서 자란 효모 세포에서는 전사체가 풍부하게 있지만, 에탄올 조건에서 자란 효모 세포에서는 억제되는 유전자를 나타낸다. 개별 mRNA의 농도는 효모 세포에서 100배 이상 차이날 수 있다. 이 기술은 매우 감도가 좋아서 세포당 하나의 복사본보다 작은 수준의 차이를 보이는 mRNA도 검출이 가능하다.[5]

그림 6.35*c*는 실험 과정에 걸쳐 변하는 포도당과 에탄올의 농도를 보여준다. 포도당은 효모 세포에 의해 빠르게 대사되어 몇 시간 이내에 설탕이 사라진다. 포도당 발효에 의해 생성된 에탄올은 다음 5일 동안 효모 세포에 의해 점차적으로 대사되어 결국 배지에서 사라진다. 그림 6.35*d*는 이 실험과정 동안 TCA 사이클의 효소를 암호화하는 유전자의 발현 수준의 변화를 보여준다. 각 유전자의 발현 수준(오른쪽에 표시)은 시간 간격(윗면에 표시)으로 표시되며, 발현의 증가를 나타내기 위해 적색 음영을 사용하고 발현의 감소를 나타내기 위해 녹색 음영을 사용하였다. 호기성 호흡에 의해 대사되는 탄소원(에탄올)에서 세포가 적응해서 자라면 TCA 효소를 암호화하는 유전자의 전사가 촉진되는 반면에, 에탄올이 고갈되면 억제되는 것이 분명해 보인다. DNA 미세배열은 현재 세포분열 및 정상세포가 악성세포로 변형되는 것과 같은 다양한 생물학적 사건에서 발생하는 유전자 발현의 변화를 연구하기 위해 사용되고 있다. 일단 cDNA가

[5] mRNA 양의 차이는 mRNA 안정성(270쪽)의 차이와 전사율의 차이를 반영할 가능성이 크다. 결과적으로, DNA 미세배열에서 얻은 결과는 전사 단계의 조절에만 근거하여 해석될 수는 없다.

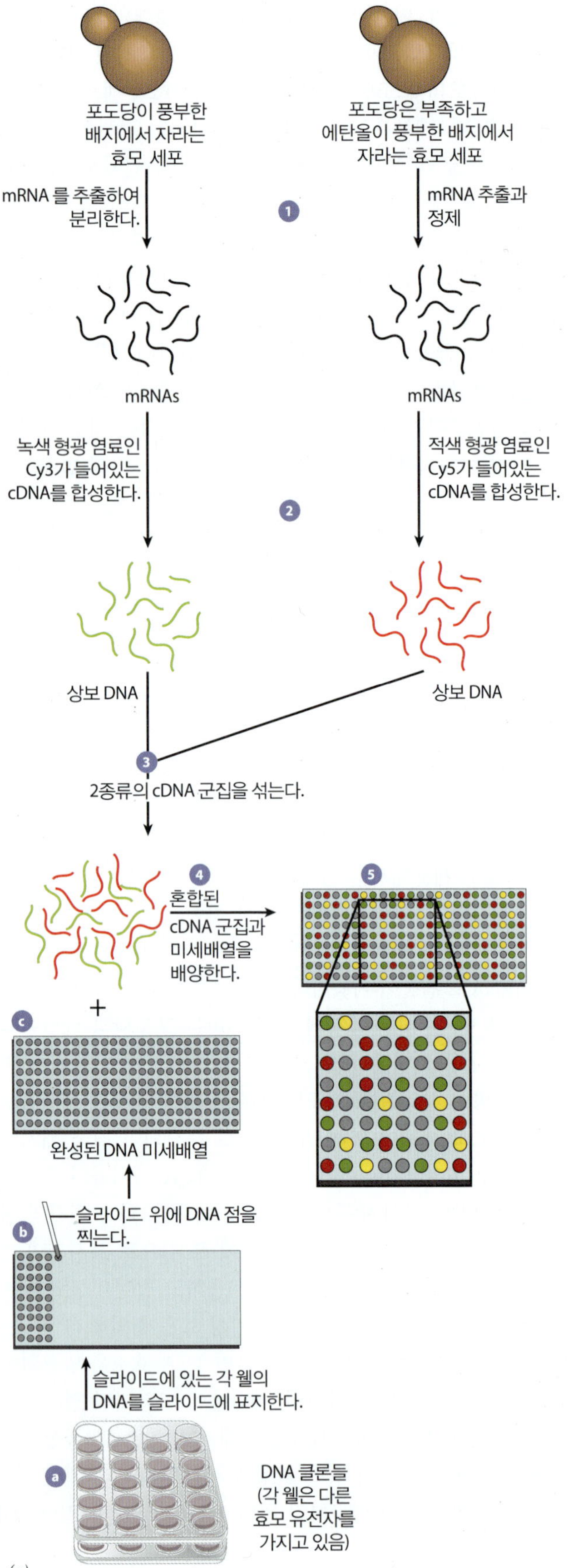
포도당이 풍부한
배지에서 자라는
효모 세포
포도당은 부족하고
에탄올이 풍부한 배지에서
자라는 효모 세포
mRNA 를 추출하여
분리한다.
1
mRNA 추출과
정제
mRNAs
mRNAs
녹색 형광 염료인
Cy3가 들어있는
cDNA를 합성한다.
2
적색 형광 염료인
Cy5가 들어있는
cDNA를 합성한다.
상보 DNA
상보 DNA
3
2종류의 cDNA 군집을 섞는다.
4
혼합된
cDNA 군집과
미세배열을
배양한다.
5
+
c
완성된 DNA 미세배열
b
슬라이드 위에 DNA 점을
찍는다.
슬라이드에 있는 각 웰의
DNA를 슬라이드에 표지한다.
a
DNA 클론들
(각 웰은 다른
효모 유전자를
가지고 있음)
(a)

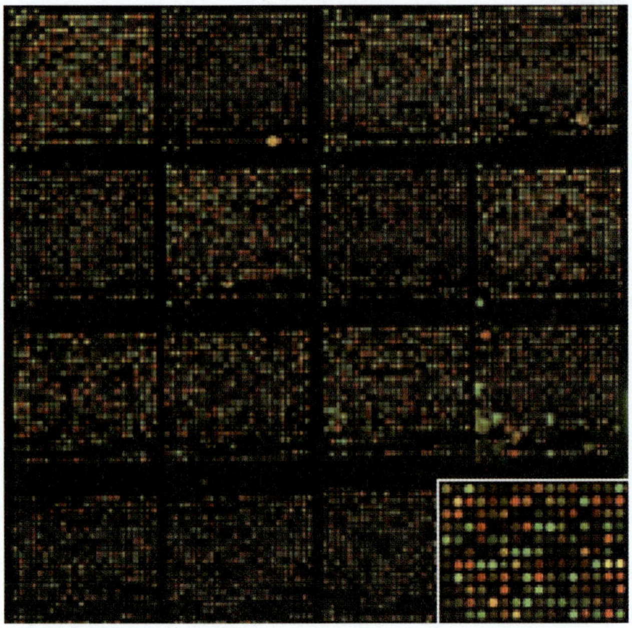
(b)

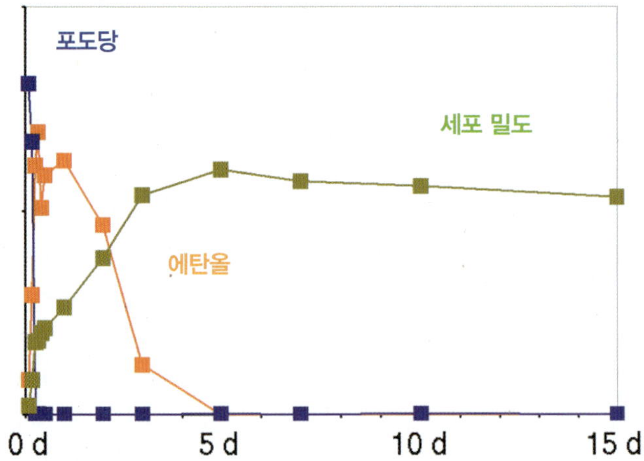
포도당
세포 밀도
에탄올
0 d
5 d
10 d
15 d
(c)

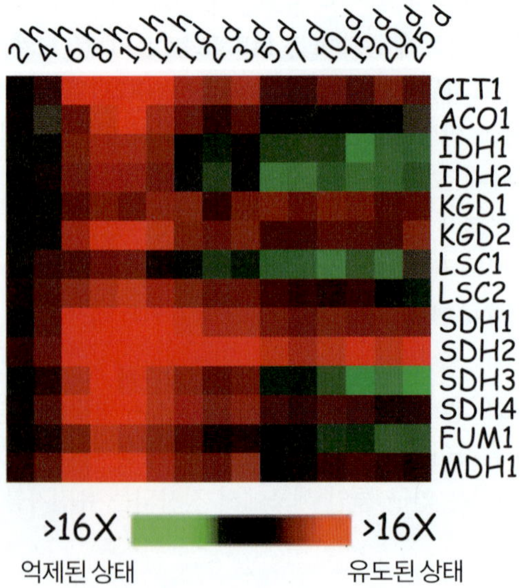
2 h
4 h
6 h
8 h
10 h
12 h
1 d
2 d
3 d
5 d
7 d
10 d
15 d
20 d
25 d
CIT1
ACO1
IDH1
IDH2
KGD1
KGD2
LSC1
LSC2
SDH1
SDH2
SDH3
SDH4
FUM1
MDH1
>16X
>16X
억제된 상태
유도된 상태
(d)

그림 6.35 DNA 미세배열과 유전자 발현 분석. (*a*) DNA 미세배열의 구성 단계. 실험에 사용된 cDNA(즉, 세포에 존재하는 mRNA를 나타내는 DNA)의 합성은 1~3단계에 나타난다. DNA 미세배열의 준비는 a~c단계에 표시된다. cDNA 혼합물은 4단계에서 미세배열로 배양되고 가상 결과가 5단계에 표시되었다. 반점의 색의 강도는 거기에 결합된 cDNA의 수에 비례한다. (*b*) (1) 포도당이 존재할 경우(녹색 표지 cDNA) 및 (2) 포도당이 고갈된 후 에탄올 존재 하의(적색 표지 cDNA) 효모 세포에서 전사된 mRNA를 나타내는 cDNA의 혼합물을 사용하여 실험한 결과. 노란색 형광을 나타내는 반점은 두 성장 조건 모두에서 발현되는 유전자에 해당한다. 오른쪽 하단에 있는 삽입은 미세배열의 작은 부분을 확대하여 보여준다. 이 실험의 세부사항은 본문에서 논의된다. (*c*) 실험 중에 배지의 포도당과 에탄올 농도의 변화와 세포의 밀도를 보여주는 그림. 처음에는 효모 세포가 포도당을 소비하고, 다음으로 발효에 의해 생성된 에탄올을 소비하며, 마침내 화학 에너지원을 모두 소진한 후 성장을 중단하게 된다. (*d*) 실험과정에서 TCA 사이클 효소를 암호화하는 유전자의 발현 변화. 각 수평 행은 다른 기간에 특정 유전자의 발현 수준을 나타낸다. 유전자의 이름은 오른쪽에 나와 있다(효소에 대한 그림 9.7 참조). 밝은 빨간색 사각형은 유전자 발현의 최고 수준을 나타내고, 밝은 녹색 사각형은 가장 낮은 수준의 발현을 나타낸다. TCA cycle 효소를 암호화하는 유전자의 발현은 세포가 에탄올을 대사하기 시작할 때 유도되기 시작하고, 에탄올이 고갈되었을 때 억제된다.

출처: (b–c): Patrick O. Brown 제공. See Joseph DeRisi 외, *Science* 278:680, 1997 그리고 Tracy L. Ferea와 Patrick O. Brown, *Curr. Opin. Gen. Develop.* 9:715, 1999. Current Opinion in Genetics & Development by Elsevier Ltd. Elsevier의 허가를 받고 지적재산권 청산센터를 통해 교과서 사용을 목적으로 재인쇄됨. (d) Patrick O. Brown 제공.

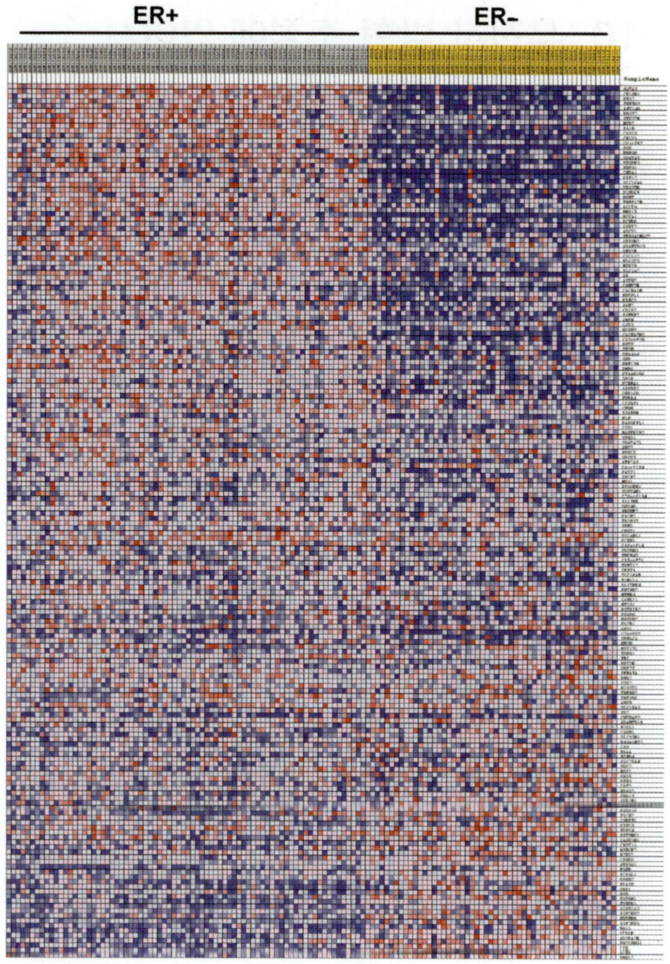

그림 6.36 유방암 치료를 개인화하기 위한 전사 프로파일링. DNA 미세배열 및 RNA 시퀀싱 기술은 76개의 에스트로겐 수용체 양성 및 53개의 에스트로겐 수용체 음성 종양에서 유전자 발현 패턴을 검사하는 데 사용되었다. 미세배열 내의 작은 사각형의 각 열은 단일 암 환자의 결과를 보여준다. ER 양성 환자의 결과는 왼쪽에, ER 음성 환자의 결과는 오른쪽에 표시되었다. 두 그룹 간에 총 179개의 유전자(미세배열 오른쪽 열에 나열)가 차별적으로 발현됨이 확인되었다. 호르몬 요법에 반응할 종양의 분자 초상을 정하는 능력은 유방암 치료를 개인 맞춤화할 수 있게 한다.

출처: Zhifu Sun 외, E. Aubrey Thompson 제공, *PLoS ONE* 6: E17490, 2011.

PCR에 의해 증폭되면, 단일 종양세포에서 전사되는 RNA의 다양성을 연구하는 것도 가능하다. 많은 진핵생물 유전체의 서열이 결정됨에 따라서, 연구자들은 다른 조건에서 발현을 관찰할 수 있는 무한히 다양한 유전자를 가지게 되었다.

RNA 뉴클레오티드 서열 결정

최근 몇 년 동안, DNA 미세배열은 RNA에서 합성된 cDNA의 작은 단편의 서열 결정을 하는 데 의존하는 RNA 뉴클레오티드 서열 결정(RNASeq)이라는 새로운 기술로 점차 대체되어 유전자 발현 패턴을 전체적으로 분석할 수 있는 능력을 제공하게 되었다. 위의 미세배열 실험에서 볼 수 있듯이, cDNA 단편을 DNA 칩에 혼성화하는 대신 cDNA 단편을 직접 서열 결정하고 컴퓨터 기법을 사용하여 각 단편의 유전체상 위치를 파악한다. 이 방법을 통해 연구자들은 각 단편을 확인해서, 단편들을 완전한 전사물로 재조립하고, 각 RNA 전사체의 정확한 수준을 정량화하여 연구 중인 세포의 유전자 발현 패턴의 프로파일을 제공할 수 있다. 최신 뉴클레오티드 서열 결정 기술은 단 하나의 세포에서 추출된 RNA에 대한 정확한 분석을 가능하게 한다.

그림 6.36은 에스트로겐 수용체(ER) 발현 유무가 다른 유방암 세포주 사이에서 차별적으로 발현되는 유전자를 확인하기 위해 DNA 미세배열과 RNA 뉴클레오티드 서열 결정을 함께 사용한 실험을 보여준다. 이는 중요한데, 왜냐하면 특정 유방암이 ER을 발현하는지에 따라 그 치료방법이 다르기 때문이다. 그림 6.36은 129개의 다른 유방암 종양 검사를 통해 ER 음성과 ER 양성 종양에서 달리 발현되는 149개의 유전자를 찾아낸 실험결과이다. 파란색(낮은 표현) 또는 빨간색(높은 표현)의 변화로 차이를 나타냈으며, 이러한 분석은 유방암 생검(biopsy)의 유전자형을 확인함으로써 개인 맞춤형 치료를 할 수 있는 기회를 의사에게 제공한다. 이러한 기술적 접근법은 유전자 발현의 시각적 초상을 제공하는 것 외에도 많은 잠재적인 용도를 가지고 있다. 예를 들어, 이들은 인간 개체군에서의 유전적 변이의 정도를 결정하거나, 사람이 가지고 있는 특정 유전자에 대한 대립유전자를 확인하는 데 사용될 수 있다. 언젠가는 이 후자의 정보가 사람들에게 평생 동안 감수성이 있을 수 있는 질병에 대한 조언으로, 조기 예방 조치를 취할 수 있는 기회를 제공할 수 있기를 희망한다.

6.10 유전자 발현 조절에 있어서 전사인자의 역할

특정 세포에서 어떻게 특정 유전자들만 전사되고 다른 유전자들은 비활성 상태로 남아있는지를 밝히는 데에 큰 진전이 있어 왔다. 전사 조절은 **전사인자(transcription factors)**라고 불리는 많은 수의 단백질에 의해 조율된다. 제5장에서 논의했듯이, 이러한 단백질은 두 가지의 기능적 그룹으로 나뉜다: RNA 중합효소(178쪽)와 연관되어 핵심 프로모터 자리에 결합하는 일반적인 전사인자와 특정 유전자의 다양한 조절 자리에 결합하는 서열 특이적 전사인자가 그것이다. 이 후자의 전사인자는 인접한 유전자의 전사를 자극하는 **전사활성자**(*transcription activator*) 또는 전사를 억제하는 **전사억제자**(*transcription repressor*)로 작용할 수 있다. 우리는 이 절에서 전사활성자에 초점을 맞출 것이다. 전사활성자는 DNA 내의 특정 조절자리에 결합하고 유전자 자체의 실제 전사를 가져오는 많은 수의 단백질 복합체를 모집하기 시작한다.

우리는 많은 전사인자의 상세한 구조와 그들이 표적 DNA 서열과 어떻게 상호작용하는지 알고 있다. 단일 유전자는 일반적으로 다른 전사인자들(**그림 6.37**)의 조합이 결합하는 많은 다른 DNA 조절 자리에 의해 조절된다. 반대로, 단일 전사인자는 유전체의 수많은 자리에 결합하여 여러 유전자의 발현을 조절할 수 있다. 각 유형의 세포는 유전자 전사의 특징적인 패턴을 가지고 있는데, 그 세포에 포함된 전사인자들의 특별한 세트에 의해 결정된다.

유전자 전사는 전사인자에 대한 다중 결합자리의 존재와 각 서열에 대한 이들 전사인자에 대한 결합 친화력에 의해 복잡하게 조절된다. 전사인자는 선호하는 고친화성 결합자리가 있다. 주어진 유전자의 상류 지역에는 하나 이상의 선호되는 높은 친화성 자리를 포함하거나 낮은 친화성으로 결합하는 약간 다른 서열을 갖는 자리가 있을 수 있다. 전사를 활성화하려면 일반적으로 여러 전사인자들의 결합이 필요하다. 이웃하는 전사인자들 간의 이러한 유형의 상호협력작용의 예는 **그림 6.38**에 설명되어 있으며, 255쪽에서 더 자세히 논의된다. 어떤 의미에서, 유전자의 조절 영역은 그 유전자의 발현을 위한 통합센터의 한 형태로 생각할 수 있다. 다른 자극에 노출된 세포는 DNA의 다른 자리에 결합하는 다른 전사인자를 합성하는 것으로 반응한다. 주어진 유전자가 전사되는 정도는 상류 조절요소에 결합된 전사인자의 특정 조합(*combination*)에 달려있다. 유전자의 약 5~10%가 전사인자를 암호화한다는 것을 감안할 때, 이들 단백질 간의 상호작용이 가능한 조합수가 사실상 무제한이라는 사실은 명백해 보인다. 이것이 이러한 인자에 대한 결합자리가 유전자마다 다르다는 사실과 결합될 때, 주어진 인자의 유무 및 각 인자에 대한 가변적 결합 친화력의 조합은 상이한 유형의 세포, 상이한 조직, 상이한 발달 단계 및 상이한 생리학적 상태 사이의 유전자 발현 패턴에 있어서의 정확한 다양성을 부여한다.

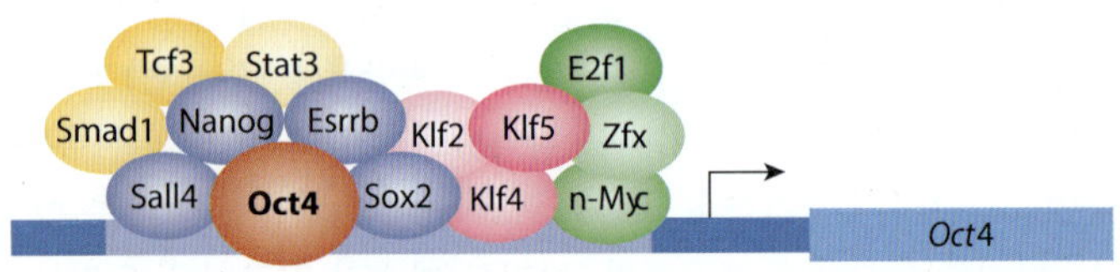

그림 6.37 **전사의 조합 제어.** *Oct4* 유전자의 전사는 전사 시작부위의 상류에 결합하는 여러 전사인자의 작용을 필요로 한다. *Oct4*는 배아 줄기세포에서 다능성 상태를 유지하는 데 있어 가장 중요한 단일 유전자(즉, 필요 없을 확률이 가장 적은)이다. Oct4 전사인자는 *Oct4* 유전자 전사를 조절하는 역할을 한다.

출처: Ng Huck-Hui and M. A. Surani, *Nature Cell Biology* 13:490, 2011. Nature Cell Biology by Nature Publishing Group. Nature Publishing Group의 허가를 받고 지적재산권 청산센터를 통해 교과서 사용을 목적으로 재인쇄함.

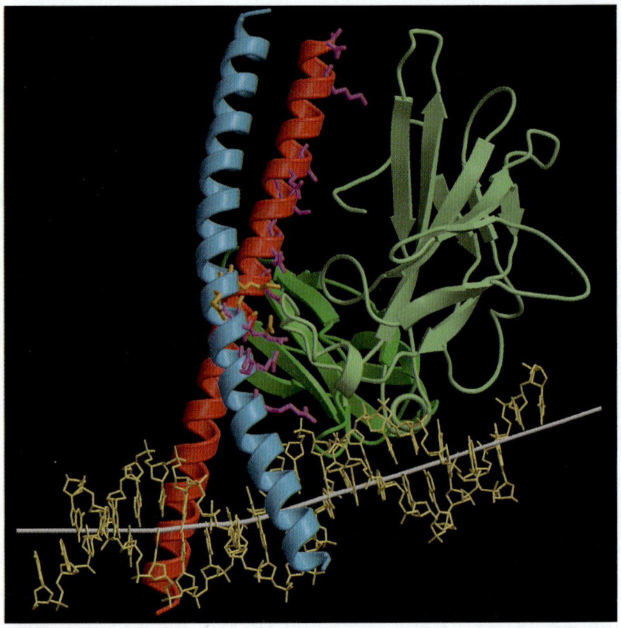

그림 6.38 **유전자의 조절 영역에 있는 다른 부위에 결합한 전사인자들 간의 상호작용.** 이 이미지는 면역반응에 관여하는 사이토카인 유전자의 상류 DNA에 결합된 NFAT1(녹색)과 AP1(2개의 소체가 빨간색과 파란색으로 표시된)의 2개의 별개 전사인자의 구조를 나타낸다. 이 두 단백질 사이의 협력적 상호작용은 사이토카인 유전자의 발현을 변화시킨다. 회색 막대는 이 단백질-단백질 상호작용의 결과로 구부러진 DNA 나선의 경로를 나타낸다.

출처: Tom K. Kerppola, *Structure* 6:550, 1998, Elsevier의 허가를 얻음.

세포 표현형 결정에 있어서 전사인자의 역할

섬유아세포 또는 상피세포와 같은 분화된 세포의 표현형은 일반적으로 상당히 안정하다. 그러나 그러한 세포는 정상적으로 발현하지 않는 특정 유전자를 강제로 발현하면 새로운 표현형을 갖게 유도된다. 예를 들어, 1980년대 후반에 결합조직 섬유아세포가 단일조직 특이적 전사인자인 MyoD(그림 6.42*a*에 표시)를 강제로 발현하게끔 하여 근육세포로 유도할 수 있다는 사실이 확인되었다. 이 실험과 다른 실험의 결과로 MyoD는 배아 발달에서 근육 조직의 분화를 지시하는 데 중요한 역할을 하는 "주요 조절인자(master regulatory factor)"로 알려지게 되었다. 세포의 표현형을 결정하는 전사인자의 "힘(power)"에 대한 또 다른 예는 **그림 6.39**에 나와 있는데, 이는 *eyeless* 초파리

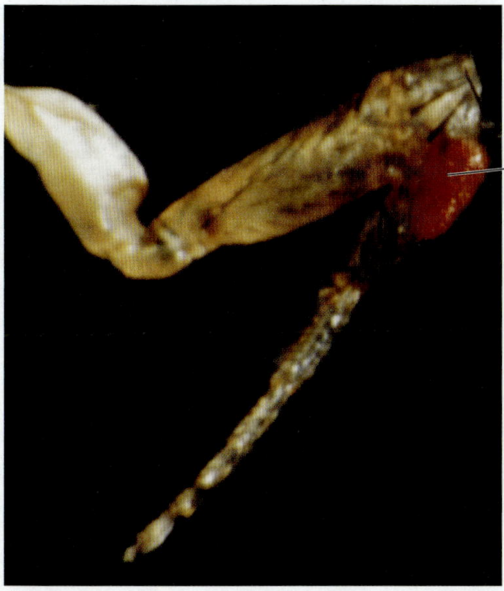

그림 6.39 단일 전사인자의 비정상적인 발현에 의해 유도된 표현형 전환. 이 초파리의 다리는 이 곤충의 발달 과정에서 다리 원시세포 내에서 *Eyeless* 유전자의 강제 발현의 결과로 완전한 눈을 지니고 있다.

출처: Walter Gehring of Universitat Basel 제공.

유전자가 정상적으로는 발현되지 않는 다리로 발달 중인 세포에서 발현된 극적인 실험결과를 보여준다. *eyeless* 유전자의 발현은 발달경로를 활성화시켜 신체의 매우 이상한 위치에 눈을 형성하게 한다. 척추동물 근육발달의 MyoD의 마찬가지로, 전사인자 eyeless는 이 곤충의 눈 발달에 있어 주요 조절인자로 작용한다.

표현형 변형을 지시하는 전사인자의 힘을 가늠할 수 있는 가장 인상적인 실험은 배아줄기세포에 초점을 맞춘 것이다. 제1장의 <인간 질병과의 연관성>에서 논의된 바와 같이, 배아줄기세포는 포유류 배아의 발달 초기에 나타나며 두 가지 주요 특성을 나타낸다: 그들은 (1) 무한한 자기재생능 및 (2) 다능성(pluripotent)이 있다. 즉, 신체의 모든 다른 유형의 세포로 분화할 수 있다. 이 다능성 줄기세포는 자기재생, 다능성 상태를 유지하는 데 중요한 역할을 하는 특정 전사인자를 가지고 있는 것으로 수년 동안 알려져 왔다. 2006년 신야 야마나카(Shinya Yamanaka)와 카즈토시 다카하시(Kazutoshi Takahashi)가 성체 쥐 섬유아세포에 24가지 전사인자 유전자를 도입함으로써 배아줄기세포 생물학에 이러한 전사인자가 얼마나 중요한지를 보여주었다. 그들은 이후 네 가지 특정 전사인자(Oct4, Sox2, Myc, Klf4)를 암호화하는 유전자들만의 조합으로 분화된 섬유아세포를 재프로그래밍하여 다능성 배아줄기세포처럼 행동하는 미분화 세포로 충분히 전환시킬 수 있음을 발견했다. 세포 재프로그래밍 과정은 단일 세포 세대 내에서 발생하지 않고, 세포가 배양에서 분열함에 따라 점차적으로 발생한다. 세포가 재프로그래밍될 때, 다능성을 지배하는 세포의 내인성 유전자가 활성화됨에 따라 도입된 4개의 유전자는 침묵한다. 재프로그램은 염색질의 재구성을 수반하여, 대부분 분화 세포의 후성적 표식(히스톤 변형과 DNA 메틸화 패턴)가 지워지고(*erased*) ES 세포의 후성표식이 입력된다.[6] 제1장 <인간 질병과의 연관성>에서 논의한 대로 유도된 다능성 세포, 즉 *iPS* **세포**는 배양에서 무한 분열이 가능하고, 또한 모든 유형의 신체 세포로 분화할 수 있다. 분화의 각 경로는 뉴런, 섬유아세포 또는 근육세포의 형성 중 어디로 이어지느냐에 따라 세포의 염색질을 특징 짓는 후성표식의 변화를 수반한다. 이러한 후성 변화는 각 경로를 따라 세포의 발달 잠재력을 제한하여 다른 유형의 세포로 발전할 능력을 떨어트리는 효과를 가지게 한다.

6.11 전사인자의 구조

X-선 결정학 및 NMR 분광법으로 결정된 수많은 DNA-단백질 복합체의 3차원 구조는 이 두 거대분자가 상호작용하는 방식의 기본 모습을 제공한다. 대부분의 단백질과 마찬가지로 전사인자는 단백질 기능의 다른 측면에 관여하는 다른 영역을 포함한다. 전사인자는 일반적으로 DNA 염기쌍의 특정 서열에 결합하는 *DNA* 결합 영역(*DNA-binding domain*)과 다른 단백질과 상호작용하여 전사를 조절하는 활성화 영역(*activation domain*)의 적어도 두 가지 영역을 포함한다. 또한, 많은 전사인자는 동일하거나 유사한 구조의 다른 단백질과의 결합을 촉진시켜 이량체를 형성하게 하는 표면을 포함한다(**그림 6.40**). 이량체의 형성은 많은 다른 유형의 전사인자의 공통적인 특징으로 판명되었으며 유전자 발현을 조절하는 데 중요한 역할을 한다.

전사인자 모티프

대부분의 전사인자의 DNA 결합 영역은 몇 가지 광범위한 집단으로 그룹화될 수 있는데, 이에 속한 각 구성원은 DNA 서열과 상호작용하는 비슷한 구조(모티프, *motif*)를 가진다. DNA 결합 단백질의 여러 계열의 존재는 진화가 DNA 2중나선에 결합할 수 있는 폴리펩티드를 만드는 문제에 대해 여러 가지 다른 해결책을 발견했음을 나타낸다. 곧 알게 될 것처럼, 이러한 모티프의 대부분은 DNA의 주요 홈(major groove)에 삽입되는 단편(종종 그림 6.40에서와 같이 α-나선)을 포함하며, 홈에 정렬된 염기쌍 서열을 인식한다. 단백질을 DNA에 결합시키는 것은 아미노산 잔기와 골격을 포함한 DNA의 다양한 부분 사이의 반데르발스 힘, 이온결합 및 수소결합의 특정 조합에 의해 수행된다.

진핵생물 DNA결합 단백질에서 보이는 가장 일반적인 모티프는 아연손가락(zinc finger), 나선-루프-나선(helix-loop-helix) 및 류신 지퍼(leucine zipper)이다. 이들 각각은 단백질의 특정 DNA 인식 표면이 2중나선과 상호작용하기 위해 적절하게 배치될 수 있는 구조적으로 안정한 프레임워크를 제공한다.

아연손가락 모티프 포유류 전사인자의 가장 큰 부류는 아연손가락

[6]최근의 연구에 따르면 재프로그래밍 과정이 완료되지 않았음을 나타내기 때문에 이 언급은 "대부분의 경우(for the most part)"라는 단어로 표현된다. 대신, iPS 세포는 그들이 유도된 분화된 세포의 후성유전적 흔적을 유지하며, 이는 배아줄기세포와 진정으로 동등하지 않다는 것을 나타낸다.

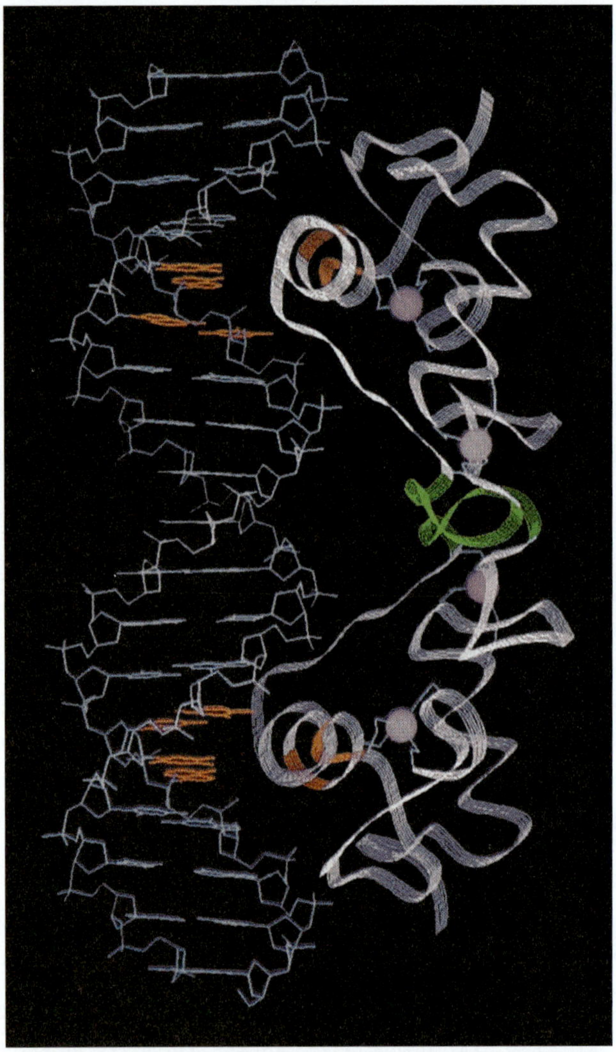

그림 6.40 전사인자와 DNA 표적 서열 사이의 상호작용. 이량체 글루코코르티코이드 수용체(GR)의 두 DNA 결합 영역과 표적 DNA 사이의 상호작용 모델. 이량체의 각 소단위에서 하나씩 2개의 나선이 대칭적으로 표적 DNA의 2개의 인접한 주요 홈으로 뻗어 나간다. 두 단량체 사이의 상호작용에 중요한 이량체 GR의 잔기들은 녹색으로 표시되었다. 4개의 아연 이온(단량체 당 2개)은 보라색 구형으로 표시되었다.

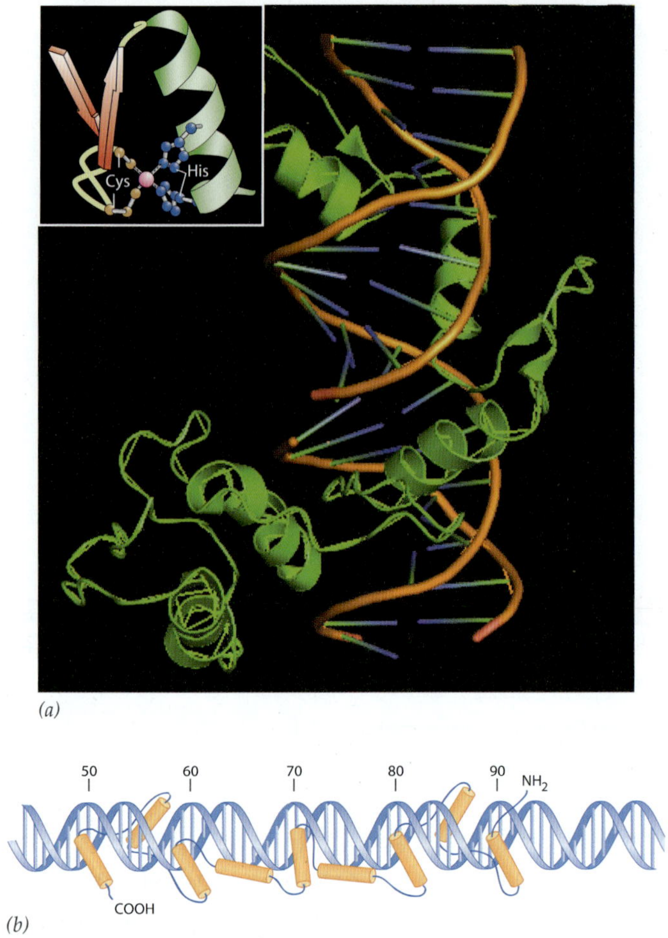

그림 6.41 아연손가락 전사인자. (*a*) 아연손가락 5개(2GLI라고 함)와 DNA가 있는 단백질 사이의 복합체의 결정 구조. 단백질 사슬은 녹색으로 표시되었다. DNA 나선은 주황색과 파란색이다. 삽입도에서 하나의 아연손가락의 구조를 보여준다. (*b*) 5S rRNA 유전자의 DNA에 결합된 TFIIIA의 모델. TFIIIA는 RNA 중합효소 III에 의한 5S rRNA 유전자의 전사에 필요하다.

(*zinc finger*)이라고 불리는 모티프를 포함한다. 대부분의 경우, 각 손가락의 아연 이온은 2개의 시스테인(cysteine)과 2개의 히스티딘(histidine) 사이에서 배위결합을 이룬다. 2개의 시스테인 잔기는 손가락의 한쪽 면에 있는 2가닥 β-병풍 구조의 일부이며, 2개의 히스티딘 잔기는 손가락의 반대쪽에 있는 짧은 α-나선의 일부이다(삽입도, **그림 6.41a**). 이 단백질은 일반적으로 그림 6.41*a*에서 설명한 것처럼 표적 DNA의 연속적인 주요 홈으로 끼어들기 위해 서로 독립적으로 작용하는 간격이 있는 많은 손가락을 가지고 있다. 처음으로 발견된 아연손가락 단백질인 TFIIIA는 아연손가락 9개(그림 6.41*b*)를 가지고 있다. 다른 아연손가락 전사인자는 세포분열에 필요한 유전자 활성화에 관여하는 Egr과 심장근육 발달을 포함한 여러 발달 반응에 관여하는 전사인자 GATA 계열을 포함한다. 다수의 아연손가락 단백질의 비교는 이 모티프가 다양한 DNA 서열을 인식하는 다양한 아미노산 서열에 대한 구조적 틀을 제공한다는 것을 나타낸다. 사실, 연구자들은 특정 관심 유전자의 발현을 지배하는 DNA 서열을 표적화할 수 있는 새로운 아연손가락 단백질 종을 설계하려는 시도 중에 있다. 그러한 단백질은 질병 관련 유전자의 발현을 켜거나 끄는 치료제로 작용할 잠재력을 가지길 바라고 있다.

나선-루프-나선(HLH) 모티프 이름에서 알 수 있듯이, 이 모티프는 사이에 낀 고리로 구분된 2개의 나선형 단편이 특징적이다. HLH 영역은 종종 양전하를 띤 측쇄가 DNA에 접촉하고 전사인자의 서열 특이성을 결정하는 매우 염기성인 아미노산의 스트레치가 우점한다. 이 기본 HLH(또는 bHLH) 모티프를 가진 단백질은 **그림 6.42**의 전사인자 MyoD의 예에서 볼 수 있듯이 항상 이량체로 존재한다. 이량

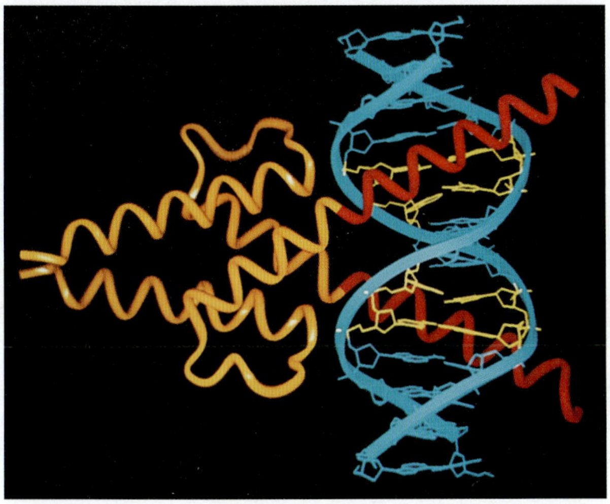

(a)

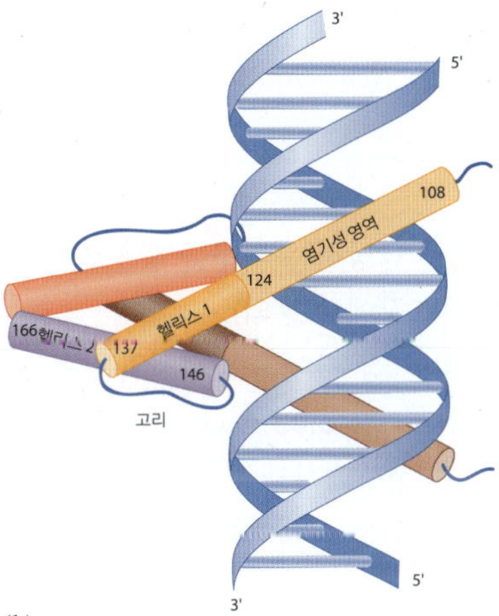

(b)

그림 6.42 기본 나선-루프-나선(bHLH) 전사인자. (*a*) 근육세포 분화를 유발하는 이량체 전사인자인 MyoD는 관련 염기성 영역으로 DNA에 결합하는 bHLH 단백질이다. 각 MyoD 단량체의 기본 영역은 빨간색으로, 각 MyoD 단량체의 나선-루프- 나선 영역은 갈색으로 표시되었다. 전사인자에 의해 결합된 DNA 염기는 노란색으로 표시되어 있다. (*b*) 부분 a와 같은 방향으로 나타낸 이량체 MyoD 복합체의 스케치. 나선은 실린더로 표시되어 있다.

출처: (a) Philip C. M. et al., Carl O. Pabo 제공, *Cell* 77 : 453,1994; Cell by Cell Press. Cell Press의 허가를 얻어 저작권 허가 센터를 통해 교과서 사용을 목적으로 재인쇄함.

체의 두 소단위는 일반적으로 다른 유전자에 의해 암호화되어 단백질을 이종이량체로 만든다.

이종이량체화(Heterodimerization)는 제한된 수의 폴리펩티드로 만들 수 있는 조절인자의 다양성을 크게 넓힌다(**그림 6.43**). 예를 들어, 세포가 어떤 조합에서든 서로 이종이량체를 형성할 수 있는 5개의 다른 bHLH 함유 폴리펩티드를 합성한다고 가정하면, 32개의 다른 DNA 서열을 인식하는 32(2^5) 다른 전사인자가 형성될 수 있다. 실제로, 폴리펩티드 사이의 조합은 이종이량체 인테그린 분자의 형성과는 달리 제한적이다(436쪽).

HLH 함유 전사인자는 골격근을 포함한 특정 유형의 조직분화에 중요한 역할을 한다(그림 6.34에서 알 수 있듯이). HLH 함유 전사인자는 또한 세포 증식의 조절에 참여하며 특정 암의 형성에 연루되어 있다. 염색체 전좌로 인해 세포가 암이 되는 비정상적인 유전자를 생성할 수 있다고 276쪽에 언급되어 있다. 특정 암의 발달로 이어지는 염색체 전좌에서 적어도 네 가지 다른 bHLH 단백질(MYC, SCL, LYL1, E2A)을 암호화하는 유전자가 발견되었다. 이 암 중 가장 널리 퍼진 것은 Burkitt의 림프종으로, 8번 염색체의 *MYC* 유전자가 항체 분자의 일부를 암호화하는 유전자에 대한 조절자리를 포함하는 14번 염색체의 유전자 좌위로 전좌된 경우이다. 이 새로운 위치에서의 *MYC* 유전자의 과발현이 이 림프종의 발달에 중요한 요인인 것으로 생각된다.

류신지퍼 모티프 이 모티프는 류신(leucine)이 α-나선을 따라 7번째 아미노산마다 발생한다는 사실에서 그 이름을 따왔다. α-나선이 3.5잔기마다 반복되기 때문에 폴리펩티드의 이 스트레치의 모든 류신은 같은 방향을 향하게 된다. 이 유형의 2개 α-나선은 함께 지퍼가 채워지듯이 돌돌 감은 코일을 형성할 수 있다. 따라서 대부분의 다른 전사인자와 마찬가지로 류신지퍼 모티프를 갖는 단백질은 이량체로 존재한다. 류신지퍼 모티프는 류신 함유 α-나선의 한쪽 면에 염기성 아미노산이 존재하기 때문에 DNA에 결합할 수 있다. 염기성 단편과 류신지퍼를 함께 *bZIP* 모티프로 명명한다. 따라서 bHLH 단백질과 마찬가지로, bZIP 단백질의 α-나선 부분은 이량체화에 중요한 반면, 염기성 아미노산의 나열은 단백질이 DNA의 특정 뉴클레오티드 서열을 인식할 수 있게 한다. 그림 6.38에 그 구조와 DNA와의 상호작용이 표시된 AP1은 bZIP 전사인자의 예이다. AP1은 2개의 소단

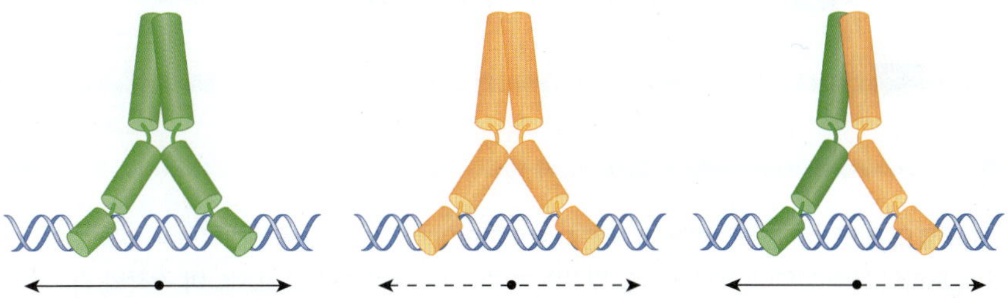

그림 6.43 이량체화를 통해 전사인자의 DNA 결합 특이성 변경. bHLH 단백질의 이 모델에서, 2개의 소단위가 다른 조합으로 결합할 때 다른 DNA 결합자리를 인식하는 세 가지 다른 이량체 전사인자가 형성될 수 있다. 인간 유전체는 약 118개의 다른 bHLH 단량체를 암호화하여 잠재적으로 수천 개의 다른 이량체 전사인자를 생성할 수 있다.

위(Fos와 Jun, 그림 6.38에서 빨간색과 파란색으로 각각 표시)가 *FOS*와 *JUN* 유전자에 의해 암호화되는 이종이량체이다. 이 두 유전자는 모두 세포 증식에 중요한 역할을 하며, 돌연변이가 발생하면 악성 세포가 될 수 있다. 이들 유전자 중 하나의 돌연변이는 단백질이 이종이량체를 형성하는 것을 막음으로써 단백질이 DNA에 결합하는 것을 방지하는데, 이는 전사인자의 활동을 조절하는 데 있어 이량체형성이 중요함을 시사한다.

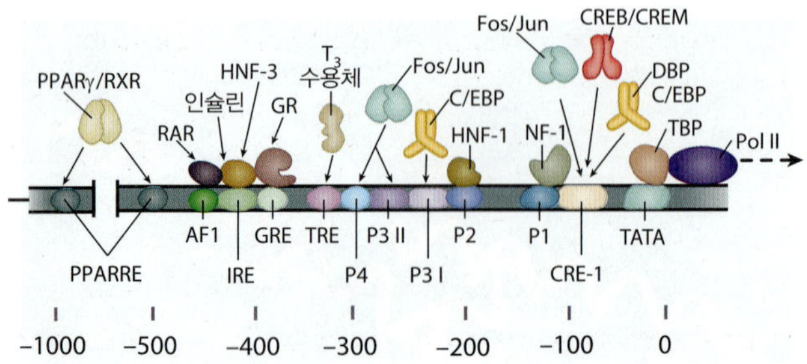

그림 6.44 쥐 PEPCK 유전자의 전사 조절. 이 유전자의 전사는 다른 유전자와 마찬가지로 유전자의 암호화 영역 상류의 조절자리에 위치한 특정 DNA 서열과 상호작용하는 전사인자의 조합에 의해 조절된다. 이 영역에는 글루코코르티코이드 수용체에 결합될 때 프로모터로부터 전사를 자극하는 글루코코르티코이드 반응 요소(GRE)가 포함되어 있다. 또한 조절 영역에는 갑상선 호르몬 수용체(TRE라고 표시)에 대한 결합자리가 포함되어 있다. 호르몬 글루카곤(CRE1이라고 표시)에 반응하여 생성되는 cAMP에 결합하는 단백질; 호르몬 인슐린(IRE라고 표시). PEPCK 유전자의 상류에 있는 이 지역의 조절자리에 결합하는 다른 많은 전사인자도 보인다.

출처: S. E. Nizielski et al., *J. Nutrition* 126:2699, 1996; 미국 영양과학협회

6.12 전사 조절에 관여하는 DNA 부위

유전자의 전사 조절에 내재된 복잡성은 단일 유전자 내와 주변의 DNA를 검사함으로써 설명될 수 있다. 다음 논의에서 우리는 포스포에놀피루베이트 카르복시키나제(phosphoenolpyruvate carboxykinase, PEPCK)를 암호화하는 유전자에 초점을 맞출 것이다. PEPCK는 피루브산(pyruvate)을 포도당(glucose)으로 전환시키는 대사경로인 포도당신생과정(gluconeogenesis)의 주요 효소 중 하나이다(그림 3.31 참조). 효소는 포도당 수치가 낮을 때 간에서 합성되는데, 예를 들어 마지막 식사 이후 상당한 시간이 경과한 후 발생 가능하다. 반대로, 파스타와 같은 탄수화물이 풍부한 식사를 섭취한 후 효소의 합성은 급격히 감소한다. *PEPCK* mRNA의 합성량은 탄수화물 대사 조절에 관여하는 호르몬 수용체를 포함하여 다양한 전사인자(**그림 6.44**)에 의해 조절된다. PEPCK 유전자의 발현조절을 이해하는 열쇠는 (1) 유전자 자체에서 상류에 존재하는 수많은 DNA 조절 서열의 기능을 밝히고, (2) 이들 서열에 결합하는 전사인자를 찾아내고, (3) 선택적 유전자 발현을 담당하는 기구를 활성화시키는 신호전달 경로를 밝히는 것이다(제15장에서 논의).

PEPCK 유전자의 가장 가까운 조절서열은 유전자 프로모터의 주요 요소인 TATA 상자(**그림 6.45**)이다. 169쪽에서 논의된 바와 같이, 프로모터(*promoter*)는 전사개시를 조절하는 유전자의 상류 자리이다. 우리의 목적을 위해 우리는 진핵생물 프로모터를 분리된 영역들로 나

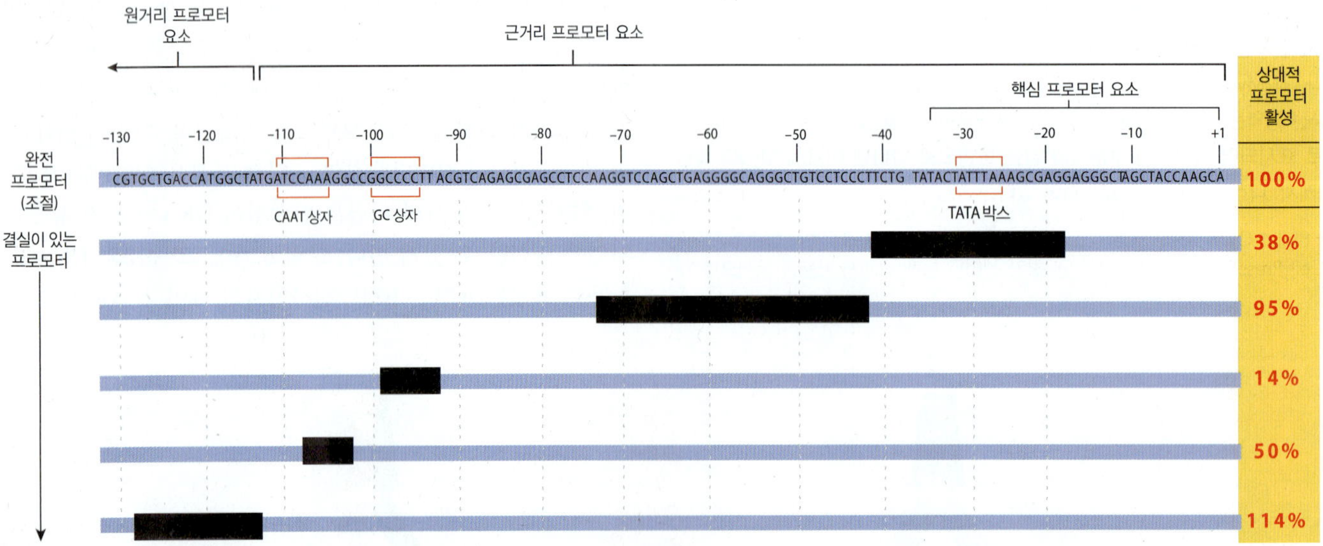

그림 6.45 전사에 필요한 프로모터 서열의 식별. 상단 선은 PEPCK 유전자 프로모터의 한 가닥의 뉴클레오티드 서열을 보여준다. TATA 상자, CAAT 상자 및 GC 상자가 표시되어 있다. 다른 다섯 줄은 프로모터의 특정 영역이 삭제된 실험 결과를 보여준다(검은색 박스로 표시). 이 각각의 경우에서 관찰된 PEPCK 유전자의 전사 수준은 오른쪽에 표시되어 있다. 위 3개 상자의 전부 또는 일부를 제거하는 삭제는 전사 수준을 현저하게 감소시키는 반면, 다른 영역의 삭제는 효과가 적거나 전혀 없다. (5장에서 언급했듯이, 많은 포유류의 프로모터에는 TATA 상자가 존재하지 않는다. TATA 상자가 없는 프로모터는 종종 하류 프로모터 요소 또는 DPE라고 하는 시작 부위의 하류에 있는 보존된 요소를 가지고 있다.

출처: Richard W. Hanson and Daryl K. Granner와 그 동료들의 연구에서 얻은 데이터.

눌텐데, 각각이 그렇게 잘 파악되어 있지는 않다. 대략 TATA 상자에서 전사개시 자리까지 뻗어 있는 영역은 **핵심 프로모터**(*core promoter*)로 지정된다. 핵심 프로모터는 진핵생물 유전자가 전사되기 전에 필요한 RNA 중합효소II와 다수의 일반 전사인자(GTFs)로 구성된 선개시(preinitiation) 복합체가 조립되는 자리이다. 핵심 프로모터 요소와 그에 결합하는 GTF(그림 5.18에 표시)는 전사가 시작될 정확한 부위(+1 부위)를 정한다.

TATA 상자는 많은 수의 유전자가 공유하는 유일한 짧은 서열은 아니다. 유전자에서 더 먼 상류에 위치한 CAAT 상자와 GC 상자라고 불리는 2개의 다른 서열 또한 종종 RNA 중합효소 II가 전사를 시작하는 데 필요하다. CAAT 및 GC 상자는 많은 조직에서 발견되고 유전자 발현에 널리 사용되는 전사인자(예: NF1 및 SP1)에 결합한다. TATA 상자가 전사개시 자리를 결정하는 반면, CAAT 및 GC 상자는 RNA 중합효소 II가 전사를 시작하는 빈도를 조절하는 많은 서열 중 두 가지이다. TATA 상자는 핵심 프로모터 내에 있으며, 일반적으로 전사 시작지점에서 25~30 염기 이내에 있다. CAAT 및 GC 상자는 일반적으로 그림 6.45의 제일 윗줄에 표시된 바와 같이, **근위 프로모터 영역**(*proximal promoter region*)이라고 하는 전사개시 자리의 상류 쪽 100~150 염기쌍 내에 위치한다.

유전자를 더 많이 조사할수록, 유전자 발현을 조절하는 프로모터 요소의 본질과 위치의 다양성이 더 크게 증가한다. 또한 상당수의 포유류 유전자(아마도 50% 정도)는 하나 이상의 프로모터[즉, **대체 프로모터**(*alternative promoter*)]를 가지고 있어, 유전자로부터 상류에 하나 이상의 자리에서 전사 개시가 일어날 수 있다. 대체 프로모터는 일반적으로 서로 수백 개의 염기쌍 길이로 떨어져 있어, 차별적 이용을 위해 생산된 1차 전사체들의 경우 그 5′ 말단이 상당히 다를 수 있다. 어떤 경우에는 대체 프로모터가 다른 조직에서 사용되지만 동일한 폴리펩티드가 합성되기도 한다. 이러한 경우, 단백질을 암호화하는 mRNA는 서로 다른 5′-UTR을 가질 가능성이 높기 때문에 서로 다른 번역단계에 의해 조절될 수 있다. 다른 경우, 대체 프로모터는 N-말단 아미노산 서열이 다른, 비슷한 단백질의 합성을 촉진하기도 한다. 여러 경우에, 대체 프로모터는 완전히 다른 폴리펩티드를 생성하기 위해 다른 판독 프레임(202쪽)으로 번역되는 mRNA의 전사를 제어한다.

연구자들은 유전체의 어떤 자리가 특정한 전사인자와 상호작용하는지 어떻게 알 수 있을까? 이러한 것을 알아내기 위해 다음과 같은 일반적인 전략이 종종 사용된다.

- **삭제 매핑(Deletion mapping).** 이 과정에서 유전자 프로모터의 여러 부분을 삭제한 DNA 분자를 준비한다(그림 6.45). 변형된 DNA를 세포에 도입한 후, 결실 돌연변이체의 전사개시 능력을 측정한다. 많은 경우, 몇 개의 뉴클레오티드의 삭제는 인접한 유전자의 전사에 거의 또는 전혀 영향을 미치지 않는다. 그러나 전사를 활성화시키는 전사인자의 결합을 방지하는 영역 내에서 삭제가 일어나면 전사 수준이 감소한다(그림 6.45의 2, 4, 5행에서와 같이). 다른 영역의 삭제는 전사를 증가시킬 수 있으며, 이는 전사인자가 전사를 억제하는 이 영역에 결합한다는 것을 나타낸다. 이 인자는 전사억제인자이다. 마지막으로, 다른 지역의 삭제는 거의 영향을 미치지 않을 수도 있다(그림 6.45의 3, 6행).
- **DNA 발자국 찾기(DNA footprinting).** 전사인자가 DNA 서열에 결합할 때, 단백질이 여기에 존재할 경우 이 DNA 서열은 핵산분해효소에 의한 소화로부터 보호된다. 연구자들은 이러한 특성을 이용하여, 염색질을 세포로부터 분리한 다음 DNAse1와 같은 DNA를 분해하는 효소를 처리한다. 단백질에 의해 보호되지 않는

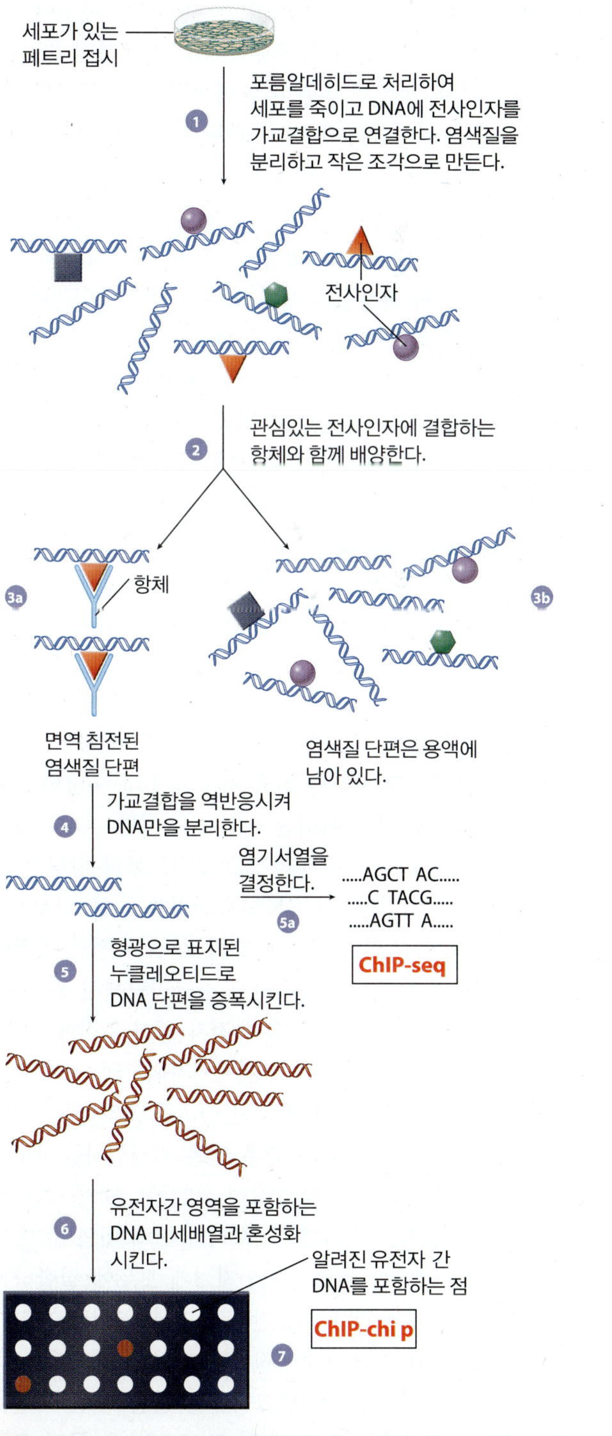

그림 6.46 전체적 규모로 전사인자 결합자리를 확인하기 위한 염색질 면역 침전법(ChIP)의 사용. 단계는 본문에 설명되어 있다.

영역은 분해되는 반면, 결합된 단백질을 가진 영역은 보호된다. 염색질을 분해한 다음 결합된 단백질을 제거하고 보호된 DNA 서열을 확인한다.

- **유전체 전체 위치 분석(Genome-wide location analysis).** 이름에서 알 수 있듯이, 이 전략은 연구자가 주어진 생리조건 하에서 주어진 전사인자가 결합한 유전체 내의 모든 자리를 동시에 모니터링할 수 있게 한다. 접근 방식의 개요는 **그림 6.46**에 나와 있다. 이 분석을 수행하기 위해 원하는 조건 하에서 배양되거나 특정 조직 또는 발달 단계에서 분리한 세포에 포름알데히드를 처리하는데, 이는 살아 있는 세포를 죽이고 살아 있는 세포에서 DNA 자리에 결합하는 전사인자의 교차 연결을 가능하게 한다(1단계, 그림 6.46). 교차 연결 단계에 따라 염색질을 분리하여 작은 조각으로 자른 다음 관심있는 전사인자(2단계)와 결합하는 항체와 배양한다. 항체의 결합은 결합된 전사인자(3a단계)를 포함하는 염색질 단편의 침전으로 이어지고, 결합되지 않은 모든 염색질 단편을 상층액(3b단계)에 남겨둔다. 염색질면역침전(*chromatin immunoprecipitation, ChIP*) 과정을 수행하고 나면, 침전물의 단백질과 DNA 사이의 교차연결을 되돌리고, 그 DNA 단편을 분리할 수 있다(4단계). 다음 단계는 유전체에서 이러한 전사인자 결합자리가 어디에 있는지 확인하는 것이다. 분리된 DNA는 *ChIP-chip*이라는 기술에서 형광표지된 다음 미세배열(5~7단계)에 사용되거나 분리된 DNA로 *ChIP-seq*이라는 기술을 이용하여, 대규모 병렬 서열결정방법(5단계)을 사용하여 직접 시퀀싱할 수 있다. 단백질 암호화 유전자를 나타내는 DNA 탐침을 포함하는 그림 6.35에 표시된 미세배열과 달리, 이 ChIP-chip 실험에 사용된 미세배열은 전체 유전체의 DNA 탐침을 포함한다.

미세배열 또는 직접적 시퀀싱은 관심있는 어떤 인자에 대한 전체 유전체에 걸친 특정 결합자리를 식별 가능하게 하는 방법이다. 흥미롭게도, 포유류 전사인자로 이러한 실험을 수행한 결과, DNA 결합자리의 상당 부분은 알려진 유전자 프로모터로부터 상당한 거리에 위치한다는 것이 알려졌다. 이 DNA 결합자리들 중 일부는 193쪽에서 논의된 microRNA와 같은 비암호화 RNA의 전사 조절에 관여한다고 추측된다. 또한 이 유전체 전체 스크리닝에서 확인된 수천 개의 유전자 좌위들 중 많은 부분이 유전자 발현 조절에 거의 또는 전혀 중요하지 않을 가능성도 있다. 전사인자의 결합의 중요성을 평가하는 한 가지 방법은 더 큰 맥락에서 결과를 고려하는 것이다. 예를 들어, Oct4, Sox2 및 Nanog와 같은 많은 전사인자는 배아줄기세포의 다능성 상태를 유지하는 데 중요하다(24쪽). 한 인자만 조사할 때, 이 세 가지 전사인자는 배아줄기세포의 유전체 내의 수천 개 자리에 결합한다. 반면, 이러한 주요 전사인자 3개 모두에 결합하는 자리는 전체 유전체 영역에서 작은 부분만을 차지한다. 서로 가깝게 결합된 세 가지 전사인자의 존재는 주어진 영역이 이들 세포에서 유전자 발현을 조절하는 데 기능적으로 중요하다는 훨씬 더 큰 확신을 제공한다. 전사인자를 연구하는 것 외에도, ChIP 기술은 특정 유형의 변형된 히스톤 또는 RNA 중합효소 분자의 결합 위치와 같은 다른 유형의 DNA 결합 단백질의 유전체 내 위치를 찾도록 수정될 수도 있다.

6.13 글루코코르티코이드 수용체: 전사 활성화의 예

전사는 전사인자의 배열과 유전자에서 유전자로의 선호되는 결합자리의 변화로 구성된 조합 코드에 의해 조절된다고 할 수 있다. 이러한 전사인자가 유전자 옆에 있는 영역에 결합하는 자리를 종종 **반응요소(response element)**라고 한다. 여기서 우리는 부신에 의해 합성된 스테로이드 호르몬[예: 코르티솔(cortisol)] 그룹인 글루코코르티코이드(glucocorticoid)에 초점을 맞출 것이다. 프레드니솔론(prednisolone)과 같은 이 그룹 호르몬의 유사체는 강력한 항염증제로 처방된다.

글루코코르티코이드의 분비는 기아 중 또는 심한 신체적 상해를 입은 후 발생하는 스트레스 기간 동안 가장 높게 나타난다. 세포가 글루코코르티코이드에 반응하기 위해서는 호르몬을 결합시킬 수 있는 특정 수용체를 가지고 있어야 한다. **글루코코르티코이드 수용체**(*glucocorticoid receptor, GR*)는 공통 조상 단백질에서 진화한 것으로 생각되는 핵 수용체(갑상선 호르몬, 레티노산 및 에스트로겐의 수용체 포함)의 슈퍼패밀리(superfamily)의 구성원이다. 이 슈퍼패밀리의 구성원은 호르몬 수용체이면서, 또한 DNA 결합 전사인자이기도 하다. 글루코코르티코이드 호르몬이 표적세포에 들어가면 세포질의 글루코코르티코이드 수용체 단백질에 결합하여 그 형태를 변화시킨다. 이 변화는 핵 위치 신호(227쪽)를 노출시켜, 수용체가 핵으로 이동하는 것을 촉진한다(**그림 6.47**). 리간드 결합 수용체는 **글루코코르티코이드 반응요소**(*glucocorticoid response element, GRE*)라고 불리는 특정 DNA 서열에 결합한다. *PEPCK* 유전자의 경우, 이 자리는 핵심 프로모터(그림 6.44)의 상류에 위치하고, 그 결합은 유전자의 전사를 활성화시킨다(그림 6.47). 동일 또는 유사한 GRE 서열은 다른 염색체에 있는 다른 여러 유전자의 상류에 위치한다. 자리가 정확한 선호 결합자리라면, 이 유전자는 상승된 글루코코르티코이드 수준에 잘 반응하는 반면, 불완전한 결합자리를 갖는 유전자는 글루코코르티코이드 수용체 복합체에 대한 결합 친화력의 변화에 따라 반응할 것이다. 결과적으로 단일 자극(높아진 글루코코르티코이드 농도)은 자체의 정확한 수준에서 여러 유전자를 동시에 활성화시켜 세포의 요구를 충족시키기 위해 포괄적이고 섬세한 반응을 가능하게 한다.

선호되는 글루코코르티코이드 반응 요소는 다음 서열로 구성되는데, n은 어떤 염기서열이 와도 된다.

5′-AGAACAnnnTGTTCT-3′
3′-TCTTGTnnnACAAGA-5′

이 유형의 대칭서열은 2가닥이 동일한 5′-3′ 서열을 가지기 때문에 회문(*palindome*)이라고 한다. GRE는 3개의 정의되지 않은 뉴클레오티드로 분리된 2개의 정의된 뉴클레오티드로 구성된 것으로 보인다. GRE의 두 가지 특성은 GR 폴리펩티드의 쌍이 각 소단위 위에 표시

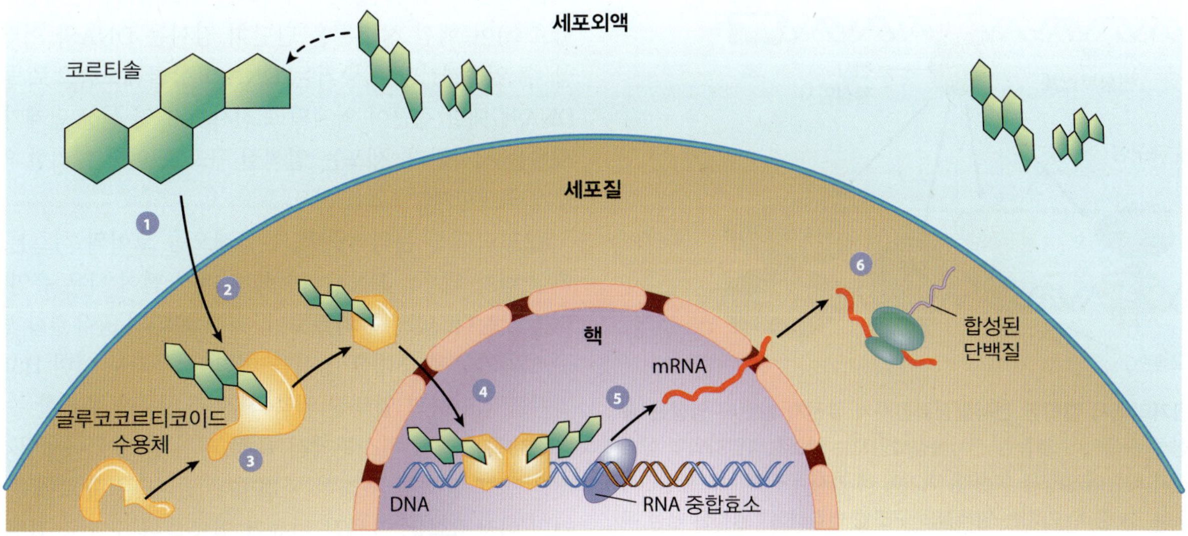

그림 6.47 스테로이드 호르몬에 의한 유전자의 활성화. 글루코코르티코이드 호르몬인 코르티솔은 세포 외액(1단계)으로부터 세포로 들어간 후 지질 2중층(2단계)을 통해 세포질로 확산되어 글루코코르티코이드 수용체(3단계)에 결합하여 형태를 변화시켜서 핵으로 이동하며, 글루코코르티코이드 수용체는 DNA의 전사를 활성화시키는 이량체로서 GRE에 결합하여 세포질(6단계)에서 특정 단백질을 합성한다.

된 DNA 서열의 절반에 결합하는 이량체로서 DNA에 결합하기 때문에 중요하다(그림 6.40 참조). 호르몬 반응을 중재하는 데 있어 GRE의 중요성은 일반적으로 글루코코르티코이드에 반응하지 않는 유전자의 상류 영역에 이러한 서열 중 하나를 도입할 때 가장 명확하게 입증된다. 이러한 방식으로 조작된 DNA를 함유한 세포가 글루코코르티코이드에 노출되면 이식된 GRE로부터 하류에 있는 유전자의 전사가 시작된다. 유전자 전사가 외부조절 지역에 의해 자극될 수 있다는 시각적 증거가 그림 18.48에 나와 있다.

6.14 전사 활성화: 증폭자, 프로모터 및 보조활성인자의 역할

PEPCK 유전자의 상류에 위치한 GRE와 그림 6.44에 설명된 다른 반응 요소는 유전자에 더 가까운 근위 프로모터 요소(proximal promoter element) 또는 개시자리를 지시하는 핵심 프로모터(그림 6.45)와 구별하기 위해 원위 프로모터 요소(*distal promoter element*)라고 한다. 대부분의 유전자의 발현은 또한 **증폭자(enhancer)**라고 불리는 훨씬 더 먼 DNA 요소에 의해 조절된다. 증폭자(enhancer)에는 일반적으로 서열 특이적 전사활성인자를 위한 다중 결합자리가 포함되어 있다. 증폭자는 종종 고유한 특성에 의해 프로모터 요소와 구별된다: 개시자리의 상류 또는 하류에 위치할 수 있으며, 전사를 자극하는 결합 전사인자의 능력에 영향을 미치지 않는 상태로 거꾸로(180° 회전) 뒤집히기도 한다. 증폭자의 삭제는 전사 수준을 100배 이상 감소시킬 수도 있다. 전형적인 포유류 유전자는 유전자 부근의 DNA 내에 흩어져 있는 많은 증폭자를 가질 수 있다. 다른 증폭자들은 일반적으로 다른 전사인자 세트와 결합하고 다른 자극에 독립적으로 반응한다. 일부 증폭자는 전사가 촉진되는 유전자로부터 상류 또는 하류로부터 수천 또는 수만 개의 염기쌍만큼 떨어져 있다.[7]

증폭자와 프로모터는 많은 수의 뉴클레오티드만큼 떨어져 존재하지만, 증폭자는 핵심 프로모터에서 일어나는 반응에 영향을 주어 전사를 자극하는 것으로 생각된다. 증폭자와 핵심 프로모터는 관련 DNA에 결합한 단백질의 상호작용을 통해 고리를 형성할 수 있기 때문에 근접이 가능해진다(**그림 6.48**). 증폭자가 그러한 원거리에서 프로모터와 상호작용할 수 있다면, 증폭자가 DNA 분자의 하류에 있는 부적절한 프로모터에 결합하는 것을 방지하는 것은 무엇일까? 프로모터와 그 증폭자들은 본질적으로 **절연체(insulator)**라고 불리는 특수 경계서열에 의해 다른 프로모터/증폭자 요소로부터 "출입금지(cordoned off)"된다.

지난 10년 동안 분자생물학의 가장 활발한 영역 중 하나는 증폭자에 결합된 전사활성인자가 핵심 프로모터에서 전사의 개시를 자극하는 기작에 중점을 두고 있다. 전사인자는 **보조활성인자(coactivators)**로 알려진 중개자의 행동을 통해 이러한 공적을 달성한다. 보조활성인자는 수많은 소단위로 구성된 대형 복합체이다. 보조활성인자는 크게 두 가지 기능 그룹으로 나눌 수 있다: (1) 기초 전사기구(일반 전사인자 및 RNA 중합효소 II)의 구성요소와 상호작용하는 것들과 (2) 전사기구에 상대적으로 접근이 어려운 상태에서 훨씬 더 전사가 잘 되는 상태, 즉 "우호적인(friendly)" 상태로 전환하여 염색질에 작용하는 것들이 있다. 그림 6.48은 네 가지 유형의 보조활성인자

[7]유전자 전사를 조절하는 다양한 유형의 조절 요소를 설명하는 데 사용되는 용어에는 광범위한 다양성이 있다. 여기에 사용되는 핵심 프로모터, 근거리 프로모터 요소, 원거리 프로모터 요소 및 증폭자와 같은 용어는 보편적으로 사용되지는 않지만, 일반적으로 존재하며 종종(항상 그렇지는 않지만) 구별될 수 있는 요소를 설명한다.

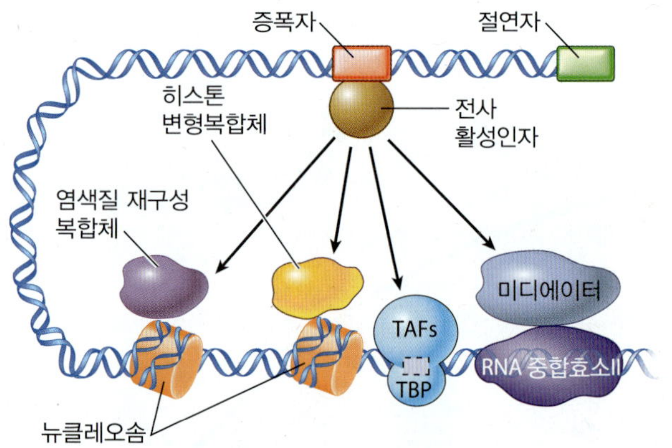

그림 6.48 원거리에서 결합한 전사활성화인자가 유전자 발현에 영향을 줄 수 있는 기작. 상류 증폭자에 결합한 전사활성화인자는 보조활성인자와의 상호작용을 통해 유전자 발현에 영향을 미친다. 여기에 네 가지 유형의 보조활성인자가 묘사되어 있으며, 그 중 두 가지는 염색질의 구조를 변경하여 "염색질 형성 복합체(Histone conformation complex)"및 "염색질 재구조화 복합체(Chromatin remodeling complex)"라고 표시되어 있다. "TAF"와 "Mediator"라고 표시된 2개의 다른 인자는 핵심 프로모터에서 조립되는 기초 전사기구의 구성 요소에 작용한다. 이러한 다양한 유형의 보조활성인자는 다음 절에서 논의된다.

의 도식화를 보여준다. 이러한 다양한 유형의 보조활성인자는 특정 세포 내 신호에 반응하여 특정 유전자의 전사를 활성화하기 위해 질서정연한 방식으로 함께 작용한다. 유전체에 암호화된 많은 수의 전사인자와 보조활성인자의 제한된 다양성을 감안할 때, 각 보조활성인자 복합체는 다양한 전사인자와 함께 작동한다. 예를 들어, 아래에 논의된 보조활성인자 CBP는 수백 가지 다른 전사인자의 활동에 참여한다.

기초 전사기구와 상호작용하는 보조활성인자

전사는 대형 단백질 복합체의 모집 및 후속 협력을 통해 수행된다. TFIID는 전사개시에 필요한 GTF 중 하나(178쪽)로 12개 이상의 소단위로 구성된다. 주요 인자는 TATA 상자에 결합하는 TATA 결합 단백질(TATA binding protein, TBP)이다. 이의 결합은 TATA 결합 단백질관련 인자(TBP-associated factors, TAF)로 표시되는 여러 관련 인자에 의해 촉진된다. 일부 전사인자는 이들 TFIID 소단위 중 하나 이상과 상호작용함으로써 핵심 프로모터의 반응에 영향을 미치는 것으로 생각된다. 증폭자 결합 전사인자와 기초 전사기구 사이에 직접 작용하는 또 다른 보조활성인자는 RNA 중합효소II와 직접 상호작용하는 거대한 다중 소단위 복합체인 중재자(Mediator)라고 한다. 중재자는 다양한 전사 활성인자 작용에 필요하며, 모든 단백질 암호화 유전자의 전사에 필수적인 요소이다. 상당한 노력에도 불구하고, 중재자의 행동 기작은 잘 알려져 있지 않다.

염색질 구조를 바꾸는 보조활성인자

1970년대 뉴클레오솜의 발견으로 아직 완벽한 답을 구하지 못한 중요한 질문이 제기되었다. 비히스톤 단백질(예: 전사인자 및 RNA 중합효소)이 핵심 히스톤을 단단히 감싸는 DNA와 어떻게 상호작용할 수 있을까? 많은 증거는 DNA가 뉴클레오솜으로 들어가면 실제 DNA에 대한 접근이 억제되고 전사개시 및 신장 단계가 현저하게 억제됨을 시사한다. 세포는 염색질 구조로 인한 이러한 억제효과를 어떻게 극복할까?

231쪽에서 논의했듯이, 뉴클레오솜 코어의 히스톤 분자 각각은 핵심 입자 외부와 DNA 나선을 지나서 뻗어 나온 유연한 N-말단 꼬리를 갖는다. 앞서 논의했듯이, 이들 꼬리의 공유결합 변형은 염색질 구조와 기능에 중대한 영향을 미친다. 우리는 이미 H3K9 잔기에 메틸기를 첨가하면 염색질 압축과 전사 침묵을 촉진할 수 있음을 보았다(238쪽). 핵심 히스톤에서 특정 리신 잔기에 아세틸기를 첨가하는 것은 반대 효과를 초래하는 경향이 있다. 큰 규모에서는, 히스톤 잔기의 아세틸화는 염색질 섬유가 압추축된 구조로 접히는 것을 방지하여, 활성 상태의 진정염색질로 유지되는 것을 돕는다. 미세한 규모에서는, 히스톤 아세틸화는 전사 활성화를 촉진하기 위해 상호작용하는 단백질에 대한 DNA 주형의 특정 영역의 접근을 증가시킨다. 곧 알게 되겠지만, 이러한 히스톤 변형을 수행하는 효소는 유전자 발현조절에 관여하는 대형 다단백 복합체의 일부이다.

최근 몇 년 동안 유전체 전체 수준에서 뉴클레오솜의 히스톤 변형의 특성을 알아내기 위한 기술이 개발되었다. 이러한 기술은 그림 6.46에 설명된 것과 유사한 ChIP 기술을 포함하지만, 특정 전사인자의 유전체 전체 위치를 결정하는 것이 아니라, 목적은 유전체 내의 특정 히스톤 변형의 정확한 위치를 분명하게 알아내는 것이다. 연구자들은 전사인자에 대한 항체를 사용하여 단백질 결합 DNA 단편의 특정 부분을 침전시키는 대신 아세틸화 된 H3K9 또는 H4K16 또는 메틸화된 H3K4 또는 H3K36과 같은 특정 히스톤 변형을 구체적으로 인식하는 항체를 사용한다. 이 4개의 히스톤 표지는 모두 전사활성 유전자(그림 6.18)와 연관되어 있는 것으로 알려져 있었지만, 이 표식이 어떻게 그런 유전자 안에 분포되어 있는지는 알려지지 않았다. 특정 히스톤 변형이 각 유전자 전체에 균일하게 존재할까, 아니면 한쪽 면과 다른 쪽 면 간에 차이가 있을까?

효모 유전체의 활성유전자 분석 결과는 **그림 6.49**에 나와 있으며 이들 유전자의 여러 부분에는 뚜렷한 차이점이 있다. 아세틸화된 H3 및 H4 히스톤 및 메틸화된 H3K4 잔기가 프로모터 영역에 밀집되어 있고 활성 유전자의 본체에는 거의 없어 이러한 변형이 유전자의 활성화 또는 전사개시에 주로 중요하다는 것을 암시한다. 대조적으로, 메틸화된 H3K36 잔기는 프로모터에는 거의 없으며, 대신 활성 유전자에서 전사되는 영역에 집중적으로 나타난다. 몇몇 연구는 이러한 위치 차이에 대한 근거를 제공하고 히스톤 변형 사이의 복잡한 관계의 예를 제공한다. 179쪽에 설명된 바와 같이, 전사개시는 RNA 중합효소 II의 CTD에서 Ser5 잔기의 인산화와 큰 상관관계를 가진다. 이러한 인산화된 Ser5 잔기는 프로모터의 염색질에서 H3K4를 메틸화시키는 히스톤 메틸 전이효소 Set1의 인식 플랫폼 역할을 담당한다. 메틸화된 H3K4 잔기는 차례로 염색질 재구성(그림 6.54 참조) 및 pre-mRNA 이어맞추기(그림 5.30 참조)와 관련된 단백질 복합체

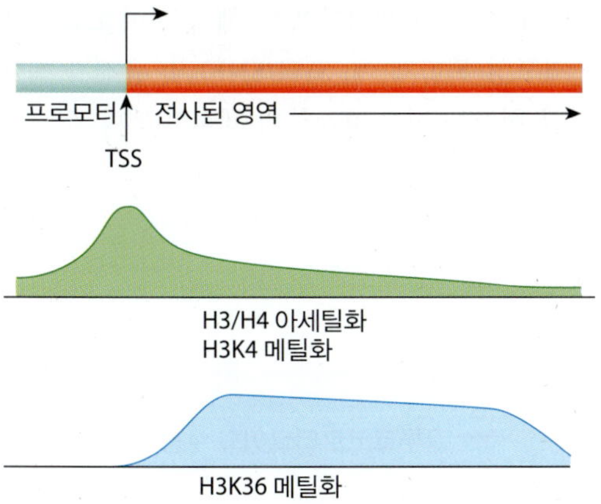

그림 6.49 히스톤 변형은 전사된 염색질 영역의 표식으로 작용할 수 있다. 이 그림은 효모의 유전체 전체 분석에 기반한 전사된 유전자의 염색질 내에서 히스톤 변형의 선택적 위치를 묘사한다. 히스톤 아세틸화 및 H3K4 메틸화는 주로 활성 유전자의 프로모터 영역에 국한되어 유전자의 전사된 부분에서 현저하게 감소한다. 대조적으로, H3K36 메틸화는 반대의 국소화 패턴을 나타낸다. TSS, 전사 시작 지점

의 결합자리 역할을 한다. 대조적으로, H3K36의 메틸화는 기다란 중합효소를 따라 이동하는 히스톤 메틸 전이효소 Set2에 의해 촉매된다. 일단 이 잔기가 메틸화되면 유전자의 전사된 부분에 존재하는 히스톤의 리신 잔기로부터 아세틸기를 제거하는 촉매작용을 하는 다른 효소 복합체 (Rpd3S)를 모집하는 역할을 한다. 증거에 따르면 기다란 RNA 중합효소의 자각으로 뉴클레오솜에서 아세틸기가 제거되면 유전자의 내부 코딩 영역 내에서 전사가 부적절하게 시작되는 것을 방지할 수 있다.

전사 활성화 과정에서 유전자의 프로모터 영역에서 일어나는 반응들을 좀 더 자세히 살펴보자. 아세틸기는 **히스톤 아세틸전이효소(histobe acetyltransferases, HAT)**라고 불리는 효소군에 의해 핵심 히스톤상의 특정 리신 잔기에 첨가된다. 1990년대 후반에 많은 보조활성인자들이 HAT 활성을 가진다는 사실이 발견되었다. 이러한 보조활성인자의 HAT 활성이 돌연변이로 제거된 경우, 전사를 자극하는 능력도 제거되었다. 보조활성인자가 HAT 활성을 함유하고 있다는 발견은 히스톤 아세틸화, 염색질 구조 및 유전자 활성화 사이에 중요한 연관성을 제공했다. 그림 6.50은 글루코코르티코이드 수용체와 같은 전사 활성인자의 결합에 따라 DNA의 반응 요소에 대해 발생하는 일련의 반응을 보여준다. 일단 DNA에 결합하면, 활성인자는 전사를 목표로 하는 염색질 영역에 보조활성인자(예: CBP)를 모집한다. 일단 표적 영역에 위치하면, 보조활성인자는 염색질 재구성 복합체(아래에서 논의됨)에 대한 결합자리를 노출시키는 인근 뉴클레오솜의 핵심 히스톤을 아세틸화한다. 이러한 다양한 복합체의 복합적 작용은 전사가 시작되는 자리에 조립되는 전사기구의 구성요소에 대한 프로모터의 접근성을 증가시킨다.

그림 6.50은 염색질 상태에 영향을 미치는 2개의 보조활성인자의 활성을 나타낸다. 우리는 이미 HAT이 히스톤 꼬리를 변경시키는 방법을 알아보았다. 다른 유형의 보조활성인자인 **염색질 재구성 복합체(chromatin remodeling complex)**를 더 자세히 살펴보겠다. 염색질 재구성 복합체는 ATP 가수분해에 의해 방출된 에너지를 사용하여 DNA를 따라 뉴클레오솜의 구조와 위치를 변경한다. 이로 인해 다양한 단백질이 DNA 조절자리에 결합 가능해진다. 가장 잘 연구된 염색질 재구성 기구는 SWI/SNF 계열의 구성원이다. 9~12개의 소단위로 구성된 SWI/SNF 복합체는 특정 DNA 서열에 결합하지 않고 오히려 핵소단위 히스톤 또는 이미 DNA에 결합된 다른 단백질에 존재하는 후성유전적 표시에 의해 특정 프로모터에 모인다. 그림 6.50에서, 보조활성인자 CBP는 핵심 히스톤을 아세틸화하여 재구성 복합체를 위한 높은 친화성 결합자리를 제공한다. 일단 프로모터에 모이면 염색질 재구성 복합체는 히스톤 -DNA 상호작용을 방해하는 것으로 생각되며, 다음의 것들을 할 수 있다:

1. 히스톤 옥타머의 이동성을 촉진하여 DNA를 따라 미끄러져 새로운 위치로 가게끔 한다(**그림 6.51**, 경로 1). 가장 잘 연구된 경우, 전사활성인자가 *IFN*-β 유전자의 상류에 있는 증폭자에 결합하면 주요 뉴클레오솜이 DNA를 따라 약 35 염기쌍만큼 미끄러지게 되고, 이로 인해 이전에 히스톤으로 덮여 있던 TATA 상자가 드러난다. 슬라이딩은 DNA를 따라 재구성 복합체가 이동하면서 일어난다.
2. 뉴클레오솜의 형태를 바꿀 수 있다. 그림 6.51, 경로 2에 묘사된 예에서, DNA는 히스톤 옥타머의 표면에 일시적인 고리 또는 팽창을 형성하여 DNA-결합 조절 단백질과의 상호작용을 위해 그 자리를 보다 쉽게 이용할 수 있게 한다.
3. 전사 활성과 상관관계가 있는 히스톤 변종(232쪽)에 의한 표준 핵심 히스톤의 옥타머의 대체를 촉진한다. 예를 들어, SWR1 복합체는 H2A/H2B 이합체를 H2B로 이합체화하는 히스톤 변종(H2A.Z)과 교환한다. (그림 6.51, 경로 3)
4. 히스톤 옥타머를 DNA에서 완전히 들어낼 수 있다(그림 6.51, 경로 4). 예를 들어, 뉴클레오솜은 유전자 내의 DNA를 따라 기다란 RNA 중합효소 복합체가 이동함에 따라 일시적으로 해체되는 것으로 생각된다.

뉴클레오솜은 DNA를 따라 무작위로 배치되지 않으며, 더 중요한 것은 특정 뉴클레오솜 위치가 유전체의 특정 영역의 전사를 조절하는데 중요한 역할을 한다는 증거가 수년 동안 축적되어 왔다. 뉴클레오솜이 주어진 유형의 세포에서 유전체 내의 특정 자리에 우선적으로 존재하는지 또는 존재하지 않는지를 결정하기 위한 여러 시도가 있었다. 이러한 연구를 수행하기 위해 전형적으로 염색질은 히스톤 옥타머에 의해 보호되지 않는 DNA 부분을 분해하는 핵산분해효소로 처리된다. 핵산분해효소로부터 보호된 DNA는 결합된 히스톤으로부터 분리하여 시퀀싱한다. 이러한 기술로 인해 연구자들은 DNA를 따라 존재하는 뉴클레오솜 위치의 유전체 전체지도를 작성할 수 있었다. 뉴클레오솜 포지셔닝에 대한 가장 완전한 분석은 효모 세포에서 수행되었으며, 그림 6.50에 제시된 포유류 세포의 개별 유전자 전사

에 대한 수년간의 생화학적 연구를 기반으로 하는 전통적인 견해와 다소 다른 시각을 제공한다.

효모 세포에 대한 연구에 따르면 대부분의 유전자는 **그림 6.52**에 묘사된 공통 염색질 구조를 공유한다. 이 그림에서 알 수 있듯이, 뉴클레오솜은 DNA를 따라 무작위로 분포하지 않고 대신 정해진 자리에 놀랍도록 잘 위치한다. 가장 주목할만한 것은 프로모터 서열은 뉴클레오솜이 없는 영역(그림 6.52의 NFR) 내에 존재하는 경향이 있으며, 측면에 그림 6.52에서 +1과 −1로 알려진 2개의 매우 잘 배치된 뉴클레오솜이 존재한다. 프로모터를 둘러싼 뉴클레오솜이 없는 영역은 DNA의 이러한 표적자리에 대한 조절인자에 의한 접근을 허용하는 데 중요한 고려 사항이 된다. 효모 유전자의 모든 뉴클레오솜 중, −1 뉴클레오솜은 전사 활성화시 가장 광범위한 변형을 겪는다. 이 뉴클레오솜은 새로운 자리로 이동하거나 DNA에서 퇴출되거나 광범위한 히스톤 변형 또는 히스톤 교환을 겪게 된다. 하류 뉴클레오솜(+1, +2, +3 등)은 전사 활성화 중에 이러한 동일한 많은 변경을 겪게 되지만, 뉴클레오솜이 영향을 받는 정도는 전사 개시자리에서 위치하는 거리에 따라 감소한다. 그림 6.50('폐쇄된 프로모터'라고 함)에 묘사된 것처럼, 대부분의 비전사(*nontranscribed*) 유전자의 프로모터 영역이 뉴클레오솜으로 비교적 덮여 있는지, 그림 6.52에서 제시된 뉴클레오솜이 상대적으로 없는지 여부는 아직 명확하지 않다["열린 촉진자(closed promoters)"이라고도 함]. 전사 개시자리가 뉴클레오솜으로 덮여 있다고 하더라도, 연구들은 이 뉴클레오솜들이 표준 핵심 히스톤 대신에 히스톤 변종(H3.3 및 H2A.Z)을 포함하는 이웃보다 덜 안정할 수 있다고 제안한다. 특정 뉴클레오솜 토폴로지에 관계없이, 염색질의 프로모터 영역은 다양한 히스톤 변형효소(예: 히스톤 아세틸 전이효소, 탈아세틸화효소, 메틸 전이효소 및 탈메틸화효소), 염색질 재구성 복합체(예: SWI/SNF) 및 유전자 특이적 전사인자 등의 다양한 히스톤 변형 효소들의 표적이 된다.

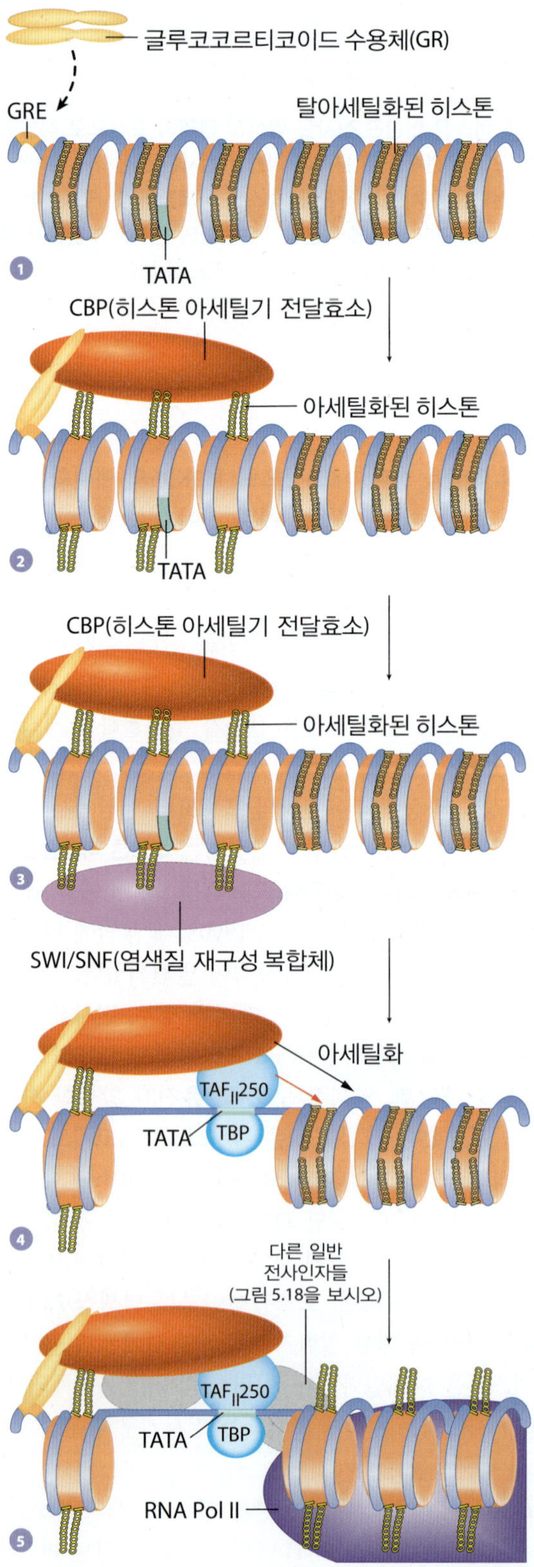

그림 6.50 전사의 활성화를 설명하는 모델. 글루코코르티코이드 수용체(GR)와 같은 전사인자는 DNA에 결합하여 전사 전 개시 복합체의 조립을 용이하게 하는 보조활성화인자를 모집한다. 이 그림의 1단계는 DNA와 탈아세틸화된 히스톤의 연합으로 인해 억압된 상태에 있는 염색체 영역을 나타낸다. 2단계에서 GR은 GRE에 결합하고 보조활성화인자 CBP를 불러들인다. CBP는 히스톤 아세틸전달효소(HAT) 활성을 갖는 소단위를 포함하고 있다. 이 효소는 아세틸 CoA 공여체에서 히스톤 단백질의 특정 리신 잔기의 아미노기로 아세틸기를 전달한다. 결과적으로, TATA 상자에서 상류와 하류의 영역에 있는 뉴클레오솜 핵심 입자의 히스톤이 아세틸화된다. 3단계에서 아세틸화된 히스톤은 염색질 재구성 복합체인 SWI/SNF를 모집한다. 2개의 보조활성화인자 CBP와 SWI/SNF는 함께 염색질의 구조를 보다 개방적이고 접근 가능한 상태로 변화시킨다. 4단계에서 TFIID는 DNA의 노출 영역에 결합한다. TFIID(TAF$_{II}$250 또는 TAF1이라고 함)의 소단위 중 하나는 또한 적색 화살표로 표시된 히스톤 아세틸 전이효소 활성을 가지고 있다. CBP와 TAF$_{II}$250은 함께 전사개시를 허용하기 위해 추가 뉴클레오솜을 변형시킨다. 5단계에서 프로모터의 나머지 뉴클레오솜은 아세틸화되고, RNA 중합효소 II는 프로모터에 결합되어 전사개시가 설정된다.

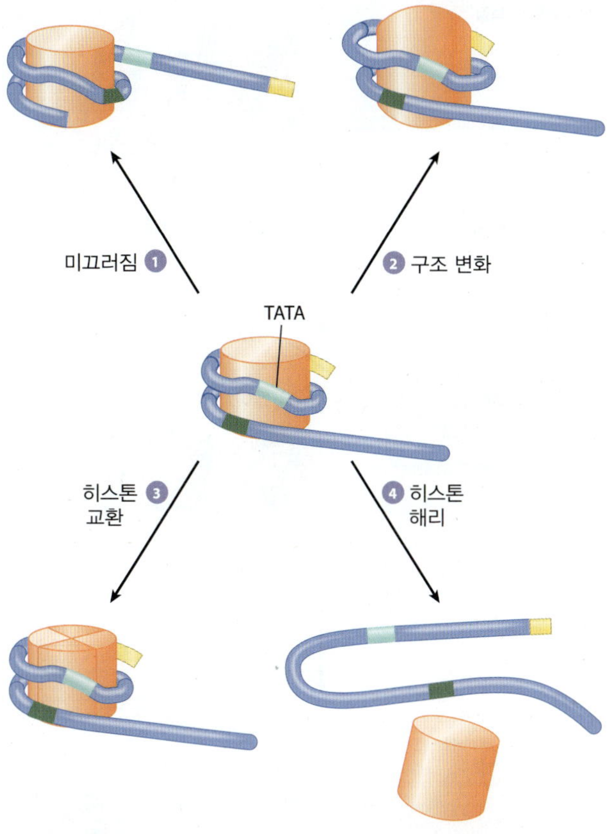

그림 6.51 염색질 재구성화. 경로 1에서, 주요 뉴클레오솜이 DNA를 따라 미끄러져 TATA 결합자리가 노출되고 사전 개시 복합체가 조립된다. 경로 2에서 뉴클레오솜의 히스톤 옥타머는 재구성된다. TATA 상자는 히스톤과의 연합이 전혀 없는 것은 아니지만, 이제 사전 개시 복합체의 단백질에 결합할 수 있다. 경로 3에서, 뉴클레오솜의 표준 H2A/H2B 이량체는 활성 염색질과 결합하는 히스톤 변이체(예: H2A.Z / H2B 이량 체)와 교체되었다. 경로 4에서 히스톤 옥타머는 분리되고 DNA에서 완전히 떨어져 나간다.

6.15 정지된 중합효소로부터의 전사 활성화

전사 활성화에 대한 이 논의를 통해 전사인자가 특정 DNA 서열에 결합하고 일반적인 전사인자(general transcription factor, GTF), 염색질 변형 복합체 및 RNA 중합효소II의 모집을 유도하여 전사를 시작하는 방법을 설명했다. 전사된다는 증거를 전혀 보여주지 않는 많은 유전자의 프로모터에도 RNA 중합효소가 결합한다는 사실을 알게 된 것은 아주 놀라운 일이었다. 어떤 경우에는 이러한 "전사 침묵(transcriptionally silent)" 유전자 중 하나에 위치한 RNA 중합효소가 RNA 합성 개시는 하지만 전사의 신장 단계로 넘어가지는 못한다. 다른 경우에는 중합효소가 약 30개의 RNA 뉴클레오티드를 합성한 다음 정지한다. 두 경우 모두 전체 길이의 1차 전사체는 만들어지지 않는다. 한 모델에 따르면, 프로모터의 하류에 위치한 RNA 중합효소 분자는 그 자리에 결합되어 있는 억제인자(예: DSIF 및 NELF)에 의해 일시 중지된 상태로 유지된다. 그런 다음 (1) 자극성 키나아제(예: P-TEFb)에 의해 인산화되고 (2) 신장인자(예: ELL)가 중합효소로 모집됨에 따라 억제가 완화된다(그림 5.18에서처럼). 이 연구는 일부 전사인자(예: Myc)가 전사개시의 수준뿐만 아니라 전사신장 단계에도 작용함으로써 일부 유전자의 전사를 촉진할 수 있다고 제안했다. 프로모터에서 전사기구를 조립할 필요가 없기 때문에, 정지된 중합효소의 해방 유도는 발달 또는 환경신호에 반응하여 신속하게 유전자를 활성화시킬 수 있다.

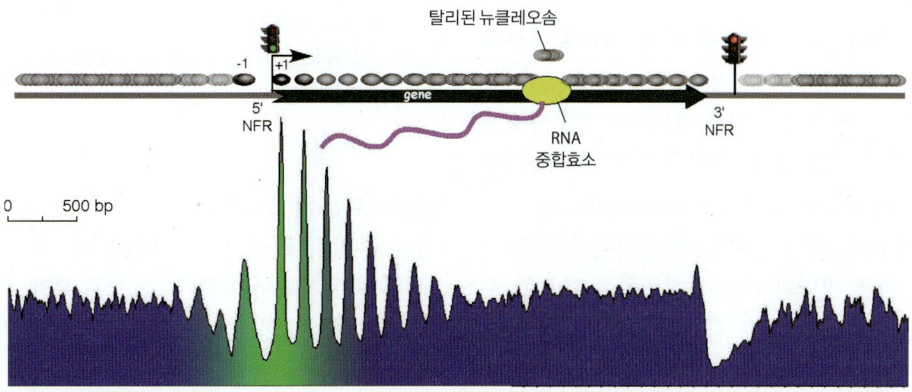

그림 6.52 효모 유전자의 뉴클레오솜 풍경. 삽화의 상단 부분은 RNA 중합효소II 복합체에 의해 적극적으로 전사되는 유전자 부근의 전형적인 DNA 영역을 보여준다. 뉴클레오솜의 공통 위치는 회색 타원형으로 표시되어 있다. 삽화의 하부는 그 자리에서 뉴클레오솜이 발견될 가능성을 나타내는 높이의 선과 함께 DNA를 따라 뉴클레오솜의 분포를 보여준다. 유전자의 5′ 영역은 가장 잘 정의된 염색질 구조를 가진다. 프로모터 영역은 비어 있을(뉴클레오솜이 없는 영역 또는 NFR) 확률이 아주 높은데, 이 자리는 전사개시자리(녹색광)의 양쪽에 있는 뉴클레오솜 2개가 아주 잘 배치됨으로써 노출될 가능성이 높다. 이 두 뉴클레오솜은 그림의 상단에 +1과 -1로 표시되어 있다. 전사된 영역의 5′ 말단 근처에 있는 다음 뉴클레오솜은 또한 잘 배치되는데, 그림의 상단에 있는 이들 뉴클레오솜의 뚜렷한 자리가 표시되어 있다. 뉴클레오솜은 또한 유전자를 전사할 때 RNA 중합효소에 의해 퇴출되는 것으로 보인다. 녹색 음영은 H2A.Z 히스톤 변이체, 높은 히스톤 아세틸화 및 H3K4 메틸화 및 높은 뉴클레오솜 포지셔닝 가능성을 갖는 염색질 영역에 해당한다.

출처: Cizhong Jiang and B. Franklin Pugh, *Nature Revs. Gen.* 10:164, 2009; 저작권 2009, Macmillan Magazines Limited, T. N. Mavrich, et al., *Genome Res.* 18:1074, 2008.

6.16 전사 억제

그림 6.2와 6.3에서 분명하게 알 수 있듯이, 세균의 전사 조절은 전사를 막는 억제자에 크게 의존한다. 진핵생물에 대한 연구는 주로 특정 유전자의 전사를 활성화하거나 향상시키는 인자에 중점을 두었지만, 진핵세포는 또한 음성 조절기작도 가지고 있다.

우리는 전사 활성화가 염색질의 특정 영역에서 뉴클레오솜의 상태 및/또는 위치의 변화와 관련이 있음을 보았다. 염색질의 아세틸화 상태는 역동적 특성을 가진다. 아세틸 그룹을 첨가하는 효소(HAT)가 있는 것처럼, 이들을 제거하는 효소도 있다. 아세틸기의 제거는 히스톤 **탈아세틸화효소(histone deacetylase, HDAC)**에 의해 매개된다. HAT은 전사 활성화와 관련이 있지만, HDAC는 전사억제와 관련이 있다. HDAC는 보조억제자로 설명되는 더 큰 복합체의 소단위로 존재한다. 보조억제자는 활성화되지 않고 표적 유전자를 억제하는 전사인자(억제자)에 의해 특정 유전체에 모집된다는 점을 제외하고는 보조활성인자와 유사하다(**그림 6.53**). 여러 유형의 암의 진행은 특정 유전자의 활성을 억제할 수 있는 종양 세포에 달려 있다. 다수의 항암제(예: Zolinza)는 현재 HDAC 효소를 억제하는지 조사 중에 있다.

최근의 연구에 따르면 히스톤 꼬리에서 아세틸기를 제거하면 히스톤 H3 분자의 9번 위치에서 리신 잔기의 메틸화를 포함하는 히스톤 변형을 동반함을 보여준다. H3K9me으로의 변형은 이질염색질 형성의 주요 반응으로 238쪽에서 어느 정도 논의했었다는 사실을 기억할 수 있다. 이 동일한 변형이 유전체의 성체 영역에서 발생하는 보다 역동적인 전사억제 유형에도 관여하는 것으로 보인다. 그림 6.53은 염색질 변형의 여러 측면을 통합한 전사억제 모델 중 가능한 하나를 제안한다.

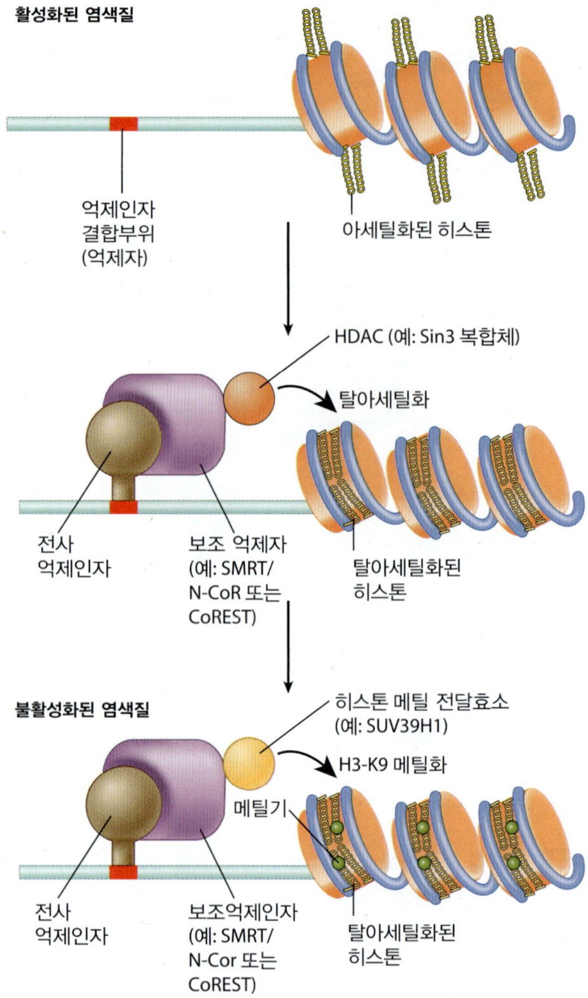

그림 6.53 **전사억제를 위한 모델.** 활성 염색질의 프로모터 영역에 있는 히스톤 꼬리는 일반적으로 심하게 아세틸화된다. 전사억제자가 DNA 결합자리에 결합할 때, 그것은 보조억제자 복합체(예: SMRT/NCoR 또는 CoREST) 및 관련 HDAC 활성을 모집한다. HDAC은 히스톤 꼬리에서 아세틸기를 제거한다. 히스톤 메틸전이효소 활성을 포함하는 별도의 단백질은 H3 히스톤 꼬리의 K9 잔기에 메틸기를 첨가한다. 아세틸기의 손실과 메틸기의 첨가는 함께 염색질 불활성화 및 유전자 침묵을 유도한다.

DNA 메틸화

유전체의 일부 영역을 침묵시키는 주요 요인 중 하나는 DNA 메틸화로 알려진 현상을 포함한다. 포유류와 다른 척추동물의 DNA를 조사한 결과 100개의 뉴클레오티드 중 1개는 항상 시토신의 5번 탄소에 부착된 메틸기를 가지고 있음이 나타났다. 메틸기는 인간의 *DNMT* 유전자에 의해 암호화된 *DNA* 메틸전이효소(*DNA methyltransferase*)라고 불리는 효소군에 의해 DNA에 첨가된다. 이 간단한 화학적 변형은 DNA의 특정 영역을 다른 영역과 다르게 식별하고 활용할 수 있게 해주는 후성 표식 또는 "태그(tag)"로 작용하는 것으로 생각된다. 포유류에서 메틸시토신 잔기는 대칭 서열 내의 5′-CpG-3′ 디뉴클레오티드의 일부이며, 붉은 점이 메틸기의 위치를 나타낸다.[8] 진정한 후성적 표식으로서, DNA 메틸화 패턴은 반복적인 세포분열을 통해 유지되어야 한다. 이것은 복제 분기점과 함께 이동하고 부모 가닥의 메틸화 패턴을 복사하여 딸 DNA 가닥을 메틸화하는 효소 Dnmt1에 의해 수행된다.

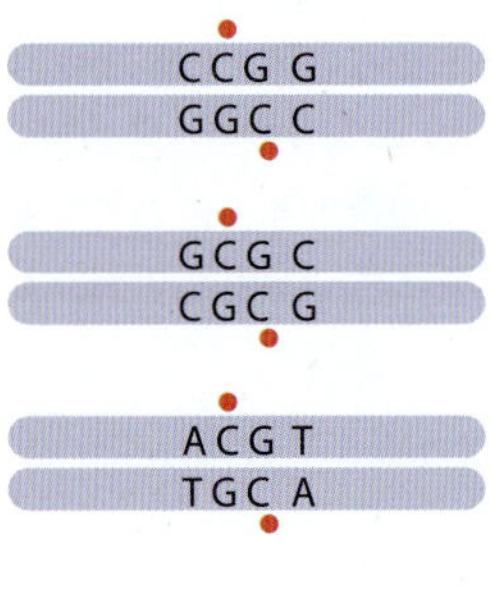

[8]배아줄기세포에서 하나의 예외가 발견되는데, 메틸화의 약 1/4이 CpA와 CpT를 포함하는 비-CpG 영역에서 발생한다. 어떤 영역에서는, 메틸시토신이 효소에 의해 하이드록시-메틸시토신으로 전환될 수 있으며, 이는 DNA 탈메틸화 과정 혹은 후성유전학적 표지의 중간체가 될 수도 있다.

포유류 DNA의 메틸시토신 잔기의 대부분은 비 암호화, 반복되는 서열 및 트랜스포존 내에 위치한다(144쪽). 메틸화는 이러한 원소들을 비활성 상태로 유지하는 것으로 보인다. 돌연변이 DNMT를 보유하고 있는 유기체는 전이활동(transposition)이 현저하게 증가하는 경향이 있으며 이는 유기체의 건강에 해를 끼칠 수 있다. 195쪽에서 논의된 바와 같이, piRNA는 생식세포에서 트랜스포존의 억제 매개자 역할을 한다. 남성 생식세포(즉, 정자형성과정에서)의 형성 과정에서, piRNA는 DNA 메틸화 기구를 유전체 내에 트랜스포존이 존재하는 자리로 유도함으로써 작용한다.

DNA 메틸화 및 전사억제 트랜스포존의 일반적인 억제 외에도 DNA 메틸화는 오랫동안 특정 유전자의 전사억제에 관여해 왔다. 최근 몇년 동안, 전체 유전체에 걸쳐 주어진 세포 집단에서 메틸화되는 특정 시토신 잔기를 결정하기 위한 기술이 개발되었다. 이 연구는 (1) 비활성 유전자의 프로모터 영역이 활성 유전자의 프로모터 영역보다 더 심하게 메틸화되는 경향이 있으며, (2) DNA 메틸화 패턴은 세포 유형간에 다양하게 나타나 다양한 조직 간의 유전자의 차별적 활동을 반영한다는 것이 확인되었다. 대부분의 증거는 유전자 프로모터의 메틸화가 초기 비활성화를 위한 기작보다 비활성 상태로 그 유전자를 유지하는 데 더 많은 역할을 한다는 것을 시사한다. 예를 들어, 암컷 포유동물의 X염색체 중 하나(234쪽)에 유전자가 불활성화되면 DNA를 보다 영구적으로 억제하는 상태로 전환시키는 것으로 생각되는 유전자 프로모터의 메틸화 파동이 발생한다.

주어진 세포는 어떤 프로모터가 메틸화되어야 하는지를 어떻게 결정하고, 이들 프로모터의 메틸화는 그 유전자의 전사억제 상태를 어떻게 만들까? DNA 메틸화는 다른 억제적 후성유전학적 표식인 히스톤 메틸화와 밀접하게 관련되어 있다. 유전자 불활성화는 프로모터 영역의 핵심 히스톤에서 히스톤 변형의 전사적 억제 패턴의 확립으로 시작되며, 이러한 변형된 히스톤 꼬리는 그 뉴클레오솜에 DNA 메틸화 기구를 모집할 수 있다. 이 영역의 DNA가 메틸화되면 메틸화된 시토신 잔기는 결합자리로 작용하여 프로모터의 염색질을 더 억제하고 압축하는 추가 히스톤 변형 효소를 모집할 수 있다(그림 6.53에서와 같이).

DNA 메틸화는 상대적으로 안정한 후성유전적 표식이지만, 부모세포에서 딸세포로의 이러한 표식 전달은 조절의 대상이 된다. 포유류의 생존 기간 동안 발생하는 DNA 메틸화 수준의 현저한 변화는 **그림 6.54**에 묘사되어 있다. 메틸화 수준의 첫 번째 주요 변화는 수정과 접합체의 처음 몇 세포분열에서 발생하는데, 이때 DNA는 이전 세대에서 물려 받은 메틸화 "태그(tag)"를 잃어버린다. 그런 다음 배아가 자궁에 착상될 무렵, 새로운(new, *de novo*) 메틸화의 물결이 세포를 통해 퍼지고 DNA 전체에 새로운 메틸화 패턴을 확립한다. 우리는 특정 세포의 특정 유전자가 메틸화를 목표로 하는지 아니면 현재에 저장되어 있는지를 결정하는 신호에 대해 알지 못한다. 그러나 비정상적인 DNA 메틸화 패턴이 종종 질병과 관련이 있음은 분명해 보인다. 예를 들어, 종양의 발달은 종종 비정상적인 메틸화와 정상적으로 발현시 종양 성장을 억제하는 유전자의 침묵에 달려 있다.

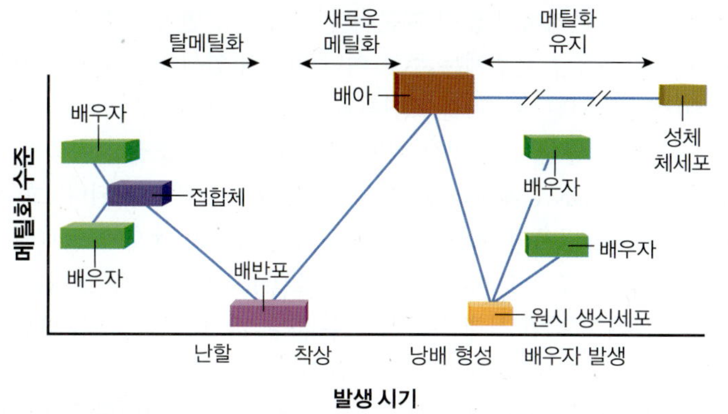

그림 6.54 포유류 발달 중 DNA 메틸화 수치의 변화. 수정란(접합체)의 DNA는 상당량이 메틸화된다. 분열하는 동안, 유전체는 전체적으로 탈메틸화를 겪는다. 흥미롭게도, 아버지로부터 물려 받은 DNA는 초기 단계에서, 어머니로부터 물려 받은 DNA와는 다른 기작으로 탈메틸화를 겪는다. 이식 후, DNA는 새로운(de novo) 메틸화를 겪으며, 이는 발달과 성인기의 나머지 기간 동안 체세포에서 높은 수준으로 유지된다. 대조적으로, 성체에서 배우자가 되는 원시 생식세포의 DNA는 이후에 탈메틸화된다. 생식세포의 DNA는 배우자 형성의 후기 단계에서 다시 메틸화된다.

DNA 메틸화는 진핵생물에서 유전자를 불활성화시키는 일반적인 기작은 아니다. 예를 들어, DNA 메틸화는 효모 또는 선충류에서는 발견되지 않았다. 대조적으로, 식물 DNA는 종종 심하게 메틸화되어 있으며 식물 배양세포에 대한 연구는 동물에서와 마찬가지로 DNA 메틸화가 유전자 불활성화와 관련이 있음을 나타낸다. 한 실험에서 DNA 메틸화를 방해하는 화합물을 식물에 처리했더니 잎과 꽃대의 수가 크게 증가했다. 더욱이, 이 줄기에서 발달한 꽃은 아주 크게 변형된 모양을 가진다.

유전자 발현을 억제하는 DNA 메틸화의 역할에 대한 가장 극적인 예 중 하나는 포유동물에게 독특하게 나타나는 유전체 각인으로 알려진 후성유전학적 현상의 일부로 나타난다.

유전체 각인

1980년대 중반까지 남성 부모로부터 물려 받은 염색체 세트는 기능적으로 여성 부모로부터 물려 받은 염색체 세트와 동일한 것으로 간주했다. 그러나 다른 많은 오랜 가정과 마찬가지로, 이것은 틀린 것으로 밝혀졌다. 대신, 특정 유전자가 정자 혹은 난자에 의해 접합자로 옮겨졌는지에 따라 초기 포유류 발달 중에 활성화되거나 비활성화 된다. 예를 들어, IGF2라고 불리는 태아 성장인자(fetal growth factor)를 암호화하는 유전자는 남성 부모로부터 전달된 염색체에서만 활성화된다. 대조적으로, 특정 칼륨채널(KVLQT1)을 암호화하는 유전자는 여성 부모로부터 전달된 염색체에서만 활성화된다. 이 유형의 유전자는 부모의 기원에 따라 **각인되었다(imprinted)**라고 한다. 각인(Imprinting)은 후성 유전현상(243쪽)으로 간주될 수 있다. 왜냐하면 대립유전자 간의 차이가 부모로부터 유전되는 것이지 DNA의 서열 차이에 근거하지 않기 때문이다. 주로 돌연변이 생쥐의 연구에 기초하여, 포유류 유전체는 주로 여러 별개의 염색체상 군집에 적어도 80개의 각인된 유전자를 포함하고 있다고 추정된다.

유전자는 남성 또는 여성 대립유전자의 발현을 조절하는 특정 영역의 선택적 DNA 메틸화의 결과로 각인된 것으로 생각된다. 그 결과, 각인된 유전자의 모성 및 부계 각각은 메틸화 정도가 일관되게 다르다. 또한, 주요 DNA 메틸 전이효소(Dnmt1)가 없는 생쥐는 유전된 유전자의 각인 상태를 유지할 수 없다. 각인된 유전자의 메틸화 상태는 초기 배아를 휩쓰는 탈메틸화 및 재메틸화 파동의 영향을 받지 않는다(그림 6.54). 결과적으로, 수정란 상태에서 각인되어 비활성화된 동일 대립유전자는 태아와 대부분의 성체 조직 세포에서 비활성 상태가 된다. 주요 예외는 부모로부터 물려 받은 각인이 초기 발달 과정에서 지워지고 그 개인이 자신의 배우자를 생산하기 시작할 때 재확립되는 생식세포에서 발생한다. 특정 유전자(예: *KVLQT1*)가 정자 형성 중에 비활성화를 위해 선택되는 반면, 다른 유전자(예: *IGF2*)는 난자 형성 중에 비활성화를 위해 선택되는 기작이 존재해야 한다. 각 각인된 유전자 군생은 적어도 하나의 비암호화 RNA를 만든다. 이 RNA는 여러 군생에서 인근 유전자의 침묵을 지시하는 데 중요한 역할을 한다.

각인 패턴의 혼란은 특히 15번 염색체에 존재하는 각인된 유전자 군생을 포함하는 희귀 인간 유전병과 관련이 있다. 프래더-윌리 증후군(Prader-Willi syndrome, PWS)은 정신지체, 비만 및 생식선 미발달을 특징으로 하는 유전되는 신경장애이다. 이 장애는 종종 아버지로부터 물려 받은 15번 염색체에 각인된 유전자를 포함하는 작은 영역이 결실될 때 발생한다. 부계 염색체는 하나 이상의 유전자가 결실되어 있고, 모계 염색체는 비활성이며 각인된 형태의 상동 영역을 가지므로, 이러한 개인은 유전자의 기능적 사본이 부족하게 된다. 유전자는 일반적으로 개인의 전 생애에 걸쳐 각인되지만, 각인을 잃을 수 있는 경우도 알려져 있다. 사실, 인구의 약 10%에서 *IGF2* 유전자의 각인 손실이 발생하고 암호화된 성장인자의 생산이 증가한다. 이 후성유전적 변화를 가진 사람들은 대장암 발병 위험이 증가한다. DNA 메틸화효소의 결핍으로 추정되는 여성에 대한 한 사례가 밝혀졌는데, 이는 각인된 유전자가 완전히 부족한 난모세포를 생성했다. 수정될 때, 이 난모세포는 착상 후 발달에 실패하여 이 후성유전학적 기여가 얼마나 본질적으로 중요한지를 보여준다.

배아 발달에 유전체 각인 작용이 어떤 역할을 할 수 있을까? 이 질문에는 몇 가지 다른 생각이 있지만 확실한 대답은 없다. 한 연구자에 따르면, 유전체 각인은 "이유를 찾는 현상(phenomenon in search of a reason)"인데, 우리는 이제 이 문제에 대한 논의를 여기서 중단하고자 한다.

전사억제자로서의 긴 비암호화 RNA(lncRNA)

195쪽에서 논의했듯이, 포유류 유전체의 상당 부분이 긴 비암호화 RNA 또는 lncRNA로 기술될 만큼 충분히 긴 수천 종의 RNA로 전사된다. 유전체 각인이나 X 염색체 비활성화에 관여하는 여러 종을 포함한, 아주 소수의 lncRNA의 기능은 잘 연구되어 있다. 이들 연구는 lncRNA가 단백질 복합체를 염색질의 특정 자리로 유도할 수 있는 서열 특이적 분자로 작용함을 시사한다. *XIST*(235쪽)와 마찬가지로, 대부분의 lncRNA는 전사억제를 조절하는 데 중요한 역할을 하는 것처럼 보이지만, 일부 lncRNA는 일부 유전자좌에서 전사활성화 작용을 할 수 있다.

lncRNA 매개 유전자 억제의 예는 인간 *HOX* 유전자의 발현에서 볼 수 있는데, 이 유전자는 암호화된 단백질이 초기 배아의 전방축을 결정하는 데 중요한 역할을 한다. lncRNA *HOTAIR*(인간 유전체의 *HOXC* 유전자 좌위에서 전사됨)의 5′말단은 PRC2 복합체에 결합하는 반면, 이 lncRNA의 3′말단은 CoREST 복합체에 결합한다. PRC2는 H3 핵심 히스톤의 꼬리에 있는 K27 잔기에 특이적인 히스톤 메틸 전이효소를 포함하고 있다. H3K27의 메틸화는 억제적 변형으로 이것이 첨가된 유전자의 염색질은 전사적으로 비활성 상태를 유지한다. CoREST는 그림 6.53에 표시된 보조억제자 복합체이다. 그 상황에서, CoREST는 히스톤 탈아세틸화효소제와의 연관성을 통해 보조억제자로 작용한다. **그림 6.55**에 표시된 현재의 경우, CoREST는 히스톤 H3의 K4 잔기에서 메틸기를 제거하는 히스톤 탈메틸화효소와 관련이 있다. 그림 6.49에서 알 수 있듯이, 메틸화된 H3K4는 전사활성 유전자의 표시이며, 결과적으로 첨가된 메틸기를 제거하면 전사가 억제된다. HOTAIR은 이 두 억제적 단백질 복합체를 다른 염색체에 위치한 다른 유전자 좌위(*HOXD*)로 안내한다. PRC2와 CoREST가 *HOXD* 표적 유전자 좌위에 묶여 있는 동안, 이들은 인접한 염색질을 변형시키고 전사를 억제한다. 이것은 고립된 사례가 아니다: 유전체 전체 ChIPchip 분석(xxx쪽)은 인간 섬유아세포의 700개 이상의 유전자가 PRC2와 CoREST에 의해 점유되어 있으며 HOTAIR은 두 복합체 사이의 연결 고리를 제공한다는 것을 나타낸다.

lncRNA는 염색질 변형 기능을 수행할 수 있는 유전체의 특정 표적 자리와 밀접한 관련이 있는 단백질 복합체를 보유하기 위해 지지대 역할을 할 수 있다고 제안되었다. 많은 수의 lncRNA의 발현이 선택적으로 차단되면 영향을 받는 세포의 유전자 발현 패턴이 극적으로 변경되어 이러한 RNA 분자가 유전자 발현조절에 광범위한 역할을 할 수 있음을 시사한다. 이 유전자 조절자는 생물학적으로 중요한 역할을 할 수 있다. 예를 들어, 배아줄기세포에서 특정 lncRNA의 전사가 차단되면 세포는 다능성 상태(24쪽)를 잃고 정상적으로 억제될 특정 계통의 특징을 나타내는 유전자를 발현한다. lncRNA는 암과 신경퇴행성 질병을 포함한 질병에서 중요한 요인으로 부상하고 있다. 예를 들어, HOTAIR 과발현은 여러 유형의 종양에서 볼 수 있으며 높은 수준의 HOTAIR 발현은 예후가 좋지 않은 것과 관련이 있다. 이러한 변화가 단순히 상관관계인지 또는 질병 진행에서 lncRNA의 실제 역할을 나타내는지는 불분명하지만, 배양에서 성장한 암세포에 대한 실험은 암 연계 lncRNA의 발현을 감소시키면 세포증식을 감소시키고 세포사멸을 증가시킬 수 있음을 보여주었다. 지독한 유전질환은 또한 lncRNA 발현의 변화로 인해 발생할 수 있다. 예를 들어, 태반형성의 유전적 결함은 HELLPAR로 알려진 lncRNA의 변화에 기인한다.

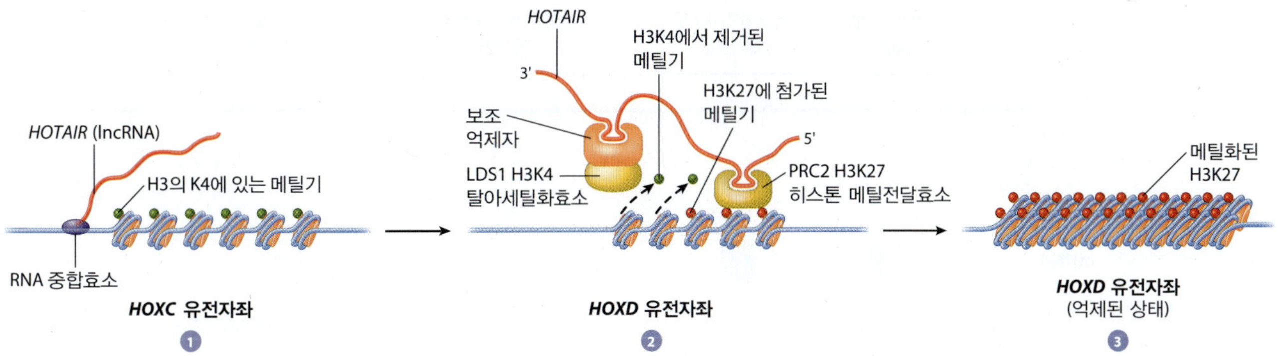

그림 6.55 전사억제의 매개자 역할을 하는 lncRNA. 1단계에서 lncRNA HOTAIR은 인간 염색체 12번에 위치한 HOXC 유전자좌의 일부에서 전사되고 있다. 2단계에서 HOTAIR RNA는 인간 염색체 2번에 위치한 HOXD 유전자좌에 작용할 특정 단백질 복합체와 상호작용할 수 있는 2차 구조를 채택한다. lncRNA의 3′말단은 뉴클레오솜의 H3K4 잔기로부터 메틸기를 제거하여 전사적으로 활성 후성유전학적 마크를 제거하는 효소 LSD1과 관련된 CoREST 보조억제자 복합체에 특이적으로 결합한다. 한편, HOTAIR의 5′말단은 전사적으로 억제적 후성유전학적 표식인 H3K27 잔기에 메틸기를 첨가하는 효소 소단위를 갖는 PRC2 복합체(폴리콤 그룹 단백질 복합체)에 특이적으로 결합한다. H3K4의 탈메틸화와 H3K27의 메틸화로 인해 *HOXD* 유전자좌는 전사적으로 억제되어 압축 형태를 취한다(3단계).

6.17 RNA 가공 조절

일단 RNA가 전사되면, 일반적으로 기능하기 전에 여러 가지 가공처리 과정을 거쳐야 한다. 이것은 5′캡 구조가 추가되어야 하고, 정확하게 접합되고 3′말단에는 온전한 폴리(A) 꼬리가 있는 mRNA에 특히 해당된다(그림 5.19 참조). 이러한 각 반응은 mRNA가 핵을 빠져 나와 단백질 조립을 위한 주형으로 작용할 수 있도록 적절하게 조절되어야 한다. 복잡한 식물과 동물의 유전자는 수많은 인트론과 엑손을 포함하는데, 핵공을 통해 수송되기 위해서는 인트론이 정확하게 제거되어야 한다. 그러나 인트론 제거 패턴은 극적인 조절을 통하여 동일한 유전자에서 여러 단백질이 생성되게 한다. 뒤따르는 특정 이어맞추기 경로는 발달의 특정 단계 또는 어떤 특정 세포 유형 또는 조직인가에 따라 달라질 수 있다. 가장 간단한 경우, 특정 엑손은 전사체에서 결실되거나 잔존할 수 있다. 이러한 유형의 대체 이어맞추기의 예는 혈장과 세포외 기질에서 발견되는 단백질인 피브로넥틴의 합성 중에 발생한다(**그림 6.56**). 섬유아세포에 의해 생성되고 매트릭스에 존재하는 피브로넥틴은 간세포에 의해 생성되고 혈액으로 분비되는 단백질 형태와 비교할 때 2개의 추가 엑손을 포함하는 mRNA에 의해 암호화된다. 섬유아세포에서 가공되는 동안 유지되지만, 간세포에서 가공되는 동안에 제거되는 pre-mRNA의 일부에 의해 여분의 펩티드가 암호화된다.

Dscam 유전자에서는 더 복잡한 패턴이 관찰되는데, 이 유전자는 초파리의 초기 신경발달 동안 세포 표면에 발현되고 축삭 유도기능을 가지는 세포접착 분자군을 암호화한다. 유사유전자는 인간의 다운증후군(Down syndrome)의 특징과 연루되어 왔다. 초파리에서 이 유전자는 24개의 엑손으로 구성되지만, 엑손 4, 6, 9 및 17(**그림 6.57**)의 여러 대체 형태를 포함한다. 놀랍게도, 가변 엑손 중 하나를 선택하여 생성될 수 있는 조합 패턴의 결과로, 단일 *Dscam* 유전자는 최대 38,106개의 상이한 세포접착분자(cell-adhesion molecule)를 암호화할 수 있다. 초파리 유전체는 약 14,000개의 유전자만을 포함하고 있으나, 대체 이어맞추기로 상대적으로 작은 유전체가 훨씬 더 큰 프로테옴(proteome)을 암호화할 수 있는 방법을 보여준다.

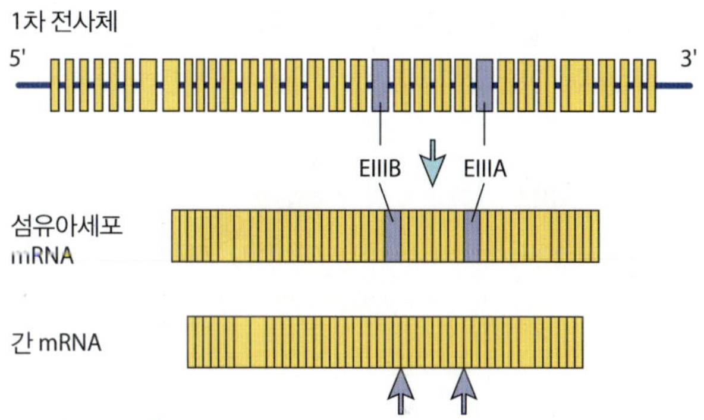

그림 6.56 피브로넥틴 유전자의 대체 이어맞추기. 피브로넥틴 유전자는 맨 위 그림에 표시된 여러 개의 엑손으로 구성된다(검은색으로 표시된 인트론은 스케일에 따라 그려지지 않았음). 이 엑손 중 2개는 섬유아세포에 의해 생성된 단백질에 포함되지만 간에서 생성된 단백질에서 제외되는 EIIIA 및 EIIIB라고 불리는 폴리펩티드의 일부를 암호화한다. 차이점은 대체 이어맞추기 때문이다. 이 두 엑손을 암호화하는 pre-mRNA의 각 부분은 간세포의 전사체로부터 잘린다. 누락된 엑손의 위치는 간 mRNA의 화살표로 표시되어 있다.

하나의 뉴런이 단일 Dscam isoform을 선택할 수 있게 해주는 대체 이어맞추기의 조절은 복잡하며, 모든 대체 이어맞추기 반응에 대한 지속적인 연구의 중요한 목표이다. 특정 엑손이 포함되거나 제외되는 기작은 주로 특정 3′ 및 5′ 이어맞추기 자리가 이어맞추기 기구에 의해 절단될 자리로 선택되는지 여부에 달려 있다(186쪽). 많은 요인이 스플라이스 자리 선택에 영향을 줄 수 있다. 일부 이어맞추기 자리는 “약한(weak)”것으로 묘사되는데, 특정 조건에서 이어맞추기 기구에 의해 외면될 수 있다. 약한 이어맞추기 자리의 인식과 사용은 RNA에 있는 서열에 의해 결정되는데, 이에는 포함이 조절되는 엑손 내에 위치한 엑손 이어맞추기 증폭자(exonic splicing enhancer, 186쪽) 서열이 있다. 엑손 이어맞추기 증폭자는 특정 조절 단백질의 결합자리 역할을 한다. 특정 조절 단백질이 특정 세포에 존재하고 활성인 경우, 그 단백질은 이어맞추기 증폭자에 결합하여 근처의 약한 3′

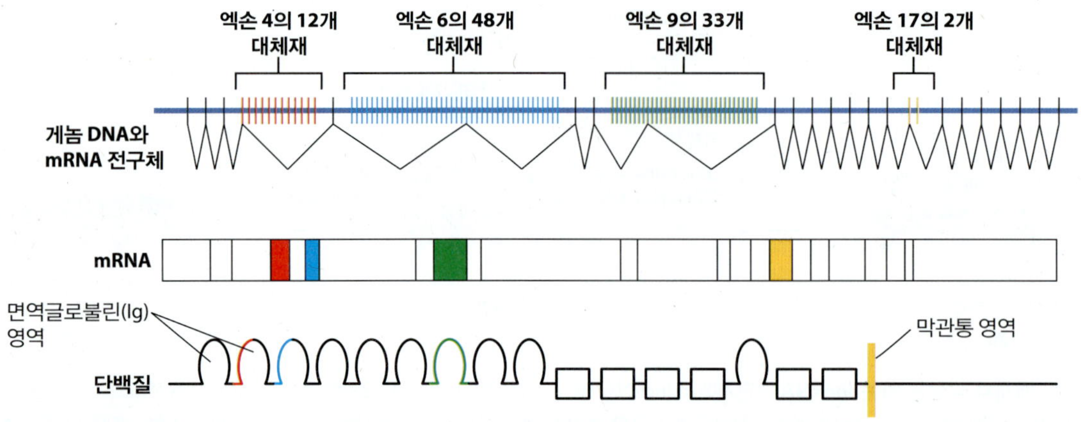

그림 6.57 대체 이어맞추기의 더 복잡한 예. 대부분의 진핵생물 유전자는 대체 이어맞추기의 대상이 된다. 초파리 Dscam 유전자는 단일 유전자 전사체의 대체 이어맞추기에 의해 생성될 수 있는 단백질의 다양성을 보여준다. 제일 윗선은 pre-mRNA 및 유전체 DNA의 조직을 보여준다. 유전자는 24개의 엑손을 포함하지만 주어진 1차 전사는 엑손 4, 6, 9 및 17개의 군생 각각에서 여러 가능성 중 하나만을 포함한다. 중간선은 mRNA에서 완성된 것을 보여주며, 이 4개의 군생 각각에서 선택된 엑손이 다른 색으로 표시되었다. 하단선은 암호화된 단백질의 영역 구조를 보여준다. Exons 4와 6은 단백질의 Ig 영역 중 두 부분을 암호화하고, exon 9는 다른 Ig 영역을 암호화하고, exon 17은 단백질의 막 횡단 영역을 암호화한다. 모든 가능성을 결합하여 Dscam 유전자는 38,106개의 가능한 mRNA를 암호화할 수 있다. 비교를 위해, 전체 초파리 유전체는 약 14,000개의 유전자만을 포함한다.

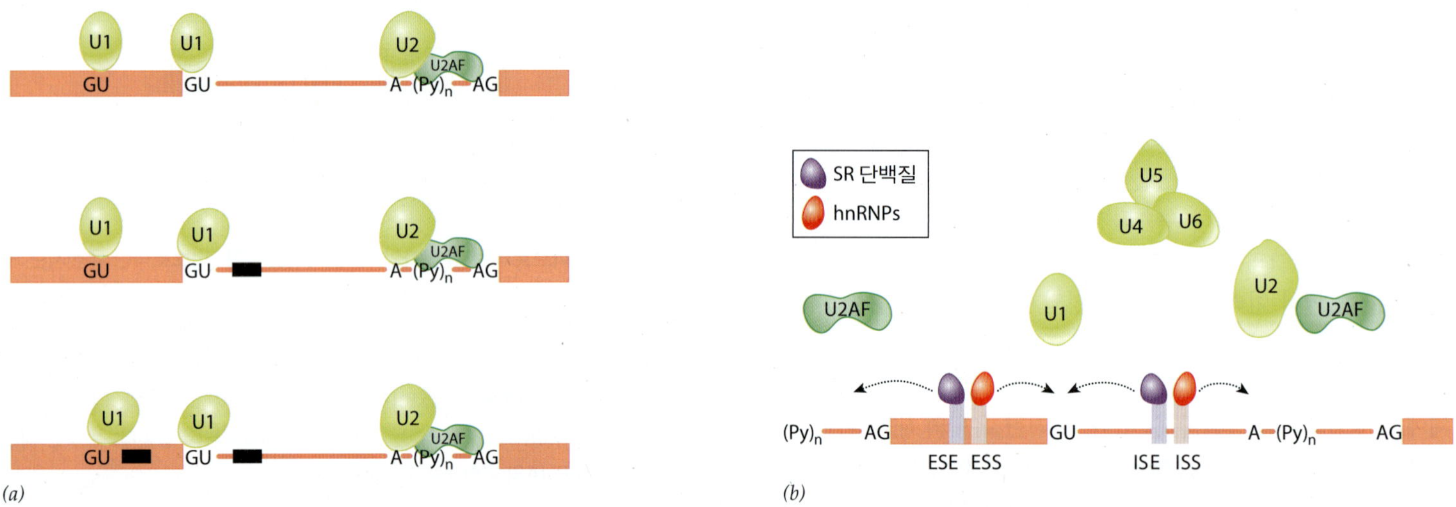

그림 6.58 대체 이어맞추기 기작. (*a*) 5′ 이어맞추기 자리의 서열 변화는 U1 snRNA와의 페어링에 영향을 줄 수 있다. 이것은 U1과 더 잘 일치하는 자리를 다른 5′ 이어맞추기 자리에 이어맞추기 자리를 모집하도록 허용함으로써 이어맞추기의 동역학에 영향을 줄 수 있다. 이 그림에서 2개의 GU 디뉴클레오티드로 표시된 바와 같이 2개의 잠재적인 5′ 이어맞추기 자리가 존재한다. 검은 선은 중간 자리를 잘라낸 후 접합될 전사체 조각을 나타낸다. 상단 도면에서 이어맞추기 기구는 2개의 잠재적인 5′ 이어맞추기 자리 중 두 번째를 인식한다. 중간 도면에서 두 번째 잠재적인 5′ 이어맞추기 자리의 영역에서 서열의 변화(검은색 사각형으로 표시)가 발생했으며, 이어맞추기 기구는 이제 첫 번째 이어맞추기 자리를 인식한다. 하단 도면에서 첫 번째 잠재적인 5′ 이어맞추기 자리의 영역에 두 번째 서열 변화가 생겨 이어맞추기 기구가 이 자리를 무시하고 다른 자리를 5′ 이어맞추기 자리로 이용한다. (*b*) 서로 다른 강도의 이어맞추기 자리는 이어맞추기 자리(SR 단백질)를 활성화하거나 이어맞추기 자리를 억제하는 경향이 있는 단백질(hnRNP 단백질)의 인근 결합에 따라 억제되거나 활성화될 수 있다. SR 단백질은 엑손 및 인트론 이어맞추기 증폭자(ESE 및 ISE)라고 불리는 엑손 또는 인트론 내의 특정 자리에 밝은 파란색으로 표시된다. hnRNP 단백질은 엑손 및 인트론 이어맞추기 침묵자(ESS 및 ISS)라고 불리는 엑손 또는 인트론의 다른 자리에 밝은 빨간색으로 표시된다. 이러한 단백질의 결합은 U2AF, U1 snRNP 및 U2 snRNP와 같은 접합 성분이 pre-mRNA의 특정 자리에 결합하는지 여부를 결정함으로써 접합자리 선택을 조절할 수 있다.

또는 5′ 이어맞추기 자리에 필요한 이어맞추기 인자를 모집할 수 있다. 이러한 이어맞추기 자리를 사용하면 엑손이 mRNA에 포함된다. 이것이 어떻게 작동할 수 있는지에 대한 모델은 **그림 6.58**에 설명되어 있다. 조절 단백질이 세포에 존재하고 활성이 없다면, 인접한 이어맞추기 자리는 인식되지 않으며 엑손은 측면 인트론과 함께 잘려 나간다.

RNA 편집 전사후 단계에서 유전자 발현을 조절할 수 있는 또 다른 방법은 **RNA 편집(RNA editing)**에 의한 것으로, 이로 인해 RNA가 전사된 후 특정 뉴클레오티드가 다른 뉴클레오티드로 바뀐다. RNA 편집은 새로운 이어맞추기 자리를 만들거나 정지코돈을 생성하거나 아미노산 치환을 유도할 수 있다. 대체 이어맞추기만큼 널리 퍼져 있지는 않지만 RNA 편집은 신경계에서 특히 중요한데, 상당수의 RNA에 하나 이상의 아데닌(A)이 이노신(I)으로 변환된 것으로 보인다. 이 변형은 뉴클레오티드에서 아미노기를 효소반응으로 제거하는 것을 포함한다. 이노신은 번역기구에 의해 G로 읽혀진다. 뇌에서 흥분성 시냅스 전달을 중재하는 글루타메이트 수용체(glutamate receptor, 356쪽)는 RNA 편집의 산물이다. 이 경우, A에서 I로의 변형은 Ca^{2+} 이온에 비침투성인 내부채널을 가지는 글루타메이트 수용체를 생성한다. 이 특정 RNA 편집 단계를 수행할 수 없는 유전자 조작 생쥐는 심한 간질 발작을 일으키고 출생 후 몇 주 이내에 사망한다. RNA 편집의 또 다른 중요한 예는 콜레스테롤 운반 단백질 아포지질단백질 B-100(apolipoprotein B-100)에 영향을 미친다. 504쪽에서 논의된 LDL 복합체는 간에서 생성되고 단백질 아포지질단백질 B-100을 포함하며, 이는 온전한 길이의 mRNA에서 약 14,000개의 뉴클레오티드 길이로 번역된다. 장에서 RNA의 뉴클레오티드 잔기 6666에서 시티딘(cytidine)은 효소적으로 유리딘(uridine)으로 전환되어 번역을 종결시키는 정지코돈(UAA)을 생성한다. 단백질의 단축 형태인 아포지질단백질 B-48은 소장의 세포에서만 생산되며, 이 세포는 지방 흡수에 필수적인 역할을 한다.

6.18 번역 조절

우리는 DNA가 RNA를 만드는 데 사용되고 RNA가 단백질을 만드는 데 사용된다는 것을 중심설(Central Dogma)에서 알아 보았다. 우리는 이미 이 장에서 유전자 발현이 전사 수준에서 광범위하게 조절된다는 것을 보았지만, 이후의 mRNA를 단백질로 번역하는 것은 유전자의 최종 발현을 기능 단백질로 조절하는 두 번째 단계가 된다. 번역 조절은 핵에서 세포질로 이전에 수송된 mRNA의 번역에 영향을 미치는 다양한 조절 기작을 포함한다. 이 일반적인 조절 우산 아래에 있는 것으로 고려되는 대상은 (1) 세포 내의 특정 자리에 존재하는 mRNA의 위치 파악, (2) mRNA가 번역되는지 여부와 얼마나 자주 번역되는지 여부, 그리고 (3) 메시지가 얼마나 오래 번역되는지 결정하는 속성인 mRNA의 반감기이다. 번역 조절기작은 일반적으로 특정 mRNA와 세포질 내에 존재하는 다양한 단백질 및 microRNA 간의 상호작용을 통해 실시된다. 180쪽에 mRNA는 5′와 3′ 말단 모두에서 **비번역 영역(untranslated regions, UTR)**이라고 불리는 비암호화 영역을 포함하고 있다고 언급되었다. 5′ UTR은 5′캡에서 AUG 개시코돈으로 확장되는 반면, 3′ UTR은 종결코돈에서 RNA 전사체의 끝까지 확장된다(그림 5.19 참조). 수년 동안 RNA의 번역되지 않은 영역은 크게 무시되었지만 UTR에는 번역 조절을 중재하기 위해 세포에서 사용하는 뉴클레오티드 서열이 포함되어 있음이 분명해졌다. 진핵세포에서 중요한 생물학적 과정은 세포질에 들어가는 즉시 번역되지 않는 저장된 mRNA의 번역에 달려 있다. 예를 들어, 많은 mRNA는 수정 및 추후 발달까지 비활성 상태로 유지되어야 하는 수정되지 않은 난자에 저장된다. 초기 발달 동안 이들 mRNA의 번역 개시는 적어도 두 가지 별개의 반응을 포함한다: 결합 억제 단백질의 제거와 난자 세포질에 존재하는 효소의 작용에 의한 폴리(A) 꼬리의 길이 증가. 이러한 사건은 **그림 6.59**의 *Xenopus* 배아에서 번역 활성화 모델에 설명되어 있으며 mRNA의 5′ 및 3′말단이 종종 단백질-단백질 상호작용에 의해 전달되어 번역을 조절한다는 사실을 강조하는 역할을 한다.

번역 개시

원핵세포는 수많은 폴리펩티드를 암호화하는 폴리시스트로닉(polycistronic) mRNA를 가지고 있는 반면, 진핵생물 mRNA는 주로 단일 폴리펩티드만을 암호화하는 모노시스트로닉(monocistronic) 시스템을 가진다. 두 경우 모두 번역은 AUG 코돈에서 시작하지만 리보솜이 이 시작코돈을 발견하는 방법은 서로 완전히 달라서, 전체 단백

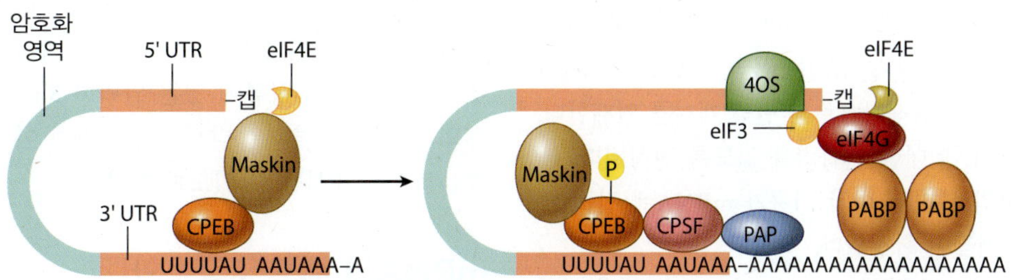

그림 6.59 Xenopus 난자의 수정 후 mRNA의 번역 활성화 기작에 대한 모델. 난자에 존재하는 모계 mRNA는 짧은 폴리(A) 꼬리와 Maskin이라는 결합된 억제 단백질의 조합에 의해 비활성 상태로 세포질에서 존재한다. Maskin은 특정 mRNA의 3′ UTR 서열에 결합하는 단백질인 CPEB와 캡 바인딩 단백질 eIF4E의 다른 표면에 결합되어 있다. 수정 후, CPEB는 인산화되어 Maskin을 대체한다. CPEB의 인산화된 형태는 폴리(A) 꼬리에 아데노신 잔기를 첨가하는 효소인 폴리(A) 중합효소(PAP)를 모집하는 또 다른 단백질 CPSF를 모집한다. 길쭉한 폴리(A) 꼬리는 번역에 필요한 개시인자인 eIF4G를 모집하는 데 도움이 되는 PABP 분자의 결합자리 역할을 한다. 이러한 변화의 결과로 mRNA는 적극적으로 번역된다.

출처: R. D. Mendez와 J. D. Richter, *Nature Reviews Mol. Cell. Biol.* 2:514, 2001, 저작권 2001, Nature Reviews Nature Publishing Group의 분자 세포 생물학. Nature Publishing Group의 허가를 얻어 저작권 청산 센터를 통해 교과서 사용을 목적으로 재인쇄함.

질 생산을 차별적으로 조절할 수 있는 수단을 제공한다. 매우 간단하기 때문에 우리는 진핵생물 번역개시부터 논의하고자 한다. 7-메틸구아노신 캡(7-methylguanosine cap)의 하류에 나타나는 첫번째 AUG는 거의 항상 시작코돈이다. 리보솜의 작은 소단위가 캡 구조에서 조립되고 첫번째 AUG를 발견할 때까지 스캔한 후 리보솜의 큰 소단위가 합류해서 번역이 시작된다(그림 5.47 참조). 내부 리보솜 진입자리(*internal ribosome entry site, IRES*)가 리보솜이 캡의 하류 첫 번째가 아닌 AUG에서 시작할 수 있도록 하는 몇 가지 예가 있지만, mRNA의 압도적인 대다수는 번역이 캡의 하류 첫 번째 AUG에서 시작되도록 구조화되어 있다.

변화하는 세포 요구 사항에 대한 반응으로 mRNA의 번역 속도를 조절하는 많은 기작이 발견되었다. 이러한 기작 중 일부는 모든 mRNA의 번역에 영향을 미치기 때문에 **전체적으로**(*globally*) 작용하는 것으로 간주될 수 있다. 인간세포가 특정 스트레스 자극을 받으면 단백질 키나아제가 활성화되어 개시인자 eIF2를 인산화시켜 추가 단백질 합성을 차단한다. 203쪽에서 논의된 바와 같이, eIF2-GTP는 개시자 tRNA를 작은 리보솜 소단위에 전달한 후 eIF2-GDP로 변환되어 방출된다. eIF2의 인산화된 형태는 eIF2의 번역 재개시에 필요한 GTP를 GDP로 교환할 수 없다. 번역 억제를 유발하기 위해 eIF2 소단위의 동일한 Ser 잔기를 인산화시키는 4개의 다른 단백질 키나아제가 확인되었다는 점은 흥미롭다. 이러한 키나아제 각각은 열 충격, 바이러스 감염, 제대로 접히지 않은 단백질의 존재 또는 아미노산 부족을 포함하는 다른 유형의 세포 스트레스 후에 활성화된다. 따라서 적어도 네 가지 다른 스트레스 경로가 수렴하여 동일한 반응을 유도한다.

다른 기작은 그 mRNA의 UTR에 있는 특정 요소를 인식하는 단백질의 작용을 통해 **특정**(*specific*) mRNA의 번역 속도에 영향을 미친다. 가장 잘 연구된 사례 중 하나는 단백질 페리틴을 암호화하는 mRNA를 포함한다. 페리틴은 세포의 세포질에서 철 원자를 격리시켜 과도한 자유 금속의 독성 효과로부터 세포를 보호한다. 페리틴 mRNA의 번역은 세포 내에서 결합하고 있지 않은 철의 농도에 그 활성이 결정되는 **철 조절 단백질**(*iron regulatory protein, IRP*)이라고 불리는 특정 억제자에 의해 조절된다. 낮은 철 농도에서 IRP는 **철 반응 요소**(*iron-response element, IRE,* **그림 6.60**)라고 불리는 mRNA 5′ UTR의 특정 서열에 결합한다. 결합된 IRP는 물리적으로 mRNA의 5′말단에 리보솜 결합하는 것을 방해함으로써 번역 개시를 억제한다. 높은 철 농도에서 IRP는 IRE에 대한 친화력을 잃도록 변형된다. 페리틴 mRNA로부터의 IRP의 분리는 번역 기구가 mRNA에 접근 할 수 있게 하고, 암호화된 단백질이 합성된다.

원핵생물의 경우, 폴리시스트로닉(polycistronic) mRNA에 여러 개의 시작코돈이 있고 리보솜이 올바른 개시자리를 찾아야 하기 때문에 번역개시 과정이 더 복잡하다. 조절 관점에서 볼 때, 폴리시스트로닉 mRNA의 열린 판독 프레임(open reading frames)은 동일한 수준으로 번역되어야 한다고 예측할 수 있지만 그것은 사실이 아니다. **진짜**(*bona fide*) 개시코돈을 확인하는 데 사용되는 기작은 개시코돈의 상류에 있는 ShineDalgarno 서열의 존재이다. 202쪽에서 논의된 바와 같이, 이 서열은 리보솜의 작은 소단위 내 16S rRNA의 영역에 상보적이다. ShineDalgarno 서열과 16S rRNA 사이의 염기결합은 개시코돈의 바로 상류에 작은 소단위를 배치하게 해서, 큰 소단위의 진입과 번역개시를 가능하게 한다. 일부 mRNA의 경우 ShineDalgarno 서열은 16S rRNA와 완벽하게 상보적이라 개시가 매우 효율적이다. 다른 mRNA의 경우, ShineDalgarno 서열은 16S rRNA와 정확히 상보적이지 않을 수 있으므로 번역개시는 덜 효율적으로 된다. 이런 식으로, 폴리시스트로닉 mRNA 내의 각 열린 판독 프레임으로부터 생성된 단백질의 양을 조절할 수 있다. 예를 들어, 아마도 *trp* 오페론의 효소 A는 다른 4개보다 훨씬 높은 수준으로 필요하다. 효소 A를 위한 개시코돈의 상류에 있는 완벽한 ShineDalgarno 서열과 다른 4개의 불완전한 결합은 다른 4개에 비해 이 열린 판독 프레임이 보다 효율적으로 개시될 수 있도록 한다.

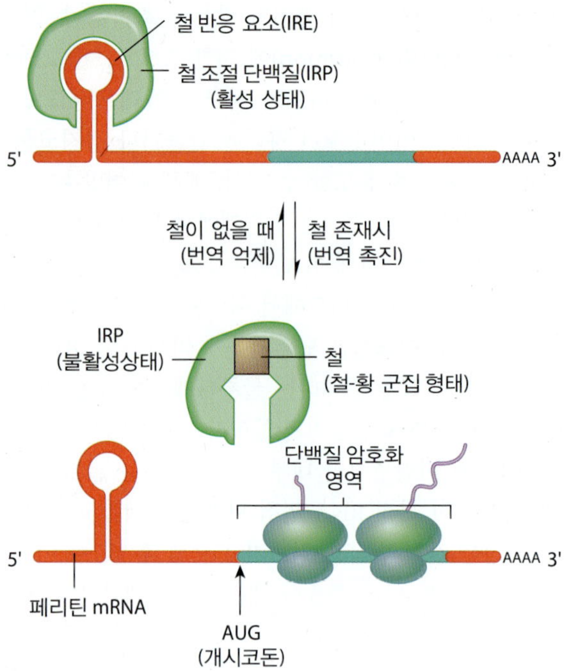

그림 6.60 페리틴 mRNA 번역의 5′ UTR 조절. 철 농도가 낮을 때 철 조절 단백질(IRP)이라고 불리는 철 결합 억제자 단백질은 헤어핀 고리로 접혀 있는 철 반응 요소(IRE)라고 불리는 페리틴 mRNA의 5′ UTR의 특정 서열에 결합한다. 철분을 사용할 수 있게 되면 IRP에 결합하여 형태가 바뀌고 IRE로부터 분리되어 mRNA가 번역되고 페리틴을 만든다.

mRNA의 세포질 국소화

진핵세포에서 특정 세포질 영역에 대한 특정 mRNA의 국소화는 세포가 기능적으로 별개의 세포질 영역을 확립할 때 널리 사용하는 기작이다. 최근의 라이브 셀 이미징 기술의 혁신으로 인해 연구자들은 핵으로부터 그리고 세포질 내의 특정 mRNA의 움직임을 추적할 수 있다. 우리는 간단히 초파리를 고려할텐데, 초파리의 알, 애벌레, 성체 단계가 그림 6.61*a*에 설명되어 있다. 애벌레 초파리와 그 이후의 성체의 전방-후방[anterior-posterior, 두부-복부(head-abdomen)] 축의 발달은 난모세포에서 이 같은 축을 따라 특정 mRNA의 국소화로 전조가 나타난다. 예를 들어, 난자형성(oogenesis) 동안 바이코이드(*bicoid*) 유전자로부터 전사된 mRNA는 난모세포(oocyte)의 앞쪽 끝에 우선적으로 위치하는 반면 *oskar* 유전자에서 전사된 mRNA는 반대쪽 끝에 국한된다(**그림 6.61b,c**). 추후 mRNA는 국소 자리에서 번역되어 그 자리에 새로 합성된 단백질이 축적된다. *Bicoid* mRNA에 의해 암호화된 단백질은 머리와 흉부의 발달에 중요한 역할을 하는 반면, *oskar* mRNA에 의해 암호화된 단백질은 유충의 후부 끝에서 발생하는 생식세포의 형성에 필요하다. 이러한 mRNA의 세포질 국소화를 지배하는 정보는 3′ UTR에 존재한다. 이것은 외부 유전자의 암호화 영역을 *bicoid* 혹은 *oskar* mRNA의 3′ UTR을 포함하는 DNA 서열을 가지는 초파리를 사용하여 증명할 수 있다. 외부유전자가 난자 형성 동안 전사될 때, mRNA는 3′ UTR에 의해 결정된 자리에만 존재한다. mRNA의 국소화는 mRNA의 국소화서열(*zip codes*라고 함)을 인식하는 RNA 결합단백질에 의해 매개된다.

미세소관(Microtubule) 및 트랙으로 이를 사용하는 운동단백질은 mRNA 포함 입자를 특정 위치로 운반하는 데 중요한 역할을 한다. 예를 들어, 초파리 난모세포에서의 *oskar* mRNA의 국소화는 미세소관을 해체시키는 콜히친과 키네신 I 운동단백질의 활성을 변화시키는 돌연변이에 의해 파괴된다. 반면에 미세섬유(micorfilaments)는 목적지에 도착한 후 mRNA를 고정시키는 것으로 생각된다. 국소화 과정에서 mRNA의 번역은 관련 단백질에 의해 특별하게 억제된다.

mRNA의 국소화는 난자와 난모세포에만 국한되지 않고 모든 유형의 극성세포에서 발생한다. 예를 들어, 액틴 mRNA는 이동하는 섬유아세포의 앞 가장자리 근처에 국한되어 있는데, 이는 운동에 액틴 분자가 필요한 자리이다(그림 6.61*d*). 많은 수의 유전자에 대한 연구에 따르면 모든 mRNA의 약 70%가 세포의 특정 영역에 국한되는 것으로 알려졌는데, 이는 mRNA의 국소화가 이전에 추측했던 것보다 훨씬 더 일반적으로 유전자 기능을 조절하는 역할이 있음을 나타낸다.

mRNA 안정성 조절

mRNA가 세포에 오래 존재할수록 폴리펩티드 합성을 위한 주형으로 더 많은 시간이 사용될 수 있다. 세포가 유전자 발현을 조절해야 한다면, 애초에 mRNA의 합성을 조절하는 것만큼이나 mRNA의 수명을 조절하는 것도 무엇보다 중요하다. 3′말단의 합성이 완료되기도 전에 5′말단이 분해되기 시작하는 원핵생물 mRNA와 달리, 대부분의 진핵생물 mRNA는 상대적으로 오래 살아남는다. 그럼에도 불구하고 진핵생물 mRNA의 반감기는 매우 다양하다. 예를 들어, 세포분열의 통제에 관여하는 *FOS* mRNA는 급속히 분해된다(반감기는 10~30분). 대조적으로, 적혈구 전구체 세포의 헤모글로빈 또는 닭의 난관 세포에서의 ovalbumin과 같은 특정 세포에 특히 많은 단백질의 생성을 암호화하는 mRNA는 일반적으로 24시간 이상의 반감기를 가

그림 6.61 **mRNA의 세포질 국소화.** (*a*) 초파리 일생의 세 단계를 보여주는 개략도: 알, 유충 및 성체. 흉부와 복부의 단편이 표시되었다. (*b*) in situ hybridization에 의한 초파리 배아의 초기 분할 단계의 전방극에 존재하는 바이코이드 mRNA의 위치 파악. (*c*) b에 표시된 것과 비슷한 단계의 후방극에 존재하는 oskar mRNA의 위치 파악. 이 두 국소화된 mRNA는 초파리의 전방-후방 축의 발달에 중요한 역할을 한다. (*d*) 이동하는 섬유아세포의 선단 근처에 있는 액틴 mRNA(붉은색)의 위치 파악. 이것은 운동 중에 액틴이 사용되는 세포의 영역이다(그림 13.61 참조).

출처: (b) Daniel St Johnston 제공; (c) Antoine Guichet과 Anne Ephrussi, EMBL, Heidelberg, Germany 제공; (d) V. M. Latham et al., Courtesy Robert H. Singer, *Curr. Biol.* 11:1010, 2001, Fig. 4d, Elsevier의 허가를 얻음.

진다. 따라서 mRNA 국소화 또는 mRNA 번역개시 속도와 마찬가지로, 특정 mRNA는 세포의 조절기구에 의해 인식되어 차별 처리될 수 있다.

수정되지 않은 난자에서 사용되는 것과 같은 기작에 의해 보호되지 않는 한(269쪽), 폴리(A) 꼬리가 짧거나 없는 mRNA는 급속하게 분해된다. 이것은 mRNA의 수명이 폴리(A) 꼬리의 길이와 관련 있음을 나타낸다. 전형적인 mRNA가 핵을 떠날 때, 그것은 약 200개의 아데노신 잔기(**그림 6.62a**, 1단계)의 꼬리를 가진다. mRNA는 세포질에 존재하기 때문에, 폴리(A) 꼬리가 deadenylase로 알려진 엑소뉴클레아제에 의해 잘려 나가 점차적으로 그 길이가 감소하게 된다. 꼬리가 약 30잔기(2단계)로 단축될 때까지는 mRNA 안정성에 극적인 영향이 관찰되지 않는다. 꼬리가 30잔기로 짧아지면 mRNA는 일반적으로 두 경로 중 하나에 의해 빠르게 분해된다. 이 경로 중 하나는(그림 6.62*a*에 표시) mRNA의 분해가 mRNA의 3′말단에 남아 있는 폴리(A)를 제거한 후 5′말단에서 분해되기 시작한다. 메시지의 3′말단에 있는 폴리(A) 꼬리가 분자의 5′말단 캡을 보호한다는 사실은 mRNA의 두 끝이 가까이 존재한다는 것을 암시한다(그림 5.45 참조). 3′말단의 꼬리가 제거되면(3단계, 그림 6.62*a*) mRNA의 캡이 제거되고(4단계) 5′말단에서 3′말단(5단계)으로 분해된다. 탈아데닐화(Deadenylation), 탈모자화(decapping) 및 5′→3′ 분해는 **P-소체(P-bodies)**(그림 6.62*c*)라고 불리는 작고 일시적인 세포질 입자 내에서 발생한다. "원치 않는(unwanted)" mRNA를 분해하는 것 외에도 P-소체는 더 이상 번역되지 않는 mRNA가 일시적으로 저장되는 장소로도 사용될 수 있다. 그림 6.62*b*에 표시된 대체 mRNA 분해 경로에서는 폴리(A) 꼬리(3a 단계)를 제거한 다음 3′ 말단(4a단계)에서 mRNA를 계속 분해한다. 3′→5′ 방향에서 mRNA의 분해는 엑소좀(*exosome*)이라고 불리는 3′→5′ 엑소뉴클레아제(exonuclease) 복합체의 일부인 엑소뉴클레아제에 의해 수행된다.

매우 다른 반감기를 갖는 mRNA가 유사한 크기의 꼬리로 시작하기 때문에 폴리(A) 꼬리의 길이보다 mRNA 수명에는 더 많은 조절 요인이 있어야 한다. 다시 한번, 3′ UTR 뉴클레오티드 서열의 차이가 폴리(A) 꼬리가 단축되는 속도에 역할을 하는 것으로 나타났다. 예를 들어, 글로빈 mRNA의 3′ UTR은 mRNA를 안정화시키는 특정 단백질의 결합자리로 기능하는 다수의 CCUCC 반복을 포함한다. 이러한 서열에 돌연변이가 생기면 mRNA가 불안정해진다. 대조적으로, 수명이 짧은 mRNA는 종종 3′ UTR에 mRNA를 불안정하게 만드는 AU-풍부 요소(예: AUUUA 반복)를 포함한다. 이러한 불안정한 서열 중 하나가 글로빈 유전자의 3′ UTR에 도입되면, 변형된 유전자로부터 전사된 mRNA의 안정성은 10시간의 반감기에서 90분의 반감기로 축소된다. 이러한 불안정한 서열(및 그들이 생산하는 전반적인 mRNA 불안정성)의 중요성은 위에서 언급한 정상적으로 수명이 짧은 *FOS* mRNA를 고려하여 평가될 수 있다. *FOS* 유전자의 불안정 서열이 결실을 통해 손실되면 *FOS* mRNA의 반감기가 증가하고 세포는 종종 악성이 된다. 3′ UTR의 불안정화 서열은 다음과 같이 논의된 mRNA의 탈아데닐화 및 후속 분해를 초래하는 단백질(예: AUF1) 및 microRNA에 대한 결합자리 역할을 하는 것으로 생각된다.

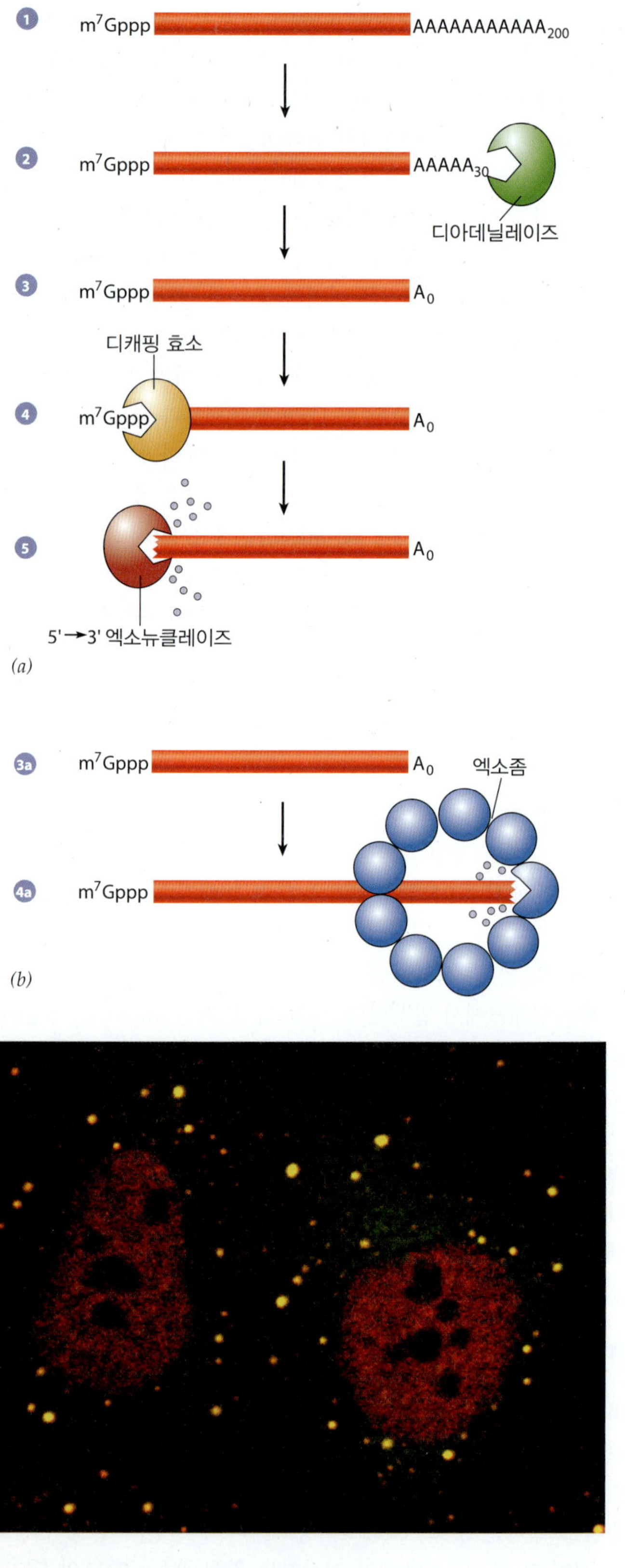

그림 6.62 포유류 세포에서의 mRNA 분해. (*a*, *b*) 이 그림에 묘사된 단계는 본문에 설명되어 있다. (*c*) HeLa 세포의 세포질에서 P-소체(노란색)를 보여주는 형광 전자현미경 사진. P-소체는 mRNA 디캡핑에 관여하는 단백질인 GFPDCP1의 국소화 자리로 밝혀졌다.

출처: (c) F. Tritschler et al., Nature Revs. Mol. Cell Biol. 11:380, 2010; box 1. Macmillan Publishers Ltd.의 허가로 재인쇄함. D. Lazaretti, Max Planck Institute, Tuebigen.

6.19 번역 조절에서 마이크로RNA의 역할

단백질만이 mRNA 번역 및 안정성의 조절자 역할을 하는 유일한 분자는 아니다. mRNA의 형성과 작용기작은 제5장(194쪽)에서 논의되었다. mRNA 번역과 안정성을 조절하는 대부분의 단백질과 마찬가지로 miRNA는 주로 표적 mRNA의 3′ UTR에 있는 자리에 결합하여 작용한다. miRNA가 사실상 모든 생물학적 과정의 중요한 조절인자라는 사실이 점차 분명해지고 있다. 배아 발달의 초기 단계조차도 miRNA의 관여를 필요로 하는데, 이는 miRNA 생성효소 Dicer가 결핍된 동물은 낭배형성 이후로 발달하지 못한다는 사실에 의해 입증되었다. 마찬가지로, Dicer가 특정 조직에 부족할 때, 그 조직 세포의 발달은 명백한 문제를 나타낸다. 또한 비정상적인 miRNA의 수준은 많은 일반적 질병의 발달에 중요한 역할을 한다는 것이 분명해지고 있다.

MicroRNA는 **그림 6.63**에 묘사된 여러 기작에 의해 조절작용을 수행하는 것으로 생각된다.

1. 가장 최근의 연구는 제브라피쉬(zebrafish) 배아에서 처음 발견된 모델을 제시한다. *miR-430*은 모계 mRNA의 탈아데닐화와 붕괴를 유도하여 그 배아를 제거하는 역할을 했다. 이 모델에서 mRNA 표적의 3′말단에 miRNA가 결합하여 엑소뉴클레아제를 모집함으로써 폴리(A)꼬리가 단축되고 분해되었다. 269쪽에서 논의했듯이, 많은 모계 mRNA는 배아의 발달 과정에 따라 사용하기 위해 저장되지만, 배아가 자신의 유전체를 전사하기 시작하면 모계 mRNA는 적극적으로 파괴된다. *miR-430*은 제브라피쉬 배아의 이 전이기간 동안 매우 풍부하게 존재하며, 이 한 종류의 miRNA가 수백 개의 mRNA에 결합하여 그 붕괴를 가속화시킨다. miRNA 매개 mRNA 분해의 이러한 기작은 이후 생쥐와 인간을 포함한 수많은 다른 유기체에서 입증되었으며, 특히 식물 세포에 널리 존재한다. mRNA 분해 경로의 광범위한 발생은 다른 조건 하에서 세포의 특정 mRNA의 수를 비교함으로써 가장 잘 드러난다. 일반적으로 mRNA 수준은 상보적인 miRNA 수준과 반비례 관계에 있음이 밝혀졌다. 즉, 특정 miRNA가 세포 집단에 도입될 때, 그 miRNA에 대한 결합자리를 갖는 mRNA는 수적으로 감소한다. 반대로, 특정 miRNA의 수를 실험적으로 고갈시키면, 그 miRNA에 대한 결합자리를 갖는 mRNA가 동시에 풍부해진다.
2. miRNA가 mRNA의 번역을 억제함으로써 작용할 수 있다는 증거. 대부분의 증거는 번역이 시작되는 단계에서 작용하는 miRNA를 가리키지만 번역 신장을 차단하는 역할을 할 수도 있다.
3. 몇몇 초기 연구는 miRNA가 번역 중에 초기 단백질을 분해하는 프로테아제를 모집할 수 있다고 제안했다.

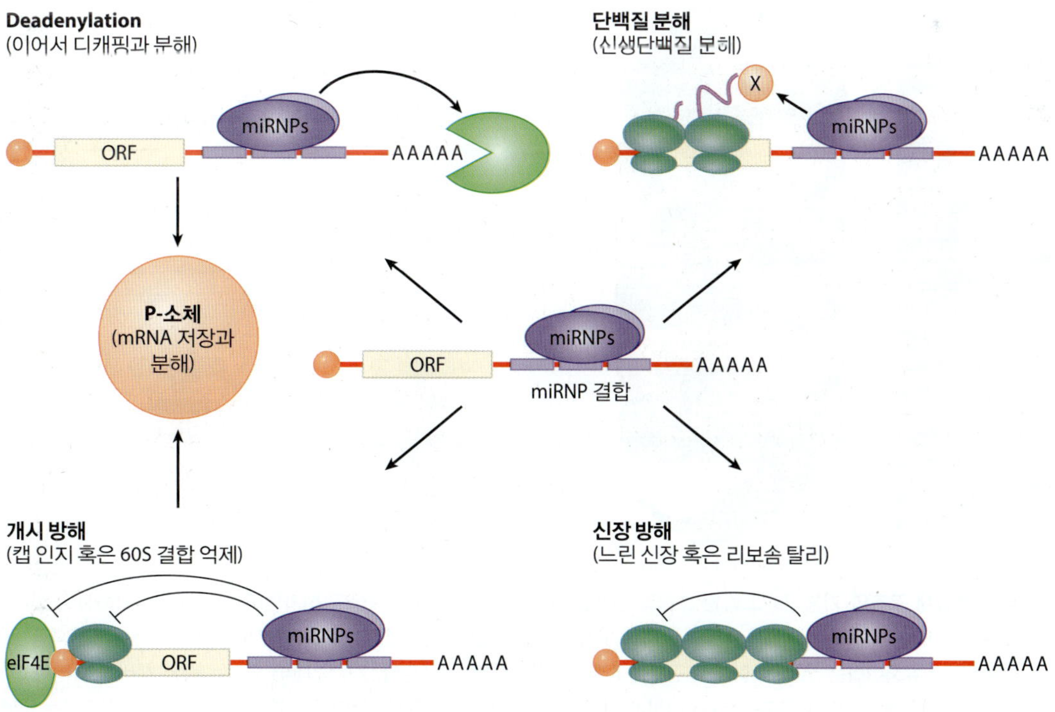

그림 6.63 miRNA 중개 유전자 침묵. miRNA는 그림 5.35에 설명된 miRNP 단백질 복합체의 일부로 표적 mRNA 3′ UTR의 서열 요소와 상보결합을 한다. 이들은 mRNA deadenylation과 분해(왼쪽 위)를 촉진하고, 번역개시(왼쪽 아래), 번역신장(오른쪽 아래)을 억제하거나, 초기 펩티드(오른쪽 위)의 분해를 활성화시킴으로써 유전자 발현을 전사후 반응으로 억제한다. 일부 mRNA:miRNA 쌍은 세포질 P-소체에 저장될 수 있으며, miRNA가 제거되면 P-소체를 빠져 나와 번역이 재개된다. ORF(열린 번역 프레임)는 mRNA의 아미노산 암호화 단편에 해당한다.

전반적인 유전자 조절에 중요한 역할을 하는 것 외에도, miRNA는 또한 스트레스 반응의 중요한 매개체인 것으로도 보인다. miRNA가 스트레스에 대한 신속한 반응을 촉진하는 한 가지 방법은 특정 mRNA의 번역을 차단하고 일부 외부 신호 또는 스트레스가 억제를 해제하고 번역을 재개할 때까지 이러한 mRNA를 제자리에 고정시키는 것이다. 이 모델에서 억제된 mRNA는 세포질 P-소체에 저장되며, 특정 조건 하에서 P-소체에서 방출되어 번역이 재개된다(그림 6.63).

6.20 번역 후 조절: 단백질 안정성 결정

우리는 세포가 가진 단백질 합성 속도 조절의 정교한 기작을 보았다. 세포가 온전히 기능하는 특정 단백질의 수명을 조절하는 기작을 가지는 것은 예측 가능한 일이다. 단백질 안정성의 주제는 기술적으로 유전자 발현 조절이라는 제목 아래에 있지는 않지만, 이 주제의 논리적인 확장에 해당한다. 선택적 단백질 분해 분야에 대한 선구적인 연구는 이스라엘의 에이브램 헤르쉬코(Avram Hershko)와 아론 시카노버(Aaron Ciechanover)와 미국의 어윈 로스(Irwin Rose)와 알렉산터 바르쉐프스키(Alexander Varshavsky)에 의해 수행되었다.

세포 단백질의 분해는 세포의 핵과 세포질 모두에서 발견되는 **단백질분해효소 복합체(proteasomes)**라고 불리는 빈 원통형의 단백질 분해기구 내에서 이루어진다. 단백질분해효소 복합체는 폴리펩티드 소단위로 이루어진 4개의 고리로 구성되어 있는데, 하나는 더미의 양쪽 끝에 캡이 부착되어 있다(**그림 6.64a,b**). 2개의 중심 고리는 단백질 분해효소로 기능하는 폴리펩티드(하위 단위)로 구성된다. 이 소단위들의 활성자리는 밀폐된 중앙 챔버를 마주하는데, 보호된 환경에서 단백질 분해가 발생한다.

단백질분해효소 복합체는 아래에 설명된 것처럼 분해를 위해 특별하게 선택되어 표시된 단백질만을 분해한다. 일부 단백질은 잘못 접혀 있거나 다른 단백질과 잘못 연합하여 있기에 비정상적으로 인식되고 따라서 선택된다. 이 그룹에는 조면소포체의 막 결합 리보솜에서 생성된 비정상적인 단백질도 포함되어 있다(472쪽). "정상적인(normal)" 단백질도 단백질분해효소 복합체 분해용으로 선택이 되는데, 이는 그 단백질의 생물학적 안정성에 기초한다. 모든 단백질은 특징적인 긴 수명 또는 반감기를 가지고 있다고 생각된다. 당분해효소 또는 적혈구의 글로빈 분자와 같은 일부 단백질 분자는 며칠에서 몇 주 동안 존재한다. DNA 복제 또는 세포분열을 유발하는 조절 단백질과 같이 특정하고 일시적인 활동에 필요한 다른 단백질은 불과 몇 분만 존재할 수도 있다. 단백질분해효소 복합체에 의한 이러한

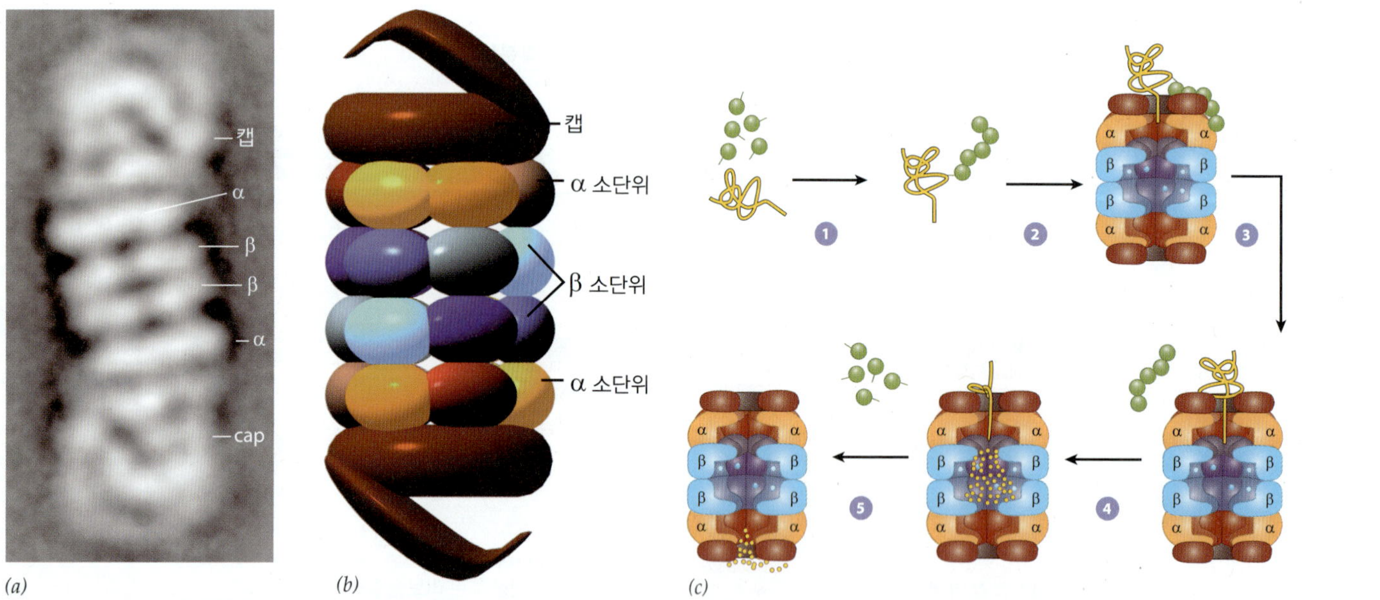

그림 6.64 단백질분해효소 복합체 구조와 기능. (*a*) 고립된 초파리 단백질분해효소 복합체의 고해상도 전자현미경 사진. (*b*) 고해상도 전자현미경 및 X-선 결정학을 기반으로 한 단백질분해효소 복합체 모델. 각 프로테아좀은 4개의 고리로 구성된 터널 모양의 실린더(또는 코어 입자)의 양쪽 끝에 2개의 다중 소단위 캡(또는 조절 입자)으로 구성된다. 각 고리는 α 유형과 β 유형이라는 두 가지 형태로 구분된 7개의 하부 단위로 구성된다. 2개의 내부 고리는 중앙 챔버를 둘러싸고 있는 소단위로 구성된다. 소단위들은 유사하지만 동일하지는 않으며, 폴리펩티드가 아니기 때문에 다른 음영의 색상으로 표시되었다. 각 고리의 7개 소단위 중 3개는 단백질 분해 활성을 갖는다. 다른 4개는 진핵세포에서 비활성 상태에 있다. 2개의 외부 고리는 효소적으로 비활성 상태인 소단위로 구성되어 있으며 좁은 개구부(약 13)를 형성하며, 이를 통해 펼쳐진 폴리펩티드 기질이 중앙 챔버에 도달하여 분해된다. (*c*) 단백질분해효소 복합체에 의한 단백질 분해 단계. 1단계에서 분해될 단백질은 일련의 유비퀴틴 분자와 공유결합된다. 유비퀴틴 부착은 본문에서 논의되지 않은 과정에 세 가지 별개의 효소(E1, E2 및 E3)의 참여가 필요하다. 2단계에서, 폴리유비퀴틴화 표적 단백질은 단백질분해효소 복합체의 상부에 결합한다. 유비퀴틴 사슬은 제거되고, 펼쳐진 폴리펩티드는 단백질분해효소 복합체(3단계)의 중심 챔버로 도입되어 소단위(4단계 및 5단계)의 촉매 활성에 의해 분해된다.

주요 조절단백질의 분해는 세포 과정의 진행에 결정적인 역할을 한다(그림 14.26에서 알 수 있듯이). 단백질분해효소 복합체 분해를 특별히 억제하는 약물인 Velcade는 일부 형태의 암치료를 위해 승인되었다.

단백질의 수명을 조절하는 요인들은 잘 알려져 있지 않다. 그 결정 요인 중 하나는 폴리펩티드 사슬의 N-말단에 존재하는 특정 아미노산이다. 예를 들어, 아르기닌 또는 리신으로 끝나는 폴리펩티드는 일반적으로 수명이 짧다. 세포주기 내에서 특정 시간에 작용하는 많은 단백질은 특정 잔기가 인산화될 때 파괴를 위해 표지된다. 다른 단백질은 세포 내에서 오래 살아남지 못하게 하는 데그론(*degron*)이라고 불리는 특정 내부 아미노산 서열을 가지고 있다.

유비퀴틴(Ubiquitin)은 다양한 세포 과정에서 여러 가지 기능을 가진 작고 고도로 보존된 단백질이다. 예를 들어, 502쪽에서 보았듯이, 한 분자의 유비퀴틴이 부착되어 있는 막 단백질은 선택되어 내분비 소포에 함입된다. 단일 부착 유비퀴틴은 주로 분류 기호로 기능한다. 대조적으로, 단백질은 공유결합으로 연결된 여러 개의 유비퀴틴 분자로 구성된 폴리유비퀴틴 사슬에 의해 부착되어 분해된다(1단계, 그림 6.64*c*). 이 과정의 첫 번째 단계에서, 유비퀴틴은 캐리어 단백질에서 사형선고를 받은 단백질의 리신 잔기로 효소반응을 통해 전달된다. 유비퀴틴을 표적 단백질로 전달하는 효소는 다른 구성원이 다른 분해신호를 갖는 단백질을 인식하는 거대한 유비퀴틴 리가제 계열로 이루어져 있다. 이 효소는 주요 단백질의 수명 또는 사망을 결정하는 데 중요한 역할을 하며 현재 연구의 초점이다.

일단 폴리유비퀴틴화되면 단백질은 단백질분해효소 복합체의 뚜껑에 의해 인식되어, 폴리유비퀴틴 사슬이 제거되고 ATP 가수분해 에너지를 사용하여 표적 단백질이 펼쳐진다(2단계, 그림 6.64*c*). 펼쳐진 선형 폴리펩티드는 알파-소단위의 고리에 있는 좁은 개구부를 통해 들어간 후 단백질분해효소 복합체(3단계)의 중앙 챔버를 통과하여 작은 펩티드(4단계 및 5단계)로 분해된다. 펩티드 생성물은 세포질로 다시 방출되어 아미노산 단위로 분해된다.

인간 질병과의 연관성

염색체 이상과 인간 질병

단일 유전자의 정보 내용을 변화시키는 돌연변이 외에도, 염색체는 세포분열 중에 가장 일반적으로 발생하는 보다 광범위한 변화를 겪을 수 있다. 염색체 조각이 손실되거나 다른 염색체 간에 조각이 교환될 수도 있다. 이러한 염색체 이상은 염색체 파손을 초래하기 때문에 바이러스 감염, X-선 또는 반응성 화학물질과 같은 DNA를 손상시키는 약제에 노출될 때 그 발병률이 증가한다. 또한 일부 개인의 염색체에는 특히 파손되기 쉬운 "약한(fragile)" 자리가 있다. 블룸 증후군(Bloom syndrome), 판코니 빈혈(Fanconi anemia) 및 운동 실조증(ataxia-telangiectasia)과 같은 희귀한 유전병을 가진 사람들은 불안정한 염색체를 가지고 있어 파손 경향이 크게 증가한다.

염색체 이상의 결과는 영향을 받는 유전자와 그것이 발생하는 세포의 유형에 달려 있다. 체세포(비생식적, nonreproductive)에 이상이 발생하면 대개 신체의 일부 세포만 영향을 받기 때문에 그 영향은 일반적으로 미미하다. 그러나 드물게 염색체 이상을 가진 체세포가 악성 세포로 변형되어 암 종양으로 자라는 경우도 있다. 감수분열 중에 발생하는 염색체 이상—특히 비정상적인 교차의 결과로 생겨난 것은 다음 세대로 유전될 수 있다. 비정상적인 염색체가 배우자를 통해 유전될 때, 배아의 모든 세포는 염색체 이상을 나타내며, 이는 일반적으로 발달 중에 죽음에 이르게 한다. 다음과 같은 몇 가지 유형의 염색체 이상이 있다.

- **역위(Inversions).** 때로 염색체가 두 곳에서 깨져서, 잘려진 조각이 역방향으로 염색체에 재봉합된다. 이 이상을 역위라고 한다. 인간의

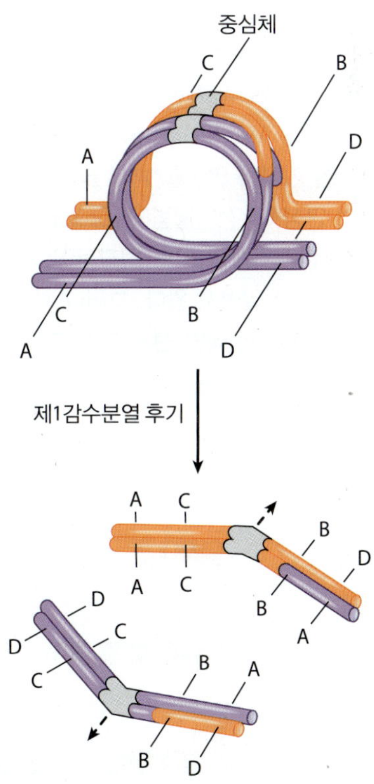

그림 1 **역위의 효과.** 정상적인 염색체(보라색)와 역위(주황색)를 포함하는 염색체 사이를 가로질러 대개 고리 형성을 수반한다. 크로스오버로 인한 염색체는 복제와 결합을 포함하며, 이는 그림의 하부에 있는 첫 번째 감수분열에서 염색체에 표시된다.

계속

1% 이상이 역위를 가지고 있는데, 염색체 핵형 형성 중에 검출 가능하다(그림 4.30*b* 참조). 역위를 가지는 염색체는 일반적으로 정상 염색체의 모든 유전자를 포함하므로 개인은 악영향을 받지 않는다. 하지만, 염색체가 역위된 세포가 감수분열에 들어가면, 비정상 염색체는 유전자의 순서가 다르기 때문에 정상적인 상동염색체와 적절하게 쌍을 이룰 수 없다. 이러한 경우 염색체 쌍에는 일반적으로 고리가 생긴다(**그림 1**). 그림에서 볼 수 있듯이, 감수분열에 의해 생성된 배우자는 특정 유전자의 추가 사본을 소유(복제)하거나 해당 유전자를 소실(결실)하게 된다. 수정된 염색체를 포함하는 배우자가 수정 시 정상적인 배우자와 융합될 때, 생성된 접합체는 염색체 불균형을 가지며 종종 생존이 불가하다.

- **전좌(Translocations).** 한 염색체의 전부 또는 일부가 다른 염색체에 부착되는 이상을 전위라고 한다(**그림 2**). 역위와 마찬가지로 체세포에서 발생하는 전좌는 일반적으로 그 세포 또는 자손의 기능에 거의 영향을 미치지 않는다. 그러나 특정 전좌는 세포가 악성이 될 가능성을 높인다. 가장 잘 연구된 예는 특정 형태의 백혈병을 가진 개인의 악성세포(정상 세포는 아니지만)에서 발견되는 필라델피아 염색체(Philadelphia chromosome)이다. 필라델피아 염색체는 1960년에 발견된 당시 도시의 이름을 딴 것으로 인간 22번 염색체의 짧은 형태이다. 소실된 부분은 수년 동안 단순한 결실을 나타내는 것으로 생각되었지만, 염색체 관찰을 위해 개선된 기술에 의해 누락된 유전자 조각이 다른 염색체(9번)로 전이된 것이 밝혀졌다. 9번 염색체는 세포 증식에 기여하는 단백질 키나아제를 암호화하는 유전자(ABL)를 포함한다. 전좌의 결과로, 이 단백질의 한 작은 말단이 전이된 22번 염색체가 운반한 유전자(BCR)에 의해 암호화된 약 600개의 여분의 아미노산으로 대체된다. 이 새로운 "융합 단백질(fusion protein)"은 원래 ABL의 촉매 활성을 유지하지만 더 이상 세포의 정상적인 조절 기작의 영향을 받지 않는다. 결과적으로, 이 세포는 악성이 되어 만성골수성백혈병(chronic myelogenous leukemia, CML)을 일으킨다. 일반적으로 전좌는 염색체 DNA의 무작위 파손에 의해 발생한다고 알려져 왔다. 그러나 최근의 연구에 따르면 DNA의 이러한 파손은 정상적인 전사 과정 자리에서 발생할 수 있으며, 이 과정에서 DNA가 파손되기 쉽기 때문이다. 예를 들어, 전립선암(prostate cancer)은 남성 호르몬(안드로겐)에 반응하여 정상 전립선 세포에서 전사되는 여러 유전자에 영향을 미치는 전좌가 특징이다.

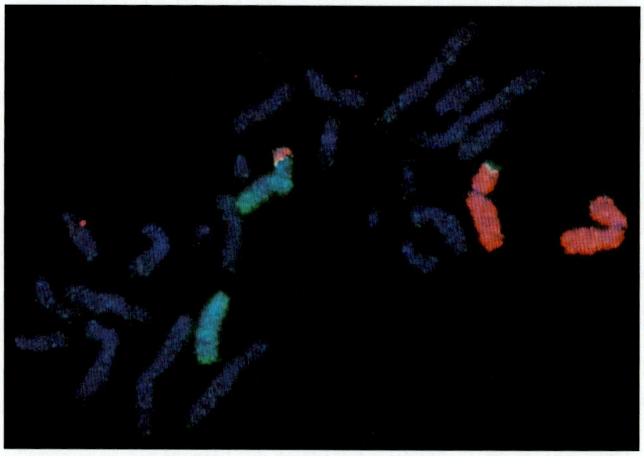

그림 2 전위. 전자현미경 사진은 12번 염색체(밝은 파란색)가 7번 염색체(빨간색)와 조각을 교환한 인간 염색체 세트를 보여준다. 영향을 받은 염색체는 관련된 두 염색체 각각에 특이적인 많은 수의 DNA 단편과 함께 in situ hybridization을 통하여 형광으로 표지되었다. 이러한 "얼룩"의 사용은 한 염색체가 다른 염색체와 조각을 교환했을 때 매우 분명하게 나타난다.

출처: Lawrence Livermore Laboratory의 허가를 얻음. Joe Gray and Dan Pinkel이 개발한 기법에서 사용.

역위와 마찬가지로 전좌는 감수분열(meiosis) 중에 문제를 일으킨다. 전좌에 의해 변형된 염색체는 상동염색체와 유전적 함량이 다르다. 결과적으로 감수분열에 의해 형성된 배우자는 여분의 유전자 사본을 포함하거나 일부 유전자가 누락될 수 있다. 전좌는 진화론에서 중요한 역할을 하는 것으로 나타났으며, 공통 조상과 분리된 진화론의 분지에서 중추적인 대규모 변화가 생겨났다. 이런 유전적 사고는 아마도 우리 자신의 최근 진화 역사에서 일어났을 것이다. 인간 세포의 23쌍의 염색체와 침팬지, 고릴라 및 오랑우탄 세포의 24쌍의 염색체를 비교하면 현저한 유사성이 드러난다. 인간에 상응하는 것이 없는 2개의 유인원 염색체를 면밀히 조사하면, 그들은 함께 인간 2번 염색체와 동등함을 알 수 있다(**그림 3**). 인간 진화 과정의

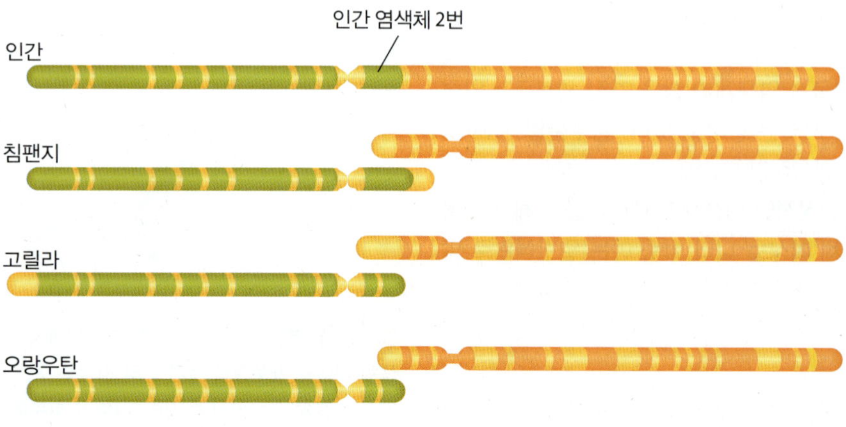

그림 3 전위와 진화. 인간에 상응하는 것이 없는 유일한 2개의 유인원 염색체가 가설적으로 융합된 경우, 그들은 인간 2번 염색체와 일치한다.

어떤 시점에서 전체 염색체가 다른 염색체로 옮겨져 하나의 융합 염색체를 만들고 반수체 수를 24에서 23으로 줄인 것이다.

- **결실(Deletions).** 결실은 염색체의 일부가 없어질 때 발생한다. 위에서 언급했듯이, 염색체 결실을 포함하는 접합체는 배우자 중 하나가 비정상적인 감수분열로 만들어질 때 생성된다. 염색체의 일부가 완전히 삭제되면 개인의 해당 상동염색체가 정상일지라도 심각한 결과를 초래하는 중요한 유전자가 손실되는 경우가 많다. 중대한 결실을 지닌 대부분의 인간 배아는 마지막 단계까지 발달하지 않으며, 다양한 기형을 나타내기도 한다. 인간장애와 염색체 결실 사이의 첫 번째 상관관계는 1963년 다운증후군(Down syndrome)의 염색체 기반을 발견한 프랑스 유전학자 제롬 레준(Jerome Lejeune)에 의해 만들어졌다. Lejeune은 다양한 얼굴기형으로 태어난 아기가 5번 염색체 일부를 잃어버렸음을 발견했다. 후두(목소리 상자)의 결함으로 아기의 울음소리가 고통받는 고양이의 소리와 비슷하게 된다. 결과적으로, 과학자들은 cri-du-chat 증후군으로 이 장애를 명명했는데, 이는 cry-of-the-cat 증후군을 의미한다.

- **중복(Duplications).** 염색체의 일부가 반복될 때 중복이 일어난다. 다중 유전자군의 형성에 있어서 중복의 역할은 142쪽에 논의되었다. 보다 실질적인 염색체 중복은 일반적으로 존재하는 2개의 사본 [부분 3염색체(partial trisomy)라고 불리는 조건]보다는 여러 개의 유전자가 3개의 사본으로 존재하는 상태를 만든다. 세포 활동은 유전자의 사본 수에 매우 민감하므로 유전자의 추가 사본은 심각하게 해로운 영향을 미칠 수 있다.

요 약

유전 정보의 흐름. 모든 세포는 완전한 세트의 유전자를 소유하지만 환경 신호, 발달단계, 성장속도 또는 다른 세포의 신호에 따라 이들 유전자의 하위 집단만 발현한다. 모든 유전자 발현은 RNA로서 직접 기능하거나 단백질로 번역되는 RNA 전사체를 생성하기 위한 DNA의 전사로 시작된다. 유전자 발현의 조절은 이러한 경로를 따라 여러 단계에서 일어날 수 있다(220쪽).

세균에서 유전자는 오페론이라는 조절단위로 조직된다. 오페론은 일반적으로 동일한 대사 경로에서 다른 효소를 암호화하는 구조유전자의 군집이다. 모든 구조유전자는 단일 mRNA로 전사되기 때문에, 그들의 발현은 통합된 방식으로 조절될 수 있다. 유전자 발현의 수준은 억제자 단백질에 부착되어 모양을 변화시키는 유도체인 유당과 같은 주요 대사화합물에 의해 조절된다. 이 반응은 억제자가 DNA의 오퍼레이터 자리에 결합하여 전사를 차단하는 능력을 변경한다(221쪽).

진핵세포의 핵은 핵과 세포질 사이의 물질 교환을 조절하는 핵막에 의해 경계가 만들어지는 복잡한 구조이다. 핵막은 핵 주위 공간과 다양한 수의 핵공으로 분리된 내부 및 외부 핵막을 포함하는 몇 가지 별개의 구성 요소로 구성된다. 핵공은 내부 및 외부 핵막이 융합되어 핵공 복합체(NPC)라고 불리는 복잡한 구조로 채워진 원형 개구부를 형성하는 자리이다. NPC는 링, 스포크 및 필라멘트로 구성된 팔각형 대칭을 가진 바구니와 같은 구조를 가지고 있다. 핵공은 물질이 핵과 세포질 사이를 통과하는 자리이다. 일반적으로 핵 내에 존재하는 단백질은 NPC를 통해 수용체(수입)에 결합할 수있는 핵위치 확인신호(NLS)라고 불리는 아미노산의 스트레치를 포함한다. 핵 수송은 핵에 Ran-GTP가 있고 세포질에 Ran-GDP가 있는 단백질 Ran의 기울기에 의해 촉진되는 확산 과정이다. 핵막 내부 표면에는 중간 필라멘트를 구성하는 단백질군의 구성원인 단백질(라민)로 구성된 핵층이라고 불리는 섬유질 망상 구조가 줄지어 있다. 핵의 유체는 핵질이라고 불린다(225쪽).

핵의 염색체는 유전물질을 포장하는 첫 번째 단계를 나타내는 특징적인 핵단백질 필라멘트를 형성하는 DNA 및 히스톤 단백질의 복합체를 포함한다. 히스톤은 5개의 별개의 종류로 나뉘어진 작고 염기성인 단백질이다. 히스톤과 DNA는 히스톤 H2A, H2B, H3 및 H4의 두 분자로 구성된 뉴클레오솜 핵심 복합체로 구성되어 약 두 바퀴 정도 DNA에 의해 감겨 있다. 핵산 핵입자는 링커 DNA의 뻗기에 의해 서로 연결되어 있다. 핵심 입자와 DNA 링커는 함께 끈에 꿰인 구슬의 사슬과 유사한 뉴클레오솜 필라멘트를 생성한다. 메틸화, 아세틸화 및 인산화를 포함한 핵심 히스톤의 N-말단 꼬리에서 특정 잔기에 대한 공유결합은 염색질의 압축 및 전사 활성 상태를 결정하는 데 중요한 역할을 한다(229쪽).

염색질은 고도로 확장된 뉴클레오솜 필라멘트의 세포에는 존재하지 않지만 더 높은 수준의 조직으로 압축된다. 각 뉴클레오솜 핵심 입자는 DNA에 결합된 H1 히스톤 분자를 포함한다. 핵심과 H1 히스톤은 모두 염색질 조직의 높은 수준을 나타내는 30 nm 섬유를 생성하는 인접한 뉴클레오솜 사이의 상호작용을 매개한다. 30 nm 섬유는 차례로 반복된 영역으로 조직되며, 유사분열 염색체가 히스톤을 제거하는 절차에 들어갈 때 가장 쉽게 시각화된다. 유사분열 염색체는 염색질의 가장 압축된 상태를 나타낸다. 이질염색질이라고 불리는 염색질의 특정 부분은 간기 상에서 매우 압축된 상태로 남아 있다. 이질염색질은 모든 세포에서 항상 응축된 구성 이질염색질과 세포의 특정 단계에서 특별히 비활성화되는 조건적 이질염색질로 분류된다. 암컷 포유동물의 각 세포에 있는 하나의 X염색체는 배아 발달 중에 비활성화 과정을 거쳐 전사적으로 비활성인 이질염색질로 전환된다. X 불활성화가 무작위로 발생하기 때문에 부계에서 유도된 X염색체는 배아세포의 절반에서 비활성화되고 모계에서 파생된 X염색체는 다른 절반에서 비활성화된다. 결과적으로 성인 여성은 X염색체에 존재하는 유전자와 관련하여 유전적 모자이크 상태이다. X염색체 비활성화는 DNA 서열의 변화를 포함하지 않는 염색질 구조와 기능에서 확산 가능한 변화이기 때문에 후성유전적 변형의 예이다(232쪽).

유사분열 염색체는 몇 가지 분명하게 인식할 수 있는 특징을 가지고 있다. 유사분열 염색체는 유사분열에서 정지된 세포를 용해시킨 다음 염색하여 예측 가능한 줄무늬 패턴을 가진 식별 가능한 염색체를 생성함으로써 시각화될 수 있다. 각 유사분열 염색체는 고도로 반복되는 DNA 서열을 포함하고 유사분열 동안 미세소관 부착을 위한 장소로 기능하는 중심체라고 불리는 함입된 자리를 포함한다. 염색체의 끝은 말단절이며, 하나의 세포 생성에서 다음 세포로 유지되며, 말단절합성효소로 불리는 특수효소에 의해 RNA가 필수 구성요소로 포함된다. 말단절은 염색체 완전성을 유지하는 데 중요한 역할을 한다(238쪽).

핵은 질서정연한 세포 구획이다. 염색체의 염색체 또는 영역은 핵의 특정영역에 국한되어 있다. 말단절은 핵막과 관련될 수 있다. pre-mRNA 접합에 관여하는 RNP는 특정 자리로 제한된다. 증거는 염색체의 비임의 분포가 핵막에 연결된 염색체 영역을 통해 배열된다는 것을 나타낸다(244쪽).

진핵세포에서 특정 폴리펩티드의 합성 속도는 주로 세 가지 수준에서 작용하는 복잡한 일련의 조절반응에 의해 결정된다. (1) 전사 조절기작은 유전자가 전사되는지 여부와 그 경우 얼마나 자주 사용되는지를 결정한다. (2) RNA 가공 조절기작은 1차 RNA 전사체가 처리되는 경로를 결정한다. (3) 번역 조절기작은 특정 mRNA가 실제로 번역되는지 여부와 그 경우 얼마나 자주 그리고 얼마나 오랜 기간 동안 존재하는지 여부를 결정한다(247쪽).

진핵생물의 모든 세포는 완전한 유전 정보를 보유하고 있다. 다른 유전자는 발달의 다른 단계에서 세포, 다른 조직의 세포 및 다른 자극에 노출된 세포에 의해 발현된다. 특정 유전자의 전사는 유전자의 암호화 영역 외부의 자리에 위치한 특정 서열에 결합하는 단백질인 전사 인자에 의해 제어된다. 가장 가까운 상류 조절 서열은 많은 유전자의 핵심 프로모터의 주요 구성 요소이자 사전 개시 복합체의 조립 자리인 TATA 상자이다. TATA 상자에서 단백질의 활성은 다양한 유형의 반응 요소 및 증폭자를 포함하여 다른 자리에 결합된 다른 단백질과의 상호작용에 의존하는 것으로 생각된다. 증폭자는 DNA 내에서 장소마다 이동하거나 방향이 바뀔 수 있다는 사실에 의해 구별된다. 일부 증폭자는 전사가 자극되는 유전자에서 수만 개의 염기쌍 길이만큼 상류에 위치할 수 있다. 증폭자와 프로모터에 결합된 단백질은 DNA의 고리에 의해 접촉되는 것으로 생각된다. (248쪽).

전사인자와 DNA 사이의 여러 복합체의 3차원 구조를 결정하면 이러한 단백질이 제한된 수의 구조적 모티프를 통해 DNA에 결합한다는 것을 나타낸다. 전사인자는 일반적으로 DNA 염기쌍의 특정 서열을 인식하고 결합하는 기능과 다른 단백질과 상호작용하여 전사를 활성화시키는 기능을 가진 영역을 적어도 2개 이상 포함한다. 대부분의 전사인자는 DNA에 이량체, 이종이량체 또는 동종이량체로 결합하여 2개의 대칭을 갖는 DNA의 서열을 인식한다. 대부분의 DNA 결합 모티프는 DNA의 주요 홈에 삽입되는 단편 종종 나선을 포함하고 있으며, 홈을 따라서 염기쌍의 서열을 인식한다. DNA-결합 단백질에서 발생하는 가장 일반적인 모티프는 아연손가락, 나선-루프-나선 및 류신 지퍼이다. 이러한 각 모티프는 단백질의 특정 DNA 인식 표면이 DNA 2중나선과 상호작용할 수 있는 구조적으로 안정한 틀을 제공한다. 대부분의 전사인자는 아마도 전사 촉진자이지만, 일부는 전사를 억제하는 작용을 한다. (252쪽)

전사의 활성화와 억제는 보조활성인자 또는 보조억제인자로 기능하는 다수의 대형복합체에 의해 매개된다. 보조활성인자는 상류 조절자리에 결합된 전사활성화인자와 핵심 프로모터에 결합된 기초 전사기구 사이의 다리 역할을 하는 복합체를 포함한다. 다른 유형의 보조활성인자는 핵심 히스톤을 변형하거나 염색질을 재구성하는 작용을 한다. 히스톤 아세틸화효소(HAT)에 의한 핵심 히스톤의 아세틸화는 전사활성화와 관련이 있다. 염색질 재구성 복합체(예: SWI/SNF)는 뉴클레오솜이 DNA를 따라 미끄러지거나 뉴클레오솜을 변형시켜 조절 단백질에 결합하는 능력을 증가시킬 수 있다. (259쪽)

진핵생물 유전자는 GC가 풍부한 영역에 존재하는 특정 뉴클레오티드의 시토신 염기가 메틸화될 때 발현을 멈춘다. 메틸화는 역동적이고 후성적인 변형이다. 유전자로부터 상류의 주요 조절영역에서 DNA에 메틸기를 첨가하는 것은 유전자의 전사감소와 관련이 있다. 메틸화는 특히 암컷 포유동물의 세포에서 비활성 X염색체와 같은 이질염색질화에 의해 전사적으로 비활성으로 나타나는 염색질에서 분명하다. DNA 메틸화와 관련된 또 다른 현상은 유전체 각인으로, 부모의 근원에 따라 배아에서 전사적으로 활동적이거나 비활성인 소수의 유전자에 영향을 미친다. (264쪽)

단일 유전자가 둘 이상의 관련 단백질을 암호화할 수 있는 대체 이어맞추기는 상대적으로 작은 유전체가 다양한 단백질을 암호화할 수 있게 한다. 많은 1차 전사체는 하나 이상의 경로에 의해 가공될 수 있으며, 엑손의 다른 조합을 포함하는 mRNA를 생성한다. 가장 간단한 경우, 특정 인트론은 전사체에서 제거되거나 최종 mRNA의 일부로 유지될 수 있다. pre-mRNA 가공 중에 취해진 특정 경로는 절단을 위해 인식되는 이어맞추기 자리를 조절하는 단백질의 존재에 의존하는 것으로 생각된다. (267쪽)

유전자 발현은 mRNA 국소화, 기존 mRNA의 번역 조절 및 mRNA 수명을 포함한 다양한 과정에 의해 번역단계에서 조절된다. 이러한 조절활동의 대부분은 mRNA의 5′ 및 3′ 비번역 영역(UTR)과의 상호작용에 의해 중재된다. 예를 들어, 초파리 난자의 특정 영역에서 mRNA의 세포질 국소화는 3′ UTR의 국소화 서열을 인식하는 단백질에 의해 매개되는 것으로 생각된다. 세포질에 mRNA가 존재해도 번역이 보장되지 않는다. 세포의 단백질 합성 기구는 모든 mRNA의 번역이 영향을 받거나 특정 mRNA의 번역이 표적이 될 수 있도록 전체적으로 조절될 수 있으며, 이는 페리틴 mRNA의 5′ UTR에 결합하는 단백질에 작용하는 철 수준에 의한 페리틴 합성의 조절에서 발생한다. mRNA의 수명(안정성)을 제어하는 주요 요인 중 하나는 폴리(A) 꼬리의 길이이다. 세포의 특정 뉴클레아제는 보호 단백질이 더 이상 꼬리에 결합할 수 없는 지점에 도달할 때까지 폴리(A) 꼬리를 점차적으로 단축시킨다. 단백질이 손실되면 mRNA는 5′ → 3′ 또는 3′ → 5′ 방향으로 분해된다. 번역단계 조절은 번역 개시 또는 진행을 억제하거나 mRNA 분해를 촉진할 수 있는 microRNA에 의해 중재될 수 있다. (269쪽)

개념 문제

6.1 세균에서의 유전자 발현 조절

1. 유당 첨가 후 세균 세포에서의 유전자 발현의 갑작스런 변화를 야기하는 작용의 단계를 설명하시오. 트립토판 첨가에 대한 반응으로 발생하는 작용과 비교하면 어떤가?

2. β-갈락토시다아제 합성에 있어서의 cAMP의 역할은 무엇인가?

3. 리보스위치는 무엇인가?

6.2 진핵생물에서의 유전자 발현 조절: 세포핵의 구조와 기능

4. 핵막을 구성하는 요소를 설명하시오. 핵막과 핵공 복합체 사이의 관계는 무엇인가? 핵공 복합체는 핵과 세포질 사이의 물질의 양방향 이동을 어떻게 조절하는가?

6.3 염색체와 염색질

5. 뉴클레오솜 핵심 입자의 히스톤과 DNA 사이의 관계는 무엇인가요? 뉴클레오솜의 존재는 어떻게 처음 발견되었나? 뉴클레오솜은 어떻게 염색질의 높은 수준으로 조직화되는가?

6.4 이질염색질과 진정염색질

6. 이질염색질과 진정염색질의 구조와 기능의 차이는 무엇인가? 구성적 이질염색질과 임의 이질염색질의 구조와 기능의 차이는 무엇인가? 암컷 포유류 세포에서 활성 및 비활성 X염색체의 구조와 기능의 차이는 무엇인가? 히스톤 코드는 어떻게 염색질의 상태를 결정하는가?

6.5 유사분열기 염색체의 구조

7. 염색체의 중심체와 말단절 사이의 구조와 기능의 차이는 무엇인가?

6.6 후성유전학: 유전에는 DNA보다 더 많은 것이 있다

8. 유전적 변이와 후성유전적 변이의 차이는 무엇인가? 히스톤 변형을 기반으로 한 후성유전 변이의 중요한 형태 중 하나를 명명하시오.

6.7 조직화된 소기관으로서의 핵

9. 핵이 정렬된 구획임을 나타내는 발견의 일부를 설명하시오.

6.8 진핵생물의 유전자 조절 게요

10. 진핵세포에서 유전자 발현이 조절될 수 있는 네 가지 수준은 무엇인가?

6.9 전사 조절

11. 미세배열 분석과 RNAseq 사이에 어떤 단계가 유사하고 어떤 단계가 다른가?

6.10 유전자 발현 조절에 있어서 전사인자의 역할

12. 전사활성자와 억제자는 유전자 발현에 미치는 영향에 있어서 어떻게 다른가?

6.11 전사인자의 구조

13. 여러 그룹의 전사인자에서 발견되는 경향이 있는 구조적 특성 중 일부는 무엇인가?

6.12 전사 조절에 관여하는 DNA 부위

14. PEPCK를 암호화하는 것과 같은 유전자의 상류에 있는 DNA의 조절 영역에서 어떤 유형의 조절서열이 발견되는가? 주변 유전자들의 발현 조절에서 이러한 다양한 서열의 역할은 무엇인가?

6.13 글루코코르티코이드 수용체: 전사 활성화의 예

15. 세균의 *lac* 억제자와 포유류 글루코코르티코이드 수용체의 기능은 어떻게 유사한가? 어떻게 다른가?

6.14 전사 활성화: 증폭자, 프로모터 및 보조활성인자의 역할

16. 보조활성인자가 유전자 발현에 영향을 줄 수 있는 두 가지 다른 방법은 무엇인가?

6.15 정지된 중합효소로부터의 전사 활성화

17. 이미 결합된 RNA 중합효소에 의한 신장 조설을 통한 유전자 조절도 가능한 한 가지 이점은 무엇인가?

6.16 전사 억제

18. 후성유전이라는 용어가 의미하는 바는 무엇인가? 히스톤 메틸화, DNA 메틸화, 중심체 결정과 같은 다양한 현상이 어떻게 후성유전으로 묘사될 수 있는가?

19. DNA의 메틸화는 유전자 발현에 어떤 영향을 미치는가? 히스톤 아세틸화나 히스톤 메틸화와는 어떻게 관련이 있나? 게놈 각인이란 무엇을 의미하는가?

20. HDAC와 HAT의 차이점은 무엇인가?

6.17 RNA 가공 조절

21. 대체 이어맞추기가 유전체의 유전자 수를 효과적으로 증가시킬 수 있는 방법은 무엇인가?

22. 대체 이어맞추기의 예를 설명해 보시오. 이런 유형의 조절은 세포에 어떤 가치를 부여하는가? 세포는 이어맞추기를 위한 pre-mRNA의 선택 부위를 어떻게 조절하는가?

23. RNA 편집은 무엇이며, 단일 pre-mRNA 전사체로부터 형성될 수 있는 단백질의 수를 어떻게 증가시키는가?

6.18 번역 제어

24. 번역수준에서 조절될 수 있는 유전자 발현의 세 가지 다른 방법을 설명하시오. 이들 조절 기작에 대한 각각의 예를 들어 보시오.

25. mRNA 안정성에서 폴리(A)의 역할은 무엇인가? 세포가 다른 mRNA의 안정성을 어떻게 조절하는가?

26. 다음 구조를 갖는 글로빈유전자가 세포 단백질의 95% 이상을 차지하도록 단백질이 형성되게 하는 유전자 발현의 다양한 조절단계를 기술하시오.

엑손 1—인트론—엑손 2—인트론—엑손 3

6.19 번역 조절에서 마이크로RNA의 역할

27. miRNA가 유전자 발현을 조절할 수 있는 몇 가지 방법을 설명하시오.

6.20 번역 후 조절: 단백질 안정성 결정

28. 표적 단백질에 부착되는 단일 유비퀴틴과 다중 유비퀴틴의 역할은 어떻게 다른가?

분석 문제

1. 히스톤 H3K9의 메틸화(SUV39H1 효소에 의한)는 이질염색질화 및 유전자 침묵과 관련이 있다. 다른 효소에 의한 H3의 메틸화는 전사 활성화로 이어질 수 있다고 보고된 바 있다. 메틸화가 반대 효과를 어떻게 유도할 수 있는가?

2. 인간 유전체 전체를 뉴클레오솜으로 만들고자 한다면 각 유형의 핵심 히스톤은 몇 개가 필요한가? 진화는 비교적 짧은 시간 안에 그렇게 많은 단백질을 생산하는 문제를 어떻게 해결했는가?

3. 핵이 고온에서(제한적) 특정 핵 단백질을 축적하지 못하지만 다른 핵 단백질들은 계속 축적하는 온도 민감 돌연변이를 발견했다고 가정하자. 당신은 이 돌연변이의 핵 위치화(nuclear localization)와 본질에 대해 어떤 결론을 도출할 수 있는가?

4. 3개의 X염색체와 0개의 Y염색체를 가지고 태어난 사람은 종종 정상적인 외모의 여성으로 성장한다. 이 여성들의 세포는 얼마나 많은 바소체를 가질 것으로 예상하는가? 왜 그러한가?

5. X-불활성화가 무작위 반응이 아니라 항상 아버지로부터 유래된 X염색체의 비활성화로 이어진다고 가정하자. 당신은 이것이 여성의 표현형에 어떤 영향을 미칠 것이라고 예상하는가?

6. 그림 6.22*b*에 나타난 염색체들은 각각의 염색체에 대해 특정한 것으로 알려진 DNA 조각들과 함께 배양하여 표지되었다. 이들 염색체 중 하나가 두 가지 색을 가진 영역을 포함하고 있다고 가정해 보자. 이 염색체에 대해 어떤 결론을 내릴 수 있는가?

7. 핵질 전체에 걸쳐 무작위로 이루어지기 보다는 핵의 특정 부위에서 전사체가 합성되고 가공될 경우에 얻을 수 있는 이점은 무엇인가?

8. 트립토판 오페론과 *lac* 오페론의 오퍼레이터에 결실이 생겼을 경우 나타나는 효과를 대조 비교하시오.

9. 만약 당신이 β-갈락토시다아제와 갈락토시드 퍼미에이즈(Y 유전자에 의해 암호화됨)가 연결된 연속적 폴리펩티드 사슬을 생산하는 대장균 돌연변이를 발견했다면, 이 현상을 어떻게 설명할 것인가?

10. 당신이 조사하는 새로운 호르몬이 미오신의 합성을 전사단계에서 촉진하는 기능을 가지고 있다고 추측한다. 어떤 유형의 실험 증거가 이 주장을 뒷받침할 수 있는가?

11. 여러 다른 성인 조직에서 추출한 핵을 활성화된, 핵이 제거된 쥐의 난자에 이식한 실험에서 그 난자가 배반포기 이후로 발달하지 않음을 확인하였다. 이식된 핵이 배반포기 이후로의 발달에 필요한 유전자를 잃었다고 결론 내릴 수 있는가? 왜 그러가 혹은 왜 그렇지 않은가? 이런 유형의 실험은 부정적인 결과를 해석하는 것에 대해 더 일반적으로 무엇을 말해 주는가?

12. DNA 발자국(footprinting)은 특정 전사인자에 결합하는 DNA 염기서열의 분리를 가능하게 한다는 것을 257쪽에서 보았다. 분리된 DNA 서열에 결합하는 전사인자를 식별하기 위한 실험 프로토콜을 설명하시오(18.11절에 설명된 기법을 고려해도 좋다),

13. TATA 상자는 한 특정한 장소에서만 작동하는 반면, 증폭자는 왜 DNA 내에서 그 활동에 영향을 주지 않고 움직일 수 있는지 어떻게 설명할 수 있는가?

14. 매우 낮은 수준의 단백질 합성을 가지는 세포로 작업한다고 가정할 때, 세포는 전체 번역조절 억제자의 적용을 받는다고 의심할 수 있다. 이러한 경우를 확인하기 위해 어떤 실험을 수행할 수 있는가?

15. 단백질의 소포체 위치이전(translocation)을 유도하는 신호서열은 신호 펩티다아제(signal peptidase)에 의해 잘려나가는 반면, 핵 내외로 이동하는 단백질에 필요한 NLS와 NES는 단백질의 일부로 남아 있게 된다. mRNA를 세포질로 수송하는 데 관여하는 hnRNPA1과 같은 단백질을 생각해 보자. ER 단백질의 신호서열은 잘라지는 반면, 이 단백질의 전송신호서열는 왜 단백질의 일부로 유지하는 것이 중요한가?

16. 배양하고 있는 포유류의 세포에 새로운 DNA가 주입될 때, 그것은 일반적으로 억제되기 전 일정기간 전사된다. 전사억제가 일어나기 전에 이런 종류의 지연이 왜 발생하는가?

17. 새롭게 분리한 전사인자가 어떤 유전자를 조절하는지 알고 싶다고 가정해 보자. 이 문제에 접근하기 위해 그림 6.35에 표시된 형식의 cDNA 미세배열을 사용할 수 있는 방법이 있는가? (참고: 그림 6.35의 미세배열은 그림 6.46과 달리 단백질을 암호화하는 DNA 영역을 포함한다)

18. 비록 몇몇 다른 포유류 종들이 복제되었지만, 이 과정의 효율은 극히 낮다. 건강한 출산을 위해 종종 수십 또는 수백 개의 난모세포가 공여 핵에 의해 이식된다. 많은 연구자들은 복제와 관련된 어려움들이 한 개인의 삶 동안 다양한 세포 내에서 일어나는 DNA 및 히스톤 메틸화와 같은 후성유전학적 변형에 있다고 믿고 있다. 이러한 변형이 그림 6.32에 묘사된 것과 같은 실험적 성공에 어떤 영향을 미칠 것으로 예상하는가?

19. 영국의 한 의학잡지의 연구는 아버지와 딸 사이, 그리고 어머니와 아들 및 딸 사이의 말단절 길이에는 상관관계가 있지만, 아버지와 아들 사이에는 상관관계가 없다는 것을 발견했다. 이 결과를 어떻게 설명할 수 있는가?

20. 일부 과학보고서는 서로 동반하는 경향이 있는 두 가지 사건 또는 조건에 대해 보고한다는 점에서 상관관계로 설명하는 것이 최선이다. 상관관계는 종종 두 사건 또는 조건 간의 인과관계의 증거로 해석된다. 다른 과학보고서들은 실험적 개입을 포함하며 일반적으로 인과관계를 더욱 강하게 지지한다. 두 가지 유형의 증거에 기초하여 이 장에 제시된 과학적 결론을 한 가지 골라라. 어떤 유형의 보고서가 더 설득력 있다고 생각하는가?

CHAPTER

7 DNA 복제와 복구

목 차

BRCA1 유전자 검사와 유방암 발생 위험성

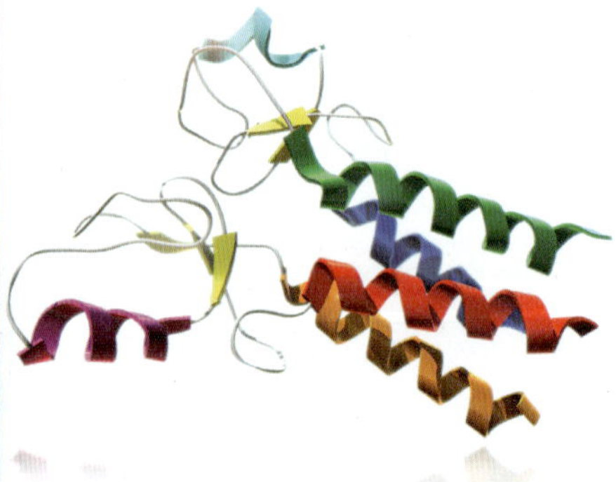

출처: (왼쪽) Eamonn M. McCormack/Getty Images, Inc.; (오른쪽) Evan Oto/Science Source Images

우리 몸에 있는 세포들은 분열할 때마다 매번 정확하게 유전체 전체를 복사해 내야 한다. 만일 유전체 서열 복사 중에 오류가 생긴다면 딸세포를 변화시키고, 종국에 세포분열을 조절하는 유전자의 돌연변이가 생기게 되는 경우 암세포로 변할 수 있다. 그러므로 세포가 유전체 전체를 정확하게 복제(replication)하고 유전체 서열에 변화를 가져올 수도 있는 DNA 손상을 수선하여 복구(repair)하는 과정은 매우 중요하다. DNA의 손상은 자외선이나 방사선에 노출될 경우도 생길 수 있지만, 별다른 외부적 자극이 없이도 형성될 수 있다. DNA 손상의 원인이 무엇이든지 세포는 DNA 손상을 복구해야만 하고, 만일 실패한다면 유전체에 돌연변이가 축적되거나 염색체 재배열이 일어나면서 세포가 바로 암으로 변할 수 있다. DNA 복구에 관여하는 *BRCA1* 유전자에 특정 서열을 갖는 여성에서는 유방암이 생길 확률이 3~7배 정도로 그 위험성이 높다[BRCA는 유방암(Breast Cancer)의 줄임말이다]. 이러한 발견을 통해 의료계에서는 BRCA1 유전자 서열 변형을 확인하는 간단한 유전자 검사법이 개발되었고, 이를 통해 유방암 발생 위험군에 대해 유방암이 발생하기 전에 그 발생 위험성에 대해 알려주는 조기경보 시스템을 구축할 수 있었다. 만일 유방암 발생 확률이 높다는 걸 알게 된 사람은 어떤 선택을 할 수 있을까? 한 가지 극단적인 선택으로는 유방암 발생 전에 '예방적 유방절제술'을 받는 것인데, 이를 통해 유방암 발생 위험률이 90% 정도 낮아지는 효과를 기대할 수 있다. 다른 방법으로는 BRCA1 유전자 돌연변이를 갖는 여성들이 젊을 때부터 좀 더 자주 유방암 검사를 받아서, 유방암의 조기 진단을 통해 암 발생 초기 상태에서 암 치료를 진행하여 완치될 수 있도록 돕는 것이다. 사회적으로는 아직도 어떤 방법이 가장 현실적이고 적절한 선택일지 여전히 논의가 계속되고 있지만, 한 개인으로서는 자기 자신을 위해 최선의 선택을 하려고 하는 복잡한 상황이다. 실제로 최근 할리우드 여배우 안젤리나 졸리(Angelina Jolie)가 본인에게 *BRCA1* 유전자 변형이 있음을 확인하고 이러한 '예방적 유방절제술'을 받음으로써 사회적으로 큰 이슈가 된 바 있다. 이와 같은 결정에 대한 안젤리나 졸리 본인의 생각에 대해서는 그녀가 직접 뉴욕타임즈에 기고한 기사를 읽어보면 좀 더 이해할 수 있을 것이다. http://www.nytimes.com/2013/05/14/opinion/my-medical-choice.html?_r=2&. 이번 장에서는 세포가 어떻게 DNA에 오류가 없도록 높은 정확성을 가지고 복제할 수 있는지, 그리고 만일 오류나 손상이 생긴 DNA를 어떻게 수선하고 복구할 수 있는지에 대해 설명하고자 한다.

7.1 DNA 복제

생식(reproduction)은 모든 생명체의 가장 기본적인 특징이다. 생식의 과정은 다양한 수준에서 관찰된다: 개체의 경우 유성생식 또는 무성생식으로 복제되고, 세포수준에서는 세포분열을 통해 복제되며, 분자수준에서는 유전물질인 **DNA 복제(DNA replication)**로 나타난다. DNA 복제에 관여하는 기구(machinery)는 유전물질의 손상이 일어났을 때 이를 수선하고 복구하는 기능도 담당할 수 있다. 이번 장에서는 이 두 과정—DNA 복제와 DNA 복구—에 대해 설명하겠다.

자기복제(self-replication) 능력은 최초의 원시생명체들이 진화 과정에서 갖게 된 가장 중요한 특징 중 하나였을 것으로 추측된다. 이러한 증식 능력이 없었다면, 초기 원시생명체들이 갖고 있던 분자들은 흔적도 없이 사라져 버렸을 것이다. 초기 유전정보 운반체로는 자기복제가 가능한 RNA 분자가 사용되었다. 이후 진화의 과정에서 유전물질이 RNA 분자에서 DNA 분자로 대체되면서, 복제의 과정은 더 복잡해지고 이 과정에 관여하는 많은 보조인자들이 필요하게 되었다. 그러므로 DNA 분자가 자기복제를 위한 정보를 모두 가지고 있다고 해도, 다른 인자들의 도움 없이 스스로를 복제해 낼 수 있는 능력을 가지고 있지는 않다. 리차드 레원틴(Richard Lewontin)은 이에 대해 다음과 같이 서술한 바 있다: "자기복제가 가능한 분자가 DNA라는 것은 마치 자기복사가 가능한 문서가 편지라는 비유와도 같다. 그러나 편지가 복사되려면 복사기가 필요하듯이, DNA가 복사되려면 세포가 필요하다." 자, 이제 세포가 이 과정을 어떻게 수행하는지 알아보도록 하자.

왓슨(Watson)과 크릭(Crick)이 1953년 DNA의 구조를 제안할 때 "자기복제(self-duplication)"에 관한 기작도 함께 제시하였다. 2중나선(double-helix) 구조의 DNA 두 가닥은 염기들 사이의 수소결합을 통해 서로 결합하고 있다. 개개의 수소결합은 약해서 쉽게 끊어질 수 있다. Watson과 Crick은 마치 지퍼가 양쪽으로 벌어지는 모양처럼 DNA 2중나선의 두 가닥이 점차 분리되면서 자기복제가 이루어질 것이라고 예측하였다(**그림 7.1**). 두 가닥은 서로에 대해 상보적이기 때문에 각각의 가닥이 다른 새로운 가닥을 만들 때 필요한 모든 정보를 가지고 있다. 따라서 일단 두 가닥이 분리가 되면 개별 가닥은 주형으로 작용하여 상보적인 새로운 가닥의 합성을 지시하고 다시 2중가닥의 모습을 회복하는 자기복제를 진행할 수 있다.

그림 7.1에서 보여준 Watson과 Crick의 제안을 통해 복제하는 동안 DNA가 어떻게 행동할 지를 예측할 수 있게 되었다. 이 제안에 의하면, 복제된 딸 2중가닥들(daughter duplexes)은 원래 2중가닥에서 유래된 한 가닥과 새로 합성된 한 가닥으로 이루지게 된다. 이런 식의 복제 방식은 각각의 딸 2중가닥 중 한 가닥은 반드시 원래 2중가닥에서 유래하므로 이를 **반보존적(semiconservative)**이라고 한다(**그림 7.2**, 1번 모식도). 복제 기작에 관련된 정보가 없었을 때는 두 가지 다른 방식의 복제 기작도 함께 고려했었다. 보존적(*conservative*) 복제에서는 원래 존재하던 두 가닥이 주형으로 작용한 후에 다시 합쳐져서 원래대로 남게 되고, 새롭게 합성된 두 가닥끼리는 새로운 2중가닥을 형성하게 된다(그림 7.2, 2번 모식도). 그 결과, 딸 2중가닥

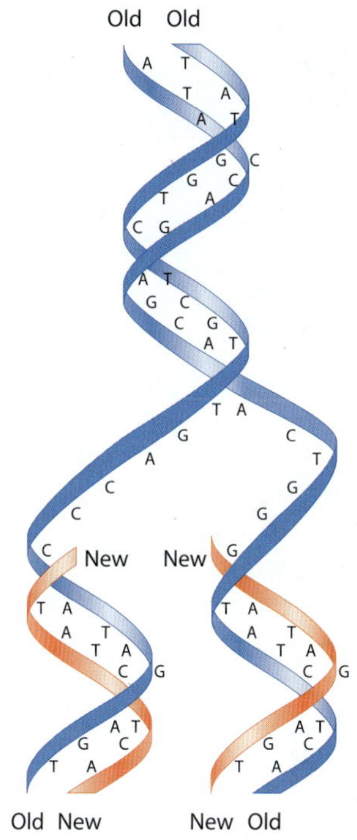

그림 7.1 Watson-Crick이 제안한 DNA 2중나선 분자의 복제 모델. DNA 복제가 일어나는 동안 새로운 DNA 가닥이 상보적으로 합성될 수 있도록 부모 DNA의 2중나선 구조가 풀리면서 각각 주형으로 작용한다. 이번 장에서 설명된 바와 같이, 왓슨과 클릭의 이러한 제안을 통해 DNA 복제의 기본 원리들이 탄생하게 되었다.

들 중 하나는 원래 DNA만을 가지고, 다른 하나는 새로 합성된 DNA만을 갖게 된다. 분산적(*dispersive*) 복제에서는, 원래 2중가닥은 DNA가 조각으로 끊어지고 새로운 DNA도 조각으로 합성된다(그림 7.2, 3번 모식도). 원래 DNA 조각과 새롭게 합성된 DNA 조각들이 함께 연결되면서 완전한 가닥을 형성하게 되는데, 그 결과 딸 2중가닥들은 원래 DNA와 새로운 DNA가 연결되어 2중가닥을 갖는다. 언뜻 보기에는 분산적 복제는 절대 일어나지 않을 것처럼 보이지만, 당시 막스 델브뤽(Max Delbrück)은 DNA가 복제될 때 기다란 DNA의 2중나선 구조를 풀어야 하는 불가능해 보이는 일을 해결하기 위한 유일한 수단이 분산적 복제일 것으로 생각했다(287쪽에서 논의됨).

세 가지 가능한 복제모델 중에서 어떤 것이 옳은 지 결정하기 위해서는 주형으로 작용하는 원래 DNA와 새롭게 합성되는 DNA를 구별하는 것이 중요하다. 이는 1957년 캘리포니아공과대학(California Institute of Technology)의 매튜 메셀슨(Mathew Meselson)과 프랭클린 스탈(Flanklin Stahl)이 박테리아를 이용한 연구에서 무거운 질소(^{15}N)와 가벼운 질소(^{14}N) 동위원소를 사용하여 DNA를 표지함으로써 원래 DNA와 새로 합성된 DNA를 구별할 수 있게 되면서 해결할 수 있었다(**그림 7.3**). 이들은 질소의 단일 공급원으로 무거운 질소(^{15}N) 동위원소로 표지된 염화암모늄을 함유한 배지에서 박테리아를 배양하였다. 여기서 자란 박테리아의 DNA 질소함유 염기들은 모두 무거운 질소로만 표지되어 있었다. 이렇게 배양한 박테리아에 이전의 무거운 질소 함유 배지가 남아있지 않도록 잘 씻어주고, 가벼운 질소(^{14}N) 동위원소를 함유한 새로운 배지로 옮겨 배양하기 시작

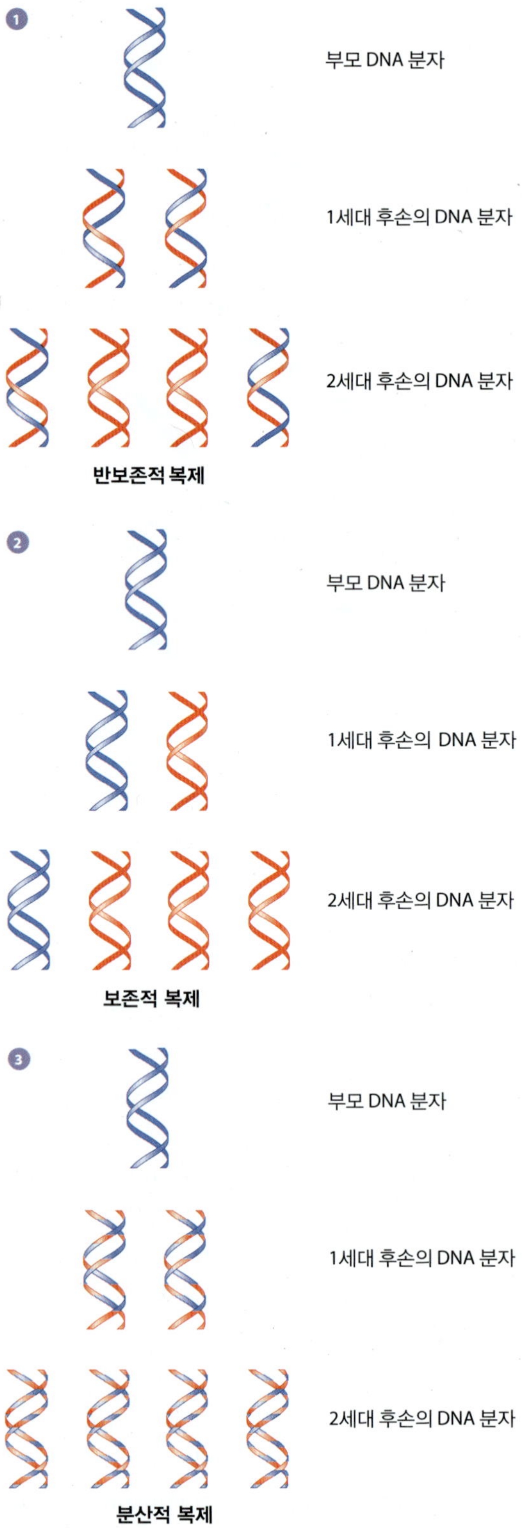

그림 7.2 세 가지 복제 방식에 대한 모식도. 반보존적 복제는 1번, 보존적 복제는 2번, 분산적 복제는 3번 모식도에 나타나 있다. 세 가지 복제 방식에 대해서는 본문에 설명되어 있다.

한 후 여러 세대 증식하는 동안 일정한 시간 간격으로 박테리아를 채취하였다. 채취한 박테리아에서 DNA를 추출하고 평형 밀도-기울기 원심분리(equilibrium-density gradient centrifugation)를 실시하였다(그림 18.38 참조). 이 과정에서 DNA를 농축된 염화세슘(CsCl) 용액과 섞은 후 2중가닥 DNA 분자들이 밀도에 따라 평형에 이를 때까지 원심분리하였다.

Meselson과 Stahl의 실험에서 DNA의 밀도는 이 분자 속에 함유된 ^{15}N 또는 ^{14}N 원소 비율에 비례한다. 만일 복제가 반보존적이라면 DNA 분자의 밀도는 그림 7.3*a*의 맨 위쪽 원심분리 튜브에서 보이는 바와 같이 ^{14}N을 함유한 배지에서 계속 배양을 할수록 감소하게 될 것이다. 1세대 후에 모든 DNA분자들은 ^{15}N-^{14}N 혼합체(하이브리드)이며, 이 분자들의 밀도는 무거운 DNA와 가벼운 DNA의 중간쯤에 위치하게 될 것이다(그림 7.3*a*). 1세대 이후 복제가 지속될수록 새롭게 합성되는 가닥들은 모두 가벼운 질소 동위원소만을 함유하게 되므로 이 밀도기울기 원심분리에서는 ^{15}N-^{14}N 혼합체 DNA와 ^{14}N만을 포함하는 DNA, 2종류의 밴드로 나타나게 될 것이다. 그리고 복제가 반복될수록 가벼운 질소(^{14}N)만을 포함하는 DNA 2중가닥의 비율이 점점 더 커지게 될 것이다. 반보존적 복제가 지속되는 한, 원래 존재하던 ^{15}N 함유 DNA는 ^{15}N-^{14}N 혼합체 DNA 형태로 항상 존재하기는 하지만, 전체 DNA에서의 그 비율은 점차 줄어들 것이다(그림 7.3*a*). 실제 Meselson과 Stahl이 수행했던 밀도기울기 실험의 결과는 그림 7.3*b*에서 나타난 바와 같이 DNA 복제가 반보존적으로 일어나고 있음을 명확하게 입증하는 것이었다. 복제가 보존적이거나 분산적으로 일어났을 때 나타났을 결과는 그림 7.3*a*의 아래쪽 두 세트의 원심분리 튜브에 표시되어 있다.[1]

흥미롭게도, Meselson과 Stahl의 위대한 실험의 성공에는 우연히 수행했던 실험과정이 큰 영향을 미쳤다. 사실 Meselson과 Stahl이 실험을 할 때 배양하는 박테리아의 세포주기를 일치시키지 않았기 때문에 모두 각기 다른 세포주기에 있었고 이들 세포의 DNA 복제는 각기 다른 시기에 시작하였을 것이다. 이런 박테리아를 무거운 질소 함유 배지에서 키우다가 가벼운 질소 함유 배지로 옮겨서 키우기 시작할 때는 일부 세포들이 이미 DNA 복제를 진행하고 있는 상태이다. 박테리아의 DNA는 하나의 큰 원형 DNA로서 처음 복제된 부분은 무거운 질소를 함유하고 있지만, 배지가 바뀐 이후에는 복제가 진행될수록 더 많은 가벼운 질소가 포함된 DNA를 합성하게 될 것이다. 실제로 배지가 바뀌자마자 막 S기에 들어가서 복제를 개시한 세포에서만 DNA 전체가 ^{15}N-^{14}N 혼합체 DNA를 갖게 되고, 이미 복제가 시작되었던 세포의 경우는 이전에 합성된 부위는 ^{15}N-^{15}N 무거운 DNA를, 배지가 바뀐 이후에 합성된 부위는 ^{15}N-^{14}N 혼합체 DNA를 갖는다. 따라서 세포분열이 한 번 일어날 수 있는 시간 동안 배양한 후에 박테리아의 유전체 DNA를 통째로 모두 원심분리했다면, 배지가 바뀐 직후에 복제를 시작한 세포에서만 완벽하게 ^{15}N-^{14}N 혼합체 DNA 밴드를 보이고, 나머지 세포들에서는 이전에 복제되었던 부분과 배지가 바뀐 이후에 복제되었던 부분이 다양한 비율로 혼재하므로 ^{15}N DNA 밴드 위치부터 ^{15}N-^{14}N 혼합체 DNA 밴드 위치까지 중간 밀도의 DNA가 보일 것이다. 이와 같은 현상은 두 번째 DNA 복제 주기에서도 적용되므로 세포 DNA 전체는 ^{15}N-^{14}N 혼합

[1]누구든지 이와 같은 선도적인 연구 노력을 하게 되는 상황과 실험적인 우여곡절에 관심이 있다면 2001년에 출판된 책 '*Meselson, Stahl, and the Replication of DNA*(저자: Frederick Lawrence Holmes)'을 읽어보기 바란다. 실험에 대한 토의는 웹을 통해 PNAS 101:17889 (2004) 논문에서도 확인할 수 있다.

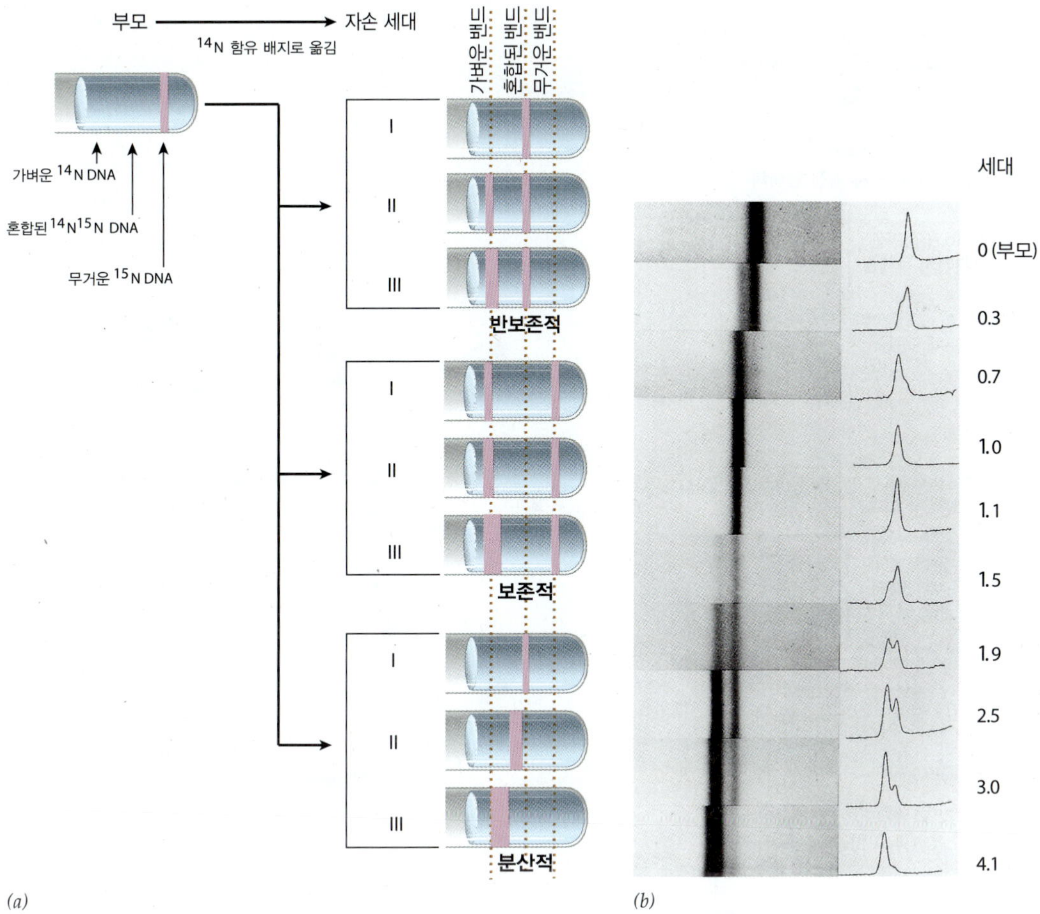

그림 7.3 박테리아의 DNA 복제가 반보존적임을 증명하는 실험. 서로 다른 시기의 박테리아에서 DNA를 추출하였고, 염화세슘의 농축액과 혼합하여, 원심분리 튜브에 넣어 초원심분리기에서 고속으로 밀도가 평형에 도달할 때까지 원심분리하였다. 세슘(Cs) 이온은 원심력에 의해 충분히 영향을 받을 수 있는 원자량을 가지고 있어서 원심분리 하는 동안 가장 높은 농도는 원심분리 튜브의 바닥에, 가장 낮은 농도는 원심분리 튜브의 맨 위쪽에 있는 밀도 기울기를 형성하게 된다. 원심분리하는 동안 DNA 분자 조각들도 자신의 밀도와 평형을 이루는 자리까지 이동하게 되는데, DNA 분자에 존재하는 $^{15}N/^{14}N$의 비율에 따라 그 밀도가 결정된다. 더 많은 ^{14}N을 함유할수록, 튜브의 더 높은 위치에서 평형을 이루게 된다. (*a*) 이 실험을 수행할 때 세 가지 복제 방식에 따라 예상되는 결과. 맨 왼쪽의 튜브에 ^{15}N만을 갖는 무거운 부모 DNA 밴드 위치와 ^{15}N-^{14}N의 하이브리드, ^{14}N만을 갖는 가벼운 DNA의 밴드의 예상 위치를 각각 표시하였다. (*b*) Meselson과 Stahl의 실험 결과. 한 세대 복제 후에 혼합체 밴드가 새로 나타나는 것과 무거운 부모 DNA 밴드가 사라지는 것을 보아 보존적 복제의 가능성을 배제할 수 있다. 이후 복제가 지속될 때 혼합체 DNA와 가벼운 DNA 밴드, 2개의 밴드가 나타나는 것에서 분산적 복제의 가능성은 제외시킬 수 있다.

출처: (*b*) M. Meselson and F. Stahl, *Proc. Nat'l, Acad. Sci. U.S.A.* 44:671, 1958, Matthew Meselson 제공

체 DNA에서 점차 ^{14}N-^{14}N 가벼운 DNA쪽으로 이동하여 분포할 것이다. 만일 Meselson과 Stahl가 박테리아 DNA를 통째로 원심분리할 수 있었다면 DNA 밴드는 무거운 DNA(^{15}N-^{15}N) 밴드에서 혼합체 DNA(^{15}N-^{14}N) 밴드를 지나 가벼운 DNA(^{14}N-^{14}N) 밴드까지 연속적으로 퍼져 있는 형태, 즉 분산적 DNA 복제(그림 7.3)처럼 나타났을 것이다. 그러나 운 좋게도 실제 실험에서 Meselson과 Stahl은 박테리아의 유전체 DNA를 통째로 사용하지 않고 우연히 **'DNA를 조각내어'** 원심분리하였다. 따라서 전체 유전체 DNA는 이제 막 일부 DNA만 복제를 시작했다 하더라도 작은 조각으로 쪼개졌을 때는 개별 DNA 조각이 배지 변경 이후에 복제가 된 부위라면 ^{15}N-^{14}N 혼합체 DNA을 형성하고, 이전에 복제가 된 부위라면 ^{15}N-^{15}N 무거운 DNA 밴드를 형성하며 뚜렷하게 밴드의 위치가 나누어지게 되므로 연속적으로 퍼지는 모양이 아닌, 깔끔하게 계단식으로 구별되는 밴드 형태를 보이게 되었다. 위의 예는 대단히 위대한 실험 디자인에도 때로는 성공을 위해 약간의 행운이 필요하기도 하다는 것을 보여준다.

이와 비슷한 시기에 진핵세포의 DNA 복제도 반보존적으로 이루어짐을 알게 되었지만, 실험적으로 이를 증명하는 방법은 전혀 달랐다. 최초의 실험은 콜롬비아대학(Columbia University)의 허버트 테일러(J. Herbert Taylor)가 수행하였고, 그 결과는 Meselson과 Stahl 논문보다도 1년 먼저 보고되었다. **그림 7.4**는 진핵세포에서 DNA 복제도 반보존적 복제임을 증명하는 최근의 실험결과를 보여주고 있다. 새롭게 합성되는 DNA 가닥에 티미딘(thymidine) 대신 들어갈 수 있는 브로모데옥시유리딘(bromodeoxyuridine, BrdU)을 배지에 첨가하여 배양하였다. 복제가 끝나면 염색체는 2개의 염색분체를 갖게 되는데, 이 실험에서 DNA 복제가 한 번 끝난 이후에 나타나는 각 염색체의 2개의 염색분체는 모두 BrdU를 함유하고 있었다(그림 7.4*a*). 복제가 2번 일어난 이후에는 각 염색체의 한 염색분체는 2가닥 모두 BrdU를 가지고 있고, 또 다른 염색분체는 BrdU 함유 가닥과 티미딘

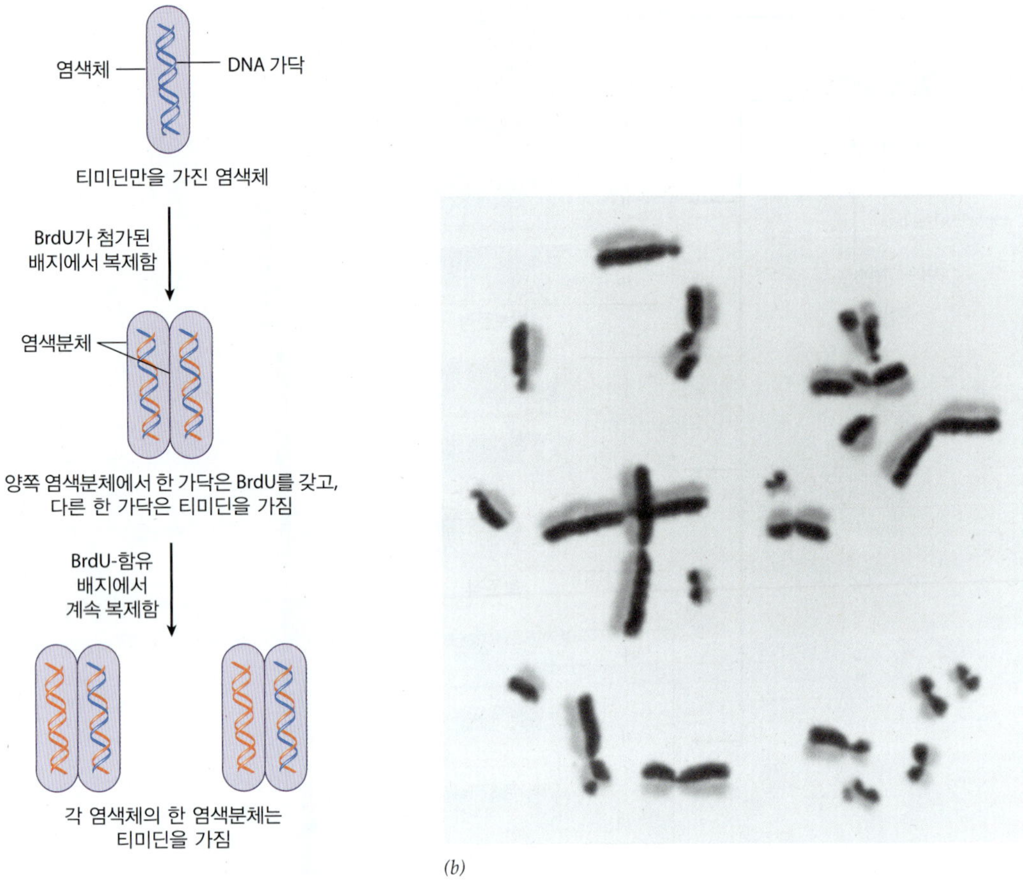

그림 7.4 진핵세포에서의 DNA 복제가 반보존적임을 증명하는 실험. (*a*) 진핵세포를 티미딘 함유 배지에서 bromodeoxyuridine(브로모데옥시유리딘, BrdU) 함유 배지로 옮긴 후 2회 연속 복제를 진행한 결과에 대한 모식도. BrdU로 표지된 DNA 가닥은 빨간색으로 표시하였다. (*b*) (a)에서 설명한 대로 실험한 실제 결과의 예. 진핵세포를 2회 연속 복제할 수 있는 시간 동안 BrdU 함유 배지에서 배양한 후 염색분체를 염색하였다. 티미딘을 함유한 염색분체는 진하게, BrdU 함유한 염색분체는 연하게 염색되어 나타난다. 사진에서는 2회 연속 복제 후에 염색체의 한 염색분체는 티미딘을 가지고 있는 반면, 다른 염색분체는 BrdU만을 가지고 있음을 보여준다. (본문에서는 언급되지 않았지만 일부 염색체에서는 상동염색체의 재조합이 염색분체 사이에 일어났음을 보여주고 있다.)

출처: (*b*) Sheldon Wolff 제공

함유 가닥을 한 가닥씩 갖는 혼합체로 이루어져 있었다(그림 7.4*a*,*b*). 티미딘을 가지고 있는 가닥은 BrdU가 첨가되기 이전부터 있던 부모 DNA에서 유래된 DNA 분자이다. 흥미롭게도 Taylor의 실험결과는 Meselson과 Stahl의 기념비적인 논문에서도 인용되었고, DNA의 반보존적 복제를 1년이나 더 먼저 증명하였지만, Meselson과 Stahl의 논문이 DNA의 반보존적 복제를 증명한 최초의 실험으로 더 빈번하게 인용되고 있다. 이는 아마도 현미경을 이용해 증명했던 Talyor의 실험보다 복제하고 있는 DNA의 분자적 특성을 직접적으로 이용한 Meselson과 Stahl의 실험이 DNA의 2중나선 구조라는 맥락에서 DNA 복제를 더 잘 설명하고 있기 때문일 것이다.

7.2 박테리아의 DNA 복제

이 절에서는 박테리아에서의 DNA 복제에 대해서 주로 설명하고자 한다. 박테리아의 DNA 복제는 진핵세포의 복제보다는 훨씬 더 잘 알려져 있는데, 유전학과 생화학적 연구기법을 사용해서 초기 연구에 진전을 보일 수 있었던 이유는 다음과 같다.

- 복제에 필수적인 단백질을 합성할 수 없는 돌연변이 확보: 염색체를 복제할 수 없는 이러한 돌연변이를 분리해낸다는 것은 역설적으로 보일 수 있다. 이와 같이 필수적인 생명현상에 결함을 가진 돌연변이는 어떻게 배양할 수 있을까? 이는 **온도민감성 돌연변이 (temperature-sensitive mutant, ts-mutant)**를 분리함으로써 가능하게 되었다. 돌연변이 단백질의 결함은 비허용(*non-permissive*), 또는 제한적(*restrictive*) 온도인 고온에서만 나타나고 허용(*permissive*) 온도인 저온에서는 돌연변이 단백질에 아무런 결함이 나타나지 않아 정상적으로 증식할 수 있다. 거의 모든 생리활성과 관련된 온도민감성 돌연변이가 분리되었고(467쪽도 참조), 특히 DNA 복제와 수선, 유전적 재조합에서 나타나는 DNA 합성 연구에 매우 중요하게 활용되고 있다.

- 복제에 필요한 세포 인자를 정제하여 시험관 내에서 DNA를 복제할 수 있는 *in vitro* 시스템 구축: DNA 복제에 필수적일 것으로 생각되는 특정 세포인자를 제거한 세포추출액과 복제할 DNA를 함께 배양하거나 또는 필수적인 단백질들을 정제하여 시험관에 추가하면서 DNA 복제과정에서 이들의 역할을 규명할 수 있다.

종합해 볼 때, 이러한 연구방법을 통해 대장균 DNA 복제에 필수적인 단백질 인자 30개 이상을 밝혀 왔다. 다음 절에서는 그 기능이 잘 규명된 중요한 인자들에 대해 설명할 것이다. 박테리아나 진핵세포의 복제는 궁극적으로 유사하므로 박테리아에서 적용되었던 대부분의 내용이 진핵세포에서도 비슷하게 적용된다.

복제분기점과 양방향 복제

복제는 **개시점(origin)**으로 불리는 박테리아 염색체의 특정 부위에서 시작된다. 대장균 염색체상의 **복제개시점(origin of replication)**은 *oriC*라는 부르는 특정 서열인데, 이 부위에 많은 단백질들이 결합하여 복제과정을 **개시한다(initiate)**.[2] 일단 개시가 시작되면, 복제는 개시점에서 바깥쪽을 향해 양방향으로(*bidirectionally*) 진행된다(**그림 7.5**). 그림 7.5에서 표시된 **복제분기점(replication forks)**은 복제 중인 염색체에서 이미 복제된 부위와 아직 복제되지 않은 부위가 만나는 지점을 지칭한다. 각 복제분기점은 (1) 부모 2중나선 DNA의 2중가닥이 풀리는 지점임과 동시에 (2) 핵산이 들어오면서 상보적인 DNA 가닥이 새롭게 합성되는 지점이다. 2개의 복제분기점이 서로 반대 방향으로 이동하다가 결국은 만나면서 복제가 종결된다. 새롭게 합성된 2중가닥은 이제 서로에게서 분리되어 2개의 딸세포에 나뉘어져 들어간다.

[2]복제개시에 대한 주제는 296쪽 진핵세포의 복제에서 다시 한 번 더 자세히 다루어진다.

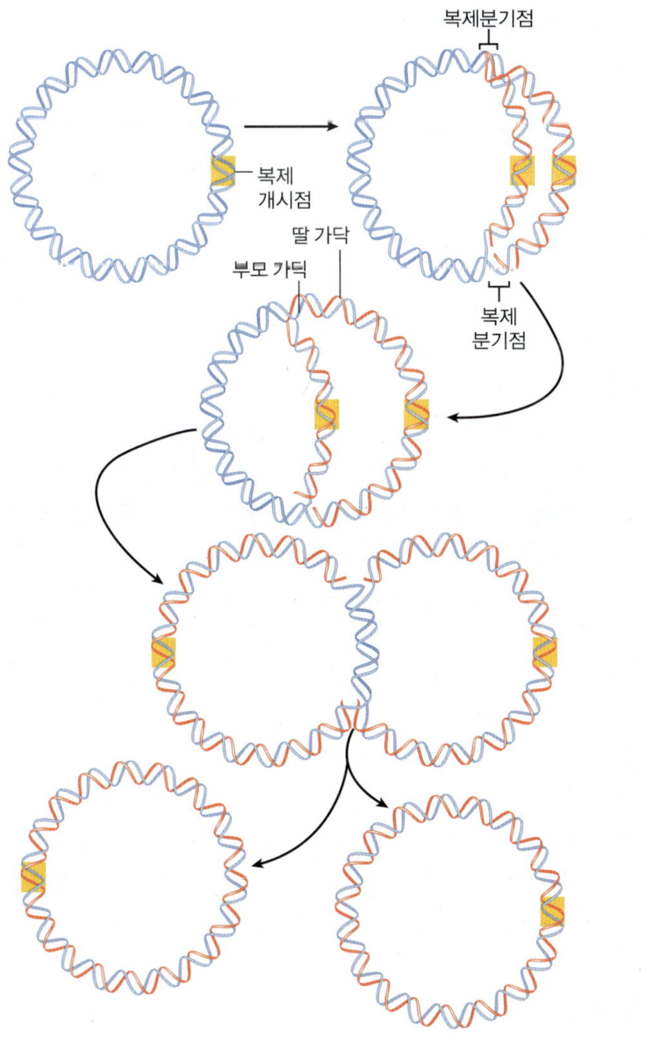

그림 7.5 **양방향, 반보존적 복제가 일어나고 있는 원형 박테리아 염색체 모델.** 2개의 복제분기점은 하나의 개시점으로부터 시작해서 반대방향으로 이동한다. 복제분기점이 원형 염색체의 반대지점에서 만날 때, 복제는 종결되고, 2개의 복제된 2중가닥들이 서로 떨어진다. 새로운 DNA 가닥은 빨간색으로 표시되어 있다.

2중가닥 풀기와 분리하기

원형 나선 DNA 2중가닥들이 분리될 때는 중요한 위상학적(topological) 문제들이 생기는데, DNA 2중가닥과 두 가닥으로 꼬여 있는 밧줄을 비교해 보면 어떤 문제가 생기는지 알 수 있다. 이런 직선형 밧줄의 한쪽 끝을 바닥에 두고, 다른 끝의 2중가닥을 잡아서 DNA 복제에서 2중가닥이 풀어지는 것처럼 이들 가닥을 서로에 대해 풀어지도록 당기기 시작하는 걸 생각해 보자. 여기서 밧줄의 2중가닥이 분리되는 과정은 2중나선 구조가 풀리는(*unwinding*) 과정과 같다. 한쪽 끝이 묶여 있지 않은 밧줄의 경우는 축에 대해서 자유롭게 회전할 수 있으므로 2중가닥이 분리되면서 밧줄 전체가 회전하고 어떠한 장력(tension)도 쌓이지 않게 된다. 이와 달리, 한쪽 끝이 고리에 고정된 2중가닥 밧줄이라면, 2중가닥을 분리할 때 풀리지 않은 반대쪽에는 더 많은 장력이 쌓이게 될 것이다(**그림 7.6a**). 원형 DNA(또는 진핵세포의 염색체와 같이 양쪽 말단이 자유롭게 회전할 수 없는 선형 DNA)

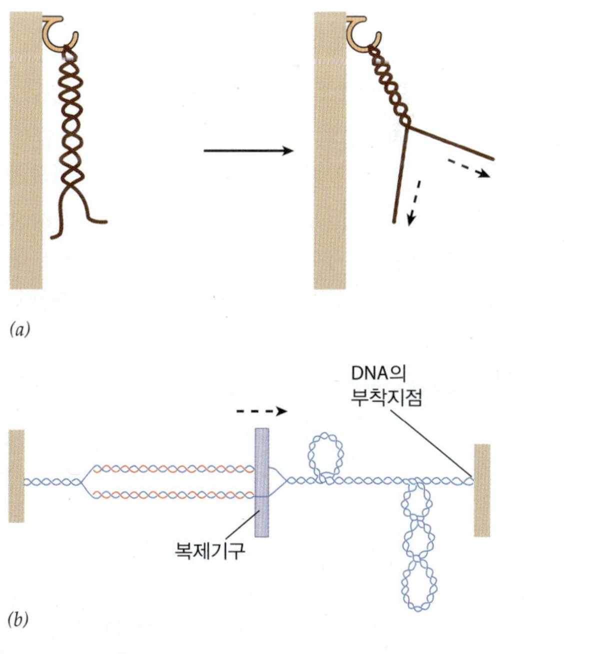

그림 7.6 **DNA 2중가닥을 푸는 문제.** (*a*) 한쪽 끝을 고리에 붙잡아 둔 두 가닥으로 꼬인 밧줄의 풀림 효과. 풀리지 않은 부분은 점점 더 단단하게 감기게 된다. (*b*) 원형 또는 양 끝이 묶인 DNA 분자가 복제할 때, 복제 기구 앞쪽의 DNA 분자는 더 많이 꼬이게 되면서 양성 초나선꼬임이 쌓이게 된다. 대장균에 있는 DNA 자이레이스(DNA gyrase)와 같이, 세포는 양성 초나선 꼬임을 풀어주는 국소이성질화효소(topoisomerase)를 갖는다.

출처: (*b*) J. C. Wang, Nature Reviews *Mol. Cell Biol.* 3: 434, 2002에서 발췌, Nature Publishing Group의 Nature Review *Molecular Cell Biology*; 지적재산권 청산 센터를 통해 교과서 사용을 목적으로 재인쇄함.

의 2중가닥을 분리하는 것은 한쪽 끝을 벽에 고정한 선형 밧줄을 푸는 경우와 유사하다. 이 모든 경우에 발생하는 장력은 전체 분자를 회전시키더라도 완화될 수 없다. 다만 (그림 7.6*a*에서처럼) 점점 더 과도하게 감기는 밧줄과는 달리, 과도하게 꼬인 DNA 분자는 양성 초나선(supercoil)을 이룬다(134쪽). 결과적으로, 복제분기점이 이동하게 됨에 따라 복제분기점 앞쪽에 있는 복제되지 않은 DNA 부위에서 양성 초나선이 나타나게 된다(그림 7.6*b*). 대장균 원형 염색체의 2중나선 DNA는 약 40만 번 꼬여 있고 약 40분 이내에 2개의 복제분기점에 의해 복제된다는 걸 고려할 때, DNA 분리와 꼬임의 문제는 매우 중요하다.

이미 134쪽에서 언급된 바와 같이, DNA 분자의 초나선 꼬임을 풀어줄 수 있는 효소를 국소이성질화효소(topoisomerase)라고 부른다. 제2형 국소이성질화효소의 하나인 **DNA 자이레이스(DNA gyrase)**는 대장균이 복제할 때 발생하는 DNA 꼬임에 의한 장력을 완화해 주는 역할을 한다. DNA 자이레이스 분자가 양성초나선을 제거하면서 복제분기점 앞쪽을 따라 움직인다. DNA 자이레이스는 DNA 2중나선의 두 가닥을 모두 끊고, DNA 한 가닥을 2중가닥이 절단된 틈을 통해 다른 가닥 쪽으로 통과시킨 후, 다시 끊어진 가닥을 이어주는 과정을 통해 초나선 구조를 풀어줄 수 있다. 이 과정은 그림 13.41*b*에서 자세히 나타낸 바와 같이 ATP 가수분해에서 유리되는 에너지를 이용한다. 진핵세포에도 이와 같은 필수적인 기능을 하는 효소가 존재한다.

DNA 중합효소의 특성

DNA 복제의 기작은 새로운 DNA 가닥을 합성하는 효소인 **DNA 중합효소(DNA polymerase)**의 특성을 이해하는 데서 출발하는 것이 좋다. DNA 중합효소에 대한 연구는 1950년대 워싱톤 대학(Washington University)의 아서 콘버그(Arthur Kornberg)에 의해 시작되었다. 초기 실험에서 Kornberg와 공동연구자들은 방사성물질로 표지된 DNA 전구체가 DNA로 밝혀진, 산성용액에 녹지 않는 중합체를 합성하는 효소를 박테리아 세포추출물에서 분리 정제할 수 있었고, 이 효소를 *DNA* 중합효소로 명명하였다(이후 더 많은 종류의 DNA 중합효소가 발견되면서 이 효소는 *DNA* 중합효소 *I*로 다시 명명되었다). 이러한 반응을 진행하기 위해서는 효소와 더불어 복제할 DNA, 그리고 4 종류의 데옥시리보뉴클레오시드 3인산(deoxyribonucleoside triphosphate), 즉 dTTP, dATP, dCTP 및 dGTP가 필요하다. 새로 합성된 방사성물질이 표지된 DNA는 표지되지 않은 원래 DNA와 같은 염기조성을 갖는다는 걸 알게 되었는데, 이는 원래의 DNA가 중합반응에서 **주형(templates)**로 작용하고 있음을 강력하게 시사하는 것이다.

DNA 중합효소의 추가적인 기능들이 밝혀지면서, 복제는 애초에 생각했던 것보다 훨씬 더 복잡한 과정이라는 것이 분명해졌다. 다양한 종류의 DNA 주형을 시험해 본 결과, DNA가 주형으로 작용하기 위해서는 구조적으로 특정 요건을 만족해야 함을 알게 되었다(**그림 7.7**). 예를 들면, 온전한 2중가닥 DNA 분자의 경우는 DNA 합성을 촉진할 수 없었다. 복제가 일어나기 위해서는 2중나선 구조가 반드시 풀려야만 한다는 것을 고려하면 당연한 결과일 것이다. 그러나 단일

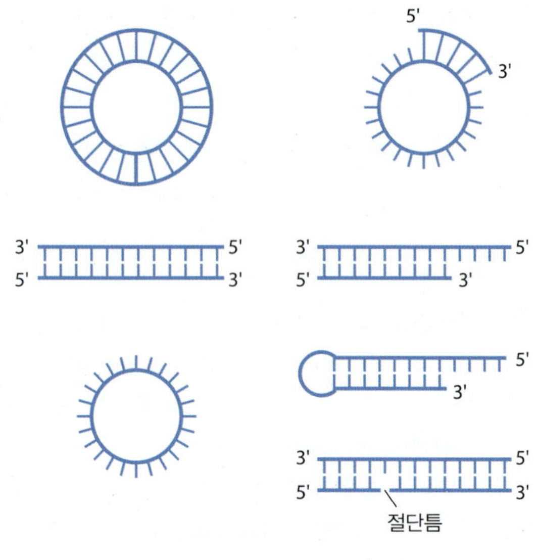

그림 7.7 DNA 중합효소 활성의 주형으로 사용되거나 및 주형으로 사용될 수 없는 DNA 구조들. (*a*) 대장균에서 분리한 DNA 중합효소에 의해 *in vitro* DNA 합성을 촉진할 수 없는 DNA 구조의 예시. (*b*) *in vitro* DNA 합성을 촉진할 수 있는 DNA 구조의 예시. 어떤 경우든지 (b)에 나타난 분자들은 복제하기 위한 주형가닥과 뉴클레오티드드를 첨가할 3′-OH 말단을 제공하는 프라이머(primer) 가닥을 갖고 있다.

가닥의 원형 DNA도 역시 DNA 합성을 촉진할 수 없었는데, 이 구조가 상보적 DNA 가닥을 합성하는 데 매우 이상적인 구조라는 걸 고려하면 좀 의외의 결과였다. 이와는 대조적으로, 부분적으로 2중가닥을 형성하는 DNA 분자의 경우는 바로 DNA 합성을 촉진할 수 있었다.

연구 결과, 단일가닥의 원형 DNA가 주형으로 작용할 수 없었던 이유는 DNA 중합효소가 스스로 DNA 중합반응을 개시할(*initiate*) 수 없기 때문이라는 것이 곧 밝혀졌다. DNA 중합효소는 오직 이미 존재하는 가닥의 3′-OH 말단에 뉴클레오티드를 첨가할 수 있을 뿐이다. DNA 복제에서 3′-OH를 제공하는 분자를 **프라이머(primer 또는 시발체)**라고 한다. 원핵세포와 진핵세포의 모든 DNA 중합효소들은 공통적으로 복제해야 하는 주형 DNA와 뉴클레오티드가 첨가될 프라이머, 이 두 가지가 있어야만 DNA 합성을 진행할 수 있다(그림 7.8*a*). 이렇기 때문에 어떤 구조의 DNA는 왜 DNA 복제의 주형으로 사용될 수 없었는지를 설명할 수 있다(그림 7.7*a*). 온전한 선형의 2중가닥 DNA는 3′-OH 말단을 제공할 수 있지만 주형이 없었고, 원형의 단일가닥 DNA는 주형을 제공할 수는 있지만, 3′-OH 말단을 제공하는 프라이머가 없다. 일부만 2중가닥인 DNA 분자의 경우는 위 두 조건을 모두 만족시키므로 DNA 복제를 촉진할 수 있다(그림 7.7*b*). DNA 중합효소가 DNA 복제를 스스로 개시할 수 없다는 걸 알게 됨에 따라 '세포에서는 새로운 DNA 가닥의 합성이 어떻게 개시되는가?'라는 핵심적인 질문을 하게 된다. Kornberg가 정제한 DNA 중합효소는 복제를 담당하는 효소라는 역할을 고려할 때 언뜻보기에는 이해하기 어려운 또 다른 성질을 가지고 있었다: DNA 중합효소는 오직 5′→3′ 방향으로만 합성을 진행하였다. Waston과 Crick이 처음 발견했던 바와 같이, DNA 2중나선의 두 가닥은 역평

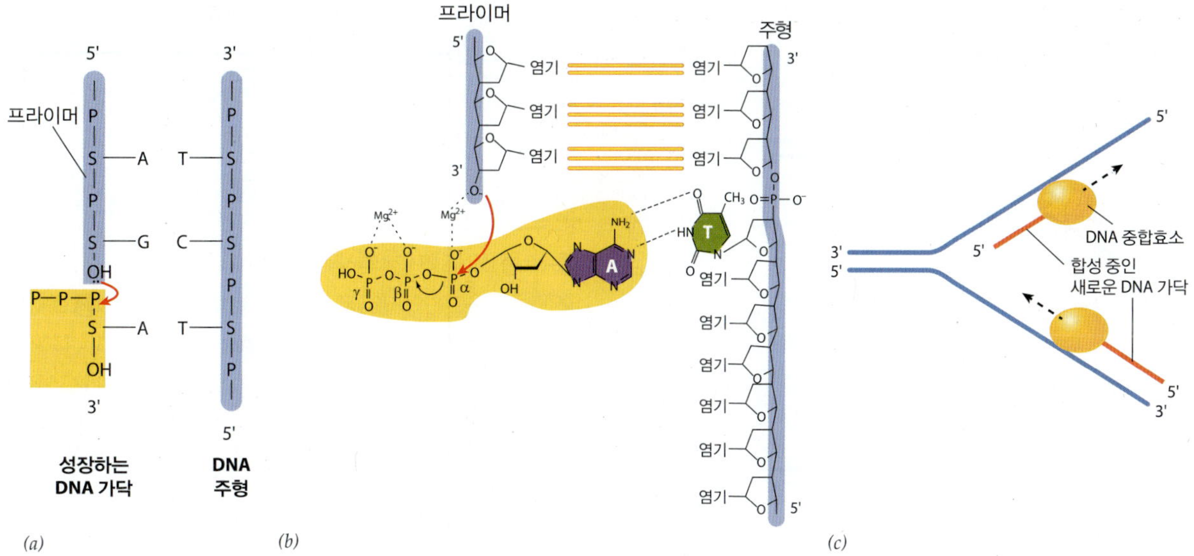

그림 7.8 DNA 중합효소의 활성. (*a*) 프라이머 가닥의 3′-말단에 추가되는 뉴클레오티드의 중합반응. 효소는 주형가닥의 뉴클레오티드와 결합할 수 있는 뉴클레오티드를 선별한다. (*b*) DNA 중합효소에 의해 성장하는 DNA 가닥에 뉴클레오티드가 결합하기 위해 2개의 금속이온이 작용하는 기작을 단순화한 모델. 이 모델에서 첫 번째 마그네슘 이온이 프라이머 분자의 마지막 뉴클레오티드가 갖는 3′-OH기로부터 양성자를 빼내서 들어오는 뉴클레오티드 3인산의 5′α-인산기에 음전하를 띤 3′-산소 원소의 친핵성 공격을 촉진시켜준다. 두 번째 마그네슘 이온은 피로인산(pyrophosphate)을 안정화시켜서 피로인산이 방출되는 반응을 촉진한다. 두 금속이온은 DNA 중합효소의 활성부위에 잘 보존된 아스파르트산 잔기에 결합되어 있다. (*c*) DNA 중합효소가 두 주형가닥을 따라 움직이는 방향을 표시한 모식도.

행 방향으로 결합되어 있다. Waston과 Crick이 처음 제안했던 DNA 복제 모델은 복제분기점에서 2가닥의 복제가 일어날 것으로 예측되는(*expected*) 과정으로 설명하였다(그림 7.1 참조). 이 모델은 새로 합성되는 가닥 중 하나는 5′ → 3′ 방향으로 중합되는 반면, 다른 가닥은 3′ → 5′ 방향으로 중합되는 것으로 제안하였다. 따라서 3′ → 5′ 방향으로 복제를 진행할 수 있는 다른 효소가 존재하는 것인가라는 의문이 들게 된다. 혹시 효소가 시험관 안에서 작동하는 것과 다르게 세포 안에서 작용하는 건 아닐까? 이 질문에 대해서는 나중에 다시 생각해보기로 하자.

DNA 중합효소 발견 이후 1960년대, "Kornberg의 효소(Kornberg enzyme)"가 박테리아의 유일한 DNA 중합효소가 아니라는 것을 알게 되었다. 1969년 대장균의 돌연변이를 분리하였는데, 이 효소 활성의 1%도 채 발현하고 있지 않았지만 전체 DNA 중합효소의 활성은 변화가 없었고, 정상적인 속도로 증식하였다. 추가적인 연구를 통해 Kornberg 효소, 즉 *DNA* 중합효소 *I*(*DNA polymerase I*)은 박테리아가 가지고 있는 여러 개의 DNA 중합효소 중 하나일 뿐이고, 사실 DNA를 복제하는 주된 중합효소가 아니라는 것이 밝혀졌다. 박테리아에서 DNA 복제를 담당하는 핵심적인 복제 중합효소는 *DNA* 중합효소 III(*DNA polymerase III*)이다. 박테리아 한 세포에는 약 300~400개 정도의 DNA 중합효소 I이 존재하는 반면, DNA 중합효소 III은 약 10개 정도만 존재한다. 그렇기 때문에 초기 연구에서, 다량 존재하는 DNA 중합효소 I을 먼저 발견할 수 있었던 것이다. 새로운 DNA 중합효소를 발견했지만 이 효소들도 여전히 시험관에서 스스로 DNA 가닥 합성을 개시하거나, 3′ → 5′ 방향으로 DNA 가닥을 합성할 수 없었기 때문에 여전히 위의 두 가지 질문에 대한 해답을 제시할 수는 없었다.

반불연속적 복제

DNA 중합효소가 3′ → 5′ 방향으로 DNA를 합성할 수 없는 이유는 간단히 설명할 수 있다: DNA 가닥의 합성이 이 방향으로 일어나지 않기 때문이다. 즉, 새롭게 합성되는 DNA 두 가닥은 모두 5′ → 3′ 방향으로만 합성된다. 그림 7.8*b*에 나타난 바와 같이 중합반응 동안 3′말단에 있는 —OH기가 뉴클레오시드 3인산의 5′ α-인산에 친핵성(nucleophilic) 공격을 수행한다. 두 가닥의 DNA를 합성하는 중합효소 분자는 주형을 따라(*along the template*) 3′ → 5′ 방향으로 움직이면서, 3′-OH에 뉴클레오티드를 첨가해서 DNA 가닥이 길어지도록 한다(**그림 7.8c**). 결과적으로, 새로 합성되는 DNA 중 한 가닥은 부모 DNA 가닥이 분리되는 복제분기점 방향으로 신장이 되고, 다른 가닥은 분기점에서 점점 멀어지는 방향으로 길어진다.

위의 설명으로 DNA 중합효소가 오직 한 방향으로만 중합효소 활성을 나타낸다는 문제는 해결하였지만, 이제 더 복잡한 딜레마를 생각해 보아야 한다. 그림 7.8*c*에 그려진 바와 같이 복제분기점 방향으로 합성되는 DNA 가닥은 연속적으로 3′-말단에 뉴클레오티드를 첨가하는 것으로 보인다. 그러면 다른 DNA 가닥은 어떻게 합성되는 걸까? 이후 연구를 통해 복제분기점에서 멀어지는 방향으로 합성되는 DNA 가닥은 조각을 형성하면서 불연속적으로(*discontinuously*) 합성된다는 것을 알게 되었다(그림 7.9). DNA 조각의 합성이 개시되도록 하기 전에, 복제분기점은 충분히 이동해서 적절한 길이의 주형이 노출되어야 한다. 일단 합성이 개시되면, 각 조각들은 복제분기점에서 멀어지면서 이전에 합성된 DNA 조각의 5′말단 방향으로 길어져서 결국 이 5′말단에 연결된다. 그러므로 새롭게 합성되는 딸 2중나선의 두 가닥은 각각 매우 다른 기작으로 생성된다. 연속적으로 합성되는 가닥은 복제분기점이 앞서 가면서 합성이 지속되기 때문에 **선도**

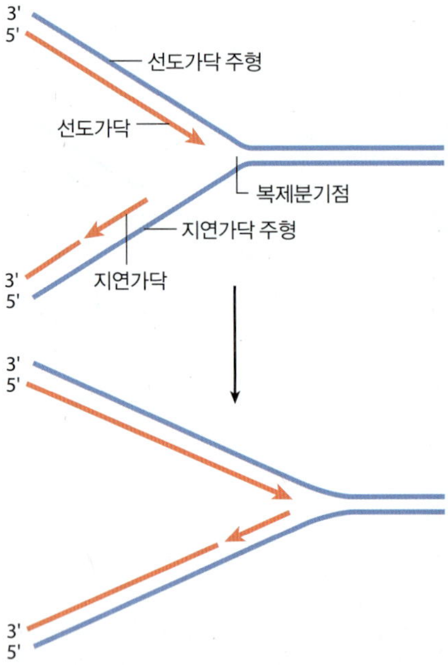

그림 7.9 DNA 2중나선의 두 가닥은 상이한 기작으로 합성된다. DNA 중합효소 분자는 주형을 따라 3′→5′ 방향으로만 이동한다. 그 결과, 새롭게 합성된 두 가닥은 반대방향으로 성장하는데, 하나는 복제분기점 방향으로, 다른 하나는 복제분기점에서 멀어지는 방향으로 신장하게 된다. 한 가닥은 연속적으로 합성되는 반면, 다른 한 가닥은 작은 절편으로 합성되고 이후 효소에 의해 연결된다. 이 그림은 새롭게 합성되는 두 가닥의 합성 기작이 다르다는 것을 보여주고 있다.

가닥(leading strand, 또는 앞서는 가닥)으로 부른다. 불연속적으로 합성되는 가닥은 **지연가닥(lagging strand, 또는 뒤처지는 가닥)**이라고 부르는데, 이는 새로운 각 DNA 조각의 합성이 부모 DNA 가닥이 분리되기를 기다렸다가 추가적으로 주형이 노출되어야만 시작되기 때문이다(**그림 7.9**). 291쪽에서 설명하는 바와 같이 두 DNA 가닥은 아마도 동시에 합성되는 것으로 여겨지기 때문에 선도(*leading*)이나 지연(*lagging*)이라는 용어는 처음 만들어졌을 때 생각했던 것만큼 적당하지 않을 수도 있다. DNA 두 가닥 중 한 가닥은 연속적으로 합성되고 다른 가닥은 불연속적으로 합성되기 때문에, 복제는 반불연속적(*semidiscountinous*)이라고 말한다.

DNA의 한 가닥이 작은 DNA 절편으로 합성된다는 것은 일본 나고야대학(Nagoya University)의 레이지 오카자키(Reiji Okazaki)가 수행한 다양한 방사성 표지실험 결과를 통해 밝혀졌다. Okazaki가 [^{3}H]티미딘이 포함된 배지에서 박테리아를 수 초간만 배양하고, 즉시 분석하였을 때, 1,000~2,000개 뉴클레오티드 길이의 작은 DNA 절편에서 방사능이 발견되었다. 이와는 대조적으로 배양시간을 1~2분 정도로 늘여주면 대부분의 방사능은 훨씬 더 긴 DNA 분자에 포함되어 발견되었다(**그림 7.10**). 이 결과는 DNA의 한 부분은 작은 절편—나중에 **오카자키 절편(Okazaki fragment)**으로 부름—으로 합성되었다가 이전에 합성되었던 더 긴 DNA 조각에 빠르게 연결된다는 것을 보여주는 것이다. 오카자키 절편을 연속적인 가닥으로 이어주는 효소를 **DNA 연결효소(DNA ligase)**라고 한다.

지연가닥이 조각으로 합성된다는 걸 알게 된 후에는 DNA 합성 개시에 대해 더 큰 의문이 생기게 되었다. DNA 중합효소가 DNA 합성을 스스로 개시할 수 없는데 이런 절편들의 합성이 어떻게 시작될 수 있을까? 추가적인 연구를 통해 DNA 합성은 DNA 중합효소에 의해서 개시되는 것이 아니라, RNA를 합성하는 RNA 중합효소의 일종인 **프리메이스(primase)**에 의해 개시된다는 것이 밝혀졌다. 복제개시점에서 시작되는 선도가닥의 합성 또한 프리메이스에 의해서 개시될 수 있다. 프리메이스는 DNA가 아닌 RNA로 구성된 프라이머(primer)을 합성하는 효소로서, 선도가닥의 5′말단과 각각의 오카자키 절편의 5′말단에서 짧은 RNA 가닥을 합성하여 DNA 중합효소가 사용할 수 있는 프라이머를 제공하는 역할을 한다. RNA 프라이머는 DNA 합성 개시 이후에 제거되고, 남게 되는 빈자리는 DNA로 채워진 후 DNA 연결효소에 의해서 연결된다. 이와 같은 일련의 과정은 **그림 7.11**에 그려져 있다. DNA 복제과정에서 RNA 프라이머가 잠시만 존재하다가 사라지는 것은 흥미로운 부분이다. DNA 복제가 신장(elongation)되는 시기보다 개시(initiation) 되는 시기에 오류를 일으킬 가능성이 더 높다는 것을 고려하면, 사용한 RNA 프라이머를 제

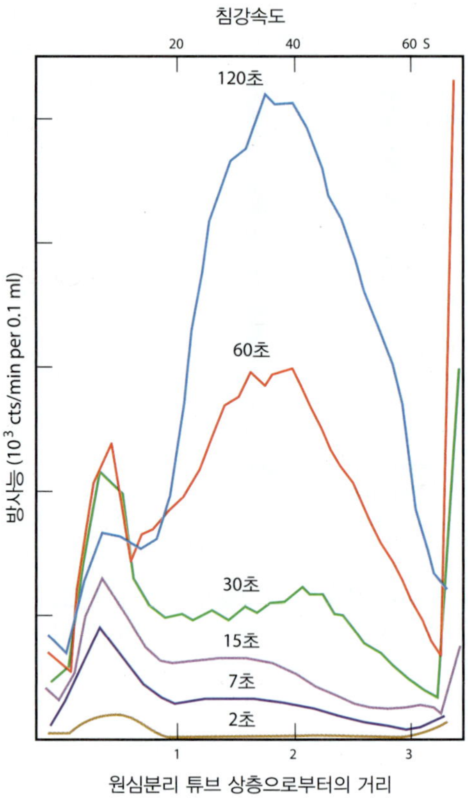

그림 7.10 새롭게 합성되는 DNA 일부가 작은 절편으로 합성되는 것을 보여주는 실험결과. 박테리아파이지에 감염된 대장균에서 DNA를 추출하여 설탕-밀도 기울기를 분석한 실험결과. 세포의 DNA를 방사성 물질로 표지하기 위해 배양시간을 달리한 후, 표지된 DNA의 침강속도(sedimentation velocity)를 확인하였다. 세포를 방사성 동위원소에 짧게 노출시키는 펄스(pulse) 실험 후 바로 DNA를 분석하였을 때는 대부분의 방사능이 작은 크기의 DNA 절편에서 발견되었다 (원심분리 튜브의 상층에 가까운 부위에서 발견되는 피크(peak)로 확인할 수 있음). 배양시간을 60~120초로 늘린 후 표지된 DNA를 분석하면, 이들 피크의 상태적인 크기는 더 큰 분자량에 해당하는 부위에서 늘어나는 것을 확인할 수 있다.

출처: R. Okazaki, *Cold Spring Harbor Symp. Quant. Biol.* 33: 130, 1968에서 발췌, Cold Spring Harbor Laboratory Press의 허가를 얻음.

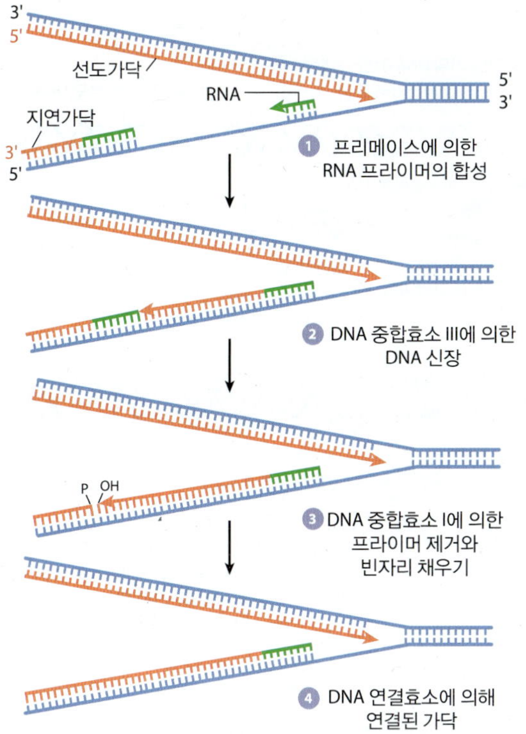

그림 7.11 지연가닥은 오카자키 절편의 합성 개시 단계에서 짧은 RNA 가닥을 제거할 수 있는 프라이머로 사용한다. 주요 단계들은 그림에 표시되어 있고 본문에서 자세하게 설명하고 있다. 이 과정에 필요한 다양한 부속 단백질들의 역할은 다음 그림들에서 설명할 것이다.

거할 수 있다는 것은 DNA 복제에서 발생할 수 있는 오류, 즉 잘못 짝지어진 염기서열이 포함되는 것을 최대한 피하려는 세포의 기작이라고 생각할 수 있다.

7.3 복제분기점에서 작동하는 복제 기구

DNA 복제는 단순히 뉴클레오티드를 연결하는 것 이상의 과정이다. DNA 2중나선을 풀어주고 두 가닥을 분리하는 과정에는 DNA에 결합하는 **헬리케이스(helicase**: DNA를 풀어주는 효소)와 **단일-가닥 DNA 결합단백질[single-stranded DNA-binding (SSB) protein]**, 이 두 가지 단백질의 도움이 필요하다. DNA 헬리케이스는 ATP 에너지를 소모하는 반응을 통해 DNA 2중나선을 풀어서(unwind) DNA 2중나선 중 한 가닥을 따라 움직일 수 있도록 도와준다. 즉, DNA 헬리케이스가 DNA 두 가닥 사이의 수소결합을 끊고 단일가닥 DNA를 만들어 각 DNA 가닥이 주형으로 작용할 수 있도록 한다. 대장균은 DNA (그리고 RNA) 대사의 다양한 단계에 관여하는 적어도 12가지의 헬리케이스를 가지고 있다. 이 중에서 *dnaB* 유전자의 산물은 DNA 복제 중에 DNA 2중나선을 풀어주는 핵심 헬리케이스이다. DnaB 헬리케이스 단백질은 6개의 소단위체(subunit)로 구성되어 단일가닥 DNA를 둘러싸는 고리(ring) 모양의 단백질을 형성한다(**그림 7.12a**). 대장균 박테리아에서 DNA 복제는 DnaA 단백질 여러 분자가 복제개시점인 *oriC*에 결합하여 DNA 두 가닥을 분리시키면서(녹이면서) 개시된다. DnaB 헬리케이스는 DnaC 단백질의 도움을 받아 *oriC* 부위 지연가닥의 단일가닥 DNA 부위에 결합한다. 그 후, DnaB 헬리케이스는 지연가닥 주형을 따라 5′→3′ 방향으로 이동하여 앞으로 가면서 DNA 2중나선을 풀어준다(그림 7.12). 이 과정에서 SSB 단백질이 분리된 단일가닥 DNA에 결합하여 단일가닥 상태를 안정화시키는데(그림 7.12), 이는 분리된 DNA 가닥이 복제되기 전에 다시 결합하거나 손상되는 것을 막아주는 역할을 한다. DNA 2중나선 구조에서 DNA 헬리케이스와 SSB 단백질이 함께 작용하는 모습이 그림 7.12*b*의 전자현미경 사진에 잘 나타나 있다.

오카자키 절편의 합성을 개시하는 효소인 프리메이스는 박테리아에서 헬리케이스와 일시적으로 결합하면서 "프리모솜(primosome)"이라고 불리는 복합체를 형성한다. 프리모솜의 구성요소 중 헬리케이스는 지연가닥의 주형을 따라 지속적으로(processively, 즉 복제분기점이 존재하는 동안 주형가닥으로부터 떨어지지 않으면서) 이동한다. 2중가닥을 풀어주면서 헬리케이스 "모터(motor)"가 지연가닥 주형을 따라 움직이는 동안, 프리메이스는 주기적으로 헬리케이스에 결합하여 오카자키 절편의 합성을 개시할 짧은 RNA 프라

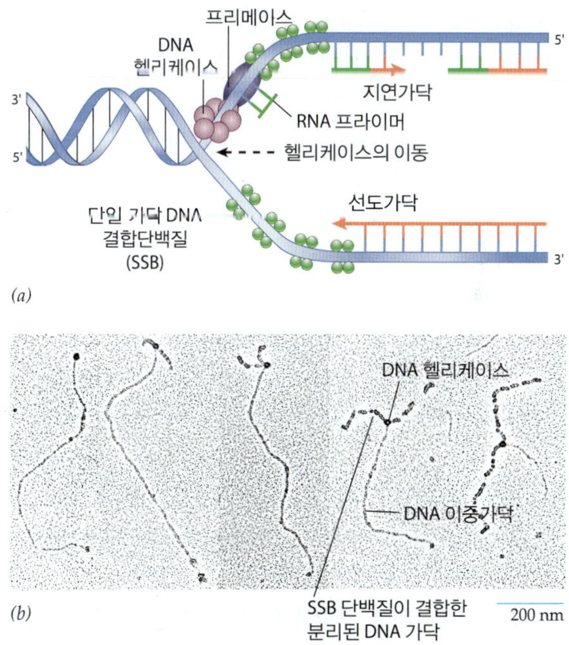

그림 7.12 복제분기점에서 DNA 헬리케이스, 단일-가닥 DNA 결합단백질, 프리메이스의 역할. (*a*) 헬리케이스는 DNA을 따라 움직이면서, ATP 에너지를 소모하여 2중나선 구조를 풀어준다. 분리된 DNA 2중가닥이 재결합하지 않도록 단일-가닥 DNA 결합단백질(SSB)이 결합하여 도와준다. 헬리케이스와 결합되어있는 프리메이스는 RNA 프라이머를 합성하여 오카자키 절편의 합성을 개시한다. 약 10개 뉴클레오티드 길이의 RNA 프라이머는 이후 제거된다. (*b*) 바이러스의 DNA 헬리케이스(T 항원, 298쪽 참조)와 대장균의 SSB 단백질을 DNA와 함께 배양한 후 연속적으로 찍은 5개의 전자현미경 사진. 전자현미경 사진을 왼쪽에서 오른쪽으로 보면 DNA 가닥이 점진적으로 풀리는 과정을 확인할 수 있다. 헬리케이스는 복제분기점에서 원형 입자로 보이고, SSB 단백질이 결합한 단일가닥의 말단 부위는 두꺼운 가닥으로 보인다.

출처: (b) Rainer Wessel, Johannes Schweizer, and Hans Stahl, *J. Virol.* 66: 807, 1992에서 발췌, American Society of Microbiology 판권.

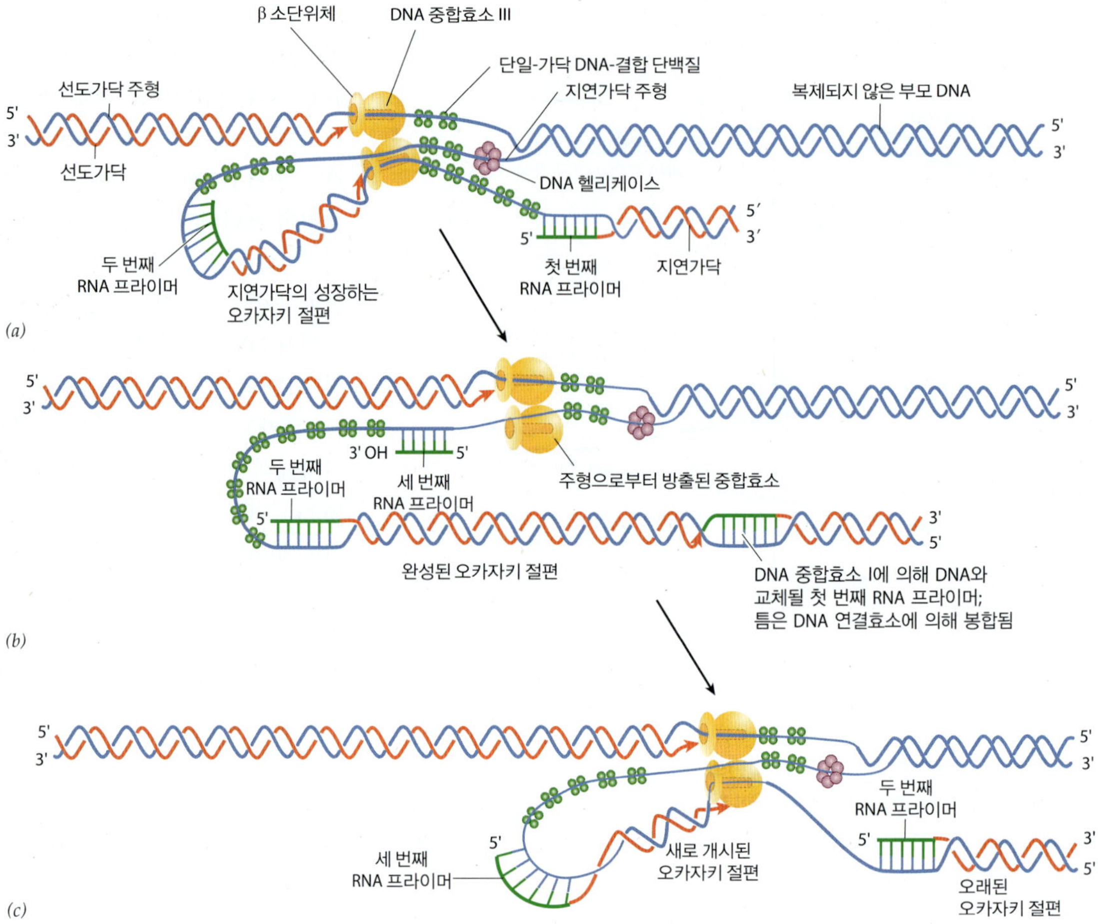

그림 7.13 대장균 박테리아에서 선도가닥과 지연가닥의 복제는 DNA 중합효소 두 분자가 하나의 복합체로 함께 작동하여 이루어진다. (*a*) 두 분자의 DNA 중합효소 III가 각자 주형의 반대쪽 말단으로 이동하는 것일지라도, 실제로는 함께 이동하고 있다. 이는 지연가닥의 주형이 고리를 형성하기 때문에 가능하다. (*b*) DNA 중합효소가 직전에 합성된 지연가닥의 오카자키 절편을 만나면 지연가닥에서 분리되어 이동한다. (*c*) 이전의 오카자키 절편 합성에 관여했던 중합효소는 이제 더 먼 곳에 있는 지연가닥의 주형에 다시 결합하면서, 방금 프리메이스가 합성한 세 번째 RNA 프라이머 말단에 이어서 DNA를 합성한다.

출처: (a–c) D. Voet and J. G. Voet, *Biochemistry*, 2nd, 1995에서 발췌, John Wiley and Sons의 허가를 얻음.

이머를 합성해 준다. 위에 설명한 바와 같이, RNA 프라이머는 이후 DNA 중합효소, 특히 DNA 중합효소 III에 의해 합성되는 DNA로 연결된다.

일련의 증거들은 지연가닥의 연속되는 절편들도 선도가닥을 합성하는 것과 동일한 종류의 DNA 중합효소 III가 합성하는 것으로 제시하고 있다. 이렇게 하기 위해, 이제 막 합성을 마친 오카자키 절편 부위에서 사용된 DNA 중합효소 III 분자를 지연가닥 주형을 따라 DNA가 풀리고 있는 분기점 근처의 다음 번 오카자키 절편이 합성되는 부위로 이동시켜서 재활용한다. 일단 DNA 중합효소가 새 지점에 이르면 이제 막 프리메이스에 의해 생성된 RNA 프라이머의 3′-OH에 붙어서 데옥시리보뉴클레오티드를 짧은 RNA에 결합시키기 시작한다.

DNA 중합효소 III가 어떻게 지연가닥 주형의 한 부위에서 복제분기점에 가까운 다른 부위로 이동할 수 있을까? 이것은 효소가 선도가닥의 주형을 따라 그 방향으로 이동하고 있는 또 다른 DNA 중합효소 분자에 "편승(hitching a ride)"하여 함께 움직이기에 가능하다. 그러므로 두 분자의 DNA 중합효소가 DNA 분자를 기준으로 할 때는 정반대 방향으로 움직이더라도, 실제는 하나의 단백질 복합체를 형성하여 움직이고 있는 것이다(**그림 7.13**). 서로 연결된 두 분자의 DNA 중합효소는 지연가닥의 DNA를 구부려 선도가닥과 같은 방향으로 놓이도록 고리(loop)를 만들어줌으로써 DNA 두 가닥을 동시에 복제할 수 있다. 이렇게 하여 두 분자의 DNA 중합효소는 "5′ → 3′ 방향 규칙"을 위반하지 않으면서 DNA 가닥을 복제하는 단일 복제기구로서 작동할 수 있다(그림 7.13). 일단 지연가닥에 결합한 중합효소가 직전에 합성된 오카자키 절편의 5′말단에 도달하게 되면, 지연가닥의 주형에서 분리되어 복제분기점 쪽의 다음 RNA 프라이머의 3′말단 부위로 이동하여 새로운 복제를 시작한다. 그림 7.13에서 설명하고 있는 이 모델을 "트롬본 모델(trombone model)"로 부르는데, 이는 구부러진 지연가닥의 DNA 고리가 복제하는 동안 길어졌다 짧아졌다하는 모습에서 마치 트롬본이 연주될 때 금관 "고리(loop)"의 움직임이 연상되기 때문이다. 최근 연구결과에 의하면 DNA복제에 관여하는 복합체 또는 리플리솜(replisome)이 여기서 설명한 전통적인 모델에서 말하는 2분자가 아닌 3분자의 DNA 중합효소 III을 가지고 있다. 수정된 최신 모델에서 DNA 중합효소 III 3분자 중 2분자는 지연가닥에서, 1분자는 선도가닥에서 작용한다. 이와 같이 지연가닥에 추가로 존재하는 한 분자의 중합효소는 지연가닥의 복제를 더욱 효율적으로 만들어 주어 전체 리플리솜이 주형에서 떨어지지 않고 지속적으로 DNA 복제를 담당하도록 돕는다. 지연가닥 합성에서 이 2분자의 DNA 중합효소가 어떻게 함께 작동하는지는 아직 분명하지 않지만, 지연가닥 합성 기작은 여기서 설명한 바와 같다.

7.4 DNA 중합효소들의 구조와 기능

대장균 박테리아의 DNA 복제에서 DNA 가닥을 합성하는 효소인 DNA 중합효소 III는 *DNA* **중합효소 III 완전효소**(*DNA polymerase III homoenzyme*)인 거대한 "복제기구(replication machine)"의 일부이다(**그림 7.14**). 이 완전효소를 구성하는 비촉매 성분 중 하나인 **β 클램프(β clamp)**는 중합효소가 DNA 주형가닥에서 떨어지지 않고 결합되어 있도록 한다. DNA 중합효소들은 (RNA 중합효소들과 마찬가지로) 두 가지 상반되는 특징을 갖고 있다: (1) 중합효소가 연속적으로 상보적인 가닥을 합성하는 경우라면 주형과 오랫동안 결합된 상태로 남아 있어야 한다. (2) 중합효소는 한 뉴클레오티드에서 다음 뉴클레오티드로 이동할 수 있을 정도로 충분히 느슨하게 주형에 결합하고 있어야 한다. 이렇게 대조적인 특성은 DNA를 도넛 모양으로 둘러싸고 있는 β 클램프가 중합효소와 함께 활주(sliding)할 수 있어서 가능하다(**그림 7.15a**). 중합효소가 "β 활주 클램프(β-sliding clamp)"에 붙어있는 한, DNA 중합효소는 주형으로부터 떨어지지 않는 상태로 한 뉴클레오티드에서 다음 뉴클레오티드로 지속적으로(processively) 이동할 수 있다. 선도가닥 위에 있는 중합효소는 복제하는 동안 단일 β 클램프와 지속적으로 결합하고 있다. 이와는 대조적으로 지연가닥 위에 있는 중합효소는 오카자키 절편의 합성을 끝낼 때마다 결합되어있던 β 클램프에서 분리되어 복제분기점에 더 가깝게 위치한 RNA 프라이머와 DNA 주형의 접합부위에 조립되어있는 새로운 β 클램프와 결합하는 과정을 반복한다(그림 7.15*b*). 그러나 매우 길어진 DNA 분자가 그림 7.15*a*에서 보이는 바와 같이 고리(ring) 모양의 클램프 내부로 어떻게 들어갈 수 있을까? DNA를 둘러싸는 β 클램프가 조립되려면 여러 개의 소단위체로 구성된 **클램프로더**(*clamp loader*)의 도움이 필요한데, 이 클램프로더는 DNA 중합효소 III 완전효소의 일부이기도 하다(그림 7.14와 7.15*c*). ATP가 결합한 상태의 클램프로더는 그림 7.15*c*에서 나타낸 바와 같이 β 클램프를 열린 입체구로 붙잡고 있는 한편, 프라이머와 주형의 연접 부위에 결합하고 있다. 일단 DNA가 β 클램프 벽의 열린 부위를 통해 비집고 들어가면, 클램프로더에 결합되어 있던 ATP가 가수분해되면서, 클램프에서 분리되고, 클램프는 DNA 주변을 둘러싸며 닫힌 구조를 갖게 된다. 그러고 나면 그림 17.15*b*에서 그려진 것처럼 β 클램프는 이제 DNA 중합효소 III와 결합할 준비가 된 것이다.

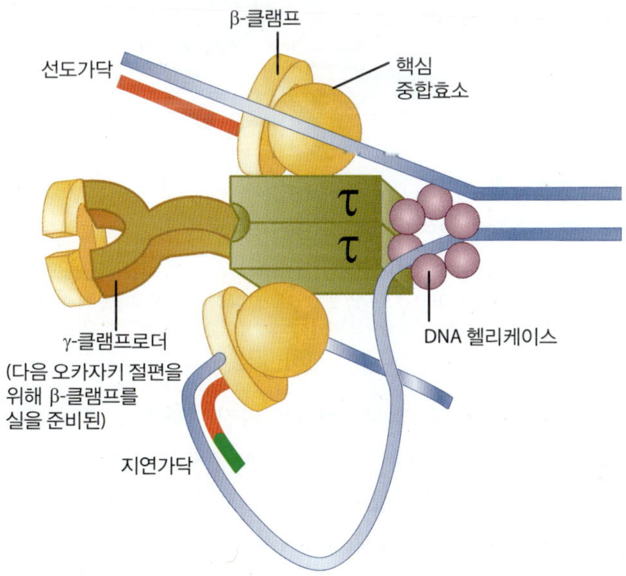

그림 7.14 DNA 중합효소 III 완전효소의 모식도. 완전효소에는 10종류의 서로 다른 소단위체(subunit)들이 몇 개의 독특한 구성성분으로 조직화되어 있다. 완전효소에는 (1) DNA를 복제해내는 2개의 핵심(core) 중합효소, (2) DNA와 결합된 채로 남아있는 2개 또는 그 이상의 β 클램프, (3) 각 β 활주 클램프를 DNA에 결합할 수 있게 하는 클램프로딩(γ) 복합체, 이렇게 3종류 구성요소가 존재한다. 활발한 복제분기점 부위에서 주로 발견되는 클램프로더는 τ 소단위체 2개를 가지고 있으며, 핵심 중합효소를 이 복합체에 결합시킬 뿐 아니라 헬리케이스에도 결합할 수 있다. 종종 사용되는 리플리솜(replisome)이라는 또 다른 용어는 복제분기점에서 활성을 갖는 단백질들의 총복합체를 의미하는데, DNA 중합효소 III 완전효소, 헬리케이스, SSB와 프리메이스를 이에 포함시킨다. (만일 292쪽에서 언급했던 것처럼 박테리아 리플리솜이 3분자의 DNA 중합효소 III을 포함한다면, 3분자의 τ 소단위체 또한 포함시켜서 모든 단백질 구성성분을 하나의 복합체로 묶어주는 역할을 할 것이다.)

출처: *Science* 335: 329, 2012, M. O'Donnell의 그림이 바탕임.

단일 소단위체로 구성된 DNA 중합효소 I은 주로 손상된 DNA 부위를 교정하는 DNA 복구와 관련된 과정에 관여한다(7.8절). 또한, 그림 7.13*b*에 그려진 것처럼 복제가 일어나는 동안에는 DNA 중합효소 I가 각 오카자키 절편의 5′말단에 존재하는 RNA 프라이머를 제거하고, 그 부위를 DNA로 채우는 역할을 한다. 이러한 효소의 활성에 대해서는 다음 절에서 더 자세히 설명하고자 한다.

DNA 중합효소의 핵산말단가수분해효소 활성

DNA 합성을 개시하지 못하는 것과 같은 DNA 중합효소 I에서 나타난 이해하기 어려운 특성은 어느 정도 설명이 되었으니, 또 다른 흥미로운 현상을 생각해 보기로 하자. Kornberg가 DNA 중합효소 I을 처음 분리해서 연구할 때, 정제한 DNA 중합효소 I에서 항상 핵산말단가수분해효소 활성을 발견하였다: 즉, 분자말단에서 하나 또는 그 이상의 뉴클레오티드를 제거하여 DNA 중합체를 분해시킬 수 있었다. 이 활성은 DNA를 합성해야 하는 DNA 중합효소의 기능과는 정 반대이기 때문에, 처음에 Kornberg는 정제과정에서 오염된 효소 때문일 것으로 생각했었다. 아무리 정제를 반복해도 핵산말단가수분해효소(exonuclease)의 활성은 DNA 중합효소 정제물에서 제거되지 않았는데, 사실 이것은 DNA 중합효소 분자 자체의 활성이었다. 이후에 모든 박테리아 DNA 중합효소가 핵산말단가수분해효소 활성을 가짐이 증명되었다. 핵산말단가수분해효소는 DNA 가닥을 어느 방향으로 분해시키는지에 따라, $5' \rightarrow 3'$와 $3' \rightarrow 5'$ 핵산말단가수분해효소로 나뉜다. DNA 중합효소 I은 DNA를 합성하는 활성과 더불어 $5' \rightarrow 3'$와 $3' \rightarrow 5'$ 핵산말단가수분해효소 활성을 모두 가지고 있다(**그림 7.16**). 이 세 가지 활성은 단일 분자의 다른 영역(domain)에서 발견된다. 두 가지 핵산말단가수분해효소 활성은 복제과정에서 완전히

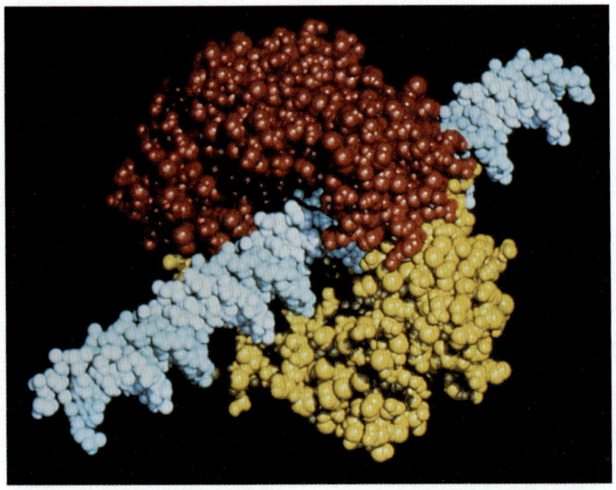

(a)

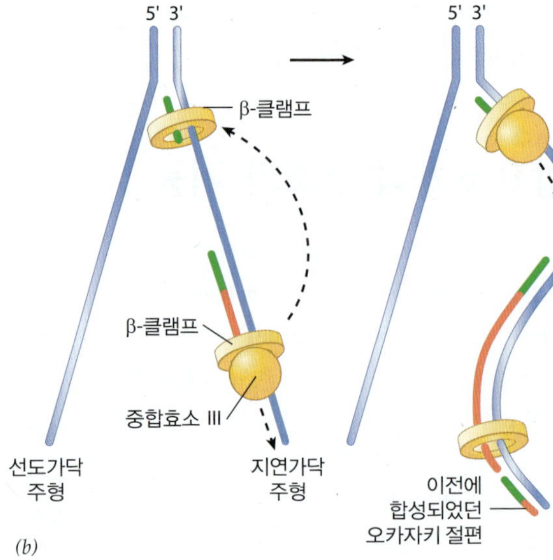

(b)

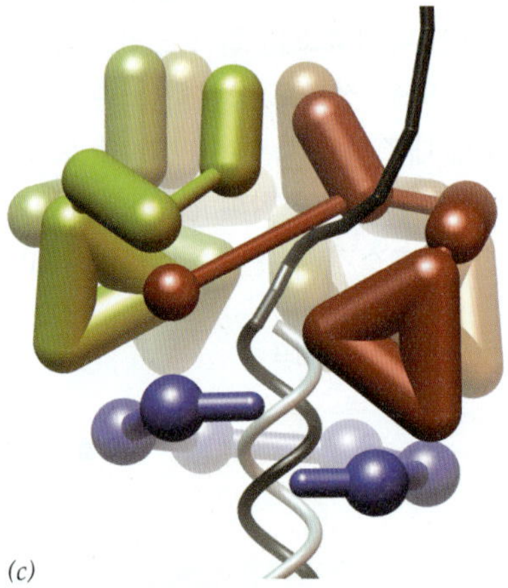

(c)

그림 7.15 **β 활주 클램프와 클램프로더.** (a) 대장균에서 β 활주 클램프의 도넛 모양을 만드는 2개 소단위체(subunit)의 공간-채움(space-filling) 모형구조. β 클램프 내부를 관통하는 2중가닥 DNA는 파란색으로 나타나 있다. (b) 지연가닥 위에서 순환하는 DNA 중합효소 모식도. 중합효소가 주형을 따라 이동하며 상보적인 가닥을 합성하는 동안 β 클램프에 의해 DNA에 결합되어 있다. 오카자키 절편의 합성을 마친 후, 효소는 β 클램프에서 분리되어 복제분기점 방향 RNA 프라이머와 DNA 주형의 연접부위에서 최근에 조립되어 '대기하고 있는' 새로운 β 클램프로 순환하게 된다. 원래의 β 클램프는 오카자키 절편의 합성이 완료된 후에도 잠시 남아 있다가 결국에는 분리되어 다시 활용된다. (c) 전자현미경 영상 분석을 기반으로 제시한 원시 원생세포의 활주 클램프와 클램프로더 복합체의 모델. 클램프로더(녹색과 빨간색)는 lock-washer를 닮은 열린 나선형 입체구조의 β 활주 클램프(파란색)에 결합하고 있다. DNA는 클램프의 빈틈을 비집고 들어가 있는데, DNA의 프라이머는 클램프로더 속에서 종결되는 반면, 주형가닥은 단백질의 꼭대기에 있는 열린 공간을 통해 계속 뻗어 있다. 클램프로더는 이 단백질의 소영역(subdomain)들이 DNA 나선 골격(backbone)을 타고 도는 나선모양을 형성하고 있어 종종 DNA에 꼭 맞는 '나사마개(screw-cap)'와 같다고 표현된다. 클램프로더의 더 자세한 작용기작은 *Science* 334: 1675, 2011 논문에 설명되어 있다.

출처: (a) John Kuriyan, *Cell* 69: 427, 1992에서 발췌. Elsevier의 허가를 얻음; (b) P. T. Stukenberg, J. Turner and M. O'Donnell, *Cell* 78: 878, 1994. Cell Press의 허가를 얻어 지적재산권 청산 센터를 통해 교과서 사용을 목적으로 재인쇄함; (c) T. Miyata 외, *Proc. Nat'l. Acad. Sci. U. S. A.* 102: 13799, 2005, Fig. 4c에서 발췌. 미국 National Academy of Sciences 판권, 그림은 일본 오사카의 K. Morikawa가 제공.

다른 역할을 하는데, 5′→3′ 핵산말단가수분해효소 활성을 먼저 살펴보기로 하자.

대부분의 핵산가수분해효소는 DNA 또는 RNA 특이적으로 작용하지만, DNA 중합효소 I의 5′→3′ 핵산말단가수분해효소는 어떤 유형의 핵산이든지 모두 분해할 수 있다. 프리메이스가 개시하는 오카자키 절편의 합성은 각 절편의 5′-말단에 RNA 프라이머(그림 7.13*b*의 첫 번째 프라이머 참조)를 남기고, 이는 DNA 중합효소 I의 5′→3′ 핵산말단가수분해효소 활성에 의해 제거된다(**그림 7.16a**). 효소가 프라이머의 리보뉴클레오티드(ribonucleotide)를 제거하면서, 이 효소의 중합효소 활성은 동시에 제거된 빈틈을 데옥시리보뉴클레오티드(deoxyribonucleotide)로 채운다. 마지막 데옥시리보뉴클레오티드가 들어가면 DNA 연결효소가 이전에 합성되었던 DNA 절편과 5′-말단에 공유결합으로 이어준다. 3′→5′ 핵산말단가수분해효소의 역할은 다음 절에서 분명해질 것이다.

DNA 복제 동안 높은 정확도를 보장하기

생명체의 생존은 유전체의 정확한 복제에 달려 있다. RNA 중합효소가 만든 mRNA에 생긴 오류는 결함을 가진 단백질을 생산하게 되지만, 이런 RNA 분자는 다른 수많은 RNA 분자 중 하나이고 그 수명도 짧다; 그러므로 이런 오류에 의해서는 지속적인 손상이 일어나지는 않는다. 이와는 대조적으로, DNA가 복제하는 동안 생긴 오류는 영구적인 돌연변이를 일으키고 이 세포의 후손이 제거될 수도 있다. 대장균 박테리아의 DNA 복제에서 잘못된 뉴클레오티드가 DNA에 끼어들 확률은 10^{-9}, 즉 10억 개의 뉴클레오티드 중 1개보다 작다. 대장균의 유전체는 약 4×10^6개의 뉴클레오티드쌍을 가지므로, 이러한 복제오류 확률은 100회 복제될 때 1개의 뉴클레오티드가 잘못 끼어드는 확률과 같다. 이와 같은 확률을 이 박테리아의 자연돌연변이율(*spontaneous mutation rate*)이라고 부른다. 인간에서도 단백질을 암호화하는 부위의 돌연변이율은 이와 비슷하다고 생각하고 있다.

특정 뉴클레오티드를 길어지고 있는 DNA 가닥의 말단에 끼어 넣는 것은 들어오는 뉴클레오시드 3인산과 주형가닥의 뉴클레오티드 염기가 쌍을 이룰 수 있는지에 달려 있다(그림 7.8*b* 참조). 원소와 결합각도 사이의 거리를 분석해 보면 A-T와 G-C 염기쌍은 거의 동일한 기하학적 구조(예를 들면, 크기와 형태)를 가지고 있다. 염기쌍이

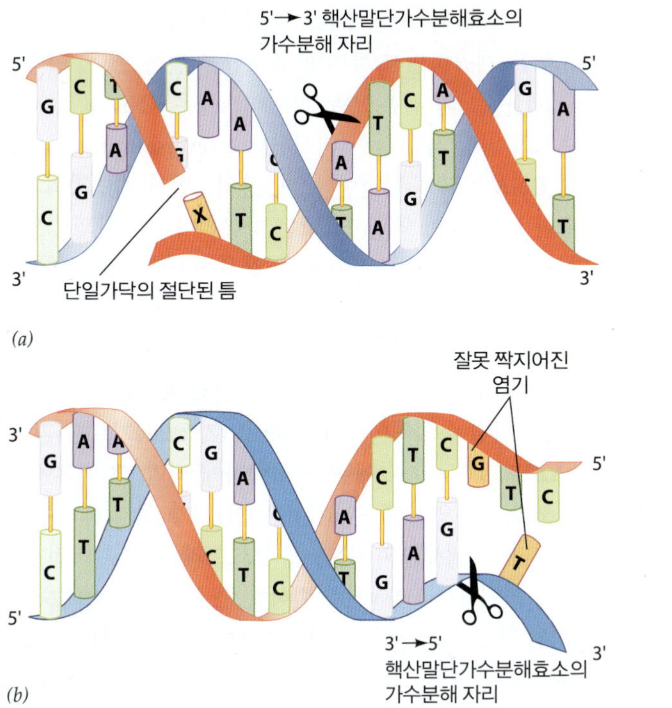

그림 7.16 DNA 중합효소 I의 핵산말단가수분해효소(exonuclease) 활성. (*a*) 효소의 5′ → 3′ 핵산말단가수분해효소 기능은 단일가닥의 절단된 틈 5′말단에서부터 뉴클레오티드를 제거한다. 이 기능은 RNA 프라이머를 제거하는 데 중요한 역할을 한다. (*b*) 효소의 3′ → 5′ 핵산말단가수분해효소 기능은 자라나는 DNA 가닥에서 잘못 짝지어진 뉴클레오티드를 3′-말단에서부터 제거한다. 이 활성은 DNA 합성의 정확성을 유지하는 데 중요한 역할을 한다.

출처: (a–b) D. Voet and J. G. Voet, *Biochemistry*, 2nd, 1995에서 발췌, John Wiley and Sons의 허가를 얻음.

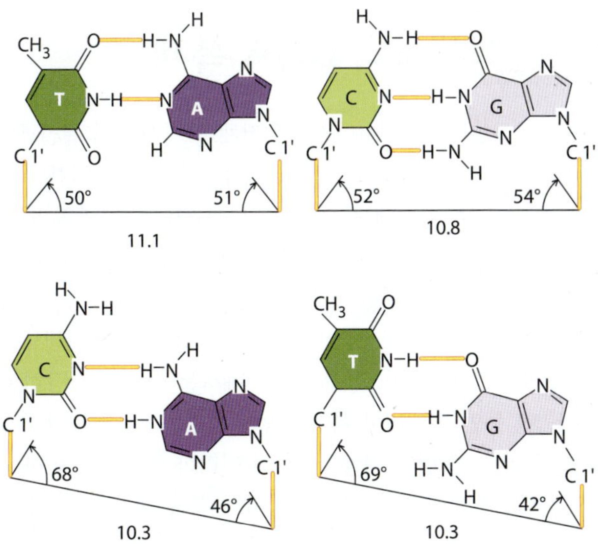

그림 7.17 적합한 염기쌍(위)과 잘못 짝지어진 염기쌍(아래)의 기하학적 구조.

출처: (a–b) Richardson and Charles, *Annual Review of Biochemistry*, Vol 60에서 발췌, Annual Review 허가를 얻음.

잘못 맞추어지면 **그림 7.17**에서 보이는 바와 같이 상이한 기하학적 구조를 이루게 된다. DNA 중합효소는 주형을 따라 각각의 자리에서 반드시 4개의 서로 다른 잠재적인 전구체가 활성자리를 들어오고 나갈 때 구별해 낼 수 있어야 한다. 들어올 수 있는 4개의 뉴클레오시드 3인산 중에서 오직 1개만 주형과 완벽하게 맞는 기하학적인 구조를 형성하여, 효소의 활성결합부위에 딱 맞춰 들어갈 수 있는 A-T 또는 G-C 염기쌍을 만들게 된다. 이것은 식별과정(discrimination process)의 첫 번째 단계일 뿐이다. 들어오는 뉴클레오티드가 효소에 의해 올바른 것으로 "인지(perceived)"되면, 효소의 입체구조에 변화가 일어나서 중합효소의 "손가락(fingers)" 부위가 "손바닥(palm)" 방향으로 회전하며, 들어오는 뉴클레오티드를 붙잡을 수 있게 된다(**그림 7.18a**). 이와 같은 모델은 100쪽에서 설명한 유도적합(induced

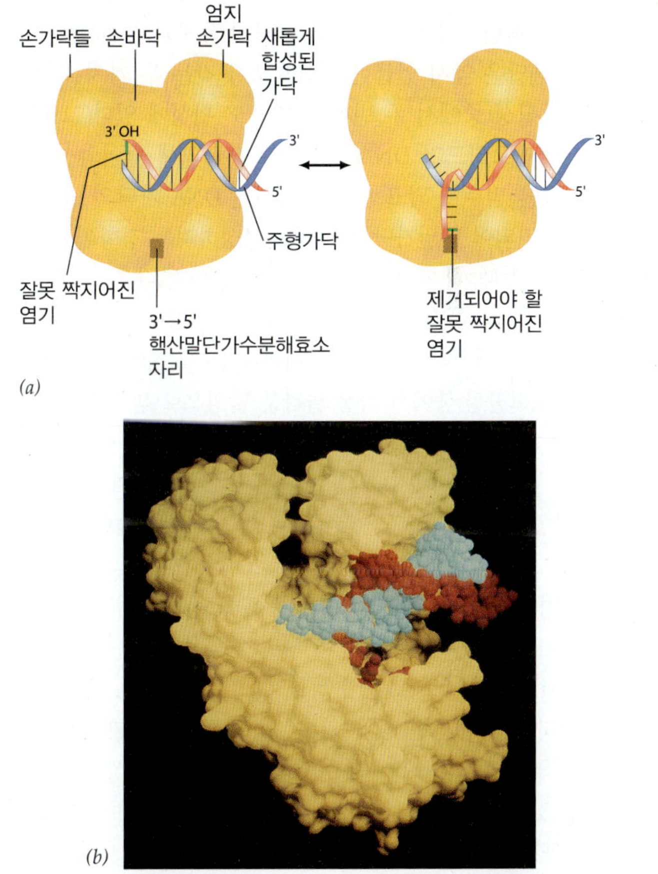

그림 7.18 DNA 중합효소 I의 3′ → 5′ 핵산말단가수분해효소(exonuclease)의 활성화. (*a*) DNA 중합효소 I의 영역 중 중합효소와 3′ → 5′ 핵산말단가수분해효소 활성부위를 갖는 클레뉴 절편(Klenow fragment)에 대한 도식적 모형. DNA 중합효소 I의 5′ → 3′ 핵산말단가수분해효소 활성은 단백질의 다른 영역에 있고 이 그림에는 나타나 있지 않다. 클레뉴 절편의 부위들은 부분적으로 펴진 오른손 모양에 비교하여 '손가락들', '손바닥', '엄지손가락'으로 표현된다. 중합효소의 효소 활성부위는 중심부 '손바닥' 소영역(subdomain)에 위치한다. 신장하는 DNA 가닥의 3′말단은 중합효소 활성자리와 핵산말단가수분해효소 활성자리를 왔다갔다 할 수 있다. 자라나는 DNA 가닥에 잘못 짝지어진 염기가 들어오면 그 부위가 풀어지면서 단일가닥의 3′말단이 핵산말단가수분해효소 활성자리에 들어가서 제거된다. (DNA 중합효소 III의 중합효소와 핵산말단가수분해효소 활성자리도 유사한 방식으로 작동하지만 한 소단위체가 아닌 다른 소단위체에 존재한다) (*b*) DNA와 결합한 클레뉴 절편의 분자 모델. 복제되는 주형 DNA 가닥은 파란색으로, 다음 뉴클레오티드가 결합할 프라이머 가닥은 빨간색으로 나타나 있다.

출처: (a) T.A. Baker and S.P. Bell, *Cell* 92:296, 1998, C. M. Joyce and T. A. Steitz. Cell Press 허가를 얻어 지적재산권 청산 센터를 통해 교과서 사용을 목적으로 재인쇄함. (b) Thomas A. Steitz, Yale University 제공

fit)의 한 예라고 할 수 있다. 만일 새롭게 형성된 염기쌍이 적절하지 않은 기하학적인 구조를 형성한다면, 활성자리는 촉매작용에 알맞은 입체구조로 변화할 수 없고, 올바르지 않은 뉴클레오티드는 자라나는 DNA에 연결될 수 없다. 이와는 대조적으로, 염기쌍이 적절한 기하학적인 구조를 형성하게 되면 들어오는 뉴클레오티드가 신장하는 DNA 가닥의 말단에 공유결합을 통해 연결된다.

중합효소가 때때로 잘못된 뉴클레오티드를 결합시켜서, A-T나 G-C가 아닌 잘못 짝지어진 염기쌍이 생긴다. 이와 같은 잘못된 염기쌍은 10^5~10^6개 뉴클레오티드마다 한 번씩 생기는 것으로 추정되는데, 이는 자연돌연변이율인 10^{-9}보다 10^3~10^4배 더 높은 빈도로 발생하는 것이다. 돌연변이율이 어떻게 더 낮게 유지되는 걸까? 이 질문에 대한 일부 해답은 앞서 언급한 중합효소가 갖는 두 가지 핵산말단가수분해효소 활성 중에서 두 번째인 3′→5′ 활성에 있다(그림 7.16*b*). 잘못된 뉴클레오티드가 DNA 중합효소 I에 의해 들어와 연결될 때, 효소는 작동을 멈추게 되고 새롭게 합성된 DNA 가닥의 말단은 주형으로부터 분리되어 단일가닥 3′말단을 형성하려는 경향이 커진다. 이런 일이 일어날 때, 새롭게 합성된 가닥의 떨어져 나온 말단은 효소의 3′→5′ 핵산말단가수분해효소 활성자리로 보내져서, 잘못 짝지어진 뉴클레오티드가 제거된다(그림 7.18). 이와 같은 "교정(proofreading)" 작업은 모든 효소활성 중에서 가장 놀라운 활성으로 생각되며, 생물학적 분자기구가 진화해 온 정교함의 한 예를 보여준다. 3′→5′ 핵산말단가수분해효소 활성을 통해 100개의 틀린 염기쌍 중 99개를 제거함으로써, 복제의 정확성(fidelity)을 약 10^{-7}~10^{-8} 정도로 높여준다. 나아가 박테리아는 복제가 완료된 후에라도 잘못 짝지어진 염기쌍을 수선하는 미스매치복구(mismatch repair)라는 DNA 복구 기작을 가지고 있어서(304쪽) 교정단계에서 바꾸지 못한 거의 모든 잘못 짝지어진 염기쌍들(mismatched bases)을 수정할 수 있다. 이러한 과정들이 모두 함께 작용하면서 돌연변이율이 10^{-9} 정도로 낮아지게 된다. 따라서 DNA 복제의 정확성(fidelity)에는 다음의 세 가지 활성이 중요하다고 정리할 수 있다: (1) 정확한 뉴클레오티드의 선택, (2) 즉각적인 교정작용, (3) 복제 이후 잘못 짝지어진 염기쌍 복구.

박테리아의 DNA 복제에서 눈여겨 봐야 할 또 다른 특징은 복제 속도이다. 배양온도 37°C에서 40분 정도만에 박테리아 유전체 전체를 복제하려면 복제분기점이 초당 1,000개의 뉴클레오티드 길이를 움직여야 하는데, 이 길이는 오카자키 절편 전체 길이와도 같다. 오카자키 절편 합성의 전 과정이 수초만에 일어나는데, 이 과정에는 RNA 프라이머의 생성, DNA 길이 신장, DNA 중합효소에 의한 동시 교정작업, RNA 프라이머 제거와 DNA로와의 교체, 그리고 DNA 가닥 연결, 이 과정들 모두가 포함되어 있다. 대장균이 DNA를 복제하는 데 약 40분 정도가 걸린다고 하지만, 이전 복제주기가 완료되기도 전에 새로운 복제주기가 시작될 수 있다. 결과적으로 박테리아가 최대속도로 성장할 때는 약 20분마다 2배로 증식한다.

7.5 바이러스의 DNA 복제

바이러스들은 종종 자기 자신의 복제 기구를 가지고 있다. T4 박테리오파아지의 복제 시스템은 DNA 복제의 기작을 이해하기 위한 실험적 시스템을 제공하면서 특별히 중요한 역할을 했다. 인체면역결핍바이러스(HIV-1)와 같은 일부 바이러스들은 RNA 유전체를 갖지만 복제주기의 일정 시간 동안 역전사효소(reverse transcriptase, RT)를 이용해 DNA 가닥을 합성한다. 제3장의 <인간 질병과의 연관성>에서 서술한 바와 같이 역전사효소는 박테리아나 인간의 DNA 합성효소보다 훨씬 더 높은 돌연변이율을 갖고 있다. 그러나 역전사효소는 들어오는 뉴클레오티드에 대한 선택성이 더 낮기 때문에, 뉴클레오티드 유사체를 새롭게 합성하는 DNA 가닥에 결합시킬 수 있다. 이와 같은 유사체 중 하나가 아지도티미딘(azidothymidine, AZT)이다. AZT는 타이민 유사체이지만 3′-OH기가 azide기로 치환되어 있어, 만일 AZT가 DNA 가닥에 끼어 들어가게 되면, 그 이후에 들어오는 뉴클레오티드와 연결할 수 있는 3′-OH기가 없기 때문에 중합반응이 중단된다. 진핵세포의 DNA 중합효소와는 달리 역전사효소의 경우 AZT를 받아들여 DNA에 연결시킬 수 있기 때문에(7.6절 참조), AZT는 HIV 역전사효소에 의한 DNA 합성을 선택적으로 저해하는 약물로 사용될 수 있다. HIV와 후천성면역결핍증(AIDS)이 엄청나게 빠른 속도로 퍼져 나가고 있으나 치료제가 없어 공황상태에 빠져 있던 당시 의료상황을 고려한다면, AZT가 HIV의 역전사효소를 억제할 수 있다는 발견은 AIDS 치료에 매우 중요한 돌파구를 마련한 것이다. AZT는 AIDS의 발병이 미국에서 보고된지 단 6년 만에, HIV 감염으로 인한 사망을 막는 데 뛰어난 효능이 있음을 보여주는 단 한 번의 임상시험 결과를 근거로 1987년 FDA의 승인을 받았다. 사실 그 효능이 매우 뛰어났기 때문에 이 임상시험을 조기에 종료하였고 이 약은 더 빨리 승인될 수 있었다.

7.6 진핵세포의 DNA 복제

제4장에서 언급한 바와 같이, 인간 유전체 염기서열의 뉴클레오티드 문자는 대략 1백만 쪽 분량의 책을 채우는 정도이다. 인간 유전체의 염기서열을 처음 밝히는 데는 수백 명의 연구자가 수 년의 노력을 기울여야 했지만, 직경이 약 10 μm 크기인 세포핵에서는 이 모든 DNA를 복제하는 데 고작 몇 시간이 소요될 뿐이다. 진핵세포는 거대한 유전체의 복잡한 염색체 구조를 갖는다는 것을 고려할 때 진핵세포의 복제를 이해하는 건 박테리아의 복제를 이해하는 것보다 상당히 뒤처져 있다. 수십 년 동안 박테리아 복제를 연구할 때 사용한 것과 비슷하게 진핵세포의 실험시스템을 개발함으로써 이러한 한계를 극복하고자 했는데, 진핵세포 복제 연구를 위한 실험시스템들은 다음과 같다.

- 복제의 다양한 단계에 필요한 특정 유전자 산물을 생산할 수 없는 돌연변이 효모(yeast)와 동물세포를 분리하기.
- 원시 고세균 종에서 유래한 복제 단백질의 구조와 작용기작에 대해 분석하기(그림 7.15*c* 참조). 이들 고세균에서의 복제는 박테리아와는 달리 여러 개의 복제개시점에서 복제가 개시되고, 진핵세포 단백질과 유사한 단백질을 필요로 하는데, 대신 진핵세포보다는 덜 복잡하고 연구하기 쉽다.

- 세포 추출액 또는 정제한 단백질들을 섞어서 복제가 일어날 수 있는 *in vitro* 시험관 시스템을 개발하기. 이러한 시스템 중 가장 중요하게 활용되는 생물은 수중개구리(*Xenopus*)인데, 개구리의 큰 난자에는 12회 이상을 연속적으로 복제할 수 있는 정도의 복제 관련 단백질들이 쌓여 있다. 이러한 개구리 난자의 추출물에 염기서열과은 상관없이 어느 DNA라도 첨가하면 복제할 수 있다. 개구리 난자 추출액이 있으면 포유동물 핵의 복제와 유사분열을 유지할 수 있기 때문에 특히 유용한 무세포시스템(cell-free system)으로 활용된다. 추출액에 존재하는 특정 단백질에 대한 항체를 넣으면 그 단백질을 고갈시킬 수 있으므로, 이렇게 고갈시킨 추출액의 DNA 복제력을 시험함으로써 특정 단백질의 기능을 확인할 수 있다.

진핵세포의 복제 개시

대장균의 복제는 단일의 원형 염색체의 특정한 부분에서만 개시된다(그림 7.5). 고등생물의 세포에서는 이 박테리아에 비해 1,000배는 더 많은 양의 DNA를 가지고 있지만, 그들의 중합효소는 훨씬 더 느리게 뉴클레오티드를 DNA에 결합시킨다. 이러한 차이점들을 수용하기 위해, 진핵세포는 레플리콘(*replicon*)이라고 부르는 유전체의 작은 부분에서 복제한다. 각 레플리콘은 자기 자신의 복제개시점을 가지고 있고, 복제분기점은 바깥쪽 양방향으로 진행된다(그림 7.23 참조). 인간 세포는 약 1만~10만 개의 복제개시점에서 복제를 개시한다. 단일 DNA 분자가 그 길이를 따라 여러 군데에서 동시에 복제를 진행하고 있음을 방사선사진(autoradiograph) 실험 결과를 통해 알게 되면서 레플리콘의 존재가 처음으로 증명되었다(**그림 7.19**).

세포주기 S기의 어느 시기에서든지 대략 10~15% 정도의 레플리콘이 활발하게 복제에 참여하고 있다(그림 14.1참조). 특정 염색체에서 가깝게 위치하는 레플리콘들은 동시에 복제를 진행한다(그림 7.19에서 명백하게 보여주는 것처럼). 더 나아가, 한 주기의 특정 시기에 활발하게 복제되었던 레플리콘들은 다음 주기에서도 비슷한 시기에 활발하게 복제되는 경향이 있다. 포유동물세포에서 염색체 부위의 복제시기는 그 부위의 유전자들 활성과 염색체의 응축상태와 관련이 있다. 유전자의 전사활성과 밀접하게 관련된 아세틸화된 히스톤(262쪽)은 활발한 유전자 부위가 초기에 복제되도록 하는 중요한 인자로 작용할 것이다. 가장 고도로 응축된, 가장 적게 아세틸화된 염색체 부위는 이질염색질(heterochormatin)화되어(6.4절), 가장 나중에 복제된다. DNA 염기서열에 따라 복제되는 시기가 결정되는 것은 아니라고 생각되는데, 이는 암컷 세포의 X염색체 중 불활성화된 이질염색질(heterochromatin)의 X염색체(234쪽)는 S기의 후반부에 복제되는 반면, 동일한 염기서열을 갖지만 활발하게 유전자 발현을 하는 진정염색질(euchromatin)의 X염색체는 S기의 초반부에 복제가 되기 때문이다. 이와 유사하게 β-글로빈(β-*globin*) 유전자 부위는 유전자를 발현하는 적혈구계 세포에서는 S기의 초반부에 복제되지만, 유전자가 발현되지 않는 비적혈구계 세포에서는 훨씬 나중에 복제된다.

진핵세포에서 복제가 개시되는 기작이 지난 십여 년간 이 분야 연구의 중심 주제였다. 출아효모를 사용하는 실험을 통해 많은 진전을 이룰 수 있었는데, 효모 염색체의 복제개시점을 꺼내서 박테리아 DNA 분자에 삽입하였을 때 이 분자들이 효모세포 안에서나 진핵세포의 DNA 복제 기구를 갖는 세포추출물에서 복제할 수 있는 능력을 갖게 되었다. 이들 서열은 자신을 포함한 DNA의 복제를 촉진하기 때문에 자기복제염기서열(*autonomous replicating sequences, ARSs*)이라고 부른다. 분리해서 연구한 ARS는 몇 가지 독특한 염기서열을 공통적으로 갖는다. ARS를 이루는 핵심요소는 잘 보존된 11개의 염기쌍으로 구성되며, 복제개시점 인식복합체(*origin recognition complex, ORC*)라고 부르는 필수적인 중요 단백질 복합체가 결합하는 자리로 작용한다(**그림 7.20** 참조). 만일 ARS 서열에 결합하지 못하는 ORC 돌연변이가 생긴다면, 복제는 개시될 수 없다.

복제개시점은 효모에서보다 척추동물에서 연구하기가 더 어려운 것으로 증명되었다. 그 이유 중 하나는 어떤 종류의 정제된 DNA든지 개구리 난자 추출물을 사용하는 시스템에서 모두 복제가 된다는 것이다. 즉, 척추동물에서는 효모와 달리 ARS와 같은 특정 서열을 복제개시점으로 사용하지 않는다는 것을 의미한다. 그러나 포유동물 염색체를 이용한 *in vivo* 연구 결과, 개구리 난자 추출물을 이용한 *in vitro* 실험에서처럼 무작위적으로 선별된 부위에서 DNA 복제가 개시되는 것이 아니라 정해진 DNA 부위에서 개시된다는 것을 알게 되었다. DNA 분자는 복제가 개시될 수 있는 여러 자리를 가지고 있지만, 실제는 그 중 일부만을 특정 세포의 특정 시기에 이용한다. 양서류의 배세포와 같이 짧은 세포주기를 갖는 세포들은 긴 세포주기를 갖는 세포들에 비해 훨씬 더 많은 수의 복제개시점을 가진다. 복제 개시를 위한 자리의 실질적인 선별은 그 주변 지역의 뉴클레오솜의 위치, 초나선(supercoil) 정도, 전사의 활성 정도와 같은 후생유전학적(epigenetic) 인자들에 의해 조절된다(243쪽).

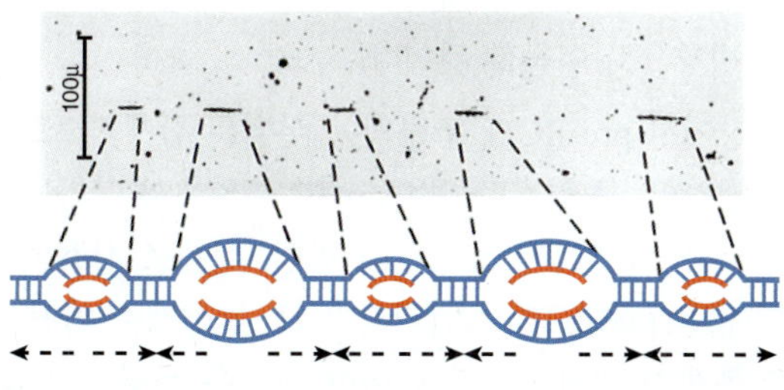

그림 7.19 **진핵세포의 염색체 복제는 DNA을 따라 여러 곳에서 개시된다는 실험적 증거.** 세포를 [^{3}H]티미딘과 짧은 시간 배양한 후에 DNA 가닥을 추출하여 방사능 사진(autoradipgraphy)을 찍었다. 은 입자들에 의해 검은색으로 나타난 선들은 방사능 DNA 전구체가 표지하는 배양시간 동안 DNA에 끼어 들어간 부위를 보여준다. DNA 합성이 동일한 DNA 분자상의 여러 자리에서 개시되어 진행되었음이 분명하게 보인다. 아래에 점선으로 그린 그림에서 보여주듯이, 복제 개시는 각 티미딘이 끼어든 자리의 중앙부위에서 시작되었고, 2개의 복제분기점을 형성하여 복제개시점에서 멀어지며 양방향으로 이웃한 복제분기점을 만날 때까지 이동한다.

출처: Joel Huberman 제공

세포주기당 단 한 번만 복제하기

유전체의 각 부위가 매 세포주기마다 오직 단 한 번만 복제되는 것은 매우 중요하다. 결과적으로 한 번 복제가 된 부위에서 복제가 다시 개시되지 않도록 하는 기작이 반드시 존재해야 한다. 특정 복제개시

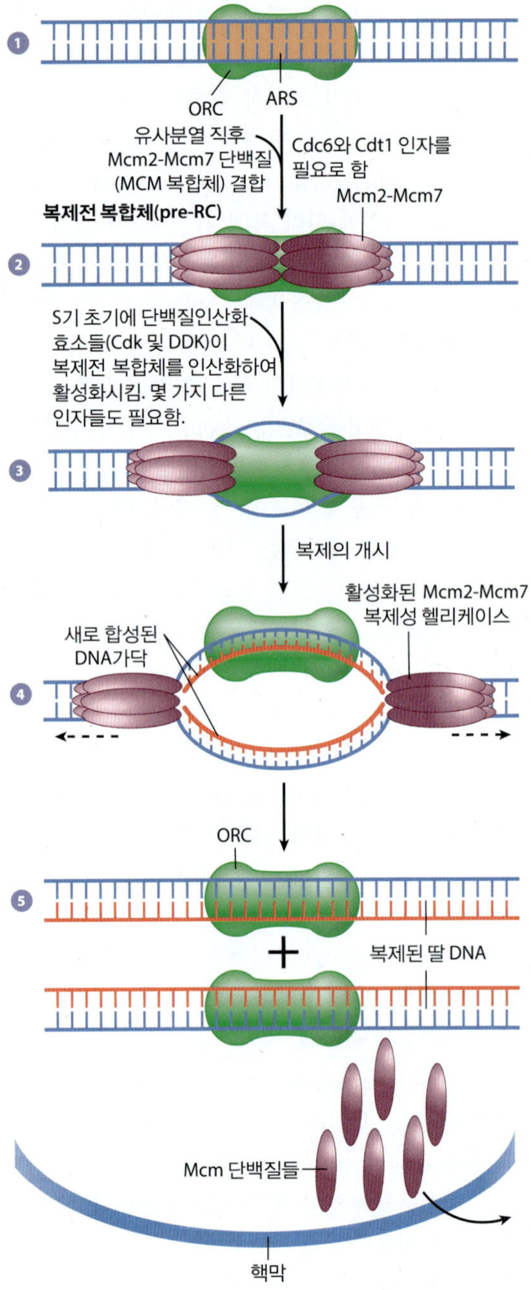

그림 7.20 효모 레플리콘(replicon) 복제의 단계. 효모의 복제개시점은 보존된 염기서열인 ARS를 가지고 있고, 여기에 여러 인자로 구성된 복제개시점 인식 복합체(origin recognition complex, ORC)가 결합한다(1단계). ORC의 결합은 복제 개시에 필수적이며, 세포주기 내내 복제개시점에 결합하고 있다. 2단계에서, 유사분열 동안이나 그 이후에 6량체(hexamer)인 MCM 복합체(Mcm2-Mcm7)가 복제개시점에 결합하여, 적절한 자극이 왔을 때 복제를 개시할 수 있는 복제전 복합체(prereplication complex, pre-RC)를 형성한다. 복제개시점에 MCM단백질들이 결합하는 데는 추가로 Cdc6와 Cdt1 단백질도 필요하다(그림에서 생략되어 있음). 3단계에서 DNA 복제는 사이클린-의존성 인산화효소(cyclin-dependent kinase, Cdk)와 두 번째 인산화효소인 DDK를 활성화시킨 후에 개시된다. 4단계는 복제개시점에서 양방향으로 짧은 부위의 복제가 진행되고 있음을 보여주고 있다. 각 MCM 복합체는 반대방향으로 움직이는 복제분기점에서 DNA를 풀어주는 복제성 DNA 헬리케이스를 형성한다. 복제에 필수적인 다른 단백질들은 이 그림에는 나타나 있지 않지만 다음 그림에서 설명하고 있다. 5단계에서는 원래 두 가닥의 DNA가 복제되었고, ORC가 양쪽 복제개시점에 존재하고 있으나, MCM 단백질들을 포함하는 복제단백질들은 DNA에서 분리된다. 효모에서는 MCM 단백질들이 핵에서 빠져나오며, 유사분열이 지나갈 때까지 복제가 다시 개시될 수는 없다. [척추동물 세포에서 복제의 재개시를 막는 기작으로는 (1) S기에서 ORC 단백질을 사용한 이후 분리시킴, (2) S기에서 유사분열까지 Cdk 활성 유지, (3) Cdc6 단백질 인산화와 그 이후 핵으로부터 반출, (4) Cdt1의 분해 또는 억제인자와의 결합을 통한 불활성화 등이 있다.]

점에서 시작되는 DNA 복제는 복제개시점에서 몇 단계를 거쳐야만 일어난다. 효모세포의 복제개시점에서 일어나는 일련의 과정은 그림 7.20에서 설명하고 있다. 유사한 단계의 과정이 식물과 동물세포에서도 일어나는데, 이는 복제의 기본적인 기작이 진핵세포 사이에서 잘 보존되어 있음을 시사한다.

1. 첫 번째 단계(그림 7.20)에서, 복제개시점에 ORC(복제개시점 인식복합체)가 결합한다. 효모에서 ORC는 세포주기 내내 복제개시점에 결합한 상태로 머문다. ORC는 다음 단계에서 요구되는 단백질들이 결합하는 장소를 제공하므로 "분자 착륙장(molecular landing pad)"이라고 표현한다.
2. 그 다음 단계(2단계)에서는 **복제전 복합체**(*prereplication complex, pre-RC*)라고 불리는 단백질-DNA 복합체의 조립이 이루어지는데, 복제를 개시할 수 있도록 "허가(licensed)"(또는 가능하게)하는 단계다. 복제전 복합체(pre-RC) 형성에 대한 연구는 6개의 관련 MCM 단백질(Mcm2~Mcm7)에 집중되어 왔다. MCM 단백질들은 유사분열의 늦은 시기 또는 그 직후에 이미 ORC에 결합되어 있던 보조인자들의 도움을 받아 복제개시점에 결합한다. Mcm2~Mcm7의 6개 단백질들은 서로 상호결합하면서 고리 모양의 6량체(hexamer)인 복합체(MCM complex)를 형성하고 헬리케이스 활성을 갖는다(그림 7.20, 4단계). MCM 복합체는 진핵세포의 복제성 헬리케이스로 작동하며, 대장균의 DnaB와 유사하게 복제분기점에서 DNA를 풀어주는 역할을 담당한다는 증거들이 많다. 2번째인 pre-RC 단계에서 개별 복제개시점은 2개(*double*)의 6량체 MCM 복합체를 갖고 있는데, 이때의 세포주기에서는 2분자의 복제성 헬리케이스가 불활성화된 상태로 결합되어 있다. 이들 헬리케이스는 복제가 개시되면 각각 복제개시점에서 멀어지며 반대 방향으로 이동할 것이다.
3. 유전체 상에서 pre-RC가 조립되는 부위는 잠재적으로 복제개시점으로 생각할 수 있지만, 반드시 이 부위에서 복제가 개시되는 것은 아니다. 대부분의 세포주기 동안, 실제로 사용되는 것보다 훨씬 더 많은 pre-RC가 조립되지만 그 중 실제로 어떤 지점이 선별되어 복제가 개시되는지에 대한 기작은 분명하지 않다. 선별 기작과는 별개로, 세포주기의 S기 시작 직전에 핵심 인산화효소(kinase)가 활성화되어 MCM 단백질과 다른 인자들을 인산화시키고 유전체 상에서 선별된 지점에서 복제가 개시될 수 있도록 한다(그림 7.20, 3단계). 이런 인산화효소 중 하나는 사이클린-의존성 인산화효소(cyclin-dependent kinase, Cdk)인데, 자세한 기능은 제14장 세포주기에서 설명하게 될 것이다. Cdk 활성은 S기에서 유사분열시기 내내 높게 유지되는데, 이 활성 때문에 추가적인 pre-RC가 형성되지 않는다. 결과적으로, 각 복제개시점은

표 7.1 복제에 필요한 단백질들

대장균 단백질	진핵세포 단백질	기능
DnaA	ORC 단백질들	복제개시점을 인식함
자이레이스	국소이성질화효소 I/II	복제분기점 앞쪽의 양성 초나선(supercoil)을 완화시킴
DnaB	Mcm	부모 2중가닥을 풀어주는 DNA 헬리케이스
DnaC	Cdc6, Cdt1	헬리케이스를 DNA에 얹어줌
SSB	RPA	DNA가 단일가닥상태를 유지하도록 함
γ-complex	RFC	DNA 중합효소 완전효소의 소단위체로 β 클램프를 DNA에 얹어줌
pol III core	polδ/ε	주요 복제효소들; 선도가닥과 오카자키 절편 전체를 합성함; 교정(proofreading) 능력을 보유함
β 클램프	PCNA	DNA 중합효소 완전효소의 고리 모양 소단위체로 복제하고 있는 DNA 중합효소를 DNA에 고정하여 결합시킴; 대장균에서는 pol III 중합효소, 진핵세포에서는 polδ/ε와 같은 주요 복제효소들과 함께 작용함
프리메이스	프리메이스	RNA 프라이머를 합성함
——	pol α	RNA-DNA 프라이머의 일부로 짧은 DNA 올리고뉴클레오티드를 합성함
DNA 연결효소	DNA 연결효소	오카자키 절편을 연결해 연속적인 가닥으로 만듦
pol I	FEN-1	RNA 프라이머를 제거함; 대장균의 pol I은 DNA로 빈틈을 채움

세포주기에서 오직 단 한 번만 활성화될 수 있다. 세포주기 말기에 Cdk 활성이 사라지면 다음 세포주기를 위한 pre-RC의 조립이 허용된다.

4. 아직 고리모양의 MCM 헬리케이스의 작용기작에 대해서는 논란이 있지만, 일단 S기 초기에 복제가 개시되면, MCM 헬리케이스는 복제분기점을 따라 움직인다(4단계). 복제가 끝난 이후의 MCM 단백질들의 운명은 종에 따라 차이가 있다. 포유동물세포에서는 DNA로부터 분리는 되지만 여전히 핵에 머무는 것으로 알려져 있다. 그럼에도 불구하고 MCM 단백질들은 한 번 복제가 "개시되었던(fired)" 복제개시점에 재결합할 수는 없다.

진핵세포의 복제분기점

전반적으로 살펴보면, 유전체가 어느 생명체—바이러스, 박테리아, 원시 고세균, 또는 진핵세포—에서 유래되었든지 복제분기점에서 일어나는 현상은 매우 유사하다. 진핵세포에서 복제에 중요한 역할을 담당하는 "도구 키트(tool kit)"인 단백질들이 표 7.1에 정리되어 있고, **그림 7.21**에 그려져 있다. 모든 복제시스템은 헬리케이스, 단일가닥 DNA-결합 단백질(SSB), 국소이성질화효소, 프리메이스, DNA 중합효소, 활주클램프와 클램프로더(γ-complex) 그리고 DNA 연결효소를 필요로 한다. 진핵세포의 개시를 *in vitro* 상에서 연구할 때, 연구자들은 포유동물 세포의 복제단백질과 SV40 바이러스 유전체에

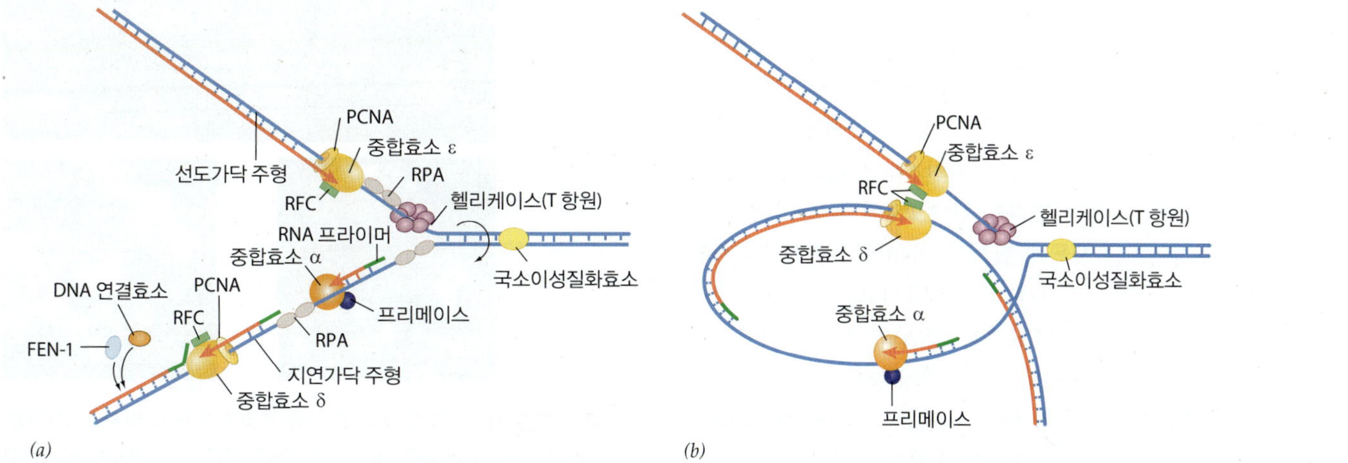

그림 7.21 진핵세포 복제분기점에서 주요 구성성분에 대한 개요도. (*a*) 진핵세포의 복제에 필요한 단백질들. DNA 복제 *in vitro* 연구에서 주로 활용되는 바와 같이 이 그림에서는 바이러스의 큰 T 항원이 복제성 헬리케이스로 나타나 있다. DNA 중합효소 δ와 ε는 각각 지연가닥과 선도가닥의 주된 중합효소로 작용하는 것으로 생각된다. PCNA는 DNA 중합효소 δ와 ε 모두에 대해 활주클램프로 작용한다. 활주클램프는 대장균의 클램프로더와 유사한 구조와 기능을 갖는 RFC(replication factor C)에 의해서 DNA에 실리게 된다. RPA는 3량체(trimer)의 단일가닥 DNA-결합 단백질로서 대장균 복제에서 사용되는 SSB와 유사하다. 중합효소 pol α-프리메이스 복합체에 의해서 합성되는 지연가닥의 RNA-DNA 프라이머는 DNA 중합효소 pol δ의 연속적인 움직임에 의해 이탈되어 RNA-DNA 덮개처럼 떨어지고 FEN-1 핵산내부가수분해효소(endonuclease) 활성에 의해서 RNA가 제거된다. 제거된 후에 생긴 빈틈은 DNA 연결효소에 의해서 봉합된다. 대장균에서와 마찬가지로, 국소이성질화효소는 복제분기점 앞쪽에서 형성되는 양성 초나선을 풀어주는 역할을 한다. (*b*) 지연가닥과 선도가닥의 복제성 중합효소가 어떻게 리플리솜(replisome)을 형성하여 복제분기점에서 함께 작동하는지에 대해 제안된 모델. 대장균에서처럼 진핵세포에서도 단일 리플리솜 복합체가 선도가닥과 지연가닥 모두에 작동하는지에 대해 아직 확고한 증거는 없다.

서 유래한 큰 *T* 항원(*large T antigen*)을 함께 사용한다. 큰 T 항원은 SV40 바이러스의 복제개시점에서 DNA 가닥의 분리를 유도하고, 복제가 진행되면서 분기점에서 DNA를 풀어주는 역할을 한다(그림 7.21*a*에서처럼).

박테리아에서와 마찬가지로, 진핵세포에서도 DNA는 반불연속적 복제 방식으로 합성되지만, 지연가닥의 오카자키 절편의 길이가 약 150개 뉴클레오티드 정도로 박테리아에 비해 훨씬 작게 합성된다는 차이점이 있다. 박테리아에서처럼, 선도가닥과 지연가닥을 단일 복제성 복합체인 **리플리솜**(*replisome*)이 조화롭게 합성할 것으로 생각되지만 아직 확고한 증거는 없다(그림 7.21*b*).

지금까지 진핵세포에서는 5종류의 "전형적인(classic)" DNA 중합효소들이 분리되었고, 이들을 α, β, γ, δ, ε라고 명명하였다. 이들 효소들 중에 중합효소 γ는 미토콘드리아 DNA를 복제하고, 중합효소 β는 DNA 복구에 작용한다. 나머지 세 가지 효소들은 복제성 기능을 갖는데, 중합효소 α는 프리메이스와 단단히 결합하여 오카자키 절편의 합성을 개시한다. 중합효소 α-프리메이스 복합체가 RPA로 불리는 단일가닥 DNA-결합 단백질로 싸여 있는 풀린 DNA를 인식하고 결합한다. 프리메이스는 짧은 RNA 프라이머를 합성하고, 여기에 중합효소 α가 20여 개의 데옥시리보뉴클레오티드를 더 첨가하여 길어진다. 중합효소 δ는 지연가닥 복제에 주요한 중합효소로, 중합효소 ε는 선도가닥 복제에 주요한 중합효소로 작동한다. 대장균의 주요한 복제성 중합효소와 마찬가지로 중합효소 δ와 ε 모두 "활주클램프(sliding clamp)"가 있어야만 DNA에 고정되어 주형을 따라 떨어지지 않고 진행성 움직임을 갖게 된다. 진핵세포의 활주클램프는 그림 7.15에서 설명했던 대장균의 중합효소 III에 대한 β 클램프와 매우 유사한 구조와 기능을 갖는다. 진핵세포에서는 PCNA가 활주클램프로 작동한다. PCNA를 DNA에 실어주는 클램프로더를 RFC라고 부르는데, 대장균의 중합효소 III의 클램프로더 복합체와 유사하다. RNA-DNA 프라이머를 합성한 후에, 중합효소 α는 오카자키 절편을 합성하는 PCNA-중합효소 δ 복합체에 의해 각 주형-프라이머 접합부위에서 대체된다. 중합효소 δ가 이전에 합성된 오카자키 절편의 5′말단에 도달할 때, 중합효소가 지연가닥을 따라 계속 움직이면서 RNA 프라이머를 이탈시킨다(그림 7.21*a*에서 녹색 덮개로 나타냄). 이탈된 프라이머는 새롭게 합성된 DNA에서 핵산내부가수분해효소(endonuclease)인 FEN-1에 의해 절단되고, 이 절단 틈은 DNA 연결효소에 의해 봉합된다. FEN-1과 DNA 연결효소는 PCNA 활주클램프와의 결합을 통해 복제분기점 부위에 동원되는 것으로 생각된다. 사실, PCNA는 DNA 복제, 복구 및 재활성 과정에서 일어나는 여러 가지 반응을 조화롭게 조절하는 데 중요한 역할을 하는 것으로 생각된다. PCNA가 다양한 단백질과 결합할 수 있는 성질을 갖기 때문에 PCNA를 "분자적 도구벨트(molecular toolbelt)"라고 부른다.

박테리아의 중합효소들처럼 진핵세포의 모든 중합효소들도 3′-OH에 뉴클레오티드를 첨가하면서 5′→3′ 방향으로 DNA 가닥을 신장시킬 뿐, 프라이머 없이는 스스로 복제를 개시할 수 없다. 중합효소 γ, δ, ε은 3′→5′ 핵산말단가수분해효소 활성을 가지고 있어서, 복제를 하는 동안에 교정 작업을 할 수 있어 복제의 정확성을 매우 높게 유지하도록 한다. 여러 가지 다른 중합효소들(η, κ, 및 ι을 포함해서)은 305쪽에 설명하는 바와 같이 세포가 손상된 DNA를 복제하도록 하는 특별한 기능을 담당하고 있다.

복제와 세포 핵의 구조

복제분기점들은 핵 안에서 무작위로 분포하는 대신, **복제 초점(replication foci)**라고 부르는 50~250개 부위에 집중적으로 모여 있다(**그림 7.22**). 그림 7.22에서 보라색으로 표시된 각 부위는 뉴클레오티드를 동시에 DNA 가닥에 결합시키는 약 10~100개 복제분기점들을 가지고 있다고 추정된다. 복제분기점들이 이렇게 집중되어 무리를 형성하는 것은 (그림 7.19에서처럼) 개별 염색체 위에서 이웃한 레플리콘들의 복제를 조화롭게 조절하기 위한 기작을 제공하기 위한 것이다.

7.7 염색질 구조와 복제

진핵세포의 염색체는 히스톤 단백질과 그 주위를 단단하게 감싸고 있는 DNA가 규칙적으로 배열하는 뉴클레오솜의 형태로 존재한다

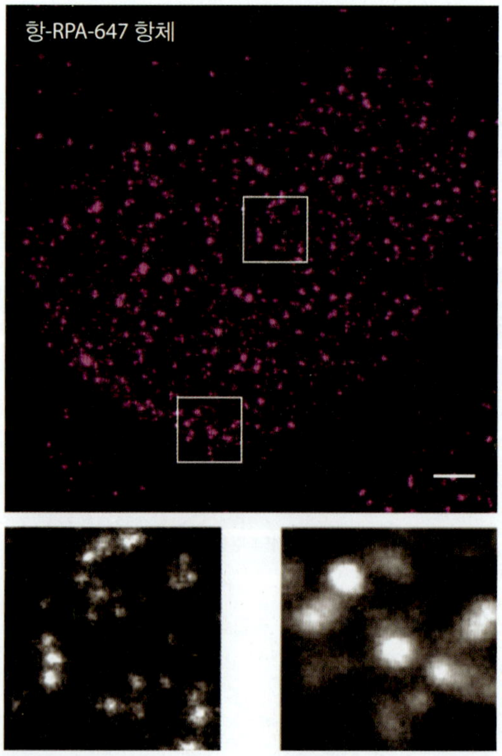

그림 7.22 복제 활성이 핵 안에 무작위로 퍼져 있지 않고 특정 부위에 한정되어 있다는 실험 증명. S기 초기 DNA 합성 개시 전에 복제 개시에 필요한 다양한 인자들이 핵 내의 특정 부위에 한정되어 복제전 센터(prereplication center)를 형성하면서 모여 있다. 이들 부위는 단일가닥 DNA-결합 단백질인 RPA(replication protein A)에 대해 형광으로 표지된 항체를 이용하여 염색하고 형광현미경으로 관찰할 때 보라색 점으로 나타난다. PCNA와 중합효소-프리메이스 복합체와 같은 또 다른 복제인자들도 이들과 같은 지점에 위치하고 있다. 아래 그림은 위 그림에서 표시된 2개의 사각형 부분을 확대한 이미지이다. 기준자(scale bar): 2 μm

출처: Zoltan Cseresnyes, Ulf Schwartz, and Catherine Green, *BMC Cell Biology*, vol 10, 88, 2009에서 발췌

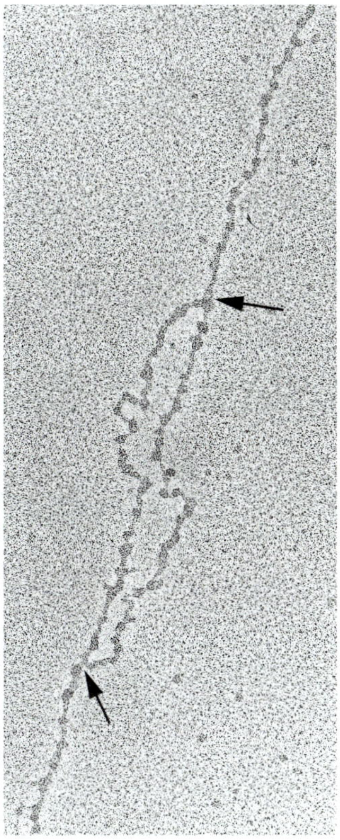

(a)

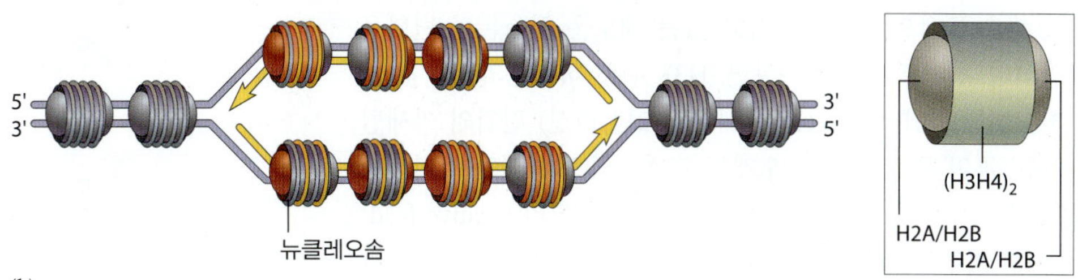

(b)

그림 7.23 복제 후 딸 DNA 가닥들로의 히스톤 핵심 단백질들의 분포. (*a*) 빠르게 분열하는 초파리(*Drosophila*) 배아의 핵에서 분리된 염색질의 전자현미경 사진. 반대 방향으로 서로 멀어지면서 이동하는 한 쌍의 복제분기점들(화살표)을 보여준다. 이 2개의 복제분기점들 사이에서 이미 뉴클레오솜 핵심 입자들로 덮여 있는 새롭게 복제된 DNA가 보이는데, 이 뉴클레오솜 핵심 입자들의 밀도가 아직 복제되지 않은 부모 DNA 가닥의 것과 거의 동일하게 보인다. (*b*) 이 모식도에서는 DNA 복제 후 핵심 히스톤 입자의 분포를 보여준다. 각 뉴클레오솜 핵심 입자는 중앙에 위치한 $(H3H4)_2$ 4량체와 그 옆면에 있는 2개의 H2A/H2B 2량체들로 구성되어 있다. 복제하기 전에 부모 염색체에 존재하는 '오래된' 히스톤은 파란색으로, 새로 합성된 히스톤은 빨간색으로 표시되어 있다. 이 모델에 의하면 부모 $(H3H4)_2$ 4량체는 분리되지 않은 채로 딸 DNA 2중가닥에 무작위로 분포한다. 이와는 달리 부모 H2A/H2B 2량체는 각각 분리되어 딸 2중가닥 위의 $(H3H4)_2$ 4량체들과 무작위로 재조합된다. 기존의 다른 모델에서는 부모$(H3H4)_2$ 4량체가 히스톤 샤페론에 의해 반으로 나뉘어지고, 여기서 생기는 2개의 H3H4 2량체가 다른 DNA 가닥들에 분포한다. (*Cell* 140: 183, 2010과 *Nature Rev. Gen.* 11: 285, 2010에서 논의되었음)

출처: (a) Steven L. Mcknight and Oscar L. Miller, Jr. 제공

(231쪽). DNA을 따라 복제기구가 움직이면서 그 경로에 있는 뉴클레오솜을 해체시키는 것으로 생각된다. 그러나 복제하는 DNA를 전자현미경으로 살펴보면 복제분기점에서 아주 가까운 양쪽의 딸 2중가닥에 뉴클레오솜이 존재하는 것이 나타나는데, 이는 뉴클레오솜의 재조립이 매우 신속하게 일어난다는 것을 의미한다(**그림 7.23a**).

전체적으로, 복제 과정에서 형성되는 뉴클레오솜은 부모 염색체로부터 물려 받은 히스톤 단백질과 새롭게 합성된 히스톤 단백질이 대략 동일한 비율로 혼합되어 만들어진다. 뉴클레오솜의 핵심 히스톤 8량체(octamer)는 1쌍의 H2A/H2B 2량체(dimer)와 함께 $(H3H4)_2$ 4량체(tetramer)로 구성되어 있다. 부모 뉴클레오솜이 복제기간 동안에 어떻게 나누어지게 되는 지는 최근 논란이 되고 있는 영역이다. 전통적인 실험 결과에 의하면, 그림 7.23*b*에서 모델로 보여주는 바와 같이 $(H3H4)_2$ 4량체가 복제 이전에 온전한 상태로 남아 있다가 2개의 딸 2중가닥 DNA에 무작위로 분포하게 된다. 이 모델에 따르면, 복제분기점이 염색질을 따라 움직일 때 부모 뉴클레오솜에서 유래된 2개의 H2A/H2B는 2량체로 함께 남아 있지 못한다. 대신, 뉴클레오솜의 H2A/H2B는 서로 분리되어 딸 2중가닥 위에 이미 존재하는 새로운 $(H3H4)_2$ 4량체과 오래된 부모 $(H3H4)_2$ 4량체에 무작위로 결합한다. 최근 연구결과에 의하면 다른 모델이 제시되는데, 부모 뉴클레오솜에서 유래한 $(H3H4)_2$ 4량체는 2개의 H3/H4 2량체로 나누어져, 각각이 새롭게 형성된 H3/H4 2량체와 결합하면서 "혼합된(mixed)" $(H3H4)_2$ 4량체를 형성하고, 이 4량체는 다시 H2A/H2B 2량체와 조립된다. 어떤 방식으로 일어나든지, 보조단백질들로 이루어진 연결망이 뉴클레오솜을 단계적으로 조립하고, DNA를 따라서 질서정연하게 일정한 간격을 형성하도록 촉진시킨다. 이들 보조단백질 연결망에는 새롭게 합성된 히스톤 또는 부모 히스톤을 받아서 딸 가닥들에 전달할 수 있는 다수의 히스톤 샤페론들이 포함되어 있다. 히스톤 샤페론 중 가장 연구가 잘 된 인자는 CAF-1으로, CAF-1은 활주클램프 PCNA와의 상호작용을 통해 전진하는 복제분기점으로 동원된다.

대부분 딸세포는 부모세포와 동일한 양상의 전사활동을 수행한다; 이는 조직과 기관이 분열을 거듭해도 항상성을 유지할 수 있는 토대가 된다. 제6장에서 언급한 바와 같이, 한 세포의 전사 상태는 대부분 그 세포의 염색질에서 나타나는 후생유전학적(epigenetic) 상태에 달려 있다. 후생유전학적 정보는 염색체의 DNA 염기서열로 암호화된 것이 아니라, 그 세포가 가진 DNA 시토신(cytosine)의 메틸화와 DNA가 결합하는 핵심 히스톤(core histone) 단백질의 번역 후 변형(posttranslational modification) 양상에 의해 암호화되어 있다. 결과적으로, 부모 염색질로부터 딸 염색질로 이러한 양상들이 전달되는 게 매우 중요하지만, 이 과정이 어떻게 일어나는 지에 대해서는 알려진 바가 거의 없다.

264쪽에서 설명한 바와 같이, DNA 메틸화 양상은 DNA 메틸화 전달효소인 DNMT1 활성을 통해 전달된다. 이 효소는 부모 가닥의 메틸화 패턴을 길라잡이나 주형으로 사용하여 새롭게 합성된 가닥의 시토신 잔기에 메틸기를 전달할 수 있는 것으로 보인다. DNA 메틸화 패턴을 전달하는 것에 비해, 히스톤의 변형을 전달하는 것은 훨씬 복잡하고 힘든 일이다. 여러 히스톤 단백질의 많은 잔기들이 다양한 방식으로 변형되므로 그 조합의 가짓수가 꽤 많아지기 때문에 그렇다. 그림 7.23에서 보여주는 바와 같이, "오래된(old)" 히스톤과 "새로운(new)" 히스톤은 무작위로 나뉘어져 들어가기 때문에 부모 DNA

의 메틸화 패턴을 전달하는 것과는 다른 기작으로 히스톤의 변형 패턴이 전달될 것이다. 예를 들면, 오래된 히스톤들이 같은 DNA 상에 있는 이웃한 뉴클레오솜들이 가지고 있는 새로운 히스톤의 변형을 유도할 것이다. 간단하게 설명하자면, H3K9(H3 히스톤의 9번 리신) 잔기의 3-메틸화나 H4K12(H4 히스톤의 12번 리신) 잔기의 아세틸화 같은 히스톤의 특정 변형은 오래된 히스톤의 변형패턴이 인접한 뉴클레오솜으로 복사되도록 촉진하는 양성되먹임 고리(positive feedback loop)의 일부로 작용한다. 이런 기작은 근본적으로는 그림 6.21에서 설명한 이질염색질화가 확산되는 과정과 비슷하다. 변형된 특정 히스톤 잔기(예: 메틸화된 H3K9, 즉 H3K9me)는 특정 단백질(예: HP1)에 대한 결합부위로 작용하고, 이 단백질은 인접한 히스톤 분자에 동일한 변형(H3K9me)을 유도할 수 있는 효소(예: SUV39H1)을 불러들일 것이다. 그러나 이러한 가설을 검증하기 위한 실험적인 연구들은 아직도 진행 중이다.

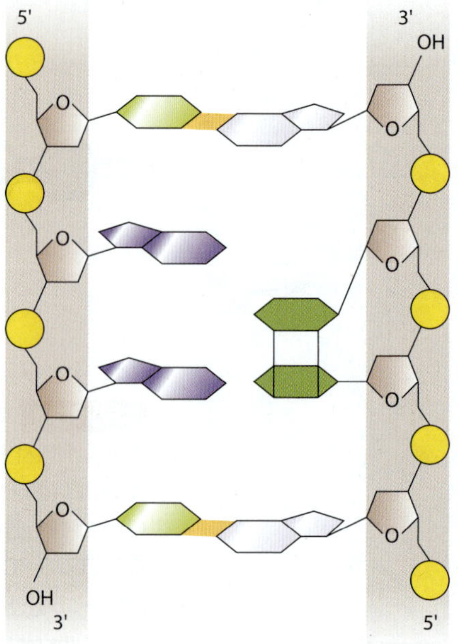

그림 7.24 DNA가 자외선에 노출되었을 때 DNA 2중가닥에 형성된 피리미딘 2량체.

7.8 DNA 복구

지구상의 생명체는 생물의 내부와 외부 환경에서 발생하는 파괴력을 가진 자극으로부터 무차별 공격을 받게 된다. 세포 내에 있는 모든 물질 중에, 특히 DNA는 가장 불안정한 위치에 있다. 한편으로는 세포에서 세포로, 개체에서 개체로 전달되는 유전정보가 변하지 않아야 하는 것이 매우 중요하다. 다른 한편으로 DNA는 가장 환경적 손상을 받기 쉬운 세포내 분자 중 하나이다. 이온화 방사선에 노출되면 DNA 분자의 골격이 끊어진다. 세포내 대사물질을 포함해서 다양한 반응성 화학물질에 노출이 되면 DNA 염기의 구조가 변형된다. DNA가 자외선에 노출될 때 DNA 가닥에서 인접한 피리미딘끼리 공유결합을 형성하면서 피리미딘 이량체를 형성한다(**그림 7.24**). 대사과정에서 방출되는 열에너지를 흡수하는 것만으로도 DNA 골격의 당에 연결되었던 아데닌과 구아닌 염기를 분리시킬 수 있다. 이와 같은 자연적인 변형 또는 손상(*lesion*)은 온혈 포유동물의 각 세포마다 매일 10,000개의 염기를 상실한다는 추측을 통해 그 심각성을 인식할 수 있다. DNA 손상을 복구하지 못하면 DNA에서 영구적인 변형, 즉 돌연변이가 되어 남는데, 생식세포에서 이러한 돌연변이가 생긴다면 유전적 변화는 다음 세대로 전달될 수 있다: 이들 돌연변이는 전사와 복제를 방해할 수 있고, 암을 일으키거나 세포의 노화를 촉진하는 작용을 할 수도 있다.

DNA 분자의 변형이 잠재적으로는 극단적인 결과를 초래할 수도 있고 그 발생 빈도수가 높다는 점을 고려하면, 세포가 DNA를 복구하는 기작을 갖는 것이 얼마나 중요한 일인지 알 수 있다. 사실, 세포는 DNA 분자가 특별히 취약한 어떠한 손상에 대해서도 복구할 수 있는 강력한 기작을 가지고 있다. 세포의 DNA 복구시스템의 감시망을 피하는 경우는 약 1,000개 중 하나보다 드물다. 이러한 복구시스템은 세포의 항상성을 유지하기 위한 훌륭한 분자조절 기작이다. DNA 복구의 중요성은 DNA 복구시스템에 결손이 생긴 경우 결과가 어떤지를 살펴보면 실감할 수 있다. 이 주제에 대해서는 이 장의 마지막 부분의 <인간 질병과의 연관성>에서 논의하였다.

원핵세포와 진핵세포 모두에서 다양한 단백질들이 거대한 DNA 가닥을 순찰하면서 DNA 구조의 미세한 화학적 변형이나 뒤틀림을 찾아낼 수 있다. 이러한 DNA 손상이 직접적으로 복구되는 경우도 있다. 예를 들어, 인간의 경우 발암물질인 알킬화 약물들에 의해 손상된 DNA를 바로 복구할 수 있다. 그러나 대부분의 복구시스템은 손상된 DNA 구역을 선택적으로 잘라내어 버린다. 이때 DNA 2중가닥 구조는 상대 가닥을 다시 만들기 위한 정보를 제공하는 장점이 있다. 결과적으로, DNA 가닥에서 하나 또는 그 이상의 뉴클레오티드가 제거된다면, 상보적인 가닥은 2중가닥을 재구성하기 위한 주형 DNA로 활용된다. 진핵세포에서의 DNA 손상은 DNA가 핵 안에서 접혀 있는 염색질 섬유 안쪽에 있기 때문에 접근하기가 쉽지 않다. 전사 과정과 마찬가지로, DNA 복구 또한 히스톤 변형효소(histone modifying enzyme)나 뉴클레오솜 리모델링 복합체(nucleosome remodeling complex)와 같이 염색질의 형태를 재구성하는 기구들이 동원된다(262~264쪽). DNA 복구에서 중요하긴 하지만 이들의 역할에 대해서는 여기서 논의하지 않기로 하겠다.

뉴클레오티드 절제 복구

뉴클레오티드 절제 복구(nucleotide excision repair, NER)는 피리미딘 2량체와 다양한 화학기(chemical group)가 결합한 뉴클레오티드를 포함하는 부피가 큰 다양한 손상 부위를 찾아내서 '자르고-붙이는 기작(cut-and-patch mechanism)'을 통해 수선한다. NER은 다음과 같은 두 가지 구별되는 경로로 나눈다:

1. 전사-연결 경로(*Transcription-coupled pathway*)에서는 활발하게 전사되고 있는 유전자의 주형가닥이 우선적으로 수선되어 복구

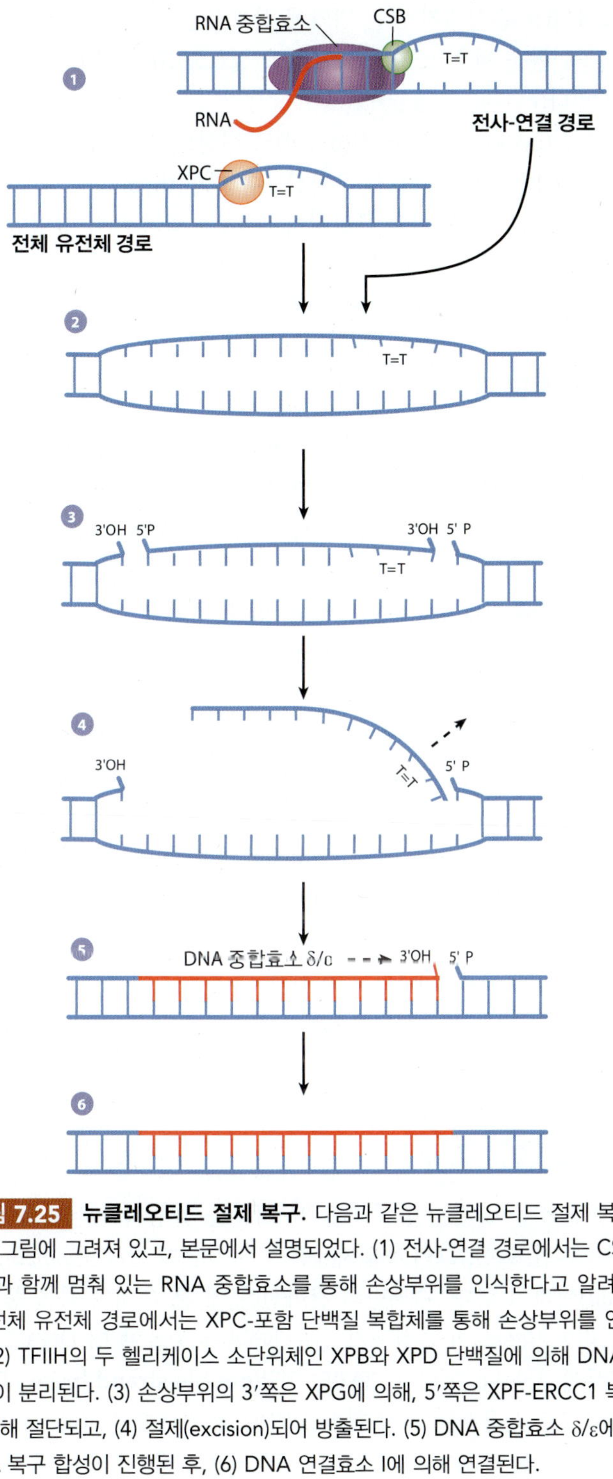

그림 7.25 **뉴클레오티드 절제 복구.** 다음과 같은 뉴클레오티드 절제 복구 단계가 그림에 그려져 있고, 본문에서 설명되었다. (1) 전사-연결 경로에서는 CSB 단백질과 함께 멈춰 있는 RNA 중합효소를 통해 손상부위를 인식한다고 알려진 반면, 전체 유전체 경로에서는 XPC-포함 단백질 복합체를 통해 손상부위를 인식한다. (2) TFIIH의 두 헬리케이스 소단위체인 XPB와 XPD 단백질에 의해 DNA 2중가닥이 분리된다. (3) 손상부위의 3′쪽은 XPG에 의해, 5′쪽은 XPF-ERCC1 복합체에 의해 절단되고, (4) 절제(excision)되어 방출된다. (5) DNA 중합효소 δ/ε에 의한 DNA 복구 합성이 진행된 후, (6) DNA 연결효소 I에 의해 연결된다.

된다. 주형가닥의 복구는 DNA가 전사되는 동안 일어나는 것으로 생각되는데, DNA가 손상되었다는 신호는 멈춰 있는 RNA 중합효소에 의해 나타난다. 활발하게 전사되고 있는 유전자들은 주로 세포 활동에 매우 중요한 역할을 담당하는 유전자들이기 때문에, 이와 같은 손상을 입었을 때 가장 먼저 복구될 수 있도록 "복구 리스트(repair list)"에서 최상위 우선순위에 있다.

2. 전체 유전체 경로(*Global genomic pathway*)는 더 느리고, 덜 효율적인 복구경로이긴 하지만 유전체의 나머지 부분에서 생기는 손상을 교정하는 역할을 한다.

NER의 두 가지 경로에서 DNA의 손상은 다른 단백질에 의해 인식될 것으로 생각하지만(**그림 7.25**, 1단계), 그 손상부위의 복구 과정은 두 경로에서 매우 유사하게 나타난다(그림 7.25, 2~6단계). NER 복구 기구에서 가장 핵심적인 구성성분 중 하나는 전사개시에도 관여하는 거대 단백질인 TFIIH이다. TFIIH가 DNA 복구에 관여한다는 발견은 이전에는 서로 독립적인 경로라고 여겨졌던 전사와 DNA 손상 복구 사이의 중요한 연결고리를 제공한다. TFIIH가 가지고 있는 다양한 소단위체 중에서 XPB와 XPD는 헬리케이스 활성을 가지고 있어서 DNA 손상지역을 제거하기 위한 준비 과정으로 2중가닥을 풀어주는 역할을 한다(그림 7.25, 2단계). 손상된 DNA 가닥은 한 쌍의 핵산내부가수분해효소에 의해 손상된 양쪽 부위에서 절단되고(3단계), 절단된 부위에 있는 손상부위는 방출된다(4단계). 일단 DNA가 잘려나간 부위의 빈틈은 DNA 중합효소에 의해 채워지고(5단계), 새로 채워진 가닥은 기존의 가닥과 DNA 연결효소(DNA ligase)에 의해 연결된다(6단계).

염기 절제 복구

음식에 있거나 대사과정에서 생성되는 반응성이 높은 화학물질에 의해 변형된 뉴클레오티드를 제거하기 위해서는 별도의 **염기 절제 복구(base excision repair, BER)** 시스템이 작동하는데, 진핵세포에서 작동하는 BER의 경로는 **그림 7.26**에 나타나 있다. BER은 변형된 염기를 인식하는 특정 *DNA* 글리코실레이스(*DNA glycosylase*)에 의해 개시되며(1단계), 이 변형된 염기와 당 사이의 결합을 끊어서 염기를 제거한다(2단계). 수많은 종류의 DNA 글리코실레이스가 발견되었는데, 이들 효소는 예를 들어 시토신에서 아미노기가 제거되어 생성된 우라실, 활성산소 라디칼에 의해 형성된 8-옥소구아닌(8-oxoguanin)(73쪽), 그리고 메틸 공여체(donor)에서 메틸기가 전달되어 생긴 3-메틸아데닌(3-methyladenine)(175쪽)과 같이 특정 유형의 변형된 염기에 대해 어느 정도 특이성을 보인다.

돌연변이를 잘 일으킬 수 있는 8-옥소구아닌을 제거하는 DNA 글리코실레이스의 구조 연구 결과에 따르면 이 효소는 DNA 2중나선가닥 내의 각 G-C 염기쌍을 "검사하면서(inspecting)" DNA를 따라 신속하게 이동한다(**그림 7.27**, 1단계). 2단계에서는 효소가 옥소구아닌-시토신 염기쌍을 만난다. 이 과정에서 효소가 특정 아미노산 곁사슬을 DNA 나선 속에 넣어서 뉴클레오티드가 DNA 나선에서 180° 회전하여["뒤집히면서(flip)"] 효소 속으로 들어오게 만든다(2단계). 이때 만일 뉴클레오티드가 옥소구아닌을 가지고 있다면 효소의 활성자리에 잘 들어 맞아서(3단계), 연결되어 있는 당과의 결합을 끊어준다. 이와 대조적으로 바깥으로 나온 뉴클레오티드가 정상적인 구아닌을 가지고 있다면, 옥소구아닌의 구조와 2개의 원자만 다르지만 그 효소의 활성자리에는 잘 맞을 수 없어서(4단계) 다시 원래 염기층(base stack) 자리로 돌아가게 된다. 일단 DNA 글리코실레이스에 의해 변형된 퓨린이나 피리미딘이 제거되면, 그 자리에 남아 있는 "염기가 제거된" 데옥시리보오스 인산은 AP 핵산내부가수분해효소와

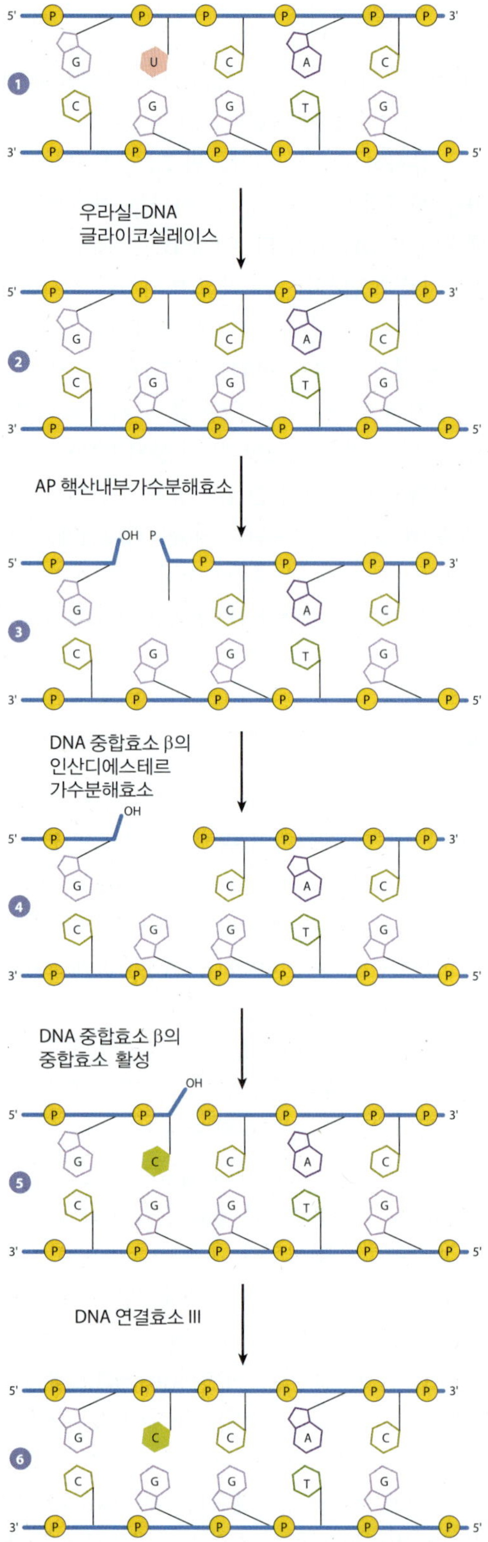

그림 7.26 **염기 절제 복구.** 각 단계는 본문에 설명되어 있다. BER에 대한 다른 경로들도 알려져 있고, 또한 BER에도 별개의 전사-연결 경로와 전체 복구 경로가 있다고 알려져 있다.

DNA 중합효소의 공동 작용으로 절제된다. AP 핵산내부가수분해효소는 DNA 골격을 절단하고(그림 7.26, 3단계), DNA 중합효소 β의 인산디에스테르가수분해효소(phosphodiesterase) 활성으로 염기가 제거되고 남아 있는 당-인산 부분을 제거한다(4단계). 그 다음, DNA 중합효소 β는 손상되지 않는 가닥에 상보적인 뉴클레오티드를 삽입시켜 그 빈틈을 채우고(5단계), DNA 연결효소 III가 이 DNA 가닥을 봉합시킨다(6단계).

시토신(cytosine)이 우라실(uracil)로 변형될 수 있다는 사실을 고려하면, 왜 DNA의 염기로서 우라실보다 티민(thymine)을 선호했는지를 설명할 수 있다. 만일 우라실이 DNA의 염기로 남아 있었다면, DNA 복구시스템은 원래 유전정보로 있던 우라실과 시토신에서 변형된 우라실을 구별하기 어려웠을 것이다.

미스매치 복구

세포는 DNA 중합효소에 의해 잘못 짝지어져 연결된 염기가 이 효소의 핵산말단가수분해효소의 교정 활성을 피하더라도 제거할 수 있다고 앞에서 언급한 바 있다. 이 과정을 **미스매치 복구(mismatch repair, MMR)**라고 한다. 잘못 짝지어진 염기쌍은 2중나선 구조를 뒤틀리게 만들기 때문에 복구효소가 인식할 수 있다. 하지만 잘못 짝지어진 염기쌍 중에서 어떤 염기가 틀린 염기인지 어떻게 구별하여 "인식(recognize)"할 수 있을까? 만일 둘 중 하나의 염기를 무작위로 제거한다면 50%는 틀리게 복구되어 그 자리엔 영구적인 돌연변이가 생길 것이다. 그러므로 DNA 중합효소가 지나갔던 자리에 남은 잘못 짝지어진 염기를 구별하기 위해서, 복구시스템이 틀린 뉴클레오티드를 가진 새로 합성되는 가닥과 제대로 된 뉴클레오티드를 가진 원래 DNA 가닥을 구별하는 것이 중요하다. 대장균에서는 원래 DNA 가닥의 아데노신이 메틸화되어 있기 때문에 새로 합성된 가닥과 구별이 가능하다. 진핵세포에서는 DNA 메틸화로 구별하는 것 같지는 않고, 아직도 그 구별 기작은 확실하지 않다. 여러 가지 다른 MMR 경로들이 밝혀졌지만 여기서는 더 설명하지 않기로 한다.

2중가닥 절단 복구

방사성 원소들이 물질을 통과할 때 이온을 발생시키기 때문에, 방출되는 X-선, γ-선, 그리고 입자들을 모두 이온화 방사선(*ionizing radiation*)이라고 한다. 수백만의 감마선은 매 분 우리의 몸을 통과한다. 이러한 방사성이 손상되기 쉬운 DNA와 충돌할 때 DNA 2중가닥 모두를 끊는다. 이러한 **2중가닥 절단(double-strand break, DSB)**은 항암제로 사용하는 특정 화학물질[예: 블레오마이신(bleomycin)]이나 정상적인 세포 대사과정에서 생성되는 자유라디칼에 의해서도 생성된다(73쪽). DSB는 손상된 DNA가 복제하는 과정에서도 나타난다. 단 1개의 DSB도 세포에서 치명적인 결과를 초래할 수 있는 심각한 염색체 이상을 일으킬 수 있다. DSB는 여러 가지 대체 경로를 통해 복구될 수 있다. 포유동물 세포에서 주된 복구 경로는 비상동성 말단 접합(*nonhomologous end joining, NHEJ*)인데, 단백질 복합체가 DNA 2중나선의 절단된 끝에 결합하여 2가닥을 이어주는 반응을 촉매한다. NHEJ 경로의 주요한 과정은 **그림 7.28a**에 나타나 있다. 그림 7.28*b*는 인간 섬유아세포의 핵 안에 2중가닥 절단을 일으키는 레이저를 처리했을 때, 그 이후 다양한 시간대에 Ku 단백질이 나타났다가 사라지는 것을 보여준다. 이 NHEJ 복구 단백질은 DSB가 나타

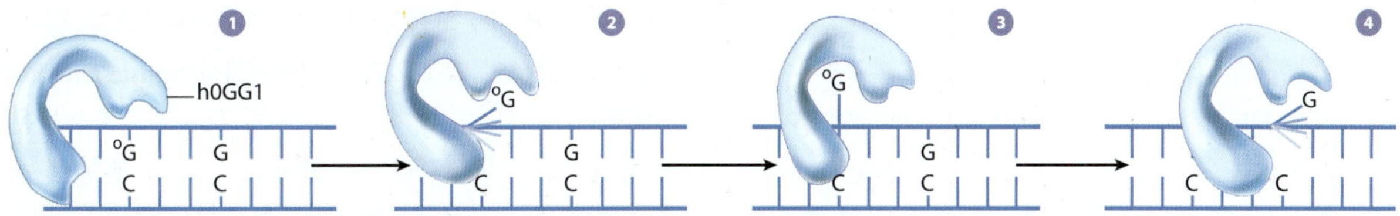

그림 7.27 BER 과정 중에 손상된 염기 인식하기. 1단계에서, DNA 글리코실레이스인 hOGG1가 시토신과 염기쌍을 이루고 있는 뉴클레오티드를 검사한다. 2단계에서는 뉴클레오티드가 DNA 2중나선 바깥으로 젖혀져서 나온다. 만일 염기가 산화된 구아닌, 8-옥소구아닌이면 효소의 활성부위에 잘 맞게 되고(3단계), 거기서 연결되어 있는 당과의 결합을 끊어준다. BER의 다음 단계는 그림 7.26에 나타난 바와 같다. 4단계에서, DNA 2중나선 바깥으로 돌출된 염기는 글리코실레이스의 활성부위에 맞지 않아서 다시 DNA의 염기층으로 돌아간다. 옥소구아닌을 제거하지 못하면 G가 T로 바뀌는 돌연변이가 생긴다.

출처: S. S. David, *Nature* 434:569의 허가를 얻음.

나자마자 그 부위에 불러들여진다.

상동성 재조합(*Homologous recombination, HR*)은 또 다른 DSB 복구 경로로서 절단된 가닥의 수선을 위해 주형으로 사용할 상동염색체가 필요하다. 손상된 DNA 절단을 포함하는 상동성 재조합 과정은 그림 14.47의 유전적재조합 과정과 유사하다. 비상동성 말단 접합(NHEJ)과 상동성 재조합(HR), 이 두 가지 DSB 복구 경로를 비교하면, 상동성 재조합이 더 정확한 경로임을 알 수 있다: HR에 의해서 복구된 경우 NHEJ에 의해서 복구된 경우보다 더 적은 오류를 갖는다. 그러나 상동성 재조합은 항상 상동염색체가 있어야만 복구가 가능하기 때문에 DNA 복제가 일어난 이후의 세포주기(예: S기 후기나 G_2기) 동안에만 작동할 수 있다. 두 가지 복구 경로에 결함이 있다면 암 발생율이 증가한다고 알려져 있다. 예를 들어, BRCA1 단백질은 상동성 복구 경로의 일부인데, 제7장의 첫머리에서 언급한 바와 같이 *BRCA1* 유전자에 돌연변이가 있다면 유방암에 걸릴 위험을 증가한다.

7.9 DNA 복제와 복구 사이

제7장의 마지막 부분에 있는 <인간 질병과의 연관성>에서는 유전병 중 하나인 색소피부건조증(xeroderm pigmentosum, XP)에 대해 소개하고 있다. 이 병을 앓고 있는 환자들은 자외선에 노출되어 생긴 피부조직의 손상을 복구하지 못하는데, 뉴클레오티드 절제 복구(NER)에 관련된 7개의 유전자들 중 하나의 유전자에 결손을 보이는 환자들이 대부분이다. 관련 유전자를 *XPA*, *XPB*, *XPC*, *XPD*, *XPE*, *XPF*, *XPG*라고 부르고, 그림 7.25에 NER 경로에서 이들의 담당하는 역할을 설명해 두었다. 색소피부건조증 환자와 유사하게 햇빛에 노출되었을 때 피부암이 생길 위험이 높은 다른 환자 그룹에서는 NER은 정상적으로 작동하지만, 자외선에 대한 민감도가 정상세포에 비해 더 높게 나타난다. 이런 세포에서는 자외선에 노출될 때 새로 생성되는 가닥이 끊어지기 때문에, DNA 복제시기 동안 자외선에 더 민감하게 반응한다. 이들 환자들은 XP의 변형체인 XP-V를 가지고

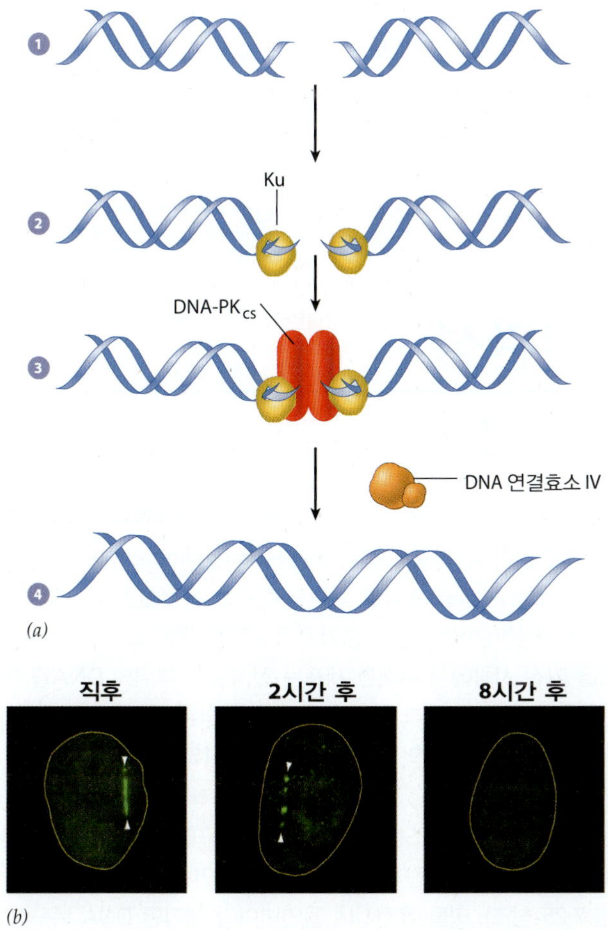

그림 7.28 비상동성 말단 접합(NHEJ) 과정을 통한 2중가닥 절단(DSB) 복구. (*a*) 2중가닥 절단 복구 경로의 단순화한 모델에서, 고리 모양의 이질2량체(heterodimer) Ku 단백질이 DNA 손상을 인식하고(1단계), 절단된 DNA의 양 끝에 결합한다(2단계). DNA에 결합한 Ku 단백질은 DNA-PKcs라는 또 다른 단백질을 불러들인다(3단계). DNA-PKcs는 DNA 의존적 단백질 인산화효소의 촉매 활성 소단위체인데, 이 단백질 인산화효소의 기질 대부분은 밝혀져 있지 않다. DNA-PKcs가 절단된 DNA의 양 끝자락에 결합하면 DNA 연결효소 IV(DNA ligase IV)가 온전한 DNA 2중가닥으로 연결시킨다(4단계). NHEJ 경로에는 핵산가수분해효소(nuclease)와 DNA 중합효소가 관여하고(그림에는 표시하지 않았음), DSB 복구에 관여하는 상동성 재조합 경로보다 오류가 더 잘 생긴다. (*b*) 레이저 마이크로 빔에 의해 형성된 DSB 부위(화살촉으로 표시)에 위치하는 Ku 단백질의 시간별 움직임. NHEJ 단백질인 Ku는 레이저를 조사하자마자 손상받은 부위에 나타나지만, 짧은 시간만 머물고 손상이 복구된 것으로 예측되는 시간 이후에는 사라진다. 현미경 사진은 레이저를 조사한 (1) 직후, (2) 2시간 후, (3) 8시간 후에 찍은 것이다.

출처: (b) Jong-Soo Kim et al., (2005) *J. Cell Biol.* 170:344의 Fig 3에서 발췌. 락펠러 대학교 출판부의 허가를 얻음.

있다.

세포는 매우 다양한 종류의 DNA 손상을 대부분 복구할 수 있음에도 불구하고, 간혹 DNA 손상부위가 DNA 복제가 일어나야 하는 때까지도 복구되지 않는 경우가 있다. 이 경우에 DNA 복제기구들이 주형가닥의 손상부위에 도달하게 되면 거기서 멈춰선 채로 더 이상 진행하지 못한다. 이렇게 멈춰선 DNA 복제기구는 신호를 보내 DNA 손상부위를 지나갈 수 있는 특수한 DNA 중합효소를 불러들인다.[3] 피부세포에서 자외선에 노출되어 피리미딘 2량체(그림 7.24)가 형성된 DNA 손상부위라고 가정하면, 복제용 DNA 중합효소인 pol δ 또는 pol ε가 손상부위에 도달할 때, 이 효소 대신 "특수한(specialized)" 중합효소인 pol η가 들어와서 피리미딘 2량체를 형성한 2개의 T 잔기 건너편 위치로, 새로 합성되는 가닥에 2개의 A 잔기를 넣어준다. 이처럼 손상부위를 지나갈 수 있는 또 다른 중합효소 PrimPol은 복제가 멈춘 구역을 지나서 DNA를 합성할 수 있도록 불러오는데, 대부분의 복제용 중합효소가 RNA를 프라이머로 사용하는 것에 비해 이 중합효소는 DNA를 프라이머로 사용한다. 어떤 중합효소가 DNA 손상부위를 지나가기(bypass) 위해 사용될 지라도 일단 그 부위를 지나가고 나면 세포는 이런 복구용 DNA 중합효소를 다시 정상적인 복제용 DNA 중합효소로 전환시켜서 DNA 손상의 흔적이 남지 않게 DNA 합성을 지속한다. XP-V 변형체를 가지고 있는 환자들은 pol η 유전자에 돌연변이가 있어서 티민-2량체를 지나가면서 복제를 지속하기가 어렵지만, PrimPol 중합효소를 사용해서 티민-2량체를 어느 정도 수준으로 복구할 수 있다.

1999년에 발견된 중합효소 pol η은 주형가닥의 특정 종류의 DNA 손상에 상보적인 뉴클레오티드를 연결할 수 있는 특수한 DNA 중합효소 그룹의 일종으로, **손상통과합성**(*translesion synthesis, TLS*)에 관여한다. X-선 결정학 연구를 통해 TLS 중합효소들은 보통의 복제용 중합효소의 활성자리에는 들어갈 수 없는 변형된 뉴클레오티드를 수용할 수 있는 널찍한 활성자리를 갖는 특징이 있다. 하지만 이들 TLS 중합효소들은 지속성(processivity)이 없기 때문에 1개 또는 3~4개 정도의 뉴클레오티드만을 DNA 가닥에 연결할 수 있다; 이들 효소는 교정능력이 없기 때문에 손상되지 않은 DNA를 복제할 때는 전형적인 복제용 중합효소보다 잘못된, 즉 상보적이지 않은 뉴클레오티드를 연결시키는 경우가 더 많다.

DNA 손상을 복구하기 위해 멈춰선 복제분기점 자체는 또 다른 손상과 유전체 변형의 원인을 제공할 수 있다. DNA 중합효소는 복제분기점 뒤에 남아 있지만 헬리케이스는 지속적으로 2중가닥을 풀면서 나아가기 때문에 단일가닥을 생성되는데, 이 부위는 핵산분해효소에 의해 잘릴 수 있기 때문에 DSB를 쉽게 형성할 수 있다. 절단된 2중가닥을 재조합에 의해 교정하려하면 염색체 재배열이 일어날 수도 있다. 이렇게 재배열된 염색체는 다양한 질환을 유발하는 것으로 알려져 있다. 예를 들면, 멈춰선 복제분기점과 함께 2중가닥 절단은 DNA의 일부분이 수회 반복되는 유전자 복제수 변이(copy number variation, CNV)의 원인 중 하나로 생각된다. CNV는 조현병과 같이 복합적인 증상뿐 아니라 20종 이상의 퇴행성 신경질환이나 신경발달 관련 질환에 관련이 있다고 알려져 있다. 이와 비슷하게 제4장에서 서술된 트리뉴클레오티드 반복서열(trinucleotide repeat)의 변이도 이 반복서열에서 나타나는 DNA 이상 구조로 인해 멈춰선 복제분기점의 결과인 것으로 추정된다. 유전체를 온전하게 보존하기 위해서는 DNA 복제, 복구, 재조합 과정을 신중하고 조화롭게 조정하는 것이 중요하다.

[3]세포가 멈춰선 DNA 중합효소를 해결하는 또 다른 방법이 있지만, 이 방법은 더 복잡하므로 여기서 설명하지 않기로 하겠다.

인간 질병과의 연관성

DNA 복구 결함으로 인한 결과

우리 생명체들은 광합성이 일어나는 동안 포착되는 에너지를 공급하는 태양 빛에 의존하고 있다. 그러나 태양은 또한 지속적으로 자외선을 통해 우리의 피부 세포를 노화시키고 돌연변이를 일으킨다. 태양으로부터 오는 위험한 영향은 희귀유전질환 중 하나인 **색소피부건조증**(*xeroderm pigmentosum, XP*)에서 극적으로 설명할 수 있다. 색소피부건조증(XP) 환자들은 뉴클레오티드 절제 복구시스템에 결함이 있어서 자외선에 의해서 생기는 손상된 DNA 조각을 제거할 수 없다. 결과적으로 XP 환자들은 태양 빛에 극히 민감하다; 태양 빛에 아주 짧은 시간만 노출되더라도 신체에서 노출되었던 부위에 많은 수의 검은 색소 침착이 나타나고 치명적인 피부암에 걸릴 위험률이 매우 높아진다.

XP만이 뉴클레오티드 절제 복구시스템의 결함으로 생기는 유일한 유전질환은 아니다. 코케인 증후군(Cockayne syndrome, CS)은 빛에 대한 극심한 민감도, 신경세포의 탈수초(demyelination)로 인한 신경계 장애 및 왜소증 등을 주요한 특징으로 갖는 유전질환이다. 아직 CS 질환이 XP처럼 피부암 발생을 증가시키는지에 대한 확실한 증거는 없다. CS를 가진 사람에서 유래한 세포는 전사활성 부위의 DNA를 복구시키는 경로에 결함이 있다. 유전체의 나머지 부분이 보통 비율로 복구되는 것이 피부암도 보통의 비율로 발생하는 이유일 것이다. 하지만 특정 복구시스템에 결함이 있는 것이 왜 왜소증과 같은 특정 증상을 유발하는 걸까? 대부분의 CS는 전사와 DNA 복구를 연결시키는 데 관여하는 *CSA* 또는 *CSB* 유전자 둘 중 하나에 돌연변이가 있는 경우들이다(그림 7.25 참조). 이들 유전자에 돌연변이가 생기면 DNA 복구에 영향을 줄 뿐 아니라 특정 유전자들의 전사도 방해할 수 있기 때문에 성장 지연이나 신경계의 발달장애를 겪게 되는 것으로 생각한다. 이러한 가능성은 드물기는 하지만, CS 증상들이 *XPD* 유전자에 특정 돌연변이가 있는 XP 환자에게서도 나타난다는 사실이 뒷받침해 준다. *XPD* 유전자는 전사인자 TFIIH의 한 소단위체를 암호화하는 유전자로서 DNA 복제와 더불어 전사에도 필수적이다. *XPD* 유전자에 다른 종류의 돌연변이가 생긴 경우는 DNA 복구와 전사에 결함이 있을 때 나타나는 증상을 복합적으로 보이는 모발유황이상증(trichothiodystrophy, TTD)을 일으킨다. CS 환자들과 마찬가지로, TTD 환자들도 피부암 발병 위험률이 더 높아지지는 않지만 자외선에 대한 극심한 민감성을 보인다. TTD 환자들은 추가적으로 잘 부서지는 건조한 머리카락과 비늘 같은 피부를 갖는다. 이러한 발견으로부터 3종류 유전질환-XP, CS, TTD-은 단일 유전자의 결함에 의해 생기며, 이들 유전자의 특정 돌연변이가 해당 유전질환의 증상을 결정하게 된다는 것을 알 수 있다. 돌연변이 XPD 단백질 구조 연구에 의하면 서로 다른 돌연변이는 그 단백질의 다른 기능에 영향을 미칠 수 있다는 것을 시사한다.

이 책의 다른 곳에서, 인간이나 동물 모델에서 (1) 자유라디칼의 증가(73쪽), (2) 미토콘드리아 돌연변이의 증가(396쪽), (3) 핵막 단백질의 돌연변이(226쪽)의 결과로 조기 노화나 가속화된 노화가 일어나는 상황에 대해 설명한 바 있다. 2006년에 햇빛에 의한 잦은 화상과 조기 노화현상으로 고통받던 15세 소년에 대한 연구 결과, NER 경로(그림 7.25)에 관여하는 단백질을 암호화하는 *XPF* 유전자에 돌연변이가 있음을 알게 되었다. *XPF*에 약한 돌연변이가 있는 환자들은 XP 질환을 갖게 되고 NER 경로에 결함이 있다. *XPF*에 더 심각한 돌연변이를 갖는 환자들은 세포가 DNA 2중가닥 사이에 종종 생기는 공유 교차결합(cross-link)을 복구할 수 없다. 이들 환자의 세포나 *XPF* 유전자 결손을 가진 마우스를 이용한 연구 결과, 복구되지 않은 교차결합은 아폽토시스(apoptosis, 세포사멸)를 촉진하고 이로 인해 직접 또는 간접적으로 조기 노화가 나타나게 된다. 한 가설에 의하면, 신체내 세포에서 돌연변이 발생률을 증가시키는 DNA 복구시스템의 결함은 암 발생률을 증가시키는 반면, 세포사멸을 촉진시키는 DNA 복구시스템의 결함은 노화를 가속화시킨다.[1] 이러한 조기노화증상에 대한 기작이 정상적인 노화의 과정을 설명할 수 있는지에 대해서는 아직 논란의 여지가 있다.

DNA 복구장애를 가진 환자들만이 태양 빛에 노출되는 것을 걱정해야 하는 것은 아니다. 복구 효소들의 기능이 정상적인 수준으로 작동하는 사람들의 피부세포에서조차도 작은 손상부위가 절제되거나 수선되지 못할 수 있다. DNA의 변형은 돌연변이를 일으켜서 악성세포로 변형시킬 가능성이 있다. 그러므로 자외선에 의한 손상을 제대로 복구하지 못했을 때 일어나는 결과 중의 하나로 피부암이 발생할 위험이 있다. 다음과 같은 통계치를 고려해보자: 미국에서 매년 백만 명 이상의 사람들에게 피부암 3종 중 하나가 발생하고, 대부분의 경우 태양 자외선에 과도한 노출로 인한 것이라고 생각한다. 운 좋게, 가장 흔한 2종류의 피부암-기저세포 암종(basal cell carcinoma)와 편평세포 암종(sqamous cell carcinoma)-은 신체의 다른 부위로 잘 퍼지지 않고 병원에서 절제술에 의해 제거가 가능하다. 이 2종류의 암은 모두 피부 상피세포에서 유래한다.

그러나 3번째 피부암인 악성 흑생종(melanoma)은 매우 치명적이다. 다른 피부암과 달리, 흑색종은 색소 세포(pigment cell), 즉 멜라닌세포(melanocyte)에서 유래한다. 미국에서 진단되는 흑색종의 사례수는 지난 수십 년 동안 햇빛에 노출되는 활동 시간이 증가하고 있는 것과 비례하여 매년 4%의 놀라운 속도로 증가하고 있다. 성인에서 흑색종이 발병하는 가장 위험한 요소는 어린이나 청소년기에 겪게 되는 햇빛으로 인한 수포성 화상이라고 한다. 지나치게 밝은 피부색을 가진 백인들에서 흑색종의 발생률이 매우 높다. 이들은 자외선에 노출되었을 때 인접한 피부 상피세포에서 분비하는 호르몬에 대한 수용체(melanocortin 1 receptor, MC1R)를 색소세포 표면에 발현하지 못한다. 멜라닌세포는 흑색 색소 멜라닌(melanin)을 생산하여 MC1R 활성화에 반응하기 때문에 사람의 피부가 검게 그을려 보이게 된다. 햇빛에 타는 반응을 일으키는 원인이 자외선일지라도, 햇빛에 탄 피부는 타지 않은 흰 피부보다 자외선으로부터 더 잘 보호된다. 만일 자외선에 노출되지 않고도 피부를 그을리게 할 수 있다면 어떨까? 많은 연구자들이 색소세포에서 햇빛에 타는 자극반응을 유도하기 위해 자외선 노출을 제외한 다양한 방법으로 시도하고 있는데, 어떤 방법들이 안전하고 효율적일지는 아직 더 지켜 봐야 할 것이다.

DNA 복구시스템의 결함이나 과도한 활성은 피부암 외에도 대장암과의 관련성이 높다. 대장암 사례의 약 15% 정도가 미스매치 복구에 필요한 단백질에 돌연변이가 생겨서 발생하는 것으로 추정하고 있다. 미스매치 복구시스템에 문제를 일으키는 돌연변이들은 복제 동안 생길 수 있는 오류가 교정되지 않기 때문에 다른 유전자들 부위에서 높은 돌연변이 발생률이 나타난다.

암은 복구가 되지 않았거나 불완전하게 복구된 2중가닥 절단의 결과로 나타나기도 한다. DNA 가닥에서 절단은 X-선, γ-선, 방사성 방출 등과 같이 우리가 일상생활에서 빈번하게 노출되는 환경 인자들에 의해 발생할 수 있다. 이런 측면에서 가장 심각한 환경적 위험은 아마도 우라늄의 붕괴 과정에서 생성되는 방사성 동위원소인 라돈(radon, 특히 ^{222}Rn)일 것이다. 지구상 일부 지역은 특히 높은 우라늄을 토양에 가지고 있어서, 이 지역에 건설된 집들에서는 라돈 가스가 위험한 수준으로 발생하기도 한다. 라돈 가스가 폐로 들어오게 되면 2중가닥 절단 DNA이 일어나고, 이후 폐암으로 발전할 위험성이 높다. 폐암 환자의 많은 수가 비흡연자인 까닭은 아마도 라돈에 노출되었기 때문일 것이다.

참고문헌

1. 여러 가지 이유로 언급하지는 않았지만 조기노화증상을 일으키는 가장 중요한 유전자들 중 2 개는 RecQ 헬리케이스로 불리는 DNA 헬리케이스계의 WRN과 BLM을 암호화한다. *WRN*과 *BLM*의 돌연변이는 각각 워너증후군(Werner syndrome)과 블룸증후군(Bloom syndrome)의 유전병을 일으키는데, 두 유전병 모두 암 발생 위험을 증가시키고 노화를 촉진시킨다. 이들은 염기절제복구와 DSB 복구경로에 관여하는 것으로 알려져 있다. 복제성 DNA 중합효소는 DNA 손상부위에 멈춰서서 복제분기점이 풀어지는 상황을 해결하는 데 특히 중요한 것으로 보인다.

요 약

'DNA 복제가 반보존적(semiconservative)으로 일어난다'는 것은 세포분열 과정에서 부모 DNA 2중가닥이 온전한 한 가닥씩 각각의 딸세포로 전달되는 것을 의미한다. 이러한 복제 기작은 Waston과 Crick이 DNA 구조 모델의 일부로서 최초로 제안하였다. DNA 복제는 DNA 가닥의 수소 결합이 끊어지면서 점차 분리되고, 2중가닥이 각각에 대해 상보적인 가닥을 합성하기 위한 주형가닥으로 사용된다는 것을 의미한다. 이러한 모델은 박테리아와 진핵세포에서 세포를 표지된 배양액으로 옮겨서 한 세대를 키우면 딸세포 DNA는 오직 한 가닥만 표지가 되고, 다른 한 가닥은 표지가 되지 않는 상태임을 확인함으로써 검증되었다. (283쪽)

DNA 복제 기작은 박테리아 세포에서 가장 잘 연구되어 있다. 복제는 원형 DNA 염색체 상의 단일 복제개시점(origin of replication)에서 시작하고, 바깥쪽 양방향으로 한 쌍의 복제분기점(replicaton fork)이 나아가면서 진행된다. 복제분기점은 이중 나선이 풀리고 새로운 뉴클레오티드가 새롭게 합성되는 양쪽 가닥으로 연결되는 지점이다. (287쪽)

DNA 합성은 DNA 중합효소계 단백질이 촉진한다. 대장균에서 발견된 3개의 DNA 중합효소 중 첫 번째 발견된 것은 DNA 중합효소 I이다. 중합반응을 촉매하기 위해서, 이 효소는 4종류 데옥시리보뉴클레오티드, 복사할 주형가닥, 새로운 뉴클레오티드가 연결될 수 있는 3′-OH를 갖는 말단을 가진 프라이머(primer)를 필요로 한다. DNA 중합효소가 이미 존재하는 가닥의 3′-OH 말단에 뉴클레오티드를 첨가할 수는 있어도, 스스로 DNA 가닥의 합성을 개시할 수는 없기 때문에 프라이머가 필요하다. 또 하나 예상하지 못했던 DNA 중합효소 I의 특징은 DNA 가닥을 오직 5′→3′ 방향으로만 합성할 수 있다는 것이다. 새로운 DNA 2가닥은 부모 DNA 주형가닥 2개에서 각각 반대방향으로 움직이는 중합효소에 의해 반대 방향으로 합성이 될 것이라고 추측되어 왔다. 2가닥의 DNA가 꽤 다른 기작을 통해 합성된다는 것이 밝혀지고서야 이러한 추측을 설명할 수 있게 되었다. (288쪽)

새롭게 합성되는 가닥 중 하나(선도가닥)은 복제분기점을 향해 연속적으로 합성되며 길어진다. 다른 가닥(지연가닥)은 복제분기점에서 멀어지는 방향으로 불연속적으로 합성되며 길어진다. 박테리아 세포에서 지연가닥(lagging strand)은 오카자키 절편이라고 불리는 대략 1,000개의 뉴클레오티드 길이로 합성되고, 이들 절편은 이후에 DNA 연결효소에 의해 공유결합을 형성하며 이어진다. 이와는 대조적으로 선도가닥(leading strand)은 연속되는 단일가닥으로 합성된다. DNA 중합효소는 연속적인 가닥이나 오카자키 절편, 어떤 것이든지 그 합성을 개시할 수 없고, 짧은 RNA 프라이머를 합성하는 RNA 중합효소의 일종인 프리메이스(primase)가 그 역할을 담당한다. RNA는 이후에 분해되고, 그 틈은 DNA로 채워진다. (289쪽)

박테리아 복제분기점에서 일어나는 일들은 특수화된 기능을 갖는 다양한 종류의 단백질을 필요로 한다. 이 과정에서 필요한 단백질들은 다음과 같다: 제2형 국소이성질화효소(topoisomerase)인 DNA 자이레이스(DNA gyrase)는 DNA 2중나선이 풀어지면서 복제분기점 앞쪽에 형성되는 장력(tension)을 해소하고, DNA 헬리케이스(helicase)는 DNA 2중가닥을 풀어서 단일가닥으로 분리시켜주며, 단일가닥 DNA-결합 단백질(SSB)은 풀어진 단일가닥이 다시 재결합하지 않도록 단일가닥 DNA에 결합한다. 프리메이스는 RNA 프라이머를 합성하고, DNA 연결효소(ligase)는 지연가닥의 조각들을 연속되는 폴리뉴클레오티드로 이어준다. DNA 중합효소 III는 각 RNA 프라이머에 뉴클레오티드를 연결시키는 주요한 복제성 DNA 합성효소로 작용하고, DNA 중합효소 I은 RNA 프라이머를 제거하고 빈 틈을 DNA로 채워주는 역할을 한다. DNA 중합효소 III 두 분자는 단일 복합체를 형성하여 각각의 주형을 따라 같이 이동하는 것으로 생각되는데, 이는 지연가닥의 주형이 자신의 뒤로 되돌아서 고리를 형성하기 때문에 가능하다. (291쪽)

DNA 중합효소는 핵산 가닥의 중합반응과 분해반응을 위해서 분리된 촉매 활성자리를 갖는다. 대부분의 DNA 중합효소들은 5′ → 3′과 3′ → 5′ 핵산말단가수분해효소 활성을 모두 갖는다. 첫 번째 5′ → 3′ 핵산말단가수분해효소 활성은 개별 오카자키 절편을 합성하는 RNA 프라이머를 제거하고, 두 번째 3′ → 5′ 핵산말단가수분해효소 활성은 잘못 끼어든 뉴클레오티드를 제거하여 복제의 정확성에 기여한다. 대장균에서는 복제하는 동안 대략 10억(10^9) 개 뉴클레오티드 중 1개 정도가 부정확하게 결합되는 것으로 추정된다. (293쪽)

진핵세포에서의 DNA 복제는 박테리아 복제와 유사한 단백질을 활용하여 유사한 기작으로 진행된다. 복제에 관여하는 모든 DNA 중합효소들은 5′ → 3′ 방향으로 DNA 가닥을 신장시킨다. DNA 중합효소들은 어떤 것이든지 프라이머 없이는 스스로 복제를 개시할 수 없다. 대부분의 중합효소는 3′ → 5′ 핵산말단가수분해효소 활성을 가지므로, 높은 정확성을 가지고 복제가 일어나도록 보장해준다. 박테리아와는 달리, 진핵세포에서는 염색체를 따라 여러 군데서 복제가 동시에 개시되고, 복제분기점은 각 개시점을 기준으로 바깥쪽 양방향으로 진행한다. 효모의 DNA 복제에 대한 연구결과에서는 복제개시점에 복제개시점 인식복합체(ORC)라고 부르는 필수적인 다단백질 복합체가 특이적인 결합서열에 결합한다. 복제개시점에서 일어나는 일들은 각 DNA 부분의 복제가 세포 주기당 오직 단 한 번만 일어날 수 있도록 한다. (296쪽)

진핵세포에서의 DNA 복제는 핵의 구조와 밀접한 관련이 있다. 진핵세포에서 어느 특정시기에 활발하게 진행하는 복제분기점은 약 50~250개 정도의 복제초점(replication foci)이라고 부르는 부위에 모여 있다. 새롭게 합성하는 DNA는 뉴클레오솜과 결합한다. 한 모델에 의하면, 복제 이전에 존재하던 $(H3H4)_2$ 4량체가 온전히 남아 있고, H2A/H2B 2량체는 서로 분리되어서 딸 DNA 2중나선 위에 새롭게 만들어지거나 기존에 존재하던 $(H3H4)_2$ 4량체에 무작위로 결합한다. (299쪽)

DNA는 이온화 방사선, 상용 화학물질, 자외선 등 다양한 환경적 인자에 영향을 받아 손상을 입기 쉽다. 세포는 그 결과 생기는 DNA 손상을 인식하고 복구할 수 있는 다양한 시스템을 가지고 있다. 약 1,000개 중 1개 이하의 변형된 염기가 세포의 복구시스템을 피하는 것으로 추정된다. DNA 복구시스템 중 네 가지 주요 경로는 다음과 같다. 뉴클레오티드 절제 복구(nucleotide excision repair, NER)는 피리미딘 2량체와 같이 부피가 큰 DNA 손상을 갖는 DNA 부위를 복구하도록 작동한다. NER 경로에서 헬리케이스가 이렇게 손상된 부위를 가진 DNA 가닥을 분리되고, 핵산내부가수분해효소(endonuclease)가 DNA 손상부위의 양쪽을 절개한 후, 이 빈 틈을 DNA 중합효소가 채워주고 DNA 연결효소가 DNA 가닥을 이어준다. 활발하게 전사되는 유전자의 주형가닥은 NER 경로에 의해 우선적으로 복구된다. 염기절제 복구(base excision repair, BER)는 DNA 2중나선에서 작은 비틀림을 일으키는 다양하게 변형된 뉴클레오티드를 제거한다. 세포는 다양한 글리코실레이스(glycosylase) 효소를 가지고 있어서 여러 종류의 변형된 염기를 인식하여 제거할 수 있다. 일단 염기가 제거되고 남은 뉴클레오티드는 핵산내부가수분해효소에 의해 제거되고, 빈 틈은 인산디에스테르가수분해효소(phosphodiesterase) 활성에 의해 더 넓어진다. 이 빈 틈은 DNA 중합효소와 연결효소에 의해서 채워지고 연결된다. 미스매치 복구(mismatch repair, MMR)는 복제 동안 DNA 중합효소의 교정(proof-reading) 활동에도 불구하고 부정확하게 끼어든 뉴클레오티드를 인식하고 제거하는 역할을 한다. 박테리아에서 새롭게 합성되는 DNA 가닥은 원래 있던 DNA 가닥에 존재하는 메틸기를 가지고 있지 않으므로 손상부위의 복구를 위한 주형으로 선택되지 않는다. 2중가닥 절단(double-strand break, DSB)은 절단된 DNA 가닥의 양 끝에 결합하는 단백질 복합체에 의해 함께 이어지면서 복구된다. DSB 복구의 대체 경로로는 상동성 재조합(homologous recombination)이 있다. (302쪽)

세포는 DNA 복제와 복구에 관여하는 전형적인 DNA 중합효소와 더불어 DNA 손상부위나 잘못 정렬된 자리에서 복제를 촉진시키는 다수의 DNA 중합효소들도 가지고 있다. 그 결과 손상통과합성(translesional synthesis, TLS)에 관여하는 DNA 중합효소들은 진행성과 교정 능력이 결여되어 있어서 전형적인 DNA 중합효소보다 더 많은 오류가 생기기 쉽다. (305쪽)

개념 문제

7.1 DNA 복제

1. DNA 복제에 대한 Waston-Crick의 처음 제안은 DNA 가닥이 연속적으로 합성된다는 것을 의미했었다. 이후 시간이 지나면서 이 최초의 제안이 어떻게 그리고 왜 바뀌게 되었는가?
2. DNA 복제가 반보존적(semiconservative)라는 것은 어떤 뜻인가? 박테리아 세포를 이용하여 DNA의 반보존적 복제는 어떻게 실험적으로 증명되었는가? 진핵세포에서는 어떤 실험으로 증명하였는가?
3. 그림 7.3*a*에서 가장 위쪽 3개의 원심분리 튜브에서 무거운 밴드가 없는 것은 왜 그런가?

7.2 박테리아의 DNA 복제

4. DNA 복제와 같이 필수적인 생명현상에 필요한 유전자들에 결함이 있는 돌연변이는 어떤 방법으로 얻을 수 있는가?
5. 효모 세포에서 DNA 복제 개시 동안에 복제개시점에서 일어나는 단계는 서술하시오. 복제가 양방향성(bidirectionl)이라는 것은 무슨 뜻인가?
6. 그림 7.7에서 나타난 DNA 분자들은 왜 DNA 중합효소에 의한 뉴클레오티드 중합반응을 촉진시키지 못하는가? DNA 중합효소 I에 의해 뉴클레오티드가 연결되기 위한 주형으로 작용하려면 가져야 하는 DNA의 분자의 성질은 무엇인가?
7. DNA 중합효소들이 두 주형가닥에서 어떻게 작동하는지 작용기작과 이 작용기작이 선도가닥과 지연가닥의 합성에 미치는 영향에 대해 서술하시오.

7.3 복제분기점에서 작동하는 복제 기구

8. 박테리아 복제에서 DNA 중합효소 I과 III의 역할을 비교하시오.
9. 그림 7.13*a*에서와 같이 지연가닥의 주형이 자기 자신에 대해 뒤돌아 돌아오며 고리를 형성하는 DNA를 갖는 결과는 무엇인가?

7.4 DNA 중합효소들의 구조와 기능

10. 박테리아 DNA 복제에서 DNA 헬리케이스, 단일가닥 DNA-결합 단백질(SSB), β 클램프, DNA 자이레이스, DNA 연결효소의 역할을 서술하시오.
11. DNA 중합효소 I이 갖는 두 가지 핵산말단가수분해효소(exonuclease) 활성은 서로 어떻게 다른가? 복제에서 이들 효소활성의 역할은 무엇인가?
12. DNA 복제의 높은 정확성(fidelity)에 기여하는 인자들을 서술하시오.

7.5 바이러스의 DNA 복제

13. 역전사효소(reverse transcriptase)의 어떠한 생화학적 특징이 인간면역결핍바이러스(HIV)와 같은 바이러스가 뉴클레오티드 유사체에 의해 억제될 수 있게 하는가?

7.6 진핵세포의 DNA 복제

14. 진핵세포로 하여금 적절한 시간 내에 DNA 복제를 할 수 있게 하는 세균과 진핵세포 사이의 주요 차이점은 무엇인가?

7.7 염색질 구조와 복제

15. DNA 복제후 염색질을 재조립할 때 CAF-1의 역할은 무엇인가?

7.8 DNA 복구

16. 뉴클레오티드 절제 복구와 염기 절제 복구의 단계를 비교하시오.
17. 미스매치 복구(mismatch repair)에서 세포가 새롭게 합성하는 DNA 가닥과 원래 존재하던 부모 DNA 가닥을 구별하는 것은 왜 중요한가?

7.9 DNA 복제와 복구 사이

18. 손상통과합성(translesion synthesis)의 역할은 무엇인가?

분석 문제

1. Meselson과 Stahl이 세포를 ^{14}N가 들어 있는 배지에서 배양한 다음 ^{15}N가 들어 있는 배지로 옮기는 실험을 하였다고 가정해 보자. 만일 복제가 반보존적이라면, 원심분리 튜브 속에서 밴드들이 어떻게 나타났을까? 만일 복제가 보존적이라면, 밴드들이 어떻게 나타났을까? 만일 복제가 분산적이라면, 밴드들이 어떻게 나타났을까?
2. 세포주기마다 한 번 이상 자신의 DNA를 복제하는 돌연변이 효모 세포주를 분리했다고 가정해 보자. 바꿔 말하면, 그 유전체의 각 유전자가 연속적으로 세포분열을 하는 사이에 여러 번 복제되었다. 여러분은 이러한 현상을 어떻게 설명할 수 있는가?
3. 만일 복제가 보존적 또는 분산적 기작으로 일어났다면, 그림 7.4에 그려진 진핵세포에 대한 실험에서 염색체들은 어떻게 나타났을까?
4. 세포가 DNA로부터 우라실을 제거하기 위해 특이한 효소를 갖고 있다.

만일 그 우라실이 제거되지 않는다면, 무슨 일이 일어날 것으로 예상하는가? (우라실이 다른 염기와 짝을 이루는 특성들에 대해서는 그림 5.42에 제시된 정보를 고려할 수 있다.)

5. DNA 중합효소 I에 의한 DNA 합성의 주형으로 역할을 할 수 없는, 부분적으로 2중가닥이 형성된 DNA 분자를 그려보시오.

6. 온도-민감성 돌연변이 박테리아 일부는 온도가 상승한 직후에 복제를 중지하는 반면, 다른 돌연변이들은 복제를 멈추기 전에 당분간 그들의 DNA를 계속 복제하며, 또 다른 돌연변이들은 1회의 복제가 완료될 때까지 계속한다. 이러한 세 가지 유형의 돌연변이들은 어떻게 다를 것으로 예상되는가?

7. 사람의 세포에서 복제하는 동안의 오류율(error rate)이 약 10억분의 1, 즉 10^{-9}로 박테리아의 오류율과 동일하다고 가정하자. 이 오류율은 두 가지 세포들에 어떻게 다르게 영향을 줄 것인가?

8. 박테리아는 매 30분마다 한 번씩 세포분열을 하고, 유전체는 약 10^6 bp 길이를 가지며, DNA 복제의 오류율은 10^{-9}이라고 하자. 만일 박테리아 세포 1개가 배양액이 담긴 튜브에서 하루 종일(24시간) 증식하였다면, 24시간 후 이 튜브에 있는 박테리아 중에는 몇 개의 점돌연변이(point mutation)가 나타날 것인가?

9. 그림 7.19는 세포들이 고정되기 전에 30분 미만 동안 [^{3}H]티미딘과 함께 배양하여 표지한 실험에서 얻은 결과를 나타낸 것이다. 한 시간 동안 표지를 하였다면 이 사진이 어떻게 나타날 것으로 예상하는가? 전체 유전체가 한 시간 이내에 복제된다고 결론지을 수 있는가? 만약 그렇지 않다면, 왜 아닌가?

10. 복제개시점은 A-T 염기쌍들을 매우 많이 갖는 경향이 있다. 이렇게 A-T 염기쌍이 많은 부위들을 선택하는 것이 어떤 역할을 수행할 수 있을 것으로 생각하는가?

11. DNA 복제가 핵질(nucleoplasm) 전반보다는 적은 수의 복제초점(replication focus)에서 일어날 때의 장점들은 무엇인가?

12. 사람 세포들이 개구리의 세포들보다 더 효율적인 복구시스템을 갖을 것으로 예측하는 이유들은 무엇인가?

13. [^{3}H]티미딘에 노출된 두 세포 중 하나의 세포에서는 DNA 복제(S기)가 일어났고 다른 하나의 세포에서는 복제가 일어나지 않았을 때, 이 두 세포의 방사능사진(autoradiograph)들을 비교하게 되었다고 가정해 보자. 이 세포들의 방사능사진들이 어떻게 다를 것이라고 예상하는가?

14. 활발하게 전사되는 DNA가 전사되는 않고 침묵하는 DNA보다 왜 우선적으로 수선되는지를 설명해 줄 모델을 구성하시오.

CHAPTER

8

세포의 막

목 차

신경 가스

1995년 3월 20일 아침 출퇴근 및 등교 시간에, 세계적으로 매우 분비는 곳 중에 하나인 도쿄 지하철에서 광신적 종교집단 중 하나가 사린(Sarin)이라는 독가스를 살포하였다. 이 공격은 여러 지하철 역사에서 조직적으로 발생하였고 수천 명의 사람들이 숨쉬기 어려움을 호소하였으며, 8명의 사망자를 포함한 수백 명의 사상자가 발생하였다. 사린은 독일 나치가 신경계를 교란하는 화학 무기로 개발한 **신경가스(nerve gas)**의 일종으로, 제2차 세계 대전 이후 미국과 소련은 엄청난 양의 사린과 같은 신경가스를 만들어 비축하였다. 이 신경가스는 다행히 전 세계적으로 사용된 적은 없으나, 1988년 이라크가 할라브자 지역의 쿠르드족을 공격했을 때와 이란-이라크 전쟁에서 사용된 바 있다. 사린 분자는 작으나 매우 치명적인 화학약품으로, 신경세포가 근육세포를 활성화시킬 때 이용되는 신호전달물질 분해를 저해하여 독성을 나타내게 된다. 이 작용으로 인해 호흡에 사용되는 근육이 마비될 수 있으며, 이는 사망을 야기할 수 있다. 본 장에서는 세포막에 존재하는 단백질들이 어떻게 화학적 신호를 전기적 신호로 변환할 수 있는지 배우도록 한다.

출처: © Peter Turnley / Corbis Images.

8.1 원형질막 소개

집이나 차의 외벽은 예측불가하게 위험할 수도 있는 외부세계로부터 내부에 있는 사람을 보호하기 위해 강하고 단단한 장벽으로 둘러싸여 있다. 세포도 역시 외부의 혹독한 환경 등으로부터 세포 내부의 물질들을 보호하기 위해서 단단하고 빈틈 없는 외부경계가 있어야 한다고 생각할 수 있으나, 실제로는 5~10 nm 두께의 **원형질막(plasma membrane)**이라고 부르는 얇고 약한 구조에 의해 외부세계와 분리되어 있다. 이 원형질막 5천 장을 쌓아야 겨우 이 책 한 쪽 정도의 두께가 된다.

이처럼 매우 얇기 때문에 광학현미경을 이용한 근대 세포 연구에서는 원형질막에 대한 어떠한 정보도 발견할 수 없었다. 1950년대에 와서야 생체조직을 준비하고 염색하는 여러 기술들이 발전했고 이를 통해서 원형질막을 전자현미경으로 관찰할 수도 있게 되었다. 듀크대학교(Duke University)의 로버트슨(J. D. Robertson)의 연구와 같은 초창기 전자현미경 사진에서는(**그림 8.1a**), 진하게 염색되는 내층과 외층 그리고 그 사이에 비교적 연하게 염색되는 중간층을 포함한 3층 구조의 원형질막이 관찰되었다. 이러한 3층 구조는 식물, 동물, 미생물의 막에서, 또한 원형질막이나 핵막, 소포체, 골지체 등의 세포질 내부의 막이나 할 것 없이 동일하게 관찰되었다(그림 8.1*b*). 이 전자현미경 연구는 세포막의 모습을 실제로 제시하였을 뿐 아니라, 막의 각 층을 이루는 분자 조성, 더욱 심도 있게는 막의 구조와 기능 등에 대한 활발한 토론을 촉발하였다. 이 장에서 다시 기술되겠지만 세포막은 지질2중층을 포함하고 있으며, 그림 8.1의 전자현미경 사진에서 보이는 2개의 진한 내층과 외층은 지질2중층의 양 바깥쪽에 존재하는 내부 외부의 극성 표면을 나타낸다. 이러한 세포막의 구조에 대한 자세한 논의에 앞서, 아래에서는 세포의 생존을 위한 막의 주된 기능에 대해 먼저 살펴보기로 한다(**그림 8.2**).

막 기능의 개요

1. ***구획화.*** 막은 끊어지지 않고 이어져 있는 평면이며, 이러한 특징으로 인해 막은 필연적으로 특정 공간을 둘러싸게 된다. 원형질막은 세포 전체의 내용물을 둘러싸고, 핵막이나 세포질 내의 막은 다양한 세포 내부 공간을 둘러싸고 있다. 이렇게 막에 의해 둘러싸인 서로 다른 세포내 공간들은 그 외부와는 현저히 다른 종류의 내용물을 함유할 수 있게 된다. 막에 의한 구획화로 인해, 특정 공간 내부에서 외부의 간섭 없이 특이적 활성이 나타날 수도 있고 또한 다른 공간과는 독립적으로 특정 세포 활동이 한 공간에서 조절될 수도 있게 된다.
2. ***생화학적 활성을 위한 지지대.*** 막은 공간을 둘러싸고 있기도 하지만, 막 자체가 사실 특수한 공간이기도 하다. 용액 내에서 자유롭게 떠다니는 반응물의 경우 이들 분자 간의 무작위적 충돌에 의해 반응이 일어난다. 반면, 막에 박혀 있는 채로 존재하는 반응물들은 3차원적인 자유로운 움직임이 제한되고 비교적 정렬된 형태의 배열이 가능하므로 효과적인 상호작용이 가능하게 된다.
3. ***선택적 투과 장벽.*** 막은 한 공간에서 다른 편 공간으로의 무제한적인 분자 교환을 억제한다. 동시에 막은, 막으로 인해 분리되어 있는 두 공간의 소통을 가능하게 하는 기능을 하기도 한다. 이 때문에 세포를 둘러싸고 있는 원형질막은 성을 둘러싼 해자(방어용 도랑)에 비유될 수 있다. 원형질막과 해자는 모두 장벽의 역할을 수행하고 있지만, 이들은 또한 선별적인 이동은 허용할 수 있

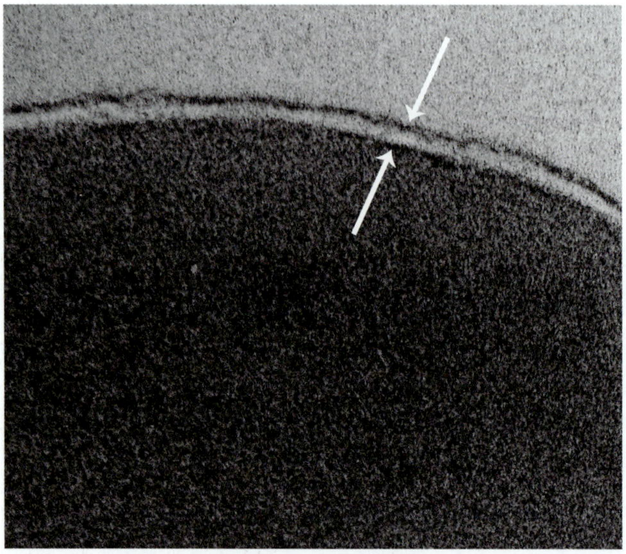

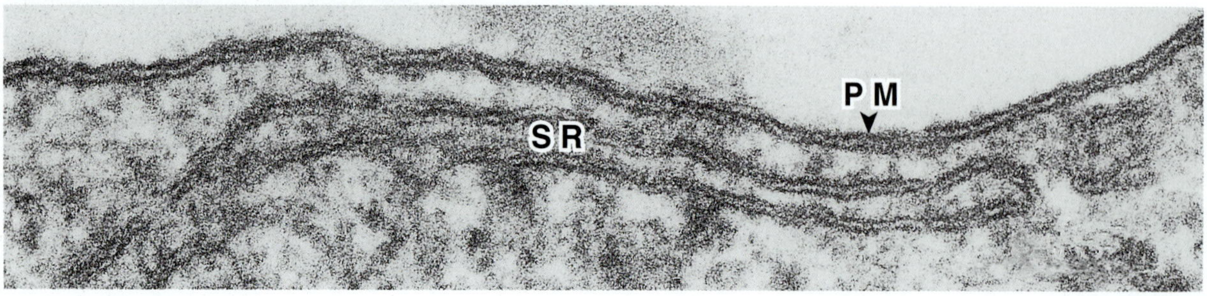

그림 8.1 **막의 3층 구조.** (*a*) 3층 구조를 나타내는 적혈구 원형질막의 전자현미경 사진. 사용된 적혈구는 지질2중층의 극성 머리부위에 결합할 수 있는 중금속인 오스뮴(Osmium)으로 염색되었다. (*b*) 분화된 근육세포의 바깥쪽 부위. 원형질막(PM)과 근소포체(SR, 세포질 내 Ca^{2+} 저장 구획)이 보인다.

출처: (a) J. D. Robertson 제공 (b) Andrew R. Marks 외 *J. Cell Biol.*, 114, 305, 1991에서 발췌. 록펠러대학교 출판부의 허가를 얻음.

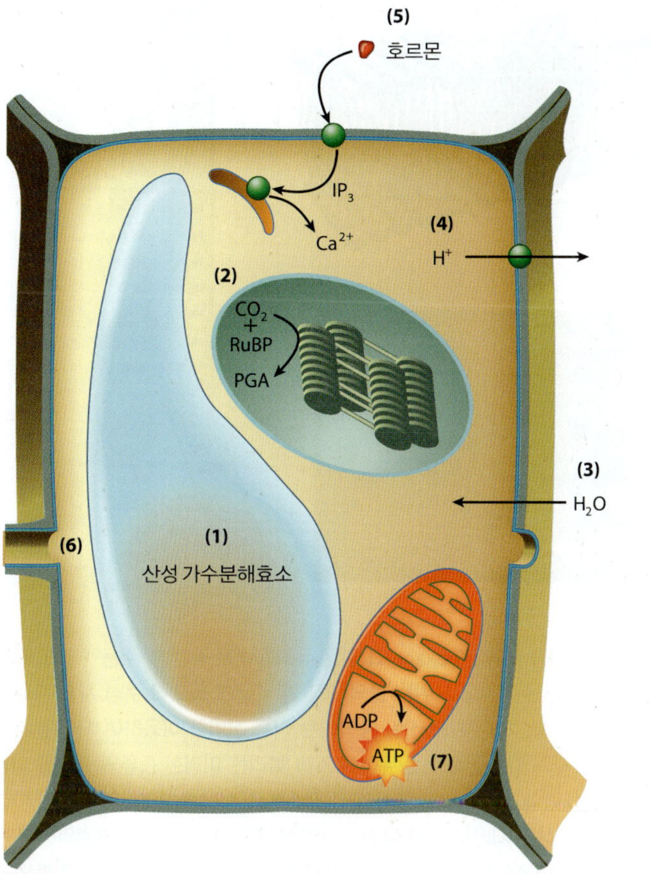

그림 8.2 식물세포에서 막의 기능 요약. (1) 구획화 기능의 예. 가수분해효소가 막으로 둘러싸인 액포에 격리되어 있다. (2) 생화학적 활성을 위한 지지대 기능의 예. 식물에서 일어나는 이산화탄소의 고정은 엽록체 틸라코이드 막의 외부표면에 존재하는 효소에 의해 이루어진다. (3) 선택적 투과 장벽 기능의 예. 물 분자는 원형질막을 매우 빠른 속도로 통과할 수 있어 식물세포가 세포벽 내부의 공간을 채울 수 있게 하고 그로 인해 세포벽에 압력을 가할 수 있게 한다. (4) 용질의 수송 기능의 예. 식물세포의 원형질막에 존재하는 특정 수송 단백질은 세포질에서 일어나는 다양한 물질대사에 의해서 발생되는 수소이온을 외부로 퍼낸다. (5) 외부자극에 대한 반응 기능의 예. 예시된 경우에서는, 앱시스산과 같은 호르몬이 원형질막의 외부 표면에 결합하면 IP_3와 같은 화학신호분자가 방출되고, IP_3는 다시 세포질 내 저장소로부터 Ca^{2+} 이온의 방출을 야기하게 된다. (6) 세포 간 상호작용 기능의 예. 원형질연락사(plasmodesmata)라고 하는 서로 인접한 세포 사이의 통로는 한쪽 세포의 세포질에서부터 다른 쪽 세포의 세포질로 물질의 이동을 가능하게 한다. (7) 에너지 전환 기능의 예. ADP는 미토콘드리아 내막에서의 생물학적 과정을 통해 ATP로 전환된다.

는 문이 달린 "연결 다리(bridge)"를 가지고 있다.

4. ***용질의 수송.*** 원형질막은 막의 한쪽에서 다른 한쪽으로 물질들을 수송할 수 있는 기구를 가지고 있으며, 때때로 농도가 낮은 곳에서 높은 곳으로 용질을 수송하기도 한다. 막의 수송기구는 물질대사나 고분자물질의 합성에 필요한 당이나 아미노산 등의 물질을 세포가 축적할 수 있게 해준다. 원형질막은 또한 특정 이온을 수송하여 막 사이의 이온 농도 기울기(ionic gradients)를 생성할 수 있으며, 이러한 능력은 특히 신경과 근육세포에서 중요하다.

5. ***외부자극에 대한 반응.*** 원형질막은 외부자극에 대한 반응인 **신호전달(signal transduction)** 과정에서 필수적인 역할을 한다. 막은 **수용체(receptor)**를 가지고 있으며, 이는 **리간드(ligand)**라고 하는 특정 분자에 결합하거나, 빛이나 기계적 자극과 같은 다양한 자극에 반응한다. 서로 다른 종류의 세포는 서로 다른 수용체를 가지고 있어서 서로 다른 환경 자극을 인지하여 반응할 수 있다. 원형질막에 존재하는 수용체와 외부환경의 상호작용은 세포 내부의 특정 활동을 야기하거나 저해하는 신호를 생성하게 된다. 예를 들어, 세포막에서 생성된 신호는 세포가 더 많은 글리코겐을 만들게도 하고, 세포 분열을 준비하게도 하며, 특정 물질의 농도가 높은 쪽으로 이동하게도, 세포 내 저장고에서 Ca^{2+}을 방출하게도, 또는 자멸하게도 한다.

6. ***세포 간 상호작용.*** 원형질막은 모든 세포들의 바깥 끝에 존재하기 때문에, 다세포생물에서 이 원형질막은 주변세포와의 상호작용을 매개하게 된다. 원형질막은 세포들이 서로를 인지하고 서로 신호를 주고받게 하며, 특정 환경에서는 서로 결합하게도 하거나, 물질이나 정보를 교환하게도 한다. 세포막에 있는 단백질은 또한 세포외기질과 세포내골격 간의 상호작용을 매개하기도 한다.

7. ***에너지 전환.*** 막은 한 형태의 에너지가 다른 형태의 에너지로 전환되는 과정(에너지 전환)에 밀접히 관여한다. 가장 근본적인 에너지 전환은 광합성 시에 일어나며, 이때는 태양광에 있는 에너지가 막에 위치한 색소에 흡수되어 화학 에너지로 전환된 후 탄수화물에 저장된다. 막은 또한 탄수화물이나 지방에 있는 화학에너지를 ATP로 전달하는 과정에도 관여한다. 진핵세포에서는, 이러한 에너지 전환에 필요한 기구가 엽록체와 미토콘드리아의 막에 존재한다.

이 장에서는 주로 원형질막의 구조와 기능이 설명되겠지만, 논의되는 원리들은 세포의 모든 막에 공통적으로 적용된다. 미토콘드리아 막, 엽록체 막, 그리고 세포질 및 핵의 막들에 대해서는 이후 제9장, 제10장, 제12장에서 각각 논의될 것이다.

원형질막 구조 연구의 간략한 역사

1890년대 취리히 대학교(University of Zürich)의 에른스트 오버턴(Ernst Overton)는 세포의 바깥쪽 경계의 화학적 성질에 대한 최초의 단서를 찾아내었다. Overton은 비극성의 용질이 극성보다는 비극성의 용매에 더 잘 녹는다는 것, 그리고 극성의 용질은 반대로 극성의 용매에 더 잘 녹는다는 것을 알고 있었다. Overton은 어떤 물질이 세포 내부로 들어가기 위해서는 먼저 세포의 바깥쪽 경계 부위에 먼저 녹아야 할 것이라고 생각하였다. 세포의 바깥쪽 경계에 대한 투과도를 조사하기 위해 그는 수백 개의 다양한 용질을 포함하는 용액에 식물의 뿌리털을 담구는 실험을 진행하였고, 그 결과 지질에 잘 녹는 물질일수록 더욱 더 쉽게 뿌리털 세포로 들어갈 수 있음을 발견하였다. 이 실험을 통해 그는 세포의 바깥쪽 경계는 지방유(fatty oil)과 같은 용해력(dissolving power)를 갖는다고 결론 내렸다.

세포막이 지질2중층을 가지고 있을 것이라는 최초의 가설은 1925년 네델란드의 두 과학자, 고터(E. Gorter)와 그렌델(F. Grendel)

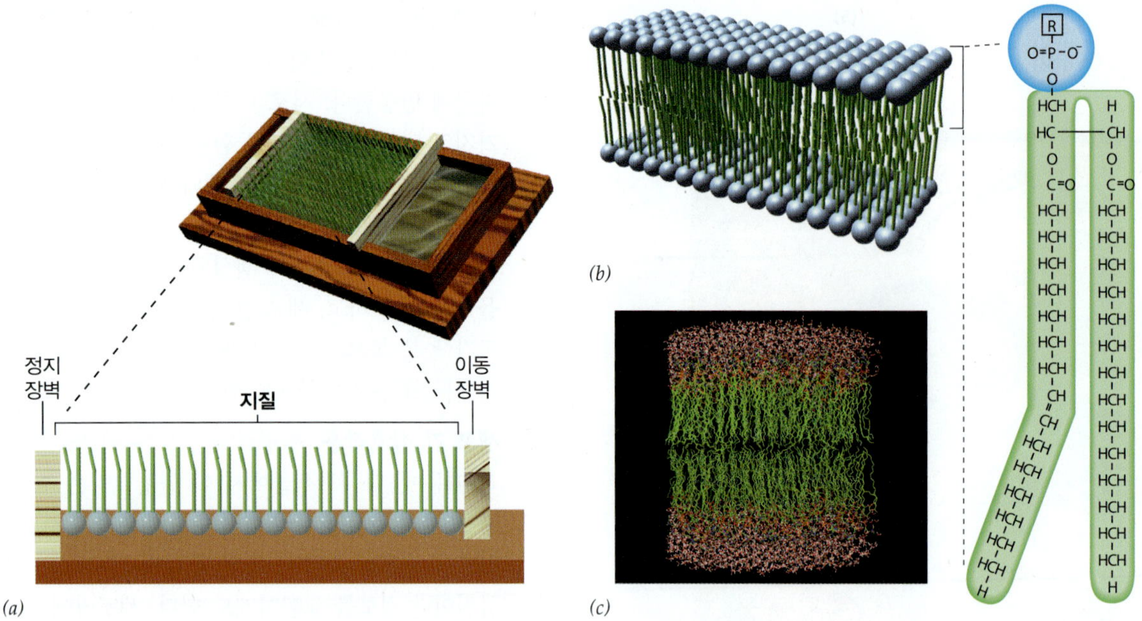

그림 8.3 원형질막은 지질2중층으로 구성되어 있다. (*a*) 추출된 지질의 표면 면적 계산. 인지질을 헥세인(hexane)과 같은 유기용매에 녹인 후 수용액에 도포하면, 인지질 분자는 물 위에서 지질 한 분자 두께의 단일층을 형성하게 된다. 이 단일층에서 지질분자의 친수성 머리부위는 물의 표면과 맞닿게 되고 소수성 사슬 부위는 공기 쪽을 향하게 된다. 이 지질 분자들이 세포막에서처럼 물의 표면을 빈틈 없이 덮을 수 있는 면적을 계산하기 위해서는, 움직이는 이동 장벽을 이용하여 지질 분자들이 물의 표면 위에서 가능한 작은 면적을 갖게 되도록 지질분자들을 한 곳에 모으면 된다. 장치의 고안자의 이름을 따서 랑뮤어 수조라 불리는 이러한 종류의 장치를 이용하여, Gorter와 Grendel은 적혈구의 원형질막에 2중층을 만들 수 있는 양의 지질이 존재한다고 결론내렸다. (*b*) Gorter와 Grendel이 제시한 것과 같이, 막의 중심부에는 2중층으로 존재하는 인지질이 있으며, 이들 인지질의 친수성의 머리부위는 막의 양 바깥 부위를, 소수성의 지방산 꼬리 부위는 안쪽을 향하고 있다. 머리부위의 구조는 그림 8.6*a*에 자세히 나타내었다. (*c*) 포스파디딜콜린(phosphatidylcholine)으로 이루어진 완전히 수화된 지질2중층의 분자모형. 인지질의 머리부위는 파란색과 주황색으로, 물 분자는 빨간색과 하얀색으로, 지방산 사슬은 녹색으로 나타내었다.

에 의해 제시되었다. 이들은 인간의 적혈구에서 지질을 추출하고, 추출된 지질이 물의 표면에서 이루는 면적을 계산하였다(**그림 8.3a**). 포유류의 적혈구에는 핵이나 세포내소기관이 없기 때문에 원형질막이 적혈구에 존재하는 유일한 지질 구조이다. 결과적으로 적혈구에서 추출되는 모든 지질은 원형질막에 있었던 것이라고 할 수 있다. 추출된 지질이 물의 표면 위에서 만들 수 있는 면적과 그 지질을 추출했던 적혈구들의 전체 표면 면적의 비율은 실험마다 약간은 달랐지만 대략 1.8대 1에서 2.2대 1 정도였다. 이를 통해 Gorter와 Grendel은 실제 비율이 2:1일 것이라 추측하였고, 원형질막은 **지질2중층(lipid bilayer)**를 포함하고 있을 것으로 예측하였다(그림 8.3*b*). 그들은 또한 각 층(*leaflet*)의 지질분자의 극성 부위가 그림 8.3*b* 또는 *c*와 같이 외부 수용액을 향할 것이라고도 예측하였다(그림 8.3*b*,*c*). 이는 열역학적으로 선호되는 배열로, 지질의 친수성 부위인 머리부위(head group)는 주변의 물 분자와 닿아 있게 되고 소수성 부위인 지방산 아실(fatty acyl) 사슬은 수용성 환경으로부터 보호될 수 있게 된다(그림 8.3*c*). 따라서, 적혈구 막을 이루는 지질2중층의 양쪽 극성 머리부위의 한쪽은 세포질을, 그리고 다른 한쪽은 혈장 쪽을 향하게 된다. Gorter와 Grendel의 실험에는 (우연히 서로 상쇄된) 몇몇의 실험적인 오차가 있었긴 했지만, 그들은 세포막이 지질2중층으로 이루어졌다는 올바른 결론에 도달하였다.

1920년대와 1930년대에는 세포생리학자들은 막의 구조가 단순히 지질2중층이 아니라 그 이상의 무엇인가 있을 것이라는 사실을 발견하기 시작했다. 예를 들면, 특정 물질의 지질 용해도가 원형질막 통과 여부를 결정하는 유일한 요소가 아님이 밝혀졌다. 또한 막의 표면장력은 순수한 지질 구조의 표면장력보다 매우 적은 것으로 계산되었다. 이러한 표면장력의 감소는 막에 단백질이 존재함을 가정함으로써 설명될 수 있었다.

이 단백질은 개별 단백질이나 단백질 복합체의 형태로 지질2중층을 관통하거나(**그림 8.4a**) 막의 주변 환경으로 뻗어 나와 있다(그림 8.4*b*). 지질2중층의 유동성으로 인해, 세포막은 내부의 구성 요소들이 막 내부에서 움직이며 다양한 종류의 임시적인 또는 반영구적인 상호작용을 할 수 있는 유동적인 구조이다.

8.2 막의 화학적 조성

막은 지질-단백질 조립체로 각 구성 요소들은 얇은 막 내에서 비공유결합으로 서로 붙어 있다. 앞서 설명한 바와 같이, 막의 중심은 2중층 형태의 지질층으로 되어 있다(그림 8.3*b*,*c*). 지질2중층은 주로 막의 구조적인 골격으로서의 기능을 담당하며 또한 수용성 물질들의 세포 내외부로의 이동을 억제하는 장벽의 기능을 수행한다. 반면, 막에 존재하는 단백질은 그림 8.2에 요약되어 있는 막의 특수한 기능들 대부분을 담당하게 된다. 분화된 각 종류의 세포들은 각각 고유한 종류의 막단백질의 조합을 가지고 있으며 이를 통해 각 세포마다 특이

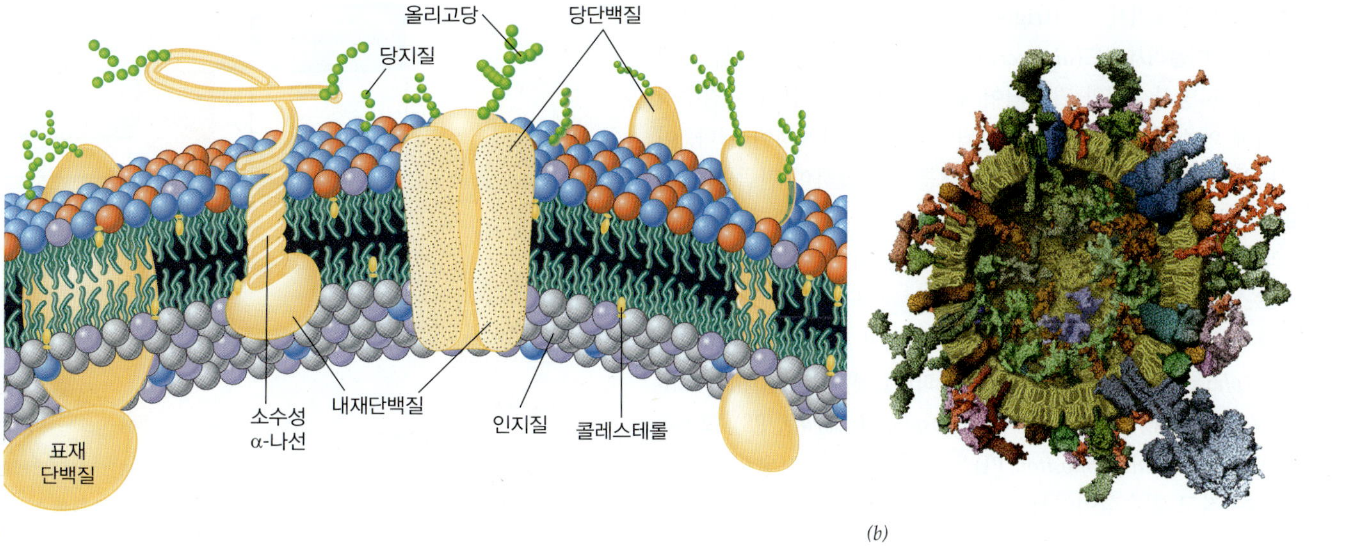

그림 8.4 **지질과 단백질로 이루어진 원형질막.** (*a*) 단백질들이 지질2중층에 묻혀 있는 구조를 보여주는 원형질막 모형. 막단백질의 세포외 부위나 일부 인지질들은 짧은 당사슬이 부착되어 있어, 당단백질 또는 당지질이 되기도 한다. 위 모델에 서로 다른 색으로 표시되어 있는 지질의 머리부위는 지질2중층의 양층이 다른 종류의 지질 분자들을 가지고 있음을 의미한다. (*b*) 시냅스 소낭(synaptic vesicle) 분석으로 확인된 단백질의 상대적인 수치 및 알려져 있는 단백질의 구조 등을 사용하여 만들어진 시냅스 소낭 막의 분자 모델. 높은 단백질 밀도가 확연히 관찰된다. 위 소낭 막에 존재하는 대부분의 단백질들은 원형질막과의 상호작용을 위해 필요하다. 오른쪽 아래 파란색으로 표시된 단백질은 H^+ 이온을 소낭 안쪽으로 퍼낸다.

출처: (b) Shigeo Takamori et al., *Cell*, 127:841, 2006에서 발췌, Reinhard Jahn 제공, Elsevier의 허가를 얻음.

적인 활동을 수행할 수 있게 된다(예: 그림 8.32*d* 참조).

막에서 지질과 단백질의 비율은 세포막의 종류(원형질, 소포체, 골지체), 생명체의 종류(세균, 식물, 동물), 세포의 종류(연골, 근육, 간) 등에 따라 다양하게 나타난다. 예를 들어, 미토콘드리아의 내막은 적혈구의 원형질막에 비해 매우 높은 단백질 대 지질 비를 나타내고, 이 적혈구 원형질막은 신경세포를 여러 겹으로 둘러싸고 있는 미엘린 수초보다 높은 단백질 대 지질 비를 나타낸다(**그림 8.5**). 대개의 경우, 이러한 차이는 막의 기본적인 기능과 연관되어 있다. 미토콘드리아의 내막은 전자전달계(electron-transport chain)를 이루는 다양한 단백질 수송체를 가지고 있으며, 이로 인해 상대적으로 다른 막에 비해 지질 함량이 낮다. 반면 미엘린 수초의 경우는 감싸고 있는 신경세포의 전기적인 절연을 담당하고 있기 때문에, 효과적인 절연 기능을 위해서 막의 단백질 함량은 최소로 그리고 높은 전기 저항성을 가지는 지질층은 두껍게 유지한다. 탄수화물 또한 막의 한 성분이며, 보통 지질과 단백질에 결합되어 있는 형태로 존재한다(그림 8.4*a*).

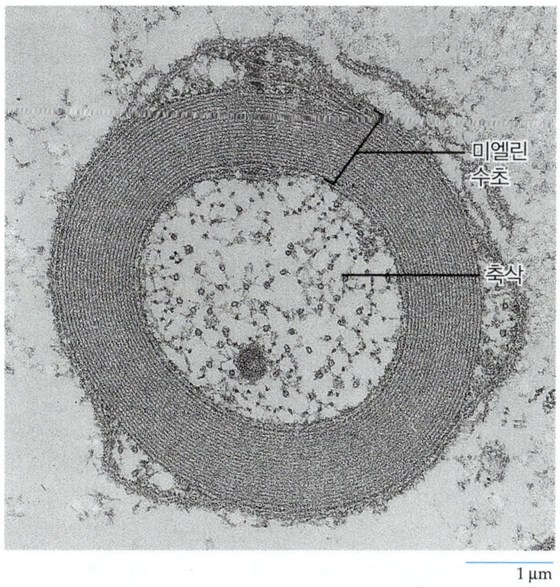

그림 8.5 **미엘린 수초.** 미엘린 수초로 둘러싸인 신경세포 축삭의 전자현미경 사진. 미엘린 수초는 단백질/지질의 비율이 매우 낮은 원형질막이 동심원 모양으로 다중층을 이루어 만들어진다. 미엘린 수초는 신경세포를 외부환경으로부터 전기적으로 절연시켜, 신경충격이 축삭을 따라 전달되는 속도를 증가시킨다. 원형질막 층간의 완벽한 거리는 각 막에 돌출되어 있는 P_0라 하는 단백질의 맞물림에 의해 유지되고 있다.

출처: Leonard Napolitano, Francis LeBaron, Jospeh Scaletti, *J. Cell Biol.* 34:820, 1967에서 발췌, 록펠러대학교 출판부의 허가를 얻음.

막지질

막은 다양한 종류의 지질을 포함하며, 이들 모든 지질들은 친수성과 소수성 부위를 모두 가진 **양친매성(amphipathic)** 분자들이다. 막지질에는 주로 포스포글리세리드(phosphoglycerides), 스핑고리피드(sphingolipids), 콜레스테롤(cholesterol)의 3종류가 있다.

포스포글리세리드 대부분의 막지질은 인산기를 가지고 있어 **인지질(phospholipids)**이라 할 수 있다. 또한 막에 존재하는 이들 인지질들의 대부분은 글리세롤을 골격으로 만들어져 **포스포글리세리드(phosphoglycerides)**라고 불린다(**그림 8.6a**). 지방산 3개가 글리세롤 골격의 수산기(hydroxyl group)에 에스테르 결합으로 연결되어 있는 소수성의 트리글리세리드(triglyceride)와는 달리, 막에 존재하는 글리세리드는 **디글리세리드**(*diglyceride*)로 글리세롤 골격에 있는 2개의 수산기가 지방산 2개와 결합되어 있고 세 번째 수산기는 친수성의 인산기에 에스테르결합으로 연결되어 있어 양친매성이 된다. 이렇게 지방산 2개와 인산기 1개가 글리세롤에 결합하여 만들어진 분자를 **포스파티드산**(*phosphatidic acid*)라고 하는데, 이 포스파디스산은 대부분의 막에 존재하지 않는다. 대신 막에 존재하는 포스포글리세리드는 포스파티드산에 추가적으로 다른 분자가 결합되어 있다. 대부분의 경우 콜린, 에탄올아민, 세린, 이노시톨이 추가되어 각각 **포스파티딜콜린**(*phosphatidylcholine*, PC), **포스파티딜에탄올아민**(*phosphatidylethanolamine*, PE), **포스파티딜세린**(*phosphatidylserine*, PS), **포스파티딜이노시톨**(*phosphatidylinositol*, PI)을 만들게 된다. 이렇게 추가되는 분자들은 작고 친수성이어서 음전하를 띤 인산기와 함께 물에 매우 잘 녹는 지질의 한쪽 끝 부위를 이루게 되며, 이들로 이루어진 해당 부위를 포스포글리세리드의 **머리부위(head group)**라 부른다. 생리적인 pH 조건에서 PS와 PI의 머리부위는 전체적으로 음전하를 띠게 되고, 반면 PC와 PE의 머리부위는 전기적으로 중성이다. 한편, 지방산 사슬은 소수성의 약 16~22개의 탄소로 이루어진 가지가 없는 탄화수소이다(그림 8.6*a*). 이들 지방산은 탄소원자 사이에 2중결합 없이 완전히 포화되어 있거나, 혹은 단일불포화(1개의 2중결합) 또는 다중불포화(2개 이상의 2중결합) 상태일 수 있다. 포스포글리세리드는 흔히 불포화지방산 사슬 1개와 포화지방산 사실 1개를 모두 가지고 있다. 최근 생선의 기름에서 고농도로 발견되는 EPA나 DHA와 같이 불포화도가 높은 지방산이 건강에 미치는 영향에 대한 관심이 증가하고 있다. EPA와 DHA는 각각 5개와 6개의 2중결합을 가지고 있으며, 뇌 또는 망막에 존재하는 막에서 주로 PE나 PC 분자를 만든다고 알려져 있다. 이들 지방산은 오메가-3(omega-3) 지방산으로 불리는데, 그 이유는 이들 지방산에 존재하는 마지막 2중결합이 지방산의 오메가(CH_3) 말단으로부터 3번째 탄소에 존재하기 때문이다. 한쪽 끝에는 지방산을 다른 끝에는 극성의 머리부위를 가지고 있어 모든 포스포글리세리드는 뚜렷한 양친매성 특징을 나타낸다.

스핑고리피드 **스핑고리피드(shpingolipid)**라 불리는 비교적 적은 양으로 존재하는 막지질은 스핑고신(sphingosine)이라는 긴 탄화수소 사슬을 가진 아미노-알코올(amino alchol)로부터 만들어진다(그림 8.6*b*). 보통 스핑고리피드는, 스핑고신의 아미노기에 지방산(그림 8.6*b*의 R)이 결합된 분자인 **세라미드**(*ceramide*)를 포함하고 있다. 다양한 종류의 스핑고신-유래 지질들에는 추가적인 분자들이 스핑고신 말단의 알코올과 에스테르결합을 이루고 있다. 포스포릴콜린(phosphorylcholine)이 추가된 경우는 **스핑고미엘린**(*sphingomyelin*)이라고 하며, 이는 인산화기를 포함하기 때문에 인지질이라 할 수 있으나 다른 인지질과는 달리 글리세롤 골격이 없는 유일한 인지질이다. 스핑고신-유래 지질들의 말단에 탄수화물이 결합하게 되면 **당지질(glycolipid)**이라고 한다. 만약 결합한 탄수화물이 간단한 단당류인 경우에는 **세레브로시드**(*cerebroside*)라고 하며, 시알산(sialic acid)을 포함한 당분자 무리인 경우에는 **강글리오시드**(*ganglioside*)라고 한다. 결합된 탄수화물 사슬의 종류에 따라 수백 개의 서로 다른 강글리오시드

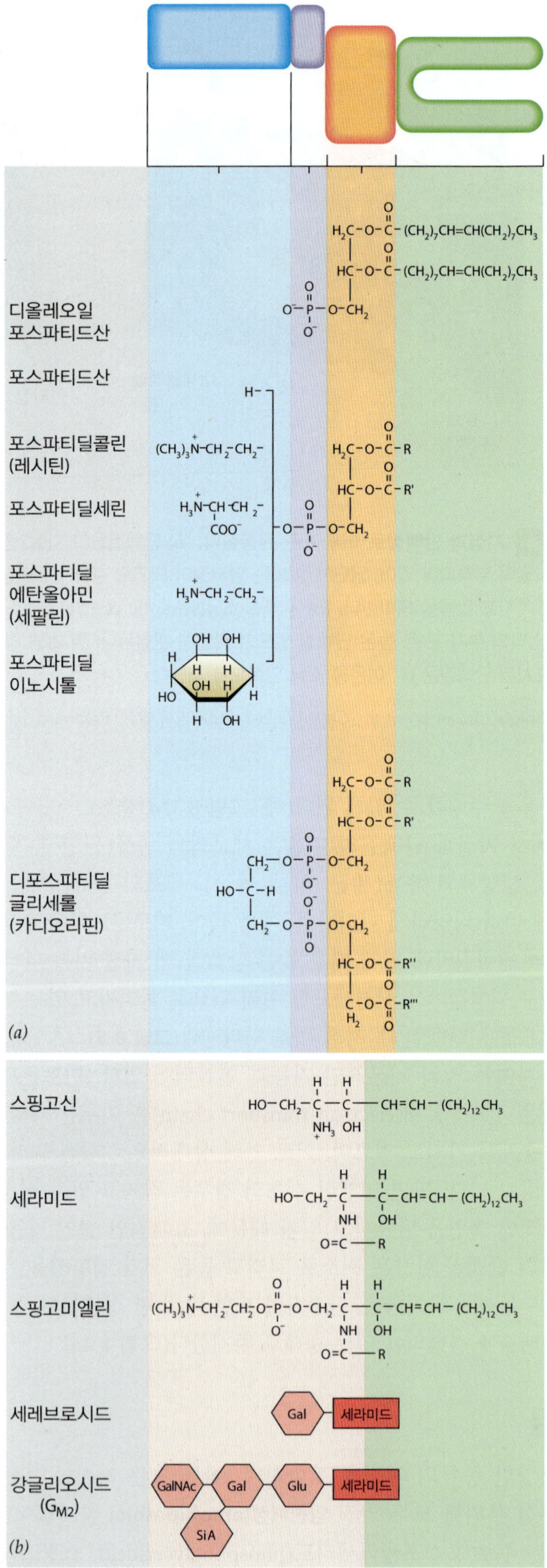

그림 8.6 **막지질의 화학구조.** (*a*) 포스포글리세리드의 구조(그림 2.22 참조). (*b*) 스핑고리피드의 구조. 스핑고미엘린은 인지질이고, 세레브로시드와 강글리오시드는 당지질이다. 세 번째 막 지질은 콜레스테롤로 다음 그림에 나타냈다. (R = 지방산 사슬). [각 지질에서 녹색으로 표시된 부분은 소수성의 꼬리 부분을 나타내며 실제적으로는 친수성의 머리부위보다 길다(그림 8.23 참조)].

가 존재한다. 모든 스핑고리피드는 소수성의 긴 탄화수소 사슬을 한쪽에 가지고 있고 친수성 부위를 반대쪽에 가지고 있으므로, 스핑고리피드 역시 양친매성이며 기본적으로 포스포글리세리드와 전체적인 구조가 비슷하다. 그러나 스핑고리피드의 지방산 사슬은 포스포글리세리드에 있는 것보다 좀 더 길고 포화되어 있다.

당지질은 흥미로운 막의 구성물질이다. 당지질에 대해서는 비교적 잘 알려져 있지 않으나, 이들이 세포의 기능에 매우 중요한 기능을 할 것임을 시사하는 몇 가지 증거들이 밝혀지고 있다. 신경계에는 당지질이 특히 많이 존재하며, 특히 미엘린 수초(그림 8.5)는 세라미드에 갈락토오즈가 결합되어 만들어지는 갈라토세레브로시드(galactocerebroside)라는 특정 당지질을 높은 함량으로 가지고 있다(그림 8.6*b*). 세라미드와 갈락토오즈를 결합시키는 과정을 매개하는 효소가 결손된 생쥐는 심각한 근육 경련 증상을 보이다가 결국 마비된다. 인간에서도 비슷하게 특정 강글리오시드(G_{M3})를 만들지 못하는 경우, 극심한 발작증상과 시력상실 등의 심각한 신경질환을 겪게 된다. 콜레라나 보툴리눔중독증을 일으키는 독소, 또는 독감바이러스 등은 세포 표면의 강글리오시드에 먼저 결합한 후 표적 세포 내부로 들어오게 되는 등, 당지질은 감염성 질병에서도 특정 역할을 수행하고 있다.

콜레스테롤 막에 존재하는 또 다른 종류의 지질은 스테롤의 일종인 **콜레스테롤(cholesterol)**이며(그림 2.21 참조), 이는 특정 동물세포에서 원형질막에 존재하는 지질 분자의 50%까지 차지하기도 한다. 식물세포는 콜레스테롤과 유사한 스테롤을 가지고 있으나, 콜레스테롤이 전혀 없는가에 대해서는 논란이 있다. 콜레스테롤 분자는 작은 친수성의 수산기를 가지고 있으며, 이 수산기가 막의 표면을 향하고 나머지 부위가 지질2중층에 묻혀 있는 형태로 막 내에 존재하고 있다(**그림 8.7**). 콜레스테롤 분자의 소수성의 고리구조는 납작하고 단단한 형태이며, 인지질의 꼬리부위 지방산 사이에 끼어들어 인지질 꼬리 움직임을 방해하게 된다(328쪽).

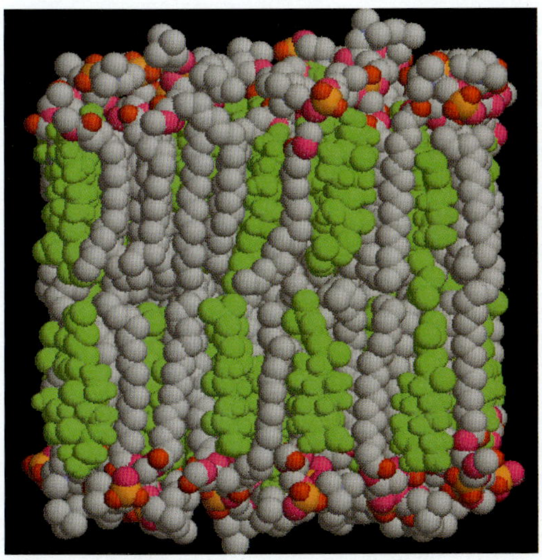

그림 8.7 콜레스테롤 분자. 지질2중층에서 콜레스테롤 분자(녹색으로 표시)의 작은 친수성 부위는 막의 외부 표면을 향하고 나머지 부위는 인지질들의 지방산 꼬리 부위 사이를 빽빽하게 채운다. 콜레스테롤 분자가 끼어들게 되면 지질의 탄화수소 고리의 유동성을 저해하게 되어 2중층은 단단해진다. 반면 콜레스테롤이 위치한 구역의 전체적인 유동성은 유지된다. 막의 다른 종류의 지질과는 달리, 콜레스테롤은 지질2중층의 양 층에 고르게 분포한다.

출처: H. L. Scott, *Curr. Opin. Struct. Biol.* 12:499, 2002, Figure 3에서 발췌, Elsevier의 허가를 얻음.

지질2중층의 성질과 중요성

세포막에는 그 종류에 따라, 지질, 머리부위의 성질, 지방산 사슬 등이 제각기 다른 고유한 조성의 지질들이 존재한다. 이러한 구조적인 다양성으로 인해, 생체 내에 존재하는 특정 막은 화학적으로 서로 다른 수백 종류의 인지질들을 가지고 있을 것으로 추정되며, 각각의 인지질은 질량분석법(mass spectrometry)으로 구별이 가능하다. 이러한 다양한 지질들의 생물학적 중요성은 흥미로운 연구주제이나 아직 추측만 가능할 뿐이다.

다양한 막에 존재하는 몇몇 주요 지질들의 함량을 표 8.1에 나타내었다. 막에 있는 지질은 단순히 구조적인 성분이 아니라 막의 다양한 특성에 중요한 영향을 끼친다. 지질의 조성은 막의 물리적 상태를 결정하고(328쪽) 특정 막단백질의 활성에도 영향을 준다. 막지질은 또한 세포의 기능을 조절하는 매우 활성이 높은 화학신호분자의 전구체로 사용되기도 한다(15.4절).

다양한 방법을 이용하여 계측한 지질2중층의 양쪽 층 지방산 사슬 길이의 합은 약 30 Å이고, 각 층의 머리부위는 수화된 영역까지 포함하여 15 Å이다. 따라서 전체적인 지질2중층의 두께는 약 60 Å(6 nm)에 지나지 않는다. 양친매성 분자의 얇은 막으로 구성된 세포막은 세포의 구조와 기능에 현저히 영향을 미친다. 열역학적 관점에서 이질2중층의 탄화수소 사슬은 주변의 수용액에 절대로 노출될 수 없으므로, 막은 탄화수소 사슬이 노출되어 있는 형태의 모서리를 가질 수 없고 언제나 이어져 있는 구조가 된다. 결과적으로, 막은 세포 내부에서 광범위하게 서로 연결된 망상 구조를 이룬다. 지질2중층이 가진 유연성 때문에 막은 형태 변형이 가능해서, 실제로 세포 이동이나(**그림 8.8a**) 또는 세포분열 과정 중(그림 8.8*b*) 막의 전체적 형태가 바뀌게 된다. 지질2중층은 또한 막의 융합이나 출아(budding)도 가능하게 한다. 예를 들면, 세포소낭이 원형질막으로 융합되는 분비 과정이나(그림 8.8*c*), 수정 시에 2개의 세포가 하나로 융합되는 수정 과정은 2개의 서로 막이 하나로 이어지는 과정을 수반한다(그림 12.32 참조). 그 밖에 세포의 내부 조성을 적절히 유지하거나 원형질 막 사이로 전하를 나누거나 하는 등에서의 지질2이중층의 중요성은 본 장 및 이후 장들을 통해 더욱 뚜렷이 확인할 수 있을 것이다.

지질2중층의 다른 중요한 특성은 자가조립의 능력으로, 이는 살아 있는 세포보다 시험관 내에서 쉽게 확인할 수 있다. 예를 들어, 약간의 포스파디딜콜린을 수용액에 첨가하여 흔들어 섞으면, 이들 지질은 자발적으로 서로 조립되어 안쪽에 수용액을 포함하고 있는 구형의 소낭인 **리포솜(lipposome)**을 형성한다. 이때 리포솜의 벽은 자연적인 막에서 보이는 지질2중층과 같은 방식으로 만들어진 연속적인 지질2중층으로 구성된다. 리포솜은 막 연구에서 매우 중요하게 사용되고 있다. 막단백질을 리포솜에 삽입하는 것도 가능하며, 이를 통해 자연 상

표 8.1 특정 세포막의 지질 조성*

지질	사람 적혈구	사람 미엘린	소 심장 미토콘드리아	대장균
포스파티드산	1.5	0.5	0	0
포스파티딜콜린	19	10	39	0
포스파티딜-에탈올아민	18	20	27	65
포스파티딜글리세롤	0	0	0	18
포스파티딜세린	8.5	8.5	0.5	0
카디오리핀	0	0	22.5	12
스핑고미엘린	17.5	8.5	0	0
당지질	10	26	0	0
콜레스테롤	25	26	3	0

*각 수치는 전체 지질에 대한 질량비를 퍼센트로 나타내었다.

출처: C. Tanford, The Hydrophobic Effect, p. 109, copyright 1980, John Wiley & Sons, Inc. John Wiley & Sons의 허가를 얻어 재인쇄함..

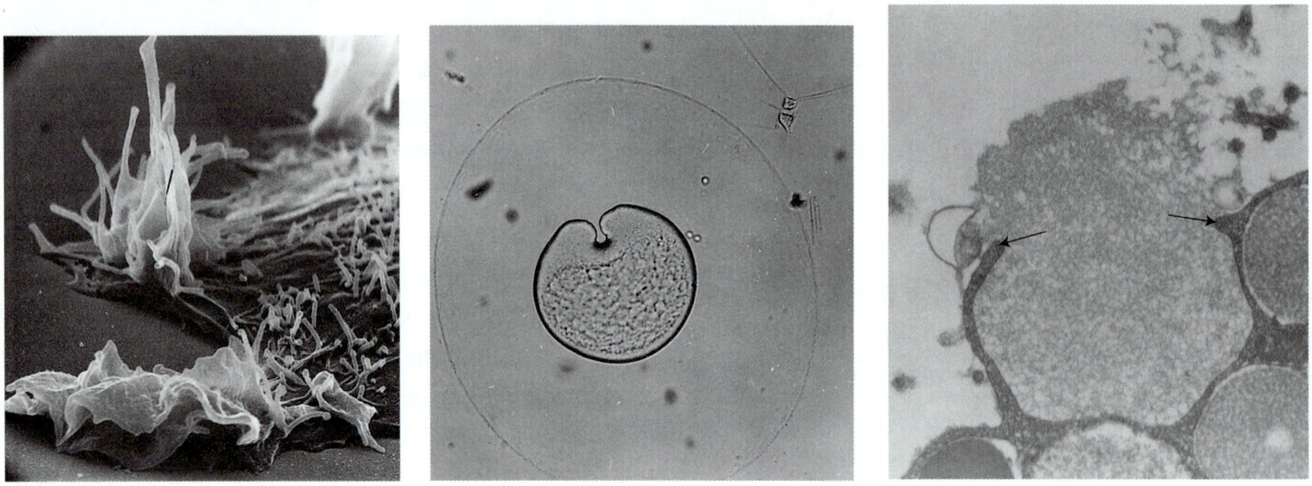

(a) *(b)* *(c)*

그림 8.8 원형질막의 역동적인 특성. (*a*) 이동하는 세포의 앞쪽 끝에는 흔히 파도 모양의 주름처럼 보이는 원형질막 부위가 존재한다. (*b*) 세포의 분열 시, 원형질막이 세포의 중심으로 당겨지는 모습을 관찰할 수 있다. 대부분의 다른 세포들이 분열할 때와는 달리, 이 빗해파리(ctenophore) 난자의 분열구(cleavage furrow)는 한쪽 극에서 시작되어 한 방향으로만 이동한다. (*c*) 막은 다른 막과의 융합이 가능하다. 전자현미경 사진은 분비과립(secretory granule)이 원형질막과 융합할 되는 모습을 보여준다.

출처: (a) Jean Paul Revel 제공; (b) Gary Freeman 제공; (c) Susan Jo Burwen 제공

태의 막에서보다 좀 더 간단한 환경에서 해당 막단백질의 기능 연구가 가능해진다. 리포솜은 또한 약물이나 DNA 분자를 인체에 전달하는 수송체로서도 개발되어 왔다. 약물이나 DNA를 리포솜의 표면에 결합시키거나 리포솜의 안쪽 공간에 고농도로 넣을 수 있으며(그림 8.9), 또한 리포솜의 표면에 항체나 호르몬과 같은 특정 단백질을 부착하여 약물이나 DNA를 운반하고자 하는 특정 표적세포에 선택적으로 결합할 수 있게 할 수도 있다. 리포솜을 이용한 초창기 임상연구에서는 투여된 리포솜이 면역계의 식세포(phagocytic cell)에 의해 빠르게 제거되는 것으로 나타나 대부분 실패하였다. 이러한 문제점은 면역시스템에 의한 공격으로부터 리포솜을 보호하게 하는 합성중합체를 리포솜에 피막을 입히는 이른바 스텔스 리포솜(stealth liposome)으로 해결되어가는 중이다(**그림 8.9**). 하나의 예로, 독소루비신(doxorubicin)이라는 화학요법약물을 운반하는 캘릭스(Caelyx)라고 하는 스텔스 리포솜은 현재 전이성 유방암의 치료에 사용이 허가되었다.

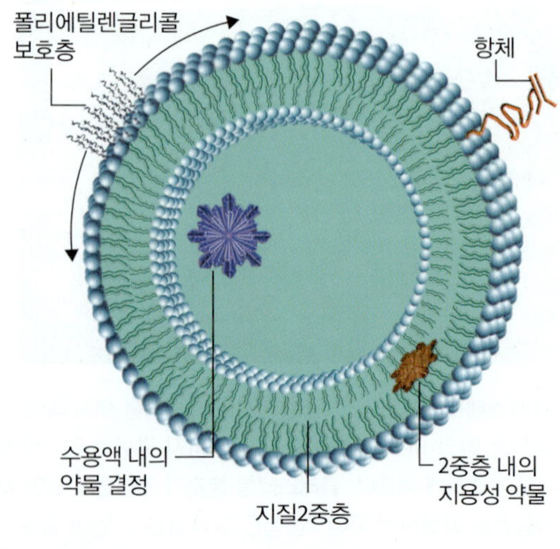

그림 8.9 리포솜. 스텔스 리포솜(stealth liposome)의 모형도로 폴리에틸렌글리콜과 같은 친수성 중합체가 면역세포에 의한 리포솜 파괴를 막아주고, 표면에 결합된 항체는 특정 신체 조직으로 리포솜이 전달되도록 하며, 수용성 약물은 리포솜의 안쪽 공간에, 지용성 약물은 리포솜의 2중층 내부에 존재하고 있다.

지질막의 비대칭성

지질2중층은 지질 조성이 뚜렷이 다른 2개의 층(세포 바깥쪽 층과 세포 안쪽 층)으로 이루어져 있다. 이와 같은 사실은 지질분해효소가 원형질막을 통과하지 못해 지질2중층의 바깥쪽 층에 있는 지질만 분해 가능함을 이용한 실험 등에 의해서 알 수 있다. 예를 들어, 사람의 온전한 적혈구에 지질분해효소를 처리하면 막에 존재하는 약 80%의 포스파티딜콜린(PC)이 분해되나, 포스파티딜에탄올아민(PE)의 경우는 20% 그리고 포스파티딜세린(PS)은 약 10% 미만만이 분해된다. 이는 지질2중층의 안쪽 층에 비해 바깥쪽 층에는, 상대적으로 포스파티딜콜린(그리고 스핑고미엘린)이 고농도로, 그리고 포스파티딜에탄올아민이나 포스파티딜세린은 상대적으로 저농도로 존재함을 나타내고 있다(**그림 8.10**). 따라서 지질2중층은 서로 다른 물리적 화학적 특성을 가진 다소 안정적이고 독립적인 단일층 2개로 이루어져 있다고 결론 내릴 수 있다.

그림 8.10에 있는 다양한 종류의 지질은 다양한 특성을 나타낸다. 원형질막에 있는 모든 당지질은 바깥쪽 층에 존재하며 종종 세포외 리간드에 대한 수용체로 작용한다. 포스파디딜에탄올아민은 안쪽 층에 높은 농도로 존재하며 막의 출아나 융합을 위해 막의 곡률을 증가시킨다. 안쪽 층에 존재하는 포스파티딜세린은 생리적인 pH에서 전체적으로 음전하를 가지고 있어서, 막단백질에 존재하는 양전하를 가진 리신이나 아르기닌이 결합할 수 있다. 이로 인해 포스파티딜세린은 그림 8.18에 표시된 것과 같이, 글리코포린 A(glycophorin A)의 막횡단 영역 근처에 존재하는 양전하를 가진 리신이나 아르기닌과 전기적으로 결합할 수 있다. 포스파티딜이노시톨(PI)도 안쪽 층에 비교적 더 높은 농도로 존재하며, 이노시톨 고리 구조의 여러 부위가 인산화되어 포스포이노시티드(phosphoinositide)가 될 수 있다. 제15장에서 다루게 되겠으나, 이 포스포이노시티드는 원형질막으로부터 오는 신호를 세포 내로 전달하거나(15.4절) 특정 신호단백질들을 원형막질의 세포쪽 표면으로 위치시키는 등의 중요한 역할을 담당한다.

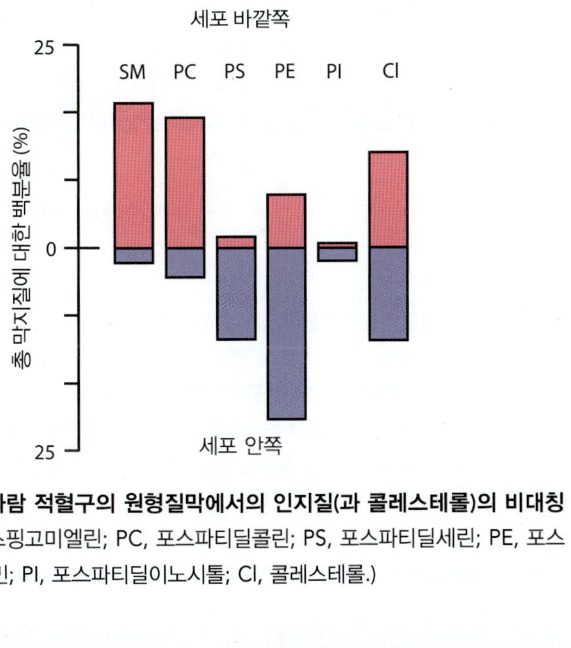

그림 8.10 사람 적혈구의 원형질막에서의 인지질(과 콜레스테롤)의 비대칭적 분포. (SM, 스핑고미엘린; PC, 포스파티딜콜린; PS, 포스파티딜세린; PE, 포스파티딜에탄올아민; PI, 포스파티딜이노시톨; CI, 콜레스테롤.)

8.3 막탄수화물

진핵세포의 원형질막은 탄수화물 또한 포함하고 있다. 종이나 세포 종류에 따라 막탄수화물은 원형질막의 2~10%의 질량을 차지하고 있다. 90% 이상의 막탄수화물은 단백질에 공유결합으로 연결되어 당단백질을 형성하고 있으며, 나머지는 지질에 공유결합으로 연결되어 당지질을 형성한다. 그림 8.4*c*에 표시된 바와 같이, 원형질막에 있는 모든 탄수화물은 세포 외부방향으로 향해 있다.[1] 소포체나 골지체 등의 세포질 내부의 막에 존재하는 탄수화물도 마찬가지로 세포질의 반대 방향으로 향해 있다(그림 12.14에 이 배열의 원리를 나타내었다).

단백질이 만들어진 후에 탄수화물이나, 금속 함유 분자, 유기물 등이 추가로 결합하여 변형(modification)이 일어날 수 있음은 앞서 간략히 논의한 바 있다. 탄수화물이 추가되는 과정인 **당화(glycosylation)**는 이러한 단백질 변형 과정 중 가장 복잡하다. 당단백질의 탄수화물은 친수성의 짧은 **올리고당(oligosaccharide)**이며, 이 올리고당은 보통 한 사슬마다 당이 15개 이내로 존재하는 가지로 분지되어 있다. (글리코겐이나 녹말, 셀룰로오즈와 같이) 단일 종류의 당으로 구성된 고분자량의 탄수화물과 비교할 때, 막단백질이나 막지질에 결합된 올리고당은 매우 다양한 조성과 구조를 나타낼 수 있으며 동일한 단백질조차 다양한 세포와 조직에서 서로 다른 당 사슬을 가지고 있을 수 있다. 올리고당은 2개의 주요 결합 형태로 여러 다른 아미노산에 결합된다(**그림 8.11**). 이러한 형태로 세포 표면에 존재하는 탄수화물은 세포와 주변환경 간의 상호작용에서(제11장) 또한 막단백질을 다양한 세포내 구획으로 분류하여 전달(제12장)함에 있어 매우 중요한 역할을 한다. 적혈구의 원형질막에 있는 당지질 탄수화물은 사람의

[1]포스파티딜이노시톨의 경우는 이노시톨이라는 당을 포함하고 있기는 하지만(그림 8.6), 본 논의에서는 해당 지질의 이노시톨은 막의 탄수화물이 아닌 것으로 한다.

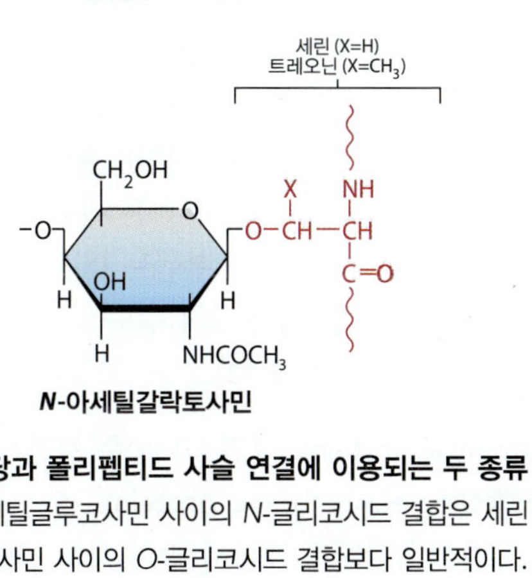

그림 8.11 당과 폴리펩티드 사슬 연결에 이용되는 두 종류 결합 방식. 아스파라긴과 *N*-아세틸글루코사민 사이의 *N*-글리코시드 결합은 세린 또는 트레오닌과 *N*-아세틸갈락토사민 사이의 *O*-글리코시드 결합보다 일반적이다.

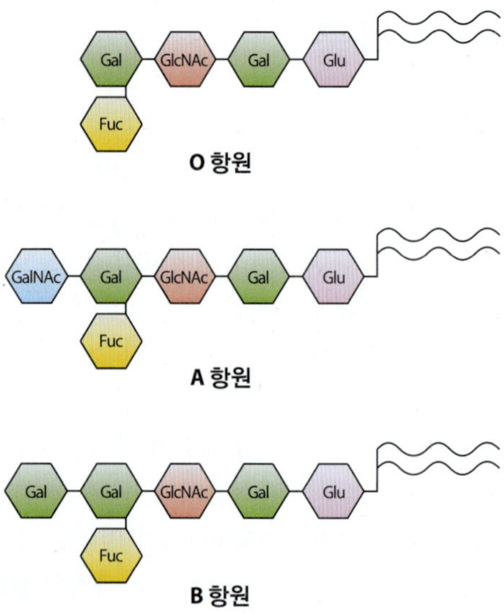

그림 8.12 **혈액형 항원.** 사람의 ABO식 혈액형은 적혈구의 막지질과 막단백질에 공유결합을 통해 붙어 있는 짧은 당 사슬에 의해 결정된다. 막지질에 결합하여 강글리오시드를 만들며 ABO식 혈액형을 결정하는 올리고당을 위에 표시하였다. AB형의 경우 A형 및 B형의 강글리오시드를 가지고 있다. (Gal, 갈락토오스; GlcNAc, *N*-아세틸글루코사민; Glu, 포도당; Fuc, 퓨코오스; GalNAc, *N*-아세틸갈락토사민.)

A, B, AB, 또는 O형 혈액형을 결정한다(**그림 8.12**). A형 혈액형의 사람은 N-아세틸갈락토사민을 올리고당 사슬 끝에 붙일 수 있는 효소를 가지고 있고, B형 혈액형의 사람은 갈락토즈를 해당 사슬 끝에 붙일 수 있는 효소를 가지고 있다. 이 두 효소는 같은 유전자의 두 변이에 의해 암호화되고 있어 서로 다른 기질을 인식하게 된다. AB형인 사람은 2종류의 효소를 모두 가지고 있고, O형인 사람은 두 효소가 모두 없다. 이 ABO식 탄수화물 변형은 혈액뿐만 아니라 다른 조직에서도 관찰되며, 이 AB 유전자의 유전적 변이가 이자암이나 심장병, 바이러스 감염 등의 위험성의 예측에 쓰이기도 하지만, 아직까지 ABO 혈액형 항원의 실제 생화학적인 기능은 알려지지 않았다.

8.4 막단백질의 구조와 기능

막이 둘러싼 세포나 세포소기관의 종류에 따라 막은 서로 다른 수백 개의 단백질을 가질 수 있다. 각 막단백질은 세포질에 대하여 일정한 방향으로 존재하기 때문에, 막의 한쪽 표면은 다른 한쪽과 매우 다른 특성을 갖는다(그림 8.4*a* 참조). 이러한 비대칭성을 막의 "측면성(sideness)"라고 한다. 원형질막에 있는 막단백질의 경우, 다른 세포와 결합하거나 세포외기질에 결합하는 부위는 세포 외부로 노출되어 있는 반면에, 세포내 분자와 결합하는 부위는 세포질 쪽으로 노출되어 있다. 막단백질은 지질2중층과의 밀착 정도에 따라 아래의 세 가지 막단백질로 나눌 수 있다(**그림 8.13**).

1. **내재단백질**(**Integral proteins**, 그림 8.13*a*)은 지질2중층을 관통하는 **막횡단 단백질(transmembrane protein)**로서, 이 단백질은 지질2중층을 완전히 통과하기 때문에 막의 세포 바깥쪽과 세포질

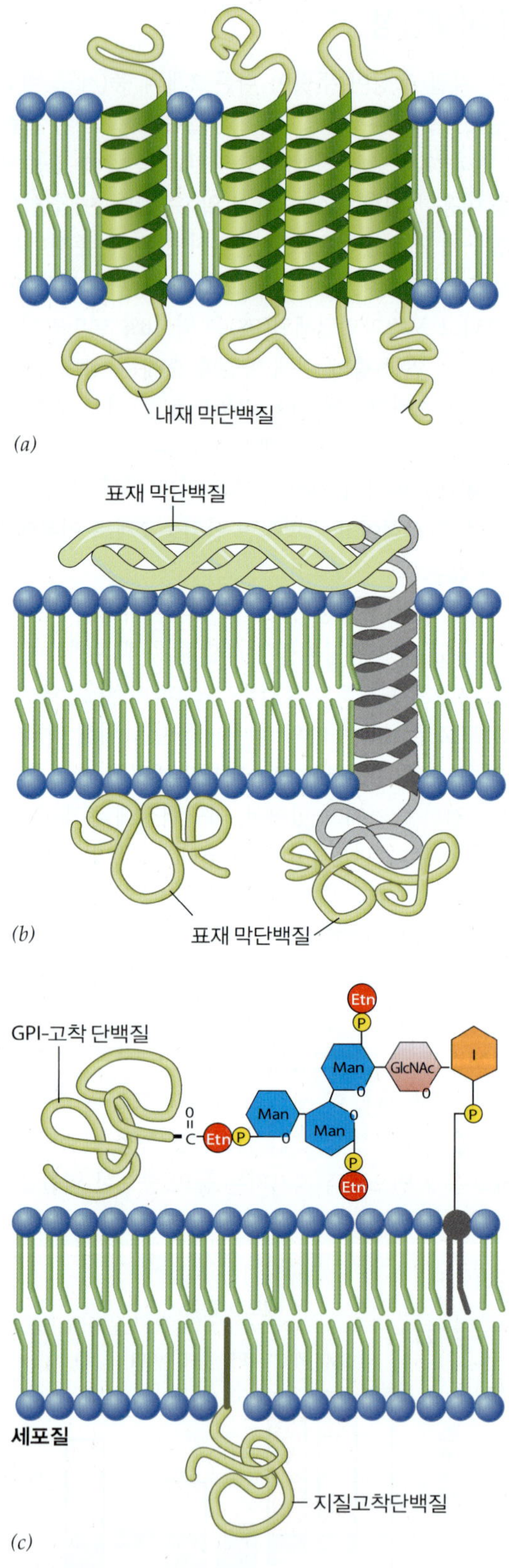

그림 8.13 **막단백질의 3종류.** (*a*) 내재단백질은 하나 이상의 막횡단 영역을 가지고 있는 단백질이다(그림 9.4에 예외를 표시하였다). (*b*) 표재단백질은 지질의 극성 머리부위 또는 내재단백질에 비공유결합을 통해 붙어 있다. (*c*) 지질고착단백질은 세포막 내에 존재하는 지질에 공유결합으로 붙어 있다. 포스파티딜이노시톨, 지방산, 프레닐기(prenyl group, 5개 탄소로 구성된 이소프레닐 단위체로부터 만들어진 긴 사슬의 탄화수소) 등이 고착에 사용된다. I, 이노시톨; GlcNAc, *N*-아세틸글루코사민(*N*-acteylglucosamine); Man, 만노오즈(mannose); Etn, 에탄올아민(ethanolamine); GPI, 글리코실포스포이노시톨(glycosylphosphatidylinositol).

쪽 모두로 돌출된 특정 영역을 가지게 된다. 내재단백질은 하나 또는 그 이상의 막횡단 영역(transmembrane-spanning segment)을 가질 수 있다. 유전체 해독 연구에 의하면 단백질을 암호화하고 있는 25~30%의 단백질이 내재단백질이라고 알려져 있고, 현재 사용되는 약물 표적의 60% 정도가 내재단백질이기도 하다.

2. **표재단백질(Peripheral protein**, 그림 8.13*b*)은 지질2중층의 외부에 존재하는 단백질로, 세포 바깥쪽이나 세포 안쪽에서 비공유결합으로 막 표면에 결합되어 있다.

3. **지질고착단백질(Lipid-anchored protein**, 그림 8.13*c*)은 지질2중층의 외부에 존재하는 단백질로 세포 바깥쪽 표면이나 세포 안쪽 표면에 위치하고 있으나, 표재단백질과는 달리 지질2중층에 있는 지질분자와 공유결합으로 연결되어 있다.

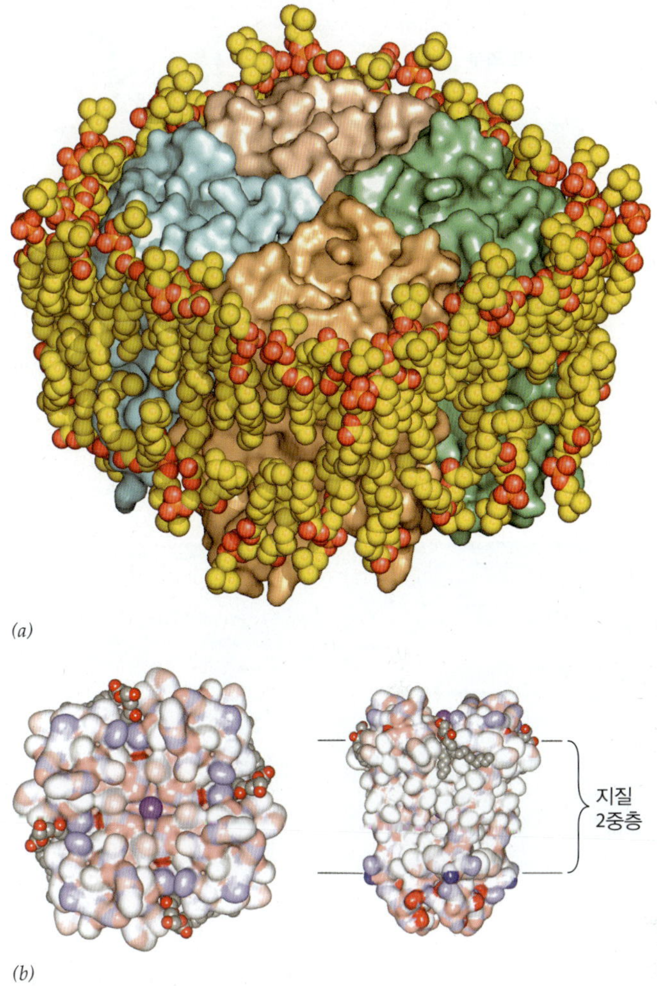

그림 8.14 막단백질과 지질의 상호작용. (*a*) 아쿠아포린은 (그림에서 서로 다른 색으로 표시된) 4개의 소단위로 구성되어 있는 막단백질로 각 소단위가 친수성 통로를 가지고 있다. 단백질 구조 분석을 통해 이 단백질을 둘러싸고 있는 지질층이 있다는 것이 밝혀졌다. 실제 생체 내에서 이용되는 지질분자와 다른 종류의 지질들에 둘러싸이게 되어도 아쿠아포린의 기능을 정상적으로 수행하는 것으로 보아, 이러한 지질분자들이 그 아쿠아포린의 기능에 특별한 역할을 하지는 않을 것이다. (*b*) 4량체로 존재하는 세균의 K^+ 통로, KcsA의 두 시점의 모습. 음전하를 띤 포스파디딜글리세롤 분자(빨간색과 회색으로 표시)가 각 소단위의 결합 경계에 위치한 공간에 끼어 들어가 있는 것이 보이며, 이는 이 통로의 정상적인 역할을 위해 필요한 것으로 생각된다. K^+ 이온(보라색)이 통로를 통해 지나가는 중의 한 순간이 표시되었다.

출처: (a) Carola Hunte and Sebastian Richers, *Curr. Opin. Struct. Biol.* 18:407, Elsevier의 허가를 얻음; (b) Anthony G. Lee, *Trends Biochem. Sci.* 36:497, 2011, Elsevier의 허가를 얻음.

내재단백질

대부분의 내재단백질은 막 표면에서 특정 물질에 결합하는 수용체로서 역할을 하거나, 이온이나 용질이 막을 가로질러 이동할 때 이용되는 통로 또는 수송체의 역할, 혹은 광합성이나 호흡과정 중 전자를 전달하는 전자전달자로서 기능을 하게 된다. 지질2중층의 인지질과 같이 내재단백질도 양친매성으로, 친수성 부분과 소수성 부분을 모두 가지고 있다. 이후에 다시 논의되겠지만, 내재단백질에서 지질2중층에 존재하는 부분인 막횡단 영역은 소수성이다. 막횡단 영역에 존재하는 아미노산은 지질2중층의 지방산 사슬과 반데르발스 결합을 이루어 막에 있는 "지질 벽(lipid wall)"과 단백질 사이가 밀봉되도록 한다. 그 결과 막의 투과장벽은 여전히 유지될 수 있고, 단백질은 지질2중층에 고정되어 주변의 지질분자와 직접 접촉하게 된다(**그림 8.14a**). 그림 8.14*a*에 표시된 것과 같은 막횡단 영역과 접촉하는 대부분의 지질분자는 단순히 옆에 있을 뿐이며 지질2중층 내 다른 지질분자와 언제든 교체될 수 있을 것이라는 견해가 현재까지는 우세하다. 그러나 여러 막단백질 표면의 특정 부위들은 특정 지질분자와 기능적으로 중요한 결합을 이룰 수 있다는 증거들이 증가하고 있다. 그림 14.4*b*에 보인 예와 같이 4개의 소단위(subunit)로 구성되는 KcsA K^+ 통로(Kcs, K^+ channel)에서는, 소단위 결합부위에 존재하는 틈에 음전하를 갖는 지질분자가 결합하고 있음이 관찰된다. 이 특정 지질분자가 결핍된 지질2중층에서는 KcsA가 정상적으로 열리지 않는다.

내재단백질에서 세포 바깥쪽이나 세포질 쪽으로 돌출되어 있는 부분은 2.9절에 기술되어 있듯이, 구형 단백질과 비슷한 경향이 있다. 막에 묻혀 있지 않은 이 영역들은 수용성 물질(저분자 기질이나 호르몬, 다른 단백질 등)과 결합할 수 있는 친수성 표면을 갖는 경향이 있다. 어떤 내재단백질의 막횡단 영역에는 물 분자가 전혀 없지만, 다른 내재단백질에서는 막에 묻혀 있는 부위까지 수용액이 침투하기도 한다. 몇몇 큰 규모의 단백질 그룹은 지질2중층을 통과하게 하는 수용성의 내부 통로를 만들기도 한다. 이러한 통로의 표면에는 보통 전략적인 위치에 친수성 아미노산들이 존재한다. 이후 기술될 논의와 같이, 내재단백질은 고정된 구조일 필요가 없으며 막 내에서 측면으로 자유롭게 움직일 수 있다.

단백질이 단순히 지질2중층의 외부에 존재하는 것이 아니라 막을 관통하고 있다는 개념은 **동결-파단 복사(freeze-fracture replication**, 18.5절 참조)라는 실험 기술에서 비롯되었다. 이 기술은 먼저 조직을 고체로 얼려서 단단하게 만든 후 칼날로 깨뜨려 지질2중층의 두 층 사이를 쪼개고 그 사이의 절단면을 노출시키는 것이다(**그림 8.15a**). 이후 노출된 절단면에 금속을 증착시켜 음영이 생긴 복사막(*replica*)을 만들고, 이를 전자현미경으로 관찰한다(그림 8.20 참조).

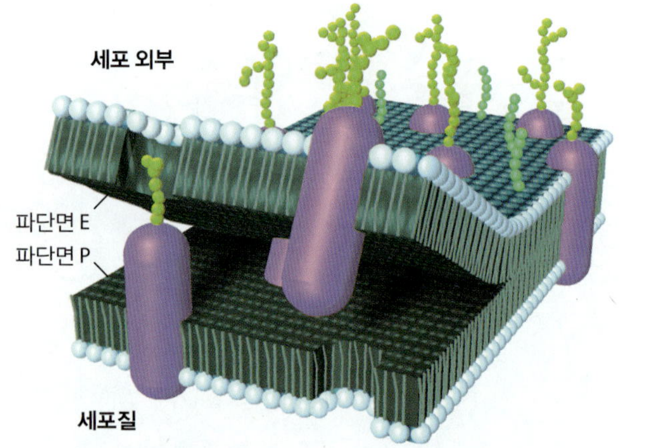

(a)

(b)

0.2 μm

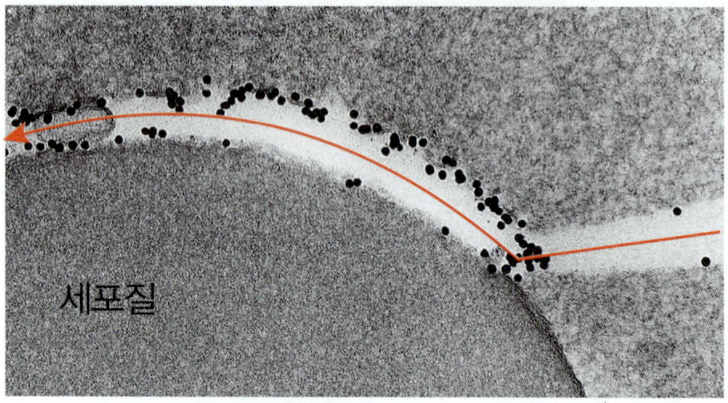

0.3 μm

그림 8.15 **동결-파단: 세포막 구조 연구를 위한 기술.** (a) 얼린 조직을 칼날로 깨뜨리면, 깨어진 절단면이 어떤 경우 지질2중층의 중간에 생길 수 있다. 이 경우, 그 사이에 있는 단백질은 둘로 쪼개지지 않고 지질2중층의 두 면만 분리된다. 이후 노출된 지질2중층 사이의 절단면에 금속을 침착시켜 복사막을 만든다. 이들 노출된 면은 각각 E(ectoplasmic, 외형질)면과 P(protoplasmic, 원형질)면이라고 한다. (b) 동결-파단된 사람 적혈구의 복사막. P면에 약 8 nm의 반지름을 가진 입자가 관찰된다. 작은 화살표는 특정 파단면과 주변 얼음 사이의 연접을 표시하고 있다. (c) 본 실험에서는 적혈구의 동결-파단 시료를 만든 후 복사막을 만들지 않고, 시료를 고정한 후 적혈구 원형질막에 존재하는 내재단백질 중 하나인 글리코포린(그림 8.18)의 세포 외부에 붙어 있는 탄수화물을 염색하였다. 이 동결-파단된 세포막 시료에서는 검정 입자로 보이는 글리코포린 분자가 세포 안쪽 층 보다 세포 바깥쪽 층으로 분리되는 것을 선호하는 것을 관찰할 수 있다. 빨간색 선은 절단면을 표시한다.

출처: (b) Thomas W. Tillack and Vincent T. Marchesi 저, *J. Cell Biol.* 45:649, 1970에서 발췌. 록펠러대학교 출판부의 허가를 얻음. (c) Pedro Pinto Da Silva and Maria R. Torrisi 저, *J. Cell Biol.* 93:467, 1982에서 발췌. 록펠러대학교 출판부의 허가를 얻음.

이렇게 만들어진 복사막에서는 그림 8.15*b*와 같이 자갈을 뿌려놓은 길과 같은 구조가 관찰되며, 이때 자갈에 해당하는 구조는 막결합입자(*membrane-associated particle*)이라고 불린다. 이 절단면은 지질2중층의 중간에 존재하는 구조이므로, 관찰되는 대부분의 입자들은 지질의 중심을 적어도 절반 이상 뚫고 뻗어 있는 내재단백질이 된다. 절단면이 특정 내재단백질 입자에 도달했을 때 단백질을 반으로 절단내는 것이 아니라 단백질 주변으로 돌아간다. 결과적으로 각 단백질 입자는 막의 한쪽 층으로 분리되며(그림 8.15*c*), 다른 한쪽 층에는 그에 상응하는 구멍을 남기게 된다(그림 11.27*c* 참조). 이 동결-파단 복사 기술의 가장 큰 장점 중 하나는 막의 미세-이질성(microheterogeneity)을 연구할 수 있다는 것이다. 본 기술은 막의 한 부분에 있는 국지적인 차이점도 두드러지게 나타나게 하여, 그 차이를 확인할 수 있게 한다(그림 11.30*d*에 보이는 간극연접의 복사막 참조). 그러나 생화학적인 분석에서는 이들 차이가 평균값으로만 처리되어 드러나지 않는다.

표재단백질

표재단백질은 약한 정전기 결합으로 막에 결합되어 있다(그림 8.13*b* 참조). 이 정전기적 결합을 약화시킬 수 있는 높은 농도의 염(salt) 용액을 처리하면, 표재단백질은 보통 막에서 분리되어 용해된다. 그러나 사실 내재단백질과 표재단백질의 구분은 모호할 수 있는데, 이는 많은 내재단백질이 지질2중층을 통과하는 폴리펩티드와 막의 표면에 존재하는 폴리펩타이드 모두로 구성된 복합체로 이루어져 있기 때문이다.

가장 많이 연구된 표재단백질들은 원형질막의 세포 안쪽 표면에 존재하며 "막골격(membrane skeleton)"을 이루는 섬유성 그물구조를 만든다(그림 8.32*d* 참조). 이러한 단백질들은 막을 지탱하는 기계적인 지지대가 되고 내재단백질을 고정시키는 기능을 하기도 한다. 원형질막의 안쪽에 존재하는 다른 표재단백질들은 효소나 특수한 외피(그림 12.24 참조), 또는 막횡단 신호의 전달자(그림 15.19 참조)로서 기능을 한다. 표재단백질은 세포의 환경 조건에 따라 막에 부착되기도 떨어져 나가기도 하며, 막과 동적인 관계를 가지고 있다.

지질고착단백질

지질고착단백질은 여러 종류로 나뉠 수 있다. 원형질막의 바깥쪽 표면에 존재하는 많은 단백질은, 지질2중층의 바깥쪽 층에 존재하는 포스파티딜이노시톨에 결합된 작고 복잡한 올리고당과 연결되어 있다(그림 8.13*c* 참조). 이러한 종류의 당-포스파티딜이노시톨 결합(Glycosyl-Phosphatidylinositol linkage)을 가지고 있는 막 부근 단백질들을 **GPI-고착단백질(GPI-anchored protein)**이라고 한다. 이노시톨을 가지고 있는 인지질을 선택적으로 인식하고 분해하는 인지질분해효소를 처리한 경우 막에서 분리되는 특정 막단백질이 있다는 것으로부터 GPI-고착단백질의 존재가 밝혀졌다. 정상 세포의 프리온 단백질(prion protein)인 PrP^C(75쪽)나 다양한 수용체, 효소, 세포결합 단백질 등이 GPI-고착단백질이다. 발작성야간혜모글로빈뇨(paroxysmal nocturnal hemoglobinuria)라 불리는 희귀 빈혈증은 GPI 합성의 부족으로 인해 적혈구가 쉽게 용혈되기 때문에 발생하는 병이다.

원혈질막의 세포 안쪽(*cytoplasmic*) 표면에 존재하는 지질고착단백질은 지질2중층의 안쪽 층에 묻혀 있는 하나 이상의 긴 탄화수소 사슬에 고정되어 있다(그림 8.13*c* 참조). 위와 같은 방식으로 원형질막에 결합하여 정상적인 세포를 악성 종양으로 변형시킬 수 있는 단백질로는 Src과 Ras가 알려져 있다.

8.5 내재단백질의 구조와 특징 연구

내재단백질은 소수성의 막횡단 영역의 존재로 인해 수용액에 녹아 있는 형태로 분리하기가 어렵다. 이러한 단백질을 막으로부터 분리하기 위해서는 보통 세제를 사용해야 하며, 세제에는 도데실황산나트륨(sodium dodecyl sulfate, SDS)과 같이 단백질을 완전히 변성시키는 (전하를 띤) 이온 세제 또는 트리톤 X-100과 같이 일반적으로 단백질의 3차 구조를 변형시키지 않는 (전하를 띠지 않는) 비이온 세제가 있다.

$$CH_3-(CH_2)_{11}-OSO_3^-Na^+$$

도데실황산나트륨 (SDS)

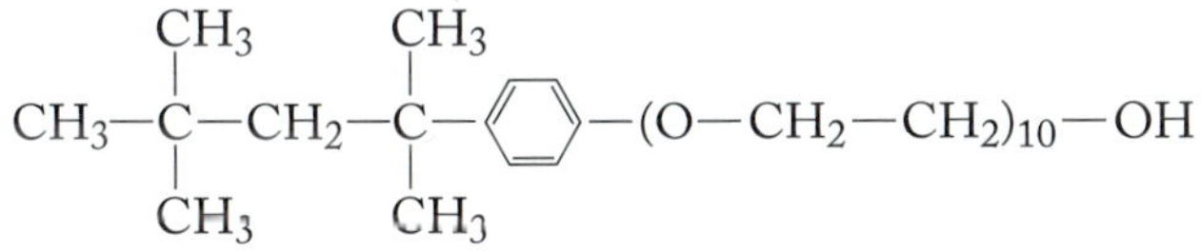

트리톤X-100

막지질과 같이 세제 역시 극성을 이루는 끝 부분과 비극성의 탄화수소사슬로 구성되어 있는 양친매성 분자이다(그림 2.20 참조). 이러한 구조로 인해, 세제는 내재단백질을 안정화시키는 인지질의 역할을 대체할 수 있으며 이들 단백질을 수용액에 녹일 수도 있게 된다(**그림 8.16**). 일단 단백질이 세제로 인해 수용액에 녹고 나면, 단백질의 아미노산 조성, 분자량, 아미노산 서열 분석 등의 다양한 분석이 가능하게 된다.

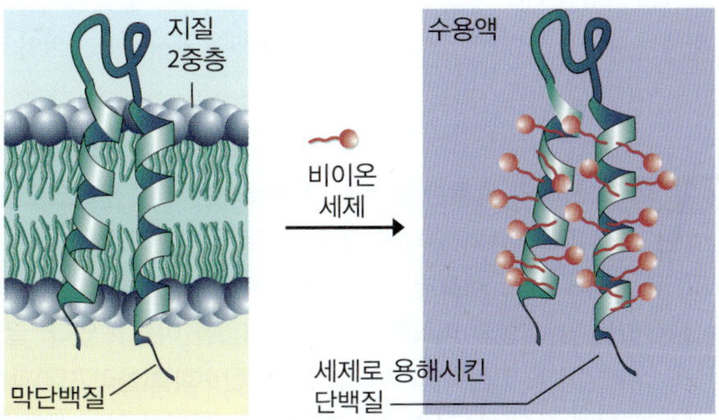

그림 8.16 세제를 이용한 막단백질의 용해. 막단백질에서 지질의 지방산 사슬과 결합하고 있던 부위는 세제의 무극성 부위와 결합하게 된다. 반면 세제의 극성 부위는 주변 물 분자와 상호작용하여, 막단백질이 수용액에 존재할 수 있게 해준다. 그림에 나타난 것과 같이 비이온 세제는 구조를 변형시키지 않고 막단백질을 녹일 수 있다.

연구자들은 X-선 결정학 연구를 위한 내재단백질의 결정 확보에 많은 어려움을 겪어 오고 있다. 실상, 현재까지 알려진 고해상도 단백질 구조 중 내재단백질의 구조는 1% 미만이다.[2] 더욱이 이렇게 구조가 알려진 내재단백질의 대부분은 진핵세포의 단백질이 아니라 이와 유사한 구조 및 기능을 가지고 있는 원핵세포 단백질이며, 이는 원핵세포 단백질의 경우는 비교적 작고 또한 대량으로 발현 및 정제가 쉽기 때문이다. 일단 막단백질 집단에 속하는 어떤 단백질의 구조가 밝혀지면, 연구자들은 집단에 속한 다른 단백질들의 구조와 활성을 알기 위하여 유사모델링(*homology modeling*)이라는 기법을 보통 사용한다. 예를 들어, 세균의 K^+ 통로(KcsA, 그림 8.39 참조) 구조를 밝혔던 접근방법은 훨씬 더 복잡한 진핵생물에서 K^+ 통로의 구조와 작용기작을 밝히는 데 적용될 수 있었다(그림 8.42).

처음으로 3차 구조 전체가 X-선 결정학으로 규명된 막단백질 중 하나를 **그림 8.17a**에 나타내었다. 이 단백질은 세균의 광합성 반응중

[2]세포질 또는 세포 외부에 존재하는 부위는 많은 내재단백질에서 상당한 부분을 차지한다. 많은 경우에 이 부위들은 막횡단 영역으로부터 분리된 후 결정화가 가능하고, 3차원 구조 또한 밝힐 수 있게 된다. 이러한 방법은 해당 단백질에 대한 매우 중요한 정보를 제공하긴 하나, 막 내에서의 단백질의 전체 구조나 방향 등에 대해서는 알 수 없다.

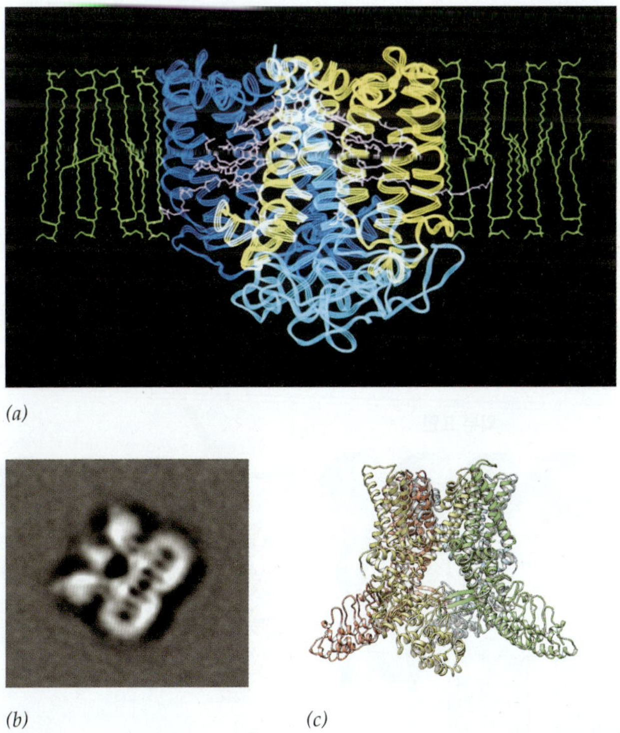

그림 8.17 내재단백질의 구조. (*a*) X-선 결정학으로 밝혀진 세균의 광합성 반응중심의 3차구조. 이 단백질은 노란색, 하늘색, 파란색으로 표시된 3개의 서로 다른 막횡단 폴리펩티드로 이루어져 있다. 각 막횡단 영역이 나선형태로 되어 있는 것이 관찰된다 (*b*) TRPV 이온통로의 고해상도 전자현미경 사진으로, 저온에서 얼어있는 단백질의 형태를 촬영한 많은 영상의 평균을 구하여 재구성되었다(초저온 전자현미경). (*c*) 전자현미경 방법으로 결정된 TRPV 이온통로의 구조

출처: (a) G. Feher, J. P. Allen, M. Y. Okamura, D. C. Rees, *Nature* 339:113에서 발췌. Macmillan Publishers Ltd.의 허가를 얻음; (b, c) Maofu Liao et al., *Nature* 504:107. 2013에서 발췌.

심(photosynthetic reaction center)으로 11개의 막횡단 α-나선을 가지고 있다. 그러나 대부분의 막단백질은 이 단백질과 같이 결정을 만들기가 어려웠다. 이는 막단백질의 경우, (1) 세포당 발현되는 단백질 수가 매우 적고, (2) 단백질 분리를 위해 사용되는 세제 내에서 불안정하며, (3) 쉽게 응집되는 특성을 가지고 있고, (4) 당화에 의해 단백질이 변형되는 경우가 많으며 또한 다른 종류의 세포에서는 재조합 단백질의 형태로 발현되지 않는 등의 이유 때문이다. 이러한 막단백질 결정 확보의 일부 기술적인 어려움들은 새로운 방법론의 개발과 끈질긴 노력으로 해결되어 오고 있는 중이다. 한 예로 어떤 연구에서는, 연구자들이 세균의 막 수송체의 고품질 결정을 얻기 위하여 95,000가지의 결정 조건을 시험했다고 한다. 어떤 경우에는, 돌연변이를 도입하였을 때 막단백질의 결정을 만들기 용이한 경우도 있었다. 또한 다른 많은 경우에서는, 막단백질에 주로 작고 용해도가 뛰어난 분자를 공유결합으로 연결시켰을 때 결정이 만들어지기도 하였다. 최근 전자현미경 기술의 발전으로 인해, 단백질을 촬영하여 특정 단백질에 대한 많은 양의 영상을 확보하고 이들의 평균적인 영상을 도출해 내어 고해상도의 막단백질 구조를 결정하는 것이 가능해졌다(그림 8.17*b*). 이 방법에서는 불필요한 영상 신호(잡음)를 최소하기 위하여 매우 낮은 온도에서 현미경 촬영을 하게 되는데, 이 기술을 초저온전자현미경(cryo-electron microscopy)라고 한다. 이 방법을 통해 현재는 아미노산에 있는 곁사슬을 볼 수 있을 뿐만 아니라, 전자현미경 정보만으로 전체 분자구조를 재구성하는 것이 가능해졌다(그림 8.17*c*).

단백질 결정화의 계속되는 성공과 초저온전자현미경의 비약적인 발전에도 불구하고, 연구자들은 막단백질의 3차원적 구성을 결정하기 위해 많은 경우 여전히 간접적인 방법에 의존적이다. 이후 내용에서는 이러한 방법들 중 일부에 대하여 알아보도록 한다.

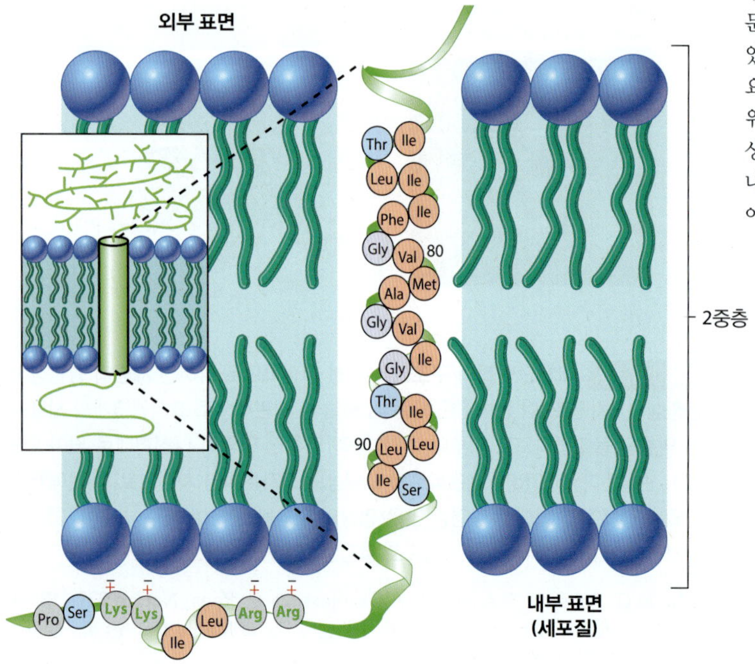

막횡단 영역 예측

막단백질의 구조와 지질2중층에서의 방향성에 대한 많은 정보는 컴퓨터 기반의 아미노산 서열 분석을 통해 가능하다. 아미노산 서열은 또한 유전자의 염기서열 분석을 통해 쉽게 알 수 있다. 막단백질에 대해 가질 수 있는 첫 번째 질문은 폴리펩티드 사슬의 어떤 부위가 실제 지질2중층에 묻혀 있는 부분인가 하는 것이다. 특정 단백질에서 막에 묻혀 있는 그러한 부분을 **막횡단 영역(transmembrane domain)**이라고 하며, 이는 연속된 20여 개의 무극성 아미노산들이 α-나선형태로 지질2중층을 횡단하는 간단한 구조로 이루어져 있다.[3] 적혈구 원형질막에 존재하는 주요 내재단백질인 글리코포린 A의 단일 막횡단 영역의 화학 구조를 **그림 8.18**에 표시하였다. 글리코포린의 막횡단 영역을 구성하는 (그림 8.18의 아미노산 73번에서 92번까지의) 20개의 아미노산 중에, 아미노산 3개를 제외하고는 모두 소수성의 곁사슬(글리신의 경우는 수소원자)을 가진다. 나머지 3개는 세린과 트레오닌으로, 전하가 없는 극성 잔기이다(그림 2.26). **그림 8.19a**는 글리코포린 A의 경우와 비슷하게, 막횡단 나선(transmembrane helix)이 트레오닌 잔기를 포함했을 때의 상황을 나타내고 있다. 그림에서 보이는 바와 같이 트레오닌의 곁사슬에 존재하는 수산기는 펩티드 골격의 산소 원자와 수소결합을 이루고 있다. 완전한 전하를 띠고 있는 잔기도 막횡단 나선에서 관찰될 수 있는데, 이들은 보통 해당 나선 구조의 한쪽 끝에 존재하는 경향이 있고, 소수성의 환경에 적합한 방식으로 배열된다. 이는 그림 8.19*b*와 *c*에 나타낸 모델 막횡단 나선 모형에서 살펴볼 수 있다. 그림에 있는 각 막횡단 나선은 전하를 가진 아미노산 잔기 한 쌍을 가지고 있으며, 이들의 곁사슬은 막의 가장 안쪽 끝에 존재하는 극성 부위와 상호작용하고 있다. 이러한 상호작용은 어떤 경우 막횡단 나선 자체를 휘어지게도 한다. 그림 8.19*d*에서는 티로신 잔기에 존재하는 소수성의 방향족 곁사슬은 지질2중

[3]55쪽에 언급된 바와 같이, α-나선은 폴리펩티드 골격에 있는 원자들 간에 최대한의 수소결합을 가능하게 하여 매우 안정한 (낮은 에너지 수준의) 구조를 만들어내기 때문에 선호되는 형태이다. 특히 막횡단 영역과 같이 지방산 아실 사슬에 의해 둘러싸여 있어 수용성 용매와의 수소결합을 형성하지 못할 때는 α-나선을 이루는 것이 특히 중요해진다. 두께가 30 Å인 지질2중층의 탄화수소를 α-나선의 형태로 완전히 통과하기 위해 필요한 폴리펩티드의 최소 개수는 20개이기 때문에, 막횡단 영역은 적어도 그 이상의 아미노산을 가지고 있다. 몇몇 내재단백질은 지질2중층을 뚫고 들어갈 수는 있으나 2중층 전체를 통과하지는 못하기도 한다. 그림 8.39에 표시된 P 영역이 그러한 예이다.

그림 8.18 하나의 막횡단 영역을 가진 내재단백질. 글리코포린 A. 막을 통과하는 글리코포린 A의 α-나선 하나는 주로 갈색원으로 표시된 소수성의 잔기로 구성되어 있다. 세포내 영역에 있는 4개의 양전하를 띤 아미노산 잔기는 음전하를 띤 지질의 머리부위와 이온 결합을 이루고 있다. 글리코포린의 세포 외부 영역에 있는 여러 아미노산들은 탄수화물(올리고당)과 결합되어 있다(삽입그림에 표시됨). 26번 아스파라진에 결합되어 있는 매우 큰 분자량의 올리고당을 제외하면, 글리코포린 A에 결합된 16개의 올리고당은 매우 작으며 *O*-결합 사슬로 연결되어 있다. 글리코포린은 적혈구 표면에 동질2량체(homodimer)로 존재한다(그림 8.32*d*). 2량체의 두 막횡단 영역 나선은 79번과 83번 사이의 부위에서 서로 교차한다. 이 Gly-X-X-X-Gly 서열은 막횡단 나선끼리의 결합에서 흔히 발견되는 아미노산 서열이다.

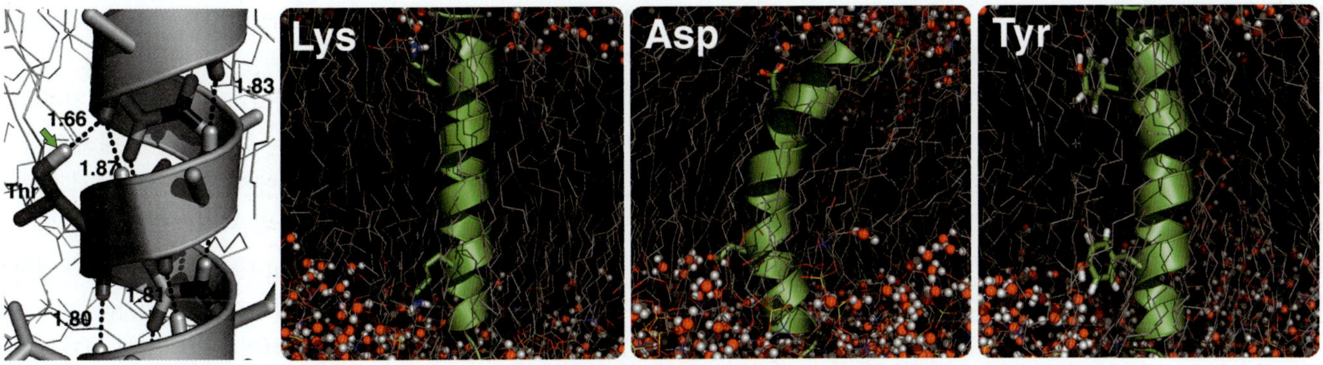

(a) (b) (c) (d)

그림 8.19 막횡단 영역 내의 다양한 아미노산 수용. (a) 막횡단 영역의 한 부분에 대한 묘사도로, 지질2중층 내 트레오닌의 수산기가 펩티드 골격을 이루는 산소 원자와 수소결합을 이루고 있는 것이 관찰된다. 수소결합은 점선으로 나타내었고, 수소결합의 길이를 나타낸 숫자의 단위는 옹스트롬(Å)이다. (b) 그림에 표시된 막횡단 영역에 존재하는 2 리신 잔기의 곁사슬은 충분히 길고 또한 유연해서, 지질2중층의 머리부위나 극성 부위에 존재하는 물 분자와 결합을 형성할 수 있다. (c) 그림에 있는 막횡단 영역에 존재하는 아스파라긴산 잔기의 두 곁사슬은 지질2중층의 극성 표면까지 뻗을 수는 있으나, 이를 위해서는 나선 구조에 뒤틀림을 야기하게 된다. (d) 티로신의 방향족 곁사슬은 막의 축에 대해서 수직으로 그리고 지방산 사슬에 대해서는 평행한 방향으로 존재한다.

출처: (a–d) Anna C. V. Johansson and Erik Lindahl, *Biophys. J.* 91:4459, 4453, 2006에서 발췌. Elsevier의 허가를 얻음..

층의 탄화수소 사슬과 평행하게 배열되어 연결되어 있음을 보여준다.

내재단백질의 아미노산 서열을 알고 있는 경우, 막횡단 영역을 예측하기 위해 소수성 좌표(*hydropathy plot*)를 이용한다. 소수성 좌표에서는 폴리펩티드서열에 존재하는 아미노산마다 해당 아미노산 및 그 주변 아미노산들의 소수성도(*hydrophobicity*)를 계산하여 나온 값을 부여하게 된다. 이 방법은 폴리펩티드의 특정 영역의 소수성도에 대한 소위 "이동평균(running average)" 값을 제공하게 되는데, 이는 해당 영역에서 주변 아미노산과 소수성도가 다른 1~2개 아미노산으로 인해 그 영역 전체의 소수성도가 크게 변화되지 않도록 해 준다. 아미노산의 소수성도는 지질 용해도, 무극성에서 극성 환경으로 전달될 때 필요한 에너지 등과 같은 다양한 기준들에 의해 결정된다. **그림 8.20**에 글리코포린 A의 소수성 좌표를 나타내었다. 소수성 좌표에서 소수성도가 최고조로 늘어나 있는 정상구간이 보통 막횡단 영역에 해당한다. 지질2중층에서 막횡단 영역의 방향에 대한 믿을만한 예측을 위해서는 막횡단 영역의 양 옆의 아미노산 서열도 조사해야 한다. 그림 8.18에 표시된 글리코포린의 예와 같이, 막횡단 영역의 양쪽 주변 아미노산들 중 세포질 쪽에 위치한 아미노산들은 대부분 세포 바깥쪽에 위치하는 아미노산들보다 양전하를 많이 갖는 경향이 있다.

모든 내재단백질이 막횡단 α-나선을 가지는 것은 아니다. 몇몇 막단백질들은 그림 9.4와 같이 막을 횡단하는 β 가닥들이 모여 통(barrel) 모양으로 모여 그 안에 비교적 큰 통로를 만든다. 현재까지 β-병풍구조로 만들어진 친수성 통로는 세균의 외막, 미토콘드리아, 엽록체에서만 발견되었다.

내재단백질 내의 구조 변화를 알아내기 위한 실험적 접근

만약 내재단백질을 암호화하는 유전자를 분리한 후 유전자 서열에 기초하여 해당 단백질에는 12개의 막횡단 영역이 있음을 알아내고,

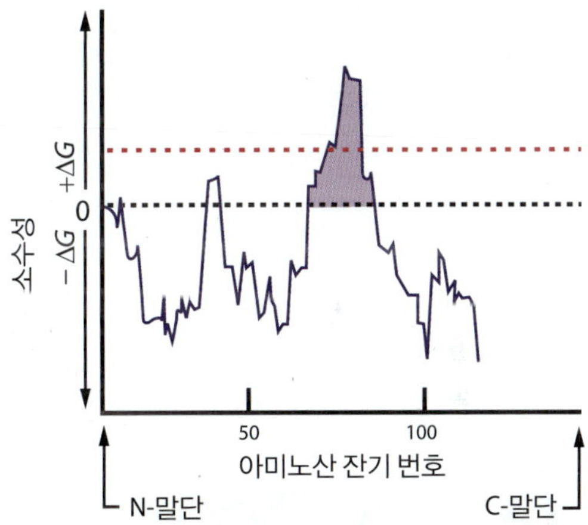

그림 8.20 단일 막횡단 단백질 글리코포린 A의 소수성 좌표. 해당 폴리펩타이드의 각 영역을 비극성 용매에서 수용액으로 전달할 때 필요한 자유에너지를 이용하여 소수성도를 계산하였다. 소수성이 0보다 높은 수치를 갖는 구간에서는 에너지가 필요함을 나타내며, 따라서 해당 부위는 무극성의 옆가지를 가진 아미노산들로 이루어졌음을 의미한다. 보통 빨간색 선위로 돌출되어 있는 정상구간이 대부분 무극성인 아미노산으로 이루어진 구간이고 막횡단 영역으로 해석될 수 있다.

또한 이 막횡단 영역들은 친수성 물질의 막 통과를 가능하게 하는 통로를 만들어 이 내재단백질이 막 통로 혹은 수송체의 기능에 필수적인 역할을 할 수 있음을 밝혔다고 가정하자. 이후 이 내재단백질에 의한 물질 수송 중 일어나는 구조 변화를 연구하기 위해, 단백질 내에서 수용성 환경에 접근 가능한 부위가 해당 기능 수행 중 어떻게 변화하는지에 대한 정보가 필요할 수 있다. 이러한 종류의 정보는 상세한 구조 모형이 없이는 결정하기 쉽지 않지만, 해당 단백질의 유전자에 특정 변화를 도입하는 부위-지향적 돌연변이유발(site-directed mutagenesis) 방법(18.25절)을 이용하면 많은 것들을 알아낼 수 있다. **그림 8.21**에는 이러한 실험의 한 예로서 세균의 세포막에 있는 당-수송 단백질인 유당투과효소(lactose permease)를 이용한 실험을 나타

내었다. 이 실험에서는 유당투과효소에 있는 거의 모든 아미노산에 대해, 각 아미노산 하나가 시스테인 잔기로 치환되어 있는 수많은 돌연변이 단백질을 제작하였다. 이들 돌연변이 단백질을 발현시킨 후 알킬기(alkyl group)를 시스테인의 곁사슬에 붙일 수 있는 수용성 물질인 NEM(NEM, N-Ethylmaleimide)을 넣어주게 되면, 해당 곁사슬이 수용액에 노출되어 있는 경우 알킬기가 붙게 된다. 이 실험은 유당투과효소에 의해 운반될 당이 있는 조건과 없는 조건, 두 가지 조건에서 수행하였다. 그림 8.21*a*에는 당이 없을 때 NEM에 의해서 알킬화되는 아미노산 잔기를 빨간색 구로 표시하였다. 이 수용성 물질에 노출되어 있는 부위는 유당투과효소가 세포질 쪽으로 열려 있을 때 안쪽으로 함입되는 친수성 공간의 표면이라고 생각된다. 해당효소의 나선 VI와 나선 XII에서 알킬기가 반응하지 않은 부위가 특히 많이 관찰되는데, 이 부위는 인지질의 지방산 사슬과 접해 있거나 단백질의 안쪽으로 싸여져 있어 수용성 물질인 NEM의 접근이 불가능했을 것으로 추측된다.

그림 8.21*b*에 노란색 구로 표시된 잔기들은 유당투과효소가 운반되는 당이 있는 경우에 NEM에 대한 반응성이 크게 증가한(*increase*) 부위를 나타낸다. 이 수용성 물질에 대한 반응성이 당의 존재 유무에 따라 다르다는 것은 이 두 조건에서 유당투과효소에 있는 서로 다른 영역들이 수용성 환경에 노출된다는 것을 의미한다. 다시 말하면, 이 결과는 당의 추가가 유당투과효소의 구조 변화를 야기할 수 있음을 의미한다. 이 두 상태에서 다르게 반응한 부위를 면밀히 분석하여, 그림 8.21*c*에 묘사된 가설을 도출할 수 있다. 이 가설에 따르면, 하나의 상태에서는 당 결합 부위가 세균의 세포질 쪽으로 열려 있고, 다른 상태에서는 세포 외부 쪽으로 열려 있다. 이 두 구조 상태 사이의 전환은 막을 가로지는 당의 수송을 야기한다. 이러한 종류의 이온-동력 수송체계(ion-driven transport system)는 349쪽에 상세히 설명되어 있다.

막단백질의 특정 아미노산 사이의 공간적 관계를 결정하는 것 또한 단백질의 기능 수행 중 일어나는 동적 현상에 대해 알아낼 수 있는 실험 방법 중 하나이다. 단백질에서 특정 아미노산 잔기 사이의 거리에 대해 알 수 있는 하나의 방법은 서로의 거리에 민감한 성질을 갖는 화학기능기(chemical group)를 해당 잔기에 도입하는 것이다. 니트록시드(*Nitroxide*)는 쌍을 이루지 않은 전자(홀전자, unpaired electron)를 하나 가지고 있는 화학기능기로, **전자상자성공명분광법** [*electron paramagnetic resonance (EPR) sepctroscopy*]으로 관찰하면 독특한 스펙트럼을 방출한다. 니트록시드는 시스테인의 황화수소기와 반응하므로, 도입하고자 하는 부위의 아미노산을 시스테인으로 치환하기만 하면 단백질의 어느 부위에든 도입할 수 있다. **그림 8.22**는 이 실험 방법이 이온통로가 주변 환경의 pH에 반응하여 열리는 동안 나타나는 구조적인 변화를 밝히는 과정에 쓰인 예를 보여주고 있다. 위 실험에 이용된 단백질은 세균의 K^+ 통로(K^+ channel)로서, 동일한 소단위 4개가 모여 4량체(tetramer)를 이룬다. 이 통로의 세포질 쪽 입구는 각 소단위에서 막횡단 나선 1개씩 총 4개의 막횡단 나선이 결합된 형태이다. 그림 8.22*a*는 니트록시드 각 막횡단 나선이 세포질 쪽 끝에 도입되어 있을 때 얻어지는 전자상자성공명 분광 스펙트럼을 보여준다. 빨간색 선은 K^+ 통로가 닫힌 상태로 존재하는 pH 6.5 환경에서 얻어지는 스펙트럼이고, 파란색 선은 통로가 열리는 pH 3.5 환경에서 얻어지는 스펨트럼이다. 각 선의 모양은 도입된 니트록시드 사이의 거리에 의존적이다. 스펙트럼은 pH 6.5에서 양쪽으로 벌어진 형태로 나타나게 되는데, 이는 4개의 소량체에 도입된 니트록시드 간의 거리가 가장 가까워 이들의 전자상자성공명분광 스펙트럼의 강도를 감소시키기 때문이다. 이러한 결과는 K^+ 통로가 활성화될 때, 4개의 소단위에 표지되어 있는 아미노산 잔기들 사이의 거리가 증가

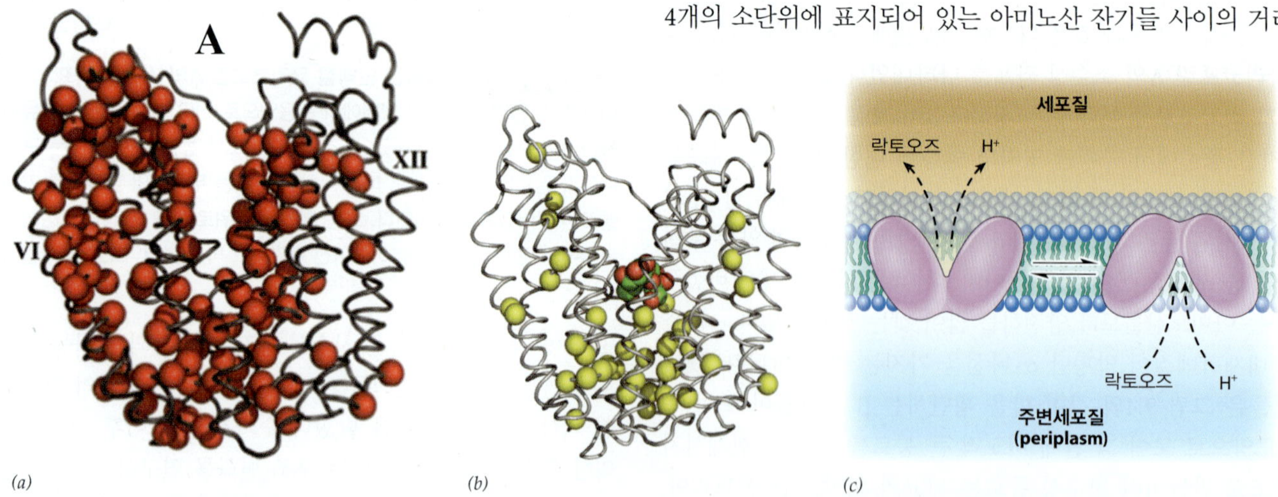

그림 8.21 락토오즈 투과효소의 기능 수행 중 구조의 동적 변화를 연구하기 위해 부위-지향적 돌연변이유발을 도입한 실험 방법. 실험의 전략과 결과는 본문에 기술되어 있다. 위쪽이 락토오즈 투과효소의 세포내 부위, 아래쪽이 세포외 부위이다. (*a*) 빨간색 구는 수송될 당이 없는 상황에서 알킬화 화합물인 NEM에 반응한 아미노산 잔기를 표시한다. (*b*) 노란색 구는 당이 존재하는 상황에서 NEM에 노출이 더욱 많이 되는 잔기를 표시하고 있다. 노란색 구는 외부 배양액(박테리아의 주변세포질, periplasm) 근처의 부위에 집중적으로 보인다. 따라서, 노란색 구는 바깥쪽을 향하는 공간을 이루는 잔기들에 해당한다고 결론내릴 수 있다. 이 결과는 c에 묘사된 바와 같이, 락토오즈 투과효소가 외부 배양액 방향 및 세포 내부 방향을 향하는 두 가지 구조를 보일 수 있다는 가설을 지지한다. (a와 b에 그려진 구조는 락토오즈 투과효소가 세포질 쪽으로 향했을 때의 X-선 결정 구조이다.)

출처: (a, b) Ronald Kaback, et al., *PNAS* 104:492, 2007에서 발췌, (c) H. R. Kaback, *Curr. Opin. Struct. Biol.* 14:414, 2004 그림 1 복제. Elsevier의 허가를 얻음.

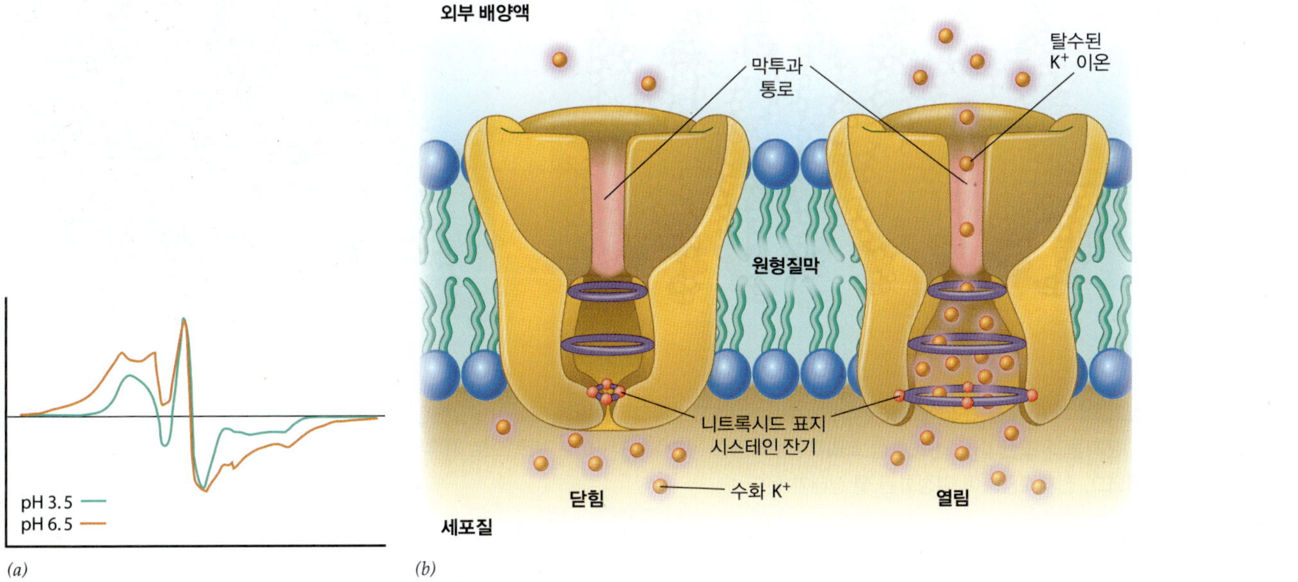

그림 8.22 **세균의 K^+ 통로의 개폐 시의 구조 변화를 조사하기 위한 전자상자성공명 분광법의 사용.** (*a*) K^+ 통로를 이루는 4개의 막횡단 영역의 세포질쪽 끝에 니트록시드를 부착했을 때 방출되는 전자상자성공명 스펙트럼. 각 나선의 해당 부위에 있는 글리신은 시스테인으로 치환되어 있다. 스펙트럼의 모양은 각 소단위에 붙어 있는 니트록시드 내에 존재하는 홀전자들 간의 거리에 의존적이다. [니트록시드는 "회전-표지(spin-labels)"로 불리기 때문에, 본 실험에서 쓰인 기술은 부위-지향적 회전 표지법(site-directed spin labeling)이라고 한다.] (*b*) (a)에서 얻은 자료를 바탕으로 나타낸 열린 상태와 닫힌 상태의 이온 통로에 대한 개략적 모식도. 통로가 열릴 때는 4개의 니트록시드가 서로 멀리 떨어지게 된다.

출처: E. Perozo et al., *Nature Struct. Biol.* 5:468, 1998에서 발췌. (a) Macmillan Publishers Ltd.의 허가를 얻음.

된다는 것을 나타낸다(그림 8.22*b*). 이러한 입구 반지름의 증가는 결국 세포내 이온들이 막투과 통로(빨간색으로 표시)에 접근이 가능하도록 해준다. 이 때 막투과 통로는 이온의 선택적 투과를 가능하게 하는 장치로, K^+의 투과만이 가능하다(342쪽에 다시 언급). 그림 18.8에 소개되어 있듯이, 형광공명 에너지전달법(fluorescence resonance energy transfer, FRET)이라고 하는 기술 또한 단백질내 표지된 분자의 거리의 변화를 측정할 때 사용할 수 있다. 제2장에 소개된 것과 같이, 핵자기공명분광법[Nuclear Magnetic Resonance (NMR) spectroscopy]도 마찬가지로 단백질 구조 내 원자 사이의 거리에 대한 정보를 제공해 주는 실험 방법이며, 최근 이 방법은 막단백질의 동역학을 연구할 수 있는 방법으로 점점 더 많이 사용되고 있다.

8.6 막지질과 막유동성

막의 지질의 물리적 특성은 그 유동성(또는 점성)으로 표현될 수 있다.[4] 불포화 상태의 지방산을 가진 포스파티딜콜린과 포스파티딜에타올아민으로 구성되어 있는 간단한 인공적인 지질2중층이 있다고 가정하자. 만약 그 2중층의 온도가 37°C와 같이 비교적 따듯한 온도로 유지된다면, 그 지질은 상대적으로 유동성이 큰 상태로 존재할 것이다(**그림 8.23a**). 이 온도에서 해당 지질은 2차원 액상 결정이라고 표현할 수 있다. 이 상태에서의 지질2중층은 분자들이 특정 방향성을 유지하며 배열을 이루고 있는 결정상태와 같이 막의 지질분자들이 각 분자의 긴 축에 서로 평행한 배열을 하고 있어 어느 정도의 결정의 특징을 가지고 있고, 다른 한편으로는 개별 지질분자들이 그 축을 따라 도는 회전과 2중층 평면 내의 측면 움직임이 가능하여 액체상태의 특징도 함께 지니고 있기 때문이다. 만약 온도가 천천히 내려가면, 2중층의 특성이 뚜렷이 변화하는 지점에 도착하게 된다(그림 8.23*b*). 이때 지질은 액상 결정 상태에서 동결된 결정 젤(gel) 상태로 전환되며, 인지질의 지방산 사슬의 움직임은 크게 제한된다. 이러한 상태변화가 일어나는 온도를 **전이온도(transition temperature)**라고 한다.

특정 2중층의 전이온도는 지질 분자들이 서로서로 빽빽히 끼어들 수 있는 능력에 따라 다르며, 이 능력은 다시 2중층이 어떤 지질들로 구성되어 있는가에 따라 다르다. 포화된 지방산의 경우는 곧고 유동적인 막대기 모양을 가지고 있다. 반면 *cis*-불포화지방산의 경우는 지질사슬에 존재하는 이중결합 위치에서 휘어진 구조를 갖게 된다(그림 2.19와 8.23). 결과적으로 포화된 지방산 사슬을 가진 인지질의 경우는 불포화된 지방산 사슬을 가진 경우보다 더욱 빽빽하게 공간을 채울 수 있게 된다. 불포화도가 증가하면 할수록, 전이온도는 점점 낮아지게 된다. 18개의 탄소로 구성되어 있는 포화지방산인 스테아르산(stearic acid)에 이중결합을 하나 도입하게 되면 녹는점을 60°C 가량 낮추게 된다(표 8.2).[5] 지질2중층의 유동성을 결정하는 다

[4]유동성과 점성은 반비례 관계가 있다. 유동성은 흐름이 얼마나 쉬운가에 대한 척도이고, 점성은 반대로 흐름에 대한 저항이 얼마나 센가에 대한 척도이다.

[5]지방산의 포화도의 녹는점에 대한 효과는 익숙한 음식물로 설명할 수 있다. 식물성 기름은 냉장고에 넣어도 액체로 존재하는 반면, 마아가린(margarne)은 고체로 존재한다. 식물성 기름은 불포화된 부위가 많은 지방산으로 이루어져 있고, 마아가린의 지방산은 원료로 쓰이는 식물성 기름의 이중결합에 수소를 첨가하는 화학공정에 의해 포화되어 있다.

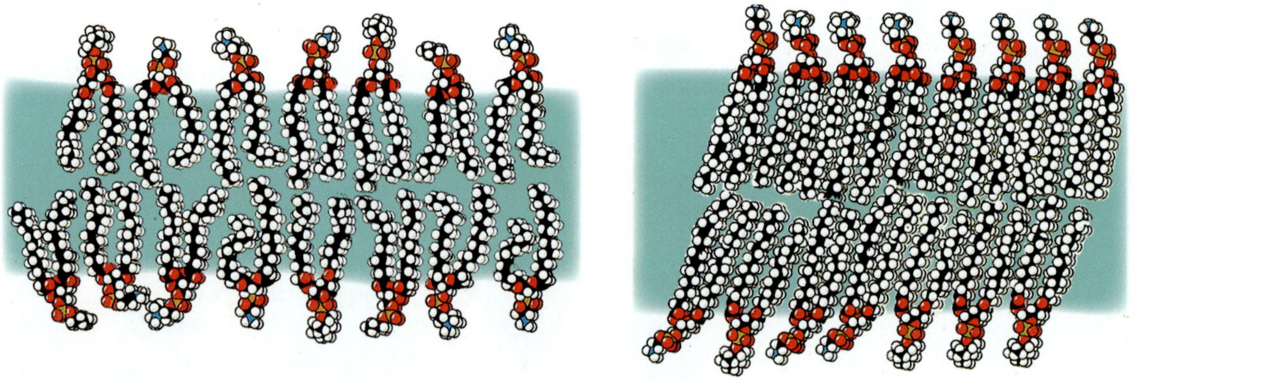

그림 8.23 **지질2중층의 구조는 온도에 의존적이다.** 위 그림은 포스파티딜콜린과 포스파티딜에탄올아민 두가지 인지질로 구성된 2중층을 나타낸다. (*a*) 전이온도보다 높은 경우, 지질 분자들과 또한 이들의 소수성 꼬리부위는 2중층 평면 내에서 어느 방향으로 자유롭게 움직일 수 있다. (*b*) 전이온도보다 낮은 경우에는, 이 분자들의 움직임이 크게 저해되고, 전체 2중층이 결정화된 젤 상태가 된다.

출처: R. N. Robertson, *The Lively Membranes*, Cambridge Univ. Press, 1983에서 발췌. 캠브리지대학교 출판부의 허가를 얻음

표 8.2 **18개 탄소로 만들어진 지방산의 녹는점**

지방산	*cis*-2중결합	녹는점(°C)
스테아릭산(stearic acid)	0	70
올레산(oleic acid)	1	13
리놀레산(linoleic acid)	2	−9
리놀렌산(linolenic acid)	3	−17
EPA(eicosapentanoic acid)	5	−54

른 요소는 지방산 사슬의 길이이다. 인지질의 지방산 사슬이 짧을수록, 녹는점이 감소하게 된다. 막의 성질은 또한 콜레스테롤에 의해서도 달라진다. 지질2중층에서의 콜레스테롤의 방향(그림 8.7)으로 인해, 콜레스테롤은 지방산이 서로 촘촘히 채워지는 것을 방해하게 되고 이들의 움직임 또한 줄이게 된다. 콜레스테롤이 존재하면 정확한 전이온도가 존재하지 않게 되고 중간 정도의 유동성이 나타나도록 한다. 생리학적인 관점에서, 콜레스테롤은 막의 내구성을 증가시키지만 막의 투과성은 감소시킨다.

막유동성의 중요성

지질2중층의 물리적 상태는 막의 생물학적 특성에 어떠한 영향이 있을 것인가? 막은 지질의 움직임이 전혀 없는 단단하고 정렬된 고체 형태여서도 안 되지만, 막의 구성 물질들이 정렬될 수 없고 구조적인 조직화나 기계적인 지지대로서의 역할도 기대할 수 없는 점성 없이 유동적인 액체여서도 안 된다. 유동성을 지닌 막은 고체와 액체 상태의 중간에 있는 이 두 상태를 완벽히 절충한 상태이다. 막유동성(Membrane fluidity)은 또한 막 내에서의 상호작용이 가능하게 한다. 예를 들어, 막유동성으로 인해 막단백질은 막의 특정 장소에 모여, 세포간 연접, 빛-포획 광합성 복합체, 시냅스 등의 특화된 구조를 형성할 수 있게 된다. 막의 유동성으로 인해, 상호작용해야 하는 분자들은 모여서, 특정 기능을 수행하고, 다시 분리되어 나갈 수 있다.

유동성은 또한, 제12장에서 다루게 될 막의 조립 과정에도 관여한다. 막은 이미 존재하는 막으로부터 생기게 되며, 막이 점차 커지게 되는 것은 지질이나 단백질이 유동성이 있는 막에 끼어들 수 있기 때문에 가능하다. 세포의 이동이나 성장, 분열, 세포간 연접 형성, 분비, 내포작용 등 수많은 기초적인 세포작용은 막의 유동성으로 인해 가능하며, 만약 막이 단단한 고체상태의 구조라면 가능하지 않을 것이다.

막유동성의 유지

조류나 포유류 이외의 대부분의 생명체의 내부 온도는 외부 환경온도의 변화에 따라 변동한다. 막유동성의 유지는 세포 내 많은 활성에 필수적이므로, 세포는 다른 종류의 인지질을 만들어 변화하는 온도에 반응하게 된다. 막유동성의 유지는 세포수준의 항상성(homeostasis)의 한 예가 되며, 막유동성이 유지되고 있다는 것은 다양한 방법으로 입증 가능하다. 예를 들어, 배양 중인 세포의 온도가 낮아지면, 세포는 물질대사의 조절을 통해 반응하게 된다. 세포막이 추위에 저항할 수 있도록 하는 초기 "응급(emergency)" 반응은 세포막을 개조할 수 있는 효소들에 의해 매개되는데, 이들은 (1) 지방산 사슬의 결합을 불포화시켜 2중결합을 만들게 하고, (2) 서로 다른 인지질에 있는 지방산들을 교체하여 지방산 2개 모두 불포화 지방산으로 구성된 인지질을 만듦으로써 지질2중층의 녹는점을 크게 낮춘다. 단일결합을 불포화시켜 2중결합을 만드는 것은 **불포화효소**(*desaturase*)에 이루어진다. 인지질의 교체는 지방산을 글리세롤 골격에서 잘라내는 **인지질분해효소**(*phospholipase*)와 인지질 사이 지방산을 전달할 수 있는 **아실전달효소**(*acyltransferase*)에 의해 이루어진다. 또한 세포는 더 많은 불포화지방산을 가진 인지질을 만들 수 있도록, 합성되는 인지질의 종류를 바꾸기도 한다. 이러한 다양한 효소의 활성으로 인해, 세포막의 물리적 특성이 환경 조건에 맞도록 조절된다. 지방산의 구성을 조절하여 막유동성을 유지하는 것은 동면하는 포유류, 체온이 낮과 밤에 따라 크게 변하는 연못 속의 물고기, 추위 저항성 식물, 온천에 서식하는 세균 등 다양한 생물체에서 관찰된다. 매우 높은 온도에 살고 있는 원핵생물의 경우는 상당히 특이한 지질을 가지고 있다.

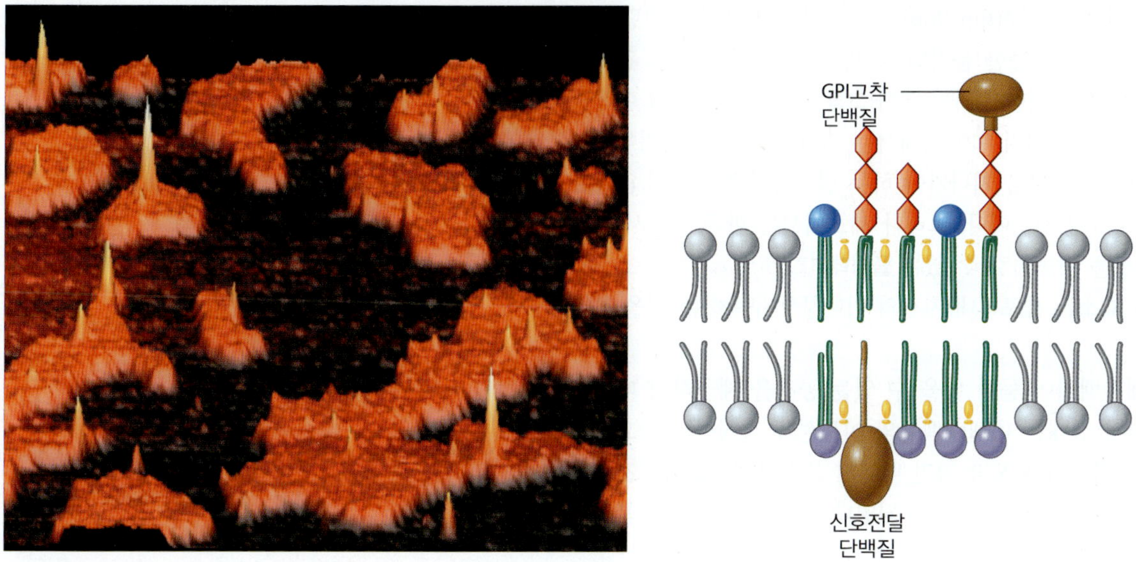

(a) (b)

그림 8.24 지질 뗏목. (*a*) 검은색으로 표시된 포스파디딜콜린과 붉은색으로 표시된 스핑고미엘린을 포함하는 인공 지질2중층의 위쪽 표면의 모식도. 스핑고미엘린은 자발적으로 조직되어 뗏목 형태를 만들게 된다. 노란색의 정점 부위는 거의 지질 땟목에만 존재하고 있는 GPI-고착단백질의 위치를 나타낸다. 본 결과는, 시료의 다양한 부위의 높이를 원자수준에서 측정 가능한 원자현미경(atomic force microsocopy)으로 얻어졌다. (*b*) 세포내 지질 뗏목에 대한 도식도. 지질 뗏목의 바깥쪽 면에는 주로 콜레스테롤(노란색)과 스핑고지질(빨간색 머리부위)이 존재한다. 긴 포화지방산을 가진 포스파티딜콜린(파란색 머리부위)도 이 지역에 높은 농도로 존재한다. GPI 고착 단백질 또한 지질 뗏목에 높은 농도로 존재할 것으로 생각된다. 지질 뗏목의 바깥쪽 층에 존재하는 지질은 안쪽 층에도 영향을 주어 주로 콜레스테롤과 긴 포화지방산 꼬리를 갖는 글리세로인지질이 안쪽 층에 모이도록 한다. 안쪽 층에는 세포신호전달에 관여하는 Src 인산화효소와 같은 지질고착단백질이 모이는 경향이 있다. (지질 뗏목에 대한 논란은 *Nature Revs. Mol. Cell Biol.* 11:688, 2010과 *Science* 334:1046, 2011에 소개되어 있다.)

출처: (*a*) D. E. Saslowsky, et al., *J. Biol. Chem.* 277, cover of #30, July 26, 2002에서 발췌; (*b*) J. Michael Edwardon © 2002 The American Society for Biochemistry and Molecular Biology 제공.

지질 뗏목

가끔 어떤 생물학의 특정 주제에 관해서는 생물학자들 간에 큰 이견을 보이기도 하는데, 지질 뗏목이 그러한 예 중 하나이다. 세포에서 막지질을 분리해 인공적인 지질2중층을 만들 때 콜레스테롤과 스핑고지질은 자발적으로 조립되어, 주로 포스포글리세리드로 구성되어 있는 주변 지역보다 좀 더 젤(gel) 상태를 보이고 또한 상당히 정렬된 형태의 미세영역(microdomain)을 형성한다. 이러한 독특한 물리적 성질로 인해, 이 미세영역은 유동적이고 정렬되지 않은 인공 지질2중층에서 떠다니는 경향이 있다(**그림 8.24a**). 이 콜레스테롤과 스핑고지질로 되어 있는 미세영역을 **지질 뗏목(lipid raft)**라 한다. 위의 인공적인 지질2중층에 첨가되었을 때, 특정 단백질은 지질 뗏목 부위에서 높은 농도로 존재하고, 반면 다른 종류는 지질 뗏목의 바깥쪽에 존재하는 경향을 보인다. GPI-고착 단백질은 지질 뗏목 부위를 특히 선호한다(그림 8.24*a*).

그림 8.24*b*에 묘사된 것과 같이, 스핑고신 또는 콜레스테롤을 다량으로 함유하는 지질 땟목이 실제로 생체 내에 존재하는지에 대해서는 학자들 간에 이견이 존재한다. 지질 땟목의 존재에 대한 대부분의 증거들은 세제를 이용한 추출, 콜레스테롤 제거, 막단백질의 교차결합 등의 인공적인 처리를 하여 얻어진 결과로, 지질 뗏목의 실존 여부를 해석하기에는 어려움이 따른다. 살아 있는 세포에서 지질 뗏목을 관찰하고자 했던 시도는 대부분 실패하였으며, 이는 그러한 뗏목 구조가 없거나 있다고 해도 아주 작은 (5~25 nm의 반지름을 가진) 구조이고 또한 매우 짧은 시간만 존재하여 현재의 기술로는 발견하기 어렵다는 것을 의미한다. 그러나 여전히 지질 뗏목은 무작위적으로 움직이는 지질단백질의 바다와 같은 세포막에 질서를 도입할 수 있는 수단을 제공하는 것이기 때문에, 지질 뗏목에 대한 개념은 매우 매력적이다. 지질 뗏목은 특정 단백질을 모을 수 있는 떠다니는 지지대로 작용하여 해당 막 부위를 세포막 위에 존재하는 기능적인 구획으로 만든다고 생각되었다(그림 8.24*b*). 이러한 관점의 예로, 지질 뗏목은 세포막의 수용체들과 외부 신호를 세포 안으로 전달할 수 있는 다른 막단백질과 상호작용하기 좋은 국지적인 환경을 제공할 수 있는 것으로 여겨지고 있다.

8.7 원형질막의 역동적인 성질

앞서의 논의로부터 지질2중층이 비교적 유동적인 상태로 존재한다는 것은 자명하다. 결과적으로, 인지질은 막의 같은 층 내에서는 상당히 쉽게 측면으로 움직이는 것이 가능하다. 지질의 머리부위를 금입자나 형광 물질을 연결시키면 개별 지질 분자가 원형질막의 2중층 내에서 측면 이동하는 것을 직접적으로 관찰할 수 있다(그림 8.29 참조). 인지질은 1~2초 내에 세균의 한쪽 편에서 반대편으로 이동 가능하다고 예측되고 있다. 반면, 인지질이 지질2중층의 한 층에서 반대편 층으로 횡단 확산하는 것(flip-flop)은 수시간에서 수일이 걸린다. 따라서 인지질의 모든 가능한 움직임 중 막의 다른 쪽 층으로 건너뛰는 횡단 확산에 대한 제한이 가장 크다(**그림 8.25**). 이는 사실 예측 가능한데, 다른 층으로 건너뛰기 위해서는 지질의 친수성 머리부위가 안쪽 소수성의 막 안쪽을 지나가야 하는 열역학적으로 쉽지 않은 과정을 수반해야 하기 때문이다. 그러나 세포에서는 한쪽 층에서 다른 층으로 인지질을 이동시킬 수 있는 플립페이즈(*filppase*)라는 효소가 존재하며, 이 효소는 세포막내 지질의 비대칭성 구축하는 일을 담당하고 있다.

지질은 내재단백질이 묻혀 있을 수 있는 공간을 제공하기 때문에, 지질의 물리적 상태는 내재단백질의 이동성을 결정하는 중요한 요인이다. 내재단백질이 세포막 평면 내에서 움직일 수 있다는 것은 유동-모자이크 모형의 제안에 기반이 되었다. 막단백질의 동적 특성은 여러 가지 방법으로 밝혀지고 있다.

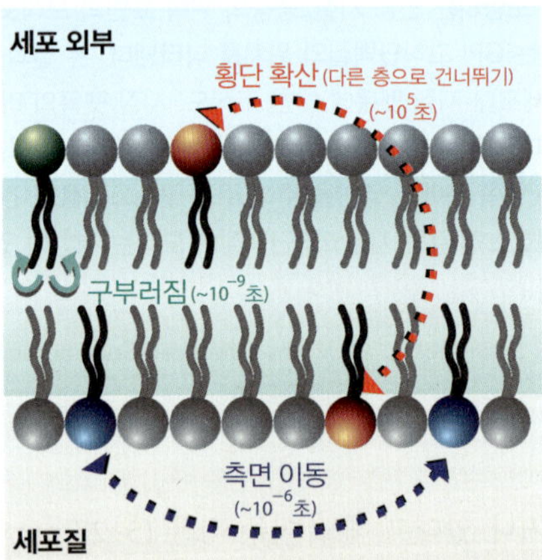

그림 8.25 막 내에서 인지질의 가능한 움직임. 막의 인지질에 의해 가능한 움직임의 종류와 그 움직임이 일어날 수 있는 대략적인 시간. 인지질이 지질2중층의 한 층에서 다른 층으로 움직이는 것은 매우 느린 속도로 일어나지만, 한 층 내에서는 매우 빠른 속도로 움직일 수 있다. 콜레스테롤과 같이 극성 부위가 없는 지질은 지질2중층의 층간 이동이 비교적 빠르다.

세포융합 후 막단백질의 확산

세포융합(Cell fusion)은 다른 2종류의 세포 또는 서로 다른 2종으로부터 온 세포를 하나의 세포질과 하나의 연속된 원형질막을 갖는 하나의 세포로 융합하는 기술이다. 세포융합을 위해서는 세포 외부의 표면을 "끈적거리게(sticky)" 만들어 세포막이 서로 붙게 하면 된다. 세포융합을 위해서는, 보통 막단백질에 결합할 수 있는 바이러스를 불활성화 상태로 넣어주거나, 폴리에틸렌글리콜(polyethylene glycol, PEG)을 첨가하거나, 가벼운 전기충격을 주게 된다. 세포융합은 세포생물학 연구에 중요한 역할을 담당해 왔으며, 현재도 항체 제작을 위한 매우 중요한 기술로 계속 이용되고 있다(18.26절 참조).

1970년 존스홉킨스 대학교(Johns Hopkins University)의 래리 프라이(Larry Frye)와 마이클 에디딘(Michael Edidin)은 막단백질이 세포막의 평면 내에서 움직일 수 있다는 것을 첫 번째로 증명하고 이를 보고하였다. 이들은 세포융합 기술을 이용하여 생쥐와 사람의 세포를 융합시키고, 원형질막이 하나로 이어진 시점부터 특정 단백질의 위치를 추적하였다. 세포융합 후 생쥐의 막단백질이나 사람의 막단백질의 분포 변화를 추적하기 위하여, 항체를 준비하고 형광염료를 공유결합으로 부착시켜, 생쥐 단백질에 대한 항체는 녹색 형광이 사람 단백질에 대한 항체는 빨간색 형광이 나오도록 하였다. 이 항체가 융합된 세포에 처리되었을 때, 이들 항체는 사람 또는 생쥐의 단백질에 결합하게 되어 형광현미경을 이용하면 이들의 위치를 파악할 수 있다(**그림 8.26a**). 세포융합 직후에는 한쪽에 사람의 단백질이 다른 한쪽에는 생쥐의 단백질이 보이며, 이것으로 2종류의 단백질이 각 반구에 분리된 상태로 존재함을 알 수 있다(3단계, 그림 8.26*a*,*b*). 융합 후 시간이 지나게 되면, 막단백질은 막 내에서 반대편 반구로 움직이는 모습을 볼 수 있었다. 40분 째에는, 각 종의 단백질들이 융합된 세포막에 균등하게 분포하게 되었다(4단계, 그림 8.26*a*). 같은 실험을 낮은 온도에서 수행했을 때는, 지질2중층의 점성은 증가하였고 막단백질의 이동성은 감소하였다. 이 초기 세포융합 연구는 내재단백질들이 제한 없이 움직일 수 있음을 암시하였다. 그러나 아래 기술

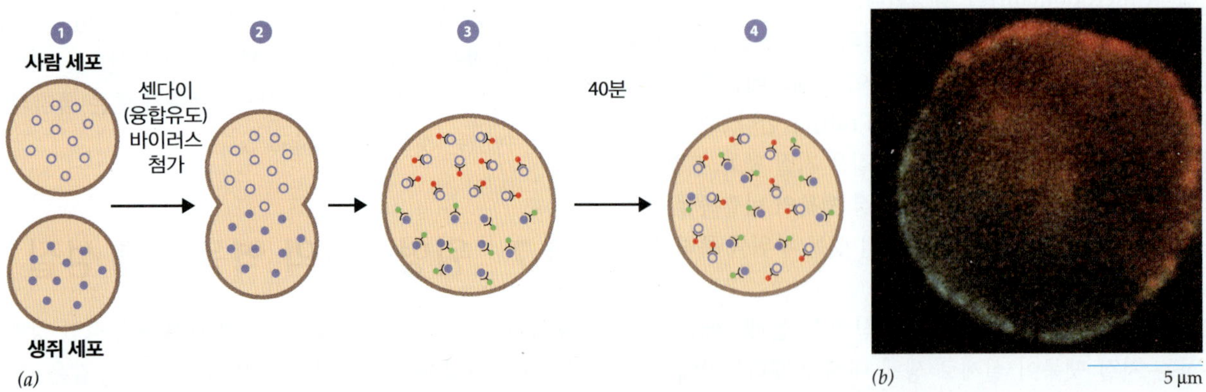

그림 8.26 막단백질의 이동성을 밝히기 위한 세포융합의 이용. (*a*) 사람과 생쥐의 세포를 융합시키고(1~2단계), 각 세포의 막에 존재하는 단백질의 분포를 시간에 따라 추적한(3~4단계) 실험의 개요. 융합된 원형질막에서 사람과 생쥐의 단백질의 위치는 각각 빨간색 형광과 녹색 형광을 가진 항체와의 결합을 통해 관찰하였다. (*b*) 융합된 세포에서 생쥐와 사람의 단백질이 여전히 각각의 반구에 존재함을 보여주는 현미경 사진(그림 a의 3단계에 해당).

출처: (b) L. D. Frye and Michael Edidin, *J. Cell Science* 7:328, 34, 1970에서 발췌. The Company of Biologists, Ltd의 허가를 얻음. 존스홉킨스대학교의 Michael Edidin 제공. http://jcs.biologists.org/content/7/2/319 full.pdf+html?sid=d93ae648-abca-4f5d-90a6- a6d9726d7d30.

된 바와 같이, 이후의 계속된 연구들에 의해 막유동성이 처음 생각했던 것보다는 복잡하다는 것이 밝혀지게 되었다.

단백질 및 지질 이동성의 제한

몇 가지 실험기술들을 이용하면 살아 있는 세포의 막에서 광학현미경으로 분자의 움직임을 추적하는 것이 가능하다. **그림 8.27a**에 설명된 **광탈색후 형광회복(fluorescence recovery after photobleaching, FRAP)**이라는 실험 기법에서는, 배양세포 막에 존재하는 내재단백질을 우선 형광염료로 염색한다. 특정한 막단백질의 경우는 형광을 띤 항체와 같은 탐침을 이용해서 표지될 수 있다. 형광염료 표지 후에는 세포를 현미경에 놓은 후 형광 분자를 탈색시킬 수 있는 레이저 빔을 초첨을 정확히 맞춰 세포막에 투사하고, 이를 통해 형광이 거의 사라져 버린 직경이 약 1 μm인 원형 반점 구간을 만들어낸다. 만약 표지된 단백질이 세포막 내에서 이동성을 가지고 있으면, 이 막단백질들의 무작위적 움직임으로 인해 탈색된 반점 구간에는 점점 형광이 다시 나타나게 된다. 이 형광의 회복속도를 구하면 해당 분자의 확산속도(확산계수, *D*로 표시)를 계산할 수 있게 된다(그림 8.27*b*). 초기 형광세기에 대한 회복 후 형광세기를 백분율로 나타내어 이 형광의 회복정도를 구하게 되면, 이는 해당 분자의 몇 퍼센트가 움직임이 자유로운지 구할 수 있게 된다.

FRAP 기술을 활용한 초기 연구는 (1) 막단백질이 순수한 지질2중층에서보다 원형질막에서 더욱 천천히 움직인다는 것과 (2) 막단백질의 약 30~70% 정도는 탈색된 반점 구간으로 다시 돌아가지 않는다는 것을 밝혀내었다. 그러나 FRAP 기술에는 단점이 존재하는데, 이 방법으로는 상대적으로 많은 수(보통 수백에서 수천 개)의 표지된 분자들이 비교적 먼 거리(1 μm 가량)를 이동할 때의 움직임의 평균값만 알 수 있다는 것이다. 결과적으로 FRAP을 사용한 방법에서는 실제로 전혀 움직이지 않는 단백질과 특정 시간 내에서 한정된 거리에서만 움직이는 단백질을 구별할 수 없다. 이러한 단점을 극복하기 위하여, 단백질 한 분자의 매우 짧은 거리의 움직임을 관찰하고 또한 이들 움직임이 어떻게 제한되는지 결정할 수 있는 대체 방법들이 개발되어 왔다.

단일-입자 추적(Single-particle tracking, SPT) 기술에서는 개별 막단백질을 표지하는데, 보통의 경우 현광현미경에서 관찰 가능한 형광 분자를 붙여 표지한다. 이 표지된 분자의 움직임은 전반사 현미경[total internal reflection fluorescence (TIRF) microscope]으로 추적하게 되는데, 이는 세포 표면에 있는 형광물질을 관찰하는 데 특화된 현미경이다. 이러한 연구에서의 막단백질 이동성은 단백질의 종류에 따라 달랐으며, 결과의 예는 아래와 같다.

- 어떤 막단백질은 확산 속도가 일반적으로 인공 지질2중층에서보다 느리긴 하지만, 막의 전체에서 무작위적으로 움직인다(그림 8.28, A 단백질). (만약 단백질의 이동성이 지질의 점성이나 단백질의 크기 등과 같은 물리적인 변수에 의해서만 결정된다면 단백질의 확산계수는 10^{-8}~10^{-9} cm^2/초 정도로 계산될 것이나, 관찰되는 확산계수는 10^{-10}~10^{-12} cm^2/초 정도이다.) 이 확산계수가 줄어드는 이유에 대해서는 논란이 있다.
- 어떤 막단백질은 움직이지 못하고 고정되어 있다(그림 8.28, B 단백질)

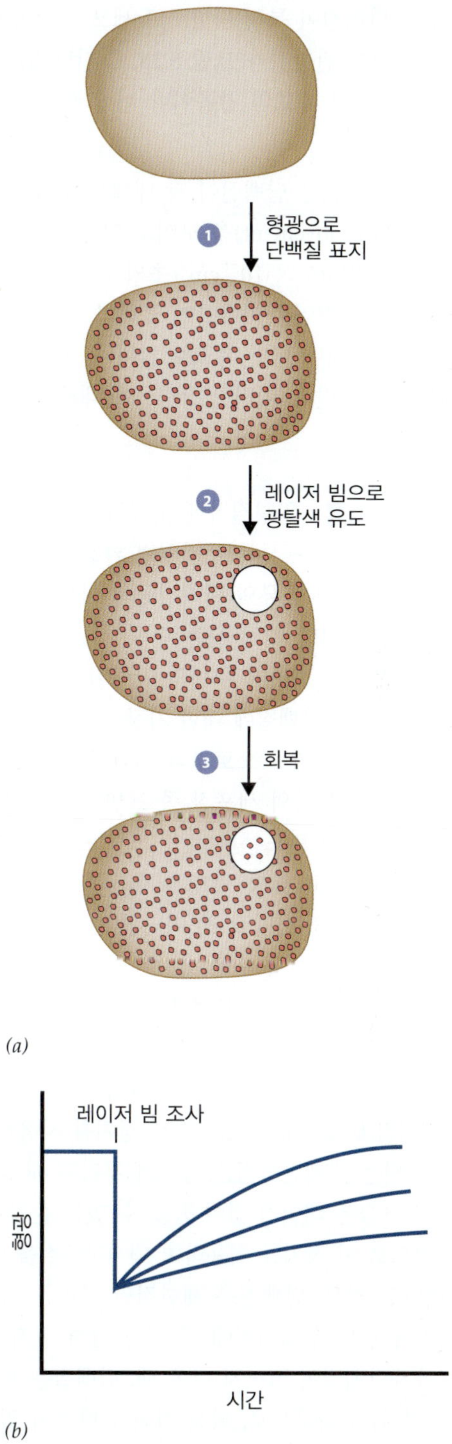

그림 8.27 광탈색후 형광회복(FRAP)을 이용한 막단백질의 이동 속도의 측정. (*a*) 이 실험 방법에서는, 우선 막의 특정 성분을 형광으로 표지한다(1단계). 막의 작은 영역에 강한 레이저 빔을 조사하여 해당영역의 형광 염색 부위를 탈색시키고(2단계), 탈색된 부위에서 시간에 따라 회복되는 형광의 세기를 측정한다(3단계). (*b*) 광탈색된 부위의 형광 회복 속도는 형광 표지된 단백질에 따라 다르다. 형광 회복 속도는 형광으로 표지된 단백질의 확산 계수와 관련이 있다.

- 어떤 경우에는, 단백질이 특정 방향으로 세포의 한쪽에서 다른 쪽으로 이동하는 것이 관찰된다(그림 8.28, C 단백질). 이러한 단백질의 예로, 이동 중인 세포의 앞쪽이나 뒤쪽 끝으로 움직이는 단백질들이 있다.
- 대부분의 연구에서, 많은 단백질이 막 내에서 무작위적 운동(브라운 운동, Brownian movement)을 보이고 이때의 확산계수는 자유확산 때와 비슷하지만($5 \times 10^{-9}cm^2$/초의 확산계수), 수백 나노미터 이상의 원거리 움직임은 자유롭지 못하다. 때로는 원거리로 확산이 일어나기는 하지만 느린 속도로 일어나는데, 이는 어떤 장벽의 존재 때문으로 보인다. 이러한 장벽들에 대해서는 이후에 설명되었다.

막단백질 이동성의 조절 원형질막에 존재하는 단백질들은 지질의 "바다(sea)"에서 무작위로 표류하는 것처럼 완전히 자유롭게 움직이지는 않는다. 대신 이러한 종류의 단백질들의 이동성은 다양한 방법으로 조절 받고 있다. 어떤 막 부위는 단백질로 가득 차 있어서 하나의 단백질의 무작위 움직임이 주변의 단백질로 인해 제한된다(**그림 8.28**, D 단백질). 내재단백질에 대한 가장 큰 영향은 막의 바로 아래 막단백질의 세포질 영역 쪽으로부터 기인한다고 생각되고 있다. 많은 세포의 원형질막은 막의 세포질 쪽 표면에 표재단백질이 존재하고, 이 표재단백질들이 만드는 섬유성 그물구조의 "막골격(membrane skeleton)"을 가지고 있다. 막의 내재단백질 분자는 이 막골격에 묶여 있든지(그림 8.28, 단백질 B) 아니면 그로 인한 움직임의 제약을 받게 된다.

막에 있는 확산 장벽들에 대한 정보는 원형질막에서 내재단백질을 잡아 일정한 힘으로 끌 수 있게 하는 혁신적인 실험 방법으로 얻어지고 있다. 이 기술에서는 레이저 빔에 의해 발생하는 작은 광학적 힘을 활용한 **광학집게**(*optical tweezer*)라는 장치를 사용하게 된다. 이때 연구 대상이 되는 내재단백질은 항체가 부탁된 구슬(bead)로 표지를 하는데, 이 구슬은 레이저 빔이 잡을 수 있는 손잡이 역할을 하게 된다. 일반적으로 이 장치를 이용하여 내재단백질을 막 위에서 계속적으로 끌어당길 경우, 단백질은 제한적인 거리를 이동하게 되고 확산 장벽을 만나게 되면 레이저에 더 이상 잡혀 있지 않고 떨어져 나오게 된다. 내재단백질이 떨어져 나올 때, 단백질은 보통 반대방향으로 용수철처럼 튀어 나오므로, 확산 장벽은 탄성이 있는 구조임을 예측할 수 있다.

막단백질의 이동성에 영향을 주는 요인을 연구하기 위한 하나의 방법은 세포를 유전공학적 방법으로 조작하여 변형된 막단백질을 만드는 것이다. 내재단백질의 세포내부위를 유전공학적인 방법으로 제거하면 많은 경우 원래 상태의 단백질보다 더욱 먼 거리(*distnace*)를 움직일 수 있게 되는 것으로 볼 때, 확산 장벽이 막의 세포질 쪽에 존재하고 있음을 예측할 수 있다. 이러한 결과는 막의 아랫부분에 존재하는 막골격이 막에서 "울타리(fence)"의 역할을 하며 내재단백질이 움직일 수 있는 거리를 제한하는 구획을 만들고 있음을 암시하고 있다(그림 8.28, E 단백질). 내재단백질이 한 구획에서 다른 구획으로 움직일 때 그 울타리 중 열려 있는 부분을 통과하여 움직이게 된다.

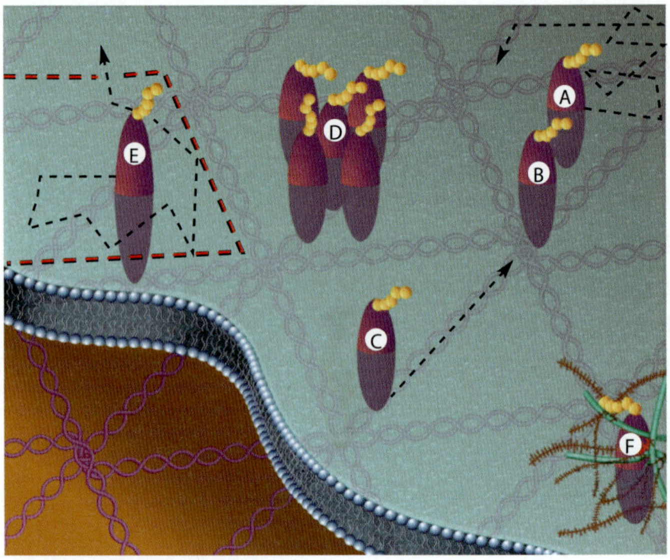

그림 8.28 내재단백질의 이동 양식. 세포의 종류나 상태에 따라, 내재단백질은 여러 유형의 이동성을 보인다. A 단백질은 이동속도의 제한은 있으나 막 전체에서 무작위적으로 확산할 수 있고, B 단백질은 세포막 아래 존재하는 막골격에 의해 고정되어 전혀 움직이지 못한다. C 단백질은 막의 세포막 쪽 표면에 있는 운동단백질(motor protein)에 결합되어 한 방향으로만 움직인다. D 단백질의 움직임은 다른 내재단백질들에 의해 제한되고 있다. E 단백질의 움직임은 막골격 단백질에 의해 생긴 울타리에 의해 제한되나, 울타리가 일시적으로 열리게 되면 다른 구획으로 이동할 수 있다. F 단백질의 움직임은 세포외물질에 의해 고정되어 있다.

이 열려 있는 부분은 해당 골격의 동적 분해 및 재조립 과정에 의해 생겼다 사라졌다하는 것으로 생각되고 있다. 이 막의 구획은 특정 조합의 막단백질들을 한 구간에 가깝게 위치시킴으로써 그들 간의 상호작용을 촉진할 수 있다.

세포 외부쪽으로 돌출된 영역을 제거한 특정 내재단백질들은 해당 단백질의 원래 형태보다 지질 내에서 더욱 빠르게 움직인다. 이 결과는 이들 내재단백질들이 지질2중층을 통해 움직일 때 단백질의 세포외부위와 엉킬 수 있는 세포외물질들(extracellular materials)에 의해 그 속도가 저해될 수 있음을 암시한다(그림 8.28, F 단백질).

막지질의 이동성 단백질은 덩치가 큰 분자이기 때문에, 단백질의 움직임이 지질2중층 내에서 제약을 받는다는 사실은 그리 놀랍지 않다. 그러나 인지질은 단백질에 비해 매우 작은, 지질2중층의 기본구조물을 만드는 분자이다. 따라서 이들 인지질의 움직임이 제한 받지 않을 것이라고 기대할 수 있으나, 많은 연구들은 이러한 지질의 움직임 또한 제한되고 있음을 암시하고 있다. 원형질막 내 개별 인지질 분자들을 표지하고 그들의 움직임을 매우 빠른 속도의 카메라를 이용하여 추적하게 되면, 이들 지질은 한 지역에 매우 짧은 순간 동안 갇혀 있다가 다른 지역으로 뛰어넘게 된다. **그림 8.29**는 원형질막 내에서 개별 인지질의 이동 경로를 표시하고 있다. 컴퓨터를 이용한 분석에서, 인지질은 보라색으로 표시된 한 구획에서 자유롭게 움직이다가 파란색으로 표시된 이웃공간으로 "울타리(fence)"를 넘어

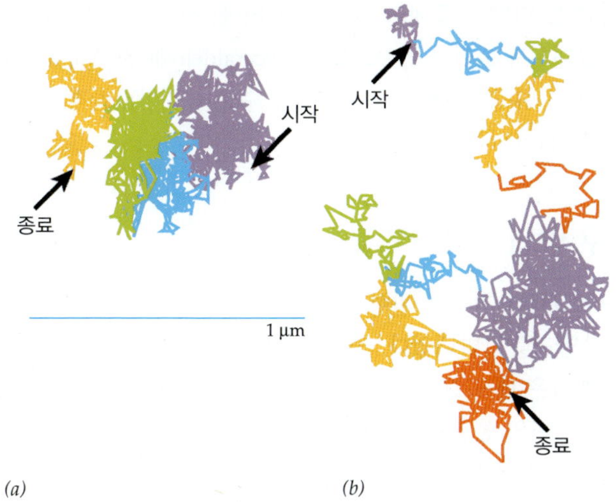

그림 8.29 원형질막 내에서의 인지질의 확산이 제한되어 있음을 나타내는 실험적 증거. (*a*) 쥐(rat)의 섬유아세포 원형질막에서 확산되는 단일 표지된 불포화 인지질의 경로를 56msec 동안 추적하였다. 인지질은 특정 구획에서 자유롭게 확산하다가 이웃 구획으로 이동한다. 구획 내에서의 확산 속도는 방해 받지 않는 브라운 운동에서 기대되는 만큼 빠르다. 그러나 전반적인 확산 속도는 느려지는데, 이는 확산을 계속 진행하기 위해서는 장벽을 건너뛰어야 하는 과정이 있기 때문이다. 각 구획에서의 인지질의 이동은 각각의 색으로 표시하였다. (*b*) *a*와 동일한 실험을 33초간 인공 지질2중층에서 수행한 결과이다. 인공지질층에는 세포막에 존재하는 내재단백질들의 울타리가 없다. 이 조건에서는 더욱 개방되어 있고 확장되어 있는 인지질의 움직임이 보이며, 이는 브라운 운동에 의해 설명될 수 있다. 비교를 위해 *b*에서도 가상의 구획이 다른 색으로 표시되어 있다.

출처. Takahiro Fujiwara et al., Akihiro Kusumi 제공, Nagoya, *J. Cell Biol.* 157:1073, 2002에서 발췌. 록펠러대학교 출판부의 허가를 얻음.

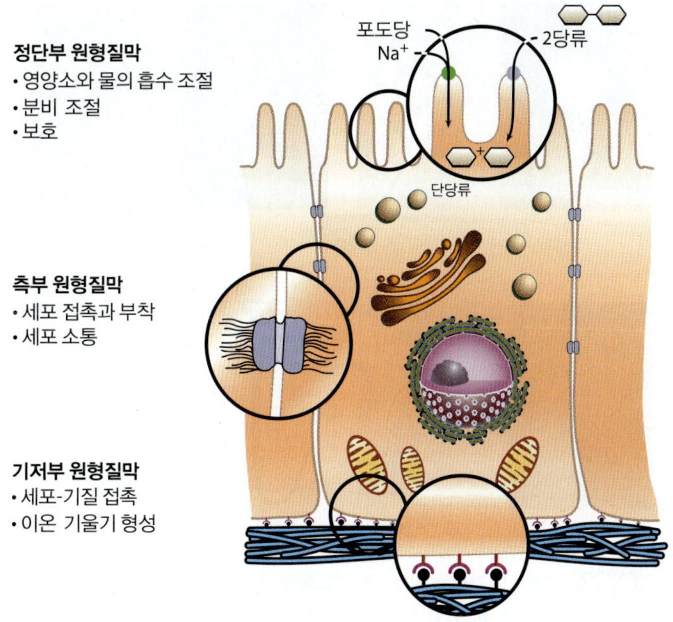

그림 8.30 상피세포 막의 분화된 기능. 내장의 상피세포들의 정단면 표면은 이온 수송과 설탕이나 젖당 등 이당류의 가수분해 효소로 역할을 하는 내재단백질이 존재한다. 측면 표면에는 세포 간 상호작용 기능을 하는 내재단백질이, 기저면 표면에는 세포와 기저막을 결합시키는 내재단백질이 존재한다.

이동하고, 이후 녹색으로 표시된 공간으로, 그리고 계속하여 또 다른 공간으로 넘어 이동하는 것으로 나타난다. 막의 아래쪽에 존재하는 막골격을 제거하는 물질을 처리하면 인지질의 확산을 제한하는 울타리가 제거된다. 그러나 지질 아래 막골격이 있다고 해도, 이 막골격이 어떻게 인지질의 움직임을 제한할 수 있을 것인가? 위 연구를 수행한 연구자들에 따르면, 막골격에 붙어 한 줄로 늘어서 있는 내재단백질들이 울타리의 역할을 할 것이라고 예측한다. 이는 마치 땅속에 기둥을 박은 울타리로 말이나 소를 가두는 것과 비슷하다고 할 수 있다.

막 영역과 세포 극성 대부분에 경우에, 위에 기술되어 있는 것과 같은 막의 동역학에 대한 연구는 세포의 위쪽 표면과 아래쪽 표면이 비교적 균질한 배양 세포에 존재하는 원형질막을 이용하였다. 그러나 대부분의 막들은 단백질의 조성 및 운동성에서 뚜렷한 차이를 보이며, 이러한 차이는 특히 다양한 표면들이 독특한 기능을 수행하고 있는 세포에서 뚜렷하게 관찰된다. 예를 들어, 내장의 벽을 감싸거나 신장의 작은 세관을 이루는 상피세포에서는, 서로 다른 막 영역들이 다양한 기능을 수행하고 있다(**그림 8.30**). 내장 및 세관의 내부 공간으로부터 물질을 흡수하는 일을 수행하는 정단부(apical) 원형질막은, 이웃하는 세포와 접촉하는 측부(lateral) 원형질막이나 세포 밑 쪽 세포외물질(기저막, *basement membrane*)에 부착하는 기저부(basal) 원형질막과는 다른 효소를 가지고 있다. 다른 예로, 신경전달물질에 대한 수용체는 시냅스 내 존재하는 원형질막에 농축되어 있고(그림 8.57 참조), 저밀도 지질단백질(Low density lipoprotein)의 수용체는 이들 수용체의 함입을 촉진할 수 있도록 특화된 원형질막의 한 부위에 집중되어 있다(그림 12.38 참조).

포유동물의 다양한 종류의 세포들 중에서도, 정자는 가장 분화된 구조를 가지고 있다. 성숙한 정자는 머리, 중간부분, 꼬리로 나눌 수 있는데, 이들은 모두 특화된 기능을 가진다. 이렇게 뚜렷한 부위로 구분됨에도 불구하고 정자는 연속적인(*continuous*) 원형질막으로 덮여 있으며, 또한 이 원형질막은 다양한 종류의 세부 영역으로 이루어진 모자이크의 형태로 이루고 있는 것으로 밝혀졌다. 정자의 여러 막단백질들에 대한 항체를 처리하여 염색하면, 각 항체는 이들의 항원인 막단백질에 결합하여 이들 막단백질의 분포를 반영하는 독특한 형태적 양상을 보이게 된다(**그림 8.31**).

8.8 적혈구: 원형질막 구조의 예

모든 다양한 종류의 막들 중에, 사람의 적혈구 원형질막에 대한 연구가 가장 많이 이루어졌고 또한 가장 많이 알려져 있다(**그림 8.32a**). 적혈구 원형질막이 연구에 많이 쓰이는 몇 가지 이유가 있다. 우선 적혈구는 구하기 쉽고, 혈액 속에 많은 양이 포함되어 있다. 이들 적

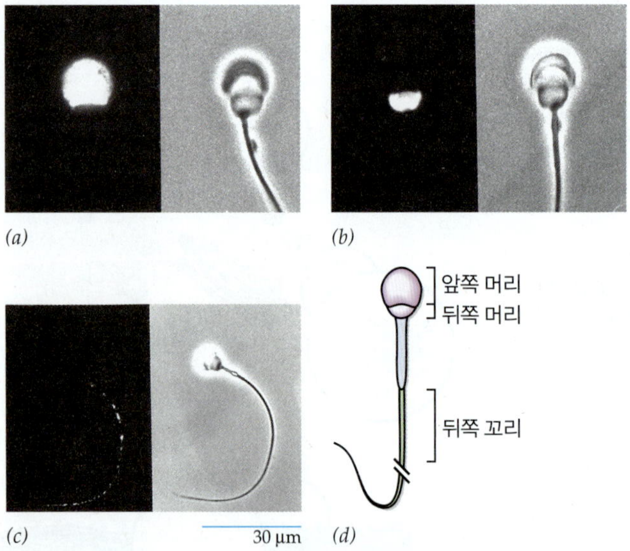

그림 8.31 형광현미경으로 밝혀낸 포유동물 정자 원형질막의 분화. (*a*~*c*) 형광 표지 항체로 밝혀낸 세 가지 특정 단백질의 세포 표면 내 위치. 세 가지 단백질은 정자의 막 여러 구역에 존재한다. 각 사진에서는 왼쪽에 형광 항체로 밝혀낸 해당 단백질의 위치를, 오른쪽에는 위상차 현미경으로 관찰한 정자의 전체적 윤곽을 나타내었다 (*d*) 단백질 분포를 요약한 모식도.

출처: (a–c) Diana G. Myles, Paul Primakoff, and Anthony R. Bellvé, Cell 23:434, 1981에서 발췌. © Elsevier의 허가를 얻음.

혈구는 이미 단일세포로 존재하고 있기 때문에 조직으로부터 단일세포로 떼어낼 필요도 없다. 이들 세포는 다른 종류의 세포와는 달리 핵막이나 세포질 내의 막도 없기 때문에, 원형질막을 분리할 때 핵막이나 세포질 내의 막이 오염되는 것도 피할 수 있다. 또한, 정제된 온전한(*intact*) 원형질막을 얻기 위해서는 단순히 적혈구를 저장성(hypotonic) 용액에 넣기만 하면 된다. 이 경우 삼투압으로 인해 물이 적혈구 안쪽으로 들어가게 되어 세포가 점차 부풀게 된다. 이러한 현상을 **용혈**(*hemolysis*)이라고 하는데, 이때 세포의 표면적이 점차 증가하면 세포막에는 구멍이 뚫리게 되고, 대부분 헤모글로빈으로 이루어진 세포 안 내용물이 밖으로 나오게 되면서 원형질막 "유령(ghost)"이라 불리는 세포막만 남게 된다(그림 8.32*b*).

적혈구 원형질막이 분리된 후에는 단백질들을 녹여내어 서로 분리할 수 있으며, 이를 통해 막 내에 존재하는 단백질의 다양성에 대해 알 수 있다. 단백질의 분리를 위해서는 폴리아크릴아미드 젤 전기영동(polyacrylamide gel electrophoresis, PAGE)을 이용하며, 이때 첨가하는 이온 세제인 도데실황산나트륨(sodium dodecyl sulphate, SDS)은 내재단백질을 녹일 뿐 아니라 단백질에 결합하여 표면에 음전하를 띠게 한다. (이 SDS-PAGE 방법에 대해서는 18.13절에서 다시 소개하고 있다.) 단백질의 질량당 음전하를 가진 SDS가 결합하는 비율은 비교적 일정하므로, 전기영동 시 이들 단백질들은 각 단백질의 분자량에 따라 분리될 수 있다. 큰 단백질들은 젤 안에서 아크릴아마이드 분자가 만드는 체와 같은 그물구조에 걸려 천천히 내려오게 된다. 적혈구 원형질막에 있는 단백질을 위 SDS-PAGE 방법으로 분리해보면, 10여 개 정도의 뚜렷한 띠(band)를 관찰할 수 있다(그림 8.32*c*). 이들 단백질 중에는 다양한 효소[예: 해당과정에 관여하는 글리세르알데히드-3-인산 탈수소효소(glyceraldehyde 3-phophate dehydrogenase)], 수송 단백질(이온이나 당 수송을 위한), 골격 단백질[예: 스펙트린(spectrin)] 등이 있다.

적혈구 막의 내재단백질

그림 8.32*d*에는 적혈구 원형질막과 막에 존재하는 주된 단백질들에 대한 모식도를 나타내었다. 적혈구 원형질막에 가장 많이 존재하는 내재단백질은 밴드 3(band 3)와 글리코포린 A라는 막횡단 단백질이다. 그림 8.15의 동결-파단 현미경 사진에서도 이들 내재단백질이 적혈구 원형질막에 높은 농도로 존재한다는 것을 관찰할 수 있다. 전기영동 상(그림 8.32*c*)에서 3번째 위치에 보이기 때문에 이름지어진 밴드 3 단백질은, 2개의 동일한 소량체로 이루어진 **동질2량체**(*homodimer*)이다. 각 소량체는 12번 이상 막을 통과하며, 비교적 적은 양의 탄수화물(총 분자량의 6~8%)을 포함하고 있다. 밴드 3 단백질은 세포막에서 음이온의 수동적 교환(passive transport)을 위한 통로로 작용한다. 혈액이 조직을 순환할 때, 이산화탄소가 혈액에 녹아 아래의 반응을 하게 된다.

$$H_2O + CO_2 \rightarrow H_2CO_3 \rightarrow HCO_3^- + H^+$$

중탄산이온(bicarbonate ion, HCO_3^-)은 염소이온(Cl^-)과 교환되어 적혈구 내부로 들어오게 된다. 이산화탄소가 체외로 방출되는 폐에서는 위 반응의 역반응이 진행되며, 중탄산이온은 염소이온과 교환되어 적혈구 밖으로 나가게 된다. 중탄산이온과 염소이온의 상호 이동은 밴드 3 단백질의 중심에 있는 통로에서 이루어진다.

글리코포린 A는 아미노산 서열 분석이 처음으로 이루어진 막단백질이다. 글리코포린 A의 원형질막 내부 아미노산 서열은 그림 8.18에 표시되어 있다. (다른 관련 분자들인 글리코포린 B, C D, E도 마찬가지로 적혈구 원형질막 내부에 존재하나 그 농도가 현저히 낮다.) 밴드 3 단백질과 같이 글리코포린 A도 막에서 2량체로 존재한다. 그러나 밴드 3과는 달리, 각 글리코포린 A 소량체는 막을 한번만 통과한다. 글리코포린 A에 결합된 탄수화물은 16개의 올리고당 사슬로 이는 전체 분자의 질량의 대략 60%를 차지한다. 이들 올리고당의 각 끝 부위에는 음전하를 많이 가지고 있는 시알릭산(sialic acid)이 존재하며, 이들이 글리코포린의 주된 기능에 필수적일 것이라 생각되고 있다. 이 전하로 인해 적혈구들은 서로 반발하는 성질을 가지게 되고, 따라서 적혈구가 좁은 혈관을 지나게 되더라도 서로 들러붙지 않게 된다. 그러나 적혈구에 글리코포린 A와 B가 둘 다 없는 경우에도 사실 어떠한 질병적인 특징을 보이지 않는다. 대신 이들 적혈구에서는 밴드 3 단백질의 당화가 크게 증가해 있는 것을 관찰할 수 있는데, 이는 세포-세포 사이의 결합을 막는 데 필요한 음전하의 결손을 보상하고 있는 것으로 보인다. 글리코포린은 또한 말라리아를 일으키는 병원균이 적혈구 안으로 들어오는 통로로 사용되고 있다. 따라서 글리코포린 A와 B가 없는 적혈구를 가진 사람은 말라리아 저항성을 가지고 있다.

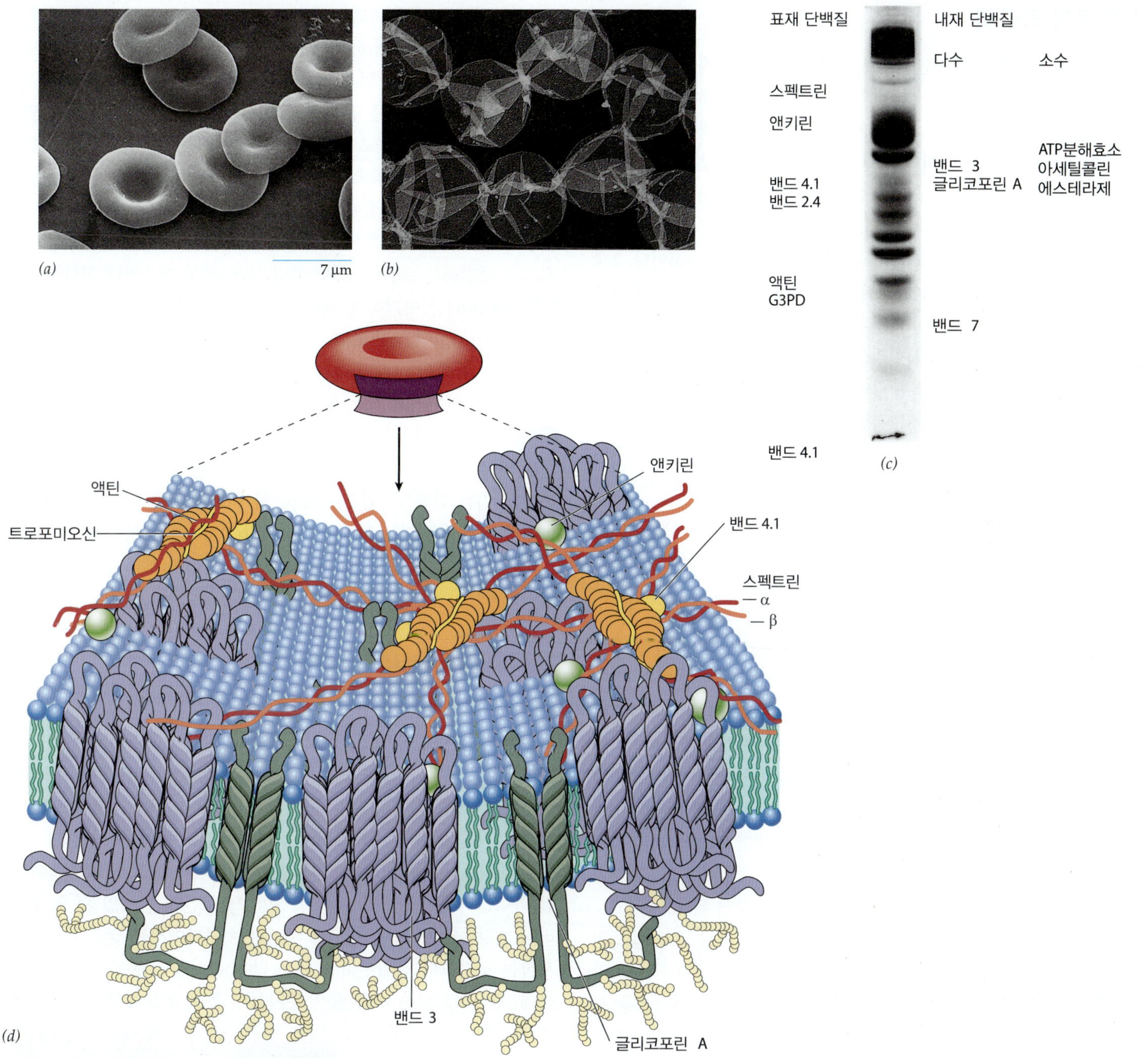

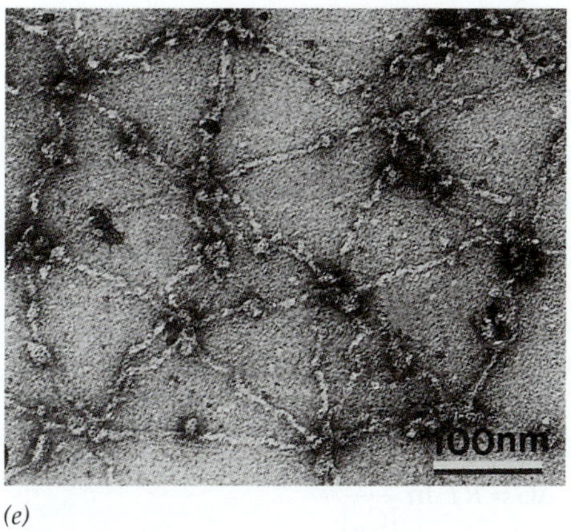

그림 8.32 **사람 적혈구의 원형질막.** (*a*) 사람 적혈구의 주사전자현미경 사진. (*b*) 원형질막 유령의 현미경 사진. 이 원형질막 유령은 본문에 기술된 바와 같이 적혈구를 부풀리고 터뜨려 얻을 수 있다. (*c*) 적혈구 막에 존재하는 단백질을 분리하기 위해 사용한 도데실황상나트륨 전기영동(SDS-PAGE)의 결과임. 각 단백질의 명칭은 젤의 옆에 표시하였다. (*d*) 안쪽에서 본 적혈구 원형질막의 모식도로 지질2중층에 묻혀 있는 내재단백질과 막골격을 구성하는 표재단백질을 보여주고 있다. 밴드 3 단백질 2량체는 단순화시켜 모식도에 표시하였다. 밴드 8.1 단백질은 액틴-스펙트린 복합체를 안정화시킨다. (*e*) 안쪽 막골격의 단백질의 구성을 보여주는 전자현미경 사진

출처: (a) François M. M. Morel, Richard F. Baker, and Harold Wayland 제공, 록펠러대학교 출판부의 허가를 얻음. (b) Joseph F. Hoffman 제공. (c) V. T. Marchesi, H. Furthmayr, M. Tomita 공저, *Annu. Rev. Biochem.* vol. 45에서 발췌. (d) D. Voet and J. G. Voet, Biochemistry, 2d ed.에서 발췌. (e) Shih-Chun Liu, Laura H. Derick, Jiri Palek et al., *J. Cell Biol.* 104:527, 1987에서 발췌, 록펠러대학교 출판부의 허가를 얻음.

적혈구의 막골격

적혈구의 원형질막은 표재단백질로 구성된 섬유성 골격에 의해 지지되고 있으며(그림 8.32*d,e*), 이 골격은 양면이 오목한 적혈구의 형태 결정에 중요한 역할을 한다. 앞서 언급되었듯이, 막골격은 막에서 특정 막단백질들을 가두어 이들의 움직임을 제한하고 있는 영역을 만들기도 한다. 막골격의 주 구성 요소는 **스펙트린**(*spectrin*)이라고 하는 가는 섬유형태의 단백질이다. 스펙트린은 α 소량체와 β 소량체가 서로 꼬여 있는 이질2량체(heterodimer)로 길이는 약 100 nm이다. 2개의 이질2량체는 머리 쪽 끝에서 결합하여 200 nm 길이의 유연하고 탄성 있는 미세섬유를 만들게 된다. 이 스펙트린은 **앵키린**(*ankyrin*, 그림 8.32에 녹색 구로 표시)이라고 하는 표재단백질과의 비공유결합으로 막의 안쪽 표면에 결합되어 있고, 이 앵키린은 다시 밴드 3 단백질의 세포내부위에 비공유결합으로 결합되어 있다. 그림 8.32*d*와 *e*에 보이는 것처럼, 스펙트린 섬유는 6각형 또는 5각형을 이루도록 배열되어 있다. 이 2차원적 그물구조는 각 스펙트린 섬유의 양 끝이 **액틴**(*actin*)과 **트로포미오신**(*tropomyosin*)을 포함하고 있는 단백질 복합체에 연결되어 만들어진다(제13장 참조). 손상되기 쉬운 비정상적 모양의 적혈구가 특징인 많은 유전 질환(**용혈성 빈혈**, *hemolytic anemias*)은 앵키린이나 스펙트린의 돌연변이 때문으로 알려져 있다.

적혈구 원형질막에서 표재단백질들이 제거되면 막은 더욱 작은 소낭체로 부서지게 되며, 이는 내부 단백질의 그물구조가 막의 온전한 구조 유지를 위해 중요함을 나타낸다. 온몸을 순환하는 적혈구는 때때로 자신의 지름보다 훨씬 작은 모세혈관을 통과해야 하며 그 과정 중 압착되기도 한다. 이러한 좁은 통로를 매일매일 통과하기 위해서 적혈구는 형태 변형이 가능해야 하고, 내구성이 뛰어나야 하며, 적혈구를 양쪽으로 잡아 늘리는 전단응력에 대한 저항력도 가지고 있어야 한다. 스펙트린-액틴 그물망으로 인해 적혈구는 그 기능을 수행하기 위해 필요한 내구력, 탄력성, 유연성을 갖게 된다.

처음 발견되었을 당시 적혈구의 막골격은 이 특정 종류 세포의 독특한 모양과 기계적인 필요에 적합하도록 만들어진 독특한 구조라고 생각되었다. 그러나 스펙트린과 앵키린과 유사한 단백질들을 포함한 막골격이 다른 종류의 세포에서도 발견되고 있으며, 이는 막 안쪽의 막골격이 광범위하게 나타남을 의미한다. 예를 들어, 디스트로핀(dystrophin)은 스펙트린의 종류 중 하나로 근육세포의 막골격에서 발견된다. 디스트로핀의 돌연변이는 근육위축병을 야기하는데, 이 병은 어린아이에게 심각한 손상이나 죽음을 야기하게 된다. 가장 심각한 돌연변이는 디스트로핀 발현을 완전히 억제한다. 이렇게 되면 근육세포의 원형질막은 근수축에 의해 가해지는 기계적 자극을 견디지 못하고 파괴되어 버린다. 결과적으로 근육세포는 죽게 되고 더 이상 대체되지 못한다.

8.9 세포막을 통한 물질의 이동

세포의 구성성분은 원형질막으로 완전히 둘러싸여 있기 때문에, 세포와 외부환경 간의 소통은 이 원형질막 구조를 통해 매개되어야 한다. 원형질막은 세포 내에 녹아져 있는 물질을 안쪽에 유지하며 외부로 새어 나가지 못하게 하는 장벽으로서의 기능을 해야 함과 동시에, 필요한 경우에는 세포의 안과 밖의 물질 교환을 할 수 있도록 해야 한다. 막의 지질2중층은 전하를 가지거나 극성인 용질의 투과를 막는 데에 매우 이상적인 구조이다. 따라서 영양분이나, 이온, 폐기물 등의 여러 물질이 세포 안팎으로 이동하게 할 수 있는 준비가 되어 있어야 한다. 막을 통한 물질이 이동 방법은 크게 두 가지가 있다. 하나는 수동적으로 이동하는 확산이고 다른 하나는 에너지를 사용하여 능동적으로 운반하는 수송이다. 두 방법 모두 특정 이온이나 화합물의 순유동(*net flux*)를 야기하게 된다. 순유동이 있다는 것은, 세포 내부로의 물질 이동(유입, *influx*)과 세포 밖으로의 물질 이동(유출, *efflux*)이 같지 않고 한쪽이 다른 한쪽보다 많음을 의미한다.

물질이 막투과를 하는 알려진 네 가지의 방법에는, 지질2중층을 통해 이동하는 단순확산, 단백질의 친수성 통로를 이용하는 단순확산, 단백질 수송체에 의해 막투과가 촉진되는 촉진확산, 에너지에 의해 움직이는 단백질 "펌프(pump)"를 이용하여 농도 기울기에 역행에서 물질을 움직이는 능동수송이 있다(**그림 8.33**). 이들 막투과 방법을 알아보기 전에, 우선 용질의 움직임과 관련한 에너지 역학에 대해 알아보자.

용질 이동의 에너지 역학

확산(Diffusion)은 물질이 높은 농도로 존재하는 구간에서 낮은 농도로 존재하는 구간으로 움직이는 자발적인 현상으로, 확산이 진행되면 결국 두 구간 사이의 농도 차는 사라지게 된다. 제3장에 기술되어 있듯이, 확산은 용질의 열운동에 의해 일어나며, 엔트로피가 증가되는 에너지를 방출하는(exergonic) 과정이기도 하다. 확산 중인 개별 물질 하나는 한 방향으로의 움직임이 특정되지 않고 농도가 높은 구간 쪽이든 낮은 구간 쪽이든 어느 방향으로든지 움직일 수 있다. 그러나 해당 물질이 높은 농도로 존재하는 구간에서는 낮은 농도로 존재하는 구간보다 단위부피당 더욱 많은 분자들이 움직이고 있기 때문에, 평균적으로는 더욱 많은 분자들이 높은 농도에서 낮은 농도로 움직이게 된다. 아래에서는 막을 통과하는 확산에 대해서만 제한적으로 논의하도록 한다.

확산의 에너지 역학을 이해하기 위해, 자유 에너지 변화(Free energy change, ΔG)는 어떠한 상태가 평형상태에서 얼마나 떨어져 있는지를 나타내는 수치임을 다시 한 번 상기하도록 하자. 확산의 경우 평형상태는 막의 양쪽에 있는 특정 물질의 농도가 같아지게 되면 도달하게 된다. 전하를 띠지 않은 용질(비전해질, nonelectrolyte)의 막을 통과한 확산은 막의 양쪽 농도차에 의존적이다. 이 차이를 농도 기울기(concentration gradient)라 한다. 아래 식은 비전해질의 세포 내 이동을 나타낸다.

$$\Delta G = RT \ln \frac{[C_i]}{[C_o]}$$

$$\Delta G = 2.303\ RT \log_{10} \frac{[C_i]}{[C_o]}$$

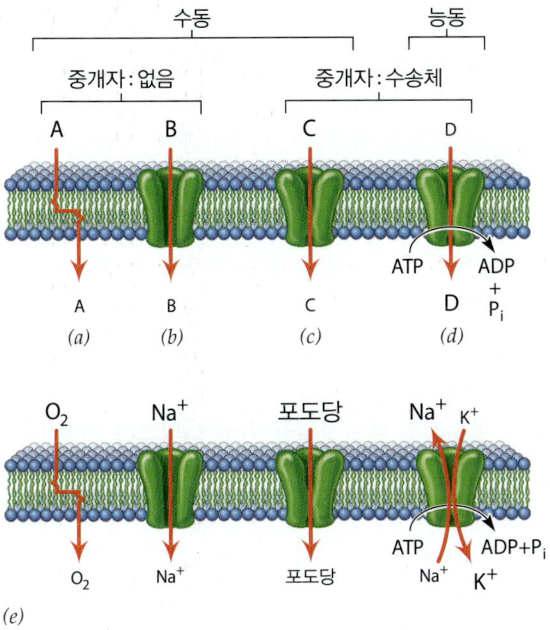

그림 8.33 용질 분자가 막을 통과하여 이동하는 네 가지 기본 기작. 글자의 크기는 각 농도 기울기의 방향을 나타낸다. (*a*) 지질2중층을 통한 단순확산. 이 과정에서는 항상 높은 농도에서 낮은 농도로 용질이 이동한다. (*b*) 내재단백질의 안쪽 친수성 통로나 내재단백질의 복합체에 의해 생기는 안쪽 친수성 통로를 이용한 단순확산. *a*의 경우와 같이 용질은 농도 기울기 방향으로 이동함. (*c*) 용질 분자가 막단백질 수송체(촉진 수송체)에 특이적으로 결합하게 되는 촉진확산. *a*와 *b*처럼 이동의 방향은 높은 농도에서 낮은 농도 쪽이 된다. (*d*) ATP 분해와 같은 발열반응에 의해 발생하는 에너지에 의해 친화도가 변하는 결합 부위를 가지는 단백질 수송체에 의한 능동수송. 이동은 농도 기울기를 역행하여 일어난다. (*e*) 적혈구막에서 일어나고 있는 각 이동 기작의 예.

이때 ΔG는 자유 에너지 변화(3.2절), R은 기체상수, T는 절대온도, $[C_i]/[C_o]$는 용매의 막 안쪽(i)에서의 농도와 바깥쪽(o)에서의 농도의 비이다. 25°C에서는 아래와 같이 식을 변형할 수 있다.

$$\Delta G = 1.4 \text{ kcal/mol} \cdot \log_{10} \frac{[C_i]}{[C_o]}$$

막의 안과 밖의 농도가 같을 때 ΔG는 0이 되고, 해당 이온의 움직임은 평형상태가 된다. 만약 $[C_i]/[C_o]$의 비가 1.0보다 작게 되면, 그 비의 로그값은 음수가 되어, ΔG는 0보다 작게 되고, 그러면 물질의 세포 내부로의 순유입은 열역학적으로 선호된다. 만약, 바깥쪽의 특정 용매의 농도가 안쪽의 10배이면, ΔG = −1.4 kcal/mol 이 된다. 따라서, 10배의 농도 기울기를 유지하는 것은 1.4 kcal/mol 만큼의 에너지를 축적한 것과 같다. 용질이 세포 안으로 이동할 때, 농도 기울기는 감소하고, 저장된 에너지는 사라지게 되며, ΔG는 0가 되는 평형상태까지 감소하게 된다. (어떤 용매의 세포 외부로의 움직임에 대한 ΔG를 계산하려면, 농도비에 대한 계산식을 $[C_o]/[C_i]$로 하면 된다.)

전기화학적 기울기의 형성

용질이 전하를 띤 전해질(electrolyte)이라면, 막의 경계로 한 두 구간의 전하의 차이도 반드시 고려되어야 한다. 같은 전하를 가지고 있는 이온들 간의 척력으로 인해, 전해질이 한 구간에서 같은 종류의 전하를 가진 다른 구간으로 이동하는 것은 열역학적으로 선호되지 않는다. 반대로, 어떤 전해질이 이동하려고 하는 구간에 그 전해질과는 반대 전하를 가진 물질이 많다면, 그 이동은 열역학적으로 선호된다. 전하의 차이(전위차 또는 전압)가 크면 클수록 자유 에너지 변화도 커지게 된다. 따라서 전해질이 두 구간 사이를 확산하는 경향은 두 가지 기울기, 즉 두 구간의 농도 차이로 결정되는 화학적 기울기와 두 구간의 전하의 차이로 결정되는 전기적 전위 기울기에 의해 결정된다. 이 차이를 합쳐 **전기화학적 기울기(electrochemical gradient)**라고 한다. 전해질이 세포 안쪽으로 확산하는 경우의 자유 에너지 변화는 아래의 식으로 나타낼 수 있다.

$$\Delta G = RT \ln \frac{[C_i]}{[C_o]} + zF\Delta E_m$$

이때 z는 용매의 전하이고, F는 패러데이(Fraday) 상수(23.06 kcal/V • 당량, 당량은 전하 1몰에 해당하는 전하를 가진 전해질의 양), ΔE_m은 전압(volt)으로 표현한 두 구간의 전위차이다. 앞선 예에서, 25°C에서 비전해질 용매 농도가 막의 안팎에서 10배 차이가 나면 ΔG는 −1.4 kcal/mol가 됨을 보았다. 이번에는 농도 기울기가 막의 밖의 농도가 막의 안쪽 보다 10배가 되는 Na^+이온에 의해 이루어진 경우를 가정해보자. 막 사이의 전위차는 보통 −70 mV로 유지되고 있으므로(350쪽 참조), 1몰의 Na^+ 이온이 이 상황에서 세포 안쪽으로 들어가려고 할 때의 자유 에너지 변화는,

$$\Delta G = -1.4 \text{ kcal/mol} + zF\Delta E_m$$
$$\Delta G = -1.4 \text{ kcal/mol} + (1)(23.06 \text{ kcal/V}\cdot\text{mol})(-0.07\text{V})$$
$$= -3.1 \text{ kcal/mol}$$

와 같이 계산 가능하다. 이 조건하에서는 농도 차이와 전위 차이 모두 막을 가로질러 자유 에너지를 축적하고 있는데, 이 두 가지 차이가 자유 에너지 축적에 비슷한 정도로 기여하고 있다.

농도와 전위차의 상호작용에 의한 이온 이동의 조절은 K^+ 이온이 세포 밖으로 확산될 때 나타난다. K^+ 이온은 세포 내부에 더욱 높은 농도로 존재하기 때문에 농도 기울기에 의해 K^+ 이온의 유출이 진행되지만, K^+ 이온이 확산되면서 양전하가 소실되면 세포 안에는 상대적으로 음전하가 쌓이는 것이기 때문에 전기적 전위 기울기에 의해 K^+ 이온의 더 이상의 확산 억제된다. 이 주제에 대해서는 막전위와 신경 충격에 대한 논의가 이루어지는 8.14절에서 더욱 세세하게 다루도록 한다.

8.10 지질2중층을 통한 확산

원형질막은 선택적 투과성을 가진 장벽으로, 지질2중층을 통한 단순확산(simple diffusion) 등의 방법을 포함한 몇몇 용질의 이동 방법이 존재한다. 확산은 에너지에 의존적이지 않은 과정으로 용질이 전기화

학적 기울기에 따라 이동하게 되며, 이때 전기화학적 기울기로 저장되어 있던 자유 에너지가 방출된다. 산소나 이산화탄소 물과 같은 작은 무기 용질이나, 지질 용해성이 높은 용질은 지질2중층을 쉽게 통과할 수 있다. 이온이나 탄수화물 아미노산과 같은 극성의 유기 용질들이 세포에 들어가거나 빠져나오기 위해 특별한 수용체가 필요하다.

막을 통한 물질의 확산

비전해질 물질이 수동적으로 막을 투과하기 위해서는 두 조건이 성립해야 한다. 물질이 막의 한쪽 편에 다른 편보다 높은 농도로 존재해야 한다는 것과 막이 그 물질에 대해 투과 가능해야 한다는 것이다. 막이 한 물질에 대해 투과 가능하다고 함은, 해당물질이 (1) 지질2중층을 직접 통과할 수 있거나 (2) 막을 가로지르는 친수성 표면으로 되어 있는 구멍을 통과할 수 있다는 것이다. 아래에서 이 중 지질2중층을 직접 통과하는 첫 번째 경로에 대해 알아보도록 한다. 이를 위해서는 통과하는 물질이 먼저 지질2중층에 먼저 녹아야 한다.

단순확산을 결정하는 한 요인은 용질의 극성이다. 물질의 극성을 측정하는 간단한 방법 중 하나는, 옥탄올(octanol)이나 식물성 기름과 같은 무극성 용매와 물의 혼합물에 해당 물질을 섞었을 때 무극성 용매에 녹는 정도와 물에 녹는 정도의 비로 나타내는 용질의 **분배계수(partition coefficient)**를 측정하는 것이다. **그림 8.34**에서는 다양한 화학물질 및 약물들의 분배계수와 막 투과성 간의 상관관계를 보여주고 있다. 지질 용해도가 높을수록, 빨리 투과하는 것을 확인할 수 있다.

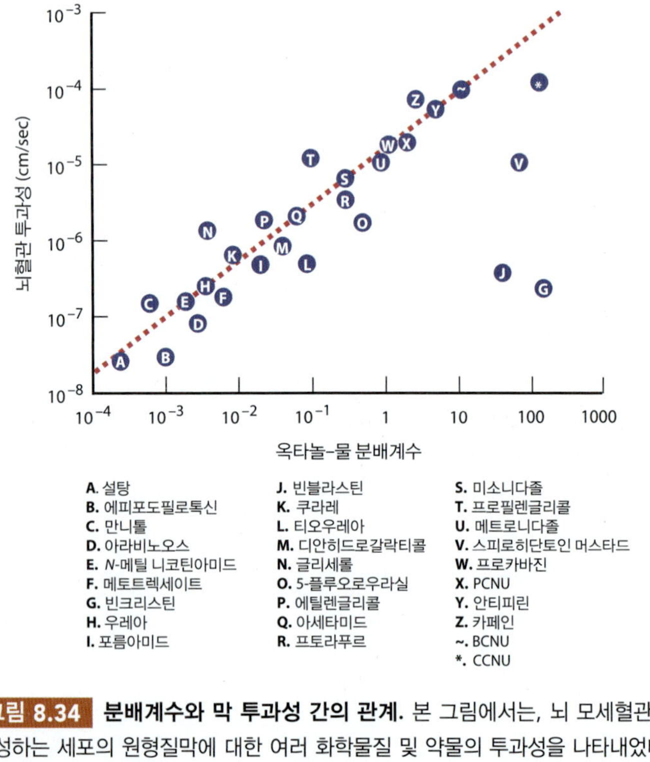

그림 8.34 **분배계수와 막 투과성 간의 관계.** 본 그림에서는, 뇌 모세혈관을 구성하는 세포의 원형질막에 대한 여러 화학물질 및 약물의 투과성을 나타내었다. 각 물질들은 이 세포의 지질2중층을 통해 통과하게 된다. 분배계수는 용매가 옥탄올일 때의 용해도와 물일 때의 용해도의 비로 나타내었다. 막 투과성은 침투도(cm/sec)로 나타내었다. 빈블라스틴이나 빈크리스틴과 같은 몇몇 화합물을 빼고는 투과도가 지질 용해도와 정비례한다.

출처: N. J. Abbott and I. A. Romero, *Molec. Med. Today*, 2:110, 1996에서 발췌, Elsevier의 허가를 얻음.

막을 통한 물질의 이동을 결정하는 또 다른 요인은 물질의 크기이다. 만약 두 분자의 분배계수가 비슷하다면, 더 작은 분자가 큰 분자보다 더욱 쉽게 지질2중층을 통과하는 경향이 있다. 매우 작고 전하를 띠지 않는 분자는 세포막을 매우 빠른 속도로 뚫고 지나간다. 따라서 인지질 사이로 지나갈 수 있을 것으로 예상되는 산소, 이산화탄소, 이산화질소, 물 등의 작은 무기 용질 등의 막 투과성은 매우 높다. 반면, 당이나 아미노산, 인산화된 대사물질 등의 큰 극성 분자들의 경우는 막 투과성이 매우 낮다. 결과적으로, 원형질막의 지질2중층은 이러한 필수적인 대사물질들이 세포 밖으로 빠져 나가는 것을 막는 효율적인 장벽의 역할을 하게 된다. 당이나 아미노산과 같은 분자들은 혈액으로부터 들어오기도 해야 하는데, 이런 경우에는 단순 확산 방법으로 들어오지 않는다. 그 대신 이들의 막 투과성을 위해 특별한 기작이 존재해야 한다. 이러한 기작을 사용하여 세포는 표면 장벽을 통과하는 물질의 이동을 조절하게 된다. 막의 이러한 특징에 대해서는 뒤에 다시 논의할 것이다.

막을 통한 물의 확산

물은 이온이나 작은 극성의 유기용매보다 더욱 빨리 막을 통과할 수 있다. 물과 용질에 대한 이러한 막 투과성의 차이로 인해 막은 **반투과성(semipermeable)**을 가진다고 한다. 한다. 물은 반투과성 막을 통해 용질의 농도가 낮은 구역에서 높은 구역으로 이동하게 된다. 이러한 현상을 **삼투현상(osmosis)**이라고 하며, 세포 내부의 농도와는 다른 농도의 막 비투과성 용질을 함유한 액체에 세포를 넣게 되면 삼투현상에 대해 증명이 쉽게 가능하다.

용질의 농도가 서로 다른 두 구획이 반투과성 막에 의해 나뉘게 되었을 때, 용질의 농도가 높은 한쪽 구획을 **고장성(hypertonic)** 또는 **고삼투성(hyperosmotic)** 구획이라고 하고, 용질의 농도가 낮은 다른 한쪽 구획을 **저장성(hypotonic)** 또는 **저삼투성(hypoosmotic)** 구획이라 한다. 세포를 저장성 용액에 넣으면, 세포는 삼투압에 의해 빠르게 물을 받아들이게 되고 부풀게 된다(**그림 8.35a**). 반대로, 세포를 고장성 용액에 집어 넣으면 삼투압에 의해 물이 빠르게 밖으로 빠져나가 세포는 수축된다(그림 8.35*b*). 이러한 관찰결과는 세포의 부피가 세포의 안과 밖에 존재하는 용질의 농도로 조절됨을 보여준다. 저장성이나 고장성에서 세포가 부풀거나 수축되는 현상은 일시적인 현상으로, 몇 분 내로 세포는 원래의 부피로 돌아오게 된다. 저장성의 배양액에서는 세포가 이온을 방출하여 내부의 삼투압을 감소시키는 것으로 회복이 가능하다. 고장성의 배양액에서는 세포가 배양액으로부터 이온을 흡수하면 회복이 가능하다. (높은 농도로 녹아 있는 단백질을 포함한) 세포의 내부 용질의 농도가 세포 외부 용질의 농도와 같아지면 세포 안쪽과 바깥쪽의 액체는 서로에 대해 **등장성(isotonic)** 또는 **등삼투성(isosmotic)** 용액이라고 하며, 이 상태에서는 물의 세포 내부 또는 외부로의 순이동이 없다(그림 8.35*c*).

삼투압은 인체의 다양한 기능에서 중요한 역할을 한다. 예를 들

그림 8.35 원형질막의 바깥쪽에 존재하는 용매의 상대적 농도에 의한 세포의 형태 변화. (*a*) 저장성 용액(세포보다 용매 농도가 낮은 용액)에 놓인 세포는 삼투압에 의해 물을 얻게 되어 팽창한다. (*b*) 고장성 용액에 놓인 세포는 삼투압에 의해 물을 잃기 때문에 수축된다. (*c*) 등장성 용액에 놓인 세포는 물의 유입과 유출이 같기 때문에 일정한 부피를 유지한다.

어, 장내에서는 매일 수 리터의 물을 분비하는데, 이 물은 삼투현상에 의해 장내에 있는 세포로 다시 흡수된다. 만약 이 액체가 재흡수되지 않으면, 설사 증상과 같은 급격한 탈수를 겪게 된다. 실제로 콜레라균으로 인해 매년 십만여 명의 사망자가 발생하는데, 이는 대부분 장내로 물이 누출되는 탈수가 원인이 된다. 식물도 삼투현상을 다양한 방법으로 이용한다. 세포 내부와 외부가 서로 등장성인 동물세포와는 달리, 식물의 내부는 일반적으로 외부 액체에 비해 고장성이다. 결과적으로 물이 세포 내부로 들어오고자 하는 경향이 있어 세포를 세포벽으로 밀게 되는 팽압(*turgor pressure*)이 나타난다(**그림 8.36a**). 이 팽압은 목질로 구성되지 않은 식물이나 혹은 나뭇잎 등의 부위를 지탱할 수 있는 힘을 제공하게 된다. 만약 식물세포를 고장성의 용액에 넣게 되면 원형질막은 세포벽으로부터 떨어져 나오며 세포는 수축하게 되는데, 이러한 현상을 **원형질분리(plasmolysis**, 그림 8.36*b*)라고 한다. 원형질분리에 의해 탈수가 되면 식물은 그 모양을 지탱하지 못하고 시들게 된다.

모든 세포들이 물에 동일한 투과성을 보이지는 않는다. 사실 많은 세포들은 지질2중층을 통한 단순확산으로 설명될 수 있는 물에 대한 투과성보다 더욱 높은 물 투과성을 가지고 있다. 아쿠아포린(*aquaporin*)이라고 불리는 단백질들은 원형질막의 한쪽에서 다른 한쪽으로의 물의 수동적 이동을 담당하고 있다. 각 아쿠아포린은 4개의 소량체로 구성되어 있으며, 각 소량체는 중앙에 소수성의 아미노산으로 구성되어 있는 표면으로 구성된 통로가 있는데, 이는 물 분자에 매우 선택적이다. 매초 대략 10억 개의 물 분자가 한 줄로 각 통로를 지나갈 수 있다. 물 분자들이 일렬로 사슬을 만들게 되면 보통 H^+이온(양성자)은 수소결합으로 이어진 물 분자의 사슬을 따라 순간적으로 한쪽 끝에서 다른 한쪽 끝으로 이동이 가능한데(proton hopping), 아쿠아포린의 통로에서는 이러한 양성자의 이온의 이동이 일어나지 않는다. 이 통로에서 양성자의 통과를 막을 수 있는 기작이 아쿠아포린의 단백질 구조를 밝혀낸 X-선 결정학 연구와 분자동역학 시뮬레이션(molecular daynmics simulation, 59쪽) 연구에 의해 제시되었는

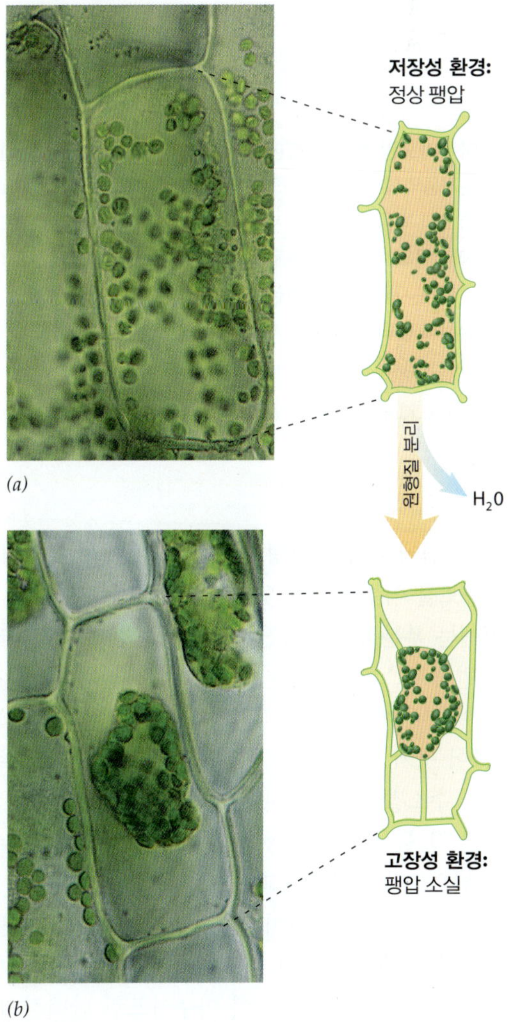

그림 8.36 식물세포에서 삼투압의 효과. (*a*) 민물에 사는 수생생물은 저장성 환경으로 둘러싸이게 된다. 따라서 물은 세포 안쪽으로 유입되려는 경향이 있으며, 이로 인해 팽압이 생긴다. (*b*) 식물을 바닷물과 같은 고장성 용액에 담구면, 세포의 물이 유출되며 원형질막은 세포벽으로부터 떨어져 나오게 된다.

출처: Ed Reschke

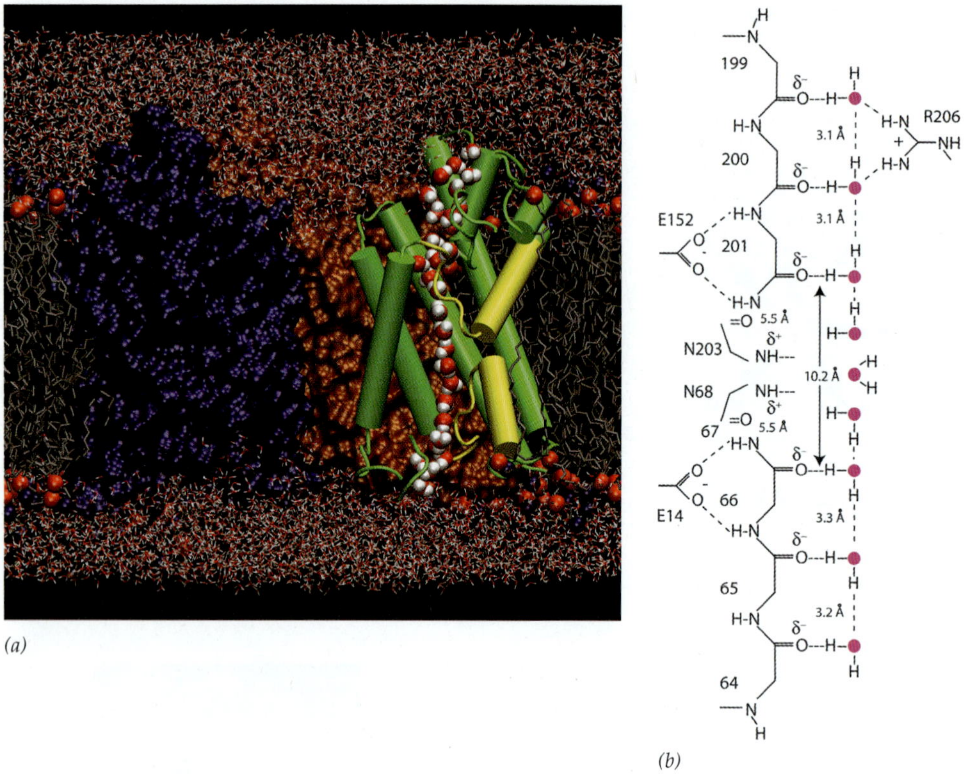

그림 8.37 **아쿠아포린 통로를 통한 물 분자의 이동.** (*a*) 막에 존재하는 아쿠아포린 분자의 한 소단위의 통로를 통해 한 줄로 흐르는 물 분자(빨간색과 하얀색 구)의 움직임에 대한 분자동역학 시뮬레이션의 한 장면. (*b*) 아쿠아포린의 통로에서 양성자의 통과는 억제하면서 물 분자의 이동만 가능하게 하는 기작에 관한 모식도. 9개의 물 분자가 한줄로 통로의 벽을 따라 늘어서 있다. 각 물 분자는 빨간색 동그라미로 표시된 산소 원자와 H로 표시된 2개의 수소원자로 그려져 있다. 이 모식도에서, 위쪽의 4개의 물 분자와 아래쪽의 4개의 물 분자는, 단백질 골격의 카르보닐기(C═O)와의 상호작용으로 인해 수소 원자가 통로의 중심으로부터 바깥쪽으로 향해 있다. 이 물 분자들은 이웃하는 물 분자와 수소결합(점선)을 이룰 수 있다. 반면, 통로의 가운데 있는 하나의 물 분자는 다른 물 분자와 수소결합을 할 수 없는 방향으로 배열되어 있어, 통로를 통한 양성자의 통과를 막을 수 있다. 아쿠아포린 통로를 통과하는 물 분자들의 영상은 아래 주소에서 찾을 수 있다. https://www.nobelprize.org/nobel_prizes/chemistry/laureates/2003/animations.html

출처: (a) Benoit Roux, Klaus Schulten et al., *Structure* 12:1344, 2004에서 발췌, Elsevier의 허가를 얻음. (b) R. M. Stroud et al., *Curr. Opin. Struct. Biol.* 13:428에서 발췌. Elsevier의 허가를 얻음.

데, 이 시뮬레이션에 기초한 모형이 **그림 8.37a**에 소개되어 있다. 아쿠아포린의 통로를 이루는 벽에 있는 부위 중, 통로가 가장 좁아지는 곳의 가까이에는 부분적으로 양전하를 띤 203번째 아스파라진 잔기(N203)와 68번째 아스파라진 잔기(N68)가 존재한다. 물 분자의 속도가 빨라지는 이 부위에서 아스파라진의 양 전하는 물 분자에 있는 산소 원자를 끌어 당겨 중앙 물 분자를 재배열시키게 되고 주변의 물 분자와 이루는 수소결합을 방해하게 된다. 그 결과 양성자를 한쪽 물 분자에서 다른 쪽 물 분자로 이동시킬 수 있게 해 주었던 수소 결합이 없어지게 됨으로써 양성자 통과가 억제된다.

아쿠아포린은 신장의 세관이나 식물의 뿌리와 같이 물의 통과가 조직의 생리활성에 필수적인 세포에서 특히 중요하다. 바소프레신(vasopressin)이라는 호르몬은 이 아쿠아포린 단백질의 한 종류(AQP2)를 조절하여 신장 집합관에 의한 물의 보유를 증가시킨다. 선천적 신성요붕증(*congenital nephrogenic diabetes insipidus*)이라는 질환은 이 아쿠아포린 통로의 돌연변이로 생긴다. 이 질환을 가진 환자의 신장은 바소프레신에 반응하지 않기 때문에 농축되지 않은 많은 양의 소변을 배출하게 된다.

8.11 막을 통한 이온의 확산

Na^+, K^+, Ca^{2+}, Cl^- 등의 작은 이온과 같이 전하를 띤 물질이 세포막의 중심을 이루는 지질2중층을 통과하기는 매우 어렵다. 그러나 이러한 이온들의 막 통과(**전도, conductance**)는 신경충격의 생성이나 전파, 물질의 세포외 분비, 근 수축, 세포 부피 조절, 식물 잎의 기공 개폐 등의 다양한 세포 활동에서 매우 중요한 역할을 한다.

1955년, 캠브리지 대학교(Cambridge University)의 앨런 호지킨(Alan Hodgkin)과 리차드 케인즈(Richard Keynes)는 특정 이온에 대해서 열려 있는 막 내 구멍인 **이온 통로(ion channel)**가 세포막에 존재한다는 것을 처음으로 제안하였다. 1970년대 후반 독일의 막스-플랑크 연구소(Max-Planck Institute)의 베르트 자크만(Bert Sakmann)과 에르윈 네어(Erwin Neher)는 하나의 이온 통로를 통해 지나는 이온의 흐름을 측정할 수 있는 기술을 개발함으로써, 이온 통로의 존재에 대한 직접적인 증거를 제시할 수 있었다. 이들은 잘 닦여진 유리로 만들어진 매우 가는 미세피펫(micropipette)-전극을 세포 외부 표면에 댄 후에, 음압을 가하여 전극과 막 사이를 밀봉하였

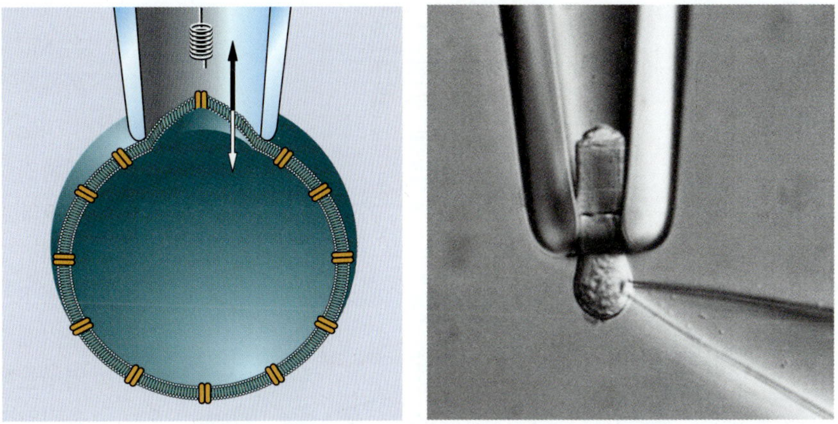

(a) (b) 35 μm

그림 8.38 패치-클램프를 이용한 이온 통로의 전도도 측정. (a) 이 기술에서는, 유리 미세피펫을 세포의 위쪽 표면의 부위에 위치시키고 음압을 가해 피펫의 가장자리를 원형질막에 붙여 밀봉시킨다. 피펫에는 전극이 있어서 피펫으로 밀봉된 막 부위에 전압을 가할 수 있고, 그에 따른 이온의 흐름도 측정할 수 있다. 그림에 표시된 것과 같이, 미세피펫은 이온 통로가 단 하나 존재하는 막을 둘러쌀 수 있어 하나의 관문 통로의 개폐를 추적 관찰하는 것이 가능하고 또한 전압에 따라 달라지는 그 관문 통로의 전도도 측정도 가능하다. (b) 패치-클램프 측정을 통해 도롱뇽의 망막에 있는 광수용체 세포 1개를 이용하여 패치-클램프 기록을 하고 있는 장면을 나타낸 현미경 사진. 위쪽 피펫은 해당 세포를 음압으로 끌어당기고 있고, 미세피펫 전극(오른쪽 아래)이 세포의 다른 한쪽의 작은 구역에 밀봉되어 있다.

출처: (b) T. D. Lamb, H. R. Matthews, V. Torre, J. 저, *Physiology* 372:319에서 발췌, John Wiley & Sons의 허가를 얻음.

다. 이때, 피펫으로 둘러싸인 세포막의 작은 부분(패치, patch)의 양쪽 사이의 전압을 특정 값으로 유지하고(클램프. *clamp*) 해당 막을 통해 흐르는 전류를 측정하였다(패치-클램프, **그림 8.38**). 이는 개별 단백질의 활성 측정을 첫 번째로 성공한 기념비적인 연구이다. 오늘날, 생물학자들은 중앙의 친수성 구멍을 둘러싸는 내재단백질들로 구성된 매우 많은 이온 통로를 밝혀내었다. 예상할 수 있다시피, 이온 통로를 암호화하는 유전자의 돌연변이는 매우 심각한 질병을 야기한다(357쪽의 <인간 질병과의 연관성> 표1 참조).

대부분의 이온 통로는 매우 선택적이어서, 하나의 특정 이온만 통과가 가능하다. 막을 가로지르는 다른 종류의 수동적 확산과 같이, 이온 통로를 통한 이온의 확산은 항상 높은 에너지 상태 쪽에서 낮은 에너지 상태 쪽으로 진행된다. 현재까지 밝혀진 대부분의 이온 채널은 열린 형태 또는 닫힌 형태로 존재하며, 이러한 통로들을 **관문(gated)**되었다고 한다. 관문의 개폐는 복잡한 생리학적 조절을 받을 수 있으며, 각 개별 통로들 마다 다양한 요소에 의해 그 개폐가 조절된다. 관문 통로는 아래와 같이 크게 세 가지 종류로 나눌 수 있다.

1. **전압 관문 통로(Voltage-gated channel)**는 막의 양쪽 편 이온의 전하 차이에 따라 개폐가 결정되게 된다.
2. **리간드 관문 통로(Ligand-gated channel)**는 주로 채널을 통해 이동하는 용질과는 다른 특정 분자(리간드)의 결합 여부에 따라 그 개폐가 결정된다. 통로의 외부 표면에 리간드가 붙었을 때 개폐가 조절되는 통로도 있고, 안쪽 표면에 붙었을 때 개폐가 조절되는 통로도 있다. 아세틸콜린과 같은 신경전달물질은 양이온 통로 중 하나의 외부 표면에 결합하는 리간드이고, cAMP와 같은 고리형 뉴클레오티드는 Ca^{2+} 이온 통로 중 하나의 안쪽 표면에 결합하는 리간드이다.
3. **기계적 관문 통로(Mechano-gated channel)**는 세포막에 가해지는 확장 장력 등의 기계적 자극에 의해 개폐가 결정된다. 이에 해당하는 한 양이온 통로는 소리나 머리의 움직임에 반응하는 내이(inner ear) 털 세포(hair cell)의 부동섬모(stereocilia)의 움직임에 따라 열리기도 한다(그림 13.46 참조).

아래에는 현재까지 가장 잘 알려진, 전압 관문 K^+ 이온 통로의 구조와 기능에 집중하여 논의하도록 한다.

1998년, 록펠러 대학교(Rockefeller University)의 로데릭 맥키넌(Roderick MacKinnon) 연구진은 최초로 KcsA라 불리는 세균의 K^+ 이온 통로의 구조를 원자수준의 해상도로 규명하였다. 구조와 기능의 관계는 생물학적 세계의 어디에서든 찾아볼 수 있지만, **그림 8.39**에 소개된 K^+ 이온 통로는 그러한 구조와 기능의 관계에 대한 매우 좋은 예를 보여준다. 아래에 기술되겠지만, K^+ 이온 통로의 구조의 제시는 이 놀라운 분자 기계가 어떻게 K^+ 이온을 Na^+ 이온으로부터 선별함과 동시에 K^+ 이온에 대해서는 매우 빠른 전도성을 갖는지에 대한 직접적인 이해를 가능하게 해 주었다. 또한 이 세균의 이온 통로에서 관찰되는 이온 선택성과 전도성의 기작은 다른 많은 포유류의 이온 통로에도 매우 유사하게 적용됨을 보게 될 것이다.

KcsA 통로는 4개의 소량체로 구성되어 있으며, 그림 8.39에는 4개의 소량체 중 2개를 표시하였다. 그림 8.39의 각 소량체는 2개의 막횡단 나선(M1과 M2)을 포함하고 있으며, 이 통로의 외부 쪽에 구멍 영역(pore region, P)을 가지고 있다. P 영역은 해당 통로의 길이의 1/3 정도 길이의 짧은 구멍 나선(pore helix)과 K^+ 이온만을 통과하게 해주는 좁은 선택적 여과기(*selectivity filter*)를 이루는 비나선형 고리(그림에 밝은 갈색으로 표시) 부위를 가지고 있다(그림 8.39).

선택적 여과기의 표면은 상당히 보존된 5개-펩티드(pentapetide), Gly-Tyr-Gly-Val-Thr(또는 GYGVT)를 가지고 있다. KcsA 통로의 X-선 결정구조에서는 보존된 5개-펩티드에 있는 산소 원자들이 5개의 연속적인 산소 원자(폴리펩티드 골격의 카르보닐기 산소 원자 4개와 트레오닌 곁사슬의 산소 원자 1개) 고리를 만들고 있는 것을 볼 수 있다. 각 산소 원자 고리는 4개의 소량체로부터 하나씩 나오는 4개의 산소 원자로 구성되어 있고, 이들 고리는 약 3 Å 정도의 지름을 가지고 있는데, 이는 수화껍질(hydration shell)이 벗겨진 K^+ 이온의 반지름인 2.7 Å 보다 약간 큰 정도이다. 결과적으로 선택적 여과기의 표면을 이루는 이 산소 원자들로 이루어진 고리들은 K^+ 이온이 통로로 들어올 때 제거되는 수화껍질을 대체할 수 있게 된다. 위 모식도에서는 선택적 여과기에, K^+ 이온 결합 부위로 예상되는 4개의 위치가 표시되어 있다. 그림 8.39의 위쪽 삽입도에 표시된 것과 같이, 이

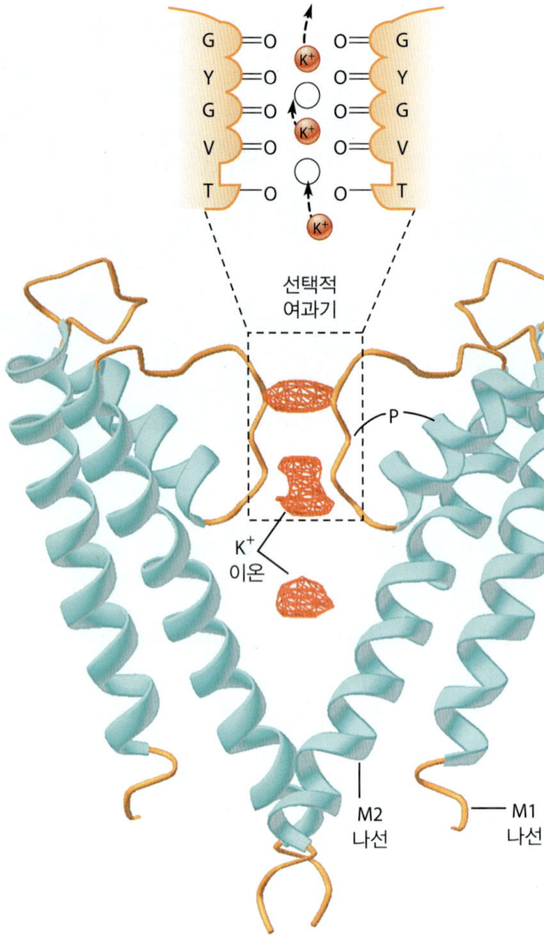

그림 8.39 세균 KcsA 통로의 3차원 구조와 K^+ 이온 선택성. K^+ 이온 통로는 4개의 소량체로 구성되어 있으며, 위 그림에는 그 중 2개의 소량체가 표시되었다. 각 소량체는 M1과 M2 나선이 P 영역을 사이로 연결되어 있으며, 이 P 영역에는 짧은 나선구조와 이온 통과 통로의 표면을 이루는 비나선형 고리가 있다. 각 P 영역은 상당히 보존된 5개-펩티드(GYGVT)를 포함하고 있으며, 이들 잔기는 K^+ 이온만을 선택적으로 통과시키는 여과기를 만들게 된다. 이들 잔기의 카르보닐기의 산소 원자들은 통로를 향해 있어 여과기 내에서 K^+ 이온(빨간색 망사로 표시)과 선택적으로 상호작용한다. 위쪽 삽입도에 표시된 것처럼, 세포외부에서 세포막 쪽을 보았을 때 선택적 여과기에는 카르보닐기 산소 원자들로 이루어진 4개의 고리 형태와 트레오닌 곁사슬의 산소 원자들로 이루어진 1개의 고리 형태가 보이게 된다. 이 5개의 고리에는 각각 4개의 산소 원자가 있으며, 소량체 1개가 산소 원자 1개씩 제공하게 된다. 각 고리의 지름은, 고리 2개에 있는 산소 8개가 하나의 K^+ 이온을 둘러싸서 이온을 둘러싸고 있던 수화껍질을 대체할 정도의 길이가 된다. 4개의 K^+ 결합부위 중 2개 부위만이 K^+와 동시에 결합 가능하다.

출처: Roderick MacKinnon, *Nature Med.* 5:1108에서 발췌, Macmillan Publishers Ltd.의 허가를 얻음.

4개의 결합 부위 중 하나에 K^+ 이온이 붙게 되면 K^+ 이온은 위쪽 평면과 아래쪽 평면에 각각 4개씩 존재하는 산소 원자들이 만드는 "상자(box)"의 중심을 차지하게 된다. 결과적으로, 각 K^+ 이온은 선택적 여과기의 총 8개의 산소 원자와 결합하게 된다. 이 선택적 여과기는 수화껍질이 벗겨진 K^+ 이온에 대해서는 정확히 들어맞지만, 수화껍질이 벗겨진 Na^+ 이온(1.9 Å)보다는 상당히 크다. 따라서 Na^+ 이온의 경우는, 선택적 여과기 내부의 통로에서 이온을 안정화시켜 주는 8개의 산소들과의 최적화된 결합이 불가능하게 된다. 그 결과, 작은 Na^+ 이온은 통로를 통과하기 위해 필요한 높은 에너지 장벽을 극복하지 못하게 된다.

KcsA의 선택적 여과기 표면에는 4개의 K^+ 이온 결합 부위가 존재하긴 하나, 한 번에 2개 부위만 K^+ 이온에 결합할 수 있다. 그림 8.39의 위쪽에 있는 삽화에 표시된 것과 같이, K^+ 이온은 1, 3번 위치에서 2, 4번 위치로, 한 번에 2개가 움직일 수 있다고 생각된다. 3번째 K^+ 이온이 선택적 여과기로 들어오게 되면 정전기적 발반력이 생기게 되어 반대편에 있는 K^+ 이온이 바깥쪽으로 방출된다. 여러 연구들에 의하면, 한 K^+ 이온이 하나의 결합 부위에서 다른 하나로 움직일 때는 어떠한 에너지 장벽도 존재하지 않는다. 이러한 사실로, 해당 이온의 막을 횡단한 매우 빠른 움직임이 설명 가능하다. 이들을 종합할 때, K^+ 이온의 선택성과 전도성에 대한 여러 결론들은 해당 분자 구조의 이해를 통해 가능했던 것으로, 이는 분자 구조의 이해가 생물학적 기능 규명에 중요한 역할을 할 수 있음을 보여주는 매우 좋은 예가 된다고 할 수 있다.

그림 8.39에 표시된 KcsA 통로는 진핵생물의 통로와 같이 관문을 가지고 있다. 매우 낮은 pH에 반응하여 KcsA 관문이 열리는 것은 그림 8.22에 소개되어 있다. 그림 8.39에 표시된 KcsA의 구조는 이온을 포함하고 있기는 하지만, 사실은 닫힌 형태의 구조이다. KcsA의 열린 상태와 닫힌 상태의 구조를 서로 비교할 때, 이 이온 통로의 개폐가 안쪽에 있는 M2 나선(helix)의 세포질 쪽 끝의 구조적인 변화에 의해 이루어지는 것으로 보인다. 닫혀 있는 상태에서는, 그림 8.39와 또한 **그림 8.40**의 파란색으로 표시된 부분에서 볼 수 있듯이, M2 나선이 곧게 펴진 상태로 존재하며 각 소량체의 M2 나선이 서로 교차하여 "나선 묶음(helix bundle)"을 만들게 되고 이 구조는 통로의 세

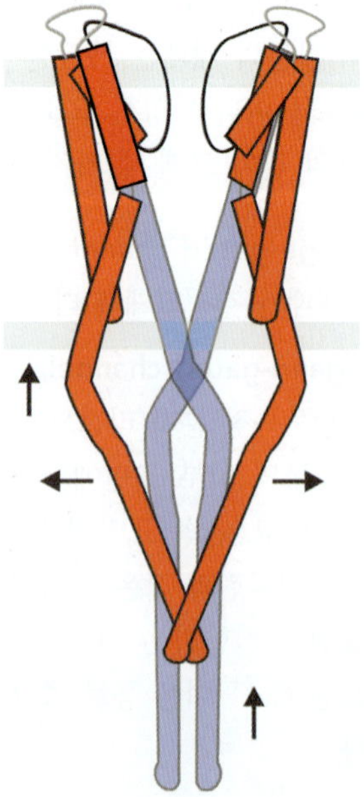

그림 8.40 세균 KcsA 통로의 개폐에 대한 경첩-굴절 모형. 각 소량체의 M2 나선은 특정 글리신 잔기에서 바깥쪽으로 구부러져 K^+ 이온 통로의 세포질 쪽 부분의 관문을 연다.

출처: Serdar Uysal et al., 2011. Mechanism of activation gating in the full-ength KcsA K+ channel. *Proc. Natl. Acad. Sci. U.S.A.* 108, 11896–9에서 발췌.

표질 쪽 면을 닫게 된다. 반면 그림 8.40의 모형도에 나타낸 바와 같이, M2 나선에서 글리신 잔기가 위치한 경첩(hinge) 부위가 굽어지게 되면 통로가 열리게 된다.

지금까지 원핵세포의 K^+ 통로가 작동하는 원리에 대해서 알아보았으므로, 아래에서는 좀 더 복잡한 그러나 원핵세포의 통로와 비슷한 방식으로 역할을 할 것이라 예측할 수 있는 진핵세포의 K^+ 통로의 구조와 기능을 설명하고자 한다. 진핵세포에서 다양한 종류의 전압 관문 K^+ 통로(Kv)를 암호화하는 유전자가 분리되었으며 이들 단백질은 분자수준에서 면밀히 분석되어 왔다. 그 결과 식물의 Kv 통로의 경우는 염분과 물의 균형 및 세포의 부피 조절에 중요한 역할을 수행함이 밝혀졌고, 동물의 Kv 통로는 근육과 신경에서의 중요함이 밝혀졌다(이 장의 마지막에 논의됨). 진핵세포의 Kv 통로는 그림 8.41에 소개되어 있듯이, S1~S6까지 6개의 막횡단 나선을 가지고 있다. 이 6개의 나선은 기능적으로 2개의 분명한 영역으로 구분된다.

1. **세공 영역(Pore domain)**은 그림 8.39에 표시된 세균의 전체의 통로와 같은 기본 구조를 가지고 있고, 또한 K^+ 이온의 선택적 투과를 위한 선택적 여과기를 가지고 있다. 그림 8.39에보인 KcsA 통로의 M1, M2, P 구획이 **그림 8.41**에 표시한 진핵세포의 전압 관문 K^+ 통로의 S5, S6, P 구획에 해당한다. KcsA에 있는 4개의 M2 나선과 같이, 4개의 S6 나선이 통로를 만들게 되고 이들의 구조에 따라 통로의 개폐가 조절된다.
2. **전압-감지 영역(Voltage-sensing domain)**은 S1부터 S4까지의 나선으로 되어 있으며, 이 영역은 (아래 기술된 바와 같이) 원형질막을 가로지르는 전위차를 감지한다.

그림 8.42A에 쥐의 뇌에서 분리된 진핵세포 Kv 통로 전체의 3차원 결정 구조를 나타내었다. 이 통로의 정제 과정과 결정화 과정 동안 세제와 지질 혼합물을 계속적으로 이용하여 이 구조를 알아낼 수 있었다. 음전하를 가진 인지질의 존재는 이 막 단백질의 원래 구조를 유지하고 전압-관문 통로로서의 기능을 촉진하는 데 중요한 것으로 생각된다. KcsA 통로와 같이, 진핵세포의 Kv 통로 역시 4개의 동일한 소량체로 구성되어 있으며, 이들이 대칭적으로 분포하여 가운데에 이온 투과 통로를 만들게 된다(그림 8.42*b*). 선택적 여과기와 K^+ 이온의 선택적 투과 기작 또한 원핵세포의 KcsA와 사실상 동일하다. Kv 통로의 관문은 S6 나선의 안쪽 끝에 의해 형성되며, KcsA 통로의 M2 나선과 대략 비슷한 방식(그림 8.40)으로 개폐가 조절될 것으로 생각된다. 그림 8.42는 이 통로가 열려 있을 때의 구조를 나타낸다.[6]

S4 나선은 그 폴리펩티드 사슬을 따라 양전하를 가진 여러 개의 아미노산을 포함하고 있어서(그림 8.41 삽입도 참조) 전압 감지의 중심 요소로 작동한다. 전압-감지 영역은 그림 8.42*b*에 S4-S5로 표시된 짧은 연결 나선(linker helix)을 통해 세공 영역에 이어져 있다. 휴지상태에서 세포 안쪽이 음전위를 갖게 되면(351쪽 참조) Kv 통로는 닫힌다. 그러나 세포 안쪽이 양전위를 갖게 되는 막전위의 변화(탈분극, 352쪽 참조)는 S4 나선에 정전기적 힘을 가하게 되다. 이 힘은 막횡단 S4 나선에 있는 양전하를 가진 아미노산 잔기들에 작용하여 S4 나선을 세포의 안쪽에서 세포 바깥쪽으로 움직이게 할 것이라고 생각된다. 전압의 감지는 동적 과정으로 그림 8.42에 보인 바와 같은 정지상태의 단백질 상태 하나만 가지고는 그 기작을 알아낼 수 없다. 실제로, 전압 감지 기작에 대해서는 다양한 경쟁 가설들이 존재하고 현재도 논란 중이다. 그러나 막의 탈분극에 의한 S4 나선의 이동은 세포 안쪽에서 관문을 여는 단백질 내의 연속적인 구조 변화를 야기하게 될 것임은 분명하다.

Kv 통로의 관문이 열리면 1초 동안 1천만 개 이상의 K^+ 이온이 통로를 통해 이동할 수 있고, 이는 용액 내에서의 자유 이동과 거의 비슷한 속도이다. 이러한 많은 이온의 흐름으로 인해, K^+ 통로가 상대적으로 적은 양이 열리게 되더라도 막의 전기적인 특성에는 큰 영향을 주게 된다. 통로가 수 밀리초(millisecond) 동안 열린 후, K^+ 이온의 이동은 불활성화(inactivation)로 알려진 과정에서 의해 자동적으로(*automatically*) 멈추게 된다. 이 불활성화를 이해하기 위하여, 위에 기술된 Kv 통로의 두 가지 부위 이외의 또 다른 부위에 대해 알아보기로 한다.

진핵세포의 Kv 통로는 보통 매우 큰 세포내부위를 가지고 있으며, 이는 통로의 종류에 따라 제각기 다른 구성을 가지고 있다. **그림**

[6]다른 연구들은 K^+ 통로의 개폐가 서로 다른 두 가지의 기작으로 조절될 수 있음을 보여준다. 하나의 기작은 본문에 기재되어 있듯이 안쪽 나선 묶음으로 인해 개폐가 조절되는 것이고, 다른 하나는 본문에는 언급되어 있지 않지만 선택적 여과기에 의해 개폐가 조절되는 기작이다(*PNAS* 107:7623, 2010 및 *Nature* 466:203, 2010 참조).

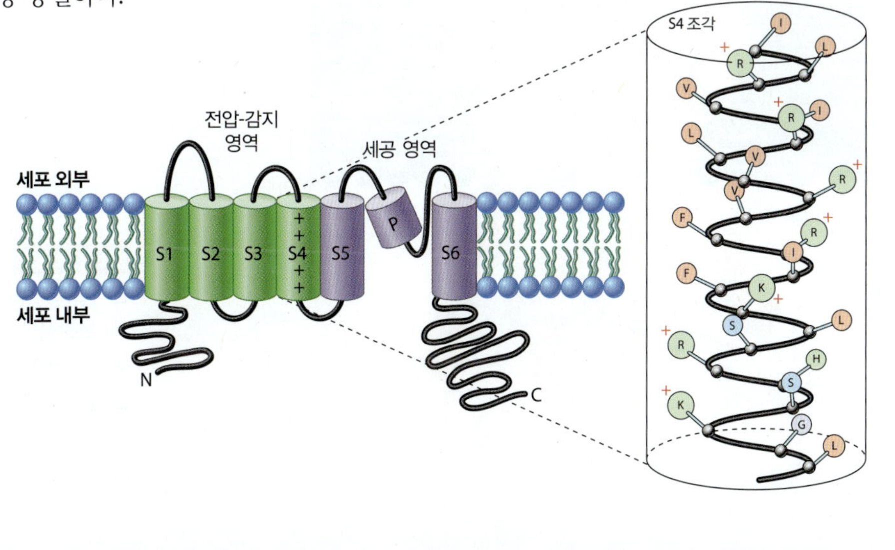

그림 8.41 **진핵세포의 전압 관문 K^+ 통로를 이루는 소량체 하나의 구조.** K^+ 통로의 한 소량체의 2차원적 모식도로, 6개의 막횡단 나선과 단백질의 안쪽으로 들어가 통로의 표면 일부가 되는 1개의 구멍 나선(pore helix, P)을 보여주고 있다. 삽입도는 초파리 K^+ 쉐이커(*Shaker*) 이온 채널에서 전압 감지기로 작용하는 S4 나선의 아미노산 서열을 보여주고 있다. S4 나선에는 잔기 3개마다 양전하를 가진 잔기가 존재한다. 이 Kv 통로를 쉐이커 통로라고 하는데, 이는 초파리에서 이 통로에 돌연변이가 생기면 에테르로 마취할 때 매우 심하게 떠는 모습이 관찰되기 때문이다. 이 쉐이커 통로는 처음으로 밝혀진 K^+ 통로이며, 1987년에 그 유전자가 밝혀졌다.

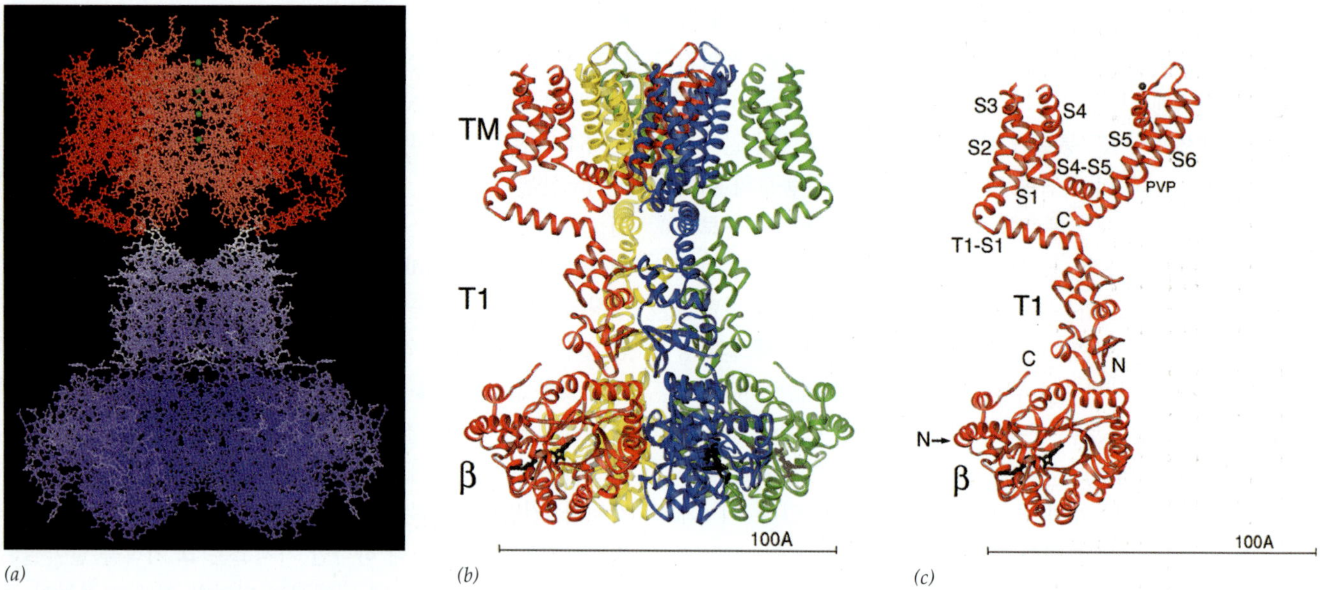

그림 8.42 포유류의 전압 관문 K^+ 통로의 3차원 구조. (*a*) 뇌의 신경세포에서 발견되는 쉐이커 K^+ 통로의 한 종류인 Kv1.2 통로의 4량체 전체의 결정 구조. 막횡단 영역은 빨간색으로, 세포내부위는 파란색으로 표시되었다. K^+ 이온 결합 위치는 녹색으로 표시되었다. (*b*) a에 나타낸 통로의 리본 모형으로, 각 소량체를 다른 색으로 표시하였다. 빨각색으로 표시된 소량체를 집중해서 보면, (1) 전압-감지 영역과 세공 영역이 공간적으로 분리된 모습과 (2) 각 소량체의 전압-감지 영역이 이웃한 소량체의 세공 영역 바깥쪽에 위치하는 모습을 볼 수 있다. 이 통로의 세포내부위는, 통로 펩티드의 일부인 T1 영역과 통로 펩티드와는 독립적인 β 폴리펩티드로 구성되어 있다. (*c*) Kv1.2 통로의 소량체 하나의 리본 모형으로, 6개의 막횡단 역역(S1–S6) 및 전압-감지 영역과 세공 영역을 연결하고 있는 S4–S5 연결 나선을 나타내었다. 이 연결 나선은 S4 전압 감지 나선에서 신호를 받아 통로를 열게 된다. 세공 영역의 통로 안쪽 표면은 (그림 8.39에 나타낸 세균 통로의 M2 나선과 대략 비슷한) S6 나선으로 이루어져 있다. 위에 표시된 통로는 열려 있는 상태로, S6 나선이 PVP(Pro-Val-Pro 서열로 경첩 부위의 아미노산 서열일 것으로 생각됨)로 표시된 위치로부터 바깥쪽으로 휘어져 있다(그림 8.40과 비교).

출처: From Stephen B. Long 외 저, *Science* 309:867, 899, 2005에서 발췌. 로데릭 맥키넌 제공. 미국과학진흥협회(AAAS)의 허가를 얻음.

8.43a에 표시되어 있는 것처럼, 이 통로의 불활성화는 통로의 세포질 쪽에 매달려 있는 작은 불활성화 펩티드(inactivation peptide)의 움직임에 의해 조절된다. 이 불활성화 펩티드는 그림에 표시되어 있는 4개의 "측면 창(side window)" 중 하나로 들어가 통로의 세포질 쪽 구멍에 접근할 수 있다고 생각되고 있다. 만약 이 불활성화 펩티드가 구멍을 막으면(그림 8.43*a*), 이온의 출입은 저해되고 이온 통로는 불활성화 된다. 이후 단계에서는, 불활성화 펩티드가 다시 떨어져 나오고 통로의 관문이 닫힌다. 따라서 K^+ 통로는 그림 8.43*b*에 개략적

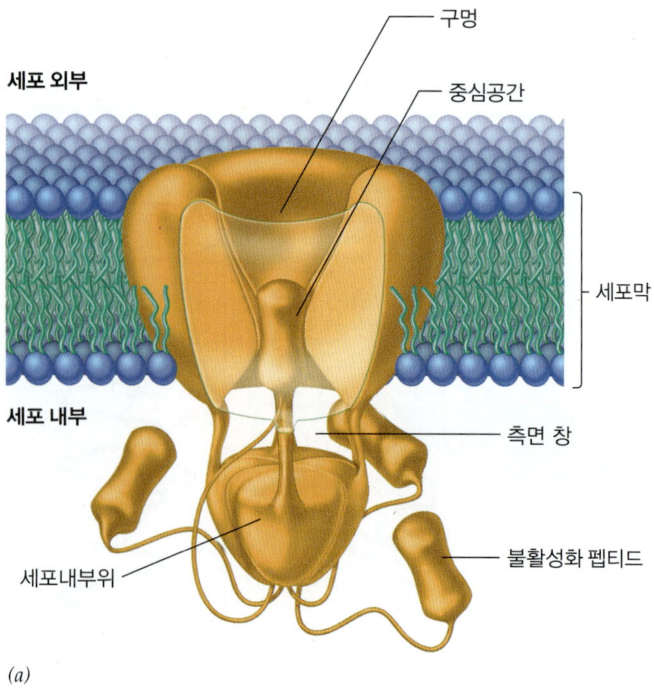

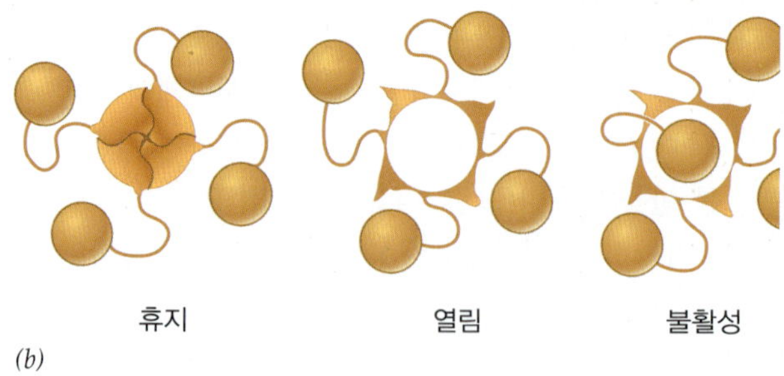

그림 8.43 전압 관문 K^+ 이온 통로의 형태. (*a*) 진핵세포 K^+ 이온 통로의 3차원 구조 모식도. 통로 활성의 불활성화는 불활성화 펩티드 중 하나에 의해 이루어진다. 불활성화 펩티드는 위 통로의 세포내 영역에 매달려 있으며, 통로의 세포질 쪽 구멍에 들어맞는다. (*b*) 세포질 쪽에서부터 막을 보았을 때의 K^+ 이온 통로의 모식도. 통로가 닫혀 있거나(휴지상태), 열려 있거나, 불활성화되어 있음을 나타낸다.

출처: *Neuron*, vol. 20, C. M. Armstrong and B. Hille et al., Voltage-Gated Ion Channels and Electrical Escitability, p. 377에서 발췌, Elsevier의 허가를 얻음.

으로 그려져 있는 바와 같이, 열린 상태, 불활성화 상태, 닫힌 상태의 세 가지 상태로 존재할 수 있다.

K^+ 통로의 종류는 매우 다양하다. 예쁜꼬마선충(*C. elegans*)은 전체 몸이 약 1천 개의 세포만으로 구성되어 있는 선충이나, 80개의 서로 다른 K^+ 통로 유전자를 가지고 있다. 선충, 사람, 식물 할 것 없이 단일 세포 내에는 다양한 전압에 반응하여 개폐가 조절되는 다양한 종류의 K^+ 통로를 가지고 있다. 또한, 특정 K^+ 통로를 열거나 닫는 데 필요한 전압은 호르몬이나 다른 요인들로 조절되는 K^+ 통로의 인산화에 따라 달라질 수도 있다. 사실, 이온 통로의 기능이 다양하고 복작한 조절 인자들에 의해 조절되어야 한다는 것은 자명하다. 이 장의 "역사적 실험"란에서는 매우 특별한 이온 통로인 리간드-관문 니코틴 아세틸콜린 수용체(ligand-gated nicotinic acetylcholine receptor)에 대해 다루고 있다.

8.12 촉진확산

막을 통과하는 물질의 확산은 항상 높은 농도 구간에서 낮은 농도 구간으로 움직이게 되지만, 물질들이 항상 지질2중층이나 통로를 따라서 확산하는 것은 아니다. 많은 경우, 확산이 되어야 하는 물질들은 이 과정을 촉진시켜 주는 **촉진적 수송체(facilitative transporter)**라고 불리는 막횡단 단백질과 먼저 선택적인 결합을 해야 한다. 촉진적 수송체의 한쪽 편에 용질이 결합하게 되면, 수송체의 구조 변화가 야기되고 그에 따라 용질이 막의 반대편으로 노출되게 된다. 이를 통해 용질은 농도 기울기에 따라 확산할 수 있게 된다. **그림 8.44**에는 위와 같은 기작이 설명되어 있다. 이 촉진적 수송체는 에너지를 발산시키는 과정과 연계되지 않고 수동적으로 작동되므로, 막을 통과하는 어떤 방향의 움직임이던 상관없이 용질을 이동시킬 수 있다. 순이동의 방향은 막의 양 쪽에 존재하는 해당 물질의 상대적 농도에 따라 결정된다.

이러한 물질의 확산은 **촉진확산(facilitated diffusion)**이라고 부르며, 이는 여러 가지 면에서 효소반응과 비슷하다. 효소와 같이 촉진적 수송체는 이동시키는 용질에 대해 매우 특이적으로 결합하여, D와 L 입체이성질체(steroisomer)도 구분을 하여 결합한다(44쪽). 또한, 효소나 촉진적 수송체 모두 반응하는 물질이 상대적으로 많아지면 반응속도는 **포화(saturation)**되어 더 이상 속도가 올라가지 않는다(**그림 8.45**). 1초에 수백만 개를 통과시킬 수 있는 이온 채널과 달리, 대부분의 촉진적 수송체는 1초에 최대 백여 개에서 천여 개의 용질 분자만을 이동시킨다. 용질의 농도가 점차 높아지는 경우에는 속도가 이 최대치에 근접한 수평선을 그리게 되며 이 상태에서 촉진적 수송체는 포화되었다고 한다. 촉진적 수송체의 다른 중요한 특징은, 효소와 이온 통로와 같이 이 활성이 조절될 수 있다는 것이다. 촉진확산은 당이나 아미노산과 같이 지질2중층을 직접 뚫을 수 없는 극성 용매의 세포 출입 조절에 특히 중요하다. 이에 관해서는 다음 장에서 설명하도록 한다.

촉진확산의 예로 포도당 수송체(glucose transporter)가 있다. 포도당은 체내의 1차 에너지원이며, 대부분 포유류는 혈액으로부터 세포 내로 포도당의 확산을 촉진하기 위해 이 수송체가 필요하다(그림 8.44와 8.49 참조). 세포질 내로 들어온 포도당은 인산화되어 포도당 수송체에 결합하지 못하게 되며, 이로 인해 세포내 포도당 농도는 낮아지게 되서, 포도당은 계속적으로 세포 내로 이동할 수 있게 된다. 인간은 적어도 5가지 동형(isoform) 포도당 수송체를 가지고 있다. 이 동형 수송체들을 GLUT1~GLUT5라 하며, 이들은 각각 발현되는

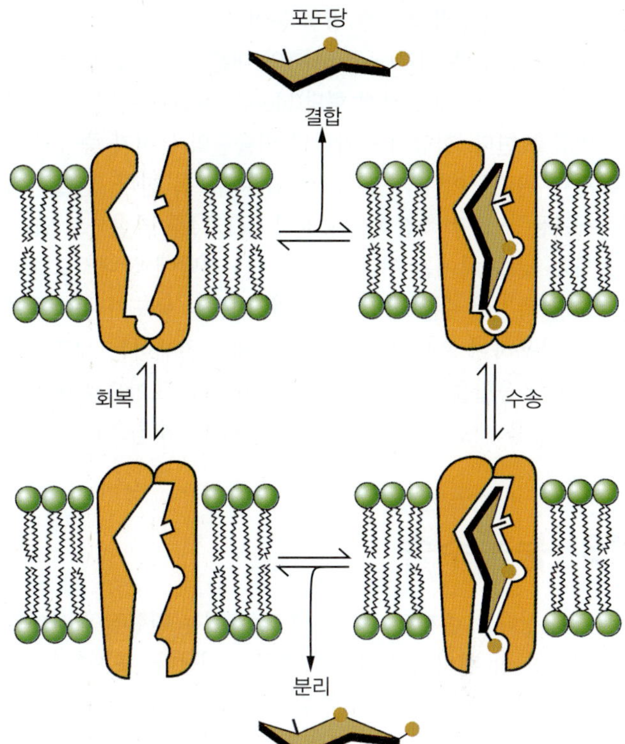

그림 8.44 촉진확산. 포도당의 촉진확산에 대한 개략적 모형으로, 수송체의 형태 변화가 교대로 이루어지며 포도당 결합 부위가 막의 안쪽 혹은 바깥쪽에 노출됨을 나타내고 있다.

출처: Reprinted from S. A. Baldwin와 G. E. Lienhard 공저, *Trends Biochem. Sci.* 6:210, 1981에서 발췌, Elsevier의 허가를 얻음.

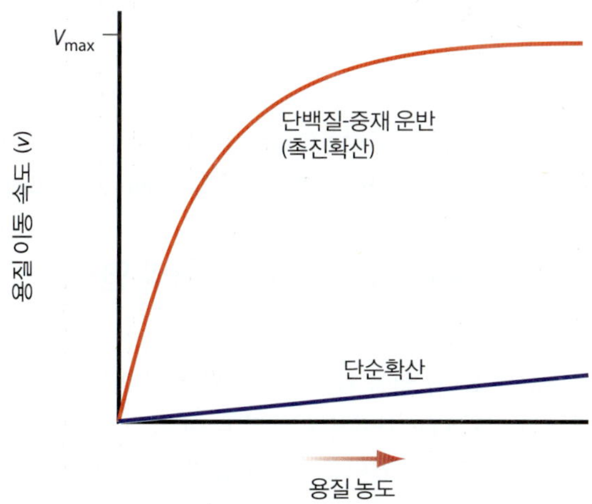

그림 8.45 촉진확산과 단순확산의 동역학 비교.

조직, 촉진확산 속도, 활성 조절 방법 등이 다르다.

인슐린(Insulin)은 이자(pancreas)의 내분비세포(endocrine cell)에서 만들어지는 호르몬으로서 혈당(blood sugar) 수준을 적절히 유지하는 역할을 한다. 혈당이 증가하면 인슐린의 분비가 증가되고, 이는 포도당이 골격근이나 지방세포로 흡수되도록 한다. 인슐린에 반응하는 세포는 포도당 촉진적 수송체인 GLUT4를 발현하고 있다. 인슐린 농도가 낮을 때에는 이들 세포의 원형질막에 상대적으로 적은 양의 포도당 촉진적 수용체가 존재한다. 인슐린 농도가 높아지면 표적 세포에 작용하여 포도당 촉진적 수송체가 존재하는 세포질 소낭과 원형질막의 융합을 야기하고, 이로 인해 세포 표면으로 이동한 수용체는 포도당을 세포 내로 이동시킨다(그림 15.26 참조).

8.13 능동수송

생명은 평형 상태로 존재할 수 없다(3.4절). 이는 원형질막 사이의 이온의 불균등한 한 배치에서 가장 극명히 드러난다. 표 8.3에는 전형적인 포유류 세포의 안과 밖의 주된 이온 농도의 차이를 나타내었다. 세포가 원형질막을 사이에 두고 만들어지는 가파른 농도 기울기는 단순확산이나 촉진확산으로는 불가능하며, **능동수송(active transport)**이라는 또 다른 과정에 의해 만들어지게 된다.

촉진확산과 같이, 능동수송의 경우도 특정 용매와 선택적으로 결합하여 단백질의 구조 변화에 의한 작용을 통해 용매를 반대로 이동시키는 내재단백질이 필요하다. 그러나 이는 촉진확산과는 다르게 농도 기울기에 역행하여 용질을 이동시키는 에너지가 필요한 과정이다. 결과적으로 농도 기울기를 역행하여 이온이나 다른 용매들이 막을 가로질러 움직이는 이 에너지흡수반응(endergonic)은, ATP의 가수분해나 빛에너지의 흡수, 전자의 이동, 또는 다른 물질의 농도 기울기에 따른 움직임 등의 에너지방출반응(exergonic)과 맞물려 일어나게 된다. 이러한 능동수송을 수행하는 단백질을 "펌프(pump)"라고 한다.

1차 능동수송: 수송과 ATP 가수분해의 연결

1957년, 덴마크 생리학자인 옌스 스코우(Jens Skou)는 게(crab)의 신경세포에서 Na^+와 K^+가 있을 때만 활성화되는 ATP 가수분해효소를 발견하였다. Skou는 ATP 가수분해를 하는 이 효소가 Na^+와 K^+ 두 이온을 수송하는 단백질일 것이라 제안하였고, 해당 효소를 Na^+/K^+-ATP가수분해효소(Na^+/K^+-ATPase) 또는 나트륨-칼륨 펌프(*sodium-potassium pump*)라고 하였다.

표 8.3 전형적인 포유류 세포에서 안쪽과 바깥쪽의 이온 농도

	세포 외부 농도	세포 내부 농도	이온 기울기
Na^+	150 mM	10 mM	15×
K^+	5 mM	140 mM	28×
Cl^-	120 mM	10 mM	12×
Ca^{2+}	10^{-3} M	10^{-7} M	10,000×
H^+	$10^{-7.4}$ M (pH of 7.4)	$10^{-7.2}$ M (pH of 7.2)	거의 2×

오징어 축삭의 이온 농도는 367쪽에 있다.

용매를 양방향 모두 동일하게 운반할 수 있는 촉진확산에 의한 이동과는 달리 능동수송은 이온을 한 방향으로만 움직인다. 많은 양의 Na^+ 이온을 세포 밖으로 내보내고 많은 양의 K^+ 이온을 세포 안으로 들여오는 것이 바로 Na^+/K^+-ATP가수분해효소이다. 이렇게 운반되는 두 양이온에 의한 양전하는 다양한 음이온에 의한 음전하로 균형을 이루어, 세포의 바깥쪽과 안쪽 구역은 대부분의 경우 전기적으로 중성이다. Cl^- 이온은 세포 밖에 높은 농도로 존재하여 외부 Na^+ 이온과 균형을 이룬다. 세포 내부에 높은 농도로 존재하는 K^+ 이온은 단백질과 핵산이 가지고 있는 과량의 음전하로 균형을 이루게 된다.

Na^+/K^+-ATP가수분해효소에 의해 수송되는 Na^+:K^+의 비율은 1:1이 아니라 3:2이다(**그림 8.46**). 다시 말하면, ATP 분자 하나가 가수분해될 때마다 3개의 Na^+ 이온이 세포 밖으로 나가고 2개의 K^+ 이온이 세포 안으로 들어오게 된다. 이 수송 비율로 인해 Na^+/K^+-ATP가수분해효소는 막을 사이로 직접적으로 전하를 분리할 수 있는 전기발생(electrogenic) 펌프라 할 수 있다. Na^+/K^+-ATP가수분해효소는 P-형 이온 펌프의 예이다. 여기서 "P"는 인산화(phosphorylation)를 나타내는데, 이 펌프의 순환과정 중 ATP 가수분해에 의해 떨어져 나온 인산기(phosphate)가 펌프의 아스파르트산(aspartic acid) 잔기로 전달된다는 것을 의미한다. Na^+/K^+-ATP가수분해효소라는 이름이 의미하는 것과 같이, 위 반응은 Na^+/K^+-ATP가수분해효소 자체에 의해 매개된다.

이 펌프는 Na^+ 이온이나 K^+ 이온의 농도가 낮은 구역에서 이들 이온과 결합해야 하기 때문에 그 상태에서 해당 이온들에 대한 친화도(affinity)가 상대적으로 높아야 한다. 그 후, 이 단백질은 각 이온의 농도가 더욱 높은 막의 반대편 구역에서 이 이온들을 방출해야 한다. 이를 위해서는 막의 양쪽에서 각 이온에 대한 친화도가 달라져야만 가능하며. 이러한 각 구역에서의 이온에 대한 친화도 변화는 ATP 가수분해 및 가수분해 이후 떨어져 나가는 ADP에 의해 야기되는 단백질의 구조변화에 의해 가능하게 된다. 이 단백질의 구조 변화(E_1 상태와 E_2 상태 사이의 구조 변화)는 또한 각 이온 결합부위를 막의 반대편 쪽에 교대로 노출시키는 역할도 한다.

P형 이온펌프의 X-선 결정구조에 기반한 Na^+/K^+-ATP가수분해효소의 수송을 설명하는 하나의 모식도를 그림 8.46*a*에 나타내었다. 1단계, 그림 8.46*a*에서 펌프는 E_1 상태이고, 이온 결합부위는 세포 안쪽을 향해 있다. 이 단계에서는 단백질이 3개의 Na^+ 이온과 ATP에 결합되어 있다. 2단계에서는, 단백질에 있는 관문이 닫히며 펌프가 막힌 E_1 상태로 변화한다. 이 단계에서는 Na^+ 이온이 다시 세포질 밖으로 나갈 수 없다. 2단계에서 3단계로 진행되는 동안 결합된 ATP의 가수분해가 일어나고 3단계에서 4단계로 진행되는 동안 ADP가 떨어져 나가는데, 이 과정은 펌프의 구조를 E_1 상태에서 E_2 상태로 바꾼다. 이때 이온 결합부위가 세포 외부 쪽에 노출되게 되고, 펌프는 Na^+ 이온에 대한 친화도를 잃어 Na^+ 이온이 세포 밖으로 방출된다. 3개의 Na^+ 이온이 방출되고 나면, 펌프는 2개의 K^+ 이온에 결

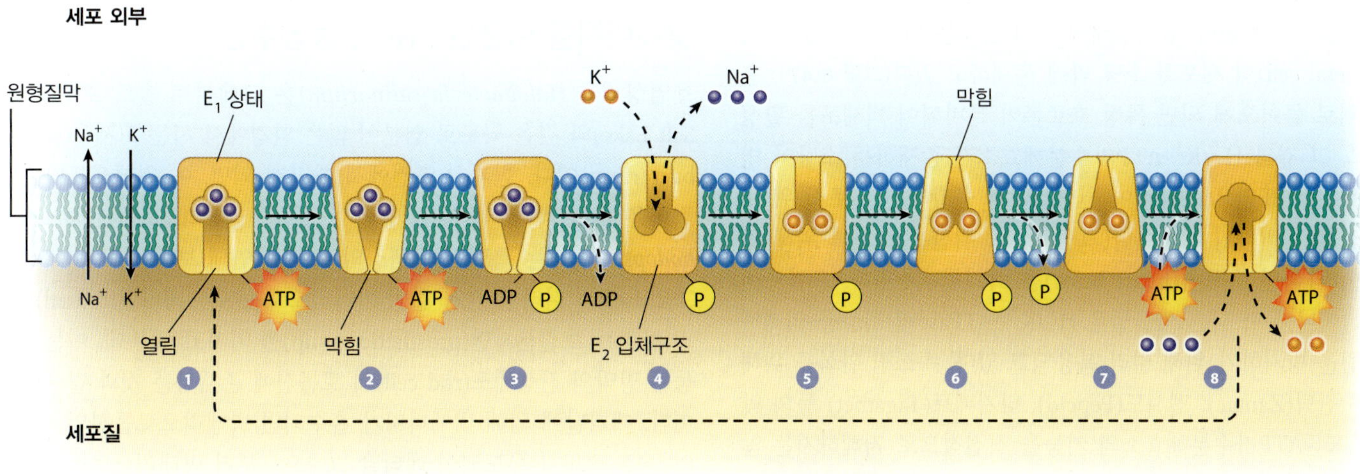

(a)

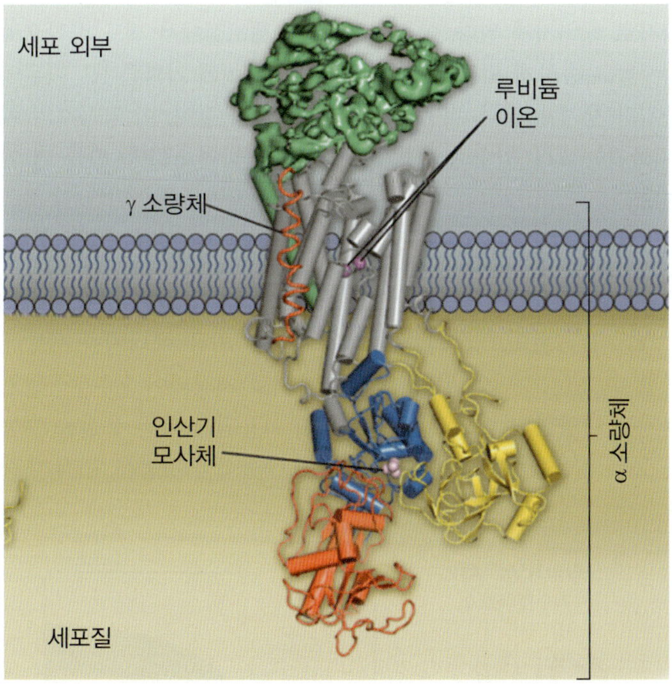

(b)

그림 8.46 **Na^+/K^+-ATP가수분해효소.** (a) 본문에 기술된 수송단계의 간단한 개략도. 실제 Na^+/K^+-ATP가수분해효소는 적어도 2개의 서로 다른 막횡단 소량체로 존재한다. 좀 더 큰 α 소량체는 수송 기능을 담당하고, 좀 더 작은 β 소량체는 주로 막 내에 본 펌프 단백질을 성숙시키고 조립하는 역할을 한다. 3번째 소량체(γ 소량체)가 존재할 수도 있다. (b) X-선 결정구조 연구에 기반을 둔 Na^+/K^+-ATP가수분해효소의 E_2 상태 모형. 양이온 결합부위는 10개의 막횡단 나선으로 구성되어 있는 막횡단 영역 안쪽 깊이 존재하고 있다. 본 결정구조에서의 루비듐 이온 2개는 K^+ 결합부위에 위치해 있다.

출처: (b) Ayako Takeuchi et al., *Nature* 456: 413, 2008에서 발췌. David C. Gadsby 제공, Macmillan Publishers Ltd.의 허가를 얻음.

합한다(5단계). 다른 종류의 관문이 막히면서 펌프는 막힌 E_2 상태가 된다(6단계). 펌프가 닫히고 난 후 탈인산화가 진행되고(6단계에서 7단계), ATP가 결합하여(8단계) 펌프를 처음의 E_1 상태로 다시 변화시킨다. 이 상태에서 이온 결합부위는 세포 내부 쪽으로 열리게 되고 K^+ 이온에 대한 친화도가 감소하면서 이 이온을 세포 내부로 방출하게 된다. Na^+/K^+-ATP가수분해효소의 결정구조가 그림 8.46*b*에 소개되었다. 이러한 펌프는 복잡한 구조적인 변화를 필요로 하기 때문에, 이들 능동수송 펌프를 통한 이온의 이동 속도는 이온 통로를 통한 이온의 움직임보다 수백만 배에서 수천만 배 가량 느리다.

Na^+/K^+-ATP가수분해효소는 동물세포에서만 발견된다. 이 단백질은 원시 동물세포에서 세포 부피를 유지하는 일차적인 방법으로써 또한 신경이나 근육에서 충격을 전달하기 위해 중심적인 역할을 하는 Na^+와 K^+의 가파른 농도기울기를 만들기 위한 기작으로써 진화된 것으로 생각되고 있다. 이러한 이온 농도기울기는 아래에 기술된 것과 같이, 비흥분성(nonexcitable) 세포에서도 다른 용질의 이동을 위한 에너지를 제공하는 경우에도 사용된다. Na^+/K^+-ATP가수분해효소는 대부분의 동물세포가 만들어 내는 에너지의 1/3을, 신경세포가 만들어 내는 에너지의 1/2을 사용한다는 점에서 그 중요성이 분명해진다. 디기탈리스(Digitalis)라는 200년 동안 울혈성 심부전(congestive heart disease)의 치료제로 사용되었던 지황식물(foxglove plant)에서 얻어진 스테로이드는 Na^+/K^+-ATP가수분해효소에 결합한다. 이 디기탈리스는 Na^+/K^+-ATP가수분해효소의 활성을 억제하여 심장 근육세포의 안쪽 Ca^{2+} 이온의 이용가능성을 증가시킴으로써 심장의 수축을 돕는다.

그 밖의 1차 이온 수송체계

Ca^{2+}-ATP가수분해효소는 연구가 가장 많이 이루어진 P-형 펌프로, 수송 주기의 여러 단계의 3차원 구조가 밝혀져 있다. 이 Ca^{2+} 펌프는 소포체(ER)에 존재하며, 세포질에 있는 Ca^{2+}는 소포체의 안쪽 공간으로 능동적으로 수송한다. 식물의 원형질막에는 P-형 펌프 중 하나인 H^+-수송펌프가 존재하며, 이는 이후에 논의될 용질의 2차 수송과 또한 세포벽의 산성화(acidification)를 통한 세포의 성장 조절에 매우 중요한 역할을 한다.

위(stomach)의 상피층에도 P-형 펌프인 H^+/K^+-ATP가수분해효소가 존재하여, 위의 내강으로 (HCl 농도가 0.16 N까지 이르는) 산성용액을 분비하게 된다. 휴지상태에서 이 펌프는 위 내층에 있는 벽세포(parietal cell)의 세포질 소낭 막에 존재하고 있다(**그림 8.47**). 음식물이 위로 들어오게 되면 특정 호르몬이 분비되어 벽세포를 활성화시키고, 그 결과 H^+/K^+-ATP가수분해효소가 존재하는 소낭이 벽세포의 정단부 표면으로 움직여 원형질막과 융합되면 비로소 위 내강으로 산을 분비하기 시작한다(그림 8.47). 위산은 소화를 위해 필요하지만, 과하면 속쓰림(heart burn)을 야기할 수 있다. 프릴로섹(Prilosec)이나 유사 다른 약물들은 H^+/K^+-ATPase의 기능을 억제하여 속쓰림을 방지하기 위해 널리 복용되고 있다. 속쓰림 완화를 위해 복용하는 잔탁(Zantac), 펩시드(Pepcid), 타가메트(Tagamet) 등의 약물은 H^+/K^+-ATP가수분해효소의 기능을 직접적으로 저해하지는 않지만, 벽세포의 수용체를 저해하여 호르몬에 의해 벽세포가 활성화되는 것을 막는다.

P-형 펌프와는 달리, *V-형(V-type)* 펌프는 ATP를 에너지원으로 사용지만 인산화된 단백질 중간체를 만들지 않는다. V-형 펌프는 세포질 내 소기관이나 액포(vacuole, 따라서 V형이라 칭함)의 막을 통과하는 수소이온의 능동적 수송을 담당한다. V-형 펌프는 리소좀이나 분비 과립, 식물세포의 액포 등의 내부 공간의 pH를 낮게 유지한다. V-형 펌프는 다양한 세포의 원형질막에서도 발견되는데, 신장 세관의 원형질막에 존재하는 V-형 펌프는 소변으로 양성자를 분비함으로써 신체의 산-염기 균형을 유지한다. V-형 펌프는 커다란 다량체 구조로(그림 8.4*d*) 그림 9.23의 ATP 합성효소의 구조와 비슷하다.

이온의 능동수송을 담당하는 다른 종류의 단백질군은 *ABC 수송체*[*ATP-binding cassette* (*ABC*) *transporter*]로, 이들 군에 속하는 단백질들은 모두 동형의 ATP 결합 영역을 가지고 있다. <인간 질병과 의 연관성>에 가장 연구가 많이 된 ABC 수송체가 소개되었다.

빛에너지를 이용한 이온의 능동수송

호염성세균(*Halobacteria salinarium*)은 그레이트 솔트 호수(Great Salt Lake)와 같은 극도로 염분이 많은 환경에서 사는 고세균(archaebacterium)이다. 혐기성 조건에서 자라게 되면, 이 원핵세포의 원형질막은 빛에 의해 작동하는 양성자 펌프인 **박테리오로돕신**(*bacteriorhodopsin*)이라는 특별한 단백질의 존재로 인해 보라색을 띠게 된다. **그림 8.48**에 나타낸 것과 같이 박테리오로돕신은 레티날(retinal)이라고 불리는 보결분자단(prosthetic group)을 가지고 있는데, 이는 척추동물 망막의 간상세포(rod cell)의 로돕신에 존재하는 것과 같은 물질이다. 레티날에 의해 빛에너지가 흡수되면 박테리오로돕신의 연속적인 구조 변화가 유도되어 레티날 그룹으로부터 박테리오로돕신에 있는 통로를 통해 양성자가 세포 바깥으로 나가게 된다(그림 8.48). 이 과정에서 박테리오로돕신에서 떨어져 나간 양성자는 세포질에 있는 양성자로 채워지게 된다. 이 과정은 결국 세포질에서 세포 바깥으로 양성자를 수송하게 되고, 따라서 원형질막 사이에 가파른 H^+ 이온의 기울기가 생기게 된다. 다음 장에 기술된 바와 같이, 이 양성자의 이온 기울기는 ATP 합성효소가 ADP를 인산화하여 ATP를 만들 때 이용된다.

2차 능동수송(공동수송): 수송과 이온 기울기의 연결

Na^+, K^+, H^+ 등의 이온의 기울기의 형성은 자유 에너지를 세포에 저장할 수 있는 수단이 된다. 이온 기울기로 저장되어 있는 이 위치에너지는 다양한 방법으로 세포에 의해 이용되어 다른 용질을 수송하는 등의 일을 할 수 있게 해준다. 장의 생물학적 기능은, 먼저 내강

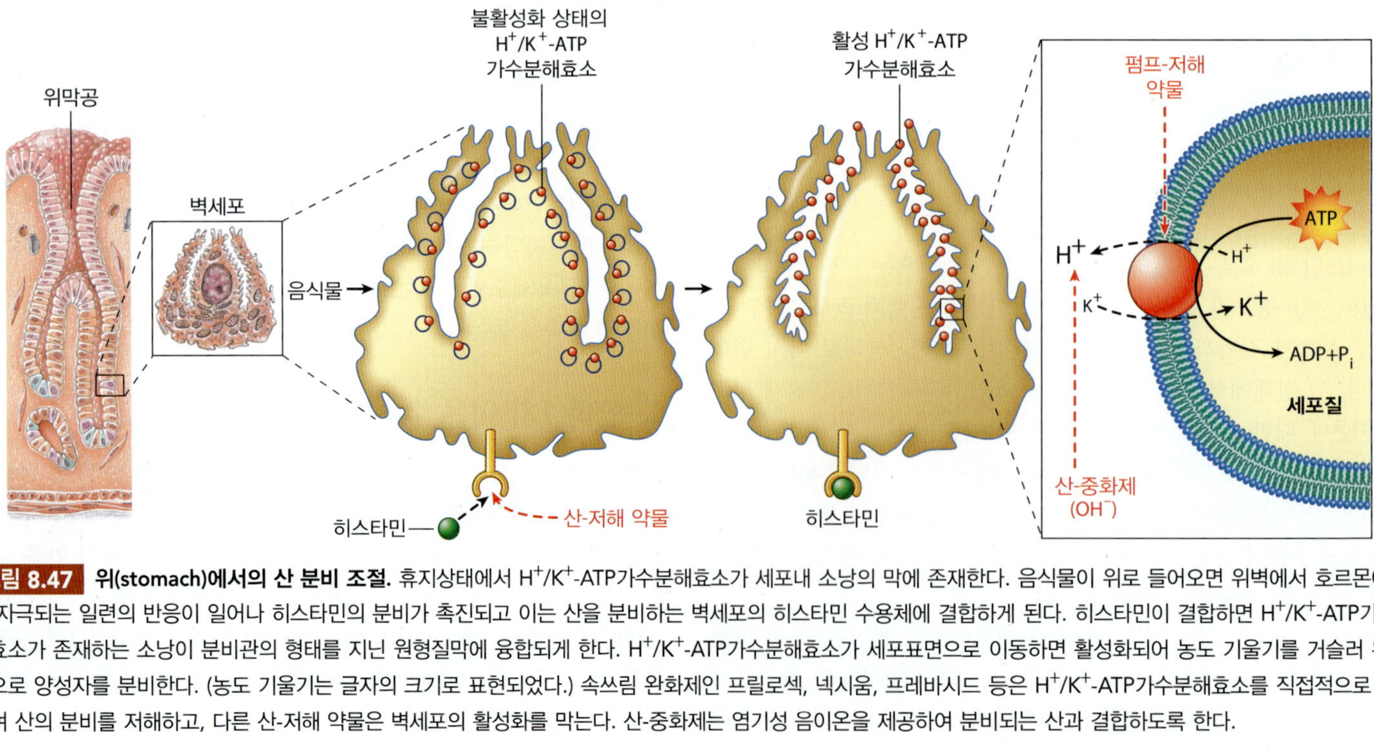

그림 8.47 **위(stomach)에서의 산 분비 조절.** 휴지상태에서 H^+/K^+-ATP가수분해효소가 세포내 소낭의 막에 존재한다. 음식물이 위로 들어오면 위벽에서 호르몬에 의해 자극되는 일련의 반응이 일어나 히스타민의 분비가 촉진되고 이는 산을 분비하는 벽세포의 히스타민 수용체에 결합하게 된다. 히스타민이 결합하면 H^+/K^+-ATP가수분해효소가 존재하는 소낭이 분비관의 형태를 지닌 원형질막에 융합되게 한다. H^+/K^+-ATP가수분해효소가 세포표면으로 이동하면 활성화되어 농도 기울기를 거슬러 위 내강으로 양성자를 분비한다. (농도 기울기는 글자의 크기로 표현되었다.) 속쓰림 완화제인 프릴로섹, 넥시움, 프레바시드 등은 H^+/K^+-ATP가수분해효소를 직접적으로 저해하여 산의 분비를 저해하고, 다른 산-저해 약물은 벽세포의 활성화를 막는다. 산-중화제는 염기성 음이온을 제공하여 분비되는 산과 결합하도록 한다.

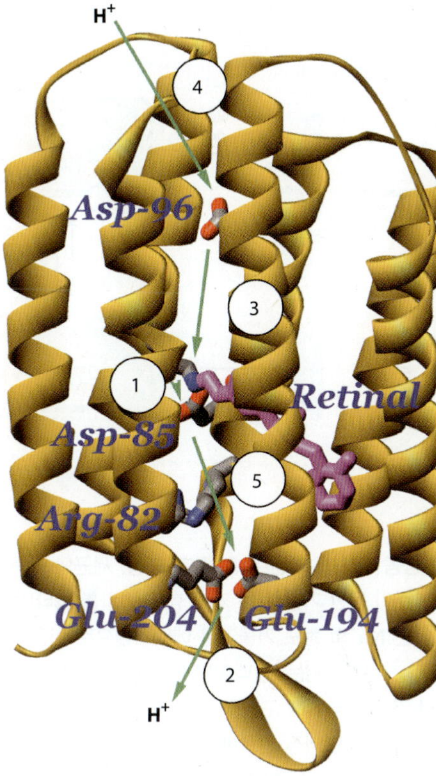

그림 8.48 박테리오로돕신: 빛에 의해 작동하는 양성자 펌프. 이 단백질은 7개의 막횡단 나선을 가지고 있으며 그 가운데에 레티날(보라색으로 표시)을 가지고 있다. 이 레티날은 빛 흡수를 하는 발색단(chromophore) 역할을 한다. 빛(광자)를 흡수하게 되면 레티날의 전자 구조의 변화를 야기하여 NH^+ 부위에서 양성자를 근처 음전하를 가진 아스파르트산 잔기(#85, Asp85)에 전달한다(1단계). 이 양성자는 그 후 아스파르트산(#82, Asp82), 글루탐산(#204, Glu204), 글루탐산(#194, Glu194)로 이루어진 양성자 전달 체계에 의해 막의 세포 외부 쪽으로 배출된다(2단계). 이들 아미노산 잔기들 사이에는 수소결합을 하고 있는 물 분자가 존재하여 양성자가 해당 경로를 따라 움직이는 것을 돕는다. 양성자를 잃은 레티날은 막의 세포질 쪽에 존재하는 아스파르트산(#96, Asp96)으로부터 양성자를 공급받아 원래의 상태로 돌아간다(3단계). 아스파르트산(#96)은 그 후 세포질로부터 양성자를 받게 된다(4단계). 아스파트르산(#85)은 다음 펌프 순환과정에서 레티날로부터 양성자를 받기 전에 양성자를 떼어 내어 버린다(5단계). 이러한 과정을 통해, 양성자는 세포질에서 단백질의 중심 통로를 통과하여 세포 밖으로 이동한다.

출처: Hartmut Luecke et al., courtesy of Janos K. Lanyi, *Science* 286:255, 1999에서 발췌. 미국과학진흥협회(AAAS)의 허가를 얻음.

에 효소를 분비함으로써 탄수화물과 같은 고분자물질을 가수분해하여 간단한 당으로 만들고 장에 있는 상피세포를 통해 가수분해된 이들 물질을 흡수하는 것이다. 이 상피세포의 정단부 원형질막에서는 포도당이 농도를 역행하여 이동하는데, 이때 포도당은 **그림 8.49**에 나타낸 것과 같이 Na^+와 **공동수송(cotransport)**된다. 상피세포의 기저부와 측부 원형질막에는 농도 기울기를 역행하여 Na^+을 세포 밖으로 수송하는 *1차(primary)* 능동수송 체계(Na^+/K^+-ATP가수분해효소)가 있으며, 이로 인해 세포내의 Na^+ 농도가 매우 낮게 유지된다. Na^+ 이온이 농도 기울기를 따라 정단부 원형질막을 건너 안쪽으로 들어오려는 경향성을 이용하여 상피세포는 포도당 분자가 공동수송으로 농도

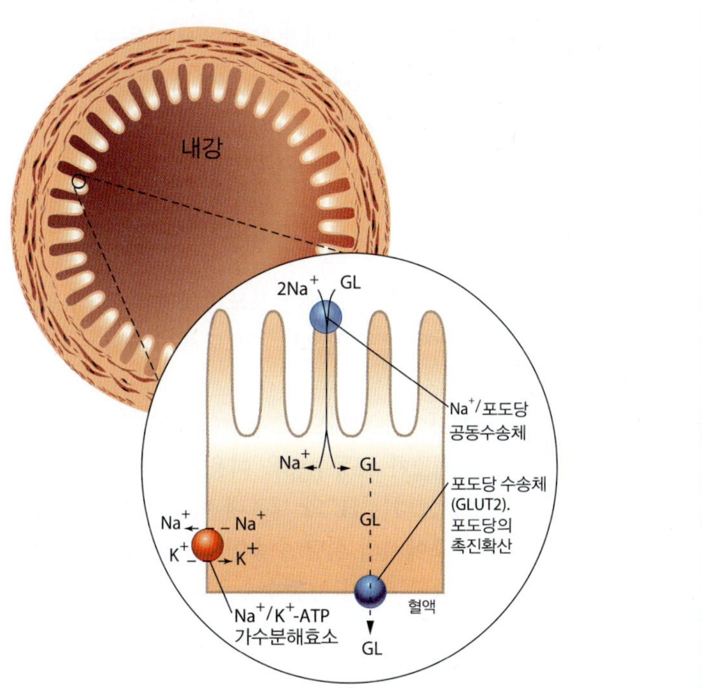

그림 8.49 2차 능동수송: 이온 기울기에 저장되어 있는 에너지의 사용. 측부 원형질막 표면에 있는 Na^+/K^+-ATP가수분해효소는 세포내 Na^+의 농도를 매우 낮은 상태로 유지한다. 원형질막 사이에 존재하는 이 Na^+ 이온 농도 기울기는 일을 할 수 있는 에너지를 저장한 것으로 볼 수 있으며, 정단부 원형질막에서 포도당을 Na^+/포도당 공동수송체로 수송하는 일 등에 사용할 수 있다. 정단부 표면을 통과하여 세포내로 들어오게 되면, 포도당은 기저부 원형질막으로 확산되어 포도당 촉진적 수용체에 의해 세포 밖의 혈액으로 운반된다. 그림에서 글자의 상대적 크기는 상대적인 농도 기울기의 방향을 의미한다. Na^+ 이온 2개가 포도당 1분자와 함께 수송된다. 2:1 비율의 Na^+/포도당 비율은 1:1 비율보다 포도당을 세포내로 수송하는 더욱 큰 원동력이 된다.

기울기를 역행하여(*against*) 세포 안으로 들어오도록 한다. 이 포도당 분자의 이동과 같은 과정을 *2차* 능동수송(*secondary active transport*)이라 한다. 이 경우 Na^+/포도당 공동수송체(Na^+/*glucose cotransporter*)는 1회 순환할 때마다 Na^+ 이온 2분자와 포도당 1분자를 이동시킨다. 세포 안으로 들어오게 되면, 포도당 분자는 촉진확산에 의해 기저부 원형질막 건너편으로 확산하게 된다(346쪽).

세포에서 다른 종류의 용질을 이동시킬 때 이용되는 이온 기울기 힘의 진가를 알아보기 위해, 아래에 Na^+/포도당 공동수송체의 에너지론을 간단히 살펴보도록 하자. 337쪽에 기술된 것과 같이, 1몰의 Na^+ 이온을 세포 안으로 이동시키기 위한 자유 에너지 변화는 −3.1 kcal/몰이므로 포도당 1몰을 이동시킬 때 이용되는 2몰의 Na^+ 이온에 의한 자유 에너지 변화는 6.2 kcal가 된다. 336쪽에서 나타낸 바와 같이, 포도당과 같은 비전해질이 막을 통해 이동할 때의 자유 에너지 변화는 아래와 같다.

$$\Delta G = RT \ln \frac{[C_i]}{[C_o]}$$

$$\Delta G = 2.303\ RT \log_{10} \frac{[C_i]}{[C_o]}$$

이 식을 이용하면 이 공동수송체가 25°C에서 만들 수 있는 포도당의 농도 기울기를 계산할 수 있다.

$$-6.2\ \text{kcal/mol} = 1.4\ \text{kcal/mol} \cdot \log_{10} X$$
$$\log_{10} X = -4.43$$
$$X = \frac{1}{23{,}000}$$

이 식은 Na^+/포도당 공동수송체가 포도당의 안과 밖의 농도차가 약 20,000배가 될 때까지 세포 안으로 포도당을 수송할 수 있음을 의미한다.

식물세포는 설탕이나 아미노산, 질산염 등을 포함한 다양한 영양분을 흡수하기 위해 2차 능동수송을 이용한다. 식물에서, 이러한 화합물의 흡수는 Na^+보다는 H^+의 세포내 이동에 의해 이루어지게 된다. 이러한 식물세포에서의 설탕 수송이나 장 상피세포 안으로의 포도당 수송에서 관찰되는 2차 능동수송은 동향수송(*symport*)의 예로, 수송되는 두 물질(H^+와 설탕 또는 Na^+와 포도당)은 같은 방향으로 움직이고 있다. 수송되는 두 물질의 이동 방향이 다른 ***이향수송(antiport)***을 담당하는 공동수송체도 많이 밝혀지고 있다. 예를 들어, 세포가 세포질 내의 pH를 적절하게 유지할 때도, 세포 안쪽으로의 농도 기울기에 따른 Na^+ 이동과 바깥쪽으로의 H^+ 이동을 연결하는 이향수송이 이용된다. 이향수송을 담당하는 공동수송체는 보통 교환운반체(*exchanger*)라고 한다. 최근 많은 2차 능동수송체의 3차원 구조가 밝혀져 있으며, 이들은 Na^+/K^+-ATP가수분해효소와 같이 각 수송단계마다 단백질에 있는 이온 결합부위가 세포질 또는 세포 외부를 향해 교대로 노출된다. **그림 8.50**에는 2차 능동수송체 중 하나의 수송단계에 대한 가설이 소개되었다.

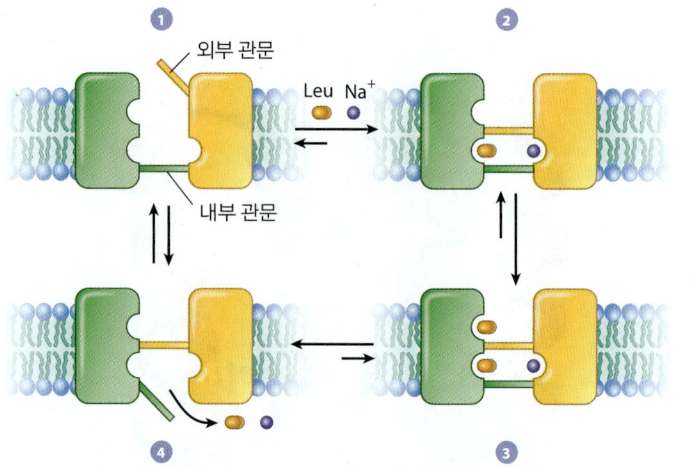

그림 8.50 2차 능동 수송에 의한 수송 주기 모형. 세균의 공동수송체인 LeuT 단백질에 의한 수송 주기 동안 가능한 네 가지 형태 변화를 나타내었다. 이 단백질은 이미 구축되어 있는 Na^+의 농도 기울기를 에너지원으로 이용하여 류신을 세포 안으로 능동수송한다. 1단계에서는, 단백질의 외부 관문이 열려 Na^+과 류신이 세포 밖 공간으로부터 각 결합부위에 도달할 수 있도록 한다. 2단계에서는, 외부 관문이 닫히고 Na^+과 류신을 단백질 안쪽에 가둔다. 3단계에서는, 두 번째 류신이 수송체의 외부 관문 바깥쪽에 있는 다른 류신 결합부위에 결합한다. 4단계에서는, 내부 관문이 열리고 Na^+과 류신은 세포질로 방출된다. 단백질의 내부 관문이 닫히고 외부 관문은 열리며 원래의 상태로 돌아간다.

출처: N. K. Karpowich and Da-Neng Wang et al., *Nature*, 465:171, 2010에서 발췌. Macmillan Publishers Ltd.의 허가를 얻음.

8.14 막전위

모든 생명체는 외부 자극에 반응하며, 이러한 생명체의 특성을 외부감수성(*irritability*)라고 한다. 단세포생물인 아메바도 가는 유리 바늘에 찔리게 되면 위족(pseudopodia)을 움츠리고, 둥글게 몸을 말기도 하며, 다른 곳으로 이동한다. 아메바의 외부감수성은, 이 장의 마지막 남은 주제가 될 신경충격을 만들고 전달하는 막의 기본적인 특성에 의존적이다.

신경세포(또는 뉴런)는 정보의 수집, 전도(동일 세포 내로 정보가 이동, conduction), 전달(다음 뉴런 또는 근육으로 정보가 이동, transmission)에 특화된 세포이며, 이때 정보는 빠르게 움직이는 전기적인 자극의 형태로 암호화되어 있다. 전형적인 뉴런의 기본적인 부위가 **그림 8.51a**에 소개되어 있다. 세포체(*cell body*)는 뉴런의 대사 중심이고 대부분의 물질 성분이 만들어지는 장소이며, 뉴런의 핵을 포함하고 있다. 대부분의 뉴런에는 세포체로부터 뻗어 나온 가는 확장 부위가 여러 개 존재하는데, 이를 **수상돌기(dendrite)**라 하고, 이는 대개 다른 뉴런에서 들어오는(*incoming*) 정보를 받는다. 또한 세포체로부터 뻗어 나온 하나의 현저히 두드러진 확장체는 **축삭(axon)**이라 하고, 이는 세포체로부터 표적세포로 전달되는(*outgoing*) 정보를 전도한다. 어떤 축삭은 수 마이크로미터 정도의 길이를 가지나, 어떤 축삭은 매우 긴 거리까지 확장되어 있다(그림 8.51*b*). 기린이나 고래와 같은 대형 척추동물의 경우는 축삭이 수 미터에 이르기도 한다. 대부분의 축삭은 그 끝에서 작은 돌기로 나뉘는데, 각 끝나는 지점을 말단혹(*terminal knob*)이라고 하며 이곳에서 신경 충격이 한 뉴런에서 표적 세포로 전달된다. 뇌에 있는 많은 뉴런은 수천 개의 말단혹으로 끝나게 되며, 이를 통해 수천 개의 표적들과 소통이 가능하게 된다. 315쪽에 기술되어 있는 것과 같이, 척추동물에 있는 대부분의 뉴런은 지질을 다량 함유한 **미엘린 수초(myelin sheat)**로 둘러싸여 있다. 미엘린 수초의 기능에 대해서는 아래에 소개하였다.

휴지전위

원형질막을 경계로 한쪽에는 과량의 양이온이 그리고 다른 한쪽에는 과량의 음이온이 존재하면, 두 지점 간에는 전압 또는 전위차가 발생하게 된다. 원형질막 사이의 전압을 측정하기 위해서는, 가는 유리 전극[또는 **미세전극**(*microelectrode*)]을 세포의 세포질에 다른 전극은 세포 밖 용액에 위치시키고 두 지점 간의 전하 차이를 측정하는 도구인 전압계(voltmeter)에 이 두 전극을 연결시키면 된다(**그림 8.52**). 이와 같은 실험이 오징어의 거대축삭(giant axon)을 이용하여 처음으로 수행되었을 때, 전위 차는 약 70 mV로 측정되었으며 세포 외부에 비해 세포 내부에 상대적으로 음전하가 더 많은 것으로 관찰되었다.

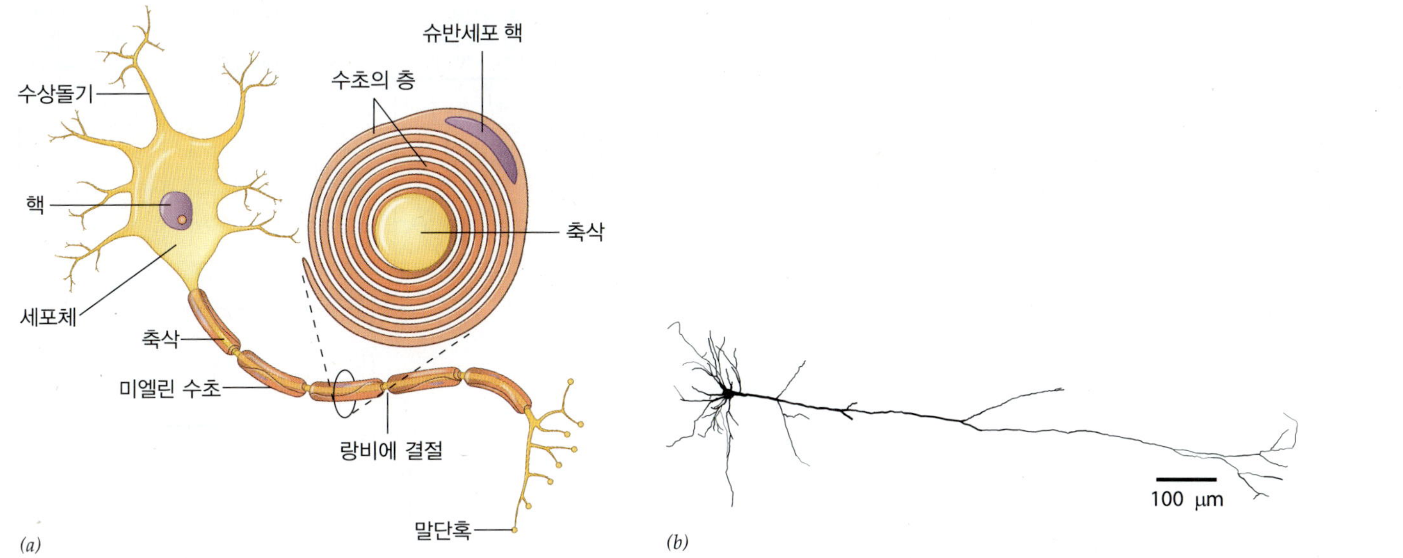

그림 8.51 신경세포의 구조. (*a*) 미엘린 수초로 둘러싸인 축삭을 가진 단순 뉴런의 모식도. 삽입도에 표시된 바와 같이, 미엘린 수초는 축삭 주위를 둘러싸고 있는 슈반세포로 구성되어 있다. 축삭에서 미엘린 수초가 감싸지 않고 있는 부위를 랑비에르 결절이라고 부른다. (중추신경계에서 미엘린 수초를 만드는 세포는 슈반세포보다는 희돌기교세포로 불린다.) (*b*) 쥐의 시상하부 뉴런의 합성 현미경 사진. 세포체와 수상돌기, 약 1cm 길이의 축삭이 보인다. 대형 포유류에서의 운동신경세포는 이 길이의 100배가 되기도 한다.

출처: (b) From Carlos F. Ibáñez, *Trends Cell Biol.* 17:520, 2007에서 발췌. Elsevier의 허가를 얻음.

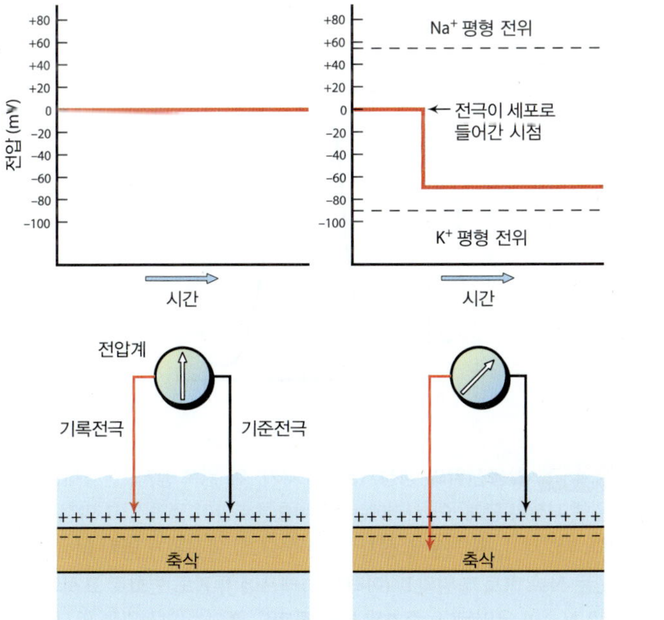

그림 8.52 막의 휴지전위 측정. 기준전극과 기록전극 사이에 전하 차이가 있을 때 전위가 측정된다. (*a*)에서는 두 전극이 모두 세포의 밖에 있어서 전위 차이(전압)가 측정되지 않는다. (*b*)와 같이 한 전극이 축삭의 원형질막을 통과하게 되면, 전위는 −70 mV로 떨어지게 된다(안쪽이 음전위). 이 전위는 막이 K^+ 이온만 통과가 가능하게 되었을 때의 전위인 K^+ 평형 전위와 비슷하다.

(따라서 외부를 접지 상태, 즉 0 V로 고정했을 때의 전압은 −70 mV가 된다.) 이 **막전위(membrane potential)**는 신경세포에만 있는 것이 아니라 모두 종류의 세포에 있으며, 보통 −15에서 −100 mV 사이에서 측정된다. 신경세포나 근육세포가 비흥분상태에 있는 경우에 막전위를 **휴지전위(resting potential)**이라고 하는데, 이는 다음 절에 기술될 극적으로 변화되는 막전위의 상대적인 개념이라 할 수 있다.

원형질막을 가로지르는 전압의 크기나 방향은 막의 양쪽에 존재하는 이온의 차이와 이들 이온의 투과도에 따라 결정된다. 이 장의 앞 부분에 기술했듯이, Na^+/K^+-ATP가수분해효소는 Na^+를 세포 외부로, K^+를 세포 내부로 이동시켜 원형질막을 경계로 두 이온에 대한 가파른 농도 경사를 만들게 된다. 이 농도 경사로 인해 K^+ 이온은 세포 밖으로 Na^+ 이온은 세포 안으로 이동하려는 경향을 보일 것이나, 휴지상태의 신경세포에서는 원형질막에 있는 대부분의 이온 통로가 닫혀 있다. 다만 K^+ 이온에 대해서는 열려 있는 통로가 있어 이를 *K^+* **누출통로**(*K^+ leak channel*)라 부른다. K^+ 누출통로는 K^+ 통로의 여러 종류 중 K2P 군에 속하며, 이들 통로는 S4 전압 감지 나선이 없어 (343쪽) 전압의 변화에 반응할 수 없다.

휴지상태의 신경세포에서는 K^+ 이온만이 상당한 투과도를 가진 전해질이기 때문에, K^+ 이온이 농도 기울기에 따라 세포 밖으로 나오게 되면 상대적으로 세포 안쪽에는 상당한 양의 음전하가 쌓이게 된다. 농도 기울기로 인해 K^+ 이온이 계속해서 세포 외부로 이동하게 되면, 세포 내부의 과량의 음전하로 인해 발생하는 전기적 기울기 때문에 K^+ 이온을 세포 내부에 유지하려는 힘도 점차 강해진다. 이 두 가지 반대로 작용하는 힘이 균형을 이루면 평형이 되고, 평형상태에서는 K^+ 이온의 순이동이 더 이상 발생하지 않는다. 네른스트(Nernst) 방정식이라 불리는 아래 식을 이용하면, 신경세포의 원형질막이 K^+ 이온만 투과시킬 수 있다고 가정할 경우의 막전위(V_m)을 계산할 수 있다.[7] 이 경우 V_m은 K^+ 평형 전위(E_K)가 된다.

[7]네른스트 방정식은 337쪽에 표시된 방정식에서 이온의 움직임이 평행상태가 되는 $\Delta G = 0$ 조건에서 유도되었다.

$$E_K = 2.303\frac{RF}{zF}\cdot\log_{10}\frac{[K_o^+]}{[K_i^+]}$$

오징어의 거대축삭에서는, 안쪽 $[K_i^+]$이 대략 350 mM이고, 바깥쪽 $[K_o^+]$은 대략 10 mM이기 때문에, 25°C(298K)에서 z가 K^+ 이온의 전하량인 +1일 경우 V_m은 아래와 같다.

$$E_K = 59\log_{10}0.028 = -91\,\text{mV}$$

Na^+ 평형 전위(E_{Na})를 비슷한 방법으로 계산하면 약 +55 mV의 결과가 나온다. 휴지상태의 신경세포의 막의 전압을 측정하면 K^+ 평형 전위와 비슷한 −70 mV이기 때문에, K^+ 이온의 세포막을 통한 이동이 휴지전위를 결정하는 가장 중요한 요소가 된다고 생각된다. 계산된 K^+ 평형 전위인 −91 mV는 측정된 휴지전위인 −70 mV(그림 8.52)와 다른데, 이는 막이 최근 밝혀진 Na^+ 누출통로를 통해 Na^+에 대해 약간의 투과도를 보이기 때문이다.

활동전위

막전위와 신경충격에 대한 현재의 이해는 1940년대 말부터 1950년대 초까지 영국의 앨런 호지킨(Alan Hodgkin), 앤드류 헉슬리(Andrew Huxley), 버나드 캣츠(Bernard Katz)와 같은 생리학자들이 오징어의 거대축삭을 이용해서 수행한 많은 연구에 그 기반을 두고 있다. 이 축삭은 직경이 1 mm 정도 되며, 매우 빠른 속도로 신경충격을 전달하여 오징어가 포식자로부터 빠르게 도망갈 수 있게 해준다. 이 큰 크기의 축삭으로 인해 포유류 뉴런의 미세한 축삭보다 전기적 활성을 측정하기도 쉬웠다. 이 오징어 뉴런이 휴지상태일 때 막을 가는 바늘로 찌르거나 미세한 전류를 가하면, 막의 몇몇 Na^+ 통로가 열려 Na^+이 세포 안으로 들어가게 할 수 있다. 이 양전하를 띤 이온이 세포 안쪽으로 들어가면 세포는 막 사이의 전위차가 감소되어 막전위는 −70 mV 보다 증가하게 된다. 이 막전위의 증가는 두 막 사이에 있는 극성을 감소시키기(*decrease*) 때문에 **탈분극(depolarization)**이라고 한다.

만약 자극에 의해 막이 −70에서 −60 mV 정도로 수 mV 정도 탈분극된다면, 해당 막은 자극이 사라진 순간 다시 빠르게 원래의 휴지전위로 돌아갈 것이다(**그림 8.53a**, 왼쪽 상자). 그러나 막전위가 −50 mV 정도의 **역치(threshold)** 이상으로 탈분극되면, 새로운 종류의 일들이 벌어지게 된다. 이와 같은 비교적 큰 폭의 막전위 변화는 Na^+ 전압 관문 통로를 열게 된다. 그 결과 Na^+ 이온이 농도 기울기와 전기적 기울기 모두에 의해 세포 안으로 자유롭게 확산하게 된다(그림 8.53*a*, 가운데 상자). Na^+ 이온에 대한 증가된 막의 투과도와 그로 인한 양전하의 세포 안쪽으로의 이동으로 인해 막전위는 빠르게 변경되어 Na^+ 평형 전위에 근접한 +40 mV로 된다(그림 8.52).

Na^+ 전압 관문 통로의 불활성화는 전압 관문 K^+ 통로의 경우와 같이 불활성화 펩티드에 의해 통로의 구멍이 막혀서 이루어지는 것으로 생각되고 있다. Na^+ 유입에 의한 막전위의 변화는 이어 전압 관문 K^+ 통로(그림 8.53*a*, 오른쪽 상자)를 열게 된다. 그 결과 K^+ 이온이 가파른 농도 기울기에 따라 세포의 밖으로 빠르게 확산된다.

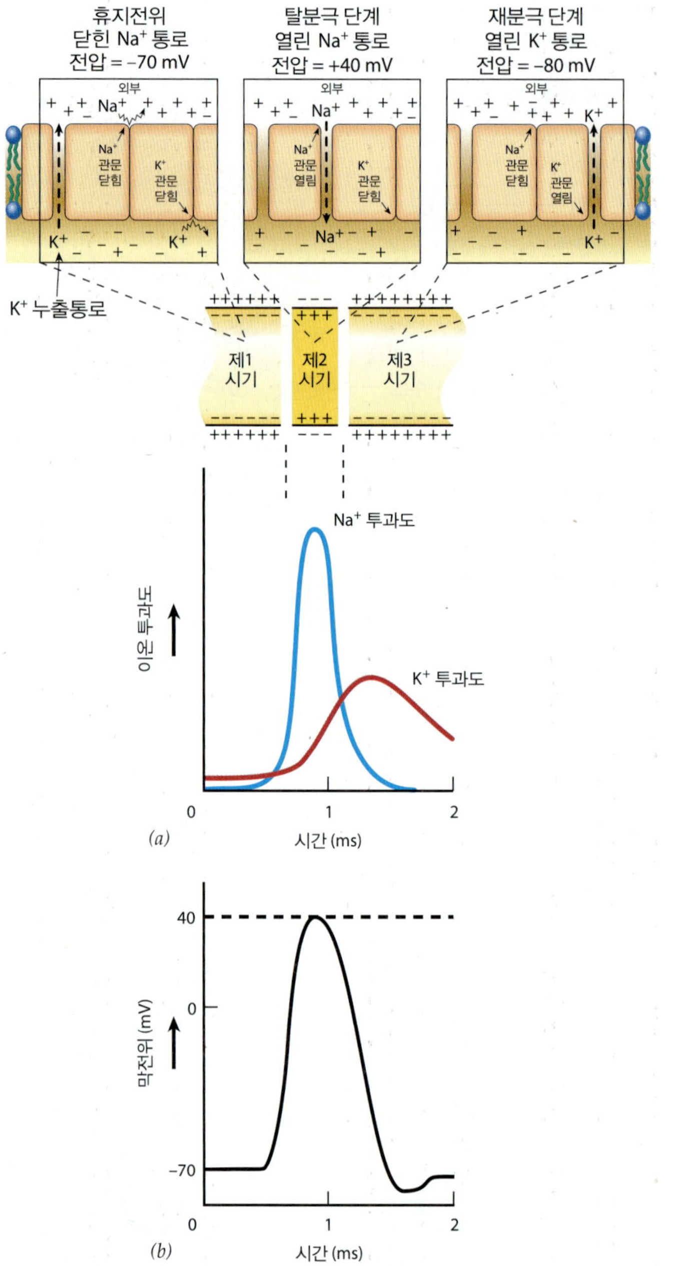

그림 8.53 **활동전위의 생성.** (*a*) 제1시기, 위 왼쪽 상자: 신경세포의 이 지역의 막은 휴지전위 단계. 이 시기에는 K^+ 누출통로만이 열려 있고 막전위는 약 −70 mV이다. 제2시기, 위 가운데 상자: 탈분극 단계. 막전위가 역치 이상으로 올라가 전압 관문 Na^+ 통로가 열리고 (아래쪽 그래프에 투과도 변화로 표시되어 있는 것과 같이) Na^+이 유입된다. 증가된 Na^+ 투과도 증가는 막전위를 일시적으로 역전시켜, 오징어 거대축삭에서는 막전위가 대략 +40 mV까지 증가하게 된다. 이 역전된 막전위가 바로 활동전위를 이루는 막전위가 된다. 제3시기, 위 오른쪽 상자: 재분극 단계. 빠른 시간 내로 Na^+ 통로가 불활성화되고 K^+ 통로가 열려, K^+ 이온이 막을 통해 확산되어 휴지막 전위보다 더욱 낮은 막전위(−80mV)를 만들게 된다. K^+ 통로가 열리자마자 K^+ 통로는 다시 닫혀, K^+ 누출통로만이 막을 통한 이온의 이동에 주된 역할을 하게 되며 휴지막 전위는 다시 복구된다. (*b*) *a*에 기술된 바와 같이 활동전위 중 일어나는 전압의 변화.

Na^+ 투과도 감소와 K^+ 투과도 증가는 막전위를 다시 K^+ 평형 전위에 근접하는 −80 mV 정도의 음의 값으로 다시 변화시킨다(그림 8.52). 막전위가 이렇게 내려가게 되면 전압 관문 K^+ 통로는 다시 막

히고(그림 8.43*b*) 막은 다시 휴지상태로 돌아오게 된다. 이들을 모두 종합한 막전위의 이러한 변화를 **활동전위(action potential**, 그림 8.53*b*)라고 한다. 활동전위 동안의 위 모든 변화는 오징어 축삭에서는 5 ms, 미엘린 수초로 둘러싸인 포유동물의 신경세포에서는 1 ms 정도 걸린다. 활동전위 후 막은 짧은 불응기(*refractory period*)에 들어가게 되며, 그 동안에는 다시 활동전위가 일어날 수 없다. 이 불응기가 존재하는 이유는, 활동전위 초기 불활성화되었던 Na^+ 통로가 다른 자극에 반응하여 다시 열릴 수 있으려면 우선 불활성화 상태에서 닫힌 상태로 변해야 하기 때문이다. 그림 8.43에 표시된 바와 같이, 이온 통로가 불황성화 상태에서 닫힌 상태로 변하기 위해서는 불황성화 펩티드가 반드시 통로의 구멍에서 빠져 나와야 한다.

활동전위가 막의 전압을 극적으로 변화시키긴 하지만, 활동전위는 막의 양쪽에 존재하는 매우 적은 양의 이온들에 의해서 이루어진다. 그림 8.53*b*에 보여진 막전위의 현저한 변화는 두 막의 양쪽에 존재하는 Na^+ 와 K^+ 이온 농도(*concentration*)의 변화에 의해 야기되는 것이 아니고, 이들 이온들에 대한 투과도의 순간적인 변화로 인해 특정 방향으로 움직이게 되는 전하의 움직임에 의해 생기게 된다. 활동전위 동안 세포막을 사이로 위치를 바꾸었던 이온은 결국 Na^+/K^+-ATP가수분해효소에 의해 다시 원래의 자리로 돌아간다. Na^+/K^+-ATP가수분해효소가 저해된다고 할지라도, 이 펌프에 의해 생긴 이온 기울기가 다 없어지기 전까지 뉴런은 수천 번의 신경충격을 계속할 수 있다.

뉴런의 막이 탈분극되어 역치까지 올라가게 되면, 더 이상의 자극이 없이도 활동전위는 시작된다. 이러한 신경세포 기능의 특징을 실무율(*all-or-none law*)라고 한다. 중간이란 없다. 역치 미만의 탈분극은 활동전위를 일으키지 못하고, 반면 역치 이상의 자극은 자동적으로 최대 반응을 야기한다. 활동전위를 만들기 위해 필요한 에너지는 가파른 이온 농도 기울기를 원형질막 사이에 만들어내는 Na^+/K^+-ATP가수분해효소로 인해 미리 저장되어 있다. 이온의 농도 기울기가 만들어지고 나면, 많은 이온들이 이온 통로가 열렸을 때 각각의 전기화학적 기울기에 따라 막을 통해 움직일 준비가 된 상태가 된다. 이는 댐의 문을 열었을 때 흐르는 물에 비유할 수 있다.

신경세포의 원형질막을 통과하는 이온의 움직임은 뉴런들의 소통의 기초가 된다. 프로카인(procaine)이나 노보카인(novocaine)과 같은 국소(*local*) 마취제는 감각세포와 뉴런의 막에 있는 이온 통로를 닫는다. 이들 이온 통로가 닫혀 있는 동안엔 세포는 활동전위를 만들 수 없고 따라서 피부나 치아에서 일어나는 사건을 뇌에 알릴 수 없게 된다.

8.15 신경충격으로서 활동전위의 전파

지금까지는 실험적으로 탈분극을 유도하여 활동전위가 야기된 신경세포 막의 특정 위치에서 일어나는 현상에 국한하여 논의하였다. 활동전위가 시작되면, 이는 특정 장소에서 일어나고 사라지는 것이 아니라 **신경충격(neve impulse)**으로 뉴런의 말단까지 전파된다(*propagated*).

신경충격이 막을 따라 전달되는 이유는 한 부위에서의 활동전위가 옆 부위에 영향을 주기 때문이다. 활동전위에 의한 탈분극은 원형질막의 안과 밖에 전하의 차이를 만들게 된다(그림 8.54). 결과적으로, 막의 바깥쪽에서는 양이온이 탈분극된 곳으로 안쪽에서는 탈분극된 곳에서 다른 곳으로 이동하게 된다(**그림 8.54**). 이 국지적인 전하의 흐름은 활동전위가 일어난 바로 다음 지역에서 탈분극을 유도할 수 있다. 활동전위에 의한 탈분극은 매우 크기 때문에, 주변 지역의 세포막에서는 역치보다 더 크게 막전위가 증가하게 되며, 이는 그 주변 지역에서 Na^+ 통로를 열어 또 다른 활동전위를 만들어내게 된다. 따라서 한 번 발생하게 되면, 자극의 손실이 없이 연속적인 활동전위가 뉴런 전체에서 일어나게 되며, 이는 처음 발생했을 때와 동일한 세기로 뉴런의 말단에 전달된다.

뉴런을 따라 전달되는 모든 신경충격은 동일한 세기를 가지기 때문에, 강한 자극이 약한 자극보다 "더 큰(bigger)" 신경충격을 만들어낼 수는 없다. 그러나 생명체는 자극 크기의 차이를 인식할 수 있는데, 이 능력은 몇몇 요인에 의해 가능하게 된다. 예를 들면, 아주 뜨거운 물과 같은 강한 자극은 적당한 온도의 물과 같은 약한 자극보다 더욱 많은 뉴런을 활성화시킨다. 또한 큰 자극은 웬만한 자극에는 활성화되지 않는 "고역치(high-threshold)" 뉴런도 활성화시킬 수 있다. 자극의 세기는 또한 활동전위의 유형이나 빈도에 의해서도 정해질 수 있다. 대부분의 경우, 자극이 셀수록 더 빈번한 신경충격이 만들어진다.

축삭의 직경이 늘어나면 국소전류에 대한 저항이 작아져 활동전위는 더욱 빨리 주변부로 전달될 수 있다. 오징어나 서관충(tube worm)과 같은 어떤 무척추동물들은 위협으로부터의 빠르게 탈출하기 위하여 진화적으로 거대축삭을 만들어내었다. 그러나 이러한 진화적 접근 방법에는 한계가 있다. 전도의 속도는 직경 비의 제곱근에 비례해서 증가하기 때문에, 480 μm 직경의 축삭은 30 μm 직경의 축삭보다 전도 속도가 단지 4배 빠를 뿐이다.

척추동물의 진화 과정 중, 축삭이 미엘린 수초에 의해 싸이게 되었을 때 전도 속도의 증가가 일어났다(그림 8.5와 8.51 참조). 미엘린 수초는 지질을 함유한 막이 여러 겹으로 존재하기 때문에, 축삭

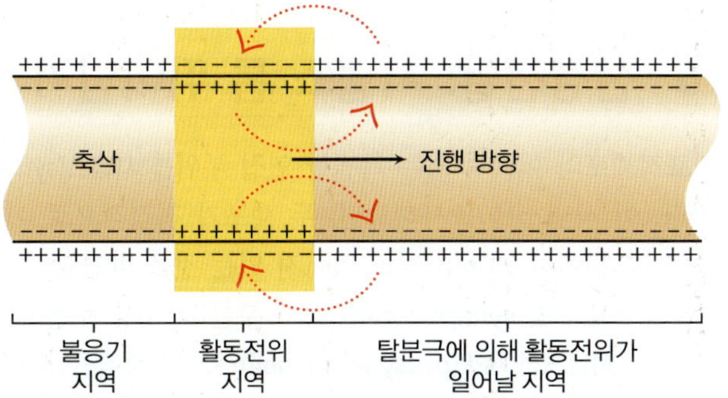

그림 8.54 **국소적 이온 흐름에 의한 신경충격의 전파.** 막의 한 위치에서 생성된 활동전위는 이웃한 막을 탈분극시켜 그 위치에서 활동전위를 다시 유도한다. 활동전위는 전진하는 방향으로만 진행할 수 있는데, 활동전위를 한 번 겪으면 해당 막은 불응기가 되기 때문이다.

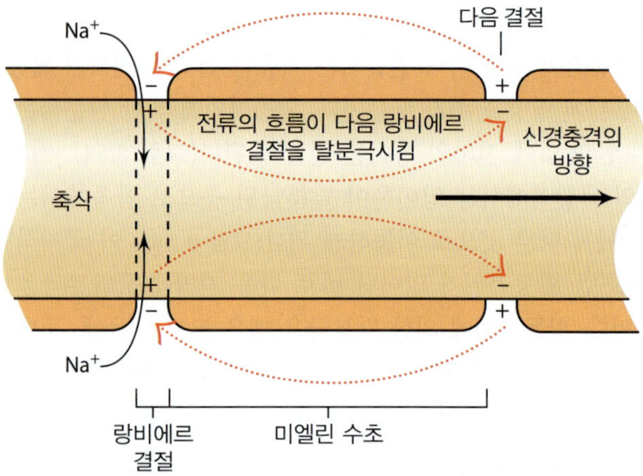

그림 8.55 **도약전도.** 도약전도 시에는 결절부위에 있는 막만이 탈분극되고 활동전위를 생성할 수 있다. 이는 전류가 활성화된 결절부위에서 축삭을 따라 휴지기인 다른 결절부위로 흐르기 때문이다.

의 원형질막을 통한 이온의 이동을 완전히 저해할 수 있게 된다. 또한 미엘린 수초로 싸인 유수신경에는, 미엘린 수초를 구성하는 슈반세포(Schwann cell)나 희돌기교세포(oligodendrocyte)가 축삭을 감싸지 않은 랑비에르 결절(*node of Ranvier*)라고 불리는 틈에 거의 모든 Na^+ 이온 통로가 존재한다(그림 8.51 참조). 결과적으로 랑비에를 결절은 활동전위가 만들어지는 유일한 장소가 된다. 한 랑비에르 결절에서 활동전위가 생기게 되면 다음 결절에서 활동전위를 야기하게 되어(**그림 8.55**), 신경충격은 중간의 모든 막의 활동전위를 야기하지 않고 결절에서 결절로 도약하며 전달될 수 있게 된다. 이러한 기작에 의한 신경충격의 빠른 전파를 **도약전도(saltatory conduction)**라고 한다. 신경충격은 유수신경에서 1초에 120 m의 속도로 전도될 수 있으며, 이는 같은 직경을 가진 무수신경의 전도속도보다 20배 빠른 속도이다.

미엘린 수초의 중요성은 다발성경화증(multiple sclerosis, MS)에서 극적으로 증명이 되는데, 이 질병은 신경계의 다양한 부위에서 축삭을 싸고 있는 미엘린 수초의 퇴화로 인한 질병이다. 이 병의 징후는 보통 청년기에 시작되며, 환자들은 손에 힘이 없고, 걷는 데 어려움이 있으며, 시력에도 문제가 생긴다.

8.16 신경전달: 시냅스 틈 뛰어넘기

뉴런이 표적세포와 이어져 있는 특별한 연접 부위를 **시냅스(synapse)**라고 한다. 이 시냅스를 조사해보면, 두 세포가 직접적으로 이어져 있지 않고 약 20에서 50 nm 정도 떨어져 있는 것을 발견할 수 있는데, 이 틈을 **스냅스 틈(synaptic cleft)**라고 부른다. 보통 수용체 세포나 뉴론 등인 **시냅스전 세포(presynaptic cell)**는 신경충격을 시냅스로 전달하고, 보통 또 다른 뉴론이나 근육세포 또는 분비세포 등인 **시냅스후 세포(postsynaptic cell)**는 시냅스에서 신호를 받는 쪽에 있다. **그림 8.56**에는 뉴론에서 분지된 축삭 끝이 골격근과 이루는 많은 시냅스를 나타내었으며, 이러한 종류의 시냅스를 **신경근육 연접부(neuromuscular junction)**라고 한다.

그렇다면, 시냅스전 세포의 신경충격이 어떻게 시냅스 틈을 넘어 시냅스후 세포에 영향을 줄 것인가? 연구 결과에 따르면, 한 세포에서 다른 세포로의 신경충격의 전달에는 화학물질이 이용됨이 밝혀졌다(360쪽). 축삭 분지의 가장 끝(말단혹)에는 많은 양의 **시냅스 소낭(synaptic vesicle)**(그림 8.56, 왼쪽 삽입도)이 존재하며, 이는 시냅스후 세포에 작용하는 화학 전달자를 보관하는 장소로 사용된다. 가장 잘 알려진 두 **신경전달물질(neurotransmitter)**은 아세틸콜린(acetylcholine) 노르에피네프린(norepinephrine)으로 이들은 근육근과 심장근에 신경충격을 전달한다.

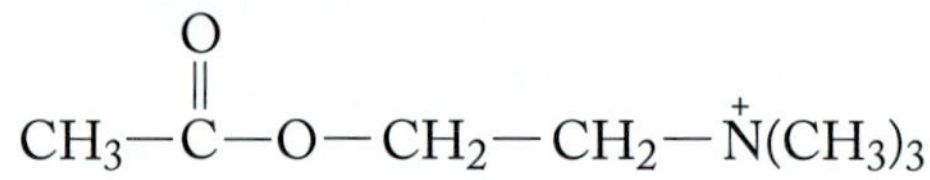

아세틸콜린 (ACh)

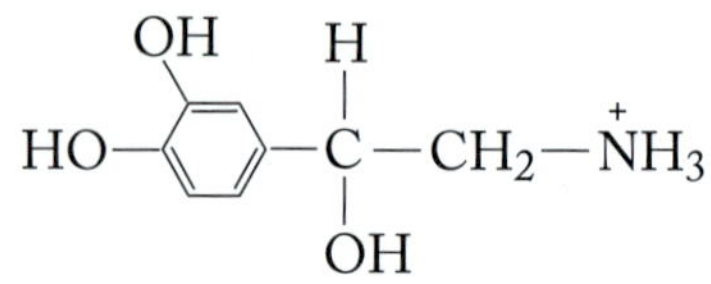

노르에피네프린

시냅스에서의 신경전달 중 일어나는 일련의 일들이 아래에 요약되어 있다(**그림 8.57**). 신경충격이 말단혹에 도착하면(1단계, 그림 8.57), 시냅스전 세포의 원형질막에 존재하는 많은 전압 관문인 Ca^{2+} 통로가 신경충격에 의한 탈분극에 의해 열리게 된다(2단계, 그림 8.57). 다른 모든 세포들에서와 같이, Ca^{2+}는 보통 뉴론 내부에 매우 낮은 농도(100 nM)로 존재한다. 관문이 열리면, Ca^{2+}는 외부로부터 뉴론의 말단혹으로 들어오게 되며, 이는 Ca^{2+} 통로 근처의 국소부위 내 1,000배 이상의 Ca^{2+} 농도 증가를 야기하게 된다. 이 증가된 Ca^{2+}는 몇몇 시냅스 소낭이 빠르게 원형질막에 융합되게 유도하여 신경전달물질을 시냅스 틈에 방출한다(3단계, 그림 8.57).

신경전달물질이 시냅스 소낭에서 방출되면, 이들은 시냅스 틈에서 확산되어 시냅스후 세포의 시냅스 틈 쪽에 존재하는 각 수용체에 선택적으로 결합한다(4단계, 그림 8.57). 신경전달물질은 이들이 결합하는 표적 세포막의 수용체의 종류에 따라 아래의 두 상반된 작용 중 하나를 유도하게 된다.[8]

1. 결합한 신경전달물질은 양이온-선택적 통로를 열어, 보통 Na^+의 유입을 증가시키고 이를 통해 막전위를 증가시킨다. 시냅스후 세포에서의 이러한 탈분극은 세포를 흥분시키게 되고, 세포가 활동전위를 생성할 수 있는 가능성을 높인다(그림 8.57, 5a 및 6단계).
2. 결합하는 신경전달물질은 음이온-선택적 통로를 열게 될 수도 있으며, 이 경우에는 주로 Cl^-가 유입되며 막전위는 더 감소된다(과분극, hyperpolarization). 시냅스후 세포가 과분극되면 역치까

[8]이온통로가 아닌 다른 주요한 신경전달물질 수용체들은 막전압에 직접적으로 영향을 주지 않기 때문에 여기서 다루지 않는다. 다른 주요 수용체들은 G-단백질결합수용체(GPCR)들이며, 15.3절에서 논의된다. 신경전달물질이 이러한 수용체들에 결합하면 다양한 반응을 일으킬 수 있는데, 간혹 간접적인 기작으로 이온통로들을 열기도 한다.

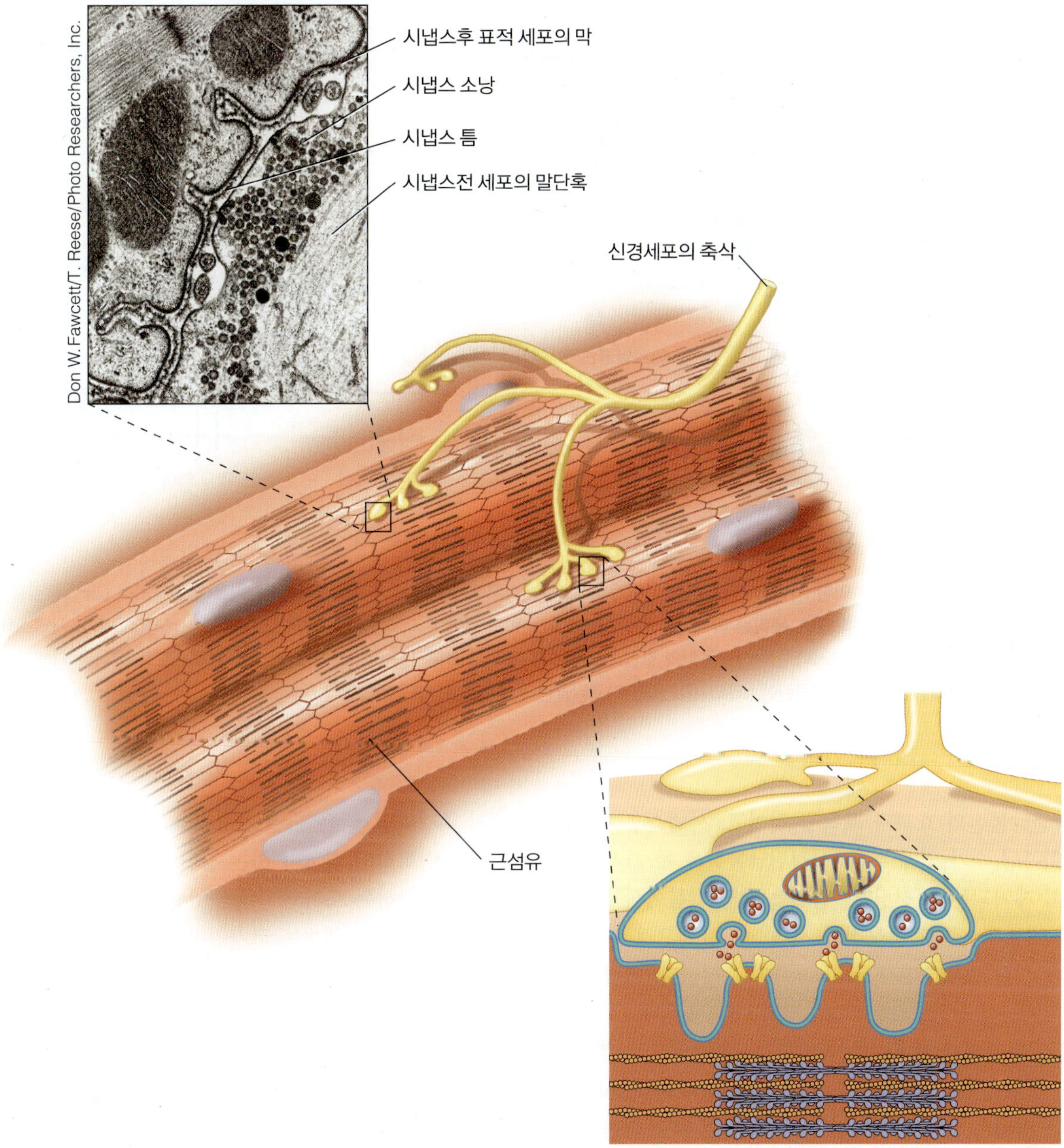

그림 8.56 신경근육 연접부는 운동뉴런의 축삭 분지가 골격근의 근섬유와 시냅스를 이루는 곳이다. 왼쪽 삽입도에는 축삭의 말단혹 내에 존재하는 시냅스 소낭이 관찰되며, 말단혹과 시냅스후 표적 세포 사이의 좁은 시냅스 틈도 보인다. 오른쪽 삽입도에는 근육세포막에 접해 있는 말단혹을 나타내고 있다. 신경전달물질(빨강)이 시냅스전 뉴런의 시냅스 소낭에서 분비되어 근육세포(파랑)의 표면 수용체(노랑)에 결합하고 있다.

지 막전위를 올리는 데 필요한 Na^+가 더욱 많이 필요하게 되므로 세포가 활동전위를 생성할 가능성이 낮아지게 된다(그림 8.57, 5*b*).

뇌에 존재하는 대부분의 신경세포는 다양한 뉴런에서 오는 흥분성 신호와 억제성 신호를 모두 받을 수 있다. 이러한 서로 반대되는 신호들의 총합으로 시냅스후 뉴런에서 신경충격의 생성여부가 결정된다.

특정 뉴론의 모든 말단혹에서는 동일한 신경전달물질이 분비된다. 그러나 동일한 신경전달물질은 시냅스후 뉴런의 종류에 따라 흥분성 효과를 가질 수도 있고 억제성 효과를 가질 수도 있다. 예를 들어 아세틸콜린의 경우 심장의 수축성은 감소시키지만 골격근의 수축성은 증가시킨다. 뇌에서 글루탐산은 주요 흥분성 신경전달물질로 작용하고 감마-아미노부티르산(gamma-aminobutyric acid, GABA)는 주요 억제성 신경전달물질로 작용한다. 발리움(Valium) 및 그 유도체와 같은 많은 전신마취제는 GABA 수용체에 결합하여 뇌의 "억제"회로(off switch)를 활성화시키는 작용을 한다. 아래에 기술된 바와 같이, 불안, 우울, 불면증, 조현병 등의 장애에 쓰이는 많은 약물들은 시냅스에서 그 기능을 수행한다.

시냅스에 대한 약물의 작용

신경전달물질은 뉴런에서 분비된 후에 반감기가 짧아야 한다. 그렇

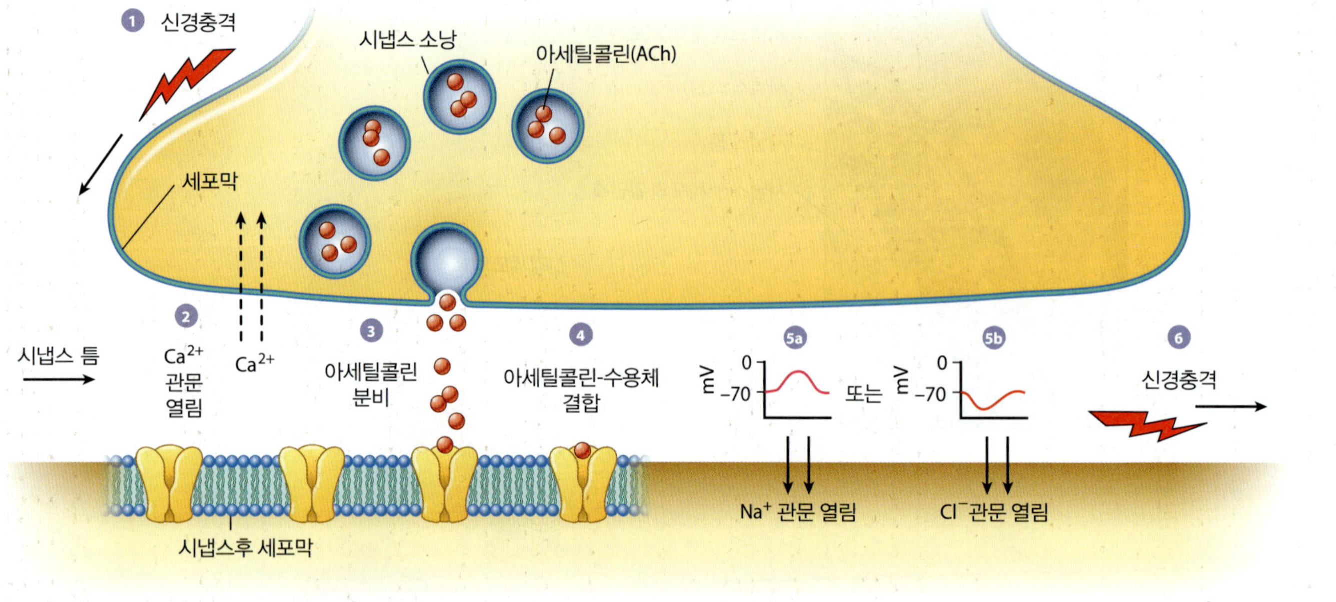

그림 8.57 신경전달물질 아세틸콜린에 의한 시냅스 전달 과정. 1단계부터 4단계까지에서는, 신경충격이 축삭의 말단혹에 도달하여 Ca^{2+} 통로를 열고, 유입된 Ca^{2+}으로 인해 시냅스 소낭에서 아세틸콜린을 분비되며, 분비된 아세틸콜린은 시냅스후 뉴런의 막에 존재하는 수용체에 결합한다. 신경전달물질이 시냅스후 막의 탈분극을 야기하면(5a와 같이), 신경충격이 발생한다(6). 그러나 신경전달물질의 결합이 시냅스후 막에서 과분극을 야기하게 되면(5b), 표적세포의 활성은 저해되어 다른 흥분성 자극에 의해 신경충격이 생성되기 어려워진다. 아세틸콜린에스테라제에 의한 아세틸콜린의 분해는 표시되지 않았다.

지 않다면 신경전달물질의 효과가 계속될 것이고, 시냅스후 뉴런이 자극으로부터 회복될 수가 없게 된다. 신경전달물질은 두 가지 방법으로 시냅스에서 제거되는데, 신경전달물질을 시냅스 틈에서 분해하는 효소에 의한 방법과 신경전달물질을 시냅스전 뉴런으로 다시 수송하는 단백질에 의한 방법(재흡수, *reuptake*)이 존재한다. 이러한 분해나 재흡수로 인해, 각 신경충격은 수 ms 정도만 지속된다.

신경전달물질의 분해나 재흡수를 교란하는 것은 생리적, 행동적 효과에 매우 큰 영향을 준다. 아세틸콜린에스테라제(Acetylcholinesterase, AChE)는 시냅스 틈에 존재하며 아세틸콜린을 분해하는 효소이다. 이 장을 시작할 때 언급했던 독가스 사린은 AChE를 저해하여 그 기능을 수행하게 된다. 이 효소가 사린에 의해 저해되면, 몸 전체적으로 신경근육 연접부에는 아세틸콜린이 쌓이게 되며 시냅스후 근육세포로 과도한 신호가 계속해서 전달되게 된다. 그 결과, 숨을 쉴 때 필요한 몸의 골격근은 격렬한 수축을 하게 되고 이후 근육이 약해지며 마비가 된다. 반면, 아세틸콜린 분비 뉴런이 없어지는 것이 특징인 치매 증상의 치료를 위해서는 AChE에 대한 약한 저해제를 쓰기도 한다.

많은 약물들은 또한 시냅스 틈에서 신경전달물질을 재흡수하는 수송체를 저해하는 기능을 한다. 우울증 치료제로 많이 사용되는 프로작(Prozac)이나 졸로푸트(Zoloft)는 기분장애에 관련되어 있는 신경전달물질인 세로토닌(serotonin)의 재흡수를 억제한다. 반면, 코카인(cocaine)은 변연계(limbic system)라 알려진 뇌의 특정 영역에 있는 신경세포에서 나오는 신경전달물질인 도파민(dopamine)의 재흡수를 억제한다. 이 변연계는 뇌의 "즐거움(pleasure)" 또는 "보상(reward)" 중추를 가지고 있다. 변연계의 시냅스 틈에 도파민이 계속해서 존재하면, 짧은 희열상태(euphoria)를 경험하게 하고 또한 해당 감각을 반복하게 하고자 하는 강한 충동을 느끼게 한다. 도파민의 재흡수를 담당하는 도파민 수송체(dopamine transporter, DAT)를 유전공학적으로 없앤 생쥐는 코카인이나 암페타민(amphetamine)을 계속 투여한 생쥐와 비슷한 행동을 보인다. *DAT* 유전자가 없는 생쥐는 코카인이나 암페타민을 투여해도 더 이상의 행동적 변화를 보이지 않는다. 또 다른 종류의 여러 약물들은 시냅스전 도파민-분비 뉴런이나 시냅스후 도파민-반응 뉴런에 작용한다. 암페타민은 시냅스전 말단으로부터 과량의 도파민 분비를 야기하고 시냅스 틈에서 도파민의 재흡수를 방해한다. 많은 항정신병 약물은 시냅스후 뉴런의 도파민 수용체의 특정 종류와 결합하고 이들이 도파민에 의해 활성화되는 것을 막는다.

마리화나(Marijuana, Δ^9-tetrahydrocannabinol)의 활성물질은 완전히 다른 작용기작을 가진다. 이는 뇌의 시냅스전 뉴런의 끝에 존재하는 칸나비노이드(CB1) 수용체에 결합하여 이 뉴런에 의한 신경전달물질 배출을 억제한다. 정상적으로 CB1 수용체는 엔도카나비노이드(endocannabinoid)라는 신체에서 만들어지는 물질과 결합한다. 엔도칸나비노이드는 활성화된 시냅스후 뉴런에 의해 분비된다. 따라서 이 물질은 시냅스후 뉴런에서 분비되어 시냅스전 뉴런 쪽으로 향하게 되는 "역방향(backward)" 확산을 통해 시냅스전 뉴런의 CB1 수용체에 붙게 되며, 이를 통해 시냅스에서의 신경전달을 저해한다. 이 CB1 수용체는 해마, 소뇌, 시상하부 등 뇌의 많은 영역에 분포되어 있기 때문에, 마리화나는 기억이나 운동 협응(motor coordination)이나 식욕 등에 영향을 주게 된다. 마리화나가 CB1 수용체에 붙어 식욕을 증가시킬 수 있다면, 반대로 이 수용체를 저해하면 식욕은 감소될 것이다. 이러한 논리로 아콤플리아(Acomplia)라는 CB1-저해 체중 감소제를 개발하였으나 부작용으로 인해 시장에서 퇴출되었다.

시냅스 가소성

시냅스는 이웃하는 뉴런을 단순히 잇고 있을 뿐 아니라, 신경계 내부에서 신경충격이 전달되는 경로를 결정하게 된다. 사람의 뇌는 적어도 1백 조 이상의 시냅스를 가지고 있다고 생각된다. 이러한 시냅스는 어떤 정보를 한 뉴런에서 다른 뉴런으로 전달하기도 하고, 또 다른 정보들은 전달하지 않거나 혹은 다른 경로로 전달하기도 하는 등 신경충격의 다양한 경로 중간에서 관문 역할을 한다. 시냅스는 종종 고정되고 불변적인 구조로 인식되나, 이 시냅스는 사실 "시냅스 가소성(synaptic plasticity)"이라 불리는 매우 동적인 특성을 보인다. 시냅스 가소성은 뇌의 신경회로가 성숙되어가는 유아기나 유년기에 특히 중요하다.

시냅스 가소성은 학습이나 기억에 중요한 뇌의 영역인 해마의 뉴런에 대한 연구에서 가장 쉽게 관찰할 수 있다. 해마의 뉴런이 짧은 시간 반복적으로 활성화되면, 이들 뉴런을 잇고 있는 시냅스는 장기증강(long-term potentiation, LTP)이라는 과정에 의해 "강화(strengthened)"되며, 이 상태는 수일, 수주 또는 그 이상으로 지속될 수 있다. 장기증강에 대한 연구는 흥분성 신경전달물질인 글루탐산(glutamate)이 결합하는 수용체 중 하나인 NMDA 수용체에 집중되어 왔다. 글루탐산이 시냅스후 뉴런의 NMDA 수용체에 결합하게 되면, 이 수용체의 양이온 통로가 열리게 되고 이는 시냅스후 뉴런으로 Ca^{2+}의 유입을 증가시켜 시냅스의 강화를 야기하는 일련의 생화학적 변화를 일으키게 된다. 장기증강상태의 시냅스는 약한 신호를 받게 되어도 시냅스후 뉴런에서 강한 반응을 하게 할 수 있게 한다. 이러한 변화는 새롭게 알아낸 정보나 기억을 뇌에서의 신경회로에 저장될 때 매우 중요한 역할을 할 것으로 생각되고 있다. 실험동물에 NMDA 수용체의 활성을 억제하는 약물과 같은 장기증강상태를 저해하는 약물을 처리하게 되면, 이 동물들이 새로운 정보를 습득하는 능력이 현저히 떨어지게 된다.

시냅스에 대한 연구가 중요한 다양한 다른 이유들도 있다. 예를 들면, 중증근무력증(myasthenia gravis), 파킨슨병(Parkinson's disease), 조현병(schizophrenia), 우울증(depression)에 이르기까지 수많은 신경계 관련 질병이 시냅스의 기능이상에 기인한다고 생각된다.

인간 질병과의 연관성

이온통로 및 수송체의 결함으로 인한 유전병

몇 가지 심각한 유전 질환은 이온 통로를 암호화하는 유전자의 돌연변이로 인해 나타나는 것으로 밝혀지고 있다(표 1). 표 1에 기술된 대부분의 질환은 근육이나 뉴런, 감각세포 등의 흥분성 세포에서 나타나는 질환으로, 이들 세포에서는 원형질막을 통한 이온의 이동에 문제가 생겨 신경충격을 전달하는 능력이 감소되어 있다(352쪽). 반면, 연구가 가장 많이 된 가장 흔한 유전적 이온 통로 질환인 낭포성섬유증(cystic fibrosis, CF)은 상피세포의 이온 통로의 결함으로 생기게 된다.

평균적으로 북유럽인 25명 중 1명은 낭포성섬유증을 야기하는 돌연변이 유전자를 가지고 있다. 해당 유전자에 대해 이형접합인 사람(heterozygote)들은 돌연변이 유전자의 증상이 나타나지 않기 때문에, 대부분 자신들이 보인자(carrier)라는 사실을 알지 못한다. 따라서 이 집단에서는 신생아 2,500명당 약 1명(1/25 × 1/25 × 1/4)이 해당 열성돌연변이 유전자에 대해 동형접합이 되고 이들은 낭포성섬유증을 가지고 태어나게 된다. 이 낭포성섬유증은 장, 이자, 땀샘, 생식선 등의 다양한 기관에 영향을 주기도 하나, 그 중에서도 기도(respiratory tract)에 가장 심각한 효과를 나타낸다. 낭포성섬유증 환자는 두껍고 끈끈한 점액이 기도 내에 생기게 되는데, 이는 쉽게 밖으로 배출되지 않는다. 따라서 환자들은 대개 만성 폐 감염과 염증에 시달리게 되고, 이는 점차 폐 기능을 손상시키게 된다.

낭포성섬유증을 일으키는 유전자가 1989년 동정되었다. 해당 유전자 서열이 밝혀지고 단백질 서열 또한 알게 되었을 때, 이 단백질은 ABC 수송체(ATP-binding cassette transporter) 그룹에 속하는 이온 통로라는 것이 확실해졌다. 이 단백질은 **낭포성섬유증막횡단전도조절자**(*cystic fibrosis transmembrane conductance regulator, CFTR*)라는 모호한 이름으로 불렸는데, 이는 당시 연구자들이 이 단백질의 정확한 기능에 대해 잘 알지 못했음을 반영한다. 단백질이 정제되고 인공 지질2중층에 삽입되어 이 단백질이 cAMP에 의해 조절되는 염소이온 통로로 작용할 수 있다는 것이 밝혀지고 난 후, 이 단백질의 기능에 대한 의문이 해결되었다고 생각되었다. 그러나 이후의 연구들에 의해 이 단백질이 (1) 중탄산이온을 전도할 수 있고, (2) 상피세포의 Na^+ 이온 통로(ENaC)의 활성을 억제할 수도 있으며, (3) 상피세포의 염소이온/중탄산이온 교환운반체 단백질 군 중 하나의 활성을 증가시킬 수도 있음을 밝혀내어, 이 단백질의 정확한 기능을 점차 더 알기 힘들어졌다. CFTR의 기능이 점점 더 복잡해짐에 따라, 이 단백질의 결함이 만성적인 폐 감염과 어떤 관련이 있는지 정확히 규명하는 것은 점차 어려워졌다. 아직 많은 논란이 있긴 하지만, 많은 연구자들은 아래 내용에 대해 동의할 것으로 생각된다.

상피세포에서는 이온의 이동에 의한 삼투압에 의해 물의 유출이 이루어지기 때문에, CFTR의 부재로 인해 Cl^-, HCO_3^-, 또는 Na^+ 등의 이동에 문제가 생기면 기도에 있는 상피세포를 둘러싼 액체의 양이

계속

감소하게 된다(**그림 1**). 표면에 있는 액체 부피의 감소와 그로 인한 분비된 점액의 점도 증가는 점액과 세균을 기도 밖으로 밀어내는 섬모의 기능을 저해한다. CFTR 환자들은 치료를 위해 고장성 식염수(hypertonic saline)를 분무하여 들이쉬기도 하는데, 이는 기도로 더욱 많은 물을 방출시키고 점액의 점도를 감소시키는 데 도움이 된다. 현재, 상피세포에서 이온의 유입 및 유출을 조절하여 표면 액체의 부피를 증가시킬 수 있는 약물에 대해서도 임상실험이 진행 중이다(그림 1). 그러한 약물의 하나는 GS-9411이라고 명명된 ENaC Na^+ 통로 저해제로 기도액에서 Na^+의 흡수를 막아 낭포성섬유증을 치료할 수 있을 것으로 기대되었다. 불행하게도 이 약물은 혈액 내에 K^+ 농도를 증가시키는 부작용으로 인해 임상실험이 종료되었다. 이러한 예는 생리작용에서 많은 역할을 하는 이온 통로를 표적으로 하여 질병을 치료하기가 힘들다는 것을 보여주었다. 낭포성섬유증에 대해 더 많이 이해하게 되면, 신체의 화학작용에 큰 변화 없이 좀 더 정확히 질병을 표적하여 질병을 치료할 수 있는 치료제 개발이 가능할 것으로 기대하고 있다.

지난 10여 년 간, 연구자들은 낭포성섬유증을 야기하는 1,000개 이상의 돌연변이를 찾아내었다. 그런데, 미국에서 70% 정도의 낭포성섬유증에 원인이 되는 돌연변이는 ΔF508로 표시되는 유전적 변이로 모두 동일하였다. 이 돌연변이는 CFTR의 세포 내에 위치하는 508번째 아미노산인 페닐알라닌(phenylalanine)을 암호화하는 DNA 염기쌍 3개가 없다. 이후 연구를 통해, 해당 아미노산이 없으면 소포체(endoplasmic reticulum)에서 정상적으로 가공되지 못해 세포 표면으로 나갈 수 없음을 밝혀내었다. 결과적으로 ΔF508 상동유전자가 동형접합인 낭포성섬유증 환자는 원형질막에 CFTR 통로가 결핍되며 심각한 병세를 보인다. 이 환자들의 세포를 낮은 온도에서 키우면, 돌연변이 단백질이 원형질막으로 이동하고 또한 기능도 어느 정도 회복된다. 이러한 결과를 바탕으로, 많은 제약회사들은 돌연변이 CFTR 단백질에 결합하여 이 단백질이 세포질에서 분해되는 것을 막고 세포 표면으로 갈 수 있도록 해주는 저분자화합물을 찾기 시작했다. VX-809라는 약물이 이러한 후보 약물 중 하나였지만, 임상실험에서 효과를 보이는 데 실패하였다. 다른 후보 약물 중에 하나인 칼리데코(Kalydeco, ivacaftor라고도 함)는 CFTR에 결합하여 통로를 항상 열어 놓는다. 이 약물의 경우는 CFTR의 세포 표면 발현이 문제가 아니라 통로를 여는 능력에 문제가 있는 G551D 돌연변이를 가진 낭포성섬유증 환자의 치료에 사용되도록 허가되었으며, 칼리데코는 이 결합을 극복하게 해준다. 불행히도, 낭포성섬유증 환자의 4%만이 G551D 돌연변이로 인해 문제가 생긴다. 그러나 임상실험 결과 칼리데코와 VX-809를 병용투여하면 ΔF508 돌연변이를 가진 환자에 사용가능함이 나타났다. 위 병용투여의 효과는 세포 표면에 도달한 ΔF508 돌연변이 단백질이 좀 더 오래 열린 상태로 존재할 수 있도록 돕기 때문에 나타나는 것으로 생각되고 있다.

한 가지 추정에 따르면, ΔF508 돌연변이가 집단 내에 이와 같이 많은 비율을 보이기 위해서는 5만 년 전에 이 돌연변이가 생겨났어야 했을 것으로 보인다. 이 낭포성섬유증 유전자가 이 빈도에 도달했다는 것은, 보인자의 경우 정상 유전자만 있는 경우에 비해 자연선택에서 유리한 점이 있었을 것임을 암시한다. 이와 관련하여 낭포성섬유증 이형접합인 사람은 콜레라로부터 보호되었을 수도 있다는 가설이 제시되었다. 이 가설의 문제 중 하나는 1820년대까지 유럽에서 콜레라가 창궐하였다는 기록이 없다는 점이다. 또 다른 가설로는 이형접합인 사람들의 장내 세포에는 CFTR의 발현이 적어 장티푸스(typhoid fever)를 야기하는 세균이 부착을 잘못하기 때문에 장티푸스로부터 보호되었다는 가설이 있다.

낭포성섬유증의 원인이 되는 유전자를 동정했을 때부터, 결함이 있는 유전자를 정상적인 유전자로 치환하는 유전자치료법을 개발하는 것이 낭포성섬유증 연구자들이 가진 하나의 큰 목표이다. 낭포성섬유증은 특히 유전자치료의 좋은 대상이 되는데, 해당 질병의 원인이 에어로솔(aerosol) 형태로 흡입할 수 있는 물질에 접근 가능한 기도 내 상피세포의 결함이기 때문이다. 유전자 치료를 위한 몇 가지 유전자 운반 방법에 대한 임상연구가 수행되고 있다. 한 연구에서는, 정상 *CFTR* 유전자를 호흡기를 감염시키는 바이러스인 아데노바이러스(adenovirus)의 DNA에 실었다. 그 다음 이 재조합 바이러스 입자가 기도의 세포를 감염시키도록 하여, 정상 *CFTR* 유전자를 유전적으로 결손된 세포에 운반하고자 하였다. 아데노바이러스를 이용함에 있어 주된 단점은 바이러스 DNA가(또한 바이러스 DNA의 일부인 정상 *CFTR* 유전자도) 감염된 세포의 염색체에 영구적으로 삽입(incorporation)되지 않기 때문에 바이러스를 자주 다시 투여해야 한다는 점이다. 이로 인해 환자에서는 면역 반응이 생겨 투여하는 바이러스를 제거하게 되며 또한 폐에서의 염증반응도 야기한다. 연구자들은 암을 유발할 수 있는 가능성 때문에 바이러스가 운반하는 유전자를 감염된 세포의 염색체에 영구적으로 삽입시킬 수 있는 다른 종류의 바이러스를 사용하는 것은 주저하고

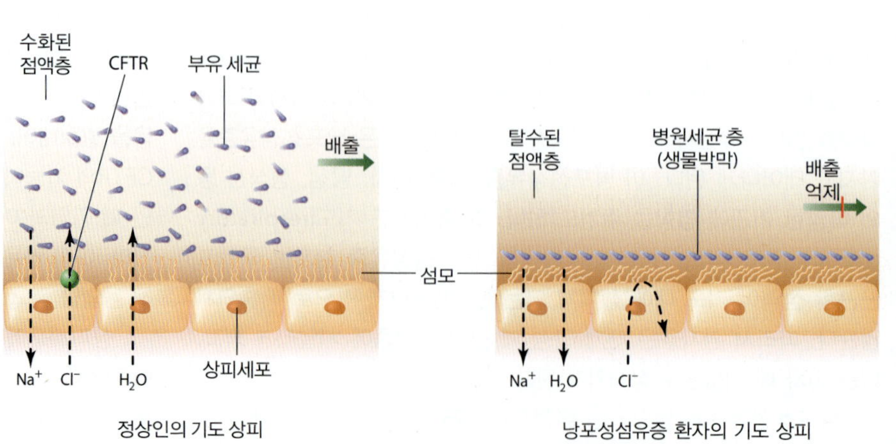

그림 1 CFTR 단백질의 부재로 인한 폐 기능 약화 효과에 대한 설명. 정상인 기도의 상피층에서는, 상피세포 외부로 이온이 이동하게 됨에 따라 물이 밖으로 나가 점액층 표면을 수화시킨다. 수화된 점액층은, 그 층에 포획된 세균과 함께 기도 밖으로 쉽게 배출된다. 낭포성섬유증 환자의 기도 상피층에서는 이온의 비정상적인 이동으로 인해 물이 반대 방향으로 흐르게 되고, 점액층에서는 탈수가 일어난다. 결과적으로, 포획된 세균은 기도 밖으로 나갈 수가 없게 되고 그 자리에서 생물박막(biofilm) 형태로 증식하여 만성감염을 일으킨다.

표 1

유전 질병	통로 종류	유전자	임상적 결과
가족성 편마비편두통	Ca^{2+}	*CACNL1A4*	편두통
발작성 운동실조증 2형	Ca^{2+}	*CACNL1A4*	운동 실조(균형과 협동 상실)
저칼륨혈증 주기성 마비	Ca^{2+}	*CACNL1A3*	주기적 근긴장(근육 경직)과 마비
발작성 운동실조증 1형	K^+	*KCNA1*	운동 실조
양성 가족성 신생아 경련	K^+	*KCNA2*	간질성 경련
비증후군성 우성난청	K^+	*KCNA4*	청각소실
QT연장증후군	K^+	*HERG*	현기증, 심실세동에 의한 급사
		KCNQ1, or	
	Na^+	*SCN5A*	
고칼륨혈증 주기성 마비	Na^+	*SCN4A*	주기적 근긴장과 마비
리들증후군	Na^+	*B-ENaC*	고혈압
중증 근무력증	Na^+	*nAChR*	근육 약화
덴트질환	Cl^-	*CLCN5*	신장 결석
선천성 근긴장증	Cl^-	*CLC-1*	주기적 근긴장
바르터증후군 4형	Cl^-	*CLC-Kb*	신장 기능장애, 청각소실
낭포성섬유증	Cl^-	*CFTR*	폐 울혈과 감염
심장부정맥	Na^+ K^+ Ca^{2+}	많은 다른 유전자	불규칙적 또는 빠른 심장박동

Nature Cell Biol. 6:1040, 2004 또는 *Nature* 440:444를 참조하면 좀 더 완전한 목록을 볼 수 있다.

있다. 다른 연구 방법으로는, 정상 CFTR를 암호화하는 DNA를 양전하를 가진 리포솜과 연결시키고(318쪽), 이 리포솜을 기도 세포들의 원형질막과 융합하게 함으로써 DNA를 세포질로 운반하려는 시도가 있어왔다. 이 지질 기반 운반법은 바이러스를 사용하는 방법에 비하여 반복 투여시 면역 반응을 일으키지 않는 장점이 있지만, 표적 세포의 유전자 변형을 달성하는 효율이 떨어진다는 단점이 있다. 현재까지, 유전자 치료 방법은 임상시험에서 생리학적 과정이나 질병 증상을 개선하는 효과를 보이지 못하였다. 유전자 치료를 기반으로 낭포성섬유증을 치료하기 위해서는 기도 내의 많은 세포를 유전적으로 변화시킬 수 있는 더욱 효율적인 DNA 운반 방법의 개발이 필요할 것이다.

역사적 실험

아세틸콜린 수용체

아세틸콜린 수용체(Acetylcholine receptor, AChR)의 발견은 자연계에 존재하는 독이나 특이한 생명체가 건강이나 의학에 있어 매우 중요한 근원적인 생화학적 현상을 분석하는 데 중요한 역할을 하고 있음을 입증하고 있다. 1843년, 약사였던 클로드 버나드(Claude Bernard)는 프랑스의 작은 마을을 떠나 파리로 가서 극작가가 되고자 계획했다. 그러나 Bernard는 의대에 등록했고, 19세기의 가장 중요한 생리학자가 되었다. 그의 많은 관심 중 하나는 신경이 골격근의 수축을 야기하는 기작이었다. 그는 열대식물에서 분리한 매우 독성이 강한 큐라레(curare)라는 독약을 사용하여 연구하였는데, 이는 남아메리카 원주민들이 사냥을 할 때 독화살을 만들기 위해 수세기 동안 사용하던 독약이었다. Bernard는 큐라레가 골격근을 마비시킬 때, 신경이 신경충격을 근육으로 전달하는 능력이나 근육이 직접적 자극에 의해서 수축되는 능력은 방해받지 않는다는 것을 발견했다. Bernard는 이를 통해 큐라레가 신경과 근육사이의 지역에서 작용할 것이라고 결론 내렸다.

이러한 결론은 캠브리지 대학교의 존 랭리(John Langley)에 의해 확인되고 확장되었다. Langley는 식물에서 유래한 또 다른 물질인 니코틴이 분리된 개구리 골격근의 수축을 자극하는 능력을 연구 중이었다. 1906년, Langley는 "신경충격이 신경에서 근육으로 전달될 때 전

계속

기적으로 일어나는 것이 아니라 신경의 끝에서 특정 물질이 분비되어 일어난다"라고 결론 내렸다.[1] Langley는 이 "화학적 전달자(chemical transmitter)"가 근육세포 표면에 있는 "수용 물질(receptive substance)"에 결합을 하며, 이 결합하는 부위는 니코틴과 큐라레가 결합하는 위치와 같다고 제안하였다. 이는 선경지명이 있는 가설인 것으로 판명되었다.

뉴런에서 근육으로 가는 자극은 화학 물질에 의해 전달된다는 Langley의 가설은 1921년 오스트리아 태생 생리학자인 오토 뢰비(Otto Loewi)의 기발한 실험에 의해 확인되었으며, 이 실험 방법은 그의 꿈에서 영감을 얻었다고 한다. 척추동물의 심박수는 두 반대되는(서로 길항작용을 하는) 신경으로부터의 입력에 의해 조절된다. Loewi는 개구리의 심장과 두 신경을 손상되지 않게 분리해내었다. Loewi는 한 심장조직의 억제 신경(미주신경, vagus)을 자극하여 화학물질이 심장조직에서 나와 용액으로 방출되게 하였고, 이 용액은 분리된 다른 심장 조직이 담긴 용액으로 흘러들어가게 하였다. 이때 두 번째 심장의 심박수가 마치 그 심장의 억제신경을 활성화시킨 것과 같이 현저히 느려졌다.[2] Loewi는 개구리 심장을 억제하는 물질을 "Vagusstoff('미주신경 물질'이라는 뜻)"이라 불렀다. 몇 년 지나지 않아, Loewi는 Vagusstoff의 화학적 생리학적 성질이 아세틸콜린(acetylcholine, ACh)과 같다는 것을 보였고, ACh은 미주신경을 구성하는 신경세포의 끝에서 분비되는 물질이라고 결론 내렸다.

1937년 소르본의 신경생리학자인 데이비드 나흐만손(David Nachmansohn)은 파리의 세계박람회에서 전시 중이었던 점박이 전기가오리(*Torpedo marmarota*) 종의 몇몇 전기 물고기를 보게 된다. 이들 전기 물고기는 먹이를 죽일 수 있는 강한 충격(40~60볼트)을 내는 전기발전기관을 가지고 있다. 그 당시 Nachmansohn은 운동신경의 끝에서 분비되는 ACh 제거효소인 아세틸콜린에스테라제(acetylcholinesterase, AChE)에 대해 연구하고 있던 중이었다. Nachmansohn은 이 물고기의 전기발전기관이 변형된 골격근에서 유래되었다는 것을 알고 있었고(**그림 1**), 이 박람회 후에 이 물고기 몇 마리를 연구용으로 요청하였다. 첫 번째 시험의 결과는 이 물고기의 전기발전기관에 AChE가 매우 풍부함을 보여주었다.[3] 이 전기발전기관은 또한 니코틴성 아세틸콜린 수용체(nAChR)*도 매우 많이 존재하였는데, 이 수용체는 시냅스후 근세포막에 존재하며 운동 신경에서 분비된 ACh과 결합한다. 이러한 이상적인 실험재료의 발견은 세포의 구조나 기능의 특정 측면의 연구에 매우 큰 가치를 갖는다. 계속된 논의에서 분명해지겠지만, 전기발전기관은 nAChR 연구의 유일한 재료가 되어오고 있다.

nAChR는 내재단백질로, 내재단백질의 분리 기술이 발전된 1970년대에 분리정제되었다. 제18장에서 논의하겠지만, 특정 단백질을 정제하기 위해서는 특정 분율(fraction)에 존재하는 단백질의 양을 측정할 수 있는 적당한 실험법이 있어야 한다. AChR에 대한 이상적인 실험법은 이 단백질에 선택적이고 강하게 결합하는 물질을 이용한 방법이었다. 이 물질은 1963년 국립 타이완 대학교(National Taiwan University)의 첸유안 리(Chen-Yuan Lee) 연구팀에 의해 발견되었다. 그 물질은 α-붕가로톡신(α-bungarotoxin)으로 타이완 뱀의 독에 존재하는 물질이었다. 이 α-붕가로톡신은 시냅스후 골격근 막에 존재하는 nAChR에 강하게 붙어 ACh에 대한 반응을 억제하므로 마비를 야기하게 된다.[4]

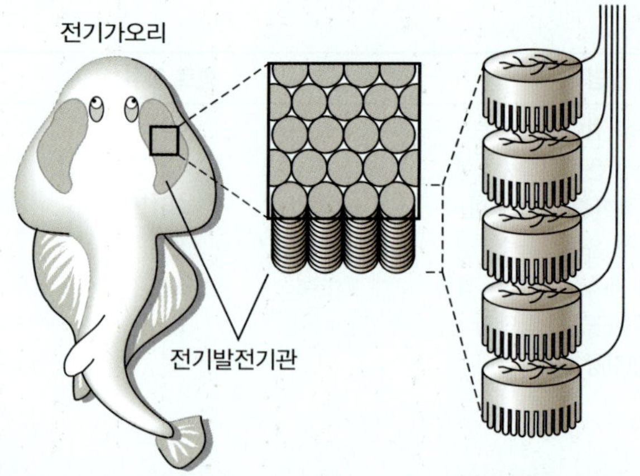

그림 1 **변형된 구조의 신경근육 연접부가 쌓여 만들어져 몸의 양옆에 위치하는 점박이 전기가오리의 전기발전기관.**

출처: Z. W. Hall, *An Introduction to Neurobiology*, Sinauer Associates, Inc., Sunderland, MA © 1992에서 발췌

표지된 α-붕가로톡신을 AChR 검출에 사용하고, 전기발전기관을 수용체의 공급원으로 이용하며, 막단백질을 세제로 녹여낼 수 있게 되면서, 1970년대의 많은 연구자들이 AChR를 분리할 수 있게 되었다. 이러한 연구들 중 하나에서는,[5] 전기발전기관을 균질화하고 원심분리하여 세포막의 조각들을 얻어 내었다. 그 세포막 조각에 있는 막단백질들을 트리톤 X-100(323쪽)이라고 하는 세제를 사용하여 추출하고, ACh과 구조적으로 유사한 합성 화합물 붙어 있는 작은 구슬이 가득 들어있는 관(column)을 통해 위 추출용액이 지나가도록 하였다(**그림 2a**). 혼합물이 관을 통해 이동할 때, ACh 결합부위를 가지고 있는 2개의 단백질(nAChR와 아세틸콜린에스터라제)이 위 아세틸콜린 유사 화합물-구슬에 결합하였다. 혼합물에 있던 나머지 90% 가량의 단백질은 구슬에 결합하지 않고 관을 통과하여 지나갔다(그림 2*b*). 이 단백질들이 지나가고 난 후, AChR에 ACh과 경쟁적으로 결합할 수 있는 플락세딜(flaxedil) 10^{-3} M 용액을 흘려주었다. 이러한 방법을 사용하였을 때, 붕가로톡신 정량 결과 이 단일 단계를 통해 150배 이상 농축된 AChR를 정제할 수 있음이 확인되었다. 이러한 방법을 **친화성 크로마토그래피**(*affinity chromatography*)라고 하며, 18.11절에 이 실험의 일반적인 사용이 소개되어 있다.

다음 단계는 이 AChR의 구조에 관한 것들을 알아보는 실험이었다. 콜롬비아대학교의 아써 칼린(Athur Karlin) 연구진은 nAChR가 5개의 소량체로 구성된 5량체(pentamer)임을 밝혀내었다. 이 수용체는 α 소량체 2개와 서로 다른 3종류 소량체를 각각 1개씩 가지고 있었

*이 수용체는 ACh뿐만 아니라 니코틴에서도 활성화되기 때문에 니코틴성으로 기술되었다. 다른 종류의 AChR로 부교감신경 시냅스에 있는 무스카린성(muscarinic) AChR가 있으며, 이는 무스카린(muscarine)에 의해 활성화되나 니코틴에서는 활성화되지 않고, 아트로핀(atropine)에 의해 저해되나 큐라레에 의해 저해되지는 않는다. 흡연자의 신체는 높은 니코틴 농도에 적응이 되는데, 금연할 경우 nAChR를 가지고 있는 시냅스후 뉴런이 원래처럼 잘 활성화가 되지 않기 때문에 금단현상을 겪게 된다. 금연보조제로 시판되고 있는 찬틱스(Chantix)라는 약물은 뇌의 가장 흔한 종류의 nAChR(α4β2 소량체 포함)에 결합한다. 이 약물이 수용체에 결합하면 니코틴 결합은 방해하면서 수용체를 부분적으로 활성화시킨다.

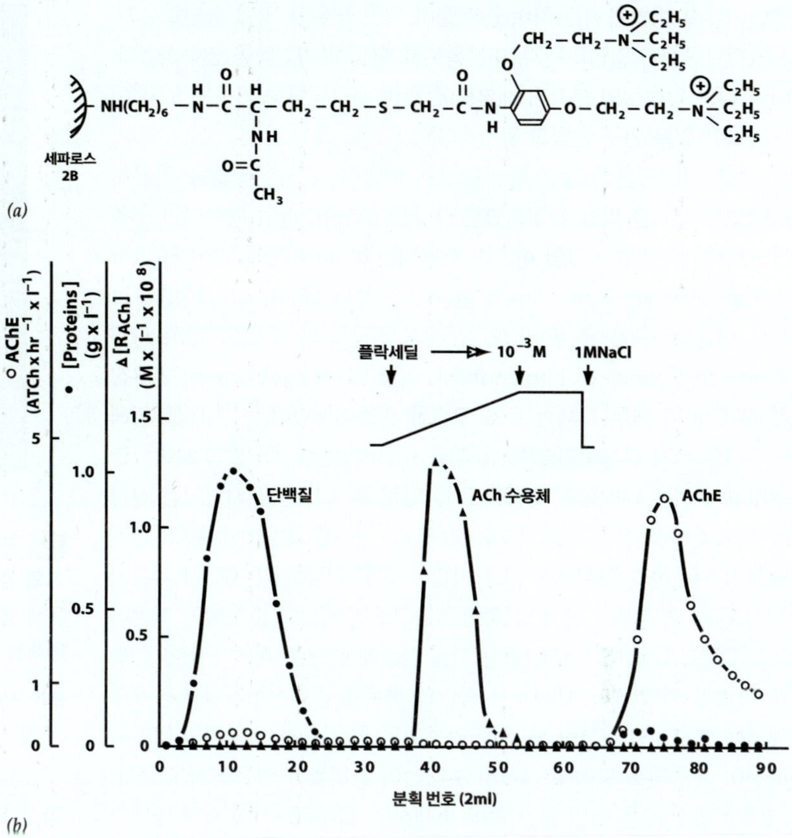

그림 2 **니코틴성 아세틸콜린 수용체 분리에 사용된 실험 단계.** (*a*) 합성 화합물, CT5263의 구조. 이 화합물은 세파로즈(sepharose) 구슬에 결합되어 친화성 크로마토그래피 관(affinity column)을 만든다. 구슬의 반대방향으로 돌출되는 이 화합물의 끝부분은 아세틸콜린과 비슷하여 아세틸콜린에스테라제와 니코틴성 아세틸콜린 수용체가 구슬에 결합하도록 한다. (*b*) 티리톤 X-100 추출용액이 위 관을 통과하도록 하면, 위 두 가지 아세틸콜린 결합 단백질은 구슬에 붙게 되나, 나머지 단백질들(추출용액에 있는 총 단백질의 약 90%에 해당)은 관을 바로 통과한다. 플락세딜(flaxedil) 10^{-3} M 용액을 흘려주면 결합해 있는 아세틸콜린에스테라제는 붙어 있는 채로 니코틴성 아세틸콜린 수용체만 떨어나간다. 아세틸콜린에스테라제는 이후 NaCl 1M 용액으로 용리할 수 있다.

출처: (a) R. W. Olsen, J.-C. Meunier, and J.-P. Changeux, *FEBS Lett.* 28:99, 1972에서 발췌. © 1972, Elsevier의 허가를 얻음.

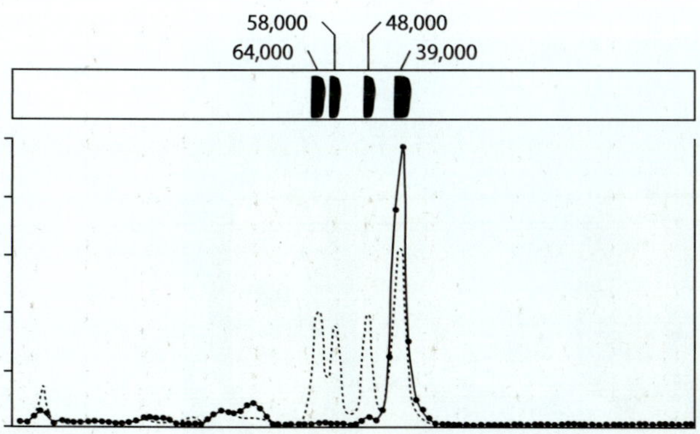

그림 3 **정제된 니코틴성 아세틸콜린 수용체의 전기영동 결과.** 니코틴성 아세틸콜린 수용체는 위 표시된 분자량을 가진 4개의 서로 다른 소량체로 되어 있다. 전기영동 전, 정제된 수용체와 방사능으로 표지된 리간드인 MBTA(^{3}H-MBTA)를 섞어주었다. MBTA는 아세틸콜린과 닮아 수용체의 아세틸콜린 결합부위에 결합할 수 있다. 전기영동 후, 젤(gel)은 1 mm 간격으로 잘라 각 조각의 방사능을 조사하였다. 방사능은 39,000달톤 크기의 소량체에서 검출되었으며, 이는 해당 소량체가 아세틸콜린 결합부위를 가지고 있음을 의미한다. 점선은 각 분율의 단백질 양을 측정할 있는 흡광도를 나타낸다. 각 봉우리의 높이는 해당 단백질에 존재하는 각 소량체의 상대적인 양을 의미한다. 소량체는 가장 작은 소량체(아세틸콜린 결합부위를 가지고 있는 α 소량체)를 제외하고 같은 수로 존재하며, α 소량체의 개수는 다른 소량체의 2배이다.

출처: C. L. Weill, M. G. McNamee, and A. Karlin, Biochem. Biophys. *Res. Commun.* 61:1002, 1974에서 발췌. Elsevier의 허가를 얻음.

다. 이 소량체들은, 트리톤 X-100으로 막단백질을 추출해낸 후 위 친화성 크로마토그래피 방법으로 AChR를 정제하고, 이를 폴리아크릴아마이드 젤(polyacrylamide gel)을 이용한 전기영동(SDS-PAGE, 18.13절 참조)을 하면 각 크기에 따라 각 폴리펩티드로 분리된다(**그림 3**).[6] 4개의 다른 소량체는 서로 상동이며 각 소량체는 4개의 상동성 막횡단 나선(M1-M4)을 가지고 있음이 밝혀졌다.

nAChR 연구에 있어서 또 하나의 획기적인 일은 정제된 수용체가 AChR이면서 또한 양이온 이동의 통로라는 것을 증명한 일이었다. 파리의 파스퇴르연구소(Pateur Institute)의 장-피에르 샹죄(Jean-Pierre Changeux)는 이 증명에 몇 년 앞서 ACh이 수용체에 결합하면 구조적인 변화를 야기하여 수용체 내의 이온 통로를 열수 있을 것이라 예측하였다. 그렇게 되면, 통로를 통과하여 유입되는 Na^+가 막의 탈분극과 근육세포의 활성화를 야기할 수 있을 것이다. 1970년대 후반, Changeux 연구팀은 정제된 nAChR를 인공적인 지질 소낭체에 삽입하는 데 성공하였다.[7] 다양한 농도의 표지된 Na^+와 K^+를 을 포함하는 소낭체를 이용하여, 연구팀은 ACh이 수용체에 결합했을 때 "막(membrane)"을 통한 양이온의 흐름이 시작된다는 것을 증명하였다. 그에 따라 "순수 단백질이 전기 신호의 화학적 전달을 위해 필요한 모든 구조 성분, 즉 ACh 결합 부위, 이온 통로, 이 두 활성을 연결시키는 기작, 이 모두를 가지고 있다"는 것이 확실해졌다. 참조문헌 8에서는 이 nAChR의 초기 연구에 대한 개인적인 소회가 담겨있다.

이때부터, 연구자들은 nAChR의 구조 결정과 ACh 결합에 의한 이온 통로의 열림 기작에 관해 초점을 맞추어 연구를 진행하였다. 구조를 알아내기 위해 연구자들은 다양한 경로로 접근하였다. 연구자들은 분리된 유전자의 서열을 통해 아미노산 서열을 예측하고, 부위-지향적 돌

계속

연변이유발 방법을 이용하여 단백질의 어떤 부위가 막을 횡단하는지, 신경전달물질과 결합하는지, 이온통로를 형성하는지 등을 연구하였다. 이와 같은 단백질의 분자적 해부도에 관한 비결정학적 연구는 8.5절에 기술되어 있는 연구 방법과 유사하다.

전자현미경을 이용한 방법도 시도되었다. 전자현미경을 이용하여 전기발생기관 막을 관찰하였을 때 최초로 nAChR의 대략적인 윤곽을 관찰할 수 있었다(**그림 4**).[9] 이 수용체는 8 nm 지름을 가진 고리 모양으로, 안쪽에는 2 nm 지름의 통로가 관찰되었으며, 지질2중층으로부터 바깥쪽 공간으로 튀어나와 있었다. 영국의학연구협의회(Medical Research Council of England)의 나이젤 언윈(Nigel Unwin) 연구진은 nAChR의 매우 자세한 구조 모형을 만들어내었다.[10-14] 이를 위해 연구진은 전자 결정학기술(18.16절)을 도입하였는데, 이 방법에서는 연구하고자 하는 단백질을 포함한 막을 얼린 후 수많은 전자현미경 사진을 찍고 이 사진들을 수학적으로 분석하여 구조를 결정하게 된다. 전기발생기관은 전자 결정학적 연구 방법에 매우 적당하였는데, 이 기관의 지질2중층 평면에는 이미 잘 정렬된 AChR의 배열이 존재했기 때문이다. 그 결과 Unwin은 nAChR이 지질 환경에 존재할 때의 구조를 정확히 규명할 수 있었다. Unwin은 중간의 통로를 감싸는 5개의 소량체의 배열을 밝혀내었다(**그림 5**). AChR의 이온 통로는 각 소량체의 M2 α-나선이 가운데로 모여 총 5개의 α-나선이 둘러쌓아 만들어지게 된다. 그 통로의 관문은 막의 중간 쯤에 존재하며, (그림 5*a*의 V-자형 막대의 정점 부위에서) 각 M2 α-나선이 안쪽으로 휘어져 이 관문을 만들게 된다. 이때 수용체는 불황성화 상태이다. 각 소량체에서 류신 잔기의 곁사슬은 휘어진 부위에서 안쪽으로 돌출되어 있다. 이 모형에서는 5개의 안쪽 나선에 있는 류신 잔기가 꽉 조인 소수성 고리를 만들어 이온이 막을 통과하는 것을 막고 있다. 2개의 ACh 분자가 α 소량체 2개에 각각 결합하게 되면, 관문이 열린다. 각 ACh은 α 소량체의 주머니 형태 내부에 존재하는 위치에 결합하게 된다(그림 5*b*).

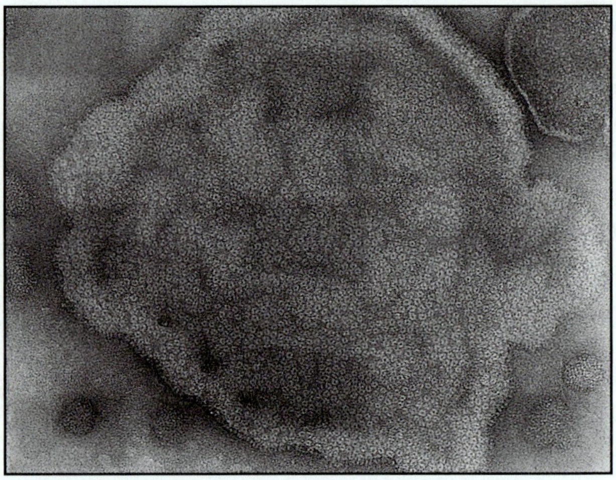

그림 4 니코틴성 아세틸콜린 수용체의 밀집된 배열을 보여주는 전기 물고기의 전기발생기관 막의 음성적 염색 전자현미경 사진. 각 수용체는 작은 검은색 점이 중앙에 있는 하얀색 원으로 관찰되며, 검은색 점은 전자에 의해 짙게 염색된 부분으로 수용체의 중앙에 있는 통로에 해당한다.

출처: Werner Schiebler and Ferdinand Hucho, *Eur. J. Biochem.* 85:58, 1978에서 발췌. John Wiley & Sons의 허가를 얻음.

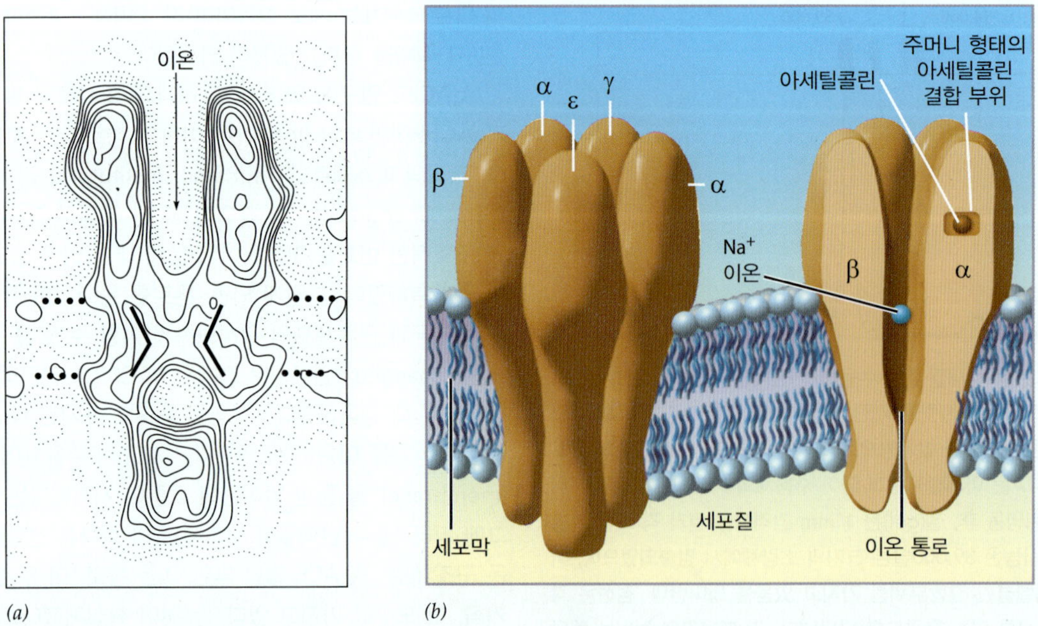

그림 5 (*a*) 니코틴성 아세틸콜린 수용체의 절편 전자밀도 지도. 수용체의 전자밀도는 전기 물고기 전기발생기관 막의 관상 구조에 대한 전자현미경 사진을 분석하여 얻었다. 이러한 분석을 통해 니코틴성 아세틸콜린 한 분자가 막에 존재할 때의 3차원적 형태를 재구성할 수 있다. 꺽인 막대 모양의 검은색 선 2개는 통로의 가장 좁은 부분에 있는 α-나선을 나타낸다. (*b*) 아세틸콜린 수용체의 소량체 배열과 횡단면을 나타내는 개략적인 모식도. 5개 소량체 각각에는 4개의 막횡단 나선(M1–M4)가 있다. 이 중 안쪽 나선(M2)이 구멍을 만드는데, 이는 남아 있는 논의 내용의 주제이다.

출처: N. Unwin, *J. Mol. Biol.* 229:1118, 1993에서 발췌. Elsevier의 허가를 얻음.

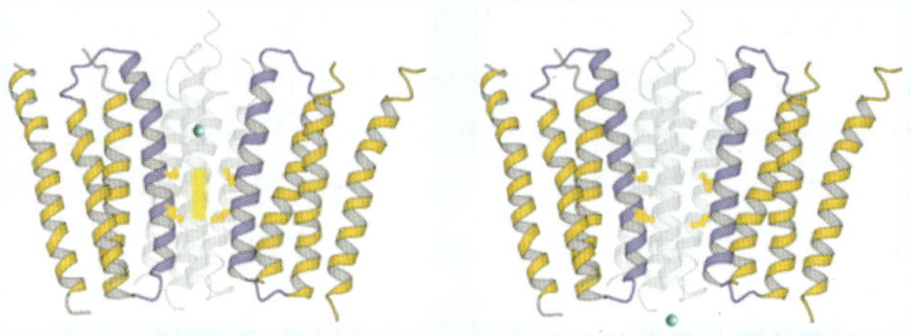

그림 6 **아세틸콜린 결합에 의해 아세틸콜린 수용체의 통로 부위에 나타나는 구조 변화에 대한 리본 모형.** 수용체의 두 α 소량체만 나타내었다. 닫힌 상태(왼쪽)일 때는, 가까이 붙어 있는 소수성 잔기가 만드는 고리로 인해 구멍이 막혀 있다. 이 구멍이 가장 좁을 때의 지름은 약 6 Å이며 이는 수화된 Na^+ 이온이 통과하기엔 충분하지 않다. 이렇게 좁은 이유는 안쪽 막횡단 나선이 약간 휘어져 있기 때문이다. 수화껍질이 없는 Na^+ 이온(녹색 구)가 통과하기에는 충분히 넓지만, 통로의 벽은 (K^+ 통로의 선택적 여과기에서 일어나는 것과 같이, 그림 8.39) 제거된 물 분자껍질을 대신할 수 있는 극성 기능기가 없다. 리간드 결합 후에는 α 소량체의 리간드 결합부위에서 구조 변화가 일어나게 되며, 이는 안쪽 막횡단 나선(파랑)이 펴지게 하여 구멍의 지름을 증가시키고, 이는 열려 있는 통로를 통해 Na^+ 이온의 이동이 가능하도록 한다.

출처: NN. Unwin, *Quart Rev Biophys* 46:283, 2013에서 발췌.

통로가 열리는 동안 nAChR의 변화를 연구하기 위해, Unwin은 다음의 실험을 진행하였다.[12] nAChR가 많이 존재하는 막을 순비한 후 이를 지지격자에 넣었다. 이 지지격자는 액체질소로 차갑게 식힌 에탄(ethane)이 들어있는 냉각조에 떨어지게 되어 있는데, 떨어지면 에탄이 세포막을 바로 얼릴 수 있다. 연구팀은 냉각조에 도달하기 5 ms 전에 지지격자에 아세틸콜린 용액을 분사시켜 수용체에 결합하게 하고, 이를 통해 수용체의 통로를 열기 위해 필요한 구조적인 변화를 야기하도록 하였다. 열린 상태 또는 닫힌 상태로 바로 얼려진 AChR의 전자현미경 사진을 분석하여, Unwin은 아세틸콜린의 결합이 수용체의 세포 외부 아세틸콜린 결합자리 근처에서 약간의 구조변화를 야기한다는 것을 발견하였다. 그 구조변화는 단백질의 아래쪽으로 전달되어 이온-전도 구멍을 이루고 있는 M2 나선이 펴지도록 만든다(**그림 6**). 이로 인해 통로는 넓어지고 통로 표면에는 더 많은 친수성 잔기들이 노출되어 Na^+ 이온이 세포 안으로 들어올 수 있게 된다.[13,14] 통로 개폐에 대한 여러 다른 가설들이 계속 제시되고 있으며, 개폐 기작에 관한 최종 결론을 위해서는 아마도 열린 상태와 닫힌 상태 각각의 고해상도 X-선 결정구조가 필요할 것으로 생각된다. 다양한 개폐 기작 가설과 실험적 근거는 참조문헌 15~17에서 확인할 수 있다.

참고문헌

1. Langley, J. N. 1906. On nerve endings and on special excitable substances in cells. *Proc. R. Soc. London B Biol. Sci.* 78:170–194.
2. Loewi, O. 1921. Uber humorale ubertragbarkeit der herznervenwirkung. *Pfluger's Arch.* 214:239–242. (A review of Loewi's work written by him in English can be found in *Harvey Lect.* 28:218–233, 1933.)
3. Marnay, A. 1937. Cholinesterase dans l'organe électrique de la torpille. *Compte Rend.* 126:573–574. (A review of Nachmansohn's work written in English can be found in his book, *Chemical and Molecular Basis of Nerve Action*, 2nd ed., Academic Press, 1975.)
4. Chang, C. C. & Lee, C.-Y. 1963. Isolation of the neurotoxins from the venom of Bungarus multicinctus and their modes of neuromuscular blocking action. *Arch. Int. Pharmacodyn. Ther.* 144:241–257.
5. Olsen, R. W., Meunier, J. C., & Changeux, J. P. 1972. Progress in the purification of the cholinergic receptor protein from Electrophorus electricus by affinity chromatography. *FEBS Lett.* 28:96–100.
6. Weill, C. L., Mcnamee, M. G., & Karlin, A. 1974. Affinity-labeling of purified acetylcholine receptor *from Torpedo californica*. *Biochem. Biophys. Res. Commun.* 61:997–1003.
7. Popot, J. L., Cartaud, J., & Changeux, J.-P. 1981. Reconstitution of a functional acetylcholine receptor. *Eur. J. Biochem.* 118:203–214.
8. Changeux, J. P. 2010. Allosteric receptors: From electric organ to cognition. *Ann. Rev. Pharmacol. Toxicol.* 50:1–38.
9. Schiebler, W. & Hucho, F. 1978. Membranes rich in acetylcholine receptor: Characterization and reconstitution to excitable membranes from exogenous lipids. *Eur. J. Biochem.* 85:55–63.
10. Brisson, A. & Unwin, N. 1984. Tubular crystals of acetylcholine receptor. *J. Cell Biol.* 99:1202–1211.
11. Unwin, N. 1993. Acetylcholine receptor at 9 Å resolution. *J. Mol. Biol.* 229:1101–1124.
12. Unwin, N. 1995. Acetylcholine receptor channel imaged in the open state. *Nature* 373:37–43.
13. Miyazawa, A., Fujiyoshi, Y. & Unwin, N. 2003. Structure and gating mechanism of the acetylcholine receptor pore. *Nature* 423:949–955.
14. Unwin, N. 2005. Refined structure of the nicotinic acetylcholine receptor at 4.0 Å resolution. *J. Mol. Biol.* 346:967–989.
15. Corry, B. 2006. An energy-efficient gating mechanism in the acetylcholine receptor channel suggested by molecular and brownian dynamics. *Biophys. J.* 90:799–810.
16. Cymes, G. D. & Grosman, C. 2008. Pore-opening mechanism of the nicotinic acetylcholine receptor evinced by proton transfer. *Nature Struct. Mol. Biol.* 15:389–396.
17. Taly, A., et al. 2009. Nicotinic receptors: Allosteric transitions and therapeutic targets in the nervous system. *Nature Revs. Drug Disc.* 8: 733–750.

요 약

원형질막은 매우 얇고 연약한 구조지만, 세포에서 여러 중요한 역할을 한다. 원형질막은 살아 있는 세포를 환경과 구별 짓는다. 선택적 투과성을 가진 장벽으로 특정 물질의 교환을 가능하게도 저해하기도 한다. 막의 한쪽에서 다른 쪽으로 물리적으로 물질을 수송하는 기구를 가지고 있다. 외부 공간에 있는 특정 리간드에 결합할 수 있는 수용체를 가지고 있고 세포의 안쪽 구획으로 그 정보를 전달한다. 다른 세포와의 상호작용을 매개한다. 세포의 구성물들이 정렬될 수 있는 구조적 골조를 제공한다. 에너지가 한 종류에서 다른 종류로 변환될 수 있는 부위이다. (312쪽)

막은 지질과 단백질의 조립체로 각 구성성분이 비공유결합을 통해 얇은 층 내에서 서로 모여 있다. 막은 지질2중층에 의한 응집력 있는 판으로 서로 붙들려 있다. 지질2중층은 양친매성의 지질 2층으로 존재하며, 지질의 극성 머리부위는 바깥쪽으로 소수성 지방산 꼬리 부위는 안쪽으로 향해 있다. 지질에는, 포스파티딜콜린과 같은 포스포글리세리드, 인지질인 스핑고미엘린과 같은 스핑고신-유래 지질들, 탄수화물을 포함하고 있는 세레브로시드와 강글리오시드(당지질), 그리고 콜레스테롤이 있다. 막에 있는 단백질은 지질2중층을 통과하여 세포질 쪽과 세포 바깥쪽 모두의 특정 부위가 노출되어 있는 내재단백질, 지질2중층의 바깥에 존재하며 지질의 극성 머리부위나 내재단백질의 표면에 비공유결합으로 결합되어 있는 표재단백질, 그리고 지질2중층의 바깥이나 이를 구성하는 지질에 공유결합으로 연결되어 있는 지질고착 단백질의 3종류로 구분할 수 있다. 내재단백질의 막관통 영역은 주로 소수성의 잔기로 구성되어 있는 나선을 이루고 있다. (315쪽)

세포막은 지질2중층을 이루는 2개의 층이 매우 다른 특성을 보이는 상당히 비대칭적 구조이다. 예를 들어, 모든 막의 탄수화물 사슬은 세포질의 반대 방향을 향하고 있다. 많은 내재단백질은 세포 바깥쪽 표면에 외부 리간드와 결합할 수 있는 부위를 가지고 있고 안쪽 표면에는 막골격을 이루는 표재단백질과 결합할 수 있는 부위를 가지고 있다. 두 층의 인지질 조성도 매우 비대칭적이다. 막 내에서의 단백질 구성은 동결-파단 복사에 의해 쉽게 알 수 있는데, 이 실험에서는 세포를 얼리고 이를 깨뜨릴 때 파단면이 세포의 지질2중층의 중심에 생겨 막이 분리되게 유도하고 이 노출된 안쪽 면의 금속 복사본을 만들어 시각화하는 기술이다. (319쪽)

지질2중층의 물리적 상태는 인지질이나 내재단백질의 측면 움직임에 매우 중요한 역할을 한다. 2중층의 점도나 2중층의 상태 변화가 일어날 때의 온도는 인지질 내 지방산사슬의 불포화 정도와 길이에 의존적이다. 막이 유동성을 유지하는 것은 신호전달이나, 세포분열, 특수한 막 형성 등의 많은 세포 활동에 중요하다. 막 내에서 단백질의 측면 이동은 초기의 세포 융합실험으로 입증되었으며, 형광물질이나 고전자밀도 표지를 한 단백질의 이동을 추적하는 기술로 정량화가 가능하다. 내재단백질의 확산계수 측정 결과는 대부분의 내재단백질이 이들 단백질의 이동성을 제한시키는 영향 하에 있음을 암시한다. 내재단백질 이동의 제한은 다른 내재 단백질과 결합하거나 막 표면에 있는 표재단백질과 결합에 의해 이루어진다. 이러한 다양한 종류의 제약으로 인해, 특정 지역의 막은 다른 지역의 막과는 구별될 수 있는 구조적인 안정성을 달성하게 된다. (327쪽)

적혈구 원형질막에는 밴드 3 단백질과 글리코포린 A라는 2개의 내재단백질 그리고 세포 안쪽의 잘 알려진 막골격을 이루는 표재단백질을 가지고 있다. 각 밴드 3 소량체는 막을 적어도 12번 횡단하며 중탄산이온과 염소이온을 통과시킬 수 있는 내부 통로를 가지고 있다. 글리코포린 A는 상당히 많은 탄수화물이 결합되어 있는 기능이 분명치 않은 단백질로, 소수성 나선으로 되어 있는 막횡단 영역을 하나 가지고 있다. 막골격의 주성분은 섬유성 단백질인 스펙트린으로 이는 다른 표재단백질과 상호작용하여 막을 지지하고 내재단백질의 확산을 제한한다. (334쪽)

원형질막은 선택적 투과성을 가진 장벽으로, 지질2중층이나 막 통로를 통과하는 단순확산, 촉진확산, 능동수송과 같은 여러 기작으로 용질이 이동할 수 있다. 확산은 에너지가 필요하지 않은 과정으로, 용질은 전기화학적 기울기를 따라 움직이며 전기화학적 기울기에 저장되어 있던 자유에너지를 소모하게 된다. O_2나 CO_2와 같은 작은 무기 용질이나 물, 또는 분배계수가 큰 (지질 용해도가 높은) 용질은 지질2중층을 직접 통과할 수 있다. 이온이나, 설탕이나 아미노산 등의 극성 유기 용질이 세포 안으로 들어오거나 밖으로 나가려고 할 때는 특별한 수송체가 필요하다. (336쪽)

이온은 단백질로 이루어진 통로를 통해 원형질막을 통과하며, 이 통로는 보통의 경우 특정 이온에 선택적이다. 이온 통로는 대개 관문이 존재하여 전압이나 신경전달물질과 같은 화학적 리간드에 의해 개폐가 조절된다. 세균의 이온 통로인 KcsA의 분석을 통해, 이 통로의 공격에 있는 산소 원자들이 어떻게 수화된 K^+와 결합해 있는 물 분자를 대체하여 선택적인 K^+ 이온의 통과를 가능하게 하는지 밝혀졌다. 전압 관문 K^+ 통로는 전하를 띤 나선부위를 가지고 있으며, 이 부위는 막의 전압에 반응하여 움직임으로써 관문의 개폐를 조절할 수 있다. (340쪽)

촉진확산과 능동수송은 수송되는 용질과 특이적으로 결합하는 내재단백질에 의해 이루어진다. 촉진적 수송체는 에너지의 투입 없이 기능을 수행할 수 있으며 용질을 농도 기울기에 따라 막의 어떤 방향 쪽으로든 이동시킨다. 이들 단백질은 막의 양쪽에 용질 결합부위를 교대로 노출시키게 되는 구조 변화에 의해 작동할 것으로 생각된다. 포도당 수송체는 촉진적 수송체의 한 종류로, 인슐린 농도가 증가하면 원형질막 내로 포도당 수송체가 이동한다. 능동수송은 에너지의 투입이 필요하고 이온이나 용매를 농도 기울기의 역방향으로 이동시킨다. Na^+/K^+-ATP가수분해효소와 같은 P-형 이온 펌프는 ATP의 인산기를 수송체에 결합시켜 수송하는 이온에 대한 친화도를 변화시킨다. 2차 능동수송 체제에서는 이온 기울기로 저장되어 있던 에너지를 이용하여 다른 용질을 농도 기울기의 역박향으로 수송한다. 예를 들어, 포도당을 내장 상피세포의 정단부 원형질막을 건너 안쪽으로 들어오게 하는 능동 수송은 Na^+ 이온이 전기화학적 기울기를 따라 공동수송될 때의 에너지를 이용한다. (345쪽)

원형질막을 가로지르는 휴지전위는 주로 K^+ 이온에 대한 제한적인 투과성 때문이며 극적인 변화를 보일 수 있다. 전형적인 신경세포나 근육세포의 휴지전위는 대략 −70 mV로 안쪽이 음전위를 갖는다. 흥분성 세포의 세포막 전위가 역치값을 지나 탈분극되면, 전압 관문 Na^+ 통로를 열어 Na^+의 유입을 야기하고 이는 막을 가로지르는 전압을 정반대로 뒤바꾼다. 열린지 수 ms 내에 이 Na^+ 통로는 닫히고 전압 관문 K^+ 통로가 열려 K^+의 유출이 일어나고 휴지전위가 다시 회복된다. 탈분극 후에 나타나는 이러한 극적인 막전위의 변화는 활동전위로 나타난다. (350쪽)

활동전위가 시작되면 이는 스스로 계속해서 전파된다. 막의 한 부위에서의 활동전위는 바로 옆 부위에서 탈분극을 야기하기 충분하여 그 부위에서 활동전위를 만들 수 있으므로, 활동전위는 스스로 전파된다. 미엘린 수초로 둘러싸인 축삭에서는 하나의 결절에서의 활동전위가 그 다음 결절에서 막의 탈분극을 유도할 수 있으므로, 활동전위는 한 결절에서 다른 결절로 빠르게 도약한다. 활동전위가 축삭의 말단혹에 도착하게 되면, 원형질막에 있는 Ca^{2+} 관문이 열리게 되어 Ca^{2+}의 유입이 증가되고 이는 다시 신경전달물질을 가지고 있는 분비소낭이 원형질막과 융합하게 한다. 이 신경전달물질은 시냅스 틈을 건너 시냅스후 막에 있는 수용체에 결합하고 표적세포의 탈분극이나 과분극을 유도한다. (353쪽)

개념 문제

8.1 원형질막 소개

1. 진핵세포에서 막의 중요한 역할을 몇 가지 서술하시오. 이러한 기능들 중 하나를 하지 못하는 세포막이 있다면 어떠한 일이 발생할 수 있다고 생각하는가?
2. 현재의 막구조 모형을 이끌어낸 중요한 단계들을 요약하시오. 각 새로운 모형은 그 전 모형의 어떠한 기본 원리를 유지하고 있는가?

8.2 막의 화학적 조성

3. 세포막에서 발견되는 지질의 주된 종류의 기본 구조를 그리시오. 스핑고리피드는 글리세리드와 어떻게 다른가? 어떤 지질이 인지질인가? 당지질이란? 이러한 지질들이 어떻게 2중층에 배열되어 있는가? 2중층이 막의 활성에 어떻게 중요한가?
4. 리포솜이란 무엇인가? 리포솜이 의료 치료법에서 어떻게 쓰이는가?

8.3 막탄수화물

5. 올리고당이란? 올리고당이 막단백질에 어떻게 연결되어 있는가? 올리고당과 사람의 혈액형의 관계는 무엇인가?

8.4 막단백질의 구조와 기능

6. 막단백질이 비대칭적으로 분포되어 있다는 말의 의미가 무엇인가? 막의 탄수화물도 마찬가지로 비대칭적으로 분포되어 있는가?
7. 막단백질의 세 가지 종류(내재단백질, 표재단백질, 지질고착단백질)의 특성에 대해 기술하시오. 이들이 서로 어떻게 다른가? 각 막단백질들은 어떠한 종류의 단백질들로 구성되는가?

8.5 내재단백질의 구조와 특징 연구

8. 막단백질을 녹일 때 세제가 필요한 이유는? 분리된 세포막 분율에 있는 내재단백질의 다양성을 어떻게 결정할 수 있겠는가?
9. (1) 아미노산 서열에서 막횡단 영역의 위치 결정은 어떻게 하는가? (2) 외부 배양액에 접근 가능한 막횡단 나선의 상대적인 위치는 어떻게 결정하는가?

8.6 막지질과 막유동성

10. 막유동성에서 지방산 불포화의 중요성은 무엇인가? 지방산을 불포화시킬 수 있는 효소의 중요성은 무엇인가?
11. 막의 전이온도가 뜻하는 바는 무엇이며, 전이온도가 지방산 사슬의 포화도나 길이에 의해 어떻게 영향을 받는가? 이러한 특성들이 지질 뗏목의 형성에 얼마나 중요한가?
12. 막의 유동성이 세포에 중요한 이유는 무엇인가?
13. 지질2중층 양쪽의 이온 전하가 다른 원인은 무엇인가?

8.7 원형질막의 역동적인 성질

14. 특정 막단백질의 확산 속도를 측정하는 두 가지 방법에 대해 서술하시오.
15. 그림 8.28에 도해된 단백질 이동의 종류에 대해 비교하고 대조하여 서술하시오.
16. 지질의 측면 이동 속도와 다른 층으로 건너뛰는 속도를 비교하시오. 차이가 나는 이유가 무엇인가?

8.8 적혈구: 원형질막 구조의 예

17. 적혈구 막의 내재단백질과 표재단백질의 주된 두 가지 기능에 대해 서술하시오.

8.9 세포막을 통한 물질의 이동

18. 물질이 원형질막을 건너 움직이는 네 가지 다른 방법에 대해 비교하고 대조하여 서술하시오. (그림 8.33에 나타낸 바와 같이).
19. 전해질과 비전해질이 막을 건너 확산할 때의 에너지학적 차이점을 서술하시오.

8.10 지질2중층을 통한 확산

20. 막 투과성 측면에서 분배계수와 분자 크기 사이의 관계를 기술하시오.
21. 세포를 고장성, 저장성, 등장성 배양액에 넣었을 때의 효과를 설명하시오.

8.11 막을 통한 이온의 확산

22. 관문 통로의 종류 세 가지는 무엇인가?
23. K^+ 통로가 Na^+의 통과는 저해하며 K^+만 통과하게 할 수 있는 기작을 서술하시오.

8.12 촉진확산

24. 촉진적 수송체와 이온 통로를 비교하고 대조하여 서술하시오.
25. 효소와 수송체의 반응속도가 포화된 형태를 나타내는 이유에 대해 서술하시오.

8.13 능동수송

26. 이온이나 용매를 농도 기울기의 역방향으로 이동시키기 위해서 에너지가 사용되는 두 가지 방법에 대해 서술하시오.
27. Na^+/K^+-ATP가수분해효소가 어떻게 원형질막의 비대칭성을 보여주고 있는가?
28. Na^+/K^+-ATP가수분해효소의 작용 기작에서 인산화의 역할이 무엇인가?
29. 원핵생물의 KcsA K^+ 통로와 진핵세포의 전압 관문 K^+ 통로의 구조적인 관련성은 무엇인가? 통로의 어떤 부분이 이온 선택성과 관련되어 있고, 어떤 부분이 관문의 개폐에, 어떤 부분이 통로의 불활성화와 연관되어 있는가? 각 과정들(이온 선택성, 관문 개폐, 불활성화)은 어떻게 일어나는가?
30. K^+ 이온이 통과하기에 충분히 큰 구멍이라면 Na^+ 이온도 그 작은 크기로 인해 통과할 것이라고도 생각할 예상할 수 있다. 그럼에도 불구하고 K^+ 통로는 이 특이적인 이온에 대해서 선택적인 이유는 무엇인가?

8.14 막전위

31. 휴지전위란 무엇인가? 이온의 이동의 결과가 어떻게 휴지전위를 형성하는가?
32. 활동전위란 무엇인가? 활동전위의 다양한 국면을 야기하는 단계들은 무엇인가?

8.15 신경충격으로서 활동전위의 전파

33. 활동전위가 어떻게 축삭을 따라 전파되는가? 도약전도란 무엇이며, 어떻

게 일어나는가?

34. 신경충격의 전파에 있어서 미엘린 수초의 역할은 무엇인가?

8.16 신경전달: 시냅스 틈 뛰어넘기

35. 신경충격이 시냅스전 뉴런의 말단혹에 전달했을 때부터 시냅스후 뉴런에서 활동전위가 시작될 때까지 일어나는 단계에 대해 서술하시오.

36. 신경세포에서 이온 기울기를 만들고 사용하는 데 있어, 이온 펌프와 이온 통로의 역할을 비교 설명하시오.

분석 문제

1. 적혈구에는 없으나 상피세포의 원형질막에는 존재할 것으로 예상되는 내재단백질의 종류는 어떤 것이 있는가? 이러한 차이가 이들 세포의 활성과는 어떠한 관계가 있는가?

2. 다양한 종류의 세포는 지용성 분자인 스테로이드 호르몬에 결합하는 수용체를 가지고 있다. 그러한 스테로이드 호르몬 수용체는 세포의 어디에 존재하겠는가? 인슐린 수용체는 세포의 어디에 있을 것으로 예상하는가? 그 이유는?

3. 세포의 바깥쪽에 안쪽보다 10배 많은 농도의 용질이 있다면, 이 용질이 세포 내로 이동할 때의 자유 에너지는 −1.4 kcal/mol이다. 만약 이 용질이 세포 밖에 안쪽보다 1,000배 더 많다면 이 용질이 세포 내로 이동할 때의 자유 에너지는 얼마이겠는가? 용질을 세포 안으로 이동할 때의 자유 에너지가 −2.8 kcal/mol이 되기 위해서는 세포 밖의 용질의 농도가 안쪽에 비해 몇 배가 되어야 하는가? 만약 용질이 세포 안으로 이동할 때 자유에너지가 +2.8 kcal/mol이라면, 세포 안의 용질 농도와 세포 밖의 용질의 농도가 어떻게 다른가?

4. 지방이나 근육세포 등, 신체의 특정세포에 약물을 전달하기 위해 리포솜을 사용하기로 계획하고 있다고 가정해보자. 표적 특이적인 성질이 증가된 리포솜을 제조하기 위해 할 수 있는 방법으로는 무엇이 있는가?

5. 원형질막의 표면에 있는 올리고당은 어떻게 녹말이나 글리코겐과 같은 다당류와는 달리 특정 상호작용에 참여할 수 있는가? 수혈 받기 전 혈액형을 결정해야 하는 이유를 올리고당의 위와 같은 특징을 고려하여 설명하시오.

6. 트립신은 막단백질의 친수성 부위를 자를 수 있는 효소이나, 지질2중층을 뚫고 세포 내부로 들어갈 수는 없다. 이러한 특징으로 인해, 트립신은 특정 단백질이 세포외 영역을 가지고 있는지 결정하기 위해 SDS PAGE와 함께 사용할 수 있다. 적혈구 막 단백질의 측면성을 결정하기 위해 트립신을 이용한 실험을 기술해 보시오.

7. 그림 8.32*a*의 적혈구의 주사전자현미경 사진에서, 납작하고 양쪽에 동그랗게 움푹 파인 곳이 있는 형태를 양요(biconcave) 형태라 한다. 적혈구가 구 형태보다 양요 형태를 가지므로서 O_2 흡수에 있어 갖는 생리적인 장점이 무엇인가?

8. 세균을 15°C에서 키우다가 온도를 37°C로 올렸다고 가정하자. 이는 막의 지방산 조성에 어떠한 영향이 있었을 것이라 생각하는가? 이는 지질2중층의 전이 온도에, 막에 있는 불포화효소의 활성에 각각 어떠한 영향이 있었을 것인가?

9. 그림 8.6에서, 어떤 지질이 가장 빠른 다른 층으로 건너뛰기(flip-flop) 운동을 보일 것인가? 가장 느린 운동을 보이는 지질은? 그 이유는? 포스파티딜콜린이 다른 층으로 건너뛰기를 가장 빨리 한다고 실험적으로 보였다고 하면, 그 결과를 어떻게 해석할 것인가? 인지질의 다른 층으로 건너뛰기의 속도는 내재단백질과 비교하면 어떨 것으로 예상하는가? 이유는?

10. 막단백질의 2차원 모식도와 3차원 모식도의 차이는 무엇인가? 서로 다른 이 모식도는 어떻게 얻어지는가? 어떤 것이 더욱 유용한가? 3차원 구조보다 2차원 구조를 알고 있는 단백질이 더 많은 이유는 무엇이라고 생각하는가?

11. Na^+와 K^+ 이온이 방사능 표지된 0.1 M NaCl와 0.1 M KCl이 들어 있는 용액 약간을 오징어 거대축삭에 투여한다고 가정하자. 이 뉴런을 해수로 된 배양액에 휴지상태로 있는 채로 배양한다면, 두 방사능 표지 이온 중 어떤 이온이 더 빨리 배양액으로 배출될 것인가? 이 뉴런이 수회의 활동전위를 일으키도록 자극한 후에는 어떻게 될 것인가?

12. 지질2중층을 통해 물이 빠른 속도로 확산되기 때문에 (아쿠아포린과 같은) 물 분자 통로를 이루는 단백질을 정제하는 것이 어려웠다. 왜 이런 특징이 아쿠아포린의 정제를 어렵게 만들었는가? 지질2중층을 통한 확산과 아쿠아포린을 통한 확산을 구별할 수 있는 방법이 있는가? 아쿠아포린의 행동을 연구하는 가장 좋은 방법은 이 유전자를 개구리의 난자에 발현시키는 것이다. 이 연못-거주 양서류의 난자가 이러한 연구에 특히 좋은 이유는 무엇인가?

13. 막 내의 지질에 대해 측정한 확산 계수는 동일 막에서 측정된 내재단백질의 확산 계수 보다 좀 더 자유 확산시의 확산 계수와 근접한 값을 나타낸다. 그 이유는 무엇인가?

14. 한 세포의 원형질막이 갑자기 Na^+와 K^+에 대해 동일한 투과도를 보이고 또한 두 이온 모두 같은 정도의 농도 기울기를 보이게 되었다고 가정하자. 이때 두 이온의 막을 통과하는 속도는 같을 것으로 예상하는가? 그 이유는?

15. 대부분의 해양 무척추동물은 삼투압에 의한 물의 이동이 없으나, 대부분의 해양 척추동물은 염도가 높은 환경에서 계속적인 물의 손실을 경험하게 된다. 이 차이의 원인은 무엇이며, 이 차이가 어떻게 이 두 그룹의 진화 경로가 달랐음을 반영할 수 있을지 추론하시오.

16. 식물세포 안 용질의 농도와 세포 밖 액체의 용질의 농도는 어떠한 차이가 있는가? 이는 동물세포에서도 동일한가?

17. 만약 Na^+ 이온 통로가 활동전위 동안 닫혔다가 바로 다시 열릴 수 있다면 신경충격의 전도에는 어떠한 결과가 나타나겠는가?

18. 만약 K^+의 세포 외부 농도가 200 mM이고 내부 농도가 10 mM이라면 25°C에서 K^+ 평형 전위 값은 얼마인가? 30°C에서는?

19. Na^+/포도당 공동수송체는 포도당 1개에 대해 2개의 Na^+ 이온을 수송한다. 만약 이 비율이 2:1이 아니라 1:1이라면 수송체가 수송할 수 있는 포도당 농도에는 어떠한 영향을 줄 것인가?

20. 막횡단 단백질은 대개 아래와 같은 특징을 갖는다. (1) 막의 2중층을 통

과시키는 부위는 적어도 20개의 거의 혹은 모두 소수성인 아미노산이다. (2) 단백질을 막의 바깥 면에 고정시키는 부위는 2개 이상의 연속적인 산성 잔기를 가지고 있다. (3) 단백질을 막의 세포 쪽 면에 고정시키는 부위는 2개 이상의 연속된 염기성 잔기를 가진다. 아래와 같은 아미노산 서열을 가지고 있는 막횡단 단백질을 가정해보자.

NH_2-MLSTGVKRKGAVLLILLFPWMVAGGPLFWLAADESTYKGS-COOH

이 단백질이 원형질막에 존재한다고 할 때의 단백질의 모습을 그리시오. 이때, N-말단과 C-말단, 막의 외부와 세포질 쪽 면을 표시하시오. (단일 문자 표기법은 그림 2.26을 참조)

21. 오징어와 같은 많은 해양 무척추동물은 바닷물과 비슷한 조성의 세포외액을 가지고 있으며, 따라서 세포 내부의 이온 농도도 포유류보다 상당히 높다. 오징어의 뉴런에서, 이온 농도는 대략 아래 표와 같다.

이온	세포내 농도	세포외 농도
K^+	350 mM	10 mM
Na^+	40 mM	440 mM
Cl^-	100 mM	560 mM
Ca^{2+}	2×10^{-4} mM	10 mM
pH	7.6	8.0

만약 원형질막의 휴지전위, V_m이 −70 mV라고 하면, 평형상태에 있는 이온은 무엇인가? 각 이온은 평형상태로부터 (mV 단위로) 얼마나 떨어져 있는가? 각 이온에 대한 통로가 열린다면 각 이온의 순이동의 방향은 어느 쪽인가?

22. 세포의 막전위 V_m은 해당 막의 다양한 이온에 대한 상대적인 투과도에 의해 결정된다. 아세틸콜린이 시냅스후 근육 막에 있는 수용체에 결합하면, 이는 Na^+와 K^+ 이온에 대해 동일한 투과도를 가진 통로를 대량으로 열게 된다. 이러한 조건하에서는, 아래의 식이 성립한다.

$$V_m = (V_{k^+} + V_{Na^+}) / 2$$

만약 근육세포에 대해 $[K^+_{in}] = 140$ mM, $[Na^+_{in}] = 10$ mM, $[Na^+_{out}] = 150$ mM, $[K^+_{out}] = 5$ mM인 조건이 성립하면, 아세틸콜린에 의해 자극되는 근육의 신경근육 연접부에서의 막전위는 얼마인가?

23. 막횡단 영역은 개별 α-나선들로 되어 있거나 또는 통모양의 하나의 β-병풍구조로 되어 있다. 그림 2.30과 2.31을 참조로 하여 하나의 α-나선이 β-사슬보다 2중층을 횡단하는 데 왜 더욱 적합한지 설명하시오.

24. K^+ 통로가 K^+ 이온에 대해 선택적인 기작을 참조하여, Na^+ 통로가 Na^+ 이온에 선택적인 기작을 제시하시오.

25. 이온 통로를 통과하는 이온의 이동 속도와 P-형 펌프에 의해 능동수송되는 이온의 이동속도를 비교한다면? 그 이유는 무엇인가?

CHAPTER 9

미토콘드리아와 유산소호흡

목 차

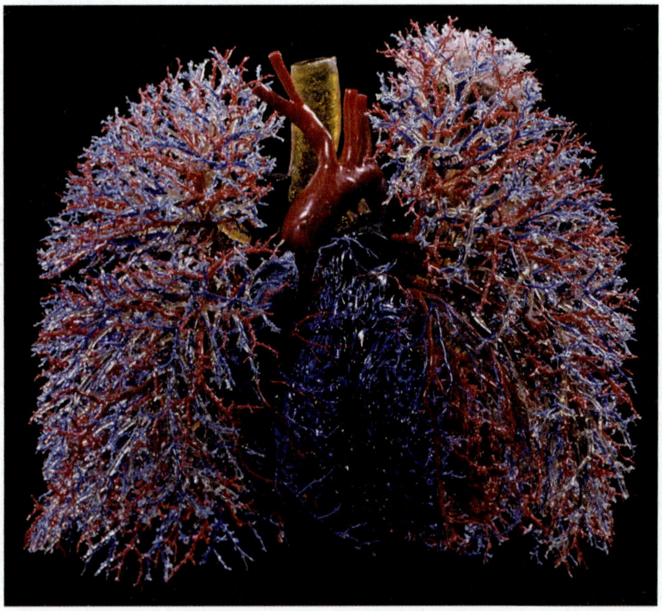

심장과 허파 혈관들. 산소가 떨어진 혈액(파란색 혈관들)은 허파에서 산소를 만나, 붉은색 혈관으로 그려진 바와 같이 산소가 풍부한 상태가 된다.

출처: Ralph Hutchings / Getty Images, Inc.

우리는 왜 숨을 쉬어야 하는가

우리 몸의 세포에 필수적인 산소는 호흡과 심장 박동을 통해 공급된다. 혈액 중 붉은색을 띠는 헤모글로빈이 산소를 온몸에 운반한다. 인체는 산소를 충분히 공급받을 수 있도록 구조와 생리현상이 맞추어져 있으며, 마취과 전문의, 우주비행사 또는 스쿠버다이버가 일을 수행하면서 최우선적으로 고려하는 것은 충분한 산소가 공급될 수 있는지 여부이다. 경험적으로 알고 있는 것처럼 운동을 하면 더 많은 산소가 필요하게 된다. 이 산소는 세포의 에너지 대사과정에 필수적인데, 에너지는 호흡 과정을 통해 공급된다. 이러한 과정이 이루어지는 세포내소기관이 미토콘드리아이다. 제1장에서 잠시 언급된 것처럼 미토콘드리아는 원시 진핵생물에 공생하게 된 세균으로부터 유래하였다. 그러니 혹시라도 나중에 여러분이 계단을 뛰어올라 숨을 헐떡이게 된다면, 그 때 잠시 떠올려주기 바란다. 여러분이 급하게 흡입하는 그 산소가 여러분의 세포에 있는 내재공생 박테리아(endosymbiont)—사실은 미토콘드리아—에 의해 사용된다는 것을. 제9장에서는 산소가 에너지 생산과 어떻게 연결되는지, 그리고 이 과정에서 미토콘드리아가 어떤 역할을 하는지 알아볼 것이다.

9.1 미토콘드리아의 구조와 기능

지구 진화 과정에서 초기 20억 년 동안 대기는 주로 수소(H_2), 암모니아(NH_3), 물(H_2O)과 같이 환원된 분자들로 구성되었었다. 이 시기의 지구에는 해당과정 및 발효(그림 3.24와 3.29)와 같이 산소 비의존적 대사경로를 통해 에너지가 풍부한 화합물들을 대사하는 생물들인 **혐기성생물(anaerobes)**들이 서식하였다. 대략 24억~27억 년 전 남세균(cyanobacteria)이 출현하였는데, 이들은 일종의 광합성적 과정, 즉 물 분해 과정에서 나오는 산소(O_2)를 대기로 분비하였다. 남세균이 출현한 이후, 지구의 대기에는 산소가 축적되기 시작했고, 이는 지구에서 살아갈 생물 유형들에 극적인 변화를 유발하는 계기로 작용하였다.

73쪽에서 논의된 것과 같이, 산소는 여분의 전자를 통해 생명체를 구성하는 다양한 물질과 결합할 수 있는 매우 반응성이 높은 물질로 산소를 대사적으로 이용할 수 없는 생명체에게는 치명적이다. 결국, 산소는 진화의 방향을 결정하는 중요한 요소로 작용한다. 생명체는 남세균에 의해 대기에 축적된 산소로부터 직접적으로 공격받지 않는 한편, 오히려 산소를 이용해 대사과정의 효율성을 높이는 방향으로 진화하였다. 산소를 이용하지 못하는 생명체는 먹이로부터 매우 제한된 에너지를 얻고, 여전히 고에너지 상태인 젖산(lactic acid)과 에탄올을 대사시키지 못한 채 배출한다. 반면에, 산소를 대사과정에 이용하는 생명체는 고에너지 물질을 산소를 이용하여 산화시켜 최종산물인 이산화탄소(CO_2)와 물로 변환시키며 그 과정에서 최대한의 에너지를 얻는다. 이처럼 산소 의존적인 생명체를 **호기성생물(aerobes)**이라 한다. 이들은 원핵생물(prokaryotes)과 진핵생물(eukaryotes)로 진화하며, 이들 모두 산소 의존적이다. 진핵생물에서 산소를 이용한 에너지 추출 과정은 특수화된 세포내소기관인 **미토콘드리아(mitochondria**, 단수: mitochondrion)에서 일어난다. 제1장에서 살펴본 것과 같이 미토콘드리아는 혐기성생물의 세포질 내에 자리잡게 된 원시 호기성 세균으로부터 유래한 것임이 다양한 연구 결과를 통해 밝혀졌다.

미토콘드리아는 비교적 큰 세포내소기관으로 광학현미경에서 관찰할 수 있으며(**그림 9.1a**), 세포 내에 존재함이 100여 년 전에 밝혀졌다. 세포의 종류에 따라서 미토콘드리아는 구조적으로 매우 다르다. 콩과 같은 모양을 가지는 것들은 대략 1~4 μm의 길이를 나타내며(그림 9.1*b*), 많은 가지들이 서로 연결된 튜뷸형 망(tubular network) 형태를 보이는 경우도 있다. 형광을 이용하여 살아 있는 세포를 염색한 결과, 미토콘드리아의 형태가 고정되지 않고 극적인 변화가 일어나는 역동적인 기관으로 관찰되었다. 실제로 미토콘드리아가 서로 융합하거나(fusion) 2개로 분열(fission)될 수 있음이 관찰되었다(**그림 9.2a**).

소포체(Endoplasmic reticulum, ER)가 미토콘드리아와 광범위하게 상호작용하는 것으로 알려져 있다. 흥미롭게도, 미토콘드리아가 소포체의 얇은 튜뷸과 접촉할 경우 미토콘드리아가 분열됨이 알려졌다. 소포체의 튜뷸이 미토콘드리아를 마치 올가미처럼 감싸고(그림 9.2*b*), 미토콘드리아가 조여지기 시작하며, 일련의 세포질 단백질들이 미토콘드리아 외막에 모이게 되어 이들의 활성으로 분열이 완성된다(그림 9.2*c*). 미토콘드리아의 수, 길이, 연결된 정도는 융합과 분열의 균형점에 의해 결정된다. 만약 융합이 분열보다 더 자주 일어나면 미토콘드리아는 길쭉해지고 많이 연결된 형태로 존재한다. 반면에 분열이 더 빈번하게 일어나면 작고 개별적인 미토콘드리아가 생성된다. 많은, 유전되는 신경질환들은 미토콘드리아 융합에 역할을 하는 유전자의 변이에 기인한다.

미토콘드리아는 포유류 간세포 중 대략 15~20%를 차지하며, 천 개 이상의 단백질을 갖는다. 세포가 이용할 수 있는 에너지 형태인 ATP를 생산하는 기관이 미토콘드리아이다. 이 기능을 수행하기 위

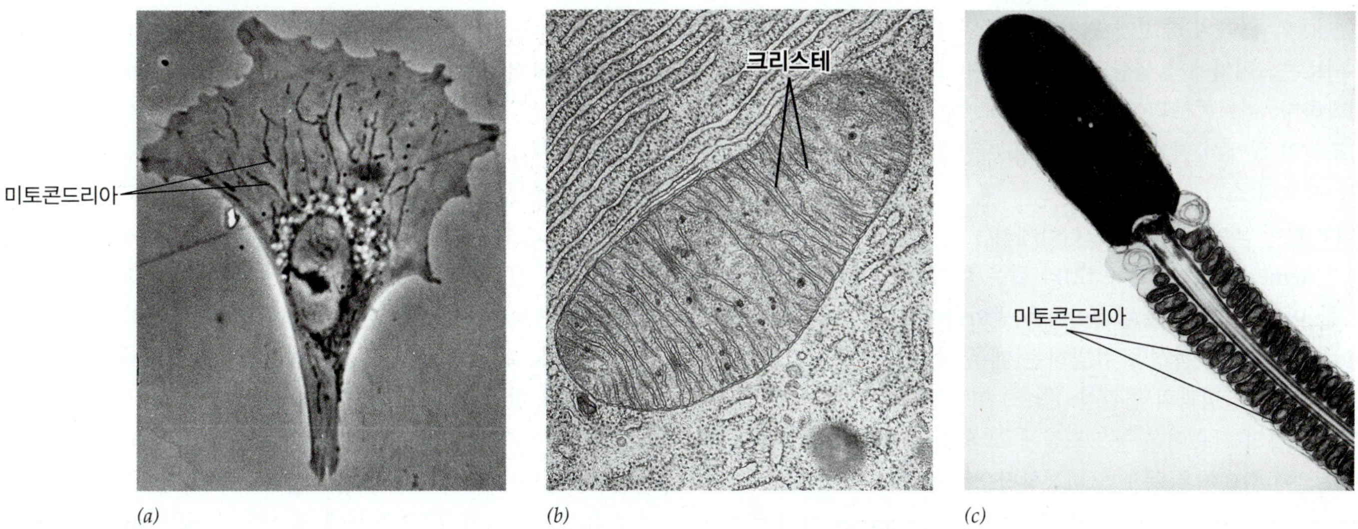

그림 9.1 미토콘드리아. (*a*) 위상차 현미경으로 본 살아 있는 섬유아세포 이미지. 미토콘드리아는 길쭉하고, 어둡게 보이는 물체로 관찰된다. (*b*) 투과전자현미경으로 본 미토콘드리아의 내부 구조 이미지로, 특히 내막의 크리스테가 선명하게 관찰된다. (*c*) 박쥐 정자에서는 미토콘드리아가 편모의 중편(midpiece)에 위치한다.

출처: Norman K. Wessels, Stanford University 제공; K. R. Porter/Photo Researchers, Inc.; (c) Don W. Fawcett/Photo Researchers, Inc.

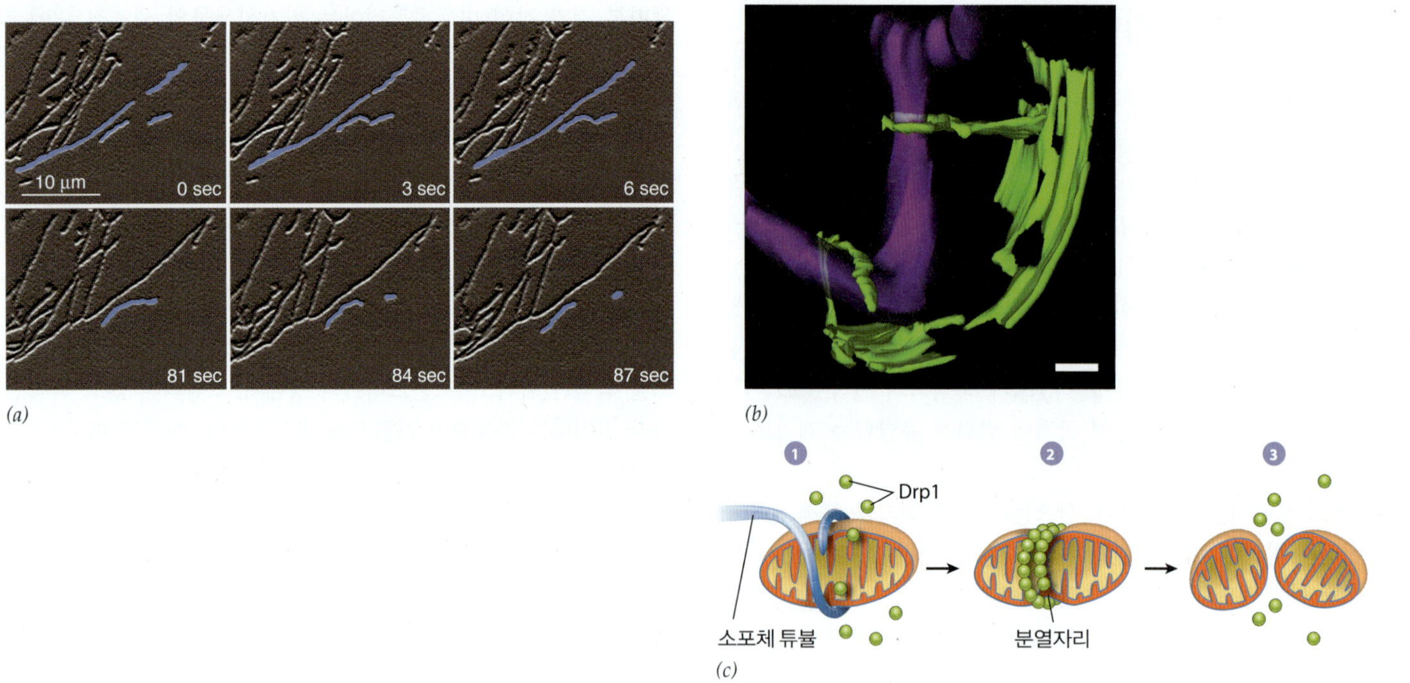

그림 9.2 미토콘드리아의 융합(fusion)과 분열(fission). (*a*) 생쥐의 섬유아세포를 형광단백질로 염색한 후 촬영한 동영상 사진. 미토콘드리아의 역동성을 관찰할 수 있다. 위쪽 3개의 사진에서 두 쌍의 미토콘드리아(인위적으로 색을 입힌)가 서로의 말단이 접촉한 후 융합하였고, 아래 3개의 사진에서 미토콘드리아가 분열되고, 그중 딸 미토콘드리아(daughter mitochondria)가 멀리 이동한다. (*b*) 전자 단층촬영법(EM tomography, 18.5절 참조)에 의한 3차원적 모델: 효모세포의 소포체(녹색)과 미토콘드리아(보라색)의 접촉을 보여준다. 소포체 튜뷸이 미토콘드리아 망(mitochondrial network)의 일정 부위를 감싸는데, 이 부위는 이후 분열자리가 된다. 포유세포에서도 유사한 일이 일어난다. Bar, 200 nm. (*c*) 모식도에서 소포체 튜뷸과 접촉한 곳에서 미토콘드리아 수축이 시작된다(1단계). 관련 단백질(예, 포유류 Drp1)이 미토콘드리아 외막 주위를 나선형 조립체를 이루어 감싸며 이후 순차적으로 미토콘드리아가 분열된다(2단계). Drp1은 dynamin 계열 GTP-결합 단백질로 막 구조를 절단하는 역할을 한다. GTP 결합과 가수분해를 통해 나선형 Drp1은 미토콘드리아를 수축시켜 최종적으로 2개의 작은 미토콘드리아로 나눈다(3단계).

출처: (a) David C. Chan, *Cell* 125:1242, 2006에서 발췌; © 2006, Elsevier의 허가를 득함; (b) Image by M. West, from Jonathan R. Friedman, et al., *Science* 334:359, 2011, AAAS의 허가를 득함.

해 미토콘드리아는 지방산 함유 오일 덩어리와 접촉하여 산화시킬 원재료를 얻어낼 수 있다. 정자의 미토콘드리아는 매우 독특하게 배열되는데, 핵 뒤쪽의 중편에 위치한다(그림 9.1*c*). 이처럼 감싸는 형태의 미토콘드리아에서 생성되는 ATP가 바로 정자의 이동에 쓰이기에 적합하다. 미토콘드리아는 식물에서도 매우 발달되어 있으며, 광합성 조직인 잎에서 암기 동안, 그리고 비광합성 조직에서 ATP를 제공하는 세포내 소기관이다.

ATP 합성 외에도 미토콘드리아에서는 특정 아미노산(그림 2.35)과 헴기(heme group, 그림 9.12)와 같은 화합물이 만들어지기도 한다. 또한 미토콘드리아는 칼슘이온을 받아들이고 내보낼 수 있는데, 칼슘이온이 세포의 활성을 유발하는 매우 중요한 인자이기 때문에(제15장 <인간 질병과의 연관성> 참조) 미토콘드리아는(소포체와 더불어) 세포질의 칼슘이온 농도조절에 그 역할이 매우 크다. 예를 들어, 세포질에 칼슘이온 농도가 비정상적으로 높아지면, 미토콘드리아 내막에 존재하는 칼슘이온 운반단백질(Ca^{2+} transporter)이 미토콘드리아 내부로 칼슘이온을 받아들인다. 또한 미토콘드리아는 다세포생물의 생명에 막대한 영향을 끼치는 세포사멸 과정을 중추적으로 조절한다(15.6절).

미토콘드리아막

그림 9.1*b*의 전자현미경 사진을 자세히 보면, 미토콘드리아는 2개의 막인 외막(*outer mitochondrial membrane*)과 내막(*inner mitochondrial membrane*)으로 싸여 있다. 외막은 미토콘드리아를 완전히 둘러싸고 있어 외부경계 역할을 한다. 내막은 두 부위로 나뉘는데, 각 부위에는 다른 종류의 단백질이 존재하므로, 결국 다른 기능을 나타낸다. 그 중 내부 경계막(*inner boundary membrane*)은 외막 바로 안쪽에 있으며, 이들은 외막과 더불어 2중막을 형성한다. 내부 경계막에는 특히 미토콘드리아로 단백질을 유입하는 역할을 하는 단백질이 많이 존재한다(그림 12.47 참조). 내막의 다른 부위는 내막 중 미토콘드리아 내부로 함입된 부위로 **크리스테(cristae)**라고 불린다. 크리스테는 미토콘드리아가 에너지 전환 공장의 역할을 수행하는 주된 부위로 전자현미경으로 두드러지게 관찰된다. 크리스테의 접혀진 내막 표면에 유산소 호흡과 ATP 형성에 필요한 기구가 존재한다(그림 9.22 참조). 크리스테의 구조는 **그림 9.3a**의 주사전자현미경 사진과 그림 9.3*b*의 3차원 재구성 그림을 통해 명확한 형태로 관찰된다. 내부 경계막과 크리스테막들은 그림 9.3*c*의 모식도와 같이 크리스테 연접부

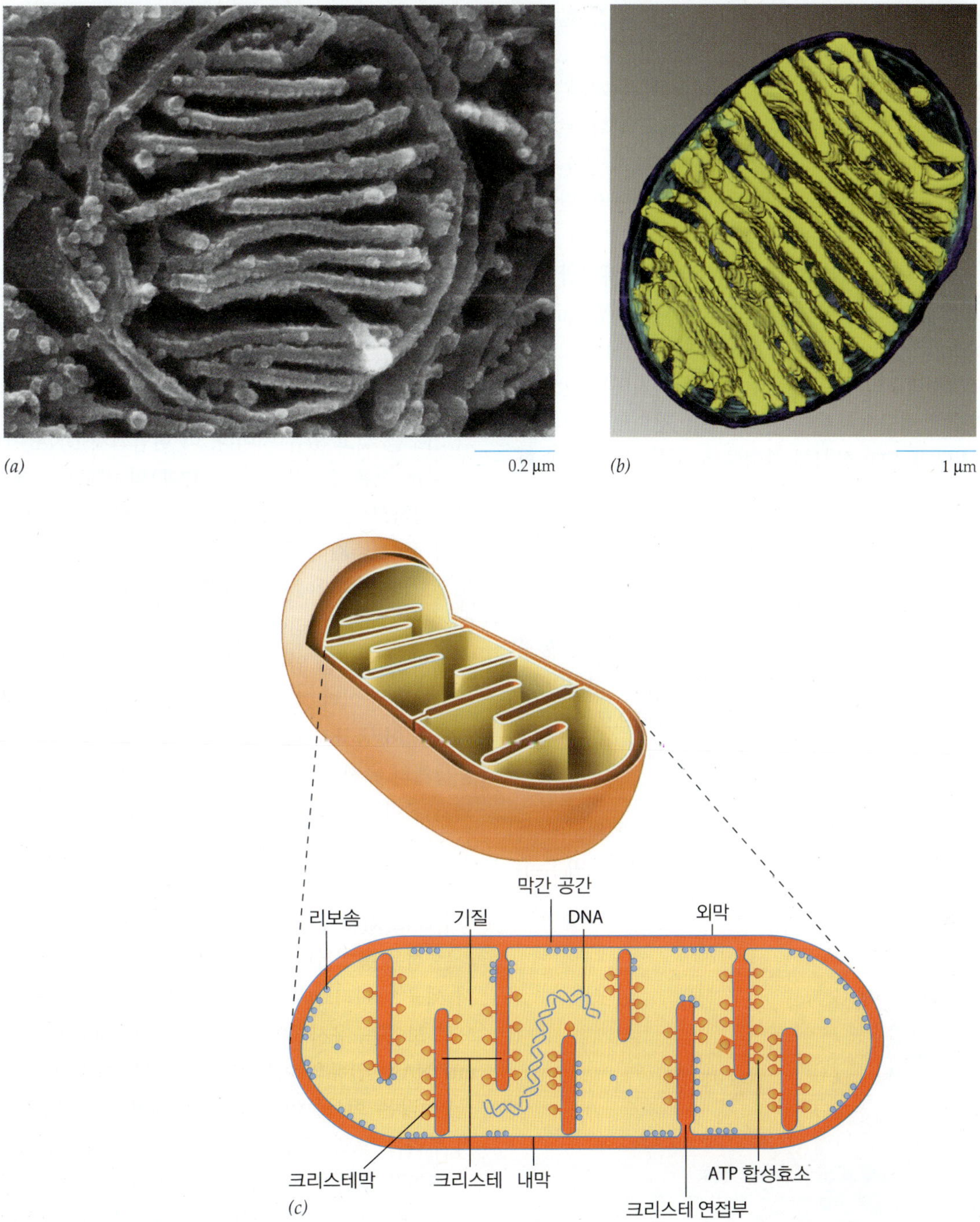

그림 9.3 **미토콘드리아의 구조.** (*a*) 연화된 미토콘드리아의 주사전자현미경 사진은 접힌 내막에 의해 싸여진 내부 기질을 보여준다. (*b*) 미토콘드리아의 3차원 구조: 갈색 지방조직을 자른 절편을 다양한 각도에서 고전압(high-voltage) 전자현미경을 이용하여 찍은 사진들을 이용하여 재구성한 것이다. 고전압 전자현미경은 전자가 두꺼운 조직 절편(1.5 μm까지)에 투과하도록 가속시킨다. 이 기술을 적용한 결과, 크리스테는 납작한 시트(lamellae) 형태이며, 좁은 통로(크리스테 연접부)를 통해 막간 공간과 연결된다. 이 재구성도에서 미토콘드리아 내막은 주변부에서는 파란색으로, 기질 내부로 들어간 크리스테는 노란색으로 표시되었다. (*c*) 소 심장조직에서 하나의 미토콘드리온(a mitochondrion)의 3차원 내부 구조(위)와 내부 절편구조(아래)를 보여주는 개요도.

출처: (a) K. Tanaka and T. Naguro, *Int. Rev. Cytol.* 68:111, 1980에서 발췌; (b) Guy A. Perkins and Terrence G. Frey 제공.

(*cristae junction*)라 불리는 좁은 연결부로 서로 이어진다. 이러한 복잡한 구조가 어떻게 만들어지는지 아직 다 알려지지 않았으나, 내막결합단백질 복합체인 MitOS(또는 MICOS 및 MINOS라고도 불림)가 크리스테 연접부에 위치하며 크리스테가 정상적 구조를 갖는 데 역할한다.

미토콘드리아는 막들에 의해 2개의 수용성 구획으로 나누어진다. 하나는 미토콘드리아의 가장 내부로 **기질(matrix)**이라 불리며, 다른 하나는 외막과 내막 사이, 즉 **막간 공간(intermembrane space)**이다. 기질은 고농도(500 mg/ml까지)의 수용성 단백질이 존재하기 때문에 마치 젤과 같은 상태이다. 막간 공간의 단백질들은 세포 자살(15.15

절에서 논의되는 주제)을 시작하는 역할을 하는 것으로 잘 알려져 있다.

외막과 내막은 매우 다른 성질을 갖는다. 외막은 무게의 대략 50%가 지질로 이루어져 있고, 에피네프린(epinephrine) 산화, 트립토판(tryptophan) 분해 그리고 지방산의 신장 등의 다양한 활성을 나타내는 효소들이 존재한다. 대조적으로 내막은 100종류 이상의 단백질이 존재하고, 단백질/지질의 비율이 매우 높다(이는 무게로 3:1 이상이며, 이는 15개의 인지질 당 대략 1개의 단백질 분자에 해당함). 내막은 콜레스테롤이 거의 없고, 특이한 인지질인 카디오리핀(cardiolipin 또는 diphosphatidylglycerol, 그림 8.6에서 구조 참조)으로 이루어진다. 이러한 특징은 세균의 원형질막의 성질과 일치하는 것으로, 미토콘드리아의 내막이 세균으로부터 진화되어온 것으로 추정된다. 카디오리핀은 전자전달과 ATP 합성에 관여하는 단백질 복합체의 활성을 촉진하는 데에 중요한 역할을 한다. 미토콘드리아 외막은 특정 세균들의 세포벽의 한 부분으로서 작용하는 원형질 외막과 동일하다. 미토콘드리아 외막과 세균 원형질 외막에는 공히 포린(*porin*)이라는 단백질이 존재한다. 포린은 내재단백질(integral protein)로서 β-구조로 둘러싸인, 비교적 큰 내부 통로(예, 2~3 nm)가 있는 원통형 통로 단백질이다(**그림 9.4**). 미토콘드리아 외막의 포린은 한때 정적인 구조로 여겨졌으나, 세포 내부의 조건에 반응하여 가역적으로 열고 닫는다. 포린이 넓게 열릴 때, 외막은 미토콘드리아의 에너지 대사에서 핵심적인 역할을 하는 ATP, NAD 그리고 조효소 A 등의 물질들을 통과시킨다. 대조적으로 내막은 이들을 통과시키지 않기 때문에 거의 모든 분자들과 이온들은 기질로 들어가기 위해서 특수한 막 수송 단백질들을 필요로 한다.

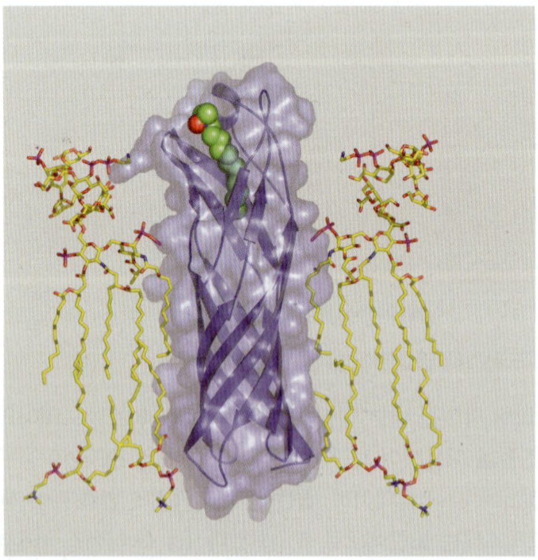

그림 9.4 포린(Porins). 그람-음성 세균은 세포벽의 일부로서 원형질막 바깥쪽에 지질을 포함하는 외막을 갖는다. 이 외막에는 포린이라는 단백질이 존재하는데, β 구조로 둘러싸인, 비교적 큰 내부 통로(예, 2~3 nm)를 형성하여 적당한 크기의 분자들이 통과할 수 있다. 이 이미지는 대장균에서 외막에 묻혀 있는 포린의 한 종류인 OmpW 단백질을 보여준다. 이 포린은 중앙 채널에 작은 소수성 화합물을 갖고 있다. 다른 크기의 채널과 통과 선택성을 갖는 다양한 포린들이 진핵세포들의 미토콘드리아 외막에서 발견된다.

출처: Heedeok Hong, et al., *J. Biol. Chem.* 281, cover of #11, 2006; © 2006, The American Society for Biochemistry and Molecular Biology에서 발췌; Bert van den Berg가 제공한 이미지.

다음 절에서는 미토콘드리아 내막의 구성과 체제가 미토콘드리아의 에너지 생산 관련 활동에 중요하며, 특히 ATP 합성에 필요한 요소들의 상호작용이 이루어지는 내막의 구조 및 그 2중층(bilayer)의 유동성에 대해 논의할 것이다.

미토콘드리아 기질

미토콘드리아의 기질에는 많은 종류의 효소들 외에, 리보솜(세포질에 존재하는 리보솜에 비해 상당히 크기가 작은)과 DNA 분자들이 있다. 이 DNA들은 고등동식물에서 원형이다(그림 9.3*c*). 즉, 미토콘드리아는 자신만의 RNAs와 단백질들을 만들어낼 수 있는 유전물질과 기구를 갖고 있는 것이다. 이 비염색체 DNA(미토콘드리아 DNA)는 다소 적은 수(사람에서는 13개)의 미토콘드리아 폴리펩티드들을 암호화하고 있음에도 불구하고 중요한데, 그 이유는 이 폴리펩티드들이 핵에 존재하는 유전자로부터 암호화된 폴리펩티드와 함께 미토콘드리아 내막에 존재하게 되기 때문이다. 사람의 미토콘드리아 DNA는 미토콘드리아 내부 단백질 합성에 쓰이는 2개의 rRNAs와 22개의 tRNAs를 암호화한다. 미토콘드리아 DNA(mtDNA)는 오랜 역사적 유물이다. 하나의 호기성 세균이 원시 세포의 세포질에 공생하게 되어 궁극적으로 모든 진핵세포의 조상이 되었다(27쪽) 이러한 공생체의 유전자들 대부분은 진화 과정에서 숙주세포의 핵으로 이동되거나 아예 소실되었고, 미토콘드리아 내막에 존재하는 매우 소수성 단백질을 암호화하는 일부의 유전자만이 미토콘드리아에 잔존한다. 이러한 관점에서 미토콘드리아의 다양한 RNA를 합성하는 RNA 중합효소(RNA polymerase)가 다소단위(multisubunit) 효소가 아니라는 점은 흥미롭다. 대신, 미토콘드리아 RNA 중합효소는 여러 면에서 세균 바이러스(박테리오파아지, bacteriophages)로부터 진화된 것으로 보이는, 유사점이 많은 단일 소단위(a single subunit) 효소이다. mtDNA는 인류의 이동과 진화를 연구하는 데 매우 적합하다. 예를 들면, 많은 회사들이 mtDNA를 사용하여 자신의 민족적 또는 지리적 뿌리를 찾고자하는 고객의 조상을 추적하고 있다.

제9장 후반에 미토콘드리아 막의 구조에 대해 논의하게 되지만, 우선 **그림 9.5**에 요약된 진핵세포의 기본적 산화경로에서 미토콘드리아의 역할을 살펴보려고 한다. 이들 경로들에 대한 개괄적인 그림과 관련 설명을 살펴보면, 이어지는 경로에 대한 자세한 설명을 이해하는데 도움이 될 것이다.

9.2 미토콘드리아에서의 산화적 대사

제3장에서 탄수화물 산화의 초기 단계를 설명하였다. 포도당(Glucose)으로부터 시작되는 산화 과정은 세포질에 위치하는 해당과정(glycolysis) 효소들에 의해 진행된다(그림 9.5). 해당과정의 10개의 반응들이 그림 3.24에 그려져 있으며, 이 중 주요한 과정이 **그림 9.6**에 요약되어있다. 해당과정 동안 포도당에 있는 자유에너지 중 극히 일부가 세포에 쓰일 수 있게 전환된다—물론 이는 산화되는 포도당

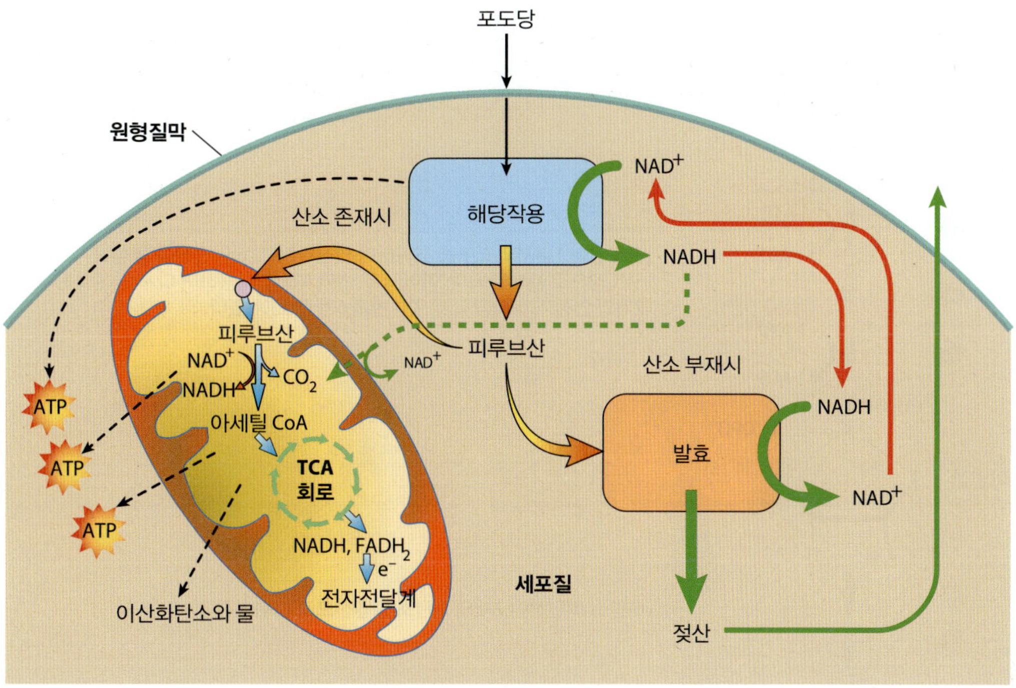

그림 9.5 진핵세포에서 탄수화물 대사의 개요도. 세포질에서 해당과정의 반응들을 통해 피루브산(pyrubate)과 NADH가 생긴다. 산소가 없는 상태에서, 피루브산은 NADH에 의해 환원되어 젖산이 된다(발효의 또 다른 산물, 마치 효모의 알코올과 같다; 자세한 내용은 그림 3.29 참조). 그 반응에서 형성된 NAD^+는 연속되는 해당과정에서 다시 사용된다. 산소가 있는 상태에서, 피루브산은 기질로 이동(막에 존재하는 수송단백질에 의해)하여, 카르복실기가 제거되고 조효소 A(coenzyme A, CoA)에 결합하여 아세틸 CoA(acetyl CoA)가 되는데, 이 과정에서 NADH가 만들어진다. 해당과정에서 만들어진 NADH는 자신의 고에너지 전지를 내막을 가로지르는 화합물에 내어준다(그림 9.9 참조). 아세틸 CoA는 TCA 회로를 거치게 되는데(그림 9.7 참조), 이 과정에서 NADH와 $FADH_2$가 생성된다. 이들 NADH와 $FADH_2$ 분자들의 전자들이 전자전달사슬(electron-transport chain)을 따라 산소(O_2)에 이르기까지 이동한다. 이 사슬은 내막에 있는 전자운반체로 이루어져 있다. 전자전달 과정에서 나오는 에너지는 ATP 합성에 사용된다. 보다 자세한 과정은 제9장의 뒷부분에서 설명된다. 만약 전자전달 과정으로부터 나오는 에너지가 모두 ATP 합성에 쓰인다면, 1분자의 포도당으로부터 대략 36개의 ATP가 생산될 수 있다.

1분자당 2분자의 ATP를 합성하기에 충분한 양이다(그림 9.6). 대부분의 에너지는 피루브산(pyruvate)에 여전히 남는다. 글리세르알데히드 3-인산(glyceraldehyde 3-phosphate, 그림 9.6 반응 6)의 산화 과정에서 생산되는 NADH 분자 또한 고에너지를 갖는 1쌍의 전자를 갖고 있다.[1] 해당과정의 두 산물—피루브산과 NADH—은 세포의 종류와 산소의 존재 유무에 따라서 두 가지의 매우 다른 대사경로를 거치게 된다.

산소가 있을 때, 호기성 생물들은 해당과정에서 생산된 피루브산과 NADH로부터 많은 양의 에너지를 추가적으로 얻을 수 있다—이는 30개 이상의 ATP 분자들을 합성할 수 있는 양에 해당하며, 이러한 추가 에너지는 미토콘드리아에서 얻어진다(그림 9.5). 우리는 피루브산에서 논의를 시작하고, NADH의 운명에 대해서는 이후에 설명할 것이다. 해당과정에서 생산된 피루브산은 미토콘드리아 내막을 거쳐 기질로 운반되며, 피루브산의 카르복실기가 제거되어 2개의 탄소를 가진 아세틸기($—CH_3COO^-$)가 형성된다. 이 아세틸기는 조효소 A[*coenzyme A*, 비타민 판토텐산(pantothenic acid)에서 유도된 복합 유기화합물]에 전달되어 아세틸 CoA를 만든다.

$$\text{피루브산} + \text{HS} - \text{CoA} + \text{NAD}^+ \rightarrow \text{아세틸 CoA} + \text{CO}_2 + \text{NADH} + \text{H}^+$$

NAD^+의 환원과 더불어 피루브산의 카르복실기 제거와 CoA로의 아세틸기 전달(그림 9.5와 9.7)은 거대한 다효소 복합체인 피루브산 탈수소효소(pyruvate dehydrogenase, 그림 2.41 구조 참조)에 의해 촉매된다.

TCA 회로

위와 같이 형성된 아세틸 CoA는 **TCA 회로(tricarboxylic acid cycle)** 속으로 들어간다. 이 회로에서는 기질이 산화되고, 그 에너지는 보존된다. 내막에 있는 숙신산 탈수소효소(succinate dehydrogenase) 이외의 TCA 회로의 다른 모든 효소는 기질 내부의 수용상(soluble phase)에 존재한다(그림 9.5). TCA 회로는 1930년대 이 회로에 대해 연구했던 영국 생화학자 한스 크렙스(Hans Krebs)의 이름을 따서 **크렙스 회로(Krebs cycle)** 또는 이 경로에서 형성되는 주요 분자인 시트르산(구연산)을 따라 **시트르산 회로(citric acid cycle)**라고도 불린다.

TCA 회로의 첫 단계에서 2-탄소인 아세틸기와 4-탄소인 옥살초산(oxaloacetate)의 축합이 일어나 6-탄소인 시트르산이 형성된다(**그림 9.7**, 단계 12). 이 회로가 돌아가면서 시트르산 분자는 단계 당

[1]고에너지 전자와 저에너지 전자는 생화학자들에게 항상 잘 받아들여지는 것은 아니지만, 이들은 쉽게 연상되는 이미지를 표현한다. 379쪽에서 논의된 것과 같이 고에너지 전자들은 낮은 친화력을 가지기 때문에 저에너지 전자보다 공여체에서 수용체로 보다 용이하게 전달된다.

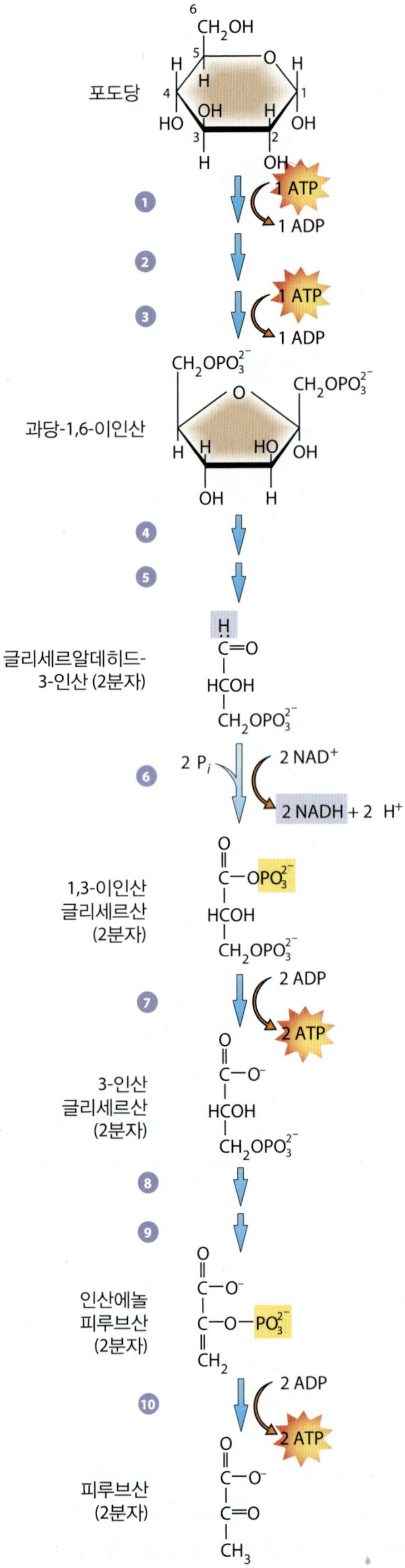

1–3 포도당이 1분자의 ATP를 소비하여 인산화되고, 과당인산을 형성하기 위해 구조적으로 재배열되며, 이어서 두 번째 ATP를 사용하여 다시 인산화된다. 2개의 인산기가 과당의 두 곳(1번과 6번 탄소)에 있다.

4–5 6-탄소 이인산이 2개의 3-탄소 일인산으로 나뉘어진다.

6 기질에서 제거된 전자들이 조효소 NAD^+를 NADH로 환원시키는 데 사용됨에 따라, 3-탄소 알데히드는 산으로 산화된다. 추가로, 1번 탄소의 산은 인산화되어 아실인산을 형성하여, 높은 인산기-전달 전위를 갖게 된다(노란색 음영으로 표시).

7 1번 탄소의 인산기가 ADP에 전달되어 기질-수준 인산화에 의해 ATP를 형성한다. 산화된 포도당에서 2분자의 ATP가 형성된다.

8–9 이 반응들은 기질을 재배열하고 탈수작용을 일으켜서, 2번 탄소에 높은 인산기-전달 전위를 갖는 에놀인산을 형성한다.

10 인산기가 ADP에 전달되어 기질-수준 인산화로 ATP를 형성하고, 2번 탄소에 케톤이 생긴다. 산화된 포도당에서 2분자의 ATP가 형성된다.

순 반응:

포도당 + 2 NAD^+ + 2 ADP + 2 무기인산(P_i) ⟶ 2 피루브산 + 2 ATP + 2 NADH + 2 H^+ + 2 H_2O

그림 9.6 해당과정의 주요 단계를 보여주는 개요도. 먼저, ATP의 인산기가 6탄당에 전달되어 과당 1,6-2인산(fructose 1,6-bisphosphate)을 형성한다(단계1~3); 글리세르알데히드 3-인산(glyceraldehyde 3-phosphate)이 산화되고 인산화되어 1,3-2인산글리세르산(1,3-bisphosphoglycerate)과 NADH를 형성(단계 6산물); 인산화된 3탄당에서 인산기가 ADP에 전달되고, 기질 인산화에 의해 ATP가 형성된다(단계 7~10). 1개의 포도당 분자로부터 3탄당인 글리세르알데히드 3-인산 2분자가 만들어지므로 6번부터 10번까지의 반응은 산화된 포도당 분자당 2회 일어난다는 것을 명심한다.

그림 9.7 **TCA 회로.** 이 회로는 옥살초산(oxaloacetate, OAA)과 아세틸 CoA의 축합으로 시작된다(반응 12). 이 두 화합물의 탄소들은 숫자와 문자로 표시하였다. 회로를 통과하며 제거되는 2개의 탄소는 옥살초산에서 유래한 것이다. 표준 자유에너지(kcal/mol)와 효소의 명칭들을 표기되었다. 5쌍의 전자가 피루브산 탈수소효소와 TCA 회로의 효소활성에 의해 기질로부터 제거된다. 이러한 고에너지 전자들은 NAD^+ 또는 FAD에 전달되고 ATP 합성에 쓰이기 위해 전자전달사슬을 통해 보내진다. 해당과정의 마지막 반응과의 연속성을 위해서 (그림 9.6의 반응 10) 여기에 표시된 반응은 11번으로부터 시작된다.

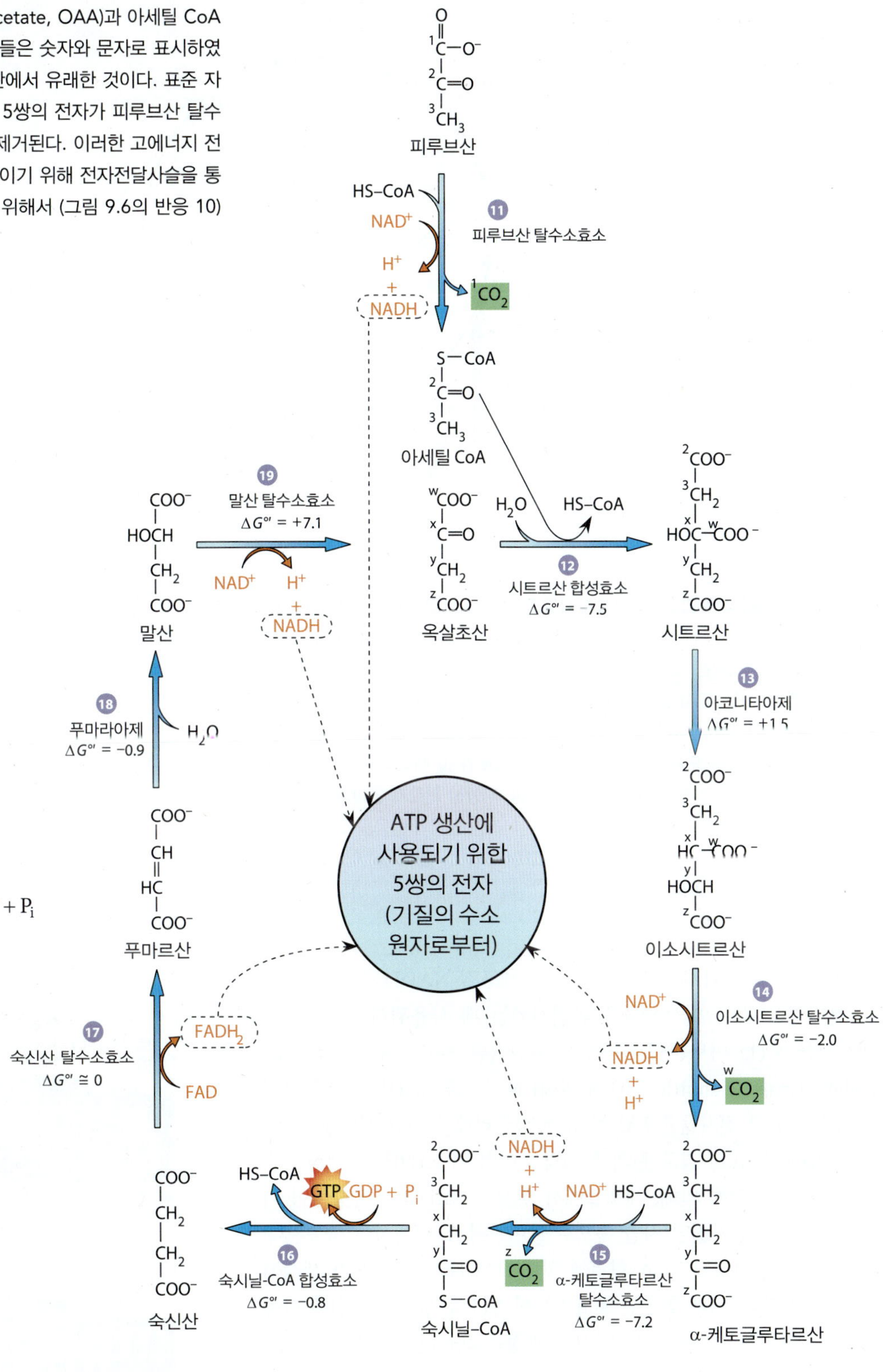

1개의 탄소가 떨어져 나와 사슬의 길이가 줄어들며, 다시 4-탄소의 옥살초산이 형성되어 다른 아세틸 CoA와 축합하게 된다. 이때 제거되는 2개의 탄소(아세틸기로부터 전달된 것과 동일하지 않은)는 이산화탄소로 완전히 산화된다. TCA 회로에서 4회의 반응을 통해, 1쌍의 전자가 기질로부터 전자-수용 조효소로 전달되게 된다. NAD^+를 NADH로 환원시키는 반응이 3회, FAD를 $FADH_2$로 환원시키는 반응이 1회 일어난다(그림 9.7). TCA 회로의 반응의 순등식(the net equation)은 아래와 같다.

$$\text{아세틸 CoA} + 2H_2O + FAD + 3NAD^+ + GDP + P_i \rightarrow 2CO_2 + FADH_2 + 3NADH + 3H^+ + GTP + HS{-}CoA$$

TCA 회로는 매우 중요한 대사 경로이다. 만약 TCA 회로의 위치를 세포에서 일어나는 전체 물질대사의 일부라는 측면에서 생각해보면(**그림 9.8**; 그림 3.22 참조) 이 회로의 대사산물들이 사실상 세포의 이화작용 경로 대부분에서 생성되는 것을 알 수 있다. 예를 들어, 아세틸 CoA는 미토콘드리아의 기질에서 2-탄소 단위로 분해되는 지방산 해체 등 많은 이화작용 경로의 중요한 최종산물이다(그림 9.8*a*). 이 2-탄소화합물은 아세틸 CoA 형태로 TCA 회로에 들어간다. 아미노산의 이화작용에서도 TCA 회로의 대사산물이 생산되며(그림 9.8*b*), 이들은 미토콘드리아 내막의 특별한 수송계를 통해 기질로 들어간다. 세포에서 에너지를 제공하는 거대분자들(탄수화물, 지방, 단백질)은 공통적으로 TCA 회로로 들어가는 대사산물로 반드시 분해된다. 그래서 미토콘드리아는 최초 에너지 제공 물질의 성질과 무관하게 대사과정에서 최종적으로 그들의 에너지를 추출-보존하는 중심점이 되는 것이다.

ATP 생성에서 환원된 조효소들의 중요성

TCA 회로의 순등식에 의하면, 이 회로의 1차 산물이 환원된 조효소인 $FADH_2$와 NADH이며, 이들은 다양한 기질들이 산화되면서 나온 고에너지 전자들을 갖는다. NADH는 또한 해당과정의 산물이기도 하다(피루브산과 함께). 세포질에서 만들어진 NADH는 미토

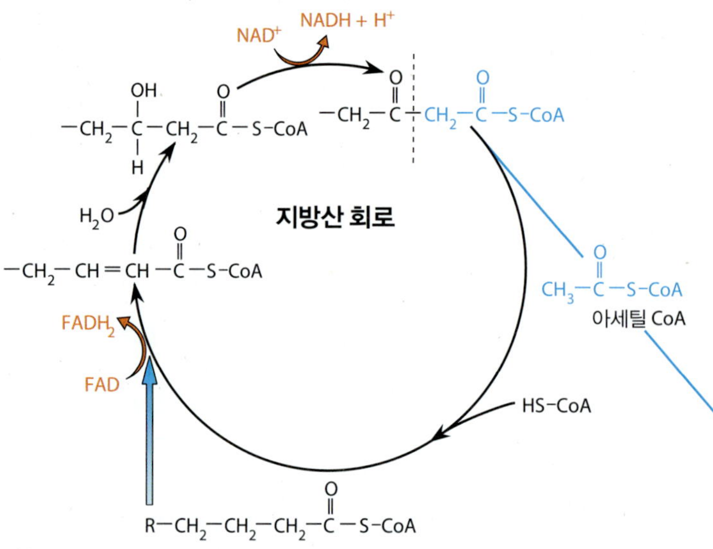

(a)

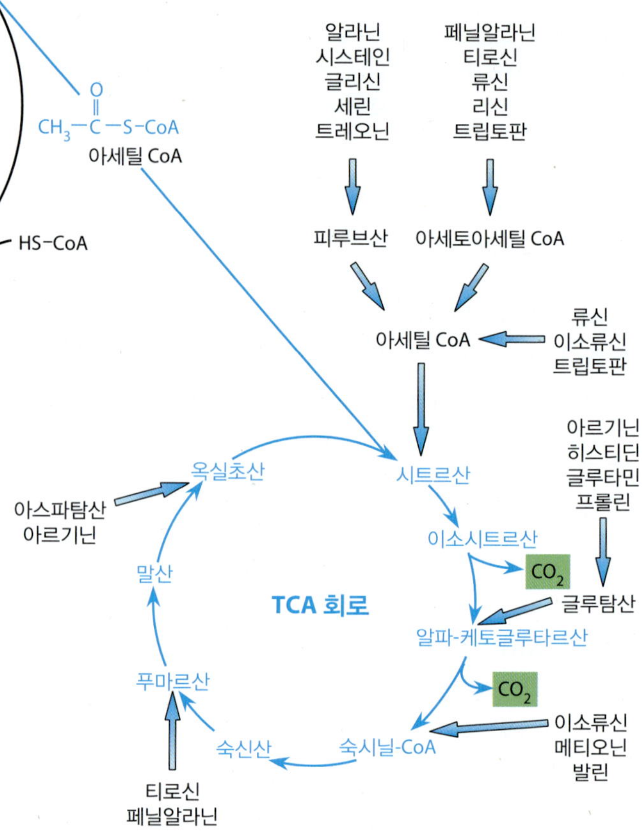

(b)

그림 9.8 이화작용 경로들이 TCA 회로로 들어가는 화합물을 생산한다. (a) 지방산의 산화. 지방산 산화의 첫 단계는 조효소 A의 티올기(thiol group, —SH)에 연결되어 활성화되는 것이다. 이 반응은 지방의 아실기(acyl group)가 운반체 단백질과 연결된(표시되지 않음) 미토콘드리아 내막을 가로질러 수송된 후에 일어난다. 미토콘드리아에서, 지방 아실 CoA 분자는 순차적으로 분해되며, 여기서 아세틸 CoA(파란색으로 표시)는 지방산 사슬에서 회로가 돌 때마다 제거된다. 아세틸 CoA가 TCA 회로로 들어가는 것에 추가하여, 지방산 회로가 돌아갈 때마다 1분자의 NADH와 1분자의 $FADH_2$가 생산된다. 이러한 일련의 반응을 살펴보면 왜 지방이 화학적 에너지의 풍요로운 에너지 보고인지 알 수 있다. (b) 아미노산들이 TCA 회로로 들어가는 과정.

콘드리아로 운반되지 않는다. 대신에, 세포질 NADH의 전자는 낮은 분자량을 갖는 대사산물을 환원시키는 데 사용된다. 이 환원된 대사산물은 (1) 미토콘드리아에 들어가서(말산-아스파르트산 셔틀, malate-aspartate shuttle 경로에 의해) NAD^+를 NADH로 환원하거나 또는 (2) 그 전자들을 FAD로 옮겨서[글리세롤 인산 셔틀(glycerol phosphate shuttle) 경로에 의해, **그림 9.9** 참조] $FADH_2$를 생성한다. 이 두 가지 기작에 의해, 세포질에서 형성된 NADH의 전자들이 미토콘드리아의 전자전달 사슬 속으로 들어가서 ATP 생성에 사용된다.

이제 해당과정과 TCA 회로에 의해 NADH와 $FADH_2$가 생성되는 것을 알았다. 이제 환원된 조효소들이 ATP를 생성하기 위해 사용되는 단계들을 살펴볼 것이다. 전체 과정은 2단계로 나뉘며, 아래와 같이 요약될 수 있다.

1단계(그림 9.10). *고에너지 전자들이 $FADH_2$ 또는 NADH로부터 미토콘드리아 내막에 위치한 전자전달사슬 중 첫 번째 전자운반체로 전달된다.* 전자들이 에너지방출반응에 따라 전자전달사슬을 통과한다. 이 반응들은 미토콘드리아 내막을 가로질러 양성자를 운반시키는 전자운반체의 구조적인 변화와 연동되어 있다. 그 결과, 전자전달 과정에서 방출되는 에너지는 막 안팎으로 형성되는 양성자들의 전기화학적 기울기(electrochemical gradient)로 저장된다. 결국, 저에너지

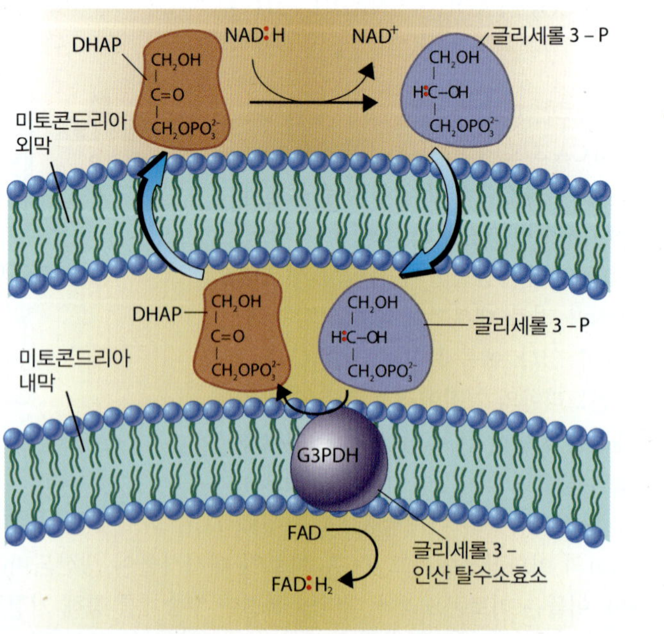

그림 9.9 글리세롤 인산 왕복 경로. 글리세롤 인산 왕복 경로에서, 전자들이 NADH로부터 디하이드록시아세톤 인산(DHAP)로 전달되어 글리세롤 3-인산을 형성하며, 이를 통해 전자들이 미토콘드리아로 들어간다. 이동한 전자들은 미토콘드리아 내막에서 FAD를 환원시켜 $FADH_2$를 형성하고, 이 $FADH_2$의 형태로 전자가 전자전달사슬의 운반체로 전달된다.

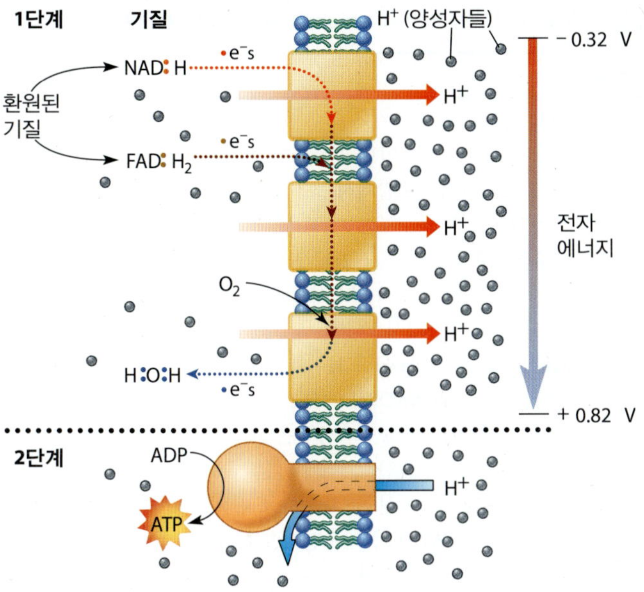

그림 9.10 **산화적 인산화 과정 요약.** 첫 단계에서, 이소시트르산 및 숙신산과 같은 기질이 산화되며(그림 9.7), 전자들이 조효소인 NAD^+ 또는 FAD에 전달되어 NADH 또는 $FADH_2$를 형성한다. 이러한 고에너지 전자들은 전자전달사슬의 전자 운반체를 통해 이동한다. 방출되는 에너지는 양성자를 기질로부터 막간 공간으로 이동시키는 데 쓰이며, 그 결과 내막을 가로지르는 양성자의 전기화학적 기울기가 형성된다. 2단계에서, 양성자는 ATP 합성효소 복합체를 통해 전기화학적 기울기가 낮은 방향으로 이동한다. 이 기울기 차에 저장된 에너지가 ATP를 합성하는 데 쓰인다. 산화적 인산화의 이 2개의 필수적인 단계가 1961년 Mitchell에 의해 제안된 화학삼투 기작의 기본 골자이다.

전자들은 최종적 전자수용체인 산소로 옮겨지고, 이 산소는 물로 환원된다.

2단계(그림 9.10). 양성자들이 *ATP 합성효소(ATP synthesizing enzyme)*을 통해 다시 내막을 가로질러 기질로 이동하고, 이러한 움직임이 ADP를 인산화하여 ATP를 만드는 데 필요한 에너지를 공급한다.

1961년 에딘버러대학교(University of Edinburgh)의 피터 미첼(Peter Mitchell)은 전자전달과 ATP 합성과정에서 양성자의 움직임이 중요하다고 주장하며, 이러한 현상을 화학삼투기작(chemiosmotic mechanism)이라고 불렀다. 위에 요약된 2단계에 관한 더 자세한 분석은 이 장의 나머지 부분에서 다루어질 것이다.

NADH로부터 산소로 전자전달사슬에 의해 운반된 각 전자쌍은 대략 3분자의 ATP를 생산하기에 충분한 에너지를 방출한다. $FADH_2$에서 나온 전자는 2분자의 ATP를 생산할 수 있다. 만약 1분자의 포도당이 해당과정과 TCA 회로를 통해 완전히 분해되어 생산된 ATP를 모두 합한다면, 순수하게 얻어지는 ATP는 약 36분자이다(매회 돌아가는 TCA 회로에서 형성된 GTP를 포함하여, 그림 9.7, 16단계). 산화된 포도당 분자당 생산된 실제 ATP 수는 해당세포의 특별한 활동에 의해 결정된다. 사람의 골격근에서 TCA 회로에 대한 해당과정의 상대적 중요성, 즉 유산소 산화대사에 대한 무산소 산화대사에 대해서는 이 장 말미의 <인간 질병과의 연관성>에서 논의된다.

9.3 ATP 형성에서 미토콘드리아의 역할

미토콘드리아는 종종 작은 발전소라고 불린다. 미토콘드리아는 마치 발전소와 같이 유기물질로부터 에너지를 추출하고 일시적으로 전기에너지의 형태로 저장한다. 보다 구체적으로, 기질로부터 추출되는 에너지는 미토콘드리아 내막을 가로지르는 이온기울기를 만드는 데 사용된다. 막을 가로지르는 이온기울기 차이는 일을 하는 데 쓰일 수 있는 에너지의 형태를 의미한다. 우리는 제8장에서 장세포가 내강(intestinal lumen)으로부터 아미노산과 당을 운반하기 위하여 원형질막을 가로지르는 이온기울기 차이를 어떻게 이용하는가를 살펴보았었다. 신경세포들 또한 신경 충동(neural impulse)을 전달하기 위해 유사한 기울기 차이를 이용한다. 에너지 흐름의 한 형태로서의 이온기울기 차이를 사용하기 위해서는 기울기를 발생하는 체계, 기울기를 유지할 수 있는 막, 그리고 일을 수행하기 위해 그 기울기를 이용하는 기구 등의 여러 가지 구성요소들이 필요하다.

미토콘드리아는 수많은 에너지를 필요로 하는 활성, 주로 ATP 합성을 위해서 내막을 가로지르는 이온기울기 차를 이용한다. ATP는 기질이 산화되며 떨어져 나온 전자들이 방출하는 에너지에 의해 만들어진다. 이 과정을 **산화적 인산화(oxidative phosphorylation)**라고 하며 그림 9.10에 요약되어 있다. 산화적 인산화는 기질-수준 인산화(substrate-level phosphorylation)와 비교할 때 뚜렷한 차이를 보인다. 기질-수준 인산화는 109쪽에서 논의된 바 있는 있는데, ATP가 기질 분자의 인산이 ADP로 전달되어 형성되는 것이다. 매일 우리 몸에서 2×10^{26} 분자(> 60 kg) 이상의 ATP가 산화적 인산화에 의해 생산되는 것으로 추정된다. 산화적 인산화의 기본 기작을 밝힌 것은 세포 및 분자생물학 분야의 최고의 성과 중 하나로 꼽힌다. 산화적 인산화의 기작에 대한 이해는 기질의 산화가 어떻게 자유에너지를 방출하는지에 대해 생각하는 것으로부터 시작한다.

산화-환원전위

다양한 산화제를 비교하여, 전자에 대한 친화력에 따라서 이들의 순위를 정한다고 가정하자: 전자에 대한 친화력이 클수록 강한 산화제라 할 것이다. 환원제 또한 전자에 대한 친화력에 따라 순위를 정해 볼 수 있는데, 친화도가 낮을수록(전자가 더 잘 방출될수록) 더 강한 환원제라 할 것이다. 이를 수량화 방식에 따라 표현하고자 한다면 환원제는 **전자전달전위(electron-transfer potential)**에 따라 순위가 정해진다; NADH와 같이 높은 전자전달전위를 갖는 물질이 강한 환원제이고, 반면에 물과 같이 낮은 전자전달전위를 갖는 물질은 약한 환원제이다. 산화제와 환원제는 NAD^+와 NADH처럼 짝(*couple*)으로 존재하며, 이러한 짝은 갖고 있는 전자의 수가 다르다. 강한 환원제는 약한 산화제와 짝을 이루고, 그 반대도 존재한다. 예를 들면, NAD^+-NADH 짝의 NAD^+는 약한 산화제인 반면에, O_2-H_2O 짝의 O_2는 강한 산화제이다.

전자의 움직임에 따라 전하의 분리가 일어나기 때문에, 전자에

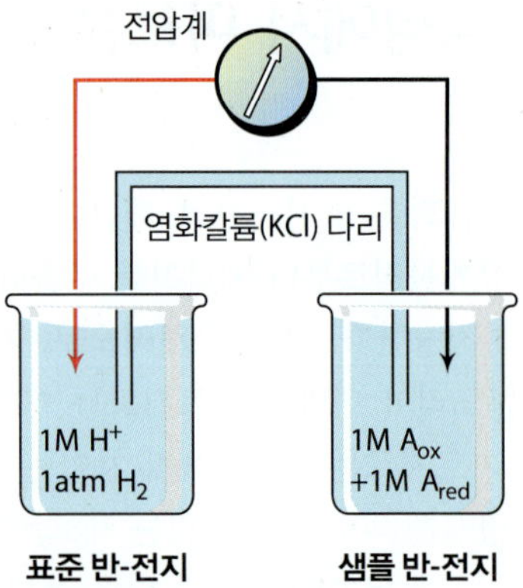

그림 9.11 표준 산화-환원전위의 측정. 샘플 반-전지(sample half-cell)에는 모두 1M의 산화 및 환원된 물질들이 짝을 이루어 들어 있다. 참조(reference) 반-전지에는 1M의 H^+ 용액이 들어 있고, 이 용액은 1기압의 수소(H_2) 가스와 평형 상태에 있다. 전기 회로는 전압계와 염다리(salt bridge)를 거쳐 반-전지들을 연결하여 형성된다. 만약 전자가 샘플 반-전지 쪽으로부터 참조 반-전지 쪽으로 선택적으로 흐른다면, 표본 짝의 표준 산화환원 전위(E_0)는 음(−)이며, 만일 전자가 반대 방향으로 흐르면 표본 짝의 표준 산화환원 전위는 양(+)이다. 포화된 염화칼륨(KCl) 용액으로 구성된 염다리는 상대-이온들(counter-ions)이 두 반-전지들 사이로 이동하기 위한 통로를 제공하고, 두 반-전지들에서 전기적 중립을 유지하는 역할을 한다.

표 9.1 선별된 반-반응(half-reaction)의 표준 산화환원전위

전극 등식	E'_0(v)
숙신산 + CO_2 + $2H^+$ + $2e^-$ ⇆ 알파-케토글루타르산 + H_2O	−0.670
초산 + $2H^+$ + $2e^-$ ⇆ 아세트알데히드	−0.580
$2H^+$ + $2e^-$ ⇆ H_2	−0.421
알파-케토글루타르산 + CO_2 + + $2H^+$ + $2e^-$ ⇆ 이소시트르산	−0.380
시스테인 + $2H^+$ + $2e^-$ ⇆ 2시스테인	−0.340
NAD^+ + $2H^+$ + $2e^-$ ⇆ NADH + H^+	−0.320
$NADP^+$ + $2H^+$ + $2e^-$ ⇆ NADPH + H^+	−0.324
아세트알데히드 + + $2H^+$ + $2e^-$ ⇆ 에탄올	−0.197
피루브산 + $2H^+$ + $2e^-$ ⇆ 젖산	−0.185
옥살초산 + $2H^+$ + $2e^-$ ⇆ 말산	−0.166
FAD + $2H^+$ + $2e^-$ ⇆ $FADH_2$(플라보단백질에서)	+0.031
푸마르산 + $2H^+$ + $2e^-$ ⇆ 숙신산	+0.031
유비퀴논 + $2H^+$ + $2e^-$ ⇆ 유비퀴놀	+0.045
2시토크롬 $b_{(산화)}$ + $2e^-$ ⇆ 2시토크롬 $b_{(환원)}$	+0.070
2시토크롬 $c_{(산화)}$ + $2e^-$ ⇆ 2시토크롬 $c_{(환원)}$	+0.254
2시토크롬 $a_{3(산화)}$ + $2e^-$ ⇆ 2시토크롬 $a_{3(환원)}$	+0.385
$1/2O_2$+ $2H^+$ + $2e^-$ ⇆ H_2O	+0.816

대한 기질의 친화력은 전압을 측정하는 기계에 의해 측정될 수 있다(**그림 9.11**). 특정한 짝의 **산화환원전위(oxidation–reduction potential, 또는 redox potential)**는 정해진 표준 짝의 전위에 대한 상대적인 값이다. 표준 짝은 임의대로 수소(H^+-H_2)가 선택되었다. 자유에너지 변화와 더불어 표준 자유에너지 변화($\Delta G°$)가 사용되므로, 이와 유사한 일이 산화환원 짝들에게도 주어진다. 어떤 짝에 대한 표준 산화환원전위 E_0는 반-전지(half-cell, 한 짝을 구성하는 요소들만 존재하는)에 의해 발생되는 전압으로 나타내며, 이 반-전지에서 짝의 구성 요소는 표준 조건 하에 있다(그림 9.11처럼). 25°C에서 용질과 이온에 대한 표준조건은 1.0 M이고, 가스(예: H_2)는 1기압이다. 수소($2H^+$ + 2전자 → H_2)의 산화-환원반응에 대한 표준 산화환원전위는 0.00 V이다. 표 9.1은 생물학적으로 중요한 짝들의 산화환원전위를 보여준다. 수소 짝의 산화환원전위 값은 0.00이 아니라 −0.42 V이다. 이 수치는 H^+의 농도가 생리학적으로 거의 사용되지 않는 1.0 M(pH 0.0)이 아니라 10^{-7} M(pH 7.0)일 때의 값이다. pH 7.0에서 계산된다면, 표준 산화환원전위는 E_0보다는 E'_0으로 표기된다. 짝에 대한 기호(+ 또는 −)는 임의적이며, 분야에 따라 서로 다르게 표시될 수 있다. 우리는 다음의 방식으로 표시할 것이다. 전자를 더 잘 방출하는 환원제를 갖는 짝이 더 음(−)의 산화환원전위로 나타내진다. 예를 들면, NAD^+-NADH 짝의 표준 산화환원전위는 −0.32 V이다(표 9.1). 아세트알데히드는 NADH보다 강한 환원제이며, 아세트산-아세트알데히드 짝의 표준 산화환원전위는 −0.58 V이다. NAD^+보다 전자를 더 잘 받아들이는 수용체, 즉 NAD^+보다 전자에 대한 친화력이 더 큰 산화제들은 더 큰 양(+)의 산화환원 전위를 갖는다.

다른 어떠한 자발적인 반응일지라도 자유에너지의 소실에 의해 일어나게 되는데, 산화-환원반응 또한 그렇게 일어난다. 이런 유형의 반응이 다음과 같이 일어나는 동안,

$$A_{(ox)} + B_{(red)} \rightleftharpoons A_{(red)} + B_{(ox)}$$

표준 자유에너지 변화는 아래의 등식에 따라 이 반응에 포함된 2짝의 표준 산화환원전위로부터 계산될 수 있다.

$$\Delta G°' = -nF\,\Delta E'_0$$

여기서 n은 위 반응에서 전달된 전자의 개수이고, F는 패러데이 상수(Faraday constant, 23.063 kcal/V · mol)이며, $\Delta E'_0$는 2짝의 표준 산화환원전위 사이의 전압의 차이이다. 2짝의 표준 산화환원전위 차이가 크면 클수록, 이 반응은 표준 조건하에서 평형상태에 도달하기까지 생산물을 형성하기 위해서 더 진행된다. 아래의 반응에서, 강력한 환원제인 NADH가 강력한 산화제인 산소분자에 의해 산화되는 경우를 생각해 보자.

$$NADH + \tfrac{1}{2}O_2 + H^+ \rightarrow H_2O + NAD^+$$

2짝의 표준 산화환원전위는 아래와 같이 쓸 수 있다.

$$\tfrac{1}{2}O_2 + 2H^+ + 2e^- \rightarrow H_2O \quad E'_0 = +0.82V$$

$$NAD^+ + 2H^+ + 2e^- \rightarrow NADH + H^+ \quad E'_0 = -0.32V$$

전체 반응에 대한 전압 변화는 2개의 E'_0 값의 차이($\Delta E'_0$)와 같다:

$$\Delta E'_0 = +0.82\text{ V} - (-0.32\text{ V}) = 1.14\text{ V}$$

이는 NADH가 표준조건 하에서 산소 분자에 의해 산화될 때 방출되는 자유에너지에 해당한다. 이 값을 위의 등식($\Delta G°' = -nF\,\Delta E'_0$)에 대입하면,

$$\Delta G°' = (-2)(23.063\text{ kcal/V}\cdot\text{mol})(1.14\text{ V})$$
$$= -52.6\text{ kcal/mol (산화된 NADH의)}$$

표준 자유에너지 차이($\Delta G°'$)는 −52.6 kcal/mol이다. 다른 반응에서

와 같이, 실제 ΔG값은 일정 순간에 세포 속에 있는 반응물과 생산물(화합물의 산화형과 환원형에 해당함)의 상대적 농도에 의해 결정된다. 그럼에도 불구하고, 1짝의 전자가 NADH에서 산소 분자로 전달될 때 이 전자의 자유에너지의 하락(−52.6 kcal/mol)은, 세포 속의 ATP/ADP 비율이 표준 조건에서보다 훨씬 높은 조건에서조차, 많은 ATP($\Delta G^{o\prime}$ = +7.3 kcal/mol) 분자들의 형성을 추진하기에 충분한 것으로 보인다. 미토콘드리아에서 NADH로부터 ATP로 에너지가 전달되는 과정은 일련의 작은 에너지-방출 단계들에 의해 연속적으로 일어나며, 이것은 이 장의 나머지 부분에서 첫 번째 주제로 다루어질 것이다.

전자들은 TCA 회로의 여러 가지 기질들, 즉 이소시트르산(isocitrate), 알파-케토그루타르산(α-ketoglutarate), 말산(malate), 숙신산(succinate)(그림 9.7에서 각 14, 15~16, 19, 17번의 반응 참조)로부터 미토콘드리아 내부의 NAD^+(또는 FAD)로 전달된다. 이 중간산물들 중에서 앞의 세 가지는 비교적 높은 음(−)의 산화환원전위 값(표 9.1)을 가지며, 이는 세포 속의 보편화된 조건하에서(*under conditions that prevail in the cell*) 전자를 NAD^+에 전달하기에 충분하다.[2] 반면, 숙신산의 푸마르산으로의 산화는 더 양(+)의 산화환원전위를 갖기 때문에 NAD^+ 보다 더 큰 전자친화력을 갖고 있는 조효소인 FAD의 산화에 의하여 진행된다.

전자전달

그림 9.7에 정리된 반응들 중 5개의 반응들은 탈수소효소(dehydrogenase)에 의해 촉매되는데, 이들은 전자쌍을 기질로부터 조효소로 수송한다. 5개 반응 중 네 가지는 NADH를, 하나는 $FADH_2$를 생산한다. 미토콘드리아의 기질에서 형성된 NADH 분자들은 각각의 탈수소효소들로부터 분리되어, 미토콘드리아 내막의 내재단백질인 NADH 탈수소효소에 결합한다(그림 9.17 참조). TCA 회로의 다른 효소들과는 다르게, $FADH_2$의 형성을 촉매하는 숙신산 탈수소효소(그림 9.7, 반응 17)는 미토콘드리아 내막의 구성요소이다. 어느 경우이든, NADH 또는 $FADH_2$와 결합된 고에너지 전자들은 미토콘드리아 내막에서 **전자전달사슬[electron transport chain, 또는 호흡사슬(respiratory chain)]**을 구성하는 고유의 전자운반체들을 통해서 연속적으로 전달된다.

전자운반체 유형

전자운반사슬에는 막에 결합된 5유형의 전자운반체가 존재한다: 플라보단백질(flavoprotein), 시토크롬(cytochromes), 구리(Copper) 원자, 유비퀴논(ubiquinone), 그리고 철-황 단백질(iron-sulfur protein). 이들 중 유비퀴논을 제외하고는, 전자를 주고받는 호흡사슬의 산화환원의 중심부가 모두 **보결분자단**(*prosthetic group*), 즉 단백질과 단단히 결합되어 존재하는 비아미노산 부분이다.

- **플라보단백질(Flavoproteins)**들은 2개의 관련된 보결분자단인 flavin adenine dinucleotide(FAD) 또는 flavin mononucleotide (FMN) (**그림 9.12a**) 중 하나와 단단히 결합된 하나의 폴리펩티드이다. 플라보단백질의 보결분자단들은 리보플라빈(비타민 B_2)에서 유래되며, 각 보결분자단은 2개의 양성자와 2개의 전자를 주고받을 수 있다. 미토콘드리아의 주요 플라보단백질로는 전자전달사슬의 NADH 탈수소효소와 TCA 회로의 숙신산 탈수소효소가 있다.
- **시토크롬(Cytochromes)**들은 헴(*heme*) 보결분자단을 갖고 있는 단백질이다(57쪽의 미오글로빈에서 설명된 바와 같이). 헴 속의 철 원자는 전자를 하나씩 얻거나 잃으며 Fe^{3+}과 Fe^{2+} 상태 사이를 가역적으로 변화한다(그림 9.12*b*). 시토크롬은 헴 내의 치환되는 부위에 따라 세 가지 유형(*a*, *b*, *c*)으로 분류된다(그림 9.12*b*에서 파란색 음영으로 표시).
- 3개의 **구리 원자(Copper atom)**들은 모두 미토콘드리아 내막에 있는 하나의 단백질 복합체 속에 위치하며(그림 9.20 참조), 하나의 전자를 얻고 잃음에 따라 Cu^{2+}와 Cu^{1+}의 상태로 반복 교대된다.
- **유비퀴논[Ubiquinone(UQ), 또는 조효소 Q]**은 5-탄소 이소프레노이드(isoprenoid) 단위들로 구성된 긴 소수성 사슬을 갖고 있는 지용성 분자이다(그림 9.12*c*). 플라보단백질과 같이, 각 유비퀴논은 2개의 전자와 2개의 양성자를 주고받을 수 있다. 이 분자가 부분적으로 환원되면 유리기(free radical) 상태인 유비세미퀴논(ubisemiquinone)이 되며, 완전히 환원되면 유비퀴놀(ubiquinol, UQH_2)이 된다. UQ/UQH_2는 막지질의 2중층 속에 남아 있으며, 따라서 신속하게 측면으로 확산할 수 있다.
- **철-황 단백질(Iron-sulfur protein)**들은 철-함유 단백질이며, 철 원자들이 헴기(heme group)에 위치하지 않고 대신 **철-황 중심부**(*iron-sulfur center*)의 일부로서 무기 황화물(sulfide) 이온에 연결되어 있다. 가장 흔한 중심부는 단백질의 시스테인(cysteine) 잔기에 연결된 2개 또는 4개의 철과 황 원자들—[2Fe-2S]와 [4Fe-4S]—을 갖고 있다(**그림 9.13**). 하나의 중심부에 여러 개의 철 원자들이 있더라도, 전체 복합체는 단 1개의 전자만을 주고받을 수 있다. 철-황 중심부의 산화환원전위는 그 주변 환경을 구성하는 아미노산 잔기들의 소수성과 전하에 의해 결정된다. 철-황 단백질들은 약 −700 mV에서 약 +300 mV에 이르는 범위의 전위를 갖는데, 이것은 전자전달이 일어나는 전체 사슬의 주된 부위와 일치한다. 12개 이상의 서로 다른 철-황 중심부가 미토콘드리아에서 발견되었다.

전자전달사슬의 운반체들은 산화환원전위가 양(+)의 방향으로 증가하는 순서로 배열되어 있다(**그림 9.14**). 각 운반체는 이전 운반체로부터 전자를 일어서 환원되며, 연속적으로 나음 운반체로 사신의 선사

[2]표 9.1에 제시된 것과 같이, 옥살초산-말산(oxaloacetate-malate) 짝의 표준 산화환원전위(E_0')는 NAD^+-NADH보다 더 큰 양(+)의 값이다. 따라서 말산이 옥살초산으로 산화될 때의 $\Delta G^{o\prime}$은 양의 값이다(그림 9.7의 반응 19). 이런 산화는, 오직 반응물에 대한 생산물의 비율이 표준 조건 이하로 유지될 때에만, 옥살초산이 형성되는 방향으로 진행될 수 있다. 이 반응의 ΔG는 매우 낮은 옥살초산 농도가 지속됨으로써 음(−)의 상태로 유지되며, 이는 TCA 회로 중 그 다음 반응(그림 9.7의 반응 12)에서 자유에너지가 매우 감소하고 TCA 회로의 주요 속도-조절 효소들 중의 하나에 의해 촉매되기 때문에 가능하다.

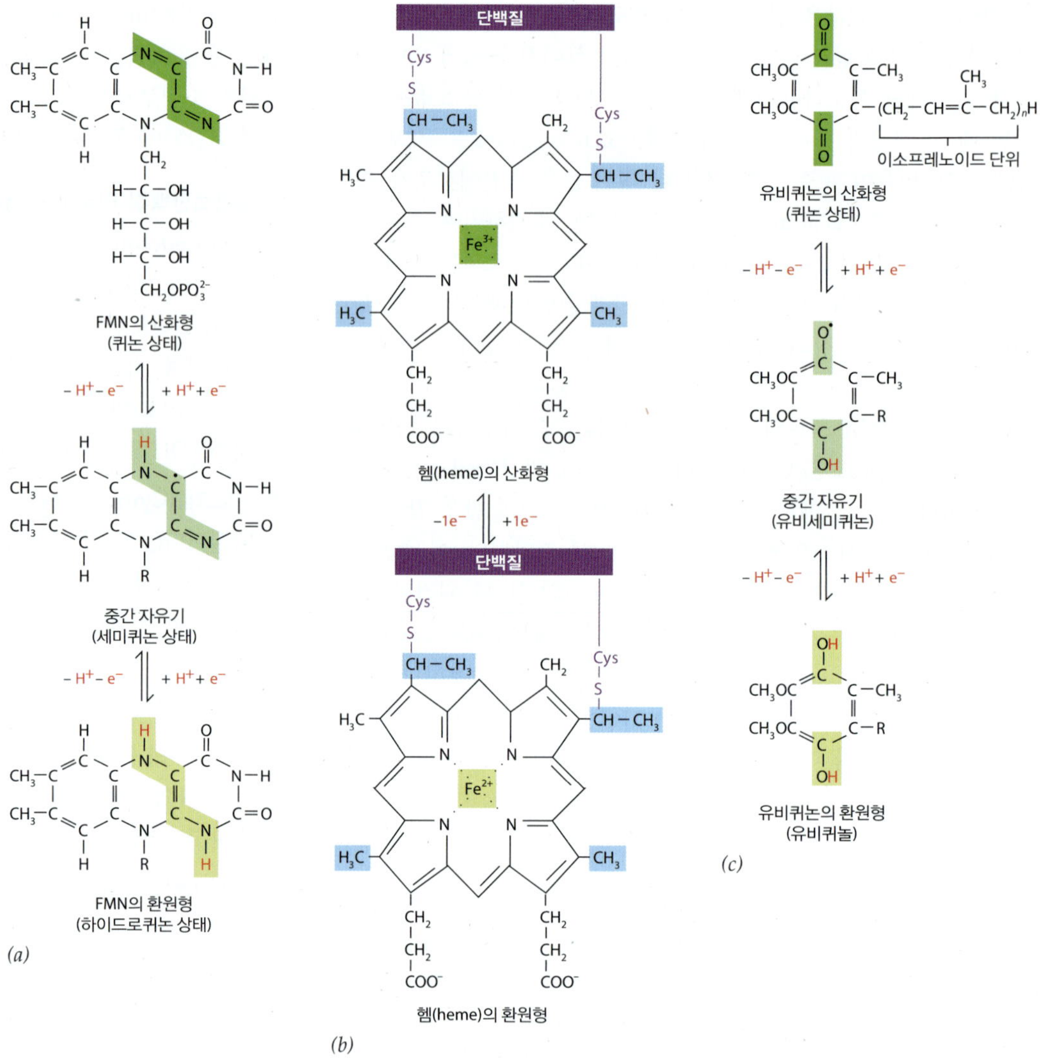

그림 9.12 세 가지 유형의 전자운반체들의 산화형과 환원형의 구조. (*a*) NADH 탈수소효소의 FMN, (*b*) 시토크롬 *c*의 헴기(heme group), 그리고 (*c*) 유비퀴논(조효소 Q). 전자전달사슬에서 다양한 시토크롬들의 헴기들은 포르피린 환(porphyrin ring, 파란색 음영 표시)에서의 치환 방식 및 단백질과의 연결 방식이 서로 다르다. 시트크롬들은 오직 1개의 전자만을 받을 수 있는 반면, FMN과 퀴논은 표시된 것처럼 2개의 전자와 2개의 양성자를 연속적인 반응에서 받을 수 있다. FAD는 인산에 결합된 아데노신기를 갖는다는 점에서 FMN과 다르다.

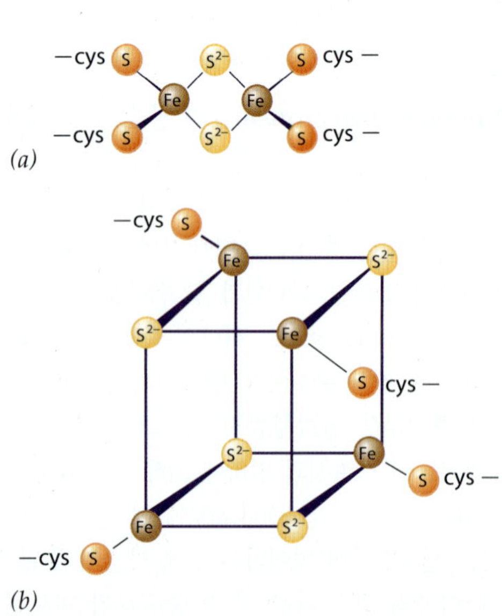

그림 9.13 철-황 중심부들. [2Fe-2S](*a*)와 [4Fe-4S](*b*) 중심부의 구조. 이 두 가지 유형의 철-황 중심부들은 시스테인 잔기의 황(S) 원자(주황색 표시)에 연결되어 해당 단백질에 존재한다. 무기 황화물 이온(S^{2-})들은 노란색으로 표시되었다. 이 두 가지 유형의 철-황 중심부들은 단 1개의 전자만을 받아들이며, 그 전하는 여러 가지 철 원자들 사이에 퍼져 있다.

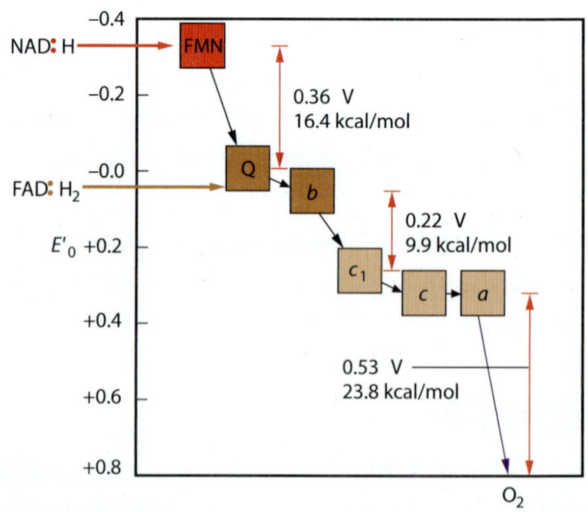

그림 9.14 전자전달사슬에서 여러 가지 운반체들의 배열. 이 도표는 전자쌍들이 호흡 사슬을 따라서 산소 분자로 이동할 때, 운반체들의 대략적인 산화환원 전위와 자유에너지의 기울기를 표시한 것이다. 다수의 철-황 중심부들은 그림을 단순화하기 위해서 표시되지 않았다. 빨간색 화살표로 표시된 3개의 전자전달 부위에서 각각 양성자를 미토콘드리아 내 막을 가로질러 이동시키기에 충분한 에너지를 생산하며, 연속하여 ADP로부터 ATP를 형성하기 위해 필요한 에너지를 공급한다. 이 내용은 다음 절에서 논의될 것이다.

출처: Based on a drawing from A. L. Lehninger, *Biochemistry*, 2e, 1975.

를 주며 산화된다. 이렇듯 전자들은 하나의 운반체에서 다음으로 전달되는, 즉 전자전달사슬을 따라 "내려오는(downhill)" 이동을 하며 그 과정에서 전자들은 에너지를 잃게 된다. 이러한 전자의 최종 수용체는 산소(O_2)인데, 이 산소는 에너지가 고갈된 전자를 받아서 환원되어 물이 된다. 펜실베니아대학교(University of Pennsylvania)의 브리튼 챈스(Britton Chance)와 그의 공동 연구자들이 전자전달사슬을 구성하는 운반체들의 특이한 순서에 대해 연구하였다. 이들은 그 경로의 특정한 지점에서 전자전달을 차단하는 다양한 저해제를 사용하였다. 이 실험의 개념을 유추하여 **그림 9.15**에 나타내었다. 한 종류의 저해제를 세포에 넣고, 이 저해된 세포 속에서 다양한 전자운반체들의 산화상태를 확인하였고, 저해제 종류를 바꾸어가며 동일하게 실험하였다. 한 시료가 여러 파장에서 빛을 흡수하는 정도를 측정하는 분광광도계(spectrophotometer)가 사용되었다. 이런 측정결과는 특정 운반체의 산화 또는 환원 상태를 나타낸다. 그림 9.15에서, 로테논(rotenone)을 처리하면 NADH와 $FMNH_2$가 환원된 상태로 남고, 시토크롬 *b*, *c* 및 *a*는 산화된 상태로 남는다. 이 결과는 NAD와 FMN이 차단 지점보다 "위쪽(upstream)"에 위치함을 나타낸다. 반면에, 시토크롬 *b* 와 *c* 사이에서 작용하는 안티마이신 A(antimycin A)와 같은 저해제를 처리하면, NADH, $FMNH_2$, QH_2, 시토크롬 *b* 등이 환원상태로 남을 것이다. 이와 같이, 여러 가지 저해제를 첨가하고 환원 또는 산화된 운반체들을 확인함으로써 전자전달사슬에 있는 운반체들의 순서를 결정할 수 있다.

전자가 하나의 운반체에서 다음 운반체로 전달되는 경향성은 두

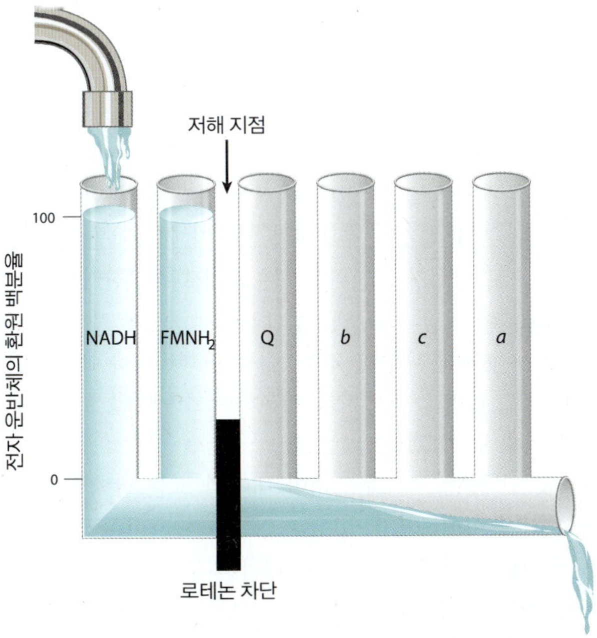

그림 9.15 전자전달사슬에서 운반체들의 순서를 결정하기 위한 저해제의 실험적 사용. 수압을 이용하여 운반체들을 유추하였다. 미토콘드리아에 로테논을 처리하면, 저해제 작용 지점으로부터 상류(NADH) 쪽에 있는 운반체들은 완전히 환원된 상태로 남고, 하류(O_2) 쪽에 있는 운반체들은 완전히 산화된 상태로 남는다. 이런 방법으로 여러 저해제들 처리의 결과를 비교하여 전자전달사슬 속에 있는 운반체들의 순서를 밝혔다.

출처: Based on a drawing from A. L. Lehninger, *Biochemistry*, 2e, 1975.

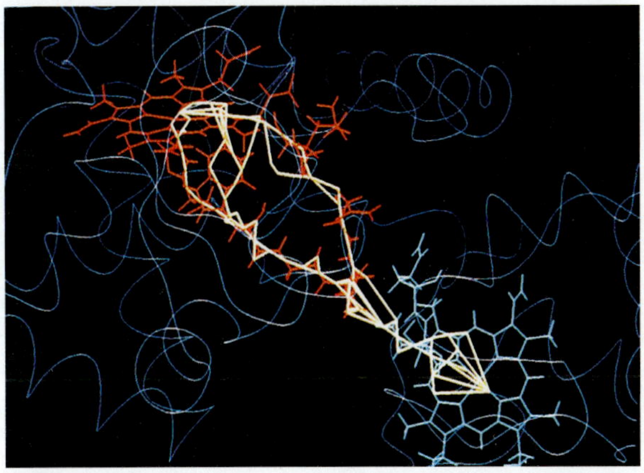

그림 9.16 효모의 시토크롬 *c*-시토크롬 *c* 퍼옥시다아제(peroxidase) 복합체의 전자-터널링 경로. 시토크롬 *c*의 헴기는 파란색으로 표시되어 있고, 시토크롬 *c* 퍼옥시다아제의 헴기는(이것은 미토콘드리아의 전자전달사슬의 운반체는 아니지만 유사한 전자 수용체를 제공하며 이미 고해상도의 결정 구조가 결정되어 있음)는 빨간색으로 표시되어 있다. 하나의 헴으로부터 다른 헴으로 전자를 이동시키기 위한 많은 경로들(노란색)이 존재한다. 각 경로는 헴기들 사이에 위치하는 다수의 아미노산 잔기들을 거쳐서 전자를 운반한다. (전자전달에 대한 다른 기작들 또한 제안되어 있다.)

출처: By Jeffrey J. Regan and J. N. Onuchic, from David N. Beratan et al., *Science* 258:1741, © 1992. AAAS의 허가를 얻어 재인쇄함.

산화환원 중심부 사이의 전위 차이에 달려 있으나, 전달속도는 관련된 단백질의 촉매 활성에 의해 좌우된다. 연구결과에 의하면, 전자들은 이웃하고 있는 산화환원 중심부들 사이에 상당한 거리(10~20 Å)를 이동할 수 있으며, 이미도 이 전자들은 "터널링 경로(tunneling pathway)"—다수의 아미노산 잔기들 사이로 늘어선 일련의 공유결합과 수소결합으로 이루어진—를 통해 흐를 것으로 생각된다. **그림 9.16**은 시토크롬 *c*를 포함하는 이런 경로의 한 예를 보여준다.

9.4 전자전달 복합체들

세제를 처리하여 미토콘드리아의 내막을 붕괴시키면, 다양한 전자운반체들이 네 가지의 독특하고 비대칭적인 막횡단 복합체들로 분리될 수 있다. 이들을 각각 제1, 2, 3, 그리고 4복합체라고 부른다(**그림 9.17**). 이 네 가지 복합체들은 전체 산화 과정에서 각기 독특한 기능을 담당할 것이다. 전자전달사슬에서 두 가지 구성요소인 시토크롬 *c*와 유비퀴논은 네 가지 복합체에 포함되지 않는다. 유비퀴논은 지질2중층 속에 용해된 분자의 풀(pool)에 존재하며, 시토크롬 *c*는 미토콘드리아의 막간 공간에 있는 가용성 단백질이다. 유비퀴논과 시토크롬 *c*는 막 내에서 또는 막을 따라서 이동하는, 즉 크고 비교적 움직이지 않는 단백질 복합체들 사이에서 전자를 왕복시키는 것으로 생각된다. 일단 커다란 다단백질 복합체(multiprotein complex)들로 들어가면, 전자들은 상대적으로 일정한 장소에 고정된 주변 산화환원 중심부들 사이에 정해진 경로(그림 9.16에 그려진 것과 같은)를 따라서 이동한다.

NADH가 전자를 내놓을 경우, 전자는 제1복합체에 의해 호흡사슬로 들어가며, 이 복합체는 전자를 유비퀴논에 전달하여 유비퀴놀

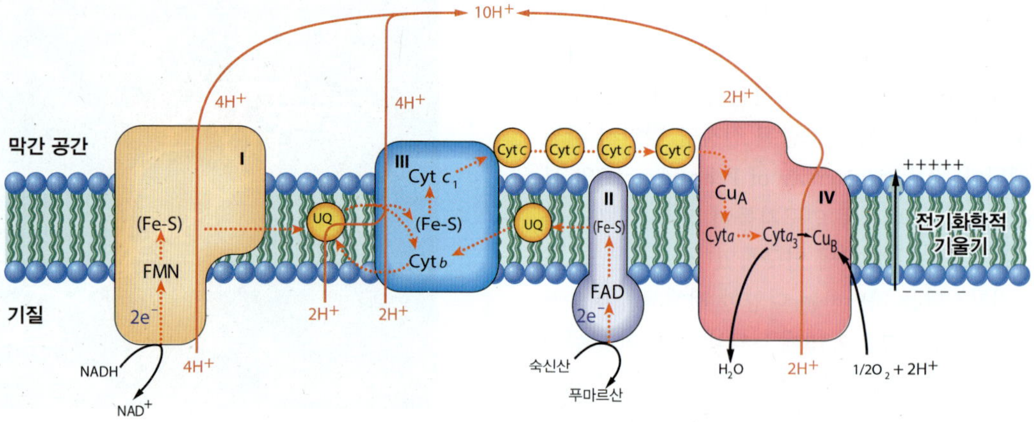

소단위	제1복합체 NADH 탈수소효소 (포유동물)	제3복합체 시토크롬 bc_1	제2복합체 숙신산 탈수소효소	제4복합체 시토크롬 c 산화효소
mtDNA 유래	7	1	0	3
nDNA 유래	38	10	4	10
합계	45	11	4	13
분자량(달톤)	~980,000	~240,000	~125,000	~200,000

그림 9.17 미토콘드리아 내막의 전자전달사슬. 호흡 사슬은 4개의 전자 운반체의 복합체들과 독립적으로 위치하는 2개의 다른 운반체들(유비퀴논과 시토크롬 *c*)로 구성되어 있다. 전자들은 NADH(제1복합체를 거쳐) 또는 $FADH_2$(제2복합체의 일부를 거쳐)로부터 사슬로 들어간다. 전자들은 제1 또는 제2복합체로부터 지질2중층 속에 풀(pool)로서 존재하는 유비퀴논(UQ)으로 전달된다. 계속해서 전자는 환원된 유비퀴논(유비퀴놀)으로부터 제2복합체로 전달되고, 움직일 것으로 생각되는 표재단백질인 시토크롬 *c*로 전달된다. 전자는 시토크롬 *c*로부터 제4복합체(시토크롬 산화효소)로 전달된 다음 산소에 전달되어 물을 형성한다. 미토콘드리아의 기질로부터 막간 공간으로 전위되는 양성자의 위치를 표시하였다. 각 위치에서 전위되는 양성자의 정확한 수는 아직 논쟁의 여지가 있다; 여기에 표시된 수는 공감대가 형성되어 있는 것이다. 양성자의 수는 운반된 각 전자쌍에 의해 형성된 것을 나타냈음을 명심해야 한다. 이 전자는 오직 절반 분자의 산소를 환원시키기에 충분하다. (제3복합체에 의한 양성자의 전위는 큐 회로(Q cycle)에 의해 일어난다. 큐 회로는 유비퀴논과 유비퀴놀 사이의 연속적인 상호 전환으로 구성되며, 이는 막을 가로지르는 양성자의 움직임과 연결된다. 큐 회로는 2단계로 구분될 수 있는데, 각 단계는 2개의 양성자를 세포질로 방출시킨다.)

(ubiquinol)을 형성한다(그림 9.12와 9.17). 가용성인 NADH 탈수소효소로부터 멀리 확산될 수 있는 NADH와는 다르게, $FADH_2$는 제2복합체의 구성요소인 숙신산 탈수소효소에 공유결합된 상태로 남아 있다. $FADH_2$가 전자를 내놓을 경우, 전자는 전자사슬의 위쪽을 거치지 않고 우회하여 유비퀴논으로 직접 전달된다. 왜냐하면 전자사슬 위쪽의 전자운반체가 플라빈뉴클레오티드($FADH_2$)의 좀 낮은 에너지를 가진 전자를 받기에는 지나치게 음(−)인 산화환원전위를 갖기 때문이다(그림 9.14).

그림 9.14의 연속된 운반체들의 산화환원전위를 살펴보면, 전자전달이 자유에너지의 주요 방출로 이루어지는 3개의 부위가 있음을 알 수 있다. **연결장소**(*Coupling site*)라고 불리는 이 3개의 부위들은 제1, 3, 4복합체들의 일부 운반체들 사이에 존재한다. 전자가 이 3개의 장소를 가로 질러 전달될 때 방출된 자유에너지는 양성자를 기질에서 내막을 가로질러 막간 공간 속으로 전위시키면서 보존된다. 이 3개의 단백질 복합체를 때로 **양성자 펌프**(*proton pump*)라고 한다. 다른 이온들이(예: Na^+ 또는 Cl^-)이동하는 전체 구간에서 확산해야만 하는 것과 달리, 양성자는 채널을 통해 "깡총 뛰며(hop)", 경로에 존재하는 다른 양성자와 교환된다(그림 9.19*b*에 그려진 것과 같이). 이러한 양성자-전도 회로[proton-conduction pathway, 또는 "양성자 전선(proton wires)"]은 산성기, 수소결합기 그리고 포획된 물 분자로 구성되기 때문에 밝혀질 수 있다. 이러한 전자전달복합체에 의한 양성자의 전위는 ATP 합성을 추진하는 양성자 기울기를 형성한다. 이들이 독립적으로 양성자를 전위시키는 단위로 작용한다는 것은 이들을 각각 정제하여 인공 지질소낭에 삽입시켜 증명될 수 있다. 적절한 전자공여체가 전자를 내놓을 경우, 이들 단백질함유 소낭들은 전자를 받아들이고, 방출된 에너지를 이용하여 소낭막을 가로질러 양성자를 펌프할 수 있다(**그림 9.18** 참조).

지난 몇 년 동안, 미토콘드리아 내막의 모든 단백질복합체들의 분자 구조를 잘 이해하게 되었다. 이러한 이해를 바탕으로 연구자들은 이 단백질들이 어떤 것들인지에 대한 의문을 넘어 이제는 이들이 어떻게 작동하는지에 대하여 구조적 정보를 이용하여 이해하고자 한다. 우리는 포유동물에서 대략 총 70여 개의 서로 다른 폴리펩티드로 구성되는 4개의 전자전달복합체들 각각에 대해서 간단히 살펴볼 것이다. 세균의 복합체들은 포유동물의 것보다 상당히 더 단순하며 훨씬 적은 소단위들을 갖고 있다. 그러나 포유동물의 복합체들에 추가되어 있는 소단위들은 산화환원 중심부를 갖고 있지 않는 것으로 보아, 전자전달이 아니라 이 복합체들을 조절하거나 또는 조립하는 데 작용하는 것으로 생각된다. 즉, 호흡하는 동안 일어나는 전자전달의

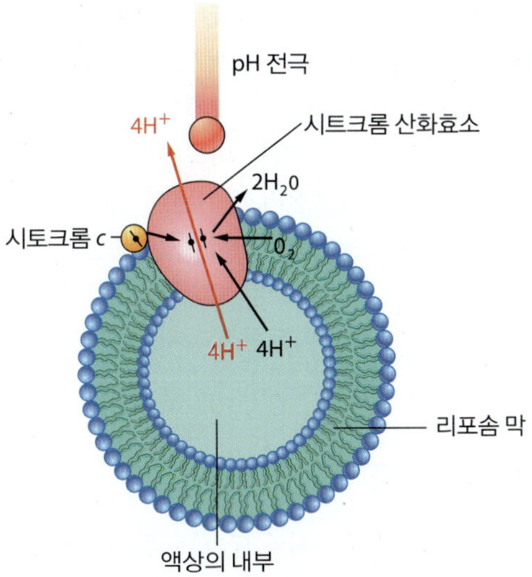

그림 9.18 시토크롬 산화효소가 양성자 펌프임을 증명하는 실험. 정제된 시토크롬 산화효소가 리포솜의 인공 2중층 속에 삽입되었을 때, 환원된 시토크롬 *c* 이 리포솜 막에 첨가됨에 따라 매질(medium)이 산성화되었다. 이것은 전자들이 시토크롬 *c*로부터 시토크롬 산화효소로 전달되며, 산소가 물로 환원되고, 양성자는 소낭의 구획으로부터 바깥쪽 매질 쪽으로 전위되어지고 있음을 나타낸다. 이 실험은 원래 1960년대 말에 핀란드의 헬싱키대학의 마르텐 윅스트룀(Mårten Wikström)과 그의 동료들에 의해 수행된 것이다.

출처: M. I. Verkhovsky et al., *Nature* 400:481, 1999, copyright 1999에서 발췌. Macmillan Publishers Ltd의 허가를 득하여 재인쇄함

기본과정은 수십억 년 전에 우리의 원핵생물 조상에 일어난 진화 이후로 사실상 변화하지 않고 남아 있다.

제1복합체(NADH 탈수소효소)

제1복합체는 전자전달사슬로 들어가기 위한 관문으로, 1쌍의 전자를 NADH로부터 유비퀴논(UQ)으로 전달하여 유비퀴놀(UQH_2)을 형성하게 된다. 포유동물의 제1복합체는 거대한 L자 모양의 집합체로서 45개의 다른 소단위들로 구성되며, 분자량은 거의 100만 달톤에 이른다. **그림 9.19a**와 같이, 복합체의 대략 절반이 기질 쪽으로 튀어나온 친수성 부위이며, 나머지는 막에 박혀 있는 소수성 부위이다. 소단위들 중 7개는—모두 소수성이며, 막을 횡단하는 폴리펩티드—미토콘드리아의 유전자에 의해 암호화되며 세균의 폴리펩티드와 상동이다. 결론적으로, 제1복합체의 친수성 부분과 막에 박혀 있는 부분은 전자전달사슬에 필요한 두 가지의 다른 활성을 수행한다: 전자전달(electron transfer)과 양성자 전위(proton translocation).

전자전달을 위해 필요한 요소들은 모두 복합체의 친수성 부위 내에 존재한다(그림 9.19*b*). 전지운반체의 사슬은 거대 복합체 끝에서 NADH를 산화시키는 FMN-포함 플라보단백질로부터 시작된다. 연

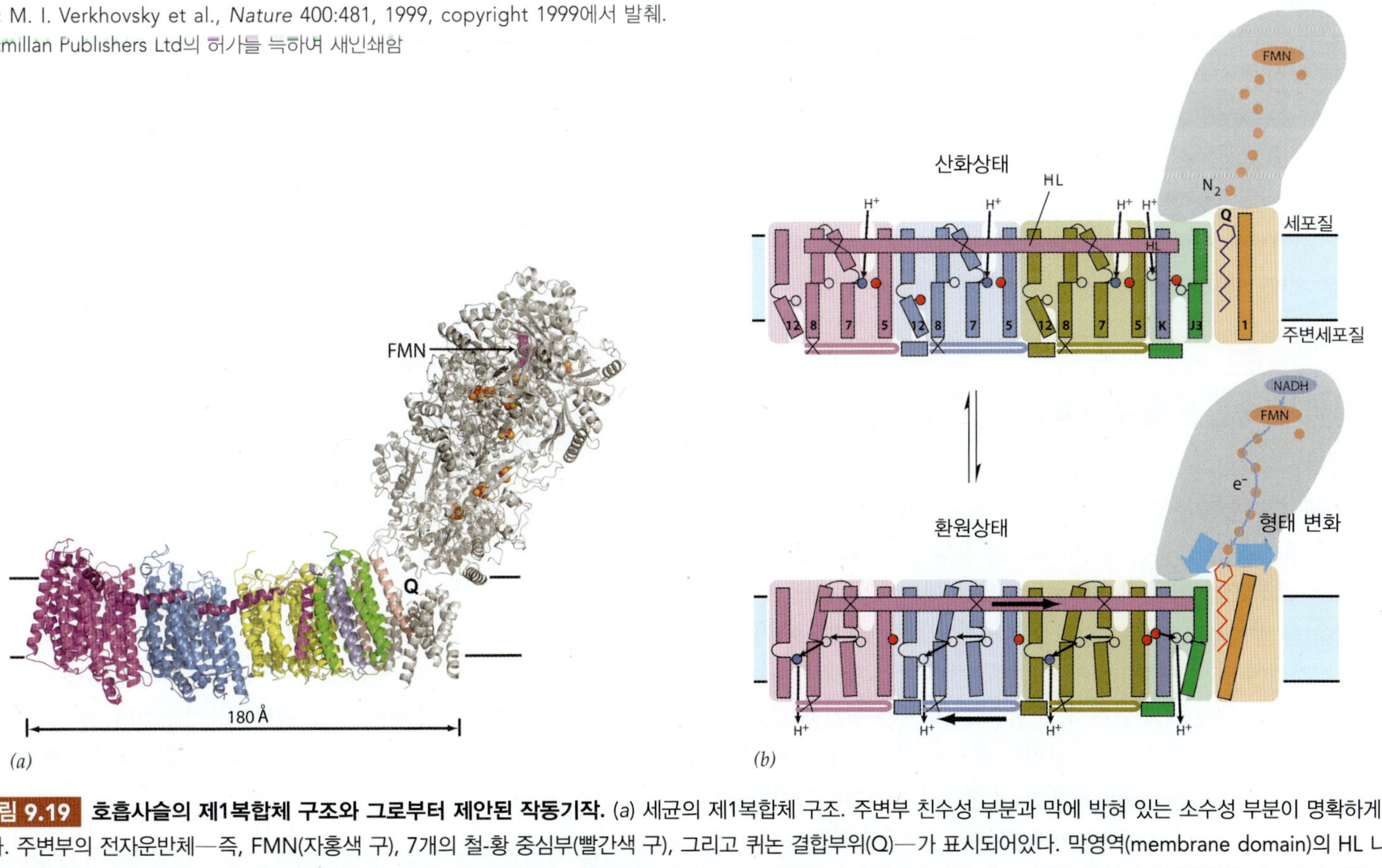

그림 9.19 호흡사슬의 제1복합체 구조와 그로부터 제안된 작동기작. (*a*) 세균의 제1복합체 구조. 주변부 친수성 부분과 막에 박혀 있는 소수성 부분이 명확하게 보인다. 주변부의 전자운반체—즉, FMN(자홍색 구), 7개의 철-황 중심부(빨간색 구), 그리고 퀴논 결합부위(Q)—가 표시되어있다. 막영역(membrane domain)의 HL 나선은 연결 막대 또는 피스톤으로서 막 면에 대략 평행으로 위치하는 것으로 제안되어 있다. (*b*) 주변부에서 전자가 전달되는 기작은 양성자가 막영역을 가로질러 전위하기 위해 구조적 변화를 겪는 것과 연관되어 있다. 유비퀴논이 Q 자리에서 환원되면 HL 나선이 오른쪽으로 움직이게 되며(환원된 경우에서 위쪽 검은 화살표와 같이), 이는 막관통(transmembrane) 나선의 구조적 변화를 유발하고, 그 결과 양성자가 막간 공간으로 이동한다. 막영역의 주요한 전하 값을 갖는 아미노산이 원으로 표시되어 있으며, 빨간색 원은 수소화되지 않은 글루타민산(glutamic acid)이고, 파란색 원은 수소화된 리신(lysine)이다. 이들 아미노산들이 수소화되었거나, 수소화되지 않은 경우, 빈 원으로 각각 표시되었다. 이 아미노산들 사이의 양성자 이동은 막관통 나선의 구조적 변화에 의한 것이며, 이 결과로 양성자 전위가 일어난다.

출처: Rouslan G. Efremov and Leonid A. Sazanov, *Nature* 476:414, 2011에서 발췌; Macmillan Publishers Ltd.의 허가를 얻어 재인쇄함.

속적으로 전자들은 친수성 부위 내 7개의 철-황 중심부를 통해 전달되며, 마지막으로 막 경계 근처에 위치한 단백질에 결합된 유비퀴논까지 전달되게 된다. (8번째 철-황 묶음과 두 번째 퀴논분자 또한 존재하지만 전자전달의 직접 경로로 보이지 않는다.) NADH로부터 유비퀴논으로 1쌍의 전자가 전달되면서 4개의 양성자가 기질로부터 막간 공간으로 이동하게 된다. 제1복합체의 구조가 결정(그림 9.19*a*)됨에 따라, 복합체의 주변부를 통해 일어나는 전자전달이 어떻게 멀리 떨어진 막에 박힌 부분을 통해 양성자를 운반하는지에 대한 설명이 제안되었다. 그림 9.19*b*에 제시된 것과 같이, 복합체의 막에 박힌 부분은 HL(보라색)이라고 표시된 매우 긴 나선(helix)을 갖고 있으며, 막 표면과 대략 평행을 이루며 위치한다. 이 나선은 제1복합체의 막 통과 부위 전체에 해당하며, 막을 횡단하는 3개의 비연속적인 나선 구조들과 직접 접촉한다(보라색, 파란색, 연녹색 참조). 각각의 비연속적인 나선들은 채널 절반의 일부분이다. 각 쌍의 반 채널(each pair of half channels)은 극성 아미노산의 잔기로 이루어진 망으로 연결되는데, 이들이 막을 횡단하여 전위하는 양성자를 위한 채널을 제공한다. 네 번째 양성자-전도 채널(proton-conducting channel)은 그림 9.19*b*에서 보이는 것과 같이 아마도 수용성 부위와의 접촉면 가까이에 위치한다. 유비퀴논으로 전자가 전달됨으로써 복합체 내 구조적 변화가 일어나 HL 나선의 측면 이동이 일어날 것이 예상되었다(그림 9.19*b*에서 오른쪽으로). 결국, 막 나선이 기울어지게 되고 양성자를 전달하는 부위의 이온 환경을 변화시킨다(검은색 화살표 아래쪽). 이를 제안한 연구자는 제1복합체와 스트림 엔진(stream engine)의 작동기작이 유사하여, 즉 HL 나선이 마치 피스톤과 같이 작용하여 이 기구의 하부 요소들의 움직임을 이끌어낸다고 설명하였다.

특정 신경퇴화 질환의 원인으로서 제1복합체의 기능장애에 관한 중요성은 제9장 말미에 <인간 질병과의 연관성 II>에서 다루어질 것이다.

제2복합체(숙신산 탈수소효소)

제2복합체는 4개의 폴리펩티드로 구성된다: 소수성인 2개의 소단위는 막 속에 이 복합체를 고정시키며, 친수성인 나머지 2개의 소단위는 TCA 회로의 효소인 숙신산 탈수소효소를 포함한다. 제2복합체는 숙신산으로부터 FAD를 거쳐 유비퀴논으로 낮은 에너지의 전자들(0 mV에 가까운)을 받아들이기 위한 경로를 제공한다(그림 9.14와 9.17). 효소의 활성자리에 있는 $FADH_2$로부터 전자는 3개의 철-황 집단을 지나 40 Å 떨어진 유비퀴논에 전달된다. 또한 제2복합체는 헴기를 갖고 있다. 이 헴기는 이탈된 전자를 끌어당기는 것으로 생각되며, 이로 인하여 해로운 과산화기(superoxide radical)의 형성이 방지된다(73쪽). 제2복합체를 통한 전자전달에서는 양성자 전위가 수반되지 않는다.

제3복합체(시토크롬 bc_1)

제3복합체는 유비퀴놀에서 시토크롬 *c*로의 전자전달을 촉진한다. 실험결과에 의하면, 1쌍의 전자가 제3복합체를 거칠 때마다 4개의 양성자가 막을 가로질러 전위되는 것으로 보인다. 이 양성자들이 막간 공간으로 방출되는데, 이 과정은 독립된 2단계로 일어난다. 즉, 하나는 1쌍의 전자가 서로 분리되어 복합체를 다른 경로로 통과하며 방출되는 에너지에 의해 추진된다. 이때 2개의 양성자는 유비퀴놀 분자로부터 나온다. 다른 2개의 양성자는 미토콘드리아 기질로부터 두 번째 유비퀴놀을 거쳐 막을 가로질러 전위된다. 제3복합체에는 산화환원기를 갖는 3개의 소단위들이 있다: 시토크롬 *b*는 서로 다른 산화환원전위를 갖는 2개의 헴 *b* 분자들을, 그 외 시토크롬 c_1, 그리고 철-황 단백질이다. 시토크롬 *b*는 미토콘드리아 유전자에 의해 암호화된 제3복합체의 유일한 폴리펩티드이다.

제4복합체(시토크롬 c 산화효소)

미토콘드리아에서 전자전달의 최종 단계는, 환원된 시토크롬 *c*에서부터 산소로 전자가 연속적으로 전달되는 것이다. 아래의 반응과 같다.

$$2\ \text{cyt}\ c^{2+} + 2\ H^+ + \tfrac{1}{2}O_2 \rightarrow 2\ \text{cyt}\ c^{3+} + H_2O$$

산소(O_2) 1분자를 환원시킨다면, 아래와 같이 변형된다.

$$4\ \text{cyt}\ c^{2+} + 4\ H^+ + O_2 \rightarrow 4\ \text{cyt}\ c^{3} + 2\ H_2O$$

산소는 제4복합체에 의해 환원되는데, 제4복합체는 **시토크롬 산화효소(cytochrome oxidase)**라고 불리는 거대한 폴리펩티드 조립체이다. 시토크롬 산화효소는 산화환원으로 추진되는 양성자 펌프로서 작용하는 전자전달사슬의 첫 번째 구성요소였다. 이는 그림 9.18에 그려진 실험을 통해 증명되었다. 이 그림에서 정제된 시토크롬 산화효소를 인공 지질2중층(리포솜, liposomes)으로 된 소낭에 삽입시켰다. 그리고 소낭의 막에 환원된 시토크롬 *c*를 삽입시키면 소낭으로부터 H^+ 이온이 밖으로 방출되었으며, 소낭 주변의 pH 역시 감소하였다. 소낭의 안쪽이든 미토콘드리아의 내막이든지 간에 양성자의 전위는 전자전달에 따른 에너지 방출로 인한 입체구조의 변화와 연관되어 있다. 시토크롬 산화효소에 의해 환원된 산소 1분자당, 8개의 양성자가 기질로부터 취해지는 것으로 생각된다. 그 중에서 4개의 양성자는 앞의 그림에 표시된 것처럼 2분자의 물을 형성하는 데 쓰이며, 다른 4개의 양성자는 막을 가로질러 전위되어 막간 공간 속으로 방출된다(그림 9.17). 결과적으로, 전체 반응을 다음과 같이 쓸 수 있다.

$$4\ \text{cyt}\ c^{2+} + 8\ H^+_{\text{기질}} + O_2 \rightarrow 4\ \text{cyt}\ c^{3+} + 2\ H_2O + 4\ H^+_{\text{세포질}}$$

사람은 이 반응으로부터 하루에 약 300 ml의 "대사수(metabolic water)"를 생산한다. 일산화탄소(CO), 아지이드(N_3^-), 시안화물(CN^-) 등 수많은 강력한 호흡독성물질은 시토크롬 산화효소의 헴 a_3 위치에 결합하여 독성 효과를 낸다. (일산화탄소는 헤모글로빈의 헴기에도 또한 결합한다.)

시토크롬 산화효소의 심층 분석 시토크롬 산화효소는 13개의 소단위로 구성되어 있는데, 그 중 3개의 소단위는 미토콘드리아 유전체에 의해 암호화되며 이들은 모두 4개의 산화환원 중심부를 갖는다. 연구자들의 주요 도전과제는 오직 하나의 전자만을 운반할 수 있는 운반체들이 어떻게 1개의 산소분자를 2개의 물 분자로 환원시키는지를 설명하는 것이다. 왜냐하면 이 과정에서는 4개의 전자(4개의 양성자와 함께)가 요구되기 때문이다. 더욱이, 이 과정은 세포가 매우 위험한 물질을 다루고 있기 때문에 대단히 효율적으로 일어나야만 한다; 즉, 부분적으로 환원된 산소가 "우발적(accidental)"으로 방출될 경우, 사실상 세포 내 모든 고분자에 유해할 가능성이 있기 때문이다(73쪽).

시토크롬 산화효소의 산화환원 중심부들 사이에 일어나는 전자의 이동을 **그림 9.20**에 나타내었다. 전자는 시토크롬 *c*로부터 소단위 II의 바이메탈(bimetallic) 구리 중심부(Cu_A)를 거쳐 소단위 I에 있는 헴(heme *a*)으로 한 번에 하나씩 전달된다. 거기로부터, 전자는 소단위 I에 위치한 산화환원 중심부로 전달된다. 소단위 I은 5 Å 이하의 거리로 떨어져 있는 두 번째 헴(heme a_3)과 또 다른 구리원자(Cu_B)를 갖고 있다. 처음 2개의 전자를 받으면, 다음 반응에 의해 a_3-Cu_B의 2핵성(binuclear) 중심부가 환원된다.

$$Fe^{3+}_{a_3} + Cu^{2+}_B + 2e^- \rightarrow Fe^{2+}_{a_3} + Cu^{1+}_B$$

일단 2핵성 중심부가 두 번째 전자를 받으면, 산소분자가 중심부에 결합한다. 그러면 산소 원자(O)가 환원된 a_3-Cu_B 2핵성 중심부로부터 1쌍의 전자를 받음으로써, O═O 2중결합이 파괴되고 반응성 과산화(peroxy) 음이온(O_2^{2-})이 형성될 것이다.

$$Fe^{2+}—O{=}O\ Cu^{1+} \rightarrow Fe^{3+}—O^-\ \ O^-\ Cu^{2+}$$

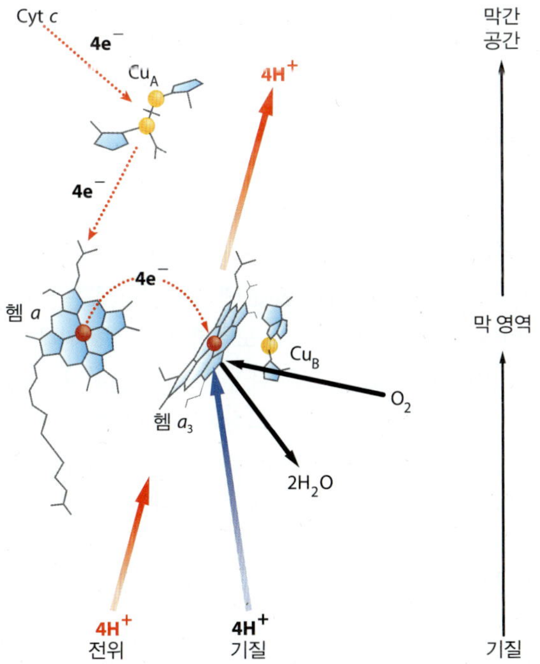

그림 9.20 **시토크롬 산화효소 활성 정리.** 이 모델은 시토크롬 산화효소의 4개의 산화환원 중심부를 통한 전자의 흐름을 보여준다. 철 원자들은 빨간색 구로, 구리 원자들은 노란색 구로 각각 표시되었다. 전자들은 시토크롬 *c*로부터 2량체 구리 중심부(Cu_A)로, 다음에 시토크롬 *a*에 있는 헴기의 철로, 이어서 두 번째 철(시토크롬 a_3에 있는 헴기)과 구리 이온(Cu_B)으로 구성된 2핵성 산화환원 중심부로 한 번에 하나씩 전달되는 것으로 생각된다. 산화환원 중심부들의 구조와 제안된 방향성이 표시되었다.

출처: M. Wikstrom et al., *Biochim Biophysics.* ACTA 1459:515, 2000에서 발췌. Elsevier의 허가를 얻어 재인쇄함.

과산화 이온은 이 반응 순서에서 가장 높은 에너지 요소이며, 헴 자체로부터 또는 근처의 아미노산 잔기로부터 세 번째 전자를 받기 위해서 빠르게 반응한다. 동시에, 2핵성 중심부는 기질로부터 2개의 양성자를 받아들여, O—O 공유결합이 쪼개지며 산소 원자들 가운데 1개를 산화시킨다. 이어지는 단계에서, 2핵성 중심부는 시토크롬 c로부터 2개의 전자와 기질로부터 4개의 양성자를 받아들인다. 이들이 물 2분자를 형성하게 되는 것이다. 기질에서 온 각 양성자에 대해서는 과잉의 음전하(OH^-의 형태로)가 남게 되고, 따라서 이것은 미토콘드리아 내막을 가로지르는 전기화학적 기울기 형성에 직접적으로 기여하게 된다.

위에 언급한 것처럼, 기질로부터 취해진 양성자들은 매우 다른 2개의 경로에서 사용된다. 시토크롬 산화효소에 의해 산소분자가 2개의 물로 환원될 때마다, (1) 4개의 H^+ 이온이 이 화학반응에서 소모되며, (2) 또 다른 4개의 H^+ 이온이 미토콘드리아 내막을 가로질러서 전위된다. 처음 4개의 양성자는 "기질(substrate)" 양성자라고 할 수 있으며, 나중의 것은 "펌프된(pumped)" 양성자라고 할 수 있다. 이러한 2무리의 양성자가 이동하여, 막을 가로지르는 전기화학적 기울기 형성이 완성된다.

시토크롬 산화효소의 3차원 결정구조가 밝혀짐으로써, 기질 그리고 펌프된 양성자들이 거대 단백질을 거쳐 이동할 수 있는 경로에 관한 연구가 가능하게 되었다. 연구자들은 전위를 지닌 양성자 통로를 확인하였으나 그 역할을 실험적으로 입증하지는 못하였다. 불행하게도, 양성자의 정적인 구조모형 그 자체만으로는 양성자가 작용할 때 그 단백질 속에서 일어나는 동적인 이동을 밝힐 수 없다. 산소의 환원에 의해 방출된 에너지는 아마도 이 통로 속에서 이온화 상태를 바꾸고, 또한 아미노산사슬의 정밀한 위치를 바꾸는 데 필요한 입체구조를 변화시키기 위해 사용될 것이다. 이러한 변화는 이 단백질을 통한 H^+ 이온의 이동을 촉진할 것이며, 제1복합체에서 전자전달이 일어나는 동안에 일어날 것이다(그림 9.19*b*).

9.5 양성자의 전위와 양성자 구동력의 확립

전자가 전달되는 동안 방출된 자유에너지가 기질로부터 막간 공간과 기질로 양성자를 이동시키는 데 사용되는 것에 대해 알아보았다. 내막을 가로지르는 양성자의 전위는 전기발생적(즉, 전압이 생기는)이다. 왜냐하면, 양성자 전위가 막간 공간과 세포 기질은 더 큰 양전하를 갖게 하며, 기질은 더 큰 음전하를 갖게 하기 때문이다. 그래서 양성자 기울기는 두 가지 구성요소로 이루어진다. 하나는, 막의 어느 한 쪽과 다른 쪽에 있는 수소 이온의 농도 차다; 이것이 **pH 기울기(ΔpH)**이다. 다른 하나의 요소는, 막을 가로질러 전하가 분리됨으로써 생기는 전압(c,ψ)이다. 농도(화학적)와 전기(전압)의 두 가지 요소로 이루어진 기울기는 전기화학적 기울기(*electrochemical gradient*)이다. 양성자의 전기화학적 기울기를 구성하는 두 가지 요소들의 에너지는 합쳐져서 **양성자-구동력(proton-motive force, Δp)**으로 표현될 수 있

으며, 이 힘은 밀리볼트(millivolt)로 측정된다. 따라서

$$\Delta p = \psi - 2.3\,(RT/F)\,\Delta pH$$

이다. 2.3(*RT*/*F*)는 25°C에서 59 mV이므로, 이 식[3]을 아래와 같이 다시 쓸 수 있다.

$$\Delta p = \psi - 59\,\Delta pH$$

전기적 전위와 pH 기울기가 각각 양성자-구동력 형성에 기여하는 비율은 내막의 투과성에 따라 다르다. 예로, 만약 전자가 전달되는 동안 양성자들이 바깥쪽으로 이동될 때 음으로 하전된 염소이온이 동반된다면, 전기적 전위(ψ)는 양성자 기울기(ΔpH)에 영향을 주지 않고 감소된다. 여러 연구소에서 측정한 바에 의하면, 활발하게 호흡하는 미토콘드리아는 내막을 가로 질러 약 220 mV의 양성자-구동력을 발생한다. 포유동물의 미토콘드리아에서, 양성자 기울기(ΔpH) 중 자유에너지의 약 80%는 전압에 의해 나타나며, 나머지 20%는 양성자 농도 차이(약 0.5~1 pH 단위 차이)에 의해 나타난다. 만일 양성자 농도 차이가 이보다 훨씬 크다면 세포질에 있는 효소들의 활성에 영향을 미칠 것이다. 미토콘드리아 내막을 가로지르는 막 횡단 전압은, 전기적 전위에 비례하여 막을 가로질러 분포하는, 양으로 하전된 지용성 염료를 사용하여 시각적으로 확인할 수 있다(**그림 9.21**).

양성자-구동력은 양성자가 기울기 아래로 이동할 때 내놓는 총에너지를 의미하며, 볼트 단위의 전기작위로 표현된다. 양성자-구동력을 보다 친숙한 자유에너지 단위로 손쉽게 전환할 수 있다. 이를 위하여 338쪽에서 하나의 이온을 움직이기 위한 에너지는 Δp 전위를 통해 아래와 같이 표현된다.

$$\Delta G = zF\Delta p$$

그러나 한 양성자에 대해, 하나의 양의 전하를 갖기 때문에 $z = 1$이다. 그래서 만약 양성자-구동력 Δp을 안다면, 자유에너지는 아래와 같고, 이때 F = 23.06 kcal/mol • V이다.

$$\Delta G = F\Delta p$$

세포들이 지용성, 특히 2,4-디니트로페놀(2,4-dinitrophenol, DNP)과 같은 물질로 처리되었을 때, 이 세포들은 ATP를 발생시키지 않으면서 기질들만을 계속 산화시킨다. 다시 말하면, DNP는 **포도당의 산화와 *ADP* 인산화를 연결시키지 않는다**(*uncouple*). 이런 성질 때문에, DNP는 ATP 형성을 저해하기 위해 실험실에서 널리 사용되고 있다. 1920년대에, 많은 의사들이 심지어 살 빼는 약으로 DNP를 처방하기도 했다. 세포들이 그 약물에 노출되면, 비만환자들의 세포는 저장된 지방을 계속 산화시키지만 정상 ATP 수준을 유지하게 되므로, 에너지적으로 일종의 헛수고를 하게 되는 것이다. 이 약물을 복용하는 많은 환자들이 죽고 나서야 처방이 금지되었다. 화학삼투설이 공식화되고 미토콘드리아에서 양성자 기울기가 만들어진다는 사실이 확인됨으로써, DNP의 작용기작이 제대로 이해되었다. 이 약물은 산화와 인산화작용을 분리하였는데, 그 이유는 이 약물이 양성자와 결합하며, 지용성이기 때문에 미토콘드리아 내막을 횡단하는 양성자들을 전기화학적 기울기가 낮은 쪽으로 운반하기 때문이다.

양성자-구동력을 유지하기 위해서는, 미토콘드리아 내막이 양성자들에 대해서 매우 불투과적인 상태를 유지해야 한다. 만약 그렇지 않으면, 전자전달에 의해서 형성된 그 기울기는 양성자들이 기질 속으로 다시 새어 들어가서 급속히 흐트러지며, 결국 발생되는 에너지가 열로 방출되게 된다. 일부 세포들의 미토콘드리아 내막은 자연적인(내재적인) **불연결인자**(*uncoupler*)로서 작용하는 단백질을 갖고 있다는 놀라운 사실이 발견되었다. **불연결 단백질**(*uncoupling protein, UCP*)이라고 하는 이러한 단백질들은 특히 포유동물의 갈색지방조직(brown adipose tissue)에 풍부한데, 이 갈색지방조직은 추운 온도에 노출되는 동안 열 발생원으로 작용한다. 사람 중 유아들 또한 체온을 유지하기 위해서 갈색지방을 축적한다. 이런 갈색지방세포들은 우리가 성숙하면서 거의 소실되는 것으로 알려졌으나, 최근 연구에 따르면 사람의 목과 상흉부(upper chest)에 갈색지방세포들이 존재한다. 유아기에 이 세포들은 낮은 온도에 노출될 때 활성화된다. 다른 UCP 동형(isoform)(UCP2~UCP5)들은 다양한 조직 특히 신경계의 세포들 속에 있지만, 이 물질들의 역할은 확실하지 않다. 한 가지 가설에 따르면, 미토콘드리아 막에 있는 UCP들은 지나치게 큰 양성자-구동력의 형성을 막는다. 만일 이러한 고에너지 상태가 형성되었다면, 호흡 복합체를 통해서 전자의 통과를 차단할 수 있을 것이며, 이로부터 전자가 새어 나가게 돼서 반응성 산소기가 발생하게 된다.

[3]즉, 1 pH 단위의 차이는 막을 가로지르는 H^+ 농도에서 10배의 차이를 나타낸다. 이러한 1 pH 단위의 차이는 59 mV의 전위차와 같으며, 이는 1.37 kcal/mol의 자유에너지 차이와 같다.

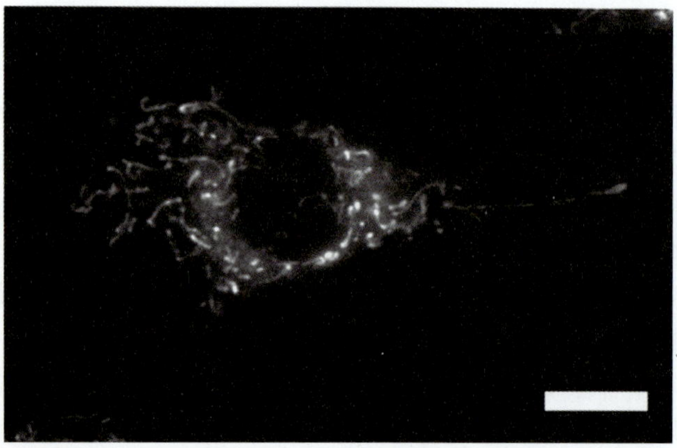

그림 9.21 양성자-구동력을 시각적으로 보여주는 사진. 형광물질인 양이온 염료 JC-1으로 염색된 배양된 세포의 형광현미경 사진. 미토콘드리아의 막 전위가 증가하면 녹색에서 주황색으로 변화된 형광을 발산한다.

출처: Ivan S. Chernoivanenko et al., *FASEB J.* 29:820–7, 2015. Panel B, Fig. 4.4

9.6 ATP 형성을 위한 기구

우리는 전자전달 과정에서 미토콘드리아 내막을 가로지르는 양성자 전기화학적 기울기가 어떻게 형성되는지를 알게 되었다. 이제 우리는 이러한 기울기 속에 저장된 에너지를 사용하여 ADP를 인산화시키는 분자기구에 대해서 알아보려고 한다.

1960년대 초기에, 매사추세츠 종합병원(Massachussetts General Hospital)의 훔베르트 훼르난데즈-모란(Humbert Fernandez-Moran)

은 그 당시 개발된 최신 기술인 음성염색법(negative staining)으로 분리된 미토콘드리아를 연구하고 있었다. Fernandez-Moran은 내막의 안(기질)쪽에 부착된, 막으로부터 돌출되어 있으며 자루에 의해 막에 붙어 있는, 구형 구조(spheres)들이 층을 이루고 있는 것을 발견하였다(**그림 9.22**). 수년 후에, 코넬대학교(Cornell Univerity)의 에프라이임 랙커(Efraim Racker)는 그가 연결요소 *1*(*coupling factor 1*) 또는 단순히 F_1이라고 부른 내막의 구형 구조를 분리하였다. Racker는 F_1 구형 구조가 ATP를 가수분해하는 효소, 즉 ATPase 효소와 같이 작동하는 것을 발견하였다. 얼핏 보기에는 이것은 좀 기이한 발견인 것처럼 보인다. 미토콘드리아는 왜 만들어질 예정인 물질을 가수분해할 수 있는 유력한 효소를 갖고 있는가?

만약 ATP의 가수분해가 ATP 형성의 역반응이라고 생각한다면, F_1의 기능은 보다 확실해진다; 이 구형 구조는 효소활성자리를 갖고 있으며 그곳에서 ATP 형성이 정상적으로 일어난다. 다음을 상기해 보자.

1. 효소들은 그들이 촉매하는 반응의 평형상수에 영향을 미치지 않는다.
2. 효소들은 정방향 및 역방향의 양쪽 반응을 모두 촉매할 수 있다.

결과적으로, 일정 시간에 효소에 의해 촉매된 반응의 방향은 그 당시 우세한 조건에 의해 좌우된다. 이것은 원형질막에 있는 Na^+/K^+-ATPase와 같이, 다른 ATPase를 갖고 실시한 실험에서 아주 잘 설명되어 있다(347쪽). 이 효소는 제8장에서 ATP 가수분해를 통해 얻은 에너지를 Na^+과 K^+ 각각이 기울기에 역행하여 Na^+을 세포 밖으로 내보내고 K^+을 세포 안으로 들어가도록 하는 것으로 설명되었다. 이것은 세포 내에서 이 효소의 유일한 기능이다. 그러나 특정 실험조건에서, 이 효소는 ATP를 가수분해하기보다 ATP의 형성을 촉매할 수 있다(**그림 9.23**). 이러한 조건을 얻기 위해서, 적혈구 원형질막으로 이루어진 소낭을 준비하였다(red blood cell ghosts, 334쪽). 즉, 소낭의 안쪽은 매우 높은 K^+ 농도를 그리고 소낭의 바깥쪽은 매우 높은 Na^+ 농도를 유지하도록 하였는데, 여기서 이 이온들의 농도는 몸속에서 정상적으로 유지되는 것보다 훨씬 더 높게 조작한 것이다. 이런 조건하에서, K^+은 "세포(cell)"의 밖으로 이동하고 Na^+은 "세포"의 속으로 이동한다. 이 두 가지 이온들은 정상적으로 살아 있는 세포 속에서 일어나는 것처럼, 그들 농도에 역행하여 이동하기보다 각각의 기울기가 낮은 쪽으로 이동한다. 만일 ADP와 무기인산이 이 원형질막으로 만들어진 소낭(ghost) 속에 있다면, 그 이온들의 이러한 이동은 ATP를 가수분해하기보다 오히려 ATP를 합성하도록 한다. 이와 같은 실험은 효소에 의해 촉매된 반응들이 가역적으로 일어날 수 있다는 이론의 토대로부터 예측된 것이 사실로 증명된 사례이다. 또한 이 실험은, 하나의 이온 기울기가 ADP가 ATP로 인산화되는 반응을 작동시키기 위해서 어떻게 사용될 수 있는가를 설명하는 예로, 미토콘드리아에서 이와 동일하게 ATP 생성된다. 여기서 반응을 작동시키는 힘은 전자전달에 의해 형성된 양성자-구동력이다.

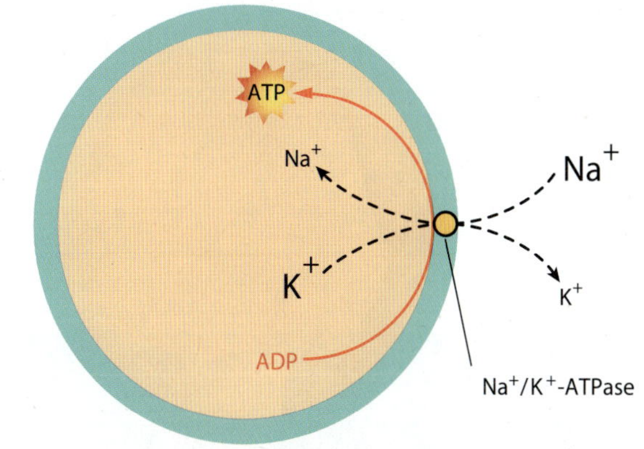

그림 9.23 Na^+/K^+-ATPase로 재구성된 막으로 만들어진 소낭에서 ATP 형성을 작동시키기 위한 실험. 이 소낭의 내부는 매우 높은 K^+ 농도를 그리고 소낭의 바깥쪽은 매우 높은 Na^+ 농도를 갖도록 함으로써, 반응이 원형질막 속에서 정상적인 과정으로 일어나는 것과 반대 방향으로 진행되도록 하였다. 이 과정에서, ADP와 무기인산으로부터 ATP가 형성된다. Na^+과 K^+ 글자의 크기는 농도 기울기의 방향을 나타낸다.

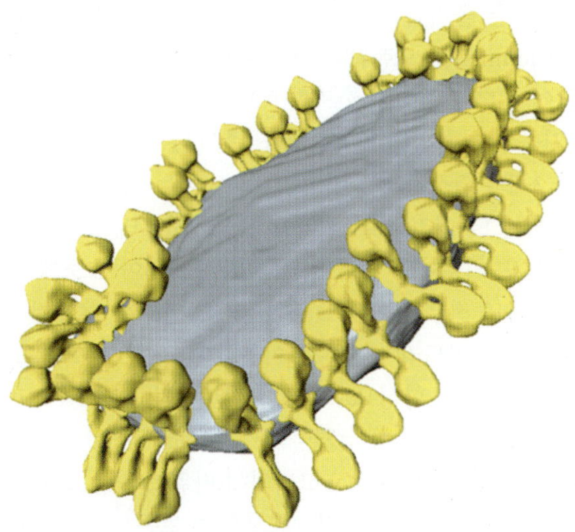

그림 9.22 ATP 합성을 위한 기구. 분리된 미토콘드리아 막의 3차원 전자현미경 이미지. 구형 구조들이 얇은 자루에 연결되어 있다.

출처: Davies KM, et al., 2012 *PNAS* 109: 13602–13607에서 발췌.

ATP 합성효소의 구조

F_1이 미토콘드리아에서 ATP를 합성하는 효소의 촉매부위라고 하더라도 이것이 전부는 아니다. **ATP 합성효소(ATP synthase)**라고 하는 ATP를 합성하는 효소는 버섯 모양의 단백질 복합체로(**그림 9.24a**), 2개의 주요한 구성요소로 구성되었다; 구형 구조의 F_1 머리 부분(약 90 Å의 직경)과 내막에 파묻혀 있는 F_o라고 불리는 기부(base)로 이루어져 있다. F_o에서 "o"는 숫자 0이 아니라 "올리고마이신(oligomycin)"이라는 F_o에 결합하는 독소를 의미하는 알파벳 "o"이다. 고해상도 전자현미경 사진에 의하면, 이 두 부분이 중앙부 자루와 주변부 자루에 의해 연결되어 있다(그림 9.24*b*). 전형적인 포유동물의 간세포에 하나의 미토콘드리온은 약 15,000개의 ATP 합성효소를 갖고

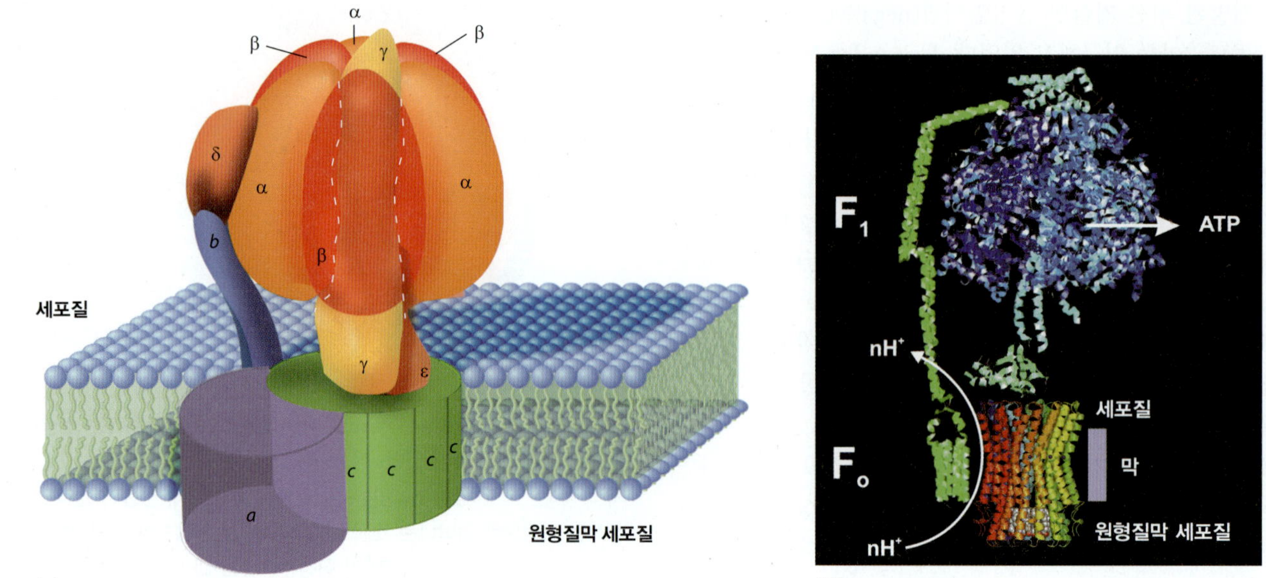

(a) (b)

그림 9.24 ATP 합성효소의 구조. (*a*) 대장균(*E. coli*) ATP 합성효소의 모식도. 이 효소는 F_1과 F_o라고 하는 2개의 주요 부분으로 구성된다. F_1 머리 부분은 5가지의 서로 다른 소단위들이 3α : 3β : 1δ : 1γ : 1ε의 비율로 이루어져 있다. α와 β 소단위들은 원형으로 배열되어서 이 입자의 둥근 머리 부분을 형성한다; γ 소단위는 F_1의 꼭대기 부분에서부터 F_o 기부에까지, 즉 ATP 합성효소의 중앙부를 관통하여 이 효소의 한 가운데에 있는 자루를 형성한다; ε 소단위는 γ 소단위가 F_o 기부(base)에 부착되도록 한다. 세균의 원형질막의 F_o 기부는 세 가지의 서로 다른 소단위들이 1*a* : 2*b* : 10*c*의 비율로 구성되어 있다. 뒤에 논의되겠지만, *c* 소단위들은 막 속에서 회전하는 고리를 형성한다. F_o 기부에 있는 1쌍의 *b* 소단위와 F_1 머리 부분에 있는 δ 소단위는 주변부 자루를 형성하여, α/β 소단위들을 고정된 위치에 있도록 한다. *a* 소단위에는 양성자가 막을 가로질러 이동하는 양성자 채널이 있다. 포유동물에서 이 효소에는 이외에 7~9개의 작은 소단위들이 있는데, 이들의 기능은 잘 알려져 있지 않다. (*b*) 세균 ATP 효소의 3차원 구조. 이 상은 다양한 생물체들에 있는 효소의 몇 개 부분의 구조로 구성된 것이다.

출처: Wolfgang Junge and Nathan Nelson, *Science* 308:643, 2005에서 발췌; © 2005, AAAS.의 허가를 얻어 재인쇄함.

그림 9.25 엽록체의 ATP 합성효소에서 *c* 고리를 구성하는 소중합체(oligomer)를 보여주는 사진. 엽록체 ATP 합성효소에서 분리하여 인공 지질막 속에 2차원적으로 배열된 것을 재구성한 *c* 고리의 "장(field)"에 대한 원자간력현미경(atomic force microscope) 사진. *c* 고리의 직경이 두 가지로 다르게 보이는 것은 이 소중합체들이 "인공 막" 속에서 두 가지의 가능한 방향으로 위치하는 것으로 생각되기 때문이다. (삽입도) 하나의 *c* 고리의 고해상도 사진으로서, 14개의 소단위로 구성된 것을 보여준다.

출처: Holger Seelert, et al., *Nature* 405:419, 2000에서 발췌; © 2000, Macmillan Publishers Ltd의 허가를 얻어 재인쇄함; daniel J. Muller and Andreas Engel 이미지 제공.

있다. 이와 같은 ATP 합성효소가 세균의 원형질막, 식물 엽록체의 틸라코이드 막, 미토콘드리아 내막에서 발견되었다.

세균과 미토콘드리아 ATP 합성효소들의 F_1 부분은 매우 잘 보존되어 있다. 즉, 세균과 미토콘드리아 양쪽 모두의 ATP 합성효소들은 5개의 서로 다른 폴리펩티드가 $\alpha_3\beta_3\delta\gamma\varepsilon$의 조합으로 구성된다. α와 β 소단위들(subunits)은 오렌지 조각과 비슷하게 F_1 머리 부분에 교대로 배열되어 있다(그림 9.24*a*; 또한 9.26*b* 참조). 이후의 논의를 위해서 두 가지를 특별히 언급할 수 있다. 즉, (1) 각 F_1 부분은 ATP 합성을 위한 3개의 활성자리를 갖고 있으며, 이는 각 β 소단위에 있다. (2) γ 소단위는 F_1 머리 부분의 바깥쪽 끝에서부터 중앙의 자루에까지 연속되며 F_o 기부에도 닿아 있다. 미토콘드리아 효소에서, F_1의 5가지 폴리펩티드 전부는 핵의 DNA에 의해 암호화되어, 세포질에서 합성된 다음, 미토콘드리아 내부로 이동한다(그림 12.47 참조).

대장균에서 ATP 합성요소의 F_o 부분은 막 속에 있으며, 3개의 서로 다른 폴리펩티드가 화학량론적으로(stoichiometry) ab_2c_{10}의 조합으로 구성된다(그림 9.24*b*). *c* 고리의 소단위 숫자는 효소의 유래에 따라 다양할 수 있다. 예를 들면, 효모의 미토콘드리아와 대장균의 ATP 합성효소는 10개의 *c* 소단위를 갖는 반면, 엽록체의 동일한 효소는 14개의 *c* 소단위를 갖는다(**그림 9.25**). 이 F_o 기부에 채널이 있으며, 이를 통해서 양성자들이 막간 공간에서 기질 쪽으로 전달된다.

9.7 결합변화 기작에 의한 ATP 합성

양성자의 전기화학적 기울기는 ATP의 합성을 추진하기 위해서 필요한 에너지를 어떻게 제공하는가? 이 질문에 답하기 위해서, 캘리포니아대학교(UCLA)의 폴 보이어(Paul Boyer)는 1979년에 **결합변화 기작**(*binding change mechanism*)이라고 하는 혁신적인 가설을 내놓았으며, 이 가설은 그 후 널리 받아들여졌다.

결합변화 가설의 요소들

전체적으로 이 가설은 몇 가지 분명한 요소로 이루어지며, 이것을 순차적으로 논의할 것이다.

1. **양성자의 이동에 의해 방출된 에너지는 직접적으로 ADP의 인산화반응에 직접적으로 사용되지 않고, 원칙적으로 ATP 생산을 위한 활성자리의 결합친화력을 변화시키기 위해서 사용된다.** 우리가 생각하는 세포에서 일어나는 반응이란 물 환경, 즉 농도가 55 M인 물에 반응물과 반응산물이 용해되는 것을 말한다. 이런 조건 하에서, 에너지는 ATP 형성을 위해 ADP와 무기인산(P_i)을 연결하는 공유결합을 위해 필요하다. 그러나 일단 ADP와 무기인산이 ATP 합성효소의 활성자리 속에서 결합되면, 이 두 가지 반응물질들은 추가 에너지의 유입 없이 단단히 결합된 ATP 분자를 형성하기 위해서 쉽게 축합한다는 사실이 증명된 바 있다. 다시 말하면, 다음의 반응이 상당한 에너지(표준조건 하에서 7.3 kcal/mol)의 유입이 필요할지라도,

$$\text{가용성 ADP} + \text{가용성 } P_i \rightarrow \text{가용성 ATP} + H_2O$$

   실제 반응은 아래와 같이 추가 에너지 투입 없이 자연적으로 일어날 수 있다.

$$\text{효소} - \text{결합 ADP} + \text{효소} - \text{결합 } P_i \rightarrow \text{효소} - \text{결합 ATP} + H_2O$$

   이는 ATP가 에너지를 소비하지 않고 ADP로부터 형성된다는 것을 의미하는 것은 아니다. 대신 그 에너지는 인산화반응 자체에 쓰이기보다, 효소에 단단히 결합된 생산물을 그 활성자리로부터 방출시키기 위해서 필요하다.

2. **각 활성자리는 3개의 독특한 입체구조로 연속적으로 변화하게 되는데, 3개의 입체구조는 기질과 생성물에 대하여 서로 다른 친화력을 갖는다.** F_1 복합체는 3개의 β 소단위 각각에 3개의 활성자리가 있음을 상기하자. 연구자들이 정적인 상태의 효소(촉매작용을 하지 않았던)에서 3개의 활성자리에 대한 성질을 조사했을 때, 각각의 활성자리는 서로 다른 화학적 특성을 보였다. Boyer는 어떤 특정 시각에 3개의 활성자리가 서로 다른 입체구조 상태로 존재하며, 이로 인하여 3개의 활성자리가 뉴클레오티드에 대하여 서로 다른 친화력을 갖는다고 제안하였다. 어떤 순간에, 하나의 활성자리가 "느슨한(loose)" 또는 L 입체구조의 상태에 있으며, 이 상태에서 ADP와 무기인산은 느슨하게 결합되어 있다; 두 번째 활성자리는 "꽉 조이는(tight)" 또는 T 입체구조 상태에 있고, 이 상태에서 뉴클레오티드들(ADP + 무기인산 기질들, 또는 ATP 생산물)이 단단히 결합되어 있다. 그리고 세 번째 부위는 "열린(open)" 또는 O 입체구조 상태에 있는데, 이 구조는 뉴클레오티드들에 대한 친화력이 매우 낮기 때문에 ATP를 방출하도록 한다.

   정적인 효소에서 3개의 활성자리 사이에 서로 차이가 있었다 해도, Boyer는 활동 효소에 의해 생산된 모든 ATP 분자들은 동일한 촉매기작에 의해 합성되었다는 증거를 얻었다. 바꾸어 말하면, 그 효소에 있는 3개의 모든 활성자리는 동일하게 작동되고 있었던 것 같다. 이러한 효소 구조의 비대칭성과 이의 촉매기작의 동일성 사이의 명백한 모순을 설명하기 위해서, Boyer는 3개의 활성자리 각각은 동일한 L, T, 그리고 O 입체구조를 차례로 거친다고 제안하였다(그림 9.27 참조).

3. **ATP는 회전촉매작용에 의해 합성되며, 이 작용에서 ATP 합성효소의 일부분은 다른 부분에 비례해서 회전한다.** 각 활성자리들의 입체구조가 순차적으로 변화하는 것을 설명하기 위해서, Boyer는 F_1 머리 부분에서 6각형 고리(hexagonal ring)를 형성하는 α와 β 소단위(그림 9.24)들이 중앙 자루(central stalk)에 비례하여 회전한다고 제안했다. **회전촉매작용**(*rotational catalysis*)이라고 불리는 이 모델에서, 회전은 양성자들이 F_o 기부 속의 채널을 거쳐서 막을 통과하여 이동함으로써 작동된다. 그래서 이 모델에 따르면, 양성자 기울기에 저장된 전기에너지는 회전하는 자루의 기계에너지로 변환되고, 다시 ATP에 저장된 화학에너지로 변환된다.

결합변화 기작과 회전촉매작용을 지지하기 위한 증거

1944년에 영국 의학연구심의회(Medical Research Council)의 존 워커(John Walker)와 그의 공동 연구자들에 의해서 F_1 머리 부분의 상세한 원자모델이 출판되었다. 이 출판물은 Boyer의 결합변화기작을 지지하는 놀랄만한 구조적 증거를 구체적으로 제공하였다. 첫째, 이 연구에서 정적인 상태의 효소의 각 활성자리에 대한 구조가 밝혀졌으며, 이 부위들의 입체구조와 이들의 뉴클레오티드들에 대한 친화력이 서로 다른 것으로 확인되었다. L, T, 그리고 O 입체구조에 상응하는 구조들이 3개의 β 소단위들에 있는 활성자리들에서 확인되었다. 둘째, 이 효소를 구성하는 γ 소단위가, F_o 막 구역으로부터 F_1 활성자리로 입체구조 변화를 전달하기 위해 ATP 합성효소 속에 완벽하게 위치되어 있음을 밝혔다. γ 소단위는 하나의 축으로서 F_o 부분으로부터 자루부분을 거쳐 F_1 구의 중앙 빈 곳 속으로 뻗어 있는 것을 볼 수 있으며(**그림 9.26a**), γ 소단위는 3개의 β 소단위들 각각 다르게 접촉되어 있다(그림 9.26*b*).

γ 소단위의 끝부분은 매우 비대칭이며, 어느 특정한 순간에 γ 소단위의 상이한 면들이 서로 다른 β 소단위들과 상호작용함으로써 β 소단위들이 서로 다른(L, T, 그리고 O) 입체구조를 취도록 한다. γ 소단위가 120° 회전할 때, γ 소단위에 있는 각 결합자리는 F_1의 3개의 β 소단위들과 연속적으로 상호작용한다. 1회의 촉매주기 동안에, γ 소단위는 완전히 360° 회전함으로써, 각 활성자리는 순차적으로 L, T, 그리고 O의 입체구조를 거치게 된다. 이 기작은 **그림 9.27**에 도식적으로 그려져 있으며, 그림 설명에서 자세하게 논의되었다. 그림 9.27에 나타낸 것처럼, ATP를 형성하기 위해서 ADP와 무기인산의 축

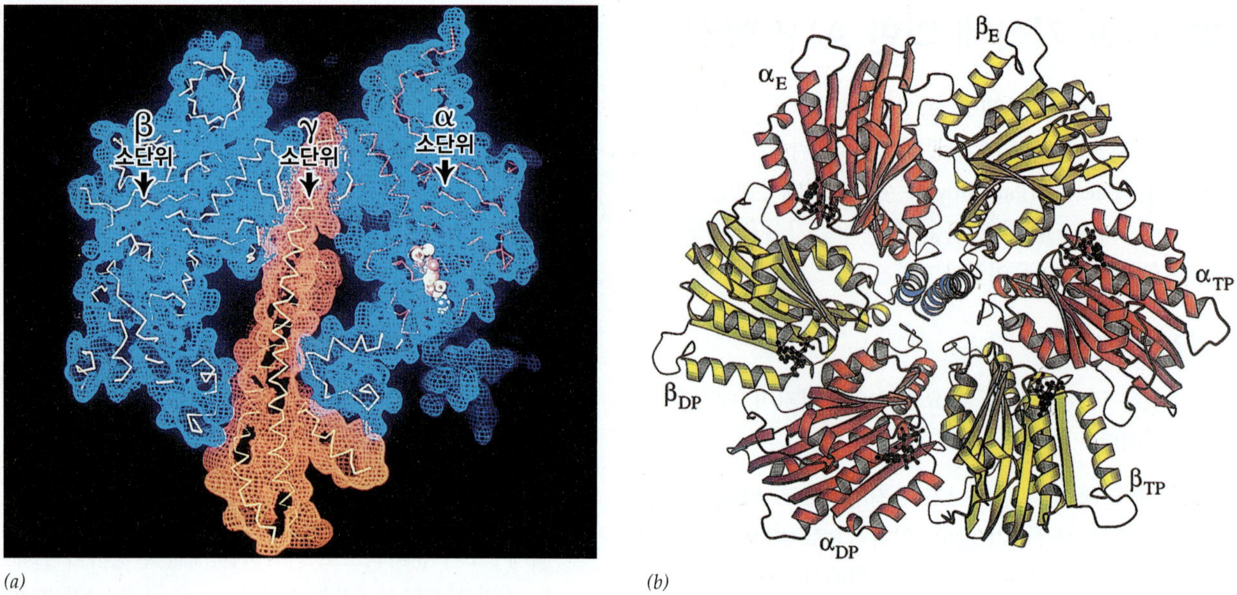

그림 9.26 활성자리 입체구조의 기본. (a) F_1 머리 부분의 절단면은 세 가지 소단위들의 공간적 배열을 보여준다. γ 소단위는 서로 엉켜 있는 2개의 α 나선으로 구성된다. 이 나선 자루는 F_1의 중앙 공간 속으로, 그리고 옆에 있는 α 소단위와 β 소단위의 사이로 돌출되어 있다. β 소단위(왼쪽에 그려진)의 활성자리의 입체구조는 γ 소단위와의 접촉에 의해서 결정된다. (b) F_1 머리 부분을 위에서 내려다 본 구조로서, 비대칭적인 γ 소단위(파란색 부분) 주변에 6개의 α와 β 소단위들(빨간색과 노란색 부분)이 배열되어 있음을 보여준다. γ 소단위는 주위에 있는 소단위들에 비례하여 회전하기 적합한 적당한 위치에 있다. γ 소단위는 3개의 β 소단위들과 다른 방식으로 접촉하여, 각 β 소단위가 서로 다른 입체구조를 취하도록 유도한다. β_E는 O 입체구조에 해당하며, β_{TP}는 L 입체구조에, 그리고 β_{DP}는 T 입체구조에 해당한다.

출처: J. P. Abrahams, et al., *Nature* 370:624, 627, 1994에서 발췌, Macmillan Publishers Ltd. Courtesy of John E. Walker의 허가를 얻어 재인쇄함.

합은 각 β 소단위가 T 입체구조의 상태에 있을 때 일어난다. 그림 9.24*a*에서와 같이, ε 소단위는 γ 소단위의 "아래" 부분과 결합되어서 이 두 가지 소단위들은 하나의 단위체로 함께 회전한다.

αβ 소단위들에 비례해서 γ 소단위가 회전하는 것에 대한 직접적인 증거는 다양한 실험에 의해 얻어져 왔다. 만일 "보는 것이 믿는 것이다"라고 한다면, 1997년 일본의 도쿄공과대학(Tokyo Institute of Technology)과 게이오대학교(Keio University)의 마사수케 요시다(Masasuke Yosida)와 그의 동료들의 업적에 의해서 가장 신빙성 있게 증명되었다. 이 연구자들은 그 효소가 세포 속에서 정상적으로 작동하는 것에 비하여 역반응을 촉매하는 것을 보기 위하여 독창적인

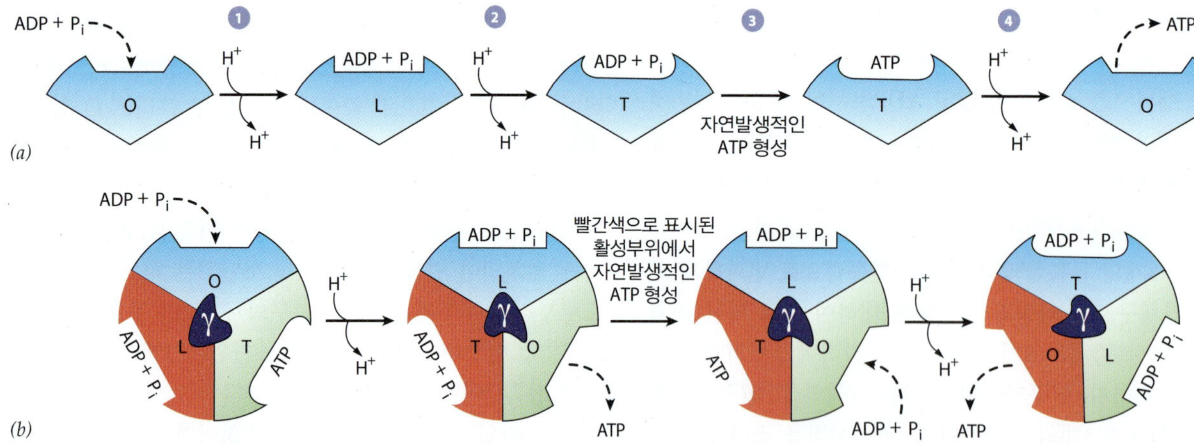

그림 9.27 ATP 합성을 위한 결합변화기작. (a) 이 모식도는 촉매작용 1주기 동안 일어나는 단일 활성자리의 변화를 보여준다. 한 주기가 시작될 때, 활성자리의 입체구조는 열려(O) 있어서, 기질인 ADP와 무기인산이 그 자리로 들어간다. 1단계에서, 양성자가 막을 거쳐 이동하면 활성자리가 느슨한(L) 입체구조로 변하도록 유도되어 기질들이 느슨하게 결합된다. 2단계에서, 양성자가 추가로 이동하면 활성자리가 꽉 조여진(T) 입체구조로 변화하게 되고, 기질들에 대한 친화력이 증가하여 기질들이 활성자리에 단단히 결합되도록 한다. 3단계에서, 단단히 결합된 ADP와 무기인산은 자연적으로 응축하여 ATP 상태로 단단히 결합하게 된다. 이 단계에서 활성자리의 입체구조 변화는 필요하지 않다. 4단계에서, 양성자가 추가로 이동하면 활성자리가 열려진(O) 입체구조로 변하도록 유도되며, 결과 ATP에 대한 친화력이 대단히 감소함으로써 생산물인 ATP가 활성자리로부터 방출되게 한다. 일단 ATP가 분리되면, 활성자리는 또다시 기질과 결합할 수 있으며 주기가 반복된다. (b) 이 모식도는 효소에 있는 3개의 모든 활성자리에서 동시에 일어나는 변화를 보여준다. 양성자가 이 효소의 F_o 부분을 거쳐 이동함으로써, 비대칭적인 γ 소단위를 회전시킨다. 이로 인하여 γ 소단위는 활성자리를 구성하는 3개의 β 소단위들에게 서로 다른 면을 보여주게 된다. γ 소단위가 회전함에 따라, β 소단위들에 있는 활성자리의 입체구조의 변화가 유도된다. 이러한 변화는 각 활성자리가 T, O, L의 입체구조를 연속적으로 거치는 것을 말한다.

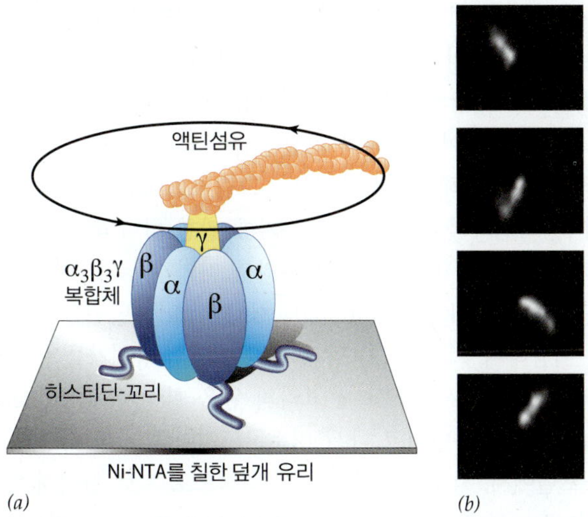

그림 9.28 회전촉매작용 직접 관찰. (*a*) 실험을 진행하기 위해서, 변형된 $\alpha_3\beta_3\gamma$로 구성된 ATP 합성효소의 부분이 준비되었다. 각 β 소단위는 F_1 머리 부분의 바깥(기질)쪽에 위치한 N-말단에 10개의 히스티딘(histidine, His) 잔기를 갖도록 변형되었다. 이 히스티딘의 곁사슬은 덮개유리에 칠하는 데 사용된 물질인 Ni-NTA에 높은 친화력을 갖는다. γ 소단위는 이 자루의 끝 근처에 있는 세린(serine) 잔기들 중의 하나를 시스테인(cysteine) 잔기로 대체하여 변형되었으며, 여기에 형광물질로 표지된 액틴섬유를 부착시켰다. ATP가 존재하면, 액틴섬유가 시계 반대 방향으로 회전하는 것을 볼 수 있었다(막 쪽에서 보았을 때). ATP 농도가 낮아지면, 액틴섬유가 120°로 회전하는 것을 볼 수 있었다. (*b*) 회전하는 액틴섬유를 촬영한 비디오에서 4개의 연속된 사진.

출처: H. Noji, et al., *Nature* 386: 299, 1997에서 발췌, Macmillan Publishers Ltd; courtesy of Masasuke Yoshida의 허가를 얻어 재인쇄함.

장치를 고안하였다. 첫째, 그들은 ATP 합성효소의 F_1 부분을 유전공학적으로 처리하여 3개의 α 소단위, 3개의 β 소단위, 1개의 γ 소단위들($\alpha_3\beta_3\gamma$)로 구성된 버전의 F_1을 준비하였다(**그림 9.28a**). 다음에, 이 폴리펩티드 복합체의 머리 부분을 덮개 유리에 고정시키고, 형광물질로 표지된 짧은 액틴섬유를 매질 속에서 돌출된 γ 소단위의 끝에 부착시켰다(그림 9.28*a*). 이와 같이 준비된 실험장치를 ATP와 함께 항온기에 넣고 현미경으로 관찰하면, 형광물질로 표지된 액틴섬유가 아주 작은 현미경적인 크기의 프로펠러처럼 회전하는 것을 볼 수 있었다(그림 9.28*b*). 이때의 회전은 ATP 분자가 β 소단위의 활성자리에 결합되고 가수분해됨으로써 방출된 에너지에 의해 이루어졌다.

보다 최근에는, F_1과 유사한 복합체가 세포 속에서 정상적으로 일어나는 좀 더 도전적인 작용—ATP의 합성—을 수행하도록 보완되었다. 이 연구에서, F_1의 γ 소단위에 현미경으로 볼 수 있는 크기의 자석 구슬 하나를 붙인 다음, 회전하는 자장의 영향을 받게 하여 시계 반대 방향으로 돌도록 하였다. 이런 F_1 분자들 중의 하나는 ADP와 무기인산이 들어 있는 작고 투명한 미세 공간에 놓아 두었을 때, γ 단위의 강제된 회전에 의해 μM 농도에 이르는 ATP를 합성하게 되었다. 그 모델에서 기대했던 것처럼, γ 소단위가 360° 회전할 때마다 3분자의 ATP가 합성되었다. 자장이 제거되었을 때, γ 소단위는 역방향으로 자연적으로 회전하였는데, 이 회전은 최근에 합성된 ATP의 가수분해에 의해 추진되었다. 이와 같은 혁신적인 생명공학실험을 통해서 ATP 합성효소는 하나의 회전 모터(rotary motor)로서 작동한다는 것이 명확하게 증명되었다.

회전 기계들은 우리의 산업화된 사회에서 흔히 볼 수 있다; 우리는 회전 터빈, 회전 드릴, 회전 바퀴, 프로펠러 등을 사용한다. 그러나 이러한 회전 장치들은 살아 있는 생물체에서 극히 보기 드물다. 예를 들면, 진핵세포 속에서 회전하는 세포내소기관은 알려진 것이 없으며, 동물에서 회전 관절, 또는 생물계에서 회전 섭식(feeding) 구조 등을 들 수 있다. 사실상, 단 두 가지 유형의 생물학적 구조만이 회전하는 부분을 갖고 있는 것으로 알려졌다: 즉, ATP 합성효소(그리고 이온펌프로서 작용하는 관련 단백질들)과 세균의 편모(그림 1.14*a*의 삽입도)이며, 이들은 그 크기가 나노미터(nanometer) 단위로 측정되기 때문에 회전하는 "나노기계(nanomachine)"라고 할 수 있다. 공학자들은 무기물질로 만들어진 나노 크기의 장치들을 발명하기 시작하였으며, 언젠가는 현미경 이하에서 볼 수 있는 다양한 유형의 기계적 활동들을 수행하게 될 것이다. 나노 크기의 모터를 제작하는 일은 특별한 도전이며, 단순한 무기 재료로 만든 장치에 동력을 공급하기 위해 ATP 합성효소를 이용하려는 시도들은 이미 이루어진 바 있다. 가까운 미래에 인간은 정교한 기구에 동력을 제공하기 위해서 전기 대신 ATP를 사용하게 될지도 모른다.

9.8 양성자 기울기의 이용

1997년까지의 연구를 통해, ATP 합성효소 중 F_1 복합체의 기계적 작동을 자세하게 이해하게 되었으나, 막에 결합된 F_o 부분의 구조와 기능에 대해서 답해야 할 주요한 문제들이 남아 있었다. 그 중에서 가장 중요한 의문은: "양성자들이 F_o 복합체를 통해서 이동할 때 취하는 경로는 무엇이고, 이러한 양성자의 이동이 어떻게 ATP를 합성하게 하는가?"이다. 관련하여 아래와 같이 가정된 바 있다:

1. F_o 부분의 *c* 소단위들이 지질 2중층에서 하나의 고리를 이루고 있다(그림 9.24*a*).
2. 그 *c* 고리는 γ 소단위 자루와 직접적으로 결합되어 있다.
3. 양성자들이 막을 통해서 "내려오는(downhill)" 이동을 하여 *c* 소단위 고리의 회전이 추진된다.
4. F_o 부분에 있는 *c* 고리가 회전함으로써, 이 고리에 붙어 있는 γ 소단위의 회전을 추진하는 회전력(*torque*)이 제공되고, F_1 고리의 활성자리에 의해 ATP가 합성되고 방출된다.

위의 모든 추정은 연구를 통하여 확인되었다. 이제 이들을 각각 더 자세하게 살펴보고자 한다.

ATP 합성효소에서 F_o 부분의 ATP 합성과정에서의 역할

X-선 결정학과 원자력현미경을 이용한 상당량의 증거들을 통해 *c* 소단위들이 모여서 하나의 원을 구성하고, 결과적으로 고리모양 복합

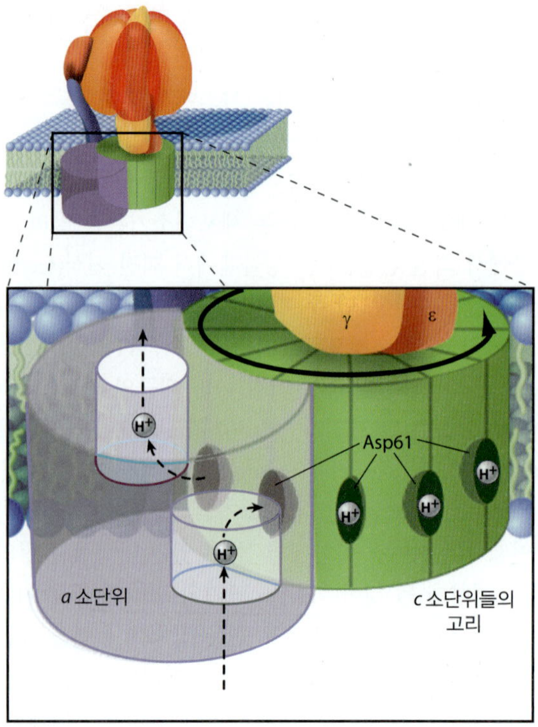

그림 9.29 회전양성자 확산이 F_o 합체의 c 고리의 회전과 연관되어 있음을 보여주는 모델. 본문에서 논의된 것과 같이, c 고리의 소단위수는 가변적이다. 단순화하여, 그림의 c 고리는 12개의 소단위로 구성되어 있다. 이 모델에서 다음과 같은 내용이 제안된다. 즉, 막간 공간에 있던 각 양성자가 a 소단위 속에 있는 반-통로로 들어간 다음, c 소단위의 산성 잔기(대장균에서 아스파르트산 61)에 결합한다. 양성자가 결합되면 입체구조의 변화가 유도되어, c 고리가 약 30° 이동하게 된다. 결합된 양성자는 c 고리의 회전에 의해 원을 한 바퀴 완전히 돌아서, 기질 속으로 열린 두 번째 반-통로 속으로 방출된다. 계속적으로 이러한 과정에 참여하는 양성자들은 그림에서 보는 것처럼 c 고리를 시계 반대 방향으로 회전시킨다.

체를 형성한다는 것을 알게 되었다(그림 9.25). 고해상도 전자현미경 사진들에 의하면, 그림 9.24와 같이 F_o 복합체에서 2개의 *b* 소단위와 1개의 *a* 소단위가 *c* 소단위 고리의 바깥쪽에 있음을 알 수 있다. *b* 소단위들은 기본적으로 ATP 합성효소 구성을 위한 구조적 요소인 것으로 생각된다. 2개의 길쭉한 *b* 소단위들은 이 효소의 F_o 와 F_1 부분을 연결하는 **주변자루**(*pheriperal stalk*)를 형성한다(그림 9.24*b*). γ 소단위가 F_1 복합체의 중앙부 속에서 회전하는 반면, 이들 *b* 소단위들은, F_1의 γ 소단위와 더불어 고정된 위치에서 $\alpha_3\beta_3$ 소단위들을 받치고 있는 것으로 생각된다.

ATP를 합성하는 동안 F_o에 있는 *c* 고리가 회전하며, 더 나아가 *c* 고리와 γ 소단위가 모두 회전자로서 작용하는 것이 많은 실험을 통해 확인된 바 있다. 그렇다면 이 2개의 "움직이는 부분들"은 어떻게 연결되어 있을까? 각 *c* 소단위는 머리핀처럼 되어 있다: 이 분자는 2개의 막횡단(transmembrane) 나선구조를 갖고 있는데, 이 둘은 F_1 머리 부분 쪽으로 돌출된 친수성 고리(loop)로 연결되어 있다. *c* 소단위의 꼭대기에 위치한 친수성 고리들은 γ 와 ε 소단위의 아래 부위가 결합할 수 있는 자리를 형성하는 것으로 생각되며, γ 와 ε 소단위들은 *c* 고리에 단단히 부착되는 "다리(foot)"와 같은 역할을 한다(그림 9.24와 9.29). 이러한 부착의 결과로, *c* 고리가 회전하면 이에 붙어 있는 γ 소단위의 회전이 추진되며, 분당 회전수(revolutions per second)가 100 이상의 속도로 회전한다.

양성자의 이동이 *c* 고리의 회전을 추진되는 기작은 좀 더 복잡하고 아직까지 잘 이해되어 있지 않다. 그림 9.29에는 양성자 이온들이 어떻게 F_o 복합체를 통과해 흐르는가에 관한 하나의 모델이 제시되어 있다. 이 모델에 대한 다음의 논의를 기억해 두자. 즉, (1) *c* 고리의 소단위들은 **정지 상태**(*stationary*)에 있는 *a* 소단위를 연속적으로 지나서 이동하며, 그리고 (2) 막간 공간에 있던 양성자들은 각 *c* 소단위에 의해 하나씩 포착되고, *c* 고리의 원을 한 바퀴 돌아(*completely around a circle*) 운반되고 나서 미토콘드리아의 기질 속으로 방출된다. 이 모델에서, 각 *a* 소단위에는 물리적으로 서로 떨어져 있는 2개의 반-통로(half-channel)가 있다. 하나의 반-통로는 막간(세포질쪽) 공간으로부터 *a* 소단위의 중간 속으로 이어지며, 다른 하나의 반-통로는 *a* 소단위의 중간으로부터 기질 속으로 이어진다. 각 양성자는 막간 공간으로부터 반-통로를 거쳐 이동하여, 이웃하고 있는 *c* 소단위의 표면에 위치하는 음전하를 띤 아미노산의 산성 잔기에 결합할 것으로 제안되었다. 이 산성 잔기는 대장균에서는 아스파르트산(aspartic acid, 그림 9.29)에, 동물의 미토콘드리아에서는 글루탐산(glutamic acid)에 있다. 양성자가 해당 아미노산의 카르복실기에 결합함으로써, *c* 소단위의 입체구조에 큰 변화가 생겨서 그 소단위가 시계 반대방향으로 약 30° 회전하도록 한다. 막 양성자와 결합된 *c* 소단위가 이동하게 되면, 그와 이웃하고 있는 소단위(이전 단계에서 양성자와 결합되었던)가 *a* 소단위의 두 번째 반-통로와 일치하는 위치로 오게 된다. 일단, 아스파르트산이 결합된 양성자를 방출하면, 이 양성자는 기질 속으로 확산된다. 양성자가 방출되고 나면 *c* 소단위의 입체구조는 원래의 상태로 돌아가고, *c* 소단위는 막간 공간으로부터 다른 양성자를 받아들일 준비를 하는데, 이는 주기가 되어 반복된다.

이 모델에 의하면, 각 *c* 소단위에 있는 양성자결합 잔기는 회전하는 양성자운반체와 같이 작용한다. 하나의 양성자는 운반체 위의 선택된 자리에 승차한 다음, 원을 한 바퀴 돌고나서 선택된 자리에서 하차한다. *c* 고리의 회전운동은 각 *c* 소단위에 있는 산성 잔기가 연속적으로 양성자와 결합하고 분리되는 과정에서 그 입체구조가 변화되어 추진되어진다. 따라서 실험적으로 모두 검증된 것은 아니지만, *c* 고리의 회전운동에 의해 운반되는 양성자의 수는 일반적으로 *c* 고리를 구성하는 소단위의 수와 같은 것으로 여겨진다. 생물종에 따라 차이가 있지만, *c* 고리는 8~15개 사이의 소단위들로 이루어져 있다. 이를 단순화하여, 그림 9.29에 그려진 것처럼, 우리는 12개로 구성된 *c* 고리를 설명할 것이다. 이 경우, 기술된 방식으로 4개의 양성자가 결합/분리하는 과정을 거치면, *c* 고리는 120° 회전할 것이다. *c* 고리가 120° 회전운동을 하면, 이 고리에 부착된 γ 소단위를 120° 회전시킬 것이며, 이 회전운동은 F_1 복합체에 의해 새로 합성된 1분자의 ATP를 방출하게 할 것이다. 이 화학량론에 따르면, 12개의 양성자가 이동하면 *c* 고리와 γ 소단위가 완전히 360° 회전하게 되며, 3분자의 ATP를 합성하여 방출하게 될 것이다. 만일 *c* 고리가 12개 이상 또는 이하의 소단위로 되어 있다면, H^+/ATP 비율은 변할 것이다. 그러

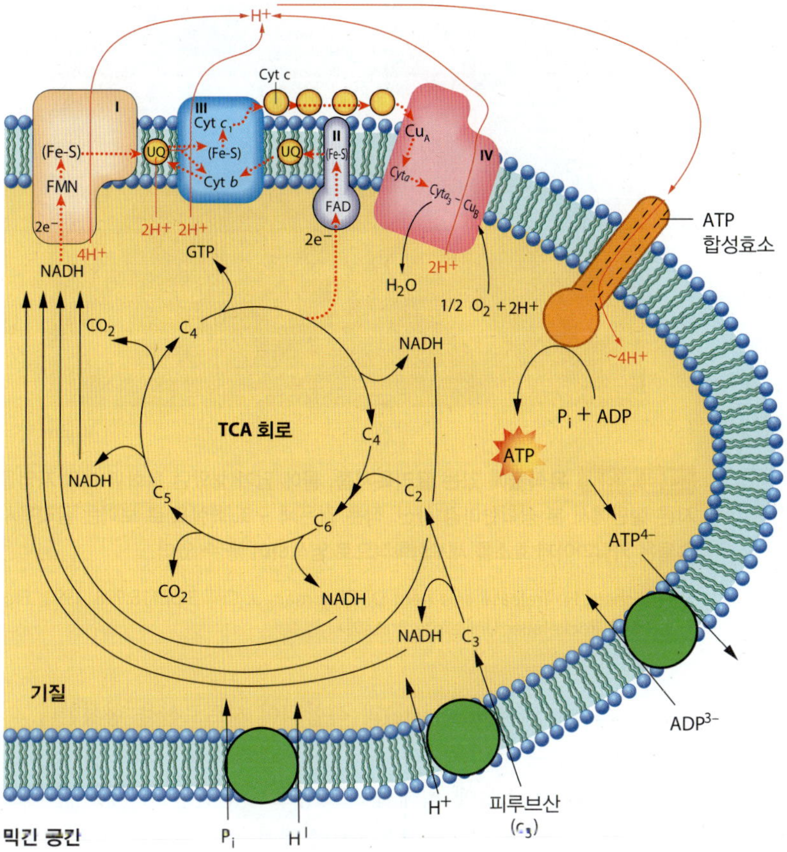

그림 9.30 미토콘드리아에서 유산소 호흡 과정의 주요 작용 요약.

나 그 비율은 그림 9.29의 양성자-추진 회전 모델(proton-driven rotation model)을 적용하여 쉽게 알아낼 수 있다.

양성자-구동력의 ATP 합성 이외의 역할

ATP 생산이 미토콘드리아의 가장 중요한 작용이지만, 이 소기관은 에너지의 투입을 필요로 하는 수많은 다른 작용에 관여한다. 대부분의 소기관들이 작용하기 위해서 주로 ATP의 가수분해에 의존하는 것과는 다르게, 미토콘드리아는 대체 에너지원인 양성자-구동력에 의존한다. 예로서, 양성자-구동력은 미토콘드리아로 ADP와 무기인산을 들여오며 이들은 각각 ATP 및 H^+와 교환된다. 막을 가로질러 ATP와 ADP의 교환은 *adenine nucleotide translocase*(*ANT*)인데, 이 효소는 ATP와 ADP를 맞교환하여 미토콘드리아에서 생산한 ATP를 세포 곳곳에서 요구되는 에너지 수요를 충족시켜 준다. 유산소호흡을 하는 동안에 일어나는 이러한 작용과 다른 활동들이 **그림 9.30**에 요약되어 있다. 다른 예를 들면, 양성자-구동력은 미토콘드리아 속으로 칼슘 이온을 "끌어 들이기" 위한 에너지원, 미토콘드리아 융합을 위한 에너지원, 그리고 특별히 표적화된 폴리펩티드를 세포질로부터 미토콘드리아 속으로 들어가도록 하기(그림 12.47) 위한 에너지원 등으로 사용될 수 있다.

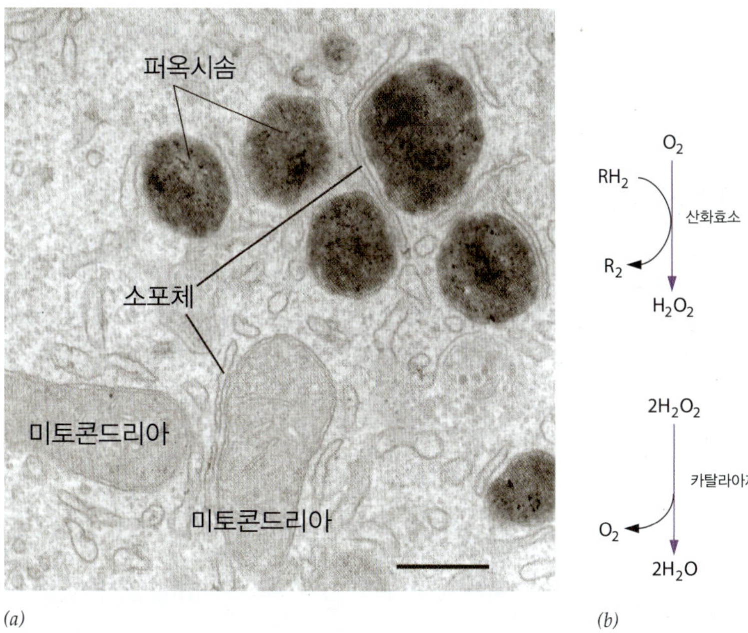

그림 9.31 퍼옥시솜의 구조와 기능. (*a*) 퍼옥시솜에 있는 효소 카탈라아제를 염색한 쥐의 간세포의 전자현미경 사진. 진하게 염색된 퍼옥시솜과 미토콘드리아가 가까이 위치하고 있다. 식물세포 퍼옥시솜의 전자현미경 사진은 그림 10.23에 있다. 사진 속 막대는 250 nm이다. (*b*) 퍼옥시솜은 산소 분자를 2단계에 걸쳐 물로 환원시키는 효소를 갖고 있다. 1단계에서, 산화효소는 요산 또는 아미노산과 같은 다양한 기질(RH_2)로부터 전자를 제거한다. 2단계에서, 카탈라아제라고 하는 효소가 1단계에서 형성된 과산화수소를 물로 전환시킨다.

출처: Michael Schrader and Yisang Yoon, *Bioess.* 29:1106, 2007. © 2007, John Wiley & Sons에서 발췌.

9.9 퍼옥시솜

퍼옥시솜(Peroxisome)은 단순한 막으로 싸인 소낭으로(**그림 9.31a**), 직경이 0.1~1.0 μm 사이이며, 내부에 짙은 결정체로 관찰되는 산화효소들이 있다. 퍼옥시솜은 여러 가지 기능을 수행하는 소기관으로, 이를 위하여 대략 50종류 이상의 효소들을 갖고 있으며, 예를 들면 사슬이 매우 긴 지방산들[very-long-chain fatty acids(VLCFAs), 주로 24~26개의 탄소로 이루어지는 사슬]을 산화하거나 플라스말로겐(plasmalogen)의 합성과 같은 다양한 작용을 한다. 플라스말로겐은 특이한 종류의 인지질로서, 이 물질의 지방산 중의 하나는 에스테르(ester) 결합이 아닌 에테르(ether) 결합에 의해 글리세롤과 연결되어 있다. 플라스말로겐은 뇌에서 축삭돌들을 절연시키는 미엘린 수초(myelin sheath)에 매우 풍부하다(그림 8.5). 플라스말로겐이 비정상적으로 합성되면, 심각한 신경학적 기능장애를 일으킬 수 있다. 반딧불이가 내는 빛을 만들어내는 루시페라아제(luciferase)도 역시 퍼옥시솜의 효소이다. 퍼옥시솜이 이 장에서 다루어지는 이유는 미토콘드리아와 여러 가지 특성을 공유하기 때문이다: 이 두 소기관들은 이미 존재하는 소기관들로부터 분열하여 형성되며, 심지어 분열과정에서 동일한 단백질이 이용되기도 한다. 또한 이들은 세포질에서 합성된 단백질을 반입하며(12.19절); 비슷한 유형의 산화적 대사를 수행한다. 사실, 최소한 한 가지 효소, 즉 알라닌/글리옥실산 아미노기작달효소(alanine/glyoxylate aminotrasnferase)는 일부 포유동물(예: 고양이와 개)에서는 미토콘드리아에, 다른 포유동물(예: 토끼와 사람)에서는 퍼옥시솜에서 발견된다. 이들은 점점 연관되며, 최근에는 미토콘드리아가 퍼옥시솜으로 향하는 소낭을 형성하는 것으로 보고되었다.

이 소기관은 반응성과 독성이 매우 큰 산화제인 과산화수소(H_2O_2)의 합성 및 분해 장소이기 때문에 "퍼옥시솜(peroxisome)"이라고 명명되었다. 과산화수소는 요산 산화효소(urate oxidase), 글리콜산(glycolate) 산화효소, 아미노산 산화효소 등의 수많은 퍼옥시솜 효소들을 생산한다. 이 산화효소들은 각각의 기질을 산화시키기 위해서 산소 분자를 사용한다(그림 9.31*b*). 이러한 반응들로부터 발생된 H_2O_2는 퍼옥시솜에 높은 농도로 존재하는 카탈라아제(catalase)라는 효소에 의해 신속히 분해된다. 사람의 대사에서 퍼옥시솜이 갖는 중요성은 아래에 이어지는 <인간 질병과의 연관성 II>에서 확인된다.

퍼옥시솜은 식물에도 존재한다. 유식물(plant seedlings)은 특별한 유형의 퍼옥시솜인 **글리옥시솜(glyoxysome)**을 갖고 있다(**그림 9.32**). 유식물은 새로운 식물을 형성하는 데 필요한 에너지와 물질을 공급하기 위해서 저장된 지방산을 이용한다. 이런 유식물이 발아할 때, 주된 대사작용 중의 하나는 저장된 지방산을 탄수화물로 전환하는 것이다. 저장된 지방산이 분해되면 아세틸 CoA가 생기며, 이 물질은 옥살초산(oxaloacetate)과 축합되어 시트르산을 형성한다. 이어서 시트르산은 글리옥시솜 속에 있는 글리옥실산 회로(glyoxylate cycle) 일련의 효소들에 의해서 포도당으로 전환된다. 식물 잎 세포의 대사에서 퍼옥시솜의 역할은 10.9절에서 논의된다.

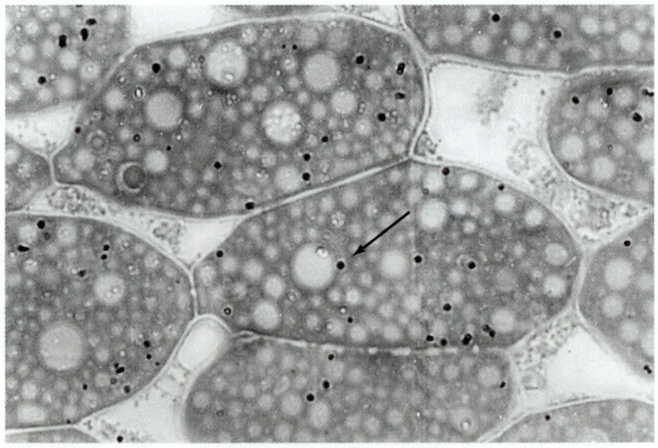

10 μm

그림 9.32 유식물에 있는 글리옥시좀. 물에 담가 놓았던 목화씨 속의 자엽을 자른 절편에서 본 광학현미경 사진. 작은 검은색 구조(화살표)로 보이는 글리옥시솜들은 카탈라아제 효소를 세포화학적으로 염색하여 볼 수 있다.

출처: Richard N. Trelease and Kent D. Chapman, *J. Cell Biol.*115:998, 1991, Fig. 1. © 1991 Rockefeller University Press에서 발췌.

인간 질병과의 연관성

I. 운동할 때 혐기성과 호기성 대사의 역할

근수축은 액틴과 미오신으로 구성된 섬유들이 슬라이딩하는 데에 많은 에너지를 소비한다(제13장 참조). 근수축에 사용되는 에너지는 ATP이다. 골격근에서 ATP 가수분해 속도는 휴지기에 비해 최대 수축 중일 때 100배 이상 증가한다. 보통 사람의 골격근은 격렬하게 수축할 때 대략 2~5초간 쓰일 정도의 ATP를 갖는 것으로 추정된다. 심지어 ATP가 가수분해되고 난 이후, 추가적인 ATP가 합성되는 것이 매우 중요하다; 그렇지 않다면, ATP/ADP 비율이 떨어져 근수축을 감당할 수 없을 것이다. 이러한 문제를 해결하기 위하여, 근육세포는 크레아틴인산(creatine phosphate, CrP)을 갖고 있는데, 이 물질은 인산 전달 잠재력이 ATP보다 우수하며(그림 3.28 참조), 따라서 아래의 반응에 따라 ATP를 생산하는 데 쓰인다.

$$CrP + ADP \rightarrow Cr + ATP$$

골격근은 일반적으로 대략 15초간 쓰일 ATP 농도를 유지할 정도의 크레아틴인산을 갖는다. 보디빌더들이 때때로 크레아틴 보조제를 섭취하는 것은 이러한 근육의 크레아틴 소비 때문이다. 근육세포는 ATP와 크레아틴인산이 제한적으로 제공되기 때문에 격하거나 또는 지속되는 근육 활성에는 반드시 추가적인 ATP 합성이 필요한데, 이는 산화적 대사에 의해 제공된다.

사람의 골격근은 길쭉하고 수축 가능한 세포가 모인 섬유로 구성된다. 근육섬유는 2개의 일반적인 유형이 있다(**그림 1**): 매우 빠르게 수축할 수 있는(예: 15~40 msec) 빠른-연축 근섬유(fast-twitch fibers), 그리고 더 느리게(예: 40~100 msec) 수축하는 느린-연축 근섬유. 전자현미경으로 보면, 빠른-연축 근섬유들은 미토콘드리아를 거의 갖고 있지 않은데, 이는 이 세포들이 유산소호흡으로 많은 ATP를 생산할 수 없음을 의미한다. 한편, 느린-연축 근섬유는 많은 미토콘드리아를 갖고 있다. 이런 두 가지 유형의 골격근섬유들은 서로 다른 활동에 적합하다. 예로서, 역기 들어올리기 또는 단거리 전력 달리기는 느린-연축 근섬유보다 더 많은 힘을 낼 수 있는 빠른-연축 근섬유에 주로 의존한다. 빠른-연축 근섬유들은 해당과정의 결과로 거의 모든 ATP를 무산소 상태에서 생산한다. 해당과정이 유산소호흡에 비해서 산화된 포도당 분자당 약 5%만 ATP를 생산하더라도, 해당과정의 반응은 TCA 회로와 전자전달반응들보다 훨씬 더 빠르게 일어난다. 따라서 무산소 상태에서 ATP의 생산율은 유산소호흡에서보다 실제로 더 높다. 해당과

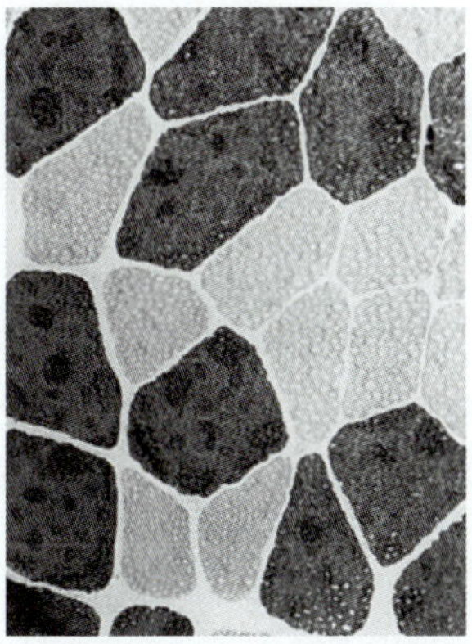

그림 1 골격근은 빠른-연축(또는 제II유형) 근섬유(짙게 염색된)와 느린-연축(또는 제I유형) 근섬유(옅게 염색된)가 섞여 있다.

출처: Duncan MacDougall에서 제공.

정 ATP를 생산할 때의 문제점은 근섬유가 이용할 수 있는 포도당(글리코겐으로 저장된)이 빠르게 소모되며 젖산(lactic acid)이라는 바람직하지 않은 최종산물이 생산되는 것이다. 후자에 대하여 더 생각해 보자.

해당과정이 계속되기 위해서는 NAD^+가 지속적으로 공급되어야 한다. NAD^+는 발효에 의해 생산되는데(111쪽), 근육세포는 피루브산—해당과정의 최종 산물—을 젖산으로 환원시켜 NAD^+를 재생산한다. 대부분의 젖산은 활발한 근육세포로부터 혈액 속으로 확산되어, 간으로 운반되고 다시 포도당으로 전환된다. 간에서 생산된 포도당은 혈액 속으로 방출되고, 다시 활발한 근육으로 돌아가 에너지 생산의 연료로 공급되어 높은 수준의 해당과정이 지속되도록 한다. 그러나 젖산의 형성은 근육조직 속에서 pH 저하와 관련되어 있어서(약 pH 7.00에서 6.35로), 이로 인해 격렬한 운동에 따른 통증과 경련이 일어날 수 있다. 격렬한 운동을 지속할 경우, 근육이 수축성이 현격하게 떨어지는 것은 인산 축적, 미오신의 입체구조 변화뿐만 아니라 산도 증가에도 그 원인이 있다.

만약, 여러분이 역기를 들어 올리거나 단거리 달리기를 하기 위해 근육을 사용하는 것 대신, 자전거 타기 또는 빠르게 걷기와 같은 유산소운동을 하였다면, 여러분은 근육의 통증이나 피로감 없이 오랫동안 그 운동을 계속할 수 있을 것이다. 유산소운동은 그 이름이 의미하는 바와 같이, 산소가 있는 상태에서 근육운동을 계속하는, 즉 전자전달과 산화적 인산화에 의해 필요한 ATP를 계속 생산하는 것이다. 유산소운동은 주로 골격근의 느린-연축 근섬유의 수축에 의존한다. 이 근섬유들은 근력은 적으나, 젖산을 생성하지 않고 유산소 상태에서 ATP를 계속 생산하기 때문에 오랜 시간 동안 운동을 지속할 수 있다.

유산소운동에서는 처음에는 근육 자체에 저장되어 있는 글리코겐으로부터 포도당 분자가 연료로 사용되지만, 몇 분이 지나면 근육은 지방조직으로부터 혈액으로 방출된 자유 지방산에 점점 더 의존하게 된다. 운동시간이 길어질수록 지방산에 더욱 더 의존하게 된다. 격렬한 20분의 유산소운동 이후에 근육이 소비한 열량의 약 50%가 지방에서 나온 것으로 추정된다. 조깅, 빠르게 걷기, 수영, 자전거 타기 등과 같은 유산소운동은 체지방량을 줄이는 가장 좋은 방법이다.

빠른-연축 근섬유와 느린-연축 근섬유의 비율은 근육 종류에 따라 다양하다. 예로서, 사람이 서 있는 자세를 취할 때 필요한 등에 있는 체위근(postural muscle)은 물건을 던지거나 들어 올리는 데 사용되는 팔 근육과 비교할 때 느린-연축 근섬유의 비율이 높다. 특정한 근육에서 빠른-연축 근섬유와 느린-연축 근섬유의 구성 비율은 유전적으로 결정되기 때문에, 사람마다 아주 다양하고, 어떤 사람이 특정한 체육활동을 뛰어나게 잘하게 되는 이유이기도 하다. 예를 들면, 세계적인 스프린터들이나 역도선수들은 장거리 육상선수보다 빠른-연축 근섬유의 비율이 더 높은 경향이 있나. 또한 역기 들기와 같은 운동경기를 위한 훈련을 하게 되면 빠른-연축 근섬유가 불균형적으로 증가한다.

또한 심장의 근육조직은 격렬한 운동을 하는 동안 활동을 증가시켜야 하지만, 골격근과는 다르게, 심장은 오직 유산소대사에 의해서만 ATP를 생산할 수 있다. 사실, 사람의 심근세포에서 세포질 공간의 약 40%를 미토콘드리아가 차지하고 있다.

II. 미토콘드리아 또는 퍼옥시솜의 비정상적 기능으로 인하여 생기는 질환들

미토콘드리아

1962년, 스웨덴의 스톡홀름대학교(University of Stockholm)의 롤프 루프트(Rolf Luft)는 한 여성으로부터 분리된 미토콘드리아에 관한 연구를 보고하였다. 이 여성은 만성 피로와 근무력증으로 오랫동안 고생하고 있었으며, 대사율 및 체온이 높았다. 이 환자의 미토콘드리아는 왜 그런지 정상적인 호흡조절이 이루어지지 않았다. 보통, ADP 수준이 낮을 때 분리된 미토콘드리아는 기질의 산화를 멈춘다. 이와 대조적으로, 이 환자의 미토콘드리아는 인산화될 ADP가 없는 데도 높은 비율로 기질을 계속 산화시켜, 기계적인 일보다 오히려 열을 더 발생시켰다. 이러한 첫 보고 이후, 다양한 질병의 원인이 미토콘드리아의 기능장애에 의한 것으로 밝혀졌다. 이런 질환의 대부분은 근육 또는 뇌조직이 퇴화되는 것인데, 이 두 조직은 공통적으로 유난히 ATP를 많이 사용한다는 것이다. 이 중 심한 경우는 유아기 사망, 발작, 맹인, 벙어리, 그리고/또는 뇌졸중 유사 병증의 유발 등이 있고, 가벼운 경우는 운동 과민성 또는 비운동성 정자의 생성 등이 있다. 심한 증상을 보이는 환자들은 보통 비정상적인 골격근 섬유를 갖는데, 이 경우 많은 미토콘드리아가 섬유 주변부에 모여 축적된다(**그림 1a**). 이를 좀 더 자세히 관찰해 보면 미토콘드리아가 다수의 비정상적인 응집체로 발견된다(그림 1*b*). 호흡사슬을 구성하는 단백질들은 핵과 미토콘드리아 게놈에 의해 만들어지는데, 호흡기능에 영향을 주는 질환은 핵 또는 미토콘드리아의 유전자 변이에 그 원인이 있다.

미토콘드리아 장애의 유전은 여러 가지 면에서 핵 유래 유전자에 대한 멘델 유전과 대조적이다. 사람 수정란의 미토콘드리아는 오로지 난자에서 유래한 것이며, 수정될 때 정자는 미토콘드리아를 내놓지 않는다. 결과적으로, 미토콘드리아 장애는 모계 유전된다. 더욱이, 세포의 미토콘드리아는 정상(즉, 야생형)과 돌연변이 mtDNA가 혼합되어

계속

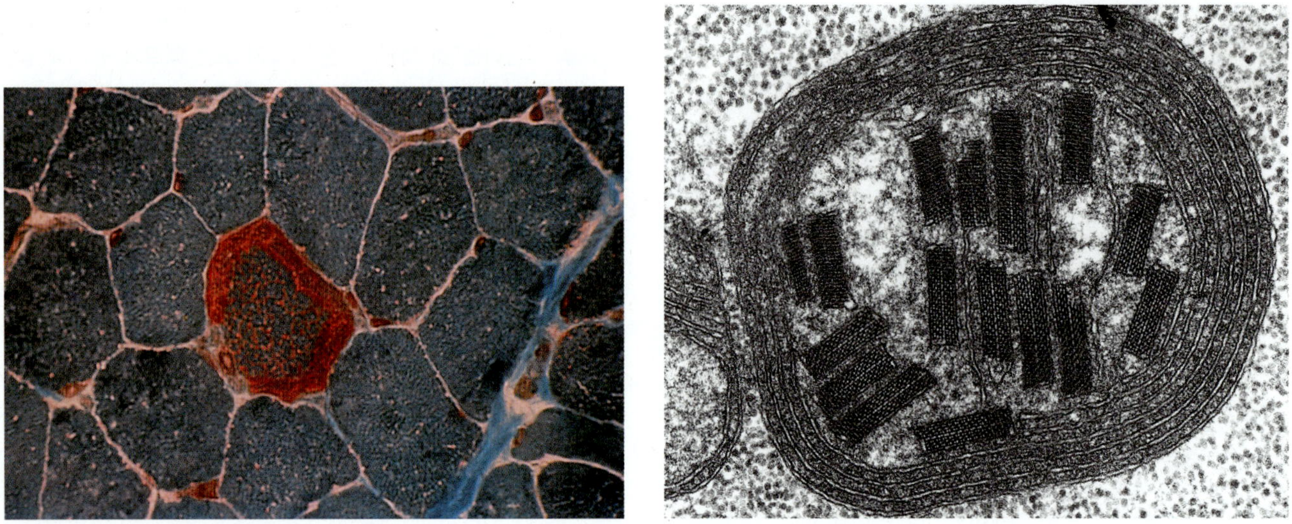

그림 1 **골격근의 비정상적인 미토콘드리아.** (*a*) 표면이 불규칙한 빨간색 섬유. 이 근섬유들은 환자의 생체조직 검사에서 나온 것으로, 세포의 원형질막 아래에 빨간색으로 염색된 "반점들"이 축적되어 있는 것이 관찰된다. 이는 미토콘드리아의 비정상적 증식에 의한 것이다. (*b*) 비정상 미토콘드리아를 가진 환자의 세포에서 미토콘드리아 기질에 결정체 구조가 있는 것을 보여주는 전자현미경 사진.

출처: (*a*) Courtesy of Donald R. Johns; (*b*) From John A. Morgan-Hughes and D. N. Landon, in *Myology*, 2d ed., A. G. Engel and C. Franzini-Armstrong, eds,., © 1994, Mcgraw-Hill의 허가를 얻어 재인쇄함.

있다. 이를 **이형상태**(*heteroplasmy*)라고 한다. 돌연변이 mtDNA의 수준은 한 개체에서도 서로 다른 기관 간에 다양하다. 대개 임상적 증상이 보이는 것은 특정 조직에서 다수의 미토콘드리아가 결함이 있는 유전정보를 갖고 있을 때이다. 이러한 변동성으로 인해, 동일한 mtDNA 변이를 갖는 가계원들은 현저하게 다른 증상을 나타낼 수 있다.

미토콘드리아의 전자전달사슬에서 일어나는 전자의 흐름으로 인해 **돌연변이성 산소 유리기**(*reactive oxygen radicals, ROS*)—활성 산소(ROS, 73쪽)라고 불림—가 방출된다. 전자전달이 일어나는 미토콘드리아 내막 주위에 존재하여 mtDNA가 핵 DNA보다 훨씬 더 많은 공격을 받게 되는 것으로 생각된다. 더욱이, 핵 DNA는 다양한 DNA 수선 체계를 갖고 있어서 반복되는 손상으로부터 더 잘 보호된다(7.8절). 이런 이유로, mtDNA의 돌연변이율은 핵 DNA의 10배 이상이다. 미토콘드리아 돌연변이는 특별히 오랜 시간 체내에 존재하는 세포들에 축적되는 것으로 보이며, 신경과 근육 조직의 세포가 이에 해당한다. 미토콘드리아 기능의 퇴화는 특히 파킨슨병(PD)과 같이 성인이 되어 발병하는 많은 신경학적 질환의 원인이 되는 것으로 생각된다. 원래 이런 가능성은 1980년대 초에 많은 젊은 약물 중독자들이 급성 중증 근육 떨림 증상을 병원에 보고함으로써 알려졌다. 이 증상은 나이 든 성인들에서 많이 진행된 파킨슨병의 특징이다. 이 젊은이들은 MPTP라는 화합물에 오염된 합성헤로인을 정맥에 주사한 것으로 밝혀졌다. 후속 연구에서, MPTP는 미토콘드리아의 호흡사슬에서 제I복합체에 손상을 일으켜, 파킨슨병 환자에서 발생하는 것과 동일한 뇌 부위(흑색질, substantia nigra)에 있는 신경세포들을 죽게 한다는 것이 밝혀졌다. 파킨슨병 환자들의 흑색질 세포들 또한 제1복합체 활성이 현저히 그리고 선택적으로 감소되어 있음이 발견되었다. 이러한 제1복합체 결함의 원인은 아마도 다른 세포에 비하여 이 세포들에서 DNA의 돌연변이율이 기록적으로 증가되기 때문인 것 같다. 연구결과는, 일부 살충제에 특히 제1복합체의 저해제로 알려진 로테논(rotenone)에 노출된 것이 파킨슨병 발생의 위험한 환경요소임을 시사한다. 로테논을 쥐에 주사 하면 도파민-생산 신경세포가 파괴되는데, 이는 사람에서 나타나는 특징과 같다. 로테논과 파킨슨병 사이의 연관 가능성에 관한 연구는 진행 중이다.

mtDNA에 돌연변이가 점차 축적되는 것이 인간의 노화를 유발하는 주요 원인인 것으로 오랫동안 추측되어 왔다. 이 가설은 젊은 사람에 비해 나이든 사람의 세포들에 mtDNA 돌연변이가 증가해 있다는 사실에 고무되었다. 이 돌연변이들은 노화의 원인인가 또는 단순히 많은 생리학적 특성에 영향을 미치는 보다 근본적인 노화과정의 결과인가? 이 물음에 가장 적절할 수 있는 실험이 mtDNA를 복제하는 효소를 암호화하는 동형접합체 돌연변이 유전자(*Polg*라고 하는)를 갖는 생쥐를 대상으로 실시되었다. 이 생쥐의 mtDNA는 이들의 정상적인 한 배의 새끼들보다 훨씬 높은 수준의 돌연변이를 축적한다. 이러한 "돌연변이 유발유전자(mutator)"를 지닌 생쥐들은 생후 6~9개월 동안은 정상인 것처럼 보이지만, 그 후 청력 상실, 털의 회색화, 골다공증 등과 같은 조로증상이 급격하게 발달한다(**그림 2**). 대조군 생쥐들의 수명은 2년 이상인 반면, 실험군 생쥐들의 수명은 평균 약 1년이다. 흥미롭게도, 유전자변형동물들은 산화적 (산소유리기) 손상의 증가 현상을 보이지 않는다. 따라서 mtDNA 돌연변이율의 증가가 어떻게 조로 표현형을 일으키는지 분명하지 않다. 이형접합 *Polg* 돌연변이 생쥐들은 높은 mtDNA 돌연변이율을 갖지만(동형접합체보다 훨씬 적지만), 이들의 수명은 단축되지 않는다. 만일 mtDNA 돌연변이가 정상적인 노화과정의 주요 원인이었다면, 이러한 이형접합체들의 수명은 상당히 짧아야 할 것이다. 결론적으로, 이 결과들은 mtDNA 돌연변이가 동물의 조로 현상을 일으키기에 충분하나, **정상적** 노화과정의 일부로서 반드시 필요한 것은 아니라는 것을 시사한다. 생쥐에서 얻어진 결과를 사람의 노

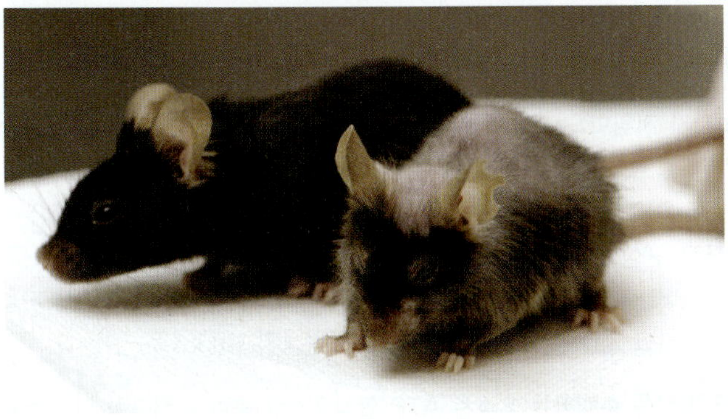

그림 2 mtDNA의 돌연변이가 증가하여 생기는 조로 표현형. 이 사진은 13개월된 정상 생쥐와 한배에서 태어난 "늙은" 생쥐이다. 늙은 생쥐는 미토콘드리아 DNA에 비정상적으로 아주 많은 돌연변이가 있다. 이러한 조로 표현형은 mtDNA를 복제하는 DNA 중합효소를 암호화하는 핵 유전자의 돌연변이에 의해 유발되었다.

출처: Courtesy of Jeff Miller, University of Wisconsin-Madison, Imagen provided by G. C. Kujoth.

화에 직접적으로 대입해도 되는지 여부는 명확하지 않다.

퍼옥시솜

젤베거증후군(Zellweger syndrome)은 신경, 시각, 그리고 간에서 비정상적인 특징을 보이는 희귀 유전병으로, 초기 유아기에 사망에 이르게 된다. 1973년, 알베르트 아인슈타인 의과대학(Albert Einstein College of Medicine)의 시드니 골드휘셔(Sidney Goldfischer)와 그의 동료들은 이 증후군을 겪는 환자들의 간과 신장 세포들에 퍼옥시솜이 없다고 보고하였다. 후속 연구에서, 퍼옥시솜이 이 환자들의 세포에 전혀 없다기 보다는, 퍼옥시솜이 막으로 둘러싸인 내부가 비어 있는 "유령(ghosts)"—즉, 정상적 퍼옥시솜에서 발견되었던 효소들이 없는—으로 존재하였다. 이 환자들은 퍼옥시솜 효소들을 합성할 수 없었던 것은 아니지만, 이 효소들이 퍼옥시솜으로 반입되지 않고, 주로 세포질에 남게 되어, 정상적인 기능을 수행할 수 없었다. 젤베거증후군 환자의 세포들에 관한 유전연구에 따르면, 이 장애는 최소 12가지 유전자들의 돌연변이에 의해 생길 수 있고, 이 유전자들은 모두 세포질로부터 퍼옥시솜 효소의 반입과 관련된 단백질들을 암호화한다는 것이 밝혀졌다.

아주 다양한 퍼옥시솜 기능에 영향을 미치는 젤베거증후군과 다르게, 단일 퍼옥시솜 효소가 없어서 나타나는 유전병이 많다. 이러한 단일-효소 결핍 질병들 중 하나인 부신백질형성 장애(증)[또는 부신백질이영양증(X-linked adrenoleukodystrophy, X-ALD)]는 1993년의 영화 **로렌조의 오일**(*Lorenzo's Oil*)의 주제였다. 이 질병에 걸린 소년들은 보통 아동기의 중반까지 영향을 받지 않다가 이후 부신 부전 및 신경학적 장애의 증상이 시작된다. 이 질환은 아주 긴 지방산 사슬(very long-chain fatty acid, VLCFA)들을 물질대사에 쓰일 장소인 퍼옥시솜으로 운반하는 막단백질(ABCD1)의 결핍으로 생긴다. 이 단백질이 없으면, VLCFA들이 뇌에 축적되고 신경세포를 절연시키는 미에린 수초가 파괴된다. 영화 **로렌조의 오일**에서, X-ALD에 걸린 소년의 부모는 특정 지방산이 풍부한 식단이 이 병의 진행을 지연시킬 수 있다는 것을 발견한다. 그 후의 연구에서, 이런 식단의 가치에 관하여 모순되는 결과들이 나왔다. 많은 X-ALD 환자들은 VLCFA를 물질대사로 변화시킬 수 있는 정상 세포를 갖게 해주는 골수이식으로, 그리고 VLCFA의 수준을 저하시킬 수 있는 약물(예: lovastatin) 투여 등으로 성공적인 치료를 받고 있다. 2009년에는 프랑스에서 X-ALD 소년환자를 유전자 치료에 성공하였다. 이 유전자치료에서, 환자의 혈액에서 줄기세포를 얻고, 정상 *ABCD1* 유전자를 그 줄기세포에 주입한 후, 이를 다시 환자에서 넣어주었다. 이렇게 유전자 조작이 일어난 줄기세포의 일부는 분화가 일어나 뇌에 자리 잡기도 한다. 이러한 세포들이 환자에서는 만들어지지 않던 정상 *ABCD1* 단백질을 생산할 수 있는 것이다. 이로써, 더 이상의 신경퇴화를 막을 수 있다. 이러한 유전자치료 이후 수년 동안 그 소년 환자는 여전히 별다른 병의 진전을 나타내지 않고 있다. 2명의 환자를 다룬 이 유일한 보고 이외의 유전자치료에 대한 다른 보고는 아직 없다. 2013년에 이러한 유전자치료를 이용한 대규모 임상시험을 시작하였다.

요 약

미토콘드리아는 구멍이 있는 외막과 매우 불투과성인 내막으로 구성된다. 내막은 주로 주름들(크리스테)로 이루어지는데, 크리스테에는 유산소 호흡에 필요한 많은 기구가 있다. 외막에 있는 구멍은 포린이라는 내재단백질에서 생긴다. 내막의 구조와 2중층의 유동성은 전자전달과 ATP 형성 과정에 필요한 구성요소들 사이의 작용을 촉진한다. 내막은 젤 비슷한 기질을 둘러싸고 있는데, 이 기질은 단백질, DNA, RNA, 리보솜 등의 유전 정보를 전사하고 번역(해독)하는 데 필요한 모든 기구 등을 갖춘 유전체계를 갖고 있다. 미토콘드리아의 많은 특성은 미토콘드리아가 고대의 공생 세균으로부터 진화했다는 가설에 의해 설명될 수 있다. (369쪽)

미토콘드리아는 세포에서 산화적 물질대사의 중심이 되는 장소로, 탄수화물, 지방, 단백질 등에 대한 이화작용의 산물을 화학 에너지로 전환시켜 ATP에 저장한다. 피루브산과 NADH는 해당과정의 산물이다. 피루브산이 미토콘드리아의 내막을 거쳐 수송되면, 카르복실기가 제거되고 조효소 A와 결합하여 아세틸 CoA를 형성한다. 이 아세틸 CoA는 옥살초산과 축합되어 시트르산을 형성하여 TCA 회로로 들어간다. TCA 회로를 거치면서, 시트르산에서 2개의 탄소가 제거되며 이산화탄소로 방출되는데, 이는 탄소 원자가 최고로 산화된 상태이다. 기질에서 제거된 전자들은 FAD와 NAD^+로 전달되어 $FADH_2$와 NADH를 형성한다. 지방산은 아세틸 CoA로 분해되어 TCA 회로로 들어가고, 20가지의 아미노산은 피루브산, 아세틸 CoA, 또는 TCA 회로의 중간물질 등으로 분해된다. 따라서 TCA 회로는 세포의 주요 이화작용 경로들이 수렴되는 주요 경로라 할 수 있다. (372쪽)

기질에서 $FADH_2$와 NADH로 전달된 전자들은 전자운반체사슬을 따라 산소

에 이르게 이동하며, 그 과정에서 방출되는 에너지는 미토콘드리아 내막을 가로지르는 전기화학적 기울기를 형성하는 데에 사용된다. 양성자들이 ATP 합성효소를 통하여 막을 다시 가로질러 이동함으로써, 합성효소의 활성자리에서 ATP가 형성된다. NADH로부터 나오는 각 전자쌍은 약 3개의 ATP를 형성하기에 충분한 에너지를 방출하는 반면, $FADH_2$에서 생긴 하나의 전자쌍은 약 2개의 ATP를 형성한다. (375쪽)

전자가 공여체(환원제)로부터 수용체(산화제)로 전달되었을 때 방출된 에너지 양은 이 두 짝(couple) 사이의 산화환원 전위차로 계산될 수 있다. 한 짝의 표준 산화환원 전위는 표준 상태 하에서 측정되며 H_2-H^+ 짝에 비교된다. NADH-NAD^+ 짝의 표준 산화환원 전위는 −0.32 V로, 이 값은 NADH가 강한 환원제라는 것이며, 다르게 말하면 전자를 쉽게 전달한다는 것이다. H_2O-O_2 짝의 표준 산화환원 전위는 +0.82 V로, 이는 산소가 강한 산화제, 즉 전자 친화력이 강하다는 것을 의미한다. 1.14 V에 해당하는 이들 두 짝 사이의 전위차는 한 짝의 전자가 NADH로부터 전체 전자전달사슬을 거쳐 산소에까지 전달될 때 방출되는 자유에너지양(52.6 kcal/mol)에 해당한다. (377쪽)

전자전달사슬은 5가지 유형의 운반체로 구성된다: 헴-함유 시토크롬, 플라빈 뉴클레오티드-함유 플라보단백질, 철-황 단백질, 구리 원자, 퀴논이다. 플라보단백질과 퀴논은 수소 원자를 주고받을 수 있는 반면, 시토크롬, 구리 원자, 철-황 단백질 등은 오직 전자만을 주고받을 수 있다. 전자전달사슬의 운반체들은 양(+)의 산화환원 전위 값이 증가하는 순서로 배열되어 있다. 다양한 운반체들이 4개의 커다란 다단백질 복합체로 구성되어 있다. 시토크롬 *c*와 유비퀴논은 이동할 수 있는 운반체로서, 전자를 커다란 복합체들 사이로 왔다갔다 하게 한다. 전자쌍들이 제1, 3, 4복합체들을 통과할 때, 양성자들은 기질에서 막을 가로질러 막간 공간으로 전위한다. 이러한 전자-전달 복합체들에 의한 양성자의 전위로 인하여 양성자 기울기가 형성되고, 그 기울기 차이로 에너지가 저장된다. 마지막 복합체는 시토크롬 산화효소로, 전자가 시토크롬 *c*에서 산소로 전달되면, 산소가 환원되어 물을 형성한다. 또한 이때 기질에서 양성자가 제거되어 양성자 기울기 형성에 기여한다. (379쪽)

양성자가 전위함으로써 양성자 농도차가 생기고, 또한 막을 가로질러 전하가 분리된다. 결국, 양성자 기울기는 두 가지의 구성요소들—전압과 pH 기울기—로 이루어지며, 그 크기는 다른 이온들의 전위에 따라 결정된다. 이 두 가지 구성요소들이 더해져 양성자-구동력(Δp)을 이룬다. 포유동물의 미토콘드리아에서, 양성자-구동력 자유 에너지의 약 80%가 전압 기울기에 의해 그리고 20%는 pH 기울기에 의해 형성된다. (385쪽)

ATP 형성을 촉매하는 효소는 ATP 합성효소라 불리는 커다란 다단백질 복합체이다. ATP 합성효소는 2개의 독특한 부분으로 구성된다: F_1 머리 부분은 기질 속으로 돌출되어 있고 촉매부위를 갖고 있으며, F_o 기부는 지질2중층 속에 들어 있고 통로를 형성하여 양성자들이 막간 공간으로부터 기질 속으로 전위된다. 현재 일반적으로 수용되는, ATP 형성에 관한 결합변화 가설에서는, 이 효소의 F_o 부분을 통한 양성자의 조절된 이동은 이 효소의 γ 소단위의 회전을 일으킨다. γ 소단위는 효소의 F_o와 F_1을 연결하는 자루를 형성하고 있다. γ 소단위의 회전은 F_o 기부에 있는 *c* 고리의 회전에 의해 이루어지며, *c* 고리의 회전은 양성자들이 *a* 소단위에 있는 반-통로(half-channel)를 거쳐 이동하면서 유도된다. γ 소단위가 회전하면 F_1 촉매부위의 입체구조를 변화시켜, ATP 합성을 구동한다. 증거에 의하면, 에너지가 필요한 단계는 실제로 ADP가 인산화되는 과정이 아니라, ATP가 방출되는 과정이다. 이 과정은 입체구조의 유도된 변화에 반응하여 일어나는 것이다. ATP 형성뿐만 아니라, 양성자-구동력은 다른 많은 수송에 에너지를 공급한다. 즉, 세포질로 ATP를 방출하는 것에 교환되는 ADP의 미토콘드리아 반입, 인산과 칼슘 이온의 반입, 그리고 미토콘드리아 단백질의 반입 등에 에너지를 공급한다. (386쪽)

퍼옥시솜은 막으로 싸인 소낭으로, H_2O_2를 발생시키고, 요산, 글리콜산, 아미노산의 산화와 같은 다양한 반응을 수행한다. (392쪽)

개념 문제

9.1 미토콘드리아의 구조와 기능

1. 남세균(cyanobacteria)의 진화와 성공에 기반이 되는 산화적 물질대사의 변화를 설명하시오.
2. 미토콘드리아의 내막, 외막, 막간 공간, 기질의 특성과 진화적 역사를 비교하시오.

9.2 미토콘드리아에서의 산화적 대사

3. 해당과정에서 생긴 두 가지의 산물은 TCA 회로의 반응에 어떻게 연결되는가?
4. TCA 회로가 세포의 에너지 물질대사에서 중심 경로라고 생각되는 이유는 무엇인가?
5. 해당과정에 의해 세포질에서 형성된 NADH가 전자를 TCA 회로로 전달하게 되는 기작을 설명하시오.

9.3 ATP 형성에서 미토콘드리아의 역할

6. 전자가 호흡 사슬을 내려옴에 따라 양성자 기울기가 형성되는 단계들을 설명하시오.
7. 5가지의 전자 운반체들 가운데, 가장 작은 분자량을 갖는 것은 무엇인가? 운반된 전자에 대한 철 원자의 비율이 가장 큰 것은 어떤 것인가? 지질2중층 바깥에 위치하는 것은 무엇인가? 양성자와 전자를 받을 수 있는 것은 무엇이며, 전자만을 받을 수 있는 것은 무엇인가?
8. 화합물의 전자친화력과 환원제 역할을 하기 위한 능력 사이의 관계를 설명하시오. 환원제의 전자전달전위와 산화제 역할을 하는 환원제의 짝이 되는 것의 능력 사이에는 무슨 관계가 있는가?
9. 그림 9.12를 보고, 유비퀴논과 FMN의 세미퀴논(semiquinone) 상태가 얼마나 비슷한지 설명하시오.

9.4 전자전달복합체들

10. 시토크롬 산화효소의 2핵성 중심부란 무엇을 의미하는가? 이것은 산소 환원과정에서 어떻게 작용하는가?
11. 시토크롬 산화효소가 양성자 기울기에 기여하는 두 가지의 다른 방법은 무엇인가?
12. 어떤 전자전달이 다른 전달보다 더 큰 에너지를 방출하게 되는 이유는 무엇인가?

9.5 양성자의 전위와 양성자 구동력의 확립

13. 양성자-구동력의 두 가지 구성요소는 무엇이며, 이들의 상대적 기여도가 세포에 따라 어떻게 다를 수 있는가?

14. 미토콘드리아의 ATP 형성에 디니트로페놀(dinitrophenol)이 미치는 영향은 무엇 인가?

9.6 ATP 형성을 위한 기구

15. ATP 합성효소의 기본 구조를 설명하시오.

9.7 결합변화 기작에 의한 ATP 합성

16. 결합변화 기작에 따른 ATP 합성 과정의 각 단계를 설명하시오.

17. 결합변화 기작을 지지하는 몇 가지 증거를 설명하시오.

9.8 양성자 기울기 이용

18. 양성자가 막간 공간에서 기질 속으로 확산되어 ADP를 인산화시키는 기작에 대해 설명하시오.

9.9 퍼옥시솜

19. 퍼옥시솜의 몇 가지 주요 작용은 무엇인가? 이런 작용들에서 카탈라제의 역할은 무엇인가?

20. 퍼옥시솜은 어떤 면에서 미토콘드리아와 비슷한가? 이 두 소기관들은 어떤 면에서 독특한가?

분석 문제

1. 반응 A:H + B $\rightleftharpoons$ B:H + A를 생각해 보자. 만약 평형상태에서 [B:H]/[B]의 비율이 2.0이라면, 다음과 같이 결론을 내릴 수 있다. 즉, (1) B:H는 네 가지 화합물들 중 가장 강한 환원제이다. (2) (A:H-A) 쌍은 (B:H-B) 쌍보다 더 음(−)의 산화환원전위 값을 갖는다. (3) 네 가지 화합물들 중 어떤 것도 시토크롬이 아니다. (4) B와 결합된 전자들이 A와 결합된 것보다 더 높은 에너지이다. 위의 설명 중 어느 것이 진실인가? 이 산화환원 반응에 대한 반-반응들 중 하나를 그리시오.

2. 미토콘드리아의 DNA는 DNA 중합효소 γ에 의해 복제된다. 396쪽에서 논의된 "돌연변이 유발유전자(mutator)"를 갖는 생쥐들은 mtDNA 주형을 복사할 때 실수하는 경향이 있는 중합효소 γ를 갖기 때문에 이런 표현형을 갖게 되었다. 정상적인 노화 과정의 측면에서 이런 연구를 해석하는 데 있어서 몇 가지 한계가 있는 것으로 지적되었다. 정상(야생)형보다 더 적은 실수를 하는 초정밀 중합효소 γ를 가진 생쥐를 만드는 것으로 무엇을 배울 수 있다고 여러분은 생각하는가?

3. 단백질 A는 산화환원 전위가 −0.2 V인 플라보단백질이다. 단백질 B는 +0.1 V의 산화환원 전위를 가진 시토크롬이다.
   a. 이들 두 가지 전자 운반체들의 반-반응을 그리시오.
   b. 환원된 A 분자와 산화된 B 분자를 혼합했을 때 일어날 반응을 기술하시오.
   c. 위의 b에서, 반응이 평형에 도달했을 때, 2개의 화합물 중 가장 높은 농도로 있는 것은 어떤 것인가?

4. 유비퀴논, 시트크롬 *c*, NAD^+, NADH, O_2, H_2O 등 6가지 물질 중에서 가장 강한 환원제는 어느 것인가? 가장 강한 산화제는 어느 것인가? 가장 큰 전자 친화력을 가진 것은 어느 것인가?

5. 만약 염소 이온(Cl^-)이 미토콘드리아 내막을 자유롭게 투과한다면, 이것이 미토콘드리아 내막을 가로지르는 양성자-구동력에 무슨 영향을 미칠 수 있는가?

6. 그림 9.14에 그려진 전자전달 과정에서 에너지가 하락하는 것을 살펴보자. 만약 원래 전자 공여체가 NADH가 아니라 $FADH_2$였다면, 이 그림의 개요는 어떻게 달라지는가?

7. 무기인산이 유입되면 양성자-구동력이 감소할 것으로 기대하는가? 왜 그런가?

8. 표 9.1의 표준 산화환원 전위에서, 옥살초산-말산 짝이 NAD^+-NADH 짝보다 더 적은 음(−)의 값이다. 이 값이 TCA 회로에서 전자가 말산으로부터 NAD^+로 전달되는 경우와 어떻게 양립되는가?

9. TCA 회로가 1회 회전하는 동안(오직 TCA 회로의 반응만을 고려), 기질 수준의 인산화에 의해 몇 분자의 ATP가 형성되는가? 산화적 인산화에 의해서는 몇 분자의 ATP가 형성되는가? 몇 분자의 CO_2가 나오는가? 몇 분자의 FAD가 환원되는가? 기질로부터 몇 쌍의 전자가 나오는가?

10. 미도곤드리아 기질에서 일어나는 Fe-S 무리의 조립은 산소가 있는 곳에서는 매우 취약하다. 유산소 물질대사에서 미토콘드리아가 중요한 역할을 한다고 한다면, 미토콘드리아의 기질은 Fe-S 무리의 조립 과정이 일어나기에 적합하지 않은 장소라 할 수 있는가?

11. 1쌍의 전자가 NADH에서 O_2로 전달될 때 $\Delta G°'$는 −52.6 kcal/mol로 하락하며, ATP가 형성될 때 $\Delta G°'$는 +7.3 kcal/mol이다. 만약 기질로부터 제거된 각 전자쌍에서 3개의 ATP가 형성된다면, 산화적 인산화의 효율은 단지 21.9/52.6 또는 42%라고 결론지을 수 있는가? 왜 그런가? 아니면 왜 그렇지 않은가?

12. 대사적으로 활발한 미토콘드리아가 분리되어 배지에 놓일 경우, 배지를 산성화 또는 알칼리화 시킬 것으로 기대하는가? 왜 그런가?

13. 1분자의 ATP를 합성하기 위해서 3개의 양성자 이동이 필요한 것으로 가정해보자. 양성자-구동력이 220 mV로 측정되었을 때, 3몰의 양성자가 기질로 전달되어서 방출된 에너지를 계산하시오(386쪽을 참조하시오).

14. 여러분은 분리된 미토콘드리아가 포도당을 산화시켜 ATP를 형성할 수 있다고 생각하는가? 왜 그런가? 아니면 왜 그렇지 않은가? ATP를 합성하기 위해서 분리된 미토콘드리아에 첨가할 좋은 화합물은 무엇인가?

15. 표준 조건하에서 $FADH_2$가 산소 분자에 의해 산화될 때 방출되는 자유 에너지를 계산하시오.

16. 미토콘드리아아의 체제와 ATP의 생산 방법에 관한 이해를 토대로, 다음 물음에 답하시오. 답에 간단한 설명을 덧붙이시오.
    a. 미토콘드리아 막에서 양성자를 새어 나오게 만드는 물질(protonophore)을 넣을 경우, ATP 생산에 어떤 영향이 있을까?
    b. 산소 공급을 감소할 경우, 미토콘드리아 기질의 pH에 어떤 영향이 있을까?
    c. 세포에 포도당 공급이 매우 줄어든다고 가정하자. 미토콘드리아에 의한 이산화탄소 형성에 어떤 영향이 있을까?

17. 분리된 미토콘드리아 내막의 전위를 조절할 수 있다고 가정하자. 여러분이 미토콘드리아 기질의 pH를 측정하여 8.0인 것을 알았다. 또 여러분은 미토콘드리아가 들어 있던 용액을 측정하여 pH가 7.0인 것을 알았다. 여러분은 내막의 전위를 +59 mV에 맞게 클램프로 고정시킨다—즉, 미토콘드리아가 들어 있던 배지에 대하여 기질의 전위를 +59 mV로 되게 만든다. 이 조건에서 미토콘드리아는 ATP 합성을 구동하기 위해 양성자 기울기를 이용할 수 있을까? 양성자-구동력 용어를 사용하여 답을 설명하시오(9.6절 참조).

18. 여러분이 γ 소단위가 없는 ATP 합성효소를 합성할 수 있다고 가정하자. 이러한 효소의 γ 소단위의 촉매부위들은 서로 어떻게 비교되는가? 왜 그런가?

19. 기능적인 관점에서, ATP 합성효소는 두 부분으로 나눌 수 있다: "고정자(stator)"는 촉매작용이 일어나는 동안 움직이지 않는 소단위들로 만들어졌고, "회전자(rotator)"는 움직이는 부분으로 만들어졌다. 이 효소의 어떤 소단위들이 이들 두 부분으로 구성되는가? F_o에 있는 고정자의 움직일 수 없는 부분들은 F_1에 있는 고정자의 움직일 수 없는 부분들과 구조적으로 어떻게 관련되어 있는가?

엽록체와 광합성

10

CHAPTER

목 차

바이오연료: 광합성으로 달리는 자동차

우리는 필요로 하는 에너지의 대부분을 화석연료(석유, 석탄, 그리고 천연가스)로 사용한다. 그렇지만 화석연료는 제한되어 있을 뿐 아니라 서서히 고갈되어 가고 있다. 수압파쇄공법(Fracking)과 같은 새로운 채굴 및 추출 방식은 지하로부터 연료를 더 많이 얻을 수 있게 해주지만 여전히 이용할 수 있는 자원에는 한계가 있다. 한편, 태양은 지구 전체에 에너지를 공급해준다. 현재 우리는 태양전지판을 이용하여 빛의 아주 일부만을 포획하고 있다. 하지만 태양전지판은 비싸고 비효율적이다. 식물, 조류(algae), 그리고 세균(bacteria)은 수십억 년 이상 동안 빛에너지를 화학에너지로 전환시켜 왔다. 지하에 매장되어 있던 이들의 잔류(leftover) 바이오매스는 오늘날 우리들이 태우는 화석연료가 되었다. 연료를 생성하기 위해 빛에너지를 화학에너지로 전환시키는 이런 생물체를 이용한다면 어떨까? 그러나 아직까지는 그 누구도 화석연료에 대해 가격 경쟁력이 있는 바이오연료(생명체로부터 유래한 연료)를 생산하는 방법을 발견하지 못했다. 그럼에도 불구하고, 바이오연료의 가능성으로 인해 이들에 대한 연구나 개발이 많이 수행되고 있다. 이번 장에서는 식물이 생장과 물질대사를 위해 어떻게 태양으로부터 빛을 모으고, 화학에너지로 전환하는지에 대해 알아볼 것이다.

출처: Pierre Marchal/Lookatsciences/Phototake

10.1 광합성의 기원

지구에 최초로 출현한 생명체는 물 속 환경에 녹아 있는 단순한 유기분자들로부터 원료와 에너지를 얻었다. 이러한 유기분자들은 비생물적으로(*abiotically*), 즉 원시 바다에서 일어나는 비생물적 화학반응의 결과로 만들어졌을 것이다. 우리들이 환경으로부터 얻은 영양물질에 의해 살아가는 것처럼, 최초의 생명체들도 역시 그랬을 것이다. 외부의 유기화합물에 의존하는 생명체들을 **종속영양생물체(heterotroph)**라고 한다.

자연발생적으로 생산되는 유기분자들은 아주 천천히 만들어지기 때문에, 원시 지구에서 살아가는 종속영양생물체의 숫자는 극히 제한적이었을 것이다. 지구상에서 생명체의 진화는 새로운 대사 전략을 사용하는 생명체들이 나타남으로써 급격히 가속화되었다. 이 생명체들은 그들의 조상들과는 다르게, 이산화탄소(CO_2)와 황화수소(H_2S) 같은 가장 단순한 형태의 무기분자로부터 체내에 유기양분을 만들 수 있었다. 주요 탄소원으로서 이산화탄소를 이용하여 살 수 있는 생명체를 **독립영양생물체(autotroph)**라고 한다.

이산화탄소로부터 복잡한 유기분자들을 만들기 위해서는 많은 양의 에너지 투입이 필요하다. 진화 과정에서, 독립영양생물체는 에너지원에 따라 두 가지 유형으로 진화하였다. **화학독립영양생물체(Chemoautotroph)**는 이산화탄소를 유기화합물로 전환하기 위해서 무기분자들(암모니아, 황화수소, 또는 아질산염 등과 같은) 속에 저장된 화학에너지를 사용하는 반면, **광독립영양생물체(photoautotroph)**는 태양의 빛에너지를 사용한다. 모든 원핵생물은 화학독립영양생물체이며 지구상에서 이들의 바이오매스가 상대적으로 너무나 적기 때문에, 원핵생물들의 대사활동에 대해서는 고려하지 않을 것이다. 한편, 광독립영양생물체는 지구상에서 거의 모든 생명체들의 활동에 필요한 연료를 공급하기 위해 에너지를 포획한다. 광독립영양생물체에는 식물, 진핵 조류(algae), 편모를 가진 다양한 원생생물, 그리고 이 외에도 다양한 형태의 원핵생물이 있다. 이 모든 생물들은 빛에너지를 탄수화물과 다양한 유기분자들 속에 저장된 화학에너지 형태로 전환시키는 **광합성(photosynthesis)**을 한다.

광합성이 일어나는 동안, 공여 화합물로부터 분리되어 상대적으로 저에너지(low-energy)를 가진 전자들은 빛으로부터 흡수된 에너지를 이용하여 고에너지(high-energy) 전자로 전환된다.[1] 이러한 고에너지 전자들은 녹말이나 지질과 같은 환원된 형태의 생물 분자들의 합성에 사용된다. 20억 년 동안 지구를 지배해 왔던 최초의 광독립영양생물체 그룹은 다음과 같은 반응을 수행하여 광합성을 위한 전자의 공급원으로서 황화수소를 사용했다.

$$CO_2 + 2\,H_2S \xrightarrow{\text{빛}} (CH_2O) + 2\,S$$

여기서 CH_2O는 탄수화물의 단위체를 나타낸다. 오늘날 살고 있는 수많은 세균은 이러한 유형의 광합성을 수행한다. 이러한 예를 **그림 10.1**에 나타냈다. 그러나 오늘날, 황화수소는 풍부하지도 않고 널리 분포하지도 않기 때문에, 결국 전자의 공급원으로서 이 화합물에 의존하는 생물들은 유황 온천과 깊은 바다의 분출구 등과 같은 서식지에서만 살고 있다.

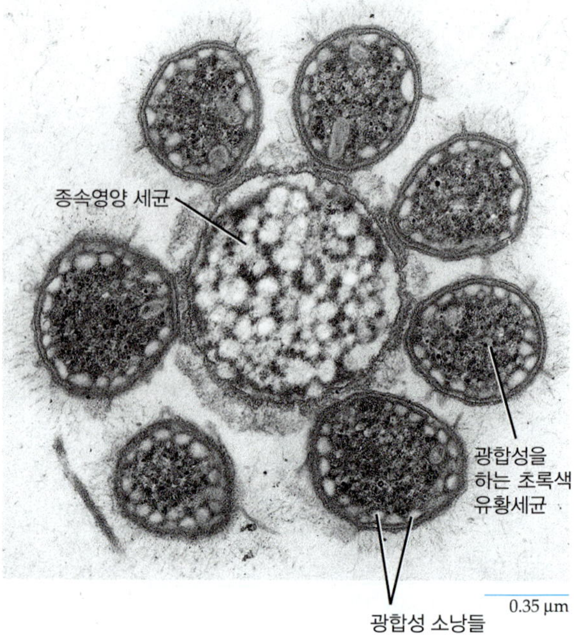

그림 10.1 광합성을 하는 초록색 유황세균들은 "군체(colony)"의 주변에 환상으로 배열되어 있다. 이들은 중앙에 있는 하나의 혐기성 종속영양 세균과 공생관계로 살아간다. 중앙의 종속영양 세균과 공생하는 광합성 세균이 생산한 유기물질을 공급받는다. 빛을 포획하는 기구를 가진 광합성 소낭(photosynthetic vesicles)은 초록색 유황세균에서 볼 수 있다.

출처: Tom Fenchel, *Sciencdlae 296*:1070, 2002, Electron micrograph by Ken Clarke, Ceh-Windermere, U.K. © 2002에서 발췌. AAAS의 허가를 얻어 재인쇄함.

약 24~27억 년 전, 지구상에 나타난 광합성을 할 수 있는 새로운 유형의 원핵생물은 훨씬 더 풍부한 전자공급원으로서 물을 사용할 수 있었다. 물을 이용함으로써 이 생명체들—시아노박테리아(cyanobacteria) 또는 남조류(blue-green algae)—는 지구상의 훨씬 더 다양한 서식지를 개척할 수 있었을 뿐만 아니라(그림 1.15 참조), 모든 생명체들에게 엄청나게 중요한 폐기물을 생산했다. 이 폐기물은 산소분자(O_2)로서, 전반적인 반응식은 다음과 같다.

$$CO_2 + H_2O \xrightarrow{\text{빛}} (CH_2O) + O_2$$

광합성을 위한 기질로서 황화수소가 물로 바뀌는 것은 알파벳에서 하나의 문자가 다른 문자로 교체되는 것보다 훨씬 더 어렵다. O_2—H_2O 짝의 산화환원전위는 0.816 V(볼트)인 데 비하여, S—H_2S 짝의 산화환원전위는 −0.25 V이다(378쪽). 다시 말해서, H_2S 분자 속의 유황원자는 전자에 대해서 H_2O 분자 속의 산소 원자가 갖는 전자친화력보다 훨씬 더 낮은 친화력을 갖는다(그래서 더 쉽게 산화된다). 그래서 만일 하나의 생명체가 산소를 발생시키는(*oxygenic*) 광합성을 하고 있다면, 이 생물은 물로부터 단단히 붙어 있는 전자들을 끌어당기기 위해 광합성 물질대사의 일부로서 매우 강한 산화제를 만들어야만 한다. 광합성을 위한 전자공급원으로서 H_2S(또는 다른 환원된 기질들)를 물로 전환하기 위해서는 광합성 기구에 대한 면밀한 검토가 필요하다.

어느 시점에서, 이 고생물들 중 하나인 산소를 발생시키는 시아

[1]용어 고에너지 전자(*high-energy electron*)의 사용에 관하여는 373쪽의 주석을 볼 것.

노박테리아가 미토콘드리아를 갖고 있는 비광합성 원시 진핵세포 속에 살게 되었다(28쪽). 오랜 기간의 진화를 거쳐 공생하는 시아노박테리아는 숙주세포 속에서 살고 있는 별개의 생물체에서 하나의 세포소기관인 **엽록체(chloroplast)**로 전환되었다. 엽록체가 진화됨으로써, 원래 공생하는 시아노박테리아 속에 있었던 유전자들의 대부분이 소실되었거나 식물세포의 핵으로 옮겨졌다. 그 결과, 오늘날 엽록체 안에서 발견되는 폴리펩티드들은 핵과 엽록체 유전체들 양쪽에 암호화되어 있다. 엽록체 유전체에 대한 대규모 유전분석 결과는 오늘날 모든 엽록체들이 고대 공생관계를 가졌던 단일한 조상에서부터 기원했음을 제시하고 있다. 엽록체가 공통 조상으로부터 유래된 결과, 엽록체와 시아노박테리아는 유사한 광합성 기구를 비롯하여 여러 가지 기본적인 특징을 공유한다. 광합성 기구에 대해서는 다음 절에 논의할 것이다.

10.2 엽록체의 구조와 기능

엽록체는 잎의 엽육조직세포(mesophyll cell)에 주로 분포되어 있다. 잎의 구조와 엽육조직세포의 중앙 액포 주변에 있는 엽록체들의 배열을 **그림 10.2**에 나타내었다. 고등식물의 엽록체들은 일반적으로 렌즈 모양이며(**그림 10.3a**), 폭은 약 2~4 μm이고 길이는 5~10 μm이며, 하나의 세포는 보통 20~40개의 엽록체를 갖고 있다. 엽록체는—모든 포유동물의 적혈구만큼—커다란 세포소기관이다. 이 장을 시작하는 쪽의 현미경 사진에서 보는 바와 같이, 엽록체들은 이미 있었던 엽록체들[또는 색소를 갖고 있지 않은 **전색소체(proplastid)**라는 전구체]로부터 생긴다.

1881년 독일의 생물학자 엥겔만(T. Engelmann)의 독창적인 실험 덕분에 엽록체는 광합성이 일어나는 장소로 확인되었다. 그는 녹조류인 해캄속(*Spirogyra*) 식물 세포에 빛을 비출 때, 활발하게 움직이는 세균들이 해캄 안에 큰 리본처럼 생긴 엽록체 근처의 세포 바깥쪽에 모이는 것을 발견하였다(그림 1.5 참조). 세균은 자신의 유산소호흡을 위해서 엽록체 내부에서 일어나는 광합성을 통해 방출되는 소량의 산소를 이용하는 중이었다.

엽록체를 둘러싸는 바깥쪽은 좁은 간격으로 분리된 2개의 포막

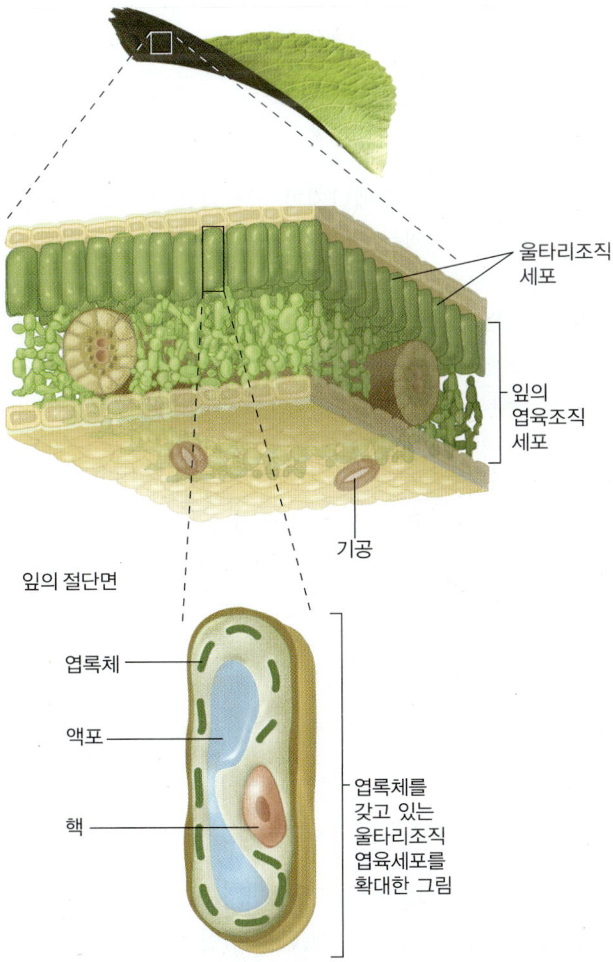

그림 10.2 잎의 기능 위주의 조직 구조. 잎의 절단면을 보면, 세포질 안에 엽록체가 들어 있는 세포가 여러 층이 있음을 볼 수 있다. 엽록체들은 광합성을 수행하여 식물 전체에 원료물질과 화학에너지를 제공한다.

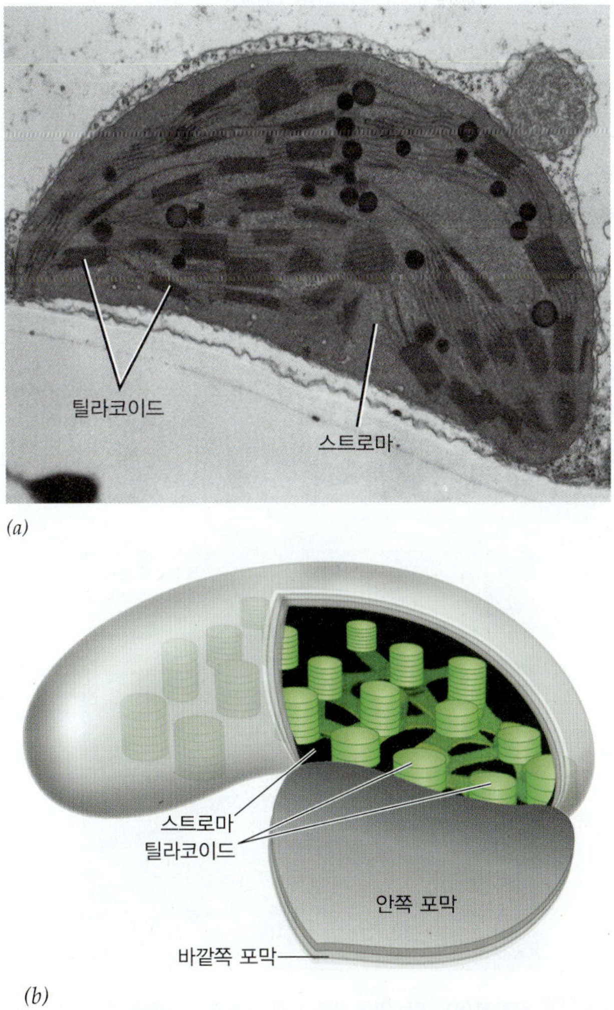

그림 10.3 엽록체의 내부 구조. (*a*) 하나의 엽록체를 보여주는 투과전자현미경 사진. 포막의 형태를 갖는 가장 바깥쪽의 이중막과 물리적으로 분리되어 있는 내막은 원반 모양의 틸라코이드(thylakoid) 더미(grana)로 배열되어 있다. (*b*) 맨 바깥쪽 이중막과 틸라코이드 막을 보여주는 엽록체의 모식도.

출처: Biology Pics/Photo Researchers, Inc.

(envelope)으로 이루어져 있다(그림 10.3*b*). 미토콘드리아의 외막처럼 엽록체의 포막 중 바깥쪽의 외막은 다양한 종류의 포린(porin)을 가진다(372쪽). 이 단백질들은 상대적으로 넓은 통로를 갖지만, 다양한 용질에 대해 약간의 선택성을 보이므로, 흔히 기술되는 것과는 다르게 중요 대사산물들을 자유롭게 투과시키지 않을 수도 있다. 엽록체의 포막 중 안쪽의 내막은 매우 불투과성이다; 이 막을 통과하는 물질들은 다양한 종류의 수송체(transporter)의 도움을 받아야만 이동할 수 있다.

엽록체에서 광합성을 하는 대부분의 기구들—빛을 흡수하는 색소, 전자전달복합체, ATP 합성기구—은 바깥쪽의 이중 포막과는 물리적으로 분리되어 있는 내막의 일부이다. 엽록체의 내부 막은 **틸라코이드(thylakoid)**라고 불리는 납작한 막성 주머니로 구성된다. 틸라코이드는 **그라나(grana)**라고 하는 질서정연한 층상구조로 배열된다(**그림 10.3b, 10.4**). 틸라코이드 내부의 공간은 내강(*lumen*)이고, 탄수화물합성에 필요한 효소를 가지고 있는 틸라코이드 외부와 엽록체의 포막 안쪽의 공간은 **스트로마(stroma)**이다. 틸라코이드 막은 엽록소 분자와 엽록체의 에너지 전달기구인 단백질 복합체를 가지고 있다.

미토콘드리아의 기질처럼, 엽록체의 스트로마에는 작은 원형의 2중나선 DNA 분자 그리고 원핵생물의 것과 유사한 리보솜을 가진다. 앞에서 언급했듯이 엽록체의 DNA는 공생하던 원시 세균의 유전체를 갖는다. 개체에 따라 엽록체의 DNA는 유전자 발현(예, tRNA, rRNA, 리보솜 단백질) 혹은 광합성과 관련된 약 60~200개의 유전자를 갖는다. 식물의 엽록체의 약 2,000~3,500개로 추정되는 폴리펩티드들 중 대부분은 핵의 DNA에 암호화되어 있고 세포질에서 합성된다. 이러한 단백질들은 특별한 수송기작을 통해 엽록체 내로 수송된다(12.17절).

틸라코이드 막은 단백질을 많이 가지고 있으며 인지질 양은 상당히 적은 것이 특이하다. 대신에 이러한 막들은 다음과 같은 갈락토오스 함유 당지질이 많다. 이런 지질의 2개의 지방산은 여러 개의 2중결합을 포함하고 있어서 틸라코이드 막의 지질2중층을 매우 유동적으로 만든다. 지질2중층의 유동성은 광합성 동안 막을 통한 단백질복합체의 측면 확산을 촉진한다.

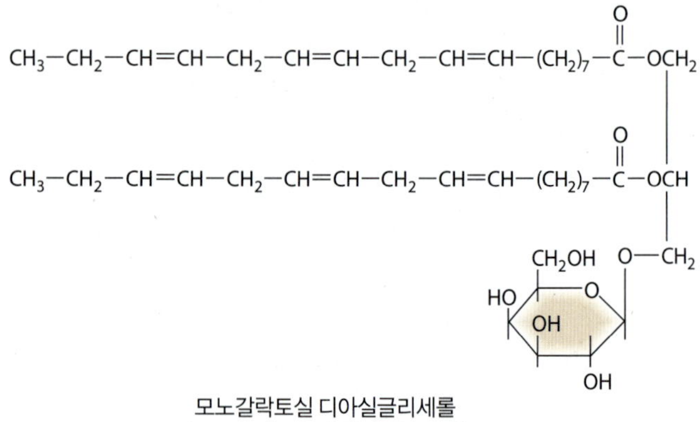

모노갈락토실 디아실글리세롤
(monogalactosyl diacyglycerol)

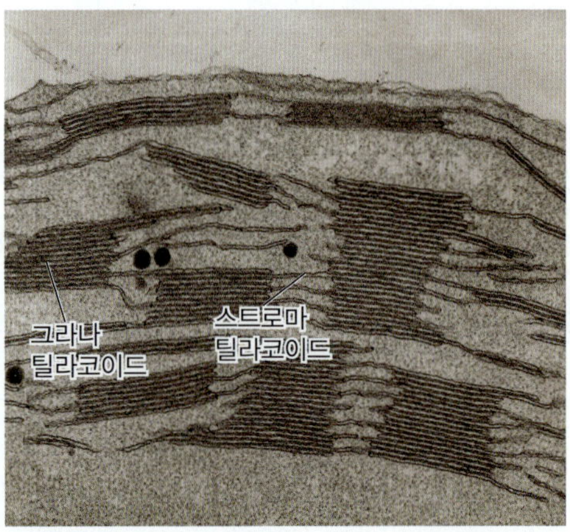

그림 10.4 틸라코이드 막. 엽록체를 자른 절편의 전자현미경 사진은 더미(층)를 이룬 그라나 틸라코이드(grana thylakoid)를 보여준다. 그라나 틸라코이드는 층을 이루지 않는 스트로마 틸라코이드[또는 스트로마 라멜라(lamellae)]에 의해 다른 그라나 틸라코이드와 연결되어 있다. 검은색 원은 오스뮴으로 염색된 지질입자이다.

출처: Dr. Kenneth R. Miller/Photo Researchers, Inc.

10.3 광합성대사의 개요

광합성 화학반응 이해에 대한 큰 진전은 당시 스탠퍼드대학교(Standford University)의 대학원생이었던 반 닐(C. B. van Niel)의 제안이 있었던 1930년대 초였다. 앞서 제시되었던 광합성의 전체 식을 생각해보자.

$$CO_2 + H_2O \xrightarrow{\text{빛}} (CH_2O) + O_2$$

일반적으로 1930년에는 빛에너지가 이산화탄소를 쪼개어 산소 분자를 방출하고 탄소 분자는 물 분자에게 전달해서 탄수화물의 단위(CH_2O)를 형성하는 것으로 믿었다. 1931년에, van Niel은 유황세균 연구결과를 바탕으로 다른 기작을 제안하였다. 이 유황세균들은 산소 생산 없이도 빛을 이용해 이산화탄소를 탄수화물로 환원시키는 것을 보여주었다. 유황세균에서 제안된 광합성 반응은 다음과 같았다.

$$CO_2 + 2\ H_2S \xrightarrow{\text{빛}} (CH_2O) + H_2O + 2\ S$$

van Niel은 모든 생물체들의 광합성 과정이 기본적으로 유사하다고 가정하여, 이러한 모든 활동을 포함할 수 있는 포괄적인 반응식을 제안하였다.

$$CO_2 + 2\ H_2A \xrightarrow{\text{빛}} (CH_2O) + H_2O + 2\ A$$

포도당 같은 6탄당의 생산을 위해 반응식은 다음과 같이 표현해야 할 것이다.

$$6\ CO_2 + 12\ H_2A \xrightarrow{\text{빛}} C_6H_{12}O_6 + 6\ H_2O + 12\ A$$

Van Niel은 광합성이 기본적으로 산화-환원의 과정임을 인식하였다. 앞의 반응에서, H_2A는 전자공여체(환원제)인데, 여러 세균이 이용하는 대표적인 환원제로는 H_2O, H_2S 및 기타 환원된 기질을 들 수 있다. 그러나 이산화탄소는 산화제로 여겨지며, 이는 식물세포에서 6탄당을 형성하기 위해 다음과 같은 공식을 따라 환원된다.

$$6\,CO_2 + 12\,H_2O \xrightarrow{\text{빛}} C_6H_{12}O_6 + 6\,H_2O + 6\,O_2$$

이 반응식에서 각각의 산소 분자는 이산화탄소에서 유래된 것이 아니라 빛의 흡수에 의해 2분자의 물이 분해되어서 생긴 것이다. 산소 분자의 형성에서 물의 역할은 1941년, 캘리포니아대학교(University of California, Berkeley)의 사무엘 루벤(Samuel Ruben)과 마틴 카멘(Martin Kamen)에 의해서 분명하게 밝혀졌다. 이들은 일반적인 산소 동위원소 ^{16}O 대신에 특수하게 표지된 산소 동위원소 ^{18}O를 이용한 녹조류 현탁액으로 실험했다. 이 녹조류의 한 시료는 표지된 $C[^{18}O_2]$와 표시되지 않은 물에 노출시킨 반면, 다른 시료는 표지되지 않은 이산화탄소와 표지된 $H_2[^{18}O]$에 노출시켰다. 이 연구자들은 간단한 질문을 던졌다: 광합성을 하는 이 두 가지 녹조류 중에 어떤 시료가 $^{18}O_2$를 방출했을까? 표지된 물에 노출되었던 녹조류는 표지된 산소를 생산했고, 이로써 광합성하는 동안 생산된 산소는 물로부터 유래되었음이 증명되었다. 표지된 이산화탄소에 노출되었던 녹조류는 표지되지 않은 산소를 배출했는데, 이는 산소가 이산화탄소의 화학적 분해로 부터 나오지 않았음을 증명한다. 일반적으로 알려진 것과는 달리 2개의 원자 구성요소로 나뉘는 것은 이산화탄소가 아니라 물이었다. 이에 따라 van Niel의 가설이 확인되었다.

van Niel의 제안으로 광합성에 대한 관점이 달라졌다; 광합성은 본질적으로 미토콘드리아 호흡의 반대되는 과정이 되었다. 미토콘드리아에서의 호흡은 산소를 물로 환원시키는 반면에, 엽록체에서의 광합성은 물을 산소로 산화시킨다. 전자의 과정은 에너지를 방출하고, 후자의 과정은 에너지를 요구한다. 광합성과 유산소호흡의 열역학적 개관은 **그림 10.5**에 나타내었다. 이 두 가지 대사작용 사이의 많은 유사성은 곧 언급될 것이다.

광합성은 2개의 연속된 반응으로 나눌 수 있다. 첫 번째 단계인 **광-의존반응(light-dependent reaction)** 동안에, 태양 빛의 에너지가 흡수되어, 2개의 중요한 생물 분자인 ATP와 NADPH 같은 화학에너지로 저장된다. 제3장에서 언급했던 것처럼, ATP는 세포의 1차 화학에너지 원료이며, NADPH는 세포의 1차 환원력 원료이다. 두 번째 단계인 **광-비의존반응**[**light-independent reaction**, 또는 흔히 "암반응(dark reactions)"으로 불렸음] 동안에, 광-의존반응에서 생산된 ATP와 NADPH 분자들 속에 저장된 에너지를 이용하여 이산화탄소로부터 탄수화물을 합성한다. 실제로 "암반응"은 광-의존반응이 일어날 때, 더욱 급격하게 일어난다(418쪽 참조). 지구상의 식물체들은 매년 약 500조 kg의 CO_2를 탄수화물로 전환시키는데, 이는 매년 세계의 쇠고기 생산량의 약 1만 배에 이른다.

우리는 복잡하며 아직도 완전하게 밝혀져 있지 않은 광-의존반응부터 논의를 시작할 것이다.

10.4 빛의 흡수

빛은 "입자(particles)" 측면에서 **광자(photon)**라는 에너지의 다발(또는 양자)로 움직인다.[2] 광자의 에너지 양은 다음의 등식에 따라 빛의 파장에 의존한다.

$$E = hc/\lambda$$

여기서 h는 플랑크 상수(Plank's constant, 1.58×10^{-34} cal · sec)이고, c는 진공상태에서 빛의 속도이며, λ는 빛의 파장이다. 파장이 짧을수

[2]전자기 방사선(예: 빛)이 파동과 입자의 두 가지 특성을 갖는다는 생각은 20세기 초에 플랑크(Planck), 드 브로글라이(de Broglie), 그리고 아인슈타인(Einstein)의 연구에서 출현했으며, 양자역학이라는 학문이 시작되었다.

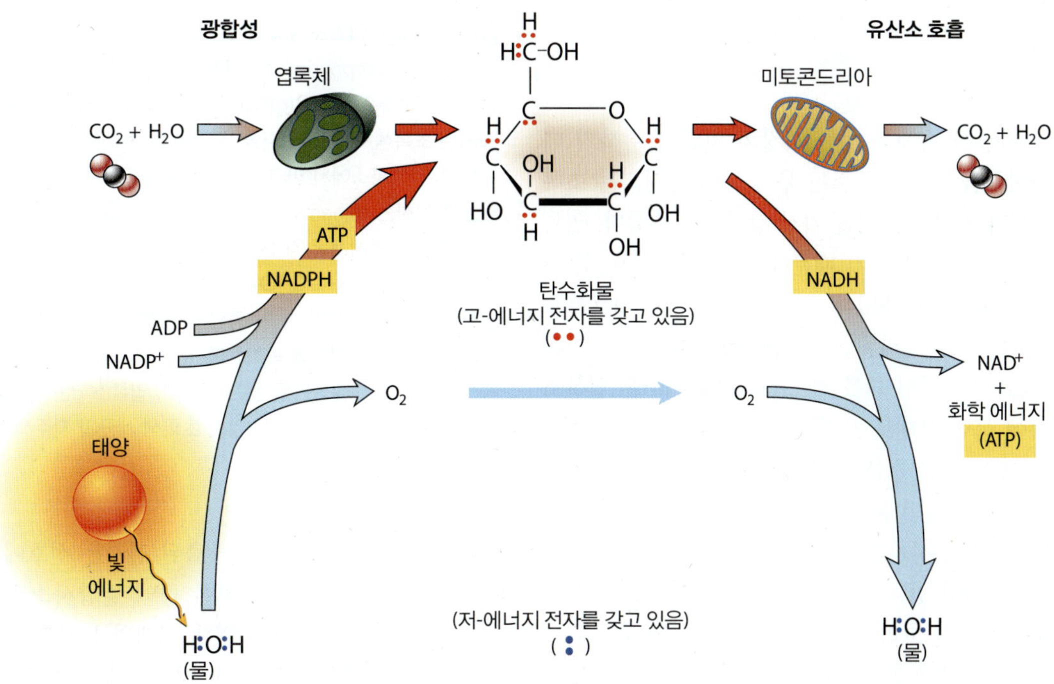

그림 10.5 광합성과 유산소 호흡에 관한 에너지론의 개요.

록, 에너지 양은 더 많다. 광합성에서 중요한 파장인 680 nm의 광자 1몰(6.02×10^{23})은 약 42 kcal의 에너지를 갖고 있으며, 이것은 산화환원전위를 약 1.8 V(42 kcal를 패러데이 상수 23.06 kcal/V로 나눈 값임) 변화시키는 것과 동일하다.

빛의 흡수는 광화학 작용의 첫 번째 단계이다. 하나의 광자가 어떤 분자에 의해 흡수되면, 그 분자에서 1개의 전자는 안쪽 궤도에서 바깥쪽 궤도로 밀려나가기에 충분한 에너지를 갖게 된다. 이 분자는 **기저상태(ground state**, 또는 바닥상태)에서 **여기상태(excited state**, 또는 들뜬상태)로 전이된다. 전자가 존재할 수 있는 궤도의 수는 제한되어 있고 각 궤도는 특별한 에너지수준을 갖고 있기 때문에, 어떤 특정한 원자나 분자는 특정한 파장의 빛만을 흡수할 수 있다.

여기상태에 있는 분자는 불안정하며, 이 상태는 단 약 10^{-9}초 정도만 지속되는 것으로 예측된다. 상황에 따라 여기상태의 전자는 여러 가지 결말에 이를 수 있다. 가장 중요한 빛흡수 광합성색소인 **엽록소(chlorophyll)** 한 분자를 생각해 보자. 만일 여기된 엽록소 분자의 전자가 낮은 궤도로 다시 돌아간다면, 흡수된 에너지는 방출되어야만 한다. 만일 에너지가 빛[형광(fluorescene) 또는 인광(phosphorescene)] 또는 열의 형태로 방출된다면, 이 엽록소는 원래의 기저상태로 되돌아가서 흡수된 광자의 에너지는 사용되지 않는다. 이것은 **분리한 엽록소**(*isolated chlorophyll*)를 담은 용액에 빛을 비추었을 때 확실하게 관찰된다. 즉, 이 용액은 흡수된 에너지가 더 긴 파장(낮은 에너지)으로 다시 방출되기 때문에 강한 형광을 내게 된다. 그러나 만일 똑같은 실험을 **분리한 엽록체들**(*isolated chloroplasts*)을 준비하여 실시한다면, 단지 희미한 형광만이 관찰된다. 이것은 흡수된 에너지의 아주 적은 양이 방출되었음을 의미한다. 엽록소 분자들의 여기된 전자들은 낮은 에너지 궤도로 다시 돌아가기 전에, 엽록체 막 내부에 있는 전자수용체들에게 전달된다. 그래서 엽록체들은 흡수된 에너지를 방출하기 전에 에너지의 이용이 가능하다.

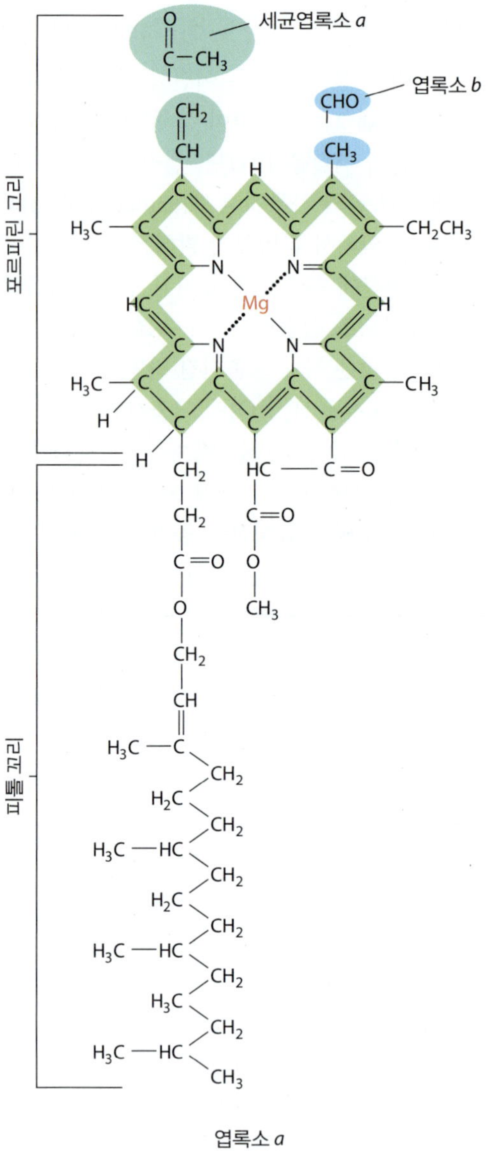

그림 10.6 엽록소 *a*의 구조. 엽록소 분자는 중앙의 마그네슘 이온을 가진 포르피린 고리[porphyrin ring, 4개의 작은 피롤 고리(pyrrole ring)로 구성되어 있음]와 긴 탄화수소 꼬리(phytol tail)로 이루어져 있다. 포르피린 가장자리 주위로 표시된 초록색 부위는 전자들이 다른 위치로 이동하여 전자구름을 형성하는 것을 나타낸다. 엽록소에서 마그네슘을 갖는 포르피린의 구조는 <그림 9.12>에 표시된 철을 함유하는 헴(heme)의 포르피린에 비교할 수 있다. 엽록소 *b*와 세균 엽록소 *a*는 표시된 부분에서 각각 특이적 작용기를 갖는다. 예로서, 두 번째 고리에 $—CH_3$기는 엽록소 *b*에서 —CHO기로 바뀐다. 엽록소 *a*는 산소를 생산하는 모든 광합성 생물들이 갖고 있지만, 여러 종류의 유황세균에는 없다. 엽록소 *a*에 더불어, 엽록소 *b*도 모든 고등식물과 녹조류에 있다. 이 그림에 표시되지 않은 엽록소 *c*는 갈조류, 규조류, 일부 원생동물 등에 있으며, 엽록소 *d*는 홍조류에 있다. 세균 엽록소는 광합성에서 산소를 생산하지 않는 초록색 세균과 자주색 세균에서만 발견된다.

광합성 색소들

색소(Pigments)는 가시광선 속의 특정한 파장의 빛만 흡수하기 때문에 색깔을 갖는 화합물들이다. 엽록소는 우리 눈에 반사되는 초록색 파장 이외에 파란색과 빨간색 파장을 가장 강하게 흡수한다. 엽록체는 상당히 많은 엽록소 색소를 갖기 때문에, 잎은 초록색이다. 엽록소의 구조를 **그림 10.6**에 나타내었다. 각 엽록소 분자는 2부분으로 구성되어 있다. 즉, (1) 포르피린 고리(porphyrin ring)는 빛을 흡수하는 기능을 하며, (2) 소수성인 피톨 사슬(phytol chain)은 엽록소를 틸라코이드 막 속에 묻힌 상태로 유지시킨다. 헤모글로빈과 미오글로빈에서 빨간색을 띄게 하고 철을 포함하는 포르피린(헴기, heme group)과 다르게, 엽록소 분자의 포르피린은 마그네슘(Mg) 원자를 함유한다. 포르피린 고리의 가장자리를 따라서 단일결합과 이중결합이 교대로 바뀌면서 연결되어 있는데, 이들 결합을 따라서 전자가 다른 위치로 이동하여 포르피린 고리 주위에 전자구름을 형성한다(그림 10.6). 이런 유형의 시스템을 **공액**(*conjugated*) 상태라고 하며, 가시광선을 강력하게 흡수한다. 흡수된 에너지는 그 분자의 전자밀도를 재분배시키며, 이어서 방출된 전자는 선호에 따라 차례대로 적절한 수용체로 가게 된다. 또한 공액 결합시스템은 특정 파장 범위에 있는 에너지를 흡수하기 위해 개개의 분자들이 최대로 흡수할 수 있는 특정 파장대를 확장한다. 이러한 특성은 정제한 엽록소 분자들의 흡수스펙트럼에서 확실히 나타난다(**그림 10.7**). **흡수스펙트럼(absorp-**

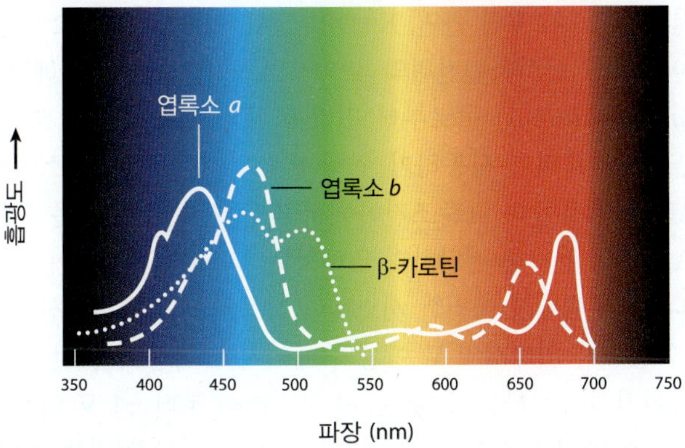

그림 10.7 고등식물에서 여러 가지 광합성 색소들의 흡수스펙트럼. 배경에 있는 색깔들은 우리가 가시 스펙트럼의 파장들로 인식한다. 엽록소(chlorophyll)는 스펙트럼의 보라색, 파란색, 빨간색 영역에서 빛을 가장 강력하게 흡수하는 반면에, 카로티노이드(예: β-카로틴)는 초록색 영역에서 흡수한다. 홍조류와 시아노박테리아는 스펙트럼의 중간 영역의 빛을 흡수하는 다른 색소(피코빌린, phycobilin)를 갖고 있다.

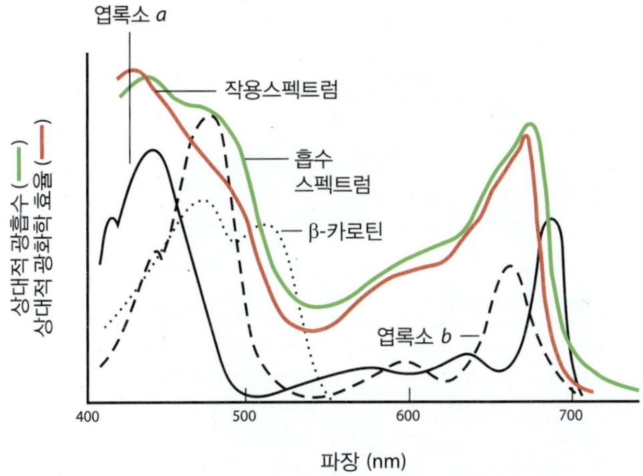

그림 10.8 광합성의 작용스펙트럼. 작용스펙트럼(action spectrum, 빨간색 선)은 다양한 파장의 빛이 식물 잎에서 광합성을 촉진할 수 있는 상대적 효율을 나타낸다. 작용스펙트럼은 잎을 다양한 파장에 노출시킨 후 생산된 산소(O_2)를 측정하여 만들어질 수 있다. 검은색 선은 주요 광합성 색소들의 흡수스펙트럼(absorption spectrum)을 표시한 것이다. 초록색 선은 모든 색소들의 흡수스펙트럼을 합쳐서 나타낸 것이다.

tion spectrum)은 파장에 대하여 흡수한 빛의 강도를 도면으로 나타낸 것이다. 틸라코이드 내부에 위치한 광합성 색소들에 의해 흡수된 파장들의 범위는 더 증가하는데, 그 이유는 그 색소들이 서로 다른 다양한 폴리펩티드들과 비공유결합을 하기 때문이다.

광합성하는 생물에서 포르피린 고리 옆에 부착된 작용기가 달라짐에 따라서 다른 엽록소가 나타난다. 이 색소들의 구조가 그림 10.6에 나타나 있다. 엽록소들은 주요한 빛을 흡수하는 광합성 색소이지만, 육상식물들은 다음과 같은 β-카로틴(β-carotene)을 포함하며 공액 이중결합의 선상 구조를 갖는 카로티노이드(*carotinoid*)라는 주황색과 빨간색의 보조색소(accessary pigment)도 갖고 있다.

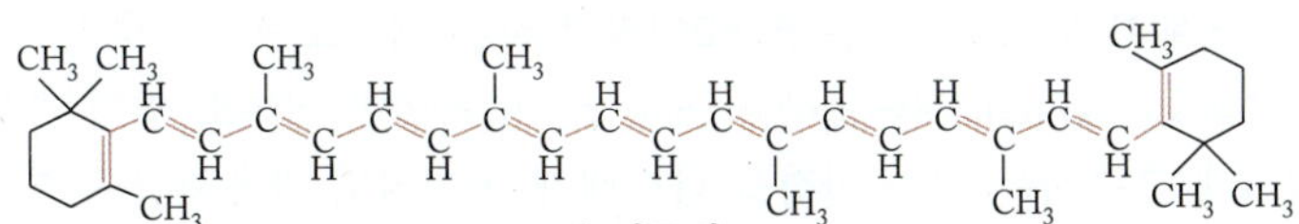

β-카로틴

카로티노이드는 주로 스펙트럼에서 파란색과 초록색 영역의 빛을 흡수하는 반면(그림 10.7), 노란색, 주황색, 빨간색 영역의 빛을 반사시킨다. 카로티노이드는 당근, 오렌지, 그리고 가을철 동안 일부 식물의 잎에서 특별한 색깔을 만든다. 카로티노이드는 여러 작용을 한다: 즉, 광합성을 하는 동안 2차적인 빛 수집기(light collector)의 역할을 하며, 여기된 엽록소 분자들로부터 과잉 에너지를 열로 발산시킨다. 만일 이런 과잉 에너지가 카로티노이드에 의해 흡수되지 않으면 에너지가 산소에 전달될 수 있고, 그러면 이 산소는 생물학적 분자를 파괴하고 세포를 죽음에 이르게 할 수 있는 1중항산소($^1O_2$)(singlet oxygen)라는 과도한 활성 형태인 분자가 된다.

잎에 도달한 빛은 다양한 파장으로 구성되어 있기 때문에, 흡수 파장이 다양한 색소들은 광자들을 더 많이 받아 들일 수 더 효율적으로 광합성을 할 수 있다. 이것은 다양한 파장의 빛에 의해 생긴 상대적인 광합성 비율(효율)을 그래프로 나타낸 **작용스펙트럼(action spectrum)**의 연구에서 볼 수 있다(**그림 10.8**). 단순히 특정한 색소들에 의해 흡수된 빛의 파장을 측정한 흡수스펙트럼과는 다르게, 작용스펙트럼은 특정한 생리학적 반응을 일으키는 데 있어서 효과적인 파장을 구분할 수 있게 한다. 광합성의 작용스펙트럼은 엽록소와 카로티노이드의 흡수스펙트럼과 거의 비슷한 패턴으로 나타나는데, 이것은 광합성과정에 이 색소들이 참여한다는 것을 의미한다.

10.5 광합성 단위와 반응중심

1932년, 캘리포니아공과대학교(California Institute of Technology)의 로버트 에머슨(Robert Emerson)과 윌리엄 아놀드(William Arnold)가 한 실험에 따르면, 하나의 엽록체 속에 있는 모든 엽록소 분자들이 빛에너지를 화학에너지로 전환시키는 과정에 직접적으로 관여하지 않음을 알 수 있다. 녹조류(*Chlorella*) 현탁액에 극히 짧은 시간 동안 포화 강도의 섬광을 비춰서, 광합성 동안 최대의 산소를 생산하는 데 필요한 빛의 최소량을 결정하였다. 현탁액 속에 있는 엽록소 분자의 수를 기초로 하여, 그들은 짧은 섬광을 2,500개의 엽록소 분자에 비추었을 때, 산소 1분자가 방출된 것으로 계산하였다. 그 후에 Emerson은 산소 1분자를 생산하기 위해서는 최소 8개의 광자가 흡수되어야 한다는 것을 밝혔다. 그런데 이것은 엽록체들이 물을 산화하여 산소를 발생시키는 데 필요한 것으로 보이는 엽록소 수의 약 300배 만큼이나 많은 엽록소 분자를 갖고 있다는 뜻이다.

이러한 발견에 대한 한 가지 가능한 해석은 매우 적은 숫자의 엽록소 분자만이 광합성에 관여한다는 것이다. 그러나 실제로는 그렇지 않다. 오히려, 수백 개의 엽록소 분자들이 하나의 **광합성 단위(photosynthetic unit)**로서 함께 작용한다. 이 단위에서 단 하나의 엽록소—**반응-중심 엽록소(reaction-center chlorophyll)**—만이 실제로 전자를 전자수용체에 전달한다. 많은 색소 분자들이 빛에너지를 화

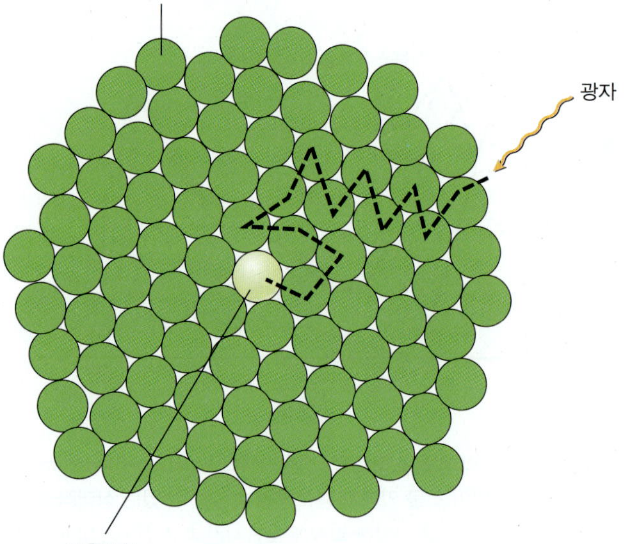

그림 10.9 여기된 에너지의 전달. 에너지는 반응-중심 엽록소에 도달할 때까지, 점점 더 긴 파장의 빛을 흡수하는 색소 분자들의 연결망을 통해서 무작위로 전달된다. 이 장의 뒤에 기술하겠지만, 반응-중심 엽록소 덕분에, 여기된 전자는 1차 수용체로 전달된다.

학에너지로 전환시키는 데 직접적(*directly*)으로 참여하지는 않지만, 이 색소들이 빛을 흡수한다. 이 색소 분자들은 빛을 수확하는 **안테나(antenna)**를 형성하는데, 이 안테나는 다양한 파장의 광자를 흡수하여 에너지[여기에너지(*excitation energy*)라고 하는]를 반응중심에 색소 분자로 아주 빠르게 전달한다.

하나의 색소 분자로부터 다른 분자로의 여기에너지 전달은 분자들 사이의 거리에 매우 민감하다. 안테나인 엽록소 분자들은 서로 아주 가까이 있으며(1.5 nm 이하의 거리), 내재막 폴리펩티드들 사이에 비공유결합에 의해 적절한 방향으로 위치를 유지하고 있다. 안테나 색소들 사이에 작동되는 하나의 "규칙"은 에너지가 오직 동일한 양의 에너지 또는 더 적은 양의 에너지를 요구하는 분자로만 전달되는 것이다. 바꿔 말하면, 에너지는 오직 공여체 분자에 의해 흡수된 것과 동일하거나 흡수된 것보다 긴 파장(낮은 에너지)의 빛을 흡수하는 색소 분자로만 전달될 수 있다. 에너지는 광합성 단위를 거쳐 "돌아다닐" 때, 본래보다 더 긴 파장에서 흡수된 색소 분자로 계속 반복해서 전달된다(**그림 10.9**). 결국 에너지는, 그 이웃에 있는 어떤 파장보다 가장 긴 파장의 빛을 흡수하는 반응중심의 엽록소로 전달된다. 에너지가 반응중심에 다다르면, 빛 흡수에 의해 여기된 전자는 이들의 그 다음 수용체로 전달될 수 있다.

산소의 형성: 2개의 다른 광합성계의 작용을 조직화함

물을 전자의 공급처로 사용할 수 있는 생명체의 진화는 광합성 기구에 큰 변화를 가져 왔다. 이 변화의 원인은 산소를 발생하는(oxygenic) 광합성의 에너지론을 고려함으로써 밝혀졌다. O_2-H_2O 짝의 표준 산화환원전위는 +0.82 V인 반면, $NADP^+$-NADPH 짝은 −0.32 V이다(표 9.1). 이 2쌍의 산화환원전위의 차이(1.14 V)는 표준조건하에서(*under standard conditions*) 물로부터 전자를 제거하여 이들을 $NADP^+$까지 전달하는 체계가 작동하기 위해 흡수되어야 하는 최소에너지이다. 그러나 세포들이 표준조건하에서 작동하지 않기 때문에 물로부터 $NADP^+$로 전자를 전달하기 위해서는 최소에너지 양 이상을 필요로 한다. 엽록체에서 이러한 시스템이 작동하는 동안, 이 산화환원반응을 수행하기 위해서 2 V 이상의 에너지가 사용되는 것이 측정되었다. (여기서 2 V라는 수치는, +1 V 이하로부터 −1 V 이상까지로서 **그림 10.10**의 왼쪽에 표시하였다.) 680 nm 파장(적색광)의 광자 1 mol은 1.8 V의 산화환원전위 변화와 동일하다. 즉, 표준조건(1.14 V) 하에서 적색광의 광자 1개가 하나의 전자를 $NADP^+$의 환원에 필요한 에너지 수준으로 끌어올린다는 것이 이론적으로 가능하더라도, 세포 속에서 그 과정은 서로 다른 두 가지 빛-흡수 반응이 연계된 작용을 통해 이루어진다.

광합성의 빛흡수반응은 **광계(photosystem)**라고 하는 커다란 색소단백질 복합체에서 일어난다. 산소 발생 광합성에서 이용된 두 가지 빛흡수반응을 촉매시키기 위해 두 가지 유형의 광계가 필요하다. **광계 II(Photosystem II, PSII)**는 전자들의 에너지수준을 물의 에너지수준 이하에서부터 중간 지점까지 끌어 올린다(그림 10.10). **광계 I(Photosystem I, PSI)**은 전자들의 에너지수준을 중간 지점에서부터 $NADP^+$ 에너지수준의 훨씬 위까지 끌어 올린다. 두 광계는 연속적으로 작용한다. 이 두 광계는 서로 다른 광화학 반응을 중재할지라도, 광합성 세균세포에서는 물론, 식물들에서도 두 광계에서의 단백질 조성과 전체 구조가 매우 유사하다. 이렇게 공통적인 특성을 보면, 모든 광합성 반응중심들이 30억 년 이상 동안 보존되어 온 공통 조상의 구조에서부터 진화했음을 말해준다.

광계 II의 반응중심은 **P680**이라고 하는 엽록소 2량체이며, "P"는 "색소(pigment)"를 뜻하고 "680"은 이 특별한 엽록소 쌍이 가장 강하게 흡수하는 빛의 파장을 나타낸다. 광계 I의 반응중심도 엽록소 2량체이며 이를 **P700**이라고 한다. 태양 빛이 틸라코이드 막에 부딪치면, 에너지가 PSII와 PSI의 양쪽 안테나 색소들에 의해 흡수되어 두 광계의 반응중심으로 전달된다. 2개의 반응중심 색소의 전자들은 바깥 궤도로 올라가게 되고, 각 전자는 **1차 전자수용체(primary electron acceptor)**에 전달된다. 전자를 잃은 후, PSII와 PSI의 반응중심 엽록소들은 각각 $P680^+$ 및 $P700^+$이라고 하는 양으로 하전된 색소가 된다. 이어서 전자수용체들은 음으로 하전된다. 본질적으로, 광계들 속에서 이루어지는 이러한 전하의 분리가 광-의존반응—빛에너지를 화학에너지로 전환—이다. 양으로 하전된 반응중심들은 전자를 끌어당기는 물질로 작용하며 음으로 하전된 수용체들은 전자공여체로 작용한다. 결국, 각 광계 속에서 전하가 분리되는 것은 특별한 운반체들의 사슬에 따라서 전자들의 흐름을 준비하는 것이다.

10.6 광계 II와 광계 I의 작동

두 광계가 연속적으로 작용하는 산소발생 광합성에서, 전자의 흐름

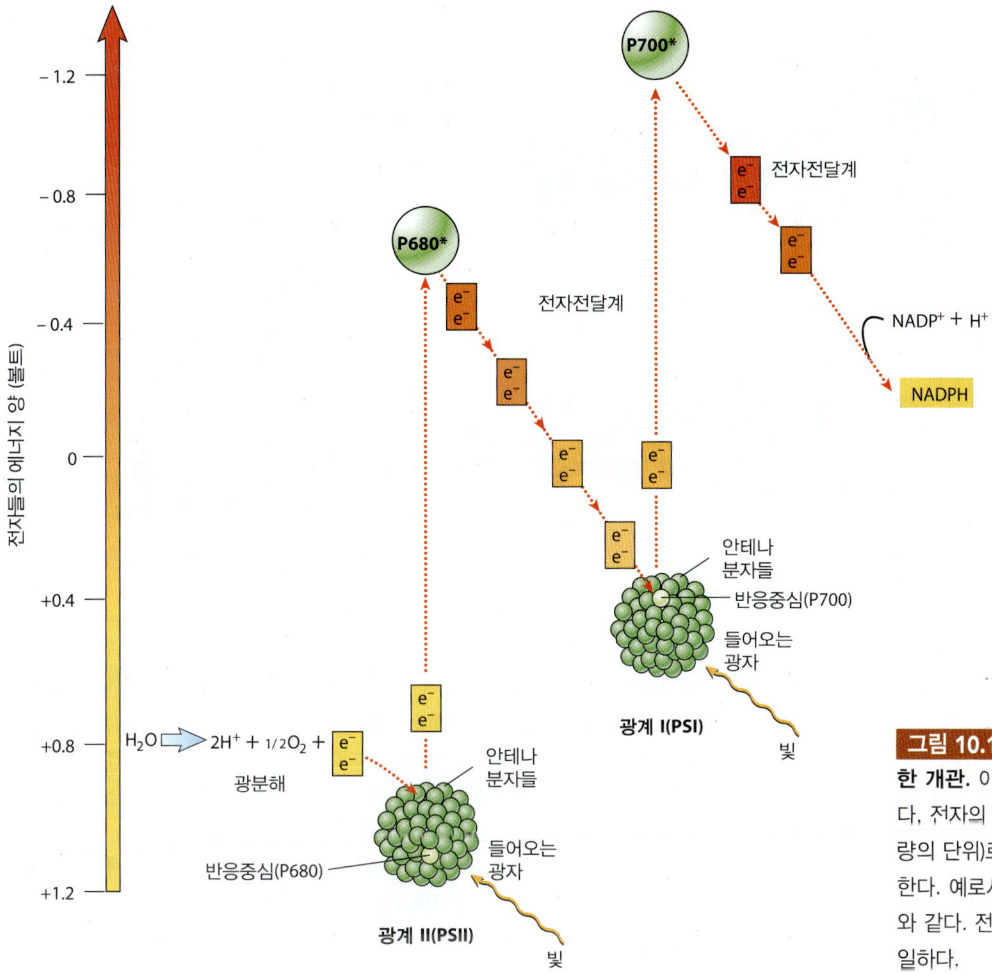

그림 10.10 광합성의 광-의존반응 과정 동안 전자 흐름에 대한 개관. 이 개요도에 묘사된 사건은 다음 쪽에 자세히 기술하였다. 전자의 에너지 양은 볼트(전압의 단위)이다. 볼트를 킬로리(열량의 단위)로 바꾸기 위해서, 페러데이 상수인 23.06 kcal/V를 곱한다. 예로서, 전자의 2.0 V의 차이는 46 kcal/mole 에너지 차이와 같다. 전자의 약 42 kcal/mole은 적색광(680nm) 에너지와 동일하다.

은 3개의 구간—물에서 PSII로, PSII에서 PSI로, PSI에서 $NADP^+$로—을 따라, 즉 Z도식(*Z scheme*)이라고 하는 배열을 따라 일어난다(그림 10.10). 미토콘드리아의 호흡사슬을 구성하는 요소들과 같이(제9장), Z도식에서 대부분의 전자운반체들은 커다란 막 단백질 복합체들로 이루어져 있다(그림 10.16 참조). 세월이 지나면서, 연구자들은 이 복합체들의 자세한 구조를 조금씩 밝혀내고 있다. 이러한 노력은 지난 몇 년간 많은 연구소에서 PSI과 PSII의 X-선 결정구조를 점점 더 고분해하는 수준으로 발표하면서 절정에 이르렀다. 이에 대한 연구는 **그림 10.11**, 10.15, 10.16에 보이는 광합성 구조의 기초를 만들었다.

미토콘드리아에서처럼, 전자전달은 에너지를 방출하여 양성자 기울기를 만드는 데 사용되고, 양성자 기울기는 ATP를 합성하게 하는 원동력이 된다. 10.9절에 언급할 것처럼, 엽록체에서 생산된 ATP는 우선 탄수화물을 합성하는 데 사용된다. 엽록체 밖에서 이용되는 ATP는 주로 식물세포의 미토콘드리아에서 생산된다.

PSII의 작동: 물의 분해로 전자를 얻음

광계 II는 틸라코이드 막을 가로질러 양성자 기울기를 형성하기 위해 흡수한 빛에너지를 사용한다. 식물세포에서 PSII는 20가지 이상의 폴리펩티드로 된 복합체로서, 이들 대부분은 틸라코이드 막 속에 묻혀 있다. 이 단백질들 중 D1과 D2의 두 단백질은 특히 중요한데, 이 두 단백질이 모두 P680 반응중심엽록소 2량체 및 광계에서 전자전달에 포함된 모든 보조요소들 등과 결합하기 때문이다(그림 10.11).

PSII 작용의 첫 번째 단계는 안테나 색소에 의한 빛의 흡수이다. PSII를 위해서 태양의 빛에너지를 모으는 안테나 색소들의 대부분은 **광수확복합체 II(light-harvesting complex II, LHCII)**라고 하는 하나의 격리된 색소단백질 복합체 속에 있다. LHCII 단백질은 엽록소와 카로티노이드 등과 결합하며 광계 핵심부의 바깥쪽에 위치한다(그림 10.11*a*).

PSII에서부터 플라스토퀴논까지 전자의 흐름 여기상태의 에너지는 LHCII의 바깥쪽 안테나 색소들로부터 PSII의 핵심부 내부에 위치한 몇몇 안쪽 안테나 엽록소 분자들로 전달된다. 여기서부터, 그 에너지는 결국 PSII 반응중심까지 전달된다. 여기된 반응중심색소(P680*)는 빛에 의해 여기된 전자 하나를 그들과 매우 가까이에 위치한 엽록소 유사 1차 전자수용체인 피오피틴(pheophytin, Pheo) 분자에 전달한다(그림 10.11*a*, 1단계). 이러한 전자전달은 PSII에서 양으로 하전된 공여체($P680^+$)와 음으로 하전된 수용체($Pheo^-$) 사이에 전하 분리를 발생시킨다.

반대로 하전된 2분자, 즉 $P680^+$ 및 $Pheo^-$ 형성의 중요성은 이 2분자의 산화환원 능력을 고려할 때 더 확실해진다. $P680^+$는 전자가

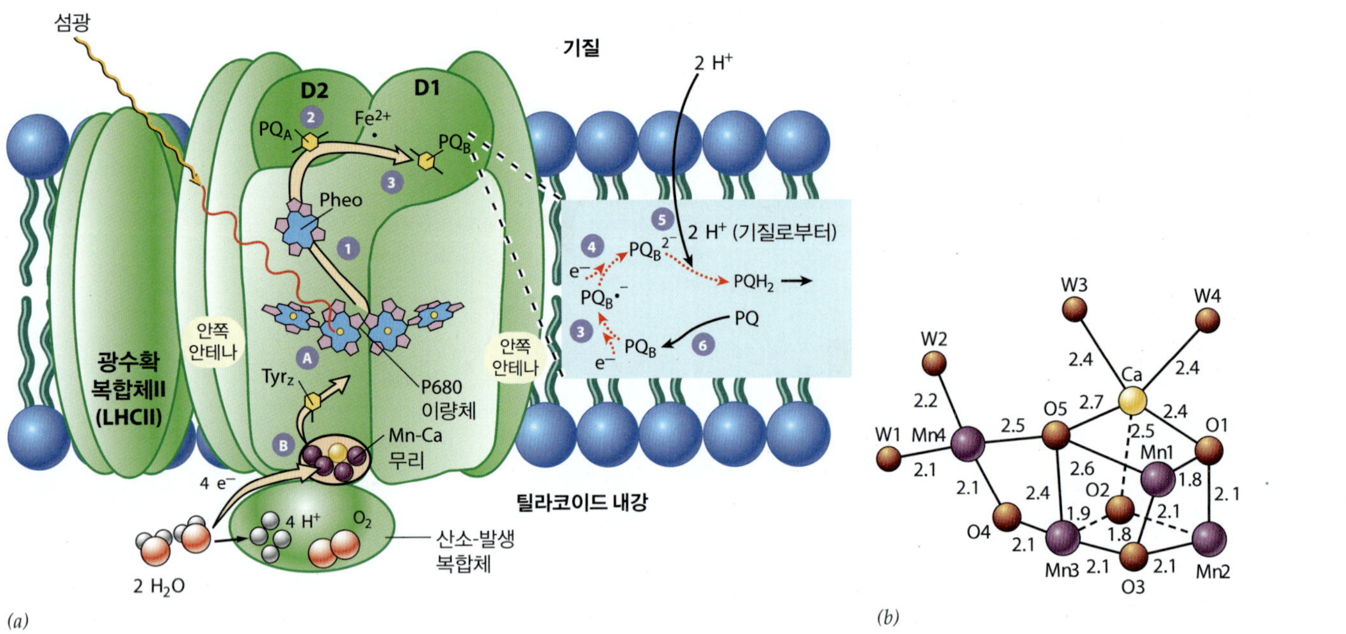

그림 10.11 **광계 II의 기능적인 조직도.** (*a*) 커다란 단백질-색소 복합체를 단순화시킨 도식 모형. 이 복합체는 빛에 의한 물의 산화와 플라스토퀴논의 환원을 촉진시킨다. 전자들이 지나는 경로는 노란색 화살표로 나타내었다. 이 경로는 바깥쪽의 광수확복합체 II(LHCII)에 있는 안테나 색소들이 빛을 흡수함으로써 시작된다. 에너지는 LHCII로부터 안쪽의 안테나 색소-단백질복합체를 거쳐 P680 반응-중심 엽록소 *a* 분자로 전달된다. 이 엽록소 *a* 분자는 가까이 위치하고 있는 4개의 엽록소 *a* 분자(P680 이량체와 2개의 보조 엽록소 *a* 분자) 중의 하나이다. 이 에너지를 P680이 흡수함으로써 전자를 여기상태로 만들고, 전자는 PSII의 1차 전자수용체인 피오피틴(pheophytin, Pheo)으로 전달된다(1단계). [피오피틴은 마그네슘(Mg^{2+}) 이온이 없는 엽록소 분자이다.] 이어서 전자는 플라스토퀴논(PQ_A)으로 전달되고(2단계), 다음에 비헴(non-heme) Fe^{2+}를 거쳐 PQ_B로 전달되어(3단계) 음으로 하전된 자유기(基) $PQ_B^{\cdot-}$를 형성한다. 두 번째로 흡수된 광자는 똑같은 경로를 따라서 두 번째 전자를 내보내, 수용체를 PQB_2^-로 전환시킨다(4단계). 그리고 2개의 양성자가 기질로부터 들어와서 PQH_2를 발생시키고(5단계), 이것은 지질2중층 속으로 방출되며 새로 산화된 PQ_B 분자로 대체된다(6단계). 위와 같은 일이 일어날 때, 전자들은 물(H_2O)에서부터 Tyr_z를 거쳐 양으로 하전된 반응-중심 색소로 이동한다(B와 A단계). 그래서 전체적으로, PSII는 물에서부터 플라스토퀴논까지 전자전달을 촉진시킨다. 1분자의 산소(O_2)를 방출시키기 위해 2분자의 물(H_2O)을 산화시킴으로써, 2분자의 PQH_2를 발생시킨다. 물의 산화에 의해 양성자들이 틸라코이드 내강 속으로 방출되며, PQ_B^{2-}의 환원으로 양성자들이 스트로마로부터 제거되기 때문에 PSII가 작동하면서 양성자(H^+)의 기울기가 크게 형성된다. 그림은 이량체인 PSII 복합체 중 하나의 단량체를 보여준다. (*b*) 1.9 Å 해상도로 분석할 수 있는 엑스선 결정학에 의해 밝혀진, 산소를 발생시키는 복합체인 Mn_4CaO_5 클러스터 모형. 이 모형에서, 3개의 망간(Mn) 원자(#1–3), 1개의 칼슘(Ca) 원자, 4개의 산소 원자(#1, 2, 3, 5)는 근처의 네 번째 망간 원자와 5번째의 산소 원자 간에 작용을 갖는 비대칭적 정육면체와 유사한 구조로 배열된다. 2개의 물 분자는 칼슘과 결합하고 또 다른 2개 물 분자는 Mn_4와 결합한다. 기질인 물 분자들 중의 하나는 네 번째 망간 이온과 결합되고 다른 기질의 물 분자는 칼슘 이온과 결합한다. 이렇게 결합한 2개의 물 분자에 있는 산소 원자들 사이의 작용은 O═O 결합을 형성하게 한다.

결여된 상태이어서 전자를 받아들일 수 있는 산화제가 된다. 대조적으로, $Pheo^-$는 여분의 전자를 갖고 있어 환원제가 된다. 이러한 일—빛에 의해 산화제와 환원제를 형성하는 것—은 10억분의 1초 이하의 시간이 걸리며 광합성에 있어 필수적인 첫 번째 과정이다.

이 두 가지 물질은 반대로 하전 되어 있기 때문에, $P680^+$ 및 $Pheo^-$는 서로 뚜렷한 반응성을 보인다. 반대로 하전된 이 물질들 사이에 상호작용이 일어나지 않기 위해 분리된 전하들은 다수의 다른 자리들을 통과하여 결국은 막의 반대쪽으로 더 멀리 이동하게 된다.

$Pheo^-$는 막의 바깥(기질) 쪽에 결합된 플라스토퀴논[plastoquinone(PQ), 여기에서는 PQ_A로 표시] 분자에게 전자를 전달한다(그림 10.11*a*, 2단계). 플라스토퀴논은 유비퀴논(ubiquinone)의 구조(그림 9.12*c* 참조)와 비슷한 지용성 분자이다(**그림 10.12**). 전자는 PQ_A으로부터 두 번째 플라스토퀴논(PQ_B)으로 전달되어(그림 10.11*a*, 3단계), 반쯤 환원된 형태의 분자($PQ_B^{\cdot-}$)를 형성하며, 이 분자는 반응중심의 D1 단백질에 단단히 결합된 채로 남아있다. 이러한 전달로 인해서 전자는 막의 기질 쪽으로 더욱 가까이 이동한다.

양으로 하전된 색소($P680^+$)는 P680으로 다시 환원되어(아래에 기술된 바와 같이), 다른 광자를 흡수하기 위한 반응중심을 준비한다. 두 번째 광자를 흡수하면, 에너지를 지닌 두 번째 전자를 P680으로부터 피오피틴, PQ_A, ($PQ_B^{\cdot-}$) 등의 경로를 따라 내보내어 PQ_B^{2-}를 형성한다(그림 10.11*a*, 4단계). PQ_B^{2-}는 2개의 양성자와 결합하여 플라스토퀴놀(plastoquinol, PQH_2)을 만든다(그림 10.11*a*, 5단계; 그림 10.12). PQH_2를 형성하는 데 사용된 양성자들은 기질로부터 유래하며, 기질의 H^+ 농도를 감소시켜 양성자기울기를 만드는 데 기여한다. 환원된 PQH_2 분자는 D1 단백질에서 분리되어 지질2중층 속으로 확산된다. 이탈한 PQH_2는 2중층 속에 있는 플라스토퀴논 분자들의

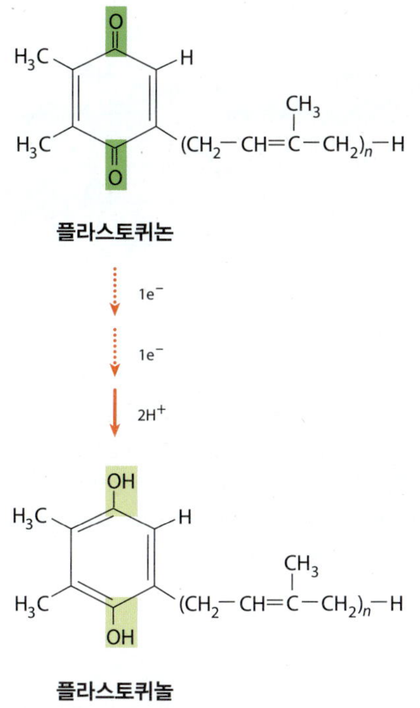

그림 10.12 **플라스토퀴논(plastoquinone).** 플라스토퀴논(PQ)은 2개의 전자와 2개의 양성자를 받아서 플라스토퀴놀(PQH_2)로 환원된다. 중간산물은 <그림 9-12c>에 나타낸 미토콘드리아에서 유비퀴논과 유사하다.

작은 "공급원(pool)"으로부터 완전 산화된 PQ 분자로 교체된다(그림 10.11*a*, 6단계). PSII 반응에서 이 부분을 다음 식으로 요약할 수 있다.

$$2\,e^- + \text{PQ} + 2\,\text{H}^+_{\text{기질}} \xrightarrow{\text{2개 양성자}} \text{PQH}_2$$

간단히 살펴보자면, PSII에 의한 물 분자의 산화는 4개의 양성자가 필요하고, PSII 반응의 이 부분은 다음의 식으로 표현할 수 있다.

$$4\,e^- + 2\,\text{PQ} + 4\,\text{H}^+_{\text{기질}} \xrightarrow{\text{4개 양성자}} 2\,\text{PQH}_2$$

다음 절에서는 PQH_2에 의해 운반된 전자들(그리고 양성자들)의 운명을 추적할 것이다.

물에서부터 PSII까지 전자의 흐름 물에서 양성자와 산소 분자로 분해될 때, 물에서 유래한 모든 전자는 방출된다. 물은 수소와 산소 원자들과 단단히 결합되어 만들어진 매우 안정된 분자이다. 사실 물의 분해는 살아 있는 생물체 속에서 일어나는 것으로 알려진 것 중 열역학적으로 가장 어렵지만 실험해 볼만한 에너지 흡수반응이다. 실험실에서 물을 분해시키기 위해서는 강한 전류 또는 2,000°C에 가까운 온도를 사용해야 한다. 그러나 식물세포는 단지 가시광선의 에너지만을 사용하여 눈 덮인 산 사면에서도 이러한 일을 할 수 있다.

우리는 앞 절에서 PSII에 빛이 흡수됨으로써 하전된 2분자($P680^+$ 및 $Pheo^-$)가 어떻게 형성되는가를 보았다. 우리는 $Pheo^-$와 관련되어 있는 여기된 전자의 전달경로를 추적하였다. 이번에는 다른 종류인, 즉 현재까지 생물계에서 밝혀진 것 중 가장 강력한 산화제인 $P680^+$의 경로를 살펴보기로 한다. P680 산화형의 산화환원전위는 물에 단단히 결합되어 있는(저에너지) 전자를 끌어당겨서 물을 분해시킬 만큼 충분히 강하다(+0.82 V의 산화환원전위). 광합성하는 동안 물이 분해되는 것을 **광분해(photolysis)**라고 한다. 다음 등식에 따르면, 광분해 동안 1분자의 산소를 형성하기 위해서는 2분자의 물로부터 4개의 전자가 동시에(*simultaneous*) 소실되어야 한다.

$$2\,\text{H}_2\text{O} \xrightarrow{\text{4개 양성자}} 4\,\text{H}^+_{\text{내강}} + \text{O}_2 + 4\,e^-$$

그러나 하나의 PSII 반응중심은 한 번에 오직 하나의 양전하($P680^+$), 또는 산화등가물(oxidizing equivalent) 만을 발생시킬 수 있다. 이 문제를 해결하기 위해 1970년경 피에르 졸리오(Pierre Joliot)와 베젤 코크(Bessel Kok)는 에스상태 가설(S-state hypothesis)을 제안하였다. 이 가설은 광계에서 물을 산화시키기 위해 필요한 4개의 산화등가물이 축적된다는 것이다. 틸라코이드 내강(lumen)의 표면에는 PSII의 D1 단백질과 밀접하게 결합된 5개의 금속 이온들의 무리가 있다. 즉, 4개의 망간(Mn) 이온들과 1개의 칼슘 이온으로서, 이들은 산소-발생 복합체(*oxygen-evolving complex*)를 형성하는 몇 개의 표재단백질들에 의해 안정화되고 보호되어 있다(그림 10.11*a*). 망간-칼슘 무리의 기하학적 구조를 그림 10.11*b*에 보여주었고 그림에 대해 설명하였다. 망간-칼슘 무리는 4개의 전자를 $P680^+$ 근처로 한 번에 하나씩 전달하여 4개의 산화등가물을 축적한다. 망간-칼슘 무리에서부터 $P680^+$까지 각 전자의 전달(그림 10.11*a*에서 B와 A단계)은 중간 전자운반체, 즉 Tyr_z라고 하는 D1 단백질의 티로신(tyrosine) 잔기를 거쳐 통과함으로써 일어난다. 각 전자가 $P680^+$로 전달된 후, P680이 재생되며, 이 색소는 광계에 의해 다른 광자를 흡수하여 다시 산화된다($P680^+$으로 되돌아간다). 그래서 망간-칼슘 무리에 의한 4개의 산화등가물이 단계적으로 축적되는데, 이것은 PSII에서 4개의 광자를 연속적으로 흡수함으로써 추진된다. 일단 이 과정이 일어나면, 이 체계는 밀접하게 결합된 2개의 물 분자로부터 4개의 전자(e^-) 제거를 촉진할 수 있으며(그림 10.11*b*), 다음과 같이 나타낼 수 있다:

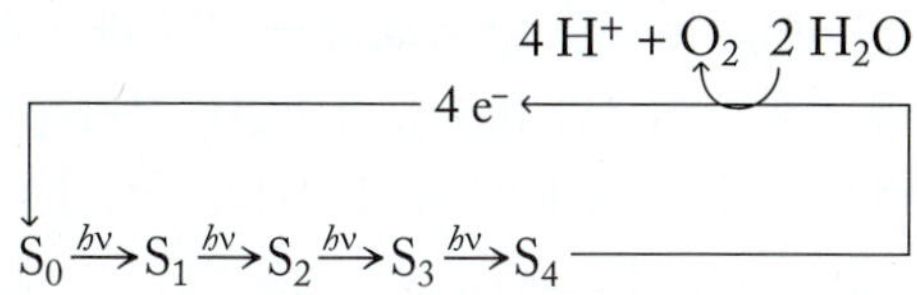

여기서 S 아래에 적은 첨자인 숫자는 망간-칼슘 무리에 의해 저장된 산화등가물의 숫자를 나타낸다. 산화등가물이 연속적으로 축적된다는 증거는 조류(algae) 세포를 매우 짧은(1 μsec) 섬광에 노출시킴으로써 처음 알려졌다(**그림 10.13**). 이 그래프에서 보면, 산소 발생이 매번 4번째 섬광이 비추어진 후에 절정에 이르는 것을 볼 수 있는데, 이것은 4개의 개별적 광반응의 영향이 산소가 방출되기 전에 축적되어야함을 나타낸다.

광분해반응에서 생산된 양성자들은 틸라코이드 내강 속에 남아서(그림 10.11), 양성자 기울기에 기여한다. 광분해반응에서 생산된 4개의 전자는 완전히 환원된 망간-칼슘 무리(S_0 상태)를 재생시키기 위해 사용되는 반면, 산소는 환경에 폐기물로서 방출된다.

PSII의 주제를 마치기 전에, 광계의 활성과 완전성이 오히려 강

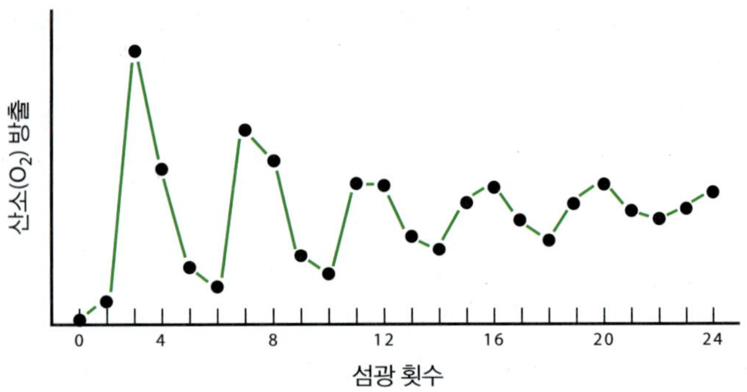

그림 10.13 산소 방출의 반응 속도 측정. 이 그래프는 빛이 없는 어두운 장소에 두었던 분리된 엽록체들에 연속적으로 아주 짧은 간격으로의 섬광을 비춰주었을 때의 반응을 보여주고 있다. 방출된 산소량은 4번째 섬광을 비출 때마다 최고점에 이른다. 첫 번째 정점은 암소에 머무를 때 망간 무리의 대부분이 S_1 상태(하나의 산화 등가물)로 존재하기 때문에 3번의(4번이 아니라) 섬광을 비춘 후 생긴다. 그래프의 진동은 섬광의 수가 증가함에 따라 줄어들게 된다.

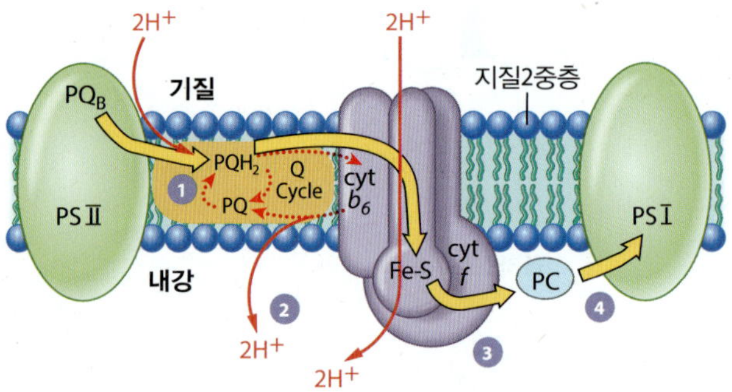

그림 10.14 PSII와 PSI 사이의 전자전달. 1쌍의 전자가 흐르는 경로는 노란색 화살표로 나타내었다. 시토크롬 b_6f는 미토콘드리아의 시토크롬 bc_1과 매우 유사한 방식으로 작동하며, 복합체를 통해서 이동하는 전자쌍마다 4개의 양성자를 전위시키는 Q 회로(본문에서 논의되지 않았음)에 관여한다. 환원된 플라스토퀴논, 즉 플라스토퀴놀(PQH_2)과 플라스토시아닌(PC)은 멀리 떨어져 있는 광계 사이에 전자를 수송할 수 있는 이동성 운반체이다.

한 광도(light intensity)에 의해 부정적인 영향을 받을 수 있음을 말하고 싶다. 이러한 현상을 광저해(*photoinhibition*)라고 한다. 과도하게 여기된 광계는 매우 강한 산화제나 매우 유독한 산소종을 만들어서 스스로 파괴되는 위험성을 가진다. 손상의 대부분은 광계의 활발한 산화환원중심들 및 망간-칼슘 무리와 결합하는 폴리펩티드(D1)를 표적으로 한다. 엽록체들은 선택적인 D1의 단백질 분해와 이를 새롭게 합성된 폴리펩티드분자로 대체하는 기작도 갖고 있다.

PSII에서부터 PSI까지 PSII의 반응중심에 2개의 양성자가 연속적으로 들어옴으로써 완전히 환원된 PQH_2 분자가 어떻게 형성되는지를 앞에서 설명하였다. 결과적으로, PSII에 의해 4개의 양성자가 흡수되어 1분자의 산소를 생산하고 2분자의 PQH_2를 형성하게 된다. PQH_2는 이동할 수 있는 전자운반체로서, 틸라코이드 막의 지질2중층을 통해 확산되어, **시토크롬** b_6f(*cytochrome* b_6f)라고 하는 큰 다단백질 복합체에 결합한다(그림 10.14). 각 PQH_2 분자는 자신이 갖고 있는 2개의 전자를 시토크롬 b_6f에 주고, 2개의 양성자를 틸라코이드 내강 속으로 방출한다. 시토크롬 b_6f는 미토콘드리아에서 전자전달 사슬의 시토크롬 bc_1의 구조 및 기능과 관련이 있다(383쪽). 이 두 복합체 모두 퀴놀(quinol)이 기질이며 비슷한 산화환원 작용기를 공유하고, 일부 동일한 저해제에 의해 해를 입을 수 있으며, 각 전자쌍에 대하여 4개의 양성자(H^+)를 전위시키는 Q 회로에 관여하는데, 미토콘드리아의 복합체 III와 유사하다(그림 9.17 참조). 이 경우에, 2개의 양성자가 PQH_2로부터 주어지며, 나머지 2개의 양성자는 스트로마로부터 복합체를 거쳐 전위된다. 이 양성자 모두는 스트로마에서 왔기 때문에, 내강 쪽으로의 양성자 방출은 틸라코이드 막을 가로지르는 양성자의 운동으로 이루어진다(그림 10.16*b* 참조). 시토크롬 b_6f로부터 나온 전자는 틸라코이드 막의 내강 쪽에 위치하는 막 표재 단백질이며, 구리를 함유하는 수용성 단백질인 **플라스토시아닌**(*plastocyanin*)이라는 또 다른 이동성 전자운반체로 전달된다(**그림 10.14**). 플라스토시아닌은 PSI의 양으로 하전된 반응중심색소인 $P700^+$로 전달하는 장소인 PSI의 내강 쪽으로 전자를 운반하여, 결국 PSII와 PSI 사이의 연결을 완성한다.

이 논의에서 기술된 모든 전자전달은 에너지방출반응이며, 전자를 전자친화력이 증가하는[더 높은 양(+)의 산화환원전위를 갖는] 운반체로 전달될 때 일어난다는 것을 기억해 두자. 이렇게 PQH_2나 플라스토시아닌과 같은, 이동성 전자운반체의 필요성은 두 광계(PSII와 PSI)가 막 속에서 서로 가까이 있지 않고 0.1 μm 정도의 거리로 떨어져 있다는 것이 알려지면서 더 확실해졌다.

PSI의 작동: NADPH의 형성

고등식물의 PSI은 12~14개의 폴리펩티드 소단위로 이루어진 반응중심 핵심부와 LHCI이라는 단백질결합 색소들의 주변부 복합체로 구성되어 있다. 빛에너지는 LHCI의 안테나 색소들에 의해 흡수되어, 엽록소 *a*의 2량체인 PSI 반응중심색소 P700으로 전달된다(**그림 10.15**). 에너지 흡수에 이어서, 여기된 반응중심색소(P700*)는 하나의 전자를, 1차 전자수용체로 역할을 하는 단량체 엽록소 *a* 분자(A_0로 표시)로 전달한다(그림 10.15, 1단계). PSII에서와 같이, 빛이 흡수되면 2개의 하전된 종류, 이 경우에는 $P700^-$ 와 A_0^-를 형성하게 된다. A_0^-는 약 −1.0 V의 산화환원전위를 갖는 매우 강한 환원제이며, 이 전압은 $NADP^+$(−0.32 V의 산화환원전위)를 환원시키기 위해 필요한 전압보다 훨씬 높다. $P700^+$ 색소의 양전하는 앞서 언급한 것처럼, 플라스토시아닌에서 온 전자를 받아서 중성화된다.

PSI에서 최초의 전하 분리는 다음 과정, 즉 전자가 A_0^-로부터 필로퀴논(*phylloquinone*, A_1로 표기되었음)이라는 퀴논의 한 유형에서부터 시작하여 다수의 보조요소들 그리고 이어서 3개의 철-황 무리(F_X, F_A, 그리고 F_B)를 거쳐서 안정된다(그림 10.15, 2~4단계). P700에서 $P700^+$로의 산화는 막의 내강 쪽에서 일어난다. 그림 10.15에 표시된 것과 같이, PSI을 통과하여 1차 전자수용체로부터 넘겨진 전자는 틸라코이드 막의 스트로마 쪽에 결합된 철-황 중심부를 통과한다.

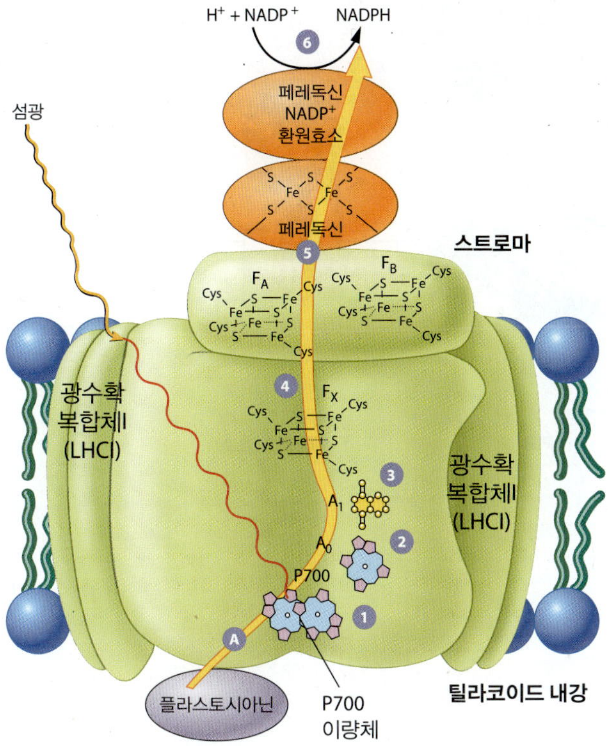

그림 10.15 PSI의 기능적 조직도. 전자들이 지나가는 경로는 노란색 화살표로 나타내었다. 안테나 색소에 의한 빛의 흡수로 시작하여 PSI 반응중심에서 P700 엽록소로 에너지를 전달한다. P700이 에너지를 흡수하면, 1개의 전자가 여기되고, PSI의 1차 전자수용체인 A_0로 전달된다(1단계). 이어서 전자는 A_1을 지나(2단계) F_X라는 철-황 중심부로 전달된다(3단계). F_X로부터 전자는, 틸라코이드 막의 스트로마 쪽에 있는 표재단백질과 결합한, 2개의 철-황 중심부(F_A와 F_B)를 더 거쳐 전달된다(4단계). 결국 전자는 PSI 복합체 외부에 있는 작은 철-황 단백질인 페레독신(ferredoxin)으로 전달된다(5단계). 2개의 서로 다른 페레독신 분자들이 각기 하나씩의 전자를 받고, 이들은 함께 1분자의 $NADP^+$를 NADPH로 환원시킨다(6단계). 전자-결핍 반응-중심 색소($P700^+$)는 플라스토시아닌으로 부터 받은 전자에 의해 환원된다(A단계).

PSI에서부터 차례로 전달되는 전자는 막의 스트로마 쪽 표면에 결합되어 있는 작고 수용성인 페레독신(*ferredoxin*)이라는 철-황 단백질로 전달된다(그림 10.15, 5단계). NADPH를 형성하기 위한 $NADP^+$의 환원은(그림 10.15, 6단계), 2개의 전자를 주고받을 수 있는 1개의 FAD 보결분자단을 가지는 커다란 페레독신-$NADP^+$ 환원효소에 의해 촉매된다. 개개의 페레독신 분자는 다음과 같은 환원과정에서 1개의 전자만을 줄 수 있기 때문에 2개의 페레독신이 함께 작용한다.

$$2\ \text{페레독신}_{\text{환원형}} + H^+ + NADP^+ \xrightarrow{\text{페레독신–NADP}^+\ \text{환원효소}} 2\ \text{페레독신}_{\text{산화형}} + NADPH$$

스트로마로부터 제거된 하나의 양성자는 틸라코이드 막을 가로질러서 양성자 기울기를 더 크게 만든다. PSII에서 했던 것처럼, 4개의 양성자 흡수를 기초로 하여, PSI의 전체적인 반응은 다음과 같이 쓸 수 있다.

$$4\,e^- + 2\,H^+_{\text{기질}} + 2\,NADP^+ \xrightarrow{\text{4개 양성자}} 2\,NADPH$$

페레독신으로 전달된 모든 전자가 NADPH로 가는 것은 아니다. 즉, 특정한 생물체와 조건에 따라서 다른 경로가 취해질 수 있다. 예로서, PSI에서 나온 전자들은 다양한 종류의 무기 수용체를 환원시키는데 사용될 수 있다. 이러한 전자경로는 생물학적 분자의 주요 구성요소인 질산염(NO_3^-)을 암모니아(NH_3)로, 또는 황산염(SO_4^{2-})을 황화수소(—SH)로 환원시킬 수 있다. 그래서 태양 에너지는 대부분의 산화된 탄소 원자들(CO_2)을 환원시킬 뿐만 아니라, 매우 산화된 질소와 유황 원자를 환원시키는 데도 사용된다.

10.7 광합성에서 전자전달의 개요

그림 10.16a는 틸라코이드 막의 광-의존반응에 관련된 주요 구성요소들의 분자구조를 나타낸 것이다. 이러한 구조들의 정보는 분자수준에서 광합성에 대한 많은 의문을 밝히는 데 있어서 매우 중요하다. 만일 우리가 산소를 발생시키는 광합성에서 일어나는 전자전달의 전체 과정(그림 10.16*b*에 요약됨)을 돌이켜 본다면, 빛을 흡수하는 2종류의 광계의 작용에 의해 전자가 물에서부터 $NADP^+$로 이동한다는 것을 알 수 있다. PSII에서는 물로부터 산소를 생산할 수 있는 강한 산화제를 만드는 반면, PSI에서는 $NADP^+$로부터 NADPH를 생산할 수 있는 강한 환원제를 만든다. 살아 있는 생물에서 이 두 가지 일은 산화환원작용의 서로 반대편 끝에 위치해 있다. 412쪽에서 언급했듯이, 1분자의 산소를 생산하기 위해서는 2분자의 물에서 전자 4개를 제거해야 한다. 물로부터 4개의 전자를 제거하기 위해서는 각 전자로부터 1개씩, 4개의 양성자를 흡수해야 한다. 동시에, 1분자의 $NADP^+$를 환원시키기 위해서는 2개의 전자가 전달되어야 한다. 따라서 이론적으로, 만일 단 하나의 광계가 H_2O로부터 $NADP^+$로 전자를 전달한다면, 4개의 양성자는 2분자의 NADPH를 생산하는데 충분할 것이다. 세포에서는 2개의 광계를 사용하여, PSII에서 4개 양성자, PSI에서도 4개의 양성자를 만들어서 총 8개의 양성자를 만든다. 바꾸어 말하면, 1몰의 산소 분자와 2몰의 NADPH를 형성하기 위해서 세포는 전체 8몰의 양성자를 흡수해야 한다. 그래서 잠시 이 양성자들을 무시하고(*ignoring the protons for a moment*), 만일 PSII와 PSI의 반응을 합친다면, 전체 광-의존반응을 다음과 같은 방정식으로 나타낼 수 있다.

$$2\,H_2O + 2\,NADP^+ \xrightarrow{\text{8개 양성자}} 1\,O_2 + 2\,NADPH$$

(전반적인 광-의존반응의 개괄)

이에 더하여, 광합성의 광-의존반응은 틸라코이드 막을 가로질러 양성자 기울기를 만들어서 ATP를 형성하게 된다. 이 양성자 기울기는 스트로마로부터 제거한 H^+를 틸라코이드 내강 속으로 추가하면서 만들어진다. 양성자 기울기는 (1) 내강 속에서 물의 분해, (2) 내강 쪽으로 양성자를 방출하는 시토크롬 b_6f에 의한 플라스토퀴논(PQH_2)의 산화, 그리고 (3) 스트로마로부터 양성자를 제거하는 $NADP^+$와 PQ의 환원 등으로 만들어진다.

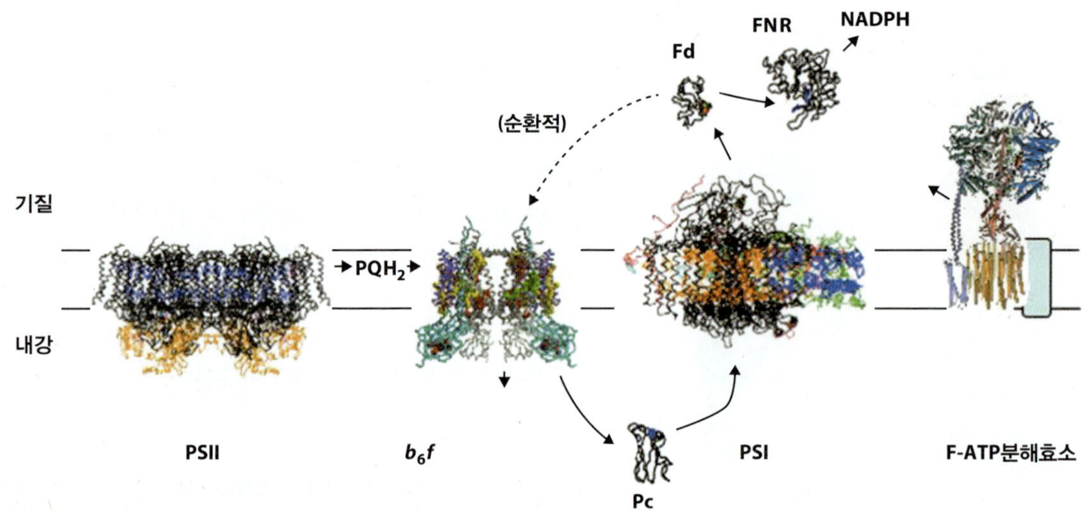

(a)

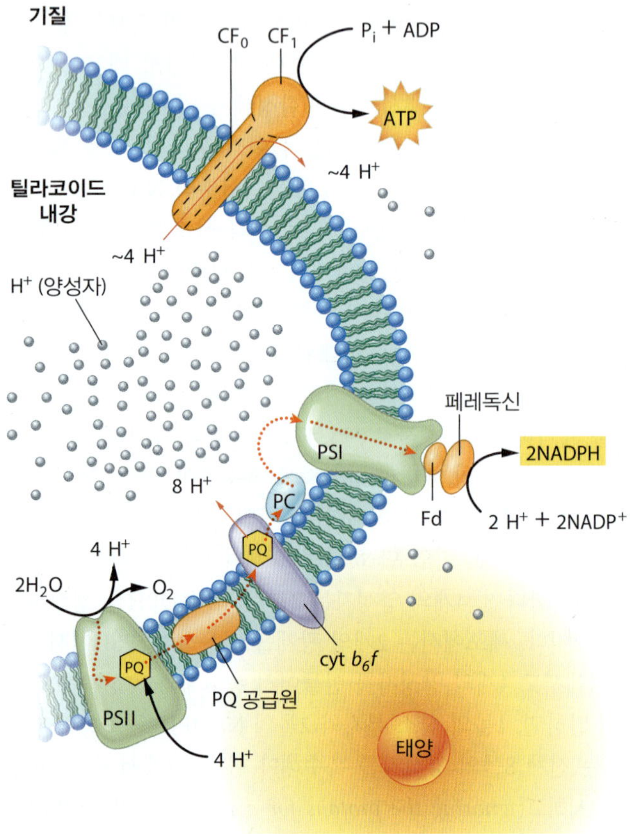

(b)

그림 10.16 **광-의존반응의 요약.** (*a*) 광합성에서 광-의존반응을 수행하는 틸라코이드 단백질의 3차원 구조. 4개의 주요 단백질 복합체들 중에서, PSII 와 시토크롬 b_6f는 이량체로 막 속에 있는 반면, PSI과 ATP 합성효소(그림 9.24에서 더 자세히 나타냈음)는 단량체로 있다. (*b*) 3개의 막횡단 복합체들을 통해서 H_2O로부터 NADPH로 흐르는 전자전달의 요약. 이 그림은 2쌍의 전자를 생성하는 2분자의 물이 산화된 결과로써, 막을 거쳐 전위된 양성자의 추정 숫자를 보여주고 있다. 또한 틸라코이드 막의 ATP 합성효소도 표시되어 있다(ATP-합성효소에 관한 논의는 9.6절 참조). ATP 한 분자의 합성에는 약 4개의 양성자가 필요하다.

출처: (a) *Nature Revs. Mol. Cell Biol.* 5:973, 2004, Fig. 1B를 발췌. Nathan Nelson 제공.

전자전달의 차단에 의한 잡초 제거

광합성의 광-의존반응에는 상당히 많은 수의 전자운반체를 이용하는데, 이것을 표적으로 하여 식물을 죽이는 다수의 다양한 화학물질(제초제)이 있다. 디우론(Diuron), 아트라진(atrazine), 터부트린(terbutryn)을 포함한 많은 제초제들은 PSII의 핵심 단백질에 결합하여 작동한다. 우리는 PSII에 빛이 흡수됨으로써 플라스토퀴놀(PQH_2) 분자가 어떻게 형성되지 410쪽에서 살펴보았다. 플라스토퀴놀은 PSII의 Q_B에서 방출되어 PQ로 대체된다. 앞서 언급한 제초제들은 PQH_2를 방출한 후 Q_B의 열린 자리에 결합하여 PSII를 통한 전자전달을 차단한다. 파라쿼트(paraquat)라는 제초제는 대마식물을 죽이는 데 사용되며, 이의 잔류물이 사람에게 대단히 유독하기 때문에 뉴스 매체에서 주목을 받고 있다. 이 제초제는 PSI의 반응중심으로부터 나온 전자를 받기 위해 페레독신과 경쟁하여 PSI의 기능을 방해한다. 파라쿼트로 방향을 바꾼 전자들이 나중에 산소에 전달되면, 엽록체를 손상시키고 식물을 죽이는 활성도 높은 산소 라디칼을 발생시킨다. 파라쿼트는 호흡사슬의 제1복합체로부터 전환된 전자들을 이용하여 산소 라디칼을 발생시켜 인체 조직을 파괴한다.

10.8 광인산화

앞에서 논의된 광-의존반응은 이산화탄소를 탄수화물로 환원시키기 위해서 필요한 에너지를 공급한다. 1 mol의 CO_2를 1 mol의 탄수화물(CH_2O)로 전환시키기 위해서는 3 mol의 ATP와 2 mol의 NADPH 투입이 필요하다(그림 10.19 참조). 지금까지는 식물세포들이 탄수화물을 만드는 데 필요한 NADH를 어떻게 생산하는지를 알아보았다. 이제 이 세포들이 어떻게 ATP를 생산하는지를 알아보자.

엽록체에서 ATP 합성기구는 미토콘드리아 또는 호기성 세균의 원형질막의 합성기구와 거의 동일하다. 두 합성기구들처럼, ATP 합성효소(그림 10.16)는 효소의 촉매부위가 있는 머리 부분(엽록체에서는 CF_1이라고 함)과 막을 관통하고 있으며, 양성자 이동을 중개하는 기부(CF_0)로 구성되어 있다. 이 두 부분은 회전하는 자루 부분으로 연결되어 있다. CF_1 머리 부분은 틸라코이드 내강의 농도가 더 높도록 양성자 기울기를 유지시키며 스트로마 쪽으로 돌출되어 있다(그림 10.16). 따라서 양성자들은 내강의 더 높은 농도로부터 ATP 합성효소의 CF_0 기부를 거쳐서 스트로마 속으로 이동하며, 이에 의해 제9장의 미토콘드리아에서 설명된 바와 같은 ADP의 인산화가 일어난다.

ATP 합성이 최대에 이를 때 측정한 바에 의하면, 틸라코이드 막을 가로질러 1,000~2,000배의 수소이온 농도 차이가 있는 것으로 나타난다. 이것은 3단위 이상의 pH 기울기(ΔpH)에 해당한다. 전자를 전달하는 동안 일어나는 양성자의 이동은 다른 이온들의 이동때문에 중성화되어 막전위가 생성되지 않는다. 따라서 양성자-구동력(proton-motive force)이 주로 전기화학적 전위로 표현되었던 미토콘드리아에서와는 다르게(386쪽), 엽록체에서 작용하는 양성자-구동력(Δp)은 몇몇 경우를 제외하면 주로 pH 기울기 때문에 생긴다.

비순환적 광인산화 대 순환적 광인산화

산소를 발생시키는 광합성 과정 동안에 일어나는 ATP 합성은, 전자들이 물로부터 $NADP^+$로 일직선상의(즉, 비순환적) 경로로 이동하기 때문에, **비순환적 광인산화(noncyclic photophosphorylation)**라고 한다(그림 10.16). 1950년대에, 캘리포니아대학교의 다니엘 아론(Daniel Arnon)은 분리한 엽록체에서 ADP로부터 ATP를 합성할 수 있을 뿐만 아니라 이산화탄소 또는 $NADP^+$가 없을 때에도 ATP를 합성할 수 있음을 발견하였다. 이 실험은 엽록체가 산소 발생, 이산화탄소 고정, 또는 $NADP^+$ 환원으로 이어지는 광합성 반응의 대부분이 없어도, 빛, 엽록체, ADP, 그리고 P_i 만으로 ATP를 만들 수 있음을 보여주었다. Arnon이 발견했던 이 과정을 그 후에 **순환적 광인산화(cyclic-photophosphorylation)**라고 하였다. 순환적 광인산화는 PSII와는 독립적으로 PSI에 의해 일어난다. 그러나 이 과정을 발견한 것이 50년 이상 되었음에도 불구하고, 아직도 잘 밝혀지지 않았다. 최근 연구에 의하면, 2개의 겹친 순환적 전자전달경로가 있는 것으로 보이며 그 중의 하나를 **그림 10.17**에 나타냈다. 순환적 전자전달은 PSI에서 광자의 흡수와 고-에너지 전자를 1차 수용체에 전달함으로써 시작된다. 그림 10.17에 그려진 경로에서, 전자는 언제나처럼 페레독신으로 전달되지만, 이후 전자가 $NADP^+$로 전달되기보다 오히려 전자결핍 반응중심(그림 10.17에 보여지는 것처럼)으로 다시 보내져서 순환회로를 완성한다. 이 경로를 따라 전자가 흐르는 동안 충분한 자유에너지가 방출된다. 방출된 자유에너지는 양성자(2개의 H^+/e^-로 추산된)가 사이토크롬 b_6f 복합체를 이용하여 막을 가로질러 이동할 수 있도록, 그리고 ATP 합성을 할 수 있을 정도의 양성자 기울기를 만들 수 있도록 해준다. 순환적 광인산화는 엽록체에서 탄수화물의 합성(그림 10.19 참조)과 ATP를 요구하는 또 다른 활동(예: 단백질 반입에 관련된 분자 샤페론)에 필요한 ATP를 추가로 공급하는 것으로 추정된다. 순환적 광인산화를 저해시키면 고등 식물의 발달과 생장을 해치게 된다.

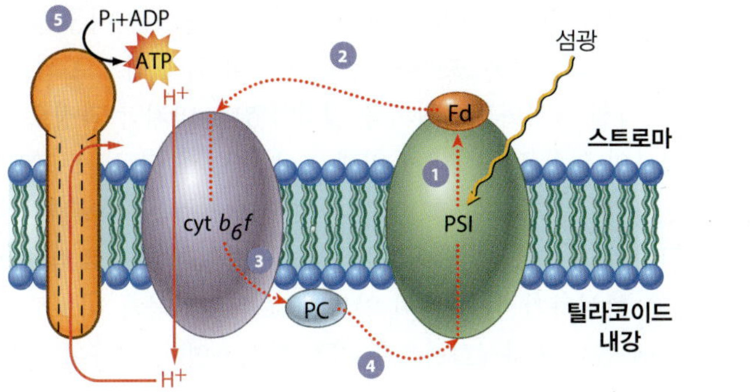

그림 10.17 순환적 광인산화를 단순화한 도식. PSI에서 빛이 흡수되면 전자가 여기되어, 페레독신(단계 1)으로 전달되고 시토크롬 b_6f(단계 2), 플라스토시아닌(단계3) 그리고 다시 $P700^+$(단계 4)로 돌아가게 된다. 이 과정에서, 양성자들은 시토크롬 b_6f에 의해 전위되어 ATP 합성에 필요한 기울기를 형성한다(5단계). 전자들이 PSI으로부터 NADPH를 거쳐 시토크롬 b_6f로 이동하는 또 다른 순환적 전자전달경로는 나타내지 않았다.

이제 광합성의 광-의존반응에서 탄수화물 합성에 필요한 에너지인 ATP와 NADPH를 어떻게 생산하는지를 알아 보았으므로, 다음은 탄수화물을 형성하는 반응을 살펴보기로 한다.

10.9 이산화탄소의 고정과 탄수화물의 합성

2차 세계대전후, 캘리포니아대학교의 멜빈 캘빈(Melvin Calvin)은 앤드류 벤슨(Andrew Benson)과 제임스 바샴(James Bassham) 등과 함께, 10여 년에 걸쳐 이산화탄소가 세포의 유기 분자로 동화되는 효소 반응에 대한 연구를 시작하였다. 그들은 수명이 긴 탄소 방사성 동위원소(^{14}C)와 2차원 종이 크로마토그래피와 같은 새로운 기술을 가지고, 세포가 $[^{14}C]O_2$를 흡수한 후 만들어 낸 표지분자를 확인하는 일을 시작했다. 처음에는 식물 잎으로 연구를 시작했지만 곧 더 단순한 녹조류인 클로렐라속(*Chlorella*)으로 바꾸었다. 먼저 녹조류를 동위원소로 표지되지 않은 이산화탄소(CO_2)를 공급한 밀폐된 상자 속에서 배양한 후에, 다시 방사성 CO_2로 대체하여 배양하였다. 표지된 CO_2를 넣어 일정기간 동안 배양한 후에, 녹조류 현탁액을 가열된 알코올 용기 속으로 흘러 들어가게 하였다. 이 용기는 세포를 즉시 죽여서 효소의 활성을 정지시키며, 가용성 분자를 추출하는 이중 효과가 있었다. 세포의 추출물은 크로마토그래피 종이 위에 점으로 찍은 후 전개하여 2차원 크로마토그래피를 실시하였다. 마지막 과정으로 방사성 화합물의 위치를 알아내기 위해, X-선 필름을 크로마토그램(chromatogram)에 눌러 붙인 후, 암실에 보관하여 필름을 노출시켰다. 사진을 현상한 후, 자가방사기록사진(autoradiogram)에 표지된 방사성 화합물을 확인하기 위해 이미 알려진 표준 화합물과 비교하거나 특정 위치에 있는 방사성화합물을 직접 분석하였다. 그들이 발견한 내용의 일부에 대해 이야기 해보자.

C_3 식물에서 탄수화물의 합성

방사성 동위원소로 표지된 이산화탄소 $[^{14}C]O_2$는 매우 빠르게 환원된 유기화합물로 전환되었다. 배양기간이 (몇 초 정도로) 아주 짧았어도, 크로마토그램에서 방사능을 띄는 하나의 점이 두드러지게 나타났다(**그림 10.18**). 이 점을 형성한 화합물은 해당과정의 중간산물 중 하나인 3-인산글리세르산(3-phosphoglycerate, PGA)으로 확인되었다. Calvin 연구진은 처음에 이산화탄소가 (탄소가 3개인) 3-탄소 PGA 분자를 형성하기 위해 2-탄소 화합물과 공유결합된[또는 고정된(*fixed*)] 것으로 추측했다. 첫 번째로 확인된 중간산물이 3-탄소 분자였기 때문에, 대기 중의 이산화탄소를 고정하기 위해 이러한 경로를 이용하는 식물들을 **C_3 식물(C_3 plant)**이라고 한다.

상당한 연구가 이루어진 후에, 최초의 CO_2 수용체 분자는 2-탄소 화합물이 아니라 5-탄소 화합물, 즉 리불로오스-1,5-이인산(ribulose-1,5-bisphosphate, RuBP)임이 확인되었으며, 이 분자는 CO_2와 축합하여 6-탄소 분자를 만든다. 이러한 6-탄소 화합물은 2분자의 PGA로 빠르게 나누어지며, 이들 중 한 분자는 최근에 들어간 탄소 원자를 갖고 있다. RuBP의 축합 및 6-탄소 생성물이 쪼개지는 반응(**그림 10.19a**)은 모두 여러 개의 소단위들이 합쳐진 커다란 효소, 즉 흔히 루비스코(Rubisco)라고 하는 리불로오스 이인산 카르복실화효소/산소첨가효소(*ribulose bisphosphate carboxylase/oxygenase*)에 의해 기질에서 일어난다. 루비스코는 무기 탄소를 유용한 생물 분자로 전환시키는 일을 하는 효소로서, 초당 단 3분자의 CO_2를 고정시킬 수 있는데, 이는 알려진 효소 가운데 가장 적은 전환 횟수일 것이다(표 3.3 참조). 이러한 비효율성을 보상하기 위해서, 잎 단백질의 절반이 루비스코이다. 사실 루비스코는 지구상에서 가장 풍부한 단백질이며, 인간 한 명당 5~10 kg의 양을 차지한다.

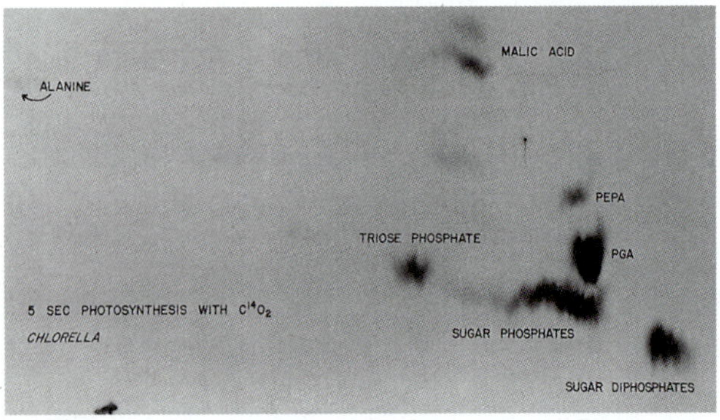

그림 10.18 녹조류 세포들을 알코올 속에 넣기 전에 $[^{14}C]O_2$에서 5초 동안 배양 한 후의 실험 결과를 보여주는 크로마토그램. 대부분의 방사성 물질을 담고 있는 하나의 점은 3-인산글리세르산(표지된 PGA)에 해당한다.

출처: ames Bassham and Melvin Calvin 제공.

표지된 탄소 원자의 위치와 함께 다양한 중간산물들의 구조가 결정됨으로써, CO_2를 탄수화물로 전환시키는 경로는 순환적(cyclic)이며 복잡하다는 것이 확실해졌다. 이 경로는 **캘빈회로[Calvin cycle**, 또는 **캘빈-벤슨회로(Calvin-Benson cycle)]**라고 알려졌으며, 이 회로는 시아노박테리아와 광합성을 하는 모든 진핵세포들에서 볼 수 있다. 간단하게 그려진 캘빈회로를 그림 10.19*b*에 나타내었다. 이 회로는 세 가지의 주요 부분들, 즉 (1) PGA를 형성하기 위한 RuBP의 카르복실화, (2) 광-의존반응에서 생산된 NADPH와 ATP를 사용하여 형성된 글리세르알데히드-3-인산(glyceraldehyde 3-phosphate, 3-GAP)에 의해 PGA를 당(CH_2O)의 수준으로 환원, 그리고 (3) ATP의 투입이 필요한 RuBP의 재생산 등으로 구성되어 있다. 그림 3.24를 돌이켜 보면, 캘빈회로에서 PGA로부터 GAP 형성은 당분해과정의 5~7단계에 해당하는 반대 과정이다. 다른 예로, 호흡과 광합성은 역방향으로 진행되는 생화학적 과정이다. 연속적 반응에서 호흡은 NADH와 ATP를 만들고, 반면에 역반응인 광합성에서는 NADPH와 ATP를 소비한다.

고정된 CO_2 6분자마다 12분자의 GAP가 형성됨을 그림 10.19*b*에서 볼 수 있다[GAP는 그림 10.18의 크로마토그램에서 3탄당 인산(triose phosphate)으로 표시된 그 점이다]. 그 중에서 10분자의 3-탄소 GAP에 있는 원자들은 CO_2 수용체인 5-탄소 RuBP 6분자를 재생산하기 위해 재배열된다(그림 10.19*b*). 나머지 2분자의 GAP는 생성물로 생각될 수 있다. 이 GAP 분자들은, 엽록체로 인산 이온이 들어옴과 동시에, 세포질로 수송될 수 있으며(**그림 10.20** 참조) 2당류인 설탕(sucrose) 합성에 사용된다. 그렇지 않으면, GAP는 엽록체 속에 남아서 녹말로 전환될 수 있다. 광-의존반응(빛의 흡수, 물의 산화, $NADP^+$의 환원, 양성자의 전위), ADP의 인산화, 캘빈회로, 그리고 녹말 또는 설탕의 합성 등을 비롯한 광합성 전과정의 개요를 그림 10.20에 나타내었다.

캘빈회로의 GAP로부터 세포기질에서 형성된 설탕 분자들은 잎세포의 밖으로 나가 체관부(phloem)로 수송되어 식물의 다양한 비광합성 기관들로 운반된다. 포도당이 대부분의 동물에서 에너지원 및 유기물질의 구성요소로 쓰이는 것과 마찬가지로, 설탕은 대부분 식물에서 비슷한 역할을 한다. 한편, 녹말은 입자 상태로 엽록체 속에 저장된다(그림 2.17*b* 참조). 동물에서 에너지가 필요할 때 저장된 글리코겐에서 쉽게 이용 가능한 포도당으로 공급하는 것처럼, 식물의 잎 속에 저장된 녹말은 광-의존반응이 일어나지 않는 밤에 식물에게 당을 공급한다. 그림 10.19*b*의 반응에서 보는 것처럼, 탄수화물의 합성은 비용이 많이 드는 활동임이 확실하다. 6분자의 CO_2를 1분자의 6-탄소 당으로 전환시키고, RuBP를 재생산하기 위해 12분자의 NADPH와 18분자의 ATP가 필요하다. 이처럼 많은 에너지가 소모된다는 사실은 탄소가 만들 수 있는 가장 산화된 형태가 CO_2라는 것을 말하고 있다.

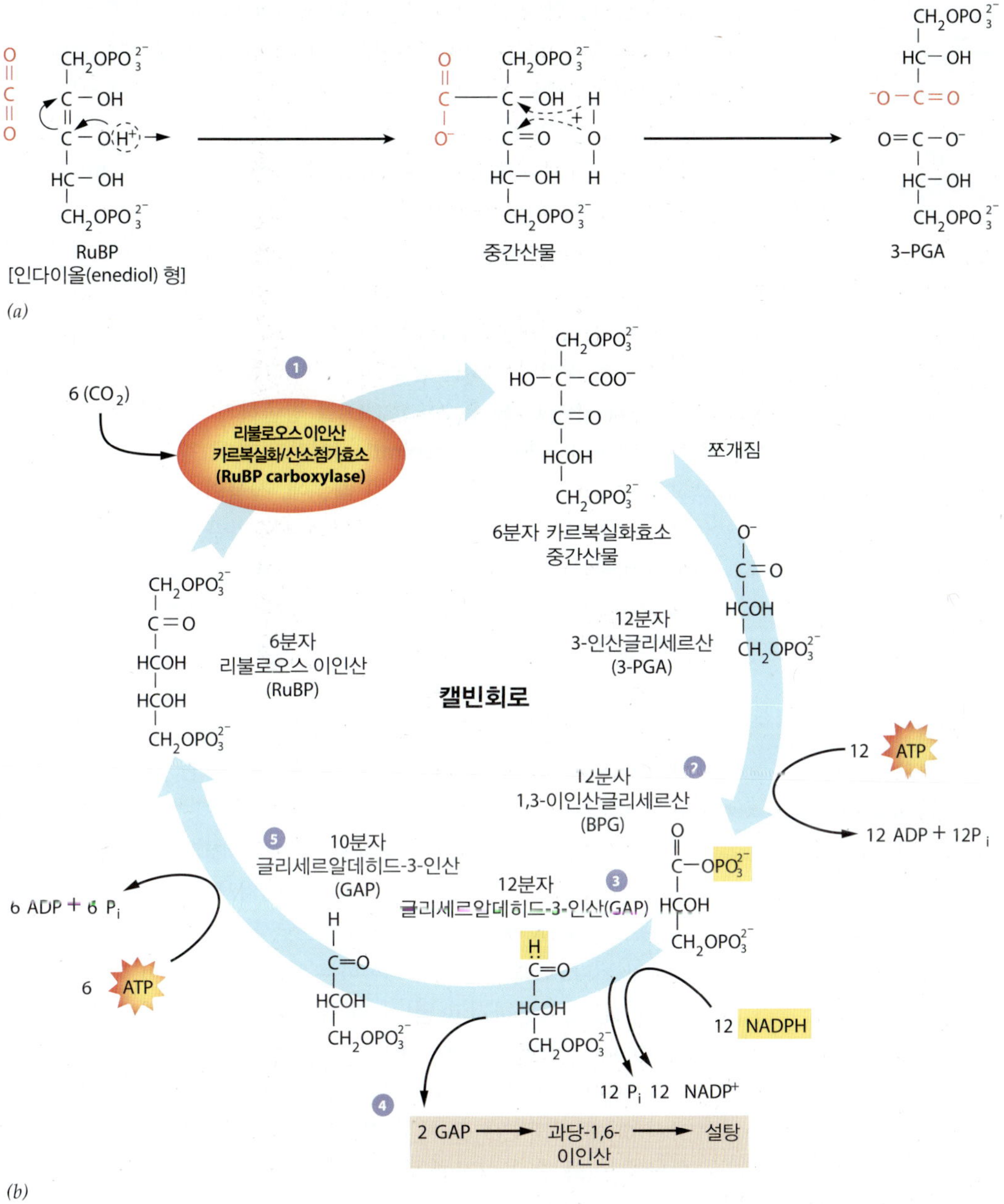

그림 10.19 CO_2가 탄수화물로 전환되는 과정. (*a*) 리불로오스 이인산 카르복실화/산소첨가효소(ribulose bisphosphate carboxylase/ oxygenase, Rubisco)에 의해 촉진된 반응으로서, CO_2가 RuBP에 결합하여 고정된다. 이 반응의 생산물은 2분자의 3-인산글리세르산(PGA)으로 신속하게 나뉜다. (*b*) 6분자의 RuBP와 결합되어 고정된 6분자의 CO_2의 운명을 나타내는 축약된 캘빈회로(많은 반응이 생략되었음). CO_2의 고정은 1단계에 나타내었다. 2단계에서, 12분자의 3-PGA들은 인산화되어 12분자의 1,3-이인산글리세르산(BPG)을 형성하며, 이것은 3단계에서 NADPH에 의해 생긴 전자들에 의해 환원되어 12분자의 글리세르알데히드-3-인산(GAP)을 형성한다. 여기서 2분자의 GAP는 세포기질에서 설탕의 합성에 사용되기 위해 빠져 나가며(4단계), 이 GAP들은 광-의존반응의 생산물로 생각될 수 있다. 나머지 10분자의 GAP들은 6분자의 RuBP로 전환되어(5단계), 또 다른 6분자의 CO_2 수용체 역할을 할 수 있다. 6분자의 RuBP를 재형성하기 위해서는 6분자의 ATP가 가수분해되어야 한다. 캘빈회로에서 사용된 NADPH와 ATP는 광의존반응에서 형성된 고-에너지 물질들이다.

산화환원 조절

이 책을 통해, 세포에서 단백질의 활성을 조절하기 위해 사용된 다양한 기작들을 논의할 것이다. **산화환원 조절**(*redox control*)이라고 알려진 기작은 단백질의 접힘(folding), 전사(transcription), 번역(translation)을 포함하는 기본적인 세포작용들의 조절자로서 점점 더 빈번하게 나타나고 있다. 여기서는 산화환원 조절이 엽록체 대사의 조절자로서 가장 잘 알려져 있기 때문에, 이것에 대해 생각해 보고자 한다. 캘빈회로에서 여러 가지 주요 효소들은 ATP와 NADPH가 광합성에 의해 생산되는 동안 오직 빛이 있는 곳에서만 활성을 나타낸다. 엽록체 효소들의 이러한 광-의존적인 조절은 환원형이나 또는 산화형으로 존재할 수 있는 티오레독신(thioredoxin)이라고 하는 작은 단백질에 의해 일어난다. 페레독신을 통과한 전자들이 모두 $NADP^+$를 환원시키는 데 사용되지 않는다. 사실, 이 전자들 중 일부가 티오레독신에 전달된다. 일단 티오레독신이 1쌍의 전자를 받으면, 선택된 캘빈회로 효소들에서 2황화물 다리(—S-S—)들을 황화수소기(—SH)로 환원시킨다(**그림 10.21**). 단백질 구조에서 이러한 공유결합의 변화는 이 효소들을 활성화하여, 엽록체에서 탄수화물의 합성을 촉진한다. 어두운 곳에서 광합성이 중지되었을 때, 티오레독신은 페레독신에 의해 더 이상 환원되지 않으며, 캘빈회로 효소들은 산화된(—S-S—) 상태로 되돌아가서 불활성화된다. 이것은 캘빈회로에서 몇몇 효소들이 산성 pH 보다는 알칼리성 pH에서 더 활성을 갖는다는 것을 암시한다. 빛이 있으면, 광합성 전자전달의 결과로서(그림 10.16*b*) 양성자는 틸라코이드 내강 안으로 이동하고, 스트로마에서 pH의 상승이 일어난다. 따라서 캘빈회로의 반응을 "암반응"이라고 하는 것은 잘못 지칭한 것이다.

광호흡

녹조류 세포들을 대상으로 한 Calvin의 초기 연구에서 크로마토그

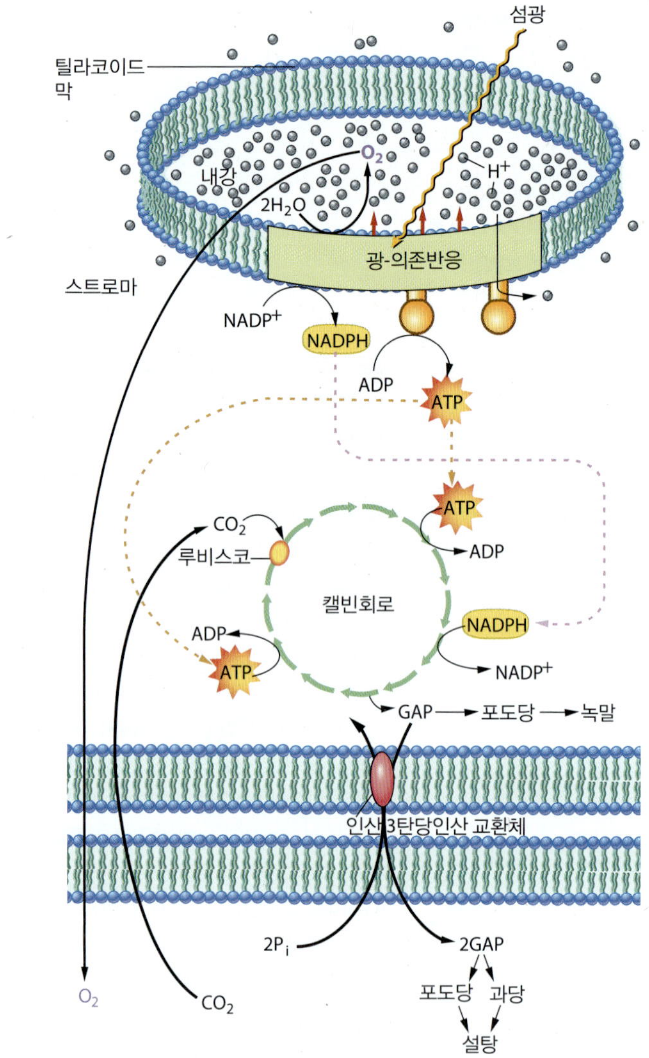

그림 10.20 **광합성의 여러 단계를 나타낸 개요.**

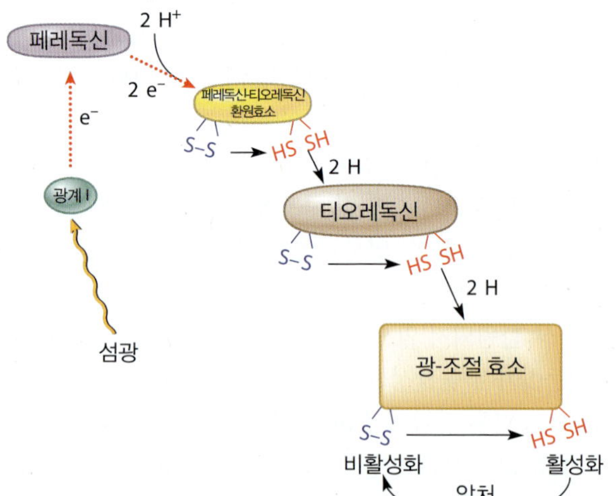

그림 10.21 **캘빈회로의 산화환원 조절.** 빛이 있는 곳에서, 페레독신(ferredoxin)은 환원되며 이 전자의 일부는 작은 단백질인 티오레독신(thioredoxin)으로 전달된다. 이 물질은 특정 캘빈회로 효소들에 있는 2황화기(—S-S—)를 환원시켜 효소들을 활성 상태로 유지시킨다. 빛이 없는 어두운 곳에서, 티오레독신으로의 전자 흐름이 중단되고, 조절된 효소들의 황화수소기(—SH)는 2황화기를 가진 상태로 산화되어 효소들이 비활성화된다.

램에 나타났던 점들 중 하나는 글리콜산(glycolate)으로 확인되었다. 이 화합물은 그림 10.19의 캘빈회로에는 나타내지 않았다. 글리콜산이 캘빈회로에서 생기지 않았다 해도, 루비스코에 의해 촉진된 반응 산물이다. 약 20년 후 루비스코가 CO_2를 RuBP에 결합시키는 반응을 촉진한다는 것이 발견되었고, 또한 루비스코가 O_2를 RuBP에 결합시켜 (PGA와 함께) 2-인산글리콜산(2-phosphoglycolate)을 형성하는 제2의 반응을 촉진함을 발견하였다(**그림 10.22**). 이어서 인산글리콜산은 기질에 있는 효소에 의해 글리콜산으로 전환된다. 엽록체에서 생긴 글리콜산은 퍼옥시솜(peroxisome)으로 수송되어, 결국은 뒤에 설명된 것처럼 CO_2를 방출하게 된다(**그림 10.23** 참조).

이와 같이 O_2를 흡수하고 CO_2를 방출하기 때문에, 이러한 일련의 반응을 **광호흡(photorespiration)**이라고 한다. 광호흡은 이미 전에 고정한 CO_2 분자를 방출시키기 때문에, 식물의 에너지를 낭비하는 반응이다. 사실, 덥고 건조한 조건 아래에서 자란 농작물은 새로이 고정한 이산화탄소 중 50% 이상을 광호흡으로 인해 잃을 수 있다. 이런 현상에 대한 원인을 이해하기 위해 우리는 식물생리의 중요한 한 측면을 고려할 필요가 있다. 덥고 건조한 기후에서 살아가는 식물이 마주하는 가장 심각한 문제는 잎 표면에 있는 기공(stomata)이라는 물 소실 통로이다(그림 10.2). 비록 열린 기공이 물 소실을 가져온다고 해도 이 통로는 잎으로 CO_2가 들어오게도 해 준다. 덥고 건조환 환경에서, C_3 식물은 탈수를 막기 위해 기공을 닫는다. 그러나 닫힌 기공은 가스교환도 막아서 캘빈회로에서 사용되는 것처럼 잎 내부의 CO_2 농도는 낮아지고, 광분할에 의해 물은 쪼개져서 O_2 농도는 증가한다. O_2 농도가 CO_2 농도에 비해 상대적으로 높을 때, 광호흡은 심각한 문제가 된다. 그래서 당신이 예상하는 것처럼, 광호흡이 더 적게 일어나는 식물을 육종하려고 몇 십 년 동안 노력을 집중해 왔다. 그러나 지금까지는 이러한 노력이 거의 아무런 성과를 얻지 못하고 있다.

정제된 루비스코의 효소 활성에 대한 연구에서, 이 효소가 기질로서 O_2에 비해 CO_2를 겨우 적당한 정도로만 선호하는 것으로 나타났다. 이와 같이 기질에 대한 특이성이 상대적으로 부족한 이유는 이 효소의 활성자리에 CO_2 또는 O_2 중 어느 것도 결합하지 않기 때문이다(그림 3.11*a* 참조). 오히려 이 효소는 RuBP와 결합하여, 그림 10.22에 나타낸 인다이올(enediol)형태를 취한다. 그 후 RuBP의 인다이올형은 CO_2나 또는 O_2에 의해 공격받을 수 있다. 이러한 점으로 보아, 루비스코 효소는 대기 중에 O_2가 없던 시대에 진화된 효소로 추정되고, 따라서 광호흡은 루비스코의 피할 수 없는 촉매 특성의 결과 때문인 것으로 보인다. 오늘날의 대기조건 하에서는, O_2와 CO_2가 서로 경쟁하며, 루비스코-촉매반응의 진행 방향은 이 효소가 이용할 수 있는 CO_2/O_2 비율에 의해 결정된다. 식물들이 높은 수준의 CO_2가 있는 밀폐된 환경에서 자랐을 때, 이 식물들은 높은 CO_2 고정율로 인하여 훨씬 더 빠르게 생장할 수 있다. 지난 세기 동안 대기 중의 CO_2 수준이 상승하여(1870년에 약 270 ppm에서 현재 380 ppm으로), 이 기간에 농작물 생산량은 10% 정도 증가되었다. 이러한 대기 중의 CO_2 농도 상승은 또한 지구 온난화를 초래한 것으로 생각된다. 지구의 온도가 약간만 상승해도 해수면의 상승 및 사막지대의 확장 등과 같이 지구의 환경에 큰 영향을 미칠 수 있다. 이것에 대해서

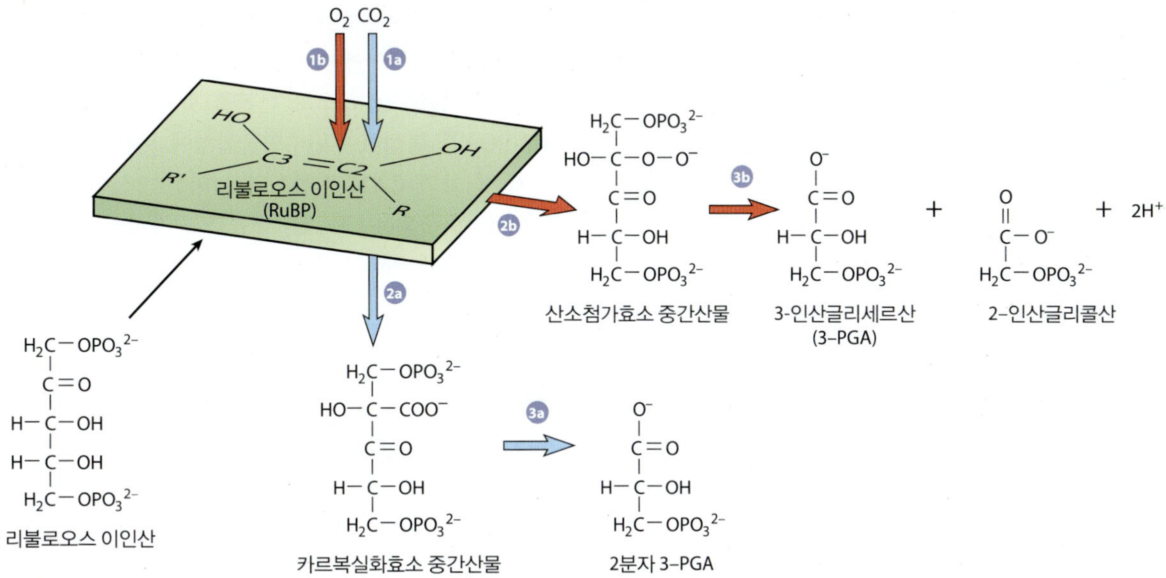

그림 10.22 광호흡 반응. 루비스코는 기질로서 RuBP와 두 가지의 다른 반응을 촉진할 수 있다(평면 도형 속에 인다이올 상태로 나타냈음. 그림 10.19*a* 참조). 만일 RuBP가 O_2와 반응하면(1*b* 단계), 이 반응은 산소첨가효소 중간산물(oxygenase intermediate)을 생산하며(2b 단계), 이것은 3-PGA와 2-인산글리콜산(phosphoglycolate)으로 분해된다(3b 단계). 이어지는 인산글리콜산의 반응은 <그림 10.23>에 나타내었다. 이 반응들에서 나오는 최종 결과는 CO_2의 방출이다. 이 CO_2는 세포가 이전에 고정하기 위해 에너지를 소비했던 분자이다. 이와는 대조적으로, 만일 RuBP 분자가 CO_2와 반응한다면(1a 단계), 이 반응은 카르복실화효소 중간산물(carboxylase intermediate)을 생산하고(2a 단계), 이 물질은 2분자의 PGA로 분해되어(3*a* 단계) 캘빈회로를 계속해서 거친다.

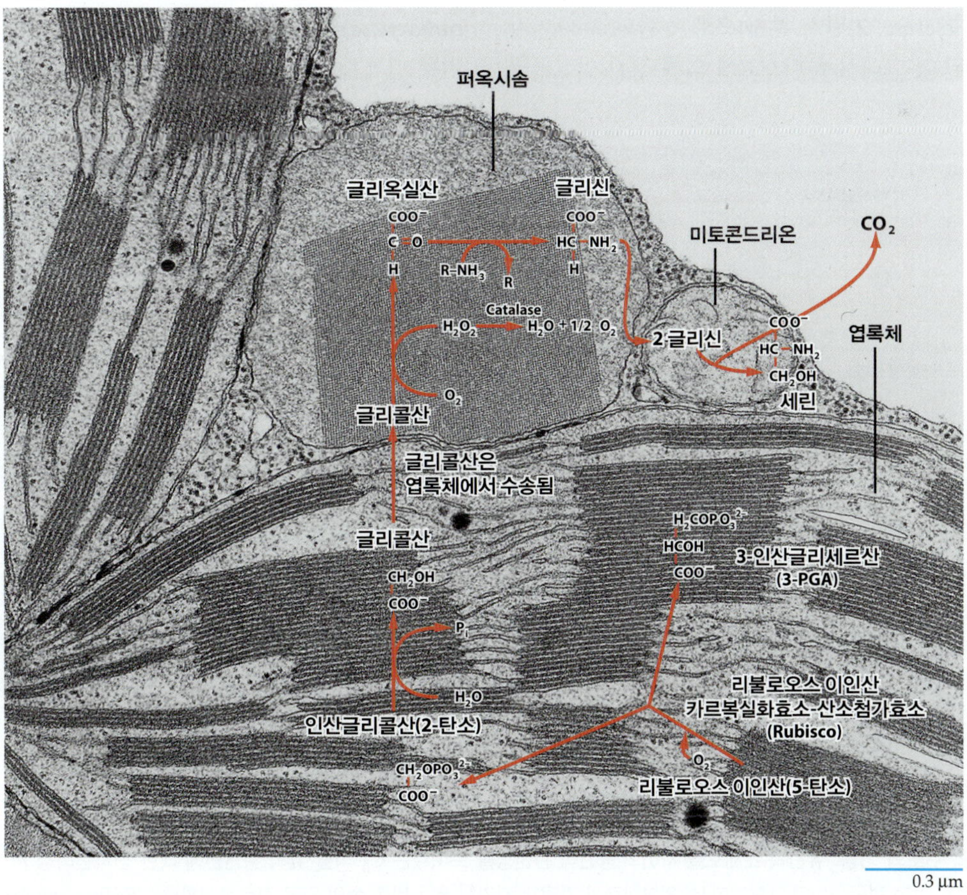

그림 10.23 광호흡의 세포학적 기초. 담뱃잎 엽육조직에서 세포 일부의 전자현미경 사진으로서, 퍼옥시솜(가운데에 있는 결정체)이 1쌍의 엽록체 사이에 눌려 있고 미토콘드리아가 그 근처에 있다. 이들 각 소기관들에서 일어나는 광호흡 반응은 본문 내용에 기술되었으며, 반응이 일어나는 소기관들 위에 표시하였다. 이러한 일련의 반응을 C_2 회로라고 한다. 이 회로의 최종 단계들—퍼옥시솜에서 세린이 글리세르산으로, 이어서 엽록체에서 3-PGA로 전환—은 나타내지 않았다.

출처: Sue Ellen Frederick and Eldon H. Newcomb, *J. Cell Biol.*, 43: 343–353, Fig. 6, 1969에서 발췌. © Rockefeller University Press.

는 이 장의 마지막 부분인 <인간 질병과의 연관성>에 언급되어 있다.

퍼옥시솜과 광호흡

퍼옥시솜은 앞 장의 9.9절에서 논의된 산화적 대사의 역할을 하는 세포 소기관이다. 엽육세포의 퍼옥시솜에 관한 연구에서, 독립된 세포 구조를 연구하는 데 있어서 흔히 놓쳐 버리기 쉬운 특징, 즉 다른 소기관들과의 상호의존성에 대한 좋은 예로 밝혀졌다. 그림 10.23의 전자현미경 사진은, 잎 세포에서 2개의 엽록체와 미토콘드리아 근처에 있는 퍼옥시솜을 보여준다. 이러한 배열은 우연의 일치가 아니라 근원적인 생화학적 관련성을 나타내며, 이에 의해 한 소기관에서 형성된 물질들이 다른 소기관에서 기질로서 역할을 한다. 서로 다른 소기관들에서 일어나는 반응이 그림 10.23의 사진 위에 쓰여 있으며 아래에 요약되어 있다.

RuBP가 산소와 반응하여 3-PGA와 2-탄소 화합물인 인산글리콜산을 형성할 때 광호흡이 시작되는 것은 위에서 언급하였다(그림 10.22). 일단 형성된 인산글리콜산은 글리콜산으로 전환되며, 이 분자는 엽록체에서 퍼옥시솜 속으로 이동한다. 퍼옥시솜 속에서, 글리콜산 산화효소(glycolate oxidase)는 글리콜산을 글리옥실산(glyoxylate)으로 전환시키며, 이 산은 글리신(glycine)으로 전환되어 미토콘드리아로 이동될 것이다. 미토콘드리아 속에서, 2분자의 글리신(2-탄소 분자)은 1분자의 세린(serine, 2-탄소 분자)으로 전환되고, 나머지는 1분자의 CO_2로 방출된다. 그래서 루비스코에 의해 생긴 인산글리콜산 2분자마다, 앞서 고정되었던 1개의 탄소 원자는 대기로 되돌아간다. 미토콘드리아에서 생긴 세린은 다시 퍼옥시솜으로 되돌아가서 글리세르산(glycerate)으로 전환될 것이며, 이 산은 엽록체로 운반되어 3-PGA를 형성하여 탄수화물합성에 사용될 수 있다.

C_4 식물과 CAM 식물이라고 하는, 2집단의 식물들은 루비스코 분자들이 노출되는 CO_2/O_2 비율을 증가시키는 대사기작들을 진화시켜서 광호흡에 의한 부정적 효과를 극복하였다.

10.10 C_4 식물과 CAM 식물의 탄수화물 합성

1965년, 휴고 코르츠챠크(Hugo Kortschak)는 사탕수수에 $[^{14}C]O_2$를 공급했을 때 최초로 나타난 방사성 물질은 다른 유형의 식물에서 발견된 3-탄소 PGA 분자가 아니라, 4-탄소 골격을 가진 유기화합물이었음을 보고하였다. 더 분석한 결과, 이 4-탄소 화합물들(주로 옥살초산과 말산)은 인산에놀피루브산(phosphoenolpyruvate, PEP)과 CO_2의 결합에 의해 생긴 것으로 밝혀졌으며, 그 결과 대기의 이산화탄소를 고정하는 두 번째 기작이 규명되었다(**그림 10.24**). CO_2를 PEP에 결합시키는 효소를 인산에놀피루브산 카르복실화효소(*phosphoenol-pyruvate carboxylase*)라고 명명하였으며, 이 효소는 **C_4 경로(C_4 pathway)**의 첫 번째 단계를 촉진한다. 이 경로를 이용하는 식물을 **C_4 식물(C_4 plant)**

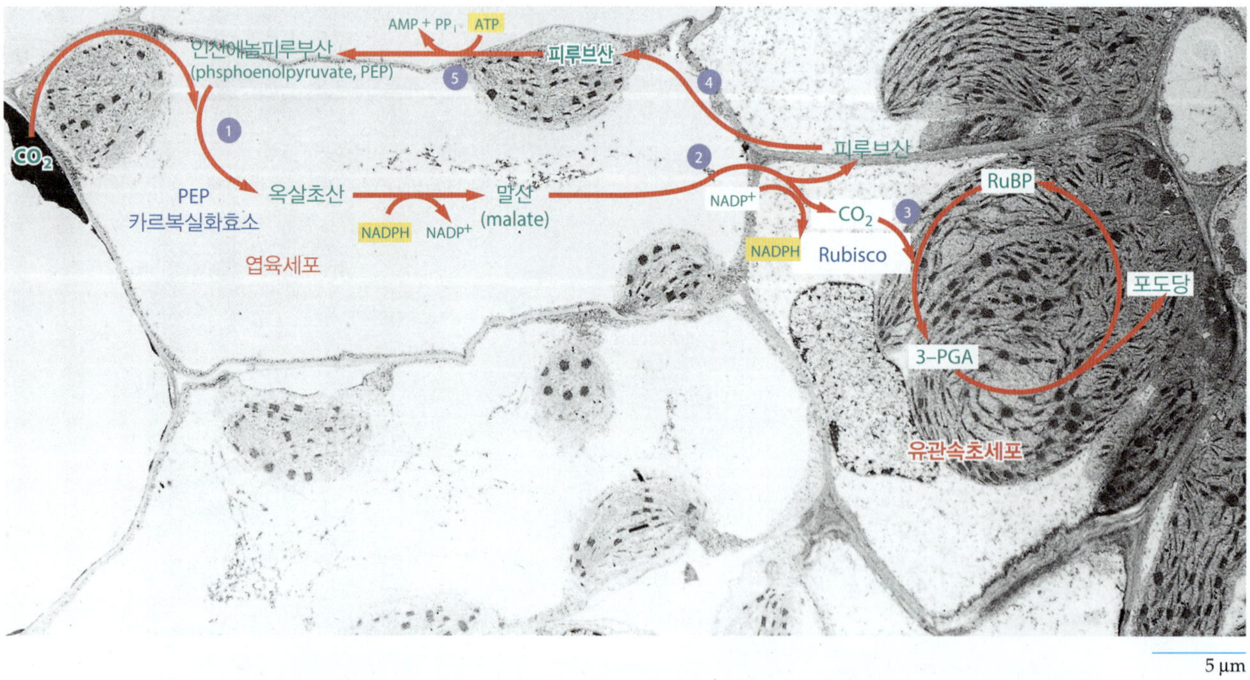

그림 10.24 **C_4 식물 잎의 구조와 기능.** 유관속-초세포들 사이의 공간적 관련성을 보여주는 C_4 식물 잎의 횡단면에 대한 전자현미경 사진. 사진 위에 쓰여진 것은 각 유형의 세포에서 일어나는 CO_2 고정 반응들이다. 1단계에서, 외부환경과 가깝게 자리한 엽육세포 속의 PEP 카르복실화효소(PEPcarboxylase)에 의해, CO_2가 PEP과 결합한다. 이 반응으로 형성된 4-탄소 말산(malate)은 더 중앙에 위치한 유관속초세포로 수송되어(2단계), 이곳에 CO_2가 방출된다. CO_2는 유관속초세포 속에 고도로 농축되고 루비스코에 의한 CO_2 고정이 촉진됨으로써, 캘빈회로를 거쳐 순환될 수 있는 3-PGA를 형성한다(3단계). CO_2가 방출될 때 형성된 피루브산은 엽육세포로 되돌아가서(4단계), PEP으로 전환된다. 이 과정은 ATP의 가수분해가 필요하더라도, 유관속초세포 속에서 높게 유지되는 CO_2/O_2 비율은 광호흡율을 최소화한다.

출처: S. Craig, CSIRO Plant Industry 제공.

이라고 한다. 이렇게 새로 고정된 탄소 원자가 어떻게 될 것인지 그 운명을 생각하기 전에, 또 다른 하나의 CO_2 고정 경로가 진화된 이유를 고려해 볼 필요가 있다.

C_3 식물을 밀폐된 방에 놓고 광합성 활성을 추적 관찰했을 때, 다음과 같은 사실이 발견되었다. 일단 이 식물은 방안의 CO_2 수준을 약 50 ppm 정도로 감소시키고, 광호흡에 의한 CO_2 방출율은 광합성에 의한 고정율과 동일하기 때문에, 탄수화물의 순생산이 정지된다. 이와 대조적으로, C_4 경로를 이용하는 식물은 CO_2 수준이 1~2 ppm으로 떨어질 때까지 탄수화물의 순합성을 계속한다. C_4 식물들이 이러한 능력을 갖고 있는 이유는, PEP 카르복실화 효소가 루비스코보다 훨씬 낮은 CO_2 수준에서도 작용을 계속하며 O_2에 의해 저해되지 않기 때문이다. 그러나 CO_2 함량이 항상 300 ppm을 훨씬 넘는 대기의 조건에서, 낮은 수준의 CO_2를 고정할 수 있는 이 식물의 가치는 무엇일까?

C_4 경로의 가치는 많은 C_4 식물들이 살고 있는 것과 비슷한 건조하고 뜨거운 환경 속에 C_4 식물들을 놓아 두었을 때 확실하게 나타난다. C_4 식물들은 뜨겁고 건조한 기후에 익숙해져 있어 물의 손실을 방지하기 위해 기공을 닫을 수 있는데, 이때에도 이 식물들은 광합성 활동을 최고의 효율로 진행시키기 위해 CO_2 흡수를 지속할 수 있다. 이것이 C_4 식물의 하나인 왕바랭이(crabgrass)가 원래부터 심어져 있는 재배화된 C_3 초본식물들을 추방시키고 잔디밭을 접수하기 쉬운 이유이다. 사탕수수, 옥수수, 수수 등은 C_4 경로를 이용하는 가장 중요한 농작물이다. C_4 물질대사의 약점은 C_3 물질대사에 비해 탄수화물을 생산하는 데 더 많은 ATP와 NADPH를 요구한다는 것이다. 결국, 더 시원하고, 물이 풍부하게 잘 관계된 조건에서는 C_3 식물이 C_4 식물보다 훨씬 뛰어날 수 있다. 왜냐하면 광호흡이 문제가 되지 않을 때는 C_3 광합성이 C_4 광합성보다 더 효율적이기 때문이다. 그 결과 대부분의 C_4 식물들은 더 시원한 온도나 높은 고도에서는 거의 재배되지 않는다.

C_4 경로에서 고정된 CO_2의 운명을 추적하였을 때, CO_2는 곧 방출되어 오직 루비스코에 다시 포착되고 C_3 경로의 대사 중간산물로 전환되는 것으로 밝혀졌다(그림 10.24). 겉보기에 역설적인 이러한 물질대사에 대한 근거는 C_4 식물의 잎을 해부해 보면 확실해진다. C_3 식물들의 잎과 다르게, C_4 식물들의 잎에는 2개의 동심원 층으로 배열된 세포들이 있다. 바깥쪽 층은 **엽육세포**(*mesophyll cell*)로 그리고 안쪽 층은 **유관속초세포**(*bundle-sheath cell*)로 이루어져 있다(그림 10.24). CO_2가 PEP에 고정되는 과정은 바깥의 엽육세포들 층에서 일어난다. PEP 카르복실화효소 활성은 잎의 기공이 거의 완전히 닫혀서 세포 속의 CO_2 수준이 매우 낮을 때에도 계속될 수 있다. 일단 형성된 C_4 생산물들은 인접한 세포벽에 있는 원형질연락사(plasmodesmata)를 통해서(그림 11.32 참조), 대기의 가스로부터 차단되어 있는 두꺼운 세포벽을 가진 유관속초세포들 속으로 운반된다. 일단 유관속초세포들 속에서, 그 전에 고정된 CO_2는 C_4 운반체(분자)에서 분리될 수 있어서, 이 안쪽 세포들 속에서 높은 CO_2 수준—루비스코에 의해 고정되기에 적당한 수준—을 형성한다. 유관속초세포들 속의 CO_2 수준은 엽육세포들 수준의 100배에 달할 것이다. 그래서 C_4 경로는 CO_2를 유관속초 세포로 "넣어줌(pumping)"으로써 덜 효율적인 C_3 경로에 의해 CO_2를 고정하는 기작을 작동시킨다. 일단 CO_2가 4-탄소 화합물로부터 분리되면, 이때 형성된 피루브산은 엽육세포로 돌아가서 다시 PEP으로 재충전된다(그림 10.24). 물의 절약 이외에, C_4 경로를 이용하는 식물들은 제한된 루비스코 환경에서 높은 CO_2/O_2 비율을 발생시킬 수 있기 때문에, 광호흡 이상의 CO_2 고정 과정을 촉진한다. 사실, C_4 식물에서 손상을 입지 않은 온전한 잎에서 일어나는 광호흡을 증명하기 위한 시도는 성공하지 못하고 있다.

세균이 섭식되어 미토콘드리아가 된 것처럼 생물학적 진화 과정에서 일어난 중요한 많은 사건들은 유일하게 딱 한번 일어난 일인 것으로 생각되어 왔다(27쪽). C_4 식물이 C_3 조상으로부터 독립적으로 진화한 사건이 19개 과(family)에서 45회 이상 보인다는 것은 놀라운 일이다. 식물과학자들은 농작물의 생산성을 높이기 위해 C_4 광합성장치 부분을 C_3 식물에 도입시키려는 시도를 이런 진화학적 과정을 모방하여 시도하려 하고 있다. 예를 들면, 루비스코(Rubisco)가 들어 있는 벼의 엽육세포 안에 CO_2-농축 기작을 만들기 위해서, 옥수수(C_4 식물)의 PEP 카르복실화효소 유전자를 벼(C_3 식물)로 도입하기도 했다. 이러한 식물 유전공학의 일부 연구분야는 장려되고 있지만, 관찰된 광합성 효율의 증가가 CO_2 동화작용 수준의 증가 때문인지, 광호흡 수준의 감소 때문인지, 스트레스에 대한 저항력 증가 때문인지, 또는 어떤 다른 기작 때문인지에 대해 지금 당장 말하기는 어렵다.

선인장과 같은 많은 사막 식물들은 매우 뜨겁고 건조한 서식지에서 살아남을 수 있는 다른 생화학적 적응 방법을 갖고 있다. 이러한 식물을 **CAM 식물(CAM plant)**이라고 한다.[3] 이 식물들은, C_4 식물들과 똑같이, 대기 중의 CO_2를 고정하기 위해 PEP 카르복실화효소를 이용한다. 그러나 C_4 식물들과는 다르게, CAM 식물 종들은 잎에서 공간적으로 서로 다른 세포들에 의해서가 아니라, 하루 중 시간적으로 서로 다른 시간대에 광-의존반응과 CO_2 고정을 수행한다. 다시 말해, 식물은 광합성 효율을 감소시키는 광호흡을 극복하는 두 가지 다른 방법을 진화시킨 것이다. C_3 식물과 C_4 식물들은 낮 동안에 잎의 기공을 열어 놓고 CO_2를 고정하는 반면, CAM 식물들은 덥고 건조한 낮 동안 기공을 닫는다. 그 후 밤에 수증기 손실율이 매우 감소되었을 때, 기공을 열고[3)] PEP 카르복실화효소에 의해 CO_2를 고정한다. 밤 동안에 CO_2가 엽육세포들 속에서 더욱더 고정된다. 이때 형성된 말산(malate)은 세포의 중앙 액포 속으로 운반된다. 말산의 존재(산성화된 액포 속에 말산 형태로 있는)는 식물들이 "아침의 맛(morning taste)"인 신맛을 내기 때문에 확실히 알 수 있다. 낮 동안에 기공이 닫히고, 말산은 세포질로 이동한다. 그곳에서 말산 속의 CO_2가 분리되어 루비스코에 의해 고정될 수 있다. 이때 기공은 닫혀 있고, O_2 농도는 낮은 상태에 있다. 그 후, 광-의존반응에서 형성된 ATP와 NADPH의 에너지를 이용하여 탄수화물이 합성된다.

[3]CAM은 "*crassulacean acid metabolism*(돌나물과 식물들의 산 대사)"의 머리글자로서, 이 대사가 처음으로 발견된 돌나물과(Crassulaceae)의 과명을 따서 명명되었다

인간 질병과의 연관성

지구 온난화와 탄소 격리

1900년대부터 지구의 표면, 대지와 바다가 꾸준히 뜨거워지고 있다. 그 예로 가장 더웠던 연도 상위 10위가 모두 1997년 이후이다. 이렇게 지구가 가열되는 추세를 "지구 온난화(global warming)"라고 하며, 생태계뿐만 아니라 인간의 복지에도 심각한 위협을 가하고 있다. 그렇다면 무엇이 이러한 온도 증가를 일으키는가? 대기 중의 이산화탄소 농도는 지난 백 년간 꾸준히 증가하여, 산업혁명 이전보다 대기 중 이산화탄소의 양이 약 30%나 증가했다. 이렇게 증가한 이산화탄소는 석탄이나 기름, 그리고 가스 같은 화석연료를 태워서 만들어졌다. 예를 들어, 옥탄(octane, 기름의 주요한 성분) 분자 하나를 연소시키면 8개의 이산화탄소 분자가 생성된다. 이산화탄소는 흔히 "온실가스(greenhouse gas)"라고 불리는데, 이 이름은 이산화탄소 특성상 적외선을 흡수하고 다시 내뿜을 수 있는 특성에서 나왔다. 햇빛이 지구에 도달할 때, 가시광선의 일부분은 지구의 표면에서 적외선으로 다시 방사되어 그의 대부분은 우주로 퍼져 나간다. 하지만 이산화탄소 같은 온실가스는 이러한 적외선을 포획해 지구의 표면으로 방사시키는데, 이 때문에 대기, 대지, 그리고 바다의 온도까지 오르게 되는 것이다. 열을 포획하는 이산화탄소의 특성이 온실의 유리 패널이 열을 보존해 겨울철에 식물을 자라게 하는 특성과 같아서 이산화탄소의 효과를 온실가스 효과라고 불리는 것이다.

몇 가지 주요 온실가스가 존재하는데, 그 중에 수증기, 이산화탄소, 그리고 메탄이 포함된다. 온실가스의 발생은 자연적으로 일어나지만, 대규모 산업단지의 출현은 이 온실가스들의 농도를 한 번도 보지 못한 수치로 증가시켰다. 우리는 몇 천 년 전, 빙하에 갇혀 있던 이러한 온실가스들을 측정함으로써 현재의 온실가스 수치가 자연적이지 않다는 사실을 알고 있다. 그러므로 온실가스가 지구 표면의 온도를 증가시킨다는 것과 이러한 온실가스들의 농도가 화석연료의 사용으로 증가했다는 사실을 종합해 보면, 인간의 산업활동이 현재 관찰되는 지구 온난화현상에 크게 기여했다는 것을 유추할 수 있다. 그렇다면, 우리는 온실가스를 줄임으로써 지구온난화를 멈출 수 있을까? 오로지 미국에서만, 이산화탄소 생성량이 약 6백만 톤 정도 되는데, 이 중 절반은 이동하지 않는 전기발전소나 시멘트 공장에서 생성된다고 한다. 나머지 반은 이동-연료, 주로 휘발유, 디젤, 그리고 제트 연료를 연소함으로써 생성된다. 이동수단을 전기차로 바꾼다면 자동차에서 배출하는 이산화탄소의 양은 줄이겠지만, 결국 이 또한 임시적인 해결방안만 될 뿐이다. 전기 자동차들이 써야 하는 전기도 결국 발전소에서 올 것이고, 이 발전소는 화석연료를 쓸 가능성이 크기 때문이다. 그럼에도 불구하고 이러한 변화가 조금이나마 유용할 수 있는 것은, 커다란 발전소들이 차에서 사용되는 작은 차량용 휘발유 엔진보다 더 효율적으로 만들어 질 수 있다는 것이다. 이러한 공학적인 절충사항은 자동차 엔진을 작고 가볍게 만들기위해 필수적인 사항이기 때문이다.

다른 대체적인 에너지들, 예를 들어 원자력, 태양, 그리고 풍력 에너지도 이산화탄소 양을 줄이는 데에 커다란 효과를 낼 수 있지만 이는 대규모로 이루어졌을 때만 비로소 효과가 있다. 원자력은 늘 논란이 많았지만, 2011년의 후쿠시마 다이시 원전 사고 때문에 급격히 인기가 떨어졌다. 지구온난화 주제에 바이오연료도 자주 의논되긴 하지만 이 상황에서는 어떠한 연료를 만들지 굉장히 조심해야 한다. 바이오연료 중에서도 수소 연료 생산에 많은 노력을 기울였다. 수소는 온실가스를 배출 문제에 비추어 보았을 때 이산화탄소를 배출하지 하지 않는다는 면에서 굉장히 바람직하다. 반면에, 모든 산업단지와 이동시설 기반이 단기간에 수소 연료로 바뀔 확률은 거의 없다고 봐야할 것이다. 대부분의 바이오연료는 현존하는 화석연료, 예를 들어 디젤이나 휘발유처럼 기다란 탄화수소 사슬을 만드는 데에 중점을 두고 있다. 바이오-디젤(bio-diesel)이 연소됐을 때, 원유에서 나온 디젤을 연소했을 때만큼 이산화탄소가 생성된다.

다행스럽게도 이산화탄소 생성은 이야기의 절반에 불과하다. 모든 화학적 균형이 그렇듯이, 대기 중에 있는 일정한 이산화탄소가 얼마나 빨리 생성되는지도 중요하지만 또 얼마나 빨리 소비되는지도 중요하다. 이산화탄소가 대기에서 제거되는 주요 방법 중에서 가장 대표적인 것은 광합성이다. 이 장에서 보았듯이, 햇빛의 광자는 광계 I과 광계 II에서 흡수되어 틸라코이드 막을 가로질러 양성자와 전자를 이동시킨다. 양성자 기울기가 형성되면 CF_1CF_0 ATP 합성효소를 통해 ATP를 생산한다. 이 ATP는 이후 이산화탄소를 캘빈회로를 통해 PGA(3-phosphoglycerate)로 변환시킨다. 이 PGA는 또 다른 탄수화물을 만드는 데에 사용된다. 광합성에 의해 식물 안에서 만들어진 탄수화물은 식물 안에 축적되지만 일부분은 토양으로 새어 나갈 수도 있는 뿌리로 수송된다. 이 과정들을 전체적으로 보면, 대기 중 이산화탄소는 일정한 흐름을 따라 토양의 탄수화물로 가게 된다. 온실가스 역할을 하던 이산화탄소가 지구온난화에 영향을 주지 않는 토양 속 탄수화물로 돌아가는 이러한 이동은 "탄소 격리(carbon sequestration)" 형태이다. 탄소 격리의 뜻은 대기 중 이산화탄소를 무해한 장소로 격리시킨다는 것을 의미한다. 식물이 꽤 느리게 자라는 것을 감안했을 때, 탄소 격리는 전 세계적으로 위치한 발전소에서 나오는 이산화탄소와 비교하여 대수롭지 않다고 생각하겠지만, 식물이 세계적으로 분포하고 있다는 사실도 고려해야 한다. 1개의 식물체는 매년 아주 적은 양의 탄소를 격리시키지만 전 세계 숲에서의 식물 총량을 생각해 보면 상당히 큰 영향을 줄 수 있다는 것을 알 수 있다. 실제로, 대기 중 이산화탄소와 토양 속 이산화탄소의 양을 비교했을 때 대기에 있는 이산화탄소의 양보다 약 두 배 가량 토양에 더 축적되어 있다. 하지만 인구수가 증가함에 따라 삼림이 파괴되고, 늘어난 연료 소비 때문에 증가하는 이산화탄소에 따라, 광합성에 의해 대기로부터 토양으로 가는 이산화탄소의 흐름이 감소했음을 의미한다. 실제로 삼림 파괴는 화석연료를 태우는 것만큼이나 지구온난화에 기여하는 주원인으로 알려져 있다. 그러므로 지구온난화를 맞서는 데에는 효율적으로 화석연료를 연소하는 것뿐 만이 아니라 지정학적인 접근을 통해 삼림 파괴를 예방하고 반전시키는 것에도 관심을 기울여야 할 것이다.

바이오연료도 탄소 격리에 한 역할을 맡을 수 있다. 비록 바이오연료를 연소시키면 이산화탄소가 배출되지만, 연료 생산 자체로 연료를 만드는 것 자체에서 이산화탄소를 소비할 수 있기 때문이다. 예를 들어, 전기발전소에서 발생되는 이산화탄소를 조류 연못에 공급함으로써 최종적으로 이산화탄소를 탄수화물로 고정시키는 방법들이 개발되고 있다. 결국, 앞서 말했던 것처럼, 바이오연료를 태우면 이산화탄소를 발생시키겠지만, 이 이산화탄소는 이미 다른 연료를 태웠을 때 발생한 이산화탄소를 모아둔 것이라고 볼 수 있다. 이런 의미에서, 배출된 산업적 이산화탄소를 먹인 조류-바이오연료는 "탄소 중립적(carbon neutral)"이라고 볼 수 있다. 최소한, 이 <인간 질병과의 연관성>은 독자에게 온실가스를 줄이는 방법은 복잡한 문제이며, 이산화탄소 발생을 줄이기 위해 단순히 기술적인 면만 고려해서는 안 되고 농업적, 생태적인 방법으로 숲의 토양에서 이산화탄소 격리를 증가시켜야 한다고 강조했다. 이 문제는 다음 세대 과학자들과 정책 입안자들이 해결해야 할 중대한 과제가 될 것이다.

요 약

최초의 생명체들은 비생물적으로 만들어진 유기 분자에 의존하는 종속영양생물체이었을 것으로 추정된다; 결국 이 생물들은 독립영양생물—주요 탄소공급원으로서 이산화탄소를 이용하여 살아가는 생물들—로 이어졌다. 최초의 독립영양생물은 전자의 공급원으로서 황화수소(H_2S)와 같은 화합물을 산화시켜 비산소발생 광합성을 수행했을 것으로 생각한다. 물(H_2O)이 산화되어 산소(O_2)가 발생하는, 산소발생 광합성의 진화 과정에서 남세균이 다양한 서식처를 개척한 결과, 유산소 호흡시대를 열었다. (402쪽)

엽록체는 커다란 막성 세포소기관으로, 광합성을 하는 원핵생물로부터 진화되었다. 엽록체는 이중막으로 싸여 있고, 바깥쪽 외막에는 포린이라는 구멍이 있다. 틸라코이드는 납작한 막성 주머니가 질서 있게 쌓여 있는 층상 구조 혹은 그라나(grana)라는 형식으로 배열되어 있다. 틸라코이드는 DNA, 리보솜, 유전자 발현에 필요한 기구 등이 들어있는 액체 상태의 스트로마(stroma)로 둘러싸여 있다. (403쪽)

광합성의 광-의존반응은 광합성 색소가 빛의 광자를 흡수함으로써 시작된다. 이때 광합성 색소의 전자가 바깥 궤도로 밀려 나서 전자수용체로 전달될 수 있다. 식물에서 주요한 광-흡수 색소는 엽록소와 카로티노이드이다. 각 엽록소 분자는 빛을 흡수하는 Mg^{2+} 함유 포르피린 고리와 색소를 지질2중층 속에 묻혀 있게 하는 탄화수소 꼬리(피톨)로 구성되어 있다. 엽록소는 가시 스펙트럼의 파란색과 빨간색 영역에서 가장 강하게 흡수하며 초록색에서 가장 약하게 흡수한다. 카로티노이드는 가시 스펙트럼 중 파란색과 초록색 영역에서 가장 강하게 흡수하고 빨간색과 주황색 부분에서 가장 약하게 흡수한다. 광합성을 촉진하는 빛의 파장을 나타내는 광합성 작용스펙트럼은 색소의 흡수스펙트럼과 아주 유사하다. 광합성 색소들은 기능적인 단위로 구성되어 있으며, 그 중 단 한 분자—반응-중심 엽록소—가 전자를 전자수용체에 전달한다. 많은 색소 분자들은 광 수확 안테나를 형성하여 서로 다른 파장의 광자를 포획하고 여기상태의 에너지를 반응중심에 있는 색소 분자로 전달한다. (405쪽)

엽록체에서 H_2O로부터 $NADP^+$까지 1쌍의 전자를 전달하려면, 2개의 분리되어 있는 광계의 합동작용에 의해 약 2 V의 에너지가 투입되어야 한다. 광계II(PSII)는 전자의 에너지 수준을 물의 에너지 수준 이하로부터 중간 지점까지 끌어 올리는 반면, 광계I(PSI)은 전자의 에너지 수준을 $NADP^+$보다 높은 에너지수준으로 끌어 올린다. 광자가 흡수됨에 따라, 각 전자의 에너지를 각각의 반응-중심 색소들(PSII는 P680으로, PSI는 P700)로 보낸다. 반응-중심 엽록소들에 의해 흡수된 에너지는 1차 수용체에 전달되어 전자를 바깥 궤도로 끌어 올리게 되는데, 이로 인해 양(+)으로 하전된 색소($P680^+$ 및 $P700^+$)를 형성하게 된다. (407쪽)

물로부터 PSII까지 그리고 PSI부터 $NADP^+$까지의 비순환적 전자흐름의 경로는 제트(Z) 모형으로 나타난다. 제트 경로의 첫 번째 구간은 물에서부터 PSII까지이다. PSII에서 빛을 모으는 대부분의 안테나 색소들은 광수확복합체II(LHCII)라고 하는 독립된 복합체 속에 있다. 에너지는 LHCII로부터 PSII 반응 중심까지 흐르고, 전자는 P680에서부터 1차 수용체인 엽록소와 유사한 피오피틴(pheophytin) 분자로 전달된다. 이러한 전자전달은 강한 산화제($P680^+$)와 약한 환원제($Pheo^-$)를 형성한다. PSII에서 전하가 분리된 후, 반대로 하전된 분자들을 멀리 이동시킴으로써 PSII가 안정된다. 이 과정에서 전자는 피오피틴으로부터 퀴논 PQ_A 그리고 PQ_B까지 전달된다. PSII로 2개의 광자가 연속적으로 흡수되면 2개의 전자는 PQ_B로 전달되어 PQ_B^{2-}를 형성하고, 이후 스트로마로부터 양성자 2개를 취하여 PQH_2 (환원된 플라스토퀴논)를 형성한다. 환원된 플라스토퀴논은 반응중심을 떠나고, 다른 산화된 플라스토퀴논이 자리를 대체하여 추가적으로 전자를 받을 수 있게 된다. 각 전자가 P680으로부터 1차 수용체 그리고 PQ_B까지 전달될 때, 양으로 하전된 반응-중심 색소($P680^+$)는 4개의 망간과 1개의 칼슘 이온들을 함유하는 무리로부터 1개의 전자를 받아 중성화된다. 각 전자가 P680으로 전달됨으로써, 망간-칼슘 함유 단백질은 산화 등가물을 축적한다. 망간-칼슘 무리가 4개의 산화 등가물을 축적시키면, 물로부터 4개의 전자를 제거할 수 있다. 이 반응은 산소를 발생시키고 4개의 양성자(H^+)를 틸라코이드 내강으로 운반하여 양성자 기울기를 만든다. (409쪽)

전자가 환원된 플라스토퀴논으로부터 다단백질 복합체인 시토크롬 b_6f로 전달될 때, 양성자는 틸라코이드 내강 속으로 방출되어 양성자 기울기를 만들게 된다. 시토크롬 b_6f로부터 전자는 틸라코이드 막의 내강 쪽에 위치한 플라스토시아닌과 PSI의 반응-중심 색소인 $P700^+$로 전달된다. 이 $P700^+$는 하나의 광자를 흡수할 때 전자를 잃는다. 각 광자가 P700에 흡수되면 전자는 제1수용체인 A_0, 그 후 PSI의 반응중심에 있는 여러 개의 철-황 중심부를 거쳐 페레독신까지 전달된다. 전자들은 페레독신으로부터 $NADP^+$로 전달되어 NADPH를 형성하며, 이때 NADPH는 스트로마로부터 하나의 양성자를 취함으로써 양성자 기울기를 심화시킨다. 요약하면, 비순환적 전자 흐름은 물을 산소로 산화시키고 전자를 $NADP^+$에 전달하여 NADPH를 형성하며, 틸라코이드 막을 가로지르는 양성자 기울기를 만든다. (412쪽)

엽록체에서 광-의존반응 동안 형성된 양성자 기울기는 광인산화 과정에서 ATP 형성에 필요한 에너지를 제공한다. 엽록체에서 ATP 합성을 위한 기구는 미토콘드리아의 것과 거의 동일하다; ATP 합성효소는 스트로마 쪽으로 돌출된 CF_1 머리 부분과 틸라코이드 막 속에 들어 있는 CF_0 기부로 이루어진다. 양성자는 상대적으로 높은 양성자 농도를 갖는 틸라코이드 내강으로부터 CF_0 기부를 거쳐 스트로마로 이동하여 ATP를 생성하고, 결국 양성자 기울기는 사라진다. ATP 합성은 물의 산화 없이, PSII가 관여하지 않는 순환적 광인산화 과정을 통해서도 일어날 수 있다. PSI의 P700에 빛이 흡수되면, 전자가 페레독신으로 전달되고, 시토크롬 b_6f를 거쳐 전자-결핍 PSI 반응중심으로 되돌아온다. 전자들이 순환적 경로로 전달될 때, 양성자들은 틸라코이드 내강 속으로 전위되어 ATP 합성을 계속 추진한다. (415쪽)

광-의존반응이 일어나는 동안, NADPH와 ATP에 저장된 화학에너지는 이산화탄소로부터 탄수화물을 합성하는 데 사용된다. CO_2는 C_3 경로(또는 캘빈회로)에 의해 탄수화물로 전환된다. 이 회로에서 CO_2는 RuBP 카르복실화효소(Rubisco)에 의해 5-탄소 화합물인 RuBP와 결합하여 불안정한 6-탄소 중간산물을 형성하는데, 이들은 2개의 3-PGA 분자로 나누어진다. NADPH와 ATP는 PGA 분자를 글리세르알데히드 인산(GAP)으로 전환시키는 데 사용된다. 고정된 CO_2 6분자마다 2분자의 GAP가 설탕 또는 녹말을 형성할 수 있으며, 나머지 10분자의 GAP는 계속해서 CO_2를 고정하기 위해 RuBP 재생에 사용된다. (417쪽)

루비스코는 RuBP에 CO_2 보다 O_2가 공유결합되는 반응을 촉매할 수도 있다. 광호흡이라는 과정은 CO_2의 손실을 초래하는 반응들로 대사작용을 일으키는 화합물들을 형성한다. 광호흡은 O_2를 흡수하고 CO_2를 방출하기 때문에 식물의 에너지를 낭비하게 된다. 광호흡 대 CO_2 고정의 비율은 루비스코가 마주하는 CO_2/O_2 비율에 따라 결정된다. C_4 식물과 CAM 식물들은 이 비율을 증가시키는 기작을 갖고 있다. (418쪽)

C_4 식물과 CAM 식물들은 매우 낮은 CO_2 농도에서도 작용할 수 있는, PEP 카르복실화 효소라고 하는 추가적인 CO_2-고정 효소를 갖고 있다. C_4 식물의 잎은 대기로부터 완전히 차단되어 있는 안쪽 깊숙한 곳에 실린더 모양의 유관속초세포와 그 외부의 실린더 모양의 엽육세포들로 이루어진 특별한 구조를 가진다. PEP 카르복실화효소는 엽육조직에서 작용하는데, 여기서 CO_2를 3개 짜리 탄소 화합물인 포스포에놀피루브산(PEP)에 고정시켜 4개 짜리 탄소 화합물을 형성한 후, 이들을 유관속초세포로 수송하고, 카르복실기를 제거한다. 유관속초세포에 방출된 CO_2는 고농도로 축적되어, CO_2는 RuBP에 고정되고, 캘빈회로에 의해 PGA와 GAP를 만든다. CAM 식물은 하루 중 서로 다른 시간대에서 광-의존반응과 광-비의존 반응을 각각 수행한다. CAM 식물은 뜨겁고 건조한 낮 시간에 기공을 닫아서 물의 손실을 방지하며, 밤 동안에 기공을 열고 PEP 카르복실화효소에 의해 CO_2를 고정한다. 형성된 말산은 낮 시간 동안에, 즉 화합물이 엽록체로 되돌아갈 때 까지 액포 속에 저장된다. CO_2가 말산으로부터 방출되면, 낮은 산소 조건에서 루비스코에 의해 고정되고, 광-의존반응에서 생긴 ATP와 NADPH의 에너지를 이용하여 탄수화물로 전환될 수 있다. (420쪽)

개념 문제

10.1 광합성의 기원

1. 시아노박테리아의 진화가 생물체의 대사에 미친 효과에 대해 기술하시오

10.2 엽록체의 구조와 기능

2. 엽록체의 막 구조를 기술하시오. 이들의 체제가 미토콘드리아 구조와는 어떻게 다른가?

3. 스트로마와 내강(틸라코이드 내강)의 차이점, 포막과 틸라코이드 막의 차이점, 독립영양체와 종속영양체의 차이점을 기술하시오.

10.3 광합성대사의 개요

4. 광합성과 호흡은 어떤 점에서 반대되는 관계인가?

5. 전자 공급원으로 황화수소(H_2S)를 사용하는 비산소발생 광합성과 전자 공급원으로 물을 사용하는 산소발생 광합성은 어떤 점에서 유사한가? 다르다면 어떤 점에서 다른가?

6. 일반적인 용어로, 광-비의존반응은 광-의존반응과 어떻게 다른가? 두 반응 유형의 일차산물은 무엇인가?

10.4 빛의 흡수

7. 흡수스펙트럼과 작용스펙트럼의 차이점은 무엇인가?

8. 엽록소와 카로티노이드의 구조, 흡수 영역, 작용에 대해 비교 설명하시오.

10.5 광합성 단위와 반응중심

9. 광자의 에너지 양과 빛의 파장 사이에는 무슨 관계인가? 빛의 파장이 광합성을 일으킬지 아닐지를 어떻게 결정하는가? 광합성 색소의 흡수 특성은 광합성 단위 내부로 에너지가 전달되는 방향을 어떻게 결정하는가?

10. 광합성에서 광수확 안테나 색소가 광합성에서 어떤 역할을 하는가?

11. 안테나 색소에 의해 흡수된 광자가 어떻게 반응 중심으로 에너지가를 전달하는가?

12. 광계 I과 광계 II는 서로 다른 2개의 단계를 이용하여 전자를 더 높은 에너지 상태로 끌어올린다. 2개의 광계 중 어느 광계가 가장 낮은 에너지 상태의 전자를 중간 정도의 에너지 상태까지 끌어올리는가? 또 중간 정도의 에너지 상태를 가진 전자를 가장 높은 에너지 상태로 끌어올리는 것은 어느 광계인가? 광계(I과 II)의 이름에서 보면, 전자에너지는 2개 시스템의 번호 순서대로 연속적으로 증가하는가, 아니면 역번호 순서로 증가하는가?

10.6 광계 II와 광계 I의 작동

13. PSII의 반응-중심 색소에 의해 빛의 광자가 흡수된 이후에 일어나는 일을 기술하시오. 비교하여 PSI에서 일어나는 일도 기술하시오. 두 광계가 어떻게 서로 연결되는가?

14. 두 광계에서 반응-중심 색소들의 산화환원전위의 차이를 기술하시오.

15. 광분할 동안 물이 분해되는 과정을 기술하시오. PSII에 얼마나 많은 양성자들이 흡수되어야만 광분할이 일어나는가?

10.7 광합성에서 전자전달의 개요

16. 광-의존반응의 어느 단계에서 틸라코이드 막을 가로질러 양성자의 전기화학적 기울기가 발생되는가?

10.8 광인산화

17. 틸라코이드 막을 가로지른 전기화학적 양성자 기울기는 pH 기울기 대 전압 기울기를 어느 정도까지 반영하는가?

18. 양성자 기울기가 어떻게 ATP를 만드는가?

10.9 이산화탄소의 고정과 탄수화물의 합성

19. 에너지 유입이 필요한 반응인 캘빈회로를 기술하시오. 이것을 왜 회로라고 하는가? 이 경로에서 에너지가 왜 소비되어야 하는가? 이 경로의 최종산물들은 무엇인가?

10.10 C_4 식물과 CAM 식물의 탄수화물 합성

20. C_3, C_4, CAM 식물 사이의 주요한 구조적 그리고 생화학적 차이점들을 기술하시오. 이러한 차이는 뜨겁고 건조한 기후에서 자라기 위한 식물의 능력에 어떻게 차등적으로 영향을 미치는가?

분석 문제

1. 두 광계들 중 어느 쪽이 최대 음(−)의 산화환원 전위에서 작동하는가? 어느 광계가 가장 강력한 환원제를 만드는가? 비순환적 광인산화가 일어나는 동안 4개의 광자를 흡수해야 하는 광계는 어떤 것인가?

2. 만일 식물이 뜨겁고 건조한 조건의 낮 동안 계속 노출된다면, 어느 유형(만일 C_3, C_4, 또는 CAM)의 식물이 가장 잘 견딜 것으로 생각하는가? 왜 그런가?

3. PQH_2, 환원된 시토크롬 b_6, 환원된 페레독신, $NADP^+$, NADPH, O_2, H_2O 중에서, 어느 것이 가장 강력한 환원제인가? 어느 것이 가장 강력한 산화제인가? 어느 것이 전자 친화력이 가장 큰가? 어느 것이 가장 큰 에너지를 발생하는 전자를 갖고 있는가?

4. 광합성을 하고 있는 엽록체에 짝풀림(인산화를 동반하지 않는 전자의 흐름) 화합물인 디니트로페놀(DNP)을 첨가했다고 가정해 보자. 다음 중 어느 활동에 영향을 미칠 것으로 생각되는가? (1) 빛의 흡수, (2) 순환적 광인산화, (3) PSII와 PSI 사이의 전자전달, (4) 비순환적 광인산화, (5) PGA의 합성, (6) $NADP^+$의 환원.

5. 양성자[H^+]가 1만 배의 차이로 유지되며 전기 전위 차이가 없는 틸라코이드 막을 가로질러 형성되는 양성자-구동력을 계산하시오. (385쪽에 양성자-구동력 등식이 있다.) 광합성에 대해 당신이 알고 있듯이, 틸라코이드의 내강 쪽 혹은 스트로마 쪽 어느 쪽에서 양성자의 농도가 높은가?

6. 식물이 가장 크게 순환적 인산화를 수행하기 위해서는 어떤 조건에 있어야 한다고 생각하는가?

7. 분리된 엽록체가 광합성을 할 때 일어나는 완충용액에서의 pH 변화를 분리된 미토콘드리아가 유산소 호흡을 하는 것과 비교하시오.

8. 미토콘드리아에서 양성자-구동력의 대부분은 전압으로 표시된다고 앞장에서 언급하였다. 이와는 대조적으로, 광합성을 하는 동안 생긴 양성자-구동력은 오직 pH 기울기로 나타났다. 여러분은 이러한 차이를 어떻게 설명할 수 있는가?

9. 틸라코이드 막을 가로지르는 전기화학적 기울기를 발생시키는 데 있어서 PSI과 PSII의 역할을 대조하시오.

10. 여러분은 C_3 식물이 C_4 식물보다 CO_2 분자당 탄수화물로 전환된 더 많은 에너지를 소비해야만 한다는 의견에 동의하는가? 왜 그런가? 아니면 왜 그렇지 않은가?

11. 광합성에서, 빛에너지가 포획되면 전자의 방출과 전달로 이어진다. 전자들은 원래 어떤 분자로부터 기원하는가? 결국 이 전자들은 어떤 분자 속에 있는가?

12. C_3 경로에서 6-탄소 당을 만들기 위해서는 몇 분자의 ATP와 NADPH가 필요한가? 만일 1분자의 ATP를 합성하기 위해 4개의 양성자가 필요했다면, 순환적 광인산화 없이 비순환적 광인산화에 의해서만 ATP와 NADPH를 만들 수 있는가?

13. 만일 페오피틴과 A_0(엽록소 *a* 분자)가 각각 PSII와 PSI의 1차 전자수용체들이라면, 각 광계의 1차 전자공여체는 무엇인가?

14. 광합성의 광-의존반응에서 3개의 금속 원자들의 역할을 대조하시오.

15. 온실 효과(대기의 CO_2 양 증가)는 C_4 식물 또는 C_3 식물 중 어느 것에 더 큰 영향을 미칠 것으로 생각하는가? 왜 그런가?

16. 대기에 있는 물의 양이 C_3 식물이 잘 살아가는 데 중요한 요소라고 생각하는가? 왜 그런가?

17. 낮은 CO_2 수준(농도)은 O_2 농도를 21%에서 안정적으로 유지하는 데 중요한 역할을 하는 것으로 제안되었다. 대기에서 CO_2 농도가 O_2 농도에 영향을 미칠 수 있는 가능성은 어느 정도인가?

18. CO_2 농도가 600 ppm까지 상승했다고 가정해 보자. 사실 이 수치는 아마 약 3억 년 전에 그랬을 것이다. 여러분은 이 상황이 C_3 식물과 C_4 식물 사이의 경쟁에서 어떤 영향을 줄 수 있다고 생각하는가?

19. C_3 식물이 뜨겁고 건조한 환경에 있고, 이 식물에 방사선으로 표지한 $^{18}O_2$를 공급했다고 가정해 보자. 방사선 표지가 결합된 물질은 어떤 화합물에서 볼 수 있는가?

CHAPTER

11 세포외기질과 세포의 상호작용

목 차

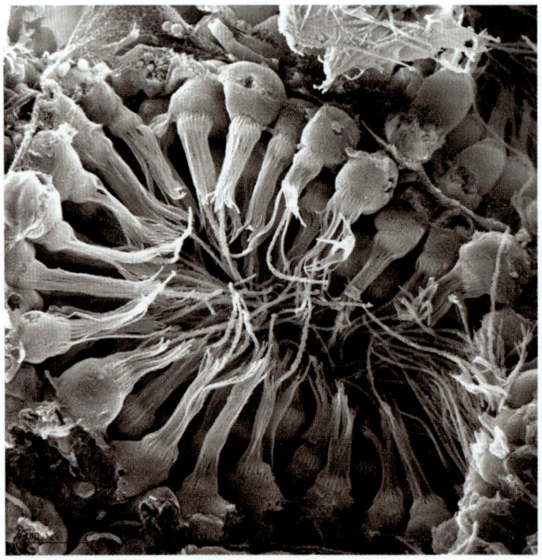

다세포 생물의 진화

지구상 최초의 생명체는 30억 년 전에 단순한 단세포 생물의 형태로부터 기원된 것으로 생각된다. 이후 수십억 년 동안 단세포 생명체는 분자 및 세포 수준의 복잡성을 증가시키며 진핵생물과 같은 몇몇 계통과 함께 번성하였다. 화석상의 증거들은 가장 초기의 다세포 동물인 후생동물들(metazoans)이 대략 6억 년 전 무렵부터 진화하였음을 시사한다.

무엇이 후생동물의 번창을 촉발하였는가? 대기 내 산소의 증가와 같은 환경의 변화는 약 15억 년 전 시작된 진화적 다양성의 갑작스러운 폭발을 뒷받침한다. 또한 크기가 큰 다세포 생물이 상대적으로 크기가 작은 단세포 생물들을 삼키고 섭취할 수 있었기 때문에 포식자와 피포식자와의 상호작용이 다세포의 진화 과정에서 중요한 역할을 했다고 생각된다. 원인에 상관없이 단세포 생물들에서부터 다세포 생물로 진화하기 위해서는 수많은 과정들이 필요한 것은 명백하다. 이러한 요구조건들 중 가장 기본적인 것은 세포들이 서로 인식하고 부착하고 정보를 전달하는 능력이다. 이러한 행동들이 어떻게 초기의 후생동물에서 나타난 것인가?

유전체 서열분석(Genome sequencing)은 우리에게 이러한 진화적 문제들에 대한 통찰력을 제공하였다. 살아 있는 비후생동물의 친척 중 하나로 널리 알려진 깃편모충류(choanoflagellates)와 같은 원시 단세포 생물들에 대한 연구들은 매우 중요한 단서를 찾아냈다. 깃편모충류 *Monosiga brevicollis*의 유전체 서열분석 결과는 후생동물 계통의 증가 이전에 앞서

일부 해면동물들의 특수화된 섭식 기관인 깃세포실(choanocyte chamber)의 전자현미경 사진. 후생동물 깃편모충(choanoflagellate)과 해면동물의 깃세포실 사이의 형태학적 유사성에 연구진들은 깃편모충이 후생동물의 가까운 친척일 수 있다는 가설을 세우고, 동물에서 다세포성이 어떻게 나타나는지에 대한 통찰력을 제공하였다.

출처: Courtesy of Scott Nichols.

세포부착, 신호전달, 세포외기질의 형성에 관여하는 수많은 분자들이 모두 이미 존재했다는 것을 밝혔다. 이 분자들은 단세포 후생동물 이전의 생물체가 먹이세포나 움직이지 않는 기질을 인지하고 부착하기 위해 사용될 수 있다고 생각된다. 시간이 지남에 따라 유전체의 복제 과정은 유전자의 변형을 허용하여, 새로이 진화하는 후생동물문에서 세포외기질 형성에 포함된 분자들이 다양한 새로운 역할을 수행할 수 있도록 이끌었다.

11.1 세포외 상호작용의 개요

세포의 원형질막은 살아 있는 세포와 그 주변의 무생물 환경 요소들 사이에 경계를 구성하지만, 실제로 원형질막 바깥에 위치한 물질들은 세포의 생명에 있어서 매우 중요한 역할을 한다. 다세포 생물인 동식물의 대부분 세포들은 명백히 구분되는 조직들로 구성되어 있고, 이들 세포들은 다른 세포들 그리고 세포들 사이에 있는 세포외 물질들과 명확한 상호작용을 유지하고 있다. 몸속을 순환하는 백혈구처럼, 어느 조직 속에서 고정되어 있지 않는 세포들도 마찬가지로 다른 세포들 또는 세포에 붙어 있는 세포외 물질들과 매우 특수한 방법으로 상호작용을 해야 한다. 이러한 상호작용을 통하여 세포는 이동, 성장, 분화 등과 같은 다양한 활동을 조절하고, 배발생 과정 동안에는 형성 중인 조직과 기관들의 3차원적 구성을 결정하게 된다.

우리는 이 장에서 세포의 외부 환경에 대해서 살펴보고, 세포와 외부 환경과의 상호작용 유형을 알아볼 것이다. **그림 11.1**은 사람 피부의 단층을 보여주는 그림으로, 이 장에서 논의될 여러 주제에 대한 개요를 제시하고 있다. 표피(Epidermis)는 피부의 바깥층으로 **상피조직(epithelial tissue)**의 한 유형이다. 체내에서 공간을 따라 배열되어 표면을 구성하는 다른 상피조직처럼, 표피는 특수화된 접촉방식에 의해 서로 밀접하게 붙어 있는 세포들이 그 아래에 있는 비세포성 층에 부착된 형태로 구성된다(그림 11.1에서 오른쪽 상단에 삽입된 그림). 이러한 형태는 세포들이 서로 단단히 부착하고 상호 소통할 수 있는 기작을 제공한다. 그에 반하여 피부의 더 깊은 층은 진피(dermis)라 불리며, 이는 **결합조직(connective tissue)**의 한 유형이다. 힘줄이나 연골을 형성하는 다른 결합조직들과 같이, 진피는 특별한 방식으로 상호작용하는 다양한 섬유들이 포함된 세포외 물질들로 이루어져 있다. 가령 진피에 흩어져 있는 세포들 중 하나인 섬유아세포(fibroblast)를 확대하여 보면, 섬유아세포와 세포 외부의 물질 사이의 상호작용을 매개하는 수용체들이 원형질막의 바깥 표면에 존재하고 있음을 알 수 있다(그림 11.1에서 오른쪽 하단에 삽입된 그림). 이들 세포표면의 수용체들은 세포 외부 환경과 상호작용할 뿐만 아니라, 세포내 존재하는 수용체 안쪽의 끝부분은 세포질내 다양한 여러 단백질들과도 상호작용을 하게 된다. 이와 같이 세포 외부와 내부로 물질들과 접촉하는 부위를 가진 수용체들은 하나의 세포와 그 외부

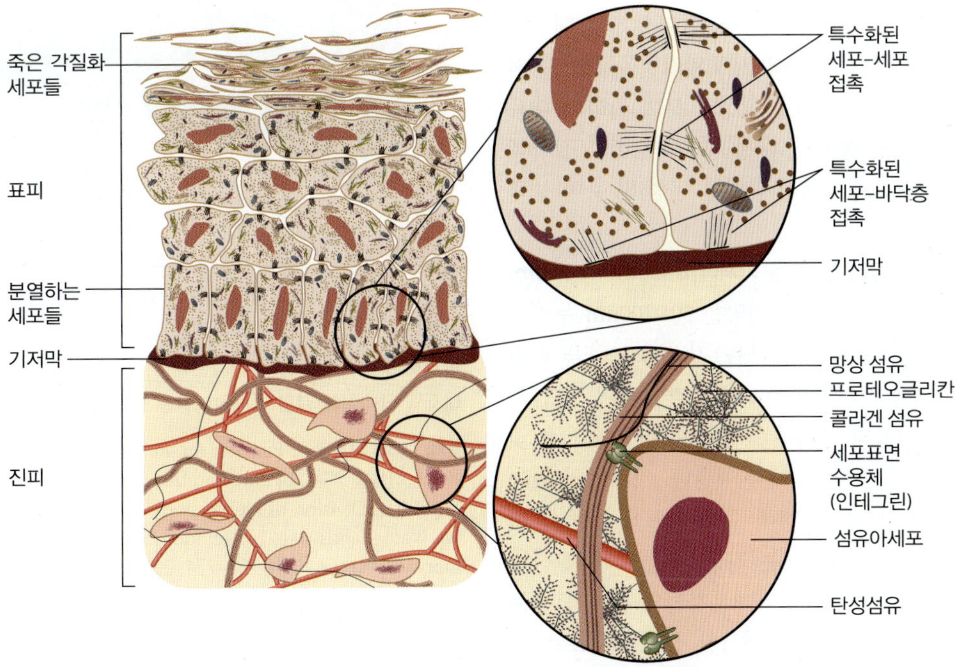

그림 11.1 세포들이 조직을 구성하는 방식과 세포 상호간 또는 세포 외부 환경과의 상호작용을 보여주는 개요. 이 그림은 사람 피부의 절단면에서 표피내 세포들이 특수화된 접촉에 의해 서로 붙어 있는 것을 보여준다. 표피의 기저층(basal layer)에 있는 세포들은 기저층 아래에 위치한 비세포층인 기저막(basement membrane)에 붙어 있다. 반면에 진피는 다양한 세포외 요소들로 구성되어 있고, 요소들 서로 간 또는 산재된 세포(주로 섬유아세포)들과 상호작용한다. 이 세포들은 세포외 물질들과 결합하여 세포 내부로 외부 신호를 전달하는 수용체를 갖고 있다.

환경 사이에 신호를 전달하기에 적당하다.

11.2 세포외 공간

세포의 원형질막에서 시작하여 그 바깥쪽을 살펴보면, 세포들을 둘러싸고 있는 다양한 유형의 세포외 요소들을 확인할 수 있다. 제8장에서 논의하였던 것과 같이, 일부 막지질들과 대부분의 내재막 단백질들이 원형질막 바깥으로 다양한 길이로 돌출된 올리고당 사슬들을 갖고 있다(그림 8.4*a* 참조). 이렇게 세포외로 돌출된 탄수화물 사슬은 원형질막 바깥 표면에 **당질피질**[**glycocalyx**, 또는 세포외피(*cell coat*)]라는 층을 형성한다(**그림 11.2a**). 이 층들은 포유동물의 소화기관 벽을 따라 정렬하고 있는 상피세포와 같은 일부 유형의 세포들에서 매우 중요하다(그림 11.2*b*). 실제로 당질피질은 세포-세포 및 세포-바닥층(substratum) 사이의 상호작용을 중개하며, 원형질막을 향해 다가오는 입자들을 막는 장벽 역할을 통해 세포에 기계적인 보호를 제공하고, 세포 표면에서 작용하는 중요한 조절인자들과 결합하는 등의 일을 하는 것으로 생각된다(그림 11.2*c*).

세포외기질

많은 다양한 유형의 동물세포들은 세포와 조직을 둘러싸고 지지하는 골격을 제공하고 동시에 세포 외부로 분비된 많은 물질들로 구성된 연결망 구조인 **세포외기질(extracellular matrix, ECM)**을 가지고 있다(**그림 11.3**). 세포외기질은 불활성 포장물질로서 또는 세포들을 서로 결합시키는 비특이적 접착제로서만 단순히 사용되는 것이 아니라 세포의 모양과 활성을 결정하는 데 있어서 중요한 조절역할을 하는 물리적, 생화학적, 기계적 신호를 제공한다. 가령, 실험실에서 배양된 연골세포들 또는 유선내 상피세포들 주변의 세포외기질을 효소로 처리하여 분해시키면, 이들 세포들의 단백질 합성과 분비 활성이 대폭 줄어들게 된다. 반대로 세포배양 용기에 다시 세포외기질을 첨가해 주면, 세포는 원래대로 분화하고 정상적인 단백질 생성 및 분비 능력을 회복할 수 있다.

세포외기질들 중 가장 잘 알려진 것은 **기저막**[**basement membrane**, 또는 기저판(basal lamina)]이다. 기저막은 50~200nm 두께로 연속적으로 구성된 판으로, (1) 신경섬유, 근육, 지방세포 등을 감싸고, (2) 피부의 표피와 같은 상피조직 또는 소화관과 호흡관의 안쪽을 따라 늘어서 있는 상피조직들의 기저부 표면의 아래(그림 11.1 및 11.4*a*~*b*), (3) 혈관 내피세포 안쪽 벽 등에 위치한다. 기저막의 기능으로는 부착된 세포들을 기계적으로 지탱해 주고, 세포의 생존을 위한 신호를 발생시키며, 세포가 이동할 때는 기층 역할을 하고, 하나의 장기 내 인접한 조직들을 분리시키며, 거대분자들의 통과를 막는 장벽 역할 등이 있다. 이 중에서 마지막에 언급한 장벽 역할로는 모세혈관 내피의 기저막이 혈관내 단백질을 혈액 밖과 조직으로 통과시키지 않는 중요한 기능을 들 수 있다. 특히 신장에서는 기저막의 역할이 매우 중요하다. 실제로 신장내 혈액은 신장세관벽과 사구체(glomerulus)의 모세혈관을 구별짓는 2중층으로 구성된 기저막을 통해 높은 압력 하에서 여과되므로, 장기간의 당뇨병으로 인한 신부전은 사구체들을 에워싼 기저막이 비정상적으로 두꺼워진 결과에 기인한다. 또한 기저막은 암세포들이 조직으로 전이하는 것을 막기 위한 장벽의 역할도 한다. 기저막의 분자적 구조는 뒤에서 논의할 예정이

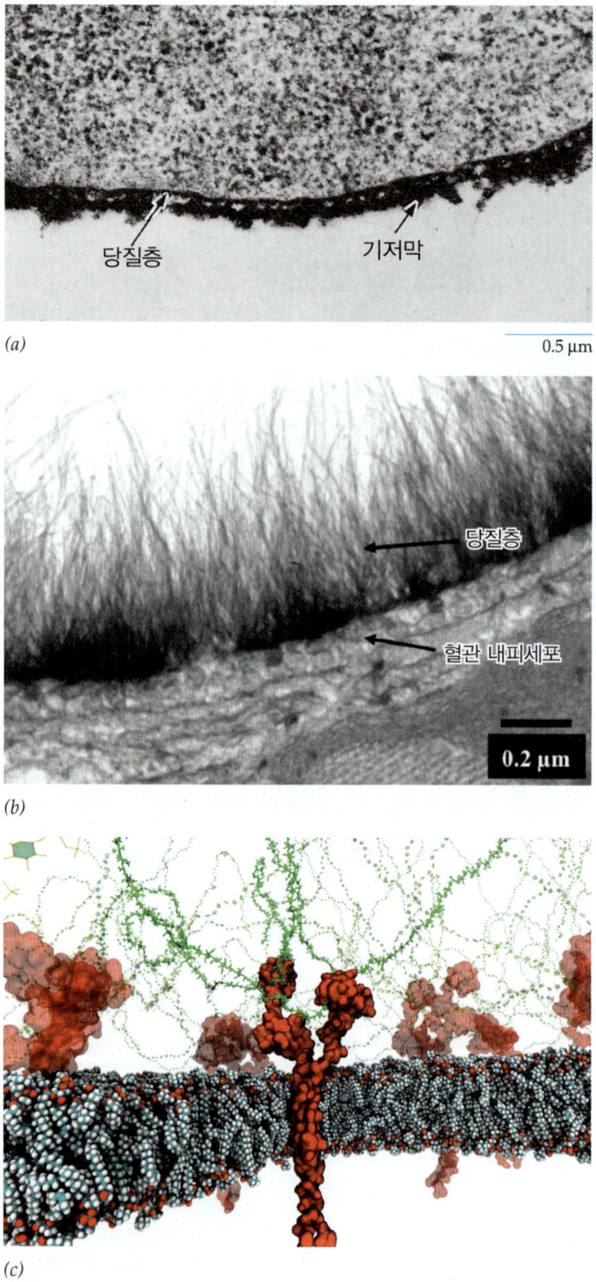

그림 11.2 **당질피질.** (*a*) 닭의 발생 중 초기 배의 외배엽 세포 기저부 표면. 세포의 바깥쪽 표면에 밀접하게 붙어 있는 2개의 뚜렷한 구조들, 즉 안쪽의 당질층과 바깥쪽의 기저막을 구분할 수 있다. (*b*) 광범위한 당질층을 보여주는 관상동맥 내피세포 주변의 당질층의 전자현미경 사진. (*c*) 당질층의 분자 모형. 당사슬은 녹색, 내재막 단백질에 결합하는 당사슬은 붉은색으로 보여진다.

출처: (a) A. Martinez-Palomo, *Int. Rev. Cytol.* 29:64, 1970.에서 발췌. © 1970, Elsevier의 허가를 얻음; (b) B.M. van den Berg, The Einthoven Laboratory for Vascular Medicine, Division of Nephrology, Leiden University Medical Center, Leiden, the Netherlands에서 제공; (c) Igor Pivkin et al., Università della Svizzera italiana. *Biophys. Journal* 106(1):232–234, 2014에서 발췌. Elsevier의 허가를 얻음.

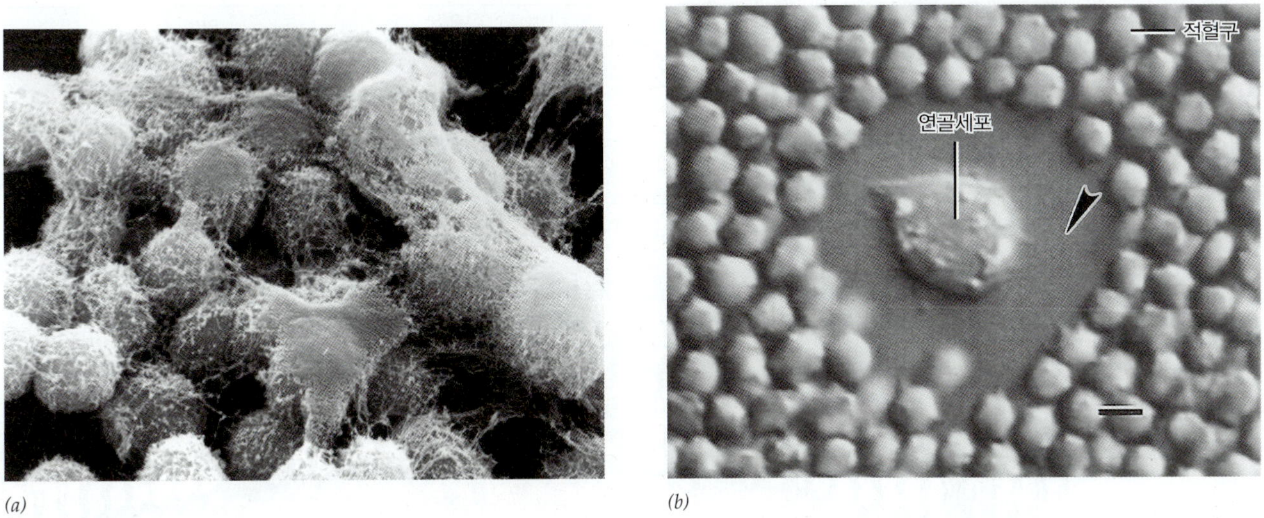

그림 11.3 연골세포의 세포외기질. (*a*) 연골세포 집단의 일부에서 세포들이 분비한 세포외 물질들을 보여주는 주사전자현미경 사진. (*b*) 하나의 연골세포가 분비한 세포외기질이 적혈구 현탁액을 첨가함으로써 보인다. 세포외기질의 두께는 적혈구가 접근하지 못하는 공간(화살촉 모양)에 의해 분명히 드러난다. 오른쪽 하단의 길이 표시는 10 μm을 나타낸다.

출처: (a) Michael Solursh and Gerald Karp의 허가를 얻음; (b) Greta M. Lee, Brian Johnston, Ken Jacobson, and Bruce Caterson의 허가를 얻음.

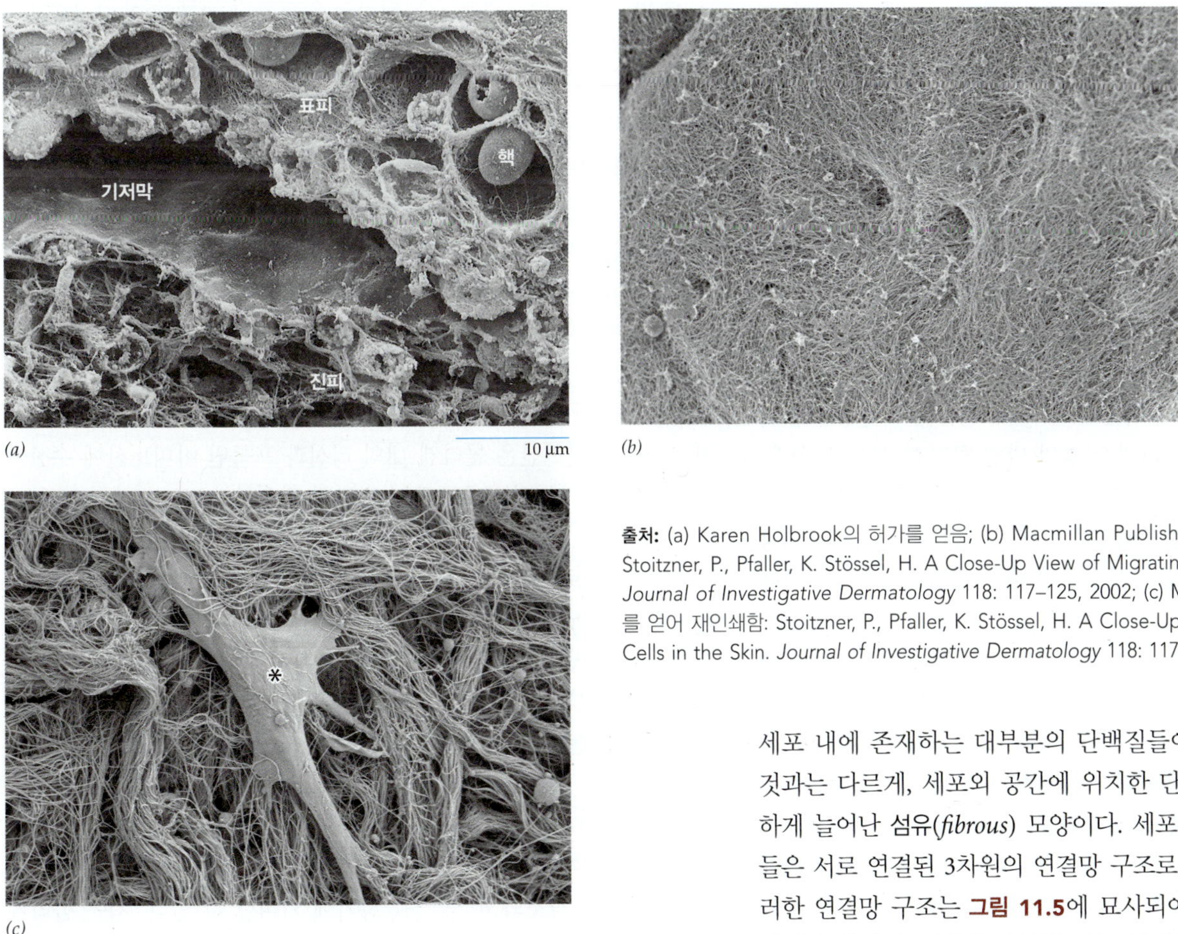

그림 11.4 기저막(또는 기저판). (*a*) 사람 피부를 찍은 주사전자현미경 사진. 표피는 표피세포들의 아래쪽에 보이는 기저막 부분에서 떨어져 있다. (*b*) 기저막의 조밀한 콜라겐 연결망 구조는 표피를 효소로 처리하여 분리한 후 전자현미경을 통해 확인하였다. (*c*) 별표로 표시된 접착 섬유아세포와 함께 진피의 느슨한 콜라겐 연결망 구조를 볼 수 있다.

출처: (a) Karen Holbrook의 허가를 얻음; (b) Macmillan Publishers Ltd의 허가를 얻어 재인쇄함: Stoitzner, P., Pfaller, K. Stössel, H. A Close-Up View of Migrating Langerhans Cells in the Skin. *Journal of Investigative Dermatology* 118: 117–125, 2002; (c) Macmillan Publishers Ltd의 허가를 얻어 재인쇄함: Stoitzner, P., Pfaller, K. Stössel, H. A Close-Up View of Migrating Langerhans Cells in the Skin. *Journal of Investigative Dermatology* 118: 117–125, 2002.

다(그림 11.12 참조). 한편, 결합조직의 섬유아세포와 같이 기저막 위에 놓여 있지 않은 세포는 대체적으로 실모양의 섬유질로 구성된 덜 조직화된 세포외기질로 둘러싸여 있다(**그림 11.4c**).

서로 다른 조직과 개체에서 세포외기질이 다양한 형태를 가지더라도, 이 세포외기질은 유사한 고분자들로 구성되는 경향이 있다. 즉, 세포 내에 존재하는 대부분의 단백질들이 치밀한 구형의 분자들인 것과는 다르게, 세포외 공간에 위치한 단백질들은 전형적으로 길쭉하게 늘어난 섬유(*fibrous*) 모양이다. 세포외 공간으로 분비된 단백질들은 서로 연결된 3차원의 연결망 구조로 스스로 조립될 수 있다. 이러한 연결망 구조는 **그림 11.5**에 묘사되어 있으며 다음 단락에서 자세히 논의된다. 이들의 다양한 기능 중에서, 세포외기질 내 단백질들은 경로 표지자, 골격, 대들보, 굵은 밧줄, 그리고 접착제 등의 역할을 한다. 이후에 논의되겠지만, 세포 외부에 존재하는 단백질들의 일부 아미노산 서열의 변화는 심각한 질환을 야기할 수 있다. 우리는 가장 중요하고 도처에 존재해 있는 세포외기질 분자들 중의 하나인 당단백질 콜라겐부터 시작할 것이다.

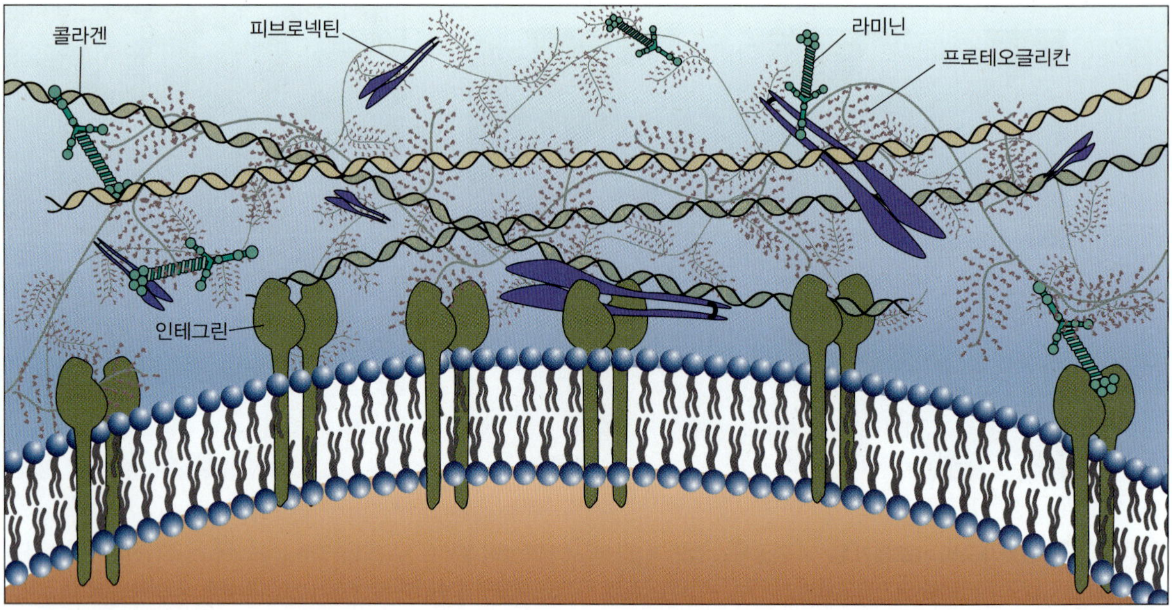

그림 11.5 세포외기질을 구성하는 거대 분자들의 연결망의 개요. 이 그림에서 표시된 단백질들과 다당류들은 다음 절에서 논의될 것이다. 여기에 표시된 단백질들(피브로넥틴, 콜라겐, 라미닌)은 서로 결합부위를 가지며, 세포 표면에 위치한 수용체들(인테그린)과의 결합부위도 포함한다. 프로테오글리칸은 세포외 공간 내 부피를 많이 차지하는 거대한 단백질 복합체이다.

11.3 세포외기질의 구성요소

세포외기질의 주요 구성요소들은 콜라겐, 프로테오글리칸, 피브로넥틴 및 라미닌과 같은 다양한 단백질들을 포함한다. 세포외기질의 각 단백질들은 서로에 대한 결합자리와 세포표면 위에 수용체들을 가지고 있다. 결과적으로 이 다양한 세포외기질들은 세포표면에 결합되어 구성되는 연결망 구조를 형성하기 위하여 상호작용한다.

콜라겐

콜라겐(Collagen)은 주로 동물계 전체에 걸쳐 발견되며, 오직 세포외기질에서만 발견되는 섬유 모양의 당단백질들의 집단들로 구성되어 있다. 실제로 콜라겐은 잡아당기는 힘에 대해 저항력이 상당히 높다고 알려져 있는데, 이는 1 mm의 직경의 단일 콜라겐 섬유가 10 kg의 무게를 끊어지지 않고 들어 올릴 수 있는 정도이다. 콜라겐은 인체 내에서 가장 풍부한 단일 단백질로 전체 단백질 중에서 25% 이상을 구성하며, 이 사실은 세포외 물질들이 매우 광범위하게 존재함을 반영한다.

콜라겐은 주로 결합조직들에서 발견되는 섬유아세포들에 의해 생성되며, 평활근 세포들과 상피세포들에 의해서도 생성된다. 현재까지, 사람에서 28가지 유형의 콜라겐이 확인되었다. 각각의 콜라겐 유형은 인체의 특정 위치에 제한되어 존재하지만, 때로는 두 가지 또는 그 이상의 서로 다른 유형들의 콜라겐이 함께 동일한 세포외기질 속에 존재한다. 이렇게 동일한 섬유 속에 여러 가지 유형의 콜라겐이 혼합되어 존재하게 되면 추가적인 기능적 복합성을 제공할 수 있다. 이러한 "이형(heterotypic)" 섬유들은 개념적으로 금속 합금과 유사하여, 섬유 속에 들어 있는 다른 유형의 콜라겐 혼합물은 다양한 구조적, 기계적 성질을 유도한다. 콜라겐 집단을 구성하는 성분들 사이에는 많은 차이가 있을지라도, 이 성분들 모두는 적어도 두 가지의 중요한 구조적 특징을 공유한다. 첫째, 모든 콜라겐 분자들은 알파(α) 사슬이라고 하는 3개의 폴리펩티드 사슬로 구성되는 3량체(trimer)이고, 두 번째 특징은 콜라겐 분자의 길이를 따라서 서로 감긴 콜라겐 분자의 3개의 폴리펩티드 사슬들이 막대 형태의 3중나선 구조를 형성한다(**그림 11.6a**). 콜라겐 분자의 α 사슬에는 많은 양의 아미노산 프롤린(proline)이 포함되어 있고, 대부분의 프롤린(그리고 리신) 잔기들은 폴리펩티드의 합성 후에 수산기가 첨가되어 수산화된다. 수산화된 아미노산들은 콜라겐 분자를 구성하는 사슬들 사이에 수소결합을 형성함으로서 3중나선의 안정성을 유지하는 데 중요한 역할을 한다. 만일 콜라겐을 구성하는 사슬들이 제대로 수산화되지 않는다면 결합조직들의 구조와 기능에 심각한 결과를 야기한다. 한 예로 비타민 C(아스코르브산) 결핍의 결과로 생기는 질병인 괴혈병의 증상은 잇몸 내 출혈과 치아의 손실, 상처 치료의 지연, 잘 부러지는 뼈, 혈관벽 내부의 약화로 인한 내출혈 등의 특징을 보인다. 실제로 아스코르브산은 콜라겐 내의 리신과 프롤린 아미노산에 수산기를 붙이는 효소들의 조효소로서 반드시 필요하다.

콜라겐은 제I, II, III유형 콜라겐처럼 여러 종류로 구성되어 있고, 형태적으로는 단단한 밧줄 형태의 섬유로 조립되어 **섬유성 콜라겐**(*fibrillar collagen*)이라고도 알려져 있다. 이들 단단한 밧줄 형태의 콜라겐들이 여러 개가 이어져서 더 두꺼운 섬유로 조립되는데, 이는 광학현미경으로도 볼 수 있을 정도로 충분히 크다. 하나의 콜라겐 섬유 속에 들어있는 제I형 콜라겐 분자들이 나란히 배열되어 조립된 구조를 확인할 수 있다(그림 11.6*b*,*c*). 이 섬유들은 인접한 콜라겐 분자들에 있는 리신과 수산화된 리신 사이의 공유 교차-결합에 의해 보다 견고해진다. 이러한 형태의 결합 과정은 일생 동안 지속되며 노인들의 피부 탄력 감소와 뼈 골절률 증가에 기여할 수 있다. 최근 콜라겐 섬유의 표면을 조사한 연구들에 의하면 콜라겐 섬유들은 하나의 굵은 밧줄 형태라기보다는 섬유의 축을 중심으로 여러 개의 가는 섬유들이 서로 꼬여서 결과적으로 매우 가는 가로 띠무늬를 보이는 로프의 형태이다(그림 11.6*d*).

세포외기질 내 다양한 구성요소들 중에서 콜라겐 분자들은 기질의 기계적 특성을 결정하는 불용성의 뼈대를 제공한다. 사실, 특정

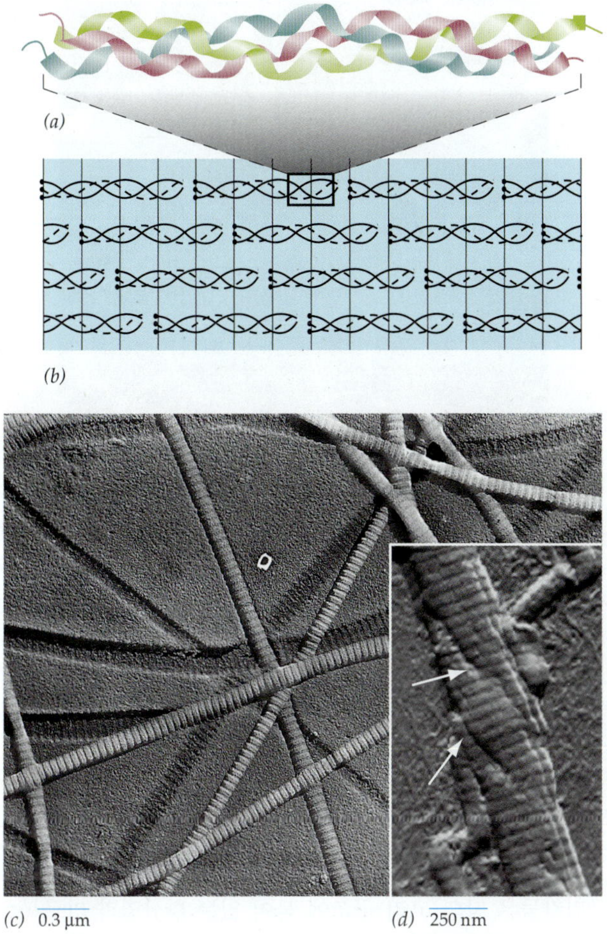

그림 11.6 **제I형 콜라겐의 구조.** 이 그림은 섬유성 콜라겐 구조의 구성에 있어서 여러 가지 단계를 보여준다. (*a*) 콜라겐 분자(또는 단량체)는 3개의 α 사슬들이 서로 꼬여서 구성된 3중나선 구조이다. 콜라겐 중 일부 유형들은 동일한 3개의 α 사슬을 포함한 동질 3량체(homotrimer)인 반면, 일부 다른 유형의 콜라겐들은 2개 또는 3개의 서로 다른 α 사슬을 포함하는 이질 3량체(heterotrimer)로 구성되어 있다. 각각의 제I형 콜라겐 분자의 길이는 295 nm이다. (*b*) 제I형 콜라겐 분자들은 열로 나란히 배열되는데, 하나의 열에 있는 분자들은 주변의 열에 있는 분자들과 약간 엇갈리면서 꼬여서 배열되어 있다. 여기에서 보이는 것처럼, 제I형 콜라겐 분자들의 한 다발은 하나의 콜라겐 섬유를 형성한다. 분자들의 엇갈려서 꼬여 있는 배열에 의해, 섬유에는 줄무늬(그림에서 수평으로 표시된 검은색 선들)가 형성되며, 각각의 띠무늬는 67 nm(이 길이는 분자들 사이의 간격과 중첩된 길이와 동일하다)의 주기로 반복된다. (*c*) 표본의 겉면에 금속물질을 분사하여 음영을 만든 후(그림 18.17 참조) 관찰한 사람의 콜라겐 섬유의 전자현미경 사진. 이 섬유들에서 띠무늬는 뚜렷하게 보인다. (*d*) 콜라겐 섬유의 표면을 보여주는 원자력현미경 사진으로 섬유의 구성인자들이 밧줄처럼 섬유의 축을 중심으로 나선상으로 꼬여 있는 것을 보이고 있다. 사진 속에 띠무늬는 뚜렷하게 남아 있다. 화살표들은, 밧줄을 반대방향으로 비틀었을 때 확인할 수 있는 것처럼, 섬유가 약하게 감겨 있던 것이 풀린 위치를 가리킨다.

출처: (c) Jerome Gross and Francis O. Schmitt에서 제공; Laurent Bozec et al., *Biophys. J.* 92:71, 2007에서 발췌. © 2007, Elsevier의 허가를 얻음. (d) Laurent Bozec et al., *Biophys. J.* 92:71, 2007에서 발췌. © 2007, Elsevier의 허가를 얻음.

조직의 여러 특성은 종종 콜라겐 분자들의 입체 배열 구조와 연관될 수 있다. 가령, 뼈에 근육을 연결시키는 힘줄은 근육이 수축하는 동안 엄청난 크기의 잡아당기는 힘을 견뎌야 한다. 즉, 힘줄은 그 내부에 세포외기질을 포함하고, 세포외기질 내의 콜라겐 섬유들은 힘줄의 방향과 평행하게 배열되어 잡아당기는 힘의 방향과 일치하게 위치한다. 한편, 눈의 각막도 주목할 만한 조직이다. 각막 조직은 안구 표면에서 튼튼한 보호층 역할을 해야 하지만, 동시에 빛이 수정체를 통과해 망막에 도달할 수 있도록 투명해야만 한다. 각막의 두꺼운 중간층이 기질이며, 이 기질은 상대적으로 짧은 콜라겐 섬유들을 갖고 있다. 이러한 구조는 마치 나무 합판의 구조와 매우 유사하다. 즉, 각 층의 섬유들은 그 층의 다른 섬유들과 서로 평행하지만 양쪽 옆 층의 섬유들과는 거의 직각을 이룬다(**그림 11.7**). 이러한 합판과 유사한 구조는 각막처럼 민감한 조직에 강한 힘을 제공하고, 또한 섬유의 일정한 크기와 정돈된 배열은 들어오는 빛의 산란을 최소화하여 각막의 투명도를 증진시킨다.

콜라겐 섬유는 체내에 많은 양이 광범위하게 분포하고 있기에, 섬유성 콜라겐 형성이 비정상적으로 일어나는 경우에는 심각한 질병을 유도할 수 있다는 사실은 놀랍지 않다. 내부 장기에 화상이나 외상을 입었을 경우 그 부위에는 주로 섬유성 콜라겐으로 구성된 흉터조직이 축적된다. 이러한 상황의 가장 흔한 경우를 섬유증(*fibrosis*)이라 하는데, 이는 주로 콜라겐을 포함한 결합조직의 과도한 생산으로 발생한다. 실제로 섬유증은 콜라겐을 포함한 흉터조직이 정상조직을 대신하여 점진적으로 대체되는 증상으로 주로 폐에서 폐섬유증(plumonary fibrosis)과 간에서 간경변(cirrhosis)으로 자주 발생한다. 제I형 콜라겐 단백질을 암호화하는 유전자에 생긴 돌연변이는 매우 부서지기 쉬운 약한 뼈, 얇은 피부, 약한 힘줄 등의 특징으로 인해 잠재적인 치사 상태의 골형성부전증(*osteogenesis imperfecta*)을 야기한다. 제II형 콜라겐 단백질을 암호화하는 유전자의 돌연변이는 연골조직의 특성을 변화시켜 왜소발육증과 골격기형증을 유발한다. 수많은 다른 유형의 콜라겐 유전자들에서 발생한 돌연변이는 정도에 차이는

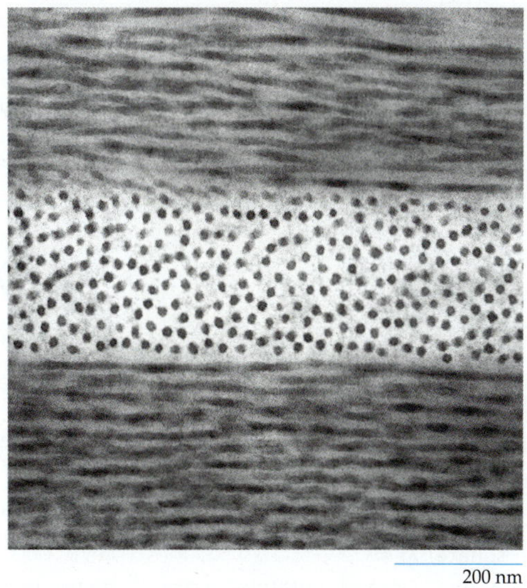

그림 11.7 **각막의 기질**은 주로 일정한 직경과 공간의 콜라겐 섬유 층들로 구성된다. 층을 이루는 분자들은 층마다 교대로 직각으로 배열되어 나무 합판의 구조와 유사하게 배열되어 있다.

출처: Nigel J. Fullwood, Structure 12:169, 2004, Fig. 1에서 발췌; © 2004, Elsevier의 허가를 얻음.

있지만 주로 콜라겐 기질 구조에서 결함들[예: 엘러스-단로스 증후군(*Ehlers-Danlos syndrome*)]을 야기한다. 이러한 증후군 중 하나를 가진 사람은 관절이 지나치게 잘 구부러지거나 피부가 매우 잘 늘어나는 특징을 갖는다.

모든 콜라겐들이 섬유를 형성하는 것은 아니다. 가령, 비섬유성 콜라겐 중의 하나인 제IV형 콜라겐은 주로 기저막에만 제한되어 분포한다. 기저막은 얇고, 주로 지지 작용을 하는 층으로, 제IV형 콜라겐 분자들은 기계적 지지 작용이 가능하도록 연결망으로 구성되어 있고, 다른 세포외 물질들의 축적을 위한 격자 역할을 한다(그림 11.12 참조). 길고 연속된 3중나선 구조로 구성된 제I형 콜라겐과 달리, 제IV형 콜라겐 3량체는 내부에 산재된 비나선 부분들과 각 말단에 구형 영역들을 갖는다. 이들 비나선 부분들은 콜라겐 분자를 유연하게 만드는 반면, 구형 말단부들은 분자들이 서로 상호작용하는 자리로 쓰여서 결국 이 복합체가 격자와 비슷한 구조적 특징을 갖게 한다(**그림 11.8**). 제IV형 콜라겐 유전자 돌연변이는 사구체의 기저막(그림 11.4*b*)이 파괴되는 유전성 신장 질환인 알포트 증후군(Alport syndrome) 환자에서 확인되었다.

그림 11.8 기저막내 제IV형 콜라겐 연결망 구조. 콜라겐 이외의 물질을 제거하기 위해 일련의 염분 용액을 처리한 후 추출한 사람의 양막 조직에 있는 기저막의 전자현미경 사진. 염분 용액 처리시 불규칙한 격자를 형성하는 섬유가닥들의 넓고, 분지된, 다각형의 연결망 구조가 남는다. 이 연결망 구조는 격자 모형의 구조가 복잡한 3차원 구조의 배열에서 서로 공유결합된 제IV형 콜라겐 분자들로 구성되어 있음을 나타낸다. 기저막 구조의 골격 모형은 그림 11.12에 그려져 있다.

출처: Peter D. Yurchenco and George C. Ruben, *J. Cell Biol.* 105:2561, 1987, Fig. 1d을 발췌. Peter D. Yurchenco, Robert Wood Johnson Medical School에서 이미지 제공.

프로테오글리칸

콜라겐과 더불어, 기저막과 다른 세포외기질은 일반적으로 **프로테오글리칸(proteoglycan)**이라고 하는 다량의 독특한 유형의 단백질-다당류 복합체를 포함한다. 프로테오글리칸은 하나의 핵심 단백질 분자(**그림 11.9a**에서 검은색으로 표시된 줄)와 이것과 공유결합을 이루는 글리코사미노글리칸(*glycosaminoglycan, GAG*) 사슬들(그림 11.9*a*에서 빨간색으로 표시된 줄)로 구성된다. 각 글리코사미노글리칸 사슬은 2당류가 반복적으로 -A-B-A-B- 구조를 가지며(이 구조에서 A와 B는 2개의 서로 다른 당을 나타낸다) 배열되어 있다. 한편 글리코사미노글리칸들은 당의 고리 구조에 붙어 있는 황산염과 카르복실기로 인하여 강한 산성을 나타낸다(그림 11.9*b*). 세포외기질의 프로테오글리칸은 핵심 단백질을 비황산화된 글리코사미노글리칸인 히알루론산(*hyaluronic acid*) 분자와 연결함으로써 거대한 복합체로 조립될 수 있다(그림 11.9*c*). 실제로 이 복합체 하나의 부피는 1개의 세균세포가

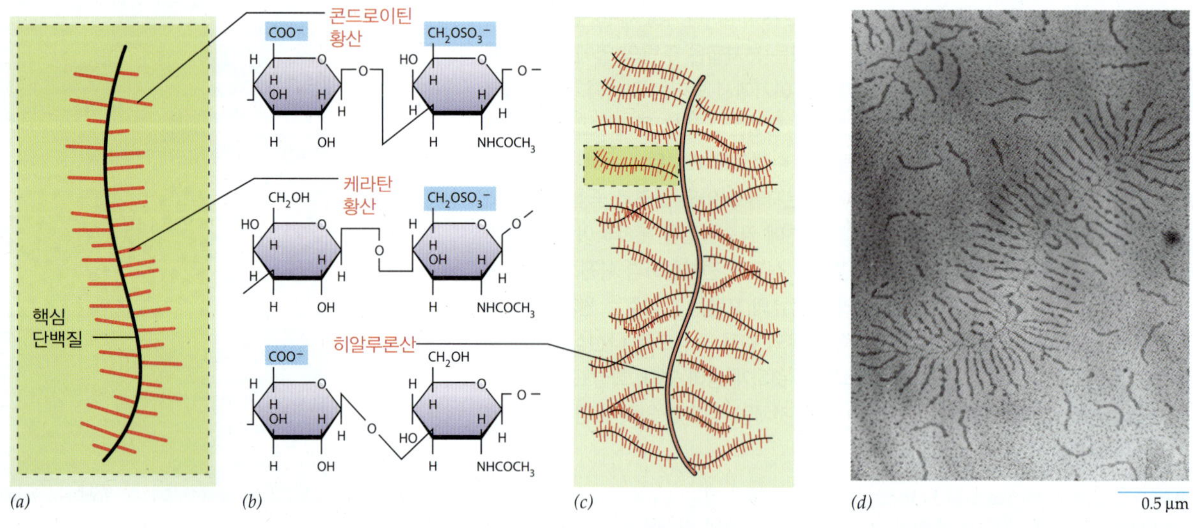

그림 11.9 연골에서 발견된 프로테오글리칸 복합체의 구조. (*a*) 이 도식적 표현은 다수의 글리코사미노글리칸 사슬들(빨간색으로 나타냈음)이 붙어 있는 핵심단백질로 구성된 단일 프로테오글리칸을 나타낸다. 연골 기질 [예: 아그레칸(aggrecan)]에서 프로테오글리칸은 30개의 케라탄 황산(keratan sulfate)과 100개의 콘드로이틴 황산(chondroitin sulfate) 사슬들을 포함할 수 있다. 기저막에서 발견되는 프로테오글리칸[예: 페르레칸(perlecan)과 아그린 (agrin)]은 단 몇 개의 글리코사미노글리칸 사슬들이 부착된 핵심 단백질을 갖는다. (*b*) 이 그림에서 각각의 글리코사미노글리칸를 이루는 2당류들의 반복 구조를 보여준다. 모든 글리코사미노글리칸는 많은 수의 음전하들을 갖는다(파란색 음영으로 표시되었음). (*c*) 연골 기질에서, 각각의 프로테오글리칸은 히알루론산(또는 히알루로난)이라고 하는 비황산화 글리코사미노글리칸에 연결되어, 약 300만 Da의 분자량을 가진 거대한 복합체를 형성한다. 그림 내 점선 사각형은 (a)에서 나타낸 프로테오글리칸들 중 하나를 가르킨다. (*d*) 연골 기질에서 분리된, 하나의 프로테오글리칸 복합체의 전자현미경 사진으로서 (c)에 그려진 그림과 비교할 수 있다.

출처: (d) Joseph A. Buckwalter 제공.

차지할 수 있는 부피와 동일하며, 이 복합체를 현미경을 통해 본 모양이 그림 11.9*d*에 나타나 있다.

황산화된 글리코사미노글리칸 내부의 음전하들로 인해 프로테오글리칸들은 엄청나게 많은 수의 양이온들과 결합하며, 결과적으로 이 양이온들은 많은 수의 물 분자들과 결합한다. 그 결과로 프로테오글리칸은 다공성의 수화된 젤을 형성하여 마치 포장재처럼 세포외 공간을 채우고(그림 11.5) 주위의 압축력에 저항한다. 이러한 특성은 인접한 콜라겐 분자들의 특성과 합해져서, 주변의 견인력에 저항하고 프로테오글리칸의 골격도 제공한다. 콜라겐과 프로테오글리칸은 함께 연골과 다른 세포외기질이 보다 강화되고 변형시키려는 힘에 저항되도록 한다. 뼈의 세포외기질 또한 콜라겐과 프로테오글리칸으로 구성되어 있지만, 뼈의 경우는 세포외기질에 칼슘 인산염이 침투하여 더욱 단단해진다. 황산화된 글리코사미노글리칸와 비황산화된 글리코사미노글리칸 둘 다 피부와 관절의 상태를 개선하기 위한 목적으로서 건강 보조 식품으로 널리 사용된다.

이러한 구조적 역할뿐만 아니라 프로테오글리칸은 세포-세포 신호전달 과정에서 중요한 역할을 하는 것으로 생각된다. 섬유아세포 성장인자(fibroblast growth factor, FGF)와 혈관내피성장인자(vascular endothelial growth factor, VEGF)를 포함하여 다수의 성장인자들이 프로테오글리칸에 결합하는 것으로 확인되었다. 세포외기질은 안정적인 신호전달 경사를 형성할 수 있도록 성장인자 및 다른 신호전달물질들의 저장고 역할을 한다고 가정되어지고 있다.

피브로넥틴

기질(*Matrix*)이라는 용어는 구성요소들이 서로 상호작용하도록 연결된 망구조를 의미한다. 실제로 이 용어는, 고도의 특수한 방법을 이용하여 서로 상호작용하는 콜라겐과 프로테오글리칸과 같은 수많은 단백질들을 포함한 세포외기질을 설명하기에 매우 적절하다고 증명되었다(그림 11.5). 이 장에서 논의되는 몇몇의 다른 단백질들과 같이, 피브로넥틴(*fibronectin*)은 서로 다른 종류의 "구성요소들[building block, 또는 영역(domain)]"들이 일직선상으로 순서대로 배열되어 구성된다. 이 구성요소들은 각 폴리펩티드를 하나의 모듈(module) 구조로 만드는데(그림 11.10*a*), 하나의 피브로넥틴내 각 폴리펩티드는 약 30개의 피브로넥틴 영역들의 서열로 구성되며, 그 중 2개의 피브로넥틴의 폴리펩티드를 **그림 11.10a**에 나타내었다. 이들 피브로넥틴-유형 영역들은 이름처럼 피브로넥틴에서 처음 발견되었지만, 실제로는 혈액 응고인자에서부터 막 수용체에 이르기까지 수많은 다양한 단백질의 일부로 발견되었다(그림 11.21 참조). 이 책의 2장 9절에서 논의된 것과 같이, 다양한 단백질들 사이에서 공통으로 보존되고 공유된 부위들은 진화 과정 동안 선조의 원래 유전자 부분들의 분리와 결합을 통해 오늘날의 많은 유전자들로 발생되었다고 추론된다. 그림 11.10*a*에서 색깔이 다른 원통들로 그려진 것처럼, 피브로넥틴에서 약 30개 정도의 피브로넥틴 영역들이 5개 또는 6개의 커다란 구성 단위(unit)를 형성하기 위해 결합한다. 마치 집게처럼 생긴 하나의 피브로넥틴 분자를 구성하는 2개의 폴리펩티드 사슬의 각각은 다음과 같은 결합부위들을 포함한다.

1. 콜라겐, 프로테오글리칸, 그외 피브로넥틴 분자들과 같은 세포외기질의 수많은 구성요소들의 결합부위들. 이런 결합부위들은 다양한 분자들이 안정적으로 연결되어 망상 구조를 형성하도록 상호작용을 가능하게 한다(그림 11.5). 특히 피브로넥틴 분자의 결합 활성은 이러한 섬유 단백질들을 끌어당겨 구성 모듈을 펼치는 기계적 힘에 의해 강화된다. 구성 모듈을 펼침으로써 묻혀 있던 결합부위들이 노출된다.
2. 세포표면 위의 수용체들을 위한 결합부위들. 이 결합부위들은 세포에 안정하게 부착된 세포외기질을 수용한다(그림 11.5). 세포의 부착을 위해 피브로넥틴이 포함된 바닥층의 중요성은 그림 11.10*f*에 그려져 있다. 이 사진에서 보이는 배양된 내피세포는 인체 내에서 존재할 때 가지는 원래의 모양과 달리 정사각형의 모양으로 보이는데, 이는 배양 접시 바닥에 정사각형 모양으로 입혀둔 피브로넥틴을 따라 세포가 펴져서 부착해 있기 때문이다.

피브로넥틴과 다른 세포외 단백질들의 중요성은 배발생 과정에서 특히 주목할만하다. 발생기간 동안 일부의 서로 다른 기원을 가진 세포들은 배의 한 부분에서 다른 부분으로 서로 다른 경로로 이동하며 마치 세포 이동의 물결을 보인다(**그림 11.11a**). 이때 이동하는 세포들은 이들이 통과하는 경로에 피브로넥틴와 같은 분자적 지표 역할을 하는 단백질들에 의해 안내된다. 그 예로, 배발달 시기 중에 발달하는 신경계로부터 이동하여 실제 배의 모든 부분들로 퍼져 나가는 신경능선(neural crest)의 세포들은 상호 연결된 피브로넥틴으로 구성된 섬유단백질들이 많이 퍼져 있는 경로를 따라 가로지른다(그림 11.10*b*). 신경능선세포의 이동을 안내하는 이러한 피브로넥틴 경로의 능력은 그림 11.10*c*에 나타난 것처럼 배양 용기 위에서 쉽게 이해될 수 있다. 한편 침샘, 신장, 폐 등을 포함한 체내의 다양한 기관들은 상피층이 연쇄적인 틈으로 나뉘는 분지 과정을 통해 형성된다(그림 11.10*d*). 이러한 틈의 형성에서 피브로넥틴의 중요성은 그림 11.10*e*에서 볼 수 있다. 이 그림은 피브로넥틴에 결합하는 항체를 처리한 침샘을 보여주는데, 항-피브로넥틴 항체를 처리한 경우에는 피브로넥틴 분자들의 불활성화로 인하여 갈라진 틈의 형성과 분지가 전혀 일어나지 않는다.

라미닌

라미닌(*Laminin*)은 세포외기질에 존재하는 당단백질 집단으로, 3개의 이질 폴리펩티드 사슬들이 2황화결합으로 연결되어 3개의 짧은 팔과 1개의 긴 팔을 가진 십자형태와 유사한 분자로 조직되어 있다(그림 11.5). 지금까지 최소 15종류의 상이한 라미닌이 확인되었고, 피브로넥틴과 마찬가지로 세포외 존재하는 라미닌도 역시 세포의 이동, 생장, 분화 등에 크게 영향을 미칠 수 있다. 예를 들어, 라미닌은 원시생식세포의 이동에 있어 중요한 역할을 한다(그림 11.11*a*). 원시생식세포들은 배의 외부에 위치한 난황막에서 형성된 후 혈관과 배의 여러 조직들을 거쳐 최종적으로 발달 중인 생식선으로 이동하여 나중에 정자 또는 난자로 발달하게 된다. 이들 원시생식세포들은 라미닌이 특히 풍부한 표면을 가로질러 가는데(그림 11.11*b*), 그 이유는 원

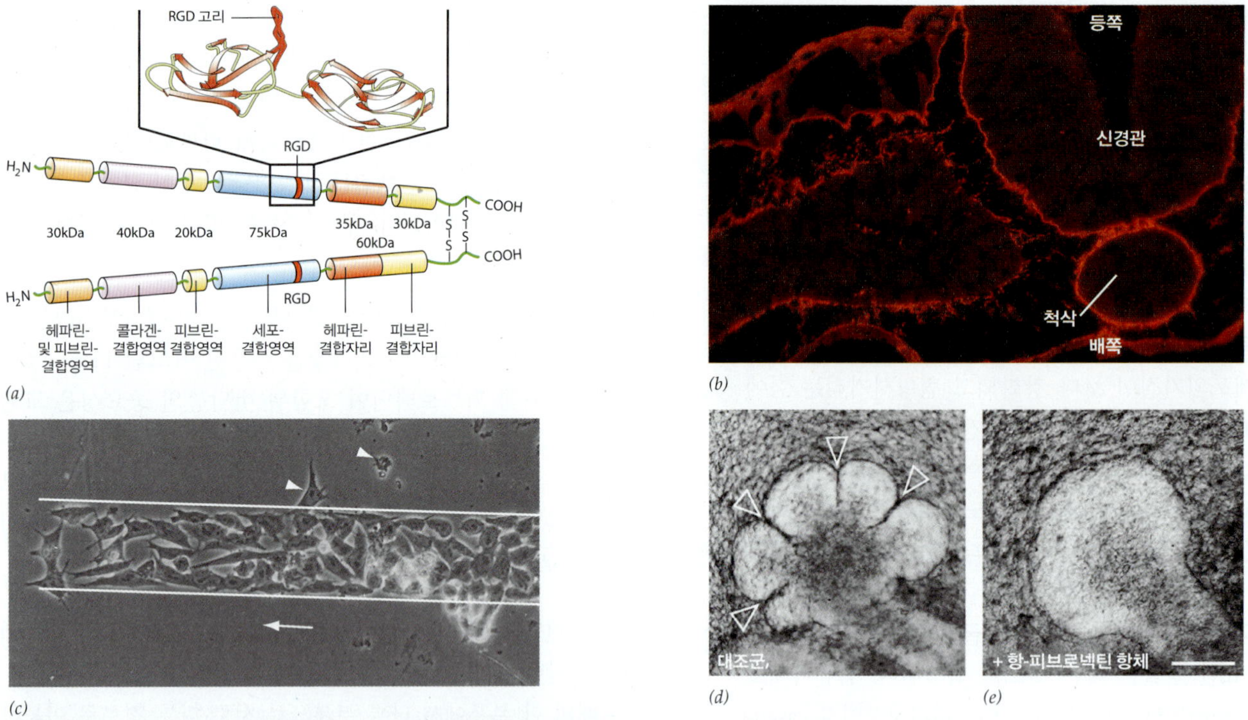

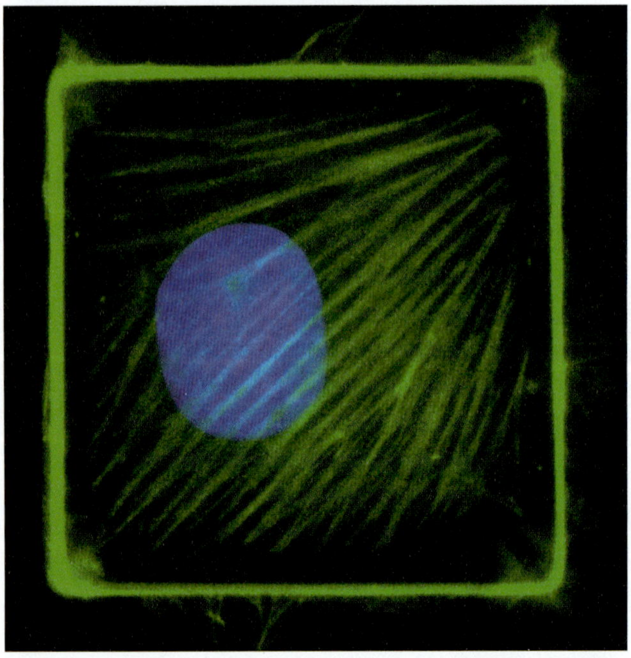

그림 11.10 **배발생 과정 동안 피브로넥틴의 구조와 중요성.** (*a*) 사람의 피브로넥틴 분자는 매우 유사하지만 동일하지는 않은 2개의 폴리펩티드들로 구성되며, 이 폴리펩티드는 C-말단 부근에 위치한 1쌍의 이황화결합에 의해 이어져 있다. 각 폴리펩티드는 일직선으로 늘어서며 연속된 전혀 다른 모듈들로 구성된다. 이 그림에서 색깔이 다른 원통으로 표시된 서로 다른 모듈들은 몇 개의 큰 기능적 단위들로 편성된다. 이들 기능적 단위들의 각각은 세포외기질의 특수한 구성요소 또는 세포 표면에 결합하는 하나 혹은 그 이상의 결합부위를 갖는다. 이러한 결합 활성 부위의 일부를 그림에 나타냈다. 또한 arg-gly-asp를 의미하는 RGD 서열을 갖는 폴리펩티드의 세포-결합 자리도 그림에서 보이고 있다. 이 장의 후반부에서 논의하겠지만, 이 특이한 아미노산 서열은 세포부착과 신호전달에 연관되어 있는 원형질막 내재 단백질(인테그린)의 특정 집단과 독특하게 결합한다. 삽입된 그림은 폴리펩티드를 구성하는 30개 정도 반복된 피브로넥틴 모듈들 중에서 2개를 보여준다. RGD 서열은 하나의 모듈에서 돌출된 고리모양의 폴리펩티드를 형성한다. (*b*) 피브로넥틴에 대한 형광 항체를 처리한 어린 병아리의 배를 자른 절편. 피브로넥틴은 기저막(짙은 빨간색 부분들) 속에 섬유 형태로 존재하고, 기저막은 배의 상피 아래에 위치하며 이 기저막 위로 세포들이 이동하는 기층이 제공된다. (*c*) 신경능선세포들은 병아리 신경계가 발달하는 한 부위에서부터(사진의 오른쪽 가장자리) 피브로넥틴이 덮인 표면과 덮이지 않은 표면으로 이동하고 있다. 피브로넥틴이 덮인 부분은 두 줄의 흰색 선으로 표시되어 있다. 그림에서처럼 세포들은 피브로넥틴으로 덮인 표면에만 독점적으로 위치한 것이 명백하고, 덮이지 않은 부분으로 이동하는 세포들(화살촉표)은 모양이 둥글게 말아지고 이동 능력을 상실하는 경향이 있다. 화살표는 세포들의 이동 방향을 나타낸다. (*d, e*) 마우스 배의 침샘 형성에 있어서 피브로넥틴의 역할. d의 현미경 사진은 10시간의 배양 후 자라난 쥐의 배아 침샘을 보여준다. 침샘이 일련의 갈라진 틈들에 의해 각각 분리된 돌기들로 나뉘어져 보인다(열린 삼각형들). e에 보이는 침샘은 항-피브로넥틴 항체를 처리한 채로 10시간의 배양 후 자란 것으로서, 항-피브로넥틴 항체가 갈라진 틈의 형성을 완전하게 억제한다. 아래 오른쪽 선은 100 μm을 의미한다. (*f*) 내피(endothelium) 세포—혈관의 안쪽 표면을 따라 늘어서 있는 세포—의 형광현미경 사진. 피브로넥틴을 배양 용기에 정사각형으로 발라 놓으면, 내피 세포가 작은 정사각형 모양의 피브로넥틴 부착 부분을 따라 퍼져나가 결국 정사각형 모양의 세포모양을 갖는다. 이 사진에서 세포골격의 구성요소인 세포질내 단백질인 액틴과 결합하는 초록색 형광 항체로 처리하여 세포가 초록색 틀 속에 고정되어 있는 것처럼 보여진다.

출처: (b) James W. Lash 제공; (c) Giovanni Levi, Jean-Loup Duband, and Jean Paul Thiery, *Int. Rev. Cytol.* 123:213, 1990에서 발췌. © 1990, Elsevier의 허가를 얻음; (d–e) Takayoshi Sakai, Melinda Larsen, and Kenneth M. Yamada, *Nature* 423:877, 2003, Figs. 3a and 3b에서 발췌 © 2003, Macmillan Publishers Ltd.의 허가를 얻음; (f) Christopher S. Chen, Clifford Brangwynne, and Donald E. Ingber, *Trends Cell Biol.* 9:283, 1999에서 발췌; © 1999, Elsevier의 허가를 얻음.

시생식세포들이 소유한 세포표면 단백질은 라미닌 분자의 소단위들 중 하나와 강하게 부착하는 특성을 가지고 있다. 신경세포의 성장에 영향을 미치는 라미닌의 역할은 그림 13.48*a*에 나타나 있다.

라미닌은 세포표면의 수용체들에게 강하게 결합하는 것 외에, 다른 라미닌 분자들, 프로테오글리칸들과 기저막에 있는 다른 구성 요소들과 결합할 수 있다(그림 11.5). 기저막에 있는 라미닌과 제IV형

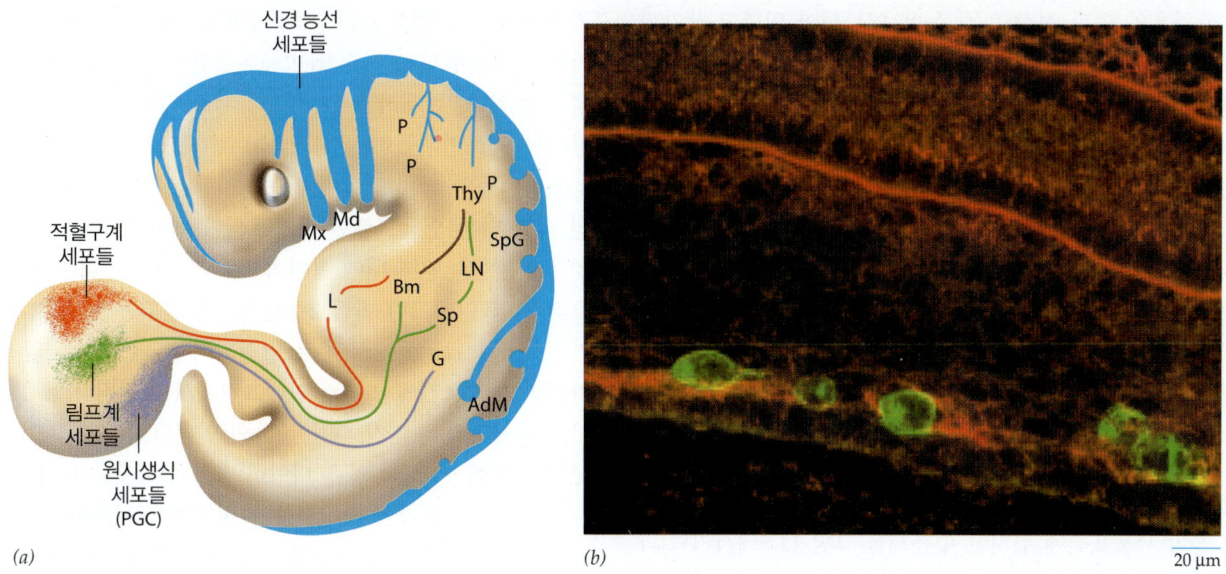

그림 11.11 배발생 과정 동안 세포 이동의 역할. (*a*) 포유동물의 발생 과정 동안 일어나는 일부 세포들의 이동을 나타낸 개요. 가장 넓은 범위에 걸친 이동은 신경능선세포들(파란색으로 표시)에 의해 일어나며, 이 신경능선세포들은 배의 등 중앙선에 위치한 신경판으로부터 이동하여, 피부의 색소 세포들(P), 교감신경절(SpG), 부신 수질(AdM), 그리고 배의 두개골의 연골[Mx, 상악궁(maxillary arch); Md, 하악궁(mandibular arch)] 등을 모두 발생시킨다. 원시생식세포(primordial germ cell, PGC)는 난황낭으로부터 배 내부의 생식선(G) 형성자리로 이동한다. 림프계세포(lymphoid cell)의 전구세포들은 간(L), 골수(Bm), 흉선(Thy), 림프절(LN), 그리고 지라(Sp) 등으로 이동된다. [주(註): 여기에 그려진 "경로들"은 세포들이 처음 발생했던 원래 장소에서 세포들의 목적지까지를 연결한 것으로써, 세포의 실제 이동 경로를 정확하게 묘사하는 것은 아니다.] (*b*) 임신 10일경 마우스 배의 후장 일부분을 자른 절편의 현미경 사진. 원시생식세포들(초록색)이 발달 중인 생식선으로 이동하는 도중에 등쪽의 장간막을 따라 이동하고 있는 장면을 보여준다. 이 조직은 라미닌(laminin) 단백질(빨간색)의 항체로 염색되었으며, 이 라미닌은 세포들이 이동하는 표면 위에 집중된 것으로 보인다.

출처: (a) A. A. Moscona & R. E. Hausman, *Cell and Tissue Interactions*, J. W. Lash & M. M. Burger Eds. Raven Press, 1977 ISBN: 0890041806에서 발췌; (b) Martin I. Garcia-Castro, Robert Anderson, Janet Heasman, and Christopher Wylie, *J. Cell Biol.* 138:475, 1997, Fig. 3에서 발췌; Rockefeller University Press의 허가를 얻음.

콜라겐 분자들은 서로 분리되어 있는 것 같지만 실제로는 **그림 11.12**에 보여지듯이 서로 연결된 망상 구조를 형성하는 것으로 생각된다. 이렇게 서로 섞여 짜인 망상 구조들은 기저막에 견고성과 유연성을 제공한다. 실제로 라미닌을 합성하지 못하는 마우스의 배에서는 기저막이 형성되지 않아서 착상 시기 무렵에 배가 죽게 된다.

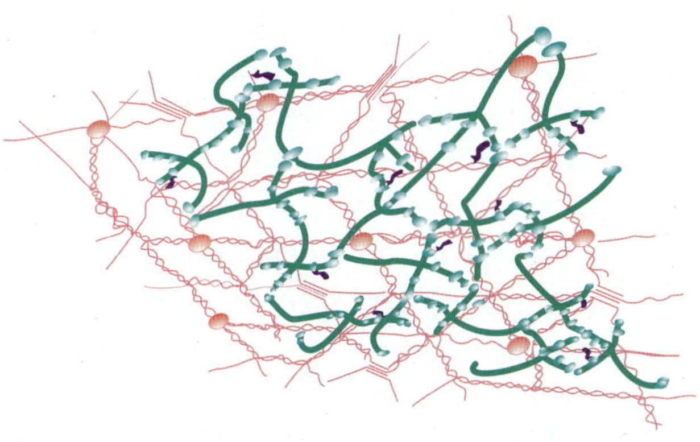

그림 11.12 기저막 골격의 모형. 기저막은 그림 11.8에 묘사된 두 가지의 망상 구조-형성 분자들, 즉 제IV형 콜라겐(분홍색)과 굵은 십자 모형의 분자들로 표시된 라미닌(초록색)을 포함하고 있다. 이들 콜라겐과 라미닌의 망상 구조들은 엔탁틴(entactin)이라 불리는 분자들(보라색)에 의해 연결되어 있다.

출처: Copyright 1992, Rockefeller University Press. Originally published in *The Journal of Cell Biology* 117:1132.

11.4 세포외기질의 역학적 특성

이 장의 첫 절에 있는 현미경 사진들과 그림들은 고정된 상태에 있는 세포외기질의 구조를 묘사한 것이다. 하지만 실제로 세포외기질은 공간과 시간 모두에서 동적인 특성을 나타낼 수 있다. 예를 들어, 공간적으로 접근한다면 세포외기질 내 섬유들이 세포에 의해 잡아 당겨짐으로써 섬유의 정상적 길이보다 몇 배로 늘어날 수 있고, 장력이 감소될 때는 수축하는 것을 볼 수 있다. 시간적으로는 세포외기질의 구성요소들은 끊임없이 분해되고 복원되어진다. 이러한 과정들은 세포외기질을 새롭게 교체하거나, 초기 배가 발생하는 기간이나 조직 손상 이후에 다시 기질을 재건하는 데 중요한 역할을 한다. 일반적으로 우리가 안정되고, 변화가 없는 구조로 여기는 신체 내 뼈의 석회화된 기질조차도 지속적으로 복원된다.

세포표면의 단백질들과 더불어 세포외 물질들의 분해는 대체로 **기질 금속단백질분해효소(matrix metalloproteinase, MMP)**라고 하는 아연을 함유하고 있는 특정 효소들 집단에 의해 이뤄지며, 이 효소들은 주로 세포외 공간으로 분비되거나 원형질막에 고정되어 있다. 각각의 집단을 구성하는 효소들의 작용범위는 효소에 특이적인 세포외 분자들의 유형에 따라 국한되지만, 특이하게 기질 금속단백질분해효소들은 거의 모든 종류의 세포외기질을 구성하는 요소들을 소화시킬 수 있다. 비록 기질 금속단백질분해효소들의 생리학적 역할은 정확히 알려져 있지 않지만, 붕괴된 조직의 재형성, 배 발달 동안 세포의 이동, 상처의 치유와 혈관 형성 과정 등에 연관되어 있다고 생각된다. 이 효소들의 정상적 기능이 세포외 물질 분해이기 때문에, 과도하게 활성화 되거나 또는 부적당한 활성은 질병을 일으키기 쉽다. 실제로 기질 금속단백질분해효소들은 관절염, 치아와 잇몸 질환, 혈액응고와 심근경색 유발, 종양 진행 등을 포함한 다양한 병리학적 조건들과 연관되어 왔다(이 장의 끝에 있는 <인간 질병과의 연관성> 참조). 최소 세 가지의 유전성 골격장애가 기질 금속단백질분해효소 유전자들의 돌연변이에서 시작되는 것으로 알려져 있다.

11.5 세포와 세포외 물질의 상호작용

피브로넥틴, 라미닌, 프로테오글리칸, 콜라겐 등과 같은 세포외기질 내 구성요소들이 세포표면에 위치한 수용체들(그림 11.5에서처럼)과 결합할 수 있다는 것은 앞선 논의한 바 있다. 세포를 그들의 세포외 미세 환경에 연결시키는 가장 중요한 수용체 집단은 인테그린이다.

인테그린

인테그린(Integrin)들은 유일하게 동물에서만 발견되고, 주로 원형질막에 존재하는 단백질 집단으로, 세포 내부와 외부의 환경을 통합하여 연결하는 중요한 역할을 담당한다. 즉, 원형질막의 바깥쪽에서 인테그린들은 세포 외부 환경에 존재하는 매우 다양한 분자(리간드, ligand)들과 결합하고, 원형질막의 내부 쪽에서는 인테그린들이 세포 내에서 일어나는 일련의 과정들에 영향을 미치는 다양한 단백질들과 직접적 또는 간접적으로 상호작용한다. 인테그린들은 2개의 막을 통과하는 폴리펩티드 사슬들(비공유결합으로 연결된 α, β 사슬)로 구성되어 있다. 현재까지 18가지의 서로 다른 α 소단위들과 8가지의 상이한 β 소단위들이 밝혀졌다. 이론적으로는 수백 가지 이상의 α, β 소단위들의 쌍의 조합이 가능하지만, 실제로는 약 20여 가지 종류의 서로 다른 인테그린만이 세포의 표면에서 확인되었으며, 각각의 인테그린들은 인체 내에 특이적으로 분포한다. 대부분의 소단위들은 오직 단일 인테그린 이질 2량체에서 발견되는 반면, β_1 소단위는 12가지의 인테그린들에서 주로 발견되며 α_v 소단위는 앞서 언급한 12가지의 인테그린 중 5가지 인테그린에서 발견된다(표 11.1 참조). 대부분의 세포들은 각각 다른 종류의 인테그린들을 갖고 있으며, 반대로 대부분의 인테그린들은 다양한 유형의 세포들에 각각 존재한다.

1980년대 말기에 시작된 전자현미경을 이용한 인테그린 분자의 관찰 결과는 2개의 소단위로 구성된 인테그린은 세포 바깥쪽에 구형의 머리 부분이 있고 1쌍의 길쭉한 "다리(leg)"에 의해 원형질막에 연결된 모양이라 제안하였다(그림 11.5에 묘사된 것처럼). 각각의 소단위의 다리 부분은 단일 나선구조로 지질2중층을 가로질러 세포 내부에 약 20~70개의 아미노산으로 구성된 작은 세포질 영역으로 끝난다.[1] 2001년에 최초로 인테그린의 세포 바깥쪽 부분에 대한 엑스-선(X-ray) 결정 구조가 발표되었는데, 이는 기대와는 달리 매우 독특한 특징을 보였다. 기존에 예상했던 대로 "반듯하게 서있다"기보다는, $\alpha_v\beta_3$ 인테그린은 "무릎" 부분에서 극적으로 굽어 있어서 머리 부분이 원형질막의 바깥쪽 표면으로 향하고 있다(**그림 11.13**). 인테그린의 이 굽어 있는 구조의 중요성을 이해하기 위해서는 인테그린의 특성을 탐구해야 한다.

일련의 실험 증거들은 그림 11.13*a*에 나타낸 바와 같이 인테그린이 굽어 있는 입체구조일 때는 리간드와 결합할 수 없는 비활성 상태의 단백질임을 강력히 제안한다. 실제로 리간드가 결합한 $\alpha_v\beta_3$ 인테그린을 분석했을 때, 이 인테그린은 더 이상 굽은 구조를 보이지 않았고 그 대신 그림 11.13*b*에서 보여지는 것처럼 수직으로 곧게 선 입체구조로 존재한다. 리간드는 α와 β 소단위들이 함께 모여서 형성하는 인테그린 머리 부분의 갈라진 틈에 결합한다. 이렇게 입체적으로 굽어 있는 구조와 곧게 서 있는 구조가 각각 인테그린의 비활성 및 활성 상태에 해당한다면, 이러한 뚜렷한 단백질의 구조변형을 유도할 수 있는 자극이 어떤 유형인지 고찰해보는 것이 중요할 것이다.

구조적으로 굽어 있고 비활성화된 상태에서 2개의 소단위의 막횡단 영역은 2개의 나선 잔기 사이의 비공유결합에 의해 서로 붙어 있다. 인테그린의 세포질 영역은 다수의 단백질들과 결합하는데, 그 중 하나인 탈린(talin)은 α와 β 소단위들의 분리를 유도한다(그림 11.13*b*). 따라서 탈린에 돌연변이가 생기면 β-인테그린 소단위들과의 상호작용을 억제하고, 인테그린의 활성화와 세포외기질에의 부착을 방해한다. 탈린이 결합되었을때 인테그린의 세포질 쪽 꼬리 영역

표 11.1 RGD 서열 인식에 기인한 인테그린 수용체들의 분류

RGD 인식		RGD 비인식	
인테그린 수용체	주요 리간드들	인테그린 수용체	주요 리간드들
$\alpha_3\beta_1$	피브로넥틴(fibronectin)	$\alpha_1\beta_1$	콜라겐
$\alpha_5\beta_1$	피브로넥틴	$\alpha_2\beta_1$	콜라겐
$\alpha_V\beta_1$	피브로넥틴		라미닌
		$\alpha_3\beta_1$	콜라겐
$\alpha_{IIb}\beta_3$	피브로넥틴		라미닌
	폰 빌레브란트 인자 (von Wilebrand factor)	$\alpha_4\beta_1$	피브로넥틴
			혈관 세포접착 분자 (VCAM)
	비트로넥틴(vitronectin)		
	피브리노겐(fibrinogen)	$\alpha_6\beta_1$	라미닌
$\alpha_V\beta_3$	피브로넥틴	$\alpha_1\beta_2$	세포간 접착분자-1 (ICAM-1)
	폰 빌레브란트 인자		세포간 접착분자-2
	비트로넥틴	$\alpha_M\beta_1$	피브리노겐
$\alpha_V\beta_5$	비트로넥틴		세포간 접착분자-1
$\alpha_V\beta_6$	피브로넥틴		

출처: S. E. D'Souza, M. H. Ginsberg, E. F. Plow, *Trends Biochemical Sciences* 16:249, 1991.

Elsevier Ltd.의 허가를 얻음

[1]이러한 형태의 분자 구조에서 하나의 예외로 β_4 사슬의 세포질 영역은 수천 개쯤 되는 아미노산들을 갖는다. 이 많은 수의 아미노산의 첨가는 β_4 인테그린이 세포질 속으로 더 깊이 뻗어 나갈 수 있도록 만든다(그림 11.19 참조).

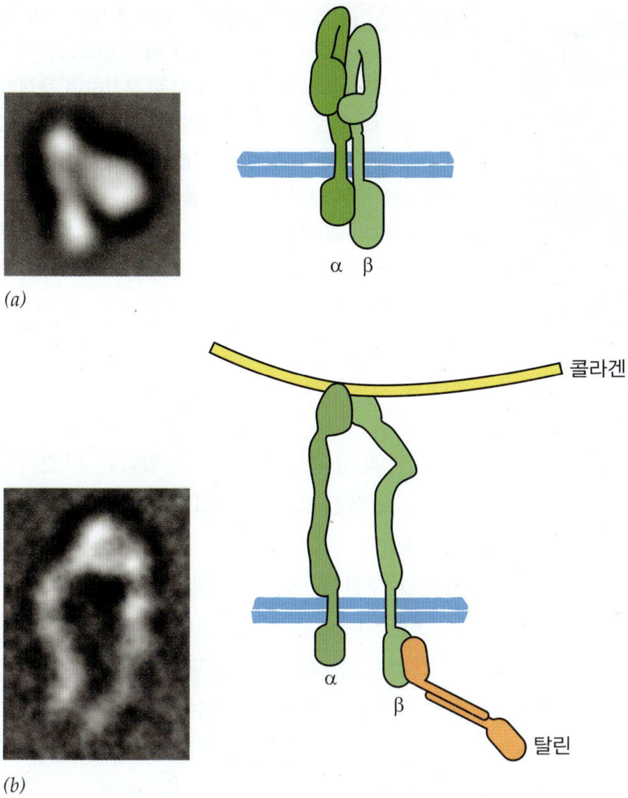

그림 11.13 인테그린의 입체구조들. (*a*) 구부러진, 비활성화된 형태의 인테그린 전체를 그린 그림과 이와 유사한 인테그린 분자의 세포외 부분에 해당하는 전자현미경 사진. (*b*) 리간드(이 경우 탈린)가 결합되어 활성화된 형태의 인테그린의 도식. 인테그린 β 소단위의 세포질 영역에 탈린의 결합은 두 소단위의 분리와 활성화된 구조로의 변환을 유도한다. 활성화된 인테그린은 전형적으로 그림 11.16*c*에 묘사된 것과 같이 세포질 영역과 기본 세포골격 사이의 상호작용의 결과로 무리를 이루게 된다. 세포외 리간드로서 콜라겐 섬유의 경우는 활성화된 인테그린 2량체의 머리 부분에 위치한 두 소단위와 결합한다. 여기에 묘사된 형태 중간에 있는 것들 또한 존재할 수 있으며, 감소된 리간드 결합력을 나타낼 수 있다.

출처: Electron micrographs from Junichi Takagi et al., *Cell* 110:601, 2002; with permission from Elsevier; Ribbon drawings from T.-.L. Lau, et al, *Embo J.* 28:1359, 2009, Fig. 9; Courtesy of Tobias Ulmer; © 2009, Macmillan Publishers, Ltd.의 허가를 얻음.

과 막 횡단 영역의 분리는 인테그린의 다리를 통해 입체구조의 변화를 전달하는 것으로 생각된다. 이러한 구조적 변화는 인테그린 분자가 곧게 서 있는 자세를 취하도록 하여 단백질의 머리 부분이 적합한 리간드와 특이적으로 상호작용할 수 있도록 유도한다. 각각의 인테그린들의 친화력 증가는 종종 활성화된 인테그린들의 무리 형성과 연관되며, 이 경우 세포표면과 세포외 리간드들 사이의 상호작용하는 전체적인 힘이 크게 강화된다. 이런 유형의 인테그린 친화력 변화는 "안쪽에서-밖으로(inside-out)"의 신호전달이라고 불린다.

인테그린이 수행하는 중요한 두 가지 주요 활동으로는 세포들을 바닥층(또는 다른 세포들)에 부착시키고, 세포 외부 환경과 내부 환경 사이로 신호를 전달하는것이다. 우리는 인테그린의 결합 특성에 영향을 미치는 안쪽에서-바깥 방향으로의 신호전달에 관해 이미 논의하였다. 물론 신호전달은 반대방향에서도 발생할 수 있으며, 이는 "바깥쪽에서-안쪽으로(outside-in)"의 신호전달이라고 알려져 있다.

인테그린의 세포외 영역은 피브로넥틴 또는 콜라겐과 같은 리간드와의 결합을 통해서 세포질에 있는 인테그린 말단의 구조적 변화를 유도할 수 있다. 이러한 인테그린의 세포질 쪽 말단의 변화는 많은 수의 다양한 세포질내 단백질들과 상호작용하는 방식을 변화시킬 수 있고, 결국 그 단백질들의 활성을 변화시킨다. 그 예로, 바깥쪽에서-안쪽으로의 신호전달은 원형질막 안쪽의 탈린 단백질의 구조적 변화를 유도할 수 있으며, 세포골격 중의 하나인 액틴 필라멘트의 중합을 이끌어냄으로서 세포 신호전달의 연쇄반응 과정을 시작한다. 세포외 리간드와 인테그린의 결합은 FAK와 Src(그림 11.16*c* 참조) 같은 세포질에 있는 단백질 인산화효소(protein kinase)의 활성화도 유도할 수 있다. 이후 연속적으로 인산화효소들은 다른 단백질들을 인산화시키고, 이를 통해 연쇄 반응이 시작된다. 경우에 따라서는 이 연쇄 반응이 특정 유전자 집단이 활성화될 수 있는 핵까지 유도된다.

인테그린이나 그 외 세포의 표면 분자들에 의해 전달되는 바깥쪽에서-안쪽으로의 신호들은 세포의 분화, 이동, 생장, 그리고 생존까지도 포함하는 다양한 측면에서 세포에 영향을 미칠 수 있다. 세포의 생존에 인테그린이 미치는 중요한 영향은 정상 세포와 악성 세포를 이용한 실험을 통해 쉽게 설명된다. 대부분의 악성 세포들은 액체배지에서 부유하고 있는 동안에도 자랄 수 있으나 정상적인 세포들은 고체배지의 바닥층에 달라 붙어 배양되는 경우에만 성장하고 분열할 수 있다. 만약 정상 세포들을 액체배지에서 부유시켜 현탁배양하면 죽게 되는데, 그 이유는 정상 세포들의 원형질막에 존재하는 인테그린이 세포외기질들과 상호작용할 수 없기 때문이라 생각되며, 결과적으로 생명을 지속시키는 신호들을 세포의 내부로 전달할 수 없게 된다. 이에 반하여 세포들이 악성이 되면, 더이상 세포들의 생존은 인테그린과 세포외기질의 결합에 의존하지 않는다. 세포 신호전달에서 인테그린의 역할은 매우 활발한 연구주제로 11.9절에서 더 자세히 살펴볼 예정이다.

표 11.1에는 현재까지 밝혀진 많은 인테그린들의 종류와 이에 결합하는 주요한 세포외 리간드들을 열거하였다. 원형질막의 인테그린과 세포 바깥쪽의 리간드 사이가 연결됨으로써 세포 내부와 외부의 환경이 연결되게 된다. 이때 각각의 세포들은 표면에 각각 특이적인 인테그린들을 발현할 수 있기 때문에, 각 세포들은 상이한 세포외 구성요소들과 결합할 수 있다(그림 11.5). 표 11.1에서 보면, 몇몇 중복된 인테그린들이 있음에도 불구하고, 대부분의 인테그린들은 독특한 기능을 갖는 것처럼 보여진다. 이는 다른 인테그린 소단위들이 결여된 유전자제거(knockout) 생쥐들(18.17절)이 독특한 표현형을 보이는 것과 비슷하다. 그 예로, α_8, α_4, α_5 유전자제거 생쥐들은 각각 신장, 심장과 혈관에 결함을 보인다.

인테그린과 결합하는 다양한 세포외 단백질들은 공통적으로 arg-gly-asp(아미노산 명명법의 약자는 RGD)의 아미노산서열을 포함하기 때문에 인테그린과 결합할 수 있다. 이 RGD라 불리우는 3-펩티드(tripeptide)는 프로테오글리칸, 피브로넥틴, 라미닌을 비롯한 기타 세포외 단백질들의 세포와 결합자리에 존재한다. 확장된 RGD를 함유한 고리가 있는 피브로넥틴의 세포-결합 영역을 그림 11.10*a*에서

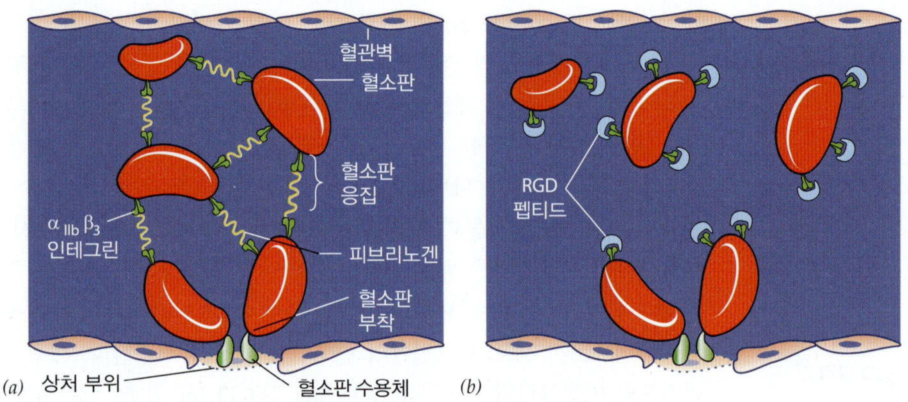

그림 11.14 혈소판 응집과정에서 인테그린의 역할. (*a*) 혈액응고는 혈소판들이 혈소판 위의 인테그린에 결합하는 피브리노겐의 다리를 통해 서로 부착하여 응집할 때 형성된다. (*b*) 혈관내 넣어준 합성 RGD 펩티드는 혈소판의 $\alpha_{IIb}\beta_3$ 인테그린 위의 RGD-결합자리를 놓고 피브리노겐 분자와 경쟁하여 결국 혈액응고를 막을 수 있다. 비펩티드 RGD 유사체와 항인테그린 항체를 이용하여 고위험군 환자들의 혈전 형성을 예방하는 것도 이와 유사한 방식으로 작용할 수 있다.

볼 수 있다.

따라서 RGD 서열의 중요한 역할을 발견한 것은 수용체와 리간드의 상호작용과 연관된 질병 치료를 위한 새로운 길을 제시하였다. 가령 혈관벽이 손상되면 그 손상된 부위는 혈액 내에서 순환하던 무핵의 세포 조각인 혈소판의 응집에 의해 봉합된다. 만일 이러한 과정이 부적절한 시간이나 장소에서 발생하게 되면 혈소판의 응집은 잠재적으로 매우 위험한 혈관내 혈액응고(*thrombus*)를 야기할 수 있다. 이러한 혈액응고는 혈액이 주요 기관으로 순환해 들어가는 것을 막아 심장마비나 뇌졸중을 발생시키는 주요 원인이 된다. 혈소판의 응집 과정에는 혈소판에 특이적 인테그린($\alpha_{IIb}\beta_3$)과 혈소판들을 함께 잡아주어 응집시키는 연결자 역할을 담당하는 피브리노겐과 폰 빌레브란트 인자(von Willebrand factor)같은 가용성의 RGD-함유 혈액 단백질들과의 상호작용이 필요하다(**그림 11.14**, 왼쪽 그림). 실제로 동물 실험을 통해 인공적으로 만든 합성 RGD-함유 펩티드들을 넣어주면 이 펩티드들이 혈소판 위의 인테그린이 혈액 단백질들에 결합하는 것을 방해하여 결국 혈액 응고를 억제할 수 있음을 확인하였다(그림 11.14, 오른쪽 그림). 이러한 발견은 RGD 구조와 유사하며 선택적으로 혈소판의 인테그린과 결합하는 새로운 종류의 항혈전제들(Aggrastat와 Integrelin)의 개발을 이끌었는데, 이 약품들은 뱀독에 존재하는 화합물의 구조를 기반으로 한다. 또한 $\alpha_{IIb}\beta_3$ 인테그린의 RGD 결합자리에 대한 특정한 항체(ReoPro)도 고위험 혈관 수술을 진행하는 특정 환자들의 혈액응고를 방지할 수 있다. 인테그린을 표적으로 하는 다른 항체(Tysabri)는 다발성경화증의 치료제로 처방된다(제17장 <인간 질병과의 연관성> 참조).

원형질막 안쪽에 존재하는 인테그린의 세포질 영역은 인테그린을 세포골격 중 하나인 액틴섬유에 연결시키는 어댑터[adaptor, 연계분자]들로 작용하는 여러가지 세포질 단백질들에 대한 결합자리가 갖는다(그림 11.16 참조). 세포외기질과 세포골격을 연결시키는 인테그린이 갖고 있는 두 가지의 특수화된 구조로는 국소부착과 헤미데스모솜이 가장 잘 알려져 있다.

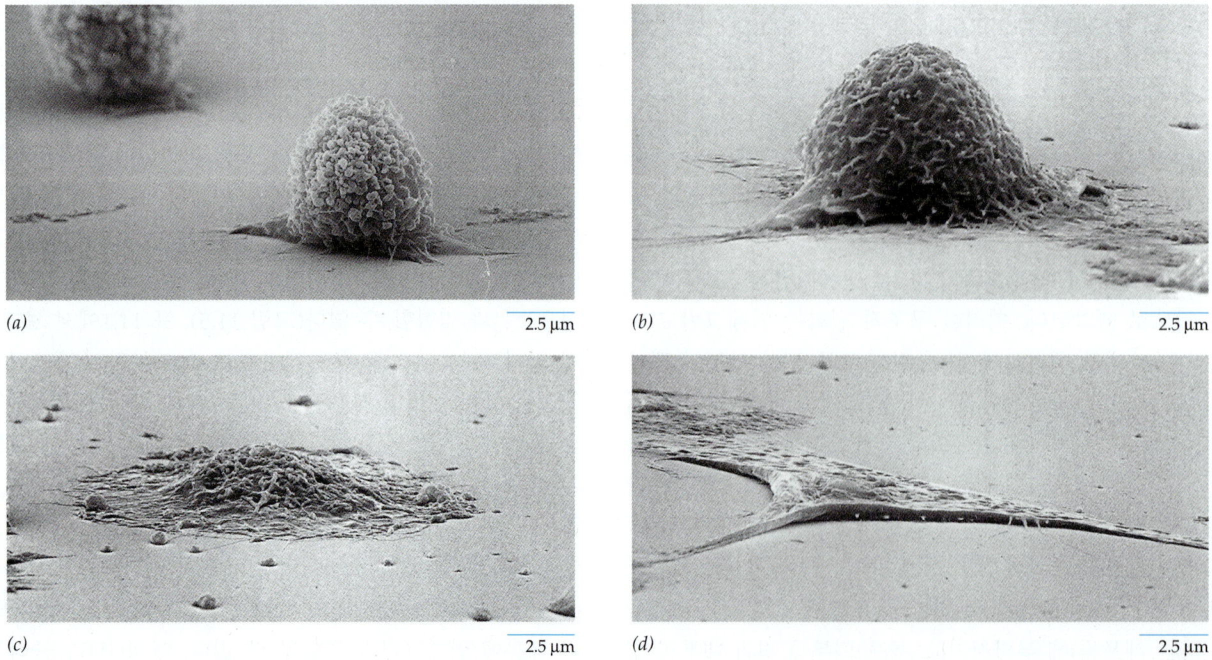

그림 11.15 세포가 배양 용기에 부착한 후 펼쳐지는 과정의 단계들. 마우스의 섬유아세포들이 용기 표면 위에 부착되고 점차로 펼쳐지는 동안 연속적인 시간의 흐름에 따라 세포의 변화되는 형태를 보여주는 주사전자현미경 사진들. 세포들은 부착 (*a*) 30분, (*b*) 60분, (*c*) 2시간, 그리고 (*d*) 24시간이 지난 후에 각각 고정되었다.

출처: (a–d) J. J. Rosen and L. A. Culp, *Exp. Cell Res.* 107:141, 1977에서 발췌; Elsevier의 허가를 얻음.

11.6 세포의 바닥층 고정

실험실 내에서 세포를 배양하여 그들과 배양용기 바닥과의 상호작용을 연구하는 것은 동물 체내에서 실재하는 세포와 세포외기질과의 상호작용을 연구하는 것보다 훨씬 쉽다. 따라서 세포와 세포외기질 간의 상호작용에 대한 많은 지식은 생체 외에서 다양한 기질에 부착하고 상호작용하는 세포연구를 통해 얻어졌다. 배양된 세포가 바닥층에 부착되는 단계들을 **그림 11.15**에서 보여준다. 배양 초기에는 세포가 둥근 형태를 가지는데, 이는 액체배지에서 현탁배양된 동물세포들이 보이는 일반적인 모습이다. 하지만 세포가 바닥층과 접촉하게 되면 세포들은 돌기들을 밖으로 내보내서 점점 더 안정된 부착을 형성해간다. 시간이 지남에 따라 세포는 더욱 납작해지고 배양용기의 바닥층에 퍼져 나가는 모습을 보인다.

국소부착

섬유아세포나 상피세포가 배양 용기의 바닥층에 펼쳐질 때, 세포의 아래쪽 표면은 바닥층에 대해 균일하게 압력을 가하지 않는다. 대신 이 세포는 불연속적으로 흩어져 있는 **국소부착(focal adhesion)**이라고 하는 지점들에서만 용기의 표면에 고정된다(**그림 11.16**). 국소부착은 부착된 세포가 이동하게 하거나 유사분열 과정에 진입하도록 자극하면 빠르게 바닥층에서 떼어낼 수 있는 동적인 구조이다. 일반적으로 국소부착 부위의 원형질막은 대규모의 인테그린 무리를 포함하며, 이 인테그린들의 세포질 영역들은 어댑터 단백질들[예: 탈린(talin), α-액티닌(α-actinin), 빈쿨린(vinculin)]과 연속적인 결합을 통해 세포골격의 액틴섬유에 연결된다(그림 11.16*c*). 또한 국소부착은 세포의 이동 과정에서도 중요한 역할을 하며, 세포가 이동할 때 인테그린은 세포외 물질과 순간적인 상호작용을 일으킨다(그림 13.65*b* 참조).

국소부착은 기계적인 힘을 만들어내거나 그러한 힘에 반응할 수 있다. 이러한 특성은 세포내 주요 수축 단백질 중 두 가지인 액틴(actin)과 미오신(myosin)이 포함된 구조에서 예측할 수 있다. **그림 11.17**은 피브로넥틴으로 코팅된 기둥이 붙어 있는 표면 위에 배양된 섬유아세포를 보여준다. 기둥들은 쉽게 구부러지며, 서로 독립적으로

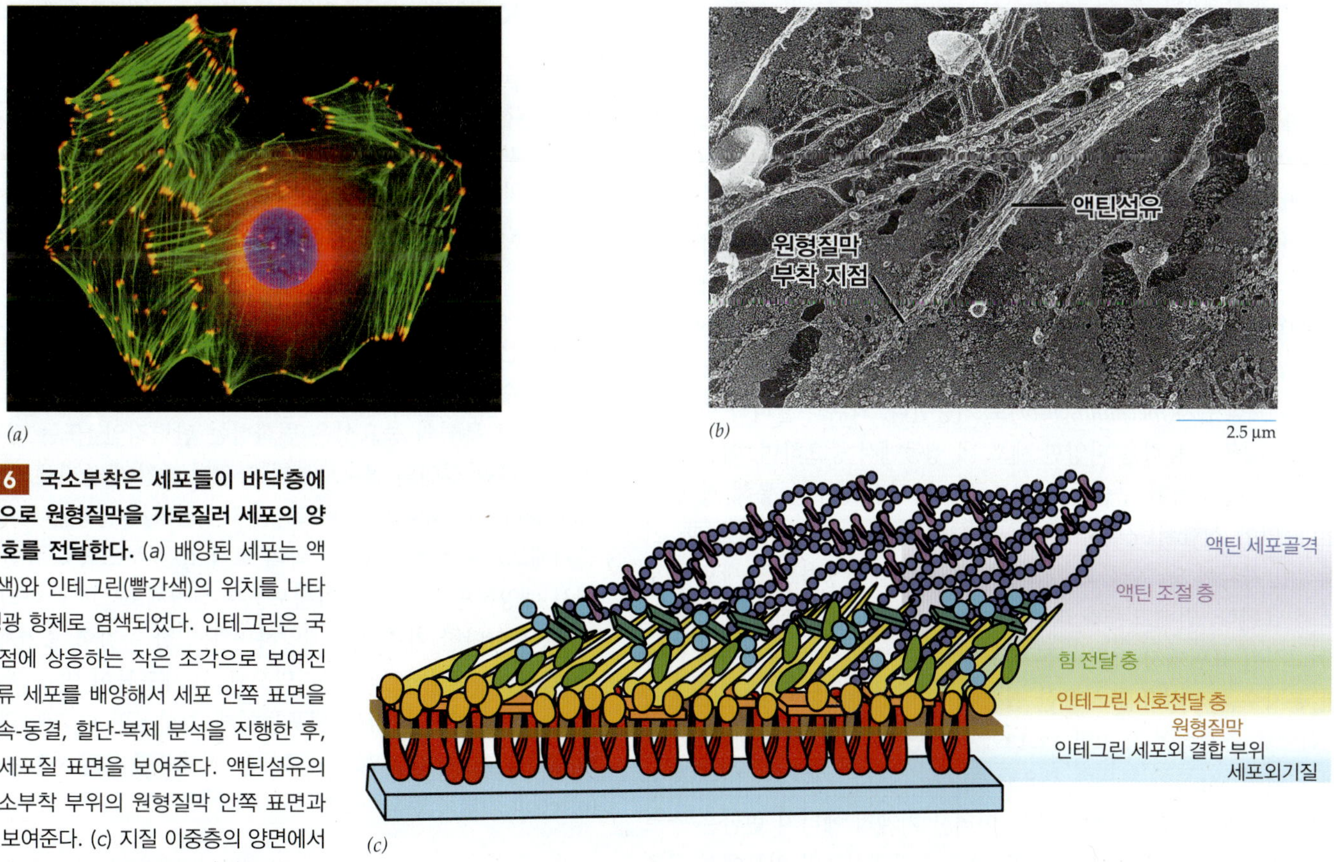

그림 11.16 국소부착은 세포들이 바닥층에 부착된 지점으로 원형질막을 가로질러 세포의 양방향으로 신호를 전달한다. (*a*) 배양된 세포는 액틴섬유(회녹색)와 인테그린(빨간색)의 위치를 나타내기 위해 형광 항체로 염색되었다. 인테그린은 국소부착의 지점에 상응하는 작은 조각으로 보여진다. (*b*) 양서류 세포를 배양해서 세포 안쪽 표면을 처리하여 신속-동결, 할단-복제 분석을 진행한 후, 국소부착의 세포질 표면을 보여준다. 액틴섬유의 다발들이 국소부착 부위의 원형질막 안쪽 표면과 결합한 것을 보여준다. (*c*) 지질 이중층의 양면에서 인테그린 분자와 다른 단백질과의 상호작용을 보여주는 국소부착의 도식. 콜라겐 및 피브로넥틴과 같은 세포외 리간드의 결합은 인테그린(빨간색)이 세포골격인 액틴섬유에 연결되도록 유도하여 최종적으로 인테그린 내 세포질 영역의 구조적 변화를 유도하는 것으로 생각된다. 그 다음 세포골격과의 연결은 세포표면에 위치한 인테그린들의 모임으로 이어진다. 세포골격과의 연결은 탈린(노란색)및 α-액티닌(보라색)과 같은 다양한 액틴결합단백질들에 의해 매개된다. 국소부착 형성 과정 동안 탈린의 막대부위 영역이 결합부위를 노출하는 구조적 변화가 생기고, 이 노출된 부위에 빈쿨린(연녹색)의 결합은 추가적인 액틴 필라멘트의 모집을 일으킨다. 또한 인테그린의 세포질 영역은 FAK(주황색)이나 Src 같은 단백질 인산화효소들과 결합한다. 인테그린과 세포외 리간드의 결합은 이들 단백질 인산화효소들을 활성화하여 세포 전체에 신호를 전달하는 연쇄반응을 시작할 수 있다. 미오신 분자와 액틴 섬유의 결합은 세포-기질 부착 부위로 전달되는 견인력을 형성할 수 있다.

출처: (a) Molecular expressions.com at Florida State University에서 발췌; (b) Steven J. Samuelsson, Paul J. Luther, David W. Pumplin, and Robert J. Bloch, *J. Cell Biol.* 122:487, 1993; Fig. 1에서 발췌; Rockefeller University Press의 허가를 얻음. (c): From P. Kanchanawong et al., Macmillan Publishers Ltd의 허가를 얻음: *Nature* 468:580–584, 2010.

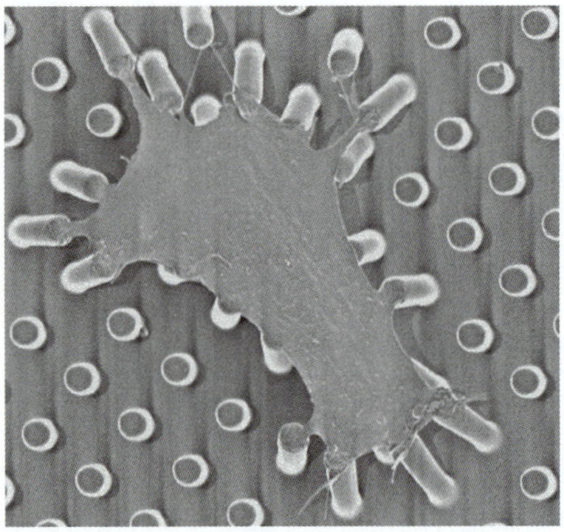

그림 11.17 국소부착에 사용된 힘의 실험적 증명. 잘 구부러지는(고무와 같은 성질을 가진) 미세기둥의 끝에 피브로넥틴으로 코팅한 판 위에 놓인 평활근세포의 주사전자현미경 사진. 부착된 세포는 다수의 기둥에 부착하여 구부리는 것을 보인다. 특정 기둥의 구부러지는 정도는 세포들이 기둥에 가하는 견인력의 정도를 반영한다.

출처: John L. Tan, et al., *PNAS* 100:1484, 2003, Fig. 2d에서 발췌, Christopher S. Chen 제공. © 2003 National Academy of Sciences, U.S.A.

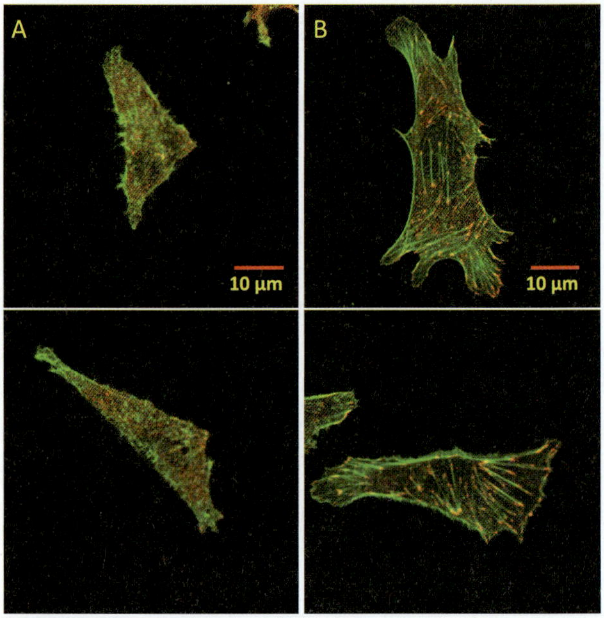

그림 11.18 인테그린 활성화에 필요한 힘의 측정. 이 실험에서는 특정한 힘이 가해지면 끊어지는 섬유를 이용하여 인테그린 리간드를 유리 기판에 부착시켰다. 포유류 세포는 유리에 부착해서 모양이 퍼지게 되고, 세포내 액틴(녹색)과 국소부착 표지자인 빈쿨린(빨간색)은 염색되었다. 43 피코뉴턴의 파열 강도를 지닌 섬유를 사용한 경우, 인테그린이 활성화되지 않았고 국소부착도 형성되지 않았다. 그러나 56 피코뉴턴의 파열 강도를 가진 섬유를 사용한 결과 인테그린이 활성화되고 국소부착이 형성됨을 확인되었다(오른쪽).

출처: Wang et al., *Science* 2013 May 24;340(6135):991–4. doi: 10.1126/science.1231041에서 발췌.

움직일 수 있는 구조이다. 이 현미경 사진에서 세포의 국소부착에 의해 발생한 끌어당기는 힘의 결과로 기둥 끝이 구부러져 있는 것을 볼 수 있다.

반대 방향으로 작동될 경우, 다시 말해 세포들의 표면에 가해진 기계적 힘이 국소부착들에 의해 세포질 안쪽으로 생화학적 신호로 전환될 수 있다. 이 신호전환 과정은 기계적 에너지변환(*mechanotransduction*)으로 묘사되며, 국소부착은 환경의 물리적 특징을 인지하는 기계적 센서(*mechanosensor*)로 기능한다. 외부의 물리적 힘에 반응하는 세포의 능력은 다양한 세포 내 행동에서 중요하며, 이는 피브로넥틴으로 코팅된 구슬들과 세포를 결합시킨 연구를 통해 잘 설명된다. 막에 결합된 구슬을 광학 핀셋(332쪽)으로 잡아 당겼을 때, 기계적인 자극이 Src 인산화효소 활성화 신호를 발생하도록 세포 내부로 전달된다. 인테그린과 리간드의 결합의 강도는 인테그린 리간드가 고정된 표면에서 각각 다른 강도의 힘을 주었을 때 파열되는 다양한 분자수준의 섬유를 사용한 실험에 따라 40피코뉴턴(piconewton, pN)으로 측정되었다. **그림 11.18**에 나타난 것과 같이, 43pN의 섬유와는 달리 56pN의 섬유가 사용되었을 때 세포는 강력한 국소부착과 액틴 스트레스 섬유를 형성했다. 이러한 기계적 에너지 변환은 스트레칭에 의해 유도된 탈린과 같은 어댑터 단백질들의 일부에서 구조적 변화가 생겨서 매개된다고 생각된다. 이러한 구조적 변화는 노출되어 있지 않던 단백질의 주요 결합부위를 노출시킬 수 있고, 추가적인 단백질 분자들이 세포부착복합체에 모이도록 조절한다.

그림 11.16c는 피브로넥틴 또는 콜라겐 분자를 끌어당기는 힘이 세포 내부의 FAK 또는 Src와 같은 다양한 기질을 인산화할 수 있는 단백질 인산화효소를 어떻게 활성화시킬 수 있는가를 보여준다. 이들 단백질 인산화효소의 활성화는 세포핵내 유전자 발현의 변화를 촉진하고 또한 세포내 여러 부위에서 신호를 전달할 수 있다. 실제로 FAK 또는 Src 단백질 인산화효소의 활성화는 세포의 행동을 크게 변화시킬 수 있다. 이러한 세포의 행동변화에 영향을 미치는 세포 환경의 물리적 특성의 중요성은 변화하는 탄력적인 (또는 단단한) 물체 위에서 자란 성인의 골수로부터 파생된 중간엽 줄기세포(mesenchymal stem cell, MSC)를 가지고 연구한 결과로 설명된다. 이런 중간엽 줄기세포들을 성장 중인 뇌 속의 조직 같은 부드럽고 유연한 기층 위에서 배양하면 중간엽 줄기세포들은 신경세포들로 분화되었다. 하지만 보다 단단한 기층에서 배양하면 동일한 중간엽 줄기세포들은 근육세포들로 분화하였다. 마지막으로 이 세포들이 연골 또는 뼈와 같은 골격조직에서 자라는 세포들에게 친화적인 더 단단한 기층에서 배양했을 때, 중간엽 줄기세포들은 뼈세포를 발생시키는 뼈 모세포(osteoblast)들로 분화하였다.

헤미데스모솜

국소부착과 비슷한 유형의 부착 접촉 구조들이 근육과 힘줄 같은 특정 조직에서 발견되기는 하지만, 국소부착은 생체 외에서 배양된 세포들에서 가장 흔하게 발견된다. 체내에서, 세포와 그 세포의 세포외 기질 사이의 가장 단단한 결합은 상피세포의 기저부 표면(basal surface)에서 관찰되며, 이 세포들은 **헤미데스모솜**(**hemidesmosome**, 또는 반접착반)이라고 하는 특수한 접착 구조에 의해 세포 아래의 기저막에 고정되어 있다(그림 11.1 및 11.19). 헤미데스모솜은 원형질막의

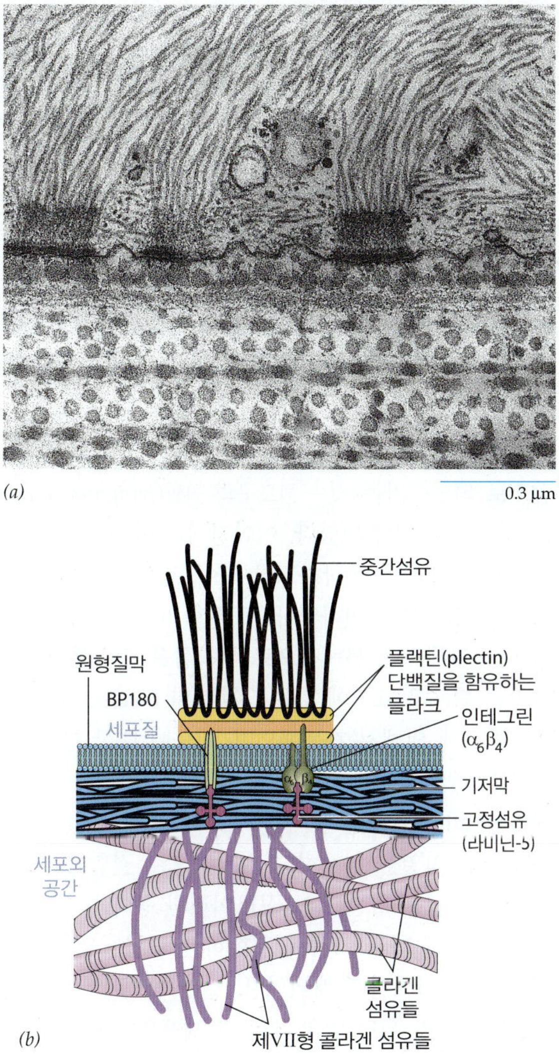

그림 11.19 헤미데스모솜은 상피세포내 바닥쪽 표면에 위치한 분화된 장소로서, 세포들이 아래의 기저막에 부착되게 한다. (*a*) 원형질막의 안쪽 표면 위에 위치한 조밀한 작은 판 구조인 플라크와 세포질을 향해 뻗어 있는 중간 섬유들을 보여 주는 헤미데스모솜들의 전자현미경 사진. (*b*) 피부의 표피를 아래의 진피와 연결시키는 헤미데스모솜의 주요 구성성분들을 보여주는 도식. 표피세포의 $\alpha_6\beta_4$ 인테그린 분자들이, 플라크 속에 짙게 염색된 플렉틴(plectin)이라는 단백질에 의해 중간섬유들과 연결되며, 라미닌(laminin)이 포함된 독특한 유형의 고정 섬유에 의해 기저막과 연결된다. 한편 원형질막을 2번 횡단하는 구조의 단백질(BP180) 또한 헤미데스모솜에 존재한다. 콜라겐 섬유들은 아래에 위치한 진피의 일부이다.

출처: (a) Douglas E. Kelly, *J. Cell Biol.* 28:51, 1966 (아래 그림), Fig. 11에서 발췌 Rockefeller University Press의 허가를 얻음.

안쪽 표면에 조밀한 작은 판 구조(플라크, plaque)를 가지고 있으며, 이 플라크에는 세포 바깥쪽에서 세포질 쪽을 향하는 섬유들이 붙어 있다(**그림 11.19a**). 액틴결합단백질로 구성된 국소부착의 섬유들과 달리, 헤미데스모솜의 섬유들은 좀 더 두꺼운 케라틴(keratin)단백질로 구성된다. 이들 케라틴을 함유한 섬유들은 (13.8절에서 자세히 설명되어 있음) 주로 세포를 지지하는 기능을 하는 중간섬유(intermediate filament)로 분류된다. 헤미데스모솜의 케라틴 섬유들은 $\alpha_6\beta_4$를 포함한 원형질막 횡단 인테그린에 의해 세포외기질과 결합한다(그림 11.19*b*). 국소부착에서와 마찬가지로, 여기 인테그린도 부착된 상피 세포들의 모양과 활동에 영향을 미치는 세포외기질로부터 신호들을 전달한다.

헤미데스모솜의 세포내 중요성은 희귀한 질병 중 하나인 **수포성유천포창**(*bullous pemphigoid*)에 의해 밝혀졌다. 수포성유천포창 환자들은 헤미데스모솜 구조 속에 존재하는 수포성유천포창 항원(bullous pemphigoid antigen)을 인식하는 항체를 생산한다. 이렇게 자신의 조직에 대응하는 자가항체(autoantibody) 생산에 의해 야기되는 질병을 자가면역질환(autoimmune disorder)라고 하며, 이는 매우 다양한 질병의 원인이 된다. 이 질환에서 생긴 자가항체는 피부 표피의 하부층이 그 아래에 위치한 기저막에 대한 접착력을 줄어들게 만든다(따라서 그 아래에 위치한 진피의 결합조직 층에도 부착력을 잃게 된다). 그 결과, 표피 아래의 공간 속으로 액체가 새어 나와 피부에 심한 물집이 생긴다. 유사한 유전성 수포 질환인 **수포성표피박리증**(*epidermolysis bullosa*)은 α_6 또는 β_4 인테그린 소단위, 제VII형 콜라겐, 라미닌-5 등을 포함한 다수의 헤미데스모솜 단백질들 중 어느 한 가지에 유전적 변화가 생겨서 발병할 수 있다.

11.7 세포와 다른 세포의 상호작용

동물의 주요 기관에서 얻은 얇은 조직 절단면을 관찰해보면 다양한 여러 유형의 세포들이 포함된 복잡한 구조를 볼 수 있다. 현재까지 발생 중인 기관들 내에서 발견되는 복잡한 3차원적 세포 배열을 조절하는 정확한 기작에 대해서는 밝혀진 것이 거의 없다. 이 과정은 다른 유형의 세포들 사이에서와 마찬가지로 동일한 유형의 세포들 사이의 서로 선택적인(*selective*) 상호작용에 크게 의존한다고 추정될 뿐이다. 하지만 세포들이 어떤 세포들과는 상호작용하고 어떤 세포들은 무시하는 것으로 보아 세포는 다른 세포들의 표면을 인식할 수 있는 무언가가 있음이 분명하다.

세포와 세포의 인식과 부착에 관한 초기 연구들은 주로 병아리 또는 양서류의 발달 중인 배에서 일부 기관을 추출하고, 조직을 분리하여 단일 세포들을 얻은 후 배양하면 세포들이 배양 용기에서 다시 재결합하는 능력을 발견하였다(**그림 11.20a**). 반복된 실험을 통하여 2개의 서로 다른 발생 중인 기관으로부터 분리한 세포들을 함께 혼합시킨 결과 처음에는 세포들이 하나의 혼합된 덩어리를 형성하였다가, 시간이 지남에 따라서 이 세포들은 덩어리 내에서 이리저리 이동하고, 결국 동일한 유형의 세포들끼리만 부착하여 "스스로를 분류"한다는 사실을 알게 되었다(그림 11.20*b*). 이렇게 균질한 세포의 무리로 분리되면, 이 세포들은 온전한 배에서 형성되었던 수많은 구조들로 분화한다.

현재까지 세포 부착과 관련된 수십 가지의 서로 다른 단백질들이 확인되었다. 다양한 유형의 세포들의 표면에 존재하는 이 분자들의 서로 다른 배열은 복잡한 조직에서도 세포들 사이의 특수한 상호작용을 가능하도록 하는 것으로 생각된다.

내재막 단백질들 중 4개의 독특한 집단, (1) 셀렉틴(selectin), (2) 면역글로불린상과(immunoglobulin superfamily)의 일부 구성요소들,

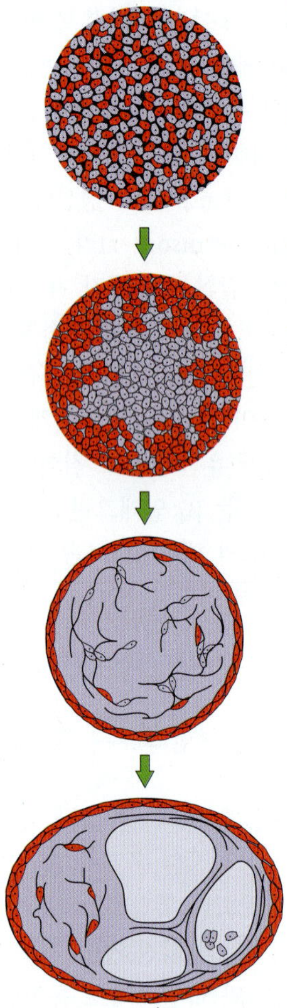

(a)

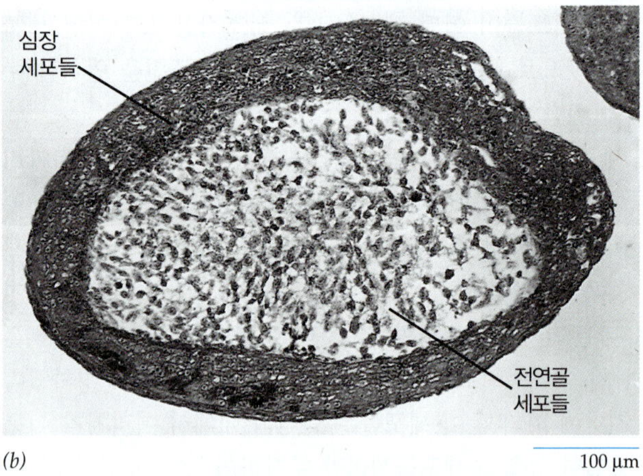

(b)

그림 11.20 세포와 세포 간 인식의 실험적 증명. 발달 중인 배에서 서로 다른 부분에 위치한 조직의 세포들을 분리하고 혼합하면, 처음에는 무작위적으로 세포들이 응집되고, 그 다음에는 동일한 유형의 세포들끼리 결합하여 분류된다. 여기 두 가지의 고전적 실험 결과를 설명하려 한다. (*a*) 이 실험에서, 초기 양서류 배의 두 영역(외배엽과 중배엽)에서 각각 단일 세포들을 분리하여 혼합시켰다. 처음에 세포들은 혼합된 집합체를 형성하였으나, 결국 세포들은 종류별로 각각 분리되었다. 즉, 외배엽 세포들(빨간색)은 배에서 차지하게 될 위치인 집합체의 바깥쪽 표면으로 이동해 모였고, 내배엽 세포들(보라색)은 배에서 위치할 안쪽으로 이동해 모였다. 이후 이 세포들은 원래 정해진 대로 정상적으로 발생하는 구조 유형으로 분화한다. (*b*) 병아리의 사지내 전연골(precartilage) 세포들을 심실 세포들과 혼합된 실험 결과를 보여주는 광학현미경 사진. 이 두 가지 유형의 세포들은 혼합된 집합체로부터 그들 스스로를 분류하여, 전연골 세포들은 안쪽에, 심실 세포들은 바깥쪽에 집단을 형성한다. 전연골 세포들이 심실 세포들보다 더 강하게 서로 부착하려는 특성 때문에, 집합체의 중앙에 모이는 것으로 제안된다.

출처: (a) P. L. Townes, J. Holtfreter, *Journal of Experimental Zoology* 128:53, 1955에서 발췌; (b) M. S. Steinberg, *Journal Experimental Zoology* 173–411, 1970에서 발췌. John Wiley & Sons Inc.의 허가를 얻음.

(3) 인테그린(integrin) 집단의 일부 구성요소들, 그리고 (4) 카드헤린(cadherin) 등이 세포와 세포의 접착을 중개하는 주요 역할을 담당한다.

셀렉틴

1960년대에, 말초 림프절에서 추출한 림프구(lymphocyte)들에 방사성 동위원소를 표지하여 체내에 다시 주입한 결과, 림프구들이 원래 유래된 장소로 되돌아가는 것—**림프구의 귀환**(*lymphocyte homing*)이라고 하는 현상—이 발견되었다. 이어진 실험에서 림프구들을 동결시킨 림프기관의 절편에 부착하도록 하여, 림프구 귀환현상을 체외에서 연구할 수 있음을 확인하였다. 이 실험의 결과는 림프구들이 말초 림프절의 내피세포에 선택적으로 부착함을 증명했다. 이러한 림프구의 결합은 림프구 표면에 있는 L-셀렉틴(L-selectin)이라 불리는 특수한 당단백질에 의해서 가능했으며, 이들에 대한 항체를 통해 차단할 수 있었다.

셀렉틴(Selectin) 단백질은 다른 세포의 표면에 돌출된 각 올리고당의 특이적인 서열을 인식하고 선택적으로 결합하는 내재막 당단백질의 한 집단을 구성한다(8.3절). 이러한 종류의 세포표면 수용체 명칭은 특정 탄수화물 그룹에 결합하는 화합물의 총칭인 "렉틴(lectin)"이라는 단어에서 유래되었다. 일반적으로 셀렉틴들은 작은 세포질 부분, 단일 막-횡단 영역, 커다란 세포외 부분으로 구성된다. 셀렉틴의 세포외 부분은 렉틴으로 작용하는 가장 바깥쪽 영역을 포함한 다수의 분리된 영역들로 혼합 구성된다(**그림 11.21a**). 셀렉틴의 종류로는 내피(endothelial)세포에 존재하는 E-셀렉틴(E-selectin), 혈소판(platelet)과 내피세포에 존재하는 P-셀렉틴(P-selectin), 백혈구(leukocyte)에 존재하는 L-셀렉틴(L-selectin)이 알려져 있다. 세 가지 셀렉틴은 모두 복합 당단백질들의 탄수화물 사슬 말단에서 발견되는 특이적인 당 배열(그림 11.21*a*)을 인식한다. 셀렉틴들이 탄수화물 리간드와 결합하기 위해서는 칼슘이 필요하다. 셀렉틴들은 혈관 내에서 염증과 응고가 일어난 부위에서 순환하던 백혈구와 혈관벽 사이의 일시적인 상호작용을 매개한다. 실제로 백혈구들은 상당한 속도의 혈류를 통해 흐르기 때문에, 혈관 내에서 백혈구를 포착하는 것은 까다로운 일이다. 하지만 셀렉틴들은 백혈구가 혈관벽의 어느 특정 장소로 끌어 당겨질 때 형성되는 기계적인 스트레스가 있을 때는 셀렉틴과 리간드가 형성하는 결합이 더욱 강해지기 때문에 이 기능에 적합하다. 염증 반응에서 셀렉틴의 역할은 이 장의 말미에 있는 <인간 질병과의 연관성>에서 더 논의한다.

면역글로불린상과

1960년대에, 혈액에서 추출된 항체 분자의 구조 규명은 면역반응을 이해하는 과정에서 중요한 이정표 중 하나가 되었다. 면역글로불

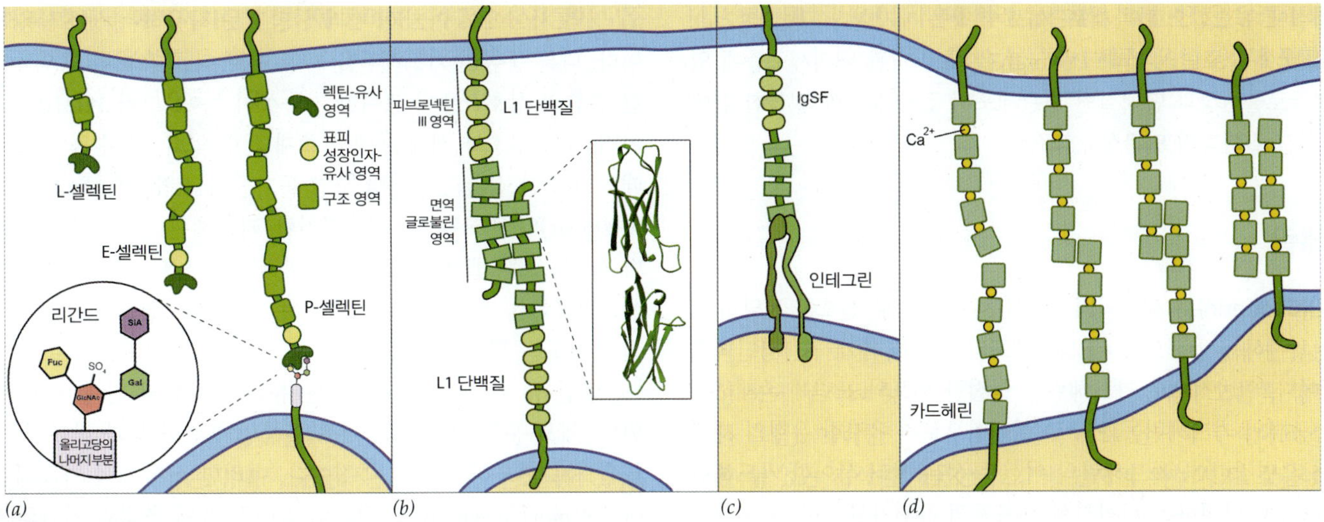

그림 11.21 **세포 접착 분자의 개요.** (*a*) **셀렉틴**. 알려진 세 가지 유형의 셀렉틴들은 당단백질의 올리고당 사슬의 말단에 위치한 탄수화물 리간드를 인식하고 결합한다. 확대된 그림 속에 탄수화물 리간드의 상세한 구조가 표시되어 있다. 말단의 퓨코스와 시알산 성분은 특히 셀렉틴 인식에 중요하고, 종종 N-아세틸글루코사민 부분은 황산화된다. (*b*) **L1 분자**. L1은 면역글로불린상과의 구성성분이다. 세포와 세포의 접착은 인접한 세포의 표면으로부터 돌출된 2개의 L1 분자의 면역글로불린 영역의 특이적 상호작용의 결과이다. 각 L1 분자는 작은 세포질 영역, 원형질막 통과 부분, 피브로넥틴에서 발견되는 모듈의 한 유형과 유사한 몇몇의 부분들과 아미노 말단 부위에 위치한 6개의 면역글로불린 영역을 포함한다. 확대된 그림은 내피세포의 표면에 있는 면역글로불린상과 분자인 VCAM의 2개의 아미노 말단의 면역글로불린 영역의 구조를 보여준다. VCAM과 L1의 면역글로불린 영역은 마주보는 형태의 2개의 β구조로 구성된 유사한 삼차원 구조를 갖는다. (*c*) **인테그린-면역글로불린상과 상호작용**. 면역글로불린상과 구성성분들은 이웃한 세포들의 인테그린과도 결합할 수 있다. (*d*) **카드헤린**. 세포와 세포의 접착은 각 세포의 원형질막에서 돌출된 유사한 유형의 카드헤린들 사이의 상호작용의 결과로 발생한다. 칼슘 이온들(노란색 구슬)은 카드헤린 분자의 연속적인 영역들 사이에 위치하며, 세포외 부분의 견고성을 유지하는 중요한 역할을 담당한다. 이 그림은 서로 마주하고 있는 세포들의 카드헤린들이 상호작용하고 있는 몇몇의 다른 상황들을 보여준다. 여러 유형의 연구는 마주하고 있는 세포들의 세포외 영역 사이에서 중복(상호 교차)된 정도가 서로 다르게 나타난다고 제안하였다. 일관성을 위해 앞으로 나올 그림들은 카드헤린의 가장 일반적인 배열로 알려진 하나의 영역이 중복된 카드헤린으로 표시될 것이다.

출처: (b) E. Yvonne Jones et al., *Nature* 373:540, 1995에서 발췌; © 1995, Macmillan Publishers Ltd.의 허가를 얻음.

린(Immunoglobulin, Ig)이라 불리는 단백질의 한 유형인 항체(antibody)는 여러 유사한 영역으로 구성된 폴리펩티드 사슬들로 구성된 것으로 밝혀졌다. 각각의 면역글로불린 영역들은 그림 11.21*b*에 삽입된 그림처럼 70~110개의 아미노산들로 구성되어 단단하게 접혀진 구조이다. 인간의 유전체에는 765종류의 서로 다른 면역글로불린 영역들이 암호화되어 있어서 체내 단백질 중 가장 풍부한 영역을 구성한다. 실제로는 하나의 집단으로 간주하여 이 단백질들을 **면역글로불린상과(immunoglobulin superfamily, IgSF)**의 구성요소라 한다. 대부분의 면역글로불린상과 구성요소들은 면역 작용의 다양한 과정에 관여하지만, 일부는 칼슘에 비의존적(*independent*)인 세포와 세포의 접착을 매개한다. 실제로, 일반적으로 널리 알려진 면역계가 없는 동물로 알려진 무척추동물들의 세포-부착 수용체에서 면역글로불린 유사 영역들이 발견되었다는 사실은 최초의 면역글로불린-유사 단백질들은 주로 세포-부착 매개체로 진화되었고, 단지 부차적으로만 일부만이 척추동물 면역계의 효과기로 진화했다는 것을 암시한다.

대부분의 면역글로불린상과의 세포-접착 분자들은 면역반응 과정에 필요한 세포들(가령, 대식세포, 다른 림프구, 표적세포 등)과 림프구들 사이의 특이적인 상호작용을 매개한다. 그러나 혈관세포의 접착분자(vascular cell-adhesion molecule, VCAM), 신경세포의 접착분자(neural cell-adhesion molecule, NCAM)와 L1과 같은 일부 면역글로불린상과 구성 분자들은 면역반응과 관련 없는 세포들 사이의 부착을 매개한다. 예를 들어, 신경세포의 접착 분자와 L1은 신경계의 발달시기 동안 신경의 발달과 성장, 시냅스 형성 및 그 밖의 다른 과정에서 중요한 역할을 한다. 피브로넥틴이나 세포 부착에 관여하는 다른 많은 단백질들과 마찬가지로, 면역글로불린상과 세포-접착 분자들은 모듈 구조를 포함하며(그림 11.21*b,c*) 다른 단백질들에 있는 영역과 유사한 구조의 독특한 영역들로 구성된다.

신경계의 발생 과정에서 L1의 중요성은 여러 연구에서 밝혀졌다. 인간에서 L1 유전자의 돌연변이는 치명적인 결과를 초래할 수 있으며, 극단적인 경우에는 아기들이 머리에 액체가 차오르는 뇌수종(hydrocephalus)이라는 치명적인 질환을 갖고 태어난다. 덜 심각한 돌연변이를 가진 어린이들의 경우에는 일반적으로 정신 지체와 사지 운동 조절에 어려움(경련성 마비)을 겪는다. 또한 L1 유전자 결함으로 인한 질병으로 사망한 환자들을 부검하면 놀랄만한 이상 증상이 드러난다. 즉, 이 환자들은 종종 2개의 큰 신경관이 없다. 정상인의 경우 하나의 신경관은 뇌의 두 반구 사이를 지나며 다른 하나의 신경관은 뇌와 척추 사이를 지난다. 이러한 신경관들의 부재는 L1이 배의 신경계 내에서 축삭돌기의 방향성을 조절하며 자라는 성장에 관여함을 암시한다.

다양한 유형의 단백질이 면역글로불린상과 세포-표면 분자의 리간드 역할을 한다. 앞서 설명한 바와 같이 대부분의 인테그린은 기저층쪽으로 세포의 부착을 촉진하지만, 몇몇의 인테그린은 다른 세포의 단백질에 결합함으로써 세포-세포 부착을 매개한다(그림 11.21*c*). 그 예로 백혈구 표면의 인테그린 $\alpha_4\beta_1$은 특정 혈관 내피세포층에 있는 면역글로불린상과 단백질인 혈관세포의 접착 분자에 결합한다(이 장의 <인간 질병과의 연관성> 참조).

카드헤린

카드헤린(Cadherin)은 세포외기질에서 세포질 내로 신호를 전달하고, 칼슘에 의존하는 방식으로 세포와 세포의 부착을 매개하는 당단백질 대집단이다. 일반적으로 카드헤린은 인접한 세포의 표면에 존재하는 동일한 종류의 카드헤린들과 주로 결합함으로써 유사한 유형의 세포들을 서로 연결한다. 카드헤린의 이런 특성은 여러 상이한 카드헤린들 중 하나를 발현하는 비접착성 세포들의 유전자를 조작하는 실험을 통해서 최초로 증명되었다. 이 세포들을 다양한 조합으로 혼합하여 세포 사이의 상호작용을 관찰하였는데, 한 종류의 카드헤린을 발현하는 세포들은 동일한 카드헤린을 발현하는 다른 세포들에 우선적으로 부착하는 것을 확인하였다. 이러한 연구결과들은, 그림 11.20에 그려진 것처럼, 카드헤린이 세포들이 혼합된 집합체에서 비슷한 세포들만 "분류(구분, sort out)"하는 능력을 보유한다고 보고했다. 사실 카드헤린들은 발생 중인 배에서는 세포들을 서로 밀착된 조직들로 만들고, 성체에서는 이 조직들을 함께 붙어 있도록 유지시키는 가장 중요한 요소일 수 있다. <인간 질병과의 연관성>에서 논의된 것처럼, 카드헤린의 기능 상실은 아마도 악성 종양의 전이에 중요한 역할을 할 수 있다.

세포 접착에 관여하는 다른 많은 단백질과 유사하게 카드헤린은 모듈 구조를 갖는다. 가장 잘 연구된 카드헤린은 상피(epithelial)세포에서 주로 발견되는 E-카드헤린, 신경(neural)세포에서의 N-카드헤린, 태반(placental)세포에서의 P-카드헤린 등이다. 이러한 "전형적인(classical)" 카드헤린들은 비슷한 크기와 구조의 5개의 직렬 영역들로 구성된 상대적으로 길이가 긴 세포외 구간(단일 막 횡단 구간)과 짧은 세포질 영역을 포함한다(그림 11.21*d*). 카드헤린의 세포질 영역은 두 가지 중요한 역할을 담당하는것으로 잘알려진 세포질 단백질 카테닌(*catenin*) 집단의 구성요소들과 결합한다. 카테닌의 두 가지 기능이란 카드헤린을 세포골격에 결합시키고(그림 11.25 참조), 한편 외부에서 전달되어 온 신호들을 세포질과 핵으로 전달하는 것으로 알려져 있다. 다양한 카드헤린 접착 방식들이 그림 11.21*d*에 묘사되어 있다. 카드헤린의 구조에 관한 연구는 동일한 세포의 표면에 있는 카드헤린들이 2개씩 평행으로 2량체를 형성하기 위해 측면으로 나란히 결합되어 있음을 밝혔다. 또한 이 연구들을 통하여 수십 년간 세포와 세포의 부착에 필수적이라고 알려진 칼슘의 역할에 대한 새로운 사실들이 밝혀졌다. 그림 11.21*d*에서 보여주는 것과 같이, 칼슘 이온은 분자들이 연속적으로 연결된 영역들 사이에 다리를 형성한다. 즉, 이 칼슘 이온들은 세포 접착에 필요한 각 카드헤린의 세포외 부분을 단단한 입체구조가 되도록 유지시킨다. 세포 간의 부착은 "세포-부착 지퍼(cell-adhesion zipper)"라는 용어처럼 부착 과정이 완성되기 위해서는 인접한 세포들에 위치한 카드헤린의 세포외 영역 사이에서 마치가 지퍼가 닫히듯 작용하는 상호작용의 결과이다. 다른 종류의 카드헤린을 가진 서로 다른 유형의 세포들이 다양한 종류의 상호작용에 관여할 가능성이 높아, 그림 11.21*d*에 묘사한 여러 가지 구조가 개체 내에서 존재할 수 있다. 두 손을 깍지 끼었을 때와 비슷한 상황의 손가락 모양 돌기들의 접착(interdigitation)이 지퍼(zipper)와 비교될 수 있는 것처럼, 카드헤린 집합들은 붙였다 떼었다 할 수 있는 벨크로(velcro)에 비교할 수 있다. 카드헤린 집합에서 상호작용하는 카드헤린이 많을수록, 마주하는 인접한 세포들 사이의 접착 강도는 훨씬 더 커진다.

임신 중 발달하고 있는 배는 유전자 발현의 변화, 세포 형태의 변화, 세포 운동성의 변화, 세포 부착성의 변화 등과 같이 모든 것이 급속도로 변화하는 것이 특징이다. 이러한 상황에서 카드헤린은 형태형성(*morphogenesis*) 과정으로 알려진 배의 조직과 기관의 형성을 위해 필요한 접착성 접촉 과정의 여러 동적인 변화를 매개한다고 생각된다. 예를 들어, 배 발생 동안 여러 가지 형태형성 과정들은 상피(epithelium: 단단하게 접착되어 극성화된 고정 세포층)에서 중간엽(mesenchyme: 독립적이며 비접착성, 비극성화된 주로 이동하는 세포들)으로, 또는 반대로 중간엽에서 상피로 변화하는 세포 집단과 관련되어 있다. **상피간엽전환(epithelial-mesenchymal transition**, 또는 **EMT**) 과정은 병아리 또는 포유동물의 배에서 낭배형성(gastrulation) 동안의 중배엽 형성으로 설명되어진다. 전형적으로 이 세포들은 초기 배의 등쪽 부분의 표면에 위치한 접착성의 배반엽 상층(epiblast)이라 불리는 상피층에서 떨어져 나와 중간엽 세포의 내부 영역으로 들어가고 변화된다(**그림 11.22a,b**). 결국 이 중간엽 세포들은 발달 중인 개체의 혈액, 근육, 뼈와 같은 중배엽 조직을 생성하게 된다. 이때 배반엽 상층에 존재하는 세포들은 표면에 E-카드헤린을 노출하여 서로를 인식하고 서로 간의 밀접한 결합을 촉진한다고 추정된다. 그러나 배반엽 상층으로부터 세포들이 분리되기 시작하는 전후 순간에 이동하여 중간엽 세포가 될 세포들은 E-카드헤린의 발현을 멈추는데, 이는 세포들이 상피로부터 벗어나는 것을 촉진하고 중간엽 세포로의 전환을 촉진하는 신호로 생각된다(그림 11.22*a*). 또한 발생 과정의 후반기에 원시 신경계의 형성 또한 카드헤린 발현의 변화가 주요한 특징이다. 낭배가 형성된 이후에, 발달 중인 배의 등 표면은 나중에 동물의 피부와 신경계를 구성할 외배엽 조직이 될 단일층의 상피로 덮여져 있다. 이 단계에서 이 층의 중앙 부분에 위치해 있는 세포들은 E-카드헤린의 발현을 멈추고 N-카드헤린의 발현을 시작한다(그림 11.22*c*). 그 다음 단계에서 N-카드헤린만을 발현하는 상피세포들은 양쪽의 인접한 세포들과 분리되어 신경관이 형성되는 위치로 말려 들어가 나중에 동물의 뇌와 척수가 된다. 이렇게 카드헤린을 포함한 많은 세포-접착 분자들은 세포의 접착 특성을 변화시킴으로써 이러한 발생학적인 과정에 중요한 역할을 하는 것으로 예측된다.

현재까지 인간에서만 100개 이상의 카드헤린 분자가 확인되었고, 그 중 상당수의 카드헤린은 기능적으로 중복된 것으로 생각된다. 그러나 수많은 카드헤린의 단일 돌연변이는 유전 질환과 연관되어 있다. 가장 주목할 만한 질환 중 하나는 청각장애와 점진적인 시력 상실이 특징인 **어셔 증후군(Usher syndrome)**이다. 사실 어셔 증후군은

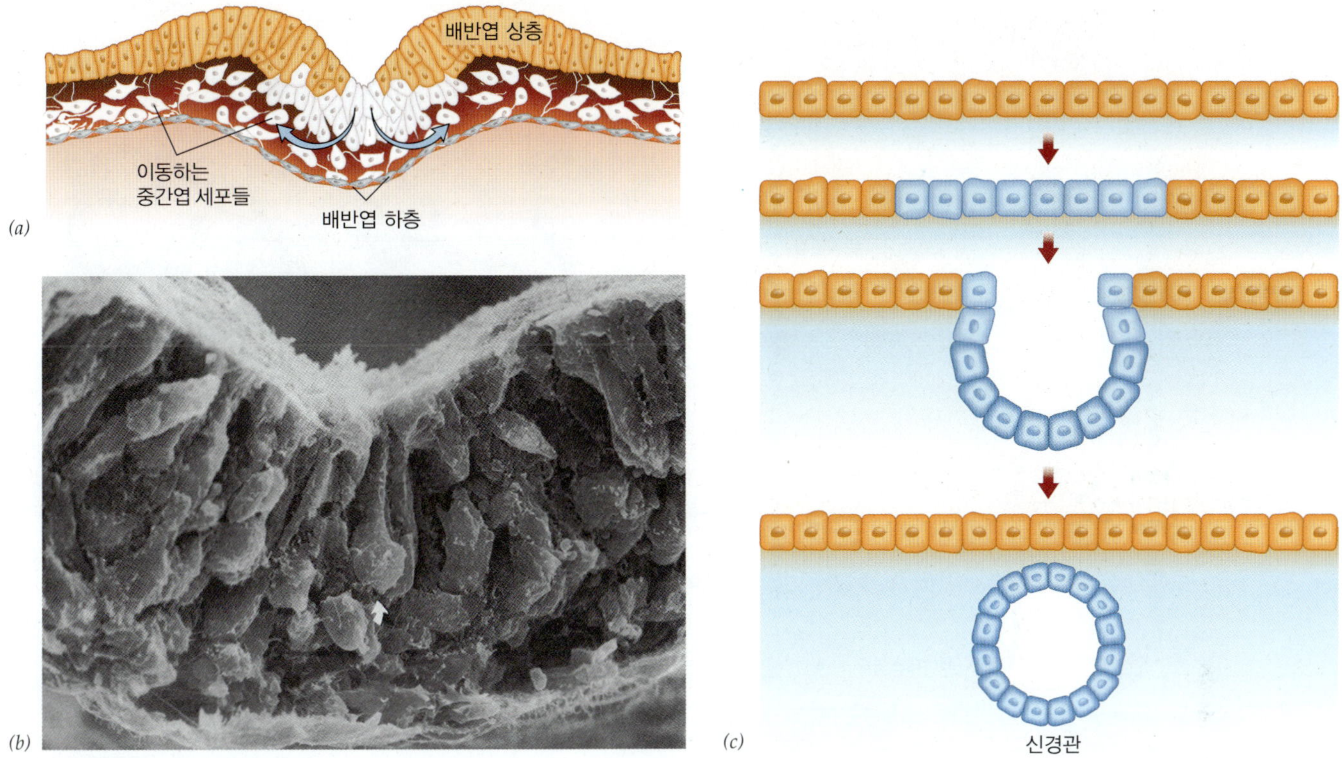

그림 11.22 **카드헤린과 형태형성.** (*a*) 낭배가 형성되는 동안 배의 상층에 있는 배반엽 상층 세포들은 배의 중심쪽으로 이동해 홈으로 빠져 들어가서는 양쪽 측면으로 이동한다. 이러한 상피간엽전환은 고정된 상피세포에서만 발견되는 E-카드헤린의 발현 감소의 특징을 보인다. 그림에서 E-카드헤린을 발현하는 세포들은 주황색으로 표시하였다. (*b*) a에 묘사된 상피간엽전환(화살표) 과정의 세포를 확인하기 위해 파단된 낭배형성 시기의 병아리 배를 주사전자현미경으로 찍은 사진. (*c*) 신경관의 발생 순서에 따른 단계를 나타낸 것으로, 신경관은 등쪽 외배엽의 위쪽에 위치한 층으로부터 분리되어 형성되는 상피층이다. 가장 위쪽의 그림에서, 상피세포들은 E-카드헤린을 발현하고 있으나, 아래쪽 그림들처럼 발생단계가 진행될수록 신경관의 세포들은 E-카드헤린(주황색)의 발현을 멈추고 대신에 N-카드헤린(파란색)을 발현한다.

출처: Michael Solursh and Jean Paul Revel에서 제공.

여러 유전자의 돌연변이에 의해 유발될 수 있지만, 가장 심각한 형태 중 일부는 카드헤린-23 또는 프로토카드헤린-15(protocadherin-15)의 돌연변이에 의해 유발된다. 이러한 비전형적인 카드헤린은 **그림 11.23**에서 묘사된 것과 같이 귓속 내이의 유모세포 표면에 존재하는 인접한 부동섬모들의 끝부분에 팁 링크(tip link)라고 하는 미세한 섬유를 형성한다. 이 팁 링크는 음파로 발생된 부동섬모의 기계적 움직임을 전류로 전환하는 데 필수적이며, 입체섬모 조직의 유지에 중요한 기능적 역할을 담당한다. 이 팁 링크에 돌연변이가 생기면 부동섬모의 발달과 조직에 심각한 결함을 유도할 수 있으며 그 결과 완전한 청각장애를 초래한다.

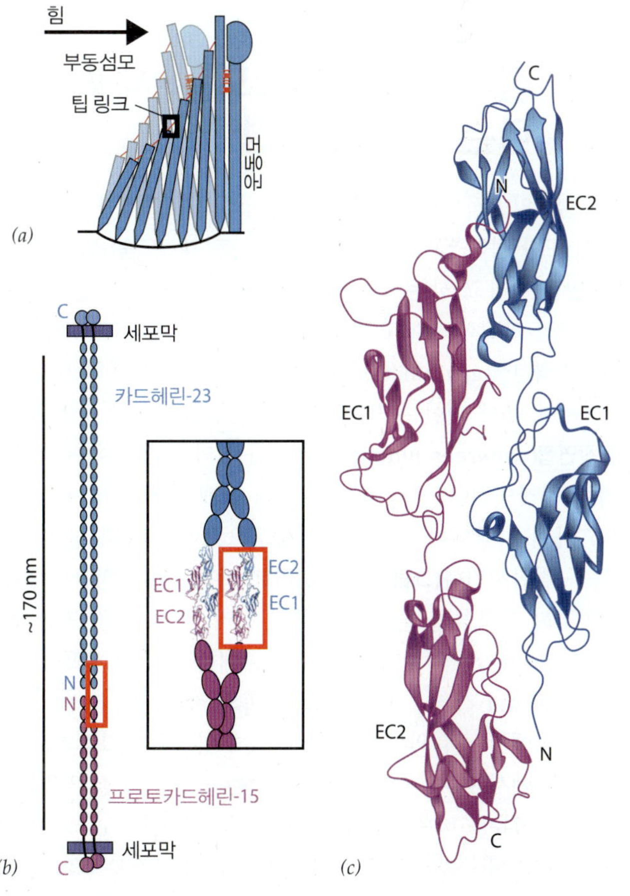

그림 11.23 **카드헤린은 부동섬모의 팁 링크(tip link)를 형성한다.** 카드헤린-23과 프로토카드헤린-15는 음파 형태의 기계적 힘을 두뇌에 전달하는 전기적 신호로 전환하는 데 중요한 역할을 담당하는 부동섬모의 팁 링크라 불리는 부동섬모의 끝 부분 연결을 형성한다. (*a*) 내이의 유모세포에 위치한 부동섬모의 모식도. 팁 링크는 빨간색으로 표시되어 있다. 팁 링크의 구조는 (*b*)에 그려져 있으며, 카드헤린-23은 파란색으로 그리고 프로토카드헤린은 보라색으로 표시되어 있다. 상호작용하는 영역의 결정 구조는 (*c*)에서 보여준다.

출처: M. Sotomayor et al, *Nature* 492:128–32, 2012에서 발췌; Macmillan Publishers Ltd의 허가를 얻음.

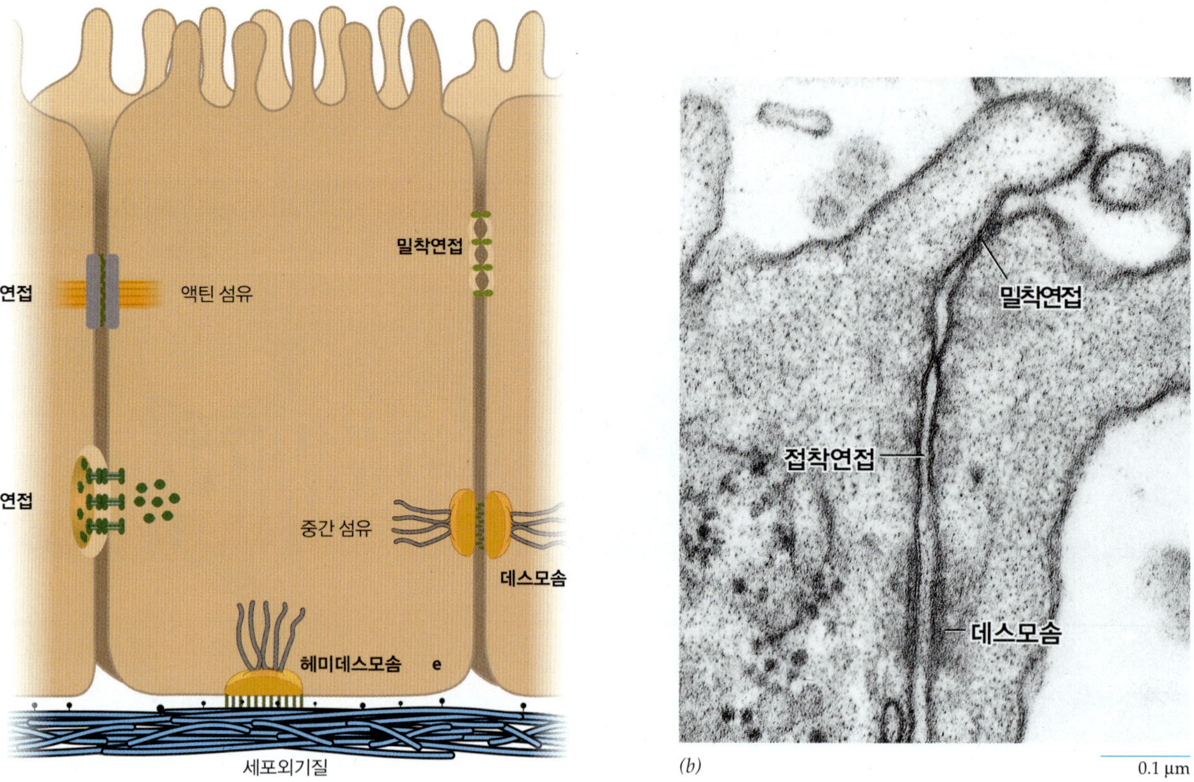

그림 11.24 **세포 사이의 연접 복합체.** (*a*) 단순 원주형 상피세포의 측면에 존재하는 연접 복합체를 보여주는 도식. 연접 복합체는 밀착연접, 접착연접, 데스모솜으로 구성된다. 일부 데스모솜과 간극연접은 세포의 측면을 따라 기저부쪽 가까운 곳에 위치한다. 접착연접과 밀착연접은 허리 벨트 모양으로 세포를 둘러싸고 있지만, 데스모솜과 간극연접은 인접한 세포들 사이의 특정 장소에 제한되어 있다. 헤미데스모솜(hemidesmosome)은 세포 바닥의 표면에 위치한다. (*b*) 쥐의 기도내 상피세포들 사이에 위치한 연접복합체의 전자현미경 사진.

출처: (b) Eveline E. Schneeberger and Robert D. Lynch, *Am. J. Physiol.* 262:1648, 1992에서 발췌

11.8 접착연접과 데스모솜: 세포와 다른 세포의 고정

카드헤린은 일반적으로 서로 접착된 2개의 세포표면을 따라 퍼져있는 반면, 또한 접착연접(*adherens junction*)과 데스모솜(*desmosome*, 또는 접착반점)이라고 하는 특수한 세포 간 접합 형성에 관여한다. 이러한 접착성 연접 이외에도, 상피세포들은 종종 밀착연접(tight junction)과 간극연접(gap junction)이라고 하는 다른 유형의 세포연접방식을 가지며, 이에 대한 논의는 이 장의 뒷부분에서 할 것이다.

접착연접(adherens junction)은 신체 내의 여러 부위에서 발견된다. 가령 접착연접은 장의 내부 표면에 길게 늘어서 있는 상피세포에서 흔하게 관찰되며, 한 세포를 중심으로 주위에서 둘러싼 이웃 세포들과 결합시킨다(**그림 11.24**). 이때 접착연접은 정단부 표면 근처에 위치한 세포들을 둘러싸는 마치 허리 "벨트[belt, 또는 접착대(*zonulae adherens*)]"와 비슷한 구조로 존재하는데, 이 세포들은 주변 세포들과 30 nm 간격을 두고 세포 양측의 카드헤린 분자의 세포외 영역들 사이에서 칼슘의존성 결합에 의해 연결된다(**그림 11.25**). 그림 11.25*a*~*b*에서 볼 수 있듯이, 이 카드헤린들의 세포질 영역은 세포 골격인 액틴섬유를 비롯한 다양한 세포질 단백질들과 α-및 β-카테닌(catenin)에 의해 구조적으로 연결된다. 따라서 국소부착의 인테그린

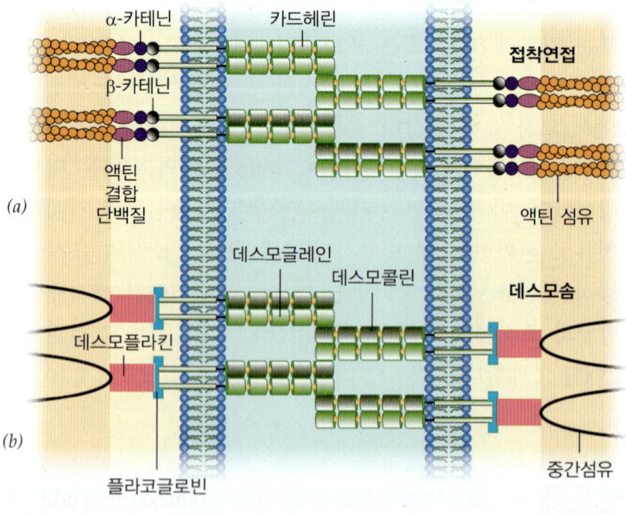

그림 11.25 **접착연접과 데스모솜 분자 구조의 도식적 모형.** (*a*) 각 카드헤린 분자의 세포질 영역은 α- 및 β-카테닌(catenin) 및 다양한 액틴 결합 단백질들을 포함하는 연결 단백질들에 의해 세포골격인 액틴섬유에 연결된다. 액틴-결합 단백질들 중 하나는 액틴섬유의 중합에 관여하는 포르민(formin)이다. (*b*) 데스모솜 분자 구조의 도식적 모형. 데스모솜에는 데스모글레인(desmoglein)과 데스모콜린(desmocollin)이라 불리는 특수화된 카드헤린들이 세포외 공간에서 서로 결합한다. 이들 데스모솜의 내부의 세포질에서는 카드헤린이 중간섬유에 간접적으로 결합한다.

과 마찬가지로, 접착연접의 카드헤린 집합체는 (1) 세포 외부 환경과 세포내 액틴 세포골격을 연결하고, (2) 세포 외부로부터 세포질 안으로 전달되는 신호경로를 제공한다. 하나의 예로, 혈관벽을 따라 늘어선 내피세포들 사이에 위치한 접착연접들은 세포의 생존을 위한 신호들을 전달한다. 실제로 내피세포의 카드헤린이 결핍된 마우스는 이러한 생존 신호들을 전달할 수 없으며, 따라서 이러한 동물들은 혈관 벽의 세포들이 죽게 되어 배가 발생 동안에 사망한다.

데스모솜(**Desmosome**, 또는 *maculae adherens*)은 상당히 다양한 조직에서 발견되며, 직경이 약 1 μm 정도이고 형태는 원반 모양을 가진 접착성 연접이다(그림 11.26). 특히 데스모솜은 심장이나 근육, 그리고 피부와 자궁경부의 상피층과 같은 기계적 스트레스를 많이 받는 조직들에 주로 존재한다. 접착연접과 마찬가지로, 데스모솜도 인접한 세포와 좁은 간격의 세포외 공간을 사이에 두고 카드헤린으로 두 세포를 연결하는 형태를 갖는다. 하지만 데스모솜의 카드헤린은 접착연접에서 발견되는 전형적인 카드헤린들과는 다소 다른 영역구조를 가진 데스모글레인(*desmoglein*)과 데스모콜린(*desmocollin*)이라는 카드헤린들이다(그림 11.25*b*). 원형질막의 안쪽 표면에 위치한 조밀한 플라크(plaque)는 헤미데스모솜의 플라크(그림 11.19)와 매우 유사하게 고리 모양의 중간섬유들을 고정하고 연결하는 역할을 한다. 밧줄과 비슷한 중간섬유들의 3차원적 연결망 구조는 세포 전체에 걸쳐 구조적인 연속성과 내구성 높은 인장강도를 제공한다. **그림 11.26**에 나타낸 것처럼, 중간섬유는 추가적인 단백질들에 의해 데스모솜 내 카드헤린의 세포질 영역과 연결된다. 상피의 구조를 완전하게 유지함에 있어서 카드헤린의 중요성은 자가면역질환[수포창(*pemphigus vulgaris*)]을 통해 설명이 가능한데, 이 질병은 데스모글레인들 중 한 종류에 대해 항체를 생산함으로써 표피의 세포-세포 접착 능력을 상실하게 하고 피부에 심한 물집이 생기는 특징을 갖고 있다.

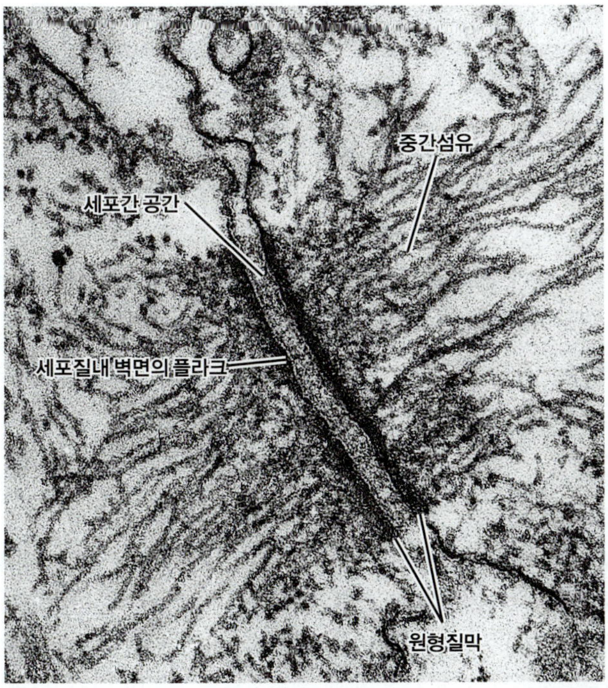

그림 11.26 데스모글레인(desmoglein)과 데스모콜린(desmocollin)이라고 하는 특수화된 카드헤린은 세포외 공간에서 서로 결합한다. 세포질에서 데스모솜의 카드헤린은 중간섬유에 간접적으로 결합한다. 뉴트(작은 도마뱀의 일종)의 표피내 데스모솜의 전자현미경 사진.

출처: Douglas E. Kelly, *J. Cell Biol.* 28 : 51, 1966, Fig. 10에서 발췌. Rockefeller University Press의 허가를 얻음.

11.9 막횡단 신호전달에서 세포 접착 수용체의 역할

내재막 단백질의 역할들 중에 하나는 원형질막을 가로질러 정보를 전달하는 **막횡단 신호전달(transmembrane signaling)**이라 알려진 과정이다. 이 주제는 제15장에서 자세히 논의되겠지만, 그림 11.21에 제시한 네 가지 유형의 세포 접착에 관여하는 분자들은 모두 신호전달 기능을 수행할 가능성이 있다. 가령, 인테그린과 카드헤린은 여러 단백질 인산화효소와 G단백질 같은 세포질의 조절분자들 및 세포골격과 결합하는 방식을 통하여 세포외 환경의 신호를 세포질 내로 전달할 수 있다. 이때 단백질 인산화효소는 인산화를 통해 표적단백질을 활성화 또는 억제하지만, G단백질은 물리적인 상호작용을 통해 표적 단백질을 활성화 또는 억제한다(그림 15.21*b* 참조). 실제로 인테그린과 리간드의 결합은 세포질 내 pH 또는 Ca^{2+} 농도, 단백질의 인산화, 유전자 발현 변화를 포함한 세포 내의 다양한 반응을 조절하고 유도할 수 있다. 결과적으로 이러한 변화들은 세포의 성장 가능성, 이동 활성, 분화의 정도, 또는 생존을 교대로 변화시킬 수 있다.

11.10 밀착연접: 세포외 공간의 밀폐

체내 장 또는 폐의 표면을 따라 세포들이 배열되어 있는 단층상피는 단일 세포층을 형성하기 위하여 한 층의 세포들이 서로 강하게 부착되어 구성된다. 생물학자들은 수십 년 동안 개구리의 피부나 방광의 벽과 같은 특정한 유형의 상피를 서로 다른 용질 농도의 두 구획 사이에 끼워 두면 한 구획에서 다른 구획으로 이온 또는 용질의 확산이 일어나지 않음을 관찰하였다. 원형질막의 비투과성을 고려해보면, 용질들이 상피층의 세포를 통해 자유롭게 확산될 수 없는 것은 당연한 것이다. 그러나 용질들은 왜 **세포간 경로**(*paracellular pathway*)(**그림 11.27a**에서처럼)를 통해서 세포 사이를 통과할 수 없는가? 이에 대한 이유는 이웃한 상피세포들 사이에 **밀착연접(tight junction)** 또는 폐쇄대(*zonulae occludens*)라고 하는 특수화된 접촉 구조가 1960년대에 발견되면서 밝혀졌다. 밀착연접은 인접한 상피세포 사이에 위치한 연접복합체의 거의 끝부분에 존재한다(그림 11.24 참조). 인접한 세포의 원형질막들과 밀착연접을 보여주는 단면의 전자현미경 사진이 그림 11.27*a*에 있다. 밀착연접의 막 사이 상호작용을 보여주는 고배율 사진도 그림 11.27*a*에 삽입되어 있다. 인접한 세포막들은, 넓은 표면적에 걸쳐 융합되기보다는 간헐적인 지점에서 접촉되어 있는 것을 확인할 수 있다. 그림 11.27*b*에 볼 수 있듯이, 세포-세포 접촉 지점들은 2개의 인접한 내재막 단백질들이 세포외 공간에서 만나 연결

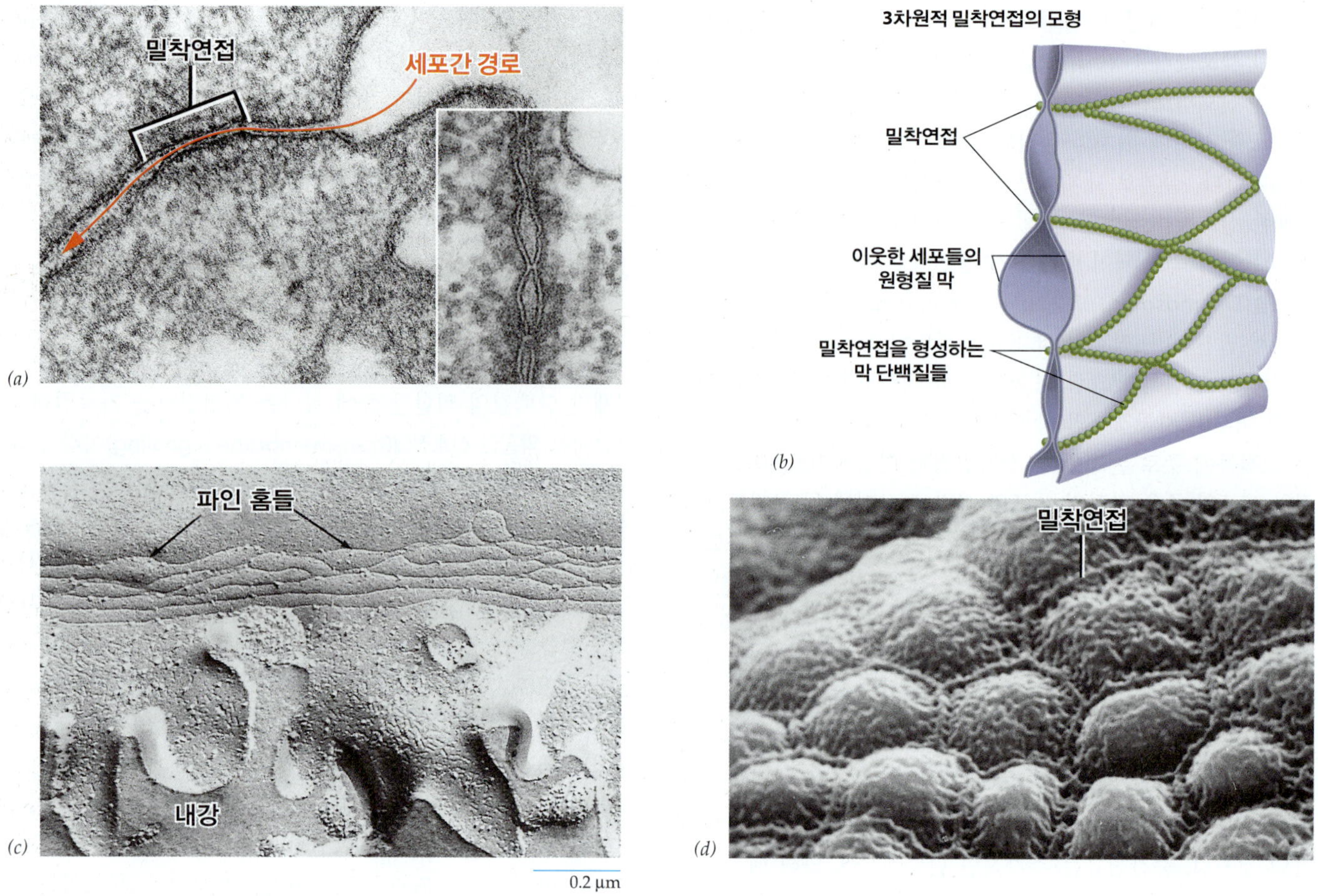

그림 11.27 밀착연접. (*a*) 인접한 상피세포들의 정단부 단면의 전자현미경 사진. 두 세포의 원형질막들이 간헐적으로 부착된 밀착연접에서 함께 모이는 것을 볼 수 있다. 오른쪽에 삽입된 사진은 고배율의 밀착연접의 구조를 보여준다. 밀착연접은 세포간 경로(paracellular pathway)를 통해 용질이 확산되는 것을 차단한다. (*b*) 나란히 놓인 서로 다른 원형질막에 위치한 내재단백질들 사이의 간헐적인 접촉 지점을 보여주는 밀착연접 모형. 이 접촉 지점들은 각각 세포막 내 쌍으로 이뤄진 단백질 열로 연장되는데, 단백질 열은 세포들 사이의 공간으로 외부 용질들이 통과하지 못하도록 차단하는 장벽을 형성한다. (*c*) 동결할단복제(freeze-fracture replication) 후에 만들어진 한쪽 표면의 복사막(replica)은, 밀착연접 부위의 세포들 중 하나의 원형질막의 E면(E face)을 보여준다. E면의 홈은 동결할단복제 분석시 지질2중층의 한쪽 층이 떨어져 나가면서 층 안에 존재하던 내재단백질들이 함께 빠져 나간 후에 남은 것이다. (*d*) 밀착연접들이 세포들을 둘러싸는 특징을 보여주는 상피의 정단부 표면에 대한 주사전자현미경 사진.

출처: (a) Daniel S. Friend, Harvard Medical School 및 Hiroyuki Sasaki and Shoichiro Tsukita 제공; (c) Philippa Claude and Daniel A. Goodenough, *J. Cell Biol.* 58:390, 1973, Fig. 6에서 발췌; Rockefeller University Press의 허가를 얻음; (d) D. Tarin.제공.

되어 있는 지점이다.

동결 후 할단하고 복제(freeze-fracture replication)하여 절단된 세포들의 원형질막 내부면을 관찰하면(그림 8.15), 밀착연접이 원형질막에 서로 연결된 실 모양의 가닥들을 보여준다(그림 11.27*c*). 이 가닥들은 가닥들끼리 상피의 정단부 표면에 거의 평행하게 뻗어 있다. 이 가닥(또는 파단된 막의 반대쪽 면의 홈)들은, 그림 11.27*b*처럼 일직선으로 배열된 내재막 단백질들이 쌍으로 된 열에 해당한다. 밀착연접을 구성하는 내재단백질들은 마개처럼 세포를 완전히 둘러싸고 있으며, 주변의 인접한 세포들과 접촉하게 만드는 연속된 작은 섬유를 형성한다(그림 11.27*d*). 결과적으로 밀착연접은 상피층에서 어느 한쪽 편의 세포외 구획으로부터 다른 쪽 구획으로 물과 용질 등의 자유로운 확산을 차단하고 방어하는 장벽 역할을 한다. 그리고 밀착연접은 또한 상피세포들의 극성을 유지하는 데 도움을 주는 "울타리(fence)" 역할도 한다(그림 8.30 참조). 즉, 밀착연접은 원형질막의 윗부분 영역, 옆부분 영역과 아래 부분 영역들 사이에 있는 내재단백질들의 확산을 차단시킴으로써 극성을 유지하는 역할을 수행한다. 또한 다른 세포 부착 부위들의 주요 기능과 마찬가지로, 밀착연접도 수많은 세포내 작용을 조절하는 신호전달경로에 관여한다.

모든 밀착연접이 동일한 투과 능력을 가진 것은 아니라는 사실은 전자현미경 사진을 통해서 확인할 수 있다. 평행한 여러 가닥의 밀착연접들(그림 11.27*c*의 것과 같이)은 단 하나 또는 2~3개의 가닥을 갖는 밀착연접들보다 더 나은 밀폐를 형성하는 경향이 있다. 그러나 밀착연접 내 가닥의 수보다 더 중요하게 언급되어야 하는 것이 있는데, 그것은 바로 투과성이다. 가령 몇몇 밀착연접들은 다른 밀착연접들이 불투과성을 보이는 특정한(*specific*) 이온 또는 용질을 투과시킬 수 있다. 지난 10년간의 연구는 밀착연접 투과성에 관한 분자수준의 기초지식을 상당히 밝혔다.

최초에는 밀착연접에 의한 가닥들이 오클루딘(*occludin*)이란 단일

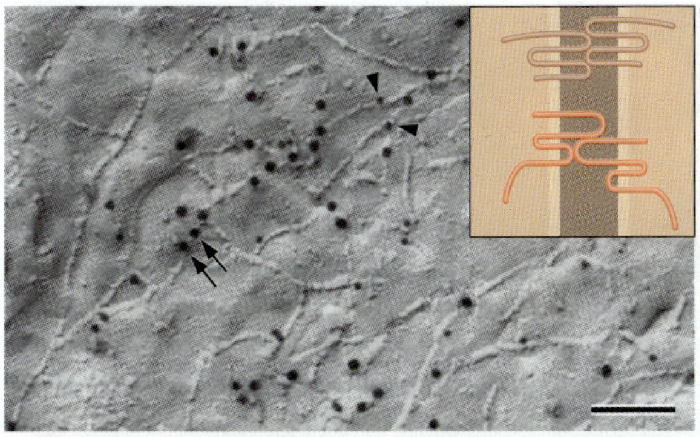

그림 11.28 밀착연접으로 구성된 가닥들의 분자적 조성. 밀착연접에 의해 서로 결합된 세포들을 동결할단복제 방법을 적용한 후 그 표면의 복사막을 관찰한 전자현미경 사진. 파단된 면은 2종류의 금 성분의 표지 항체로 처리되었다. 작은 금 입자들(화살촉표)은 클라우딘 단백질들이 있는 위치를, 그리고 큰 금 입자들(화살표)은 오클루딘 단백질이 있는 위치를 나타낸다. 이 실험의 결과는 2종류의 단백질이 동일한 밀착연접으로 구성된 가닥에 같이 존재함을 증명한다. 아래의 오른쪽 선은 0.15 μm을 나타낸다. 오른쪽 위에 삽입된 그림은, 2종류의 단백질들이 세포간 공간에서 결합하는 경우에 가능한 배열을 나타낸 것이다. 클라우딘(빨간색)과 오클루딘(갈색) 모두 막을 4번 통과하는 구조이다.

출처: Mikio Furuse, Hiroyuki Sasaki, Kazushi Fujimoto, and Shoichiro Tsukita, *J. Cell Biology* 143:398, 1998, Fig. 6에서 발췌; Rockefeller University Press.의 허가를 얻음..

단백질로만 구성되어진다고 생각했었다. 그러나 그 후, 오클루딘 유전자가 결핍된 세포를 배양하여도 정상적인 구조와 기능을 가진 밀착연접들에 의한 가닥들이 형성됨이 밝혀졌다. 이후 일본 교토대학교(University of Kyoto)의 쇼이치로 츠키타(Shoichiro Tsukita)와 동료들에 의한 후속 연구에 의해 밀착연접 가닥의 주요 구조적 성분을 형성하는 클라우딘(*claudin*)이라는 단백질 집단이 발견되었다. **그림 11.28**의 전자현미경 사진은 오클루딘과 클라우딘 단백질들이 밀착연접에 의한 가닥 내에 함께 존재함을 보여준다. 현재까지 적어도 24가지 종류의 클라우딘 단백질이 발견되었으며, 이 단백질의 분포의 차이는 밀착연접에 의한 투과성의 선택적 차이로 설명할 수 있다. 예를 들어, 사람의 신장 세뇨관 내 헨레 고리의 두꺼운 상행각(thick ascending limb)이라고 하는 작은 부위에는 마그네슘 이온(Mg^{2+})을 투과시킬 수 있는 밀착연접들이 모여 있다. 여기에서 세포외 공간으로 뻗어 있는 클라우딘 분자의 고리들이 Mg^{2+} 이온을 선택적으로 투과할 수 있는 구멍 구조를 형성한다고 생각되며, 이 개념은 클라우딘 단백질 집단 중 특수한 구성요소인 클라우딘-16이 주로 두꺼운 상행각 부위에서 발현된다는 연구를 통해 입증되었다. 실제로 신장의 기능에서 클라우딘-16의 중요성은 혈액에서 비정상적으로 낮은 Mg^{2+} 수치를 보이는 희귀 질환을 앓고 있는 환자들을 대상으로 한 연구를 통해 밝혀졌는데, 이 환자들의 클라우딘-*16* 유전자에는 돌연변이가 일어났음이 발견되었다. 즉, 이들의 혈액 내 Mg^{2+} 수준이 낮은 이유는 비정상적인 클라우딘을 갖고 있는 밀착연접들이 Mg^{2+}을 투과시킬 수 없기 때문이며, 그 결과 중요한 기능을 하는 Mg^{2+} 이온이 세뇨관에서 재흡수되지 않은 채 소변으로 배출된다.

밀착연접의 또 다른 중요한 기능은 2002년에 밝혀졌다. 이전 수십 년 동안은 포유동물의 피부에 수분이 투과할 수 없는 이유는 아마도 단백질 섬유와 지질을 빽빽하게 함유한 피부 바깥쪽의 각질층의 특성(그림 11.1 참조) 때문이라고 생각했다. 그러나 클라우딘-1 유전자가 결핍된 마우스는 탈수로 인하여 출생 직후 죽는다는 사실을 밝혔고, 추가 연구에 의해 정상적인 표피의 바깥층들 중 한 층에 있는 세포들이 밀착연접에 의해 서로 연결되어 있음이 증명되었다. 따라서 클라우딘-1 유전자가 결핍된 동물은 표피에 수분의 투과를 억제하는 밀착연접이 형성될 수 없었고, 그 결과 수분 손실이 조절되지 않아 고통을 겪었다.

밀착연접은 또한 모세혈관의 벽을 따라 늘어선 내피세포들 사이에도 존재한다. 이러한 밀착연접은 특히 뇌에서 발견되는데, 주로 혈액 속의 물질들을 뇌 속으로 통과하지 못하게 하는 **혈액-뇌 장벽**(*blood-brain barrier*)의 형성을 돕는다. 실제로 작은 이온과 물 분자조차도 혈액-뇌 장벽을 통과할 수 없지만, 놀랍게도 면역계의 세포들은 밀착연접을 통해 내피를 가로질러 통과할 수 있다. 이는 아마도 면역세포들은 자신들을 통과시킬 수 있도록 밀착연접을 열리게 하는 신호를 보내는 것으로 생각된다. 혈액-뇌 장벽은 뇌로 들어가길 원치 않는 용질로부터 보호하는 동시에 중추신경계에 영향을 미치는 많은 약물의 접근을 차단한다. 따라서, 제약업계의 주요 목표는 약물 치료제의 통과를 위해 뇌의 밀착연접을 일시적으로 여는 약제를 개발하는 것이다.

11.11 간극연접과 원형질연락사: 세포 간 연락의 중개

간극연접과 원형질연락사는 각각 동물과 식물에서만 존재하며, 둘 다 인접한 세포 사이에서 정보교환에 특수화된 구조이다. 간극연접 내 원형질막은 인접한 두 세포의 세포질을 연결하는 채널을 갖고 있다. 실제로 간극연접을 통한 이온 전류의 통과는 수많은 생리학적 과정에서 중추적 역할을 한다. 한편 원형질연락사는 인접한 식물세포 사이의 세포질 채널로 용질 분자의 자유로운 이동을 가능하게 한다.

간극연접

간극연접(Gap junction)은 동물세포들 사이에 존재하는 세포 간 소통을 위해 특수화된 장소이다. 전자현미경 사진은 인접한 세포들의 원형질막에 위치한 간극연접이 서로 매우 가까이(약 3 nm 이내)에 존재하고 있으나, 직접적으로는 접촉하지 않음을 보여준다. 그 대신에 세포들 사이의 틈은 아주 미세한 가닥들에 의해 연결된다(**그림 11.29a**). 이 미세한 가닥은 인접한 세포들의 원형질막들을 통과하여 서로의 세포질 속으로 실질적인 분자의 이동이 가능한 "통로(pipeline)"이다(그림 11.29*b*).

간극연접은 코넥신(*connexin*)이라고 하는 내재막 단백질만으로 구성된 매우 간단한 분자적 구조를 가진다. 코넥신 단백질들은 다시 **코넥손(connexon)**이라고 하는 다소단위(multisubunit)들의 복합체를 구성하며, 이 구조는 원형질막을 완전하게 가로 지른다(그림 11.29*b*). 구조적으로 각 코넥손은 중앙통로 주변에 **원형**(*annulus*)으로 배열된

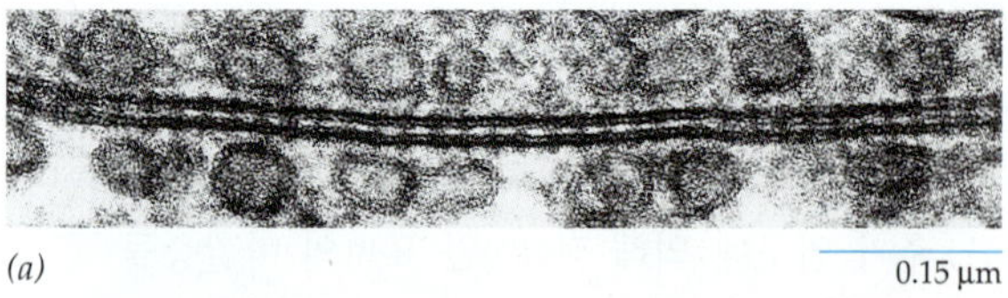

(a)

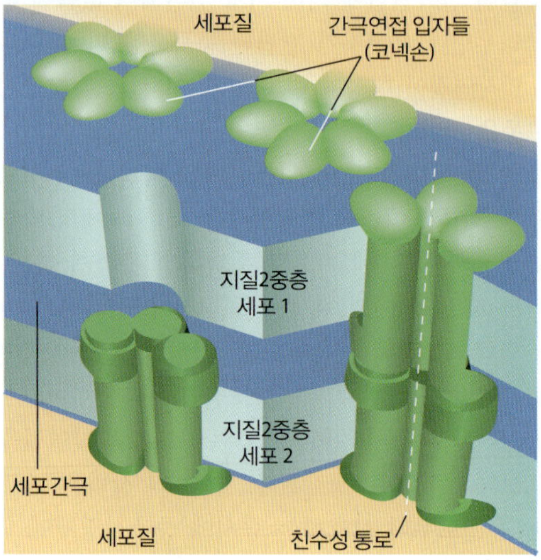

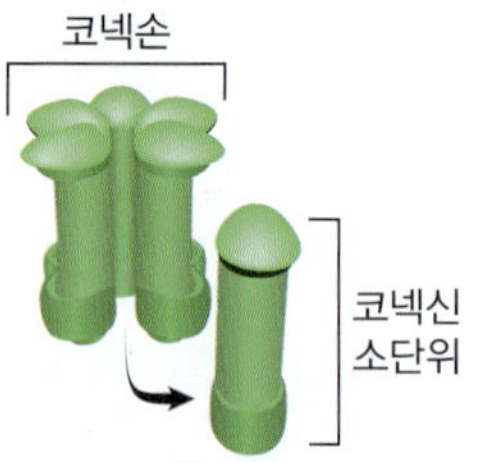

(b)

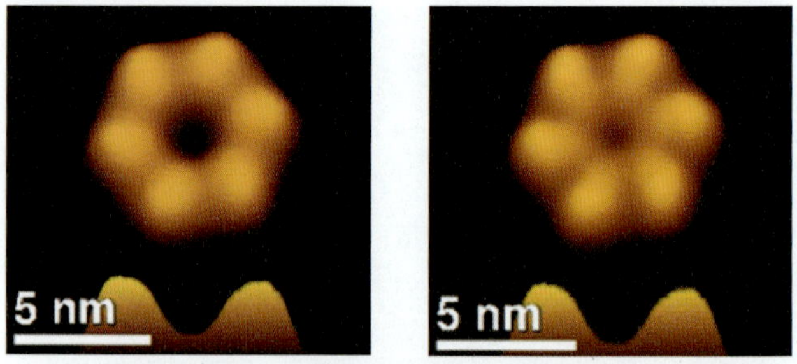

(c)

(d)

그림 11.29 **간극연접.** (*a*) 2개의 인접한 세포막들에 수직으로 위치한 간극연접을 지나는 절단면의 전자현미경 사진. 2개의 세포들 사이의 "통로들"이 나란히 놓인 원형질막들에서 전자밀도가 높은 구슬들처럼 보여진다. (*b*) 하나의 코넥손 복합체를 형성하는 6개의 코넥신 소단위들의 배열을 보여주는 간극연접의 모형. 6개의 코넥신은 하나의 코넥손으로 통로의 절반을 구성하며, 인접한 두 세포들의 두 코넥신이 결합되어 세포질을 연결한다. 각 코넥신 소단위는 4개의 막 횡단 영역을 가진 내재막 단백질이다. (*c*) 세포외 표면에서 단일 코넥손의 열린(왼쪽), 닫힌(오른쪽) 구조를 원자력현미경으로 찍은 사진. 증가된 Ca^{2+} 이온 농도에 노출됨으로써 코넥손의 닫힘이 유도되었다. (*d*) 간극연접 플라크의 동결할단복제 방법 적용 후 그 표면의 복사막 관찰에서 보이는 다수의 코넥손들의 밀집된 간극연접 플라크.

출처: (a) Camillo Peracchia and Angela F. Dulhunty, *J. Cell Biol.* 70:419, 1976, Fig. 5에서 발췌 및 Rockefeller University Press의 허가를 얻음; (c) Gina E. Sosinsky 제공; *J. Cell Science* 116:4479, 2003에서 발췌; The Company of Biologists, Ltd.의 허가를 득함. http://jcs.biologists.org/content/116/22/4479.full?sid=43a03f80-6c77-4b57-ad32-7d6e8884a69e; (d) Don W. Fawcett / Science Source Images.

6개의 코넥신 소단위들로 구성되며, 세포외 표면에서 볼 때 약 1.5 nm의 직경이다(그림 11.29*c*, 왼쪽).

간극연접은 인접한 세포들의 원형질막에 있는 코넥손들을 구성하는 소단위인 코넥신들의 세포외 영역들 간의 광범위한 비공유 상호작용을 통해 서로 매우 단단하게 연결된다. 이렇게 간극연접을 형성하는 분자들이 세포의 원형질막을 사이에 두고 서로 마주보고 배열되면, 코넥손들은 두 세포를 연결하는 완전한 세포 간 통로를 형성한다(그림 11.29*b*). 상당수의 코넥손들이 원형질막의 특정 영역에 밀집되어 간극연접 플라크 구조를 형성하는데, 이 구조는 동결할단복제 방법에 의해 분리하였을 때 확인할 수 있다(그림 11.29*d*).

<역사적 실험>에서 설명한 것처럼, 간극연접은 인접한 세포들의 세포질 사이에 존재하는 소통(communication) 장소이다. 간극연접에 의한 세포 간 연락의 존재는 이온의 흐름 또는 형광물질과 같은 저분자량 염료들이 하나의 세포에서 이웃 세포로의 이동을 통해 밝혀졌다(**그림 11.30**). 보통 포유동물의 세포 간 간극연접은 약 1,000 Da 이하의 분자량을 갖는 분자들을 확산시킬 수 있는 것으로 알려져 있다. 세포를 외부 매질과 고도로 선택적으로 연결하는 이온채널(8.11절)과는 대조적으로, 간극연접의 통로들은 상대적으로 비선택적이다. 이온 통로들이 개폐될 수 있는 것과 같이, 간극연접의 통로도 마찬가지로 문(gate)을 갖는다. 통로의 폐쇄는 코넥신 소단위의 인산화 또는 통과하는 전압의 변화를 포함한 다수의 자극에 의해 유발될 수 있다(그림 11.29*c*, 오른쪽).

우리는 제8장에서 골격근의 세포들이 인접한 신경세포의 말단 부위에서 분비되는 화학물질에 의해 어떻게 자극되는가를 살펴보았다. 이와는 달리 심장근 또는 평활근 세포의 자극은 매우 다른 과정에 의해 발생되며, 이 과정 중 한 가지는 간극연접을 포함한다. 포유동물에서 심장의 수축 과정은, 심장의 박동원(pacemaker)으로 작용하는 동방결절(*sinoatrial node*)이라고 하는 심장 근육내 매우 특수화된 작은 부위에서 생성된 전기적 충격에 의해 시작된다. 발생한 전기적 충격은 이온 전류의 형태로 원형질막의 간극연접들을 통해 하나의 심근 세포로부터 주변의 심근 세포들로 빠르게 확산되어, 마치 근육세포들이 동시에 수축하는 것처럼 만든다. 이와 유사하게, 식도 또는 장의

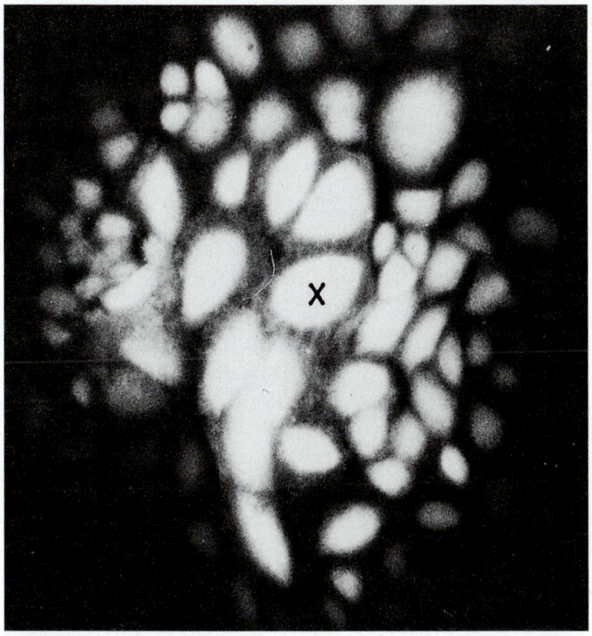

그림 11.30 간극연접을 통한 저분자 용질의 확산을 증명하는 실험 결과. 형광물질이 주입된 하나의 세포(X)로부터 그 주변에 있는 세포들로 확산되어 이동하는 것을 보여주는 현미경 사진.

출처: From R. Azarnia and W. R. Loewenstein, *J. Memb. Biol.* 6:378, 1971. Reproduced with permission from Springer Science and Business Media.

벽에 들어있는 평활근 세포들을 서로 연결하는 간극연접들을 통해 이온의 흐름은 그 벽을 따라서 아래로 연동운동파를 발생시킨다.[2]

간극연접들은 하나의 조직 내에 존재하는 수많은 세포들의 세포질들을 서로 직접 연결하게 할 수 있다. 이는 생리학적으로 매우 중요한 결과를 유도하는데, 이유는 고리형(cyclic) AMP와 인산 이노시톨(inositol phosphate) 같은 매우 활성도가 높은 조절 물질들(제15장)은 간극연접 통로를 자유롭게 통과할 정도로 작기 때문이다. 그 결과, 간극연접들은 하나의 조직을 이루는 각 세포들의 활동을 한 덩어리와 같은 기능적 단위로 통합할 잠재력을 갖는다. 가령, 특정한 혈관 근처에 있는 소수의 세포만이 혈관을 타고 전달된 어떤 호르몬에 의해 자극되면, 그 자극은 소수의 세포를 넘어서 그 조직을 구성하는 모든 세포들로 빠르게 전달될 수 있다. 또한 간극연접들은 세포 사이의 통로를 자유롭게 통과하기에 충분히 작은 크기의 ATP, 당 인산, 아미노산, 조효소 등과 같은 많은 중요한 대사산물들을 함께 공유함으로써 세포들이 대사적으로 서로 협력할 수 있도록 돕는다. 특히 이러한 대사적 협력은 혈관이 없는 수정체와 같은 특이 조직에서 더욱 중요하다.

간극연접을 구성하는 소단위 단백질인 코넥신들은 많은 유전자 대집단의 구성요소들이다. 현재까지 뚜렷한 조직 특이적인 분포를 보이는 약 20가지의 코넥신들이 확인되었다. 만일 서로 다른 코넥신들로 구성된 코넥손은 전도성, 투과성, 조절 등에 있어서 현저한 차이를 나타낸다. 몇몇 경우에 서로 다른 코넥신들로 구성된 주변 세포들의 코넥손들이 연결되어 기능적인 통로를 형성할 수 있지만, 다른 경우에는 그렇지 않다. 이러한 소단위의 적합성 차이는 하나의 기관에서 서로 다른 유형의 세포들 사이의 연락을 보다 촉진하거나 또는 방해하는 데 있어서 매우 유용한 역할을 할 수 있다. 예를 들어, 심장 내 근육세포를 연결해 주는 코넥손들은 코넥신-43으로 구성되어 있는 반면, 심장의 전기 전도계를 구성하는 세포들을 이어주는 코넥손들은 코넥신-40으로 구성된다. 이들 두 코넥신들은 서로 조화되지 않는 코넥손을 형성하기 때문에, 2종류의 세포들은 설사 물리적으로 접촉되어 있더라도 전기적으로는 서로 절연되어 있다. 코넥신을 암호화하는 유전자들의 돌연변이와 수많은 유전적 질환은 상당히 연관이 있는 것으로 알려져 있으며, 이러한 질환의 결과로 청각장애, 실명, 심장 부정맥, 피부이상증, 또는 신경퇴화증 등이 나타난다.

지난 몇 년 사이에, 하나의 세포와 꽤 먼 거리에 있는 다른 세포 사이에 가늘고 매우 긴 관으로 형성되어 세포-표면 단백질, 세포질 소낭, 세포소기관, 칼슘 신호 등을 전달할 수 있는 새로운 유형의 세포 간 소통체계가 발견되었다. 또한, 이 통로를 통해 세포 사이에 감염성 바이러스 입자와 프리온들이 전달될 수도 있다. 이러한 연락구조는 **턴넬링 나노튜브**(*tunneling nanotube*)라고 불리며, 현재까지 실험실 내에서 배양된 세포들에서만 주로 발견되고 연구되어 왔지만(**그림 11.31**에서처럼), 다양한 모델생물들 내 발생 과정에서 중요한 역할을 담당한다는 증거가 증가하고 있다. 그러나 턴넬링 나노튜브가 어떻게 형성되고 조절되는지에 대해서는 현재 잘 밝혀져 있지 않다.

원형질연락사

밀접하게 서로 맞닿아 있는 동물세포들과는 달리, 식물세포들은 각각의 세포들이 실질적 장벽 역할을 하는 세포벽에 의해 분리되어 있다. 따라서 식물세포들에는 우리가 이 장에서 주로 논의하고 있는 세포-접착 분자들이 결여되어 있다는 사실은 놀랍지 않다. 식물 조직에서는 동물의 조직에서 같은 특수화된 연접들이 발견되지 않는다 하더라도, 대부분 식물들은 원형질연락사에 의해 서로 연결되어 있다. **원형질연락사**(**Plasmodesmata**, 단수형은 **plasmodesma**)는 인접한 세포들 사이의 세포벽을 통과할 수 있는 세포질 통로 구조이다. 분지되지 않은 단순한 형태의 원형질연락사는 그림 11.32*a*,*b*에 나와 있다. 원형질연락사는 두 세포 내부에 있는 양쪽의 활면소포체가 조밀한 중심 구조를 보이는 **연결소관**(*desmotubule*)이라는 구조로 서로 이어지고 그 위에 원형질막으로 뒤덮여 있는 구조이다. 이는 마치 동물세포들 사이의 간극연접들처럼 물질들이 연결소관을 둘러싸고 있는 환대(annulus)를 통과하게 함으로써, 세포와 세포가 소통하는 장소를 제공하는 역할을 한다고 할 수 있다.

각기 다른 크기의 형광염료들을 세포에 주입시켜 확산 정도를 확인한 연구들을 바탕으로 이제까지 원형질연락사는 약 1 kDa이 넘는 분자들은 투과시키지 않는 것으로 여겨져 왔다. 하지만 최근 연구 결과에 따르면 원형질연락사는 보다 큰 분자들(50 kDa까지)을 세포들 사이로 통과시킬 수 있다고 밝혀졌는데, 이는 원형질연락사의 구

[2] <역사적 실험>에서 논의된 바와 같이, 간극연접은 뇌의 특정 부위에 인접한 신경세포들의 시냅스 전후의 막 사이에도 발생한다. 이 신경 충격은 화학전달물질의 방출을 필요로 하지 않고 한 뉴런에서 다른 뉴런으로 직접 전달된다.

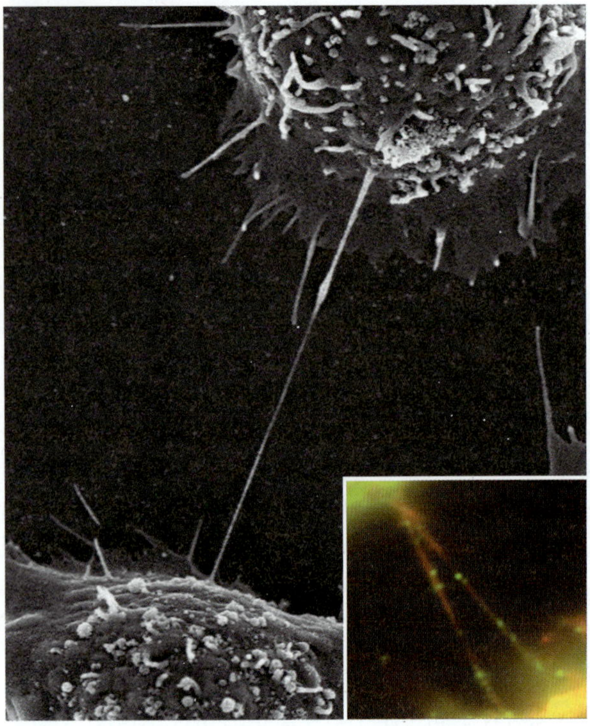

그림 11.31 턴넬링 나노튜브. 인접한 세포들의 세포질 사이에 물질을 운반할 수 있는 가느다란 관 모양의 돌기에 의해 서로 연결된 2개의 배양된 신경내분비 세포들을 보여주는 주사현미경 사진. 직경이 겨우 100 nm인 이러한 돌기들은 내부의 액틴 "골격"에 의해 지지된다. 아래 오른쪽에 삽입된 사진은 형광물질로 표지된 많은 소낭들이 2개의 세포들 사이를 이동하는 장면을 보여준다.

출처: Amin Rustom, et al., *Science* 303: 1007, 2004에서 발췌; © 2004, AAAS의 허가를 얻음. Hans-Hermann Gerdes 이미지 제공.

멍의 팽창이 가능하기 때문이다. 1980년대 원형질연락사를 통한 세포 간 식물 바이러스의 전파에 대한 연구를 통해서 처음으로 이러한 역동적인 특성이 알려졌다. 바이러스는 세포벽의 원형질연락사와 상호작용을 하고 원형질연락사 구멍의 직경을 늘릴 수 있는 **이동단백질**(*movement protein*)을 암호화하는 것으로 밝혀졌다. 계속된 연구를 통해서도 식물세포들이 그들 자신만의 이동단백질들을 생산하여 세포 간 단백질과 RNA들의 흐름을 조절한다고 밝혀졌다. 이러한 거대 분자들 중 일부는 식물의 관다발계(vascular system)로 들어가 새로운 잎과 꽃의 생장이나 병원균들에 대한 방어를 하는 등의 역할을 수행한다. **그림 11.32c**는 중심주에서 합성된 단백질(초록색)이 인접한 조직의 내피로 이동되는 것을 보여주고 있다. 이 단백질은 단일층으

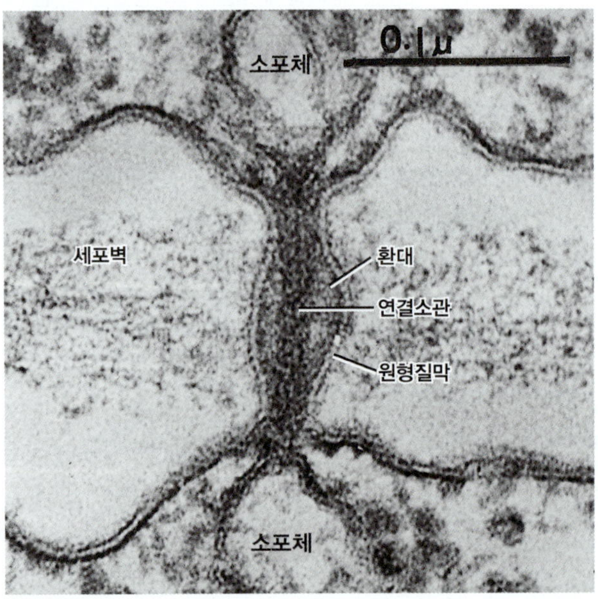

(a)

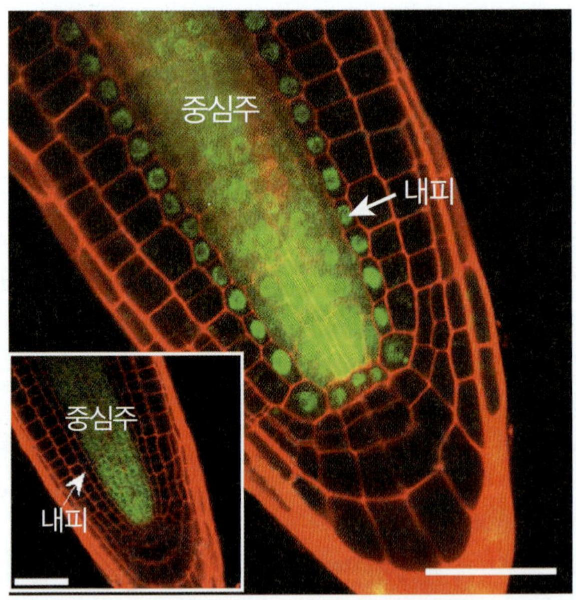

(c)

그림 11.32 원형질연락사. (*a*) 고사리 배우자체(gametophyte)의 원형질연락사의 절단면을 보여주는 전자현미경 사진. 연결소관은 원형질막의 양쪽에 있는 세포질의 소포체와 연속된 막으로 연결된 것을 보여준다. (*b*) 원형질연락사의 개요도. 검은색 화살표는 물질들이 환대를 통해 한 세포에서 인접한 다른 세포로 통과할 때의 경로를 나타낸다. (*c*) 식물 뿌리 속에서 단백질이 하나의 세포로부터 다른 세포로 이동하는 예. 왼쪽 하단에 삽입된 작은 사진은 초록색 형광물질로 표지된 Shr이라는 단백질을 암호화하는 mRNA들의 중심주에만 존재하는 모습을 보여준다. 오른쪽의 큰 사진은 초록색 형광물질로 표지된 Shr 단백질이 원래 합성되었던 중심주 세포들과 이와 인접한 내피세포들에 모두 존재하고 있음을 보여주는데, 이는 Shr 단백질이 두 세포를 연결하고 있는 원형질연락사의 통로를 거쳐 내피세포로 전달되었음을 의미한다. 수송된 이 단백질은 내피세포들의 핵 속에 주로 위치하고 있으며, 이곳에서 전사 인자로서 작용한다. 두 사진 아래의 흰색 선들은 각각 50 μm 및 25 μm(삽입도)이다.

출처: (a) Lewis G. Tilney, Todd J. Cooke, Patricia S. Connelly, and Mary S. Tilney, *J. Cell Biol.* 112:740, 1991, Fig. 1a에서 발췌; Rockefeller University Press의 허가를 얻음; (b) Keiji Nakajima et al., *Nature* 413:308, 2001에서 발췌; © 2001, Macmillan Publishers, Ltd.의 허가를 얻음. Philip N. Benfey 이미지 제공.

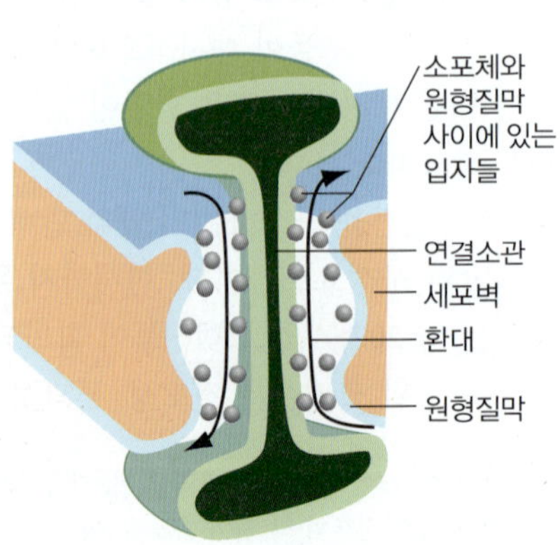

(b)

로 구성된 내피세포의 유전자 전사를 자극할 수 있도록 핵 안에 밀집되어 있다.

11.12 세포벽

지질과 단백질로 주로 구성된 원형질막은 10 nm 이하의 두께를 가지며 세포 안의 내용물을 보호해주기 때문에, 막이 없는 세포들은 매우 파괴되기 쉬운 구조라는 것은 놀라운 일이 아니다. 동물을 제외한 대다수 생명체의 세포들은 보호작용을 하는 외부 덮개 속에 싸여 있다. 원생동물은 두꺼운 외피를 갖는 반면에, 세균, 곰팡이, 식물 등은 뚜렷한 **세포벽(cell wall)**을 갖고 있다. 우리는 지금부터 광학현미경으로 관찰한 최초의 세포 구조물인 식물의 세포벽에 한정하여 논의할 것이다(2쪽).

식물의 세포벽은 생명 유지에 필수적인 여러 가지 기능을 수행한다. 그림 8.36에서 서술했던 대로, 식물세포들은 자신을 에워싸고 있는 세포벽을 밀어 붙이는 압력인 팽압(turgor pressure)을 발생시킨다. 그 결과, 이 세포벽은 자신이 감싸고 있는 그 세포에 특징적인 다면체의 모양을 갖게 한다(**그림 11.33a**). 세포에 대한 지지작용 외에, 세포벽은 총합적으로 식물 전체에 있어서 "골격(skeleton)" 역할을 제공한다. 따라서 세포벽이 없는 나무는 마치 뼈 없는 사람의 모습과 비슷할 것이다. 세포벽은 또한 세포를 물리적인 마모나 병원균의 침입로부터 보호하며, 세포와 세포의 상호작용을 매개한다. 동물세포의 표면에 있는 세포외기질과 유사하게, 식물의 세포벽은 접촉한 세포들의 활성을 변화시키는 신호의 근원지 역할을 한다.

흔히 식물 세포벽은 젤과 같은 비섬유성 기질 속에 섬유성 구성요소들이 박혀 있는 듯한 구조를 갖고 있기 때문에, 흔히 철근이 들어있는 콘크리트 또는 강화 섬유유리와 같은 물질들에 비유된다. 그림 2.17에 묘사되어 있는 섬유소(cellulose)는 세포벽의 섬유성 구성요소이며, 단백질과 펙틴(아래에 기술된)은 비섬유성 기질이다. 실제로 섬유소 분자들은 세포벽을 단단하게 구성하고 주변의 장력에 저항하기 위해 막대 모양의 **미세원섬유(microfibril)**들로 조직된다(그림 11.33*b*,*c*). 직경이 약 5 nm 정도인 미세원섬유는 보통 서로 평행하게 나란히 배열되고 수소결합으로 연결되어, 보통 36개의 섬유소분자들이 하나의 다발로 구성된다. 대다수의 식물 세포벽은 여러 층으로 구성되며, 한 층에 있는 미세원섬유들의 배열은 바로 옆의 층에 있는 섬유들과 직각으로 배열되어 있다(그림 11.33*b*).

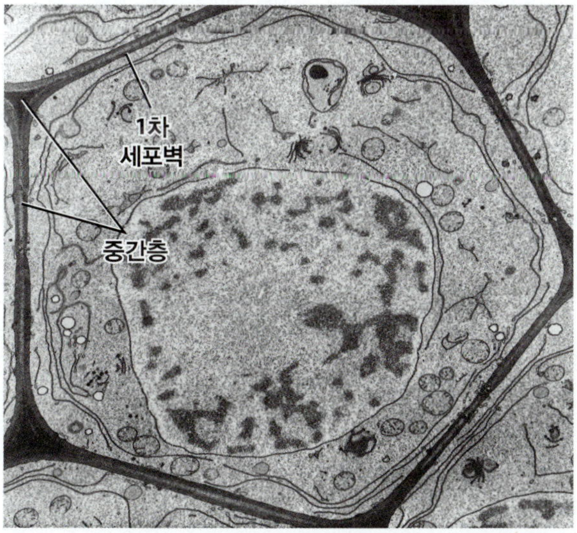

(*a*)

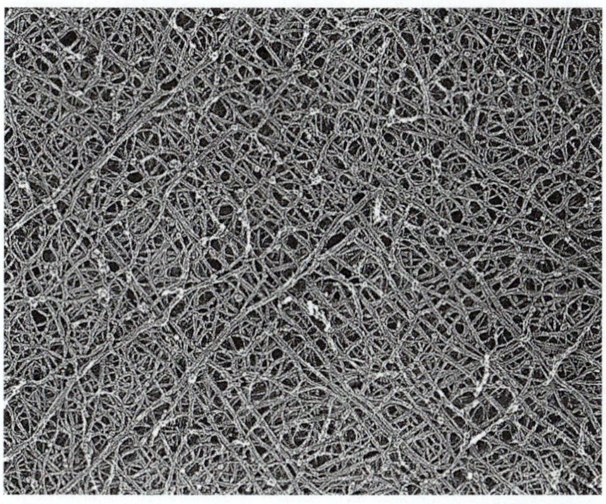

(*b*)

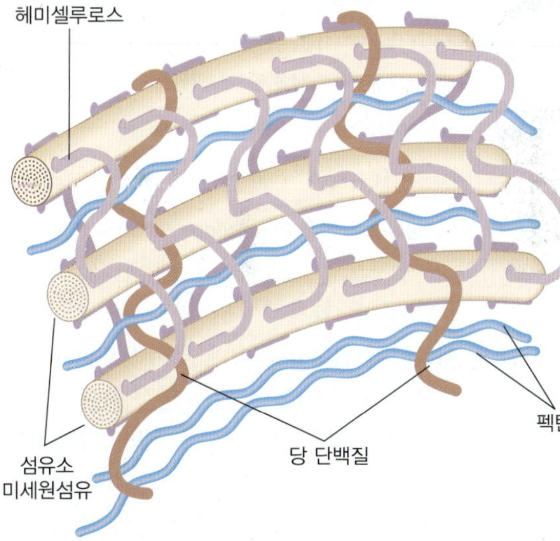

(*c*)

그림 11.33 식물의 세포벽. (*a*) 자신의 세포벽으로 둘러싸인 한 식물세포의 전자현미경 사진. 중간층(middle lamella)은 주변의 세포벽들 사이에 위치한 공간으로 펙틴이 주로 함유된 층이다. (*b*) 양파세포에서 비섬유성 기질인 펙틴 중합체를 모두 추출한 후, 세포벽에서 섬유소의 미세원섬유와 헤미셀루로스가 교차하며 연결된 것을 보여주는 전자현미경 사진. (*c*) 식물 세포벽의 일반적인 모형을 그린 개요도.

출처: (a) Omikron/ Photo Researchers, Inc.에서 발췌; (b) Maureen Mccann, B. Wells, and K. Roberts, *J. Cell Sci.* 96:329, 1990에서 발췌; The Company of Biologists, Ltd.의 허가를 얻음. http://jcs.biologists.org/content/96/2/323.full.pdf+html?sid=f1c1d0cf-55bf-4050-b9bb-af46eae08b0f

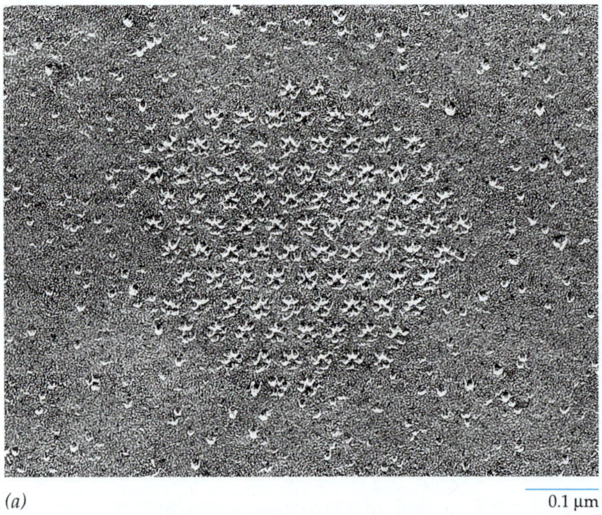

(a)

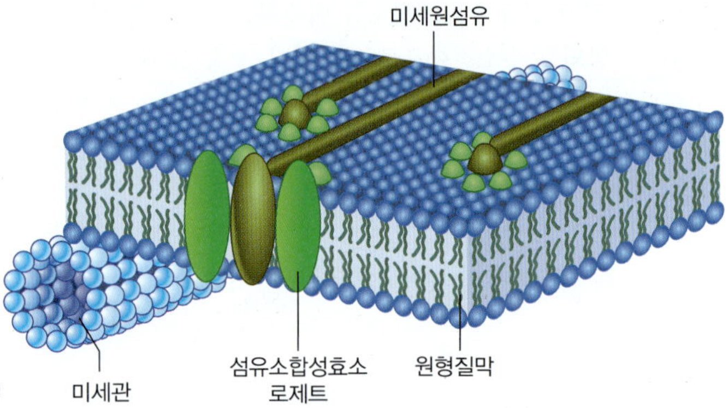

(b)

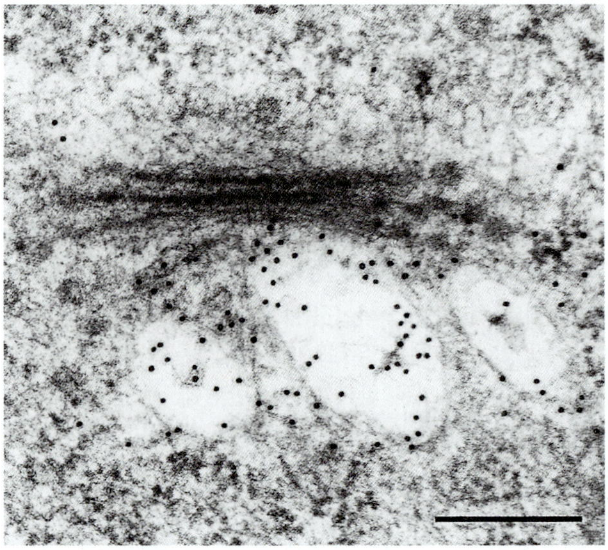

(c)

그림 11.34 식물 세포벽을 구성하는 고분자의 합성. (*a*) 해조류 세포의 원형질막을 동결할단복제한 표면의 복사막. 그림에 보이는 로제트(rosette) 구조들은 원형질막 내에서 섬유소합성효소(cellulose synthase)의 역할인 것으로 생각된다. (*b*) 섬유소 미세원섬유의 모형. 각 로제트로부터 하나의 미세원섬유가 중합되어 신장하고, 다른 로제트에서 형성된 미세원섬유들과 나란히 배열되며 결합하여 더 굵은 섬유를 형성하는 것으로 생각된다. 로제트 구조의 전체 배열은 원형질막 내에서 신장되는 섬유소 분자들에 의해 밀려나서 측면 쪽으로 이동된다. 연구에 의하면, 원형질막 속에 있는 로제트의 이동 방향은 원형질막 바로 밑에 있는 미세관의 방향을 따라 결정되는 것으로 보인다(제9장에서 서술하였음). (*c*) 말초 근관 세포의 골지복합체 내부에 펙틴의 주요 성분 중 하나인 갈락투론산 중합체가 특이적인 항체로 염색된 모습을 관찰한 전자현미경 사진. 갈락투론산은 헤미셀룰로스와 마찬가지로 골지복합체에서 조립된다. 그림 내에서 금 입자와 결합된 항체는 검은색 입자로 보여지며, 하단의 선은 0.25 mm이다.

출처: (a) T. H. Giddings, Jr., D. L. Brower, and L. A. Staehelin, *J. Cell Biol.* 84:332, 1980, Fig. 6에서 발췌; Rockefeller University Press의 허가를 얻음; (c) Margaret Lynch and L. A. Staehelin, *J. Cell Biol.* 118:477, 1992, Fig. 9에서 발췌; Rockefeller University Press의 허가를 얻음.

일반적으로 섬유소 분자들은 세포의 표면에서 합성된다. 여러 개의 소단위로 구성된 **섬유소합성효소(*cellulose synthase*)**가 중합되고 있는 섬유소 분자의 끝에 포도당 소단위들을 첨가한다. 이 섬유소합성효소를 구성하는 소단위들은 합쳐져서 6각형 고리 구조, 또는 로제트(rosette) 구조로 배열되어 원형질막 속에 박혀 있다(그림 11.34*a*,*b*). 이와는 대조적으로, 비섬유성 기질이 되는 물질들은 세포질 내에서 합성되어 분비소낭에 담겨 세포표면으로 운반된다(**그림 11.34c**). 기질의 구성은 매우 복잡해서 이의 합성과 분해를 위해서는 수백 가지의 효소가 필요하다. 세포벽의 기질은 다음과 같은 세 가지의 고분자들로 만들어진다(그림 11.34*c*).

1. **헤미셀루로스(Hemicellulose)**는 포도당과 같은 하나의 당을 골격으로, 그리고 자일로스(xylose)와 같은 다른 당을 곁사슬로 구성하는 분지된 다당류이다. 헤미셀루로스 분자들은 섬유소를 구성하는 미세원섬유들의 표면에 결합하되 교차적으로 연결되어 탄력 있는 연결망 구조를 형성한다.
2. **펙틴(Pectin)**은 주로 갈락투론산(galacturonic acid)을 포함하여 음전하를 띠는 이질적인 다당류이다. 동물세포에서 글리코사미노글리칸이 기질 속에서 역할을 하듯이, 펙틴도 물을 흡수하여 섬유요소들 사이의 공간을 채우는 수화된 젤 타입을 형성한다. 따라서 식물이 병원균 등의 침입을 받았을 때, 세포벽에서 펙틴 조각들이 방출되어 방어반응을 일으킨다. 펙틴은 또한 정제된 형태로서 잼이나 젤리가 젤과 같은 점성을 유지시키기 위해서 상업적으로 이용하기도 한다.
3. **단백질(Protein)**은 일반적으로 동적인 활성을 중개하지만 그 기능이 아직도 정확히 밝혀지지 않은 부분들이 많다. 단백질의 한 종류인 익스펜신(*expansin*)은 세포의 신장을 주로 담당하는데, 이 단백질의 작용방식은 세포 속에서 발생한 팽압이 반응하는 곳에서 세포벽을 부분적으로 느슨하게 만드는 방법을 통해 해당 세포를 신장시킨다. 세포벽에 결합된 단백질 인산화효소는 원형질막을 가로질러 있으며, 세포벽으로부터 세포질 안으로 외부신호들을 전달하는 것으로 생각된다.

세포벽에 존재하고 있는 이러한 다양한 물질들의 비율은 식물의 종류, 세포의 종류, 세포벽의 성장 단계에 따라 매우 다양하다. 동물의 결합조직 주변의 세포외기질과 같이, 식물의 세포벽도 주변 환경조건이 바뀔 때 마다 그에 맞게 변형이 가능한 동적인 구조이다.

원래 세포벽은 세포분열 이후 새롭게 형성된 딸세포들의 원형질막 사이에 생긴 얇은 **세포판(cell plate)**에서 비롯된다. 세포벽은 세포 안에서 합성되고 조립된 후 세포외 공간으로 분비되는 물질들이 기존의 물질들에 추가로 결합하면서 보다 더 성숙한다. 세포벽은 세포에 대한 물리적인 지지 작용과 외부 병원균들로부터 보호하는 것 외에도, 어리고 미분화된 식물세포의 경우에는 둘러싸여 있는 세포의 급격한 성장과 함께 자랄 수 있어야만 한다. 생장하는 세포들의 세포벽인 **1차벽(primary wall)**은 신장능력이 있지만, 많은 성숙한 식물세포들을 감싸고 있는 두꺼운 **2차벽(secondary wall)**은 신장능력이 결여되어 있다. 이는 1차 세포벽에서 2차 세포벽으로의 변형될 때 세포벽의 섬유소 함량이 증가함으로써 일어나며, 이때 목질소(*lignin*)라고 하는 페놀 함유 중합체가 결합한다. 목질소는 구조를 지지하는 작용을 하며 목재의 주요 구성요소이다. 특히 식물의 물관부(xylem)에서 물을 운반하는 세포들의 세포벽에 있는 목질소는 식물이 물을 이동시키기 위해 필요한 지지력을 갖게 한다.

인간 질병과의 연관성

염증 반응과 전이 과정에서 세포 접착의 역할

염증은 감염에 대한 주요 반응 중 하나이다. 예를 들어, 피부에 찔린 상처가 생기고 이를 통해 몸 일부가 세균에 감염되면, 상처가 난 부위는 마치 자석처럼 다양한 종류의 백혈구를 끌어당긴다. 보통 혈관 내에서 혈류를 통해 돌아다니던 백혈구(leukocyte)들은 상처 부위에 있는 가장 얇은 정맥(세정맥)의 벽을 둘러싸고 있는 내피(endothelium) 층을 비집고 조직 속으로 들어가도록 자극된다. 일단 조직 내부로 백혈구들이 들어가면, 이들은 침입한 병균이나 미생물을 제거하기 위해 화학 신호에 반응하여 이동한다. 염증이 비록 신체 내에서 위와 같은 보호의 기능을 수행하지만, 열이나 체액의 축적으로 인한 부종, 발적 및 통증 등의 여러 부작용들도 함께 수반한다.

한편, 염증 반응은 부적절하게 발생할 수도 있다. 예를 들어, 갑작스런 심장마비 또는 뇌졸중으로 인한 혈류의 차단으로 심장이나 뇌 조직에 손상을 일으킬 수 있다. 이후 다행히 혈류의 흐름이 회복된다 하더라도 순환하던 백혈구들이 손상된 기관으로 유입되어, 손상된 조직을 공격하여 **재관류손상**(*reperfusion damage*)이라고 알려진 증상을 일으킨다. 실제로 과도한 염증반응은 천식, 독소충격 증후군, 호흡장애 증후군 등을 일으킬 수 있다. 수많은 연구들이 염증과 관련된 증상에 대한 여러 가지 의문들에 집중하고 있다. 가령, 백혈구는 어떻게 염증이 발생한 부위로 모여드는가? 백혈구들이 혈류에 의한 빠른 흐름 속에서 어떻게 혈관벽에 달라붙을 수 있는가? 어떻게 염증 반응의 이로운 점을 와해시키지 않고, 염증의 일부 부작용들을 줄일 수 있는가? 염증에 대한 이러한 질문들의 대답은 세 가지 유형의 세포 접착 분자들, 즉 셀렉틴, 인테그린, 면역글로불린상과 단백질에서 찾을 수 있다.

급성 염증반응이 일어나는 동안 생기는 일련의 과정들을 **그림 1**에 나타내었다. 첫 단계는 세정맥의 벽이 근처의 손상된 조직에서 분비되는 화학물질에 반응하여 활성화되면서 시작된다. 활성화된 세정맥을 둘러싸고 있는 내피세포들은 침입한 병원체들을 비특이적인 식세포 작용으로 신속하게 제거하는 호중성백혈구(neutrophilic leukocyte)에 대한 접착성이 증가하게 된다. 내피세포의 접착 능력에 대한 변화는 상처 부위 주변의 활성화된 내피세포들에 P-셀렉틴 및 E-셀렉틴들이 일시적으로 세포표면에 발현한다(2단계, 그림 1). 혈류 속의 호중성백혈구가 이들 셀렉틴을 만나면, 이동 속도를 급격하게 늦추고 일시적인 접착을 형성한다. 이 단계에서, 호중성백혈구는 마치 혈관의 벽을 따라 천천히 "굴러가는" 것처럼 보일 수 있다. 수많은 생명공학회사들은 E-셀렉틴 및 P-셀렉틴과 호중성백혈구의 리간드의 결합을 방해하는 항염증 약제 개발을 시도하고 있다. 실제로 항셀렉틴 항체는 시험관 속에서 호중성백혈구가 셀렉틴과 결합해 표면을 따라 굴러가는 현상을 방해했고, 동물실험에서도 염증과 재관류 손상을 억제함을 보였다. 이와 비슷하게 차단 효과를 보이는 것으로 합성 탄수화물, 가령 에포마이신(efomycine)도 E-셀렉틴 및 P-셀렉틴과 먼저 결합하여 호중성백혈구

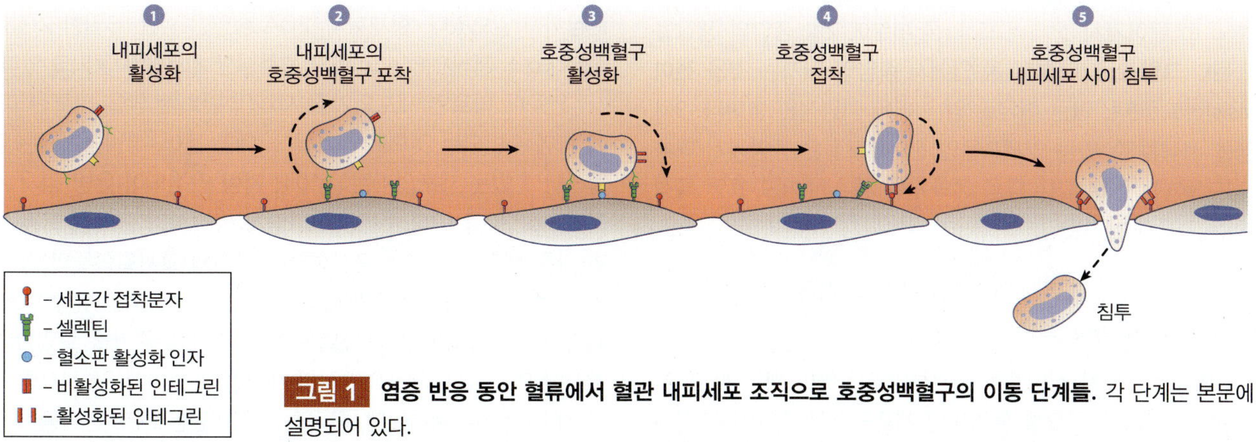

그림 1 염증 반응 동안 혈류에서 혈관 내피세포 조직으로 호중성백혈구의 이동 단계들. 각 단계는 본문에 설명되어 있다.

계속

표면에 있는 리간드들과는 붙지 못하도록 경쟁한다.

호중성백혈구가 염증 반응이 일어난 세정맥 내피세포와 특이적으로 작용함에 따라, 이 두 세포의 표면 위에 있는 서로 다른 분자들 사이에서도 상호작용이 일어나기 시작한다. 내피세포의 표면에 있는 그런 분자들 중의 하나가 **혈소판 활성화 인자**(*platelet activating factor*)라고 하는 인지질이다. 혈소판 활성화 인자는 호중성백혈구 표면에 있는 수용체와 결합하여, 이미 자신의 표면에 있는 인테그린들(예: $\alpha_L\beta_2$ 및 $\alpha_4\beta_1$)의 결합 활성을 높이도록 유도하는 세포신호를 세포 내로 전달한다(3단계, 그림 1). 이것은 안쪽에서 밖으로 신호를 전달하는 유형 중 하나이며, 그림 11.13에 그 예가 묘사되어 있다. 이어서 활성화된 인테그린들은 내피세포 표면에 있는 면역글로불린상과 분자들(예: ICAM-1 및 VCAM-1)과 높은 친화력으로 결합하여, 호중성백혈구가 더 이상 구르지 못하게 하면서 혈관 벽에 단단히 접착시킨다(4단계). 다음으로, 결합된 호중성백혈구는 모양이 길쭉하게 변화되면서 인접한 내피 세포들 사이를 비집고 손상된 조직 속으로 들어간다(5단계). 이런 호중성백혈구의 이동은 혈관벽속 세포들 사이에서 장벽을 형성하는 접착연접을 분해시킬 수 있는 것으로 생각된다(11.8절). 여러 종류의 세포 접착 분자들이 관여하는 이런 일련의 과정들은, 혈액세포의 혈관벽에 대한 부착 및 통과 등을 호중성백혈구가 필요한 장소에서만 일어나도록 보장한다.

한편, 염증 반응에서 인테그린의 역할과 중요성은 **백혈구접착결핍증**(*leukocyte adhesion deficiency, LAD*)이라고 하는 희귀 질병을 통해서 증명되었다. 제1형 백혈구접착결핍증에 걸린 사람은 다양한 백혈구 인테그린들 중에서 β_2 소단위를 만들 수 없다. 그 결과, 이 환자들의 백혈구들은 혈류로부터 조직으로 이동해 나가기 위해 필요한 단계인 세정맥의 내피층에 접착할 수 있는 능력이 결여되어 있다. 따라서 이들은 매번 병원균 감염이 있을 때마다 생명을 위협하는 고통을 받는다. 이 질환에 대한 최적의 치료방법은 환자가 정상적인 백혈구를 계속 형성할 수 있도록 줄기세포를 골수이식으로 제공받는 것이다. 인테그린 β_2 소단위에 대한 항체 투여는 백혈구접착결핍증의 증상을 모방하여, 호중성백혈구 및 다른 백혈구들을 혈관 밖으로 이동하는 것을 막는다. 이런 항체들은 천식 및 류마티스 관절염이나 재관류와 같은 질환의 염증 반응을 억제하는 데 유용할 수 있다.

암은 세포들이 정상적이고 정교한 성장 및 조절 기작을 벗어나서 전혀 통제나 조절되지 않는 상태로 증식하는 병이다. 일부 피부암이나 갑상선암에서는, 악성 세포들이 하나의 덩어리로 남아 있어서, 그 조직을 외과적으로 제거하여 쉽게 치료될 것이다. 그러나 대부분의 악성종양은 1차 종양 덩어리를 발생 위치에 남겨 놓고, 일부 세포가 혈류 또는 림프 통로로 들어가서 신체내 또 다른 부분에 2차 종양의 생장을 시작하게 된다(**그림 2a**). 이렇게 몸 안에서 종양이 퍼지는 것을 **전이(metastasis)**라고 하며, 이런 이유로 암은 매우 치명적인 병이다. 2차 종양 형성을 시작할 수 있는 암세포들인 전이세포들은 종양에서 대부분 다른 세포들과는 전혀 다른 다음 예와 같은 특수한 세포-표면 특성을 갖고 있는 것으로 생각된다.

1. 전이세포들은 종양 덩어리에서 떨어져 나와 자유롭게 이동하기 위해 다른 세포들과의 접착력이 약하다.
2. 전이세포들은 수많은 장벽들을 통과하여 이동해야 하는데, 이 장벽들은 주로 결합조직으로 둘러싸인 세포외기질, 상피세포 아래쪽의 기저막들, 그들을 먼 거리로 이동시켜 줄 혈관들(그림 2*a*)이다. 비록 혈액 속 암세포의 존재는 잠재적으로 치명적인 상황을 유발할 수 있지만, 환자의 암에 대한 외과적 치료의 기회를 제공하기도 한다. 즉, 수많은 장비들이 암환자들의 혈액 속에 매우 드물게 존재하는 순환종양세포(circulating tumor cell, CTC)를 탐지하기 위해 개발되었다(그림 2*b*). 만일 이 CTC를 얻게 되면, 연구를 통하여 환자의 종양에 특이적인 분자적 구조를 결정하거나, 종양이 공격성을 어떻게 얻게 되었는지, 어떠한 방법이 최적의 치료방법인지, 특정 치료방법을 처리하는 시간에 따른 CTC의 수가 얼마나 감소되는지 등을 결정할 수 있다. 언젠가 CTC들을 이용하여 암의 조기진단이 가능한 날이 올 것이다.
3. 전이세포들은 이동 후 정상조직에 침투하여 2차 종양 덩어리를 형성해야만 살아남을 수 있다. 이러한 이유로 이 세 번째 단계는 대부분의 암세포들의 전이 진행과정에 있어 가장 큰 장애물이라고 할 수 있다. 결과적으로 극소수의 암세포만이 조직을 뚫고 들어가 전형적인 2차 종양세포들을 형성하게 된다.

암세포들이 세포외기질을 통과해 들어갈 때 사용하는 기작은 현재까지 많이 밝혀지지 않았다. 가장 큰 이유는 살아 있는 동물의 조직 속을 직접 연구하기는 사실상 불가능하기 때문이다. 암세포가 기저막을 통과하여 이동할 수 있게 하는 것은 주로 세포외기질 분해효소, 특히 435쪽에서 논의했던 기질금속단백질분해효소들에 의해 이루어진다. 이 효소들은 주로 암세포의 전이를 방해하는 단백질 및 프로테오글리칸을 분해하는 것으로 추정된다. 어떤 종류의 암세포에서는 기질금속단백질분해효소가 암세포의 일부분을 길게 늘려 돌출되는 것과 직접적인 관련이 있는데, 이를 암세포의 침투족(invadopodia)라고 부르며, 세포외기질을 뚫고 지나갈 수 있도록 해준다. 암을 촉진할 수 있는 기질금속단백질분해효소의 또 다른 기능들 중 하나는 세포외기질 또는 세포표면의 특정 단백질들을 분해하여 활성을 지닌 단백질 조각들을 만들어 이들이 암세포에 다시 상호작용하여 종양의 성장과 침투능력을 자극하는 것이다. 분명한건 기질금속단백질분해효소가 악성종양 발생에 있어 뚜렷한 역할을 하기 때문에, 이 효소들은 제약 산업에서 중요한 약물표적이 된다. 가령 기질금속단백질분해효소에 대한 합성저해제들이 마우스에서 전이를 감소시킬 수 있다는 것이 증명되었고, 이 약제에 대한 많은 임상실험이 수술로는 더 이상 치료할 수 없는 말기 암 환자를 대상으로 실시되었다. 불행하게도 실험결과는 이 저해제들은 말기 암의 진행을 막을 가능성이 거의 없는 것으로 판명되었으며, 일부의 경우에는 오히려 관절 손상까지 일으켰다. 현재까지, FDA 승인을 받은 유일한 기질금속단백질분해효소 저해제(Periostat)가 치주질환 치료에 사용되고 있다.

연구에 따르면 세포외기질 자체의 변화는 암을 비롯한 여러 질병에 함께 수반되는 것으로 나타났다. 예를 들어, 유방암에서는 암세포를 둘러싸고 있는 세포외기질이 10배 가량 강직되어 유방 검사 시 "덩어리(lump)"감을 느낄 수 있다. 이렇게 강직성이 증가한 이유는 콜라겐과 다른 세포외기질 내 구성성분들 사이의 교차결합들의 증가 때문이라고 여겨진다. 또한, 유방에 생긴 종양은 정상적인 유방 조직에 비해 콜라겐들이 가로로 많이 배열된 묶음 형태의 증가를 보인다. 이는 암 조직에 의한 주변 세포외기질의 재구성이 전이에 있어서 중요한 역할을 하는 것으로 보이는데, 묶음화된 콜라겐은 세포 전이를 촉진시키는

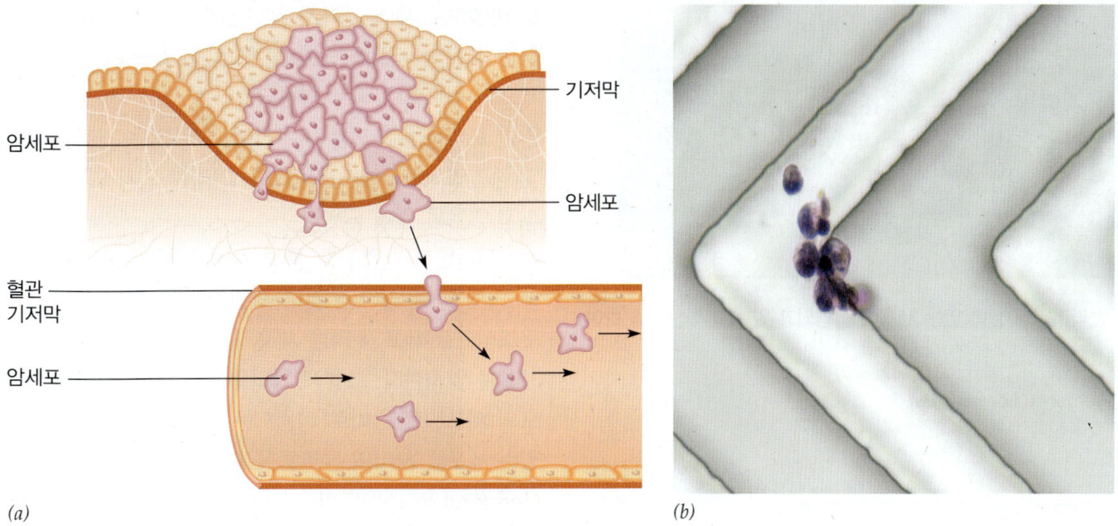

그림 2 상피암이 전이되어 확산되는 단계들. (*a*) 1차 암세포들의 일부가 다른 암세포들과 접착하는 성질을 상실하고 상피조직 아래에 있는 기저막을 침입할 수 있는 능력을 얻는다. 이 세포들은 중간엽 세포들의 이동과 유사한 방식을 취하며 둘러싸고 있는 기질조직을 통해 이동하고 혈관 또는 림프관의 기저막을 가로질러 대순환으로 들어간다. 이 세포들이 다른 조직들로 옮겨가서, 혈관의 기저막을 다시 가로질러 이동하여 2차 암세포를 형성할 가능성이 있는 조직으로 들어간다. 따라서 1차 암세포에서 나온 아주 낮은 비율의 암세포만이 이러한 많은 장애물들을 극복하지만, 결국 이들이 숙주의 생명에 위협을 가하게 된다. (*b*) 전립선암을 가진 환자의 혈액 샘플에서 분리해낸 순환종양세포(circulating tumor cells). 암환자의 혈액 내에 수십억 개의 다양한 정상세포들마다 단 하나의 암세포를 가지고 있다 하더라고, 이 희귀한 암세포는 정상 세포에는 없고 암세포에만 존재하는 세포표면 단백질에 대한 항체 분자(이 경우에는 EpCAM)로 코팅된 칩에 의해 선택적으로 포착될 수 있다

출처: (a) R. G. Rowe, S. J. Weiss, *Trends Cell Biology* 18:562, 2008, Copyright 2008에서 발췌; Elsevier Science. Trends in Cell Biology by Elsevier Ltd. Elsevier Ltd.의 허가를 얻어 지적재산권 청산 센터를 통해 교과서 사용을 목적으로 재인쇄됨; (b) Min Yu, Shannot Stott, et al., the cover of *J. Cell Biol.* Vol. 192, #3, 2011에서 발췌, Daniel A. Haber, Shannon Stott, and Min Yu 제공. Rockefeller University Press의 허가를 얻음.

경향이 있기 때문이다.

전이를 촉진시키는 또 다른 원인으로는 다양한 세포 접착 분자들의 수와 유형이 급격히 변화하여 결국 세포들이 다른 세포들 또는 세포외 기질에 접착하는 능력이 변하는 것이다. 여기에서 가장 중점적으로 다루고 있는 것은 E-카드헤린으로, 이 분자는 주로 기저막의 부착층에 상피세포들을 붙잡고 있는 접착 연접내 가장 중요한 세포 접착 분자이다. 444쪽에서는 배아 발생의 특정 단계에서 상피세포들에서 E-카드헤린 발현량이 줄어들 때 이 세포들이 어떻게 접착력이 감소되고 운동성은 증가한 중간엽의 표현형으로 전환되는지 설명하고 있다. 아주 비슷한 상피간엽전환은, 악성세포들이 원발 종양에서 분리되어 인접한 정상 조직으로 침투하는 것과 매우 유사하게 종양의 가장자리 부분에서 발생한다(그림 2*a*). 이것은 전이 과정에서 중요한 단계이다. 다양한 상피세포의 종양의 경우(예: 유방암, 전립선암, 대장암)를 조사한 결과, 이런 악성 종양 세포들은 공통적으로 E-카드헤린의 발현이 상당히 감소되어 있는 것으로 확인된다. 즉, E-카드헤린의 발현 수준이 낮을수록 이 세포들의 전이 가능성은 더 커진다. 이와는 반대 개념으로, 악성세포들에게 E-카드헤린 유전자를 추가로 강제 발현시키고, 이 세포들을 숙주 동물에 주입하면 종양을 유발할 가능성이 줄어들게 된다. 결국, E-카드헤린이 있으면, 다른 세포와의 접착을 촉진하고, 종양세포들의 경우에는 다른 곳으로 전이가 일어나지 않도록 암세포의 확산을 억제하는 것으로 생각된다. 또한 E-카드헤린은 조직 내 침투 및 전이를 일으키는 세포내 신호전달 경로를 저해할 수 있다. 이러한 E-카드헤린의 중요한 역할은 30년이 넘는 시간 동안 위암으로 25명의 가족을 잃은 뉴질랜드 원주민의 한 가계도의 연구를 통해 뚜렷하게 드러났다. 이들 가족 구성원들의 DNA를 분석한 결과, E-카드헤린을 암호화하는 유전자에 돌연변이를 가지고 있었기에 암의 발병에 상대적으로 취약한 것으로 밝혀졌다.

역사적 실험

세포 간 소통에 있어서 간극연접의 역할

제8장에서 논의된 정보를 토대로, 시냅스 전달은 항상 시냅스 전 뉴런에서 시냅스 후 뉴런으로 신호전달물질 분자의 이동에 의해 일어난다는 것을 생각할 수 있을 것이다. 이는 런던대학교(University College in London)의 에드윈 퍼쉬판(Edwin Furshpan)과 데이빗 포터(David

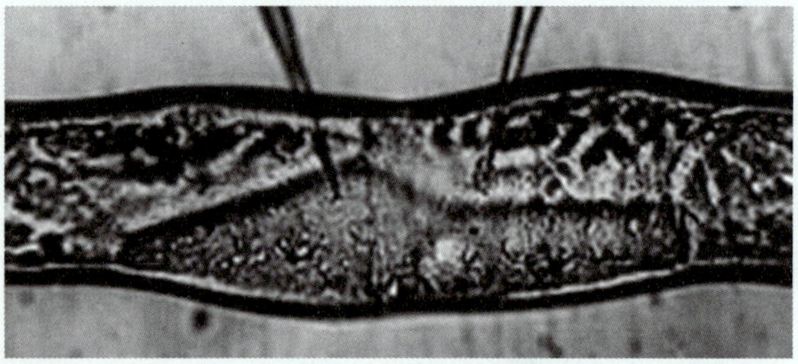

그림 1 곤충의 말피기관내 살아 있는 세포에 삽입되고 있는 미세전극을 보여주는 현미경 사진.

출처: Courtesy of Werner R. Loewenstein.

Potter)가 놀라운 예외를 발견하기 전인 1950년대까지 가장 보편적으로 알려진 의견이었다. Furshpan과 Potter는 가재의 신경삭에서 거대한 뉴런 사이의 시냅스 신호전달을 연구하고 있었다. 그들은 시냅스 전 신경세포에서 유도된 작고 임계 이하의 탈분극이 시냅스 후 세포에서 매우 빠른 (0.1 msec) 탈분극을 일으킨다고 밝혔다.[1,2] 만일 신경세포가 화학적 시냅스를 통해 연결되었다면, 막 전위에서 임계 이하의 변화는 신경전달물질의 방출을 자극하기에 충분하지 않기 때문에, 시냅스 후 뉴런으로 신호가 전파될 수 없다. 설사 신경전달물질 분자가 방출되었다 하더라도, 시냅스 후 뉴런세포에 급격한 변화를 유도할 수 없다. Furshpan과 Potter는 두 신경세포가 다른 종류의 시냅스, 즉 시냅스 전 뉴런의 이온 흐름이 다른 쪽에 있는 시냅스 후 뉴런에 직접적으로 흘러갈 수 있는 **전기긴장성 시냅스**(*electrotonic synapse*)로 연결되어 있다고 결론지었다. 이러한 유형의 세포 간 이온의 흐름을 허용하는 세포-세포 연결은 세포 사이의 소통에 특수화되어 있는 뉴런 같은 흥분성 세포의 특징으로 추정되었다.

1960년대 초, 미국 콜롬비아대학교의 요시나부 칸노(Yoshinabu Kanno)와 베르너 로웬스타인(Werner Loewenstein)은 핵에 결합하는 막 복합체인 핵막의 투과성에 관해 연구를 진행하고 있었다. 이온이 핵막을 가로질러 흐를 수 있는지를 알아보기 위해, 초파리 유충의 상피조직을 구성하는 매우 큰 세포(유전학자들에게 매우 유용하다고 증명된 거대 염색체를 가지고 있는)를 가지고 연구를 진행했다. 이들 세포는 미세전극들이 통과하기에 충분히 커서 이온 전류를 유도하고 기록할 수 있었다(**그림 1**). Kanno와 Loewenstein은 하나의 세포 안에 이온을 주입하면, 이온이 해당 세포의 세포질 전체로 퍼져 나갈 뿐 아니라, 인접한 세포의 세포질에까지 직접적으로 흘러간다는 놀라운 사실을 발견하였다. 실제로, 인접한 세포에 기록된 전위는 전류가 유도되었던 세포의 전위와 거의 비슷하였다. Kanno와 Loewenstein은 침샘을 구성하는 상피세포가 서로 전기적으로 결합되어 있어(electrically coupled) 낮은 저항성을 가진 세포 연접들을 통해 세포에서 다른 세포로 자유롭게 이온들이 흘러갈 수 있다고 결론지었다.[3] 만약 작은 무기 이온이 이웃한 세포 간 연접들을 통과할 수 있다면 큰 물질들의 경우는 어떠한가? 형광이온 플루오레신 (분자량 376 Da) 소량을 마이크로피펫을 이용하여 특정 세포의 세포질에 유입시켰을 때, 형광으로 표지된 물질이 전체 상피세포층을 빛낼 때까지 빠르게 인접한 세포들로 퍼져 나가는 것을 확인할 수 있다(그림 11.31). 이와는 반대로, 어떤 형광 물질도 세포 바깥으로 새어 나가지 않았는데, 이는 플루오레신 분자가 투과가 가능한 세포와 세포의 접촉을 통해 한 세포의 세포질에서 다른 인접한 세포의 세포질로 바로 확산되었다는 것을 의미한다.[4] 유사한 결과가 다양한 포유동물 세포를 비롯하여 매우 많은 서로 다른 종류의 상피세포 및 중간엽세포들에도 확인되어 이러한 의사소통을 하는 연접들이 널리 퍼져 있음을 알게 되었다.

전자현미경 연구를 통해 동물세포들은 하나의 연속적인 원형질막에 의해 싸여 있다는 것이 확인되었다. 이 새로운 정보는 원형질막은 구조적으로 세포가 다른 세포와 접촉하는 부위에서 때때로 변형된다는 사실을 암시한다. 그렇지 않다면, 물질들이 하나의 세포질에서 다른 세포의 세포질로 곧바로 이동되는 것이 불가능할 것이다. 밀접하게 붙어 있는 세포들 사이의 통로들을 포함한 세포연접들은 1967년 장 폴 레벨(Jen Paul Revel)과 카르노브스키(M. J. Karnovsky)에 의해 발견되었다.[5] 이들 연접들의 전자현미경 사진은 인접한 세포들 사이에 뚜렷한 틈이 존재함을 보여주어, 연구자들이 이들을 인접한 세포들이 직접적으로 맞닿아 있는 밀착연접(tight junction)과 구별하기 위해 "간극 연접(gap junction)"이라고 명명하게 되었다.

인접한 세포의 세포질을 연결하는 통로들의 크기에 대해 알기 위해 더 많은 연구들이 진행되었다. Loewenstein의 연구실에서는 다양한 크기의 펩티드에 형광 탐침자를 연결하여 실험을 수행하였다. 연구팀은 대략 1,200 Da에 달하는 큰 분자들도 곤충 유충의 침샘 세포에서 세포 간 확산이 일어날 수 있음을 확인하였다.[6] 이러한 분자들의 지름을 토대로, 연구팀은 통로의 실질적인 지름은 대략 10~15 Å(1.0~1.5 nm) 정도라 결론지었고, 이 수치는 전자현미경으로 찍은 간극연접의 고해상도 현미경 사진으로 추정한 수치와 매우 근접한 수치인 것으로 판명되었다.[7]

투과 가능한 세포 간 접촉을 발견한 이후에 Kanno와 Loewenstein이 제기한 주요 질문 중 하나는 동일한 유형의 연접구조들이 과연 암세포에도 존재하는가에 대한 것이었다. 정상 세포의 성장 속도는 주위 환경의 자극에 영향을 받는다고 알려져 있으나, 암세포가 정상 세포에서의 일반적인 성장 조절기작을 벗어나게끔 하는 요소 중 하나는 주위 세포로부터 성장조절에 관련된 분자들을 받는 능력을 상실하는 것이라 가정했다. 따라서 Kanno와 Loewenstein은 정상 간 조직과 다양한 종류의 간 종양에서의 이온 흐름을 측정하고 비교하여 이 가능성에 대해 조사하였다. 하지만 정상 랫트의 간세포들 사이에서는 이온 흐름이 쉽게 발생했지만, 간 종양세포들 간에는 어떠한 이온의 흐름도 감지할 수 없었다.[8] 이러한 초기 연구들을 바탕으로, 수백 가지 서로 다른 유형의 암세포들에서 간극연접을 통한 세포 간 신호전달(gap-juncton intercellular communication, GJIC)이 수행될 수 있는지 분석되었다. Kanno와 Loewenstein의 초기 연구 결과들에서는 조사가 진행된 모든 암들은 아니지만, 대다수의 암세포들에서는 위와 같은 이온전류 결과가 사실인 것으로 밝혀졌다.[9,10] 즉, GJIC에 관련하여 모든 암세포들이 똑같은 특성을 보이지 않는다는 사실은 전혀 놀랍지 않다. 왜냐하면, 정상 세포에서 악성 세포로의 전환은 광범위한 종류의 유전자들의 변화로 인해 발생하는 다단계 현상이기 때문이다(제16장). 세포가 성장 조절을 잃을 수 있는 기작은 여러 개가 존재하며, 이들 중 일부는 간극연접을 통해 신호를 전달하는 세포의 능력 손실에 관련된 것처럼 보

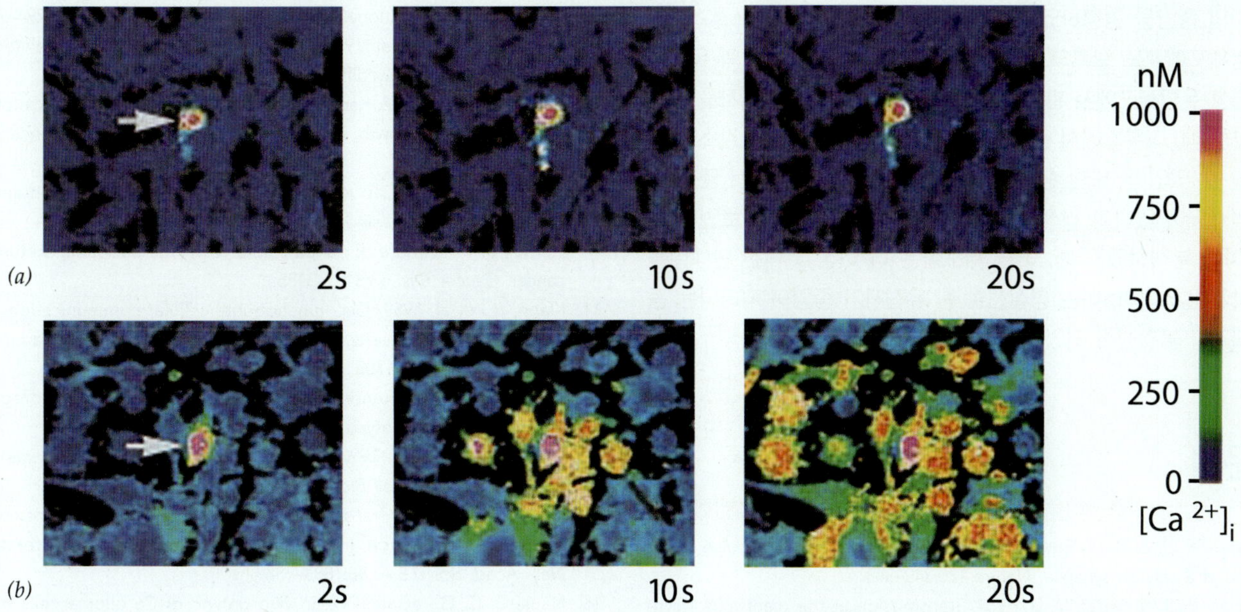

그림 2 (*a*) 쥐의 C6 신경교종세포의 대조군 배양과 (*b*) a와 동일한 세포의 클론을 코넥신-43 DNA로 형질전환시킨 세포에 기계적 자극을 주었을 때 유도된 칼슘 파장. 주입된 DNA는 형질전환된 세포에서 전사되고 번역되어 코넥신 단백질들이 원형질막으로 삽입되었다. 형질전환되지 않은 세포가 물리적으로 자극이 되었을 때, 적은 양의 Ca^{2+}이 이웃세포로 전달된다. 이와는 반대로, 코넥신 유전자가 발현되고 있는 세포에 물리적인 자극을 주었을 경우, 코넥신-43 단백질으로 만든 간극연접을 통해 한 세포에서 다른 세포로 칼슘 파동이 퍼져 나간다.

출처: Andrew C. Charles et al., *J. Cell Biol.* 118:197, 1992에서 발췌; Rockefeller University Press의 허가를 얻음.

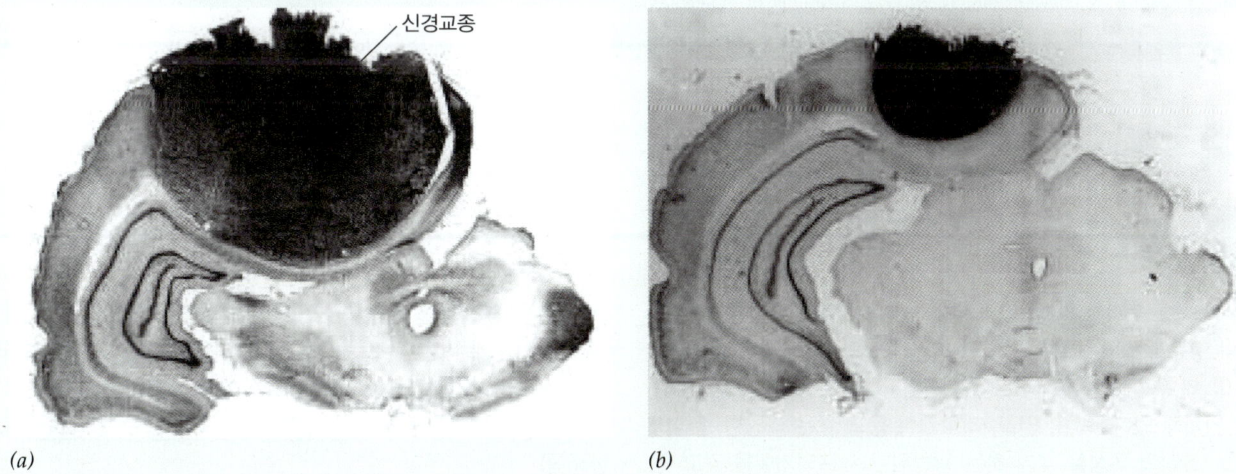

그림 3 (*a*) 소량의 C6 신경교종세포를 쥐의 뇌에 이식하였을 때, 세포들은 2주 동안 커다란 종양 세포로 자라난다. (*b*) 코넥신-43 DNA로 형질전환시킨 같은 종양세포들은 세포간 소통을 위한 간극연접에 연관되어 있을 것으로 추정되고, 실제 이들은 같은 시간 동안 훨씬 작은 크기로 자라났다.

출처: Christian C. G. Naus et al., *Cancer Res.* 52:4210, 1992에서 발췌.

인다. 이런 종양들이 발생하는 곳에서는 세포가 점점 악성화됨에 따라 GJIC의 점진적 소멸을 보이기도 한다.[11] 또한 GJIC의 소실과 세포군집에서 전이 가능성의 증가 사이에는 상관관계가 있을 수 있다.[12] 전이 능력은 암세포가 인접한 세포들을 무시한 채, 자신의 자리에서 벗어나는 특성이며, 이러한 행동들은 인접한 세포들과의 소통이 단절될 때 일어나는 것으로 보인다.

하나의 조건(가령, GJIC의 손실)과 다른 조건(종양의 악성 정도) 사이의 상관관계에 의해 얻어진 증거는 정황상의 증거였다. 이 두 조건들 사이의 직접적이고 인과관계가 확실한 최적의 증거는 암세포들이 코넥신 같은 간극연접 단백질들을 발현한다는 연구결과를 웨스턴 온타리오 대학교(University of Western Ontario)의 크리스티앙 나우스(Christian Naus) 연구팀이 밝혀내었다. 랫트의 뇌종양 조직에서 얻어낸 C6 신경교종세포를 코넥신-43 단백질을 암호화하고 있는 DNA로 형질전환 시켰을 때, 종양세포들 사이에서 간극연접을 통한 세포간 신호전달이 극적으로 증가하는 것(**그림 2**)과 그에 따른 세포 성장속도의 감소를 확인할 수 있었다.[13,14] 이와 유사하게, 코넥신-43을 암호화하는 DNA로 형질전환시킨 C6 신경교종세포를 마우스 성체의 뇌에 이식하였을 때, 일반 신경교종세포들보다 형질전환시킨 신경교종세포들이 훨씬 더

계속

작은 크기의 종양을 형성하였다(**그림 3**).[15] 이와 유사한 연구결과들이 사람의 암세포에서도 보고되고 있다.[16,17,18] 예를 들어, 사람의 유방암 세포에 정상 유방세포에서 발현되는 코넥신을 암호화한 유전자를 형질 전환 시켰을 때, 마우스에서 종양을 형성하는 능력이 현저히 감소한 것을 확인할 수 있었다. 또한 형질전환된 세포주들 중 하나에서 몇 주간 성장이 억제되어 있다가 갑작스럽게 악성이 증가한 경우를 보인 바가 있었다. 이를 분석하였을 때, 이들 세포들은 더 이상 코넥신 단백질들을 발현하지 않았으며, 이는 형질전환 된 유전자가 종양이 자라나는 동안 손실되거나 불활성화 되었음을 나타낸다.[17]

참고문헌

1. Furshpan, E. J. & D. D. Potter. 1957. Mechanism of nerve-impulse transmission at a crayfish synapse. *Nature* 180:342–343.
2. Furshpan, E. J. & Potter, D. D. 1964. Transmission at the giant motor synapses of the crayfish. *J. Physiol.* 145:289–325.
3. Kanno, Y. & Loewenstein, W. R. 1964. Low-resistance coupling between gland cells: Some observations on intercellular contact membranes and intercellular space. *Nature* 201:194–195.
4. Kanno, Y. & Loewenstein, W. R. 1964. Intercellular diffusion. *Science* 143:959–960.
5. Revel, J. P., & Karnovsky, M. J. 1967. Hexagonal array of subunits in intercellular junctions of the mouse heart and liver. *J. Cell Biol.* 33:C7–C12.
6. Simpson, I., Rose, B, & Loewenstein, W. R. 1977. Size limit of molecules permeating the junctional membrane channels. *Science* 195:294–296.
7. Caspar, D. L. D., et al. 1977. Gap junction structures: I. Correlated electron microscopy and X-ray diffraction. *J. Cell Biol.* 74:605–628.
8. Loewenstein, W. R. & Kanno, Y. 1966. Intercellular communication and the control of tissue growth: Lack of communication between cancer cells. *Nature* 209:1248–1249.
9. Yamasakl, H. 1990. Gap junctional intercellular communication and carcinogenesis. *Carcinogenesis* 11:1051–1058.
10. Holder, J. W., Elmore, E., & Barrett, J. C. 1993. Gap junction function and cancer. *Cancer Res.* 53:3475–3485.
11. Klann, R., et al. 1989. Gap-junction intercellular communication in epidermal cell lines from selected stages of SENC mouse skin carcinogenesis. *Cancer Res.* 49: 699–705.
12. Nicolson, G. 1987. Tumor cell instability, diversification, and progression to the metastatic phenotype. *Cancer Res.* 47: 1473–1487.
13. Charles, A. C., et al. 1992. Intercellular calcium signaling via gap junctions in glioma cells. *J. Cell Biol.* 118:195–201.
14. Zhu, D., et al. 1991. Transfection of C6 glioma cells with connexin43 cDNA: Analysis of expression, intercellular coupling and cell proliferation. *Proc. Nat'l Acad. Sci. U.S.A.* 88:1883–1887.
15. Naus, C. C. G., et al. 1992. In vivo growth of C6 glioma cells transfected with connexin43 cDNA. *Cancer Res.* 52:4208–4213.
16. Yamasaki, H. & Naus, C. C. G. 1996. Role of connexin genes in growth control. *Carcinogenesis* 17: 1199–1213.
17. Hirschi, K. K., et al. 1996. Gap junction genes Cx26 and Cx43 individually suppress the cancer phenotype of human mammary carcinoma cells and restore differentiated potential. *Cell Growth Different.* 7:861–870.
18. Zhang, Z. Q., et al. 1998. Suppression of tumorigenicity of human lung carcinoma cells after transfection with connexin43. *Carcinogenesis* 19:1889–1894.

요 약

세포외 공간은 세포를 둘러싼 원형질막의 바깥 부분을 차지하는 부분이며, 이 안에는 세포의 행동에 영향을 주는 다양한 분비 물질이 존재한다. 기저막은 섬유성 구조의 세포외 물질들이 서로 얽힌 연결망 구조이며, 상피세포는 기저막 위에 위치해 있다. 힘줄, 연골, 각막기질 등과 같은 다양한 종류의 결합조직은 그 조직의 특성을 갖게 하는 광범위한 세포외기질을 갖고 있다. (427쪽)

세포외기질은 주로 콜라겐, 프로테오글리칸, 피브로넥틴, 라미닌 등 다양한 단백질들로 구성되어 있다. 세포외기질의 각 단백질은 서로 결합할 수 있거나 세포표면의 수용체와 결합하는 자리를 갖고 있다. 그로 인해, 이러한 다양한 세포외 물질들은 상호작용하며 세포표면에 결합되어 있는 서로 연결된 그물 구조를 형성한다. 양적으로 매우 많은 섬유 단백질인 콜라겐은 세포외기질이 끌어당기는 힘에 저항할 수 있는 능력을 제공한다. 단백질과 글리코사미노글리칸으로 구성된 프로테오글리칸은 일정한 형태 없이 세포외 공간을 채워 주는 포장재 역할을 한다. (428쪽)

인테그린들은 세포의 표면에 존재하는 수용체로 세포와 기저층 사이의 상호작용을 중개한다. 인테그린은 이질2량체인 내재막 단백질이이며, 세포질 안쪽 영역은 세포골격인 섬유성 분자들과 상호작용할 수 있으며, 세포 바깥쪽 영역은 다양한 세포외 물질들과 결합하는 부위를 갖고 있다. 세포 속에서는 "안쪽에서-밖으로" 신호를 전달하여, 인테그린과 여러 리간드의 결합 활동을 활성화할 수 있다. 이러한 활성화는 인테그린을 구부러져 있는 구조에서 곧게 펴진 구조로 극적으로 입체구조가 바뀌는 변화와 관련되어 있다. 반대로, 인테그린에 세포 바깥쪽에서 리간드와 결합되면, "바깥쪽에서-안으로" 신호가 전달되어 세포질 내부의 다양한 변화를 유도하게 된다. (436쪽)

세포들은 기저층에 국소부착과 헤미데스모솜과 같은 세포와 표면 사이의 특수 구조를 사용하여 부착한다. 세포 골격 중 액틴을 함유한 미세섬유와 연결된 인테그린 집단이 위치한 원형질막의 부착 지점을 국소부착이라고 한다. 헤미데스모솜이 있는 부착 지점에도 인테그린 집단이 원형질막에 위치해 있는데, 이 인테그린들은 바깥쪽으로는 기저막과 연결되어 있고, 안쪽으로는 케라틴을 함유한 중간섬유들과 간접적으로 연결되어 있다. 이 두 가지 유형의 부착 구조에는 세포 내로 신호를 전달하는게 가능하다. (438쪽)

세포와 세포 사이의 부착은 셀렉틴, 인테그린, 카드헤린, 면역글로불린상과 단백질 같은 다수의 독특한 내재막 단백질들에 의해 매개된다. 셀렉틴은 세포의 표면에서 돌출되어 있는 특이적인 탄수화물 배열에 결합하기도 하고, 염증이나 혈액 응고가 일어나는 곳 주변에서 순환하고 있는 백혈구와 혈관 내피세포 사이의 일시적인 칼슘 의존적 상호작용을 매개하기도 한다. 어떤 세포의 면역글로불린상과 단백질은 다른 세포에 돌출되어 있는 인테그린이나 동종 또는 이종의 면역글로불린상과 단백질들과 상호작용할 수도 있다. 카드헤린 단백질은 인접하고 있는 세포와 동일한 종류의 카드헤린과 결합하여 칼슘 의존성 세포-세포 접착을 유도하고, 이를 통해 같은 유형의 세포들로 이루어진 조직을 형성한다. (441쪽)

특수화된 구조인 접착연접과 데스모솜의 형성은 세포들 사이의 강력한 접착을 야기한다. 일반적으로 접착연접들은 세포의 끝부분의 근처에서 세포를 둘러싸듯 위치해 있어, 바로 옆의 세포들과 맞닿아 있다. 접착연접들의 원형질막은 세포골격인 액틴섬유들과 그에 연결된 카드헤린 집단을 갖고 있다. 데스모솜은 세포와 세포 사이를 연결할 때 생기며, 막 안쪽에 조밀한 세포질 플라크를 특징으로 한다. 데스모솜에는 카드헤린이 집중되어 있으며, 세포질의 플라크를 통과하는 중간섬유들이 중간단백질들에 의해 매개되어 연결되어 있다. (445쪽)

밀착연접들은 주로 상피조직의 세포들 사이에서 용질의 확산을 막는 특수화된 접촉 구조이다. 밀착연접의 횡단면을 관찰해 보면 인접한 세포들이 간헐적으로 직접 맞닿아 있다는 것을 알 수 있다. 동결할단복제 방법을 시도하고 인접한 세포들의 원형질막 안쪽을 살펴보면, 그 부착된 장소에 가로로 배열된 입자들이 실 모양의 가닥들을 형성하는 것을 볼 수 있다. (447쪽)

간극연접들과 원형질연락사는 각각 동물과 식물조직에서 인접한 세포들 사이의 소통을 위해 특수화된 구조이다. 동물세포의 원형질막에 있는 간극연접은 코넥신 소단위들이 6각형으로 배열하여 코넥손을 형성하여 생긴 통로이며, 한 세포의 세포질과 인접 세포의 세포질을 연결한다. 코넥신의 중앙 통로를 통해서 세포들 사이에 약 1,000 Da에 이르는 크기의 물질을 직접 확산시킬 수 있다. 이러한 간극연접들을 통과하는 이온의 흐름은 심장의 심근세포를 통한 흥분신호의 전달과 같은 여러가지 생리적인 과정들에서 핵심적인 역할을 수행한다. 식물 세포에 있는 원형질연락사는 원통형의 세포질 통로로 인접해 있는 세포벽 사이를 직접 연결한다. 이 통로는 약 1,000 Da의 크기에 달하는 용질 분자들을 자유롭게 통과시킬 수 있고, 특수한 단백질의 경우에는 더 팽창될 수 있어 보다 큰 고분자들을 통과시킨다. (449쪽)

식물세포를 물리적으로 지지하며 잠재적인 손상으로부터 보호하는 작용을 하는 세포벽은 주로 섬유소와 다양한 분비 물질들로 구성된 복잡한 구조물이다. 섬유소를 구성하는 미세원섬유는 원형질막 속에 있는 섬유소합성효소에 의해 합성된 분자들의 다발로 구성되며, 이는 식물세포에 강직성과 인장강도를 제공한다. 헤미셀루로스는 섬유소 미세원섬유들의 다발과 교차로 연결되어 있고, 펙틴은 광범위하게 교차 연결된 주변에 젤을 형성하여 세포벽의 섬유들 사이에 있는 공간을 메꾼다. 동물세포의 세포외기질처럼, 식물세포의 세포벽 역시 동적인 구조로서, 환경 조건의 변화에 반응하여 변형될 수 있다. (453쪽)

개념 문제

11.2 세포외 공간

1. 당질피질, 기저막, 연골조직의 세포외기질 등을 구별하시오.

11.3 세포외기질의 구성요소

2. 세포외 공간에서 콜라겐과 프로테오글리칸의 역할을 대조하라. 피브로넥틴와 라미닌이 배발생에 어떻게 기여하는가?
3. 동물조직에서 세포외기질의 몇 가지 기능을 나열하시오.

11.5 세포와 세포외 물질의 상호작용

4. 인테그린들은 세포외기질을 구성하는 물질과 세포의 표면을 어떻게 연결하는가? 비활성 및 활성 상태의 인테그린 구조는 구조적, 기능적으로 서로 어떻게 다른가? 인테그린 리간드에서 RGD 모티프(motif) 존재의 중요성은 무엇인가?
5. 하나의 세포표면 단백질이 어떻게 세포의 부착과 원형질막을 통과하는 신호전달의 두 가지 일에 관여할 수 있는가?
6. 신호전달에 있어서 '안쪽에서-밖으로'와 '바깥쪽에서-안으로'의 차이는 무엇인가? 각 경우가 세포 활동에 미치는 중요성은 무엇인가?

11.6 세포의 바닥층 고정

7. 헤미데스모솜과 국소부착을 구별하는 두 가지 특징을 열거하시오.

11.7 세포와 다른 세포의 상호작용

8. 액틴섬유를 가지고 있는 세포 연접에는 어떤 유형(들)이 있는가? 중간섬유들, 인테그린 및 카드헤린 등을 가지고 있는 세포연접에는 어떤 유형(들)이 있는가?
9. 카드헤린, 면역글로불린상과, 셀렉틴이 세포-세포 접착을 중개하는 방법이 분자 수준에서 어떻게 다른가?

11.8 접착연접과 데스모솜: 세포와 다른 세포의 고정

10. 헤미데스모솜과 데스모솜 그리고 데스모솜과 접착연접 사이의 차이점을 비교하시오.

11.10 밀착연접: 세포외 공간의 밀폐

11. 염색된 조직 절편의 관찰로는 알 수 없는 연접 구조를 동결할단복제 방법으로 분석하면 어떤 점을 알 수 있는가?
12. 밀착연접의 구조가 그 기능에 어떠한 방식으로 기여하는가?

11.11 간극연접과 원형질연락사: 세포 간 연락의 중개

13. 밀착연접과 간극연접에서 각 내재막 단백질들의 배열을 비교하시오.
14. 원형질연락사와 간극연접의 비슷한 점은 무엇이고, 또 이들의 다른 점은 무엇인가? 어느 정도 크기의 단백질이 원형질연락사를 통과하기에 적당하다고 생각하는가?

11.12 세포벽

15. 식물 세포벽을 구성하는 요소들과 이들 각각이 세포벽의 구조와 기능에서 어떤 역할을 하는지 설명하시오.
16. 셀룰로스와 헤미셀루로스, 셀루로스 분자와 미세원섬유, 1차 세포벽과 2차 세포벽이 각각 어떻게 다른지 구별하시오.

분석 문제

1. 세포의 접착은 시험관 속에서 세포에 특수한 물질로 처리하여 쉽게 차단시킬 수 있다. 다음 물질들 중 어느 것이 셀렉틴에 의해 매개되는 세포접착을 막을 것으로 생각하는가? 또한 L1 분자에 의해 매개된 세포 접착을 막는 것은 무엇인가? 1) 단백질을 분해시키는 트립신, 2) RGD를 포함하고 있는 펩티드, 3) 올리고당으로부터 시알산을 제거하는 뉴라민산분해효소(neuraminidase), 4) 콜라겐분해효소(collagenase), 5) 히알루론산분해효소(hyaluronidase), 6) 배지에서 칼슘 이온과 결합하는 EGTA.
2. 배양 접시에 담긴 신경능선세포(neural crest cell)의 이동을 막으려면 어떤 물질을 넣어야 하는가? 섬유아세포가 바닥층에 부착하는 것을 억제하려면 무슨 물질을 넣어야 하는가?
3. 피브로넥틴 유전자가 결여된 마우스들은 배발생 초기에 죽는다. 마우스 배발달 과정에서 배의 생존에 지장을 줄 수 있는 두 가지 과정을 설명하시오.
4. 만일 분자량이 1,500 Da인 분자 A가 간극연접을 통과할 수 있었으나, 1,200 Da인 분자 B는 똑같은 세포에서 확산될 수 없었다고 가정해보자. 이 결과를 설명하기 위해서 이 두 분자가 어떻게 다르다고 말할 수 있겠는가?
5. 동물의 세포외기질과 식물 세포벽의 구조는 어떤 점에서 비슷하다고 할 수 있는가?
6. 앞에서 두 가지 자가면역질환에 대해 논의한 바 있었다. 즉, 하나는 헤미데스모솜의 구성요소에 대한 항체를 생산하는 것이고, 다른 하나는 데스모솜의 구성요소에 대한 항체를 생산하는 것이다. 이 두 가지 경우 모두 피부에 심각한 수포가 생긴다. 이렇게 비슷한 증상이 왜 생긴다고 생각하는가?
7. 그림 11.20에서 보여주듯이, 세포 접착을 중개하는 증명된 다양한 분자들 중에서 어느 것이 유형을 분류하는 데 있어서 가장 신뢰도 높은가? 이유는 무엇인가? 그 결론의 증명을 위해 어떻게 시험할 수 있는가?
8. 난포자극호르몬(FSH)은 뇌하수체에서 분비되는 호르몬의 하나로, 난소의 난포세포에 작용하여 다양한 대사 변화를 유도하는 고리형 AMP의 합성을 유도한다. 난포자극호르몬은 보통 심장의 근육세포에는 영향을 주지 않지만, 난소의 난포세포와 심장의 근육세포를 함께 혼합 배양한 후, 배지에 난포 자극 호르몬을 첨가하면 다수의 심장 근육세포가 수축하는 것으로 나타났다. 이 관찰 결과는 어떻게 설명될 수 있는가?
9. 거의 모든 생물군에서 발견되는 세포벽이 없는 동물세포들은 어떻게 살아갈 수 있다고 생각하는가?
10. 세포들이 자라고 있던 배지의 온도를 낮추는 것이, 서로 간극연접을 형성하려는 세포들의 능력에 왜 영향을 미칠 것으로 예상하는가?
11. 세포의 연접들 중 어떤 것은 세포를 둘러싸는 띠 모양으로 생기는 반면, 다른 것은 별개의 점들 형태로 생긴다. 이런 두 유형의 구조적 배열은 각 연접의 기능과 어떻게 관련되는가?
12. 담배모자이크 바이러스가 원형질연락사의 투과성을 어떻게 변형시킬 수 있는지를 설명할 수 있는 몇 가지 기작을 제안하라. 그리고 그 제안을 어떻게 시험할 수 있겠는가?
13. 척추동물의 세포들 중 인테그린이 없는 것으로 생각되는 것 중 하나가 적혈구이다. 이 사실이 놀라운가? 왜 그런가? 아니면 왜 그렇지 않은가?
14. 국소부착은 하나의 단일 인테그린 분자의 접착력보다 훨씬 강한 힘에 버틸 수 있다. 왜 그런가? 국소부착이 5 nN/μm^2의 힘을 버틴다고 가정해보자. 단일 인테그린-리간드 결합이 50 pN의 힘을 견딘다고 하면, 얼마나 많은 인테그린 분자들이 1 μm^2의 표면적을 가진 하나의 국소 부착에 존재하는지 추정하시오.

CHAPTER 12

세포소기관과 세포막 수송

목 차

세포 도용

동물세포 안으로 침입하고자 하는 것은 그 누군가에게는 엄청난 도전이다. 하지만, 바이러스의 경우 세포 안에서 자가 복제 프로그램을 실행하기 위해 세포가 주는 장애를 극복할 수 있는 많은 방법을 발전시켜 왔다. 모든 동물 바이러스가 동물세포에서 살아갈 수 있게 된 근본은 바로 원형질막, 엔도솜 소낭(endosomal vesicles), 소포체(endoplasmic reticulum, ER) 및 골지복합체(Golgi complex)를 포함한 세포막 시스템을 도용할 수 있기 때문이다.

바이러스가 직면한 첫 번째 도전은 세포로 들어가는 것이다. 헤르페스(Herpes) 바이러스와 같은 일부 외피보유(enveloped) 바이러스는 세포막과 직접 융합하고 자신의 유전물질이 담긴 캡시드

계속

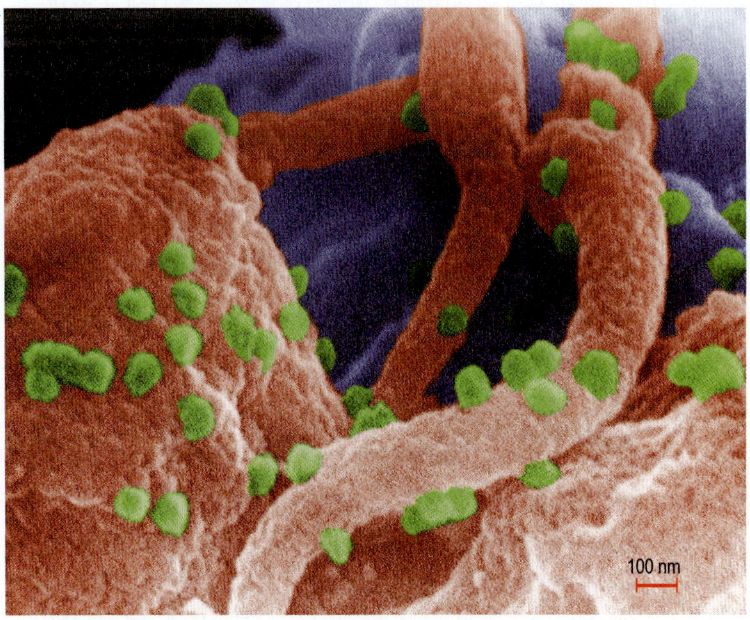

인간의 림프구 표면 위의 인간면역결핍바이러스(HIV). 이 가상의 색이 입혀진 주사전자현미경(Scanning electron microscopy) 사진은 림프구(분홍색)의 표면에 있는 HIV 입자(초록색)를 보여준다. HIV를 비롯한 많은 바이러스는 숙주 세포에 들어가고 증식하고 탈출하기 위해 세포의 막 시스템을 도용한다.

출처: CDC/C. Goldsmith, P. Feorino, E. L. Palmer, W. R. McManus로부터 제공.

(capsid)를 세포 내부에 침착시킨다. 그러나 많은 종류의 바이러스들은 세포 내로 들어가기 위하여 내포작용경로(endocytotic pathway)를 도용함으로써, 혹시 모를 면역세포의 주목을 끌 수 있는 흔적들을 세포표면에 거의 남기지 않는다. 이 경우 바이러스는 엔도솜(endosomes)이라는 소낭 안으로 내재되고, 후에 그들의 유전체를 세포 안으로 내보내게 된다.

바이러스가 직면한 또 다른 주요 도전과제는 자손을 복제하고 생산하는 것이다. 최근 연구자들은 세포질 내에 바이러스가 종종 숙주 세포막, 특히 소포체 막 구조를 정교하게 재구성하여 바이러스 공장이나 바이러스 성균(viroplasm)이라 불리는 새로운 세포기관과 같은 구조를 만들어 낸다는 것을 발견했다. 이러한 바이러스 공장 내부에서는 복제에 필요한 새로운 바이러스 입자를 생산하기 위하여 필요한 단백질들을 조립한다. 많은 면에서 이러한 공장들은 그들이 유래된 세포소기관들의 축소판처럼 작동하지만, 일반적인 세포에서처럼 소포체와 골지복합체가 생산하는 수천 가지의 분자들이 아닌 단지 소수의 대량 생산을 위해 활용된다.

12.1 내막계의 개요

광학현미경 하에서 살아 있는 세포의 세포질은 상대적으로 구조가 뚜렷이 관찰되지 않는다. 그러나 심지어 20세기 초 이전에 이미 염색된 동물조직 절편은 세포질 내에서 광범위한 막성 네트워크의 존재를 보여주고 있었다. 1940년대에 이르러 전자현미경이 생겨나면서 생물학자들은 비로소 현재 우리가 이해하는 진핵세포의 세포질에 존재하는 다양한 막과 결합한 여러 구조들을 이해하기 시작했다. 초기 전자현미경 학자들은 다양한 전자밀도의 물질을 함유하는 다양한 직경의 막과 결합된 소낭을 관찰하였다. 그것들은 막에 의해 둘러싸인 통로들로 세포질을 통해 뻗어 나와 상호 연결된 운하망을 형성하였고, 막에 둘러싸인 편평한 소낭들이 쌓여 있는 것처럼 보였다. 초기 전자현미경적 연구에 이어진 생화학적 연구를 통해 진핵세포의 세포질이 막 장벽에 의해 경계를 지닌 다양한 구획으로 세분되었다는 것이 더욱 명확해졌다. 더 많은 종류의 세포를 조사할수록, 세포질 내의 이들 막 구획이 상이한 소기관을 형성한다는 것을 효모에서 다세포 식물 및 동물에 이르기까지 다양한 생물계에서 뚜렷이 확인될 수 있었다. 얼마나 많은 막성 구조물들이 진핵세포의 세포질을 차지하는지에 대한 일례로는 **그림 12.1**의 옥수수 뿌리세포의 전자현미경 사진을 보면 잘 알 수 있다. 또한 이어지는 내용에서도 볼 수 있듯이, 이들 세포소기관 각각에는 특정 단백질 구성물이 들어 있으며, 이들은 특정한 활성에 특화되어 있다. 마치 집이나 식당이 서로 독립적인 목적으로 사용될 수 있도록 여러 방으로 나뉘는 것처럼 세포의 세포질은 유사한 이유로 특수한 막 구획으로 나뉘어져 있다. 하지만 여러 현미경 사진에 의해 관찰된 세포질내 세포소기관이 집이나 식당의 방과 같이 안정된 구조라고 생각할 수 있겠지만, 사실 그들은 지속적으로 유동적이고 역동적인 구획임을 명심할 필요가 있다.

본 장에서 우리는 소포체(endoplasmic reticulum, ER), 골지복합체(Golgi complex), 엔도솜(endosomes), 리소좀(lysosomes) 및 액포(vacuoles)의 구조와 기능을 살펴볼 것이다. 이러한 세포소기관들은 모두 함께 **내막계(endomembrane system)**를 형성하는데, 그 안에서 각각의 소기관들은 잘 조화된 한 단위체의 부분으로 기능하게 된다. [미토콘드리아와 엽록체는 이 시스템의 일부가 아니므로, 제9장과 제10장에서 다루어질 것이다. 또한 최근까지의 근거들은, 그리고 제10장에서 논의된 것처럼, 퍼옥시솜(peroxisomes)의 경우 이중기원(dual origins)일 수 있다고 제시한다. 경계를 이루는 막의 기본 요소는 소포체에서 비롯된 것으로 생각되지만, 12.19절에 기술된 것처럼 막단백질과 수용성 내재 단백질의 대부분은 세포질로부터 얻는다.]

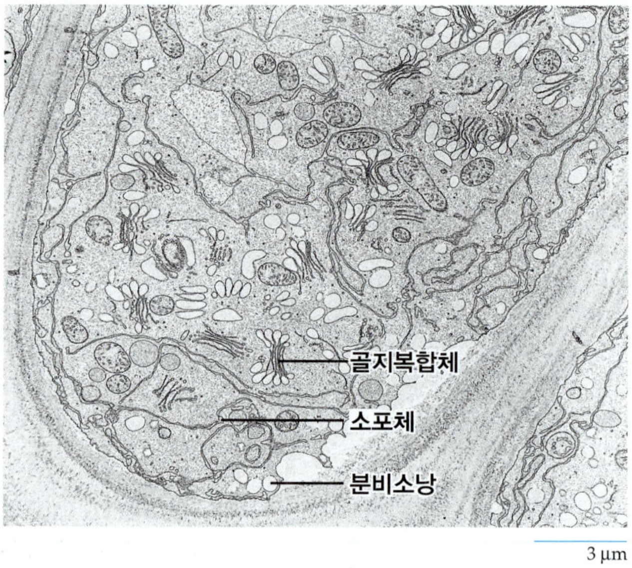

그림 12.1 세포질 내에서 관찰되는 막에서 둘러싸인 구조들. 옥수수의 뿌리뚜껑 세포(root cap cell)의 세포질은 다양한 막으로 둘러싸인 구조물들을 가지고 있다. 이들의 자세한 구조와 기능은 본문에서 언급될 것이다. 이 현미경 사진에서 분명히 알 수 있듯이, 세포질내 막성 구조물의 전체 표면적은 원형질막의 표면적보다 수 배까지 더 넓다.

출처: Hilton H. Mollenhauer 제공

내막계의 세포소기관은 물질을 세포의 한 부분에서 다른 부분으로 혹은 그 반대로 수송하는 동적인 네트워크의 일부이다. 대부분의 경우 공여체 막구조 소기관으로부터 돋아난 작은 수송소낭을 통해 세포소기관 사이에서(예: 골지복합체로부터 원형질막으로) 물질이 이동된다(**그림 12.2a**).[1] 수송소낭은 세포질을 통해 이동하며, 세포뼈대의 미세소관(microtubule)과 미세섬유(microfilaments)로 구성된 궤도 위에서 작동하는 운동단백질(motor protein)에 의해 끌어당겨진다(그림 13.1*a* 참조). 목적지에 도달하면 소낭 목적지 소기관의 막과 융합되며, 그 동안 목적지 소기관은 소낭 안에 존재하는 수용성

[1]소낭(*Vesicle*)라는 용어는 일반적으로 구형 운반체를 말하지만, 수송되는 화물(cargo)은 불규칙하거나 관 모양의 막성 운반체로의 형태로 수송되기도 한다. 쉬운 이해를 위해 이 책에서는 항상 구형이 아니더라도 해당 운반체를 소낭라고 칭하고자 한다.

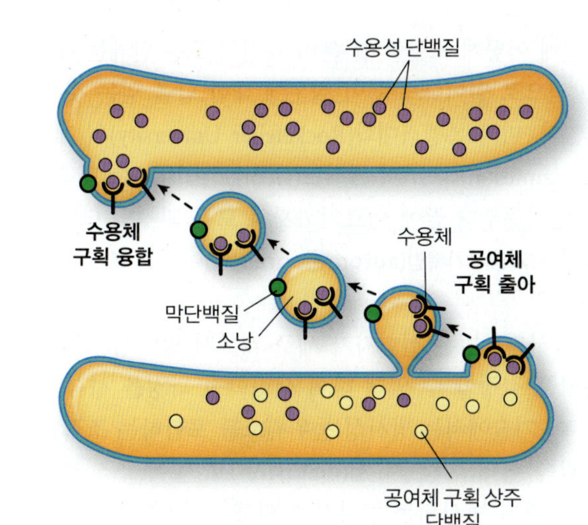

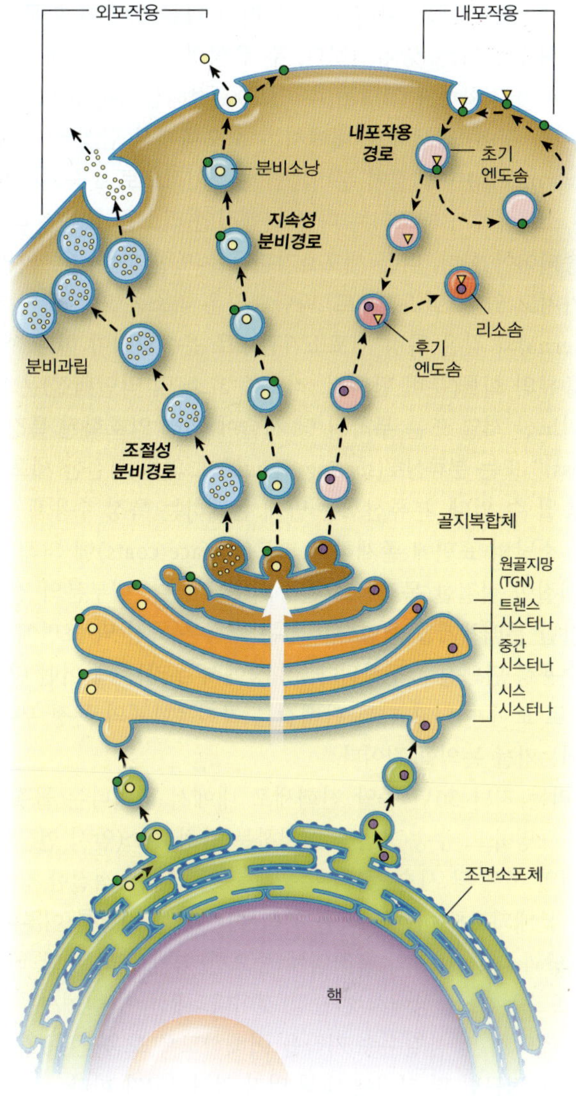

그림 12.2 역동적이고 상호연결된 내막계로 통합된 생합성/분비 및 내포작용경로의 개요. (*a*) 공여체 구획에서 수용체 구획으로 물질이 운반되는 소낭 운반 과정을 설명하는 개략도. 소낭이 막의 출아에 의해 형성되며 그 동안에 특정 공여체의 막단백질(초록색 구)과 수용성 단백질(보라색 구)가 특별한 수용체(receptor)에 결합되어 있다. 수송소낭이 다른 막과 융합될 때 소포체 막의 단백질은 수용체 막의 일부가 되며 그것이 포함하고 있던 단백질은 수용체 구획의 내강 안에 수용되어 격리된다. (*b*) 생합성(혹은 분비) 경로를 따라 움직이는 물질은 소포체로부터 골지로, 이후 리소좀, 엔도솜, 분비소낭 및 과립, 액포, 그리고 원형질막으로 이동한다. 내포작용경로를 따라 움직이는 물질은 세포표면으로부터 엔도솜, 리소좀과 같은 소기관을 거쳐 내부로 들어오며 그 과정에서 일반적으로 리소좀 효소에 의해 분해된다.

물질(화물, cargo)과 이를 둘러싸는 막을 수용한다(그림 12.2*a*). 즉, 반복적인 출아(出芽, budding) 및 융합의 반복을 통해 세포를 가로지르는 수많은 경로를 따라 여러 가지 물질을 왕복시킨다.

세포질 내를 이동하는 몇 가지 별개의 경로가 확인되었으며 이는 그림 12.2*b*에 개요로 설명되어 있다. **생합성경로(Biosynthetic pathway)**의 경우 단백질이 소포체에서 합성되고 골지복합체 따라 수송되는 동안 변형 혹은 편집되어 세포막, 리소좀 혹은 식물에서의 액포와 같은 다양한 목적지로 수송된다. 이 경로는 소포체에서 단백질이 만들어지고 골지복합체에서 다당류가 첨가되어(그림 11.34*c*), 결국 세포 밖으로 **분비(secreted** or **exocytosed)**될 것이므로 **분비경로(secretory pathway)**라고 불리기도 한다. 세포의 분비활동은 지속성 및 조절성 분비의 두 가지 유형으로 나눌 수 있다(그림 12.2*b*). **지속성 분비(Constitutive secretion)**라 불리는 과정 동안 물질은 합성되는 장소로부터 나온 분비소낭을 통해 세포 외부로 끊임 없이 배출된다. 대부분의 세포는 세포외기질(11.2절)의 형성뿐 아니라 세포막 자체의 형성에 기여하는 구성 분비에 관여한다. 반면에 **조절성 분비(regulated secretion)**의 경우 물질은 막으로 둘러싸인 구조에 보관되었다가 적절한 자극의 반응에 의해서만 배출이 된다. 예를 들어, 호르몬을 분비하는 내분비세포, 소화효소를 분비하는 췌장 꽈리세포(acinar cells) 및 신경전달물질을 방출하는 신경세포에서 잘 관찰된다. 이들 세포 중 일부에서는 분비될 물질이 크고 조밀하게 포장된 막 결합 **분비과립(secretory granules)**에 저장된다(**그림 12.3** 참조). 단백질, 지질 및 복합 다당류는 생합성 또는 분비경로를 따라 운반된다. 이 장에서 우리는 우선 그림 12.2*b*에 요약된 것처럼 단백질의 합성과 수송에 초점을 맞출 것이다. 그러는 동안 우리는 몇 가지 특정 단백질을 다루게 될 것이다. 여기에는 세포에서 방출되는 수용성 단백질, 그림 12.2*b*에 묘사된 것과 같은 다양한 필수 막단백질 및 다양한 내막성 구조물 안에 존재하는 수용성 단백질(예, 리소좀 단백질 등)이 포함될 것이다. 어떠한 경우 물질들이 분비경로에 의해 세포 밖으로 이동하는 반면, **내포작용경로**는 분비경로와 반대 방향으로 작동한다. 내포작용경로를 따름으로써, 물질은 세포의 표면에서 세포질 내에 위치한 엔도솜과 리소좀과 같은 구획으로 이동하게 된다(그림 12.2*b*).

소낭과 그 내용물이 세포의 여러 이동경로를 따라 움직이는 것은 마치 한 도시 내의 여러 도로를 따라 다른 종류의 화물들이 트럭에 의해 운반되는 것 유사하다. 두 유형의 운송 모두 물질이 적절한 목적지에 정확하게 전달될 수 있도록 정해진 운송규약을 필요로 한다. 예를 들어, 침샘세포 내에서는 소포체에서 합성된 타액 점액(salivary mucus) 단백질이 분비과립에 특이적으로 운송되어야 하는 반면에 소포체에서 제조되는 다른 단백질인 리소좀 효소는 리소좀으로 운송되어야 한다. 다른 세포소기관들은 또한 다른 종류의 막단백질을 가지고 있다. 결과적으로, 막단백질은 리소좀 또는 골지 시스터나(cisterna)와 같은 특정 세포소기관으로 운송되어야 한다. 이런 다양한 종류의 화물(분비 단백질, 리소좀 효소 및 막단백질)은 단백질의 아미노산 서열 또는 부착된 당 사슬에 의해 암호화된 특정 "주소(address)" 또는 **분류신호**(*sorting signals*)에 의해 적절한 세포소기관로 운송될 수 있다. 분류신호는 막에 존재하는 특정 수용체 또는 출아되는 소낭의 표면에 존재하는 피복(surface coats)에 의해 인식되어 단백질이 적절한 목적지로 운송되도록 한다. 대부분의 경우에서 이 복잡한 분배체계를 책임지고 있는 기작은 특정 막 표면에 모이게 되는 수용성 단백질로 구성된다. 이 장에서 우리는 왜 어떤 단백질은 소포체로 모이게 되고 다른 단백질은 골지복합체의 특정 부위에 모이게 되는가를 논의할 것이다.

우리는 지난 30년 동안 진핵세포 내에서 일어나는 물질수송의 양상을 규명하고, 수송 흐름을 제어하는 특정 주소(앞서 언급한 아마노산 서열 혹은 당 사슬 등)와 수용체를 찾아내며, 적절한 장소로 물질들이 분배되도록 하는 기작을 분석하는 데 큰 진보를 이루어 왔다. 수송소낭과 다른 내막의 움직임에 중요한 역할을 하는 단백질과 세포골격요소는 다음 장에서 기술될 것이다. 대신 이 절에서는 현재의 우리가 내막계 및 물질수송 기작을 이해하도록 도움을 준 가장 중요한 실험적 접근법 몇 가지에 대해 먼저 알아보고자 한다.

12.2 내막계 연구에 필요한 실험기법들

전자현미경을 이용한 초기 연구는 생물학자들에게 세포의 구조에 대해서는 자세한 묘사를 제공했지만 관찰하고 있던 구성요소의 기능에 대해서는 거의 알려주지 못하였다. 세포소기관의 기능을 알아내기 위해서는 새로운 기술의 개발과 혁신적인 실험의 실행이 필요했다. 아래에서 기술되는 실험적 접근법은 세포소기관에 대한 지식의 기초를 제공하는 데 특히 유용하게 활용되고 있다.

자가방사기록법

신체의 여러 세포 중에서 췌장의 꽈리세포는 특히 광범위한 내막계를 가지고 있는 것으로 잘 알려져 있다. 이 세포들은 주로 소화효소의 합성과 분비에 작용한다. 이러한 효소들은 췌장에서 분비된 후 도관을 통해 소장으로 보내지며, 섭취한 음식물을 분해한다. 췌장 꽈리세포 내에서 분비 단백질이 합성되는 곳은 어디이며 분비를 위해 세포의 표면에 어떻게 도달할까? 분비 과정의 모든 단계는 세포 내에서 동시다발적으로 일어나므로 이 질문에 대한 답을 얻는 것은 쉬운 일이 아니었다. 미국 록펠러대학(Rockefeller University)의 제임스 제미슨(James Jamieson)과 조지 팰러드(George Palade)는 단백질의 합성과 분비의 처음부터 끝에 이르기까지의 모든 과정의 단계를 따라가기 위해서 **자기방사기록법(autoradiography)**이라는 기술을 이용했다(18.8절).

자기방사기록법은 실험자가 세포 내에서 방사성으로 표지된 물질의 위치를 결정할 수 있게 하여 생화학적 과정을 시각화할 수 있게 한다. 이 기술에서는 방사성 동위원소를 포함하는 조직 절편을 얇은 사진필름 형태의 감광유체(emersion)로 덮어 조직 내의 방사성 동위원소로부터 방사되는 방사선에 의해 노출되도록 한다. 후에 방사능을 포함하고 있는 세포의 특정 부위는 덮혀 있던 감광유제의 은(silver) 입자들에 의해 현미경 하에서 드러나게 된다(**그림 12.3**).

분비 단백질이 합성되는 부위를 결정하기 위해, Palade와 Jamieson은 짧은 기간 동안 방사성 아미노산을 포함하는 용액에서 췌장조직의 절편을 배양했다. 이 기간 동안, 표지된 아미노산들은 살아 있는 세포에 의해 흡수되어 리보솜에서 합성될 때 소화효소에 끼어 들어가게 된다. 그 후 조직을 신속하게 고정시키고 감광유체 필름으로 덮어주면, 표지된 아미노산에서 나온 방사선이 방금 합성된 단백질의 위치를 표시해 준다. 이 접근법을 사용하여, 소포체가 분비 단백질의 합성부위임을 확인할 수 있게 되었다(그림 12.3*a*).

분비 단백질의 합성부위에서부터 배출부위를 따라가는 세포 내부의 경로를 찾아가기 위해 Palade와 Jamieson은 추가 실험을 수행했다. 조직을 방사성 아미노산이 포함된 배지에 잠깐 동안 배양한 후 건져내어 방사성 아미노산을 씻어낸 후 다시 동위원소 표지가 없는 아미노산만을 함유하는 배지로 옮겼다. 이러한 종류의 실험을 "펄스-추적(*pulse-chase*)"이라고 한다. 이때 펄스라 함은 방사성 동위원소가 표지된 아미노산이 세포 내에서 단백질 합성에 사용되는 것(그리하여 단백질 내에 포함되는 것)을 의미한다. 추적은 조직이 방사성 아미노산이 포함 안 된 배지에 노출된 기간을 말하며, 이 기간 동안 단백질은 비방사성 아미노산을 사용하여 합성된다. 추적이 길어질수록 펄스 중에 만들어진 방사성 단백질이 세포내 합성지점을 지나쳐 다른 곳으로 이동될 것이다. 이 접근법을 사용하면 전 실험과정이 완료될 때까지 한 위치에서 다음 위치로 세포질 세포소기관을 통해 이동하는 방사성 물질의 흐름을 관찰할 수 있게 되고, 따라서 새로 합성된 분자의 움직임을 이상적으로 추적할 수 있게 된다. 그림 12.3*b*~*d*는 생합성(또는 분비) 경로를 알아내고, 언뜻 보기에 각각 별개로 존재하는 듯 보이는 막성 구조물들이 하나의 통합된 기능성 단위라는 것을 밝힌 Palade와 Jamieson의 실험 결과를 요약하여 보여주고 있다.

초록형광단백질의 이용

위에서 설명한 자가방사기록법 실험은 실험자가 방사능 표지 물질을 도입한 후 다양한 시간에 걸쳐 고정된 다른 여러 세포의 절편을 전자현미경으로 검사해야 한다. 방사성 동위원소를 사용해야만 하는 이

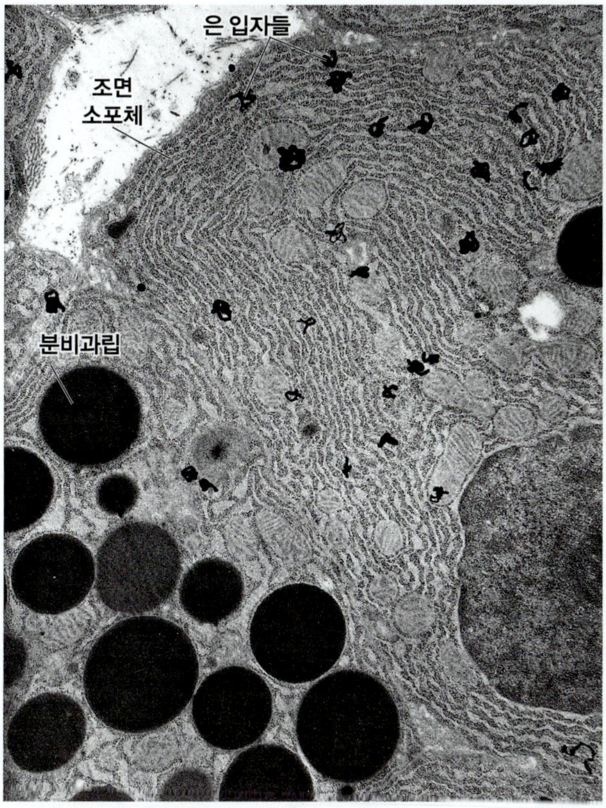

(a)

그림 12.3 자기방사기록법은 분비단백질의 합성 장소와 이동 경로를 보여준다. (*a*) 췌장 꽈리세포를 3분 간 방사성 동위원소 표지 아미노산에 노출시킨 후 즉시 고정하여 자기방사기록법으로 촬영한 전자현미경 사진. 감광 후에 유체에 나타난 검은색 은(銀) 입자는 소포체가 위치하였던 곳에 나타난다. (*b~d*) 얻어진 자기방사기록법 데이터의 연속사진은 표지된(은 입자를 붉은색으로 표시된) 분비 단백질의 움직임을 보여준다. 약 3분 동안 일시적 표지를 하고 즉시 고정하면(a에서 보는 바와 같이), 방사성 물질은 소포체가 있는 곳에 위치한다(*b*). 3분간의 방사성 표지 후 17분간의 추적 관찰을 하면 방사능 표지는 골지복합체와 인근 소낭에서 집중적으로 관찰된다(*c*). 3분간의 방사능 표지 후 117분 동안 추적 관찰하면 방사능은 분비과립에서 주로 발견되거나 췌장 도관 속으로 막 유출되는 상태로 확인된다(*d*).

출처: James D. Jamieson and George Palade 제공

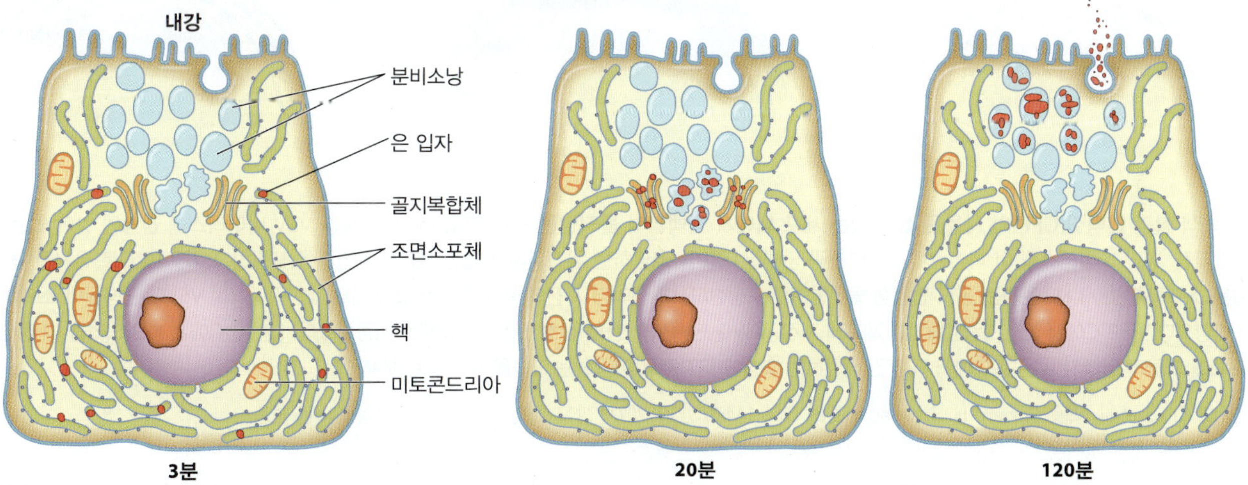

(b) (c) (d)

기술은 녹색형광 단백질(Green Fluorescent Protein, GFP)과 같은 형광단백질을 관찰하고자 하는 단백질에 "부착하는 것(tagging)"으로 점차 대체되었다(18.3절). 왜냐하면 이 기술을 통해 현미경 하에서 살아 있는 세포에서 단백질 운동을 볼 수 있기 때문이었다.

그림 12.4는 GFP-부착 단백질을 포함하는 세포를 보여주는 한 쌍의 현미경 사진을 보여준다. 이 사진에서의 세포는 수포성 구내염 바이러스(vesicular stomatitis virus, VSV)의 한 종류가 감염되었으며, 특히 바이러스 유전자 중 하나(*VSVG*)는 *GFP* 유전자와 융합되어 있다. 바이러스는 감염된 세포를 생합성경로를 통해 자기 스스로의 단백질을 생산하는 공장처럼 활용하기 때문에 특히 단백질의 수송경로를 찾아내는 연구에 유용하게 활용된다. 세포가 VSV에 감염되면 소포체에서 대량의 VSVG 단백질이 생성된다. VSVG 분자는 골지복합체를 통과하여 감염된 세포의 원형질막으로 옮겨져 바이러스를 둘러싸는 데 사용될 세포 막으로 끼어들게 된다. 방사능 펄스-추적 실험에서와 마찬가지로 바이러스를 사용하면 실험자는 움직이는 단백질의 움직임을 녹색형광의 움직임을 통해 비교적 동시에 추적할 수 있다. 여기에 만약 높은 온도(예: 40°C)가 되면 소포체를 떠날 수 없도록 돌연변이 디자인이 된 VSVG 바이러스를 사용한다면 단백질의 움직임을 좀 더 구체적으로 관찰할 수 있다. 예를 들어, 그림 12.4에 묘사된 실험에서 보여주는 것과 같이, 32°C와 같은 낮은 온도에서는 소포체에 생산되어 축적된 GFP-VSVG 단백질(그림 12.4*a*,*c*)은 곧이어 골지복합체(그림 12.4*b*,*c*)와 이동하고 그 다음 원형질막으로 옮겨진다. 이 유형의 돌연변이체는 정상적으로 감소된(허용되는) 온도에서는 제기능을 하지만, 상승된(제한적) 온도에서는 기능하지 않으므

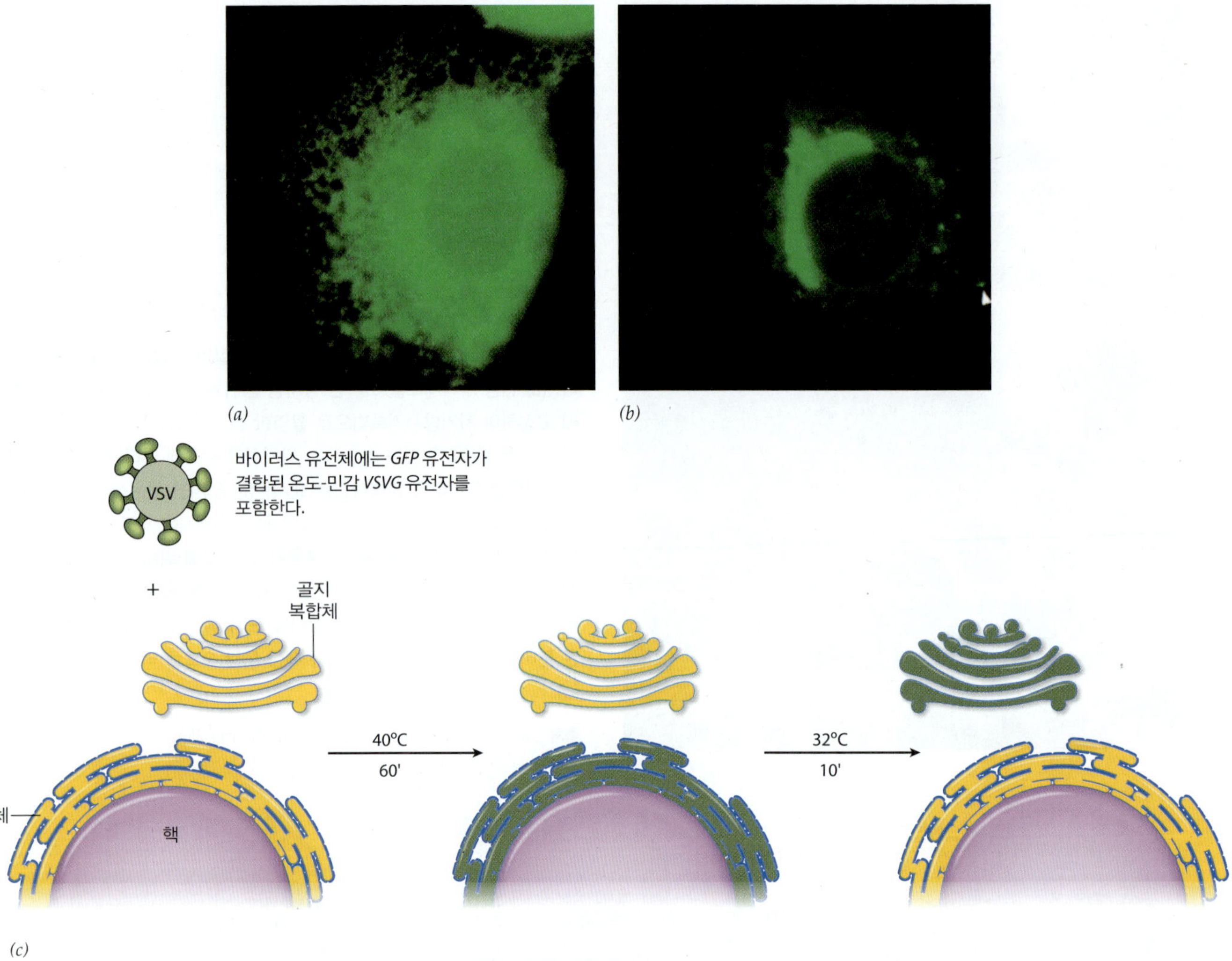

그림 12.4 녹색 형광 단백질(GFP)의 사용은 살아 있는 세포 내에서 단백질의 움직임을 보여준다. (*a*) 40°C에서 VSV 바이러스에 감염된 살아 있는 포유류 세포의 형광 현미경 사진. VSV 바이러스의 이 특정 변종은 (1) 형광 단백질 GFP를 코딩하는 유전자에 융합된 *VSVG* 유전자를 포함하고, (2) 40°C로 유지될 때 새로 합성된 VSVG 단백질은 소포체를 벗어나지 못하는 온도-민감성 돌연변이를 포함한다. 이 현미경 사진의 녹색 형광은 소포체로 제한된다. (*b*) VSVG 단백질이 소포체에 축적되도록 40°C에서 배양되다가 32°C에서 10분 동안 배양한 세포의 사진. VSVG 단백질의 형광 신호가 골지복합체로 이동하였다. (*c*) 40°C에서 배양되었을 때 돌연변이 VSVG 단백질이 소포체에 머물러 있다가 낮은 온도에서 10분간 배양하는 과정에 골지체로 이동하는 모습을 보여주는 개략도.

출처: (b) Daniel S. Chao et al. 제공, Richard H. Scheller, *J. Cell Biol.* 144:873, 1999에서 발췌. 록펠러대학교 출판부의 허가를 얻음.

로 온도-민감성 돌연변이(*temperature-sentitive mutant*)라고 불린다. 이와 별개로 2개의 서로 다른 형광 표식자(fluorescent probe)를 사용하는 실험은 512쪽에 설명되어 있다.

세포 이하 분획의 분석

전자현미경 검사, 자기방사기록법 및 GFP의 사용은 세포기관의 구조와 기능에 대한 정보를 제공하지만, 이러한 구조의 분자 구성에 대한 더 깊은 통찰력을 제공하지 못하였다. 알버트 클로드(Albert Claude)와 크리스티앙 드 듀브(Christian De Duve)는 1950년대와 1960년대에 세포를 부수고(**homogenize, 균질화**) 특정 종류의 세포소기관을 분리하는 기술을 개발했다. 균질화에 의해 세포가 파열되면 세포질 막이 단편화되고 막 조각의 부스러진 가장자리가 융합되어 직경 100nm 미만의 구형 소낭이 형성된다. 다른 세포소기관(핵, 미토콘드리아, 원형질막, 소포체 등)에서 유래된 소낭은 서로 분리될 수 있는 상이한 성질을 가지고 있어, 이는 **세포 이하 분획화(subcellular fractionation)**라고 불리는 방법에 의해 분리가 가능하다.

내막계(주로 소포체와 골지복합체)에서 유래한 막 소낭은 **마이크로솜(microsomes)**이라고 불리는 유사한 크기를 갖는 소낭들의 이질적 집단을 형성한다. **그림 12.5a**는 세포의 마이크로솜 분획을 신속하게 (그러나 정제되지 않은) 준비하는 과정을 잘 묘사하고 있다. 마이크로솜 분획은 18.6절에서 논의될 기울기 기법(gradient technique)에 의해 활면 및 조면 막 분획(그림 12.5*b*,*c*)으로 더 분리될 수 있다. 일단 분리되면, 다양한 분획의 생화학적 조성물도 알아낼 수 있다. 실제로 최근 몇 년 동안 단백체 분석기술을 사용하여 세포 분획에 존재하는 단백질들을 알아내었다. 18.6절에서 논의되겠지만, 특정 세포소기관이 분리되면 그 안에 존재하는 단백질은 질량분석법(mass

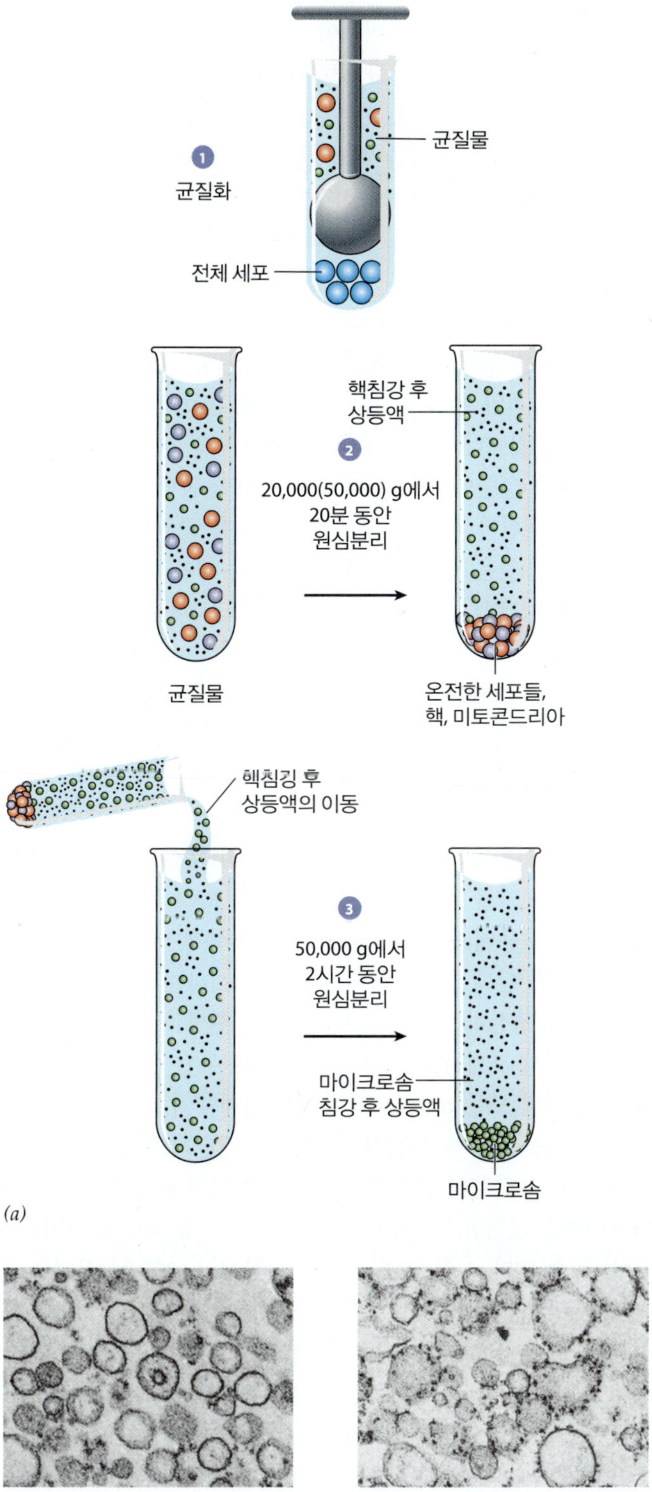

그림 12.5 분별 원심분리를 통한 마이크로솜의 분리. (*a*) 세포를 기계적 균질화(1단계)에 의해 파괴하면, 다양한 막성 소기관은 분쇄되어 구형의 막성 소낭을 형성한다. 다른 소기관에서 유래한 소낭은 다양한 원심분리기법에 의해 분리될 수 있다. 이 그림에서 보여주는 과정에서 세포 균질물(homogenate)은 첫 번째로 저속 원심분리를 통해 핵과 미토코드리아와 같은 큰 입자를 침강시키고 작은 소낭(마이크로솜)들은 상등액에게 떠 있게 한다(2단계). 마이크로솜은 이후 높은 속도로 오랫동안 원심분리하여 상등액으로부터 제거할 수 있다(3단계). 정제되지 않은 마이크로솜 분획은 이어지는 단계를 통해 각각 다른 소낭 구획으로 분리할 수 있다. (*b*) 활면 마이크로솜 분획의 전자현미경 사진. 소낭의 막 표면에는 리보솜이 관찰되지 않는다. (*c*) 조면 마이크로솜 분획의 전자현미경 사진. 소낭의 표면에는 많은 리보솜이 부착되어 있다.

출처: (*b–c*) J. A. Higgins and R. J. Barnett 제공.

spectroscopy)에 의해 추출, 분리 및 동정될 수 있다. 이 방법을 통해 수백 가지의 단백질을 동시에 동정할 수 있어 만약 소기관들이 순수하게 분리될 수 있다면 그 안에 존재하는 포괄적인 분자정보를 확인할 수 있다. 한 예로, 미세한 라텍스 조각를 섭취한 세포의 포식소체(phagosome, 12.18절)를 분리하여 조사하였더니 160개 이상의 서로 다른 단백질을 포함하고 있었으며, 그 중 많은 단백질은 이전에 확인되지 않았거나 식세포작용(phagocytosis)에 관여할 것이라고는 생각지 못했던 것들이었다.

무세포계의 활용

막 세포소기관을 분별하는 기술이 개발되면서 과학자들은 아직 정제되지 않은 세포이하(subcellular) 시료들의 활성을 조사하기 시작했고, 곧 분리된 세포의 일부분들이 놀라운 활성을 가지고 있다는 것을 발견하였다. 활성을 가진 세포 유래 시료는 온전한 세포를 포함하지 않았기 때문에 초기 **무세포계(無細胞係, cell-free system)**이라 불렸으며, 온전한 세포 내의 복잡한 환경에서 확인 불가능한 생물학적 과정을 연구하는 데 좋은 재료가 되었다. 예를 들어, 1960년대 록펠러 대학의 조지 팰러드(George Palade), 필립 시케비츠(Philip Siekevitz)와 그 동료들은 조면소포체에서 유래한 조면 마이크로솜 분획(그림 12.5*c*에 표시됨)의 특성에 대해 연구하였다(12.4절). 그들은 조면 마이크로솜의 표면으로부터 거친 입자들을 벗겨낼 수 있고, 그 분리된 입자(후에 리보솜으로 밝혀짐)는 세포질로부터 필요한 요소들이 제공될 때 단백질을 합성할 수 있다는 것을 발견했다. 새로 합성된 단백질은 리보솜에 의해 시험관의 반응용액 내로 방출되었다. 손상되지 않은 조면 마이크로솜을 사용하여 동일한 실험을 수행할 경우, 새로 합성된 단백질은 더 이상 반응용액으로 방출되지 않고 막으로 둘러싸인 소낭의 내부(lumen)에 갇히게 된다. 이 연구들로부터 마이크로솜 막은 아미노산을 단백질에 첨가하는 것이 아니라 소포체의 합성 공간 내에서 새로 합성된 분비 단백질을 수집 혹은 세포질로부터 격리시키는 데 필요하다는 결론을 내렸다.

지난 수십 년 동안 연구자들은 무세포계를 사용하여 막 수송과 관련된 많은 단백질의 역할을 확인했다. 2013년 노벨 생리의학상 수상자인 제임스 로스만(James Rothman)과 랜디 쉐크만(Randy Schekman)은 무세포계를 사용하여 소낭 수송에 대한 연구를 수행한 것으로 잘 알려져 있다. **그림 12.6**은 Schekman의 실험실에서 얻어진 실험결과의 하나로 리포솜(liposomes)과 그 표면에서 출아된 소낭(화살표)을 보여준다. 317쪽에서 본 것처럼, 리포솜의 표면은 잘 정제된 인지질(phospholipid)로 실험실 내에서 인공적으로 만들어낼 수 있는 2중막 구조로 이루어진 소낭을 말한다. 그림 12.6에서 볼 수 있는 출

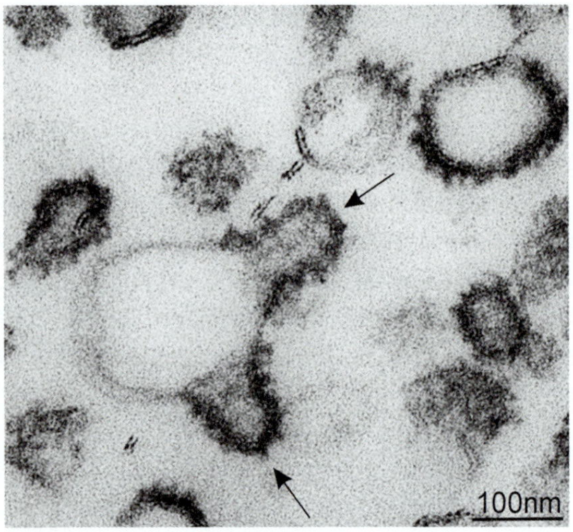

그림 12.6 무세포계에서 피복 소낭의 형성. 세포 내에서 소낭 신생을 촉진시키는 데 필요한 성분과 배양된 리포솜 시료의 전자현미경 사진. 배지 내의 단백질은 리포솜의 표면에 부착되어 단백질이 피복된 돌기(화살표)의 형성을 유도한다.

출처: Lelio Orci and Randy Schekman 제공.

아된 봉오리를 가진 리포솜은 시험관 내에서 수송소낭의 세포질 쪽 표면을 피복하는 단백질과 인지질 시료와 혼합하여 형성되었다. 이 경우 피복 단백질을 인지질 시료에 추가하지 않으면 리포솜의 출아 현상은 일어나지 않았다.

이러한 무세포계를 활용하여 연구자들은 막에 달라 붙어 소낭 형성을 개시할 수 있는 단백질, 화물 선택 및 다른 소기관으로 소낭을 전달하기 위해 공여체 소기관으로부터 소낭을 분리해 내는 단백질 등을 연구하는 데 유용하게 활용할 수 있게 되었다.

돌연변이체 표현형의 연구

돌연변이체는 비정상 단백질을 암호화하는 하나 이상의 유전자를 염색체에 포함하고 있는 개체(또는 배양된 세포)를 말한다. 돌연변이 유전자에 의해 암호화된 단백질이 정상적인 기능을 수행할 수 없는 경우 돌연변이가 있는 세포는 특이적인 결핍을 나타낸다. 결핍의 정확한 특성을 규명함으로써 정상 단백질의 기능을 알아낼 수 있다. 분비와 관련된 유전자 기반 대규모 연구는 주로 효모세포에서 이루어졌으며, 특히 Schekman과 그의 동료들에 의해 수행된 연구로 많은 사실들이 규명되었다.

모든 진핵세포에서와 마찬가지로 효모에서의 소낭은 소포체에서 나와 골지복합체로 이동하여 골지 시스터나와 융합된다(**그림 12.7a**). 분비경로의 이 부분을 담당하는 단백질을 암호화하는 유전자(예, *sec* 유전자)를 찾아내기 위해, 연구자들은 세포질 막의 비정상적인 분포를 보이는 돌연변이 세포를 스크리닝하였다. 야생형 효모세포의 전자현미경 사진이 그림 12.7*b*처럼 보이는 데 반해, 그림 12.7*c*에서 보이는 세포는 소포체 막에서 소낭 형성에 관여하는 단백질을 암호화하는 유전자에 돌연변이가 발생하여(1단계, 그림 12.7*a*) 소낭 형성 없이 확장된 소포체가 축적된다. 대조적으로, 그림 12.7*d*에서 보이는 세포는 소낭 융합에 관여하는 단백질을 암호화하는 유전자에 돌연변이가 발생하여 과도한 수의 비융합 소낭을 축적하고 있다(2단계, 그림 12.7*a*). 연구자들은 한 그룹으로 간주되는 수십 개의 다른 돌연변이 세포도 분리해 내었는데, 분비경로의 거의 모든 단계에서 문제점을 보였다. 곧 이러한 결함을 일으키는 유전자가 동정되고 그 서열이 확인되었으며, 이를 통해 각 유전자에 의해 암호화한 단백질을 분리할 수 있었다. 일단 효모로부터 단백질이 분리되면, 포유동물의 유전자 데이터와의 비교 검색을 통해 동종 단백질(즉, 관련 서열을 갖는 단백질)이 동정되었다.

이러한 모든 연구를 통해 알게 된 가장 중요한 사실 중 하나는 내막계의 역동적인 활동이 여러 생물종에 걸쳐 진화적으로 고도로 보존되었다는 것이다. 효모, 식물, 곤충 및 인간 세포는 그 생물학적 기능뿐 아니라 그들이 가진 현저하게 유사한 단백질을 가지고 동일한 기능을 수행한다. 세포의 구조적 다양성은 근원적인 분자 유사성에 기인한다는 것은 명백한 사실이다. 많은 경우, 매우 다양한 종들로부터 유래된 단백질들은 기능적으로 상호 교환이 가능하다. 예를 들어, 포유류 세포에서 유래된 무세포계에서 소낭 수송을 촉진하기 위해 종종 효모 유래의 단백질이 이용되기도 하며, 반대로 생합성경로의 일부 단계를 방해하는 유전적 결함을 가진 효모세포는 유전공학기술을 통해 도입된 포유류의 정상 유전자를 통해 “치료” 되기도 한다.

지난 10여 년 동안 식물이나 동물세포의 특정 세포 기능에 영향을 미치는 유전자를 찾기 위해 연구자들은 *RNA* 간섭(*RNAi*)이라는 세포 현상을 이용해 왔다. RNAi는 세포가 특정 mRNA에 결합하여 이들 mRNA가 단백질로 번역되는 것을 억제하는 작은 RNA(*siRNA* 라고 부름)를 생산하는 과정을 말한다. 이 현상과 그 활용은 5.10절과 18.25절에서 자세히 논의된다. 여기서는 우선 실험자들이 유전체에 의해 생성된 모든 mRNA의 번역을 억제할 수 있는 siRNA 집단(라이브러리)을 어떻게 합성할 수 있는지 간단히 언급될 것이다. 각 mRNA는 곧 유전자의 발현을 나타내므로 어떤 siRNA가 그 과정을 방해하는지를 결정함으로써 어떤 유전자가 특정 과정에 관여하는지를 알아낼 수 있다. **그림 12.8**과 같은 실험에서 연구자들은 분비경로의 다양한 단계에 관여하는 유전자를 밝혀냈는데, 이는 그림 12.7에 제시된 효모 돌연변이를 연구하는 연구자와 유사한 목표를 가지고 수행되었다. 이 경우 연구자들은 배양된 초파리(*Drosophila*) 세포를 사용하여, 소포체에서 합성되어 수송소낭을 통해 골지복합체로 이동하여 그곳에서 자리 잡는 효소의 하나인 만노시다아제 II(mannosidase II)의 위치에 영향을 미치는 유전자를 확인하고자 하였다. 그림 12.8*a*는 GFP 단백질이 융합된 만노시다아제 II를 생산하는 대조군 세포를 보여주고 있다; 예상되는 바와 같이 형광은 수많은 골지복합체에서 특이하게 관찰된다. 하지만 그림 12.8*b*에서 보이는 세포는 siRNA 분자에 의해 골지복합체와 융합된 것으로 보이는 소포체에 GFP-만노시다아제가 배치되어 있음을 보여준다. 이 세포의 경우 소포체에서 골지복합체로의 효소 수송에 관여하는 단백질 중 어느 하나가 없기 때문에 이러한 표현형을 보이게 된다. 어떤 방식으로든 분비경로를 방해하는 것으로 밝혀진 130개의 다른 siRNA 중 31개가

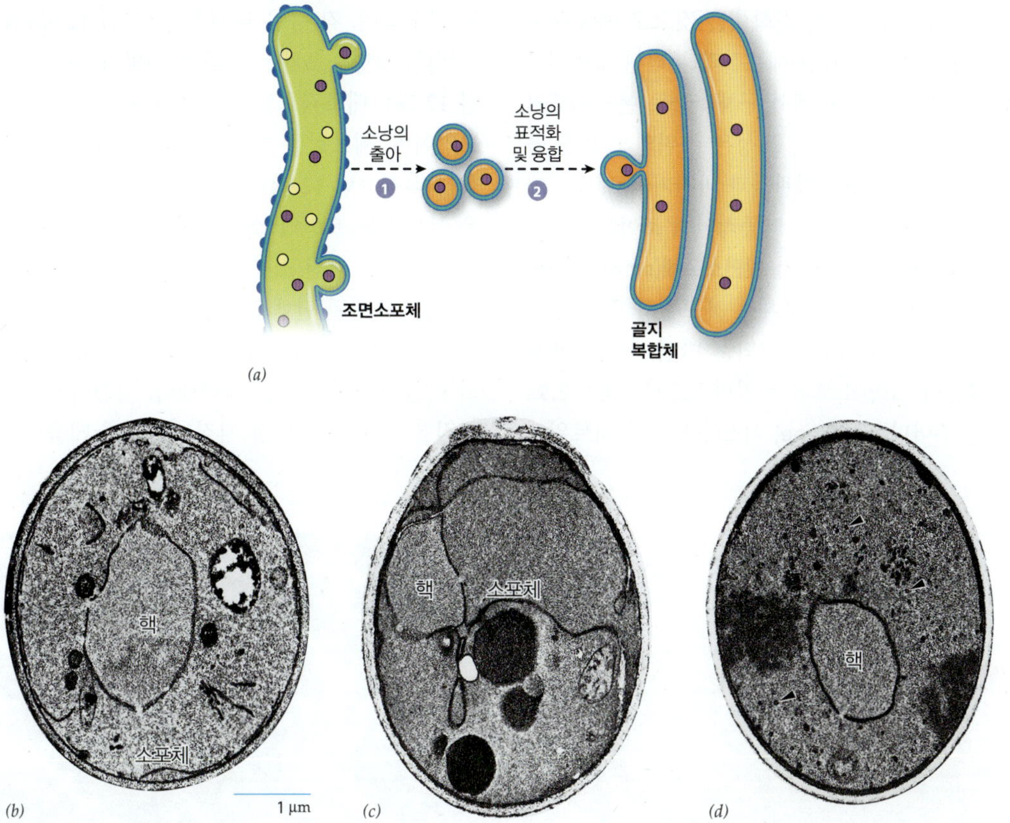

그림 12.7 분비 연구에서 유전적 돌연변이의 사용. (*a*) 출아 효모에서 생합성 분비경로의 첫 번째 국면. 각 단계는 아래 설명되어 있다. (*b*) 야생형 효모 세포 절편의 전자현미경 사진. (*c*) 소포체 막에서 소낭 형성에 관여하는 *sec*12 유전자에 돌연변이가 있는 효모 세포(1단계, 부분 *a*). 소낭이 형성될 수 없기 때문에 확장된 소포체의 시스터나가 세포에 축적되었다. (*d*) *sec*17 유전자에 돌연변이가 있는 효모 세포. 이 유전자는 소낭 융합에 관여한다(2단계, 부분 *a*). 골지 막과 융합할 수 없으므로 소포(화살촉으로 표시)가 세포에 축적된다. [*c*와 *d*에서 묘사된 돌연변이는 온도-민감성 돌연변이이다. 낮은 온도(허용 온도)를 유지하면 정상적인 성장과 분열이 가능하다.

출처: Chris A. Kaiser and Randy Schekman 제공, *Cell* 61:724, 1990. Elsevier 출판사의 허가를 얻음.

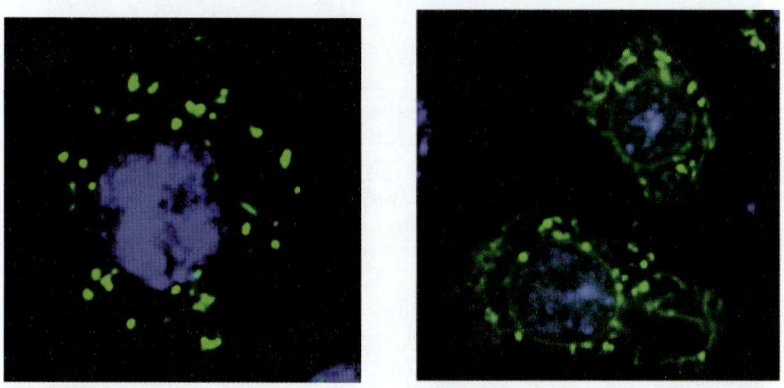

그림 12.8 RNA 간섭현상을 이용한 유전자 발현 억제. (*a*) GFP-표지된 만노시다아제 II를 발현하는 대조군 *Drosophila S2* 세포. 형광 효소는 소포체에서 합성된 후 골지복합체에 국소화된다. (*b*) 상보적인 mRNA에 결합하여 암호화된 단백질의 번역을 억제하는 특정한 siRNA를 발현하도록 유전적으로 조작된 세포. 이 경우 siRNA는 형광 효소가 골지 막과 융합된 소포체에 남아 있게 한다. 이 표현형은 siRNA에 의해 영향을 받는 mRNA가 소포체에서 합성되고 골지복합체로 이동하는 분비경로의 초기 단계에 관여하는 단백질을 암호화함을 시사한다. siRNA의 영향을 받아 이러한 표현형을 나타내는 유전자 중에는 COPI 피복단백질, Sar1 및 Sec23의 단백질을 암호화하는 유전자 등이 있다. 이 단백질들의 기능은 이 장의 뒷부분에서 설명될 것이다.

출처: (a) Frederic Bard et al., Vivek Malhotra 제공, *Nature* 439:604, 2006; © 2006. Macmillan 출판사의 허가를 얻음; (b) Frederic Bard et al., Vivek Malhotra 제공, *Nature* 439: 604, 2006; © 2006, Macmillan 출판사의 허가를 얻음.

그림 12.8*b*에서 보여지는 것과 비슷한 표현형을 보인다는 것이 밝혀졌다. 이 31개의 siRNA에는 이미 분비경로에 관여하는 것으로 알려진 유전자의 발현을 억제하는 종들이 포함되어 있다. 또한 이 연구는 이제까지 기능이 알려지지 않았으나 이제는 이러한 과정에도 관여하는 것으로 추정되는 또 다른 유전자들도 찾아내었다. 돌연변이 유전자를 가진 개체를 생성하는 것보다 작은 RNA를 제작하는 것이 더 쉽기 때문에, RNAi는 어떤 단백질이 없을 때 나타날 수 있는 효과를 조사하는 일반적인 전략이 되었다.

12.3 소포체

소포체(Endoplasmic reticulum, ER)는 대부분의 세포질을 관통하는 막의 네트워크를 통칭한다. 소포체는 제1장의 <역사적 실험>에 설명된 대로 원형질막의 함입된 구조로부터 진화했을 것으로 예측된다. 소포체 내에는 소포체 막에 의해 둘러싸인 세포질과 분리된 광범위한 공간 또는 **내강(lumen)**이 존재한다. 아래에서 구체적으로 논의되겠지만, 소포체 막 내강(또는 시스터나) 공간의 조성은 주위의 세포질 공간의 구성과 상당히 다르다. 다른 세포소기관들과 마찬가지로, 소포체는 끊임없는 변화 및 재구성을 거치는 매우 역동적인 구조이다.

소포체는 **조면소포체(rough ER, RER)**와 **활면소포체(smooth ER, SER)**의 2개의 종류로 나누어진다. 조면소포체는 세포질과 맞닿은 막 표면에 결합된 리보솜이 있는 소포체로 정의되는 반면, 활면소포체는 리보솜이 존재하지 않는다. 조면소포체는 일반적으로 **그림 12.9a**와 12.9*c*에서처럼 평평한 주머니(**cisternae, 시스터나**)들의 네트워크로 구성되며, 각 층은 나선형 막(그림 12.9*b*)에 의해 이웃 구조와 연결된다. 조면소포체는 핵막의 외막과 연속적으로 연결되어 있다(그림 12.2*b*). 대조적으로, 활면소포체의 막 구조는 고도로 굴곡지고 관 모양이며, 세포질을 가로지르는 관로(pipeline)가 상호 연결된 구조로 형성된다(그림 12.9*a*). 세포가 균질화되면 활면소포체의 관(tubules)은 부드러운 표면의 소낭으로 나누어지는 반면, 조면소포체 막성 구조는 표면이 거친 소낭으로 분리가 된다(그림 12.5*b*,*c*).

형광표지된 단백질과 지질의 움직임을 보면 소포체의 한 종류에서 다른 종류로 확산될 수 있음을 관찰할 수 있는데, 이는 소포체들의 막들이 연속적임을 나타낸다. 사실, 2종류의 소포체는 동일한 단백질을 보유하고 특정 지질과 콜레스테롤의 합성과 같은 일반적인

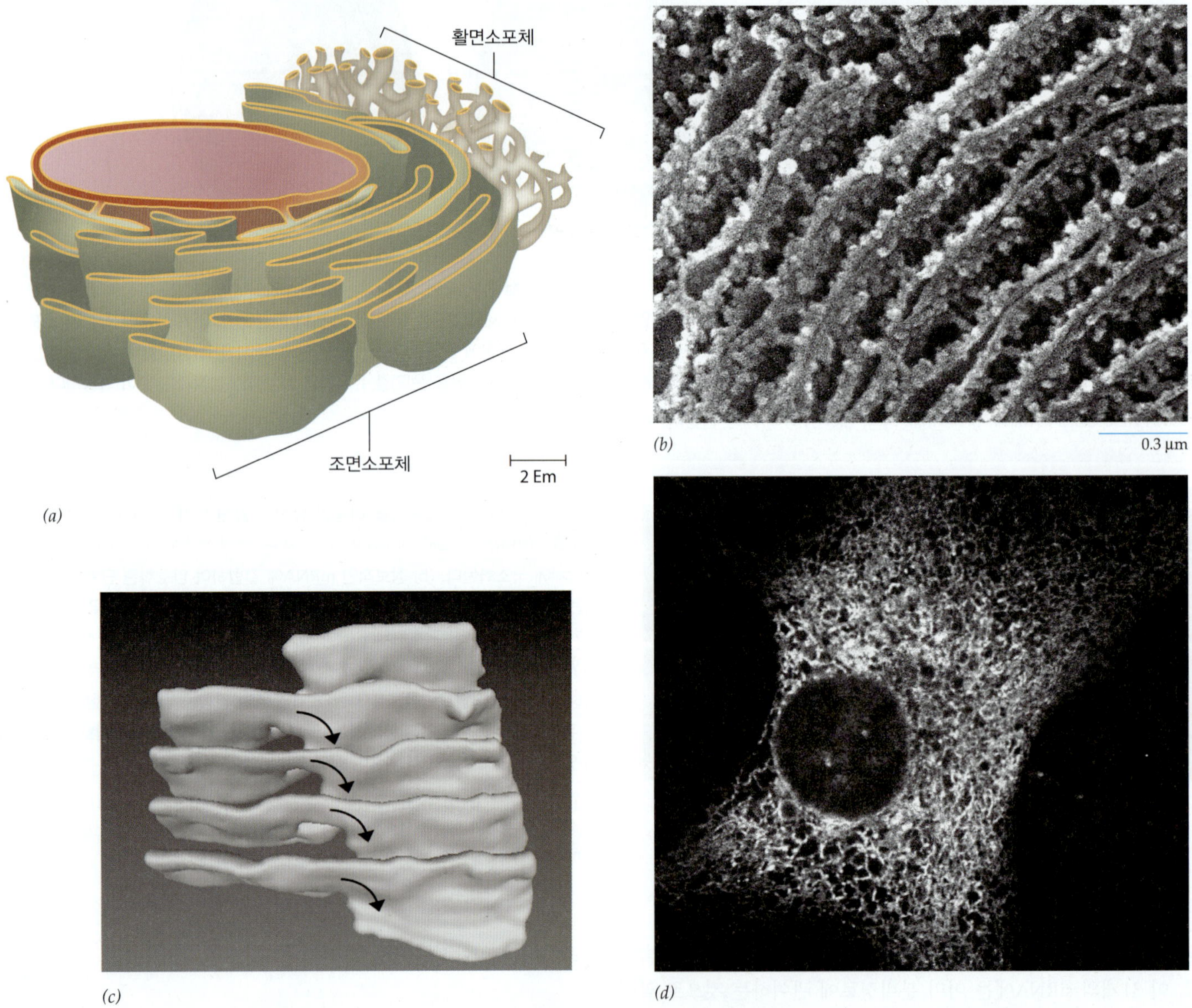

그림 12.9 **조면소포체(RER).** (*a*) RER을 구성하는 평평한 시스터나 적층을 보여주는 개략도. RER 막의 세포질 쪽 표면은 리보솜을 함유하고 있으며, 이는 시스터나가 거친 표면을 갖게 하는 이유가 된다. (*b*) 췌장 꽈리세포에서 RER의 전자현미경 사진. (*c*) 고해상도 전자현미경 사진은 소포체의 각 장이 나선형의 경사로 출입구 모양으로 연결됨을 보여준다. 이 구조에 대한 3D 재구성한 그림이 제시되어 있다. (*d*) 소포체 특이적 단백질의 GFP-형광 신호를 통해 보이는 살아 있는 세포 전체에 분포된 소포체의 모습.

출처: (b) K. Tanaka 제공, *Int. Rev. Cytol.* 68:101, 1980; (c) Terasaki et al., 제공, *Cell* 154:285, 2013; (d) George H. Patterson 제공, Cell Image Library, CIL721

활동을 공유한다. 동시에 수많은 단백질이 하나 또는 다른 유형의 소포체에서만 발견된다. 예를 들어, 활면소포체 관은 막에 달라 붙어 있는 레티쿨론(reticulon)이라고 하는 구조 단백질에 의해 큰 각도로 구부러져 있으나, 비교적 편평한 형태의 조면소포체에는 이러한 단백질 수가 비교적 적게 관찰된다. 대조적으로, 조면소포체는 내강에서 초기 단백질의 이동에 관여하는 단백질을 높은 농도로 보유하고 있다.

서로 다른 유형의 세포는 세포의 활동에 따라 두 소포체의 비율이 현저히 다르다. 예를 들어, 췌장세포나 타액선과 같은 다량의 단백질을 분비하는 세포는 조면소포체가 광범위한 영역을 걸쳐 관찰된다(그림 12.9*b*~*d*). 이 절에서는 활면소포체의 활동을 먼저 기술하고, 뒤이어 조면소포체의 기능을 알아보고자 한다.

활면소포체

활면소포체는 골격근, 신장 세뇨관 및 스테로이드 생성 내분비선을 포함하여 다양한 세포 유형에서 광범위하게 발달한다(**그림 12.10**). 활면소포체의 대표적 기능은 다음과 같다.

- 성선(gonad)과 부신 피질(adrenal cortex)의 내분비세포에서 스테로이드 호르몬의 합성.
- 바르비투르산염(Barbiturates)과 에탄올(ethanol)을 비롯한 다양한 유기화합물의 간에서의 해독작용. 이들을 만성적으로 사용할 경우 간세포에서 활면소포체가 증식될 수 있다. 해독은 **시토크롬**(*cytochrome*) *P*450계열을 포함한 산소전달효소(예, oxygenases)들에 의해 수행된다. 이들 효소는 낮은 기질특이성을 활용하여 수 천 개의 소수성 화합물을 산화시켜 친수성 물질로 변환함으로써 좀 더 쉽게 배설될 수 있는 유도체로 전환한다. 하지만 이러한 활성의 결과가 항상 긍정적인 것은 아니다. 예를 들어, 고기가 불판에서 까맣게 탈 때 나타나는 상대적으로 무해한 화합물인 벤조피렌(benzo[a]pyrene)은 활면소포체의 "해독" 효소의 작용에 의해 강력한 발암물질로 변환된다. 시토크롬 P450은 많은 처방 약물을 대사하는 데에도 관여하는데, 인간 개체 간에 다양한 유전적 변이가 있다고 알려져 있으며, 이는 아마도 많은 약물들이 효과와 부작용에 개체 간 차이가 발생하는 원인이라 생각된다.
- 세포의 세포질내 칼슘이온을 격리시킴. 골격과 심장 근육세포의 활면소포체[근육세포에서는 특히 **근소포체**(*sarcoplasmic reticulum*)로 알려진]로부터 방출된 Ca^{2+}는 수축을 촉발시킨다.

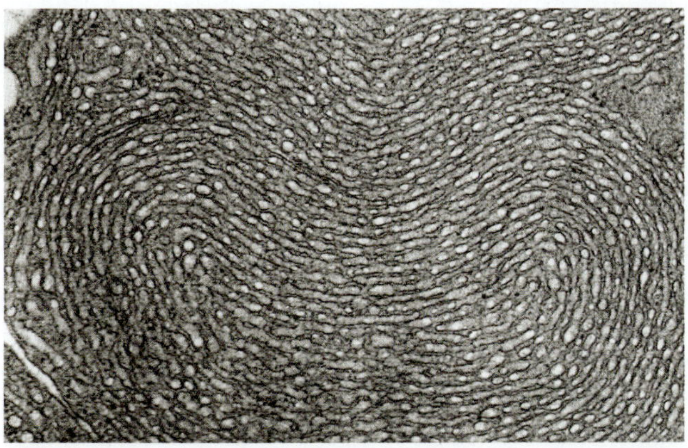

그림 12.10 **활면소포체(SER).** 스테로이드 호르몬이 합성되는 남성 생식선의 Leydig 세포에서 관찰된 넓고 부드러운 모습의 활면소포체의 전자현미경 사진.

출처: Don Fawcett/Photo Researchers, Inc. 제공

조면소포체

조면소포체의 기능에 대한 초기 연구는 췌장의 꽈리세포(그림 12.3) 또는 소화관 내층의 점액분비세포(**그림 12.11**)와 같이 다량의 단백질을 분비하는 세포를 이용해서 수행되었다. 그림 12.11*a*와 12.11*b*에서 명확히 볼 수 있듯이, 상피 분비세포의 세포소기관은 세포의 한쪽 끝에서 다른 쪽 끝으로 뚜렷한 극성(polarity)을 생성하는 방식으로 위치한다. 세포 핵과 조면소포체는 특히 혈액공급이 이루어지는 세포 기저면(basal surface) 근처에 위치해 있으며, 골지복합체는 세포의 중앙 부위에, 세포의 첨부면(apical surface)은 소기관에서 만들어져 분비될 도관과 인접하고 있다. 세포의 첨부면 쪽 세포질은 분비과립으로 가득 차 있으며, 그 내용물은 적절한 신호가 도착하면 도관으로 방출될 준비가 될 것이다. 이러한 선상피세포(glandular epithelial cell)의 극성은 세포를 통해 분비 단백질이 자신의 합성부위에서 방출부위로 이동하는 사실을 그대로 반영한다. 조면소포체는 바로 세포막 구획을 통해 단백질, 당사슬 및 인지질이 합성되는 생합성경로의 출발지이다.

12.4 조면소포체의 기능

조면소포체는 단백질의 합성과 세포막의 지질 합성 대부분을 담당한다. 단백질의 아스파라긴(asparagine) 잔기에 당 사슬을 첨가하는 작업도 조면소포체에서 시작하며, 이는 골지복합체에까지 지속된다. 이 절에서는 조면소포체가 분비 단백질, 리소좀 단백질 및 필수 막단백질의 합성에 어떤 역할을 하는지에 대하여 알아볼 것이다.

막 부착 혹은 유리 리보솜으로부터의 단백질의 합성

조면소포체가 췌장 꽈리세포에서 분비 단백질의 합성부위라는 것은 이전에 이미 기술되었다(그림 12.3). 다른 유형의 분비 세포, 예를 들어 점막단백질(mucoprotein)을 분비하는 소장 고블렛(intestinal goblet) 세포, 폴리펩티드 호르몬을 분비하는 내분비세포, 항체를 분비하는 형질세포(plasma cell) 및 혈청 단백질을 분비하는 간세포 등에서 비슷한 결과가 관찰된다.

추가로 진행된 연구는 폴리펩티드가 세포 내의 2개의 별개 장소에서 합성된다는 것을 밝혀냈다.

1. 포유류 유전체에 의해 암호화된 단백질의 약 1/3이 조면소포체 막의 외부 표면에 부착된 리보솜에서 합성되어 **번역 동시 전위(co-translational translocation)**라 불리는 과정을 통해 내강으로 방출된다. 이러한 종류의 단백질에는 (a) 분비 단백질, (b) 내재

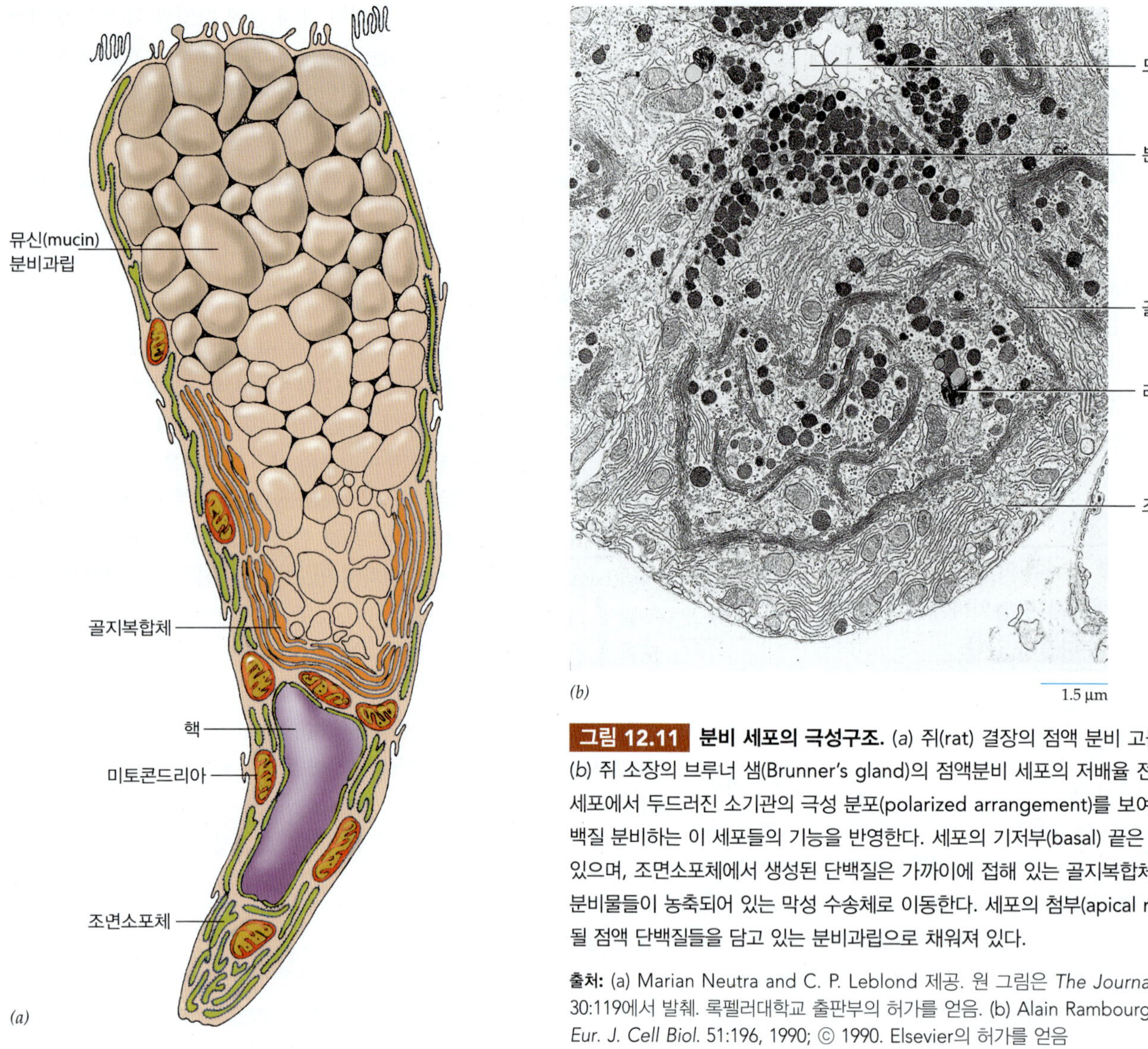

그림 12.11 분비 세포의 극성구조. (*a*) 쥐(rat) 결장의 점액 분비 고블렛(goblet) 세포의 모습. (*b*) 쥐 소장의 브루너 샘(Brunner's gland)의 점액분비 세포의 저배율 전자현미경 사진. 두 종류의 세포에서 두드러진 소기관의 극성 분포(polarized arrangement)를 보여주며 이는 다량의 점액 단백질 분비하는 이 세포들의 기능을 반영한다. 세포의 기저부(basal) 끝은 핵과 조면소포체가 분포해 있으며, 조면소포체에서 생성된 단백질은 가까이에 접해 있는 골지복합체로, 거기서부터 다시 최종 분비물들이 농축되어 있는 막성 수송체로 이동한다. 세포의 첨부(apical region)는 도관으로 분비가 될 점액 단백질들을 담고 있는 분비과립으로 채워져 있다.

출처: (a) Marian Neutra and C. P. Leblond 제공. 원 그림은 *The Journal of Cell Biology* Volume 30:119에서 발췌. 록펠러대학교 출판부의 허가를 얻음. (b) Alain Rambourg and Yves Clermont 제공, *Eur. J. Cell Biol.* 51:196, 1990; © 1990. Elsevier의 허가를 얻음

단백질, (c) 소포체, 골지체 복합체, 리소좀, 엔도좀, 소낭 및 식물 액포를 포함한 내막계의 구획 내에 존재하는 수용성 단백질이 포함된다.

2. 다른 폴리펩티드는 "유리(free)" 리보솜, 즉 조면소포체에 부착되지 않은 리보솜에 합성되고 이후에 세포질로 방출된다. 이러한 종류에는 (a) 세포질에 머물도록 예정된 단백질(예: 해당과정 효소와 세포 뼈대의 단백질), (b) 막의 세포질 표면 주변에 존재하는 단백질[예: 약하게 결합된 스펙트린(spectrin)과 안키린(ankyrin)], (c) 핵으로 수송되는 단백질(6.2절), (d) 퍼옥시솜, 엽록체 및 미토콘드리아로 이동될 단백질 등이 있다. 후자의 2그룹의 단백질은 세포질에서 완성되도록 합성된 후, 즉 **번역 후**(*postranslationally*) 해당 소기관의 막을 통과하여 진입하게 된다(12.19절).

단백질이 합성되는 세포의 위치를 결정하는 인자는 무엇일까? 1970년대 초, 귄터 블로벨(Günter Blobel)은 록펠러대학교의 데이비드 사바티니(David Sabatini)와 버나드 도버슈타인(Bernhard Dobberstein)과 공동으로 합성되는 펩티드의 N-말단부위의 아미노산 서열에 의해 결정된다는 것을 처음으로 제안하고 증명했다. 그들의 제안은 다음과 같다.

1. 분비 단백질은 N-말단부위에 **신호서열(signal sequence)**이라는 부분을 포함하는데, 이 부분은 합성되는 펩티드의 최초 출현부위이자 리보솜에서 소포체 막으로 향하는 부분이다.
2. 폴리펩티드는 소포체 막의 단백질로 나열된 수용성 채널을 통해 소포체 막으로 들어가는데, 그 폴리펩티드는 합성됨과 동시에 막을 통해 움직이므로, 소위 "번역과 동시에(*co-translationally*)" 이루어진다.[2]

[2]소포체 막을 통한 단백질 수송은 또한 번역 후(즉, 합성 후)에 발생할 수 있음을 유의해야 한다. 이 과정에서 폴리펩티드는 세포질에서 완전히 합성된 다음 번역동시 경로(co-translational pathway)에 사용된 동일한 단백질 전달 채널을 통해 소포체 내강으로 도입된다. 번역후 통로(post-translational pathway)를 통해 소포체로 이동하는 것은 포유동물세포보다 효모에서 훨씬 더 중요하게 활용된다. 사실 번역동시전위를 이용할 수 없는 효모세포는 비록 생존할 수는 있지만, 정상 세포보다 훨씬 천천히 자라게 된다.

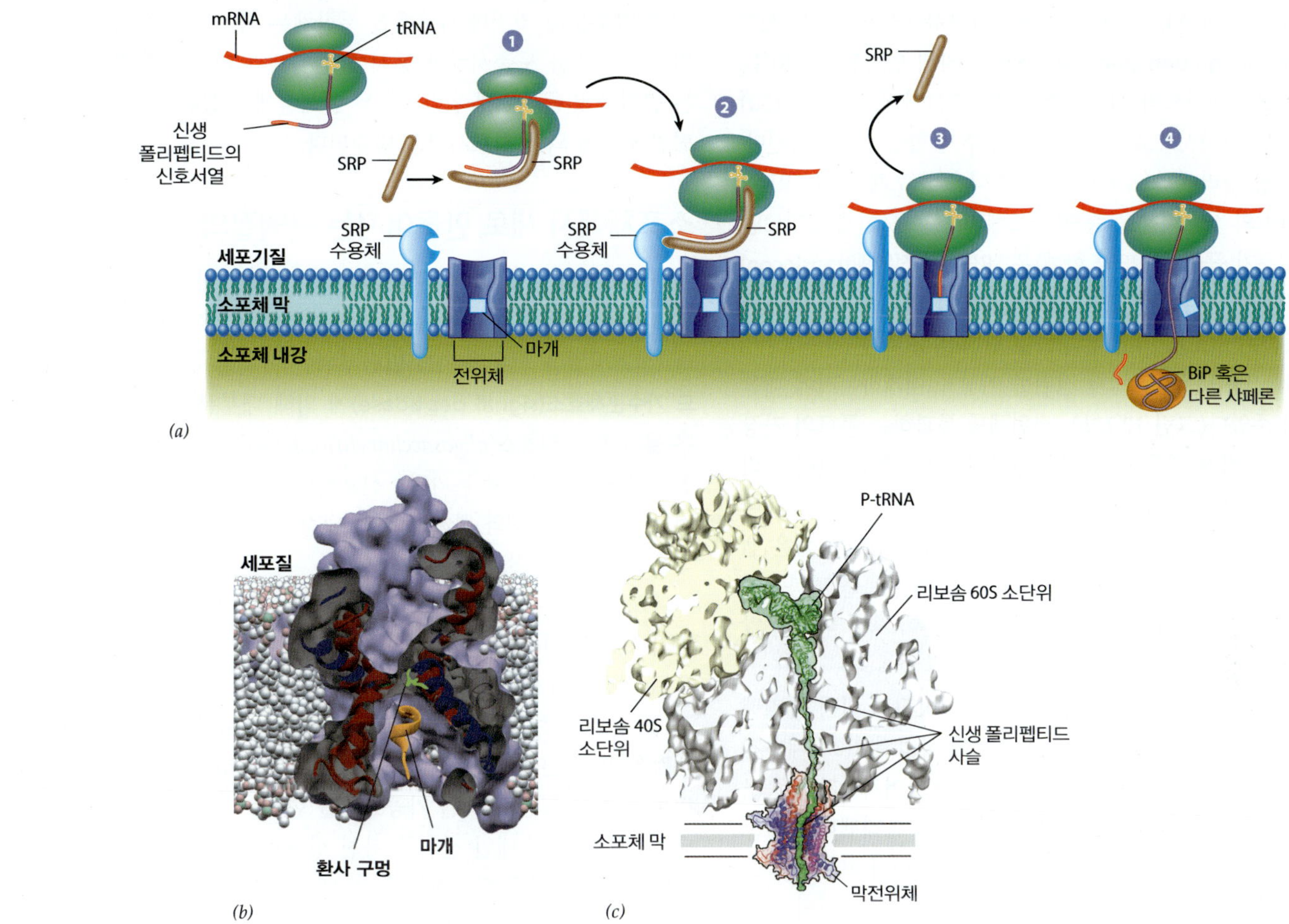

그림 12.12 조면소포체의 막 결합 리보솜 상에서 분비 단백질(또는 리소좀 효소)의 합성을 보여주는 개략적인 모델. (*a*) 폴리펩티드의 합성은 유리 리보솜에서 시작한다. 신호 서열(빨간색으로 표시)이 리보솜에서 나오면, 이는 SRP에 결합하고(1단계), 이 과정은 SRP-리보솜-신생 폴리펩티드 사슬 복합체가 소포체 막과 접촉할 때까지 번역을 중지시킨다. SRP-리보솜 복합체는 소포체 막에 위치한 SRP 수용체(SR)와 결합한다(2단계). 이 복합체가 SRP 수용체와 결합한 후 SRP는 방출되고 리보솜은 소포체 막의 전위체과 결합한다(3단계). 이 과정은 SRP와 그 수용체에 결합해 있는 GTP의 가수분해와 동반하여 일어난다. 여기서 보여지는 모델에서 신호 펩티드는 전위체의 내부와 결합하여 통로를 막고 있는 마개를 제거하며 나머지 폴리펩티드가 막을 통과하여 번역과 동시에 전위가 되도록 한다(4단계). 신생 폴리펩티드가 소포체의 내강을 지나면서 신호 펩티드는 막에 존재하는 신호 펩티드 가수분해효소(여기서는 보이지 않음)에 의해 제거되며, 단백질은 BiP와 같은 소포체 샤페론의 도움을 받아 적절하게 접히게 된다. 연구들에 따르면 전위체는 여기에서 보여지는 것처럼 단일 구조체가 아니라 2개 혹은 4개의 소단위가 모여진 구조로 이루어져 있다고 한다. (*b*) 고세균(archaebacteria)의 전위체의 X-선 결정학 연구를 바탕으로 한 전위체 통로의 측면 절단면 구조. 모래시계 모양의 수용성 통로와 나선 모양의 마개가 선명하게 보인다. 소수성 사슬로 이루어진 링 구조(초록색) 또한 통로의 내부를 따라 가장 좁은 영역에서 관찰된다. (*c*) 합성 과정 중에 있는 리보솜-전위체 복합체의 모습과 동결 전자현미경법(18.14절)으로 관찰한 신생 단백질의 전위. 리보솜 내부의 출구가 전위체의 배출구와 함께 배열되어 있다.

출처: (b) Tom A. Rapoport 제공, *Nature* 450:664, 2007. Macmillan 출판사의 허가를 얻음; (c) Thomas Becker et al., 제공, *Science*, Vol 326, 1372, 2009, Figure 6e에서 발췌, Roland Beckmann, University of Munich 제공. AAAS의 허가를 얻음.

신호가설(*Signal hypothesis*)이라 알려진 이 제안은 후에 많은 실험증거에 의해 입증되었다. 더 중요한 것은 단백질에 내장된 "주소 코드(address code)"를 포함한다는 Blobel의 원래 개념은 원칙적으로 모든 유형의 단백질 수송경로에 적용되는 것으로 나타났다.

분비성, 리소좀 혹은 식물 액포 단백질의 합성

분비성, 리소좀 혹은 식물 액포 단백질의 합성도 역시 대개 번역동시전위에 의해 일어난다. 이 과정에서 새로 형성된 단백질은 소포체 막에 부착된 리보솜에 의해 소포체 내강에 침착된다(**그림 12.12**). 폴리펩티드의 합성은 mRNA가 유리 리보솜, 즉 소포체의 막 외부에 부착되지 않은 리보솜에 결합하면서 시작된다. 사실, 세포내 모든 리보솜은 기본적으로 동일한 것으로 생각된다; 분비되는, 리소좀 또는 식물 액포 단백질의 합성에 사용되는 리보솜들은 세포질에 존재하여 다른 단백질의 생산에 사용되는 것들과 다르지 않다. 번역동시전위를 통해 합성되는 폴리펩티드는 6~15개의 소수성 아미노산 잔기를 포함하는 전형적인 신호서열을 포함하여 새로 합성되는(*nascent*) 폴리펩티드를 소포체의 막으로 향하게 하고 결국 소포체 내강 안으로 이동하게 한다. 신호서열은 대개 N-말단 또는 그 근처에 위치하지만, 일부 폴리펩티드에서는 펩티드서열 내부에 위치하기도 한다.

리보솜에서 빠져 나오면, 소수성의 신호서열은 6개의 다른 폴리펩티드 및 RNA 분자(7SL RNA)로 구성된 (포유동물의 경우) **신호인식입자(signal recognition particle, SRP)**에 의해 인식된다. SRP는 새로 합성되는 폴리펩티드의 신호서열과 리보솜(1단계, 그림 12.12*a*)에 모두 결합하여 일시적으로 폴리펩티드의 추가 합성을 정지시킨다. SRP-리보솜-신생 폴리펩티드 복합체는 그 다음 소포체 막의 SRP와 SRP 수용체 사이의 상호작용을 통해 소포체 막으로 모이게 된다(2단계). 그 리보솜(초기 폴리펩티드와 함께)은 SRP에서 **전위체(translocon)**로 전달된다(3단계). 전위체는 초기 폴리펩티드가 리보솜에서 소포체 내강으로 이동하는 소포체 막에 존재하는 단백질 통로이다.

X-선 결정학 연구는 전위체가 전위를 어떻게 매개하는지에 대한 정보를 제공해 주었다(그림 12.12*b*). 전위체를 통과하는 통로의 가장 좁은 부분(지름이 가장 짧은 부분)에 6개의 소수성 아미노산이 고리 형태를 하고 있는 마치 모래시계 모양의 통로가 있음이 드러났다. 비활성(즉, 비전위) 상태에서, 링 모양의 통로는 α-나선 형태의 짧은 펩티드에 의해 막혀 있다. 이 마개(α-나선 펩티드)는 통로를 밀봉하여 세포질과 소포체 내강 사이에서 칼슘 및 다른 이온이 새어 나가지 않도록 막는 역할을 한다.

전위체에 리보솜이 부착하면 신호서열이 인식되고 신생 폴리펩티드가 전위체의 좁은 친수성(aqueous) 통로에 삽입된다(3단계). 전위체의 내부와 신호서열이 접촉함으로써 마개가 떨어져나가고 통로가 열릴 것이라 예측된다. 리보솜 내에서 자라나는 폴리펩티드는 소수성 링 모양의 통로를 통해 소포체 내강으로 이동한다(4단계 및 그림 12.12*c*). X-선 결정 구조에서 관찰된 통로는 통상 나선형의 모양을 갖는 폴리펩티드 사슬보다 상당히 작은 직경(5~8 Å)을 가지고 있기 때문에 통로를 빠져 나올 때 리보솜으로부터 막 빠져 나오는 초기의 폴리펩티드 사슬처럼 경첩과 같은 방식으로 통로를 열 수 있을 것이라고 생각된다. 번역이 종료되고 완전하게 합성된 폴리펩티드가 전위체를 빠져 나오면서 소포체 막에 결합되었던 리보솜은 떨어지게 되고, α-나선 마개는 전위체의 통로를 다시 막게 된다.

지금까지 알아본 분비 단백질의 합성 및 이동과 관련된 여러 단계는 GTP의 결합 또는 가수분해에 의해 조절된다. 제15장과 이 장의 뒤에서 곧 논의되겠지만, **GTP-결합 단백질[GTP-binding protein, 또는 G단백질(G protein)]**은 다른 많은 세포내 과정에서 중요한 조절 역할을 한다.[3] G단백질은 GTP 분자와 결합된 상태 혹은 GDP 분자와 결합된 상태 중 적어도 하나의 형태로 존재한다. G단백질의 GTP 결합 및 GDP 결합 버전은 상이한 구조를 가지며, 따라서 다른 단백질을 결합시키는 상이한 능력을 갖는다. 이러한 결합 특성의 차이 때문에 G단백질은 "분자 스위치(molecular switch)"처럼 작용한다; GTP-결합 단백질은 일반적으로 어떠한 공정을 작동시키고, 결합된 GTP가 가수분해되면 그 공정은 종료된다. 그림 12.12에서 묘사된 구성요소들 중에서, SRP와 SRP 수용체는 모두 그들의 GTP 결합 상태에서 서로 상호작용하는 G단백질이다. 최근의 연구결과에 따르면, GTP 가수분해 직전에 G단백질 복합체는 극적인 구조 변화를 일으켜 신호서열을 노출시킴과 동시에 전위체가 리보솜에 결합할 수 있는 공간을 만들어주게 된다. 이 두 단백질에 결합된 GTP가 가수분해되면 SRP에 의한 신호서열은 방출된다.

[3]G단백질은 일반적으로 기능을 수행하기 위해 몇 개의 보조 단백질(accessory proteins)을 필요로 한다. 이들 단백질의 역할은 15장에서 주로 논의될 것이며, 개략적 설명은 그림 15.21에서 참고하기 바란다. 보조 단백질들은 이 장에서 논의되는 많은 기작들에 참여하고 있지만 여기서는 구체적으로 고려되지 않을 것이다.

소포체에서 새로 만들어지는 단백질의 가공

조면소포체의 시스터나에 들어가자마자, 새로 합성된 폴리펩티드는 조면소포체 막 혹은 내강에 위치한 다양한 효소작용의 목표물이 된다. 신호서열을 함유하는 N-말단부위는 단백질 분해효소인 **신호펩티드 가수분해효소(signal peptidase)**에 의해 대부분 제거된다. 또한 당은 올리고당전달효소(*oligosaccharyltransferase*)에 의해 초기 단백질에 첨가된다(12.6절에서 논의됨). 신호펩티드 가수분해효소와 올리고당전달효소는 전위체와 함께 소포체 내강으로 들어가는 신생 단백질에 작용하는 막단백질로 알려졌다.

조면소포체는 또한 주요 단백질의 가공공장이다. 이 임무를 수행하기 위해 조면소포체의 내강에서는 접혀지지 않았거나 원래의 모습으로 접혀지지 않은 단백질을 인식, 결합하고 올바른 입체구조(12.7절)를 갖추게 하는 샤페론(chaperon) 분자들로 채워져 있다. 소포체 내강은 또한 **단백질 2황화 이성질화효소**(*protein disulfide isomerase, PDI*)와 같은 많은 단백질 가공효소를 함유한다. 단백질은 환원된 상태(—SH)의 시스테인 잔기를 가진 상태로 소포체 내강으로 들어가지만, 이들 중 많은 단백질들이 산화된 2황화물 (—SS—)(51쪽 참조) 형태로 변형된 후 소포체를 떠난다. PDI는 바로 이런 2황화결합의 형성(및 재배치)을 촉진하는 효소이다. 2황화결합은 세포막의 표면에 존재하거나 혹은 세포외 공간으로 분비되는 단백질의 구조적 안정성을 유지하는 데 중요한 역할을 한다.

소포체는 세포의 생합성경로에 대한 진입항과 같은 역할을 하기에 적합한 구조를 가지고 있다. 막은 많은 리보솜이 부착할 수 있도록 넓은 표면적을 제공하고(간세포의 경우 세포당 약 1,300만 개), 소포체 시스터나의 내강은 선택된 단백질 집단의 변형, 접힘 및 조립에 알맞은 특수한 환경을 제공한다. 그럼으로써 소포체 시스터나 내에서 합성된 단백질을 세포질에 존재하게 될 단백질과 분리하여 가공할 수 있게 되고, 결국 최종 목적지로 보낼 수 있게 된다.

소포체 막에 결합된 리보솜에서의 내재단백질의 합성

미토콘드리아와 엽록체 이외의 내재단백질은 분비성 단백질과 리소좀 단백질의 합성에 대해 기술된 것과 동일한 기작, 즉 번역동시전위에 의해 합성된다(그림 12.12). 그러나 전위 동안 소포체 막을 완전히 통과하는 수용성 분비 단백질 및 리소좀 단백질과는 달리, 내재단백질의 경우 전위체의 통로에서 지질2중층으로 직접 횡단하는 하나 이상의 소수성 막횡단 영역(324쪽)을 포함한다. 그러한 전위가 어떻게 이루어질 수 있을까?

X-선 결정학 연구는 전위체가 통로 벽의 한 쪽을 따라 홈 또는 솔기가 있는 조개 모양의 구조를 가지며 이 구조가 개폐될 수 있다는 것을 밝혀냈다. 이는 신생 폴리펩티드가 전위체를 통과할 때 각 분

절의 친수성/소수성 여부에 따라 친수성 전위체 통로 혹은 지질2중층 주변의 소수성 중심부의 영향에 따라 통로 내부에 있는 이 옆부분의 "문(gate)"과 접촉함으로써 연속적인 개폐를 가능케 한다는 사실을 시사한다. 좀 더 구체적으로, 신생 폴리펩티드의 어느 한 분절이 충분히 소수성이라면 자연적으로 지질2중층에 "용해"되어 궁극적으로 막단백질의 막 횡단부위가 될 것이다. 이 개념은 다양한 친수성 특성을 갖는 분절이 포함되도록 유전공학적으로 설계된 신생 단백질을 전위체를 따라 통과하게 해 주었을 때, 분절이 좀 더 소수성일수록 더 높은 빈도로 전위체의 벽을 통과하여 막횡단 영역이 된 실험결과에 의해 확실히 증명되었다.

그림 12.13은 단일 막횡단 영역를 포함하는 한 쌍의 막단백질의 합성을 보여준다. 단일 관통 막단백질의 경우 N-말단이 세포질 또는 소포체의 내강(원형질막과 결합할 경우 결국 세포외 공간이 될)을 보는 방향을 가진다. 325쪽에서 언급했듯이, 일반적으로 막횡단부위의 세포질 말단에 인접한 양전하 아미노산 잔기의 존재에 의해 막단백질 정렬의 방향이 결정된다(그림 8.18 참조). 그림 12.13에 표시된 바와 같이, 막단백질의 합성 중에 전위체 내부에서 신생 폴리펩티드의 양전하를 띤 말단이 세포질로 향하도록 배열될 것이라고 생각된다. 여러 번 관통하는 단백질의 경우(그림 8.32*d*), 순차적인 막횡단 영역은 대개 반대 방향을 가지며, 제1횡단 영역이 삽입되는 방향에 따라 나머지 영역들의 방향이 결정된다. 그러기 위해서 일단 제1영역의 방향이 결정되면, 다른 모든 영역은 전위체를 빠져나가기 전에 180° 회전되어야 한다. 흥미롭게도 무세포계에서 수행된 연구결과를 보면 전위체 그 자체가 막횡단 영역을 적절히 배향시킬 수 있음을 시사한다. 따라서 전위체는 소포체 막을 관통하는 단순한 통로 이상인 것으로 보이며, 그것은 다양한 신호서열을 인식하고 복잡한 기계적 활동을 수행할 수 있는 정교한 기계이다.

최근 몇 년 사이에 전위체를 우회하는 새로운 종류의 막관통 단백질이 발견되었다. 꼬리고정단백질(*tail-anchored proteins*)이라고 불리는 이러한 종류의 단백질은 신호서열은 없지만 그럼에도 불구하고 소포체 막에 적절하게 삽입될 수 있다. 이 단백질들은 세포질에서 합성된 후, Get(Guided entry of tail-anchored proteins)이라 불리는 경로의 단백질과 일련의 상호작용을 통해 소포체 막으로 삽입된다.

12.5 소포체에서 막의 생합성

생체막은 단백질과 지질들이 서로 섞여 새로운 실체를 만들어내 듯 새롭게(*de novo*) 생겨나지 않는다. 대신, 막은 이미 존재하던 막에서부터 유래한다. 막은 새로 합성된 단백질과 지질성분이 소포체의 기존 막에 삽입되는 방식으로 자라난다. 아래의 논의를 통해 더 명백해지겠지만, 막 구성요소는 소포체로부터 세포의 거의 모든 다른 구획으로 이동한다. 막이 세포내 하나의 구획에서 다음 구획으로 이동하면서, 그 안에 있던 단백질 및 지질은 세포의 다양한 세포소기관에 존재하는 효소에 의해 변형된다. 이러한 변형은 각 막구획에 고유한 구성 및 독특한 정체성을 부여하는 데 기여한다.

세포막은 비대칭구조임을 명심해야 한다: 막의 두 장의 인지질 단엽(leaflet)은 서로 다른 조성을 가지고 있다(318쪽). 이 비대칭은 초기에 소포체에서 확립되며, 막 수송체가 하나의 구획에서 나와 다음 구획과 융합하면서 여전히 비대칭 구조는 유지된다. 결과적으로 소포체 막의 세포질 표면에 위치한 영역은 수송소낭의 세포질 표면, 골지 시스터나의 세포질 표면 및 원형질막의 내부(즉, 세포질 쪽) 표면에서 관찰된다(**그림 12.14**). 유사하게, 소포체의 내강 쪽 막 표면에 위치한 단백질 부위는 그들의 배향을 유지하다가 원형질막의 외부

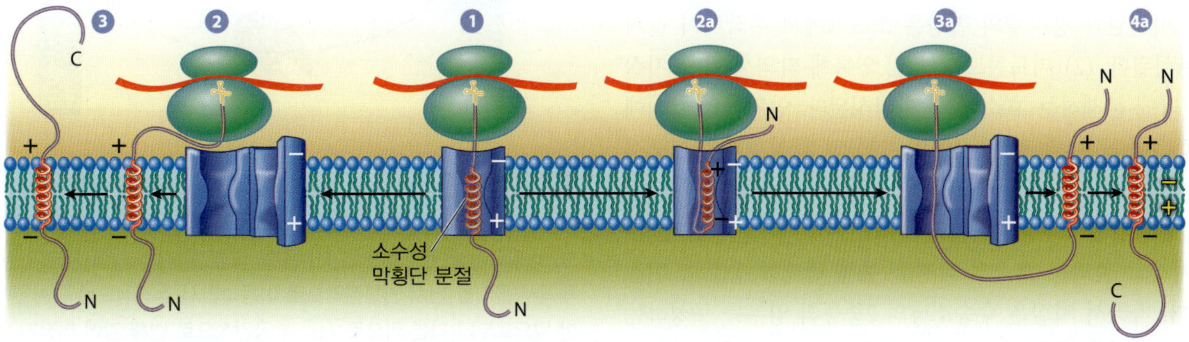

그림 12.13 내재단백질의 합성에 대한 모델 모식도. 신생 단백질의 N-말단 근처에 막횡단 영역이 있는 내재 단백질의 합성. 그림 12.12에서 보이는 SRP와 막의 다양한 구조물들이 막단백질의 합성에 관련되어 있으나, 이 도식에서는 생략되었다. 신생 폴리펩티드의 경우에서도 마치 분비 단백질과 마찬가지로 전위체를 따라 소포체 내부로 들어간다(1단계). 하지만 소수성 막관통 서열이 통로로 들어가면서 추가 전위는 멈추게 된다. 2~3단계는 N-말단의 소포체 내부에 있고 C-말단은 세포질 안에 존재하는 막관통단백질의 합성을 보여준다. 2단계에서 전위체의 측면 문이 열리고 막횡단 분절을 이중지질막으로 배출한다. 3단계는 단백질의 마지막 전위를 보여준다. 2a에서 4a단계까지는 C-말단 영역이 내강으로 들어가고 N-말단이 세포질 안에 존재하는 막관통단백질의 합성을 보여준다. 2a단계에서 전위체는 막관통 영역의 방향을 폴리펩티드의 양전하, 음전하의 방향이 전위체의 전하와 반대로 접할 수 있도록 뒤집어 재조정한다. 3a단계에서 전위체가 측면으로 열려서 막횡단 영역이 2중막으로 배출되게 된다. 4a단계는 단백질의 마지막 배치를 보여준다. 하얀색으로 표시된 +와 −신호는 각각 전위체의 안쪽면의 전하를 표시한다. 2중막의 세포질 면 단엽(leaflet)과 내강면 단엽 사이의 전하의 차이(노란색 +와 −신호로 표시된)도 역시 막단백질의 배열을 결정하는 데 중요한 역할을 한다. 이 그림에서 막횡단 영역은 전위체을 통과하기 전 리보솜에서 빠져나올 때 나선형의 2차 구조를 가진다는 연구에 근거하여 나선형으로 표시하였다.

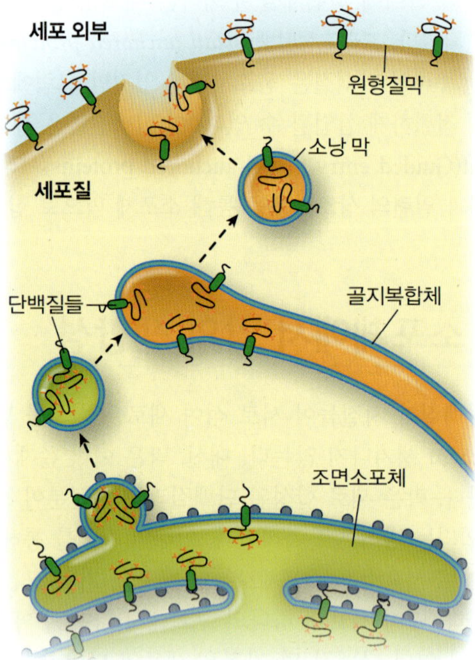

그림 12.14 **막의 비대칭성 유지.** 각 단백질은 조면소포체에서 합성되어서 아미노산서열에 의해 결정되는 예측 가능한 방향으로 지질2중층에 삽입된다. 이러한 방향성은 이 그림과 같이 내막계의 여러 구획을 따라서 그대로 유지된다. 소포체에서 처음 첨가되는 당 사슬은 막의 방향성(비대칭성)을 유지하는 데 편리한 방법을 제공하는데, 그 이유는 당 사슬은 항상 세포질 막의 시스터나 면 방향으로 표출되어 있고, 그 면은 소낭과 원형질막의 융합 이후에 원형질막의 외부를 바라보는 방향을 하고 있기 때문이다.

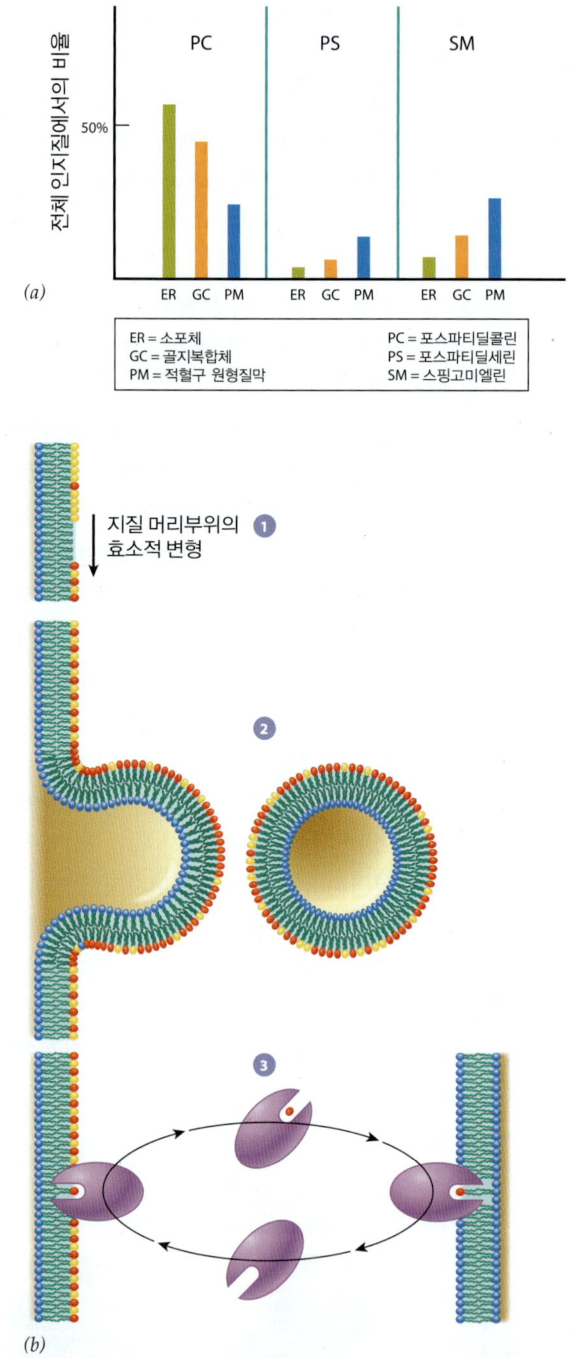

그림 12.15 **막의 지질 조성의 변형.** (*a*) 3종류의 다른 세포막(소포체, 골지복합체, 원형질막)에서의 서로 다른 세 가지 인지질(포스파티딜콜린, 포스파티딜세린, 스핑고미엘린)의 비율을 보여주는 그림. 각각의 지질 성분의 비율은 막이 소포체에서 골지를 거쳐 원형질막으로 이동하면서 점진적으로 변화한다. (*b*) 내막계의 한 막으로부터 다른 막으로 시간과 공간적으로 변해 감에 어떻게 인지질의 조성이 따라서 변하는지를 설명하는 세 가지 다른 기작을 보여주는 모식도. (1) 2중막의 인지질의 머리부위가 효소적으로 변형됨; (2) 소낭을 형성하는 막이 한 구획으로부터 출아함에 따라 다른 종류의 인지질을 포함시킴; (3) 지질-전달 단백질에 의해 지질이 한 막 구조로부터 제거되어 다른 막 구조로 삽입됨.

(exoplasmic) 표면에서 발견된다. 사실, 높은 칼슘농도, 2황화결합과 당 사슬이 많은 단백질의 존재 등 여러 가지 면에서 소포체의 내강(및 분비경로의 다른 구획)은 세포외 공간과 더 비슷하다. 대부분의 막지질은 소포체 내에서 완전히 합성된다. 몇 가지 예외는 다음과 같다; (1) 스핑고미엘린과 당지질의 합성은 소포체에서 시작되어 골지복합체에서 완성된다. (2) 미토콘드리아 및 엽록체 막의 독특한 지질 중 일부는 그 막에 존재하는 효소에 의해 합성된다. 인지질의 합성에 관여하는 효소는 소포체 내재단백질이며, 이들의 활성자리는 세포질 안으로 향해 있다. 새로 합성된 인지질은 지질2중층 중 세포질을 접하는 쪽 단엽에 삽입된다. 이 지질분자들 중 일부는 나중에 **플리파아제**(*flippases*)이라고 불리는 효소의 작용을 통해 반대쪽 층으로 뒤집어 지기도 한다. 따라서 지질은 수송소낭의 2중층의 일부를 구성하는 구성물로서 소포체에서 골지복합체 및 원형질막으로 운반된다.

서로 다른 세포소기관의 세포막은 현저하게 다른 지질조성을 가지고 있으며(**그림 12.15a**), 이는 막이 세포를 가로질러 이동할 때 변화가 일어남을 시사한다. 그러한 변화에 몇 가지 요인들이 기여한다(그림 12.15*b*):

1. 대부분의 막으로 싸인 세포소기관은 지질을 변형시키는 효소를 가지고 있어 하나의 유형의 인지질(예: 포스파티딜세린)을 다른 유형(예: 포스파티딜콜린)으로 전환시킨다(1단계, 그림 12.15*b*).
2. 그림 12.2a와 같이 한 소기관에서 소낭이 출아하면 특정 인지질이 형성되는 소낭의 막에 우선적으로 선택되어 포함되고 다른 유형은 남아 있게 된다(2단계, 그림 12.15*b*).

3. 하나의 막 구획에서 다른 막 구획으로 수용성 세포질을 따라 지질을 결합시켜 운반할 수 있는 **지질전달단백질(lipid-transfer protein)**이 존재한다(3단계, 그림 12.15*b*). 이 단백질은 수송소낭의 이동과 관련이 없는 소포체에서 다른 소기관들(미토콘드리아 혹은 엽록체)로의 특정 지질의 이동을 촉진한다. 지질의 이동은 소포체가 다른 기관의 외막에 매우 근접한 곳에서 발생하는 것으로 생각된다.

12.6 조면세포체에서의 당화

소포체 막에 결합된 리보솜에 의해 생성되는 거의 모든 단백질(그것이 막의 구성성분이든, 수용성 리소좀, 액포의 효소이든, 혹은 세포외 기질의 일부분이든)은 당단백질(glycoprotein)이 된다. 당부분은 많은 당단백질의 기능, 특히 많은 세포 과정에서 발생하는 다른 거대 분자와의 상호작용에서 결합부위로서 중요한 역할을 한다. 그들은 또한 그들이 붙어 있는 단백질의 적당한 접힘과 안정화에 기여한다. 당단백질에서 올리고당을 포함하는 당의 서열은 매우 특이적이다. 어떤 유형의 세포의 정제된 단백질로부터 분리된 경우, 그 올리고당 서열은 일관되고 예측 가능하다. 그렇다면 올리고당에서 당 배열의 순서는 어떻게 결정될까?

여러 종류의 **당전달효소(glycosyltransferases)**라고 불리는 막결합효소가 올리고당사슬에 당류를 첨가한다고 알려졌다. 각각의 효소는 GDP-만노스(GDP-mannose) 또는 UDP-*N*-아세틸글루코사민(UDP-*N*-acetylglucosamine)(**그림 12.16**)과 같은 뉴클레오티드당의 특정 단당류를 당 사슬의 끝에 붙여 자라게 한다. 올리고당이 자라는 동안 당이 전달되는 순서는 이 공정에 참여하는 당전달효소의 작용 순서에 따르게 된다. 또한 이것은 분비경로를 따라 막 내에서 다양하게 존재하는 특정 효소의 위치에 의해서 결정된다. 따라서 당단백질의 올리고당 사슬에서 당의 배열은 조립라인에서 특정 효소의 공간적 위치에 의존하게 된다.

수용성 단백질과 내재막단백질 모두의 *N*-연결 올리고당(*O*-연결 올리고당과 대조적으로, 그림 8.11 참조) 조립의 초기 단계가 그림 12.16에 표시되어 있다. 각 당사슬의 기저부 또는 핵심(core) 부분은 단백질 자체에서 조립되지 않고 지질운반체에서 독립적으로 결합된 다음, 하나의 덩어리로 폴리펩티드의 특정 아스파라긴 잔기로 전달된다. **돌리콜인산(Dolichol phosphate)**이라고 불리는 이 지질운반체는 소포체 막에 묻혀 있다. 당은 그림 12.16의 1단계부터 시작하여 막결합 당전달효소에 의해 한 번에 하나씩 돌리콜인산 분자에 첨가되게 된다. 당화과정의 이 부분은 본질적으로 다르지 않다. 포유류 세포에서, *N*-아세틸글루코사민 1-인산의 전달로 시작되어 다음 다른 *N*-아세틸글루코사민이 전달되고, 그 후 9개의 만노스와 3개의 포도당 단위가 그림 12.16에 표시된 것과 같은 정확한 패턴으로 전달된다. 폴리펩티드가 소포체의 내강으로 옮겨질 때, 14개의 당으로 미리 조립된 덩어리는 소포체 효소인 올리고당전달효소(oligosaccharyltransferase)에 의해 돌리콜인산으로부터 신생 폴리펩티드의 특정 아스파라긴(10단계, 그림 12.16)으로 옮겨진다.

N-당화를 전혀 수행할 수 없는 돌연변이 개체의 배아는 자궁벽에 착상하기 전에 이미 사망한다. 그러나 소포체에서 당화가 부분적으로 기능을 못하게 돌연변이가 일어난 경우, 거의 모든 장기 시스템에 영향을 미치는 심각한 유전질환의 원인이 된다. 이 질환은 선천성 당화질환(congenital diseases of glycosylation, CDG)로 알려져 있으며, 대개 혈청단백질의 비정상적인 당화를 탐지하는 혈액검사를 통해 확인될 수 있다. 이 질병 중 하나인 CDG1b는 매우 간단한 치료를 통해 치료될 수 있다. CDG1b는 과당 6-인산을 만노스 6-인산으로 변환하는 효소인 인산화만노스 이성질화효소(phosphomannose isomerase)의 결핍으로 발생한다. 만노스와 그 인산화는 올리고당을 단백질에 첨가하기 위한 필수적인 과정이므로, 이 경우 환자에게 만노스를 경구투여하는 것으로 쉽게 질환을 개선시킬 수 있다. 실제로 이 치료법은 질병의 일반적인 합병증 중 하나인 위장관 과다출혈로 죽어가던 소년에게 처음 적용되었으며, 놀랍게도 만노스 보충제를 복용한지 불과 몇 달 만에 그 소년은 정상적인 삶으로 돌아갔다.

신생 폴리펩티드로 옮겨진 직후, 올리고당 사슬은 점진적인 변형의 과정을 거치게 된다. 첫 번째 변형은 소포체에서 일어나며 3개의 말단 포도당 잔기 중 2개 가지를 효소적으로 제거하는 것으로 시작된다(1단계, **그림 12.17**) 이 과정은 새로 합성되는 당단백질이 생합성과정의 다음 단계로 넘어갈 수 있는지를 결정하는 **품질관리(quality control)** 시스템 작동의 첫 단계를 제공한다. 이 검사과정을 시작하기 위해, 이 단계에서 단 하나의 잔류 포도당을 가진 각 당단백질은 소포체 내의 샤페론[칼넥신(calnexin) 또는 칼레티큘린(calreticulin)]과 결합한다(2단계). 그 다음 글루코시다아제 II에 의해 잔류 포도당이 제거되고 이는 샤페론으로부터 당단백질이 떨어지게 한다(3단계). 이 단계에서 당단백질이 완전히 접히지 않았거나 잘못 접힌 경우, 구조-감지효소(conformation-sensing enzyme, UGGT라 불림)에 의해 인지되어 최근 다듬어진 올리고당의 끝에 노출된 만노스 잔기 중 하나에 다시 포도당을 붙이게 된다(4단계). UGGT는 불완전하게 접히거나 잘못 접힌 단백질들을 인지할 수 있는데, 대개 적절히 접힌 단백질에서는 볼 수 없는 노출된 소수성 잔기들을 인지하기 때문이다. 일단 포도당 잔기가 첨가되면, 그 "표지된(tagged)" 당단백질은 동일한 소포체의 샤페론에 의해 인식되어 다시 적절하게 접힐 수 있는 또 다른 기회를 얻게 된다(5단계). 샤페론과의 일정 시간 후, 첨가된 포도당 잔기가 제거되고 다시 구조-감지효소에 의해 적절한 3차원 구조를 달성했는지 검사받게 된다. 그 이후에도 부분적으로 펼쳐지거나 잘못 접혀졌다면, 결과적으로 당단백질이 올바르게 접혀져 다음 과정으로 진행되거나(6단계) 혹은 파괴된다. 이후의 연구결과, 결함이 있는 단백질을 파괴하는 "결정"은 소포체에 존재하는 어떤 완효성(slow-acting) 효소가 내리는 것으로 밝혀졌다. 이 효소는 장기간 소포체에 남아 있는 (그래서 이 효소의 작용을 받을 가능성이 높은) 단백질의 올리고당의 끝에서 만노스 잔기를 잘라내는 활성을 가지고 있는데, 만약 이들 만노스 잔기 중 하나 이상이 제거되면(7단계), 단백질을 더 이상 재사용되지 않고, 대신 분해를 선고받게 된다(8단계).

우리는 484쪽에서 다시 단백질의 당화에 관한 논의를 할 것이다.

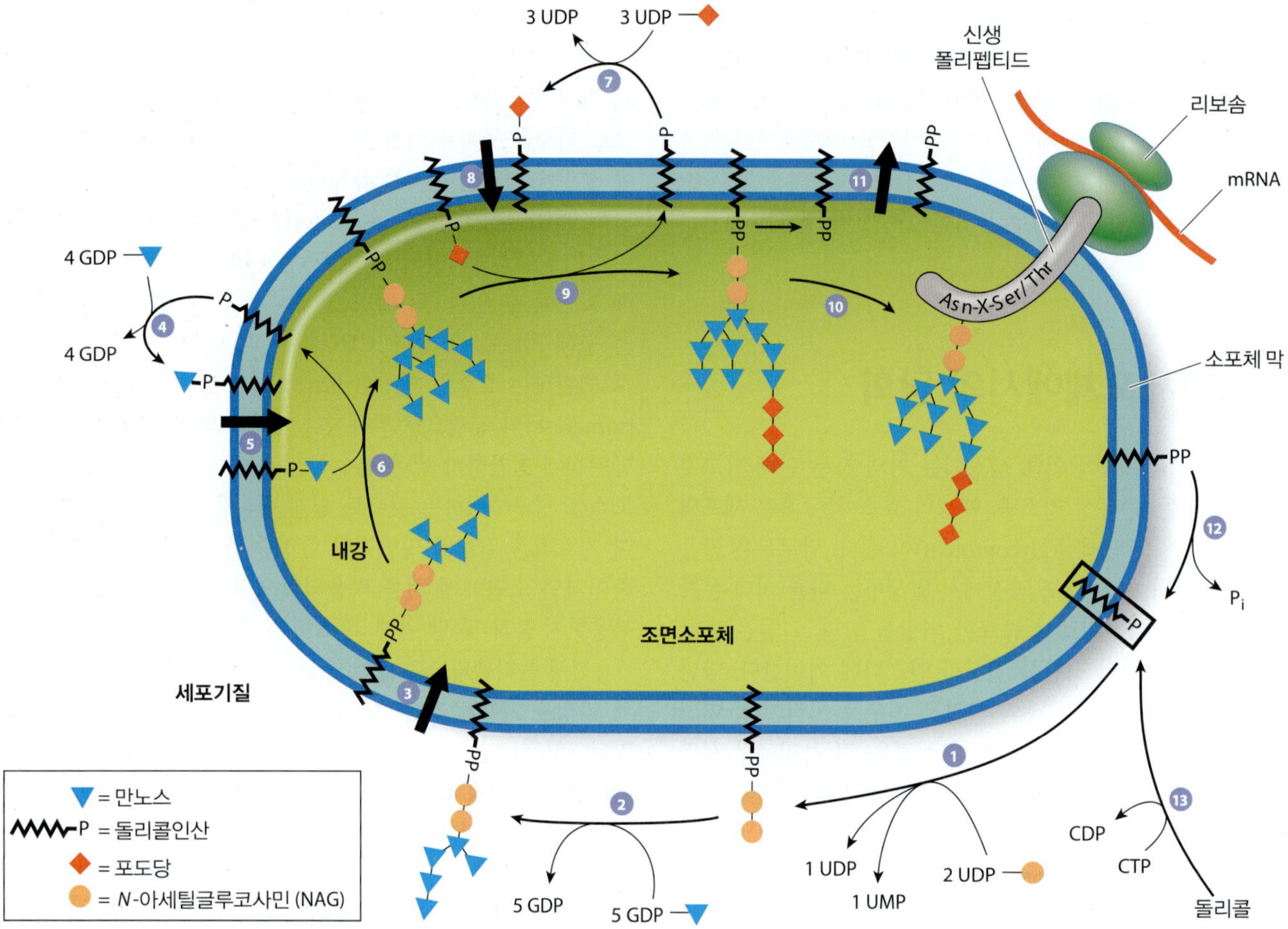

그림 12.16 조면소포체에서 N-결합 올리고당의 핵심 부위를 합성하는 과정. 처음 7개의 당(5개의 만노스와 2개의 NAG 잔기)은 소포체 막의 세포질 측에 있는 돌리콜인산으로 한 번에 하나씩 옮겨진다(1단계와 2단계). 이 단계에서, 부착된 올리고당을 갖는 돌리콜인산 분자는은 막을 가로질러 뒤집어지고(3단계), 남은 당(4개의 만노스 및 3개의 포도당 잔기)이 막의 내강 쪽에 부착된다. 이 후자의 당은 막의 세포질 측에 한 번에 하나씩(4 및 7단계에서와 같이) 돌리콜인산 분자의 말단에 부착되며, 그 다음 막을 뒤집어(5 및 8단계), 그 당을 올리고당 사슬의 자라나는 말단에 전달한다(6 및 9단계). 일단 올리고당이 완전히 조립되면, 그것은 초기 폴리펩티드의 아스파라긴 잔기(서열 N-X-S/T내)로 효소적으로 옮겨진다(10단계). 돌리콜 인산은 막을 가로질러 뒤집히며(11단계) 당을 다시 받아들일 준비를 한다(12 및 13단계).

출처: D. Voet and J. G. Voet, *Biochemistry*, 2e, Copyright 1995에서 발췌. John Wiley & Sons, Inc의 허가를 얻음.

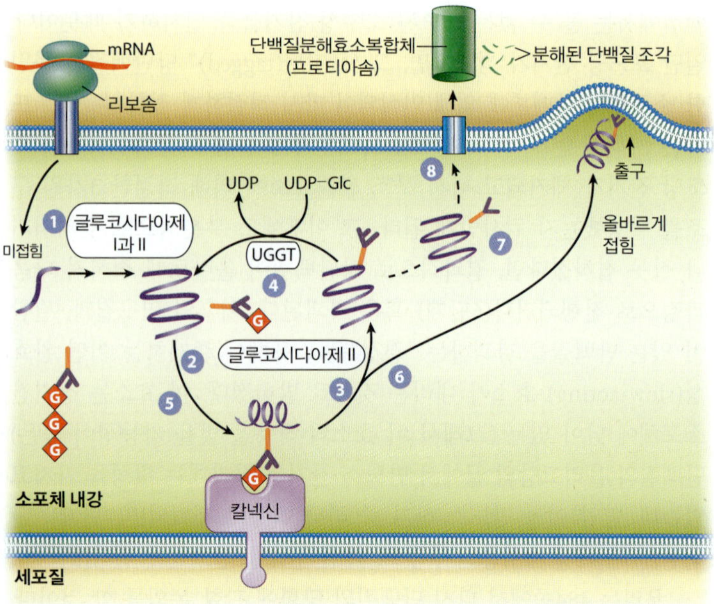

그림 12.17 잘못 접혀진 단백질이 다음 과정으로 넘어가지 않도록 보장하는 품질관리 기작. 이 제안된 기작에 따르면, 잘못 접힌 단백질은 올리고당 사슬 끝에 포도당을 추가하는 포도당전달효소(UGGT)에 의해 인식된다. 1개의 포도당이 결합된 올리고당을 포함하는 당단백질은 막 결합 샤페론인 칼넥신에 의해 인지되고 올바른 접힘 상태로 유도될 기회를 제공받는다. 만약 반복적인 시도에도 불구하고 정상적인 접힘이 일어나지 않으면 단백질은 세포질로 보내져서 파괴된다. 자세한 과정은 본문에 설명되어 있다. 다른 수용성 샤페론(칼레티큘린)도 같은 품질관리 과정에 참여한다.

출처: L. Ellgaard et al., *Science* 286:984, 1999에서 발췌; copyright 1999. AAAS로부터 허가를 얻음.

거기서 소포체에서 조립된 올리고당이 어떻게 다음 생합성경로인 골지복합체를 통과하여 자라게 되는지 좀 더 논의할 것이다.

12.7 잘못된 단백질의 파괴를 보장하는 기작

위에서 우리는 올바르게 접히지 못한 단백질이 어떻게 소포체의 효소에 의해 인지되는지 살펴보았다. 잘못 접힌 단백질이 소포체에서 바로 파괴되지 않고, 대신 이탈(*dislocation*) 과정에 의해 세포질로 운반된다는 발견은 놀라운 사실이었다. 하지만 아직 이탈 과정의 정확한 기작은 논쟁의 여지가 남아 있다. 일단 세포질에서 올리고당 사슬이 제거되고 잘못 접힌 단백질은 단백질분해기구인 단백질분해효소 복합체(혹은 프로티아솜, proteasome)에서 파괴되며 그 구조와 기능은 6.6절에서 이미 논의되었다. **소포체-관련 분해**(*ER-associated degradation, ERAD*)로 알려진 이 과정은 문제가 있는 단백질이 세포의 다른 부위로 옮겨지지 않도록 보장하지만, 여전히 부정적인 결과를 초래할 가능성은 남아 있다. 낭포성 섬유증(cystic fibrosis)을 포함한 60가지 이상의 인간 질병이 이 ERAD 경로에 기인한다고 알려져 있다. 대부분의 낭포성 섬유증 환자에서 상피세포의 원형질막은 낭포성 섬유증 유전자에 의해 암호화되는 비정상적인 단백질이 존재하지 않는다(제8장 <인간 질병과의 연관성> 참조). 이러한 경우 돌연변이 단백질(종종 접히기에 충분한 시간이 주어지면 기능을 발휘할 수 있음)은 소포체의 품질관리 과정에 의해 파괴되어 세포표면에 도달하지 못한다.

특정 상황에서, 오류가 있는 단백질은 세포질로 수송될 수 있는 속도보다 빠르게 소포체에서 생성될 수 있다. 잠재적으로 세포에 치명적일 수 있는 잘못 접힌 단백질이 축적되는 경우에, 세포는 **미접힘 단백질 반응(unfolded protein response, UPR)**으로 알려진 세포내 포괄적인 "행동 계획(plan of action)"을 촉발시킨다. 소포체 내강에는 펼쳐지거나 혹은 잘못 접힌 단백질의 농도를 모니터링하는 일종의 단백질 센서가 존재한다. **그림 12.18**에 설명된 일반적인 모델에 따르면, 그 단백질 센서는 보통 BiP라 불리는 분자 샤페론에 의해서 비활성화 상태로 존재하게 된다. 만약 세포 주변 환경이 잘못 접힌 단백질의 축적을 야기하는 경우, 소포체내 BiP 분자는 그들을 위한 샤페론으로 작용되기를 요구 받게 되어 더 이상 그 단백질 센서를 억제하지 못하게 된다. 이 경우, 억제에서 풀려난 센서는 다른 여러 신호전달기작을 촉발시켜 핵과 세포질에 전달하게 되고, 결국 다음과 같은 현상을 일으키게 된다.

- 소포체 내에서 발생한 스트레스 상황을 경감시키는 능력을 가진 여러 단백질을 암호화한 유전자가 발현된다. 이러한 유전자에는 (1) 잘못 접힌 단백질이 원래의 상태로 돌아가게끔 도와주는 소포체 기반 분자 샤페론, (2) 소포체 밖으로 단백질을 수송하는 데 관여하는 단백질, (3) 위에서 언급한 비정상 단백질을 선택적으로 파괴하는 데 관련된 단백질 등이 포함된다.
- 단백질합성에 필요한 핵심 단백질(eIF2-α)의 인산화. 이러한 조치는 전체적인 단백질합성을 억제하고 새로 합성된 단백질이 소포

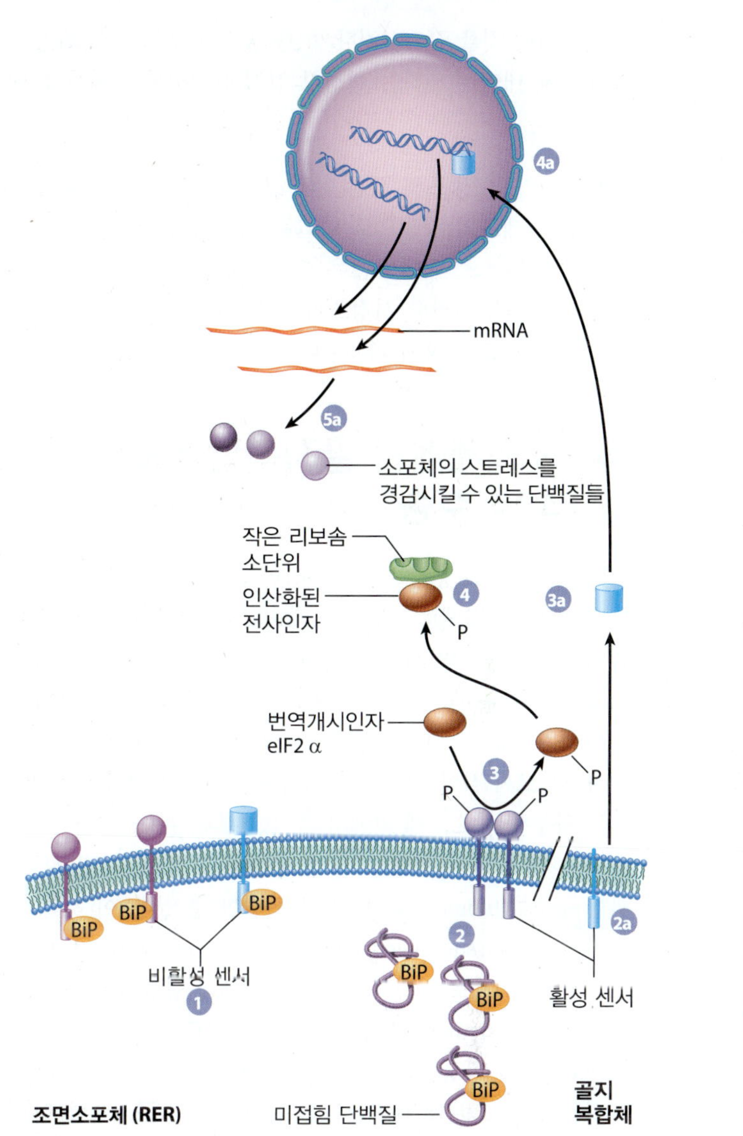

그림 12.18 포유동물에서 미접힘 단백질 반응(UPR)의 모델. 소포체는 내강에서 일어나는 스트레스 유발 기작을 감지하는 센서 역할을 하는 막관통단백질을 가지고 있다. 이 센서는 정상적인 조건에서 샤페론, 특히 BiP와 결합되어 비활성 상태로 존재한다(1단계). 만약 펼쳐지거나 잘못 접혀진 단백질의 수가 증가한다면, 이 샤페론은 단백질 접힘을 돕기 위해 모집되며, 이러한 사건은 센서 단백질을 유리하여 활성화시킴으로써 UPR을 개시할 수 있다. 적어도 3개의 다른 UPR 경로가 포유류 세포에서 확인되었으며, 각각은 다른 단백질 센서에 의해 활성화된다. 이 그림에서는 이들 중 두 가지 경로를 보여주고 있다. 그 중 한 경로에서, 억제성 BiP 단백질의 방출은 센서(PERK로 불림)의 2량체화를 유도한다(2단계). 2량체 상태에서 PERK는 단백질 합성 개시에 필요한 전사인자(eIF2α)를 인산화시키는 활성화된 단백질 인산화효소가 된다(3단계). 이 전사인자는 인산화 상태에서 비활성이므로 세포가 소포체에서 추가 단백질을 합성하는 것을 중지시키며(4단계), 세포는 소포체 내강에 이미 존재하는 단백질을 처치하는 데 더 많은 시간을 할애하게 한다. 이 모식도에서 묘사하는 두 번째 경로에서는, 억제성 BiP 단백질이 방출되면서 다른 센서 단백질인 ATF6가 골지로 이동하게 하고, 거기서 이 단백질의 세포질 쪽 영역이 막횡단 영역으로부터 잘려나가게 된다(2a단계). 센서의 세포질 쪽 부분은 세포질을 통해 확산되어 나가고(3a단계), 결국 핵에 이르게 되며(4a단계), 그 곳에서 소포체의 스트레스를 경감시킬 수 있는 단백질의 발현을 유도하게 된다(5a단계). 그러한 단백질들에는 샤페론, 수송소낭 형성을 위한 피복 단백질, 품질관리 기작에 관련된 단백질들이 포함된다(세 번째 단백질 센서(IRE1)에 대해서는 다른 참고문헌(*Science* 334: 1081, 2011)을 확인하기 바란다).

체로 흘러가는 것을 감소시킨다. 이를 통해 세포는 이미 합성됨으로써 소포체 내에 존재하는 비정상 접힘 단백질들을 제거할 시간을 벌게 된다.

흥미롭게도 UPR은 세포의 생존기작 그 이상의 것이다. 왜냐하면 UPR의 기능은 세포의 죽음으로 이끄는 기작의 활성화도 포함하기 때문이다. UPR은 스트레스가 많은 상태를 완화시키는 기작을 제공한다고 추정되지만, 이러한 시정조치가 성공하지 못하는 경우 세포 사멸경로가 시작되고 세포가 파괴된다.

12.8 소포체에서 골지복합체로의 소낭 수송

막으로 싸인 소낭은 포장된 화물(cargo)과 함께 소포체 가장자리로부터 출아되어 골지복합체로 이동한다. 조면소포체의 시스터나에는 리보솜 없이 생합성경로의 첫 번째 수송소낭이 형성되는 장소 역할을 하는 특별한 출구(exit) 부위가 존재한다. 소포체에서 골지복합체로의 이동은 466쪽에서 본 바와 같이 분비되는 단백질에 녹색형광단백질을 부착함으로써 살아 있는 세포에서 시각적으로 추적할 수 있다. 이 기술을 사용하여, 소포체 막에서 출아한 직후 수송소낭이 서로 융합하여 소포체와 골지복합체 사이의 영역에 더 큰 소낭 및 상호 연결된 관형 구조물(tubules)을 형성함을 관찰할 수 있다. 이 지역은 소포체-골지 중간구획(*e*ndoplasmic *r*eticulum *G*olgi *i*ntermediat *c*ompartment, ERGIC)으로 명명되었으며, 이곳에서 형성되는 구조는 소낭-관형 운반체(vesicular-tubular carriers, VTCs)라고 불린다(그림 12.25*a* 참조). 일단 형성되면, VTC는 소포체에서 멀어져 골지복합체 쪽으로 이동한다. **그림 12.19**에는 ERGIC에서부터 골지복합체로 이동하는 2개의 VTC의 움직임을 보여주고 있으며, 이 움직임은 미세소관에 의해 형성된 궤도를 따라 발생한다.

12.9 골지복합체

19세기 후반에 이탈리아의 생물학자 카밀로 골지(Camillo Golgi)는 중추신경계 내에서 신경세포의 조직을 밝힐 수 있는 새로운 유형의 염색과정을 고안하였다. 1898년에 골지는 소뇌의 신경세포에 금속성 착색제를 도포하여 세포핵 근처에 있는 짙은 색의 망상조직을 발견했다. 후에 다른 세포 유형에서도 확인되어 이 구조물은 발견자의 이름을 따서 **골지복합체(Golgi complex)**라고 명명되었으며, 그 공로로 Golgi는 1906년 노벨상을 수상하게 되었다. 그럼에도 불구하고 골지복합체가 살아 있는 세포에서 세포소기관으로 존재한다는 것을 믿은 사람들과 그러한 구조물들이 현미경 시료를 준비하는 과정에 생기는 인공구조물(*artifact*)라고 생각하는 사람들 사이에서 수십 년 동안 논쟁이 있었다. 마침내 고정되지 않은 동결-절편 세포(그림 18.20 참조)에서 그 존재가 명확하게 확인되었을 때, 비로소 골지복합체의 존재는 합리적인 의심을 넘어 입증되게 되었다.

골지복합체는 가장자리가 부푼 납작하고 디스크와 같은 막 구조의 시스터나 모양의 특징적인 형태를 가지고 있으며, 여러 소낭과 관구조와 연동되어 있다(**그림 12.20a**). 시스터나는 지름이 보통 0.5~1.0 μm 가량으로 팬케이크가 쌓여 있는 것처럼 정렬된 적층(stack)의 형태이며, 마치 얕은 사발과 같이 구부러진 모습을 하고 있다(그림 12.20*b*).[4] 일반적으로 골지층은 대개 8개 이하의 시스터나로 구성된다. 개별 세포에는 그 세포의 유형에 따라 단 몇 개에서 많게는 수천 개의 구별되는 골지층을 가지고 있다. 포유류 세포에서 골지체는 전형적으로 세포의 핵에 인접한 단일의 큰 복합체를 형성한다(그림 12.20*c,d*). 개별 시스터나를 면밀히 살펴보면, 각 시스터나의 주변 관모양의 영역에서 소낭이 출아되고 있음을 관찰할 수 있다(그림 12.20*e*). 나중에 자세히 논의되겠지만, 이들 소낭의 대부분은 그림 12.20e에서 볼 수 있듯이 독특한 단백질 피복(coat)으로 싸여 있다.

골지복합체는 소포체에 가까운 시스(*cis*) 또는 입구 쪽 면에서부터 적층 반대편의 트랜스(*trans*) 또는 출구 쪽 면까지 축을 따라 배열된 기능적으로 구별된 여러 구획으로 나뉘어져 있다(그림 12.20*a,b*). 거대 골지복합체는 각각 시스, 중간(medial) 및 트랜스 시스터나로 구분되는 일련의 커다랗고 납작한 시스터나의 연속 구조물(그림 12.20*a*)로 구성된다. 가장 시스 쪽 면은 서로 밀접하게 연결된 관들의 네트워크로 구송되어 있으며, 이를 특히 **근골지망(*cis* Golgi net-**

[4]식물세포에서 하나의 골지복합체를 때로 딕티오솜(*dictyosome*)이라고 한다.

그림 12.19 **형광 꼬리표를 이용한 막 수송의 시각화.** 여기에서 보이는 일련의 사진은 *VSVG-GFP* 키메라 유전자를 가진 수포성 구내염 바이러스(VSV)에 감염된 살아 있는 포유류 세포의 일부분을 보여준다(그림 12.4). 일단 조면소포체에서에서 합성되면, 이 융합 단백질은 녹색 형광을 방출하여 단백질이 세포를 통과할 때 그 궤적을 추적할 수 있게 한다. 이 사진들에서 형광 단백질을 함유한 2개의 소낭형-관형-수송체(VTCs, 화살표)는 소포체에서 출아하여 골지복합체 쪽으로 이동함을 관찰할 수 있다. 각각의 사진들은 13초 동안에 세포 안에서 일어나는 사건들을 보여주고 있다. 마지막 사진의 흰색 선은 6 μm이다.

출처: John F. Presley et al., *Nature* 389:82, 1997; © 1997에서 발췌. Macmillan 출판사의 허가를 얻음.

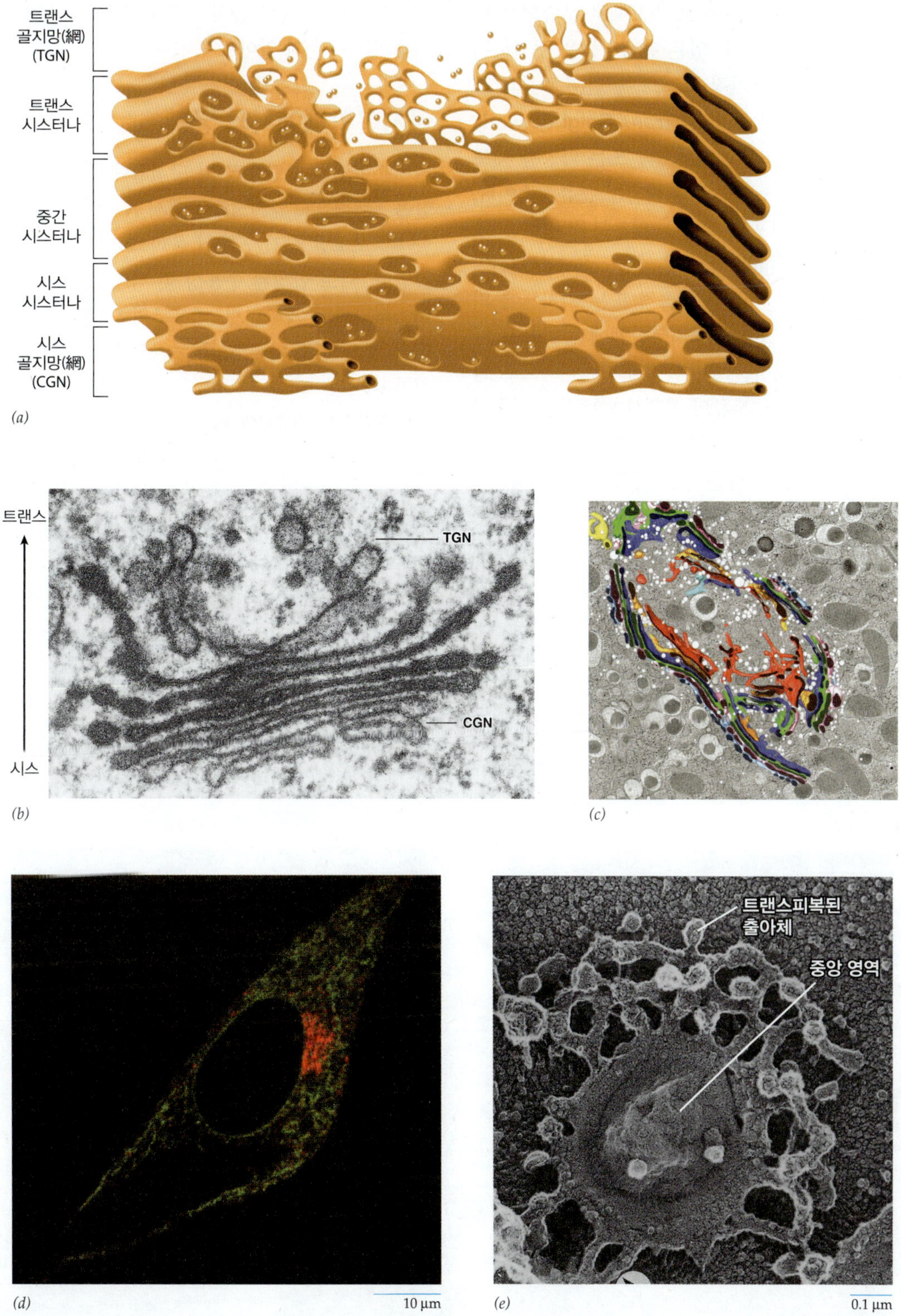

그림 12.20 골지복합체. (*a*) 수컷 쥐의 생식기관 상피세포에서 관찰되는 골지복합체의 일부 도식 모델. 시스 및 트랜스 구획의 요소는 종종 불연속적이고 관형의 망 형태로 나타난다. (*b*) 골지층의 시스에서 트랜스로의 극성을 보여주는 담배 뿌리 근관세포 일부에 대한 전자현미경 사진. (*c*) 인슐린을 합성 및 분비하는 마우스 췌장 베타 세포의 절편의 전자현미경 단층 사진. 개별 골지층은 연속적인 리본 형태로 서로 연결되어 있는 것으로 보인다. 각 골지층의 트랜스 면(또는 TGN)은 붉은색으로 표시되고, 시스 면은 연한 파란색으로 표시된다. (*d*) 배양된 포유류 세포의 형광현미경 사진. 골지복합체의 위치는 COPI 피복 단백질에 대한 항체를 이용하여 빨간색 형광에 의해 밝혀진다. (*e*) 2개의 다른 영역을 보여주는 분리된 단일 골지의 전자현미경 사진. 오목한 중앙 영역과 불규칙한 주변 영역을 보여준다. 주변 영역은 단백질 피복 돌기가 떨어져 나갈 튜브형 망으로 구성되어 있다.

출처: (a) A. Rambourg and Y. Clermont, copyright 1990 제공, *Eur J Cell Biol.* 원저는 *The Journal of Cell Biology*, Volume 51:195에 출판되었음; (b) Thomas H. Giddings and Andrew Staehelin 제공; (c) Brad Marsh, Institute for Molecular Bioscience, The University of Queensland, Australia 제공. 록펠러대학교 출판부의 허가를 받아 재사용됨. 이미지는 *J. Cell Biol.* 187:449, 2009에서 발췌; (d) Andrei V. Nikonov et al., *J. Cell Biol.* 158:500, 2002에서 발췌; Gert Kreibich 제공. 록펠러대학교 출판부의 허가를 얻음; (e) Peggy J. Weidman and John Heuser, *Trends Cell Biol.* 5:303, 1995; © 1995에서 발췌. Elsevier Science 출판사로부터 허가를 얻음.

work, 이하 **CGN**)이라고 한다. CGN은 주로 소포체로 운송되는 단백질과 다음 골지 정류장으로 이동할 수 있는 단백질들을 구별하는 선별장소로 생각된다(489쪽). 반면에 가장 트랜스 쪽 면은 관들과 소낭들의 독특한 네트워크로 구성되며 **원골지망**(***trans* Golgi network**, 이하 **TGN**)이라고 한다. TGN은 단백질이 세포막 또는 다양한 세포 내 목적지로 향하는 여러 종류의 소낭으로 분리되는 분류장소이다. 골지복합체의 막 구성요소들은 세포막 골격의 일부분을 이루는 단백질인 스펙트린(spectrin), 안키린(ankyrin) 및 액틴(actin)류(334쪽)를 비롯한 다양한 단백질로 구성된 막 주변 골격 또는 지지체에 의해 지탱된다고 여겨진다. 골지의 골격은 골지복합체에 들어가고 나오는 소낭과 세관의 움직임을 지시하는 운동단백질과 물리적으로 연결되어 있는 것으로 보인다. 또 다른 부류의 섬유성 단백질들은 골지의 "기질(matrix)"을 구성하는 것으로 보이며, 세포분열 동안 골지복합체의 해체 및 재조립에서 중요한 역할을 하는 것으로 생각된다.

그림 12.21에서 보이는 데이터는 골지복합체가 한쪽 끝에서 다른 쪽 끝까지 그 조성이 균일하지 않다는 시각적 증거를 제공한다. 시스 면에서 트랜스 면으로의 막 구획 구성이 다르다는 사실은 골지복합체가 주로 "가공 공장(processing plant)"이라는 사실을 반영한다. 새로 합성된 막단백질과 분비 단백질 및 리소좀 단백질은 소포체를 떠나 시스면을 통해 골지복합체에 들어가고 적층을 가로 질러 트랜스 면으로 통과한다. 그들이 골지층을 따라 진행함에 따라, 조면소포체에서 합성된 단백질은 특정 방식으로 순차적으로 변형된다. 이제, 단백질에 결합된 당사슬의 변형이 어떻게 일련의 단계적 효소반응에 의해 일어나는지 알아보자.

골지복합체에서의 당화

골지복합체는 당단백질 및 당지질에서 당성분의 조립에 핵심적인 역할을 담당한다. 앞서 480쪽에서 *N*-결합 당사슬의 합성에 대해 논의할 때, 포도당 잔기가 핵심 올리고당의 말단에서 제거된 상태까지 보았었다. 새로 합성된 수용성 및 막 당단백질이 골지층의 시스와 중간 시스터나를 통과하면서, 대부분의 만노스 잔기가 핵심 올리고당에서 또한 제거되고, 다른 당류는 다양한 당전달효소에 의해 순차적으로 첨가된다.

조면소포체에서와 마찬가지로 골지복합체에서 같은 당류가 기존 올리고당 사슬에 결합하는 순서는 골지층을 통해 이동하면서 새로 합성된 단백질과 접촉하는 특정 당전달효소의 공간적 배열에 의해 결정된다. 예를 들어, 시알릴전달효소(sialyltransferase)는 동물세포에서 주로 골지층의 트랜스 면에 위치해 있는데, 예상대로 새로 합성된 당단백질이 이 효소가 분포된 부분으로 계속 이동하게 되면 사슬의 말단에 시알릴산을 첨가하게 된다. 올리고당이 덩어리째로 단백질에 부착되는 소포체의 당화과정과는 달리, 골지복합체에서의 당화과정은 매우 다양하게 일어나므로 놀라운 서열 다양성을 갖는 당사슬 조합을 생성할 수 있다. 가능한 여러 당화경로 중 하나가 **그림 12.22**에 잘 나타나 있다. 또한 소포체에서 관찰되는 *N*-연결 올리고당 형성과

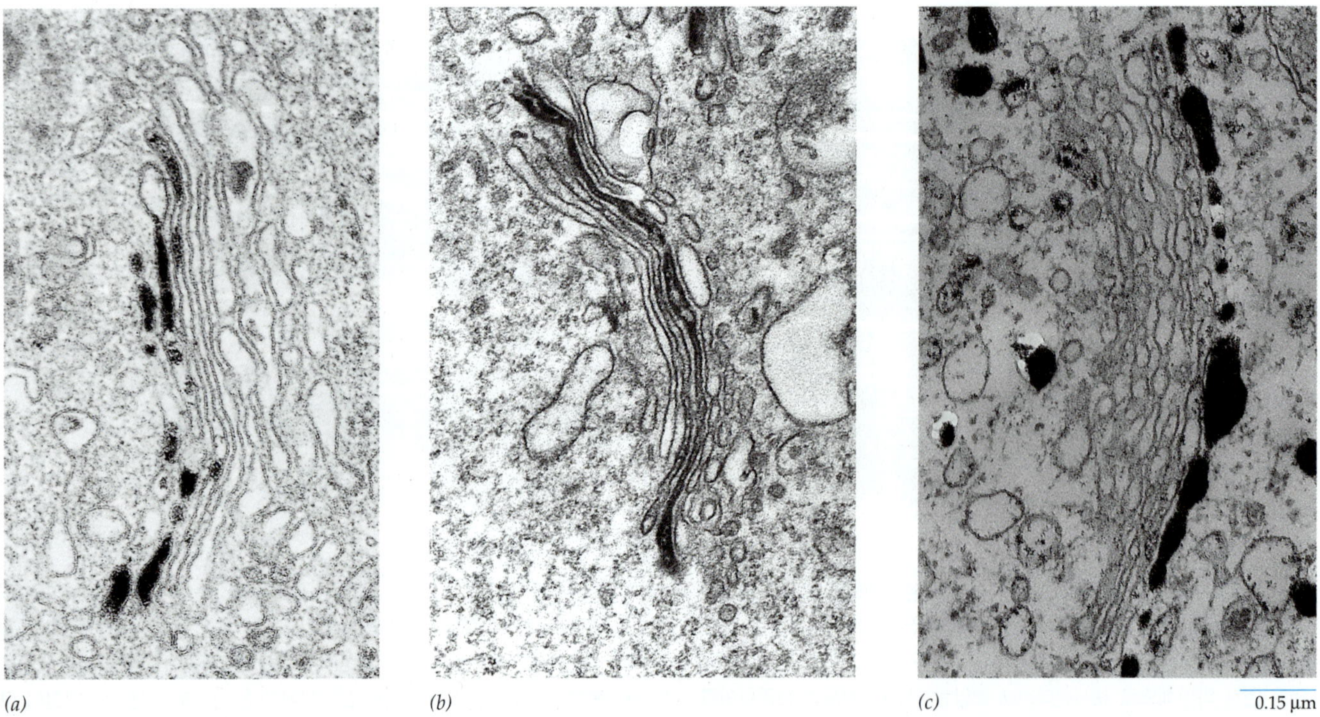

그림 12.21 골지층에서 막 조성의 지역적 차이. (*a*) 감소된 오스뮴 4산화물은 골지복합체의 시스 시스터나에 우선적으로 침착된다. (*b*) 본문에 기술된 것처럼 핵심 올리고당에서 만노스 잔기를 제거하는 데 관여하는 만노시다아제 II 효소는 중간 시스터나에 우선적으로 국한된다. (*c*) 디뉴클레오타이드(예를 들어, UDP)는 트랜스 시스터나에 선별적으로 존재한다.

출처: (a) Robert S. Decker, *J. Cell Biol.* 61:603, 1974에서 발췌; (b) Angel Velasco et al., *J. Cell Biol.* 122:41, 1993에서 발췌. 두 자료 모두 록펠러대학교 출판사의 허락을 얻어 재사용됨. (c) Robert S. Decker, *J. Cell Biol.* 61:603, 1974에서 발췌.

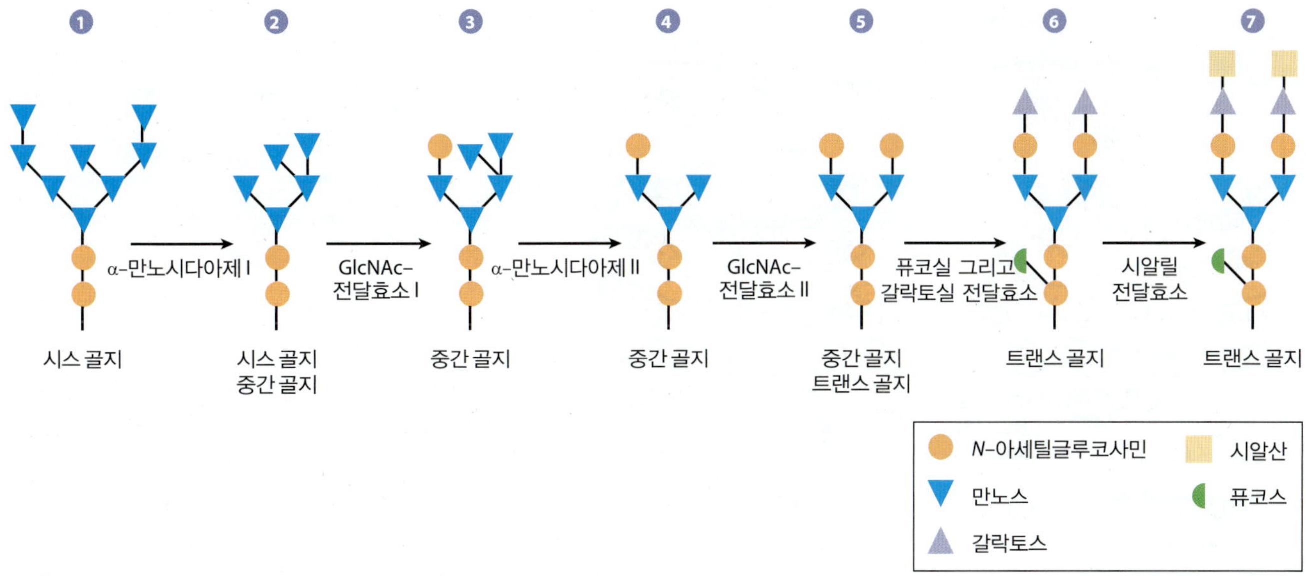

그림 12.22 **골지복합체에서 일반적인 포유류 *N*-연결 올리고당의 당화 단계.** 3개의 포도당 잔기를 제거한 후 다양한 당류(*N*-아세틸글루코사민, 갈락토오스, 퓨코오스 및 시알산)가 특정 당전달효소에 의해 올리고당에 첨가되는 동안 다양한 만노스 잔기가 제거된다. 이 효소는 활성자리가 골지 시스터나의 내강 면에 접해 있는 막단백질이다. 이 그림에 보여주는 단계는 수많은 당화 경로 중 하나일 뿐이다.

는 달리, *O*-연결 당화단백질의 형성은 주로 골지복합체 내에서 일어난다(그림 8.11).

또한 골지복합체는 그림 11.9*a*에 보이는 것과 같이 프로테오글리칸(proteoglycan)의 글루고사미노글리칸 사슬과 식물의 세포벽에서 발견되는 펙틴(pectin)과 헤미셀룰로오스(hemicellulose)를 포함하여 대부분의 세포의 복합 다당류합성이 이루어지는 부위이다(그림 11.34*c* 참조).

골지복합체에서 물질의 이동

물질이 골지복합체의 다양한 구획을 통해 이동한다는 것은 오랫동안 알려진 사실이었다. 하지만 이러한 이동이 일어나는 방법에 대해 설명하는 서로 다른 두 가지 시각이 오랫동안 이 연구 분야에서 지배적이었다. 1980년대 중반까지 골지 시스터나는 일시적으로 관찰되는 구조라는 의견이 일반적으로 받아들여졌다. 골지 시스터나는 소포체의 ERGIC로부터 막성 소낭이 이동하여 골지층의 시스 면에서 융합되고, 각 시스터나는 시스면으로부터 트랜스면에 이를 때까지 물리적으로 가로질러 이동함에 따라 그 조성이 점차 변하게 될 것으로 추측되었다. **시스터나 성숙 모델**(*cisternal maturation model*)이라고 알려진 이 이론에 따르면, 각 시스터나는 층을 따라 다음 시스터나로 성숙한다고 제안되었다.

1980년대 중반부터 1990년대 중반까지 골지 이동의 성숙 모델은 대부분 받아들여지지 않게 되었고 대신 다른 모델로 대체되었는데, 새로운 모델은 골지층의 시스터나가 안정된 구획으로 남아 있을 것이라고 제안하였다. 나중에 제안된 이 모델은 **소낭 수송 모델**(*vesicular transport model*)로 알려졌는데, 이 모델에 따르면 화물(즉, 분비 단백질, 리소좀 및 막단백질)은 골지층을 통해 CGN에서 TGN으로, 하나의 막 구획에서 출아하여 이동한 후 좀 더 멀리 떨어진 이웃의 골지층 구획으로 융합될 것이라고 보았다(**그림 12.23a**). 이 모델은 다음의 실험결과들에 의해 지지되었다:

1. 골지층 내의 다양한 각각의 골지 시스터나는 각기 독특한 내재 효소들을 가지고 있다(그림 12.21). 만약 각 시스터나가 다음의 시스터나를 만들어내고 있다면, 시스터나 성숙 모델이 제안하는 것처럼 각 시스터나가 어떻게 각기 다른 특성을 가질 수 있게 되었을까?
2. 전자현미경 관찰을 통해 많은 수의 소낭이 골지 시스터나의 가장자리 부분(rim)에서 발견되었다. 1983년 스탠포드 대학의 제임스 로스만(James Rothman)과 그의 동료들은 골지막의 무세포계 시료를 이용하여(469쪽 참조) 수송소낭이 한 골지 시스터나에서 출아하여 다음 시스터나와 융합된다는 것을 보였다. 이 획기적인 실험은 세포 내부에서 시스면 시스터나로부터 골지층의 트랜스면에 위치해 있는 시스터나에 화물운반 소낭이 이동하여 융합된다는 가설을 증명하는 기반을 마련하였다.

비록 두 모델에 대한 다양한 지지는 이어졌지만, 다음의 몇 가지 주목할 만한 이유로 인해 결국 의견의 공감대는 다시 시스터나 성숙 모델로 모아졌다.

- 시스터나 성숙 모델은 골지복합체의 주요 요소인 시스터나가 시스면에서 지속적으로 형성되어 트랜스면으로 분산되는 매우 역동적인 모습을 보여준다. 이 견해에 따르면, 골지복합체 그 존재 자체는 소포체와 ERGIC로부터 수송소낭이 지속적으로 유입되는 데 달려 있다. 시스터나 성숙 모델에 의해 예측된 바처럼, 특정 약물을 세포에 처리하거나 온도에 민감한 돌연변이(그림 12.4)를 사용하여 소포체에서 소낭이 형성되는 것을 차단하면 골지복합체가 사라지게 된다. 반면에 처리된 약물을 제거하거나 돌연변이 세포

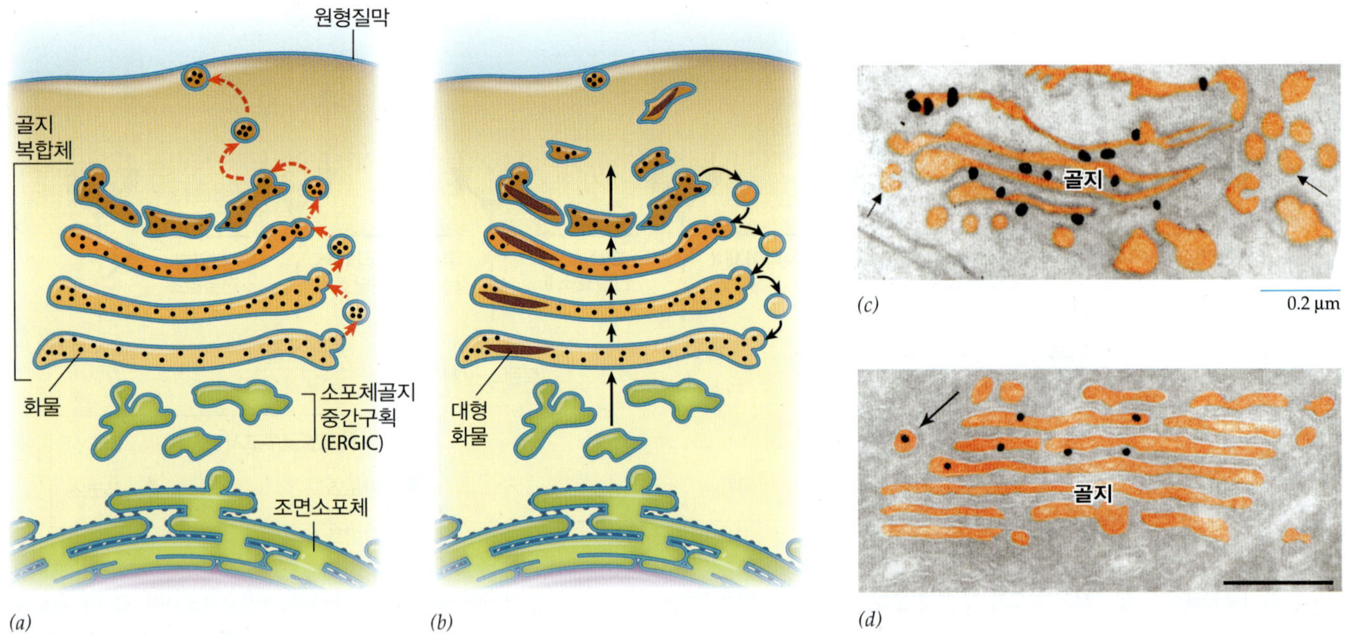

그림 12.23 골지복합체를 통한 역동적인 수송. (*a*) 소낭 수송 모델에서 화물(검은색 점)은 수송소낭에 의해 정방향으로 전달되는 반면, 시스터나 그 자체는 안정된 요소로서 남아 있다. (*b*) 시스터나 성숙 모델에서는 시스터나가 시스 면에서 트랜스 면으로 점진적으로 진행하고 TGN에서는 분산된다. 수송소낭은 상주 골지 효소(색깔로 표시된 소낭)를 역방향으로 실어 나른다. 빨간 렌즈 모양의 물체는 프로콜라겐 복합체 같은 큰 화물을 나타낸다. (*c*) 수포성 구내염 바이러스(VSV)에 감염된 세포의 연속적인 절편에서 골지의 영역을 보여주는 전자현미경 사진. 검은색 점들은 역방향으로 수송되는 VSVG 단백질에 대한 항체와 결합한 나노 크기의 금 입자를 나타낸다. (*d*) (*c*)에서 보인 것과 같은 유사한 특성을 보여주는 전자현미경 사진. 하지만 이 경우 금 입자는 화물에 결합하지 않고 중간 골지 시스터나의 상주 효소인 만노시다아제 II에 결합한다. 효소는 소낭(화살표)과 시스터나 모두에서 나타난다. 표지된 소낭은 아마도 역방향으로 효소를 운반할 것이며, 이것은 시스터나 성숙의 결과물로서 정방향 이동에 대해 대한 보상이다. 검은색 선은 0.2 μm을 나타낸다. (골지 간 수송에 대한 세 번째 모델은 참고문헌(*Cell* 133: 951, 2008)을 확인하기 바란다.)

출처: (a) 소낭 수송 모델; (b) 시스터나 성숙 모델; (c) From Alexander A. Mironov et al., courtesy of Alberto Luini, J. Cell Biol. 155:1234, 2001에서 발췌. 록펠러대학교 출판부의 허가를 얻음; (d) Jose A. Martinez-Menarguez et al.,에서 발췌. Judith Klumperman, *J. Cell Biol.* 155:1214, 2001 제공. 록펠러대학교 출판부의 허가를 얻음.

가 허용 온도로 복귀하면 골지복합체는 소포체에서 골지로의 수송이 재생됨에 따라 빠르게 재형성된다.

- 소포체에서 생성되어 골지복합체를 통과하는 어떤 물질은 골지 시스터나 안에 머물러 있고 골지체 수송소낭에는 나타나지 않을 수도 있다. 예를 들어, 섬유아세포에 대한 연구에 따르면 프로콜라겐(procollagen) 분자(세포외 콜라겐의 전구체, 그림 12.23*b*에서 빨간색 개체로 표시)의 큰 복합체는 시스 면 시스터나에서 트랜스 면 시스터나로 이동하면서 결코 시스터나 내강을 떠나지 않는다.
- 1990년도 중반까지 수송소낭은 항상 "정방향"(전방, *anterograde*), 즉 시스 기원에서부터 트랜스 방향의 목적지로 이동하는 것으로 추측되었다. 그러나 많은 증거들은 소낭이 "역방향"(후방, *retrograde*), 즉 트랜스 면에 존재하는 공여체의 막으로부터 시스 면에 존재하는 수용체의 막으로 이동할 수 있다는 것을 보여 주었다.
- 형광이 표지된 골지단백질을 발현하는 살아 있는 출아효모세포에 대한 연구에 따르면, 각각의 골지 시스터나의 내부 조성은 초기 골지(시스면에 존재하는)에 존재하는 단백질에서 후기(트랜스면에 존재하는) 단백질로 시간에 따라 변화할 수 있다고 보여주었다. 이 실험의 결과는 그림 18.10에 나와 있으며 소낭 수송 모델과 잘 맞아 떨어지지 않는다. 효모에 대한 이러한 결과가 더 복잡하고 골지층 구조를 갖는 포유류 골지복합체로 적용이 될 수 있는지 여부는 아직 완전하게 결론이 나지 않고 있다.

시스터나 성숙 모델의 최근 견해는 그림 12.23*b*에 잘 묘사되어 있다. 시스터나 성숙 모델의 원래 견해와는 달리, 골지막으로부터 출아한 수송소낭에 대한 역할을 인정하고 있다. 그러나 이 모델에서 수송소낭은 정방향으로 화물을 왕복시키지 않고 역방향으로 골지 효소를 운반한다. 대신 골지 시스터나 그 자체가 정방향 골지수송체로서 우선적인 역할을 한다. 골지 사이의 수송에 대한 이 모델은 그림 12.23*c*,*d*에서 보이는 전자현미경 사진들에 의해 뒷받침된다. 이 현미경 사진들은 배양된 포유류 세포의 냉동 블록으로부터 잘라낸 미세한 절편의 모습을 보여주고 있는데, 두 경우 모두 촬영하기 전에 시료를 화물단백질에 결합할 수 있는 항체(금 입자가 부착되어 있음) 처리하였다. 그림 12.23*c*는 화물단백질, 이 경우 바이러스 단백질 VSVG(그림 12.4)에 결합하는 금 표지 항체로 처리한 후 골지복합체를 통한 단면을 보여준다. VSVG 분자는 시스터나 안에 존재하지만, 근처 소낭(화살표)에서는 빠져 있다. 이것은 화물이 성숙한 시스터나 내에서 정방향으로 운반되지만 작은 수송소낭으로는 운반되지 않음을 나타낸다. 그림 12.23*d*는 골지에 상주하는 단백질(예: 만노시다아제 II)에 결합하는 금 표지 항체로 처리한 후 골지복합체의 단면을 보여준다. VSVG 화물단백질과 달리 만노시다아제 분자는 시스터나와 관련된 소낭(화살표)에서 발견되며, 이는 소낭이 골지 상주 효소를 역방향으로 운반하는 데 사용된다는 제안을 강력하게 뒷받침한다. 골지 상주 단백질은 또한 다른 골지 시스터나를 연결하는 것으로 보이는 관을 통해 역방향으로 이동할 수 있다.

그림 12.23*b*에서 묘사된 시스터나 성숙 모델은 골지층에서 다른 골지 시스터나가 고유한 정체성을 어떻게 가질 수 있는지를 설명한다. 예를 들어, 만노시다아제 II와 같은 효소는 올리고당에서 만노스 잔기를 제거하고 주로 중간 시스터나에 국한되어 있으며(그림 12.21), 각 시스터나가 적층의 트랜스 면 끝으로 이동함에 따라 수송 소낭에서 역방향으로 재활용될 수 있다. 하지만 여전히 많은 저명한 연구자들은 화물이 골지 시스터나 사이에서 역방향으로 운반될 수 있다는 실험결과들을 가지고 이 모델의 신빙성에 의문을 제기하고 있으며, 이 문제에 대한 명확한 해답은 아직 얻어지지 않은 상태임을 주지할 필요가 있다.

12.10 소낭 수송의 종류와 그 기능들

진핵세포의 생합성경로는 수용성 및 막단백질의 합성, 변형 및 세포내 적절한 위치로 전달을 하는 일련의 독립적인 막성 세포소기관으로 구성된다. 그림 12.2*a*가 보여주는 것처럼, 물질은 공여체 막으로부터 출아하고 수용체 막과 융합하는 소낭(또는 다른 유형의 막결합 수송체)에 의해 세포내 구획들 사이에서 운반된다. 출아 과정 동안 찍힌 소낭의 현미경 사진을 조사해 보면 막 출아한 막성 구조물의 대부분이 세포질 쪽 표면이 "뿌옇게(fuzzy)" 전자밀도가 높은 층으로 둘러싸여 있는 것을 볼 수 있다. 추가 분석에 따르면 이 어둡게 보이는 층은 출아가 시작되는 공여체 막의 세포질 표면에 모이는 수용성 단백질로 형성된 단백질 피복(coat)으로 구성되어 있음을 보여준다. 단백질 피복으로 둘러싸인 막 위의 돌기들은 **그림 12.24**에서 보이는 것과 같이 **피복 소낭(coated vesicle)**으로서 떨어져 나간다. 유사한 크기와 구조의 소낭은 그림 12.6에서 본 바와 같이 무세포계에서도 형성될 수 있다. (피복 소낭이 어떻게 발견되었는지에 대해서는 <역사적 실험>에서 논의될 것이다.)

단백질 피복은 다음과 같은 최소한 2개의 다른 기능을 가진다: (1) 막을 구부려 출아소낭을 만드는 기계장치로 작동하며, (2) 소낭이 운반할 구성물들을 선택하는 기작을 제공한다. 선택된 구성물들은 (*a*) 분비 단백질, 리소좀 및 막단백질로 구성된 화물, (*b*) 소낭을 정확한 수용체 막에 표적화 및 결합하는 데 필요한 분자적 기계장치를 포함한다(12.12절 참조). 가장 잘 알려진 경우에서(그림 12.26과 12.40 참조), 소낭 피복 역시 다음과 같은 2개의 다른 단백질 층으로 이루어져 있다: (*a*) 피복을 위한 외부 포장 혹은 골격, (*b*) 지질2중층의 외부 표면과 막의 화물과 결합할 수 있는 연결분자(adaptor, 이하 어댑터). 아래에서 설명되겠지만, 어댑터는 공여체 막에 존재하는 내재단백질의 세포질 쪽 "꼬리(tail)"와의 특이적 결합력을 이용하여 특정 화물 분자를 선택할 수 있다(**그림 12.25b** 참조).

피복 소낭들은 피복을 만드는 단백질의 종류, 전자현미경 하에서 관찰되는 모습, 혹은 세포내 수송에서의 그들의 역할 등에 의해서 몇 가지 종류가 존재함이 확인되었다. 가장 잘 연구된 피복 소낭은 다음과 같다:

1. **COPII-피복 소낭**(그림 12.24*a*)은 소포체에서 "앞쪽으로(forward)" ERGIC 및 골지복합체로 물질을 이동시킨다. (12.8절을 통해 ERGIC는 소포체와 골지복합체 사이에 위치한 중간 구획임을 상기하라.) (COP는 피복 단백질의 영문인 coated protein의 약자이다.)
2. **COPI-피복 소낭**(그림 12.24*b*)은 물질을 (1) ERGIC과 골지층에서 소포체로, 그리고 (2) 트랜스 골지 시스터나로부터 시스 골지 시스터나의 방향으로(그림 12.25a 참조) 역방향 혹은 "뒤쪽으로(backward)"으로 수송한다. 그 외 COPI 소낭에 대한 추가적인 역할들은 계속해서 논의되고 있다.
3. **클라트린(Clathrin)-피복 소낭**은 TGN에서 엔도솜, 리소좀 및 식물의 액포로 물질을 이동시킨다. 그들은 또한 원형질막에서 내포작용경로를 따라 세포질 구획으로 물질을 이동시킨다. 또한 엔도솜

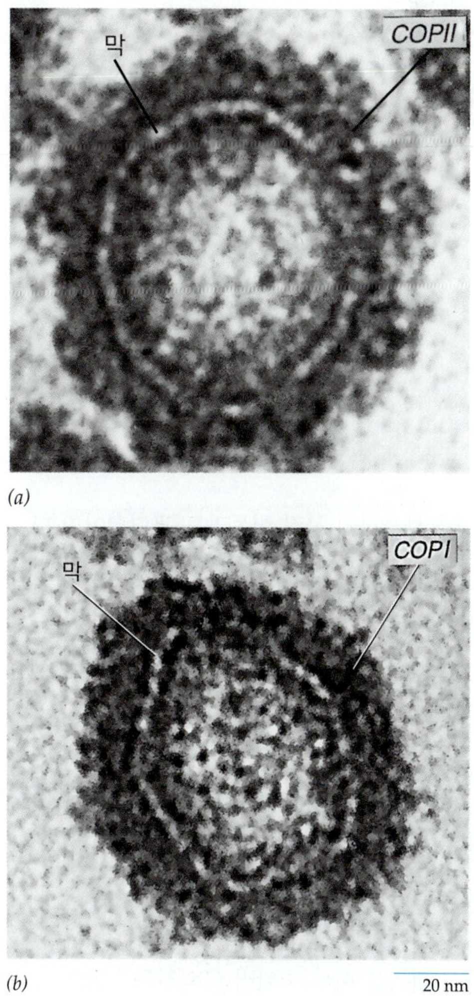

그림 12.24 피복 소낭. 이 전자현미경 사진은 서로 다른 단백질 피복에 의해 외측(세포질 쪽) 표면으로부터 덮힌 소낭막을 보여준다. 상단 (*a*)의 현미경 사진은 COPII으로 피복된 소낭을 보여주며, 하단 (*b*)의 현미경 사진은 COPI 피복소낭을 보여준다.

출처: (a–b) Randy Schekman and Lelio Orci. 제공

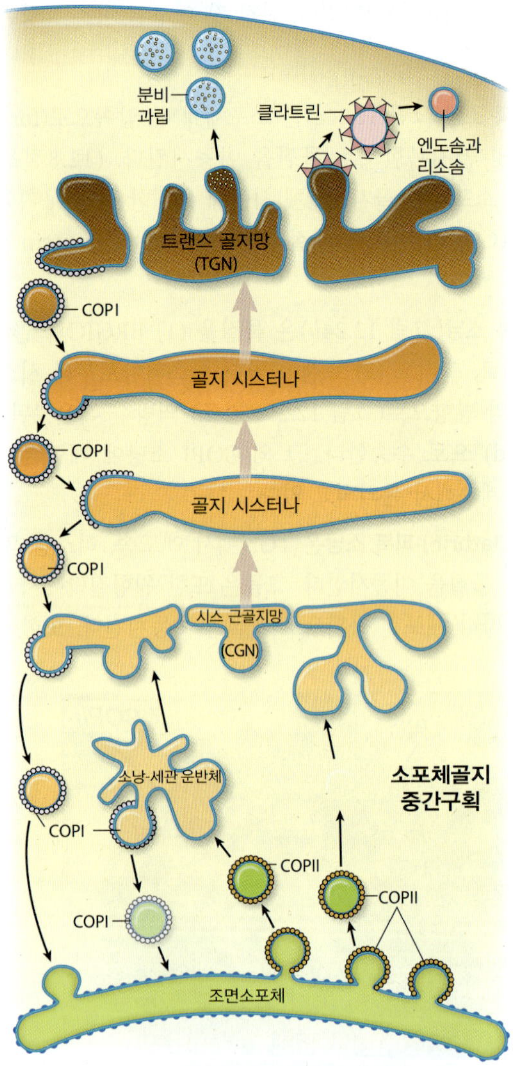

(a)

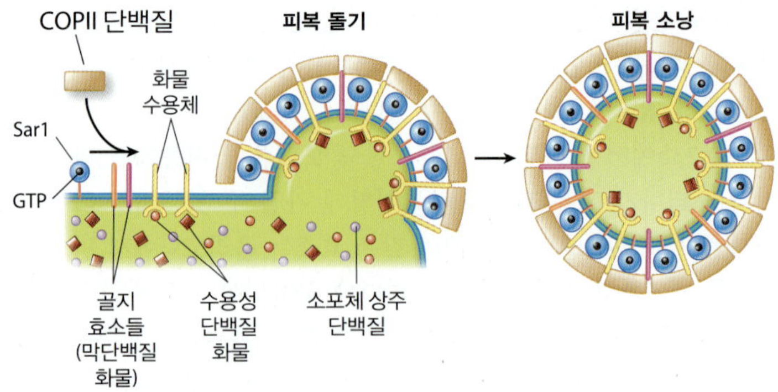

(b)

그림 12.25 생합성/분비경로의 막 구획 사이의 소낭 이동에 의한 물질의 이동 제안. (*a*)이 개략도에 표시된 세 가지 종류의 피복 소낭은 서로 다른 수송 역할을 한다고 생각된다. COPII-피복 소낭은 소포체로부터 ERGIC 및 골지복합체로의 수송을 매개한다. COPI-피복 소낭은 ERGIC 및 골지복합체에서 소포체로 단백질을 되돌려 놓는다. COPI-피복 소낭은 또한 시스터나 사이에서 역방향으로 골지 효소를 운반한다. 클라트린-피복 소낭은 TGN에서 엔도솜 및 리소좀으로의 수송을 조절한다. 내포작용경로를 따라 움직이는 물질의 수송은 이 도면에 표시되지 않았다. (*b*) 소포체에서 COPII-피복 소낭이 조립되는 과정에 대한 개략도. 피복의 형성은 Sar1이 소포체 막으로 모집되고 결합된 GDP와 GTP가 교환될 때 시작된다. 이들 단계는 그림 12.26에 표시되어 있다. 소포체 내강의 화물 단백질(빨간색 구체 및 다이아몬드)은 막관통 화물 수용체의 내강 쪽 말단에 결합한다. 이들 수용체는 COPII 피복의 성분과 함께 세포질 쪽 꼬리 사이의 상호작용을 통해 피복된 소낭 내에서 농축된다. 소포체 상주 단백질(예를 들어, BiP)은 일반적으로 피복 소낭으로부터 배제된다. 본문에 설명한 바와 같이, 피복 소낭에 우연히 실리게 된 분자들은 소포체로 다시 반환된다.

과 리소좀으로부터의 물질 이동과도 관련되어 있다.

다음 절에서 우리는 각 유형의 피복 소낭에 대해 알아볼 것이다. 각 피복 소낭이 매개하는 생합성 또는 분비경로를 따르는 다양한 수송단계는 그림 12.25*a*에 요약되어 있으며 그 구조의 비교는 그림 12.27*b*에 나와 있다.

COPII-피복 소낭: 소포체로부터 골지복합체로의 화물 수송

COPII로 피복된 소낭은 소포체에서 ERGIC 및 골지복합체로의 생합성경로를 통해 물질이 이동하는 첫 번째 여정을 중개한다(그림 12.25). COPII 피복을 이루는 여러 단백질들은 소포체로부터 골지복합체로의 물질 수송을 하지 못하는 돌연변이 효모세포를 조사함으로써 많이 발견되었다. 포유동물세포에서도 효모 단백질과 유사한 단백질들이 존재함이 알려졌는데, 이들 역시 소포체로부터 출아된 소낭의 피막에서 연속적으로 발견되었다. 만약 COPII-피복 단백질에 대한 항체를 세포에 처리하면 소포체 막에서 소낭의 출아를 차단할 수는 있지만 분비경로의 다른 단계에서 화물의 이동에는 영향을 미치지 않는다.

COPII-피복은 수송을 위한 특정 성분을 선택하고 농축해 놓는다. 소포체의 특정 막단백질은 세포질 쪽 꼬리의 일부로 "소포체 반출(ER export)" 신호를 포함하기 때문에 특이적으로 선택된다. 이 신호부위는 소낭 피복의 COPII 단백질과 특이적으로 결합한다(**그림 12.26**). COPII로 피복된 소낭이 선택하는 단백질은 (1) 골지복합체의 당전달효소(그림 12.26에서 주황색 막단백질로 표시), (2) 결합에 관련된 막단백질 등 생합성경로의 후기 단계에서 작용하는 효소, (3) 수용성 화물에 결합할 수 있는 막단백질(그림 12.26에서 빨간색 구체로 표시된 분비 단백질과 같은)들이다. 특정 화물에 대한 수용체가 없는 세포는 일반적으로 특정 그룹의 단백질을 소포체에서 골지복합체로 수송하지 못하게 된다. 예를 들어, 화물수용체인 ERGIC-53의 돌연변이는 유전성 출혈장애와 관련이 있다. 이 질환을 가진 사람은 혈액응고를 촉진시키는 특정 응고인자를 분비하지 못하기 때문이다.

COPII 외피 단백질 중에는 Sar1이라고 불리는 작은 G단백질이 있는데, 이 분자는 소포체 막에 특이적으로 위치한다. 다른 G단백질과 마찬가지로, Sar1은 그림 12.26에 설명된 것처럼 소낭 형성을 개시하고 소낭 피복의 조립을 조절하는 역할을 한다. 그림 12.26의 1단계에서 Sar1은 GDP 결합 형태로 소포체 막으로 모이고, GTP 분자가 GDP를 대체하도록 유도된다. GTP가 결합하면서 Sar1은 N-말단

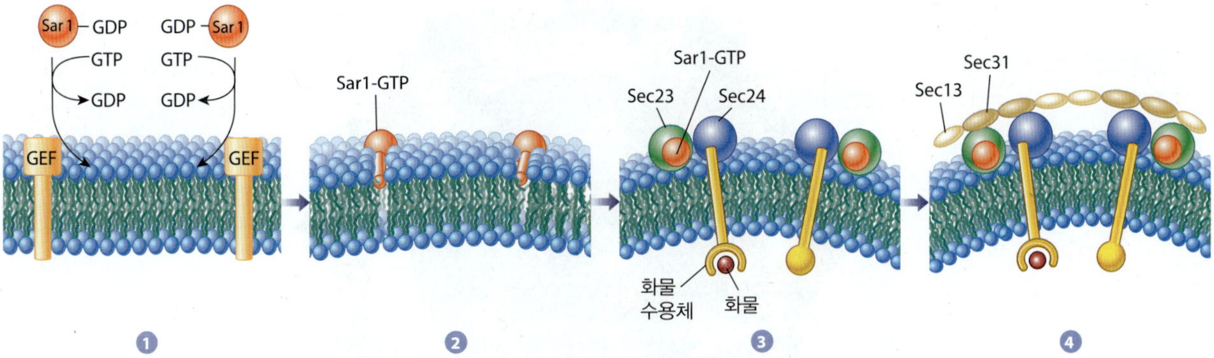

그림 12.26 막의 구부림, 단백질 피복의 조립, 화물 선택에서의 COPII 피복 단백질의 역할. 1단계에서, Sar1-GDP 분자는 GEF(guanine-exchange factor)라 불리는 단백질의 활성(GDP와 GTP의 교환을 촉매)에 의해 소포체 막으로 모이게 된다. 2단계에서, 각 Sar1-GTP 분자는 세포질 면 단엽을 따라 손가락 모양의 나선구조를 뻗는다. 이 과정은 막의 한쪽 단엽을 확장시키고 그 지점에서 지질2중층이 휘도록 유도한다. 3단계에서 2개의 COPII 폴리펩티드(Sec23 및 Sec24)로 구성된 이질2량체가 결합된 Sar1-GTP에 의해 모이게 된다. Sec23-Sec24 2량체는 소낭 형성을 위해 막의 구부림을 더 크게 하는 것으로 생각된다. Sar1과 Sec23-Sec24는 시험관 내에서 합성 리포좀과 함께 배양될 때 막의 구부림을 유도할 수 있다는 실험 결과가 보고되었다. 세포막 측 꼬리가 COPII 외투의 Sec24 폴리펩티드에 결합함에 따라 형성되는 COPII 소낭 내에 막관통 화물들이 축적된다. Sec24는 적어도 4개의 서로 다른 아형(isoforms)으로 존재한다. 이 단백질의 다른 아형은 서로 다른 정렬 신호로 막단백질을 인식하고 결합하여 COPII 소낭이 다양한 유형의 물질을 운반할 수 있도록 한다. 4단계에서, 남아 있는 COPII 폴리펩티드(Sec13 및 sec31)는 피복의 외부 구조 지지체를 형성하기 위해 복합체에 결합한다.

출처: Stephan Fath et al., Courtesy of Jonathan Goldberg, *Cell* 129:1333, 2007에서 발췌, Elsevier의 허가를 얻음

의 α-나선구조가 소포체 2중층의 세포질 면 단엽에 삽입되도록 구조적인 변화를 일으킨다(2단계). 이러한 구조적 변화는 평평한 막을 구형으로 전환시키기 위해 중요한 단계인 지질2중층을 구부리는 것으로 보인다. 원래 평평한 막이 구부러지기 위해서 아마도 2중층의 2단엽을 구성하는 지질 배열의 변화가 선행되어야 할 필요가 있기 때문이다. 세 번째 단계에서, Sar1-GTP는 "바나나 모양"을 한 COPII-피복 단백질의 일종인 Sec23과 Sec24로 구성된 2량체의 2개를 추가로 불러들인다. 곡선 모양(그림 12.27)으로 인해 Sec23-Sec24 2량체는 막에 추가적인 구조적 압력을 제공하여 이미 구부러지기 시작한 막 구조를 더욱 구부러지도록 만든다. 또한 Sec24는 골지복합체로 이동하게 될 소낭의 막단백질에 있는 소포체 반출신호와 특이적으로 상호작용하는 COPII 외피의 주요 어댑터 단백질로서 기능한다. 그림 12.26의 4단계에서 COPII 피복의 나머지 단백질인 Sec13과 Sec31가 막에 결합하여 단백질 피복의 외부 뼈대를 형성한다. **그림 12.27a**는 COPII 피복이 표면에 결합되어 있는 40 nm 크기의 소낭을 보여준다. Sec13-Sec31 뼈대는 상대적으로 단순한 격자로 조립되어 각 정점에 Sec13-Sec31의 다리 4개가 모이는 구조를 이룬다(그림 21.27). Sec13-Sec31로 이루어진 소단위체 사이의 결합부는 어느 정도의 유연성을 가지고 있어서 다양한 지름의 구형 뼈대를 형성할 수 있으므로 다양한 크기의 소낭을 수용할 수 있다.

전체적인 COPII 피복이 조립되면, 돌출 부위는 COPII 구조로 피복된 소낭의 형태로 소포체 막으로부터 분리된다. 피복 소낭이 표적 구획의 막과 융합되기 전에 단백질 피복은 분해되고 그 구성성분을 세포질로 방출되어야 한다. 피복의 분해는 Sar1에 결합된 GTP가 GDP로 가수분해됨에 따라 개시되고, 그렇게 되면 Sar1 분자는 소낭 막에 대한 결합력을 잃게 된다. Sar1-GDP가 소낭 막으로부터 떨어지게 되면 결국 다른 모든 COPII 구성 단백질들의 해체를 유발하게 된다.

COPI-피복 소낭: 소포체로부터 이탈한 단백질들의 회수

COPI으로 둘러싸인 소낭의 존재는 세포를 GTP 유사체(GTP와 유사한 구조를 가졌으나 GDP로 가수분해 되지 않는 분자)를 세포에 처리한 후, 균질화한 세포의 밀도구배 원심분리법(18.6절 참조)을 통해 처음으로 확인되었다. COPI-피복 소낭은 Arf1이라고 불리는, COPII에서의 Sar1과 유사한 작은 G단백질에 의해 작동하는데, Arf1과 결합된 GTP 유사체는 GDP로 가수분해가 되지 않아 결국 피복이 해체되지 않게 되어 세포 내에서 대량으로 축적되기 때문이다.

COPI 피복은 코타머(*coatamer*)라고 불리는 7가지 단백질로 구성된 복합체이다. 단백질 구조 연구에 따르면 COPI 격자의 바깥 부분은 3개의 다리가 있다는 뜻의 단백질인 "삼각구조체(triskelion)" 단위체에 의해 만들어졌을 것이며(그림 12.27*b*), 이는 12.16절에서 더 자세히 논의될 클라트린과 유사할 것으로 예측된다. 하지만 COPI 피복에 대한 고해상도 구조는 아직 규명되지 않았다.

COPI-피복 소낭은 (1) 트랜스에서 시스(*trans-to-cis*) 방향의 골지 상주 효소(그림 12.23d에서 보이는 바와 같이, 금 표지된 만노시다아제 II와 같은), (2) ERGIC과 골지복합체에서 소포체로 돌아오는 소포체 상주 효소 등을 포함하는 역방향으로 움직이는 단백질의 수송과 가장 명백히 관련되어 있다(그림 12.25). 역방향 수송에서 COPI-피복 소낭의 역할을 이해하기 위해, 우리는 소포체에 상주하는 단백질이 어떻게 잔류하는지 혹은 다른 소기관으로부터 어떻게 회수

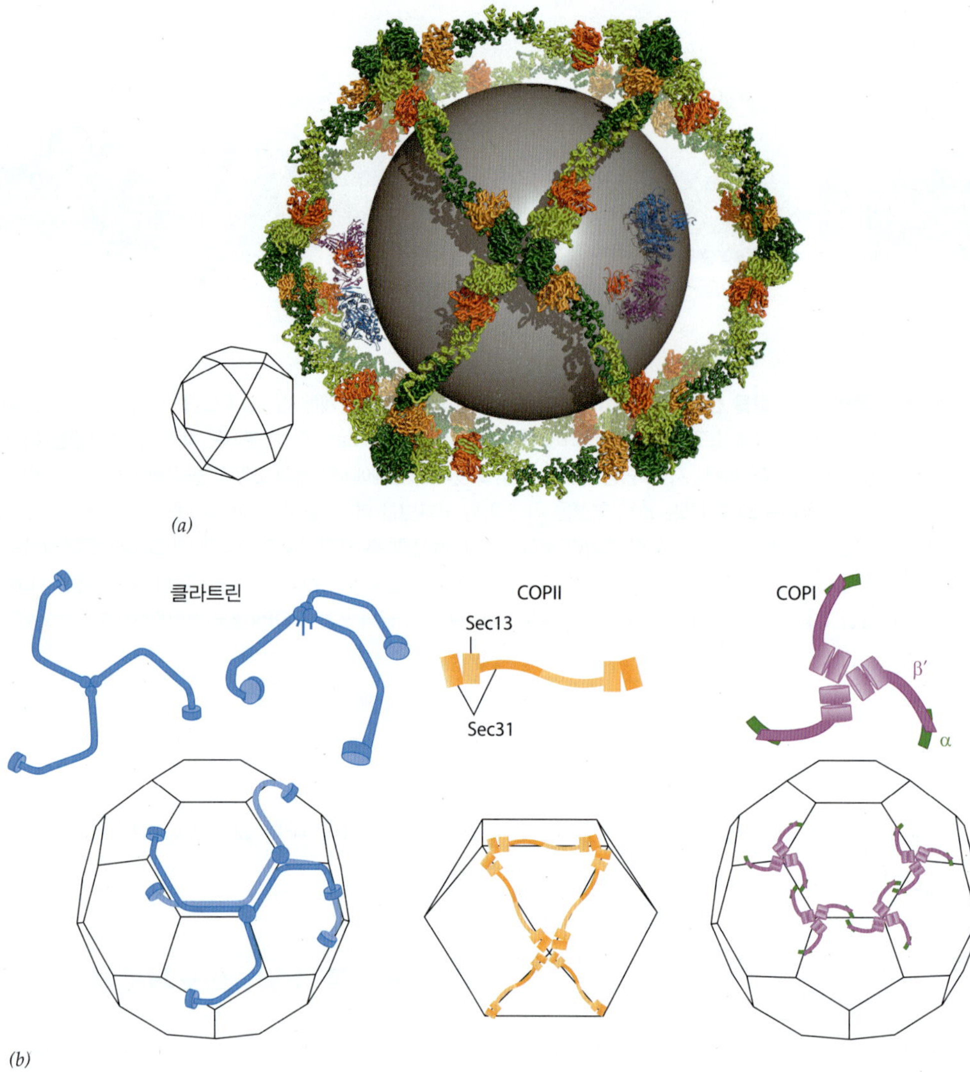

그림 12.27 소낭 피복의 구조. (*a*) 40 nm 크기의 소낭 표면 주위에 조립될 때 COPII 외피의 외부 Sec13-Sec31 복합체의 분자 모델. 이 복합체를 구성하는 격자의 가장자리와 다리들은 이질4량체(진녹색과 연녹색으로 보이는 2개의 Sce31과 주황색과 빨간색으로 보이는 2개의 Sec13소단위)로 이루어져 있다. 이러한 4개의 다리는 수렴하여 격자의 각 정점을 형성한다. COPII 피복의 내부층을 형성하는 두 덩어리의 Sar1-Sec23-Sec24 복합체(각각 빨간색, 보라색 및 파란색으로 표시됨)도 이 모델에 도식화되어 있다. Sec23-Sec24 복합체의 내부 표면이 어떻게 소낭의 곡면을 형성하는지도 볼 수 있다. 삽입된 도식은 COPII 격자를 보여주며, 각각은 삼각형 및 정사각형, 오각형 그리고/혹은 육각면으로 구성되어 있다. (*b*) 클라트린, COPII 및 COPI의 구조에 대한 도식.

출처: (a) Stephan Fath et al., Jonathan Goldberg, *Cell* 129:1333, 2007에서 발췌. Elsevier의 허가를 얻음.; (b) S. Harrison and T. Kirchhausen, *Nature* 466:1048–1049, 2010에서 발췌, Macmillan 출판사의 허가를 얻어 재인쇄함.

(retrieval)되는지 알아보고자 한다.

만약 소낭이 막구획에서 지속적으로 출아되면 각 구획은 어떻게 고유한 구성을 유지할까? 예를 들어, 소포체 막에 있는 특정 단백질이 소포체에 남아 있거나 골지복합체로 진행되는지를 결정하는 인자는 무엇인가? 연구에 따르면 단백질은 두 가지 기작의 조합에 의해 특정 세포소기관에서 유지된다:

1. 수송소낭에 담겨지지 않을 상주 단백질의 **잔류**. 잔류는 주로 단백질의 물리적 특성에 의존한다. 예를 들어, 짧은 막횡단 영역을 갖는 막단백질 혹은 큰 복합체의 일부분을 이루는 수용성 단백질이 수송소낭에 들어갈 가능성은 낮다.
2. "이탈한(escaped)" 분자가 정상적으로 존재하는 구획으로의 **회수**. 소포체의 내강 혹은 막에 보통 존재하는 단백질들은 C-말단에 회수신호(*retrieval signal*) 역할을 하는 짧은 아미노산 서열을 가지고 있어, 만약 우연히 ERGIC이나 골지복합체로 전방 수송되었을 때 회수될 수 있다. 원래 있어야 할 곳에서 이탈한 소포체 단백질은 그 분자와 특이적으로 결합하는 특별한 수용체에 의해 COPI-피복 소낭에 실려 소포체로 돌아올 수 있다(그림 12.25, 12.28). 소포체 내강의 수용성 단백질들(예를 들어, 2황화 이성질화 효소와 단백질 접힘을 촉진하는 분자 샤페론 등)은 전형적인 회수신호인 "리신-아스파라긴-글루타민-류신"(lys-asp-glu-leu, KDEL) 서열을 갖는다. **그림 12.28**에서 볼 수 있듯이, 이들 단백질은 시스 골지와 소포체 구획 사이를 왕복하는 필수 막단백질인 *KDEL* 수용체에 의해 인식되어 소포체로 귀환한다. 만약 이 KDEL 수용체가 소실되면 이탈한 단백질은 소포체로

되돌아가지 않고 골지복합체를 통해 앞으로 전달된다. 반대로, 리소좀 또는 분비 단백질의 C-말단에 KDEL 서열이 붙도록 유전공학적으로 조작된 경우, 그 단백질은 적절한 목적지로 이동하지 않고 소포체로 복귀한다. 소포체 막에 있는 단백질 역시 복귀신호를 가지고 있어 COPI 피복에 결합함으로써 소포체로 복귀할 수 있다. 소포체 막 단백질에 대한 가장 일반적인 회수 서열은 2개의 연속된 염기성 잔기로, 가장 일반적인 경우 KKXX(K는 리신, X는 정해지지 않은 아미노산)로 이루어진다. 생합성경로의 각 막구획은 고유의 회수신호를 가지고 있어, 각 구획이 끊임 없이 소낭들을 주고받으면서도 그 독특한 조성을 일정하게 유지시킬 수 있다.

12.11 골지복합체 이후: TGN에서 단백질의 분류

수송소낭에 대한 모든 논의에도 불구하고 우리는 아직 소포체에서 합성된 특정 단백질이 특정 세포 표적으로 어떻게 이동하는지 보지 못하였다. 이를 위해 세포는 스스로 만들어내는 다양한 단백질을 구별할 수 있어야 한다. 예를 들어, 췌장세포는 도관을 통해 분비하기 위해 새롭게 합성한 소화효소와 세포막에 존재하여 세포 부착과 관련된 단백질, 혹은 리소좀으로 이동해야 하는 효소단백질 등과 구분할 수 있어야 한다. 세포는 다른 목적지로 보내기 위해 서로 다른 막성 소낭에 실어 분리함으로써 이와 같은 일을 수행할 수 있게 된다. 이를 위해 골지복합체의 마지막 정류장인 TGN은 단백질을 여러 목적지로 향하게 하는 주요 분류장소로서 기능을 수행한다. 골지 이후의 경로로서 가장 잘 연구가 된 것은 리소좀 효소를 운반하는 경로이므로 이에 대해 좀 더 알아보기로 하자.

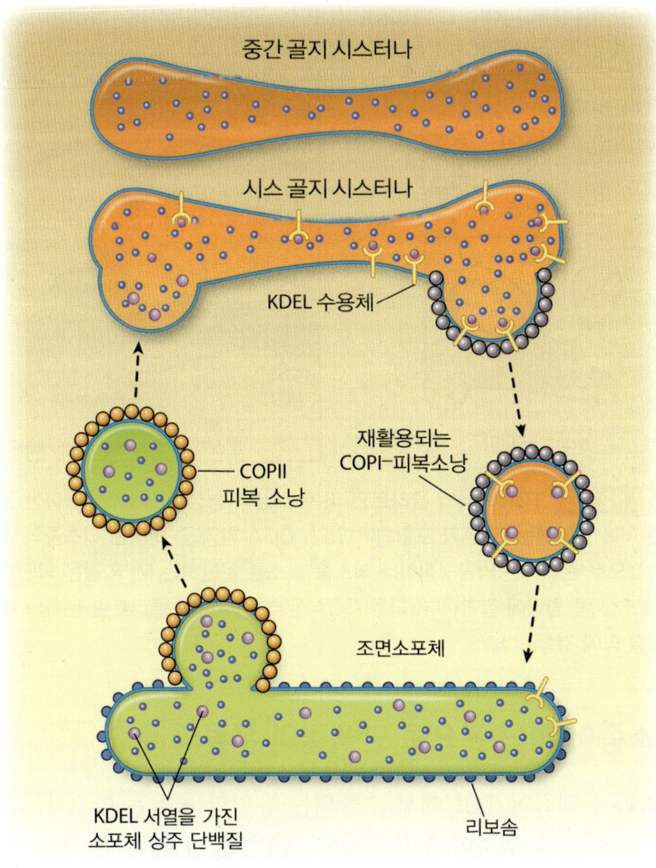

그림 12.28 소포체 단백질의 회수. 소포체의 상주 단백질은 우연히 골지체 수송소낭에 실리는 경우 골지복합체로부터 회수되도록 하는 아미노산서열을 포함한다. 수용성 소포체 단백질은 회수 신호인 KDEL을 갖는다. 회수 과정은 수용성 소포체 단백질이 시스 골지 구획의 막에 존재하는 KDEL 수용체에 결합함에 따라 이루어진다. KDEL 수용체는 차례로 COPI 코팅의 단백질에 결합하여 전체 복합체가 소포체로 재순환되도록 한다.

리소좀 효소의 분류와 운반

리소좀 단백질은 소포체의 막에 결합한 리보솜에서 합성되어 다른 유형의 단백질과 함께 골지복합체로 운반된다. 골지 시스터나에 도착하면 수용성 리소좀 효소는 N-결합 당사슬의 특정 만노스에 인산기 그룹의 2단계 첨가를 촉매하는 효소에 의해 특이적으로 인지된다(**그림 12.29a**). 따라서 TGN에서 분류되는 다른 당단백질과는 달리 리소좀 효소는 인산화된 만노스 잔기를 갖게 되고, 이는 분류신호로서 사용된다. 이러한 단백질 분류기작은 인산기 첨가와 관련된 효소 중 하나가 결핍된 사람의 세포를 연구함으로써 처음 발견되었다(이 장의 <인간 질병과의 연관성>에서 추가로 논의된다). 만노스 6-인산 신호를 갖는 리소좀 효소는 TGN 막에 존재하는 내막단백질인 만노스 6-인산 수용체(*mannose 6-phosphate receptors, MPRs*)에 의해 인시되고 포획된다(그림 12.29*b*).

리소좀 효소들은 클라트린으로 피복된 소낭(이 장에서 논의될 세 번째이자 마지막 유형의 피복 소낭)를 통해 TGN으로부터 운반된다. 클라트린으로 싸인 소낭의 구조는 내포작용과 관련하여 그림 12.40에 자세히 기술되어 있는데, 사실 이 과정은 TGN에서 소낭의 출아보다 더 잘 연구되었다. 이 소낭의 외피에는 (1) 구조적 뼈대를 형성하는 클라트린 단백질로 구성된 외부 격자(lattice)와 (2) 세포질과 마주한 소낭 막의 표면을 덮고 있는 단백질 어댑터로 구성된 내부 껍질(inner shell)이 포함된다(**그림 12.30**). 앞서 논의된 것처럼 어댑터(*adaptor*)라는 용어는 2개 이상의 구성요소를 물리적으로 연결하는 분자를 의미한다. 리소좀 효소는 **GGAs(Golgi-localized, Gamma-ear containing Adenosine diphosphate ribosylation factor-binding proteins)**라 불리는 어댑터 단백질군(群)의 도움을 받아 TGN으로부터 이동하게 된다.

그림 12.30의 삽입도에 표시된 것처럼, 1개의 GGA 분자는 소낭 형성에 관여하는 다른 단백질과 결합할 수 있는 몇 개의 영역을 가지고 있다. GGA 어댑터의 바깥쪽 끝은 클라트린 분자에 결합하여 클라트린 골격을 소낭 표면에 고정시킨다. 또한 GGA 어댑터는 내부 표면에서 만노스 6-인산 수용체의 세포질 꼬리에 있는 분류신호와 결합한다. 이어, MPRs는 소낭 내강의 수용성 리소좀 효소에 결합한다(그림 12.30, 삽입도). GGA 어댑터와의 상호작용 결과로써 TGN 막의 MPR과 TGN 내강의 리소좀 효소가 클라트린 피복 소낭에 집

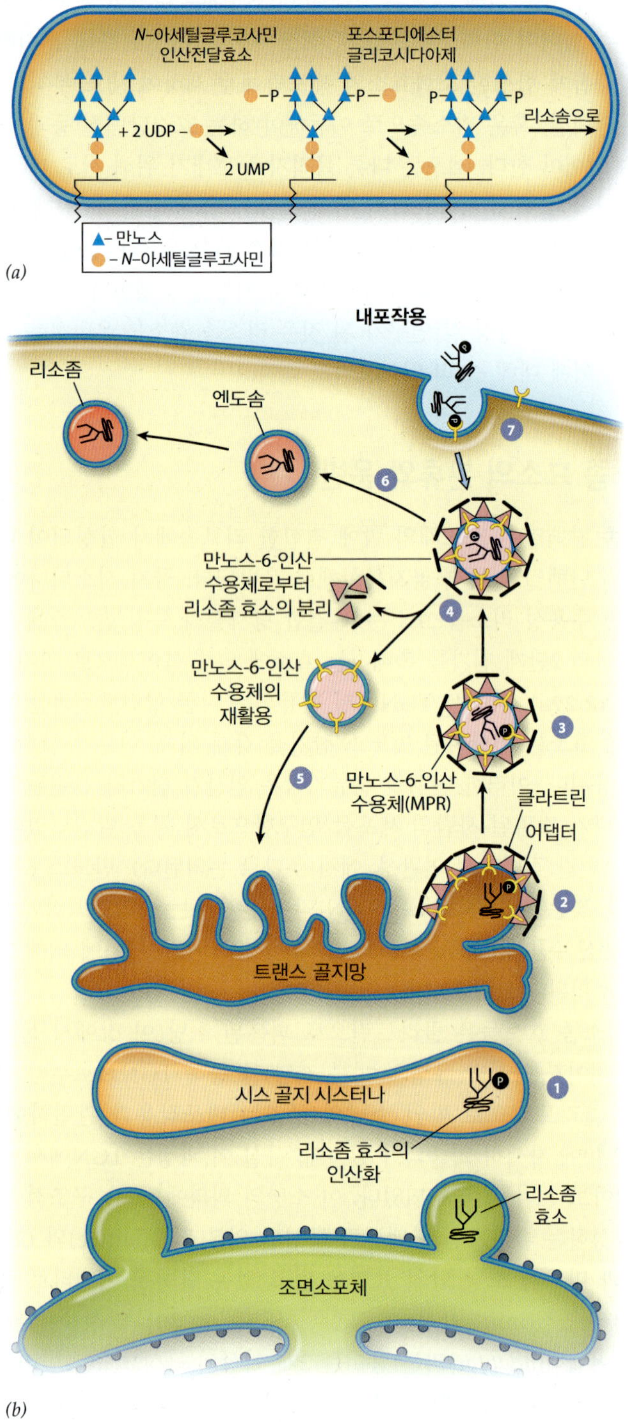

그림 12.29 **리소좀 효소의 리소좀으로의 표적화.** (*a*) 리소좀 효소는 뉴클레오티드 당 공여체로부터 인산화된 *N*-아세틸글루코사민을 *N*-결합 올리고당의 하나 이상의 만노스 잔기로 이동시키는 시스 시스터나에 존재하는 효소에 의해 인식된다. 그 후 글루코사민 잔기는 두 번째 단계에서 두 번째 효소에 의해 제거되어 만노스 6-인산은 올리고당 사슬의 부분으로 남게 된다. (*b*) 최초 합성부위인 소포체로부터 리소좀으로의 전달에 이르기까지 리소좀 효소(검정색)가 따라가는 경로를 보여주는 개략도. 리소좀 효소의 만노스 잔기는 골지 시스터나에서 인산화되고(1단계), TGN에서 클라트린으로 피복된 소낭에 선택적으로 결합된다(2단계). 만노스 6-인산 수용체는 두 가지 역할을 수행하는 것으로 생각된다(3단계): 만노스 6-인산 수용체는 소낭의 내강 쪽에 있는 리소좀 효소와 특이적으로 상호작용하며, 소낭의 세포질 표면 쪽의 어댑터와 특이적으로 상호작용한다(그림 12.30). 만노스 6-인산 수용체는 효소와 분리되어(4단계) 골지복합체로 되돌아 간다(5단계). 리소좀 효소는 엔도솜으로 전달되고(6단계) 결국에는 리소좀으로 전달된다. 만노스 6-인산 수용체는 원형질막에도 존재하며 세포외 공간으로 분비되는 리소좀 효소를 포획하고 그것을 리소좀으로 되돌려 놓는다(7단계).

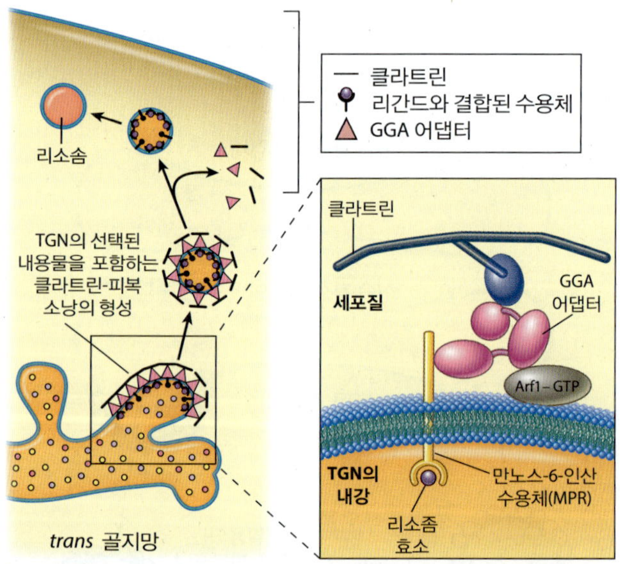

그림 12.30 **TGN에서의 클라트린-피복 소낭의 형성.** TGN에서 출아한 클라트린-피복 소낭에는 GGA가 포함되어 있다. GGA 영역 중 하나는 리소좀의 막에 궁극적으로 존재하는 막단백질이나 리소좀 효소를 운반하는 MPR 같은 막단백질의 세포질 쪽 영역에 결합한다. 다른 GGA 영역은 Arf1과 클라트린 분자의 주변 세포질 망에 결합한다.

중적으로 모이게 된다. COPI- 및 COPII-피복 소낭의 형성에서와 같이, TGN에서의 클라트린 피복 소낭의 생성 역시 작은 G단백질, 이 경우 Arf1이 막에 모이는 것으로 시작되며, 이는 다른 외피 단백질의 결합을 위한 바탕을 제공한다. Sar1(그림 12.26)처럼, Arf1은 어댑터 단백질과 함께 작용하는 막의 구부림 α-나선을 펴서 클라트린에 결합함으로써 출아 소낭의 형성을 개시하게 된다. 소낭이 TGN에서 출아하게 되면 클라트린 피복은 사라지고 소낭은 피복이 없이 목적지(초기 엔도솜 혹은 후기 엔도솜)를 향해 이동한다. 이들 목적지 소기관 중 하나에 도달하기 전에 MPR은 리소좀 효소와 분리되어 다음 번 수송을 준비하기 위하여 TGN으로 되돌아간다(그림 12.29*b*).

리소좀이 아닌 곳으로 단백질의 분류와 수송

리소좀 단백질이 TGN에서 수출되는 유일한 물질은 아니다. 그림 12.2에서 볼 수 있듯이, 원형질막으로 향하는 막단백질과 세포 밖으로 분비되는 단백질 또한 TGN으로부터 수송되지만 그 기작은 잘 알려져 있지 않다. 이를 설명하는 하나의 모델에 따르면, TGN이 작은 소낭 혹은 다양한 크기와 모양의 세관으로 분리될 때 막성 수송체가 생겨날 수 있다고 한다. 이 개념은 골지복합체의 시스터나가 끊임 없이 TGN 쪽으로 이동하여 그곳에서 골지층의 계속적인 성숙을 위해 분산되어야 한다고 주장한 시스터나 성숙 모델과 잘 맞아 떨어진다. 소화효소 및 호르몬과 같은 조절성 분비에 의해 방출되는 단백질은 최종적으로 크고 조밀하게 포장된 분비과립에 포함되는 선택적 응집체(selective aggregates)를 형성한다고 생각된다. 이러한 응집체는 트랜스 골지 시스터나와 TGN의 가장자리에서 아직 미성숙한 분비과립의 형태로 갇혀 있는 것으로 보인다. 일부 세포에서는 긴 관들이 미세소관 선로를 따라 작동하는 운동단백질에 의해 TGN으로부터 뽑혀져 나오는 것으로 보인다. 이후 이 관들은 다음 막 분열(membrane fission)에 의해 여러 소낭이나 과립으로 나뉘게 된다. 일단 그들이 TGN에서 떠나면 분비과립의 내용물들은 더욱 농축되고, 결국 성숙한 과립은 호르몬이나 신경 충격에 의해 세포가 자극되어 내용물이 방출될 때까지 세포질에 저장된다.

내재단백질의 원형질막으로의 표적 전달은 주로 막단백질의 세포질 영역에 존재하는 분류신호에 기초한 것으로 보인다. 많은 연구가 그림 12.11에 묘사된 것과 같은 극성 세포에 초점을 맞추고 있다. 이들 세포에서, 원형질막의 첨부(apical side)에 존재할 막단백질은 측면(lateral side) 또는 기저부(basal side)로 향하는 것들과는 다른 분류신호를 포함한다. 이 2그룹의 원형질막 단백질은 서로 다른 TGN 막 영역에 모여 있으며 각각의 수송체에 의해 세포표면으로 운반된다. 섬유아세포 및 백혈구와 같은 비극성 세포의 원형질막 단백질은 특별한 분류신호가 필요하지 않을 수 있다. 이러한 단백질은 지속성 분비경로의 소낭에 실려 TGN에서 세포표면으로 운반된다(그림 12.2*b*).

12.12 특정 구획으로의 소낭 수송

소낭끼리 융합되기 위해서는 서로 다른 막 사이의 특정한 상호작용이 필요하다. 예를 들어, 소포체로부터 나온 소낭은 ERGIC 또는 시스 골지망과 융합되며 트랜스 시스터나와는 융합하지 않는다. 이런 선택적인 융합 때문에 세포내 막성 구조물들은 방향성을 가진 움직임을 보일 수 있게 된다. 수많은 연구에도 불구하고, 우리는 아직 세포가 어떻게 특정 구획에 소낭을 특이적으로 보낼 수 있는지 완전히 이해하지 못하고 있다. 소낭은 그 막에 소낭의 움직임과 융합 여부를 결정하는 특정 단백질을 가지고 있다고 생각된다. 이러한 단백질의 성질을 이해하기 위해, 우리는 소낭의 출아와 융합 단계 사이에서 일어나는 다음과 같은 여러 기작을 보게 될 것이다.

1. ***특정 구획을 향하는 소낭의 이동.*** 많은 경우 소낭은 최종 목표에 도달하기 위해 세포질을 가로질러 상당한 거리를 이동해야 한다. 이러한 움직임은 미세소관과 그에 결합된 운동단백질에 의해 매개되는데, 이는 마치 미리 정해진 목적지까지의 지정된 경로를 따라 화물을 운송하는 철도시스템과 유사하다. 예를 들어, 그림 12.19에서처럼 막성 수송체는 ERGIC에서 미세소관을 통해 골지복합체로 이동하는 것으로 관찰된다.
2. ***목적지 구획에 소낭의 결체.*** 수송소낭과 골지 시스터나와 같은 표적 막 사이의 초기 접촉은 "결체(tethering)" 단백질의 다양한 그룹에 의해 매개되는 것으로 생각된다. 결체 단백질에는 다음의 두 가지 종류가 있다(**그림 12.31a**): 상당한 거리(50~200 nm)에 걸쳐 두 막 사이의 분자 가교를 형성할 수 있는 막대 모양의 섬유단백질과 더 가까운 거리에서 2개의 막을 잡는 것처럼 보이는 큰 다중 단백질복합체. 서로 다른 결체단백질은 여러 유형의 막 사이에서 융합을 개시한다. 예를 들어, 골진(golgins)라고 불리는 한 종류의 섬유질 결체단백질은 골지복합체 내부와 주변에서 작용하는 것으로 알려졌다. 제안된 여러 기능들 중에서, 골진은 골지에 싸여 있던 화물을 운반하는 수송소낭에 도달하여 이를 붙잡기 위한 "촉수(tentacles)" 역할을 할 수 있다. 몇몇 다른 결체복합체가 전자현미경을 통해 관찰되었는데, 예를 들어 그림 12.31*b*는 포유류 신경 말단의 시냅스 전(前) 영역의 단층 촬영 이미지를 보여준다. 이러한 3차원 사진은 시냅스 소낭 사이를 연결시키고 이 소낭이 융합된 인접 원형질막과 연결하는 (아마도 결체단백질로 구성된) 필라멘트 구조가 존재함을 보여준다. 소낭과 표적 간의 특이성의 대부분은 **랩(Rabs)**이라고 불리는 작은 G 단백질에 기인한다. GTP가 결합한 Rabs는 지질고정분자(lipid anchor)에 의해 막과 결합한다. 사람에서는 60가지가 넘는 Rab 유전자가 확인되었는데, 이들 단백질은 막 수송과 관련된 가장 다양한 단백질 그룹을 구성한다. 더 중요한 것은, 다른 종류의 Rab 단백질은 다른 종류의 막구획과 결합하게 된다. 이러한 단백질들의 선별적 배치(preferential localization) 때문에 각 구획은 독특한 표면 특성을 갖고, 이러한 특성은 표적 특이성과 관련된 단백질들을 불러들이는 데 필요한 것으로 보인다. GTP가 결합된 상태에서, Rabs는 특이적인 막 표면에 특정 세포질 결체단백질을 불러들임으로써 소낭의 표적화에서 중요한 역할을 한다(그림 12.31*a*). 또한 Rabs는 세포질을 통해 막성 소낭을 움직이는 운동단백질을 포함하여 막 수송의 또 다른 측면에 관여하는 수많은 단백질을 모으는 데 핵심적인 역할을 한다(그림 13.52*c* 참조).
3. ***표적 구획에 소낭의 결합.*** 소낭 융합을 이끄는 과정 중 어느 시점에서, 소낭과 표적 구획의 막은 2개의 내재단백질의 세포질 부위를 만나게 하여 서로 밀접하게 접촉하게 된다. 이 상호작용에 관여하는 주요 단백질은 **스네어(SNAREs)**라고 불리는데, 35개 이상의 막단백질로 구성되며, 각각 특정 세포내 구획에 국한되어 배치된다. SNARE는 구조와 크기 면에서 상당히 다양하지만, 공통적으로 세포질 영역 쪽에 60~70개의 아미노산으로 구성된 *SNARE* 모티프(*SNARE motif*)라고 불리는 부위를 포함하며, 이는 다른 SNARE 모티프와 복합체를 형성할 수 있다. SNARE는 기능적으로 두 가지 범주로 나눌 수 있다. **v-SNARE**는 출아하는 동안 수송소낭의 막에 삽입되고 **t-SNARE**는 표적 구획의 막에 위치한다(그림 12.31*c*). 가장 잘 연구된 것으로는 신경전달물질의 조절성 분비 동안 시냅스 소낭이 시냅스 막과 결합하는 것을 중재하는 SNARE가 있다(355쪽). 이 경우, 신경세포의 원형질막은 2개의 t-SNARE, 신택신(syntaxin) 및 SNAP-25를 포함하는 반면, 시냅스 소낭막은 단일 v-SNARE, 시냅토브레빈(synaptobrevin)을 포함한다. 그림 12.31*d*는 전형적인 시냅스 소낭에서 시냅토브레빈 분자의 분포를 보여주고 있다. 시냅스 소낭과 전시냅스 막

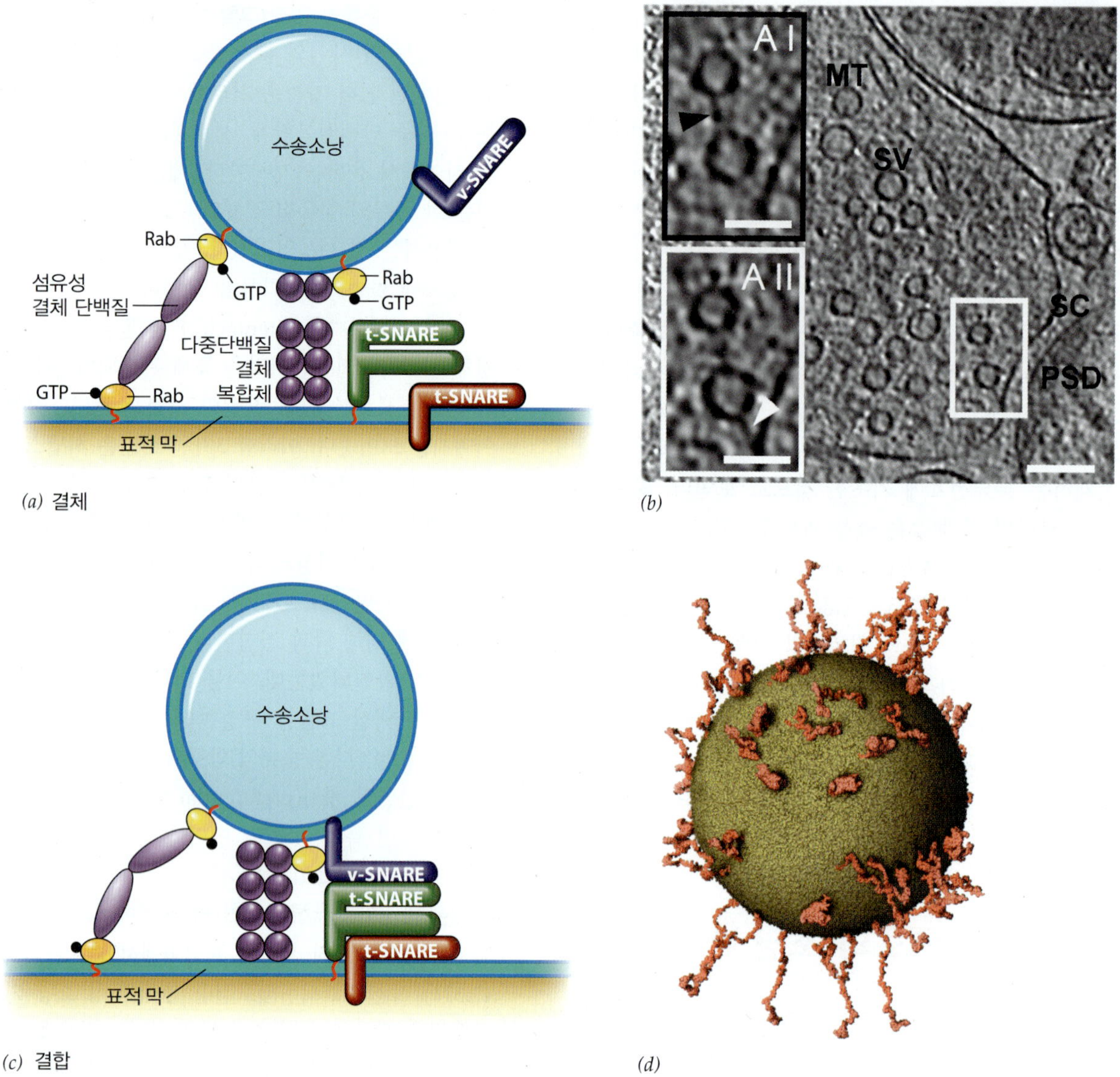

그림 12.31 **수송소낭을 표적기관 세포막으로 표적화하는 과정.** (*a*) 이 모델에 따르면 소낭과 표적 구획의 막에 존재하는 Rab 단백질은 두 막 사이의 초기 접촉을 중재하는 결체 단백질을 모으는 임무와 관련되어 있다. 두 가지 유형의 결체 단백질이 도식화되어 있다: 매우 긴 섬유성 단백질(예, 골진과 EEA1)과 다중 단백질 복합체(예, exocyst와 TRAPPI). (*b*) 전시냅스의 원형질막과 가깝게 존재하는 시냅스 소낭의 네트워크를 보여주는 포유 동물의 신경 말단을 통한 절편의 전자 단층 촬영 이미지(8.16절). 삽입된 그림(오른쪽의 흰색 상자와 상응하는)은 한 쌍의 시냅스 소낭 사이에 (왼쪽 위), 그리고 시냅스 소낭과 인접한 원형질막 사이(왼쪽 아래)에 존재하는 섬유성 연결자를 보여준다. 흰색 선: 큰 그림에서 100 nm, 삽입그림에서는 50 nm를 표시한다. (*c*) 결합 단계까지 막 융합에 이르면, 소낭 막 내의 v-SNARE는 표적 구획 막의 t-SNARE와 상호작용하여 두 막이 밀접하게 접촉할 수 있도록 4가닥의 α-나선형 묶음을 형성한다(다음 그림 참조). 본문에 설명된 경우에서는 t-SNARE 중 하나인 SNAP-25는 막횡단 영역이 아닌 지질 닻(anchor)에 의해 지질2중층에 결합한 주변부 막단백질이다. SNAP-25는 2개의 나선 사슬이 4가닥 SNARE 묶음이 되는 데 기여한다. (*d*) 시냅스 소낭의 구성 단백질 중 하나(v-SNARE인 스냅토브레빈)만의 분포를 보여주는 시냅스 소낭 모델. 분자의 표면 밀도와 구조는 소낭당 이들 단백질의 수와 분자의 알려진 구조의 계산을 기반으로 한다. 시냅스 소낭의 표면에 있는 단백질의 완전한 그림은 그림 8.4*b*에 표시되어 있다.

출처: Rubén Fernández-Busnadiego, et al., Courtesy of Wolfgang Baumeister, *J. Cell Biol.* 188, 147, 2010에서 발췌. 록펠러대학교 출판부의 허가를 얻음; (d) Reinhard Jahn, Shigeo Takamori et al 제공, *Cell* 127:841, 2006. Elsevier의 허가를 얻음.

이 서로 접근함에 따라 **그림 12.32a**와 같이 서로 반대쪽 막에 있는 t- 및 v-SNARE 분자의 SNARE 모티프가 상호작용하여 묶음을 형성하게 된다. 각 묶음은 4개의 α-나선으로 구성되는데, 2개는 SNAP-25로부터 나머지 2개는 각각 신택신과 시냅토브레빈에 의해 제공된다. 평행하게 배열된 α 나선들은 함께 지퍼처럼 모여서 잘 짜여진 복합체를 형성하고 2개의 지질2중층을 가깝게 결합(docking)시킨다(그림 12.31*c* 및 12.32*a*). 세포막들이 융합될 세포내 어느 곳이든 다른 SNARE 간의 4가닥의 사슬은 형성될 수 있다. 흥미롭게도 시냅스 소낭과 전시냅스 막의 SNARE는 가장 강력한 두 세균 독소[보눌리늄독소증(botulism)과 파상풍(tetanus)]의 표적이다. 이 치명적인 독소는 단백질 분해효소로서 작용하는데, 잘 알려진 기질이 바로 SNARE이다. 이 독소에 의해 신경세포 SNARE가 절단되면 신경전달물질의 방출이 차단되고, 결국 마비를 일으키게 된다.

4. ***소낭과 표적 막 사이의 융합.*** 잘 정제된 t-SNARE를 함유한 인공 지질 소낭(리포솜)이 v-SNARE를 함유하는 리포좀과 혼합되면, 두 소낭은 서로 융합되지만 그 자체는 융합되지 않는다. 이 발견은 t- 및 v-SNARE 사이의 상호작용이 2개의 지질2중층을 융합시킬 수 있을 정도의 충분한 힘으로 함께 끌어당길 수 있음을 의미한다(그림 12.32*b*,*c*). 하지만 v-와 t-SNARE 사이의 상호작용은 막 융합에 필요하지만 세포 내에서 융합을 일으키는 것만으로는 충분하지 않다는 많은 증거들이 존재한다. 신경전달물질 분자의 조절성 분비에 관한 일반적인 견해에 따르면, 4가닥 SNARE 묶음은 부속 단백질과의 상호작용에 의해 속박된 상태로 고정되어 있다. 이 단계에서 소낭은 막에 결합된 상태로 유지되고 Ca^{2+} 농도의 상승 형태로 활성화 신호를 받으면 거의 즉시 순간적으로 내용물을 방출할 준비가 된다(아래 설명 참조). 그것이 어떻게 조절되는지에 관계없이, 2개의 막의 지질 이중층이 합쳐지면 이전에 분리된 막으로부터 뻗쳐 있던 SNARE가 이제 동일한 막에 존재하게 된다(그림 12.32*c*). 4가닥 사슬 형태의 SNARE 복합체는 NSF라고 불리는 도넛 모양의 세포질 단백질에 의해 해체되며, 이 단백질은 SNARE 묶음에 부착 후 ATP 가수분해로 얻은 에너지를 사용하여 사슬을 푼다.

소낭이 표적 막과 융합하는 동안 일어나는 사건에 대해 알아보았으므로, 이제 이 상호작용의 특이성이 어떻게 결정되는가하는 질문으로 돌아가 보자. 공통적인 시각에 따르면 특정 소낭과 표적 막이 융합할 수 있는 능력은 결체 단백질, Rabs 및 세포내 해당 부위에서 조립될 수 있는 SNARE를 포함하여 상호작용하는 단백질의 특정 조합에 의해 결정되는 것으로 보인다. 여러 유형의 단백질 간의 이러한 다중 상호작용 덕분에 높은 특이성을 가지고 표적 막 구획을 선택적으로 인식할 수 있는 것으로 생각된다.

12.13 외포작용

분비성 소낭 또는 분비과립과 원형질막의 융합을 통해 그 내용물을 방출하는 과정을 **외포작용(exocytosis)**이라고 한다. 외포작용은 아마도 대부분의 세포에서 단백질 및 기타 물질이 세포막과 세포 외부로 지속적으로 전달되는 방식으로 일어난다. 가장 잘 연구된 외포작용은 조절성 분비 중에 발생하는, 특히 신경전달물질이 시냅스 틈새로 방출되는 것이다. 이 경우, 막이 융합되면서 개구부(opening)가 형성되어 소낭 또는 과립의 내용물이 세포 외 공간으로 방출된다. 8.16절에서 신경세포의 말단부위에 신경 활성이 전도되면 Ca^{2+}의 유입이 증가하고 이어서 외포작용에 의한 신경전달물질 분자의 방출이 증가한다는 사실은 이미 언급되었다. 이 경우 융합은 시냅스 소낭 막에

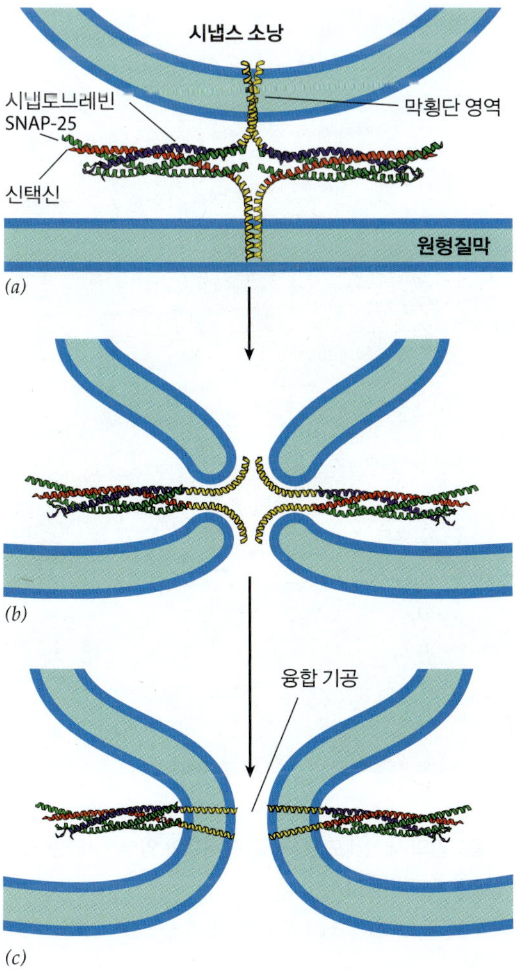

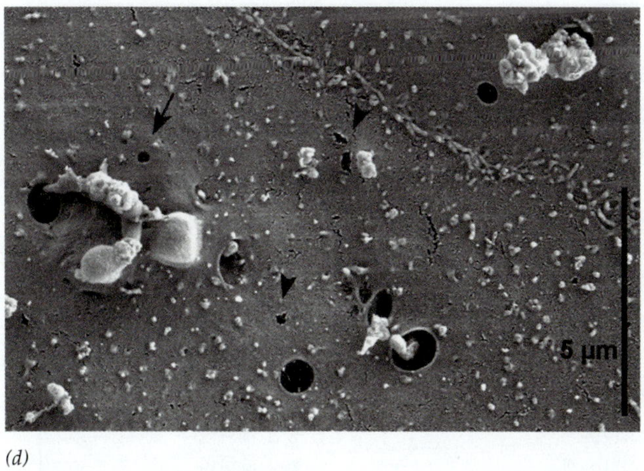

그림 12.32 막 융합과 외포작용을 이끄는 v- 그리고 t-SNARE 사이의 상호작용 모델. (*a*) 시냅스 소낭은 신택신(빨간색), 시냅토브레빈(파란색) 및 SNAP-25(녹색)에 의해 제공된 α-나선을 포함하는 4가닥 다발의 형성을 통해 원형질막에 결합한다. SNAP-25는 2개의 나선 구조에 기여하고 막횡단 영역(노란색)을 가지고 있지 않다. (*b*) 두 막의 융합과정이 일어날 때 예측할 수 있는 중간 단계. 작은 물로 채워진 공극이 막을 관통하는 나선 묶음의 가운데에서 보인다. (*c*) 이전에 2개의 분리된 막에 존재했던 막횡단 나선이 이제 동일한 2중막에 존재하고, 융합 기공(fusion pore)이 소낭과 표적 구획 막 사이에서 열려 있다. 소낭 안에 있던 신경전달물질은 이제 외포작용에 의해 방출될 수 있다. (*d*) 분비과립에 저장되었던 단백질을 배출하는 배양된 폐포 세포 한 쌍의 외부 표면 주사 전자현미경 사진. 물질은 팽창된 융합 기공으로 추정되는 매끄럽고 둥근 구멍을 통해 세포로부터 방출되는 것으로 보인다. 화살표는 확장되지 않은 융합 기공을 보여주며, 이는 표본 준비 중에 우연히 형성된 구멍(화살촉)과 쉽게 구별된다.

출처: (a–c) Pehr A B Harbury, *Structure* 6:1490, 1998에서 발췌. Elsevier의 허가를 얻음; (*d*) Thomas Haller et al., *J. Cell Biol.* 155:286, 2001에서 발췌. 록펠러대학교 출판부의 허가를 얻음.

존재하는 칼슘결합 단백질(synaptotagmin)에 의해 조절된다. 다른 형태의 세포에서, 외포작용은 세포질 저장소로부터 Ca^{2+}의 방출에 의해 유발된다. 소낭과 세포막이 접촉하게 되면 작은 단백질이 배열되어 형성한 "융합 기공(fusion pore)"이 생성된다(그림 12.32*c*). 일부 융합 기공은 간단하게 다시 닫히지만, 대부분의 경우 급속히 그 지름이 확대되어 소낭 내용물 배출을 위한 개구부를 형성하게 된다(그림 12.32*d*). 세포질내 소낭이 원형질막과 융합하면 소낭막의 내부 표면은 원형질막의 외부 표면의 일부가 되며 소낭 막의 세포질과 접하였던 표면은 내부(세포질) 표면의 일부가 된다(그림 12.14).

12.14 리소좀

리소좀은 동물세포의 소화기관이다. 전형적인 리소좀은 조면소포체에서 생성되고 이들 세포소기관에 포함이 될 적어도 50개의 다른 가수분해효소(표 12.1)를 함유하고 있다. 이와 함께, 리소좀 효소는 사실상 모든 종류의 생물학적 고분자를 가수분해할 수 있다. 리소좀의 효소는 다음과 같은 중요한 특성을 공유한다: 모두 산성 pH에서 최적의 활성을 가지는 **산성 가수분해효소(acid hydrolase)**이다. 이 효소들의 최적 pH는 약 4.6 정도이며, 리소좀내 낮은 pH와 잘 맞는다. 내부의 높은 수소 이온 농도는 세포막 경계막에 존재하는 수소 이온 펌프(V-형 수소 이온-ATP분해효소, V-type H^+-ATPase, 348쪽)에 의해 유지된다. 또한 리소좀 막은 고도로 당화된 내재 단백질을 포함하고 있는데, 이들 당 사슬은 내강의 효소들의 공격으로부터 막을 지켜내는 보호막으로 작용할 것이라 생각된다.

리소좀이 포함하는 효소군은 예측 가능하지만, 전자현미경 하에서 관찰된 결과는 독특하지도 않고 균일하지도 않다. **그림 12.33**은 쿠퍼세포(Kupffer cells, 간에 존재하는 식세포)가 노화된 적혈구를 삼키는 것을 보여준다. 쿠퍼세포의 리소좀은 불규칙한 모양과 다양한 전자 밀도를 보여주며, 형태만으로 이러한 세포소기관을 식별하는 것이 얼마나 어려운지를 단적으로 보여준다.

본질적으로 파괴적인 효소를 담고 있는 주머니로써 세포 내에 존재한다는 것은 리소좀의 많은 가능한 기능을 제시한다. 리소좀 역할 중 가장 잘 연구된 것은 세포 외부로부터 세포 내부로 가져온 물질을 분해하는 것이다. 많은 단세포 생물은 먹이입자를 섭취한 후 리소좀에서 효소분해하며, 그 결과물인 여러 영양소들은 리소좀 막을 통과하여 세포질로 들어간다. 포유동물에서 대식세포(macrophage)와 호중구(neutrophil)와 같은 식세포(phagocytic cell)는 세포 부스러기들

표 12.1 리소좀 효소들

효소	기질
인산분해효소(phosphatase)	
산성 인산분해효소	포스포모노에스테르
산성 포스포디에스터라아제	포스포디에스테르
핵산분해효소(nuclease)	
산성 리보핵산분해효소	RNA
산성 디옥시리보핵산분해효소	DNA
단백질분해효소(protase)	
카텝신	단백질
콜라겐분해효소	콜라겐
GAG-가수분해 효소	
이듀론산 설파타아제	황산 케라탄
β-갈락토시다아제	황산 헤파란
α-*N*-아세틸글루코사미니다아제	황산 헤파란
다당류 및 올리고당분해효소	
α-글루코시다아제	글리코겐
퓨코시다아제	퓨코실올리고당
α-만노시다아제	만노실올리고당
시알리다아제	시알릴올리고당
스핑고지질 가수분해효소	
세라미다아제	세라미드
글루코셀레브로시다아제	글루코실세라미드
β-헥소아미니다아제	G_{M2} 갱글리오시드
아릴설파타아제 A	갈락토실설파티드
지질 가수분해효소	
산성 지질분해효소	트리아실글리세롤
인지질분해효소	인지질

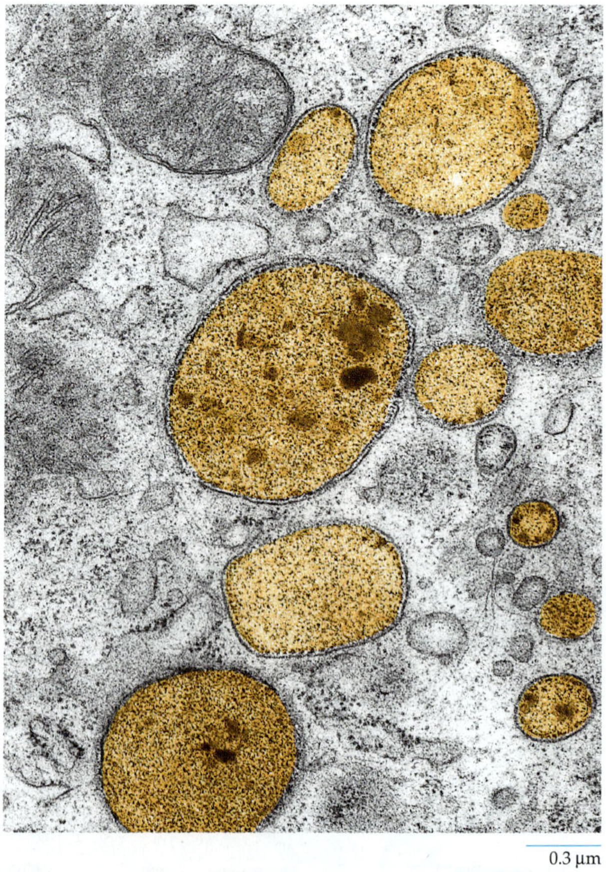

그림 12.33 **리소좀.** 간의 대식세포인 Kupffer 세포의 일부. 다양한 크기의 적어도 10개 이상의 리소좀을 보여준다.

출처: Hans Glaumann et al., *J. Cell Biol.* 67:887, 1975에서 발췌. 록펠러대학교 출판사의 허가를 얻음.

이나 잠재적으로 위험한 미생물을 섭취하는 청소부로서 역할을 한다(12.18절). 섭취된 박테리아는 일반적으로 리소좀 내의 낮은 pH에 의해 불활성되고 동시에 효소적으로 소화된다. 그림 17.24에서 볼 수 있듯이 이 소화 과정에서 생산된 펩티드를 세포표면에 "제시(post)"하여 외부 병원체가 존재하였음을 면역시스템에 알려준다.

리소좀은 또한 세포소기관의 **재편성(turnover)**, 즉 세포 자체의 소기관들을 제거하고 대체하는 데 중요한 역할을 한다. 이 기작을 **자가포식작용(autophagy)**이라고 한다. **그림 12.34**는 미토콘드리아와 같은 세포소기관을 2중막 구조(또는 phagophore)로 둘러싸 자가포식체(*autophagosome*, **그림 12.35**)라고 하는 2중막 격리 소낭을 만드는 모습을 보여준다. 포유류 세포에서, 자가포식체는 소포체와 미토콘드리아 외막 사이가 접촉함으로써 새롭게(*de novo*) 형성된다고 생각된다. 일단 형성되면, 자가포식체의 외부 막은 리소좀과 융합되어 자가용해소체(*autolysosome*)이라는 구조를 형성하고 이 안에서 자가포식체의 내막과 둘러싸여진 소기관의 내용물들은 모두 분해된다. 이러한 분해반응의 산물은 세포에서 다시 재활용된다. 건강한 간세포에서 시간당 총단백질의 1~1.5%는 정상적인 세포 재구성 과정의 일환으로 자가포식작용을 통해 분해되는 것으로 추산된다. 자가포식체에 의해 둘러싸이는 과정은 단순한 무작위적인 과정이 아닌 매우 선택적으로 일어나는 것으로 생각된다. 자가포식작용은 아마도 영양 결핍에 대한 대응의 일환으로 초기 진핵생물에서 진화했을 것이다. 효모, 식물 또는 동물 유래 여부에 관계없이 어떠한 세포 집단이 기아 상태에 놓이게 되면 자가포식작용의 활성이 현저하게 증가하게 된다. 이러한 조건 하에서 세포는 자신의 세포소기관을 먹어치움으로써 생명을 유지하기 위한 에너지를 얻는다. 동일한 자가포식작용 과정은 자궁에 착상되기 전에 포유류 태아의 세포에서도 일어나는데, 이는 모체의 혈류를 통해 영양분이 전달되기 전에 에너지를 얻기 위한 작용으로 보인다.

우리가 이해하고 있는 동물에서의 자가포식작용의 중요성은 자가포식경로의 다양한 단계에 필수적인 유전자(*Atg* 유전자들이라고 알려진)의 발견과 분석을 통해 얻어졌다. 이 자가포식작용 유전자 중

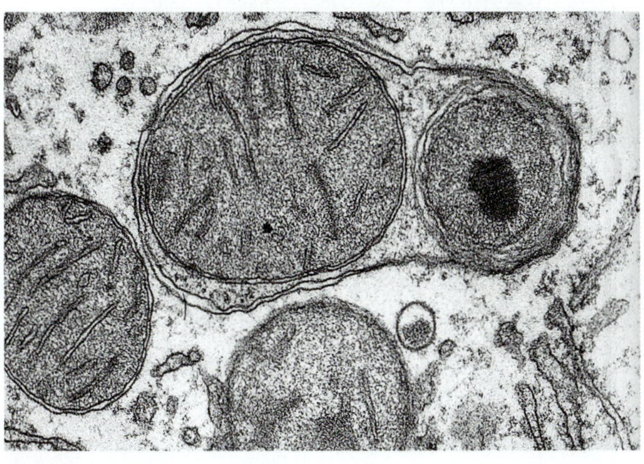

그림 12.34 자가포식작용(Autophagy). 미토콘드리아와 퍼옥시솜이 2중막의 포장지로 둘러싸인 모습을 보여주는 전자현미경 사진, 이 자가포식체(autophagosome)는 리소좀과 융합되어 그 내용물은 분해될 것이다.

출처: Don Fawcett and Daniel Friend/Photo Researchers Inc. 제공

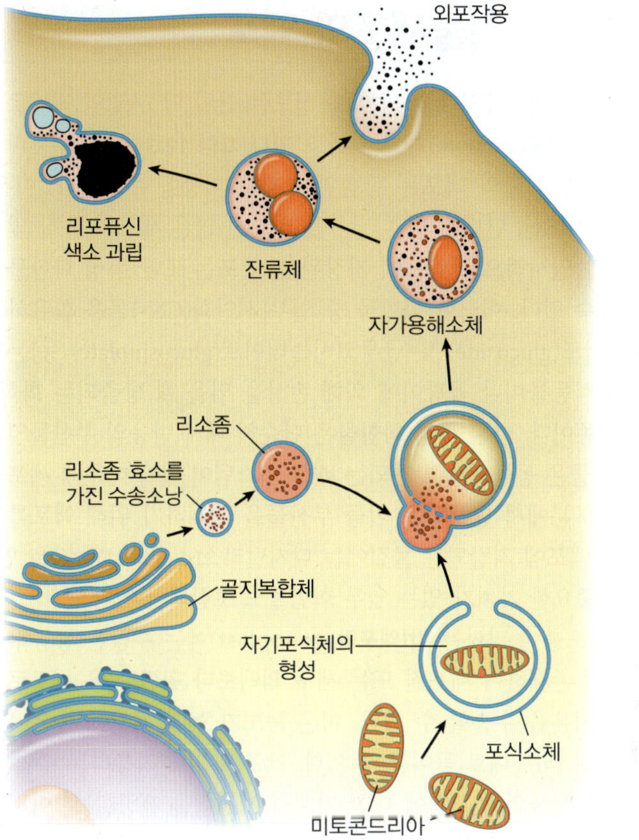

그림 12.35 자가포식작용 경로의 개요. 각 과정은 본문에 설명되어 있다.

일부가 결핍되면 선충이나 쥐와 같은 모델동물의 태아기 때 생장이나 성인의 생리활성에 심각한 문제를 초래할 수 있다. 예를 들어, 자가포식작용은 세포에서 일어날 수 있는 비정상적인 단백질 응집체 형성에서부터 박테리아 및 기생충의 침입에 이르기까지 다양한 세포 내 위협으로부터 개체를 보호하는 데 도움이 되는 것으로 나타났다. 또한 신경 퇴행의 예방과도 연관이 있다. 실험동물의 신경계의 특정 부분에서 자가포식작용이 억제되면, 그 영역에서 신경세포수가 크게 줄어든다. 이러한 발견들에 비추어 볼 때 오래 생존하는 세포일수록 단백질이나 세포소기관에 주어지는 지속적인 손상으로부터 세포를 보호하기 위해 자가포식작용은 대단히 중요하다는 점을 알 수 있다. 심지어 암의 특정 유형의 예방뿐 아니라 신체의 노화 정도를 느리게 하는 역할을 할 수도 있다고 알려졌다.

자가포식작용에서의 리소좀의 역할은 그림 12.35에 요약되어 있다. 일단 자가용해소체에서 소화 과정이 완료되면 소기관은 잔여체(*residual body*)라고 불린다. 세포의 유형에 따라, 잔여체의 내용물은 외포작용을 통해 세포로부터 제거되거나, **리포퓨신 과립**(*lipofucin granule*)의 형태로 세포질 안에 영원히 존재할 수도 있다. 리포퓨신 과립은 개체가 노화되면서 증가한다; 특히 신경세포와 같이 수명이 긴 세포에서는 이러한 과립의 축적이 명확히 관찰되며, 따라서 노화 과정의 주요 특징으로 여겨진다. 더 구체적인 리소좀과 다양한 질병과의 관련성은 이 장 마지막 부분의 <인간 질병과의 연관성>에서 논의될 것이다.

12.15 식물세포의 액포

많은 식물세포에서 부피의 90% 정도는 단일 막 구조의 액체로 채워진 중앙 **액포(vacuole)**가 차지하고 있다(**그림 12.36**). 구조는 비록 단순하지만 식물의 액포는 광범위한 필수 기능을 수행한다. 이온, 당류, 아미노산, 단백질 및 다당류를 비롯한 많은 세포의 용질 및 거대 분자가 일시적으로 액포에 저장된다. 액포는 또한 독성 화합물을 저장할 수 있다. 이러한 화합물 중 일부[시안화(CN-)물을 함유하는 글리코시드(glucoside) 및 글루코시놀레이트(glucosinolate) 등]는 세포가 초식동물이나 곰팡이에 의해 손상을 입을 때 방출되는 화학무기의 일종이다. 다른 독성 화합물은 단순히 대사 반응의 부산물일 것이다. 식물은 동물에서 발견되는 배설 시스템이 없기 때문에 세포의 나머지 부분에서 발생하는 이들 부산물을 처리하기 위해 액포를 이용한다. 액포에 저장되는 물질에는 디지털리스(digitalis)와 같은 임상적으로 중요한 가치가 있는 일부 화합물도 포함되어 있다.

액포를 둘러싸는 막(**액포막, tonoplast**)에는 수많은 능동수송 시스템이 존재하여 세포질 또는 세포 외액보다 훨씬 높은 농도로 액포 내로 이온을 수송할 수 있다. 이온 농도가 높기 때문에 물은 삼투압에 의해 액포 내로 들어갈 수 있다. 액포에 의해 작용하는 수압(팽창) 압력은 식물의 연조직에 대한 기계적 지지력을 제공할 뿐 아니라(그림 8.36), 세포 성장 동안 세포벽을 확장시키는 역할도 한다.

식물에서는 리소좀이 존재하지 않지만 액포가 리소좀과 비슷한 역할(즉, 세포내 소화)을 수행한다. 사실, 식물의 액포는 리소좀에서 발견되는 것과 같은 산성 가수분해효소를 가지고 있다. 마찬가지로 액포 막에도 액포 내로 수소 이온을 전달하는 V-형 수소 이온-ATP 분해효소가 존재하여 액포 내부는 낮은 pH를 유지할 수 있다. 리소좀의 단백질처럼, 식물 액포의 많은 단백질은 조면소포체의 막 부착 리보솜에서 합성되어 골지복합체를 통해 수송되고, 액포로 이동하기 전 골지체의 트랜스 면(面)에서 분류된다.

12.16 내포작용

이제까지 우리는 세포가 물질을 조면소포체와 골지복합체로부터 세포막과 세포 밖 공간으로 어떻게 운반하는지 살펴보았다. 지금부터는 반대 방향으로의 물질의 움직임을 알아보고자 한다. 우리는 제8장에서 저분자량의 용질이 어떻게 원형질막을 통과하는지를 보았다. 하지만 세포는 때로 투과성과 상관없이 막을 관통하기에 큰 물질을 섭취하기도 한다. 어떻게 가능할까? 그리고 원형질막에 존재하는 단백질은 어떻게 세포 내부의 구획으로 돌아갈 수 있을까? 이 두 가지 질문에 대한 답은, 원형질막의 분절이 세포 내부로 운반되는 세포질 소낭을 형성하는 **내포작용(endocytosis)**라고 불리는 과정을 통해 얻을 수 있다. 우리는 다음 절을 통해 두 가지 기본 과정인 내포작용과 **식세포작용(phagocytosis)**의 서로 다른 메커니즘을 보게 될 것이다. 내포작용은 주로 세포가 세포 표면수용체와 결합한 세포외 리간드를 내재화하는 과정이며, 식세포작용은 특별한 물질의 섭취를 말한다.

내포작용은 부피상 내포작용[*bulk-phase endocytosis*, 또는 피노사이트(*pinocyte*)]과 수용체 중재 내포작용의 두 가지 범주로 크게 나눌 수 있다. 부피상 내포작용은 세포 외액의 비특이적 흡수를 말한다. 막에 싸여진 액체 그리고 그 안에 존재하는 크고 작은 모든 분자 모두 세포 내로 진입시키는 과정이다. 부피상 내포작용은 비특이적으

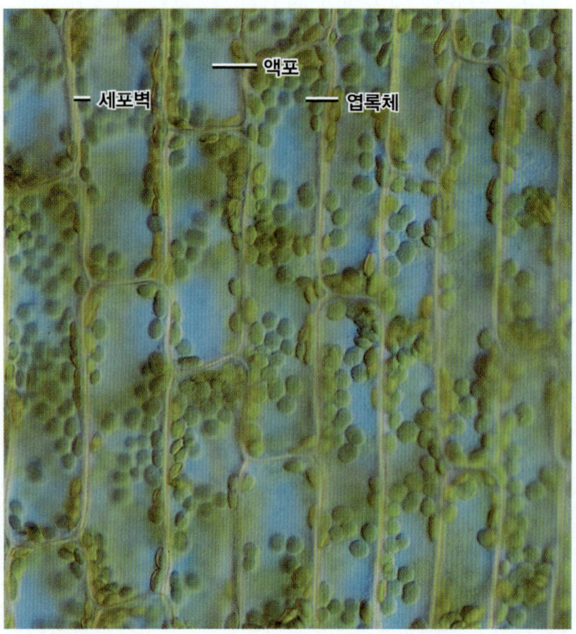

(a)

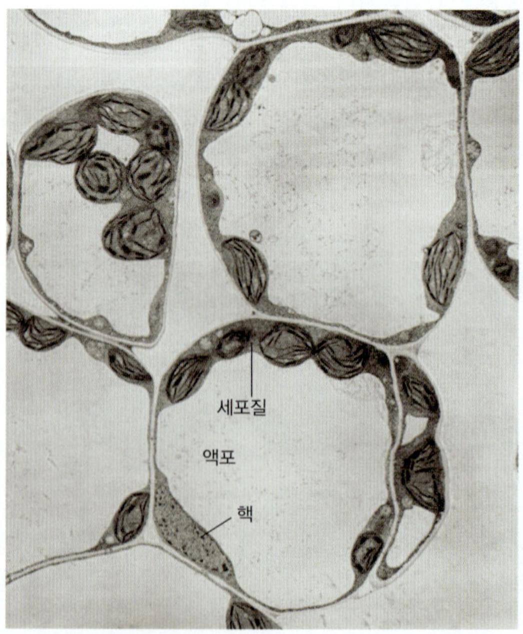

(b)

그림 12.36 식물세포의 액포. (*a*) 수생 식물 엘로데아(Elodea)의 원통형 잎 세포는 엽록체를 함유한 세포질 층으로 둘러싸인 커다란 중앙 액포를 가지고 있다. (*b*) 큰 중앙 액포와 주변 세포질의 얇은 층을 보여주는 시금치 잎의 엽육세포(mesophyll cells)의 투과전자현미경 사진.

출처: (a) M.I. Walker/Photo Researcher, Inc. 제공; (b) Biophoto Associates/Photo Researchers, Inc. 제공.

로 세포에 의해 흡수되는 루시퍼 엘로우(lucifer yellow) 같은 염색물질 혹은 고추냉이 과산화수소(horseradish peroxide) 같은 물질을 세포배양 배지에 첨가하면 관찰할 수 있다. 부피상 내포작용은 또한 원형질막의 일부를 제거하고 세포표면과 내부 막성 구획 사이의 막 재생에도 역할을 한다. 대조적으로, 클라트린 매개 내포작용이라고도 하는 **수용체 중재 내포작용(receptor-mediated endocytosis, RME)**는 세포막 외부 표면의 수용체에 결합한 후 특정 세포외 거대 분자(리간드)의 섭취를 초래한다.[5]

수용체 중재 내포작용과 피복만입부의 역할

수용체 중재 내포작용는 세포 외액에서 비교적 낮은 농도로 존재하는 거대 분자를 선택적이고 효율적으로 흡수하는 수단을 제공한다.

[5]수년에 걸쳐, 제안된 메커니즘 중 일부는 논란의 여지가 있지만, 수용체 중재 내포작용에 대한 몇 가지 별개의 메커니즘이 설명되었다. 이 장에서는 우리의 목적상 오로지 TGN에서 형성된 소낭과 연계되어 12.11절에서 논의된 동일한 유형의 단백질 코트의 외투를 함유하는—클라트린 피복을 사용하는—내포작용의 한 기작만을 논의하게 될 것이다. (클라트린-비의존성 내포작용에 대한 내용은 다음 인용문헌들에서 찾아볼 수 있다: *Ann. Rev. Biochem.* 78, 857, 2009; *J. Cell Sci.* 122: 1713, 2009; and *Curr. Opin. Cell Biol.* 22, 519, 2010 and 23:413, 2011.

세포는 호르몬, 성장인자, 효소 및 특정 영양소를 운반하는 혈액매개 단백질을 비롯한 많은 종류의 리간드를 흡수하기 위한 수용체를 가지고 있다. 클라트린이 매개된 수용체 중재 내포작용을 통해 세포 내로 수용되는 물질은 **피복만입부(coated pits)**라고 알려진 원형질막의 특화된 영역에 모이는 수용체에 결합한다. 수용체는 원형질막의 다른 부분보다 10~ 20배의 수준으로 이 피복이 존재하는 부위에 집중되어 있다. 피복만입부(**그림 12.37a**)는 전자현미경 사진에서 특정 모양으로 쉽게 확인이 되는데, 이 부위에서는 표면이 톱니 모양처럼 되어 있으며, 특히 원형질막의 세포질쪽 표면이 매우 거칠고 클라트린을 포함하고 있어 매우 어둡게 보인다. 피복만입부는 세포질 방향으로 움푹 들어가서(그림 12.37*b*), 결국 피복 소낭을 형성하기 위해서 원형질막으로부터 뜯겨져 나간다(그림 12.37*c*,*d*). 피복 소낭 형성의 기작을 더 자세히 이해하기 위해서 클라트린 피복의 분자 구조를 알아볼 필요가 있다.

그림 12.38은 수용체 중재 내포작용에 관여한 세포막의 세포질 내외 표면으로부터 보이는 피복만입부를 나타낸다. 세포질쪽 표면(그림 12.38*b*)에서 보면, 거친 피복은 마치 축구공 모양의 육각형과 오각형의 조합처럼 보인다. 외피의 기하학적 구조는 클라트린의 구

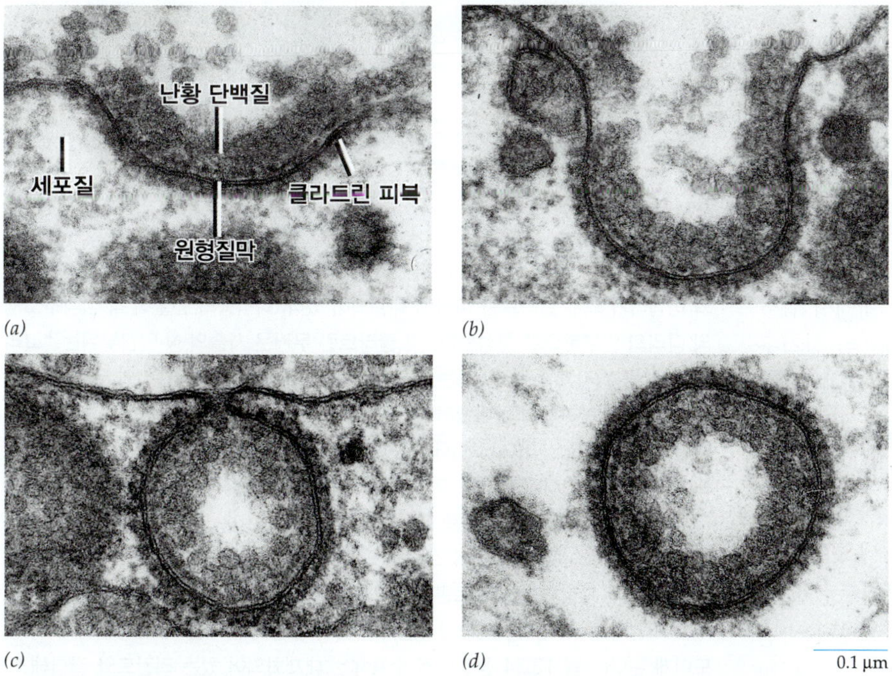

그림 12.37 수용체 중재 내포작용. 이 일련의 현미경 사진은 닭의 난모세포가 난황 지질단백질을 섭취하는 과정을 보여준다. (*a*) 세포로 들어가는 단백질은 원형질막의 함입 부분의 세포 외부 표면에 집중되어 피복된 구덩이(피복만입부)를 형성한다. 피복만입부의 원형질막의 세포질 표면은 단백질 클라트린을 포함하는 전자 밀도가 높은 물질층으로 덮여있다. (*b*) 피복만입부가 내부로 함몰되어 피복된 돌기를 형성한다. (*c*) 원형질막이 그 내강 (이전에 세포 외부였던) 표면에 난황 단백질과 그 세포질 표면에 클라트린을 가지고 있는 소낭으로 분리되기 직전이다. (*d*) 더 이상 원형질막에 부착되지 않은 피복소낭. 과정의 다음 단계에서 클라트린 피복을 방출한다.

출처: (a–d) M. M. Perry and A. B. Gilbert, *J. Cell Science* 39:257, 1979. The Company of Biologists, Ltd.의 허가를 얻음.

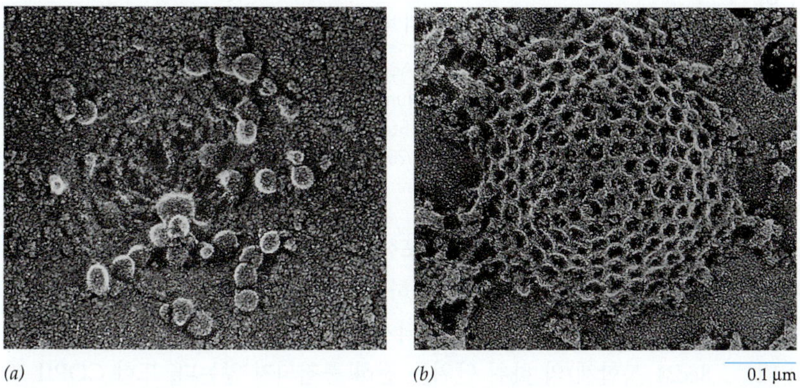

그림 12.38 피복만입부. (*a*) LDL-콜레스테롤로 배양 후 전체 동결건조된 섬유아세포의 세포 외부 표면 위에 형성된 replica(레플리카)의 전자현미경 사진. LDL-콜레스테롤 입자는 피복만입부의 세포 외부 표면에 위치한 구형 구조 형태가 관찰된다. (B) 피복 돌기의 세포질 면 쪽 복제막의 전자현미경 사진이 함입된 원형질막과 주위를 둘러싸고 있는 반(半)구형의 클라트린 격자를 보여준다.

출처: (a–b) John Heuser and Louise Evans, *J. Cell Biol.* 84:568, 1980에서 발췌. 록펠러대학교 출판부의 허가를 얻음.

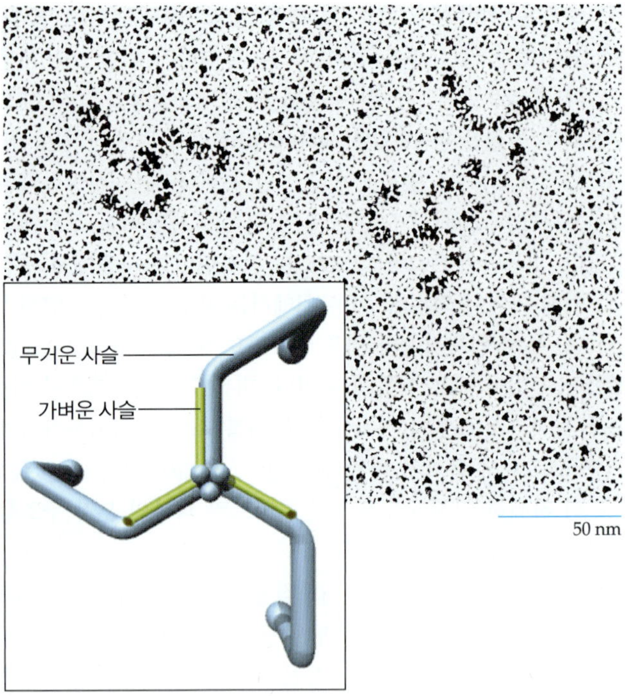

그림 12.39 클라트린 삼각구조체. 금속-음영 처리된 클라트린 삼각구조체의 전자현미경 사진. 삽입 그림은 삼각구조체가 3개의 무거운 사슬로 구성되어 있음을 보여준다. 각 무거운 사슬의 내부는 작은 가벼운 사슬과 연결되어 있다.

출처: Ernst Ungewickell and Daniel Branton, *Nature* 289:421, 1981에서 발췌; © 1981. Macmillan 출판사의 허가를 얻음.

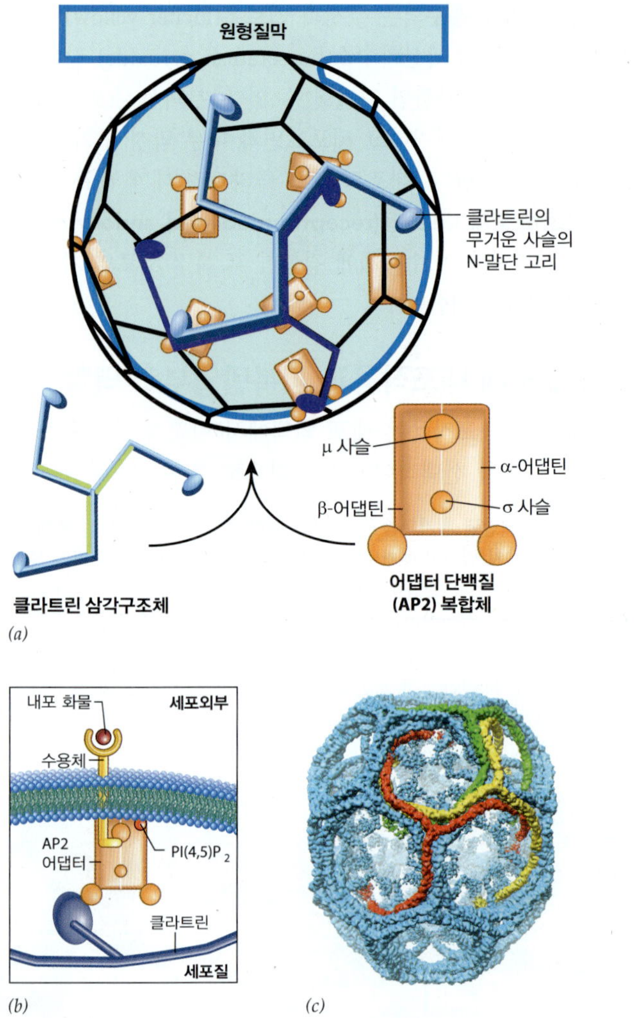

그림 12.40 피복 소낭의 분자구조. (a) 피복 소낭의 표면 모식도. 삼각구조체와 어댑터가 외부 클라트린 피복에 배열되어 있다. 다각형의 면들이 각 삼각구조체의 다리의 일부분으로 형성된다. 각 클라트린 무거운 사슬의 N-말단부위는 "고리(hook)"를 가지고 있는데, 이는 막의 표면쪽으로 뻗어나가 어댑터와 연결되어 있다. 각 어댑터는 4개의 폴리펩티드 소단위체로 구성되는데, 다양한 종류의 보조 단백질과 결합되어 있다(이 그림에서는 보이지 않음). 고리와 어댑터는 모두 다각형의 정점에 존재한다(주의, 이 그림에서 모든 격자의 삼각구조체가 보이지는 않는다. 만약 보인다면 모든 정점은 클라트린의 허브와 고리, 그리고 연결된 어댑터를 가지고 있을 것이다). (b) 피복 소낭의 표면으로부터의 절단면을 보여주는 모식도. AP2 어댑터 복합체는 클라트린 피복과 막 수용체 모두와 상호작용을 하고 있다. AP2 어댑터는 $PI(4,5)P_2$ 분자가 2중막의 안쪽 단엽에 존재할 때 원형질막에 더 잘 모이게 된다(그림 12.24 참조). 각 수용체는 내재화되어 있는 리간드와 결합해 있다. (c) 36개의 삼각구조체를 가진 클라트린 외피를 재구성한 모식. 이러한 3량체(각기 다른 색깔로 표시되어 있음)의 배열이 중첩된 것이 보인다.

출처: (a) Richardson, Charles C., Abelson, John N., Raetz, Christian R. H. *Annual Review of Biochemistry.* Volume 65, 1996에서 발췌. 저작권 1997. Annual Reviews, Inc의 허가를 얻음; (b–c) Stephen C. Harrison, Alexander Fotin et al., *Nature* 432:574, 2004에서 발췌; © 2004. Macmillan 출판사로부터 허가를 얻음.

성단위의 구조 때문에 생겨난 것이다. 각 클라트린 분자는 3개의 무거운 사슬과와 3개의 가벼운 사슬로 이루어져 있으며, 중앙에서 함께 결합되어 삼각구조체라고 불리는 3개의 다리가 있는 구조물(*triskelelion*)을 만든다(**그림 12.39**). 피복 소낭의 클라트린 골격 내에서 삼각구조체의 중첩 배열은 **그림 12.40**에 잘 나와 있다. 클라트린 삼각구조체의 각 다리는 다각형의 두 가장자리를 따라 바깥쪽으로 뻗어 있고, 클라트린 분자는 다각형의 각 정점이 구성 요소 삼각구조체 중 하나의 중심을 포함하는 방식으로 겹쳐 있다(그림 12.40*c*).

TGN(그림 12.29)에서 나온 클라트린 피복 소낭과 마찬가지로, 내포작용 동안 형성되는 피복 소낭은 클라트린 격자와 세포질쪽 소낭의 표면 사이에 위치한 어댑터 층을 가지고 있다. 클라트린-매개 내포작용에 관련된 것 중에 가장 잘 연구된 어댑터는 AP2라는 단백질이다. 여러 영역을 가진 단일 소단위로 구성된 TGN의 GGA 어댑터(그림 12.30 참조)와 달리, AP2 어댑터는 다른 기능을 가진 여러 개의 소단위로 구성된다(그림 12.40). AP2 어댑터의 μ(뮤) 소단위는 특정 세포막 수용체의 세포질쪽 꼬리 부분과 결합하여 선택된 수용체와 그 결합된 화물 분자가 생겨나는 피복 소낭에 모이도록 돕는다(이 장 마지막 부분의 <역사적 실험>에서 더 자세히 논의될 것이다). 대조적으로, AP2 어댑터의 β-어댑틴(adaptin)이라고 불리는 소단위는 위에 놓여진 격자의 클라트린 분자를 결합하고 모은다. 그림 12.27*b*는 COPII-, COPI- 및 클라트린-피복 소낭의 외피 사이의 현저한 구조적 차이 및 유사점 중 일부를 보여준다. 3개의 외피는 모두 외측의 기하학적 골격과 어댑터(또는 어댑터와 같은) 단백질의 내부 층의 2개의 별개의 층을 포함한다. 하지만 외부 골격의 구조는 매우 다르다; 클라트린 격자의 하위 단위(3개의 다리를 가진 클라트린 복합체)는 광범위하게 중첩되지만, COP 격자(막대 모양의 Sec13-Sec31 복합체)의 하위 단위는 전혀 중첩되지 않는다. 또한 COPII 피복의 각 꼭지점은 클라트린 피복과 같이 (COPI 피복에서 의심되는 것처럼) 3개가 아닌 4개의 가장자리로 형성된다.

그림 12.40에 묘사된 구조는 실제 피복 소낭의 매우 단순화된 구조를 보여주는데, 20개 남짓의 서로 다른 보조 단백질들이 서로 역동적으로 상호작용함을 잘 보여준다. 이들 단백질들은 화물의 수집과 피복의 조립, 막의 구부림과 내부로의 함입, 세포 내부 골격 구조물들과의 상호작용, 소낭의 분리 그리고 피복의 분리 등에서 다양한 역할들을 하고 있다. 이들 중 가장 잘 연구된 것은 보조 단백질의 일종인 다이나민이라고 불리는 것이다.

다이나민(*Dynamin*)은 막에서 소낭의 분리에 필요한 큰 GTP-결합 단백질이다. 다이나민은 막에서 소낭이 방출되기 직전에 함입된 피복만입부에서 스스로 조립되어 나선형의 마치 셔츠의 컬러(collar)와 같은 구조를 형성한다(**그림 12.41**). 그림 12.41*a*에서 보여주는 모델의 3~4단계 그림을 보면, 중합된 다이나민 분자으로부터 GTP가 가수분해되면서 원형질막으로부터 피복된 소낭이 다이나민 나선 위에서 절단되도록 유도한다. 이 기작에 따르면, 다이나민은 GTP 가수분해 동안에 방출되는 화학에너지를 이용하여 기계적 힘을 생성할 수 있는 효소로서 작용한다. 소낭에서 클라트린 피복이 해리되는 과정은 Hsc70이라고 하는 ATP 분해효소의 도움을 필요로 하는데, 이 과정은 또한 옥실린(auxilin)이라고 불리는 보조인자에 의해 클라트린 피복으로 모이게 된다.

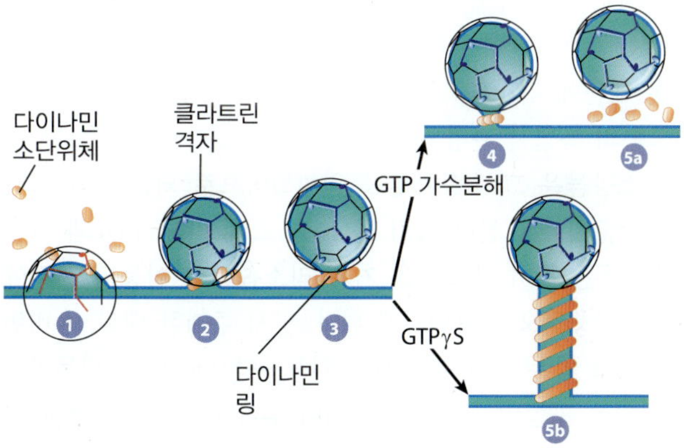

(*a*)

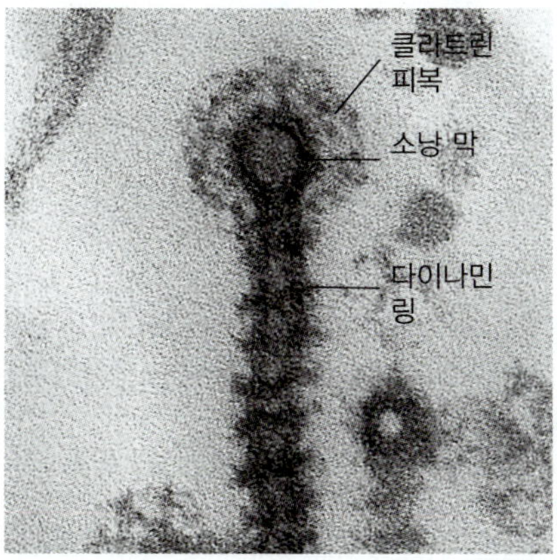

(*b*)

피복 소낭의 조절에서 포스포이노시티드의 역할

지금까지의 논의는 주로 피복과 소낭의 단백질 분자들에 집중되지만 소낭막의 인지질 또한 중요한 역할을 한다는 점도 주지할 필요가 있다. 제15장에서 논의되겠지만, 인산기들은 인지질인 포스파티딜이노시톨(phosphatidylinositol, PI)의 당고리의 다른 부분에 결합하여 포스포이노시티드(phosphoinositides)를 생성한다(그림 15.10 참조). 다음과 같은 7개의 다른 포스포이노시티드가 발견되었다: PI(3)P, PI(4)P, PI(5)P, PI(3,4)P_2, PI(4,5)P_2, PI(3,5)P_2 및 PI(3,4,5)P_3. 이들 포스포이노시티드의 인산화된 링들은 막 표면에 존재하는데, 그곳에서 그들은 특정 단백질에 결합되어 인지될 수 있다. 다른 포스포이노시티드는 다른 막 부위에 집중되어 각각의 부위가 특별한 "표면정체성(surface identity)"을 갖게 한다. 예를 들어, 원형질막의 내부 단엽은 좀 더 높은 농도의 PI(4,5)P_2의 조성을 갖는데, 이것은 클라트린-매개 내포작용에서 다이나민이나 AP2와 같은 단백질들을 수집하는 데 중요한 역할을 한다(그림 12.40*b* 참조), 포스포이노시티드는 특별한 단백질들을 수집하는 것 뿐만 아니라 이들 단백질들의 구조적 변형을 유도할 수 있는 능력도 가지고 있다. 클라트린 어댑터인 AP2를 예로 들면, 대개 세포질에서 고정되어(locked) 있는 특이적 구조를 가지고 있는데, PI(4,5)P_2와 결합하게 되면 주요한 구조적 변형이 유도되어 어댑터 안에서 화물의 결합부위를 노출시켜 결국 특별한 수용체의 세포질쪽 꼬리 부분과 결합할 수 있게 해준다. **그림 12.42**는 이러한 현상의 구조적 모델을 보여준다. 포스포이노시티드 농도는 또한 클라트린 격자의 분해에도 역할을 할 것으로 생각된다. 새로 출아되는 소낭에서의 인산분해효소(phosphatase) 활성은 소낭막이 좀더 PI(4,5)P_2에 비해 PI(4)P가 풍부할 수 있도록 하며, 이것은 아마도 옥실린이 그 소낭으로 잘 모집되게 하여 결국 클라트린 피복이 잘 해체될 수 있도록 할 것으로 생각된다.

PI(4,5)P_2와 같은 지질종은 세포 안에서 특정 장소와 시간에 위치하는 효소들에 의해 빠르게 형성되고 분해되는 것으로 보아 어떤 역동적인 조절자 역할을 하는 것으로 보인다. 내포작용의 경우에서, PI(4,5)P_2는 내포작용이 이루어지는 장소에서 피복세포가 원형질막으로부터 분리되는 시점에 사라진다. 이러한 "표지판(landmark)"으로서 역할을 할 것으로 생각되는 또 다른 PI들로는 초기 엔도솜과 내강 간(間) 소낭에 위치하는 PI(3)P, TGN과 분비과립 및 분비소낭에 위치하는 PI(4)P, 후기 엔도솜을 둘러싸는 막에 위치하는 PI(3,5)P_2 등이 있다.

그림 12.41 클라트린 피복 소낭의 형성에서 다이나민의 역할. (*a*) 피복만입부의 클라트린 격자(1단계)는 재구성되어 원형질막과 연결된 만입된 소낭을 형성한다(2단계). 이 시점에서 다이나민 소단위들은 이 지역에 농축되어 중합화 반응을 일으켜 줄기 주위로 고리를 형성한다(3단계). GTP가 가수분해되면서(4단계) 고리에 구조적 변화가 발생하는데, 이는 피복 소낭이 원형질막으로부터 분리되게 하고, 다이나민을 해체시킨다(5a단계). 만약 소낭의 출아가 GTPγS(GTP의 비분해성 유도체)의 존재 하에 일어난다면, 다이나민은 지속적으로 중합되고 길고 가는 다이나민 나선을 형성하게 된다(5b단계). 다이나민 활성의 구조적 모델은 참고문헌(Nature 477:556, 51, 2011)에서 확인할 수 있다. (*b*) GTPγS의 존재 하에 형성되는 피복소낭을 보여주는 전자현미경 사진. 5b단계에서 묘사된 그림과 일치한다.

출처: (a) P. De Camilli et al., *Current Opin Neuro-Biol.* Vol 5, P. 562, 1995에서 발췌. Elsevier의 허가를 얻음; (b) Kohji Takei et al., *Nature* Vol. 374, Cover 3/9/95에서 발췌; © 1995. Macmillan Publishers Ltd.의 허가를 얻음.

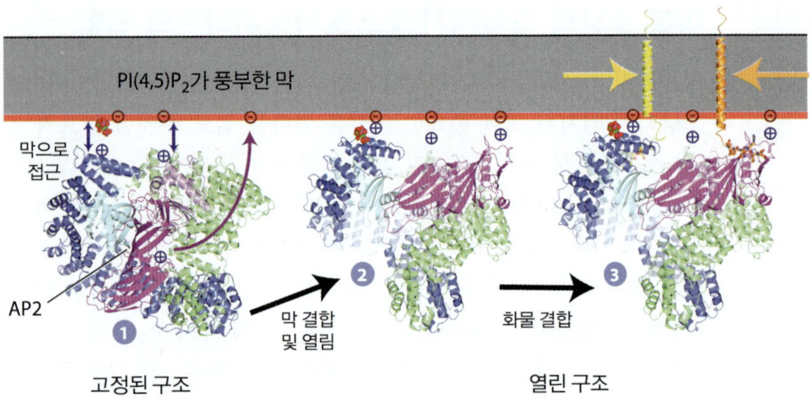

그림 12.42 원형질막에 AP2가 결합할 때 일어나는 단백질 형태 변화의 구조적 모델. AP2 어댑터의 결합은 원형질막의 내부 단엽에서 $PI(4,5)P_2$ 분자와의 상호작용에 의해 매개된다(1단계). 어댑터가 막에 결합하면 어댑터의 큰 구조적 변형을 유발하는데 (2단계) 이는 어떤 막 수용체의 세포질내 꼬리의 특별한 모티프와의 상호작용을 일으킨다. (노란색과 주황색으로 표시) (3단계)

출처: : L. P. Jackson, et. al., David J. Owen, *Cell* 141;1228, 2010, Fig. 7. © 2010에서 발췌. Elsevier의 허가를 얻음.

12.17 내포작용 경로

내포경로에 의해 세포 내로 들어오는 분자들은 잘 알려진 내포경로(endocytotic pathway)를 따라 이동하게 된다(**그림 12.43a**). 내포경로를 따라 일어나는 여러 현상들을 확인하기 전에 먼저 내포작용에 적용이 되는 두 가지 다른 수용체에 대해 고려하고자 한다. "일반 수용체(hoskeeping receptor)"라고 부르는 한 종류의 수용체는 세포에 의해서 사용될 물질의 섭취를 담당한다. 가장 잘 연구된 예는 트랜스페린(transferrin)과 저밀도 지질단백질(low-density lipoprotein, LDL) 수용체인데, 이들은 각각 철(iron)이온과 콜레스테롤의 이동을 매개한다고 알려져 있다. 우선 LDL 수용체는 이 절의 마지막 부분에서 자세히 다루도록 한다. 그림 12.43*a*의 빨간색 수용체는 일반 수용체를 나타낸다. 두 번째는 우리가 흔히 "신호 수용체(signaling receptors)"라고 부르는 종류이며, 이는 세포의 활동을 변화시키는 메시지를 운반하는 세포와 리간드를 결합시키는 역할을 한다. 인슐린과 같은 호르몬과 EGF와 같은 성장인자를 포함하는 이 리간드는 표면 수용체(그림 12.43*a*의 초록색으로 표시)에 결합하고 세포 내부의 생리반응을 야기한다(제15장에서 자세히 설명). 첫 번째 종류의 수용체에 의한 내포작용은 일반적으로 철 분자나 콜레스테롤 분자와 같은 결합된 물질을 세포 내로 수송하고, 다시 수용체를 다음 번 수송을 위해 세포표면으로 돌려 놓는다. 두 번째 종류의 수용체에 의한 내포작용은 종종 "**수용체 감소-조절**(*receptor down-regulation*)"이라고 불리는 과정을 통해 수용체 자체를 파괴하는 반응을 야기하는데, 이것은 세포가 호르몬이나 성장인자에 다시 노출되었을 때 그 민감도를 감소시키는 효과를 가진다. 따라서 수용체 감소-조절은 세포가 외부 전령(messenger, 즉 호르몬이나 성장인자)에 대한 반응성을 조절하는 기작이라 할 수 있다. 신호 수용체는 전형적으로 내포작용을 위해 표시되고 세포표면에 머물러 있는 동안에 수용체의 세포질쪽 꼬리에 공유결합에 의해 부착된 "꼬리표(tag)에 의해 분해가 된다. 이 꼬리표는 유비퀴틴(ubiquitin)이라고 불리는 작은 분자인데 주로 효소적으로 부착이 된다. 대개 내포작용에 적용이 되지 않는 막단백질들도 만약 이 유비퀴틴 꼬리를 갖게 되면 내재화된다.[6]

내재화 후, 소낭에 결합한 물질들은 **엔도솜(endosomes)**이라고 불리는 역동적인 관과 소낭들의 네트워크로 수송되며, 이것은 내포작용경로를 따라 물류센터(distribution center)로서 인식된다. 엔도솜 내강의 액체는 막에 존재하는 수소 이온-ATP분해효소(H^+-ATPase)의 작용에 의해 매우 높은 산도로 유지된다. 엔도솜은 세포의 가장자리 근처에 위치한 **초기 엔도솜(early endosome)**과, 핵과 근접한 위치에 존재하는 **후기 엔도솜(late endosome)**으로 분류된다. 지배적인 모델에 따르면 초기 엔도솜은 후기 엔도솜으로 점진적으로 성숙화된다고 한다. 초기에서 후기 엔도솜으로의 변형은 내강의 pH의 감소, Rab 단백질 종의 교체(Rab5에서 Rab7으로), 그리고 내부 구조의 변화로 특정될 수 있다.

내포작용으로 수용되는 수용체는 초기 엔도솜으로 이동할 소낭에 의해 수송되며, 이것은 후에 다른 종류의 수용체와 리간드가 각각 다른 경로를 따라 이동하도록 지시하는 분류 정거장으로써 역할을 한다(그림 12.43*a*). "일반 수용체"는 일반적으로 초기 엔도솜 내의 높은 수소 이온 때문에 리간드로부터 떨어진 후, 재활용센터로 인식되는 초기 엔도솜의 특별한 관형 구획에 모여지게 된다. 이 관들로부터 떨어져 나온 소낭들은 그 수용체들을 원형질막으로 되돌려 놓아 다음 내포작용을 준비하게 한다(그림 12.43*a*). 그에 반해, LDL과 같은 분리된 리간드들은 후기 엔도솜을 거쳐 리소좀으로 이동되기 전에 분류 구획으로 집중적으로 보내지게 된다. 앞서 주지한 대로, 유비퀴틴 꼬리표를 달고 있는 신호 수용체는 원형질막으로 다시 되돌아가지 않고 대신 작은 구형의 소낭에 격리되어 후기 엔도솜의 내부에 모이게 된다(그림 12,43*b*). 그림 12.43*a*의 왼쪽 가운데 네모 안에서 보이는 바와 같은 소낭화 과정은 ESCRT 복합체라고 불리는 일련의 단백질 복합체에 의해 조절된다. 4개의 다른 ESCRT 복합체는 (1) 유비퀴틴화된 수용체를 후기 엔도솜 막 내에서 집단(culster)으로 분류하고, (2) 막 부위를 후기 엔도솜의 내강 내로 출아시키며, (3) 새롭게 형성된 내강간 소낭을 배출하기 위해 함입 부위를 잘라내는 과정

[6]가장 잘 연구된 역할에서 유비퀴틴은 6.20절에서 논의된 바와 같이 분해를 위해 단백질을 표적화하기 위해 단백질에 붙어 있다. 이러한 유형의 분해 신호는 유비퀴틴 분자인 Lys48의 특정 잔기에 공유결합(유비퀴틴 사슬을 형성)에 의해 서로 연결되어 있는 다수의 유비퀴틴 분자로 구성된다. 반대로, 막단백질의 내재화는 단일 유비퀴틴 분자 또는 유비퀴틴 분자가 Lys48보다는 Lys63에 연결된 짧은 폴리유비퀴틴 사슬 단백질에 부착됨으로써 일어난다고 생각된다(자세한 내용은 *Trends Cell BIol.* 21:647. 2011을 참조).

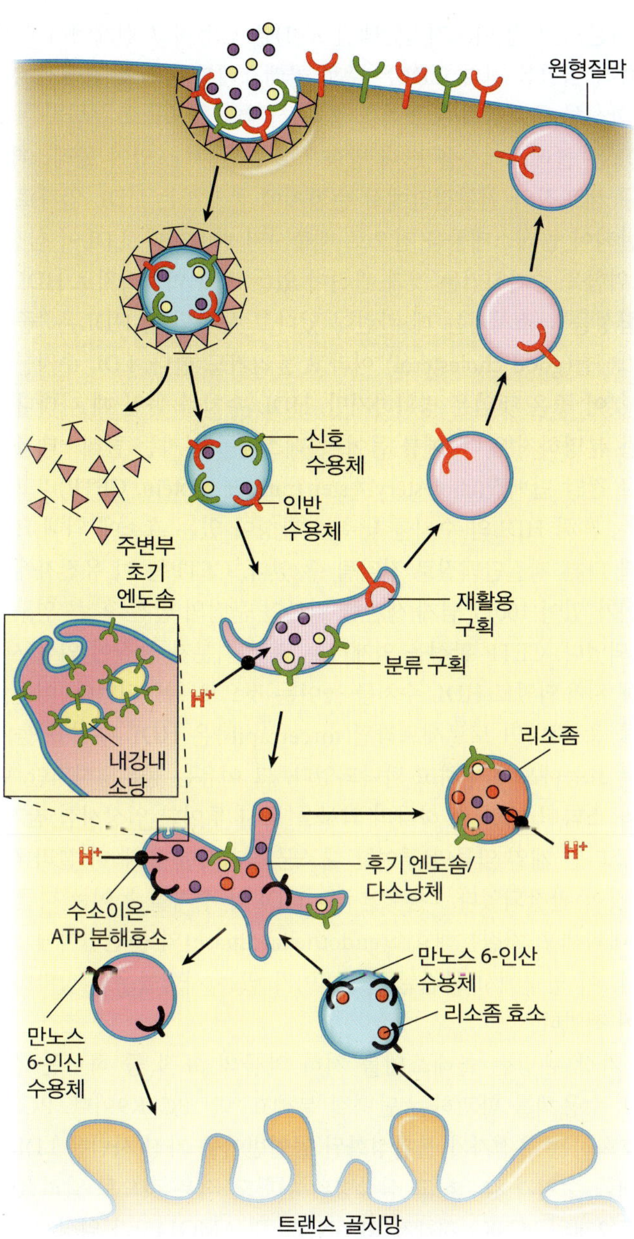

(a)

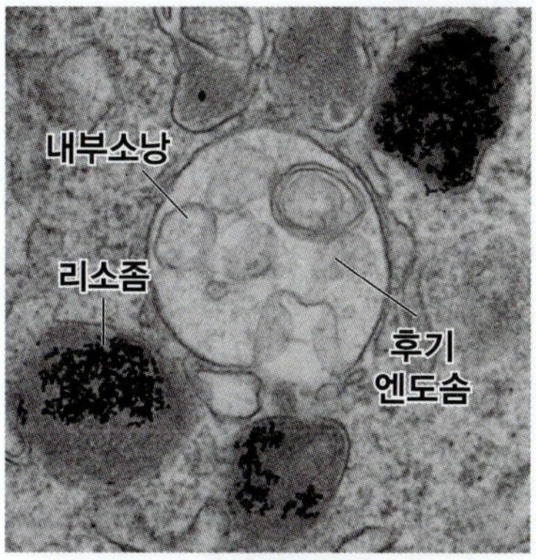

(b)

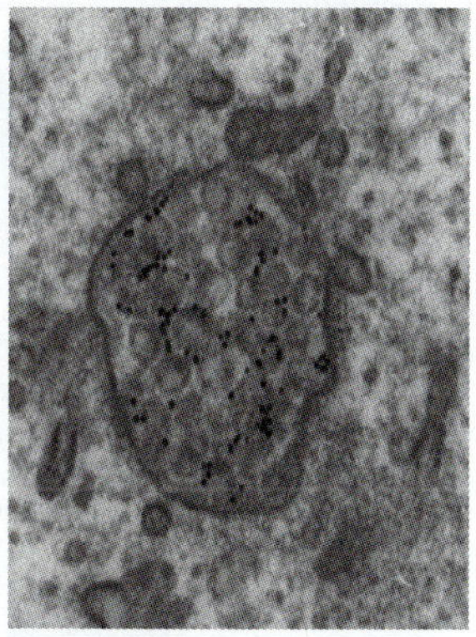

(c)

그림 12.43 내포작용경로. (*a*) 세포 외부로부터 유래한 물질의 분류가 일어나는 초기 엔도솜으로의 물질의 이동. 두 종류의 수용체-리간드 복합체 내포작용이 보인다. LDL 수용체(빨간색으로 표시)와 같은 일반 수용체는 원형질막으로 보내지지만 그들의 리간드(파란색으로 표시)는 후기 엔도솜으로 전달된다. 상피세포성장인자(EGF) 수용체와 같은 신호 수용체(초록색으로 보임)는 일반적으로 리간드와 함께 후기 엔도솜으로 수송된다(노란색). 후기엔도솜은 또한 새로 합성된 리소좀 효소(붉은색 원형)를 TGN으로부터 공급받는다. 이들 효소는 만노스 6-인산 수용체(MPRs)에 의해 전달되고, 수용체는 다시 TGN으로 돌아간다. 후기 엔도솜의 내용물은 여러 경로를 통해 리소좀으로 전달된다(여기에서는 표시되지 않음). 왼쪽에 삽입된 그림은 후기 엔도솜과 외부로부터 내강 사이 소낭의 출아의 일부분에 대한 확대된 그림을 보여준다. (*b*) 후기 엔도솜의 내강 안에 내부 소낭의 모습을 보여주는 전자현미경 사진. 많은 리소좀들이 근접거리에 존재한다. (*c*) 전자현미경 사진에서 검은색 입자로 보이는 금 입자들이 내포작용에 의해 내재화되고 있는 EGF 수용체와 결합해 있다. 금 입자들은 이러한 후기 엔도솜의 내부 소낭 막 내에 위치해 있다.

출처: (b) J. Paul Luzio, Paul R. Pryor, and Nicholas A. Bright, *Nature Revs. Mol. Cell Biol.* 8:625, 2007에서 발췌; © 2007, Macmillan Publishers Ltd.의 허가를 얻음. (c) Clare Futter 제공.

을 연속적으로 수행한다. 후기 엔도솜의 내강 안에서 신호 수용체가 격리된 모습은 그림 12.43*c*에 잘 나타나 있다. 이러한 내부에 위치한 소낭들 때문에 후기 엔도솜은 **다소낭체**(*multivesicular bodies, MVBs*)라고도 불린다.

수용체 중재 내포작용의 많은 예들 중에서 가장 잘 이해된 것은 동물세포에 외부 콜레스테롤을 제공하는 내포작용이다. 동물세포에서 콜레스테롤은 원형질막의 필수 성분으로 사용하고 스테로이드 호르몬의 전구체로도 사용한다. 콜레스테롤은 **그림 12.44**에 나와 있는 **저밀도 지질단백질**(*low-density lipoprotein, LDL*)과 같은 거대 지질단백질 복합체의 일부로서 혈액에서 운반되는 소수성 분자이다. 각각의 LDL 입자는 중앙 핵심부에 약 1,500개 가량의 콜레스테롤 분자를 긴 꼬리 지방산과 에스테르화 형태를 포함하고 있다. 이 핵심부는 **아포지질단백질** *B*-100(*apolipoprotein B*-100)이라고 불리는 1개의 거대한 단백질을 포함하는 인지질 층에 의해 둘러싸여 있으며, 바로 이 부분이 세포표면의 LDL 수용체와 결합하는 곳이 된다.

LDL 수용체는 세포막으로 이동하여 (심지어 LDL 리간드가 없는 경우에도) 피복만입부에 모이게 된다. 결과적으로 수용체는 세포표면에 존재하여 혈액 매개 지질단백질이 존재할 경우 이를 수용할 준비가 된다. 일단 LDL 입자가 피복만입부에 결합되면, 그 부위는 피복소낭을 형성하기 위해 함입되고, 클라트린 피복은 분해되며 LDL 수용체는 그림 12.43*a*에서 묘사된 것처럼 초기 엔도솜을 통과하여 원형막으로 되돌아간다. 한편, LDL 입자는 단백질 성분이 분해되고 콜레스테롤이 탈에스테르화되어 막 구성 또는 다른 대사 과정(예를 들어, 스테로이드 호르몬 형성)에서 세포에 의해 사용되기 위해 후기 엔도솜 및 리소좀에 전달된다. **니만-픽 *C*형 질환**(*Niemann-Pick type C disease*)은 희귀 유전질환으로서 리소좀에서 콜레스테롤을 전달하는 데 필요한 단백질 중 하나가 결핍되어 발생하며, 이러한 소기관에 콜레스테롤이 축적되면서 유년기의 신경 퇴행 및 사망을 유발한다. 수용체 중재 내포작용 및 LDL의 내재화를 발견하게 한 다른 질병에 대한 연구는 이 장 마지막의 <역사적 실험>에 더 자세히 기술된다.

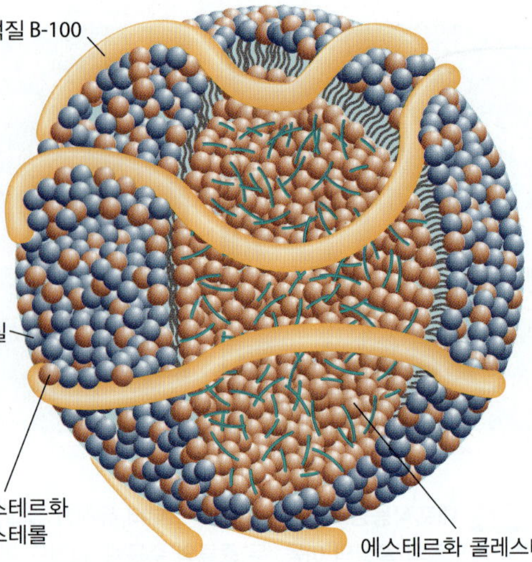

그림 12.44 LDL 콜레스테롤. 각 입자는 에스테르화된 콜레스테롤 분자로 구성되어 있으며, 이는 인지질과 콜레스테롤, 그리고 아포지질단백질 B-100로 이루어진 단일 분자층으로 싸여 있다. 아포지질 단백질 B-100은 특별히 세포의 원형질막에 노출된 LDL 수용체와 결합한다.

혈중 LDL 수치는 혈관을 통한 혈액의 흐름을 줄이고 혈관벽에 혈전을 만드는 플라크(plaques) 형성을 특징으로 하는 동맥경화증(atherosclerosis)의 진행과 깊은 관련이 있다. 관상동맥을 막는 혈액 응고가 심근경색(심장마비)의 주요 원인임은 잘 알려진 사실이다. 연구에 따르면 동맥경화증은 **그림 12.45**에 표시된 바와 같이 혈관 내벽에 LDL이 침착됨으로써 만성 염증반응이 일어나기 때문이라고 한다. 혈액내 LDL 수치를 낮추는 것은 콜레스테롤 합성의 핵심 효소인 HMG CoA 환원효소를 차단하는 스타틴(*statin*, 예: 로바스타틴 및 리피토) 계열의 약물을 투여함으로써 가능하다고 알려져 있다(이 장 마지막 부분의 <역사적 실험>에서 더 논의될 것 임). 혈중 콜레스테롤 수치가 낮아지면 심장 발작의 위험은 감소된다.

LDL만이 혈액 내에서 콜레스테롤을 운반하는 매개체는 아니다. 고밀도 지질단백질(*high-density lipoprotein, HDL*)은 비슷한 구조이지만 다른 단백질(아포지질단백질 A~I)을 함유하고 신체에서 다른 생리학적 역할을 한다. LDL은 주로 콜레스테롤 분자를 간에서 추출하여 합성하고 포장하여 혈액을 통해 신체의 세포들로 운반하는 반면, HDL은 콜레스테롤을 반대 방향으로 운반한다. 잉여 콜레스테롤은 체내 세포질의 원형질막에서 순환계에 존재하는 HDL 입자로 직접 운반되어 콜레스테롤을 간으로 배출시켜 배설한다. LDL이 심장질환의 위험을 증가시키는 것과 관련이 있는 것과 마찬가지로 HDL은 그 위험성을 감소시키는 데 관련이 있다고 생각되어, HDL은 "좋은 콜레스테롤(good cholesterol)"이라고 불리기도 한다. LDL 수치를 낮추는 것이 좋은 것임은 명확하지만, HDL 수치를 높일 때 나타나는 결과는 분명하지 않다. 예를 들어, 콜레스테롤 분자는 콜레스테롤 에스테르 전달 단백질(cholesteryl ester transfer protein, CETP)라고 불리우는, 흔히 HDL의 수치를 낮추는 활성이 있는 효소에 의해 HDL로부터 다른 지질단백질로 전달될 수 있다. CETP는 이 유전자에 돌연변이가 있어 100년 넘게 생존한 일본인 군집의 발견 후 큰 연구 주제가 되었다. CETP 활성을 억제하는 몇몇 저분자 물질이 임상 시험에 의해 사용되었고 HDL 수치를 높이는 것으로 확인되었다. 이들 후보 약물 중 하나인 토르세트라핍(torcetrapib)은 HDL 수치를 높일 수 있는 효능에도 불구하고 탈락되었다. 그 이유는 불분명하지만, 이 약물과 스타틴 계열 중 하나의 약물을 동시 투여한 임상시험 참가자들이 스타틴 계열 약물만 투여한 대조군 참가자에 비해 더 빨리 사망하는 것이 관찰되었다. 다른 연구는 HDL의 수치를 높이는 다른 효소인 내피세포 지질분해효소(endothelial lipase)의 돌연변이에 집중하였다. 이 연구에서 발견된 돌연변이가 있는 사람들은 심장마비의 위험이 적었다.

가장 유망한 콜레스테롤 저하 약물의 표적 중 하나는 간에서 LDL 수용체를 파괴하는 단백질 분해효소인 PCSK9이다. PCSK9를 암호화하는 유전자가 불활성화된 돌연변이를 가진 사람은 LDL 콜레스테롤 수치가 감소하고 심장병의 위험도 적은 것으로 알려졌다. 적어도 2개의 PCSK9 저해제(REGN727 및 AMG145)가 임상시험 중에 있다.

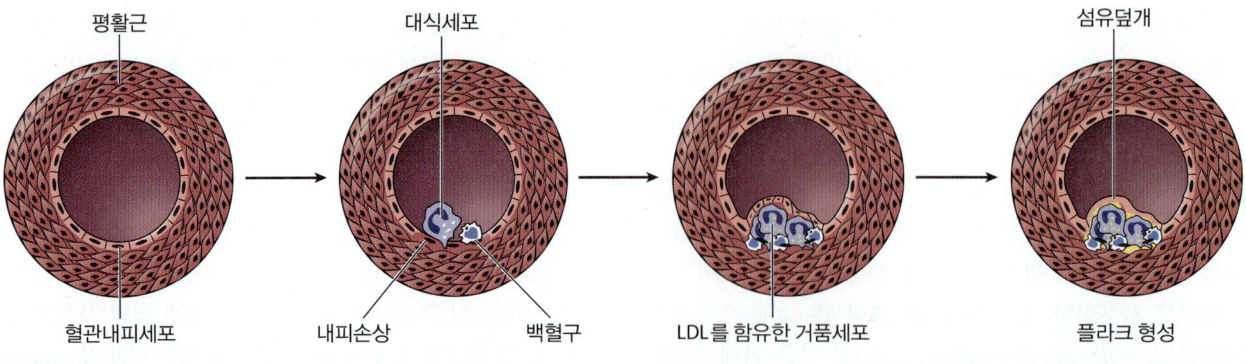

그림 12.45 동맥 경화 플라크 형성 모델. 이 모델에 따르면, 플라크의 형성은 다양한 종류의 혈관 내피세포의 손상에 의해 시작된다. 이러한 손상에는 LDL-콜레스테롤 입자를 화학적으로 변형시킬 수 있는 산소 자유 라디칼에 의한 손상을 포함한다. 손상 받은 혈관내피세포는 백혈구와 대식세포를 불러들이고, 이러한 세포들은 내피세포 밑으로 이동하여 만성적인 염증 반응을 개시한다. 대식세포는 산화된 LDL을 섭취하는데, 이는 콜레스테롤이 풍부한 지방 입자의 형태로 세포질에 축적된다. 이들 세포를 대식 거품세포(macrophage foam cell)이라고 하며 그들은 종종 청소년기나 젊은 성인의 혈관에 이미 존재하는 경우도 있다. 대식세포에 의해 방출되는 물질은 주변 평활근 세포의 증식을 자극하여 동맥 내강으로 팽창하는 고밀도의 섬유질 결합 조직 기질(섬유 덮개)을 생성한다. 이 팽창하는 병변은 혈류를 제한할 뿐만 아니라 혈관이 파열되기 쉽게 만듦으로 혈전 형성 및 심장마비를 유발할 수 있다.

12.18 식세포작용

식세포작용[Phagocytosis, "세포를 잡아먹는(cell eating)"]은 주변 환경으로부터 상대적으로 큰 입자(직경이 0.5 μm 이상)를 가진 입자를 섭취하는 데 특화된 몇몇 세포 종류에 의해서 수행된다. 아메바(amoebas)와 섬모충(ciliates)과 같은 많은 단세포 원생동물들은 먹이 입자와 작은 유기체를 포획해서 원형질막 상에 형성된 주름(fold) 속에 넣어 섭취함으로써 생계를 유지한다. 그 주름은 융합되어 **식포체**(*phagosome*)가 되어 원형질로부터 안쪽으로 분리되어 나온다. 이 식포체는 리소좀과 융합되어 **식포용해소체**(*phagolysosome*)를 형성하여 물질들이 그 안에서 소화된다.

대부분의 동물에서 식세포작용은 영양분 공급이 아닌 보호기작이다. 포유동물은 침입하는 유기체, 손상된 세포 및 죽은 세포, 파편 등을 탐식하는, 혈액과 조직을 통해 이동하는 대식세포(macrophage)와 호중구(neutrophil)와 같은 다양한 "전문적인(professional)" 식세포(phagocyte)를 보유한다. 이러한 물질은 섭취되기 전에 식세포표면의 수용체에 의해 인식되어 결합하게 된다. 일단 식세포 내부로 들어오면, 미생물은 리소좀 효소 또는 식포 내강 안에서 생성된 산소 자유 라디칼(oxygen free radical)에 의해 죽게 된다. 입자들이 세포 내부로 도입되는 과정은 **그림 12.46a**에 잘 나타나 있다. 식세포작용에 의해 삼켜진 입자성 물질들은 원형질막을 지탱하는 액틴을 포함하는 미세섬유의 수축작용에 의해 삼켜진다.

식세포에 의해 섭취된 모든 박테리아가 파괴되는 것은 아니다. 사실, 일부 종은 숙주의 몸에서 자신의 생존을 촉진하기 위해 식세포를 도용한다. 예를 들어, 결핵을 일으키는 결핵균(*Mycobacterium tuberculosis*)은 식세포작용에 의해 대식세포의 세포질로 들어오지만 이 세균은 식포와 리소좀의 융합을 억제할 수 있는 능력이 있다. 비록 식포 내부가 고도로 산성이어서 주변 매질의 pH가 낮아졌음에도 불구하고 박테리아는 자기 자신의 생리적 pH를 유지할 수 있는 것으로 보인다. 큐 열(Q fever)을 일으키는 세균인 *Coxiella burnetii*는 리소좀과 융합되는 식포로 둘러싸이게 되지만, 산성 환경이나 리소좀 효소도 이 병원체를 파괴할 수 없다. 또한 뇌수막염을 일으키는 세균(*Listeria monocytogenes*)은 리소좀 막을 파괴하는 단백질을 생성하여 세균이 자신을 잡아먹은 세포의 기질로 빠져 나갈 수 있다(제13장 <역사적 실험> 참조).

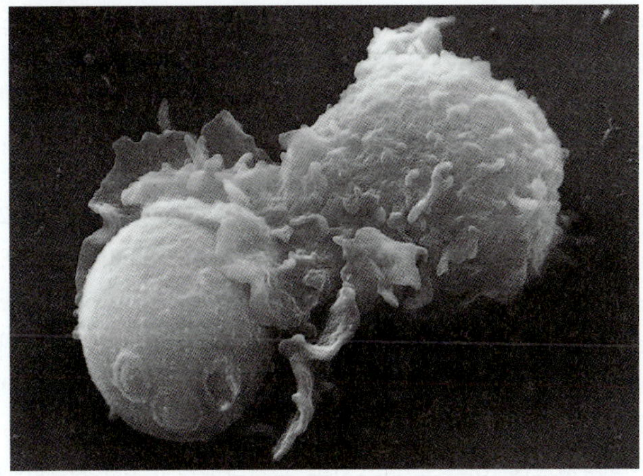

(*a*)

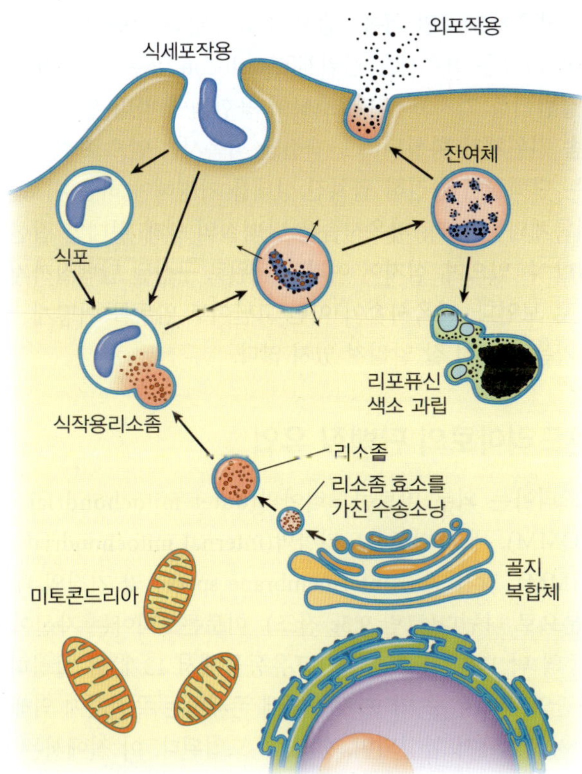

(*b*)

그림 12.46 **식세포작용.** (*a*) 효모 세포(왼쪽 아래)를 섭취하는 다형핵(多形核) 백혈구의 함입 과정. (*b*) 식세포작용 경로에서 발생하는 각 단계(498쪽 참조).

출처: (a) Janet Boyles and Dorothy F. Bainton. *Cell* 24:906, 1981에서 발췌. Elsevier의 허가를 얻음.

12.19 퍼옥시솜, 미토콘드리아, 그리고 엽록체에서 단백질의 번역 후 반입

세포 안의 구성물들이 다양한 구획에 의해 나누어져 있다는 사실은 세포가 다양한 단백질 수송 기작을 가지고 있어야 한다는 사실을 의미한다. 우리는 이 장을 통해 진핵생물에서 단백질의 수송이 (1) 분비 단백질의 신호 펩티드 혹은 리소좀 효소의 만노스 인산과 같은 분류신호, 그리고 (2) 이들 신호를 인지하고 단백질을 적절한 구획으로 보내는 수용체에 의해 결정된다는 것을 알게 되었다. 세포의 주요한 네 가지 소기관인 핵, 미토콘드리아, 엽록체, 그리고 퍼옥시솜 들은 한 가지 혹은 그 이상의 바깥 경계막을 통해 단백질을 도입한다. 조면소포체에서의 경우와 같이, 이 기관들이 들여오는 단백질들은 세포소기관의 외막에서 수용체에 의해 인식되는 주소 역할을 하는 아미노산 서열을 가지고 있다. 일반적으로 단백질을 번역과 동시에(cotranslationally) 들여오는 조면소포체와는 달리, 이들 세포소기관은 단백질을 번역 후, 즉 세포질 내의 유리 리보솜에 의해 완전히 합성이 된 후에 도입한다. 핵으로 단백질을 도입하는 것은 특별한 주제이므로 6.2절에서 별도로 논의하였다. 대신 퍼옥시솜, 미토콘드리아, 그리고 엽록체로의 단백질 도입은 다음 절을 통해 알아보자.

퍼옥시솜으로의 단백질 유입

퍼옥시솜(Peroxisome)은 유입되는 단백질이 배치될 수 있는 2개의 세부부위가 경계막과 내부 기질뿐인 매우 단순한 소기관이다(9.9절). 퍼옥시솜을 최종 목적지로 하는 단백질은 **퍼옥시솜 표적신호**(*peroxisome targeting signal, PTS*)라고 하는 부위를 가지고 있으며, 기질로 전달된 단백질의 경우에는 PTS 그리고 막으로 전달될 단백질인 경우에는 mPTS라고 한다. 각각의 PTS에 대한 몇몇 다른 수용체 단백질이 밝혀졌는데, 이들은 퍼옥시솜 표적단백질과 세포질 내에서 결합하여 퍼옥시솜 표면으로 이동시킨 후 이 소기관 안으로 관통시킨다. 최근 연구에 따르면 퍼옥시솜은 소포체 유래 소낭의 융합에서 형성되는데, 각각은 퍼옥시솜 전위체[translocon, 또는 도입자(importer)]의 절반씩을 가지고 있다. 소낭이 융합됨에 따라 완전한 형태의 퍼옥시솜 전위체가 형성되어 단백질을 퍼옥시솜 안으로 이동시킨다. 유입되는 단백질이 완전히 펼쳐진 상태를 가정해야 하는 미토콘드리아와 엽록체와는 달리, 퍼옥시솜은 단백질의 원래 형태인 접힌 상태로 도입할 수 있으며, 심지어 여러 소단위로 구성된 단백질까지 가능한 것으로 보인다. 퍼옥시솜이 이런 고난이도 임무를 어떻게 수행할 수 있는가는 여전히 잘 알려져 있지 않다.

미토콘드리아로의 단백질 유입

미토콘드리아는 외부 미토콘드리아막(outer mitochondrial membrane, OMM), 내부 미토콘드리아막(internal mitochondrial membrane, IMM), 막간 공간(intermembrane space) 및 기질의 네 가지 하위부분으로 나뉜다(그림 9.3*c* 참조). 미토콘드리아는 자신이 필요한 몇 종의 막 내재 폴리펩티드(포유동물에서 13개)를 합성하지만, 이 소기관의 단백질 중 약 99%는 핵에 존재하는 유전체에 의해 암호화되고, 세포질에서 합성되며, 번역 후 도입된다. 이 절에서는 이 소기관을 표적으로 하는 단백질의 대다수를 구성하는 미토콘드리아 기질과 내부 미토콘드리아 막의 단백질에 대해 더 자세히 알아보기로 한다. 퍼옥시솜 단백질 및 다른 구획의 단백질과 마찬가지로 미토콘드리아 단백질은 자신의 목적지로 이동하기 위한 신호서열을 포함한다. 대부분의 미토콘드리아 기질단백질은 분자의 N-말단에 나중에 제거가 가능한 **전서열**(*presequence*)이라 불리는 표적서열을 포함하고 있다(1단계, **그림 12.47a**). 이 전서열은 전형적으로 나선의 한쪽 면에 다수의 양전하를 띤 아미노산 잔기와 반대면에 소수성 아미노산 잔기를 가지고 있다. 그와 대조적으로, IMM으로 표적하는 대부분의 단백질은 내부에 표적서열을 가지고 있으며, 이 부위는 도입 후에도 분자의 일부로 남아 있다.

단백질이 미토콘드리아에 들어가기 전에 몇 가지 현상들이 일어나는 것으로 생각된다. 첫째로, 단백질은 상대적으로 확장되거나 펼쳐진 상태로 미토콘드리아에 접근하여야 한다(1단계과 A, 그림 12.47*a*). 몇몇 독특한 분자 샤페론(예: Hsp70 및 Hsp90)은 미토콘드리아 단백질을 OMM의 세포질 표면에 직접 접근시키는 폴리펩티드를 포함하여 미토콘드리아로의 흡수를 위해 폴리펩티드를 제조하는 것과 관련되어 있다(그림 12.47). OMM에는 단백질 도입복합체(*protein-import complex, TOM complex*)라는 것을 가지고 있는데, 이는 (1) 미토콘드리아 단백질을 인식하고 결합하는 수용체, (2) 펼쳐진 폴리펩티드가 외부 막을 통해 전위되는 데 사용되는 단백질을 포함한다(2단계 및 B).[7] IMM이나 기질에 종지하게 될 단백질은 막간 공간을 통과해야 하며 *TIM complex*라고 불리는 IMM에 위치한 두 번째 단백질 도입복합체와 결합하여야 한다(그림 12.47*b*). IMM에는 TIM22와 TIM23이라는 2개의 주요 TIM 복합체가 있는데, TIM22는 내부 표적서열을 포함하는 IMM의 필수 단백질과 결합하여 지질2중층에 삽입하는 기능을 가지고 있고(C~D단계, 그림 12.47*a*), TIM23은 N-말단 전서열을 가진 단백질과 결합하는데, 여기에는 매트릭스의 모든 단백질들 및 많은 IMM 단백질(이 절에서 논의되지 않음)이 포함된다. TIM23은 IMM을 통해 내부 수용성 구획으로 기질 단백질을 인식하고 이동시킨다(3단계, 그림 12.47*a*). 단백질의 이동은 미토콘드리아의 외막과 내막이 가장 근접한 부위에서 일어나며, 그렇게 함으로써 도입되는 단백질이 두 막을 자연스럽게 통과할 수 있게 된다. 기질로의 이동은 IMM을 가로질러 생성된 전위차가 양전하를 띤 표적신호에 작용함으로써 일어날 수 있으며, 만약 그 전위차가 DNP(386쪽 참조)와 같은 약물에 영향을 받아 소실될 경우 단백질 전위는 더 이상 일어나지 않는다.

폴리펩티드가 기질에 들어갈 때는 수용성 구획으로의 진입을 매개하는 mtHsp70과 같은 미토콘드리아 샤페론과 상호작용한다(4단계, 그림 12.47*a*). 이 분자 샤페론의 작용에 대해 두 가지 기작이 제안되었다. 한 견해에 따르면, 이 샤페론이 ATP 가수분해로부터 생성된 에너지를 사용하여 전위공을 통해 접히지 않은 폴리펩티드를 능동적으로 "끌어당기는(pull)" 힘-발생 모터(force-generating motor)로서 작용한다. 다른 견해에 따르면, 샤페론은 막을 가로 지르는 폴리펩티드의 확산을 돕는다. 확산은 분자가 가능한 모든 방향으로 이동할 수 있는 임의의 과정이다. 펼쳐진 폴리펩티드가 미토콘드리아 막의 전위공으로 들어가 그 기질 속으로 그 머리를 내미는 상황을 상상해 보라. 만약 막 내면에 존재하던 샤페론이 들어온 폴리펩티드 머리 부분와 결합하여 폴리펩티드가 구멍을 통해 뒤로(다시 밀려) 확산되는 것을 막지만, 기질 내로의 추가 확산을 방해하지 않는다면 어떻게 될까? 폴리펩티드가 기질 내로 더 유입(확산)되면서 샤페론은 반복적으로 결합하고, 따라서 유입되는 각 단계에서 폴리펩티드의 미토콘드리아 밖으로의 역행은 지속적으로 억제된다. 두 번째 모델에서의 샤페론의 이러한 역할은 **편향확산**(*biased diffusion*)으로 불리며, 샤페론은 "브라우니언 래칫(Brownian ratchet)"으로서 작용한다고 알려져 있다: 브라우니언(*Brownian*)이라는 용어는 무작위 확산(브

[7]소포체나 퍼옥시솜의 전위체과는 달리, TOM 복합체의 기공(pore) 형성 단백질(Tom 40)은 OMM의 다른 필수 단백질(372쪽)과 같은 β-통(barrel) 단백질이며 고대 세균의 외막으로부터의 진화한 것으로 추정된다. 이것은 β-통 단백질이 측면으로 열려 내재 단백질이 OMM에 삽입되지 않도록 하는 기능적 결과를 가져온다. 결과적으로, OMM 단백질은 OMM 이중층에 들어가기 전에 막간 공간을 통과해야 한다.

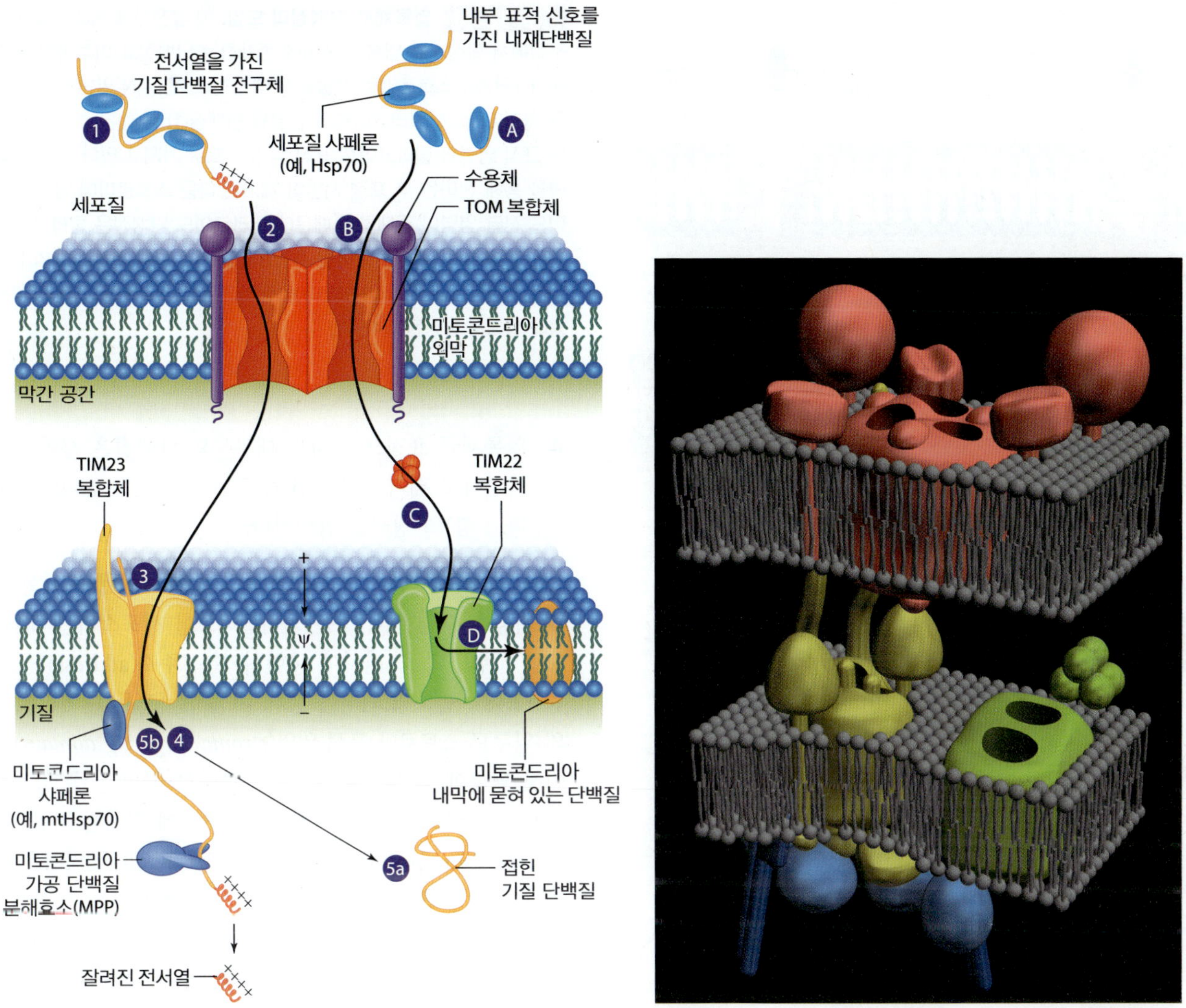

(a) (b)

그림 12.47 미토콘드리아로의 단백질 도입. (*a*) 미토콘드리아 기질 또는 미토콘드리아 내막으로 번역 후 단백질의 도입 단계. 폴리펩티드는 기질 단백질의 N-말단에 존재하는 표적서열에 의해 미토콘드리아로 표적되며(1단계), 이 표적서열은 내재단백질의 경우에는 단백질 내부에 존재한다(A단계). 세포질 Hsp70 분자는 폴리펩티드가 미토콘드리아로 들어가기 전에 그 구조를 펼친다. 단백질은 막단백질(빨간색 막관통 단백질)에 의해 인지되고 OMM의 TOM 복합체에 있는 구멍을 통해 OMM을 따라 전위된다(2 혹은 B단계). 대부분의 IMM에 존재하는 내재단백질들은 IMM의 TIM22 복합체로 전달되며, 이 과정은 그 단백질들을 IMM의 지질2중층으로 들어가게 한다(D단계). 미토콘드리아 기질 단백질은 IMM에 있는 TIM23 복합체를 따라 전위된다(3단계). 일단 단백질이 기질에 들어가면, 미토콘드리아 샤페론과 결합하고(4단계), 이 과정에서 샤페론에 의해 폴리펩티드는 기질로 당겨지거나 혹은 브라우니언 래칫과 같은 작용을 통해 기질로 들어갈 수 있게 지도받는다(각 모델에 대한 설명은 본문을 참조하라). 일단 기질에 들어오면, 펼쳐진 단백질은 Hsp60 샤페론의 도움을 받아(이 그림에서는 보이지 않음) 원래의 모습으로 되돌아 갈 것이라 생각된다. 전서열(presequence)은 효소적으로 제거된다(5b단계). (*b*) 미토콘드리아 단백질의 도입 장치 구조에 대한 3차원 모델은 이 활성과 관련된 여러 단백질들의 수와 상대적인 크기, 위치 등을 잘 보여준다. TOM 복합체는 빨간색, TIM23 복합체는 녹황색, TIM22 복합체는 초록색, 그리고 도우미 샤페론들은 파란색으로 표시되어 있다.

출처: (b) Toshiya Endo, Hayashi Yamamoto, and Masatoshi Esaki,. *J. Cell Science*, cover of Vol. 116, #16, 2003에서 발췌. The Company of Biologists, Ltd.의 허가를 얻음.

라운 운동)을 의미하고 “래칫(ratchet)”은 톱니바퀴에 물려서 한 방향으로만 움직이게 하는 장치를 말한다. 최근의 연구들은 아마도 두 가지 기작이 협력적으로 작용한다고 제안한다. 진입 기작과 관계없이, 일단 기질로 들어오면 폴리펩티드는 전서열이 효소적으로 제거된 후(5b단계) 그 원래의 형태를 찾게 된다(5a단계, 그림 12.47*a*).

엽록체로의 단백질 유입

엽록체는 내막과 외막(internal and external envelope membrane)과 그 사이에 존재하는 막간 공간, 기질(stroma), 틸라코이드(thylakoid) 막, 틸라코이드 내강(그림 12.48)과 같이 단백질이 전달될 수 있는 6개의 하위구획을 가지고 있다. 엽록체와 미토콘드리아는 단백질 도입 기작에 있어 독립적으로 진화했음에도 불구하고 많은 유사점을 보인다. 미토콘드리아에서와 마찬가지로,

1. 엽록체 단백질(고등식물에서 약 3,000개)의 대다수가 세포질에서 도입된다.
2. 외막 및 내막은 단백질 도입시 함께 작용하는 별개의 전위복합체

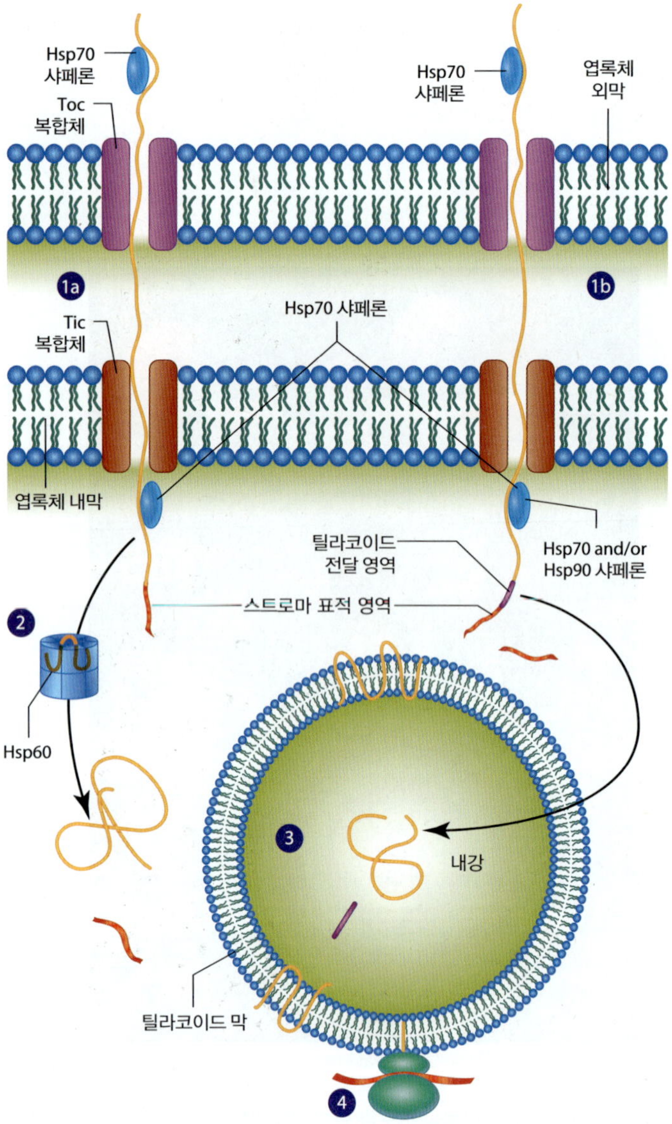

그림 12.48 **엽록체로 단백질의 도입.** 핵 유전자에 의해 암호화된 단백질은 세포질에서 합성되고 엽록체 외막에 존재하는 단백질로 이루어진 통로를 통해 도입된다(1단계). 스트로마로 전달될 단백질(1a단계)은 N-말단의 스트로마 표적 영역을 가지고 있고, 틸라코이드로 전달될 단백질(1b단계)은 그들의 N-말단에 스트로마 표적 영역과 틸라코이드 표적 영역을 모두 가지고 있다. 스트로마 단백질은 외막을 통해 전이된 후 표적 서열이 제거된 다음 스트로마에 남는다(2단계). 틸라코이드 전달 영역이 존재하기 때문에 틸라코이드 단백질은 틸라코이드 막 안쪽으로 혹은 완전히 통과하여 전이될 수 있다(3단계). 틸라코이드 막의 많은 단백질들은 엽록체 유전자에 의해 암호화되며, 틸라코이드 막 외부 표면에 결합된 엽록체 리보솜에 의해서 합성된다(4단계).

(translocation complex, 각각 *Toc* 및 *Tic* 복합체)를 가지고 있다.

3. 샤페론은 세포질에서의 폴리펩티드의 펴짐과 엽록체 내에서의 접힘을 돕는다.

4. 엽록체를 표적으로 하는 대부분의 단백질은 길이와 서열이 매우 다양하고 제거가 가능한 N-말단 서열(**통과 펩티드**, *transit peptide* 라고 함)의 형태로 합성된다.

통과 펩티드는 단순히 폴리펩티드를 엽록체에 표적화하는 것 이상의 기능을 수행한다. 이는 폴리펩티드를 세포소기관 내의 몇 가지 가능한 하위구획 중 하나에 국한시키는 "주소(address)"를 제공한다(그림 12.48). 엽록체 외피를 통해 이동하는 모든 단백질은 통과 펩티드의 일부로 **스트로마 표적 영역**(*stroma targeting domain*)을 포함하며, 이것 덕분에 폴리펩티드는 스트로마로 들어갈 수 있도록 보장받는다. 일단 스트로마에 들어가면, 그 구역에 위치한 가공 단백질분해효소(processing peptidase)에 의해 스트로마 표적 영역은 제거된다. 틸라코이드 막 또는 틸라코이드 내강에 존재하는 폴리펩티드는 통과 펩티드와 별개로 틸라코이드 진입을 보장하는 **틸라코이드 전달 영역**(*thylakoid transfer domain*)이라 불리는 부위를 추가로 갖는다. 단백질이 틸라코이드 막에 삽입되거나 틸라코이드 내강으로 이동되게 하는 몇 가지 별개의 경로가 발견되었다. 이러한 경로는 세균이나 엽록체의 조상으로 추정되는 세포에서 발견되는 수송시스템과 놀라울 정도의 유사성을 보인다. 틸라코이드 막에 존재하는 많은 단백질은 그림 12.48의 4단계에서와 같이 엽록체 유전자에 의해 암호화되고 엽록체의 막결합 리보솜에서 합성된다.

인간 질병과의 연관성

리소좀 기능 이상에 의한 질환들

단백질이 특정 소기관에 표적이 되는 기작에 대한 우리의 이해는 리소좀 효소의 만노스 6-인산 잔기가 이들 단백질을 리소좀에 전달하기 위한 "주소" 역할을 한다는 발견에서 시작되었다. 또한 리소좀 주소의 존재는 희귀하고 치명적인 ***I*-세포질환**(*I-cell disease*)이라고 알려진 희귀병을 연구하면서 발견되었다. 이 환자의 많은 세포에는 분해되지 않은 물질로 부풀어 오른 리소좀이 관찰된다. 가수분해효소가 없기 때문에 물질들이 리소좀에 축적되기 때문이다. 이 환자의 섬유아세포를 배양해서 연구해 보면, 리소좀 효소들은 정상수준으로 합성은 되지만 리소좀으로 이동되지 못하고 배지 내로 분비됨을 알 수 있다. 추가 연구는 분비된 효소에 만노스 인산기가 붙어 있지 않음을 밝혀내었다. 곧 I-세포질환은 골지복합체에서 만노스의 인산화에 필요한 효소(*N*-아세틸글루코사민 인산전달효소, *N*-acetylglucosamine phosphotranferase)가 결핍의 원인이 된다는 결론에 도달하게 되었다(그림 12.29*a* 참조).

1965년 벨기에 루팽대학교(University of Louvain)의 허스(H. G. Hers)는 그 당시까지만 해도 그다지 중요해 보이지 않는 리소좀 효소인 α-글루코시다아제가 없으면 폼페병(Pompe disease)으로 알려진 치명적인 유전질환이 발생할 수 있다고 보고하였다. 그녀의 제안에 따르면 이 글루코시다아제가 없는 경우 소화되지 않은 글리코겐이 리소좀에 축적되어 소기관이 붓게 됨으로써 세포와 조직에 돌이킬 수 없는 손상을 일으킨다고 하였다. 단일 리소좀 효소의 결핍과 이에 상응하는 분해되지 않은 기질의 축적을 특징으로 하는 이러한 유형의 질병을 통칭하여 **리소좀성 저장 장애(lysosomal storage disorder)**라고 부른다(**그림 1**). 지금까지 40여 종의 유사한 질병이 발견되었고 5,000명당 1명의 영아에게 영향을 주는 것으로 알려져 있다. 분해되지 않은 스핑고지질의 축적으로 인한 질병이 표 1에 열거되어 있다. 리소좀성 저장 질환의 증상은 주로 효소 기능 장애의 정도에 따라 매우 심한 것에서부터 (증상이 미미하여) 간신히 발견할 수 있는 정도의 것까지 다양하다. 리소좀의 내강에서부터 세포질로의 물질 전달을 저해하는 리소좀 막단백질의 돌연변이에 대해서도 몇 가지 질병이 추적되고 있다.

가장 잘 연구된 리소좀성 저장 질환 중에는 테이-삭스(Tay-Sachs)병이 있는데, 이는 갱글리오시드 G_{M2}를 분해하는 효소인 β-*N*-헥소아미니다아제 A(β-*N*-hexoaminidase A)가 결핍된 결과이다(그림 8.6). G_{M2}는 뇌 세포막의 주요 구성 요소이며 가수분해효소가 없는 경우 갱글리오시드가 뇌세포의 부풀어진 리소좀에 축적되어 기능 장애를 일으킨다. 영아기에 발생하는 이 심한 형태의 질환은 골격, 심장 및 호흡기 이상뿐만 아니라 점진적인 정신 및 운동 기능 퇴화를 특징적으로 보인다. 이 질병은 일반 인구에서 매우 드물지만 동부 유럽계 유대인 신생아 3,600명 중 1명꼴로 발생한다. 이 질병의 발병률은 보인자(carrier)의 확인, 위험군에 속한 부모의 유전 상담, 양수 천자에 의한 산전 진단의 결과로 최근 몇 년 동안 극적으로 감소하였다. 사실, 모든 알려진 리소좀성 저장 질환은 산전 진단을 통해 알아낼 수 있다.

지난 몇 년 동안, 효소대체요법(*enzyme replacement therapy*)이라는 새로운 치료방법(아래에서 자세히 설명됨)을 통해 리소좀성 효소인 글루코셀레브로시다아제(glucocerebrosidase)의 결핍으로 발생하는 고셔병(Gaucher's disease)의 증상이 완화될 수 있다는 시연(試演) 이후 몇몇 리소좀성 저장 질환 환자의 삶은 크게 개선되었다. 고셔병을 가진 유아는 대식세포의 리소좀에 다량의 글루코셀레브로시드(glucocerebroside) 지질을 축적하여 비장(spleen) 확대 및 빈혈이 유발된다. 정상 인간 효소의 용액을 혈류에 주입하여 질병을 교정하려는

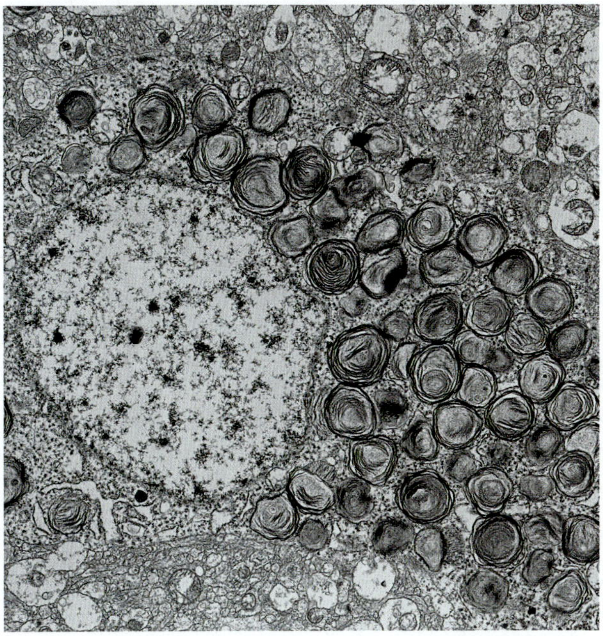

그림 1 리소좀성 저장 장애. G_{M2} 갱글리오시드를 분해할 수 없는 특징을 가진 리소좀성 저장 장애 환자의 신경세포 부분 단면의 전자현미경 사진. 여기서 보이는 세포질에 존재하는 액포들은 리소좀 효소와 갱글리오시드 모두에 대해서 염색이 되며, 이러한 현상은 이들이 분해되지 않은 당지질이 축적된 리소좀임을 암시한다.

출처: Kinuko Suzuki 제공

표 1 스핑고지질 축적 질환

질환	결핍된 효소	주요 저장 물질	주요증상
G_{M1} 갱글리오시드증	G_{M1}베타-갈락토시다아제	갱글리오시드 G_{M1}	정신지체, 간부종, 골격 연류, 2세 이전 사망
테이-삭스병	헥소사미니다아제 A	갱글리오시드 G_{M12}	정신지체, 시각상실, 3세 이전 사망
파브리병	α-갈락토시다아제 A	트리헥소실세라미드	피부발진, 신부전, 하지통증
샌드호프병	헥소사미니다아제 A와 B	갱글리오시드 G_{M12}와 글로보시드	테이-삭스병과 유사하지만 좀더 빠른 진행
고셔병	글루코셀레브로시다아제	글루코셀레브로시드	간과 비장 확대, 장골의 침식, 유아형의 경우 정신지체
니만-픽병	스핑고미에린아제	스핑고미에린	간과 비장 확대, 정신지체
파아버 지방육아종증	세라미다아제	세라미드	통증을 동반하는 지속적인 관절의 변형, 피부 혹, 수 년내 사망
크라베병	갈락토셀레브로시다아제	갈락토셀레브로시드	미엘린 소실, 정신지체, 2세 이전 사망
설파티드 지방증	아릴설파타아제 A	설파티드	정신지체, 10세 이전 사망

계속

초기 시도는 효소가 대부분 간 세포에 의해 흡수되었기 때문에 성공적이지 못했다. 대식세포를 표적하기 위해 인간 태반 조직으로부터 정제한 글루코셀레브로시다아제에 세 가지 다른 글리코시다제를 처리함으로써 효소의 올리고당 사슬에서 말단의 당을 제거하여 이 사슬은 밑에 존재하던 만노스 잔기를 노출시켰다(그림 12.22 참조). 이렇게 조작된 효소(Cerezyme이라는 이름으로 판매)는 혈류에 투여하자 대식세포표면의 만노스 수용체에 의해 인식되고 수용체 중재 내포작용을 통해 빠르게 흡수되었다(12.16절). 리소좀은 내포작용에 의해 대식세포로 운반되는 물질의 원래 표적부위이기 때문에, 효소는 결핍이 나타나는 세포의 정확한 위치로 효율적으로 전달되게 되었으며, 이러한 접근법에 의해 이 질병으로 고통 받던 수천 명이 성공적으로 치료되었다. 현재 여러 다른 리소좀성 저장 질환의 치료를 위한 효소대체요법이 임상시험에서 승인되었거나 연구 중이다. (영화 "*Extraordinary Measures*"는 폼페병을 치료하기 위한 대체 효소를 찾아내는 실제 사건을 기반으로 만들어졌다.) 하지만 안타깝게도 많은 질병들이 중추신경계에 영향을 미치며, 혈액-뇌 장벽(blood-brain barrier)으로 인해 혈류로 투입된 효소가 흡수하지 못하였다(450쪽).

기질 감소 요법(*substrate reduction therapy*)이라고 하는 또 다른 접근 방법은 저분자 화합물을 사용하여 질병에서 축적되는 물질의 합성을 저해하는 전략을 이용한다. 당스핑고지질(glycosphingolipid) 생합성을 부분적으로 억제하는 미글루스탯(Miglustat, 상품명: 자베스카, Zaveska)은 고셔병 및 니만-픽 C형 질환 치료에 성공적으로 사용되었다. 마지막으로, 환자에게 상당한 위험을 수반하지만, 골수(또는 제대혈)의 이식은 이러한 질병의 일부를 치료하는 데 비교적 성공적이라고 보고되었다. 아마도 이식되는 세포가 해당 돌연변이에 대한 정상 유전자를 가지고 있어 제한적이나마 정상적인 리소좀 효소를 분비하기 때문일 것으로 생각된다. 이러한 효소 분자 중 일부는 환자 자신의 세포에 흡수되어 효소 결핍의 영향을 줄일 것으로 여겨진다.

역사적 실험

수용체 중재 내포작용

배아 발달은 작은 정자와 훨씬 더 큰 난자의 융합으로 시작된다. 난자는 여성의 몸 어딘가에서 만들어진 난황(yolk)을 축적한 난모세포에서 유래한다. 고분자량의 난황 단백질이 어떻게 난모세포로 들어갈 수 있을까? 하버드대학교의 토마스 로스(Thomas Roth)와 키스 포터(Keith Porter)는 난황 단백질이 모기의 난모세포에 도입될 수 있는 기작을 보고했다.[1] 그들은 난모세포가 빠르게 성장하는 동안 구덩이 모양의 함입부가 난모세포의 표면에 급속히 증가한다는 사실을 발견했다. 원형질막의 함입에 의해 형성된 이 구덩이들은 내부 표면이 거친 피복으로 덮여 있었다. 그들은 난황 단백질이 피복에 싸인 만입부의 세포막 바깥쪽에 흡착된다고 추론하였고, 후에 피복 소낭의 형태로 세포 안으로 들어간다고 생각했다. 그 피복 소낭은 후에 거친 외투를 소실하고 다른 소낭과 융합하여 커다랗고 막으로 둘러싸인 성숙한 난모세포에서 발견되는 난황체(yolk body)가 될 것이라고 생각했다.

피복 소낭의 구조에 대한 첫 번째 통찰은 1969년 오사카 대학교의 토쿠 카나세키(Toku Kanaseki)와 켄 카도타(Ken Kadota)에 의해 얻어졌다.[2] 기니피그 뇌에서 분리된 정제되지 않은 소낭 분획을 전자현미경을 통해 관찰하던 중 다각형 바구니 망에 의해 둘러싸인 피복 소낭을 발견하게 되었다(**그림 1**). 이들 연구자들은 이 피복이 소낭 형성시 원형질막이 함입을 조절하는 어떠한 기작일 것이라고 제안했다.

소낭의 피복에 대한 생화학적인 성질을 처음 보고한 논문은 1975년 영국 캠브리지의 의학연구협의회(Medical Research Council)에 근무하는 바바라 피어스(Babara Pearse)의 논문이었다.[3] 피어스는 설탕 밀도 기울기(sucrose density gradient)법을 활용하여 돼지 뇌 조직에서 피복 소낭의 정제된 분획을 원심분리로 얻어내는 실험 기술을 고안하였다. 피복 소낭으로부터 단백질들을 녹여내고 SDS-폴리아크릴아미드 젤 전기영동(SDS-PAGE, 18.7절)을 통해 분획화하였더니, 피복은 주로 약 180,000 Da의 분자량을 갖는 하나의 단백질을 포함하는 것으로 나타났다. 피어스는 이 단백질을 클라트린(clathrin)이라고 명명하였다.[4]

위에서 설명한 연구가 진행될 때, 1973년 달라스의 텍사스 의과대학의 마이클 브라운(Michael Brown)과 조셉 골드슈타인(Joseph Goldstein)의 실험실에서는 별도의 연구가 진행되었다. Brown과

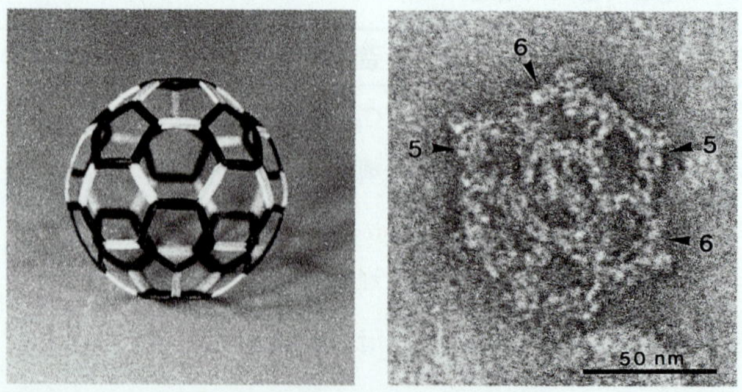

(*a*) (*b*)

그림 1 (*a*) 코팅된 소낭의 표면 격자를 보여주는 제작되어진 "빈 바구니"의 모델. (*b*) 비어 있는 단백질 바구니(empty proteinaceous basket)의 고해상도 전자현미경 사진. 숫자 5와 6은 각각 격자의 오각형과 육각형 면을 나타낸다.

출처: Toku Kanaseki and Ken Kadota, *J. Cell Biol.* 42:216, 1969에서 발췌. 록펠러대학교 출판부의 허가를 얻음.

Goldstein은 유전성 질환인 **가족성 고콜레스테롤혈증**(*familial hypercholesterolemia, FH*)에 관심을 가졌다. 결함 유전자(*FH* 대립 유전자)가 동형접합인 사람의 경우 혈청 콜레스테롤 수치(800 mg/dl, 정상인의 경우 200 mg/dl)가 심하게 상승하며, 심한 동맥경화증을 보이고 대개 20세 이전에 심장마비를 일으킨다. 당시 이 질환의 근본적인 생리학적 결함이나 생화학적 문제에 대해서는 거의 알려진 바가 없었다.

Brown과 Goldstein은 정상인 및 FH 환자의 피부로부터 얻어진 섬유아세포를 배양하여 콜레스테롤 대사를 연구하기 시작하였다. 그들은 콜레스테롤 생합성에서 속도-조절 효소 로 작용하는 HMG CoA 환원효소가 배양액에 들어있는 콜레스테롤 함유 지질단백질(예를 들어, LDL)에 의해 억제될 수 있음을 발견하였다(**그림 2**).[5] 즉, LDL을 정상 섬유아세포가 성장하는 배양 배지에 첨가하면 HMG CoA 환원효소의 활성 수준이 감소되고 섬유아세포에 의한 콜레스테롤 합성을 감소시켰다. 반면에 FH 환자 유래 섬유아세포에서 HMG CoA 환원효소의 활성 수준을 측정하면 정상 섬유아세포의 40 내지 60배인 것으로 밝혀졌다.[6] 또한, FH 섬유아세포의 효소 활성은 배지에서 LDL의 존재에 의해 전혀 영향을 받지 않았다(**그림 3**).

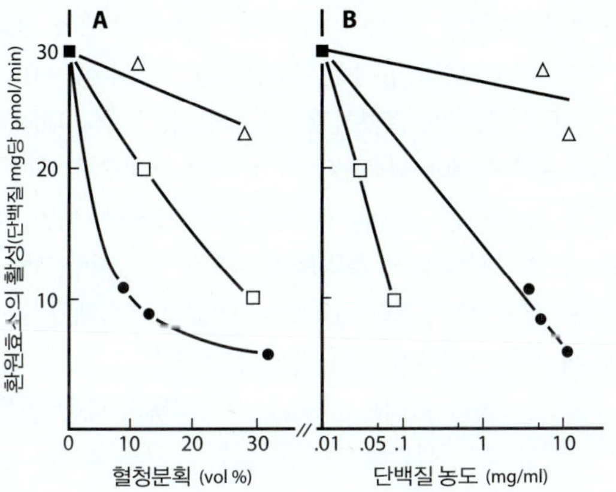

그림 2 배양된 정상 섬유아세포에서 소(牛) 혈청의 지질단백질 분획의 첨가 후(열린 사각형), 미분획 우혈청 첨가 후(닫힌 원), 또는 우혈청의 비지질단백질 분획 첨가 후 HMG CoA 환원효소 활성을 측정하였다. 지질단백질은 효소의 활성을 크게 떨어뜨리는 반면, 비지질단백질에서는 그러한 효과가 거의 없음을 알 수 있다.

출처: M. S. Brown et al., *Proc. Nat'l. Acad. Sci. U.S.A.* 70:2166, 1973에서 발췌.

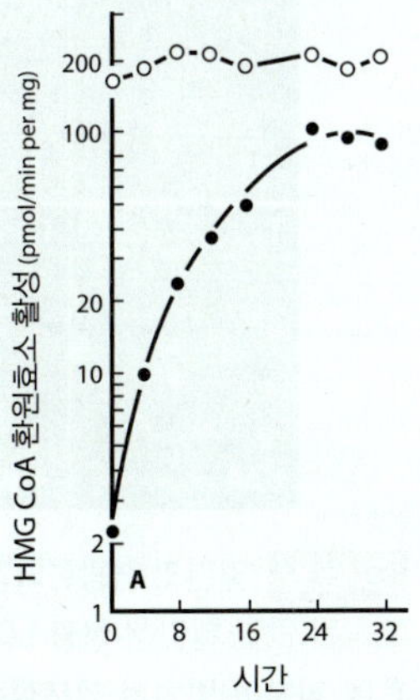

그림 3 대조군 피험자(닫힌 원) 또는 동형접합자 FH 환자(열린 원)로부터 섬유아세포를 얻어 소태아(牛胎兒) 혈청이 포함된 배지에서 배양하였다. 6일째(그래프에서 0시간에 상응함), 배지는 지질단백질이 결핍된 인간 혈청을 포함하는 새로운 배지로 교체하였다. 주어진 시간에 세포 분쇄물을 얻어 HMG CoA의 활성을 측정하였다. 대조군 세포를 보면 조사 기간의 초기에 세포는 매우 낮은 효소 활성을 보임을 알 수 있는데, 이는 배지가 세포가 충분한 콜레스테롤-함유 지질단백질을 가지고 있어 세포 스스로가 합성할 필요가 없기 때문이다. 지질단백질이 결핍된 혈청이 포함된 배지로 바꿔주면 세포는 더 이상 배지로부터 콜레스테롤을 얻어 사용할 수 없고, 따라서 세포는 효소의 양을 증가시켰다. 반면에 FH 환자에서 얻어진 세포는 배지 안에 지질단백질의 존재 유무에 전혀 반응하지 못하였다.

출처: J. L. Goldstein and M. S. Brown, *Proc. Nat'l. Acad. Sci. U.S.A.* 70:2805, 1973에서 발췌.

배지에 존재하는 지질단백질이 어떻게 배양된 세포의 세포질에서 효소의 활성에 영향을 줄 수 있을까? 이 질문에 답하기 위해 Brown과 Goldstein은 세포와 지질단백질 간의 상호작용에 대한 연구를 시작했다. 연구팀은 FH 환자와 정상인에게서 추출한 섬유아세포를 배양한 접시에 방사능으로 표지한 LDL을 첨가했다.[7] 정상 섬유아세포는 표지된 LDL 분자를 높은 친화성과 특이성으로 결합시켰지만 돌연변이 세포는 이들을 결합시킬 능력이 거의 없었다(**그림 4**). 이러한 결과는 정상 세포가 LDL에 대해 매우 특이적인 수용체를 가지고 있으며, 이 수용체가 FH 환자의 세포에서 결함 또는 결핍되었음을 시사한다.

수용체 결합과 내재화 과정을 직접 보여주기 위해 Brown과 Goldstein은 전자현미경으로 세포 구조를 연구해 온 리처드 앤더슨(Richard Anderson)과 협력했다. 이 그룹은 철분 함유 단백질인 페리틴(ferritin)과 공유결합된 LDL로 정상 및 FH 환자 섬유아세포를 배양했다. 철 원자 때문에 페리틴 분자는 전자빔을 산란할 수 있으므로 전자현미경으로 시각화 할 수 있는 원리를 이용하였다. LDL-페리틴과 함께 정상 섬유아세포를 4°C에서 배양하면 리간드(즉, LDL-페리틴 분자)가 세포표면에 결합할 수는 있지만 내재화될 수 없는 온도이므로 LDL-페리틴 입자가 세포표면에 결합하는 것으로 보였다. 유사한 실험에서, LDL 입자는 세포표면에 무작위로 흩어져 있지 않고 세포막의 오목한 부분에 매우 국한되어 있었으며 막은 거칠었고, "뿌연(fuzzy)" 물질로 덮혀 있었다(**그림 5**).[8] 이러한 막 부위는 이전에 Roth and Porter가 처음 묘사한 피복만입부와 유사했으며, 이후 다양한 세포 유형에서도 같

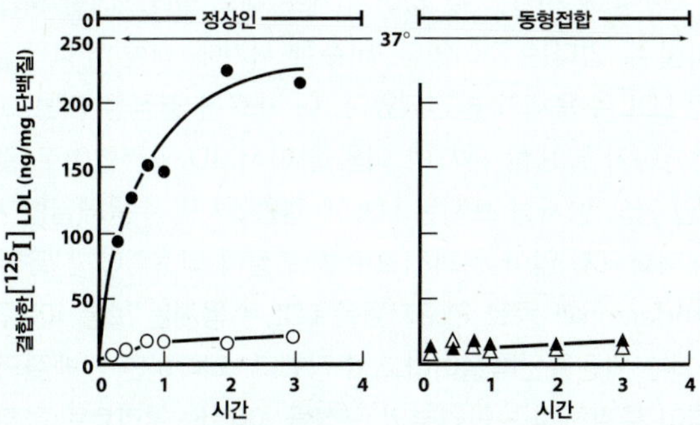

그림 4 정상인 피험자(원)와 378C 위치에 동형접합 돌연변이가 존재하는 FH 환자(삼각형)에서 분리한 세포에서 $[^{125}I]$-표지 LDL의 시간별 결합. 125 mg/ml의 비표지 LDL의 존재 하(열린 원) 혹은 부재 하(닫힌 원)에 5 mg/ml의 $[^{125}I]$-표지 LDL이 포함된 버퍼에서 세포를 배양하였다. 비표지 LDL의 부재 하에서 정상 세포는 충분한 양의 표지된 LDL과 결합하는 데 반해, FH 환자의 세포는 그렇지 못함이 명확하게 관찰되었다. 표지된 LDL은 비표지 LDL의 존재하에서 잘 결합되지 않는데, 그 이유는 비표지 지질단백질이 표지된 단백질과 결합부위를 놓고 경쟁하기 때문이다. 따라서 지질단백질이 세포에 결합하는 것은 매우 특이한 반응임을 알 수 있다. (이 실험 결과가 단순한 비특이적 결합에 의한 결과가 아니라는 것임)

출처: M. S. Brown and J. L. Goldstein, *Proc. Nat'l. Acad. Sci. U.S.A.* 71:790, 1974에서 발췌.

계속

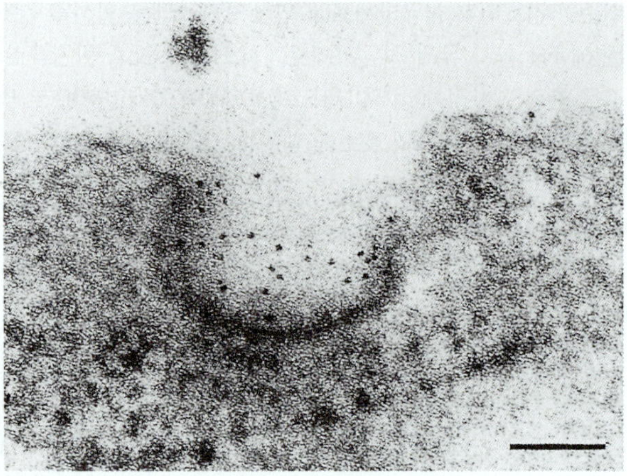

그림 5 LDL이 인간 섬유아세포의 피복만입부에 결합함을 보여주는 전자현미경 사진. LDL은 높은 전자밀도의, 철 함유 페리틴에 결합시켜 시각화될 수 있게 디자인되었다. 검은색 선은 100 nm를 나타냄.

출처: R. G. W. Anderson, M. S. Brown, and J. L. Goldstein, *Cell* 10:356, 1977 **에서 발췌**. Elsevier의 허가를 얻음.

은 모습이 관찰되었다. 반면에 FH 환자의 세포는 표면에 비슷한 수의 피복된 만입부를 가지고 있었지만 LDL-페리틴은 이들 돌연변이 세포에 결합하지 않았다. 이러한 결과들은 돌연변이 FH 대립유전자가 LDL에 결합할 수 없는 수용체를 암호화하고 있다는 가설을 뒷받침한다. 뒤이은 LDL-페리틴의 내재화에 대한 전자현미경 연구를 통해 이 장에서 설명한 것과 같은 지질단백질 입자의 내재화를 위한 내포작용경로가 밝혀지게 되었다.[9]

이 결과를 바탕으로 연구진은 수용체에 결합한 LDL의 신속한 내재화가 피복만입부에 있는 LDL 수용체의 위치에 크게 의존한다고 가정했다. LDL 수용체가 피복만입부에서 국소화되지 않으면, 결합한 리간드를 리소솜에 전달할 수 없어서 세포 내의 콜레스테롤 생합성에 영향을 미칠 수 없다는 것이었다. 비슷한 시기에, 다른 유형의 돌연변이를 가진 LDL 수용체가 발견되었다. 이 새로운 결점을 지닌 LDL 수용체(돌연변이가 발생한 환자의 이름을 따서 JD 돌연변이로 알려짐)는 정상적인 양의 방사성 표지된 LDL에 결합했지만 수용체결합 지질단백질은 내재화되지 않아 결과적으로 세포질의 리소좀에 전달되지 않았다.[10] Anderson과 동료 연구자들은 LDL 수용체는 보통 피복만입부에 국소화되는 막관통단백질이라고 주장했다. 왜냐하면 단백질의 세포질쪽 영역이 특별히 피복만입부의 구성물, 아마도 클라트린(하지만 후에 AP 어댑터의 소단위인 듯하다고 밝혀짐. 아래에서 구체적으로 논의됨)과 결합해 있기 때문이었다. 이 세포질쪽 영역의 문제가 있었기 때문에 JD 돌연변이 수용체는 세포의 피복만입부에 국소화되지 못하였다. 이 돌연변이를 가진 사람들은 LDL과 결합하지 못하는 수용체를 가진 환자들과 동일한 표현형을 보였다. 지금 설명되는 이 연구에 대한 과거 배경 사실들은 인용문헌들에서 구체적으로 확인된다.[11]

후속 연구에 따르면 정상적인 LDL 수용체는 839개의 아미노산으로 이루어진 막관통 당단백질이며, 단백질의 C-말단 끝에 50개의 아미노산이 세포질 쪽 영역으로써 막으로부터 안쪽으로 뻗어 있다. JD 돌연변이 수용체에 대한 분석 결과, 이 단백질은 1개의 아미노산 치환(정상적으로 807번째 위치의 티로신 잔기가 시스테인 잔기로 치환[12])에 의해 발생한다는 사실을 알게 되었다. 이 변형된 아미노산 서열은 이 단백질이 피복만입부에 모이도록 하는 능력을 제공해 주는 부분이다.

이후 몇 년 동안, 과학계는 피복만입부로 국소화되는 다른 수용체의 세포질쪽 꼬리부위에 있는 아미노산서열로 그 관심을 돌리게 되었다. 다양한 종류의 막 수용체들에 대한 연구를 통해 여러 막단백질이 몇몇의 내재화 신호(internalization signal)을 공유한다는 사실에 주목하였다. 이런 신호의 가장 흔한 경우는 (1) YXXϕ 신호(트랜스페린 수용체에서와 같은)이며 여기서 Y는 티로신, X는 모든 아미노산이 가능하며, ϕ는 큰 소수성 잔기를 가진 아미노산을 말한다. 그리고 (2) 2개의 인접한 류신 잔기를 가지는 산성 이중 류신(dileucin) 신호(T 림프구의 표면에 존재하여 HIV의 세포침입 통로로 사용되는 CD4 수용체에서와 같은)가 있다. 이 수용체의 YXXϕ 서열은 AP2 어댑터의 μ-소단위와 결합하며, 이중 류신 모티프는 AP 어댑터의 σ-소단위와 결합한다(그림 12.40*b*).[13] X-선 결정학 연구는 어댑터와 이러한 내재화 신호 사이의 상호작용 특성을 밝혀냈다. μ-소단위에는 2개의 소수성 주머니가 있는데, 하나는 티로신 잔기에 결합하고 다른 하나는 YXXφ 내재화 신호의 부피가 큰 소수성 측쇄에 결합한다.[14] 유사한 방식으로, 이중 류신 신호는 σ-소단위의 소수성 주머니와 결합한다.[15] 그러는 동안, AP2 어댑터 복합체는 β-소단위를 통해 클라트린 피복과 결합한다(그림 12.40*b*). 이러한 다양한 분자 간 접촉의 결과로서, 어댑터 복합체와 수용체는 내포작용 이전에 피복만입부에 잡혀 있게 된다.[16-18]

지난 10여 년 동안 클라트린-매개 내포작용에 대한 많은 연구가 수행되었다. 가장 좋은 성과를 가져온 실험 접근법 중 하나는 내포작용 기작의 2개 혹은 그 이상의 구성물들을 다른 형광 물질로 표지하고 그들의 움직임을 살아 있는 세포에서 조사하는 것이었다. 이 접근법을 사용하여 연구자들은 다이나민, AP2 어댑터, 혹은 다양한 종류의 화물 수용체들이 클라트린-피복 만입부에 결합하고 클라트린-피복 소낭이 되어 세포질 안으로 출아되거나 사라지는 것을 관찰하였다. **그림 6**은 이러한 종류의 실험 결과의 예를 보여준다.[19] 이 형광현미경 사진은 녹

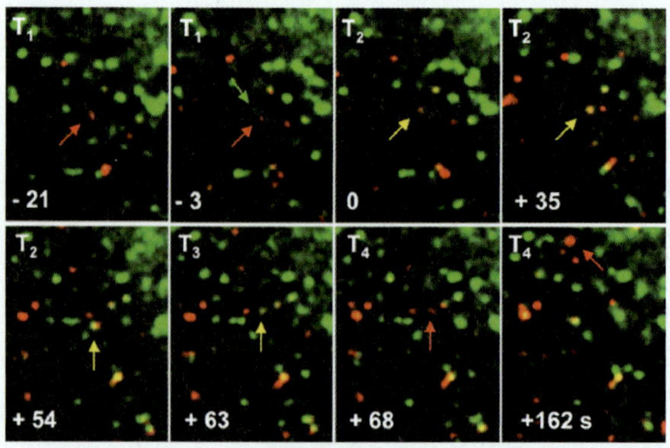

그림 6 일련의 형광현미경 사진은 초록색 형광-클라트린-피복만입부에 의해 포착된 단일 빨간색-형광 LDL 입자와, 그들이 클라트린-피복 소낭에 통합되는, 후에 피복이 벗겨져 세포질로 이동하는 과정을 보여주고 있다. 자세한 과정은 본문에 설명되어 있다. T_1–T_4는 각각 결합 전(T_1), 결합 중(T_2), LDL의 측면 운동과 벗겨지기 전의 클라트린의 결합(T_3), 그리고 피복이 벗겨진 후의 LDL의 움직임(T_4)을 나타낸다. 각 사진에서 시간은 초(秒)를 나타내며, 0은 LDL과 클라트린이 연결된 순간을 나타낸다.

출처: Marcelo Ehrlich et al., Tomas Kirchhausen, Tomas Kirchhausen, *Cell* 118:597, 2004**에서 발췌**. Elsevier의 허가를 얻음.

색 형광 단백의 아형에 융합된 클라트린의 가벼운 사슬를 발현하는 상피 세포의 표면을 보여주고 있다. 일련의 사진은 특정 클라트린-피복만입부(−3로 표시된 두 번째 프레임의 녹색 화살표로 표시)가 특정 LDL 입자(동일한 초기 프레임에서 빨간색 화살표로 표시됨)를 포착한 것을 보여준다. 피복만입부에서 LDL 입자가 LDL 수용체에 결합하게 되면 두 형광 물질의 중첩은 노란색-주황색 점(T_2 및 T_3로 표시된 프레임에 노란색 화살표로 표시)으로 나타나게 된다. 나머지 프레임 (T_4로 표시)은 인접한 세포질로 이동하는 적색 형광 LDL 입자를 포함하는 비피복 소낭을 나타낸다.

최근 형광현미경 기술의 발전에 힘입어 과학자들은 높은 시간적 해상도로, 살아 있는 세포의 막에서 형광 분자의 정확한 수를 정량화하여 클라트린-매개 내포작용이 일어나는 초기 현상들을 자세하게 이해할 수 있게 되었다. 이 연구들 중 일부는 TIRF(total internal reflection fluorescence) 현미경으로 알려진 기술을 이용하는데, 이 현미경은 시료의 덮개유리로부터 아주 짧은 거리(200 nm 미만) 내에 위치한 형광물질이 발광하는 것을 탐지한다. 이를 통해 세포질로부터 나오는 다른 형광신호의 간섭 없이 세포막에 존재하는 분자만을 깨끗하게 관찰할 수 있게 되었다. 하버드 의과대학의 톰 커셔하우젠(Tom Kirchhausen)이 이끄는 연구진은 TIRF 현미경을 사용하여 GFP가 융합된 클라트린의 가벼운 사슬 또는 AP2를 발현하는 세포에서 내포작용을 시작하는 데 필요한 클라트린과 어댑터 단백질의 수를 정량화할 수 있었다.[20] 연구진은 내포작용을 개시하기 위한 첫 번째 사건이 대개 2개의 막결합 AP2 복합체에 의해 막에 포획된 단일 클라트린 분자로 이루어진다는 것을 발견했다. 다른 클라트린과 자신의 AP2 쌍이 결합된 두 번째 사건이 빠르게 발생하면(2초 이내에) 격자가 안정화되고 완전한 내포작용 현상이 일어날 가능성은 더 커진다.

참고문헌

1. Roth, T. F. & Porter, K. R. 1964. Yolk protein uptake in the oocyte of the mosquito *Aedes aegypti*. *J. Cell Biol.* 20:313–332.
2. Kanaseki, T. & Kadota, K. 1969. The "vesicle in a basket." *J. Cell Biol.* 42:202–20.
3. Pearse, B. M. F. 1975. Coated vesicles from pig brain: Purification and biochemical characterization. *J. Mol. Biol.* 97:93–6.
4. Pearse, B. M. F. 1976. Clathrin: A unique protein associated with the intracellular transfer of membrane by coated vesicles. *Proc. Nat'l. Acad. Sci. U.S.A.* 73:1255–259.
5. Brown, M. S., Dana, S. E., & Goldstein, J. L. 1973. Regulation of HMG CoA reductase activity in human fibroblasts by lipoproteins. *Proc. Nat'l. Acad. Sci. U.S.A.* 70:2162–166.
6. Goldstein, J. L. & Brown, M. S. 1973. Familial hypercholesterolemia: Identification of a defect in the regulation of HMG CoA reductase activity associated with overproduction of cholesterol. *Proc. Nat'l. Acad. Sci. U.S.A.* 70:2804–808.
7. Brown, M. S. & Goldstein, J. L. 1974. Familial hypercholesterolemia: Defective binding of lipoproteins to cultured fibroblasts associated with impaired regulation of HMG CoA reductase activity. *Proc. Nat'l. Acad. Sci. U.S.A.* 71:788–92.
8. Anderson, R. G. W., Goldstein, J. L., & Brown, M. S. 1976. Localization of low density lipoprotein receptors on plasma membrane of normal human fibroblasts and their absence in cells from a familial hypercholesterolemia homozygote. *Proc. Nat'l. Acad. Sci. U.S.A.* 73:2434–438.
9. Anderson, R. G. W., Brown, M. S., & Goldstein, J. L. 1977. Role of the coated endocytic vesicle in the uptake of receptor¯ound low density lipoprotein in human fibroblasts. *Cell* 10:351–64.
10. Anderson, R. G. W., Goldstein, J. L., & Brown, M. S. 1977. A mutation that impairs the ability of lipoprotein receptors to localise in coated pits on the cell surface of human fibroblasts. *Nature* 270:695–99.
11. Brown, M. S. & Goldstein, J. L. 2011. Richard G. W. Anderson (1940–011) and the birth of receptor¯ediated endocytosis. *J. Cell Biol.* 193:601–03.
12. Davis, C. G., et al. 1986. The J. D. mutation in familial hypercholesterolemia: Amino acid substitution in cytoplasmic domain impedes internalization of LDL receptors. *Cell* 45:15–4.
13. Ohno, H., et al. 1995. Interaction of tyrosine¯ased sorting signals with clathrin¯ssociated proteins. *Science* 269:1872–874.
14. Owen, D. J. & Evans, P. R. 1998. A structural explanation for the recognition of tyrosine¯ased endocytic signals. *Science* 282:1327–332.
15. Kelly, B. T. et al. 2008. A structural explanation for the binding of endocytic dileucine motifs by the AP2 complex. *Nature* 456:976–79.
16. Traub, L. M. 2009. Tickets to ride: Selecting cargo for clathrin¯regulated internalization. *Nature Revs. Mol. Cell Biol.* 10:583–96.
17. Kelly, B. T. & Owen, D. J. 2011. Endocytic sorting of transmembrane protein cargo. *Curr. Opin. Cell Biol.* 23:404–12.
18. Reider, A. & Wendland, B. 2011. Endocytic adaptors—ocial networking at the plasma membrane. *J. Cell Sci.* 124:1613–622.
19. Ehrlich, M. et al. 2004. Endocytosis by random initiation and stabilization of clathrin¯oated pits. *Cell* 118:591–05.
20. Cocucci, E. et al. 2012. The first five seconds in the life of a clathrin¯coated pit. *Cell* 180:495–07.

요 약

진핵세포의 세포질은 기능적으로 그리고 구조적으로 서로 및 원형질막과 관련이 있는 소포체, 골지체 복합체 및 리소좀을 포함하는 막 세포소기관의 시스템을 포함한다. 다양한 막성 세포소기관은 역동적이고 통합된 막 네트워크의 일부로서, 물질이 하나의 구획에서 출아하여 다른 구획과 융합하는 수송소낭의 형태로 이동한다. 생합성(분비)경로는 단백질을 생성지인 소포체로부터 골지복합체를 통해 최종 목적지(세포막, 원형질막 또는 세포외 공간)로 이동시키지만, 내포작용경로는 물질을 반대 방향, 즉 세포막 또는 세포외 공간으로부터 세포 내부로의 물질 수송을 유도한다. 화물은 단백질 자체의 일부인 특정 표적 신호에 의해 적절한 목적지로 향한다. (464쪽)

소포체(ER)는 소포체 막 외부의 세포질과 소포체 막 내부의 내강을 나누는 관, 시스터나 그리고 소낭의 체계이다. 소포체는 크게 전형적으로 평평한 시스터나, 그리고 막에 부착된 리보솜으로 특징되는 조면소포체와 관형 구조체 혹은 부착된 리보솜이 없는 활면소포체의 두 부류로 나뉜다. 활면소포체의 기능은 세포마다 다르며 스테로이드 호르몬의 합성, 다양한 유기 화합물의 해독 및 칼슘 이온의 격리를 포함한다. 조면소포체의 기능에는 분비 단백질, 리소좀 단백질 및 내재단백질 등의 합성이 포함된다. (472쪽)

조면소포체의 막 부착 리보솜에 의해서 합성되는 단백질은 소수성 신호서열에 의해 인지되며, 그것은 대개 신생 폴리펩티드의 N-말단에 위치한다. 신호 서열이 리보솜으로부터 출현할 때, 신호인지입자(SRP)에 의해 결합되며, 이는 합성을 더 이상 억제하지 않고 조면소포체막과의 결합을 매개한다. 결합 후에, SRP는 막으로부터 방출되고, 신생 폴리펩티드는 소포체막의 단백질로 구성된 구멍을 통해 소포체 내강으로 전달된다. 리소좀 및 분비 단백질은 내강 전체로 전위되지만, 막단백질은 하나 이상의 소수성 막횡단 영역에 의해 지질2중층에 머무르게 된다. 올바르게 접히지 않은 단백질은 세포질로 배출되어 분해된다. 새로 합성된 단백질이 조면소포체의 내강이나 막에 위치하면 단백질은 그 위치에서 생합성경로를 따라 특정 목적지로 이동할 수 있다. 소포체의 내강이 새로 합성된 단백질의 과다로 인해 "막히면(choked)" UPR이라고 하는 포괄적인 반응으로 소포체 단백질의 합성이 중단되고 이미 존재하는 단백질의 제거가 촉진된다. (475쪽)

세포막의 대부분의 지질은 소포체에서 합성되어 한 장소로부터 다른 장소로 이동한다. 인지질은 소포체의 세포질 표면에서 합성되어 소포체 막의 외측 단엽으로 삽입된다. 이들 분자 중 일부는 뒤이어 반대 단엽으로 뒤집힌다. 막의 지질 구성은 다양한 기작에 의해 변형될 수 있다. 예를 들어, 인지질은 어느 소기관의 막에서 다른 소기관으로 선택적으로 수송되거나 특정 지질의 머리 그룹이 효소적으로 변형될 수 있다. (478쪽)

단백질의 아스파라긴 잔기에 당이 첨가되는 현상(당화)은 조면소포체에서 시작하여 골지복합체로 지속된다. 당단백질의 올리고 사슬을 이루는 당류의 배열은 특정 당을 뉴클레오티드 당 공여체로부터 특정 수용체로 전달하는 효소인 당전이효소의 종류 및 위치에 의해 결정된다. 당 사슬은 소포체에서 한 번에 하나의 당 복합체로 모아지고, 그 다음에 돌리콜 전달체에서 폴리펩티드의 아스파라긴 잔기로 옮겨진다. 당 복합체가 옮겨가자마자, 말단 포도당 잔기가 제거되면서 변형이 시작된다. 막성 소낭은 동봉된 화물과 함께 소포체 가장자리에서 출아하여 골지복합체를 표적으로 이동한다. (479쪽)

골지복합체는 소포체에서 합성된 막 구성 요소 및 화물을 표적 위치로 이동하기 전에 가공 공장의 역할을 담당한다. 골지복합체는 또한 식물세포벽의 기질을 구성하는 복합 다당류의 합성 장소이기도 하다. 각 골지체는 유관(有關) 소낭 및 세관을 포함한 평평한 판 모양의 시스터나 적층으로 구성된다. 물질은 시스 면에서 적층으로 들어가고 소낭 이송에 의해 반대편 또는 트랜스 면으로 이동하면서 변형된다. 그들이 적층을 가로 질러갈 때, 특히 골지 시스터나에 위치한 당전달효소에 의해 당류가 올리고당 사슬에 추가된다. 일단 단백질이 적층의 끝 트랜스 골지망(TGN)에 도달하면 정렬되어 궁극적인 세포 또는 세포외 목적지로 전달될 준비가 된다. (482쪽)

내막계(內膜系, endomembrane system)를 통해 물질을 운반하는 대부분의 소낭은 초기에 단백질 외피로 싸여 있다. 여러 종류의 피복된 소낭이 확인되었다. COPII-피복 소낭은 소포체에서 골지복합체까지 물질을 운반한다. COPI-피복 소낭은 골지체에서 소포체로의 역방향으로 물질을 운반한다. 클라트린(Clathrin)-피복 소낭은 TGN에서 엔도솜, 리소좀 및 식물의 액포로 물질을 운반한다. 클라트린-피복 소낭은 원형질막에서 엔도솜과 리소좀으로 물질을 운반하는 내포작용경로의 일부이기도 하다. (487쪽)

생합성 또는 내포작용경로를 따라 각 구획은 특징 단백질로 구성되어 있다. 상주 단백질은 특정 구획에 유지되는 경향이 있으며 다른 구획으로 빠져나갈 경우 회수된다. 생합성경로에 있는 단백질은 골지 구획의 마지막인 TGN에서 대부분 분류된다. TGN은 소낭을 특정 목적지로 향하게 하는 특정 막단백질을 포함하는 소낭의 근원이 된다. 조면소포체에서 생산된 리소좀 효소는 TGN에서 선별되어 클라트린으로 피복된 소낭을 통해 리소좀으로 향한다. 리소좀 효소는 핵심 올리고당에 인산화된 만노스 잔기를 이용해 특정 소낭으로 출아된다. 이러한 변형 올리고당은 외부 수용체 피복과 소낭막 사이의 층을 형성하는 어댑터(GGA 단백질 등)의 부류에 차례로 결합되는 특정 막 수용체(MPR)에 의해 인식된다. (489쪽)

공여체 구획에서 나온 출아한 소낭은 그 막에 특별한 단백질을 가지고 있는데, 이 단백질은 표적(수용체) 구획에 위치한 또 다른 단백질에 의해 인지된다. 두 막 사이의 융합은 막성 구조물들을 결체하는 단백질에 의해 매개되고, Rabs라고 불리는 거대한 G단백질군에 의해 조절된다. 공여체 및 수용체 막의 융합은 v-SNARE 및 t-SNARES에 의해 매개되며, 이들은 4가닥의 사슬을 형성하도록 상호작용한다. (493쪽)

리소좀은 사실상 모든 종류의 생물학적 거대 분자를 소화할 수 있는 다양한 산성 가수분해효소를 포함하는 다양한 형태의 막성 소기관이다. 많은 역할 중에, 리소좀은 식세포작용으로 세포 안으로 섭취된 세균이나 세포 파편과 같은 물질을 분해한다; 그들은 자가포식작용(autophagy)라는 과정을 통해 노화된 세포질내 소기관을 분해하고, 수용체 중재 내포작용을 통해 들여온 다양한 거대 분자들을 소화한다. 척추동물에서 리소좀은 면역 방어기작에서도 중요한 역할을 담당한다. (496쪽)

식물의 액포는 다양한 활동을 수행한다. 액포는 용질 및 거대 분자를 위한 임시 저장고 역할을 수행하고, 자기 자신을 방어하기 위한 독성 화합물을 함유하며, 세포질 폐기물 보관을 위한 공간을 제공한다. 또한 구조적 지지를 위해 세포벽에 대하여 압력을 가하는 고장성 구획을 유지한다. 마지막으로 액포는 산성 가수분해효소가 매개하는 세포내 소화기관이다. (498쪽)

내포작용은 액체와 거기에 녹아 있는 거대 분자의 섭취를 촉진하고 막 수용체와 결합한 리간드를 내재화하며 세포표면과 세포질 사이의 막을 재활용하는 역할을 담당한다. 식세포작용은 특별한 물질을 섭취하는 기작이다. 수용체 중재 내포작용에서 특정 리간드는 막에 존재하는 수용체에 결합한다. 이 수용체는 세포질쪽 표면에 다각형상으로 배열하는 클라트린 분자들에 의해 피복된 막의 함입부에 집중하여 모이게 된다. 이 부위(피복만입부)는 피복 소낭을 생성하고 곧 피복 단백질들을 소실하면서 그들의 구성물을 엔도솜, 궁극적으로는 리소좀으로 전달한다. 식세포작용은 양분 전달기작 혹은 세포의 방어기작으로 활용된다. (498쪽)

페록시좀, 미토콘드리아 혹은 엽록체에 존재하는 많은 단백질은 세포핵내 유전자에 의해 암호화되며 번역 후 각 소기관으로 도입된다. 이 모든 경우에, 도입될 단백질은 단백질 도입을 담당하는 수용체와 상호작용하는 신호서열을 가지고 있다. 이 3개의 소기관은 접혀진 폴리펩티드(peroxisomes) 또는 펼쳐진 폴리펩티드(미토콘드리아와 엽록체)가 소기관으로 전이되도록 촉진하는 단백질 통로를 막에 포함하고 있다. 미토콘드리아와 엽록체는 새로 옮겨온 단백질이 이동하는 몇 개의 다른 구획을 포함한다. (505쪽)

개념 문제

12.1 내막계의 개요

1. 생합성경로와 내포작용경로를 비교하고 대조하시오.
2. 특정 단백질은 어떻게 특정 세포내 구획을 표적으로 해서 이동하는가?

12.2 내막계 연구에 필요한 실험기법들

3. 표지된 아미노산을 포함한 배지에서 3분 동안 배양한 췌장세포를 즉시 고정하여 찍은 방사선 사진과 40분 동안 추가 배양 및 추적하여 고정한 세포로부터 찍은 방사선 사진 간의 차이점을 설명하시오.
4. 어떤 단백질이 소포체에 정상적으로 존재하는지를 알아내기 위해서는 어떤 기술이나 접근법이 사용될 수 있는가?
5. 소낭을 축적하는 돌연변이 효모의 분리는 단백질 수송의 과정에 대한 어떤 정보를 제공하는가?
6. 막의 동역학(membrane dynamics) 연구에 GFP는 어떻게 사용될 수 있는가?

12.3 소포체

7. 조면소포체와 활면소포체 사이의 주요한 형태학적 차이점은 무엇인가? 기능의 주요 차이점은 무엇인가?

12.4 조면소포체의 기능

8. 리보솜이 분비 단백질을 암호화하는 mRNA에 붙는 시간과 단백질이 소포체를 떠나는 시간 사이에 일어나는 일련의 과정을 설명하시오.
9. 새로 합성된 내재단백질은 어떻게 막에 삽입이 되는가?

12.5 소포체에서 막의 생합성

10. 세포막과 물질이 계속 이동하더라도 막 세포소기관이 고유한 구성을 어떻게 유지할 수 있는지 설명하시오.
11. 소포체에서 원형질막으로 이동할 때 막의 비대칭성이 어떻게 유지되는지 설명하시오.

12.6 조면소포체에서의 당화

12. N-결합 올리고당이 어떻게 표적 단백질에 결합하는지 설명하시오.
13. 당단백질이 적절하게 접히도록 하기 위해 조면소포체에서 일어나는 품질관리 과정을 설명하시오.

12.7 잘못된 단백질의 파괴를 보장하는 기작

14. 잘못 접힌 단백질이 (a) 소포체 안에서 간과되지 않도록 하는 기작과 (b) 소포체 내강에서 과도하게 축적되지 않도록 보장하는 기작에 대해 설명하시오.

12.8 소포체에서 골지복합체로의 소낭 수송

15. ERGIC 영역이 무엇인지, 그리고 그것을 실험적으로 시각화할 수 있는 방법에 대해 설명하시오.

12.9 골지복합체

16. 췌장세포에서 생성되는 소화효소와 같은 수용성 분비 단백질이 조면소포체로부터 시스 골지 시스터나로, 그리고 시스 시스터나에서 TGN으로 이동하는 과정에 대해 기술하시오.
17. 막 당단백의 합성에서 돌리콜 인산의 역할은 무엇인가? 단백질에 붙어 있는 당의 배열은 어떻게 결정되는가?
18. 골지복합체의 당화과정은 조면소포체의 당화과정과 어떻게 다른가?
19. 골지 활동의 시스터나 성숙 모델은 골지 지역의 수송소낭의 존재를 어떻게 설명할 수 있는가?

12.10 소낭 수송의 종류와 기능

20. 단백질 수송에서 COPI와 COPII로 피복된 소낭의 역할을 대조하시오.
21. 회수 신호는 해당 단백질이 특정 막 구획의 거주자로 유지되는 것을 어떻게 보장하는가?

12.11 골지복합체 이후: TGN에서 단백질의 분류

22. 리소좀 효소가 분비성 소낭이 아닌 리소좀으로 표적하도록 하는 과정를 설명하시오. GGA 단백질의 역할은 무엇인가?

12.12 특정 구획으로의 소낭 수송

23. 수송소낭과 융합되는 막 구획 사이의 상호작용의 특이성을 결정짓는 인자는 무엇인가? SNARE 단백질은 막 융합 과정에 어떻게 관여하는가?

12.13 외포작용

24. 어떠한 이온 농도의 변화가 외포작용을 유발하는가? 신경세포와 다른 종류의 세포에서 이들 이온은 어디로부터 유래하는가?

12.14 리소좀

25. 리소좀의 세 가지 역할을 설명하시오.
26. 미토콘드리아의 자기포식 과정 중에 발생할 수 있는 일들에 대해 설명하시오.

12.15 식물세포의 액포

27. 식물 액포의 세 가지 역할에 대해 설명하시오.
28. 식물의 액포는 어떠한 점에서 리소좀과 유사하며, 또 다른가?

12.16 내포작용

29. 클라트린의 분자 구조와 그 구조와 기능 사이의 관계를 기술하시오.

12.17 내포작용경로

30. 세포의 원형질막에 LDL 입자가 결합하는 것과 세포질에 콜레스테롤 분자가 들어간 것 사이에서 일어나는 과정을 기술하시오.

12.18 식세포작용

31. 아메바의 삶에서 식세포작용은 다세포 동물에서의 역할과 어떻게 비교되는가? 식세포작용 중에 일어나는 주요 과정은 무엇인가?

12.19 퍼옥시솜, 미토콘드리아, 그리고 엽록체에서 단백질의 번역 후 반입

32. TCA 주기의 효소와 같은 단백질은 어떻게 미토콘드리아 기질에 도달할 수 있는가?
33. 미토콘드리아 단백질 도입 과정에서 세포질 및 미토콘드리아 샤페론의 역할은 무엇인가?
34. 편향 확산 및 힘-발생 모터의 두 가지 가능한 단백질 도입 과정을 구별하여 설명하시오.
35. 폴리펩티드가 합성되는 세포질에서 틸라코이드 내강으로 이동하는 단계를 설명하시오.

분석 문제

1. 다음 폴리펩티드 중에 (만약 있다면) 어느 것에 신호 펩티드가 없는가? 콜라겐, 산성 인산 가수분해효소, 헤모글로빈, 리보솜 단백질, 글리코포린(glycophorin), 식물의 액포 단백질?
2. 당신의 환자가 I-세포 질환(인간 질병과의 연관성 참조)을 앓고 있다고 의심한다고 가정해보시오. 환자로부터 유래된 배양 세포를 사용하여 이 진단이 정확했는지 어떻게 결정할 수 있는가?
3. 당단백질은 세포의 어떤 구획에서 가장 큰 만노스 함량을 가질 것으로 기대되는가? 가장 큰 *N*-아세틸글루코사민 함량 및 가장 큰 시알산 함량을 보이는 세포 구획은 어디인가?
4. 12.19절에서 퍼옥시솜은 접힌 단백질을 도입할 수 있다고 언급되었다. 하지만 여전히 이 세포소기관은 NADH 및 아세틸-CoA와 같은 상대적으로 작은 분자에는 불투과성이다. 어떻게 단백질은 투과하지만 다른 경우는 그렇지 않은가?
5. 조면소포체의 막에는 존재하지만 활면소포체의 막에는 존재하지 않는 단백질 두 가지 이름을 말해보시오. 조면소포체에는 존재하지 않는 활면소포체의 단백질 두 가지 이름을 말해보시오.
6. 당신이 성숙한 분비과립(분비물질을 포함하여 방출할 준비를 하고 있는 소낭)이 없는 세포에서 조절 분비 과정을 연구한다고 가정해 보시오. 그러한 과립이 없는 세포를 어떻게 얻을 수 있는가?
7. "인간 질병과의 연관성"에서 어떻게 보통의 당(시알산)이 아닌, 표면의 올리고당의 끝에 만노스를 가진 당셀레브로시다아제가 준비될 수 있는지 묘사되었다. 유사한 종류의 만노스 잔기를 노출한 당셀레브로시다아제가 특정 세포주를 이용하여 재조합 DNA기술을 통해 생산되고 있다. 이 세포에 어떠한 특성이 있을까? (단서: 이 질문에 대한 답을 그림 12.22에서 참고하라.)
8. 자기방사기록법은 방사성 동위원소가 조직절편 위에 놓여진 감광유체에 조사하는 방사선에 의존한다. 그 유체를 감광할 때 입자가 유체에 조사하는 위치는 그림 12.3*a*와 같이 은 입자로서 나타난다. 절편의 두께가 이 기술의 해상도(혹은 방사능이 포함된 세포의 정확한 위치를 특정하는 능력)에 어떠한 영향을 준다고 생각하는가?
9. [^{3}H]류신, [^{3}H]시알산, [^{3}H]만노스, [^{3}H]콜린, [^{3}H]글루큐론산(GAG의 전구체), [^{3}H]프레그네놀론(스테로이드 호르몬의 전구체), [^{3}H]람노오스(식물세포에서 람노오스는 펙틴의 전구체)와 같은 물질들은 최초에 각각 세포의 어느 부위로 도입될까?
10. 다음 세포 중 부피상 내포작용에 가장 많이 관여할 것으로 예상되는 세포는 어느 것인가: (a) 적혈구, (b) 췌장 꽈리세포, (c) 골격근 세포. 그 이유는 무엇인가?
11. 골지 막의 시스터나 면의 특성은 원형질 막의 세포 외부 쪽 혹은 세포질 쪽 중 어느 것에 더 유사할 것이라고 예상하는가? 그 이유는 무엇인가?
12. 세포 구획의 어느 부분이 다음의 것들과 관련이 있는가: 클라트린, 골격근 세포의 칼슘 이온, 돌리콜 인산, RNA분해효소와 지방분해효소, 디지탈리스, LDL 수용체, COPI-단백질, COPII-단백질, 결합되지 않은 SRP?
13. 만약 췌장 조직의 조각이 [^{3}H]류신과 함께 2시간 동안 배양되었다면, 꽈리세포에서 방사성 동위원소가 발견될 것으로 예상되는 곳은 어디인가?
14. mRNA에 결합하는 리보솜의 능력을 방해하는 약물을 첨가할 경우 이것이 조면소포체의 구조에 어떤 영향을 미칠 것인가?
15. 수용체 중재 내포작용를 수행하는 모든 수용체가 리간드 결합 전에 피복만입부에 위치하는 것은 아니지만 내재화되기 전에 이 부위에 많이 집중되어 있다. 수용체에 리간드가 결합되면 어떻게 피복만입부에 집중하여 모이게 되는가?
16. 본문에서 리소좀은 전자현미경 하에서 특이한 외양이 없다고 서술하였다. 특정 액포가 실제로 리소좀인지 여부를 어떻게 결정할 수 있는가?
17. 희귀 유전질환인 덴트(Dent's)병에 대한 연구에 따르면, 환자의 신장 tubules 세포에 존재하는 엔도솜에서 염소 이온 통로가 결핍되어 있다고 한다. 이 환자들은 그들의 엔도솜 구획이 정상인에 비해 산도가 높지 않다는 것을 시사하는 여러 증상들을 호소하였다. 염소 이온 통로의 결핍이 어떻게 이런 상태를 유발할 수 있을까?
18. 그림 12.20*d*의 형광현미경 사진을 관찰해 보라. 골지복합체는 밝게 염색되었지만, 세포의 다른 부분에는 산란된 붉은색 형광이 관찰된다. 이 산란된 신호의 존재는 어떻게 설명할 수 있는가?
19. 그림 12.8*b*는 분비경로의 초기 단계에 관여하는 단백질을 암호화하는 mRNA에 대한 siRNA로 처리된 세포에서 GFP-표지된 만노시다아제 II의 위치를 나타낸다. 단백질 GGA를 암호화하는 mRNA에 대한 siRNA로 처리된 세포에서 형광 패턴이 어떻게 나타날 것이라고 예상하는가? 혹은 클라트린 단백질 및 신호 인식 입자의 단백질에 같은 처리를 한 경우 어떤 형광 패턴을 예상하는가?

CHAPTER

세포골격 13

목 차

독, 약 그리고 세포골격

독버섯으로도 알려진 알광대버섯(*Amanita phalloides*)은 전 유럽의 산림 지역에서 발견되는 작고, 무해한 것처럼 보이는 버섯이다. 알광대버섯은 때때로 식용 버섯으로 잘못 인식되어 전 세계에서 버섯 중독의 대다수를 차지하고 있다. 다중고리 펩티드 톡신의 두 가지 주요 그룹인 RNA 중합효소 II(RNA polymerase II)의 잠재적 억제제인 아마톡신(amatoxins)과 팔로톡신(phallotoxins)은 알광대버섯에 의해 만들어진다.

버섯에서 생산되는 팔로톡신 중의 하나인 팔로이딘(Phalloidin)은 1930년대에 처음으로 분리되었으며, 추후에 세포골격의 액틴섬유에 특이적으로 강하게 결합하여 세포에 독성을 부여하는 것으로 알려졌다. 팔로이딘을 효과적인 독성물질로 만드는 특징은 또한 세포생물학자를 위한 강력한 도구가 되었다. 오늘날 형광으로 표지된 팔로이딘은, 광학현미경 하에서 고정된 세포의 액틴 세포골격을 파악하고 특정화하는 기초적인 방법 중의 하나이기 때문에, 거의 모든 세포생물학 연구실에서 사용된다.

다른 세포골격 톡신들은 실험실에서의 사용에 더해 의학적 중요성이 입증되었

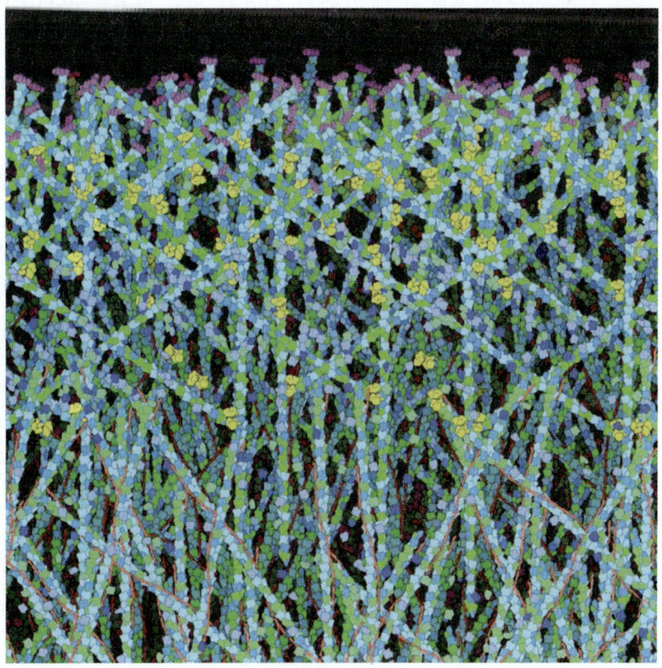

이 그림에서, 이동하는 세포의 맨 앞 부분에 액틴 그물망들이 보인다. 액틴은 어두운 파란색과 초록색으로 보여지고, 캡 단백질은 보라색으로, Apr2/3은 노란색으로, 그리고 트로포미오신은 분홍색으로 보인다.

출처: 자넷 이와사(Janet Iwasa)와 디크 뮬린(Dyche Mullins) 제공.

다. 예를 들어, 가을 크로커스(*Colchicum autumnale*)는 고대로부터 관절통과 통풍을 치료하는 데 사용되었다. 1800년대에 화학자들은 콜시친(colchicine)이라는 불리는 작은 분자에서 이것의 활성을 동정하였다. 이전의 세포 연구들은 염색체가 응축되고 세포내 중심에 정렬되는 세포분열 중기에서 콜시친 처리에 의해 극적으로 멈추게 됨을 밝혔다. 이후에 이러한 유사분열 정지는 미세소관(microtubule)의 조합을 막는 콜시친과 튜불린(tubulin)의 강한 친화 결합의 결과임이 밝혀졌다. 콜시친은 특히나 인간 염색체의 올바른 숫자를 결정하는 도구로 핵형 연구를 하는 실험실에서 유용성이 증명되었다. 콜시친은 또한 좁은 치료 범위(독성과 치료 용량의 차이)에도 불구하고 통풍 치료를 위해 많이 처방된 약물 중 하나이다.

통용되는 이름인 파클리탁셀(paclitaxel)로 알려져 있는 택솔(Taxol)은 아마도 가장 유명한 세포골격 약제일 것이다. 택솔의 세포독성효과는 1960년대에 태평양 주목나무 껍질의 알콜 추출물로 세포를 처리한 항암 화합물의 대량 검색에서 처음 관찰되었다. 택솔은 이후 유효성분으로 밝혀졌으며, 최근에는 태평양 주목나무의 껍질에 사는 내공생 진균류(endosymbiont fungus)에 의해 합성됨이 밝혀졌다. 택솔은 콜시친처럼 튜불린에 특이적이고 강하게 결합한다는 것이 밝혀졌으나, 미세소관에 대한 효과는 근본적으로 달랐다. 택솔은 미세소관의 합성을 막기보다는, 미세소관을 안정화하고 분해되지 않게 유지하였다. 이러한 효과는 미세소관 연접 단백질(MAPs)의 발견과 미세소관 구동 단백질의 연구에 중요한 역할을 한 세포생물학 연구실에서 유용하게 사용되었다. 임상에서 택솔은 암의 치료에 중요한 영향을 주었으며, 1980년대 이래로 유방암, 폐암, 난소암을 포함한 여러 암의 핵심적인 화학치료제로서 사용되어 왔다. 이러한 예들은 단지 세포골격의 요소들을 특이적으로 표적하는 것으로 밝혀진 매우 작은 천연 그리고 합성 분자들의 일부만을 설명한 것이다. 이 장을 학습해 가면서, 세포골격 단백질들의 어떠한 측면들이 약물 표적으로서 더욱 잘 적용될 수 있는지, 치료 목적을 위한 약으로서 세포골격에 대한 다른 방법들을 생각할 수 있는지와 같은 질문들을 생각해 볼 것이다.

13.1 세포골격의 주요 기능에 대한 개요

척추동물의 골격은 몸의 연한 조직들을 지지하는 단단한 요소들로 구성된 익숙한 체제이며, 몸의 이동을 매개하는 데 있어 핵심적인 역할을 한다. 진핵세포들 또한 유사한 기능을 하는 **세포골격(cytoskeleton)**이라는 "골격체제"를 지닌다. 세포골격은 서로 결합한, 정교하고 역동적인 연결망을 형성하는 **미세소관(microtubule)**, **액틴섬유(actin filament)** 그리고 **중간섬유(intermediate filament)**와 같은 세 가지 잘 알려진 섬유성 구조로 구성된다. 세 종류의 세포골격 섬유들 각각은 단백질 소단위(subunit)들이 약한 비공유 결합으로 연결된 중합체이다. 이런 유형의 구조는 복잡한 세포 조절에 따라 스스로 신속하게 조립하고 해체하게 한다. 각 세포골격 요소는 뚜렷한 특성을 갖고 있다. 미세소관은 튜불린(tubulin) 단백질 소단위들로 구성된 길고 속이 비어 있는 가지가 없는 원통형이다. 액틴섬유는 단단하고 얇은 구조이며, 종종 가지가 이어진 연결망으로 구성된다. 중간섬유는 거칠고 밧줄 같은 섬유로서, 다양한 연관 단백질들로 구성되어 있다. 미세소관, 중간섬유 그리고 액틴섬유의 특성들이 표 13.1에 요약되어 있다.

세 가지의 서로 다른 비근육세포들에 있는 세포골격의 주요 기능에 대한 개요를 **그림 13.1**에 나타내었다. 이 개요도에 그려진 세포들은 극성을 띤 상피세포, 신장하는 신경세포의 끝부분, 분열하는 배양된 세포 등이다. 이런 세포들에서 세포골격이 수행하는 다음과 같은 작용을 이 장에서 설명할 것이다.

세포의 모양을 결정할 수 있고 그 모양을 변형시키려는 힘에 저항할 수 있는 구조적인 지지대 역할을 제공하는 동적 뼈대 역할.

세포 내부에서 다양한 소기관들의 위치를 정하는 내부 틀. 이 기능은 그림 12.11에 묘사된 것처럼, 소기관들이 세포의 정단부 말단

표 13.1 미세소관, 중간섬유, 그리고 액틴섬유의 특성들

	미세소관	중간섬유	액틴섬유
중합체에 결합된 소단위들	GTP-αβ-튜불린 이질 2합체	~70가지 단백질들	ATP-액틴 단량체
소단위 결합이 더 우세한 자리	양(+)의 말단(β-튜불린)	섬유 내부	양(+)의 말단(가시 돋힌 모양)
극성	있음	없음	있음
효소 활성	GTPase	관련 없음	ATP가수분해효소
운동단백질들	키네신, 디네인	관련 없음	미오신들
주요 결합 단백질	미세소관 결합 단백질(MAP)	플라킨(plakin)	액틴-결합 단백질
구조	단단하고, 속이 빈, 신장성이 없는 관	거칠고, 밧줄 같은, 신장성 섬유	유연성이 있고, 신장성이 없는 나선형 섬유
크기	25 nm (바깥 직경)	직경 10~12 nm	직경 8 nm
분포	모든 진핵생물	동물	모든 진핵생물
주요 기능	지지 작용, 세포내 수송, 세포체재 형성	구조적 지지 작용	운동성, 수축성, 세포내 수송
세포내 분포	세포질	세포질과 핵	세포질

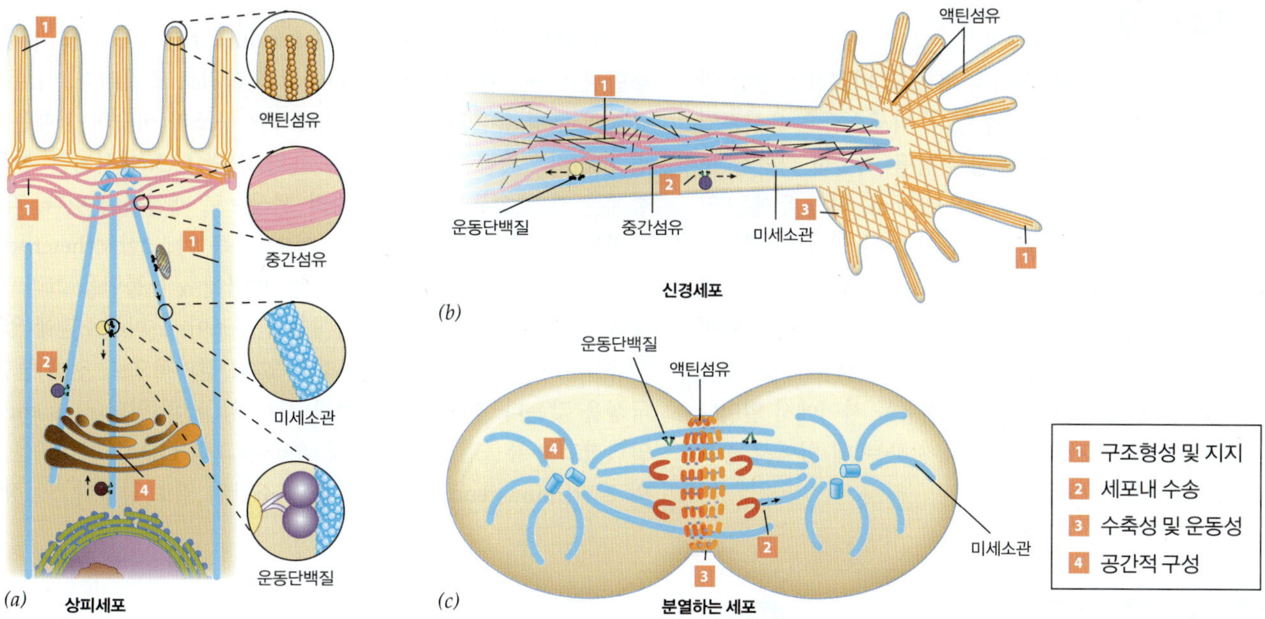

그림 13.1 세포골격의 구조와 기능에 대한 개관. (*a*) 상피세포, (*b*) 신경세포, (*c*) 분열하는 세포 등의 개요도. 상피세포와 신경세포의 미세소관(microtubule) 은 주로 지지와 소기관 수송의 작용을 하는 반면에, 분열하는 세포에서 미세소관은 유사분열시 염색체의 분리에 필요한 방추체를 형성한다. 중간섬유(intermediate filament)는 상피세포와 신경세포에서 지지 작용을 하는 구조이다. 미세섬유(microfilament)는 상피세포의 미세융모를 지지하며, 신경세포의 신장과 세포분열에 관련된 운동 기구(機構)의 필수적인 부분이다.

(apical end)에서부터 기저부 말단(basal end)에 이르기까지 질서정연하게 배열되어 있는 특히 극성을 띤 상피세포에서 확실하게 증명된다.

세포들 속에서 물질 및 소기관의 이동을 안내하는 궤도들의 연결망 역할. 이 기능의 예로서, mRNA 분자를 세포의 특별한 위치로 운반하거나, 막으로 된 운반체를 소포체로부터 골지복합체로 이동시키거나, 신경전달물질을 지닌 소낭을 신경세포를 따라 아래로 수송하는 것 등을 들 수 있다. 배양된 세포의 일부를 보여주는 **그림 13.2**는 초록색 형광물질로 표지된 퍼옥시솜(419쪽)의 대부분이 이 세포의 세포골격인 미세소관(빨간색)과 밀접하게 결합되어 있음을 명확하게 보여준다. 포유동물의 세포에서, 미세소관은 그 위로 퍼옥시솜이 수송되는 선로이다.

한 장소에서 다른 장소로 세포를 이동시키는 힘을 생성하는 기구. 단세포 생물들은 고체의 바닥 표면 위로 "기어감(crawling)"으로 또는 세포표면에서 돌출된 특수화된 미세소관 함유 운동 소기관들(섬모와 편모)의 도움으로 수중 환경에서 자신들을 추진시켜 이동한다. 다세포 동물들은 독립된 운동을 할 수 있는 정자, 백혈구, 섬유아세포 등 다양한 세포들을 갖고 있다. 또한 성장하는 축삭의 끝부분은 대단한 이동성을 보이며(그림 13.1), 이러한 이동은 기어가는 세포와 비슷하다.

세포분열 기구의 필수 구성요소. 세포골격 요소들은 유사분열과 감수분열 시에 염색체들을 분리시키고, 세포질분열 시에는 모세포를 2개의 딸세포로 나누는 일에 관여하는 기구를 만든다. 이에 대해서는 제14장에서 자세하게 설명된다.

13.2 미세소관: 구조와 기능

미세소관은 튜불린이라는 단백질로 조합된 속이 빈 원통형 구조이다. 미세소관은 세포골격, 유사분열 과정에서의 방추사, 중심립, 그리고 섬모와 편모의 중심에서 발견된다.

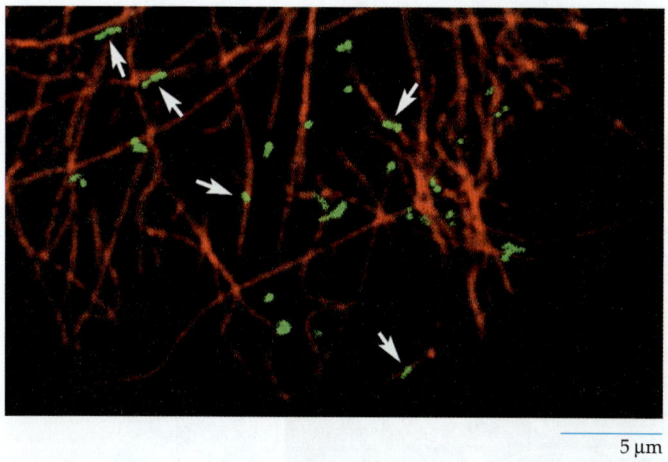

그림 13.2 소기관 수송에서의 미세소관 역할의 예. 이 세포의 퍼옥시솜(초록색으로 보이며 화살표로 표시됨)은 세포골격 중 미세소관(빨간색으로 보임)과 밀접하게 연결되어 있다. 퍼옥시솜은 초록색 형광 단백질과 융합된 단백질을 포함하고 있어 초록색으로 보이며, 미세소관은 형광 물질로 표지된 항체로 염색돼서 빨간색으로 보인다.

출처: E.A.C. Weimer et al. *J. Cell Biol.* 136:78, 1997, S. Subramani Fig. 6. 락펠러 대학교 출판부의 허가를 얻어 재인쇄함.

미세소관의 구조와 구성

그 이름이 암시하듯이, 미세소관은 속이 비어 있고 비교적 단단한 관 모양의 구조이며, 거의 모든 진핵세포에 있다. 미세소관은 유사분열하는 세포의 방추체, 섬모와 편모의 중심부 등을 비롯한 다양한 구조를 구성하는 요소이다. 미세소관의 외경은 25 nm, 벽의 두께는 약 4 nm이며, 세포의 길이로 또는 폭을 가로질러 뻗어 있다. 미세소관의 벽은 관의 긴 축에 평행으로 배열된 **원섬유**(*protofilament*)라고 하는 종렬로 배열된 구형 단백질로 이루어져 있다(**그림 13.3a**). 횡단면에서 보면, 미세소관은 벽 속에 원형으로 나란히 배열된 13개의 **원섬유들**로 구성되어 있다(그림 13.3*b*). 인접한 원섬유들 사이에서 일어나는 비공유 상호작용이 미세소관의 구조를 유지하는 데 있어서 중요한 역할을 하는 것으로 생각된다.

각 원섬유는 1개의 α-튜불린(tubulin) 소단위와 1개의 β-튜불린 소단위로 구성된 2합체(dimer)의 기본단위로 조립된다. 이 두 가지 유형의 구형 튜불린 소단위들의 3차원 구조가 비슷하기 때문에, 그림 13.3*c*에서처럼 서로 딱 들어맞는다. 그림 13.3*d*에서처럼, 튜불린 2합체는 각 원섬유의 길이를 따라 선상으로 배열되어 있다. 각 조립단위는 2개의 동일하지 않은 구성요소, 즉 이질2합체(heterodimer)로 되어 있기 때문에, 원섬유는 한쪽 말단에 α-튜불린을 그리고 다른 쪽 말단에 β-튜불린을 갖는 비대칭적 구조이다. 미세소관에 있는 원섬유들은 모두 동일한 극성을 갖고 있다. 결과적으로, 전체 중합체가 극성을 갖는다. 미세소관의 한쪽 끝은 양(+)의 말단(plus end)으로 알려졌고 β-튜불린 소단위 열로 끝난다(그림 13.3*d*). 반대쪽은 음(−)의 말단(minus end)이며 α-튜불린 소단위 열로 끝난다. 이 장의 뒤

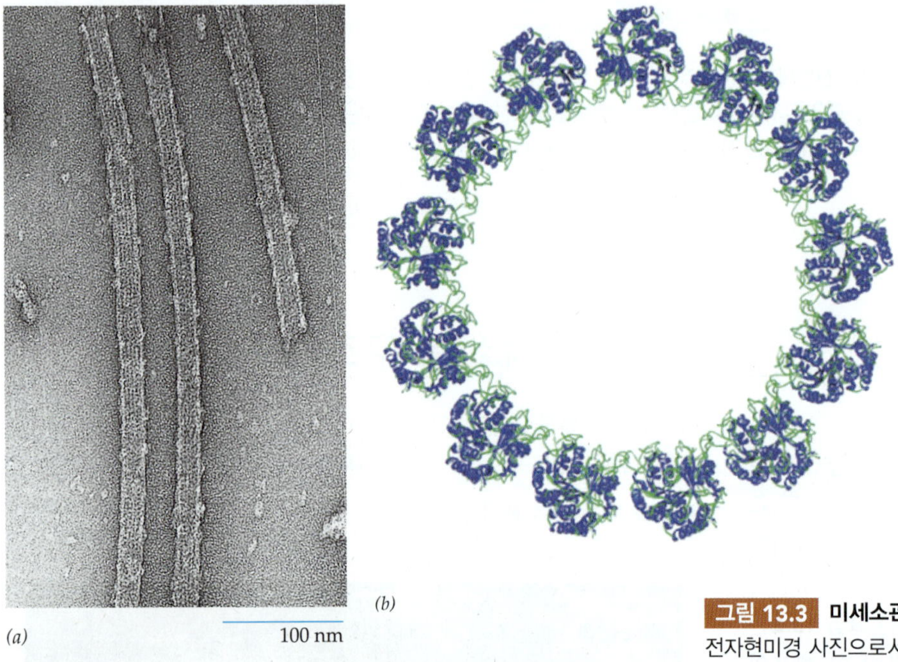

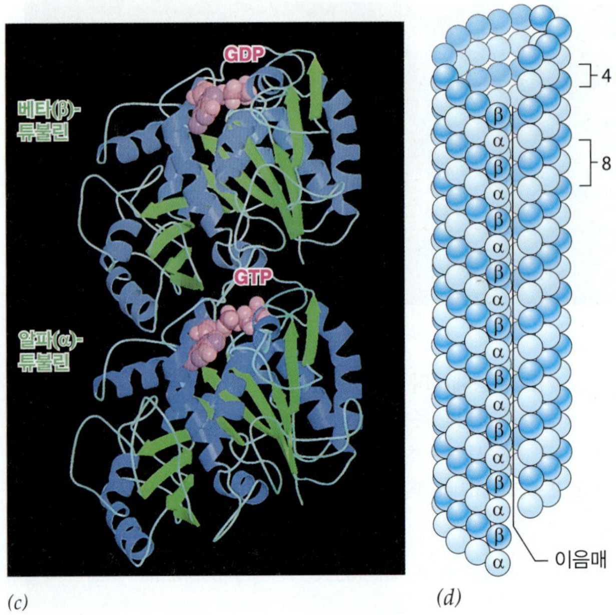

그림 13.3 **미세소관의 구조.** (*a*) 뇌에서 분리된 미세소관들을 음성 염색하여 관찰한 전자현미경 사진으로서, 원섬유를 구성하는 구형의 소단위들을 보여준다. 미세소관의 표면에 붙어 있는 것들은 뒤에서 설명할 미세소관 결합 단백질(MAP)이다. (*b*) 향나무속(Juniperus) 식물의 뿌리 끝에 있는 세포의 미세소관을 횡단한 전자현미경 사진으로, 관의 벽 속에 배열된 13개의 소단위들을 보여준다. 이 식물세포의 미세소관들은 원형질막(사진의 오른쪽 아래에 보임) 바로 아래에 있는 약 100 nm 두께의 피질부에 가장 많이 있다. (*c*) αβ-튜불린 이질2합체의 3차원 구조를 보여주는 리본 모형. 상호작용하는 표면에서 소단위들의 상보적인 모양에 주목하라. α-튜불린 소단위에는 결합된 GTP가 있는데, 이것은 가수분해되지 않으며 교환될 수 없다(13.5절). β-튜불린 소단위에 결합된 GDP는 중합체로 조립되기 전에 GTP로 바뀐다. 2합체에서 양(+)의 말단은 꼭대기에 있다. (*d*) 세포 속에 존재할 것으로 생각되는 구조인 B-격자 방식으로 나타낸 미세소관의 종단면 모식도. 미세소관의 벽은 머리-꼬리로 배열되어 층을 이루는 αβ-튜불린 이질2합체로 구성된 13개의 원섬유로 이루어져 있다. 인접한 원섬유들은 일정한 높이로 배열되어 있지 않고 약 1 nm 정도 어긋나 있기 때문에, 튜불린 분자들은 미세소관 둘레를 따라 돌면서 나선으로 배열된다. 이 나선구조는 α와 β 소단위들이 측면의 접촉되는 지점에서 중단된다. 이것은 미세소관의 길이를 따라서 "경계선"을 형성한다.

출처: (a) Linda A. Amos, *J. Cell Biol.* 72:645, 1977, Fig 2, 락펠러대학 출판부의 허가를 얻어 재인쇄함. (b) H. Sui and K. Downing, *Structure* 18:8, 2010, Elsevier의 허가를 얻어 재인쇄함. (c) Eva Nogales and Kenneth Downing 제공.

에서 논의되는 것처럼, 미세소관의 구조적 극성은 이 구조의 성장과 지향적인 기계적 활동 참여 능력에 있어서 중요한 요소이다.

미세소관-결합 단백질

살아 있는 조직으로부터 얻어진 미세소관은 일반적으로 **미세소관-결합 단백질(microtubule-associated protein, MAP)**이라는 추가적인 단백질을 포함한다. MAP은 이질적인 단백질들의 무리로 이루어져 있다. 최초로 밝혀진 MAP를 "고전적 MAP"라고 하며, 이 단백질들은 흔히 미세소관 쪽에 부착된 하나의 영역과 미세소관의 표면에서 섬유로서 바깥쪽으로 돌출된 또 다른 영역을 갖고 있다. 미세소관의 표면에 이런 MAP들 중의 하나가 결합되어 있는 것이 **그림 13.4**에 그려져 있다. 전자현미경 사진에서, 일부의 MAP는 미세소관들 사이를 서로 연결하여 평행한 배열을 유지시키는 교차다리(cross-bridge)로 보일 수 있다. MAP은 보통 미세소관의 안정성을 증가시키며 미세소관의 조립을 촉진시킨다. 다양한 MAP들이 갖고 있는 미세소관-결합 활성은 주로 특정한 아미노산 잔기에 인산기를 첨가하거나 제거함으로써 조절된다. 타우(tau)라고 하는 하나의 특정한 MAP가 비정상적으로 높은 수준으로 인산화되면, 알츠하이머 질환을 비롯한 다수의 치명적인 신경퇴화장애의 발생과 관련되어 있다(제2장 <인간 질병과의 연관성> 참고). 이 질환을 가진 사람의 뇌세포들은 신경섬유결절(neurofibrillary tangles)이라고 불리는 이상하게 얽힌 섬유를 갖고 있다. 이 섬유는 과도하게 인산화되어 미세소관과 결합할 수 없는 타우 분자들로 이루어져 있다. 이 신경섬유가 신경세포를 죽게 하는 것으로 생각되지만, 이러한 섬유들이 실세로 신경퇴화 원인에 기여하는지 또는 단지 신경세포 죽음의 결과인지는 명확하지 않다. 몇몇 증거들은 타우 단백질들의 작은 뭉침들이 신경결절 이전에 축삭의 수송을 길게 방해하는 것으로 제안한다. 그러나 알츠하이머병에서 타우의 원인에 기여하는 역할에 대해서는 질문이 남는 반면에, 타우 돌연변이들은 염색체 17번(간략하게는 FTDP-17)과 연관된 전측방 치매나 파킨슨병이라 불리는 또 다른 신경퇴행성 질환의 직접적인 원인으로 알려져 있다. 타우 돌연변이가 유전성 전측방 치매의 약 5%에 해당하는 그러한 치매를 야기한다는 사실은 타우가 신경세포에 독성을 가지며 알츠하이머병과 다른 치매의 원인으로서 잠재적인 역할을 함을 추정케 한다.

구조의 지지체와 형성체로서의 미세소관

미세소관은 섬유를 압축하거나 또는 휘게 할 수 있을 정도의 힘에 견딜 만큼 충분히 단단하다. 이런 특성은 강철 대들보가 높은 건물을 지지하거나 또는 폴대가 텐트의 구조를 지지할 만큼 강한 기계적 지지력을 미세소관이 지닐 수 있게 한다. 세포에서 세포질에 있는 미세소관의 분포가 그 세포의 모양을 결정하는 데 도움을 준다. 배양된 동물세포에서, 미세소관들은 핵 주변 부위에서 바깥쪽을 향해 방사상으로 뻗어 있어서, 그 세포가 둥글고 납작한 모양을 갖게 된다(**그림 13.5**). 이와는 대조적으로, 원주상피 세포의 미세소관은 보통 세포의 장축에 평행하게 장축으로 배열되어 있다(그림 13.1*a*). 이런 배열은 미세소관들이 세포의 신장된 모양을 유지하는 데 도움을 주고 있다는 것을 암시한다. 골격요소로서 미세소관의 역할은 섬모와 편모 그리고 신경세포의 축삭과 같이 매우 신장된 세포의 돌기에서 특히 명확해진다.

식물세포에서, 미세소관들은 세포벽 형성에 영향을 미침으로써 세포의 모양 유지에 간접적인 역할을 한다. 간기에, 식물세포에서 대부분의 미세소관들은 구별되는 피질부를 형성하는 원형질막의 바로 아래에 위치한다. 세포벽의 섬유소를 형성하는 효소인 섬유소 합성효소(cellulose synthase)는 이의 세포질 쪽이 섬유소 합성효소 결

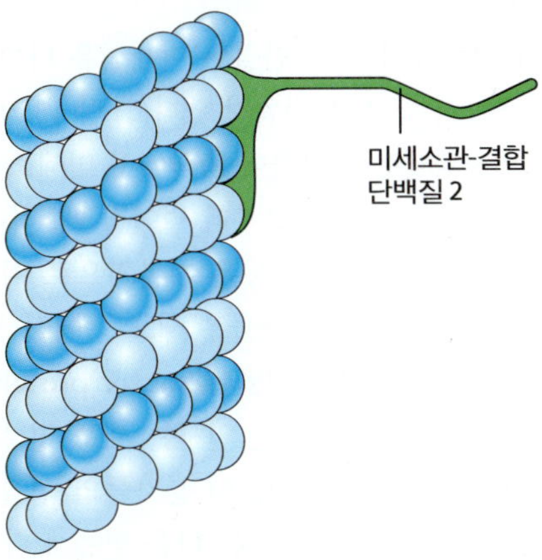

그림 13.4 미세소관-결합 단백질(MAP). 미세소관의 표면에 결합된 뇌 MAP2 분자의 개요도. 이 그림에 있는 MAP2 분자는 폴리펩티드 사슬의 짧은 부분으로 연결된 3개의 튜불린-결합자리를 갖고 있다[다른 동형(isoform)은 4개의 결합자리를 갖고 있다]. 결합자리들은 미세소관 벽에서 MAP2 분자가 별도의 튜불린 소단위들 3개와 붙을 수 있도록 충분한 거리를 두고 있다. MAP 분자의 꼬리는 밖으로 돌출되어서 다른 세포 구성요소들과 상호작용을 할 수 있게 한다.

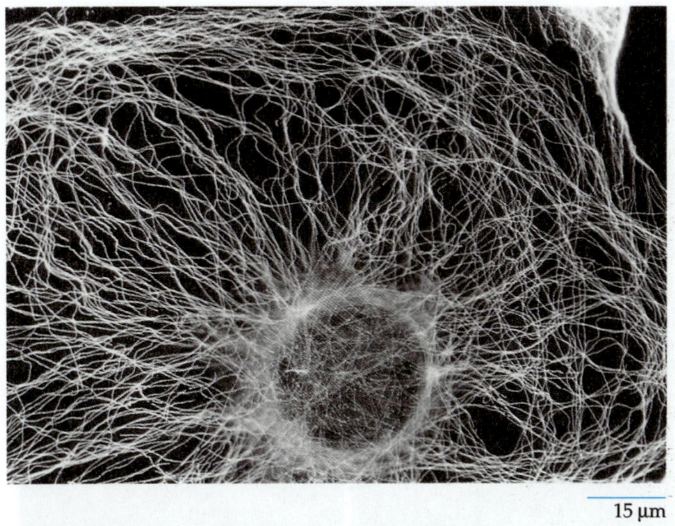

그림 13.5 미세소관의 위치. 납작한 모양의 배양된 생쥐 세포가 형광물질로 표지된 튜불린 항체에 의해 관찰된다. 미세소관들은 세포의 핵 주변 부위로부터 뻗어 나와 방사상으로 배열된 것으로 보인다. 각 미세소관은 추적될 수 있으며 세포의 모양에 맞추어 점차 휘는 것으로 보인다.

출처: Mary Osborn and Klaus Weber, *Cell* 12:563, 1977에서 발췌. Elsevier의 허가를 얻음

합 단백질 1(Cellulose Synthase Interactive Protein 1, CSI1)이라는 단백질을 통해 피질 미세소관에 물리적으로 결합하는 막단백질이다(그림 11.34 참조). 그 결과, 세포벽의 섬유소 미세원섬유(cellulose microfibril)들은 그 아래에 놓여 있는 피질부 미세소관과 평행한 방향으로 조립된다(**그림 13.6**). 이러한 섬유소 미세원섬유의 방향성은 세포의 생장 특성과 그 모양을 결정하는 데 있어서 중요한 역할을 한다. 대부분의 세포들에서, 새롭게 합성된 섬유소 미세원섬유와 동일한 방향으로 배열된 미세소관들은 드럼통 둘레에 굴렁쇠를 두른 것처럼, 세포의 장축에 직각으로(횡으로) 배열되어 있다(그림 13.6). 섬유소 미세원섬유는 측면 팽창에 저항하기 때문에, 세포의 액포 속에 있는 액체에 의해서 생긴 팽압이 그 세포의 양쪽 끝에 작용하게 되어 세포가 길이로 늘어나게 된다.

또한 미세소관은 세포의 내부 체제를 유지하는 데 있어서도 중요한 역할을 한다. 세포에 미세소관 해체 약물을 처리하면 소포체와 골지복합체를 비롯하여 막으로 된 소기관들의 위치에 심각한 영향을 미칠 수 있다. 동물세포에서, 골지복합체는 보통 핵의 바로 바깥쪽의 중앙 근처에 위치한다(그림 12.20*c* 참조). 세포에 미세소관의 해체를 촉진시키는 노코다졸(nocodazole)이나 콜시친을 처리하면, 골지요소들을 세포의 주변 부위로 분산시킬 수 있다. 약물을 제거하면 미세소관은 다시 조립되고, 골지막들은 세포 안쪽의 원래 위치로 돌아간다.

세포내 이동성을 중개하는 미세소관

세포 속에서 고분자들과 소기관들은 방향성을 가지는 방식으로 이리저리 이동하므로 살아 있는 세포들은 활성으로 가득 차 있다. 이러한 활기찬 움직임은 살아 있는 세포 속에서 미립자 물질들의 이동을 관찰하면 알 수 있지만, 대부분의 세포들이 고도로 질서정연한 세포골격을 갖고 있지 않기 때문에, 그런 과정을 연구하기가 어렵다. 예로서, 우리는 미세소관에 의해 물질이 막으로 된 하나의 구획에서 다른 구획으로 수송된다는 것을 알고 있다. 그 이유는 이들 세포골격 요소(미세소관)를 특이적으로 해체시키면 물질의 이동이 중지되기 때문이다. 세포내 이동성에 관한 학습은 신경세포에 초점을 맞추어 시작할 것인데, 신경세포 안에서의 물질 이동은 미세소관과 다른 세포골격 섬유들의 고도로 조직화된 배열에 의존한다.

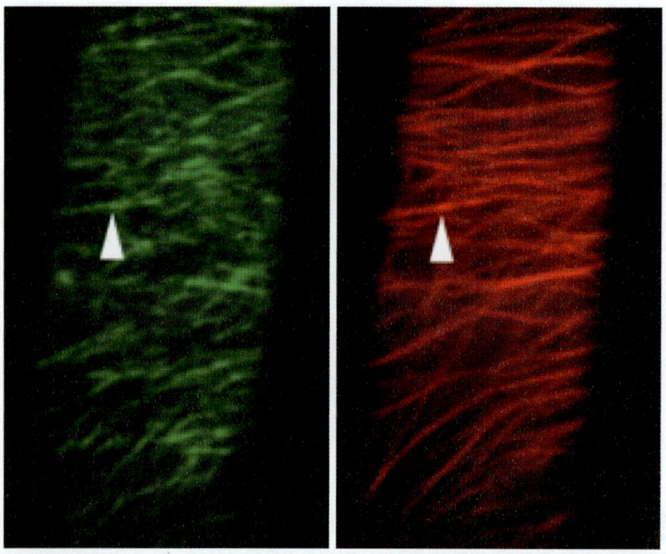

그림 13.6 섬유소 합성효소의 시각화는 기능적으로 미세소관과 연계됨을 설명한다. 형광 표지된 섬유소 합성효소 복합체(초록색)과 미세소관(빨간색)을 발현하는 애기장대 세포는 이들의 위치가 같음을 보여준다(화살머리 표시).

출처: Paradez et al., *Science*. 312(3):1491–5.

축삭 수송 각각의 운동뉴런(motor neuron)의 축삭(axon)은 척수(spinal cord)로부터 손가락이나 발가락의 끝까지 뻗어 있다. 이런 뉴런에서 물질을 제조하는 중심부는 척수 안에 있는 뉴런의 둥근 부분인 세포체(cell body)이다. 표지된 아미노산을 세포체 속에 주입시키면, 이들은 표지된 단백질로 결합되어 축삭(돌기)으로 이동하고 길이를 따라 점차 아래로 내려간다. 신경전달물질(Neurotransmitter) 분자를 비롯하여 여러 가지 다른 물질들이 세포체의 소포체와 골지복합체에 있는 막으로 된 소낭(vesicle)들 속으로 들어가고 축삭의 길이를 따라 아래로 수송된다(**그림 13.7a**). 또한 RNA, 리보솜, 세포골격 요소들까지 막으로 싸여 있지 않은 화물들도 아주 길게 뻗어 있는 세포질을 따라 수송된다. 물질에 따라 이동속도는 다르며, 가장 빠른 축삭 수송은 초당 5 μm의 속도로 일어난다. 이런 속도로, 나노 크기의 운동단백질에 의해 끌어 당겨진 시냅스 소낭(synaptic vesicle)은 하루에 0.4 m를 이동할 수 있다. 이 거리는 척수로부터 손가락 끝까지의 절반 길이에 해당한다. 세포체로부터 뉴런의 끝을 향해서 이동하는 구조들 및 물질들을 전방향(anterograde direction)으로 이동한다고 말한다. 축삭의 말단에서 형성되어 표적세포들로부터 조절인자들을 운반하는 내포작용의 소낭들을 포함한 다른 구조들은 시냅스로부터 세포체를 향해서 반대방향으로, 또는 역방향(retrograde direction)으로 이동한다. 전방향 수송 및 역방향 수송이 일어나지 않는 것은 루게릭병(Lou Gehrig's disease)으로도 알려진 근위축성 측색 경화증(Amyotrophic Lateral Sclerosis, ALS) 같은 여러 가지 신경학적 질환과 관련되어 있다.

축삭은 여러 방향에서 서로 연결된 미세섬유 다발, 중간섬유, 미세소관 등의 세포골격 구조로 채워져 있다(그림 13.7*b*,*c*). 영상 현미경을 이용하여, 연구자들은 소낭들이 축삭에서 미세소관을 따라 세포체 쪽으로 향하거나 또는 세포체로부터 멀어질 때, 각각의 소낭을 추적할 수 있다(**그림 13.8**). 이런 이동은 기본적으로 미세소관에 의해 중개된다(그림 13.7*c*). 이 미세소관들은 세포 속에서 물질 이동에 필요한 힘을 발생시키는 다양한 **운동단백질(motor protein)**들을 위한 궤도 역할을 한다. 운동단백질에 관한 연구는 세포 및 분자생물학에서 주요한 관심의 대상이 되고 있으며, 이 분자들의 성질과 작용기작에 관한 많은 정보가 알려져 있는데, 이는 다음 절에서 다룰 주제이다.

13.3 운동단백질: 키네신과 디네인

세포의 운동단백질들은 화학에너지(ATP 속에 저장된)를 기계적 에너지로 전환시켜서, 힘을 발생시키는 데 사용하거나 운동단백질에

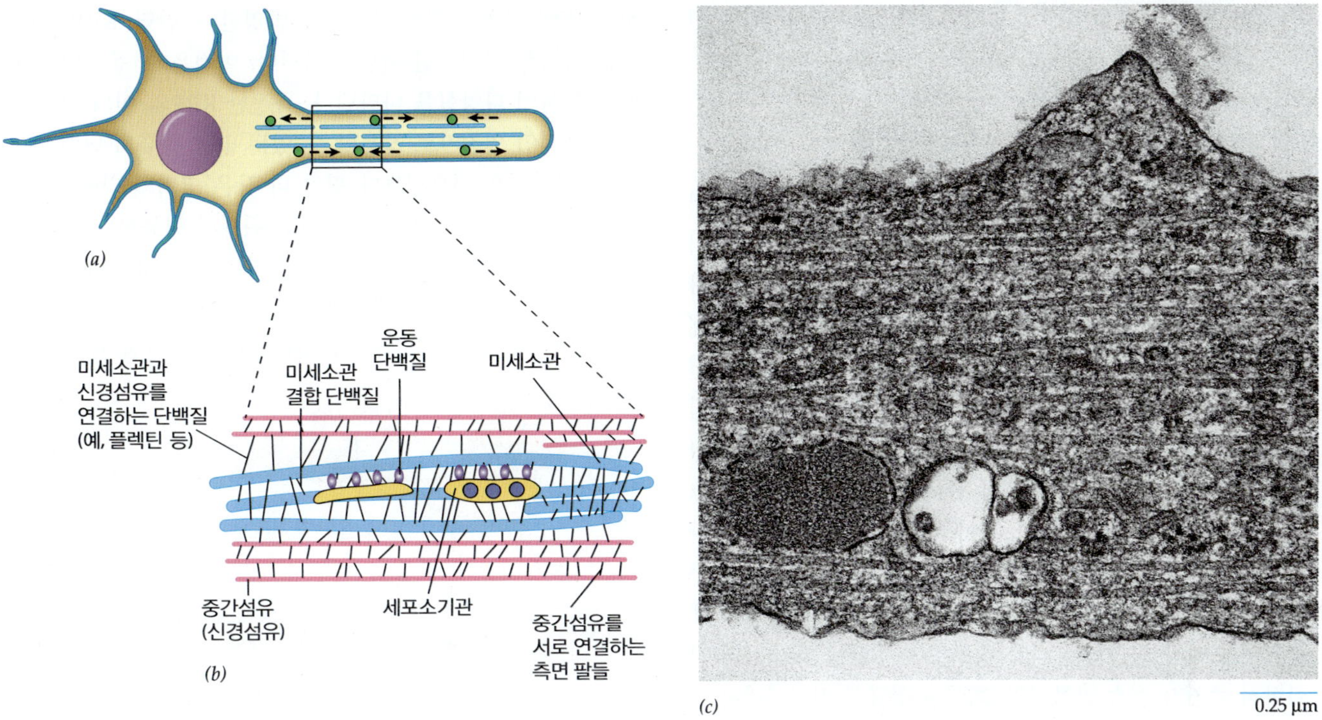

그림 13.7 **축삭 수송.** (*a*) 미세소관의 선로를 따라 축삭의 길이 아래로 소낭들이 이동하는 것을 보여주는 신경세포의 개요도. 소낭들은 축삭 속에서 양 방향으로 이동한다. (*b*) 축삭 속에 있는 미세소관과 중간섬유(신경중간섬유, neurofilament)의 체제를 그린 개요도. 수송될 물질을 갖고 있는 소낭들은 키네신과 디네인 같은 운동단백질을 포함한 교차-연결 단백질들에 의해 미세소관에 부착된다. (*c*) 배양된 신경세포에서 축삭 일부의 전자현미경 사진. 축삭 수송을 위해 선로의 기능을 하는 평행하게 배열된 수많은 미세소관이 보인다. 이 사진에서 보이는 막으로 싸인 두 소기관들은 이 신경세포를 고정할 때 축삭을 따라 이동하는 것을 광학현미경으로 관찰할 수 있었다.

출처: A.C. Breuer, C.N. Christian, M. Henkart, and P.G. Nelson, *J. Cell Biol.* 65:568, 1975, Fig. 3b에서 발췌. 락펠러대학교 출판부의 허가를 얻어 재인쇄함.

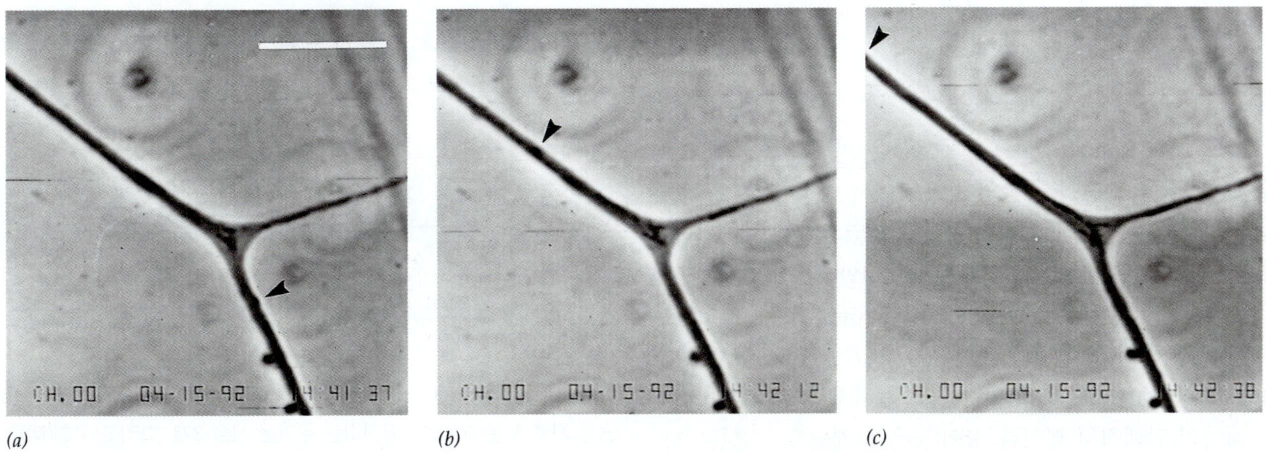

그림 13.8 **축삭 수송을 보여주는 비디오 사진.** (a–c) 이 비디오 사진들은 막으로 싸인 소기관이 분지된 축삭을 따라 이동하는 것을 보여준다. 세포체는 사진 위의 왼쪽 시야에서 멀리 벗어나 있는 반면, 말단부[성장원추체(成長圓錐 體, growth cone)]는 사진 아래의 오른쪽 시야에서 벗어나 있다. 소기관의 위치는 화살촉으로 표시되었다. 추적되고 있는 소기관[자식포(自食胞, autophagic vacuole)]은 분지점을 지나 역방향으로 이동하며 세포체를 향해서 계속 이동한다. 첫 번째 사진의 위 오른쪽 선의 길이는 10 μm이다.

출처: Peter J. Hollenbeck, *J. Cell Biol.* 121:307, 1993, Fig. 1에서 발췌. 락펠러대학교 출판부의 허가를 얻어 재인쇄함.

부착된 세포의 화물(cargo)을 이동시키는 데 사용한다. 이런 운동단백질에 의해 수송되는 세포내 화물로서는 리보핵산단백질(ribonucleoprotein) 입자, 소낭, 미토콘드리아, 리소솜, 염색체, 다른 세포골격 섬유 등이 있다. 하나의 세포는 서로 다른 많은 종류의 운동단백질을 갖고 있을 수 있으며, 각 운동단백질은 아마도 세포의 특정한 장소에서 특정한 유형의 화물을 이동시키기 위해 전문화되었을 것이다. 전체적으로, 운동단백질은 키네신(kinesin), 디네인(dynein), 미오신(myosin)의 세 가지로 분류될 수 있다. 키네신과 디네인은 미세소관을 따라 이동하는 반면, 미오신은 미세섬유를 따라 이동한다. 중간섬유를 따라 이동하는 운동단백질은 알려진 것이 없다. 중간섬유는 구조적으로 극성화되어 있지 않아서 운동단백질에 방향을 지시하는 신호를 보내지 않을 것이라는 점을 고려하면 놀라운 것이 아니다.

미세소관 세포골격 위를 걷는 운동단백질

운동단백질들은 하나의 결합자리에서 다음 자리로 한 걸음씩 걸어가는 방식으로 세포골격의 선로를 따라 한쪽 방향으로 이동한다. 이 단백질이 선로를 따라 이동할 때, 일련의 입체구조 변화가 일어나서 기계적 주기(mechanical cycle)를 형성한다. 기계적 주기의 단계는 화학적(또는 촉매적) 주기의 단계와 연결된다. 후자는 운동단백질의 활동에 연료를 보급하기 위해 필요한 에너지를 공급한다(예: 그림 13.61 참조). 화학적 주기의 단계들은 운동단백질에 ATP 분자의 결합, ATP의 가수분해, 운동단백질로부터 산물(ADP와 Pi)의 방출, 그리고 새로운 ATP 분자의 결합 등으로 이루어진다. 1분자의 ATP가 결합하고 가수분해되면, 운동단백질이 선로를 따라 정확히 몇 nm를 이동시키기 위한 파워 스트로크를 위해 이용된다. 운동단백질이 세포골격 중합체를 따라 연속되는 다음 장소로 이동함에 따라, 기계적 주기와 화학적 주기가 계속 반복되어, 화물을 상당한 거리에까지 끌어당긴다. 환경의 영향을 크게 받는 사람이 만든 기계와는 다르게, 우리는 분자 크기의 운동단백질을 설명하고 있다는 것을 기억해 두자. 예로서, 운동단백질은 사실상 추진력을 갖고 있지 않으며, 점성이 있는 환경으로부터 굉장한 마찰 저항을 받기 쉽다. 그 결과, 일단 에너지 투입이 중지되면 운동단백질은 거의 즉시 멈추게 된다.

가장 작고 가장 잘 알려진 미세소관의 운동단백질인 키네신(kinesin)의 분자 구조와 기능 관찰로부터 시작할 것이다.

키네신

1985년 로날드 베일(Ronald Vale)과 동료들은 미세소관을 궤도로 이용한 운동단백질을 오징어 축삭의 세포질에서 분리하였다. 그들은 이 단백질의 이름을 **키네신(kinesin)**이라고 하였으며, 키네신은 그 후 거의 모든 진핵세포에서 계속 발견되었다. 1985년에 발견된 키네신 분자를 "재래형 키네신(conventional kinesin)" 또는 키네신-1(kinesin-1)이라고 하는데, 이것은 유연관계가 있는 **키네신 유사 단백질(kinesin-related protein, KRP)**이라 불리는 대집단(superfamily)에 속하는 하나의 단백질일 뿐이다. KRP들은 14개군으로 분류된다(kinesin-1부터 kinesin-14). 다음 논의에서 키네신은 키네신-1 그룹의 일원만을 언급할 것이다.

키네신은 2개의 무거운 사슬과 2개의 가벼운 사슬로 이루어진 4합체(tetramer)다(**그림 13.9a**). 키네신 분자는 여러 부분으로 되어 있으며, 그 중에서 1쌍의 구형 머리(head) 부분은 미세소관에 결합하고 ATP를 가수분해하여 힘을 발생시키는 "엔진"의 역할을 한다. 각 머리 부분(또는 모터 영역)은 목 부분(neck), 자루 부분(stalk), 부채 모양의 꼬리 부분(tail)과 연결되어 있으며, 꼬리 부분에 운반될 화물이 결합한다(그림 13.9*a*). KRP들의 모터 영역은 유연관계를 지닌 아미노산 서열을 갖고 있다. 이것은 이 단백질들이 진화적으로 공통 조상으로부터 유래되었음을 나타내며 미세소관을 따라 이동한다는 점에서 이 단백질의 역할이 유사함을 반영한다. 반면, KRP들의 꼬리 부분은 다양한 아미노산 서열을 지닌다. 이것은 이 운동단백질이 운반하는 화물이 다양함을 나타낸다. 특정한 KRP와 이의 화물을 연결하는 잠재적인 연결자로 작용할 수 있는 많은 종류의 단백질이 확인되었다. 키네신은 미오신보다 훨씬 더 작은 크기의 단백질이며, 이 두 가지 운동단백질은 서로 다른 선로 위에서 작동한다는 사실에도 불구하고, 놀랍게도 키네신의 모터 영역은 미오신(myosin)의 머리 구조와 아주 비슷하다. 키네신과 미오신은 원시적인 진핵세포에 존재하는 공통 조상 단백질에서 진화된 것이 거의 확실하다.

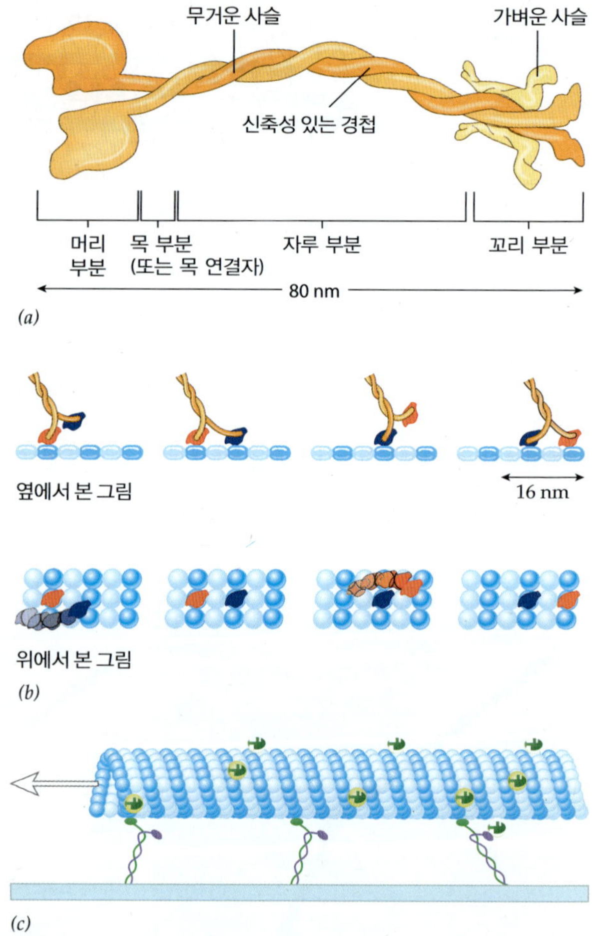

그림 13.9 **키네신.** (*a*) 키네신-1 분자의 구조. 이 분자는 서로 꼬여서 하나의 공통 자루 부분(stalk)을 형성하는 무거운 사슬 2개, 그리고 구형(球形)의 머리 부분을 갖는 무거운 사슬의 끝에 결합된 가벼운 사슬 2개로 구성된다. 인간유전체는 키네신-1의 3개의 다른 무거운 사슬들과 4개의 다른 작은 사슬들을 암호화한다. 힘을 발생시키는 머리 부분이 미세소관에 결합하며, 꼬리 부분은 수송될 물체에 결합한다. 분자량이 약 380 kDa인 키네신은 다른 유형의 운동단백질인 미오신(근육 미오신, 520 kDa)과 디네인(1,000 kDa 이상)보다 상당히 더 작다. (*b*) 미세소관 선로를 따라 이동하는 키네신 분자의 개요도. 여기에 나타낸 번갈아 옮기기(hand-over-hand) 모형에서, 2개의 머리 부분은 똑같으나 교대로 운동을 한다. 이것은 마치 사람이 정원에서 일직선상으로 놓인 디딤돌 길을 걷는 것과 비슷하다. 걸음을 걸을 때, 뒤따라가는 머리 부분(다리)은 자루 부분(몸통)의 왼쪽과 오른쪽에서 교대로 16 nm씩 앞을 향해 이동한다. (*c*) 시험관 속 이동성 시험을 통한 키네신의 개관. 키네신이 덮개유리 위에 축적된 후, 형광표지자(초록색)으로 표지된 미세소관이 첨가된다. 이후 현미경으로 관찰된다. 키네신의 운동 활성은 미세소관이 덮개유리 위로 미끄러져 이동하게 한다.

정제된 키네신 분자들을 시험관내 운동성 시험법(in vitro motility assay)으로 관찰될 수 있다(그림 13.9*c* 참조). 그러한 시험법에서, 정제된 키네신은 덮개유리에 부착되고, 미세소관이 ATP를 포함하는 배양액과 함께 추가된다. 키네신은 유리에 고정되어 있기 때문에, 미세소관은 운동단백질이 이동하는 방향과 반대인 방향으로 이동한다. 정제된 키네신-1이 이 분석법을 통해 실험될 때, 운동단백질은 미세소관을 따라 양(+)의 말단방향으로 이동한다. 키네신은 따라서 양(+)의 말단 지향적 미세소관 운동단백질이라 불린다. 모든 미세소관들의 음(−)의 말단이 세포체를 향하는 축삭에서는, 키네신이 소낭과 다른 화물들을 시냅스 끝을 향해 수송한다. 이러한 키네신에 대한 발견은 <역사적 실험 I>에서 논의된다.

하나의 키네신 분자는 ATP 농도에 비례하는 속도로(초당 약 1 μm의 최대 속도까지) 미세소관에서 하나의 원섬유를 따라 이동한다. ATP의 농도가 낮으면, 키네신 분자들은 명확한 걸음걸이로 이동한다고 결론을 내리기에 충분할 정도로 느리게 이동한다(그림 9.9*b*). 각 걸음 보폭은 약 8 nm이고, 또한 이 길이는 원섬유에서 튜불린 2량체 1개의 길이와 같으며, 이 걸음을 이동하기 위해 1분자의 ATP가 가수분해되어야 한다. 키네신의 보폭 측정에 사용된 방법들은 이 장 마무리의 <역사적 실험 I> 키네신의 보폭에 기술되어 있다. 키네신은 그림 13.9*b*와 관련 삽화에 그려진 "번갈아 끌어당기기(hand-over-hand)" 기작에 의해 이동한다는 것이 현재 일반적으로 받아들여지고 있다. 사람이 두 손으로 밧줄을 번갈아 가며 잡고 오르는 것과 비슷한 이 모형에 따라서, 걸음 때마다 자루 부분과 화물이 회전하지 않으면서 2개의 머리 부분이 교대로 앞서고 뒤서는 자세를 취한다.

시험관 속 및 생체 내에서, 키네신 분자의 운동은 매우 **진보적(processive)**이다. 이 표현은 운동단백질이 미세소관을 따라 상당한 거리(1 μm 이상)를 떨어지지 않고 이동하는 것을 의미한다. 2개의 머리 부분을 갖고 있는 키네신은, 그 중 최소한 1개의 머리 부분이 미세소관에 항상 붙어 있기 때문에, 이러한 재주를 피울 수 있다(그림 13.9*b*). 이런 능력을 가진 운동단백질은 작은 화물꾸러미들을 독자적으로 원거리 수송하는 데 잘 적응되어 있다.

키네신 분자에 있는 2개의 머리 부분은 서로 협조적인 방식으로 행동하기 때문에, 이 2개의 머리 부분은 어느 일정 시각에 화학적 및 기계적 주기가 항상 서로 다른 시기에 있게 된다. 1개의 머리 부분이 미세소관에 결합하면, 이 운동단백질 근처의 목 부분에서 입체 구조의 변화가 일어나게 된다. 이로 인하여 다른 1개의 머리 부분이 원섬유 위에 있는 다음 결합자리를 향해 앞으로 나아가게 된다. 앞으로 이동하는 머리 부분은 아마도 신속한 확산적인(무작위적) 탐색을 통해 원섬유에 있는 자신의 정확한 결합자리를 찾을 것이다. 이 과정에서 미세소관은 단순한 수동적 선로가 아니라 키네신 분자의 기계적 주기 그리고 화학적 주기의 어느 단계들을 자극하는 데 있어서 능동적인 역할을 한다. 자유로워진 용해성 키네신은 구조적으로 접히면서 스스로 억제하는 변화를 겪으며 활성화되기 위해 수송체 및 미세소관과의 결합을 필요로 한다.

키네신-1처럼, 대부분의 KRP는 이들이 결합되어 있는 미세소관의 양(+)의 말단 쪽을 향하여 이동한다. 그러나 널리 연구된 노랑초파리(*Drosophila melanogaster*)의 Ncd 단백질을 비롯하여, 작은 키네신 집단(키네신-14라 불리는)은 반대방향, 즉 미세소관 궤도의 음(−)의 말단 쪽을 향해 이동한다. 양(+)의 말단 지향적 KRP 및 음(−)의 말단 지향적 KRP의 머리 부분들은 서로 다른 구조를 갖고 있을 것으로 예상할 수 있는데, 이는 촉매작용을 하는 모터 영역을 갖고 있기 때문이다. 그러나 이들 두 단백질에서 머리 부분의 차이점은 거의 구별할 수 없다. 대신, 이동하는 방향이 다른 것은 두 단백질에서 인접해 있는 목 부분의 차이로 인한 것으로 밝혀졌다. 음(−)의 말단을 향하여 이동하는 성질이 있는 Ncd 분자의 머리 부분을 키네신-1 분자의 목 부분과 자루 부분에 결합시키면, 이 혼성 단백질은 선로의 양(+)의 말단을 향하여 이동한다. 그래서 이 혼성 운동단백질은 양(+)의 말단 방향으로 이동한다. 즉, 이 혼성 단백질이 정상적으로는 미세소관의 음(−)의 말단으로 이동하는 촉매부위를 갖고 있더라도, 이 단백질이 양(+)의 말단에 있는 운동단백질의 목 부분과 결합되면, 이 단백질은 양(+)의 말단을 향해 이동한다.

키네신-유사 단백질의 3번째 집단을 구성하는 단백질들(키네신-13)은 운동을 할 수 없다. 이 집단의 KRP는 미세소관의 양(+)의 말단 그리고 음(−)의 말단 어느 쪽과도 결합하여 미세소관을 따라 이동하지 않고 오히려 미세소관을 해체시킨다. 이 단백질들을 흔히 미세소관 탈중합효소(microtubule depolymerase)라고 한다.[1] 세포가 분열하는 동안에, 이 단백질들과 다른 KRP의 중요한 역할은 제14장에서 탐구될 것이다.

키네신에 의해 중개되는 소기관의 수송 우리는 제12장에서 소낭(vesicle)들이 골지복합체와 같이 막으로 된 하나의 구획으로부터 리소솜과 같은 다른 구획으로 어떻게 이동하는지 살펴보았다. 세포질의 소낭들과 소기관들이 이동하는 경로는 주로 미세소관에 의해 정해지며(그림 13.1 참조), 키네신 대집단에 속하는 단백질들이 이런 막으로 둘러싸인 화물의 이동을 추진시키는 힘을 발생하는 물질임을 강하게 암시한다. 축삭에서처럼, 대부분의 세포들에서 미세소관의 양(+)의 말단은 세포의 중앙으로부터 먼 곳을 향해 배열되어 있다. 그러므로 키네신 대집단에 속하는 단백질들은 소낭들 및 소기관들(예: 퍼옥시솜과 미토콘드리아)을 세포의 원형질막을 향하여 세포의 바깥쪽 방향으로 이동시키는 경향이 있다. 이것이 **그림 13.10**의 사진들에 나와 있다. *a*와 *c*로 표지된 한 쌍의 이 사진들은 수정 후 9.5일 된 정상 마우스 배아로부터 분리된 세포를 보여주며, 미세소관(초록색)과 미토콘드리아(주황색)의 위치를 알려준다. *b*와 *d*로 표지된 한 쌍의 사진들은 KIF5B 키네신의 무거운 사슬(키네신-1 그룹의 일원)을 암호화하는 유전자 2개 모두 없는 수정 후 9.5일 된 마우스 배아로부터 분리된 세포이다. 만일 양(+)의 말단 방향으로 이동하는 키네신이 막으로 된 소기관들을 바깥쪽을 향하여 이동시키는 역할을 한다면(또한 그림 13.11*c* 참조), 예상된 것처럼 KIF5B가 결여된 세포의 미토콘드리아는 세포의 주변부에서는 관찰되지 않는다.

[1]키네신-8 집단의 일원들은 또한 해체효소들로 활동하지만 앞으로 향하는 이동에 의해 미세소관의 끝부분에 도달한다.

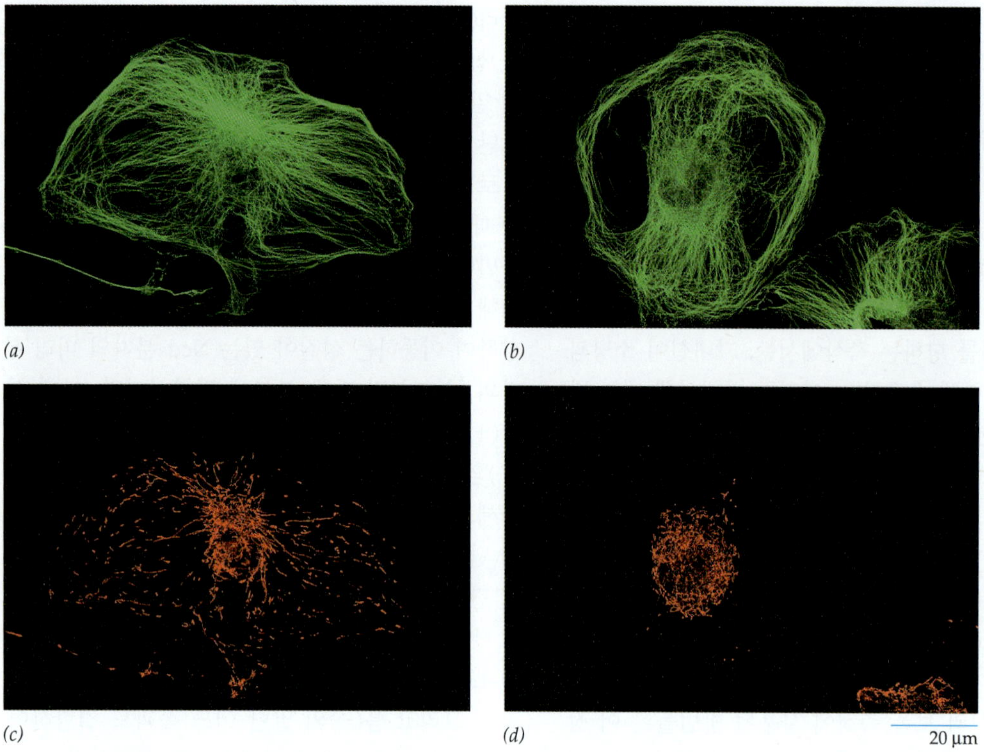

그림 13.10 **키네신 대집단에 속하는 단백질들 중 한 가지가 결핍된 세포에서 표현형의 변화.** (*a,c*) 수정 후 9.5일 된 정상적인 마우스 배아외 조직(extraembryonic tissue)에서 분리된 대조구 세포에서, 미세소관(초록색)은 a에 그 리고 미토콘드리아(빨간색)는 c에 염색되었다. 세포에서 상당수의 미토콘드리아가 세포 주변부에 있는 미세소관을 따라 위치되어 있다. (*b,d*) 마우스와 사람에서 세 가지 재래형 키네신 동형(isoform) 중의 하나인, KIF5B를 암호화하는 유전자가 결여된 배에서 분리된 대조구에 해당하는 세포. 모든 미토콘드리아가 세포의 중앙부에 모여 있는데, 이것은 KIF5B가 세포의 바깥쪽 방향으로 미토콘드리아를 수송하는 일을 담당하고 있음을 제시한다.

출처: Yosuke Tanaka, et al., *Cell* 93:1150, 1998에서 발췌. Nobutaka Hirokawa 제공. Elsevier의 허가를 얻음

세포질 디네인

미세소관-결합 운동단백질은 섬모(cilia)와 편모(flagella)의 운동을 담당하는 단백질로서 1963년에 최초로 발견되었다. 이 단백질은 **디네인(dynein)**으로 명명되었다. 거의 즉시 이 단백질의 세포질 형태들이 존재하리라고 의심하였으나, 비슷한 단백질이 포유동물의 뇌 조직에서 정제되어 특성이 밝혀져서, 이를 **세포질 디네인(cytoplamic dynein)**이라고 부르기까지 20년 이상 걸렸다. 우리들 개개인은 특수한 기능에 적응된 많은 종류의 키네신(그리고 미오신)을 갖고 있는 반면에, 단지 두 가지의 세포질 디네인만으로 일을 처리할 수 있으며, 그 중 한 가지는 대부분의 수송작용을 담당하는 것으로 보인다.

세포질 디네인은 동일한 2개의 무거운 사슬과 여러 가지 중간 사슬들 그리고 가벼운 사슬들로 구성되어 있는 아주 큰 단백질(약 1,500만 Da의 분자량)이다(**그림 13.11a**). 각 디네인의 무거운 사슬은 긴 돌출부(자루 부분)와 큰 구형 머리 부분으로 구성되어 있다. 키네신의 머리 부분보다 더 큰 디네인의 머리 부분은 힘을 발생시키는 엔진의 역할을 한다. 각 자루 부분의 끝에는 미세소관과 결합하는 가장 중요한 자리가 있다. 줄기 부분[stem, 또는 꼬리 부분(tail)]으로 알려진 더 긴 돌출부는 중간 사슬들 및 가벼운 사슬들과 결합하는데, 이들의 기능은 잘 알려져 있지 않다. 구조를 분석한 바에 의하면, 디네인 모터 영역은 하나의 바퀴 모양으로 된 몇 개의 독특한 기능단위(module)들로 구성되어 있다(그림 13.31 참조). 이런 구조를 갖고 있는 디네인 운동단백질은 구조와 작동양식에 있어서 기본적으로 키네신 및 미오신과 다르다.

시험관내 운동성 시험법에 의하면, 세포질 디네인은 중합체의 음(−)의 말단을 향하여—키네신과는 반대로—미세소관을 따라 앞으로 이동한다(그림 13.11*b*). 세포질 디네인은 진균과 원생생물뿐만 아니라 동물계에 모두 존재하지만 고등식물은 진화를 거쳐 손실된 것으로 보인다. 대신에 그들은 확장된 음의 방향 키네신(키네신-14)의 배열을 가진다. 구체적인 증거에 의하면, 세포질 디네인은 최소한 다음과 같은 두 가지의 역할이 잘 밝혀진 것으로 보인다.

1. 유사분열하는 동안, 방추체의 위치를 정해주며, 염색체들을 이동시키는 데 필요한 힘을 발생시키는 물질의 역할을 한다(제14장에서 논의됨).
2. 세포질을 통해 중심체와 골지복합체의 위치를 정해주며 소기관과 소낭 및 입자를 이동시키는 데 있어서 음(−)의 말단을 지향하는 미세소관 운동단백질의 역할을 한다.

신경세포에서 세포질 디네인은 막으로 싸인 소기관들의 역방향 이동 그리고 미세소관들의 전방향 이동과 관련되어 있다. 섬유아세포와 다른 비신경세포들에서 세포질 디네인은 막으로 싸인 소기관들을 세포의 주변부에서 중앙을 향하여 수송하는 것으로 생각된다(그림 13.11*c*). 디네인에 의해 수송되는 화물들로는 엔도솜(endosome), 리소

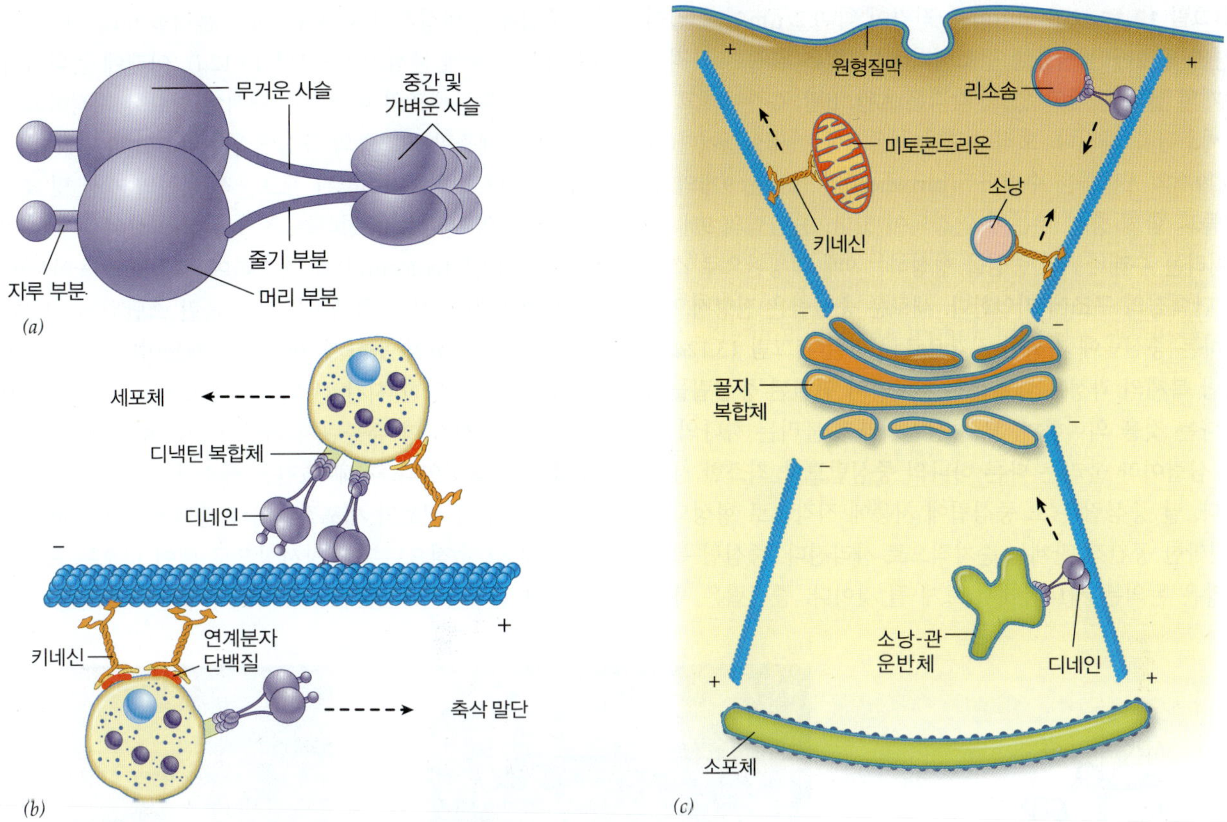

그림 13.11 세포질 디네인과 미세소관 선로를 이동하는 운동단백질에 의한 소기관의 수송. (*a*) 세포질 디네인 분자의 구조. 이 분자는 2개의 무거운 사슬과 이 분자의 기부에 몇 개의 더 작은 중간 사슬들 및 가벼운 사슬들을 갖고 있다. 각 디네인의 무거운 사슬은 크고 구형인 힘-발생 머리 부분, 미세소관에 결합하는 자리를 갖고 있는 돌출된 자루 부분(stalk), 그리고 줄기 부분(stem) 등을 갖고 있다. (*b*) 2개의 소낭이 동일한 미세소관을 따라 반대 방향으로 이동하는 개요도로서, 하나는 미세소관의 양(+)의 말단을 향하여 이동하는 키네신에 의해 동력을 갖게 되며, 다른 하나는 미세소관의 음(−)의 말단을 향하여 이동하는 세포질 디네인에 의해 동력을 갖게 된다. 여기에 그려진 모형에서, 각 소낭은 두 가지 운동단백질을 갖고 있다. 그러나 위에 있는 소낭에서 키네신 분자는 불활성화되어 있고 아래에 있는 소낭에서는 디네인 분자가 불활성화되어 있다. 이 두 가지 운동단백질은 모두 중간물질에 의해 소낭의 막에 붙어 있다. 즉, 키네신은 다양한 내재 막단백질 및 표재 막단백질에 의해 소낭에 부착될 수 있으며, 디네인은 디낵틴(dynactin)이라고 하는 가용성 단백질 복합체에 의해 부착될 수 있다. (*c*) 극성이 없는 배양된 세포에서 소낭, 소낭-관 운반체(VTC), 그리고 소기관 등이 키네신과 디네인의 중개에 의해 수송되는 모식도.

솜, 골지복합체 쪽으로 가는 소포체-기원 소낭, RNA 분자, 감염된 세포에서 핵으로 수송되는 HIV 바이러스 등이 있다. 세포질 디네인은 막으로 싸여 있는 화물들과는 직접 작용하지 않으나, 여러 소단위 단백질인 디낵틴(dynactin)이라는 중개연결자를 필요로 한다. 또한 디낵틴은 디네인의 활성을 조절할 수도 있으므로, 운동단백질이 미세소관에 결합하도록 도와주어서 앞으로 이동하려는 능력을 증가시킨다.

그림 13.11*c*에 그려진 단순화된 모형에 따르면, 키네신과 세포질 디네인은 동일한 철도망 위에서 반대 방향으로 비슷한 물질을 이동시킨다. 그림 13.11*b*에 나타낸 것처럼, 소기관들은 키네신 그리고 디네인에 동시에 결합할 수 있으며, 이런 성질은 상황에 따라 소기관들을 반대 방향으로 이동시킬 수 있는 능력을 갖게 한다. 반대 방향으로 작용하는 운동단백질들의 활성이 어떻게 조절되는지는 확실치 않다. 또한 미오신이 일부의 이런 소기관들의 위에 있을 수도 있다.

13.4 미세소관 형성 중심부

살아 있는 세포 속에서 미세소관의 기능은 미세소관의 위치와 방향성에 따라 다르다. 이 위치와 방향성은 미세소관이 어느 한 장소에서는 조립되고 다른 곳에서는 해체되는지 그 이유를 이해하는 데 있어 중요하다. 시험관 속에서 연구되었을 때, αβ-튜불린 2합체가 미세소관으로 조립되는 것은 뚜렷한 두 가지 시기에 걸쳐 일어난다. 즉, 첫 번째는 미세소관의 작은 부분이 최초로 형성되며 느리게 일어나는 핵 형성(nucleation)의 시기이다. 다음은 매우 빠르게 일어나는 신장(elongation)의 시기이다. 시험관 속에서 일어나는 경우와 다르게, 세포 속에서 미세소관의 핵 형성은 빠르게 일어난다. 이 핵 형성은 세포 속에서 **미세소관 형성 중심부(microtubule-organizing center, MTOC)**라고 하는 특수화된 구조와 관련되어 일어난다. 가장 잘 연구된 MTOC는 중심체이다.

중심체

동물세포에서, 세포골격을 형성하는 미세소관의 핵 형성은 보통 **중심체(centrosome)**에 의해 이루어진다. 중심체는 일정한 모양이 없으며 높은 전자밀도를 지닌 **중심립주변물질(pericentriolar material, PCM)**로 둘러싸여 있는 원통형인 2개의 **중심립(centriole)**으로 이루어진 복합 구조이다(**그림 13.12a,b**). 중심립은 직경이 약 0.2 μm이며 길이는 보통 직경의 약 2배인 원통형 구조이다. 중심립은 일정한 간격으로 배열된 9개의 날들을 갖고 있고, 각각은 A관, B관, C관이라고 하는 3개의 미세소관을 가진다. 오직 A관만이 온전한 미세소관이다(그림 13.12*a,b*). 9개의 A관들은 수레바퀴(cartwheel)라 불리는 9개의 방사살(spoke)들과 함께 중심 부분에 연결되어 있다. 중심립의 9배 대칭은 SAS-6이라는 수레바퀴의 중심을 형성하는 9배 대칭판으로 스스로 조립되는 단백질의 구조에 기인한다. 새로운 중심립은 전형적으로 기존에 존재하는 중심립에 가까이 직각으로 형성된다(그림 13.12*a,c*). 이러한 중심립 복제의 과정은 대부분의 세포들이 연결된 중심립들의 쌍을 포함한다는 것을 의미하며, 모 중심립이라고 불리는 하나의 중심립은 딸 중심립이라 불리는 다른 하나의 중심립보다 최소한 세포주기를 앞선다. 딸 중심립은 모 중심립에 처음에 직각으로 형성되지만, 이러한 정확한 공간적 관계는 순차적으로 사라진다. 중심립 복제에 대한 더 많은 논의는 제14장에서 보게 될 것이다. 중심립은 새로운 중심체를 형성하기 위해 PCM을 불러들이고, 이곳에서 중심립은 PCM의 구름에 묻혀 있다(그림 13.12*d*). 아래에 논의되어진 것처럼, 중심체는 동물세포의 미세소관 개시에 중요한 지점이고, 전형적으로 세포의 미세소관 연결망의 중심에 남는다(그림 13.12*e*).

그림 13.13a는 미세소관 세포골격 형성의 개시 및 조직화에 있어서 중심체의 역할을 증명하는 초기 실험을 보여준다. 배양된 동물세포에 콜세미드(colcemid)를 처리하여 항온기에 놓아두면, 미세소관들이 해체된다. 이는 콜세미드가 튜불린 소단위에 결합하여 세포가 튜불린을 사용하지 못하게 차단하기 때문이다. 그 다음에 콜세미드를 제거하여 다양한 시간 간격으로 세포를 고정하고, 이 세포에 형광물질을 부착시킨 항-튜불린 항체를 처리하여 미세소관의 재조립현상을 추적 관찰하였다. 저해 조건을 해소한 후 수분 내에, 1~2개 밝은 형광점들이 각 세포의 세포질에서 관찰되었다. 15~30분 이내에(그림 13.13*a*), 그 초점으로부터 방사상으로 뻗어 나오는 표지된 미세소관의 숫자가 극적으로 증가된다. 이와 동일한 세포들을 절단하여 전자

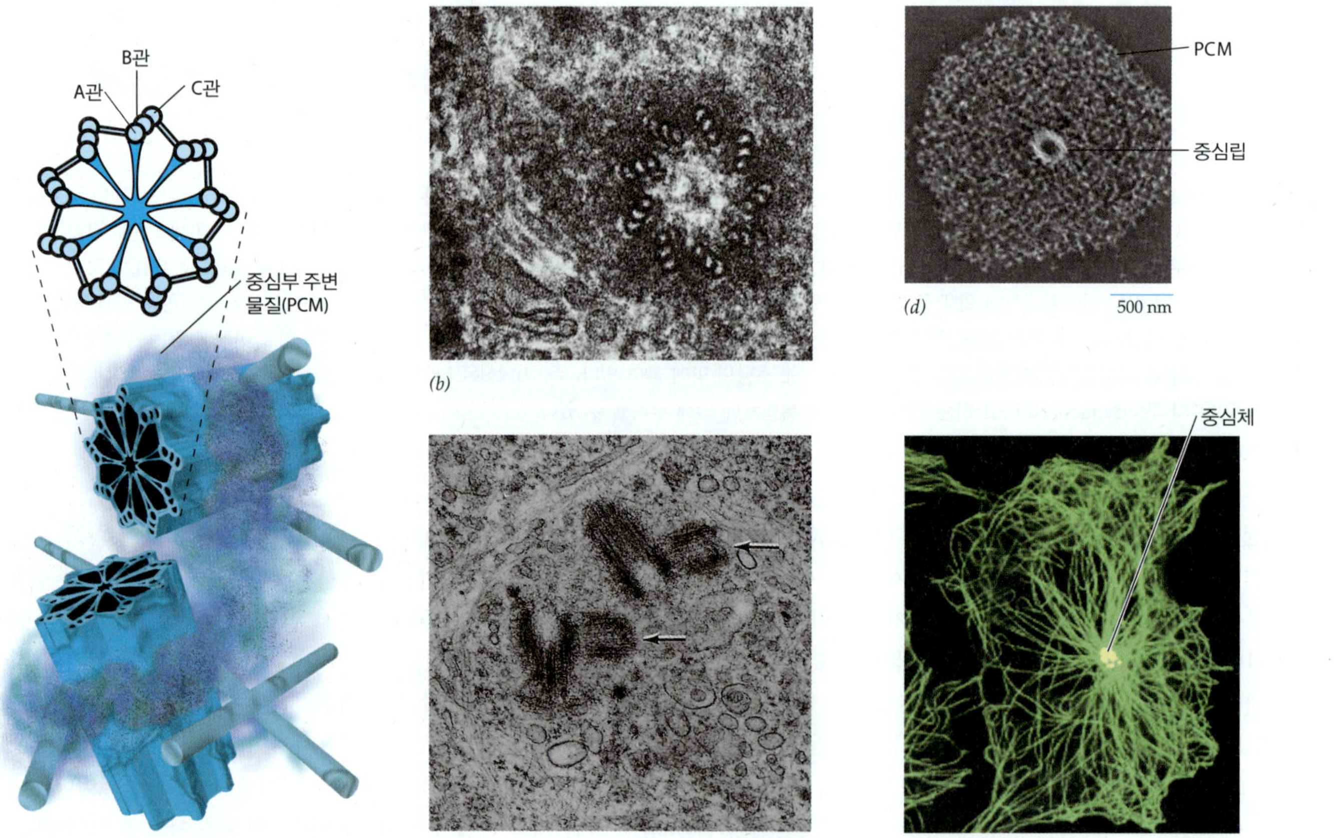

그림 13.12 **중심체.** (*a*) 쌍으로 된 중심립, 그 둘레에 있는 중심립 주변 물질(PCM), 핵형성(nucleation)이 일어나는 PCM으로부터 생기는 미세소관 등을 보여주는 중심체의 개요도. (*b*) 횡단된 중심립의 전자현미경 사진으로서, 주위 섬유들 9개가 바람개비 모양으로 배열된 것을 보여준다. 각 섬유는 1개의 완전한 미세소관과 2개의 불환전한 미세소관으로 구성된다. (*c*) 2쌍의 중심립을 보여주는 전자현미경 사진. 각 쌍은 길이가 더 긴 모 중심립 그리고 크기가 더 작은 딸 중심립(화살표)으로 구성되는데, 작은 크기의 딸 중심립은 세포주기의 이 시기에서 신장되고 있는 중이다(<14.2절>에서 논의됨). (*d*) 1.0 M 요오드화칼륨으로 추출된 중심체를 재구성한 전자현미경 사진으로서, PCM이 느슨하게 구성된 섬유성 격자를 갖고 있는 것을 보여준다. (*e*) 광범위하게 펼쳐져 있는 미세소관 연결망의 중앙에 중심체(중심체의 단백질에 대한 항체로 인하여 노란색으로 염색되었음)가 있음을 보여주는 배양된 포유동물 세포의 형광현미경 사진.

출처: (a) S. J. Doxsey et al., *Cell* 76:643, 1994에서 발췌, Cell 출판사의 허가를 받아 재인쇄함; (b) B.R. Brinkley; (c) Jerome B. Rattner and Stephanie G. Phillips, *J. Cell Biol.* 57:363, 1973, Fig. 4에서 발췌, 락펠러대학교 출판부의 허가를 얻음; (d) Robert E. Palazzo, Bradely J. Schnackenberg et al., *Proc. Nat'l. Acad. Sci. U.S.A.* 95:9298, 1998에서 발췌. © 1998 National Academy of Sciences, U.S.A; (e) Toshiro Ohta, et al., *J. Cell Biol.* 156:88, 2002, Fig. 1에서 발췌. Ryoko Kuriyama 제공. 락펠러대학교 출판부의 허가를 얻음.

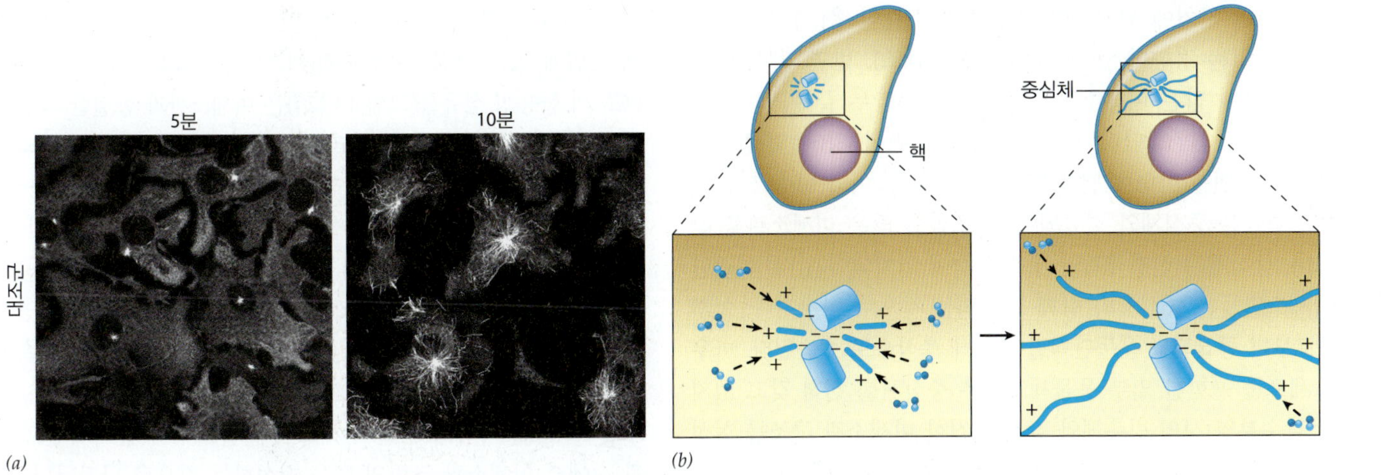

그림 13.13 중심체에서 미세소관 핵 형성. 인간 MKN-1 세포를 미세소관을 해체하는 노코다졸로 처리하였다. 약물은 이후 미세소관이 다시 성장할 수 있도록 제거되었다. 사진은 노코다졸이 제거된 후 5분 그리고 10분에서 미세소관을 인지하는 항체로 염색된 세포의 형광현미경 사진을 보여준다. 제거 후 5분에, 미세소관은 세포내 동일한 지점으로부터 성장하는 것을 볼 수 있다. 이 지점이 중심체이다.

출처: Fumoto K, Kadono M, Izumi N, Kikuchi A. 2009에서 발췌. Axin localizes to the centrosome and is involved in microtubule nucleation. *EMBO Rep.10,* 606–3에서 발췌.

현미경으로 관찰하면, 새로 형성된 미세소관들이 중심립으로부터 바깥쪽을 향하여 방사상으로 뻗어 나오는 것을 볼 수 있다. 확대하여 관찰해 보면, 미세소관들은 실제로 중심체 속으로 통과하지 않고 중심립과 접촉되어 있으나, 중심립 주변에 있는 밀도가 짙은 PCM에서 끝나 있다. 이것이 미세소관 형성을 개시하는 물질이다(**그림 13.14c** 참조).

중심체는 미세소관의 핵 형성이 일어나는 장소이기 때문에, 세포골격의 미세소관들은 모두 동일한 방향으로 극성(polarity)을 가진다. 즉, 음(−)의 말단은 중심체와 결합되어 있고, 양(+)의 (또는 성장하는) 말단은 반대쪽 끝에 위치한다(그림 13.13*b*). 전체 미세소관 중에서, 중심체와 연결되어 있는 미세소관 부분은 세포의 유형에 따라 매우 다양하다. 극성이 없는 세포(예: 섬유아세포)의 중심체는 대체

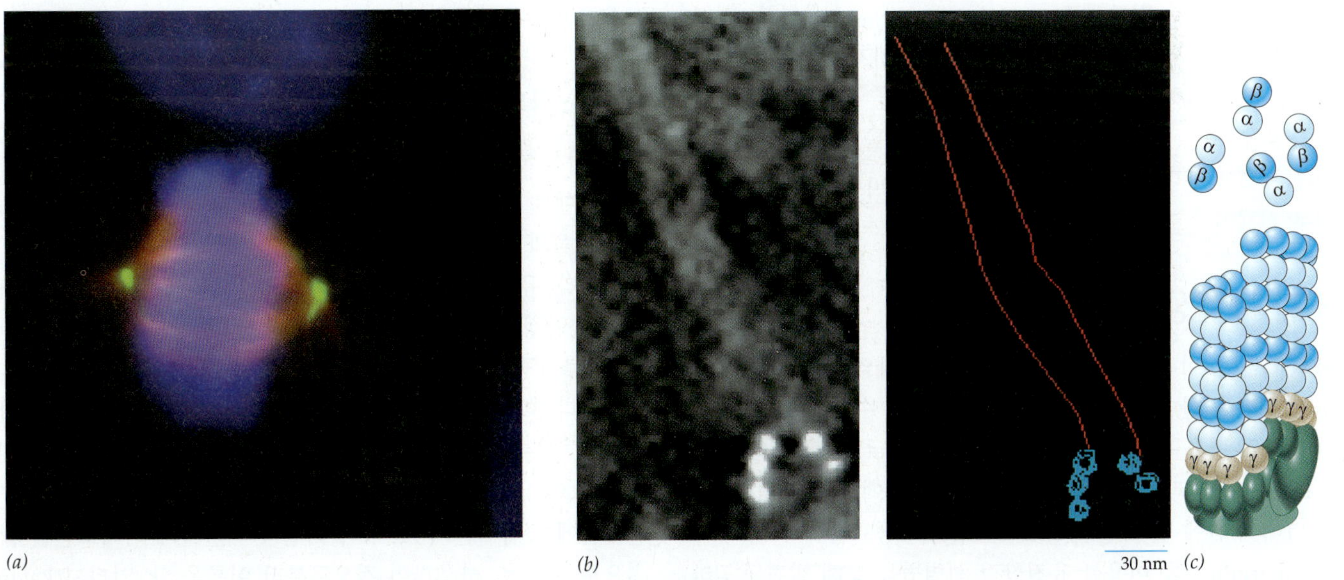

그림 13.14 중심체의 기능에 있어서 γ-튜불린의 역할. (*a*) γ-튜불린(주황색), 튜불린(초록색), 그리고 DNA(파란색)로 염색된 인간 UsOS 세포의 방추사를 보여주는 이미지. (*b*) 중심체 일부의 전자현미경 사진을 바탕으로 재구성한 것으로서, 이 중심체는 시험관 속에서 정제된 튜불린과 함께 배양된 후, γ-튜불린에 대한 항체로 표지되었다. 이 항체는 재구성된 사진에서 볼 수 있도록(하얀색 점들로) 금 입자와 결합시켰다. 튜불린과 함께 배양하는 동안, 중심체는 미세소관들의 핵을 형성하기 위한 MTOC의 역할을 한다. 이때 미세소관들의 음(−)의 말단은 흔히 반원 또는 고리 모양으로 배열된 금 입자들로 표지되어 보인다. 오른쪽 그림은 왼쪽의 재구성된 사진에서 보이는 미세소관의 윤곽을 나타낸 것이다. (*c*) 미세소관이 조립되는 동안 γ-튜불린의 기능을 나타낸 모형. 핵 형성(nucleation)은 αβ-튜불린 2합체가 열린 고리 모양의 γ-튜불린 분자들(갈색)에 결합하여 시작되며, 이 γ-튜불린 분자들은 커다란 γ-TuRC를 구성하는 많은 다른 단백질들(초록색)에 의해 고정되어 있다. γ-TuRC에 의해 핵이 형성되면, α-튜불린 단량체들로 이루어진 고리가 γ-TuRC의 음(−)의 말단에 위치되어 미세소관의 극성을 결정한다.

출처: (a) Robert S. McNeil/Baylor College of Medicine/Science Source Images; (b) David A. Agard, Michelle Moritz, et al., *Nature* 378:639,1995, Fig. 1b에서 발췌. Macmillan Publishers Ltd.의 허가를 얻음.

로 세포의 중앙 근처에 위치하며, 많은 미세소관의 음(−)의 말단과 결합된 채로 있는 경향이 있다(그림 13.12*e* 참조). 반면, 극성이 있는 상피세포에서 많은 미세소관들은 세포의 정단부 끝부근의 분산된 자리에서 음(−)의 말단에 고정되어 있는 반면에, 양(+)의 말단은 세포의 기부 표면을 향하여 뻗어 있다(그림 13.1). 이와 비슷하게, 신경세포의 축삭은 중심체와 결합되어 있지 않은 많은 미세소관을 갖고 있으며, 중심체는 신경세포의 세포체 속에 위치되어 있다. 이러한 축삭 미세소관들은 중심체와 함께 형성되는 것으로 여겨지나, 이후 MTOC로부터 공급되고 운동단백질에 의해 축삭으로 수송된다. 마우스 난모세포를 포함한 일부 동물세포들은 중심체를 전혀 갖고 있지 않지만, 감수분열 시의 방추체와 같은 복잡한 미세소관 구조를 형성할 수 있는 능력을 여전히 갖고 있다(제14장에서 논의됨). 중심체 연관 단백질에 대한 유전적 결함을 가진 환자들은 뇌의 크기가 감소된 소두증(microcephaly)을 보이는데, 이는 아마도 신경세포의 생장과 이동이 중심체 기능 감소에 특히 민감하기 때문인 것 같다.

기저체와 다른 미세소관 형성 중심들

중심체가 세포에서 유일한 미세소관 형성 중심(MTOC)은 아니다. 섬모나 편모에서 바깥쪽으로 돌출된 미세소관들은 섬모나 편모의 기저부에 있는 **기저체(basal body)**라고 하는 구조의 미세소관으로부터 생긴다(그림 13.28 참조). 기저체는 구조적으로 중심립과 동일하며, 실제로 기저체와 중심립은 서로 가역적으로 생길 수 있다. 예로서, 정자 세포의 편모를 만드는 기저체는 중심립에서 유래되는데, 이 중심립은 정자를 만드는 정모세포(spermatocyte)가 감수분열할 때 형성되었던 방추체의 부분이었다. 역으로, 정자의 기저체는 보통 수정란이 처음 유사분열하는 동안에 중심립으로 된다. 식물세포들은 중심체와 중심립, 또는 뚜렷한 다른 유형의 MTOC를 갖고 있지 않다. 대신, 식물세포에서 미세소관의 핵 형성(nucleation)은 핵 표면 주위와 피질부 전체에서 이루어진다(**그림 13.15** 참조).

미세소관 핵 형성

모든 MTOC들은, 여러 곳에서 나타나는 것과 관계없이, 모든 세포에서 비슷한 역할을 한다. 즉, MTOC는 미세소관의 수, 미세소관의 극성, 미세소관의 벽을 구성하는 원섬유(protofilament)의 수 그리고 미세소관 조립의 시간과 위치 등을 조절한다. 그 외에, 모든 MTOC들은 1980년대 후반에 벌 오클리(Berl Oakley)와 동료들에 의해 누룩곰팡이(Aspergillus)를 이용한 유전학적 선별법을 통해 발견된 **감마 튜불린(γ-tubulin)**이라고 하는 튜불린의 한 종류인 공통된 단백질요소를 공유한다. 비신경세포에서 단백질의 약 2.5%를 구성하는 α- 및 β-튜불린과 다르게, γ-튜불린은 세포 전체 단백질의 단지 약 0.005%만을 구성한다. γ-튜불린에 대한 형광항체는 중심체의 중심립주변물질을 비롯한 모든 유형의 MTOC를 염색시킨다. 이는 γ-튜불린이 미세소관 핵 형성에 있어서 중요한 구성요소임을 제시한다(그림 13.14*a*). 이 결론은 다른 연구들에 의해 지지된다. 예를 들어서, γ-튜불린 돌연변이는 MTOC에서 미세소관 핵 형성의 감소를 야기한다.

미세소관 핵 형성의 기작을 이해하기 위해서, 연구자들은 중심체 주위에 있는 중심립주변물질(PCM)의 구조와 조성에 집중하였다. PCM의 불용성 섬유들(그림 13.12*d*)은 미세소관과 동일한 직경(25 nm)이며 γ-튜불린을 갖고 있는 고리 모양의 구조가 붙는 장소의 역할을 하는 것으로 생각된다. 이 고리 모양의 구조들은 정제된 중심체들을 γ-튜불린과 결합하는 금으로 표지된 항체와 함께 배양되었을 때 발견되었다. 전자현미경에서 이 금 입자들은 미세소관의 음(−)의 말단에 위치한 반원 또는 고리 모양으로 모여 있는 것으로 보였다(그림 13.14*b*). 이 입자들은 핵 형성이 일어나는 중심체의 PCM 속에 묻혀 있는 미세소관의 말단들이다. 비슷한 γ-튜불린 고리복합체(γ-tubulin ring complex, γ-TuRC)들이 세포 추출물로부터 분리되었으며, 시험관 속에서 미세소관 조립의 핵을 형성하는 것으로 나타났다. 구조 연구들은 γ-TuRC가 부속단백질들과 각각 결합한 γ-튜불린 소단위들(갈색)의 나선배열을 보였다. 그 결과로 열린 고리 모양의 주형을 형성하며, 이 주형 위에 αβ-튜불린 2합체들의 첫 번째 열이 조립된다(그림 13.14*c*). 미세소관내 원섬유의 수는 고리 주변 γ-튜불린의 수에 의해 엄격히 조절된다. 이러한 모델에서 이질2합체 중 α-튜불린만이 γ-튜불린 고리와 결합할 수 있다. 따라서, γ-TuRC는 전체 미세소관의 극성을 결정하고 또한 미세소관의 음(−)의 말단에서 캡(cap)을 형성한다.

13.5 미세소관의 역동성

세포골격 미세소관은 길이의 수축과 연장, 해체와 재조합을 이루는 역동적인 중합체이다.

미세소관의 동적인 특성들

모든 미세소관들이 형태적으로 아주 비슷하게 보이더라도, 그들의 안정성에는 현저한 차이가 있다. 미세소관들은 이에 결합된 단백질(MAP)들과 아마도 아직 밝혀지지 않은 다른 요소들이 있을 때 안정화된다. 유사분열 방추체 또는 세포골격을 구성하는 미세소관들은 극히 불안정하여 쉽게 해체된다. 성숙한 신경세포의 미세소관은 훨씬 덜 불안정하며, 중심립, 섬모, 편모 등에 있는 미세소관은 대단히 안정하다. 미세소관 안정성에 대한 이러한 차이들은 미세소관을 안정하게 하는 MAP을 포함하는 미세소관 결합단백질들에 의해 결정되며(그림 13.4), 이러한 단백질들은 성장하는 미세소관의 양(+)의 끝부분에 결합하는 +TIP라 알려진 단백질들과 미세소관을 짧은 단편으로 자르는, 사무라이 검으로부터 이름을 딴, 카타닌(katanin)이라는 효소이다. 미세소관 안정성은 또한 튜불린 카복실 말단에 다수의 글루탐산이 공유결합으로 부착되는 것과 같은 튜불린 소단위들의 번역 후 변경들에 의해 조절되어진다. 살아 있는 세포들은 다른 세포 구조를 교란시키지 않고 불안정한 세포골격 미세소관을 해체하게 하는 여러 인공적인 물질들로 처리될 수 있다. 미세소관의 해체는 낮은 온도, 정수압(hydrostatic pressure), 높은 Ca^{2+} 농도, 그리고 콜시친(colchicine), 빈블라스틴(vinblastine), 빈크리스틴(vincristine), 노코다졸(nocodazole)과 같은 여러 화학물질들에 의해 유도될 수 있다.

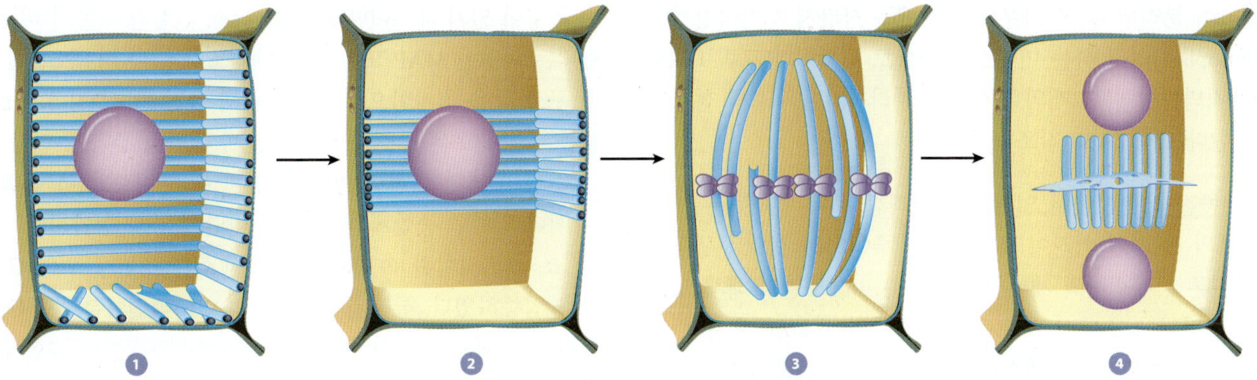

그림 13.15 식물세포의 세포주기가 진행되는 동안에 나타나는 미세소관의 네 가지 주요 배열. 각 시기에서 미세소관의 체제는 본문에 기술되어 있다.

출처: R.H. Goddard et al., Plant Physiol. 104:2, 1994. Plant Physiology by American Society of Plant Physiologists copyright 1994. 미국식물학회의 허가를 얻음.

택솔(Taxol)이라는 약은 매우 다른 기작으로 미세소관의 동적인 활성을 멈춘다. 택솔이 미세소관 중합체에 결합하면, 중합체의 해체를 억제하게 되며, 이에 따라 세포에 필요한 새로운 미세소관의 조립을 막는다. 택솔을 비롯한 이와 같은 많은 화합물들은 종양세포를 선택적으로 죽이기 때문에 암의 화학요법에 이용된다.

세포골격의 미세소관이 불안정하다는 것은 미세소관이 단백질 소단위들의 비공유결합으로 형성된 중합체라는 사실을 의미한다. 이러한 세포골격 미세소관은 때에 따라 세포의 변화가 요구될 경우 보통 탈중합 및 재중합된다. 미세소관 세포골격의 동적인 특성은 식물세포에서 잘 나타난다. 진행적인 식물세포가 유사분열을 한 번 한 후 다음 유사분열까지 이어지면, 다음과 같은 네 가지의 뚜렷한 미세소관 배열이 차례로 나타난다(**그림 13.15**).

1. 대부분의 간기 동안에 식물세포의 미세소관들은, 그림 13.15의 1단계에 그려진 것처럼, 피층부에 널리 분포한다. γ-튜불린을 탐색하면, 이 핵 형성 요소가 피질부 미세소관들의 표면을 따라 위치되어 있는 것을 보여준다. 이것은 새로운 미세소관들이 이미 존재하는 기존의 미세소관 표면 위에서 직접 형성될 수 있음을 시사한다. 이 생각은 살아 있는 세포 속에서(**그림 13.16a**) 튜불린 결합에 관한 연구와 이미 존재하는 미세소관 옆에서 일정한 각도로 분지하여 새로 형성된 미세소관을 보여주는 시험관 속의 분석에 의해서도 지지된다(그림 13.16*b*). 일단 형성되면, 이 딸 미세소관들은 이미 존재했던 부모 미세소관으로부터 절단되어 세포를 둘러싸는 평행하게 배열된 미세소관 다발의 일부가 된다(그림 13.6*a*, 13.15).
2. 세포가 유사분열을 시작할 시기가 가까워짐에 따라, 미세소관들은 대부분의 피질부에서 사라지고, 세포를 벨트처럼 둘러싸는 전기 전 띠(preprophase band)라고 하는 횡으로 배열된 띠만 남는다(그림 13.15, 2단계). 전기 전 띠는 장차 생길 분열 면의 자리를 나타낸다.
3. 세포가 유사분열의 단계로 진행됨에 따라, 전기 전 띠는 사라지고 미세소관들은 유사분열 방추체의 형태로 다시 나타난다(그림 13.15, 3단계).

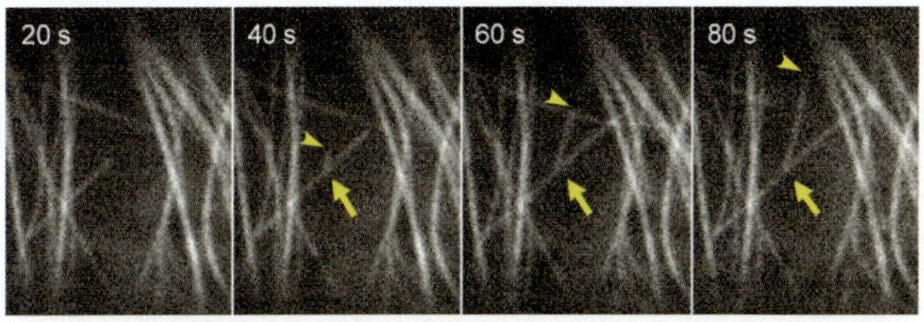

(*a*)

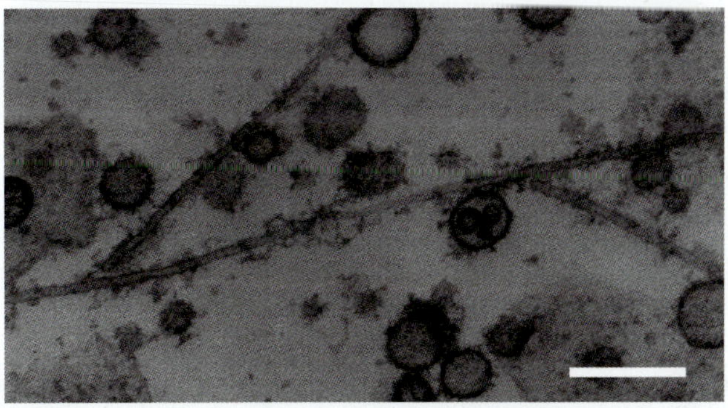

(*b*)

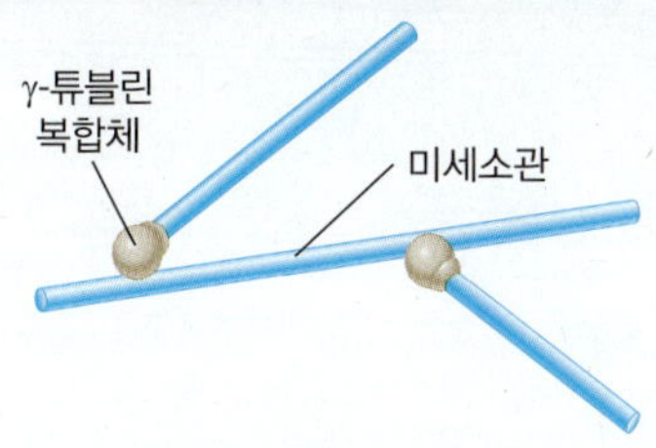

(*c*)

그림 13.16 식물세포 피질부 미세소관 핵 형성. (*a*) 현미경 사진들은 형광물질로 표지된 GFP-튜불린을 발현하고 있는 살아 있는 배양된 담배 세포의 일부를 보여주고 있다. 관찰하는 동안, 피질부에 있는 기존의 미세소관이 딸 미세소관을 조립하기 위해 핵을 형성하고 있으며, 이 딸 미세소관은 Y자 모양의 가지를 형성하여 밖으로 자라고 있다. 새로 형성된 미세소관의 끝이 화살촉으로, 그리고 그 분지점은 화살로 표시되었다. (*b*) 미세소관의 표면으로부터 분지되는 2개의 딸 미세소관을 갖고 있는 미세소관의 전자현미경 사진. 분지된 미세소관은 튜불린 소단위들이 들어 있는 무세포계(cell-free system)에서 조립되었다. 사진의 오른쪽 아래 선의 길이는 10 μm이다. (*c*) 기존의 미세소관 표면 위에 있는 γ-튜불린의 자리에서, 새로운 미세소관이 어떻게 핵을 형성하는가를 보여주는 도식적 모형.

출처: (b) Takashi Murata, et al., *Nature Cell Biol.* 7:961, 2005에서 발췌. Macmillan Publishers Ltd.의 허가를 얻음.

4. 염색체들이 분리된 후, 유사분열 방추체는 사라지고 격벽형성체(phragmoplast)라고 하는 미세소관 다발로 대체된다(그림 13.15, 4단계). 격벽형성체는 2개의 딸세포로 분리시키는 세포벽 형성에 역할을 한다(그림 14.38 참조).

미세소관의 공간적 구성에서 일어나는 이러한 동적 변화들은 다음과 같은 별개의 두 가지 기작이 조합되어 이루어지는 것으로 생각된다. 즉, (1) 기존 미세소관의 재배열, (2) 기존 미세소관의 해체 그리고 그 세포의 다른 장소에서 새로운 미세소관의 재조립. 후자의 경우, 전기 전 띠를 형성하는 미세소관들은 조금 전에 세포의 피질부에 배열되었던 미세소관의 일부였거나 또는 그 전에 격벽형성체를 형성하는 미세소관의 일부였던 것과 똑같은 소단위들로부터 형성된다.

미세소관의 역동성의 기초

미세소관 조립과 해체 속도에 영향을 미치는 요인들에 대한 이해는 초기에 시험관 내에서 수행된 연구들로부터 얻어졌다. 시험관 내에서 미세소관 조립의 최초 성공은 1972년 템플대학교(Temple University)의 리차드 와이센버그(Richard Weisenberg)에 의해 이루어졌다. Weisenberg는 간단히 혼합액의 온도를 올리고 내림으로써, 반복해서 미세소관이 해체되고 재조립될 수 있음을 발견하였다. **그림 13.17**은 정제된 튜불린으로부터 시험관 속에서 조립된 3개의 미세소관을 보여준다. 이 그림에서 3개의 미세소관 중 하나(직경이 더 좁은 것으로 나타나 있음)는 단지 11개의 원섬유만 갖고 있다. 시험관 속에서 조립된 미세소관들이 비정상적인 수의 원섬유를 갖고 있을 수도 있다는 것은 예상치 못한 일이 아니다. 왜냐하면 세포 속에서 γ-튜불린 고리복합체(γ-tubulin ring complex)에 의해 정상적으로 공급된 적당한 주형이 없기 때문이다(그림 13.14*c*). 시험관 속에서 미세소관이 조립되는 과정은 MAP 또는 미세소관 조각 또는 미세소관이 포함된 어떤 구조 등을 첨가함으로써 엄청나게 촉진된다(**그림 13.18**). 이 첨가물들은 자유로운 상태의 미세소관 소단위를 추가로 결합시킬 수 있는 주형의 역할을 한다. 이런 시험관 속 연구에서, 튜불린 소단위들은 이미 있었던 중합체의 양(+)의 말단에 주로 첨가된다.

초기의 시험관 속 연구에서 미세소관 조립을 위해 GTP가 필요함을 입증하였다. 튜불린 2합체가 조립되려면 1분자의 GTP가 β-튜불린 소단위에 결합되어야 한다.[2] 미세소관 말단에 2합체가 실제로 결합되기 위해서 GTP 가수분해는 필요하지 않다. 오히려 GTP는 2합체가 미세소관에 결합된 직후에 GDP로 가수분해되고, 이때 생긴 GDP는 조립된 중합체에 결합된 상태로 남아 있게 된다. 해체되는 동안 2합체가 미세소관에서 방출된 후 가용성 공급원(pool)으로 들어가고, GDP는 새로운 GTP로 대체된다. 이러한 뉴클레오티드 교환은 2합체를 "재충전"하여, 중합체의 구성단위로서 다시 한 번 사용 할 수 있도록 한다. 이 과정은 GTP 가수분해가 포함되어 있기 때문에, 미세소관 조립은 비용이 들지 않는 세포 활동이 아니다. 왜 이렇게 비용이 많이 드는 중합경로로 진화되었는가? 이 질문에 답하기 위해서, GTP 가수분해가 미세소관 구조에 미치는 영향을 생각해 보는 것이 유용하다. 미세소관이 자라고 있을 때, 전자현미경 하에서 양(+)의 말단은 열려 있는 얇은 판으로 보이며 여기에 GTP-2합체가

[2]또한 1분자의 GTP가 α-튜불린 소단위에 결합되지만, 이것은 교환될 수 있는 것이 아니며 소단위의 결합에 이어 가수분해되지 않는다. αβ-튜불린 이질2량체에서 구아닌 뉴클레오티드의 위치를 <그림 13.3*c*>에 나타내었다.

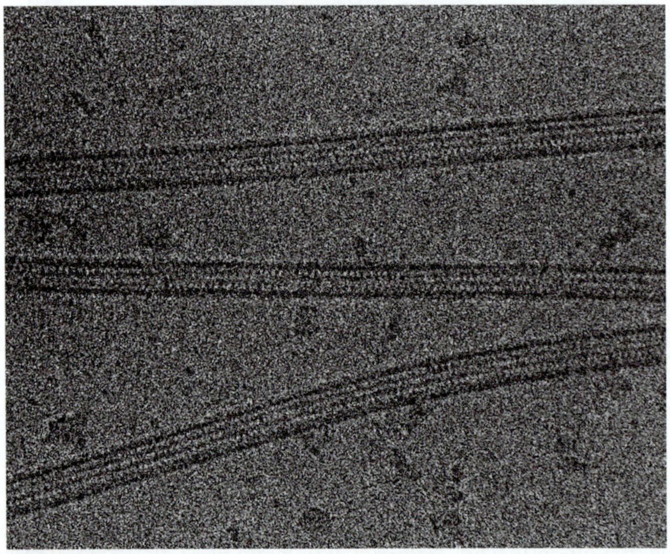

그림 13.17 시험관 속에서 조립된 미세소관들. 시험관 속에서 중합된 미세소관들을 얼려서, 고정하지 않은 채로 관찰한 전자현미경 사진. 각 원섬유와 구형 튜불린 소단위들을 볼 수 있다. 3개의 미세소관 중에서 가운데에 있는 것은 오직 11개의 원섬유만을 갖고 있음에 주목하라.

출처: R.H. Wade(Institut de Biologie Structurale, Grenoble, France) 제공.

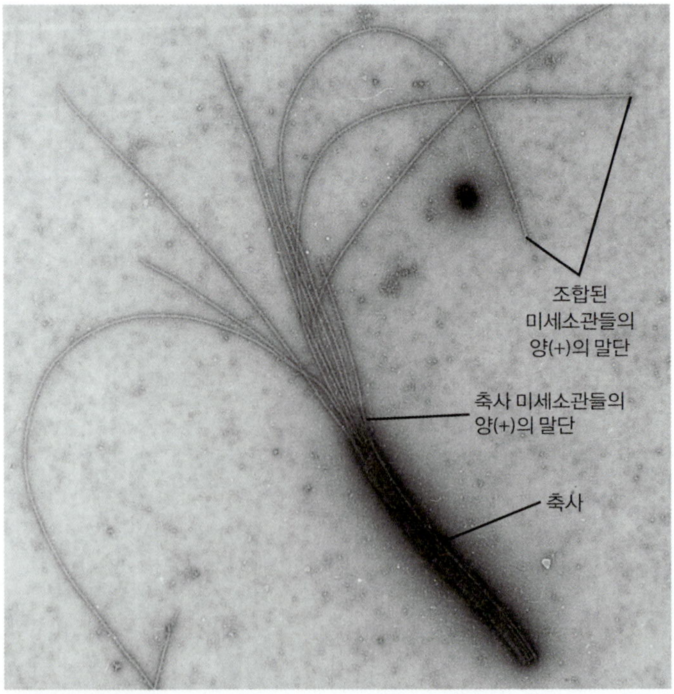

그림 13.18 이미 존재하는 미세소관 구조 위로 튜불린의 조립. 이 전자현미경 사진은, 시험관 속에서 뇌로부터 유래된 튜불린이 클라미도모나스 편모 축사(axoneme)에 있는 미세소관의 양(+)의 말단에서 조립되는 것을 보여준다.

출처: L.I. Binder and Joel L. Rosenbaum 제공.

첨가된다(**그림 13.19a**, **13.19b**, 1단계). 미세소관이 빠르게 자라는 시기에는, GTP가 가수분해되는 속도보다 튜불린 2합체들이 더 빠르게 첨가된다. 원섬유의 양(+)의 말단에서 튜불린-GTP 2합체들의 모자가 형성되는데, 이것은 더 많은 소단위들을 첨가시키고 미세소관의 성장에 유리한 것으로 생각된다. 그러나 그림 13.19*a*의 1단계에서처럼, 말단이 열려 있는 미세소관은 관을 닫히게 하는 자발적인 반응이 일어나는 것으로 생각된다(2단계와 3단계). 이러한 모델에서, 결합된 GTP가 가수분해되어 미세소관이 닫히고, 이것은 GTP가 결합된 튜불린 소단위들을 형성한다. GDP-튜불린 소단위들은 이들의 GTP-튜불린 전구체와 입체구조가 다르기 때문에, 곧게 뻗은 원섬유에 들어맞기에는 덜 적당하다. 그 결과 기계적 변형이 생겨서 미세소관을 불안정하게 만든다. 원섬유들이 관의 양(+)의 말단에서 바깥쪽으로 휘면서 파국적인 탈중합이 진행됨에 따라, 변형 에너지가 방출된다(4단계). 따라서, GTP 가수분해가 미세소관의 역동성을 결정하는 근본적 요소인 것처럼 보인다. GTP 가수분해의 결과로 미세소관에 저장된 변형 에너지는 원래 미세소관을 불안정하게 만들며, 미세소관 결합단백질(MAP)과 같은 다른 안정화 요소들이 없으면 중합된 후 곧 해체될 수 있게 한다. 특히 세포 속에서 미세소관들은 대단히 빠르게 수축될 수 있어서, 세포가 미세소관으로 된 세포골격을 매우 빠르게 해체시킬 수 있게 한다.

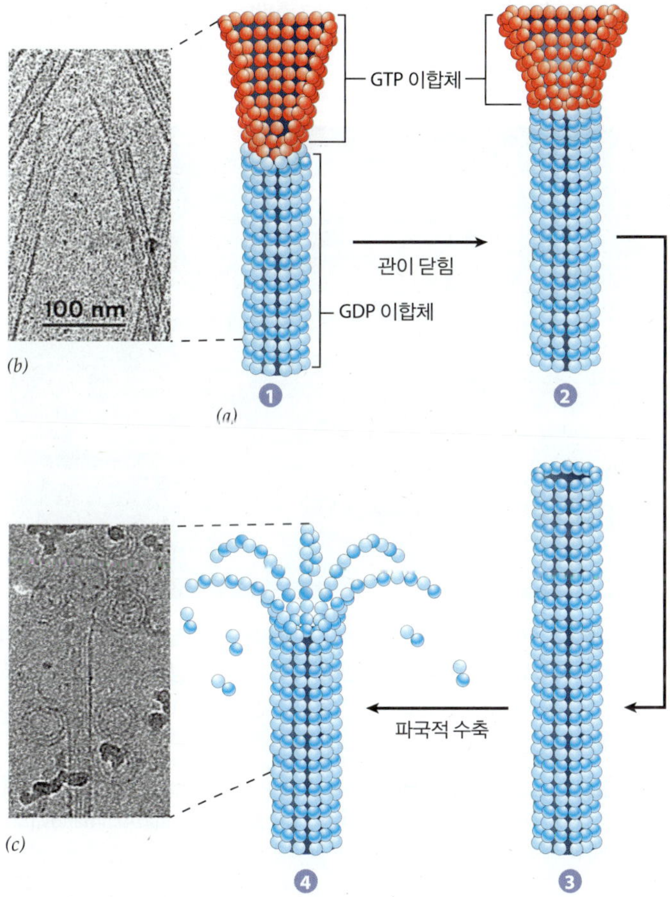

그림 13.19 **동적 불안정성을 보여주는 미세소관 구조의 모자 모형.** 이 모형에 따르면, 미세소관의 성장 또는 수축은 미세소관의 양(+)의 말단에 있는 튜불린 2합체의 상태에 의존한다. 튜불린-GTP 2합체는 빨간색으로, 튜불린-GDP 2량체는 파란색으로 나타내었다. 성장하는 미세소관에서(1단계), 그 말단은 튜불린-GTP 소단위들을 갖고 있는 열린 얇은 판 모양이다. 2단계에서, 관이 닫히기 시작하고 결합된 GTP를 가수분해시킨다. 3단계에서, 이 관의 말단까지 닫히고 튜불린-GDP 소단위들만 남는다. GDP-튜불린 소단위들은 GTP-튜불린 소단위들에 비하여, 그 입체구조가 휘어 있어서 곧게 뻗은 원섬유에 잘 맞지 않게 된다. 이 미세소관의 양(+)의 말단에 있는 GDP-튜불린 소단위들로부터 생긴 변형된 부분은, 원섬유들이 관의 바깥으로 휘면서 파국적인 수축이 일어날 때 방출된다(4단계). (*b*) 휜 얇은 판을 보여주는 성장하는 미세소관 끝 부분의 극저온전자현미경(Cryo-EM) 사진. (*c*) 바깥으로 휜 원섬유를 보여주는 미세소관의 수축하는 끝부분에 대한 극저온전자현미경 사진.

출처: (a) A.A. Hyman and E. Karsenti, *Cell* 84:402, 1996에서 발췌. Cell 출판사의 허가를 얻어 재인쇄함; (b) Thomas Meuller-Reichert(T.U. Dresden, Medical Theoretical Center(MTZ)) and Anthony A. Hyman(Max Planck Institute of Molecular Cell Biology and Genetics) 제공.

세포 속에서 미세소관으로 된 세포골격의 동적인 특성은 배양된 세포 내에 GFP로 표지된 튜불린을 발현하여 밝혀질 수 있다. 표지된 소단위들은 형태적 변화가 없는 상태에서도 이미 존재하던 미세소관에 신속하게 결합된다(**그림 13.20**). 만일 각각의 미세소관들을 형광현미경으로 관찰한다면, **그림 13.21**에서 관찰되고 있는 미세소관에서 볼 수 있는 것과 같이, 잠시 동안 느리게 성장하는 것처럼 보이다가 그 다음 신속하게 그리고 예상치 못하게 수축된다. 이러한 성장에서 수축(파국이라 불리는 사건)의 변화는 생체 내에서 매우 높은 빈도로 발생하기 때문에, 대부분의 미세소관들은 세포에서 몇 분 안에 사라지고 중심체로부터 자라나오는 새로운 미세소관들로 대체된다.

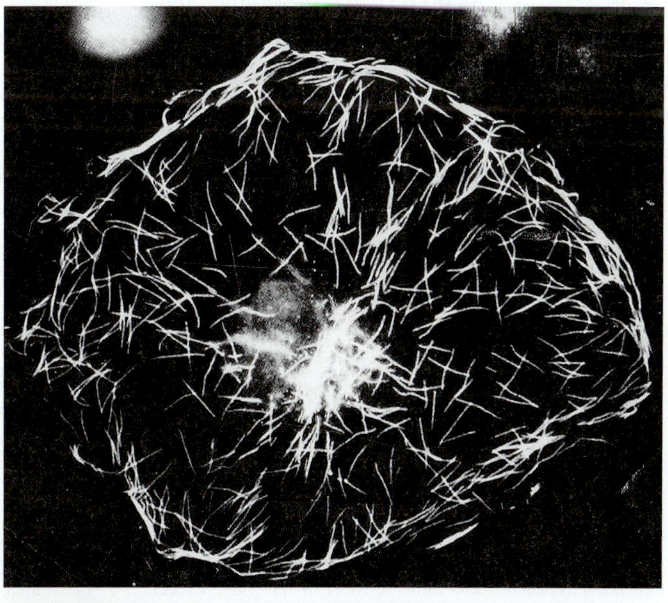

그림 13.20 **살아 있는 세포내 미세소관 역동성.** 배양된 섬유아세포에 비오틴(biotin)과 공유결합된 소량의 튜불린을 주입시켰다. 형광물질로 처리된 항비오틴 항체를 이용하여, 작은 분자인 비오틴의 세포 속 위치를 쉽게 확인할 수 있다. 주입 후 약 1분경에 세포를 고정하여, 불용성 미세소관에 결합되어 있는 비오틴 결합 튜불린의 위치를 확인하였다. 이 형광현미경 사진에서, 1분 정도의 짧은 시간 동안이라도 튜불린 소단위들은 미세소관 세포골격의 성장하는 말단에 광범위하게 결합되는 것이 분명하다.

출처: Marc Kirschner, *J. Cell Biol.* 102, Cover of No. 3, 1986에서 발췌. 락펠러대학 출판부의 허가를 얻어 재인쇄함.

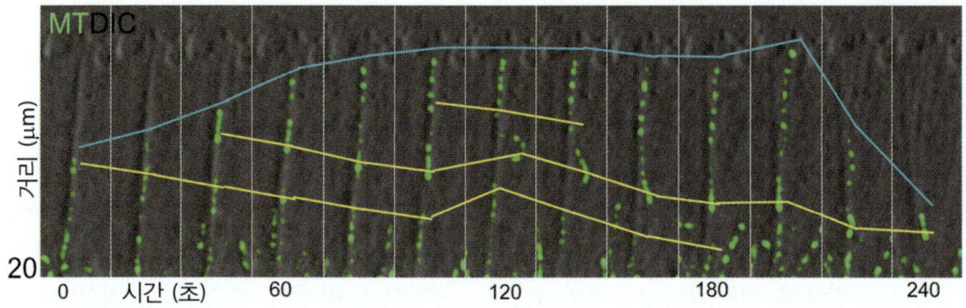

그림 13.21 동적 불안정성. 연속된 사진들은 신경세포의 성장원추체에서 단일 미세소관의 길이 변화를 보여준다. 이 세포에, 미세소관의 길이에 따라 초록색 형광물질의 반점을 형성하기에 충분히 낮은 농도에서 형광물질로 표지된 튜불린을 미세 주입하였다. 이런 반점들은 시간 경과에 따라 추적될 수 있는 고정된 기준점들을 제공한다. 각각의 노란색 수평선들은 한 시점의 반점을 다른 여러 시점의 반점들과 연결시킨 것이다. 파란색 선은 여러 시점에서 미세소관의 대략적인 양(+)의 말단을 표시한 것이다. 0 에서부터 약 200초까지, 이 미세소관은 양(+)의 말단에서 튜불린 소단위들을 점차적으로 첨가해 간다. 그 다음, 200초에서부터 240초에 이르는 동안에 미세소관은 갑자기 수축하게 된다.

출처: Andrew W. Schaefer, Nurul Kabir and Paul Forscher, Yale University. *J. Cell Biol.*158:145, 2002, Fig. 5에서 발췌. 락펠러대학교 출판부의 허가를 얻어 재인쇄함.

1984년 캘리포니아대학교의 티모시 미치슨(Timothy Mitchison)과 마크 커쉬너(Marc Kirschner)는 각 미세소관들의 특성을 보고하였으며, 생체내 미세소관의 행동은 그들이 **동적 불안정성(dynamic instability)**이라고 하는 현상에 의해 설명될 수 있다고 제안하였다. 동적 불안정성은, (1) 미세소관의 성장과 축소가 한 세포의 동일한 지역에 공존할 수 있으며, 그리고 (2) 그림 13.21에서와 같이, 한 미세소관이 성장과 수축의 시기 사이를 예측할 수 없이(확률적으로) 오락가락할 수 있다는 관찰을 설명하여 준다. 동적 불안정성은 미세소관 자체의, 더 정확하게 말하면 미세소관의 양(+)의 말단이 갖는 본질적인 특성이다. 그림 13.19에서처럼, 튜불린 소단위들이 성장하는 동안 첨가되고 축소되는 동안 소실되는 장소는 양(+)의 말단이다. 이것은 동적 불안정성이 외부 요인에 의해 영향을 받을 수 없다는 뜻이 아니다. 예로서, 세포들은 미세소관의 동적인 양(+)의 말단에 결합하는 다수의 단백질(+TIP이라고 하는)을 갖고 있다(**그림 13.22**). 이들 +TIP들 중 일부는 미세소관의 성장 또는 축소의 속도 또는 이 두 시기의 상호 전환하는 빈도 등을 조절한다. 또 다른 +TIP들은 세포분열하는 동안 유사분열 중인 염색체의 동원체(kinetochore) 또는 소낭을 수송하는 동안 피질부에 있는 액틴 세포골격 등과 같은 특수한 세포 구조에 미세소관의 양(+)의 말단이 부착되는 것을 중개한다. 세포내 구조가 미세소관의 양(+)의 말단에 부착하면, 미세소관의 동적 특성들은 이 구조에 힘을 제공할 수 있다. 미세소관의 중합은 부착된 사물을 밀고나갈 수 있는 반면에 미세소관의 탈중합은 부착된 사물을 당길 수 있다. 예를 들어, 이러한 유형의 당기는 힘은 세포분열 동안 염색체 분리에 주요한 역할을 한다(14.2절).

동적 불안정성은 미세소관의 양(+)의 말단이 부착될 적절한 자리를 찾기 위해서 세포질을 신속하게 탐색할 수 있는 기작을 제공한다. 소단위가 부착되면 일시적으로 미세소관을 안정시키며, 이 장에서 논의된 복잡한 세포골격의 연결망을 세포가 구축할 수 있도록 한다. 또한 동적 불안정성은, 세포들이 미세소관으로 된 세포골격의 재편성을 필요로 하는 조건 변화에 대해 신속하게 반응할 수 있도록 한다. 이러한 재편성의 가장 극적인 예 중의 하나가 유사분열에서 일어나는데, 이때 세포골격을 구성하는 미세소관들이 해체된 후 양극에서 유사분열 방추사로 재형성된다. 이러한 재구성은 미세소관 안정성의 뚜렷한 변화와 관련되어 있다. 즉, 간기 세포의 미세소관들은

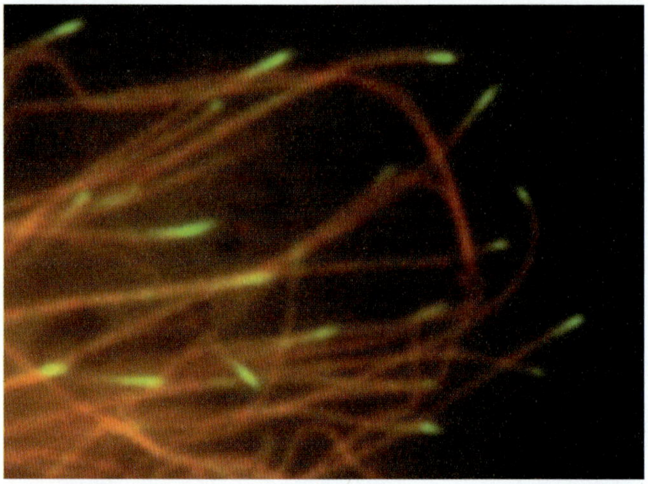

그림 13.22 미세소관 양(+)의 말단을 이동하는 단백질(+TIP)의 결합. 현미경 사진은 mCherry로 표지된 튜불린(빨간색 미세소관을 형성하는)과 +TIP(초록색으로 보이는)인 GFP로 표지된 EB3를 발현하는 인간 폐 섬유아세포의 실시간 이미지를 보여준다.

출처: Anna Akhmanova and Michel O. Steinmetz, *J. Cell Science* 123, 3415, 2010에서 발췌. Company of Biologists의 허가를 얻음. Anna Akhmanova와 Ilya Grigoriev(Utrecht University, The Netherlands) 제공.

유사분열하는 세포의 미세소관보다 5~10배 더 긴 반감기를 갖는다. 유사분열 방추사 또는 세포골격을 이루는 미세소관들과는 다르게, 아래에 설명될 소기관들의 미세소관은 동적인 활동성이 없어서 매우 안정하다.

13.6 섬모와 편모: 구조와 기능

연못의 물 한 방울을 현미경의 렌즈 아래에 놓고 시야에서 원생동물이 헤엄쳐서 빠져 나가지 못하도록 시도해 보면, **섬모(cillia)**와 **편모(flagella)**의 활동을 이해할 수 있다. 섬모와 편모는 다양한 진핵세포들의 표면에 돌출되어 있는 머리카락과 같은 운동성 소기관들이다. 인체내 많은 세포들은 하나의 비운동성 섬모를 가지고 있다(**그림 13.23a**). 예를 들어, 신장내 비운동성 섬유는 액체 흐름에 대한 흐름 감지기로 활동한다(그림 13.23*a*). 다른 조직에서는 운동성 섬모의

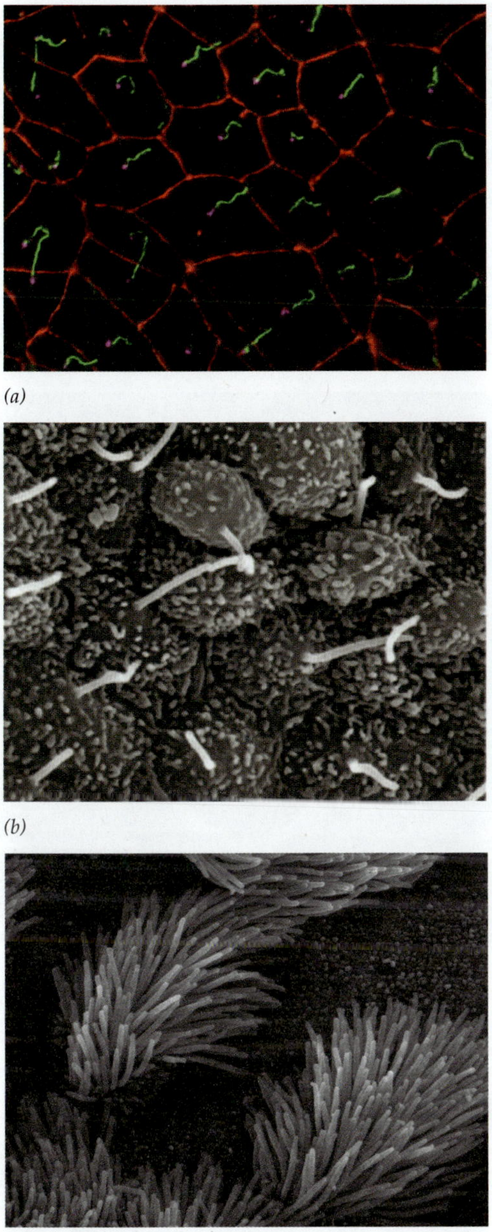

(a) (b) (c)

그림 13.23 **인체내 섬모.** (*a*) 신장 수집관 세포 배양에서 각 세포의 윗표면으로부터 투시된 단일 일차 섬모(초록색)를 보여주는 면역형광사진. 상피세포들 사이의 세포 간 연접들이 빨간색으로 보인다. (*b*) 주사전자현미경에 의해 보여지는 발생 중인 마우스 배아내 섬모. (*c*) 기도를 따라 정렬된 이동성 섬으로 보이는 이동성 섬모.

출처: (a) Wallace Marshall 제공; (b) Wallace Marshall 제공; (c) Charles Daghlian/ Dartmouth College Electron Microscope Facility.

큰 지역이 액체의 흐름을 만들어낸다(그림 13.23*c*). 또한 세균도 편모라고 하는 구조를 가지고 있으나, 원핵생물의 편모는 단순한 섬유상 구조이며 진핵생물들의 것과 진화적으로 유연관계가 없다(그림 1.14 참조). 이어지는 설명은 오직 진핵세포에 있는 소기관에만 해당된다.

섬모와 편모는 다른 문맥에서 정확히 같은 구조를 언급하는 2개의 단어들이며, 이는 하루의 다른 시간에 보이는 금성을 언급하는 '밤의 별'과 '아침의 별' 같은 단어와 매우 흡사하다. 역사적 관습에 대체로 근거하여, 대부분의 생물학자들은 이 두 가지 소기관이 세포에서 돌출되어 있는 세포의 유형과 이의 운동양식에 근거하여 섬모 또는 편모라는 용어를 사용한다. 이러한 구별에 따라, 섬모는 자신의 수직방향으로 세포를 이동하게 하므로 (배의) 노에 비유될 수 있다. 섬모의 파워 스트로크(power stroke) 상태에서, 섬모가 주변의 매개물을 밀쳐낼 때 빳빳한 상태를 유지한다(**그림 13.24a**). 섬모의 회복 스트로크(recovery stroke) 상태에서, 섬모는 유연하게 되어 매개물에 대한 저항을 줄인다. 섬모는 흔히 세포표면에 많은 숫자로 생기는 경향이 있으며, 섬모의 박동 활성은 보통 조화를 이뤄서 움직인다(그림 13.24*b*). 다세포 생물에서 섬모는 여러 가지 관들을 통해서 액체나 특정한 물질 등을 이동시킨다. 예를 들면, 인체내 기도관을 따라 있는 섬모로 이루어진 상피는 점액과 걸려든 부스러기들을 허파로부터 멀리 밖으로 내보낸다(그림 13.24*c*). 모든 섬모가 운동성인 것은 아니다. 즉, 몸에 있는 많은 세포들은 비운동성 섬모[1차 섬모(primary cilium)라고 하는]를 갖고 있다. 이런 섬모는 세포외 액의 특성을 감시하는 감각 기능을 갖고 있는 것으로 생각된다(그림 13.23*a*). 1차 섬모는 수용체와 통로를 포함하고 있으며, 이로 인해 감지 안테나 역할을 수행한다. 특화된 감각섬모는 신장내 액체 흐름을 감지하는 섬모, 냄새를 감지하는 코 안 후각 섬모와 실제 고도로 특화된 1차 섬모인 망막내 간상 및 원추세포들의 바깥 영역을 포함한다. 섬모의 편재와 감각과 운동에 있어 여러 역할을 고려하면, 이 장의 마지막에 있는 <인간 질병과의 연관성>에서 논의된 것처럼 섬모의 손상은 인간의 여러 질병을 야기할 수 있다.

편모는 전형적으로 혼자서 또는 짝을 이뤄서 나타나며, 세포의 유형에 따라 여러 가지 다양한 박동 양시[파형 (waveform)]을 보인다. 예로서, **그림 13.25a**의 사진에 있는 단세포인 녹조류는 2개의 편모로 비대칭의 파형 운동을 하여 자신을 앞으로 끌어당기는데, 이 운동은 사람이 수영할 때의 평영과 비슷하다(그림 13.25*b*). 또한 이와 동일한 조류세포는, 정자의 파동을 닮은 대칭적인 박동을 이용하여 매질을 통해 자신을 앞으로 밀어낼 수 있다. 조류세포의 편모 박동양식에서 비대칭성의 정도는 내부의 칼슘이온 농도에 의해 조절된다.

섬모와 편모의 구조

섬모와 편모의 횡단면을 관찰한 전자현미경 사진은 세포생물학에서 가장 친숙한 사진들 중 하나이다(**그림 13.26a**). 섬모 또는 편모의 돌출부 전체는 그 세포의 원형질막과 연속된 막으로 덮여 있다. **축사(Axoneme)**라고 하는 섬모의 핵심부에는 섬모 전체를 통해 세로로 줄지어 늘어서 있는 미세소관들이 들어 있다. 드문 경우를 제외하고, 운동성 섬모 또는 편모의 축사는 중앙에 1쌍의 단일 미세소관을 둘러싸고 있는 9개의 주변부 2중 미세소관(doublet microtubule)들로 구성된다. 9 + 2 배열로 알려진 이와 동일한 미세소관 구조는 원생동물에서부터 포유동물에까지 이르는 축사에서 볼 수 있다. 이 구조는 살아 있는 모든 진핵생물들이 하나의 공통 조상으로부터 진화했다는 많은 암시 가운데 하나의 역할을 한다. 축사의 모든 미세소관은 동일한 극성을 갖고 있다. 즉, 섬모와 편모의 돌출부 끝에 양(+)의 말단이 있고, 아래쪽에 음(−)의 말단이 있다. 주변부에 있는 각각의 2중관은 A관(A tubule)이라고 하는 하나의 완전한 미세소관과 B관(B

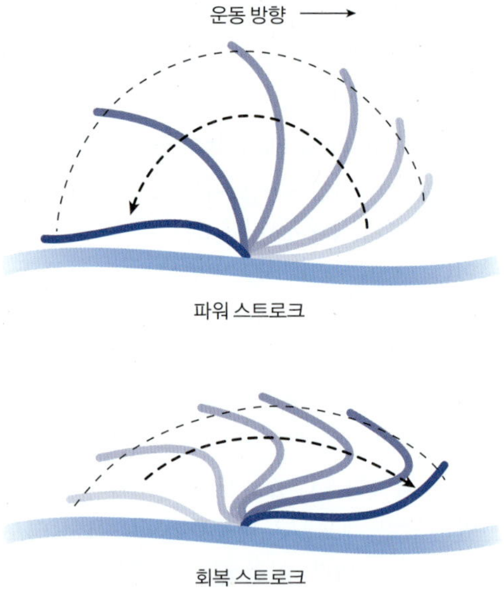

(a)

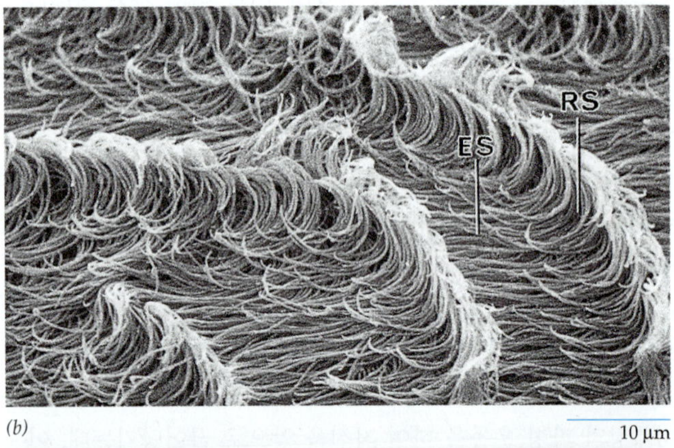

(b)

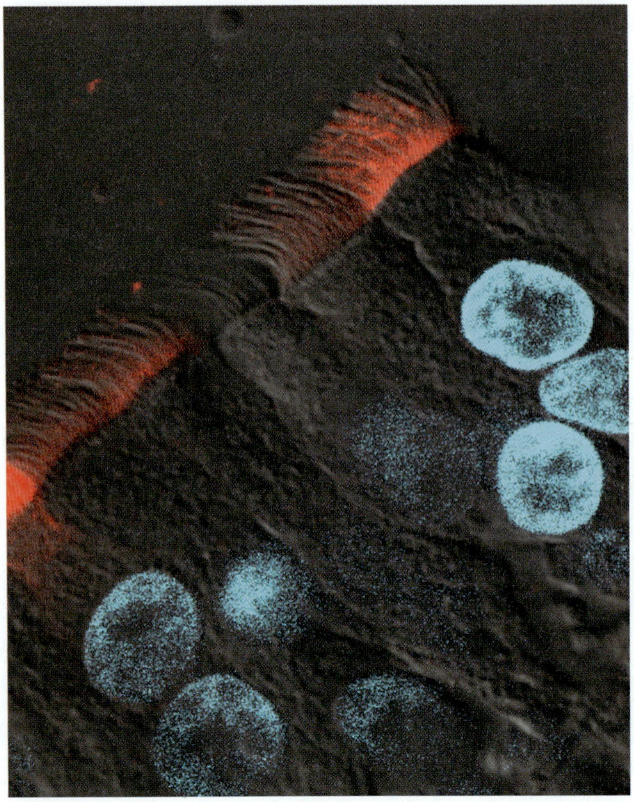

(c)

그림 13.24 섬모의 박동. (*a*) 섬모 박동의 여러 시기. (*b*) 섬모를 갖고 있는 원생동물 표면의 섬모들은 계시파(metachronal wave)를 만드는 박동을 하는데, 일정한 열에 있는 섬모들은 박동 주기가 동일한 시기에 있지만, 이웃한 다른 열에 있는 섬모들은 그와 다른 시기에 있다. RS, 회복 스트로크 상태에 있는 섬모들; ES, 효과적인 파워 스트로크 상태에 있는 섬모들. (*c*) 사람의 기관지 상피세포내 섬모. 핵은 파란색으로, 측면은 빨간색으로 표지됨.

출처: (a) G.A. Horridge and S.L. Tamm, *Science* 163:818, 1969에서 발췌. AAAS의 허가를 얻어 재인쇄함; (b) G.A. Horridge and S.L. Tamm, *Science* 163:818, 1969에서 발췌. AAAS의 허가를 얻어 재인쇄함; (c) Seiko F. Okada, et al., *J. Biol. Chem.* 281:22995, 2006. Fig. 2c에서 발췌, Seiko F. Okada 제공. 미국생화학분자생물학회의 허가를 얻어 재인쇄함.

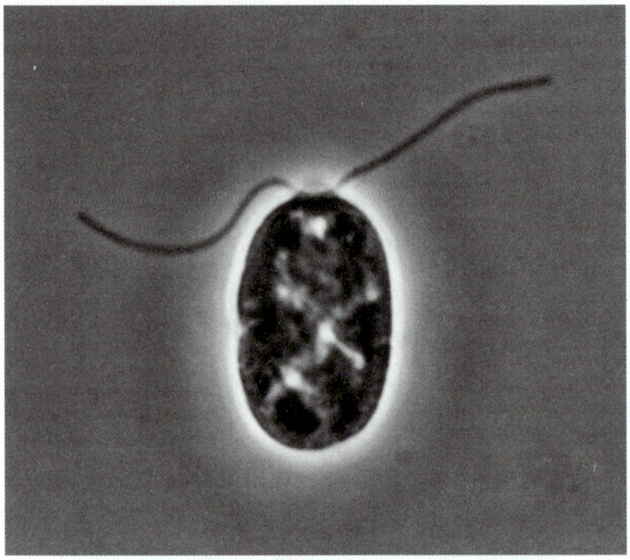

(a)

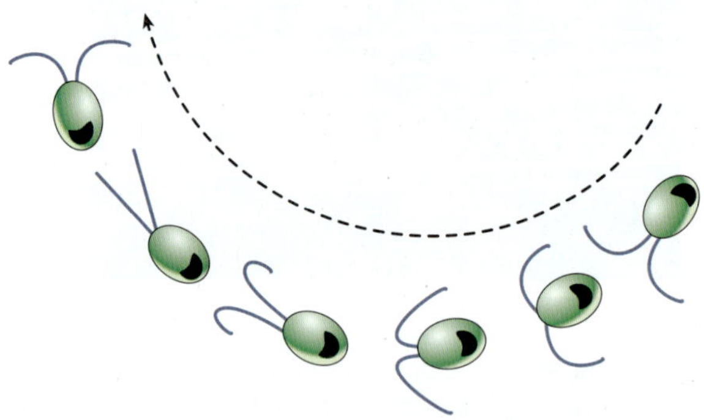

(b)

그림 13.25 진핵생물의 편모. (*a*) 단세포 녹조류(綠藻類)인 클라미도모나스속의 일종(Chlamydomonas reinhardtii). 2개의 편모가 초록색으로 보이는 것은 편모의 주요 막단백질에 형광물질이 결합된 항체가 결합되었기 때문이다. 세포가 빨간색으로 보이는 것은 세포 속에 있는 엽록소의 자가형광에 의한 것이다. 편모를 가진 많은 생물과는 다르게, 클라미도모나스는 생존과 생식을 위해서 편모를 필요로 하지 않기 때문에, 다양한 유형의 편모 결함을 보이는 돌연변이체를 배양할 수 있다. (*b*) 클라미도모나스의 전진 운동은 평영과 비슷한 비대칭 파형으로 이루어진다. 여러 유형의 편모 파형이 그림 13.35에 나와 있다.

출처: Biophoto Associates / Science Source Images.

tubule)이라고 하는 또 하나의 불완전한 미세소관으로 구성되며, B관은 보통의 13개가 아닌 10 또는 11개의 소단위로 되어 있다.

1952년, 하등식물에서 축사의 기본 구조는 아이린 맨튼(Irene

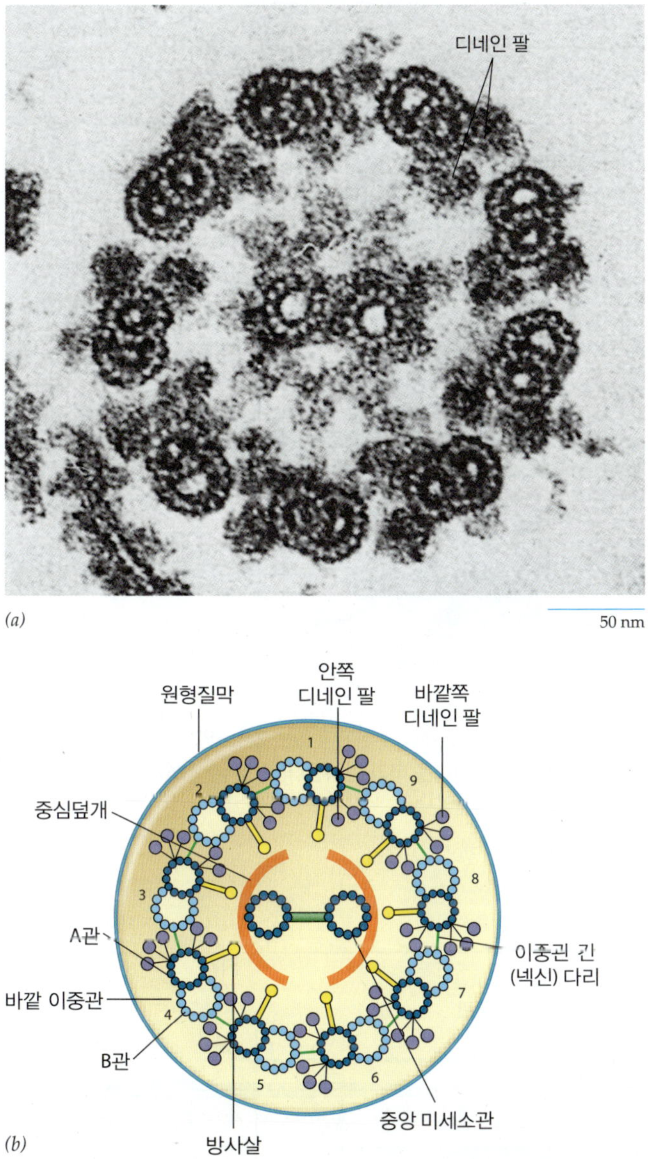

그림 13.26 섬모 또는 편모 축사의 구조. (*a*) 정자 축사의 횡단면. 주변부의 2중관들은 완전한 미세소관과 불완전한 미세소관으로 구성된 것으로 보이는 반면, 중앙에 있는 2개의 미세소관은 완전하다. 디네인 팔은 완전한 미세소관의 벽에서 나온 "희미한" 돌기들로 보인다. 이 디네인 팔의 분자 구조는 뒤의 절에서 설명된다. (*b*) 미세소관 섬유의 구조를 보여주는 원생생물 축사의 개요도로, 두 유형의 디네인 팔(3개의 머리 부분을 갖고 있는 바깥쪽 팔과 2개의 머리 부분을 갖고 있는 안쪽 팔), 2중관 사이를 연결하는 넥신, 중앙 미세소관들을 둘러싸는 중앙덮개, 그리고 주변부(외부)의 2중관으로부터 중앙덮개를 향하여 방사상으로 돌출되어 있는 방사살 등을 보여준다. 더 자세하고 복잡한 축사의 구조는 초저온전자 단층촬영법(cryoelectron tomography)으로 얻어졌다(18.2절). **참고:** *PNAS* 102:15889, 2005, *Science* 313:944, 2006, and *J. Cell Biol.* 187: 921,2009. [주(註): 동물의 섬모와 편모의 바깥쪽 디네인 팔은 보통 2개의 머리 부분을 갖는다.]

출처: (a) Lewis Tilney and K. Fujiwara 제공.

Manton)에 의해, 그리고 동물에서는 돈 포셋(Don Fawcett)과 케이스 포터(Keith Porter)에 의해 최초로 기술되었다(편모는 고등식물의 진화 과정에서 잃어버렸지만, 이끼나 양치류와 같은 하등식물의 정자 내에 여전히 존재한다). 전자현미경의 분해능이 향상되면서, 분명하지 않았던 일부 구성요소들을 볼 수 있게 되었다(그림 13.26*b*). 중앙의 관들은 중앙 덮개(central sheath)에 의해 둘러싸여 있는 것으로 보이며, 이 중앙 덮개는 한 벌의 방사살(radial spoke)에 의해 주변부 2중관의 A관에 연결되어 있다. 2중관들은 탄력성을 지닌 넥신(nexin)이라는 단백질로 된 2중으로 연결된 다리(interdoublet bridge)에 의해 서로 연결되어 있다. 넥신 연결은 디네인 활성을 조절하는 단백질들을 포함하는 생화학적 복합체의 일부로 현재 알려져 있으며, 넥신-디네인 조절 복합체(nexen-dynein regulatrory complex, N-DRC)라고 불린다. 특히 중요한 관찰로서 1쌍의 "팔(arm)"—안쪽 팔(inner arm)과 바깥쪽 팔(outer arm)—이 A관으로부터 돌출되어 있다(그림 13.26*a*,*b*). 이들 팔들은 섬모와 편모내의 휘어지게끔 역할을 하는 세포질 디네인과 관련된 단백질 복합체인 축사에 있는 디네인(axonemal dynein)으로 구성된다. 축사를 긴 축에 평행하게 절단한, 즉 종단면은 미세소관들의 연속적인 특성 그리고 다른 요소들의 불연속적인 특성을 보여준다(**그림 13.27a,b**).

앞에서 언급한 것처럼, 섬모 또는 편모는 중심립(그림 13.12*a*)의 구조와 비슷한 기저체(basal body)(**그림 13.28a**)에서 생긴다. 만약 기저체가 이어질 세포분열 동안 이미 존재하는 중심립으로부터 나왔다면, 만들어질 섬모는 "1차 섬모(primary cilium)"라 불린다. 이들은 일반적으로 위에 논의된 것처럼 비운동성이다. 많은 수의 섬모를 만드는 몇몇 세포들에서, 섬모의 추가는 세포분열 이후에 형성되는 새로운 기저체에 의해서 핵 형성되며, 이에 따라 2차 섬모(secondary cilia)라 불린다. 그러한 경우에 있어서, 기저체는 중심립 복제의 전형적인 과정이 아닌 중심구(deuterosome)라 불리는 커다란 비정형 구조내 조합에 의해 형성된다. 기저체의 A관과 B관은 신장되어 섬모 또는 편모의 2중관을 형성한다(그림 13.28*b*). 만일 섬모 또는 편모가 살아 있는 세포의 표면에서 절단되는 경우에는, 기저체가 바깥쪽으로 자라서 새로운 섬모 또는 편모가 재생된다. 다른 미세소관 구조와 같이, 축사의 성장은 미세소관의 양(+)의 말단에서 일어난다. 축사를 구성하는 물질의 합성은 세포의 몸통에서 일어난다. 그러면 세포가 몸통에서 몇 마이크로미터 떨어진 곳에 있는 축사의 바깥쪽 끝에서 어떻게 조립공사 장소를 구성하고 유지하는가?

편모내 수송에 의한 성장

섬모와 편모의 조립될 때, 모든 성장은 그들의 말단 끝에서 제한되며, 이는 조립이 이뤄지는 끝부분에서 나오는 세포내 단백질들의 경로를 필요로 한다. 생물학자들은 수백 년 동안 살아 있는 세포의 편모를 관찰해 왔지만, 예일대학교의 조엘 로젠바움(Joel Rosenbaum)과 동료들이 주변부 2중관과 이를 둘러싸고 있는 원형질막 사이에 있는 공간에서 입자들이 움직이는 것을 관찰한 1993년 전까지는 관찰하지 못하였다. 이러한 이동을 **편모내 수송(intraflagellar transport, IFT)**이라고 부른다(**그림 13.29**). IFT에서 보여지는 이동하는 입자들은 IFT 단백질들이라고 알려진 20개 단백질들의 복합체들이며, IFT 입자라 불리는 단백질 복합체로 조립된다. 이러한 IFT 입자들은 IFT 열차라 불리는 긴 배열을 형성하기 위해 정렬되며, 이 열차들은 키네신-2라는 양(+)의 말단을 향하는 키네신 운동단백질에 의해 섬모

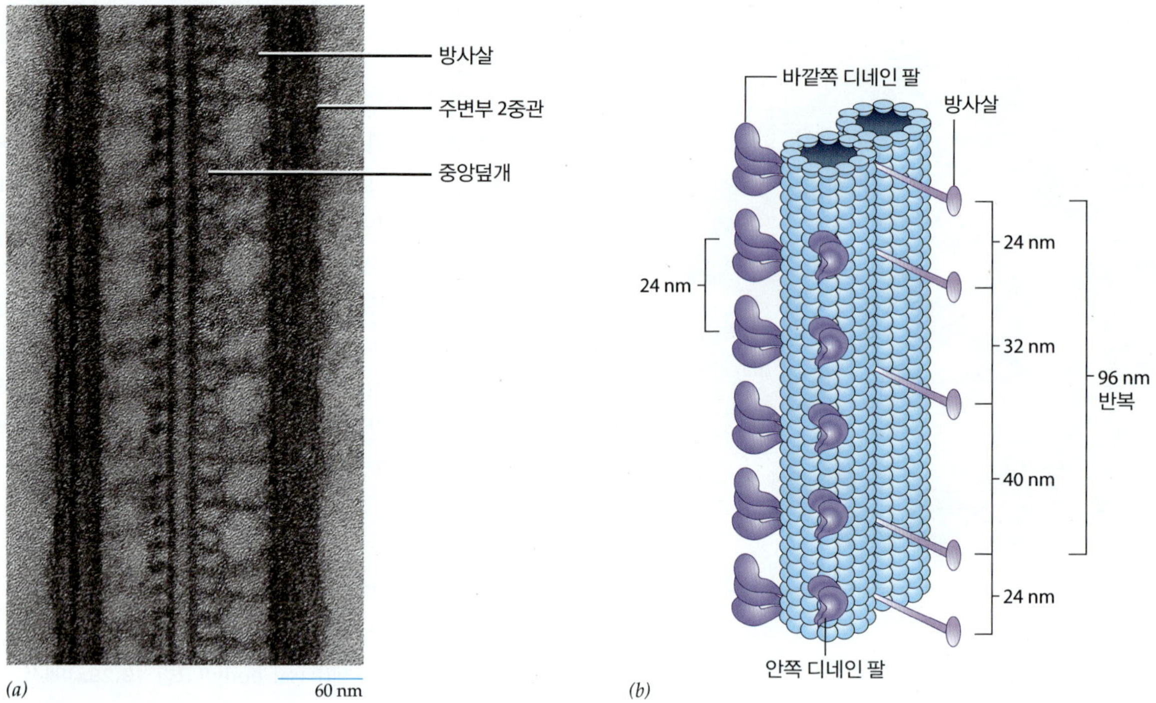

그림 13.27 축사의 종단면. (*a*) 섬모에서 곧게 펴진 부위의 중앙 종단면의 전자현미경 사진. 방사살들은 중앙덮개를 주변부에 있는 2중관의 A세관과 연결시키는 것으로 보인다. (*b*) 편모에서 2중관의 종단면 개요도. 방사살들이 3개의 무리로 나와 있으며, 이 무리가 미세소관의 길이를 따라 반복된다(이 경우는 96 nm로). 바깥쪽 디네인 팔들은 24 nm의 간격을 유지한다.

출처: Fred D. Warner and Peter Satir, *J. Cell Biol.* 63:41, 1974, Fig. 4에서 발췌. 락펠러대학교 출판부의 허가를 얻어 재사용됨.

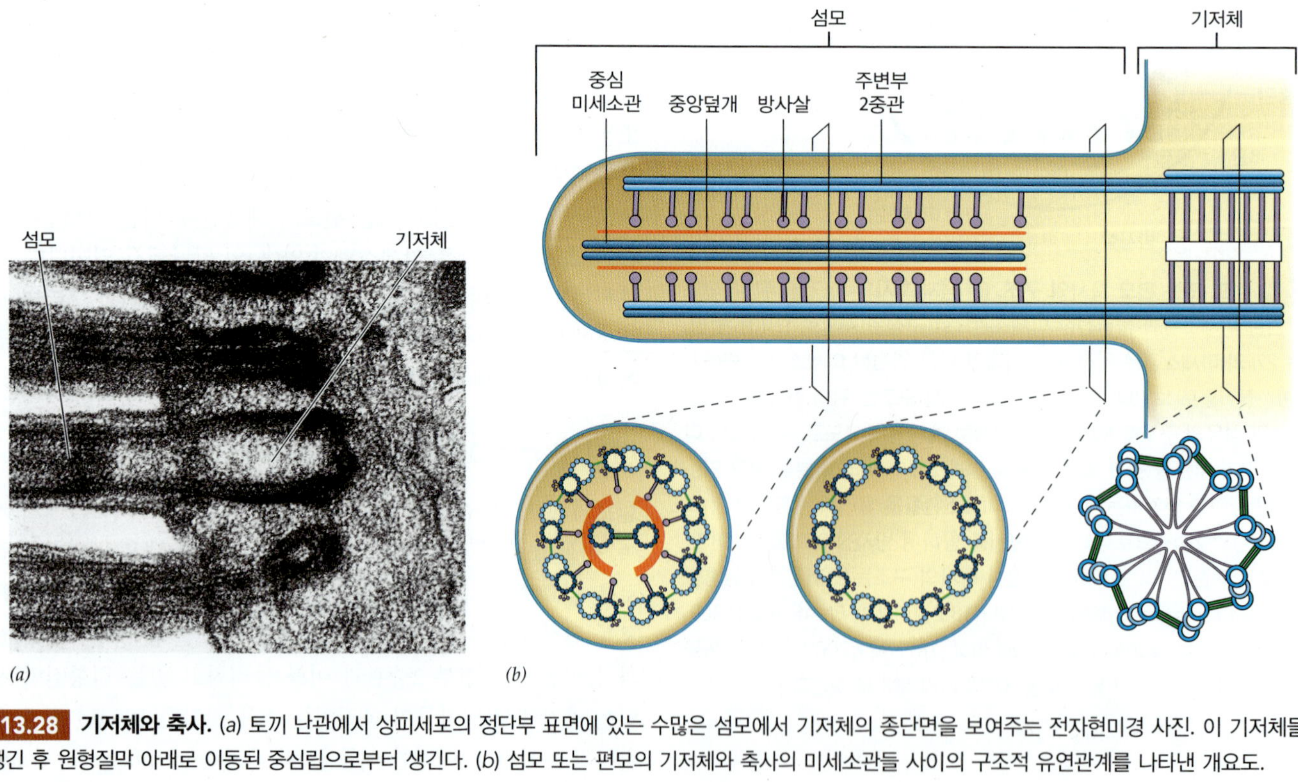

그림 13.28 기저체와 축사. (*a*) 토끼 난관에서 상피세포의 정단부 표면에 있는 수많은 섬모에서 기저체의 종단면을 보여주는 전자현미경 사진. 이 기저체들은 세포질에서 생긴 후 원형질막 아래로 이동된 중심립으로부터 생긴다. (*b*) 섬모 또는 편모의 기저체와 축사의 미세소관들 사이의 구조적 유연관계를 나타낸 개요도.

출처: R. G. W. Anderson 제공.

의 끝으로 이동한다. IFT 열차들은 이후 세포질 디네인 복합체에 의해 세포체로 돌아온다. IFT 입자들은 섬모를 만들기 위해 필요한 튜불린과 같은 수송단백질을 조립을 위해 끝부분으로 운송하며, IFT의 억제는 섬모와 편모의 조립을 억제한다. IFT 단백질들을 암호화하는 유전자들의 돌연변이들은 섬모의 온전한 소실을 야기하기 때문에 발생과 생리에 있어 섬모의 기능을 연구하기 위한 중요한 도구들이다.

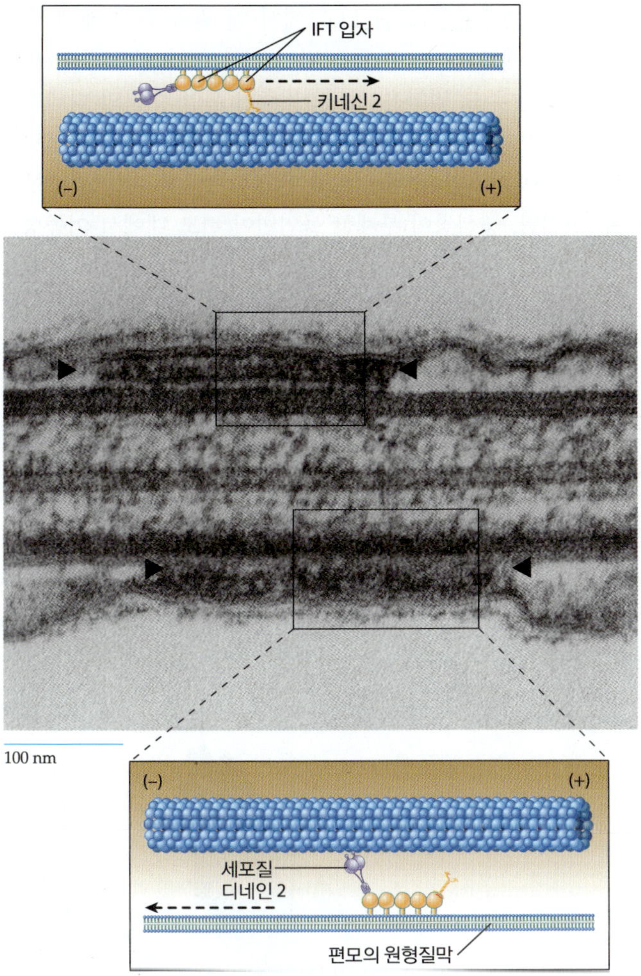

그림 13.29 **편모내 수송(IFT).** 클라미도모나스속(*Clamydomonas*) 녹조류 편모의 종단면을 관찰한 전자현미경 사진으로서, 주변부(외부) 2중 미세소관과 편모의 원형질막 사이에 위치한 두 열의 단백질 입자들(좌우 2개의 화살촉으로 묶여진)을 보여준다. 삽입된 그림에 나타낸 것처럼, 축사 단백질의 입자들 그리고 이들과 결합된 화물로 이루어진 각각의 열은 운동단백질에 의해 주변부 2중 미세소관을 따라 이동된다. 운동단백질은, 만일 이 입자들이 편모의 기부를 향하여 이동하면 세포질 디네인 1b이고 또는 편모의 끝부분을 향해 이동하면 제II형 키네신이다.

출처: Keith G. Kozminski, et al., *J. Cell Biol.* 131:1520, 1995, Fig. 1로부터 현미경 사진. Joel L. Rosenbaum 제공. 락펠러대학교 출판부의 허가를 얻어 재사용함.

섬모와 편모 운동의 기작

이 장의 뒷부분에서 논의될, 근육의 수축은 인접한 미오신 섬유 위에서 액틴섬유가 활주함으로써 이루어진다. 활주하는 힘은 미오신 분자의 머리 부분에 있는 (톱니바퀴의 역회전을 막는) 바퀴 쐐기와 같은 교차다리(cross-bridge)에 의해 생긴다. 하나의 모형으로서 근육계와 함께, 섬모운동은 인접한 2중 미세소관들 사이에 일어나는 활주운동에 의해 설명될 수 있는 것으로 제안되었다. 이 제안에 따르면, **그림 13.30**에 그려진 디네인 팔들은 섬모 또는 편모의 운동에 필요한 힘을 발생시키는 움직이는 교차다리로서 작용한다. 이 운동의 순서가 **그림 13.31**에 나타나 있다.

온전한 축사에서 각 디네인 분자의 줄기 부분(중간 및 가벼운 사슬과 결합된)은 A관의 바깥 표면에 단단히 고정되어 있고, 구형인 머

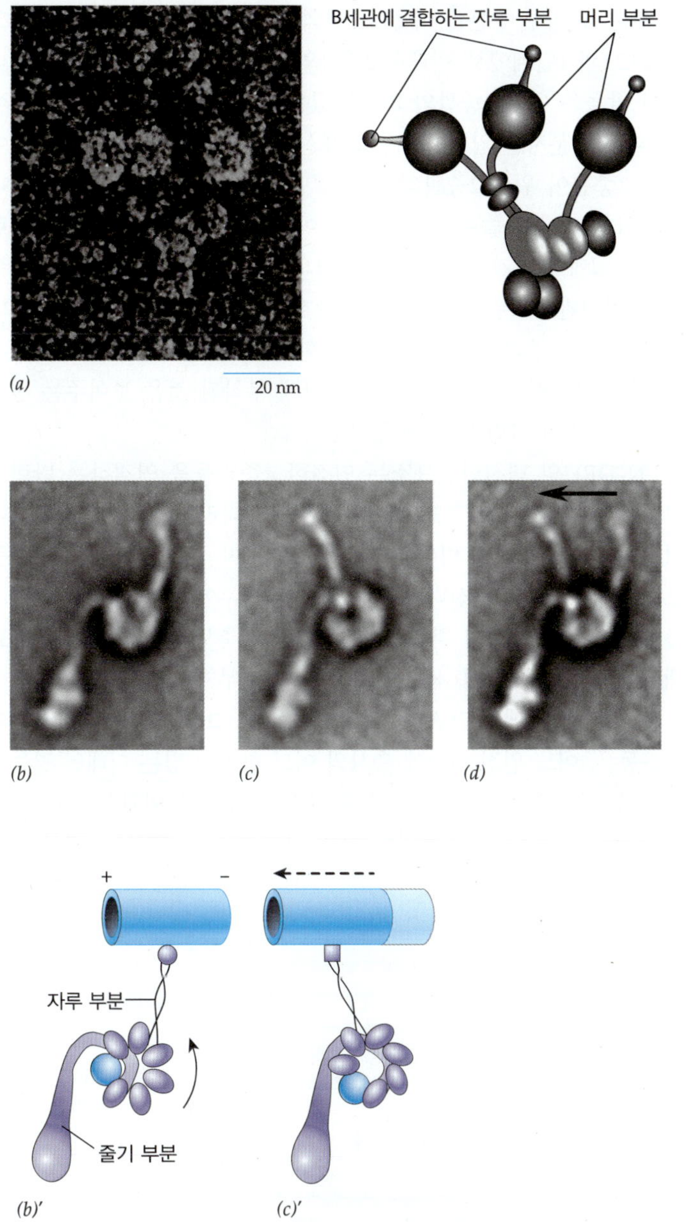

그림 13.30 **편모/섬모 디네인의 구조와 기능을 나타낸 모형.** (*a*) 급속-동결, 심층-식각(deep-etch) 방법으로 준비된 편모의 바깥쪽 디네인 팔 분자를 회전-음영 처리(rotary-shadowing) 장치를 이용하여 얻은 백금 복사막(replica)을 관찰한 전자현미경 사진. 3개의 무거운 사슬들 각각은 신장된 자루 부분을 갖는 뚜렷한 구형의 머리 부분을 형성한다. 자루 부분은 디네인 팔을 인접한 2중관과 연결시키는 작용을 한다. 이의 도해(圖解)를 오른쪽에 나타내었다. (*b~d*) 파워 스트로크 전 (*b*)과 후(*c*)의 편모에서 디네인의 무거운 사슬의 고분해능 전자현미경 사진(아래의 b′,c′는 해석적 모형임). 바퀴 모양으로 배열된 다수의 모듈로 구성된 모터 영역은 회전한 것으로 보이며, 이런 회전에 의해서 자루 부분이 왼쪽 방향으로 이동하게 된다. (*d*)에 나타낸 상은 파워 스트로크 전과 후의 자루 부분의 위치를 보여주는 분자들을 합성한 것이다. 파워 스트로크는 자루 부분의 끝에 결합된 미세관을 모터 영역의 위치로부터 왼쪽 방향으로(화살표) 15 nm 활주하도록 한다. 시험관 속에서 실시한 운동성 분석에 의하면, 디네인은 "기어를 변속"시킬 수 있어서, 무게가 증가하는 짐을 이동시킬 때 더 짧고 더 강한 스텝(걸음)을 내디딜 수 있다. (주: 디네인 기능의 대체 모형은 *Science* 322:1647, 2008에서 논의되어진다)

출처: (a) John E. Heuser and Ursula W. Goodenough 제공; (b) Stan A. Burgess, M.L. Walker, M. Sakakiara, P.J. Knight, and K. Oiwa, *Nature* 421:717. 2003, Fig 4에서 발췌. Macmillan Publishers Ltd.의 허가를 얻어 재사용함.

리 부분 및 자루 부분은 이웃 2중관의 B관을 향해 돌출되어 있다. 그림 13.31의 1단계에서, 아래쪽 2중관의 A관을 따라 고정되어 있는 디네인 팔들은 위쪽 2중관의 B관에 있는 결합자리에 붙는다. 2단계에서, 디네인 분자는 입체구조 변화 또는 파워 스트로크가 일어나서 아래쪽 2중관이 위쪽 2중관의 기부 끝을 향하여 활주하도록 한다. 디네인의 무거운 사슬에서 일어나는 이러한 입체구조의 변화는 그림 13.30*b*~*d*에 그려져 있다. 그림 13.31의 3단계에서, 디네인 팔은 위쪽 2중관의 B관으로부터 떨어진다. 4단계에서, 팔들이 위쪽 2중관에 다시 붙어서, 활주의 주기를 다시 시작할 수 있다. (하나의 2중관으로부터 나온 디네인 팔들이 인접한 2중관에 부착된 것을 보여주는 전자현미경 사진이 그림 18.21에 있다.)

N-DRC의 넥신연결요소는 인접한 2중관들을 연결하는 탄력적 고리를 형성한다(그림 13.26*b*). 이러한 넥신다리는 인접한 2중관들이 서로 활주할 수 있는 범위를 제한시킴으로써 섬모/편모운동에서 중요한 역할을 한다. 넥신다리에 의해 생긴 활주에 대한 저항력은 축사를 활주력에 반응하여 휘게 만든다. 활주는 축사의 양쪽 방향에서 교대로 일어나기 때문에, 섬모 또는 편모의 일부가 처음에는 한쪽 방향으로 휘고 다음에는 그 반대 방향으로 휜다(**그림 13.32**). 이러한 활주운동은, 어느 일정 시각에 축사의 어느 한쪽에 있는 디네인 팔들이 활성 상태에 있는 반면에, 다른 쪽에 있는 팔들은 비활성 상태에 있는 것이 필요하다. 이러한 디네인 활성의 차이로 인하여, 휘어 있는 축사에서 안쪽 2중관들(그림 13.32에서 맨 위와 맨 아래에 있는)은 축사의 반대쪽에 있는 2중관들을 넘어 더 늘어나게 된다. 섬모 분야에서 열려 있는 주요 질문은 섬모박동주기 동안 수천의 디네인 팔들의 움직임을 조화롭게 하는 기작이 무엇인가 하는 것이다. 중심쌍은 방사살을 통해 디네인 팔에 신호를 전달함으로써 이러한 조화에 기여할 수 있지만, 중심쌍이 부재한 돌연변이 편모 내에서 이동성은 여전히 가능한데, 이는 디네인 팔의 활성이 몇 가지 방법에 의해 스스로 구성될 수 있는가에 대한 논쟁을 불러 일으켰으며, 여전히 결정되지 않은 채로 남겨져 있다.

13.7 중간섬유

이제부터 설명할 세 가지 주요 세포골격 요소들 가운데 2번째는 전자현미경에서 직경이 약 10~12 nm이며, 속이 비어 있지 않고, 분지되지 않은 섬유로 보인다. 이 구조를 중간섬유(intermediate filament, IF)라고 한다. 오늘날까지, 중간섬유는 동물세포들에서만 동정되었

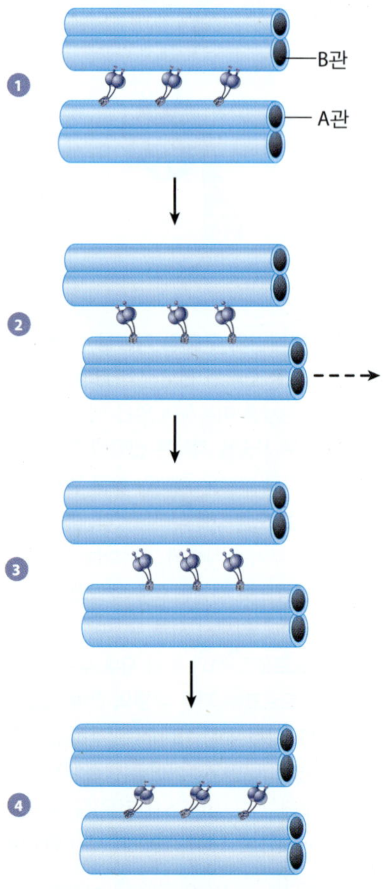

그림 13.31 섬모 또는 편모의 운동을 추진하는 힘을 나타낸 도해. 각 단계는 본문에 설명되어 있다. 파워 스트로크의 사실적인 표현은 앞의 그림 13.30에 있다.

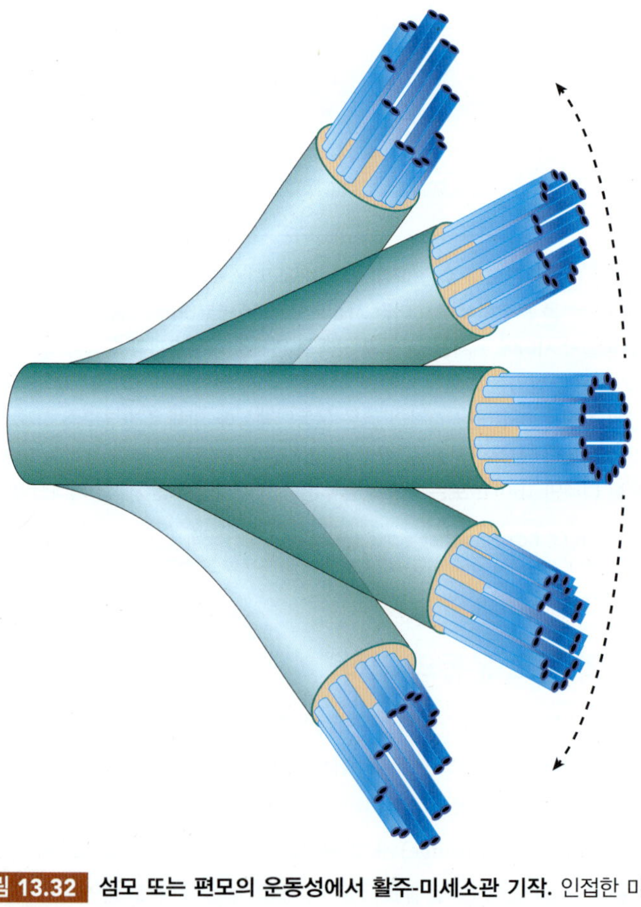

그림 13.32 섬모 또는 편모의 운동성에서 활주-미세소관 기작. 인접한 미세소관들이 서로 활주하는 모양을 나타낸 개요도. 섬모가 곧은 상태일 때, 모든 주변부(외부) 2중관들은 동일한 수준(높이)에서 끝나 있다(가운데). 휘어 있는 섬모에서, (휘어지는 쪽에 있는) 안쪽 2중관이 (그 반대편에 있는) 바깥쪽 2중관을 벗어나서 활주할 때 섬모가 휘게 된다(맨 위와 맨 아래). 인접한 미세소관들이 활주하도록 하는 디네인 팔들의 운동은 앞의 그림에 나타내었다.

출처: D. Voet and J.G. Voet, Biochemistry, 2E, p.1258에서 발췌. John Wiley & Sons의 허가를 얻음.

다. 중간섬유는 강하고 신축성 있는 밧줄 같은 섬유로서, 뉴런, 근육세포, 체강의 내벽을 형성하는 상피세포 등을 비롯하여 물리적 스트레스를 받기 쉬운 세포들에게 기계적인 힘을 갖게 한다. 미세섬유 및 미세소관과는 다르게, IF의 구조는 화학적으로 이질적인 집단으로서, 사람에서 약 70가지의 유전자들에 의해 암호화된다. IF의 폴리펩티드 소단위들은 생화학적, 유전적, 면역학적 기준은 물론, 발견되는 세포의 유형에 근거하여 5가지 종류로 나눌 수 있다(표 13.2). 여기서는 세포질 섬유의 구조에서 발견되는 제I~IV형에 관하여 설명할 것이며, 핵의 안쪽 층 부분에 있는 제V형 IF(라민, lamin)는 6.2절에 있는 핵막의 안쪽 배열의 일부로 보여진다. IF는 아주 다양한 동물세포의 세포질 전체에 사방으로 퍼져 있으며, 때로는 얇고 작은 교차다리에 의해 다른 세포골격 섬유들과 서로 연결되어 있다(**그림 13.33**). 많은 세포에서, 이 교차다리는 다수의 동형(isoform)으로 존재할 수 있는 플렉틴(plectin)이라고 하는 긴 2량체 단백질로 구성되어 있다. 각 플렉틴 분자는 한쪽 말단에 IF와 결합하는 자리를 갖고 있으며, 동형에 따라서 다른 말단에는 또 다른 종류의 중간섬유, 미세섬유, 미세소관 등과 결합하는 자리를 갖고 있다.

IF 폴리펩티드들이 다양한 아미노산 서열을 갖고 있지만, 이들이 비슷하게 보이는 섬유를 형성할 수 있도록 이들 모두가 비슷한 구조를 공유한다. 특히, IF를 구성하는 모든 폴리펩티드는 중앙부에 길이가 비슷하고 상동인 아미노산 서열로 된 자루 모양의 α-나선구조 영역을 갖고 있다. IF의 이러한 긴 섬유상 영역은 중간섬유의 소단위들을 미세소관의 구형 튜불린 그리고 미세섬유의 액틴 소단위들과 매우 다르게 만든다. 이 중앙부에 있는 섬유상 영역의 양쪽 말단부에는 다양한 크기와 서열로 이루어진 구형 영역이 있다(**그림 13.34**, 1단계). 2개의 이러한 폴리펩티드들은, 이들의 α-나선 자루 부분이 서로 감겨서 길이가 약 45 nm인 밧줄 같은 2합체를 형성함에 따라, 자발적으로 상호작용을 한다(2단계). 2개의 폴리펩티드가 동일한 방향으로 서로 평행하게 배열되기 때문에, 이러한 2합체는 한쪽 끝에 폴리펩티드들의 C-말단을 갖고, 그 반대쪽에 N-말단을 지닌 극성을 갖고 있다.

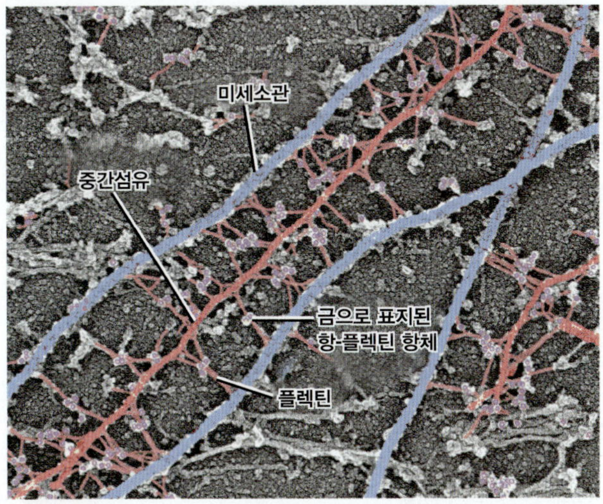

그림 13.33 **세포골격 요소들은 단백질 교차다리에 의해 서로 연결된다.** 섬유 모세포에서 액틴섬유를 선택적으로 제거한 후 세포골격 일부의 복사막(replica)을 관찰한 전자현미경 사진. 각 구성요소들은 시각적 효과를 돕기 위해 컴퓨터를 이용하여 채색되었다. 중간섬유들(파란색)은 섬유상 단백질인 플렉틴(plectin, 초록색)으로 된 길고 가는 교차다리에 의해 미세소관들(빨간색)과 연결된 것으로 보인다. 플렉틴은 콜로이드 금 입자들(노란색)에 결합된 항체들이 있는 곳에 위치한다.

출처: Tatyana Svitkina and Gary Borisy 제공.

표 13.2 **포유동물에서 주요 중간섬유 단백질들의 특성과 분포**

IF 단백질	유형	분포하는 1차 조직
케라틴(산성) (28가지의 폴리펩티드)	I	상피조직
케라틴(염기성) (26가지의 폴리펩티드)	II	상피조직
비멘틴(vimentin)	III	중간엽조직 세포
데스민(desmin)	III	근육
신경아교섬유질산성단백질(glial fibrillary acidic protein, GFAP)	III	성상(星狀)아교세포 (astrocyte)
페리페린(peripherin)	III	말초신경
신경중간섬유(neurofilament, NF) 단백질		중추신경과 말초신경
NF-L	IV	
NF-M	IV	
NF-H	IV	
네스틴(nestin)	IV	신경상피(neuroepithelial)
라민(lamin) 단백질		모든 유형의 세포(핵막)
라민 A	V	
라민 B	V	
라민 C	V	

중간섬유 조립과 해체

IF 조립의 기본 단위는 2개의 2량체로 형성된 자루 모양의 4량체(tetramer)일 것으로 생각된다. 이 2개의 2량체는 그림 13.34의 3단계와 그림 13.34*b*에 나타낸 것처럼, N-말단 및 C-말단이 서로 반대 방향으로 엇갈린 방식으로 나란히 배열된다. 2량체들이 반대 방향으로 향하고 있기 때문에 4량체 자신은 극성이 없다. 시험관 속에서 IF의 자가조립에 관한 최근의 연구에 의하면, 8개의 4량체들이 나란히 (측면으로) 배열된 상태에서 서로 결합하여 하나의 단위길이(unit length, 약 60 nm)인 섬유를 형성한다(4단계). 섬유의 이러한 단위길이의 끝과 끝이 만나는 방식으로 서로 결합하여 매우 긴 IF를 형성함으로써, 중합체의 신장이 이루어진다(5단계). 이러한 조립단계에서는 ATP나 또는 GTP의 직접적인 관여가 필요하지 않은 것으로 생각된다. 기본단위인 4량체가 극성을 갖고 있지 않기 때문에 조립된 섬유들도 역시 극성이 없으며, 이것은 IF가 다른 세포골격 구조들과 구별되는 또 다른 특징이다.

IF는 다른 세포골격 구조들보다 화학물질에 대하여 덜 민감하여 용해시키기가 더 어려운 경향이 있다. 이러한 불용성 때문에, IF

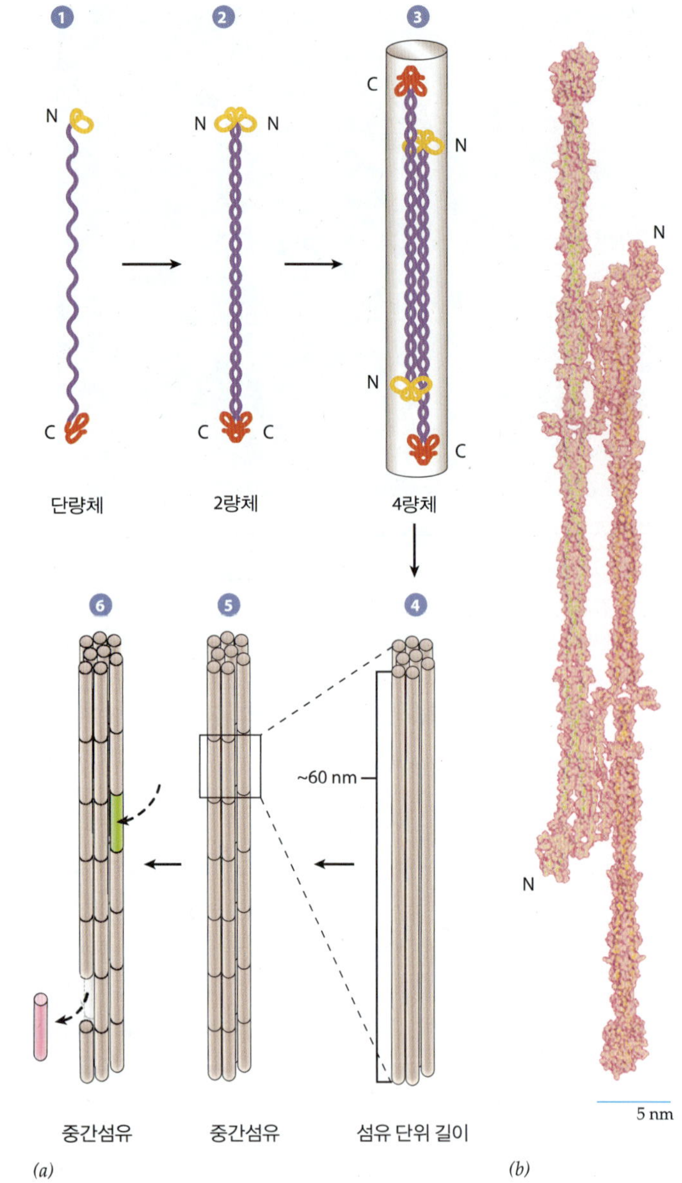

그림 13.34 **중간섬유의 조립과 구성을 나타낸 모형.** 각 단량체의 양쪽 말단에는 구형 영역(빨간색 또는 노란색)이 있고, 그 중간에 긴 α-나선 부위가 있다(1단계). 쌍을 이룬 단량체 말단들이 정렬되어 평행하게 배열된 상태로 결합하여 2합체를 형성한다(2단계). 중간섬유의 유형에 따라, 이러한 2합체들은 동일한 단량체(동질 2합체)들로 또는 다른 단량체(이질 2합체)들로 구성될 수 있다. 이어서 2합체는 반대 방향으로 엇갈린 방식으로 평행하게 결합하여 사합체를 형성하는데(3단계), 이 팔합체는 중간섬유의 조립에 있어서 기본 소단위인 것으로 생각된다. 여기에 나타낸 모형에서, 8개의 사합체들이 측면에서 결합하여 중간섬유의 단위길이를 형성한다(4단계). 그래서 이러한 단위길이들의 끝과 끝이 결합되어 대단히 신장된 중간섬유가 형성된다(5단계). 형성된 후, 중간섬유는 이미 존재하는 섬유의 몸체로 섬유의 단위길이가 사이에 삽입되는 데에 관여하는 것으로 여겨지는 역동적 재형성의 과정을 겪는다(6단계). (*b*) IF 단백질 비멘틴의 사합체 모형.

출처: Sergei V. Strelkov 제공. Anna A. Sokolova, et al., *PNAS* 103:16209, 2006, Fig. 3a에서 발췌. © 2006 National Academy of Sciences, U.S.A.

는 처음에 영구적으로 변하지 않는 구조일 것으로 생각되었다. 그래서 IF가 시험관 속에서 동적인 행동을 한다는 것을 발견한 것은 놀랄 만한 일이었다. 표지된 케라틴(keratin) 소단위들이 배양된 피부세포 속에 주입되었을 때, 이 소단위들은 이미 존재했던 IF와 신속하게 결합되었다. 미세소관 그리고 미세섬유의 조립을 유추하여 예상할 수 있는 것처럼, 그 소단위들은 섬유의 말단에 결합되지 않고, 놀랍게도 섬유의 내부에 결합된다(**그림 13.35a**). 그림 13.35에 나타난 결과는 섬유의 단위길이들(그림 13.34*a*, 6단계에서 나타낸 것처럼)이 이미 존재하고 있던 IF의 망상구조로 직접 바뀌었다는 것을 반영할 수도 있다. 다른 두 가지 주요 세포골격구조들과 다르게, IF의 조립과 해체는 소단위들의 인산화와 탈인산화에 의해 조절된다. 예로서, 단백질 인산화효소 A(protein kinase A)에 의해 비멘틴(vimentin) 섬유가 인산화되면 이 섬유는 해체된다.

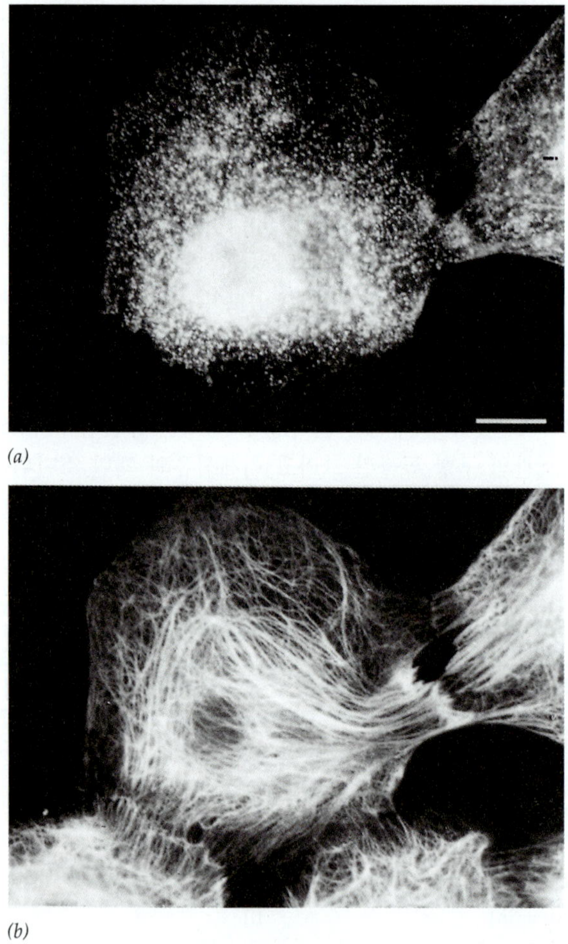

그림 13.35 **중간섬유의 동적 특성을 보여주는 실험적 증명.** 이 사진들은 비오틴(biotin)으로 표지된 제I형 케라틴을 배양된 상피세포에 미세주입하고 20분 후에 면역형광물질을 이용하여 그 위치를 확인한 실험 결과를 보여준다. (*a*)의 사진은 미세주입 후 20분 동안에 중간섬유 속으로 끼어 들어가게 된, 주입된 비오틴과 결합된 케라틴(항-비오틴 항체에 의해 나타난 것으로서)의 위치(국재성)를 보여준다. (*b*)의 사진은 항-케라틴 항체에 의해 나타난 것으로서, 세포 속에 있는 중간섬유의 분포를 보여준다. *a*에서 형광물질이 점과 같이 나타난 것은 주입된 소단위들이 섬유의 말단에 결합한 것이 아니라 섬유의 길이 전체에 걸친 여러 지점에서 이미 존재해 있던 섬유들 속으로 들어가 결합되었음을 암시하는 것이다. (그림 13.26에서 표지된 튜불린을 처리한 비슷한 실험과 비교해 보라.) *a*의 아래 오른쪽 선의 길이는 10 μm이다.

출처: Rita K. Miller, Karen Vikstrom, and Robert D. Goldman, *J. Cell Biol.* 113:848, 1991, Fig. 4에서 발췌. 락펠러대학교 출판부의 허가를 얻어 재사용함.

중간섬유들의 유형과 기능

케라틴 섬유는 상피세포들(표피세포, 간세포, 췌장의 분비세포 등을 비롯하여)에서 주요 구조단백질로 구성되어 있다. **그림 13.36a**는 일반화된 상피세포에서 케라틴 섬유의 공간적 배열을 보여주는 개요도이며, 그림 13.36*b*는 1쌍의 배양된 표피세포 속에서 이 섬유의 실제 배열을 보여준다. 케라틴을 함유하는 IF는 세포질 전체에 방사상으로 퍼져 있으며, 세포 중앙에서 핵막에 묶여 있고, 데스모솜과 헤미데스모솜의 세포질 플라크에 연결되어 세포의 바깥쪽 가장자리에 고정되어 있다(11.9절). 또한 그림 13.36*a*는 IF와 이 세포의 미세소관 및 미세섬유가 서로 연결되어서, 서로 다른 독립된 이 구조들을 하나의 통합된 세포골격으로 변화시킨다. 이러한 다양한 물리적 연결로 인하여, IF의 연결망은 세포의 구성을 체계화하고 유지시키기 위한, 그리고 세포외 환경으로부터 받는 기계적 스트레스를 흡수하기 위한 골격의 역할을 한다.

뉴런의 세포질에는 느슨하게 꾸려진 IF의 다발들이 들어 있는데, 이 섬유의 긴 축은 신경세포의 축삭돌기의 긴 축과 평행하게 배열되어 있다(그림 13.7*b* 참조). 이 IF, 또는 **신경중간섬유(neurofilament)**는 세 가지의 단백질들(NF-L, NF-H, NF-M)로 구성되며, 이들은 모

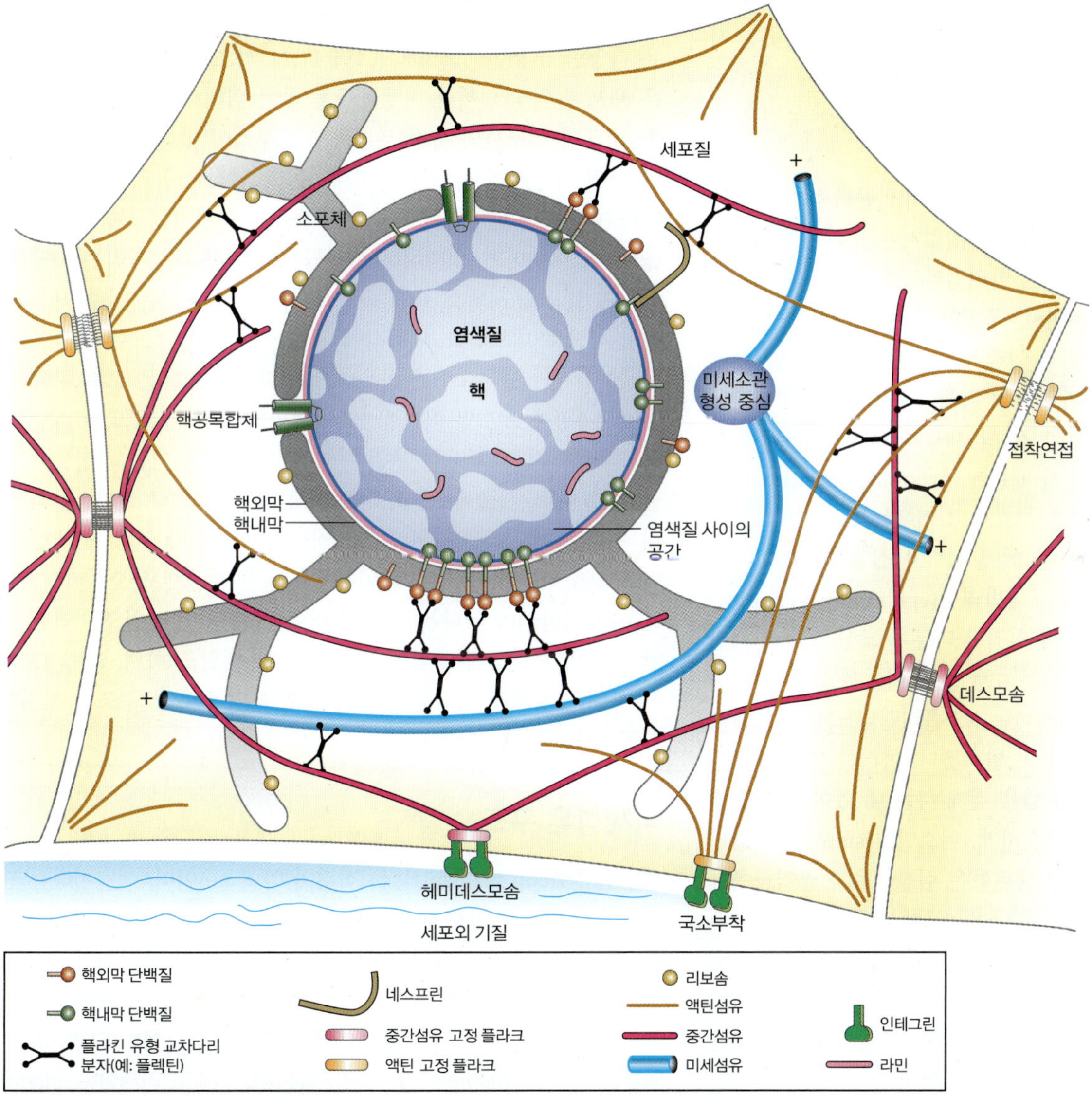

(*a*)

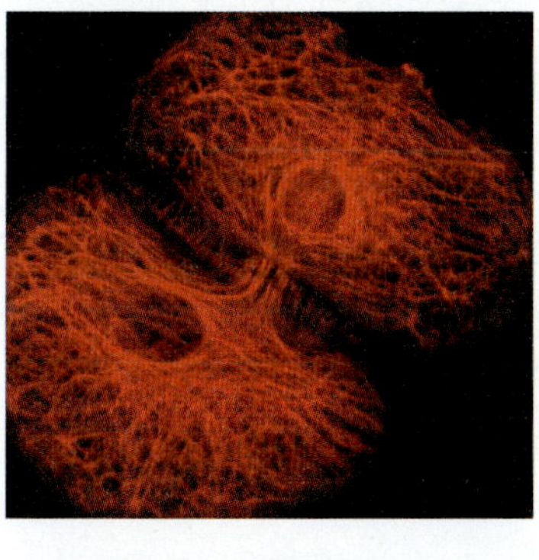

(*b*)

그림 13.36 **상피세포 속에 있는 중간섬유들의 체제.** (*a*) 이 개요도에서, IF는 세포 전체에 사방으로 퍼져 있으며, 핵의 바깥 표면과 원형질막의 안쪽 표면에 고정되어 있는 것으로 보인다. IF는 2개의 핵막을 모두 가로지르는 단백질을 통해서 핵과 연결되며, 데스모솜과 헤미데스모솜 같은 특수화된 부착 지점들을 통해서 원형질막과 연결된다. 또한 IF는 다른 두 가지 유형의 세포골격 구조와 모두 상호 연결되는 것으로 보인다. 미세소관과 미세섬유에 연결된 것은 그림 13.41에 나타낸 2량체 플렉틴(plectin) 분자와 같은 플라킨(plakin) 단백질 집단의 구성요소들에 의해 주로 이루어진다. (*b*) 배양된 피부세포(각질세포, keratinocyte)들에서 케라틴-함유 IF들의 분포. 섬유들은 핵 주위에 새장 같은 연결망을 형성하고 또한 세포 주변으로 뻗어 있는 것으로 보인다.

출처: (a) H. Herrmann et al., *Nature Revs. Mol. Cell Biol.* 8:564, 2007에서 발췌. Macmillan Magazines Ltd. Nature Reviews Molecular Cell Biology by Nature Publishing Group의 허가를 얻어 재사용함; (b) Pierre A. Coulombe and M. Bishr Omary, *Curr. Opin. Cell Biol.* 14:111, 2002에서 발췌. Elsevier의 허가를 얻어 재사용함.

두 표 13.2에서 제IV형의 무리에 속한다. 다른 IF의 폴리펩티드들과는 다르게, NF-H와 NF-M은 이들 신경중간섬유로부터 밖으로 돌출된 측면 팔(side arm)을 갖고 있다. 이 측면 팔은 축삭 속에 평행하게 배열되어 있는 신경중간섬유들 사이의 간격을 적당하게 유지시키는 것으로 생각된다(그림 13.7*b* 참조). 축삭이 목적세포를 향하여 자라고 있는 분화의 초기 단계에, 축삭은 신경중간섬유를 매우 적게 갖고 있지만 지지작용을 하는 미세소관은 많이 갖고 있다. 일단 이 신경세포가 완전히 신장하게 되면, 축삭의 직경이 극적으로 증가함에 따라, 신경세포는 지지작용을 하기 위한 신경중간섬유로 채워지게 된다. 신경중간섬유의 집적현상은 근위축성 측삭경화증(amyotrophic lateral sclerosis, ALS)과 파킨슨병(Parkinson's disease)을 비롯한 사람의 퇴행성 신경질환에서 볼 수 있다. 이러한 신경중간섬유들이 집적되면 축삭에서 일어나는 수송을 차단할 수 있어서, 그런 뉴런은 죽음에 이르게 된다.

IF의 기능을 입증하기 위한 노력은 주로 유전공학적으로 처리된, 즉 특정한 IF의 폴리펩티드를 생산할 수 없거나[유전자제거(gene knockout)에 의해] 또는 변형된 IF의 폴리펩티드를 생산하는 생쥐에 의존해 왔다. 이러한 연구를 통해서, 특정한 유형의 세포에서 IF의 중요성이 밝혀졌다. 예로서, 표피의 아래쪽(기부층)에 있는 세포들에 의해 정상적으로 합성된 제I형 케라틴 폴리펩티드인 K14를 암호화하는 유전자가 결실된 생쥐는 심각한 건강문제를 갖고 있다. 이러한 생쥐는 기계적 압력에 너무 예민하기 때문에, 산도(birth canal)를 지나는 동안 또는 새로 태어난 새끼를 보호하고 키우는 동안에 생길 수 있는 가벼운 외상조차도 피부 또는 혀에 심한 물집을 생기게 할 수 있다. 이러한 표현형은 단순수포 표피박리증(epidermolysis bullosa simplex, EBS)[3]이라고 하는 사람의 희귀한 피부-수포성 질환과 대단히 유사하다. 그 후 EBS 환자들을 분석한 결과, 이들은 상동 K14 폴리펩티드(또는 K14로 2량체를 형성하는 K5 폴리펩티드)를 암호화하는 유전자의 돌연변이를 갖고 있음이 밝혀졌다. 이러한 연구들은 상피층에 있는 세포들에게 기계적인 힘을 갖게 하는 데 있어서 IF의 역할을 더 분명하게 해준다. 이와 비슷하게, 데스민(desmin) 폴리펩티드를 생산할 수 없는 유전자 삭제 생쥐들은 심장근육과 골격근육에 심각한 이상증상을 보인다. 데스민은 근육세포에서 근원섬유(myofibril)들의 배열을 유지하는 데 있어서 중요한 구조적 역할을 하므로, 이러한 IF가 없으면 이 세포들을 몹시 연약하게 만든다. 데스민 관련 근육병증(desmin-related myopathy)이라고 하는 사람의 유전 질병은 데스민을 암호화하는 유전자의 돌연변이에 의해 생긴다. 이 장애를 가진 사람들은 골격근 무력, 심장성 부정맥(cardiac arrhythmias), 울혈성 심부전(congestive heart failure) 등으로 고생한다. 모든 IF 폴리펩티드가 이러한 중요한 기능을 갖는 것은 아니다. 예를 들면, 섬유아세포, 대식세포, 백혈구 등에서 발현된 비멘틴(vimentin) 유전자가 결여된 생쥐는, 병에 걸린 세포들이 세포질 IF를 갖고 있지 않더라도, 비교적 경미한 이상을 보인다. 이러한 연구로부터, IF가 다른 세포들에서보다 일부 세포들에서 더 중요한 조직-특이적 기능을 갖는 것이 확실하다.

[3]제11장에서 언급된 것처럼, 비슷한 유형의 수포성 질환이 헤미데스모솜의 단백질들이 결핍되어 생길 수 있는데, 헤미데스모솜은 표피의 아래쪽(기부) 층을 기저막(basement membrane)에 붙어 있게 한다. EBS 또한 교차결합 단백질인 플렉틴(plectin)을 암호화하는 유전자의 변이에 의하여 발생할 수 있지만, 그런 환자들은 또한 늦게 시작하는 근육질환으로부터 고통을 받는다는 사실들은 피부와 근육에서 중간섬유망의 중요성을 설명하고 있다.

13.8 미세섬유

세포는 놀랄만한 이동 능력이 있다. 척추동물 배아에서 신경능선(neural crest) 세포들은 발생 중인 신경계를 떠나서 배의 전체 폭을 가로질러 이동하여, 피부의 색소세포와 치아 그리고 턱의 연골 같은 다양한 부분을 형성한다(그림 11.11 참조). 다수의 백혈구세포들은 세포 속의 파편이나 미생물들을 찾기 위해서 몸의 조직들을 순찰한다. 또한 세포들의 특정 부분들도 이동성이 있을 수 있다. 즉, 상처난 곳의 가장자리에 있는 상피세포들의 넓적한 돌기들은 상처를 봉합하기 위해서 상처부위 위로 세포들을 끌어당기는 운동장치의 역할을 한다. 비슷하게, 성장하는 축삭돌기의 앞쪽 가장자리는 바닥을 검사하여 세포를 시냅스 표적 쪽으로 가도록 안내하는 아주 작은 돌기들을 밖으로 내보낸다. 이동성에 관한 이런 다양한 모든 예들은 최소한 한 가지의 구성요소를 공유하고 있다. 즉, 이들은 모두 주요 세포골격의 3번째 요소인 액틴에 의존한다. **액틴(Actin)**은 또한 소낭의 이동, 식세포 작용, 세포질 분열 등과 같은 세포내 이동 과정들에 관여한다. 실제로, 식물세포들은 세포질에 있는 소낭 및 소기관들의 장거리 수송을 미세소관보다는 주로 액틴에 의존한다. 이렇게 액틴을 기반으로 한 이동성에 치우치는 경향은 많은 식물세포에서 미세소관의 분포가 제한되어 있다는 것을 반영한다(그림 13.6 참조). 액틴은 또한 세포의 모양을 결정함에 있어 중요한 역할을 하며, 그림 13.66에서 보이는 것처럼 다양한 유형의 세포 투영을 위한 구조적 지지대를 제공한다.

미세섬유 구조

액틴섬유(Actin filament)들은 직경이 약 8 nm이며, 액틴이라는 단백질의 구형 소단위들로 구성되어 있다. ATP 존재 하에 액틴 단량체들은 중합되어 유연한 나선형 섬유를 형성한다. 이 소단위가 조직화된 결과(**그림 13.37a**), 액틴섬유는 기본적으로 그 길이를 따라 계속되는 2개의 나선형 홈을 갖고 있는 2가닥으로 된 구조이다(그림 13.37*b*). 액틴섬유(*Actin filament*), *F*-액틴(*F-actin*), 그리고 미세섬유(*microfilament*)라는 용어들은 기본적으로 이런 유형의 섬유에 대한 동의어이다. 세포의 유형과 그 세포가 관여하고 있는 활성에 의존하여, 액틴섬유들은 매우 질서정연한 배열, 느슨하고 윤곽이 불명확한 연결망 구조, 또는 단단히 고정된 다발 등의 구조로 조직될 수 있다

액틴섬유의 모든 소단위들은 동일한 방향을 향하고 있으며, "가시 돋친(barbed)" 끝과 "뾰족한(pointed)" 끝으로 불리는 극성 섬유가 된다. 결국, 액틴섬유의 2개의 말단은 서로 다른 구조와 동적 특성을 지닌다. 이러한 명명의 사용은 전자현미경을 위한 준비에서 액틴섬유의 동정과 표지를 위해 사용된 기술에서 비롯되었다. 이 방법

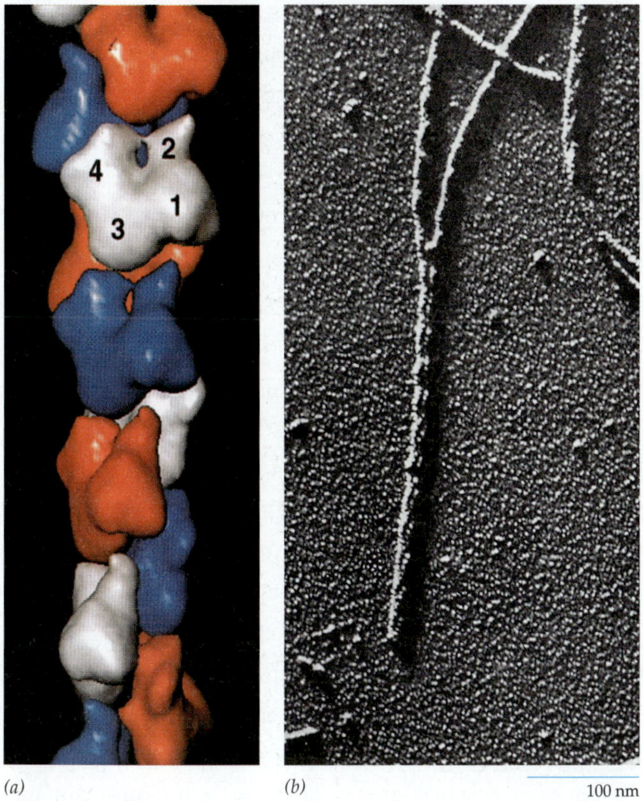

그림 13.37 액틴섬유의 구조. (*a*) 액틴섬유의 모형. 연속적으로 배열되어 있는 액틴 소단위들을 보다 쉽게 구별하기 위해서 세 가지 색깔로 표시하였다. 하나의 액틴 소단위에 있는 소영역(subdomain)들을 1, 2, 3, 4 등으로 표시하였으며, 각 소단위에는 ATP가 결합할 수 있는 틈이 있다. 액틴섬유는 양(+)과 음 (-)의 말단으로 표시되는 극성을 갖고 있다. ATP가 결합하는 틈(위쪽의 빨간색 소단위에 있는)은 섬유의 음(-)의 말단에 있다. (*b*) 2중나선 구조를 보여주는 복사막(replica) 시료에서 관찰된 액틴섬유의 전자현미경 사진.

출처: Wah Chiu, Michael F. Schmid, et al., *J. Cell Biol.* 124:346, 1994, Fig. 4에서 발췌. 락펠러대학교 출판부의 허가를 얻어 재사용함. (b) Robert H. Depue, Jr. and Robert V. Rice, *J. Mol. Biol.* 12:302, 1965에서 발췌. Elsevier의 허가를 얻어 재사용함.

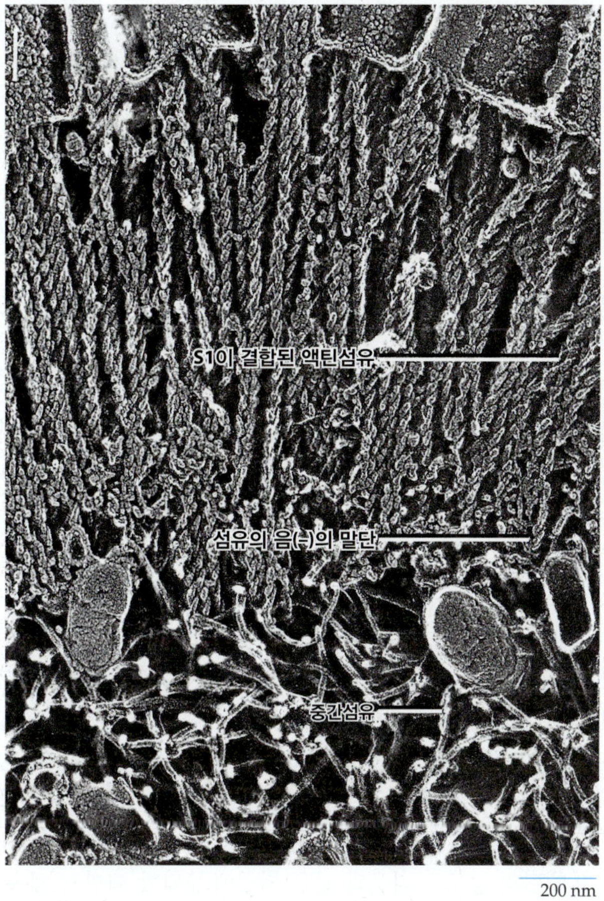

그림 13.38 미오신의 S1 소단위를 이용한 액틴섬유의 위치와 극성의 확인. 복사막에서 관찰된 전자현미경 사진은 장의 상피세포에서 미세융모의 중심부에 있는 미세섬유 다발을 보여준다. 세포질의 섬유상 구성요소들을 노출시키기 위해, 이 세포를 고정하여 미오신의 S1 조각을 처리하고, 동결-파단과 심층-식각 방법을 시행하였다. 사진 아래의 중간섬유(IF)들은 액틴을 함유하지 않으므로, 미오신의 S1 조각들이 결합하지 않는다. 이러한 중간섬유들은 세포 측면에 있는 데스모솜에서 기원한 것이다.

출처: N. Hirokawa, L.G. Tilney, K. Fujiwara, and J. E. Heuser, *J. Cell Biol.* 94:430, 1982, fig. 3에서 발췌. 락펠러대학교 출판부의 허가를 얻어 재사용함.

은 S1이라 불리는 미오신의 펩티드 분해 조각의 액틴섬유의 한쪽 면과 강하게 결합하고 꾸미기 위한 능력을 이용한다(그림 13.41 참조). S1 조각들이 결합되면, 액틴섬유의 한쪽 말단이 화살촉처럼 뾰족하게(pointed) 보이는 반면에, 다른 쪽 말단은 가시 돋친 모양으로 보인다. 이러한 화살촉 모양 "장식(decoration)"의 예는 **그림 13.38**에서처럼 장의 상피세포에 있는 미세융모들에서 볼 수 있다. S1은 전자현미경을 사용하여 액틴섬유의 동정 및 특성 이해에 유용함이 증명되었다. 액틴의 위치는, 액틴섬유와 결합하는 형광표지된 팔로이딘(phaloidin)을 사용하거나(그림 13.66*a*) 또는 형광물질로 표지된 항-액틴 항체를 사용하여 광학현미경으로 확인될 수 있다.

액틴은 근육세포의 주요한 수축단백질의 하나로서 50년 이전에 확인되었다. 그 이후, 액틴은 실험된 바 있는 거의 모든 유형의 진핵세포에서 주요한 단백질로 확인되었다. 고등식물 및 동물 종들은 다수의 액틴-암호화 유전자들을 갖고 있으며, 이 유전자들에 의해 만들어진 단백질들은 서로 다른 유형의 운동 과정들을 위해 특수화되었다. 액틴은 진핵생물들이 진화하는 동안 매우 잘 보존되어 왔다. 예로서, 효모세포와 토끼의 골격근육에서 액틴 분자의 아미노산 서열은 88%가 동일하다. 사실, 다양한 종들로부터 유래된 액틴 분자들은 함께 중합되어 혼성 섬유들을 형성할 수 있다. 액틴섬유가 자기 자신에 대한 힘을 생성할 수 있다고는 하지만(13.15절), 액틴이 관여하는 대부분의 과정은 미오신 대집단 일부인 운동단백질의 활성을 필요로 한다.

미세섬유의 조립과 해체

액틴 단량체들은 섬유에 결합하기 전에 1분자의 ATP와 결합한다. 튜불린이 GTP가수분해효소(GTPase)인 것처럼, 액틴은 ATP가수분해효소(ATPase)이며, 액틴조립에서 ATP의 역할은 미세소관 조립에서의 GTP의 역할과 비슷하다(532쪽). 액틴 단량체와 결합된 ATP는 자라고 있는 액틴섬유에 결합된 후 언젠가 ADP로 가수분해된다. 그 결과, 액틴섬유의 대부분은 ADP-액틴 소단위들로 되어 있다.

액틴의 중합은 ATP-액틴 단량체들이 들어 있는 시험관 용액에서 쉽게 증명된다. 미세소관의 경우에서처럼, 미세섬유 형성[즉, 핵 형성(nucleation)]의 초기 단계는 시험관 속에서 느리게 일어나는 반면에, 이어지는 섬유의 신장단계는 훨씬 더 빠르게 일어난다. 반응혼합물 속에 미리 형성된 액틴섬유가 들어 있으면, 미세섬유의 핵 형성 단계는 생략될 수 있다. 미리 형성된 액틴섬유가 고농도의 표지된 ATP-액틴 단량체들과 함께 항온 처리되면, 미세섬유의 양쪽 말단이 모두 표지되지만, 한쪽 말단은 액틴 단량체들과 더 높은 친화력을 갖고 있어서 다른 쪽 말단보다 약 10배의 속도로 단량체들이 결합한다. S1 미오신 조각이 장식(결합)되는 실험에서, 미세섬유의 가시 돋친 모양을 한[또는 양(+)의] 말단은 빠르게 자라는 반면에, 끝이 뾰족한[또는 음(−)의] 말단은 느리게 자란다는 것이 드러난다(**그림 13.39a**).

그림 13.39*b*는 시험관 속에서 액틴 조립/해체가 액틴 단량체들의 농도에 따라 어떻게 일어나는가를 보여준다. 가시 돋친 그리고 뾰족한 끝들은 신장하기 위해 ATP-액틴 단량체들의 최소 농도를 다르게 요구할 것이다. 가시 돋친 끝의 임계농도는 뾰족한 끝에 비해 매우 낮다. ATP가 있는 상태에서 액틴용액에 미리 형성된 액틴섬유[씨(seed)에 해당함]를 첨가하여 조립이 시작된다고 가정해 보자(1단계). ATP-액틴 중합체들이 높은 농도로 유지되는 한, 소단위들이 섬유의 양쪽 말단에 계속 첨가될 것이다(그림 13.39*b*, 2단계). 반응혼합물에 있는 단량체들이 섬유의 말단들에 첨가되어 소비됨에 따라, 자유로운 ATP-액틴의 농도는 다음과 같은 지점에 도달할 때까지 계속 낮아진다. 즉, ATP-액틴의 농도는, 단량체들의 순첨가가 ATP-액틴과 높은 친화력을 갖는 양(+)의 말단에서 계속되지만 낮은 친화력을 가진 음(−)의 말단에서 중단되는 지점에 도달할 때까지 낮아진다(3단계). 섬유가 계속 길어짐에 따라, 자유로운 상태의 단량체 농도는 더욱 감소한다. 이 시점에서, 단량체들은 섬유의 양(+)의 말단에 계속 첨가되지만 소단위들의 순손실이 음(−)의 말단에서 일어난다. 유리된 단량체의 농도가 저하됨에 따라, 섬유의 반대쪽 말단에서 일어나는 2개의 반응이 균형을 이루는 지점에 도달되어서, 섬유의 길이와 유리된 단량체의 농도가 모두 일정하게 유지된다(4단계). 2개의 반대되는 활성들 사이에 유지되는 이런 유형의 균형은 정류상태(steady state)의 한 예이며(3.4절), ATP-액틴의 농도가 약 0.3 μM일 때 생긴다. 정류상태에서 소단위들이 각 섬유의 양(+)의 말단에 첨가되고 있고 음(−)의 말단으로부터 떨어져 나가고 있기 때문에, 각 섬유 속에 있는 개개 소단위들의 상대적 위치는 계속 이동하고 있다—이런 과정을 "트레드밀 상태(treadmilling)"라고 한다(4~5단계). 형광물질로 표지된 액틴 소단위들을 갖고 있는 세포를 대상으로 한 연구들은 세포 속에서 트레드밀링 현상이 일어남을 지지하고 있다(그림 13.46*c* 참조).

13.11절에서 논의된 것처럼, 세포에서 액틴섬유의 조립과 해체 속도는 많고 다양한 종류의 부속 단백질들에 의해 영향 받을 수 있다. 세포의 특정 부분에서 생기는 국지적인 조건이 변화되면, 평형상태를 미세섬유들의 조립이나 또는 해체 중 어느 한 방향으로 밀고 나갈 수 있다. 이런 평형상태를 조절함으로써, 세포는 자신의 미세섬유

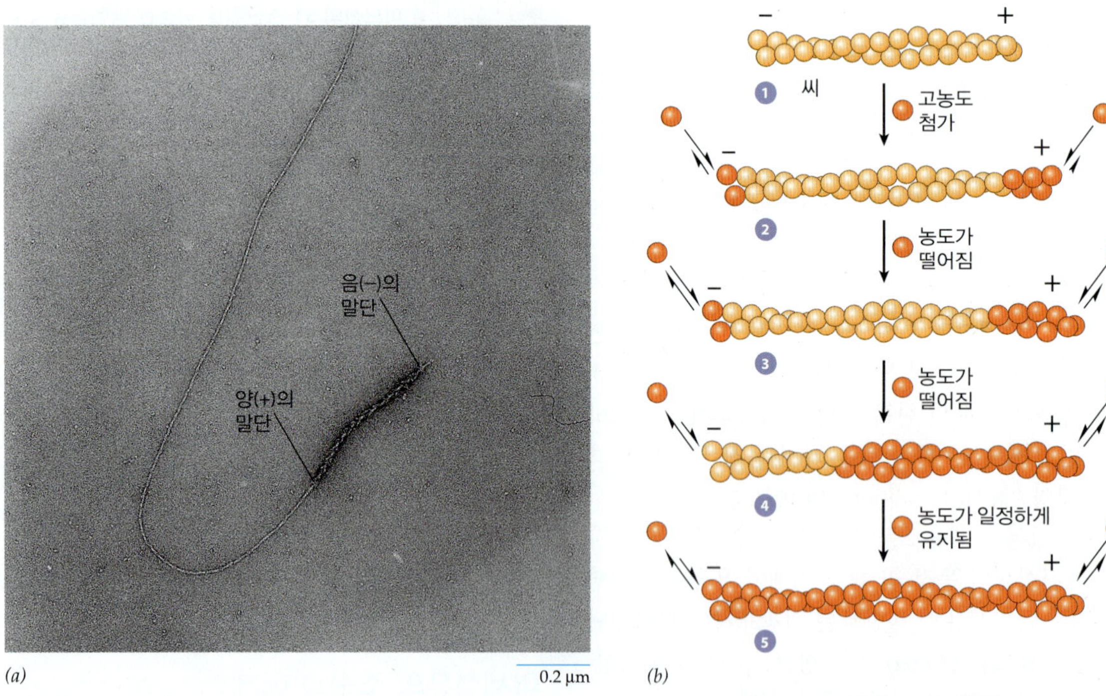

그림 13.39 **시험관 속에서 액틴의 조립.** (*a*) S1 미오신으로 표지된 다음 액틴 중합을 시작하는 핵 형성에 사용된 짧은 액틴섬유의 전자현미경 사진. 액틴 소단위들의 결합은 이미 존재하는 섬유의 뾰족한(음의) 말단보다 가시 돋친 모양의 (양의) 말단에서 훨씬 더 빠르게 일어난다. (*b*) 시험관 속에서 일어나는 액틴섬유 조립을 동력학적으로 나타낸 개요도. 모든 주황색 소단위들은 최초의 씨(seed) 부분이며, 빨간색 소단위들은 항온 처리를 시작할 때 용액 속에 있던 것이다. 각 단계들은 본문에 설명되었다. 일단 단량체들이 정류(定留)상태의 농도에 도달하면, 소단위들은 음(−)의 말단에서 방출되는 것과 똑같은 속도로 양(+)의 말단에 첨가된다. 그 결과, 소단위들은 시험관 속에서 섬유의 양(+)의 말단에는 첨가되고 음(−)의 말단에서는 떨어지는 일이 계속 반복된다(treadmill). 주(註): ATP가 결합된 소단위들과 ADP가 결합된 소단위들 사이를 구별하기 위한 일은 시도되지 않았다.

출처: M.S. Runge and T. D. Pollard 제공.

세포골격을 재편성할 수 있다. 이와 같은 재편성은 세포의 운동, 세포 모양의 변화, 식세포작용, 세포질분열 등과 같은 동적인 과정들을 위해 필요하다.

앞에서 언급한 바와 같이, 액틴섬유들은 거의 모든 세포의 운동 과정들에서 역할을 한다. 미세섬유들이 여러 가지 과정에 관여한다는 것은, 세포를 동적인 미세섬유를 기반으로 한 활동들을 차단하는 다음과 같은 약물들 중의 어느 하나를 처리하면 가장 쉽게 증명될 수 있다. 즉, 곰팡이로부터 얻는 사이토칼라신(cytochalasin)은 액틴섬유의 양(+)의 말단을 차단하고 음(−)의 말단에서 탈중합(해체)시킨다. 독성이 있는 버섯에서 얻는 팔로이딘(phaloidin)은 온전한 액틴섬유와 결합하여 이 섬유의 재편성(전환)을 막는다. 그리고 해면동물에서 얻는 라트룬쿨린(latrunculin)은 유리상태의 단량체에 결합하여 중합체로 되는 것을 차단한다. 세포가 이들 화합물 중의 하나를 갖고 있으면, 미세섬유에 의해 중개되는 돌기들은 신속하게 멈추게 된다.

13.9 미오신: 액틴섬유의 분자 모터

앞에서 미세소관 선로 위에서 반대 방향으로 작동하는 두 가지 운동 분자—키네신과 디네인—의 구조와 작용을 알아보았다. 현재까지, 액틴섬유와 함께 작동하는 것으로 알려진 모든 운동단백질들은 미오신 대집단(superfamily)에 속한다. 아래에서 설명되는 미오신들은—제VI형 미오신을 제외하고—액틴섬유의 양(+)의 말단을 향해서 이동한다.

미오신은 포유동물의 골격근육조직에서 처음으로 분리되었으며, 그 후 거의 모든 진핵세포들에서 발견되었다. 모든 미오신 분자들은 특징적인 모터 영역(머리 부분)을 공유한다. 이 머리 부분은 액틴섬유와 결합하는 자리 그리고 미오신 모터를 작동시키기 위해 ATP와 결합하여 이를 가수분해하는 자리를 갖고 있다. 다양한 미오신들의 머리 부분 영역은 비슷한 반면에, 꼬리 부분 영역은 매우 다양하다. 또한 미오신들은 다양한 저분자량의 (가벼운) 사슬도 갖고 있다. 미오신들은 일반적으로 크게 2개의 무리로 나누어진다. 즉, 근육조직에서 처음으로 확인된 **재래형(또는 제II형) 미오신[conventional (or type II) myosin]** 그리고 **비재래형 미오신(unconventional myosin)**이다. 비재래형 미오신들은 아미노산 서열을 바탕으로 하여 적어도 17가지의 서로 다른 종류(제I 및 III~XVIII형)로 다시 나뉜다. 이들 중 일부는 진핵생물들 사이에서 널리 발현되는 반면에, 다른 것들은 발현이 제한되어 있다. 예로서, 미오신 제X형은 척추동물에서만 발견되며, 미오신 제VIII형과 제XI형은 식물에만 있다. 사람은 적어도 11종류에서 약 40가지의 서로 다른 미오신을 갖고 있으며, 각각의 미오신은 그 자신의 특수화된 기능(들)을 갖고 있는 것으로 추측된다. 다양한 미오신들 가운데 제II형 분자가 가장 잘 이해되어 있다.

재래형(제II형) 미오신

제II형 미오신 종류에 속하는 단백질들은 근육수축에 필요한 주된 운동단백질들이지만, 또한 다양한 비근육세포에서도 발견된다. 사람의 유전체는 16가지의 제II형에 속하는 무거운 사슬을 암호화하며, 그 중 세 가지는 비근육세포들에서 작용한다. 제II형 미오신을 필요로 하는 비근육 활동 중에는, 세포분열하는 동안 하나의 세포를 2개로 나누며, 국소부착(focal adhesion)에서 장력을 발생시키고, 성장원추체의 행동 방향을 전환시키는(그림 13.67 참조) 등의 일이 있다. 전진하는 성장원추체에서 제II형 미오신의 활동을 저해하는 영향이 **그림 13.40**에 나타나 있다.

1쌍의 미오신 II 분자에 대한 전자현미경 사진이 **그림 13.41a**에

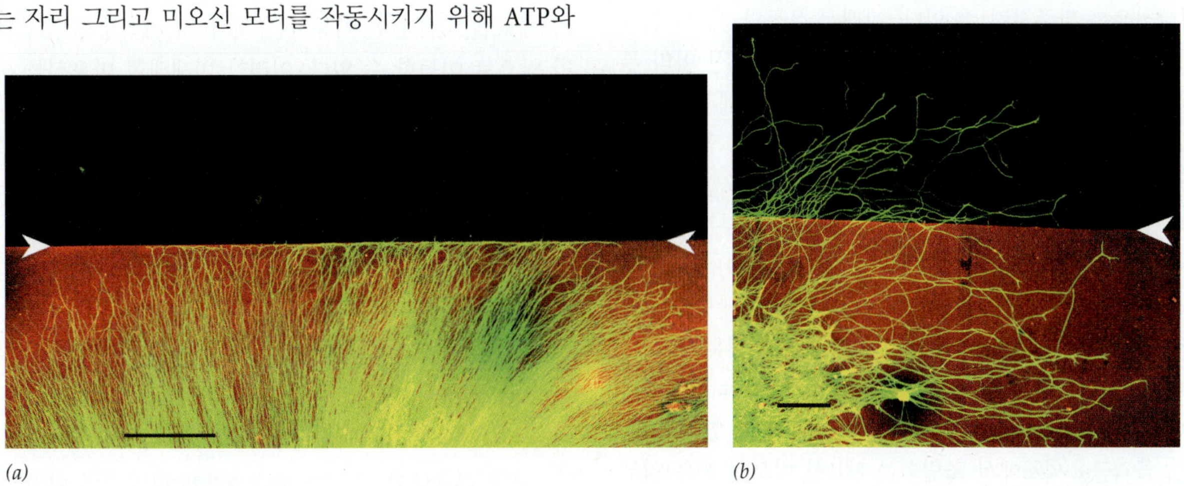

(a) (b)

그림 13.40 성장원추체의 지향적 운동에 있어서 제II형 미오신 역할의 실험적 증명. (*a*) 이 형광현미경 사진은 생쥐 배(胚)에 있는 신경조직의 미세 조각에서 자라나오는 가느다란 돌기(신경돌기, neurite)들을 보여준다. 신경돌기들(초록색으로 염색된)은 라미닌(laminin, 빨간색으로 염색된)을 칠한 덮개유리 위에서 밖을 향해 자라나오고 있다. 라미닌은 일반적인 세포외 기질의 구성요소이다. 각각의 신경돌기 끝부분에는 운동성 성장원추체가 있다. 성장원추체들이 라미닌이 칠해져 있는 덮개유리의 가장자리(화살촉들로 표시된 선으로 나타내었음)에 도달하였을 때, 이 원추체들은 급격히 방향을 전환하여 라미닌을 칠한 표면 위에서 계속 자란다. 아래 왼쪽 측정선의 길이는 500 μm이다. (*b*) 이 사진에 있는 조직은 제IIB형 미오신이 결여된 생쥐 배에서 얻었다. 성장원추체들이 라미닌을 칠한 표면의 가장자리에 도달할 때, 성장원추체들은 더 이상 방향을 전환하지 않고, 신경돌기들을 라미닌이 없는 표면(검은색) 위로 향하여 자라게 한다. 아래 왼쪽 측정선의 길이는 800 μm이다.

출처: Stephen G. Turney and Paul C. Bridgman, *Nature Neurosci.* 8:717 2005에서 발췌. © 2005, Macmillan Publishers Ltd.의 허가를 얻어 재인쇄함; (b) From Stephen G. Turney and Paul C. Bridgman, *Nature Neurosci.* 8:717, 2005에서 발췌. © 2005, Macmillan Publishers Ltd.의 허가를 얻어 재인쇄함.

그림 13.41 제II형 미오신 분자의 구조. (*a*) 음성 염색된 미오신 분자의 전자현미경 사진. 각 분자에서 2개의 머리 부분과 꼬리 부분을 분명하게 볼 수 있다. (*b*) 제II형 미오신 분자(분자량: 52만 Da)의 개요도. 이 분자는 1쌍의 무거운 사슬(파란색)과 2쌍의 가벼운 사슬들(명칭을 표시하였음)로 이루어져 있다. 쌍으로 된 무거운 사슬은 2개의 폴리펩티드 사슬이 서로 휘감아 꼬인 나선을 형성하는 자루 모양의 꼬리 부분과 그 끝에 1쌍의 구형인 머리 부분으로 구성되어 있다. 단백질분해효소(protease)를 약하게 처리하면, 이 분자는 목 부분과 꼬리 부분 사이의 연결지점에서 절단되어 S1 조각이 생긴다.

출처: S. A. Burgess, M. L. Walker, H. D. White, and J. Trinick, *J. Cell Biol.* 139:676,1997, Fig 1에서 발췌. 락펠러대학교 출판부의 허가를 얻어 재사용함.

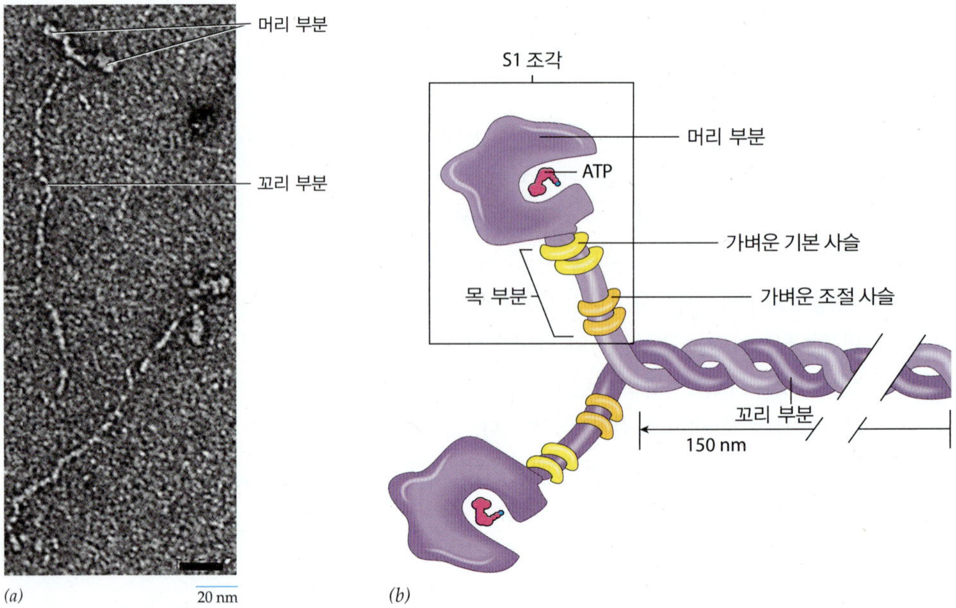

있다. 각 제II형 미오신 분자는 6개의 폴리펩티드 사슬들—1쌍의 무거운 사슬과 2쌍의 가벼운 사슬—로 이루어져 있고, 대단히 비대칭적인 단백질을 형성하는 방식으로 구성되어 있다(그림 13.41*a*). 그림 13.41*b*에 있는 분자를 살펴보면, 이 미오신 분자는 다음과 같이 3부분으로 구성되어 있다. 즉, (1) 이 분자의 활성자리가 있는 1쌍의 구형인 머리 부분, (2) 연속된 단일 α-나선과 여기에 결합된 2개의 가벼운 사슬들로 구성된 1쌍의 목 부분, 그리고 (3) 2개의 무거운 사슬에 있는 긴 α-나선 부분이 서로 꼬여서 형성된 하나의 긴 자루 모양의 꼬리 부분 등으로 이루어져 있다. 덮개유리의 표면에서 움직이지 못하도록 고정시킨 분리된 미오신 머리 부분(그림 13.41*b*의 S1 조각들)은 **그림 13.42**에 나타나 있는 것처럼 시험관 속 분석 실험에서, 부착된 액틴섬유를 활주시킬 수 있다. 그래서 운동단백질의 활동을 위해 필요한 모든 기구가 머리 부분에 들어있다. 미오신 머리 부분의 작용기작과 목 부분이 하는 주요 역할은 그림 13.52에서 설명된다. 제II형 미오신 분자에서 섬유상의 꼬리 부분은 구조적 역할을 하여, 이 단백질이 섬유를 형성할 수 있게 한다. 제II형 미오신 분자들은 꼬리 부분의 끝이 섬유의 중앙을 향하고 구형의 머리 부분은 중앙으로부터 먼 쪽을 향하도록 조립된다(**그림 13.43** 및 13.49). 그 결과, 이 섬유를 양극성(bipolar)이라고 하며, 이는 섬유의 중앙에서 극성이 반전되는 것을 나타낸다. 미오신 섬유들이 양극성이기 때문에, 미오신 섬유의 반대쪽 말단에 있는 미오신 머리 부분들은, 근육 세포에서 일어나는 것처럼, 서로를 향하여 액틴섬유를 끌어당길 수 있다. 다음 절의 서술처럼, 골격근육세포에서 조립되는 제II형 미오신 섬유 일부는 고도로 안정된 수축 장치를 구성하는 요소이다. 그러나 대부분의 비근육세포들에서 형성하는 더 작은 크기의 제II형 미오신 섬유들은 흔히 필요한 시간과 장소에서 조립되어 작용한 후에 해체되는 일시적인 구조이다.

비재래형 미오신

1973년, 미국 국립보건원의 토마스 폴라드(Thomas Pollard)와 에드워드 콘(Edward Korn)은 원생생물의 한 종인 담수산 아메바(*Acanthamoeba castellanii*)에서 추출된 독특한 미오신-유사 단백질을 보고하였다. 근육 미오신과 다르게, 더 작은 비재래형 미오신은 단 1개의 머리를 갖고 있으며, 시험관 속에서 섬유의 형태로 조립될 수 없었다. 이 단백질은 제I형 미오신으로 알려지게 되었고, 미세융모에서 이 미오신의 위치가 그림 13.58에 나타나 있다. 미오신 I이 세포막에 장력을 부여할 수 있고, 이를 통해 세포막의 재편성 또는 이동을 요구하는 과정에 중요한 역할을 할 수 있음이 제안되었다.

비재래형 미오신들 어느 것도 섬유형성을 할 수 없으며, 대신에 근본적으로 독립된 단백질 분자들처럼 역할을 수행하는 것처럼 보인다. 제일 연구가 잘 된 비재래형 미오신들은 미세소관을 따라 키네신과 세포질 디네인이 이동하는 것과 비슷한 방법으로 액틴섬유를 따라 앞으로 이동할 수 있다. 이러한 비재래형 미오신들 중 하나인 제V형 미오신에 의한 걸음걸이가 시험관 속 액틴섬유를 따라 빠르게 이동함에 따라 단일 분자를 담아낸 일련의 전자현미경 사진에 의해 밝혀졌다(**그림 13.44a**). 단백질의 기계적 주기내 다양한 걸음걸이들을 시각화하기 위해, 연구자들은 이동하는 운동단백질의 경로에 분자 장애물들을 놓았고, 단백질들이 이동할 수 있는 속도를 낮췄다. 그림 13.44*b*는 단일 기계주기 동안 분자의 이동을 보여주는 연속된 사진을 보여준다(제V형 미오신은 그림 13.44*c*에 언급된 것처럼 정상적으로는 꽤 큰 꼬리 부분을 가지며, 이러한 특정한 실험을 위해 제거되었다).

그림 13.44*b*의 첫 장면에서, 2량체 단백질의 양쪽 머리 부분들이 아래의 섬유에 붙어 있는 것처럼 보이고, 장애물들의 묶음이 운동단백질의 경로에 보인다. 2번째 장면에서 제V형 미오신 분자의 기어가는 머리 부분은 섬유로부터 떨어지고 그 경로내 장애물들을 가로질러 앞으로 이동하는 과정에 있다. 4번째 장면까지 이 앞뒤로 흔들리는 머리 부분은 섬유를 따라 앞쪽에 위치한 섬유에 접촉하여 새로운 앞쪽 머리 부분이 된다. 이러한 사진들은 제V형 미오신이 그림 13.9*b*에 묘사된 키네신 분자와 비슷하게 번갈아가며 이동하는 양식에 대

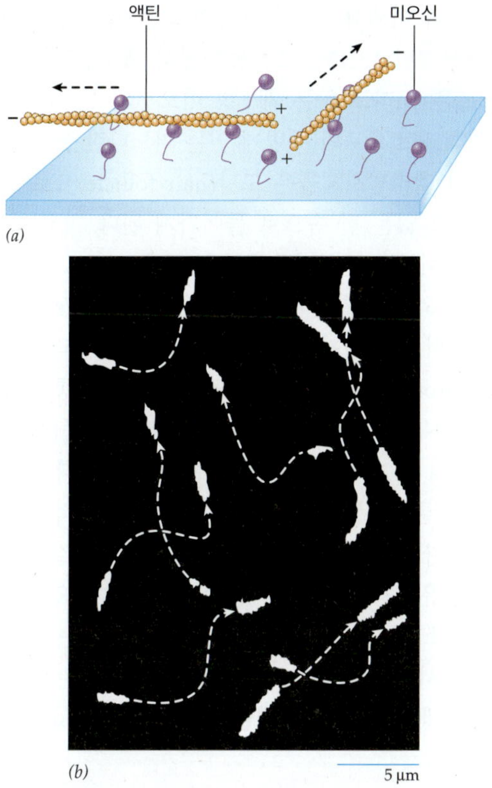

그림 13.42 시험관 속에서 미오신의 운동성 분석. (*a*) 미오신(myosin) 머리 부분을 실리콘으로 칠한 덮개유리에 결합시킨 다음, 이것을 액틴섬유와 함께 항온 처리하였다. (*b*) 앞의 *a*에 그려진 실험 결과. 2개의 비디오 상은 15초 간격으로 찍었으며, 이것을 동일한 필름에 이중 노출시켜서 사진을 촬영하였다. 화살촉을 가진 점선들은 노출 간격 사이의 짧은 시간 동안에, 액틴섬유들이 미오신 머리 부분 위로 활주하여 이동한 것을 나타낸 것이다.

출처: (b) T. Yanagida의 연구에 근거함.

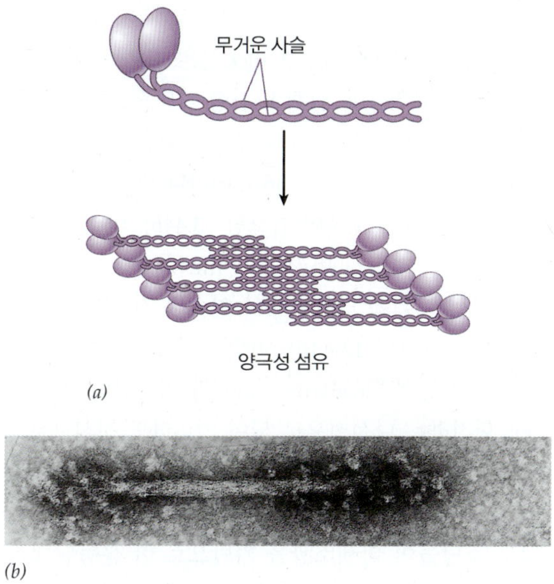

그림 13.43 양극성인 제II형 미오신 섬유의 구조. (*a*) 제II형 미오신 섬유에서 개개의 미오신 분자들이 엇갈려서 배열되어 있는 것을 나타낸 개요도. (*b*) 시험관 속에서 형성된 양극성 미오신 섬유의 전자현미경 사진. 이 섬유의 머리 부분은 양쪽 끝에 보이며, 중앙에는 매끄러운 부위가 있다.

출처: (b) Hugh Huxley 제공

한 시각적 확인을 가능하게 한다. 이러한 이동의 양식을 달성하기 위해 2개의 머리 부분 중 적어도 하나는 매번 극성의 경로에 결합되어 있어야만 한다. 그림 13.44*c*는 내재 제V형 미오신 분자를 보여준다. 이 그림에 보여지는 것처럼, 제V형 미오신은 각각의 목 부분의 길이를 눈여겨 볼만하고, 이 23 nm는 제II형 미오신의 목 부분에 약 3배

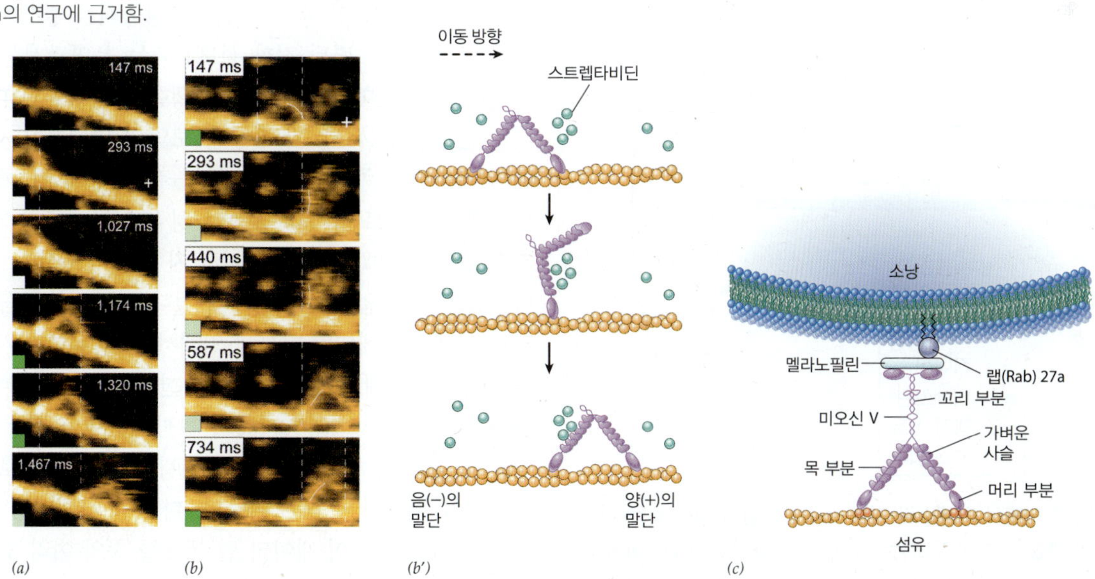

그림 13.44 제V형 미오신—소기관의 수송에 관여하는 2개의 머리 부분을 갖는 비재래형 미오신. (*a*) ATP의 존재 하에 시험관 속에서 액틴섬유를 따라 이동하는 단일 제V형 미오신 분자의 직접적인 시각화(정상적인 꼬리 영역이 부재). 고속 원자 간 힘 현미경(high-speed atomic force microscopy, HS-AFM)을 통해 얻은 연속적인 사진들은 약 1초당 분자의 이동을 보여준다. (*b*) 장애물 묶음[스트렙타비딘(streptavidin) 단백질 분자들로 구성된]을 가로질러 이동하는 단일 제V형 미오신 분자의 번갈아 움직임을 보여주는 연속적인 HS-AFM 사진들. 앞뒤로 흔들리는 목 부분(또는 지레 팔)은 얇고 하얀색 선으로 표시됨. (*b′*)은 HS-AFM 사진들에 상응한 운동단백질을 묘사함. (*c*) 다수의 가벼운 사슬들을 포함한 온전한 2량체 제V형 미오신 분자의 개요 그림. 양쪽 머리 부분은 액틴섬유에 붙어 있으며 꼬리 부분은 수송체에 붙어 있다. Rab27a와 멜라노필린(melanophilin)은 수송체 막과 꼬리의 둥근 끝부분을 연결하는 매개자 역할을 한다. 제V형 미오신의 긴 목은 6개의 가벼운 사슬들과 결합한다.

출처: Noriyuki Kodera, et al., *Nature*, 468:74, 2010에서 발췌. Toshio Ando 제공. Macmillan Publishers Ltd.의 허가를 얻음.

정도이다.

목 부분이 길기 때문에, 제V형 미오신은 매우 큰 보폭을 취할 수 있다. 이 특징은 소단위들에 의해 나선형 가닥으로 만들어진 액틴섬유를 따라 연작용으로 이동하는 운동단백질에게는 매우 중요하다. 액틴의 나선은 약 13개의 소단위(36 nm)마다 반복되는데, 이것은 거의 제V형 미오신 분자의 보폭이다(그림 13.44*b*). 이런 유형의 운동을 하기 위해서, 각각의 미오신 머리는 72 nm의 거리를 움직여야 한다. 이 거리는 액틴섬유 위에 있는 2개의 연속된 결합자리 사이의 거리(36 nm)의 2배이다(그림 13.44*b*). 이러한 큰 보폭 때문에, 제V형 미오신은 그 아래에 놓인 "도로(roadway)"가 미오신의 "발과 발(feet)" 사이에 360° 회전하는 나선형으로 되어 있더라도 직선로로 액틴섬유를 따라 걸을 수 있다. 제I, V, VI형 미오신들을 포함한 많은 비재래형 미오신들은 여러 가지 유형의 세포질 소낭 그리고 소기관들에 결합된다. 일부 소낭들이 미세소관을 기반으로 한 운동단백질들(키네신 그리고/또는 세포질 디네인) 그리고 미세섬유를 기반으로 한 운동단백질들(비재래형 미오신들)을 갖고 있는 것으로 밝혀진 바 있으며, 사실 이 2유형의 운동단백질들은 서로 물리적으로 연결되어 있을 수 있다. 동물세포 속에서 소낭들과 다른 막으로 된 운반체들의 원거리 이동은, 앞에서 기술된 것처럼 미세소관 위에서 일어난다. 그러나 일단 이들이 미세소관의 말단부에 접근하면, 이들 막으로 된 소낭들은 때로 액틴이 풍부한 세포 주변부를 통해 국지적으로 이동하기 위해 미세섬유 선로로 갈아타는 것으로 생각된다(**그림 13.45**).

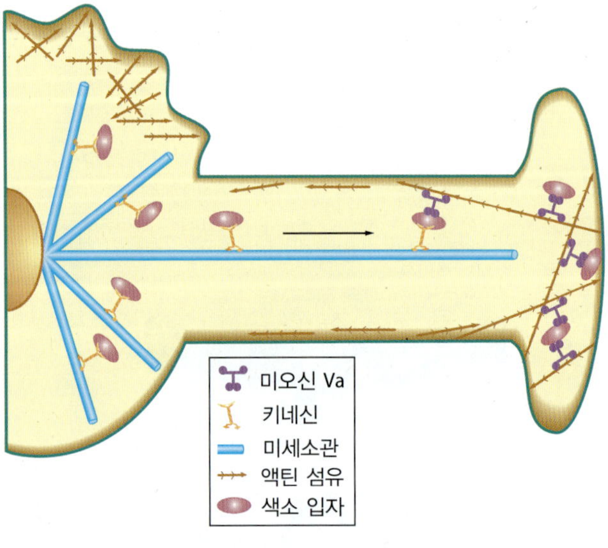

그림 13.45 세포내 수송에서 미세소관-기반 운동단백질 및 미세섬유-기반 운동단백질의 대조적인 역할. 대부분의 소낭수송은 키네신과 디네인 집단의 구성요소들에 의해 중개되는 것으로 생각되는데, 이 요소들은 비교적 장거리에 걸쳐 화물을 운반한다. 또한 일부 소낭들도 제Va형 미오신과 같은 미오신 운동단백질들을 갖고 있는 것으로 생각되는데, 이 제Va형 미오신은 세포의 주변(피질)부에 분포되어 있는 것들을 포함하는 미세섬유들 위에서 화물을 운반한다. 이 두 가지 유형의 운동단백질은, 색소 입자들이 신장된 세포 돌기들 속에서 앞뒤로 이동하는 색소 세포의 경우에, 여기에 그려진 것처럼, 서로 협조하는 방식으로 작용할 것이다.

출처: After X, Wu, et al., 저작권 1998, 락펠러대학교 출판부. Originally published in the *Journal of Cell Biology* 143:1915에서 발췌.

미세소관들과 미세섬유들 사이의 협조는 색소 세포에서 가장 잘 연구되어 왔다(그림 13.45). 포유동물에서 색소입자들(멜라닌소체, melanosome)은 Va라고 하는 제V형 미오신의 동형(isoform)들 중의 하나에 의해 색소세포의 주변에 있는 가느다란 돌기들 속으로 수송된다. 이어서 멜라닌소체들은 모낭(hair follicle)으로 운반되어 그곳에서 발달하고 있는 털 속으로 들어가게 된다. 제Va형 미오신 활성이 결여된 생쥐들은 멜라닌소체들을 모낭 속으로 수송할 수 없기 때문에, 이들의 외피는 훨씬 더 밝은색을 띤다. 제Va형 미오신을 암호화하는 정상적인 유전자가 결여된 사람들은 글리스셀리 증후군(Griscelli syndrome)이라는 희귀한 장애로부터 고통 받는다. 즉, 이런 사람들은 (피부색이 결여된) 부분적 피부 백변증(albinism)을 보이며 소낭수송의 결여와 관련된 것으로 생각되는 다른 증후군을 앓는다. 2000년에 글리스셀리 환자들 중 일부는 정상적인 제Va형 미오신을 갖고 있으나 Rab27a라고 하는 막의 표재단 백질을 암호화할 수 있는 기능적인 유전자가 결여된 것으로 밝혀졌다. Rab 집단에 속하는 단백질들은 소낭들을 목표로 하는 막에 잡아 매는 일을 하는 분자들로서 493쪽에서 논의되었다. 또한 Rab 단백질들은 막의 표면에 미오신(그리고 키네신) 운 동단백질들을 부착시키는 일에 관여되어 있다(그림 13.44*b*).

그림 13.46a에 그 구조가 나와 있는, 내이 유모세포들(inner ear hair cells)은 비재래형 미오신들의 기능을 연구하기 위해 특별히 좋은 재료가 되어 왔다. 유모세포들이란 세포의 정단부 표면에서 내이의 액체로 채워진 공간 속으로 돌출되어 있는 뻣뻣하며 머리카락과 유사한 부동섬모(stereocilium)들의 다발에 붙여진 이름이다. 기계적 자극에 의해 부동섬모들이 이동하면, 칼슘이온 통로가 열리게 되며 우리가 소리로서 인식하게 되는 신경충격을 발생하게 한다. 부동섬모들은 앞에서 설명된 진짜 섬모들과는 유연관계를 갖고 있지 않다. 각 부동섬모는 미세소관 대신 평행한 액틴섬유의 다발에 의해 지지되는데(그림 13.46*b*), 가시 돋은 모양의 말단들은 섬모의 바깥쪽 끝에 위치하며 뾰족한 모양의 말단들은 기부에 위치한다. 부동섬모들로부터 액틴 세포골격의 동적인 성질을 보여주는 가장 두드러진 몇 가지 상을 촬영하였다. 부동섬모 자체는 영구적인 구조이지만, 액틴 다발들은 끊임 없이 유동상태에 있다. 액틴 단량체들은 섬유 전체에서 일어나는 트레드밀 현상에 의해서 각 섬유의 가시 돋친 모양인 양(+)의 말단에 계속 결합하고 뾰족한 음(−)의 말단에서는 떨어져 나간다. 이 과정이 그림 13.46c의 형광사진에 잡혔는데, 이 사진은 각 섬유의 양(+)의 말단에 초록색 형광단백질(GFP)로 표지된 액틴 소단위들이 결합된 것을 보여준다. 다수의 비재래형 미오신들(제I, V, VI, V, VII, XV형)이 내이의 털 세포들 속의 여러 곳에 있다. 그 중에서 두 가지의 단백질이 그림 13.46*d* 및 *e*에 나타나 있다. 이러한 다양한 운동단백질들의 정확한 역할은 분명하지 않다. 제VIIa형 미오신의 돌연변이는 어셔 1B 증후군(Usher 1B syndrome)의 원인이 되는데, 귀머거리와 맹인의 특징을 나타낸다. 제VIIa형 미오신 유전자 돌연변이가 생쥐 내이의 털 세포들에 미치는 형태학적 영향을 그림 13.46*f,g*에서 볼 수 있다. 사람에서와 같이, 이 운동단백질을 암호화하는 돌연변이 대립인자가 동형접합자인 생쥐는 귀머거리이다.

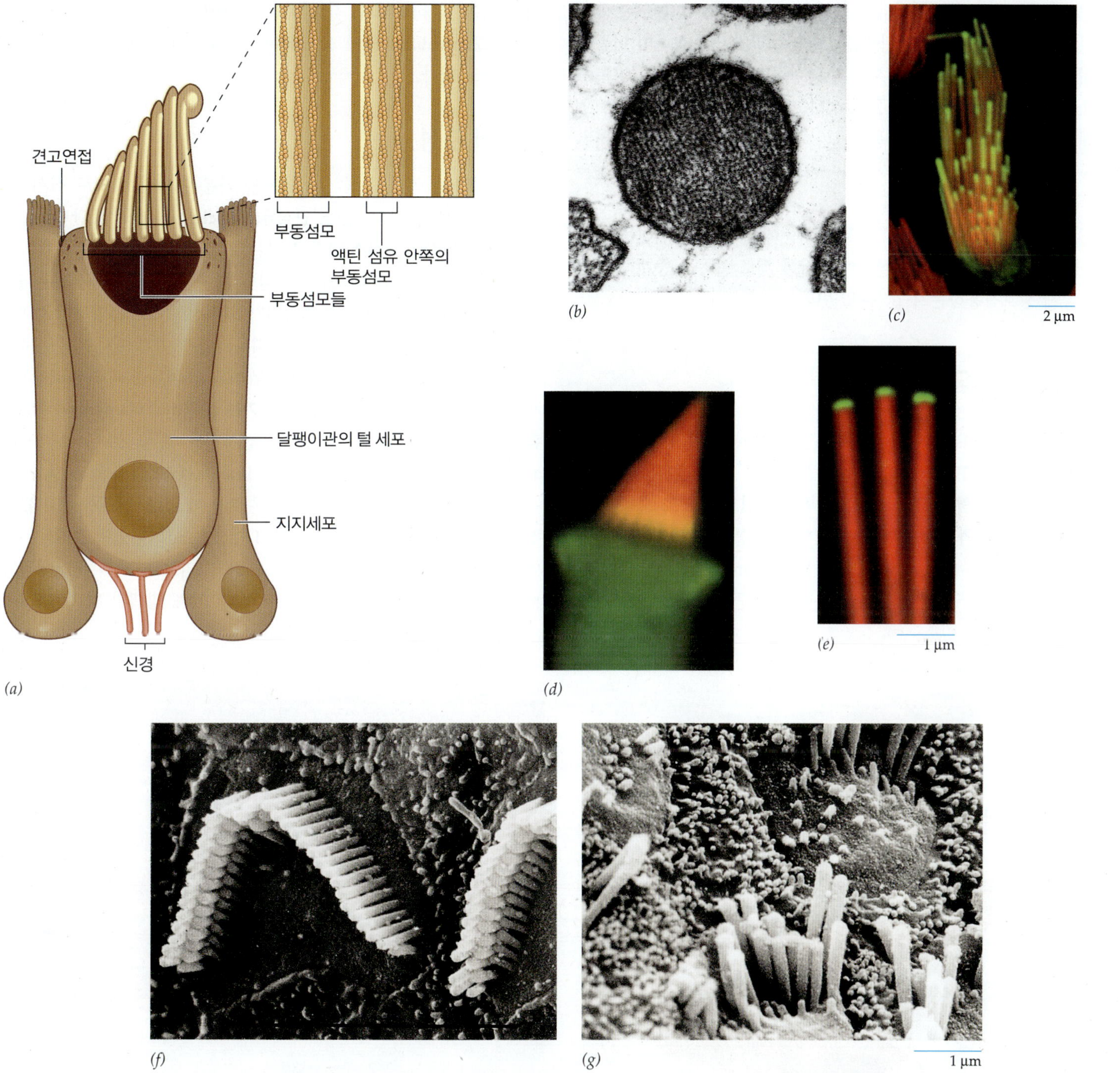

그림 13.46 **유모 세포, 액틴 다발, 그리고 비재래형 미오신.** (*a*) 달팽이관의 유모세포 그림. 위의 삽입도는 많은 부동섬모들의 일부를 보여주고 있는데, 이들은 단단히 무리지은 액틴섬유들의 다발로 구성되어 있다. (*b*) 횡단된 부동섬모의 투과전자현미경 사진으로서, 이 섬모가 밀집된 액틴섬유들의 다발로 구성된 것을 보여준다. (*c*) 쥐 내이의 전정에 있는 유모세포의 형광현미경 사진. 부동섬모들의 끝은 액틴섬유의 양(+)의 말단에서 GFP가 액틴 단량체와 결합하여 초록색으로 표지되어 있다. 키가 더 큰 부동섬유들은 더 긴 GFP로 표지된 소단위들의 부분을 갖고 있는데, 이것은 액틴 단량체들이 더 빠르게 결합되었음을 나타낸다. 부동섬모들은 로다민(rhodamine)이 표지된 팔로이딘(phalloidin)으로 표지되었기 때문에 빨간색으로 보이는데, 이 로다민-표지 팔로이딘은 액틴섬유에 결합한다. (*d*) 황소개구리 내이의 유모세포. 제VIIa형 미오신의 위치는 초록색으로 표지되어 있다. 부동섬모의 기부 근처에 있는 주황색(초록색과 빨간색이 중첩되어 있기 때문에) 띠들은, 이곳에 제VIIa형 미오신이 집중되어 있음을 나타낸다. (*e*) 쥐의 귀에 있는 유모세포에서, 제XVa형 미오신(초록색)은 부동섬모들의 끝에 위치한다. (*f*) 대조군 생쥐의 달팽이관에서 유모세포들의 주사전자현미경 사진. 부동섬모들이 V-자 모양의 열로 배열되어 있다. (*g*) 귀머거리의 원인이 되는, 제VIIa형 미오신을 암호화하는 유전자 돌연변이를 가진 생쥐 달팽이관의 털 세포를 보여주는 전자현미경 사진. 유모세포들에서 부동섬모들의 배열이 흐트러져 있는 것을 보여준다.

출처: (a) T. Hasson, Curr Biology 9:22, 1999; Elsevier Science의 허가를 얻음; (b) A.J. Hudspeth, R.A. Jacobs and P.G. Gillespie 제공; (c) A. K. Rzadzinska, et al., *J. Cell Biol.*, vol. 164, 891, 892, 2004, Figure 4에서 발췌. 락펠러대학교 출판부의 허가를 얻어 재사용함. B. Kachar 제공; (d) Peter Gillespie and T. Hasson et al., *J. Cell Biol.* vol. 137, cover #6, 1997에서 발췌. 락펠러대학교 출판부의 허가를 얻어 재사용함; (e) A. K. Rzadzinska, et al., *J. Cell Biol.*, vol. 164, 891, 892, 2004, Fig. 5에서 발췌. 락펠러대학교 출판부의 허가를 얻어 재사용함. B. Kacha 제공; (f) Tim Self, et al., Karen P. Steel, *Develop.* 125:560, 1998에서 발췌; The Company of Biologists, Ltd. 허가를 얻어 재사용함. http://dev.biologists.org/content/125/4/557.full.pdf+html?sid=1524ec24-e6c0-413f-9c05-ac2111083a85.

많은 세포들의 세포질에서 소기관을 연작용으로 수송하는 제VI형 미오신은 "역방향" 즉, 액틴섬유의 음(−)의 말단을 향하여 이동하는 것이 특징이다. 제VI형 미오신은 원형질막에서 클라트린-피복소낭(clathrin-coated vesicle)들을 형성하고, 피복이 벗겨진 소낭을 초기 엔도솜(endosome)으로 이동시키며, 액틴섬유에 막을 고착시키는 일 등에 관여하는 것으로 생각된다. 제IV형 미오신의 돌연변이들은 많은 유전질환을 일으킨다.

지금까지 액틴과 미오신의 구조와 기능에 대한 기본 원리들을 설명하였으며, 이 두 가지 단백질들이 복잡한 세포 활동을 중개하기 위해 어떻게 상호작용하는지 알 수 있었다.

13.10 근육의 수축성

골격근(Skeletal muscle)이란 이름은 근육의 대부분이 이 근육에 의해 움직이는 뼈에 고정되어 있다는 사실로부터 유래되었다. 이 근육은 자발적(또는 수의적)으로 조절되며 의식적인 명령으로 수축될 수 있다. 골격근 세포의 구조는 매우 특이하다. 원통형인 근육세포 하나는 두께가 보통 10~100 μm이며, 길이는 100 μm 이상이고, 수백 개의 핵을 갖고 있다. 이러한 특징 때문에, 골격근세포는 근섬유라고 하는 것이 더 적합하다. 각 섬유는 배아에서 하나의 핵을 가진 많은 근아세포(myoblast)들이 융합되어 형성되기 때문에, 근섬유는 많은 핵을 갖고 있다.

근절의 구성

골격근세포는 몸을 구성하는 세포들 가운데 가장 고도로 질서정연한 내부 구조를 갖고 있다. **근섬유(Muscle fiber)**의 종단면은(**그림 13.47**) **근원섬유(myofibril)**라고 하는 가늘고 원통형인 수백 개의 가닥들로 이루어진 굵은 밧줄 모양임을 보여준다. 각 근원섬유는 **근절(sarcomere)**이라고 하는 수축단위가 일직선상으로 배열되어 이루어진다. 이어서 각 근절은 특징적인 띠무늬를 보이기 때문에, 근섬유는 줄무늬 또는 가로무늬로 보인다. 염색된 근섬유를 전자현미경으로 관찰하면, 뚜렷한 2유형의 섬유, 즉 **가는 섬유(thin filament)**와 **굵은 섬유(thick filament)**들이 부분적으로 겹쳐져서 띠무늬로 나타난다(**그림 13.48a**). 각 근절은 하나의 Z 선(Z line)에서 그 다음의 Z 선까지의 구간이며, 몇 개의 어두운 띠와 밝은 지역이 있다. 근절에는 바깥 가장자리에 있는 밝게 염색된 1쌍의 I 띠(I band), 바깥쪽 I 띠들 사이에 있는 더 짙게 염색된 A 띠(A band), 그리고 A 띠의 중앙에 있는 밝게 염색된 H 지역(H zone) 등이 있다. 짙게 염색된 M 선(M line)

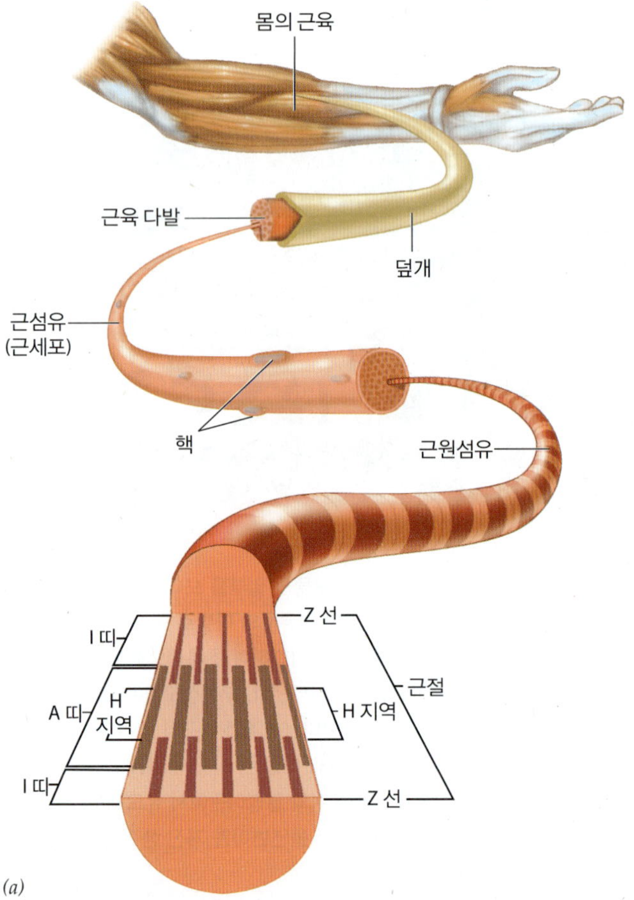

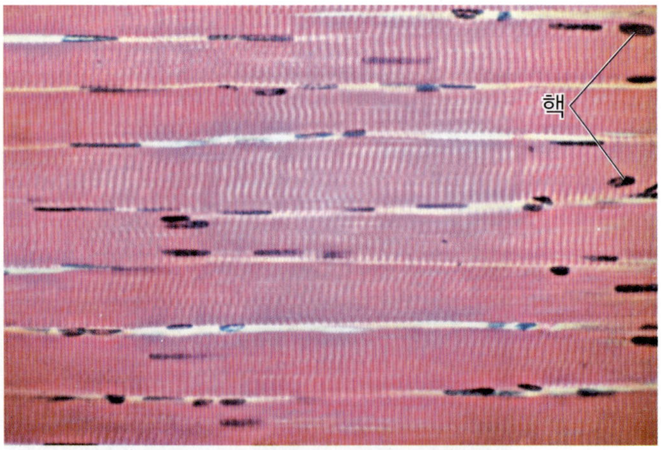

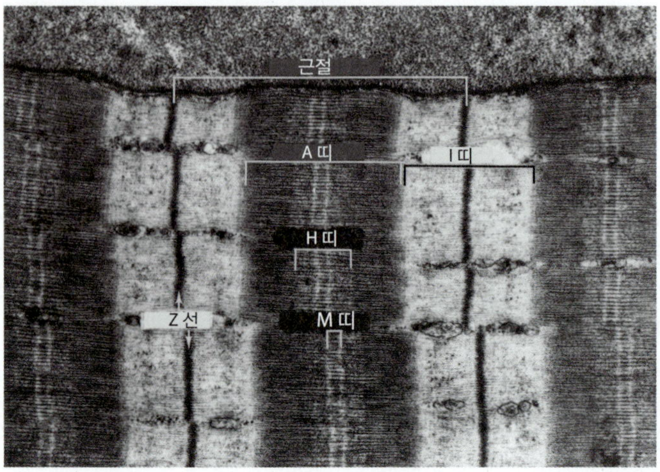

그림 13.47 **골격근의 구조.** (*a*) 골격근의 편성 단계. (*b*) 여러 핵으로 된 근섬유의 광학현미경 사진. (*c*) 글씨로 표지된 띠를 가진 근절의 전자현미경 사진.

출처: (b) Eric Grave/Photo Researchers, Inc.; (c) Don W. Fawcett/ Photo Researchers, Inc.

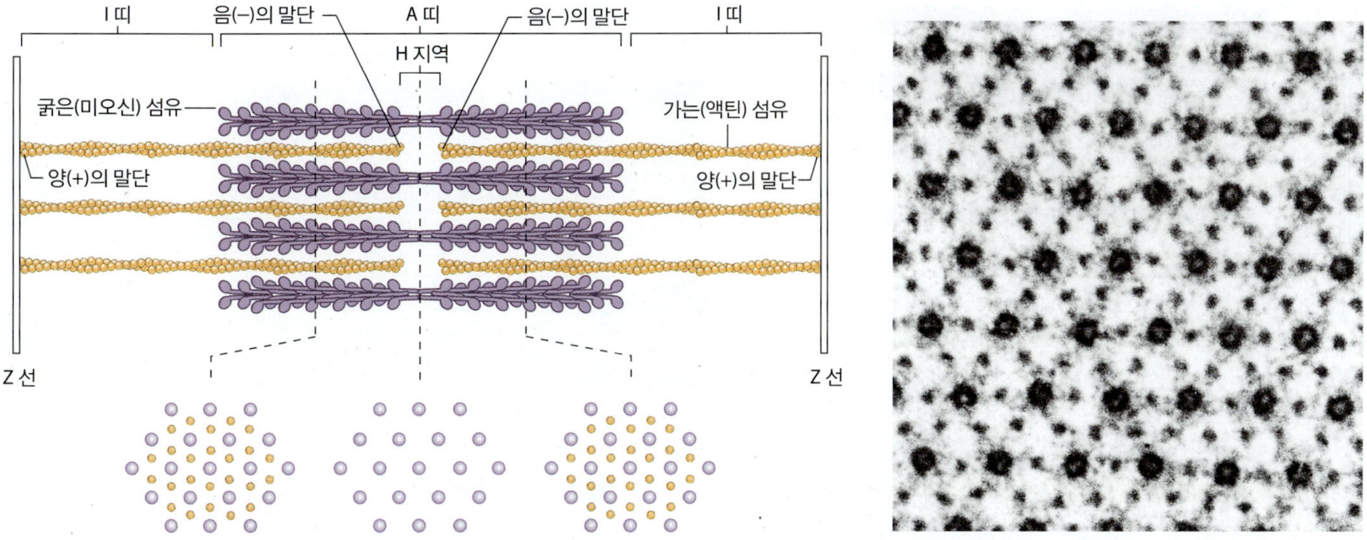

(a) (b)

그림 13.48 근절의 수축 기구. (*a*) 가는 액틴을 함유하는 섬유(주황색)와 굵은 미오신을 함유하는 섬유(보라색)가 겹쳐 있는 배열을 보여주는 근절의 도해. 미오신 섬유 위에 가로놓인 작은 돌기들은 미오신의 머리 부분(교차다리)을 나타낸 것이다. (*b*) 곤충의 비행근육을 횡단하여 본 전자현미경 사진. 각각의 굵은 섬유 주위에 가는 섬유들이 6각형으로 배열되어 있는 것을 보여준다.

출처: (b) J. Auber/Photo Researchers, Inc.

은 H 지역의 중앙에 있다. I 띠는 가는 섬유들만 있고, H 지역은 굵은 섬유만 있으며, H 지역의 양쪽에 있는 A 띠 부분은 겹쳐진 지역을 나타내며 두 가지 유형의 섬유를 모두 갖고 있다.

두 가지 섬유가 겹쳐 있는 지역의 횡단면은 가는 섬유들이 굵은 섬유들 둘레에 육각형으로 배열되어 있고, 각각의 가는 섬유가 2개의 굵은 섬유들 사이에 위치해 있는 것을 보여준다(그림 13.48b). 종단면은 일정한 간격을 두고 굵은 섬유들로부터 돌기들이 나와 있는 것을 보여준다. 이 돌기들은 인접해 있는 가는 섬유들에 부착될 수 있는 교차다리(cross-bridge)이다.

근수축의 활주설

모든 골격근은 단축됨으로써 작동한다. 즉, 골격근이 일을 수행할 수 있는 다른 방법은 없다. 단축의 단위는 근절이며, 근절들의 길이가 감소되면 근육 전체의 길이가 짧아진다. 근수축의 근본적인 기작에 대한 가장 중요한 단서는 근수축의 서로 다른 시기에서 근절의 띠무늬 관찰로부터 나왔다. 근섬유가 짧아짐에 따라서, 각 근절에 있는 A 띠의 길이는 일정하게 유지되는 반면에, H 지역과 I 띠의 폭이 좁아졌다가 함께 사라진다. 단축이 진행됨에 따라서, 근절의 양쪽 말단에 있는 Z 선들이 A 띠의 바깥 가장자리에 접촉할 때까지 안쪽을 향해 이동한다(**그림 13.49**).

이러한 관찰에 근거하여, 영국의 두 연구진인 앤드류 헉슬리(Andrew Huxley)와 랄프 니더저크(Rolf Niedergerke) 그리고 휴 헉스리(Hugh Huxley)와 진 한센(Jean Hansen) 등은 근수축을 설명하기 위해 1954년에 큰 영향을 미치게 될 모형을 제안하였다. 그들은 각 근절들이 단축되는 것은 섬유들이 단축되어 생긴 결과가 아니라, 오히려 섬유들이 서로 미끄러져서 이루어진 결과라고 제안하였다. 가는 섬유들이 근절의 중앙부를 향하여 활주하면, 섬유들 사이에서 겹쳐진 부분이 증가하게 되어 I 띠와 H 지역의 폭이 감소하게 될 것이다(그림 13.49). 활주설(Sliding-filament model)은 신속하게 받아들여졌고, 이를 지지하는 증거가 계속 축적되었다.

굵은 섬유와 가는 섬유의 조성과 구성 액틴에 더해서, 골격근의 가는 섬유는 두 가지 다른 단백질인 트로포미오신(tropomyosin)과 트로포닌(troponin)을 갖고 있다(**그림 13.50**). 트로포미오신은 긴 분자(길이가 약 40nm)로서, 가는 섬유에 있는 홈에 딱 들어맞는다. 자루 모양인 각 트로포미오신 분자는 가는 섬유를 따라서 7개의 액틴 소단위들과 결합되어 있다(그림 13.50). 트로포닌은 3개의 소단위로 구성된 구형 단백질 복합체로서, 각 소단위들은 이 분자의 전체적인 기능에서 중요하며 별개의 역할을 하고 있다. 트로포닌 분자들은 가는 섬유를 따라 약 40 nm 간격으로 배열되어 있으며, 섬유의 액틴과 트로포미오신 모두와 접촉되어 있다. 근절의 각 절반 부위에 걸쳐 있는 액틴섬유들은 가시 돋친 모양의 양(+)의 말단이 Z 선에 연결된 상태로 배열되어 있다.

각각의 굵은 섬유는 소량의 다른 단백질과 함께 수백 개의 제II형 미오신 분자들로 구성되어 있다. 시험관 속에서 형성되는 섬유들처럼(그림 13.43참조), 근육세포에 있는 굵은 섬유들의 극성은 근절의 중앙에서 거꾸로 바뀐다. 섬유의 중앙부는 반대 방향으로 위치한 미오신 분자들의 꼬리 부분들로 구성되어 있고 머리 부분은 없다. 이 섬유의 몸통을 구성하는 미오신 분자들의 위치가 엇갈려 있기 때문에, 미오신의 머리 부분들은 그 나머지 길이를 따라 각각의 굵은 섬유에서 돌출되어 있다(그림 13.43).

척추동물 골격근에서 3번째로 많은 단백질은 티틴(titin)으로서, 생물체에서 발견된 가장 큰 단백질이다. 완전한 티틴 유전자(길이

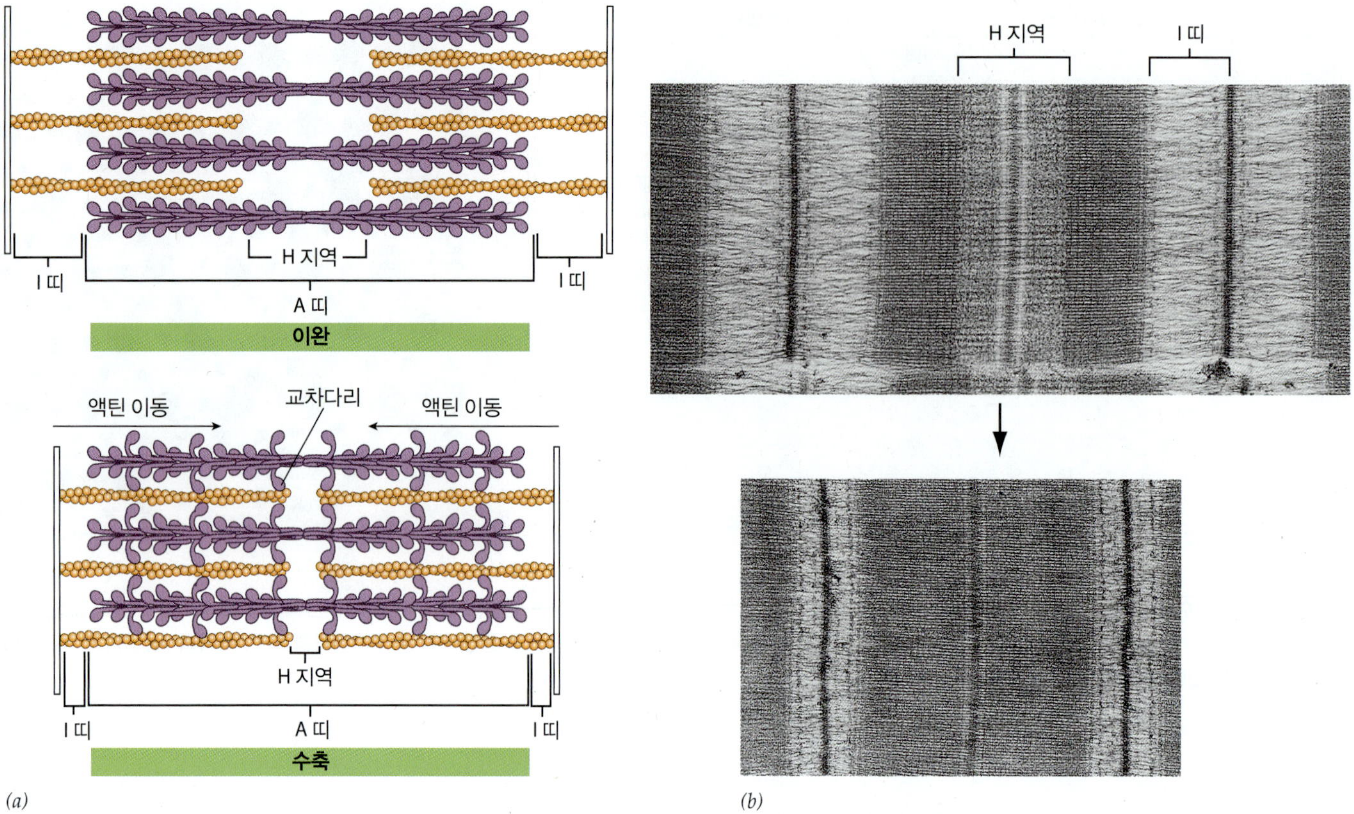

그림 13.49 **근육이 수축하는 동안에 근절의 단축.** (*a*) 이완된 근육과 수축된 근 육에서 근절 구조의 차이를 보여주는 개요도. 수축하는 동안, 미오신 교차다리는 둘러싸고 있는 가는 섬유와 접촉하고, 가는 섬유들은 근절의 중앙을 향해서 활주하게 된다. 교차다리들은 동시에 작동하지 않기 때문에, 어느 순간에는 일부만 활성을 띤다. (*b*) 이완된(위) 근절과 수축된(아래) 근절의 종단면을 보여 주는 전자현미경 사진. 이 사진들은, 가는 섬유가 근절의 중앙을 향해서 활주한 결과 H 지역이 사라지는 것을 보여준다.

출처: (b) James E. Dennis/Phototake

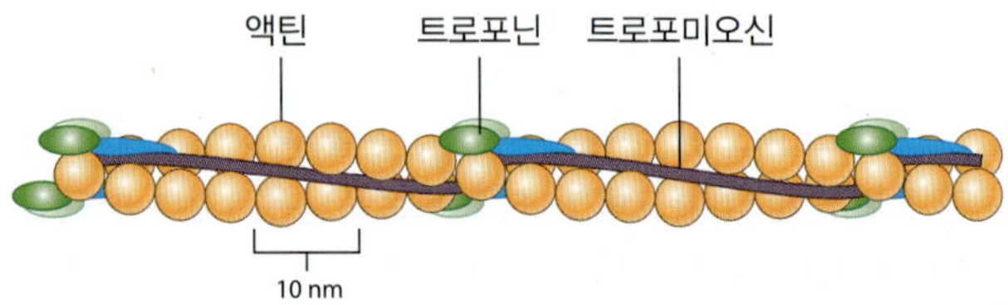

그림 13.50 **가는 섬유의 분자 구성.** 본문에 설명한 것처럼, 각각의 가는 섬유는 액틴 소단위들이 나선 배열로 이루어져 있는데, 그 홈에는 자루 모양의 트로포미오신 분자들이 위치하며, 트로포닌 분자들은 일정한 간격을 두고 배열되어 있다. 수축을 일으키는 이 단백질들의 위치 변화는 그림 13.63에 나와 있다.

가 다른 동형들을 만들 수 있음)는 분자량이 3,500만 Da 이상이고 38,000개 이상의 아미노산을 갖는 폴리펩티드를 암호화한다. 티틴 분자들은 각 근절의 중앙에 있는 M 선에서 시작하여 미오신 섬유를 따라 뻗어 있고, 계속해서 A 띠를 지나 Z 선에서 끝난다(**그림 13.51**). 티틴은 분자 내의 어느 부분이 풀어지게 되면 분자 용수철처럼 펼쳐지는 매우 탄력적인 단백질이다. 티틴은 근육이 이완하는 동안 근절을 잡아당겨 서로 갈라지게 되는 것을 방지하는 것으로 생각된다. 또한 티틴은 근육이 수축하는 동안에 근절의 중앙부 속에서 미오신 섬유들을 적합한 위치에 있도록 유지시킨다.

수축의 분자적 기초 활주설이 공식화됨에 따라, 연구자들의 관심은 근섬유에서 힘을 발생시키는 구성요소인 미오신 분자의 머리 부분으로 쏠렸다. 수축하는 동안, 각각의 미오신 머리 부분은 바깥쪽으로 펼쳐져서 가는 섬유와 단단히 결합하여, 두 가지 섬유들 사이에 교차다리를 형성한다(그림 13.49). 단일 미오신 섬유에 있는 미오신 머리 부분들은 주위에 있는 6개의 액틴섬유와 상호작용한다. 액틴섬유에 단단히 결합하는 동안, 미오신 머리 부분의 입체구조가 변화되어(아래에 설명되었음), 가는 액틴섬유를 근절의 중앙 쪽으로 약 10 nm 정도 이동시킨다. 그림 13.44에 묘사된 제V형 미오신과는 다르게, 근육 미오신(즉, 제II형 미오신)은 연속적으로 앞으로 나아가는 운동을 하지 않는 운동단백질(nonprocessive motor)이다. 근육 미오신은 전체 주기 중에서 작은 부분(약 5% 미만) 만이 자신의 선로(이 경우, 가는 섬유)와 접촉하고 있다. 그러나 각각의 가는 섬유는 수백 개의 미오신 머리 부분과 접촉되어 서로 동시에 부딪친다(그림 13.49*a*). 그 결과, 가는 섬유는 매번의 수축주기 동안 계속적인 운동을 한다. 근육세포에서 가는 섬유 하나는 50밀리초(msec) 정도로 짧은 기간 동안 수백 나노미터를 이동할 수 있는 것으로 추정된다.

근육 생리학자들은, 단일 미오신 분자가 어떻게 한 번의 파워 스트로크(power stroke)로 액틴섬유를 약 10 nm 정도 이동시킬 수 있는지를 이해하기 위해 오래 기간 노력해 왔다. 1993년 위스콘신대학교의 이반 레이먼트(Ivan Rayment), 하젤 홀덴(Hazel Holden), 그리

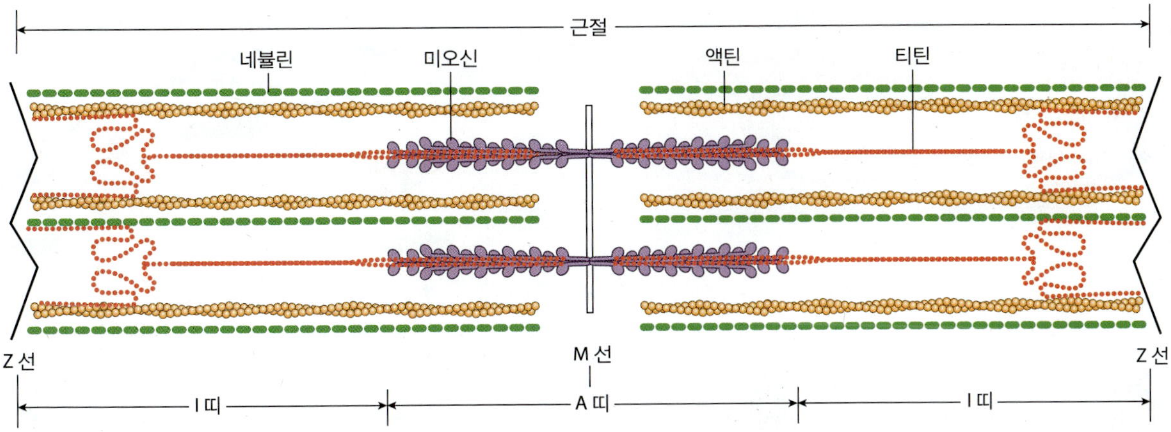

그림 13.51 근절 속에서 티틴 분자들의 배열. 탄력성이 있는 이 거대한 분자들은 근절의 끝인 Z 선에 있는 근절의 말단에서부터 근절의 중앙에 있는 M 선까지 뻗어 있다. 수축하는 동안 티틴 분자들은 굵은 미오신 섬유를 근절의 중앙부에 유지시키는 것으로 생각된다. I 띠 부위에 위치한 티틴 분자 부분은 용수철 같은 영역을 갖고 있어서 대단한 탄력성을 발휘할 수 있다. 네뷸린 (nebulin) 분자들(본문에서 설명되지 않았음)은 가는 섬유로 조립되게 하는 액틴 단량체의 수를 조절함으로써 "분자의 자(molecular ruler)"와 같이 작용하는 것으로 여겨진다.

출처: T.C.S. Keller, *Curr. Opin Cell Biol.* 7:33, 1995. Current Opinion in Cell Biology. Elsevier의 허가를 얻어 재사용함.

고 그 동료들에 의해 발표된 제II형 미오신 S1 조각의 원자 구조를 최초로 밝힌 논문은 S1의 작용기작을 설명하기 위한 제안에 초점을 맞추었다. 이 제안에서, 미오신 머리 부분이 액틴섬유에 단단히 결합되어 있는 동안, ATP의 가수분해에 의해 방출된 에너지는 머리 부분 속에서 작은(0.5 nm) 입체구조 변화를 일으킨다. 이어서 머리 부분 속에서의 작은 이동은, 머리 부분과 접해 있는 α-나선 구조인 목 부분의 앞뒤로 휘두르는 운동(swinging movement)에 의해 약 20배로 증폭된다(**그림 13.52**). 이 가설에 따르면, 신장된 제II형 미오신의 목 부분은 단단한 "지렛대(lever arm)"로 작용하여, 목 부분이 없는 경우에 비하여 부착된 액틴섬유가 훨씬 더 먼 거리로 활주하도록 한다. 목 부분의 둘레를 감싸고 있는 2개의 가벼운 사슬들은 지렛대에 견고함을 부여하는 것으로 생각된다.

"지렛대"에 관한 제안은 스탠퍼드대학교의 제임스 스푸디크(James Spudich)와 동료들에 의해 실시된 일련의 실험에 의해 최초로 지지되었다. 이 연구자들은, 길이가 서로 다른 목 부분을 갖는 미오신 II 분자의 변형체들을 암호화하는 유전자들을 만들었다. 이어서 유전공학적으로 만들어진 이 미오신 분자들은 그림 13.42의 것과 비슷한 방법으로 액틴섬유와 함께 시험관 속에서 운동성 분석을 위한 실험에 사용되었다. 지렛대 가설에 의해 예상되었던 것처럼, 미오신 분자에 의해 이루어지는 파워 스트로크의 길이는 미오신 목 부분의 길이에 정비례하였다. 더 짧은 목 부분을 가진 미오신 분자들은 더 짧게 이동한 반면에, 더 긴 목 부분을 가진 분자들은 더 길게 이동하였다. 모든 연구가 보폭의 크기와 목 부분 길이 사이의 상관관계를 지지하지 않기 때문에, 지렛대의 역할은 논란의 문제로 남아 있다.

섬유 활주의 에너지론 키네신과 디네인 등의 다른 운동단백질들처럼, 미오신도 ATP의 화학에너지를 섬유 활주를 위한 기계에너지로 전환시킨다. 미오신 교차다리의 기계적 활동주기는 매번 약 50 msec 정도 걸리며, **그림 13.53**에 보이는 모형에서 설명된 것처럼, ATP가수분해효소(ATPase)의 활동주기가 수반된다. 이 모형에 따르면, 이 주기는 1분자의 ATP가 미오신 머리 부분에 결합하여 시작되는데, 이로 인하여 액틴섬유로부터 교차다리의 분리가 유도된다(그림 13.53, 1단계). ATP의 결합은 이의 가수분해로 이어지는데, 이것은 미오신 머리 부분이 액틴섬유와 접촉하기 전에 일어난다. ATP의 가수분해 산물인 ADP와 Pi는 효소(미오신 머리 부분)의 활성자리에 결합된 채로 남아 있는 반면에, 가수분해에 의해 방출된 에너지는 미오신 머리 부분에 의해 모두 흡수된다(그림 13.53, 2단계). 이 시점에서, 교차다리는 에너지를 얻은 상태에 있으며, 이것은 자발적 운동을 할 수 있는 늘어난 용수철과 유사하다. 그후, 에너지를 얻은 미오신이 액틴분자에 부착되면(3단계) 결합되었던 인산이 방출돼서 저장된 자유에너지에 의해 추진되어 커다란 입체구조 변화를 일으킨다(4단계). 이 입체구조 변화는 액틴섬유를 근절의 중앙을 향하여 이동시킨다. 이런 이동은 그림 13.52에 보이는 것처럼 미오신 머리 부분의 파워 스트로크를 의미한다. 결합된 ADP가 방출되고(5단계), 이어서 새로운 ATP 분자가 결합되어 새로운 주기가 시작될 수 있다. ATP가 없으면, 미오신 머리 부분이 액틴섬유에 단단히 결합된 채로 남아 있다. ATP가 없어서 미오신 교차다리가 떨어질 수 없으면, 죽은 후 근육이 경직되는 사후강직(rigor mortis) 상태에 이르게 된다.

흥분-수축 연결 근섬유들은 운동단위(motor unit)라고 하는 집단으로 조직되어 있다. 운동단위를 구성하는 모든 섬유들은 단일 운동뉴런(motor neuron)으로부터 생긴 분지들에 의해 신경이 공동으로 분포되어 있어서, 이 섬유들은 그 뉴런을 따라 전파되는 충격에 의해 자극되었을 때 동시에 수축한다. 축삭돌기 말단이 근섬유와 접촉하는 지점을 **신경근육 연접부(neuromuscular junction)**라고 한다(**그림 13.54**; 또한 확대된 시냅스 구조를 보여주는 그림 8.56 참조). 신경근육 연접부는 신경충격을 축삭으로부터 시냅스 틈을 가로질러 근섬유로 전파시키는 장소이며, 또한 근섬유의 원형질막도 흥분할 수 있어서 활동전위를 전달할 수 있다.

근섬유의 원형질막에 도달된 신경충격을 근섬유 속 깊은 곳에

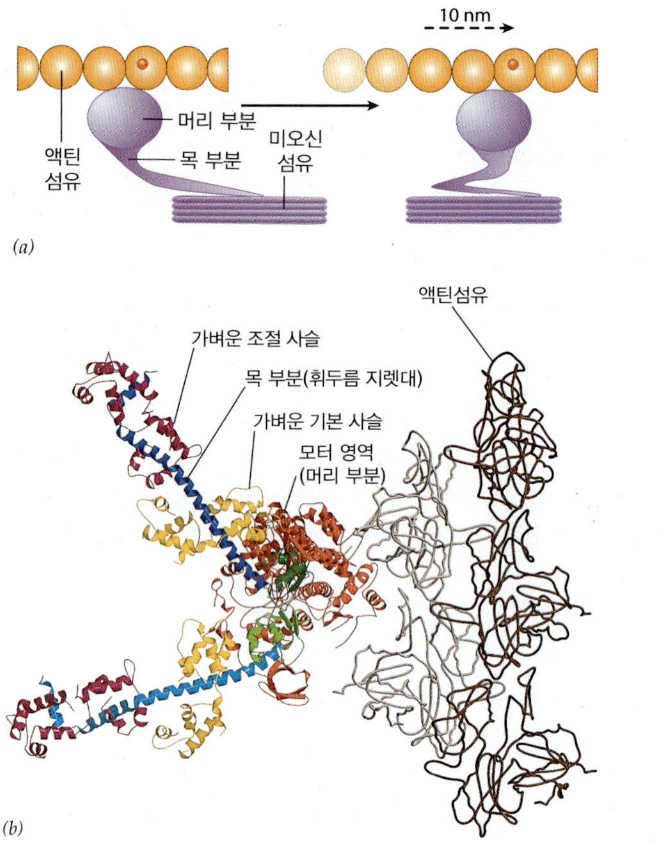

그림 13.52 제II형 미오신 분자의 휘두름 지렛대(swinging lever arm) 모형. (*a*) 파워 스트로크를 하는 동안, 미오신 분자의 목 부분이 약 70° 회전하여 이동하며, 이것은 액틴섬유를 약 10 nm 이동시킬 것이다. (*b*) 모터 영역(또는 머리 부분)과 인접한 목 부분(또는 지렛대)으로 이루어진 미오신 모터 영역의 파워 스트로크 모형. 부착된 액틴섬유는 회색/갈색으로 표시되어 있다. 긴 나선형 목 부분은, 파워 스트로크 전후의 두 가지 위치(각각 위의 짙은 파란색과 아래의 옅은 파란색으로 나타내었음)를 보여주고 있다. 이러한 목 부분의 이동이 근육 운동에 힘을 주는 것으로 생각된다. 목 부분의 둘레를 감싸고 있는 가벼운 기본 사슬 및 가벼운 조절 사슬은 각각 노란색 및 자홍색으로 나타나 있다.

출처: Malcolm Irving, et al., *Nature Struct. Biol.* 7:482. 2000. Macmillan Publishers Ltd.의 허가를 얻음. Malcolm Irving, Ivan Rayment, Carolyn Cohen 제공.

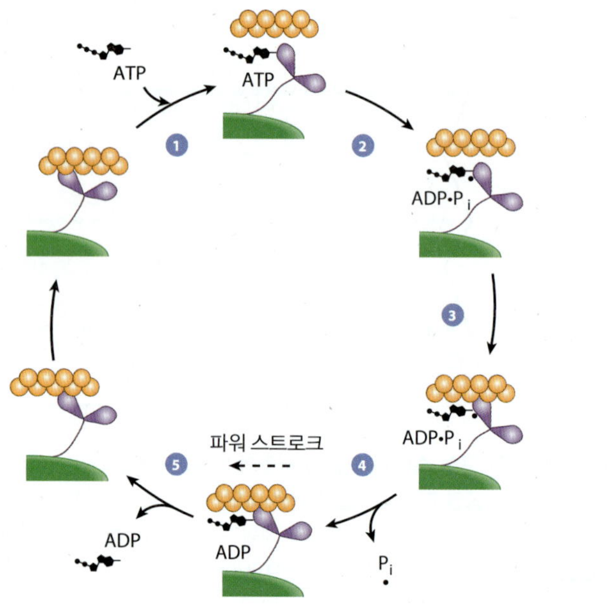

그림 13.53 액틴미오신 수축 주기의 개략적인 모형. 액틴섬유의 이동은 힘을 발생시키는 미오신 머리 부분에 의해 일어난다. 이 일은 미오신 머리 부분의 부착, 이동, 머리 부분의 분리 과정 등으로 이루어진 기계적 주기 그리고 ATP의 결합 및 가수분해, ADP와 P_i의 방출 등으로 이루어진 화학적 주기 사이가 연결된 결과로 일어난다. 이 모형에서, 이 두 가지 주기는 미오신 머리 부분의 갈라진 틈에 ATP가 결합하여 시작되며, 이때에 액틴섬유로부터 미오신 머리 부분이 분리된다(1단계). 결합된 ATP가 가수분해되어(2단계) 머리 부분이 에너지를 얻게 되면, 머리 부분이 액틴섬유에 약하게 결합하게 된다(3단계). 무기인산(P_i)이 방출되면 미오신 머리 부분이 액틴섬유에 더 단단히 부착되어 파워 스트로크가 일어나서(4단계), 액틴섬유를 근절의 중앙을 향하여 이동시킨다. ADP가 방출되면(5단계) 그 다음 주기를 준비한다.

출처: M. Y. Jiang & M. P. Scheetz, *Bioessays* 16:532, 1994.

있는 근절을 수축하도록 연결시키는 단계들은 **흥분-수축 연결(excitation-contraction coupling)**이라고 하는 과정을 구성한다. 활동전위가 세포표면에 남아 있는 뉴런과는 다르게, 골격근세포에서 발생된 충격은 **횡세관**[또는 **T 세관, transverse (T) tubule**]이라고 하는 함입된 막을 따라서 세포 안쪽으로 전파된다(그림 13.54). 횡세관들은 **근소포체(sarcoplasmic reticulum, SR)**를 구성하는 세포질 막계에 아주 근접한 곳에서 끝나며, 이는 근원섬유 둘레에 막으로 된 관을 형성한다. SR 막에서 내재단 백질의 약 80%가 Ca^{2+}-ATP가수분해효소 분자들로 이루어져 있는데, 이 효소들은 세포질 밖으로 그리고 SR 속으로 Ca^{2+}를 수송하는 작용을 한다. Ca^{2+}은 필요할 때까지 SR에 저장된다.

근수축에 있어서 칼슘의 중요성은 영국의 내과의사인 시드니 링거(Sydney Ringer)에 의해 1882년에 최초로 알려졌다. 링거는 분리된 개구리의 심장이 런던의 수돗물로 만든 식염수에서는 수축하지만, 증류수로 만든 용액에서는 수축하지 않는 것을 발견하였다. 링거는 수돗물 속에 있는 Ca^{2+}이 근수축에서 중요한 요소였다는 것을 밝혔다. 이완상태에서, 근섬유의 세포질 속에 있는 Ca^{2+}의 농도는 수축에 필요한 역치농도 이하로 매우 낮다(약 2×10^{-7} M). 횡세관을 통해서 활동전위가 도달됨으로써, SR 막에 있는 칼슘 통로들이 열리고, 칼슘은 SR 구획 밖으로 나와서 근원섬유들까지 짧은 거리에 거쳐 확산된다. 그 결과, 근세포 속의 Ca^{2+} 농도는 약 5×10^{-5} M까지 올라간다. 칼슘 농도가 상승되면 골격근 섬유의 수축이 어떻게 일어나는지를 이해하기 위해서, 가는 섬유들을 구성하고 있는 단백질을 다시 생각해 볼 필요가 있다.

근절이 이완되었을 때, 액틴섬유들의 홈 속에 있는 트로포미오신 분자들(그림 13.50 참조)은 액틴 분자 위에 있는 미오신 결합자리를 차단하고 있다. 홈 속에 있는 트로포미오신의 위치는 부착된 트로포닌 분자에 의해 조절된다. 칼슘 농도가 올라갈 때, 이 칼슘 이온들은 트로포닌의 소단위들 중 하나(트로포닌 C)에 결합하여, 또 다른 소단위인 트로포닌 분자의 입체구조 변화를 일으킨다. 도미노의 열이 쓰러지는 것처럼, 트로포닌의 이동이 이웃한 트로포미오신에게 전달되면, 트로포미오신은 액틴섬유의 홈 중앙부로 약 1.5 nm 정도 더 가깝게 이동한다(**그림 13.55**에서 b에서 a의 위치로). 이렇게 트로포미오신의 위치가 바뀌면, 인접한 액틴 분자들 위에 있는 미오신 결합

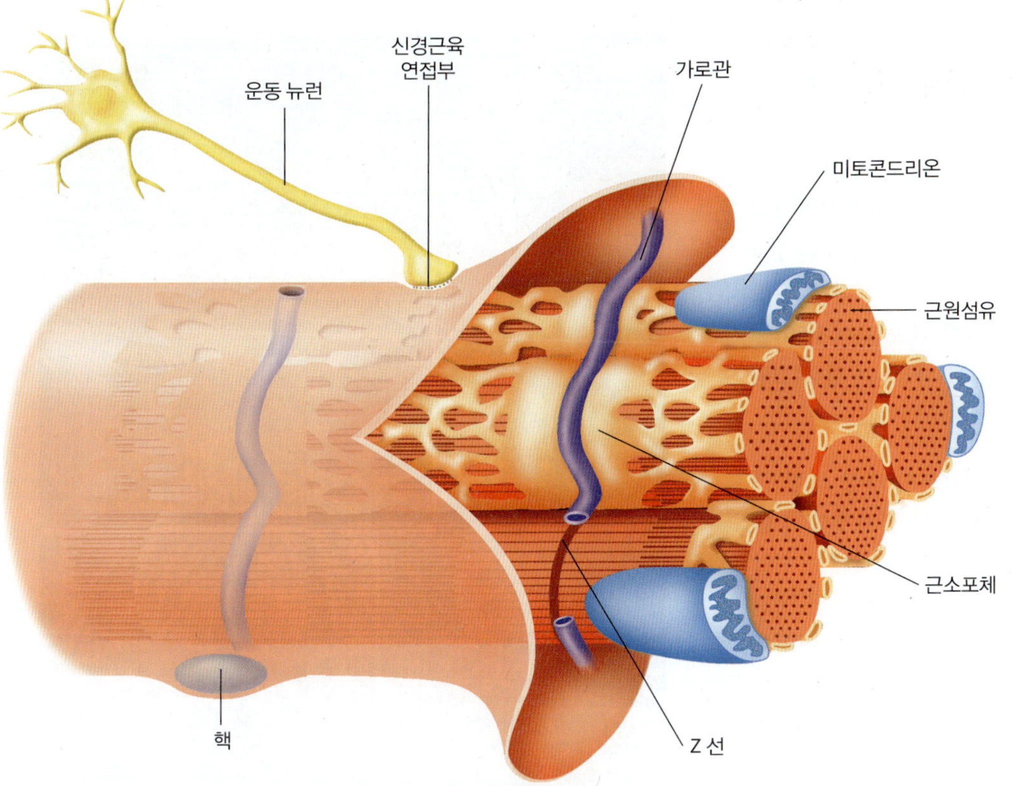

그림 13.54 근섬유의 기능적 해부. 칼슘은 근소포체(*SR*)를 구성하는 내부 막의 정교한 연결망 속에 저장되어 있다. 자극이 운동뉴런에 의해 도달되면, 이 자극은 횡세관의 막을 따라 섬유의 안쪽으로 들어가서 *SR*에 도달된다. *SR*의 막에 있는 칼슘이 출입할 수 있는 통로들이 열려서 칼슘이 세포기질로 방출된다. 칼슘 이온이 가는 섬유에 있는 트로포닌 분자에 결합하게 되면 다음 그림에서 설명된 일들이 일어나게 되어 근섬유가 수축된다.

자리가 노출됨으로써, 미오신 머리 부분이 액틴섬유에 붙게 된다. 각 트로포닌 분자는 1개의 트로포미오신 분자의 위치를 조절하고, 이것은 다시 가는 섬유에 있는 7개의 액틴 소단위들의 결합 능력을 조절한다.

일단 분포된 운동신경 섬유로부터 자극이 멈추면, SR 막에 있는 칼슘 통로들이 닫히고, SR 막에 있는 Ca^{2+}-ATP가수분해효소 분자들이 세포질에 있는 과량의 칼슘을 제거한다. 칼슘 농도가 감소됨에 따라, 이 이온들은 트로포닌 위에 있는 결합자리에서 분리되어, 트로포미오신 분자들이 액틴-미오신 상호작용을 차단했던 위치로 되돌아가게 한다. 이완 과정은 SR 막의 수송단백질과 트로포닌 사이에서 일어나는 칼슘에 대한 경쟁으로 생각될 수 있다. 수송단백질은 칼슘 이온에 대한 친화력이 크기 때문에, 세포질로부터 칼슘을 우선적으로 제거하여 칼슘이 결합되지 않은 트로포닌 분자들이 남게 된다.

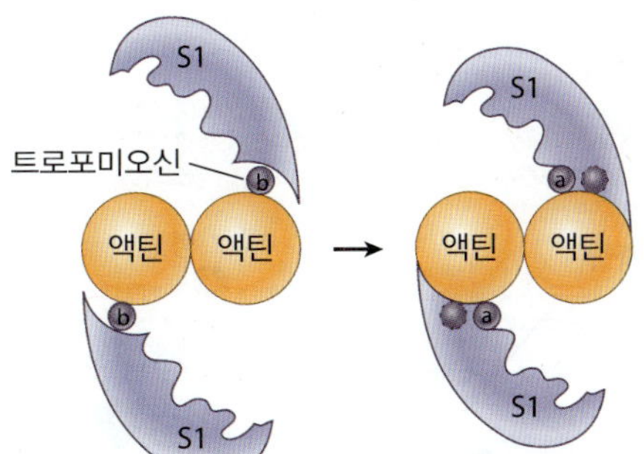

그림 13.55 근육 수축에서 트로포미오신의 역할. 가는 액틴섬유 위에 있는 미오신-결합자리가 트로포미오신 분자의 위치에 의해 조절되는 것을 보여주는 입체장애(steric hindrance) 모형의 개요도. 칼슘의 농도가 올라가면, 칼슘과 트로포닌(나타내지 않았음) 사이의 상호작용이 일어나서, b의 위치에 있던 트로포미오신이 a의 위치로 이동하게 되어, 가는 섬유 위에 있는 미오신-결합자리가 미오신 머리 부분에 노출된다.

13.11 비근육세포의 운동성

골격근 세포들은 수축성과 운동성 연구를 위한 이상적인 체제를 갖고 있다. 그 이유는 상호작용하는 수축성 단백질들이 높은 농도로 존재하며 특징적인 세포구조를 갖고 있기 때문이다. 비근육세포의 운동성에 관한 연구는 근육세포에 비하여 더 어려운데, 그 이유는 중요한 구성요소들이 덜 질서정연하고, 더 불안정하며, 일시적으로 배열된 상태로 존재하는 경향이 있기 때문이다. 더욱이, 이 구성요소들은 대체로 원형질막 바로 아래에 있는 얇은 피질부에 제한되어 있다.

피질부는 세포외 물질의 섭취, 세포운동시 돌기의 신장, 세포분열시 하나의 동물세포를 2개의 세포로 나누기 위해 수축하는 등의 과정들을 담당하는 세포의 활발한 부위이다. 이 과정은 모두 피질부에 있는 미세섬유의 조립에 의존한다. 다음 쪽에서 우리는 액틴섬유 그리고 일부의 경우에서 미오신 대집단의 구성요소들에 의존하는 비근육세포의 수축성과 운동성에 대한 많은 예를 살펴볼 것이다. 그러나 우선 액틴섬유의 조립 속도, 숫자, 길이, 공간적인 모양 등을 결정하는 요소들을 알아보는 것이 중요하다.

액틴-결합 단백질

정제된 액틴은 시험관 속에서 액틴섬유를 형성하기 위해 중합할 수 있지만, 이런 섬유들은 서로 상호작용할 수 없거나 또는 유용한 활동을 수행할 수 없다. 현미경으로 관찰하면 이런 섬유들은 짚으로 덮인 헛간 바닥과 비슷하다. 이와 대조적으로, 살아 있는 세포 속의 액틴섬유들은 다양한 유형의 다발들, 가는(2차원적) 연결망 구조, 복합적인 3차원 젤 등의 다양한 양상으로 조직된다(**그림 13.56**). 세포 속에서 액틴섬유들의 구성 및 행동은 액틴섬유의 조립 또는 해체, 이들의 물리적 특성, 그리고 이들 서로 간의 상호작용 및 다른 세포소기관들과의 상호작용 등에 영향을 미치는 아주 다양한 **액틴-결합 단백질(actin-binding protein)**에 의해 결정된다. 수많은 집단에 속하는 100가지 이상의 서로 다른 액틴-결합 단백질들이 여러 가지 다른 유형의 세포들에서 분리되었다. 액틴-결합 단백질들은 세포 속에서 이들의 추정된 기능에 기초하여 여러 가지의 범주로 나눌 수 있다(**그림 13.57**).[4]

1. **핵 형성 단백질들.** 액틴섬유를 형성하는 데 있어서 가장 느린 단계는 첫 번째 단계인 핵 형성(nucleation)이다. 이 단계에서, 중합체 형성을 시작하기 위해서 최소한 2~3개의 액틴 단량체들이 알맞은 방향으로 함께 모여야 할 필요가 있다. 이것은 자신의 액틴섬유에서 떨어져 나온 액틴 분자들에게는 아주 일어나기 어려운 과정이다. 앞서 언급된 바와 같이, 액틴섬유의 형성은 단량체들이 첨가될 수 있는 이미 존재하는 씨 또는 핵이 되는 부분이 있어야 촉진된다(그림 13.39*a*에서처럼). 액틴섬유의 핵 형성을 촉진하는 여러 가지 단백질들이 확인되었다. 가장 잘 연구된 것이 Arp2/3 복합체(Arp2/3 complex)m)인데, 이것은 두 가지의 "액틴 관련 단백질들"을 갖고 있다. 즉, 이 단백질들은 액틴과 상당

[4]이 단백질들 중 일부는 액틴-결합 단백질의 농도 및 지배적인 조건(예: Ca^{2+}과 H^{+}의 농도)에 따라서 열거된 활동들 중에서 한 가지 이상의 활동을 수행할 수 있음을 주목해야 한다. 이 단백질들에 관한 연구의 대부분은 시험관 속에서 실시되었기 때문에, 그 결과를 세포 속에서의 활동에까지 확대하여 적용하기는 어렵다.

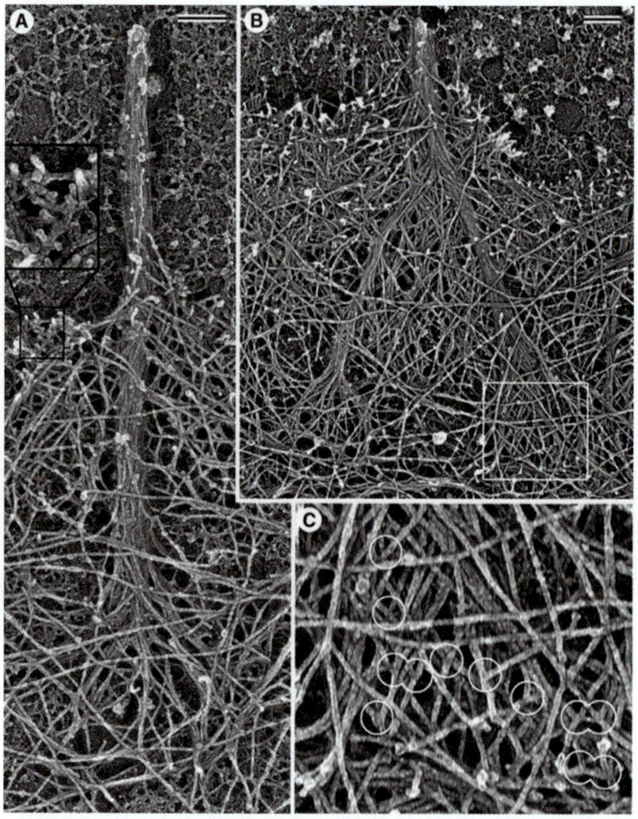

그림 13.56 세포내 액틴섬유의 두 가지 다른 배열. 이동하는 세포의 판상족에 대한 이러한 전자현미경 사진은 액틴섬유가 사상족(위) 및 판상족내 교차연결된 수상돌기망(아래 반쪽)이라 불리는 밀집하여 평행한 묶음으로 배열된 것을 보여준다.

출처: Tatyana Svitkina, University of Pennsylvania

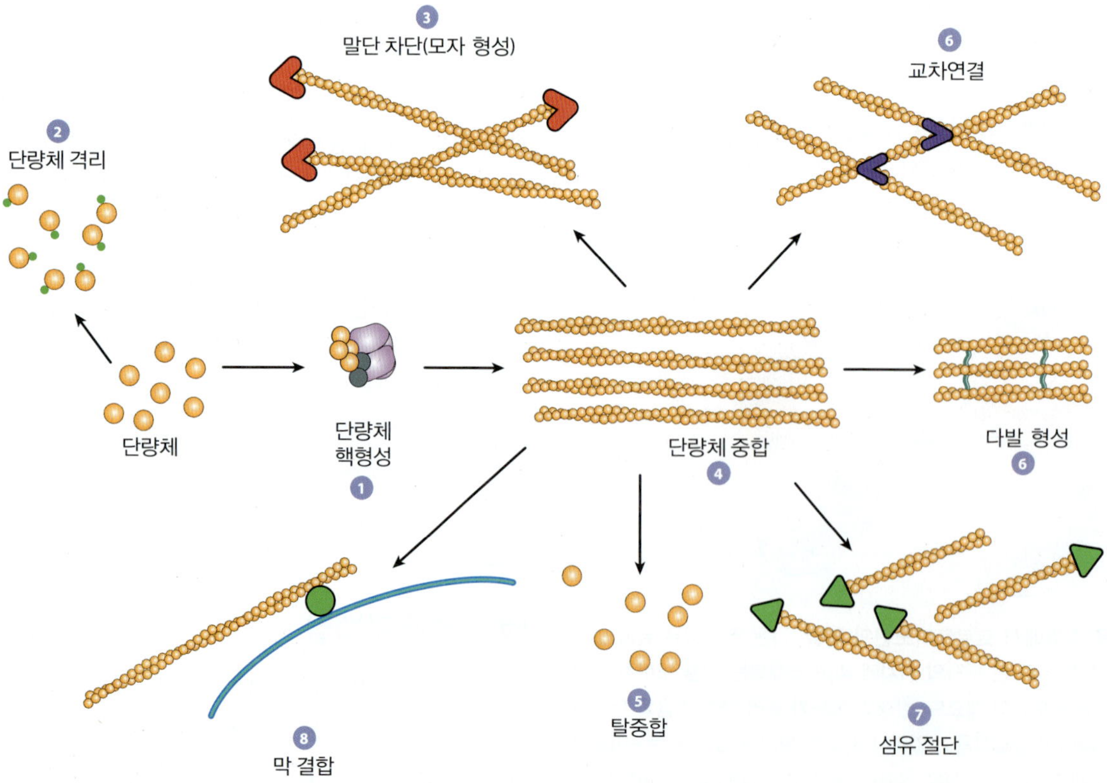

그림 13.57 액틴-결합 단백질들의 역할들.

히 비슷한 서열을 공유하지만, "진짜" 액틴으로 간주되지는 않는다. 일단 이 복합체가 활성화 되면, γ-튜불린이 미세소관 핵 형성의 주형을 형성하기 위해 제안된 것(그림 13.14*c*)과 유사한 방법으로, 두 가지의 Arp들이 액틴 단량체들이 첨가될 수 있는 주형을 제공하는 입체구조를 취한다. 그림 13.62에서 보이는 것처럼, Arp2/3 복합체는 짧고 분지된 액틴섬유들의 연결망 구조를 만든다. 포르민(Formin)이라고 하는 다른 핵 형성 단백질은, 국소부착(focal adhesion, 11.6절)과 분열하는 세포의 수축 고리(14.10절)에서 발견되는 것과 같은 분지되지 않은 섬유를 만든다. 새로 형성된 섬유의 뾰족한 음(−)의 말단에 남아 있는 Arp2/3과 다르게, 포르민은 새로운 소단위가 음(−)의 말단에 삽입되더라도 가시 돋친 모양의 양(+)의 말단으로 이동한다. 따라서, 단지 프로민만 핵 형성을 하는 것이 아닌, 그들은 새로이 만들어지는 것을 도왔던 매우 빠른 섬유의 연장을 촉진한다. 최초 발견된 스피어(Spire) 단백질을 포함하는 다른 핵 형성 부류는 액틴 단량체 결합 부위를 지니며, 이는 액틴 핵을 형성하기 위해 여러 액틴 단량체들을 함께 가져오는 것으로 생각된다.

2. **단량체-격리 단백질들.** 티모신(Thymosin)은 액틴-ATP 단량체와 결합하여, 이 단량체들이 중합되는 것을 막는 단백질이다. 이런 활성을 지닌 단백질들을 액틴 단량체-격리 단백질(actin monomersequestering protein)이라고 한다. 이 단백질들이 비근육세포에서 비교적 높은 G-액틴 농도(50~200 mM)를 유지시키는 것으로 믿어진다. 단량체-격리 단백질이 없으면, 이런 세포질 속의 조건은 가용성 액틴 단량체들을 섬유 구조로 되도록 거의 완전한 중합반응을 촉진시킬 것이다. 이 단백질들의 G-액틴과 결합하여 단량체 공급원을 안정화시키는 능력으로 인해, 단량체-격리 단백질들의 농도 또는 활성의 변화에 의해서 세포의 어느 부위에서 단량체-중합체 사이의 평형을 변화시킬 수 있고, 그 시점에서 중합 또는 탈중합 반응을 촉진시킬 것인지 여부가 결정된다.

3. **말단-차단(모자 형성, *capping*) 단백질들.** 이 단백질 집단은 소단위들이 붙거나 떨어지는 것을 방지하는 모자를 형성하여, 섬유들의 한쪽 말단 또는 다른 쪽 말단에 결합하여 액틴섬유의 길이를 조절한다. 만일 섬유에서 빠르게 성장하는 가시 돋친 모양의 양(+)의 말단에 모자가 형성되면, 그 반대쪽 말단에서 탈중합이 진행될 수 있어서 섬유가 해체된다. 또한 뾰족한 모양의 음(−)의 말단에 모자가 형성되면, 섬유의 탈중합은 차단된다. 가로무늬 근육의 가는 섬유들은 각각 Z 선에 있는 양(+)의 말단에 capZ라고 하는 단백질에 의해 그리고 음(−)의 말단에는 트로포모듀린(tropomodulin) 단백질에 의해 모자가 형성된다. 만일 항체를 근육세포 속에 미량 주입시켜 트로포모듀린 모자를 교란시키면, 가는 섬유는 새로 노출된 음(−)의 말단에 액틴 소단위를 더 많이 첨가시켜 근절의 중앙부에서 극적인 액틴섬유의 신장이 일어난다.

4. **단량체-중합 단백질들.** 프로필린(profilin)은 티모신이 작용하는 것과 같이 액틴 단량체 위에 있는 동일한 자리에 결합하는 작은 크기의 단백질이다. 그러나 프로필린은 중합을 방해하기보다 액틴섬유의 성장을 촉진한다. 이는 프로필린이 액틴 단량체에 부착하여 이에 결합된 ADP의 분리를 촉진시킴에 따라서 수행되며, ATP로 신속히 대체된다. 이어서 프로필린-ATP-액틴 단량체가 성장하는 액틴섬유의 자유로운 뾰족한 말단에서 조립될 수 있으며, 그 결과 프로필린은 방출된다. 이후 뾰족한 말단부위에서의 섬유 연장은 Ena/VASP 단백질군의 일원들에 의해 촉진된다.

5. **액틴섬유-탈중합 단백질들.** [코필린, ADF, 디펙틴(depactin)을 포함하여] 코필린(cofilin) 단백질 집단의 구성요소들은 액틴섬유의 몸체 속 그리고 뾰족한 음(−)의 말단에 있는 액틴-ADP 소단위에 결합한다(그림 18.33 참조). 코필린은 다음과 같은 두 가지 명확한 기능을 갖고 있다. 즉, 코필린은 액틴섬유를 조각낼 수 있으며 음(−)의 말단에서 탈중합을 촉진할 수 있다. 이 단백질들은 세포골격 구조의 동적 변화가 일어나는 장소에서 액틴섬유를 신속하게 전환시키는 역할을 한다. 이 단백질들은 세포의 운동, 식세포작용, 세포질분열 등에 있어서 중요하다.

6. **교차연결 단백질들.** 이 무리에 속하는 단백질들은 전체 액틴섬유의 3차원적 구성을 변경시킬 수 있다. 이 단백질들의 각각은 2개 또는 그 이상의 액틴-결합자리를 갖고 있으므로, 2개 또는 그 이상의 분리된 액틴섬유들을 교차연결시킬 수 있다. 이 단백질들 중의 어떤 것[예: 필라민(filamin)]은 길고 신축성 있는 자루 모양을 하며, 서로에 대하여 거의 직각으로 연결된 섬유들이 느슨한 연결망 구조를 형성하도록 촉진한다(그림 13.56에서처럼). 이런 연결망 구조를 갖고 있는 세포질 부위는 국소적인 물리적 압력에 저항하는 3차원적이며 탄력 있는 젤의 특성을 갖는다. 다른 교차연결 단백질들[예: 빌린(villin)과 펌브린(fimbrin)]은 더 둥근 모양이며 단단하게 결합하고 평행 배열되어 액틴섬유들의 다발형성을 촉진시킨다. 이런 배열은 특정 상피세포(**그림 13.58**)에서 돌

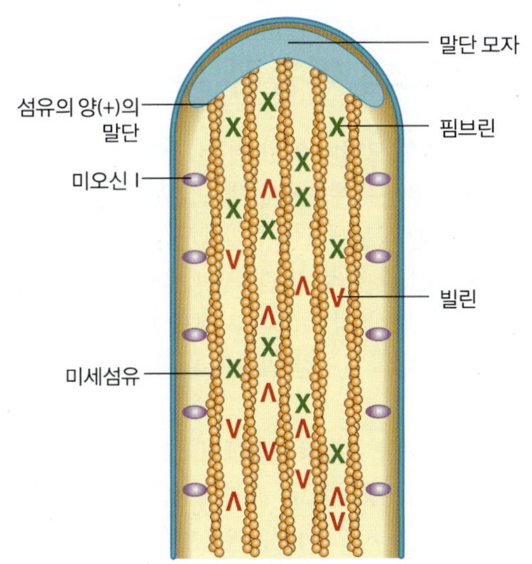

그림 13.58 미세융모 속에 있는 액틴섬유와 액틴-결합 단백질들. 미세융모들은 장의 내벽 및 신장의 세관벽과 같이, 용질 흡수 작용을 하는 상피의 정단부 표면에 있다. 빌린(villin)과 핌브린(fimbrin) 같은 다발형성 단백질에 의해, 액틴섬유들은 고도로 질서 정연한 배열을 유지한다. 미세융모의 원형질막과 주변의 액틴섬유들 사이에 있는 제형 미오신의 역할은 확실히 알려져 있지 않다.

출된 미세융모와 내이의 수용체 세포들에서 돌출된 털 모양의 부동섬모(그림 13.46)에서 발견된다. 섬유들이 함께 다발을 형성하면 단단한 성질을 갖게 되어, 세포질 돌기들을 지지하는 내부 골격으로서 작용하도록 한다.

7. **섬유-절단 단백질들.** 이 종류의 단백질들은 이미 존재하는 섬유의 측면에 결합하여 2개로 절단할 수 있다. 또한 절단 단백질 들[예: 젤솔린(gelsolin)]은 양(+)의 말단을 추가로 만들어서 액틴 단량체들의 결합을 촉진시킬 수 있으며, 또는 이 단백질들이 절단해 놓은 조각들에 모자를 형성할 수도 있다. 그림 13.63에 나타낸 것처럼, 또한 코필린(cofilin)도 섬유들을 절단할 수 있다.

8. **막-결합 단백질들.** 비근육세포들에 있는 상당수의 수축기구는 원형질막 바로 아래에 놓여 있다. 수많은 활동을 하는 동안, 수축 단백질에 의해 발생된 힘은 원형질막에 작용하여, 원형질을 바깥으로 돌출시키거나(예를 들면, 세포가 운동하는 동안에 생기는 것과 같이) 또는 안쪽으로 함입시킨다(예를 들면, 식세포작용 또는 세포질분열 등을 하는 동안에 생기는 것과 같이). 이러한 작용은 보통 액틴섬유를 원형질막에 간접적으로 연결시켜서, 즉 막의 표재단백질에 부착시키는 방법에 의해 촉진된다. 다음과 같은 두 가지 예가 앞 장에서 설명되었다. 즉, 짧은 액틴 중합체들이 적혈구 막의 골격으로 첨가되며(그림 8.32*d* 참조) 국소부착(focal adhesion)과 부착연접(adherens junction)에 있는 막에 액틴섬유들이 부착된다(그림 11.17 및 11.26 참조). 막을 액틴에 연결시키는 단백질들은 빈쿨린(vinculin), ERM 집단의 구성요소들[에즈린(ezrin), 라딕신(radixin), 모에신(moesin)], 스펙트린(spectrin) 집단의 구성요소들[근육퇴행위축(dystrophy)의 원인 단백질인 디스트로핀(dystrophin)을 비롯하여]이 포함된다.

13.12 세포의 이동성

위에서 언급된 미오신 모터와 액틴-결합 단백질과 종종 결합하여 작동하는 액틴섬유는 비근육세포에서 세포질분열, 대식작용, 세포질 이동(크기가 큰 특정한 식물세포에서 발생하는 세포질의 방향성 부피 유동), 소낭수송, 혈소판 활성, 막관통단백질의 수평 이동, 세포 기저부 결합, 세포 이동, 축삭 성장 그리고 세포 모양의 변화를 포함하는 역동적인 활성을 요하는 다양한 기작을 담당한다. 세포 이동은 다음의 예들로 설명된다.

세포 이동은 고등한 척추동물들에서, 조직과 기관의 발달, 혈관의 형성, 축삭의 발달, 상처치료, 감염에 대한 보호 등의 여러 가지 활동에 필요하다. 또한 세포 이동은 암 종양을 퍼지게도 한다. 다음의 설명에서, 우리는 평평한(즉, 2차원적인) 기질 위를 이동하는 배양된 세포들의 연구에 초점을 맞출 것이다. 그 이유는, 이런 실험조건이 이 분야의 연구에서 주로 사용되었기 때문이다. 몸을 구성하는 세포들은 아무 것도 없는 평판 기질 위로 이동하지 않는다는 것과 이러한 연구에서 얻은 발견들 중 일부는 더 복잡한 장소를 횡단하는 세포들에게 적용되지 않을 수도 있다는 증거가 늘어나고 있음을 기억해

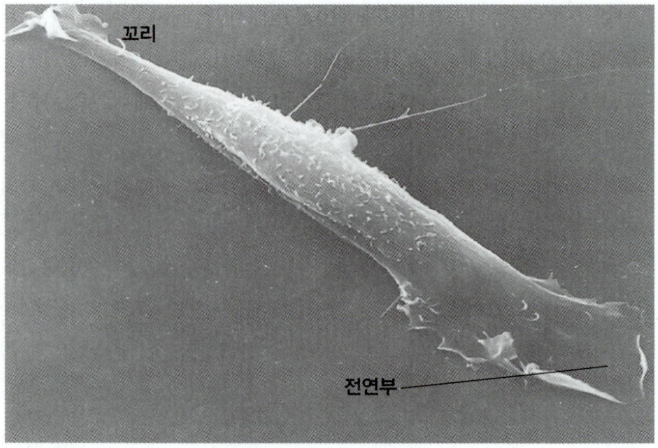

그림 13.59 배양 접시의 표면 위에서 기어가는 생쥐 섬유아세포의 주사전자현미경 사진. 이 세포의 앞쪽 끝부분은 납작한 판상족(lamellipodium)으로 펼쳐져 있다. 이 판상족의 구조와 기능은 이 장의 뒷부분에서 논의된다.

출처: Guenter Albrecht-Buehler, *Int. Rev. Cytol.* 120:194, 1990

두자. 연구자들은 최근에 다양한 유형의 3차원적 세포외 기질을 포함하여 더 복잡한 바닥층을 개발하기 시작하였는데(그림 18.22 참조), 이것은 아래에 논의된 세포운동 기작의 몇몇 양태에 대한 새로운 시각을 이끌기도 한다.

그림 13.59는 현미경 관찰을 위해 준비했을 당시, 시야에서 오른쪽 아래의 구석을 향하여 이동하는 과정 중에 있던 섬유아세포이다. 그림 13.59의 섬유아세포에서처럼, 세포 이동은 예를 들어 걷기와 같은 다른 유형의 이동과 특성을 공유한다. 여러분이 걸을 때, 몸은 다음과 같이 일련의 반복된 활동을 하게 된다. 첫째, 다리를 이동하려는 방향으로 뻗는다. 둘째, 발바닥은 일시적인 부착지점으로 작용하는 지면과 접촉한다. 셋째, 정지된 발이 부착지점에 대해 견인력을 계속 형성하는 동안, 몸 전체가 정지된 발을 지나 앞으로 이동하게 만드는 힘이 다리에 있는 근육에 의해 생긴다. 넷째, 이제 몸의 앞에 있기보다 뒤에 있는 발은 다음 걸음을 예상하여 바닥으로부터 들어올린다. 운동성 세포들이 바닥층 위를 기어갈 때 매우 다른 모양을 취하더라도, 이 세포들은 비슷한 활동 순서를 보인다(**그림 13.60**). (1) 세포가 이동하려는 방향으로 세포표면의 한 부분이 돌출되어서 이동이 시작된다. (2) 돌출부의 아래쪽 표면의 일부분이 바닥층에 부착되어 일시적으로 고정시키는 장소를 형성한다. (3) 세포의 대부분이 부착된 접촉지점들을 지나 앞으로 끌어당겨지면, 결국 이 접촉지점들은 세포 뒤쪽에 있는 부분이 된다. (4) 세포는 바닥층과 자신의 뒤쪽에 있는 접촉지점들을 끊어버리고, 끌려가는 가장자리 또는 "꼬리"를 움츠러들게 한다.

피부 또는 간과 같은 살아 있는 조직의 작은 조각을 적당한 배양배지가 담긴 접시에 놓아 두면, 각 세포들은 그 시료 조각의 바깥으로 나와서 접시 표면 위로 이동한다. 이런 세포들을 현미경으로 관찰하면, 주로 결합조직에 있는 섬유아세포(fibroblast)들을 볼 수 있다(그림 11.1 참조). 세포가 움직임에 따라, 바닥층 가까이에서 자신을 납작하게 하여, 넓적한 앞쪽 말단과 좁은 "꼬리"를 갖고 있는 부채

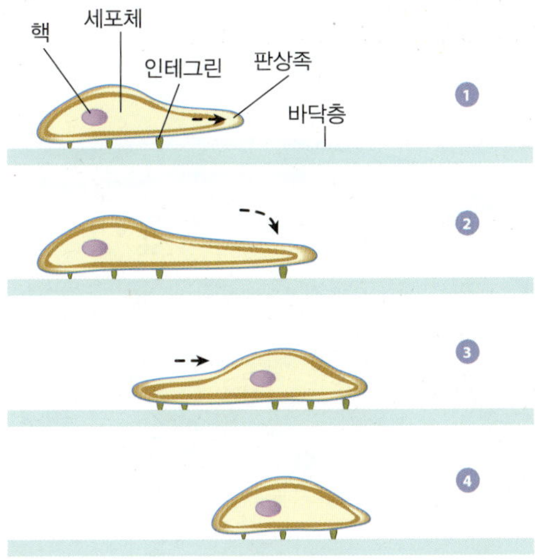

그림 13.60 세포가 바닥층 위를 기어갈 때 일어나는 활동의 반복 순서. 1단계는 판상족의 형태로 되어 있는 세포의 전연부의 돌출부를 보여준다. 2단계는 판상족의 아래쪽 표면이 바닥층에 부착하는 것을 보여준다. 이 부착은 원형질막 속에 있는 인테그린(integrin)에 의해 중개된다. 세포가 바닥층을 움켜쥐기 위해 이런 부착을 이용한다. 3단계는 비교적 정지 상태에 있는 부착지점을 지나 세포의 대부분이 앞으로 이동하는 것을 보여준다. 이런 이동은 바닥층에 가해진 수축(견인)력에 의해 이루어진다. 4단계는 바닥층과의 부착지점들이 끊어지고 세포의 뒷부분이 앞으로 끌어당겨진 후의 세포를 보여준다.

모양으로 된다(그림 13.59 참조). 세포의 움직임은 불규칙하고 변덕스러워서 때로는 진진하고 어떤 때는 뒤로 물러난다. 좋을 때에는 섬유아세포가 약 1 mm의 거리를 이동할 수 있다. 섬유아세포 운동의 핵심은 전연부(leading edge)를 관찰함으로써 알 수 있다. 즉, 전연부는 **판상족(lamellipodium)**이라고 하는 넓고 납작하며 면사포처럼 생긴 돌출부로서 세포에서 나와 펼쳐져 있다(**그림 13.61a**). 판상족들은 대체로 세포질의 소낭과 다른 입자 구조를 갖고 있지 않으며, 바깥쪽 가장자리는 흔히 물결치는 움직임을 보여서 주름 잡힌 모양을 만든다(그림 13.61*b*). 판상족이 세포에서 펼쳐져 나올 때, 특수한 지점에서 아래에 있는 바닥층에 달라 붙어서 세포 자신을 앞으로 끌어당기기 위한 일시적인 고정지점을 만든다.

액틴 단량체 중합이 어떻게 리스테리아 세균을 밀어 움직이는 힘(추진력)을 세포질을 통해 제공하는지에 대해서, 실험적인 경로 II: 무세포 실험계에서 액틴에 의한 이동 연구(이 장의 끝)에서 볼 것이다. 이런 유형의 세포내 이동은 운동단백질 분자들이 관여되지 않은 상태에서 이루어진다. 비슷한 유형의 액틴-중합 기작이 판상족의 전연부가 돌출될 때 필요한 운동력을 형성하는 것으로 생각된다. 또한 이런 유형의 비근육 운동성은 특정 시각에 세포 속의 특정 부위에서 액틴-섬유의 연결망 구조들의 조립과 해체를 조정하는 데 있어서 액틴-결합 단백질들(그림 13.57에 그려져 있음)의 중요성을 증명하는 것이다.

우리 몸에 생긴 상처의 어느 특정 방향으로부터 오는 화학신호를 받는 둥근 백혈구를 대상으로, 세포 이동이 시작되는 것을 가정해 보자. 일단 자극이 원형질막에 수용되면 세포 안의 제한된 장소에서 액틴의 중합을 유도하고, 세포가 극성을 갖게 되어 자극원을 향하여 이동하게 된다(**그림 13.62a**).[5] 리스테리아 세균이 세포표면에서 중합을 활성화시키는 단백질(ActA)을 갖고 있는 것과 같이, 포유동물 세포들은 원형질막 근처에 있는 자극지점에서 Arp2/3 복합체를 활성화시키는 단백질 집단(WASP/WAVE) 집단)을 갖고 있다. 이 집단을 구성하는 단백질들 중 WASP(Wiskott-Aldrich syndrome protein)는 비스코트-알드리히 증후군을 일으키는 유전자의 산물로서 발견되었다. 이 장애를 갖는 환자들은 그들의 백혈구가 기능적인 WASP 단백질을 갖고 있지 않아서 결과적으로 주화성 신호에 반응할 수 없기 때문에 무력한 면역체계를 갖게 된다.

그림 13.62*b*는 세포를 특정한 방향으로 안내할 수 있는 판상족 형성의 주요 단계들에 대한 모형을 묘사하였다. 자극이 세포의 한쪽 끝에서 수용되면(그림 13.62*b*, 1단계), 활성화된 WASP 단백질들에 의해 Arp2/3 단백질 복합체들이 활성화된다(2단계). 활성화된 상태

[5]이런 유형의 반응은 세균을 추적하는 호중성백혈구를 보여주는 웹사이트의 주목할 만한 영상에서 볼 수 있다. "neutrophile crawling"이라는 검색어를 사용하여 찾을 수 있다.

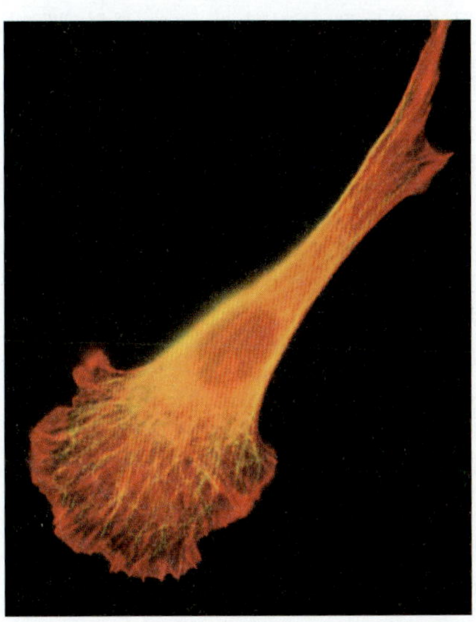

(a)

(b)

그림 13.61 운동성 세포의 전연부. (*a*) 이 운동성 섬유아세포의 전연부는 바닥층에 대하여 평평해져 있고 면사포 같은 판상족으로 펼쳐져 있다. (*b*) 배양된 세포의 전연부를 촬영한 주사전자현미경 사진은 판상족의 주름진 막을 보여준다.

출처: (a) J. Victor. Small 제공; (b) Jean Paul Revel, *Symp. Soc. Exp. Biol.* 28:4.

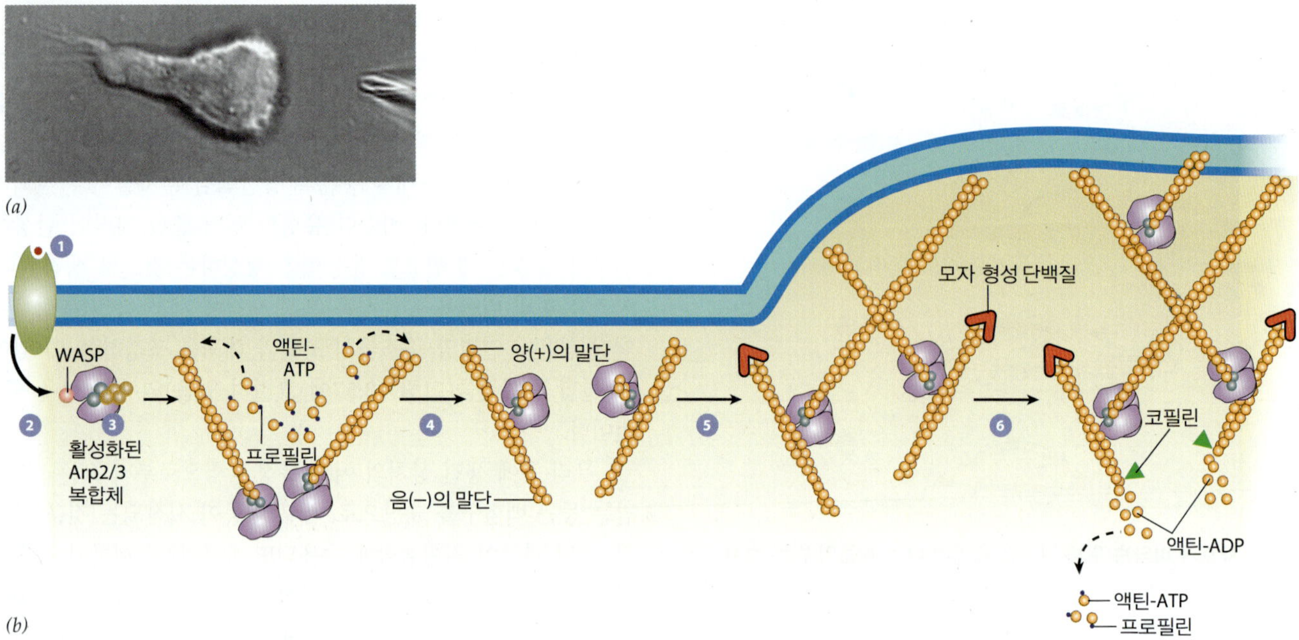

그림 13.62 지향적 세포 운동성. (*a*) 피펫(오른쪽에 보이는)에 의해 전달되고 있는 화학유인물질(chemoattractant)에 반응하는 백혈구(호중성구)의 현미경 사진. 이 세포는 극성화되어서 자극원을 향해 이동하고 있다. (*b*) 지향적인 방식으로 세포의 이동을 설명하기 위해 제안된 기작. 자극이 세포표면에 수용되어(1단계), WASP/WAVE 집단에 속하는 구성요소에 의해 Arp2/3 복합체가 활성화된다(2단계). 활성화된 Arp2/3 복합체들은 새로운 액틴섬유들을 만들기 위한 핵형성(nucleation) 자리의 역할을 한다(3단계). 일단 섬유들이 형성되면, Arp2/3 복합체들은 그 섬유들의 측면에 붙어서(4단계), 섬유들의 핵 형성 활동을 촉진한다. 그 결과, 결합된 Arp2/3 복합체들은 자신들이 고정되어 있는 기존의 섬유들에 대해 약 70°의 각도로 바깥쪽을 향해 뻗는 곁가지를 만들기 시작한다(5단계). 이 섬유들이 중합됨에 따라, 원형질막을 바깥쪽으로 밀어내어 판상족의 전연부가 펼쳐지게 되는 것으로 생각된다. 한편, 이전에 형성된 섬유들의 양(+)의 말단에는 모자 형성 단백질이 결합되어, 이 섬유들이 더 자라지 못하게 하여 짧고 단단한 상태를 유지시킨다. 결국, 더 오래되고 이전에 형성되었던 액틴섬유들의 음(−)의 말단들은 탈중합되어 액틴-ADP 소단위들이 방출된다(6단계). 탈중합은 코필린(cofilin)에 의해 촉진된다. 코필린은 섬유 속에 있는 액틴-ADP 소단위들에 결합하여 그 섬유의 음(−)의 말단에서 소단위들이 분리되도록 자극한다. 방출된 소단위들은 프로필린(profilin)과 결합하여 ATP/ADP 교환에 의해 재충전되어서 액틴 중합에 참여할 준비를 하게 된다(3단계에서처럼). (이 모형의 신뢰에 대한 논의는 다음 논문들에서 찾을 수 있음: *Trends Cell Biol.* 21:2, 2011; *Nature Cell Biol*, 13: 1012, 2011.)

출처: (a) Carole A. Parent, *Curr. Opin, Cell Biol*,16:5, 2004에서 발췌. Elsevier의 허가를 얻어 재사용함.

의 Arp2/3 복합체들은 액틴섬유의 양(+)의 말단에서 노출된 표면과 유사한 입체구조를 취한다. 그 결과, 유리상태의 ATP-액틴 단량체들이 Arp2/3 주형에 결합하여, 액틴섬유들의 핵이 형성된다(3단계). 성장하는 섬유들의 노출된 양(+)의 말단에서, ATP-결합 액틴 단량체들이 중합되는 과정은 프로필린(profilin) 분자에 의해 촉진된다(559쪽). 일단 새로운 액틴섬유들이 형성되면, Arp2/3 복합체들은 이 섬유들의 측면에 결합하여(4단계) 추가로 분지된 액틴섬유들을 형성하기 위한 핵을 형성한다(5단계). Arp2/3 복합체들은 분지된 지점에 위치하는 음(−)의 말단에 남아 있다. 그 동안에, 더 오래된(긴) 섬유들의 양(+)의 말단에서 이루어진 성장은 모자 형성 단백질이 첨가되어 중단된다(5단계). 이와는 대조적으로, 연결망 구조에서 보다 최근에 형성된 섬유들의 양(+)의 말단에 액틴 소단위들이 첨가됨으로써, 유인 자극제의 방향으로 판상족의 막을 바깥쪽을 향하여 밀게 된다(5단계와 6단계). 더 새롭게 만들어진 섬유들이 그들의 양(+)의 말단에 소단위를 첨가하여 성장함에 따라, 더 오래되고 모자가 형성된 섬유들은 음(−)의 말단에서 해체된다(6단계). 이런 해체는 섬유를 따라 액틴-ADP 소단위들에 결합하는 코필린(cofilin)에 의해 촉진된다(6단계). 해체되는 섬유들로부터 방출된 액틴-ADP 소단위들은 프로필린(profilin)-ATP 액틴 단량체들로 전환되어 재충전되고, 이들은 판상족의 전연부에서 액틴섬유의 조립에 재사용될 수 있다.

그림 13.63은 세포의 이동에서 주요 구조적 특징들 중 일부를 나타낸 것이다. 그림 13.63의 전자현미경 사진은 전진하는 판상족의 원형질막 바로 아래에 있는 섬유상 액틴의 연결망 구조가 분지되어 있는 그리고 교차연결된 특징을 보여주고 있다. 그림 13.63에서 동그라미로 표시된 부분들은 면역-금 입자들로 표지된 Arp2/3 복합체들과 함께, 짧은 액틴-섬유 가지들이 연속되어 있는 것을 보여주고 있다. Arp2/3 복합체들은 Y자 모양의 합류지점에 있는 것으로 보이는데, 이곳에서 새로 중합된 섬유들이 기존의 섬유들로부터 분지되어 나온다.

판상족의 이동은 동적인 과정이다. 액틴섬유의 중합 그리고 분지가 판상족의 전연부에서 계속됨에 따라서, 액틴섬유들은 판상족의 뒤쪽을 향해서 탈중합된다(그림 13.62, 6단계). 따라서 전체적으로 보면 액틴섬유 전체에 배열되어 있는 소단위들이 트레드밀 상태의 과정을 거치며(546쪽), 이 과정에서 액틴 소단위들은 섬유 앞쪽에 있는 양(+)의 말단에 첨가되면서 뒤쪽에 있는 음(−)의 말단에서는 떨어져 나간다.

그림 13.62에 그려진 일들의 순서에 따르면, 전연부가 돌출되는 과정은 그 세포의 대부분이 이동한 다음에 일어난다. 세포의 몸

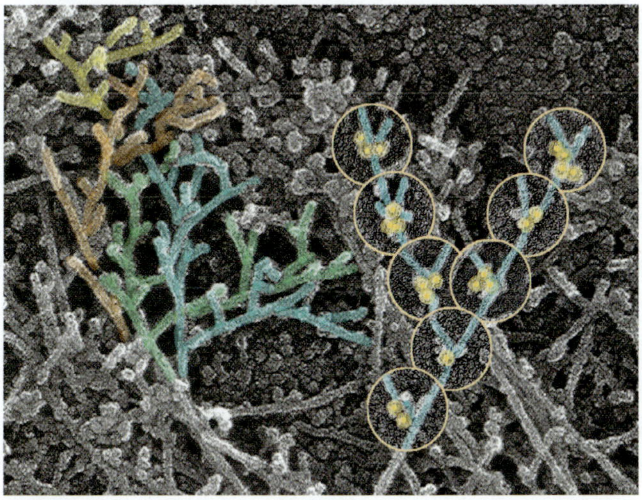

그림 13.63 판상족이 펼쳐지는 부분의 기본 구조. 생쥐의 운동성 섬유아세포의 전연부에 있는 세포골격의 복사막에서 관찰된 전자현미경 사진. 액틴섬유들이 분지된 연결망 구조로 배열되어 있는 것으로 보이는데, 이 구조는 개개의 "나무들" 모양을 나타내기 위해 채색되었다. 동그라미로 표시된 부분들은 분지된 액틴섬유들 사이에 Y자 모양의 합류 지점들이 연속되어 있음을 보여준다. Arp2/3 복합체들은 콜로이드 금 입자(노란색)에 연결된 항체에 의해 각 분지의 기부에 위치되어 있다.

출처: Tatyana M. Svitkina and Gary G. Borisy, *J. Cell Biol.*, Vol. 145, #5, 1999. 락펠러대학교 출판부의 허가를 얻어 재사용함.

체를 앞으로 끌어당기거나 또는 "잡아당기기" 위해 필요한, 즉 세포 이동에 관여된 주요 힘은 부착지점들에서 생긴다(그림 13.60의 3단계). 이런 힘은 흔히 세포가 바닥층을 움켜쥐는 지점에서 생기므로 견인력(traction force)이라고 한다. 세포들이 탄성을 지닌 얇은 판 위를 이동하게 되었을 때, 이런 세포 이동에 의해 아래에 놓인 바닥층(얇은 판)이 변형된다(그림 11.18 참조). 살아서 이동 중인 세포 속의 여러 지점에서 생기는 견인력의 크기는 바닥층 모양의 동적인 변형에서 계산될 수 있으며, **그림 13.64a**처럼 표현될 수 있다. 이동 중인 섬유아세포의 이러한 계산된 상에 대한 조사를 통해 보여지는 것처럼, 최대의 견인력은 세포의 전연부의 바로 뒤에서 발휘되는데, 그곳에서 세포는 아래에 있는 바닥층에 강하게 붙어 있다. 이런 부착지점들의 존재는 살아 있는 세포 속에서 형광물질로 표지된 빈쿨린(vinculin)의 위치(국재성)를 추적함으로써 가장 잘 밝힐 수 있다. 이 방법은 과학자들이 세포가 그 아래에 있는 바닥층과 접촉하고 있는 구조들을 명확하게 시각화할 수 있게 해 준다. 그림 13.64*b*는 이동하는 세포의 전연부 바로 뒤에 빨간색 형광의 빈쿨린 분자들이 집중되어 있는 것을 보여주는 형광현미경 사진이다. 빈쿨린-함유 지점들은 이동하는 세포의 전연부가 바닥층에 부착되어 있는 곳에 있으며, 잘 펼쳐진 정지상태의 배양된 세포에서 관찰되는 성숙한 국소부착보다 더 작고 더 단순한 경향이 있는데, 이를 흔히 국소복합체(focal complex)라고 한다. 견인력은 이러한 부착부위와 결합된 액틴 세포골격 내에서 생성되고, 세포 내외를 연결하는 막을 가로지르는 인테그린(integrin) 분자를 통해 세포외 기질에 전달되는 것으로 생각되어진다. 운동성 세포의 전연부 부위 근처에 보이는 국소복합체들은 세포

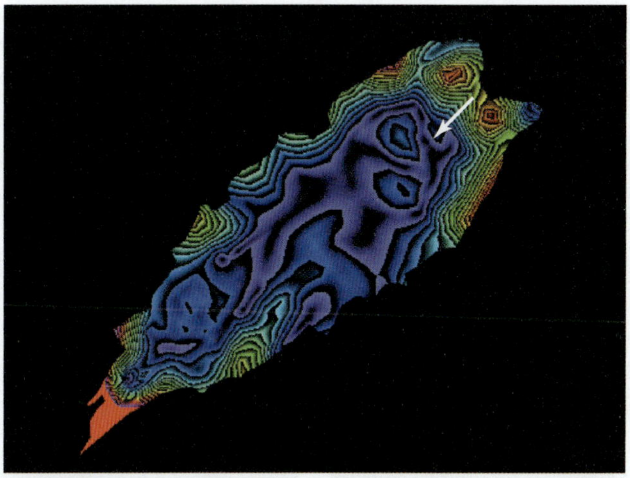

(a) 20 μm

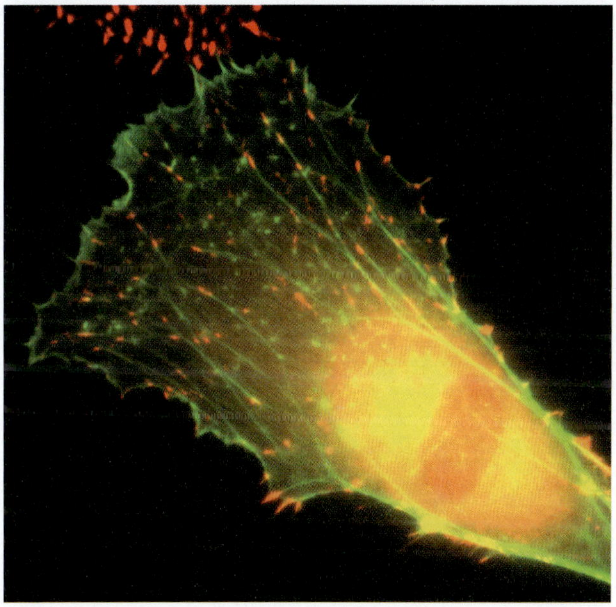

(b)

그림 13.64 이동하는 섬유아세포 속에서 견인력의 분포. *(a)* 세포가 이동할 때 바닥층에 대한 견인력(끌어당기는 힘)이 발생한다. 이 이미지는 이동하는 섬유아세포의 표면에서 단위 면적당 발생된 견인력을 보여준다. 견인력은 바닥층의 변형 정도를 기초로 하여 표면 위의 서로 다른 지점들에서 계산되었다(그림 11.17 참조). 견인력의 크기는 여러 가지 색깔로 표현되었으며, 빨간색이 가장 강한 힘을 나타낸다. 가장 큰 힘은 판상족이 확장되고 있는 세포의 전연부 뒤에서 일시적으로 형성되는 작은 국소복합체들의 자리에서 발생된다(화살표). 세포의 뒤쪽에서 생기는 변형(빨간색으로 표시되었음)은 앞쪽 말단이 수동적으로 고정되어 있는 꼬리 부분에 대하여 능동적으로 끌어당길 때 생긴다. *(b)* 여러 개의 지점들(빨간색)에서 아래의 바닥층에 부착되어 있는 잘 발달된 판상족을 보여주는 살아서 이동 중인 섬유아세포. 이 세포는 GFP-액틴(초록색)을 발현하고 있으며 로다민(rhodamine)으로 표지된 빈쿨린(vinculin)을 미세주입시켰다. 형광물질로 표지된 빈쿨린은 이 세포에서 전연부 근처의 점(빨간색)처럼 보이는 국소복합체들 속에 결합되어 있다. 이러한 국소복합체들 중 일부는 해체되는 반면에, 다른 복합체들은 국소부착으로 성숙되는데, 이 국소부착은 전진하는 전연부에서 더 먼 곳에 위치하고 있다.

출처: (a) Karen A. Beningo, Micah Dembo, and Yu-Li Wang, *J. Cell Biol*, 153:885, 2001, Fig. 3에서 발췌. 락펠러대학교 출판부 허가를 얻어 재사용함; (b) J. Victor Small, et al., *Nature Revs. Mol. Cell Biol.* 3:957, 2002에서 발췌. Macmillan Publishers Ltd.의 허가를 얻어 재사용함. Olga Krylyshkina 사진 제공.

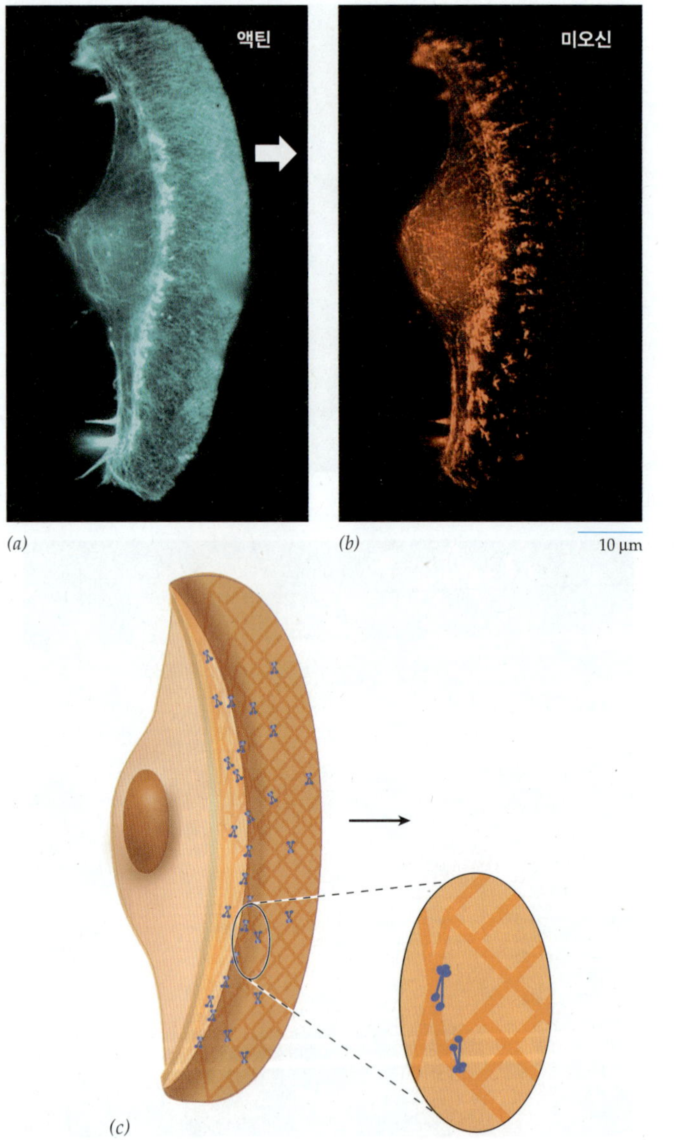

그림 13.65 판상족을 기반으로 하여 이동하는 어류의 각막세포에서 액틴과 미오신의 역할. (*a*,*b*) 넓적하고 납작한 판상족에 의해 배양접시 위를 이동하고 있는 어류 각막세포의 형광현미경 사진. 화살표는 분당 10 μm의 속도로 이동할 수 있는 방향을 나타낸다. 섬유상 액틴의 분포는 *a*에 나타나 있으며, 액틴섬유들에만 결합하는 형광물질로 표지된 팔로이딘(phalloidin)의 국재성을 보여준다. 동일한 세포에서 미오신의 분포는 *b*에 나타나 있으며, 형광물질과 결합된 항미오신 항체의 국재성을 보여준다. 판상족의 몸통은 액틴섬유들을 갖고 있지만 미오신을 거의 갖고 있지 않은 것이 분명하다. 그 대신, 미오신은 세포의 몸통과 합쳐지는 판상족의 바로 뒤에 있는 띠 모양의 부위에 집중되어 있다. (*c*) 판상족에서 섬유상 액틴의 연결망 그리고 판상족의 뒤를 향한 액틴-미오신 상호작용을 그린 개요도. 액틴의 연결망 구조는 빨간색으로, 미오신 분자는 파란색으로 나타냈다.

출처: (a) Alexander B. Verkhovsky, from Tatyana M. Svitkina et al., *J. Cell Biol.* 139:397, 1977, Fig. 1에서 발췌. 락펠러대학교 출판부의 허가를 얻어 재사용함.

가 앞으로 이동함에 따라 해체되거나 더 크고 더욱 수축적인 국소 부착으로 발달한다. 국소복합체 발달은 이러한 부착부위들에서 형성된 긴장에 의해 자극받는 것으로 보인다.

많은 증거에 의하면, 액틴 중합과정이 세포의 전연부를 바깥쪽으로 밀어내는 역할을 하며(그림 13.60, 1단계), (액틴섬유와 함께) 미오신은 세포의 나머지 부분을 앞쪽으로 끌어당기는 역할을 한다(그림 13.60, 3단계). 액틴과 미오신의 이러한 대조적인 역할은 어류의 비늘을 덮는 표피로부터 유래된 각막세포(keratocyte)에 관한 연구에서 가장 잘 알려져 있다. 각막세포들의 신속한 활주운동은 매우 넓고 얇은 판상족에 의존하기 때문에, 이들은 세포의 이동에 관한 연구를 하기 위해 선호되는 대상이다. **그림 13.65**는 이동하는 각막세포에서 액틴(그림 13.65*a*)과 제II형 미오신(그림 13.65*b*)을 고정하여 염색한 것이다. 앞의 설명에서 예상할 수 있는 것처럼, 판상족의 전진하는 전연부는 액틴으로 채워져 있다. 한편, 미오신은 판상족의 뒷부분이 그 세포의 나머지 부분과 합쳐지는 띠 모양의 부위에 집중되어 있다. 이 부분의 전자현미경 사진들은 액틴의 연결망 구조에 결합된 작고 양극성인 제II형 미오신 섬유들의 집단이 있음을 보여준다(그림 13.65*c*). 이 미오신 분자들에 의해 생긴 수축력은 전진하는 판상족의 뒤를 따라 오는 이 세포의 나머지 대부분을 끌어당기는 것으로 추정된다. 또한 제I형 미오신과 다른 비재래형 미오신도 일부의 생물에서 세포 이동을 위한 힘을 발생시키는 것으로 생각된다.

13.13 발생 과정 동안 액틴-의존성 과정들

다세포 개체의 발생 동안 액틴 세포골격은 여러 기초적인 과정들을 통해 세포에 힘을 제공한다. 발생 동안 축삭 성장과 세포 모양 변화라는 두 가지 논제에 대해 아래에서 논의할 것이다.

축삭 성장

1907년, 예일대학교의 로스 해리슨(Ross Harrison)은 생물학에서 고전적 실험 중 한 가지를 시행하였다. 해리슨은 개구리 배에서 발생 중인 신경계에서 조직의 작은 조각을 떼어서 아주 작은 한 방울의 림프액 속에 넣었다. 그는 며칠간 현미경으로 그 조직을 관찰하여, 그 신경세포들이 건강하게 살아 있을 뿐만 아니라 그 중의 많은 세포들에서 돌기들이 생성되기 시작하여 주위의 배지 속으로 자라나는 것을 발견하였다. 이것은 조직배양에서 세포들이 살아 있는 상태로 유지되었던 최초의 일이었으며, 이 실험은 축삭들이 활발한 성장과 신장 과정에 의해 발달한다는 강력한 증거를 제공하였다.

신장하고 있는 축삭의 끝부분은 세포의 나머지 부분과는 매우 다르다(그림 13.1*b* 참조). 축삭의 몸체 대부분은 운동 활성을 거의 보이지 않지만, 그 끝부분[**성장원추체(growth cone)**]은 고도의 운동성을 갖고 기어 다니는 섬유모세 포와 비슷하다. 살아 있는 성장원추체를 자세히 살펴보면, 이동을 위한 여러 가지 유형의 돌출부들이 있다. 즉, 바닥층 위에서 바깥쪽을 향해서 기어가는 넓고 평편한 판상족, 이 판상족의 가장자리까지 바깥쪽으로 향해 있는 짧고 뻣뻣한 미세돌출사(microspike, **그림 13.66a**), 그리고 뻗었다 오그렸다하면서 계속적인 운동 활성을 보이는 매우 신장된 사상위족(filopodia) 등이 있다. 형광현미경으로 관찰하면, 성장원추체의 주변 영역에 있는 이런 모든 구조들은 액틴섬유들로 채워져 있는 것을 볼 수 있다(그림

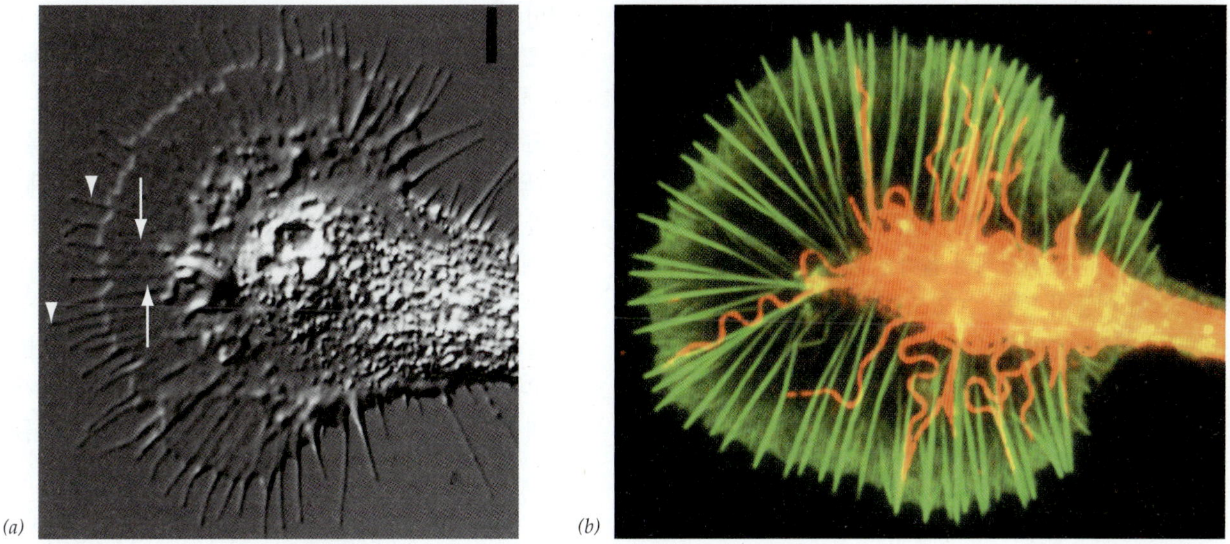

그림 13.66 **성장원추체의 구조: 성장하는 축삭에서 운동성을 지닌 끝부분.** (*a*) 살아 있는 성장원추체의 비디오 영상. 성장원추체의 말단부가 납작한 판상족으로 펼쳐져 있고, 이 판상족은 앞을 향해 바닥층 위로 기어간다. 막대 모양의 미세돌출사들(화살표)을 판상족의 투명한 막 속에서 볼 수 있으며, 사상위족(화살촉표)이라고 하는 작은 돌기들은 판상족의 전연부 앞쪽에 돌출되어 있는 것을 볼 수 있다. 오른쪽 위 선은 5 μm를 나타낸다. (*b*) 주변부에 집중되어 있는 액틴섬유들(초록색)과 중앙부에 집중되어 있는 미세소관(주황색)을 보여주는 뉴런의 성장원추체의 형광현미경 사진이다. 많은 미세소관들이 주변부 영역을 관통해 있는 것을 볼 수 있으며, 이 주변부에서 미세소관들은 액틴-섬유 다발들과 상호작용을 한다.

출처: (a) Paul Forscher and Stephen J. Smith, *J. Cell Biol.* 107:1508, 1988, Fig. 2에서 발췌; (b) Feng-Quan Zhou, Clare M. Waterman-Storer, and Christopher S. Cohan, *J. Cell Biol.* vol. 157, #5 cover, 2002에서 발췌. 락펠러대학교 출판부의 허가를 얻어 재사용함.

13.66*b*에서 초록색으로 보임). 이런 액틴섬유들은 성장원추체의 운동 활성을 담당하는 것으로 추정된다. 한편, 미세소관들은 축삭과 성장원추체의 중앙부를 채워서, 가늘고 신장하는 축삭을 지지하는 역할을 한다. 수많은 미세소관들 하나하나가 액틴이 풍부한 주변 부위로 관통하는 것으로 보인다(그림 13.66*b*에서 주황색으로 보임). 이렇게 관통하는 미세소관들은 매우 역동적이고 적합한 방향 안에서 축삭의 성장을 조절하는 중요한 역할을 하는 것으로 여겨진다.

성장원추체는 세포에서 고도의 운동성을 지닌 부위로서, 환경을 탐사하고 축삭을 신장시킨다. 배아 속에서 발달하는 뉴런의 축삭은 바닥층의 특정한 위상학적인 특징들에 이어서 또는 이들의 경로로 확산되는 어떤 화학물질의 존재에 대하여 반응하여 정해진 경로를 따라 자란다. 성장원추체에서 생긴 판상족과 사상위족은 경로를 탐색하는 축삭이 유인요소들을 향하여 방향을 전환하거나 또는 기피요소들로부터 멀어지게 하면서, 이들 물리적 및 화학적 자극들에 반응한다. **그림 13.67a**는 배양된 뉴런의 전진하는 앞쪽 끝부분이 초기 배아에서 성장하는 축삭에 대한 유인물로 작용하는 네트린(netrin)이라

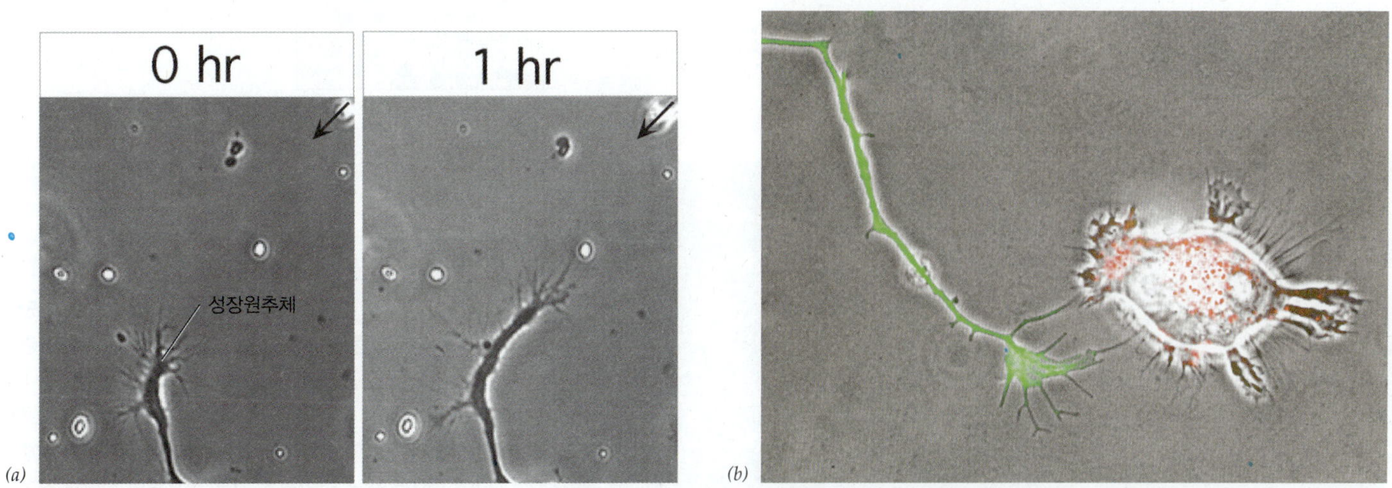

그림 13.67 **성장원추체의 지향적 이동.** (*a*) 제노푸스속(Xenopus) 개구리에서 뉴런의 살아 있는 성장원추체를 촬영한 비디오 영상. 이 뉴런은 화살로 표시된 위치에 있는 피펫에서 방출된 확산성 단백질(netrin-1) 쪽으로 방향을 전환하였다. (*b*) 운동축삭의 끝부분에서의 성장원추체(초록색)가 사상위족을 이용하여 신경세포의 안내 인자인 에프린(ephrin)을 발현하는 표적세포에 맞닿는다(빨간색).

출처: (a) Elke Stein and Marc Tessier-Lavigne, *Science* 291:1929, 2001에서 발췌. AAAS의 허가를 얻어 재인쇄함; (b) Irina Dudanova 제공.

는 확산성 단백질을 향해 곧바로 방향을 바꾸는 것을 보여준다. 그림 13.67*b*는 또한 뉴런 안내 요소로도 작용하는 에프린(ephrin, 빨간색)이라는 다른 단백질을 발현하는 세포와 결합한 성장원추체(초록색)를 보인다. 네트린과 달리, 에프린은 성장원추체의 표면에 있는 에프린 수용체에 결합하는 비확산성 세포막 내재 단백질이다. 성장원추체는 이의 긴 사상위족을 통해 에프린 발현 세포와 연접하며, 감각 기능을 제공한다. 궁극적으로, 전체 신경계의 올바른 배선은 신경을 분포시켜야 할 목표 기관에 이들이 닿을 수 있도록 하는 적절한 방향 조정 "결정"을 위해 배의 성장원추체들이 지닌 낯선 능력에 의존한다.

배 발생 동안 세포 모양 변화 몸의 각 부분은 배 발생 동안 생긴 특징적인 모양과 내부구조를 갖고 있다. 즉, 척수(spinal cord)는 기본적으로 비어 있는 관이며, 신장은 미세한 관들로 이루어져 있고, 폐는 공기가 들어 있는 미세한 공간으로 구성되어 있다. 세포 모양의 예정된 변화를 포함하여 기관의 특징적인 형태 발달을 위해서 다양한 세포활동이 필요하다. 세포 모양의 변화는 주로 세포 속에 있는 세포골격 요소들의 방향성 변화에 의해 일어난다. 이런 현상의 가장 좋은 예 중의 하나는 신경계 발달의 초기 단계에서 볼 수 있다.

척추동물에서 낭배형성(gastrulation)의 말기에 배아의 등 표면을 따라 위치된 바깥쪽(외배엽) 세포들은 신장하여 신경판(neural plate)이라고 하는 긴 상피층을 형성한다(**그림 13.68a,b**). 미세소관들이 그 세포의 장축과 평행하게 배열됨으로써 신경판의 세포들이 신장된다

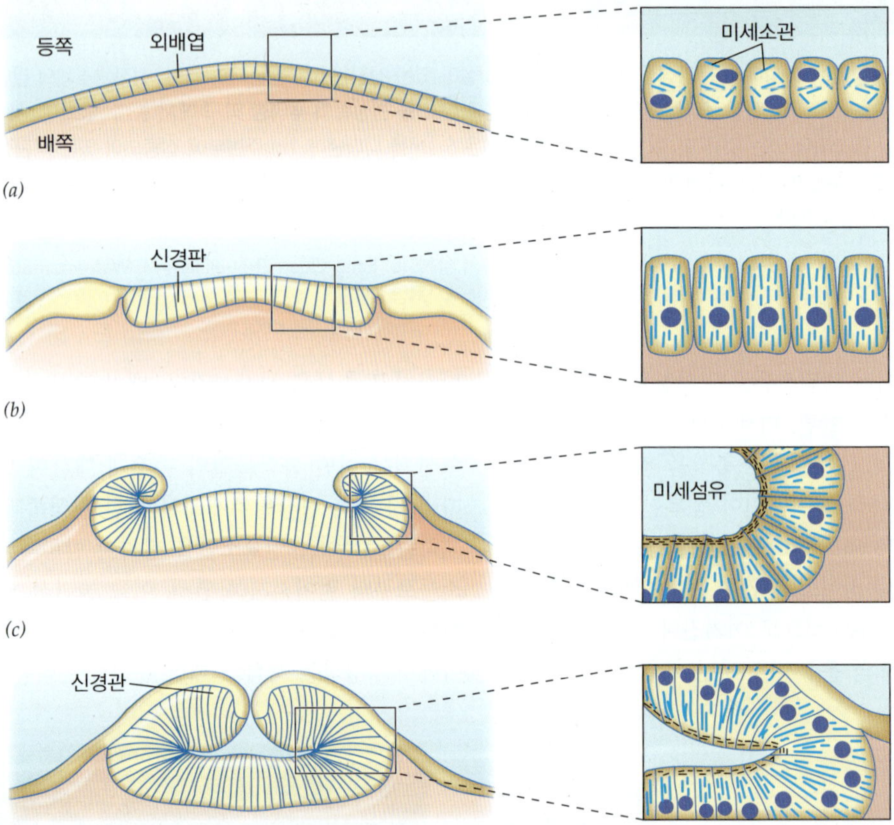

(*a*) (*b*) (*c*) (*d*)

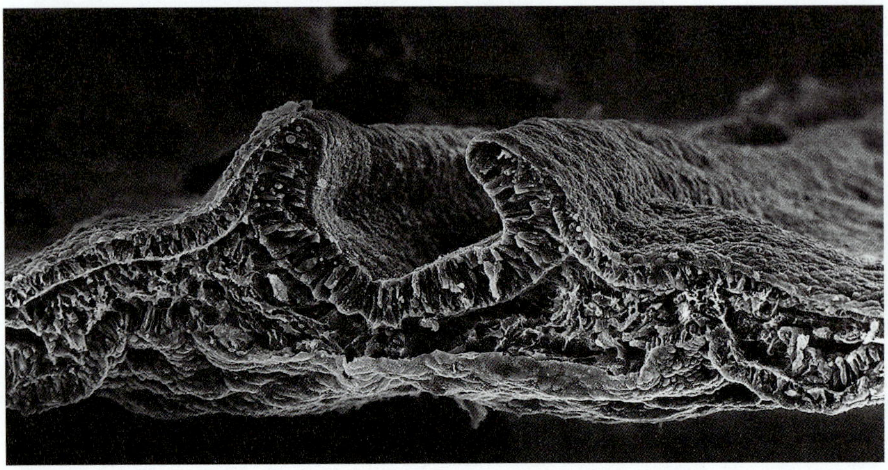

(*e*)

그림 13.68 척추동물에서 신경계 발달의 초기 단계들. (*a~d*) 배아의 등 중앙부에 있는 납작한 외배엽 세포층을 둥글게 말아서 신경관으로 만드는 세포 모양의 변화를 나타낸 개요도. 처음에 일어나는 세포의 높이 변화는 미세소관들의 방향과 신장에 의해 추진되는 것으로 생각된다. 반면에, 신경판이 관으로 둥글게 말리는 것은 세포들의 정단부 끝에 있는 액틴섬유들에 의해 생긴 수축력으로 추진되는 것으로 생각된다. (*e*) 병아리 배아의 등 표면에서 신경판이 관을 형성하기 위해 접히고 있을 때의 주사전자현미경 사진.

출처: (e) Kathryn W. Tosney 제공.

(그림 13.68*b*, 삽입 그림). 신장에 이어서, 신경 상피의 세포들은 한쪽 끝에서 수축되며 이 세포들이 쐐기 모양으로 되어 전체 세포층이 안쪽을 향해 휘어진다(그림 13.68*c*). 이러한 후반부의 세포 모양 변화는 정단부 세포막 바로 아래 세포의 피질부에서 조립되는 미세섬유 띠가 수축하여 일어난다(그림 13.68*c*, 삽입 그림). 결국, 신경관이 휘는 것은 바깥쪽 가장자리를 서로 접촉하게 만들어서 빈 원통형 관을 형성함으로써(그림 13.68*d*,*e*), 동물의 전체 신경계가 발생될 것이다.

13.14 박테리아의 세포골격

오랜 기간 세포골격은 원핵세포에는 부재한 진핵세포의 기술 혁신으로 간주되었다. 지난 10년으로부터 최근 연구들은 많은 원핵세포들이 튜뷸린, 액틴 그리고 중간섬유와 닮은 단백질들을 지니고 있음을 밝혔다. 많은 박테리아 단백질들은 구조적 그리고 기능적으로 진핵세포의 세포골격 단백질들과 관계가 있음이 알려졌으며, 이를 통해 액틴, 미세소관, 중간섬유가 원핵세포 구조로부터 진화했음을 시사한다(**그림 13.69**).

박테리아 세포골격은 비록 규모면에서는 작을지라도, 진핵세포의 세포골격과 같이 많은 임무를 수행해야만 한다. 예를 들어, 세포분열 동안 세포질분열환의 형성 역할은 진핵세포에서 액틴에 의해 수행되어지고, 원핵세포에서는 FtsZ 단백질에 의해 수행되어진다. FtsZ는 여러 짧은 막대 모양의 섬유들을 세포분열의 부위에서 합성하고, 그 결과 힘을 형성하는 수축고리를 만들고 세포분열을 수행하기 위해 세포막이 안으로 당겨지게 된다(그림 13.69*c*). 이는 비록 세포질분열 동안 액틴 세포골격에 대안적인 기능이라 하더라도, FtsZ는 실제로 거의 모든 원핵세포들에서 발견되는 튜뷸린 상동체이다.

다른 원핵세포 세포골격 단백질인 ParM은 유사분열 동안 미세소관의 역할과 비슷하게 플라스미드 분리에 역할을 하는 것으로 밝혀졌다(**그림** 13.69*a*, **13.70**). 세포분열 동안, ParM 섬유는 낮은 복제 수 플라스미드의 동원체와 닮은 특정 부위에 간접적으로 결합하고 양방향 중합기작을 통해 세포의 양끝으로 그들을 밀어낸다. 딸세포들은 복제된 플라스미드들을 받는데, 이는 그러한 분열체계 없이는 일어나기 드문 결과이다. 흥미롭게도, ParM의 생화학적 연구들은 이것이 미세소관에서 보여지는 동적 불안정성과 매우 닮은 빠른 성장과 해체의 주기를 거친다는 것을 밝혔다. 플라스미드와 결합으로 ParM 섬유의 끝이 안정되며, +TIP 결합 단백질들이 미세소관을 안정하게 한 것과 매우 같은 방식으로, 이는 성장을 지속하게끔 한다. 그러나 미세소관과 매우 유사함에도 불구하고, ParM은 구조적으로 튜불린보다는 액틴과 닮았다.

한편, 다른 박테리아 세포골격 단백질들은 세포 모양 조절에 중요한 것으로 여겨진다. 이러한 단백질들의 한 예는 *Caulobacter crescentus*에서 발견된 중간섬유를 닮은 단백질인 크레센틴(Crescentin, CreS)이다. CreS는 세포막의 매우 꺾인 오목한 부분에서 섬유 묶음을 형성하는 것으로 밝혀졌다(그림 13.69*b*). *creS* 유전자 결실은 세포 만곡의 소실을 야기하며, 그 결과 세포 모양은 초승달 모양이라기보다는 쭉 뻗은 막대 모양이 된다. 세포 모양을 조절하는 세포골격 단백질의 다른 예는 액틴을 닮은 상동체 MreB이다. MreB는 나선형 박테리아뿐만 아니라 *Escherichia coli*와 같은 막대 모양의 박테리아에서 빌현된다. *mreB* 유전지 결실은 구형 세포 모양을 만들며, 이는 세포 모양 결정에 중요한 역할을 함을 제시한다. 생체내 MreB의 기작과 구조는 현재 불분명하지만 활발한 연구 영역이다.

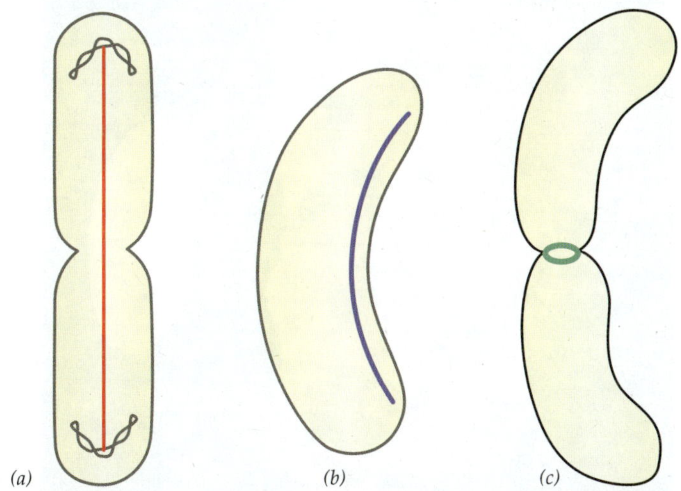

그림 13.69 박테리아 세포골격 섬유는 진핵세포 상동체와 유사한 기능을 수행한다. (*a*) ParM은 미세소관의 역할을 닮은 두 자매 플라스미드를 분리하는 섬유를 중합한다. (*b*) 중간섬유의 역할과 평행하게, CreS는 막의 먼 쪽을 중합하고 세포 모양에 중요한 역할을 한다. (*c*) 세포질분열 시기 액틴처럼, FtsZ는 두 딸세포들의 분리를 돕는 수축환을 형성한다.

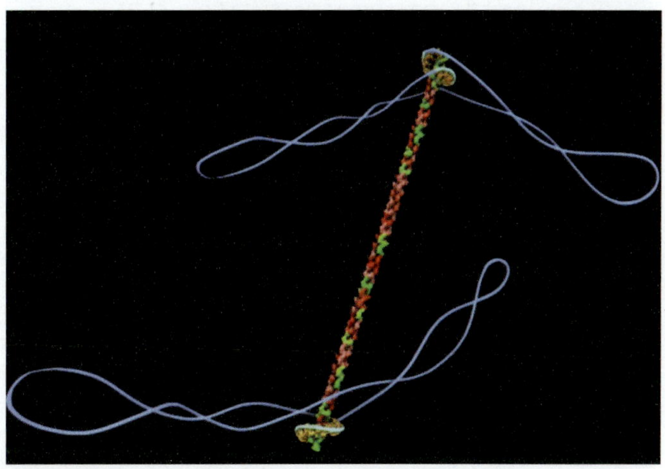

그림 13.70 ParM는 낮은 복제 수의 플라스미드를 분리한다. 세포분열 동안 액틴을 닮은 단백질인 ParM이 2개의 딸 플라스미드들을 어떻게 분리할 수 있는지를 기술하는 동영상으로부터의 한 장면.

인간 질병과의 연관성

발생과 질병에서 섬모의 역할

우리는 신체내 특정 기관의 손상에서 질병이 비롯된다는 것을 당연하게 받아들인다. 그러나 세포내 특정 소기관의 손상에 대해서는 어떠한가? 소기관 기능 상실에 의해 야기되는 최근 밝혀진 질병의 부류들은 겉으로 보기엔 별로 관련이 없어 보이는 섬모의 손상으로부터 야기되는 증상들이다. 이러한 다수의 질병들은 오래 전에 알려졌으나, 누구도 그러한 질병들이 섬모와 연관성이 있을 것이라고는 추측하지 못했다. 사실 오랫동안 신체내 대부분의 섬모는 중요한 기능을 가진다고 여겨지지 않았으며, 단지 흔적일 것으로 여겨졌다. 신체내 거의 대부분의 세포에 존재하는 세포내 소기관이 중요치 않거나 흔적일 것으로 여겼었다는 것은 놀라워 보이지만, 이러한 생각은 대부분의 세포들에 있는 섬모는 비운동성이며, 섬모의 주요한 기능은 운동성이라 추정되었기 때문이다.

섬모질환 분야를 연 중요한 발전은 세포생물학 분야의 기초적인 발견에서 비롯되었으며, 이는 책에서 다뤄진 것과 같은 편모내 수송체계의 동정이다. 클라미도모나스의 편모 조립에 대한 연구를 하던 연구자들이 클라미도모나스 편모로부터 분리된 편모내 수송단백질들의 단백질서열을 결정하기 시작하였을 때, 그들은 놀랍게도 신장질환 분야에서 이미 잘 알려진 유전자에 의해 암호화된 IFT88이라는 중요한 편모내 수송체계 단백질 중 하나를 발견하였다. 기존에 Tg737로 명명된 이 유전자는 무작위 마우스 돌연변이 유도 연구과제를 통해 발견되었으며, Tg737 유전자 돌연변이는 상염색체성 열성 다낭성 신장질환(polycystic kidney disease, PKD)를 야기했다. 다낭성 신장질환은 전세계에서 매년 수백만 명의 사람들에게 영향을 끼치는 성인의 신장 손상의 주요 원인이다. 액체로 채워진 낭포들이 가득하여 크기가 커진 신장이 다낭성 신장질환의 주된 특징이다(**그림 1**). 비록 *Tg737* 유전자가 이전에 알려졌었지만, 단세포 모델생물의 편모에 대한 기초 연구들을 통해 편모내 수송체계에 대한 최초의 분자생물학적 정보들을 제공하기까지는 누구도 이 단백질 산물의 기능에 대해 알지 못하였다. 섬모를 조립하는 데 관여하는 유전자가 신장질환에서 역할을 할 수 있다는 사실은 섬모가 단지 흔적이 아니라는 것을 추측하게 하였다. 추후 연구들에서 신장 집합관내 섬모(그림 13.23*a*)가 소변 흐름을 감지하는 흐름감지기로서 역할을 한다는 것을 보였으며, 이러한 흐름에 의한 신호가 손상될 때 결과적으로 신장 손상을 야기하는 낭포가 발달한다는 것을 보였다. 이러한 섬모의 중요성은 신장섬모의 표면에 위치한 폴리시스틴 1과 2(polycystin 1/2, PC1/PC2)라는 막단백질 쌍의 발견에 의해 강화되었다. PC1과 PC2는 복합체를 형성하고 PC1은 신장단위 네프론에서 유체흐름감지기로서 역할을 하며 PC2는 Ca^{2+} 통로 역할을 한다. PC1과 PC2를 암호화하는 유전자인 *PKD1*과 *PKD2*는 IFT88/Tg737이 손상될 때 보여지는 것과 비슷한 다낭성 신장질환을 야기한다. 이러한 연구들에 근거하여, 다낭성 신장질환은 궁극적으로 섬모질환이라 인식된다.

PKD는 섬모질환 연구에 있어서 단지 빙산의 일각이었다. 더 많은 질환들이 신체내 여러 조직에서 섬모 손상을 수반하는 것처럼 보인다. 좋은 예가 바뎃-비들 증후군(Bardet-Biedl Syndrome, BBS)인데, 이는 섬모내 단백질 수송에 영향을 주는 여러 유전자 중 하나의 돌연변이에 의해 야기된다. 바뎃-비들 증후군으로 고통 받는 사람들은 다지증(5개 이상의 손가락 또는 발가락), 비만, 신장질환, 정신지체와 생식기형 등 다양한 이상 증상들을 보인다. 이러한 다양한 증상들은 발생과 생리를 조절하는 신호들을 받아들이는 안테나로서의 섬모 기능을 반영하는 것으로 생각되어진다. 예를 들어, 바뎃-비들 증후군과 다른 섬모질환에서 보이는 다지증은 hedgehog 발생 신호경로에 의한 신호에 섬모가 요구되기 때문이다. 이러한 모든 기능 이상들이 비정상적인 섬모와 관련된다는 사실은 기관 발생 및 기능에 있어서 섬모의 폭넓은 중요성을 설명한다.

다낭성 신상질환이나 바뎃-비들 증후군 같은 여러 섬모질환들은 비운동성 섬모의 감지 기능을 필요로 하지만, 또한 운동성 섬모와 연관된 심각한 질병들도 있다. 섬모는 기도내 점액뿐만 아니라 수란관과 뇌실에 있는 뇌척수액 안의 점액을 이동시킨다. 예로 섬모성 디네인 또는 방사살내 돌연변이에 의해 야기된 섬모의 운동기능 손상은 기도에 있어서는 기관지 확장증, 만성 부비동염을 일으킬 수 있고, 뇌에 있어서는 뇌수종을 야기할 수 있다. 이러한 증상들은 섬모에 의한 유체 흐름의 손실에 기인한다. 비운동성 섬모를 가진 환자들의 거의 절반에서 발생하는 한 가지 놀라운 증상은 내장의 좌우비대칭이 바뀐 내장역위증(situs inversus)이다. 거울을 볼 때, 비교적 대칭인 몸을 보는데, 기본적으로 왼쪽 절반은 오른쪽 절반의 거울상이다. 다른 한편으로 외과의사들은 환자의 흉강 또는 복강을 열었을 때, 엄격히 비대칭인 몸을 본

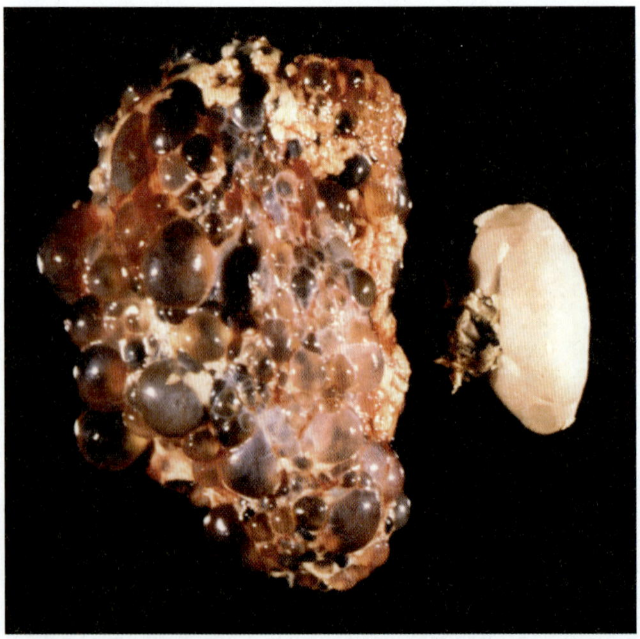

그림 1 신장의 손상된 일차섬모는 다낭성 신장 질환을 야기한다. 사진은 왼쪽의 다낭성 신장과 오른쪽의 정상 신장을 보여준다.

출처: PKD (Polycystic Kidney Disease) Foundation, pkdcure.org 제공.

다. 예를 들어, 위, 심장 그리고 비장은 몸의 왼편에 놓여진 반면에 간은 주로 오른편에 있다. 가끔 내과의사들은 내장기관들 위치가 바뀐 좌우 비대칭인 환자를 보게 된다. 내장역위증은 낭배형성 시기에 배아에서 발견되는 운동성 섬모 손상에 기인하는 것처럼 보인다. 이러한 배아 섬모는 배외유체의 왼쪽 방향성 흐름을 이끌고, 이러한 방향성 흐름은 배아의 어느 면에 왼편과 오른편이 될지를 결정한다. 흐름이 없을 때, 좌우 결정은 무작위성을 보이며 그러한 환자의 절반은 내장역위증을 보이게 된다. 흐름의 중요성은 비운동성 섬모를 가진 마우스 배아를 통한 실험으로 그리고 그들의 표면을 넘어 인공적으로 만들어진 흐름을 이끄는 펌프를 사용함으로써 설명되었다. 마우스는 흐름이 왼쪽 방향일 때, 정상적인 내장 위치로 발달했으며, 흐름이 오른쪽 방향일 때, 내장역위증을 보였다. 이는 운동성의 부재가 내장역위증을 야기하는 이유를 설명하지만, 좌우를 결정하는 발생 중인 조직에서 어떻게 흐름의 방향이 탐지되는지는 의문이다. 주목할 것은, 좌우 대칭을 깨는 배아내 섬모에 의한 흐름은 신장에서 액체흐름을 감지하는 단백질인 폴리시스틴(polycistin)에 의해서 탐지된다는 것이다. 배아의 경우에는, 이러한 흐름을 감지하는 섬모들이 운동성 섬모를 포함하는 세포 주변에 동그랗게 위치하며, 이 부위를 가로지르는 흐름의 방향은 이 주변의 어느 세포가 폴리시스틴 통로를 통해서 활성화되는지를 결정한다.

섬모질환의 발견은 발생과 생리에 있어 섬모의 기능적 역할을 이해하기 위한 새로운 문을 열었다. 다양한 섬모질환들과 연관된 많은 유전자들은 클라미도모나스나 예쁜꼬마선충과 같은 모델생물들을 통해 처음으로 동정되었고, 이는 인간의 질병을 더욱 이해함에 있어 무척추생물을 이용한 기초 연구의 중요성에 대한 좋은 예를 보여준다.

역사적 실험

I. 키네신의 보폭

운동단백질은 세포골격(미오신 모터를 위한 액틴섬유 또는 키네신 모터에 대한 미세소관)을 따라 걷기 위한 연속적인 구조 변화를 겪음으로써 기계적인 힘을 생산할 수 있다. 이러한 구조적인 걸음은 무엇을 닮았는가? 가장 단순한 추정은 미세소관이나 액틴 중합체를 따라 운동단백질이 걸음에 따라서 하나의 ATP가 가수분해되는 매 시간마다 하나의 튜불린 2량체 또는 액틴 소단위의 거리만큼 걷는다는 것이다. 실제, 이는 운동 단백질들의 발견 이후 곧바로 만화에 보폭이 그려진 방법이다. 그러나 이론적인 생각들은 운동단백질의 더 큰 보폭에 대한 잠정적인 가능성을 보여주었다.[1] 보폭을 측정하기 위한 첫 번째 시도는 운동단백질의 이동속도를 측정하는 시험관내 이동 분석법(in vitro motility assay)을 사용했다. 이 분석법은 미오신 또는 키네신으로 덮개 유리를 덮고, 완충용액인 ATP의 원료와 함께 액틴섬유나 미세소관을 넣은 후, 현미경에서 덮개유리를 영상화하는 방법으로 수행되었다. 운동 단백질 활성은 그 결과 섬유를 따라 걷는 운동 단백질 속도와 같은 속도로 관찰되는 부분을 따라 액틴 섬유 또는 미세섬유의 위치가 바뀌게끔 한다(그림 13.9). 비슷한 실험조건 하에서 수행된 시험관내 세포이동분석법과 APT 가수분해율에 대한 분석법에 의해, ATP 가수분해 당 운동단백질의 이동 거리를 측정할 수 있다. 이러한 측정 시도들은 놀랍게도 넓은 범위의 보폭 측정 계산을 가능하게 하였다. 예를 들어, 미오신의 경우, 스탠포드대학의 우에다(Uyeda)와 스푸디크(Spudich)는 섬유를 따라 하나의 액틴 단량체 사이를 걷는 미오신에 부합한 보폭을 측정하였으며,[2] 반면 오사카대학의 토시호(Tosho)와 야나기다(Yanagida) 그룹은 10배나 크게 측정하였다.[3] 이러한 접근의 한 가지 복잡한 점은 ATP 가수분해와 걸음 사이의 완벽한 짝을 가정하는 것이며, 따라서 주어진 시간내 측정된 걸음 수가 ATP 가수분해율로 측정 될 수 있다. 일부 시험관 내 분석법을 통해 측정된 매우 큰 보폭들은 ATP 가수분해와 기계적인 걸음 사이의 짝이 처음 생각된 것보다 약할 것이라는 증거로 받아들여졌다. 따라서 보폭에 대한 논쟁은 어떻게 핵산 가수분해가 움직임을 만들어내기 위해 이용되는지에 대한 심각한 질문들을 내놓았다. 보폭에 대한 질문에 답하기 위해서는 나노미터 단위 크기의 단백질 이동을 측정하는 방법이 요구된다. 한 걸음을 위한 일에 대한 최초의 직접적인 측정은 로랜드 연구소(Rowland Institute)의 카렐 스보보다(Karel Svoboda)와 스티브 블록(Steve Block)에 의해 수행된 키네신 걸음의 분석이었으며,[4] 블록이 개발한 광학트랩기술을 이용했다. 보폭에 대한 이전의 연구가 거의 미오신에 집중된 반면, 블록 그룹은 몇 가지 이유로 미오신보다는 키네신의 걸음에 대한 연구를 선택했다. 첫째, 키네신은 기질과 결합된 주기에 있어서 시간이 더 걸리기 때문에 미오신보다 기질로부터 거의 떨어지지 않으며, 이에 따라 측정 동안 무작위로 떨어지는 운동단백질에 대한 잠재적인 문제를 최소화한다. 둘째, 미세소관은 액틴보다 견고해서 그 자체로는 기질의 이동이 거의없으며, 이에 따라 운동단백질 이동 자체에 집중할 수 있게 한다. 마지막으로, 키네신은 단일 구동체로 구슬들을 이동시킬 수 있으며, 이는 붙어 있는 구슬이 미세소관에 놓인 키네신을 붙드는 손잡이 역할을 하게끔 한다. 이러한 키네신 걸음에 대한 연구의 선택은 실험 설계에서의

계속

중요한 점을 설명해 준다. 논쟁의 여지가 있는 가설을 시험할 때, 가장 추적하기 용이한 모델체계로 연구하는 것이 가장 명확한 결과를 얻게 할 것이다.

키네신 분자들이 붙은 구슬들이 준비된 후, 키네신이 미세소관을 따라 걷는 동안 단일 구슬들은 레이저 트랩에 붙잡혔다. 걷는 움직임을 모호하게 하는 구슬의 무작위적인 브라운운동(Brownian motion)을 감소시켰기 때문에, 레이저 트랩에서 구슬을 붙잡는 것이 매우 중요함이 밝혀졌다. 구슬은 또한 키네신의 움직임을 관찰하기 쉽게 만들었는데, 레이저 빛은 구슬에 의해 강하게 산란되었기 때문이다. 이는 관찰 및 측정이 용이한 밝은 신호를 만들었다. 구슬에 붙지 않은 키네신들은 현미경에서 보이지 않았을 것이다. 따라서, 구슬은 키네신 활성을 시각화하는 것과 광학 트랩을 사용하여 운동단백질을 붙잡고 정교히 다루기 위한 손잡이를 제공하였다.

한 가지 명백한 질문은 빛의 물리학이 작은 걸음의 움직임을 관찰하기 위한 능력에 대해 어떠한 근본적인 한계를 만들지는 않는가 이다. 미세소관 위에 인접한 튜불린 2량체들 사이의 거리(그림 13.3*d*)는 8 nm인데, 이는 이상적인 영상조건이 약 200 nm인 광학현미경의 해상도 한계보다 매우 낮다. 이것은 나노미터 수준의 움직임은 관찰할 수 없다는 것을 의미하는가? 그렇지 않다! 제8장에서 논의된 것처럼, 현미경으로 관찰할 때 그것들이 떨어져 있다고는 할 수 없다고 말하기 전에, 해상도는 단지 두 사물들이 얼마나 가까울 수 있는지에 대한 한계를 말한다. 즉, 해상도 한계는 사물의 위치를 얼마나 정확하게 결정할 수 있는지에 영향을 주지 않는다. 대신에, 고려할 것은 빛이 현미경의 대물렌즈를 통해 얼마나 사물로부터 수집될 수 있는가이다. 너무 적은 빛이 있다면, 상은 지저분할 것이며, 이러한 지저분함은 어떠한 부분을 측정하기 어렵게 할 것이다. 그러나 레이저에 의해 비춰진 실리카 구슬을 이용하면, 빛은 상에서 어떠한 지저분함도 없는 충분히 높은 수준으로 향상될 수 있다.

Svoboda 등에 의한 실험들에서 구슬의 위치가 레이저 간섭계를 사용하여 측정되었다. 이 기술에서, 레이저 빔은 다른 방향 안에서 극성이 된 2개의 평행한 빔의 빛으로 쪼개졌다. 2개의 빔들이 물체에 모인 후에, 원래의 레이저 빔을 재생산하기 위해 다시 합쳐졌다. 구슬은 2개의 빔 중 하나의 앞쪽으로 이동하였기 때문에, 민감한 전기장치를 사용하여 구슬의 위치로 전환되는 방법을 이용함으로써 다시 합쳐진 빔을 변환시켰다. **그림 1**에 보이는 것처럼, 운동단백질이 당기기 시작할 때 구슬이 움직였는데, 부드럽게 이동했다기보다는 한쪽 자리에서 다른 쪽으로 갑자기 도약하였다. 이러한 도약들의 평균 크기는 8 nm였는데, 이는 미세소관 원섬유를 따라 존재하는 튜불린 2량체 사이의 정확한 간격이었다(그림 13.3*d*).

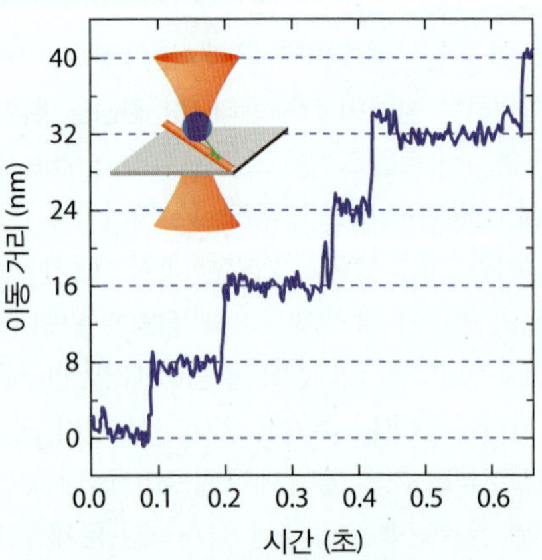

그림 1 키네신이 미세소관을 걸을 때마다의 보폭. 첫 번째 자리에서 이동은 운동단백질이 구슬들을 끌어감에 따라 증가한다. 그러나 위치 이동이 연속적으로 증가시키는 대신에, 8 nm씩 도약하며 증가한다. 이는 미세소관을 따라 하나의 튜불린 2량체로부터 다음으로 이동하는 키네신을 보여준다.

출처: Dr. Steven Block, Stanford Unoversity 제공.

첫 보고서에서, 이러한 걸음들은 측정시 상의 원치 않은 지저분함을 판별하기 어려웠으며, 걸음들의 측정은 시간에 대한 변위 곡선을 수학적으로 신중하게 분석해야 했다. 최근 기법들에서는 원치 않는 상의 지저분함이 감소하였으며, 걸음들도 깨끗하게 만들었다. 이제는 단백질에 붙은 형광분자들을 사용해서, 구슬에 부착하지 않고도 단일 키네신 운동단백질을 시각화할 수 있다.[5] 단일 형광물질을 시각화하고 나노미터 수준의 정확성으로 위치를 측정하는 능력은 카메라 민감도가 향상된 결과였으며, 키네신이 걸을 때 수행하는 구조적인 변화에 대한 더 나은 지식을 갖게 되었다.

키네신에 대한 단일 분자 분석은, 그림 13.9*b*에서 묘사된 것처럼, 2개의 머리로 된 운동단백질이 번갈아서 잡아당겨가며 이동하는 기작을 보여주기 때문에 중요했다. 번갈아 잡아당겨 이동하는 모델에서, 2개의 머리들은 미세소관을 따라 2량체 운동단백질이 걸음에 따라 앞쪽으로 번갈아 위치한다. 이러한 움직임의 방식은 한 가지 중요한 구조적 차이를 제외하면 사람이 길을 걷는 것과 비슷하다. 이 차이는, 사람들은 양측 대칭의 축을 가짐에 따라 왼발은 오른발의 거울상인 반면, 운동단백질 2량체에 있어서는 두 반쪽들이 똑같고, 결정구조를 보면 구동영역들이 동류이합복합체[6]로 예상되는 이상적인 180° 회전 대칭에 가까우며 서로가 120°로 위치한다는 것이다. 양쪽의 구동영역이 걸음시에 같은 움직임을 가진다고 가정하면, 2량체 운동단백질은 항상 같은 방향으로 각 걸음에 180°로 회전해야만 할 것이며, 따라서 번갈아 잡아당겨가며 이동하는 기작은 2량체가 전체적으로 빙글빙글 돌게 한다고 예상되었다. 움직임에 대한 제시된 대안방식은 사람이 절룩거리는 것과 같이 하나의 머리 부분이 늘 앞에 있고 다른 쪽은 항상 뒤에서 지체하는 것이었다. 자벌레 기작(Inch-worm mechanism)으로 알려진 이 모델은 아마도 번갈아 끌어당기는 모델에 필요한 큰 회전 움직임을 요구하지 않을 것이다.

이 두 모델은 브랜다이스대학교의 겔레스(Gelles)와 동료들에 의해 수행된 실험들을 통해 시험되었는데, 이들은 운동단백질의 걸음에 따라 키네신 꼬리의 회전을 측정하였다.[7] 슬라이드에 키네신 꼬리를 고정하고 자유로운 미세소관의 이동을 관찰함으로써, 예상되었던 회전과 같은 움직임을 꼬리 부분이 보이지 않음을 확인할 수 있었다. 이러한 결과에 기인하여, 겔레스와 공동연구자들은 키네신의 걸음이 자벌레와 같은 기작이어야 한다고 결론지었다. 이 질문을 더욱 직접적으로 조사하기 위해, 일디즈(Yildiz)와 셀빈(Selvin)[8]은 형광분자를 2개의 운동단백질 머리 부분 영역의 한쪽에 붙였다. 이 부분은 실제 미세소관이 결합하는 부위이다. 8 nm의 보폭을 보였던 운동단백질 꼬리 부분에 부착된 구슬 또는 형광물질의 움직임과는 달리, 각 머리 부분은 17 nm의 보폭을 보였는데, 이는 운동단백질이 번갈아가며 끌어당기는 움직임(그림 13.9b)으로 걷는다는 가정하에서 기대되었던 결과이지만, 자벌레 기작과는 일치하지 않는다.

머리 부분이 2량체의 회전을 초래하지 않고 번갈아가며 끌어당겨서 걸을 수 있는 정확한 방법은 머리 부분과 꼬리 부분의 결합을 연결하는 부위 주변의 상세한 구조적인 변화에 대한 질문을 낳는다. 명확하게는, 2개의 머리 부분이 정확히 같은 방향으로 이동할 필요가 없다. 왜냐하면, 그럴 경우에 전체로서의 2량체는 회전해야만 할 것이기 때문이다. 2머리 부분이 각각의 보폭으로 구조적인 변화를 다르게 겪는다고 한다면, 2개의 머리 부분에 의한 걸음의 동력학은 다소 달랐을 것으로 예상된다. 실제로, 각 분자 수준의 신중한 측정은 반복적인 다른 시간으로 2개의 머리 부분이 걷는 것을 보임으로써 이러한 예상을 극적으로 확인했고, 그 결과 짝수 번째 걸음이 홀수 번째 걸음과 다르게 더 긴 시간이 소요되었다.[9] 하나의 2량체 운동단백질의 동력학 측정에 대한 차이는, 무더기 측정으로 인해 불가능하였으나, 운동 역학 이해를 위한 단일분자 분석의 힘을 설명할 수는 있다.

지난 20년 동안 단일 운동단백질 이동에 대한 정확한 측정은 세포생물학 분야를 물리학 분야와 극적으로 가깝게 하였으며, 운동단백질이 어떻게 이동하는지를 개념적으로 보여주는 만화로 된 도표에 대한 직접적인 실험 자료를 제공했다.

참고문헌

1. Vale RD, Oosawa F (1990). Protein motors and Maxwell's demons: does mechanochemical transduction involve a thermal ratchet? *Adv. Biophys.* 26, 97–134.
2. Uyeda TQ, Kron SJ, Spudich JA (1990). Myosin step size. Estimation from slow sliding movement of actin over low densities of heavy meromyosin. *J. Mol. Biol.* 214, 699–710.
3. Harada Y, Sakurada K, Aoki T, Thomas DD, Yanagida T (1990). Mechano-chemical coupling in actomyosin energy transduction studied by in vitro movement assays. *J. Mol. Biol.* 216, 49–68.
4. Svoboda K, Schmidt CF, Schnapp BJ, Block SM (1993). Direct observation of kinesin stepping by optical trapping interferometry. *Nature* 385, 721–727.
5. Vale RD, Funatsu T, Pierce DW, Romberg L, Harada Y, Yanagida T. (1996). Direct observation of single kinesin molecules moving along microtubules. *Nature* 380, 451–3.
6. Kozielski F, Sack S, Marx A, Thormaehlen M, Schoenbrunn E, Biou V, Thompson A, Mandelkow EM, Mandelkow E. (1997) The crystal structure of dimeric kinesin and implications for microtubuledependent motility. *Cell* 91, 985–94.
7. Hua W, Chung J, Gelles J (2002). Distinguishing inchworm and hand-over-hand processive kinesin movement by neck rotation measurements. *Science* 295, 844–8.
8. Yildiz A, Tomishige M, Vale RD, Selvin PR (2004). Kinesin walks hand-over-hand. *Science* 303, 676–8
9 Fehr AN, Gutierrez-Medina B, Asbury CL, Block SM. (2009). On the origin of kinesin limping. *Biophys. Biophys J.* 97, 1663–70.

II. 무세포계에서 액틴에 의한 이동성 연구

움직이는 세포의 앞쪽 가장자리는 다수의 다른 유형의 단백질들로 채워진 복잡하고 가득 찬 역동적인 구획이다. 이들 단백질들의 각각의 역할들에 대한 이해는 세포생물학자들에게 최대 관심사 중 하나이지만, 살아 있는 세포의 상황에서 이를 달성하기는 어렵다. 이러한 이유 때문에 연구자들은 수년 동안 그람 양성 박테리아 *Listeria monocytogenes*의 세포내 이동처럼 세포 이동에 대한 단순하고 규모가 작은 체계에 집중하였다. 이러한 모델 체계의 발견과 개선은 액틴 그물망이 생체 내에서 힘을 생성하는 방법에 대한 이해를 증진시키는 중요한 실험적 도구였다.

Listeria monocytogenes 감염은 토끼와 기니피그에서 관찰된 전염병의 원인을 연구하던 머레이(E.G.D. Murray)와 그의 동료들에 의해 1926년 보고서에 처음으로 기술되었다. 리스테리아 식중독(Listerosis)은 이후 사람에게서 발견되었지만, 1980년대 초반이 지나서야 리스테리아 식중독이 오염된 음식물의 섭취와 관련지어졌다. 리스테리아에 의한 식품 매개 질환은 때때로 심각해질 수 있으며, 면역결핍인 사람에게는 특히 그러하지만, 건강한 성인에서도 종종 열과 위장관 증후군을 야기한다.

리스테리아 식중독의 원인에 대한 연구는 1980년대 중반에 본격적으로 시작되었으며, 여러 연구실에서 리스테리아가 세포질로 들어가 수를 늘릴 수 있음을 발견하였다. 흥미롭게도, 트뤼도연구소의 에드 하벨(Ed Havell)과 워싱턴대학교의 다니엘 포트노이(Daniel Portnoy)를 포함한 몇몇 연구자들은 감염이 세포 외부에 항생제가 있음에도 불구하고, 페트리 접시에서 세포 사이에 감염이 전파됨을 관찰했으며, 이는 박테리아가 이전의 숙주세포로부터 새로운 세포로 직접적으로 감염될 수 있음을 제안하였다. Portnoy는 관찰을 통해 감염 방식이 액틴에 근거하며, 액틴의 중합을 억제하는 사이토칼라신(cytochalasin) 처리가 새로운 세포로의 박테리아 감염이 전파되는 것을 막을 수 있다고 추측하였다. 리스테리아가 세포 내에서 하는 일을 더 잘 알아보기 위해, Portnoy는 펜실베니아대학교에서 전자현미경 연구로 유명한 루이 틸니(Lew Tilney)와 공동연구를 하였다. 대식세포를 닮은 세포주를 사용해서 Portnoy는 한 벌의 페트리 접시를 야생형 리스테리아로 감염시켰고, 음성 대조군으로 세포에 들어갈 수 없는 리스테리아 돌연변이체로 다른 페트리접시를 감염시켰다. 감염 후 2시간이 흘러 Portnoy와 Tilney는 세포질내 야생형 리스테리아가 액틴 묶음에 의해 둘러싸이는 것을 관찰했으며, 미오신 S1 절편으로 섬유를 장식함으로써 확인되었다. 4시간째에 많은 수의 박테리아가 리스테리아의 한쪽 끝에서 뻗은 것처럼 보이는 짧은 무작위 방향성 액틴섬유의 긴 꼬리를 가진 것이 관찰되었으며, 이것이 균들을 혜성과 같은 모양으로 보이게 했다(**그림 1b**). 감염된 세포들의 끝부분에서 일부 리스테리아가 세포막 바깥쪽으로 손가락 같은 모양의 돌출을 야기하는 것처럼 보였다. 이러한 현상에 근거해서, 1989년에 Portnoy와 Tilney는 액틴 혜성 꼬리가 리스테리아를 세포질을 가로질러 회전하게 하며, 궁극적으로는 새로운 숙주세포에 근접하게끔 한다고 추론하였다.

리스테리아 뒷부분의 혜성 꼬리에 대한 정의는 액틴세포골격을 연

계속

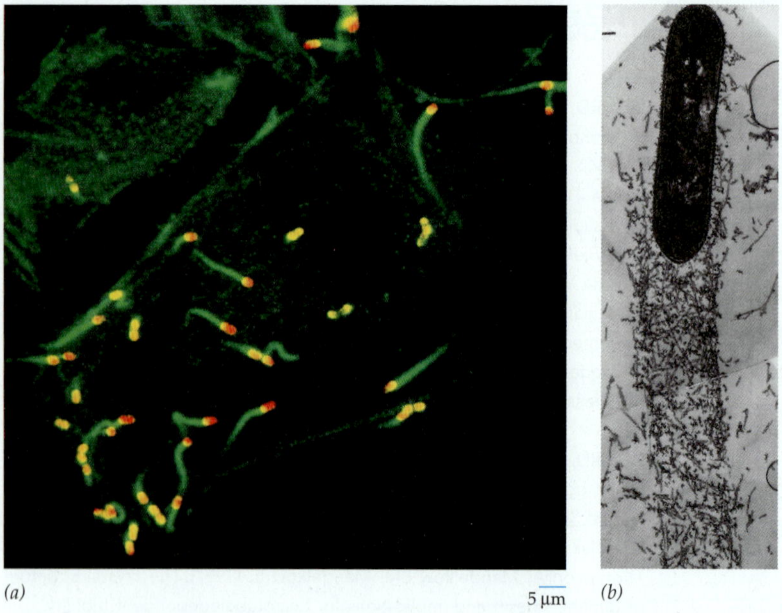

그림 1 **세포 이동성은 액틴 중합에 의해 주도될 수 있다.** (*a*) L. monocytogeneses 박테리아로 감염된 세포의 일부에 대한 형광현미경 사진. 박테리아는 초록색으로 염색된 섬유성 액틴 꼬리의 바로 앞쪽에 빨갛게 염색된 사물로 보인다. (*b*) 위와 같은 박테리아에 감염된 세포의 전자현미경 사진. 액틴섬유는 박테리아 세포 뒤에 형성되며 세포질을 가로질러 그것을 밀어낸다. 액틴섬유는 털이 억센 외관을 가지는데, 이는 미오신 머리 부분으로 장식되었기 때문이다. 왼쪽 위의 측정선은 0.1 m를 나타낸다. http://biochem.web.utah.edu/iwasa/ projects/Karp/9_14.html

출처: (a) Pascale Cossart 제공; (b) Lewis G. Tilney, et al., *J. Cell Biol.* 118:77, 1992, Fig. 8. 락펠러대학교출판부의 허가를 얻음.

구하는 세포생물학자들의 호기심을 자극하였다. 캘리포니아대학교의 팀 미치슨(Tim Mitchison)의 연구실 대학원생 줄리 데리엇(Julie Theriot)은 이동하는 세포들 안에서 액틴섬유의 역동성에 대한 자신의 연구와 세포질내 리스테리아의 추정된 추진력 사이의 공통점을 보았다. Theriot은 형광으로 표지된 액틴과 손수 만든 비디오 현미경 장비를 사용하여 살아 움직이는 세포내 액틴 그물망의 역동성을 처음으로 기술하였다. 시간대 별로 특정 액틴 단량체군을 추적하기 위해, Theriot은 액틴 단량체에 광활성 형광물질을 붙이고, 살아 있는 세포 내에 표지된 액틴을 주입했다. 층상 위족의 작은 삼각형 모양의 부위 내에 특정 파장의 밝은 빛에 의해, Theriot은 이동하는 세포 내에서 표지된 섬유성 액틴이 어떻게 움직이는지를 관찰하였다(그림 1*a*). 층상 위족의 앞부분 부위가 활성화됨에 의해, 그녀는 세포가 앞으로 이동함에 따라서 표지된 액틴섬유가 기질과 관계해서 조직적이고 안정된 채로 있음을 관찰하였다. 이것은 그녀가 관찰했던 천천히 움직이는 세포의 경우에 해당하는 것이며, 기질을 따라서 세포가 얼마나 빨리 움직이는지는 고려되지 않았다. 레이저 빔이 세포의 가장자리에 다다름에 따라 형광은 점차 번지고 사라졌는데, 이는 섬유가 해체되고 단량체가 다시 사용되었다는 것을 시사했다. 이러한 관찰을 바탕으로, Theriot과 Mitchison은 세포 이동 동안 층상 위족의 연장은 세포 앞부분 가장자리에 위치한 (기존에 있던 섬유의 재배열이라기보다는) 새로운 액틴섬유의 중합에 의해 야기됨을 제안하였다.

Theriot과 Mitchison은 Portnoy와 Tilney와의 공동연구를 통해 그들이 리스테리아의 이동을 연구할 때 개발했던 실험장비를 이용하였다. 이 경우에 있어, Theriot은 광활성 액틴 단량체를 리스테리아로 감염된 세포 내로 주입하였고, 형광비디오현미경을 사용한 더욱 상세한 연구를 위해 액틴 꼬리를 선택했다. 꼬리의 작은 영역내 형광 액틴을 광활성한 후에, 박테리아는 형광 표지로부터 보였다가 사라지는 반면에, 표지는 세포질에 비해 안정적인 상태로 남아있는 것을 관찰했다. 위상차현미경을 사용해서, Theriot은 빠르게 움직이는 박테리아가 더 긴 꼬리를 가진 것을 관찰했으며, 움직임의 정도와 꼬리의 길이는 선형으로 비례함을 설명하였다. 형광이 부착된 팔로이딘으로 표지된 세포로부터, 액틴섬유 밀도가 박테리아 표면과 매우 밀접하며, 형광강도(따라서 섬유밀도)는 표면으로부터 더욱 기하급수적으로 감소하였음을 관찰했다. 이러한 관찰로부터, 저자들은 새로운 액틴섬유가 박테리아의 표면에서 연속적으로 중합되어지고, 이는 세포질을 따라 리스테리아가 회전하게끔 한다고 추정했다. 그들은 리스테리아 이동의 비율은 액틴 중합의 비율과 동등하다고 결론 내렸다. 저자들은 이동하는 세포의 앞부분 가장자리와 이동에 근거한 리스테리아내 액틴 그물망의 역동성 사이의 비슷한 점에 대해 주목하였으며, 리스테리아가 액틴에 근거한 이동성 연구를 위한 단순한 체계로 사용되어질 수 있음을 제안했다.

비슷한 시기에, 두 실험실이 각각 액틴섬유의 핵 형성에 필요한 표면 단백질인 리스테리아의 ActA 단백질을 동정하였다. AtcA가 없는 리스테리아 돌연변이체는 액틴섬유를 모을 수 없고 더 이상 감염된 세포 내에서 이동성을 보이지 않는 것이 관찰되었다. 이전에 비이동성인 박테리아 균주내 ActA 발현은 액틴 혜성 꼬리의 형성과 병원균주의 이동 특성을 가능케 했다는 것이 나중에 밝혀졌다. 이러한 실험들은 ActA 단백질의 역할이 리스테리아의 액틴에 근거한 이동을 위한 필요충분조건임을 보여주었다. 다른 연구자들은 액틴세포골격에 대한 핵 형성의 효과에 역할을 하는 단백질의 부위를 결정하기 위해 바로 ActA 단백질을 연구하기 시작했다. 시험관내 연구들을 통해서, ActA 단백질은 새로운 액틴섬유를 직접적으로 핵 형성하지 않고 하나 또는 그 이상의 동정되지 않은 세포내 요소들이 혜성 꼬리를 생성하기 위해 요구됨이 밝혀졌다.

1997년에 캘리포니아대학교의 Tim Mitchison 연구실의 박사후 연구원 메튜 웰치(Mettew Welch)와 그의 동료들은 세포내 내재 액틴 핵형성자로서 Arp2/3를 동정하기 위한 생화학적 접근을 하였다. 액틴이 가득한 인간 혈소판세포를 사용해서 그들은 리스테리아 이동을 지지할 수 있는 용해성 세포 추출물을 만들었다. 크기와 전하와 같은 특징들에 근거해서 추출물내 단백질들을 분리하는 연속된 크로마토그래피칼럼으로 추출물을 나눴다. 분획들은 현미경 화면에서 리스테리아 주변의 형광으로 표지된 액틴의 중합을 촉진하는 그들의 능력을 알아보기 위해 이용되었다. 정제된 Arp2/3 복합체를 포함하는 마지막 분획은 리스테리아 주변에 액틴의 분포가 가득하게끔 (그러나 중요하게도 혜성 꼬리는 아닌) 할 수 있었다. Welch와 그의 동료들은 Arp3 소단위에 대한 항체를 만들어 리스테리아 표면에 Arp2/3 복합체가 위치함을 알 수 있었으며, 이는 액틴 핵 형성자로서의 제안된 역할을 지지하였다. 이러한 자료에 근거해서 저자들은 ActA가 Arp2/3와 일시적으로 리스테리아 표면에 있는 동안에 결합하고 이의 핵 형성 활동을 자극한다는 모델을 제안하였다. 새로운 액틴섬유를 위한 주형으로서 역할을 함에 따라, Arp2/3 복합체는 ActA와 분리되고 성장하는 액틴 꼬리에 합쳐진다.

명확한 액틴 핵 형성자의 발견과 함께 세포생물학자들은 잘 정의된 시험관내 실험방법을 통해 이동성을 더 실제적으로 재구성하였다. 1999년, 마리-프랑스 칼리어(Marie-France Carlier) 연구실의 토마스 르와즐(Tomas Loisel)과 동료들은 이 목표를 최종적으로 달성할 수 있었다.[10] 그들의 성공 열쇠는 다양한 원료로부터 정제된 단백질 뭉치를 구성한 '이동성 배양액'의 개발이었다. 리스테리아의 최적 이동을 획득하기 위해 이동성 배양액은 ATP의 안정적인 공급뿐만 아니라 액틴, Arp2/3, 모자 단백질, 액틴 탈중합 요소, 프로필린, 알파-액티닌, 그리고 VASP을 필요로 했다. 혼합액 안에서 각 단백질을 넣고 빼거나 또는 단백질 농도를 다르게 하는 방법으로, Loisel과 동료들은 최적의 이동에 요구되는 조건을 결정할 수 있었다. 단지 액틴, Arp2/3, 코필린, 그리고 모자 단백질, 이 네 가지 단백질들이 이동에 요구되었다. 그들은 또한 혼합물내 다른 단백질들의 농도를 바꾸는 것이 종모양의 곡선내 리스테리아의 속도에 영향을 주는 것을 발견했고, 이동성에 있어서 몇 가지 단백질들의 추정되는 역할을 확인하였다. 예를 들어, 액틴중합을 생화학적으로 촉진한다고 알려진 프로필린 단백질에 결합하는 액틴 단량체는 2배 내지는 3배 정도로 이동률을 증가시켰다. VASP 단백질의 부재시 이동률이 10배나 감소하였는데, VASP 단백질의 이와 같은 효과를 포함한 몇 가지 발견들은 예상치 못한 것들이었다.

다른 연구자들은 이동성 배양액내 리스테리아 박테리아를 인공적인 "화물"로 바꿔서 실험하였다. 이는 화물의 크기나 모양을 바꿀 때의 영향 및 표면의 ActA 농도를 시험할 수 있게 하였다. 스탠포드대학교의 Julie Theriot 연구실의 리사 카메론(Lisa Cameron)과 동료들은 정제된 ActA 단백질로 작은 플라스틱 구슬을 감싸고 세포질 추출물 안에 놓은 후에 구슬을 관찰하였다. 그들은 0.5 μm보다 작은 구슬이 액틴 구름을 형성하는 것과 배양 후 1시간 내에 혜성 꼬리를 형성하는 것 그리고 리스테리아 세포와 비슷한 비율로 이동하는 것을 관찰하였다. 그러나 0.5 μm보다 큰 구슬은 중합된 액틴의 대칭적인 구름을 형성했지만 거의 이동성이 없는 채로 남아 있었다. 그들은 이동성이 ActA로 반 정도를 감싸는 것으로서 커다란 구슬로 인한 이동성 소실을 회복할 수 있었다. 구슬을 이용하여 이동성을 연구한 다른 연구실의 결과들과 함께 이러한 결과는, 소위 특정의 방향 안에서 생성되고 회전하는 리스테리아와 리스테리아를 닮은 구슬이 대칭을 깰 수 있게 하는, 대칭의 액틴 구름을 벗어나게 하는 분자 물리학 수준의 매개변수들을 탐색하는 많은 생물리학적이며 계산적인 연구들을 이끌었다.

잘 정의되고 비교적 잘 이해되는 요소들의 목록과 함께 리스테리아에 근거한 이동성 연구의 비교적 단순한 방식은 이동성에 대한 수리적 모델을 만들고자 하는 계산생물학자들을 매료시켰다. 워싱턴대학교의 Jonathan Alberts와 Garrett Odell은 2004년에 가볍게 "가상 재구성(*in silico* reconstituion)" 실험을 수행한 모의실험을 사용해서 리스테리아에 근거한 이동성의 역동학적 특성들을 성공적으로 재현하였다(**그림 2**). 그들이 설계했던 모의실험은 잘 이해되고 실험적으로 관찰된 단백질 결합과 해체 비율 그리고 액틴 ATP 효소 비율과 같은 매개변수에 근거했으며, 그들은 수백 개의 액틴섬유에 관여하는 생화학적 그리고 기계적 결합을 기술하였다. 가상 리스테리아의 속도와 전체 동력학은 생체내 그리고 시험관내 모델들에서 관찰된 것과 일치하였다. 이러한 모의실험은 또한 도약하는 움직임을 밝혔는데, 자극받은 박테리아는 사선을 따라 늘어서기 전에 멈췄으며, 이러한 관찰은 살아 있는 리스테리아를 이용한 박테리아의 움직임에서도 보이던 것이었다. 위의 가상실험을 포함한 이러한 가상실험들은 액틴에 기초한 이동에 대한 우리의 지식을 시험하거나 확인하거나 증진하게끔 한다.

그림 2 리스테리아 박테리아의 액틴에 근거한 이동에 대한 컴퓨터를 이용한 모의실험으로부터의 정지 영상. 자극받은 액틴섬유는 박테리아(하얀색 외곽선)이 뒤에 노란색 선으로 보인다.

출처: Jonathan B. Alberts, Garret M. Odell, *PLOS Biology* 2(12), 2004에서 발췌. Jonathan B. Alberts 제공.

참고문헌

1. Murray, E.G.D., Webb, R.A. and Swann, H.B.R. A disease of rabbits characterized by a large mononuclear leucocytosis caused by a hitherto undescribed bacillus Bacterium monocytogenes (n. sp.). *J. Pathol. Bacteriol.* 1926;29, 407–439.
2. Havell EA. Synthesis and secretion of interferon by murine fibroblasts in response to intracellular *Listeria monocytogenes. Infect Immun.* 1986;54:787–792.
3. Tilney LG, Portnoy DA. Actin filaments and the growth, movement, and spread of the intracellular bacterial parasite, *Listeria monocytogenes.* J Cell Biol. 1989;109:1597–1608.
4. Theriot JA, Mitchison TJ (1991). Actin microfilament dynamics in locomoting cells. *Nature* 352:126–131.

계속

5. Theriot JA, Mitchison TJ, Tilney LG, Portnoy DA (1992). The rate of actin-based motility of intracellular Listeria monocytogenes equals the rate of actin polymerization. *Nature* 357:257–260.
6. Kocks C, Gouin E, Tabouret M, Berche P, Ohayon H, Cossart P. L. monocytogenes-induced actin assembly requires the actA gene product, a surface protein. *Cell* 1992;68:521–531.
7. Domann E, Wehland J, Rohde M, Pistor S, Hartl M, Goebel W, Leimeister-Wächter M, Wuenscher M, Chakraborty T (1992). A novel bacterial virulence gene in Listeria monocytogenes required for host cell microfilament interaction with homology to the proline-rich region of vinculin. *EMBO J.* 1992 May;11(5):1981–90.
8. Kocks C, Marchand JB, Gouin E, d'Hauteville H, Sansonetti PJ, Carlier MF, Cossart P. The unrelated surface proteins ActA of Listeria monocytogenes and IcsA of Shigella flexneri are sufficient to confer actin-based motility on Listeria innocua and Escherichia coli respectively. *Mol Microbiol.* 1995 Nov;18(3):413–23.
9. Welch MD, Iwamatsu A, Mitchison TJ. Actin polymerization is induced by Arp2/3 protein complex at the surface of Listeria monocytogenes. *Nature* 1997 Jan 16;385(6613):265–9.
10. Loisel TP, Boujemaa R, Pantaloni D, Carlier MF. Reconstitution of actin-based motility of Listeria and Shigella using pure proteins. *Nature* 1999 Oct 7;401(6753):613–6.
11. Cameron LA, Footer MJ, van Oudenaarden A, Theriot JA. Motility of ActA protein-coated microspheres driven by actin polymerization. *Proc Natl Acad Sci U S A.* 1999 Apr 27;96(9):4908–13.
12. Alberts JB, Odell GM. In silico reconstitution of Listeria propulsion exhibits nano-saltation. *PLoS Biol.* 2004 Dec;2(12):e412. Epub 2004 Nov 30.

요 약

세포골격은 세 가지의 독특한 유형의 섬유형 구조인 미세소관, 중간섬유, 미세섬유(액틴섬유) 등으로 구성되며, 이들은 여러 세포 활동에 참여한다. 전체적으로, 세포골격 요소들은 세포의 모양 유지를 돕는 구조적 지지 작용을 하며, 세포 내부에 있는 다양한 소기관들의 위치를 조정하는 내부의 골격 역할도 한다. 세포들 속에서 물질과 소기관들의 이동에 필요한 기구의 일부로 작용한다. 한 곳에서 다른 곳으로 세포를 이동시키기 위해 필요한 힘을 발생시키는 요소로서도 작용한다. (518쪽)

미세소관은 속이 빈 관모양의 구조로서 직경이 25 nm이며, 튜불린 단백질로 조립된다. 세포골격 이외에도 방추체의 일부, 중심립, 그리고 섬모와 편모의 핵심부를 형성한다. 미세소관들은 열(列)로 배열되어 있는 αβ-튜불린 이질 2합체 또는 원섬유로부터 조립된 중합체이다. 안정성 및 상호작용하는 능력 등 미세소관의 많은 특성이 미세소관-결합 단백질(MAP) 집단을 구성하는 요소들에 의해 영향을 받는다. 단단한 성질로 인하여, 미세소관은 흔히 철제 대들보가 높은 건물을 지지하는 것과 같은 지지력을 발휘한다. 미세소관의 구조적 역할에 대해서는 축삭처럼 매우 길게 신장되어 있는 돌기들을 조사해 보는 것이 가장 확실하다. 축삭은 이 돌기의 긴 축에 평행하게 배열된 미세소관들로 채워져 있다. 또한 미세소관은 식물 세포벽에서 섬유소의 집적에 영향을 미치며, ER과 골지복합체를 포함하는 생합성 경로에서 막으로 된 소기관들의 위치를 유지시키고, 신경세포의 세포체와 축삭 말단 사이에서 소낭 및 기타 물질들의 이동과 같은 다양한 활동에 작용한다. (520쪽)

세 가지의 운동단백질 집단이 확인되었고 특징이 밝혀졌다. 키네신과 디네인은 미세소관을 따라 이동하며, 미오신은 미세섬유를 따라 이동한다. 이 운동단백질들은 ATP에 저장된 화학 에너지를 기계 에너지로 전환시킬 수 있다. 기계 에너지는 그 운동단백질에 부착된 세포의 화물을 운반하는 데 사용된다. 운동단백질의 입체구조가 변화할 때 생긴 힘은 뉴클레오티드의 결합과 가수분해 그리고 결합된 산물의 방출 등을 포함하는 화학적 주기와 연결된다. (524쪽)

대부분의 경우, 키네신과 세포질 디네인은 미세소관을 따라서 물질을 서로 반대방향으로 이동시킨다. 키네신과 세포질 디네인은 구형 머리 부분과 그 반대쪽 말단을 가진 운동단백질들이다. 머리 부분은 미세소관과 상호작용을 하며 힘을 발생시키는 엔진과 같은 역할을 한다. 그 반대쪽 말단에는 수송되어야 할 특수한 화물이 결합한다. 키네신은 물질을 미세소관의 양(+)의 말단 쪽으로, 세포질 디네인은 음(-)의 말단 쪽으로 이동시킨다. 키네신은 ER-유래 소낭, 엔도솜, 리소솜, 분비 입자 등의 이동과 관련되어 있으며, 축삭에서 역방향 수송(세포체에서 축삭 말단으로)을 중개하는 주요 운동단백질이다. (524쪽)

생체내 미세소관의 핵 형성은 몇 가지 미세소관 형성 중심부(MTOC)들과 관련되어 일어난다. 동물세포에서, 세포골격의 하나인 미세소관은 일반적으로 중심체와 관련하여 형성된다. 중심체는 무정형이며 전자 밀도가 높은 중심립 주변 물질로 둘러싸인 원통형의 중심립 2개를 갖고 있는 복합 구조이다. 중심립들은 일정한 간격으로 배열된 9개의 원섬유를 갖고 있으며, 이들 각각은 3개의 미세소관으로 구성되어 있는데, 보통 쌍으로 생기며 서로 직각으로 배열된다. 미세소관은 보통 미세소관의 핵 형성에 필요한 구성요소들을 갖고 있는 중심립 주변 물질로부터 바깥쪽으로 퍼져 나간다. 섬모 또는 편모의 섬유들을 형성하는 미세소관은 기본적으로 중심립과 동일한 구조인 기저체로부터 기원된다. 중심체, 기저체, 그리고 다른 MTOC 등은 미세소관의 핵 형성에서 중요한 역할을 하는 γ-튜불린이라고 하는 공통 단백질 성분을 공유한다. (527쪽)

세포골격으로서 미세소관은 수축, 신장, 해체, 그리고 재조립될 수 있는 동적인 중합체이다. 미세소관으로 된 세포골격의 해체는 콜치신, 낮은 온도, Ca^{2+} 농도의 상승 등을 비롯한 여러 가지 물질들에 의해 유도될 수 있다. 세포골격을 구성하는 미세소관들은 보통 세포분열 전에 해체되며, 튜불린 소단위들은 유사분열시 나타나는 방추체 부분으로 재조립된다. 이러한 해체와 재조립 과정은 분열한 후에는 거꾸로 일어난다. 세포골격 미세소관들의 일부는 언제든지 길이가 계속 성장하는 반면에, 다른 미세소관들은 짧아진다. 개개의 미세소관을 시간 경과에 따라 추적하였을 때, 길이의 성장 및 수축의 시기가 앞뒤로 바뀌는 것을 볼 수 있는데, 이런 현상을 동적 불안정성이라고 한다. 성장과 수축은, 절대적인 것은 아니더라도, 대부분 이 중합체의 양(+)의 말단−MTOC의 반대쪽 말단−에서 일어난다. 미세소관으로 중합되는 튜불린 2합체들은 GTP 분자를 갖고 있으며 중합체에 결합된 직후 가수분해된다. 신속하게 중합이 일어나는 동안에, 중합된 튜불린

2합체에 결합된 GTP의 가수분해는 새로운 2합체가 결합한 뒤에 지연되어 일어난다. 이에 따라서 미세소관의 말단에는 소단위들의 첨가와 미세소관의 성장을 촉진하는 튜불린-GTP 2합체의 모자(cap)가 있다. 또한 조립과 해체는 Ca^{2+} 농도 및 특수한 MAP들의 존재 등에 의해 좌우될 수 있다. (531쪽)

섬모와 편모는 세포표면으로부터 돌출되어 이동에 필요한 힘을 발생시키는 기구로 작용해서 지지해 주는 다수의 미세소관으로 이루어진 핵심 구조인 축사를 포함한다. 횡단면에서, 축사는 중앙에 있는 단일 미세소관 1쌍을 둘러싸고 있는 9개의 주변부(바깥쪽) 2중 미세소관들(완전한 A 세관과 불완전한 B 세관)로 구성된 것으로 보인다. 1쌍의 팔이 각 2중관의 A 세관으로부터 돌출되어 있다. 이 팔들은 섬모 디네인으로 구성된다. 이 디네인은 섬모 또는 편모가 휘는 데 필요한 힘을 발생시키기 위해 ATP의 가수분해에 의해 방출된 에너지를 사용하는 운동단백질이다. 이런 휘는 운동은, 하나의 2중관에 있는 디네인 팔들이 인접한 2중관의 B 세관에 부착된 다음에 입체구조의 변화가 일어나서, A 세관이 지각할 수 있을 정도의 거리를 활주(滑走)하게 만든다. 축사의 활주는 어느 한쪽에서 다른 한쪽으로 교대로 일어난다. 따라서 섬모 또는 편모의 한 부분이 한쪽 방향으로 먼저 휘고 나서 반대쪽 방향으로 휜다. 미세소관의 활주는 원형질막을 벗겨낸 축사의 2중관에 구슬들을 부착시키고, 재활성화되는 동안 이 구슬들의 상대적인 이동을 추적함으로써 직접 증명되었다. (534쪽)

중간섬유는 직경이 약 10 nm인 밧줄 같은 세포골격 구조이며, 세포 유형에 따라 비슷한 유형의 섬유들로 조립될 수 있는 다양한 단백질 소단위들로 구성된다. 미세소관과는 다르게, 중간섬유는 대칭적인 구성요소(사합체 소단위)들로 이루어지며, 이 단위들은 극성이 없는 섬유들로 조립된다. IF는 인장력에 잘 견디며 비교직 불용성이다. 그러나 다른 두 가지 세포골격 요소들처럼, IF도 동적인 구조이어서 형광물질로 표지된 소단위들을 세포에 주입하면 빠르게 결합한다. 조립과 해체는 주로 인산화와 탈인산화에 의해 조절되는 것으로 생각된다. IF는 세포에 기계적 안정성을 갖게 하며 특수화된 조직-특이적 기능을 위해 필요하다. (541쪽)

액틴섬유(또는 미세섬유)는 직경이 8 nm이고, 액틴 단백질로 된 2중나선 중합체이며, 세포들 속에서 거의 모든 유형의 수축성과 운동성에 있어 중요한 역할을 한다. 세포의 유형과 활동에 따라, 액틴섬유는 고도의 질서정연한 배열로, 또는 느슨하고 윤곽이 뚜렷하지 않은 연결망으로, 또는 단단하게 고정된 다발 등으로 조직될 수 있다. 액틴섬유는 흔히 미오신의 S1 조각에 결합하는 능력에 의해 확인되는데, 이는 또한 섬유의 극성이 나타나게 한다. 액틴섬유의 양쪽 말단에 소단위들이 붙거나 떨어질 수 있지만, 가시 돋친 모양[또는 양(+)]의 말단에는 소단위들이 더 잘 첨가되며, 뾰족한[또는 음(−)] 말단에서는 소단위들이 더 잘 떨어져 나간다. 섬유의 성장하는 말단에 결합되기 위해 액틴 소단위는 ATP와 결합되어야 하며, 결합된 후에는 곧 가수분해된다. 세포들은 액틴의 단량체형과 중합체형 사이에 동적인 평형 상태를 유지하며, 이 상태는 다양한 국지적 상황 변화에 의해 바뀔 수 있다. 특정한 과정에서 액틴섬유의 역할은 세포들에 섬유의 탈중합을 촉진시키는 사이토칼라신(cytochalasin)을 처리하거나 또는 섬유의 해체와 동적인 활동 참여를 막는 팔로이딘(phalloidin)을 처리하여 가장 쉽게 시험할 수 있다. (544쪽)

미세섬유 의존성 과정을 일으키는 데 필요한 힘은 액틴섬유의 조립에 의해 생기거나, 더 흔하게는 운동단백질인 미오신과의 상호작용 결과로 생기는 것 같다. 일부 세균이 감염된 대식세포의 세포질을 밀치고 나가는 추진력은 액틴의 중합에 의해 일어나는 과정이다. 미오신은 일반적으로 재래형(제II형) 미오신과 비재래형 (제I형과 제III-XVIII형) 미오신의 두 가지 종류로 나누어진다. 제 II형 미오신은 다양한 유형의 근육 조직에서 그리고 세포질분열을 비롯한 다양한 비근육세포의 활동에서 힘을 발생시키는 운동단백 질 분자이다. 제II형 미오신 분자는 한쪽 끝에 2개의 구형 머리 부분이 있고 여기에 긴 자루 모양의 꼬리 부분이 붙어 있다. 머리 부분은 액틴섬유와 결합하며, ATP를 가수분해하고, 입체구조가 변화되어 힘을 발생시킨다. 목 부분은 머리 부분의 입체구조 변화를 증폭시키는 지렛대의 역할을 하는 것으로 생각된다. 꼬리 부분은 미오신을 양극성 섬유로 조립하는 일을 중개한다. 대부분의 비재래형 미오신은 하나의 머리 부분과 변하기 쉬운 꼬리 부분을 갖고 있으며, 세포의 운동성과 소기관의 수송에 관련되어 있다. (547쪽)

골격근섬유의 수축은 액틴을 함유한 가는 섬유들이 근원섬유에서 각 근절의 중앙을 향하여 활주함으로써 이루어진다. 이 수축은 굵은 섬유에서 바깥쪽으로 뻗어 나온 미오신 교차다리에서 생긴 힘으로 추진된다. 근섬유가 수축하는 동안 일어나는 변화는 근 절의 띠 모양에 변화를 가져오는데, 이때 근절의 끝에 있는 Z 선이 A 띠의 바깥쪽 가장자리를 향해 이동된다. 근육의 수축은 충격이 막으로 된 횡세관들을 따라 근섬유 내부로 침투 되어 근소포체(SR) 속에 저장된 Ca^{2+}의 방출을 자극함으로써 일어난다. 칼슘 이온들이 가는 섬유의 트로포닌(troponin) 분자와 결합 하면, 트로포미오신(tropomyosin) 분자를 가는 섬유의 액틴 소단위 위에 있는 미오신-결합자리가 노출된 위치로 이동시키는 입체구조 변화를 일으킨다. 이어서 미오신과 액틴 사이의 상호작용에 의해 섬유 활주(滑走)가 일어난다. (552쪽)

비근육세포의 운동성과 수축성은 근육세포에서 발견된 것과 동일한 일부의 단백질들에 의존한다. 그러나 이 단백질들은 덜 질서정연하며 더 변하기 쉽고 일시적인 구조로 배열되어 있다. 비근육세포의 운동성은 보통 미오신과 함께 액틴에 의존한다. 액틴섬유의 체제와 행동은 다양한 액틴-결합 단백질들에 의해 결정되며, 이 단백질들은 액틴섬유의 조립, 이 섬유의 물리적 특성, 이 섬유들 간의 상호작용 및 다른 세포소기관들과의 상호작용 등에 영향을 미친다. 목록에 포함된 이런 단백질로는 다음과 같은 것들이 있다. 즉, 액틴 단량체들을 격리시켜 이들의 중합을 방해하는 단백질, 액틴섬유의 한쪽 말단에 모자를 형성하여 섬유의 성장을 차단하거나 또는 섬유를 해체시키는 단백질, 액틴섬유들을 다발로, 느슨한 연결망으로, 또는 3차원적 젤 상태로 교차연결시키는 단백질들, 액틴섬유를 절단하는 단백질, 그리고 액틴섬유들을 원형질막 안쪽 표면에 연결시키는 단백질 등이 있다. (557쪽)

비근육세포의 운동성과 수축성의 예로서, 세포들이 바닥층 위로 기어가는 것과 축삭의 성장을 들 수 있다. 세포의 포복은 보통 세포의 앞쪽 가장자리(전연부)에서 형성되는 납작한 면사포 모양의 돌출부인 판상족(lamellipodium)에 의해 이루어진다. 세포로부터 판상족이 뻗어 나옴에 따라서, 판상족은 특정한 지점들에서 아래의 바닥층에 붙고, 특정 지점들은 세포가 포복하는 데 필요한 일시적인 고정 부위 역할을 한다. 판상족의 돌출은 액틴섬유의 핵 형성과 중합 그리고 액틴섬유와 다양한 유형의 액틴-결합 단백질들의 결합 등과 관련되어 있다. 판상족이 돌출되기 위해 필요한 힘은 액틴 중합에서 생긴다. 신장하는 축삭의 끝부분은 성장원추체로 되어 있다. 이 구조는 매우 운동성이 있고 포복하는 섬유아세포와 비슷하며, 판상족, 미세돌출사, 사상위족 등을 비롯한 몇 가지 유형의 이동 돌출부를 갖고 있다. 이런 성장원추체는 환경을 탐색하고 적합한 경로를 따라 축삭을 신장시키는 일을 한다. (560쪽)

개념 문제

13.1 세포골격의 주요 기능에 대한 개요

1. 세포골격의 5가지 기능은 무엇인가?

13.2 미세소관: 구조와 기능

2. 미세소관의 세 가지 기능들을 기술하시오.

13.3 운동단백질: 키네신과 디네인

3. 축삭 수송에서 키네신과 세포질 디네인의 뚜렷한 역할을 비교하시오.

13.4 미세소관 형성 중심부

4. 중심체란 무엇인가? 중심체의 어떤 요소가 미세소관의 핵 형성에 역할을 하며 어떻게 원섬유의 수를 좌우하는가?

13.5 미세소관의 역동성

5. 미세소관 조립에서 GTP의 역할은 무엇인가? 동적 불안정성이라는 용어는 무엇을 의미하는가? 세포의 활동에 있어 동적 불안정성의 역할은 무엇인가?

13.6 섬모와 편모: 구조와 기능

6. 섬모와 편모의 감각 기능과 운동 기능을 비교하시오. 이들 다른 섬모 기능의 고장이 어떻게 인간의 질병에 원인이 되는가?

13.7 중간섬유

7. 중간섬유가 모든 세포들에 공통으로 있는 기초적인 역할이 아닌 근본적으로 조직 특이적인 기능에 중요하다는 제안을 지지해 주는 예들을 들어 보시오.

13.8 미세섬유

9. 미세소관 조립과 액틴섬유 조립의 특징들을 비교하시오.

10. 완전히 조립된 미세소관, 액틴섬유, 그리고 중간섬유의 구조를 비교하시오.

11. 액틴섬유의 세 가지 기능들을 기술하시오.

13.9 미오신: 액틴섬유의 분자 모터

12. 재래형 미오신 II와 비재래형 미오신 V의 구조와 기능을 비교하시오.

13. 하나의 소낭이 미세소관과 미세섬유 양쪽을 따라서 어떻게 수송될 수 있는가?

13.10 근육의 수축성

14. 골격근 근원섬유의 근절 구조와 이것이 수축하는 동안 발생하는 변화들을 기술하시오.

15. 신경 충격이 신경근육 연접부를 가로질러 전달하는 시간과 근섬유가 짧아지는 시간 사이에 일어나는 과정들을 기술하시오. 이 과정에서 칼슘 이온의 역할은 무엇인가?

13.11 비근육세포의 운동성

16. 다양한 유형의 액틴-결합 단백질들과 각각에 대한 하나의 기능을 적으시오.

13.12 세포의 이동성

17. 포유류 세포가 바닥 위를 기어갈 때 수반되는 과정들을 기술하시오.

13.13 발생 과정 동안 액틴-의존성 과정들

18. 신경세포의 성장원추체의 활동들에 대한 액틴섬유의 역할을 기술하시오.

13.14 박테리아의 세포골격

19. 박테리아 세포골격 단백질들은 포유류 세포의 세포골격 단백질들과 얼마나 비슷한가? 그들은 얼마나 다른가?

분석 문제

1. 만일 근원섬유를 잡아당겨서 근절의 길이가 약 50% 늘어났다고 한다면, 이것은 근원섬유의 수축 능력에 어떤 영향을 미칠 것으로 생각하는가? 그 이유는? 이것은 H 지역, A 띠, I 띠 등에 어떤 영향을 미치는가?

2. 미세소관은 왜 중간 부분이 아닌 말단부에서 해체되는가? 힌트: 미세소관 격자로 조립될 때 튜불린 $\alpha\beta$ 2합체가 형성하는 단백질-단백질 결합을 고려하라.

3. 미오신 I과 미오신 II가 결실되었을 때 영향을 받지 않는 세포 이동성의 두 가지 유형은 무엇인가? 왜 그러한가?

4. 중심립은 ____________________ 완전한 미세소관을, 그리고 섬모는 ____________ 완전한 미세소관을 가진다.

5. 시험관 속에서 미세소관들은 가수분해될 수 없는 (GTP와 다른) GTP 유사물질과 결합된 튜불린으로부터 형성될 수 있다. 이런 미세소관들이 갖고 있을 것으로 예상되는 특성은 무엇인가? 그러한 미세소관들은 동적 불안정성을 여전히 보일 수 있는가?

6. 튜불린과 미세소관 시료가 준비된 시험관 속에서 이의 동적 평형 상태를 미세소관들이 형성되는 쪽으로 변화시키기 위해 할 수 있는 두 가지 방법을 열거하시오. 평형 상태를 반대 방향으로 변화시키는 두 가지의 처리 방법을 열거하시오.

7. 원형질막이 제거된 섬모 또는 편모의 축사가 정상적인 빈도와 방식으로 박동 운동을 할 수 있다는 것을 언급한 바 있다. 원형질막이 섬모 또는 편모의 기능에 중요하지 않다고 결론지을 수 있는가?

8. 축삭 안에서 세포질에 있는 소낭들이 양쪽 방향으로 이동되는 것으로 보이기 때문에, 일부 미세소관에서 양(+)의 말단이 축삭의 말단을 향하여 있고 음(−)의 말단은 축삭의 반대 극성을 향하고 있다고 결론지을 수 있는가? 그 이유는 아니면 그렇지 않은 이유는?

9. 동물세포에서 중심체가 미세소관들의 신장과 수축 속도를 결정하는 데 있어서 핵심 역할을 한다는 설명에 동의하는가? 그 이유는 아니면 동의하지 않는 이유는?

10. 만일 여러분이 공통 조상 단백질로부터 유래된 것으로 생각되는 키네신

과 미오신의 분자 구조를 비교하고 있었다면, 이 분자들의 어느 부분(머리 또는 꼬리)이 두 분자들 사이에 가장 비슷할 것으로 생각하는가? 그 이유는?

11. 그림 13.25*a*는 섬모의 중간 부분을 횡단한 축사의 모양을 보여주고 있다. 만일 회복 스트로크(recovery stroke)가 시작되는 섬모의 거의 맨 끝 부분을 절단하였다면, 횡단면의 상이 어떻게 다를까?

12. 만일 시험관 속에서 실시한 이동성 시험에서, 키네신 분자가 초당 800 nm의 속도로 이동할 수 있다고 하면, 이 분자의 구동 영역들 중 하나에 의한 최대 전환율(초당 가수분해된 ATP 분자들)은 얼마인가?

13. 액틴이 번갈아가며 밟아 뛰는 것(그림 13.39)은 액틴섬유의 가시 돋친 모양 부분에서 액틴 단량체가 조립되고, 동일한 시간에 뾰족한 모양의 끝에서 액틴 단량체가 떨어져 나가는 것을 필요로 한다. 만일 액틴섬유의 한쪽 끝 또는 다른 쪽 끝에서 액틴 소단위를 분리된다면, 단량체 하나에 의해 짧아진 섬유에 액틴 소단위가 첨가된다. 만약 처음 상태가 같고(단일 액틴섬유) 마지막 상태가 같다면(하나의 단량체가 더해진 짧아진 섬유), 제3장에서 소개된 것처럼 자유에너지의 차이는 같아야 하며, 해리 상수도 같아야 한다. 그렇다면, 어떻게 액틴의 농도가 한쪽 끝에서는 조립하고 다른 한쪽 끝에서는 해리를 허용하게 하는가? 액틴의 어떠한 생화학적 활성이 이 단순한 질문을 인정하지 않는가?

14. 척추동물의 어느 조직이 튜불린, 액틴, 케라틴을 얻기에 가장 좋은 원료인가? 어느 단백질이 가장 용해되지 않으며 추출하기 어려운가? 튜불린을 준비하는 데 있어서 어떤 유형의 단백질이 오염 물질들이라고 예상되는가? 액틴을 준비하는 데 있어서 어떤 유형의 단백질이 오염 물질들이라고 예상되는가?

15. 액틴은 진화적으로 가장 잘 보존된 단백질들 중의 하나이다. 이것은 진핵세포들에서 이 단백질의 구조와 기능에 관하여 무엇을 말하는가?

16. 고등한 식물세포들이 세포질 디네인 없이 작동할 수 있다는 것이 어떻게 가능한가?

17. 키네신 머리 부분들 중 하나는 항상 미세소관에 접촉되어 있는 반면에, 미오신의 두 머리 부분들은 모두 액틴섬유로부터 완전히 떨어지게 된다는 점에서, 제II형 미오신의 행동(그림 13.53)은 키네신의 행동(그림 13.9)과 다르다. 이러한 차이가 이 단백질들이 관여하는 두 가지 유형의 운동단백질 활동과 어떠한 상관관계가 있는가?

18. 축삭의 미세소관들은 중심체에서 핵 형성이 된 다음, 핵 형성 지점에서 절단되어 축삭으로 이동하는 것으로 생각된다. 세포질 디네인은 축삭에서 소기관들의 역방향 이동을 담당하는 것으로 언급되었으나, 이와 동일한 운동단백질이 이와 동일한 세포 돌기들에서 미세소관의 전방향 이동을 중개하는 것으로 생각된다. 동일한 음(−)의 말단-지향적 운동단백질이 어떻게 전방향과 역방향 이동에 모두 참여할 수 있는가?

19. 운동단백질들은 흔히 기계효소(mechanoenzyme)라고 한다. 그 이유는? 이 용어를 거의 모든 효소들에 적용시킬 수 있는가? 그 이유는 또는 적용시킬 수 없는 이유는?

20. 진핵세포에서 튜불린은 염색체 분리에 관여하는 반면에, 액틴은 세포분열 시 수축환의 형성에 관여한다. 진핵세포에서 튜불린과 액틴의 역할들과 박테리아에서 그들의 상동 단백질들의 역할들을 비교하시오.

21. 키네신은 ATP가 가수분해될 때마다 8 nm의 보폭으로 걷고, ATP 없이는 걸을 수 없다. ATP 농도가 증가할수록 키네신은 잰걸음으로 빠르게 걷는다. 만일 ATP가 충분하다면 키네신이 무한히 움직일 수 있게 할 것인가?

CHAPTER

14 세포분열

목 차

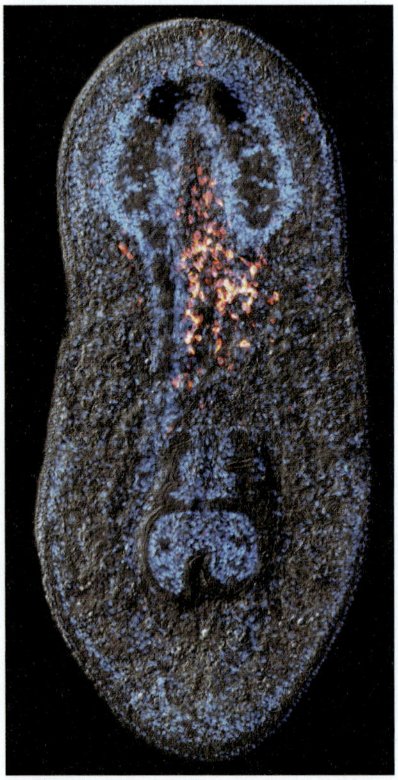

성숙한 플라나리아의 분열 세포들이 주황색/빨간색 형광으로 표시되었다: 세포핵은 파란색으로 표시하였다. 분열하는 세포들은 모두 단일 다능성 줄기세포로부터 유래하였다. 이러한 활성화된 줄기세포들로 인해 플라나리아는 뛰어난 재생 능력을 가진게 된다.

출처: D, Wagner. 등. *Science* vol 332. May 13 표지, 2011에서 발췌)

불멸화를 찾다

우리 몸의 피부세포는 2달마다 기존 세포는 사멸하고 새로운 세포들로 다시 구성된다. 우리 몸의 장상피세포층은 보다 빠른 속도로 갱신이 되어 3일에서 5일이면 완전히 새로운 세포들로 채워진다. 우리 몸의 대부분 세포들처럼, 이들 상피세포들은 분화 또는 유사분열 이후 단계에 있다. 즉, 이들은 더 이상 분열하여 새로운 세포를 생성하지 않는다. 이들 세포들은 노화가 진행되고, 닳거나 찢어져서 피해를 입게 되면, 줄기세포에 의해 새로운 세포들로 대체된다(제1장 참조). 대조적으로 신경세포처럼 특정 세포들은 평생 대체되지 않고 계속 살아간다.

어떤 생명체는 새로운 세포를 재생할 수 있는 능력이 없어 태어날 때 가진 세포들로 평생을 살아간다. 이 중에는 모델 생명체로 이용되는 예쁜꼬마선충(*Caenorhabditis elegans*)이 포함된다. 현재는 성충일 때 존재하는 959개 세포들 각각의 위치와 역할들이 밝혀져 있다.

이와 대조적으로 어떤 생명체는 활성화된 줄기세포를 대량으로 가지고 있어 팔다리 또는 더 큰 신체 부위를 재생할 수 있는 놀라운 능력을 가지고 있다. 예를 들면, 도롱뇽은 잘 알려진 대로 몸의 일부를 재생할 수 있는 능력이 있다. 줄기세포 군집들은 상처 받은 부위 또는 분열과 분화가 연속적으로 일어나야 하는 부위(예: 피부, 근육, 혈관 등)에서 활성화된다.

가장 놀라운 재생 능력을 가진 생명체는 아마도 플라나리아속(*Planaria*)에 속하는 작은 편형동물(flatworm)일 것이다. 전 세계 실험실에서 많이 사용하는 방식처럼 플라나리아를 절단하여 작은 단편으로 만들게 되면 궁극적으로 각각의 단편들은 완벽한 개체로 발전하게 된다. 연구를 통해 밝혀진 것은 발생모체(blastema)라고 불리는 대량의 줄기세포들이 상처받은 부위로 이동하여 손상된 기존 조직 부위에서 새로운 조직을 생성하여 소실된 부위를 다시 채우게 된다. 발생모체는 아직 밝혀지지 않은 신호와 상호결합에 의해 무엇을 새로 만들어야 하는지를 알고 있는 것으로 생각되어진다.

줄기세포처럼, 암세포들도 빠르게 세포분열하는 능력을 가진 것으로 알려져 있으나, 불행한 결과를 초래한다. 세포분열 기작과 세포주기가 어떻게 조절되는지에 대한 이해는 암치료뿐만 아니라 재생의학의 핵심적인 요소이다.

14.1 세포주기

다른 살아 있는 세포로부터 새로운 세포가 생성되는 과정을 **세포분열(cell division)**이라 한다. 사람이나 참나무와 같은 다세포 생명체는 하나의 세포로 이루어진 접합자(zygote)가 무수히 분열하여 놀랍도록 복잡하고 조직화된 세포로 구성된 생명체를 만들어낸다. 생명체가 성숙했다고 해서 세포분열이 멈추는 것은 아니고, 어떤 조직에서는 일생 동안 세포분열이 계속된다. 여러분의 뼈의 골수나 장관(intestinal tract)의 내부에 존재하는 수백만 개의 세포들은 지금 이 순간에도 분열하고 있다. 세포들의 이러한 지속적인 분열은 오래되거나 죽은 세포를 대체하기 위해 필요하다.

세포분열은 모든 생명체에서 일어나지만, 원핵생물과 진핵생물에서 매우 다르게 진행된다. 우리는 진핵생물에 관해서만 이야기할 것이다. 이 장에서는 두 가지 유형의 진핵생물 세포분열에 대해 설명할 것이다. 유사분열(Mitosis)은 부모와 유전적으로 동일한 세포가 생기는 반면, 감수분열(meiosis)은 부모의 유전물질을 반만 갖는 세포가 생성된다. 유사분열은 새로운 세포들을 생산하기 위한 기본적인 역할을 하고, 감수분열은 유성 생식으로 새로운 생명체를 생산하기 위한 기본 역할을 한다. 이러한 2종류의 세포분열은 부모와 그들의 자식 사이를, 그리고 넓은 의미에서 지구상에 존재했던 초기의 진핵생물과 현존하는 종(species)을 서로 연결시켜준다.

세포주기의 단계

몸의 내부에 있든 배양접시에 있든 분열하는 세포 집단들에 속하는 각각의 세포는 일련의 구별되는 단계를 지나게 되며, 이러한 단계들이 모여 **세포주기(cell cycle)**를 구성한다(**그림 14.1**). 광학현미경으로 쉽게 관찰할 수 있는 세포의 움직임을 토대로 세포주기를 두 가지 주요 시기, 즉 M기(분열기, M phase)와 간기(interphase)로 구분할 수 있다. **M기**는 (1) 복제된 염색체가 두 핵으로 분리되는 **유사분열(mitosis)** 과정과 (2) 전체 세포가 분열하여 2개의 딸세포가 되는 **세포질분열(cytokinesis)** 시기로 이루어진다. 유사분열과 다음 유사분열 사이의 기간인 **간기(interphase)**는 세포가 성장하고 다양한 신진대사 활동을 하는 시기이다. 포유동물 세포에서 M기는 겨우 한 시간쯤 지속되는 데 반해, 간기는 세포의 종류와 상태에 따라 며칠, 몇 수 또는 더 길게 지속되기도 한다.

실제로 세포 내용물이 나누어지는 시기는 M기이지만, 다가올 유사분열을 준비하기 위해 DNA 복제를 포함하는 수많은 일이 간기 동안에 일어난다. 따라서, 세포가 간기 내내 DNA를 복제하는 일을 한다고 생각할 수도 있다. 그러나 1950년대 초반 비동기배양(asynchronous culture, 세포주기의 특정 시기에 있지 않고 전반적으로 무작위로 분포하는 세포들을 이용한 배양) 연구에서 이는 사실이 아닌 것으로 밝혀졌다. 제7장에서 설명한 것처럼, DNA 복제는 새롭게 합성되는 DNA에 [^{3}H]티미딘(thymidine)을 혼합시켜서 관찰할 수 있다. 만

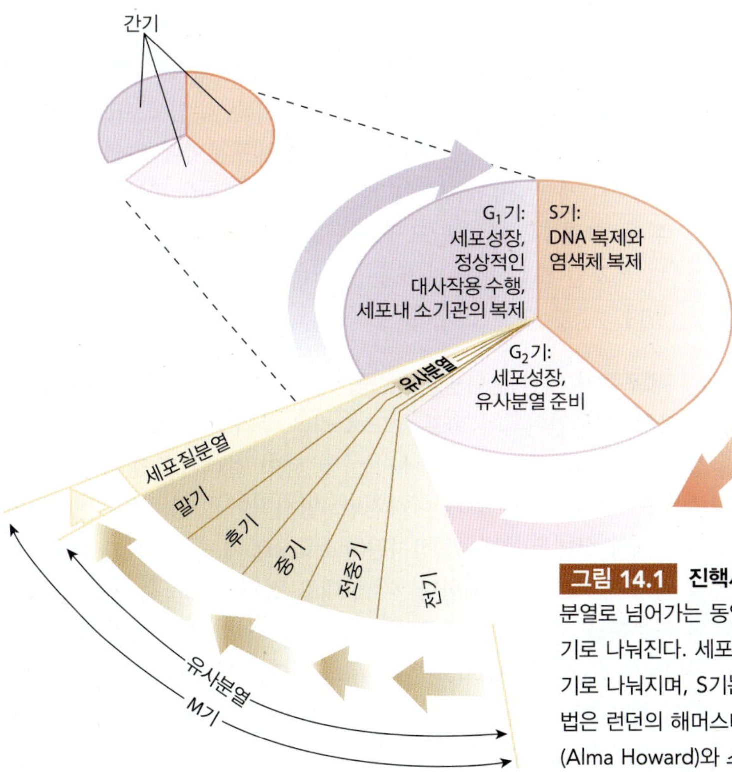

그림 14.1 **진핵세포의 세포주기 개요.** 세포주기를 나타낸 이 도해는 세포가 한 번의 분열에서 다음 분열로 넘어가는 동안의 시기들을 보여준다. 세포주기는 크게 2개의 주요 시기인 세포분열기(M기)와 간기로 나눠진다. 세포분열기에서는 유사분열과 세포질분열이 연속적으로 일어난다. 간기는 G_1기, S기, G_2기로 나눠지며, S기는 DNA 합성 시기이다. DNA 합성 시기에 따라 간기를 세 가지 시기로 구분하는 방법은 런던의 해머스미스(Hammersmith)병원에서 식물 분열조직을 이용하여 실험을 하였던 앨마 하워드(Alma Howard)와 스테판 펠크(Stephen Pelc)에 의해 1953년에 최초로 제안되었다.

약 [^{3}H]티미딘을 짧은 시간 동안(예: 30분) 세포배양에 첨가한 후, 세포를 슬라이드 위에서 건조시켜 고정해서 자가방사기록법(autoradiography)으로 조사하면, 일부 세포만 방사성 동위원소를 포함하는 핵을 지니고 있음을 알 수 있다. 고정될 당시 유사분열 중인 세포들(응축된 염색체를 갖고 있음) 중에는 어떠한 세포도 방사성 동위원소로 표지된 핵을 갖고 있지 않았다. 유사분열 중인 세포는 방사성 동위원소로 표지되는 시간 동안 DNA 복제가 일어나지 않기 때문에 염색체가 표지되지 않는다.

만약 세포를 고정하기 전에 1~2시간 동안 계속해서 방사성 동위원소로 표지를 하더라도, 여전히 어떠한 세포도 표지된 유사분열 염색체를 갖지 않는다(**그림 14.2**). 이러한 결과로부터 DNA 합성의 종료와 M기 시작 사이에 어떤 특정한 기간이 존재한다는 결론을 내릴 수 있다. 이런 기간을 G_2기[두 번째 공백(gap)이라는 뜻]라고 한다. 표지된 유사분열 염색체가 관찰될 때까지, 배양된 세포를 일정한 간격으로 수거하여 조사함으로써 G_2기의 지속 시간을 알아낼 수 있다. 표지된 유사분열 염색체를 갖는 첫 번째 세포는 [^{3}H]티미딘과 함께 배양을 시작할 때 DNA 합성의 마지막 시기에 있었던 세포이다. 표지되기 시작한 시기와 표지된 유사분열 상태의 세포가 출현하는 시기 사이의 간격은 G_2기의 지속 시간에 해당한다.

DNA 복제는 **S기(S phase)**라는 세포주기 기간 동안에 일어난다. S기는 또한 세포가 염색체의 뉴클레오솜(nucleosome) 수를 두 배로 늘리는 데 필요한 부가적인 히스톤들을 합성하는 기간이다(그림 7.23 참조). S기의 길이는 직접 측정할 수 있다. 비동기배양을 할 때 특정 활동을 수행 중인 세포의 비율은 세포의 전체 일생에서 이 활동이 차지하는 시간의 비율과 비슷한 수치이다. 따라서 만약 우리가 전체 세포주기 시간을 알고 있다면, [^{3}H]티미딘으로 짧게 표지한 세포들 중에서 방사성 동위원소로 핵이 표지된 세포들의 비율을 알아봄으로써 S기의 길이를 직접 산출할 수 있다. 마찬가지로, M기의 길이는 유사분열이나 세포질분열 상태에 있는 세포의 비율로 산출할 수 있다. G_2 + S + M 기간을 합산해 보면 이 시기 이외에 추가적인 시기가 존재한다는 것을 알 수 있다. G_1기라고 하는[첫 번째 공백(gap)이라는 뜻] 이 시기는 유사분열이 끝난 때부터 DNA 합성 전까지 기간이다.

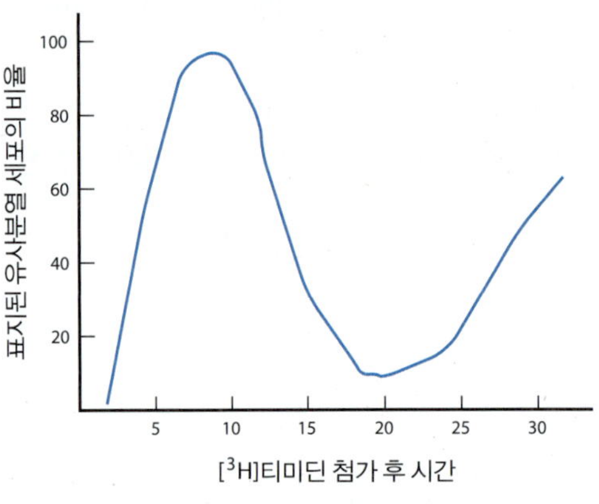

그림 14.2 세포주기의 특정한 시기 동안에 DNA 복제가 일어나는 것을 보여주는 실험 결과. [^{3}H]티미딘이 들어있는 배양액에서 HeLa 세포를 30분 동안 배양한 후, 방사성 동위원소가 들어있지 않은 배양액에서 다양한 시간 동안 배양하고 고정시켜서 자가방사기록법을 시행하였다. 각각의 배양접시 안에 있는 세포 중에서 유사분열 과정에 고정된 세포들을 조사하였고, 표지된 염색체를 갖는 유사분열 세포들의 비율을 도표로 나타내었다.

출처: R. Baserga and F. Wiebel의 연구에서 발췌.

생체내 세포주기

다세포 식물이나 동물에 존재하는 다양한 종류의 세포들을 구별할 수 있는 특성들 중 하나는 성장하고 분열하는 능력이다. 이에 따라 세포는 세 가지 광범위한 범주로 나눌 수 있다.

1. ***신경세포, 근육세포, 또는 적혈구세포와 같이 매우 특수화되었으며 분열하는 능력이 결여되어 있는 세포들.*** 이러한 세포들은 한 번 분화되면 그 상태를 죽을 때까지 유지한다.
2. ***정상적으로는 분열하지 않는 세포이지만 적당한 자극을 주면 DNA 합성이 시작되고 분열을 유도할 수 있는 세포들.*** 이 무리에 속하는 것 중 하나는 간(liver)세포로서 수술로 일부가 제거되면 증식이 일어난다. 또한 림프구(lymphocyte)들은 적당한 항원과의 상호작용에 의해 증식이 일어난다.
3. ***비교적 높은 수준의 유사분열 활성을 지닌 세포들.*** 이 범주에는 다양한 성체 기관들에 존재하는 줄기세포들이 포함되는데, 적혈구나 백혈구들을 만들어 내는 조혈줄기세포(hematopoietic stem cell)(그림 17.6 참조), 체강과 체표면에 배열된 많은 상피세포의 기저 부위에 존재하는 줄기세포 등이 있다(그림 11.1 참조). 식물의 뿌리와 줄기 끝 부분에 위치한 분열조직(meristem)의 비교적 덜 분화된 세포들도 빠르고 지속적으로 세포분열을 한다. 줄기세포는 대다수 세포들이 갖지 않는 중요한 성질을 지니고 있다. 즉, 줄기세포는 비대칭적으로 분열할 수 있다. **비대칭 세포분열(Asymmetric cell division)**에 의해 두 딸세포는 다른 특성 또는 운명을 지니게 된다. 줄기세포의 비대칭분열에 의해 모세포와 동일한 비수임(uncommitted) 줄기세포로 남아 있는 딸세포 하나와, 조직의 분화된 세포가 되는 또 다른 딸세포[즉, 수임세포(committed cell)]가 생긴다. 다시 말하면, 비대칭 세포분열에 의해 줄기세포는 자기-재생(self-renewal) 세포와 분화된 조직 세포를 형성하게 된다. 그림 14.41*b*의 난모세포와 극체의 형성처럼 줄기세포가 아닌 세포들 또한 비대칭(또는 동일하지 않은) 세포분열을 할 수 있다.

세포주기 기간은 다양하다. 즉, 개구리 배아의 분할처럼 G_1기와 G_2기가 모두 결여되어 30분 정도로 짧은 주기도 있으며, 포유동물의 간처럼 천천히 자라는 조직에서는 몇 달이 걸리기도 한다. 몇 가지 주목할 만한 예외가 있기는 하지만, 일시적이든 영구적이든, 몸 안이든 배양 상태든, 분열이 정지된(*quiescent*) 세포들은 대개 DNA 합성 시작 전 시기에 존재한다. 이 상태로 정지된 세포는 몸에서 세포의 대부분을 차지하며, 곧 S기로 들어가는 일반적인 G_1기 세포들과 구별하여 G_0기 상태라고 부른다. 세포가 G_0기에서 G_1기로 바뀐 후에 다시 세포주기로 들어가기 위해서는 성장촉진신호(growth-promoting signal)를 받아야 한다.

14.2 세포주기의 조절

세포주기 연구는 기초 세포생물학에서 중요할 뿐 아니라, 암과의 싸움에서 실질적으로 커다란 영향을 미친다. 암이라는 질병은 자신의 세포분열을 조절하는 능력이 고장나서 발생한다. 1970년 콜로라도대학교(University of Colorado)의 포투 라오(Potu Rao)와 로버트 존슨(Robert Johnson)은 세포융합 실험들을 수행하여 세포주기가 어떻게 조절되는지를 이해하는 데 있어 새로운 장을 열었다.

Rao와 Johnson은 세포의 세포질이 세포주기 활성에 영향을 미치는 조절요소를 가지고 있는지 알고 싶었다. 그들은 세포주기의 다른 시기에 있는 포유동물 세포들을 융합하는 방법으로 의문에 접근했다. 그들은 유사분열 세포를 다른 세포주기 시기에 있는 세포와 융합했다. 그 결과 유사분열을 하는 세포는 항상 유사분열을 하지 않는 세포의 핵에 있는 염색질을 응축시켰다(**그림 14.3**). 만약 G_1기와 M기 세포를 융합하면, G_1기 핵 염색질은 **조기 염색체 응축**(*premature chromosomal compaction*)을 겪게 되어 길게 응축된 염색체 한 쌍이 형성된다(그림 14.3*a*). 만약 G_2기와 M기 세포를 융합하면, G_2기 염색체 또한 조기 염색체 응축을 겪게 된다. 그러나 G_1기 핵과는 다르게 응축된 G_2기 염색체는 2쌍으로 보이는데, 이것은 이미 DNA가 복제되었다는 사실을 반영한다(그림 14.3*c*). 만약 유사분열기의 세포를 S기 세포와 융합시키면, S기 염색질 또한 응축하게 된다(그림 14.3*b*). 그러나 복제 중인 DNA는 손상되기 쉽기 때문에, S기 핵에서 응축이 일어나면 안전하고 응축된 염색체가 아닌 "분쇄된(pulverized)" 염색체 조각이 만들어진다. 이 실험의 결과는 유사분열 세포의 세포질은 유사분열을 하지 않는 세포(바꿔 말하면, 간기)의 분열을 유도할 수 있는 확산성 요소를 갖고 있다는 것을 암시한다. 이러한 발견은 G_2기에서 M기로의 전이가 양성 조절(positive control) 하에 있다는, 즉 어떤 자극제가 존재하여야만 전이가 일어날 수 있다는 사실을 시사한다.

세포융합 실험을 통해 세포주기를 조절하는 인자들의 존재가 밝혀졌지만, 이런 인자들의 생화학적인 특징에 대해서는 아무런 정보를 제공하지 못했다. 세포가 유사분열(또는 감수분열)로 진입하는 것을 촉진하는 인자들의 특성에 관한 정보는 개구리나 무척추 동물의 난모세포와 초기 배아를 이용한 여러 실험들을 통해 알려지게 되었다. 이 실험들은 이 장의 마지막에 있는 <역사적 실험>에 서술되어 있다. 간단히 요약하면, 이 실험들은 세포가 M기에 진입하는 것은 **성숙촉진인자**(*maturation-promoting factor, MPF*)라는 단백질에 의해서 개시된다는 것을 보여준다. MPF는 2개의 소단위로 구성된다. 즉, (1) ATP의 인산기를 특정 단백질 기질의 특정 세린(serine)과 트레오닌(threonine) 잔기로 전달하는 인산화효소(kinase) 활성을 가진 소단위와 (2) **사이클린**(*cyclin*)이라고 하는 조절 소단위로 이루어져 있다. 사이클린이라는 용어는 이 조절단백질의 농도가 각 세포주기에서 예상 가능한 양상으로 상승하고 하락하기 때문에 붙여졌다(**그림 14.4**). 사이클린의 농도가 낮으면 인산화효소는 사이클린 소단위와 결합하지 못하여 불활성화된다. 사이클린의 농도가 높으면, 인산화효소는 활성화되고, 세포가 M기로 들어가게 된다. 이런 결과들은 (1) 세포가 유사분열로 진행하는 것은 다른 단백질들을 인산화시키는 활성을 가진 효소에 의존하고 (2) 이 효소의 활성은 세포주기의 각 시기마다 농도가 달라지는 소단위에 의해 조절된다는 것을 시사한다.

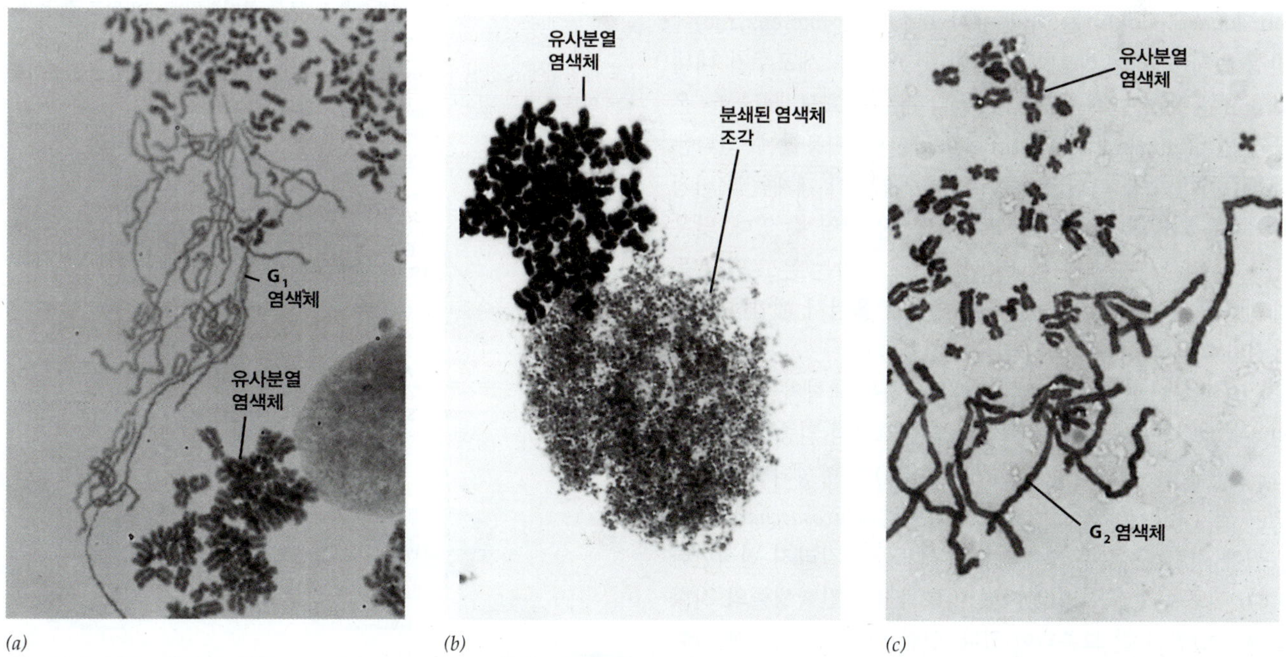

그림 14.3 **유사분열의 시작을 촉진하는 인자들이 세포에 존재함을 보여주는 실험적 증거.** 사진은 M기의 HeLa 세포와 쥐캥거루에서 유래된 PtK2 세포를 융합시킨 결과를 보여준다. PtK2 세포들은 융합 당시 각각 (*a*) G_1기 (*b*) S기 (*c*) G_2기에 있었다. 본문에 설명된 것처럼, G_1기와 G_2기의 PtK2 세포 염색질은 너무 이른 시기에 응축되는 반면에, S기 세포의 염색체는 완전히 분쇄된다. 그림 *c*에서 보이는 G_2기 세포의 가늘고 긴 염색분체는 그림 *a*에서 보이는 G_1기 세포의 염색분체들과 비교했을 때 두 배가 되었다.

출처: Karl Sperling and Potu *N. Rao*, *Humangenetik* 23:237, 1974에서 발췌. Springer Science + Business Media의 허가를 얻음.

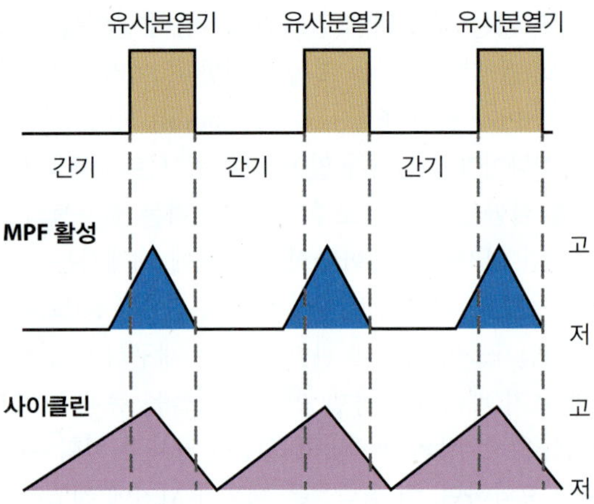

그림 14.4 세포주기 동안 사이클린 농도와 MPF 수준의 변동. 이 그림은 개구리의 발생 초기에 배아의 모든 세포가 빠르게 그리고 동시에 유사분열이 일어날 때 주기적 변화를 나타낸 것이다. 맨 위의 그림은 유사분열과 간기가 교대로 나타나는 주기를 보여주고, 가운데 그림은 MPF 인산화효소 활성의 주기적 변화를, 그리고 마지막 그림은 MPF 인산화효소의 상대적 활성을 조절하는 사이클린 농도의 주기적 변화를 나타낸다.

출처: A. W. Murray and M. W. Kirschner, *Science* 246:616, 1989에서 발췌; 저작권 1989, AAAS. Science by Moses King, AAAS의 허가를 얻어 지적재산권 청산 센터를 통해 교과서 사용을 목적으로 재인쇄됨. .

14.3 세포주기의 제어: 단백질 인산화효소의 역할

지난 20여 년간, 많은 실험실에서 **사이클린-의존 인산화효소(cyclin-dependent kinase, Cdk)**라는 MPF-유사 효소(MPF-like enzyme)에 초점을 맞춰 왔다. Cdk는 M기에 관여할 뿐 아니라, 세포주기 내내 활성을 조율하는 핵심 물질이라는 것이 밝혀졌다. 효모세포들은 온도-민감 돌연변이(temperature-sensitive mutant)를 이용할 수 있다는 면에서 세포주기 연구에 특히 유용했다. 이 돌연변이 개체들의 비정상적인 단백질은 다양한 세포주기 과정에 영향을 미칠 수 있다. 낮은(permissive, 허용된) 온도에서 비교적 정상으로 자라는 온도-민감 돌연변이 개체를 높은(restrictive, 제한된) 온도로 옮겨서 배양하면 돌연변이 유전자 산물의 효과를 연구할 수 있다.

유전적 조절을 이용하여 세포주기를 연구하는 과학자들은 먼 친척 관계인 두 효모 균주에 관심을 가졌다. 출아효모의 일종인 *Saccharomyces cerevisiae*는 세포의 한 끝에서 눈(bud)이 형성되면서 번식하는 반면(그림 1.18*b* 참조), 분열효모의 일종인 *Schizosaccharomyces pombe*는 길게 자란 후 같은 크기의 2개 세포들로 갈라져 번식한다(그림 14.6). 세포주기 조절의 분자적 기초과정은 진핵생물의 진화 전반에 걸쳐 놀랄만큼 잘 보존되어 있다. 일단 세포주기 조절에 관여하는 하나의 유전자가 두 효모 균주 중 하나에서 발견되면서, 사람을 포함하는 고등 진핵생명체의 유전체에서 상동체를 찾고자 노력하였고 거의 모든 경우에서 상동체를 발견할 수 있었다. 과학자들은 유전적, 생화학적, 구조적 분석결과를 통합하여 배양접시에서 세포가 생장하고 복제되는 주요 활성들을 종합적으로 이해하게 되었다.

효모 세포주기의 유전적 조절 연구는 1970년대에 두 실험실에서 시작되었다. 출아효모를 연구한 워싱턴대학교(University of Washington)의 리랜드 하트웰(Leland Hartwell)이 처음 시작하였고, 뒤를 이어 옥스퍼드대학교의 폴 너스(Paul Nurse) 실험실에서 분열효모를 이용하여 연구하였다. 두 실험실은 높은 온도에서 효모가 돌연변이가 되면 세포주기의 특정 시기에서 세포 성장을 멈추게 만드는 하나의 유전자를 규명하였다. 분열효모에서 *cdc2*(그리고 출아효모에서 *CDC28*)라고 했던 이 유전자 산물은 결국 MPF의 촉매소단위(catalytic subunit)와 상동성을 갖는 사이클린-의존성 인산화효소라는 것이 밝혀졌다. 효모뿐만 아니라 많은 다른 척추동물 세포를 이용한 이후 실험들은 진핵세포의 세포주기 진행이 몇 개의 특별한 시기에서 조절된다는 생각을 뒷받침했다. 처음 조절되는 시기는 G_1기의 끝 부위이고, 다른 하나는 G_2기의 끝 부위이다. 이 시기들은 세포가—복제를 시작하거나 또는 유사분열에 들어가거나—세포주기에서 중대한 일을 시작하기 위해 수임되는 시점임을 의미한다.

가장 단순한 세포주기를 갖고 있는 분열효모에 대하여 이야기를 시작해 보자. 이 종에서는 동일한 Cdk(cdc2)가 서로 다른 사이클린들과 협력하여 G_1기 끝과 G_2기의 끝, 두 지점을 통과하는 데 관여한다. 분열효모에서의 세포주기 조절은 **그림 14.5**에 간단하게 나타냈다. START라고 하는 첫 번째 전환점은 늦은 G_1기에 일어난다. 일단 START를 지나가게 되면 세포는 DNA를 복제할 수밖에 없게 되고 결국 세포주기를 완성한다.[1] START를 통과하기 위해서는 늦은 G_1기 동안 하나 이상의 G_1/S 사이클린 농도가 증가하여 cdc2가 활성화되어

[1]포유동물 세포들도 G_1기 동안 비슷한 지점을 지나며 이를 제한점(restriction point)이라고 한다. 이 지점에서 세포들은 DNA를 복제하도록 수임되고 결국 유사분열을 완료한다. 포유동물 세포가 세포주기를 진행하기 위해서는 제한점을 통과하기 전에 세포 배양액에 성장인자(growth factor)가 존재하여야 한다. 제한점을 통과한 이후 세포는 외부의 자극 없이도 세포주기를 계속 진행할 수 있다.

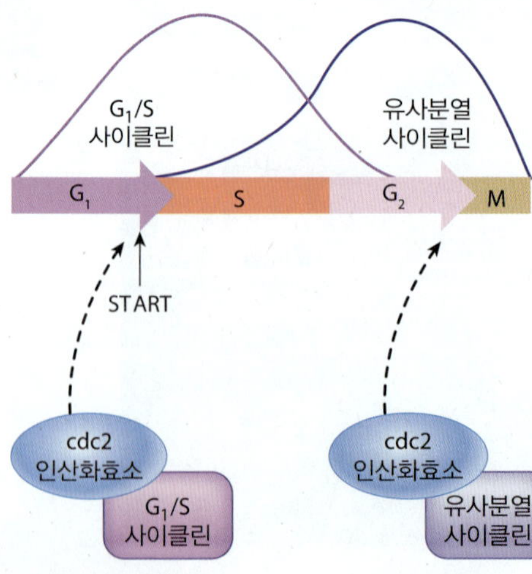

그림 14.5 분열효모 세포주기 조절의 단순화 모형. 세포주기는 두 지점, START와 G_2–M 전환점에서 주로 조절된다. 세포가 2개의 주요 조절 지점을 통과하기 위해서는 G_1/S 사이클린과 유사분열 사이클린에 의해 동일한 cdc2 인산화효소가 활성화되어야 한다. 세 번째의 주요 전환은 유사분열의 마지막 시기에서 일어나며, 유사분열 사이클린 농도의 급격한 저하에 의해 일어난다. (주석: cdc2는 Cdk1으로도 알려져 있다.)

야 한다(그림 14.5).

세포가 G_2기에서 유사분열로 들어가기 위해서는 **유사분열 사이클린**(*mitotic cyclin*)이라는 다른 무리의 사이클린들에 의해 cdc2가 활성화되어야 한다. 유사분열 사이클린과 결합한 Cdk(즉, 후반부의 <역사적 실험>에서 기술한 MPF)는 세포가 유사분열에 진입하기 위해 필요한 기질들을 인산화시킨다. 기질들 중에는 간기에서 유사분열로 전환할 때 특징적으로 나타나는 염색체와 세포골격 간의 구조적 동적 변화에 필요한 단백질들이 있다. 세포는 유사분열 중간에 세 번째 수임을 하게 된다. 이 임무는 세포분열을 끝내고 다음 주기의 G_1기로 진입할 것인지를 결정하는 것이다. 유사분열기를 지나서 G_1기로 진입하는 것은 Cdk 활성의 신속한 감소에 의해 결정된다(그림 14.5). 이 현상은 유사분열 사이클린 농도가 급격히 감소함으로써 생기며, 다른 유사분열 활성과 함께 14.9절에서 논의할 것이다.

사이클린-의존성 인산화효소들은 여러 시기에서 세포주기를 몰아가기 때문에 흔히 "운전자(driver)"로 표현된다. 이 효소들의 활성은 상호 간의 조합에 의해 작동하는 다양한 "제동장치(brake)"와 "가속장치(accelerator)"에 의해 조절된다.

사이클린 결합

14.5절에 기술한 것처럼, 특정 사이클린의 수준은 시간이 지나면서 증가한다. 사이클린의 농도가 증가하면, 사이클린은 Cdk의 촉매소단위와 결합하여 촉매소단위의 입체구조를 크게 변화시킨다. 다양한 사이클린-Cdk 복합체의 X-선 결정구조에 따르면, 사이클린이 결합함으로써 Cdk 폴리펩티드 사슬의 신축성 있는 고리부위가 효소의 활성자리로부터 멀어지게 된다. 이로 인하여 Cdk는 단백질 기질들을 인산화시킬 수 있게 된다.

Cdk 인산화/탈인산화

우리는 이미 다른 장에서 세포 내에서 일어나는 많은 현상이 단백질에 인산기를 추가하거나 제거하는 것에 의해 조절된다는 것을 살펴보았다. 유사분열이 시작되는 현상도 마찬가지이다. 그림 14.5에서 볼 수 있듯이 유사분열 사이클린의 농도는 S기와 G_2기 동안 증가한다. 효모에서 유사분열 사이클린들은 유사분열 기간 동안 Cdk와 결합하여 사이클린-Cdk 복합체를 형성하지만, 이 복합체는 인산화효소 활성이 거의 없다. 그 후 늦은 G_2기에서 사이클린-Cdk가 활성화되어 유사분열이 시작된다. 이러한 Cdk 활성 변화를 이해하기 위해서는 세 가지 다른 조절 효소들[2개의 인산화효소와 하나의 인산가수분해효소(phosphatase)]의 활성에 관심을 기울여야 한다. 여기서는 분열효모에서 일어나는 과정을 간략히 보도록 한다(**그림 14.6a**). 그림 14.6*b*에 그려진 분열효모의 세포주기에서 이 효소들의 역할은 유전적, 생화학적 분석 방법들의 조합을 통해 밝혀졌다. 1단계에서, Cdk-활성화 인산화효소(Cdk-activating kinase, CAK)라는 효소가 cdc2의 중요한 트레오닌 잔기를 인산화시킨다(그림 14.6*b*에서 cdc2의 Thr161). 이 잔기의 인산화는 Cdk가 활성화되기 위해 필수적이지

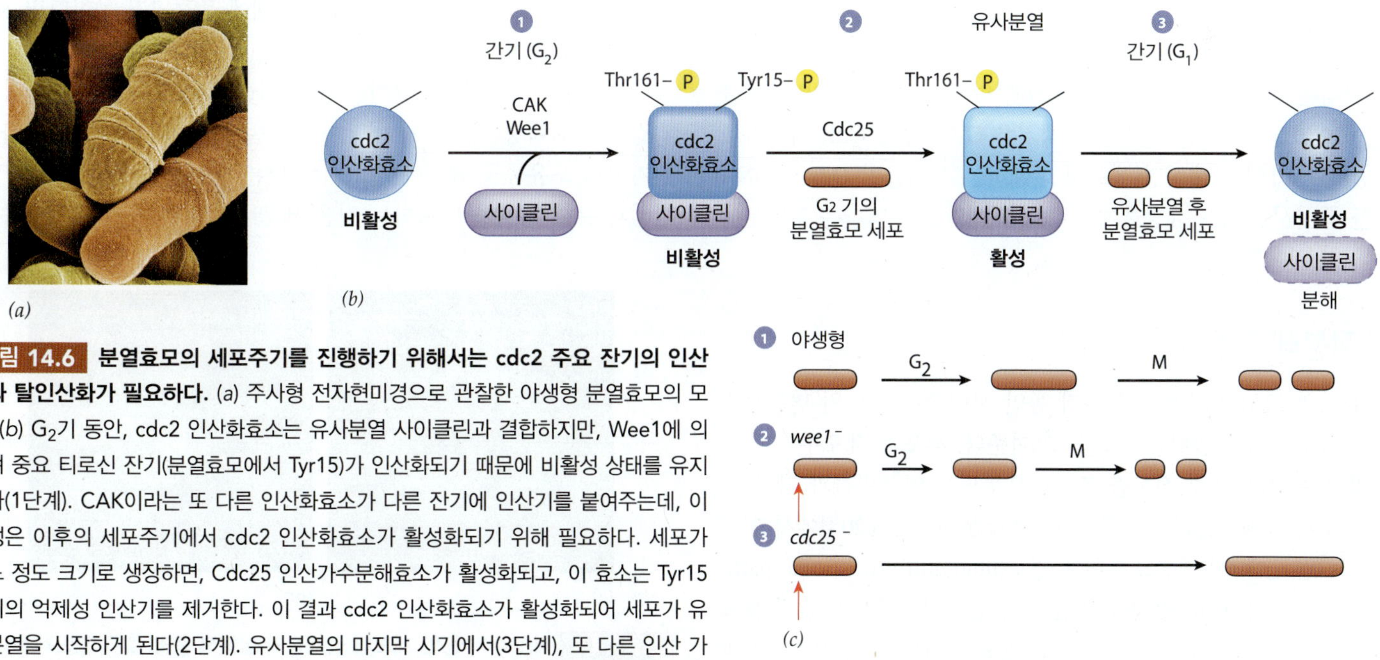

그림 14.6 분열효모의 세포주기를 진행하기 위해서는 cdc2 주요 잔기의 인산화와 탈인산화가 필요하다. (*a*) 주사형 전자현미경으로 관찰한 야생형 분열효모의 모습. (*b*) G_2기 동안, cdc2 인산화효소는 유사분열 사이클린과 결합하지만, Wee1에 의하여 중요 티로신 잔기(분열효모에서 Tyr15)가 인산화되기 때문에 비활성 상태를 유지한다(1단계). CAK이라는 또 다른 인산화효소가 다른 잔기에 인산기를 붙여주는데, 이 과정은 이후의 세포주기에서 cdc2 인산화효소가 활성화되기 위해 필요하다. 세포가 어느 정도 크기로 생장하면, Cdc25 인산가수분해효소가 활성화되고, 이 효소는 Tyr15 잔기의 억제성 인산기를 제거한다. 이 결과 cdc2 인산화효소가 활성화되어 세포가 유사분열을 시작하게 된다(2단계). 유사분열의 마지막 시기에서(3단계), 또 다른 인산 가수분해효소에 의하여 Thr161에 있는 촉진성 인산기가 제거된다. 뒤이어 떨어져 나온 사이클린이 분해되고 세포는 또 다른 주기를 시작한다. (포유동물 세포에서 유사분열 Cdk는 이와 비슷한 방식으로 인산화되고 탈인산화된다.) (*c*) Wee1 인산화효소와 Cdc25 인산가수분해효소는 그림과 같은 표현형을 보이는 돌연변이 연구를 통해 발견되었다. 첫 번째 줄은 야생형 세포의 G_2기와 M기를 나타낸다. 두 번째 줄은 *wee1* 유전자의 돌연변이 영향을 보여준다. 이때 세포는 미성숙하게 분열하여 작은 세포를 만들어낸다. 세 번째 줄은 *cdc25* 유전자의 돌연변이 영향을 보여준다. 이 경우 세포는 분열하지 않고 계속적으로 성장한다. 붉은색 화살표는 돌연변이 단백질을 불활성화시키기 위하여 온도를 높인 시점을 나타낸다.

출처: (a) Steve Gschmeissner/Photo Researchers, Inc.; (b) After T. R. Coleman and W. G. Dunphy, *Curr. Opin. Cell Biol.* 76:877, 1994. Opinion in Cell Biology by Elsevier Ltd 제공. Elsevier의 허가를 얻어 재인쇄함. 적재산권 청산 센터를 통해 교과서 사용을 목적으로 사용됨.

만 충분하지는 않다. 1단계에 관여하는 두 번째 인산화 효소인 Wee1은 Cdk의 ATP 결합주머니에 분포하는 중요 티로신 잔기를 인산화시킨다(그림 14.6*b*에서 cdc2의 Tyr15). 만약 이곳의 잔기가 인산화되면, Cdk는 다른 어떤 잔기의 인산화와 상관없이 불활성화된다. 다시 말해서, Wee1 역할이 CAK 역할을 뛰어넘어 Cdk를 불활성화 상태로 유지하게 한다. 그림 14.6*c*의 2번째 줄은 *wee1* 유전자에 돌연변이가 생긴 세포의 표현형을 보여준다. 이런 돌연변이가 생기면 Cdk는 불활성 상태를 유지할 수 없고, 세포주기의 초기에 분열이 일어나서 작은 세포들이 생겨난다. 이런 이유로 이 유전자를 "wee('작다'라는 뜻)"라고 한다. 정상적인(야생형) 세포에서 Wee1은 G_2기의 마지막까지 Cdk를 불활성 상태로 유지시킨다. G_2기 말에 Tyr15의 억제적 인산기는 세 번째 효소인 Cdc25 인산가수분해효소에 의해 제거된다(2단계, 그림 14.6*b*). 이 인산기가 제거되면 저장된 사이클린-Cdk 분자는 활성상태로 전환되어 중요 기질들을 인산화시켜 효모세포가 유사분열을 진행하도록 이끌게 된다. 그림 14.6*c*의 3번째 줄은 *cdc25* 유전자에 돌연변이가 생긴 세포들의 표현형을 보여준다. 이런 돌연변이들은 Cdk로부터 억제적 인산기를 제거할 수 없어 유사분열 과정으로 들어갈 수 없다. 일반적으로 세포가 G_2기에 남을지, 또는 유사분열 과정으로 진행할지를 결정하는 Wee1 인산화효소와 Cdc25 인산가수분해효소 활성 사이의 균형은 또 다른 인산화효소와 인산가수분해효소에 의해 조절된다. 곧 알아보게 되겠지만, 이러한 기작들은 비정상적인 세포분열이 발생할 수 있는 상태로 세포가 유사분열 과정으로 들어가는 것을 막을 수 있다.

Cdk 저해자

Cdk 활성은 다양한 저해자(inhibitor)에 의해 억제될 수 있다. 예를 들면, 출아효모에서 Sic1이라는 단백질은 G_1기 동안 Cdk 저해자로 작용한다. Sic1이 분해되면 세포내 존재하는 사이클린-Cdk가 DNA 복제를 개시시킨다. 포유동물에서 Cdk 저해자들의 역할은 후반부에서 논의할 것이다.

단백질분해 조절

그림 14.4와 그림 14.5는 세포주기 동안 사이클린 농도의 변동으로 Cdk의 활성이 변화한다는 사실을 보여준다. 세포는 세포주기 동안 단백질의 합성과 분해 정도를 조절함으로써 사이클린들과 다른 주요 세포주기 단백질들의 농도를 조절한다. 분해에는 6.20절에서 설명된 유비퀴틴-단백질분해효소복합체 경로(ubiquitin-proteasome pathway)를 이용한다. Cdk 활성을 조절하는 다른 기작들과는 달리 분해는 세포주기가 한쪽으로만 진행될 수 있도록 만드는 비가역적인 방법이다. 세포주기의 조절에는 유비퀴틴 연결효소(*ubiquitin ligase*) 역할을 하는 두 가지 종류의 다소단위 복합체(multisubunit complex)인 SCF와 APC 복합체가 필요하다. 이 복합체들은 분해되어야 할 단백질을 인식하고, 이런 단백질이 단백질분해효소복합체에서 파괴될 수 있도록 폴리유비퀴틴(polyubiquitin) 사슬을 연결한다. SCF 복합체는 늦은 G_1기부터 초기 유사분열 동안 활성화되어(그림 14.26*a* 참조) G_1/S 사이클린과 Cdk 저해자 그리고 다른 세포주기 단백질들의 분해를 매개한다. 이런 단백질들은 세포주기를 조절하는 단백질 인산화효소(즉, Cdk)에 의해 인산화된 후 SCF 복합체의 표적이 된다. 돌연변이가 일어나서 SCF 복합체가 G_1/S 사이클린이나 Cdk 저해자인 Sic1 같은 주요 단백질을 분해하지 못하면 세포는 S기에 들어갈 수 없어 DNA를 복제하지 못한다. APC 복합체는 유사분열 시기에 작용하여 유사분열 사이클린을 포함하는 몇 개의 주요 유사분열 단백질을 분해한다. 유사분열 사이클린이 분해되면 세포는 유사분열에서 빠져 나오게 되고 새로운 세포주기로 들어가게 된다(14.9절).

세포내 국재성

세포에는 많은 서로 다른 구획들이 있으며, 그 속에서 조절 분자들이 상호작용할 단백질들과 결합하거나 또는 분리될 수 있다. 세포내 국재성(subcellular localization)이란 세포주기 조절자들이 세포주기의 서로 다른 시기에 다른 구획으로 이동하는 역동적인 현상이다. 예를 들면, 동물세포에서 주요 유사분열 사이클린 중 하나인 사이클린 B1은 G_2기가 될 때까지 핵과 세포질을 왕복하다가 유사분열 시작 직전에 핵에 축적된다(**그림 14.7**). 하나의 제안에 따르면 사이클린 B1의 핵 축적은 사이클린 B1의 핵반출신호(nuclear export signal, NES)에 존재하는 세린 잔기들이 인산화되면서 일어난다. 이 모델에서 사이클린의 인산화는 핵 내로 들어 온 사이클린이 세포질로 다시 반출되는 것을 막는다. 또 다른 제안에서는 사이클린 B1-Cdk1은 핵 유입복합체 성분이 인산화되고 활성화되면 핵으로 이동이 촉진된다. 이러한 기작과 관계없이, 만약 사이클린이 핵에 축적되지 못한다면 세포는 세포분열을 시작할 수 없다.

위에서 언급한 바와 같이, 세포주기를 조절하는 단백질들과 그 과정들은 진핵생물들 간에 대단히 잘 보존되어 있다. 효모에서와 마찬가지로 포유동물 세포에서도 서로 다른 사이클린들이 계속적으로 합성과 분해 과정을 반복하는 것은 세포주기의 한 시기에서 다음 시

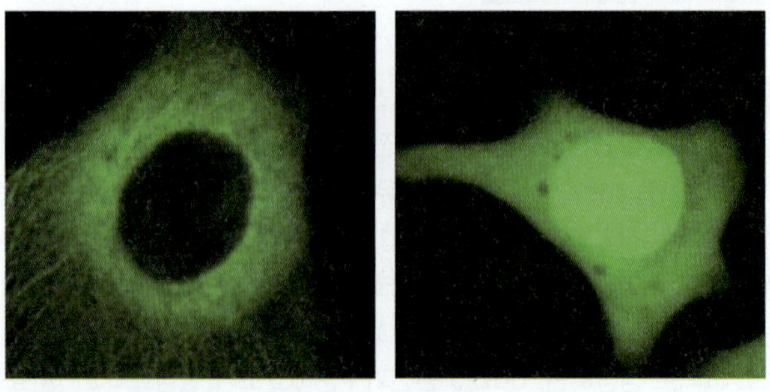

그림 14.7 세포주기 동안 세포내 국재성의 실험적 증명. 초록색형광단백질이 결합된 사이클린 B1을 주입한 살아 있는 HeLa 세포의 현미경 사진. *a*에서 보이는 세포는 G_2기에 있는 세포로 형광물질이 부착된 사이클린 B1이 세포질 전체에 퍼져 있는 것을 볼 수 있다. *b*의 현미경 사진은 유사분열의 전기에 있는 세포로 형광표지가 있는 사이클린 B1이 세포핵에 집중되어 있는 것을 볼 수 있다. 이와 같은 세포내 국재성의 변화에 대한 이유는 본문에서 다루었다.

출처: Paul Clute and Jonathan Pines, *Nature Cell Biol.* 1:83, 1999에서 발췌. Macmillan Publishers Ltd.의 허가를 얻어 재사용함.

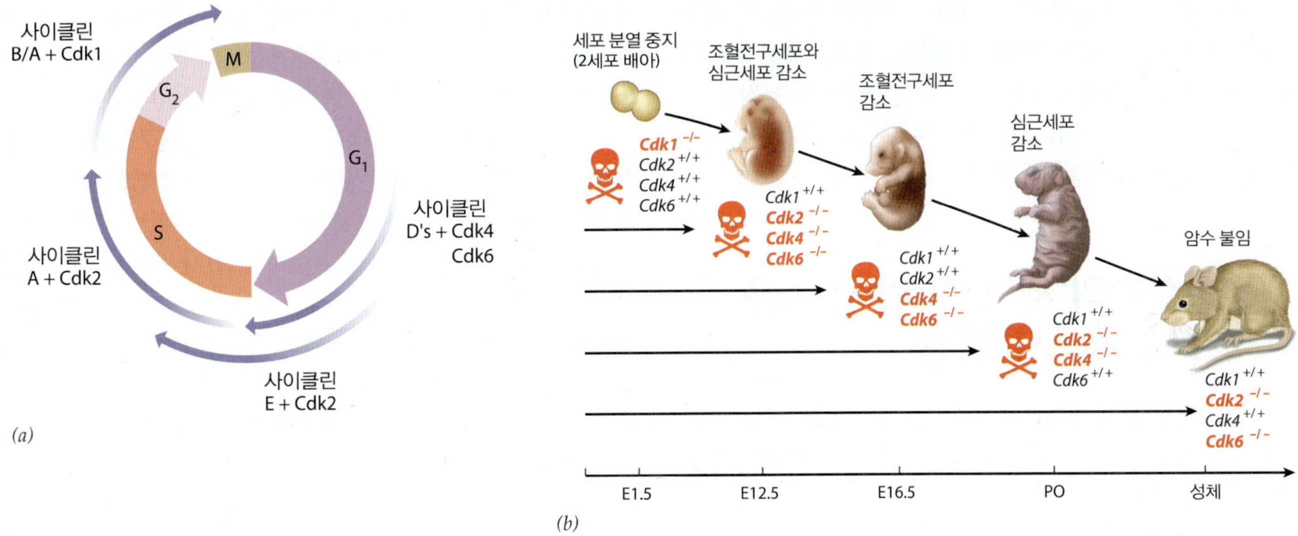

그림 14.8 **포유동물 세포주기에서 사이클린-Cdk.** (*a*) 포유동물 세포주기의 각 시기에서 다양한 종류의 사이클린과 사이클린-의존성 인산화효소 간의 결합. 초기 G_1기에서 Cdk 활성은 매우 낮고, 이로 인해 복제개시점(origin of replication)에서 복제전복합체(prereplication complex)의 형성이 촉진된다(그림 7.20 참조). G_1기 중반에 이르면, Cdk4와 Cdk6가 D-형 사이클린(D-type cyclin, D1, D2, D3)과 결합하기 때문에 Cdk가 활성화된다. 이 Cdk의 기질 중에는 pRb(제16장 <역사적 실험> 참조)라는 중요한 조절 단백질이 있다. pRb가 인산화되면 많은 유전자들의 전사가 일어난다. 이 중에는 사이클린 E와 사이클린 A, Cdk1, 그리고 복제와 관련된 여러 단백질들을 암호화하는 유전자들이 포함된다. 복제가 시작되는 G_1기-S기 전환은 사이클린 E-Cdk2와 사이클린 A-Cdk2 복합체에 의하여 촉발된다. G_2기에서 M기로의 전환과 초기 M기 과정은 세포골격 단백질, 히스톤, 핵막과 같은 매우 다양한 기질을 인산화시키는 사이클린 A-Cdk1과 사이클린 B1-Cdk1 복합체가 순차적으로 활성화되면서 촉발된다. (포유동물의 Cdk1 인산화효소는 분열효모의 cdc2 인산화효소에 해당하며, Cdk1 인산화효소의 억제와 활성화는 그림 14.6에 나와 있는 것과 유사하다.) (*b*) 여러 Cdk을 암호화하는 유전자들(붉은색으로 표시)이 적출된 생쥐에서 발달에 미치는 영향. 4개의 주요 포유동물 Cdk 중에서 오직 Cdk1만이 세포분열에 반드시 필요하다. Cdk1만을 발현하는 배아는 발생 과정에서 죽게 된다. Cdk1과 Cdk4을 발현하는 생쥐는 성체가 되나 감수분열 과정에 문제가 있어 불임이 된다. E, 발생 날짜; P, 출생 후 날짜.

출처: (a) C. J. Sherr, Cell 73:1060, 1993에서 발췌. Cell by Cell Press. Cell Press의 지적재산권 청산 센터를 통해 교과서 사용을 목적으로 재인쇄됨. H. A. Coller, *Nature Revs. Mol. Cell Biol.* 8:667, 2007에서 발췌. Nature Reviews Molecular Cell Biology by Nature Publishing Group. Nature Publishing Group의 지적재산권 청산 센터를 통해 교과서 사용을 목적으로 재인쇄함; (b) Malumbers and Barbacid, *Nat Revs Cancer* 9, 160, 2009 Figure 2에서 발췌. Nature Reviews Cancer by Nature Publishing Group. Reproduced with permission of Nature Publishing Group의 지적재산권 청산 센터를 통해 교과서 사용을 목적으로 재인쇄함.

기로 넘어가는 데 주요한 역할을 한다. 한 종류 Cdk를 갖는 효모세포와 달리, 포유동물 세포는 여러 개 Cdk 인산화효소를 가지고 있다. 서로 다른 사이클린-Cdk 복합체는 세포주기 내의 다른 시점에서 다른 무리의 기질을 표적으로 삼아 인산화시킨다. 각각의 사이클린과 Cdk 사이의 결합은 특이적이어서 특정한 조합만이 특정 시기에 관찰된다(**그림 14.8a**). 예를 들면, 포유동물 세포에서 사이클린 E-Cdk2 복합체는 세포를 S기로 진입하게 하는 반면, 사이클린 B1-Cdk2 복합체(포유동물의 MPF)의 역할은 세포가 유사분열로 들어가게 하는 것이다. Cdk가 항상 일이 진행되도록 활성을 촉진시키는 것은 아니고, 적절하지 못한 경우에는 억제를 하기도 한다. 예를 들면, G_2기 동안 사이클린 B1-Cdk1 활성은 세포주기의 초기에 이미 복제된 DNA가 재복제되는 것을 억제한다(297쪽). 이런 기작은 유전체의 모든 부분이 한 번의 세포주기마다 단 한 번만 복제되도록 도와준다.

그림 14.8*a*에 나타낸 다양한 사이클린-Cdk 복합체의 역할은 동물세포를 이용하여 이루어진 30여 년 이상의 광범위한 생화학 연구에 의해 결정되었다. 최근에 유전자 적출 생쥐(knockout mice)를 이용하여 단백질들의 역할을 재조사한 결과 놀라운 사실을 알게 되었다 (그림 14.8*b*). 예상대로, 특정 유전자 적출 생쥐의 표현형은 제거된 유전자에 의존적이었다. Cdk1, 사이클린 B1 또는 사이클린 A2를 생성할 수 없는 생쥐가 초기 배아 상태에서 사망하는 것으로 보아 이 3개의 유전자에 의해 암호화되는 단백질들은 정상적인 세포주기에 필수적이라는 사실을 알 수 있다. 다른 세포주기 Cdk를 암호화하는 모든 유전자(즉, Cdk2, 4 그리고 6)가 결핍된 생쥐의 배아는 완전한 기관을 형성하는 시기까지는 발생하지만 죽은 상태로 태어났다(그림 14.8*b*). 이런 배아로부터 얻어진 세포를 배양하면 이 세포는 증식하는 능력은 있지만 정상적인 세포보다 더 느리게 증식한다. 이 발견은 효모에서와 마찬가지로, 포유동물 세포에서도 Cdk1이 세포주기의 모든 단계를 통과하는 데 필요한 유일한 Cdk라는 것을 나타낸다. 바꾸어 말하면, 보통은 동물 세포주기의 특정 시기에 다른 Cdk들이 발현되지만, 이런 Cdk들이 결핍되면 Cdk1이 "대신"하는 역할을 하여 세포주기의 각 시기에 필요한 기질 모두를 확실히 인산화할 수 있도록 해준다. 이것은 어떤 단백질이 보통 때에는 하지 않는 기능을 수행할 수 있는 현상인 기능중복성(*redundancy*)의 전형적인 예이다. 그러나 여전히 "꼭 필요하지는 않은(nonessential)" 사이클린 또는 Cdk 중 하나가 결핍되면 적어도 특정 세포에서는 독특한 세포주기 이상이 나타난다. 예를 들면, 사이클린 D1 유전자가 결핍된 생쥐들은 신체 전반에 걸쳐 세포분열 정도가 감소하여 정상 동물보다 크기가 더 작아진다. 또한, 사이클린 D1이 결핍된 동물들은 망막이 발

달하는 동안 세포 증식이 부족해진다. Cdk4가 적출된 생쥐들은 췌장에서 인슐린을 생산하는 세포가 발달하지 않는다. Cdk2가 결핍된 쥐들은 정상적으로 발달한 것처럼 보이지만, 감수분열 동안 특정한 결함이 나타나며(그림 14.8*b*), 이를 통하여 유사분열과 감수분열의 조절에서 중요한 차이점이 있음을 알 수 있다.

14.4 세포주기의 제어: 확인점, Cdk 억제제, 세포내 반응

혈관확장성-운동실조증(*Ataxia-telan-giectasia, AT*)은 특정 암 발생 위험성을 크게 증가시키는 것을 포함한 다양한 증상을 나타내는 열성 유전 장애이다[2]. 1960년대 후반에 방사선 치료를 받은 몇몇 사람이 사망함에 따라, AT가 있는 환자는 이온화 방사선(ionizing radiation)에 극도로 민감하다는 사실이 발견되었다(301쪽). 이외에도, 이러한 환자들에서 유래된 세포들은 정상 세포에 존재하는 중요한 보호 반응이 결여되어 있다. 정상 세포가 이온화 방사선 또는 DNA를 변경시키는 시약 등에 노출되어 DNA가 손상되면, 손상이 복구되는 동안 세포주기 진행이 정지된다. 예를 들면, 세포주기의 G_1기에 있는 정상 세포에 방사선을 조사하면 이 세포는 S기로의 진행이 지연된다. 유사하게, S기에서 방사선이 조사된 세포는 더 이상 DNA 합성이 일어나지 않고 지연되며, G_2기에서 방사선이 조사된 세포는 유사분열 단계로 진행이 억제된다.

1988년 Hartwell과 Ted Weinert는 효모를 이용한 일련의 연구들을 수행하여 세포는 세포주기의 일부로 **세포주기확인점(checkpoint)**을 갖고 있다는 개념을 수립하였다. 세포주기확인점은 (1) 만약 염색체 DNA 일부가 손상된 경우 또는 (2) S기 동안 DNA 복제나 M기 동안 염색체 정렬과 같은 어떤 결정적인 과정이 제대로 완료되지 않았을 경우 세포주기 진행을 정지시키는 감시체계이다. 세포주기확인점은 세포주기가 정확하고 적절한 순서로 일어나도록 각각의 단계들을 확실하게 제어한다. 세포주기확인점 장치에 관여하는 많은 단백질들은 정상적인 세포주기 상황에서는 역할을 하지 않지만, 이상이 나타나면 작동하게 된다. 실제로 세포주기확인점 단백질을 암호화하는 몇몇 유전자는 DNA가 손상을 입거나 심각한 결함을 받았음에도 불구하고 세포주기가 계속 진행되는 돌연변이 효모에서 처음 분리되었다.

세포주기확인점은 DNA 손상 또는 세포 내의 이상을 인식하는 감지체계에 의해 세포주기 동안 활성화된다. 만약 감지기가 결함이 존재함을 발견하면, 일시적으로 더 이상의 세포주기 진행을 억제하는 반응이 유발된다. 세포는 다음 세포주기의 시기로 들어가지 않고 지연 상태에서 손상을 수리하거나 결함을 보완한다. 유전자 손상을 가진 포유동물 세포가 계속 분열하게 되면 암세포로 형질전환될 수 있는 위험이 있기 때문에 이러한 과정은 특히 중요하다. 만약 DNA가 복구할 수 없을 정도로 손상되면 세포주기확인점 기작은 (1) 세포를 죽음으로 이끌거나 (2) 세포주기가 영구적으로 중지된 상태(세포 노화, senescence)로 전환시키는 신호를 전달한다.

이 책의 여러 곳에서 희귀 질병에 대한 연구를 통하여 세포생물학과 분자생물학 측면에서 중요한 발견을 하게 되는 것을 볼 수 있다. 세포의 DNA 손상반응은 이러한 과정을 통해 발견된 또 다른 예이다. 혈관확장성-운동실조증에 관여하는 *ATM* 유전자는 특정 DNA 손상, 특히 2중가닥의 손상에 의해 활성화되는 단백질 인산화효소를 암호화한다(304쪽). 주목할 만한 것은, 세포의 DNA 분자 중 한 군데 절단만으로도 ATM 분자가 빠르고 대규모로 활성화되어 세포주기를 중지시킬 수 있다는 것이다. 관련 단백질 인산화효소인 ATR은 DNA의 불완전한 복제나 UV 조사로 인해 생기는 결함을 포함한 다양한 종류의 손상에 의해 활성화된다. ATM과 ATR은 손상된 DNA가 존재하는 염색질에 결합할 수 있는 다단백질 복합체(multiprotein complex)의 일부이다. ATM과 ATR은 세포주기확인점에 관여하는 단백질과 DNA 복구에 참여하는 매우 다양한 단백질을 인산화시킬 수 있다.

세포는 세포주기가 한 시기에서 다음 시기로 진행하는 것을 어떻게 중단시킬 수 있을까? DNA 손상이 일어났을 때 포유동물 세포가 세포주기를 중지시키기 위해 이용하는 경로 중에서 가장 연구가 많이 이루어진 두 가지 경로에 대해 간단히 살펴보자.

1. 만약 유사분열 단계로 들어가기 위해 준비하고 있는 세포에 UV를 조사하면, ATR 인산화효소는 활성화되고 세포는 G_2기에 중지한다. 그림 7.25에 제시한 바와 같이 UV에 손상된 DNA가 복구되기 위해 단백질로 둘러싸인 단일가닥 DNA 부위에 ATR 인산화효소는 분포한다(1단계, **그림 14.9**). ATR은 세포주기확인점 인산화효소인 Chk1을 인산화하여 활성화시킨다(2단계). 활성화된 Chk1은 Cdc25의 특정 세린 잔기를 인산화하여(3단계) 세포질에서 특별한 연계 분자단백질(adaptor protein)과 Cdc25가 결합하게 한다(4, 5단계). 이 상호작용에 의해 Cdc25의 탈인산화 능력이 억제되고 Cdc25가 핵으로 다시 들어가는 것이 방해를 받는다. 정상적인 상태에서는 Cdc25는 Cdk1 인산기를 제거하여 G_2/M기 전이에서 중요한 역할을 담당한다. 따라서 핵에 Cdc25가 존재하지 않게 되면 Cdk1가 불활성화 상태로 유지되고(6단계) 세포는 G_2기에 머물러 있게 된다.
2. 또한 DNA 손상은 세포주기를 가동시키는 사이클린-Cdk 복합체를 직접 억제하는 단백질을 합성하게 한다. 예를 들면, G_1기에서 이온화 방사선에 노출된 세포는 p21(분자량이 21 kDa인 단백질)이라는 단백질을 합성하는데, p21은 G_1 Cdk의 인산화효소 활성을 방해한다. 이로 인해 주요 기질이 인산화되지 못하여 세포가 S기로 들어가지 못하게 된다. ATM이 이러한 세포주기확인점 기작에 관여한다. DNA 손상 반응에서 이온화 방사선에 의해 절단된 DNA 부위는 MRN이라는 단백질 복합체와 결합하게 된다(a단계, 그림 14.9). 그러므로 MRN은 DNA 절단의 감지기 역할을 한다. MRN은 ATM를 부르게 되고, ATM은 Chk2라는 또 다른 세포주기확인점 인산화효소를 인산화하여 활성화시킨다(b단

[2]이 질병의 다른 증상으로는 소뇌 신경세포의 퇴화에 의한 자세의 불안정(운동 실조, ataxia), 안면 및 다른 부위의 영구적인 혈관확장(telangiectasia), 감염에 대한 감수성 증가, 비정상적인 많은 수의 염색체를 갖는 세포의 증가 등이 있다. 처음 두 증상의 원인은 아직 밝혀지지 않았다.

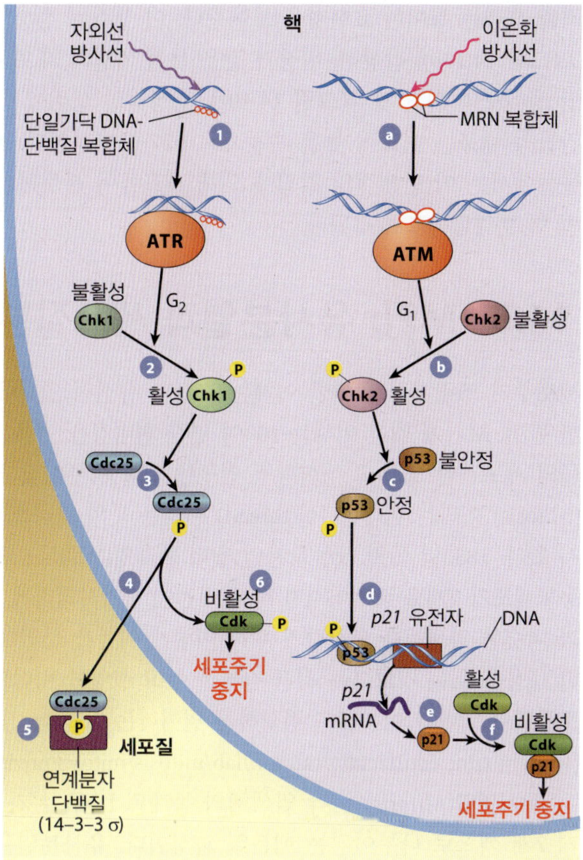

그림 14.9 **두 가지 DNA-손상 세포주기확인점의 작용기작 모형.** ATM과 ATR은 DNA 손상이 일어났을 때 활성화되는 인산화효소 단백질이다. 각 단백질은 세포주기 중단을 일으키는 세포주기확인점 신호전달 경로를 통하여 작용한다. ATM은 DNA 2중나선 구조의 손상에 반응하여 활성화되며, 이 손상은 MRN 단백질 복합체에 의하여 감지된다(*a*단계). 반면 ATR은 복제분기점이 더 이상 진행하지 않거나, 다양한 손상에 의하여 DNA가 복구될 때 만들어지는 단백질-피복 단일가닥 DNA(protein-coated ssDNA)에 의해 활성화된다(1단계). 그림에서 보이는 G_2 경로에서, ATR은 세포주기확인점 인산화효소인 Chk1을 인산화하여 활성화시키고(2단계), 이것이 다시 인산가수분해효소 Cdc25를 인산화하여 불활성화시킨다(3단계). Cdc25는 보통 핵과 세포질 사이를 왔다갔다 한다(4단계). Cdc25는 일단 인산화되면 세포질에 있는 연계 분자단백질에 결합하며(5단계), 결합 이후에는 다시 핵 안으로 되돌아갈 수 없어 Cdk는 인산화된 불활성 상태를 유지한다(6단계). 그림에서 보이는 G_1 경로에서는 ATM이 세포주기확인점 인산화효소 Chk2를 인산화하여 활성화시키고(*b*단계), 이는 다시 p53을 인산화시킨다(*c*단계). p53은 보통 일시적으로 존재하지만, Chk2에 의하여 인산화되면 안정화되어 *p21* 전사를 유도하는 능력이 향상된다(*d*단계). 전사되고 번역된(*e*단계) p21은 직접적으로 Cdk 활성을 억제한다(*f*단계). 히스톤-변형 효소, 크로마틴 리모델링 복합체, 히스톤 변이체 등을 포함한 여러 다른 단백질들도 DNA 손상에 의해 반응하지만, 여기서는 설명하지 않았다.

출처: See *Curr. Opin. Cell Biol.* 21:245, 2009; *Nature Revs. Mol. Cell Biol.* 10: 243, 2009; *Nature Cell Biol.* 13:1161, 2011; and *Genes Develop.* 25:409, 2011.

계). Chk2는 전사인자 p53을 인산화시키고(c단계), p53은 *p21* 유전자의 전사와 번역을 유발한다(d, e단계). 생성된 *p21*은 Cdk를 억제한다(f단계). 사람 종양의 약 50%에서 *p53* 유전자의 돌연변이가 발견된다는 사실은 세포 성장을 제어하는 데 p53이 얼마나 중요한지를 알려준다. p53의 역할은 제16장에서 자세히 설명할 것이다.

p21은 최소 7개의 알려진 Cdk 저해자 중 하나이다. 그림 14.10*a*는 사이클린-Cdk 복합체와 Cdk 저해자(p27) 사이의 상호작용을 보여준다. 이 모형에서 p27 분자는 사이클린 A-Cdk2 복합체의 두 소단위를 가로질러 걸침으로써 촉매소단위의 형태를 변형시켜 인산화효소 활성을 억제한다(**그림 14.10a**). 많은 세포에서 p27은 세포가 S기로 진행되기 전에 인산화되고 분해되어야 한다.

p21과 p27 같은 Cdk 저해자는 세포가 분화할 때 또한 활성화된다. 세포는—근육세포, 간세포, 혈구, 또는 몇몇 다른 종류 세포—분화되기 전에 일반적으로 세포주기에서 빠져 나오면서 분열이 정지된다. Cdk 저해자는 세포가 직접 세포주기에서 빠져 나오게 허용하는 역할을 하거나 이를 유도한다고 생각된다. 유전자 적출 생쥐를 이용하여 특정 Cdk와 사이클린의 기능을 연구한 것과 마찬가지로 Cdk 저해자도 비슷한 방법으로 연구되었다. *p27* 유전자가 결여된 유전자

(*a*) (*b*) (*c*)

그림 14.10 **p27: 세포주기 진행을 중지시키는 Cdk 저해자.** (*a*) p27과 사이클린 A–Cdk2 복합체의 3차원 구조. p27과 상호작용에 의해 Cdk의 촉매소단위 구조가 바뀌어서 단백질 인산화효소 활성이 저하된다. (*b*) 12주령의 한배에서 태어난 생쥐 1쌍. 털 색깔을 결정하는 유전자가 다를 뿐 아니라, 진한 색 털을 갖고 있는 쥐는 *p27* 유전자 1쌍 모두가 없도록($p27^{-/-}$로 표기) 유전적으로 조작되었으며, 이로 인해 크기가 더 크다. (*c*) 정상 생쥐(왼쪽)와 $p27^{-/-}$ 생쥐(오른쪽)의 흉선 비교. *p27* 유전자 제거 생쥐의 흉선은 세포 수의 증가로 인하여 크기가 훨씬 크다.

출처: (a) Alicia A. Russo et al., Nature 382:327, 1996, Fig. 2a에서 발췌. Courtesy of Nikola Pavletich, Howard Hughes Medical Institute; Macmillan Publishers Ltd.의 허가를 얻어 재인쇄함; (b) From Keiko Nakayama et al., courtesy of Kei-ichi Nakayama, *Cell* 85:710, 711, 1996에서 발췌. Elsevier의 허가를 얻음; (c) Keiko Nakayama et al., courtesy of Kei-ichi Nakayama, *Cell* 85:710, 711, 1996에서 발췌. Elsevier의 허가를 얻음.

적출 생쥐는 특이한 표현형을 보여준다. 이 생쥐는 정상 생쥐보다 크고(그림 14.10*b*), 갑상선, 비장과 같은 특정 기관의 세포 수가 정상적인 생쥐보다 훨씬 많다(그림 14.10*c*). 정상적인 생쥐에서 이 특정 기관들의 세포는 비교적 높은 수준으로 p27을 합성한다. p27-제거 동물들에서는 이 단백질의 결핍에 의해 세포들이 분화하기 전에 여러 번 더 분열한다고 생각된다.

14.5 M기: 유사분열과 세포질분열

세포주기 조절기작에 대한 이해는 효모의 유전적 연구에 크게 의존한 반면, M기에 대한 이해는 100여 년간 현미경을 이용한 동물과 식물의 세포관찰, 그리고 생화학적 연구에 의해 이루어졌다. "유사분열(Mitosis)"이라는 이름은 "실(thread)"이라는 뜻의 그리스어인 *mitos*에서 왔다. 1882년 독일 생물학자인 월터 플레밍(Walther Flemming)이 동물세포가 2개로 나누어지기 바로 직전에 불가사의하게 나타나는 실과 비슷한 염색체를 묘사하기 위해 이렇게 이름을 붙였다. 책에 기술한 내용을 읽는 것보다는 시간 간격을 두고 촬영한 비디오를 보면 세포분열이 얼마나 아름답고 정교하게 일어나는 지를 더 잘 알 수 있다(www.bio.unc.edu/faculty/salmon/lab/mitosis/mitosismovies.html).

유사분열(*Mitosis*)은 각 염색체의 복제된 DNA 분자들이 정확하게 2개 핵으로 나누어지는 핵분열 과정이다. 유사분열은 주로 세포가 2 개로 나누어져 세포질이 2개 세포에 의해 싸이는 과정인 **세포질분열**(*cytokinesis*)과 같이 일어난다. 유사분열과 세포질분열의 결과 형성된 두 딸세포들은 그들의 모세포와 똑같은 유전물질을 가진다. 그러므로 유사분열은 염색체 수를 유지하면서 새로운 세포들을 만들어 개체의 성장과 생명체를 지속시키기 위한 과정이다. 유사분열은 반수체나 2배체 세포들에서 일어날 수 있다. 반수체 유사분열은 진균류, 식물 배우자체, 그리고 수벌과 같은 몇 몇 동물들에서 볼 수 있다. 유사분열은 세포가 모든 에너지를 단 하나의 활동(즉, 염색체 분리)에 쏟아 붓는 세포주기 시기이다. 결과적으로 유사분열 동안 전사, 번역을 포함하는 세포의 대부분의 대사 활동은 감소한다. 그리고 세포는 상대적으로 외부 자극들에 반응이 없게 된다.

우리는 특정 인자들이 어떤 과정을 어떻게 조절하는 지를 살아 있는 세포에서 연구함으로써 이 인자들에 대해 많은 것을 배울 수 있었다는 것을 앞 장에서 살펴보았다(469쪽). 유사분열에 대한 생화학적 이해는 개구리 난자로부터 준비된 추출물을 이용함으로써 큰 도움을 받았다. 이런 추출물은 유사분열을 수행하기 위해 필요한 히스톤, 튜불린 등의 모든 재료들을 포함하고 있다. 난자 추출물에 염색질이나 핵을 첨가하면, 염색질은 유사분열 염색체(mitotic chromosome)로 응축된다. 또한 잇따라 이 무세포 혼합물(cell-free mixture) 안에서 자연스럽게 유사분열 방추체가 조립되어 응축된 염색체가 양쪽으로 나누어지게 된다. 어떤 단백질이 유사분열에서 중요하게 작용하는지를 알아보기 위해서는 난자 추출물에 특정 단백질에 반응하는 항체를 첨가하여 해당 단백질을 제거한 상태에서 세포주기 과정이 계속 진행되는 지 여부를 관찰하는 실험을 통해 확인하였다(예: 그림 14.21 참조).

유사분열은 일반적으로 각각의 단계에서 일어나는 일련의 특이 현상에 의해 전기(*prophase*), 전중기(*prometaphase*), 중기(*metaphase*), 후기(*anaphase*), 그리고 말기(*telophase*)의 5시기로 나누어진다(**그림 14.11**). 이 시기들은 사실은 연속된 과정의 일부분이고, 유사분열 시기를 나누는 것은 오직 토론과 실험의 목적을 위해서라는 것을 명심하기 바란다.

14.6 전기

유사분열의 첫 번째 시기인 **전기(prophase)** 동안에 복제된 염색체는 분리되기 위한 준비를 하고 유사분열 장치가 조립된다.

유사분열 염색체의 형성

간기 세포핵에 존재하는 염색질 섬유들은 길이가 매우 길다. 간기 염색질의 풀어신 상태는 전사와 번역을 위해서는 적합하지만 두 딸세포들로 분리되기 위해서는 이상적이지 않다. 세포는 염색체가 분리되기 전인 전기 초기에 **염색체 응축**(**chromosome compaction**, 또는 **chromosome condensation**)이라는 특별한 과정을 통해 염색체를 더 짧고 더 두꺼운 구조로 바꾼다(**그림 14.11** 및 **14.12**).

앞에서 언급했던 것처럼 간기 세포의 염색질은 대략 지름 30nm의 섬유로 구성되어 있다. 비록 논쟁은 있지만, 유사분열 세포들로부터 분리된 염색체의 전자현미경 관찰에서 볼 수 있듯이 유사분열 염색체도 유사한 종류의 섬유들로 구성되어 있는 것으로 추측한다(**그림 14.13a**). 이 관점에 따르면, 염색체 응축은 염색질 섬유의 성질이 바뀌는 것은 아니고 단지 염색질 섬유가 포장되는 방법인 것 같다. 히스톤과 비히스톤(非히스톤) 단백질의 대부분을 녹이는 용액을 유사분열 염색체에 처리하면 온전한 염색체의 기본적인 모양을 그대로 갖고 있는 구조적 뼈대 또는 틀이 나타난다(그림 14.13*b*). DNA 고리의 염기와 비히스톤 단백질이 결합하여 염색체 틀을 만들게 된다(그림 6.15의 고배율 그림 참조).

염색체 응축에 대한 연구는 콘덴신(*condensin*)이라는 풍부한 다단백질 복합체에 초점이 맞춰졌다. 콘덴신 단백질들은 개구리 난자 추출물에 핵을 첨가하였을 때 염색체가 응축되는 동안 염색체와 결합하는 단백질로 발견되었다. 추출물로부터 콘덴신을 제거하면 염색체가 응축되지 않았다. 콘덴신은 염색질 구조의 극적인 변화와 어떻게 연관되어 있는가? 이 질문에 대답할 수 있는 생체 내(*in vivo*) 연구결과는 거의 없지만 상당히 그럴듯한 가설이 있다.

초나선 DNA(supercoiled DNA)는 풀어진 DNA보다 부피가 매우 작다(그림 4.13 참조). 염색질 섬유가 유사분열 염색체만큼 작은 부피로 응축하는 데 DNA 초나선화가 중요한 역할을 한다는 것이 많은 연구들에 의해 밝혀졌다. 시험관 내에서 위상이성질화효소(topoisomerase)와 ATP가 존재하면 콘덴신은 DNA에 결합하고 DNA를 꼬아서 양성 초나선 고리(positively supercoiled loop)로 만든다. 이러한 발견은 전기에 염색체 응축이 일어나는 과정에서 위상이성질화효소 II가 콘덴신과 함께 유사분열 염색체틀의 일부분으로 존재해야 한다는 사실과 잘 들어맞는다(그림 14.13*b*). 콘덴신 작용의 추

전기

1. 염색체 물질들이 뭉쳐서 응집된 유사분열 염색체가 된다. 염색체들은 중심절에서 서로 결합된 2개의 염색분체로 이루어진 것으로 보인다.
2. 세포골격이 해체되고, 유사분열 방추체가 조립된다.
3. 골지복합체와 ER은 분해되고 핵막도 흩어진다.

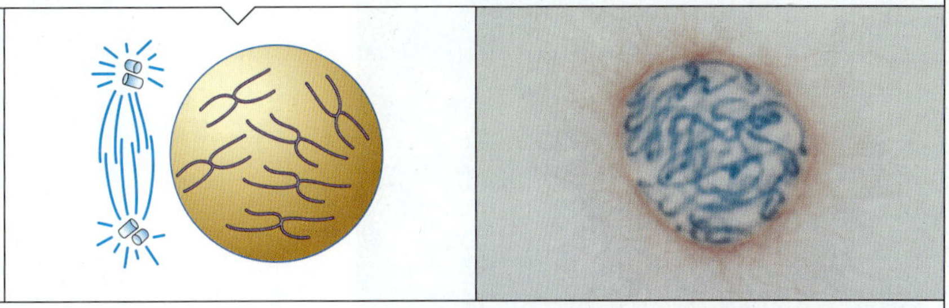

전중기

1. 염색체미세소관이 염색체의 동원체에 붙어 있다.
2. 염색체는 방추체 적도면으로 이동한다.

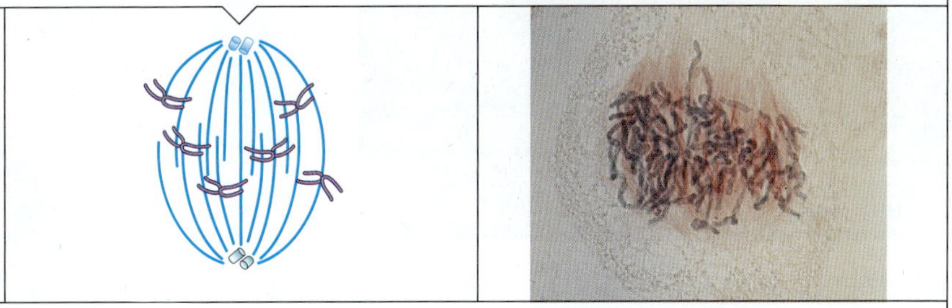

중기

1. 염색체는 양극에서 나오는 염색체 미세소관에 결합하여 중기판을 따라 배열한다.

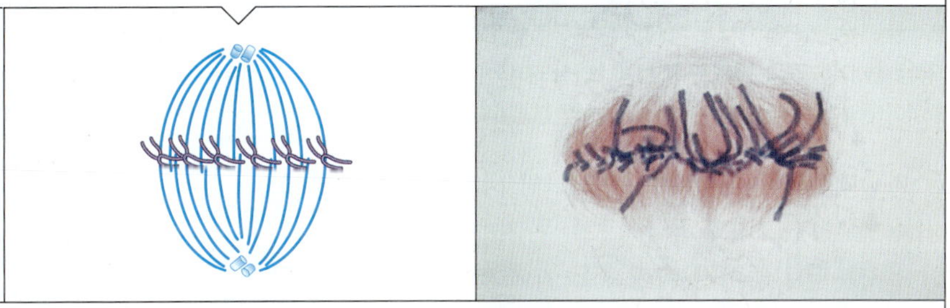

후기

1. 중심절이 갈라지고 염색분체가 분리된다.
2. 염색체는 양쪽 방추체 극으로 이동한다.
3. 방추체 극은 서로 멀어진다.

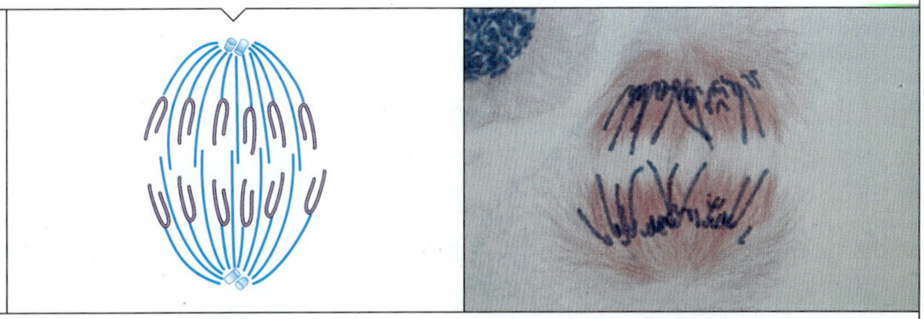

말기

1. 염색체가 양쪽 방추체 극에 모인다.
2. 염색체가 풀어지기 시작한다.
3. 염색체 주변에 핵막이 생기기 시작한다.
4. 골지복합체와 ER이 다시 생긴다.
5. 세포질분열에 의해 딸세포가 생긴다.

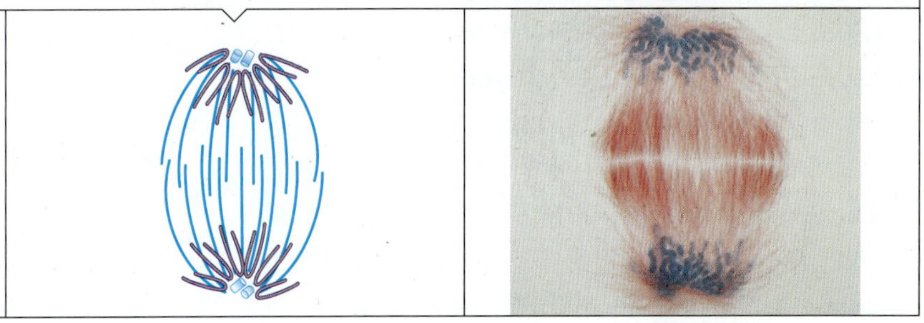

그림 14.11 **동물세포(왼쪽 그림)와 식물세포(오른쪽 사진)의 유사분열 시기.**

출처: Andrew Bajer 사진 제공.

정 모형은 그림 14.14에 나타내었다. G_2기에서 유사분열로 진입하는 역할을 하는 사이클린-Cdk는 유사분열이 시작되는 시기에 콘덴신 소단위 몇 개를 인산화하여 활성화시킨다. 따라서 콘덴신은 Cdk가 세포주기 활동을 촉발시킬 때의 표적 단백질 중 하나이다. V-모양 콘덴신 분자의 소단위 구조를 **그림 14.14**의 아래쪽 삽입도에 나타냈다.

응축 결과로 유사분열 세포의 염색체는 독특한 막대 모양을 보인다. 자세히 관찰하면 유사분열 염색체는 2개 거울상인 "자매(sister)" **염색분체(chromatid)**로 이루어져 있다는 것을 알 수 있다(그림 14.13*a*). 자매염색분체는 전기 전에 일어나는 복제의 결과물로 생성된다.

복제 전에, 각각의 간기 염색체 DNA 몇몇 장소에 **코헤신(cohesin)**

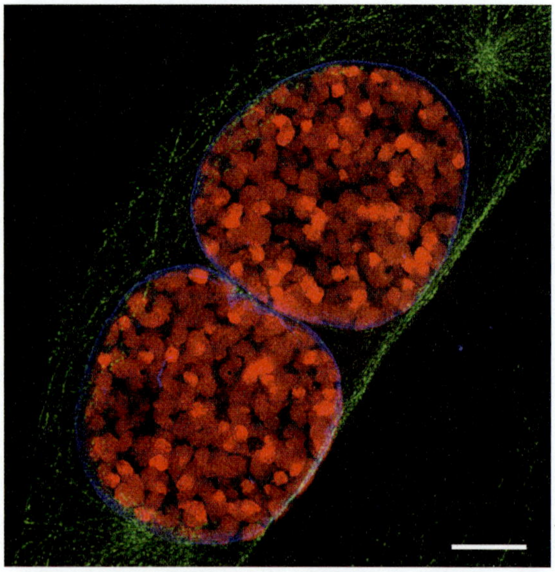

그림 14.12 전기단계의 핵 형태. 두 생쥐세포의 전기 단계 핵에 대한 광학절편으로 초해상력 3D-구조화 조명 현미경(3D-SIM)으로 관찰하였다. 응축된 염색체는 붉은색, 핵막은 파란색, 미세소관은 초록색으로 나타냈다. 측정선은 5 *mm*.

출처: Lothar Schermelleh 제공.

이라고 하는 다단백질 복합체가 결합한다(그림 14.14). 복제 후에 코헤신은 G_2기 동안 내내 그리고 궁극적으로 두 자매 염색분체가 분리되는 시기인 유사분열로 들어갈 때까지 두 자매 염색분체를 함께 잡고 있다. 그림 14.14의 삽입도처럼, 콘덴신과 코헤신은 구조적으로 비슷하다. 수많은 실험 결과들이 그림 14.14의 양쪽에 보이는 것처럼 코헤신 고리가 두 자매 DNA 분자를 둘러싼다는 가설을 지지해준다.

척추동물에서 코헤신은 2개의 별도 단계에서 염색체로부터 분리된다. 대부분의 코헤신은 전기 동안 염색체가 응축될 때 염색체의 팔 부위에서 제거된다. 폴로-유사 인산화효소(polo-like kinase)와 오로라 B 인산화효소(aurora B kinase)라는 두 가지 중요한 유사분열 효소에 의해 코헤신 연관단백질들이 인산화되어 분리가 유도된다. 이후 WAPL 단백질에 의해 코헤신 연관 단백질들은 염색체 팔로부터 제거된다. 결과적으로 각 유사분열 염색체의 염색분체는 팔 부위를 따라 상대적으로 느슨하게 결합되고, 중심절(centromere)에서는 상대적으로 단단히 결합한 상태가 된다(그림 14.13*a*, **그림 14.15**). 중심절에 코헤신이 남아 있는 이유는 코헤신에 첨가되는 인산기를 제거하는 탈인산화효소가 이 부위에 존재하기 때문이라고 생각된다. 뒤에서 언급하겠지만, 정상적으로 중심절에서 코헤신 분리는 후기에서 세파라아제(separase)효소에 의해 유도된다. 만약 실험적으로 인산가수분해효소를 불활성화시키면, 자매염색분체는 후기 전에 미성숙한 상태로 서로에게서 분리된다.

중심절과 동원체

유사분열 염색체에서 가장 눈에 띄는 구조는 중심절의 위치를 알 수 있게 해주는 홈 또는 1차 협착(*primary constriction*)이다(그림 14.13*a*). 중심절은 고도로 반복되는 DNA 서열이 존재하여(그림 4.20

(*a*)

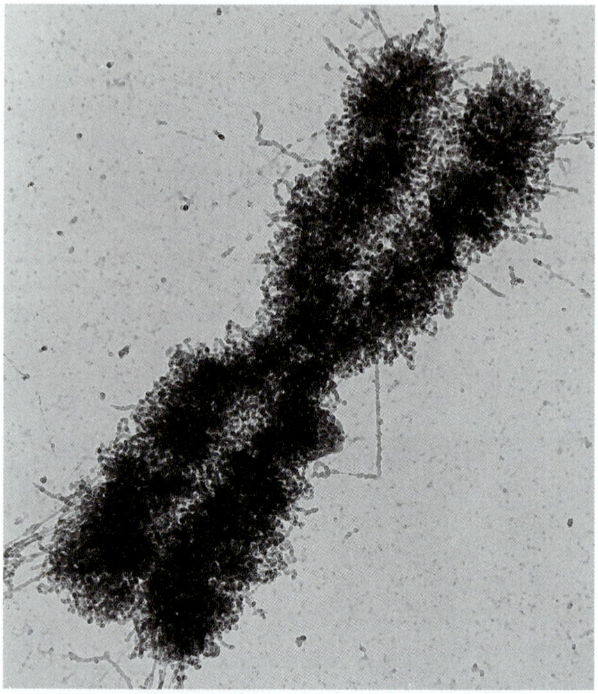

(*b*)

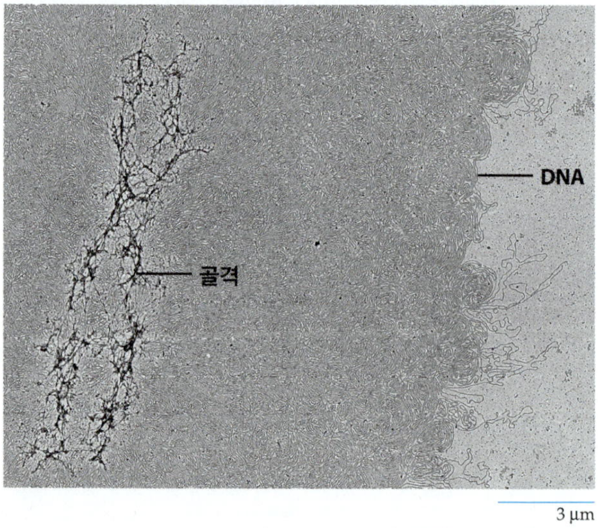

그림 14.13 유사분열 염색체. (*a*) 사람 유사분열 염색체를 관찰한 전자현미경 사진. 지름이 30 nm인 울퉁불퉁한 섬유로 구성되어 있는 구조를 볼 수 있다. 이는 간기의 염색체에서 발견되는 구조와 유사하다. (*b*) 히스톤과 대부분의 비히스톤 단백질이 제거된 후의 유사분열 염색체의 모습. 남아 있는 단백질들이 골격을 형성하여 이로부터 DNA 고리가 뻗어 나온다. (DNA 고리는 그림 6.15에 더 선명하게 나와 있다.)

출처: (a) Gunther F. Bahr, Armed Forces Institute of Pathology, Washington, D.C. (b) James R. Paulson and Ulrich K. Laemmli, *Cell* 12:820, 1977에서 발췌. Elsevier의 허가를 얻음..

참조) 특정 단백질들이 결합하는 부위이다. 유사분열 염색체의 절편들을 관찰하여 염색체의 중심절 바깥 표면에 **동원체(kinetochore)**라는 단추 모양으로 된 단백질 덩어리가 있는 것이 밝혀졌다(**그림 14.16a,b**). 동원체를 구성하는 대부분의 단백질들은 유사분열 전기 초기에 중심절에 모이게 된다. 동원체 단백질들은 히스톤 변이체 CENP-A를 포함한 새로운 뉴클레오솜 때문에 중심절로 모이는 것으

그림 14.14 유사분열 염색체의 형성 과정에서 콘덴신(condensin)과 코헤신(cohesin) 역할에 대한 모형. 그림의 왼쪽에 보이는 것처럼, 복제 직후 코헤신 분자들이 1쌍의 자매염색분체 DNA 나선 구조를 둘러싸서 서로 붙어 있게 된다. 세포가 유사분열을 시작하면, 그림의 오른쪽에 나타낸 것과 같이 콘덴신 분자의 도움을 받으며 응축과정이 시작된다. 이 모형에서 콘덴신은 염색질 내의 초나선 DNA 고리를 둘러싸는 원형고리를 형성하여 염색체를 응축시킨다. 코헤신 분자들에 의해 자매염색분체의 DNA는 계속적으로 붙어있는 상태를 유지한다. 그림에는 나타내지 않았지만, 콘덴신 분자들 간의 협력적 상호작용에 의해 이후 초나선 고리(supercoiled loop)가 더 큰 나선형을 형성하게 되고, 이것이 다시 유사분열 염색체 섬유(mitotic chromosome fiber)로 접히게 된다. 왼쪽과 오른쪽의 삽입도는 각각 코헤신과 콘덴신 복합체 소단위 구조를 보여준다. 2개 복합체 모두 1쌍의 SMC 소단위를 둘러싸며 형성된다. 각각의 SMC 폴리펩티드는 자신을 따라 반대로 접히면서 매우 가늘고 긴 역평행의 연속꼬인나선(coiled-coil) 구조를 만들며, N-말단과 C-말단에 존재하는 ATP-결합 구형영역(ATP-binding globular domain)이 서로 맞닿게 된다. 또한 코헤신과 콘덴신은 SMC이 아닌 소단위를 2~3개 포함하며, 이 소단위에 의해 단백질들의 고리 모양 구조가 완성된다.

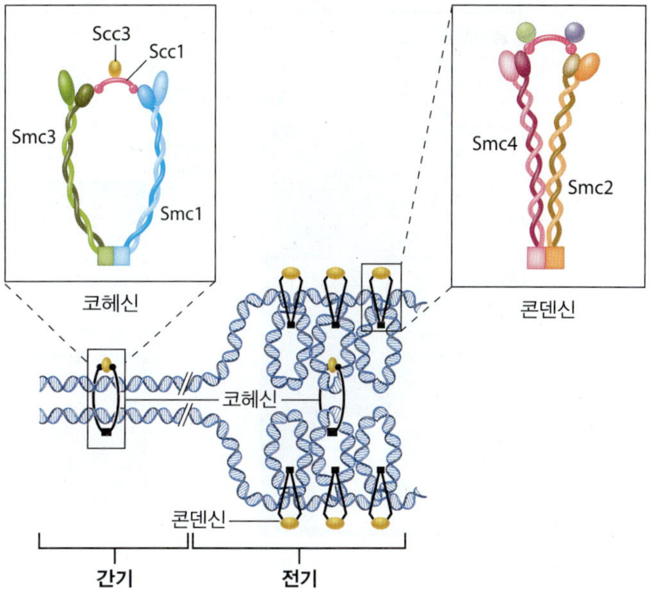

로 생각되어진다(243쪽). 동원체는 (1) 유사분열 방추체의 역동적인 미세소관이 염색체에 결합하는 부위이고(그림 14.30 참조), (2) 염색체 이동에 관여하는 여러 운동 단백질(motor protein)이 분포하며(그림 14.16*c*), (3) 유사분열 세포주기확인점(mitotic checkpoint)의 신호전달경로에 중요한 구성 요소이다(그림 14.31 참조).

유사분열 방추제의 형성

우리는 제13장에서 어떻게 동물세포에서 **중심체(centrosome)**라는 특별한 미세소관-형성 중심(microtubule-organizing center)으로부터 미세소관 조립이 시작되는지 설명하였다(13.4절). 세포가 G_2기를 지나 유사분열로 들어갈 때 세포골격인 미세소관은 전체적으로 해체되면서 **유사분열 방추체(mitotic spindle)**라는 복잡하고 작은 장치의 구성 요소로 재조립되기 위한 준비 과정을 거친다. 간기에 세포골격이 빠르게 해체되는 것은 미세소관들을 안정화시키는 단백질(즉, 미세소관-결합 단백질, microtubule-associated proteins, MAP)의 불활성화 그리고 미세소관을 불안정화시키는 단백질들의 활성화에 의해 이루어진다.

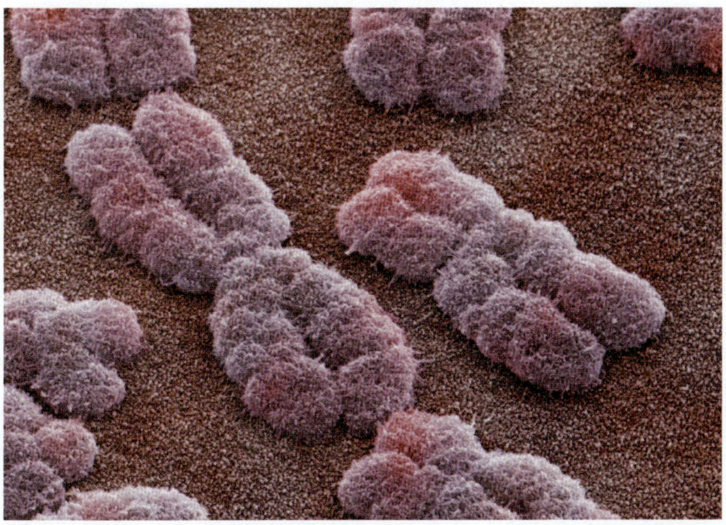
(*a*)

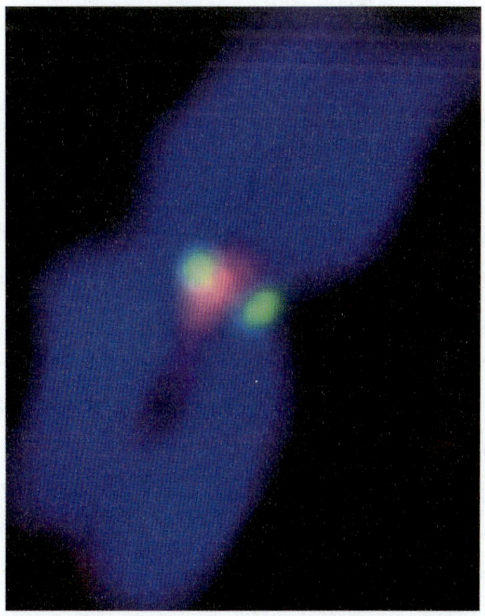
(*b*)

그림 14.15 유사분열 염색체는 코헤신 단백질 복합체에 의하여 서로 결합되는 1쌍의 자매염색분체로 구성된다. (*a*) 주사전자현미경으로 관찰한 사람 중기 염색체 사진. 짝을 이룬 상동염색분체들이 팔 쪽에서는 느슨하게 붙어 있고, 중심절에서는 단단하게 결합되어 있음을 볼 수 있다. 염색분체들은 후기 때까지 서로 분리되지 않는다. (*b*) 배양한 사람세포의 중기 염색체 형광현미경 사진. DNA는 파란색으로, 동원체는 초록색으로, 코헤신은 붉은색으로 염색하였다. 사진에서 코헤신은 자매염색분체의 팔에서는 사라졌지만, 자매염색분체가 단단히 결합하고 있는 중심절 부위에는 계속 분포하고 있다.

출처: (a) Andrew Syred/Photo Researchers, Inc; (b) By S. Hauf and Jan-Michael Peters, *Nature Cell Biol.* 3:E17, 2001 Fig. 1c에서 발췌. Macmillan Publishers Ltd.의 허가를 얻어 재인쇄함.

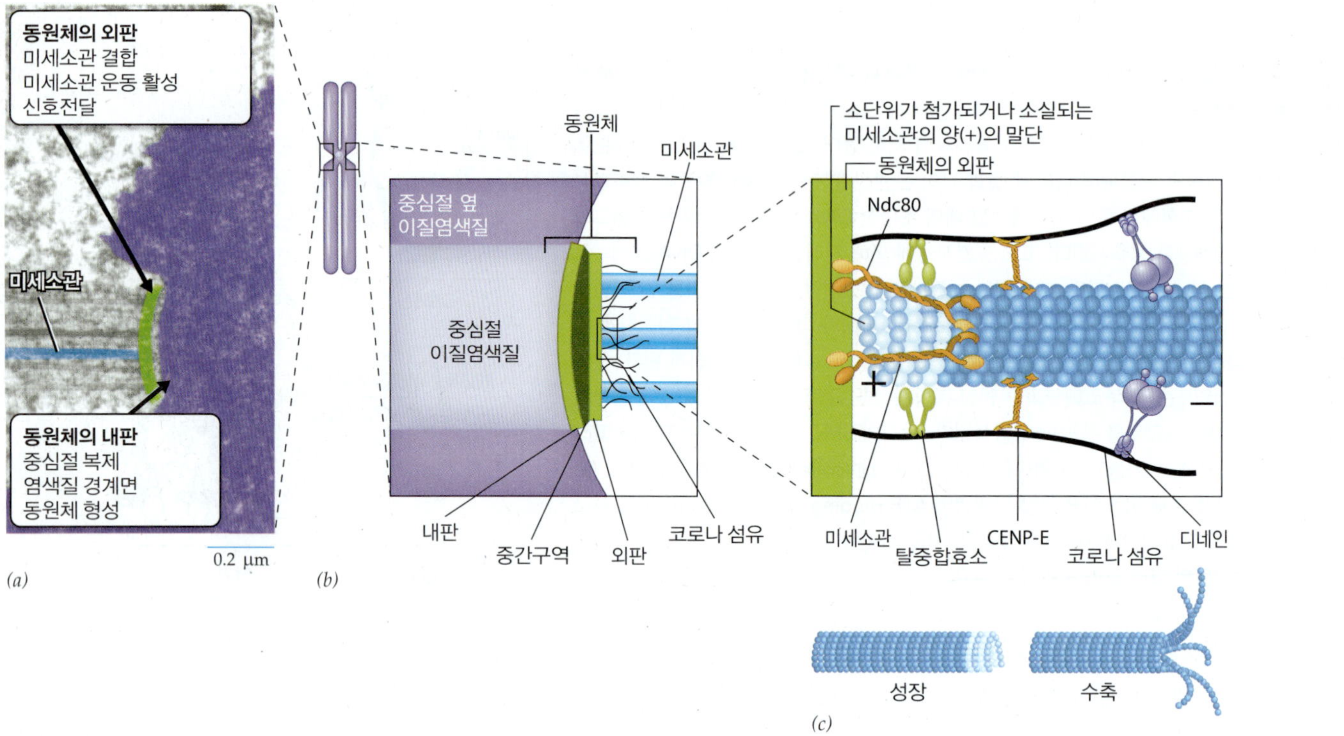

그림 14.16 **동원체.** (*a*) 포유동물 중기 염색체의 3층(trilaminar) 구조로 된 동원체 단면을 보여주는 전자현미경 사진. 유사분열 방추체의 미세소관들이 동원체에 결합되어 있다. (*b*) 동원체의 개요도는 동원체에 전자 밀도가 높은 내판(inner plate)과 외판(outer plate)이 엷게 염색되는 중간구역(interzone)에 의하여 분리되어 있음을 보여준다. 추정되는 내판과 외판의 기능은 *a* 그림에 나타내었다. 내판에는 염색체의 중심절 이질염색질(centromeric heterochromatin)에 결합하는 다양한 종류의 단백질이 존재한다. 외판에는 섬유성 코로나(fibrous corona)가 결합한다. 섬유성 코로나에는 염색체 이동에 관여하는 운동단백질이 결합한다. (*c*) 동원체의 바깥 표면에서 발견되는 몇몇 단백질의 배치를 제안한 도식적 모형. 동원체와 결합하는 운동단백질들 중에서, 세포질 디네인(cytoplasmic dynein)은 미세소관의 음(−)의 말단으로 움직이는 반면, CENP-E는 양(+)의 말단 쪽으로 움직인다. 또한 운동단백질들은 미세소관이 동원체에 붙어 있도록 하는 역할을 한다. "탈중합효소(depolymerase)"라고 표시된 단백질은 키네신 대집단(kinesin superfamily) 중의 하나인데, 운동에 관여하지 않고 미세소관의 탈중합과정과 관련된 기능을 한다. 그림에서 탈중합효소는 비활성 상태로 존재하여 미세소관은 탈중합이 일어나지 않는다. Ndc80은 4개의 다른 소단위로 구성된 단백질 복합체로 동원체 본체에서부터 바깥쪽으로 길게 늘어난 57 nm 길이의 막대 모양을 하고 있다. 복합체의 양쪽 말단에 있는 글로벌 도메인은 미세소관과 동원체 부착을 매개한다. Ndc80 소섬유(fibril)는 동원체를 미세소관의 양(+)의 말단에 연결시켜 주는 연결자로 알려져 있다.

출처: (a) Don W. Cleveland, UCSD, et al., *Cell* 112:408, 2003 Fig. 1c에서 발췌, Elsevier의 허가를 얻음. Kevin Sullivan 이미지 제공.

유사분열 방추체의 형성을 이해하기 위해서는 세포주기와 함께 진행하는 **중심체주기**(*centrosome cycle*)를 검토할 필요가 있다(**그림 14.17a**). 하나의 동물세포가 유사분열에서 벗어나면, 각 세포질은 서로 직각으로 위치한 2개 중심립(centriole)을 포함하는 하나의 중심체를 갖는다. 세포질분열이 완료되기 전에, 각 딸세포에서 밀착되어 존재하던 2개의 중심립 사이가 벌어지게 된다[이것을 "분리된다(disengage)"고 말함]. 이 현상은 유사분열의 늦은 시기에 활성화되기 시작하는 세파라아제 효소에 의해 개시된다. 나중에 S기의 핵 안에서 DNA 복제가 시작될 때 세포질에서 중심체의 각 중심립은 "복제"를 시작한다. 이 과정은 이미 존재하던 각각의 중심립[모중심립(maternal centriole)] 바로 옆에 작은 **전중심립**(*procentriole*)이 직각으로 출현하면서 시작한다(그림 14.17*b*). 미세소관이 신장함에 따라 각각의 전중심립은 완전한 길이의 딸중심립(daughter centriole)으로 전환된다. 유사분열이 시작되는 시기에 중심체는 근접한 2개 중심체로 나눠지는데, 각각은 한 쌍의 모녀중심립(mother-daughter centriole)을 갖고 있다. G_1–S 전환에서 DNA 복제 시작에 관여하는 Cdk2 인산화효소가 중심립 단백질을 인산화시킴으로써 중심체 복제가 시작된다(그림 14.8). 중심체 복제는 엄격하게 제어되는 과정으로 각 세포주기 동안 모중심립은 단지 하나의 딸중심립을 생산한다. 추가적인 중심립들이 생성되면 세포가 비정상적으로 분열하게 되고, 암이 발생할 수 있다(그림 14.17*c*).

전형적인 동물세포에서 유사분열 방추체 형성의 첫 단계는 이른 전기에 각 중심체 주변 미세소관들이 "방사상으로 퍼지는(sun-burst)" 모양의 배열[또는 **성상체(aster)**]을 형성하는 것이다(**그림 14.18**). 제13장에서 설명한 것처럼, 미세소관 양(+)의 말단(plus end)에 소단위가 추가되어 길어지는 반면에, 미세소관 음(−)의 말단은 중심체의 주변중심립 물질(pericentriolar materila, PCM)과 결합된 채로 남아 있다. 유사분열 전기에 폴로-유사 인산화효소에 의한 PCM 단백질들의 인산화는 방추체 미세소관 형성을 자극하는 중요한 역할을 하는 것으로 생각된다. 성상체가 형성된 후 중심체가 서로 분리되어 핵을 따라 움직이면서 세포의 반대쪽 끝으로 이동한다. 중심체 분리는 인접한 미세소관에 연결되어 있는 운동단백질에 의해 유도된다. 중심체

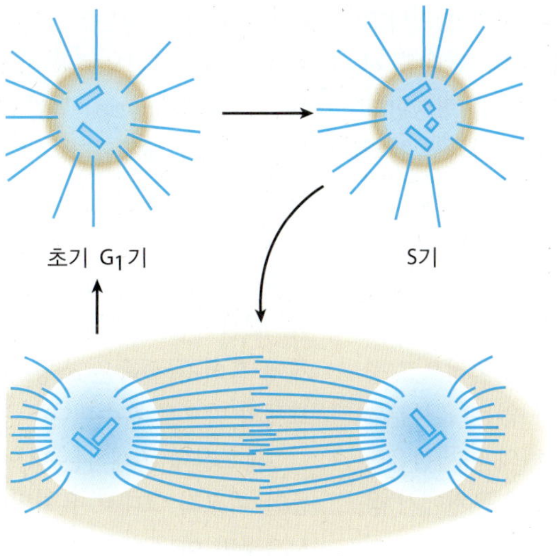

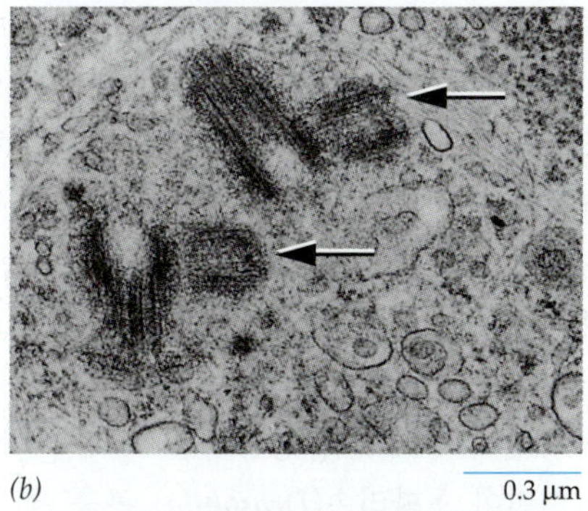

(b)

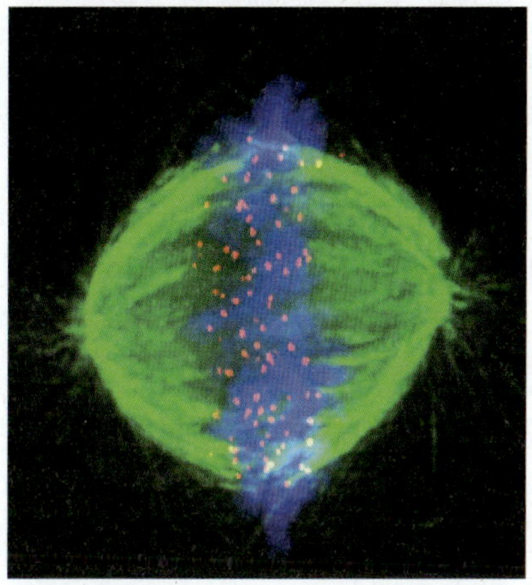

(c)

(d)

그림 14.17 **동물세포의 중심체주기(centrosome cycle).** (*a*) G_1기 동안 중심체 안에는 1쌍의 중심립이 존재하며, 이 중심립들은 유사분열 시기처럼 단단하게 결합되어 있지는 않다. S기 동안 딸 전중심립이 모중심립 옆에 생성되어 중심체 안에는 2쌍의 중심립을 볼 수 있다(*b* 참조). 딸 전중심립은 G_2기 동안 계속하여 성장하고, 유사분열이 시작되면 중심체가 둘로 나뉘어져 중심립 각 쌍은 각각의 중심체를 형성한다. 중심체가 나누어짐에 따라, 중심체들은 유사분열 방추체를 형성하는 미세소관 섬유들을 조직화한다. (*b*) 이 세포의 중심체는 2개의 모중심립과 연관된 딸 전중심립(화살표)을 갖고 있다. (*c*) 이른 중기에 정상 방추체의 형광현미경 사진. 미세소관(초록색), 염색체(파란색), 동원체 단백질(붉은색). (*d*) 생쥐의 유방암 세포는 정상적인 2개의 중심체보다 더 많은 중심체를 가지고 있어(붉은색) 다극성 방추체장치(multipolar spindle apparatus)를 형성한다(초록색). 정상보다 많은 수의 중심체는 염색체 분리 현상에 이상을 초래하여 염색체 숫자를 비정상적으로 만든다(파란색). 이것은 악성종양세포의 전형적인 특징이다.

출처: (a) After D. R. Kellogg et al., *Annual Review of Biochemistry*, Elsevier의 허가를 얻어 재인쇄함. Vol. 63; 저작권 1994, Annual Review of Biochemistry by Annual Reviews. Annual Reviews의 지적재산권 청산 센터를 통해 교과서 사용을 목적으로 재사용함; (b) Jerome B. Rattner and Stephanie G. Phillips, *J. Cell Biol.* 57:363, 1973, Fig. 4에서 발췌. 락펠러대학교 출판부의 허가를 얻어 재사용함; (c) Jason Stumpff 제공; (d) Thea Goepfert and W. R. Brinkley 제공, Baylor College of Medicine, Houston, Tx.

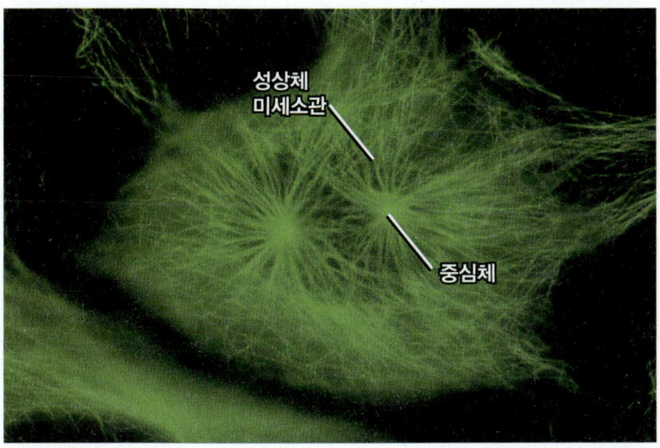

그림 14.18 **유사분열 방추체의 형성.** (*a*) 전기 동안 염색체가 응축하기 시작하면, 중심체는 유사분열 방추체를 형성하는 미세소관 다발들을 조직화시키면서 서로 반대쪽으로 이동한다. 이 현미경 사진은 전기 초기의 도롱뇽 폐 세포를 배양하여, 튜불린에 대한 형광 항체로 염색한 것으로 세포의 미세소관이 어떠한 형태로 분포되어 있는지 보여준다(초록색). 발달 중인 유사분열 방추체의 미세소관은 세포 내 2곳에서 방사상으로 퍼져 나오는 것으로 보인다. 이 위치는 유사분열 전기에 양극을 향하여 이동하는 2개 중심체의 위치에 해당한다. 사진에서 염색되지 않은 어두운 부분으로 보이는 세포핵 위에 중심체가 위치한다.

출처: Jennifer Waters, Richard W. Cole, and Conly L. Rieder, *J. Cell Biol.* 122:364, 1993 Fig. 2에서 발췌. 락펠러대학교 출판부의 허가를 얻어 재사용함. Conly L. Rieder 제공.

가 분리될 때 중심체 사이를 이어주는 미세소관들의 수가 늘어나면서 길어지게 된다(그림 14.18). 결국 2개의 중심체는 서로 반대쪽 지점에 도달하고 **양극성**(*bipolar*) 유사분열 방추체의 두 극을 형성한다(그림 14.17*a*). 중심체는 유사분열에 의해 각 딸세포에 하나씩 분배된다.

고등 식물세포와 쥐의 초기 배아를 포함하는 몇 가지 다른 종류의 동물세포는 중심체가 결핍되었음에도 불구하고 양극 유사분열 방추체가 형성되고 비교적 정상적인 유사분열을 수행한다. 중심체가 없는 돌연변이 초파리속(*Drosphila*) 곤충 세포, 또는 실험적으로 중심체가 제거된 포유동물 세포도 기능적으로 문제가 없는 유사분열 방추체를 형성한다. 이러한 경우에 유사분열 방추체의 미세섬유들은 중심체가 원래 놓여 있던 양극 쪽이 아니라 염색체 근처에서 응집되기 시작한다. 그 후 미세섬유의 중합체가 형성되기 시작하면 미세섬유 음(−)의 말단은 운동단백질의 활성에 의해 각각의 방추체 극(spindle pole)에 집중되어 모이게 된다(**그림 14.19**). 여러 실험 결과 세포가 동일한 목적을 달성하기 위해 근본적으로 두 가지의 다른 기작—중심체 의존적, 중심체 비의존적—을 갖고 있다는 것을 보여준다. 최근 연구들을 보면 방추체 형성의 두 가지 경로가 같은 세포에서 동시에 일어난다는 것과 정상 기능을 하는 중심체를 가진 세포들에서도 방추체 미세소관들의 일부가 염색체에서 응집되기 시작한다는 것을 알게 되었다.

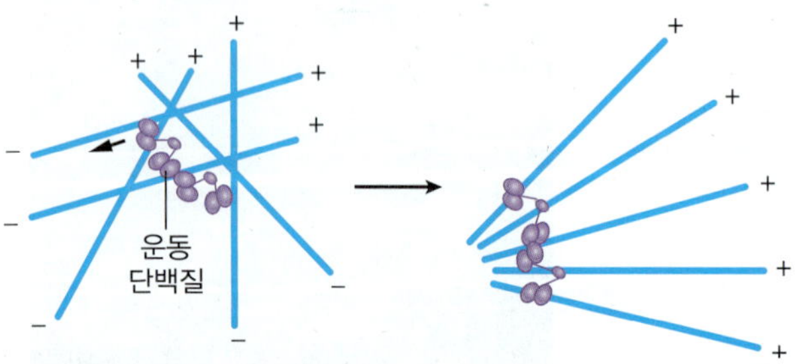

그림 14.19 **중심체가 없는 상태에서 방추체 극의 형성.** (*a*) 이 모형에서 각각의 운동단백질들은 여러 개의 머리를 갖고 있으며, 이들이 각기 다른 미세소관들과 결합한다. 운동단백질의 이동에 의해 미세소관 음(−)의 말단이 모여들어 뚜렷한 방추체 극을 형성한다. 중심체가 없을 때 이런 기작에 의해 방추체 극의 형성이 가능하다고 생각되어진다. 그렇지만, 중심체가 있는 경우에도 어떠한 역할을 수행하는 듯하다.

출처: A. A. Hyman and E. Karsenti, *Cell* 84:406, 1996에서 발췌. Cell Press의 허가를 얻음. Cell by Cell Press. Cell Press의 허가를 얻어 지적재산권 청산 센터를 통해 교과서 사용을 목적으로 재인쇄함.

핵막의 해체와 세포내 소기관들의 분배

대부분의 진핵세포에서 유사분열 방추체는 세포질에서 조립되는 반면, 염색체는 핵질에서 응축된다. 그러므로 방추체와 염색체 사이의 상호작용은 전기 말에 핵막이 붕괴한 후에 가능해진다. 핵막의 주요한 세 가지 구성요소들—핵공복합체(nuclear pore complexes), 핵박판(nulear lamina), 핵막—은 독립적인 과정에 의해 해체된다. 모든 과정은 주요 유사분열 인산화효소, 특히 사이클린 B-Cdk1이 주요 기질을 인산화시킴으로써 시작된다고 생각된다. 핵공복합체는 뉴클레오포린(nucleoporin) 복합체 사이의 상호작용이 깨지고 주변으로 흩어짐에 따라 해체된다. 핵박판은 라미닌 섬유의 탈중합에 의해 해체된다. 핵막은 초기에는 바깥쪽 핵막에 결합된 세포질 디네인(dynein) 분자들에 의해 핵막에 구멍이 생기면서 물리적으로 찢어지면서 해체된다. 핵막으로 된 부분이 이후에 어떻게 되는지는 아직 논란거리이다. 고전적인 견해에 따르면, 핵막은 조각이 나서 유사분열 세포 전체에 흩어지는 작은 소낭 집단이 된다. 다른 견해는 핵의 막들이 소포체의 막으로 흡수된다는 것이다.

세포질에 존재하는 막으로 싸여 있는 몇몇 소기관들은 유사분열 동안 비교적 그대로 유지된다. 여기에는 미토콘드리아, 리소솜, 퍼옥시솜뿐만 아니라 식물세포의 엽록체도 포함된다. 최근 몇 년간 골지복합체와 소포체가 유사분열 동안 분해되는 기작에 대한 논쟁이 있어 왔다. 한 견해에 의하면, 골지복합체는 전기 동안 구성물이 소포체 안으로 흡수되어 뚜렷한 기관으로 존재하지 못하게 된다. 다른 견해에 의하면, 골지의 막들이 조각나서 작은 소낭을 형성하여 두 딸세포로 분배된다. 주로 조류와 원생동물의 연구에 기초한 세 번째 견해는 전체 골지복합체가 2개로 조각나게 되고, 각 딸세포들은 원래 구조의 절반을 받는다. 결론적으로 다양한 종류 세포 또는 개체는 여러 종류의 골지 유전 기작을 이용하는 것으로 보인다. 소포체의 운명에 대한 우리의 이론들도 또한 바뀌었다. 살아 있는 포유동물 세포에서 관찰한 최근 연구결과들은 소포체 연결망이 유사분열 동안에도 비교적 온전하다고 한다. 이런 견해는 난자와 배아를 이용한 많은 초기 연구들에서 제기한 '전기 동안에 소포체가 넓은 범위에 걸쳐 조각으로 갈라진다'는 주장을 반박하고 있다.

14.7 전중기

핵막의 해체는 유사분열의 두 번째 시기인 **전중기(prometaphase)**가 시작됨을 나타낸다. 전중기 동안 유사분열 방추체가 완전히 조립되고 염색체는 세포의 중앙으로 자리를 옮긴다. 다음의 설명은 전중기 시기의 일반적인 특징에 대한 것이지만, 실제로는 이 과정에서 많은 변형된 현상들이 보고되고 있다.

전중기가 시작될 때, 응축된 염색체는 원래 핵이었던 공간 전체에 퍼져 있다(**그림 14.20a**). 방추체 미세소관이 세포의 중앙 지역을 관통할 때 미세소관 양(+)의 말단은 마치 염색체를 찾으려고 "탐색하고" 있는 것처럼 역동적으로 늘어나고 줄어드는 것이 보인다. 여러 증거들에 의하면, 미세소관이 주로 염색체가 있는 쪽으로 집중하여 자라는 것이 보이기 때문에 이러한 탐색이 완전히 무작위적으로 일어나는지는 불확실하다. 동원체와 접촉한 미세소관들은 "포획(captured)"되어 안정화된다.

일반적으로 동원체는 처음에는 미세소관의 끝보다는 미세소관의 측면과 접촉한다(1단계, 그림 14.20*b*). 한번 초기 접촉이 이루어지면 염색체들은 동원체에 위치한 운동단백질에 의해 미세소관의 벽을 따

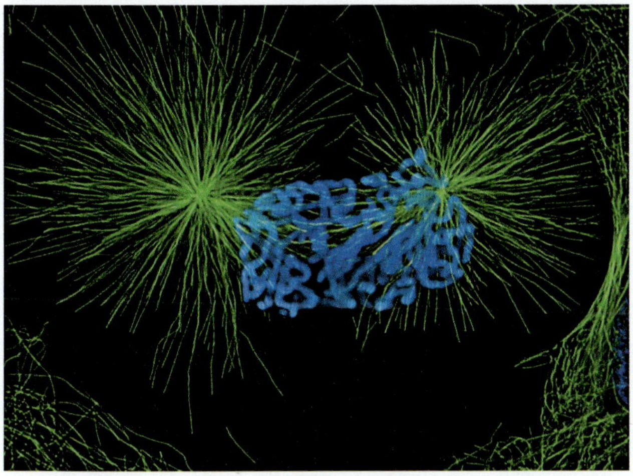

(a)

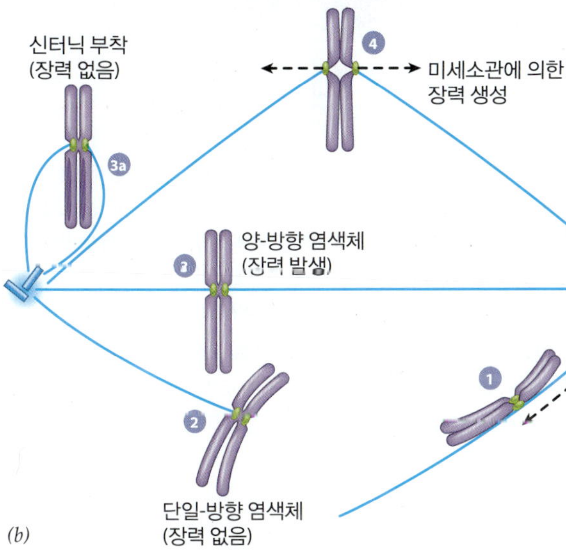

(b)

그림 14.20 전중기. (*a*) 유사분열의 이른 전중기시기에 있는 배양된 도룡뇽 폐세포를 핵막이 분해된 직후에 찍은 형광현미경 사진. 유사분열 방추체의 미세소관은 이때부터 염색체와 상호작용할 수 있다. 튜불린에 대한 단일클론 항체로 표지한 유사분열 방추체는 초록색으로 나타나고, 염색체는 형광 물질로 표지하여 파란색으로 나타난다. (*b*) 전중기 동안 염색체-미세소관 상호작용의 연속적인 과정 개요. 1단계에서 동원체는 미세소관 측면에 부착한 다음 동원체 결합 운동단백질에 의해 미세소관을 따라 한쪽 방향으로 이동한다. 2단계에서 염색체는 한쪽 방추체 극에서 나온 미세소관 양(+)의 말단과 만난다(한쪽 끝에만 부착되어 단일-방향 염색체를 형성한다). 3단계에서 염색체는 양쪽 방추체 극에서 유래한 미세소관과 결합한다(양-방향 염색체가 형성된다). 4단계에서 양-방향 염색체는 세포의 중심으로 이동하여 중기판을 형성한다. 이 단계에서 염색체는 양쪽 끝의 방추체 극으로부터 미세소관에 의해 발휘되는 잡아당기는 힘 때문에 장력을 갖게 된다(염색질사이의 빈 공간이 보임). 3a단계에서 염색체의 양쪽 동원체는 동일한 방추체 극에서 온 미세소관과 결합한다. 이러한 비정상적인 신터닉(syntelic) 부착은 나중에 설명한다.

출처: (a) Alexey Khodjakov 제공, Wadsworth Center, NY.

라 활발히 움직인다. 그러나 곧 동원체는 하나의 방추체 극에서 뻗어 나온 하나 또는 그 이상의 방추체 미세소관의 양(+)의 말단과 안정적으로 결합한다(2단계). 오직 한 방추체 극에서 나온 미세소관과 결합한 염색체는 전중기 기간에 불안정한 상태로 존재하게 된다. 자매염색분체의 미세소관에 부착되지 않은 동원체는 궁극적으로 반대쪽 방추체 극으로부터 나온 다른 미세소관을 만나게 된다(3단계).

최근 연구에 의하면 미세소관은 또한 염색질에 기반한 경로를 통해서도 형성될 수 있다. 이런 미세소관은 염색체로부터 자라게 된다. 즉, 튜불린 소단위가 인접한 염색체에 통합되어 중합되면서 결국 유사분열 방추체와 만나게 된다. 존재하는 미세소관의 한쪽 면으로부터 미세소관 형성 과정도 최근에 관찰되었다. 이러한 기작은 모두 방추체 내의 고밀도 미세소관 형성에 관여하며, 궁극적으로 각 유사분열 염색체의 2개 자매염색분체에 있는 동원체는 반대쪽 극으로부터 뻗어 나온 미세소관에 연결된다.

살아 있는 세포를 관찰해 보면 전중기의 염색체가 방추체 미세소관과 연결된 후 바로 방추체의 중심으로 이동되는 것이 아니라, 극 방향과 반대 극 방향으로 앞뒤로 움직이는 것을 볼 수 있다. 결국 전중기 세포의 염색체들은 **회합(congression)** 과정에 의해서 유사분열 방추체의 중심, 즉 양극 사이의 가운데로 이동된다(4단계, 그림 14.20*b*). 전중기 동안 염색체가 움직이는 데 필요한 힘은 동원체와 염색체 팔에 결합된 운동단백질에 의해 생긴다(그림 14.33*a*에 설명되어 있음). **그림 14.21**은 극으로부터 염색체를 멀리 밀어내는 기능을 가진 염색체성 운동단백질이 결핍되었을 때의 결과를 보여준다.

미세소관의 역동성도 전중기 동안 염색체가 움직이는 데 중요한 역할을 한다. 염색체가 유사분열 방추체의 중심으로 회합할 때, 한쪽 동원체에 결합된 좀 더 긴 미세소관들은 짧아지고, 자매염색분체의 동원체에 붙은 더 짧은 미세소관들은 더 길어진다. 미세소관 길이의 이런 변화는 두 자매동원체를 끄는 힘(장력)의 차이에 의해 조절된다고 생각된다. 미세소관이 짧아짐과 길어짐은 주로 미세소관의 양(+)의 말단에 소단위가 소실되거나 추가되면서 일어난다(**그림 14.22**). 놀랍게도, 이 역동적인 활동은 각 미세소관의 양(+)의 말단이 동원체에 부착되어 있는 동안에 일어난다.

결국 각 염색체는 방추체 중심면 쪽으로 이동하고, 그 결과 각 극에서 유래된 미세소관들은 동일한 길이가 된다. 전중기 동안 한쪽 극 근처 주변부에 있던 염색체가 유사분열 방추체의 중심으로 이동하는 것을 **그림 14.23**에서 연속 사진으로 보여주고 있다.

14.8 중기

각 염색체의 염색분체 중 하나가 동원체를 통하여 한쪽 극에서 온 미세소관과 연결되고, 이 염색체의 다른 자매염색분체의 동원체가 다른 쪽 극에서 유래한 미세소관과 연결되어 모든 염색체가 방추체 적도면에 정렬하게 되면, 그 세포는 **중기(metaphase)**에 도달한 것이다(**그림 14.24**). 중기에서 염색체가 정렬한 면을 중기판(*metaphase plate*)이라고 부른다. 중기 세포의 유사분열 방추체는 매우 조직화된 미세소관을 포함하고 있으며, 세포 중앙에 위치한 복제된 염색분체를 분리시키는 일에 적합하다. 동물세포의 중기 방추체 미세소관은 기능적으로 그리고 공간적으로 3개의 무리로 나눌 수 있다(그림 14.24).

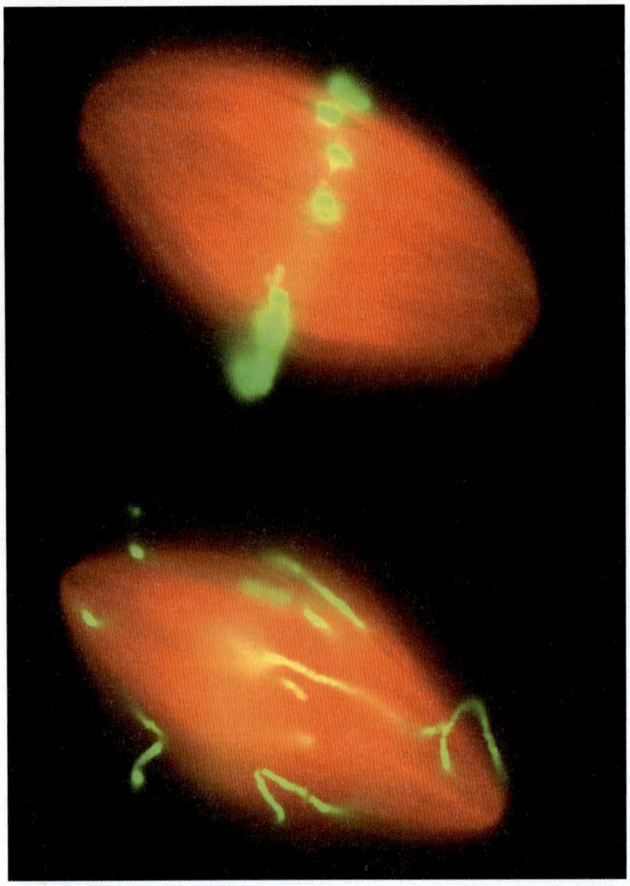

그림 14.21 전중기 동안 운동단백질의 결여가 염색체 배열에 미치는 결과. 위쪽 현미경 사진은 온전한 개구리 난자 추출물에서 만들어진 유사분열 방추체를 보여준다. 아래쪽 사진은 Kid라는 특정 키네신-유사 단백질을 제거한 개구리 난자 추출물에서 만들어진 방추체를 보여준다. Kid 단백질은 전중기 염색체의 팔 부위를 따라 분포한다. 이 운동단백질이 결여된 경우 염색체는 방추체의 중심에 배열할 수 없고, 방추체 미세소관에 의해 당겨져서 양극 쪽에 모여 있게 된다. Kid 단백질은 정상적으로는 염색체가 양극으로부터 이동할 수 있는 힘을 제공한다(그림 14.33*a* 참조).

출처: Celia Antonio et al., *Cell* vol. 102, cover #4, 2000에서 발췌. Elsevier의 허가를 얻음. Isabelle Vernos 제공.

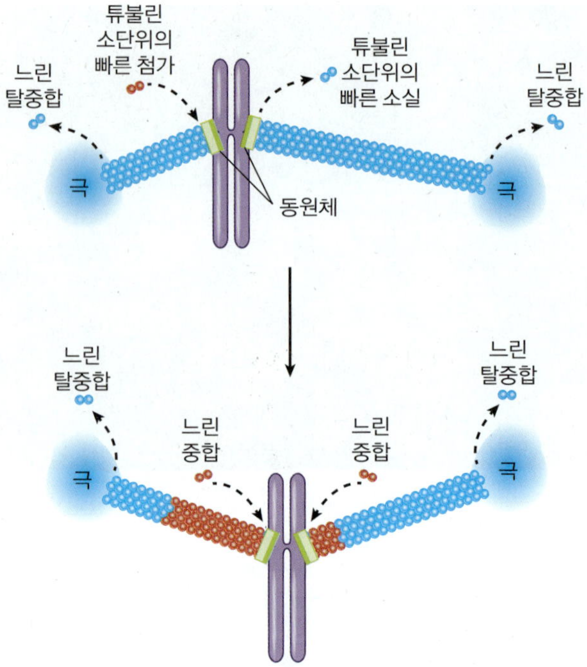

그림 14.22 중기판을 형성하는 동안 미세소관의 움직임. 처음에 염색체는 양극으로부터 뻗어 나온 매우 다양한 길이의 미세소관들과 연결되어 있다. 전중기가 진행함에 따라, 한쪽 극에서 유래된 미세소관은 동원체 부분에서 튜불린 소단위가 빠르게 소실되어 짧아지게 된다. 반면 반대쪽 극에서 나온 미세소관은 동원체에서 빠른 속도로 튜불린 소단위가 첨가되어서 길이가 길어지게 된다. 이를 통해 미세소관 길이의 불균형이 해소된다. 이러한 변화는 아래쪽 그림처럼 전중기와 중기 동안 계속적으로 일어나는 훨씬 더 느린 중합과 탈중합으로 대체된다. 이로 인해서 미세소관 소단위가 극 쪽으로 이동하면 이러한 움직임을 미세소관 유동(microtubule flux)이라고 한다.

1. 성상체 미세소관(*astral microtubule*)들은 중심체에서 사방으로 뻗어 나와 방추체의 바깥 방향으로 퍼져 나간다. 이들은 세포 내에서 방추체 장치의 위치를 결정하고, 세포질분열의 수평면을 결정하는 일을 하는 것으로 생각된다.
2. 염색체 미세소관(*chromosomal microtubule*) 또는 동원체 미세소관(*kinetochore microtubule*)들은 중심체와 염색체의 동원체 사이에 뻗어 있다. 포유동물 세포에서 각각의 동원체는 방추사(spindle *fiber* 또는 *k-fiber*)를 형성하는 20~30개로 된 미세소관 다발에 부착된다. 중기 동안에 염색체 미세소관들은 동원체를 끌어당기는 힘을 발휘한다. 결과적으로, 염색체들은 반대쪽 극으로부터 나온 방추사들이 양쪽으로 끌어당기는 줄다리기에 의해 힘의 균형이 잡혀서 적도면에 위치하게 된다. 후기 동안에 극 쪽으로 염색체를 이동시키기 위하여 염색체 미세소관들이 필요하다.
3. 극미세소관(*polar microtubule*)들은 중심체에서 뻗어 나와서 염색체를 지나간다. 하나의 중심체로부터 나온 극미세소관들은 반대쪽 중심체에서 나온 극미세소관들과 서로 겹쳐진다. 극미세소관의 바구니 같은 구조에 의해 방추체는 역학적으로 완전한 형태를 유지하게 된다.

만약 유사분열 영상이나 비디오를 본다면, 중기는 마치 모든 유사분열 활동이 갑자기 정지해서 짧은 시간 동안 세포가 중지해 있는 시기처럼 보인다. 그러나 실험 결과, 중기는 중요한 일들이 일어나는 시기라는 것이 밝혀졌다.

염색체가 중기판에 배열했을 때 염색체 미세소관의 길이에는 특별한 변화가 없는 것처럼 보인다. 그러나 형광으로 표지된 튜불린을 이용한 연구에서 미세소관이 매우 역동적인 상태로 존재한다는 것이 밝혀졌다. 비록 미세소관 양(+)의 말단이 동원체에 붙어 있을지라도, 튜불린 소단위가 염색체 미세소관 양(+)의 말단에서 빠르게 제거되거나 추가된다. 그러므로 동원체는 미세소관의 끝에서 튜불린 소단위의 출입을 방해하는 마개와 같은 역할을 하는 것이 아니라, 역동적인 활동이 일어나는 장소라는 것을 알 수 있다. 제거되는 것보다 더 많은 소단위가 양(+)의 말단에 추가되면 동원체에서 소단위의 전체 개수는 늘어나게 된다. 그동안 미세소관 음(−)의 말단에서

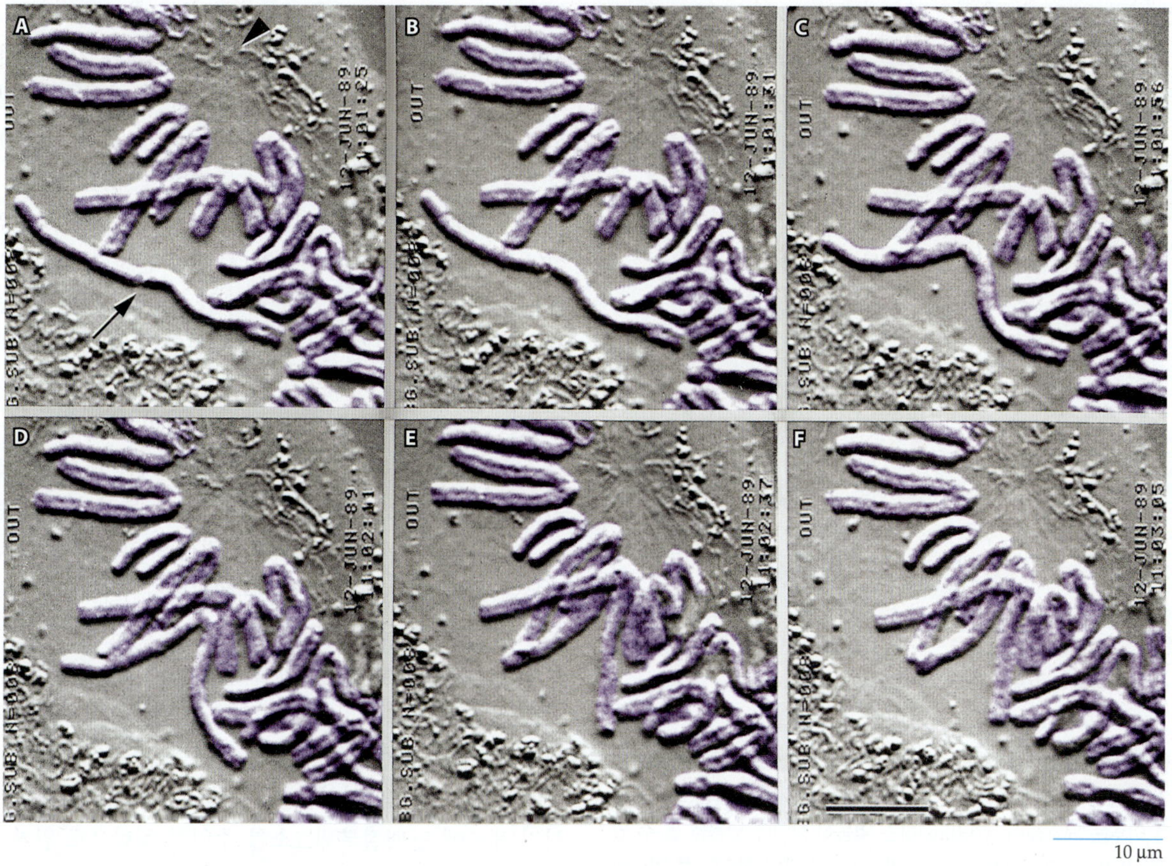

그림 14.23 전중기 동안 염색체의 배열과 중기판으로 이동. 이 연속 사진은 전중기 동안 도롱뇽 폐 세포의 염색체 이동을 100초 이상 비디오로 촬영한 영상이다. 대부분의 염색체가 전중기가 시작할 무렵에 중기판에 정렬되었지만, 1개의 염색체(화살표)는 양극으로부터 유래된 방추사와 결합하지 못한다. 이 1개의 염색체는 B 사진에서 양극으로부터 나온 방추사와 결합한 후, F 사진에서와 같이 안정적인 위치에 다다를 때까지 가변적인 속도로 방추체 적도면을 향해 이동한다. 한쪽 극의 위치는 A 사진에서 화살촉으로 나타내었다.

출처: Stephen P. Alexander and Conly L. Rieder, *J. Cell Biol.* 113:807, 1991 Fig. 1에서 발췌. 락펠러대학교 출판부의 허가를 얻어 재사용함. Conly L. Rieder 제공.

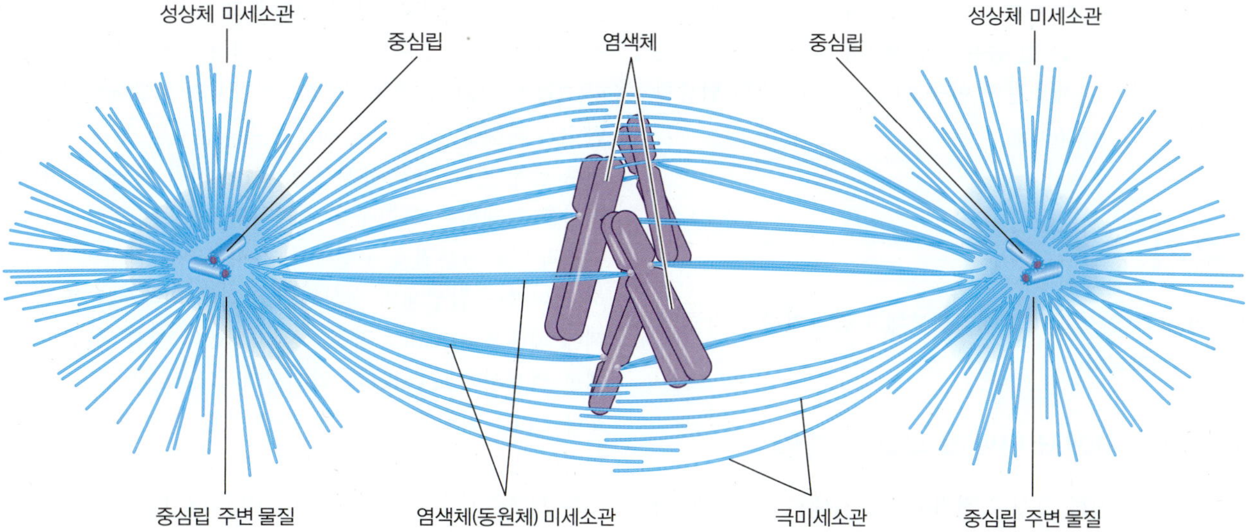

그림 14.24 동물세포의 유사분열 방추체. 각각의 방추체 극은 미세소관들이 형성되는 곳으로 부정형의 중심립주변 물질(pericentriolar material)로 둘러싸인 한 쌍의 중심립을 갖고 있다. 방추체 미세소관은 성상체 미세소관, 염색체 미세소관, 극미세소관의 3종류가 있으며, 이들의 기능은 본문에 설명하였다. 수천여 개가 넘는 모든 방추체 미세소관 음(−)의 말단은 중심체를 향하고 있다. 비록 여기에는 보이지 않지만, 방추체는 동원체 또는 방추체 극과 연결되지 않는 보다 짧은 미세소관도 가지고 있다.

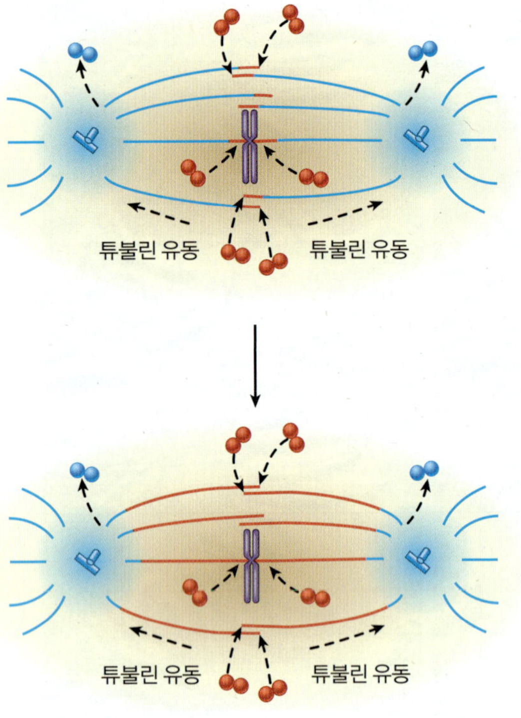

그림 14.25 **중기 유사분열 방추체의 미세소관에서 튜불린 유동.** 이 시기의 미세소관은 움직이지 않는 것처럼 보이지만, 형광 물질로 표지된 튜불린 소단위를 주입하면 방추체를 이루는 요소들이 유동(flux)하는 역동적 상태에 있음을 볼 수 있다. 소단위는 염색체 미세소관의 동원체 쪽 말단과 극미세소관의 적도면 쪽 말단에 우선적으로 결합하고, 주로 양극 부위의 미세소관 음(−)의 말단에서 떨어져 나온다. 튜불린 소단위는 약 1분에 1 μm의 속도로 중기 방추체의 미세소관을 따라 움직인다.

는 총 수가 줄어들게 된다. 따라서 소단위는 염색체 미세소관을 따라 동원체에서 극 쪽으로 움직이게 된다. 유사분열 방추사의 튜불린 소단위의 극방향 유동(*poleward flux*)을 설명한 실험을 **그림 14.25**에 나타냈다. 극에 있는 튜불린 소단위의 소실은 운동단백질인 키네신-13 (kinesin-13) 집단을 구성하는 한 종류의 단백질에 의해 도움을 받는 것 같으며, 이 단백질은 미세소관의 이동보다는 미세소관의 탈중합을 촉진하는 기능을 한다(526쪽).

14.9 후기

후기(Anaphase)는 각 염색체의 자매염색분체가 갈라져서 반대극 쪽으로 이동하면서 시작된다.

유사분열 진행 과정에서 단백질 분해의 역할

세포주기 과정 동안 특정한 활성이 적절하게 순서대로 일어나야 함의 중요성을 이해했다. 이러한 순서는 세포주기 동안 정확한 시점에 세포주기 조절 단백질의 선택적인 분해에 의해 유도된다. 앞에서 설명했지만, 2개의 특별한 다단백질 복합체인 SCF와 APC가 세포주기의 다른 시기에 단백질에 유비퀴틴을 부착시켜 단백질분해효소복합체(proteasome)에 의해 분해되게 한다. 세포주기 동안 SCF와 APC 복합체들이 활성화되는 시기를 **그림 14.26a**에 나타냈다. 그림 14.26*a*에서 보여주는 것처럼 SCF는 주로 간기 동안 활성화된다. 대조적으로, **후기촉진복합체**(*anaphase promoting complex*)인 *APC*는 유사분열 동안 일어나는 반응들을 조절하는 데 관여한다. APC는 약 10여 개의 핵심 소단위로 이루어져 있고, 추가적으로 "연계 분자단백질(Adaptor protein)"이 존재한다. 연계 분자단백질은 APC의 기질로 작용하는 단백질을 결정하는 중요한 역할을 한다. 두 종류의 연계 분자단백질인 Cdc20과 Cdh1이 유사분열 동안 기질 선택에 중요한 역할을 한다. 어떤 연계 분자단백질을 포함하는가에 따라 APC복합체는 APC^{cdc20} 또는 APC^{cdh1}라고 한다(그림 14.26*a*).

APC^{cdc20}은 중기 전에 활성화되고(그림 14.26*a*), 세큐린(*securin*)이라는 주요 후기 저해자에 유비퀴틴을 붙인다. 세큐린이라는 이름은 이 단백질이 자매염색분체의 결합을 안전하게 지켜주기(secure) 때문에 붙여졌다. 세큐린이 유비퀴틴화되어 분해되면 세파라아제(*separase*)라는 단백질분해효소(protease)가 자유로워지면서 활성화된다. 세파라아제는 자매염색분체를 잡고 있는 코헤신 분자의 주요 소단위를 분해한다(그림 14.26*b*). 코헤신이 분해되면 자매염색분체가 분리되고, 바로 이 현상이 후기의 개시를 알려주는 지표이다. 코헤신이 자매염색분체 간의 밀착을 유지한다는 사실은 유사분열 중기에 정지시킨 세포에 단백질분해효소를 주입한 실험으로 알게 되었다. 이 효소에 의한 코헤신의 분해는 빠르게 염색분체를 분리시키고 극으로 향하게 하는 후기-유사 운동을 유도하였다.

유사분열의 후반부에 Cdc20은 불활성화되고, 다른 연계 분자단백질인 Cdh1이 APC와 결합하여 기질 선택을 조절하게 된다(그림 14.26*a*). Cdh1이 APC에 결합하면, 이 효소는 APC^{cdc20}에 의해 시작된 사이클린 B의 유비퀴틴화를 마무리한다. 사이클린이 분해되면 유사분열 Cdk(cyclin B–Cdk1)의 활성은 급격히 하락하고, 결과적으로 세포는 유사분열을 벗어나서 다음 세포주기의 G_1기로 들어간다. 억제제를 사용하면 유사분열과 G_1기로 세포가 재진입하는 과정을 조절하는 데 단백질 분해가 얼마나 중요한지를 쉽게 알 수 있다(**그림 14.27**). 단백질분해효소복합체의 억제제를 이용하여 사이클린 B의 분해를 방해하면, 세포는 유사분열의 늦은 시기에서 정지 상태로 남게 된다. 만약 유사분열에서 정지된 세포에 Cdk1 인산화효소 활성을 억제하는 화합물을 처리하면, 세포는 정상적으로 다시 유사분열과 세포질분열을 수행한다. 유사분열이 완성되기 위해서는 분명히(사이클린 활성제의 정상적인 파괴에 의해서든 또는 실험적인 억제에 의해서든) Cdk1 작동이 정지되어야 한다. 단백질분해효소복합체를 억제시키고 Cdk1을 억제시켜서 유사분열을 벗어나게 만든 세포에 Cdk1 억제제를 제거해 주면 가장 인상적인 현상을 관찰할 수 있다(그림 14.27). 사이클린 B와 활성화된 Cdk1을 둘 다 갖게 된 세포는 세포주기를 반대 방향으로 진행시켜 다시 유사분열로 들어가게 된다. 이 세포주기 역행은 그림 14.27에서 보여주는 것처럼 염색체의 응축, 핵막의 파괴, 유사분열 방추사의 조립, 중기판으로 염색체의 이동 등의 특징을 나타낸다. 이 모든 현상은 Cdk1 억제제를 제거함으로써 Cdk1 활성이 부적절하게 다시 증가하여 유발된다. 이 발견은

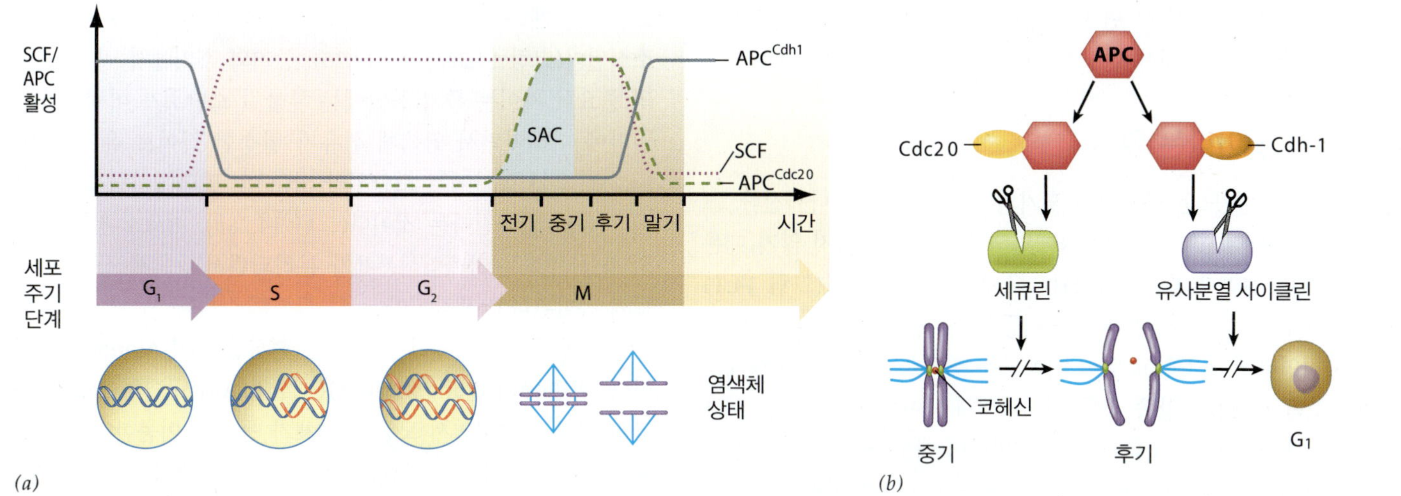

그림 14.26 **세포주기 동안 SCF와 APC의 활성.** SCF와 APC는 여러 개의 소단위로 이루어진 단백질복합체로 기질을 유비퀴틴화하여 단백질분해효소복합체에 의해 분해되도록 한다. (*a*) SCF는 주로 간기 동안 활성화되는 반면, APC는 유사분열기와 G_1기 동안 활성화된다. 두 가지 다른 형태의 APC가 존재하고 이 두 가지 APC는 Cdc20 또는 Cdh1 중 어떤 연계 분자단백질을 가지느냐에 따라 구별된다. 이 연계 분자단백질에 의해 APC가 인식하는 기질이 달라진다. APC^{Cdc20}은 APC^{Cdh1}보다 유사분열의 이른 시기에 활성화 된다. SAC은 방추체 조립 세포주기확인점(spindle assembly checkpoint)을 의미하며, 이와 관련된 내용은 본문에서 다루고 있다. SAC은 모든 염색체들이 중기판에 정확한 형태로 배열할 때까지 APC^{Cdc20} 기능을 막아서 후기 분열 과정이 촉발되지 못하게 한다. (*b*) APC^{Cdc20}은 후기 과정을 억제하는 세큐린과 같은 단백질을 분해시킨다. 세큐린이 분해되면 중기-후기 전환이 촉진된다. APC^{Cdh1}은 유사분열의 종료를 억제하는 유사분열 사이클린 등의 단백질을 유비퀴틴화하는 데 관여한다. 유사분열 사이클린의 분해에 의해 유사분열기-G_1기 전환이 촉진된다. 초기 G_1기에서는 APC^{Cdh1}가 활성화되어 사이클린-Cdk 활성이 낮게 유지된다(그림 14.8). 이 과정은 복제개시점에서 복제전복합체가 형성되기 위해 필요하다(그림 7.20). (비록 여기서는 설명하지 않지만, Cdk1에 의해 추가된 인산기를 제거하는 탈인산화효소들의 활성도 유사분열 후반부와 G_1기로 재신입을 위해서는 필요하다; *Nature Revs. Mol Cell Biol.* 12:469, 2011 참조.)

출처: (a) After J-M Peters, *Curr. Opin. Cell Biol.* 10:762, 1998에서 발췌. 저작권 1998. Current Opinion in Cell Biology by Elsevier Ltd. Elsevier의 허가를 얻어 지적재산권 청산 센터를 통해 교과서 사용을 목적으로 재인쇄함. *Nature Revs. Mol. Cell Biol.* 7:650, 2006 참고.

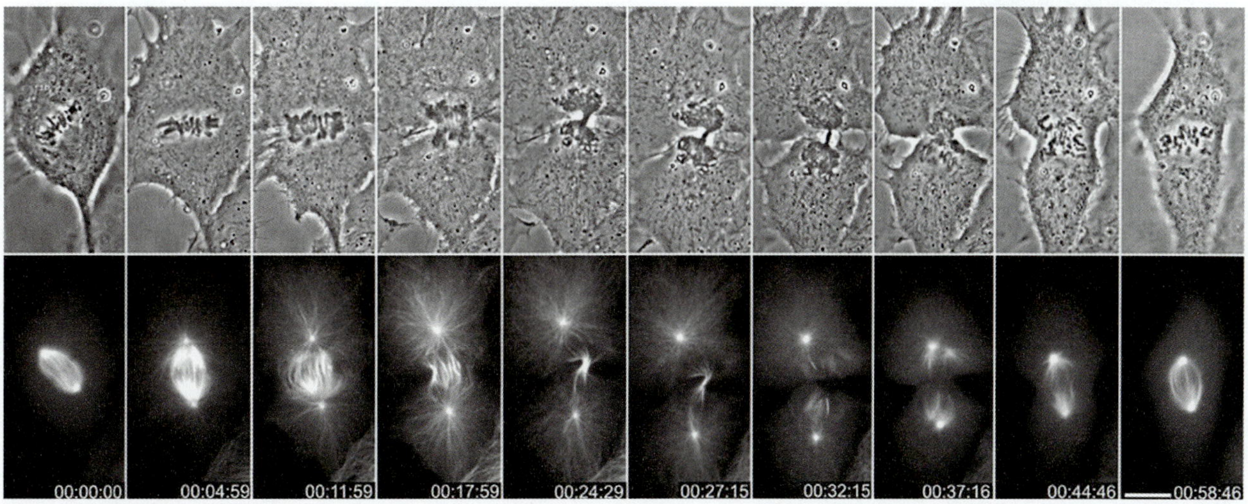

그림 14.27 **비가역적 유사분열 종료에서 단백질분해의 중요성을 보여주는 실험적 증거.** 이 사진은 단백질분해효소복합체(proteasome) 억제제인 MG132를 사용하여 유사분열을 중단시킨 세포를 비디오로 촬영한 장면을 보여준다. Cdk 억제제인 플라보피리돌(flavopiridol)을 0시간에 배양액에 첨가한 결과 세포가 유사분열을 끝내고 세포질분열을 시작하였다. 25분에 세포를 세척하여 Cdk1 억제제를 완전히 제거하였다. 정상일 경우, 단백질분해효소복합체에 의하여 분해되어야 하는 사이클린 B가 세포 내에 여전히 존재하기 때문에, 비디오의 마지막 다섯 장면에서 보이는 것처럼 세포는 유사분열 시기에 재진입하고 중기로 되돌아간다. 위쪽 사진은 다양한 시간에 세포의 위상차 이미지를 나타내고, 아래쪽은 위쪽과 동일한 시간의 형광현미경 사진을 보여준다. 이 장면들이 찍힌 "Video 3"은 온라인(http://www.ncbi.nlm.nih.gov/pmc/articles/PMC1513549/bin/NIHMS10478-supplement-Video003.mov)에서 볼 수 있다. 오른쪽 아래의 선은 10 μm이다.

출처: Tamara A. Potapova, et al., *Nature* 440:954, 2006에서 발췌. © 2006. Macmillan Publishers Ltd.의 허가를 얻음. Gary J. Gorbsky 제공.

정상적인 세포주기에서 한 번 비가역적으로 일어나는 과정에 단백질 분해가 얼마나 중요한지를 설명해 준다.

후기에서 일어나는 일들

중기판에 위치한 모든 염색체는 후기의 시작과 동시에 나눠진다. 그리고 염색분체(더 이상 그들의 자매염색분체에 붙어 있지 않기 때문에 이제 염색체라 부를 수 있다)는 극 쪽으로 이동한다(그림 14.11 참조). 유사분열 후기에 염색체가 이동할 때, 중심절은 방추사에 끌려가는 전연부에 위치하고 염색체의 팔은 뒤쪽으로 딸려가는 형태로 보인다(**그림 14.28a**). 양쪽 극쪽으로 염색체가 이동하는 현상은 세포 내에서 일어나는 다른 종류의 이동에 비하면 매우 느리다. 이동은 거의 분당 1 μm 정도인데, 한 유사분열 연구자는 만약 이러한 속도로 여행을 한다면 미국의 북캐롤라이나(North Carolina) 주에서 유럽의 이태리(Italy)까지 이동하는 데 약 1,400만 년이 걸릴 것이라는 계산을 내놓았다. 염색체 이동이 천천히 일어나는 것은 염색체가 정확하고 서로 얽힘이 없이 분리되기 위해서다. 후기 동안 염색체를 이동시키는 힘은 뒤에서 설명할 것이다.

염색체가 극 쪽으로 이동하는 것은 분명히 염색체 미세소관이 짧아지기 때문이다. 오래전부터 후기 동안 염색체 미세소관 양(+)의 말단(중심절 부분)에서 튜불린(tubulin) 소단위가 소실된다는 것이 알려져 왔다(그림 14.28*b*). 전중기와 중기에서처럼 후기에서도 튜불린 소단위는 계속 극 쪽으로 이동하면서 미세소관의 음(−)의 말단에서 소실된다(그림 14.22, 그림 14.25). 중기와 후기에서 미세소관 동역학의 중요한 차이는 중기 동안에는 튜불린 소단위가 미세소관 양(+)의 말단에 더해지면서 염색체 섬유가 일정한 길이로 유지되지만(그림 14.25), 후기 동안에는 소단위가 양(+)의 말단에서도 소실되어 염색체 섬유가 짧아진다는 것이다(그림 14.28*b*). 미세소관 양(+)의 말단의 행동 변화는 자매염색분체가 분리되면서 동원체 장력이 변화됨으로써 촉발된다고 생각된다.

극 쪽으로 염색체가 이동하는 현상을 **후기 A(anaphase A)**라고 한다. 반면 **후기 B(anaphase B)**는 후기 A와 구별하여 2개의 방추체 극이 서로 멀어지면서 모든 염색체가 동시에 이동한다. 후기 B 동안 유사분열 방추체가 길어지는 것은 극미세소관의 양(+)의 말단에 튜불린 소단위가 첨가되어 이루어진다. 따라서 동일한 시기에 동일한 염색체 미세소관의 어떤 부위에는 튜불린 소단위가 극미세소관에 첨가되고, 동시에 다른 부위에서는 제거된다(그림 14. 28*b*).

후기의 염색체 이동에 필요한 힘

1960년대초 우즈 홀(Woods Hole)에 있는 해양생물학연구소의 신야 이노우에(Shinya Inoue)는 후기 동안 염색체 미세소관이 탈중합(depolymerization)되는 것은 염색체 이동의 단순한 결과가 아니고 염색체가 이동하게 되는 원인이라고 주장하였다. 이노우에는 방추사

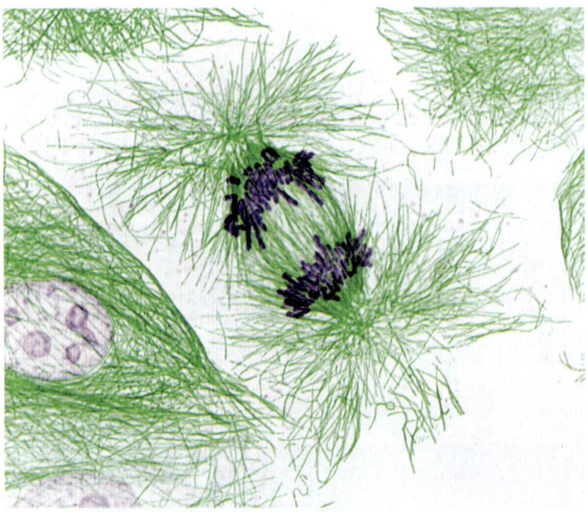

(*a*)

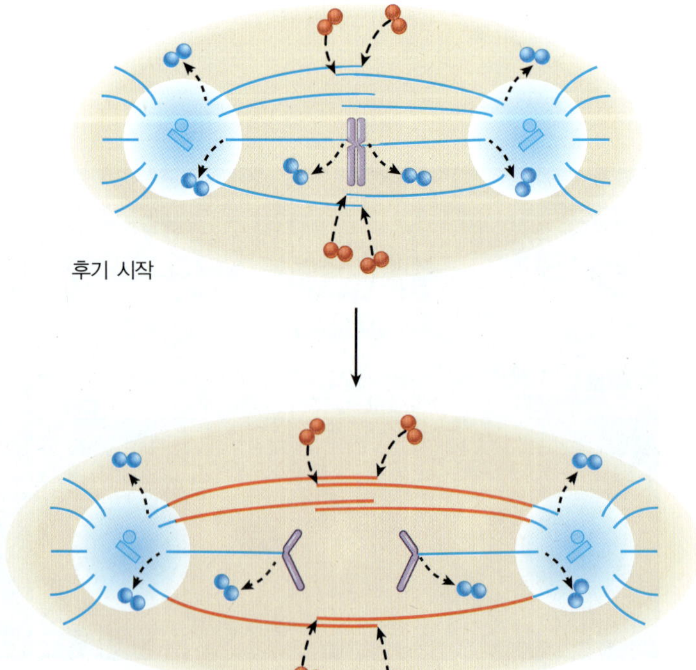

(*b*)

그림 14.28 후기에서 유사분열 방추체와 염색체. (*a*) 늦은 후기의 형광현미경 사진에서 염색체 팔이 고도로 응축된 것을 볼 수 있다. 동원체가 양쪽 극으로 이동할 때 염색체 팔이 뒤쪽에서 끌려가는 것을 볼 수 있다. 이 늦은 후기에 염색체 방추사가 극도로 짧아져서 끌려가는 염색체의 앞쪽과 양극 사이에서는 더 이상 보이지 않게 된다. 반대로 극미세소관은 분리되는 염색체들의 사이구역에서 보인다. 극미세소관의 상대적인 움직임에 의하여 후기 B 동안에 양극의 분리가 일어난다고 생각된다. (*b*) 후기 동안 미세소관의 역동성. 후기 A 동안 염색체 미세소관의 양쪽 끝으로부터 튜불린 소단위가 떨어져 나감으로써 염색체 미세소관 섬유가 짧아지고 염색체가 양쪽 극으로 이동한다. 그 동안 튜불린 소단위가 극미세소관의 양(+)의 말단에 첨가되면서, 서로 겹쳐서 스쳐 지나가고, 결국 후기 B 동안 양극이 분리된다.

출처: (a) Nasser Rusan, UNC Chapel Hill, 2005 Olympus Bioscapes Competition에서 발췌.

를 이루는 미세소관의 탈중합이 염색체를 잡아당기기에 충분한 물리적 힘을 생성한다고 제안했다.

해체-힘 모델(assembly-force model)의 초기 실험적 증명은 결합된 미세소관의 탈중합 결과로 염색체가 꽤 많이 이동한다는 연구로부터 왔다. 이런 실험의 한 예를 **그림 14.29**에 나타냈다. 이 경우 배지를 희석하자 미세소관에 결합한 염색체(화살표)가 이동하였다. 배지가 희석되면 용해되어 있는 튜불린 농도가 상대적으로 줄어들게 되어 미세소관의 탈중합이 촉진되었다. 이런 종류의 실험은 직접적인 힘을 측정하는 연구와 함께 미세소관 탈중합이 세포에서 염색체를 잡아당기는 충분한 힘을 스스로 만들 수 있음을 증명하였다.

그림 14.30에는 출아효모세포에서 후기 동안 염색체 이동시에 일어난다고 생각되는 현상들을 모형으로 나타냈다. 그림 14.28*b*에서 지적하였던 것처럼 염색체 미세소관은 후기 동안 음(−)의, 양(+)의 말단 모두에서 탈중합이 일어난다. 이런 상호협동적인 작용에 의해 염색체는 극 쪽으로 이동한다. 미세소관 음(−)의 말단에서 탈중합이 일어나면 극방향 유동(poleward flux)이 생겨서 염색체가 극 쪽으로 이동하게 된다. 이것은 마치 공항의 자동 이동식 보도(moving walkway) 위에 사람이 서 있는 것과 비슷한 상황이다. 미세소관의 양(+)의 말단에서 일어나는 탈중합은 염색체를 끌고 가는 동안 튜불린을 둥글게 마는 것처럼 작용한다. 어떤 세포들에서 염색체의 이동은 음

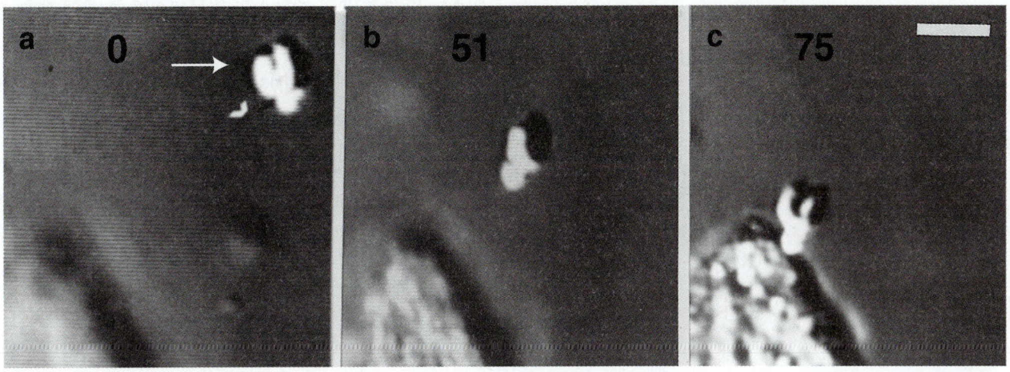

그림 14.29 결합된 염색체가 미세소관의 탈중합에 의해 이동할 수 있다는 시험관 내의 실험 예시. 왼쪽 아래 부분에 있는 것은 용해된 원생동물의 잔여물이다. 튜불린이 존재할 때, 원생동물의 표면에 있는 기저체(basal body)가 미세소관 형성 시작 부위로 이용하여 미세소관은 배양액을 향하여 바깥쪽으로 자라난다. 미세소관이 형성된 후, 응축된 유사분열 염색체를 시험관에 넣고, 미세소관의 끝부분이 결합할 수 있도록 하였다. 화살표는 미세소관 다발의 끝부분에 결합해 있는 염색체를 나타낸다. 이후 희석하여 시험관 안에 있는 가용성 튜불린의 농도를 낮추었더니 미세소관의 탈중합이 일어났다. 이 연속 비디오 장면에서 볼 수 있듯이, 미세소관의 수축에 의해 이와 결합된 염색체가 같이 이동하였다. 위의 선은 5 μm이다.

출처: Martine Coue, Vivian A. Lombillo, and J. Richard Mcintosh, *J. Cell Biol.* 112:1169, 1991, Fig. 3에서 발췌. 락펠러대학교 출판부의 허가를 얻어 재사용함.

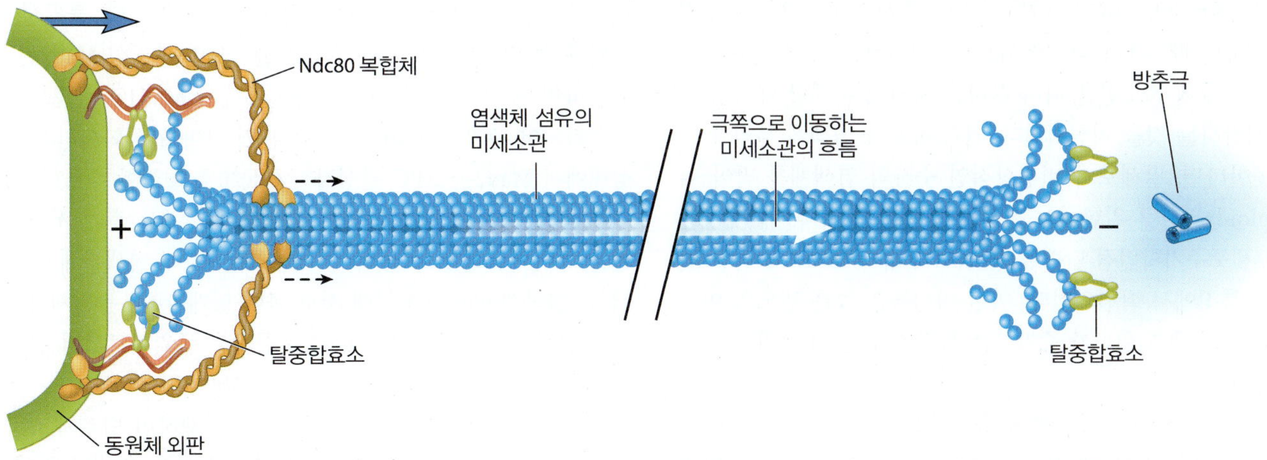

그림 14.30 후기 동안 동물세포의 염색체 이동에 관하여 제안된 기작. 그림에 나타낸 모형에서 극으로 향하는 염색체 이동은 극방향 유동(poleward flux) 조합과 함께 일어난다. 즉, 각 미세소관을 한쪽 극으로 이동시키고, 동시에 양쪽 끝에서 미세소관 탈중합이 일어난다. 키네신-13 집단에 속하는 탈중합 키네신은 염색체 미세소관의 양(+)의 말단(동원체 쪽)과 음(−)의 말단(극 쪽) 모두에 분포하여 각각의 위치에서 탈중합에 관여한다고 생각된다. 이 모형에서 Ndc80 단백질 복합체는 미세소관 탈중합과 염색체 분리를 연결시키는 역할을 한다. 염색체 이동에 필요한 힘은 미세소관의 탈중합이 일어나면서 생기는 변형에너지(strain energy) 방출에 의해 만들어진다. 방출된 에너지는 탈중합하는 원섬유의 둥글게 말린 끝부분에 이용되어 미세소관의 음(−)의 말단으로 향하는 Ndc80 복합체 이동(검은색 대시 화살표)에 치중한다. 세포질 디네인(dynein)과 같은 동원체 운동단백질은 후기 동안 염색체가 이동할 때 힘을 생산하는 역할을 하는 것으로 보인다.

(−) 말단의 탈중합에 의한 극 쪽으로의 이동에 더 의지하는 반면, 어떤 세포는 양(+) 말단의 탈중합에 더 많이 의존한다. 후기에 있는 동물세포를 이용한 연구에서 염색체 섬유의 양(+)의, 음(−)의 말단 모두에 탈중합 키네신(depolymerizing kinesin, 앞에서 언급한 키네신-13 집단의 한 종류, 603쪽)이 위치하고 있다는 것이 밝혀졌다. 탈중합효소(depolymerase)는 그림 14.30의 미세소관 양 말단에 나타내었다. 만약 어느 한쪽의 미세소관 "탈중합효소"라도 특이적으로 억제되면 후기 동안 염색체 분리는 최소 부분적으로라도 망가지게 된다. 이러한 발견은 ATP-의존성, 키네신-매개성 탈중합이 유사분열 동안 염색체 분리의 기본적인 기작이라는 것을 의미한다.

유사분열 분야에서 가장 중요한 질문 중 하나는 "동원체가 어떻게 튜불린 소단위가 계속 소실되고 있는 미세소관 양(+)의 말단과 결합해 있을 수 있는가?"하는 것이다. 유사분열 동안 KMN 네트워크로 알려진 분자복합체는 각 염색체의 바깥쪽 동원체에서 형성된다. KMN 네트워크의 핵심이 되는 구조적 성분은 Ndc80으로 알려진 단백질복합체이다; Ndc80 복합체는 분자 미세섬유로 존재하며 양(+)의 말단에 부착된 미세소관과 약하게 연결되어 있다. 각 미세소관은 Ndc80 복합체의 6~9개와 접촉하고 있는 것으로 추정된다. 많은 연구들은 그림 14.30에 제시한 것처럼, Ndc80 복합체의 말단 머리부위는 음(−) 말단을 향하는 미세소관을 따라 이동하고, 해체되는 끝부분의 휘어진 원섬유(protofilament)에 의해 밀리게 된다. 결과적으로, 짧아지는 염색체 섬유에 의해 끌려가는 것처럼, 부착된 염색체는 방추체 극을 향해 이동한다.

방추체조립 세포주기확인점

세포는 세포주기 동안에 일어나는 현상들을 점검할 수 있는 세포주기확인점 기작을 갖고 있다. 이런 세포주기확인점 중 하나는 중기에서 후기로 전환하는 시기에 작동한다. **방추체조립 세포주기확인점(spindle assembly checkpoint, SAC)**은 이름과 같이 중기판에 염색체가 정렬하는 것이 실패할 때 나타난다. 이 세포주기확인점 기작은 잘못 배열된 염색체가 방추체 적도판을 따라 올바른 자리에 존재할 때까지 후기 과정을 시작하는 것을 지연시킨다. 만약 세포가 염색체 분리를 연기시키지 못한다면, 딸세포가 비정상적인 숫자의 염색체를 받아 이수성(aneuploidy)이 될 위험성이 상당히 높아질 것이다. 이 예상은 방추체조립 세포주기확인점 단백질 중 하나가 유전적으로 결핍된 몇몇 아이들의 특징에서 확인되었다. 이런 아이들은 높은 빈도의 이수성 세포들과 암 발생 위험도가 증가하는 특징을 갖는 MVA라는 장애를 나타낸다.

세포는 모든 염색체가 중기판에 올바르게 배열되었는지 어떻게 알 수 있을까? 그림 14.23*a*에 화살표로 표시된 것과 같이 한쪽 방추체 극에서 나온 미세소관에만 결합되어 제멋대로 흔들리는 염색체를 생각해 보자. 비록 아직은 기작이 잘 알려져 있지는 않지만, 부착되지 않은 동원체에는 방추체조립 세포주기확인점을 매개하는 여러 단백질 복합체들이 모여 있다. 방추사가 부착되지 않은 동원체에 존재하는 이 단백질은 "기다려(wait)"라는 신호를 세포주기 조절 기구에

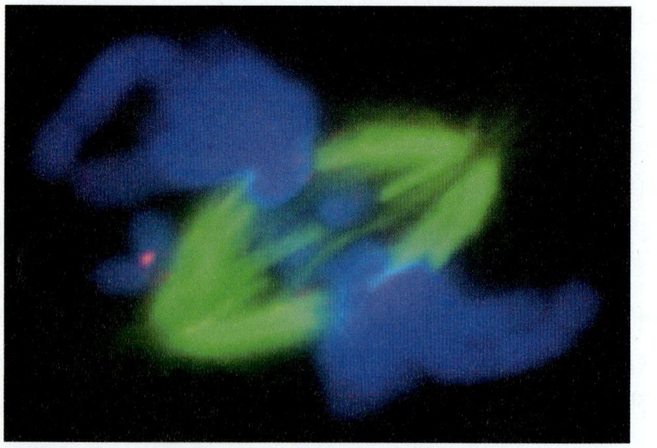

그림 14.31 **방추체조립 세포주기확인점.** 방추체조립 세포주기확인점 단백질인 Mad2(분홍색)와 미세소관의 튜불린(초록색)에 대한 항체로 표지한 늦은 전중기 포유동물 세포의 형광현미경 사진. 염색체는 파란색으로 나타냈다. 이 세포에서 오직 하나의 염색체만이 Mad2 단백질을 갖고 있는 것으로 보이며, 이 염색체는 아직 중기판에 배열하지 않았다. 이 염색체의 동원체에 Mad2가 존재하는 것만으로도 충분히 후기의 시작이 억제된다.

출처: Jennifer Waters, Rey-Huei Chen, Andrew W. Murray, and E. D. Salmon, J. *Cell Biol.*141, cover #5, 1998에서 발췌. 락펠러대학교 출판부의 허가를 얻어 재사용함.

보내서 세포가 후기로 진입하는 것을 막는다. 제멋대로 움직이던 염색체에 양쪽 극에서 온 방추사 섬유가 연결되어 염색체가 중기판에 정확하게 배열하게 되면, 신호 단백질들은 동원체에서 떨어지게 되고 "기다려"라는 신호가 사라져서 세포는 후기로 진입하게 된다.

그림 14.31은 하나의 염색체가 제대로 정렬되지 않아서 중기 직전에 멈춰진 세포의 유사분열 방추체를 보여준다. 이 세포에 존재하는 다른 모든 동원체와는 다르게 정렬되지 않은 염색체에서만 방추체조립 세포주기확인점에 속하는 Mad2 단백질을 여전히 지니고 있는 것이 보인다. Mad2는 2종류 형태를 가지고 있다: 불활성(닫힘) 상태와 활성(열림) 상태. 유사분열로 들어오면 불활성 Mad2는 Mad1과 결합하여 동원체로 이동한다. 동원체에서 Mad1과 결합한 Mad2는 활성화되어 추가로 Mad2 분자를 불러 모아 활성화시킨다. 활성화된 상태에서 Mad2는 APC 활성자인 Cdc20과 결합할 수 있다. Cdc20이 Mad2와 결합하고 있는 동안에는 APC 복합체는 후기 저해자인 세큐린을 유비퀴틴화할 수 없다. 따라서 모든 자매 염색분체가 그들의 코헤신 "접착제(glue)"에 의해 서로 붙어 있게 된다. 동원체가 미세소관과 결합하게 되면, Mad1-Mad2 복합체는 동원체로부터 떨어지게 되어 지속적인 Mad2 유입과 활성이 중지된다.

방추사가 부착되지 않은 동원체가 존재하면 방추체조립 세포주기확인점이 활성화된다는 것은 잘 알려져 있다. 그러나 중기 진행 동안 보완이 필요한 또 다른 염색체 이상이 발생하기도 한다. 예를 들면, 자매염색분체의 2개 동원체가 같은 방추체 극에서 나온 미세소관과 결합할 수도 있다. 이러한 상황을 신텔릭 부착(syntelic attachment)이라고 한다(3a단계, 그림 14.20*b*). 만약 신텔릭 부착이 바로 잡혀지지 않는다면, 두 자매염색분체가 한쪽 딸세포로만 끌려가게

되고, 다른 딸세포는 이 염색체가 결손된다. 세포는 염색체의 동원체에 가해지는 장력 부족에 의해 신텔릭 부착을 가진 염색체의 존재를 알게 된다. 자매염색분체가 반대쪽 방추체 극으로부터 온 미세소관에 의해 잡아당겨질 때 정상적인 장력이 발생한다(3~4단계, 그림 14.20*b*).

세포는 신텔릭 부착(그리고 다른 종류의 비정상적 미세소관 연결)을 오로라 B 인산화효소의 작용으로 수정할 수 있다. 오로라 B 인산화효소는 전중기와 중기 동안 동원체에 위치하고 있는 이동(mobile) 단백질 복합체의 일부분이다. 동원체-미세소관 결합에 관여한다고 생각되는 Ndc80 복합체와 그림 14.30에 나타낸 키네신 탈중합효소 등이 오로라 B 인산화효소의 기질에 속하는 단백질이다. 많은 연구들은 잘못 부착된 염색체에 존재하는 오로라 B 인산화효소 분자가 이런 단백질 기질들을 인산화시켜서 양쪽 동원체와 미세소관의 결합을 불안정하게 만든다고 제안하였다. 결합이 끊어져서 자유로워지면 각 자매염색체의 동원체는 반대편 방추체 극으로부터 나오는 미세소관과 결합할 수 있는 새로운 기회를 갖게 된다. 세포 내부 또는 세포 추출물에서 오로라 B 인산화효소를 억제하면 염색체는 비정상적으로 정렬하고 잘못된 분리를 하게 된다(그림 18.51 참조).

14.10 말기와 세포질분열

염색체들이 극 근처에 도달하면 집단으로 모이는 경향이 있으며, 이는 유사분열의 마지막 시기인 **말기(telophase)**의 시작을 나타낸다(**그림** 14.11, **14.32**). 말기 동안 딸세포들은 간기의 상황으로 돌아간다. 유사분열 방추체가 해체되고, 핵막이 재형성되며, 현미경으로 관찰해 보면 염색체는 점점 퍼져서 사라지게 된다. 두 딸세포로의 실질적인 세포질 분획은 곧 설명될 과정에 의해 일어난다. 우선, 유사분열 동안 몇 번의 염색체 이동에 필요한 운동단백질에 대하여 살펴보자.

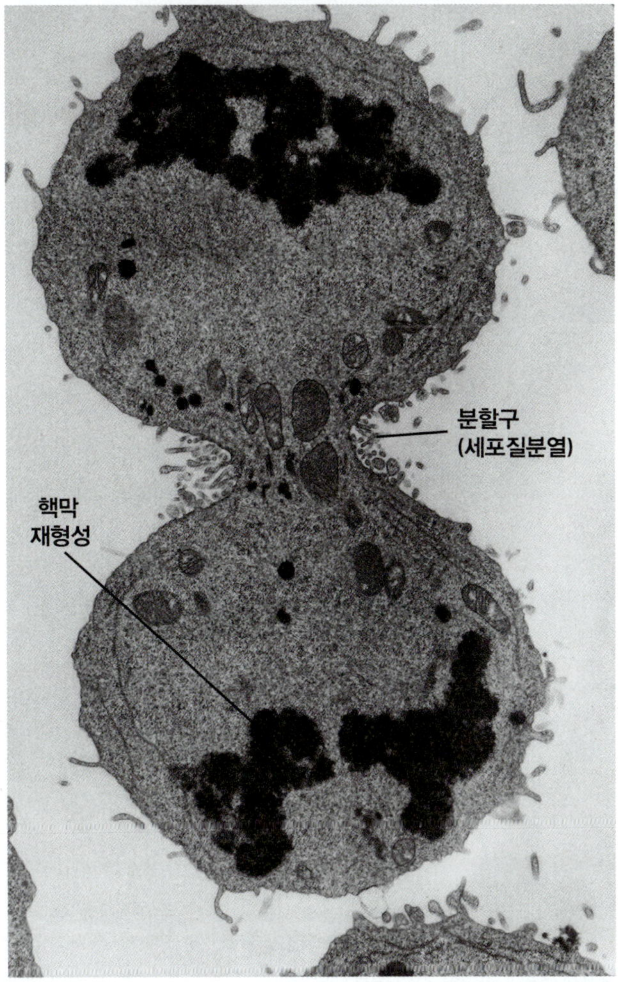

그림 14.32 **말기.** 유사분열 말기에 있는 사람 림프구를 관찰한 전자현미경 사진.

출처: David M. Phillips/Photo Researchers, Inc.

유사분열 이동에 필요한 운동단백질

유사분열은 세포 구조들이 다양하게 이동하는 특징을 가진다. 전기에는 방추체 극들이 세포의 양끝으로 이동하고, 전중기에는 염색체들이 방추체의 적도면으로 이동한다. 후기 A에는 염색체들이 방추체의 적도면에서 극 쪽으로 이동하고, 후기 B에서는 방추체가 길게 늘어나게 된다. 지난 십여 년 동안 다양한 종의 유사분열 세포 내의 여러 위치에서 많은 종류의 분자 모터들이 발견되었다. 유사분열 이동에 관여하는 운동단백질들은 주로 미세소관 운동단백질로 몇 종류의 키네신-관련 단백질(kinesin-related protein)과 세포질 디네인(cytoplasmic dynein)이 포함된다. 몇몇 운동단백질들은 미세소관 양(+)의 말단 쪽으로 움직이고, 다른 것들은 음(−)의 말단 쪽으로 움직인다. 위에서 언급했듯이, 한 무리의 키네신은 어느 쪽으로도 움직이지 않고 미세소관의 탈중합을 촉진한다. 운동단백질들은 방추체 극과 방추체 위 그리고 염색체의 동원체와 염색체의 팔 쪽에 위치하고 있다. 비록 특정 운동단백질들의 기능에 대한 확실한 결론은 아직 도출되지 않았지만, 이 분자들의 역할에 대해 제시된 일반적인 그림은 다음과 같다(**그림 14.33**).

- 아마도 극미세소관을 따라 위치한 운동단백질은 극이 서로 멀어지도록 하는 역할을 할 것이다(그림 14.33*a*,*b*).
- 염색체 위에 존재하는 운동단백질은 전중기 동안의 염색체 이동(그림 14.33*a*), 중기판에 염색체를 유지(그림 14.33*b*), 그리고 후기 동안 염색체가 분리되는 데 중요할 것이다(그림 14.33*c*).
- 방추체의 적도면 지역에 겹쳐진 극미세소관들을 따라 위치한 운동단백질은 아마도 역평행 상태의 미세소관 교차 결합에 관여하고, 후기 B 동안에 극미세소관들이 서로 반대방향으로 미끄러져 이동하면서 방추체가 길어지는 현상에 관여한다(그림 14.33*c*).

세포질분열

유사분열은 복제된 염색체를 딸핵으로 나누어주지만, 궁극적으로 세포는 세포질분열(*cytokinesis*)이라는 별도의 과정을 통해 독립된 2개의

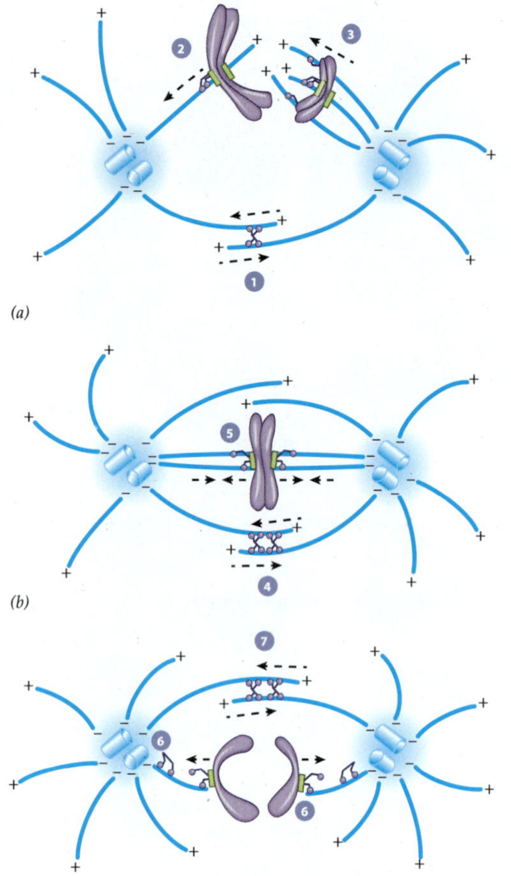

(a)

(b)

(c)

그림 14.33 유사분열 동안 운동단백질의 활성. (*a*) 전중기. 유사분열 방추체의 반쪽 2개가 4개 머리를 가진 양(+) 말단-지향적 운동단백질(plus-end-directed motor, 키넨신-5 집단중 하나)의 작용에 의해 서로 반대 방향으로 움직인다. 이러한 운동단백질은 반대편 극에서 온 역평행 미세소관에 머리부위가 결합하여 서로 미끄러지면서 멀어진다(1단계). (중심체와 피질에 결합해 있는 추가적인 운동단백질은 나타내지 않았다.) 염색체는 염색체 미세소관과 결합하고, 미세소관을 따라 앞뒤로 요동치게 된다. 결과적으로 염색체는 방추체의 중앙, 즉 두 극의 가운데로 이동한다. 극 쪽으로 움직이는 염색체 이동은 동원체에 위치한 음(−) 말단-지향적 운동단백질(즉, 세포질 디네인)에 의해 매개된다(2단계). 극에서 멀어지게 되는 염색체 움직임은 동원체, 특히 염색체 팔에 위치한 양(+) 말단-지향적 운동단백질(즉, 키네신)에 의한 것이다(3단계)(그림 14.21 참조). (*b*) 중기. 방추체의 반쪽 2개는 극미세소관과 결합된 지속적인 양(+) 말단-지향적 운동단백질의 결과로 분리를 유지한다(4단계). 4단계와 연관된 운동 활성은 그림 14.25에 제시한 미세소관내 소단위들의 이동을 촉진한다. 염색체는 동원체에서 양(+) 말단과 음(−) 말단 지향적 운동단백질의 균형적인 작용에 의해서 적도면에 위치한다고 생각된다(5단계). (*c*) 후기. 염색체가 극 쪽으로 움직이게 되는 과정에는 미세소관의 양(+)의, 음(−)의 말단 모두에서 탈중합을 일으키는 키네신 탈중합효소의 작용이 필요하다(6단계). 두 극의 분리(후기 B)는 극미세소관에 있는 양(+) 말단-지향적 운동단백질의 계속적인 작용에 의해 일어난다고 생각된다(7단계).

출처: K. E. Sawin and J. M. Scholey, *Trends Cell Biol.* 1:122, 1991에서 발췌. Trends in Cell Biology by Elsevier Ltd. Elsevier의 허가를 얻어 지적재산권 청산 센터를 통해 교과서 사용을 목적으로 재사용함.

딸세포로 분리된다. 대부분의 동물세포에서 세포질분열의 첫 번째 징후는 후기 동안에 세포표면에 세포를 둘러싼 가는 띠 자국이 보이는 것이다. 시간이 진행됨에 따라, 띠 자국은 점점 깊어져서 세포를 완전히 둘러싼 깊은 홈(furrow)을 형성한다. 홈의 면은 이전에 중기판의 염색체가 차지했던 것과 같은 면을 차지하게 되고 두 세트의 염색체들은 궁극적으로 다른 세포로 나뉘어진다(그림 14.32 참조). 하나의 세포가 2개로 될 때 추가되어야 하는 세포막이 세포소낭에 의해 세포표면으로 이동하여 점점 깊어지는 분할구(cleavage furrow)와 융합하게 된다. 나중에 홈은 유사분열 방추체의 잔여물을 단단히 감싸게 되어 딸세포 사이에 중앙체(*midbody*)라는 세포질의 다리가 형성된다(**그림 14.34a**). 세포질의 마지막 단계는 절단(*abscission*)이라 불리며, 분할구의 표면이 서로 융합되면서 세포는 2개로 나뉘어진다(그림 14.34*b*). 절단은 ESCRT 복합체의 도움이 필요하다. 이 복합체는 엔도솜에서 생성된 내강내 소낭을 절단하는 단백질과 같다(503쪽).

세포질분열을 일으키는 기작에 대한 현재의 개념은 1950년 더글라스 말스랜드(Douglas Marsland)가 제시한 수축환이론(*contractile*

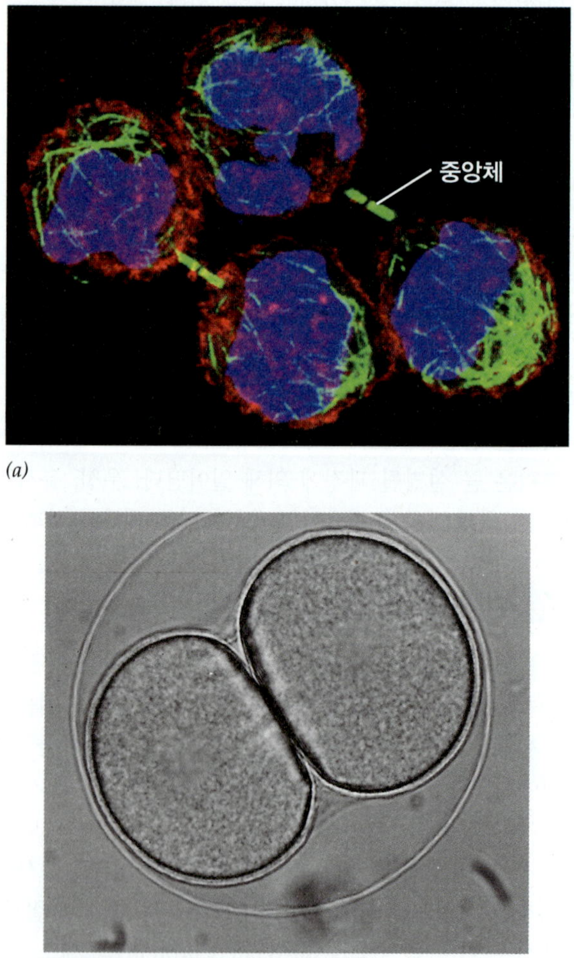

(a)

(b)

그림 14.34 세포질분열. (*a*) 배양된 포유동물 세포들이 분할(abscission)이라 하는 세포질분열의 마지막 단계를 수행하고 있다. 이 과정에서 유사분열 방추체의 중간 부분의 잔여물로 이루어진 얇은 세포질 다리인 중앙체(中央體)를 분할구가 반으로 자른다. 미세소관은 초록색, 액틴은 붉은색, DNA는 파란색으로 나타내었다. (*b*) 수정된 성게 난자가 세포질분열에 의해 조금 전 2개의 세포로 나뉜 모습이다.

출처: (a) Ahna R. Skop et al., Science 305:61, 2004, Fig. 1a에서 발췌. AAAS의 허가를 얻어 재인쇄함. (b) Tryggve Gustafson 제공

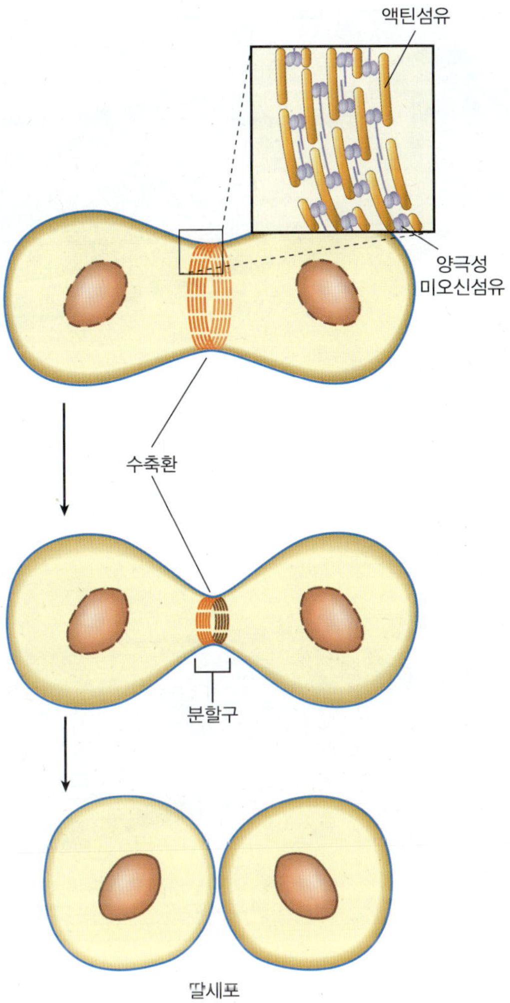

(a)

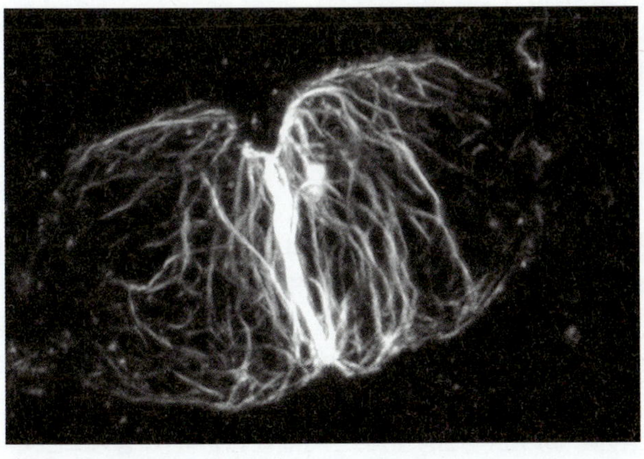

(b)

그림 14.35 세포질분열 동안 수축환의 형성과 작용. (*a*) 세포의 적도면에서 액틴섬유가 고리 모양을 만든다. 미오신의 작용으로 고리가 수축되어 세포를 둘로 나누는 분할구를 형성한다. (*b*) 제II감수분열의 마지막 시기에서 세포질분열을 하는 파리 정모세포의 공초점형광현미경 사진. 버섯 독소인 팔로이딘(phalloidin)으로 염색된 액틴섬유가 분할구의 원형 적도 띠에 집중되어 있는 것을 볼 수 있다.

출처: (b) Daniel Saul, et al., *J. Cell Science* 117:3893, 2004에서 발췌. #17 cover, Julie A. Brill 제공, Company of Biologists Ltd의 허가를 얻음. http://jcs.biologists.org/content/117/17.cover-expansion

ring theory)에 뿌리를 두고 있다(**그림 14.35a**). Marsland는 세포질분열에 필요한 힘은 분할구의 세포막 바로 아래쪽의 피질부(*cortex*)에 위치한 수축성 세포질의 얇은 띠에서 만들어진다고 제안했다. 분열하는 세포의 홈 아래쪽 피질을 현미경으로 관찰해 보면 많은 수의 액틴섬유가 존재한다는 것을 알 수 있다(그림 14.35*b*, 그림 14.36*a*). 이러한 미분지 액틴섬유은 포민(formin) 단백질에 의해 피질에 모여 있게 된다. 이들 단백질은 액틴섬유가 세포막에 부착되도록 하는 것으로 보인다.

액틴섬유들 사이에는 짧고 양극성인 미오신 섬유가 산재되어 있

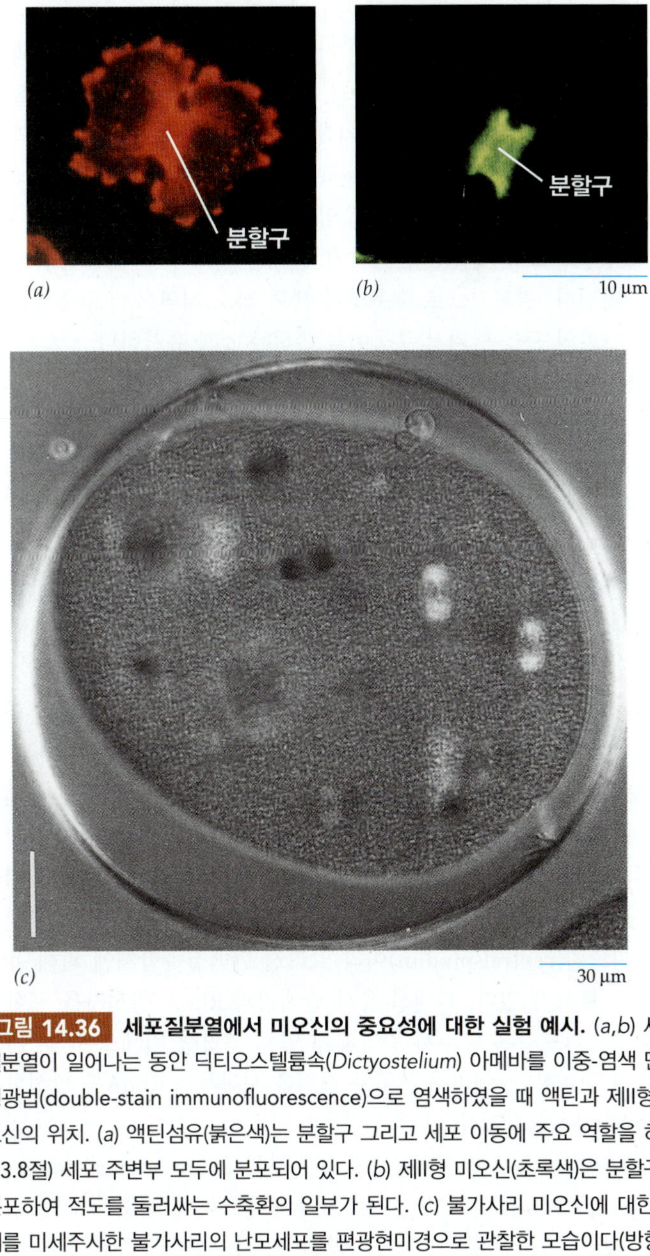

(a) *(b)* *(c)*

그림 14.36 세포질분열에서 미오신의 중요성에 대한 실험 예시. (*a,b*) 세포질분열이 일어나는 동안 딕티오스텔륨속(*Dictyostelium*) 아메바를 이중-염색 면역형광법(double-stain immunofluorescence)으로 염색하였을 때 액틴과 제II형 미오신의 위치. (*a*) 액틴섬유(붉은색)는 분할구 그리고 세포 이동에 주요 역할을 하는(13.8절) 세포 주변부 모두에 분포되어 있다. (*b*) 제II형 미오신(초록색)은 분할구에 분포하여 적도를 둘러싸는 수축환의 일부가 된다. (*c*) 불가사리 미오신에 대한 항체를 미세주사한 불가사리의 난모세포를 편광현미경으로 관찰한 모습이다(방향성 있는 미세소관이 존재하기 때문에 유사분열 방추체가 배경보다 밝거나 또는 어둡게 나타난다). 항체에 의해 세포질분열이 완전히 억제되지만, (유사분열 방추체로 알 수 있는 것처럼) 유사분열은 영향을 받지 않고 계속해서 진행된다.

출처: (a–b) Yoshio Fukui 제공; (c) Daniel P. Kiehart, Issei Mabuchi, and Shinya Inoue, *J. Cell Biol.* 94:167, 1982, Fig. 1에서 발췌. 락펠러대학교 출판부의 허가를 얻어 재사용함.

다. 제II형 미오신 항체와 반응하는 것으로 보아 이 섬유들은 제II형 미오신으로 구성되어 있다(**그림 14.36b**). 세포질분열에서 제II형 미오신의 중요성은 (1) 분열하는 세포에 제II형 미오신 항체를 주입하면 세포질분열이 빠르게 중단된다(그림 14.36*c*)는 점과 (2) 정상적 기능을 하는 제II형 미오신 유전자가 결핍된 세포는 유사분열을 통해 핵분열은 일어나지만, 정상적으로 딸세포로 분열할 수 없다는 사실로 분명해졌다. 나중에 분할구가 될 면에서 액틴-미오신 수축장치의 형성과정은 RhoA라 불리는 G 단백질에 의해 조절된다. RhoA에 GTP가 결합되면 RhoA는 액틴섬유의 조립과 제II형 미오신의 운동 활성을 일으키는 일련의 과정을 촉발시킨다. 만약 세포에 RhoA가 결핍되거나 불활성화되면 분할구가 생기지 않는다.

세포질분열이 일어나는 동안 작동하는 힘-발생 기작은 액틴과 미오신에 기초한 근육세포의 수축과 유사할 것으로 생각된다. 사실 진화적으로 동물근육세포의 수축기작은 원시 단일세포 진핵생물의 세포질 홈 형성에서 유래하였다. 근육세포에서는 액틴섬유의 미끄러짐(활주)에 의해 근섬유의 수축이 일어나는 반면, 수축환에서는 섬유가 활주함으로써 피질부와 여기에 부착된 세포막이 세포 중심 쪽으로 당겨진다. 결과적으로 수축환이 세포 적도 지역으로 수축하는 것은 보따리의 끈을 당겨서 주둥이를 좁히는 것과 유사하다.

분할구 위치가 후기 유사분열 방추체에 의해 결정되어 피질 안의 좁은 고리에서 RhoA 활성을 유도한다는 것은 일반적으로 동의하는 내용이다. 그렇지만, 피질의 특정지역이 어떻게 선택되는지에는 다양한 의견이 있다. 뉴욕 유니온대학(Union College in New York)의 레이 래퍼포트(Ray Rappaport)는 해양 무척추동물을 이용한 초기의 선도적인 연구에서 세포에 미세바늘을 삽입하여 한쪽 극을 대체해도 방추체 극들 사이의 중앙 면에 수축환이 형성된다는 것을 입증했다. 방추체 극과 분할면의 위치 간의 관계에 대한 예는 **그림 14.37** 실험에 나타냈다. 이 연구는 액틴섬유가 조립되는 부분, 즉 세포질분열이 일어나는 면이 방추체 극으로부터 나온 신호에 의해 결정된다는 것을 보여준다. 이 신호는 성상체 미세소관을 따라 방추체 극에서 세포의 피질 쪽으로 전해진다고 생각된다. 실험적인 방법에 의해 극과 피질 사이의 거리가 변형되면 세포질분열의 시기는 극적으로 변화된다(그림 14.37). 최근 연구에서 Rappaport에 의해 관찰된 활성은 센트랄스피드린(centralspindlin)이라 알려진 단백질복합체에 의해 유도된다는 보고가 있다. 키넨신-유사 단백질과 RhoA 활성자를 포함한 센트랄스피드린은 방추체 중앙체에 있는 역평행 미세소관 양(+)의 말단에 위치한다. 여기서 분할구 형성을 시작하는 RhoA를 활성화시키는 것으로 생각된다.

두 번째 신호복합체는 염색체 승객 복합체(chromosomal passenger complex, CPC)로 알려져 있으며, 방추체 중앙체에 집중되어 있고, 분할구 형성을 조절하는 것으로 생각되어진다. CPC의 중요 성분은 오로라 B 인산화효소이다. 오로라 B 인산화효소는 앞에서 동원체-미세소관 부착과 여러 유사분열 과정에서 중요한 조절자 역할을 하고 있음을 설명하였다. 중앙체에서 오로라 B 인산화효소 활성은 분할시기를 조절한다. 즉, 염색체가 중앙체에 존재하면 세포막 분할은 일어나지 않는다. 또한 유사분열 이후 염색체의 응축을 푸는 데도 관여한다.

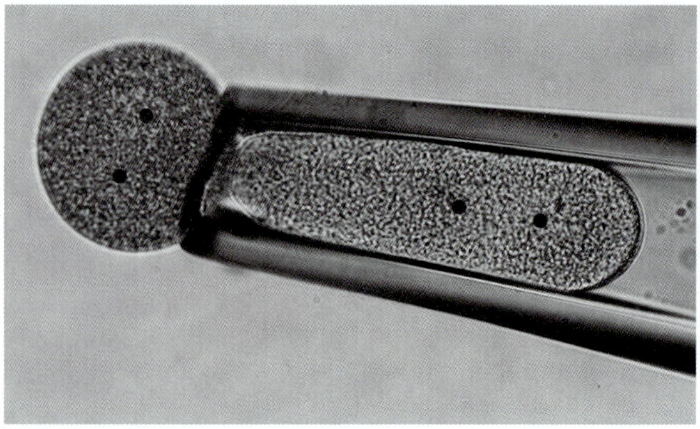

(*a*)

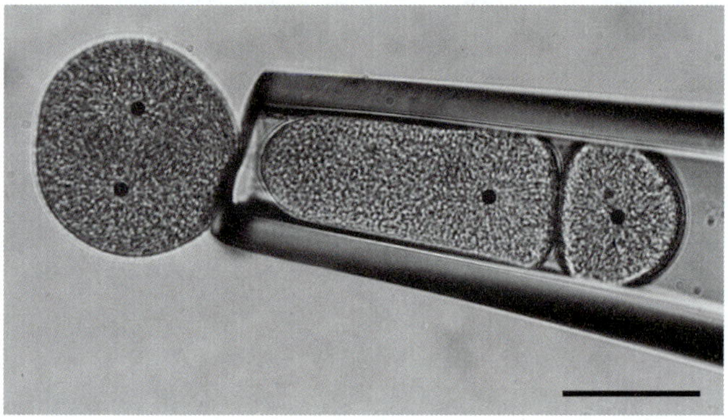

(*b*)

(*c*)

그림 14.37 분할면이 형성되는 부위와 분할이 일어나는 시기는 유사분열 방추체의 위치에 의해 결정된다. (*a*) 극피동물(echinoderm) 난자를 한 번 분열하게 하여 2세포기 배아를 생성하였다. 그 후 방추체가 나타났을 때, 두 세포 중 1개의 세포를 마이크로피펫(micropipette) 안으로 끌어당겨서 원통형 모양으로 변형시켰다. 각 세포에서 2개의 짙은 색 점은 두 번째 분열이 일어나기 전에 만들어진 방추체 극이다. (*b*) 9분 후 원통형 세포는 분열을 끝냈지만 구형 세포는 아직 분열을 시작하지 않았다. 사진은 (1) 분할면은 위치와 상관없이 방추체 극 사이에서 형성되고 (2) 분할은 원통형 세포에서 더 빠른 속도로 일어난다는 것을 알 수 있다. 막대는 80 μm를 나타낸다. (*c*) 이러한 실험 결과들은 (1) 분할면(갈색 막대)은 성상체 미세소관이 겹쳐지는 부분에서 형성되고 (2) 원통형 세포에서 분할이 더 일찍 일어나는 것은 극(파란색 구형)으로부터 분열이 일어나는 위치까지의 거리가 짧아져서 분할 신호가 표면까지 도달하는 데 걸리는 시간이 단축되기 때문이라는 가설로 설명할 수 있다.

출처: (a–b) Charles B. Shuster and David R. Burgess, *J. Cell Biol.* 146:987, 1999 Fig. 5에서 발췌. 락펠러대학교 출판부의 허가를 얻어 재사용함

식물세포의 세포질분열: 세포판의 형성

상대적으로 늘어날 수 없는 세포벽에 둘러싸인 식물세포는 매우 다른 기작에 의해 세포질분열이 일어난다. 세포표면 바깥에서 안쪽으로 홈이 수축되는 동물세포와는 달리, 식물세포는 살아 있는 세포 내부에 세포벽을 만들어야 한다. 세포벽의 형성은 세포 중심에서 시작되고, 바깥쪽으로 성장하여 이미 존재하는 측면 벽과 만난다. 새로운 세포벽의 형성은 간단한 전구체 구조인 **세포판(cell plate)**에서 시작된다.

세포판을 형성하는 면은 유사분열 방추체의 축에 수직이지만, 동물세포의 경우와는 달리 방추체의 위치에 의해 결정되지는 않는다. 유사분열 방추체와 세포판의 방향은 G_2기 말에 형성되는 피질 미세소관 띠에 의해 결정된다. 이 띠를 전기전 띠(*preprophase band*)라고 한다 (그림 13.15 참조). 비록 전기전 띠는 전중기에서 해체되지만, 눈에 보이지 않는 흔적을 남겨서 미래의 분열 장소를 결정한다. 세포판 형성의 첫 번째 징후는 분열하는 세포의 후기 말에 세포의 중앙에 **격벽형성체(phragmoplast)**가 출현하는 것이다. 격벽형성체는 앞으로 생길 세포판에 수직으로 위치한 미세소관들(그림 13.15)과 액틴섬유, 막 소낭, 높은 전자밀도의 물질들 등으로 구성된다. 격벽형성체의 미세소관들은 골지에서 유래된 작은 분비 소낭이 세포판이 생길 곳으로 이동할 때 트랙(선로) 역할을 한다. 이 미세소관들은 유사분열 방추체들의 일부에서 유래된 것이다. 소낭들은 딸핵들 사이의 적도면에 정렬하게 된다(**그림 14.38a**). 급속 동결시킨 담배 세포의 전자현미경 사진을 통해 골지에서 유래된 소낭이 세포판으로 재구성되는 단계를 관찰할 수 있다. 이 과정을 시작하기 위해(1단계, 그림 14.38*b*), 소낭들은 손가락 같은 가느다란 관을 내보내 주변의 소낭과 접촉하고 융합하여 세포의 중앙에 서로 얽힌 세관 연결망(tubular network)을 형성한다(2단계). 추가적인 소낭들이 미세소관을 따라 연결망의 측면 가장자리로 향하게 된다. 새로 도착된 소낭들이 세관 형성과 융합 과정을 계속함으로써 연결망이 바깥쪽으로 확장되어 나간다(2단계). 결국 성장하는 연결망의 앞쪽 가장자리가 모세포의 원형질막과 접촉한다(3단계). 궁극적으로, 세관 연결망은 뚫려 있던 구멍 부분이 사라지고 연속된 편평한 분할판으로 된다. 세관 연결망의 막은 2개의 인접한 딸세포의 원형질막이 되는 반면에 소낭 안쪽에서 수송된 분비산물들은 세포판이 된다. 세포판이 완성되면 섬유소와 다른 물질들이 추가되어 성숙한 세포벽이 만들어진다.

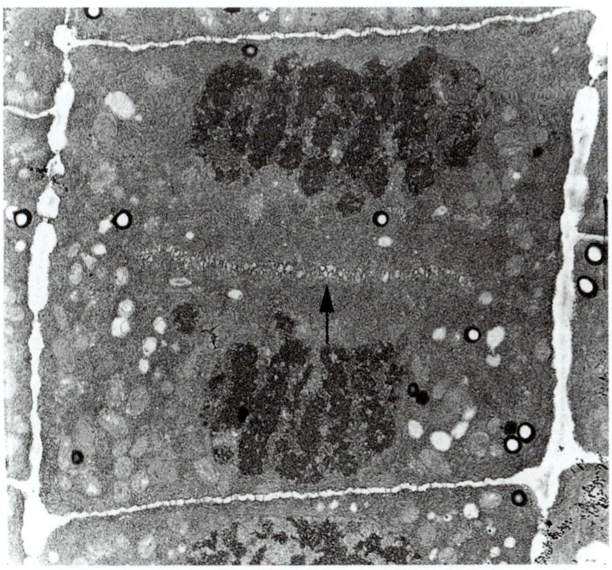

(*a*)

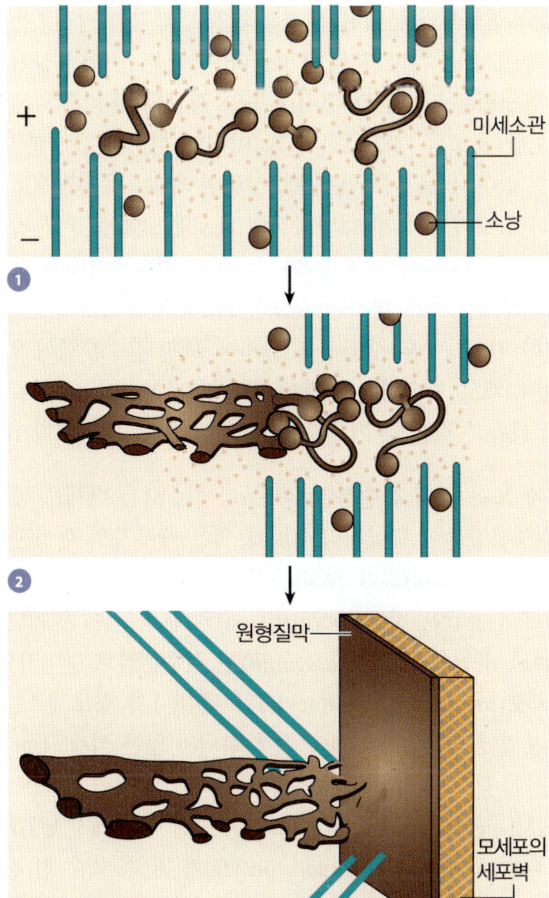

(*b*)

그림 14.38 식물세포의 세포질분열에서 두 딸 핵 사이의 세포판 형성. (*a*) 앞으로 만들어질 딸세포들 사이에 세포판이 형성되는 것을 보여주는 낮은 배율의 전자현미경 사진. 근처 골지복합체로부터 만들어진 분비 소낭들이 적도면(화살표)에 배열하여 융합하기 시작한다. 소낭들의 막은 두 딸세포의 원형질막이 되고, 소낭들의 내용물은 세포를 분리하는 세포판을 형성하는 물질을 공급한다. (*b*) 세포판을 형성하는 과정은 본문에 설명되어 있다.

출처: (a) David Phillips/Photo Researchers, Inc.; (b) A. L. Samuels, T. H. Giddings, Jr., & L. A. Staehelin, *Journal Cell Biology* 130:1354, 1995에서 발췌. The Journal of Cell Biology by Rockefeller Institute; American Society for Cell Biology. Copyright 1995 락펠러대학교 출판부의 허가를 얻어 지적재산권 청산 센터를 통해 교과서 사용을 목적으로 재인쇄함.

14.11 감수분열

유성생식에서는 반수체 염색체를 가진 2세포가 결합하여 자손을 생산한다. 제4장에서 논의한 것처럼, 수정에 의해 염색체 수가 2배가 되는 현상은 이전 시기에서 배우자가 형성될 때 염색체 수를 반으로 감소시켜 해결한다. 이러한 현상을 1905년에 **감수분열(meiosis)**이라고 하였으며, "감소(reduction)"를 뜻하는 그리스어에서 유래한다. 생활사에서 감수분열은 반수체의 생산을 책임지고, 수정은 2배체의 생산을 책임진다. 만약 감수분열이 없다면 염색체 수는 각 세대마다 2배씩 증가할 것이고, 유성생식은 가능하지 않을 것이다.

유사분열과 감수분열에서 일어나는 현상을 비교하기 위해서는 염색분체의 운명을 알아볼 필요가 있다. 유사분열이든 감수분열이든, 2배체 G_2기 세포는 상동염색체 쌍을 포함하고 있으며 각 염색체는 2개의 염색분체로 이루어져 있다. 유사분열 동안, 각각의 염색체의 염색분체는 "한 번(*single*)"의 분열에 의해 서로 갈라져서 2개의 딸핵으로 분리된다. 결과적으로, 유사분열에 의해 생기는 세포는 상동염색체 쌍을 포함하고 유전적으로 그들의 부모와 일치한다. 이와 대조적으로, 감수분열에서는 복제된 상동염색체 쌍의 4개 염색분체가 4개의 딸핵으로 분배된다. 감수분열에서는 중간에 DNA 복제 시기 없이 연속적으로 두 번 분열이 일어나서 이러한 결과가 생긴다(**그림 14.39**). 첫 번째 감수분열에서 2개 염색분체로 이루어진 각 염색체는 그것의 상동염색체와 분리된다. 결과적으로, 각각의 딸세포는 상동염색체 쌍 중에서 단 하나 만을 포함한다. 이러한 현상이 일어나기 위해, 상동염색체는 감수분열 전기 I 동안 정교한 과정에 의해서 쌍을 이루어야 한다(그림 14.39, 전기 I), 이러한 현상은 유사분열에서는 찾아볼 수 없다. 쌍을 이루었을 때, 상동염색체는 유전자재조합 과정을 수행하여 모계와 부계 대립형질의 새로운 조합을 가진 염색체를 생산한다(그림 14.39 중기 I 참조). 두 번째 감수분열에서 각 염색체의 두 염색분체는 서로 분리된다(그림 14.39, 후기 II).

다양한 진핵생물의 생활사를 조사해 보면 감수분열이 일어나는 시기와 반수체로 지속되는 기간에 현저한 차이점이 보인다. 이것에 기초하여 다음과 같은 세 가지 무리로 나눠질 수 있다(그림 14.40).

1. ***배우자 또는 말기 감수분열.*** 이 무리에는 모든 다세포 동물과 많은 원생생물들이 포함된다. 감수분열은 배우자의 형성과 밀접하게 연관되어 있다(**그림 14.40**, 왼쪽). 예를 들면, 척추동물 수컷에서 감수분열은 정자(spermatozoa)의 분화 전에 일어난다(**그림 14.41a**). 정원세포(*Spermatogonia*)는 감수분열로 들어가면서 1차 정모세포(*primary spermatocyte*)가 된다. 1차 정모세포는 2번의 감수분열에 의해 4개의 비교적 분화되지 않은 정세포(*spermatid*)가 된다. 각각의 정세포는 복잡한 분화과정을 거쳐 고도로 분화한 정자(*spermatozoon*)가 된다. 척추동물 암컷에서 난원세포(*oogonia*)는 1차 난모세포(*primary oocyte*)가 된 후 매우 긴 감수분열 전기로 들어간다(그림 14.41*b*). 이 전기 동안, 1차 난모세포는 성장하고, 난황과 다른 물질들로 가득 채워지게 된다. 난모세포가 완전히 분화한 후(즉, 난모세포가 수정이 될 때와 근본적으로 동

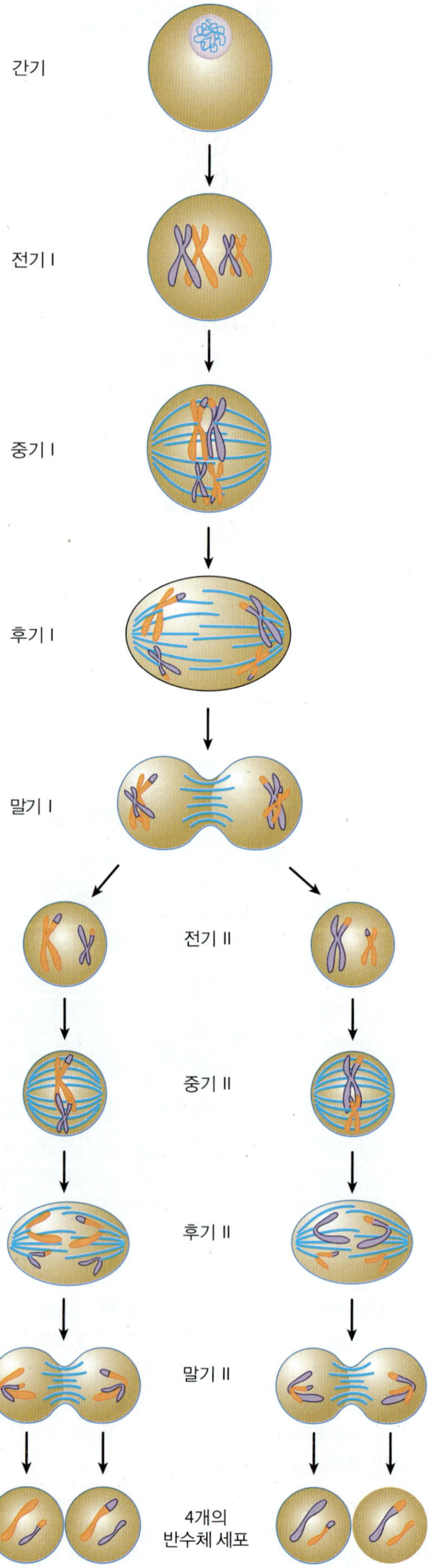

그림 14.39 감수분열 시기.

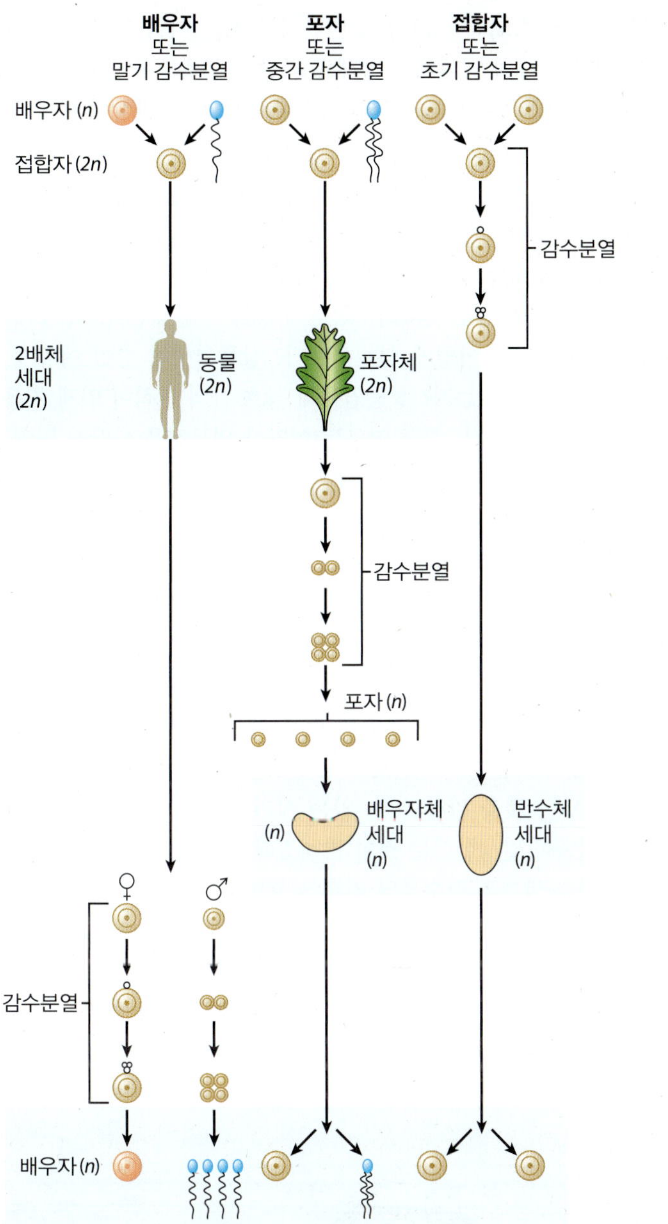

그림 14.40 생활사에서 감수분열이 일어나고 반수체 시기가 지속되는 기간을 바탕으로 한 세 가지 주요 생물군의 비교.

출처: *The Cell in Development and Heredity* by Wilson, Edmund B. 저작권 1987. Taylor & Francis Group llc의 허가를 얻어 지적재산권 청산 센터를 통해 교과서 사용을 목적으로 재사용함.

일한 상태에 이르렀을 때)에만 감수분열이 일어난다. 척추동물의 난자(egg)는 일반적으로 감수분열이 완료되기 전 단계(주로 중기 II)에서 수정된다. 난자의 감수분열은 정자가 세포질로 들어온 후(즉, 수정 후)에 완료된다.

2. ***접합자 또는 초기 감수분열.*** 이 무리에는 원생생물과 곰팡이만 포함되며, 감수분열은 수정 후에 바로 일어나서(그림 14.40, 오른쪽), 반수체의 포자(spore)가 생긴다. 포자의 유사분열에 의해서 반수체의 성체가 형성된다. 결과적으로, 생활사에서 2배체 시기는 수정 후 개체가 아직 접합자 상태인 짧은 기간에 제한되어 있다.

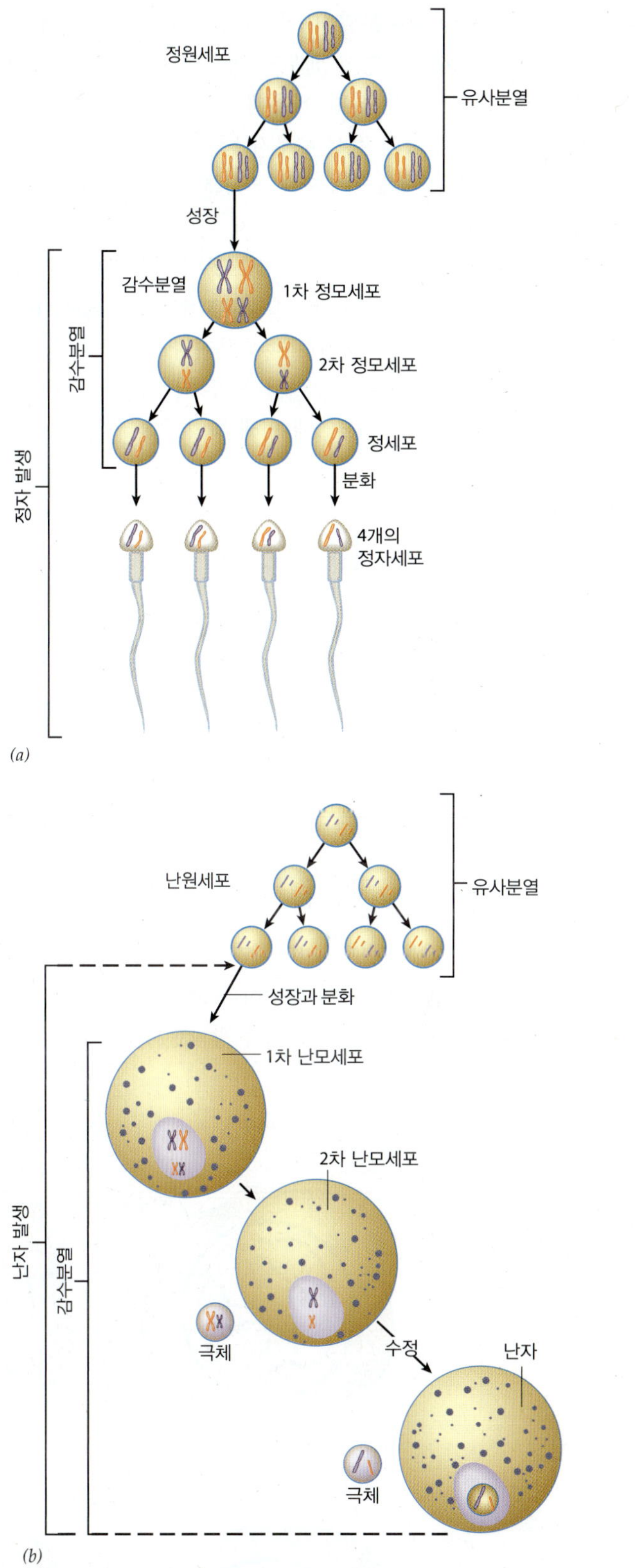

그림 14.41 척추동물에서 배우자 발생(gametogenesis)의 단계들: 정자 및 난자 형성의 비교. 암수 모두에서 배아에 존재하는 상대적으로 적은 수의 원시생식세포(primordial germ cell)가 유사분열로 증식하여 생식원세포(gonial cell, 정원세포 및 난원세포)가 된다. 생식원세포는 배우자로 분화한다. (*a*) 수컷에서는 감수분열이 분화되기 이전에 일어나는 반면, (*b*) 암컷에서는 두 번의 감수분열 모두 분화 후에 일어난다. 각 1차 정모세포는 보통 4개의 생존 가능한 배우자를 만들어 내는 반면, 1차 난모세포는 오직 하나의 수정 가능한 난자를 만들고 2~3개의 극체가 형성된다.

3. ***포자 또는 중간 감수분열.*** 이 무리에는 식물과 일부 조류(algae)가 포함되며, 감수분열이 배우자 형성이나 수정과 관계없는 시기에 일어난다(그림 14.40, 가운데). 웅성 배우자(꽃가루, pollen grain)들과 배낭 속의 자성 배우자(난세포, egg)의 결합부터 생활사를 살펴보면, 2배체 접합자는 유사분열을 수행하여 2배체 **포자체(sporophyte)**로 발달한다. 포자체 발달의 특정 시기에서 감수분열을 포함한 **포자 발생**(*sporogenesis*)이 일어나며, 형성된 포자의 직접적인 발아에 의해 반수체 **배우자체(gametophyte)**가 된다. 배우자체는 독립적인 개체로 존재하거나 종자식물의 경우처럼 밑씨 안쪽에 작은 구조로 보존된다. 두 가지 경우 모두 배우자는 반수체 배우자체의 유사분열에 의해 형성된다.

14.12 감수분열의 단계

유사분열과 마찬가지로 감수분열 전에 DNA는 복제된다. 일반적으로 감수분열 전의 S기는 유사분열 전의 S기 보다 몇 배 더 오래 걸린다. 전형적인 감수분열 전기 I은 유사분열 전기와 비교할 때 이례적으로 길다. 예를 들면, 사람의 경우 여성의 난모세포는 태어나기 전에 감수분열 전기 I을 시작한 후 기나긴 정지 상태에 들어가게 된다. 사춘기가 된 후 매 28일 간격으로 배란이 되기 직전에 난모세포는 감수분열을 재개한다. 결과적으로, 사람의 많은 난모세포는 수십 년 동안 전기 근처의 동일한 시기에 정지되어 있다. 첫 번째 감수분열 전기는 또한 매우 복잡하여 관례적으로 몇 시기로 분류하는데, 이 시기는 유성 생식하는 모든 진핵생물에서 비슷하다(**그림 14.42**).

전기 I의 첫 번째 시기는 염색체가 광학현미경으로 관찰되기 시작하는 세사기(*leptotene*)이다. 비록 염색체는 이미 이전 시기에서 복제되지만 각각의 염색체가 실제로 똑같은 염색분체 쌍으로 이루어졌다는 것을 알 수는 없다. 그러나 전자현미경으로 관찰해 보면 염색체들이 염색분체 쌍으로 이루어져 있다는 것을 알 수 있다.

전기 I의 두 번째 시기인 **접합기**(*zygotene*)는 상동염색체 간의 결합이 눈으로 관찰된다는 특징을 가진다. 염색체가 쌍을 이루는 이 과정을 **접합(synapsis)**이라고 한다. 이 과정에는 매우 흥미롭지만 아직은 잘 밝혀지지 않은 중요한 의문 사항들이 존재한다. 즉, 2개 상동염색체가 서로를 어떻게 인식하는가? 상동염색체 쌍이 어떻게 완벽하게 정렬할 수 있는가? 상동염색체 상호 간의 인식이 언제 처음으로 일어나는가? 등이다. 최근 연구는 이러한 의문점을 상당히 많이 해명해 주었다. 지난 수년 동안에 상동염색체 간의 상호작용은 염색체 접합이 시작되면서 처음으로 시작된다고 추측되어 왔다. 하버드대학교의 낸시 클레크너(Nancy Kleckner)와 그녀의 동료들이 효모세포를 이용하여 연구한 바에 따르면 상동염색체 DNA의 상동지역은 세사기에 이미 서로 연결되어 있다. 접합기 동안 염색체가 응축하고 접합이 생기면서 이 배열을 현미경으로 관찰할 수 있게 된다. 뒤에서 이야기 하겠지만, 유전자재조합의 첫 단계는 배열된 DNA 분자의 2중 가닥이 절단하는 것이다. 효모와 생쥐를 이용한 연구에서 염색체가 짝을 이루는 것을 관찰할 수 있는 시기의 한참 전 시기인 세사기에 DNA 절단이 발생한다는 것이 밝혀졌다.

이러한 발견은 감수분열 전의 세포와 감수분열을 하는 세포의 핵 안에 특정 DNA 서열의 위치를 결정하는 연구에 의해 뒷받침되었다. 각각의 염색체는 핵공간 전체에 무작위로 분산되어 있지 않고 핵 안의 특정 지역을 차지하고 있다(6.7절). 막 감수분열 전기로 들어가려고 하는 효모세포를 조사해 보면 상동염색체 쌍은 특정 지역에 모여

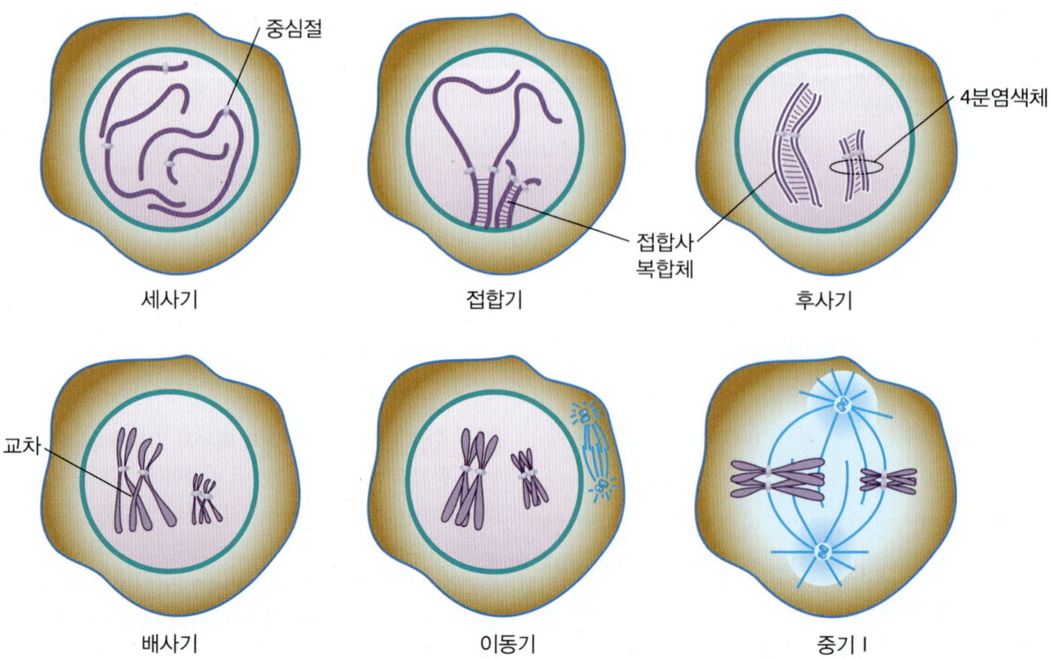

그림 14.42 **전기 I의 시기.** 각 시기에서 일어나는 일들은 본문에서 설명하였다

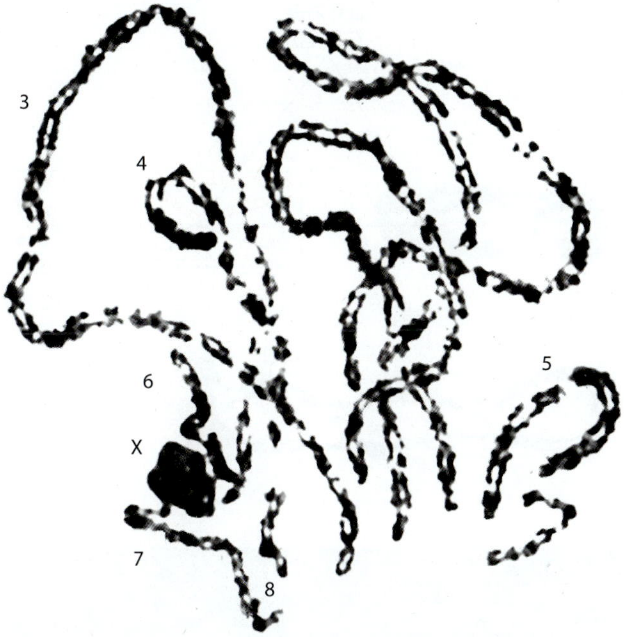

그림 14.43 감수분열 염색체 말단절(telomere)과 핵막의 결합. 수컷 메뚜기(grasshopper)의 감수분열 전기의 염색체. 상동염색체가 2가염색체를 이루면서 물리적으로 결합되어 있다. 2가염색체는 말단절 부분이 핵막의 안쪽 표면 부근에 뭉쳐서 잘 만들어진 "부케" 모양으로 배열된다(사진 아래쪽).

출처: B. John, *Meiosis*에서 발췌. © 1990. 캠브리지대학교 출판부의 허가를 얻어 재인쇄함. Bernard John 제공.

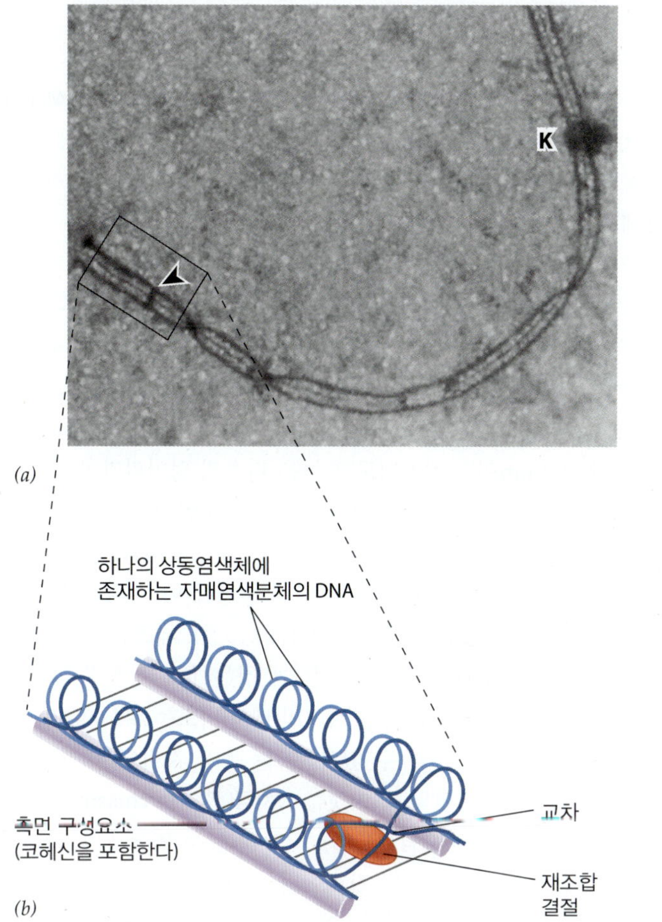

그림 14.44 접합사복합체. (*a*) 한 쌍의 상동염색체가 잘 정돈되어 평행하게 배열된 사람의 후사기 2가염색체의 전자현미경 사진. K, 동원체. (*b*) 접합사복합체(SC)와 이에 결합하는 염색사를 나타낸 개요도. SC의 중심부분에 보이는 밀집된 알갱이(재조합 결절)(*a*에서 화살촉으로 표시되었음)에는 유전자재조합을 완성하는데 필요한 효소 시스템이 들어있다. 유전자재조합은 전기 I의 매우 이른 시기에 시작된다고 생각된다. 각 염색체에서 2개 자매염색분체의 DNA 고리(loop)가 가깝게 쌍을 이루는 것이 그려져 있다. 고리들은 코헤신(그림에는 나타내지 않았음)에 의해 쌍을 이루는 구조를 유지하는 것 같다. 유전자재조합(교차, crossing-over)은 그림과 같이 비자매염색분체의 DNA 고리들 사이에서 일어난다.

출처: Alberto J. Solari, *Chromosoma* 81:330, 1980 제공. Springer Science + Business Media의 허가를 얻음.

서 다른 상동염색체 쌍이 위치한 지역과는 다른 위치를 차지한다는 것이 발견되었다. 이 발견은 감수분열 전기 시작 전에 상동염색체가 어느 정도는 짝지어져 있다는 것을 시사한다. 세사기의 염색체 말단절(telomere)은 핵 전체에 퍼져 있다. 많은 종들에서 세사기 말기쯤에 염색체의 극적인 재조직이 일어난다. 말단절은 핵 한쪽의 핵막 내부 표면에 위치하기 시작한다. 핵막의 한 끝에 말단절이 밀집되는 현상은 다양한 진핵세포에서 광범위하게 나타난다. 이로 인해 염색체가 부케 꽃다발의 밀집된 줄기와 비슷한 모양이 된다(**그림 14.43**). 핵막과 결합하지 않은 염색체를 가진 돌연변이 생쥐에서는 염색체 접합, 유전적 재조합, 배우자 형성에서 손상이 일어난다. 이러한 실험결과는 감수분열 동안 핵막이 상동염색체 간의 상호작용에 중요한 역할을 하고 있음을 의미한다.

최근 출아효모 연구에서 비암호화 감수분열 RNA(non-coding meiotic RNAs, meiRNAs)도 상동염색체의 짝 형성에 중요한 역할을 하는 것으로 보인다. meiRNA는 염색체를 따라 특정 위치에서 전사가 되는 것으로 보이고, 상동염색체의 유사한 meiRNA 전사체와 짝을 형성하여 결국 염색체의 짝 형성을 유도한다. 다른 개체에서도 이러한 기작이 일어나는지를 조사하기 위한 추가 연구가 필요하다. 전자현미경으로 관찰하면 염색체 접합과 함께 **접합사복합체(synaptonemal complex, SC)**라고 하는 복합체 구조가 형성되는 것을 볼 수 있다. 접합사복합체는 양 측면에 위치한 구성요소를 가로로 연결하는 단백질 섬유와 함께 사다리-유사 구조로 되어 있다(**그림 14.44**). 각 상동염색체의 염색질은 고리 모양을 이루어 SC의 측면 구성요소 위에서 밖으로 뻗어 있다(그림 14.44*b*). 측면 구성요소는 주로 자매염색분체의 염색질과 함께 결합할 것으로 생각되는 코헤신으로 구성되어 있다. 수년 동안 SC는 적당한 위치에서 상동염색체의 각 쌍을 잡아서 상동 DNA 가닥 간의 유전자재조합을 시작하게 하는 것으로 생각되었다. 그러나 현재는 SC가 유전자재조합(genetic recombination)에 필요하지 않다는 것이 분명해졌다. SC의 형성은 유전자재조합이 일어난 후에 시작될 뿐만 아니라, SC를 조립할 수 없는 돌연변이 효모세포도 여전히 상동염색체 사이에 유전적 정보의 교환이 가능하다. 현재 생각되는 SC의 주요 기능은 상호작용하는 염색분체가 교차 작용을 완전하게 수행할 수 있도록 도와주는 틀(scaffold)로서 작용한다는 것이다.

접합된 상동염색체 쌍에 의해 형성된 복합체를 **2가염색체(bivalent)** 또는 **4분염색체(tetrad)**라고 한다. 앞의 용어는 복합체가 2개의 상동염색체를 가진다는 사실을 반영하고, 뒤의 용어는 4개의 염색분체가 존재한다는 데 의미를 둔 용어이다. 접합의 완성은 접합기의 끝을 의미하고 전기 I에서 다음 시기인 **후사기**(*pachytene*)가 시작됨을 의미한다(그림 14.44*a*). 후사기는 접합사복합체가 완전히 형성되는 것이 특징이다. 후사기 동안 SC에 의해 상동염색체가 길이에 따라 서로 가깝게 결합한다. 자매염색분체의 DNA는 평행한 고리 형태로 길게 뻗어 배열된다(그림 14.44*b*). 전자현미경으로 관찰해보면, 직경이 약 100 nm이며 전자밀도가 높은 다수의 덩어리가 SC의 가운데에 보인다. 이런 구조는 **재조합결절**(*recombination nodule*)이라고 명명되었다. 그 이유는 이곳이 교차가 일어나는 자리와 일치하기 때문이다. 이것은 재조합 과정의 중간 단계 동안에 이 자리에서 DNA 합성이 일어나는 것에 의해 입증되었다(14.13절). 재조합결절은 후사기 말에 끝나는 유전적 재조합을 용이하게 하는 효소 장치를 갖고 있다.

감수분열 전기 I에서 다음 시기인 **배사기**[또는 **복사기**(*diplotene*)]의 시작은 SC 분리로 알 수 있다. 이는 특정 지점에서 염색체가 X자 모양의 구조로 결합되고, 이것을 **교차점**(복수는 chiasmata, 단수는 chiasma)이라고 한다(**그림 14.45**). 교차점은 두 염색체의 DNA 분자 사이에 이미 교차가 발생된 자리이다. 교차점은 하나의 상동염색체의 염색분체와 다른 상동염색체에서 유래한 비자매염색분체(nonsister chromatid) 간의 공유 결합성 연접에 의해 형성된다. 이 부착 장소는 유전자재조합이 일어나는 정도를 잘 관찰할 수 있는 위치이다. 배사기때는 상동염색체가 서로에게서 분리되기 때문에 교차점을 더 쉽게 관찰할 수 있다.

척추동물 난모세포의 성장이 일어나는 난자 발생 과정에서 배사기는 매우 긴 시기이다. 따라서 배사기는 왕성한 대사활동을 하는 시기이다. 난모세포의 배사기 동안 전사에 의해 RNA가 만들어지며, 이 RNA는 난자 발생 과정과 수정 후에 일어나는 초기 배아발달 모두에서 단백질 합성에 이용된다.

감수분열 전기 I의 마지막 시기인 **이동기**(*diakinesis*)에는 감수분열 방추체가 조립되고 염색체는 분리를 위한 준비를 한다. 배사기 동안 염색체가 분산되는 종에서는 이동기 동안 염색체가 다시 응축된다. 인(nucleolus)이 사라지고, 핵막이 붕괴되며, 4분염색체가 중기판으로 이동하면서 이동기는 끝나게 된다. 척추동물 난모세포에서 이러한 현상은 성숙촉진인자(MPF)의 단백질 인산화효소 활성이 증가하면서 시작된다. 이 장의 마지막에 있는 <역사적 실험>에서 논의된 것처럼, MPF는 난모세포의 "성숙(*maturation*)"을 개시할 수 있는 능력에 의해 처음에 동정되었다.

대부분의 진핵생물 종에서 교차점은 제I감수분열 중기판에 상동염색체가 배열될 때까지 관찰할 수 있다. 사실 이 시기까지 상동염색체가 서로를 붙잡아 2가염색체를 유지하기 위해서는 교차점이 필요하다. 인간과 다른 척추동물에서 모든 상동염색체 쌍은 일반적으로 적어도 하나의 교차점을 갖고 있다. 더 긴 염색체는 2~3개 이상의 교

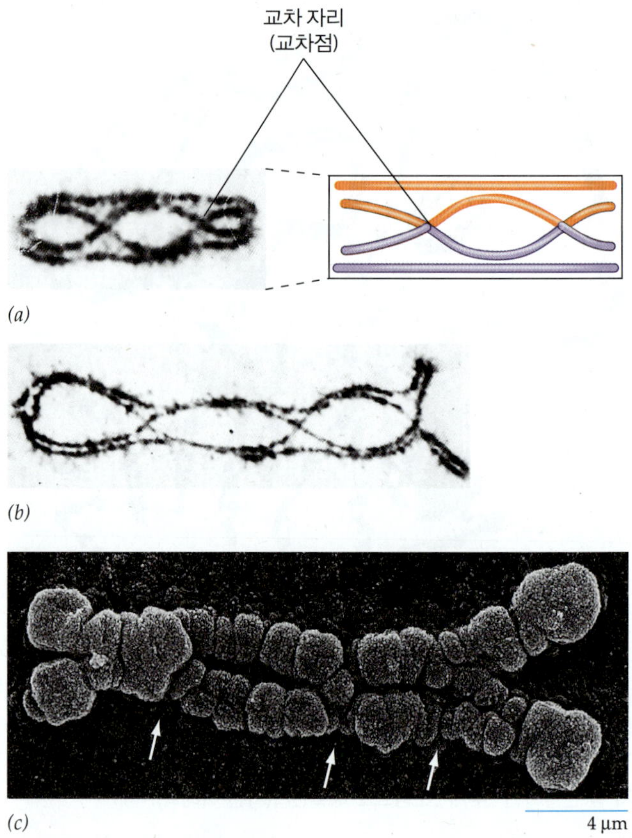

그림 14.45 교차의 가시적 증거. (*a,b*) 메뚜기의 배사기 2가염색체에서 각 상동염색체의 염색분체 사이에 교차점이 형성되어 있는 것을 볼 수 있다. 첨부된 삽입도는 *a*의 2가염색체에서 아마도 일어났을 교차를 나타낸다. 배사기 염색체의 염색분체들이 교차점을 제외하고는 근접하여 나란히 배열되어 있다. (*c*) 3개의 교차점(화살표)을 갖는 사막메뚜기(desert locust) 2가염색체의 주사전자현미경 사진.

출처: (a–b) Bernard John, *Meiosis*에서 발췌. © 1990 캠브리지대학교 출판부의 허가를 얻음. (c) Klaus Werner Wolf, *BioEss.* 16:108, 1994에서 발췌. John Wiley & Sons의 허가를 얻어 재인쇄함.

차점을 갖는 경향이 있다. 심지어 가장 작은 염색체에도 교차점이 형성되게 하는 기작이 존재한다고 생각된다. 만약 상동염색체 쌍에 교차점이 하나도 생기지 않으면, 그 2가염색체는 접합사복합체(SC)가 분해된 후에 서로로부터 쉽게 분리될 것이다. 상동염색체의 조기 분리는 흔히 잘못된 수의 염색체를 가진 핵을 만드는 결과를 낳는다. 그런 현상의 결과는 <인간 질병과의 연관성>에 설명되어 있다.

감수분열 중기 I에서 2가의 두 상동염색체들은 반대쪽 극에서 나오는 방추사에 연결되어 있다(**그림 14.46a**). 반면에, 자매염색체들은 같은 방추체 극으로부터 나오는 미세소관에 연결되어 있으며, 이것은 그림 14.46*a*의 삽입도처럼, 자매염색체 동원체가 나란히 배열함으로써 가능하다. 2가염색체의 모계 및 부계 염색체는 중기 I의 중기판에 무작위적인 방향으로 배열한다. 즉, 특정 2가염색체의 모계염색체가 2개 극 중에서 어느 한쪽을 마주할 가능성은 동일하다. 그 결과, 후기 I 동안 상동염색체가 분리될 때, 각 극은 무작위 조합에 의해 모계와 부계 염색체를 받는다(그림 14.39 참조). 따라서 후기 I은 멘델의 독립의 법칙에 해당하는 세포 현상이다. 독립의 법칙 결과로, 개

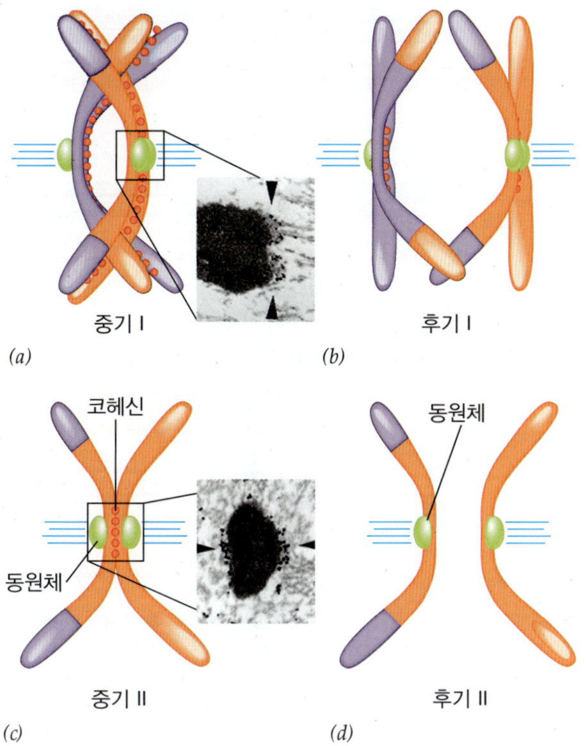

그림 14.46 제I감수분열 동안 상동염색체의 분리와 제II감수분열 동안 염색분체의 분리. (*a*) 중기 I에서 1쌍의 상동염색체 개요도. 염색분체가 코헤신에 의해 팔과 중심절 모두에서 결합되어 있다. 상동염색체 쌍은 교차점에 의해 2가염색체로 존재한다. 삽입도의 현미경 사진은 자매염색분체의 동원체(화살촉)가 염색체의 한쪽 측면에 위치하여 동일한 극 방향을 향하는 것을 보여준다. 검은색 점은 동원체의 CENP-E 운동단백질에 결합한 금 입자이다(그림 14.16*c* 참조). (*b*) 후기 I에서 염색분체의 팔에 결합되어 있던 코헤신은 분해되고 이로 인해 상동염색체는 서로에게서 떨어진다. 중심절에는 코헤신이 그대로 남아 있어 자매염색분체를 잡아준다. (*c*) 중기 II에서 자매염색분체는 중심절에 의해 연결되어 있고, 반대쪽에서 유래한 미세소관이 두 동원체에 결합되어 있다. 삽입도의 현미경 사진은 자매염색분체의 두 동원체가 이제는 염색체의 반대쪽에 위치함으로서 서로 다른 쪽 극을 향하고 있음을 보여준다. (*d*) 후기 II에서 자매염색분체를 잡아주던 코헤신이 분해되고 이로 인해 염색체는 반대쪽 극으로 이동하게 된다.

출처: Insets: Jibak Lee et al., *Mol. Reprod. Develop.* 56:51, 2000에서 발췌. John Wiley & Sons의 허가를 얻어 재인쇄함.

체는 거의 무제한으로 다양한 배우자(gamete)를 생산할 수 있다.

감수분열 후기 I에서 상동염색체가 분리되기 위해서는 2가염색체를 서로 잡고 있는 교차점이 소멸되어야 한다. 교차점은 재조합 부위 바로 옆의 자매염색분체 사이의 결합에 의해 유지된다(그림 14.46*a*). 중기 I~후기 I 전환점에서 2가염색체의 염색분체 팔 사이의 결합이 소실되면 교차점은 사라진다(그림 14.46*b*). 염색분체 팔 사이의 부착이 상실되는 것은 염색체에 있던 코헤신이 분해되면서 이루어진다. 반면 자매염색분체를 연결하는 중심절의 결합은 강하게 남아 있게 되며, 이것은 중심절에 위치한 코헤신이 단백질 분해 공격으로부터 보호받기 때문이다(그림 14.46*b*). 결과적으로 자매염색체는 후기 I 동안 서로 단단히 붙어서 한 쪽의 방추체 극 쪽으로 함께 이동한다.

감수분열 말기 I은 유사분열의 말기보다 덜 역동적으로 변화한다. 비록 염색체가 흔히 약간 흩어지기도 하지만, 간기 핵에서 발견되는 것처럼 완전히 펼쳐진 상태에는 도달하지 않는다. 말기 I 동안 핵막은 다시 형성될 수도 있고 그렇지 않는 경우도 있다. 2번의 감수분열 사이의 시기를 **분열간기**(interkinesis)라 하며 일반적으로 이 시기는 짧다. 동물에서는 이 짧은 시기에 있는 세포를 2차 **정모세포**(*secondary spermatocyte*)나 2차 **난모세포**(*secondary oocyte*)라고 한다. 이런 세포들은 오직 각 상동염색체 쌍의 한쪽만 포함하기 때문에 반수체(haploid)라는 특징이 있다. 이 세포들은 비록 반수체이지만, 각 염색체들은 여전히 1쌍의 결합된 염색분체를 갖고 있기 때문에 반수체 배우자보다 2배 많은 DNA를 갖고 있다. 이 상태를 '2차 정모세포는 2C 양의 DNA를 갖고 있다'고 말하며, 4C DNA 양을 가진 1차 정모세포(primary spermatocyte)의 절반, 그리고 1C DNA을 가진 정자세포보다 2배 많은 양의 DNA를 갖고 있다.

분열간기 다음 시기인 감수분열 전기 II는 감수분열 전기 I에 비해 무척 단순하다. 만약에 후기 I에서 핵막이 재생되었다면, 핵막은 다시 붕괴된다. 염색체는 다시 응축되어 중기판에 배열된다. 중기 I과는 다르게 중기 II의 자매염색분체의 동원체는 서로 반대 극을 바라보면서 양쪽에서 나온 염색체 미세소관 방추사에 결합된다(그림 14.46*c*). 척추동물 난모세포는 감수분열 중기 II에서 진행을 멈춘다. 중기 II에서 감수분열이 정지하는 것은 특정 인자들에 의해 APC^{Cdc20}의 활성이 억제되어, 사이클린 B 분해를 방해하기 때문이다. 난모세포 안에 높은 농도의 사이클린 B가 남아 있으면 Cdk 활성이 유지되어 세포는 다음 감수분열 시기로 진행하지 못한다. 중기 II 중난은 난모세포[이제는 난자(egg) 또는 알이라 불린다]가 수정이 될 경우에만 풀어진다. 수정이 되면 Ca^{2+} 이온이 빠르게 유입되면서, APC^{Cdc20}가 활성화되어 사이클린 B가 분해된다. 이러한 변화로 인해 수정된 난자는 두 번째 감수분열을 완료하게 된다. 후기 II는 2개의 자매염색분체를 잡고 있던 중심절이 동시에 분리되면서 시작된다. 이로 인해 염색체는 세포의 반대 극 쪽으로 움직일 수 있게 된다(그림 14.46*d*). 제II감수분열은 말기 II에 핵막이 염색체를 다시 감싸면서 종료된다. 감수분열 결과로 1C 양의 DNA를 가진 반수체 세포가 만들어진다.

14.13 감수분열 동안 유전적 재조합

감수분열은 유성생식을 위해 염색체 수를 줄이는 역할뿐 아니라, 한 세대에서 다음 세대로 생명체의 구성원이 바뀔 때 유전적 변이를 증가시키는 역할을 한다. 배우자가 형성될 때 염색체의 독립 조합(independent assortment)에 의해 모계와 부계 염색체가 섞이게 된다. 또한 유전자재조합[genetic recombination, 또는 교차(crossing-over)]은 염색체에서 모계와 부계 대립유전자가 잘 섞이게 하는 역할을 한다(그림 14.39 참조). 유전자재조합이 없다면 각각의 염색체에 존재하는 대립유전자들은 세대가 지나도 같이 있었을 것이다. 상동염색체 사이에 모계와 부계 대립유전자가 섞임으로써 감수분열은 새로운 유전형과 표현형을 갖는 생명체를 만들어 자연선택이 작용할 수 있게 된다(그림 4.7 초파리의 예 참조). 인간 정자세포에는 대략 25번의 재조합이 일어나는 것으로 추정된다.

재조합이 일어날 때 각각의 DNA 분자는 물리적으로 절단되고, 하나의 DNA 2중가닥의 잘려진 말단과 상동염색체 2중가닥의 잘려진 말단이 서로 연결된다. 재조합은 일반적으로 새로운 염기쌍이 첨가되거나 결실되지 않고 이루어지는 매우 정확한 과정이다. 정확하게 일어나기 위한 재조합 과정은 하나의 염색체 단일가닥과 상동염색체의 단일가닥 사이의 상보적인 염기서열에 의존한다. 재조합 과정의 정확성은 DNA 가닥이 교환되는 동안 생기는 틈을 메워 주는 DNA 수선효소(DNA repair enzyme)에 의해 더욱 확실하게 유지된다.

진핵세포에서 재조합되는 동안 일어나는 예상된 과정의 단순한 개요를 **그림 14.47**에 나타냈다. 이 모델에서 보면, 재조합하려는 두 DNA 2중가닥(duplex)들은 **상동성 검사**(*homology search*)에 의해 서로 나란히 정렬하기 시작한다. 상동성 검사에서 상동 DNA 분자는 재조합을 준비하기 위해 상호작용하게 된다. 일단 나란히 정렬되면, 효소(Spo11)가 1개의 2중가닥 DNA를 절단한다(그림 14.47, 1단계). 2단계에 나타낸 것처럼 절단된 틈은 점점 절제되면서 넓어진다. 절제는 5′→3′ 핵산말단가수분해효소(exonucrease)의 작용에 의해 또는 다른 기작에 의해 일어난다. 어떤 기작에 의한 절제이든 상관없이, 절단된 가닥들은 각각 3′OH 끝을 가진 노출된 단일가닥 꼬리들을 갖는다. 그림 14.47의 모델처럼, 단일가닥 꼬리들 중의 하나는 자신의 2중가닥을 떠나서 비자매염색분체의 DNA 분자에 끼어들어가 주변 2중가닥의 상보적인 가닥과 수소결합을 한다(3단계). 대장균에서 단일가닥이 온전한 상동 2중가닥에 끼어들어가서 상응하는 가닥을 밀어내고 대체되는 과정은 *RecA* 단백질이라는 재조합 효소에 의해 촉매된다. RecA 단백질은 단일가닥 DNA의 길이를 따라 중합하여 핵단백질 섬유(nucleoprotein filament)를 형성한다. RecA는 단일가닥 DNA가 상동 2중나선을 찾아서 그 사이로 끼어들어갈 수 있게 한다. 진핵세포들도 가닥 끼어들기를 촉매할 것으로 생각되는 RecA 상동체(예: Rad51)를 갖고 있다. 4단계에서 보여주는 것처럼 가닥 침입은 틈을 채우는 DNA 수선작용(7.8절)을 활성화시킨다.

DNA 가닥들이 상호 교환된 결과로, 2개의 2중가닥들은 공유결합에 의해 서로 연결되어 결합 분자(또는 이질2중가닥, *heteroduplex*)를 형성한다. 이 분자는 가닥교환이 일어나는 주변에 한 쌍의 DNA 교차 또는 **홀리데이 연접**(*Holliday junction*)을 가진다(그림 14.47, 4와 5단계). 이러한 연접은 1964년 이 연접의 존재를 제안한 로빈 홀리데이(Robin Holliday)의 이름을 따서 명명되었다. 이런 종류의 재조합 중간체의 연결지점은 이쪽저쪽으로 이동될 수 있기 때문에[이 현상을 **가지이동**(*branch migration*)이라고 한다] 고정된 구조가 아니다. 가지이동은 원래 가닥의 염기쌍을 잡아주던 수소결합이 끊어지고, 새롭게 이어진 2중가닥에서 수소결합이 재형성되어 이루어진다(5단계). 홀리데이 연접과 가지이동은 후사기 동안에 일어난다(그림 14.42).

홀리데이 연접에서 서로 연결된 DNA 분자를 풀고 이 DNA를 다시 2개의 분리된 2중가닥으로 되돌려 주기 위해서는 다시 한 번

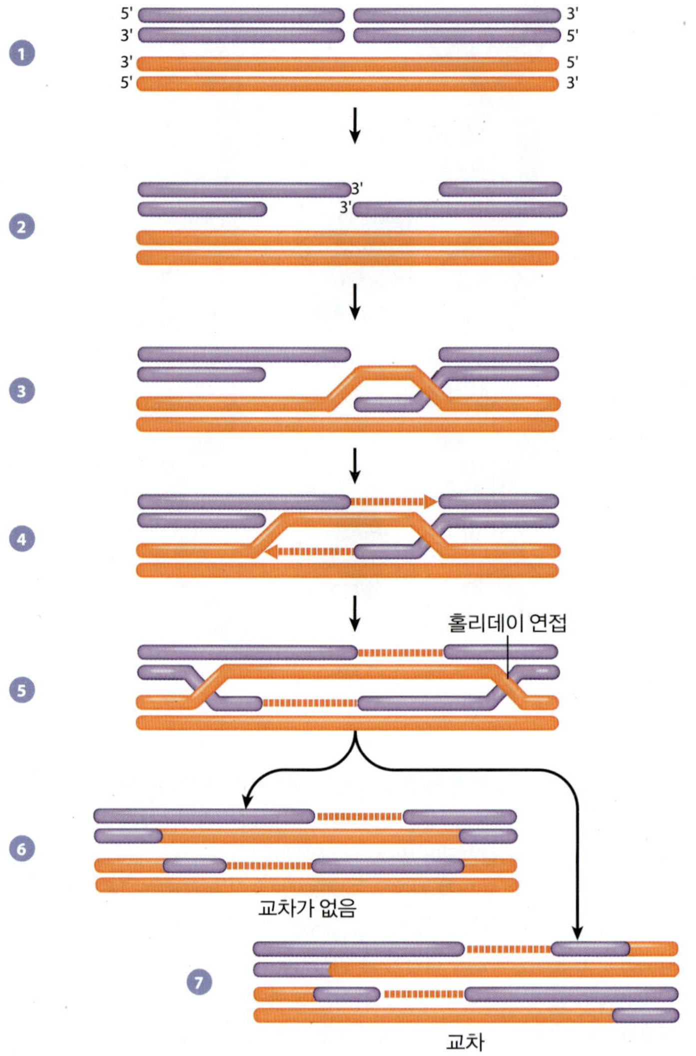

그림 14.47 **2중가닥 절단에 의해 개시되는 예상되는 유전자재조합 기작.** 자세한 과정은 본문에 설명하였다.

DNA 절단이 일어나야만 한다. 어떤 DNA 가닥이 절단되고 이어지는 지에 따라 2개의 서로 다른 생산물이 만들어진다. 한 가지 경우, 두 2중가닥은 짧은 부분에서만 유전자 교환이 일어나고 교차가 일어나지 않는다(그림 14.47, 6단계). 절단과 결합이 일어나는 다른 경우에는 한 DNA 분자 2중가닥이 상동염색체 분자의 2중나선과 공유결합하여 유전자재조합이(즉, 교차가) 일어나는 자리가 생긴다(7단계). 재조합 상호작용이 교차로 끝날지 교차가 아닌 것으로 끝날지는 2중 홀리데이 연접이 풀리기 훨씬 전에 결정된다. 모계와 부계 염색체의 융합인 교차(7단계)는 제I감수분열 동안 상동염색체가 서로 결합하기 위해 필요한 교차점으로 발달한다(그림 14.44). 포유동물에서 교차되지 않는 숫자는 교차되는 숫자보다 훨씬 높다. 더구나, 교차는 다른 지역에 비해 빈도수가 높은 게놈의 특정 부위[재조합 "핫스팟(hotspot)"]에서 일어난다. 이러한 재조합 핫스팟은 PRDM9 단백질 결합부위로 추정된다. 이 단백질은 아직 밝혀지지 않은 기작에 의해 재조합을 유도한다.

인간 질병과의 연관성

감수분열 비분리와 그 결과

감수분열은 복잡한 과정이고, 인간의 경우 감수분열 시에 매우 흔하게 실수가 일어난다. 제I감수분열 동안 상동염색체가 서로 분리하지 못할 수도 있고, 제II감수분열 동안 자매염색분체가 서로 떨어지지 못하는 경우도 있다. 이런 경우가 하나라도 일어난다면 배우자는 부수적인 염색체를 더 갖거나 염색체 수가 모자라는 비정상적인 수의 염색체를 갖게 된다(**그림 1**). 만약 이 배우자 중 하나가 정상 배우자와 융합하면 비정상적인 수의 염색체를 갖는 접합자가 형성되어 심각한 결과가 발생한다. 대부분의 경우 접합자는 비정상적인 배아로 발달되다가 임신에서 출산까지의 어떤 시기에 사망하게 된다. 그러나 가끔 이 접합자가 **이수성**(*aneuploidy*)이라는 비정상적인 수의 염색체를 포함하는 세포를 갖는 배아로 발달한다. 이수성의 결과는 어떤 염색체가 영향을 받았는가에 따라 달라진다.

정상적인 사람은 22쌍의 상염색체(autosome)와 1쌍의 성염색체(sex chromosome)로 이루어진 46개의 염색체를 갖고 있다. 추가적인 염색체가 존재하여 전체 47개의 염색체가 되는 것을 **삼염색체성**(*trisomy*)이라고 한다(**그림 2**). 예를 들면, 21번째 염색체가 하나 더 있는 세포를 가진 사람은 삼염색체성 21이라고 한다. 염색체가 하나 부족해서 전체 45개의 염색체를 갖게 되면 **일염색체성**(*monosomy*)이 된다. 삼염색체 수의 이상에 의한 영향에 대해 먼저 이야기해 보자.

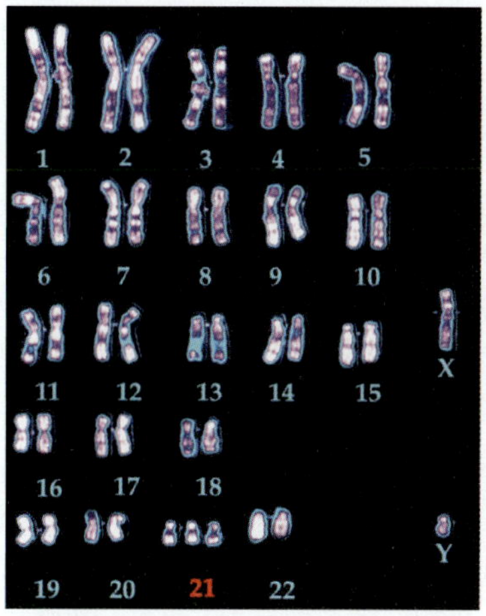

그림 2 **다운증후군이 있는 사람의 핵형.** 21번에 추가적인 염색체가 존재하는 것이 보인다(삼염색체성 21).

출처: PHANIE/Photo Researchers, Inc.

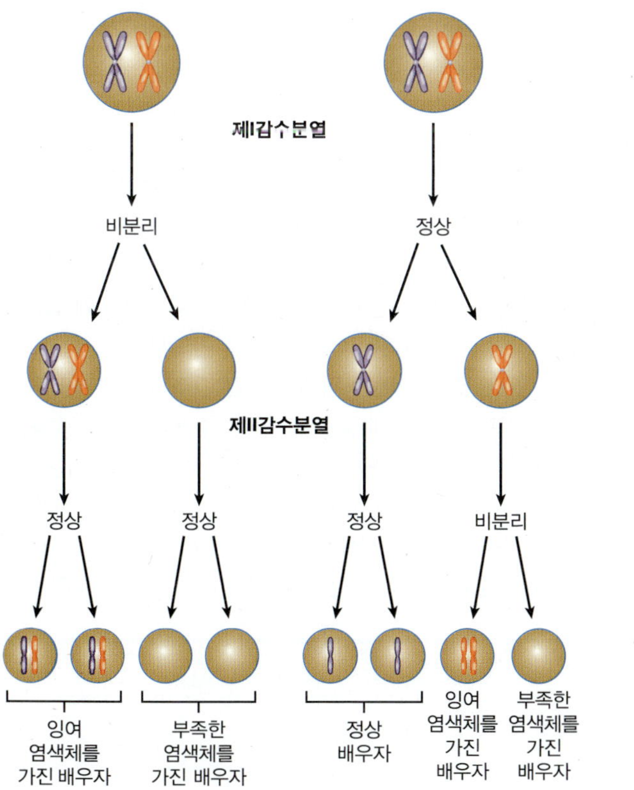

그림 1 감수분열 비분리 현상은 염색체가 감수분열하는 동안 서로 분리되지 않을 때 일어난다. 비분리가 제I감수분열에서 일어나는 것을 "**1차비분리**(*primary nondisjunction*)"이라고 하는데, 모든 반수체세포가 비정상적인 수의 염색체를 갖게 된다. 비분리가 제II감수분열에서 일어나는 것을 "**2차비분리**(*secondary nondisjunction*)"이라고 하며. 이 경우에는 4개의 반수체 중 2개만이 영향을 받게 된다. (여기에 보이는 것보다 더 복잡한 비분리 현상도 일어날 수 있다.)

어떤 염색체이든 하나의 상염색체가 부족하면 배아 시기 또는 태아로 발생하는 도중 어떤 시기에 반드시 죽게 된다는 것이 증명되었다. 따라서 상염색체 일염색체성 접합자는 임신 기간을 채워 태아로 태어나지 못한다. 비록 부가적인 염색체가 존재하는 경우가 항상 생명을 위협하지는 않지만, 그렇다고 삼염색체성이 일염색체성보다 더 나은 것은 아니다. 사람의 22개 상염색체 중 삼염색체성 21을 가진 사람만이 몇 주 또는 몇 개월을 지나서도 생존할 수 있다. 대부분의 삼염색체성은 치명적이어서 발생하는 동안 죽게 된다. 13번 및 18번 염색체들이 삼염색체성인 경우 가끔 아주 심각한 장애를 가지고 태어나기도 하지만, 결국 그들은 출생 후 곧 사망하게 된다. 자연적으로 유산이 되는 태아의 1/4 이상은 삼염색체성에 의한 것이다. 훨씬 많은 접합자가 비정상적인 수의 염색체를 갖고 배아로 발생하지만, 임신한 것을 인식하기 전의 발생 초기에 사망하는 것으로 생각된다. 예를 들면, 수정할 때 삼염색체성 접합자가 만들어지면 이론적으로 같은 수의 일염색체성 접합자가 만들어지고, 일염색체성 접합자는 삼염색체성 접합자보다 더 치명적이다. 대략 20~25%의 사람 난모세포가 이수성인데 이것은 지금까지 연구되어온 어떤 다른 종보다 매우 높은 수치이다. 예를 들면, 생쥐의 난자는 일반적으로 1~2% 수준의 이수성을 보여준다. 폴리카보네이트 플라스틱(Polycarbonate plastic)의 제조에 사용되는 비스페놀 A(bisphenol A)는 에스트로겐 유사 화합물이다. 생쥐가 이 화합물에 노출되면 감수분열 동안 비분리 정도가 크게 증가된다. 이것은 주변 환경에 존재하는 합성 화합물과 감수분열 이수성 사이의 관계를 밝힌 첫 번째 명백한 증거이다. 이 화합물 또는 다른 화합물과 사람 난모세포의

계속

높은 수준의 이수성이 연관이 있는지는 명확하지 않다. 이유가 무엇인지는 모르지만 남성의 감수분열은 여성보다 비정상적인 염색체가 매우 낮은 수준으로 나타난다.

사람에서 발생기간 동안 일어나는 모든 이수성이 필수적으로 접합자와 함께 시작하는 것은 아니다. 체외수정(in vitro fertilization, IVF)에 의해 생성된 초기 배아에 대한 최근 연구에서 배아의 대부분은 이수성 핵형을 가진 할구(blastomere)라 부르는 특정 세포를 가진다. 같은 배아에서 이수성 세포는 정상 세포와 함께 존재하다는 사실은 다음을 제안한다. (1) 염색체 비분리는 초기 배아세포의 유사분열 동안 종종 생기며, (2) 이들 비정상 세포는 초기 발생기간에 어쨌든 파괴된다. 왜냐하면, 인공수정으로 태어나는 아이들의 염색체 이상 비율이 비정상적으로 높지 않다. 정상적으로 임신된 인간 배아에서 세포내 염색체 보상 연구는 불가능하기 때문에, 우리는 유사분열 비분리가 IVF에 의해 생성된 태아에 국한된 현상인지는 알 수가 없다.

비록 사람의 21번 염색체가 400개 이하의 유전자를 포함하는 가장 작은 염색체일지라도 이 염색체가 하나 더 존재하면 **다운증후군**(*Down syndrome*)이 발생한다. 다운증후군을 가진 사람은 정신적 결함, 특정한 몸 형태의 변형, 순환기 이상, 전염병에 대한 감수성 증가, 백혈병 발병률의 엄청난 증가, 어린 나이에 알츠하이머병의 발병 등이 나타난다. 이 모든 의학적인 문제는 21번 염색체에 위치한 유전자가 비정상적인 수준으로 발현되어 초래된다고 생각된다. 더구나, 21번 염색체에 암호화된 어떤 전사인자 유전자가 과도하게 발현되어 다른 염색체 위의 유전자 발현도 영향을 받게 된다.

성염색체가 비정상적인 수로 존재하는 경우에는 인간 발달과정에 영향을 덜 미친다. 오직 하나의 X염색체만을 갖고 두 번째 성염색체가 없는 접합자(XO로 표기한다)는 **터너증후군**(*Turner syndrome*)을 가진 여성으로 발달한다. 이 여성은 생식기 발달이 청소년기에 중지되고, 난소가 발달하지 않아 몸 구조가 조금 비정상적이다. Y염색체는 남성을 결정하기 때문에 적어도 하나의 Y염색체를 가진 사람은 남성으로 발달한다. X염색체를 하나 더 가진 남성(XXY)은 **클라인펠터 증후군**(*Klinefelter syndrome*)이 생긴다. 이 남성은 정신지체, 생식기의 발육부진, 그리고 가슴의 확대와 같은 여성적 체형이 생기는 특징이 있다. 필요 이상의 Y를 갖는 접합자(XYY)는 평균보다 키가 큰 정상적인 남성으로 발달한다. XYY 남자들이 XY 남자보다 더 공격적이고, 반사회적이며, 범죄 행동을 보여주는 경향이 있다는 주장에 관해 상당한 논쟁이 있으며, 이 가설은 입증되지 않았다.

다운증후군을 갖고 있는 아이가 태어날 가능성은 산모의 나이와 비례하여 극적으로 증가한다. 19세의 산모에서는 0.05%인 데 비해 45세 이상의 여성에서는 3% 이상으로 증가하게 된다. 대부분의 연구에서 아버지 연령과 삼염색체성 21을 갖는 아이가 태어날 확률사이에는 상관관계가 없다고 알려져 있다. 자손과 부모 사이의 DNA 염기서열을 비교하여 추정해 보면, 삼염색체성 21의 약 95%는 어머니에서 발생하는 비분리에 의한 것임을 알 수 있다. 그렇지만, 염색체 비분리성이 아버지 나이와 관련하여 정자형성 과정 동안에 증가하지는 않지만, 아버지에 의해서 아이에게 전달될 수 있는 새로운 돌연변이 수는 나이가 들수록 증가한다. 이러한 사실은 나이가 많은 아버지로부터 태어난 아이에서 자폐증 발병률이 높은 것과 연관이 있다.

비정상적인 염색체 수는 2번의 감수분열 중 1번의 비분리현상에 의해 초래될 수 있다는 것을 위에서 언급했다(그림 1). 비록 접합자의 염색체 수의 관점에서 보면 서로 다른 비분리 상황이 같은 효과를 야기한다고 해도, 유전적으로는 어느 감수분열에서의 비분리현상인지를 구별할 수 있다. 첫 번째 감수분열의 비분리현상에서는 두 상동염색체가 하나의 접합자에 들어가는 반면, 두 번째 감수분열에서의 비분리현상에 의해서는 2개의 자매염색 분체가 하나의 접합자로 보내진다(두 자매염색분체는 대부분 교차에 의해 변형되어 동일하지는 않다). 연구에 의하면 대부분의 오류는 제I감수분열 동안 일어난다. 예를 들면, 모계에서 비분리현상에 의한 삼염색체성 21의 433가지 사례 중, 373가지는 제I감수분열 동안 발생한 오류의 결과이고, 60가지는 제II감수분열 동안 생긴 오류의 결과라는 연구가 있다.

왜 제II감수분열보다 제I감수분열에서 비분리현상이 일어나기 쉬울까? 우리는 그 질문에 대한 명확한 답을 알지 못한다. 그러나 그것은 아마도 나이가 든 여성의 난모세포가 제I 감수분열 상태로 세포주기가 중지되어 매우 긴 기간 동안 난소 내에 존재하게 된다는 것과 관련이 있는 듯하다. 이 장의 앞에서 기술하였듯이, 유전자재조합이 일어나는 곳을 나타내는 교차점은 중기 I 동안 2가염색체를 동시에 잡는 중요한 역할을 한다. 하나의 가설에 의하면, 어린 난모세포에 비하여 늙은 난모세포의 감수분열 방추체는 염색체의 끝 가까이에 단 하나의 교차점만을 갖고 있으므로 약하게 결합한 염색체를 동시에 잡는 능력이 떨어진다. 이로 인해 상동염색체는 후기 I에서 잘못 분리될 가능성이 증가한다. 또 다른 가능성은 교차점이 염색체의 끝으로 미끄러지면서 없어지는 것을 방지하는 자매염색분체의 결합이 끝까지 유지되지 않는다는 것이다. 이로 인해 상동염색체는 정상보다 이른 시기에 분리된다.

역사적 실험

MPF의 발견과 특성

양서류의 난모세포가 난자 발생의 마지막에 다다르면, 난핵포(germinal vesicle, GV)라고 하는 큰 핵이 세포의 끝 쪽으로 이동한다. 이어지는 시기에 핵막이 분해되고, 응축된 염색체는 난모세포 끝 쪽의 동물극 근처에서 중기판을 따라 정렬된다. 이후 세포는 커다란 2차 난모세

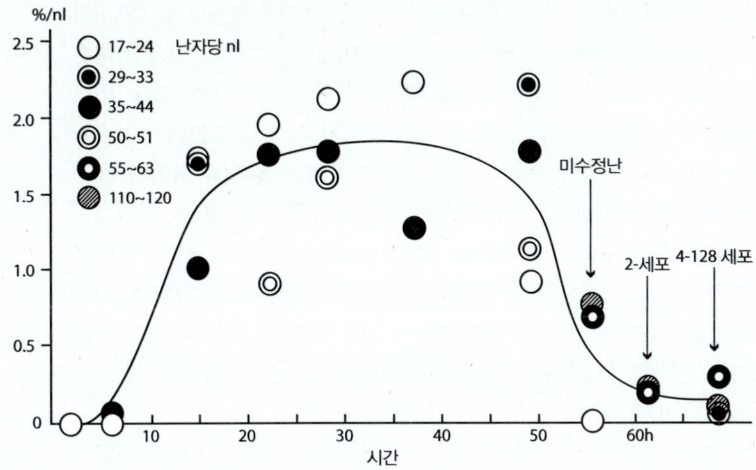

그림 1 표범개구리(*Rana pipens*) 난모세포의 성숙 과정과 초기 발생 과정 동안에 난모세포의 세포질에서 성숙촉진인자의 활성 변화. 세로축: 주입된 세포질의 부피에 대하여 유도된 성숙의 빈도율. 비율이 높을수록, 세포질이 더 효과가 좋은 것이다. nl, 주입된 세포질의 나노리터(nl) 양, 가로축: 공여자의 시기(프로게스테론 첨가 후 시간)

출처: Y. Masui and C. L. Markert, *Journal Exp. Zoology* 177:142, 1971. John Wiley & Sons Publishers, Inc의 허가를 얻어 재인쇄함.

포와 작은 극체(polar body) 하나를 형성하는 첫 번째 감수분열을 진행한다. 난핵포가 분해되면서 첫 번째 감수분열이 일어나는 현상을 난자 **성숙**(*maturation*)이라 하며, 완전히 자란 난모세포에 스테로이드 호르몬인 프로게스테론을 처리하여 유도할 수 있다. 호르몬이 처리된 양서류의 난모세포가 성숙되는 첫 번째 신호는 프로게스테론 처리 후 13~18시간 때 난핵포가 난자 표면 끝 근처로 이동하는 것이다. 난핵포는 곧 분해되고 난모세포는 호르몬 처리 후 36시간쯤 두 번째 감수분열 중기에 도달한다. 프로게스테론을 난모세포를 배양하는 실험배지에 첨가되었을 때만 성숙이 유도되고, 난모 세포의 내부에 주입하였을 때는 난모세포가 반응을 보이지 않았다.[1] 이것은 프로게스테론이 세포표면에 작용하여 난모세포의 세포질에 이차적인 변화를 촉발하여 난핵포붕괴(germinal vesicle breakdown, GVBD)와 난자 성숙과 연관된 다른 변화를 유도한다는 것을 나타낸다.

성숙을 촉발하는 데 관여하는 세포질 변화의 본질을 밝히기 위하여 토론토대학교의 요시오 마수이(Yoshio Masui)와 예일대학교의 클레멘트 마컬트(Clement Markert)는 일련의 실험을 시작하였다. 그들은 호르몬이 처리된 다양한 시기의 개구리 난모세포에서 세포질을 분리한 후 이 공여체 세포질을 호르몬이 처리되지 않은 완전히 자란 미성숙 난모세포들에게 40~60nl(nanoliter)씩 주입하였다.[2] 그들은 프로게스테론이 처리된 후 처음 12시간 동안 난모세포로부터 채취된 세포질을 주입하였을 경우에는 수용체 난모세포가 거의 변화하지 않는다는 것을 발견하였다. 그러나 이 기간이 지난 후에는 공여체 세포질이 수용체 난모세포의 성숙을 유도하는 능력이 생겼다. 프로게스테론 처리 후 20시간 정도 지난 공여체 난모세포로부터 얻어진 세포질은 최대의 효과를 보였고, 이 효과는 40시간 후에 감소하였다(**그림 1**). 그러나 초기 배아들로부터 얻어진 세포질은 난자 성숙을 유도하는 약간의 능력을 계속 보여 주었다. Masui와 Markert 박사는 수용체 난모세포에서 성숙을 유도하는 세포질에 있는 이 물질을 "성숙촉진인자(maturation promoting factor)"라 명명하였고, MPF로 알려지게 되었다.

MPF는 난모세포의 성숙 유도에만 특이적으로 관련될 것이라고 추정되었기 때문에 처음에는 이 물질이나 그것의 활성 기작에 대한 관심이 비교적 덜하였다. 1978년에 퍼듀대학교의 윌리엄 와저맨(William Wasserman)과 데니스 스미스(Dennis Smith)가 초기 양서류 발달 동안 MPF의 행동 방식에 대한 논문을 발표하였다.[3] 이전까지는 초기 배아들에서 나타나는 MPF 활성이 단지 난모세포에 나타났던 활성의 잔재라고 추정되었었다. 그러나 Wasserman와 Smith는 MPF 활성이 분열하는 알에서 역동적으로 변화하고, 세포주기 변화와 연관이 있다는 것을 발견하였다. 예를 들면, 수정 후 30~60분이 지나 분열하는 개구리 알에서 채취된 세포질을 미성숙 난모세포에 주입하였을 때는 MPF 활성이 거의 관찰되지 않았다(**그림 2**). 그러나 수정 후 90분의 알에서 얻어진 세포질은 MPF 활성을 다시 나타냈다. MPF 활성은 수정 후 120분에 최고조에 도달하였고, 150분쯤에 다시 감소하기 시작하였다(그림 2). 180분에 이르러서 알이 첫 번째 세포질분열을 수행할 때는 활성이 관찰되지 않았다. 그 후 두 번째 분열주기를 진행하려할 때 MPF 활성은 다시 나타났고, 수정 후 225분에서 정점에 도달하

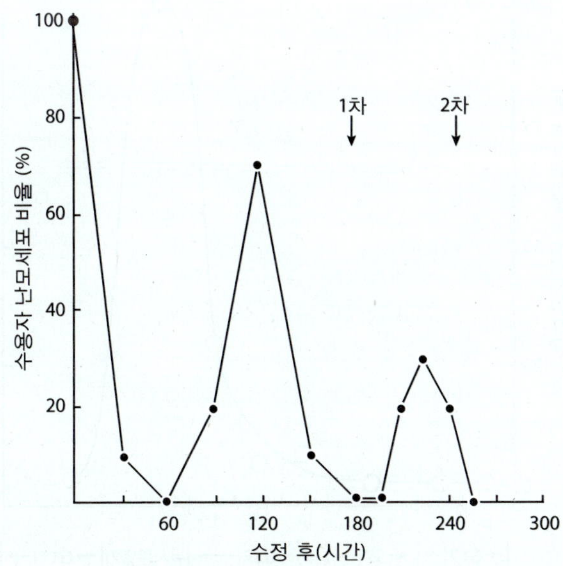

그림 2 수정된 표범개구리 난자에서 MPF 활성의 주기적 변화. 세로축: 수정된 난자 세포질 80nl를 주입하였을 때 반응하여 난핵포붕괴가 일어나는 수용자 난모세포 비율(%). 가로축: 표범개구리 난자 세포질의 MPF 활성을 측정할 당시의 수정 후 시간. 화살표는 분할이 일어나는 시간을 나타낸다.

출처: W. J. Wasserman and L. D. Smith, *Journal Cell Biology* 78:R15, 1978. The Journal of Cell Biology by Rockefeller Institute; American Society for Cell Biology Copyright 1978. 락펠러대학교 출판부의 허가를 얻어 지적재산권 청산 센터를 통해 교과서 사용을 목적으로 재사용함.

계속

였다가 다시 매우 낮은 수준으로 감소하였다. MPF 변동이 표범개구리속(*Rana*)의 일종에서 보다 더 빠르게 일어난다는 차이는 있지만 비슷한 결과가 제노푸스속(*Xenopus*) 개구리의 알에서도 관찰되었다. 이러한 차이는 제노푸스속 개구리의 초기 배아가 더 빠르게 분열한다는 것과 상관관계가 있다. 따라서 시간적인 면에서 두 양서류 종에서 MPF의 활성이 사라졌다 나타났다 하는 것은 세포주기의 길이와 연관성이 있었다. 두 개구리 종에서 MPF 활성이 가장 고조되었을 때는 핵막 붕괴가 일어나고 세포가 유사분열로 진입하는 시간과 일치하였다. 이런 발견들은 MPF가 단순히 난자 성숙 시간을 조절하는 것 이상의 기능을 하고, 실제로 세포분열 세포주기 조절에서 중요한 역할을 할 것이라는 사실을 암시한다.

MPF 활성이 양서류의 알과 난모세포에만 국한되지 않고 다양한 생명체에 존재한다는 것이 비슷한 시기에 명백히 밝혀졌다. 예를 들면, 배양하는 포유동물 세포 또한 MPF 활성을 갖고 있어서, 양서류 난모세포에 그 세포 추출액을 주사하면 난핵포붕괴(GVBD)를 유도하는 것이 발견되었다.[4] 포유동물의 MPF 활성은 분열하는 양서류 알에서 그랬던 것처럼 세포주기와 함께 변동하였다. 배양된 초기 G_1기, 늦은 G_1기, 또는 S기의 헬라(HeLa)세포에서 각각 준비한 추출물은 MPF 활성이 없었다(**그림 3**). MPF는 초기 G_2기에 나타나고 늦은 G_2기에 급격히 상승하며 유사분열시 최고조에 달하였다.

세포주기를 조절하는 기작에 관여하는 또 다른 요소는 바다성게(sea urchin) 배아 연구를 통하여 발견되었다. 바다성게의 알은 수정 후에 빠르게 세포질분열이 일어나고, 정확한 예상 시간에 나눠지기 때문에 세포분열 연구에서 선호되는 실험재료이다. 만약 바다성게 알을 단백질합성 저해제가 포함된 바닷물에서 수정시키면, 그 알은 첫 번째 체세포분열에 실패하여 염색체가 응축되고 핵막이 붕괴되기 바로 전 시기에서 멈춘다. 비슷하게, 세포분열이 정상적으로 일어나기 직전의 적정 시간에 배지에 단백질합성 저해제를 처리하면 이후 유사분열의 각 시기가 중단된다. 이러한 발견은 유사분열이 확실히 일어나기 위해서는 각각의 세포주기 초기에 하나 또는 그 이상의 단백질이 반드시 합성되어야만 한다는 것을 보여준다. 하지만 분열하는 바다성게 알을 이용한 초기 연구는 이 시기 동안에 만들어지는 새로운 종류의 단백질들이 무엇인지 밝히는 데는 실패하였다.

1983년 우즈 홀(Woods Hole)에 있는 해양생물학연구소의 팀 헌트(Tim Hunt)와 그의 동료는 수정된 바다성게 알에서는 합성되지만 수정되지 않은 성게 알에서는 합성되지 않는 몇 가지 단백질에 대해 보고하였다.[5] 이 단백질을 더 잘 연구하기 위해 그들은 수정된 알을 [^{35}S]메티오닌이 포함된 바닷물에서 배양하고 수정 후 16분부터 10분 간격으로 시료를 채취하였다. 시료에서 단백질을 추출하여 폴리아크릴아미드 젤 전기영동(polyacrylamide gel electrophoresis)을 수행한 후, 표지된 단백질들을 자가방사기록법으로 관찰하였다. 방사성 동위원소로 표지된 몇 개의 두드러진 단백질 띠들이 수정된 알의 추출물에서만 나타났고, 수정되지 않은 알에서 만들어진 추출액에서는 나타나지 않았다. 단백질 띠 중 하나는 수정 후 초기에는 강하게 나타났다가 85분이 지난 후에는 젤에서 거의 사라졌는데, 이것은 이 단백질이 선택적으로 분해된다는 것을 보여준다. 같은 단백질 띠가 나중 시간에 채취된 알에서 다시 나타났다가 수정 후 127분에 채취된 샘플에서는 다시 사라졌다. 이 단백질 양의 변동을 처음 2번의 세포분열이 일어나는

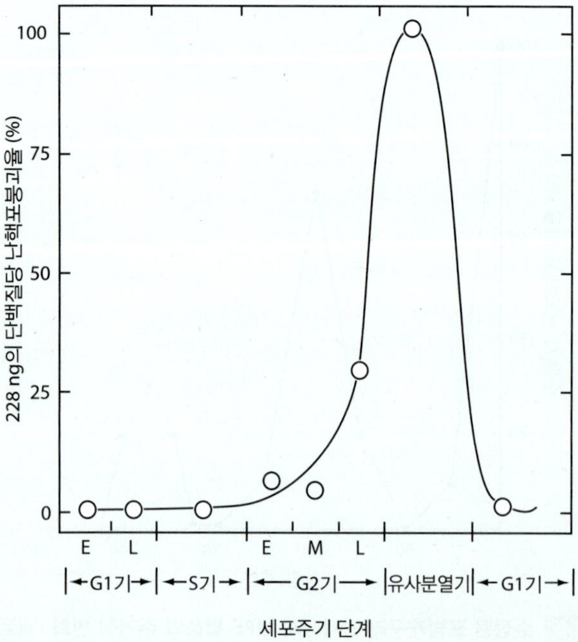

그림 3 서로 다른 시기의 세포주기에 있는 HeLa 세포 추출액의 성숙촉진 활성. 유사분열 단백질(228 ng)이 난핵포붕괴(GVBD)를 100% 유도하였기 때문에, 세포주기의 다른 시기의 활성도(%)는 단백질 양에 맞추어 교정하였다. E, 초기; M, 중간 시기; L, 늦은 시기.

출처: P. S. Sunkara, D. A. Wright, and P. N. Rao, *Proc. Nat'l. Acad. Science U.S.A.* 76:2801, 1979.

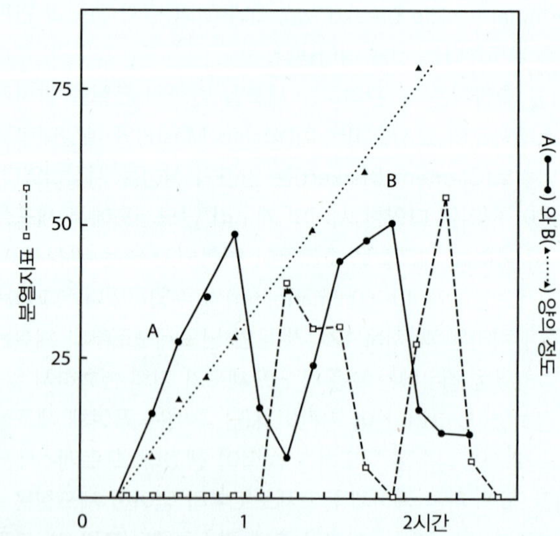

그림 4 세포분열 주기와 사이클린 양과의 상관관계. 난자 부유액을 수정시키고, 6분 후에 [^{35}S]-메티오닌을 첨가하였다. 수정 16분 후부터 10분 간격으로 시료를 채취하고 젤 전기영동으로 분석하였다. 전기영동된 젤의 자가방사선을 스캔하여 표지 정도를 분석해서 그래프로 나타냈다. 세포주기 동안 변화하는 단백질 A는 사이클린으로 명명되었고, 세포주기에 따라 변화하지 않는 단백질 B(사이클린 B와 혼동하지 말 것)는 채워진 삼각형으로 나타냈다. 주어진 시간에 분열하는 세포의 %는 분열지표(cleavage index)로 하얀색 사각형으로 나타냈다.

출처: T. Evans et al., *Cell* 33:391, 1983. Cell by Cell Press. Cell press의 허가를 받아 저작권 청산 센터를 통해 책에 다시 사용하는 형식으로 인쇄함.

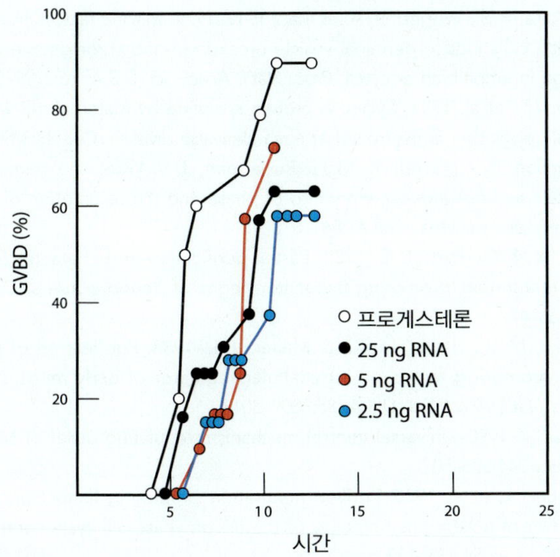

그림 5 프로게스테론과 사이클린 A mRNA에 의한 제노푸스속 개구리 난모세포 활성화의 반응속도. 커다란 미성숙 난모세포를 난소에서 분리한 후 프로게스테론을 처리하거나 또는 다양한 농도의 사이클린 A mRNA를 미세주입하였다. 주사 3~4시간 후에 심각하게 손상된 난모세포를 제거하고(보통 20개 중 2~4개), 남은 난모세포(이것을 100%로 간주함)들을 발생시켰다. 난핵포붕괴(GVBD)와 난모세포의 활성화는 동물극 쪽 부위에 하얀색 반점이 나타나는 것을 관찰함으로써 확인되었고, 또 난모세포를 절개하여 확인하였다.

출처: K. I. Swenson, K. M. Farrell, and J. V. Ruderman, *Cell* 47: 865, 1986에서 발췌. Cell by Cell Press. Cell Press의 허가를 얻어 지적재산권 청산 센터를 통해 교과서 사용을 목적으로 재사용함.

시간을 나타내는 분열지표와 함께 **그림 4**에 나타냈다(단백질 띠 A). 이 단백질의 분해는 세포가 처음 그리고 두 번째 분열이 일어날 때와 같은 시간에 일어났다. 연구에 널리 사용되는 또 다른 무척추동물인 동죽조개(surf clam)의 알에서도 비슷한 단백질이 발견되었다. Hunt와 그의 동료들은 그들이 조사한 이 단백질 양의 변동과 초기 연구의 MPF 활성이 매우 유사한 경향을 보인다는 것을 인지하고는 단백질을 "사이클린(cyclin)"이라고 명명하였다. 이어지는 연구에 의해 세포주기 동안 다른 시기에 분해되는 두 가지 사이클린(A와 B)이 존재함이 밝혀졌다. 사이클린 A는 중기~후기 전환 바로 직전 5~6분 정도에 분해되고, 사이클린 B는 이 전환이 일어난 후 몇 분 뒤에 분해된다. 이런 연구들은 주요 세포활성 조절에서 단백질분해 조절이 매우 중요하다는 첫 번째 예에 해당한다.

사이클린과 MPF 사이의 명백한 연관관계는 우즈 홀 해양생물학 연구소의 조앤 루더맨(Joan Ruderman)과 그녀의 동료들에 의해 처음으로 밝혀졌다.[6] 그들은 완전한 사이클린 A를 암호화하는 서열을 갖는 DNA 조각들을 클로닝하고 이것을 이용하여 시험관 내에서 사이클린 A를 암호화하는 mRNA를 전사하였다. 시험관에서 이 mRNA를 번역시킨 후 이것이 실제로 조개의 사이클린 A를 암호화하고 있다는 것을 밝힘으로써 이 mRNA의 정체가 입증되었다. 합성된 사이클린 mRNA를 발톱개구리의 난모세포에 주사하였을 때, 그 세포에서는 프로게스테론을 처리하여 유도했을 때와 동일한 시간에 난핵포붕괴와 염색체 응축이 일어났다(**그림 5**). 이 결과는 감수분열과 유사분열 동안에 일반적으로 일어나는 사이클린 A의 증가는 세포가 M기로 진입하는 것을 유도하는 직접적인 역할을 한다는 것을 의미한다. 사이클린 A는 보통 빠르게 양이 감소하고, 다음 분열이 일어나기 전에 반드시 재합성되어야 한다. 그렇지 않으면 세포가 M기로 재진입할 수 없다.

그렇다면, 사이클린과 MPF 사이의 관계는 무엇일까? 이 질문에 대한 대답이 어려웠던 이유 중 하나는 그 당시 이루어졌던 실험들이 서로 다른 종들을 사용했기 때문이다. MPF는 주로 양서류에서 연구되었고, 사이클린은 바다성게와 조개에서 연구되었다. 여러 증거들은 개구리 난모세포가 비활성 상태인 전구-MPF(pre-MPF)을 함유하고 있다가 제I감수분열 동안 활성화된 MPF로 전환시킨다는 것을 시사했다. 반면에 조개 난모세포에서는 사이클린이 전혀 존재하지 않다가 수정 후 즉시 생성된다. Ruderman은 사이클린 A가 MPF의 활성자일 가능성을 고려했다. 이것에 관해서는 뒤에 다시 이야기할 것이다.

한편에서는 MPF 활성에 관여하는 물질을 정제하고 특성을 밝히는 다른 연구들이 시작되었다. 1980년에 캘리포니아대학교(University of California, Berkeley)의 마이클 우(Michael Wu)와 존 게르하르트(John Gerhart)는 암모늄 설페이트(ammonium sulfate)로 단백질을 침전시킨 후 다시 녹여서 칼럼 크로마토그래피(column chromatography)를 수행하는 방법으로 MPF를 20~30배로 농축 정제하였다. 최종 정제된 MPF를 양서류 난모세포에 주입하였을 때 난모세포의 성숙이 촉진되었을 뿐만 아니라, ^{32}P가 단백질로 삽입되는 것이 촉진되었다.[7] 부분 정제된 MPF를 시험관에서 [^{32}P]ATP와 함께 배양하였을 때는 시료 안에 있던 단백질들이 인산화되는 것으로 보아 MPF가 단백질 인산화효소로 작용하여 성숙을 유도한다는 것을 알 수 있었다.

MPF는 1988년에 6단계의 연속적인 크로마토그래피에 의해 최종적으로 정제되었다.[8] 정제된 물질의 MPF 활성은 32 kDa 분자량을 가진 하나의 폴리펩티드와 45 kDa 분자량을 가진 폴리펩티드 결합과 연관이 있었다. 정제된 MPF가 [^{32}P]ATP의 방사성 동위원소를 단백질로 끼어들어가게 하는 것으로 보아 MPF는 높은 수준의 단백질 인산화 활성을 갖고 있다는 것을 알게 되었다. 정제된 물질을 [^{32}P]ATP의 존재 하에서 배양하면 45 kDa의 폴리펩티드가 표지되었다.

1980년대 후반, 사이클린과 MPF의 역할을 밝히려는 노력은 옥스퍼드대학교의 폴 널스(Paul Nurse)와 그의 동료들이 수행한 분열효모를 이용한 연구를 통해 가속화되었다.[9] 그들은 효모가 34 kDa의 분자량을 가진 단백질 인산화효소를 만들고 이 효소의 활성이 세포가 M기로 들어가는 데 필요하다는 것을 밝혀냈다. 이 효모의 단백질은 $p34^{cdc2}$ 또는 간단히 cdc2라고 불렸다. Cdc2와 MPF 사이를 연결시키는 첫 번째 증거는 효모연구단과 양서류연구단의 협동연구에 의해 나왔다.[10,11] MPF가 32 kDa 단백질과 45kDa 단백질로 이루어졌다는 것을 발견한 앞의 연구를 상기해 보자. 분열효모의 cdc2에 대한 항체가 제노푸스속 개구리의 알에서부터 분리된 MPF의 32kDa 물질과 특이적으로 결합하는 것이 밝혀졌다. 이 발견은 MPF 구성요소가 효모의 34kDa 인산화효소와 유사하다는 것을 암시하였다. 따라서 효모와 척추동물에서 세포주기를 조절하는 기작이 진화적으로 보존된 요소를 포함한다는 것을 의미한다.

효모의 cdc2를 인식하는 항체를 이용한 비슷한 연구를 통하여 이 단백질의 척추동물 상동단백질은 세포주기 동안 변동하지 않는다는 것을 알 수 있었다.[12] 이것은 척추동물 세포에서 32kDa의 단백질 인산화

계속

효소 활성이 다른 단백질에 의존한다는 가설을 지지하였다. 이 조절인자는 각 세포주기 동안 농도가 증가하였다가 세포가 후기에 들어갈 때 파괴되는 사이클린이라고 예상되었다. 이 제안은 나중에 양서류, 조개, 불가사리에서 MPF를 정제하여 펩티드 구성을 분석한 연구들에 의해 입증되었다. 모든 경우에 동물세포의 M기에 존재하는 활성 MPF는 2 종류의 소단위로 구성된 복합체이다: (1) 단백질 인산화 활성자리를 갖고, 효모 cdc2 단백질 인산화효소와 상동단백질인 32 kDa 소단위와 (2) 인산화 활성에 필요한 사이클린으로 밝혀진 더 큰 소단위(45 kDa)가 그것이다. 여기 <역사적 실험>에서 설명하고 있는 연구들은 모든 진핵생명체 세포주기 조절의 공통된 관점을 제공하였다. 더구나, 이 실험들은 포유동물과 효모의 세포주기 동안 다양한 시점에서 MPF(cdc2)의 활성을 조절하는 수많은 인자를 연구할 수 있는 기회를 마련하였다. 이 분야는 지난 몇 년간 관심의 대상이 되어 왔다. 최근 연구를 통해 발견한 많은 결과들이 이 장의 첫 번째 절에 설명되어 있다.

참고문헌

1. Smith, L. D. & Ecker, R. E. 1971. The interaction of steroids with *R. pipiens* oocytes in the induction of maturation. *Dev. Biol.* 25: 233–247.
2. Masui, Y. & Markert, C. L. 1971. Cytoplasmic control of nuclear behavior during meiotic maturation of frog oocytes. *J. Exp. Zool.* 177: 129–146.
3. Wasserman, W. J. & Smith, L. D. 1978. The cyclic behavior of a cytoplasmic factor controlling nuclear membrane breakdown. *J. Cell Biol.* 78:R15–R22.
4. Sunkara, P. S., Wright, D. A., & Rao, P. N. 1979. Mitotic factors from mammalian cells induce germinal vesicle breakdown and chromosome condensation in amphibian oocytes. *Proc. Nat'l. Acad. Sci. U.S.A.* 76:2799–2802.
5. Evans, T., et al. 1983. Cyclin: A protein specified by maternal mRNA in sea urchin eggs that is destroyed at each cleavage division. Cell 33:389–396.
6. Swenson, K. I., Farrell, K. M., & Ruderman, J. V. 1986. The clam embryo protein cyclin A induces entry into M phase and the resumption of meiosis in Xenopus oocytes. *Cell* 47:861–870.
7. Wu, M. & Gerhart, J. C. 1980. Partial purification and characterization of the maturation-promoting factor from eggs of *Xenopus laevis*. *Dev. Biol.* 79:465–477.
8. Lohka, M. J., Hayes, M. K., & Maller, J. L. 1988. Purification of maturation-promoting factor, an intracellular regulator of early mitotic events. *Proc. Nat'l. Acad. Sci. U.S.A.* 85:3009–3013.
9. Nurse, P. 1990. Universal control mechanism regulating onset of M-phase. *Nature* 344:503–507.
10. Gautier, J., et al. 1988. Purified maturation-promoting factor contains the product of a *Xenopus* homolog of the fission yeast cell cycle control gene *cdc2* 1. *Cell* 54:433–439.
11. Dunphy, W. G., et al. 1988. The Xenopus cdc2 protein is a component of MPF, a cytoplasmic regulator of mitosis. *Cell* 54:423–431.
12. Labbe, J. C., et al. 1988. Activation at M-phase of a protein kinase encoded by a starfish homologue of the cell cycle control gene *cdc2*. *Nature* 335:251–254.
13. Labbe, J. C., et al. 1989. MPF from starfish oocytes at first meiotic metaphase is a heterodimer containing one molecule of cdc2 and one molecule of cyclin B. *EMBO J.* 8:3053–3058.
14. Draetta, G., et al. 1989. cdc2 protein kinase is complexed with both cyclin A and B: Evidence for proteolytic inactivation of MPF. *Cell* 56:829–838.
15. Gautier, J., et al. 1990. Cyclin is a component of maturation-promoting factor from Xenopus. *Cell* 60:487–494.

요 약

세포가 한 세포분열에서 다음 세포분열로 넘어가는 시기들이 합쳐져서 세포주기가 이루어진다. 세포주기는 크게 M기와 간기의 두 시기로 나뉜다. M기는 복제된 염색체가 2개 핵으로 분리되는 유사분열과 세포 전체가 2개 딸세포로 물리적으로 갈라지는 세포질분열 과정을 포함한다. 간기는 일반적으로 M기보다 길며, 세포주기에서 명백히 국한된 시기인 DNA 복제 시기에 기반을 두고 세 시기로 나눌 수 있다. G_1기는 유사분열 후 DNA 복제가 일어나기 전 시기이고, S기는 DNA와 히스톤의 합성이 일어나는 시기이며, G_2기는 DNA 복제 후 유사분열이 시작되기 전까지 시기이다. 세포주기의 길이, 그리고 각 시기의 길이는 세포에 따라 매우 다양하다. 근육세포나 신경세포와 같이 완전히 분화된 특정 종류의 세포는 분열하는 능력을 상실하기도 한다. (579쪽)

초기 연구에 의해 세포가 M기로 들어가는 것은 MPF라는 단백질 인산화효소의 활성에 의해 유도된다는 것이 밝혀졌다. MPF는 2개 소단위로 이루어져 있다. 촉매소단위는 단백질 기질의 특정 세린이나 트레오닌 잔기에 인산기를 붙여주는 역할을 하고, 조절소단위는 사이클린이라 불리는 단백질 패밀리 중 하나이다. 촉매소단위는 사이클린-의존 인산화효소(cyclin-dependent kinase, Cdk)라고 한다. 사이클린 농도가 낮을 때, 인산화효소는 사이클린 소단위와 결합하지 못하고 비활성화된다. 사이클린의 농도가 충분해지면, 인산화효소는 활성화되어 세포가 M기로 들어가는 것을 촉진한다. (581쪽)

세포주기를 조절하는 활성은 주로 두 지점에서 조절되며, G_1기에서 S기로 넘어가는 시기와 G_2기에서 유사분열로 들어가는 시기이다. 이 두 지점을 통과하기 위해서는 특별한 사이클린에 의해 Cdk가 일시적으로 활성화되어야 한다. 효모에서는 G_1기-S기, G_2기-M기 전환 과정에 동일한 Cdk가 다른 사이클린에 의해 활성화된다. 사이클린 농도는 합성과 분해 정도에 따라 증가하거나 감소한다. Cdk 활성은 사이클린에 의한 조절과 더불어 촉매소단위의 인산화 상태에 의해 조절된다. 인산화 정도는 최소 2개 인산화효소(CAK, Wee1)와 인산가수분해효소(Cdc25)에 의해 조절된다. 포유동물 세포는 최소 8개 다른 사이클린과 6개 이상 다른 Cdk가 세포주기를 조절하는 역할을 한다. (583쪽)

세포에는 복제, 염색체 응축 등의 세포주기 현상의 상태를 점검하고 세포주기를 계속할 것인지를 결정하는 감시 기작이 있다. 만약 세포의 DNA가 손상되면 이 손상이 고쳐지기 전까지 세포주기 진행이 연기된다. DNA 손상에 의해 특정 저해자의 합성이 촉진되어서 세포주기확인점 중 하나에서 세포주기가 중지된다. 만약 세포가 외부 물질 처리에 의해 G_1기-S기 세포주기 확인점을 통과할 수 있게 자극을 받아 DNA 복제가 시작되면, 세포는 더 이상 외부 자극이 없어도 이후의 유사분열까지 세포주기를 계속 진행한다. (586쪽)

유사분열에 의해 두 딸핵은 완전한 그리고 동일한 유전물질을 받는다. 유사분열은 전기, 전중기, 중기, 후기, 말기로 나눌 수 있다. 전기는 염색체가 분리할

준비를 하고 염색체의 이동에 필요한 장치들을 조립하는 시기이다. 유사분열 염색체는 완전히 응축된 막대 모양이다. 각각의 유사분열 염색체는 세로로 쪼개진 2개의 염색분체로 이루어져 있으며, 이것은 S기에서 DNA 복제에 의해 만들어진 복사본이다. 유사분열 염색체에서 가장 수축된 부분은 중심절로 이 부분에는 접시 모양 구조인 동원체가 위치한다. 동원체에는 방추체의 미세소관이 결합한다. 방추체가 형성되는 동안 2개 중심체는 극 쪽을 향해 서로 멀어져간다. 이 시기에 두 중심체를 연결하는 미세소관은 수가 증가하고 길어지게 된다. 결국 2개 중심체는 세포의 반대쪽에 도달하고 2개 극이 생긴다. 식물세포를 포함한 다양한 종류의 세포에서는 중심체가 없어도 유사분열 방추체가 생긴다. 핵막의 붕괴가 일어나면 전기의 끝이라는 것을 알 수 있다. (588쪽)

전중기와 중기 동안 각각의 염색체는 양쪽 극에서 나온 방추체 미세소관과 결합하여 방추체의 중앙 판으로 이동한다. 전중기가 시작할 때 형성된 방추체에서 나온 미세소관은 원래 핵이 있던 곳을 지나 응축된 염색체의 동원체와 결합한다. 동원체는 방추체의 양쪽 극에서부터 온 미세소관의 양(+)의 말단과 안정적으로 결합한다. 결과적으로 각각의 염색체는 방추체의 중앙 쪽에 판을 따라 정렬한다. 이 현상은 어떤 미세소관의 튜불린 소단위는 소실되면서 짧아지고, 어떤 미세소관에서는 튜불린이 첨가되어 길어지면서 일어난다. 염색체가 안정적으로 정렬되면 세포는 중기에 도달한 것이다. 전형적인 동물세포는 중기에 세 가지 종류의 유사분열 방추체를 갖는다. 성상체 미세소관은 중심체에서 밖으로 뻗어 있고, 염색체 미세소관은 동원체와 붙어 있으며, 극미세소관은 염색체를 지나 길게 뻗어서 방추체가 안전한 상태를 유지하며 바구니와 같은 구조를 이루게 된다. 형광 표지된 소단위의 움직임을 조사하면 중기의 미세소관이 동적(動的)인 활성을 나타내는 것을 알 수 있다. (594쪽)

후기와 말기 동안 자매염색분체는 서로 떨어져 각각 분열된 세포로 들어가고 염색체는 간기 때의 형태로 되돌아간다. 후기에는 자매염색분체가 갑자기 서로 분리된다. 이 과정은 자매염색분체를 잡아주는 코헤신(cohesin)이 유비퀴틴-매개 단백질 분해 과정에 의해 분해되면서 촉진된다. 분리된 염색체는 결합되어 있는 염색체 미세소관이 짧아지면서 각각의 극 쪽으로 이동하게 된다. 염색체 미세소관이 짧아지는 현상은 극 쪽과 동원체 쪽에서 튜불린 소단위가 소실되면서 일어난다. 후기 A에는 염색체 이동이 일어나고, 동시에 유사분열 방추체가 길어지면서 두 극 사이가 벌어지는 후기 B가 일어난다. 말기에는 핵막의 재형성, 염색체의 분산 그리고 막으로 이루어진 세포내 소기관들의 재형성 등의 특징이 나타난다. (598쪽)

세포질분열은 세포질이 2개 딸세포로 분열하는 현상이며, 동물세포에서는 세포막의 수축에 의해, 식물세포에서는 세포벽의 형성에 의해 일어난다. 동물세포는 표면에 자국 또는 깊은 홈이 생기고 이것이 세포의 안쪽으로 수축되면서 2개로 갈라지게 된다. 깊어지는 홈에는 액틴섬유 띠가 존재하며, 이 띠는 작은 제II형 미오신 섬유에 의해 발생되는 힘에 의해 서로 미끄러져 지나가게 된다. 세포질분열이 일어나는 자리는 유사분열 방추체에서부터 나온 신호에 의해 결정되는 것으로 생각된다. 식물세포에서는 두 극 사이의 평면에 세포막과 세포벽이 생기면서 세포질분열이 일어난다. 세포판이 생기는 첫 번째 징후는 서로 얽혀 있는 미세소관 무리 그리고 그 사이에 높은 전자 밀도의 물질들이 생기는 것이다. 작은 소낭들이 이 부위로 이동하고 정렬되어 판을 이룬다. 소낭들은 다른 소낭들과 융합되어 막으로 된 연결망 구조를 이루고 이것이 세포판으로 발달한다. (603쪽)

감수분열은 2회의 연속적인 핵분열에 의해 반수체 딸핵을 생성한다. 반수체 딸핵은 각각 상동염색체 쌍 중 하나씩을 갖게 되어 결과적으로 염색체 수가 반으로 줄게 된다. 감수분열은 개체의 종류에 따라 생애의 다양한 시기에서 일어난다. 각각의 딸핵이 오직 한 세트의 상동염색체를 갖기 위해 상동염색체가 짝을 이루는 매우 정교한 과정이 제I감수분열에서 일어나며, 유사분열에서는 이러한 과정을 찾아볼 수 없다. 염색체가 짝을 이루는 과정은 단백질로 된 사다리와 같은 구조인 접합사복합체가 만들어지면서 이루어진다. 각각의 상동염색체는 접합사복합체의 측면 막대구조 중 하나와 결합한다. 전기 I 동안 상동염색체에서는 유전자재조합이 일어나서 모계, 부계 대립형질의 새로운 조합이 생긴다. 재조합 후 염색체는 더욱 응축되면서 상동염색체는 교차점이라고 하는, 실제로는 재조합이 일어나는 특정 자리에서 서로 결합한 상태를 유지하게 된다. 이 짝을 이룬 상동염색체(2가 염색체 또는 4분체)는 중기판에 배열하여 결과적으로 한 염색체의 2개 염색분체가 같은 극을 마주하게 된다. 후기 I 동안 각 상동염색체는 서로 분리되고 4분체의 모계, 부계 염색체는 각각 독립적으로 나뉘게 된다. 이제 염색체 조성이 반수체인 세포는 두 번째 감수분열을 하여 자매염색분체가 다른 딸핵으로 나뉘게 된다. (608쪽)

감수분열 동안 4분체의 서로 다른 상동염색체 DNA 가닥이 절단되고 다시 연결되어 유전자재조합이 일어난다. 재조합동안 다른 DNA 가닥의 상동 부위는 새로운 염기쌍의 추가나 손실 없이 교환이 일어난다. 첫 단계에서 2개의 2중가닥들은 나란히 옆에 배열한다. 일단 배열되면, 2중가닥들 중 하나의 가닥이 절단된다. 다음 단계에서, 2중가닥의 절단된 DNA 가닥 하나가 다른 2중가닥에 끼어들어가서, 서로 연결된 구조를 형성한다. 이어지는 단계로 핵산분해효소(nuclease)가 작용하여 빈틈을 만들고 중합효소(polymerase)가 작용하여 그 빈틈을 메우게 된다. 이러한 과정은 DNA 수선 방식과 유사하다. (613쪽)

개념 문제

14.1 세포주기

1. 세포주기란 무엇인가? 세포주기에는 어떤 시기(時期)들이 있는가? 세포의 주기는 세포의 종류에 따라 얼마나 다양한가?
2. 세포주기의 다양한 지속시간을 측정하기 위해서 [^{3}H]티미딘과 자가방사기록법을 어떻게 이용하는지 기술하시오.

14.2 세포주기의 조절

3. M기의 세포와 G_1기, G_2기, S기의 세포를 융합하였을 때 각각 어떤 결과가 나타나는가?
4. MPF의 활성도는 세포주기 동안 어떻게 변하는가? 이것은 사이클린의 농도와 어떤 연관성이 있는가? 사이클린의 농도가 어떻게 MPF의 활성

에 영향을 미치는가?

14.3 세포주기의 제어: 단백질 인산화효소의 역할

5. 분열효모에서 Cdk 활성을 조절하는 CAK, Wee1, Cdc25 각각의 역할은 무엇인가?

14.4 세포주기의 제어: 확인점, Cdk 억제제, 세포내 반응

6. 세포주기확인점은 무엇을 의미하는가? 세포주기확인점의 중요성은? 세포는 어떻게 세포주기확인점 중 한 곳에서 세포주기 진행을 멈출 수 있는가?

14.5 M기: 유사분열과 세포질분열

7. 세포주기의 유사분열기 동안 어떤 일이 일어나는가? 세포질분열 동안 어떤 일이 일어나는가?

14.6 전기

8. 유사분열 전기에 일어나는 일들은 후기의 염색체 분리를 위해서 어떤 준비를 하는가?
9. 유사분열 과정 중 동원체의 작용은 무엇인가?

14.7 전중기

10. 전중기 동안 염색체 이동에 대해 설명하시오, 어떤 힘이 염색체를 이동시키나?

14.8 중기

11. 방추체 극에서 성상체, 동원체, 극미세소관의 역할을 설명하시오.

14.9 후기

12. 전중기와 후기 동안 세포에서 일어나는 일들을 기술하시오.
13. 중기와 후기에서 일어나는 미세소관 움직임의 공통점과 차이점을 기술하시오. 후기 A와 후기 B에서 움직임의 차이점은 무엇인가?

14.10 말기와 세포질분열

14. 후기 동안 어떠한 종류의 힘-발생 기작이 염색체의 이동에 관여하는가?
15. 일반적인 식물세포와 동물세포에서 세포질분열을 하는 동안 일어나는 일들을 비교하시오.

14.11 감수분열

16. 식물 또는 동물의 유사분열과 감수분열의 전체적인 역할을 비교하시오. 이 두 가지 과정에 의해 형성되는 핵은 서로 어떻게 다른가?
17. 정자발생(spermatogenesis)과 난자발생(oogenesis)에서 감수분열의 시기를 비교하시오.

14.12 감수분열의 단계

18. 감수분열의 전기 I과 전기 II에서 일어나는 일을 비교하시오.

14.13 감수분열 동안 유전적 재조합

19. 유전자재조합에서 DNA 가닥 절단의 역할은 무엇인가?

분석 문제

1. 세포분열은 어떤 면에서 인간과 초창기 진핵세포를 연결할 수 있는가?
2. 어떤 종류의 합성 현상이 G_1기에서는 일어나고 G_2기에서는 일어나지 않을 것으로 생각되는가?
3. 만약 여러분이 비동기배양하는 세포를 [^{3}H]티미딘으로 표지하였다고 가정해보자. G_1기는 6시간, S기는 6시간, G_2기는 5시간 그리고 M기는 1시간이다. 15분 동안 표지를 하였다면 몇 %의 세포가 표지되었겠는가? 몇 %의 유사분열 세포가 표지되었겠는가? 표지된 유사분열 염색체를 관찰하기 위해서는 이 세포들을 얼마나 오래 추적하며 조사해야 하는가? 만약 18시간 후 조사하였다면 몇 %의 세포가 표지된 유사분열 염색체를 갖는가?
4. 위의 문제와 동일하게 세포를 배양하면서 [^{3}H]티미딘으로 잠깐 동안 표지하지 않고 20시간 동안 표지했다고 가정해 보자. 세포배양 후 20시간이 지난 후 방사성 동위원소로 표지된 DNA 양을 나타내는 그래프를 그려보시오. 모든 세포가 표지되는 데 필요한 최소의 시간은 얼마인가? 이 세포에서 방사선 동위원소 표지의 이용 없이 어떻게 세포주기의 길이를 결정할 수 있는가?
5. G_1기 세포와 S기 세포를 융합하는 것은 G_2기 세포와 S기 세포를 융합하는 것과는 다른 결과를 나타낸다. 어떠한 차이가 생기고 어떻게 설명할 수 있는가? [힌트: 그림 7.20에 나타낸 것처럼 복제를 시작하기 위해서는 G_1기에서만 생길 수 있는 복제전복합체(prereplication complex)가 형성되어야 한다.]
6. 그림 14.6은 Wee1과 Cdc25를 암호화하는 유전자에 돌연변이가 생겼을 때 세포주기에 미치는 영향을 보여준다. 인산화효소 CAK는 돌연변이 세포를 이용한 유전적인 방법이 아니라 생화학적 방법으로 발견되었다. 온도-민감성 CAK 돌연변이를 갖고 있는 효모세포를 배양하다가, 이른 G_1기에서 배양액의 온도를 높이면 어떠한 표현형이 나타나는가? 늦은 G_2기라면? 온도를 높이는 시기에 따라 차이점이 나타나는 이유는 무엇인가?
7. Cdk가 비활성화되는 네 가지 다른 기작을 기술하시오.
8. 다핵체(Syncytium)는 골격근세포나 초파리 배아의 포배(blastula)와 같이 여러 개의 핵을 갖는 "세포"이다. 이 두 종류의 다핵체는 다른 기작에 의해 형성된다. 다핵체가 생기게 되는 두 가지 기작을 생각해보자. 어느 것이 유사분열과 세포질분열 사이의 관계를 잘 설명해 줄 수 있는가?
9. 극미세소관의 미세소관이 후기 동안 동적으로 변화한다는 것을 어떻게 실험적으로 증명할 수 있는가? 이 시기에 일어나는 현상을 앎으로서, 여러분은 무엇을 관찰할 수 있을 것으로 기대되는가?
10. 만약 감수분열 전에 복제가 일어나는 S기 세포에 [^{3}H]티미딘을 첨가하면 배우자의 몇 % 염색체가 표지되겠는가? 만약 이 배우자(정자) 중 하나가 표지되지 않은 난자와 수정이 된다면 2-세포 상태에서 몇 % 염색체가 표지되어 있을까?
11. 인간 염색체의 반수체 수가 23이고 정자에서 핵 DNA 양을 1C라 한다면 다음 시기에서 인간 세포는 얼마나 많은 염색체를 갖고 있는가? 유사

분열 중기, 감수분열 전기 I, 감수분열 후기 I, 감수분열 전기 II, 감수분열 후기 II. 각각의 시기에서 세포는 얼마나 많은 염색분체를 갖고 있는가? 각각의 시기에서 세포는 얼마나 많은 DNA(C의 수로 표기)를 갖는가?

12. 첫 번째 감수분열이 일어나기 전의 G_1기에서부터 감수분열 과정 동안의 정원세포(spermatogonia)의 핵 DNA 양을 그래프로 그려보시오. 그래프 위에 세포주기와 감수분열의 주요 시기를 표시하시오.

13. 유사분열 중기에 세포는 얼마나 많은 중심립을 갖고 있는가?

14. 대부분 삼염색체성은 난관에서 수정을 기다리는 난자의 나이와 연관이 있다는 것을 알고 있다고 가정하자. 이 가설을 확실히 하기 위해서 여러분은 자연적으로 유산이 된 태아를 검사하여 어떤 종류의 증거를 얻을 수 있는가? 이것은 이미 수집된 결과와 얼마나 잘 맞는가?

15. [^{3}H]티미딘으로 세사기와 접합기 사이의 감수분열 세포를 표지하고, 후사기에 이 세포를 고정한 후 자가방사선을 측정하였다. 은(銀) 입자가 농축되어 까맣게 나온 부분이 교차점이라는 것을 알았다. 이 결과로 재조합 과정에 대해 알 수 있는 것은?

16. 만약 Cdc20 폴리펩티드가 돌연변이가 일어나서 (1) Mad2와 결합을 못하거나 (2) APC의 다른 소단위와 결합을 할 수 없거나 (3) 후기 끝에서 APC에서 떨어지지 않는다면 각각의 세포는 어떤 표현형이 나타나는가?

17. 교차가 일어나지 않는 상황을 상상해 보자. 당신 염색체 중 절반은 모계에서 절반은 부계에서 받았다는 것에 동의하는가? 당신 염색체 중 1/4은 조부모에서 유래되었다는 것에 동의하는가? 만약 교차가 일어난다면 대답이 달라지겠는가?

18. 모든 염색체가 삼염색체성, 즉 세 세트의 염색체를 갖는 태아는 임신기간을 거쳐 태어난 후 유아기에 사망하는 반면, 1개의 염색체에서만 삼염색체성이 있는 태아는 생존하지 못한다. 이 결과를 어떻게 해석할 수 있는가?

19. 돌연변이에 의해 Tyr15 또는 Thr161의 잔기가 없는 Cdk 소단위를 갖는 분열효모 세포는 어떠한 표현형을 나타낼까?

20. G_1기 끝에 활성화되는 사이클린 E-Cdk2에 의해 중심체가 복제되고 DNA 합성이 일어난다. 최근 연구에 의하면 만약 G_1기 시작 시기와 같은 이른 시기에 사이클린 E-Cdk2가 활성화된다면 이 시기에서 중심체 복제가 일어나지만, DNA 복제는 S기가 정상적으로 시작될 때 까지는 일어나지 않는다. DNA 합성이 왜 일어나지 않는지 가정을 세워 보시오. 정보가 더 필요하면 그림 7.20을 참조하시오.

CHAPTER

15 세포신호전달경로

목 차

하와이 짧은꼬리오징어는 정족수 감지 박테리아와 공생관계를 유지한다. 이 오징어는 박테리아인 비브리오 피셔리가 고농도로 존재할 때에 발생하는 빛을 이용하여 그림자를 만들지 않고서도 먹이를 사냥한다.

출처: MatthiasOrmestad.

정족수 감지(Quorum sensing)

태평양의 얕은 연안 해역에서 사냥을 하는 하와이 짧은꼬리오징어(Hawaiian bobtail squid)는 자신의 먹잇감들이 놀라서 도망가지 않도록 영리한 전술을 사용한다. 달빛이 비치는 밤에 해저에서 맴돌면, 밑에서 보았을 때 오징어는 빛을 내고 있기에 윤곽이 희미해진다. 짧은꼬리오징어에서 발생한 빛은 살아 있는 생물체에서 생산되고 방출되는 생물발광의 한 형태이다. 이 하와이 짧은꼬리오징어에서 나오는 푸르스름한 빛은 사실 공생하고 있는 박테리아인 비브리오 피셔리(*Aliivibrio fischeri*)에서 생성되는 것으로, 이 박테리아는 오징어의 외피에 있는 발광기관에 매우 특수화된 형태로 붙어있다. 흥미롭게도, 비브리오 피셔리는 오징어의 발광기관 같은 곳에서처럼 밀집된 환경에서만 빛을 발할 수 있고, 넓게 퍼져 있을 때는 빛을 내는 것을 멈추게 된다. 비브리오 피셔리의 형광은 단세포의 유기체가 또 다른 유기체와 화학신호를 통해 소통하는 방법인 정족수 감지(quorum sensing)로 알려진 행동의 대표적인 예이다. 이 현상이 처음 밝혀진 이후로 몇 년 동안 정족수 감지는 희귀하고 예외적으로 발생하는 것으로 생각되어져 왔으나 최근에는 수많은 연구들을 통해 거의 대부분의 박테리아가 종내 또는 종 간에서 다양한 활동들을 조율하기 위해서 신호 분자를 생산하고 방출한다는 사실이 알려졌다. 독성인자의 분비 또는 바이오필름의 형성과 유지, 형광 그리고 심지어 세포사멸까지 모든 행동들이 계속 그 수가 늘어나는 박테리아의 신호 분자에 의해 활성화될 수 있다.

신호전달이 일어나는 기작들은 종 사이에서 다양하다. 예를 들어 그람양성균의 경우, 분비되는 신호 분자들은 대체로 짧은 변형된 펩티드들이다. 이 펩티드들이 고농도로 존재할 때는 다른 박테리아의 세포표면에 있는 같은 기원을 가진 수용체에 결합하여 유전자들의 전사와 박테리아의 행동을 바꿀 수 있는 단백질들의 생산을 이끌어내는 신호전달경로를 활성화할 수 있다. 이와 반대로 그람음성균이 합성하고 방출하는 신호 분자들의 경우 작은 분자의 형태를 띄고 있다. 이러한 분자들은 자유롭게 막을 투과하며 확산되어 세포질에 존재하는 전사인자에 직접적으로 결합할 수 있다. 그람음성균인 비브리오 피셔리는 N-아실 호모세린 락톤(N-acyl homoserine lactone, AHL)이라는 작은 분자를 형성하여 주위 환경 속으로 방출시킨다. 세포 밀도가 충분히 높아지면, AHL은 전사인자에 결합하여 발광유전자들의 생산을 유도하여 빛을 생성하게 한다.

15.1 세포신호전달체계의 기본 인자들

영국의 시인인 존 던(John Donne)은 "아무도 혼자인 사람은 없다(No man is an island)"라는 구절로 사람들은 서로 상호의존하며 살아가야 한다는 그의 믿음을 표현하였다. 이 구절은 복잡한 다세포 생물체를 구성하는 세포들에게도 똑같이 적용된다. 대부분의 동물 또는 식물에 존재하는 세포들은 하나 이상의 특별한 기능을 수행할 수 있도록 특화되어 있다. 수많은 생물학적 과정들은 다양한 서로 다른 세포들이 함께 그리고 조화롭게 서로 상호작용함으로서 일어난다. 이를 가능하도록 하기 위해, 세포들은 **세포신호전달(cell signaling)**이라고 하는 과정을 통해 서로 정보를 교환한다. 이 세포신호전달을 통해서 세포는 특정한 환경이나 자극에 대해 적절한 방법으로 반응을 하게 된다.

세포신호전달은 사실상 세포내 모든 구조와 기능에 중요한 영향을 끼친다고 할 수 있기 때문에, 이 장을 책의 거의 끝 부분에 두어 설명하려고 한다. 한편, 세포신호전달을 제대로 이해하기 위해서는 다른 종류의 세포 활동들에 대한 지식이 필요하다. 다른 한편으로 세포신호전달에 대한 통찰은 독립적으로 여겨졌던 다양한 각각의 세포 작용들을 한데 묶어서 이해할 수 있게 해준다. 세포신호전달은 또한 세포의 성장 및 분열과 밀접하게 연관되어 있기 때문에, 세포가 어떻게 세포분열에 대한 조절능력을 잃고 악성종양으로 변화하게 되는지를 이해하기 위해서는 세포신호전달에 대한 연구가 얼마나 중요한 것인지를 깨닫게 해준다.

대다수의 신호전달경로들이 공통적으로 지니고 있는 일반적인 특징들을 몇 가지 살펴본다면 이 복잡한 주제에 대한 논의를 시작하는 데 도움이 될 것이다. 세포들은 대게 **세포외 정보전달물질 분자(extracellular messenger molecule)**를 통해 정보를 전달하고 교환하며, 이 물질들은 짧은 거리를 이동하여 주위의 인접한 세포들을 자극할 수도 있고, 순환계를 이용하여 몸 전체를 돌아다니며 신호를 만든 곳에서 멀리 떨어져 있는 표적세포를 잠재적으로 자극하기도 한다. 세포 간의 신호전달의 종류는 크게 세 가지로 나눌 수 있다. 정보전달물질을 만들어낸 세포가, 그 물질에 반응하는 수용체 또한 만들어 해당 세포표면에 발현시킴으로써 자기가 생성한 정보전달물질에 반응할 수 있게 한 경우를 자가분비(*autocrine*, 방분비) 신호전달이라고 한다(**그림 15.1a**). 그 결과, 정보전달물질을 분비한 세포는 그들 자신을 자극하거나 억제하게 된다. 근거리분비(*Paracrine*, 측분비) 신호전달의 경우(그림 15.1*b*), 정보전달물질들은 세포외 공간을 통해 비교적 짧은 거리를 이동함으로써 신호를 낸 세포와 상당히 가까운 위치에 있는 세포들에 도달한다. 근거리분비 정보전달물질 분자들은 대게 본질적으로 불안정하거나 효소들에 의해 쉽게 분해될 수 있고, 세포외기질과 결합할 수 있기 때문에 체내에서 이동할 수 있는 능력이 제한되어 있다. 마지막으로, 내분비(*endocrine*) 신호전달이 일어나는 동안에는, 정보전달물질은 혈류를 통해 표적으로 하는 세포에 도달하게 된다(그림 15.1*c*). 이러한 물질들은 또한 호르몬(*hormone*)이라고도 불리며, 대체적으로 신체내 먼 거리에 위치한 표적 세포들에 작용한다.

세포신호전달경로에 대한 개요를 **그림 15.2**로 묘사하였다. 체내에서 신호전달에 관여하는 세포에서 정보전달물질이 분비되면 세포

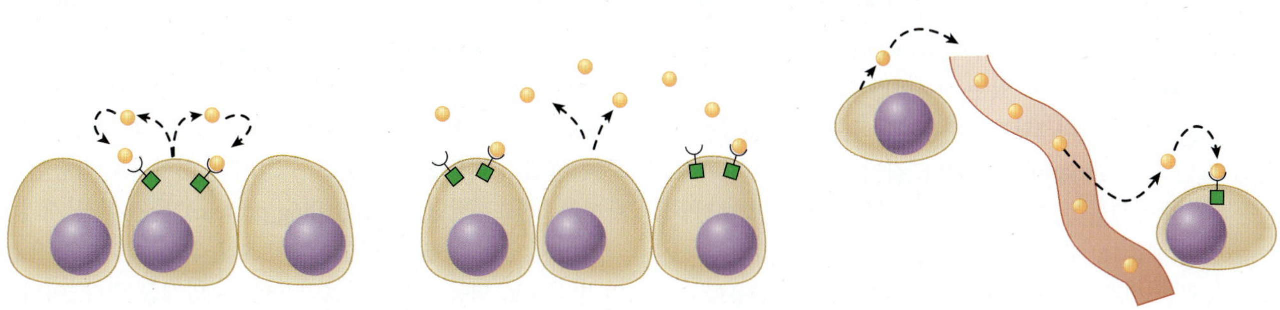

(*a*) (*b*) (*c*)

그림 15.1 자가분비(a), 근거리분비(b), 내분비(c) 유형의 세포 간 신호전달.

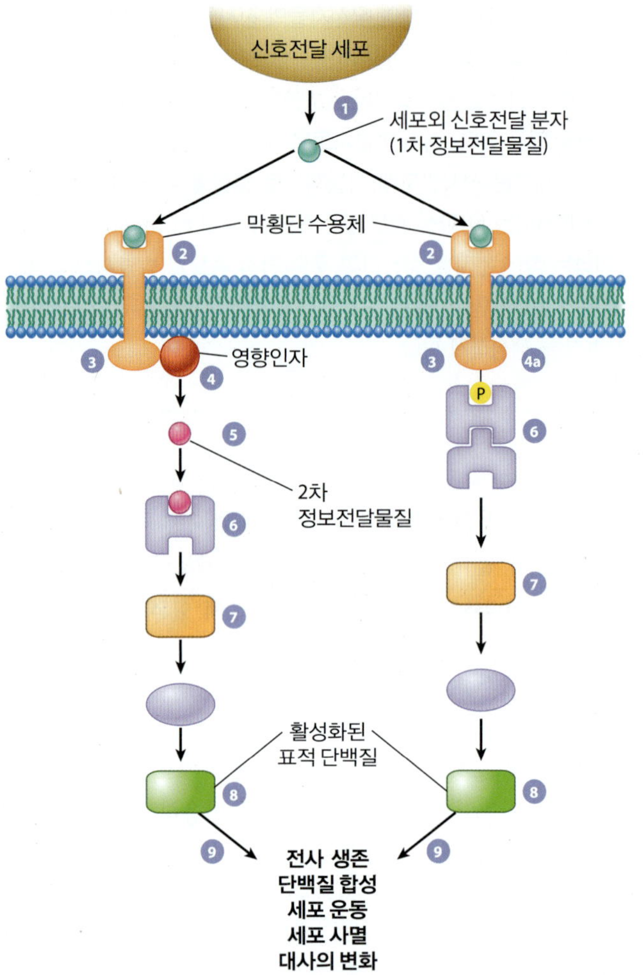

그림 15.2 세포외 정보전달물질에 의해 유도되는 세포내 반응의 주요 신호전달경로에 대한 개요. 서로 다른 두 가지 유형의 신호전달경로를 묘사하였다. 첫 번째 유형은 영향인자에 의해 활성화되어 확산되는 2차 정보전달물질에 의한 경로이고, 두 번째 유형은 원형질막 근처로 신호전달단백질들을 이끌어내어 활성화시키는 신호전달경로이다. 대부분의 신호전달경로들은 이러한 기작들이 여러 방식으로 조합되어 있다. 신호전달경로들은 여기서 보여지듯이 단순한 직선상의 경로가 아닌, 여러 갈래로 나뉘고, 서로 상호 연결되어 복잡한 그물 구조를 이룬다는 것을 알아야 한다. 각 단계에 대한 내용들은 본문에 설명되어 있다.

신호전달이 시작된다(1단계, 그림 15.2). 세포외 환경에는 작은 화합물(예: 스테로이드, 신경전달물질들)에서부터 작고 용해성이 있는 단백질 호르몬(예: 글루카곤, 인슐린) 그리고 다른 세포의 표면에 붙는 거대한 당단백질에 이르기까지 수백 종류의 다른 정보를 가진 분자들이 있다. 세포는 정보전달 분자를 특이적으로 인지하고 결합할 수 있는 **수용체(receptor)**를 발현하고 있는 경우에만 그 특정 세포외 정보전달 분자에 반응할 수 있다(2단계). 수용체에 결합하는 분자들을 정보전달물질 또는 **리간드(ligand)**라고 한다. 각기 다른 종류의 세포들은 다른 종류의 수용체들을 가지고 있어 다양한 세포외 정보전달에 반응할 수 있게 해준다. 또한 특정한 수용체를 공유하고 있는 세포들일지라도 동일한 세포외 정보전달물질에 매우 다르게 반응할 수 있다. 간세포나 평활근세포는 둘 다 β_2-아드레날린 수용체를 가지고 있다. 이 수용체는 주위를 맴돌고 있던 아드레날린과 결합하여 활성화되며 간세포에서는 글리코겐을 분해하고, 평활근 세포에서는 근육의 이완작용을 이끌어낸다. 초기에 똑같은 자극이 주어졌음에도 불구하고 이렇게 다른 결과가 나오는 것은 두 종류의 세포에서 반응에 참여하는 세포내 단백질들의 종류가 다르기 때문이다. 이렇게 세포의 다양한 활동들은 세포가 받는 자극의 종류와 특정 시간에 세포 내에 존재하는 기작들 모두에 의해 영향을 받는다.

대다수의 경우, 세포외 정보전달물질은 세포의 바깥쪽에서 자신과 반응할 수 있는 수용체와 결합한다. 이런 결합은 수용체의 입체 구조의 변화를 유도하여 신호가 원형질막을 통과하여 세포질내 수용체의 세포질 영역에 전달되게끔 한다(3단계, 그림 15.2). 일단 신호가 원형질막의 안쪽 면에 도달하게 되면, 크게 두 가지 경로에 의해 세포 내부로 신호가 전달되어 목표로 정한 반응을 이끌어낸다. 어떠한 경로로 진행될지는 활성화되는 수용체의 유형에 따라 다르다. 이제부터 이 두 가지의 주요 세포신호전달경로에 초점을 맞춰 논의를 시작할 것이다. 하지만 세포외 신호가 세포 내부로 전달되는 방식에는 다른 방법도 존재하고 있음을 염두에 두어야 한다. 우리는 이미 8.16절에서 원형질막의 이온 통로들이 열림으로써 신경전달물질이 어떻게 작동하는지 확인하였고, 그림 6.47에서도 스테로이드 호르몬이 어떻게 원형질막을 투과하여 세포내 수용체와 결합하는지 확인한 바 있다. 이 장에서 설명하고 있는 두 가지 주요 신호전달경로는 다음과 같다.

- 한 부류의 수용체(15.4절)는 자신의 세포질 영역에서 주변에 있는 효소들로 신호를 전파하고(4단계), 이 효소들이 **2차 정보전달물질(second messenger)**을 생성한다(5단계). 이런 과정을 거쳐 세포 반응을 개시하기 때문에, 이 효소들을 **영향인자(effector)**라고 부른다. 2차 정보전달물질은 자신이 표적으로 하는 특정한 단백질들을 활성화시키거나 또는 불활성화시키는 작은 물질이다. 화학적 구조에 따라서 2차 정보전달물질은 세포질을 통해 확산되기도 하고 막의 지질2중층에 묻혀 있는 상태로 남아 있기도 한다.
- 또 다른 부류의 수용체(15,8절)는 자신의 세포질 영역을 주변의 세포내 신호전달단백질들을 모집하는 장소로 전환시켜서(4a단계) 신호를 전파한다. 644쪽에서 설명하였던 SH3 영역처럼 특수한 유형의 상호작용 영역들에 의해 단백질들이 서로 상호작용하거나 또는 세포막 구성성분들과 상호작용을 하게 된다.

2차 정보전달물질에 의해 신호를 전달하는 방식이든, 신호전달단백질을 모집하여 인산화시킨 후 신호를 전달하는 방법이든 그 결과는 세포내 **신호전달경로(signaling pathway)**의 최상부에 위치하는 단백질이 활성화되는 것으로 나타난다(6단계, 그림 15.2). 신호전달경로는 세포내 매우 빠른 정보통신망이라고 할 수 있으며, 각 신호전달경로는 일련의 다양한 단백질로 구성되어 순서대로 작동한다(7단계). 대부분 "신호전달단백질(signaling protein)"들은 여러 개의 영역으로 이루어져 있어, 수많은 다양한 파트너들과 동시다발적 또는 순차적인 방식으로 역동적으로 상호작용할 수 있게끔 한다. 이러한 유형의 모듈식 구조는 그림 15.20과 24에 각각 묘사되어 있는 Grb2와 IRS-1 단백질로 설명할 수 있다. 단백질-단백질 상호작용만을 독점적으로

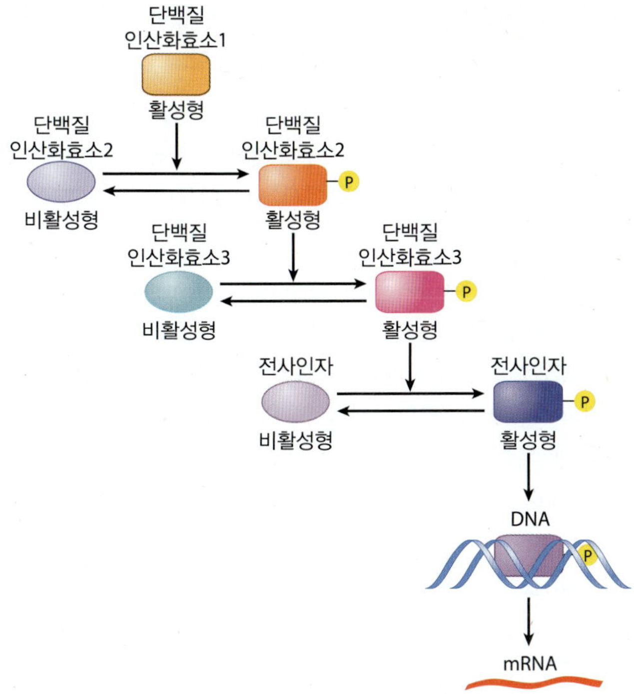

그림 15.3 **단백질 인산화효소와 단백질 탈인산화효소에 의해 입체구조가 바뀌고 활성이 바뀌어 작용하는 신호전달경로.** 여기서 제시된 예에서 단백질 인산화효소1에 의해 단백질 인산화효소2가 활성화된다. 일단 활성화된 단백질 인산화효소2는 단백질 인산화효소3을 인산화시켜 효소를 활성화시킨다. 그 다음 단백질 인산화효소3은 전사인자를 인산화시켜서, DNA 부위에 대한 전사인자의 친화력을 증가시킨다. DNA에 전사인자가 결합하면 해당된 유전자가 전사되는 데 영향을 준다. 신호전달경로에 있는 이를 활성화 단계 각각은 단백질 탈인산효소에 의해 뒤바뀔 수 있다.

매개하는 기능을 가진 Grb2와 IRS-1 단백질과는 다르게 대부분의 많은 신호전달단백질들은 촉매 영역이나 조절 영역 또는 둘 다를 가지고 있어 신호전달경로에 있어 보다 더 다양한 역할을 할 수 있다.

하나의 신호전달경로에 있는 각각의 단백질들은 일반적으로 하위에 존재하는 단백질의 입체구조를 변형시켜, 해당 단백질을 활성화 또는 억제시킨다(**그림 15.3**). 만일 세포생물학의 다른 주제들을 읽어봤다면 신호전달단백질의 입체구조 변화가 종종 단백질 인산화효소(protein kinase) 및 단백질 탈인산화효소(protein phosphatase)에 의해 개별적으로 인산기를 다른 단백질에 붙이거나 제거함으로써 이루어진다는 것을 이미 알고 있을 것이다(그림 15.3). 사람의 유전체에는 500가지 이상의 다양한 단백질 인산화효소와 약 150가지에 달하는 단백질 탈인산화효소가 암호화되어 있다. 단백질 인산화효소가 전형적으로 단일 소단위로 작용을 하는 반면, 많은 단백질 탈인산화효소들은 기질특이성을 결정하는 핵심 조절 소단위를 포함하고 있다. 결과적으로 단일 탈인산화효소의 촉매 기능을 담당하는 소단위는 다른 단백질 기질로부터 인산기를 제거하여 다양한 효소를 생산할 수 있다.

대부분 단백질 인산화효소는 인산기를 단백질 기질의 세린(serine)이나 트레오닌(threonine) 잔기에 붙여 놓지만, 사람에서 가장 중요하다고 알려진 대략 90가지 정도의 단백질 인산화효소군은 티로신(tyrosine) 잔기를 인산화한다. 일부 단백질 인산화효소 및 탈인산화효소는 수용성 세포질단백질(soluble cytoplasmic protein)의 종류이고, 나머지는 내재막단백질(integral membrane proteins)에 속한다. 대부분의 인산화효소는 세포 안에서 비활성화 상태로 존재하다가, 세포 안에서 다른 단백질, 작은 분자들 또는 막지질과의 공유결합을 변경 또는 상호작용함으로써 활성화될 수 있다. 세포에 존재하는 수천 가지의 단백질은 각기 인산화될 수 있는 아미노산 잔기들을 가지고 있음에도 불구하고, 각 단백질 인산화효소 및 탈인산화효소는 다른 모든 종류의 기질을 무시하고 자신에게 맞는 특정 기질만을 인식한다. 또한, 일부 단백질 인산화효소 및 탈인산화효소는 수많은 단백질을 그들의 기질로서 사용할 수 있지만, 오직 하나의 단백질 기질에 하나의 아미노산 잔기만을 인산화 및 탈인산화시키는 효소들도 있다. 이러한 효소들이 표적으로 하는 단백질 기질 중 상당수는 효소 그 자체이며(대부분 다른 종류의 인산화효소 및 탈인산화효소), 이온통로, 전사인자, 다양한 유형의 조절단백질 또한 기질로서 사용될 수 있다. 단백질 인산화는 여러 가지 방식으로 단백질의 운명을 결정할 수 있다. 즉, 인산화는 효소를 활성화 또는 반대로 불활성화시킬 수 있으며, 단백질 간 상호작용의 증감, 세포내 다른 구획 간 단백질의 이동, 단백질분해를 위한 개시신호 등으로도 사용될 수 있다. 대규모의 단백질체를 연구하는 여러 가지 접근 방법들(2.12절)을 통하여 여러 조직에서 공통적으로 인산화되는 다양한 단백질 인산화효소들의 기질과 특정 잔기를 알아내고 있다. 척추동물의 단백질 유전정보에 대한 연구는 이제까지 20만 개가 넘는 인산화부위를 가지고 있는 2만 개 이상의 인단백질을 확인하였다. 광범위한 단백질 인산화의 발생과 그 중요성은 **그림 15.4**에서 확인할 수 있는데, 이것은 2종류의 암세포가 특정 단백질에서 티로신의 인산화 빈도에 현저한 차이가 있음을 보여준다. 가장 큰 해결 과제는 다른 유형의 세포들에서 일어나는 여러 활동 중 다양한 번역 후 변형(posttranslational modification) 과정의 역할을 이해하는 것이다.

신호전달경로를 따라 전송되는 신호들은 결국 세포 내에서 기본적인 생리학적 과정에 관여하는 **표적단백질**(8단계, 그림 15.2)들에 도달하게 된다(9단계). 세포의 유형과 전달되는 신호의 종류에 따라, 이들 표적단백질에서 시작되는 반응은 특정 유전자 발현의 변화, 필요한 대사효소의 활성 변화, 세포외 골격의 재구성, 세포운동성의 증감, 이온 투과성의 변화, 세포분열을 위한 DNA 합성의 활성화 그리고 심지어 세포사멸까지 다양한 결과를 도출해낼 수 있다. 이러한 세포외 정보전달물질이 세포 내부의 다양한 변화를 일으키기까지의 정보를 전달하는 전체적인 과정들은 **신호전달(signal transduction)**이라고 한다.

마지막으로, 전달된 신호들은 최종적으로 종료되어야만 한다. 이는 매우 중요한 작업으로 세포가 추가적으로 전달되는 신호를 받아들여야 하기 때문이다. 전달된 신호를 종료시키기 위해서 가장 먼저 세포외 정보전달물질들을 제거한다. 어떤 세포에서는 특정 세포외 정보전달물질의 제거할 수 있는 세포외 효소를 만들어내기도 하고, 다른 세포에서는 활성화된 수용체를 세포 내부로 이동시켜 리간드가 결합된 상태로 함께 분해하여 제거하기도 한다(12.16절).

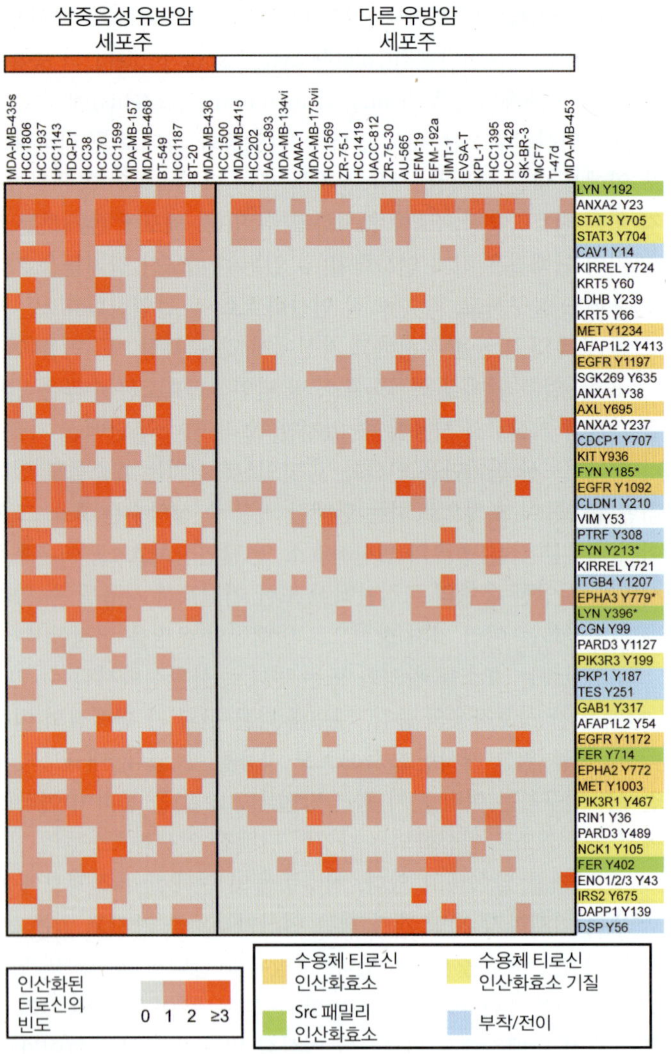

그림 15.4 두 종류의 유방암 세포에서 티로신 인산화 빈도의 비교. 그림의 왼쪽에 있는 패널들은 그림의 오른쪽에 표기된 단백질들에 대한 삼중음성 유방암 세포주 내의 티로신 잔기의 인산화 빈도를 보여주는 것이다. 삼중음성 유방암 세포는 대다수의 유방암이 특징으로 하는 주요 세가지 분자들, 가령 에스트로겐 수용체, 프로게스테론 수용체, 성장인자 수용체 HER-2에 대한 발현이 없다. 이 세 가지 특징적인 단백질들을 발현하는 유방암세포에서 티로신 잔기의 인산화 빈도는 오른쪽 패널에 나타내었다. 시험한 세포주들의 이름은 그림의 맨 위에 표기되어 있다. 그림에서 삼중음성 유방암 세포는 다른 유방암 세포들 보다 티로신 잔기의 인산화 수준이 훨씬 많다는 것을 명백히 확인할 수 있다. 이는 많은 삼중음성 유방암에서 특정 단백질의 티로신 탈인산화 활성을 잃어버린 것과 관련이 있을 수 있다.

출처: J. G. Albeck and J. S. Brugge, from data by Ting-Lei Gu of Cell Signaling Technology, *Cell* 144:639, 2011에서 발췌. Elsevier의 허가를 얻음.

15.2 세포외 정보전달물질 및 해당 수용체들에 대한 개요

많은 다양한 분자들이 세포외 정보를 전달하는 역할을 할 수 있으며, 이런 역할을 하는 것으로는 다음과 같은 것들이 있다.

- 아미노산 및 아미노산 유도체. 그 예로는 글루탐산, 글리신, 아세틸콜린, 에피네프린, 도파민, 갑상샘호르몬 등이 있으며, 이들 분자는 신경전달물질과 호르몬으로서 작용한다.
- 산화질소나 일산화탄소 같은 기체.
- 콜레스테롤을 전구체로 사용하여 유래한 스테로이드. 스테로이드 호르몬은 성적인 발달과 분화, 임신, 탄수화물대사 그리고 나트륨이나 칼륨 이온 분비를 조절한다.
- 지방산의 일종인 아라키돈산(arachidonic acid)에서 유래한 탄소 20개의 비극성 분자인 아이코사노이드(eicosanoid). 아이코사노이드는 통증, 염증, 혈압 그리고 혈액응고를 비롯한 다양한 과정들에 참여하고 조절한다. 아이코사노이드의 합성을 억제하여 두통과 염증 완화에 도움을 주는 처방이 필요 없는 약품들도 몇 가지 있다.
- 일부는 원형질막 통과 단백질로서 세포표면에서 다른 세포와 상호작용한다(11.7절). 다른 단백질들의 경우, 세포외기질(extracellular matrix)로서 또는 그와 결합한 상태로 존재하기도 한다. 대다수의 단백질들은 세포외 환경으로 분비되어 세포의 분열 과정, 분화 단계, 면역반응 또는 세포 생존과 사멸 등의 여러 조절 과정에 관여한다.

모든 세포외 정보전달물질들이 모두 그런 것은 아니지만, 이들은 일반적으로 신호에 반응하는 세포의 표면에 존재하는 특정 수용체에 의해 인지된다. 그림 15.2에 묘사된 것처럼 수용체들은 그들과 맞는 정보전달 분자와 높은 친화도로 결합하고 서로 간의 상호작용을 통해 세포의 바깥에서 안쪽으로 신호를 번역하여 전달한다. 이 수용체들은 신호전달을 아래에 기술한 방법들을 통하여 전달하도록 진화되어 왔다.

- G단백질결합수용체(G protein-coupled receptor, GPCR)는 7차례 막횡단을 하는 α-나선을 갖고 있는 수용체 대집단이며, 이들 수용체는 세포외 정보전달물질과의 결합을 통해 받은 신호를 GTP-결합 단백질의 활성화를 통해서 세포 내에 전달시킨다. **GTP-결합 단백질(GTP-binding protein)** 또는 **G단백질(G protein)**은 앞서 소낭의 출아와 융합(제12장), 미세소관의 중합과 분해(제13장), 단백질 합성(제5, 12장), 핵과 세포질 사이의 수송(제6장) 등과 관련지어 설명한 바 있다. 이 장에서는 "세포의 정보회로"를 따라 정보를 전달하고 교환하는 G단백질결합수용체의 역할을 알아보려 한다.
- 수용체 티로신 인산화효소(receptor tyrosine kinase, RTK)는 두 번째 종류의 수용체 집단에 해당되며, 세포외 정보전달물질에 의해 전달된 신호를 변환하고 전달하여 세포내 변화를 야기하게끔 진화되어 왔다. 특정 세포외 리간드가 수용체 티로신 인산화효소에 결합하게 되면 일반적으로 수용체의 2량체 형성이 일어나고, 수용체의 세포질 안쪽 부위에 있는 인산화효소 영역이 활성화된다. 일련의 과정을 통해 활성화된 이들 단백질 인산화효소들은 세포질에 있던 기질단백질의 특정 티로신 잔기들을 인산화하여, 기질단백질의 활성도, 위치, 또는 다른 단백질들과 상호작용하는 능력을 변화시키게 된다.
- 세 번째로 세포표면 수용체를 대표하는 것은 리간드-관문통로(ligand-gated channel)로 세포외 리간드와 결합한다. 이러한 단백

질들은 원형질막을 통해 이온의 흐름을 전달하는 능력을 지니고 있으며, 이들 능력은 리간드가 원형질막에 직접 결합하여 조절된다. 예를 들어, 전압-관문통로(voltage-gated channel)의 경우, 막 통과 이온에 의해 일시적으로 막 전위가 변화하며, 다른 막단백질들의 활성 여부에도 영향을 끼칠 수 있다. 이런 연쇄적 작용들이 모여 신경 자극(nerve impulse) 형성의 기반을 마련한다(8.14절). 이외에도 세포질내 특정 효소들의 활성은 Ca^{2+} 같은 특정 이온들이 세포질 내로 유입되었을 때 바뀔 수 있다. 8.16절에서 논의한 바와 같이, 리간드-관문통로로 분류되는 특정 단백질들은 신경전달물질의 수용체로도 작용한다.

- 스테로이드 호르몬 수용체는 리간드에 의해 조절되는 전사인자로서 기능을 한다. 스테로이드 호르몬은 세포질에 있는 이들의 수용체와 결합하기 위해 원형질막에서 확산되어 이동한다. 호르몬의 결합은 호르몬-수용체 복합체에 구조적 변화를 일으켜 핵으로 이동하여 프로모터(promoter)에 있는 반응요소(element)나 호르몬-반응성 유전자들에 있는 증폭자(enhancer)와 결합하게 되고(그림 6.47 참조), 이러한 상호작용을 통해 유전자 전사 속도의 증감을 일으킨다.
- 마지막으로, 특이한 기작으로 작동되는 몇 가지 다른 유형의 수용체들이 있다. 예를 들어, 외래 항원에 대한 반응에 관여하는 B-세포 수용체와 T-세포 수용체는 세포질의 수용체 티로신 인산화효소와 같이 잘 알려진 신호전달 분자들과 결합한다. 이번 장에서는 G단백질결합수용체과 수용체 티로신 인산화효소에 대해 집중적으로 논의할 것이다.

15.3 G단백질결합수용체의 신호전달

G단백질결합수용체(G protein-coupled receptor, GPCR)는 그 이름에 걸맞게 G단백질과 상호작용을 한다. GPCR 대집단에 속하는 구성요소들은 7개의 막횡단 나선을 갖고 있기 때문에, 7-막횡단 수용체(seven-transmembrane receptor, 7TM receptor)로 불리기도 한다(**그림 15.5b**). 효모로부터 꽃이 피는 식물들 그리고 포유류에 이르는 생물들에서 매우 광범위한 세포과정들을 조절하는 수천 가지 다른 종류의 GPCR이 밝혀졌다. 실제로 GPCR은 동물 유전체가 암호화하는 단백질들 중에서 가장 큰 단일 대집단을 구성하고 있다. GPCR에 결합할 수 있는 자연에 존재하는 리간드로 다양한 종류의 식물 및 동물 호르몬, 신경전달물질, 아편 유도체, 주화성 물질(chemoattractant, 면역계에서 식세포를 유인하는 분자), 후각자극제와 미각촉진제(후각과 미각 수용체에 의해 인지되어 냄새와 맛이 나게 하는 분자들), 그리고 광자(photon)가 있다. 위와 같은 경로에 의해 작동하는 리간드와 영향인자(effctor) 일부에 대한 목록이 표 15.1에 나와 있다.

수용체

GPCR은 일반적으로 다음과 같은 형태를 갖고 있다. 수용체의 바깥쪽 부분에 위치한 것은 아미노-말단이며, 세포 내부에 위치해 있는 것은 카르복실-말단이다. 가운데 원형질막을 횡단하는 구조인 7개의 α-나선은 다양한 길이의 고리들에 의해 연결되어 있다(그림 15.5*b*). 세포 외부에 있는 3개의 고리들은 GPCR의 종류에 따라 서로 다른 구조를 갖는 리간드-결합 주머니(ligand-binding pocket)를 형성한

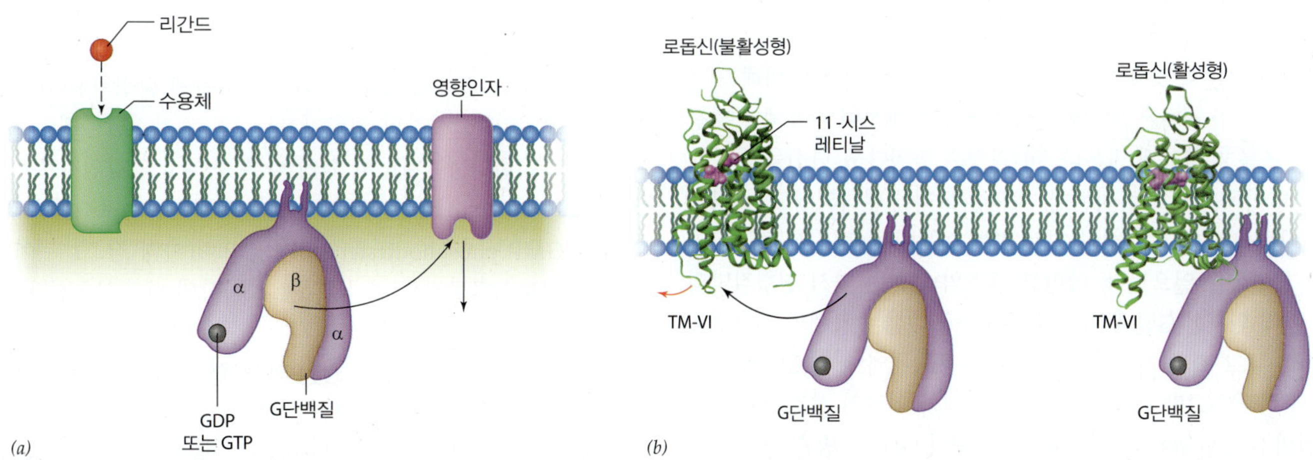

그림 15.5 7-막횡단 수용체와 이질3량체인 G단백질에 의한 신호전달을 위해 원형질막에 부착되어 있는 구조물의 모식도. (*a*) 7개의 막 횡단 나선을 갖고 있는 수용체 유형으로는 에피네프린 및 글루카곤과 결합하는 수용체가 있다. 수용체는 리간드에 결합하면 아데닐산 고리화효소와 같이, 영향인자를 활성화시키는 3량체인 G단백질과 상호작용을 한다. 위 그림에서 확인할 수 있듯이 G단백질의 α와 γ 소단위는 지질2중층에 박혀 있는 지질기를 통해 막과 이어져 있다. (주: 대부분의 G단백질결합수용체들은 수용체 분자들이 2개 이상으로 이루어진 복합체일 때 활성화될 수 있다.) (*b*) X-선 결정구조에 근거하여, G단백질결합수용체인 로돕신(rhodopsin)의 활성화 과정을 나타낸 모형. 왼쪽에 위치한 로돕신은 미결합 상태의 이질3량체인 G단백질(트랜스듀신이라고 함)과 함께 불활성형(암순응형) 구조를 띠고 있다. 레티날(로돕신 단백질 안에 분홍색으로 표시) 보조인자가 광자를 흡수하면 레티날 보조인자는 단백질의 세 번째 나선과 여섯 번째 나선에 위치한 잔기들 사이의 이온 결합 붕괴를 유도하는 이성질화(시스형에서 트랜스형으로 전환) 반응이 일어난다. 이후 여섯 번째 막횡단 나선이 외측으로 이동하하며(빨간색 곡선 화살표), G단백질의 G_α 소단위에 대한 결합자리가 노출되는 입체구조 변화가 일어난다. 오른쪽에 위치한 로돕신 분자는 활성을 띠고 있는 상태로, 수용체의 세포질 면에 결합한 G_α 소단위 부분과 함께 활성형의 구조로 나타내었다.

출처: (b) Thue W. Schwartz and Wayne L. Hubbell, *Natue* 455:473, 2008에서 발췌. Macmillan Publishers Ltd의 허가를 얻음.

표 15.1 G단백질결합수용체 및 이질3량체인 G단백질들에 의해 매개되는 생리적 작용들의 예

자극	수용체	영향인자	생리적 작용
에피네프린	β-아드레날린성 수용체	아데닐산 고리화효소	글리코겐 분해
세로토닌	세로토닌 수용체	아데닐산 고리화효소	군소과(*Aplysia*) 연체동물의 행동 감각 및 학습
빛	로돕신(rhodopsin)	cGMP 포스포디에스테라아제	시각 자극
IgE-항원 복합체	비만세포 IgE 수용체	인지질분해효소 C	분비
f-Met 펩티드	주화성 수용체	인지질분해효소 C	주화성
아세틸콜린	무스카린 수용체	칼륨 통로	박동원(pacemaker)의 활동을 느리게 함

L. Stryer and H. R. Bourne, reproduced with permission from the *Annual Review of Cell Biology*, Vol 2, copyright 1986, by Annual Reviews Inc에서 인용. Annual Reviews의 허가를 득함.

다. 세포 내부에 위치한 3개의 고리들은 세포질내 존재하는 신호전달단백질들의 결합자리가 된다. 여러 가지 기술적인 이유로 X-선 결정분석에 적합한 변형되지 않은 GPCR 결정을 만들어내는 것은 매우 까다롭다. 여러 해를 걸쳐 대집단에 속해있는 로돕신(rhodopsin)만이 유일하게 그 X-선 결정구조가 밝혀졌다. 로돕신은 유난히 안정한 GPCR 구조를 가지고 있는데, 이는 리간드(레티날기)가 단백질에 영구적으로 결합되어 있고 단백질 분자가 자극이 없을 때에도(즉, 어둠에서도) 불활성화된 단일 입체구조로만 존재할 수 있기 때문이다. 수많은 여러 연구진들이 해를 거듭하여 노력한 결과, 2007년 초반 GPCR 결정구조들에 관한 여러 문헌들이 줄지어 보고되었다. 보고된 문헌 대부분이 불활성 상태의 GPCR 구조를 밝힌 것이지만 최근의 많은 연구결과들에서는 활성화된 여러 GPCR 구조와 중간 상태의 구조도 밝혀내고 있다.

G단백질이 결합된 활성형 GPCR의 첫 번째 X-선 결정구조는 미국 스탠퍼드대학교(Stanford University)의 브라이언 코빌카(Brian Kobilka)와 그의 동료들에 의해 밝혀졌다. GPCR의 비활성형태는 막횡단 α-나선에 있는 특정 잔기들 사이의 비공유 상호작용에 의해 안정화된다. 리간드의 결합은 이러한 상호작용을 방해하여 수용체가 활성 상태의 구조를 유지하게 만든다. 이 과정은 막횡단 α-나선들의 상호간 회전 및 이동을 필요로 하는데, 세포질 고리에 부착되어 있는 나선구조상, 이들 막횡단 α-나선이 회전 또는 이동하게 되면 세포질 고리의 구조가 변화를 일으킨다. 이러한 구조의 변화는 다시 원형질막의 세포질 면에 위치한 G단백질(그림 15.5*b*)에 대한 수용체의 친화력을 높이게 하며, 그 결과 리간드가 결합된 수용체는 수용체-G단백질 복합체를 구성한다(**그림 15.6**, 1단계). 수용체와 일련의 상호작용을 한 G단백질의 α 소단위에 구조변화가 유도되어 GDP가 방출되며, GTP가 결합할 수 있게 만든다(2단계). 활성형으로 있는 동안, 하나의 수용체는 여러 개의 G단백질 분자들과 상호작용하여 활성 상태로 만들 수 있기 때문에 신호증폭의 한 방법으로 쓰이기도 한다(638쪽에 자세하게 기술되어 있음).

G단백질

미국 국립보건원(National Institutes of Health)의 마틴 로드벨(Martin Rodbell)과 그의 동료들 그리고 미국 버지니아대학교(University of Virginia)의 알프레드 길먼(Alfred Gilman)과 동료들이 이질3량체인 G단백질을 발견하였고, 이를 정제하여 그 특성을 규명하였다. 이들의 연구는 이 장의 끝에 <역사적 실험>에서 기술하고 있다. 이들 단백질은 GDP 또는 GTP와 같은 구아닌 뉴클레오티드와 결합할 수 있기 때문에 G단백질이라고 불리고 있다. 또한, G단백질은 이질3량체라고도 하는데, 이는 모든 G단백질이 3종류의 서로 다른 폴리펩티드 소단위들인 α, β, γ로 구성되어 있기 때문이다. 이러한 특징은 이 장의 후반부에서 설명할 Ras와 같은 소형 단량체 G단백질과 이질3량체인 G단백질을 구분지어 준다. 이질3량체 G단백질은 지질사슬에 의해 원형질막에 연결되어 있는데, 이 지질사슬은 G단백질의 α와 γ 소단위에 공유적으로 부착되어 있다(그림 15.5*a*).

G_α 소단위에 구아닌 뉴클레오티드-결합자리가 위치해 있으며, GDP가 GTP로 대체되어 활성화된 G단백질결합수용체와의 상호작용이 일어나면, G_α 소단위의 구조변화가 일어난다. GTP가 결합된 구조에서는 3량 복합체로부터 G_α가 분리되는데, 이는 G_α가 $G_{\beta\gamma}$에 비해 낮은 친화력을 갖고 있기 때문이다. 아데닐산 고리화효소(adenylyl cyclase, AC)와 같은 영향인자단백질은 분리된 각각의 G_α 소단위(GTP가 결합된 상태)에 의해 자유롭게 활성화된다(그림 15.6, 3단계). 이렇게 활성화된 영향인자는 2차 정보전달물질인 cAMP가 생성되도록 한다(4단계). 이 외에 다른 종류의 영향인자로는 인지질분해효소 C-β(phospholipase C-β)와 cGMP 포스포디에스터라아제(cyclic GMP phosphodiesterase)가 있으며(아래 참조), 뒤이어 생성된 2차 정보전달물질은 하나 혹은 그 이상의 세포신호전달단백질들을 활성화시킨다.

G단백질의 α 소단위가 GTP와 결합한 상태일 때, G단백질이 "활성화(on)"되었다고 한다. G_α 소단위는 결합되어 있는 GTP를 가수분해를 통해 GDP와 무기인산(Pi)으로 분리하여 스스로 불활성 상태로 돌아갈 수 있다(그림 15.6, 5단계). 그 결과, 영향인자에 대한 친화력은 감소하고 βγ 소단위에 대한 친화력은 증가하는 구조로 변화된다. 즉, GTP의 가수분해가 일어나 G_α 소단위가 영향인자에서 분리되면, βγ 소단위에 대한 친화력 증가로 재결합하게 되어 불활성 상태의 이질3량체 G단백질로 돌아오게 된다(6단계). 이질3량체 G단백질은 활성화된 수용체와 상호작용하여 활성화되고, 일정 시간이 지난 후 결합된 GTP를 가수분해하여 스스로를 불활성 상태로 돌아오기 때문에 분자 타이머로서 기능을 한다고 할 수 있다. G단백질이 활성 상태로 머물 때, G_α 소단위는 하류의 영향인자들을 활성화시킨다.

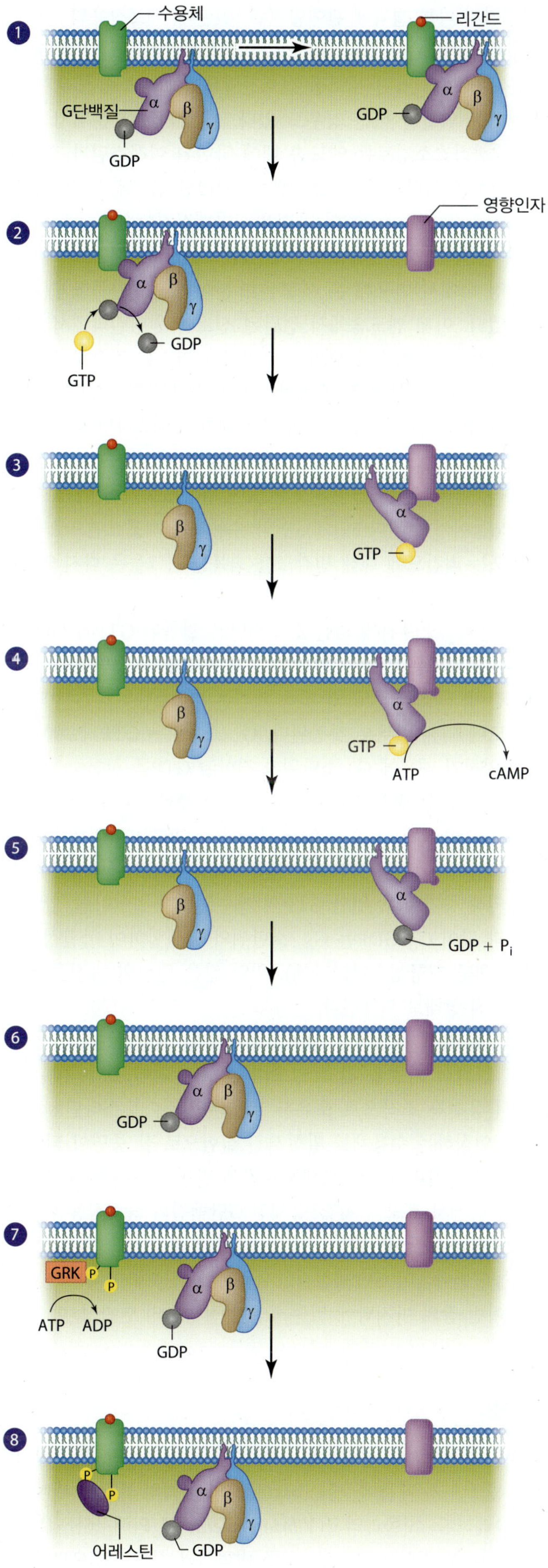

그림 15.6 이질3량체 G단백질이 활성화시킨 영향인자의 수용체-매개 활성화및 저해 기작. 1단계에서 수용체에 리간드가 붙으면 수용체의 구조가 변하며, 수용체가 결합할 수 있는 G단백질에 대한 친화력이 증가된다. 2단계에서는 G_α 소단위의 GDP가 GTP로 교체된다. 3단계에서 $G_{\beta\gamma}$ 복합체로부터 분리된 G_α 소단위가 영향인자(이 경우는 아데닐산 고리화효소)와 결합하여 활성화를 유도한다. 분리된 $G_{\beta\gamma}$ 2량체는 또한 이온통로 또는 효소 같은 영향인자(그림에는 표시되어 있지 않음)와 결합할 수도 있다. 4단계에서 활성화된 아데닐산 고리화효소가 cAMP를 생성한다. 5단계에서는 G_α에 결합되있던 GTP가 G_α의 GTP가수분해효소 활성으로 가수분해되어 G_α를 불활성화시킨다. 6단계에서 G_α는 $G_{\beta\gamma}$와 재결합하여 3량체 G단백질로 재구성되고, 영향인자는 활동을 멈추게 된다. 7단계에서 G단백질결합수용체 인산화효소(G protein-coulped receptor kinase, GRK)에 의해 수용체가 인산화되면, 8단계에서 인산화된 수용체는 어레스틴 분자와 결합하여 또 다른 G단백질들이 활성화시킬 수 있는 리간드가 결합된 수용체를 억제한다. 어레스틴과 결합한 수용체는 내포작용(endocytosis)으로 세포 안으로 운반되는 것으로 여겨진다.

이질3량체 G단백질은 G_α 소단위와 이들이 연결된 영향인자를 기준으로 G_s, G_q, G_i, $G_{12/13}$ 총 네 가지로 분류된다. 일부 GPCR는 여러 G단백질들과 상호작용하여 하나 이상의 생리 반응을 일으킬 수 있지만, GPCR 활성화로 인해 발생하는 특정 반응은 GPCR이 어떠한 G단백질과 상호작용했는지에 따라 달라진다. G_s 집단에 속하는 단백질들의 경우, 수용체를 아데닐산 고리화효소와 연결시키며, 이 아데닐산 고리화효소는 GTP가 결합된 G_s 소단위의 작용으로 인해 활성화된다. PLC_β를 활성화시키는 G_α 소단위를 갖고 있는 단백질들은 G_q 집단에 속한다. PLC_β는 포스파티딜이노시톨-이인산(phosphatidylinositol bisphosphate)을 가수분해함으로써, 이노시톨-삼인산과 디아실글리세롤을 만드는 역할을 수행한다(636쪽). G_i 소단위의 활성화는 아데닐산 고리화효소를 저해하는 기능을 하며 $G_{12/13}$에 속하는 구성요소들은 다른 단백질들에 비해 그 역할 규명이 충분히 이루어지지 않았다. $G_{12/13}$의 부적절한 활성화는 과도한 세포 증식 및 악성 변환(malignant transformation)과 관련이 있다고 알려져 있다. G_α 소단위 외에도 떨어져나간 βγ 복합체도 PLC_β, K^+와 Ca^+ 이온 통로, 아데닐산 고리화효소와 같은 다른 종류의 영향인자들과 연결되어 신호전달 기능을 수행할 수 있다.

반응 종료

지금까지 리간드의 결합에 의해 수용체가 활성화되는 것을 보았다. 활성화된 수용체는 G단백질을 활성화하고, 뒤이어 활성화된 G단백질은 영향인자를 활성화한다. 자극이 지속되는 것을 막기 위해, G단백질을 계속해서 활성화하는 수용체는 차단되어야 한다. 다음에 주어질 자극에 대한 민감도를 회복하기 위해 수용체, G단백질, 영향인자 세 가지 모두 불활성 상태로 돌아가야 한다. 둔감화(*Desensitization*)는 활성 상태의 수용체가 여분의 G단백질들을 활성화하지 못하도록 막는 과정으로 2단계에 걸쳐 일어난다. 첫 번째 단계에서, 활성화된 G단백질결합수용체의 세포질 영역이 *G단백질결합수용체 인산화효소*(*G protein-coupled receptor kinase, GRK*)의 작용으로 인해 인산화된다(그림 15.6, 7단계). 이 효소는 세린-트레오닌 단백질 인산화효소의 한 종류로 활성화된 GPCR을 특이적으로 인식한다.

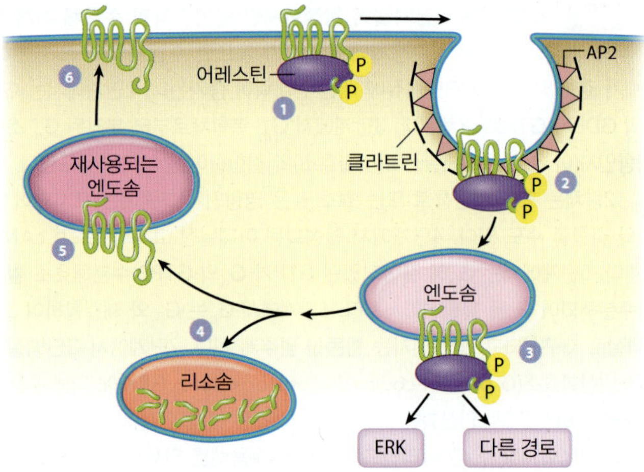

그림 15.7 어레스틴-매개 G단백질결합수용체 내부화. 어레스틴과 결합된 G단백질결합수용체(1단계)는 세포질로 함몰되어 들어가는 클라트린-피복 만입부와 만나게 되면 세포질 내부로 들어가게 된다(2단계). 12-8절에서 논의한 것처럼, 클라트린-피복 버드(clathrin-coated buds)는 G단백질결합수용체를 포함한 내용물을 엔도솜에 전달하는 클라트린-피복 소낭(clathrin-coated vesicles)으로 변형된다. 엔도솜 내부에 존재할 때, 어레스틴은 MAP 인산화효소 연속 작용과 전사인자 ERK를 활성화시키는 것(3단계)을 포함한 신호전달복합체의 조립을 위한 뼈대로 작용할 수 있다. 그렇지 않으면 G단백질결합수용체는 분해되어(4단계) 리소솜에 전달되거나 재활용 엔도솜(5단계)에서 원형질막으로 돌아와 새로운 세포 외 리간드와 상호작용할 수 있다(6단계).

출처: S. L. Ritter and R. A. Hall, *Nature Reviews MCB* 10:820, 2009, Box 1b. Nature Reviews Molecular Cell Biology by Nature Publishing Group에서 발췌. Nature Publishing Group의 허가를 얻음.

GPCR이 인산화된 후 이어서 두 번째 단계가 일어나는데, 이때 어레스틴(*arrestin*)이라고 하는 단백질이 결합한다(그림 15.6, 8단계). 어레스틴은 GPCR에 결합할 수 있는 단백질의 한 종류로 이질3량체인 G단백질과 결합자리를 두고 경쟁한다. 결과적으로, 어레스틴의 결합은 여분의 G단백질들의 활성화를 막는다. 세포 바깥에서 자극이 계속 주어져도, 세포 내에서 외부 자극에 대한 반응을 멈추기 때문에 이런 작용을 둔감화라고 칭한다. 둔감화는 환경이 변하지 않는 한 끊임 없이 자극이 발생하지 않도록 하고 세포가 환경의 변화에 반응할 수 있도록 해주는 기작 중 하나이다. 이러한 둔감화의 중요성은 이미 GPCR 인산화효소에 의한 로돕신 인산화에 대한 돌연변이 발생으로 망막의 광수용체세포의 사멸이 발생하였다는 관찰로 증명된 바 있다. 이런 유형으로 죽는 망막세포들이 색소성 망막염(retinitis pigmentosa) 질환의 발병으로 인해 발생하는 실명의 여러 원인들 중 하나라고 여겨진다.

어레스틴은 다른 세포내 과정과 관련된 다양한 단백질에 결합할 수 있다는 점에서 단백질 중추(protein hubs)로 설명될 수 있다. 인산화된 GPCR과 어레스틴들이 결합되어 있는 동안에도(**그림 15.7**, 1단계), 어레스틴들은 클라트린-피복 만입부(clathrin-coated pit, 12.6절)에 있는 AP2 어댑터 분자들과 결합할 수도 있다. 결합된 어레스틴과 클라트린-피복 만입부(2단계) 사이에서 일어나는 상호작용으로 인해 인산화된 G단백질결합수용체의 내포작용(endocytosis)에 의한 세포 내로 운반이 촉진된다. 상황에 따라서 내포작용으로 제거된 수용체들은 몇 가지 다른 결과에 관여할 수도 있는데, 내포작용의 경로를 따라 수용체가 엔도솜(endosome)으로 이동하여(12.16절), 관련된 어레스틴 분자가 여러 가지 세포질 신호전달복합체의 조립을 위한 토대를 마련하는 역할을 하는 경우도 있다. 이 장의 뒷부분에서 논의될 MAP 인산화효소경로는 엔도솜 내에 국한된 어레스틴과 결합된 GPCR에 의해 활성화되는 것으로 생각된다(3단계). "신호전달성 엔도솜(signaling endosomes)"의 발견은 G단백질결합수용체(및 수용체 티로신 인산화효소)가 세포표면에 있을 때만 신호전달이 이루어진다는 가정 하에서 연구해 온 세포신호 분야의 연구자들에게는 놀라운 일이었다. 이제 엔도솜에서 전달된 신호는 원형질막에서 발생하는 신호와는 다른 성질과 생리적인 역할을 가지는 것으로 생각된다. 두 번째 결과로, 내부화된 수용체는 엔도솜에서 리소솜으로 이동하여 분해될 수 있다(4단계). 이렇게 수용체가 분해된다면 세포는 일시적으로 해당 리간드에 대한 민감도를 잃는다. 마지막으로 세 번째 계획에 따라, 어레스틴이 결합된 GPCR에 탈인산화가 일어나, 원형질막으로 되돌아가게 된다(5단계). 만약 수용체가 세포표면으로 되돌아가면 세포는 리간드에 대해 민감도를 회복한다[그들은 다시 민감화(*resensitized*)되었다고 말해진다].

활성화된 G_α 소단위에 의한 신호전달은 결합된 GTP가 GDP로 단순히 가수분해되는 간단한 기작을 통해 종료된다(그림 15.6, 5단계). 이와 같이, 신호의 강도 및 지속 기간은 G_α 소단위의 GTP의 가수분해 속도에 의해 일부분 결정된다. G_α 소단위는 GTP가수분해효소 활성이 약하기 때문에 G_α 소단위가 결합된 GTP를 천천히 가수분해하며 G_α 소단위를 불활성화시킨다. 반응의 종료는 *G*단백질 신호전달 조절인자(regulators of G protein signaling, RGS)에 의해 가속화되며, G_α 소단위에 의한 GTP 가수분해 속도는 RGS 단백질과의 상호작용에 의해 증가된다. 일단 GTP의 가수분해가 일어나면, 앞에서 설명한 것과 같이 G_α-GDP는 $G_{\beta\gamma}$ 소단위와 재결합하여 불활성형인 3량체 복합체를 재형성한다(6단계). 위와 같은 일련의 과정을 통해 시스템을 휴지 상태로 되돌린다.

G단백질을 통해 원형질막 안쪽으로 신호를 전달하는 기작은 고대부터 그 진화적 기원을 갖고 있으며 잘 보존되어 왔다. 이는 효모세포에서 유전자 조작으로 포유류 호르몬인 소마토스타틴(somatostatin)을 인식하는 수용체를 발현시킨 실험으로 잘 증명이 되었다. 소마토스타틴을 처리하면 효모세포표면에 발현된 포유류 수용체가 원형질막 안쪽에서 효모의 이질3량체인 G단백질과 상호작용을 하여 효모세포 증식을 이끌어냈다.

특정 돌연변이들이 G단백질결합수용체의 기능에 미치는 영향에 대해서는 이번 장의 마지막에 있는 <인간 질병과의 연관성>에 설명되어 있다.

세균 독소

다세포 생물이 정상적인 생리작용을 하는 데 있어서 G단백질들의 역할이 매우 중요하기 때문에, 세균(bacteria)의 최적의 표적이 된다. 예를 들어, 콜레라 독소[콜레라균(*Vibrio cholerae*)에 의해 생산되는]의 경우 장 상피세포에 있는 G_α 소단위를 변형시켜 정상적인 GTP 분해효소 활성을 저해하는 효과를 보인다. 이에 따라, 아데닐산 고리화효소가 비활성화되지 못하고, 계속해서 cAMP를 대량 생산하여 장 내강으로 많은 양의 액체가 분비되게 만든다. 이러한 방식으로 물의 손실이 계속 된다면, 탈수가 일어나 사망에까지 이르게 된다.

백일해 독소(Pertussis toxin)는 여러 가지 병독성 인자 중 하나로 백일해(whooping cough)를 일으키는 미생물인 보르데텔라균(*Bordetella pertussis*)에 의해 생성된다. 백일해는 전 세계적으로 매년 5천만 명의 사람들이 감염되며, 연간 35만 명이 사망하는 소모성 중증 호흡기감염이다. 백일해 독소 또한 G단백질의 G_α 소단위를 표적으로 삼아 불활성화시켜 신호전달경로를 막음으로써, 숙주가 세균감염에 대한 방어반응을 보이지 못하도록 한다.

15.4 2차 정보전달물질

고리형 아데노신 일인산(cyclic adenosine monophosphate, cAMP)은 2차 정보전달물질(*second messenger*)로서 세포내 다른 부위로 확산될 수 있다. 1차 정보전달물질(호르몬이나 기타 리간드)이 세포의 바깥 표면에 있는 수용체와 결합하면 뒤이어 cAMP 합성이 일어난다. 세포외 정보전달물질 분자에 의해 자극되어 뉴런의 세포질 안에서 cAMP가 합성되어 확산되는 과정을 **그림 15.8**에서 확인할 수 있다. 1차 정보전달물질이 단 한 종류의 수용체에만 결합하는 특징을 가진 반면, 2차 정보전달물질의 경우 대부분 여러 종류의 세포 활동을 자극할 수 있다. 그 결과 한 종류의 세포외 리간드로 세포를 자극하여도, 뒤이어 여러 2차 정보전달물질들이 세포 내에서 대규모로 여러 반응들을 나타낼 수 있도록 해준다. 다른 종류의 2차 정보전달물질로는 Ca^{2+}, 포스포이노시티드(phosphoinositide), 이노시톨-삼인산(inositol triphosphate), 디아실글리세롤(diacylglycerol), cGMP, 그리고 산화질소(nitric oxide)가 있다.

cAMP의 발견

원형질막에 호르몬의 결합했을 때, 글리코겐 대사에 관여하는 글리코겐 가인산분해효소(glycogen phosphorylase)와 같은 세포질 효소의 활성을 어떻게 변화시킬 수 있는가? 이에 대한 해답은 케이스 웨스턴 리저브 대학교(Case Western Reserve University)의 얼 서덜랜드(Earl Sutherland)와 그의 동료들이 1950년대 중반부터 시작했던 연구에서 찾을 수 있었다. 호르몬에 대한 생리적 반응을 연구하기 위한 생체 외(in vitro) 시스템을 개발하는 것이 Sutherland의 목표였다. 혼신의 노력 끝에 그는 글루카곤이나 에피네프린을 함께 배양시킨 파쇄된 세포 표본에서 글리코겐 가인산분해효소를 활성화시킬 수 있었다. 이렇게 파쇄된 세포 표본은 원심분리하여 세포막이 주된 성분인 미립자 분획과 가용성인 상층액 분획 두 가지로 나누어진다. 글리코겐 가인산분해효소는 상층액 분획에만 존재하였고, 호르몬반응을 위해서는 미립자 물질이 필요하였다. 이어진 실험들을 통해 반응은 적어도 다른 2단계를 거쳐 일어난다는 것을 알아내었다. 간 균질액에서 분리한 미립자 분획을 호르몬과 반응시켰을 때 어떤 물질이 방출되었으며, 이 물질을 가용성인 상층액 분획에 넣었을 때 글리코겐 가인산분해효소가 활성화되었다. Sutherland는 미립자 분획의 막에서 방출된 물질이 고리형 아데노신 일인산(*cAMP*)임을 알아내었으며, 이 발견은 신호전달연구의 시작이 되었다. 추후 논의할 예정이지만, cAMP는 글리코겐 가인산분해효소 폴리펩티드의 특정 세린 잔기에 인산기를 붙이는 단백질 인산화효소(protein kinase)를 활성화하여 포도당 동원(glucose mobilization)을 자극시킨다.

포스파티딜이노시톨에서 유래된 2차 정보전달물질

세포막의 구성요소인 인지질이 세포막을 응집성 있게 만들어 수용성 용질을 통과하지 못하게 만드는 구조적 분자로서 인지되기 시작한 것은 그렇게 오래되지 않았다. 여러 가지 2차 정보전달물질의 전구체가 인지질 분자로 구성되어 있다는 사실을 통해, 인지질에 대한 이해도가 좀 더 증진되었다. 여러 효소들은 세포외 신호들을 받아 세포막에 있는 인지질들을 2차 정보전달물질로 전환한다. 이러한 역할을 하는 효소들에는 인지질분해효소(phospholipase), 인지질인산화효소(phospholipid kinase), 인지질인산가수분해효소(phospholipid phos-

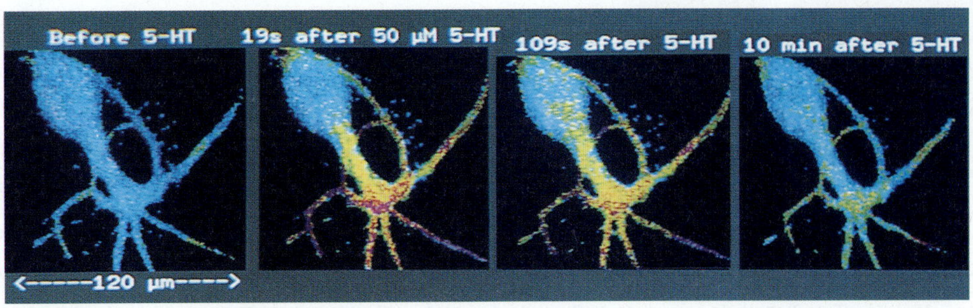

그림 15.8 살아 있는 세포내 세포외 정보전달물질 분자 첨가에 따른 국지적인 cAMP 생성. 위의 일련의 사진들은 군소과(Aplysia) 연체동물의 감각 신경세포를 나타낸 것이다. 유리된 cAMP는 그 농도에 따라 다른 색깔로 나타내었으며, 파란색은 저농도, 노란색은 중간 농도 그리고 빨간색은 고농도를 의미한다. 맨 왼쪽의 사진은 아무 자극을 받지 않은 뉴런 세포내 cAMP 농도를 나타내고 있고, 그 다음 3장의 사진은 표시된 시간에서 신경전달물질인 세로토닌(5-hydroxytryptamine)에 자극된 뉴런 세포를 보여주고 있다. 신경전달물질은 사라지지 않았지만, cAMP 농도가 109초에서 감소하는 것을 주목할 필요가 있다. [본 실험에서는 플루오레세인(fluorescein)과 로다민(rhodamine) 형광을 cAMP-의존성 단백질 인산화효소의 서로 다른 소단위에 미세주입 (microinjection)하여, 이들 소단위(748쪽 참고) 사이에서 일어나는 에너지 전달 양을 통해 고리형 cAMP 농도를 간접적으로 측정하였다.]

출처: Brian J. Bacskai et al., *Science* 260:223, 1993에서 발췌. AAAS.의 허가를 얻어 재인쇄함.

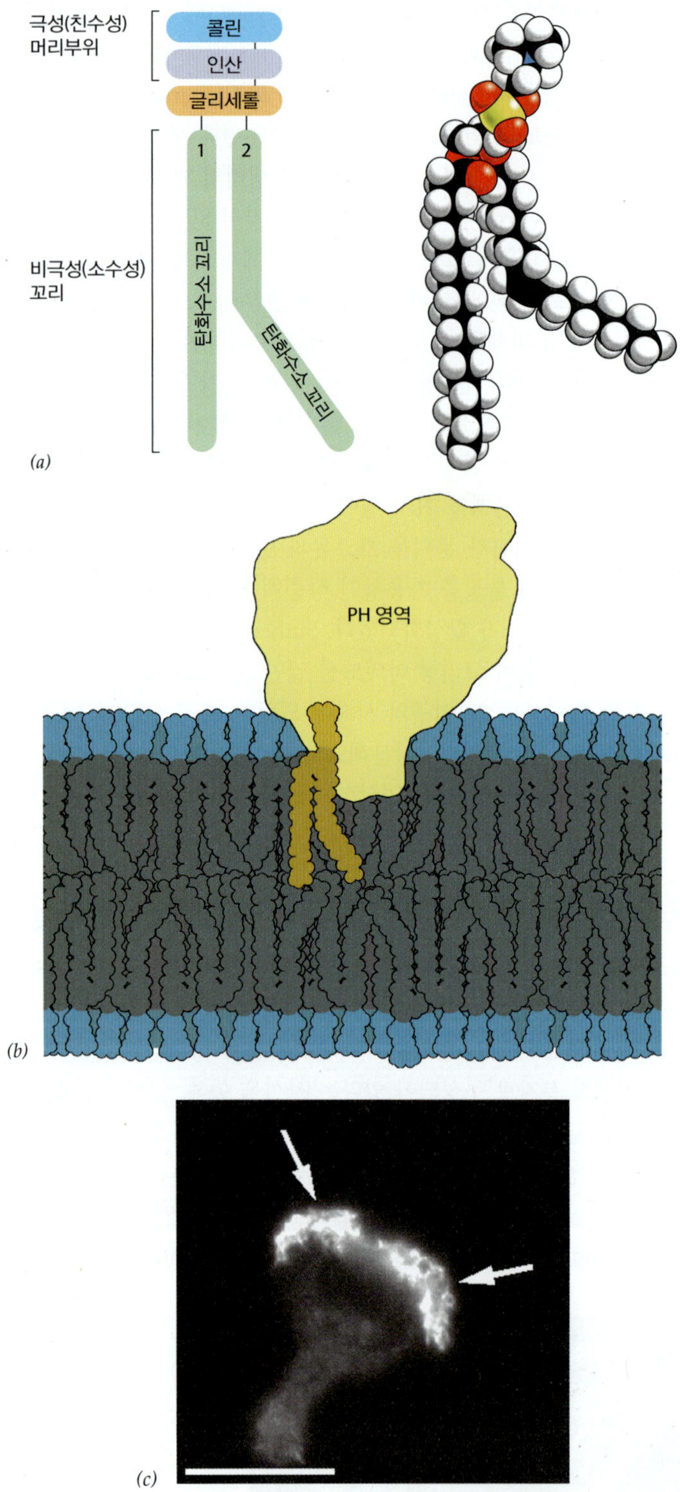

그림 15.9 **인지질유래 2차 정보전달물질.** (*a*) 일반적인 인지질의 구조(그림 2.22 참조). 인지질은 네 가지 유형의 인지질분해효소에 의해 표시된 부위의 분자가 잘려나간다. 이들 효소 중에서 디아실글리세롤로부터 인산화된 머리부위를 잘라내는 PLC에 좀 더 초점을 맞출 것이다(그림 15.10 참조). (*b*) 포스포이노시티드에 있는 인산화된 이노시톨 고리와 이곳에 결합하는 PH 영역 사이에 일어나는 상호작용을 나타낸 모형. 이런 상호작용으로 인해 효소가 원형질막의 안쪽에 묶여 본 효소 활성이 바뀔 수 있다. (*c*) 자극을 받아 주화성인자(세포를 유인시키는 화학물질) 쪽으로 이동하고 있는 세포의 형광현미경 사진. 이 세포는 PI-3,4,5-삼인산(PIP3)에 특이적으로 결합하는 항체로 염색하였으며, 이동 중인 세포의 앞 가장자리에 PIP3가 집중되어 있는 것을 확인할 수 있다. 왼쪽 아래의 측정선은 15 μm 이다.

출처: (b) J. Hurley and J. Grobler, *Curr. Opin. Struct. Biol.* 7:559, 1997에서 발췌. Elsevier의 허가를 얻음. © Paula Rickert et al., Henry R. Bourne 제공, University of California, San Francesco, *Trends Cell Biol.* 10:470, 2000에서 발췌.

phatase)가 있다. 인지질분해효소는 인지질 분자를 구성하는 다른 구성 요소들을 연결시켜 주는 특수한 에스테르결합(ester bond)을 가수분해할 수 있다. **그림 15.9a**는 인지질분해효소들에 의해 잘리는 일반적인 인지질 안의 절단부위들을 보여주고 있다. 그림 15.9*a*에 묘사되어있는 네 가지 유형의 효소들 모두 세포외 신호에 반응하여 2차 정보전달물질의 기능을 하는 물질들을 생산한다. 이 절에서는 가장 많이 연구된 지질 2차 정보전달물질에 집중하여 살펴볼 것인데, 이 물질은 포스파티딜이노시톨(phosphatidylinositol, PI)로부터 파생되었으며, GPCR과 RTK에 의해 전달된 신호로 생성된다. 스핑고미엘린(Sphingomyelin)으로부터 유래된 또 다른 종류의 지질 2차 정보전달물질 무리에 대해서는 여기서 언급하지 않는다.

위벽 안의 평활근세포표면에 신경전달물질인 아세틸콜린(acetylcholine)이 결합하면, 자극을 받은 근육세포는 수축한다. 외래 항원이 비만세포(mast cell) 표면에 결합하면, 자극을 받은 세포는 알레르기 증상을 유발하는 히스타민(histamine)이라는 물질을 분비한다. 대부분의 세포막 구성성분 중 소량으로 존재하는 포스파티딜이노시톨 화합물로부터 유래한 동일한 2차 전달물질에 의해 수축, 분비반응이 유도되었다(그림 8.10 참조).

인지질들이 세포외 신호에 대한 세포반응에 관여할 수도 있다는 최초의 보고가 1950년대 초에 몬트리올 종합병원(Montreal General Hospital)과 맥길대학교(McGill University)의 로웰(Lowell)과 메이벌 호킨(Mabel Hokin)에 의해 진행된 연구에서 보고되었다. 연구자들은 아세틸콜린이 췌장에서 일어나는 RNA 합성에 미치는 영향을 연구하고 있었다. RNA 합성과정에서 [^{32}P]오르토인산염(orthophosphate)이 RNA 전구체로 사용되는 뉴클레오시드 삼인산으로 도입될 수도 있다는 가설 아래, 비둘기의 췌장 조각에 [^{32}P]오르토인산염을 넣고 배양하는 연구를 수행하였다. 흥미롭게도, 이들은 조직에 아세틸콜린을 처리했을 시 방사능이 세포의 인지질 분획으로 도입된다는 것을 발견하였다. 추후에 진행된 분석에 의해 동위원소는 주로 포스파티딜이노시톨(PI)에 도입되었고, 이들은 **포스포이노시티드(phosphoinositide)**라고 하는 다른 종류의 인산화된 유도체들로 빠르게 전환된다는 것이 밝혀졌다. 이 사실은 이노시톨을 함유하고 있는 지질들이 아세틸콜린 같은 세포외 정보전달물질에 반응하여 활성화되는 특정 지질인산화효소에 의해 인산화될 수 있음을 암시한다. 현재는 지질인산화효소들이 다양한 종류의 세포외 신호들에 반응하여 활성화된다는 사실이 잘 알려져 있다.

그림 15.10에 포스포이노시티드 대사에 관여하는 여러 반응들이 묘사되어 있다. 왼쪽 그림에 표현되어 있는 것처럼, 2중층(bilayer)의 세포질 면에 있는 이노시톨 고리는 6개의 탄소 원자를 갖고 있다. 이노시톨과 디아실글리세롤 사이의 연결에 관여하고 있는 것은 1번 탄소이며, 별개의 포스포이노시티드 7개를 생성하기 위해 세포내 특정

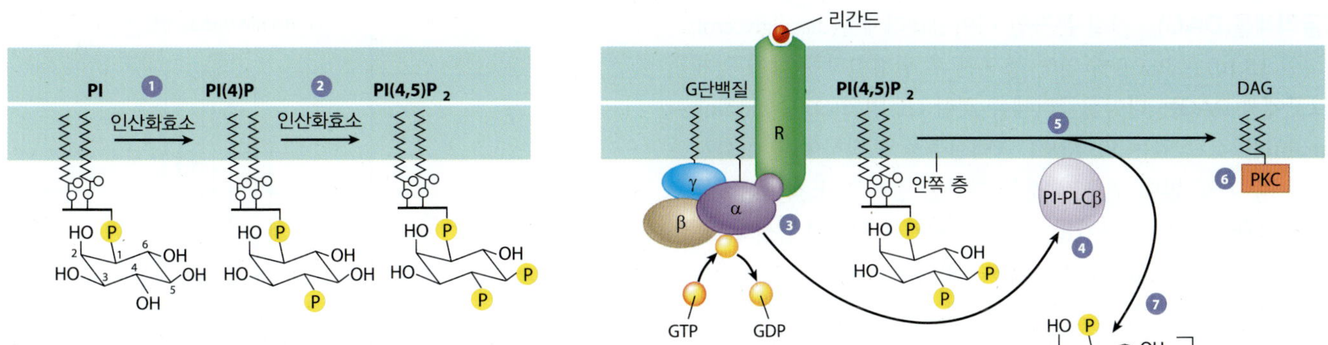

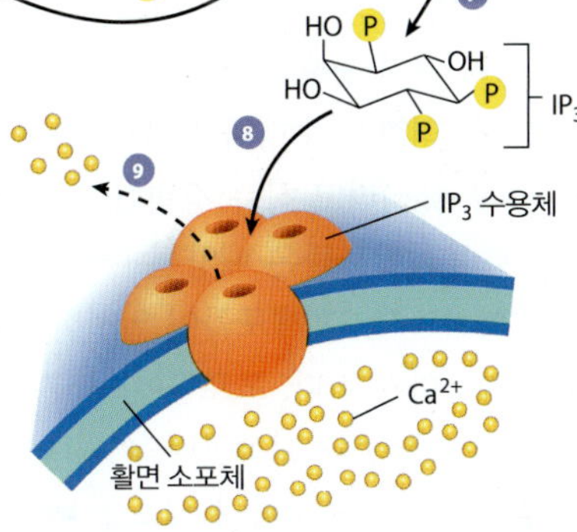

그림 15-10 지질2중층에서 리간드-유도성 포스포이노시티드 (PI) 분해에 의한 2차 정보전달물질의 생성. 지질 인산화효소에 의해 1과 2단계에서 인산기가 포스파티딜이노시톨(PI)에 부가되어 PIP_2를 만든다. 수용체에 의해 자극이 감지되면, 리간드와 결합한 수용체가 $G_{\alpha q}$ 소단위를 포함하는 이질3량체인 G단백질을 활성화시키고(3단계), 활성화된 G단백질은 PI-특이성 인지질분해효소 C-β(4단계)를 활성화시키며, PI(4, 5)P_2를 디아실글리세롤과 이노시톨-1,4,5-삼인산(IP3)으로 절단하는 반응을 촉매한다(5단계). 디아실글리세롤은 단백질 인산화효소 PKC를 막으로 이동시킴으로써 PKC를 활성화시킨다(6단계). IP_3는 세포질로 확산되어(7단계), 활면소포체 막에 있는 IP_3 수용체 및 Ca^{2+} 통로와 결합한다(8단계). IP_3가 수용체와 결합하고 나면, 세포질로 칼슘 이온을 방출하게 한다(9단계).

포스포이노시티드 인산화효소에 의해 인산화되는 것은 3번, 4번, 5번 탄소이다. 예를 들어, PI-4-인산화효소(PI 4-kinase, PI4K)에 의해 PI에 있는 이노시톨 당의 4번 위치로 단일 인산기가 선날되면 PI-4-인산(PI 4-phosphate, PI(4)P)가 생성되며, 이것은 PIP-5-인산화효소(PIP 5-kinase, PIP5K)에 의해 인산화되어 PI-4,5-이인산[PI-4,5-bisphosphate, PI(4,5)P_2; 그림 15.10의 1 및 2단계]을 만든다. PI-3-인산화효소(PI 3-kinase, PI3K)에 의해 PI(4,5)P_2가 인산화되면 PI(3,4,5)P_3(PIP_3)를 만든다(그림 15.23*c* 참조). 특히 PI(4,5)P_2가 인산화되어 PIP_3를 만드는 과정에 관여되는 PI3K 효소가 아주 다양한 세포외 분자들에 의해 조절될 수 있고, PI3K가 과도한 활성을 띠는 것이 사람의 암과 관련이 있다고 알려져 있기 때문에 주목을 받고 있다. 인슐린이 세포외 신호로 주어졌을 때 PIP_3가 형성되는 과정은 15.10절에서 설명된다.

앞서 설명한 모든 종류의 인지질들은 원형질막의 세포질 쪽에 위치한 지질층 속에 존재하는, 막에 결합된 있는 2차 정보전달물질이다. 포스포이노시티드에 인산기를 부가하는 지질인산화효소(lipid kinase)가 있다면, 그와 반대로 인산기를 제거하는 지질인산가수분해효소(예: PTEN)도 존재한다. 인산화효소와 인산가수분해효소의 활성이 서로 조절되기 때문에, 신호를 받은 후 특정한 포스포이노시티드가 막의 특정 지역, 특정 시간에 등장한다. 막의 경로수송(membrane trafficking)에서의 특정 포스포이노시티드의 역할은 501쪽에서 설명하였다.

포스포이노시티드의 인산화된 이노시톨 고리는 단백질들에서 발견되는 여러 종류의 지질결합 영역들(PH, PX, FYVE)에 대한 결합자리를 형성한다. 가장 잘 알려진 영역은 **PH 영역(PH domain)**(그림 15.9*b*)으로, 지금까지 150가지 이상의 단백질들에서 확인되었다. 단백질이 PH 영역에 의해 PI(3,4)P_2나 PIP_3와 결합하면 원형질막의 세포질 면으로 단백질이 모여, 활성인자, 저해인자 또는 기질 등과 같은 여러 종류의 막결합단백질들과 상호작용을 하게 된다. 그림 15.9*c*에서 세포의 원형질막 특정 부위에 PIP_3가 국지적으로 존재하는 것을 확인할 수 있다. 국지적으로 세포 전면에 위치한 지질인산화효소에 의해 PIP_3가 생성된 후, 특정 지역에 위치해 있는 지질인산가수분해효소에 의해 세포 후면과 측면에서 분해된다. 그림 15.9*c*의 세포는 주화성(chemotaxis)을 띠고 있는데, 이는 배지 안의 주화성 인자(chemoattractant)로 작용하는 특정한 화학물질 농도가 증가하는 곳을 향하여 이동하는 것을 말한다. 이는 세균이나 기타 표적들을 없애기 위해 대식세포(macrophage)와 같은 식세포(phagocytic cell)들이 이동하게 만드는 기작이다. 포스포이노시티드 정보전달물질의 국지적인 생성에 의존하는 주화성은 액틴-결합 단백질(actin-binding protein)에 붙어(13.11절) 표적 방향으로 세포를 이동시키는 데 필요한 액틴섬유(actin filament)나 판상족(lamellipodia) 형성에 영향을 미친다.

인지질분해효소 C

이노시톨을 소유한 모든 2차 정보전달물질들이 막의 지질2중층에 존재하는 것은 아니다. 평활근세포에 아세틸콜린이 결합하거나 비만세포에 항원이 결합하는 등 수용체에 리간드가 결합되면 이질3량체인 G단백질의 활성화를 유도하고(그림 15.10, 3단계), 이어서 다시 영향인자인 포스파티딜이노시톨-특이 인지질분해효소 C-β(*phosphatidylinositol-specific phospholipase C-β, PLCβ*)를 활성화시킨다(4단계). 그림 15.9*b*에 나와 있는 단백질처럼 막의 안쪽 면에 위치하고 있는 PLCβ는(그림 15.10), PLCβ의 PH 영역과 지질2중층에 고정된 포스포이노시티드 사이의 상호작용에 의해 막의 안쪽 면에 결합되어 있다. PLCβ는 PIP_2를 이노시톨-1,4,5-삼인산(*inositol 1,4,5-triphosphate, IP_3*)과 디아실글리세롤(*diacylglycerol*) 두 분자로 나누는 반응을 촉매하며(그림 15.10, 5단계), 이들 분자 모두 2차 정보전달물질로서 세포 신호전달에서 중요한 역할을 한다. 이 2차 정보전달물질들에 대해서는 각각 자세히 논의할 것이다.

디아실글리세롤(DAG) 지질 분자인 디아실글리세롤(diacylglycerol, DAG, 그림 15.10)은 PLCβ에 의해 생성된 후 원형질막에 남아 있게 된다. 그곳에서 **DAG는** 디아실글리세롤-결합 C1 영역(DAG-binding C1 domain)을 갖고 있는 영향인자 단백질들을 모집하여, 활성화시킨다. 이들 중 가장 많이 연구된 것은 다양한 종류의 표적단백질들에 있는 세린과 트레오닌 잔기들을 인산화시키는 **단백질 인산화효소 C**(*protein kinase C, PKC*)(그림 15.10, 6단계)이다.

PKC 동형들은 세포의 성장 및 분화, 세포의 대사, 세포 죽음, 그리고 면역반응에서 여러 가지 중요한 역할을 한다. PKC는 성장을 조절하는 과정에서 중요한 역할을 수행하며, 이는 DAG와 구조가 유사한 **포르볼에스터**(*phorbol ester*)라고 하는 강력한 식물화합물 연구를 통해 알 수 있다. 이들 식물화합물들은 배양된 다양한 세포들내의 PKC 동형단백질들을 활성화시켜서, 그 세포들이 일시적으로 악성종양세포(malignant cell)처럼 작용하게 한다. 포르볼에스터가 배지에서 제거되면 세포는 정상적인 성장 특성을 회복한다. 이와 반대로 유전공학기술로 PKC가 항상 발현되도록 조작하여 세포를 배양하였을 때, 영구적인 악성종양형질을 나타내고 면역력이 취약한 생쥐에서는 종양을 일으킬 수 있다. 면역반응의 발달에 있어서 PKC의 중요성은 AEB071이라는 특정 PKC 저해제에 대한 연구를 통해 알 수 있었는데, 이 저해제는 면역억제제로서 이식된 신장의 거부반응을 막거나 자가면역 피부질환인 건선을 치료하는 목적으로 임상시험 중인 약물이다.

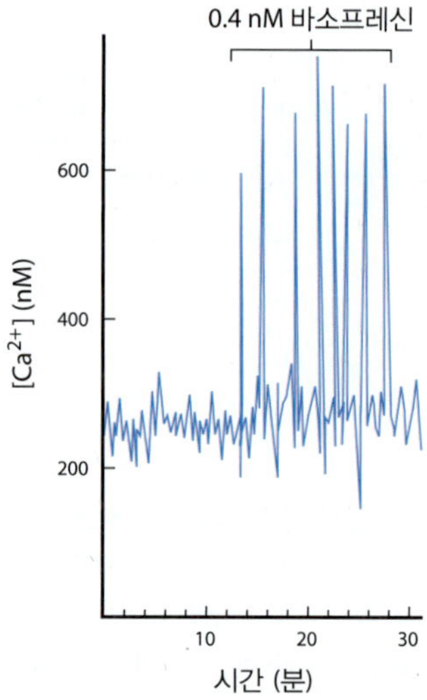

그림 15.11 호르몬 자극에 대한 유리 칼슘 농도 변화의 실험적 예시. 칼슘 이온과 결합하게 되면 빛을 내는 특정 해파리에서 추출한 단백질인 에쿼린(aequorin)을 1개의 간세포에 주입시켰다. 유리된 칼슘 이온 농도와 발광 정도는 비례한다. 바소프레신이 처리된 세포는 일정한 간격으로 유리 칼슘 농도의 증폭 현상을 보인다. 처리하는 호르몬의 농도를 높이면, 증폭되는 높이(진폭)가 아닌 빈도가 증가한다.

출처: N. M. Woods, K. S. Cuthbertson, and P. H. Cobbold, Nature 319:601, 1986; 저작권 1986. Nature by Nature Publishing Group의 허가를 얻음.

이노시톨-1,4,5-삼인산(IP_3) 이노시톨-1,4,5-삼인산(IP_3)은 당 인산으로서 분자 크기가 작고, 수용성이기 때문에 세포 전체에 빠른 속도로 확산될 수 있다. IP_3는 막에서 형성되어 세포질로 확산되고, 최종적으로 활면소포체(SER) 표면의 IP_3 특이적 수용체에 결합한다(그림 15.10, 7~8단계). 많은 세포에서 활면 소포체가 칼슘 저장 소기관으로 기능한다는 것을 12.3절에서 공부하였다. 또한 IP_3 수용체는 4량체 Ca^{2+} 통로의 역할을 하는데, IP_3가 수용체에 결합하여 이 통로가 열리면 Ca^{2+} 이온이 세포질로 확산될 수 있다(9단계). 칼슘 이온은 여러 표적 분자에 결합하여 특정 반응을 유도하기 때문에 세포내 정보전달물질 또는 2차 정보전달물질로 간주된다. 앞서 설명한 평활근세포의 수축과 비만세포의 히스타민-내포 분비과립의 **외포작용**(**exocytosis**)은 모두 세포내 칼슘이 증가하기 때문에 일어난다. 바소프레신 호르몬(신장을 표적으로 하여 항이뇨 활성을 일으키는 것과 동일한 호르몬, 339쪽)이 간세포에 일으키는 반응도 이와 같다. 바소프레신이 간세포표면의 수용체와 결합하면 IP_3-매개성 칼슘 방출이 일어나며, 이것은 **그림 15.11**의 기록지에 나타나는 유리 칼슘 진동을 통해 알 수 있다. 이러한 진동의 빈도와 강도를 통해 세포의 특정 반응을 조절하는 정보를 암호화하고 있을 수도 있다. IP_3가 관여하는 일부 반응들이 표 15.2에 나열되어 있다. 칼슘 이온에 대한 설명은 15.12절에서 이어진다.

15.5 G단백질결합반응의 특이성

호르몬, 신경전달물질과 다양한 감각자극들을 포함하는 정보전달을 위한 여러 작용제들은 G단백질결합수용체와 이질3량체인 G단백질을 통해 원형질막을 통과하여 세포에 작용함으로써 여러 가지 다양한 세포반응을 조절한다. 따라서 G단백질결합수용체 그룹의 구성에 따라, 매우 다양한 종류의 리간드들과 결합할 수 있다. 또한, 특정한 리간드에 대한 수용체는 여러 가지 다양한 조합으로(동형, isoforms)으로 존재할 수 있다. 예를 들어, 과학자들은 에피네프린과 결합하는 아드레날린성 수용체(adrenergic receptor) 동형 9종류와 뇌의 일부 신경세포에서 방출되는 강력한 신경전달물질인 세로토닌에 결합하는 수용체 동형 15종류를 밝혀냈다. 동형의 종류에 따라서 리간드에 대한 친화력이나 상호작용을 하는 G단백질의 유형이 달라질 수 있다.

표 15.2 IP_3를 투과성 세포나 온전한 세포에 처리함으로써 유도되는 세포 반응의 요약

세포 유형	반응
관상 평활근	수축
위 평활근	수축
점균류	cGMP 생성, 액틴 중합
혈소판	형태 변화, 응집
도롱뇽의 간상체 세포	빛 반응 조절
개구리 난모세포	칼슘 동원, 막 탈분극
성게알	막 탈분극, 피질 반응
눈물샘	칼륨 흐름의 증가

M. J. Berridge, reproduced with permission from the *Annual Review of Biochemistry*, Vol. 56, copyright 1987 Annual Review of Biochemistry. Volume 56, 1987 by Richardson, Charles C에서 인용. Annual Reviews의 허가를 득함.

이렇게 서로 다른 동형 수용체들은 같은 세포의 원형질막에 함께 존재하거나, 다른 종류의 표적세포들 막에 따로 존재할 수도 있다. 여러 종류의 영향인자가 존재하는 것처럼, 수용체로부터 영향인자로의 신호전달을 담당하는 이질3량체 G단백질들도 다양한 유형으로 존재할 수 있다. 사람 유전체는 9가지 동형의 아데닐산 고리화효소와 같은 영향인자를 비롯한, 적어도 G_α 소단위 16종류, G_β 소단위 5종류, 그리고 G_γ 소단위 11종류를 암호화하고 있다. 특정 소단위들이 이루는 다양한 G단백질의 조합은 각각 특정한 동형의 수용체 및 서로 다른 영향인자들과 다양한 반응을 일으킬 수 있다.

631쪽에서 언급했듯이, 몇몇 G단백질들은 영향인자를 저해하는 작용을 한다. 동일한 자극이더라도 한 세포에서는 $G_{\alpha s}$로 구성된 자극성 G단백질(stimulatory G protein)을, 다른 세포에서는 $G_{\alpha i}$로 구성된 저해성 G단백질(inhibitory G protein)을 활성화시킬 수 있다. 예를 들어, 에피네프린이 심장의 근육세포내 β-아드레날린성 수용체에 결합을 하면 $G_{\alpha s}$로 구성되어 있는 G단백질이 활성화되고, 이것은 cAMP 생산을 촉진시켜 심근의 수축 속도와 수축력 증가를 유도한다. 이와는 다르게 장의 평활근에 있는 α-아드레날린성 수용체에 아드레날린이 결합하게 되면, $G_{\alpha i}$로 구성된 G단백질이 활성화되고, cAMP 생산이 감소하면서 근육이 이완된다. 또한, 일부 아드레날린성 수용체는 $G_{\alpha q}$ 소단위로 이루어진 G단백질을 활성화시킴으로써 PLCβ 활성화를 유도한다. 즉, 동일한 세포외 신호전달물질은 작용하는 세포의 종류에 따라 여러 가지 다른 경로의 반응을 유도할 수 있다.

15.6 혈당수준의 조절

신체내 모든 종류의 세포에서 포도당을 에너지원으로 이용할 수 있다. 포도당은 해당작용(glycolysis)과 TCA 회로를 거쳐서 CO_2와 H_2O로 산화되며, 세포 내에서 에너지가 필요한 반응들을 추진시키는 데 필요한 ATP를 세포에 제공해 줄 수 있다. 신체는 혈액내 혈당 농도에 큰 변화가 발생하지 않도록 조절한다. 제3장에서 설명한 것과 같이, 동물세포에서 필요이상의 포도당(glucose) 단량체는 글리코시드결합(glycosidic bond)으로 연결되어, 크고 가지로 된 중합체인 글리코겐(glycogen)으로 저장된다. 혈당 농도가 낮으면, 글루카곤 호르몬이 췌장의 α-세포에서 생산된다. 글루카곤은 포도당 농도를 상승시키기 위해서 글리코겐 분해를 촉진시키고, 포도당이 혈액으로 방출되도록 한다. 인슐린 호르몬은 혈당 농도가 높을 때 췌장의 β-세포에서 생산되며, 혈액으로부터 포도당을 흡수하여 글리코겐으로 저장하는 반응을 촉진시킨다. 마지막으로, 스트레스 상황일 때 흔히 투쟁-도망(fight-or-flight) 호르몬이라고도 하는 에피네프린이 부신(adrenal gland)에서 만들어진다. 에피네프린은 혈당 농도를 증가시켜 여분의 에너지 자원을 신체에 제공하여 스트레스 상황에 대처하도록 한다.

단백질-티로신 잔기 인산화효소 구조를 가진 수용체를 통해 작용하는 인슐린의 신호전달 과정은 15.10절에 설명되어 있다. 인슐린과는 달리, 글루카곤과 에피네프린은 모두 G단백질결합수용체를 통해 작용한다. 글루카곤은 작은 분자량을 가진 단백질의 일종으로써 29개의 아미노산으로 구성되어 있지만, 에피네프린은 티로신 아미노산에서 유도된 분자량이 작은 분자이다. 구조적인 부분에서는 이들 두 분자는 공통점이 없지만, 둘 다 G단백질결합수용체와 결합하여 글리코겐을 포도당-1-인산으로 분해하는 과정을 촉진시킨다(**그림 15.12**). 동시에 이들 호르몬 중 하나가 G단백질결합수용체와 결합하게 되면, 포도당 단위체를 합성되고 있는 글리코겐 분자에 첨가시키는 반응을 촉매하는 글리코겐 합성효소가 저해된다. 즉, 두 가지 다른 종류의 자극(글루카곤 또는 에피네프린)이 각각 다른 종류의 수용체에 결합하지만 단일 표적세포에서 동일한 반응을 일으킬 수 있다. 다른 종류의 수용체들은 주로 호르몬이 특이적으로 인식하는 세포의 바깥쪽 면의 리간드-결합 포켓 구조가 다르다. 각각의 리간드에 의해 수용체가 활성화되면, 동형의 이질3량체인 G단백질이 활성화되어 cAMP 농도가 증가한다.

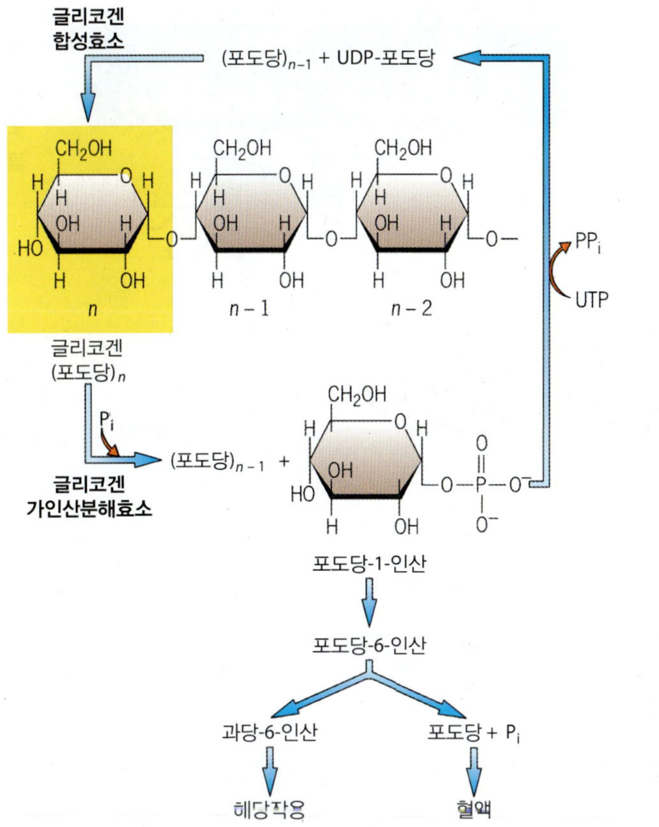

그림 15.12 **포도당의 저장 혹은 동원을 일으키는 반응들.** 글리코겐 가인산분해효소와 글리코겐 합성효소는 이들 반응에서 두 가지의 핵심요소인데, 이들의 활성은 신호전달경로를 통해 작용하는 호르몬에 의해 조절된다. 글루카곤과 에피네프린에 의해 활성화되는 글리코겐 가인산분해효소와는 달리, 글리코겐 합성효소는 인슐린의해 활성화된다(15.10절).

포도당의 동원: cAMP에 의해 일어나는 반응들

cAMP는 촉매 영역이 원형질막의 안쪽에 있는 아데닐산 고리화효소(adenylyl cyclase, AC)에 의해 합성된다(**그림 15.13**). cAMP가 **그림 15.14**에 나와 있는 것과 같이 포도당이 필요한 다단계반응(*reaction cascade*)들을 시작시킨다. 이러한 다단계반응의 첫 단계는 호르몬이

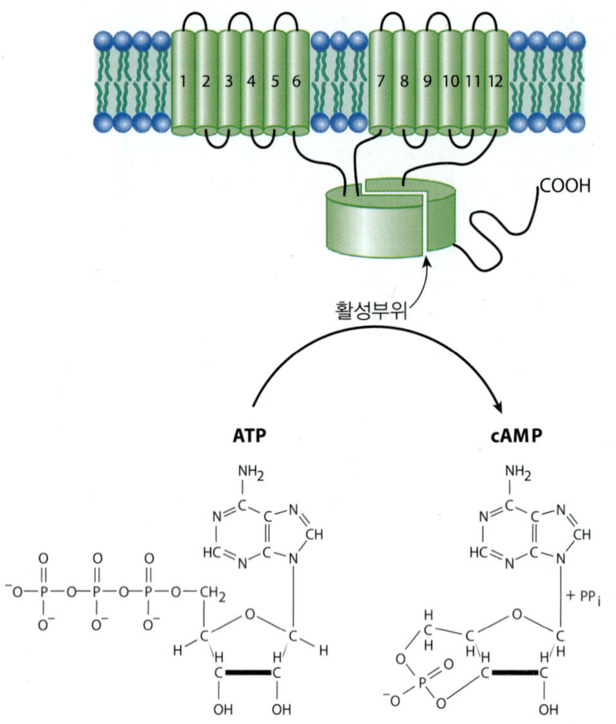

그림 15.13 내재성 막단백질인 아데닐산 고리화효소는 두 부분으로 구성되어 있으며, 각 부분은 6개의 막횡단 나선으로 이루어져 있고, 아데닐산 고리화효소에 의해 ATP로부터 cAMP 형성이 촉매된다. (이 그림에서는 2차원으로 표시되었음) 효소의 활성부위는 2개의 세포질 영역 사이의 틈에 있는 막 안쪽에 위치해 있다. cAMP 붕괴는(보여지지는 않음) 고리형 뉴클레오티드를 5′-일인산으로 전환시키는 포스포디에스터라아제에 의해 이루어진다.

특정한 수용체와 결합하여 $G_{\alpha s}$ 소단위를 활성화시키고, 이어서 $G_{\alpha s}$가 영향인자인 아데닐산 고리화효소를 활성화시킴으로써 시작된다. 활성화된 효소는 cAMP 생성을 촉진시킨다(그림 15.14, 1단계 및 2단계).

일단 생성된 cAMP 분자는 세포질로 확산되어, 단백질 인산화효소 *A(protein kinase A, PKA)*의 조절 소단위에 존재하는 다른 자리 입체성 부위에 결합한다(그림 15.14, 3단계). 불활성 상태인 PKA는 이질 4량체(heterotetramer)로 2개의 조절(R) 소단위와 촉매(C) 소단위로 구성되어 있다. 정상적인 상태에서는 조절 소단위에 의해 효소의 촉매활성이 저해된다. cAMP가 결합되면 불활성 상태의 PKA에 존재하던 조절 소단위들이 분리되면서, 촉매 소단위들이 방출된다. 포도당 대사에서 중요한 역할을 하는 글리코겐 합성효소와 가인산분해효소 인산화효소(phosphorylase kinase)는 간세포에 존재하는 PKA의 표적기질이다(4단계 및 5단계). 글리코겐 합성효소는 인산화에 의해 활성이 저해되기 때문에, 포도당이 글리코겐으로 합성되는 과정이 방해된다. 반대로 가인산분해효소 인산화효소는 인산화에 의해 효소의 활성화가 일어나 인산기를 글리코겐 가인산분해효소에 전달하는 과정을 촉매한다. Krebs와 Fischer가 발견한 것처럼(373쪽), 글리코겐 가인산분해효소 폴리펩티드내 특정한 세린 잔기에 단일 인산기가 첨가되면서 효소 활성이 일어나고(6단계) 글리코겐 분해가 촉진된다(7단계). 이 과정에서 생성된 포도당-1-인산이 포도당으로 전환되고, 포도당은 혈액을 통해 확산되어 신체의 각 조직에 도달한다(8단계).

당연히, 이러한 반응들을 역으로 진행시키는 기작이 존재하며, 그렇지 않다면 세포는 무한히 활성형을 나타내게 된다. 예를 들어, 간세포에는 인산가수분해효소가 존재하여 인산화효소에 의해 첨가된 인산기를 제거한다. 이 집단에 속하는 효소들 중 단백질 인산가수분

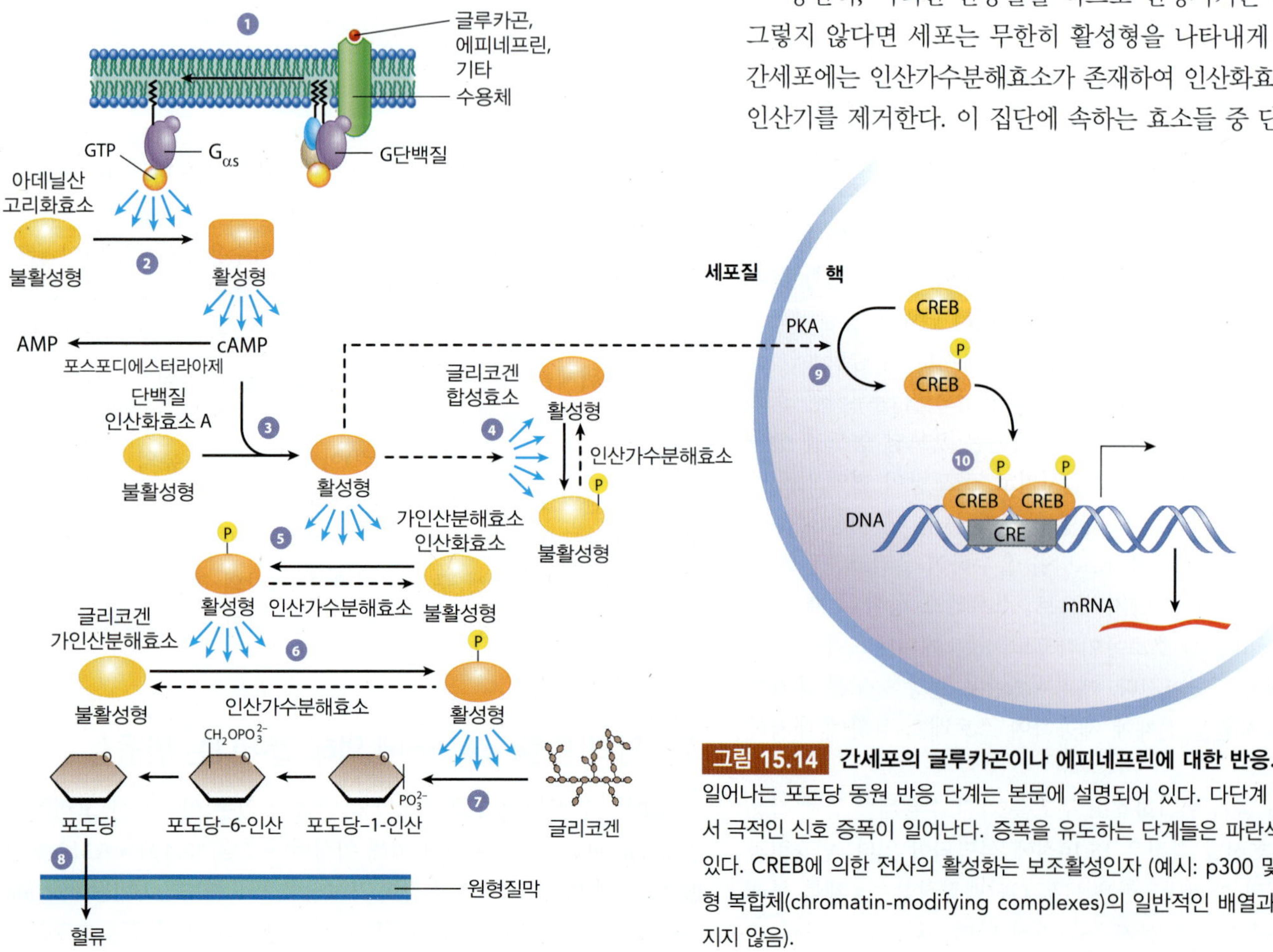

그림 15.14 간세포의 글루카곤이나 에피네프린에 대한 반응. 호르몬 자극에 의해 일어나는 포도당 동원 반응 단계는 본문에 설명되어 있다. 다단계 반응 중 많은 단계에서 극적인 신호 증폭이 일어난다. 증폭을 유도하는 단계들은 파란색 화살표로 표시되어 있다. CREB에 의한 전사의 활성화는 보조활성인자 (예시: p300 및 CBP) 및 염색질-변형 복합체(chromatin-modifying complexes)의 일반적인 배열과 함께 발생한다(보여지지 않음).

해효소-1(protein phosphatase-1)은 그림 15.14에 나와 있는 인산화된 효소들(가인산분해효소 인산화효소, 글리코겐 합성효소, 글리코겐 가인산분해효소) 모두의 인산기를 제거할 수 있다. cAMP 포스포디에스터라아제(cAMP phosphodiesterase) 효소에 의해 세포에 존재하는 cAMP 분자의 파괴가 이루어지면서 반응이 종결된다.

신호증폭

여러 개의 G단백질들의 활성화는 호르몬 분자 1개가 세포표면에 결합함으로써 일어날 수 있고, 활성화된 G단백질은 각각 짧은 시간동안 수많은 cAMP 정보전달물질을 생성시키는 영향인자인 아데닐산 고리화효소들을 활성화시킨다. 즉, 원래의 메시지가 전달한 신호의 증폭은 2차 정보전달물질의 생성에 의해 일어난다. 그림 15.14는 다단계반응내 여러 단계들에서 신호증폭(파란색 화살표로 표시되었음)이 일어나는 것을 보여주고 있다. PKA는 cAMP 분자에 의해 활성화된다. 각각의 PKA 촉매 소단위는 연쇄적으로 더 많은 가인산분해효소 인산화효소와 더 많은 글리코겐 가인산분해효소를 인산화시키며, 결과적으로 더 많은 수의 포도당-인산이 생성되는 반응이 촉매된다. 이와 같이, 세포표면에서 시작된 매우 약한 자극은 세포 안에서 신속히 증폭되어 포도당을 다량으로 생산하는 신호가 된다.

cAMP 신호전달경로의 다른 작용

세포질에서 일어나는 cAMP의 영향들은 가장 먼저 그리고 가장 많이 연구되었지만, 동시에 핵과 핵내 유전자들에도 작용하여 반응에 참여시킨다. PKA 분자들이 활성화되면, 일부가 핵으로 이동하여 중요한 핵단백질들을 인산화시키는데(그림 15.14, 9단계), 그 중에서도 전사인자인 *cAMP* 반응요소-결합 단백질(*cAMP response element-binding protein, CREB*)의 인산화가 가장 많이 일어난다. 인산화된 CREB은 2량체로서 *cAMP* 반응요소(*cAMP response element, CRE*)로 알려진 특정한 뉴클레오티드 서열(TGACGTCA)이 존재하는 DNA 부위(그림 15.14, 10단계)에 결합한다. 전사인자가 결합하여 전사 개시속도를 증가시키는 DNA 부분을 반응요소(response element)라고 한다는 것을 6.12절에서 설명하였다. cAMP에 반응하는 유전자들의 조절부위에 CRE가 위치하고 있다. 예를 들면, 간세포에 존재하는 유전자 중에서 조절부위에 CRE를 포함하는 유전자들에 의해, 해당작용(그림 3.31 참조)의 중간대사물로부터 포도당을 생성하는 경로인 포도당신합성(gluconeogenesis)에 관여하는 다양한 효소들이 암호화된다. 이와 같이 에피네프린과 글루카곤은 분해대사효소의 활성을 유도하여 글리코겐 분해를 촉진시킬 뿐만 아니라, 생합성대사효소들을 암호화하는 유전자를 자극하여 작은 전구체들로부터 포도당의 합성을 촉진한다.

다양한 세포에서 여러 종류의 리간드에 의해 cAMP가 생성된다. 포유류 세포에서 cAMP가 관여하는 다양한 호르몬 반응들이 표 15.3에 정리되어 있다. 또한 cAMP 경로는 신경계에서 학습, 기억 그리고 약물 중독의 반응을 매개하기도 한다. 예를 들어, 지속적으로 아편을 복용하면 아데닐산 고리화효소와 PKA 농도가 증가하여 약물 복용을 중단했을 때 발생하는 생리적 반응들의 원인으로 작용할 수도 있다. 15.14절에서 설명한 평활근세포의 이완 유도에서 나타난 것과 같이, 고리형 뉴클레오티드의 종류인 cGMP도 특정 세포에서 2차 정보전달물질로 작용할 수 있다. cGMP가 중요하게 작용하는 시각과 관련된 신호전달경로는 다음 절에서 설명할 것이다.

cAMP가 PKA를 활성화시킴으로써 대부분의 효과를 일으키기 때문에, 각 세포에서 cAMP의 반응은 결과적으로 PKA가 인산화시키는 단백질의 종류에 의해 결정된다(**그림 15.15**). 간세포에서 에피

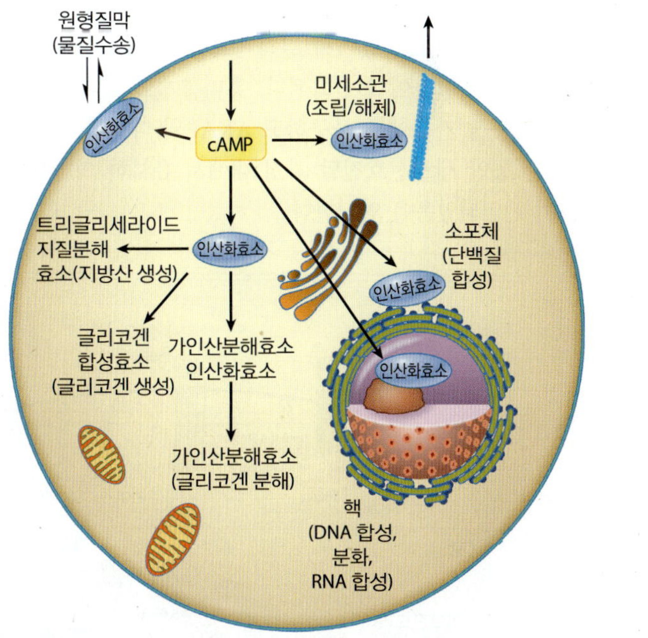

그림 15.15 cAMP 농도 변화가 야기하는 다양한 반응들을 설명하는 개략도. 한 가지 단백질 인산화효소 A의 활성에 의해, 이러한 효과들이 모두 나타난다고 생각된다. 실제로, 다른 종류의 세포에서는 동일한 호르몬이 동일한 수용체와 결합하더라도 매우 다른 반응을 일으킬 수 있다. 예를 들어, 에피네프린은 유사한 β-아드레날린성 수용체와 결합하여 간세포, 지방세포 그리고 창자의 평활근 세포에서 동일하게 cAMP을 유도한다. 하지만 각 세포에서는 매우 다른 반응이 일어난다. 간세포에서는 글리코겐이, 지방세포에서는 트리아실글리세롤이 분해되며, 평활근세포는 이완된다. cAMP는 단백질 인산화효소 A 활성 이외에도 이온 통로, 포스포디에스터라제, 그리고 GEF와의 반응에도 관여하는 것으로 알려져 있다(648쪽).

표 15.3 cAMP가 관여하는 호르몬 유도 반응의 예

조직	호르몬	반응
간	에피네프린과 글루카곤	글리코겐 분해, 포도당 합성(포도당신합성), 글리코겐 합성 저해
골격근	에피네프린	글리코겐 분해, 글리코겐 합성 저해
심장근	에피네프린	근육 수축 증가
지방 조직	에피네프린, ACTH 및 글루카곤	트리아실글리세롤 이화작용
신장	바소프레신(ADH)	물에 대한 상피세포의 투과도 증가
갑상샘	TSH	갑상샘 호르몬 분비
뼈	부갑상샘 호르몬	칼슘 재흡수 증가
난소	LH	스테로이드 호르몬 분비 증가
부신 피질	ACTH	글루코코르티코이드 분비 증가

네프린에 의해 활성화된 PKA는 글리코겐을 분해시키지만, 신장세관 세포에서 바소프레신에 의해 활성화된 PKA는 세포막의 물 투과도를 증가시키고, 갑상샘세포에서 갑상샘자극호르몬(TSH)에 의해 활성화되면 갑상샘호르몬 분비를 증가시킨다. 즉, PKA는 각각의 세포 유형에 따라 인산화시키는 기질이 다르기 때문에 에피네프린, 바소프레신 그리고 TSH에 의해 증가된 cAMP는 각각 다른 생리반응을 야기할 수 있다.

100가지 이상의 PKA는 각각 다른 기능을 수행한다고 알려져 있다. 이는 특정한 세포 유형에서 각 자극에 따라 PKA가 어떻게 해당 기질을 선택적으로 인산화시킬 수 있을지 의문을 일으킨다. 이 의문은 세포의 종류에 따라 발현되는 PKA 기질이 다르다는 발견에 더하여, PKA-고정 단백질(PKA-anchoring protein, *AKAP*)이 신호전달에 중심 역할을 한다는 것이 밝혀짐으로써 일부 해결되었다. PKA와 함께 정제된 단백질로서 최초의 AKAP가 발견된 이후, 50가지 이상의 AKAP들이 발견되었고, 그중 몇 가지가 **그림 15.16**에 나와 있다. 이 그림에서 확인할 수 있는 것처럼, AKAP들은 PKA를 세포 안의 특정한 장소에 격리시켜 세포의 구조적 골격을 변형시킴으로써 단백질-단백질 상호작용을 조정할 수 있도록 한다. 그 결과 한 가지 이상의 기질들과 아주 가까운 곳에 PKA가 축적될 수 있다. 이렇게 PKA와 가까이 존재하는 기질들은 cAMP 농도가 증가하고 PKA가 활성화되면 가장 먼저 인산화된다. 즉, 기질 선별은 부분적으로 존재하는 특정 기질에 더불어 국소적으로 존재하는 PKA에 의해 일어난다. 세포의 종류에 따라 각각 다른 종류의 AKAP와 기질들을 가지며, PKA가 국지적으로 존재하고 있어서 결과적으로 cAMP 농도가 증가된 후 다른 종류의 기질들이 인산화된다. 흥미롭게도, 대부분의 단백질이 유사한 기능을 가짐에도 불구하고 AKAP의 다양한 구조는 진화가 진행되는 동안 세포신호전달 과정 내에서 유사한 역할을 가지는 단백질들이 선임되었음을 암시한다.

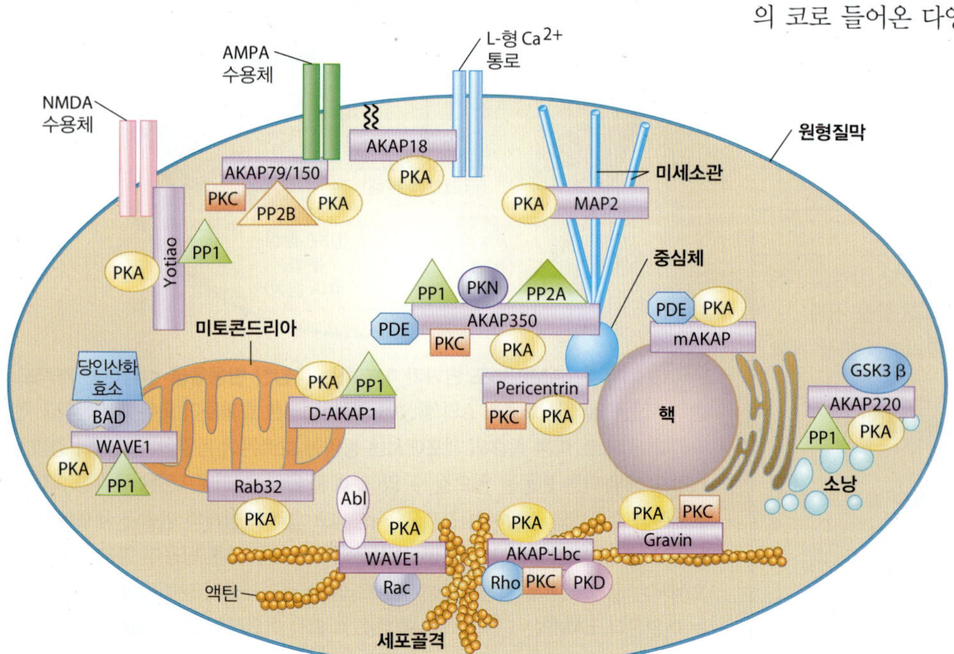

그림 15.16 세포내 각 부분에서 작동하는 AKAP 신호전달 복합체의 도해. 각각의 단백질 복합체를 이루고 있는 AKAP는 자주색 막대로 표시되어 있다. 각 반응에서, AKAP는 단백질 인산화효소 A 분자가 첨가된 인산기를 제거하는 탈인산효소(초록색 삼각형)와, 지속적인 신호 전달을 종결시키는 포스포디에스터라제를 포함하는 잠재적인 기질들을 비롯하여 신호전달 경로의 기타 단백질들과 함께 만날 수 있게 하는 구조적 골격을 제공한다. 그림에 묘사되어 있듯이 AKAP를 통해 단백질 인산화효소 A는 원형질막, 미토콘드리아, 세포골격, 중심체와 핵을 비롯한 여러 다른 위치에 배치된다.

출처: W. Wong and J. D. Scott, *Nature Reviews Mol. Cell. Biol.* 5:961, 2004; 저작권 2004. Nature Reviews Molecular Cell Biology by Nature Publishing Group의 허가를 얻음.

15.7 감각인식에서 G단백질결합 수용체들의 역할

우리는 대부분의 시각, 미각, 그리고 후각 능력을 G단백질결합수용체(GPCR)에 의존하고 있다. 로돕신 또한 GPCR의 일종이라는 것을 구조와 활성단계가 그려진 그림 15.5*b*에서 설명하였다. 로돕신은 사람 망막의 간상세포(rod) 내에 존재하며 빛에 반응하는 단백질이다. 간상세포는 적은 빛에 대해 반응하여, 밤이나 암실 환경에서 주변의 모습을 흑백 형태로 인식하게 하는 광수용체 세포이다. 이와 달리, 망막의 추상세포(cones)에 존재하는 가까운 근연관계의 몇몇 GPCR들은 밝은 빛에 대해 반응하여 우리가 색을 구별할 수 있게 한다. 빛의 입자 1개를 흡수함에 따라 로돕신 내의 구조가 변하며, 변화된 로돕신은 이질3량체인 G단백질[트랜스듀신(*transducin*)]으로 신호를 전달하여 영향인자를 활성화시키도록 한다. 이 영향인자는 cGMP 포스포디에스터라제 효소이고, 이 효소는 cAMP의 구조(그림 15.13)와 비슷한 2차 정보전달물질인 고리형 뉴클레오티드 cGMP를 가수분해시킨다. 망막의 간상세포에서 일어나는 시각자극(visual excitation) 과정에서 cGMP의 역할은 중요하다. 어두운 환경에서는, cGMP 농도가 높게 유지되기 때문에 cGMP가 원형질막에 존재하는 cGMP-관문 나트륨 통로(cGMP-gated sodium channel)와 결합하여 통로를 열어 유지시키고 계속적인 내부 이온전류("암전류")를 유도한다. cGMP 포스포디에스터라제가 활성화되면 cGMP 농도가 낮아지면서 나트륨 통로가 닫힌다. 2차 정보전달물질의 농도가 감소함에 따라 반응이 시작된다는 점은 특이하지만, 이 반응에 의해 시신경에서 연속적으로 활동전위(action potential)가 생성된다.

우리는 상부 비강(upper nasal cavity)을 구성하는 상피세포에서부터 뇌간(brain stem)에 위치한 후각 신경구(olfactory bulb)까지 존재하는 후각 뉴런(olfactory neuron)을 따라 전달되는 신경자극에 후각을 의존한다. 코의 상피세포에 존재하는 후각 뉴런의 말단은 우리의 코로 들어온 다양한 화학물질들과 반응하는 GPCR인 냄새수용체

(*odorant receptor*)를 가진다. 1991년 미국 컬럼비아대학교(Columbia University)의 린다 벅(Linda Buck)과 리처드 액셀(Richard Axel)에 의해 처음으로 포유류의 냄새수용체가 밝혀졌다. 사람은 약 400가지 종류의 냄새수용체들을 가지고 있다고 생각되는데, 이들이 복합적으로 작용함으로써 매우 다양한 화학 구조물들(냄새)과 결합하게 된다.[1] 각각의 후각수용체 뉴런은 수백 종류의 냄새수용체 중 단 한 가지의 대립형질을 발현한다. 결과적으로 각각의 감각뉴런은 오직 1개의 특정한 냄새수용체와 1개 또는 소수의 관련된 화학물질에 대해서만 반응한다. 따라서 여러 종류의 냄새수용체가 존재하는 각 뉴런들이 활성화되면 여러 가지 냄새를 인지할 수 있게 된다. 이는 하나의 화학물질이 하나 이상의 후각수용체와 상호작용할 수 없다는 것을 의미하는 것이 아니라 그 화합물에 의해 활성화되는 수용체의 특정 조합이 특정 후각을 형성하는 데에 있어서 핵심적인 역할을 할 수 있음을 의미한다. 특정 냄새수용체를 암호화하는 특정한 유전자에 돌연변이를 가지는 사람은, 다른 사람들은 대부분 인지할 수 있는 환경에서 어떤 화학물질을 인지하지 못한다. 냄새수용체에 리간드가 결합하여 활성화되면, 신호는 이질3량체인 G단백질을 통해 아데닐산 고리화효소로 전달되어, cAMP의 합성과 cAMP-관문인 양이온 통로가 열리게 유도한다. 이 반응은 뇌로 전달되는 활동전위가 만들어지는 과정이다.

우리의 후각에 비하면 미각은 상당히 둔하다. 혀에 존재하는 모든 미각수용체 세포는 기본적인 맛의 네 가지 본질: 주로 짠맛, 신맛, 단맛 그리고 감칠맛["풍미 있는(flavorful)"이라는 뜻을 가진 일본식 단어에서 유래] 중 한 가지만을 전달한다. 감칠맛을 이끌어 내는 미각수용체 세포는 아미노산의 일종인 아스파르트산과 글루탐산 그리고 퓨린 뉴클레오티드와 결합하여 음식이 풍미가 있다는 인지를 하게 한다. 그래서 흔히 글루탐산-일나트륨(monosodium glutamate)과 구아닐산-이나트륨(disodium guanylate)을 가공식품에 넣어 맛을 증가시킨다. 기분 좋은 감칠맛은 포유류가 고단백 식품을 찾도록 유도하는 메커니즘으로서 발전한 것으로 생각된다. 음식이나 음료가 짜거나 시다는 인식은 식품에 존재하는 나트륨 이온이나 양성자가 직접 유도시킨다. 이들 이온이 미각수용체 세포의 원형질막에 있는 나트륨 혹은 수소 이온 통로로 들어가서 세포 원형질막의 탈분극(depolarization)을 유도한다. 반면에 음식이 쓰고, 달거나 풍미가 있다고 인식하는 것은 화합물이 수용체 세포표면의 GPCR과 상호작용을 하기 때문이다. 사람은 동일한 이질3량체인 G단백질과 연결되어 약 30가지의 쓴맛을 인식하는 T2R 수용체 집단을 암호화하고 있다. 하나의 무리로서, 이들 미각수용체는 식물 알카로이드와 시아나이드를 비롯한 쓴맛을 내는 다양한 구조의 여러 화합물들과 결합한다. 이런 인식을 일으키는 대부분의 물질들은 우리로 하여금 음식물을 토해 내게 하는 독성 화합물들이다. 하나의 물질에 각각 반응하는 후각세포에는 한 종류의 수용체 단백질만 존재하는데, 1개의 미뢰(taste-bud) 세포에는 다양한 종류의 T2R 수용체가 존재하여 쓴맛을 일으키는 서로 관련 없는 유해 물질들과 반응한다. 여러 가지 물질들이 결과적으로 같은 맛을 낸다고 인식되기 때문에, 우리가 먹은 것은 단순히 쓰고, 불쾌한 음식이 된다. 이와는 대조적으로, 에너지가 풍부한 탄수화물을 갖고 있을 가능성이 있는 음식은 단맛을 낸다. 연구 결과에 따르면 사람은 한 종류의 단맛 수용체(T1R2-T1R3 이질2량체)만 갖고 있어서, 이 수용체가 설탕, 특정 감미료 펩티드, 단백질[예: 모넬린(monellin)] 및 인공 감미료에 모두 반응한다. 감칠맛 수용체는 TR1-TR3 이질2량체로 구성된다. 다행히 음식을 씹음으로써 발생하는 냄새는 목을 지나 코 점막에 있는 후각수용체 세포를 자극하여, 비교적 단순한 미각수용체의 반응에 더해 우리가 먹는 음식에 대한 정보를 증폭시킨다. 우리가 풍부한 미각을 가지는 것은 후각과 맛(미각) 수용체 2곳의 정보가 병합되기 때문이다. 감기에 걸렸을 때 음식맛을 잘 느끼지 못하는 것은 맛을 인지하는 데 있어서 후각 뉴런이 중요하다는 것을 명확히 알게 해준다.

[1] 사람 유전체는 약 1,000개 정도의 후각수용체 유전자를 가지지만, 이들은 대부분 기능이 없는 위유전자(pseudogene)이다(143쪽). 생쥐는 사람보다 후각에 더 의존하기 때문에 95% 이상이 기능하는 1,000개 이상의 냄새 유전자를 갖고 있다.

15.8 신호전달기작으로서 단백질-티로신 인산화

단백질 기질에 존재하는 특정 티로신 잔기들을 인산화시키는 효소를 단백질-티로신 인산화효소(protein-tyrosine kinase)라고 한다. 다세포 생물은 진화하면서 단백질-티로신 인산화 신호전달방법을 획득하였다. 90가지가 넘는 단백질-티로신 인산화효소가 사람 유전체에 암호화되어 있다. 이들 인산화효소는 세포의 성장, 분열, 분화, 생존 조절과 세포외기질 부착, 그리고 세포 이동에 관여한다. 인산화효소에 돌연변이가 발생하여 단백질-티로신 인산화효소가 조절되지 않고 지속적으로 활성 상태가 되면, 세포분열이 제어되지 않아 암으로 발달하게 된다. 예를 들어, 조절되지 않는 단백질-티로신 인산화효소인 ABL을 가진 세포들은 백혈병의 한 유형의 특징이다.

단백질-티로신 인산화효소는 단일 막횡단 나선과 세포외 리간드 결합영역을 가지는 **수용체 단백질-티로신 인산화효소(receptor protein-tyrosine kinase, RTK)**와 **비수용체형**[**non-receptor**, 또는 세포질(*cytoplasmic*)] **단백질-티로신 인산화효소**로 나뉘진다. 약 60개 RTK와 32개 비수용체형 TK가 사람의 유전체에 암호화되어 있다. 연구된 최초의 RTK인 EGFR은 미국 밴더빌트대학교(Vanderbilt University)의 스텐리 코헨(Stanley Cohen)에 의해 1978년 확인되었다. 첫 번째 비수용체 TK의 발견은 제16장의 <역사적 실험>에 나와 있다. 표피성장인자(Epidermal growth factor, EGF) 또는 혈소판-유래 성장인자(platelet-derived growth factor, PDGF)와 같은 세포외 성장 및 분화인자나 인슐린 같은 대사조절인자는 직접적으로 RTK를 활성화시킨다. 이와 달리, 세포외 신호에 의해 간접적으로 조절되는 비수용체형 TK는 면역반응, 세포 부착 및 신경세포 이동 등의 다양한 과정들을 조절한다. 이 절에서는 RTK가 관여하는 신호전달에 대해서 집중적으로 설명할 것이다.

수용체 2량체화

신호전달을 역학적인 측면에서 생각해보면 "세포 밖에 존재하는 성장인자가 어떻게 세포 안의 생화학적 변화를 야기할 수 있을까?"라는 질문을 하게 된다. 다양한 구조학, 생화학 연구를 통해 한 쌍의 수용체에 존재하는 세포외 리간드 결합영역들이 2량체를 만들어 리간드와 결합한다는 것이 증명되었다. 수용체는 리간드-매개 2량체화(ligand-mediated dimerization)와 수용체-매개 2량체화(receptor-mediated dimerization)의 두 가지 방법으로 2량체화된다(**그림 15.17**). 초기 연구에서 RTK와 결합하는 리간드들이 2개의 수용체-결합자리를 가지는 것이 밝혀졌다. 이것은 한 분자의 성장인자나 분화인자가 2개의 수용체에 동시에 결합할 수 있도록 하여, 리간드-매개 수용체 2량체화를 유도한다(그림 15.17*a*). 이러한 모형은 PDGF나 집락-자극인자-1(CSF-1)과 같은 성장 및 분화 인자들이 동일하거나 유사한 2개의 소단위가 2황화결합으로 연결되어 있으며, 소단위들이 각각 수용체 결합자리를 가진다는 관찰로 확인되었다. 하지만 모든 성장인자들이 이 모형을 따르는 것은 아니며, 단 1개의 수용체-결합자리만 가지는 일부 성장인자들(예: EGF 또는 TGFα)도 존재한다. 현재까지의 구조 연구결과는 리간드의 결합이 수용체의 세포외 영역의 구조적인 변화를 일으켜서 수용체 2량체화 단면의 형성 혹은 노출되게 하는 두 번째 기작(그림 15.17*b*)을 유도한다는 것을 뒷받침한다. 이 기작에 의하면 리간드는 다른 자리 입체성 조절인자로 작용하여 수용체가 2량체를 형성할 수 있도록 한다. 인슐린 및 IGF-1 수용체를 포함하는 소수의 RTK는 리간

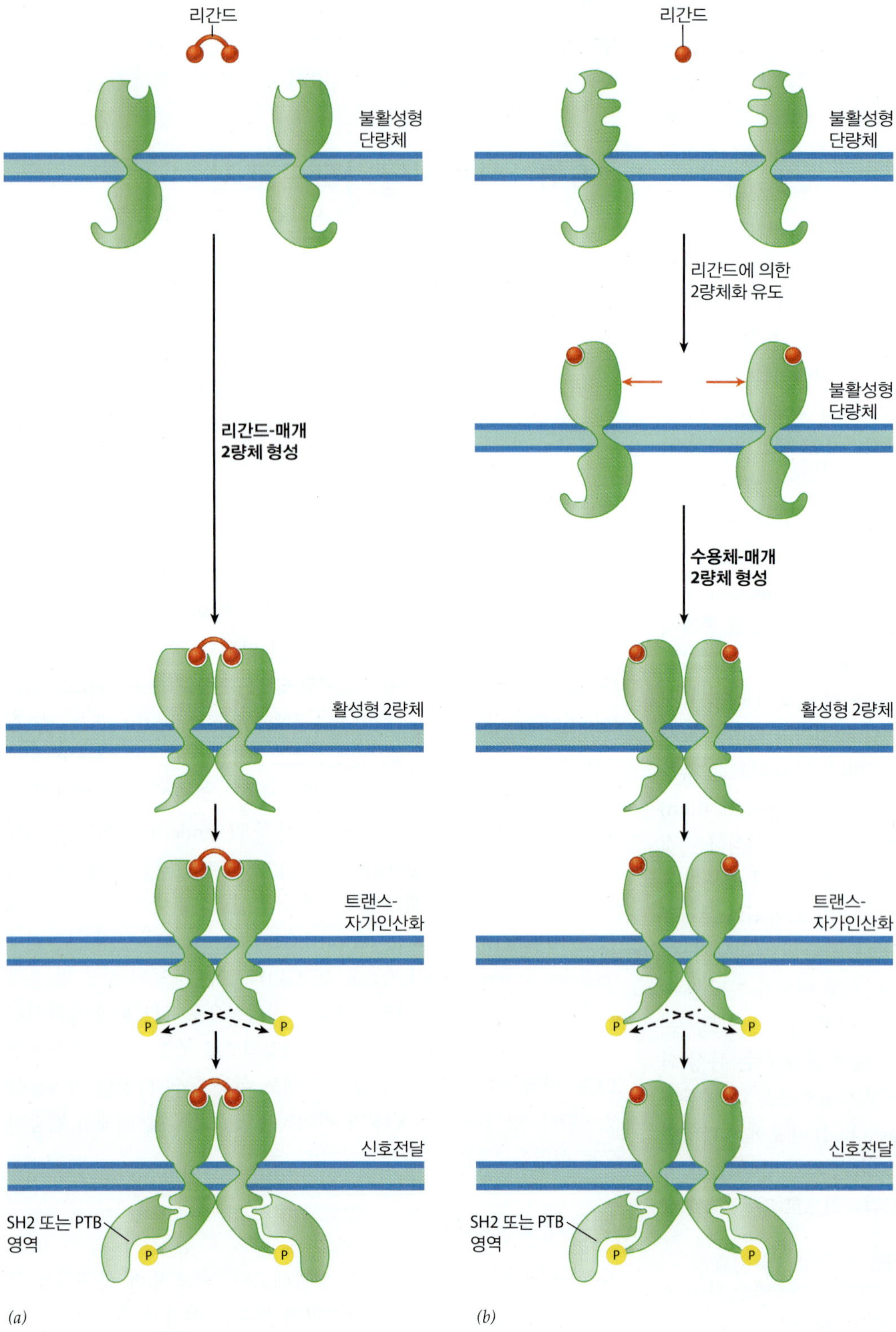

그림 15-17 수용체 단백질-티로신 잔기 인산화효소(receptor protein tyrosine kinase, RTK)의 활성화 과정. (*a*) 리간드-매개 2량체화. 비활성 상태의 수용체들은 세포막에서 단량체로 존재한다. 2가 리간드 (bivalent ligand) 결합은 직접적으로 수용체의 2량체화 및 수용체 인산화효소의 활성을 유도하여 다른 수용체 소단위에 있는 세포질 영역에 인산기를 첨가하게 만든다. SH2나 PTB 영역을 갖고 있는 표적 단백질들에 대한 결합자리로서 수용체에서 새롭게 형성된 인산-티로신 잔기가 작용을 한다. 이렇게 수용체와 상호작용을 하여 표적 단백질들이 활성화된다. (*b*) 수용체-매개 2량체화. 이 과정은 리간드가 1가이므로 결과적으로 별개의 리간드 분자가 불활성형인 단량체 각각에 결합하는 것을 제외하면 그림 설명 (*a*)에서 일어나는 것과 유사하다. 수용체에 각각의 리간드가 결합하면 2량체의 접점 (빨간색 화살표)을 만드는 구조변화가 일어난다. 리간드가 결합된 단량체는 이 접점을 통해 상호작용을 하여 활성형인 2량체가 된다.

출처: (a–b) J. Schlessinger and A. Ullrich, *Neuron* 9:384, 1992에서 발췌; Cell Press의 허가를 얻음.

드의 부재 하에 비활성 2량체로 존재한다(그림 15.24). 대부분 RTK의 경우에, 수용체 2량체화는 원형질막의 세포질 면에 2개의 RTK 영역들을 병렬로 놓게 된다. 2개의 인산화효소 영역들이 서로 접근하게 되면, 2량체 수용체 중 하나의 단백질 인산화효소 활성이 상대 수용체의 세포질 영역에 있는 티로신 잔기를 인산화시키는 **트랜스-자가인산화**(*trans-autophosphorylation*)가 일어날 수 있고, 역과정 또한 일어난다(그림 15.17*a*,*b*).

단백질 인산화효소의 활성화

RTK에 존재하는 자가인산화 부위들은 두 가지 다른 기능들에 관여할 수 있다. 즉, 수용체의 인산화효소 활성을 조절하거나, 세포질의 신호전달물질들에 대한 결합자리로서 작용할 수 있다. 인산화효소 활성은 보통 인산화효소 영역의 **활성화 고리**(*activation loop*)에 존재하는 티로신 잔기가 자가인산화되며 조절된다. 활성화 고리는 인산화가 되지 않으면, 기질-결합자리에 ATP가 끼어 들어가는 것을 막는다. 활성화 고리에 인산화가 일어나면 기질-결합자리로부터 떨어진 위치가 안정되고 인산화효소 영역이 활성화된다. 인산화효소 영역이 활성화되고 나면, 수용체 소단위들이 인산화효소 영역의 근처에 존재하는 티로신 잔기들을 서로 인산화시킨다. 이렇게 자가인산화 부위에 신호전달단백질들이 결합한다.

인산-티로신-의존성 단백질–단백질 상호작용

신호전달단백질들은 연속적으로 서로 상호작용하여 신호전달경로를 이룬다(그림 15.3 참조). 인산화된 티로신 잔기들에 특이적으로 결합하는 영역을 가지는 신호전달단백질들은(그림 15.17에서와 같이) 활성화된 RTK 수용체와 결합할 수 있다. 가장 잘 연구된 pTyr-결합 영역들(pTyr-binding domains)은 *Src*-**유사성 2 영역**(*Src-homology 2 domain, SH2*)과 **인산-티로신-결합 영역**(*phosphotyrosine-binding domain, PTB*)이다. 처음에 SH2 영역은 종양을 일으키는(암 유발) 바이러스 유전체에 의해 암호화되는 단백질의 일부로서 밝혀졌다. 이들은 약 100개의 아미노산으로 구성되어 있으며 이들이 가진 보존된 구조의 결합 주머니는 인산화된 티로신 잔기를 수용할 수 있다(**그림 15.18**). 110가지 이상의 SH 영역들이 사람 유전체에 암호화되어 있다. 일부 정해져 있는 티로신들의 인산화가 이루어지고 나면, 이어 여러 가지 인산화-의존성 단백질-단백질 상호작용들이 발생한다. 인산화된 티로신과 근접하게 위치한 아미노산 서열이 상호작용의 특성을 결정한다. 그 예시로, Src 단백질-인산화효소에 있는 SH2 영역은 pTyr-Glu-Glu-Ile와 결합하지만, PI-3-인산화효소의 SH2 영역은 pTyr-Met-X-Met(X는 임의의 아미노산 잔기를 표시하였음)를 인식한다. 출아 중인 효모의 유전체가 단 한 종류의 SH2 영역을 포함한 단백질을 암호화하고 있다는 것은 주목할 만하며, 이 사실은 단세포로 이뤄진 진핵생물군에서 티로신-인산화효소의 신호 활성이 전체적으로 적은 것과 연관된다.

PTB 영역은 최근에 확인되었다. 이 영역은 아스파라긴-프롤린-X-티로신(Asn-Pro-X-Tyr) 모티프의 일부로 일반적으로 가진 인산화된 티로신 잔기에 결합할 수 있다. 이는 단순하지 않은데, 몇몇의 PTB 영역들은 인산화되지 않은 Asn-Pro-X-Tyr 모티프에 특이적 결합을 진행하지만, 이외의 PTB 영역들은 인산화된 모티프에 특이적 결합을 진행하기 때문이다. PTB 영역들은 잘 보존되어 있지 않으며, 다양한 PTB 영역들은 상이한 잔기들을 포함하는 데 그들의 리간드들과 상호작용한다.

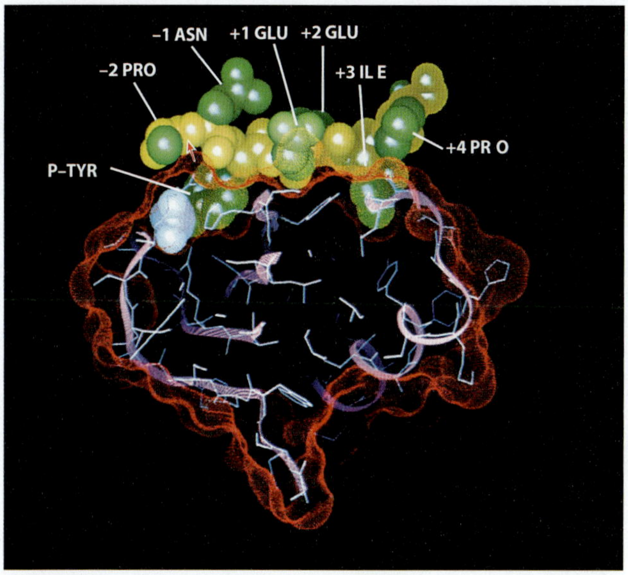

그림 15.18 단백질의 SH2 영역과 인산-티로신 잔기를 함유한 펩티드 사이의 상호작용. 단백질의 SH2 영역이 내부가 보이도록 한 모형으로 나타내어 있다. SH2 영역내 접근 가능한 표면은 빨간색 점으로, 폴리펩티드 골격은 보라색 리본으로 표시되어 있다. 인산-티로신을 함유한 헵타펩티드(Pro-Asn-pTyr-Glu-Glu-Ile-Pro)는 공간-채움 모형으로 설명하고 있다. 헵타펩티드 모형내 곁사슬들과 골격, 인산기는 각각 초록색, 노란색, 옅은 파란색으로 표시하였다. SH2 영역의 표면에 위치한 포켓으로 인산화된 티로신 잔기와 이소류신 잔기(+3)가 돌출되어 있어, 정확하게 일치하는 결합이 핵심 티로신 잔기가 인산화되는 경우에만 형성된다.

출처: Gabriel Waksman et al., courtesy of John Kuriyan, *Cell* 72:783, 1993에서 발췌. Elsevier의 허가를 얻음.

하류 신호전달경로의 활성화

지금까지 1개 혹은 여러 개의 티로신 잔기들에서 RTK가 자가인산화되는 것을 살펴보았다. SH2 또는 PTB 영역을 갖는 다양한 신호전달단백질들이 세포질 내에 존재한다. 수용체의 활성화는 신호전달복합체 형성을 유도하고, 신호전달복합체 내에서 수용체에 있는 특정 자가 인산화 부위에 SH2 또는 PTB 영역을 갖는 신호전달단백질들이 결합한다(그림 15.17 참조). 여러 집단의 활성화된 RTK와 상호작용할 수 있는 신호전달단백질들을 연계 분자(adaptor)와 골격단백질(scaffolding protein), 전사인자와 효소 등으로 구분할 수 있다(**그림 15.19**).

- 연계 분자단백질들과 골격단백질들은 신호전달복합체의 일부로 두 가지 혹은 더 많은 수의 신호전달단백질들이 연결되도록 하는 연결자 역할을 담당한다(그림 15.19*a*). 연계 분자단백질들은 SH2

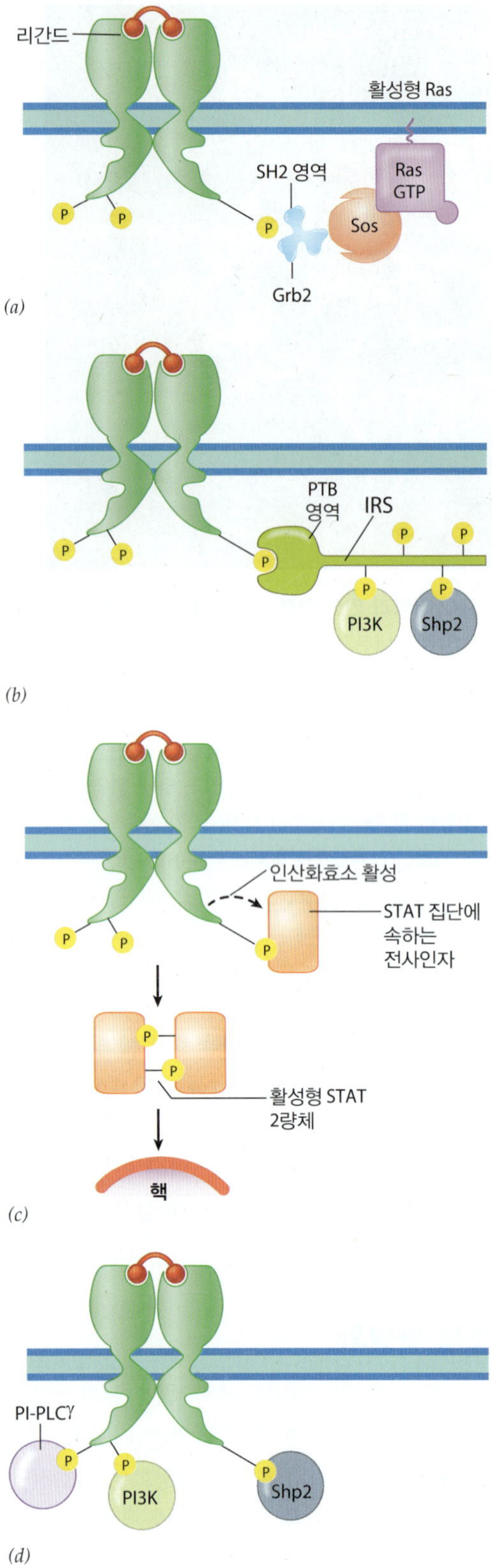

그림 15.19 **신호전달단백질의 다양성. 세포는 SH2 또는 PTB 영역들을 가진 다양한 단백질들을 함유하는데, 이 영역들은 인산화된 티로신 잔기에 결합한다.** (*a*) Grb2와 같은 연계 분자 단백질은 다른 단백질 간의 연결 고리 기능을 담당한다. 보여지는 바와 같이, Grb2는 수용체 티로신 인산화효소라는 활성화된 성장인자와 하류 단백질 Ras의 활성인자인 Sos 사이에서 연결고리로서 기능할 수 있다. Ras의 기능은 추후에 설명할 것이다. (*b*) IRS는 결합단백질로 PTB 영역을 포함하는데, 이 영역은 활성화된 수용체와 결합할 수 있게 한다. 수용체와 결합이 진행되면 결합단백질의 티로신 잔기들이 수용체에 의해 인산화된다. 인산화되어진 결합단백질의 티로신 잔기들은 상이한 신호전달단백질들에 대한 결합자리 역할을 한다. (*c*) 활성화된 수용체 티로신 인산화효소와 일부 전사인자가 결합하는 과정은 전사인자의 인산화 및 활성화를 유도하여 핵으로의 위치이동을 일으킨다. 앞서 설명한 방법으로 STAT 집단에 포함되는 전사인자 구성요소들이 활성화된다. (*d*) 다양한 종류의 신호전달 효소들이 활성화된 수용체 티로신 인산화효소와 결합한 후 활성화된다. 그림에서 볼 수 있듯이, 인지질분해효소(PLC-γ), 지질 인산화효소(PI3K) 그리고 단백질-티로신 잔기 인산가수분해효소(Shp2)는 모두 수용체내 인산-티로신 부위에 결합된다.

영역과 부수적인 단백질-단백질 상호작용 영역을 1개 이상 포함하고 있다. 그 예로, 연계 분자 단백질 중 하나인 Grb2는 1개의 SH2 영역과 2개의 Src-homology 3(SH3) 영역을 포함하고 있다(**그림 15.20**). 그림 2.42에서 볼 수 있듯이, SH3 영역은 프롤린이 많은 서열 모티프와 연결되며, Grb2 내에 위치한 SH3 영역들은 Sos와 Gab을 포함한 다른 단백질들과 본질적으로 결합한다. Tyr-X-Asn 모티프의 인산화된 티로신 잔기와 SH2 영역이 결합한다. 그 결과, RTK가 가지고 있는 Tyr-X-Asn 모티프에서 일어난 티로신 인산화가 Grb2-Sos나 Grb2-Gab이 원형질막에 존재하는 수용체로부터 세포질로 위치를 이동하게 한다(그림 15.19*a*).

- 제6장에서 전사인자들에 대해 자세히 설명하였다. STAT 집단에 포함되는 전사인자들은 면역체계에서 중요하게 작용한다. STAT

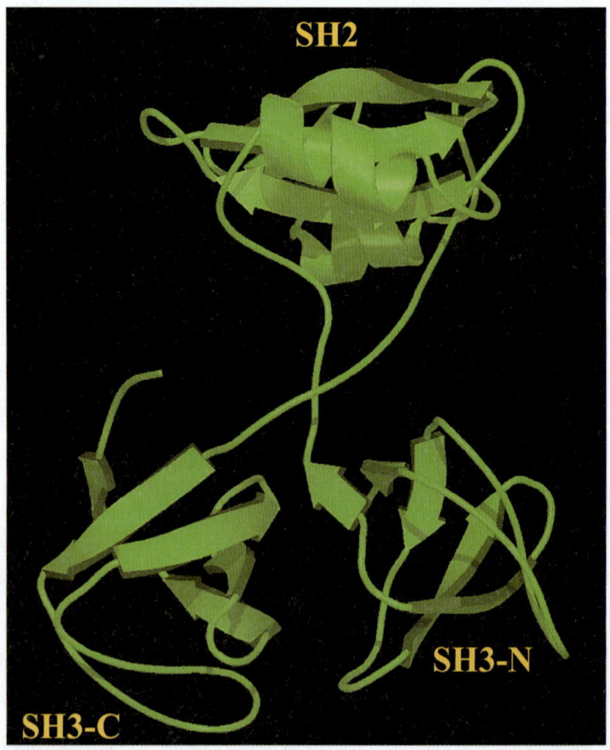

그림 15.20 **Grb2, 연계 분자 단백질의 3차 구조.** 2개의 SH3 영역과 1개의 SH2 영역을 포함하는 세 부분으로 Grb2가 이루어져 있다. SH2 영역은 인산-티로신 잔기가 있는 특정 모티프가 포함된 단백질(예: 활성화된 EGF 수용체)과 결합한다. SH3 영역은 프롤린 잔기가 풍부한 특정 모티프를 가지는 단백질(예: Sos)과 결합한다. 이 영역들을 가지는 수십 가지 단백질들이 확인되었다. 그림 2.42와 그림 15.18에 각각 SH3 영역과 SH2 영역이 관여하는 상호작용을 나타내었다. 다른 연계 분자 단백질로는 Nck, Shc 및 Crk 등이 있다.

출처: Sébastien Maignan et al., *Science* 268:291, 1995에서 발췌. AAAS의 허가를 얻음. Arnaud Ducruix에서 이미지 제공.

에는 티로신 인산화 부위를 포함하는 SH2 영역이 있는데, 이 영역은 또 다른 STAT 분자가 가진 SH2 영역의 결합자리로 기능할 수 있다(그림 15.19c). 2량체를 이룬 수용체 안쪽에 위치한 STAT의 SH2 결합자리내 티로신의 인산화는 STAT 단백질들을 모이게 만든다(그림 15.19*c*). 수용체 복합체와의 결합이 형성되면, STAT 단백질이 가진 티로신 잔기들의 인산화가 진행된다. 첫 번째 STAT 단백질의 인산화된 티로신 잔기와 두 번째 STAT 단백질의 SH2 영역 사이에서 일어나는 상호작용 및 그 역작용의 결과, STAT 전사인자들은 2량체를 형성한다. 단량체는 핵으로 이동하지 못하지만, 2량체는 핵으로 이동이 가능하여 면역반응과 관련된 특정한 유전자들의 전사 촉진을 유도한다.

- 신호전달효소는 단백질 인산화효소(protein kinase), 단백질 인산가수분해효소(protein phosphatase), 지질 인산화효소(lipid kinase), 인지질분해효소(phospholipase), GTP가수분해효소 활성화 단백질(GTPase activating protein) 등을 포함하고 있다. SH2 영역을 포함하고 있는 신호전달효소는 활성화된 RTK와 결합함으로써 직접적으로나 간접적으로 활성화가 이루어진다(그림 15.19*d*). 수용체와의 결합 이후, 신경전달효소가 활성화되는 기작 중에서 일반적인 세 가지가 알려졌다. 효소는 간단히 막으로 전위되는 것의 결과로서 활성화될 수 있는데, 이것은 효소들을 효소가 작용하는 기질과 매우 근접하게 위치하도록 만든다. 게다가 효소는 다른 자리 입체성 기작을 통해 활성화될 수 있는데(113쪽), 여기서 인산 티로신과의 결합은 촉매 영역의 SH2 영역에 구조 변화를 일으켜 촉매 영역의 변화를 유도하고, 이러한 구조 변화의 결과로 촉매 활성에 변화가 유도된다. 최종적으로 효소는 인산화에 의해 직접적으로 조절될 수 있다. 뒤에서 설명하겠지만, 활성화된 RTK와 결합하는 신호전달단백질들은 생화학적인 변화들을 유도하는 다단계의 반응을 일으키는데, 이 생화학적 변화들은 세포 외부의 정보를 전달하는 분자들에 대해 반응하기 위해 필요하다.

반응 종료

RTK에 의한 신호전달 과정은 일반적으로 수용체의 내재화(internalization)에 의해 종결되며, 주로 클라트린-중재 내포작용(clathrin-mediated endocytosis)을 통해 이루어진다(12.16절). 일부 RTK는 클라트린 연계 분자 단백질(clathrin adaptor protein)인 AP-2에 결합하는 세포질 영역에 짧은 서열의 모티프를 가지고 있는데, 이 모티프가 내재화를 매개한다고 생각된다. 최근 수많은 연구들은 RTK의 유비퀴틴화(ubiquitination)가 내부화에 핵심적인 역할을 하는 것으로 이야기한다. 유비퀴틴 연결효소들(특히, Cbl 집단의 연결효소들)은 SH2 영역 혹은 연계 분자 단백질을 통해 RTK 신호전달 복합체와 결합하고, 이어서 하나 혹은 그 이상의 유비퀴틴을 RTK에 공유결합하여 내재화를 진행한다. G단백질결합수용체의 경우와 같이(그림 15.7), 내재화된 RTK는 몇 가지 대체적인 운명을 가질 수 있다. 즉, 그들은 리소솜에서 분해되거나, 원형질막으로 되돌아가거나 또는 엔도솜 신호전달 복합체의 일부가 되어 계속적인 세포내 신호전달에 관여할 수 있다.

지금까지 RTK에 의해 활성화되는 신호전달경로들 중 몇 가지의 일반적인 기작에 대해 설명하였고, RTK의 하위 경로에서 활성화되어지는 몇 가지 핵심 신호전달경로들에 대해 자세하게 알아볼 것이다. 먼저 신호전달 다단계 반응으로 가장 잘 밝혀져 있으며, 활성화된 단백질-티로신 인산화효소가 작동시키는 Ras-MAP 인산화효소경로를 알아볼 것이다. 인슐린수용체와 같은 문맥에서 다른 종류의 다단계 반응이 설명될 것이다.

15.9 Ras-MAP 인산화효소경로

레트로바이러스(Retrovirus)는 작은 크기의 바이러스로 RNA 형태로 유전정보를 옮긴다. 레트로바이러스 중 일부는 발암유전자(oncogene)라 알려진 유전자들을 가지고 있어, 바이러스에 의해 정상세포가 종양세포로 형질전환될 수 있다. Ras가 레트로바이러스가 가진 발암유전자 산물로서 처음 보고되었으며, 시간이 지난 후 이 유전자가 레트로바이러스의 포유류 숙주로부터 기원하였다는 것이 밝혀졌다. 이후에 암 환자의 약 30%가 *RAS* 유전자의 돌연변이를 가지고 있다는 것이 확인되었다. 이런 점에서 Ras 단백질이 Rabs(493쪽), Sar1(489쪽) 그리고 Ran(229쪽)을 포함한 150가지 이상의 소형(단량체) G단백질들이 모여 구성하고 있는 대집단의 일부분이라는 것이 중요하다. 이 단백질들은 다양한 과정들의 조절에 관여하고 있는데, 구체적으로 세포분열, 분화, 유전자 발현, 세포골격 구성, 소낭경로수송(vesicle trafficking), 핵세포질 간의 수송(nucleocytoplasmic transport) 등이 있다. 소형 G단백질 대집단에 속하는 여러 종류의 구성 단백질들도 Ras와 연관하여 설명된 원리들과 동일하게 적용된다.

Ras는 소형의 GTP가수분해효소로 인지질 2중층에서 안쪽 층에 위치한 지질 집단에 의해 원형질막의 안쪽 면에 공유결합으로 고정되어 있다(그림 15.19*a*). 앞서 설명된 이질3량체 G단백질과 Ras는 기능적으로 비슷하여, G단백질처럼 Ras도 스위치와 분자 타이머로서 작동한다. Ras와 이질3량체 G단백질들과의 차이점은 Ras가 오직 하나의 소형 소단위로만 구성되어졌다는 점이다. Ras 단백질들은 두 가지의 서로 다른 형태를 가지고 있는데, GTP가 결합된 활성형과 GDP가 결합된 불활성형(**그림 15.21a**)으로 존재한다. Ras-GTP는 하위 신호전달단백질들과 결합하여 이 단백질들의 활성화를 유도한다. Ras에 결합된 GTP가 GDP로 가수분해되면, Ras 단백질의 활동이 멈추게 된다. *Ras* 유전자에서 유도된 돌연변이는 체내 종양 형성을 야기하는데, 이 돌연변이는 Ras에 결합하고 있는 GTP가 가수분해되어 GDP로 되돌아가는 것을 방해한다. 결국 돌연변이가 유도된 Ras는 작동을 중지하지 못하게 되어, 신호전달경로를 따라 연속적인 신호전달을 하위로 전달하여 세포를 증식 상태로 유지시킨다.

보조 단백질들

Ras처럼 활성과 불활성 상태 사이를 전환하는 단량체 G단백질들은 G단백질과 결합하여 G단백질 활성 조절을 담당하는 보조 단백질들과 상호작용하여 도움을 받는다(그림 15.21*b*). 이런 보조 단백질로는

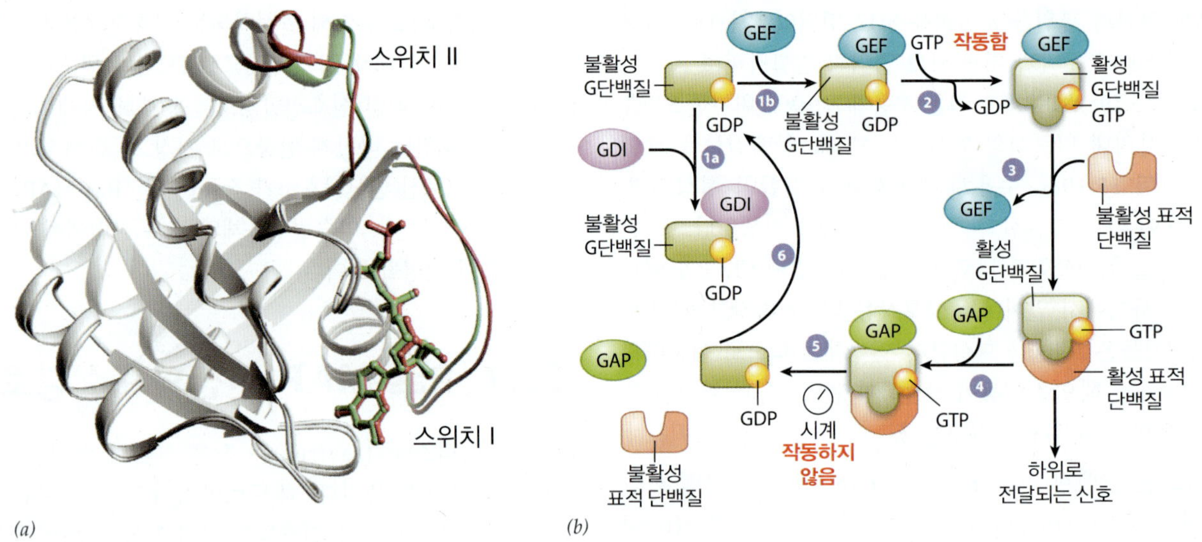

그림 15.21 G단백질의 구조와 G단백질 주기. (*a*) 소형 G단백질인 Ras가 가진 활성 상태의 GTP-결합 상태(빨간색)와 불활성 상태의 GDP-결합 상태(초록색)의 3차원적 구조 비교. 결합된 구아닌 뉴클레오티드는 "공과 막대형(ball-and-stick form)"으로 나타냈다. 구조 차이는 분자 내에서 스위치 I과 스위치 II로 밝혀진 가변지역 두 곳에서 나타난다. 그림에 표시된 구조의 차이는 Ras 분자가 다른 단백질과 결합할 수 있는 능력에 영향을 미친다. (*b*) G단백질 주기. G단백질은 GDP 분자가 결합되면 불활성 상태가 된다. 불활성 상태의 G단백질이 구아닌 뉴클레오티드 분리 저해인자(guanine nucleotide dissociation inhibitor, GDI)와 상호작용을 진행하면, GDP의 방출이 억제되어 단백질이 불활성인 상태로 남겨진다(단계 1a). 불활성 상태의 G단백질이 구아닌 뉴클레오티드 교환인자(guanine nucleotide exchange factor, GEF, 단계 1b)와 상호작용을 진행하면, G단백질은 가지고 있던 GDP를 GTP로 바꾸고(2단계), 이는 G단백질을 활성화하여 하위의 표적 단백질들과의 결합을 가능하게 한다(3단계). GTP-결합 G단백질에 전형적으로 단백질 인산화효소나 단백질 탈인산효소와 같은 효소인 표적단백질이 결합하면 활성화된다. 이 과정은 신호전달경로를 타고 더 멀리, 아래로 신호를 전달하는 효과를 가지고 있다. G단백질은 GTP가수분해효소-활성화 단백질(GTPase-activating protein, GAP)과 상호작용을 통해 활성이 증진되는, 약한 내재성 GTP가수분해효소 활성을 가지고 있다(4단계). G단백질이 활성 형태로 존재하는 시간의 길이는 GTP가수분해효소-활성화 단백질이 GTP가수분해효소를 자극하는 정도에 따라 달라진다. 최종적으로, GTP가수분해효소-활성화 단백질은 반응 기간을 조절함으로써 일종의 시계 기능을 한다(5단계). 일단 GTP가 가수분해되면, 복합체가 분리되고 불활성 상태인 G단백질은 새 주기를 시작할 수 있게 된다(6단계).

출처: (a) Steven J. Gamblin and Stephen J. *Smerdon*, *Struct.* 7:R200, 1999에서 발췌. Elsevier의 허가를 얻음.

다음과 같은 것들을 포함한다.

1. ***GTP가수분해효소-활성화 단백질(GTPase-activating proteins, GAPs).*** 대부분의 단량체 G단백질들은 결합된 GTP를 가수분해할 수 있지만, 이 가수분해 능력은 특수 GAP와의 상호작용을 통해 크게 향상된다. GAP에 의해 향상된 결합된 GTP의 가수분해가 촉진되고, G단백질을 불활성화시키는 작용을 통해 G단백질이 중재하는 반응시간을 많이 단축시킨다. Ras-GAP 유전자들 중 한 지점(*NF1*)에서 발생된 돌연변이는 환자의 신경원 줄기(nerve trunk)를 둘러싸는 덮개(sheath)를 따라 다수의 양성종양(신경섬유종, neurofibromas)을 발달시킨다.
2. ***구아닌 뉴클레오티드-교환인자(guanine nucleotide-exchange factors, GEFs).*** 결합된 GDP의 GTP로의 대체가 일어나면, 불활성형인 G단백질이 활성형으로 전환된다. GEF는 불활성형인 단량체 G단백질과 결합하는데, 결합을 통해 GDP가 제거되도록 촉진하는 단백질들이다. GDP의 분리가 진행되면, G단백질은 빠르게 세포 내에 비교적 높은 농도로의 GTP와 결합하여 G단백질의 활성화를 진행한다.
3. ***구아닌 뉴클레오티드-분리 저해자(guanine nucleotide-dissociation inhibitors, GDI).*** GDI는 단백질을 불활성형인 GDP-결합 상태로 유지되도록 만드는 단백질로, 결합된 GDP가 단량체 G단백질로부터 분리되는 것을 억제한다. 다양한 보조 단백질들의 활성 상태와 위치는 다른 단백질들에 의해 까다롭게 규제되며, 이 보조 단백질들은 G단백질의 상태를 조절한다.

Ras-GTP는 하위에 위치한 다양한 표적들과 직접적으로 상호작용할 수 있기 때문에 신호전달의 중추로 여겨진다. 이제 **Ras-MAP 인산화효소 다단계반응(Ras-MAP kinase cascade)** 구성요소로서 Ras를 설명할 것이다. Ras-MAP 인산화효소 다단계 반응은 세포 증식과 분화와 같은 생명활동을 조절하는 데 핵심 역할을 담당하는데, 이 반응은 다양한 종류의 세포외 신호에 의해 자극된다. 이 경로는 세포 외부의 신호를 원형질막부터 세포질을 통해 핵까지 전달하며, **그림 15.22**에 전반적인 경로를 나타내었다. 이 경로는 해당하는 RTK의 세포외 영역과 EGF나 PDGF와 같은 성장인자의 결합을 통해 활성화된다. 많은 수의 활성화된 RTK는 인산화된 티로신 잔기들을 갖는데, 이 티로신 잔기들은 연계 분자(adaptor) 단백질 중 Grb2에 대해서 결합(docking) 부위로 작용한다. 이 Grb2는 Ras에 작용하는 구아닌 뉴클레오티드 교환인자인 Sos와 결합한다. 활성화 수용체내 Grb2 결합자리의 생성은 Grb2-Sos가 세포질에서 원형질막의 세포질쪽 표면으로 전위되도록 유도하여, (그림 15.19*a*에서와 같이) Sos를 Ras와 근접한 위치에 놓아둔다.

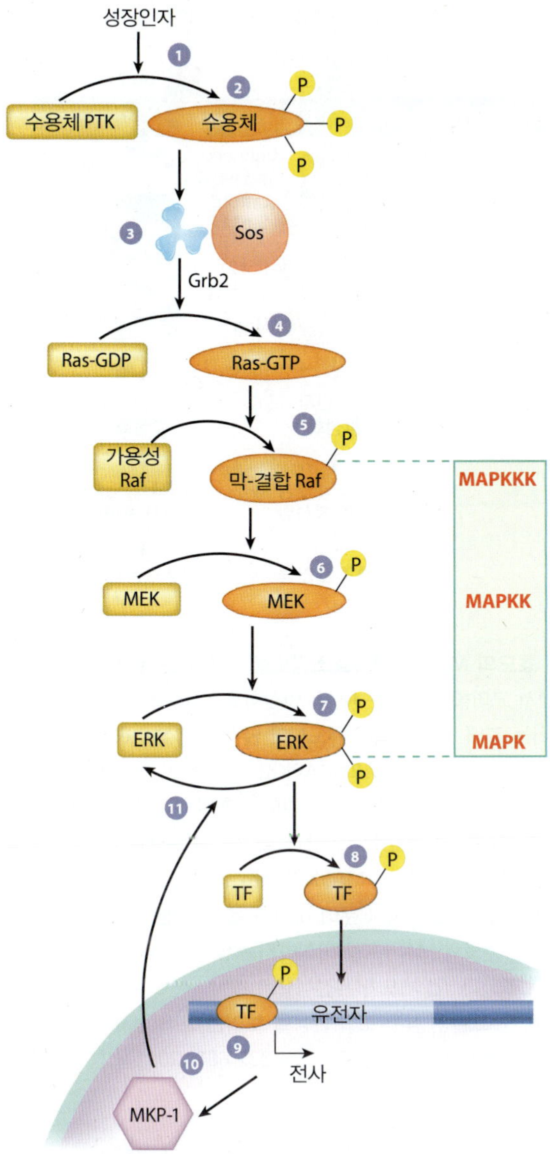

그림 15.22 **일반적인 MAP-인산화효소 다단계 반응의 단계들.** 수용체와 성장인자의 결합은(1단계), 수용체내 티로신 잔기들의 자가인산화를 유도하고(2단계), 연달아서 Grb2-Sos 단백질들이 모이게 된다(3단계). 이 복합체는 Ras에서 GTP-GDP 전환을 유도하고(4단계), GTP와 결합한 Ras는 Raf 단백질을 막으로 모으고, 막에서 Raf는 인산화시켜 활성화된다(5단계). 그림에 설명된 경로에서 Raf는 MEK이라고 하는 또 다른 인산화효소를 인산화시켜 활성화시키고(6단계), 이후 MEK은 ERK라고 하는 또 다른 인산화효소를 인산화시켜 활성화시킨다(7단계). 5~7단계에서 보여지는, 3-단계로 이뤄진 인산화 과정은 모든 MAP-인산화효소 다단계 반응의 특징이다. 순차적으로 이뤄지는 인산화효소 활성을 이유로 Raf는 MAPKKK(MAP-인산화효소-인산화효소-인산화효소)로, MEK는 MAPKK(MAP-인산화효소-인산화효소)로, 그리고 ERK는 MAPK(MAP-인산화효소)로 불려진다. MAPKK은 세린과 트레오닌 잔기와 더불어 티로신 잔기도 인산화시킬 수 있는 이중-특이성 인산화효소이다. 모든 MAPK 효소들은 활성자리 근방에 Thr-X-Tyr 서열로 이뤄진 트리펩티드를 포함하고 있다. MAPKK가 MAPK의 트리펩티드 서열 내에 위치한 트레오닌과 티로신 잔기를 모두 인산화시켜 효소의 활성화를 유도한다(7단계). 활성화가 유도되면 MAPK은 핵으로 이동하여 Elk-1과 같은 전사인자들을 인산화시킨다(8단계). 전사인자들의 인산화는 DNA에 있는 조절부위들에 대한 친화력을 증진하여(9단계), 성장에 관련된 특정한 유전자들(예: *Fos*와 *Jun*)의 전사 증가를 유도한다. 발현이 유도되는 유전자들 중 하나는 MAPK 탈인산효소(MKP-1, 10단계)를 암호화한다. MKP 집단에 포함되는 구성요소는 MAPK에 위치한 티로신과 트레오닌 잔기들로부터 인산기를 제거할 수 있고(11단계), 인산기가 떨어져 나가면 MAPK가 불활성화되어 경로를 따라 다음 단계로 신호전달을 진행하는 활성을 중단한다.

출처: H. Sun and N. K. Tonks, *Trends Biochem. Science* 19:484, 1994에서 발췌. Elsevier Ltd의 허가를 얻음.

Sos의 위치를 원형질막으로 변화시키는 것만으로도 Ras의 활성화가 유도된다. 이는 원형질막의 안쪽 면에 영구적으로 결합된 돌연변이 형태의 Sos를 이용하여 확인되었다. 막에 고정된 Sos 돌연변이의 발현은 Ras의 지속적인 활성화를 유도하므로 세포는 악성 표현형을 가진 형태로 변환된다. Sos와의 상호작용의 결과로서 Ras의 뉴클레오티드 결합자리의 GDP가 제거되고 GTP로 대체된다. Ras의 뉴클레오티드 결합자리에 있는 GDP가 GTP로 대체되면 구조 변화가 유도되고, Raf라고 하는 핵심 신호전달단백질을 포함한 몇 가지 단백질들이 결합할 수 있는 경계면이 형성된다. 이후 Raf는 인산화 반응과 탈인산화 반응의 조합을 통해 활성화되는 원형질막의 안쪽 면으로 모여든다.

Raf는 세린-트레오닌 단백질 인산화효소이다. 단백질 인산화효소인 MEK은 Raf의 기질에 속한다(그림 15.22). Raf에 의한 인산화로 활성화된 MEK은 2종류의 MAP 인산화효소를 인산화하여 활성화하며, 이들은 ERK1과 ERK2라고 알려져 있다. 전사인자, 단백질 인산화효소, 세포골격 단백질, 세포사멸 조절인자, 수용체 그리고 기타 신호전달단백질들을 포함한 160가지 이상의 단백질들이 이들 인산화효소에 의해 인산화된다고 확인되었다. MAP 인산화효소의 활성화가 진행되면, 핵으로 이동하여 다양한 전사인자들과 여러 핵단백질들의 인산화와 활성화를 매개한다. 결과적으로 세포가 G_1기에서 S기로 넘어가는 과정에 핵심 역할을 담당하는 사이클린 D1을 포함하는 세포 증식과 관련된 유전자들의 활성화 경로에서 중요한 역할을 한다(그림 14.8).

다음 장에 나와 있는 것과 같이, 세포에 암을 유도하는 능력에 의해 발암유전자들이 밝혀졌다. 발암유전자들은 돌연변이가 일어났거나 아니면 과량으로 발현되는 정상적인 세포 유전자로부터 유래된다. Ras 신호전달 과정에서 기능하고 있는 대부분의 단백질들은 암을 유발하는 발암유전자에 의해 암호화되어 밝혀졌다. 이 유전자들은 Ras, Raf 및 신호전달경로의 후반에 포함된 여러 전사인자들(예: Fos와 Jun)을 암호화한다. 이와 더불어 확인된 수십 개의 발암유전자들에 EGF 수용체와 PDGF 수용체 및 경로 초반의 여러 가지 수용체 티로신 인산화효소를 형성하는 유전자들도 포함된다. 세포의 성장과 증식 과정에서 이 신호전달경로에 포함된 다양한 단백질들을 암호화하는 유전자들에서 돌연변이가 유발되었을 때 암을 발생한다는 사실은 이 경로의 중요성을 보여준다.

다양한 유형의 정보를 전달하기 위한 MAP-인산화효소의 적응

그림 15.22에서 묘사되는 것과 같이, 효모, 파리, 선충과 포유동물을 모두 포함하여 연구가 진행된 모든 진핵생물에서 RTK에서 시작해 Ras를 통해 전사인자가 활성화되는 동일한 형태의 기본 경로가 확인되었다. 이 경로는 각각의 목적에 부합하도록 진화가 진행되었다. 그 예로, 효모에서 MAP 인산화효소 다단계 반응은 세포가 교배인자(mating factors)에 반응하는 과정에 이용되며, 초파리에서는 겹

눈(compound eye)에 위치한 광수용체의 분화에 관여하며, 현화식물에서는 병원균에 대한 방어를 시작하는 신호전달 과정에 이용된다. 각 경우, 경로의 핵심 과정에는 세 가지로 구성된 효소들이 순서대로 작동한다. 세 가지 효소는 MAP-인산화효소-인산화효소-인산화효소(MAP kinase kinase kinase, MAPKKK), MAP-인산화효소-인산화효소(MAP kinase kinase, MAPKK) 그리고 MAP-인산화효소(MAP kinase, MAPK)이다(그림 15-22). 각각의 인산화효소들은 작은 집단을 이루는 단백질들을 대표한다. 지금까지 포유류에서 MAPKKK 14가지, MAPKK 7가지 그리고 MAPK 13가지가 규명되었다. 각 집단에 포함되는 단백질들의 가지 수가 다른 것으로 보아, 포유류는 수많은 조합의 MAP-인산화효소경로들을 구성하여 서로 다른 유형의 세포외 신호를 전달함을 알 수 있다. 세포 증식을 유도하는 한 가지 유형의 MAP-인산화효소경로를 통해 어떻게 유사분열촉진물질(mitogen)의 자극이 전달되는지 앞서 설명하였다. 이와 상반되는 경우로, 세포가 스트레스 자극(X-선 또는 손상이 유도되는 화학물질)에 노출되면, 그림 15.22에 설명된 것과 같이 MAP-인산화효소경로를 따라 신호가 전달되지 않고 세포주기를 멈추게 만드는 다른 MAP-인산화효소경로를 통해 신호가 전달된다. 세포주기의 중단은 세포에게 스트레스 자극에 의해 생긴 손상을 수선할 시간을 제공한다.

최신 연구들은 상이한 유형의 세포 반응을 유도하는 여러 경로들의 구성성분으로서 비슷한 단백질들을 어떻게 세포가 활용하는가를 확인하고자, MAP 인산화효소 다단계 반응의 신호전달 특이성에 대해 초점이 맞춰져 있다. 그 해답의 일부분은 아미노산 서열 및 단백질 구조에 관해 진행된 연구들에서 확인할 수 있는데, 효소와 기질 사이에 선택적인 상호작용에 존재한다고 생각되어진다. 예컨대, MAPKKK 집단에 포함되는 일부 구성요소들은 MAPKK 집단을 구성하는 특정 구성요소들을 인산화시키고, 이들은 다시 MAPK 집단에 포함되는 특정 구성요소들을 인산화시킨다. 하지만 이 인산화효소 집단에 포함되는 구성요소들에서 대부분은 하나 이상의 MAPK 신호전달경로에 참여할 수 있다.

구성성분 단백질들의 공간적 배치(spatial localization)를 통해서도 MAP 인산화효소경로가 가진 특이성이 구성된다. 공간적 배치는 골격단백질(scaffolding protein)이라는 구조 단백질을 통해 형성되는데, 이 단백질이 가진 명백한 기능은 구성성분들 간의 상호작용을 향상시키는 일정한 공간적 배열로 신호전달경로를 이루는 구성성분들을 묶어 두는 것이다. 그림 15.16에 나타내어진 AKAP 단백질들은 골격단백질의 한 종류 예시이다. **그림 15.23a,b**에서 보여지는 효모단백질과 같은 다른 집단의 골격단백질들은 여러 종류 중 한 종류의 MAP 인산화효소경로를 통해 신호를 전달하는 과정에서 핵심 역할을 담당한다. 어떤 경우에, 골격단백질들은 신호를 전달하는 과정에서 결합된 단백질들의 구조 변화를 유도하여 결정적 역할을 할 수 있다. 예를 들어, 이들은 결합된 신호전달단백질의 구조 변화를 유도하여 이들의 활성화 또는 억제를 유도할 수 있다. 그림 15.23*b*에서 볼 수 있는 효모 Pbs2 골격의 MAPKK 활성에 의해 설명된 바와 같이, 몇몇 골격단백질들은 효소적인 역할을 하는 것으로 알려져 있다. 결과적으로, 여러 경로들은 특이성을 손상시키지 않으면서 동일한 제한된 신호전달단백질들을 공유할 수 있다. 이것은 그림 15.23*a*,*b*에 제시된 효모 MAPKKK 단백질 Ste11의 경우이며, 이는 골격단백질이 상호작용한 결과에 따라서 교미 반응과 삼투조절 반응 모두에 참여할 수 있다. 최근의 연구에 따르면 골격단백질들은 시간이 지남에 따라 단백질의 여러 가지 별개의 무리와 결합하여 수용체가 활성화된 후 특정 시점에서 다른 하부 반응을 유발할 수 있다고 보여진다. 골격단백질의 중요성은 2개의 다른 효모 MAP 인산화효소-다단계 반응 골격단백질(Ste5와 Pbs2)의 일부가 유전적으로 결합되어 키메라 단백질(chimeric protein, Ste5-Pbs2)을 형성하는 실험에 의해 잘 설명된다(그림 15.23*c*). 정상적으로 이 2개의 골격은 2개의 다른 MAP 인산화효소 신호전달경로를 매개한다(그림 15.23*a*,*b*). 키메라 단백질을 포함하는 효모세포가 교미 반응을 정상적으로 자극하는 교배 인자에 노출되었을 때, 세포는 삼투 반응을 표시함으로써 반응하였다.

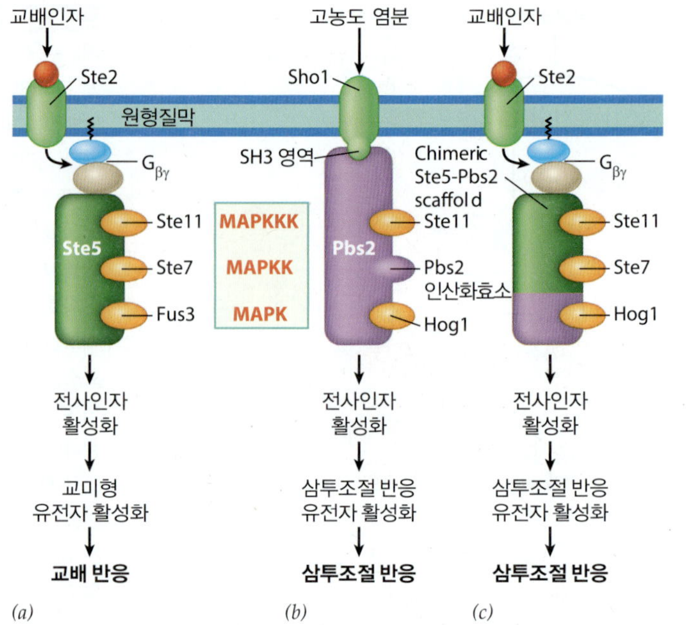

그림 15.23 두 효모의 MAP 인산화효소경로를 매개하는 골격 단백질들의 역할. (*a*) 이 세포에서 교미를 조절하는 MAP 인산화효소경로는 G단백질결합수용체, Ste2에 결합하는 교배 인자에 의해 유도되어 골격 단백질 Ste5에 결합하는 $G_{\beta\gamma}$의 활성화를 유도하며, 이는 이 경로의 MAPKKK, MAPKK 그리고 MAPK 단백질에 순차적으로 결합한다 (*b*) 높은 농도의 염분에 노출된 세포에서 효모의 삼투조절 반응을 조절하는 MAP 인산화효소경로. 활성화된 수용체(Sho1)는 SH3 영역에 의해 Pbs2 골격 단백질과 결합한다. MAPKKK Ste11은 두 경로에서 공유되지만, 적절한 단백질 골격과의 상호작용 때문에 하나 혹은 또 다른 반응으로 모집된다. 골격단백질 Pbs2는 별도의 MAPKK를 모집하지는 않지만, 자체적으로 MAPKK 효소 활성을 가지고 있다. (*c*) 세포가 유전적으로 조작되어 Ste5-Pbs2 키메라 골격 단백질을 발현하면, 그들은 삼투 조절 반응을 보이는 교배 인자에 반응한다. (골격 단백질들과 그 실험에 관한 논의는 *Science* 332:680, 2011을 참조하면 된다.)

15.10 인슐린수용체의 신호전달

우리의 몸은 체내 혈당 농도가 일정하게 유지되기 위하여 많은 노력을 가하고 있다. 중추신경계는 거의 포도당을 이용하여 에너지 대사를 진행하므로, 혈액내 포도당의 감소는 의식을 잃게 하여 혼수상태를 일으킬 수 있다. 혈당 농도가 계속적으로 올라가면, 소변을 통해 포도당과 체액, 전해질이 빠져 위험한 건강문제를 일으킬 수 있다. 췌장에 의해 혈액순환계를 거치는 포도당의 농도가 관리된다. 혈액내 포도당의 농도가 지정된 기준 아래로 떨어지면, 췌장의 α-세포가 글루카곤(glucagon)을 분비한다. 앞서 설명하였듯, 글루카곤은 글리코겐의 분해를 증진시켜 혈당 농도를 높이는데, 이 과정은 G단백질 결합수용체를 통해 이루어진다. 탄수화물이 많은 양을 차지하는 식사는 포도당 농도를 높이며, 혈당 농도의 증가는 췌장내 β-세포가 인슐린(insulin)을 분비하여 작용한다. 인슐린은 세포에게 포도당 농도가 증가된 것을 전달하며, 세포외 정보전달물질 분자로서 역할한다. 세포 겉표면에 인슐린수용체를 드러내고 있는 간세포와 같은 세포들은 포도당 흡수 증진, 글리코겐과 트리글리세리드 합성 증진과 포도당신합성(gluconeogenesis)을 저하시킴으로써 이 신호에 반응한다.

인슐린수용체는 단백질-티로신 잔기 인산화효소이다

인슐린수용체의 구성은 α-사슬과 β-사슬로 이루어지며, 이 구성성분은 단백질 가수분해 과정을 통해 단일 전구체 단백질에서 기원된다. α-사슬은 완전히 세포 외부에 위치하여 인슐린-결합자리를 갖는다. 하나의 β-사슬은 3개의 세포 영역에 걸쳐 존재하는데, 세포외 영역, 단일 막횡단 영역, 세포질 영역으로 나뉜다(**그림 15.24**). α-, β-사슬들은 2황화결합(disulfide bond)을 통해 서로 결합된다. 이 2쌍의 αβ 이질2량체(heterodimer)는 2황화결합을 통해 연결되며, α-사슬들 사이에서 연결된다. 대다수의 RTK가 세포표면에서 단량체 형태로 위치한다고 생각되어지지만, 앞서 설명한 것처럼 인슐린수용체는 안정적인 2량체로 위치한다. 여러 RTK와 같이, 리간드가 없는 경우 인슐린수용체는 불활성형을 나타낸다(그림 15.24*a*). 최신 연구를 통해 인슐린수용체 2량체가 단일 분자의 인슐린과 밀접하게 결합한다고 생각되어진다. 이러한 결합으로 인해 세포 외부의 리간드결합 영역지점이 이동되고, 이 현상은 세포 내부의 티로신 인산화효소들이 실제적으로 근접하게 위치하도록 만든다. 인산화효소 영역들의 병렬 배치는 트랜스-자가인산화를 유도하여 수용체가 활성화된다(그림 15.24*b*).

인슐린수용체에서 세포질 영역에 위치한 부분에 여러 곳의 티로신 인산화부위를 규명하였다. 이들 인산화부위 중 세 지점은 활성화 고리(activation loop)에 위치한다. 인산화되지 않은 경우에는 활성화 고리가 활성자리를 차지하는 구조를 이루고 있다. 3개의 티로신 잔기들이 인산화되면 활성화 고리는 새로운 구조를 띄는데, 고리와 촉매 틈(catalytic cleft)이 벌어진 형태를 보인다. 새로운 구조를 형성하기위해 인산화효소 영역의 크고 작은 엽들(lobes)이 각각에 대해 회전하는 단계가 필요하고, 이를 통해 촉매작용에 중요한 잔기들이 근접하게 모여든다. 뒤이어 활성화 고리가 촉매 틈을 열어 기질과 활성화부위가 결합할 수 있게 된다. 인산화효소 영역의 활성화가 진행되면, 수용체는 막에 가까이에 위치하며 카르복실-말단의 꼬리에 위치한 수용체 자신의 티로신 잔기들을 스스로 인산화하다(그림 15.24*b*).

인슐린수용체 기질 1과 2

수많은 RTK는(그림 15-19*a*, *c*, *d*에서와 같이) 자가인산화부위를 갖는데, 이를 통해 SH2 영역을 포함한 신호전달단백질들을 스스로 모집할 수 있다. 인슐린수용체는 앞선 일반적인 경우에 예외가 적용되는데, 이는 **인슐린수용체 기질(insulin-receptor substrate, IRS)**이라 하는 작은 집단을 형성하고 있는 결합단백질들(그림 15.19b)과 간접적으로 결합을 이루기 때문이다. 인슐린수용체 기질과의 결합은 SH2

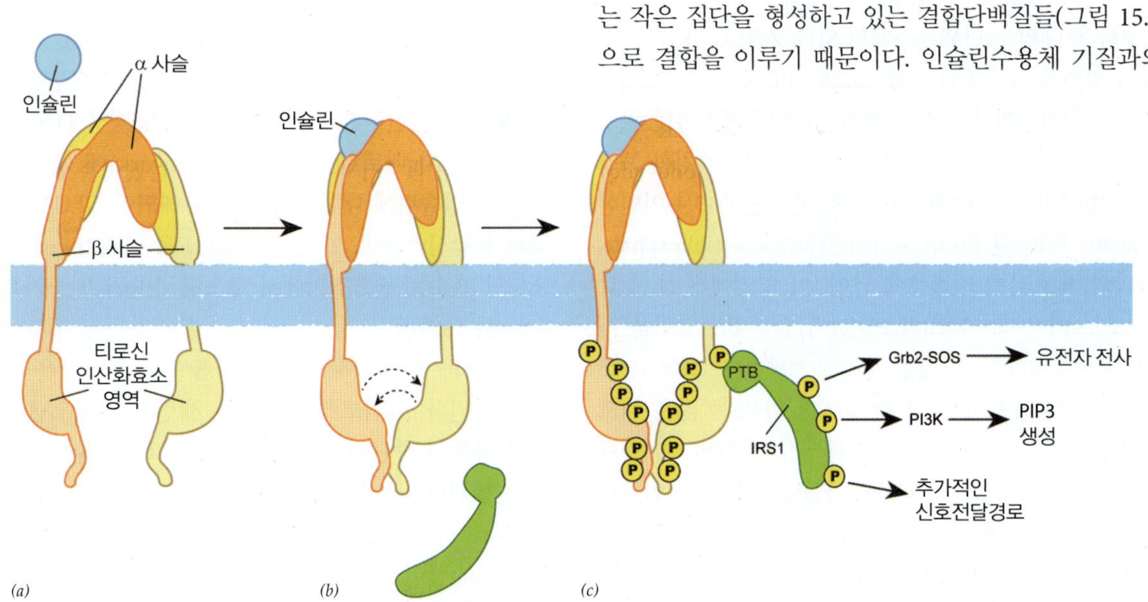

그림 15.24 리간드결합에 대한 인슐린수용체 반응. (*a*) 그림에서 개략적으로 묘사된 불활성형의 인슐린수용체는 α 소단위 2개와 β 소단위 2개로 이루어진 4량체이다. (*b*) 1개의 인슐린 분자가 α 소단위에 결합되면, β 소단위의 구조 변화를 유도한다. 구조 변화는 β 소단위의 티로신 인산화효소 활성의 활성화를 의미한다. 활성화된 β 소단위는 수용체에 있는 티로신 잔기와 더불어 뒤에서 설명할 다양한 인슐린수용체 기질들(IRS)이 가진 티로신 잔기들의 인산화를 진행한다. (*c*) 인슐린수용체와 결합이 진행되면, IRS내 많은 티로신 잔기가 인산화될 수 있고, 이어서 연계 분자 단백질 Grb2, 지질 인산화효소 PI3K 혹은 다른 신호전달단백질을 포함한 다른 단백질들과 연결되는 결합부위로 작용할 수 있다. Grb2 활성화는 Ras 경로의 활성화 및 유전자 전사를 유도하는 반면에, PI3K의 활성화는 PIP3 생성을 유도한다.

영역을 함유한 신호전달단백질에 대한 결합자리 제공을 유도한다. 인슐린 신호전달과정 동안 발생하는 과정 중 일부분을 그림 15.24*c*에 나타내었다. 리간드의 결합과 인산화효소의 활성화에 뒤이어 인슐린수용체 스스로 960번 티로신 잔기의 인산화를 진행하면, 인산화된 티로신은 인슐린수용체 기질에 위치한 인산-티로신 결합(phosphotyrosine binding, PTB) 영역과 결합할 자리를 형성한다. 그림 15.24*c*에 나타낸 것과 같이, 인슐린수용체 기질의 특징은 N-말단의 PH 영역, PTB 영역 및 티로신 인산화 부위가 포함된 긴 꼬리를 가지고 있다는 것이다. 인슐린수용체 기질의 PH 영역은 원형질막 안쪽 층에 위치한 인지질과 상호작용이 가능하다. 인슐린수용체 기질의 PTB 영역은 활성화되어진 수용체가 가진 티로신 인산화 부위와 결합을 진행하며, 티로신 인산화 부위는 SH2 영역을 포함한 신호전달단백질들이 결합할 수 있는 부위를 제공한다. 최소 네 가지의 구성요소들이 인슐린수용체 기질 집단에 속하는 것으로 규명되었다. 생쥐 유전자를 제거한 연구의 결과를 통해, 인슐린수용체 신호전달과정에 인슐린수용체 기질-1과 인슐린수용체 기질-2가 가장 많이 연관되어져 있다고 생각되어 진다.

티로신 960번이 활성화된 인슐린수용체 스스로 인산화를 진행하면, 인슐린수용체 기질-1과 인슐린수용체 기질-2가 결합가능한 결합자리를 내어준다. 활성화된 인슐린수용체는 인슐린수용체 기질-1 혹은 인슐린수용체 기질-2와 안정적인 결합이 진행되고 나서야 이들 결합단백질에 위치한 티로신 잔기들을 인산화할 수 있다(그림 15.24*c*). 인슐린수용체 기질-1과 인슐린수용체 기질-2는 모두 PI-3-인산화효소, Grb2 및 Shp2를 포함하는 하류 신호전달단백질의 SH2 영역에 대한 결합부위를 포함하는 다수의 잠재적인 티로신 인산화부위를 가지고 있다.

PI 3-인산화효소(*PI 3-kinase, PI3K*)는 2개의 소단위로 이루어져 있다. 그 중에서 하나의 소단위는 2개의 SH2 영역을 가지고, 다른 소단위는 촉매 영역을 보유한다(**그림 15.25**). PI3K가 지닌 2개의 SH2 영역들과 티로신 인산화 부위의 결합은 PI3K의 직접적인 활성화를 유도한다. 활성화된 효소는 이노시톨 고리의 3번에 위치한 포스포이노시티드를 인산화시킨다. PI3K 작용으로 얻어진 PI-3,4-이인산(PI 3,4-bisphosphate, PIP_2)과 PI-3,4,5-삼인산(PI 3,4,5-triphosphate, PIP_3)은 원형질막의 세포질쪽 지질층에 남아, 이 영역에서 세린-트레오닌 인산화효소로 기능하는 PKB와 PDK1과 같이 PH 영역을 가진 신호전달단백질들이 결합할 수 있는 자리를 제공한다. 그림 15.25에 설명한 것과 같이, PKB(AKT로 더 잘 알려져 있음)는 많은 세포외 신호들와 더불어 인슐린에 대한 반응을 매개한다. PDK1이 원형질막으로 모여 PKB와 가깝게 위치하게 되면 PDK1이 PKB의 인산화를 진행하여, PKB의 세린/트레오닌 인산화효소(Ser/Thr) 능력을 활성화할 수 있는 환경을 지원하게 된다(그림 15.25). PDK1를 통한 인산화가 필요하지만, PKB 활성화에 PDK1에 의한 인산화가 충분조건은 아니다. PKB의 활성화는 많은 세포 활동을 조절하는 데 결정적인 역할을 하는 두 번째 인산화효소인 mTOR에 의한 인산화에 의존한다. PI3K 신호전달은 지질 인산분해효소 PTEN에 의한 이노시톨 고리의 제3위치에서 인산기의 제거에 의해 종결된다(그림 15.25).

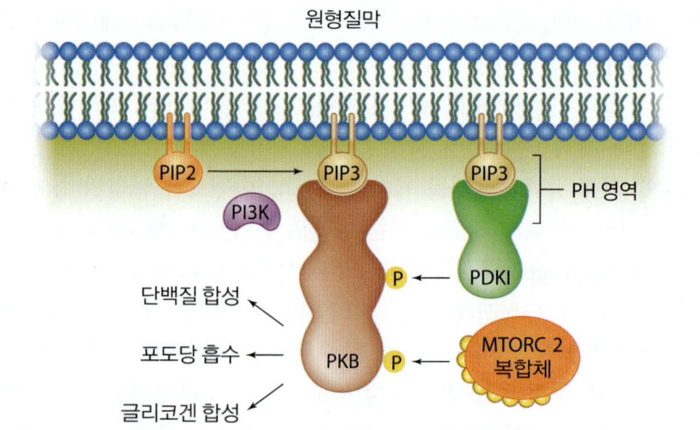

그림 15.25 여러 가지의 신호전달경로를 활성화시키는 PI-3-인산화효소의 역할. PI-3-인산화효소의 활성화는 PIP3을 비롯한 막-결합 포스포이노시티드의 형성을 유도한다. 수많은 신호전달경로의 중요한 인산화효소 중 하나는 PH 영역을 통해 원형질막에서 PIP3와 상호작용하는 PKB(AKT)이다. 이들의 상호작용은 PKB의 구조의 변화를 유도하여, PKB를 인산화시키는 또 다른 PIP3-결합 인산화효소(PDK1)의 기질로 만든다. PKB에 연결된 두 번째 인산은 두 번째 인산화효소에 의해 추가되며, 이 인산화 효소는 대부분 mTOR이다. 활성화가 진행되면, PKB는 원형질막에서 분리되어 세포질과 핵으로 이동한다. PKB는 인슐린 반응을 중재하는 다양한 신호 경로의 주요 구성 요소이다. 이 경로는 원형질막으로의 포도당 전달체의 이동, 글리코겐 합성 및 세포에서의 새로운 단백질 합성을 유도한다. 또한 PKB는 전구 세포 사멸 단백질(proapoptotic protein)인 Bad(623쪽)을 억제하거나 전사인자 NF-kB(625쪽)를 활성화시켜 세포 생존을 촉진시키는 데 중요한 역할을 한다.

포도당 수송

PKB는 직접적으로 포도당 수송과 글리코겐 합성조절 과정에 개입한다. 포도당 운반체인 GLUT4는 포도당수용체로서 혈액에서 인슐린-의존성 포도당 운반을 진행한다(345쪽). 인슐린의 부재하에 GLUT4는 인슐린에 반응하는 세포의 세포질내부막 소낭에 있다(**그림 15.26**). 최근 연구결과들은 이러한 소낭들이 TUG라는 단백질에 의해 시스-골지 네트워크(cis-Golgi network)에 묶여 있음을 시사한다. TUG는 인슐린에 대한 반응으로 분해되어 GLUT4 소낭들을 원형질막과 융합시키는데, 이 과정을 GLUT4 전위(translocation)라고 한다. 포도당 흡수는 원형질막에서 포도당 수송체가 증가함에 따라 늘어난다(그림 15.26).

근육과 간세포에 과량으로 흡수된 포도당은 글리코겐의 형태로 저장된다. 글리코겐의 합성은 세린과 트레오닌 잔기들의 인산화 결과 작동이 중단되는 글리코겐 합성효소(glycogen synthase)를 통해 진행된다. 글리코겐 합성효소 인산화효소-3(glycogen synthase kinase-3, GSK-3)는 글리코겐 합성효소의 음성조절인자(negative regulator)임이 확인되었다. GSK-3는 PKB에 의해 인산화가 다시 진행되면 불활성화 상태로 전환된다. 이처럼, 인슐린에 반응하여 PI3K-PKB 경로의 활성화가 일어나면, GSK-3 인산화효소 활성이 감소하게 되는데, 이는 글리코겐 합성효소의 활성이 증가하는 결과를 유도한다(그림 15.25*c*). 단백질 인산가수분해효소1(protein phosphatase1)는 글리코겐 합성효소를 탈인산화시키는 역할을 하는데, 이러한 단

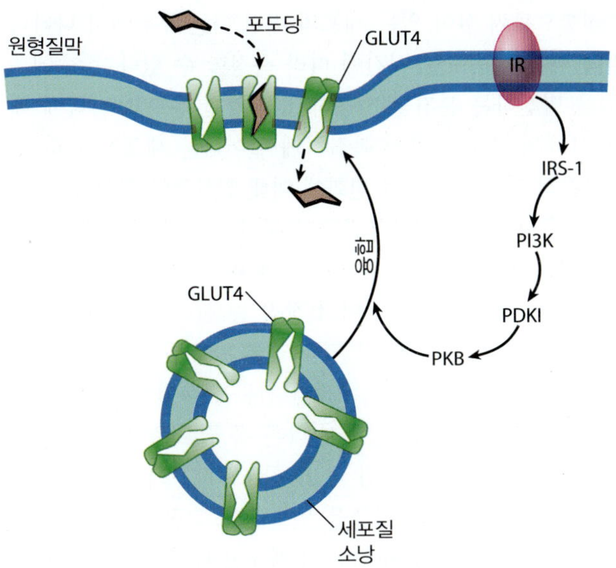

그림 15.26 근육과 지방 세포에서 인슐린에 의한 포도당 흡수 조절. 출아에 의해 원형질막으로부터 형성된 세포질 소낭의 벽면에 포도당 수송체들이 저장되어 있다(내포작용, endocytosis). 세포질 소낭은 인슐린 농도의 증가가 일어난 후 IRS-PI3K-PKB경로 신호전달을 이용하여 세포 주변으로 위치 이동을 하게 된다. 수송체들은 원형질막과 소낭의 융합으로 인해(외포작용, exocytosis) 세포표면으로 전달되어 포도당 수송을 조절할 수 있게 된다. 두 번째 경로는 인슐린수용체로부터 GLUT4의 위치 이동으로 이어지는 과정으로 그림에 나와 있지 않다(더 자세한 내용은 *Trends Biochem. Sci.* 31:215, 2006 을 참고할 것).

출처: D. Voet and J. G. Voet, *Biochemistry*, 2e; copyright 1995, John Wiley & Sons, Inc에서 발췌. John Wiley & Sons, Inc의 허가를 얻음.

백질 인산가수분해효소 1의 활성화는 글리코겐 합성효소의 활성화를 더욱 촉진한다(그림 15.14).

당뇨병

당뇨병(Diabetes mellitus)은 사람에게서 가장 흔히 발병되는 질병 중 하나로 인슐린 신호전달경로의 결함으로 인해 발병된다. 두 가지의 아형이 있는 당뇨병은 제1형이 5~10%를, 제2형이 나머지 90~95%를 차지한다. 제1형 당뇨병은 인슐린 생산 불능으로 인하여 일어나며, 제17장에 있는 <인간 질병과의 연관성>에서 설명하고 있다. 전 세계 발생률이 놀라운 속도로 증가하고 있는 제2형 당뇨병은 더 복잡한 질병이며, 생활양식과 식습관의 변화로 인해 질병 발생률이 증가하고 있는 것으로 보인다. 좌식 생활양식과 아울러 고열량 음식물이 인슐린 분비의 만성적인 증가를 유도한다고 생각된다. 간세포와 신체 다른 부위에 있는 표적세포들은 인슐린 농도 증가에 의해 과량으로 자극되어 **인슐린 저항성**(*insulin resistance*) 상태를 만들고, 이에 대한 결과로 호르몬에 대한 반응을 멈춘다. 이는 차례로 혈당 수치의 만성적인 상승으로 이어져 췌장을 자극하여 더 많은 인슐린을 분비하게 하고, 궁극적으로 췌장의 인슐린을 분비하는 β-세포의 죽음을 초래할 수 있는 악순환을 조성한다. 당뇨병으로 인한 건강위험의 대부분—심장병, 실명, 신장병 그리고 사지 순환 감소로 인한 절단—은 인체의 혈관 손상에 의한 것으로 생각되지만, 인슐린 저항성과 그로 인해 대사에 미치는 영향은 이 상태를 논쟁의 대상으로 남게 한다.

15.11 식물에서의 신호전달경로

식물과 동물은 Ca^{2+}과 포스포이노시티드 신호전달물질을 사용하는 것을 비롯하여 기본적인 신호전달기작들을 공유하고 있지만, 각각 다른 경로들이 고유하게 존재한다. 가령, 동물세포에서 가장 흔한 정보전달물질인 고리형 뉴클레오티드는 식물세포의 신호전달에서는 거의 역할을 하지 않는 것처럼 보인다. 게다가, 식물세포에서는 RTK가 결여되어 있다. 반면에 동물세포에는 없는 유형의 단백질 인산화효소를 식물세포는 가지고 있다.

세균세포가 히스티딘 잔기들을 인산화시키고 다양한 환경신호에 대한 세포 반응을 매개하는 단백질 인산화효소를 가지고 있다는 것은 오래 전부터 알려져 왔다. 1993년까지 이 효소들은 세균세포에만 존재하고 있다고 생각되어 왔지만, 그 이후에 효모와 종자식물에서도 발견되었다. 두 가지 유형의 진핵생물 모두에서 효소는 외부 자극을 인지하는 수용체 역할을 하는 세포외 영역과 신호를 세포질로 전달하는 세포질의 히스티딘 인산화효소 영역으로 이루어진 막횡단단백질(transmembrane protein)이다. *Etr1* 유전자는 이들 식물단백질 중 가장 많은 연구가 진행된 단백질을 암호화하고 있다. *Etr1* 유전자 산물은 식물호르몬으로 종자 발화, 개화 그리고 과일의 숙성을 비롯하여 다양한 발달과정을 조절하는 에틸렌(C_2H_4) 가스에 대한 수용체를 암호화하고 있다. 자신의 수용체와 결합한 에틸렌은 효모와 동물세포에서 발견되는 MAP 인산화효소 다단계 반응과 매우 비슷한 경로를 따라 신호가 전달되게 한다. 다른 진핵생물들에서도 볼 수 있는 것처럼, 식물에서 MAP 인산화효소경로의 하류에 있는 표적들은 특정 유전자들의 발현을 활성화시키는 전사인자들인데, 이때 유전자들은 호르몬 반응에 필요한 단백질들을 암호화하고 있다. 연구자들이 애기장대속(*Arabidopsis*) 식물 및 기타 식물 유전체들의 염기서열 결정을 통해 얻은 방대한 양의 자료들을 분석함으로써 식물과 동물의 신호전달경로 사이에 존재하는 유사성과 차이점들을 더 명확히 밝힐 수 있을 것이다.

15.12 세포내 정보전달물질로서 칼슘의 역할

근육 수축, 면역반응, 세포분열, 분비, 수정, 시냅스 전달, 대사, 전사, 세포의 이동 및 세포사멸을 비롯하여 칼슘 이온은 현저하게 다양한 종류의 세포 활동에서 중요한 역할을 하고 있다. 각각의 경우에 세포 표면에서 세포외 신호를 받게 되면 세포질내 Ca^{2+} 농도는 극적인 증가를 하게 된다. 특정한 세포 구획에서 구획을 둘러싸고 있는 막의 안쪽에 위치하고 있는 Ca^{2+} 펌프, Ca^{2+} 교환운반체, Ca^{2+} 이온통로의 활성이 제어됨으로써 Ca^{2+} 농도가 조절된다(그림 15.28에서처럼). 휴지 세포의 세포질에서 Ca^{2+} 농도는 전형적으로 약 10^{-7} M 정도의 아주 낮은 농도로 유지된다. 이와는 반대로, 세포질에 비해 세포외 공간 또는 소포체의 내강(lumen) 또는 식물세포의 액포(vacuole)에서 Ca^{2+} 농도는 전형적으로 1만 배 정도 더 높다. 세포질의 Ca^{2+} 농도가 매우 낮게 유지되는 이유로는 (1) 원형질막과 소포체의 막에 존재하는 Ca^{2+} 통로들은 보통 닫힌 상태로 존재하기 때문에, Ca^{2+}에 대해 막이 매우 불투과성을 띄게 하고, (2) 원형질막과 소포체의 막에 존재하는 에너지-추진 Ca^{2+} 수송체계가 Ca^{2+}을 세포질로부터 퍼내기 때문이다.[2] 뇌졸중 발생 후 뇌세포에서 일어나는 것과 같이, 세포질 Ca^{2+} 농도의 비정상적인 증가는 대량의 세포 죽음을 야기할 수 있게 된다.

IP_3와 전압-관문 Ca^{2+} 통로

우리는 앞서 두 가지 중요한 유형의 신호전달수용체인 GPCR와 RTK에 대해 알아보았다. 635쪽에 나와 있듯이, GPCR과 세포외 정보전달물질 분자가 상호작용을 하게 되면 포스포이노시티드 PIP_2를 분해하여 IP_3 분자를 방출하는 PLC-β를 활성화시켜 소포체 막에 있는 Ca^{2+} 통로를 개방함으로써 세포질의 Ca^{2+} 농도를 증가시키게 된다. 세포외 정보전달물질들은 RTK를 통해 신호전달을 하며 유사한 반응을 일으킬 수 있다. 가장 근본적인 차이는 RTK가 PLC-γ의 소집단(subfamily)에 속하는 구성요소들을 활성화시키는 것인데, 이 PLC-γ는 활성화되어 인산화된 RTK에 결합할 수 있는 SH2 영역을 가지고 있다. PLC 동형들은 여러 가지 다른 종류가 존재한다. 이를테면, PLCδ는 Ca^{2+}에 의해 활성화되고, PLCε은 Ras-GTP에 의해 활성화된다. 모든 PLC 동형들은 동일한 반응을 수행하여 IP_3를 생성하고, 다수의 세포표면 수용체들을 연결하여 세포질 Ca^{2+} 농도를 증가시킨다. 8.16절에서 시냅스 전달에 대해 설명할 때 언급했던 세포질의 Ca^{2+} 농도 상승을 야기하는 또 다른 주요 경로가 존재한다. 이 경우 신경자극은 원형질막의 탈분극화(depolarization)를 유도하고, 이로 인해 원형질막에 존재하는 전압-관문 칼슘 통로(voltage-gated calcium channel)가 열리면서 세포 밖의 배지로부터 Ca^{2+}이 유입되도록 한다.

살아 있는 세포에서의 세포질 Ca^{2+} 농도의 실시간적 시각화

유리형 칼슘(Free calcium)의 존재 하에 빛을 발산하는 표지물질의 개발로 인해 세포 반응에서 Ca^{2+} 이온의 역할을 이해하는 측면에 있어서 대단한 발전이 이루어졌다. 1980년대 중반, 캘리포니아대학교 샌디에이고 캠퍼스(University of California, San Diego)의 로저 첸(Roger Tsien) 실험실에서 매우 민감하면서 형광을 내는 새로운 유형의 칼슘-결합 화합물[예: 퓨라-2(*fura-2*)]이 개발되었다. 이들 화합물은 확산에 의해 세포의 원형질막을 통과하여 세포 안으로 들어갈 수 있는 형태로 합성되었다. 한 번 세포 안으로 들어가게 된 화합물은 세포를 떠날 수 없는 형태로 바뀌게 된다. 이러한 탐침자(probe)를 사용해서 형광현미경과 컴퓨터 영상처리기술을 이용하여 방출된 빛을 측정함으로써 살아 있는 세포의 여러 다른 부위에서 나타나는 유리 칼슘 이온의 농도를 시간에 따라 측정할 수 있다. 칼슘에 민감하고, 빛을 발산하는 분자를 사용하면, 다양한 유형의 자극에 대해 반응하여 1개의 세포 안에서 복잡하게 일어나는 세포질 유리 칼슘 농도의 공간적 그리고 시간적 변화에 대해 인상적인 영상을 얻을 수 있다. 다른 유형의 정보전달물질들이 매개하는 반응이 세포 안에서의 위치를 바로 시각화할 수 없다는 점과 비교하여 보았을 때, 이것은 칼슘-매개 반응의 연구에 있어서 장점 중 한 가지가 될 수 있다. 그림 15.11에서 볼 수 있듯이, 특정 자극은 반응하는 세포 유형에 따라 유리 칼슘 이온의 농도에 반복적인 진동을 유발할 수 있는데, 이는 자극에 의해 세포의 한쪽 끝에서 다른 쪽 끝으로 퍼져 나가는 Ca^{2+} 방출 파동을 야기하거나(그림 15.29 참조), 세포의 한 부분에서 Ca^{2+}의 국지적이고 일시적인 방출을 일으킨다. **그림 15.27**은 시냅스 후 수상돌기(postsynaptic dendrite)의 정교한 네트워크를 통해 수천 개의 다른 세포들과의 시냅스 접촉을 유지하고 있는 퍼킨지(Purkinje) 세포를 보여주고 있는데, 이는 포유류 소뇌에 존재하는 신경세포의

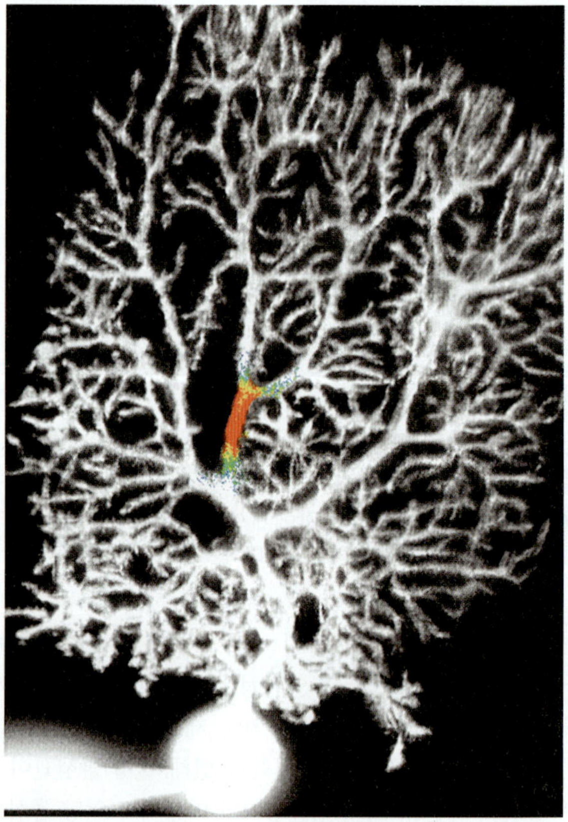

그림 15.27 뉴런내 단일 수상돌기 안에서 세포내 Ca^{2+}의 국지적 방출을 보여주는 실험 시연. 그림 15.10에 세포내 저장소로부터 IP_3가 조절하는 Ca^{2+} 방출 기작이 설명되어 있다. 위의 현미경 사진은 소뇌에 있는 매우 복잡한 퍼킨지 세포(뉴런)를 촬영한 것으로, 칼슘 이온이 "수상돌기 나무(dendritic tree)"의 일부분에서만 국지적으로 방출되고 있다. 소포체 수상돌기에서 칼슘 방출(빨간색으로 표시)은 IP_3의 국지적인 생산에 뒤이어 유도되었으며, 이 과정에 이어서 인접한 시냅스의 반복적인 활성화가 유도된다. 세포질 Ca^{2+} 방출부위는 세포를 자극하기 전에, 세포에 투여한 칼슘 형광표시제가 나타내는 형광에 의해 보이게 된다.

출처: Elizabeth A. Finch and George J. Augustine, *Nature*, vol. 396, cover of 12/24/98에서 발췌. Macmillan Publishers Limited의 허가를 얻음.

[2]미토콘드리아는 Ca^{2+} 격리 및 분비에 중요한 역할을 수행한다. 이 내용은 제9장에서 다뤘기에 여기에서는 논의하지 않음.

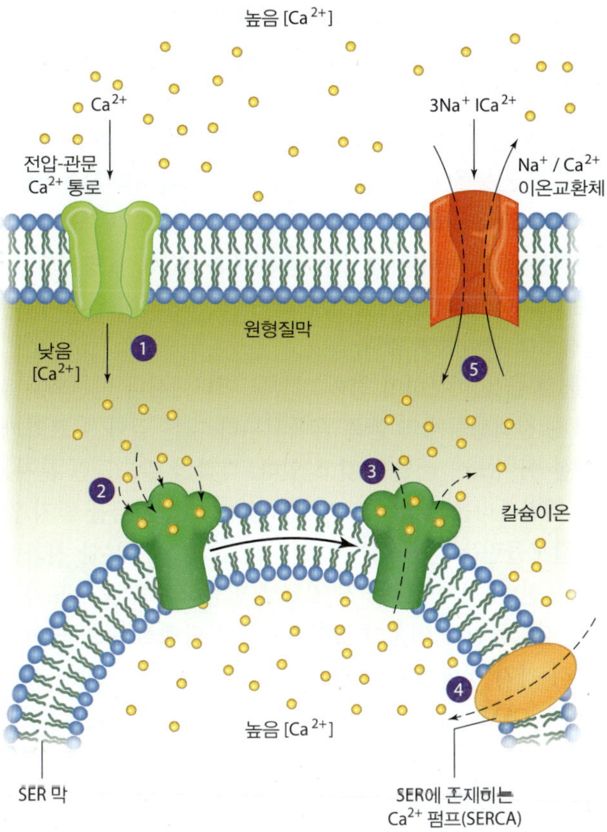

그림 15.28 심근 세포에서 발생하는 칼슘-유도성 칼슘 방출(calcium-induced calcium release). 막 전압의 탈분극화가 일어나면 원형질막의 전압-관문(voltage-gated) 칼슘통로가 열려서 소량의 칼슘이 세포질로 들어오게 된다(1단계). SER 막에 존재하는 리아노딘 수용체와 칼슘 이온이 결합하면(2단계), 저장된 Ca^{2+}을 세포질로 방출되게 하여(3단계), 세포의 수축을 유발한다. 뒤이어 세포질의 칼슘 이온들이 SER 막의 Ca^{2+} 펌프(4단계)와 원형질막의 Na^+/Ca^{2+} 이차 수송계(5단계)의 작용에 의해 제거되면, 세포 이완이 일어나게 된다. 심장 박동 후 이 주기는 매번 반복된다.

출처: Michael Berride, *Nature* 361:317, 1993에서 발췌. Macmillan Publishers Ltd의 허가를 얻음.

한 가지 유형이다. 그림 15.27의 현미경 사진은 시냅스의 활성화가 일어난 후 세포의 "수상돌기 나무(dendritic tree)"의 국지적 부위에서 유리 칼슘이 방출되는 것을 보여주고 있다. 세포의 이 지역에만 한 번에 쏟아진 칼슘 방출이 국한되어 남아 있게 된다.

이전에 설명한 IP_3 수용체는 소포체 막에 있는 두 가지 주요한 유형의 Ca^{2+} 이온 통로 중 하나이며, 또 다른 유형은 독성 식물 알칼로이드인 리아노딘(ryanodine)과 결합하기 때문에 **리아노딘 수용체**(*ryanodine receptor, RyR*)라고 불린다. 리아노딘 수용체는 활동전위(action potential)가 도달한 후 일어나는 Ca^{2+} 농도 증가를 조정하는 흥분성 세포(excitable cell)에서 주로 발견되며 심근세포와 골격근세포에서 가장 많은 연구가 진행되어 있다. 운동을 하는 동안 발생하는 돌연사는 심근세포 RyR 동형의 돌연변이와 관련이 있다. 이들이 발견되는 세포 유형에 따라, RyR은 칼슘 자체를 포함한 여러 가지 물질에 의해 열리게 된다. 제한된 양의 칼슘이 원형질막의 열린 통로로 유입되면 소포체에 존재하는 리아노딘 수용체가 열리도록 유도하여 Ca^{2+}이 세포질로 방출되게 한다(**그림 15.28**). 이러한 현상은 **칼슘-유도성 칼슘 방출**(*calcium-induced calcium release, CICR*)이라고 불린다.

세포외 신호는 Ca^{2+} 이온을 통해 전달되어 일반적으로 자극 부위의 세포표면에서 소수의 Ca^{2+} 이온 통로를 열어 작용한다. 통로를 통해 Ca^{2+} 이온이 신속하게 이동하여 세포질로 유입되면, 유입된 칼슘은 근처 소포체에 있는 Ca^{2+} 이온 통로들에 작용하여 통로를 열어서 칼슘이 인접한 세포질 부위에 추가적으로 방출되게 한다. 몇몇 반응에서는 칼슘 농도의 증가된 상태가 (그림 15.27와 같이) 세포질의 일부 지역에 그대로 유지된다. 다른 경우에서는 칼슘 방출의 증폭된 파동이 전반적인 세포질 구획을 통해 퍼져 나간다. 가장 인상적인 Ca^{2+} 파동 중 한 가지는 수정 후 최초의 1분 내에 일어나는 것으로, 이것은 정자가 난자의 원형질막에 접촉함으로써 발생한다(**그림 15.29**). 수정이 일어난 후 세포질에서 칼슘 농도의 급격한 증가는 접합체가 첫 번째 유사분열을 할 수 있게 유도하는 사이클린-의존성 인산화효소의 활성화(14.3절)를 포함하여 몇 가지 일들이 일어나게 한다. 칼슘 파동은 이온들이 세포질에서 순식간에 배출되어 소포체 또는 세포외 공간으로 되돌려지기 때문에 일시적이다.

칼슘 신호전달 분야의 최근 연구는 **저장고-작동 칼슘 유입**(*store-operated calcium entry, SOCE*)으로 알려진 현상에 주목하고 있으며, 여기서 "저장고"는 소포체에 저장된 칼슘을 말한다. 세포 반응이 반복적으로 일어나는 동안에 세포 안에 비축된 칼슘 이온이 고

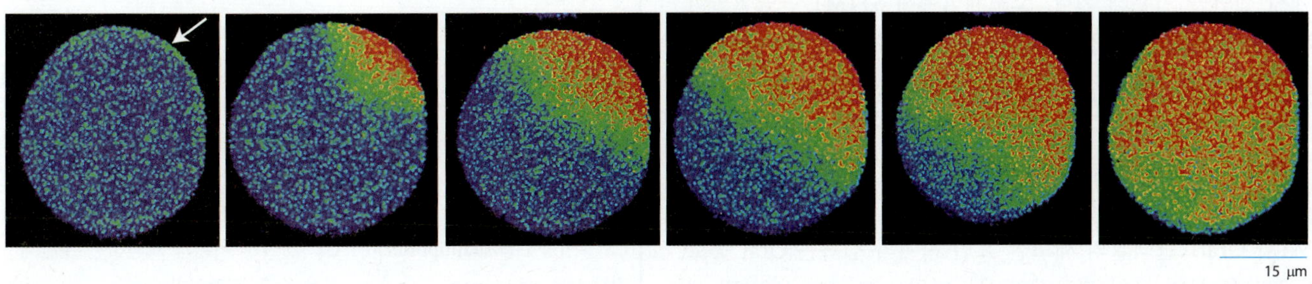

그림 15.29 수정 중인 정자에 의해 불가사리 난자에서 유도된 칼슘 파동. 수정되지 않은 난자에 칼슘에 민감한 형광 염료를 주입하고, 수정시킨 후 10초 간격으로 사진 촬영을 하였다. Ca^{2+} 농도 상승이 정자가 도입된 지점(화살표)으로부터 난자 전체를 통해 확산되는 것이 보인다. 파란색이 낮은 유리형 [Ca^{2+}] 농도를 가리키는 반면에, 빨간색은 높은 유리형 [Ca^{2+}] 농도를 가리킨다. 포유류 난자에서는 수정 중인 정자에 의해 난자로 도입된 인지질분해효소 C에 의해 IP_3가 형성됨으로써 유사한 Ca^{2+} 파동이 유발된다.

출처: Courtesy of Stephen A. Stricker

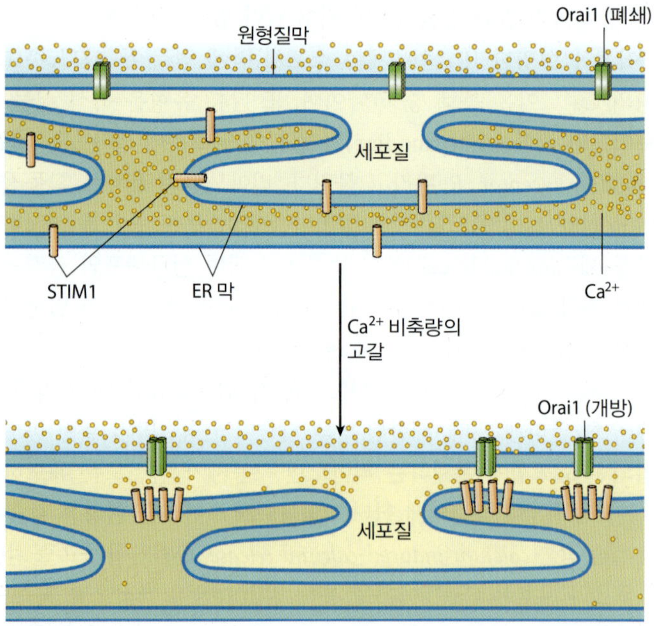

그림 15.30 저장고-작동 칼슘 유입(store-operated calcium entry)의 모형. 소포체 내강에 충분한 양의 Ca^{2+}이 있을 때, 소포체막에는 STIM1 단백질이, 원형질막에는 Orai1 단백질이 각각의 막에 분산되어 있고, Orai1 칼슘통로는 닫혀 있다. 만약 ER 비축량이 고갈되면, 2개의 막 사이에 존재하는 신호체계가 작동하여 두 종류의 단백질들이 각각의 막에서 집단을 이루어 서로 가까운 위치에 있도록 한다. 두 종류의 막단백질들 사이에서 일어나는 정확한 상호작용은 Orai 1 통로를 열어 Ca^{2+} 이온이 세포질로 유입되게 만들고 이곳으로부터 칼슘 이온들이 ER 내강으로 주입되게 할 수 있다.

갈될 수 있다. **그림 15.30**에서 볼 수 있듯이, SOCE가 일어나는 동안 소포체에서 칼슘이 고갈되면 원형질막에 존재하는 칼슘통로들이 열리는 반응이 촉발된다. 일단 이들 통로가 열리면 세포질로 Ca^{2+} 이온들이 들어갈 수 있게 되면서 칼슘을 소포체로 되돌려 보냄으로써 소포체의 칼슘 비축량을 보충시킨다. SOCE에 관여하는 기작은 이러한 반응들이 소포체와 원형질막 사이에서 작용하는 신호체계에 의해 조절된다는 것이 발견되기 전까지, 몇 년 동안 풀리지 않는 미스터리로 남아 있었다. 이 신호체계에서, 소포체의 Ca^{2+}이 고갈되면 소포체와 세포막이 근접하게(25~50 nm) 서로에게 도달하는 영역으로 STIM1이라고 불리는 Ca^{2+}-인지 단백질(Ca^{2+}-sensing protein)이 소포체막에서 집단을 이루게 된다. 소포체막에서 STIM1 단백질들이 재배열되면 이 STIM1 단백질 무리는 Orai1이라는 원형질막 단백질의 소단위를 원형질막의 인접한 영역으로 모으는 역할을 한다(그림 15.30). Orai1은 4량체 Ca^{2+} 이온통로로 T 림프구(lymphocytes)에서 Ca^{2+} 저장이 결여될 때 유도되는 특정 유형의 유전적 인간면역결핍에 관여하는 것으로 밝혀졌다. 이러한 소포체-원형질막 접합부에서 STIM1과 Orai1 단백질의 세포질 표면 사이의 접촉은 Orai 통로의 개방, STIM1 무리 근처 세포질의 극소범위로 Ca^{2+}의 유입 및 세포 소포체 저장소의 재충전으로 이어진다.

Ca^{2+}-결합 단백질

일반적으로 단백질 인산화효소를 자극시켜 조절되는 cAMP와는 다르게 칼슘은 단백질 인산화효소(표 15.4 참조)를 포함하여 여러 다른 유형의 세포내 영향인자들에 영향을 줄 수 있다. 칼슘 이온은 세포 유형에 따라 다양한 효소와 수송체계를 활성화시키거나 억제할 수 있고, 막의 이온투과성을 변하게 하거나 막융합의 유도, 혹은 세포골격의 구조와 기능을 바꿀 수 있다. 칼슘은 몇 가지의 **칼슘-결합 단백질(calcium-binding protein)**과 함께 작용을 하며, 그 자체가 이런 반응을 일으키는 것은 아니다(예시들이 496쪽과 557쪽에 명시되어 있다). **칼모듈린(Calmodulin)**은 가장 많은 연구가 진행되어 있으며, 여러 신호전달경로에 관여하고 있다.

식물, 동물을 비롯하여 진핵 미생물 어디에서나 발견되는 칼모듈린은 전체 진핵생물체의 한쪽 끝에서부터 다른 끝에 이르기까지 거의 동일한 아미노산 서열을 갖고 있다. 각각의 칼모듈린 분자는 4개의 칼슘 결합자리를 포함하고 있다(**그림 15.31**). 자극을 받지 않은 세포에서 칼모듈린은 칼슘 이온과 결합할 수 있는 충분한 친화력을 갖고 있지 못한다. 하지만 주어진 자극에 반응하여 칼슘 농도가 증가하게 되면, 칼모듈린과 이온이 결합함으로써 단백질 구조 변화를 유도하고 여러 가지 영향인자들에 대한 친화력을 증가시킨다. 칼슘-칼모듈린(Ca^{2+}–CaM) 복합체는 세포의 종류에 따라 단백질 인산화효소,

표 15.4 Ca^{2+}의 작용으로 활성화되는 포유동물 단백질의 예

단백질	단백질 기능
트로포닌 C(Troponin C)	근육 수축의 조절인자
칼모듈린(Calmodulin)	단백질 인산화효소 및 기타 효소들 (MLCK, CaM-인산화효소 II, 아데닐산 고리화효소 I)의 일반적인 조절인자
칼레티닌(calretinin), 레티닌(retinin)	구아닐산 고리화효소의 활성인자
칼시뉴린 B(calcineurin B)	인산가수분해효소
칼페인(calpain)	단백질분해효소
PI-특이적 PLC	IP_3 및 디아실글리세롤의 생성자
α-액티닌 (α-actinin)	액틴-묶음 단백질
아넥신(annexin)	내포작용 및 외포작용과 관련됨, PLA_2 저해
인지질분해효소 A_2	아라키돈산의 생산자
단백질 인산화효소 C	일반적인 단백질 인산화효소
겔솔린(gelsolin)	액틴-절단 단백질
IP_3 수용체	세포내 Ca^{2+} 방출 영향인자
리아노딘 수용체 (Ryanodine receptor)	세포내 Ca^{2+} 방출 영향인자
Na^+/Ca^{2+} 교환운반체	원형질막을 경계로 Ca^{2+}과 Na^+을 교환시키는 영향인자
Ca^{2+}-ATPase	막을 통과하여 Ca^{2+}을 유입시킴
Ca^{2+}-이향수송체(antiporter)	Ca^{2+}을 1가 이온과 교환하는 운반체
칼데스몬(caldesmon)	근육 수축 조절인자
빌린(villin)	액틴 구성인자
어레스틴(arrestin)	광수용체 반응의 종결인자
칼세퀘스트린(calsequestrin)	Ca^{2+} 완충작용

D. E. Clapham, *Cell* 80:260, 1995, by copyright permission of Cell Press. Cell by Cell Press에서 인용. Cell Press의 허가를 득함.

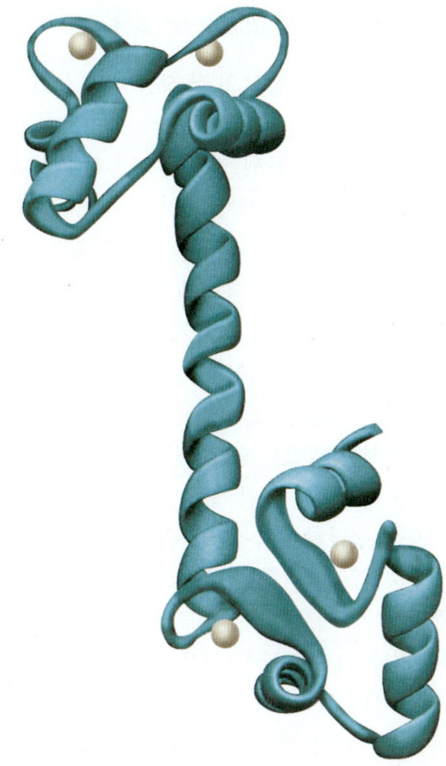

그림 15.31 **칼모듈린.** 4개의 칼슘 이온(하얀색 공)이 결합된 칼모듈린(CaM)의 리본 도해. 이들 Ca^{2+} 이온의 결합으로 인하여 칼모듈린의 구조가 변하면, 소수성 표면이 노출되어 많은 종류의 표적 단백질들과 Ca^{2+}-CaM의 상호작용이 촉진된다.

출처: Michael Carson, University of Alabama at Birmingham 제공.

고리형 뉴클레오티드 포스포디에스터라아제(cyclic nucleotide phosphodiesterase), 이온통로, 혹은 원형질막의 칼슘-수송 체계와도 결합할 수 있다. 후자의 경우, 칼슘 농도 증가는 세포에서 과량의 이온을 제거하는 역할을 하는 체계를 활성화시키므로, 낮은 세포내 칼슘 농도를 유지하기 위한 자가조절기작을 구성한다. Ca^{2+}-CaM 복합체는 또한 전사인자들을 인산화시키는 역할을 하는 다양한 단백질 인산화효소(CaMK)들의 활성화를 유도하여 유전자 전사를 촉진시킬 수도 있다. 가장 잘 이루어진 연구의 예를 들면, 이들 단백질 인산화효소 중 한 가지는 PKA와(그림 15.14) 마찬가지로 CREB의 세린 잔기를 인산화시킨다.

식물세포에서 칼슘 농도의 조절

칼슘 이온(칼모듈린과 함께 작용하는 칼슘)은 식물세포에서 중요한 세포내 정보전달물질로 작용한다. 어떤 식물세포 안에서 세포질의 칼슘 농도는 빛, 압력, 중력 그리고 아브시스산(abscisic acid)과 같은 식물호르몬 농도 변화를 포함하는 다양한 자극에 대한 반응으로 인하여 극적으로 변화한다. 원형질막과 액포막(tonoplast)에 위치하고 있는 수송단백질의 작용에 의해 휴면 중인 식물세포의 세포질 안 Ca^{2+} 농도는 매우 낮게 유지된다.

식물의 잎에 있는 기공(stomata)의 직경을 조절하는 공변세포(guard cell)로부터 식물세포 신호전달과정에서 Ca^{2+}의 역할을 확인할 수 있다(**그림 15.32a**). 식물에서 기공은 수분 손실이 일어나는 주

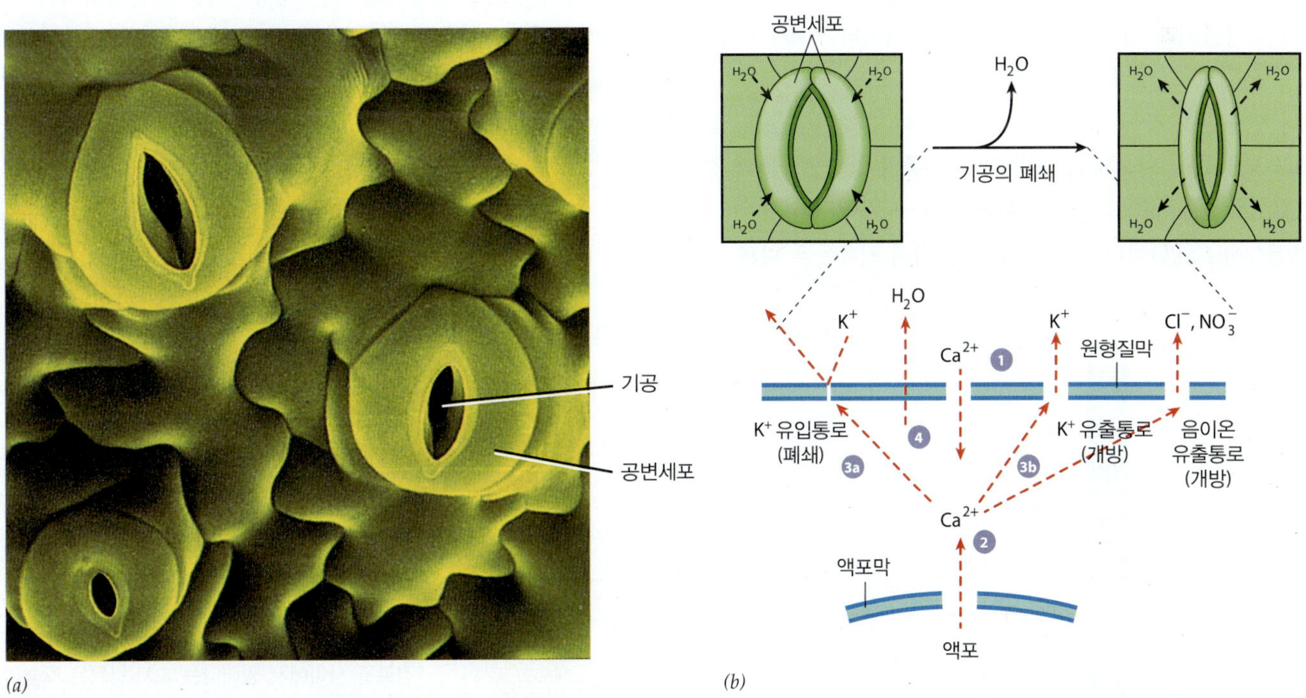

그림 15.32 **공변세포 폐쇄에서 Ca^{2+} 역할의 단순화된 모형.** (*a*) 기공의 측면에 있는 각각 한 쌍의 공변세포 사진. 공변세포내 팽압이 높게 유지되면 기공이 열린 상태를 유지하여 그림에서 볼 수 있듯이 바깥쪽으로 돌출하게 된다. (*b*) 호르몬인 아브시스산(abscisic acid, ABA)은 기공의 크기를 조절하는 인자들 중 한 가지이다. ABA 농도 상승은 원형질막의 칼슘 이온 통로를 열리게 하여 칼슘이 유입되게 하고(1단계), 이는 내부 저장고로부터 Ca^{2+} 방출을 촉발시킨다(2단계). 세포내 Ca^{2+} 농도가 추가로 상승하면 K^+ 유입통로가 폐쇄되고(3a 단계), K^+와 음이온 유출통로를 개방한다(3b 단계). 이러한 이온의 이동에 의해 내부의 용질 농도가 낮아지고, 삼투적으로 수분 손실을 일으킨다(4단계). (이 과정에서 단백질 인산화효소에 의한 인산화 또한 중요한 역할을 한다.)

출처: Dr. Jeremy Burgess/photo Researchers, Inc에서 제공.

요한 부위이고, 탈수를 방지하기 위해 구멍의 직경은 엄격하게 조절된다. 기공의 직경은 공변세포에서 팽압(turgor pressure)이 감소됨에 따라서 줄어들게 된다. 공변세포의 이온농도(삼투압, osmolarity) 감소로 인해 팽압의 감소가 발생한다. 식물 스트레스호르몬인 아브시스산은 고온이나 낮은 습도와 같은 열악한 조건에 놓였을 때 방출이 촉진된다. 최근의 연구결과들은 동일한 막에서 Ca^{2+} 이온 통로가 열리게 하는 아브시스산은 공변세포의 원형질막에 있는 G단백질결합수용체와 결합하여 작용한다는 것을 시사하고 있다(그림 15.32*b*). 세포질로 Ca^{2+} 유입의 결과는 세포내 저장고로부터 추가적인 Ca^{2+} 방출을 일으킨다. 세포질 Ca^{2+} 농도의 증가는 원형질막에서의 K^+ 유입통로 폐쇄 및 K^+과 음이온 유출통로의 개방을 유도한다. 이러한 변화들은 K^+ 이온 및 음이온(NO_3^- 및 Cl^-)의 순유출을 일으키기 때문에 결과적으로 팽압이 감소하게 된다.

15.13 다른 신호전달경로들 사이의 수렴, 분기, 교차반응

앞에서 세포표면의 수용체로부터 최종 목적지까지 직접 도달하는 직선상의 경로들로 신호전달경로들을 설명하였고, 다양한 그림들로 도식화하여 나타내었다. 세포 안에서 신호전달경로들은 실제로는 훨씬 더 복잡하다. 예컨대:

- 여러 가지 서로 관련이 없는 수용체들이 각각 자신의 리간드와 결합하여 받아들이게 된 신호들은 수렴(*converge*)되어 Ras나 Raf와 같은 공통 영향인자를 활성화시킬 수 있다.
- EGF나 인슐린과 같이 동일한 리간드로부터 유래한 신호는 다양한 세포 반응들을 일으키는 여러 다른 종류의 영향인자들과 경로들을 활성화시키기 위하여 분기(*diverge*)될 수 있다.
- 교차반응(*cross-talk*)이라고 하는 현상에 의해 신호들은 다른 경로들 사이를 왔다갔다 하면서 전달될 수 있다.

그림 15.33에 세포신호전달경로의 특징들이 도식화되어 설명되어 있다.

신호전달경로는 세포를 통해 정보를 발송하는 기작을 사용하는데, 이는 중추신경계가 정보를 신체의 여러 기관으로 전달하거나 아니면 여러 기관으로부터 정보를 전달받는 방법과는 다르다. 중추신경계가 여러 감각기관으로부터 환경에 대한 정보를 수집하는 것과 마찬가지로, 세포는 세포외 자극을 탐지하는 센서와 같은 작용을 하는 여러 수용체들의 활성화를 유도하여 환경에 대한 정보를 받는다. 특정한 형태의 자극(예: 빛, 압력, 음파)에 민감한 감각기관들처럼, 특정한 리간드에 대해서만 결합을 할 수 있는 세포-표면 수용체들은 많은 수의 관련 없는 분자들의 존재에도 영향을 받지 않는다. 세포 내부로 동시에 신호를 전달하는 수십 가지 다른 종류의 수용체들이 단일 세포에 존재할 수 있다. 이들 수용체로부터 유래한 신호들은 일단 세포 내부로 전달된 후 세포의 분열, 모양 변화, 특정한 대사 경로의 활성화를 유도하거나 심지어 자살(다음 절에서 설명함)을 하게 만드는 몇 가지의 다른 신호전달경로들을 따라 선택적으로 발송될 수 있다. 이러한 방식으로 세포는 여러 가지 다른 원천으로부터 도달한 정보들을 통합하여서 적절하고 포괄적인 반응을 개시한다.

서로 다른 신호전달경로는 종종 상호 연결된다. 결과적으로, 서로 연관이 없는 다양한 리간드들로부터 오는 신호는 Ras와 같은 공통 영향인자를 활성화시키기 위해 수렴할 수 있으며, 동일한 리간드로부터의 신호는 다양하고 다른 영향인자들을 활성화시키기 위해 분기할 수 있고, 신호는 서로 다른 경로 사이에서 왔다갔다(교차)하며 전달될 수 있다.

1. **수렴(*convergence*).** 두 가지 다른 유형의 세포표면 수용체인 GPCR과 RTK에 대해서는 이미 설명하였다. 제11장에서 신호전달을 할 수 있는 또 다른 유형의 세포-표면 수용체인 인테그린(integrin)에 대해 설명하였다. 아주 다른 유형의 리간드들과 결

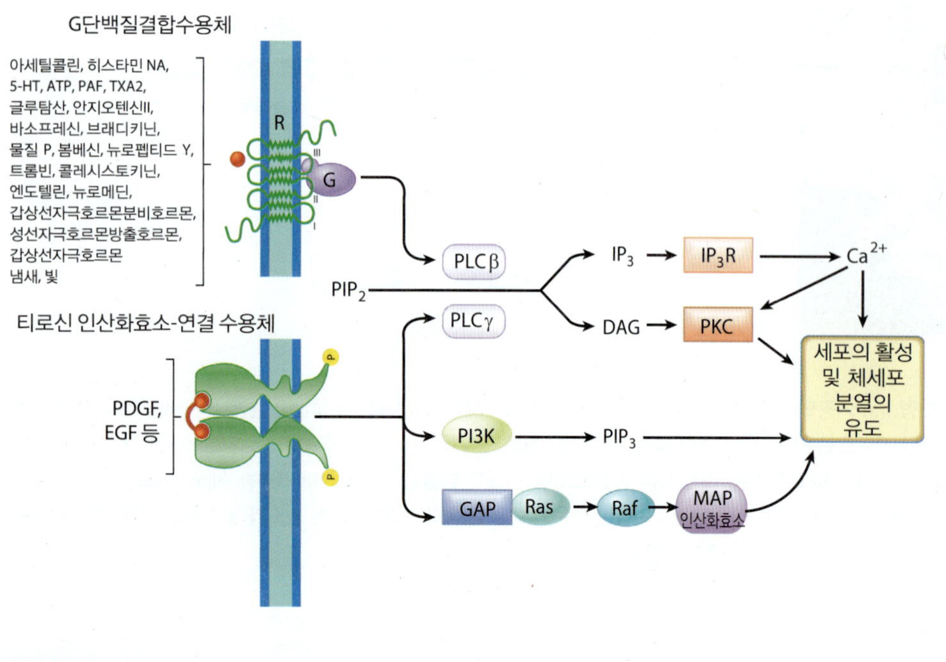

그림 15.33 **다양한 신호변환 경로에서 수렴, 분기, 교차-반응의 예시.** 이질3량체인 G단백질과 수용체 단백질-티로신 잔기 인산화효소를 통해 작용하는 수용체들에 의해 시작되는 신호전달경로의 개요가 그림에 나타나 있다. 동일한 2차 정보전달물질(IP_3와 DAG)을 생산하는 두 가지 수용체들은 서로 다른 인지질분해효소 C 동형들을 활성화시켜 수렴되는 것으로 보인다. 분기의 예로는, PDGF나 EGF에 의한 RTK의 활성화가 세 가지 다른 경로들을 통해 신호를 전달하는 것이다. 두 가지 유형의 경로들 사이에서 일어나는 교차-반응은 칼슘 이온에 의해 설명될 수 있는데, 칼슘 이온은 IP_3의 작용으로 인하여 SER로부터 방출되며, DAG에 의해 자극되는 단백질 인산화효소 C(PKC)를 비롯한 다양한 단백질들에 작용할 수 있다.

출처: M. J. Berridge, *Nature* Vol. 361, p. 315, 1993에서 발췌. 저작권 1993. Nature Publishing Group의 허가를 얻어 재인쇄함.

합할 수 있는 이들 세 가지 유형의 수용체들은 모두 원형질막에서 아주 근접한 곳에 위치한 연계 분자 단백질 Grb2의 SH2 영역이 결합할 수 있는 인산-티로신 결합부위를 형성할 수 있다(**그림 15.34**). Ras는 Grb2-Sos 복합체가 모이게 되면 활성화가 일어나고, MAP 인산화효소경로를 따라 신호가 전달된다. 다양한 수용체의 신호들은 이러한 신호 수렴의 결과로서 각각의 표적세포에서 유사한 성장-촉진 유전자 집단들의 전사와 번역을 일으킬 수 있다.

2. ***분기(divergence).*** 이 장에서 설명한 거의 모든 신호전달의 예에서 신호 분기의 증거는 명확하다. 단일 자극—G단백질결합수용체 또는 인슐린수용체와 리간드의 결합—이 여러 가지 다른 경로들을 따라서 신호를 전달하는 방법이 그림 15.15이나 그림 15.25*b*,*c*에 나타나있다.

3. ***교차반응(cross-talk).*** 앞 절에서, 마치 독립적인 직선상의 연쇄 사건들처럼 작동되는 몇 가지 신호전달경로들을 살펴보았다. 실제로 세포에서 작동하는 정보회로는 한 경로에서 생성된 구성성분이 다른 경로에서 발생하는 일에도 참여할 수 있는 상호연결된 거미줄을 닮았다. 신호전달경로 사이의 더 많은 교차반응은 세포 안에서 일어나는 신호전달에 관해 더 많이 알면 알수록 발견된다. 정보가 세포 내에서 여기저기 전달될 수 있는 방법을 분류하기보다는, 이러한 유형의 교차반응의 중요성을 보여주는 cAMP와 관련된 예시를 살펴볼 것이다.

초기에 포도당 동원(glucose mobilization)을 일으키는 다단계 반응의 개시자로서 cAMP를 설명하였다. 하지만 섬유아세포와 지방세포를 비롯한 다양한 세포의 성장 또한 cAMP가 MAP 인산화효소 다단계 반응을 통해 전달되는 신호들을 차단함으로써 저해될 수 있다. cAMP는 MAP 인산화효소 다단계 반응의 맨 앞에 있는 단백질인 Raf를 인산화시키고 억제할 수 있는 cAMP-의존성 인산화효소인 PKA를 활성화시킴으로써 세포성장 저해작용을 한다고 생각된다(**그림 15.35**). 이들 두 경로는 또 다른 중요한 신호전달 영향인자인 전사인자 CREB에서도 교차하고 있다. 639쪽에 나와 있는 CREB는 cAMP-매개 경로의 최종 영향인자이다. CREB는 cAMP-의존성 인산화효소인 PKA에 의해서만 인산화될 수 있을 것이라고 수년 동안 추측되어 왔다. 그렇지만 실제 CREB는 훨씬 더 많은 종류의 인산화효소에 대해 기질로 작용한다는 사실이 명백해졌다. 가령, CREB를 인산화시키는 인산화효소 중 한 가지인 Rsk-2는 MAPK에 의한 인산화로 인하여 활성화된다(그림 15.35). 실제로 PKA와 Rsk-2는 모두 정확하게 동일한 아미노산 잔기인 Ser133에서 CREB를 인산화시키는데, 이는 두 가지 경로를 통해 전사인자에게 동일한 잠재력을 부여해 주는 것이다.

"어떻게 다른 자극들이 유사한 경로를 활용하더라도 뚜렷하게 구별되는 반응들을 일으킬 수 있는 것일까?"와 같이 수렴, 분기 그리고 교차반응에 대한 예시들로부터 풀리지 않는 중요한 의문이 제

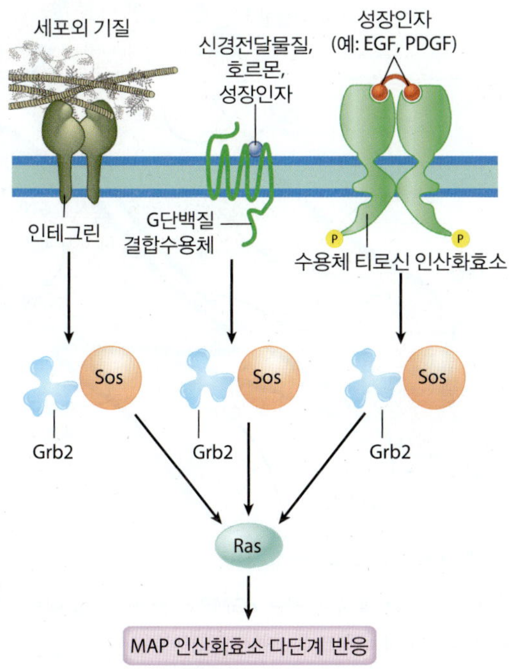

그림 15.34 신호들이 G단백질결합수용체, 인테그린 그리고 수용체 티로신 인산화효소로부터 신호들이 전달되면 모두 Ras로 수렴된 후 MAP 인산화효소 다단계 반응을 따라 전달된다.

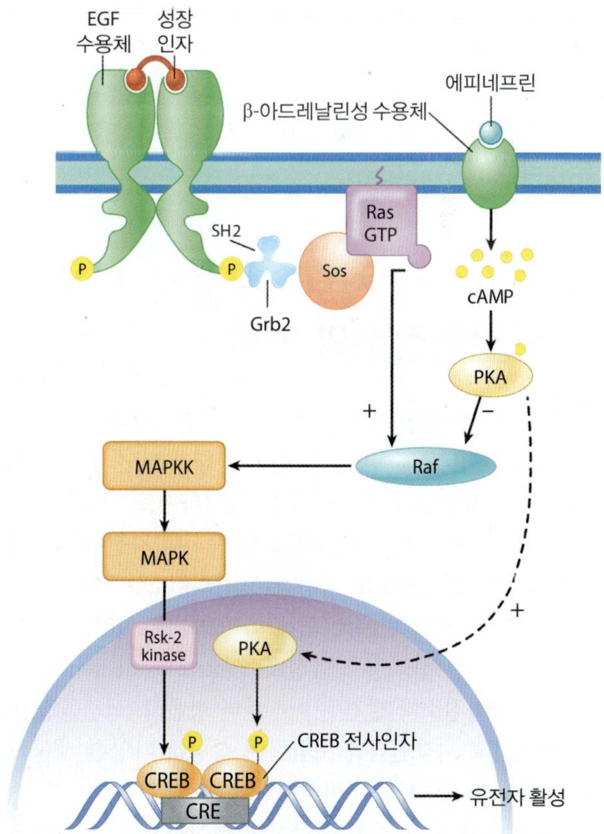

그림 15.35 두 가지 주요 신호전달경로 사이에 발생하는 교차-반응의 예. cAMP는 일부 세포에서 cAMP-의존형 인산화효소인 PKA를 통해 Ras로부터 Raf로 신호가 전파되는 것을 저해하는 작용을 하여 MAP 인산화화효소 다단계 반응이 활성화되는 것을 막는다. 덧붙여, PKA와 MAP 인산화효소 다단계 반응에 관여하는 인산화효소들에 의해 전사인자인 CREB에 있는 동일한 세린 잔기들의 인산화가 일어나서 이에 대한 결과로 전사인자가 활성화됨으로써 CREB가 DNA에 있는 특정한 부위와 결합할 수 있게 한다.

기된다. 세포외기질의 세포부착, 인슐린과 EGF를 비롯하여 현저하게 다른 종류의 자극에 반응하여 활성화되는 PI3K를 예로 들 수 있다. 간세포에서 인슐린의 자극에 반응하여 PI3K가 활성화될 때에는 GLUT4의 위치이동과 단백질 합성이 촉진되는 반면에, 부착된 상피세포에서 PI3K의 활성화에 의해 세포 생존이 촉진되는 것은 어떻게 일어나는가? 궁극적으로 이렇게 대비되는 세포 반응들은 세포 유형 간의 단백질 조성 차이 때문일 것이다. PI3K를 비롯한 다양한 단백질들에 대해 각기 다른 종류의 세포들이 다른 종류의 동형을 갖고 있다는 사실에 아마 해답의 일부가 있을 것이다. 이러한 동형 중 일부는 상이하지만 근연관계에 있는 유전자들에 의해 암호화되는 반면, 어떤 것들은 선택적 이어맞추기(alternative splicing, 6.17절 참고) 혹은 다른 기작에 의해 생성된다. 이를테면 PI3K, PKB 또는 PLC의 상이한 동형들은 다른 집단에 있는 상류와 하류의 구성성분들과 결합할 수도 있으며, 이로 인해 유사한 경로들이 각기 다른 반응을 일으킬 수 있게 한다. 유사한 신호 단백질을 보유한 다른 세포에 의해 유발된 반응의 변화는 각 세포 유형에서 상이한 단백질 골격의 존재에 의해 부분적으로 설명될 수 있다. 그림 15.23에서 볼 수 있듯이, 반응의 특이성은 신호 단백질이 상호작용할 수 있는 골격들에 의해 조율될 수 있다. 그렇지만 동형과 골격의 변이가 뉴런의 구조 차이가 신경계에 의해 야기된 반응의 범주를 설명할 수 있는 것 이상으로 세포 반응의 특별한 다양성을 충분하게 설명할 수 있을 것 같지는 않다. 점점 더 많은 세포의 신호전달경로가 밝혀짐에 따라, 우리는 유사한 신호전달 분자들의 사용을 통해 얻을 수 있는 특이성을 더 잘 이해할 수 있을 것이다.

15.14 세포내 정보전달물질로서 산화질소의 역할

1980년대, 새로운 종류의 정보전달물질이 발견되었다. 이는 cAMP와 같은 유기화합물이나 Ca^{2+}과 같은 이온 형태가 아닌 무기 기체인 산화질소(nitric oxide)였다. 산화질소는 특이하게도 세포들 사이에서 연락을 매개하는 세포외 정보전달물질인 동시에 자신이 생성된 세포 내에서 2차 정보전달물질로도 작용한다. 산화질소는 산소와 NADPH의 존재 하에 진행되는 반응에 의해 아미노산 L-아르기닌으로부터 형성되며, 이 반응은 산화질소 합성효소(nitric oxide synthase)에 의해 촉진된다. 산화질소가 발견된 이후부터 항응고, 신경물질전달, 평활근 이완 그리고 시각인식을 포함하여 상당히 다양한 생물학적 과정에 관여하고 있다는 사실이 밝혀졌다.

기존에 밝혀진 여러 가지 생물학적 현상들처럼, 산화질소가 정보전달물질로 작용한다는 사실은 우연한 관찰에서 발견되었다. 체내에서는 아세틸콜린이 혈관내 평활근에 작용하여 근육을 이완시키지만, 시험관 내에서는 이 반응이 재현되지 않는다는 사실이 일반적으로 알려져 왔다. 즉, 시험관 속에서 대동맥과 같은 주요 혈관의 일부분을 생리적 활성 농도의 아세틸콜린과 함께 배양시켜도 준비한 시료에서는 어떠한 반응도 보이지 않았다. 1970년대 후반, 뉴욕주립의료원(New York State medical center)의 약리학자인 로버트 퍼치고트(Robert Furchgott)는 시험관 속에서 토끼의 대동맥 조각에 다양한 약물을 투여하고 반응을 살피는 연구를 했다. 초기 연구에서 Furchgott는 체내 장기로부터 분리된 대동맥 조각을 사용하였지만, 이후 기술적인 이유 때문에 대동맥 조직의 조각을 사용하는 대신 대동맥 벽륜(aortic ring)으로 바꾸어 실험하였고, 이 새로운 시료는 아세틸콜린에 반응하여 이완된다는 사실을 발견했다. 추가적으로 이어진 연구에서, 대동맥 조각을 분리해내는 과정에서 대동맥을 둘러싸고 있는 연약한 내피층이 떨어져 나갔기 때문에 대동맥 조각이 이완반응을 보이지 못했음이 밝혀졌다. 이러한 놀라운 발견은 내피세포가 인접해 있는 근육세포에 의한 수축과 이완반응에 어떤 식으로든 관여되어 있음을 시사하였다. 지속적으로 수행된 연구를 통하여, 아세틸콜린은 내피세포의 표면에 존재하는 수용체에 결합한 후, 세포 원형질막을 통해 확산되면서 근육세포를 이완시키는 물질을 생산하고 방출해낸다는 것을 발견하였다. 1986년 미국 캘리포니아대학교 로스앤젤레스 캠퍼스(University of California, LA)의 루이스 이그나로(Louis Ignarro)와 영국 웰컴 연구 실험실(Wellcome Research Labs)의 살바도르 몬까다(Salvador Moncada)에 의해 이렇게 확산 가능하며 근육을 이완시키는 물질이 바로 산화질소라는 것이 밝혀졌다. 아세틸콜린에 의해 이완반응이 일어나는 단계는 **그림 15.36**에 묘사되어 있다.

아세틸콜린이 내피세포의 바깥 표면에 있는 수용체와 결합하면(그림 15.36, 1단계), 세포질 내에서 Ca^{2+} 농도를 증가시키는 신호가

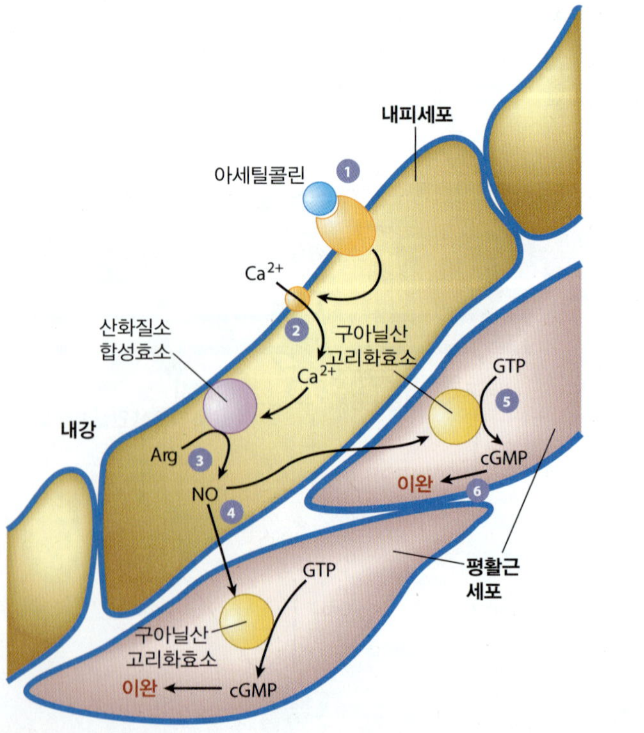

그림 15.36 혈관 확장을 유도하는 cGMP와 산화질소를 작동시키는 신호전달경로. 그림에 묘사된 각 단계는 본문에서 설명하였다.

출처: R. G. Knowles and S. Moncada, *Trends Biochem. Science* 17:401, 1992에서 발췌. Trends in Biochemical Sciences by International Union of Biochemistry Elsevier Ltd의 허가를 얻어 지적재산권 청산 센터를 통해 교과서 사용을 목적으로 재사용함..

발생하여(2단계) 산화질소 합성효소를 활성화시킨다(3단계). 내피세포 내부에서 만들어진 산화질소는 원형질막을 통과하여 인접한 평활근세포로 확산되어 들어가고(4단계), 이곳에서 산화질소는 구아닐산 고리화효소에 결합하여 활성화시킨다(5단계). 구아닐산 고리화효소는 cAMP와 구조적으로 유사한 주요 2차 정보전달물질인 cGMP를 합성하는 효소이다. cGMP는 cGMP-의존성 단백질 인산화효소(cGMP dependent protein kinase)와 결합하여 근육세포의 이완(6단계)과 혈관의 확장을 유도하는 특정한 기질들을 인산화시킨다.

구아닐산 고리화효소에 활성을 제공하는 산화질소

미국 버지니아대학교(University of Virginia)의 페리드 뮤라드(Ferid Murad)와 동료들은 1970년대 후반에 산화질소가 구아닐산 고리화효소(guanylyl cyclase)의 활성인자임을 밝혀냈다. 전자전달계의 강력한 억제제인 아지드(azide, N_3)에 대해 연구하고 있던 Murad는 우연히 아지드가 세포 추출물에서 cGMP 생산을 촉진한다는 사실을 알아내었다. 그후 Murad와 동료들은 효소작용에 의해 아지드가 산화질소로 전환되어, 실질적인 구아닐산 고리화효소의 활성인자의 역할을 한다는 것을 증명하였다. 또한 이 연구는 1860년대부터 심장으로 흐르는 부적절한 혈액의 흐름 때문에 발생하는 협심증의 통증을 치료하기 위해 사용되어 온 니트로글리세린(nitroglycerine)의 작용기작을 밝혀주었다. 즉, 니트로글리세린이 대사되어 산화질소가 생성되면, 심혈관을 둘러싸고 있는 평활근의 이완을 촉진시켜 심장으로 들어가는 혈류를 증가시킨다. 실제로 니트로글리세린이 의료적 관점에서 가져올 수 있는 혜택은 흥미 있는 관찰을 통해 발견되었다. Alfred Nobel(알프레드 노벨)의 다이너마이트 공장에서 심장질환을 앓고 있던 직원이 니트로글리세린을 다루며 일하는 날보다 일하지 않는 날에 협심증의 통증이 더욱 심하다는 것이 발견되었다. Nobel의 재산 기부에 의해 설립된 노벨재단이 1998년에 신호전달물질로서 산화질소를 발견한 사실에 대해 공로를 인정하고 노벨상을 수여했다는 것은 어쩌면 당연한 일이었다.

포스포디에스터라제의 억제

신호전달과정에서 2차 정보전달물질로서 산화질소의 발견은 비아그라(실데나필, sildenafil)의 개발로도 이어졌다. 자극에 의한 성적흥분이 일어나는 동안 음경에 있는 신경말단에서 산화질소를 분비하고, 산화질소는 음경의 혈관을 에워싸고 있는 평활근세포가 이완되도록 하여 혈관에 혈액이 가득 차도록 만든다. 앞서 논의했듯이, 산화질소는 구아닐산 고리화효소를 활성화시키고, 그에 따라 cGMP를 생산함으로써 평활근세포에서 이완반응을 매개한다. 실제로 비아그라 또는 관련 유사물질들은 산화질소의 생산이나 구아닐산 고리화효소의 활성화 과정에는 별 영향을 미치지 않지만, cGMP를 분해하는 cGMP 포스포디에스터라제(cGMP phosphodiesterase)의 억제제로 작용한다. 이 효소가 억제되면 cGMP가 증가된 농도로 유지되며, 평활근의 이완이 계속적으로 유지되어 발기가 지속되는 것을 돕는다. 비아그라는 여러 종류의 cGMP 포스포디에스터라제 가운데 음경에서 작용하는 유형인 포스포디에스터라제-5(PDE-5)에 대해 특이적으로 작용한다. 또 다른 종류인 PDE-3는 주로 심장근육의 수축조절에 관여하지만, 다행히 비아그라에 의해 영향을 받지 않는다. 원래 비아그라는 협심증치료제 개발을 목적으로 연구되었으나 환자들의 음경 발기를 유발하는 예기치 않은 부작용으로 다른 효과가 발견되었다.

최근 연구자들은 산화질소가 체내에서 cGMP 생산과 관련이 없는 다양한 작용을 한다는 것을 밝혀냈다. 가령 헤모글로빈, Ras 단백질, 리아노딘 통로, 카스페이스(caspase)를 포함한 수백 개가 넘는 단백질에 존재하는 몇몇 시스테인 잔기들의 SH기에 산화질소가 더해진다. 단백질 생산과정 중 이러한 번역 후 변형단계를 *S*-니트로실화(*S-nitrosylation*)라고 부르며, 이것은 단백질의 활성이나 전환(turnover) 또는 단백질 간의 상호작용을 변화시킨다.

15.15 세포사멸 (세포예정사)

세포사멸(Apoptosis) 또는 세포예정사(programmed cell death)는 일련의 계획에 따라 세포가 죽게 되는 정상적인 과정이다. 세포사멸에 의해 발생하는 세포의 죽음은 매우 정돈된 순차적인 과정으로(**그림 15.37**), 세포질과 핵의 부피가 전체적으로 수축하고, 인접 세포와의 부착력을 상실하며, 세포표면에 거품이 형성되고, 염색질이 작은 조각으로 쪼개지며 죽는 과정을 특징으로 하며, 마지막으로 식세포작용에 의해 신속하게 둘러싸여 소화되는 과정이 일어난다. 세포사멸은 괴사(*necrosis*)라고 불리는 또 다른 유형의 세포 죽음과 종종 비교되는데, 괴사는 일반적으로 신체적 외상이나 생화학적 손상을 일으키는 것이다. 세포사멸과 마찬가지로, 괴사 또한 조절이 가능하고 프로그램화된 과정으로도 발생할 수 있지만, 실제로는 세포사멸 과정처럼 질서정연하지는 않다. 즉, 괴사는 세포와 세포질 내부 기관의 팽창, 원형질막의 파괴, 세포 내용물 누출에 따른 염증 유발 등을 특징으로 한다. 반면에 세포사멸은 안전하고 질서 있게 순차적으로 일어나는 과정이기 때문에, 파편이 날아가는 것을 고려하지 않고 단순히 건축물을 폭파시키는 방법과는 달리 조심스럽게 장착한 폭탄을 이용하여 건물을 제어하면서 내파시키는 방법과 유사하다고 볼 수 있다.

우리 몸은 왜 원하지 않는 세포들을 갖고 있으며, 제거할 필요가 있는 표적 세포를 어디서 찾아내는가? 짧게 얘기하면 우리가 볼 수 있는 거의 모든 곳이다. 배아 발생 과정 동안, 손의 초기 형성과정에서 손가락이 될 조직들 사이에는 마치 공간이 없는 물갈퀴 같은 형태가 존재한다. 시간이 지나면서 물갈퀴 같은 모양의 불필요한 세포들은 세포사멸 과정을 통하여 필수적으로 제거되고 다듬어진다. 생쥐에서 이 과정이 일어나는 3단계가 **그림 15.38**에 나와 있다. 한편 T 림프구는 면역계 세포의 일종으로, 세포가 병원균에 감염되었거나 비정상적인 상태에 있을 때 표적하여 죽인다. 이렇게 표적이 된 세포들은 T 림프구의 표면에 있는 특이적인 수용체에 의해서 인식된다. 배아 발생 과정 동안, 신체내 정상세포의 표면에 존재하는 단백질들과 단단히 결합할 수 있는 수용체를 지닌 T 림프구들이 생성된다. 이들 매우 위험한 능력을 갖고 있는 T 림프구들은 세포사멸 기작에 의해 제거된다. 이 세포사멸은 배아 발생이 끝나는 시점까지 계속된다.

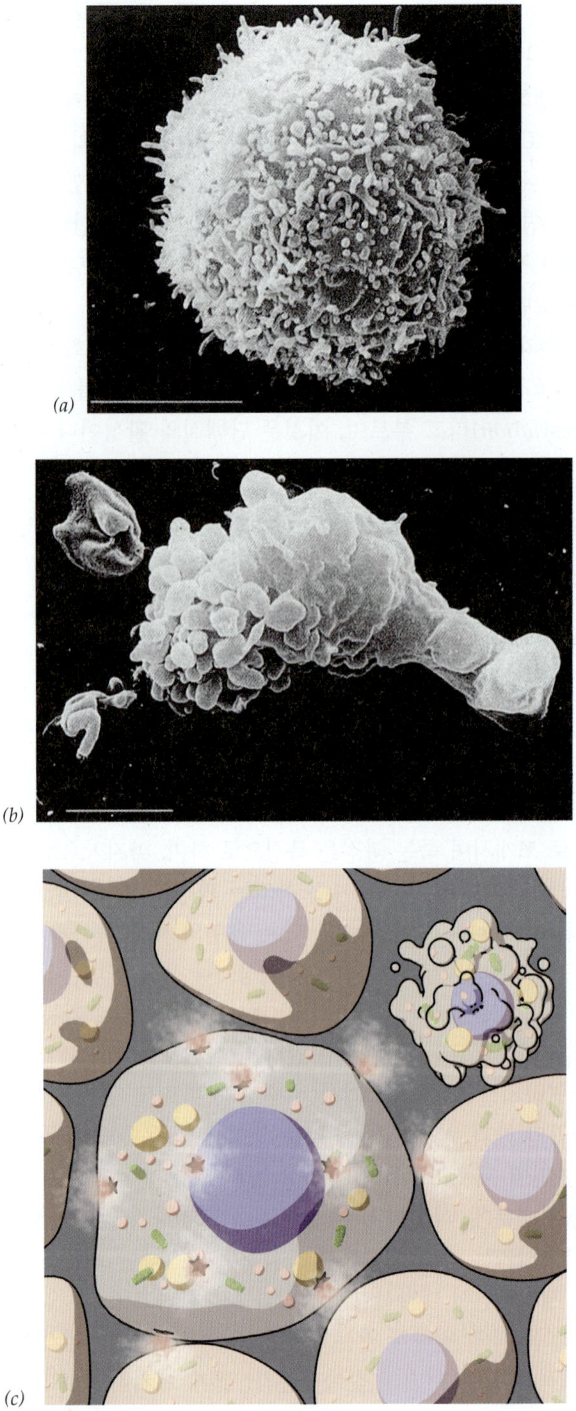

그림 15.37 **정상세포와 사멸 중인 세포의 비교.** (*a*, *b*) 정상(a)과 세포사멸 중인(b) T-세포 하이브리도마들의 주사전자현미경 사진. 사멸 중인 세포는 세포표면에서 출아되는 거품들을 보인다. 사진내 하단의 흰줄은 4 mm에 해당된다. (*c*) 사멸(오른쪽 상단)과 괴사(중앙)가 일어나는 세포의 형태학적 차이를 나타낸 그림.

출처: (a–b) S. J. Martin et al., *Trends Biochem. Sci.* 19:28, 1994에서 발췌. Elsevier의 허가를 얻음.

일반 성인의 신체에서 매일 10^{10}~10^{11} 세포가 세포사멸에 의해 죽는 것으로 추정된다. 가령, 회복이 불가능한 유전체 손상이 지속되고 있는 세포의 제거에 세포사멸이 관여되어 있다. 유전적 설계도에 결함이 일어나면 세포분열이 조절되지 않고 암으로 발달할 수 있기 때문에 세포사멸을 통한 제거는 매우 중요하다. 세포사멸은 이미 제거된

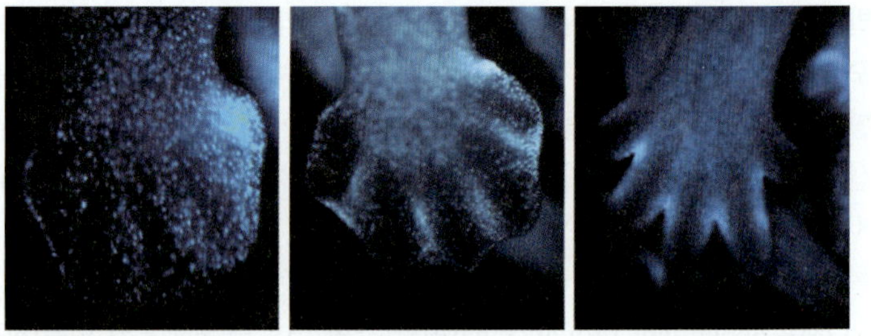

그림 15.38 **포유류의 손가락 구조를 완성시키는 세포사멸.** 마우스의 배 발생 중의 손가락 형성과정을 3단계로 나타냈다. MacBlue라고 불리는 마우스에서 특이적으로 배아의 모든 대식세포는 파랑(cyan) 형광 단백질을 발현한다. 형광 대식세포들은 세포사멸이 일어나는 족척(footpad)으로 이동하고, 죽은 세포들을 청소하여 손가락 사이 공간을 만든다.

출처: David A. Hume, *Nature Immunol.* 9:13, 2008에서 발췌; © 2008, Macmillan Publishers Ltd.의 허가를 얻어 재인쇄함.

감염원에 반응하여 활성화된 T 림프구와 같은 더 이상 필요 없는 세포의 죽음들 역시 책임진다. 그리고 또한, 세포사멸은 알츠하이머병(Alzheimer's disease), 파킨슨병(Parkinson's disease) 그리고 헌팅턴병(Huntington's disease)과 같은 퇴행성 신경질환들과 상당히 관련되어 있는 것처럼 보인다. 이 질환들이 진행되어 발전하는 동안 필수적인 뉴런들이 제거되고 기억력이 감퇴되거나 운동협응능력(motor coordination)이 저하된다. 이러한 예들은 세포사멸이 배아 발생 과정 동안 조직과 기관의 올바른 형성과 항상성 유지에 매우 중요하다는 사실을 보여준다. 만일 제거되어야 하는 세포의 사멸이나, 제거되어서는 안 되는 세포에 대한 사멸과 같은 세포사멸 조절의 실패는 심각한 질환을 야기한다.

1972년 스코틀랜드 애버딘대학교(University of Aberdeen)의 존 커(John Kerr), 앤드류 윌리(Andrew Wyllie)와 큐리(A. R. Currie)가 여러 종류의 세포들에서 계획된 죽음이 진행되는 동안 조직적으로 일어나는 과정들에 대해 최초로 발표한 논문에서 **세포사멸**(*apoptosis*)이라는 용어가 탄생했다. 세포사멸의 분자적 기본원리에 대한 통찰은 예쁜꼬마선충(*C. elegans*)을 이용한 연구에서 처음 밝혀졌다. 예쁜꼬마선충의 세포에서 세포사멸은 배 발생 과정 동안 아주 정교하게 순차적으로 일어난다. 실제로 예쁜꼬마선충의 배 발생 과정 동안 생겨난 1,090개의 세포 중에서 131개의 세포는 정상적으로 세포사멸 과정을 통해서 죽도록 예정되어 있다. 1986년에 미국 매사추세츠공과대학교(Massachusetts Institute of Technology)의 로버트 호비츠(Robert Horvitz)와 동료는 *CED-3* 유전자에 돌연변이가 발생한 예쁜꼬마선충은 세포사멸에 의한 세포의 제거 없이 그대로 배 발생이 진행된다는 사실을 발견했다. 이 결과는 생명체의 세포사멸 과정에서 *CED-3* 유전자가 매우 중요하다는 사실을 시사하고 있다. 예쁜꼬마선충에서 발견된 *CED-3* 유전자는 다른 포유동물에서도 유사한 상동단백질집단을 찾도록 한 발판이 되었고, 이 단백질들은 현재 **카스페이스(caspase)**라고 불린다. 카스페이스들은 촉매부위의 핵심인 시스테인 잔기를 갖고 있는 단백질분해효소 대집단에 속하는 특이한 효소집단이며, 보통 세포사멸의 초기 단계에서 활성화되어 세포가 사멸하는 과정에서 보이는 변화의 대부분을 일으키는 역할을 수행한

다. 카스페이스는 필수 단백질들을 선택적으로 분해 및 제거함으로써 이 역할을 수행한다. 카스페이스의 표적 중에는 다음과 같은 물질들이 있다.

- **국소부착 인산화효소**(*Focal adhesion kinase, FAK*), **단백질 인산화효소 *B*, 단백질 인산화효소 *C*, *Raf1* 등을 포함한 수십 가지 이상의 단백질 인산화효소.** 가령, FAK의 불활성화는 세포 부착에 문제가 생겼음을 의미하며, 그 세포사멸 중인 세포는 이웃한 세포로부터 떨어지게 된다. 또한, PKB와 같은 다른 인산화효소들의 불활성화는 생존을 위한 세포신호전달경로에 손상을 준다. 카스페이스는 NF-kB 신호경로를 불활성화시킴으로써 생존신호의 발생 자체를 차단하기도 한다.
- 핵막의 안쪽을 채우고 있는 부분을 구성하는 **라민**(*lamin*). 라민 단백질들이 끊어지면 핵박판(nuclear lamina)이 분해되어 핵이 수축된다.
- 중간섬유, 액틴, 튜불린, 그리고 젤솔린과 같은 **세포골격 단백질들.** 이들 단백질이 절단되고 불활성화되면 세포의 형태는 변하게 된다.
- 저해 단백질이 카스페이스에 의해 절단됨으로써 활성화되는 **카스페이스 활성형 *DNA*분해효소**(*caspase activated DNase, CAD*)라고 불리는 핵산분해효소는 일단 활성화되면, 세포질로부터 핵으로 위치를 이동하고, 핵에서 DNA를 잘게 잘라서 조각으로 만든다.

최근 많은 연구자들은 세포사멸 프로그램의 활성화를 유도할 수 있는 방법에 집중하여 연구를 수행하고 있다. 세포사멸은 비정상적인 DNA와 같은 내부 자극이나 사이토카인(면역세포에서 분비되는 단백질)과 같은 외부 자극에 의해 개시될 수 있다. 가령, 전립선의 상피세포는 남성 호르몬인 테스토스테론의 공급이 중단되면 세포사멸을 하게 된다. 이것에 근거하여 흔히 다른 조직으로 전이된 전립선암 세포들에 대해서는 테스토스테론 생산을 억제하는 약물 치료 방법을 사용하게 된다. 한편 연구결과를 통해 **외적 경로**(*extrinsic pathway*)라고 불리는 신호전달경로에 의해 외부 자극이 전달되어 세포사멸을 활성화한다고 알려졌다. 이러한 외적경로는 **내적경로**(*intrinsic pathway*)라고 하는 내부 자극이 전달되는 경로와는 확연히 구분된다. 여기서 외적경로와 내적경로를 구분하여 설명하려 한다. 하지만 이 두 경로 사이에도 교차반응이 존재하며 세포 외부의 세포사멸 신호가 내적경로의 활성화를 일으킬 수 있다는 점도 주목할 필요가 있다.

세포사멸의 외적경로

외적경로의 단계들이 **그림 15.39**에 그려져 있다. 그림에 묘사되어 있듯, 세포사멸을 일으키는 최초의 자극은 종양괴사인자(tumor necrosis factor, TNF)라고 하는 세포 외부의 정보전달 단백질에 의해 시작된다. 종양괴사인자라는 이름은 종양세포를 괴사시킬 수 있는 능력 때문에 붙여졌다. 종양괴사인자는 3량체 단백질로서 이온화 방사선, 높은 온도, 바이러스 감염과 같은 열악한 조건에 노출되거나 항암 화학치료법에 사용되는 독성 화학물에 대한 반응으로 면역계의 일부 세포들에 의해 생산된다. 이 장에서 논의한 다른 1차 정보전달

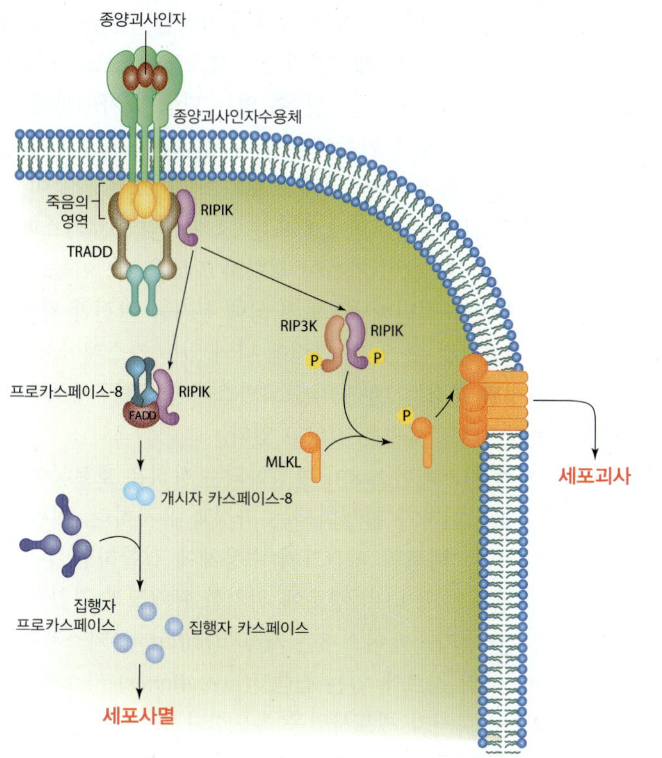

그림 15.39 세포사멸과 세포괴사의 외적(수용체-매개) 경로를 단순화한 모델 그림. 종양괴사인자가 종양괴사인자수용체-1에 결합하여 활성화된 수용체는, 세포질의 연결단백질 TRADD 및 인산화효소 RIP1K를 포함하는 추가적인 신호전달단백질에 결합한다. 종양괴사인자수용체의 세포질 영역인 FADD, TRADD, RIP1K는 각 단백질에 존재하는 '죽음의 영역'이라 불리는 유사 부위에 의해 서로 상호작용한다. 세포사멸 경로에서 RIP1K는 연결 단백질 FADD 및 프로카스페이스-8과 결합한다. 일단 복합체로 조립되면, 2개의 프로카스페이스 분자는 4개의 폴리펩티드 분절을 가지는 활성 카스페이스-8 분자를 생성하기 위해 서로를 절단한다. 카스페이스-8은 마치 사형을 집행하듯 세포를 죽이는 집행자 역할을 하는 하위 카스페이스를 활성화시키는 개시 복합체이다. 세포괴사 경로에서는, RIP1K가 다른 인산화효소인 RIP3K와 결합하여 활성화된 사멸복합체를 형성한다. MLKL의 RIP3K 인산화는 MLKL이 막으로 이동하고, 세포질 누출을 허용하는 통로를 형성하도록 저중합체화를 유도하는 것으로 여겨진다. 또한, 종양괴사인자와 종양괴사인자수용체-1 사이의 상호작용이 자기-파괴보다는 세포 생존을 유도할 수 있는 또 다른 신호경로를 활성화할 수 있다는 점은 주목할 만하다(662쪽).

물질들처럼, 종양괴사인자는 막횡단 수용체인 종양괴사인자수용체-1(TNFR1)에 결합하여 반응을 일으킨다. TNFR1은 세포사멸 과정을 유도하는 "죽음의 수용체(death receptor)" 집단에 속하는 3량체 단백질이다. TNFR 각각의 소단위의 세포질 영역에는 약 70개의 아미노산으로 구성된 "죽음의 영역(death domain, 그림 15.39에 나와 있는 각각의 노란색 부분)"이 있어서 이곳에서 단백질-단백질 상호작용을 매개 한다. 즉, 종양괴사인자가 3량체인 수용체와 결합을 하면 수용체의 죽음의 영역에 구조적 변화가 생겨서 그림 15.39에 표시되어 있는 것처럼 여러 가지 단백질들을 모이게 한다.

원형질막의 안쪽에서 조립되는 단백질 복합체에 포함되는 마지막 단백질은 2분자의 프로카스페이스-8이다(그림 15.39). 이들 단백질을 "프로카스페이스(procaspase)"라고 부르는 이유는 이것이 카스페이스의 전구체이고, 나중에 효소로서 활성화되기 위해서 단백질

가수분해과정을 통해 제거되어야만 하는 추가적인 부분(pro region)을 갖고 있기 때문이다. 카스페이스가 전구효소(proenzyme)의 형태로 합성되는 이유는 우연히 일어날 수 있는 단백질 가수분해 손상으로부터 세포를 보호하기 위함이다. 대부분의 전구효소들이 단백질 가수분해 활성이 높은 것에 비해 프로카스페이스는 활성이 현저히 낮다. 한 가지 모델에 따르면 2개 또는 그 이상의 프로카스페이스들이 그림 15.39에서와 같이 가까이 결합하고 있을 때, 이들은 서로의 폴리펩티드 사슬을 절단해냄으로써 상대 분자를 완전한 활성형인 카스페이스로 전환시킬 수 있다. 그림에 나와 있는 카스페이스-8처럼 최종적으로 완성된 효소는 2분자의 프로카스페이스 전구체로부터 유래한 4개의 폴리펩티드 사슬을 지니고 있다.

그림에서처럼 카스페이스-8이 활성화되는 방식은 호르몬이나 성장인자에 의해 표적인자가 활성화되는 과정과 유사하다. 이런 모든 신호전달경로에서는 세포외 리간드가 수용체에 결합하면 수용체는 구조적 변화를 일으키고, 하위 경로에 위치한 단백질과 결합하여 그들을 활성화시킨다. 카스페이스-8은 개시자(*initiator*) 카스페이스로 알려져 있으며, 하위 경로에 있는 집행자(*executioner*) 카스페이스를 절단함으로써 활성화시켜 세포사멸을 유도한다. 이러한 집행자 카스페이스들은 앞서 논의한 것과 같이 세포의 조절된 자가파괴를 수행한다.

세포사멸의 내적경로

복구가 불가능한 유전적인 손상, 저산소증(hypoxia)에 의한 산소결핍, 지나치게 높은 세포질내 칼슘 농도, 바이러스 감염, 또는 심한 산화적 스트레스를 통한 다수의 파괴적 유리 라디칼 생산과 같은 내적 자극들이 **그림 15.40**에 나와 있는 내적경로에 의한 세포사멸을 유도한다. 내적경로의 활성화는 1개 또는 여러 개의 작은 BH 영역을 특이적으로 가지는 Bcl-2 집단에 속하는 단백질들에 의해 조절된다. Bcl-2 집단에 속하는 단백질들은 크게 3개의 무리, 즉 (1) 세포사멸을 촉진시키는 몇몇의 BH 영역을 가지는 친세포사멸성 단백질들(proapoptotic members)(예: Bax와 Bak), (2) 세포사멸로부터 세포를 보호하는 몇몇의 BH 영역을 가지는 항세포사멸성 단백질들(antiapoptotic members)(예: Bcl-x_L, Bcl-w, Bcl-2 등),[3] (3) 간접적인 기작에 의해 세포사멸을 촉진시키는 1개의 BH 영역으로만 구성된 BH3-단일 단백질(BH3-only proteins) 등으로 나누어진다. 사실 BH3-단일 단백질들(예: Bid, Bad, Puma, Bim 등)은 관여하고 있는 특정 단백질에 따라서 두 가지 다른 방법으로 친세포사멸성 효과를 나타내는 것으로 많이 알려져 있다. 어떤 경우에는, 이들이 항세포사멸성 Bcl-2 집단의 활성을 억제함으로써 세포사멸을 유도하고, 다른 경우에는 친세포사멸성 단백질인 Bax나 Bak를 활성화시킴으로써 세포사멸을 촉진시킨다. 두 경우 모두에서, BH3-단일 단백질들은 세포가 최종적으로 생존 경로로 갈 것인지 죽음의 경로로 갈 것인지의 여부를 결정짓는 중요한 결정인자인 것처럼 보인다. 그래서 건강한 세포에서는 BH3-단일 단백질들이 결여되어 있거나 강력히 억제되어 있어서, 항세포사멸성 Bcl-2 단백질들이 친세포사멸성 구성단백질들을 억제할

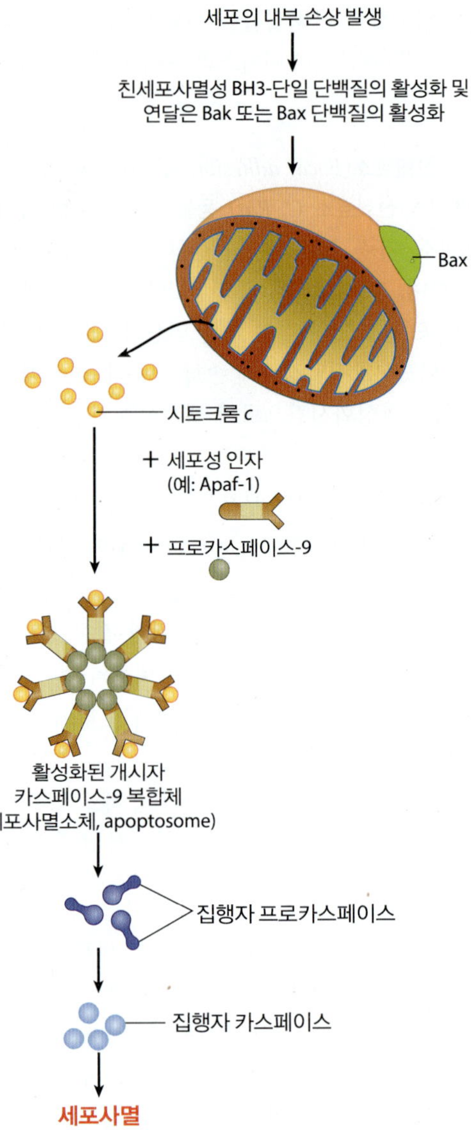

그림 15.40 세포사멸의 내적(미토콘드리아-매개) 경로. 여러 가지 유형의 세포 스트레스는 Bax나 Bak 같은 Bcl-2 집단의 단백질에 속하는 친세포사멸성 구성요소들이 미토콘드리아의 외막에서 저중합체화가 일어나도록 한다. 이들 단백질이 외막에 통로를 형성하면, 미토콘드리아의 외막과 내막 사이 공간으로부터 시토크롬 *c* 분자들의 방출이 촉진된다. 일단 시토크롬 *c* 분자가 세포질로 나오면, Apaf-1이라고 하는 세포질성 단백질 및 프로카스페이스-9 분자를 비롯한 여러 소단위가 복합체를 형성한다. 특히 프로카스페이스-9 분자는 Apaf-1과 결합하여 구조 변화가 일어나면서, 자신의 단백질 가수분해 활성을 최고로 활성화시키는 것으로 보인다. 카스페이스-9 분자가 집행자 카스페이스를 절단하고 활성화시키면, 세포사멸 반응이 일어난다. 몇몇 세포(가령, 간세포)에서는 이러한 내적경로가 외부로부터의 자극에 의해서도 활성화될 수 있다. 이는 내적 경로의 개시자 카스페이스인 카스페이스-8이 Bid라고 불리는 BH-3 단일 단백질을 절단하면서 시작된다. BH-3가 절단되어 생성된 단백질 조각이 결합된 Bax는 미토콘드리아의 외막으로 삽입되어 시토크롬 *c*를 방출시킨다.

[3]사람에 있어 림프종을 야기하는 발암 유전자로 알려진 Bcl-2 집단의 첫 번째 멤버인 Bcl-2가 1985년에 최초에 발견되었다. Bcl-2를 암호화하는 유전자는 전위(translocation)의 결과에 의해 이들 악성종양세포에서 과량 발현된다. Bcl-2는 세포사멸에 의해 죽게 될 잠재적 암세포들의 생존을 촉진시킴으로써 발암유전자로 작용한다고 이해되고 있다.

수 있다고 한다. 그러나 이러한 일이 일어나는 자세한 기작에 대해서는 여전히 논쟁 중이다. 특정 유형의 스트레스가 발생했을때 BH3-단일 단백질들이 발현되거나 활성화되면서 세포사멸이 일어나는 방향으로 결정된다. 이때 항세포사멸성 Bcl-2 단백질들이 수행하던 억제효과는 중단되고, Bax와 같은 친세포사멸성 단백질들이 자유롭게 세포질로부터 미토콘드리아 외막으로 위치를 옮겨간다. 알려진 기작이 전체적으로 명확하지는 않지만, Bax 또는 Bak와 같은 미토콘드리아 외막에 상주하는 단백질들에 구조적인 변화가 일어나면 이들은 여러 개의 소단위 형태로 미토콘드리아 외막에 삽입되어 단백질이 배열된 통로로 조립된다고 생각된다. 이 통로 구조가 형성되면, 미토콘드리아 외막의 투과성은 극적으로 증가되고, 주로 미토콘드리아 내막에 존재하던 시토크롬 *c*와 같은 특정 단백질들의 방출이 촉진된다(그림 9.17 참고). 세포가 사멸할 때 세포내 모든 미토콘드리아에 존재하는 거의 모든 시토크롬 *c* 분자들은 5분 정도의 짧은 시간 내에 방출이 가능하다. Bax와 Bak 둘 다 없는 세포들은 세포사멸로부터 보호되는 것을 보아, 이 과정에서 친세포사멸성 단백질들의 필수적인 역할을 알 수 있다.

시토크롬 *c*와 같은 친세포사멸성 단백질들이 미토콘드리아에서 방출되는 것은 "되돌릴 수 없는 지점" 즉, 세포가 비가역적으로 세포사멸을 일으키는 순간으로 생각된다. 일단 세포질에서 시토크롬 *c*는 여러 개의 단백질로 구성된 바퀴 모양의 복합체인 **세포사멸소체**(*apoptosome*)의 일부를 구성하는데, 이 중 카스페이스-9은 하위의 집행자 카스페이스를 활성화시키는 개시자 카스페이스로서 세포사멸을 일으킨다.[4] 외적(수용체-매개)경로와 내적(미토콘드리아-매개)경로는 모두 궁극적으로는 동일한 집행자 카스페이스들을 활성화시킴으로써 동일한 표적 세포를 절단하는 것으로 판단된다.

세포가 세포사멸 프로그램을 작동시키면 인접한 세포와의 연결이 끊어지고 모양이 수축하기 시작하고 마지막에는 막으로 둘러싸인 쭈그러진 상태의 세포사멸체(apoptotic body)로 분해된다. 이런 일련의 세포사멸 과정은 대략 한 시간 안에 완료될 수 있다. 세포사멸체는 표면에 존재하는 포스파티딜세린에 의해 인지가 가능하다고 알려져 있다. 일반적으로 포스파티딜세린은 원형질막의 안쪽 층(inner leaflet)에만 존재하는 인지질이지만, 세포사멸이 일어나는 동안 "인지질 위치이동효소(phospholipid scramblase)"에 의해 원형질막의 바깥층(outer leaflet)으로 이동된다. 이 바깥층에 존재하는 포스파티딜세린은 이후 특정한 대식세포들에 의해 잡아먹히도록 요청하는 신호("eat me" signal)로 인식되어, 세포의 내용물을 세포외 환경으로 누출시키지 않으면서 세포사멸이 일어난다(**그림 15.41**). 이 현상은 만일 파괴된 세포의 일부가 방출됨에 따라 염증을 야기하여 상당한 양의 조직 손상이 발생할 수 있기 때문에 중요하다.

세포괴사

세포사멸과 달리, 세포괴사(necrosis)는 세포의 원형질막이 파열되어

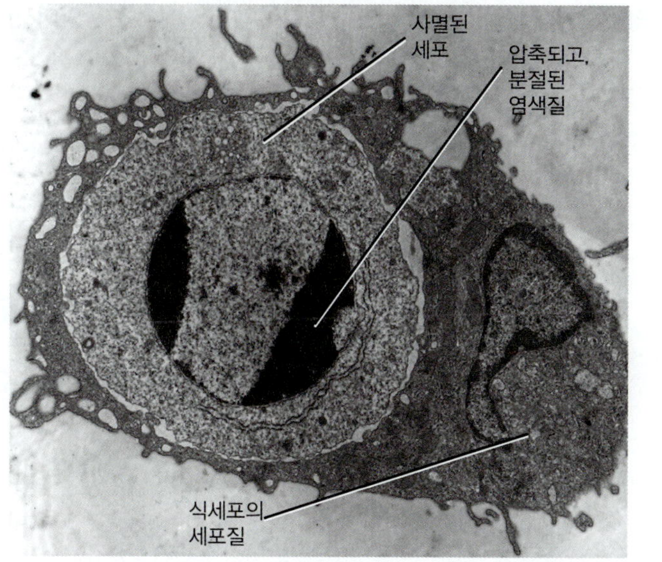

그림 15.41 사멸된 세포는 식세포작용에 의해 제거된다. 이 전자현미경 사진은 식세포의 세포질 안에 사멸된 세포의 "사체"가 있음을 보여주고 있다. 에워싸인 세포는 상당히 압축되어 있고, 특히 높은 밀도의 염색질 상태를 주목할 필요가 있다.

출처: M. Henson, Donna L. Bratton, and Valerie A. Fadok, *Curr. Biol.* 11:R796, 2001, Fig. 1a에서 발췌, © 2001, Elsevier의 허가를 얻음.

세포질 내용물이 주변으로 흘러들어가며 종종 염증 반응을 일으킨다. 이 염증 반응은 면역세포를 감염부위로 유도하는 수단으로 가끔은 도움이 된다고도 알려져 있으나, 일반적으로 괴사성 경로의 잘못된 조절은 크론병(Crohn's disease) 및 염증성 장 질환과 같은 염증성 질환을 유발하는 것으로 여겨진다.

세포예정괴사(Necroptosis)의 분자기작을 이해하기 위해 현재 활발한 연구가 진행되고 있다. 최근의 연구에 따르면, 세포사멸의 외인성 경로를 유도하는 종양괴사인자와 종양괴사인자수용체의 결합과 동일한 신호에 의해 세포예정괴사가 일어날 수 있다는 사실이 밝혀졌다. 그러나 세포예정괴사경로에서 카스페이스-8은 궁극적으로 활성화되지 않는다. 오히려 일련의 상호작용은 RIPK1과 RIPK3들을 유도하여 괴사체(necrosome)라고 불리는 구조를 저중합체화하고, RIPK3 인산화효소의 활성(그림 15.39)을 야기한다. 최근의 증거들은 MLKL이라 불리는 RIPK3의 기질이 인산화된 후 원형질막을 표적으로 한다는 것을 시사한다. 이는 MLKL가 저중합체를 형성하여 세포막에 구멍을 형성함으로써, 세포막의 견고함을 손상시키며 세포를 죽음에 이르게 한다고 여겨진다.

세포 생존신호

세포에는 스스로를 파괴하는 신호가 있는 것처럼, 자신의 생존을 유지시키는 정반대의 신호가 존재한다. 실제로, 종양괴사인자와 종양괴사인자수용체의 상호작용은 종종 2개의 명확히 반대되는 신호를 세포 내부로 전달한다. 한 가지 신호는 세포의 사멸을 촉진시키는 신호이고, 또 다른 신호는 세포의 생존을 촉진시키는 신호이다. 그 결과

[4]한편, Apaf-1과 카스페이스-9과는 별개이고 시토크롬 *c*와도 다소 다른 내적경로들 또한 주장되었다.

종양괴사인자수용체를 갖고 있는 대부분의 세포에서는 종양괴사인자를 처리하였을 때 세포사멸 과정이 일어나지 않는다. 이것은 기존에 종양괴사인자가 종양세포를 죽일 수 있는 물질로 사용될 수도 있다는 기대와 정반대되는 실망스러운 발견이었다. 세포의 생존은 전형적으로 NF-κB라고 하는 세포생존 단백질을 암호화하고 있는 유전자의 발현을 활성화시키는 핵심적인 전사인자가 활성화됨으로써 이루어진다. 따라서 세포의 운명은 세포생존, 세포사멸, 세포괴사를 촉진하는 신호들 사이에서 일어나는 정교한 균형에 달려 있는 것처럼 보인다.

인간 질병과의 연관성

G단백질결합수용체들과 관련된 질환들

G단백질결합수용체(G protein-coupled receptor, GPCR)는 인간의 유전체에 암호화되어 있는 유전자 집단들 중 가장 큰 집단으로 알려져 있다. 실제로 처방되는 약의 3분의 일 이상은 G단백질결합수용체 대집단에 속하는 수용체들과 결합한다고 밝혀졌는데, 이 사실은 이들 수용체가 인체 생물학에서 얼마나 중요한 입지를 가지고 있는지 보여준다. G단백질결합수용체(**그림 1**)와 이질3량체인 G단백질(표 1)에 모두 결함이 발생했을 때 몇 가지 선천성 질환이 발생한다고 밝혀졌고, 그중 하나인 색소성 망막염(retinitis pigmentosa, RP)은 망막이 점차로 퇴행해서 결국에는 실명하는 질환이다. 일반적으로 이 색소성 망막염은 간상세포내 시각색소인 로돕신(rhodopsin)를 암호화하는 유전자에서 돌연변이가 일어나 발병하는데, 이들 돌연변이 중 대다수는 로돕신 단백질이 합성되는 초기 과정에서 합성 종결을 일으키거나 부적합한 단백질 접힘이 발생하여 로돕신 단백실이 원형질막에 도달하기 전에 세포에서 분해되어 제거되게 만든다(12.7절 참고). 다른 유형의 돌연변이는 자신의 G단백질을 활성화시킬 수 없어서 하위에 있는 영향인자에게 신호를 전달할 수 없는 로돕신 분자가 합성되게 한다.

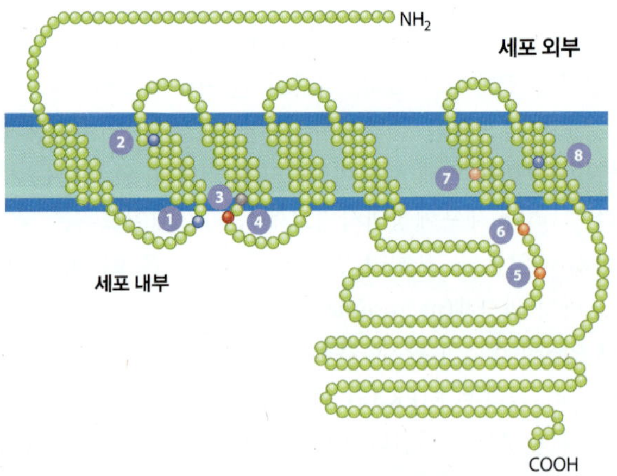

그림 1 사람의 질환 발생과 관련 있는 몇 가지 돌연변이들의 대략적인 위치를 보여주는 "복합" 막횡단 수용체의 2차원 그림. 대부분의 돌연변이(1번, 2번, 5번, 6번, 7번 및 8번)는 영향인자의 지속적인 자극을 야기하지만, 다른 돌연변이(3번과 4번)들은 수용체의 영향인자 자극 능력을 봉쇄한다. 1번과 2번에서 일어난 돌연변이는 멜라닌세포자극호르몬(melanocyte-stimulating hormone) 수용체에서 발견되었다. 3번은 부신피질자극호르몬(adrenocorticotrophic hormone)에서, 4번은 바소프레신 수용체에서, 5번과 6번은 갑상샘자극호르몬(thyroid-stimulating hormone) 수용체에서, 7번은 황체형성호르몬(luteinizing hormone) 수용체에서, 8번은 망막의 감광 색소인 로돕신(rhodopsin)에서 각각 발견되었다.

색소성 망막염의 발병은 암호화된 수용체의 유전자에 기능 손실(loss of function)을 유도하는 돌연변이에 기인한다. 한편 세포내 신호전달에 관여하는 단백질들의 구조를 변화시키는 많은 돌연변이는 해당 단백질에서 "기능 획득(gain of function)"으로 표현되는 반대의 효과를 유발하기도 한다. 한 예로, 이러한 돌연변이를 통해서 선종(adenoma)이라고 하는 갑상샘내 양성종양을 일으키는 경우가 보고되었다. 갑상샘세포가 정상적인 경우는 뇌하수체에서 갑상샘자극호르몬(TSH)이 분비되어 갑상샘을 자극할 때 반응하여 갑상샘호르몬을 분비한다. 이와는 달리, 갑상샘 선종세포는 갑상샘자극호르몬수용체(TSH-R)가 항시(constitutively) 활성형으로 작용하기 때문에 갑상샘자극호르몬에 의한 자극 여부에 상관없이 대량의 갑상샘호르몬을 계속 분비하게 된다. 이들 세포에 있는 TSH-R 내부에는 세 번째 고리 구조에 영향을 주는 아미노산 치환이 일어나 있다(**그림 1**에서 5번 또는 6번 부위의 돌연변이). 이렇게 돌연변이가 일어나면, TSH-R은 항시적으로 세포 내부의 G단백질을 활성화시켜서, 과도할 정도의 갑상샘 호르몬을 분비하고 동시에 종양의 원인이 되는 과도한 세포증식이 발생하도록 연속적인 신호를 보낸다. 이러한 결과는 돌연변이 유전자를 TSH-R이 결핍된 배양 중인 세포에 도입하면 돌연변이 단백질이 합성되고, 이 단백질이 원형질막으로 도입되어 결국 유전자가 도입된 세포 내에서 지속적으로 cAMP가 생산됨을 통해 증명되었다.

갑상샘 선종을 일으키는 돌연변이는 환자의 갑상샘 중 정상적인 부분에서는 발견되지 않고 오직 종양 조직에서만 발견되는데, 이것은 돌연변이가 유전적인 원인에 의한 것이 아니라 갑상샘의 한 세포에서 돌연변이가 일어난 후 세포증식을 통해 종양이 커졌다는 것을 의미한다. 한 개인의 몸 전체에 있는 모든 세포에서 존재하는 유전적 돌연변이(inherited mutation)와 구분하기 위해, 갑상샘 세포와 같이 신체의 일부 세포에서만 일어난 돌연변이를 **체세포 돌연변이**(*somatic mutation*)라고 한다. 다음 장에서 자세히 다루겠지만, 체세포 돌연변이는 사람의 암 발병에 있어 주요한 원인으로 여겨진다. 암을 유발하는 바이러스 중 적어도 한 가지는 항상 활성화되어 있는 G단백질결합수용체 단백질을 암호화하고 있다고 알려졌다. 이 바이러스는 주로 에이즈 환자에서 만연하며 흔히 자주 색깔의 피부 병변을 동반하는 카포시 육종(Kaposi's sarcoma)의 원인이 되는 헤르페스(herpes) 바이러스 중 한 종류이다. 이 바이러스의 유전체에는 세포증식을 조절하는 신호전달을

표 1 G단백질 경로와 연결된 인간의 질병

질병	결함 있는 G단백질*
알브라이트의 유전성 골이양증, 거짓 부갑상샘기능저하증	$G_{s\alpha}$
알브라이트-맥쿤 증후군	$G_{s\alpha}$
뇌하수체, 갑상샘 종양 (*gsp* 발암유전자)	$G_{s\alpha}$
부신피질 및 난소 종양 (*gip* 발암유전자)	$G_{i\alpha}$
성 조숙증과 결합된 거짓 부갑상샘 기능저하증	$G_{s\alpha}$
질병	**결함 있는 G단백질-수용체 결합**
가족성 저칼슘뇨성 과칼슘혈증	BoPCAR1 수용체의 사람 유사체
신생아의 심각한 부갑상샘기능항진증	BoPCAR1 수용체의 사람 유사체 (동형)
갑상샘 기능항진증 (갑상샘 선종)	갑상샘자극호르몬 수용체
가족성 남성 성조숙증	황체형성호르몬 수용체
X염색체 연관 신장성 요붕증	V2 바소프레신 수용체
망막색소변성증	로돕신 수용체
색맹, 스펙트럼 민감도 변이	원뿔체 선택권 수용체
가족성 당질코르티코이드 결핍증과 개별성 당질코르티코이드 결핍증	부신피질자극호르몬(ACTH) 수용체
저신장 및 비만	그렐린(Ghrelin) 수용체
고도 비만의 조기 시작	멜라노코르틴-4 수용체 (이형)
난임	난포자극호르몬 수용체

*본문에서 설명했듯이, Gsα를 가진 G단백질은 영향인자를 자극하고, Giα를 가진 G단백질은 영향인자를 억제한다.

출처: D. E. Clapham, *Nature*, Vol 371, p. 109, 1994를 허가 받아 재인쇄함, 저작권 1994. Nature by Nature Publishing Group. Nature Publishing Group의 허가를 받아 지적재산권 청산 센터를 통해 교과서 사용을 목적으로 재인쇄함.

촉진하는 인터류킨-8에 대해 항상 활성화되어 있는 수용체를 암호화하고 있다.

표 1에서 볼 수 있듯이, 선천성 장애는 이질3량체인 G단백질의 소단위를 암호화하는 유전자에서 일어난 돌연변이에 의해서 흔히 나타날 수도 있다. 이러한 현상은 희귀한 내분비 질환의 조합, 즉 성조숙(precocious puberty)과 부갑상샘기능저하증(hypoparathyroidism)을 함께 앓고 있는 2명의 남성 환자의 진료기록에서 찾아볼 수 있다. 두 환자는 모두 G_α와 동형(isoform)인 단백질 내의 어느 한쪽의 아미노산 하나가 치환되어 있었다. 아미노산 서열의 변화는 돌연변이체 G단백질에 두 가지 영향을 주게 된다. 정상 체온보다 저온일 때 돌연변이체 G단백질은 리간드 결합에 관계없이 활성된 상태를 유지하였고, 반면에 정상적인 체온에서 돌연변이체 G단백질은 리간드 결합여부와 상관없이 항시 불활성형이었다. 가령 남성의 몸통의 바깥쪽에 위치한 정소는 약 33°C로서 체온보다 온도가 낮다. 일반적으로, 정소의 내분비 세포들은 사춘기 때 생성되기 시작하는 뇌하수체 호르몬인 황체형성호르몬(luteinizing hormone)에 반응하여 테스토스테론 생산을 개시한다. 황체형성호르몬은 체내를 순환하며 정소내 세포의 바깥쪽에 있는 황체형성호르몬수용체와 결합하여 cAMP와 남성 호르몬의 생산을 유도한다. 이에 반해 G단백질에 돌연변이를 갖고 있는 환자의 정소내 세포들은 황체형성호르몬이 결여된 상태에서도 자극을 받아 cAMP를 계속 합성하기 때문에, 테스토스테론의 조기 생산과 성조숙증을 유발한다. 반대로, 이와 동일한 G_α 소단위에서 발생한 부갑상샘 돌연변이는 37°C 온도에서 작동하여, G단백질을 불활성 상태로 유지시킨다. 그 결과 부갑상샘 세포들은 일반적으로 부갑상샘 호르몬 분비가 일어나게 하는 자극에 대해서도 반응을 하지 못하는 부갑상샘기능저하증 상태가 된다. 이들 환자에서 나머지 대부분의 기관들이 정상적으로 기능을 한다는 사실은, 특정한 G_α 동형 단백질이 대부분의 다른 세포들의 활성에는 필수적이지 않다는 것을 시사하고 있다.

돌연변이는 암호화된 유전자의 뉴클레오티드 서열에서 드물게 일어나면서 기능장애를 일으킨다고 여겨진다. 이와는 달리 유전적 다형성(genetic polymorphism)은 인구집단 내에서 공통적으로 일어나는 "정상적인" 변이로 여겨진다(4.13절 참고). 하지만, 최근 들어 유전적 다형성이 사람의 질병에 상당한 영향을 주어, 특정 사람들이 다른 사람들보다 일부 특이적인 질병이나 장애에 훨씬 더 잘 걸릴 수 있다는 것이 명확해지고 있다. 이는 G단백질결합수용체를 통한 사례를 통해 이해가 쉽다. 예를 들어, 아드레날린 β_2 수용체를 암호화하고 있는 유전자의 특정 대립형질은 천식 또는 고혈압 등의 발병 가능성을 증가시킨다. 또한, 도파민 수용체의 특정 대립형질은 약물 남용이나 정신분열증에 걸릴 위험을 증가시킬 수 있다. 마지막으로, 케모카인 수용체-5(chemokine receptor-5)의 특정 대립형질은 인간 면역결핍 바이러스(human immunodeficiency virus)에 감염된 환자들의 생존율과 관련이 있는 것으로 드러났다. 제4장에서 다루고 있듯이, 질병 취약성과 유전적 다형성 사이의 관계를 증명해 내는 것이 현재 임상 연구의 중점 사항이다.

역사적 실험

GTP결합단백질의 발견 및 특징

1950년대 후반부터 1960년대까지, 미국 케이스 웨스턴 리저브 대학교(Case Western Reserve University)의 얼 서덜랜드(Earl Sutherland)와 동료들은 에피네프린과 같은 특정 호르몬이 세포표면의 특정 수용체에 결합함으로써 작용하며, 이것이 세포막 안쪽의 아데닐산 고리화

계속

효소를 활성화시킴을 발견하였다. 아데닐산 고리화효소의 활성화는 세포질로 확산되며 세포의 반응을 일으키는 2차 신호전달물질인 cAMP의 생산을 유도한다.[1] 1960년대 말에 2차 신호전달물질의 개념은 잘 확립되었지만, 아데닐산 고리화효소를 활성화시키기 위해 원형질막 외부에 결합되는 호르몬이나 다른 리간드의 정확한 분자적 기작은 잘 알려지지 않았다. 가능성이 있다고 여겨지는 한 가지는, 아데닐산 고리화효소의 활성자리가 호르몬 수용체 자체의 일부라는 것이다.

호르몬 수용체와 아데닐산 고리화효소의 관계에 대해 더 자세히 알기 위하여 미국 국립보건원의 마틴 로드벨(Martin Rodbell)과 러츠 번바우머(Lutz Birnbaumer)가 지방세포와 간세포의 분리된 세포막을 가지고 일련의 실험을 시작했다.[2] 그들이 해답을 찾고자 했던 첫 번째 의문 중 한 가지는 cAMP를 생산함으로써 여러 다양한 호르몬에 대해 반응하는 세포들이, 다양한 호르몬에 의해 공통으로 활성화되는 단일 아데닐산 고리화효소를 갖는지, 아니면 각각의 호르몬에 대해 각각의 반응을 일으키는 독립적인 아데닐산 고리화효소를 갖는지 조사하였다. 지방세포는 초기 연구를 위해 선택된 이유는 다른 세포들로부터 쉽게 분리되고, 세포내 cAMP 수준(지질 분해를 촉진하는 효소)을 급속히 증가시키는 여러 호르몬에 반응하며, 삼투 용해에 의한 '유령'(저장성 용액에 세포를 넣으면 세포 내로 수분이 계속 들어가 결국 세포가 부풀어 오르다 터져서 세포 내용물이 모두 흘러나오고 그 자리에 남은 침대시트처럼 보이는 세포질막을 유령이라 부름)으로 세포질 막을 분리하기 쉽기 때문이었다. 6개의 서로 다른 호르몬(부신피질자극호르몬, 에피네프린, 글루카곤, 갑상샘자극호르몬, 황체형성호르몬, 프로락틴)은 분리된 지방세포 유령에서 아데닐산 고리화효소 활성을 자극하는 것으로 밝혀졌다. 이들 호르몬 중 개별적으로 작용하는 앞의 세 가지 호르몬에 대한 투여량-반응 곡선을 **그림 1**에 나타내었다. 표 1에 나타낸 바와 같이, 이들 호르몬을 2개 또는 3개의 조합으로 처리하였을 때, 아데닐산 고리화효소 활성이 2배 또는 3배로 늘어나는건 아니었으며 이것은 결국 호르몬들이 아데닐산 고리화효소 분자의 동일한 집단을 자극한다는 것을 말한다. 그러나 서로 다른 호르몬은 공간적으로 별개의 수용체와 상호작용하는 것으로 밝혀졌다. 종합하면, 이러한 결과는 Rodbell과 Birnbaumer로 하여금 비록 다양한 호르몬 수용체가 공통적인 아데닐산 고리화효소 분자를 자극한다고 해도, 수용체와 아데닐산 고리화효소 작용체는 지방세포의 세포막에서 서로 분리되어 존재한다고 제안하도록 했다.

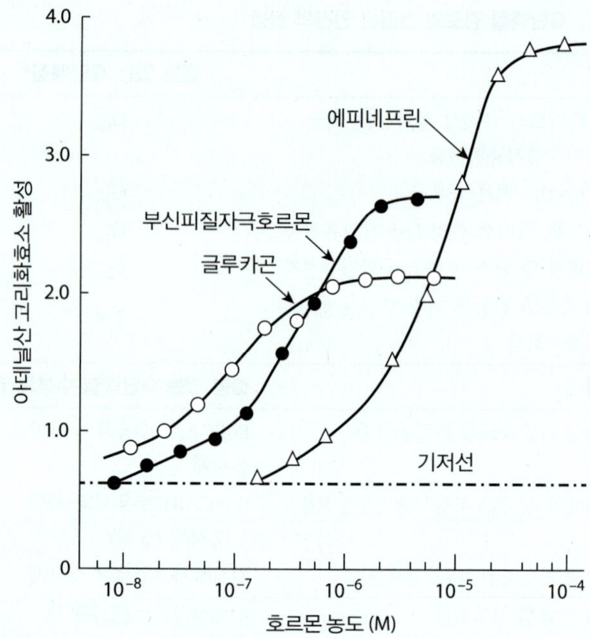

그림 1 **다양한 농도의 부신피질자극호르몬, 에피네프린, 글루카곤이 지방세포막의 아데닐산 고리화효소에 미치는 영향.** 점선은 호르몬을 첨가하지 않았을 때의 활성을 나타낸다. (아데닐산 고리화효소는 원래 아데닐릴 고리화효소로 불렸으며, 후에는 아데닐산 고리화효소라고 이름 붙여졌다.)

출처: L. Birnbaumer and M. Rodbell, *J. Biol. Chem.* 244:3478, 1969에서 발췌.

1971년 Rodbell과 동료들은 글루카곤과 에피네프린에 반응하여 간세포에서 분리된 세포막에서 아데닐산 고리화효소의 자극에 관한 일련의 논문을 발표했다. 첫째로, 분리된 세포막의 수용체와 방사성 물질로 표지된 글루카곤 분자의 결합을 측정했다. ATP가 아데닐산 고리화효소 반응의 기질이기 때문에 ATP가 표지된 글루카곤의 결합에 미치는 영향을 관찰하고 다른 세 가지 일반적인 뉴클레오시드 삼인산(nucleoside triphosphate)인 UTP, CTP, GTP의 효과를 관찰했다. 이 연구에서 GTP의 특별한 성질이 처음 발견되었다.[3] 관찰된 뉴클레오시드 삼인산의 효과 중 하나는 분리된 세포질 막에 결합된 표지 글루카곤의

표 1 **지방세포(=원형질막)에서의 최대 초과 농도의 호르몬 조합이 아데닐산 고리화효소 활성에 미치는 영향***

	호르몬에 의한 아데닐산 고리화효소의 활성 변화			
	실험군 1 (37°)		실험군 2 (30°)	
물질	발견	첨가시 측정	발견	첨가시 측정
부신피질자극호르몬	0.57 ± 0.02		1.19 ± 0.07	
에피네프린	1.00 ± 0.06		1.79 ± 0.11	
글루카곤	0.32 ± 0.01		0.57 ± 0.04	
부신피질자극호르몬 + 에피네프린	0.80 ± 0.04	1.57	2.04 ± 0.12	2.98
에피네프린 + 글루카곤	0.99 ± 0.05	1.26	2.13 ± 0.10	2.36
부신피질자극호르몬 + 글루카곤	0.64 ± 0.02	0.89	1.33 ± 0.06	1.76
부신피질자극호르몬 + 에피네프린 + 글루카곤	0.85 ± 0.04	1.88	2.30 ± 0.10	3.55

*아데닐산 고리화효소의 활성은 ATP-재생 시스템이 결핍된 37° 또는 존재하는 30°일 때 측정되었다. 각각 또는 조합으로 처리한 호르몬의 농도는 다음과 같다. 부신피질자극호르몬: 400 μg/ml, 에피네프린: 400 μg/ml, 글루카곤: 60 μg/ml

출처: L.Birnbaumer and M. Rodbell, *J. Biol. Chem.* 244:3479, 1969에서 발췌)

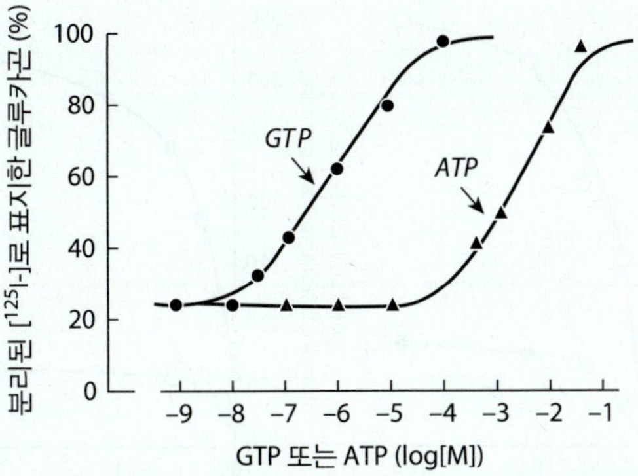

그림 2 GTP와 ATP의 농도에 따른 간세포의 원형질막에서 동위원소 [125I]으로 표지한 글루카곤을 분리하는 효과. 이 실험에서, 원형질막들은 동위원소로 표지된 글루카곤이 담겨 있는 배지에 15분간 미리 담가놓는다. 그리고 많은 양의 비표지 글루카곤과 함께 GTP 혹은 ATP를 첨가한다. 하나 혹은 여러 뉴클레오시드 삼인산을 처리한지 15분이 지나고 나면, 샘플을 꺼내어 여전히 남아 있는 표지된 글루카곤의 양을 측정한다.

출처: M. Rodbell et al., *J. Biol. Chem.* 246:1873, 1971에서 발췌.

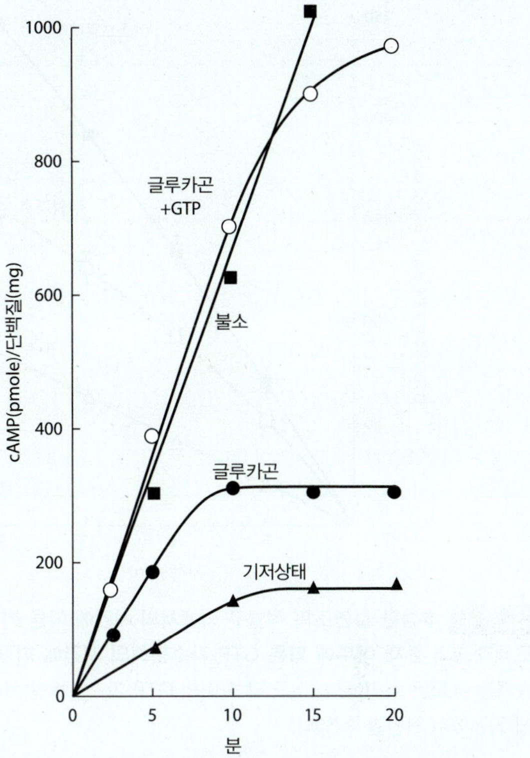

그림 3 분리된 간세포 원형질막을 준비하여 측정한 cAMP의 형성에 대한 불소 이온, 글루카곤 및 글루카곤과 GTP의 조합 효과. 여기에 나타나 있는 GTP에 의한 현저한 자극은 0.01 mM의 GTP 농도로 실험한 결과이다. 또한, 불소 이온은 아데닐산 고리화효소를 효과적으로 활성화시키는 것으로 밝혀져, 수많은 후속 분석에 사용되었다.

출처: M. Rodbell et al., *J. Biol. Chem.* 246:1879, 1971에서 발췌.

분리를 일으키는 것이었다. ATP, UTP 및 CTP가 100 mM 미만의 농도에서 막으로부터의 글루카곤 분리에 영향을 미치지 않는 반면, GTP는 0.05 mM 만큼 낮은 농도에서도 글루카곤의 분리를 자극했다. ATP와 GTP가 막으로부터의 글루카곤 분리를 야기하는 효과를 비교한 결과가 **그림 2**에 나타나 있다(농도는 로그값으로 표기되어 2개의 삼인산기의 유효성에서 매우 큰 차이를 나타냄을 주목할 것). 이 결과들은 연구자들에게는 구아닐 뉴클레오티드가 글루카곤 수용체의 상태 또는 성질을 변화시켜서 글루카곤에 대한 친화력을 감소시킴은 보였다. 또한, 그들은 간의 세포막이 GTP를 가수분해할 수 있다는 것을 발견했다.

일련의 연구에 대한 마지막 논문에서 Rodbell과 그의 동료들은 글루카곤의 결합에 대한 구아닐 뉴클레오티드의 효과가 간세포막의 아데닐산 고리화효소 시스템에서 글루카곤의 작용과 어떤 관계가 있는지에 관한 물음에 대하여 답변을 했다.[4] **그림 3**에서 보여지듯이, GTP는 0.01mM 만큼이나 낮은 농도에서도 아데닐산 고리화효소의 기본 활성을 자극하였다. 다른 어떤 뉴클레오티드들도 이와 같은 활성을 가지고 있지 않다. 저자들은 구아닐 뉴클레오티드가 글루카곤에 의한 아데닐산 고리화효소의 활성화에 필요하다고 결론지었다. 다른 연구팀의 후속 연구에서는 GTP가 펩티드 호르몬, 카테콜아민(가령, 에피네프린) 및 프로스타글란딘을 포함한 다른 호르몬으로 아데닐산 고리화효소 시스템의 반응성을 향상시킨다고 밝혔다.

뉴클레오시드 삼인산의 비가수분해성 유사체는 연구원들이 뉴클레오티드 결합과 뉴클레오티드 가수분해의 효과를 구별할 수 있기 때문에 유용하다. 간의 원형질막, 글루카곤, ATP 및 아데닐산 고리화효소 활성화에 필요한 다른 성분들과 함께 GTP의 비가수성 유사체인 Gpp(NH)p를 배양하면 이 유사체는 GTP의 자극 효과를 모방한다. 사실, 비가수성 GTP 유사체는 호르몬이 없는 경우에도 아데닐산 고리화효소를 활성화시켰다.[5] 이런 결과는 가수분해 자체보다 GTP의 결합 자체가 아데닐산 고리화효소 활성화에 중요한 역할을 한다는 것을 보여주었다. GTP와 비가수성 GTP 유사체의 효과 사이에 주요한 차이점은 전자는 아데닐산 고리화효소를 일시적으로 자극하는 반면, 후자는 장기간 자극한다는 점이다. 이러한 결과는 연구자들이 GTP가 아데닐산 고리화효소 시스템에 의해 자연스럽게 가수분해되는 기작에 초점을 맞추게 했다.

1970년대 중반, Rodbell의 연구실을 포함한 많은 실험실에서 다양한 세포의 원형질막 내부에 위치한 GTP가수분해효소(GTPase)를 확인했다. 한 주요 연구에서 예루살렘의 히브루대학교의 돈 카젤(Don Cassel)과 츠비 샐링거(Zvi Selinger)는 원심 분리막 GTP가수분해효소 분석 시스템에 에피네프린과 유사한 카테콜아민계 호르몬인 이소프로테레놀(isoproterenol)을 첨가하고 방출되는 ^{32}Pi를 측정하면 [^{32}P]GTP의 가수분해가 30~70% 증가하는 것을 알 수 있다(**그림 4**).[6] Casel과 Selinger는 GTP가수분해효소에 의한 GTP의 가수분해가 활성화된 아데닐산 고리화효소를 비활성화시키고 그후 비활성 기저상태로 되돌리는 역할을 한다고 주장했다.

이어진 후속 연구에서, 같은 연구자들은 GTP-결합 단백질과 악명 높은 콜레라 독소 사이의 중요한 연관성을 찾았다. 콜레라는 박테리아 독소에 의해 유발되는 질병으로, 감염된 개체에서 과도한 설사와 수분 손실을 유발한다. 1970년대 초, 많은 실험실에서 콜레라 독소가 장내 상피세포의 아데닐산 고리화효소를 자극하여 작용한다는 것을 발견했다. 이를 통해 콜레라 독소가 아데닐산 고리화효소 시스템에 일반적으로 존재하는 요소들 중 하나에 작용함으로써 호르몬의 작용을 모방한

계속

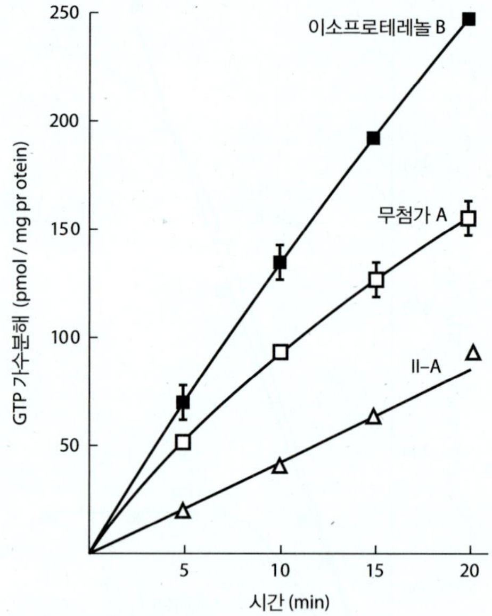

그림 4 추출한 칠면조의 적혈구 막에서의 시간에 따른 카테콜아민 이소프로테레놀의 존재 여부에 따른 GTP 가수분해의 시간에 따른 경과. 호르몬의 효과는 호르몬 처리 및 대조군 막 사이의 GTP 가수분해의 차이를 나타내는 아래 곡선에서 확인할 수 있다.

출처: D. Cassel and Z. Selinger, *Biochim. Biophys. Acta* 452:543, 1976에서 발췌. Catecholamin estimulated GTPase activity in turkey erythrocyte membranes. 저작권 1976, Elsevier Science의 허가를 얻음.

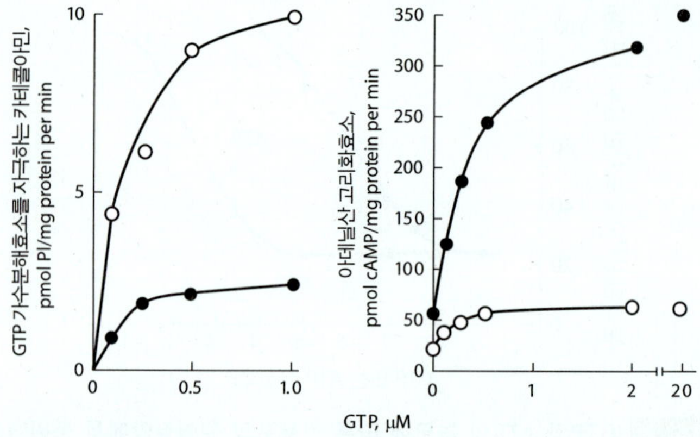

그림 5 다양한 GTP 농도에서 카테콜아민에 의해 자극된 GTP가수분해효소(왼쪽)와 아데닐산 고리화효소(오른쪽) 활성에 콜레라 독소가 미치는 영향. 독소의 부재(흰색 원) 또는 존재(검정색 원)하에 제시된 GTP 농도로 미리 처리된 막의 GTP가수분해효소 및 아데닐산 고리화효소 활성에 대해 분석하였다. 독소가 존재할 때, 더 낮은 GTP가수분해효소의 활성(왼쪽)은 아데닐산 고리화효소 활성을 상승시킨다(오른쪽).

출처: D. Cassel and Z. Selinger, *Proc. Nat'l Acad. Sci. U.S.A.* 74:3309, 1977에서 발췌.

다는 주장이 매우 명백해졌다. 1977년 Cassel과 Selinger는 독소가 장시간 자극된 상태에서 아데닐산 고리화효소를 유지시키는 효과가 있는 막의 GTP가수분해효소 활성을 억제함으로써 작용한다는 것을 입증했다(**그림 5**).[7]

이들 결과를 포함해서 다른 실험의 결과들은 GTP 결합에 의해 활성화되고 GTP 가수분해에 의해 불활성화된 호르몬-아데닐산 고리화효소 시스템의 조절 요소의 존재를 입증하였다. 이러한 관심은 몇 가지 다른 질문들을 야기했다. GTP-결합 단백질은 아데닐산 고리화효소의 필수 구성 요소인가? 아니면 별도의 구성 요소일까? GTP-결합 단백질이 별도의 구성 요소인 경우 그 구조는 무엇이며, 시스템의 다른 주요 구성 요소인 수용체와 아데닐산 고리화효소와 어떻게 상호작용할까?

GTP-결합 단백질의 정제는 1980년 버지니아 대학의 알프레드 길먼(Alfred Gilman)과 동료들에 의해 수행되었다. 정제는 간세포 막횡단단백질을 세제로 추출하여 6번의 연속 크로마토그래피 절차를 거친 결과 얻어졌다(표 2).[8] 표에 나타난 바와 같이, 세제 추출물의 특이적 활성은 정제 과정에서 약 2,000배 증가하였으며, 이는 원형질막으로부터 5,000~10,000배, 또는 총세포단백질로부터 거의 100,000배의 정제에 해당한다. 정제된 GTP-결합 단백질이 전기영동 과정을 거쳐 단백질의 크기별 분리가 이루어졌을때, 3개의 상이한 폴리펩티드(52, 45 및 35 kDa의 상대적 분자 질량)가 존재하는 것으로 밝혀졌으며, 조절 단백질이 다중소단위체의 복합체임을 나타낸다. 초기 연구에서 확인 된 세 가지 폴리펩티드 중 52 kDa 폴리펩티드는 훨씬 더 작고 더 많은 다양한 양으로 존재하며, 궁극적으로 GTP-결합 단백질의 구성원이 아니라는 것이 밝혀졌다. 4 kDa 폴리펩티드와 35 kDa 폴리펩티드는 각각 α-와 β-소단위체로 알려졌다. 9 kDa의 제3의 폴리펩티드(γ-소단위체)가 후속적으로 발견되었다. 세 가지의 소단위체들 중에, 45 kDa 소단위체는 GTP-결합 부위를 포함하는 폴리펩티드인 것으로 알려졌다.

GTP-결합 단백질의 정제는 단백질의 분자적 및 생화학적 특성의 분석을 위한 단계를 설정했다. 이러한 연구의 결과로 Gilman은 아데닐산 고리화효소의 활성화가 GTP-결합 단백질의 소단위체로의 분리를 유도하고, 결합된 GTP를 가지는 α-소단위체가 cAMP 생성효소를 활성화시키는 데 기여할 것이라고 제안했다.[9,10]

표 2 토끼의 간에서 추출한 아데닐산 고리화효소의 조절 요소의 정제

단계	단백질 (mg)	총량 (nmol/mg)	회수율 (%)	특정 활성도 (nmol/min mg)
원형질막으로부터 추출	2020	4380	100	2.2
DEAE-이온교환 크로마토그래피	114	2930	67	26
울트로젤 AcA 34	9.8	1820	42	190
헵틸아민-세파로오스	0.70	740	17	1060
수산화인회석	0.03	350	8.0	1200
GTP-세파로오스	0.18	290	6.6	1600
DEAE-이온교환크로마토그래피	0.039	150	3.5	3800

출처: J. K. Northup et al., *Proc. Natl. Acad. Sci. U.S.A.* 77, 6518, 1980.

참고 문헌

1. Robison, G. A., Butcher, R. W., & Sutherland, E. W. 1969. Cyclic AMP. *Annu. Rev. Biochem.* 37:149–174.

2. Birnbaumer, L. & Rodbell, M. 1969. Adenyl cyclase in fat cells: II. Hormone receptors. *J. Biol. Chem.* 244:3477–3482.
3. Rodbell, M., et al. 1971. The glucagon-sensitive adenyl cyclase system in plasma membranes of rat liver: IV. Effects of guanyl nucleotides on binding of 125I-glucagon. *J. Biol. Chem.* 246:1872– 1876.
4. Rodbell, M., et al. 1971. The glucagon-sensitive adenyl cyclase system in plasma membranes of rat liver: V. An obligatory role of guanyl nucleotides in glucagon action. *J. Biol. Chem.* 246:1877–1882.
5. Londos, C., et al. 1974. 5′-Guanylylimidodiphosphate, a potent activator of adenylate cyclase systems in eukaryotic cells. *Proc. Nat'l Acad. Sci. U.S.A.* 71:3087–3090.
6. Cassel, D. & Selinger, Z. 1976. Catecholamine-stimulated GTPase activity in turkey erythrocyte membranes. *Biochim. Biophys. Acta* 452:538–551.
7. Cassel, D. & Selinger, Z. 1977. Mechanism of adenylate cyclase activation by cholera toxin: Inhibition of GTP hydrolysis at the regulatory site. *Proc. Nat'l Acad. Sci. U.S.A.* 74:3307–3311.
8. Northup, J., et al. 1980. Purification of the regulatory com ponent of adenylate cyclase. *Proc. Nat'l Acad. Sci. U.S.A.* 77:6516–6520.
9. Smigel, M. D., Northup, J. K., & Gilman, A. G. 1982. Characteristics of the guanine nucleotide-binding regulatory component of adenylate cyclase. *Recent Prog. Horm. Res.* 38:601–624.
10. Northup, J. K., et al. 1983. The subunits of the stimulatory regulatory component of adenylate cyclase. *J. Biol. Chem.* 258:11369–11376.

요 약

세포신호전달이란 외부의 신호가 원형질막을 통과하고 세포 내부로 이동하여 주로 핵안으로 전달되는 현상이다. 일반적으로 세포신호전달은 원형질막의 바깥쪽에서 인식된 자극이, 원형질막을 통과한 후 그 신호를 세포 내부에서 순차적으로 전달하여 반응을 일으키는 세포내 과정을 말한다. 이러한 세포 반응에는 유전자 발현 변화, 대사효소의 활성 변화, 세포골격의 재배열, 이온 투과도의 변화, DNA 합성의 활성화 또는 세포사멸 등이 포함되며, 이 과정들이 일어나게끔 정보를 전달하고 조절하는 과정을 신호전달이라고 한다. 세포 내에서, 외부 자극에 대한 정보는 신호전달경로를 따라서 전달된다. 신호전달경로에는 대부분 구조적인 변화를 통해 자신의 기질을 활성화 또는 억제시키는 단백질 인산화효소와 단백질 인산가수분해효소가 포함되어 있다. 신호전달경로의 또 다른 방식으로는 경로를 시작시키거나 멈추게 하는 스위치로 작용하는 GTP-결합 단백질이 관여하고 있다는 점이다. (625쪽)

다양한 세포외 자극들(1차 정보전달물질)이 세포의 표면에 있는 G단백질결합수용체와 상호작용을 하여 세포 내의 2차 정보전달물질의 방출을 촉진시킴으로써 반응이 일어난다. 다양한 세포외 정보전달물질들은 막을 횡단하는 α-나선 7개로 이루어진 내재막 단백질인 수용체에 결합하여 작용한다. 결합된 신호는 이질3량체인 G단백질에 의해 수용체로부터 영향인자로 전달된다. 이들은 3개의 소단위(α, β 및 γ)를 갖고 있기 때문에 이질3량체라고 하는데, 구아닌 뉴클레오티드인 GDP 또는 GTP와 결합하기 때문에 G단백질로 불린다. 각각의 G단백질은 GTP가 결합된 활성 상태나 GDP가 결합된 불활성 상태로 존재할 수 있다. 다양한 자극들에 대해 각기 반응하는 수백 종류의 G단백질결합수용체들이 밝혀졌고, 이들 수용체는 모두 유사한 기작을 통해 작동된다. 리간드가 자신에게 특이적인 수용체와 결합하면, 수용체의 구조가 변화하면서 G단백질에 대한 친화력이 증가한다. 그 결과 리간드가 결합된 수용체는 G단백질과 결합하여, G단백질에 결합되어 있는 비활성 상태를 유지시키던 GDP를 방출시키고 대신 GTP와 결합하여 G단백질을 활성 상태로 전환시킨다. 구아닌 뉴클레오티드가 교환되면 G단백질 내의 G_α 소단위의 구조를 변화시켜서, 함께 결합하고 있던 두 가지 다른 소단위 복합체인 $G_{\beta\gamma}$으로부터 분리하게 만든다. 떨어져 나온 G_α 소단위는 결합된 GTP와 함께 아데닐산 고리화효소와 같은 특정한 영향인자들을 활성화시킬 수 있다. 한편, 분리된 G_α 소단위는 GTP가수분해효소 활성을 가지며, 보조 단백질의 도움을 받아 결합되어 있던 GTP를 가수분해하여 GDP의 형태로 바꾸어 영향인자들을 활성화시키던 능력을 억제한다. GDP가 결합된 G_α는 $G_{\beta\gamma}$ 소단위와 다시 재결합하여 3량체 복합체를 재구성하며 휴지상태로 되돌아간다. G단백질을 구성하는 세 가지 소단위들은 각각 다른 종류의 동형으로도 결합되어 복합체 형성이 가능하며, 이러한 서로 다른 조합을 통해 만들어지는 G단백질들은 각각의 수용체 및 영향인자들과 상호작용을 하는 데 있어서 각기 다른 특성을 갖는다. (628쪽)

원형질막 안쪽에 존재하는 또 다른 중요한 영향인자는 인지질분해효소 C (Phospholipase C)이며, 마찬가지로 이질3량체인 G단백질에 의해 활성화가 가능하다. PI 인지질분해효소 C는 포스파티딜이노시톨 4,5-이인산(PIP_2)을 이노시톨 1,4,5-삼인산(IP_3)과 1,2-디아실글리세롤(DAG)이라는 두 종류의 2차 정보전달물질로 절단한다. 그 후 1,2-디아실글리세롤은 원형질막에 잔류하면서 그곳의 단백질 인산화효소 C를 활성화시켜, 다양한 종류의 단백질들에 있는 세린과 트레오닌 잔기들을 인산화시키며, 이 효소가 지속적으로 활성화되면 세포는 성장조절 능력을 잃어버리게 된다. 이에 반해, 이노시톨 1,4,5-삼인산은 작은 수용성 분자로서 주로 세포질로 확산되어 들어가서, 활면소포체의 표면에 있는 이노시톨 1,4,5-삼인산 수용체와 결합한다. 사실상 이노시톨 1,4,5-삼인산 수용체는 4량체인 칼슘 이온 통로이기 때문에, 이노시톨 1,4,5-삼인산이 결합하여 이온 통로가 열리면 Ca^{2+}이 세포질로 확산된다. (635쪽)

포도당 이용은 활성화된 G단백질결합수용체에서 시작하는 신호전달경로에 의해 조절된다. 글리코겐이 포도당으로 분해되는 과정은 표적 세포의 바깥 면의 수용체에 결합하여 1차 정보전달물질로 작용하는 에피네프린과 글루카곤 같은 호르몬에 의해 촉진된다. 호르몬 결합은 원형질막 안쪽 면의 아데닐산 고리화효소와 같은 영향인자를 활성시키고, 이어 확산이 가능한 2차 정보전달물질인 cAMP를 만들어낸다. cAMP는 일련의 효소들을 연속적으로 변형되는 단계적인 반응을 통해서 자신의 반응을 일으킨다. cAMP 분자는 단백질 인산화효소 A라고 하는 cAMP-의존성 단백질 인산화효소의 조절을 담당하는 소단위와 결합하고, 가인산분해효소 인산화효소(phosphorylase kinase)를 인산화시켜서 활성을 띄게 하고, 글리코겐 합성효소를 인산화하여 활성을 저해시킨다. 활성화된 가인산분해효소 인산화효소들은 글리코겐 가인산분해효소에 인산을 더해 줌으로써 글리코겐 가인산분해효소를 활성화시켜 글리코겐을 포도당-1-인산으로 분해시키고, 최종적으로 포도당으로 전환시킨다. 이러한 다단계 반응으로, 세포표면에 결합된 호르몬이 전달한 최초의 메시지가 크게 증폭되며, 반응 시간이 매우 감소한다. 또한 이러한 유형의 다단계 반응은 다양한 조절 부위들을 제공한다.

인산화효소에 의해 인산기가 추가되는 반응은 인산기를 제거하는 인산가수분해효소에 의해 되돌려진다. 결국, 다양한 종류의 1차 정보전달물질에 반응하여 여러가지 세포들에서 cAMP가 만들어지고, 표적세포에서 일어나는 과정은 cAMP-의존성 인산화효소에 의해 인산화됨으로 활성화되는 특이적인 단백질들에 달려 있다. (636쪽)

다양한 종류의 세포외 자극들은 수용체 티로신 인산화효소(RTK)의 세포외 영역과의 결합하고 이를 통해 원형질막의 안쪽 면에 위치한 티로신 인산화효소 영역을 활성화시켜 여러 가지 세포반응을 일으킨다. 수용체 티로신 인산화효소는 세포의 증식, 성장 및 분화에 관여하고 또한 외부 입자의 세포내 유입이나 세포 생존을 포함한 다양한 기능들을 조절한다. PDGF, EGF, FGF 등과 같이 연구가 아주 많이 진행된 성장 촉진 리간드들은 Ras라고 하는 소형 단량체 GTP-결합 단백질이 포함되어 있는 MAP 인산화효소에 의한 연속적인 반응이라고 불리는 신호경로를 활성화시킨다. 다른 G단백질들과 마찬가지로 Ras는 GDP가 결합할 때는 불활성 상태이고 GTP가 결합할 때는 활성 상태 사이를 순환한다. 활성 상태일 때, Ras는 신호전달경로에서 하위에 놓여 있는 영향인자들을 자극하고, 다른 G단백질들과 마찬가지로 Ras는 GTP가수분해효소 활성을 갖고 있기에 결합되어 있는 GTP를 GDP로 가수분해함으로써 스스로를 불활성 상태로 만든다. 리간드가 수용체 티로신 인산화효소와 결합하면, 세포질 영역에 존재하는 수용체의 소단위에 각각 존재하는 티로신 아미노산 잔기가 인산화되는 트랜스-자가인산화(trans-autophosphorylation)가 일어나서 Ras의 활성인자인 Sos를 막의 안쪽 면으로 모이게 한다. Sos는 GDP를 GTP로 대체하는 과정을 촉진하여 Ras를 활성화시킨다. 활성화된 Ras 단백질은 Raf라고 하는 또 다른 단백질에 대한 친화력이 증가되는데, 이때 Raf는 원형질막으로 모여서 단백질 인산화효소로 활성을 가지게 되어 그림 15.20에 요약되어 있는 체계적인 인산화 연쇄반응을 개시시킨다. MAP 인산화효소의 단계적인 인산화 반응의 최종적인 목표는 세포주기를 활성화시키고, DNA를 합성하고, 세포분열이 일어나게 하는 유전자들을 자극하고 발현을 촉진시키는것이다. 이러한 MAP 인산화효소의 연속적인 반응은 효모부터 포유류에 이르기까지 거의 모든 진핵생물에서 발견됨에도 불구하고, 세포에 따라 각기 다른 종류의 반응을 일으키도록 진화를 통해 적응되어 왔다. (642쪽)

인슐린은 수용체 티로신 인산화효소인 인슐린수용체와의 상호작용을 통해서 표적세포에서 여러 가지 작용들을 일으킨다. 활성화된 인산화효소는 수용체 및 인슐린수용체 물질에 존재하는 티로신 잔기에 인산기를 첨가한다. 인슐린수용체 물질에서 인산화된 티로신 잔기들은 SH2 영역을 갖고 있는 단백질들과 결합하는 부위로 이용되며, 이 단백질들을 활성화시킨다. 서로 다른 신호전달단백질들이 활성화된 인슐린수용체 물질에 결합됨으로써, 매우 다양한 신호전달경로들이 활성화될 수 있다. 예를 들어, 한 경로에서는 핵 내로 신호가 전달되어 DNA를 합성하거나 세포분열을 촉진할 수 있고, 다른 경로에서는 소낭에 보관 중이던 포도당 수송체가 세포막으로 이동하여 융합되는 것을 촉진할 수도 있으며, 심지어 또 다른 경로에서는 인슐린에 특이적인 유전자들을 발현시키는 전사인자들을 활성화시킬 수도 있다. (649쪽)

세포질막이든 원형질막이든 관계없이 이들 막에 존재하는 이온통로가 열리면 세포질의 Ca^{2+}농도가 급격히 상승되면서 매우 다양한 세포 반응이 일어난다. 세포질 내의 Ca^{2+} 농도는 보통 원형질막이나 활면소포체 막에 존재하는 Ca^{2+} 펌프의 활동에 따라 약 10^{-7} M로 유지된다. 수정 중인 정자로부터 근육세포에 이르기까지 신경 자극에 의한 세포질 내의 $[Ca^{2+}]$이 급격히 증가하게 되면, 원형질막의 Ca^{2+} 통로와 활면소포체 막에 있는 다른 종류의 칼슘 통로인 IP_3 수용체 또는 리아노딘 수용체가 열린다. 세포의 종류에 따라서는 세포에 도착한 활동전위나 원형질막을 통해 유입된 소량의 Ca^{2+}에 의해 리아노딘 통로가 열릴 수 있다. 이러한 반응들 중에, 증가된 세포질내 $[Ca^{2+}]$은 다양한 효소 및 전달체계의 활성화 또는 비활성화, 막의 융합, 세포골격 또는 수축 기능의 변화를 야기할 수 있다. 일반적으로 칼슘은 다양한 표적에 유리된 이온 상태로 독립적으로 작용하는 것이 아니라, 몇 종류의 칼슘결합단백질 중 한 가지와 결합한 상태로 작용을 일으킨다. 이런 칼슘결합단백질 중 가장 대표적인것은 4개의 칼슘결합부위를 가지고 있는 칼모듈린이다. 또한 칼슘 이온은 식물세포에서도 중요한 세포내 정보전달물질의 역할을 수행하는데, 가령 빛, 압력, 중력 및 아브시스산과 같은 식물호르몬 농도 변화를 포함하는 다양한 종류의 자극에 대한 반응을 유도한다. (652쪽)

서로 다른 신호전달경로라 하더라도 대부분 서로 연결되어 있다. 따라서 전혀 관련이 없는 다양한 종류의 리간드에 의해 발생한 신호들이 Ras 단백질과 같은 공통적인 영향인자를 활성화시킬 수 있다. 반대로, 동일한 리간드로부터 유래한 신호는 다양한 종류의 여러 영향인자들을 활성화시켜 다른 경로로 나누어 전달될 수 있다. 이때, 신호들은 서로 다른 경로들 사이에서 이리저리로 서로 전달될 수 있다. (656쪽)

산화질소(nitric oxide)는 세포사이의 정보전달물질로서 작용하며 주로 표적세포의 원형질막을 통해 직접 확산되어 들어간다. 혈관을 에워싸고 있는 평활근세포의 이완작용은 산화질소에 의해 촉진되는 작용 중 하나이다. 산화질소 합성효소는 아미노산 아르기닌을 기질로 사용하여 산화질소를 생산하고, 대개의 경우 구아닐산 고리화효소(guanylyl cyclase)를 활성화하여 2차 정보전달물질인 cGMP를 생산함으로써 작용한다. (658쪽)

세포내 신호전달경로는 예정된 세포 죽음 과정인 세포사멸로 끝날 수 있다. 세포사멸의 예로는 발생 과정 중 손가락 사이의 세포 죽음을 포함하여, 신체내 자신의 조직과 반응하는 T 림프구의 제거, 잠재적인 암세포의 죽음 등이 있다. 세포사멸에 의해 세포가 죽을 때는 세포질 및 핵이 전반적으로 응축되고 특이적인 핵산가수분해효소들에 의해 염색질이 체계적으로 잘게 분해되는 특징을 가진다. 세포사멸은 주로 카스페이스라고 하는 단백질가수분해효소에 의해 세포내 핵심적인 단백질 기질의 폴리펩티드 사슬에 있는 특정한 부분을 제거함으로써 활성화시키거나 불활성화시킨다. 지금까지 밝혀진 두 가지 별개의 세포사멸 경로 중 하나는, 종양괴사인자수용체-1과 같은 죽음의 수용체를 매개로 하여 세포 외부의 자극에 의해 시작되는 경로이고, 또 다른 하나는 세포 내부의 스트레스에 의해 일어나는 미토콘드리아의 시토크롬 *c* 방출과 Bcl-2 단백질 집단에 속하는 친세포사멸성 구성요소들의 활성화를 통해 개시되는 과정이다. (660쪽)

개념 문제

15.1 세포신호전달체계의 기본 인자들

1. 신호전달이라는 용어는 어떤 의미인가? 신호전달이 일어날 수 있는 단계는 어떤 것이 있는가?

2. 2차 정보전달물질이란 무엇인가? 이렇게 불리는 이유가 무엇이라고 생각하는가?

15.2 세포외 정보전달물질 및 해당 수용체들에 대한 개요

3. 세포외 신호전달물질로 작용하는 네 가지 다른 타입의 물질을 예를 들어 제시하라.

15.3 G단백질결합수용체의 신호전달

4. 신호전달경로 내에서 G단백질의 역할은 무엇인가?
5. 글루카곤과 같은 리간드가 7-막횡단 수용체와 결합하여 아데닐산 고리화효소와 같은 영향인자를 활성화시키는 과정을 설명하시오. 이 반응은 일반적으로 어떻게 약화되는가?

15.4 2차 정보전달물질

6. 2차 신호전달물질의 개념 확립을 위한 Sutherland의 실험 방식을 설명하시오.
7. 이차 신호전달물질인 IP_3가 생성되는 기작을 설명하시오. IP_3의 생성과 세포내 [Ca^{2+}] 증가에는 어떤 관련이 있는가?
8. 포스파티딜이노시톨, 디아실글리세롤, 칼슘 이온, 단백질 인산화효소 C 사이의 상관관계를 설명하시오. 포르볼 에스터는 디아실글리세롤이 포함된 세포 신호전달경로를 어떻게 방해하는가?

15.5 G단백질결합반응의 특이성

9. G단백질결합수용체와 결합한 단일 리간드가 서로 다른 세포에서 다양한 반응을 일으키는 방식을 설명하시오.

15.6 혈당수준의 조절

10. 신호전달의 측면에서 증폭(amplification)이라는 단어는 어떠한 의미인가? 신호의 증폭에 있어서 연속적 반응을 어떻게 이용할 수 있는가? 이것은 어떻게 대사조절의 가능성을 증가시키는가?
11. 에피네프린과 같은 동일한 1차 정보전달물질이 서로 다른 표적세포에서 다른 반응을 유도할 수 있는 원리는 무엇인가? 마찬가지로 cAMP와 같은 2차 정보전달물질도 다른 표적세포에 대해서 다른 반응을 일으킬 수 있는가? 혹은 글리코겐 분해와 같은 동일한 반응이 서로 다른 자극으로부터 시작될 수 있는가?
12. 간세포 원형질막 내부에서 생성되는 cAMP의 합성과정과 혈류로 포도당을 방출시키는 단계를 설명하시오. 이 과정이 어떻게 GRK와 어레스틴(arrestin)에 의해 조절되는가? 단백질 인산가수분해효소에 의해서? cAMP 포스포디에스터라제에 의해서?

15.7 감각인식에서 G단백질결합수용체들의 역할

13. 시각, 후각, 미각에 있어서 G단백질결합수용체들의 역할을 설명하시오.

15.8 신호전달기작으로서 단백질-티로신 인산화

14. SH2 도메인이란 무엇이며, 신호전달과정에서 역할은 무엇인가?

15.9 Ras-MAP 인산화효소경로

15. 신호전달경로에서 Ras의 역할은 무엇인가? 이것은 Ras-GAP의 활성에 의해 어떻게 영향 받는가? Ras는 이질3량체인 G단백질과 어떤 차이가 있는가?
16. MAP 인산화효소의 연속적 반응단계는 어떻게 세포의 전사 활성을 변화시키는가?

15.10 인슐린수용체의 신호전달

17. 인슐린 인자가 표적세포의 표면에 붙어, 영향인자인 PI3K를 활성화시키는 단계를 설명하시오. 인슐린의 작용은 수용체 티로신 인산화효소를 통해 작용하는 다른 리간드와 어떤 차이가 있는가?
18. 제2형 당뇨병과 인슐린 생산과는 어떤 관련이 있는가? 인슐린 감수성을 증가시키는 약물이 이 질환의 치료에 어떻게 도움이 되는가?

15.11 식물에서의 신호전달경로

19. 동물 내에는 공통적으로 존재하나, 동물세포 내에는 존재하지 않는 신호전달단백질에는 어떠한 것이 있는가? 반대의 경우는 어떠한가?

15.12 세포내 정보전달물질로서 칼슘의 역할

20. 세포질 내에서 [Ca^{2+}]가 어떻게 낮은 수준으로 유지되는가? 이 농도는 자극에 의해서 어떻게 변화하는가?
21. 반응을 이끌어 내는 데 있어서 칼모듈린과 같은 칼슘결합단백질의 역할은 무엇인가?
22. 식물의 공변세포에서 기공의 직경을 조절하는 데에 칼슘의 역할을 설명하시오.

15.13 다른 신호전달경로들 사이의 수렴, 분기, 교차반응

23. 단백질 신호전달에 있어서 교차-반응이라는 단어의 정의는 무엇인가? 수렴과 분기는 무엇인가?

15.14 세포내 정보전달물질로서 산화질소의 역할

24. 산화질소가 혈관의 확장을 매개하는 신호전달경로의 단계를 설명하시오.

15.15 세포사멸(세포예정사)

25. 척추동물에서 세포사멸의 기능은 어떤 것들이 있는가? (a) 종양괴사인자가 자신의 수용체에 결합하여 세포가 결국 사멸하게 되는 시간과 (b) 친세포사멸성 Bcl-2 단백질들이 미토콘드리아의 바깥에 결합하여 세포가 사멸하게 되는 과정에 일어나는 단계들을 설명하시오.
26. 세포사멸 과정에서 카스페이스가 포함된 복합체 형성은 어떤 역할을 하는가?

분석 문제

1. 세포생물학의 범주에 들어 있는 매우 다양한 주제들을 함께 다루기 때문에, 세포신호전달에 관한 본 내용이 책의 후반부에 배치되어 있다. 이 장을 읽은 당신은 이런 주장에 대해 동의하는가? 아니면 동의하지 않는가? 여러분이 내린 결론을 예를 들어 설명하라.
2. 그림 15.3의 신호전달경로가 세포를 세포주기 중 S기로 이동시키는 역할을 하는 사이클린 의존성 인산화효소를 억제하는 유전자를 활성화시킨다고 가정해보자. 만일 단백질 인산화효소-3의 기능을 약화시키는 돌연변이가 발생하면 세포성장에는 어떤 영향을 줄것으로 예상되는가?
3. cAMP 포스포디에스터라제를 암호화하는 유전자에 돌연변이가 생기면 간 기능에 어떤 영향을 주겠는가? 글루카곤 수용체를 암호화하는 유전자에 돌연변이가 발생하면 간 기능에 어떤 영향을 주겠는가? 가인산분해효소 인산화효소를 암호화하는 유전자에 발생한 돌연변이는 간 기능에 어

떤 영향을 줄 수 있는가? G_α 소단위에 있는 GTP가수분해효소의 활성화 부위에 돌연변이 생기면 간 기능에 어떤 영향을 줄 수 있는가? (모든 경우에서 돌연변이가 유전자 산물의 기능의 상실을 야기한다고 가정하라.)

4. Ca^{2+}, IP_3, cAMP는 모두 2차 정보전달물질로 간주된다. 어떤 점에서 이들의 작용기작이 유사하며 어떤 점들이 다른가?

5. 그림 15.22에 묘사된 반응의 연속단계 중에서, 어느 단계에서 신호 증폭을 일어나며, 어느 단계에서 일어나지 않는가?

6. 에피네프린과 노르에피네프린이 특정한 표적세포에서 서로 유사한 반응을 시작할 수 있다고 가정하자. 두 종류의 물질이 세포의 동일한 표면 수용체에 결합하여 작용하는지의 여부를 어떻게 판단할 수 있는가?

7. 간극연접(gap junction)이 크기가 작은 분자들을 통과시킨다는 것을 보여주는 핵심적인 실험들 중 한 가지는 노르에피네프린에 대해 수축하는 반응을 보이는 심근세포가 난소에서 난포자극호르몬에 대해 다양한 대사 변화를 일으키는 반응을 수행하는 과립막 세포와 간극연접을 형성할 수 있다는 것을 보여준 것이었다. 이후 연구자들은 혼합 세포 배양시 난포자극호르몬를 첨가하고 근육세포 수축을 관찰하였다. 근육세포들은 난포자극호르몬에 대해 어떻게 반응하며 이 결과가 시사하고 있는 간극연접의 구조와 기능은 무엇인가?

8. 간세포가 글루카곤의 자극을 받는 동안 일어나는 신호전달에 세포가 분해할 수 없는 GTP 유사체가 어떻게 영향을 준다고 생각하는가? 상피성장인자에 노출된 후에 상피세포에서 일어나는 신호전달과정에서 동일한 유사체는 어떤 영향을 줄 수 있겠는가? 동일한 세포에 대해 콜레라 독소가 미치는 영향(632쪽)과 비교하면 어떻겠는가?

9. 당신은 자신이 연구 중인 배양된 내분비 세포에서 호르몬 분비를 유도하는 2차 정보전달물질의 전구물질로 포스파티딜콜린이 작용할 수도 있다고 추정하고 있다. 또한 자극에 의해 원형질막에서 방출되는 2차 정보전달물질이 콜린-인산이라고 추정하고 있다. 당신의 가설을 입증하기 위하여 어떤 종류의 실험을 수행해야 하겠는가?

10. 그림 15.27은 퍼킨지 세포의 수상돌기 내의 $[Ca^{2+}]$의 국소적 변화를 보여주고 있다. 칼슘 이온은 크기가 작고, 빠르게 확산될 수 있는 물질이다. 그런데, 세포는 어떻게 세포질의 여러 위치에서 유리된 칼슘 이온 농도를 서로 다르게 유지할 수 있는가? 형광을 표지한 칼슘 탐침자를 미리 주입시킨 세포의 특정 부위에 소량의 염화칼슘 용액을 주입한다면 어떤 일이 발생할 것으로 예상되는가?

11. 그림 15.29에서 보이듯, 수정 중인 정자가 난자를 둘러싸고 있는 바깥 막의 한 곳과 접촉하게 되면 Ca^{2+} 방출 파동이 난자 전체를 통하여 어떻게 퍼져 나가는지를 설명할 수 있는 가설을 제안하라.

12. 칼슘결합단백질인 칼모듈린이 단백질 인산화효소, 포스포디에스터라제, 칼슘수송 단백질 등의 여러 종류의 영향인자들을 활성화시키기 때문에, 칼모듈린 분자의 표면에는 여러 가지 다른 종류의 결합부위를 가지고 있어야 한다. 이러한 주장에 대해 동의하는가? 그렇다면 그 이유는 무엇인가?

13. 당뇨병은 인슐린의 기능과 관련된 수 많은 다른 결함들로부터 발생하는 질병이다. 다른 환자들이 가령 혈액과 소변에서 고농도의 포도당을 포함하여 공통적으로 보여주는 유사한 임상적인 모습들을 야기하는 간세포에서의 세 가지 다른 종류의 분자적 이상증 대해 설명하라.

14. 인슐린에 대한 반응에 비해 상피성장인자에 대한 세포의 원형질막의 유동성에 대한 반응이 훨씬 더 민감할 것이라고 예상할 수 있는가? 그 이유는 무엇인가? 아니라면 그 이유는 무엇인가?

15. Ras 유전자에서 돌연변이가 일어난다면 암의 발생 원인으로서 우성과 열성 중 어느 쪽으로 작용할 것이라 예측되는가? 그렇다면 그 이유는 무엇인가? (우성 돌연변이는 대립유전자 중 한 곳에서만 돌연변이가 일어나도 발생하는 반면에, 열성 돌연변이는 대립유전자 양쪽 모두 돌연변이가 일어나야 한다.)

16. 다음 장에서 설명할 주제인 암의 발달을 억제하는 데 있어서 세포사멸이 중요한 역할을 수행할 가능성과 기작을 추론하라.

17. 만일 당신이 현재 수행 중인 실험에서 상피성장인자에 의해 정상적으로 세포가 성장하고 분열 속도가 증가하는 것에 반해, 에피네프린에 의해서는 성장과 분열 속도가 느려지는 유형의 섬유모세포를 사용하고 있다고 하자. 당신은 실험을 통해 이러한 두 가지 세포의 반응들이 모두 MAP 인산화효소경로를 따르는데, 상피성장인자의 경우는 수용체 티로신 인산화효소를 통해서, 에피네프린은 G단백질결합수용체를 통해서 작용한다는 결과를 얻었다. 이런 세포들 중에서 상피성장인자에 대해서는 동일한 반응을 보이지만 에피네프린에 의해서는 저해되지 않는 돌연변이 주를 얻었다고 가정하자. 당신은 돌연변이가 두 경로 사이에 존재하는 교차반응(그림 15.35에 나와 있음)에 영향을 미친다고 추정하고 있다. 이 그림에 있는 나와 있는 성분들 중에서 어떤 것이 돌연변이에 의해 영향을 받았을 것으로 생각되는가?

18. 수정될 때 일어나는 칼슘 파동과 뉴런을 따라 이동하는 신경자극은 어떤 부분에서 유사한가?

19. 지금 미각 인지에 관한 부분을 읽고 있다고 가정하면, 어째서 효과적인 취약을 찾기 어려운 이유가 무엇이라고 생각되는가?

20. 우두 바이러스(cowpox virus)에는 카스페이스의 강력한 저해인자인 CrmA라고 불리는 단백질을 암호화하고 있는 유전자가 포함되어 있다. 이 바이러스에 감염된 세포에서 이 저해인자 단백질은 어떤 영향을 미칠 것이라고 예측하는가? 이것이 왜 감염한 바이러스에 유리한가?

21. 대부분의 수용체 티로신 인산화효소는 하위의 영향인자들에 직접적으로 작용을 하는 반면에, 인슐린수용체 티로신 인산화효소는 매개결합단백질인 인슐린수용체 물질을 통해 작용한다. 이들 인슐린수용체 물질 중간체를 사용함으로써 신호전달과정에 생기는 장점은 무엇인가?

22. 과학자들이 (1) PI3K 효소의 활성을 특이적으로 억제시키는 화합물인 월트마닌(wortmannin)을 세포와 함께 배양시키면 인슐린이 표적세포에 미치는 생리적 영향을 대부분 막을 수 있으며, (2) 항시 활성형인 단백질 인산화효소 B를 세포에서 과발현시키면 마치 인슐린을 처리한 것과 거의 유사한 반응을 유도할 수 있다고 발표했다. 그림 15.25를 보고 이러한 관찰들이 당신이 예측했던 바와 같은가? 그렇다면 그 이유를 설명하시오. 아니라면 그 이유를 설명하시오.

23. 카스페이스-9 유전자가 결핍된 유전자제거(knockout) 생쥐는 몇 가지 결함 때문에 죽었는데, 표현형을 조사해보니 대부분 뚜렷하게 아주 커진 뇌를 가지고 있었다. 유전자제거 생쥐가 이런 표현형을 갖게 된 이유는 무엇인가? 카스페이스-9 유전자제거 생쥐와 시토크롬 c 유전자제거 생쥐의 표현형을 비교하여라.

24. 어떤 사람들은 PROP이라는 화합물에서 쓴맛이 난다는 것을 인지하지만, 또 다른 사람들은 전혀 인식을 하지 못한다. 그 이유는 무엇이라고 생각하는가?

25. 특정한 단백질 인산화효소를 하나 억제하면, 많은 세포내 단백질들의 인산화가 증가한다. 이러한 현상을 어떻게 설명하겠는가?

CHAPTER

암 16

목 차

헨리에타 랙스와 헬라 세포

1951년, 헨리에타 랙스(Henrietta Lacks)는 31세의 나이에 자궁경부암(cervical cancer)으로 사망했지만, 놀라운 유산을 남겼다. 그녀가 존스홉킨스(Johns Hopkins) 병원에서 치료를 받는 동안, 병원은 그녀의 암조직 샘플을 채취하여 생물학자 조지 게이(George Gey)에게 전달하였다. 그때 당시에는 의학연구를 위한 조직 제공에 환자의 동의를 받을 필요가 없었기 때문에 병원은 Lacks와 그녀의 가족들과 상의하지 않았다.

Gey는 수십 년 동안 암연구를 위한 인간 세포주(cell line)를 만들고자 연구를 해 왔었다. Lacks의 샘플을 받기 1년 전, 그는 존스홉킨스대학교에서 세포 배양 및 연구를 위한 수제 장치가 포함된 조직배양 시설을 만들었다. 회전 드럼(roller drum)이라고 불리는 기계는 따뜻한 온도를 유지하면서 수많은 수공 유리튜브를 천천히 회전시킬 수 있었다. Gey는 각 튜브에 조직 샘플을 넣고 세포를 유지할 수 있는 영양배지에 충분히 담가 두었다. 하지만 조직은 20~50세대 동안만 생존하고 성장한 뒤에 결국 죽게 되었다.

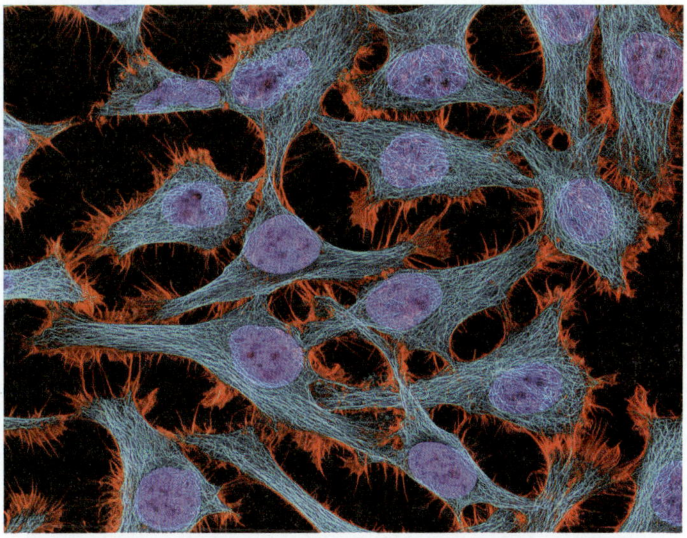

고정화된 헬라세포의 액틴(빨간색), 미세소관(청록색), 그리고 DNA(파란색)를 염색한 현미경 사진.

출처: Tom Deerinck에서 제공

그러나 Lacks의 종양 샘플을 담은 튜브에서 Gey는 전에 보지 못했던 것을 관찰하였다. 튜브 안에서 세포는 풍부하게 자라나 두꺼운 층(thick sheet)을 형성했다. Gey는 세포들이 지속적으로 분열하고 성장할 수 있도록 다른 튜브로 나누었다. 머지 않아 그는 최초의 불멸(immortal) 인간 세포주를 만들었다는 사실을 깨달았고, 세포주의 이름을 채취한 환자의 이름을 따서 헬라(HeLa) 세포라고 명명했다.

1950년대 초 확립된 이후, 헬라 세포는 전 세계적으로 74,000건이 넘는 연구에 사용되었다. 그러나 Lacks의 세포를 과학적으로 사용하기 위한 허가가 전혀 주어진 바 없다는 사실로 인해 최근 들어 많은 어려운 윤리적 질문을 제기하기 시작했다. 예를 들어, 2013년도에 Lacks의 자손에 대한 프라이버시 문제로 최근에 서열화된 헬라 유전체의 일반 공개를 두고서 논란이 있었다. 미국 국립보건원(National Institute of Health)의 대표들은 Lacks의 가족들과의 토론을 통해 그룹을 만들었다. Lacks의 가족 구성원들을 포함한 이 그룹은 유전체 데이터로의 접근을 통제하고 있다.

16.1 암세포의 기본 특징

암은 특정 유전자들의 변형에서 유발되므로 유전적인 질환이라고 할 수 있지만, 대부분의 경우 자손에게 유전되는 유전병은 아니다. 유전병의 경우, 유전적 결함이 부모의 염색체 상에 존재하며 접합자(zygote)에게 전달된다. 반면에, 대부분의 암을 유발하는 유전적 변형은 발병하는 개인의 일생 중에 생식세포가 아닌 체세포의 DNA에서 일어난다. 이러한 유전적 변화로 인해 암세포는 정상 세포가 받는 많은 제약으로부터 벗어난다. 정상(*Normal*) 세포는 신체의 항상성 유지 기작에 의해 자극을 받지 않으면 분열하지 않고, 돌이킬 수 없는 손상을 입은 경우 죽게 된다. 또한, 신체의 다른 곳에서 자라나기 위해 원래의 조직에서 떨어져 이동하지도 않는다. 반면, 대부분의 암세포는 혼란과 자멸을 피하고자 신체를 보호하는 이러한 조절기작으로부터 벗어난다. 암세포의 통제되지 않는 분열은 결국 주변의 건강한 조직을 침범하는 악성종양을 형성한다(**그림 16.1**). 자라는 종양이 일부 부위에만 국한되어 있을 경우, 수술로 제거하여 치유할 수 있다. 그러나 악성종양은 전이(*metastasis*)되는 경향이 있다. 전이란 원래 종양 덩어리에서 떨어져 나간 일부 암세포가 림프계나 혈관 순환계로 들어가서 몸의 다른 자리로 퍼져, 치명적인 2차 종양[전이체(*metastase*)]이 생기는 것을 의미한다. 이 경우에는 수술로 제거하기가 쉽지 않다. 전이에 관한 주제는 제11장의 <인간 질병과의 연관성>에 논의되어 있다.

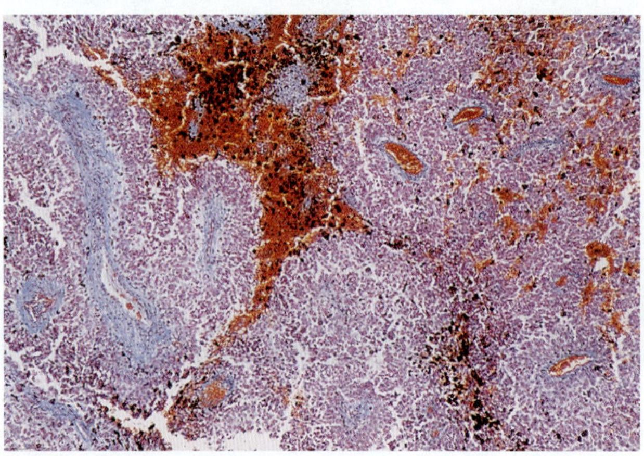

그림 16.1 정상조직을 침범해서 성장하는 종양. 광학현미경 사진은 사람 간 조직의 절단면을 보여준다. 전이된 흑색육종(melanosarcoma, 빨간색)이 정상적인 간 조직을 침범하고 있다.

출처: Astrid and Hanns-Frieder Michler/Photo Researchers, Inc.

인간의 건강에 미치는 암의 영향력, 그리고 치료방법이 개발될 수 있다는 희망 때문에 암은 지난 수십 년간 많은 연구의 관심 대상이었다. 이런 연구들에 의하여 암의 세포학적, 분자생물학적 기작을 획기적으로 많이 이해하게 되었지만, 아직도 많은 종류의 암의 경우 예후(prognosis)에는 큰 변화가 없다. 그러나 일부 진전은 있었다. 2011년에 미국 암연구학회(American Association for Cancer Research)는 모든 암에 대한 사망률이 1990년에서 2007년 사이에 남성은 22%, 여성은 14% 감소했다고 발표했다. 이러한 진전의 대부분은 유방암, 전립선암 및 결장암과 같은 세 가지 주요 유형의 암에 대한 초기 진단 및 치료에 기인한다. 미국 내의 다양한 암 발생율과 그에 따른 치사율이 **그림 16.2**에 제시되어 있다. 화학요법 및 방사선요법 등과 같은 최근의 치료법은 정상적인 세포들을 손상시키지 않고 암세포만을 죽일 수 있는 특이성이 없기 때문에, 치료 과정에서 심각한 부작용을 동반한다. 결과적으로 체내의 모든 종양세포를 사멸시키기에 충분한 양의 약물 또는 방사선을 환자에게 투여할 수는 없다. 따라서 연구자들은 지난 수년 간 더욱 효과적이고 부작용이 적은 치료법을 찾기 위하여 연구해 왔다. 최신 항암요법 중 일부는 이 장의 마지막 부분에 논의할 것이다.

암세포들의 습성은 배양하여 키울 때 가장 쉽게 연구할 수 있다. 이 장의 처음에 논의된 것처럼, 악성종양을 생체에서 제거한 후, 종양조직을 각각의 세포로 분리하여 시험관 내에서 배양하면 암세포를 얻을 수 있다. 지난 수 년 동안, 인간의 종양에서 유래된 여러 종류의 배양된 세포주들이 세포은행에 보관되어 많은 연구에 사용되고 있다. 또 다른 방법은 발암성 화학물질, 방사선, 또는 종양바이러스를 처리하여 정상 세포를 암세포로 전환시키는 것이다. 화학물질이나 바이러스를 처리하여 형질전환(transformation)된 세포를 숙주동물에 주입하면, 대부분의 경우에 종양을 유발시킬 수 있다. 암세포들은 그 종류에 따라 제각기 다른 특성을 나타내면서도 동시에, 그 조직의 기원과는 무관한 많은 기본 특성을 공유하고 있다.

세포수준에서 암세포의 가장 중요한 특징은 신체에 있든 배양접시에 있든지에 상관없이 성장 조절능력을 상실한다는 것이다. 암세포와 대부분의 정상 세포 사이에서 성장과 분열을 위한 능력(*capacity*)

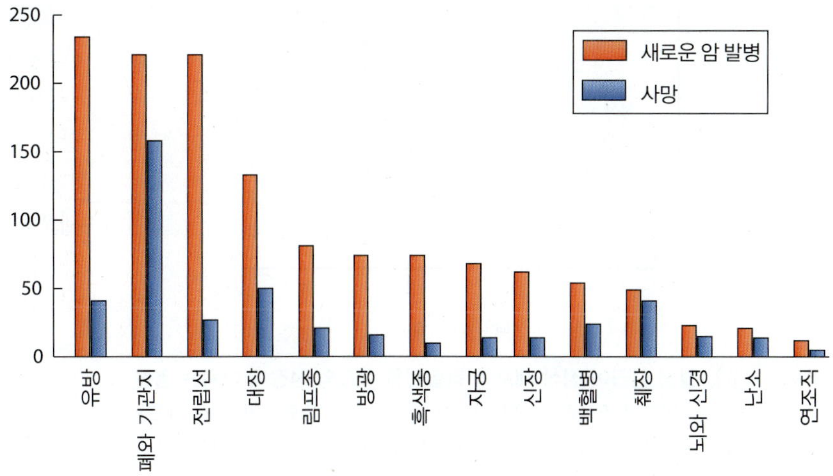

그림 16.2 2015년 미국의 새로운 암 발생 및 사망률. 2015년, 총 1,658,370건의 새로운 암 발병과 589,430건의 암으로 인한 사망이 추산되었다.

출처: The American Cancer Society, Inc.에서 발췌

은 큰 차이가 없다. 세포 증식을 촉진하는 조건에서 정상 세포가 조직배양으로 성장할 때, 암세포와 유사한 속도로 성장하고 분열한다. 하지만 정상 세포는 배양접시의 바닥을 다 덮을 정도로 증식하게 되면, 그 성장속도는 눈에 띌 정도로 준다. 또한 정상 세포는 배양접시 바닥에 단층(*monolayer*)으로 남는 경향이 있다(**그림 16.3a,b**). 즉, 정상 세포의 성장속도는 주위 환경이 성장 저해 요인에 반응하여 감소한다. 성장 저해 요인에는 배양액 내의 성장인자 고갈이나 배양접시에서 함께 자라는 주변 세포와의 접촉 등이 있다. 반면에, 같은 조건에서 자라는 암세포는 계속해서 성장하며 심지어 세포들이 서로 위에 쌓여 덩어리를 형성한다(그림 16.3*c*,*d*). 이를 통해, 정상 세포와 달리 암세포는 정상 세포의 성장과 분열을 멈추는 종류의 신호에 반응하지 않는다는 것을 알 수 있다.

암세포는 성장 저해 신호를 무시할 뿐만 아니라 정상 세포가 자라기 위해 필요한 성장 자극 신호가 없어도 계속 성장할 수 있다. 배양액에서 자라는 정상 세포는 혈청(혈액의 분획물)에 존재하는 표피성장인자(epidermal growth factor, EGF) 및 인슐린과 같은 성장인자에 의존하기 때문에, 일반적으로 이런 인자들을 배양액에 첨가한다(**그림 16.4**). 반면, 암세포의 세포주기는 성장인자와 세포 표면에 존재하는 수용체 사이에서 일어나는 상호작용에 의존적이지 않기 때문에, 혈청이 없을 때에도 증식할 수 있다(15.8절). 아래에서 볼 수 있듯이, 암세포의 이러한 형질전환은 세포의 분열과 생존을 통제하는 세포내 경로의 기본적인 변화의 결과이다.

배양 상태에서 성장하는 정상 세포들은 세포분열에 제한된 능력을 나타낸다. 즉, 이 세포들은 한정된 횟수의 유사분열 후에는 성장과 분열을 계속할 수 없는 노화 과정을 겪는다. 반면에, 암세포는 죽지 않고 끊임 없이 분열한다. 이러한 성장 능력의 차이는 암세포에만

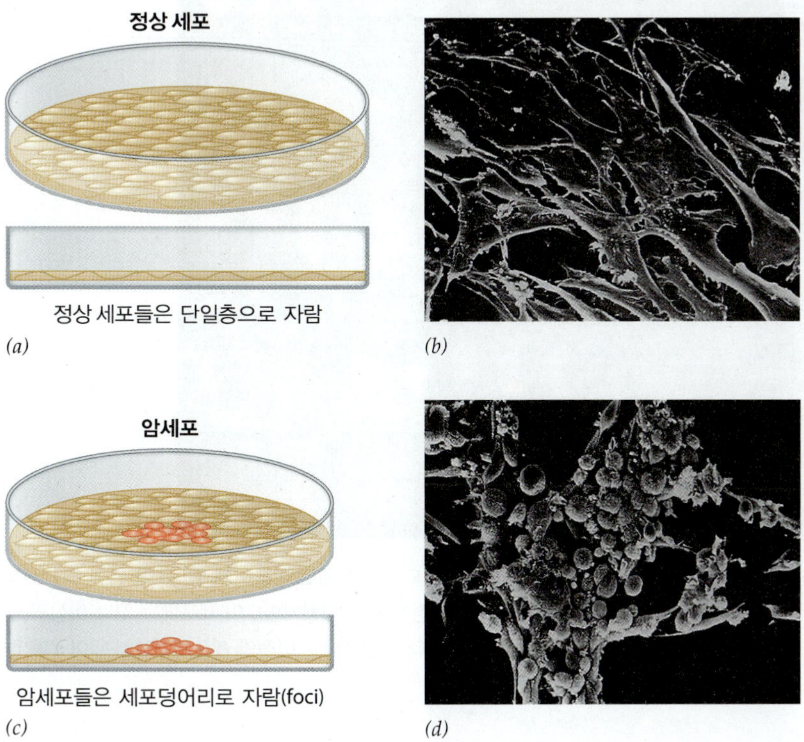

그림 16.3 정상 및 암세포의 성장 특성. 배양접시에서 정상 세포는 배양접시에서 전형적으로 표면을 다 덮을 때까지만 자라 단일층을 형성한다(*a*와 *b*). 반면에, 바이러스 또는 발암성 화학물질로 형질전환된 세포(또는 종양으로부터 배양된 악성세포)는 지속적으로 성장하여 다층의 세포덩어리를 이룬다(*c*와 *d*).

출처: (b, d) G. Steven Martin, University of California at Berkeley에서 제공.

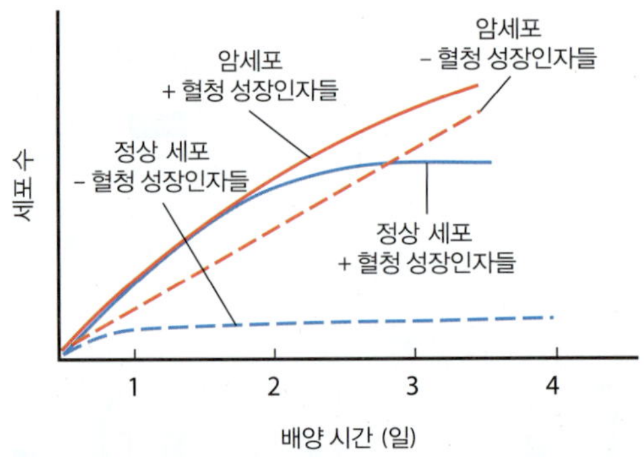

그림 16.4 혈청 결핍이 정상 세포와 형질전환 세포의 성장에 미치는 영향. 암세포의 성장은 외부에 존재하는 성장인자에 관계 없이 계속되지만, 정상 세포는 성장을 지속하기 위해 이 인자들을 필요로 한다. 배지에서 성장인자가 고갈됨에 따라 정상 세포의 성장은 감소한다.

존재하는 말단절합성효소(telomerase) 때문이라고 생각된다. 241쪽에서 언급했듯이, 말단절합성효소는 염색체의 말단절(telomere)을 합성하는 효소이며, 이는 염색체 끝부분에 있는 말단절을 유지하여 세포가 계속 분열할 수 있게 해준다. 대부분의 정상 세포에 말단절합성효소가 없는 것은 종양이 자라나는 것을 막기 위한 신체의 주요 방어선 중 하나라고 생각된다.

형질전환 이후 핵의 가장 현저한 변화는 염색체 내에서 일어난다. 매우 낮은 오류율로 DNA를 복제하는 정상 세포(296쪽 참조)와는 달리 암세포들은 유전적으로 불안정하며 비정상적인 염색체 조성을 갖는다. 이런 상태를 이수성(*aneuploidy*, **그림 16.5**)이라고 한다. 이 수성은 주로 유사분열 세포주기 확인점(mitotic checkpoint)의 결손(14.4절) 또는 비정상적인 중심체(centrosome) 개수 등으로 인해 발생한다(그림 14.17*c* 참조).[1] 그림 16.5에서 볼 수 있듯이, 암세포의 성장은 정상 세포의 성장보다 표준 2배수체 염색체의 함량(standard diploid chromosome content)에 훨씬 덜 의존적이다. 실제로, 정상 세포의 염색체 양이 달라지면, 정상 세포에서는 세포사멸(apoptosis)을 유도하는 신호전달경로가 활성화된다. 반면에, 암세포는 염색체 양이 상당히 증가하거나 감소한 경우에도 세포사멸 반응이 이어지지 않는다. 따라서 세포사멸에 대한 방어 여부가 정상적인 세포와 암세포를 구별하는 또 다른 중요한 특징이다. 마지막으로, 암세포는 혐기성 대사경로로 간주되는 해당작용(glycolysis)에 의존한다(그림 3.24). 이 특성은 암세포의 높은 신진대사 요구와 종양내 불충분한 혈액 공급을 반영한다. 저산소 상태(Hypoxia)에서 암세포는 hypoxia-inducible factor(HIF)라는 전사인자를 활성화시켜 새로운 혈관 형성을 유도하고 세포의 이동을 촉진시킨다. 이를 통해 종양 전이를 유발한다. 하지만 산소가 풍부하더라도 암세포는 해당작용을 통해 지속적으로 많은 ATP를 생산한다. 비록 미토콘드리아의 산화적 인산화보다 해당작용의 ATP 생산량은 더 적지만, 생산속도는 더 빠르다. 정상 세포보다 훨씬 더 많은 포도당을 소모하는 암세포의 특성을 이용하면 PET 스캔으로 전이성 종양의 신체내 위치를 확인할 수 있다(그림 16.24 참조).

[1]이수성의 발달이 종양 형성의 초기단계에서 일어나며 암세포를 특징짓는 유전적 불안정성의 원인인지 아니면 그 발달이 늦은 단계에서 일어나며 단순히 비정상적인 암의 성장의 결과인지에 대해서는 논란이 있다.

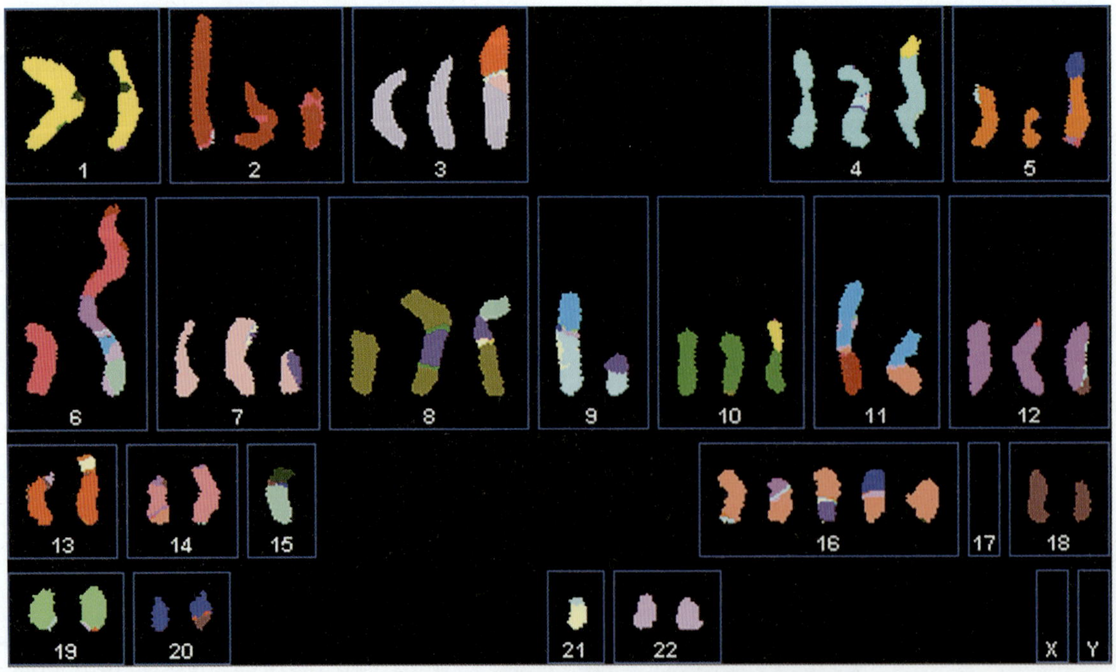

그림 16.5 비정상적인 염색체 조성을 나타내는 유방암 세포의 핵형. 정상 2배체 염색체는 22쌍의 상염색체와 2개의 성염색체로 이루어져 있다. 한 쌍의 염색체를 구성하는 2개의 염색체는 동일한 크기와 모양, 그리고 색이 될 것이다(비슷한 분광 시각화 기술을 이용한 그림 6.22*b*의 정상 세포 핵형처럼). 이 세포에는 하나 이상의 색을 갖는 염색체뿐 아니라, 부가적인 부분을 갖거나, 일부가 소실된 염색체 등이 존재하는 매우 비정상적인 상태이다. 이 다색 염색체는 이전의 세포세대에서 일어났을 많은 전좌를 반영한다. 정상적인 세포주기 확인점과 세포사멸 경로를 가진 세포라면 이와 같은 염색체 조성을 가질 수 없다.

출처: Joanne Davidson and Paul A. W. Edwards에서 제공.

배양 환경에서 입증된 이런 특성들과 신체의 다른 먼 조직으로 전이되는 경향을 갖기 때문에, 암세포는 생명체의 건강을 심각하게 위협한다.

16.2 암의 원인

1775년, 영국의 외과의사 퍼시벌 포트(Percivall Pott)는 환경적 요소와 암 발생 사이의 상관관계를 최초로 발견하였다. Pott는 굴뚝 청소부들의 비강암과 음낭 피부암이 그을음에 만성적으로 노출되었기 때문이라고 결론내렸다. 지난 수십 년 동안 그을음에 있는 발암성 화학 물질, 그리고 실험동물에서 암을 유발하는 것으로 보이는 수백 가지의 다른 화합물 등이 확인되었다. 또한 이온화 방사선과 DNA 및 RNA 함유 바이러스 등을 비롯한 많은 다른 유형의 물질도 암을 유발할 수 있다. 이런 물질들은 유전체(genome)를 변경시킨다는 공통점을 갖는다. 그을음과 담배연기 등에 존재하는 발암성 화학물질들은 직접적으로 돌연변이를 유발하거나 또는 세포 효소에 의해 돌연변이 유발성 화합물로 전환될 수 있다. 마찬가지로, 피부암의 주요 원인인 자외선 역시 강한 돌연변이 유발원이다.

많은 바이러스가 세포배양에서 자라는 포유류 세포를 감염시켜 암세포로 형질전환시킬 수 있다. 이러한 바이러스는 성숙한 바이러스 입자 내에서 찾을 수 있는 핵산 유형에 따라 크게 **DNA 종양바이러스(DNA tumor virus)**와 **RNA 종양바이러스(RNA tumor virus)**로 분류된다. 세포를 형질전환시킬 수 있는 DNA 바이러스 중에는 폴리오마 바이러스(polyoma virus), 시미안 바이러스[simian virus 40 (SV40)], 아데노바이러스(adenovirus)와 헤르페스-유사 바이러스(herpes-like viruses)가 있다. RNA 종양바이러스 혹은 레트로바이러스(retroviruses)의 구조는 HIV와 비슷하며(그림 1.22*b* 참조) 이 장의 마지막 부분에 있는 <역사적 실험>에서 논의할 것이다. 종양바이러스는 세포의 정상적인 성장조절 활동을 방해하는 유전자를 가지고 있기 때문에 세포를 형질전환시킬 수 있다. 종양바이러스들은 비록 연구자들이 세포의 형질전환과 관련된 다수의 유전자를 밝혀내는 데는 중요한 도구였지만, 이 종양바이러스가 유발하는 암은 상대적으로 소수이다. 그러나 다른 종류의 바이러스들은 전 세계적으로 발생하는 암의 20%까지 영향을 준다. 대부분의 경우, 이러한 바이러스는 사람의 암 발병 위험도를 크게 증가시키지만, 암 발생의 유일한 결정 인자는 아니다. 바이러스 감염과 암 사이의 상관관계는 성행위를 통해 전염되고 현재 전체 인구에서 증가 추세에 있는 인간 유두종 바이러스(human papilloma virus, HPV)의 경우를 통해 알 수 있다. 자궁경부암의 대략 90%에서 HPV가 존재하며, 이 질환 발병에 중요한 것으로 생각된다. 하지만 HPV에 감염된 대부분의 여성은 암에 걸리지 않을 것이다. HPV는 또한 남성과 여성의 구강암과 설암의 주요 원인으로 인식되고 있다. 이 바이러스에 대한 백신은 현재 시판 중이다. 사람의 암과 연관이 있는 또 다른 바이러스로는 간암과 관련된 B형 간염바이러스(hepatitis B virus), 말라리아 발병 지역에서 빈번한 버킷 림프종(Burkitt's lymphoma)과 관련된 엡스타인-바 바이러스(Epstein-Barr virus), 카포시 육종(Kaposi's sarcoma)과 관련된 헤르페스 바이러스(Herpes virus, HHV-8) 등이 있다.

특정 위 림프종(gastric lymphomas)은 궤양을 유발할 수 있는 위장 세균인 헬리코박터파이로리(*Helicobacter pylori*)의 만성 감염과 관련이 있다. 최근의 증거에 따르면, 바이러스와 박테리아의 지속적인 감염과 관련된 많은 암은 병원균에 의해 생기는 만성 염증에 영향을 받는 것으로 보인다. 장 내의 만성적인 염증에 의한 염증성 대장질환(inflammatory bowel disease, IBD)도 대장암의 위험률 증가와 관련되어 있다. 이러한 연구결과는 여러 유형의 암 발달과정에서 이전에 밝혀지지 않았던 요인인 염증의 일반적인 과정에 연구자들이 관심을 갖게 만들었다.

여러 종류의 암의 원인을 규명하는 것은 전체 인구의 질병 유형을 연구하는 역학자(*epidemiologist*)의 역할이다. 특정 암의 원인은 명확하다. 예를 들면, 흡연은 폐암, 자외선 노출은 피부암, 그리고 석면 흡입은 중피종(mesothelioma)을 일으킨다. 그러나 많은 연구에도 불구하고 사람에게서 발병하는 대부분 암의 원인은 아직 정확히 밝혀지지 않았다. 사람은 복잡한 환경에서 살고 있으며, 수십 년간 잠재적인 발암물질에 노출된다. 개인의 생활방식에 대한 설문통계자료를 바탕으로 암의 원인을 규명하는 것은 매우 복잡하고 어렵다. 환경적 요인, 예를 들어 식이요법의 중요성은 아시아에서 미국이나 유럽으로 이주한 부부의 자녀에 대한 연구에서 가장 분명하게 나타난다. 이들은 아시아에서 발생하는 더 높은 위암 발생률을 나타내지 않았지만, 서구 국가의 특징인 대장암 및 유방암의 위험이 높았다(**그림 16.6**).

일반적으로 역학자들은 식이요법이 암 발병 위험에 중요한 역할을 할 수 있다는 점에 대하여 의견 일치를 보인다. 비만 인구가 비만이지 않은 인구보다 암 비율이 높고, 영장류 연구에 의하면 열량제한 식단(calorie-restricted diet, 제3장 <인간 질병과의 연관성>)이 암을 예방한다고 제안하였다. 최근의 관심은 비만 인구에서의 암 발병 증가의 주요 원인으로 밝혀진 인슐린과 인슐린 유사 성장인자(insulin-like growth factor, IGF-1) 수치의 상승에 초점을 맞추고 있다. 또한 동물성 지방, 알코올 등은 암의 발병을 증가시키는 요인이 되는 반면, 식품에서 발견되는 특정 화합물은 그 위험을 감소시킬 수 있다. 후자의 예로는 콩에서 발견되는 이소플라본(isoflavone), 브로콜리에서 발견되는 설포라판(sulforaphane)과 차에서 발견되는 EGCG가 있다. 널리 처방된 약들도 예방효과를 보인다. 에스트로겐(Estrogen)의 작용[예: 타목시펜(tamoxifen) 또는 랄록시펜(raloxifene)] 또는 테스토스테론(testosterone)[예: 피나스테라이드(finasteride)]의 대사를 방해하는 약물은 각각 유방암 또는 전립선암의 발병을 감소시킬 수 있다. 아스피린(Aspirin)이나 인도메타신(indomethacin)과 같은 비스테로이드성 항염증제(nonsteroidal anti-inflammatory drugs, NSAIDs)를 장기간 복용하면 대장암의 위험이 현저하게 감소하는 것으로 나타났다. 이 약물들은 장 폴립(intestinal polyp)의 성장을 촉진하는 호르몬 유사물인 프로스타그란딘(prostaglandin)의 합성을 촉진하는 효소인 사이클로옥시게나아제-2(cyclooxygenase-2)를 억제하는 것으로 생각된다. 이러한 NSAID류의 암 억제 작용은 다양한 암의 발달과정

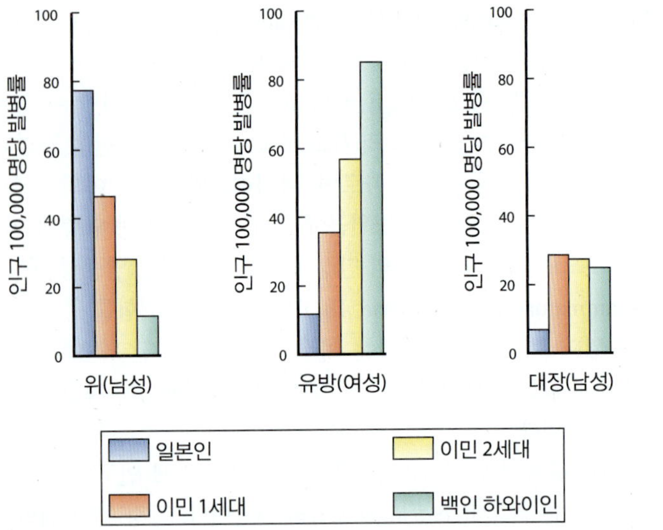

그림 16.6 **하와이로 이주한 일본인 후손의 암 발병률의 변화.** 위암의 발생률은 감소하지만 유방암과 대장암의 발생률은 증가한다. 그러나 세 가지 유형의 암 중에서 대장암만이 2세대에서 백인 하와이 주민과 동등한 비율을 보인다.

출처: L. N. Kolonel et al.에서 발췌. *Nature Revs. Cancer* 4:3, 2004; copyright 2004에서 재인쇄. Nature Publishing Group의 허가를 받아 저작권 청산 센터를 통해 교과서 사용을 목적으로 재사용함.

에서 염증이 중요한 역할을 한다는 생각을 뒷받침해 준다. 당뇨병 치료제인 메트포르민(metformin)을 복용한 사람들도 암 발생 위험률이 유의하게 감소된 것으로 나타났다. 이 경우는 인슐린과 IGF-1의 순환 수준을 낮추는 약의 작용 결과 때문일 수 있다.

16.3 암의 유전학

암은 서양 국가에서 두 가지 주요 사망 원인 중 하나에 속하며, 이 질병으로 인해 3명당 약 1명이 사망한다. 이런 점에서 암은 매우 흔한 질병이다. 하지만 세포수준에서는 암 발병은 매우 드문 일이다. 악성종양 내의 세포를 유전적인 측면에서 세심하게 조사해보면 그들은 항상 단일 세포로부터 생기는 것으로 밝혀졌다. 따라서 많은 세포가 변화되어야 하는 다른 질병과는 달리, 암은 하나의 세포가 제어되지 않는 증식 과정을 거치면서 발생한다[그러므로 암은 단일클론(*monoclonal*)이라고 불린다]. 인체에는 수조 개의 세포가 있으며, 하루에도 수십억 개의 세포가 세포분열을 한다. 분열 중인 세포 중 거의 모든 세포가 유전적 구성에 변화가 생겨 악성종양으로 성장할 가능성이 있지만, 전체 인구의 약 1/3만이 일생에서 암을 겪는다.

더 많은 수의 세포가 암 종양을 일으키지 않는 주된 이유 중 하나는 악성 형질전환(malignant transformation)에는 단일유전자변이(single genetic alteration) 이상이 필요하기 때문이다. 특정 유형의 암을 더 많이 발병시킬 수 있는 유전적 변형을 크게 두 가지로 나눠 볼 수 있는데, 하나는 부모로부터 유전되는 생식계열 돌연변이(germ-line mutation)고, 다른 하나는 개인의 일생 동안 발생되는 체세포 돌연변이(somatic mutation)이다. 유전적으로 물려 받은 몇 가지 종류의 돌연변이는 암 발생을 더 증가시킬 수 있다. 이런 돌연변이에 대한 연구는 기능이상 유전자가 어떻게 암을 발생시키는지에 대한 정보를 알려 주었는데, 이 유전되는 암에 대해서는 차후에 논의될 것이다. 그러나 대개 유전된 돌연변이는 대부분의 질병 발생의 주된 요인이 아니다. 종양 형성에 대한 유전적 영향을 결정할 수 있는 한 가지 방법은 일란성 쌍둥이가 특정 연령에 도달할 때까지 동일한 유형의 암 발생 가능성을 확인하는 것이다. 이 유형의 연구에 따르면 2명의 75세의 일란성 쌍둥이가 유방암이나 전립선암처럼 특정한 암에 모두 걸릴 확률은 암 유형에 따라 일반적으로 10~15%이다. 유전된 유전자는 암의 발병에 큰 영향을 미치지만, 가장 큰 영향은 평생 동안 변형되는 유전자로부터 받는다.

악성종양의 발달(*Tumorigenesis*)은 다단계 과정으로서, 하나의 세포에서 수많은 세포분열 과정을 거치는 동안 영구적인 유전자 변형이 수십 년에 걸쳐 축적되어 생기게 된다. 각 유전자 변형은 16.1절에서 논의된 것처럼 악성 상태의 특별한 특징을 유발하는데, 한 예가 세포사멸로부터의 보호이다. 이러한 유전자 변형이 점차적으로 일어나는 동안, 해당 세포들은 신체의 정상적인 조절기작에 덜 민감해지고 주변에 있는 정상 조직을 침범하는 능력이 증가한다. 이러한 이론에 따르면, 종양이 형성되기 위해선 지속적인 세포분열로 암을 유발할 수 있는 세포가 필요하다. 이 필요조건으로 인해, 암으로 발전할 가능성이 있는 조직에 존재하는 세포의 유형에 많은 관심을 가지게 하였다.

유방암, 대장암, 전립선암 및 폐암과 같은 가장 일반적인 고형암(solid tumor)은 상대적으로 세포분열이 빠르게 일어나는 상피조직(epithelial tissue)에서 발생한다. 이것은 빠르게 분열하는 혈액생성조직(blood-forming tissue) 질병인 백혈병(leukemia)에서도 마찬가지다. 이러한 조직의 세포는 대략 세 가지 분류로 나눌 수 있다: (1) 줄기세포(stem cell)들은 무제한으로 증식할 수 있어 자신과 같은 세포들을 생산할 수 있고 이 세포들은 어떠한 조직으로도 분화될 수 있다(제1장 <인간 질병과의 연관성>). (2) 전구세포(progenitor cell)는 줄기세포에서 유래되었으며 제한된 증식능력을 가지고 있다. (3) 조직의 분화로 인해 최종 생성된 세포들은 일반적으로 분열 능력이 부족하다. 이 세 가지 분류의 세포에 대한 예는 그림 17.6에 나타나 있다.

세포가 과다하게 분열함으로써 종양이 형성된다는 점을 감안하면, 종양의 근원에 대해 두 가지 시나리오를 생각해 볼 수 있다. 첫 번째 시나리오에 따르면, 암은 성체 조직 내의 비교적 적은 수의 줄기세포에서 발생한다는 것이다. 줄기세포는 긴 수명과 무한한 분열 능력 때문에 악성 형질전환에 필요한 돌연변이를 축적할 수 있다. 두 번째 시나리오에 따르면, 전구세포들은 종양 형성과정에 필요한 무한한 증식 능력 같은 새로운 특성을 획득함으로써 악성종양을 일으킬 수 있다. **그림 16.7**에 보이는 것처럼 어떤 종양은 줄기세포에서 발생하고 다른 종양은 전구세포에서 유래되므로, 이 2개의 시나리오들은 상호 보완적으로 보인다.

암이 자라면서 암 조직내 세포들 중 종양 성장에서 가장 유리한 성질을 가진 세포의 축적을 유도하는 자연선택(natural selection)이 일어난다. 예를 들어, 염색체의 말단절 길이를 유지하는 세포를 포함하는 종양만 무한대로 성장할 수 있다(240쪽 참조). 말단절합성효

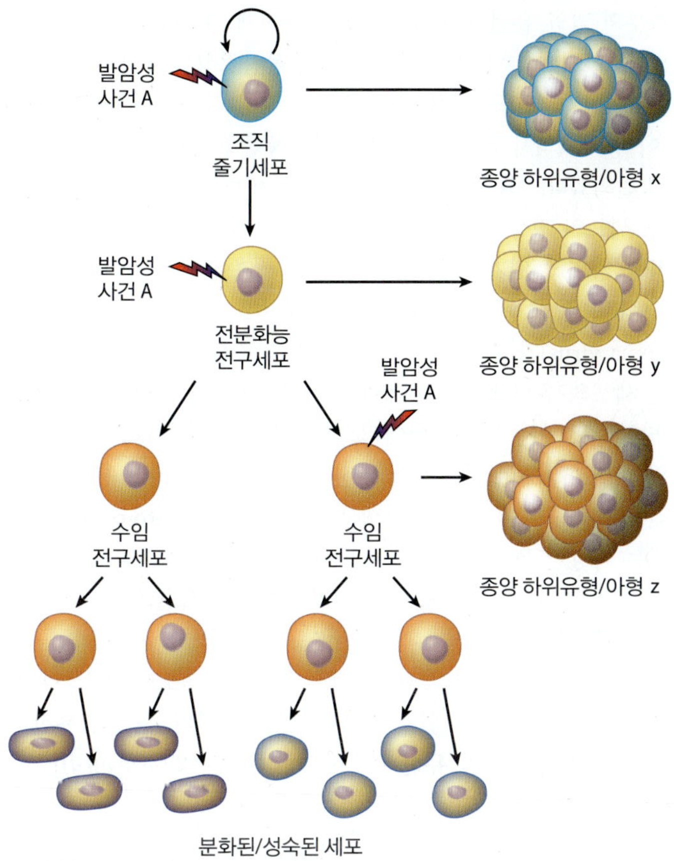

그림 16.7 **악성종양의 기원 세포.** 조직은 운명이 결정된 세포부터 분화의 다양한 단계에 있는 세포를 포함한다. 여기에는 줄기세포, 분화된 세포의 다양한 유형이 될 수 있는 전분화능 전구세포, 분화된 세포의 한 유형으로만 분열하는 수임 전구세포 및 분화된 세포 자체가 포함된다(예시로 그림 17.6 참조). 여기에 묘사된 모델에 따르면, 종양은 조직 줄기세포 또는 전구세포에서 발생할 수 있지만, 경우에 따라서는 서로 다른 기원 세포가 여러 종류의 암을 유발할 수 있다(세 가지 색상으로 나타냄).

출처: J. E. Visvader, *Nature* 469:316, 2011 Figure 2b에서 발췌. Nature by Nature Publishing Group. Nature Publishing Group의 허가를 받아 저작권 청산 센터를 통해 교과서 사용을 목적으로 재사용함.

소를 발현하는 종양 내에 있는 모든 세포들은 이 효소를 가지고 있지 않은 세포보다 엄청난 성장을 보일 것이다. 시간이 지날수록, 이 말단절합성효소를 발현하는 세포는 번성하는 반면에 이 효소를 가지고 있지 않은 세포들은 죽어간다. 결과적으로 종양내 존재하는 세포들은 이 효소를 가지게 된다. 말단절합성효소의 발현은 종양 발달(tumor progression)의 또 다른 중요한 특징을 보여준다. 즉, 이런 모든 변화가 유전적 돌연변이로 인한 것은 아니다. 말단절합성효소 발현의 활성화는 정상 상태에서는 발현이 억제되어 있던 유전자가 활성화되는 후성유전적(epigenetic) 변화로 고려될 수 있다. 제6장에서 논의했듯이, 이러한 활성화 과정은 유전자내 및 그 주변의 염색질의 구조 변화 또는 DNA 메틸화 반응의 변화가 포함되어 있다. 후성유전적 변화가 발생하면, 이 변화는 그 세포가 분열하여 생긴 모든 세포가 갖게 되며, 결과적으로는 지속적으로 유전된다. 심지어 암세포가 악성화된 후에도 암세포는 계속해서 돌연변이와 후성유전적 변화를 축적하여 점점 비정상적으로 변하게 한다(그림 16.5에서 보이듯이). 이러한 유전적 불안정성은 약물에 저항성을 나타내는 세포가 종양조직에 발생하기 때문에 일반적인 약물치료로는 치료하기 어렵다.

종양 발달과정에서 일어나는 다양한 유전적 변화는 조직학적 변화, 다시 말해 세포의 형태가 변하는 현상과 함께 나타난다. 초기 변화는 "전암증상(precancerous)"으로, 이는 성장 조절의 상실과 같은 암세포의 일부 특성을 얻었지만 아직 주변의 정상 조직을 침범하거나 멀리 있는 조직까지 전이할 수 있는 능력이 없는 상태를 지칭한다. 자궁경부 상피세포의 전암세포를 검출하는 방법으로는 **팝스미어**(*Pap smear*, 파파니콜로우 도말검사법)가 있다. 자궁경부암(Cervical cancer)의 발병은 전형적으로 10년 이상 진행되며, 비정상적인 세포들(**그림 16.8**에 볼 수 있듯이, 정상 세포보다 덜 분화가 되어 있고 더 큰 핵을 가지고 있음)이 증가하는 특징을 갖는다. 비정상적인 모양의 세포가 발견되면 자궁경부의 전암성 부위를 찾아 레이저 치료, 냉동요법 또는 수술로 없앨 수 있다. 일부 조직은 종종 **양성**(*benign*) 종양을 생성하는데, 이 양성종양은 세포가 분열하여 덩어리가 만들어지지만 악성종양이 될 위험은 없다. 사람들에게서 흔히 볼 수 있는 사마귀(mole)가 양성종양의 한 가지 예이다. 연구에 따르면 사마

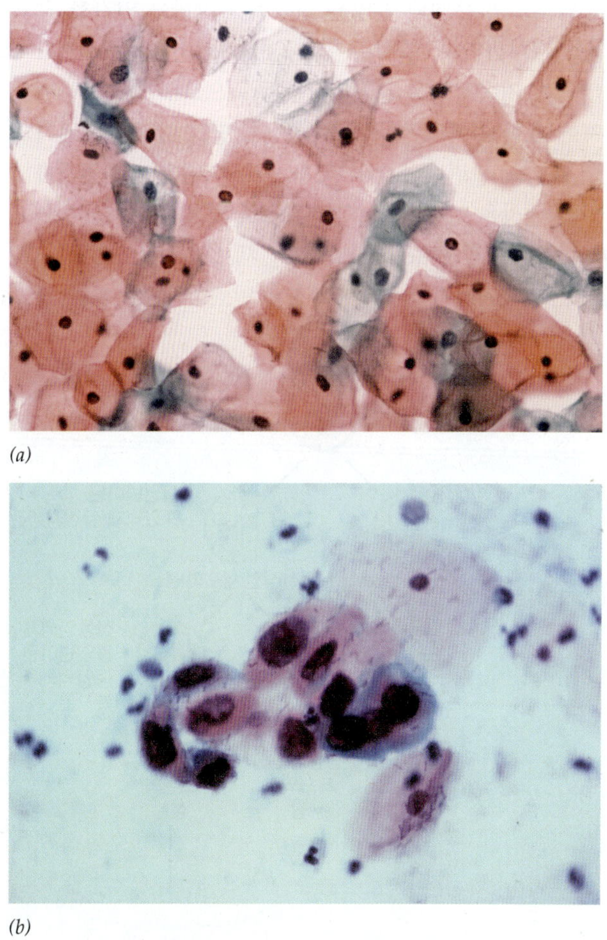

그림 16.8 **팝스미어 검사법에 의한 비정상 또는 전암성 세포 검출.** (*a*) 자궁경부의 정상적인 편평상피세포. 세포는 중심에 작은 핵이 있는 균일한 모양을 가지고 있다. (*b*) 자궁경부의 전암성(preinvasive) 암종(carcinoma)인 경우의 비정상 세포. 이 세포는 이질적인 모양과 큰 핵을 가지고 있다.

출처: (a) Dr. E. Walker/Photo Researchers, Inc.; (b) SPL /Photo Researchers, Inc.

귀를 구성하는 색소세포는 일종의 성장정지 상태에 들어가는 노화(*senescence*)를 겪는다. 색소세포에서 특정 유전적 변화가 발생한 후 노화가 일어난다. 만약 노화가 일어나지 않을 경우, 유전적 변화가 생긴 색소세포는 악성종양을 형성하게 될 것이다. 이 "강제 노화(forced senescence)" 과정은 고등생물에서 암 발생을 막기 위해 진화된 또 다른 경로를 나타낸다. 노화의 분자적 기초는 16.6절에서 더 논의된다.

16.4 종양억제 유전자와 발암 유전자의 개요

발암성(Carcinogenesis)에 관여하는 유전자는 크게 종양억제 유전자와 발암 유전자(oncogene) 두 가지로 나뉜다. **종양억제 유전자(tumor-suppressor gene)**는 세포의 제동장치로 기능한다. 이 유전자는 세포의 성장을 억제하고 세포의 악성화를 막는 단백질을 암호화한다(**그림 16.9a**). 이런 유전자의 존재는 1960년대 후반, 정상 및 악성 설치류 세포를 서로 융합시킨 연구를 통해 밝혀졌다. 융합으로 형성된 혼성체(hybrid)의 일부는 암의 특징을 잃어버렸다. 이는 정상 세포가 암세포의 통제되지 않는 성장을 억제하는 인자를 갖고 있을 가능성을 제시하였다. 특정 유형의 암세포에서는 특정 염색체의 특정한 영역이 지속적으로 결실된다는 관측으로부터 종양억제 유전자의 존재에 대한 추가적인 증거가 나왔다. 만약 이러한 유전자의 부재가 암의 형성과 관련되어 있다면, 역으로 이 유전자의 존재가 정상적으로 암의 형성을 억제한다는 결론에 도달하게 된다.

반면에, **발암 유전자(oncogenes)**는 세포의 성장조절 상실과 악성 상태로의 전환을 촉진시키는 단백질을 암호화하고 있다(그림 16.9*b*). 대부분의 발암 유전자는 세포분열의 촉진제 역할을 하지만 다른 역할도 하고 있다. 발암 유전자는 유전적 불안정성을 유발하고, 세포사멸을 저해하거나 또는 전이를 촉진시킬 수 있다. 발암 유전자의 존재는 이 장의 <역사적 실험>에 서술된 RNA 종양바이러스 연구를 통해 발견되었다. 이러한 바이러스는 정상 세포를 악성 세포로 변환시킨다. 세포의 정상적인 활동을 방해하는 단백질을 발현하는 발암 유전자를 가지고 있기 때문이다. 발암 유전자에 대한 연구의 전환점은 1976년, RNA 종양바이러스 중 하나인 조류 육종 바이러스(avian sarcoma virus)가 갖고 있는 *src*라는 발암 유전자가 실제로 감염되지 않은 세포의 유전체에도 존재한다는 사실이 발견된 시점이었다. 사실 발암 유전자는 실제로 바이러스성 유전자(viral gene)가 아니라 이전의 감염과정에서 바이러스 유전체(viral genome)에 통합된 세포 유전자였다. 곧이어 세포가 현재는 **원발암 유전자(proto-oncogene)**라 불리는 다양한 유전자들을 가지고 있다는 것이 밝혀졌다. 원발암 유전자는 세포 자신의 활동을 파괴시키고 또한 세포를 악성 상태로 유도하는 가능성이 있다.

아래에 설명한 바와 같이, 원발암 유전자는 세포의 정상적인 활동에 다양한 기능을 할 수 있는 단백질을 암호화한다. 원발암 유전자는 여러 기작에 의해 발암 유전자로 변환될[즉, 활성화(*activated*)] 수 있다(**그림 16.10**).

1. 유전자의 돌연변이는 유전자 산물의 성질을 변화시켜 해당 유전자 산물의 정상적인 기능을 막게 된다(그림 16.10, 경로 a).
2. 유전자가 한 번 이상 복제되어 유전자 증폭 및 암호화된 단백질의 과도한 생산을 일으킨다(그림 16.10, 경로 b).
3. 염색체 재배치에 의해 먼 위치의 DNA 서열을 유전체의 근접한

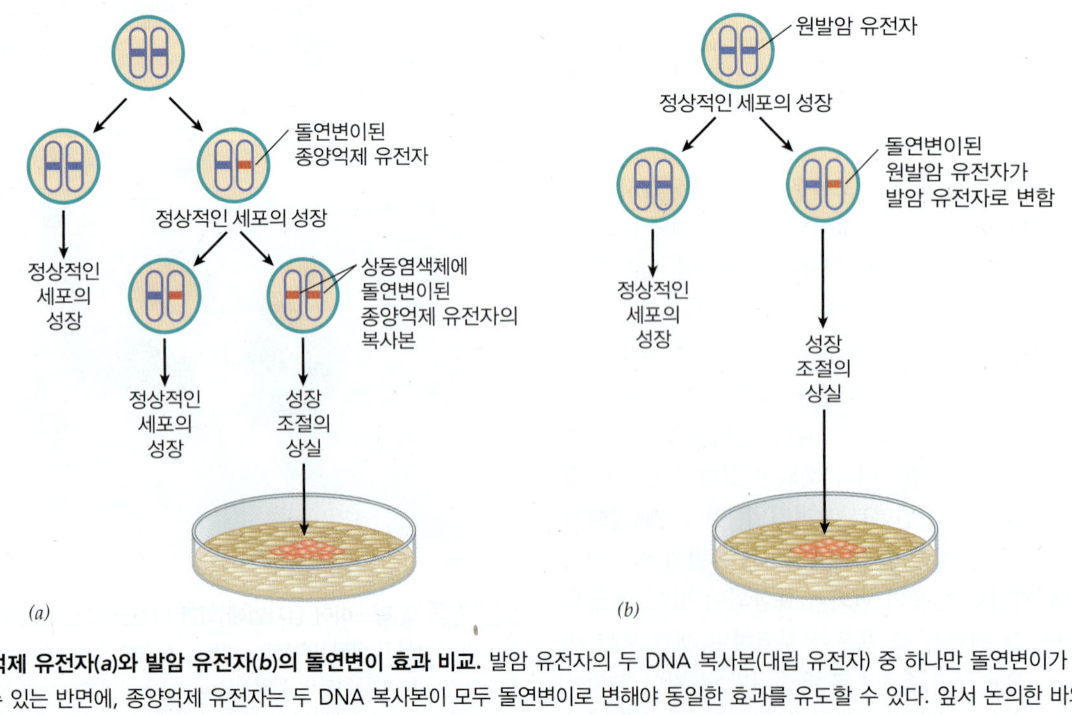

그림 16.9 **종양억제 유전자(*a*)와 발암 유전자(*b*)의 돌연변이 효과 비교.** 발암 유전자의 두 DNA 복사본(대립 유전자) 중 하나만 돌연변이가 되어도 세포의 성장 조절 기능을 잃게 할 수 있는 반면에, 종양억제 유전자는 두 DNA 복사본이 모두 돌연변이로 변해야 동일한 효과를 유도할 수 있다. 앞서 논의한 바와 같이, 원발암 유전자는 기능을 증가시키는 돌연변이, 즉 유전자 산물이 악성종양을 유발하는 새로운 기능을 나타내는 돌연변이의 결과로서 발암 유전자에 기인한다. 반대로 종양억제 유전자는 기능 상실 돌연변이 및/또는 후성유전적 불활성화로 인해 세포 성장을 억제할 수 없게 한다.

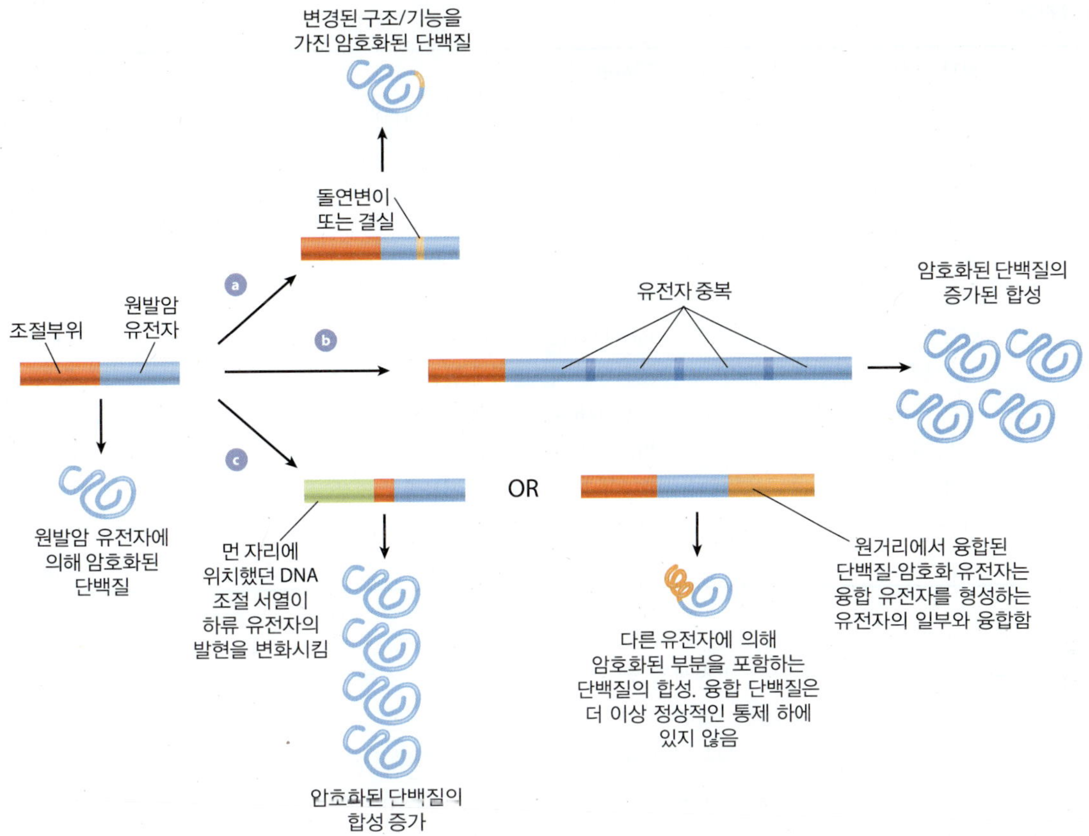

그림 16.10 **원발암 유전자에서 발암 유전자로 활성화.** 활성화는 이 그림에 표시된 것처럼 여러 가지 방법으로 이루어질 수 있다. 경로 a에서 유전자의 돌연변이는 암호화된 단백질의 구조와 기능을 변경한다. 경로 b에서 유전자 증폭은 유전자의 과도한 발현을 초래한다. 경로 c에서 DNA의 재배치는 그 유전자의 발현 또는 암호화된 단백질의 구조를 변경하여 새로운 DNA 단편을 근처 또는 그 유전자에 맞춘다.

위치로 가져오며, 이는 유전자의 발현 양상 또는 유전자 산물의 성질을 변화시킬 수 있다(그림 16.10, 경로 c).

이러한 유전적 변형 중 하나가 일어난다면, 세포는 정상적인 성장조절에 적절한 반응을 보이지 못하게 된다. 발암 유전자는 **우성적으로**(*dominantly*) 기능한다. 즉, 상동염색체 상에 정상적이거나 비활성화된 유전자의 존재 여부에 관계 없이, 상동염색체 둘 중 하나에 발암 유전자가 존재하면 세포는 변형된 표현형을 발현하는 것이다(그림 16.9*b*). 연구자들은 발암 유전자를 알아내기 위해 이러한 특성을 이용하였다. 즉, 그 유전자를 포함하는 것으로 의심되는 DNA를 배양된 세포에 도입하고 나서 변화된 성장 특성을 보여주는지를 관찰하여 발암 유전자를 알아냈다(16.1절).

우리는 이전에 인간 악성종양의 발달에는 한 가지 이상의 유전자변화가 필요하다는 것을 찾아냈다. 이는 암 형성과 관련된 두 가지 유형의 유전자가 있다는 것을 이해하면 더욱 명백해진다. 세포가 종양억제 유전자를 충분히 보유하고 있는 동안, 세포는 발암 유전자의 영향으로부터 보호받을 것이다. 그 이유는 다음과 같은 이들 유전자의 기능을 살펴보면 알 수 있다. 대부분의 암은 종양억제 유전자와 발암 유전자 모두에 변화가 일어나, 세포내 종양억제 유전자의 기능 상실과 원발암 유전자에서 발암 유전자로의 전환을 동반해야 세포가 악성화될 수 있다는 것을 암시한다. 그럼에도 불구하고, 세포는 주변 조직을 침범하거나 전이에 의해 이차적 군집을 형성하는 데 요구되는 모든 특성을 나타낼 수 없다. 이러한 세포가 전이성 표현형을 얻기 전에 세포부착 분자(cell adhesion molecule) 또는 세포의 단백질분해효소(extracellular protease) 등을 암호화하는 유전자들(제11장 <인간 질병과의 연관성>에서 논의)의 돌연변이가 필요하다. 이제 우리는 종양억제 유전자와 발암 유전자에 의해 암호화된 단백질의 기능을 살펴보고 이들 유전자의 돌연변이가 어떻게 세포를 악성으로 만들 수 있는지 논의할 것이다.

16.5 종양억제 유전자: *RB* 유전자

정상 세포가 암세포로 형질전환될 때 하나 이상의 종양억제 유전자의 기능이 소실된다. 고속대량시퀀싱(High-throughput sequencing) 연구는 사람의 종양억제자로 분류되는 수많은 유전자를 확인했다. 표 16.1에 열거된 몇 가지 유전자는 전사인자(예: *TP53* 및 *WT1*), 세포주기 조절인자(예: *RB* 및 *INK4a*), G단백질 조절요소(*NF1*), 포스포이노시티드 인산가수분해효소(phosphoinositide phosphatase, *PTEN*) 및 단백질 분해 조절 단백질(*VHL*)을 암호화한다.[2] 종양억제 유전자를 암호화하는 대부분의 단백질은 세포 증식에 있어서 음성 조절인자(negative regulator)로 작용하는데, 이러한 이유로 종양억제 유전자가 없으면 세포의 성장이 무절제하게 촉진된다. 종양억제 유전자가 암호화하는 단백질은 세포가 유전적인 안정성을 유지할 수 있도

표 16.1 종양억제 유전자

유전자	일차 종양	제시된 기능	선천성 증후군
APC	결장	전자인자로 작용하는 β-카테닌과 결합	가계성 대장폴립증
BRCA1	유방	DNA 수선	가계성 유방암
MSH2,MLH1	결장	틀린짝 수선	HNPCC
E-cadherin	유방, 대장 등	세포유착단백질	가계성 위암
INK4a	흑색종, 췌장	p16: Cdk 저해자 ARF: p53 안정화	가계성 흑색종
NF1	신경섬유종	Ras의 GTPase 활성화	제1형 신경섬유종증
NF2	뇌수막종	세포막을 세포골격에 연결	제2형 신경섬유종증
TP53	육종, 림프종 등	전사인자(세포주기 및 세포사멸)	리-프라우메니 증후군
PTEN	유방, 갑상선	PIP_3 인산가수분해효소	코우덴 병
RB	망막	E2F와 결합(세포주기 전사과정 조절)	망막모세포종
VHL	신장	단백질 유비퀴틴화 및 분해	폰 히펠 린다우 증후군
WT1	신장 빌름스 종양	전사 인자	빌름스 종양

록 돕는데, 이것이 아마도 종양이 정상 세포와 달리 비정상적 핵형을 포함하게 되는 주요한 원인이 될 수 있다(그림 16.5). 몇몇 종양억제 유전자는 다양한 암의 발달에 연관되어 있는 반면, 다른 일부 종양억제 유전자들은 하나 또는 적은 종류의 암의 발생에만 영향을 미친다.

일부 가계에서는 특정한 종류의 암 발병률이 매우 높은 것으로 알려져 있다. 이러한 유전적인 암은 드물지만, 결손되었을 때 유전적 또는 비유전적으로 암 발병에 기여하는 종양억제 유전자 동정에 중요한 단서를 제공한다. 이러한 연구를 통해 처음으로 복제된 가장 중요한 종양억제 유전자는 눈의 망막에서 발생하는 희귀 소아암인 **망막모세포종**(*retinoblastoma*)과 관련이 있다. 이를 유발하는 유전자를 *RB*로 명명했다. 망막모세포종은 두 가지 다른 유형으로 발병하는데, (1) 특정 가계에서는 주로 청년기에 잦은 빈도로 발병하며, (2) 좀 더 많은 인구에서는 비유전적이며 노년기에 발병한다. 일부 가족에서 자주 발병하는 것으로 미루어 보아 망막모세포종은 유전될 수 있는 것으로 생각된다. 어린 망막모세포종 환자로부터 얻은 세포를 검사한 결과, 13번 상동염색체 쌍에서 내부 작은 부분의 한쪽이 사라져 있었다. 이러한 결손은 어린이 환자의 망막모세포종 세포뿐만 아니라 다른 모든 체세포에서 확인되는 것으로 미루어 보아 염색체의 변형이 부모 중 한쪽으로부터 유전되었다 볼 수 있다.

망막모세포종은 우성 유전됨을 알 수 있는데, 이는 망막모세포종이 발생한 고위험군 가족내 염색체는 하나의 정상 대립인자(allele)와 또 다른 하나의 비정상 대립인자가 유전되었기 때문이다. 그러나 헌팅턴 병(Huntinton's disease)과 같이 염색체가 결손 또는 변형된 유전자를 받은 사람은 항상 병이 발생하는 대부분의 우성 유전 조건과 다르게, 망막모세포종의 유전자가 결손된 염색체를 물려 받은 자손은 질병 자체를 유전 받기보다는 병이 발생할 높은 성향을 물려 받는다. 실제로 *RB*가 결손된 염색체를 물려 받은 사람 중 10% 정도는 망막모세포종 질병에 걸리지 않는다. 그렇다면 이 적은 확률의 사람들은 왜 이 질환에 걸리지 않는가?

망막모세포종의 유전적 기반은 1971년에 텍사스대학교(University of Texas)의 알프레드 넛슨(Alfred Knudson)에 의해 정립되었다. Knudson이 제안한 가설은 망막모세포종이 생기기 위해서는 두 *RB* 유전자가 모두 결손되거나 돌연변이가 되어야 한다는 것이다. 다시 말해, 하나의 세포에 대하여 두 번의 서로 다른 "충격(hit)"으로 암이 발병된다는 것이다. 유전으로 발생된 것이 아닌 망막모세포종의 경우, 하나의 망막세포(retinal cell)내 2개의 *RB* 유전자가 모두 연속으로 무작위 돌연변이가 되어야만 암이 발생한다(**그림 16.11a**). 하나의 세포 내에서 동일한 유전자의 두 대립인자가 모두 이와 같은 돌연변이의 표적이 되는 경우는 극히 드물기 때문에, 이러한 암의 발생 가능성은 극히 낮다. 반면 *RB*가 결여된 염색체를 물려 받은 사람의 세포는 이미 악성 세포가 되는 과정의 중간에 있는 셈이다. 망막세포 중 어느 하나에서라도 남아 있는 *RB* 대립인자에 돌연변이나 결실이 발생하면 해당 세포에는 더 이상 정상 *RB* 유전자가 남지 않고, 결과적으로 제대로 기능하는 *RB* 유전자 산물을 생산하지 못하게 된다(**그림 16.11a**). 이것이 비정상적인 하나의 *RB* 유전자를 물려 받은 사람에게서 암 발생 성향이 매우 높게 나타나는 이유이다. 즉, 두 번째 "충격"이 발생하지 않은 10%의 사람에게서는 암이 발생하지 않는다. Knudson의 가설은 망막모세포종에 대한 성향을 가진 환자의 세포를 조사한 결과, 예측한 대로 두 대립인자가 암세포에서 누락되거나 돌연변이가 되었음을 확인하면서 입증되었다. 비유전적 망막모세포종 환자는 정상적인 세포뿐 아니라 두 *RB* 대립인자가 돌연변이를 일으킨 암세포를 모두 갖고 있었다.

망막암 발생에서 최초로 *RB* 유전자의 결여가 증명되었지만, 이것으로 이야기가 끝나지 않는다. 유전적 망막모세포종으로 고통 받는 사람들은 또한 나이가 들수록 다른 종류의 암, 특히 연조직 육종(상피조직이 아니라 중간엽 조직에서 기원되는 종양)이 발생할 높은 위험을 가지고 있다. *RB* 돌연변이의 결과는 유전적 돌연변이 대립인

[2]주로 인간 생물학을 다루는 이 장에서는 흔히 사용되는 관습에 따라 표기한다: 인간의 유전자는 모두 대문자(예: *APC*)로, 쥐의 유전자는 첫 글자만 대문자(예: *Brca1*)로, 그리고 바이러스 유전자는 소문자(예: *src*)로 표기한다.

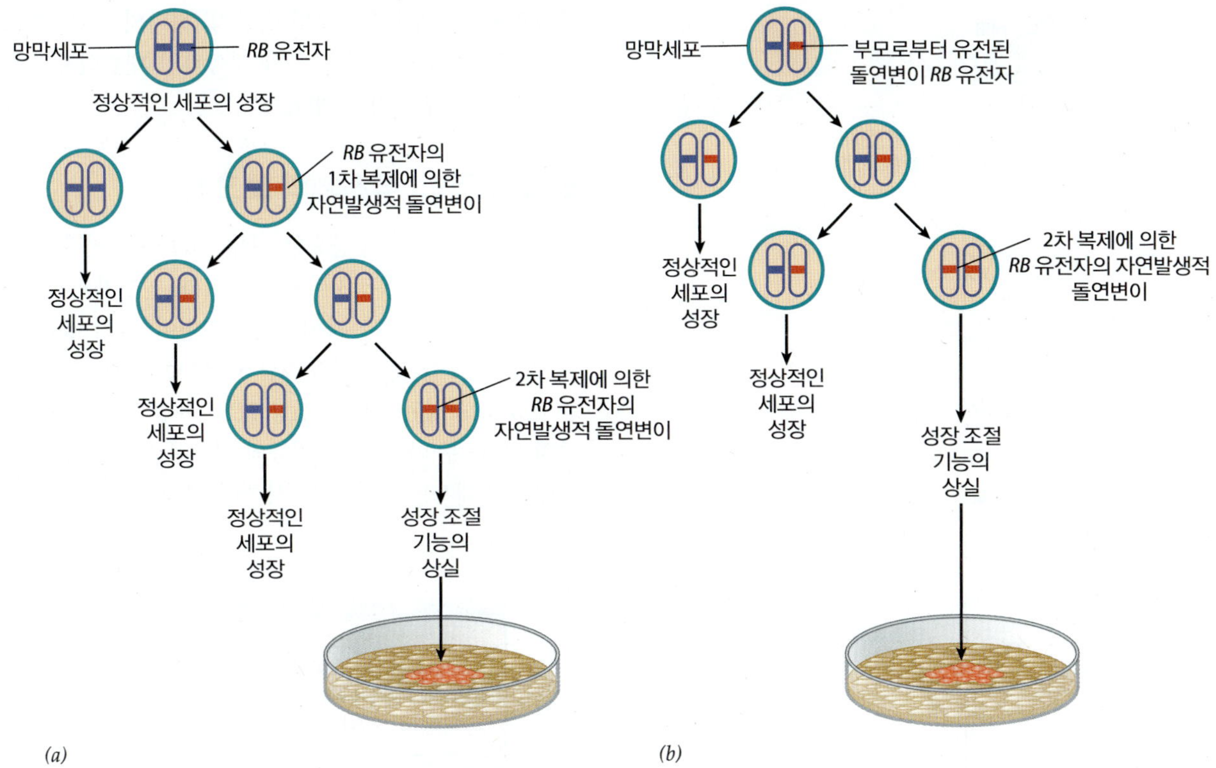

그림 16.11 ***RB* 유전자에서 망막모세포종을 유발할 수 있는 돌연변이.** (*a*) 비유전적인(가족력이 아닌) 질환의 경우, 정상적인 사람은 접합자 내에서 2개의 정상 *RB* 유전자 복제본을 가지며, 두 대립 RB 인자가 독립적으로 돌연변이가 일어난 아주 드문 사람에게서만 망막모세포종이 발생된다. (*b*) 유전적인(가족력인) 경우, 한 개인은 하나의 주로 결손된 비정상적인 대립 RB 인자를 이미 갖고 있다. 즉, 모든 망막 세포가 2개 중 적어도 하나의 기능을 하지 않는 *RB* 유전자를 갖는다. 만약 망막 세포에서 다른 정상 *RB* 대립인자가 불활성화가 되면, 보통 점돌연변이가 발생되고, 세포는 망막 종양을 일으킨다.

자를 가진 사람에게만 국한되지 않는다. *RB* 대립인자에서의 돌연변이는 정상적인 2개의 *RB* 대립인자를 물려 받은 사람들 사이에서 흔히 유방암, 전립선암, 폐암으로 발생한다. 이 종양의 세포를 시험관 내에서 배양할 때 정상 *RB* 유전자를 세포 내로 재도입하면 일반적으로 암의 표현형을 억제하기에 충분하다는 점은 이 유전자 기능의 상실이 종양 형성에 크게 기여한다는 것을 나타낸다. *RB* 유전자의 역할에 대해 좀 더 살펴보자.

세포의 성장 및 분화에 있어서 세포주기의 중요성은 제14장과 제15장에서 언급했고, 세포주기를 조절하는 인자가 암 발생에 중요한 역할을 한다고도 언급했다. *RB* 유전자가 암호화하는 단백질인 pRB는 세포주기의 G_1기에서 유전자 합성이 이루어지는 S기로의 통과를 조절한다. 14.3절에서 논의했듯이, G_1기에서 S기로의 진입은 세포가 세포주기에서 절대 임무를 부여 받는 시간이다. 일단 세포가 S기로 들어가면, 남은 세포주기가 중단 없이 유사분열까지 진행된다. G_1기에서 S기로의 진입하는 과정에는, DNA 중합효소(DNA polymerase)와 사이클린(cyclin), 히스톤(histone) 등 여러 단백질을 암호화하는 유전자들이 발현된다. S기의 활동에 필요한 단백질 활성화에 관여하는 전사인사들 중에는 pRB의 주요 표적단백질인 E2F 계열 전사인자들이 있다. **그림 16.12**에서 pRB가 E2F의 활성을 조절하는 기작을 볼 수 있다. G_1기 동안, E2F 단백질은 대개 pRB와 결합한 상태로, S기 활동에 필요한 단백질을 암호화하는 유전자들(예: Cyclin E와 DNA 중합효소 α)을 활성화시킬 수 없다. 그림 16.12의 1단계에 보이는 것처럼, E2F에 pRB가 결합한 복합체는 DNA와 결합해 유전자 억제인자(gene repressor)로 작용한다. G_1 말기에는 G_1에서 S기로의 전환을 통제하는 사이클린-의존 인산화효소(cyclin-dependent kinase, Cdks)가 pRB–E2F 결합 복합체의 pRB 소단위(subunit)를 인산화한다. 이 소단위가 인산화되면 pRB는 E2F에서 떨어지게 되고, 전사인자가 유전자 발현을 활성화시키게 되며 세포가 비가역적으로 S기에 진입하게 된다. *RB* 돌연변이에 의해 pRB의 활성을 잃은 세포는 E2F를 불활성화시키는 기능을 상실하는 것으로 예측되며, 이에 따라 S기로 들어가는 것에 대한 특정 억제가 사라진다. E2F는 pRB와 결합할 수 있는 여러 단백질 중의 하나라는 점으로 미루어 pRB가 다양한 다른 기능을 할 수 있는 것으로 생각된다. 또 pRB에는 사이클린-의존 인산화효소에 의하여 인산화될 수 있는 서로 다른 세린(serine)과 트레오닌(threonine)이 최소 16개가 있다는 점에서 pRB의 결합이 복잡할 것으로 생각된다. 서로 다른 조합의 아미노산 잔기 인산화는 단백질이 다른 하위에 있는(downstream) 표적과 상호작용할 수 있게 한다.

pRB는 세포주기의 음성 조절자로서 매우 중요하다. 아데노바이러스, 사람 유두종 바이러스, SV40 등을 포함하는 DNA 종양바이러스가가 암호화하는 단백질이 pRB에 결합하여, pRB의 E2F에 결합하는 능력을 막는다는 사실에 의해 그 중요성이 증명되었다. 이 바이러스가 감염된 세포에서 암을 유발하는 능력은 pRB가 세포주기의 진행에 미치는 부정적 영향을 차단하는 능력에 달려 있다. 이러한

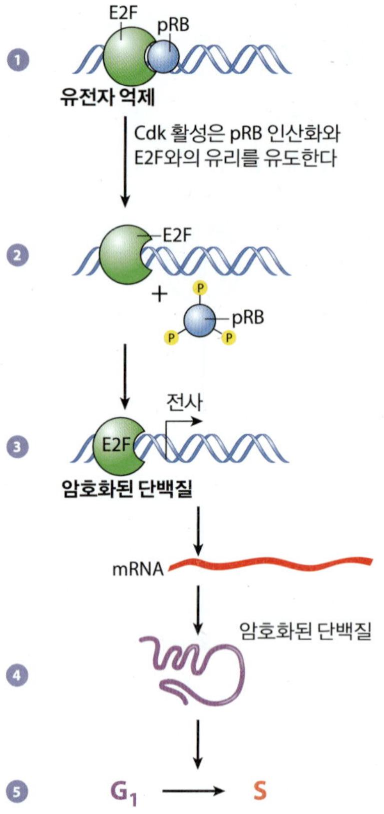

그림 16.12 세포주기의 진행에 필요한 유전자 전사를 조절하는 pRB의 역할. 대부분의 G_1기가 진행되는 동안, 비인산화된 pRB가 E2F 단백질에 결합되어 있다. E2F-pRB 복합체는 세포주기 진행에 관련된 여러 유전자들의 프로모터 (promoter) 지역의 조절자리에 결합하면서, 유전자 발현을 막는 전사 억제자(transcriptional repressor)로서 역할을 한다. 이 억제는 아마도 크로마틴(chromatin) 구조를 조절하는 히스톤(histone) H3의 9번 리신(lysine)의 메틸화(methylation)를 포함한다(6.3절 참고). 사이클린-의존 인산화효소(Cdk)의 활성화는 pRB의 인산화를 유도하고, 더 이상 E2F 단백질에 결합하지 못하도록 한다(2단계). 여기에 묘사된 경로에서, 결합된 pRB가 사라지는 것은 DNA-결합 E2F 단백질을 전사 활성자(transcriptional activator)로 바꾸고, 관련된 유전자의 발현을 유도한다(3단계). 세포주기에서 G_1기에서 S기로 진행(5단계)되는 과정에 필요한 mRNA는 단백질로 번역된다(4단계). pRB의 다른 밝혀진 역할들은 여기서 논의하지 않았다.

pRB-차단 단백질(pRB-blocking protein)을 사용함으로써, *RB* 유전자가 결실된 경우와 동일한 결과를 얻을 수 있어 종양이 발생할 수 있다.

16.6 종양억제 유전자: *TP53* 유전자

TP53 유전자는 유전체 내에 어떤 다른 구성 요소보다 인간의 암 발생과 관련이 있다. 이 유전자가 53,000 달톤의 분자량을 가진 폴리펩티드를 암호화한다는 의미에서 p53라는 이름을 갖게 되었다. 1990년, *TP53*은 종양억제 유전자로 인정 받았는데, 이 유전자가 없을 때, 리-프라우메니 증후군(Li-Fraumeni syndrome)이라 불리는 희귀 유전 질환이 발생했다. 이 질환에 걸린 사람에서 유방암과 뇌암, 백혈병을 포함한 다양한 암의 발병률이 매우 높다. 유전적 망막모세포종 질환을 갖는 사람과 마찬가지로 리-프라우메니 증후군을 가진 사람은 *TP53* 종양억제 유전자의 정상 및 하나의 돌연변이(또는 결실) 대립인자를 물려 받으며, 따라서 정상적인 대립인자의 무작위 돌연변이로 인한 암에 걸리기 쉽다.

p53의 역할: 유전체의 보호자

항암 무기로서 p53이 중요한 이유는 *TP53*이 인간의 암에서 가장 흔히 돌연변이되는 유전자이기 때문이다. 암환자의 대략 절반이 *TP53* 유전자의 두 대립 유전자에서 점돌연변이(point mutation) 또는 결손이 있는 세포를 갖고 있다(**그림 16.13a**). 또한, *TP53* 돌연변이를 갖는 세포로 구성된 종양은 정상 *TP53* 유전자를 갖는 종양보다 예후가 좋지 않다. 분명히, *TP53* 기능의 상실은 많은 암세포가 완전한 악성 상태로 변해가는 진행과정에서 매우 중요하다.

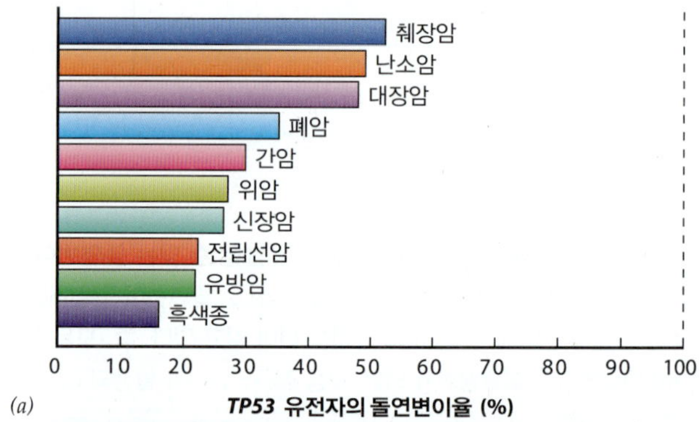

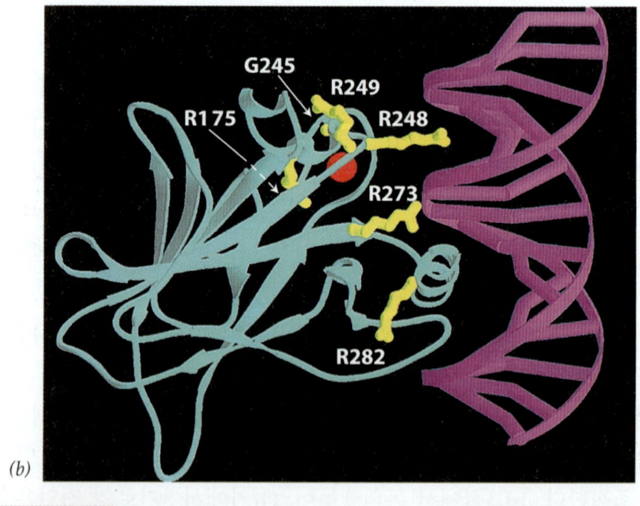

그림 16.13 인간의 암에서 종양억제 유전자 *TP53*의 역할. (*a*) *TP53* 유전자의 두 대립인자가 모두 돌연변이를 일으키는 빈도(%). 이 데이터는 가장 일반적인 10가지 종류의 암을 보여준다. (*b*) p53의 기능은 결합하는 DNA 영역의 돌연변이에 특히 민감하다. p53은 4량체(tetramer)로 작용하며, 각 소단위는 다른 기능을 갖는 여러 영역으로 구성된다. 위 그림은 DNA-결합 도메인을 띠 모형으로 그려 나타낸 것이다. 인간의 암에서 빈번한 돌연변이를 보이는 6개의 아미노산 잔기를 단일 문자의 아미노산으로 표기하였다(그림 2.26 참조). 이러한 잔기는 단백질-DNA 접촉면이나 그 근처에 위치하며, p53 단백질과 DNA의 결합에 직접적으로 영향을 주거나 p53의 입체구조를 변화시킨다.

출처: (a) Janet E. Dancey, et al., *Cell* 148:412, 2012.에서 발췌. Elsevier로부터 허가를 얻어 재인쇄함; (b) Y. Cho, S. Gorina, P. D. Jeffrey, N. P. Pavletich, *Science* 265:352, 1994에서 발췌.

세포를 악성 상태로부터 보호하는 것에 있어서 p53의 존재가 왜 중요한가? p53은 다양한 세포 활동에 관여하고 DNA뿐만 아니라 매우 다양한 단백질들과 결합하는 것으로 보인다. 가장 잘 연구된 p53의 역할 중 하나는 스트레스에 대한 세포 반응에서 중요한 전사인자로서의 역할이다. 세포가 DNA 손상을 받으면, p53은 세포주기 조절, 세포사멸 및 노화에 관여하는 수많은 유전자의 발현을 변화시킨다. p53의 전사 조절자로서 역할의 중요성은 그림 16.13*b*에서 분명하게 드러난다. 인간 암에서 p53을 억제하기 위해 일어나는 것으로 관찰되는 p53의 돌연변이 중에서 가장 자주 나타나는 6가지 돌연변이의 위치를 나타내었는데, 이들은 모두 DNA와 상호작용하는 단백질의 영역에 존재한다. 가장 잘 연구된 p53이 활성화하는 유전자가 암호화하는 단백질 중 하나는 p21이라고 하며, 세포가 G_1 세포주기 확인점을 통과하게 하는 사이클린-의존 인산화효소를 방해한다. 손상된 G_1 세포에서 p53 수준이 상승하면, *p21* 유전자의 발현이 활성화되고 세포주기의 진행이 억제된다(그림 14.9 참조). 이를 통해 세포는 DNA 복제가 시작되기 전에 손상된 유전자를 복구할 시간을 갖게 된다. 세포 내의 2개의 *TP53* 대립인자가 모두 돌연변이가 일어나 그 산물이 더 이상 기능을 하지 못하면, 세포는 *p21*과 같은 저해제를 더 이상 만들어내지 못하거나, 아직 준비가 되지 않은 상태에서의 S기 진입을 막는 되먹임저해(feedback control)가 일어나지 못한다. DNA 손상의 회복이 실패하면 악성화가 될 잠재력이 높은 비정상 세포가 만들어진다.

세포주기 정지(cell cycle arrest)가 p53으로 암의 발생을 막을 수 있는 유일한 방어기작인 것은 아니다. p53은 세포사멸이나 세포괴사(necrosis)와 같이 죽음을 유도하는 경로를 따라가 세포의 유전적 손상을 제거하여 잠재적인 악성화의 위험을 제거한다. p53 단백질은 세포사멸을 개시하는 산물을 암호화하는 *BAX* 유전자 발현의 활성화를 포함하여 여러 경로를 통해 세포사멸을 유도한다고 생각된다. p53의 모든 작용이 전사의 활성화에 의존하는 것은 아니다. p53은 또한 세포사멸을 자극하는 방식으로 Bcl-2 계열 단백질의 여러 구성원(661쪽)에 직접적으로 결합할 수 있다. 예를 들어, p53은 미토콘드리아 외막의 Bax 단백질에 결합하여, 직접적으로 막 투과성을 촉진하고 세포사멸 인자를 방출한다. 만약 *TP53*의 두 대립인자가 모두 불활성화되면, DNA에 손상을 받은 세포는 성장을 통제하는 유전적 기능이 상실되었지만 파괴되지 않는다(**그림 16.14**). 몇몇 연구 결과에 따르면 쥐에서 유래한 종양은 p53 유전자의 활성이 회복될 때 퇴행을 겪게 된다. 이 결과는 세포가 유전적으로 불안정해지더라도 종양의 발달은 계속해서 기능적 *TP53* 유전자의 부재에 달려 있음을 시사한다. 이러한 점 때문에 돌연변이가 일어난 p53 단백질에서 그 기능을 복구시키는 치료법 개발은 활발히 연구되는 분야이다. 이 전략에 기반한 가장 진보된 치료법은 야생형 *TP53* 유전자를 지니고 있는 아데노바이러스를 종양에 주사하는 것이다. 이 접근법은 중국에서 광범위하게 사용되어 왔지만, 이와 유사한 아데노바이러스 벡터는 이 글을 쓰는 시점에서 FDA에 의해 승인되지 않았다.

건강한 G_1 세포의 p53 수준은 매우 낮아, 잠재적으로 치명적인 활동을 통제한다. 그러나 G_1 세포가 자외선이나 화학 발암 물질에 노출되어 유전적 손상을 입으면 p53의 농도가 급격히 상승한다. 이와 유사한 반응은 손상된 가닥을 함유한 DNA를 세포에 주입하면 간단하게 도출할 수 있다. p53 수준의 증가는 유전자 발현의 증가 때문이 아니라 단백질의 안정성 증가 때문이다. 스트레스를 받지 않는 세포에서 p53의 반감기는 몇 분이다. p53의 분해는 p53에 결합하여 핵에서 세포질로 호송하는 MDM2라는 단백질에 의해 촉진된다. MDM2는 세포질에서 유비퀴틴(ubiquitin) 분자를 p53 분자에 추가하여 단백질분해효소복합체(proteasome)에 의한 파괴를 유도한다(6.20절). DNA 손상은 어떻게 p53을 안정화시키는가? 우리는 14.4절에서 모세혈관확장성 운동실조증(ataxia telangiectasia)이라는 질환을 가진 환자는 ATM이라는 단백질 인산화효소(protein kinase)가 부족하여 DNA-손상성 방사선에 적절하게 반응하지 못함을 발견했다. ATM은 DNA 손상이 일어나면 보통 활성화되며 p53은 ATM이 인산화하는 단백질 중 하나다. 인산화된 p53는 더 이상 핵 내의 기존 p53

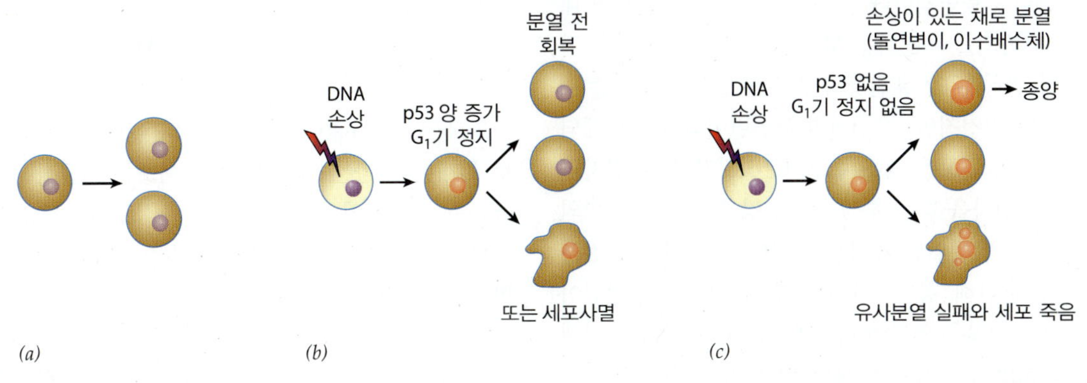

그림 16.14 p53의 기능 모델. (*a*) 세포분열에는 일반적으로 p53의 기능이 필요하지 않다. (*b*) 그러나 한 세포가 돌연변이(유발)원(mutagens)에 노출되어 DNA가 손상되면 p53의 양이 증가되고, 돌연변이 세포의 분열을 G_1기에 정지시키거나, 세포사멸 과정을 유도하도록 직접 조절한다. (*c*) 만약 *TP53* 유전자 2개의 DNA 복제본이 모두 불활성화되면, DNA가 손상을 겪어도 세포주기가 정지되거나, 세포사멸 과정이 유도되지 않는다. 그 결과, 세포는 유사분열의 실패로 인해 죽거나 악성 성장을 유발할 수 있는 유전적 이상을 가진 채 계속 분열한다.

출처: (a–c) D. P. Lane, *Nature* 358:15, 1992; copyright 1992, Nature by Nature Publishing Group에서 허가를 받아 재인쇄. Nature Publishing Group의 허가를 받아 저작권 청산 센터를 통해 교과서 사용을 목적으로 재사용함.

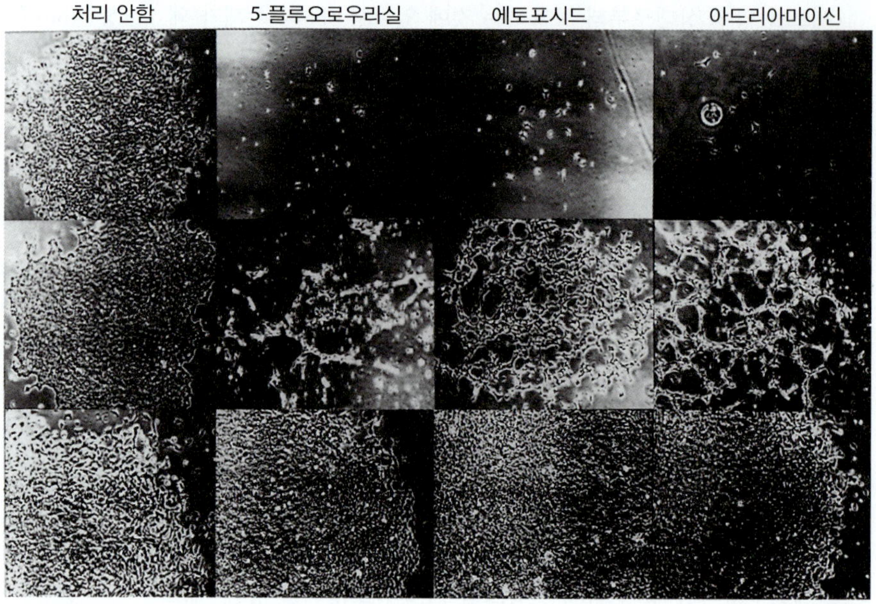

그림 16.15 화학요법제로 처리한 세포의 생존 양상과 p53의 기능에 대한 실험적 증명. p53을 암호화하는 두 대립인자가 모두 정상적 기능을 하는 경우(맨 위 가로줄, +/+), 대립인자 중 하나만 정상인 경우(중간 가로줄, +/−), 두 대립인자가 모두 비정상적인 경우(맨 아래 가로줄, −/−)의 생쥐에서 유래한 세포를 배양했다. 이 세포들은 각각 화학요법제가 없거나(첫 번째 세로줄) 그 외 3개의 세로줄들의 꼭대기에 표시된 3개의 화합물 중 하나가 처리된 상태에서 배양되었다. 정상 세포의 경우, 이 약물들에 의한 성장 정지와 세포사멸 효과가 나타났다. 하지만 p53이 결여된 세포에서는 이러한 화합물들이 존재하는 조건임에도 불구하고 증식을 계속했다.

출처: Scott W. Lowe, H. E. Ruley, T. Jacks, and D. E. Housman, *Cell* 74:959, 1993에서 발췌. Elsevier에서 허가를 얻음.

를 안정화시키고 *p21* 및 *BAX*와 같은 유전자의 발현을 활성화시키는 MDM2와 상호작용할 수 없다(그림 16.16 참조).

몇몇 종양세포는 정상 *TP53* 유전자를 포함하고 있지만 여분의 *MDM2* 복사본을 갖고 있다. 이런 세포는 MDM2가 정상보다 많은 양이 생산되기 때문에 DNA 손상(혹은 다른 발암성 자극)이 왔을 때 세포주기를 멈추거나 세포사멸을 유도하기에 충분한 p53을 생성하지 못한다. 중요한 종양 억제자인 p53이 여전히 정상 상태로 존재하는 암세포에서 p53의 활성을 회복시키기 위한 방안으로서, MDM2와 p53 사이의 상호작용을 저해하는 약물 개발을 위한 연구가 진행 중이다. MDM2와 p53 사이의 관계는 유전자 녹아웃(gene knockouts) 실험에서도 입증되었다. MDM2를 암호화하는 유전자가 결핍된 생쥐는 발달 초기에 죽는데, p53 의존적인 세포사멸을 하기 때문인 것으로 추정된다. 이러한 해석은 MDM2와 p53을 암호화하는 유전자가 모두 제거된(2중 유전자제거) 생쥐는 성체가 될 때까지 생존하지만, 발암률이 높다는 사실로도 뒷받침한다. 이런 배아는 p53을 만들어 내지 못하기 때문에 p53 파괴를 촉진하는 MDM2와 같은 단백질을 필요로 하지 않는다. 이 관찰은 암 유전학의 중요한 원리를 보여준다. 즉, *RB*나 *TP53*과 같은 "결정적인" 유전자가 돌연변이되거나 삭제되지 않더라도, 그 유전자의 기능은 다른 유전자("결정적인" 유전자와 동일한 경로)의 변화로 영향을 받을 수 있다. 위 경우에서, MDM2의 과발현은 p53이 없을 때와 동일한 효과를 보인다. 종양억제 유전자 경로가 차단되는 경우에 한해, 종양억제 유전자 그 자체는 돌연변이를 일으킬 필요가 없다. 수많은 연구에 따르면 대부분의 종양이 진행되기 위해서는 p53과 pRB 경로 모두가 불활성화되어야 한다.

세포사멸을 유발하는 능력 때문에 p53은 방사선 치료와 화학 요법을 통한 암 치료에 중추적인 역할을 한다. 암세포가 정상 세포보다 더 빠르게 분열하기 때문에 약물 및 방사선에 더 민감하다는 것이 수년 동안 추측되어 왔다. 그러나 일부 암세포는 정상 세포보다 더 천천히 분열함에도 불구하고 여전히 약물과 방사선에 민감하다. 또 다른 이론에서는 정상 세포는 유전적 손상을 입기 시작하면, 손상이 복구되거나 세포사멸을 겪을 때까지 세포주기를 정지시키기 때문에 약물이나 방사선에 대한 내성이 있다는 것이다. 대조적으로, DNA 손상을 입은 암세포가 제 기능을 하는 *TP53* 유전자를 보유하고 있는 한은, 세포사멸로 이어질 가능성이 더 크다. 암세포가 p53의 기능을 상실하게 되면, 대개 세포사멸을 지시할 수 없고, 이후의 치료에 높은 저항성을 나타낸다(**그림 16.15**). 이것은 일반적으로 기능성 *TP53* 유전자가 부족한 종양(결장암, 전립선 암 및 췌장암)이 정상 *TP53* 유전자를 갖는 종양(고환암 및 소아 급성 림프성 백혈병)보다 방사선 및 화학 요법에 대한 반응성이 낮은 이유이다.

노화 촉진에 있어서 p53의 역할

우리는 p53이 어떻게 잠재적인 종양세포의 성장을 멈추거나 또는 세포사멸을 유도할 수 있는가에 대해 살펴보았다. 최근 연구에 따르면, p53은 세포 노화를 유도하는 신호전달경로를 제어하며 악성종양으로 변하기 시작하는 세포를 막는 장벽이다. 사멸되는 세포와 다르게, 노화 세포는 살아 있으며 대사활성을 띠는 상태이지만, 사마귀 내의 노화 색소세포(680쪽에 설명됨)와 같이 영원히 분열하지 않는 상태로 존재한다. 다른 경우에, 노화 세포는 식균성 면역 세포(phagocytic immune cells)에 의해 잡아먹힌다. 노화는 정상 세포에서 다른 방법으로 시작될 수 있는데, Ras와 같은 발암 유전자를 실험적으로 활성화시킴으로써 유도할 수 있다. 이런 발암 유전자의 활성화는 정상 조직을 구성하며 분열 중인 세포의 일반적인 활동에서도 흔히 야기되는 현상이다. 연구에 의하면 발암 유전자가 활성화되면 세포의 노화 관련 프로그램이 작동하여 발암 유전자의 작용에 제동을 거는데, 양성 사마귀가 형성되는 일반적인 양상도 이와 같다. 노화를 유도하는 경로 중 하나는 *INK4a*라고 불리는 종양억제 유전자의 발현을 포함하는데, *INK4a*는 사람에게서 발생하는 암에서 흔히 손상되어 있다(표 16.1 참조). *INK4a*는 2개의 종양억제 단백질(mRNA의 다른 판독 프레임으로 번역되는 단백질)을 암호화한다. p16은 세포주기 진행에 요구되는 사이클린-의존 인산화효소의 억제제이며, ARF는 MDM2를 억제하여 p53을 안정화한다. 세포의 노화를 야기하는 p53의 정확한 기능은 아직까지 분명하지 않지만, 노화 세포내 *TP53* 유전자의 불활성화는 세포가 완전한 악성종양 상태로의 발달과정에 다시 들어가게 한다.

p53이 세포의 세포주기 정지, 세포사멸, 또는 노화를 일으키는지 여부는 p53의 번역 후 변형(posttranslational modifications)의 종류에 따라 다르다. 중심 히스톤(Core histones)(230쪽)의 경우, 인산화, 아세틸화, 메틸화 및 유비퀴틴화(ubiquitination) 등이 일어날 수 있고, p53 분자 내의 36개 이상의 잔기에 영향을 준다. 또한, (1) *TP53* 전사체가 서로 다르게 접합되어 다수의 p53 이성질체를 형성할 수 있고, (2) 이 p53 단백질들이 여러 단백질과 상호작용할 수 있으며, (3) p53이 다른 주요 종양 관련 경로[DNA 복구, 포도당 대사, 그리고 자가포식작용(autophagy) 등]에 영향을 준다는 점이 p53의 기능과 역할을 복잡하게 만든다. 이 "다중 작업" 단백질의 기능에서 다양한 요인의 역할을 파헤치는 것은 어려운 도전이 될 것이다.

16.7 다른 종양억제 유전자들

RB 및 *TP53* 유전자의 돌연변이는 다수의 악성종양과 연관되어 있지만, 다른 종양억제 유전자의 돌연변이는 일부 암에서만 나타난다.

가계성선종성용종증(*Familial adenomatous polyposis coli, FAP*)은 유전적인 질병으로, 장관 상피세포에 수백에서 수천 개의 악성 전단계 상태인 용종[polyps, 또는 선종(adenoma)]이 나타난다. 만약 용종들을 제거하지 않으면 그 일부 세포가 악성화될 확률이 크다. 이 병을 가진 환자의 세포를 분석해 본 결과에서 5번 염색체의 일부가 결실된 것이 관찰되었는데, 그 결실된 자리에는 종양억제 유전자인 *APC* 유전자가 존재한다는 것이 확인되었다. *APC* 유전자의 결실을 유전 받은 자손은 *RB* 결실을 물려 받은 자손과 비슷한 상황에 놓여 있다. 이 유전자의 손상 받지 않은 두 번째 대립인자가 돌연변이를 일으키면, 유전자 기능의 보호 가치가 사라진다. *APC*의 두 번째 대립인자가 상실되면 그 세포는 정상 상피세포로 분화할 수 없고, 성장이 통제되지 않은 채 증식하여 용종을 형성한다. 이에 더해 *TP53*과 같은 주요 종양억제 유전자에 추가적인 돌연변이가 일어날 경우 용종의 세포는 더욱 더 악성화된 상태로 변화하여, 다른 조직으로 전이되거나 침범할 수 있게 된다(그림 16.20 참조). 돌연변이가 일어난 *APC* 유전자는 결장암과 대다수의 산발성 결장 종양에서도 발견되며, 이 유전자가 이 질환의 발병에 중요한 역할을 한다는 것을 알 수 있다. APC는 세포 증식을 촉진시키는 유전자(예: *MYC, CCND1*)의 전사를 활성화시키는 Wnt 경로를 억제한다. 또한, APC는 미세소관 플러스-말단 결합 단백질(microtubule plus-end binding protein)로, 유사분열 염색체의 동원체에 미세소관을 부착시키는 역할을 한다고 여겨진다. 그러므로, APC 기능이 상실되면 비정상적인 염색체 분리와 이수성이 유발된다(602쪽). 초기 대장암 환자의 혈액에서 돌연변이된 *APC* 유전자를 발견할 수 있어, 이를 이용한 대장암 진단 가능성이 높아졌다.

미국, 캐나다 및 유럽에 거주하는 여성의 1/8이 유방암에 걸린다고 추산된다. 이 중에서 5~10%는 암의 발병과 연관된 유전자가 유전되기 때문이다. 1990년대 중반, 여러 실험실의 집중적인 연구 결과로 유방암의 주된 원인이 되는 *BRCA1*과 *BRCA2*라는 두 가지 유전자가 확인되었다. 또한 *BRCA* 돌연변이가 일어난 세포를 가진 여성은 치사율이 높은 난소암에도 취약하다.

14.4절에서 지적한 것처럼, 세포는 유전자 손상이 일어나면 세포주기를 멈추는 세포주기 확인점을 가지고 있다. *BRCA* 단백질은 유전자의 손상에 반응하며, 상동재조합(homologous recombination)을 통해 DNA 복구를 활성화시키는 하나 이상의 큰 단백질 복합체의 일부로 작용한다. BRCA 돌연변이 단백질을 가진 세포는 수선되지 못한 염색체가 축적되어 높은 이수성 핵형(aneuploid karyotype)을 보인다. 기능적 *TP53* 유전자를 갖는 세포에서 DNA가 수선되지 못하면 p53이 활성화되어 세포주기 진행을 멈추게 하거나 세포사멸을 유도한다(**그림 16.16**).

우리는 이 장에서 세포사멸이 잠재적인 종양세포를 제거하는 신체의 주요 기작이라는 것을 알아보았다. 지난 장에서는 세포사멸 기작은 세포의 파괴보다는 생존을 촉진하는 기작이라는 것을 논의하였다. 포스포이노시타이드 PIP_3가 촉발하는 PKB(AKT)라고 불리는 인산화효소의 활성화는 가장 잘 연구되고 규명된 세포-생존 경로(cell-survival pathway)에서 일어나는 현상 중 하나이다. PIP_3은 지질 인산화효소인 PI3K(PI3K kinase)이 촉매 활성에 의해 형성된다(그림 15.25 참조). PI3K/PKB 경로가 활성화되면 일반적으로 정상 세포를 파괴하는 자극이 오더라도 세포가 파괴되지 않고 생존할 수 있다. 특정한 사건 후에 세포의 생존과 사멸은 호세포사멸 신호(proapoptotic signal)와 항세포사멸 신호(antiapoptotic signals)의 균형에 좌우된다. PKB와 PI3K의 과다발현 돌연변이는 이 균형에 영향을 미치게 되어, 균형을 세포 생존의 방향으로 이끌고, 결과적으로 잠재적 종양세포에게 엄청나게 유리하게 작용한다. 지질 인산가수분해효소(lipid phosphatase) PTEN은 세포 생사의 균형에 영향을 미치는 또 다른 단백질이다. 이 효소는 PIP_3의 3번에 존재하는 인산을 제거함으로써 PKB를 활성화시킬 수 없도록 하는 $PI(4,5)P_2$로 전환한다. *PTEN*의 두 대립인자가 모두 불활성화되어 있는 세포에서는 PIP_3 농도가 과도하게 높아지고 PKB의 과다활성을 유도한다. 정상적으로 기능하는 *PTEN* 유전자가 존재하지 않는 종양세포에 정상 *PTEN* 유전자를 도입하면, 세포는 전형적으로 세포사멸에 돌입한다. 표 16.1에 열거된 다른 종양억제 유전자들과 마찬가지로, *PTEN* 돌연변이는 종양 위험성 증가를 동반하는 희귀한 유전성 질환을 일으키며 그러한 돌연변이는 다양한 비유전적 종양에서도 발견된다.

돌연변이가 생기는 것만이 종양억제 유전자가 불활성화되는 유일한 기작은 아니다. 흔히 *BRCA1*이나 *PTEN*과 같은 종양억제 유전자는 후성 유전적 기작에 의해서도 영향을 받는다. 예를 들어, 유전자 전사를 억제하는 DNA 메틸화를 통해 종양억제 유전자의 기능이 억제될 수 있다(6.16절).

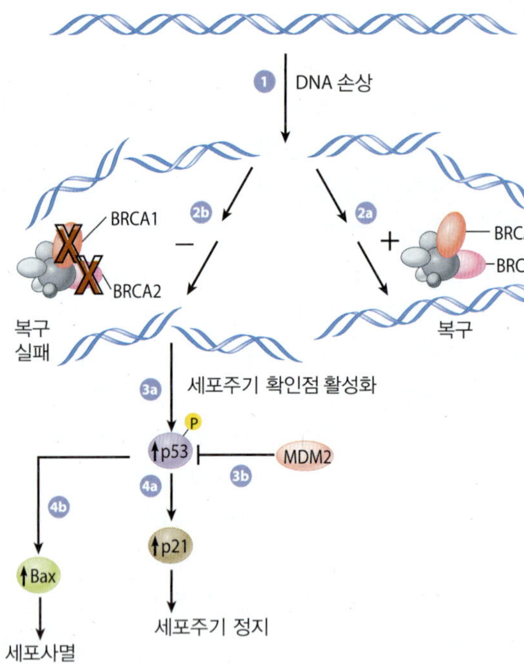

그림 16.16 DNA 손상은 종양억제 유전자와 발암 유전자에 의해 암호화된 많은 단백질의 활성을 일으킨다. 이 그림에서 DNA 손상으로 DNA 2중나선 구조가 절단되었다(1단계). DNA 손상은 BRCA1과 BRCA2를 포함하는 다중단백질 복합체(multiprotein complex)에 의해 수선된다(2a 단계). 이러한 단백질을 암호화하는 유전자 중에서 하나라도 돌연변이가 생기면 이 복구 과정이 차단된다(2b 단계). DNA 손상이 복구되지 않으면 세포주기 확인점이 활성화되어 p53 활성이 상승한다(3a 단계). p53 단백질은 정상적인 단백질 MDM2와의 상호작용에 의해 저해된다(3b 단계). p53은 세포주기 정지를 일으키는 *p21* 유전자(4a 단계) 또는 세포사멸을 일으키는 *BAX* 유전자(4b 단계)의 발현을 활성화시키는 전사인자이다. 또한 p53 활성화는 세포 노화를 촉진할 수 있지만 그 경로는 불분명하다.

출처: J. Brugarolas and T. Jacks, *Nature Med* 3:721, 1997, copyright 1997, Nature Publishing Group의 허가를 받아 저작권 청산 센터를 통해 교과서 사용을 목적으로 재사용함.

16.8 발암 유전자

이전에 설명하였듯이, 발암 유전자는 세포의 성장 제어기능을 소실시킬 뿐 아니라 악성화로 유도하는 단백질을 암호화한다. 발암 유전자는 정상 세포에서 기능하는 단백질을 암호화하는 유전자인 원발암 유전자에서 유래된다(680쪽). 처음에는 수많은 발암 유전자가 RNA 종양바이러스의 유전체의 일부로 알려졌지만, 더 많은 실험동물이나 인간 종양 샘플에서 발견됨으로써 종양 형성에 있어서 그 중요성이 확인되었다. 다양한 발암 유전자는 서로 다른 종양에서 활성화되어 다양한 세포 유형에서 작용하는 신호전달경로의 다양성을 반영한다. 사람 종양에서 가장 자주 돌연변이가 나타나는 발암 유전자는 *RAS*이다. 이 유전자는 세포 증식(15.9절) 및 대사(16.18절)를 제어하는 다수의 주요 신호전달경로의 온-오프 스위치(on-off switch)로서 기능하는 GTP-결합 단백질을 암호화한다.[3] 발암 유전자인 *RAS*의 돌연변이체는 전형적으로 GTPase 활성이 상실된 단백질을 발현하여, 활성 GTP-결합 상태가 지속적으로 유지되고, 증식 신호를 계속적으로 전달한다. 암 치료를 위한 항-RAS(anti-RAS) 전략을 개발하고자 하는 광범위한 노력에도 불구하고 RAS 기능을 차단하는 약물은 아직 승인되지 않았다. 여러 종양유전자의 기능은 **그림 16.17**에 요약되어 있으며 아래에서 논의된다.[4]

성장인자 또는 수용체를 암호화하는 종양유전자

발암 유전자와 성장인자 사이의 첫 번째 연관성은, 1983년 발암촉진 시미안 육종 바이러스(cancer-causing simian sarcoma virus)가 갖고 있는 발암 유전자 *sis*가 인간의 혈액에 존재하는 혈소판-유래 성장인자(platelet-derived growth factor, PDGF)의 세포성 유전자에서 유래되었다는 사실이 밝혀지면서 알려지게 되었다. 이 바이러스에 감염되어 형질전환된 세포는 다량의 PDGF를 배지에 분비하여, 그 결과 세포가 조절되지 않고 증식하게 된다. PDGF의 과다한 발현은 뇌암(신경교종, gliomas)의 발달과 연관이 있다.

[3]실제로 인간 유전체는 서로 다른 조직에서 활성을 띠는 세 가지의 다른 *RAS* 유전자와 세 가지의 다른 *RAF* 유전자를 포함한다. 이 중에서 *KRAS*와 *BRAF*는 종양 형성에 가장 관련되어 있다.

[4]조직침입 및 전이에 있어서 중요한 역할을 하는 세포표면 분자와 세포외 단백질분해효소를 암호화하는 유전자에 대한 논의는 제11장의 <인간 질병과의 연관성>을 참고한다.

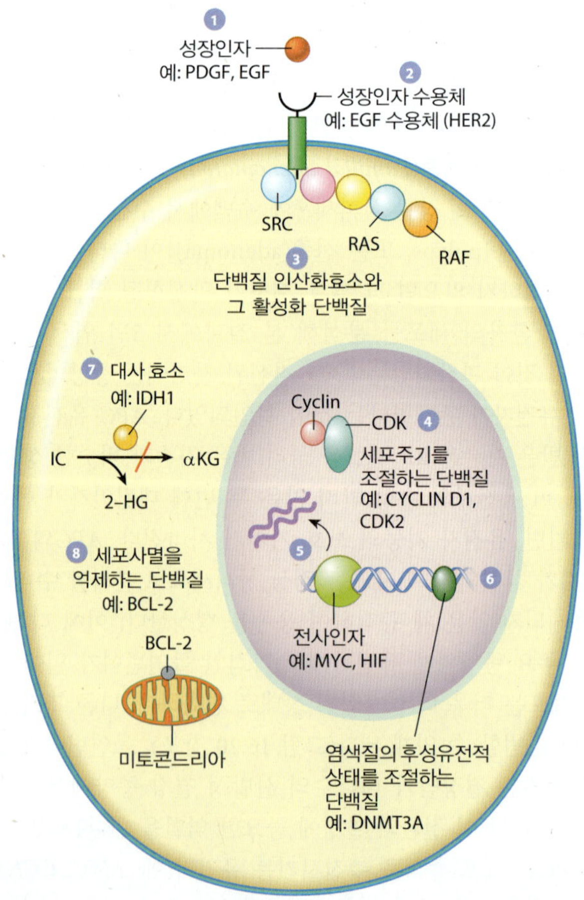

그림 16.17 원발암 유전자에 의해 암호화된 단백질의 유형을 요약한 개략도. (1) 성장인자, (2) 성장인자 수용체, (3) 단백질 인산화효소와 그 활성화 단백질, (4) 세포주기를 조절하는 단백질, (5) 전사인자, (6) 염색질을 변형시키는 단백질, (7) 대사 효소, (8) 세포사멸을 억제하는 단백질이 있다. 유사 분열, 조직 침범 및 전이에 관여하는 단백질은 포함하지 않았다.

또 다른 종양바이러스인 조류 적아세포증 바이러스(avian erythroblastosis virus)는 발암 유전자인 *erbB*를 보유하는 것으로 밝혀졌다. *erbB*는 변형된 EGF 수용체(EGFR)를 암호화하는데, 이 수용체는 성장인자와 결합하는 세포외 영역의 일부가 결여된 형태이다. 이 변형된 EGF 수용체는 배지내 성장인자의 유무와 관계 없이 세포를 자극한다. 이것이 변형된 유전자를 가진 세포가 통제되지 않고 증식하게 되는 이유이다. 많은 종류의 자생적인 종양이 EGFR 등의 성장인자수용체에 영향을 미치는 유전적 변화를 갖는 세포를 포함하는 것으로 밝혀졌다. 일반적으로 악성세포는 정상 세포보다 세포막에 훨씬 많은 수의 수용체를 갖는다. 수용체가 과량으로 존재하기 때문에 세포는 훨씬 낮은 농도의 성장인자에도 민감하게 반응하고, 따라서 정상 세포에서는 영향을 미치지 않는 조건에서도 분열한다. 아래에서 논의되는 바와 같이, 성장인자 수용체는 수용체의 세포외 영역에 결합하는 치료용 항체, 그리고 수용체의 세포내 타이로신 인산화효소 영역(tyrosine kinase domain)에 결합하는 저분자 억제제의 적절한 표적이다.

세포질 단백질 인산화효소를 암호화하는 발암 유전자

과다 활성화된 단백질 인산화효소(protein kinase)는 비정상적인 증식이나 생존을 유도하는 신호를 생성하여 발암 유전자로 작용한다. 예를 들어, 세린-트레오닌 단백질 인산화효소(serine-threonine protein kinase)인 Raf는 진핵생물의 주요 성장 조절 신호전달경로 중 하나인 MAP 인산화효소 신호전달(MAP kinase cascade)의 최상위 단계에 위치한 단백질이다(15.9절). Raf가 돌연변이를 일으켜 효소활성이 변하게 되면, 세포 내에서 혼란을 야기하게 된다. 성장인자 수용체나 Ras와 마찬가지로, Raf가 "켜진(on)" 상태로 존재하는 효소로 발현되는 돌연변이가 일어나면, 원발암 유전자는 발암 유전자가 되고, 세포의 성장-조절 기능을 잃게 된다. Raf는 흑색종(melanoma)과 가장 밀접하게 연관되어 있고, 이 암의 약 70%는 *BRAF*의 돌연변이가 원인인 것으로 알려져 있다. 암에서 흔히 통제에서 벗어난 세포질 인산화효소의 또 다른 그룹은 Cdk4와 Cdk6를 포함하는 사이클린-의존 인산화효소들이다(그림 14.8). 이 Cdk의 조절자인 Cyclin D1 역시 흔히 발견되는 발암 유전자이다.

최초로 발견된 발암 유전자인 *SRC*도 단백질 인산화효소이며, 단백질의 세린-트레오닌 잔기 대신에 타이로신 잔기를 인산화시킨다. *src*-함유 종양바이러스에 의한 세포의 형질전환 과정에서 다양한 단백질이 인산화된다. Src의 기질 단백질들은 신호전달이나 세포골격 조절, 그리고 세포접착 등에 관여한다. 이유는 알 수 없지만 *SRC* 돌연변이는 인간 종양세포의 유전적 변화 중 드물게 관찰되는 편이다.

전사인자를 암호화하는 발암 유전자

많은 발암 유전자는 전사인자로 작용하는 단백질을 암호화한다. 세포주기의 진행을 위해선 세포 성장 및 분열에 다양한 방식으로 기여하는 산물을 발현시키는 다양한 유전자의 시기적절한 활성화가 필요하다. 그러므로 이 유전자의 발현을 조절하는 단백질에 변화가 일어나면 세포의 정상적인 성장을 교란시킬 수 있다는 사실은 그렇게 놀랄만한 일이 아니다. 가장 잘 연구된 전사인자(transcription factor)를 암호화하는 발암 유전자는 *MYC*이다.

Myc은 세포 성장 및 증식에 관여하는 엄청난 수의 단백질과 비암호화(noncoding) RNA(rRNA, tRNA 및 miRNA)의 발현을 조절한다. *MYC* 발현이 선택적으로 차단되면 G_1을 통한 세포주기의 진행이 멈추게 된다. *MYC* 유전자는 인간 암에서 가장 일반적으로 변이된 원발암 유전자 중 하나이며, 종종 유전체 내에서 증폭되거나 염색체 전이의 결과로 재배열된다. 이러한 염색체 변화는 *MYC* 유전자가 정상적으로 조절되지 않게 하고 세포내 발현량을 증가시켜 과량의 Myc 단백질을 발현한다. 아프리카에서 가장 빈번한 유형의 암인 버킷 림프종(Burkitt's lymphoma)은 *MYC* 유전자가 항체 유전자에 인접한 위치로 전이되기 때문에 발병한다. 이 질병은 주로 엡스타인-바 바이러스(Epstein-Barr virus, EBV)에 감염된 사람에게서도 발생한다. 동일한 바이러스가 서구 지역에 사는 사람에서는 경미한 감염증(예: 단핵구증)을 일으키며 종양 형성과는 무관하다.

염색질의 후성유전적 상태를 조절하는 단백질을 암호화하는 발암 유전자

제6장에서 논의했듯이, 염색질의 후성유전적 상태를 결정하는 가장 중요한 두 가지 요소는 (1) 유전자 프로모터 DNA의 특정 부위의 메틸화 여부, 그리고 (2) 같은 유전자 프로모터의 뉴클레오솜 안의 중심 히스톤의 꼬리에 일어나는 특정 변형이다. 메틸화는 유전자의 발현을 억제시키는 반면, 히스톤의 변형은 유전자 전사를 활성화시키거나 혹은 억제시키는 방향으로 작용한다. 최근의 연구에 따르면, DNA 메틸화 또는 히스톤 변형에 영향을 미치는 단백질을 다수의 발암 유전자가 암호화한다. 다양한 발암 유전자들은 DNA 메틸 전이효소(DNA methyltransferases), 히스톤 아세틸라아제(Histone acetylases), 탈아세틸화효소(deacetylases), 히스톤 메틸전이효소(Histone methyltransferases)와 탈메틸화효소(demethylase), 그리고 염색질 재구성 복합체(chromatin remodeling complexes) 내에 존재하는 단백질 등을 암호화한다. 이런 종류의 유전자에 일어나는 돌연변이는 세포 증식, 생존, 이동 등을 조절하는 다양한 신호전달 및 조절 경로에 관여하는 유전자 전사를 증가시키거나 감소시킴으로써 종양형성을 유도할 수 있다. 예를 들어, 급성 골수성 백혈병(acute myeloid leukemia, AML)은 DNA 복제과정에서 DNA 메틸화 패턴을 유지하는 유전자인 *DNMT3A*의 특징적인 반복 돌연변이(recurrent mutations)가 존재한다. DNA 메틸화 수준의 감소는 전이요소를 증가시켜 유전적 불안정성을 유발하며, 특정 양성 원발암 유전자의 전사 증가를 초래한다. 반대로, 종양억제 유전자의 프로모터 영역의 DNA 메틸화가 증가하면 종양형성 과정을 억제하는 유전자의 발현을 저해하는 것으로 알려져 있다.

대사 효소를 암호화하는 발암 유전자

16.1절에서 종양세포가 정상 세포보다 해당 작용(glycolysis)에 훨씬 더 많이 의존한다고 언급했다. 이것은 정상 세포와 종양세포 사이의 주요 대사 차이 중 하나일 뿐이다. 유전체 서열분석 연구를 통해 또

다른 놀라운 차이점이 밝혀졌다. 아교 모세포종(Glioblastoma; 뇌암)과 AML 환자의 종양세포에서 TCA 사이클 효소 이소시트르산 탈수소효소(isocitrate dehydrogenase: IDH1과 IDH2)의 돌연변이가 보고되었다. 이 돌연변이는 효소가 이소시트르산(isocitrate)을 α-케토글루타르산(α-ketoglutarate)으로 전환시키는 정상적인 과정을 저해하고(그림 9.7), 이 기질을 암세포에서 많이 축적되는 2-히드록시글루타르산(2-hydroxyglutarate, 2-HG)이라고 불리는 비정상적인 대사산물로 전환시킨다. 증가된 2-HG는 히스톤 탈메틸화 및 DNA 메틸화를 비롯한 경로에 영향을 미친다. 이러한 후성유전의 파괴적 변화가 종양세포내 비정상적인 유전자 발현을 초래하게 된다.

세포사멸에 영향을 미치는 산물을 암호화하는 발암 유전자

세포사멸은 종양세포가 악성화 상태로 진행되는 것을 초기에 제거할 수 있는 인체의 중요한 기작 중 하나이다. 따라서, 세포의 자기파괴 능력을 감소시키는 변화는 세포의 종양 발생 가능성을 증가시키게 된다. 이것은 세포 생존과 종양 형성에서 PI3K/PKB 경로의 역할과 함께 이전에 논의된 바 있다(635쪽). 이 점을 염두에 둔다면, PI3K와 PKB가 모두 발암 유전자에 의해 암호화된다는 것은 놀라운 일이 아니다.[5] 세포사멸과 가장 밀접하게 연관된 발암 유전자는 *BCL-2*이며 이는 세포사멸을 억제하는 막-결합단백질(membrane-bound protein)을 암호화한다(661쪽).

세포사멸에서 *BCL-2*의 역할은 *BCL-2* 유전자가 결핍된 유전자 제거(Knock-out) 생쥐의 표현형에서 가장 명확하게 드러난다. 이 생쥐의 림프조직은 광범위한 세포사멸로 인해 급격한 퇴행이 이루어진다. *MYC*와 마찬가지로, *BCL-2* 유전자는 염색체에서 비정상적인 부위로 전좌되면 해당 유전자 산물이 정상 수준보다 과량 발현되어 발암 유전자화된다. 특정한 인간의 림프종[여포성 B-세포 림프종(follicular B-cell lymphoma)]은 항체 분자의 무거운 사슬(heavy chain)을 암호화하는 유전자 옆으로 *BCL-2* 유전자가 위치하도록 하는 전이와 연관이 있다. *BCL-2* 유전자의 과발현은 림프조직의 세포사멸을 억제하여 비정상적인 세포가 증식하여 림프종양을 형성하게 된다. *BCL-2* 유전자는 약물치료를 하더라도 종양세포를 생존, 증식시킴으로써 화학요법의 효과를 감소시킨다.

지금까지, 종양 형성에 관련한 여러 가지 중요한 종양억제 유전자 및 발암 유전자에 대하여 알아보았다. **그림 16.18**은 이들 단백질 및 이들이 작용하는 신호전달경로의 일부에 대한 간략한 개요다. 종양억제 유전자와 종양억제경로는 빨간색으로 나타내고 종양촉진경로는 파란색으로 표시했다. 그림에 묘사된 종양억제 유전자 및 발암 유전자의 기본 기능은 그림 16.18의 범례에 나타냈다. 이 그림을 통해 상당히 다양한 단백질의 작용이 종양 형성에 기여한다는 것을 확인할 수 있다.

16.9 돌연변이유발 유전자의 표현형: DNA 수선에 관여된 돌연변이 유전자

암이 체세포의 DNA 변화에 의해 초래되는 질병이라는 사실을 고려하면, 유전적 돌연변이의 빈도를 증가시키는 모든 작용은 암 발달 위

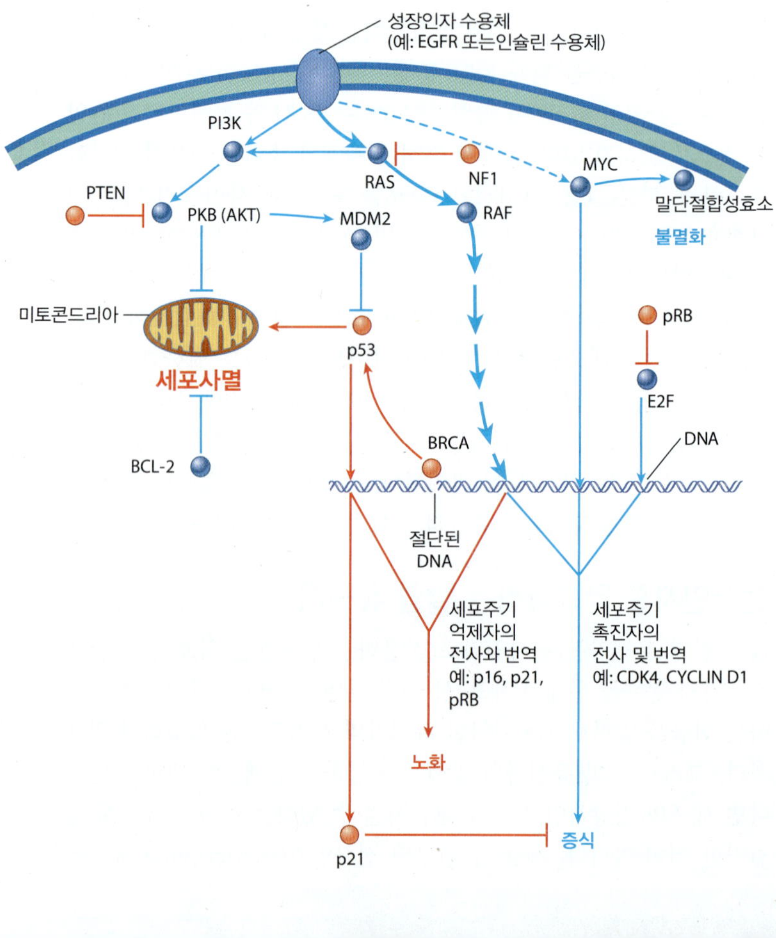

그림 16.18 이 장에서 논의된 종양 발생과 관련된 여러 신호전달경로의 개요. 종양억제 유전자 및 종양 억제는 빨간색으로 표시되는 반면 발암 유전자 및 종양 자극은 파란색으로 표시했다. 화살표는 활성화를 나타내고, 수직선은 억제를 나타낸다. 이 그림에 묘사된 단백질 중에는 전사인자(p53, MYC 및 E2F), 전사 보조 활성자 또는 보조 억제자(pRB), 지질 인산화효소(PI3K) 및 지질 인산분해효소(PTEN), 세포질 타이로신 인산화효소(Raf)와 Raf의 활성자(RAS), RAS의 GTP 가수분해효소-활성화 단백질(NF1), 세포의 생존을 촉진하는 단백질 인산화효소(PKB/AKT), DNA 절단을 감지하는 단백질(BRCA), 사이클린 의존성 키나아제(CYCLIN D1 및 CDK4), Cdk 억제제(p21), 항세포사멸 단백질(Bcl-2), 유비퀴틴 연결효소(MDM2), DNA를 연장시키는 말단절합성효소(telomerase), 성장인자에 결합하는 단백질(EGFR) 등이다. 화살표와 선은 꼭 직접적인 활성화 또는 억제를 표현하지는 않는다. 예를 들어, PTEN은 PIP_3의 인산염을 제거하여 PKB를 억제하고, EGFR은 GRB2 및 SOS를 통해 RAS를 활성화시킨다. 점선은 *MYC* 유전자의 발현 활성에 의한 간접 작용을 나타낸다.

[5] *PI3K* 또는 *PKB/AKT*의 돌연변이는 세포 생존에 관련된 역할뿐만 아니라 다른 방식으로도 발암성이다. 예를 들어, PI3K 경로는 종양세포의 특징적인 호기성 해당작용 경로의 주요 요인이다(16.1절에서 논의됨). 이 경로는 전사인자 HIF 및 MYC를 활성화시키고, 활성화된 전사인자들은 포도당 수송체와 해당작용 효소를 암호화하는 유전자의 발현을 활성화한다.

험성을 증가시킨다. 제7장에서 설명한 바와 같이, 화학적으로 변화되거나, 복제과정에서 잘못된 위치에 끼어들어간 뉴클레오티드는 DNA 수선 과정에 의해 DNA 가닥으로부터 선택적으로 제거된다. DNA 수선 과정은 손상을 인식하는 단백질, 손상을 포함하는 가닥 부분을 제거하는 단백질, 누락된 부분을 상보적인 뉴클레오티드로 대체하는 단백질 등을 비롯하여, 많은 단백질의 협력이 필요하다. 이러한 단백질 중 하나라도 손상되면 세포는 비정상적으로 높은 돌연변이가 나타나게 된다. "돌연변이 유발 유전자의 표현형(mutator phenotype)"이 있는 세포는 종양억제 유전자와 발암 유전자 모두에서 2차 돌연변이를 유발할 가능성이 있으며 종양이 악성화될 위험이 증가한다.

16.10 마이크로RNA: 암 유전학의 새로운 분자

5.11절에서 언급했듯이, 마이크로RNA(microRNA, miRNA)는 표적 mRNA의 발현을 음성적으로 조절하여 저해하는 작은 조절성 RNA이다. 유전자의 비정상적인 발현으로 암이 생긴다는 것을 감안한다면 miRNA가 암 발생과 관련되어 있다는 발견은 놀라운 일이 아니다. 2002년, 대부분의 만성림프구성 백혈병(chronic lymphocytic leukemia)에서 *miR-15a*와 *miR-16*, 2개의 miRNA를 암호화하는 영역이 결손되거나 그 발현이 저하되어 있는 것을 발견하였다. 이 두 miRNA는 항세포사멸 단백질이자 원발암 유전자로 알려진 BCL-2 mRNA의 발현을 저해한다. 이 miRNA가 결핍되면 BCL-2 단백질은 과발현되어 백혈병의 진행을 촉진한다. 이러한 miRNA는 종양 형성을 억제하기 때문에 종양억제인자라고 생각할 수 있다. *miR-15a*와 *miR-16*이 결여된 백혈병 세포에 이 RNA를 재발현되도록 유전적으로 조작하면, 종양억제자 활성이 회복된 경우와 마찬가지로 림프종 세포가 자멸한다. *miR-15a*와 *miR-16*을 암호화하는 부위가 다른 유형의 암에서도 결손된 것으로 보아, 이 RNA는 종양을 억제하는 데 중요한 역할을 하는 것으로 보인다. 가장 중요한 인간 발암 유전자인 *RAS*와 *MYC*의 발현은 최초로 발견된 miRNA인 *let-7*로 인해 저해되는 것으로 보고되었다(5.11절). 또한 일부 종양억제인자인 p53은 다양한 miRNA의 발현을 조절하고 그 자체의 전사 역시 다른 miRNA에 의해 조절된다는 것이 알려졌다.

일부 miRNA는 종양억제인자보다 발암 유전자처럼 작용한다. 예를 들어, 특정 무리(cluster)의 miRNA 유전자는 일부 림프종의 형성 과정에서 과발현된다. 이러한 miRNA의 과발현은 종양세포에서 유전자 무리가 증가되거나, 지나치게 활성화된 전사인자(MYC 포함) 때문에 유전자 무리가 과도하게 전사된 결과이다. 생쥐에서 이러한 특정 miRNA를 과발현하도록 유전적으로 조작되면, 이들이 발암 유전자처럼 작용하고, 예상대로 생쥐에서 림프종이 발생된다. miRNA의 비정상적인 발현은 종양세포의 침입과 전이에 영향을 미치는 주요 인자임이 알려졌고, 이로 인해 이들 RNA에 대한 관심이 한층 더 증가되고 있다.

많은 수의 미세조절 RNA를 조사한 미세배열(microarray) 연구 결과, 대부분의 인간 종양에서 특징적인 mRNA 발현 양식이 나타나는 것처럼, 특징적인 miRNA 발현양식을 가지는 것으로 확인되었다. 이러한 miRNA 발현양식은 환자가 겪는 종양의 정확한 유형과 최선의 치료 방법을 식별하는 민감하고 정확한 생체지표(biomarker)의 역할을 할 수 있다. 연구자들은 가능한 항암치료제로서 miRNA의 이용방법을 적극적으로 연구 중이다. 예를 들어, "miRNA 스펀지(sponges)"로 작용하는 합성 RNA로 환자를 치료하는 것이 가능할 수 있다. 이 치료용 RNA는 종양성 miRNA와 상보적인 서열을 가지고 있어서, 이러한 miRNA에 결합하여 격리시킴으로써 이 miRNA의 활성을 차단할 수 있을 것이다.

16.11 암 유전체

모든 암은 유전적인 변이의 결과로 생긴다. 지금까지 논의된 바와 같이, 종양 형성에 관련된 유전자들은 유전체에서 특정한 부분집합(subset)을 구성하는데, 이들 유전자의 산물은 세포주기를 통한 세포의 발달, 주변 세포와의 접착, 세포사멸 및 DNA 손상 수선 등의 작용에 관여한다. 종합하면, 수백 가지의 서로 다른 유전자가 "암 유전자(cancer gene)"로 밝혀졌으며, 이 유전자는 적어도 한 종류의 악성화 과정에서 중요한 역할을 한다고 생각된다. 지난 수 년간 다양한 종류의 종양에서 점돌연변이(point mutation), 전좌(translocation), 결실(deletion) 또는 중복(duplication) 등에 의해 변이된 유전자를 동정하기 위한 노력이 이어져 왔다. 유전체 특정 부위의 뉴클레오티드 서열을 이전보다 훨씬 빠르고 저렴하게 결정할 수 있는 DNA 염기서열분석기술의 발전에 힘입었다.

연구자들은 대부분의 암을 상대적으로 적은 수의 유전자의 변화로 특징지을 수 있길 바란다. 예를 들어, 많은 경우의 흑색종은 *BRAF* 유전자가 돌연변이를 일으켰고, 대장직장암(colorectal cancer)의 많은 경우에서 *APC* 유전자가 돌연변이를 일으켰다는 사실이 알려져 있다. 유사하게, 만성골수성 백혈병(chronic myelogenous leukemia, CML)의 *BCR-ABL* 전좌와 같이 다양한 유형의 백혈병에서는 특정 전좌가 대표적이다(16.15절). 이 모든 경우, 돌연변이는 종양 발달의 초기 단계에서 일어나며, 세포가 악성 상태로 전환되는 데 결정적인 역할을 한다고 생각되었다. 그러나 암 유전체의 초기 연구결과, 서로 다른 환자 개개인에서 채취한 동일한 종류의 종양이 매우 다양한 비정상적 유전자의 발현 조합을 갖고 있음을 알게 되었다. 이러한 결과는 각각의 종양이 세포의 정상적인 항암 기작을 피해가기 위해서 다양한 방법을 이용할 수 있다는 것을 나타낸다. 이러한 결과는 **그림 16.19**와 같이 나타날 수 있는데, 이 그림에서는 많은 수의 대장직장암에서 확인된 돌연변이 유전자들을 2차원 "돌연변이 배치도(mutational landscape)" 내에서 피크(산봉우리 모양)로 표현하였다. 다양한 피크의 높이는 이 암의 특정 유전자가 돌연변이를 일으키는 빈도를 의미한다. 이 그림에서, 다수의 종양에서 비교적 소수의 유전자가 돌연변이를 일으키는 것을 알 수 있다. 이는 배치도에서 "산(mountain)"과 같은 형태를 나타낸다. 이들의 대부분은 종양학자들

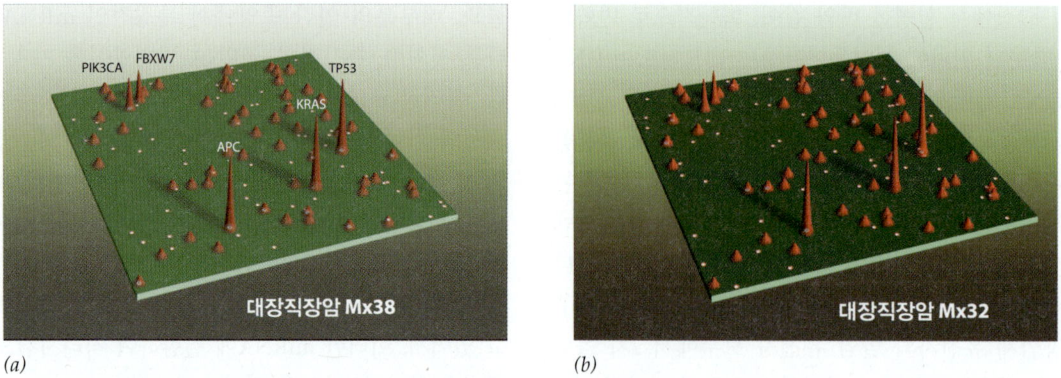

그림 16.19 대장직장암의 유전체 배치도. 이 2차원 지도들은 대장 종양에서 가장 빈번하게 변형된 유전자들을 묘사하고 있다. 각각의 붉은색 돌출부는 서로 다른 유전자를 나타낸다. 종양에서 가장 크게 변형된 5개의 돌연변이 유전자는 "산(mountain)"이라고 불리는 가장 큰 돌기로 표시되며 특별히 명명된다. 훨씬 더 낮은 빈도로 변형된 50개 정도의 다른 유전자들이 유전체 지형의 더 작은 "언덕(hill)"을 구성한다. 서로 다른 환자의 대장 종양이 일반적으로 변형된 유전자를 공유하는 정도를 묘사하기 위해 이 그림에 2개의 개별 종양(Mx38 및 Mx32)의 돌연변이 풍경이 표시되어 있다. 각각의 개별 종양에서 호르몬으로 변형된 것으로 발견된 유전자는 하얀색 원으로 표시되어 있다. 이 두 사람의 종양 사이에 공유된 돌연변이는 극히 적다는 것은 명백하다. 여기에 묘사된 예에서, *APC* 및 *TP53* 유전자만이 공통적으로 돌연변이를 일으킨다. (주: 2차원 배치도 왼쪽 히단에서부더 염색체 1번의 좌위를 시작으로 각 상염색체의 유전자들을 오름차순으로 배열하였다. 이 순서에 따라 배치도의 오른쪽 상단에는 X 염색체의 마지막 좌위가 배치되어 있다.)

출처: (a, b) Laura D. Wood et al., Courtesy of Bert Vogelstein, *Science* 318:1113, 2007에서 발췌. © 2007. AAAS의 허가를 얻어 재사용함.

이 수년 동안 집중해 연구해 오던 발암 유전자들이다. 각각 다른 유형의 암은 특징적으로 높은 돌연변이율을 갖는 유전자가 있다. 대장직장암(colorectal cancer)의 경우, 그림 16.19에서 보듯이 종양 발달 과정의 특정 단계에서 *APC*, *KRAS* 및 *TP53*, 3개의 유전자에서 돌연변이가 일어나는 경향이 있다(**그림 16.20**). *APC* 유전자의 2개의 돌연변이는 대장의 가장 작은 양성 선종의 60% 이상에서 발견되었으며, 이 유전자의 돌연변이는 대장암 형성의 첫 단계가 되는 것으로 나타났다. 악성종양의 초기 단계에서 큰 선종과 세포덩어리는 *RAS* 발암 유전자 중 하나(*KRAS*)의 돌연변이를 갖는 경향이 있다. 대조적으로, *TP53* 유전자는 악성종양의 후기 단계에서만 돌연변이를 나타내는 경향이 있다. *KRAS*에서 돌연변이가 일어난 후, 비정상적인 핵형을 보이는 염색체 불안정성을 갖는 세포가 나타난다.

그림 16.19와 그림 16.20은 적은 수의 유전자가 대장암에서 상대적으로 높은 빈도로 돌연변이 되는 경향이 있음을 보여준다. 그러나 놀랍게도 많은 수의 유전자들이 낮은 빈도(5% 이하)로 돌연변이를 일으킨다. 이들은 배치도에서 "언덕(hill)"으로 표현된다. 높은 빈도로 돌연변이를 일으키는 유전자는 세포의 악성종양화에 있어 중요한 요소라고 추정할 수 있는 반면에, 낮은 빈도로 돌연변이를 일으키는 유전자의 역할에 대해서는 상당한 논란이 있다. 언덕으로 표시되는 많은 유전자들은 비록 종양에게 아주 적은 선택적 이점을 줄지라도, 악성종양의 특징을 결정하는 원인이 되는 것은 분명하다. 악성종양의 표현형을 일으키거나 유도하는 돌연변이는 주로 운전자(*driver*)

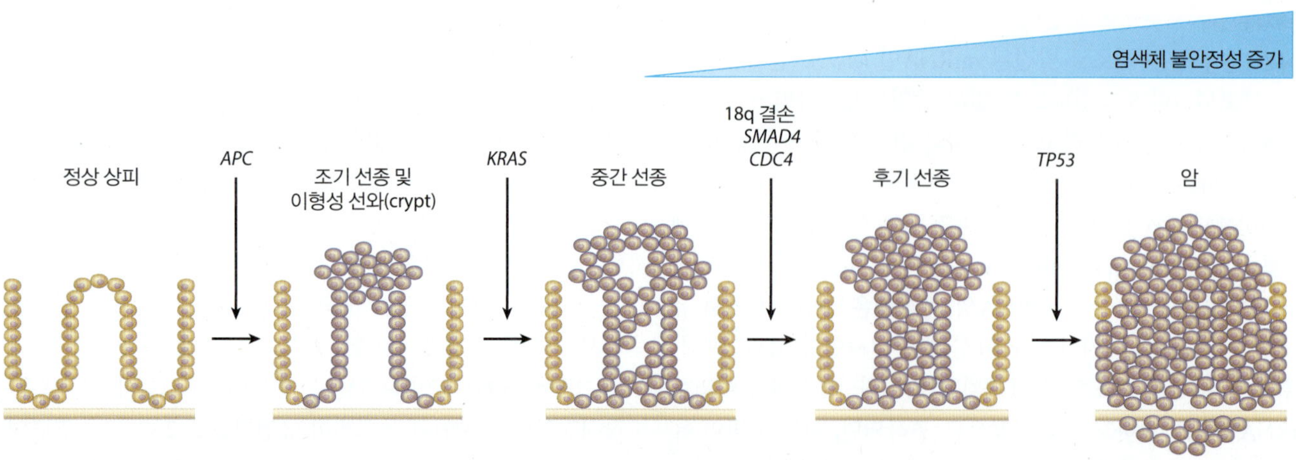

그림 16.20 대장암이 발병하는 동안 종종 발생하는 유전적 돌연변이의 순서를 설명하는 모델. 암 발병의 여러 단계에서 발생하는 조직학적 변화를 그림으로 나타내었다. 선종상피에서 발생하는 양성종양은 대장 내시경 검사에서 제거되지 않으면 수 년에 걸쳐 악성종양으로 발전할 가능성이 있다. 이러한 종양 발병의 각각의 단계에서 나타난 유전자들은 본문에서 논의된 바와 같이 대장 종양 발생의 주요 원인들 중 일부이다. 대장암의 약 70%는 염색체 불안정과 이수성을 보인다.

출처: A. Walther, et al., Nature.com; *Nature Revs. Cancer* 9:491, 2009, Figure 1에서 발췌. Nature Reviews Cancer by Nature Publishing Group. Nature Publishing Group의 허가를 얻어 지적재산권 청산 센터를 통해 교과서 사용을 목적으로 재사용함.

로 묘사된다. 그러나 언덕을 구성하는 다른 유전자들은 단순히 "승객(passenger)"으로 표현되며, 이는 어떤 이유로든 돌연변이를 일으키는 경향이 있지만 종양세포의 표현형에 영향을 미치지 않는 종류로 판단된다. 어떤 유전자가 운전자이고 어떤 유전자가 단순히 승객인지를 결정하는 것은 힘든 일이다. 산과 언덕의 유전자 외에도, 많은 다른 유전자들이 종양 집단에서 매우 낮은 빈도로 돌연변이 상태로 나타난다. 그림 16.19*a*,*b*에서 하얀색 원의 위치를 자세히 조사해 보면 암에서 돌연변이가 된 유전자 중 소량만을 공유하고 있다는 것을 알 수 있다. 따라서 어떤 의미에서, 각각의 사람들은 그 자신만의 독특한 유형의 질병으로 고통 받는다. 심지어 일정한 환자 내에서도 신체의 다른 부위로 퍼진 전이성 병변은 돌연변이 유전자의 현저하게 다른 조합을 가질 수 있다. 이러한 차이는 아마도 각각의 2차 종양이 성장하는 동안 일어나는 다른 유전적 변화를 반영하는 것일 것이다.

위와 더불어 다른 종류의 암 연구에 따르면, 암 유전체의 돌연변이 배치도는 매우 복잡하게 나타난다. 그러나 수많은 유전체 연구는 많은 수의 유전자들이 상대적으로 적은 수의 경로의 구성 요소로 참여하는 단백질을 암호화한다는 것을 보여주었다. 12개의 주요 암 유형에서 3,000개 이상의 종양의 돌연변이에 대한 연구는 127개의 유전자 돌연변이가 20개의 세포 경로 또는 기작의 핵심 과정에 영향을 미친다(**그림 16.21**). 대부분의 종양은 p53과 PI3K라는 두 가지 주요 경로에 영향을 미치는 돌연변이를 나타낸다. 따라서 암은 단순히 비정상적인 유전자에 의한 질환이 아니라 비정상적인 세포 경로에 의한 것으로 간주될 수 있다. 여러 유전자 중 어떤 것이 망가져도 동일한 경로를 파괴하므로 세포에서는 동일한 결과가 발생한다. 예를 들어, 유방암의 PI3K 경로는 PI3K(*PIK3CA*)의 촉매 보조체의 돌연변이, 성장인자 수용체 *HER2*의 증폭, PI3K 작동자 *PKB*(*AKT1*)의 돌연변이 또는 PI3K 길항제 *PTEN*의 손실에 의해 활성화될 수 있다. 다양한 종류의 암에서 통제에서 벗어나는 경향이 있는 가장 두드러진

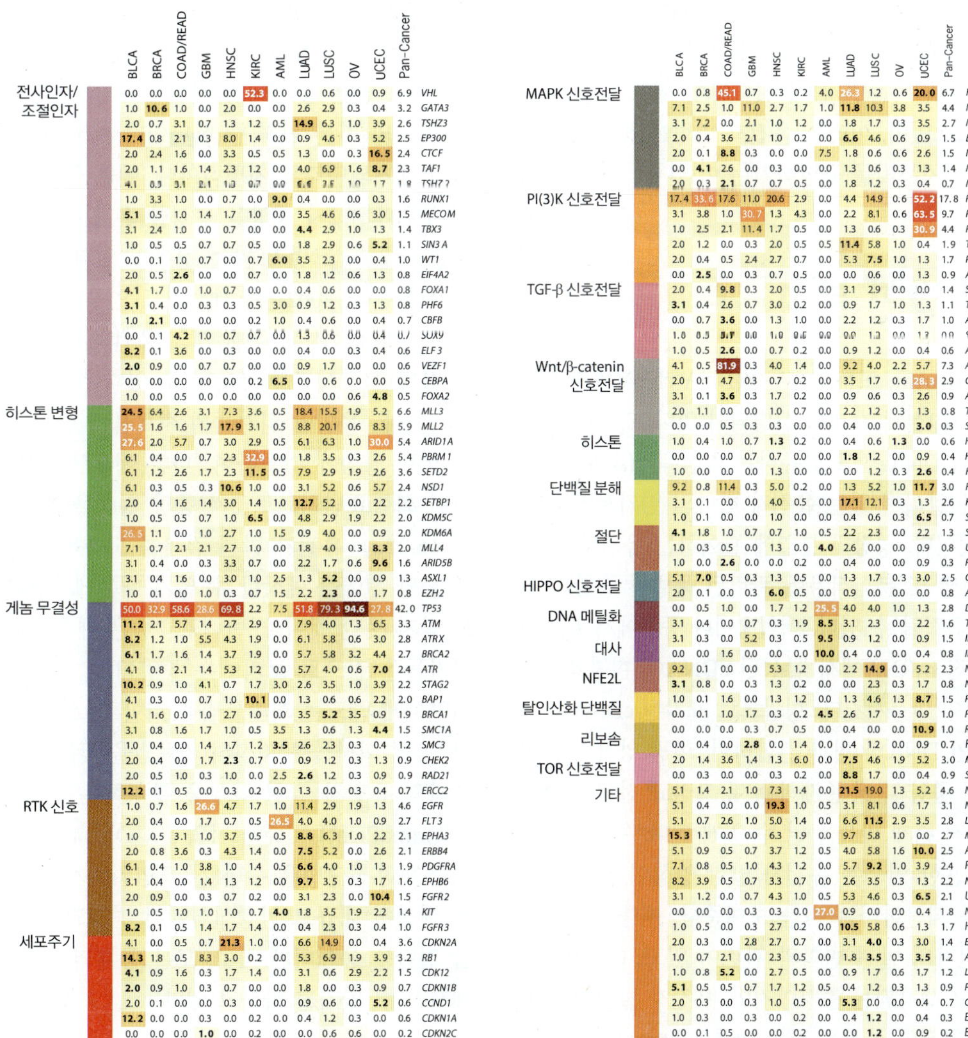

그림 16.21 암에서 일반적으로 변화되는 적은 수의 신호 경로. 이 표는 12개의 암을 대표하는 3,281개의 종양 샘플로 구성된 다양한 그룹에서 특정 유전자가 얼마나 자주 변형되는지를 보여 준다. 127개의 유의적으로 변형된 유전자가 확인되었고, 이들은 20개의 주요 세포 작용 범주로 분류되었다. 조사된 12개의 암은 유방암(BRCA), 폐 선암종(LUAD), 폐 편평 상피 세포암(LUSC), 자궁 유두 내막암(UCEC), 다형 교모 세포종(GBM), 두경부 편평 세포 암종(HNSC), 결장 및 직장암(COAD, READ), 방광 요로 상피암(BLCA), 신장 신부전 세포암(KIRC), 난소암(OV) 및 급성 골수성 백혈병(LAML) 등이다.

출처: From C. Kandoth et al., *Nature* 505:333–339, 2013에서 발췌.

경로 중 일부는 그림 16.18에 나와 있다. 암을 "유전적(genetic)" 질병이라기보다는 "경로(pathway)" 질병으로 보는 것은 약물 개발자들에게 낙관적으로 보이는데, 하나의 필수 경로에서의 핵심 단계를 방해하거나 정상 상태로 회복시키면 악성 세포를 파괴하고 종양 발달을 저해할 수 있을 것이라 예상되기 때문이다.

암 유전학의 주제를 떠나기 전에, 일부 암은 위에서 설명한 대로 개별적인 점돌연변이의 점진적인 다단계 진행으로 인해 발생할 수 있지만, 다른 암은 이 경로를 따르지 않을 수 있다는 점을 짚고 넘어가야 한다. 어떤 형태의 암은 상대적으로 적은 수의 세포분열에 광범위한 유전적 불안정을 초래하는 재앙적인 사건에 의해 시작된다고 생각된다. 예를 들어, 대장암의 경우처럼 DNA 복제나 DNA 손상복구에 관련된 유전자의 돌연변이는 광범위한 유전적 기형을 가진 세포를 빠르게 생성할 수 있다. 또한 종양 형성은 세포가 비정상적인 세포분열을 겪고 염색체의 수가 일정하지 않을 때 시작될 수 있다. 암이 어떻게 생겨났는지를 결정하는 가장 좋은 방법은 종양 형성의 매우 초기 단계에서 세포내 유전체의 상태를 분석하는 것이다. 불행하게도, 종양은 적은 수의 세포로 이루어져 있을 때는 사실상 식별이 불가능하다. 종양세포가 확인되는 시점에서는 이미 세포가 높은 수준의 유전자 변형을 보이고 있어, 이러한 유전자 변형이 종양 성장의 원인인지 아니면 영향을 미치는지를 규명하기는 어렵다.

16.12 유전자 발현 분석

DNA 미세배열[DNA microarray, 또는 DNA 칩(DNA chip)]을 이용한 유전자 발현 분석 기술은 6.9절에 자세히 설명되어 있다. 간단히 말하자면, 몇 개에서 수천 개의 DNA 점을 함유하는 받침유리(slide glass)를 준비한다. 각각의 점은 알려져 있는 유전자 하나의 염기서열에 상응하는 DNA가 점적된 것이다. 성장과 분열에 관여하는 유전자, 또는 림프구나 다른 세포의 발생 및 분화작용에 관련된 특별한 집합의 유전자들이 비세배열 안에 집적될 수 있다. 백혈병이나 종양에서 분리된 암세포 등에서 준비되어진 mRNA에서 합성된 cDNA에 형광표지를 하고, 이를 미세배열과 같이 반응시킨다. 형광으로 표지된 cDNA는 슬라이드에 고정된 상보적인 DNA의 점과 결합하여, 형광 양상의 분석을 통해 어떤 mRNA들이 종양 내에 존재하는지, 그리고 전체 mRNA 대비 특정 mRNA의 상대적 존재 비율을 알 수 있게 된다.

DNA 미세배열을 이용한 연구는 유전자 발현 양상이 종양의 특성에 대한 귀중한 정보를 제공한다는 것을 보여준다. 예를 들어, (1) 종양의 진행은 특정 유전자의 발현 변화와 관련이 있고, (2) 기존의 분류에 의하면 유사하다고 생각되는 종양이지만, 유전자 발현 양상에 기초했을 때는 다른 임상학적인 특징을 갖는 아류(subtype)로 분류될 수 있다. 또한 (3) 개별 종양 환자의 유전자 발현 양상은, 암이 얼마나 공격적(즉, 얼마나 치명적)인지를 밝힐 수 있고, (4) 어떤 종류의 치료 방법이 가장 효과적으로 종양을 퇴치할 수 있을 것인가에 대한 실마리를 제공한다. 이제 이러한 점들을 좀 더 자세하게 살펴보자.

그림 16.22는 급성림프성 백혈병(ALL)과 급성골수성 백혈병(AML)의 두 가지 다른 백혈병에서 50개의 유전자의 발현 정도를 나타낸다. 각 유전자의 이름은 오른쪽에 명시되어 있다. 유전자들은 두 가지 혈액세포암 간의 발현에서 가장 큰 차이가 있는 것들이다. 각 열은 각 ALL 또는 AML 환자의 결과를 나타내므로, 서로 다른 열을 비교하면 환자 간 유전자 발현의 유사성을 비교할 수 있다. 유전자 발현량은 진한 파란색(최저 수준)에서 진한 빨간색(최고 수준)으로 표시된다. 그림의 위쪽 절반은 ALL에서 훨씬 더 높은 수준으로 전사된 유전자를, 아래쪽 절반은 AML에서 훨씬 더 높은 수준으로 전사된 유전자를 보여준다. 이러한 연구는 종양의 유형에 따라 유전자 발현 양상에 많은 차이가 있다는 것을 분명히 보여준다. 하나는 골수세포 유래이고, 다른 하나는 림프세포 유래라는 종양의 생물학적 및 임상적 차이가 서로 다른 발현 양상과 상관관계가 있을 수도 있다(그림 17.6 참조). 그러나 이것만으로 모든 차이점을 설명할 수는 없다. 예를 들어, "왜 카탈라아제(목록의 마지막 유전자)를 암호화한 유전자가 ALL에서 낮게, AML에서는 높게 발현되는가?". 이 연구가 해당 질문에 대한 정확한 답을 제시할 수는 없지만, 연구자들에게 향후 치료약물의 잠재적인 목표로 삼을 수 있는 유전자 목록을 제공할 수 있다. 암은 조기에 발견할수록 치료 가능성이 높아진다. 이것이 암 치료의 기본 원칙 중 하나이다. 그러나 일부 종양은 조기에 발견되어 제거되더라도 치명적이다. 예를 들어, 일부 초기 유방암은 이미 먼 부위에서 2차 종양을 형성할 수 있는 세포를 포함하고 있는 반면, 다른 것들은 그렇지 않는 경우도 있다. 이러한 차이가 환자의 예후를 좌우한다. 2002년에 네덜란드 연구팀의 획기적인 연구로 DNA 미세배열에서 조사된 수천 개의 유전자 중 약 70개의 발현수준으로 해당 유방암의 예후를 예측할 수 있다는 것이 발표되었다(**그림 16.23**). 이 발견은 유방암 환자들의 치료를 위한 임상적용에 중요하다. 유전자 발현 양상에 기초하여 "나쁜 예후"를 나타내는 초기 암환자는 더 강한 화학요법치료로 2차 종양 형성을 최대한으로 막을 수 있다(그림 16.23*a*). 유전자 발현 결과를 고려하지 않으면, 일반적인 기준에서 종양 전이를 예상할 수 없기 때문에, 어떠한 종류의 화학요법치료도 받지 못할 것이다. 반대로, "좋은 예후(good prognosis)"를 보이는 환자들은 겉으로 보기에는 종양이 더 진전된 것 같아도, 그들을 더 쇠약하게 만드는 화학요법을 피할 수 있다(그림 16.23*b*). 최근 몇 년간, 몇몇 회사들은 최적의 치료법을 찾는 과정을 돕고자 개별 유방암 환자의 유전자 발현 양상을 분석하는 실험적인 진단법[맘마프린트(MammaPrint) 및 온코타입 DX(OncotypeDX) 등]들을 도입했다. 이러한 예후진단법은 수년 간 광범위하게 사용되어 왔지만, 그 유효성은 여전히 대규모 임상실험에서 평가되고 있다. 유전자 발현 양상이 암 진단을 용이하게 하고, 모든 종류의 암환자에게 최적의 치료법을 제시할 수 있기를 바라고 있다.

16.13 암 퇴치 전략

수술, 화학요법, 방사선요법 등과 같은 전통적인 접근방법으로는 이미 1차 종양에서 암이 전이된 환자를 완전히 치료하는 데는 역부족

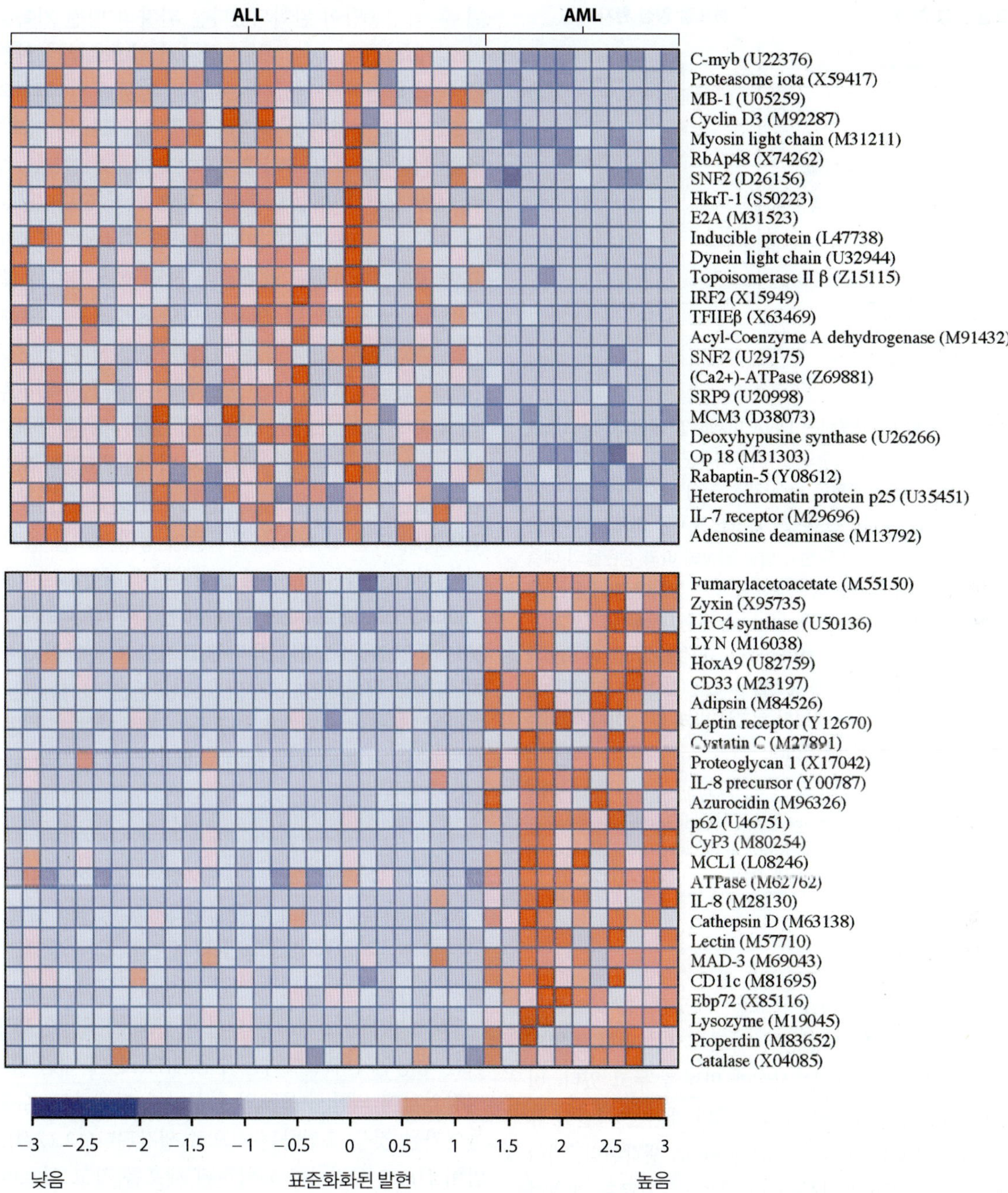

그림 16.22 두 가지 유형의 백혈병을 구분하는 유전자-표현 프로파일링. 각 행은 행 오른쪽에 이름이 지정된 단일 유전자의 발현 정도를 나타낸다. 전체적으로 50개의 다른 유전자 발현 수준이 표시된다. 그림 하단에 색상표가 표시되어 가장 낮은 발현량은 진한 파란색으로, 가장 높은 발현량은 진한 빨간색으로 나타난다. 각 열은 다른 샘플(환자)의 데이터를 나타낸다. 왼쪽 열은 급성림프성 백혈병(ALL) 환자의 표현 양상을 보여 주고 오른쪽 열은 급성골수성 백혈병(AML) 환자의 양상을 보여 준다(괄호로 표시). 상단의 유전자는 ALL 환자에서 훨씬 높은 수준으로 발현되는 반면, 하단의 유전자는 AML 환자에서 훨씬 더 높은 수준으로 발현된다. (여기에 명시된 유전자는 두 질병에서 보이는 발현량의 차이를 기준으로 선택되었다.)

출처: T. R. Golub et al., *Science* 286:534, 1999에서 발췌. 저작권 1999, Science by Moses King. AAAS의 허가를 얻어 지적재산권 청산 센터를 통해 교과서 사용을 목적으로 재사용함.

이다. 화학요법과 방사선요법은 암세포뿐만 아니라 많은 수의 정상 세포를 죽이기 때문에 심각한 부작용을 일으키며, 많이 진전된 종양에 대한 치료효과가 제한적이다. 수십 년 동안 이러한 "무차별 공격(brute-force)" 전략은 최근에 연구된 세포 악성화에 대한 분자학적 기초에 바탕을 둔 **표적화 치료법**(*targeted therapy*)으로 대체될 것이라고 기대된다. "표적화(targeted)"라고 생각될 수 있는 치료법에는 다음과 같은 방법들이 있다. 즉, 정상 세포를 손상시키지 않고 종양세포만을 공격하도록 표적화할 수 있으며, 종양세포가 성장하거나 생존할 수 없게 하는 특정 단백질을 목표로 한다. 비록 대부분 암 치료율이 지난 50년 동안 크게 개선되지 않았지만, 효과적인 표적항암치

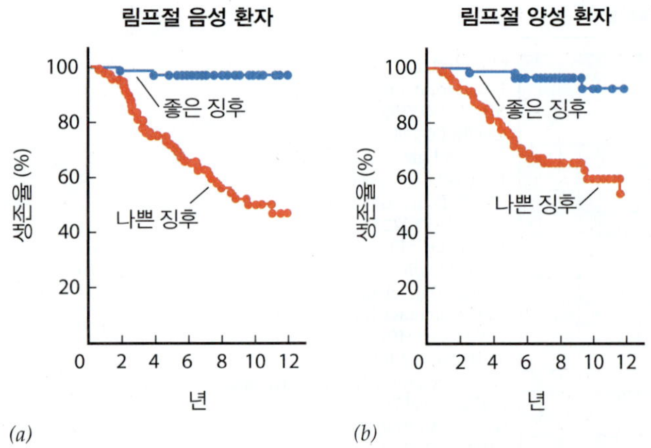

그림 16.23 치료법을 선택할 때 사용하는 DNA 미세배열 데이터. 각 그래프는 선택된 70개의 유전자 발현 수준을 기준으로 좋은 예후군과 나쁜 예후군으로 분류한 유방암 환자의 시간에 따른 생존율을 보여준다. (*a*)의 환자들은 수술 당시 암이 근처 림프절로 전이되지 않았다고 판단된 환자이다. 표시된 것처럼 (1) 모든 환자가 생존하는 것은 아니며, (2) 종양의 유전자 발현 양상에 따라 생존율의 예측이 상당 부분 가능하다. 이를 통해 의사는 나쁜 예후를 갖는 환자에 대해 좋은 예후의 환자보다 더욱 강력한 방법으로 치료하게 된다. (*b*)의 환자들은 암세포가 근처의 림프절로 전이되었다는 뚜렷한 증거를 보여주었다. 표시된 것처럼 이 그룹의 생존 가능성 역시 유전자 발현 자료들에 의해 예측할 수 있는 것으로 나타났다. 일반적으로, 이 그룹의 모든 환자들은 매우 강력한 치료를 받게 될 것이지만, 이는 좋은 예후를 보이는 환자들에게는 불필요한 것이다.

출처: M. J. Van De Vijver et al., *New England Journal Medicine* 347:2004, 2005에서 발췌. 저작권 2002, The New England Journal of Medicine by Massachusetts Medical Society의 허가를 얻어 재인쇄함. Medical Society의 허가를 얻어 적재산권 청산 센터를 통해 교과서 사용을 목적으로 재사용함.

료법이 가까운 미래에 많은 일반 암을 치료할 수 있게 될 것이라고 믿는 것에는 이유가 있다. 이러한 낙관론은 아래에서 설명할 몇몇의 표적치료가 놀라운 성공을 거두었다는 사실에 바탕을 두고 있다. 비록 이러한 성공의 빈도는 높지 않지만, 표적치료의 개념은 여전히 유효하고 "증명할 수 있는 원리(proof-of-principle)"로 생각된다. 이러한 성공은 연구자들과 생명공학회사들이 더 나은 암 치료를 계속하기 위해 시간과 돈을 투자할 동기를 부여한다.

다음에서 논의할 항암 전략은 (1) 종양세포를 공격하기 위해 항체 또는 면역세포에 의존하는 방법, (2) 암-촉진 단백질의 활성을 저해하는 방법, (3) 종양에 영양을 공급하는 혈관의 성장을 막는 방법으로 나눌 수 있다.

16.14 면역 치료

암이 전이되어 몇 달 밖에 살지 못한다고 선고받은 환자의 예후가 호전되거나 종양이 완치된 이야기를 듣거나 읽어 본 적이 있었을 것이다. 이러한 "자연발생적 완화(spontaneous remissions)"를 잘 연구한 사례들은 1800년대 후반, 뉴욕에 살던 의사 윌리엄 콜리(William Coley)가 기록했다. Coley는 1891년, 피부 아래에 연쇄구균이 감염된 후 악성종양이 완화되었다는 환자의 병원 기록을 발견하고 관심을 갖게 되었다. 그 후에 그 환자가 암으로부터 완전히 회복한 사실을 직접 확인하게 되었다. Coley는 일생 동안, 환자의 면역계를 자극함으로써 악성종양을 공격하고 궁극적으로는 파괴할 수 있는 세균 추출액을 개발하고자 시도하였다. Coley의 연구는 다소 성과를 거두어, 매우 낮은 빈도로 발생하는 연조직 육종(soft-tissue sarcoma)에서는 효과를 보였다. 이후 이 추출액은 Coley의 독소(Coley's toxin)라고 명명되었다. Coley의 독소는 널리 이용되지는 않았다. 하지만 그 동안 입증되지 않았던 '인체는 면역계의 작동을 통해 이미 형성된 종양을 파괴할 수 있다'라는 가설을 증명해 주었다. 최근에는 수동적 면역요법 및 능동적 면역요법, 두 가지 치료전략이 주목받고 있다.

수동적 면역요법(*passive immunotherapy*)은 항체를 투여하여 종양 환자를 치료하려는 방법이다. 이 항체는 표적이 되는 종양세포의 표면에 있는 특별한 단백질을 인식하여 결합한다. 일단 결합된 항체는 면역계의 다른 요소들을 불러들여 종양세포를 공격한다. 18.18절에서 논의된 바와 같이, 특정 표적항원에 결합될 수 있는 단일클론항체(monoclonal antibodies)는 1970년 중반에 최초로 개발되었다. 이후 20년 동안 이런 단백질들을 치료제로 사용하려는 시도들이 여러 가지 이유로 실패하였다. 가장 중요한 점은 이러한 항체들이 생쥐의 세포에서, 생쥐의 유전자를 이용하여 합성되었다는 것이다. 그 결과, 이들 항체는 사람의 몸 속에서 외부 물질로 인식되어 작용하기도 전에 혈액으로부터 제거되었다. 계속되는 연구에 의해, 연구자들은 "인간화 항체(humanized antibodies)"를 생산하였다. 인간화 항체는 항원을 인식할 수 있는 아주 적은 부분만 생쥐에서 유래된 것이고, 나머지의 대부분은 사람의 단백질이다. 수 년간의 노력으로 연구자들은 마침내 완전한 사람의 아미노산 배열을 갖는 항체를 만들 수 있게 되었다.

허셉틴(Herceptin)은 인간화 항체로, 유방암세포의 분열을 촉진하는 성장인자와 결합하는 수용체(Her2)에 대한 항체이다. 허셉틴은 성장인자에 의한 수용체의 활성화를 저해하고, 수용체가 세포 내로 들어가는 것을 촉진하는 것으로 생각된다(12.17절). 약 25%의 유방암이 *HER2* 유전자가 과발현된 세포를 갖고 있으며, 이것이 성장인자의 자극에 대하여 세포가 특히 민감하게 반응하게 한다. 허셉틴이 개발되기 이전에는 HER2 과발현 종양환자의 예후는 매우 좋지 않았으나, 최근의 예후는 발전을 보였다. 3,000명의 초기 유방암 환자를 대상으로 한 연구는, 4년내 재발률이 허셉틴에 의해 약 50% 정도 감소된 것으로 보고하였다. 최근 연구에서는 허셉틴과 HER2 이합체화를 방해하는 단일클론항체(Omnitarg)를 조합하면 생존율을 더 높일 수 있다고 밝혀졌다. 지금까지 가장 효과적인 인간화 항체는 리툭산(Rituxan)이다. 리툭산은 비-호치킨 B 림프구 백혈병(non-Hodgkin's B-cell lymphoma)에 대한 치료제로 1997년 허가되었다. 이 질병을 겪는 환자 중 약 95%가 갖는 악성 B 림프구 표면의 단백질(CD20)에 리툭산이 결합한다. 항체가 CD20에 결합하여 세포의 성장을 저해하고, 세포사멸이 일어나도록 유도한다. (화학요법과 더불어) 이 항체의 도입은 해당 암환자의 가망성을 완전히 뒤바꾸어 놓았다.

지난 수 년간 다수의 인간 항체가 여러 종양에 대하여 임상시험을 거치고 있다. 이들 중, EGF 수용체에 직접 결합하는 벡티빅스(Vectibix)는 EGFR-발현 전이성 대장암(EGFR-expressing metastatic colon cancer)에 대한 단일-물질 치료제(single-agent treatment)로 허가되었다. 벡티빅스는 인간 단백질이기 때문에 2주에 1회 투여로도 충분할 정도로 순환계에 오래 남아 있는다. 또 다른 인간 단일클론 항체인 알제라(Arzerra)는 만성 림프성 백혈병의 치료제로 승인되었다. 리툭산과 마찬가지로 알제라는 B 림프구 표면의 CD20에 결합한다. 게다가, 항체 분자에 방사성 원자 또는 독성물질이 결합된 차세대 항체가 개발되고 있다. 이와 같은 항체 복합체는 이 물질들을 종양세포로 이동시키고, 결합된 원자 또는 화합물이 표적세포를 죽이게 된다. 이 책을 쓰는 중에 방사성물질로 표지된 2종류의 항-CD20 항체[anti-CD20 antibody(Zevalin 과 Bexxar)]가 비-호치킨 B 림프구성 백혈병의 치료제로, 독성약물이 결합된 항체[toxic drug-linked antibody(Mylotarg)]가 급성골수성 백혈병의 치료제로 각각 허가되었다.

능동적(또는 입양) 면역요법[*active (or adoptive) immunotherapy*]은 악성 암세포에 대항하여 싸울 수 있도록 개인의 면역체계를 활성화하는 방법이다. 면역계는 외부 물질을 인식하고 파괴할 수 있도록 진화되었지만, 종양은 자신의 세포에서 유래한 것이다. 비록 많은 종양세포가 정상적인 상태에서는 발현되지 않는 단백질, 또는 정상 세포에 존재하는 것과는 다른 돌연변이 단백질(예: $BRAF^{V600E}$)을 함유하기는 하지만, 기본적으로 이들은 숙주 세포에 존재하는 숙주 단백질의 일부분이다. 결과적으로 정상적인 면역계는 이들 단백질을 부적합하다고 인식하지는 않는다. 만약 어떤 사람이 종양-연관 항원(tumor-associated antigen)을 인식하는 면역세포를 갖는다 하더라도, 종양은 면역체계에 의한 파괴를 회피할 수 있는 다양한 기작을 발달시킨다. 이러한 난관을 넘어 종양세포에 대하여 좀 더 활발한 면역반응을 나타내도록 면역계를 인위적으로 자극하는 수많은 전략들이 수립되고 있다.

일부 종양세포는 리간드가 결합할 경우 T 림프구 활동을 억제하고 신체의 항암 면역반응을 제한하는 T 림프구 수용체인 CTLA-4와 PD-1을 발현하여 면역계를 회피한다. CTLA-4 및 PD-1을 표적으로 하는 항체기반치료법이 임상용으로 승인되었지만 대부분의 암에 대한 효능은 제한적인 것으로 나타났다. 그러나 PD-L1(PD-1의 리간드)에 대한 단일클론항체의 새로운 임상시험은 비-소세포 폐암과 흑색종을 포함한 광범위한 고형종양치료에 대한 가능성을 보여주었다.

다른 접근법은 췌장암 환자 중 유방암 또는 carcinoembryonic antigen(CEA)를 앓는 사람의 경우 HER2와 같이 암세포에 존재하는 것으로 알려진 단백질에 대한 면역반응을 자극하는 데 초점을 맞추었다. 신체가 단백질에 대한 면역반응을 일으키기 위해 자극될 수 있다면, 그 반응은 표면에 표적 단백질을 갖는 암세포를 공격할 가능성이 있다. 대부분의 면역요법에서, 면역세포는 환자로부터 분리되거나 시험관 내에서 어느 한쪽 또는 다른 방법으로 변형 또는 자극되어 배양물에서 증식되고 환자에게 재도입된다. 수 년 동안 이 전략을 사용한 임상시험의 결과는 실망스러웠지만, 최근의 연구들에서는 낙관적인 증거를 제공했다. 상당한 수의 환자들에서 종양의 크기나 진전 정도가 줄어들었고, 예상 생존기간이 상당히 증가하는 등 치료에 의한 긍정적인 결과를 보여주었다. 왜 일부 환자들의 경우 반응이 잘 일어나지 않고, 일부 환자들만 반응을 보이는지는 여전히 연구의 초점으로 남아 있다. 우리는 이러한 일반적인 세포질 면역 치료의 가장 유망한 두 가지 예를 간단하게 고려할 것이다. 여기에서 설명할 두 가지 치료법은 개별 환자에게 맞춤화되어야 하기 때문에 승인을 받고 이용할 수 있게 된다면 매우 비쌀 것이다.

소수의 새로운 치료법은 면역세포를 대상 종양세포를 표적할 수 있도록 다시 재조합하는 데 초점을 맞추고 있다. 디씨벡스(DCVax)는 현재 매우 치명적인 뇌종양인 글리오블라스토마를 대상으로 한 3단계 임상시험이 진행 중이다. 디씨벡스는 체외에서 환자의 혈액에서 채취한 수지상세포(dendritic cells)를 환자 자신의 종양에서 나온 항원으로 자극한 다음, 환자의 몸에 다시 주입한다. 이 전략은 면역반응을 유발할 목적으로 특정 단백질에 수지상세포를 노출시키는 것을 포함하기 때문에 디씨벡스는 "암 백신(cancer vaccine)"으로 묘사된다. "제조과정"은 10일 정도 걸리며, 몇 년간 치료할 수 있는 충분한 세포를 제공한다. 지금까지 치료받은 환자들의 수가 수십 명으로 제한되어 있지만, 백신은 환자들의 중간 생존시간을 진단시점으로부터 3년 이상으로 연장시킨 것으로 보인다. 그러한 치료가 없었다면, 이 환자들은 아마도 약 15개월 안에 사망했을 것이다. 2011년 7월 기준으로 치료를 받은 환자의 33%는 최소 4년, 27%는 최소 6년 이상 생존했다. 전통적인 치료를 받은 환자의 5% 미만이 5년 동안 살 수 있다. 디씨벡스는 현재 전이성 난소암, 전립선암, 그리고 고형종양을 포함한 다른 임의 치료를 위한 시험을 받고 있다.

2011년 8월에는 만성림프성 백혈병(CLL) 말기 환자 3명을 대상으로 임상시험을 실시한 결과가 저널과 언론에 보도되었다. 일반적으로 제1상 임상시험은 (1) 약물의 안전성 여부와 (2) 적절한 투여량을 결정하기 위해 수행된다. 이 경우에, 치료는 2명의 환자에게서 질병의 완전한 완화를 이끌어냈고, 적어도 3번째 환자에게는 부분적인 차도를 보였다. 이 치료를 수행하기 위해, 펜실베니아대학교의 칼 준(Carl June)을 비롯한 연구팀은 처음으로 환자들의 혈액에서 T 림프구를 분리했다. 제17장에서 논의된 바와 같이, T 림프구는 T 림프구 수용체(TCR)라고 불리는 다중 보조체 단백질을 표면에 발현한다. TCR는 주어진 T 림프구가 반응하는 특정 분자(항원)를 결정하며, 결과적으로 T 림프구가 공격하고 죽일 대상 세포를 결정한다. 대부분, T 림프구는 신체 내의 다른 세포와 반응하는 TCR를 갖지 않는다. 임상시험에서 연구자들은 T 림프구를 분리하고 바이러스 벡터를 사용하여 이 세포들을 유전적으로 조작함으로써 T 림프구가 CD19를 가진 숙주 세포와 반응하고 죽일 수 있도록 한다. 일반적으로 CD19를 운반하는 유일한 세포는 정상 B 림프구와 만성림프성 백혈병 암의 일부인 B 림프구이다. 일단 이들 T 림프구가 유전자 변형된 경우, 배양을 걸쳐 증식시킨 다음, 원래 환자에게 다시 주입한다. 1~2주 안에 환자들은 고열, 혈압 강하, 신장 문제 등의 증상을 보였다. 이러한 증상들은 주입된 T 림프구와 환자들의 몸 안의 암세포 사이에서 일어나는 전쟁의 결과였다. 각각의 주입된 T 림프구가 1,000개 이상의 CLL 세포의 죽음을 유발한 것으로 추정되었다. 결국, 환자는 주입으로 유래된 상대적으로 소수의 유전자가 조작된 기억 T 림프구, T 림프구에 의한 파괴로 유도된 정상 B 림프구의 소실, 악성세포의 부재를 통해 종양 부담이 크게 감소함을 보였다. 기억 T 림프구의 존재는 정상적인 B 림프구의 형성 억제뿐 아니라 CLL의 재발을 예방하여 감염에 더 민감하게 만들 수 있다. 유전적으로 변형된 T 림프구를 사용하면 상당한 위험이 있다. 왜냐하면 이러한 T 림프구가 표적항원을 지닌 모든 세포를 공격하여 죽일 수 있기 때문이다. 결과적으로 이러한 유형의 세포기반 면역요법[키메라 항원 수용체(chimeric antigen receptor, CAR) 치료라고 함]은 심각한 자가면역 부작용을 일으킬 가능성이 있다. 임상시험의 가장 최근 자료에서 17명의 환자 중 15명이 완전한 차도를 보여 주고 있는 반면, 2명의 사망(치료의 부작용으로 인한 것일 가능성이 높음)도 보고되었다.

면역요법은 현재 약품시험 중인 350가지가 넘는 실험용 항암제 중 약 1/4를 차지한다. 대형 제약회사와 소규모 생명공학회사 모두 면역요법 약물 및 CAR 기반 치료제의 개발과 및 시험에 대한 노력을 강화해 왔으며 잠재적으로 영향력이 큰 새 치료법 중 일부는 곧 주류가 될 것이라는 기대가 높다.

16.15 암-촉진 단백질의 활성 저해

암세포는 비정상적인 농도로 존재하거나 비정상적인 활성을 보이는 단백질 때문에 암세포로서 활동한다. 이러한 단백질들은 그림 16.17에 설명되어 있다. 많은 경우에, 암세포의 성장이나 생존은 이러한 비정상적인 단백질의 지속적인 활동에 의존한다[암유발유전자 중독(oncogene addition)이라고 함]. 만약 비정상적인 단백질의 기능을 선택적으로 차단할 수 있다면, 악성화된 세포를 모두 파괴할 수 있을 것이다. 이를 목표로 연구원들은 암의 활동을 억제하는 저분자량 화합물로 구성된 가상의 무기들을 합성해 왔다. 이러한 약물 중 일부는 알려진 구조의 특정 단백질을 억제하기 위해 맞춤 설계된 반면, 다른 것들은 제약회사에 의해 합성된 많은 수의 화합물을 무작위로 선별하여 동정되었다. 일단 단백질억제화합물이 확인되면 일반적으로 60개 정도의 서로 다른 종류의 종양에서 분리된 배양세포를 이용하여 유효성을 평가한다. 다양한 세포주를 사용하여 연구자는 인간의 암에서 발견되는 유전적 이질성과 다양한 약물 민감성을 재구성할 수 있다. 배양 세포에서의 성공은 일반적으로 사람의 종양을 이식 받은 면역저하 쥐(이종이식된)를 대상으로 실험을 진행한다. 임상실험된 일부 약물 목록이 표 16.2에 나와 있다. 이 목록에 있는 수많은 화합물이 다양한 종류의 종양 성장을 막을 수 있는 가능성을 보여주었고, 이 중 한 합성물은 만성골수성 백혈병(CML) 환자의 치료에 탁월한 효과를 보여주었다.

일부 종양은 특별한 염색체의 전좌(translocation)에 의하여 야기된다고 앞에서 언급하였다. CML은 원발암 유전자(*ABL*)가 다른 유전자(*BCR*)와 결합하여 키메라 유전자(*BCR-ABL*)를 형성하는 유전자 전좌에 의해 생긴다. 이 전좌를 갖고 있는 조혈세포는 높은 수준의 ABL 타이로신 인산화효소 활성을 나타내며, 이로 인해 세포가 제어 불가능하게 증식하고 종양 형성 과정이 시작된다. 69쪽에서 논의했듯이, 글리벡(Gleevec)이라는 화합물은 불활성형 ABL 인산화효소(ABL kinase)에 결합하여 ABL 인산화효소의 활성화에 필요한 인산화를 방지함으로써 ABL 인산화효소를 선택적으로 저해한다는 것이 확인되었다. 글리벡의 초기 임상시험은 놀랄 정도로 성공적이어서, 고농도의 글리벡을 투여 받은 거의 모든 CML 환자들이 차도를 보였다. 이러한 연구들은 필요한 종양 유전자 하나를 제거하는 것이 인간 암의 성장을 막을 수 있다는 생각을 확인시켜 주었다. 그 약은 빠르게 승인되어 수 년간 사용되어 왔다. 환자들은 완화된 상태를 유지하기 위해 계속해서 약을 복용해야 했고, 악화된 상태에서 치료를 시작한 환자들은 결과적으로 약물 내성을 갖게 되었다. 내성의 대부분의 경우는 융합된 유전자의 *ABL* 부분 돌연변이에 의한 것이었다. 돌연변이 형태의 ABL 인산화효소에 억제 활성을 나타내는 제2세대 신규 표적 저해제(inhibitor) 개발을 촉진했다(그림 2.51*d* 참조). 이러한 약물은 글리벡 내성 CML의 치료에 효과적이다. 또한 이를 통해 동일한 단백질의 여러 다른 부위를 표적으로 삼으며, 약물 내성 돌연변이를 나타내지 않는 여러 가지 저해제를 동시에 처리하는 칵테일 요법이 제시되었다.

글리벡 이후에 매우 효과적인 다양한 단백질 저해 약물의 개발을 바라는 희망이 있었다. 비록 단백질 표적화하는 다수의 저분자 저해제가 임상에서 일정한 성공을 거두고, FDA의 승인을 받았다. 수백 개의 물질들이 임상에서 시험되고 있지만, 이들 중 그 어느 것도, 폐암, 전립선암 또는 췌장암과 같은 일반적인 고형암의 성장을 완전히 정지시키지 못했다. 그러던 중 하나의 큰 성공이 이루어졌다(**그림 16.24**). 젤보라프(Zelboraf 또는 vermurafenib)는 돌연변이 BRAF에 의해 유도되는 전이성 흑색종 환자의 치료용으로 승인받았다. 이 돌연변이 BRAF는 600번의 발린(valine) 잔기가 글루탐산($BRAF^{V600E}$)으로 변이됨으로써 활성자리의 형태가 변화된다. 이러한 돌연변이는 흑색종 환자의 약 50%에서 발생하며, 젤보라프는 정상 단백질에 영향을 미치지 않으면서 BRAF 돌연변이의 활성만을 특이적으로 차단한다. 환자들은 글리벡과 젤보라프에 대한 내성을 나타내기도 하지만 젤보라프는 글리벡과는 달리 내성이 빠르게(일반적으로 치료를 시작한지 7개월 후) 나타나고, 대부분의 경우 *BRAF* 유전자 상에 다른 돌연변이(2차 돌연변이)가 일어나는 것이 아니라 아예 다른 유전자에서 돌연변이가 나타난다. 일반적으로 젤보라프에 대한 내성은 약물이 지속적으로 저해하고 있는 MAPK 경로 내의 BRAF 인산화효소의 활성이 필요하지 않도록 우회함으로써, 해당 경로를 다시 지속적으로 활성화시키면서 발생한다. 젤보라프와 해당 경로의 하위에 위치한 MAPK(ERK)의 저해제를 조합하는 연구가 진행 중이다. 일반적으로 종양에는 2개의 다른 경로 또는 동일한 경로 내의 서로 다른 단백질을 표적으로 삼는 2개의 약물에 모두 내성을 갖는 세포는 존재하지 않다. 결과적으로 약물을 조합하여 사용하는 접근법이 내성 세포의 출현을 차단하는 최선의 방법일 수 있다. 이러한 병용약물치료법의 사용은 이미 HIV에 감염된 환자에서 HIV 바이러스의 내성 균주의 출현을 막는 데 매우 효과적이며, 암세포와 마찬가지로 HIV도 매우 가변적이라는 것이 입증되었다. 하지만, 암세포에서 이러한

표 16.2 FDA 승인을 받았거나 시험 중인 저분자 표적 치료법의 예시

약	표적	작용 기작
글리벡, 타시그나	BCR-ABL, KIT, PDGFR	타이로신 인산화효소 저해제
스프라이셀,	BCR-ABL, SRC family	타이로신 인산화효소 저해제
이레사, 타쎄바	EGFR	타이로신 인산화효소 저해제
작티마	VEGFR, EGFR	타이로신 인산화효소 저해제
수텐트, 보트리엔트	VEGFR, PDGFR, KIT	타이로신 인산화효소 저해제
타이커브	EGFR, HER2	타이로신 인산화효소 저해제
넥사바	BRAF, KIT, VEGFR	인산화효소 저해제
젤보라프	$BRAF^{V600E}$	인산화효소 저해제
GDC-0973	MEK	MAPK 신호전달 억제
벨케이드, 카르필조밉	단백질 분해효소 복합체	단백질 분해 억제
졸린자, 이스토닥스	HDACs	히스톤 아세틸화 억제 (후성 유전학 효과?)
에리벳지	Hh 신호전달의 Smoothened	세포 성장 및 생존 경로 차단
토리셀, 아피니토	mTOR	세포 생존 경로 차단
BKM120, PX866	PI3K	세포 생존 경로 차단
BEZ235, BGT226	PI3K, mTOR	세포 생존 경로 차단
페리포신, MK2206	PKB/AKT	세포 생존 경로 차단
트리세녹스 (삼산화 비소)	NF-KB	세포 생존 경로 차단
셀리시클립	CDK2	세포사멸 유도
타목시펜, 랄록시펜	에스트로겐 수용체	에스트로겐 작용 차단
아리미덱스, 아로마신	방향화효소	에스트로겐 합성 억제
자이티가	CYP17	안드로겐 합성 억제
제나센스, ABT-263	BCL-2	안드로겐 합성 억제
17-AAG	HSP90	분자샤페론 억제
너트린스	p53	p53-MDM2 상호작용 억제
PRIMA-1	p53	돌연변이 p53 활성 회복
PX-478	HIF-1	저산소증에 의해 활성화되는 인자 억제
벨리파립, 루카파립	PARP-1	HR-기반 DNA 복구 차단
다코젠, 비다자	DNMT	DNA 메틸화 억제

주요 신호전달 단백질의 일부를 억제하는 것은 신체의 정상적인 세포에서 심각한 부작용을 유발할 수 있다.

견고하면서 상피를 기반으로 하는 종양(육종)을 근절시킬 수 있는 약물을 개발하지 못하는 이유는 명확하게 규명되지 않았다. 이러한 이유 중 하나는 육종이 유전적으로 더 복잡하고, 세포가 혈액-세포암, 흑색종처럼 단일 발암 유전자 산물이나 비정상적인 단일 신호

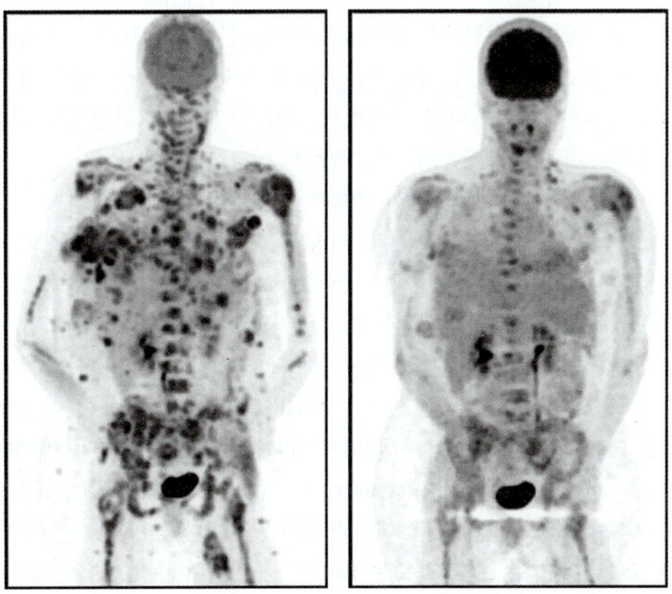

(a) (b)

그림 16.24 돌연변이 $BRAF^{V600E}$ 발암 유전자를 지닌 전이성 흑생종 환자에 대한 젤보라프(PLX4032)의 치료 효과. (*a*) 시술을 시작하기 전의 PET 스캔과 (*b*) 치료 시작 2주 후의 PET 스캔은 이 약물의 극적인 효과를 보여준다. 사진의 어두운 부분은 대사적으로 활성화 상태인 암 병변의 위치를 보여준다. 약물-내성을 갖는 세포들이 생겨남에 따라 많은 환자들에게서 종양이 다시 자라는 현상이 나타난다.

출처: Gideon Bollag, et al., *Nature* 467:599, 2010에서 발췌. © 2010, Macmillan Publishers Ltd.의 허가를 얻어 재인쇄함.

전달경로에 의존적이지 않기 때문일 수 있다. 또 다른 이유로는 특정 종류의 종양을 가진 일부 환자만이 특정 약물에 민감하기 때문이다. 이러한 가정은 EGF 수용체의 타이로신 인산화사슬 억제제인 이레사(Iressa)의 연구결과로 제시되었다. 이레사는 원래 폐암환자를 대상으로 실험했는데, 그 이유는 폐암에 많은 EGFR가 존재하기 때문이다. 초기 임상시험에서 미국인 환자의 10%와 일본인 환자의 약 30%가 이 약에 긍정적인 반응을 보였지만, 나머지 환자는 그렇지 않았다. *EGFR* 돌연변이를 포함하는 암에 대한 후속 연구에서 돌연변이 EGFR을 지닌 환자 중 정상 *KRAS*를 가진 경우에만 효과적인 것으로 나타났다. 돌연변이가 일어난 *KRAS* 유전자를 가진 환자는 반응이 나타나지 않았다. 따라서 항-EGFR 치료가 시작되기 전에 폐암 및 결장암 환자의 *KRAS* 돌연변이 여부를 확인해야 한다. 최근, 젤코리(Xalkori)는 정상 *EGFR*을 가지고 있지만 염색체 전좌로부터 기인한 EML4-ALK 융합단백질을 발현하는 폐암환자의 치료에 매우 효과적이라는 것이 발견되었다. 젤코리는 ALK 인산화효소를 억제하는데, 이 약물은 형광제자리혼성화(florescence in situ hybridization, FISH)을 사용하여 약 5%의 환자에서 발생하는 재배열의 존재를 확인하는 "동반 진단(companion diagnostic)" 검사와 함께 승인되었다. 이러한 발견은 특정 암의 모든 사례가 똑같이 취급될 수 있는 것은 아니라는 개념을 검증하게 되었다. 대신에, 암 치료법의 궁극적인 목표는 개별 환자의 종양에 존재하는 특정 유전적 변형에 맞도록 맞춤화되어야 한다. 이를 염두에 두고 여러 주요 암센터에서 특정 암환자의 특정 유전자군을 서열화하는 프로그램이 시작되었다. 이 정보는 또한 임상시험에 참여할 개인을 선택하는 데 도움이 되어 특정 유형의 암환자의 하위 집합 치료에 효과가 있는 약물을 찾는 가능성을 높인다. 이런 유형의 유전자검사가 없다면, 일부 환자에게 긍정적인 효과를 나타내는 약물이 유용하게 사용될 수 있음에도 전체 환자에 있어서는 긍정적인 효과를 나타내지 못해 사용되지 않을 수 있다. 현재의 과제는 환자를 치료하는 과정에서 성공 또는 실패를 예측하는데 가치가 있는 유전자 표지를 확인하는 것이다.

우리는 이 절에서 그 활성 자체가 비정상적이거나 암세포에서 비정상적인 양으로 발현되는 단백질을 억제하는 표적치료법에 대해 초점을 맞추었다. 그러나 정상적인 구조로 발현되면서도 암세포의 생존에 중요한 역할을 하는 단백질도 있을 수 있다. 그러한 단백질을 표적으로 하는 억제제는 암 치료제로서 상당한 가능성을 가질 수 있다. 우리는 이 장에서 다양한 종류의 유전자에 암세포가 어떻게 돌연변이를 일으키는지를 보았다. 이 중 상당수는 특정한 대사경로 또는 신호전달경로를 전반적으로 저해한다. 이것이 암세포의 성장과 생존을 촉진하도록 도움을 줄 수도 있지만, 한편으로는 암세포가 정상적으로 기능하고 있는 또 다른 경로에 정상 세포보다 더 많이 의존하도록 유도할 수도 있다. 최근 PARP-1 억제제를 사용한 암 치료법에 대한 긍정적인 시각의 발표는 이러한 기작에 대한 좋은 예시다. PARP[poly(ADP-ribose) polymerase]는 잘 알려져 있지 않은 효소로 DNA 수선을 포함한 DNA 대사와 관련된 수많은 과정에 관여한다. PARP-1 억제제는 BRCA1 또는 BRCA2가 결여된 유방암과 난소암의 치료에 특히 효과를 보였다. 7.8절에서 논의한 바와 같이 BRCA 단백질은 DNA 복구에 관여하는 단백질로, 이 단백질이 결여된 암세포는 정상 세포와 비교할 경우 PARP-1을 비롯한 DNA 손상복구기작에 더 영향을 받을 수밖에 없다. BRCA가 결핍된 종양세포에서 PARP-1이 억제되면 특정 유형의 DNA 손상을 치료할 수 없어 세포자멸에 의해 종양세포가 죽게 된다. 이러한 치료법은 "통합적 치사력(synthetic lethality)" 전략에 기초한 것이다. 단 하나의 단백질(예를 들어, BRCA 또는 PARP)의 돌연변이 또는 억제는 세포 생존에 영향을 미치지 않지만, 2개의 서로 다른 단백질의 돌연변이나 억제는 세포가 하나 이상의 필수적인 기능을 수행할 수 없게 만든다. 더 중요한 것은, 이 접근법은 특정 종양억제단백질(이 경우 BRCA1 또는 BRCA2)의 기능이 소실된 암세포를 표적으로 하는 일반적인 전략을 제공한다는 것이다. 예를 들어, p53 기능을 상실한 암세포를 표적으로 하는 유사한 전략이 고안될 수도 있다. 그러한 세포는 손상되지 않은 종양억제경로를 지닌 정상 세포에는 영향을 미치지 않는 약물에도 취약할 수 있기 때문이다. 암 유전체학 연구에서 데이터를 검색하여 통합적 치사력에 민감한 유전자, 즉 (1) 동일한 종양에서 동시에 변이가 일어난 적이 전혀 없는 두 가지의 유전자 또는 (2) 특정 암에서 변이된 적이 없는 유전자를 찾을 수 있을 것이다. 후자에 속하는 유전자는 아마도 암세포의 생존에 필요할 것이며 약물표적으로 가능할 것이다.

16.16 암 줄기세포의 개념

더 효과적인 표적치료법을 개발하지 못하는 또 다른 이유는 약물이 종양내 적절한 세포를 표적화하지 못하기 때문이다. 이 가능성은 더욱 많은 설명이 필요하지만 암의 기본 생물학 및 치료법에서 모두 중요한 문제를 제기한다. 이 장에서 우리는 종양을 하나의 균질한 세포 덩어리로 생각해 왔다. 이런 관점으로 볼 때, 종양 내의 모든 세포는 무제한으로 분열할 수 있는 능력을 갖고, 모든 세포가 유전적인 변화의 결과로 더욱 악성으로 변이될 기회를 갖는다. 최근 몇 년간, 새로운 개념이 떠오르게 되었다. 종양 내의 많은 세포가 빠른 속도로 분열하지만, 1차 종양상태로 유지되거나 새로운 2차 종양이 될 수 있는 잠재력은 상대적으로 제한되어 있다는 것이다. 대신 종양 전체에 흩어져 있는 비교적 적은 수의 세포가 종양을 유지하고, 전파시킨다. 이 "특별한" 세포는 **암 줄기세포(cancer stem cell)**로 알려져 있으며,[6] 백혈병, 뇌종양, 유방 종양 및 다른 암에서의 실험적으로 그 존재가 증명되었다. 대부분의 경우, 암 줄기세포의 존재에 대한 증거는 특정 인간 종양의 세포 집단만 면역 결핍 생쥐에 주사하면 새로운 종양이

[6]많은 실험들이 희귀 암 줄기세포의 존재에 반대한다고 주장하며, 이것이 최근 논쟁의 논점이라는 점을 인지하고 있어야 한다. 암 줄기세포는 기본적으로 면역 결핍된 쥐에 세포를 주사하는 하나의 분석으로 정의된다. 이 분석에서 종양 내의 얼마나 많은 세포가 다시 종양을 형성할 정도로 자라날 수 있는 능력이 있는가가 이 논쟁의 주된 질문이다. 많은 연구들은 이 질문에 대한 답은 주입되는 세포의 성질보다는 종양세포를 주입 받는 동물의 면역 저하 정도에 달려 있다고 추정한다. 또한 암 줄기세포가 새로운 세포표면 표식자에 의해 정의될 수 있는 정도에 대한 상당한 논쟁도 존재한다. *Science* 324:1670, 2009; *Cell* 138:822, 2009; *Nature Med.* 17:313, 2011; 및 Science 347:226, 2015를 참조.

형성되기 시작한다는 사실이 보여준다. 접종된 동물에서 종양을 재성장시킬 수 있는 세포는 종양의 대부분을 구성하는 세포와 구별되는 특정 표면단백질을 보유하고 있으며, 이것이 암 줄기세포를 정의하는 요소이다. 암 줄기세포라는 용어는 조직 줄기세포든 다른 세포에서 든 간에, 이 세포의 기원에 대해서는 아무것도 제시하지 않는다. 또한 암 줄기세포가 정상 조직 줄기세포와 필연적으로 닮아 있음을 암시하지도 않는다. 대신, 그들은 단순히 종양을 증식 또는 재성장시킬 수 있는 세포로 정의된다.

암 줄기세포의 개념은 암치료에 중요한 영향을 미치기 때문에 언급한 것이다. 종양세포의 작은 모집단만이 종양의 생명을 유지할 수 있는 능력을 갖는다면, 암 덩어리를 사멸시키지만 암 줄기세포를 죽이지 못하는 약물로는 결국 암 치료에 실패할 수 밖에 없다. 이것은 아마도 CML 환자가 글리벡을 지속적으로 복용하여 계속 질병을 완화시켜야 하는 이유일 것이다. 글리벡은 질병의 재발을 유발하는 백혈병-유도 세포를 죽이지 않는 것으로 보인다. 암 줄기세포를 겨냥한 여러 의약품이 현재 시험 중이며, 그 중 일부가 가능성을 보인다. Notch 계열의 신호단백질을 표적으로 하는 타렉스투맙(Tarextumab)은 암 줄기세포를 종양세포로 분화시켜 화학요법의 성공률을 높이는 것으로 보인다. 최근 29명의 췌장암 환자(일반적으로 화학요법에 내성을 갖는) 중 24명이 기존의 약물과 함께 타렉스투맙으로 치료 받았고 종양의 안정화 또는 감소 결과를 보였다.

16.17 새로운 혈관의 형성 억제

종양의 크기가 커지면 혈관신생과정(*angiogenesis*)이라 불리는 새로운 혈관의 형성을 자극하는 과정을 거친다(**그림 16.25**). 혈관은 급성장하는 종양세포에 영양분과 산소를 공급하고 불순물을 제거하기 위해 필요하다. 혈관은 또한 암세포가 신체의 다른 부위로 퍼지는 통로를 제공한다. 하버드대학교의 유다 폴크먼(Judah Folkman)은 1971년에 새로운 혈관 형성 능력을 억제함으로써 고형 암을 파괴할 수 있다고 제안했다. 상대적으로 모호했던 이러한 개념은 25년이 지나서야 신규 항암 전략으로 받아들여지게 되었다.

암세포는 주변 혈관의 내피세포에서 VEGF와 같은 성장인자를 분비하여 혈관 신생을 촉진하고, 성장인자는 혈관을 둘러싼 상피세포에 작용하여 이들의 증식과 새로운 혈관의 발달을 유도한다. 다양한 혈관형성억제제가 생물공학회사에 의해 개발되었는데, 여기에는 항체 및 인테그린(integrin), 성장인자 및 성장인자 수용체에 대한 합성화합물 등이 포함된다. 생쥐(mouse)와 쥐(rat)에 대한 전임상연구는 혈관형성억제제가 종양 성장을 멈추는 데 효과적일 수 있음을 검증했다. 중요한 점은, 전임상연구에서 이러한 억제제로 치료된 종양은 반복된 약물 투여에서도 내성을 나타내지 않았다는 점이다. 종양세포는 유전적으로 불안정하고 내성을 갖는 형태로 진화할 수 있기 때문에, 일반적인 화학요법제의 경우 약물 내성을 나타내게 된다. 그러나 혈관신생 저해제는 정상적이고, 유전적으로 안정한 내피세포를 표적으로 하고 있어 약물에 대해 지속적으로 반응한다.

생쥐를 이용한 연구와는 다르게 인간의 종양에서 혈관 신생을 억제하는 작용은 뚜렷하게 나타나지 않는다. 현재까지, 대부분의 고형암에서 과발현된 내피세포성장인자인 VEGF에 대항하는 인간화 항체(아바스틴, Avastin)로 가장 유망한 결과가 얻어졌다. 아바스틴은 VEGF가 수용체인 VEGFR에 결합하여 활성화시키는 것을 차단한다. 아바스틴의 FDA 승인은 표준화학요법과 병행하여 아바스틴이 전이성 대장암 환자의 생존기간을 수 개월 연장할 수 있다는 임상시험을 토대로 하였다. 후속 연구에 따르면 아바스틴은 여러 다른 유형의 고형암, 특히 유방암 환자의 생존기간을 몇 달 더 늘릴 수 있으나 아직 논란의 여지가 남아 있다. 혈관 신생 억제가 효과적인 치료법으로 입증될 것인지는 조금 더 지켜봐야 할 것이나, 현재로선 이 치료 전략에 대한 관심이 상대적으로 줄어들었다.

가까운 미래의 최적화된 항암 전략은 조기 발견이다. 일반적인 상피암의 발병이 치명적인 전이성 질환으로 진행되기까지 적어도 10년 정도의 시간이 걸리는 것으로 간주되며, 이 기간은 종종 더 길어진다. 결과적으로 이들 암이 생명을 위협하기 전에 이를 발견할 수

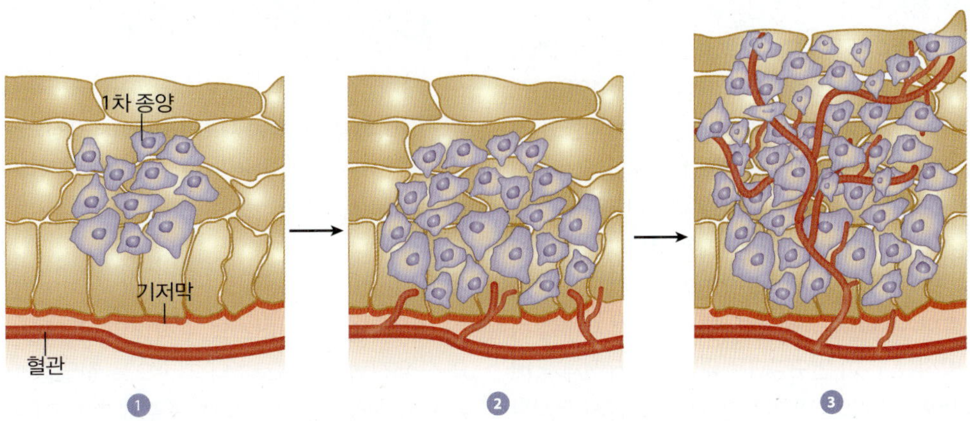

그림 16.25 **혈관신생과 종양의 성장.** 1차 종양의 새로운 혈관 형성 단계. 1단계, 종양이 증식하여 작은 세포 덩어리를 형성한다. 무혈관(혈관이 없는) 상태에서 종양의 크기는 매우 작다(1~2 mm). 2단계, 종양 덩어리는 혈관형성 인자를 생산하여 주변 혈관의 내피세포를 자극하여 종양세포를 향해 혈관이 성장하게 한다. 3단계, 종양의 내부에 혈관이 새로 생성되어 이후, 종양세포들은 무한하게 성장할 수 있다.

출처: *Annual Review of Medicine*, Vol 49; copyright 1998. Annual Review의 허가를 얻어 저작권 청산 센터를 통해 교과서 사용을 목적으로 재사용함.

있는 충분한 시간이 있다. 유방암 진단을 위한 유방조형술, 자궁경부암 검출을 위한 팝스미어 시험법, 전립선암 검출을 위한 PSA 진단법, 대장 직장암 탐지를 위한 대장내시경 등 다수의 검사 절차가 현재 사용되고 있다. 단백체학의 발전은 혈액이나 다른 체액에 존재하는 다양한 단백질의 상대적인 수준에 기초한 새로운 선별 검사의 개발로 이어질 것으로 기대된다. 이 접근법은 66쪽에 자세하게 설명되어 있다. 돌연변이 DNA, 특정 miRNA, 비정상적인 탄수화물 및 독특한 대사산물을 포함한 혈액 매개 생체표지자(biomarkers)가 암의 존재를 밝힐 수 있다. 이러한 유형의 생체표지자를 바탕으로 한 검사 테스트가 진행 중이다.[7]

[7]초기 선별 검사의 증가는 생명에 큰 지장이 없을 정도인 암에 대한 발견을 증가시키고, 그에 따라 생존율에는 영향을 미치지 않으면서 치료법의 부작용과 비용만 증가시킬 가능성이 있다는, 널리 알려진 보편적인 견해가 있다(*Ann Rev. Med.* 60:125, 2009에서 논의됨). 그럼에도 이러한 검사의 가치에 대한 가장 강력한 증거가 최근의 연구에서 제시되었다. 대장내시경 검사를 통한 용종 제거가 대장암으로 인한 사망 가능성을 크게 감소시킨다는 것이다(*NEJM* 366:687, 2012).

역사적 실험

발암 유전자의 발견

1911년 록펠러 의학연구소(Rockefeller Institute for Medical Research)의 피톤 라우스(Peyton Rous)가 한 쪽 분량의 논문(매독의 치료에 관한 정보)을 발표하였을 때, 사실 이 논문은 과학계에 큰 영향을 미치지 못했다. 그러나 이 논문은 세포 및 분자생물학 분야에서 가장 선구적인 결과였다. Rous는 종양 조직의 일부를 떼어 동일한 종에 접종할 경우에 다른 개체로 전파될 수 있는 닭의 육종에 관한 연구를 진행하고 있었다.[1] Rous는 이 논문에서 "여과성 바이러스(filterable virus)"에 의해 한 개체에서 다른 개체로 종양이 전파될 수 있다는 것을 시사하는 일련의 실험에 대해 서술했다. 여과성 바이러스란 용어는 그 시대를 기준으로 10여 년 전에 만들어진 용어로, 크기가 매우 작아 세균이 통과할 수 없는 필터를 통과할 정도로 작은 병원성 물질을 의미한다.

그의 실험에서, Rous는 암탉의 유방 종양을 절개하고, 세포를 멸균된 모래와 함께 막자사발에 넣고 간 뒤, 입자물질을 원심분리하여 상층액을 취해, 세균이 통과할 수 없는 다공성의 필터에 상층액을 여과하였다. 그는 이 여과물을 정상 암탉의 가슴근육에 여과액을 주사하여, 주입된 암탉 중 유의성 있는 수에서 종양이 유발되는 것을 관찰하였다.

1911년에 Rous가 발견한 바이러스는 RNA 바이러스로, 1960년대 말까지 유사한 바이러스가 설치류와 고양이의 유방 종양, 백혈병과 관련이 있는 것으로 나타났다. 어떤 생쥐는 특정 종양에 대한 발생률이 매우 높았다. RNA-함유 바이러스 입자는 종양세포 내에서 발견되었으며, 또한 **그림 1**의 현미경 사진에서 볼 수 있는 바와 같이 세포표면에서도 관찰할 수 있다. 이 품종의 생쥐에서 종양을 일으키는 유전자들이 수직으로, 즉 수정란을 통해 모체에서 자손으로 전달되어 각 세대의 성체가 예외 없이 종양이 발생했다. 이 연구결과는 바이러스 유전체가 배우자를 통해 유전되어, 세포의 특별한 영향을 미치지 않으면서 유사분열을 통해 세포에서 세포로 전달된다는 것을 증명했다. 화학적 발암물질이 처리된 생쥐가 종종 RNA 종양바이러스와 동일한 항원을 가지고 있으며, 전자현미경을 통해 바이러스 입자가 관찰되는 종양이 발생되기 때문에 유전된 바이러스 유전체의 존재는 근친 교배된 품종만의 특징이 아니다.

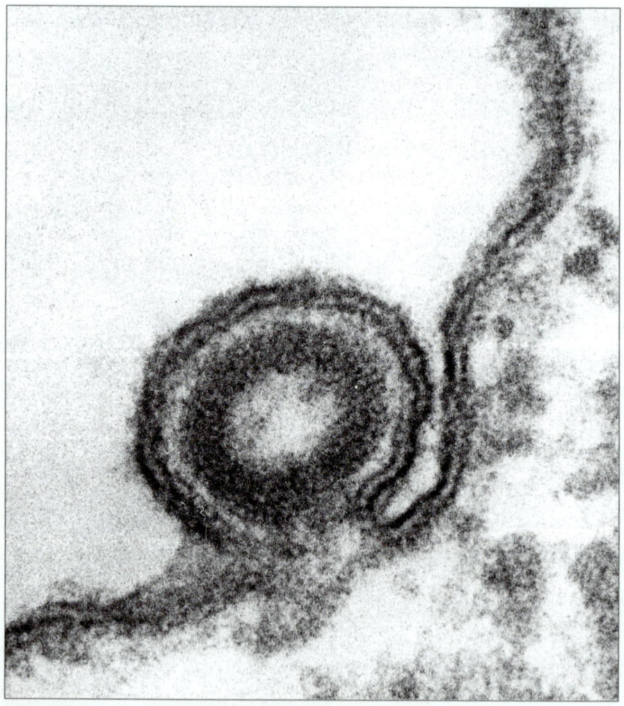

그림 1 배양된 백혈병 세포의 표면에서 생성되는 프리엔드백혈병바이러스(Friend mouse leukemia virus, FMLV)의 전자현미경 사진.

출처: E. De Harven에서 제공.

RNA 종양바이러스의 수직 전파에 대한 가장 큰 의문점은 바이러스 유전체가 부모로부터 자손으로 전달될 때 유리 RNA(free RNA) 분자로 전달되는지 아니면 숙주세포의 DNA에 통합되는지 여부이다. 여러 증거에 따르면 이 바이러스에 의한 감염과 변형은 DNA 합성을 필요로 한다. 위스콘신대학교(University of Wisconsin)의 하워드 테민(Howard Temin)은 RNA 종양바이러스의 복제는 프로바이러스(provirus)를 통해 일어난다는 것을 주장했다. 프로바이러스가 바이러스 RNA의 합성을 위한 주형으로 사용된다는 것이었다. 그러나 이 모델은 그 당시에 어떤 유형의 세포에서도 발견되지 않은 독특한 효소(RNA-의존 DNA 중합효소)가 필요했다. 그러나 1970년에 이러한 활성을 가진 효소가 매사추세츠공과대학교의 데이비드 볼티모어(David Baltimore), Temin, 사토시 미주타니(Satoshi Mizutani)에 의해 독립적으로 발견되었다.[2,3]

Baltimore는 2종의 RNA 종양바이러스인 러셔 쥐 백혈병 바이러스(Rauscher mouse leukemia virus, R-MLV)와 라우스 육종 바이러스(Rous sarcoma virus, RSV)에서 유래한 비리온(virion: 성숙한 바이러스 입자)를 검사했다. 정제된 바이러스는 Mg^{2+} 또는 Mn^{2+}, 염화나트륨, 디티오트레이톨[dithiothreitol(효소의 −SH 그룹이 산화되는 것을 방지함)] 및 방사성 물질로 표지된 TTP를 포함한 4종류의 디옥시리보뉴클레오시드 3인산(deoxynucleoside triphosphate)을 비롯한 DNA 중합효소(DNA polymerase)의 활성을 촉진시키는 조건에서 배양되었다. 이러한 조건에서, 준비된 시료에 방사성 물질로 표지된 DNA의 전구체들이 DNA의 성질을 나타내는 산-불용성(acid-insoluble) 생산물 속에 끼어들어 갔다(표 1). 반응 생성물은 췌장 DNA 가수분해효소(deoxyribonuclease) 또는 마이크로코칼 핵산 가수분해효소(micrococcal nuclease) 처리에 의해 녹아 산성 상태로 되어(저분자 산물로 변화됨을 나타냄) DNA의 고유한 특성과 일치하게 된다. 그러나 췌장 리보핵산가수분해효소(pancreatic ribonuclease) 또는 알칼리가수분해(alkaline hydrolysis)(RNA는 이 효소에 민감함; 표1)에는 영향을 받지 않았다. DNA 중합효소는 성숙한 바이러스 입자와 함께 침전하는 것으로 밝혀졌으며, 이는 이 중합효소가 바이러스 자체의 일부분이며 숙주세포에 의해 전달되는 효소가 아니라는 것을 의미한다. 이 생산물은 췌장 리보뉴클레아제의 처리에 민감하지 않았지만, 효소(**그림 2**)의 주형은 반응 혼합물의 다른 성분을 첨가하기 전에 리보뉴클레아제로 전처리한 경우 특히 민감하였다(그림 2, 곡선 4). 이러한 결과는 바이러스 RNA가 DNA 복제물의 합성을 위한 주형을 제공하고 있다는 증거를 뒷받침시켰는데, 이는 아마도 감염과 형질전환에 필요한 바이러스 mRNA의 합성을 위한 주형으로 사용되었을 것이라고 여겨진다. 이 실험들은 RNA 종양바이러스에 의한 세포 형질전환이 DNA 중간체를 통해 진행될 뿐만 아니라 프랜시스 크릭(Francis Crick)이 제안한 중심원리(Central Dogma)로 알려진 오랜 개념을 뒤집어 놓았다. 중심원리는 세포의 정보전달 방향을 항상 DNA에서 RNA, 단백질의 방향으로 진행된다고 설명하기 때문이다. 이후 RNA-의존 DNA 중합효소는 역전사 효소(reverse transcriptase)로 불리게 되었다.

표 1 중합효소 산물의 특성

실험	처리	산-불용성 방사능	분해되지 않은 산물의 백분율
1	처리하지 않은 군	1,425	(100)
	20 μg DNA 분해효소 처리	125	9
	20 μg 마이크로칼 핵산가수분해효소 처리	69	5
	20 μg 리보핵산가수분해효소	1,361	96
2	처리하지 않은 군	1,644	(100)
	가수분해된 수산화나트륨	1,684	100

출처: D. Baltimore, *Nature* 226:1210, 1970, copyright 1970. Nature by Nature Publishing Group. Nature Publishing Group의 허가를 얻어 저작권 청산 센터를 통해 교과서 사용을 목적으로 재사용함.

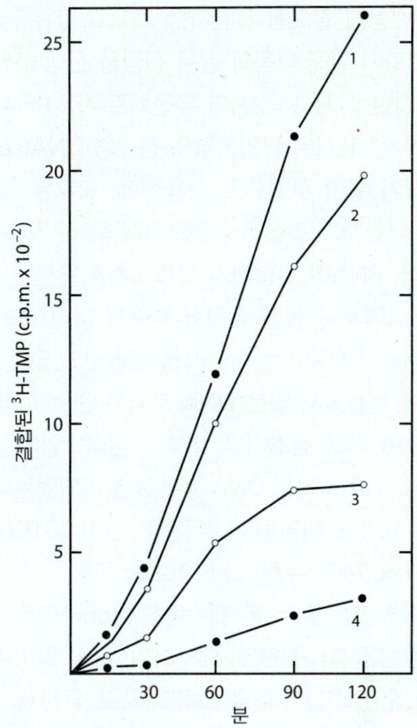

그림 2 리보핵산가수분해효소의 존재 및 부재 하에 러셔 쥐 백혈병 바이러스(RMLV)의 DNA 중합효소에 의해 [³H]TTP로부터 방사능 물질이 산-불용성 침전물의 결합. (주: [³H]로 표지된 TTP 전구체는 DNA에 결합될 때 TMP로 전환됨.) 곡선 1, 리보핵산가수분해효소가 첨가되지 않은 경우; 곡선 2, [³H]TTP의 처리 전, 20분 동안 리보핵산가수분해효소가 첨가되지 않은 조건에서 미리 20분간 배양시킨 경우; 곡선 3, 반응 혼합물에 리보핵산가수분해효소가 첨가된 경우; 곡선 4, [³H]TTP 처리 전, 리보핵산가수분해효소가 첨가되어 배양된 경우.

출처: D. Baltimore, *Nature* 226:1210, 1970에서 발췌. 저작권 1970. Nature by Nature Publishing Group. Nature Publishing Group의 허가를 얻어 저작권 청산 센터를 통해 교과서 사용을 목적으로 재사용함.

1970년대에는 형질전환의 원인인 종양바이러스에 의해 전달되는 유전자의 정체와, 그 유전자 산물의 작용기작에 관심이 쏠리기 시작했다. 유전자분석 결과, 숙주세포에서 성장할 수 있지만, 숙주세포를 악성종양의 특징을 나타내도록 변형시킬 수 없는 돌연변이 바이러스 균주가 동정되었다.[4] 따라서 세포를 형질전환시키는 능력이 바이러스 유전체의 일부분에 존재하고 있음을 알 수 있다.

이 발견은 캘리포니아대학교(University of California, University of San Francisco)의 헤롤드 버뮤(Harold Varmus), 제이 마이클 비숍(J. Michael Bishop), 도미닉 스텔린(Dominique Stehelin)과 동료들이 연속적으로 논문을 발표하게 되는 기반이 되었다. 이들 연구자들은 조류육종바이러스(ASV) 유전체의 10~20%가 결여되어 닭에서 육종 발생을 유도하지 못하고, 배양된 섬유아세포의 형질을 전화시키지 못하는 돌연변이 주를 분리하였다. 이 돌연변이체에서 빠져 있는 형질전환에 관여하는 유전자를 *src*(sarcoma를 뜻함)로 지칭했다. 이들 돌연변이

계속

의 결실 영역–변형에 필요한 유전자를 가지고 있는 영역–에 해당하는 DNA를 분리하기 위해 다음과 같은 실험을 진행하였다.[5] 완전한 비리온(발암 유전자를 가지고 있는)의 유전체로부터 RNA를 역전사효소를 사용하여 방사성 표지된 단일가닥의 상보형 DNA(complementary DNA)를 형성하기 위한 주형으로 사용한다. 표지된 cDNA(조각으로 존재함)를 발암 유전자가 결실된 돌연변이체 중 하나에서 분리한 RNA에 혼성화시킨다. RNA에 결합하지 못한 DNA 단편은 형질전환 결함이 있는 돌연변이에서 결실된 유전체 부분을 나타내므로 형질전환을 일으키는 바이러스가 요구하는 유전자를 포함하고 있는 것으로 추측할 수 있다. RNA에 결합되지 않은 DNA 조각은 관(column) 크로마토그래피에 의해 DNA-RNA 혼성체의 일부와 분리되었다. 이 기본전략을 사용하여 $cDNA_{sarc}$로 알려진 DNA 서열이 분리되었는데, 이는 바이러스 유전체의 약 16%에 해당된다(총유전체 길이 10,000개의 뉴클레오타이드 중에서 1,600개의 뉴클레오타이드에 해당).

분리된 $cDNA_{sarc}$는 매우 유용한 탐침(probe)으로 입증되었다. 이 cDNA는 다양한 조류(닭, 칠면조, 메추라기, 오리 및 에뮤)의 세포에서 추출된 DNA와 혼성화되며, 이들 조류의 세포 유전체에는 *src*과 밀접한 관계가 있는 DNA 서열이 포함되어 있음을 의미한다.[6]

이러한 연구결과는 세포의 형질전환을 일으키는 종양바이러스에 포함된 유전자가 정상 세포(감염되지 않은 세포)의 DNA에도 존재한다는 사실을 보여주는 최초이자 강력한 증거이며, 아마도 세포의 정상적인 유전체의 일부일 것으로 보인다. 이러한 결과는 바이러스 유전체의 발암 유전자가 진정한 바이러스 유전자가 아니라 오히려 이전의 감염 동안 RNA 종양바이러스에 의해 추출된 세포 유전자라는 것을 나타낸다. 이 세포내 유전자를 가지고 있으면 해당 유전자가 정상적으로 발견되는 바로 그 세포를 변형시킬 수 있는 능력이 바이러스에 부여된다. *src* 서열이 확인된 모든 조류에 존재한다는 사실은 조류의 진화 과정에서 서열이 보존되었고, 따라서 정상 세포의 기본적인 활동을 지배한다고 추정된다. 후속 연구에서, $cDNA_{sarc}$는 포유류을 포함한 모든 척추동물 계통의 DNA에 결합하지만 성게, 초파리 또는 박테리아의 DNA에는 결합하지 않는 것으로 밝혀졌다. 이러한 결과에 근거하여 *src* 유전자가 ASV 유전체의 RNA와 감염시킬 수 있는 닭 세포의 유전체에 존재할 뿐만 아니라 유연관계가 먼 척추동물의 DNA에도 존재한다는 결론을 토대로 이것은 모든 척추동물의 세포에서 중요한 기능을 한다는 것을 시사한다.[7]

이러한 발견은 많은 의문을 일으켰다. (1) *src* 유전자 산물의 기능은 무엇이고, (2) 바이러스성 *src* 유전자(v-*src*)는 이미 세포성 유전자(c-*src*)를 발현시키고 있는 정상 세포의 행동을 어떻게 바꾸는가?

src 유전자의 산물은 콜로라도대학교(University of Colorado)의 레이 에릭스(Ray Erikson)과 그의 동료들에 의해 다음과 같은 두 가지 독립적인 방법으로 확인되었다: (1) RSV에 감염된 동물로부터 제조된 항체를 이용하여 형질전환 세포의 추출물로부터 단백질을 침전시키는 방법과 (2) 바이러스성 유전자를 주형으로 사용하여 무세포 단백질-합성 시스템(cell-free protein-synthesizing system)에서 단백질을 합성하는 것이다. 이 과정을 이용하여, *src* 유전자 산물은 60 kDa의 단백질인 것으로 밝혀졌으며, 이를 $pp60^{src}$이라 명명했다.[8] $pp60^{src}$를 [^{32}P] ATP와 배양하면, 방사성 인산기는 면역침전법에 이용한 항체 분자(IgG) 중쇄로 전달된다. 이 결과는 *src* 유전자가 단백질 인산화 활성을 갖는 효소를 암호화한다는 것을 나타낸다.[9] ASV에 감염된 세포를 고정하고 $pp60^{src}$에 대한 페리틴-표지 항체(ferritin-labeled antibody)를 처리한 결과, 항체는 원형질막의 내부표면에 분포되어 나타난다. 이 결과는 *src* 유전자의 산물이 세포막의 원형질 내막에 집중되어 존재한다는 것을 의미한다(**그림 3**).[10]

이것이 발암 유전자의 기능을 최초로 밝힌 연구였다. 단백질 인산화효소는 잠재적인 형질전환 활성을 가질 것으로 예상되며, 이는 세포 성장과 관련된 하나 또는 그 이상의 수많은 다른 단백질의 활동을 조

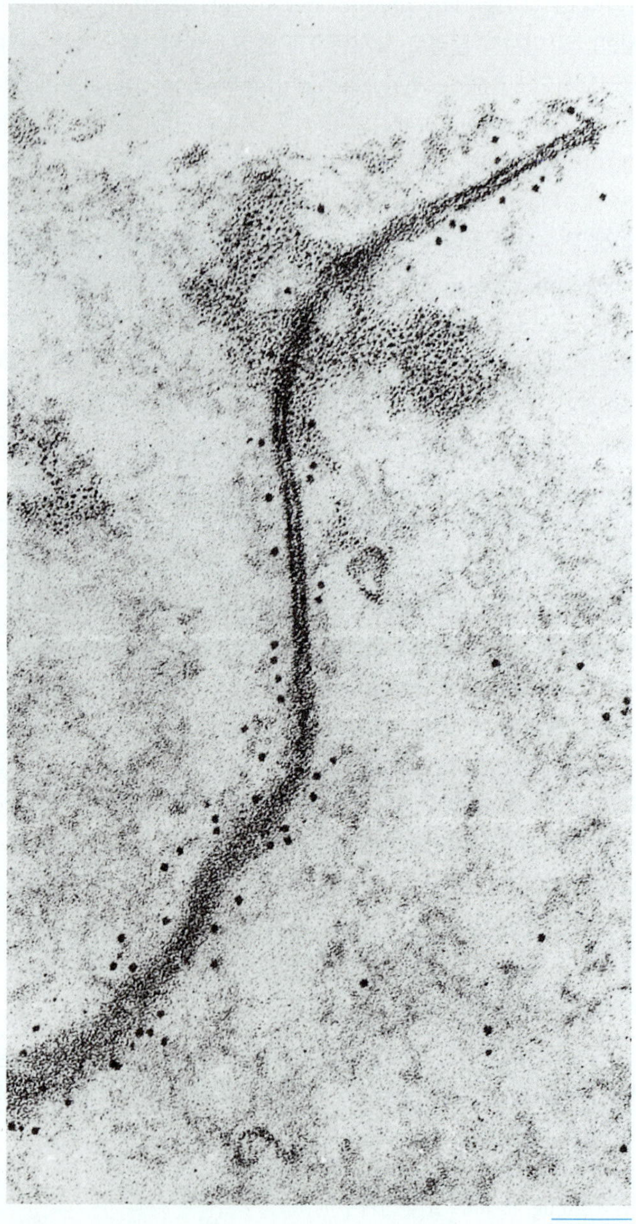

그림 3 **$pp60^{src}$ 단백질에 결합하는 페리틴으로 표지된 항체로 처리된 한 쌍의 인접섬유모세포의 단면을 관찰한 전자현미경 사진.** 이 단백질은 세포의 원형질막에 국한되며(밀집된 페리틴 입자에 의해 나타남), 특히 간극연접(gap junction) 부분에 집중되어 있다.

출처: Mark C. Willingham, Gilbert Jay, and Ira Pastan, *Cell* 18:128, 1979에서 발췌. Elsevier로부터 허가를 얻음.

절할 수 있기 때문에 가능하다. *src* 유전자 산물의 역할에 대한 추가 연구는 예상하지 못한 발견을 하였다. 기능이 알려진 다른 모든 단백질 인산화효소와 달리, pp60^{src}는 기질 단백질 상의 세린-트레오닌 잔기가 아닌 타이로신 잔기에 인산기를 결합시킨다. 인산화된 세린과 트레오닌 잔기가 인산화된 타이로신보다 세포에서 약 3,000배 더 많고, 인산화된 트레오닌 및 인산화된 타이로신 잔기는 전통적인 전기영동 방법에 의해 서로 분리하기 어렵기 때문에 이전에는 인산화된 타이로신 잔기의 존재가 거의 알려지지 않았다. 바이러스성 *src* 유전자(v-*src*)와 세포내 c-*src*도 타이로신 단백질 인산화효소를 암호화했다. 그러나, RSV-형질전환된 세포의 단백질에서 인산화된 타이로신 잔기의 수는 대조군 세포의 것보다 약 8배 더 많았다. 이 발견은 바이러스의 *src* 유전자가 세포의 *src* 유전자보다 더 높은 활성을 가지고 있기 때문에 형질전환을 유도할 수 있다는 것을 나타낸다.

RSV 연구결과는 발암 유전자 산물의 활성 증가가 정상 세포를 악성세포로 전환시키는 열쇠가 될 수 있다는 증거를 제공했다. 곧 변화된 뉴클레오티드 배열을 가진 발암 유전자에 의하여 악성화가 유도된다는 증거가 제시되었다. 최초로 진행된 연구는 매사추세츠공과대학교(Massachusetts Institute of Technology)의 로버트 웨인버그(Robert Weinberg)와 그의 동료들이 DNA 형질주입(transfection) 기술을 사용하여 실시하였다.[12]

Weinberg는 발암성 화합물을 처리한 생쥐의 세포에서 추출한 15가지의 다른 악성 세포주를 확보하여 연구를 시작하였다. 그러므로 이 세포들은 바이러스에 노출되지 않고 악성화된 세포들이다. 이 세포주의 DNA를 추출하여 NIH3T3 세포라고 불리는 비악성 생쥐 섬유모세포(nonmaligmant mouse fibroblast)에 형질주입시켰다. NIH3T3 세포는 외인성 DNA를 높은 비율로 받아들이고 배양 시에 악성세포로 쉽게 형질전환할 수 있기 때문에 이 실험을 위해 선택되었다. 암세포에서 유래된 DNA를 형질주입한 후, 섬유아세포를 시험관 내에서 배양하고, 첨가된 DNA에 의해 형질전환된 세포들로 이루어진 덩어리(중심부)들을 선별하였다. 실험에 사용된 15개의 세포주 중 5개는 수용체 NIH3T3 세포를 형질전환시킬 수 있는 DNA를 생성했다. 정상 세포에서 유래된 DNA에는 이러한 능력이 없었다. 이 결과는 발암성 화합물이 유전자의 뉴클레오티드를 변화시키고, 변화된 유전자는 다른 세포들을 형질전환시킬 수 있는 능력을 갖게 된다는 사실을 증명하였다. 따라서 세포 유전자는 바이러스의 유전체에 삽입되거나 발암성 화학물질에 의해 변화되는 두 가지 다른 방법으로 발암 유전자로 전환될 수 있다.

지금까지 암-유발 유전자에 관한 거의 모든 연구가 세포가 형질전환에 매우 민감한 생쥐, 닭 또는 다른 종에서 실시되었다. 1981년 인간 종양세포에서 분리된 DNA를 생쥐의 NIH3T3 세포에 형질주입하면 형질전환이 일어날 수 있다는 것이 밝혀진 후 사람의 종양에 관심을 갖게 되었다.[13] 서로 다른 26개의 인간 종양세포 중 2개의 세포에서 분리된 DNA가 생쥐 섬유모세포를 형질전환시킬 수 있었다. 이 두 DNA 모두, 방광암에서 분리된 세포주(EJ와 J82로 확인됨)에서 추출한 DNA였다. 이 유전자가 종양바이러스에서 파생되었는지를 확인하기 위한 많은 노력을 기울였지만 이러한 세포에서 바이러스 DNA가 검출되었다는 증거는 발견되지 않았다. 이 결과는 일부 사람의 종양세포가 다른 세포로 전달할 수 있는 활성화된 발암 유전자를 포함하고 있다는 최초의 증거를 제시했다.

암이 DNA 조각에 의해 하나의 세포에서 다른 세포로 전달될 수 있다는 발견은 세포의 어떤 유전자가 돌연변이 등의 기작에 의해 활성화되었을 때 세포가 악성이 되게 하는지를 결정하는 근거를 제공했다. 이를 결정하기 위해서 세포의 형질전환의 원인이 되는 DNA를 분리해야 했다. 형질전환의 원인이 되는 외부 DNA가 분리되면, 암의 원인이 되는 대립 유전자의 존재 여부를 확인할 수 있다. 1982년에 2개월 간격으로 3곳의 다른 실험실에서 생쥐 NIH3T3 섬유아세포를 형질전환시킬 수 있는 인간 방광암 세포 내에서 미지의 유전자를 분리하고 복제하였다.[14~16]

사람의 방광암 세포에서 형질전환 유전자가 분리되고 복제되면, 다음 과정은 이 유전자가 RNA 종양바이러스가 가지고 있는 종양유전자와 어떤 관계가 있는지를 결정하는 것이었다. 또다시 2개월 내에 각각 다른 실험실에서 유사한 결과를 보고하는 3개의 논문이 발표되었다.[17~19] 3편의 논문 모두, NIH3T3 세포를 변형시키는 사람 방광암 종양유전자와 쥐의 RNA 종양바이러스인 하베이 육종 바이러스(Harvey sarcoma virus)가 동일한 종양유전자(*ras*)를 가지고 있다고 보고하였다. 초기에 2종류의 *ras*(바이러스성과 세포성)를 비교하였을 때, 어떤 차이도 보이지 않아 두 유전자가 매우 유사하거나 동일한 것으로 생각되었다. 이러한 발견은 사람에게서 자연적으로 발생하는 암이 유전적 변화에 의해 야기되며, 실험실에서 바이러스에 의해 형질전환되는 세포에서 일어나는 변화와 유사하다는 것이 증명된 것이다. 하베이 육종 바이러스에 의해 유도되는 종양의 종류(육종과 적백혈병)는 상피세포에 주로 생기는 방광 종양과는 상당히 다르다는 것을 알아야 한다. 이러한 연구결과들은 동일한 사람의 유전자 *RAS*의 변형이 다양한 종류의 종양을 유발할 수 있다는 최초의 보고였다.

1982년 말까지 또 다른 실험실에서 사람 *RAS* 유전자가 발암 유전자가 되는 변이에 대하여 3개의 논문을 더 발표하였다.[20~22] 형질전환을 일으키는 큰 DNA 단편을 정확히 밝혀내고, 뉴클레오티드서열 분석결과 악성 방광세포로부터 얻은 DNA가 유전자의 암호화 영역 내에서 발생한 단일염기치환(single base substitution)에 의해 활성화된다는 사실이 밝혀졌다. 놀랍게도, 연구된 두 가지 인간 방광암세포(EJ와 T24)는 정확하게 동일한 변화를 갖는 DNA를 함유하고 있었다. 원발암유전자 DNA 상의 특정 부위에 존재하는 구아닌-함유 뉴클레오티드가 활성 발암 유전자에서는 티미딘(thymidine)으로 전환되고 그에 따라 폴리펩타이드의 12번째 아미노산인 글리신(glycine)이 발린(valine)으로 치환되었다.

하베이 육종 바이러스에 존재하는 v-*ras* 유전자의 뉴클레오티드서열 결정은 사람 방광암의 *ras* DNA와 동일한 코돈에서 변형된 것으로 밝혀졌다. 바이러스의 유전자에서는 정상적인 글리신이 아르기닌으로 치환되었다. 이로써 12번 글리신 잔기가 *RAS* 구조와 기능에 결정적인 역할을 한다는 것은 분명해졌다. 사람 *RAS* 유전자는 *SRC*와 마찬가지로 바이러스 프로모터와의 연결에 의해 활성화될 수 있는 원발암 유전자이다. 그러므로 *RAS*는 2개의 완전히 다른 기작, 즉 발현을 증가시키거나 또는 암호화된 폴리펩티드의 아미노산 서열을 변경시킴으로써 형질전환을 유도하여 활성화될 수 있다.

계속

<역사적 실험>에서 언급된 연구들은 악성화 형질전환에 대한 우리의 이해를 유전적 기초를 기반으로 하여 크게 넓혀 주었다. RNA 종양바이러스에 대한 최초 연구는 이것들이 사람 암의 발병에 중요한 인자일 수 있다고 믿었기 때문이었다. 암의 원인이 되는 바이러스를 찾아내는 과정에서 발암 유전자의 발견이 이루어졌으며, 이들 발암 유전자는 바이러스가 획득한 세포성 서열(cellular sequence)이라는 사실을 깨닫게 되었다. 이러한 사실을 기반으로 바이러스 유전체가 존재하지 않아도 발암 유전자가 암을 유발할 수 있다는 것을 발견하게 되었다. 그러므로 사람의 종양과는 직접적으로 관련이 없는 종양바이러스를 이용하여 인간 자신을 파괴시킬 수 있는 정보를 갖는 유전적 유산(genetic inheritance)을 재조명할 수 있는 기회를 가질 수 있었다.

참고 문헌

1. Rous, P. 1911. Transmission of a malignant new growth by means of a cell-free filtrate. *J. Am. Med. Assoc.* 56:198.
2. Baltimore, D. 1970. RNA-dependent DNA polymerase in virions of RNA tumour viruses. *Nature* 226:1209–1211.
3. Temin, H. & Mizutani, S. 1970. RNA-dependent DNA polymerase in virions of Rous sarcoma virus. *Nature* 226:1211–1213.
4. Martin, G. S. 1970. Rous sarcoma virus: A function required for the maintenance of the transformed state. *Nature* 227:1021–1023.
5. Stehelin, D. et al. 1976. Purification of DNA complementary to nucleotide sequences required for neoplastic transformation of fibroblasts by avian sarcoma viruses. *J. Mol. Biol.* 101:349–365.
6. Stehelin, D. et al., 1976. DNA related to the transforming gene(s) of avian sarcoma viruses is present in normal avian DNA. *Nature* 260: 170–173.
7. Spector, D. H., Varmus, H. E., & Bishop, J. M. 1978. Nucleotide sequences related to the transforming gene of avian sarcoma virus are present in DNA of uninfected vertebrates. *Proc. Nat'l. Acad. Sci. U.S.A.* 75:4102–4106.
8. Purchio, A. F. et al. 1978. Identification of a polypeptide encoded by the avian sarcoma virus src gene. *Proc. Nat'l. Acad. Sci. U.S.A.* 75:1567–1671.
9. Collett, M. S. & Erikson, R. L. 1978. Protein kinase activity associated with the avian sarcoma virus src gene product. *Proc. Nat'l. Acad. Sci. U.S.A.* 75:2021–2924.
10. Willingham, M. C., Jay, G., & Pastan, I. 1979. Localization of the ASV src gene product to the plasma membrane of transformed cells by electron microscopic immunocytochemistry. *Cell* 18:125–134.
11. Hunter, T. & Sefton, B. M. 1980. Transforming gene product of Rous sarcoma virus phosphorylates tyrosine. *Proc. Nat'l. Acad. Sci. U.S.A.* 77:1311–1315.
12. Shih, C. et al., 1979. Passage of phenotypes of chemically transformed cells via transfection of DNA and chromatin. *Proc. Nat'l. Acad. Sci. U.S.A.* 76:5714–5718.
13. Krontiris, T. G. & Cooper, G. M. 1981. Transforming activity of human tumor DNAs. *Proc. Nat'l. Acad. Sci. U.S.A.* 78:1181–1184.
14. Goldfarb, M. et al., 1982. Isolation and preliminary characterization of a human transforming gene from T24 bladder carcinoma cells. *Nature* 296:404–409.
15. Shih, C. & Weinberg, R. A. 1982. Isolation of a transforming sequence from a human bladder carcinoma cell line. *Cell* 29:161–169.
16. Pulciani, S. et al., 1982. Oncogenes in human tumor cell lines: Molecular cloning of a transforming gene from human bladder carcinoma cells. *Proc. Nat'l. Acad. Sci. U.S.A.* 79:2845–2849.
17. Parada, L. F. et al., 1982. Human EJ bladder carcinoma oncogene is a homologue of Harvey sarcoma virus ras gene. *Nature* 297:474–478.
18. Der, C. J. et al., 1982. Transforming genes of human bladder and lung carcinoma cell lines are homologous to the ras genes of Harvey and Kirsten sarcoma viruses. *Proc. Nat'l. Acad. Sci. U.S.A.* 79:3637–3640.
19. Santos, E. et al., 1982. T24 human bladder carcinoma oncogene is an activated form of the normal human homologue of BALB- and Harvey-MSV transforming genes. *Nature* 298:343–347.
20. Tabin, C. J. et al., 1982. Mechanism of activation of a human oncogene. *Nature* 300:143–149.
21. Reddy, E. P. et al., 1982. A point mutation is responsible for the acquisition of transforming properties by the T24 human bladder carcinoma oncogene. *Nature* 300:149–152.
22. Taparowsky, E. et al., 1982. Activation of the T24 bladder carcinoma transforming gene is linked to a single amino acid change. *Nature* 300: 762–765.

요 약

암은 세포 조절 기작에서 유전성 결함을 내포하는 질환으로, 세포를 방출하여 몸의 먼 위치로 세포를 퍼지게 할 수 있는 능력을 갖고 있는 침투성 종양(invasive tumor)이 형성된다. 종양세포의 많은 특징들을 배양상태에서 관찰할 수 있다. 정상 세포는 배양 용기의 바닥에 단층을 형성할 때까지만 증식하지만, 암세포는 계속 성장하여 세포들이 서로 위로 포개져 쌓여서 세포덩어리를 형성한다. 암세포에서 종종 드러나는 다른 특징으로는 비정상적인 수의 염색체, 끊임 없이 분열을 지속하는 능력, 해당작용에 대한 의존성, 주변세포에 대한 반응의 결여 등이 있다. (674쪽)

정상 세포는 다양한 화학 물질, 전리 방사선 및 다양한 DNA 및 RNA 함유 바이러스로 인하여 암세포로 바뀔 수 있다. 이들 모든 물질은 형질전환된 세포의 유전체의 변이를 유발하는 역할을 한다. 종양의 세포 분석에 의하면, 거의 모든 경우 이들 세포는 단일 세포의 증식에 의해 발생한다(그래서 종양은 단일클론이라고 함). 악성종양의 발달은 신체의 정상적인 조절 기계에 대한 반응성이 결여되고, 정상 조직 내부로 침입이 가속화되는 유전자 변형의 다단계 과정으로 진행된다. 발암에 관여하는 유전자는 그 산물이 세포주기, 세포 간 접착과 DNA 수선 등에 작용하는 유전체의 특정 집합체를 구성한다. 다양한 종류의 암에서 특정 유전자의 발현 수준은 DNA 미세배열을 사용하여 측정할 수 있다. 유전적 변이 이외에도, 세포가 악성 표현형을 나타나게 만드는 비유전적인 요소와 후성유전적 요소가 종양세포의 성장에 영향을 미친다. (677쪽)

발암에 관련된 유전자는 크게 두 가지로 나누어진다: 종양억제 유전자와 발암 유전자. 종양억제 유전자는 세포 성장을 억제하고 세포의 악성화를 막는 단백질을 암호화한다. 종양억제 유전자들의 2개의 복사본 모두는 이들의 보호 기능이 상실되기 전에 삭제되거나 돌연변이를 일으켜야만 하기 때문에 열성이다. 반면, 발암 유전자는 성장 조절 능력의 소실 및 악성종양의 증진을 촉진시키는 단백질을 암호화하고 있다. 발암 유전자는 원발암 유전자로부터 유래되며, 원발암 유전자는 세포의 정상 활성에 중요한 역할을 나타내는 단백질을 암호화하고 있다. 단백질 또는 그 발현을 변경시키는 돌연변이에 의해 발암 유전자가 비정상적으로 작용하여 종양 형성을 촉진시킨다. 원발암 유전자는 단일 복사본이 변형된 표현형을 발현하게 되는 우성으로 작용한다. 대부분의 종양은 종양억제 유전자와 발암 유전자 모두가 변형되어 있다. 세포가 종양억제 유전자들 중 최소한 1개의 정상적인 복사본이 남아 있다면, 발암 유전자의 작용으로부터 보호될 것이다. 거꾸로 종양억제인자 기능의 상실만으로는 세포가 악성화되기에 충분하지 않다. (680쪽)

최초로 밝혀진 종양억제 유전자는 *RB*이다. 이는 망막모세포종(retinoblastoma)이라는 드문 망막 종양에 관여한다. 이는 특정 가계에서는 유전적으로 높은 빈도로 발생하나 비유전적으로 발생하기도 한다. 가족력인 질환을 갖는 어린이는 하나의 돌연변이 유전자를 물려 받는다. 이러한 경우에 망막세포 중 하나에서 나머지 정상 대립유전자가 비유전적으로 손상되면 암이 발생한다. *RB*는 세포주기에서 G_1에서 S로 세포가 통과하는 것을 조절하는 데 관여하는 pRB라는 단백질을 암호화한다. 인산화되지 않은 pRB는 특정 전사인자와 상호작용하여 특정 S기 활성화에 필요한 유전자를 활성화시키지 못하게 한다. 일단 pRB가 인산화되면, 이 단백질에 결합된 전사인자가 방출되고, 이어서 유전자 발현을 활성화시켜 S기의 개시를 유도한다. (682쪽)

사람의 암에 가장 많이 관여하는 종양억제 유전자는 *TP53*이며, 그 산물(p53)은 여러 가지 기작에 의해 암 형성을 억제할 수 있다. p53은 세포주기를 통해 세포를 움직이는 사이클린-의존성 인산화효소를 억제하는 단백질인 p21의 발현을 활성화시키는 전사인자로서 작용한다. DNA의 손상은 p53의 인산화와 안정화를 유발하여 세포가 손상에서부터 회복할 수 있을 때까지 세포주기를 정지시킨다. p53은 악성종양으로 진행되어지는 세포의 사멸 또는 노화를 유도하여 재조절할 수 있다. *TP53* 유전자제거 생쥐는 출생 후 수 주만에 종양이 발생하기 시작한다. 다른 종양억제 유전자로는 *APC*, *BRCA1*, *BRCA2* 등이 있다. *APC* 돌연변이가 일어날 경우 결장암이 발병하기 쉬우며, *BRCA1*과 *BRCA2*에 돌연변이가 발생할 경우 유방암이 발병하기 쉽다. (684쪽)

대부분 알려진 발암 유전자는 세포외 환경에서 유래되는 성장신호를 세포 내부, 특히 세포핵으로 전달하는 기작에 중요한 역할을 하는 원발암 유전자에서 유래한다. 다수의 발암 유전자는 혈소판 유래 성장인자(platelet-derived growth factor, PDGF)와 상피세포 성장인자(epidermal growth factor, EGF) 수용체를 암호화하는 것으로 확인되었다. 악성세포는 정상 세포의 원형질막과 비교했을 때 상대적으로 더 많은 수의 성장인자 수용체들이 있다. 많은 숫자의 수용체는 낮은 농도의 성장인자에도 세포를 민감하게 만들고, 따라서 정상 세포에 영향을 미치지 않는 조건에서도 악성 세포가 분열하도록 자극한다. 세린/트레오닌 및 타이로신 인산화효소를 비롯한 다수의 세포질 단백질 인산화효소가 발암 유전자에 속하고 있다. MAP 인산화효소 연쇄반응에 참여하는 단백질 인산화효소를 암호화하는 *RAF*도 여기에 속한다. *RAS*의 돌연변이는 사람의 암에서 발견되는 가장 흔한 발암 유전자 중 하나이다. 제15장에서 설명했듯이, Ras는 Raf의 단백질 인산화효소의 활성화를 유도한다. 만약 Raf가 활성화 상태로 유지되면 MAP 인산화효소 활성경로를 따라 신호를 계속적으로 보낸다. 이는 세포 증식을 지속적으로 자극한다. *MYC*와 같은 많은 발암 유전자(oncogene)는 전사인자로서 작용하는 단백질을 암호화한다. Myc는 일반적으로 세포가 G_0기에 정지되어 있는 상태에서 세포주기의 재진행이 이루어질 때 나타나는 첫 번째 단백질 중 하나이다. *BCL-2* 같은 발암 유전자는 세포사멸에 관여하는 단백질을 암호화한다. *BCL-2* 유전자의 과발현은 림프조직에서의 세포사멸을 억제시키고 비정상 세포를 증식하게 만들어 림프종을 형성하게 한다. 염색질 구조 및 특정 대사 효소(예: IDH)를 변형시키는 단백질 또한 암 단백질로서 작용할 수 있다. (688쪽)

최근 암은 수술, 화학 요법 및 방사선 요법을 이용해 치료된다. 또한 이 밖에도 다양한 치료 전략이 시도되고 있다. 이러한 방법으로 면역요법, 발암 유전자에 의해 암호화된 단백질의 억제 및 혈관 형성의 억제가 포함된다. 현재까지 만성골수성 백혈병 환자에 대한 ABL 인산화효소의 억제제 개발이 가장 큰 성공을 거두었다. 두 번째 성공 사례는 비-호치킨 림프종 환자의 악성 B 림프구의 표면에 있는 비정상 단백질에 결합하는 인간형 항체의 개발이 있다. 항혈관신생 전략(antiangiogenic strategy)은 고형 암세포에게 영양분 및 기타 물질들을 공급하는 데 필요한 새로운 혈관의 형성을 유도하는 것을 방지하려고 시도한다. (696쪽)

개념 문제

16.1 암세포의 기본 특징

1. 정상 세포와 암세포를 구별하는 몇 가지 특성을 서술하시오.
2. 암세포의 배양 시 어떠한 특징이 나타나는가?

16.2 암의 원인

3. 발암물질로 알려진 세 가지 이상의 물질을 작성하시오.
4. 암이 발생될 수 있는 여러 위험요인을 설명하시오.

16.3 암의 유전학

5. 암이 유전적 진행의 결과로 발생한다는 것은 무엇을 의미하는가?

16.4 종양억제 유전자와 발암 유전자의 개요

6. 양성종양 및 악성종양; 종양억제 유전자 및 발암 유전자; 지배적 작용 및 열성 작용을 하는 돌연변이; 원발암 유전자 및 발암 유전자의 차이를 비교하여 설명하시오.

16.5 종양억제 유전자: RB 유전자

7. *RB*가 결실된 염색체를 유전 받은 사람에게서 망막모세포종이 어떻게 발생하는지 설명하시오.
8. 정상적인 세포에서의 *RB*의 역할은 무엇인가?

16.6 종양억제 유전자: TP53 유전자

9. p53은 왜 "유전체의 수호자"라고 묘사되는가?
10. 세포가 악성으로 되는 것을 막는 세 가지의 p53의 기작을 설명하시오.

16.7 다른 종양억제 유전자

11. 어떠한 유전자가 가계성 폴립증을 유발하는가? 그리고 그것의 세포에서 정상적인 역할은 무엇인가?

12. BRCA 단백질의 역할과 결핍으로 인해 암이 어떻게 발생할 수 있음을 설명하시오.

16.8 발암 유전자

13. 양성종양 유전자에 의해 암호화되는 단백질의 종류는 무엇이며, 각 발암 유전자의 돌연변이가 세포를 악성으로 만드는 원인은 무엇인가?

16.9 돌연변이유발 유전자의 표현형: DNA 수선에 관여된 돌연변이 유전자

14. 돌연변이 유발 유전자의 표현형을 설명하시오.

16.10 마이크로RNA: 암 유전학의 새로운 분자

15. 특정 마이크로RNA의 존재 또는 부재가 암의 진행에 어떻게 영향을 미치는지 논의하시오.

16.11 암 유전체

16. 암세포의 유전체와 관련하여 용어 **변이판도**(*mutational landscape*)가 의미하는 것은 무엇인가? 산과 언덕은 무엇을 의미하는가?

16.12 유전자 발현 분석

17. 환자가 앓고 있는 암의 유형을 결정하기 위해 DNA 미세배열을 어떻게 사용할 수 있는가? 이를 이용하여 어떻게 암 치료를 최적화할 수 있는가?

16.13 암 퇴치 전략

18. 암을 치료하기 위한 표적 전략은 무엇이며, 기존의 접근 방식과 어떻게 다른가?

16.14 면역 치료

19. 수동 및 능동(또는 입양) 면역요법의 차이점을 설명하시오.
20. 성공적으로 암을 치료하기 위해 변형된 T 림프구가 어떻게 사용되었는지 설명하시오.

16.15 암-촉진 단백질의 활성 저해

21. 글리벡(Gleevec)의 작용 기작을 설명하시오.

16.16 암 줄기세포의 개념

22. 암 줄기세포는 무엇이며, 그들의 존재에 대한 증거는 무엇인가?

16.17 새로운 혈관의 형성 억제

23. 암세포는 어떻게 혈관신생을 촉진하는가?

CHAPTER

면역 17

목차

EBOLA 바이러스와의 싸움

2014년 봄, 서부 아프리카의 한 아이는 Ebola 바이러스에 감염되어 출혈열(hemorrhagic fever)이 극심하였다. 다음 해에는 Ebola 바이러스의 감염이 급속히 번져 수천 명이 감염되었고 이 중 거의 절반이 사망하였다. Ebola 바이러스는 1960년대에 발견된 이후, 30건 이상의 급성 전염병을 유발하였고, 이 중 절반이 넘는 치사율을 보였다. Ebola 바이러스에 감염되면 치사율이 왜 이렇게 높은지에 대해 알아보자.

Ebola 바이러스의 경우 인간의 체액에 감염이 되면 체액내 면역세포의 수용체를 인지하여 면역세포 안으로 감염된다. 그 후 자손 바이러스가 숙주세포를 빠져 나올 때 숙주세포인 면역세포가 파괴된다. 또한 Ebola 바이러스는 면역세포 안에 숨어서 림프관을 타고 온몸으로 퍼질 수 있다. 이때 Ebola 바이러스는 여러 가지 방법을 사용하여 면역세포의 공격을 회피한다. 우선 선천면역계의 활성에 매우 중요한 인터페론(interferon)의 작용을 무력화시킬 수 있다. 인터페론의 경우, 특히 바이러스 감염 시 숙주세포의 저항성에 매우 중요한 역할을 하는데, 이는 바이러스 단백질의 번역을 억제하고, 숙주세포 내에서 세포자살, 염증, 바이러스 감염 증진에 관여하는 mRNA를 파괴하기 때문이다. 따라서 Ebola 바이러스의 감염 시에는 선천면역계에 해당

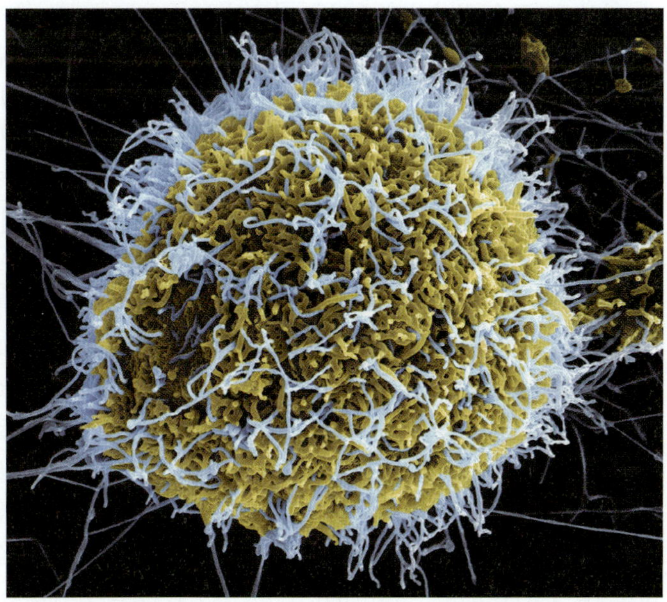

Ebola 바이러스의 자손 바이러스(푸른색)가 숙주세포(노란색)로부터 방출되는 전자현미경 사진

출처: Courtesy of National Institute of Allergy and Infectious Diseases (NIAID).

되는 면역세포의 활성이 잘 일어나지 않는다. 또한 Ebola 바이러스의 감염시 어떤 이유인지는 모르지만 획득면역계의 주요세포인 T 세포의 세포사멸(apoptosis)을 유도한다. 이에 따라, Ebola 바이러스 감염 후 림프구 감소증(lymphopenia)이 일어나게 된다. Ebola 바이러스의 숙주세포 중 하나는 혈관내피세포인데, 감염이 진행되면서 혈관내피세포도 파괴되어 출혈이 일어난다.

Ebola 바이러스의 감염시 치사율이 높은 이유가 시토카인 발작(cytokine storm) 때문이라는 견해를 보이는 과학자들이 있다. 시토카인 발작 현상은 염증반응이 너무 심해지면 면역세포에 의해 염증을 증진시키는 시토카인(전염증성 사이토카인, pro-inflammatory cytokine)이 과량 분비되고 이에 따라 더 많은 조직이 손상을 입는 것을 일컫는다. 최근에는 Ebola 바이러스에 대한 백신연구가 진행되고 있으며, 항체를 이용해서 이미 감염된 환자에 대한 치료법도 개발되고 있다. 또한 Ebola 바이러스가 어떻게 면역계 공격을 회피하는가에 대한 연구도 계속 진행되고 있다.

17.1 면역반응의 개요

생명현상을 유지하는 생명체는 다른 생물들이 자랄 수 있는 이상적인 서식처가 될 수 있으며, 이에 따라 동물이 바이러스, 세균, 원생동물, 균류, 동물기생충 등에 의해 쉽게 감염되는 것은 놀라운 일이 아니다. 진화적으로, 척추동물은 이러한 감염체를 인식하고 제거시킬 수 있는 여러 가지 기작을 만들어 왔으며, 이를 **면역(immunity)**이라 한다. 즉, 면역은 체내에 감염되는 유기체를 인지하고 효과적으로 제거하는 기작이며, 많은 다양한 세포의 통합된 작용에 의해 매개된다. 따라서 면역세포의 일부는 끊임 없이 우리 몸을 순찰하여 감염체를 찾아내는 반면, 다른 면역세포들은 골수, 가슴샘, 비장, 림프절과 같은 림프계 기관에 모여 있다(**그림 17.1**). 따라서 **면역계(immune system)**는 특정 장기 내에서 만들어지고 활성화되는 여러 가지 면역세포들에 의해 구성된다.

면역세포들은 활성화되기 전에 일종의 분자검색 과정을 거치는데, 이 과정에 의해 신체에서 만들어진 "자가(self)" 고분자의 구조와 감염체 유래의 "외래(foreign)" 고분자를 구분한다. 만약 외래 물질과 만나게 되면, 면역계는 이 물질에 대해 특이적이고 협동적인 공격을 시작한다. 면역계의 무기로는 (1) 감염된 세포 또는 비정상적인 세포를 죽이거나 포식하는 세포, (2) 감염체를 중성화, 고정, 응집 또는 죽일 수 있는 수용성 단백질(항체)이 있다. 이에 따라 감염체도 진화적으로 면역세포 공격에 의한 회피기작을 만들어내고 있다. 대표적인 예가 인간 면역결핍유도 바이러스(Human Immunodeficiency Virus, HIV)의 감염에 의한 후천성면역결핍증(Acquired Immune Deficiency Syndrome, AIDS), 결핵균(*Mycobacterium Tuberculosis*)의 감염으로 일어나는 결핵, 원생동물 감염에 의해 일어나는 말라리아 질환이며, 이러한 질환은 대부분 만성 감염질환으로 진행되어 많은 사람들이 고통받고 있다. 이러한 사실은 면역계가 아주 작은 크기의 감염체들과의 전쟁에서 항상 성공적이지 않다는 것을 암시한다. 어떤 경우에는 면역계가 신체에 발현하는 "자가(self)" 고분자의 구조에 의해 활성이 일어나 신체의 일부를 공격하는 부적절한 반응을 시작할 수도 있으며, 이러한 질환을 자가면역질환(autoimmune disease)라고 한다. 자가면역질환에 대한 내용은, 후반부의 <인간 질병과의 연관성>에서 좀 더 자세히 설명할 것이다.

면역계는 다양한 세포와 다양한 장기에서 일어나는 생명현상이기 때문에 이 장에서 면역의 전반적인 현상을 설명하기에는 무리가 따른다. 따라서 이전 장들에서 설명했던 세포 및 분자생물학의 원리를 보여주는 몇 가지 선별된 관점에 초점을 맞추어 설명할 것이다. 그러기 위해서, 일단 체내에 침투하는 미생물이 존재할 때 신체의 기본적인 면역반응을 살펴볼 예정이다.

우리 몸의 외부 표면과 각종 장기의 내벽에는 바이러스, 세균, 기생충 등의 침투를 막는 훌륭한 물리적 장벽(physical barrier)이 있다. 하지만, 감염체가 물리적 장벽을 뚫고 체내로 들어오게 되면, 감염체를 격리시킨 후 이들을 제거하려는 일련의 면역반응이 개시된다. 면역반응은 일반적으로 시기에 따라 두 가지 범주, 즉 선천면역(innate immunity) 반응과 획득면역(adaptive immunity) 반응으로 나눌 수

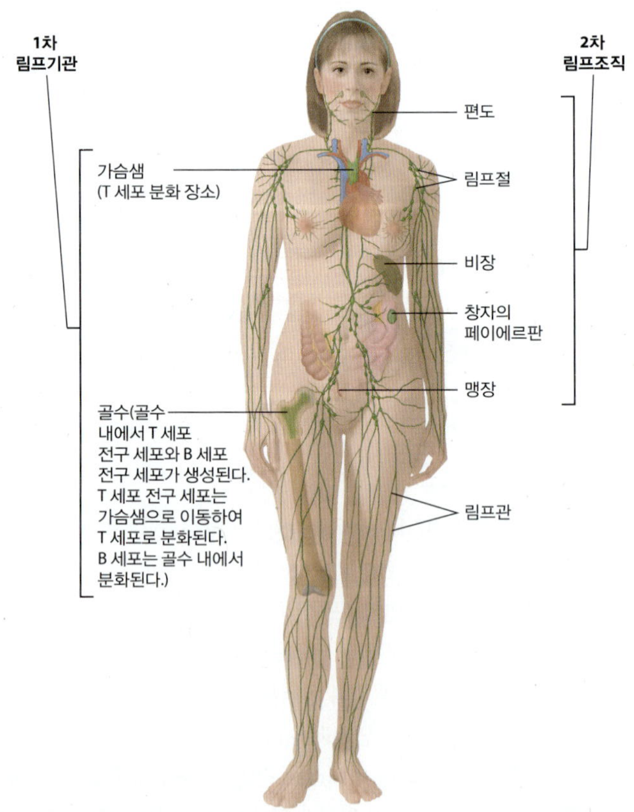

그림 17.1 인체 면역계. 인체 면역계는 가슴샘, 골수, 비장, 림프절과 같은 다양한 림프기관과 작은창자, 맹장, 편도 내의 특정 부분에 존재하는 산재된 면역세포들로 이루어져 있다. 흉선과 골수는 림프구 분화에 중요한 역할을 담당하기 때문에 흔히 중심면역계(central immune system)라고 한다.

출처: Wessner, *Microbiology*, 1e, Figure 20.4에서 발췌. John Wiley & Sons의 허가를 얻음.

있다. 이 두 가지 면역반응의 중요한 기작은 **그림 17.2**에 나타내었다. 이 두 가지 면역반응은 모두 신체에서 만들어진 "자가(self)" 물질과 "외래(foreign)" 또는 "비자가(non-self)" 물질 사이를 식별할 수 있는 신체의 능력을 이용한다. 또한 감염체도 두 가지 범주로 구분할 수 있다. 즉, 숙주세포의 내부에서 주로 살아가는 감염체(모든 바이러스, 일부 세균, 약간의 원생동물형 기생충) 그리고 세포 밖에서 살아가는 감염체(대부분의 세균들과 기타 세포성 감염체)로 나눌 수 있다. 따라서 감염체가 우리 몸의 어디에서 살아가는가에 따라, 다른 유형의 면역기작들이 두 가지 유형의 감염체와 싸우기 위해 진화되어 왔다.

선천면역반응

선천면역반응(Innate immune response)은 신체가 처음으로 마주친 미생물에 대해서 즉시 반응한다. 즉, 이 반응은 신체의 물리적 장벽이 무너진 후에, 첫 번째로 활성화되는 면역반응이다. 보통 우리 몸 안에 침투한 감염체를 대식세포(macrophage)나 수지상세포(dendritic cell)와 같은 식세포작용(phagocytosis)을 하는 세포가 포식하게 되며, 이에 따라 외래 유래 물체를 인식하여 적절한 경보를 울리는 것이다(그림 17.10). 식세포(Phagocyte)는 세포표면에 다양한 수용체 단백질들을 갖고 있어서 잘 보존된 특정한 유형의 고분자를 인식한다. 이러한 고분자는 바이러스나 세균에서 중요한 역할을 하지만 사람의 세포에서는 생산되지 않는다. 이러한 수용체를 패턴인식 수용체(*pattern recognition receptor, PRR*)라고 하는데, 이들 중 가장 광범위한 분자 패턴을 인식하며, 다양한 인체내 세포에서 발현되는 것은 **톨-유사 수용체(Toll-like receptor, TLR)**이다. 톨-유사 수용체는 노랑초파리(*Drosophila melanogaster*)에서 발현하는 톨 수용체와 구조적으로 유사한 단백질이다.

노랑초파리는 유전학 분야의 주요 실험동물로 사용되어져 왔고, 발생학과 신경생물학 연구에도 기여한 바가 크다. 그러나 무척추동물인 노랑초파리는 사람의 면역계를 연구하는 주요 대상이 될 수 있는 개체로서 고려되지는 않았다. 하지만, 1996년 프랑스의 한 연구진은 **그림 17.3**에 나와 있듯이 곰팡이에 아주 쉽게 감염되는 돌연변이 초파리를 동정하게 된다. 그림 17.3의 사진에 있는 초파리는 톨(*Toll*)이라고 하는 단백질이 결핍되어 있는데, 1996년 이전에는 톨 단백질은 초파리 배아(embryo)에서 등배("상-하") 극성[dorsoventral (top-bottom) polarity]의 정상 발생에 필수적인 것으로 알려져 있었다. 실제로 "톨"은 독일어로 "괴상 야릇한(weird)"이란 의미로서, 제 기능을 갖는 *Toll* 유전자가 결핍된 초파리 배아의 외형이 뒤죽박죽인 것을 표현하고 있다. 따라서, 1996년 이후부터 초파리에서 톨은 두 가지 기능을 하는 것으로 보인다, 즉 배아 극성의 조절자로서 그리고 감염에 대한 면역을 촉진하는 인자로서의 역할이다.

이러한 발견에 따라, 과학자들이 다른 고등동물에서도 톨 단백질과 유사한 기능을 하는 단백질을 찾기 시작하였으며, 결국 톨 단백질과 구조적으로 유사한 톨-유사 수용체(Toll-like receptor, TLR)를 발견하였다. 그 결과, 사람의 TLR 집단(family)에 속하는 서로 다른 형태의 TLR은 적어도 10개 이상으로 알려져 있으며, 각각의 TLR은 세포표면 또는 엔도솜(리소솜) 막에 위치하고 있는 내재단백질

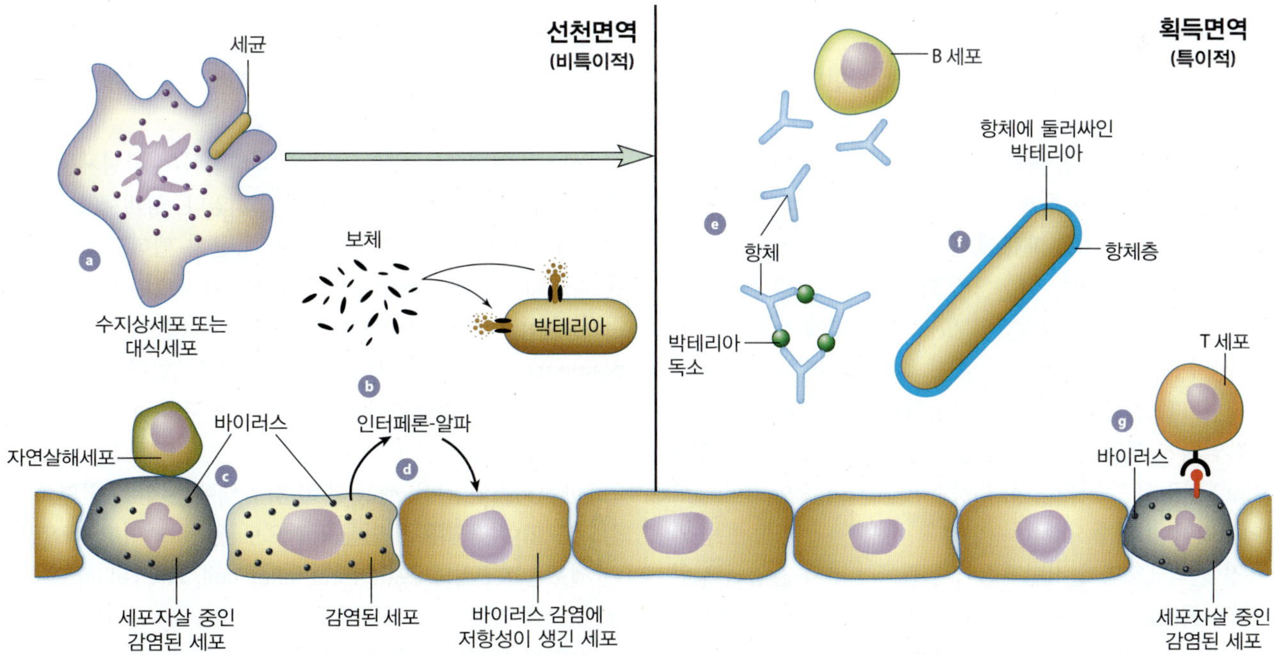

그림 17.2 면역계가 침투한 감염체를 제거하는 주요 기작. 왼쪽 그림은 감염체 침입시 선천면역의 주요 기작을 나타낸다. (*a*) 식세포작용, (*b*) 보체에 의한 박테리아 파괴, (*c*) 자연살해세포(natural killer cell, NK cell)에 의한 감염체에 감염된 숙주세포의 세포자살 유도, (*d*) 인터페론-알파(interferon α, IFN-α)에 의한 숙주세포의 바이러스 저항성 유도. 오른쪽 그림은 감염체 침입시 획득면역의 주요 기작을 나타낸다. (*e*) 세균 독소를 중성화시키는 항체를 생산하는 B 세포, (*f*) 항체로 둘러싸인 박테리아 [옵소닌 작용(opsonization): 식세포작용이나 보체-유도성 세포 파괴를 용이하게 하기 위해 세포표면을 항체나 보체로 둘러싸는 현상], (*g*) 활성화된 세포독성 T 림프구(cytotoxic T lymphocyte)에 의해 감염된 세포에 유도되는 세포자살. 선천면역반응과 획득면역반응은 서로 상호작용을 한다(초록색 수평 화살표). 그 이유는, 감염체를 식세포작용으로 포식한 대식세포는 외부 항원을 특정 T 세포에 전달해 주고, 활성화된 T 세포는 B 세포의 특정 항원 분비를 촉진하기 때문이다. 또한 자연살해세포도 T 세포 활성에 영향을 주는 물질인 인터페론-감마를 생산하여 분비한다.

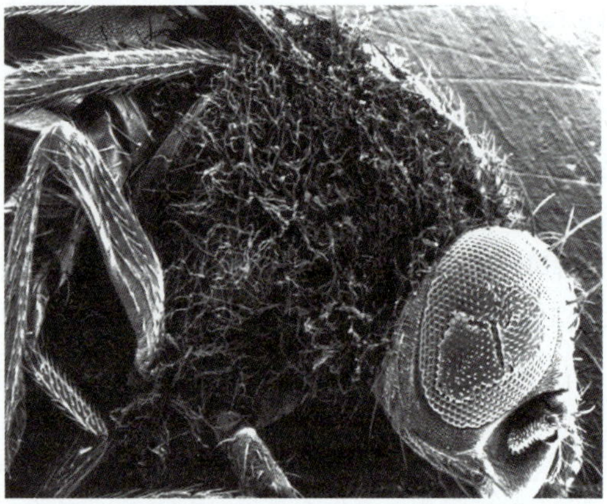

그림 17.3 곰팡이 감염에 감수성을 보이는 톨 단백질 돌연변이 노랑초파리의 주사전자현미경 사진. 발아하는 곰팡이의 균사가 초파리 몸을 덮고 있다. 이 개체는 제기능을 수행하는 톨 유전자가 결손되어 있기 때문에 곰팡이 감염에 대해 민감하다.

출처: Bruno Lemaitre et al., *Cell* 86:978, 1996에서 발췌. Jules A. Hoffmann 제공, Elsevier의 허가를 얻음.

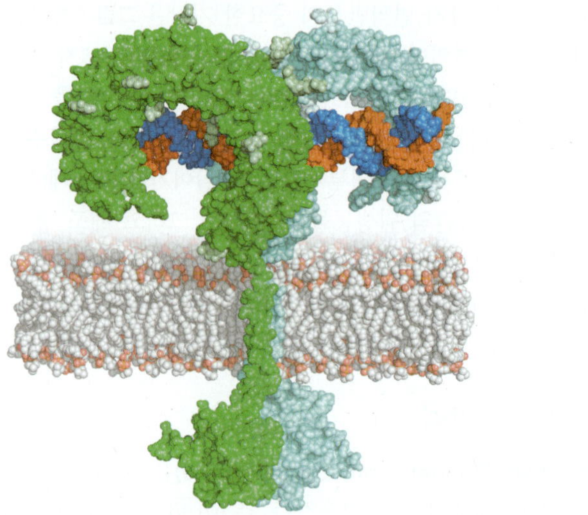

그림 17.4 톨-유사 수용체의 일종인 TLR3와 2중가닥 RNA(dsRNA)의 결합 모식도. TLR의 세포외 영역 중 외부 리간드-결합 부위는 큰 곡선 표면으로 이루어져 있으며, 주로 많은 류신 잔기가 반복되어 구성되어 있어 구조적 유연성을 갖게 한다. 이 모식도는 2중가닥 RNA (파란색 과 주황색) 리간드가 TLR3 동형2합체(초록색과 남색)와 결합되어 있는 상태를 나타낸다. 이러한 방식으로 TLR3는 2중가닥 RNA와 결합하여, 외부에서 유래한 핵산 분자가 생체 내로 침입하였다는 신호를 세포 내로 전달한다.

출처: Lin Liu et al., David R. Davies 제공, *Science* 320:381에서 발췌. AAAS의 허가를 얻음.

(integral membrane protein)이다. 또한 각각의 TLR은 서로 다른 분자 패턴을 인식한다. 즉 박테리아의 세포벽을 구성하는 지질다당류(lipopolysaccharide) 또는 펩티도글리칸(peptidoglycan) 성분을 인식하는 것도 있으며, 박테리아의 편모에서 발견되는 플라젤린(flagellin) 단백질, 복제하는 바이러스의 특징인 2중가닥 RNA, 박테리아 DNA의 특징인 메틸화가 되어 있지 않은 CpG 디뉴클레오티드 등을 인식하는 TLR 등이 있다. **그림 17.4**에는 2중가닥 RNA 리간드와 결합하는 TLR의 분자 모형이 묘사되어 있다.

감염체에서 유래된 특정 분자가 식세포에서 발현되는 TLR에 의해 인식되면, 식세포작용이 일어나고 TLR 신호에 의해 신호다단계반응(cascade)이 개시된다, 이 후 획득 면역계의 세포 활성화를 포함한 다양한 방어적인 면역반응이 유도된다(그림 17.2의 초록색 수평 화살표로 나타냈음). 이러한 이유 때문에, 많은 제약사들이 C형 간염바이러스와 같이 난치성 감염에 대해 신체 반응을 증진시킬 목적으로 TLR을 활성화시키는 약들을 개발하고 있다. 1997년에 사용이 승인되어 생식기 사마귀를 비롯한 다양한 피부 질환에 처방되는 알다라(Aldara)는, 후에 TLR을 활성화시켜 작용한다는 것이 밝혀졌다.

침투한 감염체에 대한 선천면역반응은 보통 감염된 부위에 **염증(inflammation)** 과정이 수반되는데, 염증은 신체가 필요한 부위에서 신체의 방어수단들을 집중시키는 수단으로 사용된다. 염증 반응의 초기에는 특정 면역세포와 혈장단백질이 혈관에서 나와 감염된 부위로 이동하게 된다(제11장 <인간 질병과의 연관성> 참조). 염증이 일어난 부위는 국소적인 발적(redness), 부종(swelling), 발열(fever)이 수반된다. 염증 반응이 일어나는 동안, 혈관내 식세포들은 감염부위에서 방출된 화학물질(주화성물질, chemoattractant)에 반응하여 감염부위로 이동한다(13.12 참조). 일단 감염부위에 도달하게 되면, 이들 식세포는 감염체를 인식하고 포식하여 파괴한다(그림 17.2*a*). 염증은 항상 우리 몸에 유익한 것은 아니며, 마치 양날을 가진 칼과 같다. 즉, 국소적 염증반응은 침투한 감염체에 대해 신체를 보호하지만, 염증 반응이 전신성으로 발전되거나, 적절한 시기에 종료되지 않으면 신체의 정상적인 조직에 손상을 주는 만성질환이 될 수 있다. 따라서, 염증반응의 적절한 조절이 필요하지만, 친염증(pro-inflammatory)과 항염증(anti-inflammatory) 활성 사이의 평형을 이루는 기작에 대해서는 아직 잘 알려져 있지 않다.

선천면역계에는 세포 외부에서 서식하는 감염체를 공격하기 위한 다수의 다른 면역기작들을 갖추고 있다. 상피세포와 림프구는 디펜신(defensin)이라고 하는 다양한 항균성 펩티드를 분비하며, 이들은 바이러스, 세균, 곰팡이에 결합하고 세포표면을 공격하여 죽게 만든다. 혈액 내에도 감염체와 결합하여 이들을 파괴시키는 **보체(complement)**라고 하는 수용성 단백질들이 존재한다. 즉, 혈액 내에 보체가 활성화되면, 박테리아의 원형질막에 구멍을 뚫어 세포를 용해하여 죽게 만든다(그림 17.2*b*).

바이러스와 같은 세포 내의 감염체에 대한 선천면역반응은 1차적으로 이미 감염된 세포를 표적으로 삼는다. 어떤 바이러스에 감염된 세포는 **자연살해세포(natural killer cell, NK cell)**라고 하는 면역세포에 의해 인식된다. 이름이 암시하고 있는 것과 같이, 자연살해세포는 감염된 세포의 세포자살을 유도한다(그림 17.2*c*, 15.15 참조). 또한 자연살해세포는 특정한 암세포를 시험관 내에서 죽일 수도 있고(**그림 17.5**), 생체 내에서 암세포가 종양으로 발달하기 전에 파괴하는 역할을 한다. 하지만, 감염이 안 되었거나 암세포가 아닌 정상 세포는 세포표면에 자연살해세포의 공격으로부터 자신을 보호할 수 있는 분자를 발현하여, 이들 세포로부터의 공격을 회피할 수 있다.

또 다른 유형의 선천성 항바이러스반응은 감염된 세포 그 자체

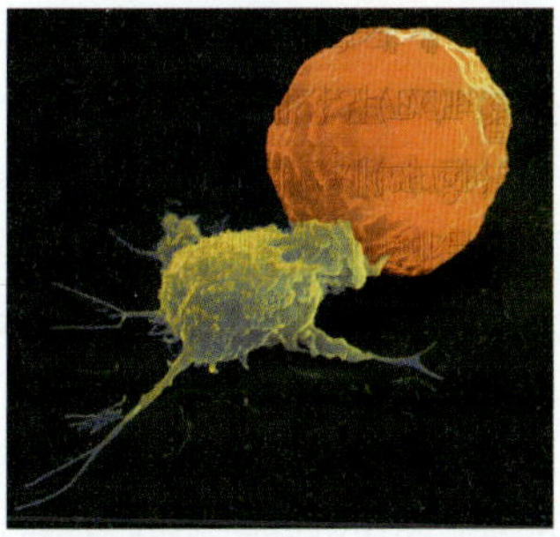

그림 17.5 **선천면역.** 표적세포와 결합한 자연살해세포의 주사전자현미경 사진. 자연살해세포가 표적 세포를 죽이는 방법은 세포독성 T 림프구(cytotoxic T lymphocyte, CTL)가 표적세포를 죽이는 기작과 동일하다(17.4 참조)

출처: Eye of Science / Science Source 제공.

안에서 개시된다. 즉, 바이러스에 감염된 몇몇 세포는 제1형 인터페론(type 1 interferon; IFN-α와 IFN-β)이라고 하는 사이토카인(cytokine)을 생산하여 분비하게 된다. 이때 바이러스에 감염되지 않은 인접 세포는 제1형 인터페론 수용체에 의해 제1형 인터페론에 의한 신호전달이 개시되어 바이러스 감염에 대해 내성을 갖게 된다(그림 17.2*d*). 제1형 인터페론 신호는 세포내 여러 단백질의 인산화를 촉진하고, 결과적으로 바이러스 복제에 필요한 단백질을 만들 수 있는 번역인자 eIF2의 활성을 억제한다(202쪽). 또한 IFN-β의 경우 virus RNA를 표적으로 하는 microRNA를 합성한다.

예일대 교수였으며 지금은 작고한 찰스 제인웨(Charles Janeway)는 "선천 면역계 세포의 도움 없이는 획득 면역계의 활성은 일어나지 않는다"(711쪽)라는 가설을 정립하였다. 실제로 우리 몸의 면역계는 이 가설에 부합한다. 즉, 외부로부터 체내에 침투하는 감염체를 파괴하기 위해서 선천면역계와 획득면역계는 독립적으로 기능을 하는 것이 아니라 긴밀하게 함께 작용한다는 것이다. 다시 말하면, 감염체에 즉각적으로 반응하는 식세포나 자연살해세포와 같은 선천면역계세포들은 훨씬 느리지만 더 특이적인 획득 면역반응을 유도하는데 관여한다.

획득면역반응

선천면역반응과 다르게, **획득면역반응(adaptive immune response)**은 감염체에 대항하여 공격을 준비하기까지 시간이 필요하다. 또한, 획득면역반응은 매우 특이적이어서 분자구조가 매우 유사한 두 가지의 물질을 구분할 수 있다. 단적인 예로, 홍역을 앓고 난 사람의 혈액 내에는 홍역의 원인이 되는 바이러스를 인식하는 항체는 존재하지만, 홍역(measles)을 일으키는 바이러스와 구조적으로 매우 유사한 볼거리(mumps)를 유발하는 바이러스를 인식하는 항체는 존재하지 않는다. 또한, 획득 면역계는 선천 면역계와 다르게 "기억(memory)" 기능을 갖고 있는데, 이 뜻은 한 번 감염되었던 감염체에 의해 재감염 되었을 때, 또 다시 고통을 받지는 않는다는 것을 의미한다.

모든 동물이 미생물과 기생충에 대한 몇 가지 유형의 선천면역을 갖고 있는 반면에, 획득면역반응은 척추동물만 갖추고 있는 것으로 알려져 있다. 획득 면역을 두 가지 큰 범주로 나누면 다음과 같다:

- **체액성 면역(Humoral immunity)**은 **항체(antibody)**에 의해 수행된다(그림 17.2*e,f*). 항체는 B 세포에 의해 만들어져 분비되며, **면역글로불린 대집단(immunoglobulin superfamily, IgSF)**에 속하는 공 모양의 혈액 유래 단백질이다.
- **세포성 면역(Cell-mediated immunity)**은 특정 면역세포, 특히 T 세포에 의해 수행된다(그림 17.2*g*).

두 가지 유형의 획득면역은 모두 **림프구(lymphocyte)**에 의해 매개된다. 림프구는 혈액과 림프 기관 사이를 순환하는 핵을 가진 백혈구(leukocyte, white blood cell)이다. 체액성 면역은 **B 림프구[B lymphocyte, 또는 B 세포(B cell)]**에 의해 매개되는데, 활성화되면 항체를 분비하는 형질 세포(plasma cell)로 분화한다. 항체는 일차적으로 세포나 물질의 바깥쪽에 나와 있는 부분을 인식한다. 즉, 박테리아 세포벽 구성성분인 단백질과 탄수화물, 세균의 독소, 바이러스 외피 단백질 등을 인식한다. 특정 항체의 경우는 세균의 독소 또는 바이러스 표면 단백질에 결합할 수 있어서, 독소나 바이러스가 표적세포 또는 숙주세포에 침투하는 능력을 직접 저해하기도 한다(그림 17-2*e*). 또한, 어떤 경우에는 항체가 감염체에 결합하여 감염체를 파괴하라는 표지의 기능을 한다. 예를 들어, 항체 분자로 둘러싸인 박테리아(그림 17.2*f*)는 순환계를 순환하고 있는 식세포(phagocyte)의 식세포작용(phagocytosis)에 의해 파괴된다. 만약, 박테리아-항체 복합체가 혈액 내에 존재할 때는 보체(complement)에 의해 신속하게 파괴된다. 하지만 항체는 숙주세포 내에 있는 감염체에 대해서는 그 기능을 못하기 때문에, 두 번째 유형의 무기체계가 필요하다. 세포성 면역(cell-mediated immunity)은 **T 림프구[T lymphocyte, 또는 T 세포(T cell)]**에 의해 수행되는데, 이들이 활성화되면 감염된 세포나 외래의 세포를 특이적으로 인식하여 죽일 수 있다(그림 17.2*g*).

B 세포와 T 세포는 동일한 유형의 전구세포(**조혈 줄기세포,** *hematopoietic stem cell*)로부터 생성되지만, 다른 림프기관에서 서로 다른 경로를 따라서 분화한다. 즉, B 세포는 태아 때는 간(liver)에서 발생하며 태어나서는 골수(bone marrow)에서 분화된다. T 세포는 태아 때부터 가슴샘 선(thymus gland)에서 분화한다. 가슴샘 선은 가슴 부위에 위치한 기관으로 어릴 때 최고 크기가 된다. 이러한 차이점에 의해 세포성 면역과 체액성 면역은 서로 독립적으로 분화한다. 단적인 예로, 감마글로불린 결여증(agammaglobulinemia)은 선천성 면역 결핍증으로 이 질환을 앓고 있는 환자는 체액성 면역반응이 결여되어 있는 반면, 세포성 면역반응은 정상으로 유지된다. 조혈줄기세포에서 일어나는 다양한 면역세포의 분화경로와 그에 따른 면역세포의 종류를 요약한 것은 **그림 17.6**에 나타나 있다. 참고로 T 세포를 제외한 다른 모든 면역세포는 B 세포와 마찬가지로 태아의 간에서 발생하고, 태어나서부터는 골수에서 분화된다.

17.2 B 세포 활성에 적용되는 클론선택가설

어떤 사람이 특정한 바이러스에 감염되거나 외래 물질에 노출되면,

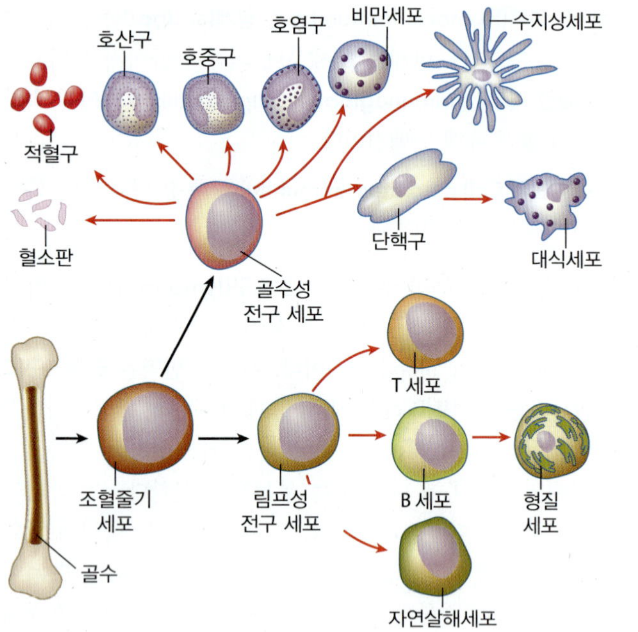

그림 17.6 골수 유래 조혈줄기세포에 의한 면역세포의 분화 과정. 조혈줄기세포는 두 가지 다른 유형의 전구 세포(progenitor cell)를 생성할 수 있다. 골수성(myeloid) 전구 세포는 다양한 혈구 세포[즉, 적혈구, 호염구(basophil), 호중구(neutrophil)], 대식세포(macrophage) 또는 수지상세포(dendritic cell)로 분화한다. 림프성(lymphoid) 전구 세포는 NK 세포, T 세포 또는 B 세포 등 다양한 유형의 림프구로 분화한다. T 세포의 전구세포(early T cell precursor)는 가슴샘으로 이동하여 이곳에서 T 세포로 분화되며, 다른 모든 면역세포는 골수 내에서 분화된다. B 세포와 T 세포의 분화 단계별 전구 세포들은 이들 세포표면에 발현하는 단백질의 유형에 따라 또는 세포 내에 존재하며, 유전자 발현을 조절하는 전사인자에 의해 각각 구분될 수 있다.

곧 그 사람의 혈액에서 외래 물질, 즉 **항원(antigen)**과 반응할 수 있는 항체의 농도가 높아진다. 대부분의 항원은 단백질이거나 탄수화물이지만, 지질이나 핵산도 될 수 있다. '외부의 항원에 노출되었을 때, 신체는 어떻게 항원에 특이적으로 반응하는 항체를 생산할 수 있을까?' 다시 말하면, '항원이 어떻게 획득 면역반응을 유도할 수 있을까?'에 대한 질문이 수십 년 동안 이어져 왔다. 연구 초기에는 어떠한 방법으로든 외래 항원이 B 세포가 항원을 인식하는 항체를 생산하도록 정보를 지시하였다고 생각했었다. 즉, 항원이 항체 분자 주변을 둘러싸서, 항체를 특정 항원과 결합할 수 있는 모양을 만든다고 추측하였다. 이러한 "지시(instructive)" 가설에 따르면, B 세포가 항원과 접촉한 후에 한하여 특정한 항체를 생산할 수 있는 능력을 갖는다는 것이다. 하지만 1955년 덴마크 면역학자인 넬스 예르네(Niels Jerne)는 근본적으로 다른 기작을 제안하였다. 그는 우리 몸에서는 항원에 노출이 되지 않은 상태라도 무작위로 구조화된 항체를 미량 생산한다고 있다는 주장을 하였다. 즉, 여러 가지 다양한 항원을 인식하는 항체들이 우리 몸에서 미리 만들어져 있다가 외부 항원이 인체에 들어왔을 때, 이미 만들어진 항체 중 하나가 외부 항원과 특이적으로 결합할 수 있다는 것이다. 또한, Jerne의 가설에 의하면 사람이 특정 항원에 노출되어 항원이 항원 특이적인 항체와 결합하면, 어떤 방법에 의해 항원 특이적인 항체가 계속 생산된다는 것이다. 결론적으로 Jerne의 가설에 의하면, 외부 항원이 체내에 들어오면, 이미 존재하고 있던 항체들 중에 자신과 결합할 수 있는 항체를 선택한다(*select*)는 것이다. 1957년 호주 면역학자 맥파레인 버넷(MacFarlane Burnett)은 항체의 항원 선택 개념을 확장하여 항체 형성의 포괄적인 가설을 제시하였다. Burnett의 **클론선택가설(clonal selection theory)**은 곧 널리 받아들여지게 되었다. **그림 17.7**은 B 세포의 클론선택 과정 동안 일어나는 과정들의 흐름을 보여주고 있다. 이 과정에 대한 자세한 내용은 이 단락의 후반부에 설명하도록 한다. T 세포의 클론선택에 대해서는 다음 절에 설명되어 있다. B세포 클론선택에 대한 주요 특징은 다음과 같다.

1. ***각각의 B 세포는 한 종류의 항체만을 제작한다.*** B 세포는 일종의 줄기세포에서부터 분화되며, 분화될 때 DNA의 재배열이 일어난다(그림 17.18 참조). DNA 재조합 결과 각각의 B 세포는 오직 한 종류의 항체만을 생산한다(그림 17.7, 1단계). 이때, 수천 가지 이상의 DNA 재배열이 가능하기 때문에, B 세포 각각은 서로 다른 형태를 인식할 수 있는 항체를 생산한다. 따라서 성숙한 B 세포가 현미경에서는 동일하게 보이지만, 이들이 생산하는 항체에 의해 각각의 B 세포는 구분될 수 있다.
2. ***B 세포는 항원에 노출되지 않고도 항체를 생성할 수 있다.*** 사람이 일생 동안에 갖게 될 항체생산세포의 기본적인 전체 목록은 항원에 의해 자극되기 전에 림프조직 안에 이미 존재하며, 외부 항원의 존재와는 무관하다. 즉, 각각의 B 세포는 외부 항원에 노출되기 이전부터 항원-반응부위가 세포의 표면 밖을 향하도록 배열한다. 그 결과, B 세포는 상보적인 구조를 갖는 항원과 특이적으로 결합할 수 있는 항원수용체를 세포표면에 발현시킨다. 사람의 일생 동안 대부분의 B 세포는 한 번도 필요하지 않을 수 있지만, 사람이 노출될 수도 있는 어떤 항원에 대해서 즉시 반응할 수 있도록 준비되어 있다. **그림 17.8**에 예시되어 있는 것과 같이, 서로 다른 종류의 세포막-부착 항체를 각 세포가 발현하고 있다는 것을 실험적으로 보여줄 수 있다.
3. ***항원에 의해 특정 B 세포가 선택된 후에 동일한 항원에 대한 많은 양의 항체 생산이 가능하다.*** 대부분의 경우, 항원에 의한 B 세포의 활성화는 특정 T 세포가 관여해야 한다. 즉, 대부분의 항원은 흉선-의존성 항원(*thymus-independent antigen*)이다. 흉선-의존성 항원에 반응하는 B 세포를 B-2 세포라 하며, 대부분의 B 세포가 여기에 해당된다. 그러나 세균의 세포벽에 있는 다당류와 같은 몇몇 항원은 그 자체로서 B 세포를 활성화시키는데, 이러한 유형의 항원을 흉선-비의존성 항원(*thymus-independent antigen*)이라고 한다. 흉선-의존성 항원에 반응하는 B 세포를 B-1 세포라 한다. 간단하게 설명하기 위해 여기서는 흉선-비의존성 항원에 국한하여 설명한다. 치명적인 수막염(meningitis)을 일으킬 수 있는 캡슐(capsule)을 만드는 박테리아인 헤모필루스 인플루엔자 B형(*Haemaphilus influenzae* type B)에 어떤 사람이 노출되었다고 가정해 보자. 이들 세균의 캡슐은 다당류를 갖고 있고, 이것은 신체에 있는 B 세포의 일부와 결합할 수 있다(그림 17.7, 2단계). 다

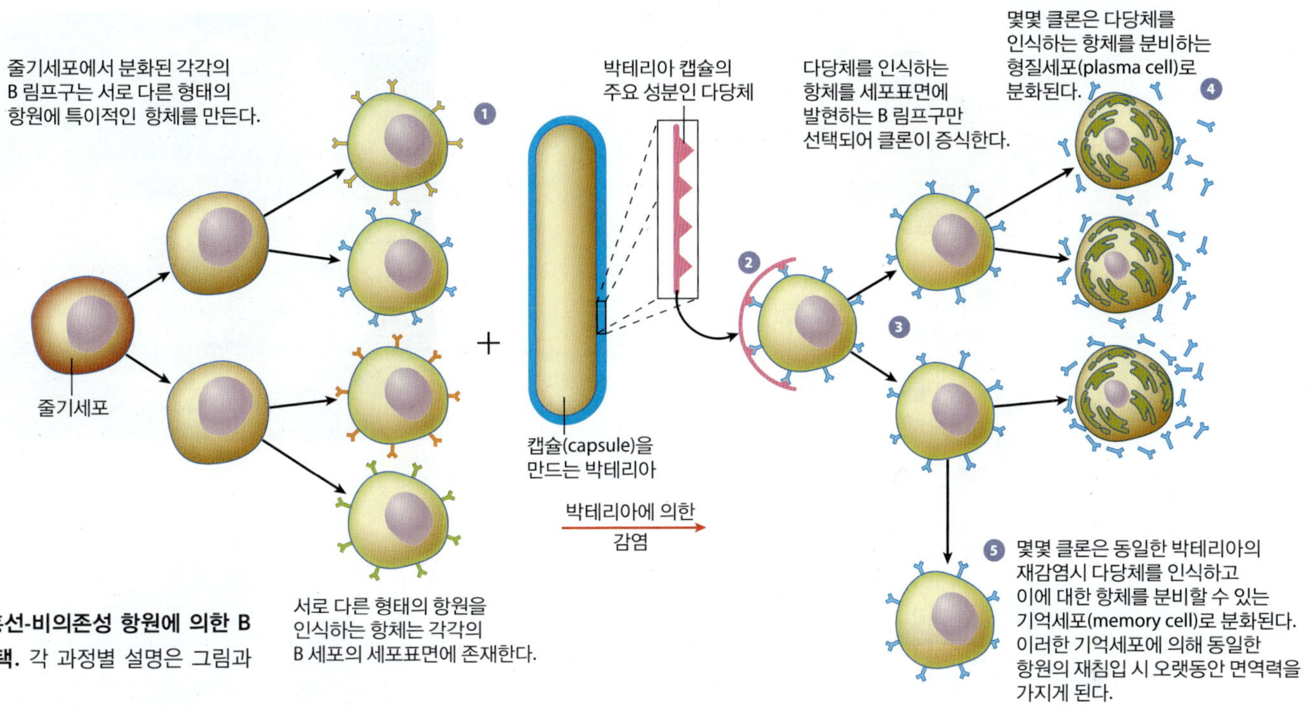

그림 17.7 **흉선-비의존성 항원에 의한 B 세포의 클론 선택.** 각 과정별 설명은 그림과 본문에 있다.

당류와 결합한 B 세포는 막에 결합된 항체를 갖고 있는데, 이 항체에 있는 결합부위가 항원과 특이적인 결합을 할 수 있게 한다. 이러한 방법으로, 항원은 자신과 특이적으로 결합할 수 있는 항체를 생산하는 B 세포를 선택한다. 또한 항원-항체 결합은 B 세포를 활성화시킨다. 이는 B 세포 증식을 유발하며(그림 17.7, 3단계), 유전적으로 100% 동일한 B 세포 클론(*clone*)을 형성하도록 한다. 따라서, 각각의 B 세포 클론은 항원과 특이적을 결합할 수 있는 100% 동일한 항체를 만든다. 이런 활성화된 B 세포들 중 일부는 짧은 수명의 **형질세포(plasma cell)**로 분화하여, 많은 양의 항체를 분비한다(그림 17.7, 4단계). 형질세포는 이들의 전구세포와는 다르게(**그림 17.9a**), 단백질을 합성 및 분비하도록 특수화된 세포의 특징인 조면소포체를 다량 포함하고 있다(그림 17.9*b*).

4. ***면역적 기억은 동일한 항원에 재차 노출되었을 때, 그 항원에 대해 오랜 기간 면역성을 유지하게 한다.*** 항원에 의해 활성화된 모든 B세포가 항체를 분비하는 형질세포로 분화하는 것은 아니다. 일부는 기억 B 세포(*memory B cell*)로서 림프조직에 남게 된다(그림 17.7, 5단계). 기억 B 세포는 시간이 지난 후, 동일한 항원에 재차 노출되었을 때 형질세포보다 좀 더 신속하게 반응할 수 있다. 즉, 동일한 항원에 재차 자극받았을 때, 기억 B 세포의 일부는 형질세포로 신속하게 분열하여 2차 면역반응(*secondary response*)을 일으킨다. 1차 면역반응의 경우 형질세포로 분화하기까지는 며칠이 걸리지만, 2차 면역반응은 수시간 안에 반응이 일어난다(그림 17.13). 또한 형질세포는 항원 자극이 제거된 후 죽게 되지만, 기억 B 세포는 사람의 일생 동안 계속 유지될 수 있다. 단적인 예로 1918년 일어났던 독감 바이러스에 의한 세계적인 전염병(infleuenza pandemic)에서 살아남은 사람들은 90년이 지난 후에도 독감 바이러스(influenza virus)에 대한 기억 B 세포를 가지고 있었다.

5. ***면역관용은 자가항원(self-antigen)에 대한 항체 생산을 억제한다.*** B 세포 또는 T 세포의 분화과정에서는 유전자 재조합이 일어나는데, 이러한 과정은 이후에 자세히 설명하도록 하겠다. 결국 B 세포의 분화과정에서는 항체를 암호화하는 유전자의 DNA 단편을 무작위로 조합시키는 유전자 재조합과정이 일어난다. 그 결과, 이러한 과정이 무작위적이기 때문에 자가항원을 인식하며, 신체 자신의 조직과 반응할 수 있는 항체를 암호화하는 유전자가 항상 생긴다. 이들은 광범위하게 기관을 파괴하기 때문에 이로부터 질병이 유발될 수도 있다. 신체가 **자가항체(autoantibody)**라고 하는 이러한 단백질의 생산을 방지하기 위해 온 힘을 기울이는 것은 당연하다. 따라서, B 세포 분화과정 동안 자가항체를 생산할 수 있는 B 세포는 파괴되거나 불활성화된다. 그 결과 신체는 자기 자신에 대해서 면역관용(*immunologic tolerance*)이 일어나게 된다. 후반부에 나오는 <인체질병과의 연관성>에서 설명된 것처럼, 면역관용 상태가 붕괴되면 면역세포가 오히려 우리 몸을 파괴하는 자가면역질환에 걸리게 된다.

지금까지 설명한 클론선택가설의 몇 가지 원리는 백신 접종에 적용될 수 있다.

17.3 백신 접종

천연두(Small pox)가 매우 만연되어서 두려운 질병 중 하나였던 시대에, 에드워드 제너(Edward Jenner)는 영국의 시골에서 의사로 개업하고 있었다. 수년에 걸쳐 그는 소를 돌보는 하녀들이 일반적으로 이 질병의 위협에 무관하다는 것에 주목하였다. Jenner는 소 젖 짜는 하녀들이 어린 시절에 소에서 유래하지만 인체에 무해한 질병인 우두(cowpox)에 감염되었기 때문에, 이들이 왜 그런지는 모르지만, 천

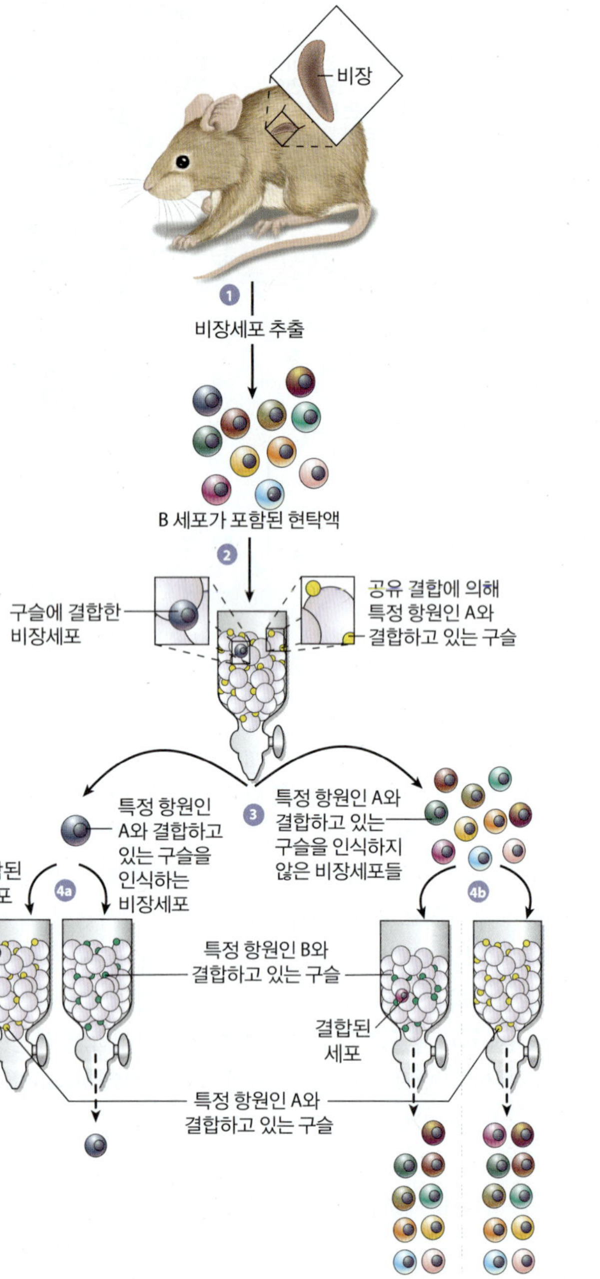

그림 17.8 서로 다른 형태의 항원을 인식하는 항체는 각각의 B 세포의 세포 표면에 존재하며, 이러한 항체의 생산은 항원에 노출되기 이전, 즉 B 세포 분화 과정에서 일어난다는 것을 다음과 같은 실험에서 증명할 수 있다. 이 실험에서, 생쥐 비장에서 B 세포를 추출하였다(1단계). 2단계에서, 추출한 비장세포를 생쥐에 노출된 적이 없었던 특정 항원(항원 A)과 결합된 구슬로 채워진 관(column)에 통과시킨다. 비장세포들 중 아주 적은 수의 세포가 구슬에 결합하고, 대부분의 비장세포들은 관을 직접 통과해 버린다(3단계). 4단계에서, 3단계 실험에서 얻은 비장세포들을 두 가지 다른 관들 중 하나에 통과시킨다. 하나는 특정 항원 A로 피복된 구슬이 있는 관이고, 다른 하나는 생쥐에게 노출된 적이 없는 또 다른 항원(항원 B)과 결합된 구슬로 채워진 관이다. 4*a*단계에서 실험에 사용된 비장세포들은 3단계에서 사용된 구슬을 인식하는 B 세포이다. 이 세포들은 특정 항원 A와 결합한 구슬을 재인식하지만, 항원 B로 결합된 구슬은 인식하지 않는다. 4*b*단계에서 실험에 사용한 비장세포들은 3단계에서 사용된 구슬을 인식하지 않는 B 세포들이다. 이 세포들 중 어떤 B 세포도 항원 A와 결합한 구슬을 인식하지 않지만, 아주 적은 수의 세포들은 항원 B와 결합한 구슬을 인식한다.

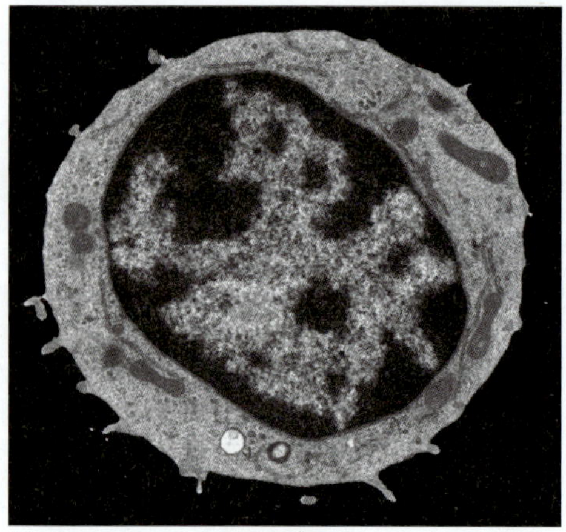
(a)

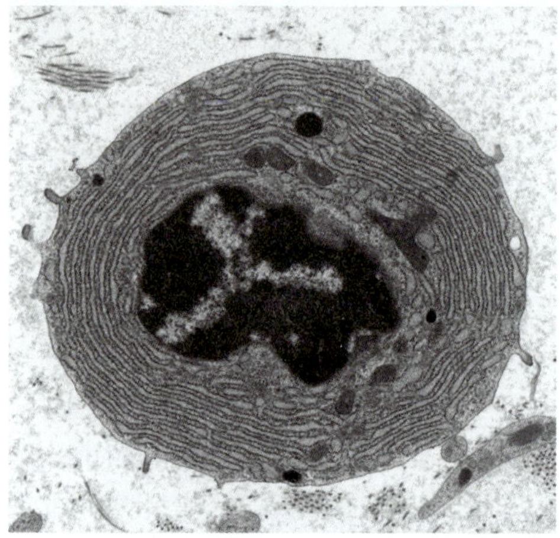
(b)

그림 17.9 특정 항원을 인식하기 전의 B 세포(*a*)와 형질세포(*b*)의 구조 비교. 형질세포는 특정 항원을 인식하기 전의 B 세포보다 더 많은 수의 미토콘드리아와 매우 발달된 조면소포체가 있는 훨씬 더 큰 세포질 구획을 갖고 있다. 이러한 특징은 형질세포가 다량의 항체를 합성한다는 것을 나타낸다.

출처: Steve Gschmeissner/Photo Researchers, Inc. 제공.

연두에 대해 "면역"되었다고 결론을 내렸다. 우두로 인해 생긴 물집은 고름이 가득 찬 천연두 물집과 비슷하였지만, 우두의 물집은 국부적으로 생기고 소멸되어서 감염부위에 흉터로만 남고 더 이상 심각한 질병은 유발하지 않았다.

1796년, Jenner는 지금까지도 회자되는 가장 유명하고 위험하다고 생각되어지는 의학실험을 수행하였다. 그는 먼저 8살된 소년에게 우두 바이러스(cowpox virus)를 감염시키고 회복되기를 기다렸다. 우두 바이러스 접종 6주 후, Jenner는 의도적으로 천연두 바이러스(vaccinia virus)에 의해 감염된 사람의 병변에서 고름을 소년의 피부 밑에 직접 주사하여 소년에게 천연두 바이러스를 감염시켰다. 하지만, 그 소년은 그 치명적인 질환에 대한 증상을 보이지 않았다. 수 년 안에, 수천 명의 사람들이 우두 바이러스를 의도적으로 자신에게 감염시켜서 천연두 바이러스에 대한 면역을 갖게 되었다. 이러한 과정을 소를 의미하는 라틴어인 *vacca*를 인용하여 백신접종(또는 종두법, *vaccination*)이라고 명명하였다.

우두 바이러스에 대한 면역반응이 근연관계가 매우 가까운 천연

두 바이러스에 대해서도 효과적이었기 때문에, Jenner의 실험은 성공적이었다. 현대에 사용하는 대부분의 백신에는 **약독화시킨**(*attenuated*) 미생물이 들어 있다. 이러한 약독화된 미생물은 면역을 촉진시킬 수 있지만, 유전적으로 무기력한 상태가 되었기 때문에 감염성 질병을 일으키지 못한다. 현재 사용되는 대부분의 백신은 파상풍을 일으키는 박테리아와 맞서 싸우기 위해 이용되는 것과 같이 B 세포에 의해 분비되는 항체의 활성을 이용한 백신이다. 파상풍은 혐기성 토양 박테리아인 *Clostridium tetani*에 감염되어 걸리는데, 세균은 상처를 통해 체내로 들어 올 수 있다. 이러한 박테리아는 증식함에 따라서, 강력한 신경독소를 만들며, 이 신경독소는 운동뉴런의 억제성 접합(inhibitory synapse)에 의한 근수축 억제 신호를 방해한다. 이로 인해 근수축이 지속되며 심한 경우 질식사하게 된다. 생후 2개월에, 대부분의 신생아들은 변형되어 인체에 무해한 **파상풍 독소**(*tetanus toxin, toxoid*)를 접종하여 파상풍 박테리아에 대한 면역성을 갖게 된다. 파상풍 박테리아 변성독소가 체내에 접종되면, 특정 B 세포의 표면에 발현되는 항체 분자와 상보적인 결합을 하게 된다. 결국 위에서 언급한 클론선택가설에 의해, 파상풍 박테리아 변성독소를 인식하는 세포표면 항체를 갖는 B 세포만이 증식을 하게 되고, 실제 파상풍 박테리아 독소와 결합할 수 있는 항체를 생산하는 클론 세포를 만든다. 이 항원에 대한 초기 면역반응은 곧 가라앉지만, 다음에 진짜 파상풍 박테리아가 감염되면 빠르게 반응할 수 있는 기억세포를 갖게 된다. 대부분의 백신 접종과는 다르게, 파상풍 박테리아 독소에 대한 면역은 일생 동안 지속되지 않기 때문에, 매 10년 주기로 재접종을 해야 한다. 재접종 주사에는 처음 접종과 동일한 단백질이 있어서 기억세포를 추가로 생산하도록 자극한다. 만약 어떤 사람이 파상풍에 걸릴 가능성이 있는 상처를 입었는데 전에 재접종을 받았는지를 기억하지 못한다면 어떻게 해야 하는가? 이러한 경우에는, 그 사람에게 파상풍 박테리아의 독소와 결합할 수 있는 항체를 주사하는 **수동면역**(*passive immunization*) 방법을 선택하여야 할 것이다. 하지만 수동 면역은 짧은 기간 동안에만 효과적이기 때문에 추후의 감염에 대해서는 접종자를 보호해주지 못한다.

17.4 T 세포 활성 과정과 기능

T 세포도 B 세포처럼 클론선택과정에 의해 특정 T 세포의 활성이 일어난다. T 세포는 세포표면에 발현하는 **T 세포 수용체(T cell receptor, TCR)**를 가지고 있어서, 이를 이용하여 특정 항원을 인식한다. B 세포의 수용체로 작용하는 세포표면 항체(B cell receptor, BCR)와 같이, 각각의 T 세포는 서로 다른 항원을 인식하는 T 세포 수용체를 가지고 있다. 성숙한 사람은 전체적으로 대략 10^{12}개의 T 세포를 지니고 있으며, 이 중 10^7가지 이상의 서로 다른 항원을 인식할 수 있다.

B 세포는 자기 자신이 BCR에 의해 항원을 직접 인식하는 반면에, T 세포는 **항원제시세포(antigen-presenting cell, APC)**라고 하는 세포의 표면에서 제시하는 항원의 일부분에 의해 활성화된다. 간세포나 신장세포가 바이러스에 감염되면, 어떤 일이 일어날지에 대해 생각해 보자. 감염된 세포는 세포표면에 바이러스 단백질의 단편을 제시하여(그림 17.24 참조), 감염된 세포가 적절한 T 세포 수용체를 갖고 있는 T 세포와의 결합을 가능하게 한다. 이러한 바이러스 항원 제시의 결과로, 면역계는 특정한 감염체가 침투하였다는 경고를 받게 된다. 항원제시과정은 이 장의 후반부에 자세히 설명되어 있으며, <역사적 실험>에서 다루는 주제이기도 하다.

모든 감염된 세포는 T 세포를 활성화하는 APC로 작용하는 반면에, 어떤 유형의 "전문적(professional)" 항원제시세포는 그 기능이 특화되어 있다. **수지상세포(dendritic cell, DC)**와 대식세포가 전문적 항원제시세포에 해당된다(**그림 17.10**). 지금부터 수지상세포에 초점을 맞추어 설명할 것인데, 수지상세포는 1970년대 초반 록펠러대학교(Rockefeller University)의 랄프 스타인만(Ralph Steinman)에 의해 처음 발견되어 특성이 규명되었고, 흔히 면역계의 "보초병(sentinel)"으로 표현된다. 이런 칭호를 갖게 된 것은 감염체가 침투하기 쉬운 신체의 말초조직(즉, 피부나 기도)에서 수지상세포가 "보초를 서고 있기" 때문이다. 수지상세포는 실제로 모든 유형의 감염체를 인식할 수 있는 아주 다양한 수용체를 갖고 있다. 이러한 특징에 의해 수지상세포는 대표적인 선천면역계 세포이다(711쪽 참조). 수지상세포의 가장 중요한 기능은 외부 항원을 인식하여 획득 면역계 세포를 활성화시키는 것이다.

신체의 말초조직에 존재할 때, 미성숙한 수지상세포는 미생물 및 기타 외래 물질을 인식하여 식세포작용으로 포식한다. 일단 미생물이 수지상세포 안으로 들어오게 되면, 미생물 구성성분이 다른 세포에게 제시되기

(a) (b)

그림 17.10 전문적 항원제시세포. (*a*) 쿠퍼 세포(Kupffer cell, 간내 대식세포)의 착색주사전자현미경 사진. 쿠퍼 세포가 간의 굴맥관(sinusoidal vessel)을 이루는 내피 조직의 구멍을 통과하고 있다. 쿠퍼 세포는 오래된 적혈구와 감염체를 식세포작용에 의해 제거하며, 상처 부위나 감염부위로 모여든다. (*b*) 수지상세포의 착색주사전자현미경 사진. 수지상세포는 기다란 세포질(또는 수지상) 돌기를 가진 불규칙한 모양의 세포이다.

출처: (a) Thomas Deerinck (NCMIR, University of California, San Diego) 제공; (b) David Scharf/Photp researchers, Inc. 제공.

전에 먼저 가공되어야 한다. 항원가공과정은 포식한 물질을 세포 기질에서 효소에 의해 단편으로 만들고, 그 단편을 세포표면으로 이동시키는 것이다(그림 17.23 참조). 항원을 가공한 수지상세포는 림프절 근처로 이동하고, 그곳에서 성숙한 항원제시세포로 분화한다. 일단 림프절 안으로 들어가면 수지상세포는 다양한 T 세포와 접촉하게 되는데, 이들 중에는 가공된 외래 항원과 특이적으로 결합할 수 있는 T 세포 수용체를 가지고 있는 소수의 T 세포를 만나게 되면, 수지상세포는 이들 T 세포를 활성화시킨다. 이러한 수지상세포-T 세포 사이의 동적인 상호작용은 형광으로 표지된 각각의 살아있는 세포를 림프절 조직에 주입시키고, 림프절 내에서 이동하는 세포들을 형광현미경에 의해 관찰할 때 알 수 있다(**그림 17.11**). 항원이 없을 때, 림프절 조직에 주입된 수지상세포는 500~5,000개 사이의 서로 다른 T 세포와 일시적으로 상호작용을 할 수 있지만, 단지 수분 동안만 각각의 T 세포와 접촉한다(그림 17.11). 반대로, 특정 T 세포의 TCR이 특이적으로 인식하는 항원을 수지상세포가 제시하였을 때, 두 세포 사이의 상호작용이 수시간 지속되는 것을 알 수 있으며, T 세포가 활성화될 때, T 세포의 세포질내 Ca^{2+} 농도가 일시적으로 증가하는 것을 알 수 있다.

일단 활성화된 T 세포는 증식하여 동일한 T 세포 수용체를 갖는 T 세포 클론을 형성한다. 활성화된 T 세포 하나는 며칠 동안 하루에 3~4번씩 분열할 수 있는 것으로 추정되어, 외부 항원과 상호작용을 할 수 있는 엄청나게 큰 T 세포 집단을 형성한다. 감염에 대한 반응으로 특정한 T 세포가 대규모로 증식하면, 흔히 림프절이 국소적으로 비대해지는 것으로 나타난다. 그 후 외래 항원이 제거되면, 늘어난 T 세포 집단의 거의 대부분은 세포사멸로 죽게 되고, 이후에 동일한 감염체에 다시 접촉되는 경우에 신속히 반응할 수 있는 기억 T 세포가 상대적으로 적은 집단으로 형성되어 남게 된다.

항체를 분비하는 B 세포와 다르게, T 세포는 다른 세포들, 즉 B 세포, 다른 T 세포, 신체의 모든 곳에 존재하는 표적세포 등과 직접적인 상호작용을 통하여 자신에게 주어진 기능을 수행한다. 이러한 세포-세포 간 상호작용은 다른 세포의 활성화, 불활성화 또는 세포사멸을 일으킬 수도 있다. T 세포와 다른 세포와의 직접적인 접촉 이외에도, 많은 T 세포는 **사이토카인(cytokine)**을 분비하여 세포의 활성을 조절하기도 하는데, 사이토카인은 아주 낮은 농도에서도 작용할 수 있는 대단히 활성형인 화학전령자이다. 사이토카인은 아주 다양한 세포에 의해 생산되는 작은 분자량의 단백질로서, 인터페론(interferon, IFN), 인터루킨(interleukin, IL), 종양괴사인자(tumor necrosis factor, TNF) 등이 이에 포함된다. 사이토카인은 표적세포의 표면에서 발현하는 특정한 수용체와 결합하여 세포의 활성을 변화시키는 세포 내부 신호를 생성한다. 사이토카인에 반응하여, 표적세포는 분열을 준비할 수도 있고 분화를 할 수도 있으며 자신의 사이토카인을 분비할 수도 있다. 케모카인(Chemokine)이라고 하는 사이토카인의 한 종류는 주로 염증조직으로 면역세포의 이동을 촉진시켜 주는 주화성물질(chemoattractant)로서 작용한다. 서로 다른 유형의 림프구나 식세포는 다른 종류의 케모카인에 대해 작용하는 수용체를 갖고 있기 때문에, 각각의 면역세포의 이동은 특정 케모카인에 의해 조절된다. 가장 많이 연구된 일부 사이토카인을 표 17.1에 열거하였다.

T 세포는 세포표면 단백질 및 생물학적 기능에 따라 세 가지 주요 T 세포군으로 다시 구분할 수 있다.

1. ***세포독성 T 림프구(Cytotoxic T lymphocyte, CTL)***는 신체의 비

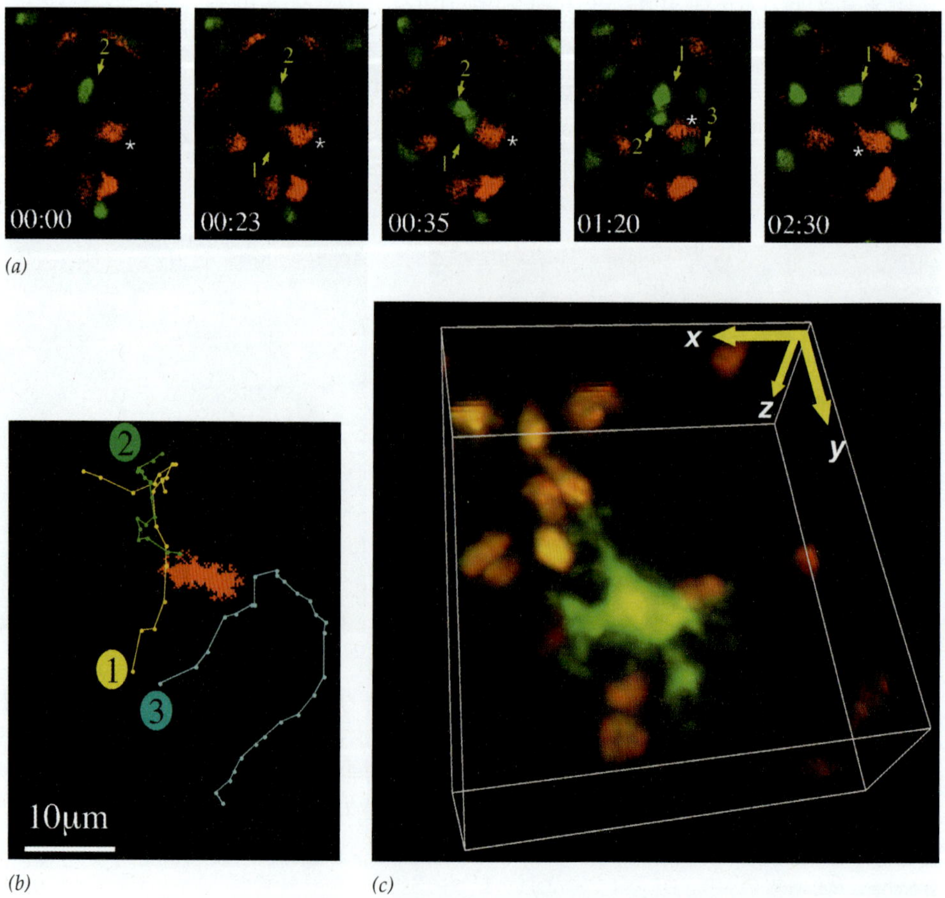

그림 17.11 림프절 내에서 DC와 T 세포의 상호작용을 라이브 셀 이미징으로 분석한 그림. T 세포는 신체 안의 림프절 사이를 이동한다. T 세포가 림프절로 들어갈 때, 이들과 접촉하게 되는 DC에 의해 T 세포표면을 검사 받게 된다. (a) 형광 표지된 다수의 T 세포(초록색과 숫자로 표시한 세포)가 림프절 안에서 돌아다니며, 각각의 DC(빨간색과 별표로 표시한 세포)와 2.5분 이상 접촉하는 것을 볼 수 있다. (b) 앞의 (a)에 제시되어 있는 3개의 표지된 T 세포와 별표로 표시된 DC가 이동한 궤적. (c) 림프절 안에서 1개의 DC 세포(초록색)가 다수의 T 세포(빨간색)들과 접촉하는 것을 3차원으로 도식화하였다. 세포들 사이의 접촉은 역동적이어서 수십 초 사이에 크기가 신속하게 변화한다.

출처: (a, b) Philippe Bousso and Ellen Robey, *Nature Immunol.* 4:581, 2003. Macmillan Publishers Ltd.의 허가를 얻음; (c) Mark J. Miller et al., *Proc. Nat'l. Acad. Sci. U.S.A.* 101:1002, 2004, Michael D. Cahalan 제공, National Academy of Sciences, U.S.A의 허가를 얻음.

표 17.1 선별된 사이토카인의 특성

사이토카인	생산하는 세포	주요 기능
IL-1	다양한 세포에서 분비	염증 유도, 보조 T 세포 증식 촉진
IL-2	보조 T 세포(T_H cell)	보조 T 세포와 B 세포 증식 촉진
IL-4	T 세포	B 세포에서 IgM로부터 IgG로 클래스 전환 유도, 염증 유도 사이토카인 활성 억제
IL-5	보조 T 세포(T_H cell)	B 세포 분화 촉진
IL-10	T 세포, 대식세포	대식세포 기능 저해, 염증 유도 사이토카인 활성 억제
IFN-γ	보조 T 세포(T_H cell), 세포독성 T 세포(Tc cell)	항원제시세포의 MHC 발현 증진, NK 세포 활성화
TNF-α	다양한 세포에서 분비	염증 유도, 대식세포의 일산화질소(NO) 생성 활성화
GM-CSF	보조 T 세포($_H$h cell), 세포독성 T 세포(Tc cell)	과립백혈구(granulocyte)와 대식세포의 성장 및 증식 촉진

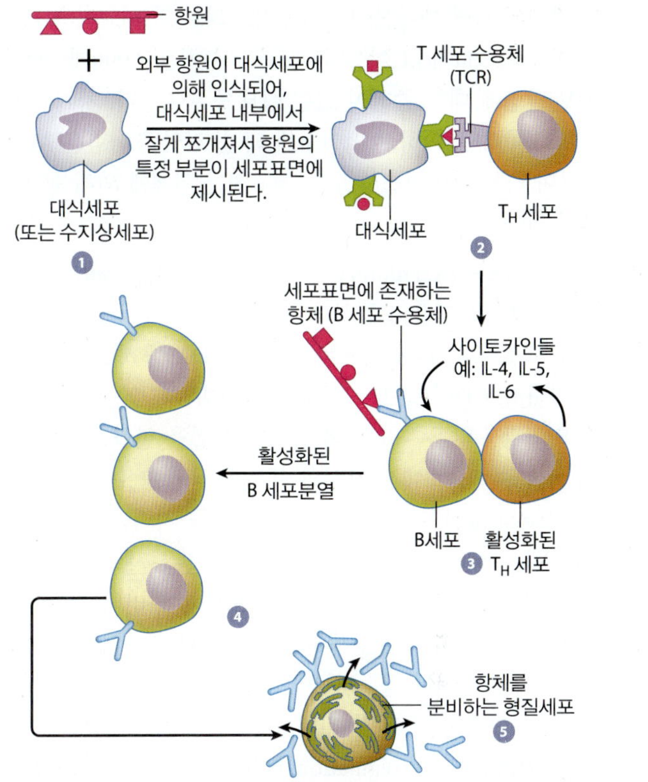

그림 17.12 T_H 세포가 B 세포의 항체 형성에 미치는 영향. 1단계에서, 대식세포가 외부 항원을 인식한다. 대식세포는 항원을 포식하여 단편으로 자르고, 그 단편을 세포표면에 제시한다. 2단계에서, 대식세포는 T_H 세포와 상호작용을 하는데, T_H 세포의 TCR이 제시된 항원 단편들 중 하나를 인식한다(초록색 막단백질은 MHC 분자임). 이러한 상호작용은 T 세포를 활성화시킨다. 3단계에서, 활성화된 T_H 세포가 B 세포와 상호작용을 한다. B세포의 항원 수용체(BCR)는 이미 수용성이며 온전한(쪼개지지 않은) 외부 항원을 인식한 상태이다. 이때, B 세포는 T_H 세포가 방출한 사이토카인(예: IL-4, IL-5, IL-6)에 의해 활성화되어 B 세포가 증식하게 된다(4단계). 활성화된 B 세포의 클론들은 동일한 항원과 결합할 수 있는 항체를 생성하는 형질세포로 분화된다(5단계).

정상적인 세포를 식별한다. 정상적인 환경에서 CTL은 건강한 세포에는 해를 입히지 않지만, 노화된 세포나 감염된 세포 그리고 악성종양으로 될 가능성이 있는 세포를 공격하여 세포자살을 유도한다. 표적 세포의 세포자살을 유발하는 경로는 두 가지로 알려져 있다. 첫째로, 표적세포를 인식한 CTL은 표적세포를 향해 퍼포린과 그랜자임을 방출한다. 퍼포린(*Perporin*)은 표적세포의 세포막 안에서 조립되어 세포막과 세포질 사이의 통로를 형성하는 단백질이다. 그랜자임(*Granzyme*)은 퍼포린 통로를 통해 세포 안으로 들어가는 단백질 분해효소로서, 세포자살을 개시하는 단백질 분해효소인 카스파아제(caspase)를 활성화시킨다(15.15 참조). 두 번째 경로는, CTL이 표적 세포표면에 있는 수용체와 결합하여, 그림 15.36과 유사한 표적 세포의 세포자살경로를 활성화시킨다. 또한, CTL은 바이러스, 몇몇 박테리아, 효모, 원생동물, 기생충과 같이 감염되어 숙주세포의 세포질에 숨어 있어, 항체가 접근할 수 없는 상태의 숙주세포를 인식하여 세포사멸을 유도함으로써, 이러한 감염체가 다른 숙주세포에 기생할 수 없게 한다. CTL은 세포표면항원군 8(cluster designation 8, CD8)이라고 하는 세포표면 단백질을 특이적으로 발현하여, $CD8^+$ T 세포라고 한다.

2. ***보조 T 림프구(Helper T lymphocyte, T_H cell)***는 특정한 감염체에 대해 조직적인 공격을 하기 위해 사이토카인을 분비하여 다른 면역세포를 활성을 조절한다. T_H 세포는 세포표면에 CD8 대신에 CD4를 발현하고 있어 CTL과 구분된다.[1] T_H 세포는 그림 17.12에 나와 있는 것과 같이 수지상세포 및 대식세포와 같은 전문적 항원제시세포에 의해 활성화된다. 이것은 후천면역반응을 개시하는 데 있어서 제일 먼저 일어나 가장 중요한 단계들 중 하나이다. B 세포가 성숙하여 항체-분비 형질세포로 분화하기 전에, 거의 모든 B 세포는 T_H 세포의 도움을 필요로 한다. 세포는 그림 17.12와 그림 17.26에 나타낸 것처럼, 동일한 항원에 대해서 특이적인 T_H세포와 직접 상호작용함으로써 활성화된다. 즉, 항체를 생산하기 위해서는 동일한 항원에 대해 특이적으로 상호작용을 할 수 있는 T 세포와 B 세포가 모두 활성화되어야 한다. 후천성면역결핍증(AIDS)를 일으키는 바이러스인 HIV에 의해 초래되는 대단히 파괴적인 면역결핍 효과를 고려해 보면, T_H 세포의 중요성이 명확해진다. HIV의 숙주세포는 T_H 세포이며, HIV 감염 이후 T_H 세포가 대부분 파괴되면 AIDS가 유발된다. 즉, HIV

[1] T_H 세포는 분비하는 사이토카인에 따라 T_H1, T_H2, T_H17 세포로 분류된다. 대부분의 T_H 세포는 B 세포의 활성을 증진시켜 항체 생산을 도와주지만, 각각의 T_H 세포군은 또한 독특한 역할을 수행하기도 한다. 예를 들어, T_H1 세포는 대식세포의 활성을 증진시키는 사이토카인인 IFN-γ를 생산하여, 대식세포가 세포질내 병원체를 제거하는 데 도움을 준다(제13장의 실험 참조). T_H2 세포는 IL-4를 분비하여 비만세포(mast cell), 호염구(basophil), 호산구(eosinophil)의 활성을 높여주어, 결과적으로 세포 밖에서 사는 병원체(특히, 다세포성 기생충)의 감염으로부터 우리 몸을 보호해 준다. T_H17 세포는 IL-17을 분비함으로써, 상피세포가 식세포를 염증 부위로 이동시키는 것을 증진시키고, 이에 따라 세포 밖에서 사는 박테리아나 곰팡이의 염증부위내 침입을 막는 역할을 한다. 또한, 몇몇 자가면역질환은 T_H17 세포의 활성에 의해 일어나는 것으로 알려져 있다. 이러한 세 종류의 T_H 세포는 공통 전구세포 단계에서 어떤 특정 사이토카인에 노출되었냐에 따라 그 운명이 달라지는데, 그 이유는 특정 사이토카인이 각 T_H 세포에 필수적인 전사인자(master transcription factor)를 발현시키기 때문이다(6.10 참조).

에 감염된 사람 대부분에서, T_H 세포의 수가 비교적 높게 유지되는 한 [즉, 500개/μl 이상일 때(정상 수치는 1,000개 이상/μl임)] HIV 감염에 대한 증상이 없는 상태를 유지한다. 하지만 이 수치가 약 200개/μl 이하로 떨어지게 되면, 감염된 사람은 AIDS로 발달하여 다른 바이러스성 또는 세포성 감염체에 의해 쉽게 공격을 받게 된다.

3. ***조절 T 림프구(Regulatory T lymphocyte, T_{Reg} cell)***는 주로 다른 유형의 면역세포들의 증식과 활성을 억제하는 기능을 가지고 있는 T 세포이다. T_{Reg} 세포는 CD4와 CD25를 세포표면에 발현하고 있어서, $CD4^+CD25^+$ T 세포라 불리우며, 염증 반응을 억제하고 면역관용을 유지하는 데 중요한 역할을 한다고 여겨진다. 즉, T_{Reg} 세포는 신체에서 자신의 세포를 공격할 수 있는 자가-반응성(self-reactive) 수용체를 가진 T 세포를 저해함으로써 면역관용을 유지하는 역할을 수행한다. 하지만, T_{Reg} 세포는 면역계가 종양세포들을 제거하는 것을 방해함으로써 우리의 건강에 해롭게 작용할 수도 있다. T_{Reg} 세포가 분화하기 위해서는 FOXP3라는 전사인자의 발현이 필수적이다. 단적인 예로, *FOXP3* 유전자에서 돌연변이가 일어나면 갓 태어난 유아에서부터 치명적인 자가면역질환(Immunodysregulation Polyendocrinopathy Enteropathy X-linked syndrome, IPEX syndrome)이 일어난다. T_{Reg} 세포의 존재는 면역계의 항상성이 촉진성 및 저해성 작용 사이에서 엄격한 균형을 필요로 한다는 것을 직접적으로 증명한다.

17.5 항체의 분자 구조

항체는 B 세포와 활성화된 B 세포인 형질세포(plasma cell)에 의해 생산되는 단백질이다. B 세포 원형질막에서 항체는 항원수용체(BCR)로 작용한다. 반면에, 형질세포는 혈액이나 기타 체액으로 이런 단백질을 분비하는데, 분비된 항체는 신체의 특정한 부위에 침투하는 감염체에 대항하는 신체의 전쟁에서 분자적 무기로 작용한다. 혈액-유래 항체와 바이러스나 세균의 표면에 있는 항원들 사이에 일어나는 상호작용은 감염체가 숙주세포를 감염시킬 수 있는 능력을 중화(neutralization)시킬 수 있으며, 돌아다니는 식세포에 의해 감염체가 포식되어 파괴되는 과정을 용이하게 할 수 있다(opsonization). 종합적으로, 면역계는 신체에 노출될 수도 있는 어떤 유형의 외부 항원과도 결합할 수 있는 수백만 가지 다른 종류의 항체 분자를 생산한다. 면역계는 항체들을 통해 이렇게 커다란 다양성을 나타내지만, 단일 항체 분자는 단 한 가지 또는 몇 가지의 구조적 유사성을 가진 항원만을 인식할 수 있다.

항체는 **면역글로불린**(*immunoglobulin, Ig*)이라고 하는 구형 단백질(globular protein)이다. 면역글로불린은 두 가지 유형의 폴리펩티드 사슬, 즉 커다란 **무거운 사슬(heavy chain**, 분자량 5만~7만 Da)과 작은 **가벼운 사슬(light chain**, 분자량 23,000 Da)로 구성된다. 두 유형의 사슬은 2황화결합(disulfide bond)으로 서로 짝을 이루어 결합되어 있다. 지금까지 인체 내에서는 5가지 종류(class)의 면역글로불린

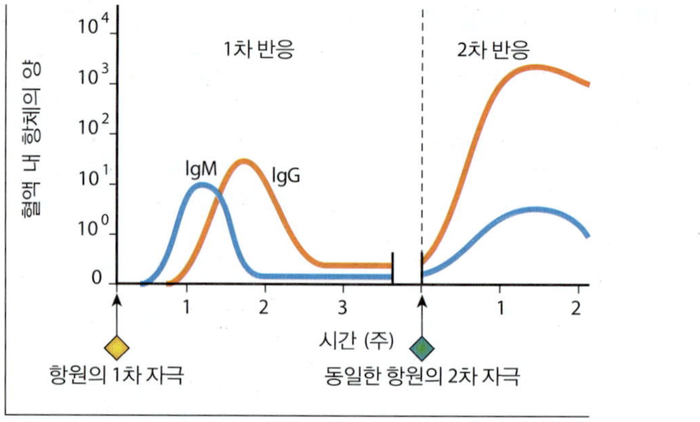

그림 17.13 **1차 및 2차 항체 반응.** 1차 반응은 항원에 처음 노출되어 일어나는 것으로, 먼저 수용성 IgM 항체 분자를 생산하게 되고 이어서 수용성 IgG 항체 분자가 생산된다. 이후에 동일한 항원이 재도입되면 2차 반응이 시작된다. 1차 반응과 다르게, 2차 반응은 IgM 분자와 IgG 분자의 생산이 지연 없이 동시에 일어나며, 혈액 내에서 훨씬 더 높은 농도의 항체가 만들어진다.

(*IgA, IgD, IgE, IgG, IgM*)이 밝혀졌다. 각기 다른 면역글로불린은 외부 항원에 노출되었을 때, 서로 다른 시기에 나타나며 서로 다른 생물학적 기능을 가지고고 있다(표 17.2). IgM 분자는 항원에 의해 자극된 후 몇일이 지난 후에 혈액에서 나타나며, B 세포에 의해 분비되는 첫 번째 항체이다(**그림 17.13**). IgM 분자는 다른 종류의 면역글로불린보다 상대적으로 짧은 반감기를 갖고 있으며(약 5일), 이들이 분비된 후 IgM보다 반감기가 더 긴 IgG 그리고/또는 IgE 분자가 분비된다. IgG 분자는 대부분의 항원에 대한 2차 반응이 일어나는 동안 혈액과 림프절에서 발견되는 주된 항체이다(그림 17.13). IgE 분자는 다수의 기생충 감염에 반응하여 높은 농도로 생산된다. 또한 IgE 분자도 비만세포(mast cell)의 표면에 높은 친화력으로 결합하여, 염증 반응과 알레르기증의 원인이 되는 히스타민 방출을 유도한다. IgA는 호흡기관, 소화기관, 비뇨 생식기관 등의 점막면역계(mucosal immunity)내 분비물에 현저하게 존재하는 항체이다. IgD의 기능은 명확히 알려져 있지 않다.

각각의 면역글로불린 종류(immunoglobulin isotype, 면역글로불린 동종형)는 그 종류를 특징지어 주는 독특한 무거운 사슬을 갖고 있으며, 이에 따라 5종류의 면역글로불린으로 나뉜다(표 17.2),[2] 가벼운 사슬에는 kappa(κ) 사슬과 lamda(λ) 사슬 두 가지 유형이 있으며, 모든 5종류의 면역글로불린은 κ 사슬 또는 λ 사슬과 각각 결합되어 있다. 본문에서는 주로 IgG의 구조에 초점을 맞추어 설명하도록 하겠다. IgG 분자는 **그림 17.14a**에서 보는 것처럼, Y자 모양의 분자를 형성하도록 배열되는데, 동일한 분자량의 가벼운 사슬 2개와 동일한 분자량의 무거운 사슬 2개로 구성되어 있다.

항체 특이성에 대한 원리를 이해하기 위해서는 먼저 많은 수의 각기 다른 항체의 아미노산 서열을 결정하는 것이 필수적이었다. 일반적으로, 아미노산 서열분석의 첫 단계는 연구하려는 특정한 단백질

[2]동일한 동종형(isotype)에서도 무거운 사슬의 구조가 조금씩 다른 형태를 동종이인자형(allotype)이라고 한다. 사람의 IgG는 4개의 서로 다른 동종이인자형(IgG_1, IgG_2, IgG_3, IgG_4)을 가지고 있으며, IgA는 2개의 서로 다른 동종이인자형(IgA_1, IgA_2)을 가지고 있다(그림 17.19 참조). allotype의 구조적 다양성에 대한 설명은 생략하기로 한다.

표 17.2 사람 면역글로불린의 종류

종류	무거운 사슬	가벼운 사슬	분자량 (kDa)	특성
IgA	α	κ 또는 λ	360~720	눈물, 코의 점액, 모유, 창자의 분비액에 존재함
IgD	δ	κ 또는 λ	160	B 세포 원형질막에 존재하지만, 그 기능은 불확실함
IgE	ε	κ 또는 λ	190	비만세포에 결합하여 알레르기반응에 관여하는 히스타민을 방출함
IgG	γ	κ 또는 λ	150	주요한 혈액-유래 수용성 항체이며, 태반을 통과함
IgM	μ	κ 또는 λ	950	B 세포 원형질막에 존재하며, 형질세포가 제일 먼저 분비하는 항체이기 때문에 초기 면역반응에 관여함. 박테리아를 죽이는 보체계를 활성화시킴

을 정제하는 것이다. 하지만 건강한 사람의 혈액으로부터 특정한 항체를 순수 분리하는 것은 불가능한데, 그 이유는 사람이 매우 유사한 구조 때문에 서로 분리할 수 없는 서로 다른 종류의 항체 분자를 다수 만들고 있기 때문이다. 하지만, 다발성 골수종(multiple myeloma)이라는 림프종양을 앓고 있는 환자의 혈액에서는 동일한 구조를 가진 항체가 많은 양으로 발견됨으로써 이 문제가 해결되었다.

제16장에서 설명한 것처럼, 암은 단일클론질환이다. 즉, 종양을 구성하는 세포들은 하나의 불안정한 세포가 증식하여 형성된다. 또한 한 종류의 B 림프구는 한 종류의 항체만 생산하기 때문에, 다발성 골수종 환자는 특정한 항체를 대량으로 생산할 수 있다. 이 항체는 악성으로 변한 특정한 한 종류의 세포에 의해 합성된다. 어떤 환자는 어떤 종류의 항체를 많이 생성하고, 다른 환자는 다른 종류의 항체를 생성한다. 그 결과, 연구자들은 다수의 환자로부터 다양한 항체를 상당한 양으로 분리하여 그들의 아미노산 서열을 비교할 수 있었으며, 이에 의해 항체에 존재하는 중요한 구조가 밝혀지게 되었다. 각각의 가벼운 κ 사슬에서 절반은 모든 κ 사슬에서 항상 잘 보존된 아미노산 서열을 갖고 있는 반면에, 나머지 절반 부분은 환자에 따라서 변이를 보였다. 다른 환자들로부터 유래한 여러 가지 λ 사슬의 아미노산 서열을 비교해 본 결과, 이들도 마찬가지로 잘 보존된 아미노산 서열 부분과 면역글로불린에 따라 변이가 있는 서열부분으로 구성되어 있는 것으로 나타났다. 순수 분리한 IgG의 무거운 사슬도 또한 가변부(variable region, V region)와 불변부(constant region, C region)를 갖고 있다. 이들 IgG 분자 중 하나에 대한 도식적 구조가 그림 17.14*b*에 나타나 있다.

또한 서로 다른 다발성 골수종 환자들로부터 유래된 가벼운 사슬들 각각에서 거의 절반이 가변부(variable region of light chain, V_L)인 반면에, 무거운 사슬에서는 1/4만 가변부(variable region of heavy chain, V_H)이고 나머지 3/4은 모든 IgG에서 불변부(constant region of heavy chain, C_H)라는 사실도 추가적으로 밝혀졌다. 모든 IgG의 C_H는 서로에 대해서 명확히 상동성을 갖고 있는, 길이가 대략 같은 3개의 부분으로 나누어질 수 있다. 이들 상동성인 Ig 단위들이 그림 17.14*b*에서 C_H1, C_H2, C_H3로 표기되어 있다. IgG에 있는 무거운 사슬의 C 부위를 구성하는 3개 부분은(다른 Ig 종류에 있는 무거운 사슬들뿐 아니라 가벼운 κ와 λ 사슬의 C 부위도 포함하여) 진화 과

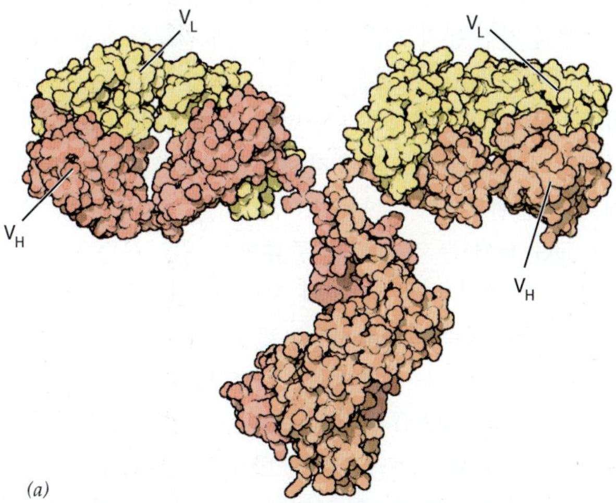

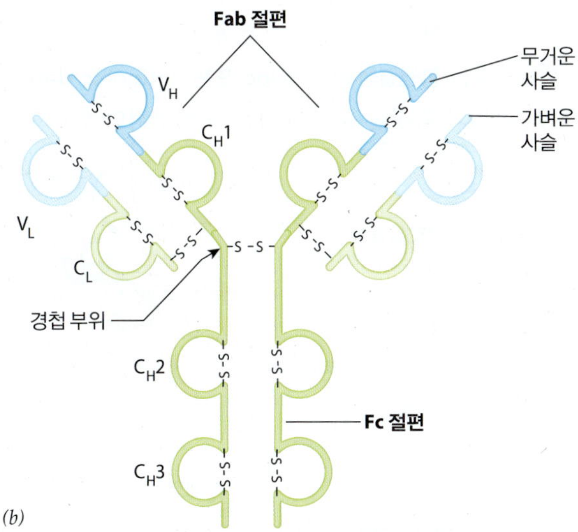

그림 17.14 항체의 구조. (*a*) IgG 분자의 공간충전모형(space-filling model). IgG 분자는 동일한 2개의 가벼운 사슬과 동일한 2개의 무거운 사슬로 이루어져 있다. 즉, 4개의 폴리펩티드 사슬들로 구성되어 있다. 무거운 사슬 중 하나는 주황색으로, 또 다른 하나는 분홍색으로 나타내었고, 2개의 가벼운 사슬은 노란색으로 나타내었다. 각각의 가벼운 사슬에는 2개, 각각의 무거운 사슬에는 4개의 영역이 확실히 구분된다. (*b*) IgG 분자에 있는 영역 구조를 나타내는 도식적 모형. 각각의 Ig 영역에 있는 3차 구조는 2황화결합에 의해 유지된다. 폴리펩티드의 불변부위를 이루는 영역은 'C'자로 표시하였고, 가변부위를 이루는 영역은 'V'자로 표시하였다. 각각의 무거운 사슬은 3개의 C_H 부위 (C_H1, C_H2, C_H3)와 폴리펩티드의 *N*-말단에 하나의 V_H 부위를 지니고 있다. 각각의 가벼운 사슬은 1개의 C_L과 *N*-말단에 1개의 V_L 부위를 지니고 있다. 가벼운 사슬과 무거운 사슬의 가변부위는 항원-결합부위를 형성한다. 따라서, 각각의 Y자 모양의 IgG 분자는 2개의 항원-결합부위를 갖고 있다. IgG 분자에 단백질분해효소(papin)를 적당히 처리하면, 표시된 것과 같이 항원-결합부위를 가지고 있는 Fab 단편 2개와 하나의 Fc 단편을 얻을 수 있다.

출처: David Goodsell (RCSB/PDB) 제공, 2001.

정 동안 약 110개의 아미노산으로 된 Ig 단위를 암호화하는 조상 유전자의 중복(gene duplication)에 의해 생긴 것으로 보인다. 또한 가변부위(V_H 또는 V_L)도 동일한 조상 Ig 단위로부터 진화에 의해 생긴 것으로 생각된다. 즉, IgG의 구조적 분석에 의하면, 가벼운 사슬이나 또는 무거운 사슬에 있는 상동성인 Ig 단위들 각각은 독립적으로 접혀 조밀한 영역을 만들며, 이들은 2황화결합에 의해 연결된다(그림 17.15). 다시 말하면, 완전한 IgG 분자의 각각의 가벼운 사슬영역은 그림 17.14*a*,*b*에서처럼 무거운 사슬과 결합되어 있다. 또한 유전자 분석에 의해 각각의 영역이 자신의 고유한 엑손(exon)에 의해 암호화된다는 것을 알 수 있다.

항체 특이성은 Y자 모양 항체분자에서 각 팔의 말단에 있는 항원-결합부위의 아미노산에 의해 결정된다(그림 17.14). 단일 IgG 분자에 있는 2개의 결합자리는 서로 동일하며, 각각은 가벼운 사슬의 가변부위와 무거운 사슬의 가변부위가 결합하여 형성된다(그림 17.14). 가벼운 사슬과 무거운 사슬을 서로 다른 종류의 조합으로 항체를 조립하면, 사람은 적당한 수의 서로 다른 폴리펩티드로부터 굉장히 다양한 종류의 항체를 만들 수 있다.

면역글로불린 폴리펩티드를 자세히 살펴보면, 가벼운 사슬과 무거운 사슬의 가변부위에는 항체에 따라 변이가 특히 심한 고도가변영역(*hypervariable region, Hv*)이라는 부위가 있다(**그림 17.15**). 가벼운 사슬과 무거운 사슬 모두, 각각의 항체분자 팔의 말단에 병렬적으로 모여 있는 3개의 고도가변영역을 가진다. 고도가변영역은 항원-결합부위의 구조를 형성하는 데 있어서 중요한 역할을 담당하는데, 깊게 갈라진 틈으로부터 좁은 홈이나 또는 비교적 평평한 주머니 모양에 이르기까지 다양한 3차 구조를 이룬다. 고도가변영역의 아미노산 서열 변이는 항체의 항원 특이성의 엄청난 다양성을 설명해 주며, 항체를 가능한 모든 모양의 항원과 결합할 수 있게 해준다.

항체의 결합자리는 **항원결정부(epitope 또는 antigenic determinant)**라고 하는 항원의 특정한 부분에 대하여 상보적인 입체화학적 구조를 갖고 있다. 이들은 서로 딱 들어맞기 때문에 하나씩으로 보면 아주 약한 비공유적인 힘으로만 연결되어 있음에도 불구하고, 항체와 항원은 안정한 복합체를 형성한다. X-선 결정학에 의해 밝혀진, 특정한 항원과 항체 사이의 정확한 상호작용이 **그림 17.16**에 나와 있다. IgG 분자 안에 있는 2개의 경첩부위(hinge region, 그림 17.14)는 항체가 별도의 항원분자 2개와 결합하거나 또는 2개의 동일한 항원 결정부를 가진 분자 2개와 결합하는 데 필요한 유연성을 제공한다.

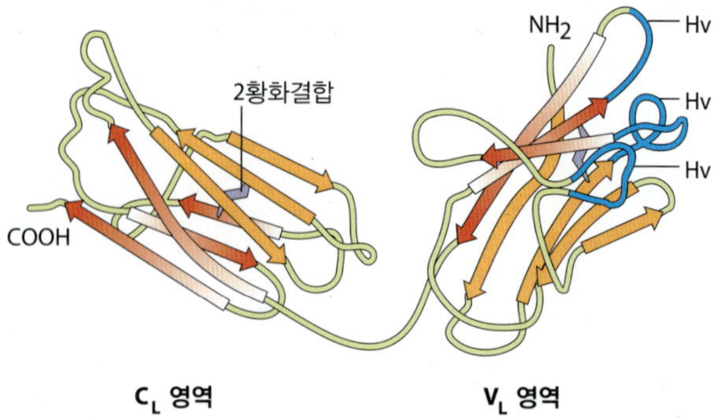

그림 17.15 항체의 영역(Ig 단위). 다발성 골수종 환자의 암화된 B 세포에서 만들어진 사람의 가벼운 λ 사슬의 모식도. 항체 폴리펩티드의 접힘이 일어나서 불변부위와 가변부위가 분리된 영역으로 존재하게 된다. 굵은 화살표는 β 가닥(β strand)을 나타내는데, 이들은 β 병풍구조로 조립된다. 각각의 영역은 2개의 β 병풍구조를 가지며 빨간색과 주황색으로 구분된다. λ 사슬의 고도가변영역(Hv) 단편 3개는 가변부위 영역의 말단에 고리 형태로 구성되어 3차원 구조에서 제일 바깥쪽으로 나와 있으며, 이 부분들이 항원-결합부위의 일부를 구성한다.

출처: Schiffer et al., *Biochemistry* 12:4628, 1973에서 발췌. American Chemical Society의 허가를 얻음.

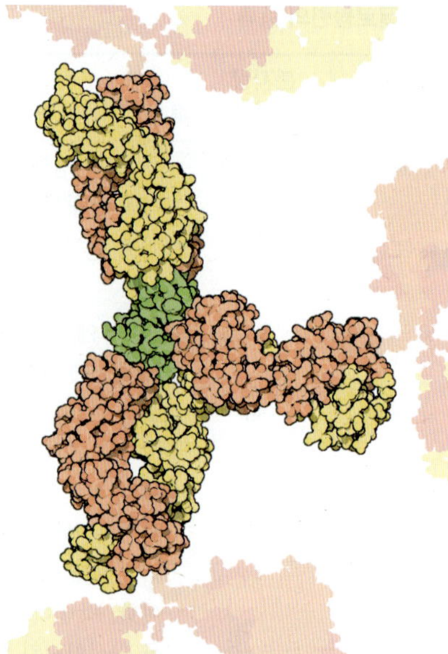

그림 17.16 항체의 항원 인식. 항원으로 작용한 리소자임(초록색)과 3개의 서로 다른 항체 분자의 Fab 단편 사이에 형성된 복합체를 X-선 결정학에 근거하여 해석한 공간충전모형(space-filling model)(그림 17.14 참조). 항체의 무거운 사슬은 주황색, 가벼운 사슬은 노란색으로 나타내었다. 3개의 서로 다른 항체 분자의 Fab 단편 각각은 리소자임의 다른 부분을 인식한다.

출처: David Goodsell (RCSB/PDB) 제공, 2001.

가벼운 사슬과 무거운 사슬의 고도가변영역들은 항체의 항원 결합자리 특이성을 결정하는 반면에, 가변영역의 나머지 부분은 결합자리의 전체적인 구조를 유지하는 골격 역할을 담당한다. 항체 분자에 있는 불변부위도 또한 중요하다. 서로 다른 종류의 항체(IgA, IgD, IgE, IgG, IgM)는 각각 다른 종류의 무거운 사슬을 갖고 있으며, 이들에 있는 불변부위는 길이와 서열이 상당히 다르다. 이러한 차이점은 각각의 동종형(isotype) 항체가 서로 다른 생물학적 기능을 수행할 수 있게 한다. 예를 들면, IgM 분자의 무거운 사슬은 보체계(complement system) 단백질 중 하나와 결합하여 이 단백질군을 활성화시켜서, IgM 분자와 결합한 박테리아를 용해시킨다. IgE 분자의 무거운 사슬은 비만세포의 표면에 있는 특정 항체수용체와 결합하여 히스타민 방출을 유도함으로써 알레르기반응을 매개한다. 이와 대조적으로, IgG 분자의 무거운 사슬은 대식세포나 호중구(neutrophil)의 표면 항체수용체에 특이적으로 결합하여, 이 식세포들이 항체와 결합한 항원을 포식하도록 유도한다. 또한 IgG 분자의 무거운 사슬도 임신기간 동안 어머니의 혈관으로부터 태아의 혈관으로 IgG 분자의 이동을 용이하게 한다. 이 기능은 태어난 신생아에게 감염체에 대해 수동면역(passive immunity)을 갖게 하지만, 적아세포증(erythroblastosis fetalis)이라고 하는 생명을 위협하는 상황을 초래할 수도 있다. 즉, Rh^- 혈액형인 산모가 이전에 임신하여 Rh^+ 표현형(Rh^+/Rh^- 유전형)인 아이를 출산할 경우, 이러한 상황이 일어난다. 첫 번째 아기를 출산할 때 산모는 태아의 Rh 항원에 노출되어 Rh 항원에 대한 항체를 만들게 된다. 그러나 첫 번째로 태어난 아기는 영향을 받지 않는다. 그 후, 두 번째 아기(Rh^+/Rh^- 유전형)를 임신하게 되면, 산모의 혈액에 있는 Rh 항원에 대한 항체가 태아의 혈액순환계로 들어가서 태아의 적혈구를 파괴하게 된다. 이러한 상황에 있는 태아는 출생 전이나 또는 출생 후에 수혈을 해서, 어머니의 항체를 갖고 있는 혈액을 제거해야 한다.

17.6 유전자 재조합에 의한 림프구의 항원수용체 다양성

앞에서 설명한 것처럼, 각각의 IgG 분자는 2개의 가벼운 사슬(L)과 2개의 무거운 사슬(H)로 구성되어 있다. 두 가지 유형의 폴리펩티드는 모두 2개의 뚜렷이 나뉘는 부위, 즉 가변부(V)와 불변부(C)로 구성되어 있다. 가변부는 항체마다 아미노산 서열이 다르고, 불변부는 같은 동종형(isotype) 항체 내에서는 모든 H 사슬이나 L 사슬의 이미노산 서열이 동일하다. 공통되는 아미노산 서열과 독특한 아미노산 서열의 조합으로 이루어진 폴리펩티드를 합성하는 유전적인 원리는 무엇인가?

1965년, 캘리포니아공과대학교(California Institute of Technology)의 윌리암 드레이어(William Dreyer)와 앨라배마대학교(University of Alabama)의 클라우드 베넷(J. Claude Bennett)은 항체 구조를 설명하기 위해 "2유전자-1폴리펩티드" 가설을 제안하였다. 요약하면, Dreyer와 Bennett은 각각의 항체 사슬이 2개의 독립된 유전자들(C 유전자와 V 유전자)에 의해서 암호화되며, 이들 유전자들은 어떤 방법에 의해 합쳐져서 1개의 가벼운 사슬이나 또는 무거운 사슬을 암호화하는 연속된 2개의 "유전자"를 만든다고 제안하였다. 1976년 스위스 바젤(Basel)의 한 연구소에서 연구하던 스스무 토네가와(Susumu Tonegawa)는 DNA 재배열(DNA rearrangement) 가설을 지지하는 명확한 증거를 제시하였다. 실험의 기본적인 개요는 **그림 17.17**에 나타나 있다. 이 실험에서, 그의 연구진은 두 가지 다른 유형의 생쥐 세포들, 즉 초기 배아세포(early embryonic cell) 그리고 악성형질세포인 항체-생산 골수종 세포(myeloma cell)에서 특정한 항체 사슬의 C 부위와 V 부위를 암호화하는 뉴클레오티드서열들 사이의 DNA 길이를 비교하였다. 배아세포의 DNA에서는 항체의 C 부위와 V 부위를 암호화하는 DNA 단편들이 멀리 떨어져 있었지만, 항체-생산 골수종 세포에서 얻은 DNA에서는 C 부위와 V 부위를 암호화하는 DNA 단편들이 아주 근접해 있었다(그림 17.17). 이러한 발견은 항체 분자의 일부분을 암호화하는 DNA 단편들이 항체-생산 세포가 형성되는 동안에 재배열된다는 것을 강력하게 시사하는 것이다.

그 이후 후속 연구에 의해, 항체 유전자가 되는 DNA 서열의 정확한 배열이 밝혀졌다. 이를 보다 쉽게 설명하기 위해, 사람의 2번 염색체에 있는 가벼운 κ 사슬 형성에 관여하는 DNA 서열을 예로 들어 설명하기로 한다. 사람의 가벼운 κ 사슬의 형성에 관련되어 있는 생식계열(정자나 난자) DNA(germ-line DNA)의 서열 구성은 **그림**

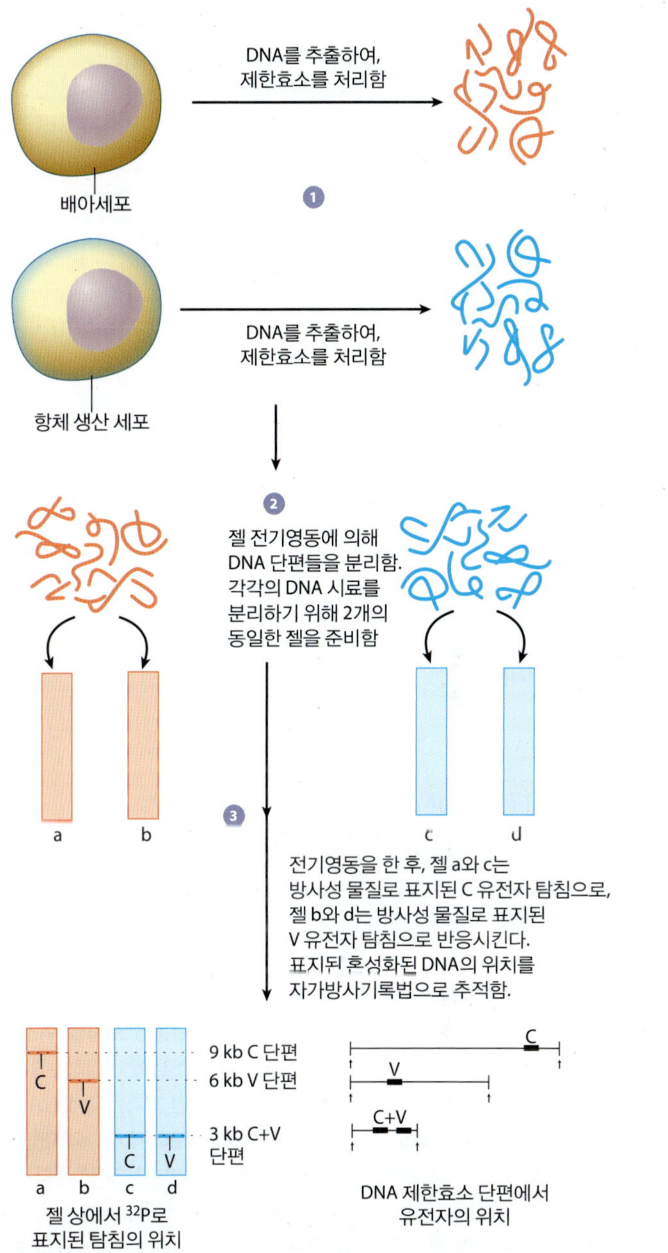

그림 17.17 항체의 가벼운 사슬을 암호화하는 유전자가 DNA 재배열에 의해 형성된다는 실험적 증거. 먼저 배아세포 또는 항체-생산 암세포로부터 DNA를 추출하고, 특정한 서열에서 DNA의 양쪽 가닥을 모두 절단하는 제한효소로 DNA 단편을 만든다(1단계). 두 가지 종류의 시료에서 얻은 DNA 단편들을 젤 전기영동에 의해 따로 분획한다. 각각의 DNA 시료를 위해 2개의 동일한 젤을 준비한다(2단계). 전기영동을 한 후 각각의 젤을 가변부위(V) 또는 불변부위(C) 유전자 서열을 갖고 있는 ^{32}P로 표지된 탐침(probe)과 반응시킨다(3단계). 젤 상에서 표지된 DNA가 결합한 위치는 자가방사기록법(autoradiography)으로 알 수 있고, 그 결과는 그림의 아래쪽에 나와 있다. 배아세포로부터 추출한 DNA에서 가변부위(V) 유전자와 불변부위(C) 유전자 서열이 서로 다른 단편에 존재하고 있는 반면, 항체-생산 세포로부터 추출한 DNA에서는 2개의 서열이 동일한 짧은 길이의 단편에 위치하고 있다. 이는 B 세포가 발생하는 동안 DNA 재배열 과정에 의해 가변부위(V) 유전자와 불변부위(C) 유전자 서열이 함께 연결됨을 뜻한다.

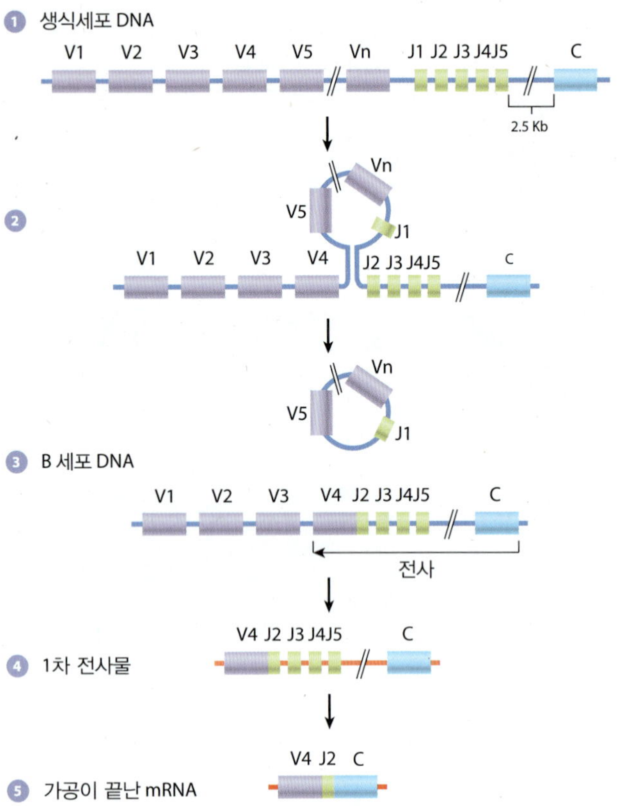

그림 17.18 DNA 재배열은 면역글로불린 κ 사슬을 암호화하는 기능적 유전자 형성을 유도한다. 유전체 안에 있는 가변부위(V), 연결부위(J), 불변부위(C) DNA 서열 구성을 1단계에 나타내었다. κ 사슬 폴리펩티드를 암호화하는 성숙한 mRNA 합성을 하게 하는 단계는 본문에서 설명하였다. V 단편과 J 단편이 무작위적으로 연결되어(2~3단계), 폴리펩티드의 아미노산 서열이 결정된다. "선택된" J 단편과 C 단편(그림에서처럼, 하나 또는 그 이상의 J 단편을 포함할 수 있음) 사이의 간격은 유전자에서 인트론으로 남아 있다. 이런 인트론에 해당하는 1차 전사물(4단계) 부분은 RNA 가공 과정(5단계)이 일어나는 동안 제거된다. DNA 재배열 및 이어지는 "연결된(stitched)" 유전자의 전사는 각 세포에서 하나의 대립유전자에서만 일어난다. 이것은 세포가 한 종류의 κ 사슬 만을 발현하게 해 준다. 상동염색체에 있는 다른 대립유전자는 일반적으로 변형이 없는 상태로 남아 있고 전사도 일어나지 않는다. 이러한 현상을 대립유전자 형질배제(allelic exclusion)라 한다.

17.18의 1단계에 묘사되어 있다. 그림에 나타난 대로, 서로 다른 다양한 V_κ 유전자 단편들이 일렬로 배열되어 있으며, 이들 유전자 단편들은 단일 C_κ 유전자와 어느 정도 거리로 떨어져 있다. 이들 V_κ 유전자 단편들에 대한 뉴클레오티드서열 분석 결과, 이들 유전자들은 가벼운 κ 사슬의 V 부위를 암호화하는 데 필요한 것보다 더 짧은 것으로 밝혀졌다. 그 후 V_κ 유전자 단편들 이외에 다른 DNA 단편들의 염기서열을 분석함으로써 그 이유가 분명해졌다. V 부위의 카르복실 말단에 있는 13개의 아미노산을 암호화하는 뉴클레오티드 절편 부위는 V_κ 유전자 단편들로부터 어느 정도 거리에 위치하고 있다. V 부위의 카르복실 말단을 암호화하는 작은 DNA 단편 부위를 *J* 단편(*J segment*)이라고 한다. 그림 17.18에서처럼, 서로 다른 뉴클레오티드서열을 갖고 있는 5개의 J_κ 유전자 단편이 일렬로 배열되어 있다. 또한 J_κ 단편들은 C_κ 유전자와 2,000개 이상의 뉴클레오티드에 의해 서로 분리되어 있다. 특정한 V_κ 유전자 단편은 중간에 존재하는 DNA(intervening DNA)가 제거된 J_κ 단편들 중 하나와 유전자 재조합에 의해 연결됨에 따라서, 그림 17.18의 2~3단계에서처럼, 완전한 κ 사슬의 가변부 유전자를 형성한다. 이 과정은 *V(D)J* 재조합효소(*recombinase*)라고 불리우는 recombination activating gene-1 (RAG-1)과 RAG-2 이형2합체(heterodimer) 효소에 의해 촉매된다. 그림 17.18에서처럼, 이러한 DNA 재배열에 의해 만들어진 κ 사슬의 가변부 유전자서열은 2,000개 이상의 뉴클레오티드에 의해 C_κ와 여전히 분리되어 있다. 전사가 일어나기 전까지, κ 유전자가 조립되는 과정에서 더 이상의 DNA 재배열은 일어나지 않는다. 그 후 κ 사슬의 가변부위 유전자가 커다란 2개의 1차 전사물(primary transcript)로 전사되고(4단계), 이것으로부터 인트론이 RNA 이어맞추기(RNA splicing)에 의해 제거된다(5단계).

이때 유전자 재조합은 V_κ 유전자 단편과 J_κ 유전자 단편 사이에 있는 DNA가 RAG-1과 RAG-2 이형 합체에 의해 2중가닥 절단(double-strand break)이 일어남에 따라서 시작된다. 그 후, V_κ와 J_κ를 암호화하는 DNA 단편들(2중가닥 절단에 의해 생성된 4개의 자유 말단)이 연결되어 폴리펩티드 사슬의 가변부를 암호화하는 엑손을 형성한다. 반면에, 2중가닥 절단에 의해 염색체로부터 떨어져 나간, 중간에 존재하는 DNA에 있는 2개의 말단은 서로 연결되어 작은 환형 DNA 조각을 형성한다(그림 17.18, 3단계). 각각의 절단된 DNA 말단의 결합은 그림 7.28에서 설명되었던 DNA 가닥 절단 수선에 사용된 것과 동일한 기작에 의해 수행된다.

Ig DNA 서열이 재배열되는 것은 B 세포에서 중요한 결과를 낳는다. 일단 특정한 V_κ 단편 DNA 서열이 J_κ 단편 DNA 서열과 연결되고 나면, 더 이상 다른 종류의 κ 사슬은 동일한 B 세포에서 합성되지 않는다. 사람의 생식세포 DNA는 기능을 발휘할 수 있는 약 40가지의 V_κ 단편 서열을 갖고 있는 것으로 추정된다. 만약 어떤 V_κ 단편 DNA 서열이 특정 J_κ 단편 DNA 서열과 연결될 수 있다고 가정하면, 사람은 약 200가지의 서로 다른 κ 사슬의 가변부위를 합성할 수 있다(5가지의 J_κ 단편 DNA 서열 × 40가지의 V_κ 단편 DNA 서열). 그렇지만 이것만이 κ 사슬의 가변부위에 존재하는 다양성을 갖게 하는 원인은 아니다. J_κ 단편 DNA 서열이 V_κ 단편 DNA 서열에 연결될 때마다 추가적인 변이가 일어나기 때문이다. 즉, 두 가지 다른 세포들에서 동일한 J_κ 단편 DNA 서열과 V_κ 단편 DNA 서열을 가지는 유전자 재조합이 일어나도, 추가적인 변이에 의해 서로 다른 아미노산 서열을 갖는 κ 사슬의 가변부가 만들어진다. 이러한 추가적인 변이는 DNA 가닥 3′ 절단부위에 뉴클레오티드를 무작위적으로 삽입하는 말단디옥시뉴클레오티드전달효소(terminal deoxynucleotidyl transferse, Tdt)에 의해 일어난다. 결국 DNA 가닥 절단 후 Tdt의 활성에 의해, κ 사슬의 가변부 다양성은 200가지에서 2,000가지로 10배 증가된다. 실제로 V_κ 단편 DNA 서열과 J_κ 단편 DNA 서열이 연결되는 부위는 κ 사슬의 가변부위 중에서도 고도가변영역들 중 한 곳을 이룬다(그림 17.15). 즉, 유전자 재조합에 의해 새로 만들어진 연결부위는 주로 항원을 인식하며, 이 부분의 조그만 구조적 차이는 항체-항원 상호작용에 중요한 영향을 미칠 수 있다.

지금까지는 좀 더 쉽게 설명하기 위해, 가벼운 κ 사슬에 한정하여 설명하였다. 하지만 실제로는 가벼운 λ 사슬과 무거운 사슬에서도 유사한 유형의 유전자 재조합이 일어난다. 가벼운 사슬(κ 사슬 또는 λ 사슬)의 가변부위가 2개의 다른 DNA 단편(V와 J 단편)들로부터 형성되는 반면에, 무거운 사슬의 가변부위는 유사한 유형의 유전자 재조합방법에 의해 3개의 다른 단편(V, D, J 단편)들로부터 형성된다. 사람의 유전체는 기능을 발휘하는 51가지 V_H 단편, 25가지 D_H 단편, 그리고 6가지의 J_H 단편을 갖고 있다. 또한 V_H–D_H와 D_H–J_H 연결시 Tdt에 의한 추가적인 다양성이 주어지면, 사람은 적어도 10만 가지 이상의 서로 다른 종류의 무거운 사슬을 합성할 수 있다. T 세포 수용체(TCR)도 가벼운 사슬과 무거운 사슬로 구성되어 있는데, 이들의 가변부위도 유사한 과정의 유전자 재조합에 의해 형성된다.

DNA 재배열에 의해 항체 유전자가 형성되는 것은 역동적인 활동에 참여하는 유전체의 잠재력을 보여준다. 이러한 재배열 기작 때문에, 생식세포에 존재하는 소수의 DNA 서열이 엄청난 다양성을 가진 유전자 산물을 생기게 한다. 앞에서 설명한 것처럼, 사람은 대략 2,000가지의 서로 다른 종류의 가벼운 κ 사슬과 10만 가지의 서로 다른 종류의 무거운 사슬을 합성할 수 있다. 가벼운 κ 사슬들 중 어느 하나가 무거운 사슬들 중 어느 하나와 결합한다면, 사람은 이론적으로 생식세포에 존재하는 수백 개의 유전자 단편으로 부터 2억 가지 이상의 서로 다른 종류의 항체를 생산할 수 있다.[3]

B 세포 발달 과정에서는 다음과 같은 기작에 의해 항체의 다양성을 유지한다. (1) 우선 생식세포의 DNA에 V 엑손, J 엑손, 그리고 D 엑손이 다수 존재하며, (2) 유전자 재조합시 V–J와 V–D–J의 연결에서의 변이성이 일어나며, (3) Tdt 효소에 의한 뉴클레오티드의 삽입 등과 같은 방법으로부터 더 다양한 가변부위의 변이가 일어난다. DNA 재배열이 완성된 후, 2차 림프기관으로 이동한 B 세포가 특정 항원에 의해 활성화된 후, **체세포 과돌연변이**(*somatic hypermutation*)라고 하는 항체의 다양성을 만드는 추가적인 기작이 일어난다. 특정한 항원이 어느 정도 시간이 지난 후 동물에 재도입되었을 때, 2차 반응 동안에 생산된 항체는 1차 반응에서 생산된 항체보다 항원에 대한 친화력이 훨씬 더 크다. 친화력의 증가는 항체의 무거운 사슬과 가벼운 사슬에 있는 가변부위의 아미노산 서열에서 일어난 작은 변화 때문이다. 이러한 서열 변화는 이들 항체 폴리펩티드를 암호화하는 유전자의 돌연변이로 인해 생긴다. 항체 가변부위를 암호화하는 재배열된 DNA 인자는 동일한 세포에 있는 다른 유전자들의 부위보다 돌연변이 발생률이 10만 배 더 높다고 추정된다. 이러한 가변부위 돌연변이 증가에 관여하는 기작에 대한 흥미로운 연구결과들이 최근 다수 발표되었다. 이러한 기작에는 (1) DNA에 있는 시토신 잔기를 우라실 잔기로 전환시키는 활성화-유도 시토신 탈아미노효소(activation-induced cytosine deaminase, AID)라고 알려진 효소와 (2) 우라실을 갖고 있는 DNA가 복사되거나 수선될 때, 오류를 만드는 경향이 있는 한 가지 이상의 손상통과 DNA 중합효소(translesion DNA polymerase)들이 있다. AID 돌연변이를 갖고 있어 체세포 과돌연변이를 만들 수 없는 사람은 감염으로 고통 받으며 흔히 어린 나이에 사망한다.

[3]가벼운 λ 사슬을 포함하는 항체도 가벼운 κ 사슬을 가지는 항체만큼 생성된다.

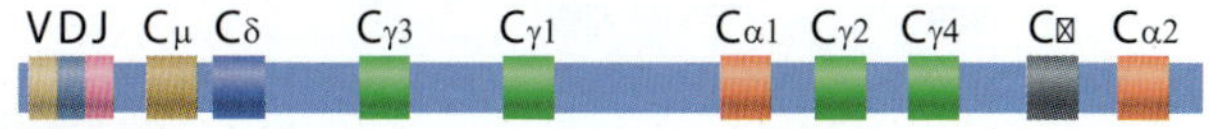

그림 17.19 사람의 여러 가지 무거운 사슬을 암호화하는 C 유전자들의 배열. 사람에서, IgM, IgD, 그리고 IgE에 있는 무거운 사슬은 단일 유전자에 의해 암호화되지만, IgG의 무거운 사슬은 네 가지($C_{\gamma 1}$, $C_{\gamma 2}$, $C_{\gamma 3}$, $C_{\gamma 4}$), 그리고 IgA는 두 가지($C_{\alpha 1}$, $C_{\alpha 2}$) 다른 유전자들에 의해 암호화된다.

체세포 과돌연변이는 Ig 유전자의 가변부위에서 무작위적인 변화를 일으킨다. 따라서, 더 높은 항원 친화력을 갖고 있는 Ig 분자를 생산하는 유전자를 가진 B 세포가 항원에 재노출된 후에 우선적으로 선택된다. 선택된 세포는 증식하여 클론을 이루고, 이들은 추가로 체세포 돌연변이와 선택 과정을 겪게 된다. 반면에, 낮은 친화력을 갖는 Ig를 발현하는 선택되지 않은 B 세포는 세포자살이 유도된다. 이러한 방법으로, 재발되었거나 또는 만성적인 감염에 대한 항체반응은 시간이 지날수록 현저히 개선된다. 이러한 현상을 친화력 향상(affinity maturation)이라고 한다.

일단 B 세포가 특정한 항체를 생산하도록 임무를 부여 받게 되면, 그 세포에서 만들어진 무거운 사슬을 변경함으로써 세포가 만드는 Ig의 동종형(isotype)을 전환시킬 수 있다(예: IgM에서 IgG로 전환). (항체)종류전환(*Class switching*, 또는 *isotype switching*)이라고 알려진 이 과정은 합성된 항체의 항원-결합자리를 변경시키지 않으면서 일어난다. 불변부위에 의해 구별되는 5가지 다른 유형의 무거운 사슬이 있다는 것을 다시 기억해 보자. 무거운 사슬의 불변부위(C_H 부위)를 암호화하는 유전자들은 **그림 17.19**에서처럼, 유전자지도에 서로 가까이 모여 있다. (항체)종류전환은 DNA 재배열에 의해 미리 형성된 VDJ 유전자 옆으로 다른 종류의 C_H 유전자를 이동시킴으로써 이루어진다. (항체)종류전환은 주로 항체를 생산하는 B 세포와 상호작용하는 T_H 세포에 의해 분비하는 사이토카인에 의해 시작된다. 예를 들면, IFN-γ를 분비하는 T_H 세포는 인접한 B 세포가 초기에는 IgM을 합성하다가 IgG3 또는 IgG2a를 합성하도록 전환을 유도한다(그림 17.13). (항체)종류전환에 의해 하나의 B 세포 계열이 항원에 대한 특이성을 바꾸지는 않지만, 다른 기능을 갖는 항체를 지속적으로 생산할 수 있게 한다(722쪽 참조).

17.7 림프구 활성에 필요한 림프구 항원수용체에 의한 신호전달

B 세포와 T 세포가 항원을 인식하는 것은 모두 세포표면에서 일어난다. B 세포에 있는 항원수용체(B cell receptor, BCR)는 완전한 항원의 일부분인 항원결정부(epitope)와 특이적으로 결합하는 막에 결합된 면역글로불린으로 구성되어 있다(**그림 17.20a**). 이와는 대조적으로, T 세포에 있는 항원수용체(T cell receptor, TCR, 그림 17.20*b*)는 항원의 작은 조각을 인식하여 결합하는데, 항원 조각은 일반적으로 길이가 약 7~25개 사이의 아미노산으로 된 펩티드이고, 다른 세포의 표면에 고정되어 있다. 두 가지 유형의 항원수용체들 모두 그림 17.20에서처럼, 여러 가지 단백질과 상호작용하여 결합된 커다란 크

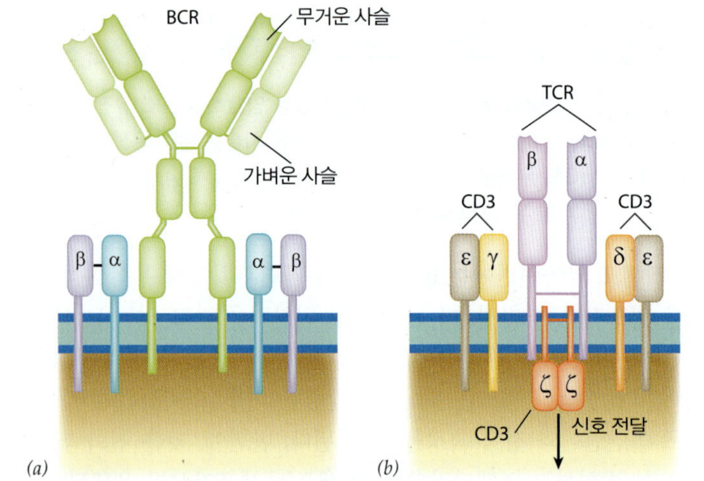

그림 17.20 B 세포와 T 세포의 항원수용체 구조. (*a*) B 세포의 BCR은 각각의 C_H 부분이 1쌍의 불변인 αβ 사슬(이형 2합체)과 결합한 상태이다. 또한 α 및 β 사슬은 Ig 대집단(superfamily)에 속하는 단백질들이다. (*b*) 대부분의 T 세포의 TCR은 서로 2황화결합으로 연결된 α 및 β 폴리펩티드 사슬로 구성된다. 각각의 폴리펩티드는 가변영역과 불변영역을 갖고 있는데, 가변영역이 항원-결합부위를 형성한다. TCR은 불변인 6개의 다른 CD3 단백질과 그림과 같이 결합되어 있다. (T 세포들 중 소수는 γ 및 δ 소단위로 구성된 다른 유형의 TCR을 갖고 있다). 이런 세포들은 MHC 단백질에 의해 제공하는 펩티드 이외의 다른 항원을 인식하며, 이들의 기능은 아직 잘 알려져 있지 않다.)

기의 단백질복합체의 일부이다. BCR과 TCR에 결합되어 있는 변이성이 없는 폴리펩티드들은 B 세포와 T 세포의 활성에 변화를 일으키는 신호들을 세포 내부로 전달하는 데 있어서 중요한 역할을 한다.

TCR을 구성하는 각각의 소단위는 2개의 Ig-유사 영역을 갖고 있는데, 이것은 TCR이 BCR과 공통 조상 유전자로부터 파생되어, BCR처럼 Ig-유사 영역을 가지고 있다는 것을 의미한다. 즉, 면역글로불린의 무거운 사슬과 가벼운 사슬과 같이, TCR에 있는 각 소단위의 Ig-유사 영역 중 하나는 가변적인 아미노산 서열을 갖고 있으며, 또 다른 영역은 불변인 아미노산 서열을 갖고 있다(그림 17.20). X-선 결정학 연구에 의하면, 또한 이 두 가지 유형의 항원수용체는 유사한 3차원 구조를 갖는 것으로 나타났다.

17.8 주조직적합성 항원

20세기 초기에, 임상연구자들은 두 사람의 ABO 혈액형이 일치한다면, 혈액을 한 사람으로부터 다른 사람에게 수혈할 수 있다는 것을 알았다. 혈액 수혈의 성공으로 피부도 다른 사람에게 이식할 수 있다는 생각을 하게 되었다. 이러한 생각의 일환으로 2차 세계대전 동안 심각한 화상을 입은 비행사들과 다른 군인들에게 피부이식을 시도하는 임상시험이 진행되었다. 하지만, 예상과는 달리 피부이식은 순식간에 완전한 조직거부반응을 보였다. 전쟁이 끝난 후, 연구자들은 조직거부반응에 대한 원리를 밝히는 일을 시작하였다. 초기에는 주로 생쥐를 이용하여 연구를 하였는데, 연구결과 동일한 근친교배계통(inbred strain)인 생쥐들 사이에서는 피부이식이 성공할 수 있지만, 다른 계통인 생쥐들 사이의 이식은 곧 바로 거부반응을 보인다는 것이 밝혀졌다. 동일한 근친교배계통 생쥐는 일란성 쌍생아(monozygote twin)와 같기 때문에 유전적으로 100% 동일하다. 그 다음의 연구에 의해 조직이식거부반응을 지배하는 유전자들이 **주조직적합성 복합체(major histocompatibility complex, MHC)**라고 명명된 유전체의 한 구역에 모여 있는 것이 밝혀졌다. 그 후 약 20가지의 서로 다른 종류의 MHC 유전자가 규명되었으며, 이들 중 대부분은 높은 다형성(polymorphic)을 보인다는 것이 밝혀졌다. 사람의 경우, 지금까지 7,000가지 이상의 서로 다른 MHC 대립유전자[사람의 MHC는 *Human Leukocyte Antigen*(*HLA*)라 함]가 확인되었는데, 사람의 유전체에서 어떤 다른 유전자 자리(locus)보다도 훨씬 많은 수의 다형성이 관찰되었다. 따라서 한 집단에 속한 두 사람이 동일한 조합의 MHC 대립유전자를 갖는다는 것은 거의 불가능하다. 이러한 이유 때문에 이식된 장기가 쉽게 면역거부반응을 보이는 것이며, 이식 환자에게는 수술 후 면역계를 억제하기 위해 사이클로스포린 A(cyclosporin A)와 같은 면역억제제를 투여한다. 사이클로스포린 A는 토양 균류에 의해 생산된 환형 펩티드이다. T 세포 활성화에 필요한 사이토카인(IL-2) 합성을 유도하는 신호전달경로에서 사이클로스포린 A는 특정 인산가수분해효소(phosphatase)를 저해한다. 이런 약물들은 이식거부반응을 억제하는 데 도움을 주지만, AIDS와 같이 면역결핍질환이 있는 사람에게서 일어나는 것과 유사한 증상이 면역억제제를 투여 받는 환자들에게 일어난다. 대표적인 예로 기회감염(opportunistic infection)에 대해 더 민감하게 된다.

MHC에 의해 암호화된 단백질은 무분별한 장기이식을 막기 위해 진화된 것이 아니라는 것이 명백하므로, 이들의 정상적인 역할이 무엇인가에 대해 많은 연구가 진행되었다. 그 결과, 이식 항원으로서 발견된 후 한참 뒤에, MHC 단백질이 항원제시(antigen presentation)에 관여한다는 것이 알려졌다. 항원제시에 관한 현재의 해석을 이끌어 낸 중요한 실험 중 몇 가지가 이 장의 마지막에 있는 <역사적 실험>에 설명되어 있다.

작은 펩티드로 절단되어서 항원제시세포(APC)의 표면에 드러나 있는 항원에 의해 T 세포가 활성화된다는 것을 앞에서 설명하였다. 이런 작은 조각으로 된 항원은 APC 표면에서 MHC 단백질 안에 잡혀 있다. MHC 분자 각각의 종류는 이들이 자신의 항원결합자리에 들어맞게 해주는 어떤 구조적 특징을 공유하고 있는 여러 가지 많은 종류의 펩티드와 결합할 수 있다(그림 17.24 참조). 예를 들면, HLA-B8과 같이 특정한 MHC 대립유전자가 암호화한 단백질에 결합할 수 있는 모든 펩티드들은 펩티드내 어떤 위치에 특정한 아미노산을 갖고 있을 수 있는데, 이런 특징은 펩티드-결합 홈(peptide binding groove)에 펩티드가 결합하도록 해준다.

사람의 경우 개인마다 여러 가지 종류의 MHC 단백질을 발현하며(**그림 17.21a**), 각각의 MHC 이형들은 여러 가지 다양한 펩티드와 결합할 수 있다는 사실로 미루어 볼 때(그림 17.21*b*), 수지상세포나 대식세포는 다양한 배열의 펩티드를 세포표면으로 내보일 수 있어야만 한다. 하지만 모든 사람이 가능한 모든 펩티드를 효과적으로 제시할 수 있는 것이 아닌데, 이러한 이유에 따라 특정 HLA 반수체

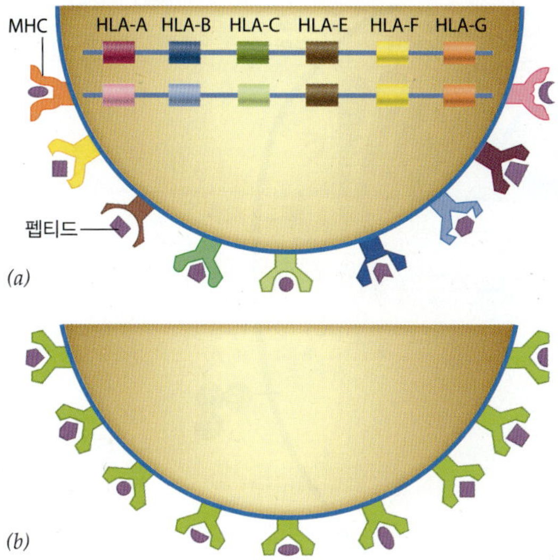

그림 17.21 사람의 APC는 항원에서 유래한 다양한 펩티드를 제시할 수 있다. (*a*) 한 사람이 가지고 있을 수 있는 제1형 MHC 분자의 다양성에 대한 도식적 모형. 제1형 MHC에 속하는 MHC 단백질은 다수의 유전자에 의해 암호화되고 있는데, 이들 중 3개를 다수의 대립유전자로 나타내었다. 이 사람은 HLA-A, HLA-B, HLA-C 유전자들이 이형접합체(heterozygous)이며, HLA-E, HLA-F, HLA-G 유전자들은 동형접합체(homozygous)이다. 따라서 이 사람은 전부 9가지의 서로 다른 제1형 MHC 분자를 가지고 있다(제1형 MHC 분자와 제2형 MHC 분자 사이의 차이점은 727쪽에서 설명하기로 한다.) (*b*) 단일 MHC 대립유전자에 의해 암호화된 단백질에 의해 제시될 수 있는 펩티드의 다양성을 보여주는 도식적 모형(HLA란 용어는 사람 MHC를 나타내며, human leukocyte antigen의 머리글자이다.).

형(HLA haplotype)이 AIDS를 포함한 여러 가지 감염성 질환에 대해 민감도의 차이를 보인다고 생각된다. 예를 들면, HLA-B*35 대립유전자는 HIV에 감염되면, 다른 HLA 반수체형보다 AIDS로 진행되는 속도가 빠르며, HLA-DRB1*1302 대립유전자를 가지고 있는 사람은 말라리아나 B형 간염에 대한 저항성이 높아진다. 이러한 차이에 의해 특정 집단에 존재하는 MHC 대립유전자는 자연선택(natural selection)에 의해 유지된다. 즉, 특정한 감염체의 항원 펩티드를 가장 잘 제시할 수 있는 MHC 대립유전자를 가진 사람은 그 감염체에 의한 감염에 대해 가장 잘 생존할 수 있을 것이고, 반대로 이런 MHC 대립유전자가 결여된 사람은 특정 감염체에 노출 되었을 때 자신의 대립유전자를 자손에게 전달하지 못하고 죽을 가능성이 더 높다. 그 결과로, 어떤 집단의 조상들이 일상적으로 감염체에 노출되어온 질병에 대해서, 그 집단이 저항성을 더 갖는 경향이 있다. 이러한 가설에 의해, 유럽계 조상을 갖는 사람에게는 약한 증상만을 보이는 홍역과 같은 일부 감염성 질환이 북미 원주민들에게 왜 큰 피해를 입혔는지에 대해 설명할 수 있다.

T 세포-매개 면역의 전체 과정은 감염체 단백질로부터 유래된 작은 펩티드가 숙주 단백질로부터 유래한 펩티드와 구조적으로 다르다는 원리에 근거한다. 결과적으로, APC 표면에 결합되어 있는 한 가지 이상의 펩티드가 감염체의 일부를 대표하는 역할을 해서, 면역계의 세포들이 감염된 세포의 세포기질에 숨어 있는 병원체의 유형을 잠시 볼 수 있게 해준다. 신체에 있는 거의 모든 세포는 APC로 작용할 수 있다. 대부분의 세포들은 감염되었을 때만, 외부 항원을 제시하여 숙주세포내 감염체의 존재를 면역계에게 알려주지만, 전문적 항원제시세포(예: 수지상세포, 대식세포, B세포)의 주된 업무는 외부 항원을 인식하여 면역계에게 알려주는 것이다. 이 역할에 관해서는 이 장의 후반부에서 설명된다.

T 세포와 APC의 상호작용은 TCR이 APC 표면에 발현하고 있는 MHC 분자와 결합함으로써 이루어진다(**그림 17.22b**). 이러한 상호작용에 의해 TCR은 MHC 분자의 펩티드-결합 홈(peptide binding groove)에 제시되어 있는 특정한 펩티드를 인식할 수 있다(그림 17.22*a*). MHC 단백질과 TCR 사이의 상호작용시 세포표면 단백질들 사이에서 부가적인 접촉이 일어난다. 즉, T 세포표면에 발현하는 CD4나 CD8 그리고 APC 표면에 있는 MHC 단백질들 사이에서 부가적인 접촉이 일어나는 데, 이때 T 세포의 활성 신호가 더욱 더 증폭된다(그림 17.22*b*). 특히, T 세포와 APC 사이의 상호작용이 일어나는 특정 부위를 면역연접(*immunologic*

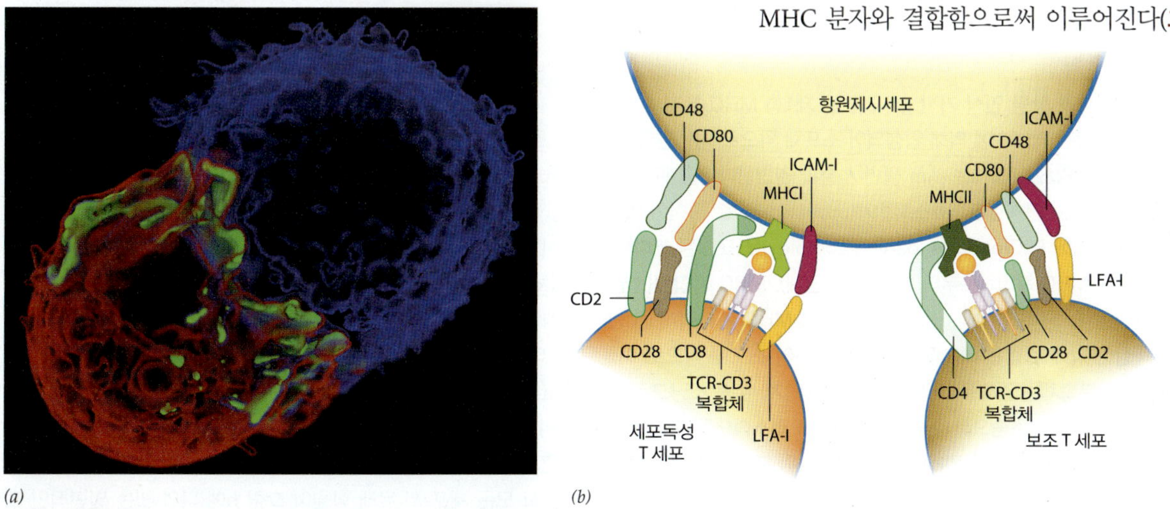

그림 17.22 항원제시 과정 중 일어나는 항원제시세포와 T 세포 사이의 상호작용. (*a*) APC와 조작된 T 세포 사이의 면역연접을 보여주는 형광현미경 사진. APC는 파란색, T 세포는 빨간색으로 보인다. 면역연접에서 T 세포의 인산화효소인 ZAP70의 위치는 초록색으로 나타내었다. (*b*) APC와 세포독성 T 세포 (CTL, Tc 세포) 또는 보조 T 세포(T_H 세포) 사이의 상호작용 부위에 형성된 면역연접에 존재하는 단백질들 일부를 보여주고 있는 도식적 모형. T 세포의 TCR이 APC의 MHC 분자에 있는 펩티드-결합 홈에 결합된 항원의 펩티드 단편을 인식함으로써 항원 인식이 일어난다. 본문에서 설명한 것처럼, CTL은 제1형 MHC 분자와 짝을 이루어 항원을 인식하는 반면에, T_H 세포는 제2형 MHC 분자와 짝을 이루어 항원을 인식한다. CD8과 CD4는 두 가지 유형의 T 세포에서 발현되는 내재성 막 단백질(integral membrane protein)로서, 각각 제1형 MHC 그리고 제2형 MHC 분자와 결합하여, 보조수용체(co-recptor)로 작용한다. (이러한 세포의 상호작용에는 실제로 더 많은 분자들이 관여한다. Nature Reviews Immunology volume 11, 672쪽, 2001년 참조)

출처: (a) J.R. James et al., *Nature* 487:64–69. (b) L. Chantenoud, *Mol. Med. Today* 4:26, 1998, Elsevier의 허가를 얻음.

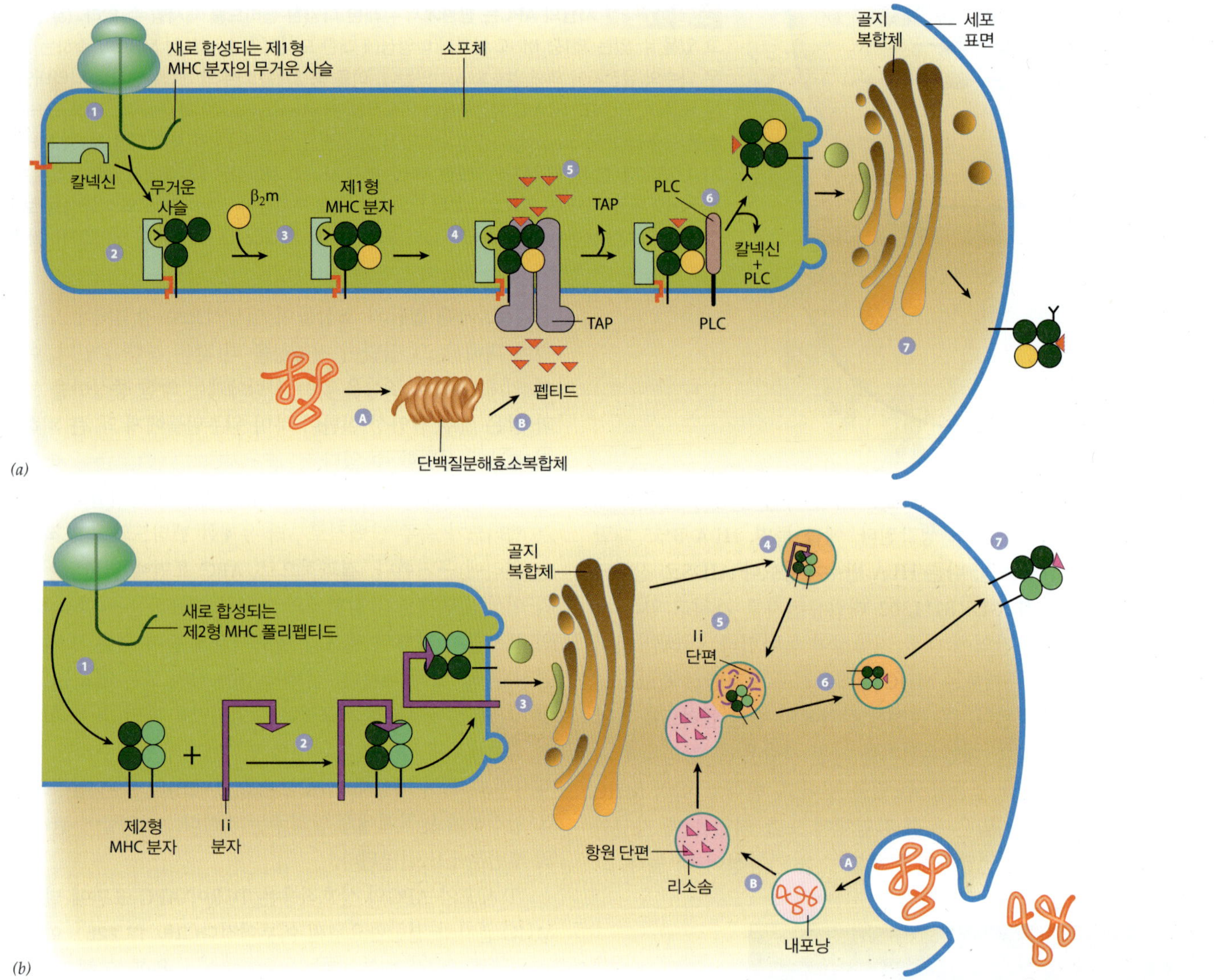

그림 17.23 제1형 및 제2형 MHC 분자의 항원 인식 기작. (*a*) 제안된 제1형 MHC 분자의 항원 인식 기작. 이 경로는 거의 모든 유형의 세포에서 일어난다. 1단계에서, MHC 단백질의 무거운 사슬이 막에 결합된 리보솜에 의해 합성되어 소포체 막으로 이동된다. MHC의 무거운 사슬은 소포체 막에 있는 분자 샤페론(chaperone)인 칼넥신(calnexin)과 결합하게 되고(2단계), 이 2량체 복합체는 β_2m 불변 사슬과 결합한다(3단계). 그 다음 MHC 복합체는 또 다른 소포체 막단백질인 TAP와 결합하게 된다(4단계). 그 사이에 세포질에 존재하는 항원들은 단백질분해효소복합체(proteasome)로 들어가서(단계 A), 작은 펩티드로 분해된다(단계 B). 펩티드들은 TAP 단백질에 의해 소포체 내강으로 수송되고, 이곳에서 그림에 PLC(peptide loading complex)로 표시된 커다란 분자 샤페론 복합체의 도움을 받아 MHC 분자의 펩티드-결합 홈 안쪽에 결합하게 된다(5단계). PLC와 칼넥신은 MHC 복합체로부터 분리되며(6단계), MHC 복합체는 골지복합체를 통하여 생합성/분비 경로를 따라 원형질막으로 수송되어(7단계), 이곳에서 CTL의 TCR과 상호작용을 할 준비를 한다. (*b*) 제안된 제2형 MHC 분자의 항원 인식 기작. 이 경로는 수지상세포를 포함한 전문적 항원제시세포에서 일어난다. 1단계에서, 제2형 MHC 단백질이 막에 결합된 리보솜에 의해 합성되어 소포체 막으로 이동된다. 이곳에서 MHC 분자의 펩티드-결합 홈을 막는 3량체 단백질인 Ii와 결합하게 된다(2단계). 제2형 MHC-Ii 복합체는 골지복합체를 통과하여(3단계) 수송 소낭으로 들어간다(4단계). 그러는 동안, 세포외 단백질 항원은 식세포작용에 의해 전문적 항원제시세포 안으로 들어와서(단계 A), 리소솜으로 수송된다(단계 B). 리소솜으로 수송된 항원은 리소솜에서 펩티드 단편으로 절단된다. 항원 단편들을 갖고 있는 리소솜이 MHC-Ii 복합체를 갖고 있는 수송 소낭과 융합하면(5단계), Ii 단백질이 분해되고 항원 펩티드 단편과 제2형 MHC 분자가 결합하게 된다(6단계). 제2형 MHC-펩티드 복합체가 원형질막으로 수송되어(7단계), 이곳에서 T_H 세포의 TCR과 상호작용을 할 준비를 한다. [**노트:** 모든 세포 외 유래 항원이 그림 *b*에 나와 있는 일반적인 제2형 MHC 항원 인식 경로를 따르지는 않는다. 어떤 세포 외 유래 항원은 식세포작용에 의해 전문적 항원제시세포로 들어가서 리소솜에서 펩티드로 분해된 후에, 다시 세포질로 빠져 나와 그림 *a* 단계를 거쳐 제1형 MHC 분자와 결합하여 CTL에 의해 인식된다. 이러한 항원인식경로를 교차-인식 경로(cross-presentation pathway)라 하며, 이 때 CTL은 인식하지 못하고 그냥 지나칠 수 있는 세포 외 유래 항원에 의해 활성화된다.

출처: (a, b) D. B. Williams et al., *Trends Cell Biol.* 6:271, 1996에서 발췌. Elsevier의 허가를 얻음.

synapse)이라고 한다.

MHC 단백질은 2개의 주요 유형, 즉 **제1형 MHC(MHC class I)** 및 **제2형 MHC(MHC class II)** 분자로 나눌 수 있다. 제1형 MHC 분자는 MHC 대립유전자에 의해 암호화된 폴리펩티드 사슬(무거운 사슬)이 β_2-마이크로글로불린(β_2-microglobulin)으로 알려진 비-MHC성 폴리펩티드(가벼운 사슬)와 비공유결합되어 만들어진 이형2합체이다(<역사적 실험>의 그림 1, 738쪽 참조). 제1형 MHC 분자의 펩티드-결합 홈의 다형성(polymorphism)은 무거운 사슬의 아미노산 서열 차이에 기인한다. 또한 제2형 MHC 분자도 이형2합체이지만, 각각의 소단위(α 사슬과 β 사슬)는 모두 MHC 대립유전자에 의해 암호화된다. 제1형 MHC 분자의 무거운 사슬과 가벼운 사슬, 제2형 MHC 분자의 α 사슬과 β 사슬 모두 Ig-유사 영역을 가지고 있어 면역글로불린 대집단(immunoglobulin superfamily)에 속한다. 또한, 신체에 있는 대부분의 세포가 세포표면에 제1형 MHC 분자를 발현하는 반면, 제2형 MHC 분자는 주로 전문적 항원제시세포에 의해 세포표면에 발현된다.

일부 중복되는 경우도 있지만, 두 가지 유형의 MHC 분자들은 각각 세포 내의 다른 부위로부터 기원된 항원을 제시한다. 제1형 MHC 분자는 세포질에서 기원된 항원, 즉 내인성(*endogenous*) 단백질의 펩티드 단편을 제시하는 데 주로 관여한다. 이와 대조적으로, 제2형 MHC 분자는 식세포작용에 의해 세포 안으로 들어온 외인성(exogenous) 단백질의 peptide 단편을 주로 제시한다. 2종류의 MHC 분자가 펩티드 항원 단편을 잡아서 원형질막에 이들을 제시하는 경로에 대해서는 아래에서 설명하며, 또한 **그림 17.23**에 자세히 묘사되어 있다.

- ***제1형 MHC-펩티드 복합체의 가공***(그림 17.23*a*). APC내 세포질에 위치한 항원은 세포질에 존재하는 단백질분해효소복합체(immunoproteasome)의 구성요소인 단백질 분해효소들에 의해 작은 펩티드로 분해된다. 이 분해효소는 세포 기질단백질을 절단하여, 제1형 MHC 분자의 펩티드-결합 홈에 결합하기 적합한 대략 10개의 아미노산 잔기 길이로 분해한다(그림 17.24*a*). 그 다음 펩티드는 항원가공 관련 수송체(transporter associated with antigen processing, TAP)이라고 하는 ER 막 단백질인 이형2합체(TAP-1과 TAP-2)에 의해 조면소포체 막을 가로질러 ER 내강 안쪽으로 수송된다(그림 17.23*a*). 일단 ER 내강 안으로 들어가면, 펩티드는 ER 내에서 새롭게 합성된 제1형 MHC 분자와 결합한다. 그 후 제1형 MHC-펩티드 복합체는 단백질의 생합성경로(그림 12.2*b*)를 통해 펩티드가 제시되는 장소인 원형질막으로 이동하여 제1형 MHC는 펩티드 항원을 세포독성 T 림프구에 제시한다.
- ***제2형 MHC-펩티드 복합체의 가공***(그림 17.23*b*). 제2형 MHC 분자도 또한 조면소포체로부터 합성된다. 하지만 제2형 MHC 분자가 세포 내에서 펩티드 항원을 인식하는 장소는 엔도솜이나 리소솜이기 때문에 어떤 단백질이 제2형 MHC를 ER에서 엔도솜이나 리소솜으로 이동시키는가에 대한 연구가 진행되었다. 그 결과 제2형 MHC는 ER 내에서 불변사슬(invariant chain, Ii)라고 하는 단백질에 비공유적으로 연결되게 되고, 제2형 MHC-Ii 복합체가 엔도솜이나 리소솜으로 이동한다는 것을 알아냈다. 또한, Ii와 제2형 MHC 분자가 결합시, 제2형 MHC 분자의 펩티드-결합부위는 Ii에 의해 차단된다는 것을 알아냈다(그림 17.23*b*). 제2형 MHC-Ii 복합체는 Ii의 세포질역(cytoplasmid domain)에 있는 표적서열의 지시에 따라서, 생합성경로를 따라 ER 밖으로 이동한다. 원골지망(trans-Golgi network, TGN)은 단백질 생합성경로의 주요 구획이며, ER에서 새롭게 만들어진 단백질의 세포내 경로를 결정한다. 제1형 MHC 분자 및 제2형 MHC 분자는 ER에서 TGN까지의 이동경로는 동일하나, TGN 이후부터는 그 이동경로가 구분된다(12.11절). 즉, 제1형 MHC-펩티드 복합체는 세포표면으로 이동하게 되고, 제2형 MHC-펩티드 복합체는 엔도솜이나 리소솜으로 향하게 된다. 그 후 엔도솜과 리소솜의 융합에 의해 생긴 엔도리소솜에서 제2형 MHC-Ii 복합체 중 Ii 단백질은 원래 리소솜에 있던 산성 단백질분해효소에 의해 분해된다. 이후, 제2형 MHC 분자는 식세포작용 또는 내포작용 경로에 따라 엔도리소솜 내로 들어온 항원이 산성 단백질분해효소에 의해 분해되어 생긴 펩티드와 결합할 수 있게 된다(그림 17.23*b*).[4] 이렇게 생성된 제2형 MHC-펩티드 복합체는 **그림 17.24b**에서처럼 원형질막으로 이동한다.

[4]제2형 MHC 펩티드-결합 홈(peptide binding groove)에 의해 제시되는 펩티드는 10~25개의 잔기를 갖고, 제1형 MHC 펩티드-결합 홈(peptide binding groove)에 제시되는 펩티드는 단백질분해효소복합체(immunoproteasome)에 의해 분해되며, 8~10개의 잔기를 가진다.

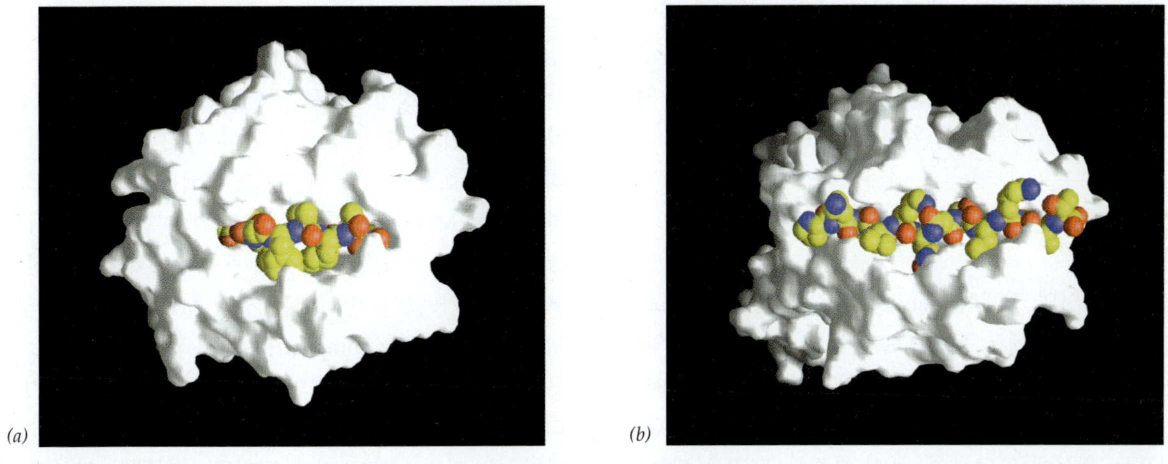

그림 17.24 항원 가공에 의해 생성된 펩티드가 각각의 MHC 분자 펩티드-결합 홈에 위치한 모형도. 그림 *a*는 펩티드가 제1형 MHC 분자의 펩티드-결합 홈에, 그림 *b*는 펩티드가 제2형 MHC 분자의 펩티드-결합 홈에 각각 결합하고 있는 모형을 나타낸다. MHC 분자의 분자 표면은 하얀색으로, 펩티드-결합 홈에 위치한 펩티드는 여러 가지 색으로 보인다. 그림 *a*에 있는 펩티드는 인플루엔자 바이러스 기질 단백질로부터 유래되었으며, 그림 *b*에 있는 펩티드는 인플루엔자 바이러스 헤마글루티닌(hemagglutinin) 단백질로부터 유래된 것이다. 각각의 펩티드에서 *N*-말단은 제일 왼쪽에 위치한다.

출처: (a, b) T. Jardetzky; *Trends Biochem. Sci.* 22:378, 1997, Fig. 1에서 발췌. Elsevier의 허가를 얻음.

일단 MHC 분자가 APC 표면에 위치하게 되면, MHC 분자는 APC 세포가 여러 가지 다른 유형의 T 세포와 상호작용 하도록 안내한다(그림 17.22). CTL은 제1형 MHC 분자와 결합된 항원을 인식하므로, 제1형 *MHC*에 제한적(*MHC class I restricted*)이라는 표현을 사용한다. 정상적인 상태에서, CTL과 접촉하게 되는 신체의 세포들은 제1형 MHC 분자와 결합한 자가항원(self-antigen)의 단백질 단편을 제시한다. 이때 자가항원의 단백질 단편을 제시하고 있는 정상적인 세포는 신체에 있는 T 세포에 의해 인식되지 않는다. 그 이유는, 흉선에서 T 세포 발달과정 시, 자가항원에 높은 친화도가 있어 자가항원에 의해 활성이 일어날 수 있는 T 세포는 세포자살에 의해 제거되기 때문이다(면역 관용 참조). 반면에 특정 세포가 병원체에 감염되었을 때, 이 세포는 제1형 MHC 분자와 결합된 바이러스 단백질의 단편을 제시한다. 이 세포들은 결합자리가 바이러스 펩티드와 상보적인 TCR을 갖고 있는 CTL에 의해 인식되고, 감염된 세포는 CTL에 의해 결국 죽게 된다. 따라서 세포표면에 한 가지 종류의 외부 항원(foreign antigen)에서 파생된 펩티드를 제시하고 있더라도, CTL에 의해 공격받기에 충분한 것 같다. 신체에 있는 거의 모든 세포가 세포표면에 제1형 MHC 분자를 발현하기 때문에, CTL은 감염된 세포의 종류와 상관없이 감염에 대해 전쟁을 치룰 수 있다. 또한 CTL은 세포표면에 비정상적인(돌연변이가 일어난) 단백질을 제시하는 세포를 인식하여 파괴할 수 있으며, 이것은 잠재적으로 생명을 위협하는 종양세포를 제거하는 데 있어서 중요한 역할을 수행한다는 것을 의미한다.

CTL과는 대조적으로, T_H 세포는 제2형 MHC 분자와 결합된 항원을 인식한다. 따라서 이들을 제2형 *MHC* 분자에 제한적(*MHC class II restricted*)이라고 말한다. 그 결과로서, T_H 세포는 체내에 들어와 세포 밖에서 서식하는 박테리아 세포벽의 일부나 박테리아 독소로서 나타나는 것과 같이 외인성(즉, 세포 외부의) 항원에 의해 주로 활성화된다(그림 17.23*b*). 제2형 MHC 분자는 주로 B세포, 수지상세포, 대식세포에서 발견된다. 이들은 세포 밖에서 유래한 세포외 물질을 포식하여 T_H 세포에게 펩티드 단편을 제시해 주는 면역계 세포들이다. 이러한 방법으로 활성화된 T_H 세포는 그 다음 B 세포를 자극하여 수용성 단백질인 항체를 생산할 수 있게 하는데, 이 항체는 우리 몸의 순환계에 따라서 움직이기 때문에 외인성 항원이 신체의 어느 부위에 위치하고 있는지와 상관 없이 외인성 항원과 결합한다.

17.9 중심관용

T 세포는 흉선에서 자신의 정체성(identity)을 갖게 된다. T 세포 전구세포(progenitor)가 골수에서 흉선으로 이동할 때는 T 세포의 기능을 매개하는 세포표면 단백질들, 그 중에서도 TCR이 결여되어 있다. 줄기세포는 흉선에서 증식하여 T 세포의 전구세포를 만든다. T 세포의 전구세포는 흉선에 도달하여, 우선 특정한 TCR을 만들 수 있게 하는 DNA 재배열이 일어난다. 그 후, 이 세포들은 잠재적으로 유용한 TCR을 갖고 있는 T 세포를 선택하는 복잡한 탐색 과정을 거치게 된다(**그림 17.25**). 많은 연구에 의하면, 흉선내 상피세포(thymic epithelial cell)는 매우 다양한 단백질을 소량으로 합성하는

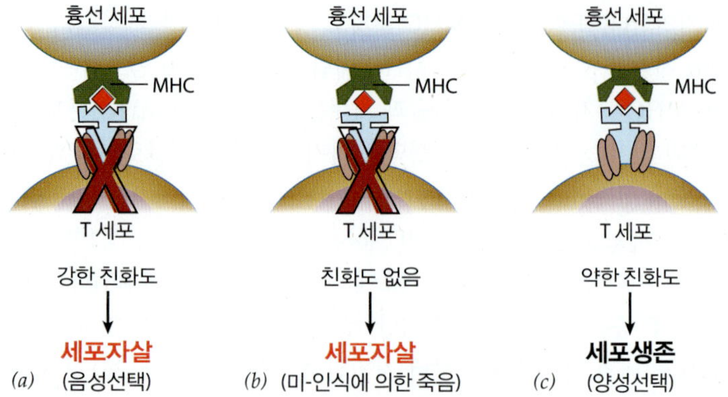

그림 17.25 흉선에서 새롭게 생성된 T 세포의 운명 결정. 자가항원에 대한 적당한 친화도의 TCR을 발현하는 T 세포를 선택하는 선별 과정이 흉선에서 일어난다. (*a*) 자가-펩티드를 제시하는 MHC 분자에 대해 강한 친화력을 보이는 TCR을 발현하는 T 세포는 세포자살에 의해 제거된다(음성선택). (*b*) 자가-펩티드를 제시하는 MHC 분자를 인식하지 못하는 TCR을 발현하는 T 세포도 세포자살에 의해 제거된다(미-인식에 의한 죽음). (*c*) 이와 대조적으로, 자가-펩티드를 제시하는 MHC 분자에 대하여 약한 친화도를 보이는 TCR을 발현하는 T 세포는 살아남게 되고(양성선택), 최종적으로 흉선을 떠나 신체의 말초조직에서 T 세포 집단을 구성한다.

데, 이 단백질은 신체의 다른 조직에서는 정상적인 합성이 제한된다. 이러한 단백질의 합성은 흉선에만 존재하는 특수한 전사조절인자인 autoimmune regulator(자가면역 조절자, AIRE)의 조절을 받는다. 이 모형에 의하면, 흉선은 AIRE에 의해 환경을 새롭게 만들어, 흉선 안에서 발달하는 T 세포가 신체에 있는 자신의 수많은 고유 항원결정부(epitope)를 갖고 있는 자가항원 단백질(self-antigenic peptide)을 경험해 볼 수 있게 한다. 이후, 신체에 있는 자신의 단백질로부터 유래한 펩티드에 대해 높은 친화력을 갖고 있는 TCR을 가진 T 세포는 제거된다(그림 17.25*a*). 이러한 경우를 음성선택(*negative selection*)이라고 하는데, 음성선택에 의해 면역계가 자기 자신의 조직을 공격할 가능성을 현저히 감소시킨다. 따라서, 제기능을 발휘하는 *AIRE* 유전자가 결핍된 사람은 여러 가지 기관이 면역학적으로 공격을 받게 되는 심각한 자가면역질환(autoimmune polyendocrinopathy-candidiasis-ectodermal dystrophy, APECED)으로 고통 받는다.

T 세포가 정상적으로 생산되기 위해서는 음성선택뿐만 아니라 다른 과정이 더 필요하다. TCR이 APC 표면에서 외부 항원 유래 펩티드와 상호작용을 할 때, TCR은 펩티드 그리고 그 펩티드와 결합하고 있는 MHC 분자를 모두 인식해야 한다. 결과적으로 자가-MHC(self-MHC) 분자를 인식하지 못하는 TCR을 발현하고 있는 T 세포는 쓸모가 없다. 면역계는 자가-MHC–자가-펩티드 복합체(self-MHC-self-peptide complex)에 대해 낮은 친화력으로 인식하는 TCR을 발현하고 있는 T 세포만을 계속 유지시키고, 자가-MHC–자가-펩티드 복합체를 인식하지 못하는 T 세포는 세포자살에 의해 죽게 만든다. 즉, 자가-MHC–자가-펩티드 복합체를 인식할 수 없는 TCR을 가지고 있는 T 세포는 성장신호가 결여되어 흉선에서 세포자살에 이르게 된다. 이러한 과정을 "미인식에 의한 죽음(death by neglect)"이라고 한다(그림 17.25*b*). 이와는 대조적으로, 자가-MHC-자가-펩티드 복합체에 대해 낮은 친화력을 보이지만 이러한 복합체를 인식

할 수 있는 TCR을 가진 T 세포는 살아남도록 자극을 받게 된다. 하지만 이러한 T 세포는 자가-MHC-자가-펩티드 복합체에 대해 낮은 친화력을 보이기 때문에 자가항원에 의해 활성화되지는 않는다(그림 17.25*c*). 이러한 과정을 **양성선택**(*positive selection*)이라고 한다. 흉선 내에서 분화 중인 T 세포 중 5% 이하만 이러한 음성 및 양성 탐색 과정에서 살아남는 것으로 추정된다.[5]

제1형 MHC 분자를 인식하는 세포는 CTL($CD4^-CD8^+$)로 발생한다고 생각되는 반면에, 제2형 MHC 분자를 인식하는 세포는 T_H 세포($CD4^+CD8^-$)로 분화된다고 생각된다. 이 두 가지 유형의 T 세포 모두 흉선을 떠나서 장기간 동안 혈액과 림프를 통하여 순환한다. 이 시기의 T 세포는 자신이 발현하는 TCR에 결합할 수 있는 특정한 외부 항원(foreign antigen)과 아직 만나지 못하였기 때문에 **미감작**(또는 **미접촉**, *naïve*) T 세포라고 한다. 이들이 림프조직을 통과하게 되면서, 미감작 T 세포는 휴지 상태로 생존을 유지하고 있거나 또는 활성화를 유도하는 다양한 세포와 접촉한다.

T 세포가 림프절 또는 다른 말초 림프조직을 통해 온 몸의 림프기관으로 이동함에 따라서, T 세포는 자가-MHC 분자와 결합하고 있는 부적절한 펩티드의 존재 유무를 확인하기 위해 세포표면을 탐색한다. T_H 세포는 제2형 자가-MHC 분자에 결합된 외부 항원 유래 펩티드에 의해 활성화되는 반면에, Tc 세포(세포독성 T 세포, CTL)는 제1형 자가-MHC 분자에 결합된 외부 항원 유래 펩티드에 의해 활성화된다. 특히, Tc 세포는 유전형이 맞지 않는 기증자로부터 이식된 장기에서 유래된 세포표면에서 발현하는 비자가-MHC 분자(nonself-MHC)를 외부 항원으로 인식하여, 활성이 강하게 일어난다. 이러한 원리에 의해, 이식된 세포들에 광범위한 공격을 개시하여 장기이식 거부반응(organ graft rejection)을 일으킬 수 있다. 정상적인 생리적 상태에서, 자가 반응성 림프구(auto-reactive lymphocyte: 즉, 신체 자신의 조직과 반응할 수 있는 림프구)는 신체 말초조직에 있는 흉선 외부에서 작동하는 다수의 잘 알려져 있지 않은 기작에 의해 활성화되는 것이 저해된다. 이러한 현상을 말초관용(peripheral tolerance)이라 하고, 림프구 발달과정에서 일어나는 자가 반응성 림프구의 제거를 중심관용(central tolerance)이라 한다. 말초관용과 중심관용은 면역관용(immunologic tolerance)의 주된 기작이다. 이 장의 후반부의 <인간 질병과의 연관성>에서 설명된 것처럼, 이들 기작이 붕괴되면 만성적인 조직손상을 일으킬 수 있는 자가 항체 및 자가 반응성 T 세포가 만들어진다.

17.10 림프구 활성에 필요한 두 가지 신호전달경로

림프구는 세포표면에 발현하는 다양한 단백질을 통해 다른 세포와 상호작용한다. 앞서 설명한 것처럼, 미감작 T 세포가 활성화되려면 T 세포의 TCR과 다른 세포표면에 있는 MHC-펩티드 복합체 사이의 상호작용을 필요로 한다. 이러한 상호작용은 특이성을 갖게 하여, 항원과 결합하고 있는 미감작 T 세포만이 활성화되게 만든다(따라서, T 세포의 활성을 유발하는 첫 번째 신호는 항원 전달이다). 또한 미감작 T 세포의 활성화는 **공동자극신호**(*co-stimulatory signal*)라고 하는 두 번째 신호를 필요로 하는데, 이 신호는 T 세포표면에 있는 두 번째 유형의 수용체를 통해 전달된다. TCR과 다르게, 공동자극신호를 전달하는 수용체는 특정한 항원에 대해 특이적이지 않으므로 MHC 분자와의 결합이 필요하지 않다. 공동자극신호에 의한 상호작용 중 가장 잘 밝혀진 물질은 보조 T 세포와 전문적 항원제시세포(예: 대식세포나 수지상세포)의 상호작용에 관련된 단백질들이다.

전문적 항원제시세포에 의한 T_H 세포의 활성화

미감작 T_H 세포는 수지상세포나 대식세포의 표면에서 발현하는 제2형 MHC 분자의 펩티드-결합 홈에 결합되어 있는 펩티드 항원 단편을 인식한다. T_H 세포의 표면에 있는 CD28로 알려진 단백질과 전문적 항원제시세포의 표면에 있는 단백질 중 B7 집단에 속하는 단백질들의 상호작용 결과로서 공동자극신호가 전달된다(**그림 17.26a**). B7 단백질들은 대식세포나 수지상세포가 외부 항원을 식세포작용하여 활성화된 이후에 세포표면으로 발현된다. 만약 T_H 세포가 전문적 항원제시세포로부터 이러한 두 번째 신호(공동자극신호)를 받지 못하게 되면, T_H 세포 클론 자체는 활성화되는 대신에 무반응성(clonal anergy)이 되거나 또는 세포자살에 의해 제거된다(clonal deletion). 전문적 항원제시세포는 공동자극신호를 전달할 수 있는 유일한 세포이기 때문에, 전문적 항원제시세포 만이 미감작 T_H 세포 반응을 개시할 수 있다. 다시 말하면, T 세포의 TCR과 결합할 수 있는 펩티드를 갖고 있는 신체의 정상 세포들은 공동자극신호를 전달할 수 없기 때문에 미감작 T_H 세포를 활성화시킬 수 없다. 즉, 미감작 T_H 세포는 두 가지 종류의 활성화 신호를 필요로 하기 때문에, 정상 세포는 미감작 T_H 세포가 관여하는 자가면역공격으로부터 보호된다(미감작 Tc 세포의 경우도 이 두 가지 종류의 활성화 신호에 의해 활성이 일어난다).

전문적 항원제시세포와 상호작용하기 전에는 미감작 T_H 세포를 휴지기 상태의 세포, 즉 세포주기로부터 벗어난 상태(G_0기 세포, 휴지기 세포, 581쪽 참조)로 표현할 수 있다. 앞서 언급한, 두 가지 활성화 신호를 받게 되면, T_H 세포는 세포주기의 G_1기로 다시 들어가도록 자극받아 결국 S기를 거쳐 유사분열을 하게 된다. 즉, 미감작 T 세포가 특정한 항원과 상호작용을 하게 되면, 그 항원에 대해 반응할 수 있는 세포가 증식(**클론확장**, *clonal expansion*)하게 된다. 세포분열을 일으키는 것 이외에도, 미감작 T_H 세포가 활성화되면 사이토카인(대부분 IL-2) 합성과 분비가 유도된다. 활성화된 T 세포에 의해 생산된 사이토카인은 면역계의 다른 세포들(B 세포와 대식세포를 포함)에 작용하며, 또한 사이토카인을 분비한 T_H 세포 자신에게 자가분비(autocrine)처럼 다시 작용한다. 표 17.1에는 특정 사이토카인을 분비하는 세포 및 그 기능 등 다양한 사이토카인에 대해 설명하고 있다.

이 장에서, 수용체 신호전달경로를 활성화시키는 리간드에 의해

[5]B 세포 역시 발달과정에서, 자가항원에 대한 항체를 만드는 B 세포를 제거하거나 불활성화 하기 위해 선택과정을 거친다. 어떤 경우에는 자가항원에 대한 항체를 만드는 B 세포의 가벼운 사슬을 제거하고, 새로운 유전자 재조합에 의해 만들어진 가벼운 사슬로 대체하기도 한다. 이러한 과정을 수용체편집(receptor editing)이라고 한다.

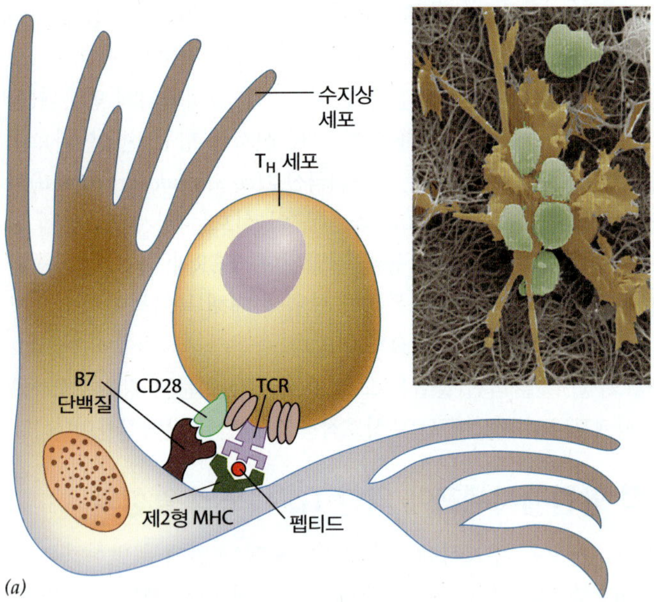

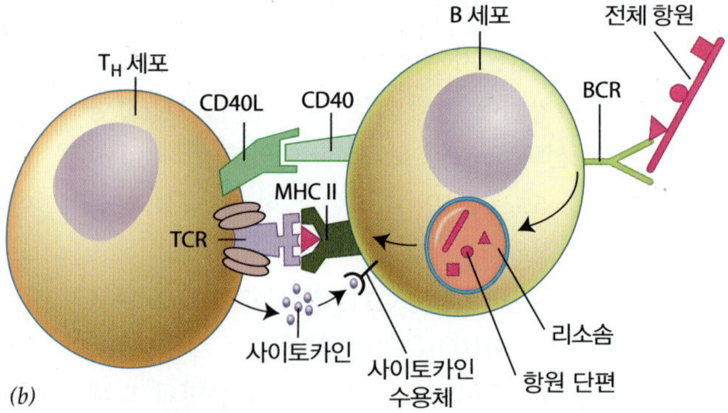

그림 17.26 림프구 활성화. (*a*) 전문적 항원제시세포인 성숙 수지상세포(mature DC, 항원을 인식한 상태의 수지상세포)와 T_H 세포의 상호작용을 도식적으로 나타낸 그림. 이러한 세포-세포 상호작용의 특이성은 T_H 세포의 TCR이 수지상세포의 표면에 제시된 제2형 MHC-펩티드 복합체를 인식함으로써 이루어진다. T 세포의 표면에서 발현하는 CD28과 성숙 수지상세포의 표면에서 발현하는 B7 단백질 사이의 상호작용이 T 세포 활성화에 필요한 비특이적인 공동자극신호를 만들어낸다. <삽입도> 다수의 T 세포(초록색)에게 항원을 제시하고 있는 성숙한 수지상세포(주황색)의 주사전자현미경 사진. (*b*) 활성화된 T_H 세포와 B 세포 사이에서 일어나는 상호작용을 도식적으로 나타낸 그림. 이러한 세포-세포 상호작용의 특이성은 T_H 세포의 TCR이 B 세포의 표면에 제시된 제2형 MHC-펩티드 복합체를 인식함으로써 이루어진다. B 세포에 의해 제시된 펩티드는 처음 세포표면의 BCR에 결합된 단백질 분자로부터 유래되었다. 이렇게 결합된 항원이 내포작용에 의해 세포로 운반되고, 리소솜에서 단편으로 되어 그림 17.23*b*에서처럼 제2형 MHC 분자에 결합된다.

출처: (a, b) E. Lindhout et al., *Immunol Today* 18:574, 1997. Immunology Today, Elsevier Science의 허가를 얻음. (삽입도; Peter Friedl, *Nature Reviews Immunology* 5:533, 2005, Fig. 1a, middle image; Macmillan Publishers Ltd.의 허가를 얻음.)

면역반응이 어떻게 촉진되는가에 대해 알아 보았다. 그러나 이들 반응 중 상당수는 또한 억제성 자극(inhibitory stimulus)에 의해 영향을 받을 수 있기 때문에, 면역세포에 의한 최종 반응은 양성 신호와 음성 신호의 균형에 의해 결정된다. 예를 들면, CD28과 B7 단백질들의 상호작용은 T 세포의 활성을 유발하는 양성 신호를 T 세포에 전달한다. 일단 T 세포가 활성화되면, T 세포는 구조가 CD28과 유사하여 전문적 항원제시세포의 B7 단백질들과도 상호작용을 하는 CTLA-4라고 하는 또 다른 종류의 세포-표면 단백질을 생산한다. 그렇지만 CD28-B7의 상호작용과는 다르게, CTLA-4와 B7이 상호작용하게 되면 T 세포의 활성을 오히려 억제한다. T 세포활성화와 억제 사이의 균형을 이루어야 할 필요성은 CTLA-4를 암호화하는 유전자를 유전공학적인 방법으로 결여시킨 생쥐에서 가장 명확해진다. 이들 생쥐는 T 세포가 대량으로 과다 증식한 결과에 의해 죽는다. 733쪽에 언급된 것처럼, CTLA-4의 기능을 알게 되면서 최근에는 CTLA-4 기능을 이용하여 특정 자가면역질환을 치료하려는 임상실험이 진행되고 있다.

T_H 세포에 의한 B 세포의 활성화

T_H 세포는 자신과 동일한 항원을 인식하는 수용체를 갖고 있는 B 세포와 결합한다. 항원은 처음에 B 세포표면에 있는 면역글로불린(BCR)과 결합한다. B 세포와 결합된 항원은 세포외 배지로부터 유래된 수용성 단백질이거나 또는 다른 세포의 원형질막에 결합된 단백질일 수 있다. 후자의 경우, B 세포는 표적세포의 표면 전체에 퍼져서 BCR-항원 복합체를 중심부 무리로 모음으로써 항원을 얻는다. 이어서 결합된 항원은 B 세포 안으로 들어가고, B 세포에서 효소에 의해 가공되어 항원으로부터 유래된 펩티드 단편이 제2형 MHC 분자에 결합되어 제시된다(그림 17.26*b*). B 세포에 의해서 제공된 펩티드 단편을 TCR이 인식하면 T_H 세포의 활성화가 일어나고, T_H 세포는 다시 B 세포를 활성화시킨다. 즉, B 세포에 의해 활성화된 T_H 세포가 다시 B 세포로 다양한 신호를 전달하면 이에 따라 B세포가 활성화된다. 이들 신호 중 일부는 CD40과 CD40 리간드(CD40L)와 같이 상보적인 단백질들 사이에서 일어나는 상호작용을 통하여, 한 세포의 표면으로부터 다른 세포로 직접 전달된다(그림 17.26*b*). CD40과 CD40L 사이에 결합이 이루어지면, B 세포가 G_0기(휴지기) 상태에서 세포주기로 다시 돌아가도록 한다. 또 다른 신호는 T_H 세포와 B 세포의 면역연접(immunologic synapse)을 통하여 전파되는 사이토카인이다. 면역연접에서 사이토카인에 의한 신호전달은, 신경전달물질이 신경접합(neural synapse)을 가로질러 작용하는 방법과 매우 유사하다(8.16절). T_H 세포에서 면역연접으로 방출된 사이토카인으로는 IL-4, IL-5, IL-6, IL-10 등이 있다. IL-4는 IgM을 분비하는 B 세포를 IgG 또는 IgE를 만들어 분비하게 한다고 생각된다. 다른 종류의 사이토카인들도 B 세포의 증식, 분화, 분비활성 등을 유도한다.

17.11 림프구 활성화 신호전달 과정

제15장에서 호르몬, 성장인자, 그리고 다른 화학전령분자가 표적세포의 세포표면에 있는 수용체와 결합하여, 세포 내부 구획으로 정보를 전달하는 과정인 신호전달경로(signal transduction)가 어떻게 시작되는지에 관하여 살펴보았다. 또한 제15장에서 많은 다양한 세포외 전령분자가 공유된 적은 수의 신호전달경로를 따라서, 어떻게 정보를 전달하는지에 관하여 살펴보았다. 림프구의 자극도 유사한 기

작으로 일어나며, 다른 유형의 세포에 작용하는 호르몬 및 성장인자가 작용할 때 사용하는 것과 동일한 많은 구성성분을 이용한다.

T 세포가 수지상세포에 의해 활성화되거나 또는 B 세포가 T_H 세포에 의해 활성화되면, 인슐린과 성장인자에 대해 제15장에서 설명한 신호와 유사하게, 원형질막으로부터 세포질로 티로신 인산화효소(tyrosine kinase)에 의해 신호가 전달된다. 하지만 인슐린 및 성장인자와 결합하는 수용체와는 다르게(641쪽 참조), 림프구의 TCR과 BCR은 자체의 티로신 인산화효소 활성을 가지고 있지 않다. 그 대신 리간드가 항원수용체와 결합하면, 세포질 티로신 인산화효소를 TCR과 BCR이 존재하는 원형질막의 안쪽 표면으로 모이게 되는데, 이러한 과정은 활성화된 수용체가 지질뗏목(lipid raft)으로 이동함으로써 촉진될 수 있다. TCR과 BCR 활성화 과정 동안 사용되는 대표적인 티로신 인산화효소는 Src 및 Tec 집단의 효소들이며, 그 외에도 다른 티로신 인산화효소들이 신호전달 과정에 관여한다. Src는 처음으로 밝혀진 티로신 인산화효소이면서 최초로 발견된 암을 유발하는 발암유전자(oncogene)의 산물이다(702쪽 참조).

TCR과 BCR 활성화 과정 동안 사용되어지는 티로신 인산화효소가 활성화되면 연쇄반응을 일으켜서 다음과 같이 다양한 신호전달경로를 활성화시킨다.

1. 인지질 가수분해효소 C(Phospholipase C)가 활성화되면 IP_3와 DAG를 형성하게 된다. 635쪽에 이미 언급되었다시피, IP_3는 세포기질 Ca^{2+} 농도를 현저하게 증가시키고, DAG는 단백질인산화효소 C(protein kinase C)의 활성을 촉진시킨다.
2. Ras(small GTP binding protein 또는 small G protein)가 활성화되면 MAP 인산화효소 연쇄반응이 활성화된다(15.9 참조).
3. PI3K가 활성화되면 세포 안에서 다양한 기능을 갖고 있는 막-부착 지질 전령 형성을 촉매한다(650쪽 참조).

이러한 여러 가지 경로 그리고 다른 경로를 따라서 신호가 전파되면 다수의 전사인자들(예: NF-κB 및 NFAT)이 활성화되어, 휴지기 상태의 T 세포나 B 세포에서 발현되지 않는 여러 가지 유전자들이 전사된다.

앞에서 설명한 것처럼, 활성화된 림프구에 의해 일어나는 가장 중요한 반응들 중 한 가지가 사이토카인의 생성 및 분비이다. 이들 사이토카인 중 상당수는 이를 분비한 세포의 수용체와 결합함으로써 자가분비(autocrine) 회로의 일부로서 작용할 수도 있다. 다른 세포의 신호와 같이 사이토카인은 표적세포의 바깥 표면에 있는 수용체와 결합하여, 다양한 세포내 표적에 작용하는 세포질의 신호를 발생시킨다. 사이토카인은 *JAK-STAT* 경로라고 하는 새로운 신호전달 경로를 이용하는데, 이것은 2차 신호전달자(secondary messenger)가 관여하지 않으면서 작용한다. 이 경로의 이름에서 "JAK"은 야누스(Janus) 인산화효소의 머리글자이며, 사이토카인이 그 수용체와 결합한 후 활성화되는 세포질 티로신 인산화효소들이다. (야누스는 로마 신화에 나오는 출입문을 지키는 두 얼굴을 가진 신을 뜻함.) "STAT"는 "전사의 신호전달자 및 활성인자(signal transducers and activators of transcription)"의 머리글자이며, 갖고 있는 티로신 잔기들 중 하나가 JAK에 의해 인산화될 때 활성화되는 전사인자들이다(그림 15.19*c*). 일단 인산화가 되면, STAT 분자는 상호작용을 하여 2량체를 형성하고 세포기질에서 핵으로 이동한 후, 인터페론-자극 반응요소(interferon-stimulated response element, ISRE)와 같은 특정한 DNA 서열과 결합한다. ISRE는 세포에 사이토카인인 인터페론-알파(IFN-α)를 처리하였을 때 활성화되는 수십 가지 유전자의 조절부위에서 발견된다.

제15장에서 설명한 호르몬 그리고 성장인자들과 같이, 사이토카인에 대한 세포의 특이 반응은 관여된 특정한 사이토카인 수용체 그리고 그 세포에 존재하는 특정한 JAK과 STAT에 따라 달라진다. 예를 들면, 앞서 설명된 IL-4는 B 세포에서 Ig 종류전환(isotype switching)을 유도하는 작용을 한다. 이 반응은 IL-4의 유도로 활성화된 B 세포의 세포질에 존재하는 전사인자 STAT6가 인산화되면서 일어난다. 인터페론에 의해 유도되는 바이러스 감염에 대한 저항성은 STAT1의 인산화를 통해 매개된다(713쪽 참조). 다른 STAT의 인산화는 표적세포의 세포주기 진행을 유도하기도 한다.

인간 질병과의 연관성

자가면역질환

면역계는 아주 다양한 유형의 세포와 분자 사이에서 일어나는 복잡하며 대단히 특이적인 상호작용이 필요하다. 체액 또는 세포-매개 면역반응이 개시되기 전에 여러 가지 일들이 일어나야만 하는데, 이 과정들은 다양한 단계에서 여러 가지 인자에 의해 쉽게 오류가 생길 수 있다. 다양한 유형의 면역 기능 장애에 속하는 것 중 하나인 **자가면역질환(autoimmune disease)**은 신체가 자신의 일부에 대하여 면역반응을 보일 때 나타난다. 80가지 이상의 자가면역질환이 밝혀졌고, 전 세계 인구의 대략 5% 정도가 이 질환에 영향을 받고 있다.

T 세포와 B 세포 모두 항원수용체 특이성이 무작위적인 유전자 재배열 과정에 의해 결정되기 때문에, 이런 세포 집단에서 일부 세포가 신체에 있는 자신의 단백질(**자가항원**, *self-antigen*)에 대한 수용체를 갖게 되는 것은 불가피한 일이다. 높은 친화력으로 자가항원과 결합 하는 림프구는 림프구 집단에서 제거되는 경향이 있어서, 자신에 대해 면역 관용을 갖게 한다. 그렇지만 흉선과 골수에서 생산된 자가-반응성인 림프구 중 일부는 신체의 음성선택 과정을 회피하여, 정상적인 신체 조직을 공격할 잠재력을 갖게 된다. 신체의 조직에 반응할 수 있는 B 림프구와 T 림프구를 갖고 있다는 것은 건강한 사람에서 쉽게 증명될 수 있다. 예를 들면, T 세포를 혈액에서 분리하여 IL-2와 함께 정상적인 자가-단백질을 시험관에 처

계속

리하면, 집단에 있는 소수의 세포들이 증식하여 자가-항원에 반응할 수 있는 세포 클론을 형성할 가능성이 높다. 유사하게, 실험동물에게 주입한 항원에 대한 반응을 증진시킬 수 있는 비특이적인 물질인 **항원보강제**(*adjuvant*)와 함께 정제한 자가-단백질을 주사하면, 이 실험동물들은 이 단백질이 정상적으로 발견되는 조직들에 대하여 면역반응을 나타낸다. 정상적인 상태에서, 자가항원에 반응할 수 있는 B 세포와 T 세포는 항원-특이적인 T_{Reg} 세포(720쪽 참조) 또는 다른 종류의 억제성 기작에 의해 저해된다. 이러한 억제성 기작이 제대로 작동하지 못한다면, 사람은 자가면역질환에 걸리게 된다. 아래에는 대표적인 자가면역질환이다.

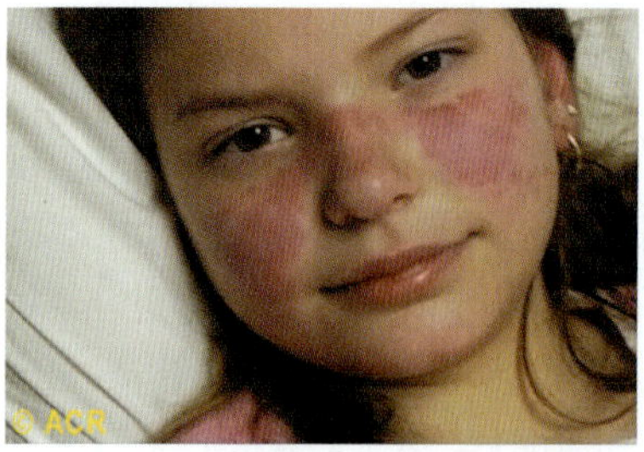

그림 1 SLE의 초기 증상 중 하나로서 흔하게 나타나는 "나비" 발진.

출처: American College of Rheumatology 제공

1. **다발성경화증(Multiple sclerosis, MS):** 일반적으로 젊은 성인에게 나타나서, 심각한 진행성 신경손상을 일으키는 염증성 질환이다(그림 8.5). MS는 신경세포의 축삭을 둘러싸고 있는 미엘린 수초(myelin sheath)를 항체나 면역세포가 공격함으로써 일어난다. 이 미엘린 수초는 중추신경계의 흰 수질을 형성한다. 이러한 면역계의 공격으로 신경의 미엘린이 제거되면, 축삭을 통한 신경자극의 전도를 방해하여 시력이 저하되고 운동기능에 문제가 발생하며, 감각 지각에 방해를 받게 된다. 실험동물 모델로는 알레르기성 뇌척수염(experimental allergic encephalomyelitis)이 있으며, MS와 유사한 질환을 유발한다. 실험동물 모델에서 미엘린 원형질막의 주요 구성성분인 미엘린 단백질을 생쥐에 주사함으로써 유도할 수 있다. 더욱이, 이 질환은 질병에 걸린 개체로부터 분리한 T 세포를 동일한 품종의 건강한 생쥐에게 주사함으로써 질환을 유발할 수 있다.
2. **제1형 당뇨병(Type 1 diabetes, T1D 또는 인슐린-의존성 당뇨병, insulin-dependent diabetes mellitus, IDDM):** 어린 아이에게 발생하는 경향이 있으며, 이자의 인슐린분비 β-세포가 자가면역에 의해 파괴된 결과로 발생한다. 인슐린분비 β-세포의 파괴는 자가항원 반응성 T 세포에 의해 이루어지며, 이들 T 세포는 특정한 바이러스에 의해 활성화될 수도 있다. 현재, T1D 환자에게 매일 인슐린을 투여한다. 호르몬이 생명을 유지시켜 주지만, 이들은 여전히 퇴행성 신장, 퇴행성 혈관, 퇴행성 망막질환 등이 일어나기 쉽다. T1D로 확진된 환자는 어느 정도(10~20 % 정도)의 인슐린분비 β 세포를 가지고 있으며, 대부분의 제1형 당뇨병 치료제는 인슐린분비 β-세포의 수를 증진시키거나, 더 이상의 손상을 막기 위해 사용되는 약제이다. T1D는 MS와 마찬가지로 실험동물 모델을 사용하여 이 질환을 연구하고 있다. 즉, 생쥐 모델인 non-obese diabetic(NOD) 생쥐를 이용하여 연구가 많이 진행되었으며, 이러한 동물모델을 이용하여 새로운 치료제의 전임상 연구를 진행하기도 한다.
3. **그레이브스병과 갑상샘염(Graves' disease와 thyroiditis):** 그레이브스병과 갑상샘염은 매우 다른 증상을 보이는 갑상샘 자가면역질환이다. 그레이브스병은 뇌하수체 호르몬인 갑상샘자극호르몬(thyroid-stimulating hormone, TSH)이 결합하는 갑상샘 세포표면에 있는 TSH 수용체가 면역 공격의 표적이 된다. 이 질환을 가진 환자는, 자가항체가 TSH 수용체에 결합하여 갑상샘세포를 지속적으로 자극하고 결국 갑상샘기능항진증(hyperthyroidism)을 일으켜서 혈액의 갑상샘 호르몬 농도가 올라가게 된다. 갑상샘염[또는 하시모토씨 갑상샘염(Hashimotos thyroiditis)]은 갑상샘세포의 티로글로불린(thyroglobulin)을 포함하여 한 가지 이상의 일반적인 단백질들이 면역 공격을 받아서 일어난다. 그 결과, 갑상샘이 파괴되어 갑상샘기능저하증(hypothyroidism)을 일으켜서 혈액의 갑상샘 호르몬 농도가 내려간다.
4. **류마티스 관절염(Rheumatoid arthritis):** 대략 1% 정도의 사람에게서 발생하며, 염증 반응의 연쇄 반응으로 인하여 신체의 관절이 지속적으로 파괴되는 특징을 나타낸다. 정상적인 관절에서, 관절낭(synovial cavity)을 둘러싸고 있는 활막(synovial membrane)은 두꺼운 단일 세포층으로만 되어 있다. 류마티스 관절염 환자에서는 자가반응성 면역세포나 자가항체가 관절 내로 침윤(infiltration)되어 활막에 염증이 생기고 두꺼워지게 된다. 시간이 지남에 따라 연골은 섬유조직으로 대치돼서 관절을 움직이지 못하게 된다.
5. **전신홍반루푸스(Systemic lupus erythromatosus, SLE):** 전신홍반루프스는 질환의 초기 단계에 증상으로 나타나는 붉그스레한 뺨 때문에 "빨간 늑대(red wolf)"라는 이름을 얻게 되었다(**그림 1**). 앞에서 설명한 다른 자가면역질환과는 다르게, SLE의 증상은 특정한 장기에 한정되는 일이 드물고, 흔히 중추신경계, 신장, 심장 등을 포함한 신체의 전체 조직에서 나타난다. SLE 환자는 세포의 핵 안에서 발견되는 다수의 구성성분들에 친화도가 높은 자가 항체를 혈청에 가지고 있다. 이러한 항체들은 소형 핵리보핵산 단백질(small nuclear ribonucleoprotein, snRNP), 염색체의 중심절(centromere) 단백질을 인식한다. 특히, 2중가닥 DNA에 대한 항체들도 있다. 최근 연구 결과에 의하면, 정상적으로 미생물의 DNA나 RNA를 인식하는 TLR(712쪽 참조)이 신체에 있는 자신의 DNA나 RNA와 잘못 결합함으로써 자가면역이 일어날 수도 있음을 시사하고 있다. 가임기 여성에게서 SLE의 발생빈도가 특이적으로 높다는 사실은 여성호르몬이 이 질환을 유발하는 데 관여되어 있다는 사실을 간접적으로 시사한다.
6. **염증성 장 질환(Inflammatory bowel disease):** 염증성 장 질환은 크론병(Crohn's disease) 또는 궤양성 대장염(ulcerative colitis) 같이 장에 고통스러운 염증을 수반한다. 염증성 장 질환이 생기는 원인 중 하나는 우리 몸의 장내 정상균총에 대한 과도한 면역반응에 기인한다고 한다. 전장유전체 연관분석(genome-wide association study, GWAS, 154쪽 참조)에 따르면, 50가지 이상의 유전자 자리(genetic locus)가 이들 질병에 연관되어 있다고 한다.

동일 집단에 있는 모든 사람이 이러한 자가면역질환들에 동일한 빈도로 걸리는 것은 아니다. 이런 질환의 대부분이 일반적인 집단보다 어떤 가계에서 훨씬 더 흔하게 나타나는데, 이는 이런 질환의 발병에 강한 유전적 요소가 있음을 암시한다. 여러 가지 다른 종류의 유전자들이 자가면역질환에 걸릴 가능성을 증가시키는 것으로 나타났지만, 제2형 MHC 폴리펩티드를 암호화하는 유전자들이 가장 밀접하게 연관되어 있다. 예를 들면, MHC 유전자자리에 특정한 대립유전자가 유전된 사람은 제1형 당뇨병에 대한 유병률이 특히 높다. 따라서, 제1형 당뇨병에 잘 걸리게 하는 대립유전자에 의해 암호화된 MHC 분자를 갖는 세포들은 이자의 인슐린분비 β-세포에 대한 자가항체 생산을 자극하는 특정 펩티드와 결합할 수 있다고 생각된다.

특정 자가면역질환들이 개인에게서 일어나려면 고위험 대립유전자를 가지고 있을 필요가 있지만, 이것 만이 유일한 기여 인자는 아니다. 일란성 쌍둥이에 대한 연구에 의하면, 쌍둥이 중 한 명이 자가면역 질환에 걸렸을 때 이 질병이 다른 쌍둥이에서 발생할 확률은 유전이 유일한 기여 인자인 경우에 예상할 수 있는 수치인 100%가 아니라 약 25%에서 75% 사이라는 것이 보고되었다.

지난 20여 년 간, 우리 몸의 면역반응에 대한 세포 및 분자적인 기초를 이해하는 데 많은 진척이 있었다. 이로 인해, 특정 자가면역질환에 대해 신체의 면역계 조절과 연관된 다수의 치료법이 개발되었다. 이러한 치료법들은 동물 모델(즉, 사람의 질환과 유사한 질환이 발생하도록 만든 동물)에서 시험되었고, 이들 치료법의 안전성과 효능은 사람의 임상실험을 통해 확인되었다. 자가면역질환의 치료법에 대한 여러 가지 접근 방법들은 다음과 같다.

- 환자에게, 사이크로스포린 A(cyclosporin A) 또는 셀셉트(CellCept) 같은 면역반응을 저해하는 면역억제제를 투여한다. 또한 프레드니손(prednisone)과 같은 코르티코스테로이드(corticosteroid)를 단기간 투여한다. 이들 약제는 비특이적으로 작용하기 때문에, 모든 유형의 면역반응을 억제한다. 따라서 이들 약제를 투여 받은 환자는 치명적인 감염성 질환에 쉽게 노출될 수 있다.
- 자가항원에 대한 면역학적 관용(immunological tolerance)을 회복시켜, 환자가 자가 항체 및 자가항원 반응성 T 세포의 생산을 멈추게 한다. 이 방법만이 항원-특이적 치료법이기 때문에, 자가항원 반응성 림프구의 선택적 제어 방법으로 가능성이 있을 것이며, 다른 모든 방법은 전체적인 면역계를 억제하는 치료법이다. 특정한 항원에 대해 관용을 유도하는 방법 중 하나는, 자가면역질환의 원인이 되는 자가항원으로부터 유래된 펩티드 유사체(altered peptide ligand, APL)를 환자에게 투여하는 것인다. APL은 체내에서 자가항원 펩티드와 경쟁적으로 TCR에 결합함으로써, T 세포 활성화를 억제하고 염증 사이토카인들(예: TNF-α 및 IFN-α)의 분비를 감소시킨다. 이러한 유형의 약제 중 한 가지인 코파손(Copaxone)은 MS를 유발하는 자가항원인 미엘린 염기성 단백질(myelin basic protein)과 구조적으로 유사한 합성 펩티드의 혼합물로 구성되어 있다. 코파손은 자가면역질환에 사용되는 약제 중 FDA에서 승인 받은 항원-특이적 치료 원리에 의한 유일한 약제이며, 이와 기작이 유사한 후속 펩티드 백신(peptide vaccine)은 계속 임상 실험 중에 있다. 하지만 MS 환자에게 코파손의 투여 결과, 이 약제는 MS 환자의 재발 빈도를 낮출 수는 있지만 MS의 진행은 막지 못하고 심각한 알레르기성 부작용을 일으킬 수도 있다는 것이 밝혀졌다. MS 환자에게 면역 관용을 유발하는 방법 중 하나는, MS 환자의 자가항원성 T 세포를 분리하여 체외 증식을 시킨 후, 증식된 세포를 세포분열하지 못하게 조작하여, 다시 환자 몸에 투여하는 것이 있다. 환자 몸에 투여된 자가항원성 T 세포는 증식이 안 되고, 항원으로 작용하여 다른 면역세포에 의해 파괴된다. 이때 자가항원성 T 세포에 의해 활성이 일어난 면역세포들이 환자 몸의 자가항원성 T 세포도 공격하게 된다. 2011년에 실시된 임상 IIb의 결과, 이러한 MS 환자 특이적 항-T 세포 백신(anti-T cell vaccine)인 티셀나(Tcelna 또는 Tovaxin)는 효능이 우수한 것으로 판명되었다. 면역관용을 유도하는 또 다른 방법은 변형된 형태의 CTLA-4 단백질을 투여하는 것이다. 이것은 전문적 항원제시세포표면에 발현하는 B7 공동자극신호 단백질과 결합하여, 전문적 항원제시세포에 의한 자가항원 반응성 T 세포의 활성을 억제한다. 이러한 방법으로 작용하는 오렌시아(Orencia)라는 약제는 류머티스성 관절염 환자들에게 사용하는 것이 승인되었다. 많은 연구자들은 면역관용을 회복시키기 위해 가장 효과적이며 장기적인 항원-특이적 접근 방법은 환자 자신의 T_{Reg} 세포를 이용하는 것이라고 믿고 있다. 이 방법을 위해, 우선 환자의 혈액으로부터 필요한 T_{Reg} 세포를 분리한 후에 세포배양을 통하여 많은 수로 증식시킨다. 그런 다음 특정한 자가항원 반응성 면역세포의 활성을 억제시키기 위해 환자에게 다시 주입시키는 것이다. T_{Reg} 세포를 이용한 면역관용유도방법은 장기를 이식받은 후 면역학적 합병증을 앓고 있는 환자들에게 시도되고 있다.
- 많은 자가면역질환에서 광범위한 조직 파괴를 일으키는 물질들 중 하나인, 염증유발성(pro-inflammatory) 사이토카인의 효과를 억제시킨다. 이런 방법 중에서 가장 많이 연구된 예로는 염증유발성 사이토카인인 TNF-α의 작용을 억제하는 단일클론항체들[예: 레미케이드(Remicade), 심지아(Cimzia), 심포니(simponi), 휴미라(Humira)]과 재조합융합 단백질(Enbrel)이 있다. 이 약제들은 류머티스성 관절염 치료를 위해 승인되었으며 실제로 많은 환자에게서 뛰어난 효능을 보인다. 하지만, TNF-α의 작용을 억제하면 결핵 같은 감염성 질환이나 림프종 같은 혈액암의 발병률이 높아진다. IL-1은 또 다른 주요한 염증유발성 사이토카인인데, 다수의 IL-1 저해제가 현재 치료약으로 개발 중이다. 한 예로, 키네렛(Kineret)은 IL-1과 IL-1 수용체의 상호작용을 억제하는 재조합 단백질인데, 십수 년간 류머티스성 관절염 치료제로 사용되어 왔다. 또한, IL-12와 IL-23의 작용을 억제하는 인간화 단일클론항체인 스텔라라(Stelara)는 크론병(Crohn's disease) 또는 건선(psoriasis)의 치료에 사용되어진다.
- 특정 사이토카인을 투여하여 치료하는 방법이 있다. 현재, MS 치료를 위해 가장 널리 처방되고 있는 치료법은 사이토카인 중 하나인 IFN-β [아보넥스(Avonex), 레비프(Rebif), 엑스타비아(Extavia), 베타세론(Betaseron)]를 환자에게 투여하는 것으로, 이들은 MS의 진행을 평균 35% 감소시킨다. IFN-β는 다양한 활성을 갖고 있어서 정확한 MS 억제 기작에 대해서는 아직 논쟁 중이다.
- B 세포를 파괴하는 약제를 이용한 치료 방법이 있다. 자가면역질환은 일반적으로 T 세포, 특히 보조 T 세포의 기능 장애가 원인이라고 생각되지만, 자가-반응성 B 세포도 부분적으로 관여한다는 증거가 많이 있다. 즉, B 세포가 항체도 생성하지만, 항원을 제시하는 전문적 항원제시세포로서의 역할도 하기 때문이다. B 세포가 자가면역질환 발병에 중요한 역할을 한다는 사실은, B 세포에 결합하여 파괴하는 단일클론항체들[리툭산(Rituxan), 아제라(Arzerra)]에 대한 임상실험으로 입증되었다. 리툭산은 류머티스성 관절염과 다발성경화증 환자에게도 시도되어 아주 놀라운 효과가 있다는 것이 검증되기 전에, B 림프종(697쪽 참조) 환자에게 안전하고 성공적인 치료로 사용되어 왔다. 리툭산이 수 개월의 기간 동안 혈액을 순환하는 B 세포를 실질적으로 감소시키지만, 감염체에 대한 면역반응을 나타내는 환자의 능력을 억제시키지 않는다는 사실은 놀라운 일이다. 2011년 새로운 항체[벤리스타(Benlystar)]가 SLE 환자의 치료에 사용되는 것이 FDA에 의해 승인되었다(최근 50년만에 처음으로 SLE 적용증으로 승인된 약제임). 벤리스타는 B 세포 분화 및 활성에 중요한 물질인 BLyS(B lymphocyte stimulator 또는 BAFF)의 활성을 차단하는 항체이며, SLE 환자의 치료 방법으로 효능이 입증되었다.
- 자가-반응성 면역세포가 염증부위로 이동하는 것을 차단하는 치료 방법이 있다. MS 환자를 위해 현재까지 개발된 가장 효과적인 치료는 활성화된 T 세포의 표면에 있는 인테그린(integrin) 소단위 $\alpha4$를 인식

계속

하는 항체(티사브리, Tysabri)이다. 이 약제는 T 세포가 혈액-뇌 장벽(blood-brain barrier)(449쪽 참조)을 통과하거나 다발성경화증 환자의 중추신경계에 있는 미엘린초를 공격하는 것을 막는 것을 목표로 하고 있다. 어떤 유형의 면역치료법이든지 치료가 감염과 싸울 수 있는 신체의 능력을 방해할 수 있다는 염려가 항상 있었다. 3명의 환자에게서 심각한 바이러스성 뇌 감염(Progressive multifocal leukoencephalopathy, PML)이 발생되어 티사브리가 2005년 시장에서 일시적으로 수거되었을 때, 이런 염려가 현실화되었다. 티사브리는 현재에도 MS 환자에게 처방되어 투약되고 있지만, 아직도 티사브리 투여 환자에게 PML에 대한 우려가 남아 있다. 2010년에는 MS 환자에 대한 경구 투여약[길레냐(Gilenya)]이 처음으로 FDA에 승인을 받았다. 길레냐는 티사브리와 같이 활성화된 T 세포의 이동을 차단하는 약제이다. 하지만 길레냐는 티사브리와는 다른 기작에 의해서 T 세포의 이동을 차단한다. 길레냐는 작은 합성 화합물로서 체내에 투여되면 인산화되고, 인산화된 중간 대사체는 S1P 수용체(sphingosine 1-phosphate receptor)에 붙어서, T 세포표면에 발현하는 S1P 수용체를 내포작용에 의해 세포질로 이동시킨다. S1P 수용체가 T 세포표면에 발현하지 못하게 되면, S1P에 의한 신호를 받지 못하여 흉선이나 림프절에서 혈액으로 T 세포 이동이 억제되고, 결국 중추신경계에 도달하지 못하게 된다. 2012년 승인된 MS 환자를 위한 또 다른 경구용 제제인 아우바지오(Aubagio)는 피리미딘(pyrimidine) 합성 억제제로 류마티스 관절염에 쓰인던 약제였다. 아우바지오의 정확한 기작은 알려져 있지 않지만, 중추신경계에 도달하는 T 세포 또는 B 세포의 증식과 이동을 억제한다고 알려졌다.

- 환자 자신의 것(자가이식, autologous transplantation)이나 또는 유전적으로 가장 적합한 기증자(동종이식, allograft transplantation)로부터 조혈줄기세포를 이식하는 방법이 있다. 조혈줄기세포 이식법은 자칫하면 생명을 위협하는 합병증을 일으킬 수 있기 때문에, 자가면역질환이 매우 악화된 환자에게만 적용하는 치료 방법이다. 그러나 앞에서 설명한 약제들과는 다르게, 이식받는 사람들은 거의 "새로운" 면역계를 갖고 여생을 다시 시작하게 되므로 이들의 자가면역질환을 완전하게 치료할 가능성이 있다. 실제로 조혈줄기세포 이식법을 받은 3분의 1 가량의 환자는 오랫동안 증상이 매우 호전되었다. 하지만 다른 3분의 1 가량의 환자는 증상이 전혀 호전되어지지 않았다. 이러한 차이점이 왜 생기는가에 대해서는 알려진바 없으며, 이에 대한 연구는 아직 진행 중이다.

역사적 실험

주조직적합성 항원의 기능과 항원제시경로에 대한 연구

1973년, 캘리포니아 라호야(La Jolla, California)의 스크립스 재단(Scripps Foundation)과 스탠포드대학교(Stanford University)에서 일하던 휴 맥데빗(Hugh McDevitt)과 그의 동료들은 특정 병원체에 대한 생쥐의 민감성이 MHC 유전자 자리 중 한 곳에 존재하는 대립유전자에 의존적이라는 것을 입증하였다.[1] 그들은 H-2^q 대립유전자에 대해 동형접합체 또는 이형접합체인 생쥐에서 림프성 수막염 바이러스(lymphocytic choriomeningitis virus, LCMV)가 치명적인 뇌수막염을 일으키지만, 이 유전자 자리에서 H-2^k 대립유전자에 대해 동형접합체인 생쥐는 이 바이러스 감염에 저항성이 있다는 것을 발견하였다.

이 결과를 토대로 호주국립대학교(Australian National University)의 롤프 진커나겔(Rolf Zinkernagel)과 피터 도허티(Peter Doherty)는 LCMV에 의한 뇌수막염이 발생하는 과정에서 세포독성 T 림프구(CTL)의 역할을 연구하게 되었다. 진커나겔과 도허티는 우선 다른 종류의 MHC 유전자형[또는 그들이 명명한 것에 의하면 반수체형(haplotype)]을 갖는 생쥐에서 CTL의 활성 수준과 질환의 심각성 사이의 연관 관계를 밝히는 실험을 계획하였다. CTL의 활성은 다음과 같은 실험 방법으로 추적 관찰하였다. 즉, 한 마리의 생쥐로부터 얻은 섬유모세포(L 세포)를 단일 층으로 배양하다가 이어서 LCMV로 감염시켰다. 그 다음 7일 전에 미리 LCMV로 감염시켰던 생쥐의 비장세포를 준비하여 감염된 섬유모세포와 공배양(co-culture)했다. 공배양 7일 후, 바이러스에 감염된 세포가 생쥐의 비장내 CTL을 활성화할 수 있는가를 측정하였다. 그러기 위해, 먼저 L 세포를 원소 기호 51번인 방사선동위원소 크롬(^{51}chromium, ^{51}Cr)으로 표지하였다. L 세포가 살아 남아 있는 동안에는, 방사선 동위원소는 세포 안에 남아 있게 되지만, CTL에 의해 세포가 죽게 되면, 51Cr은 세포 내에서 배양액으로 방출되게 된다.

그들은 배양한 L 세포에 대한 CTL 활성 정도를 ^{51}Cr의 배지내 방출량을 측정함으로써, CTL의 섬유모 세포에 대한 활성 정도는 생쥐 MHC(H-2 complex)의 서로 다른 유전자형(반수체 형, haplotye)에 의해 조절된다는 것을 발견 하였다(표 1).[2] 표 1에 나와 있는 자료를 얻기 위해 사용된 섬유모 세포는 모두 다른 H-2 반수체형을 가지는 동형접합체인 근교계 생쥐(inbred mouse)들로부터 유래된 것이다. 실험 결과 H-2^k 반수체형(예: CBA/H, AKR, C3H/HeJ)을 가지는 품종의 생쥐들로부터 비장 세포를 준비했을 때는, 바이러스에 감염된 L 세포가 효과적으로 용해되었다. 그렇지만, H-2^b 반수체형 또는 H-2^d 반수체형을 갖는 생쥐들로부터 얻은 비장세포는 바이러스에 감염된 L 세포를 용해시킬 수 없었다(표 1의 오른쪽 행에서처럼, 바이러스에 감염되지 않은 L 세포를 실험에 사용했을 때와 H-2^b 반수체형 또는 H-2^d 반수체형 유래 비장세포를 사용했을 때 방출된 ^{51}Cr의 양이 대략 동일하다.)

이 결과가 H-2^k 반수체형을 가진 생쥐에게만 독특하게 나타나는 것이 아니라는 것을 보여주는 것이 중요하였다. 이것을 확인하기 위하여, 진커나겔과 도허티는 H-2^b 반수체형을 갖고 있는 생쥐로부터 얻은 LCMV-활성화 비장세포를 다양한 유형의 동일한 바이러스에 감염된 세포들에 대해 실험하였다. 다시 한 번, CTL은 동일한 H-2 반수체형을 갖고 있는 감염된 세포만을 용해시켰다(이 경우에는 H-2^b 반수체형을 가지는 세포를 용해시켰다). 이 연구 결과는 감염된 세포의 표면에 있는 MHC 분자가 T 세포와의 상호작용을 제한한다는 최초의 증거를 보여주는 것이다. 그래서

표 1 LCMV를 7일 전에 미리 감염시킨 다양한 품종의 근교계 생쥐에서 얻은 비장세포가 LCMV에 감염된 또는 감염이 안된 L 세포[C_3H (H–2^k 반수체형) 생쥐 유래의 섬유아세포]에 대해 나타내는 세포독성 측정.

실험	생쥐 품종	H–2 반수체형	% ^{51}Cr 방출 감염된 세포	감염 안 된 세포
1	CBA/H	*k*	65.1±3.3	17.2±0.7
	Balb/C	*d*	17.9±0.9	17.2±0.6
	CB57B1	*b*	22.7±1.4	19.8±0.9
	CBA/H × C57B1	*k/b*	56.1±0.5	16.7±0.3
	C57B1 × Balb/C	*b/d*	24.8±2.4	19.8±0.9
	nu/+ 또는 +/+		42.8±2.0	21.9±0.7
	nu/nu		23.3±0.6	20.0±1.4
2	CBA/H	*k*	85.5±3.1	20.9±1.2
	AKR	*k*	71.2±1.6	18.6±1.2
	DBA/2	*d*	24.5±1.2	21.7±1.7
3	CBA/H	*k*	77.9±2.7	25.7±1.3
	C3H/HeJ	*k*	77.8±0.8	24.5±1.5

출처: R.M. Zinkernagel and P. C. Doherty, *Nature* 248:701, 1974, Nature Publishing Group의 허가를 얻음.

T 세포의 기능은 *MHC***에 제한적**(*MHC restricted*)이라고 한다. 즉, T 세포는 자기 자신과 동일한 H-2 반수체형을 가지는 MHC에 대해서만 활성을 일으킨다.

1970년대에 수행된 이 실험 및 그 후속 실험들은 면역세포 기능에 있어서 MHC 단백질의 역할에 대한 궁금증을 풀어나가고 있었다. 그러는 동안 다른 한편에서는 특정한 항원에 의해 T 세포가 활성화되는 기작에 초점을 맞추어 연구가 진행되었다. 그러한 연구를 통하여 T 세포가 다른 세포들의 표면에 결합되어 있는 항원에 대해 반응한다는 것을 알게 되었다. 1970년대 중반 이전에는 제시되어진 항원은 세포외 배지로부터 전문적 항원제시세포의 표면에 단순히 결합한 것이라고 생각하였다. 하지만, 1970년대 중반에서 1980년대 초반에 미국국립보건원(NIH)의 알란 로젠달(Alan Rosenthal)과 하버드대학교(Harvard University)의 에밀 우나누에(Emil Unanue), 그리고 다른 연구진들은 항원이 T 세포 증식을 자극하기 전에 전문적 항원제시세포의 세포 안으로 들어가서 어떤 형태의 가공 과정을 거쳐야만 한다는 것을 증명하였다. 이들 연구의 대부분은 세균, 바이러스, 또는 기타 외부 항원에 미리 노출시킨 대식세포에 의해 활성화된 T 세포를 이용한 세포배양을 통하여 수행되었다.

APC의 표면에 단순하게 결합된 항원과 대사 활성에 의해 가공된 항원 사이를 구별하는 한 가지 방법은 세포내 대사 과정이 차단되는 낮은 온도(예: 4°C)에서 일어나는 일, 그리고 정상 체온에서 일어나는 일을 비교해 보는 것이다. 이들의 초기 실험 중 한 가지는 다음과 같다. 즉, 대식세포를 항원과 함께 4°C 또는 37°C에서 1시간 동안 반응시킨 다음, 림프절로부터 얻은 T 세포를 자극할 수 있는 능력을 시험해 보는 것이었다.[3] 낮은 항원 농도에서, 대식세포는 T 세포를 4°C보다 37°C에서 거의 10배 더 효과적으로 자극하였는데, 이 결과는 항원 가공이 일어나기 위해서는 세포내 대사활동이 필요함을 시사한다. 또한 시토크롬 산화효소(cytochrome oxidase) 저해제인 아지드화나트륨(sodium azide)을 세포에 처리하면 대식세포가 항원을 제시하지 못하였는데, 이 결과는 항원 제시를 위해 대사 에너지가 필요함을 암시한다.[4]

Kirk Ziegler와 Unanue가 수행한 그 후의 실험에서, 세포 외부 항원이 내포 작용에 의해 대식세포로 들어와서 세포의 리소솜 구획으로 수송되면서 가공 과정이 일어난다는 증거를 제시하였다.[5] 리소솜이 이러한 특정한 가공 과정에 관여하는지 여부를 확인하는 한 가지 방법은 염화암모늄(ammonium chloride)이나 클로로퀸(chloroquine)과 같이 리소솜의 효소 활성을 파괴하는 물질을 세포에 처리하는 것이다. 이 물질들 모두 리소솜 구획의 pH를 올려서 산성가수분해효소들을 불활성화시킨다(12.14 참조). 표 2는 이러한 처리가 리스테리아균(Listeria monocytogenes)으로부터 유래한 항원의 가공과 제시에 미치는 영향을 보여준다. 이 물질들 어느 것도 항원의 유입(내포작용)에 영향을 미치지 않았지만, 두 가지 물질들 모두 항원의 가공 과정 그리고 T 세포가 대식세포가 제시하는 항원을 인식하는 능력을 현저히 저해함을 표에서 볼 수 있다. 이러한 결과는, 리소솜 단백질분해효소에 의한 항원의 분해가 세포표면에서 MHC에 의한 항원의 제시가 이루어지기 전에 일어나며, 이러한 과정은 항원 제시에 필수적인 단계일 수 있음을 시사하는 최초의 자료이었다.

진문직 항원세시세포와 T 세포 사이의 상호작용에 MHC 분자가 관련되었음을 보여주는 또 다른 실험은 다음과 같다. Ziegler와 Unanue는 MHC 단백질을 인식하는 항체를 대식세포에 처리하였다. 그 결과, 이 항체는 항원의 유입 또는 이화작용에 영향을 미치지 않지만,[6] 대식세포가 T 세포와 상호작용하는 것을 현저히 저해한다는 사실을 발견하였다.[7] T 세포가 대식세포와 결합하는 것을 저해하는 현상은 항원을 첨가하기 전에 대식세포를 항체에 노출시켰을 때에도 일어났다.

이들 및 다른 연구진의 결과로부터 얻은 증거는 T 세포와 대식세포 사이에 일어나는 상호작용이 항원-제시세포의 표면에 있는 두 가지 성분들, 즉 제시되어 있는 항원 단편 그리고 MHC 분자에 의존적이라는 것을 의미하고 있다. 그러나 항원 단편과 MHC 분자가 어떻게 연관되어 있는지에 관한 명료한 해석은 없었다. 항원 인식에 관한 두 가지 가설이 가능할 것으로 생각되었다. 첫 번째 가설에 의하면, T 세포는 두 가지 별개의 수용체들을 가지고 있는데, 하나는 항원 그리고 다른 하나는 MHC 단백질에 대한 것이다. 또 다른 가설에 의하면, 단일 T 세포 수용체가 MHC 단백질과 항원 펩티드들을 동시에 인식한다는 것이다. 이에 대한 심도 높은 연구가 진행되면서, 실험적 증거는 MHC 단백질과 제시된 항원 사이의 물리적인 결합을 가리키기 시작하였다. 따라서 두 가지 가설에 대한 균형이 "단일 수용체 모형"쪽으로 기울기 시작했다. 예를 들면, 일부의 연구 결과는 T 세포에 의해 가공된 항원이 MHC 단백질과 복합체 형태로서 분리될 수 있음을 보여주었다.[8] 이 실험에서, H–2^k 생쥐로부터 얻은 T 세포를 배양하면서 방사성 물질로 표지된 항원

표 2 염화암모늄과 클로로퀸 처리에 의한 항원 제시의 저해

실험	대조군	10 mM 염화암모늄 결과(%)	10 mM 염화암모늄 저해도(%)	0.1 mM 클로로퀸 결과(%)	0.1 mM 클로로퀸 저해도(%)
항원 유입	15±1	13±2	13	15±2	0
항원 섭취	66±2	63±2	5	67±6	−2
항원 이화작용	29±4	13±3	55	14±6	52
T 세포-대식세포 상호작용					
항원 처리 전	70±7	26±8	63	30±8	57
항원 처리 후	84±8	70±11	17	60±10	24

출처: H. K. Ziegler and E. R. Unanue, *Proc. Nat'l. Acad. Sci. U.S.A.*79:176, 1982.

계속

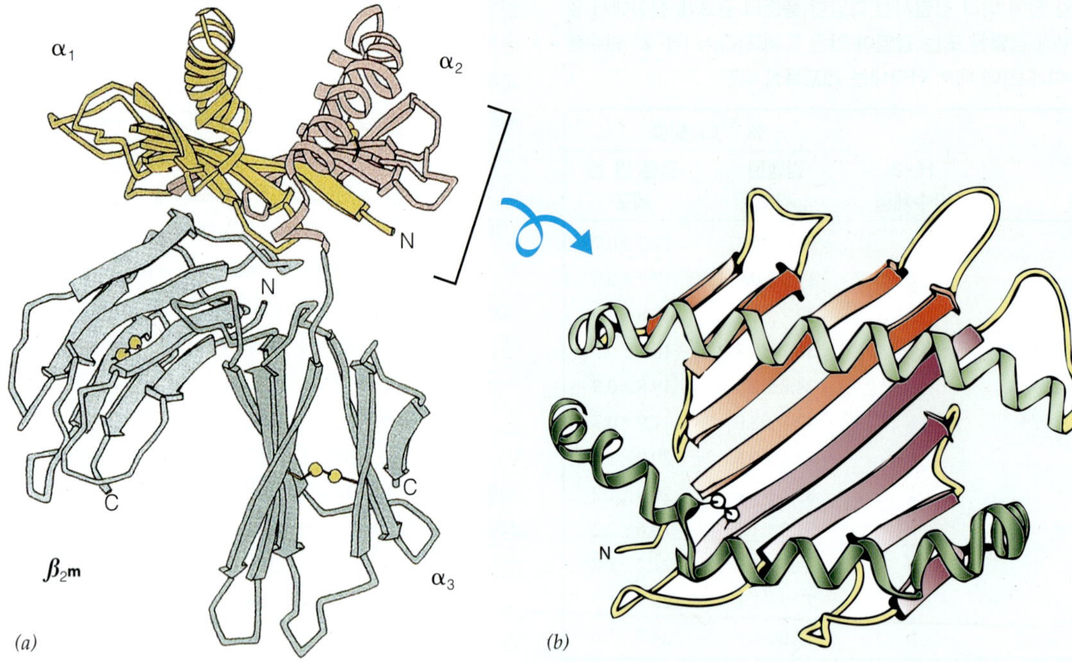

그림 1 (*a*) 사람의 제1형 MHC 분자인 HLA-A2의 분자 모형도. 분자는 2개의 소단위, 즉 3개의 영역(α_1, α_2, α_3)으로 된 무거운 사슬 그리고 하나의 β_2m 사슬로 구성되어 있다. 무거운 사슬의 막횡단 부분은 C라고 표시된 부위(남은 부분의 C-말단)에서 폴리펩티드와 연결될 수 있다. 2황화결합은 2개의 연결된 구슬로 표현하였다. 펩티드-결합 홈은 무거운 사슬의 α_1과 α_2 영역에 있는 α 나선(α-helix) 단편들 사이로서, 그림 상단부에 위치해 있다. (*b*) 분자의 위쪽에서 본 MHC 단백질의 펩티드결합 주머니의 분자 모형도. 주머니 바닥은 β 병풍구조(주황색-자주색 화살표)가, 벽은 α 나선(초록색)이 배열되어 있다. α_1 영역은 주황색과 밝은 초록색, α_2 영역은 자주색과 어두운 초록색으로 나타내었다.

출처: Pamela J. Bjorkman et al., *Nature*, 329:508, 509, 1987, Fig. 2a, 2b. Macmillan Publishers Ltd.의 허가를 얻음.

을 40분간 배양액에 넣어 주었다. 배양이 끝난 후, 가공된 항원을 세포로부터 분리하여 MHC 단백질에 대한 항체로 피복된 구슬이 들어 있는 관(column)에 통과시켰다. T 세포에 존재하는 MHC 단백질인 H-2^k 단백질에 대한 항체로 구슬이 피복되었을 때, 방사성 물질로 표지된 항원이 많은 양으로 구슬에 부착되었다. 이는 가공된 항원이 MHC 단백질과 결합하고 있음을 가리키는 것이다. 대신, T 세포에서는 발현하지 않는 MHC 단백질인 H-2^b 단백질에 대한 항체로 구슬을 피복시킨 경우에는 방사성 물질로 표지된 항원이 관에 거의 남아있지 않았다.

이러한 초기 실험들에 이어서, 연구자들은 T 세포 상호작용에 관여하는 분자의 구조에 대해 관심을 돌리게 되었다. 이때는 대식세포표면에 있는 제2형 MHC 분자 대신, 바이러스에 감염된 세포표면에서 발견되는 유형인 제1형 MHC 분자의 구조에 대한 연구를 수행하였다. MHC 분자에 대한 최초의 3차원 구조 사진은 1987년에 발표되었으며, 하버드대학교의 돈 와일리(Don Wiley)와 동료들의 X-선 결정학 연구에 근거한 것이었다.[9] 이러한 발견을 이끌어 낸 과정은 참고문헌 10에 설명되어 있다. 제1형 MHC 분자는 (1) 3개의 세포외 영역(α_1, α_2, α_3)과 단일 막횡단 부분을 갖고 있는 무거운 사슬과 (2) 불변인 β_2m 폴리펩티드로 구성된다(그림 17.23 참조). Wiley와 동료들은 막횡단 부분을 제거한 후 MHC 분자(α_1, α_2, α_3, β_2m)에서 세포외(수용성) 부분의 구조를 조사하였다. α1과 α2 영역으로 구성된 단백질의 바깥쪽(항원-결합) 부분과 함께 관찰된 구조의 리본 모형이 **그림 1a**에 묘사되어 있다. 이들 영역의 안쪽 표면이 대략 25 Å의 길이와 10 Å의 너비를 가진 깊은 홈의 벽을 형성하고 있는 것을 리본 모형의 상단부에서 볼 수 있다. 세포질에서 항원 가공에 의해 생산된 펩티드들에 대한 결합자리로 작용하는 것이 바로 이 홈이다. 그림 1*b*에서처럼, 항원-결합 주머니의 측면에는 α_1 영역과 α_2 영역에서 나온 α 나선(α-helix)들이 배열되어 있고, 주머니의 바닥은 같은 영역에서 뻗어 나온 β 병풍구조(β-sheet)가 구조가 중앙을 가로질러 배열되어 있다. 나선들은 여러 가지 다른 서열의 펩티드들이 제1형 MHC의 펩티드-결합 홈 안에서 결합할 수 있도록 해주는 상대적으로 유연한 측면 벽을 형성하는 것으로 생각된다.

그 후에 진행된 X-선 결정학 연구는 펩티드가 MHC 항원-결합 주머니 안에 위치하는 방식에 대하여 설명하고 있다. 이들 중 한 연구에서, 사람의 특정 제1형 MHC 분자(HLA-B27)의 항원-결합 주머니 안에 놓여 있는, 자연적으로 가공된 많은 펩티드의 공간적 배열이 밝혀졌다.[11] HLA-B27에 결합한 모든 펩티드의 골격은 펩티드-결합 홈 틈새의 장축을 따라서 펼쳐진 단일 구조를 공유하고 있다. 펩티드에 있는 N-말단과 C-말단은 펩티드-결합 홈 틈새의 양쪽 끝에 있는 다수의 수소결합에 의해 정확하게 자리 잡게 된다. 수소결합이 펩티드를 펩티드-결합 홈의 측면과 바닥의 일부가 되는 제1형 MHC 분자 안에 있는 다수의 보존된 잔기와 연결시킨다.

또 다른 주요 연구가 캘리포니아 주의 라호야(La Jolla)에 있는 스크립스연구소(Scripps Research Institute)의 이안 윌슨(Ian Wilson)과 동료들에 의해 이루어졌다. 그들은 길이가 다른 두 가지 펩티드와 복합체를 형성한 생쥐의 제1형 MHC 분자의 X-선 결정학 구조를 보고하였다.[12,13] 생쥐 MHC 단백질의 전체적인 구조는 그림 1a에 나와 있는 사람 MHC 단백질 구조와 유사하다. 두 경우 모두 펩티드는 MHC 분자의 펩티드-결합 홈 안에 깊이 펼쳐진 구조에 결합되어 있다(**그림 2**). 이렇게 펼쳐진 구조는 제1형 MHC 분자의 곁사슬과 결합된 펩티드의 골격 사이에 다양한 상호작용이 일어날 수 있게 한다. 제1형 MHC는 펩티드의 곁사슬보다는 주로 펩티드의 골격과 상호작용을 하기 때문에, 결합 주머니의 다양한 부위에 존재

그림 2 생쥐의 제1형 MHC 단백질($H\text{-}2K^{b}$)의 항원-결합 주머니 안에 결합된 펩티드(공과 막대구조로 나타냄)의 3차원 모형. (*a*)에 있는 펩티드는 8개의 아미노산 잔기로, (*b*)에 있는 펩티드는 9개의 잔기로 구성되어 있다. 펩티드들이 제1형 MHC의 펩티드-결합 홈 안쪽에 깊이 묻혀 있는 것으로 보인다.

출처: Masazumi Matsumura, Daved H. Fremont, Per A. Peterson, and Ian A. Wilson, *Science* 257:932, 1992. AAAS의 허가를 얻음.

할 수 있는 특정한 아미노산 잔기에 대해서는 제약이 거의 없다. 결과적으로 각각의 MHC 분자는 다양한 항원성 펩티드와 결합할 수 있다.

감염된 세포의 표면으로부터 돌출된 MHC-펩티드 복합체는 항원 인식에 대한 선제 이야기의 절반에 불과하며, 세포독성 T 세포의 표면으로부터 돌출된 T 세포 수용체(TCR)가 나머지 절반에 해당한다. TCR이 어떤 방법으로든지 MHC 그리고 MHC에 결합된 펩티드를 모두 인식한다는 사실은 십여 년 전부터 명확해졌다. 그러나 X-선 결정학에 사용하기 적합한 TCR의 단백질 결정을 준비하기 어려웠기 때문에, TCR이 어떻게 항원을 인식하는가에 대해서는 과학자들이 쉽게 파악할 수 없었다. 이러한 어려움은 결국 극복되었고, 1996년에 Wiley와 Wilson의 두 실험실에서 연구 결과를 각각 발표하였다. 즉, 그들은 MHC-펩티드와 TCR 사이에서 일어나는 상호작용에 대한 3차원 구조 사진을 제시하였다.[14,15] 두 가지 단백질들 사이에서 형성된 복합체의 전체 구조는 **그림 3**에 나타나 있으며, 여기서 폴리펩티드 골격이 관(tube) 모형으로 그려져 있다.

그림 3에 나타나 있는 구조는 CTL과 바이러스에 감염된 세포 사이에서 돌출된 단백질의 일부분을 나타낸 것이다. 사진의 아래쪽 절반은 단백질의 결합 주머니 안에 묻혀서 펼쳐져 있는 펩티드 항원(황록색)과 함께 제1형 MHC 분자의 구조와 방향을 보여주고 있다. 사진의 위쪽 절반은 TCR의 구조와 위치를 보여준다. 그림 17.20*b*에서와 같이, TCR은 α와 β 폴리펩티드 사슬로 구성되어 있으며 각각의 사슬은 가변부위(V)와 불변부위(C)로 구성된다. 면역글로불린과 같이(그림 17.15), 각각의 TCR 소단위에 있는 가변부위는 고도가변영역(Hv)을 가지고 있다. 고도가변영역은 돌출된 고리(그림 3에서 2개의 TCR 폴리펩티드의 색깔로 된 단편으로 나타냄)를 형성하고, 이 부위는 MHC-펩티드 복합체의 바깥 말단에 아주 잘 들어맞는다. 고도가변영역(Hv)이 TCR의 결합 특성을 결정하기 때문에, **상보성-결정 부위**(*complementarity-determining region, CDR*)라고 한다. TCR의 CDR은 MHC의 α1 영역 및 α2 영역의 α 나선들과 상호작용할 뿐만 아니라, 결합된 펩티드에 있는 노출된 잔기들과도 상호작용한다. TCR에 있는 중앙의 CDR은 가장 많은 아미노산 서열 변이를 나타내며, 주로 중앙에 위치한 결합 펩티드와 상호작용을 한다. 반면에, 바깥쪽 CDR은 아미노산 서열 변이가 적으며, MHC의 α 나선과 가장 밀접하

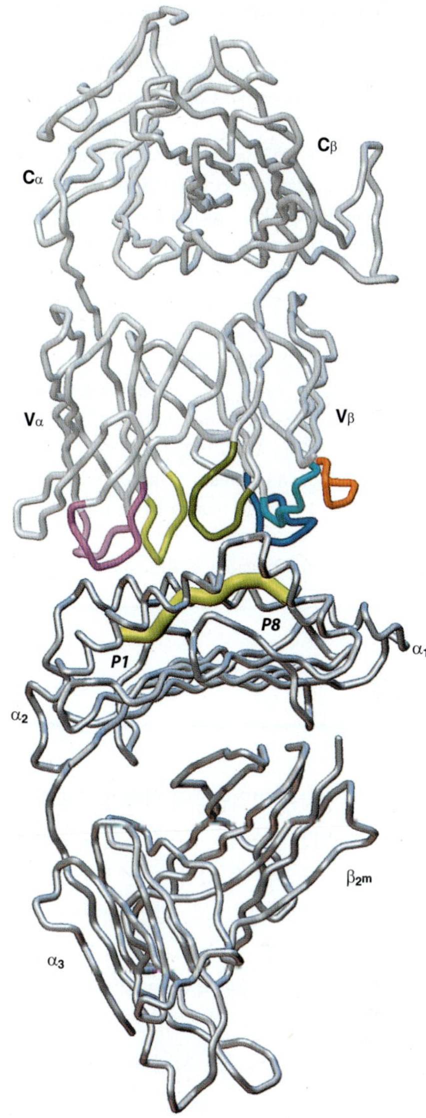

그림 3 MHC-펩티드 복합체(아래쪽)과 TCR(위쪽) 사이의 상호작용을 나타낸 그림. 두 가지 단백질들 사이에서 접점을 형성하는 TCR의 고도가변영역(Hv)은 색칠한 고리로 나타냈다. 제1형 MHC 분자의 펩티드-결합 홈에 결합된 펩티드(P1-P8)는 황록색으로 보인다. 폴리펩티드 골격은 관 모형으로 나타나 있다.

출처: K. Christopher Garcia et al., Ian Wilson 제공, *Science* 274:217, 1996, Fig. 9d에서 발췌. AAAS의 허가를 얻음.

게 상호작용한다.[16] 이들 상호작용 때문에, TCR은 펩티드 항원 인식에 대한 "책임"을 다할 수 있다. 즉, TCR은 결합된 펩티드를 외부 항원으로 인식하고, MHC를 자가-단백질로서 인식한다. (추가적인 TCR-펩티드-MHC 구조에 대한 최근 연구 결과에 대한 정보는 참고문헌 17~19에서 찾아 볼 수 있다.)

참고 문헌

1. Oldstone, M. B. A., et al. 1973. Histocompatibility.linked genetic control of disease susceptibility. *J. Exp. Med.* 137:1201–1212.
2. Zinkernagel, R. M. & Doherty, P. C. 1974. Restriction of in vitro T cell.me-

계속

diated cytotoxicity in lymphocytic choriomeningitis within a syngeneic or semiallogeneic system. *Nature* 248:701–702.

3. Waldron, J. A., et al. 1974. Antigen.induced proliferation ofguinea pig lymphocytes in vitro: Functional aspects of antigen handling by macrophages. *J. Immunol.* 112:746–755.
4. Wekerle, H., et al. 1972. Fractionation of antigen reactive cells on a cellular immunoadsorbant. *Proc. Nat'l. Acad. Sci. U.S.A.* 69:1620–1624.
5. Ziegler, K. & Unanue, E. R. 1982. Decrease in macrophage antigen catabolism caused by ammonia and chloroquine is associated with inhibition of antigen presentation to T cells. *Proc. Nat'l. Acad. Sci. U.S.A.* 79:175–178.
6. Ziegler, K. & Unanue, E. R. 1981. Identification of a macrophage antigen. processing event required for I.region.restricted antigen presentation to T lymphocytes. *J. Immunol.* 127:1869–1875.
7. Ziegler, K. & Unanue, E. R. 1979. The specific binding of Listeria monocytogenes.immune T lymphocytes to macrophages. I. Quantitation and role of H.2 gene products. *J. Exp. Med.* 150:1142–1160.
8. Puri, J. & Lonai, P. 1980. Mechanism of antigen binding by T cells H.2 (I.A).restricted binding of antigen plus Ia by helper cells. *Eur. J. Immunol.* 10:273–281.
9. Bjorkman, P. J., et al. 1987. Structure of the human class I histocompatibility antigen, HLA.A2. *Nature* 329:506–512.
10. Bjorkman, P. J. 2006. Finding the groove. *Nature Immunol.* 7:787–789.
11. Madden, D. R., et al. 1992. The three.dimensional structure of HLA.B27 at 2.1 A resolution suggests a general mechanism for tight peptide binding to MHC. *Cell* 70:1035–1048.
12. Fremont, D. H., et al. 1992. Crystal structures of two viral peptides in complex with murine MHC class I H.2Kb. *Science* 257:919–927.
13. Matsumura, M., et al. 1992. Emerging principles for the recognition of peptide antigens by MHC class I molecules. *Science* 257:927–934.
14. Garcia, K. C., et al. 1996. An α β T cell receptor structure at 2.5 A and its orientation in the TCR.MHC complex. *Science* 274:209–219.
15. Garboczi, D. N., et al. 1996. Structure of the complex between human T. cell receptor, viral peptide and HLA.A2. *Nature* 384:134–140.
16. Wilson, I. A. 1999. Class.conscious TCR? *Science* 286:1867–1868.
17. Marrack, P., et al. 2008. Evolutionarily conserved amino acids that control TCR.MHC interaction. *Annu. Rev. Immunol.* 26:171–203.
18. Archbold, J. K., et al. 2008. T-cell allorecognition. *Trends Immunol.* 29:220–226.
19. Garcia, K. C., et al. 2009. The molecular basis of TCR germline bias for MHC is surprisingly simple. *Nature Immunol.* 10:143–147.

요 약

척추동물은 세포에 의해 수행되는 면역반응에 의해 감염으로부터 보호를 받는데, 세포는 그 자리에 "있어야만 하는"(즉, "자가") 물질과 있으면 안 되는(즉, 외부 또는 "비자가") 물질을 구별할 수 있다. 선천 반응은 신속하게 일어나지만 높은 수준의 특이성이 결여되어 있는 반면에, 획득면역반응은 대단히 특이적이지만 며칠 간의 지연기가 필요하다. 선천 반응은 톨-유사 수용체(Toll-like receptor)를 갖고 순찰하는 식세포, 혈액에 들어 있으면서 세균세포를 용해시킬 수 있는 분자(보체), 항바이러스성 단백질(인터페론), 그리고 감염된 세포의 세포자살을 유도하는 자연살해세포(natural killer cell) 등에 의해 수행된다. 획득 면역은 두 가지 큰 부류로 구분될 수 있다. 즉, (1) B 림프구(B 세포)에서 유래된 세포가 생산한 항체에 의해 매개되는 체액성(혈액-유래) 면역과, (2) T 림프구(T 세포)에 의해 수행되는 세포성 면역이다. B 세포와 T 세포는 모두 동일한 줄기세포로부터 유래되고, 또한 이들 줄기세포는 다른 유형의 혈액세포도 생산할 수 있다. (710쪽)

림프구 세포들은 클론 선택에 의해 발달한다. 면역계의 세포들이 발달하는 동안 각각의 B 세포는 단 한 종류의 항체 분자를 생산하는 데 투입된다. 항체는 처음 B 세포의 원형질막에 항원수용체로서 제시된다. 항원이 없어도 B 세포는 항체 생산에 투입되기 때문에, 모든 항체-생산 세포들은 항원에 의해 자극되기 전에 이미 존재한다. 외부 항원이 체내에 침투하면, 그 물질과 결합할 수 있는 막에 결합된 항체(BCR)를 지닌 B 세포가 인식한다. 이때 항원이 결합되면 B 세포를 활성화시켜서, B 세포가 증식하여 항체를 생산하는 형질세포로 분화하는 세포들의 클론을 형성하게 만든다. 이러한 방법으로, 항원은 자신과 상호작용을 할 수 있는 항체를 생산하는 B 세포들을 선택한다. 항원에 의해 선택된 B 세포 중 일부는 항원이 다시 들어왔을 때 신속하게 반응할 수 있는 기억세포로 남게 된다. 몸에 있는 자신의 조직과 반응할 수 있는 항원 수용체를 갖고 있는 B 세포들은 불활성화되거나 또는 제거되어서, 신체가 자기 자신에 대한 면역관용을 갖게 만든다. (714쪽)

T 림프구는 자신이 가지고 있는 T 세포 수용체(TCR)를 이용하여 항원을 인식한다. T 세포는 그 기능에 따라, 3종류로 다시 나눌 수 있다. 즉, B 세포를 활성화시키는 보조 T 세포(T_H 세포), 외래 세포나 또는 감염된 세포를 죽이는 세포독성 T 세포(CTL), 다른 T 세포의 활성을 억제하는 조절 T 세포(T_{Reg} 세포) 등이 있다. 수용성이면서 완전한 구조의 항원에 의해 활성화되는 B 세포와는 다르게, T 세포는 항원제시세포(APC)라고 하는 다른 세포의 표면에 제시되어 있는 항원의 단편에 의해 활성화된다. 바이러스에 감염된 세포는 항원제시세포로서의 기능을 할 수 있기 때문에, 바이러스에 감염된 거의 모든 세포는 CTL을 활성화시킬 수 있다. 반면에, T_H 세포는 항원을 포식하여 가공하는 작용을 하는 대식세포나 수지상세포와 같이 전문적 항원제시세포에 의해서만 활성화될 수 있다. 세포독성 T 세포는 표적세포의 막 투과성을 증가시켜서 세포자살을 유도하는 단백질을 분비함으로써 표적세포를 죽인다. (720쪽)

항체는 두 가지 유형의 폴리펩티드 사슬들, 즉 무거운 사슬과 가벼운 사슬로 구성된 면역글로불린(Ig)이라고 하는 구형 단백질이다. 항체는 이들을 구성하고 있는 무거운 사슬에 따라서 다수의 종류(IgA, IgG, IgD, IgE, IgM)로 나누어진다. 무거운 사슬과 가벼운 사슬 모두 (1) 불변 부위(C)와 (2) 가변 부위(V)로 구성된다. 불변 부위(C)는 특정 종류의 항체에서 모든 무거운 사슬들 또는 가벼운 사슬들 사이에 아미노산 서열이 실질적으로 동일하며, 가변부위(V)는 항체 마다 아미노산 서열이 다양하다. 서로 다른 종류에 속하는 항체는 항원에 노출된 후 서로 다른 시기에 나타나며, 서로 다른 생물학적 기능들을 가지게 된다. 예를 들면, IgG는 혈액에 가장 많이 존재하는 항체이다. Y자 모양의 IgG 분자 각각은 동일한 무거운 사슬 2개와 동일한 가벼운 사슬 2개에 의해 구성된다. 가벼운 사슬의 가변 부위와 무거운 사슬의 가변부위가 결합되어 항원-결합자리가 형성된다. 특히, 가변부위 안에서 고도가변영역(Hv)는 항원-결합자리의 벽을 형성한다. (720쪽)

B 세포와 T 세포에 모두 존재하는 항원 수용체는 DNA 재배열에 의해 만들어진 유전자들에 의해 암호화된다. 가벼운 Ig 사슬에 있는 각각의 가변부위는 함께 연결된 2개의 DNA 단편들(V 및 J 단편)로 이루어져 있는 반면에, 무거운 Ig 사슬에 있는 각각의 가변부위는 3개의 단편들(V, J, 및 D 단편)이 연결되어 구성된다. 항체의 다양성은 각각의 항체-생산 세포에서 서로

다른 V 유전자가 서로 다른 J 유전자와 연결된 결과에 의해서 나타난다. 추가적인 다양성은 효소에 의한 뉴클레오티드 삽입 그리고 V-J 연결자리의 변이에 의해 나타난다. 따라서, 한 사람이 2,000가지 이상의 서로 다른 가벼운 κ 사슬과 10만 가지의 무거운 사슬을 합성할 수 있고, 이들은 무작위로 결합되어 2억 가지 이상의 항체를 이루는 것으로 추정된다. 또한 B 세포가 항원에 의해 항체-생산 세포로 전환될 때, 재배열된 Hv 유전자가 무작위적 돌연변이를 경험하게 되는 체세포 과돌연변이(somatic hypermutation) 현상에 의해 추가적인 항체 다양성이 생긴다. (723쪽)

항원제시세포에 의해 포획된 항원은 짧은 펩티드의 단편으로 가공되고, 주조직적합성 복합체(MHC) 단백질에 의해 T 세포에게 제시된다. MHC 단백질은 두 가지, 즉 제1형 MHC 분자와 제2형 MHC 분자로 구분된다. 제1형 MHC 분자는 감염된 바이러스로부터 유래된 단백질을 비롯하여 내인성 세포질 단백질로부터 유래하는 펩티드를 제시한다. 몸 안에 있는 거의 모든 세포는 제1형 MHC 분자를 이용해 내인성 세포질 유래 펩티드를 CTL에게 제시할 수 있다. 만약 CTL의 TCR이 세포에 의해 제시된 펩티드를 인식하게 되면, CTL은 표적세포를 죽이기 위해 활성화된다. 대식세포나 수지상세포를 포함하는 전문적 항원제시세포는 제2형 MHC 분자가 펩티드를 T_H 세포에게 제시할 수도 있다. 즉, 전문적 항원제시세포에 발현되는 제2형 MHC-펩티드 복합체는 T_H 세포표면에 있는 TCR에 의해 인식된다. 결국, 전문적 항원제시세포가 제시한 항원에 의해 활성화된 보조 T 세포는 동일한 항원을 인식하는 항원 수용체(BCR)를 가진 B 세포와 결합하여 이 세포를 활성화시킨다. 이렇게 보조 T 세포는 B 세포와 직접 상호작용을 하거나 또는 사이토카인을 분비하여 B 세포를 활성화시킨다. TCR에 의해 T 세포가 활성화되면, T 세포 안에 있는 티로신 인산화효소를 자극하게 된다. 결국, 활성화된 티로신 인산화효소에 의해 Ras의 활성화, MAP 인산화효소 연쇄반응, 인지질 가수분해효소 C의 활성화 등을 포함한 다수의 신호전달 경로가 활성화되게 한다. (725쪽)

개념 문제

17.1 면역반응의 개요

1. 선천 면역계와 획득 면역계의 차이점에 대해 논하시오.

2. 선천 면역계에 의한 면역반응 네 가지에 대해 설명하시오. 설명한 4개의 변역반응 중 숙주 세포 내로 감염된 병원체를 가장 효과적으로 죽일 수 있는 반응에 대해 논하시오.

3. '체액성 면역반응'과 '세포성 면역' 반응을 정의하시오.

17.2 B 세포 활성에 적용되는 클론선택가설

4. 항체 생성에 대한 가설 중 '지시 가설'과 '선택 가설'의 차이점에 대해 논하시오.

5. '선택 가설'의 5가지 교의(tenet)에 대해 논하시오.

6. B 세포가 항체를 분비하는 형질세포로 분화할 때 일어나는 과정을 기술하고, 이때 항원의 역할에 대해 논하시오.

7. '면역적 기억'과 '면역 관용'을 정의하시오.

17.3 백신 접종

8. 제너의 실험에서, 사람들을 우두 바이러스(cowpox virus)에 감염시켰는데, 천연두 바이러스(vaccinia virus)에 대한 저항성이 왜 생겼는가에 대해 논하시오.

9. '수동 면역'을 정의하시오.

17.4 T 세포 활성 과정과 기능

10. 사람이 감염되었을 때, 감염된 세포는 어떻게 T 세포를 활성화시키는가에 대해 논하시오.

11. 전문적 항원제시세포의 기능에 대해 논하시오.

12. CTL, T_H 세포, T_{Reg} 세포의 각각의 기능에 대해 기술하시오.

17.5 항체의 분자 구조

13. 항원의 항원결정기(epitope)에 붙어 있는 IgG를 구체적으로 그리시오(무거운 사슬, 가벼운 사슬, 가변부위, 불변부위를 지시선으로 나타내시오. 또한 고도가변영역(Hv)을 포함하는 부분을 지시선으로 나타내시오.

17.6 유전자 재조합에 의한 림프구의 항원수용체 다양성

14. 생식세포 내에서 IgG의 가는 사슬과 무거운 사슬을 암호화하는 유전자 단편들을 배열에 맞게 그리시오. 또한 이러한 유전자 배열이 생식세포와 형질세포에서 어떻게 달라지는가에 대해 설명하시오. 또한 언제 IgG의 유전자 재조합이 일어나는가에 대해 설명하시오.

15. 항체의 가변 부위 다양성을 만들어 주는 세 가지 기작을 설명하시오.

17.7 림프구 활성에 필요한 림프구 항원수용체에 의한 신호전달

16. BCR과 TCR의 차이점에 대해 논하시오.

17.8 주조직적합성 항원

17. 숙주 세포의 세포질에서 발견되는 내인성 펩티드 항원을 제1형 MHC가 어떻게 인식하여, 세포표면에서 T 세포에 제시하는가에 대한 과정을 설명하시오.

18. 제1형 MHC와 제2형 MHC의 기능적 차이점에 대해 설명하시오. 특히 어떤 형태의 펩티드 항원을 인식하며, 이 항원을 어떠한 T 세포에 전달하며, 어떠한 면역세포에서 발현하는가를 논하시오.

17.9 중심관용

19. T 림프구 발달 과정에서 일어나는 '양성 선택'과 '음성 선택'에 대해 설명하시오.

17.10 림프구 활성에 필요한 두 가지 신호전달경로

20. 대식세포가 특정 박테리아를 식세포작용에 의해 세포질로 끌어 들인 이후, 형질세포가 이 박테리아의 항원을 인식하는 항체를 만드는 과정까지 일어나는 일련의 과정에 대해 자세히 설명하시오.

17.11 림프구 활성화 신호전달 과정

21. 특정 사이토카인이 림프구를 활성화시킬 때 일어나는, 림프구내 신호전달 과정에 대해 설명하시오.

CHAPTER 18

세포 및 분자생물학 기술

목차

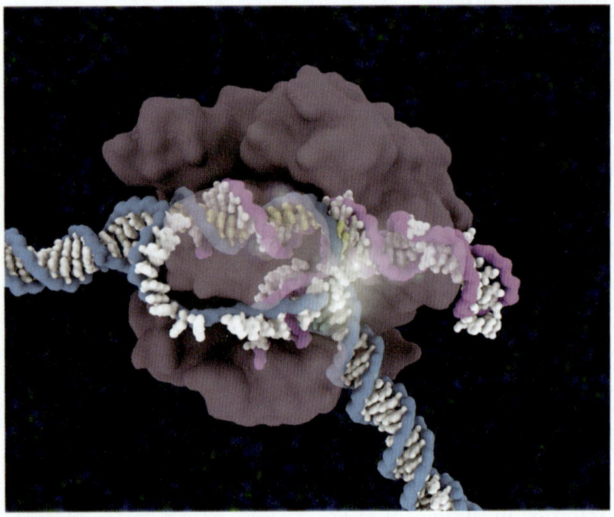

CRISPR 기반 유전체 교정에 사용되는 RNA 유도 DNA endonuclease인 Cas9 단백질 그림. Cas9 단백질(보라색)은 유도 RNA(보라색 뼈대, 흰색 염기들)와 결합되어 있고, 유도 RNA와 일치하는 DNA 부분을 찾기 위해서 유전체 DNA를 조사한다. 일치하는 부분을 찾게 되면, Cas9은 그 부분을 절단한다.

아실로마 회의

1970년대 초기 재조합 DNA 기술의 빠른 발전은 연구자들로 하여금 처음으로 세균과 바이러스 같은 다양한 생물체들의 DNA를 잘라서 붙여 넣을 수 있도록 하였다. DNA 조작에 대한 연구적 잠재성이 분명했음에도 불구하고, 많은 연구자들은 이러한 새로운 기술이 인간 건강과 환경에 가져올 위험들에 대해 우려를 나타냈다. 이에 따라서, 1974년에 스탠포드 대학의 생화학자인 폴 버그(Paul Berg) 가 이끄는 그룹은 재조합 DNA 실험에 대해서 국제적인 자발적 일시중지를 촉구했다. 다음 해에, Berg와 연구자들은 재조합 DNA 기술의 사용에 관한 문제들을 다루기 위하여 캘리포니아의 퍼시픽 그로브에 있는 아실로마(Asilomar) 회의 센터에서 국제회의를 구성하였다.

1975년의 아실로마 회의에는 140명의 분자생물학자, 법률가, 정부관료들 그리고 언론가들이 국립보건원(National Institutes of Health)과 국립과학원(National Academy of Sciences)의 지원으로 한 자리에 모이게 되었다. 몇 일 동안에 걸쳐서 참석자들은 다양한 종류의 실험들과 관련된 잠재적인 위험들 및 이러한 위험들을 최소화하기 위한 방법들에 대해서 논의와 언쟁을 하였다. 회의의 마지막에는, 일시중지를 해제하고, 몇 가지 규제와 함께 연구를 진행할 수 있도록 하는 데 합의하였다. 아실로마 회의에서 정해진 지침들은 다음 해에 국립보건원에 의해 받아들여졌다.

더 최근에, 인간 유전체(genome) 교정을 위한 새로운 기술의 발달은 연구자들로 하여금 기존의 아실로마 회의와 비슷한 회의를 소집할 것을 고려하도록 하였다. 인간 배아세포를 유전적으로 교정하는 데에 사용되는 기술은 특정 윤리적인 문제를 잠정적으로 가지고 있다. 2015년 4월 *Science*지에 출판된 기고문(letter)에서는, 캘리포니아대학의 제니퍼 다우드나(Jennifer Doudna)가 인간 생식세포의 유전적 교정 금지를 촉구하였고, 유전체 교정에 대해서 대중들과의 논의를 이어 나가도록 했다. 기고문은 또한 연구자, 윤리학자, 법률가, 그리고 대중들에게 유전체 교정의 장단점에 대해서 생각해 볼 수 있는 회의를 갖고, 그들이 직접 필요한 정책들을 추천하기를 촉구하고 있다.

18.1 광학현미경

연구 대상의 크기가 매우 작기 때문에, 세포 및 분자생물학은 다른 생물학 분야보다 새로운 기기 및 기술이 더 필요하다. 따라서 데이터를 수집하는 데 필요한 기술 습득 없이 세포 및 분자생물학을 배우는 것은 어렵다. 이 장에서는 이러한 분야에서 가장 많이 사용되는 방법들을 개괄적으로 다룰 것이다. 선택된 기술들의 사용법을 기술하고, 이러한 기술들을 통해 얻을 수 있는 정보의 예를 보여주는 것이 이 장의 목표이다. 생물학자들이 세포의 존재를 알아낼 수 있게 한 기기부터 살펴보려 한다.

현미경(Microscope)은 물체의 확대된 영상을 제공하는 기기이다. **그림 18.1**은 복합 광학현미경의 가장 중요한 부분들을 보여준다. 시료를 비추는 광원은 현미경 외부로부터 올 수도 있고, 현미경 바닥에 장착될 수 있다. 집광렌즈(*Condenser lens*)는 광원에서 나오는 확산된 광선을 모아 시료를 밝게 비추어 작은 부분이 확대되었을 때도 보이게 한다. 집광렌즈를 통해 시료에 초점이 맞춰진 광선은 현미경의 **대물렌즈(objective lens)**에 의해 수집된다. 여기서부터, 대물렌즈로 들어가는 2종류의 광선에 대해 고려해야 한다. 하나는 시료가 변화시킨 광선이고, 다른 하나는 변화되지 않은 것이다(**그림 18.2**). 후자는 집광렌즈로부터 대물렌즈를 직접 통과한 빛을 말하며, 현미경 시야의 배경을 형성한다. 전자는 시료의 여러 부위로부터 나온 광선을 의미하며 시료의 상을 형성한다. 이러한 광선들은 대물렌즈에 의해서 초점이 맞춰지며, 현미경의 경통 내에 물체의 실제 확대된 상을 형성한다(그림 18.1). 대물렌즈에 의해 형성된 상은 제2의 렌즈계인 대안렌즈(*ocular lens*)에 의해 확대된 허상을 형성하기 위한 대상으로 사용

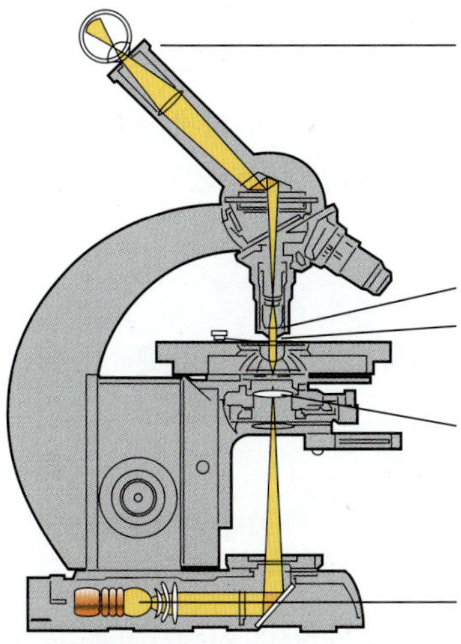

그림 18.1 복합 광학현미경의 단면 모식도. 대물렌즈와 대안렌즈를 모두 가지고 있는 광학현미경.

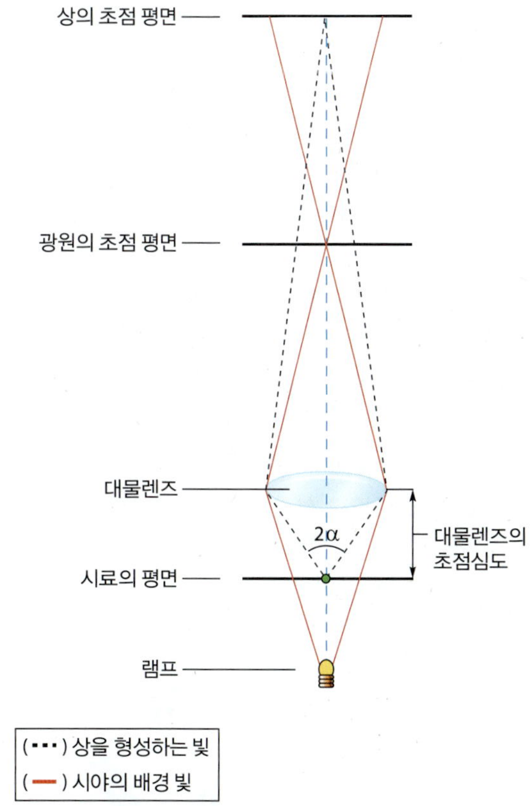

그림 18.2 시료의 상과 시야의 배경 빛을 형성하는 광선 경로. 시료에서 나온 광선은 망막에 초점을 맞추고, 배경 광선은 초점에서 벗어나 확산된 밝은 시야를 만든다. 대물렌즈의 분해능은 각 α의 사인값에 비례한다. 높은 분해능을 가진 렌즈는 짧은 초점심도를 가진다. 이것은 초점을 맞추었을 때, 시료가 대물렌즈에 더 가깝게 위치한다는 것을 의미한다.

된다. 눈 앞 부분에 위치한 제3의 렌즈계는 대안렌즈에 의해 만들어진 허상을 망막에 실상을 만들어내기 위한 대상으로 사용한다. 광학현미경의 초점조절 손잡이를 돌리면, 시료와 대물렌즈 사이의 상대적인 거리가 변하여 최종적인 상이 정확하게 망막 평면에 맞춰지게 된다. 현미경의 총배율은 대물렌즈와 대안렌즈의 배율의 곱으로 나타낸다.

분해능

지금까지는 생성된 상의 질, 즉 사물의 미세한 정도가 상에 잘 유지가 되어 있는지에 대해서는 주의를 기울이지 않고, 사물의 확대에 대해서만 고려하였다. 현미경으로 상대적으로 높은 배율의 대물렌즈(예: 63×)와 대물렌즈 상을 5배 확대하는 대안렌즈(5×)를 이용하여 어떤 구조를 관찰한다고 가정해보자. 시야에 보이는 염색체의 개수를 세어야 하는데, 일부가 매우 근접하여 분리된 구조로 구분하기 어려운 상황이라고 가정해보자(**그림 18.3a**). 하나의 해결책은 대안렌즈를 바꾸어 대상의 크기를 늘리는 것이다. 대안렌즈를 5배에서 10배로 바꾸면, 대물렌즈에 의해 만들어진 상이 망막의 더 넓은 부위로 펼쳐지기 때문에 염색체의 수를 정확하게 세는 일이 용이해 질 것이다(그림 18.3*b*). 상에 대한 정보를 제공하는 광수용기의 수가 많을수록 더 미세하게 상을 관찰할 수 있다(**그림 18.4**). 그러나 대안렌즈를 20배로 바꾼다면, 상의 크기가 더 커지지만, 즉 더 넓은 망막 면적을 차지하지만 추가적인 미세 관찰을 할 수는 없다(그림 18.3*c*). 다시 말해 대안렌즈를 바꾸어도 추가적인 정보를 얻을 수 없다. 그 이유는, 대물렌즈에 의해 만들어진 상은 대안렌즈 배율을 높임으로써 향상시켜질만한 자세한 정보를 추가로 갖고 있지 않기 때문이다. 대안렌즈를 너무 큰 배율로 바꾸는 것은 분해능은 높아지지 않은 채 배율만 높아지는 의미없는 확대인 **공확대**(*empty magnification*)일 뿐이다(그림 18.3*c*).

대물렌즈의 광학 품질은 시료에 있는 미세함의 구분 정도, 또는 분해 정도에 의해서 측정된다. 현미경의 **분해능(resolution)**은 굴절에 의해 제한된다. 굴절 때문에 시료의 한 점에서 나온 빛은 상의 한 점으로 보이지 않고, 단지 작은 원반으로 보인다. 만약 인접한 2개의 점에 의해 생긴 원반이 중첩되면, 그 점들은 상에서 구별할 수 없다. 따라서 현미경의 분해능은 시야에서 인접한 2점을 2개로 구별할 수 있는 능력으로 정의될 수 있다. 현미경의 분해능은 아래의 식에 따라 조사되는 빛의 파장에 의해 제한된다.

$$d = \frac{0.61\,\lambda}{n \sin \alpha}$$

d는 시료의 2점이 구분되기 위해서 분리되어야 하는 최소 거리, λ는 빛의 파장(백색광의 경우 527 nm), n은 시료와 대물렌즈 사이 매질의 굴절률이다. α는 그림 18.2에서 보여지듯이 대물렌즈로 들어오는 빛의 원추가 이루는 각도의 절반과 같다. α는 렌즈의 집광능력을 나타내는 척도이며, 조리개와 직접적으로 관련이 있다.

1열의 식의 분모를 **개구수**(*numerical aperture, N. A.*)라고 한다. 개구수는 렌즈마다 일정하고 집광능력을 나타낸다. 공기 중에서 사용되도록 고안된 대물렌즈의 경우, α의 최대각 90°의 사인값이 1이고 공기의 굴절률도 1이기 때문에 가능한 최대 개구수는 1.0이다. 기름에 담그도록 고안된 대물렌즈의 경우, 개구수는 약 1.5 정도이다. 공통 규칙으로서, 광학현미경의 사용 가능한 최대 배율은 사용하는 대물렌즈 개구수의 500~1,000배 정도 범위에 있다. 이보다 더 상을 크게 하면 의미 없는 확대이며, 상의 질이 저하될 수 있다. 시료에 아주 근접하게 위치시켜야 하는 짧은 초점심도 렌즈를 사용하면 개구수를 높일 수 있다.

만약 가능한 최소 파장의 빛과 가능한 최대 개구수를 앞의 식에 대입하면, 표준 광학현미경의 **분해능 한계(limit of resolution)**를 구할 수 있다. 이 식에 대입하여 계산을 하면, 0.2 μm(200 nm) 보다 약간 작은 값이 나오는데, 이것은 핵과 미토콘드리아 같은 큰 세포소기관들을 관찰하기에 충분한 값이다. 반면, 약 0.004의 개구수를 가진 육안의 분해능 한계는 0.1 mm 정도이다.

이러한 이론적인 요소들뿐만 아니라, 분해능은 광학적 오차인 수차(*aberration*)의 영향도 받는다. 7종류의 중요 수차가 있으며, 이 수차들은 렌즈 제작사들이 이론적 한계에 근접하는 분해능을 갖는 대물렌즈를 제작할 때에 극복해야 할 장애이다. 대물렌즈는 이러한 수차를 제거하기 위해 하나의 수렴렌즈(convergent lens)가 아닌 일련의 복합렌즈로 만들어진다. 하나의 렌즈는 전형적으로 필요한 배율을 제공하는 반면, 나머지 렌즈들은 첫 번째 렌즈의 오차를 보정하여 보정된 전체 상을 만들어낸다.

가시성

분해능 한계에서 비롯된 광학현미경의 더 실질적인 문제는 가시성(*visibility*)으로, 대상을 실제로 관찰할 수 있도록 하는 요인들과 관련

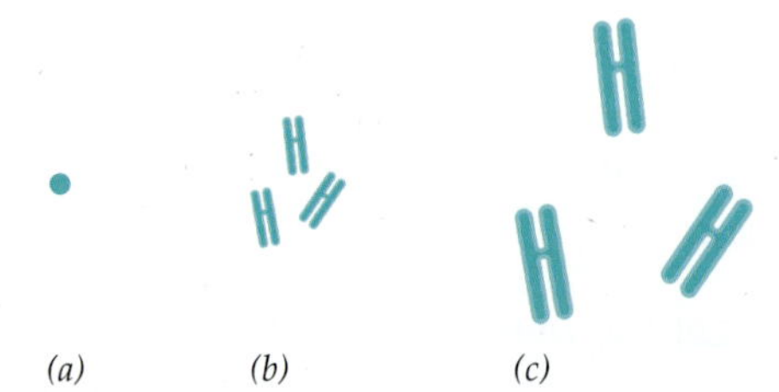

그림 18.3 배율대 분해능. (*a*)에서 (*b*)로의 전환은 배율과 분해능 모두 증가한다. 반면, (*b*)에서 (*c*)로의 전환은 배율(공확대)만 증가한다. 실제로 상의 품질은 공확대가 증가할수록 저하된다.

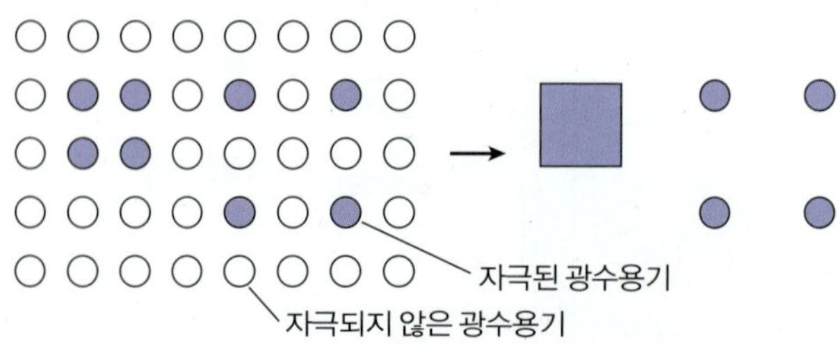

그림 18.4 눈의 분해능. 각각의 광수용기의 자극(왼쪽)과 그로 인해 인식되는 상(오른쪽) 사이의 관련성에 관한 개략도. 이 그림은 상이 왜 망막의 충분히 넓은 부분에 맺혀야 하는가에 대한 중요성에 대해 설명해 준다.

되어 있다. 이것은 사소한 문제로 보일 수도 있다. 즉, 대상이 있다면 관찰되어야만 한다. 깨끗한 유리구슬을 예를 들어 보자. 대부분의 조건에서 유리구슬은 대부분의 배경과 구분되어 확실하게 보인다. 그러나 유리구슬이 같은 굴절률을 가진 담금기름(immersion oil)으로 채워진 비커 안에 있다면, 더 이상 유리구슬은 배경 액체와 분간될 수 있도록 빛에 영향을 주지 못하므로 구슬은 시야에서 사라지게 된다. 광학현미경을 사용하여 아메바를 관찰하기 위해 많은 시간을 할애했다면, 누구라도 이러한 가시성의 문제를 이해할 수 있다.

창문이나 현미경을 통해 보는 대상들은 배경과는 다르게 빛에 대해 영향을 준다. 이런 뜻에서 가시성의 또 다른 용어는 **명암대비(contrast)**이다. 즉, 대상의 인접한 부분들 사이 또는 대상과 그 배경 사이의 외관의 차이를 말한다. 명암대비의 필요성은 별을 생각해 보면 알 수 있다. 맑은 날 밤 하늘에는 별이 가득한 반면, 같은 하늘에서도 낮에는 천체가 없는 것처럼 보인다. 별이 시야에서는 사라졌지만 하늘에서는 사라진 것은 아니다. 단지 밝은 배경 때문에 더 이상 보이지 않을 뿐이다.

거시 세계에서는 빛이 대상에 도달한 후, 눈에 반사되는 빛을 통해 대상을 관찰한다. 이와는 달리 현미경의 경우, 우리는 시료를 광원과 눈 사이에 두고 대상을 통해 전달된(더 정확하게는, 대상에 의해 회절된) 빛을 보게 된다. 만약 하나의 광원만 있는 방에서 대상을 광원과 눈 사이에 둔다면, 이러한 조명방식의 문제점 일부를 이해할 수 있다. 관찰 대상은 거의 투명해야 한다(반투명). 여기에는 또 다른 문제점이 있다. "거의 투명한" 대상은 보기 어렵다는 것이다.

얇고 반투명한 시료를 현미경에서 보기 위한 가장 좋은 방법들 중 하나는 시료를 가시광선 내의 특정 파장대(wavelength)를 흡수하는 염료로 염색하는 것이다. 흡수되지 않은 파장은 눈에 전달되어 염색된 시료가 색깔을 띠는 것처럼 보이게 한다. 서로 다른 염료가 서로 다른 유형의 생물 분자에 결합하기 때문에 이러한 과정을 통해 시료의 가시성을 높일 수 있을 뿐만 아니라 세포 또는 조직 내에서의 시료들의 위치를 알 수 있게 해준다. 좋은 예는 DNA에 특이적으로 결합하는 포일겐 염색(Feulgen stain)이며, 염색체가 현미경 상에서 착색된 것처럼 보인다(**그림 18.5**). 염색의 문제점은 일반적으로 살아 있는 세포에는 사용할 수 없다는 것이다. 일반적으로 염료 및 염색 조건이 독성을 내포하고 있거나 염료가 원형질막을 관통하지 못한다. 예를 들어, 포일겐 염료로 염색하기 전에 조직을 산성으로 가수분해해야 한다.

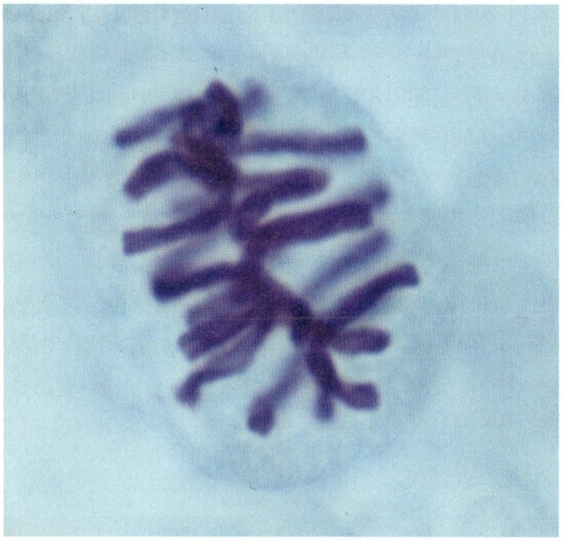

그림 18.5 **포일겐 염색.** 이 염색법은 DNA에 특이적이며, 유사분열 중기에 고정한 양파 근단 세포에서 염색된 염색체만을 볼 수 있게 해준다.

출처: Ed Reschke.

18.2 명시야현미경법과 위상차현미경법

다른 유형의 광학현미경은 서로 다른 종류의 조명을 사용한다. **명시야현미경(Bright-field microscope)**에서 시료를 비추는 빛은 밝은 배경으로 보여지며 시료의 상과 명암 대비를 이룬다. 명시야현미경법은 조직의 염색된 부분과 같이 높은 명암대비의 시료에 이상적이지만 다른 시료에 대해서는 최적의 가시성을 제공하지 못한다. 이제부터 우리는 광학현미경으로 시료를 더 쉽게 볼 수 있는 다양한 방법에 대해서 알아 볼 것이다.

명시야광학현미경법

광학현미경으로 관찰되는 시료는 크게 2범주로 나눌 수 있다(온조직표본고정과 절편). **온조직표본고정(Whole mount)**은 원생생물이나 큰 생물체의 작은 일부와 같은 전체 미세생물체로 구성될 수 있는 살아 있거나 죽은 손상되지 않은 대상이다. 식물과 동물의 대부분의 조직은 매우 얇은 조각, 즉 **절편(section)**으로 관찰하지 않는 한 현미경으로 보기에는 너무 불투명하다. 절편을 준비하기 위해, 먼저 **고정액(fixative)**이라고 불리는 화학용액에 조직을 넣어 세포를 죽인다. 좋은 고정액은 빠르게 세포막을 관통하고 모든 거대 분자물질을 고정시켜 세포의 구조를 살아 있는 상태에 가능한 한 가깝게 유지시킨다. 광학현미경의 가장 보편적인 고정액은 포름알데히드(formaldehyde), 알코올, 또는 초산(acetic acid)이다.

고정 후, 조직은 일련의 알코올 처리를 통해 탈수된 다음 일반적으로 절편 형성 중에 기계적 지지를 제공하는 파라핀(왁스)에 포매(embedded)된다. 파라핀은 유기용매에 잘 용해가 되기 때문에 포매용 매질로서 사용된다. 파라핀 절편이 붙어 있는 받침유리(slide glass)를 왁스를 녹이는 톨루엔(toluene)에 담그면, 슬라이드에 부착된 얇은 조직 조각만 남아 있게 되어, 항체 또는 다른 시약으로 염색하거나 처리할 수 있다. 염색 후, 받침유리 및 덮개유리와 굴절률이 같은 봉입제(mounting medium)를 사용하여 조직 위에 덮개유리(coverslip)를 올린다.

위상차현미경법

살아 있는 세포와 같이 작고 염색하지 않은 시료는 명시야현미경으로 관찰하기가 매우 어렵다(**그림 18.6a**). **위상차현미경(Phase-contrast microscope)**을 이용하면 투명도가 높은 물체를 더 잘 볼 수 있다(그림 18.6*b*). 한 물체의 다른 부위들은 빛에 서로 다르게 영향을 주기 때문에 잘 구별할 수 있다. 이러한 차이의 한 가지 이유는 굴절률(refractive index) 때문이다. 세포소기관은 DNA, RNA, 단백질, 지질, 탄수화물, 염류 및 물과 같은 다양한 분자가 서로 다른 비율로 구성되어 있다. 다른 조성을 가지는 부위는 다른 굴절률을 가질 가능성이 있다. 일반적으로, 그러한 차이를 육안으로는 감지할 수 없다. 그러나 위상차현미경은 굴절률의 차이를 강도(상대적인 명암)의 차이로 바꿔 눈으로 볼 수 있게 한다. 위상차현미경은 (1) 대물렌즈로 들어가는 직사광선과 시료에서 나온 굴절된 빛을 분리하고, (2) 이 2광선이 서로 간섭(*interfere*)하도록 함으로써 이러한 결과를 얻는다. 상의 각 부분의 상대적인 명암은 시료의 각 부분으로부터 나오는 빛이 직사광선을 간섭하는 방식을 나타낸다.

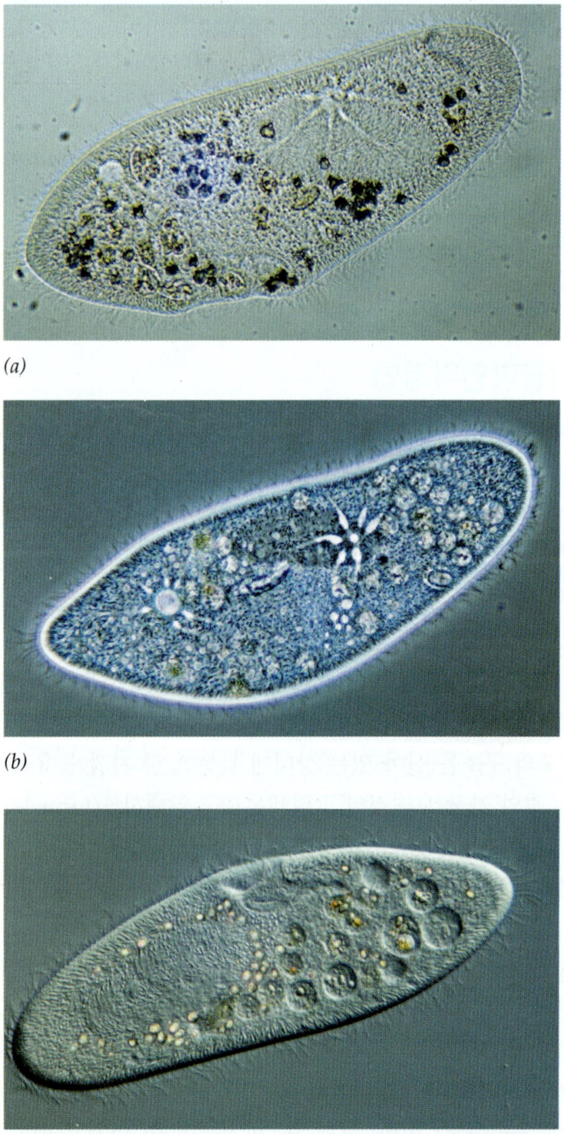

(*a*)

(*b*)

(*c*)

그림 18.6 다양한 종류의 광학현미경으로 관찰한 세포의 비교. 명시야 (*a*), 위상차 (*b*), 차등간섭대비(또는 Nomarski) (*c*) 현미경으로 촬영한 섬모 원생생물의 광학현미경 사진. 이 생물체는 명시야 조명 아래에서는 거의 보이지 않지만 위상차 및 차등간섭대비 현미경으로는 명확하게 관찰된다.

출처: (a–c) Micrographs by M. I. Walker/Photo Researchers, Inc.

위상차현미경은 살아 있는 세포의 세포내 성분을 상대적으로 높은 분해능으로 조사하는 데 가장 유용하다. 예를 들어, 미토콘드리아, 유사분열 염색체 및 액포의 동적 운동성을 추적하고 촬영할 수 있다. 세포의 미세한 입자와 액포가, 살아 있는 세포에서 무작위로 충돌하는 방식을 단지 관찰하는 것만으로도, 염색된 죽은 세포의 관찰에서는 얻을 수 없는 생명에 대한 흥분을 느낄 수 있다. 위상차현미경의 발명으로 얻은 가장 큰 이점은 새로운 구조의 발견에 있지 않고, 보다 명확한 방식의 세포관찰을 위한 연구 및 교육 실험실에서의 일상적인 사용에 있다.

위상차현미경은 해상도가 떨어지는 광학적 한계를 가지고 있고, 굴절률의 급격한 변화가 생기는 부위에 간섭을 일으키는 후광(halo)과 음영이 생기는 문제가 있다. 위상차현미경은 **간섭현미경**(*interference microscope*)의 한 유형이다. 다른 유형의 간섭현미경은 복잡한 빛의 경로와 프리즘을 사용하여 직사광선과 굴절광선을 완전히 분리함으로써 이러한 광학적 인공산물(artifacts)을 최소화한다. 개발자의 이름을 따라 노마르스키(Nomarski) 간섭현미경이라고도 하는 **차등간섭대비**(*differential interference contrast, DIC*) 현미경은 뚜렷한 3차원 상을 만들어내는 또 다른 유형의 간섭현미경이다(그림 18.6*c*). 차등간섭대비 현미경법의 명암대비는 시료의 굴절률 변화 정도에 따라 다르다. 결과적으로, 상대적으로 짧은 거리에서 굴절률이 현저하게 변화하는 가장자리에서 특히 명암대비가 뛰어나다.

18.3 형광현미경법 (관련 형광기반 기술)

지난 수십 년 동안, 광학현미경은 주로 고정된 조직을 관찰하기 위한 도구에서 살아 있는 세포에서 일어나는 분자 수준에서의 동적인 현상을 관찰하는 도구로 전환되어 왔다. 이러한 살아 있는 세포 관찰법에서의 발전은 상당부분 **형광현미경법**(*fluorescence microscopy*)의 혁신에 의해 이루어졌다. 형광현미경은 특정 분자[**형광단**(*fluorophores*)]의 위치를 관찰할 수 있다. 형광단은 특정 파장의 광자를 흡수하여 긴 파장의 에너지를 방출하는데, 이러한 현상을 **형광**(*fluorescence*)이라고 한다. 형광현미경의 광원에서 나온 빛의 파장 중에서, 형광단을 흥분시킬 수 있는 파장을 제외한 나머지 모든 파장들이 필터를 통해 차단된다. 시료에 포함되어 있는 형광단이 단색광파에 의해 흥분되어 가시광선을 방출하는데, 이것을 대물렌즈를 통해 관찰자가 직접 볼 수 있거나 전하결합소자(charge-coupled device, CCD)를 사용하여 디지털 방식으로 볼 수 있다.

형광화합물은 세포 및 분자생물학에서 여러 가지 방법으로 사용될 수 있다. 가장 일반적이고 처음으로 응용된 방법은 로다민(rhodamine)이나 플루오레세인(fluorescein) 등의 상대적으로 작은 유기 형광단을 항체와 공유결합[**공액**(*conjugated*)]시켜 형광 항체를 만든 후, 세포 안에 있는 특정 단백질의 위치를 확인하는 것이다. 이러한 기술을 **면역형광법**(*immunofluorescence*, 그림 13.5)이라고 하며, 18.26절에서 더 논의하기로 한다. 형광단백질은 또한 살아 있는 세포에서 일어나는 동적과정을 연구하는 데에 쓰이기도 한다. 예를 들어, 1개의 형광단을 액틴(actin)이나 튜블린(tubulin) 같은 세포내 단백질에 공유결합을 시킨 후, 살아 있는 세포에 주입을 한다(그림 13.20). 형광단은 그림 4.20에서 보여지듯이, 특정한 뉴클레오티드서열을 포함하는 DNA 또는 RNA 분자의 위치 확인에도 사용할 수 있다. 다른 예로서, 형광단을 막횡단 가능성의 표지자(그림 9.21 참조)나 또는 세포질내 유리 상태의 Ca^{2+} 농도를 확인하는 탐침(그림 15.27 참조)으로 삼아, 세포 사이를 통과할 수 있는 분자의 크기를 연구하고 있다(그림 11.30 참조). 칼슘-민감성 형광단의 사용에 대해서는 652쪽에서 논의하였다.

이전에 논의된 모든 예에서, 생체 분자는 합성형광단과 화학적으로 결합되어 형광을 내도록 만들어진다. 그러나 자연적으로 형광을 내는 분자들도 있다. 인간은 해파리와 다른 해양 생물들이 어둠 속에서 빛나는 이유를 수천 년 동안 궁금해 왔다. 오사무 시모무라(Osamu Shimomura)가 1960년대 초에 특정 해파리 종(*Aequorea victoria*)이 에쿼린(aequorin)과 녹색형광단백질(green fluorescent protein, GFP)과 같은 형광단백질 때문에 발광을 한다는 것을 발견했고, 그러한 단백질들은 정제와 분석이 가능했다. 1990년대 초 더글라스 프래셔(Douglas Prasher), 마틴 찰피(Martin Chalfie)과 동료들은 GFP를 발현할 수 있는 유전자를 복제하여 형광단백질이 다른 생물체에 유전적으로 포함되어 발현될 수 있음을 보여주었다. 이 연구는 살아 있는 세포에서 단백질의 공간적 및 시간적 분포를 연구하기 위한 GFP 사용에 있어서의 기초를 마련했다. 대부분의 다른 형광단백질과 달리 GFP는 빛을 흡수하고 방출하기 위한 추가 보조인자를 필요로 하지 않는다. 그 대신에 GFP 폴리펩티드의 1차 구조를 구성하는 아미노산 중 3개가 자가촉매반응에 의한 자가-변형에 의해 빛-흡수/방출 발색단을 형성한다. GFP를 사용하는 대부분의 연구에서는 GFP 유전자의 부호화 영역과 연구대상 단백질 유전자의 부호화 영역을 연결한 재조합 DNA를 만든다. 이 재조합 DNA는 세포를 형질주입시켜 연구대상 단백질에 형광 GFP가 융합된 혼성 단백질을 합성한다. GFP를 사용한 막 역동성 연구는 12.2절에서 논의하였다. 이러한 다양한 실험방법에서, 표지된 단백질들은 세포의 정상적인 활동에 참여가 가능하며, 그들의 위치를 추적함으로써, 그 단백질에 관여하는 역동적인 활동들을 밝힐 수 있다(그림 12.4, 13.22).

살아 있는 세포의 이미징 연구를 분광성이 다른 GFP 변이체들을 동시에 사용하여 진행하면, 더 많은 정보를 얻을 수 있다. 캘리포니아대학의 로저 첸(Roger Tsien)은 직접 돌연변이유도방법을 통해 *GFP* 유전자를 변이시켜 청색(BFP), 황색(YFP) 및 시안색(CFP) 등 다양한 종류의 형광을 내는 GFP 변이체들을 만들었다. 또한, 연관성이 먼 빨간색 형광 4량체 단백질(distantly related red fluorescent tetrameric protein, DsRed)이 말미잘로부터 분리되었다. 다양한 색상의 형광을 발하는 DsRed의 단량체 변이체(예: mBanana, mTangerine, mOrange)도 Tsien의 실험실에서 돌연변이유도실험을 통해 만들어졌다. GFP 변이체들의 다채로운 "색조"를 사용하여 얻을 수 있는 정보유형은 **그림 18.7**에 묘사된 연구에 의해 보여지며, 이것을 이용하여 색이 다른 형광단백질을 포함한 생쥐 혈통을 만들었다. 이 쥐 중 하나의 근육이 외과적으로 노출되었을 때, 여러 가지 색깔의 뉴런과 신경근육 접합부 사이의 역동적인 상호 작용을 관찰할 수 있다(이 유형의 접합부 그림에 대해서는 그림 8.56 참조). 예를 들어, CFP색 뉴런의 가지가 근육조직과의 시냅스 접촉을 위해 YFP색 뉴런의 가지와 경쟁하는 것을 관찰하였다. 각각의 경우에, 서로 다른 근섬유를 자극하기 위해 2개의 뉴런이 경쟁할 때, "이기는(winning)" 모든 가지들은 하나의 뉴런에 속하는 반면, "지는(losing)" 가지들은 모두 다른 뉴런에 속한다는 것을 알 수 있었다(그림 18.7*b*). **그림 18.8**의 현미경 사진은 두 가지(또는 그 이상)의 다른 색의 형광단백질을 이용하였을 때, 세포 내의 공간적 및 시간적 역학에 대해 얼마나 많이 배울 수 있는지에 대한 또 다른 예이다. 이 경우에, 2중-표지 방법을 이용하면 한 세포소기관 안에서 일어나는 2단백질의 이동을 실시간으로 동시에 관찰할 수 있다. 다른 예는 제8장의 <역사적 실험>에 기술되어 있다.

GFP 변이체는 또한 형광단 간의 거리를 nm 단위로 측정할 수 있는 **형광공명에너지전달**(*fluorescence resonance energy transfer, FRET*)이라는 기술에서도 사용된다. FRET는 일반적으로 단백질의 2부분(또는 더 큰 구조내의 분리된 2단백질) 사이의 거리변화를 측정하는데 이용된다. FRET는 시험관내 또는 살아 있는 세포 내에서 발생하는 변화를 연구하는 데 사용될 수 있다. FRET는 두 집단이 매우 근접(1~10 nm)해 있을 때, 한 형광집단(donor, 공여체)에서 다른 형광집단(acceptor, 수용체)으로 흥분에너지(excitation energy)가 전달

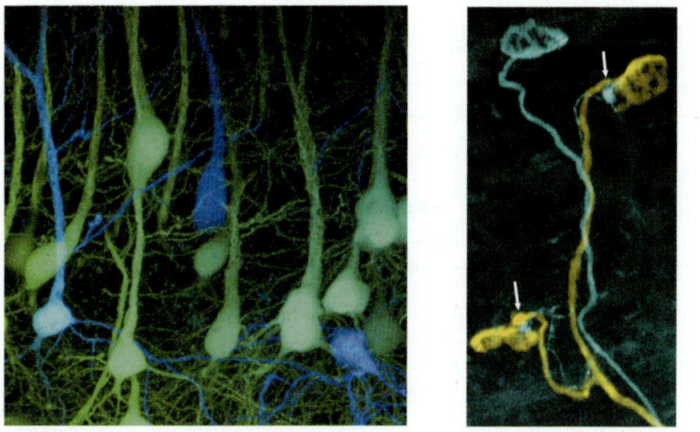

(*a*) (*b*)

그림 18.7 생체내 뉴런과 그 표적세포 사이의 역동적인 상호작용 관찰을 위한 GFP 변이체 사용. (*a*) 두 가지 다른 형광색으로 보이는 뉴런이 있는 생쥐 뇌의 한 부분. 이 생쥐는 각각 다른 형광단백질로 표지된 뉴런을 보유한 형질전환 동물들을 교배하여 만들어졌다. (*b*) 각각 YFP(노란색)와 CFP(파란색)로 표지된 두 뉴런의 형광현미경 사진. 화살표는 2개의 서로 다른 신경근육 연접을 가리키며, YFP-표지 축색돌기 가지가 CFP-표지 가지와 경쟁하여 이긴 모습이다. 경쟁이 없는 경우에, CFP-표지 축색돌기에 의해 활성화된 연접도 관찰된다.

출처: (a) CN. Kasthuri & J. W. Lichtman, Washington University School of Medicine 제공; (b) N. Kasthuri and Jeff W. Lichtman, *Nature* 424: 429, 2003, Fig. 4A에서 발췌. Macmillan Publishers Ltd.의 허가를 얻음.

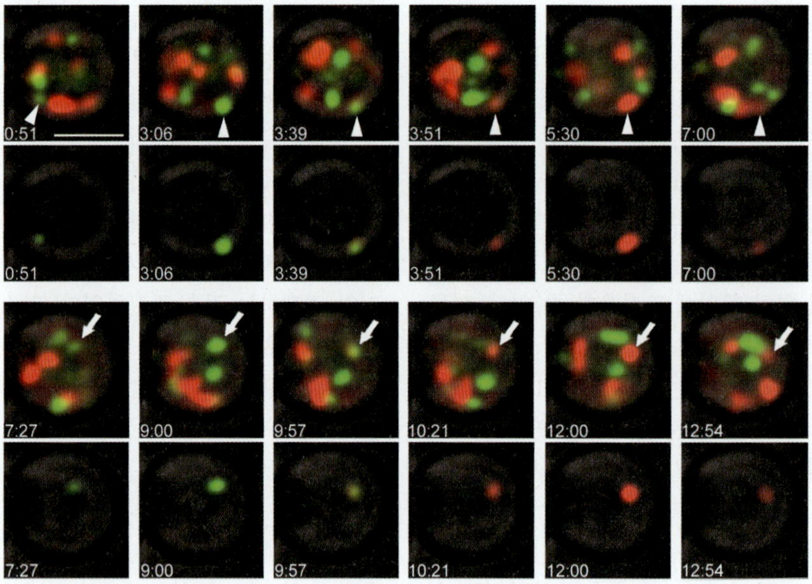

그림 18.8 살아 있는 세포의 소기관 내의 동적인 움직임을 추적하기 위한 2중-표지 형광의 사용. 분화하는 효모 세포의 골지 시스터네(Golgi cisternae)는 대부분의 진핵세포에서와 같이 별개의 덩어리로 형성되어 있지 않고 세포질 내에 분산되어 있다. 밝게 착색된 타원형 구조물 각각은 형광으로 표지된 단백질 분자의 국지화에 의해 색을 띠는 개별적인 시스터네이다. 녹색으로 나타나는 시스터네는 골지 활동의 초기 단계에 관여하는 GFP 표지 단백질(Vrg4)을 포함하는 반면 빨간색으로 나타나는 시스터네는 늦은 골지 활동에 관여하는 DsRed 표지 단백질(Sec7)을 포함한다. 이 일련의 현미경 사진은 약 13분에 걸쳐 개별 시스터네의 단백질 구성을 말해준다(경과 시간은 왼쪽 하단 모서리에 표시되어 있음). 하얀색 화살촉과 화살표는 시스터네 중 2개를 가르키며, 시간에 따라 나타내어졌다. 이 2시스터네는 현미경 사진의 아래쪽 줄에 그려져 있다. 이 일련의 사진들에서 개별 시스터네의 단백질 구성이 "초기" 골지 단백질(녹색)을 함유하는 단백질에서 "후기" 골지 단백질(빨간색)을 함유하는 단백질로 시간이 지남에 따라 변하는 것을 볼 수 있다. 이러한 결과는 12.8절에서 논의된 시스터네 성숙 모델에 대한 직접적인 시각적 뒷받침이다.

출처: Eugene Losev et al., Courtesy of Benjamin S. Glick, *Nature* 441:1004, 2006, Fig. 3A에서 발췌. Macmillan Publishers Ltd.의 허가를 얻음.

되는 현상을 말한다. 이러한 에너지 전달은 공여체의 형광강도를 감소시키고 수용체의 형광강도를 증가시킨다. 단백질의 전략적 위치에

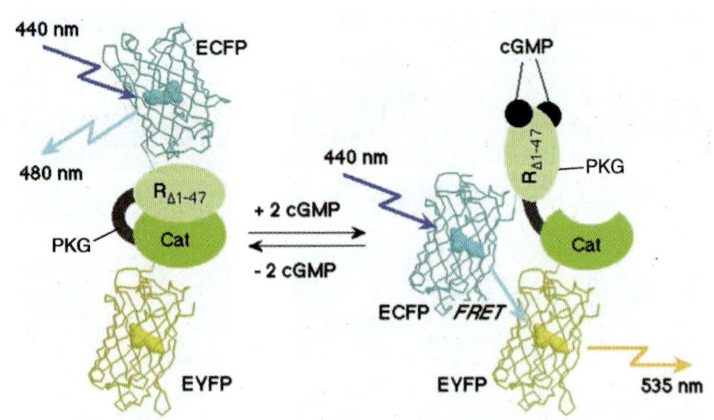

그림 18.9 형광공명에너지전달(fluorescence resonance energy transfer, FRET). 이 그림은 단백질(PKG)이 cGMP와 결합 후 입체구조가 변화하는 모습을 추적하는 FRET 기술의 예이다. 2개의 작은 원통 모양의 형광단백질—강화된 CFP(ECFP)와 강화된 YFP(EYFP)—을 각각의 형광색으로 표시하였다. cGMP가 없을 때, 440 nm 빛에 의해 ECFP가 흥분되어 480 nm 빛을 방출한다. cGMP가 결합하면, PKG의 입체구조가 변화하여 2개의 형광단백질이 FRET가 일어날 수 있을 만큼 충분히 가깝게 된다. 그 결과, 440 nm 빛에 의해 ECFP 공여체가 흥분되면 EYFP 수용체로 에너지가 전달되어, 수용체에서 535 nm 빛이 방출된다. 강화된(enhanced) 단백질은 원래 단백질보다 형광강도가 크고 더 안정하다.

출처: Moritoshi Sato and Yoshio Umezawa, *Analytical Chemistry* 72:5924, 2000에서 발췌. © 2000 American Chemical Society.

결합 된 2개의 형광집단 간의 거리가 멀어질수록 전달효율은 급격하게 감소한다. 결과적으로, 세포과정 중에 일어나는 공여체 및 수용체 집단의 형광변화는 다양한 단계에서 이들 사이의 거리변화를 측정할 수 있게 해준다. 이 기술은 **그림 18.9**에 설명되어 있으며, 2개의 다른 GFP 변이체(ECFP 및 EYFP로 표시)가 cGMP-의존 단백질 키나아제(PKG)의 두 가지 상이한 부분에 공유결합되었다. 결합된 cGMP가 없으면, 2개의 형광단이 에너지 전달이 일어나기에 너무 멀리 떨어져있다. cGMP가 결합함으로써 단백질 내의 2개의 형광단은 FRET가 발생하기에 충분히 가까운 거리에 놓여진다. FRET는 또한 단백질 접힘(folding) 또는 막내 구성요소의 결합 및 해리를 비롯한 많은 다른 과정을 연구할 때에도 사용할 수 있다. 탈린(Talin)에 의한 활성화 후 인테그린 소단위의 세포질 꼬리의 분리(그림 11.13)는 FRET에 의해 연구된 한 예이다. 그림 15.8은 FRET를 사용하여 신경전달물질이 표면 수용체에 결합한 후 cAMP 수준의 변화를 나타내는 초기 사례를 보여준다.

광원에 의해 흥분된 후, 대부분의 형광단은 더 이상 형광을 낼 수 없는 상태에 이른다. 즉, 그들은 광퇴색(photobleaching)을 겪는다. 이것은 종종 많은 실험에서 손실로 간주되지만, 광퇴색은 광퇴색 후형광측정(fluorescence recovery after photobleaching, FRAP) 기술에 유용하다는 것이 입증되었다. FRAP은 살아 있는 세포의 단백질 회전율을 연구하는 데 사용되며, 막단백질의 이동과 관련된다(그림 8.27). FRAP은 또한 세포골격단백질의 회전율을 연구하기 위해

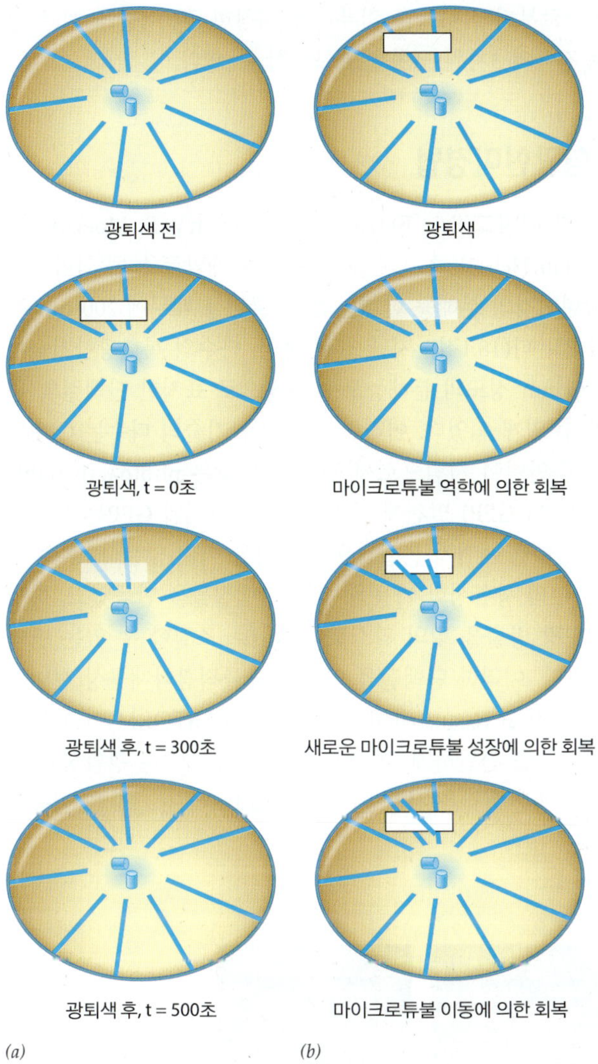

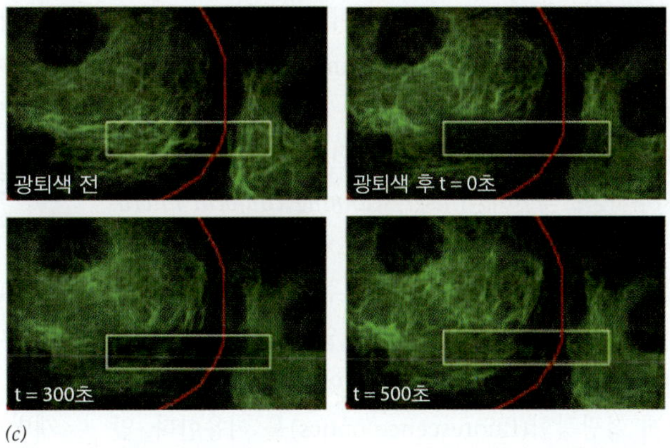

그림 18.10 FRAP을 이용한 세포골격 연구. (*a*) GFP-튜불린을 발현하는 세포는 마이크로튜불 어레이에 형광을 띠는 튜불린을 포함시킨다. 레이저가 어레이의 상자에 초점이 맞춰지면 형광은 광퇴색된다(t = 0초). 시간이 지남에 따라 형광은 광퇴색된 구역에서 회복된다. (*b*) 형광은 마이크로튜불의 다른 특징으로부터 회복이 될 수 있다. 마이크로튜불의 동적 특징은 형광 회복에 관여할 가능성이 크다. 또는 새로운 형광을 띠는 마이크로튜불이 중심체(centrosome)에서 자라면 광퇴색된 영역으로 커져 나갈 수 있다. 마지막으로, 형광을 띠는 이동하는 마이크로튜불이 관찰 순간에 광퇴색된 영역을 지나갈 수 있고, 그로 인해 관찰이 될 수 있다. (*c*) GFP-튜불린을 발현하는 간기(비분열)세포에서 수행된 FRAP 실험의 현미경 사진. 2개의 나란히 인접해 있는 세포들의 상자 영역만 광선을 비추면 그 부분만 광퇴색이 일어나고, 형광 변화를 시간에 따라 추적하였다. 광퇴색 영역은 시간이 지남에 따라 형광신호를 회복한다.

출처: Claire Walczaw and Rania Rizk 제공.

광범위하게 사용되어 왔다. 특히 튜불린(tubulin)에 대한 FRAP 실험을 수행하기 위해 세포에 형광염료가 결합된 튜불린을 주입하거나 GFP-튜불린을 발현하도록 유도한다. 세포의 작은 영역에 초점을 맞출 수 있는 광원이 장착된 현미경을 사용하면 해당 영역의 튜불린의 형광이 광선에 의해 광퇴색된다(**그림 18.10**). 시간이 지남에 따라 광퇴색된 구역의 형광신호의 회복 정도를 측정함으로써, 시료의 회전율을 알 수 있다(그림 18.10).

형광현미경의 또 다른 혁신은 많은 수의 영상을 검사하고 다양한 특성을 분석할 수 있는 소프트웨어 개발에 있다. 이러한 자동화된 기술은 막 소통(membrane trafficking, 12.2절) 또는 유사분열(그림 18.51)과 같은 특정 세포과정에 관여하는 단백질을 부호화하는 유전자를 찾는 다양한 siRNA 라이브러리에 적용된 세포의 표현형을 선별하는 데에 특히 유용하다. 또한 이 소프트웨어는 시간에 따라 얻어진 수많은 프레임에 나타나는 특정 형광위치를 자동으로 식별하고 "추적"함으로써 살아 있는 세포에서 형광단백질의 움직임을 추적할 수 있다.

형광현미경의 또 다른 최근 혁신은 세포 내에 존재하는 형광단이 더 긴 파장의 2개 이상의 광자(photon)에 의해서 흥분되어 형광을 낼 수 있는 다광자현미경법(multiphoton microscopy)에 있다. 광자의 파장이 길수록 에너지가 적어(조명된 세포와 빛을 흡수하는 형광단에 대한 파괴력이 적어짐) 침투력이 커진다. 다광자현미경법을 사용하여 연구자들은 살아 있는 조직 내에서 적어도 200 μm의 깊이에 존재하는 형광단백질의 움직임을 추적할 수 있다. 이 접근법은 형광으로 표지된 면역세포의 절단된 림프절 내에서의 움직임을 추적하는 데에도 쓰일 수 있다(그림 17.11).

레이저주사공초점현미경법

비디오카메라, 전자 영상 및 컴퓨터 처리에 의해 지난 몇십 년 동안 광학현미경 분야는 르네상스를 맞이하였다. 새로운 종류의 광학현미경의 개발도 마찬가지다. 세포 전체 또는 조직 절편을 표준 광학현미경으로 관찰할 때 초점나사를 돌려 대물렌즈의 위치를 변화시킴으로써 시료를 다른 깊이에서 보게 된다. 깊이가 변화함으로써, 시료의 다른 부위들이 초점에서 가까워지거나 멀어지게 된다. 시료가 여러 다른 초점 깊이를 포함하고 있다는 사실은 뚜렷한 상을 만드는 능력을 떨어뜨린다. 이는 초점 평면의 위와 아래에 있는 시료부위가 초점 평면으로 향하는 광선의 진행을 막기 때문이다. 1950년 말에 매사추세츠공과대학교의 마빈 민스키(Marvin Minsky)가 **공초점현미경(Confocal microscope)**이라는 혁신적인 새로운 기계를 발명하였다. 이 현미경은 상당히 두꺼운 시료에 있는 얇은 면의 영상을 만들어낸다. 현대적인 레이저주사공초점현미경(*laser scanning confocal microscope*)의 광학부품과 빛 통과경로에 대한 모식도가 **그림 18.11a**에 있다. 이러한 유형의 현미경에서는, 단일 깊이를 주사할 수 있는 정교하게 초점을 맞춘 레이저가 사용되며, 시료의 얇은 평면[광학절편(optical section)]만 비추도록 한다. 그림 18.11*a*에 나타낸 바와 같이, 공초점현미경은 대개 형광광학(fluorescence optics)을 이용한다. 앞서 설명한 대로, 시료 내에 형광단이 짧은 파장의 빛을 흡수한 후, 긴 파장의 빛을 재방출한다. 시료에서 방출된 빛은 현미경의 핀홀 조리개(pinhole aperture)에서 초점이 맞춰진다. 따라서, 조리개와 시료의 조명 평면이 초점을 공유한다. 시료의 조명 평면에서 방출된 빛은 조리개를 통과할 수 있는 반면, 조명 평면 위와 아래에서 나온 빛은 통과하지 못하여 상을 형성하지 못한다. 따라서 시료 내에서 초점이 맞지 않는 부분들은 보이지 않는다.

그림 18.11*b*는 시료 내의 3개의 다른 평면에서 찍은 단일 세포핵의 현미경 사진이다. 초점 평면에서 벗어난 물체들은 각 절편의 영상 품질에 거의 영향을 주지 않는 것이 확실하다. 필요하다면, 분리된 광학절편들로부터의 상들을 컴퓨터에 저장한 후, 이들을 서로 병합하여 시료 전체의 3차원 모형을 재구성할 수 있다.

초분해능형광현미경법

2014년에, 에릭 베치그(Eric Betzig), 윌리엄 머너(W.E. Moerner)와 스테판 헬(Stefan Hell)은 초분해능형광현미경 개발로 노벨 화학상을 받았다. 광학현미경의 분해능 한계는 빛의 굴절성 때문에 200 nm 정도에 지나지 않는다(18.1절). 지난 십년 동안, 다수의 복합광학기술이 개발되어 수십 nm 정도의 분해능으로 형광으로 표지한 단백질의 위치를 알아낼 수 있게 되었다. 이러한 초분해능 기술의 다수는 GFP의 특정 부분을 돌연변이 시킴으로써 광활성을 갖는 photoactivatable molecule-GFP(PA-GFP) 발견에 기초한다. 이 변이된 GFP는 보라색 빛에 의해 활성화될 때까지 본질적으로 형광을 띠지 않는다. 후속 연구로는, 많은 수의 광활성화 기능을 갖는 단백질들을 만들었고, 특정 파장에서의 형광 방출을 빛의 펄스로 on/off로 조절할 수 있는 단백질을 개발하였다. 이러한 단백질을 이용한 확률적광학재구성 현미경법(Stochastic optical reconstruction microscopy, STORM)이라 불리는 초분해능 기술을 간단하게 고찰할 것이다. 이 기술은 광활성화 기능을 가지는 형광단백질을 사용한다. STORM이라는 기술을 이용하

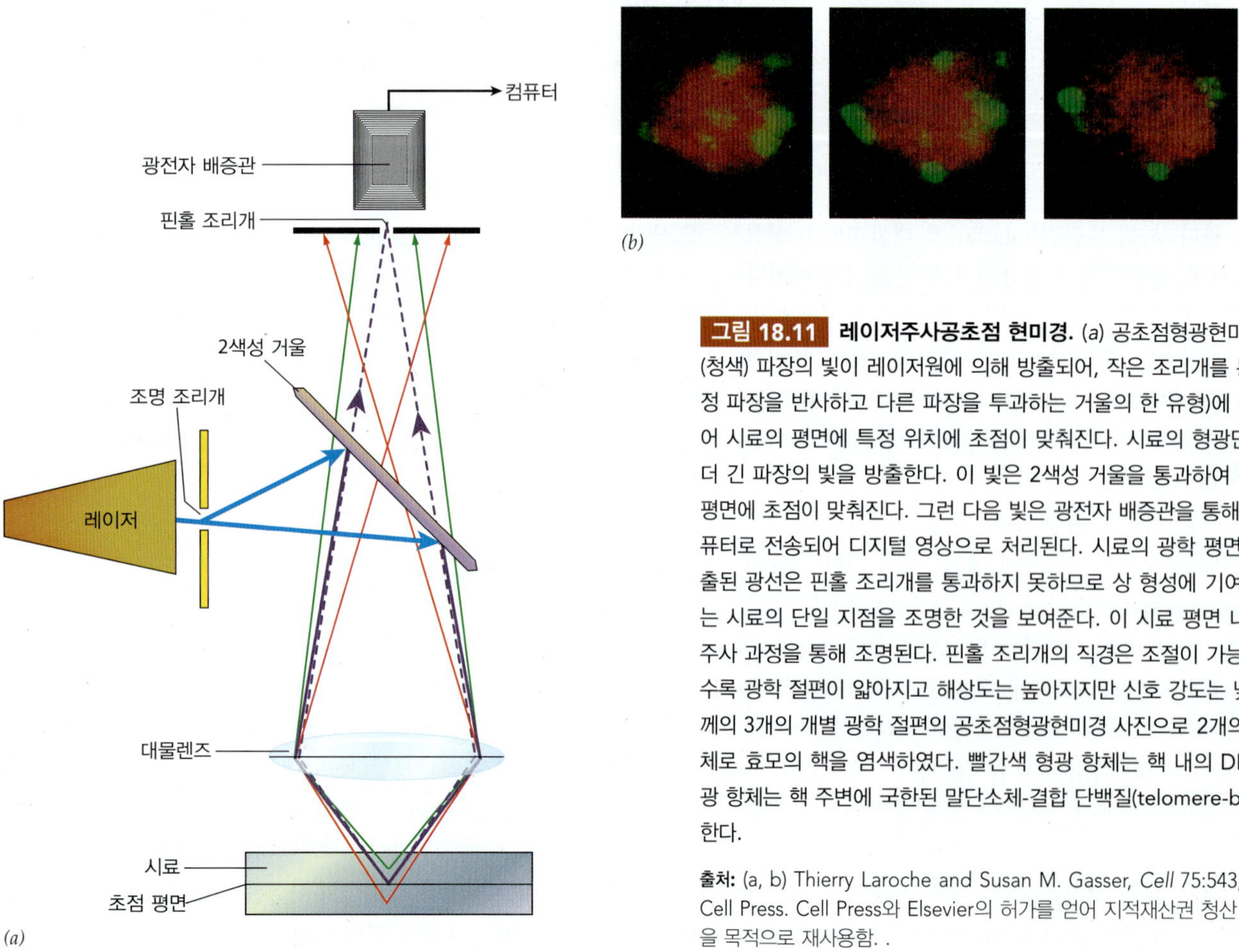

그림 18.11 레이저주사공초점 현미경. (*a*) 공초점형광현미경에서의 빛 경로. 짧은 (청색) 파장의 빛이 레이저원에 의해 방출되어, 작은 조리개를 통과하고, 2색성 거울(특정 파장을 반사하고 다른 파장을 투과하는 거울의 한 유형)에 의해 대물렌즈로 반사되어 시료의 평면에 특정 위치에 초점이 맞춰진다. 시료의 형광단은 입사광을 흡수한 후 더 긴 파장의 빛을 방출한다. 이 빛은 2색성 거울을 통과하여 핀홀 조리개를 포함하는 평면에 초점이 맞춰진다. 그런 다음 빛은 광전자 배증관을 통해 증폭되고, 그 신호가 컴퓨터로 전송되어 디지털 영상으로 처리된다. 시료의 광학 평면의 위 또는 아래에서 방출된 광선은 핀홀 조리개를 통과하지 못하므로 상 형성에 기여하지 못한다. 이 모식도는 시료의 단일 지점을 조명한 것을 보여준다. 이 시료 평면 내의 다른 위치는 레이저 주사 과정을 통해 조명된다. 핀홀 조리개의 직경은 조절이 가능하다. 조리개 값이 작을수록 광학 절편이 얇아지고 해상도는 높아지지만 신호 강도는 낮아진다. (*b*) 0.3 μm 두께의 3개의 개별 광학 절편의 공초점형광현미경 사진으로 2개의 다른 형광이 표지된 항체로 효모의 핵을 염색하였다. 빨간색 형광 항체는 핵 내의 DNA를 염색하고 녹색 형광 항체는 핵 주변에 국한된 말단소체-결합 단백질(telomere-binding protein)을 염색한다.

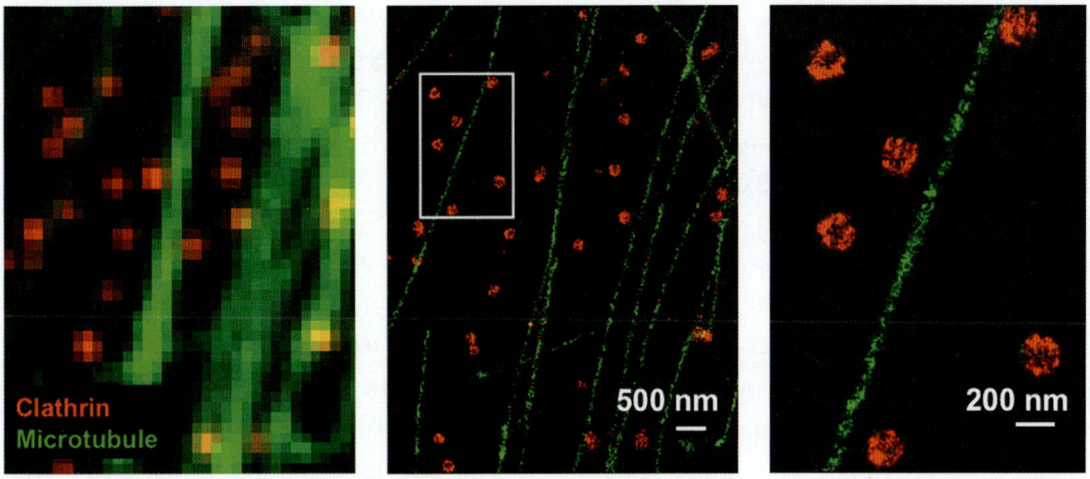

그림 18.12 **광학현미경의 분해능 한계 극복.** (*a*) 포유 동물 배양세포의 통상적인 형광현미경 사진. 마이크로튜불은 초록색, 클라트린-피복 만입부(clathrin-coated pit)는 빨간색으로 표지되었다. 이 높은 배율에서는 영상이 화소화되어 나타난다. 더욱이, 2종류의 형광 표지가 중첩되어 주황색으로 보이며, 이는 2구조가 서로 연결되어 있다는 것으로 추정된다. (*b*) 마이크로튜불과 클라트린-피복 만입부가 명확하게 공간적으로 분리되어 있음을 보여주는 STORM "초분해능" 현미경 사진. (*c*) *b*의 한 부분을 확대한 영상.

출처: From Mark Bates et al., Courtesy of Xiaowei Zhuang, *Science* 317:1752, 2007; © 2007. Reprinted with permission from AAAS.

면, 20 nm 미만의 분해능으로 단일 형광 분자의 위치를 확인할 수 있다. 이 기법에서는 하나 이상의 광활성을 가지는 형광단을 포함한 시료에 적절한 파장의 빛을 조사하였을 때, 표지된 분자의 형광이 켜지고 꺼지는 효과를 이용한다. 빛을 조사하는 주기 동안에, 대부분의 표지된 분자는 어둡지만 그 중 아주 작은 부분이 무작위로 활성화된다. 이러한 개별 활성화된 형광 분자는 빛의 회절 특성으로 인해 수백 nm 폭의 반점으로 나타난다. 빛을 방출하는 단일 형광단의 실제 위치를 나타내는 각 지점의 중심은 높은 정확도로 결정될 수 있다. 그런 다음 이 과정을 반복하여 시료의 많은 형광단의 위치를 나타내는 많은 수의 좌표를 생성한다. 이 좌표를 분석하면 초분해능의 영상을 재구성할 수 있다. 초분해능 STORM기법과 기존의 형광기법을 비교하여 얻을 수 있는 분해능이 현저하게 증가한 것은 **그림 18.12**의 각각을 비교함으로써 확인할 수 있다.

광시트 형광현미경법

최근에는 광시트 형광현미경(light sheet fluorescence microscopy)이 장기간에 걸쳐 제브라피시와 같은 전체 배아 또는 생물체인 대형 3차원 시료의 비침습 영상화를 가능하게 하는 기술로서 인기를 얻고 있다. 이 방법에서, 레이저는 관찰각에 수직인 평면을 따라 시료를 조명하는 얇고 평평한 시트에 초점이 맞춰진다. 이것은 공초점 영상화에서와 같이 전체 평면에서 관측된 깊이에서만 형광단의 자극을 허용하여 광손상을 줄이고 영상수집속도를 높인다.

2014년 에릭 베치그(Eric Betzig)와 다른 연구자들은 격자형 광시트 현미경(lattice light sheet microscopy)이라는 새로운 기술을 발표했다. 이 기술은 다중 초박형 광시트를 사용하여 시료를 밝혀주므로써 최소한의 광퇴색 및 광손상으로 인해 높은 공간 해상도로 장시간 동안 생체 시료의 3D 영상을 생성할 수 있다(**그림 18.13**). 예를 들어, 이 기술은 몇 초 간격으로 파리 또는 벌레 배아에서 관심 있는 단백질의 세포내 위치를 시각화할 수 있게 해준다. 4D(3차원 및 시간)에서 고분해능 영상을 수집하는 기능은 이미 다양한 시스템에서 수많은 새로운 관찰 결과를 가져 왔다. 앞으로 격자 광시트 형광현미경의 지속적인 개발과 보다 광범위한 사용으로, 살아 있는 세포에서 역동적인 분자과정이 어떻게 일어나는지에 대한 수많은 통찰력을 제공할 것으로 예상된다.

그림 18.13 **광시트 형광현미경으로 찍은 살아 있는 호중구-유사 세포 영상.**

출처: Lillian Fritz-Laylin 제공. Thomas Goddard, Graham Johnson, and R. Dyche Mullins, UCSF.

18.4 투과전자현미경법

이 책에 실린 전자현미경 사진은 2종류의 전자현미경을 통해 얻어진 것이다. 투과전자현미경(*Transmission electron microscope, TEM*)은 시료를 통과한 전자를 이용하여 상을 만들어내고, 주사전자현미경(*scanning electron microscope, SEM*)은 시료의 표면에서 튕겨져 나온 전자를 이용한다. 여기에서는 TEM에 대해서만 논의하며, SEM에 대해서는 18.6절에서 따로 논의하기로 한다.

투과전자현미경은 광학현미경보다 훨씬 뛰어난 분해능을 보여준다. 동일한 조직의 서로 인접한 절편들을 동일한 배율에서 광학현미경과 투과전자현미경으로 관찰한 **그림 18.14**의 사진을 비교하면 이러한 사실을 쉽게 알 수 있다. 그림 18.14*a*는 광학현미경 분해능의 한계치에 도달한 상태에서의 영상이고, 그림 18.14*b*는 아주 낮은 배율로 촬영한 전자현미경의 영상이다. 전자현미경의 뛰어난 분해능은 전자의 파동 성질에 기인한다. 18.1절의 식에서 알 수 있듯이, 현미경의 분해능 한계는 직접적으로 조사되는 빛 파장에 비례한다. 즉, 파장이 길수록 분해능이 낮아진다. 일정한 파장을 가지는 광자와 다르게 전자의 파장은 입자가 이동하는 속도에 따라 달라지는데, 이것은 현미경에서 사용하는 가속전압(accelerating voltage)에 의존한다. 이러한 관계는 다음 식으로 나타낼 수 있다.

$$\lambda = \sqrt{150/V}$$

여기에서 λ는 파장(Å)이고, *V*는 가속전압(volt)이다. 표준 투과전자현미경은 1만~10만 볼트(V) 범위에서 작동한다. 6만 V에서는, 전자의 파장은 약 0.05 Å이다. 이 파장과 광학현미경으로 달성할 수 있는 개구수를 18.1절에 있는 식에 대입하면, 분해능의 한계는 약 0.03 Å이 된다. 실제로, 표준 투과전자현미경으로 이룰 수 있는 분해능은 이론적 한계값보다 100배 정도 낮다. 이것은 렌즈의 개구수를 매우 작게(일반적으로 0.01~0.001 사이) 만드는 것이 필요한 전자초점렌즈의 심각한 구면수차(spherical aberration) 때문이다. 표준 TEM의 실제 분해능 한계는 3~5 Å이다. 세포의 구조를 관찰할 때에는 일반적으로 조금 더 길어진 10~15 Å의 분해능 한계를 보인다.

전자현미경은 주로 전자빔(electron beam, 또는 전자 다발)이 통과하는 크고 속이 빈 원통형의 경통과 이 경통의 작동을 전기적으로 제어하는 계기판이 있는 조종대로 구성된다. 경통의 꼭대기에는 가열되었을 때 전자를 방출하는 텅스텐 필라멘트로 되어 있는 음극(cathode)이 있다. 가열된 필라멘트에서 방출된 전자는 음극과 양극 사이의 적용된 높은 전압에 의해 미세 빔으로 가속된다. 공기는 작동 전 경통에서 뽑아내지고, 이를 통해 전자는 생성된 진공 상태를 통과하게 된다. 공기가 제거되지 않으면 전자는 기체 분자와 충돌하여 조기에 흩어지게 된다.

젖빛 유리렌즈에 의해 광선빔의 초점이 맞춰질 수 있는 것처럼, 음전하를 띤 전자빔은 경통에 있는 전자기 렌즈에 의해 초점이 맞춰질 수 있다. 자석의 강도는 전류에 의해 제어되며, 그 전류는 계기판을 통해 결정된다. **그림 18.15**에서는 광학현미경과 전자현미경의 렌즈계를 비교한 모식도를 보여준다. 전자현미경의 집광렌즈(condenser lens)는 전자를 방출하는 부분과 시료 사이에 위치하며 전자빔의 초점을 시료에 맞춘다. 시료를 작고 얇은 금속 그리드(직경 3 mm) 위에 올린 후, 핀셋을 이용해서 그리드 홀더(grid holder)에 넣고, 현미경의 경통 안으로 차례로 삽입한다.

전자현미경 렌즈의 초점심도(focal length)는 전류에 따라 달라지기 때문에 하나의 대물렌즈로 전체 확대범위를 조절할 수 있다. 광학현미경에서처럼, 대물렌즈로부터 얻어진 상은 추가적인 다른 렌즈들의 대상물로서 역할을 한다. 전자현미경의 대물렌즈에 의해 얻어진 상은 단지 약 100배 정도 확대되었지만 광학현미경과 달리 추가로 10,000배 확대를 위한 충분히 상세한 정보를 가지고 있다. 현미경의 다양한 렌즈에 적용되는 전류를 변경함으로써 약 1,000배에서 25만 배까지 배율 조절이 가능하다. 시료를 통과한 전자는 경통 바닥에 있는 인광관찰화면 위에 초점이 맞춰진다. 관찰화면에 닿는 전자는 형광결정을 자극하여, 가시광선이 방출됨으로써 시료의 상을 눈으로 볼 수 있게 한다.

전자현미경에서의 상의 형성은 시료의 부위에서 전자가 서로 다

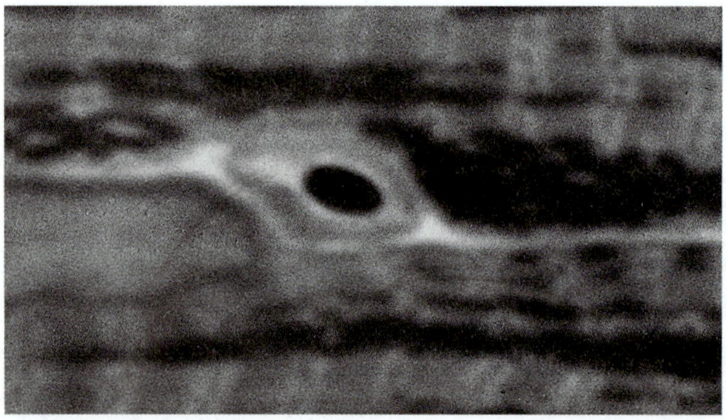
(*a*)

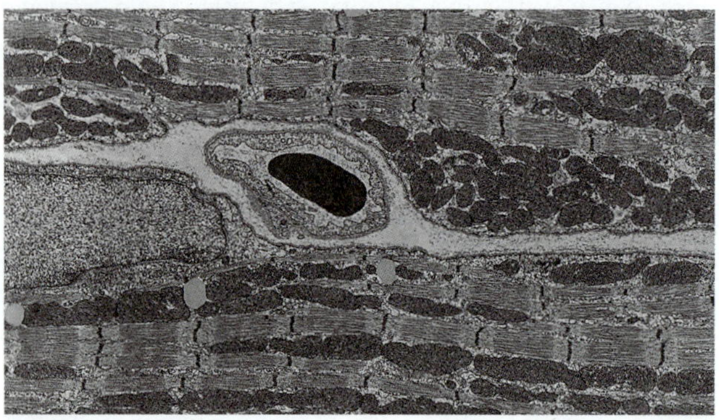
(*b*)

그림 18.14 광학현미경과 전자현미경으로 4,500배 확대해서 촬영한 영상 비교. (*a*) 골격근 조직을 포매하여 1 μm 두께의 절편으로 만든 후 담금기름(oil immersion) 렌즈를 이용하여 광학현미경으로 관찰한 사진. (*b*) 같은 조직을 0.025 μm 두께로 잘라 *a*와 같은 배율에서 전자현미경으로 관찰한 사진. 해상도가 100~200배 높아졌다. 근육의 근원섬유, 미토콘드리아, 적혈구가 들어있는 모세혈관에서 미세한 차이가 관찰된다. 광학현미경으로는 사진 *a*의 상 이외에 더 이상의 정보를 추가로 얻을 수 없지만, 전자현미경으로는 훨씬 더 많은 정보를 얻을 수 있다. 예를 들면, 미토콘드리아의 작은 부분 내에 있는 막 구조도 관찰이 가능하다.

출처: (a)와 (b) Douglas E. Kelly and M. A. Cahill 제공.

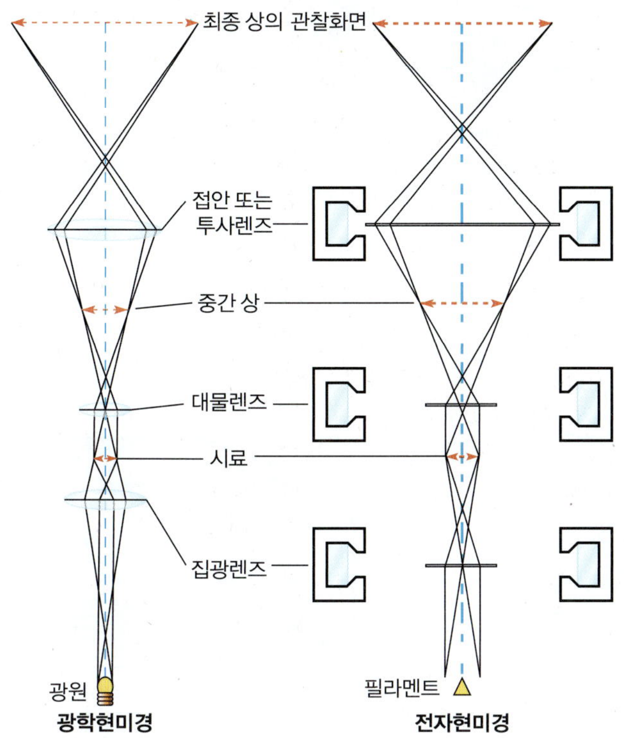

그림 18.15 광학현미경과 전자현미경의 렌즈계 비교.

출처: Alan W. Agar, *Principles and Practice of Electron Microscope Operation*에서 재인쇄함. Elsevier/North-Holland, 1974. Elsevier Ltd.의 허가를 얻어 사용함.

르게 산란하는 현상에 의해 정해진다. 필라멘트에서 방출된 전자빔이 관찰화면에 초점이 맞춰진다고 생각해보자. 경통에 시료가 없다면, 관찰화면은 전자빔에 의해 조사되어, 균일한 밝기를 내는 상을 형성할 것이다. 반면에, 시료가 전자빔이 지나가는 통로에 있다면, 전자의 일부는 시료에 있는 원자들에 충돌한 후 산란된다. 시료로부터 튕겨져 나오는 전자들은 대물렌즈의 뒤쪽 초점면에 있는 아주 작은 조리개를 통과할 수 없어서 상을 형성하지 못한다.

시료 일부분에서 일어나는 전자의 산란은 시료를 이루는 원자핵의 크기에 비례한다. 세포의 불용성 물질은 비교적 작은 원자번호를 가지는 탄소, 산소, 질소, 수소 등으로 구성되어 있기 때문에, 생체물질은 본질적으로 전자를 거의 산란시키지 못한다. 전자의 산란을 증가시키고 필요한 명암대비(contrast)를 얻기 위해서, 세포 조직들은 중금속 용액으로 고정되고 염색된다(아래에서 설명함). 이러한 중금속들은 세포로 침투하여 세포소기관의 서로 다른 부분들과 선택적으로 복합체를 형성한다. 많은 금속 원자가 결합한 세포부위들은 전자를 최소한으로 투과시킨다. 관찰화면에 초점이 맞춰진 전자의 개수가 특정 부위에서 적으면 적을수록, 그 부위가 어둡게 나타난다. 영상의 사진들은 관찰화면을 들어 올려 전자가 화면 아래에 위치한 사진건판에 도달하게 하여 만들어진다. 사진 감광유제(emulsion)는 빛에서처럼 전자에도 직접적으로 민감하기 때문에, 시료의 상은 필름에 직접적으로 기록될 수 있다. 최근 몇 년 사이에, 필름은 주로 디지털영상촬영기술들로 대체되어 왔다. 가장 최근에 개발된 TEM은 간접적으로 전자를 검출하는 방법을 이용한다. 이 전자들은 CCD 센서로 검출될 수 있는 광자로 전환되어 디지털영상을 생성한다.

18.5 전자현미경법에 사용되는 시료 준비

광학현미경에서와 마찬가지로 전자현미경으로 관찰하려는 시료는 고정(fixation), 포매(embedding), 절단(sectioning)의 과정을 거쳐야 한다. 전자현미경법(**그림 18.16**)을 위한 조직의 고정은 광학현미경에서 보다 훨씬 더 중요한데, 시료의 절편들은 전자현미경에서 훨씬 더 정밀한 관찰을 요하기 때문이다. 고정액은 세포의 구조를 크게 바꾸지 않은 채 세포를 죽여야 한다. 전자현미경의 해상도 수준에서는 미토콘드리아의 팽창이나 소포체의 파열 같은 비교적 작은 손상도 매우 분명하게 보여진다. 최소한의 파손으로 가장 신속하게 고정하기 위해서 매우 작은 조각으로 조직($1.0\ mm^3$ 이하)을 잘라 고정하고 포매한다. 고정액은 세포의 고분자를 변성시키고 침전시키는 화학물질이다. 이러한 작용을 하는 화학물질은 살아 있는 세포에서 구조를 형성하지 않는 물질들을 응고 또는 침전시켜 **인공산물(artifact)**을 형성할 수 있다. 특정 구조가 인공산물이 아니라는 주장을 뒷받침하기 위해서는 다양한 방식으로 고정된 세포에서 인공산물이 아니라는 것을 입증해야 하고, 더 좋은 것은 고정을 하지 않는 것이다. 고정되지 않은 세포를 관찰하기 위해 조직을 급속히 동결시킨 후 그 구조가 드러나도록 특별한 기술을 이용한다[뒤에 설명되는 동결고정(cryofixation)과 동결-할단복제(freeze-fracture replication)참조]. 전자현미경 관찰을 위한 가장 보편적인 고정액은 글루타르알데히드(glutaraldehyde)와 오스뮴테트록시드(osmium tetroxide, OsO_4)이다. 글루타르알데히드는 분자 양 끝 각각에 알데히드기를 갖고 있는 5-탄소 화합물이다. 알데히드기가 단백질의 아미노기와 반응하여 단백질을 교차결합시켜 불용성 연결망을 형성한다. 오스뮴은 주로 지방산과 반응하는 중금속으로 세포의 막을 보존한다.

조직을 고정한 후에는 알코올을 이용해서 물을 제거하고, 조직 내부 공간을 조직절편 과정에서 견딜 수 있는 물질로 채운다. 전자현미경법을 위해서는 매우 얇은 절편이 필요하다. 광학현미경에서 사용되는 왁스 절편의 두께는 약 5 μm 이지만, 전자현미경에서는 좋은 결과를 얻기 위해 일반적으로 0.1 μm(리보솜 4개의 두께에 해당)이하의 두께를 가지는 절편을 사용한다.

전자현미경법을 위한 조직은 주로 에폭시 수지(epoxy resin)에 포매된다. 절단된 유리나 미세하게 연마된 다이아몬드의 매우 날카로운 날(**그림 18.16**) 위로 플라스틱 블록을 천천히 통과시켜 절편을 만든다. 잘려진 절편들은 칼날 바로 뒤에 있는 물통에 떠 있게 된다. 그런 다음 절편을 금속 시료 그리드에 올려서 건조시킨다. 중금속용액 방울에 그리드를 떠 있게 함으로써, 조직을 염색한다. 중금속용액은 주로 아세트산우라늄(uranyl acetate)과 시트르산납(lead citrate)를 사용한다. 이러한 중금속 원자는 거대 분자에 결합하여 전자빔을 산란시키는 데 필요한 원자밀도를 갖게 된다. 표준 염색 외에도 조직절

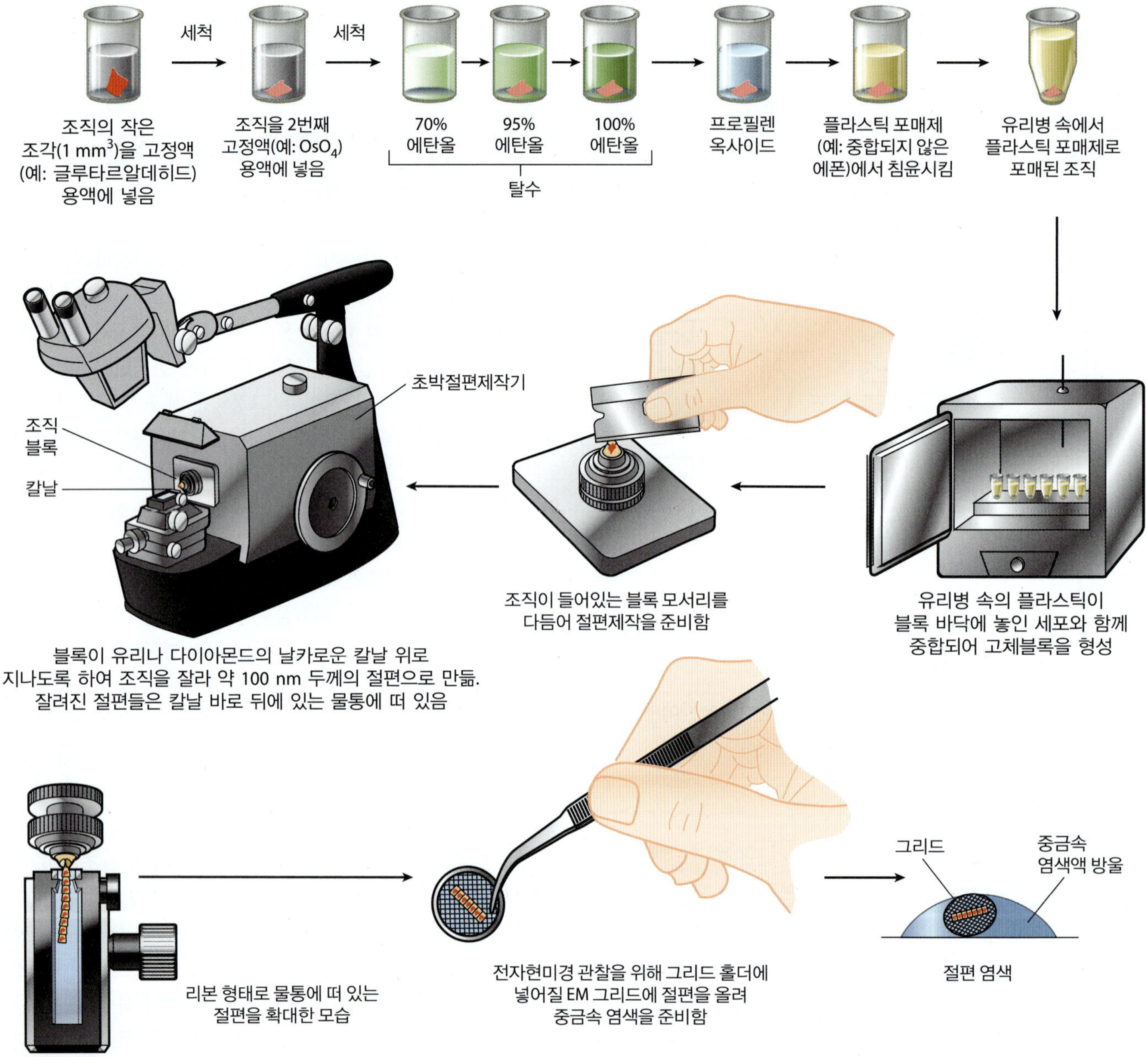

그림 18.16 전자현미경에 사용되는 시료 준비.

편은 금속으로 표지된 항체 또는 조직절편의 특정 분자와 반응하는 다른 물질로 처리될 수도 있다. 항체에 대한 연구는 대개 에폭시 수지보다 큰 분자에 대해 더 잘 투과하는 아크릴 수지에 포매된 조직에서 수행된다.

동결고정과 동결시료의 사용

세포와 조직은 화학물질로 고정하거나 플라스틱 수지에 포매하지 않아도 전자현미경으로 관찰이 가능하며, 그렇게 하려면 급속동결시켜야 한다. 화학고정액이 대사과정을 정지시켜 생물학적 구조를 보존하는 것처럼 급속동결 또한 같은 효과를 보이며, 이것을 **동결고정**(*cryofixation*)이라고 한다. 동결고정방법은 세포의 거대 분자를 변화시키지 않으므로 인공산물이 거의 나타나지 않는다. 동결고정의 가장 큰 어려운 점은, 빙핵이 생긴 부위로부터 바깥 방향으로 자라나는 얼음결정이 형성되는 것이다. 얼음결정이 자라면서 부서지기 쉬운 세포의 내용물을 파괴한다. 얼음결정이 만들어지는 것을 피하는 가장 좋은 방법은 시료를 매우 빠르게 얼려 결정이 자랄 시간을 주지 않는 것이다. 마치 물이 얼어붙은 채로 액체 상태로 남아있는 것과 같다. 이러한 상태의 물을 "유리화(vitrified)"되었다고 한다. 이러한 초급속동결 속도를 달성하기 위해 몇 가지 기술들이 사용된다. 작은 시료는 일반적으로 매우 낮은 온도의 액체(−42°C의 비등점을 가진 액체 프로판 같은)에 담근다. 더 큰 시료는 고압동결로 잘 처리된다. 이 기술에서, 시료는 높은 정수압에서 액체 질소와 함께 분사된다. 높은 압력은 물의 빙점을 낮추어 얼음 결정성장속도를 감소시킨다.

동결조직은 많이 사용되지 않을 것으로 생각할지도 모르지만, 동결된 세포구조를 광학현미경이나 전자현미경으로 보기 위한 시도가 놀라울 만큼 많이 이루어졌다. 예를 들어, 적절한 준비과정 후에, 동결조직은 특수한 초박절편제작기에 의해 파라핀이나 플라스틱 블록 조직과 비슷한 방식으로 절편화된다. 동결절편(Cryosection)은 광학현미경이나 전자현미경으로 관찰할 수 있다. 동결절편은 특히 화학적 고정액에 의해 활성이 변성되는 효소를 연구하는 데에 유용하다. 동결절편은 파라핀이나 플라스틱 절편보다 훨씬 빨리 준비할 수 있기 때문에 병리학자가 종종 수술 중에 제거된 조직의 구조를 광학현미경으로 관찰하기 위해 사용된다. 결과적으로 환자가 수술대에 있는 중에도 종양이 악성인지 여부를 판단할 수 있다.

동결된 세포는 내부 구조를 밝히기 위해 절편으로 만들지 않아도 된다. 그림 1.11은 급속동결되기 바로 직전의 전자현미경 그리드에 올려진 세포의 얇은 주변 영역의 영상이다. 표준 전자현미경 사진과는 달리, 그림 1.11의 영상은 원래 시료의 3차원 영상을 보여주는데, 이는 카메라에 의해 직접 영상이 만들어진 것이 아니고 컴퓨터에 의해 만들어졌기 때문이다. 이러한 영상을 얻기 위해서, 컴퓨터를 이용해 전자빔의 축에 대해 시료를 일정한 각도로 기울여 촬영한 세포의 2차원 디지털 영상을 정렬한다. 컴퓨터를 이용하여 영상을 3차원으로 재구성하는 것을 **단층촬영**(*tomogram*)이라고 하며, 이러한 기법을 **동결전자현미경 단층촬영법**(*cryoelectron tomography, cryo-ET*)이라고 한다.[1] 이것은 독일 막스플랑크연구소(Max-Planck Institute)의 볼프 강 바우마이스터(Wolfgang Baumeister)에 의해 개발되었고, 완전히 수화된 상태에서 급속동결된 세포 안의 nm 크기의 미세한 구조를 고정하지 않은 채 연구할 수 있게 하였다. Cryo-ET는 또한 시험관 내에서 구조의 3차원 구성을 조사하는 데 이용될 수도 있는데, 예를 들어 그림 5.50*b*에서 보여지듯이 단백질 번역(translation) 과정 중에 분리해낸 폴리솜의 재구성을 들 수 있다. Cryo-ET는 몇 nm의 분해능을 보여줄 수 있어서 세포수준과 분자수준을 이어주는 중요한 다리 역할을 한다. 동결 시료를 전자현미경으로 관찰하는 또 다른 두 가지 방법—동결-할단복제와 단일입자분석—은 18.16절에서 논의한다.

음성염색

전자현미경은 바이러스, 리보솜, 다소단위 효소, 세포골격 요소, 단백질 복합체 등의 매우 작은 입자를 연구할 때에도 적절하게 사용할 수 있다. 각 단백질과 핵산의 형태는 그것의 배경과 충분한 대비를 이룬다면 관찰할 수 있다. 이러한 물질을 관찰할 수 있게 하는 가장 좋은 방법 중 하나는 입자가 존재하는 곳을 제외한 시료 그리드의 모든 곳을 중금속으로 침착시키는 **음성염색(negative staining)** 방법이다. 결과적으로, 시료는 관찰 화면에서 상대적으로 밝게 보인다. 그림 2.41*a*와 **18.17a**에 음성염색 시료의 예들이 나와 있다.

[1]이 기술은 신체를 여러 각도로 촬영한 X-선 영상으로 3차원 영상을 만들어내는 컴퓨터 체축단층촬영(computerized axial tomography, CAT)과 그 원리가 비슷하다. 다행스럽게도, 방사성 단층촬영에 사용되는 기기가 X-선 발생기와 검출기를 회전시킬 수 있어서 환자는 편안한 자세로 누워 있으면 된다.

음영주조법

분리한 입자를 관찰할 수 있는 또 다른 기술은 관찰 대상의 그림자를 만드는 음영주조법(shadow casting, **그림 18.18**)이다. 시료가 올려져 있는 그리드를 밀폐된 용기에 넣고 진공펌프로 공기를 빼낸다. 용기 안에는 탄소와 함께 중금속(보통 백금)으로 구성된 필라멘트가 놓여져 있다. 필라멘트는 고온으로 가열된 후, 증발하여 용기 내의 접근 가능한 시료 위에 증착된다. 결과적으로, 금속은 필라멘트와 마주하는 표면에 증착되는 반면, 입자의 반대 표면과 음영에 해당하는 그리드 부분은 증착되지 않은 상태로 남는다. 이 그리드를 전자현미경으로 관찰할 때, 음영 부위는 관찰 화면에서 밝게 나타나는 반면 금속으로 증착된 부위는 어둡게 보인다. 이러한 명암대비현상은 사진건판에서는 음화(negative image)로 나타나 반대로 보이게 된다. 관례에 따라 음영처리한 시료의 음화를 인화하면, 입자에 의해 만들어진 어두운 그림자 위에(증착된 입자 표면에 해당하는) 입자가 밝은 백색 빛을 받은 것처럼 보인다(그림 18.17*b*). 이 기술은 뛰어난 명암대비를 보이는 3차원 효과를 낼 수 있다.

(*a*)

(*b*)

그림 18.17 **음성염색 시료와 금속-음영 시료의 예.** (*a*) 포타슘 포스포텅스텐염(potassium phosphotungstate)으로 음성염색하거나 (*b*) 크로뮴(chromium)으로 음영을 만든 담배얼룩바이러스(tobacco rattle virus)의 전자현미경 사진.

출처: (a–b) M. K. Corbett 제공.

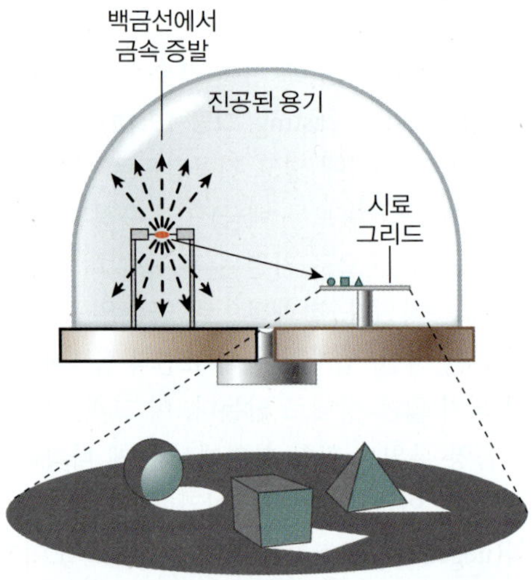

그림 18.18 **전자현미경에서 명암대비를 주기 위한 음영주조 과정.** 이 과정은 바이러스 등의 작은 입자를 관찰하기 위해 사용한다. 이 과정을 변형시킨 회전음영법을 이용하여 DNA와 RNA도 관찰할 수 있다. 시료가 회전하는 동안에 금속을 매우 낮은 각도로 증착시킨다.

동결-할단복제와 동결식각

앞서 설명한 바와 같이, 동결조직을 관찰할 수 있는 전자현미경 기술이 많이 개발되었다. 동결된 세포의 미세구조는 종종 **그림 18.19**에서 보여지는 **동결-할단복제(freeze-fracture replication)** 기술을 사용하여 볼 수 있다. 조직의 작은 조각을 작은 금속원반에 올려 놓은 후 급속 동결한다. 그런 다음 원반을 진공용기 내의 냉각된 지지대에 장착하고 동결된 조직 블록을 칼날로 친다. 그 결과로 생긴 할단면은 접촉점에서부터 퍼져 나가며, 나무 조각이 도끼 날에 의해 2개로 나눠지는 것과 같이 조직이 2조각으로 나뉜다.

서로 다른 조성의 다양한 소기관이 있는 세포에서 할단면이 퍼져나갈 때 일어날 수 있는 상황에 대해서 생각해보자. 이러한 구조는 위 또는 아래로 할단면에서 편차를 발생시키는 경향이 있으며, 이로 인해 할단면 상승, 함몰 및 융기가 생김으로써 원형질의 윤곽을 보여준다. 따라서, 할단에 의해 노출된 표면은 세포 내용물에 대한 정보를 보여준다. 목표는 이 정보를 관찰하는 것이다. 할단된 표면을 주형으로 사용하여 중금속이 증착되도록 하는 복제(*replication*)과정을 통해 이러한 목적을 이룰 수 있다. 조직이 할단된 동일한 용기에 있는 동결된 조직의 새롭게 노출된 표면이 중금속으로 증착된다. 앞 절에서 설명한 음영주조법에서처럼, 금속은 특정 각도를 가지고 증착되며, 이를 통해 부분적인 국소부위의 지형을 강조하는 음영을 만들어낸다(**그림 18.20**).

그런 후, 증착된 금속을 단단한 표면에 고정시키기 위해 이 금속층 위에 탄소층을 증착시킨다. 이 주조물이 만들어지면 주형을 제공했던 조직을 녹여서 제거하고, 금속-탄소 **레플리카(replica)**를 시료 그리드 위에 올려 놓고 전자현미경으로 관찰한다. 레플리카의 부위에 따른 금속 두께의 차이는 관찰화면에 도달하는 투과 전자수의 차이를 만들어내고, 그 결과 상에 필요한 명암대비를 만든다. 제8장에서

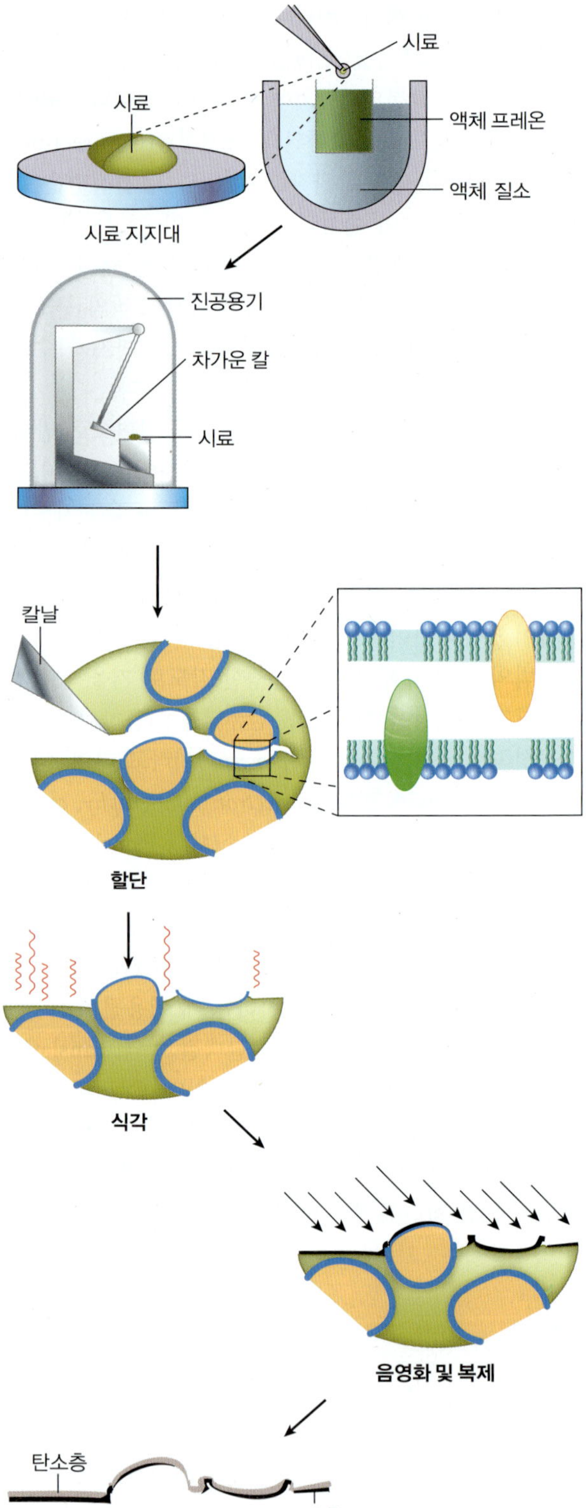

그림 18.19 **동결-할단 레플리카를 만드는 과정.** 동결식각은 선택적인 단계로, 얼음을 덮는 얇은 층이 증발되어 할단된 시료의 구조에 대한 추가 정보를 나타낸다.

논의한 바와 같이, 할단면은 동결된 블록을 통해 저항이 약한 경로를 따라 이동하며, 종종 세포막의 중심을 통과한다. 결과적으로, 이 기술은 지질2중층에 걸쳐 있는 내재단백질의 분포를 조사하는 데 특히

그림 18.20 동결-할단된 양파 뿌리세포 레플리카. 핵공(N.P.)이 있는 핵막(N.E.), 골지 복합체(G), 원형질 액포(V), 세포벽(C.W.)이 보인다.

출처: Daniel Branton, Harvard University 제공.

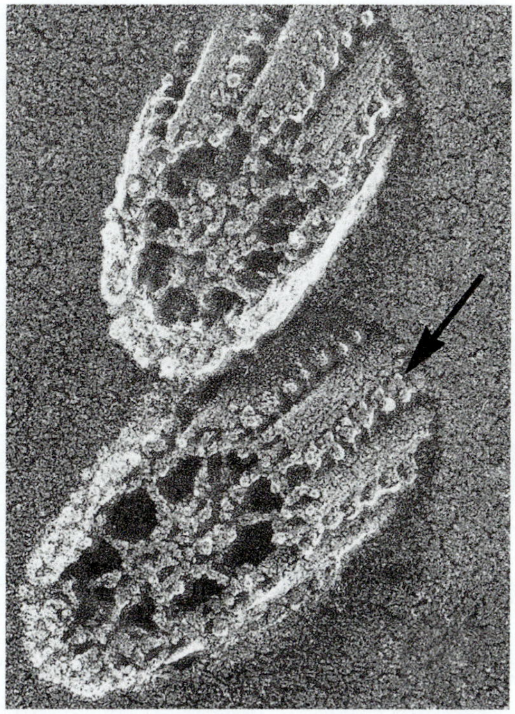

그림 18.21 심층-식각. 섬모충의 하나인 테트라히메나속(Tetrahymena) 원생동물의 섬모를 구성하는 축사(axoneme)의 전자현미경 사진. 축사는 고정되고 동결된 후, 할단되었다. 그리고 할단된 블록의 표면에 있는 얼음을 증발시켜 축사 부위가 드러나게 한 후 금속 레플리카를 만들어 관찰하였다. 화살표는 줄지어 있는 바깥쪽 디네인(dynein) 팔을 가리킨다.

출처: Ursula W. Goodenough and John E. Heuser, *J. Cell Biol.* 95:800, 1982, Fig. 3에서 발췌. Right Photo. 락펠러대학교 출판부의 허가를 얻어 재사용함.

적합하다(그림 8.15, 11.27, 11.28 및 11.29에서처럼). 다니엘 브랜턴(Daniel Branton)과 다른 연구자들에 의해 수행된 이 연구는 1970년대 초 세포막의 유동모자이크 구조를 밝히는 데 중요한 역할을 했다(314쪽).

동결-할단복제는 그 자체로 매우 가치 있는 기술이지만, **동결식각(freeze etching)** 단계를 포함시키게 되면 더 많은 정보를 얻을 수 있다(그림 18.19). 이 단계에서, 동결-할단된 시료를 여전히 차가운 용기 안에 둔 채로 1분 내지 수분 동안 고온의 진공 상태에 노출시키면, 얼음층이 노출된 표면부터 증발(승화)한다. 일부 얼음을 제거한 후, 구조 표면을 중금속과 탄소로 증착시켜 세포막의 외부 표면과 내부 구조를 드러내는 금속 레플리카를 만든다. 존 호이저(John Heuser)가 개발한 심층식각(*deep-etching*) 기술에서는 많은 양의 표면 얼음이 제거되는데, 그 결과 세포소기관의 흥미로운 모습을 관찰할 수 있다. 이 기술로 준비된 시료들의 예가 **그림 18.21**, 12.38 및 13.38에 나와 있으며, 세포의 각 부분이 배경에 비해 크게 눈에 띄는 것을 알 수 있다. 이 기술은 매우 높은 분해능을 제공하며 살아 있는 세포내에 존재하는 것으로 추정되는 세포골격과 같은 거대 분자 복합체의 구조와 분포를 나타내기 위해 사용될 수 있다.

18.6 주사전자현미경법

TEM은 세포의 내부구조를 조사하는 데 가장 널리 이용되어 왔다. 반면, 주사전자현미경(scanning electron microscope, SEM)은 주로 바이러스에서 동물 머리까지 크기가 다양한 대상의 표면을 관찰하는 데 사용된다(**그림 18.22**). SEM의 구조 및 작동은 TEM의 구조 및 작동과 매우 다르다. SEM을 위한 시료 준비의 목적은 살아 있는 상태와 동일한 모양과 표면 특성을 가지도록 하는 것에 있지만, 진공 상태에서 시료를 관찰해야 하므로 액체를 제거해야 한다. 물은 살아 있는 세포 무게의 많은 부분을 차지하고 거의 모든 거대 분자와 관련되어 있기 때문에, 물을 제거하는 것은 세포구조에 악영향을 미칠 수 있다. 세포가 단순히 공기 중에서 건조될 때, 주로 공기-물 경계면에서의 표면장력에 의해서 구조가 손상된다. SEM에서 관찰할 시료는 고정된 후, 일련의 알코올 탈수 과정을 거쳐 임계점 건조(*critical-point drying*) 과정에 의해 건조된다. 임계점 건조는 각 용매에 대해서 액체 밀도와 기체 밀도가 동일한 임계온도와 임계압력이 존재한다는 사실을 이용한다. 이 조건에서 기체와 액체 사이에는 표면장력이 없다. 세포의 용매는 액체전이유체(일반적으로 이산화탄소)로 대체되며, 이는 압력 하에서 증발되어 세포가 3차원 배열을 왜곡시킬 수 있는 표면장력에 노출되지 않도록 한다.

일단 시료가 건조되면 얇은 금속층으로 증착하여 전자빔이 잘 도달할 수 있도록 한다. TEM에서 전자빔은 집광렌즈에 의해 초점이 맞춰져 관찰 영역 전체를 동시에 비춘다. SEM에서는 전자가 가속화

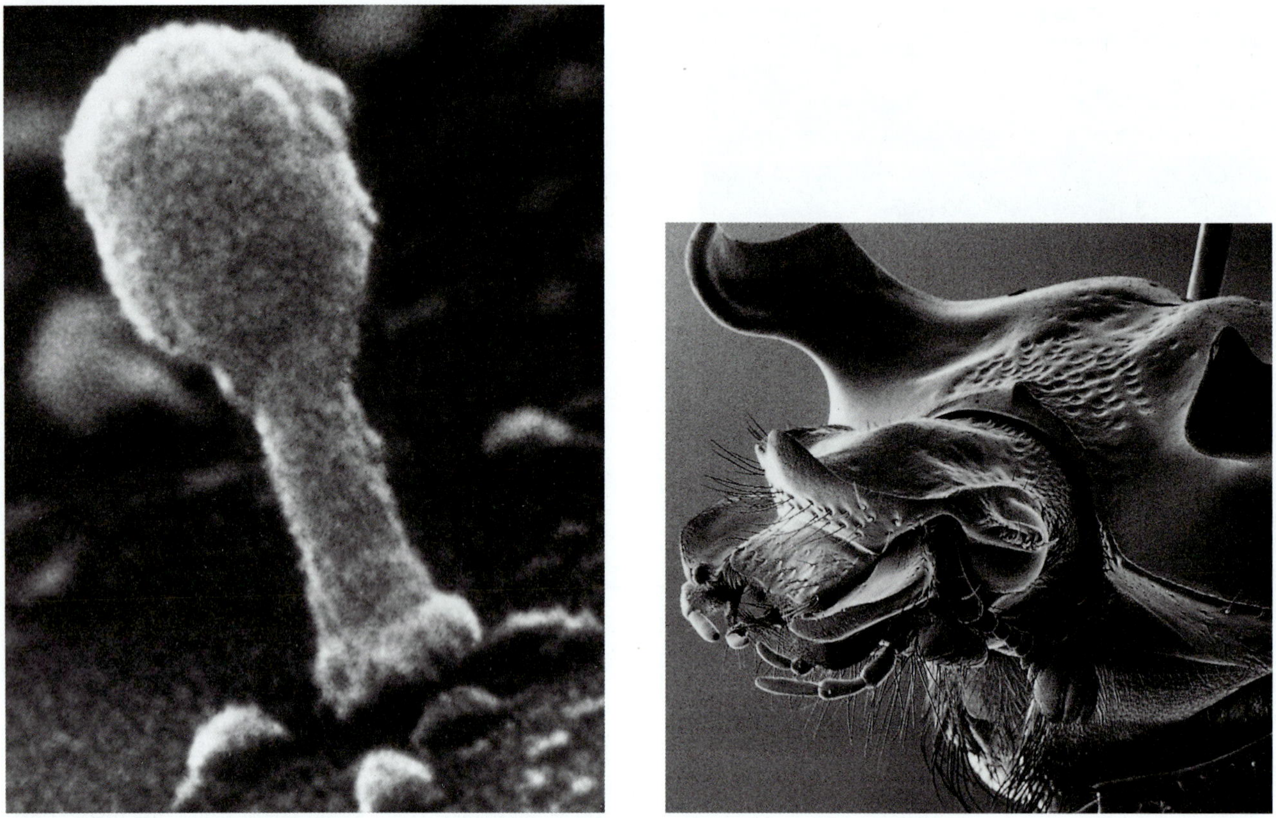

(a) (b)

그림 18.22 주사전자현미경 관찰. *(a)* T4 박테리오파지(×275,000)와 *(b)* 곤충 머리 부분(×40)의 주사전자현미경 사진.

출처: (a) A. N. Broers, B. J. Panessa, and J. F. Gennaro, *Science* 189:635, 1975에서 발췌. © 1975. AAAS의 허가를 얻어 재사용함; *(b)* H. F. Howden and L. E. C. Ling 제공.

되어 미세한 빔을 만들어 시료를 주사한다. TEM에서 전자는 시료를 투과하여 상을 형성한다. SEM에서 상은 시료에서 반사된 전자(후방산란) 또는 1차 전자빔에 의해 시료에서 방출된 2차 전자에 의해 형성된다. 이 전자들은 시료의 표면 근처에 위치한 탐지기에 도달한다.

SEM에서 상은 간접적인 방법으로 형성된다. 시료 표면을 주사하는 빔 외에, 또 다른 전자빔은 동시에 음극관(cathode-ray tube) 표면을 주사하여 텔레비전 화면에서 볼 수 있는 것과 유사한 상을 생성한다. 시료에서 반사되어 탐지기에 도달한 전자는 음극관에서 빔의 강도를 조절한다. 주어진 지점에서 시료로부터 수집된 전자가 많을수록 음극관의 신호가 강해지고 상응하는 지점의 화면에서 빔의 세기가 더 커진다. 그 결과로 화면에 나타나는 영상은 시료 표면의 지형도를 보여주는데, 바로 이러한 지형(홈, 언덕, 구멍)으로 인해 표면의 다양한 부위에서 수집되는 전자의 수가 결정되기 때문이다.

그림 18.22의 현미경 사진에서 알 수 있듯이 SEM은 큰 범위의 배율(표준 기기로 15~15만 배)을 제공할 수 있다. SEM의 분해능은 전자빔의 직경과 관련이 있다. 최신 모델은 5 nm 미만의 분해능을 제공할 수 있어 세포표면의 금표지 항체를 관찰할 수 있다. SEM은 동일한 확대배율에서 광학현미경에 비해 500배에 이르는 초점심도를 갖고 있다. 이러한 특성으로 인해, SEM은 3차원 영상을 보여준다. 세포수준에서 SEM은 외부 세포표면의 구조 그리고 환경과 상호작용하는 다양한 돌기, 확장체 및 세포외 물질의 구조를 관찰할 수 있게 해준다.

18.7 원자간력현미경법

전자현미경은 아니지만, 분해능이 높은 주사장비인 **원자간력현미경(atomic force microscope, AFM)**은 나노기술(nanotechnology)과 분자생물학에서 그 중요성이 높아지고 있다. 몇몇 AFM에 의한 영상들을 그림 8.24*a*, 9.25, 11.29*c* 및 13.44에서 볼 수 있다. AFM은 날카로운 미세 크기의 탐침(probe)으로 시료 표면을 주사한다. 어떤 AFM의 경우, 탐침이 작은 진동들보[oscillating beam, 또는 외팔보(cantilever)]에 부착되어 있어서 탐침이 시료 표면의 지형 변화를 감지함에 따라 진동빈도가 변한다. 이러한 진동 변화는 시료 표면의 3차원 지형도 영상으로 전환된다. 많은 개별 분자의 구조를 평균화하는 X-선 결정학 및 cryo-EM과 같은 분자구조결정을 위한 다른 기술과 달리, AFM은 시료가 실제로 놓여 있는 그대로의 상태를 영상화한다(그림 9.25 참조). 전자현미경 및 X-선 결정학 기술의 또 다른 한계는 움직임이 없는 영상 또는 "스냅 샷(snapshot)"만 제공할 수 있다는 것이다. **그림 18.23**에 개략적으로 보여진 고속 AFM(high-speed AFM, HS-AFM)의 개발로 이제 연구자들은 빠르게 거대 분자의 순

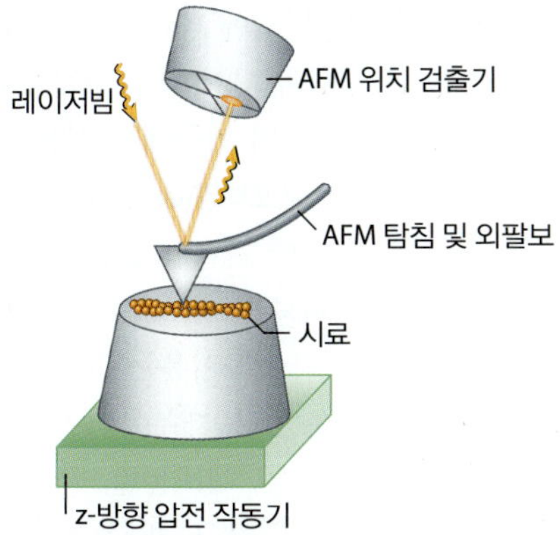

그림 18.23 **고속 원자간력현미경.** HS-AFM의 기본 요소에 대한 모식도이다. 시료는 현미경 지지대(그림에 표시되지 않음)에 부착된 구성 요소(압전 작동기)에 장착된다. 작동기의 신호는 외팔보를 위아래로 진동시켜 AFM 탐침이 시료 표면을 주사할 때 시료에 간헐적으로 접촉하도록 한다. 시료와 AFM 탐침 사이에 발생하는 힘은 탐침의 굴절을 유발하며, 이것은 탐침 뒤에 있는 레이저 빔에 의해 감지된다. 시료 표면의 지형적인 차이를 반영하는 레이저 빔의 위치에서의 움직임은 위치 검출기에 의해 인식되며, 이 정보는 시료의 상을 구성하는 데 사용된다. 그림 13.44에서 보여지듯이, 미오신 V 분자의 운동에 대한 AFM 기반의 영화가 초당 약 7프레임으로 "촬영"되었다.

출처: C. Veigel and C. F. Schmidt, *Nature Revs. Mol. Cell Biol.* 12:166, 2011에서 발췌. 저작권 2011. Nature Reviews Molecular Cell Biology by Nature Publishing Group. Nature Publishing Group의 허가를 얻어 지적재산권 청산 센터를 통해 교과서 사용을 목적으로 재사용함.

차적 영상을 얻을 수 있어 실시간으로 그 움직임을 관찰할 수 있다. 이 기술은 그림 13.44의 현미경 사진에 명쾌하게 설명되어 있는데, 단일 미오신 V 분자가 액틴 필라멘트를 따라 이동할 때의 단계를 보여준다. 개개의 단백질의 일반적인 움직임을 "영화"를 보는 것처럼 관찰할 수 있다는 것은 반세기 이상 동안 이러한 분자구조를 연구해 온 분야에서는 놀라운 업적이다.

AFM 탐침은 관찰장치 이상으로 사용될 수 있다. 다양한 기계적 특성을 측정하기 위해 시료를 밀거나 당기는 "나노조작기(nanomanipulator)"로 사용할 수도 있다. 이 기능은 1개의 중간섬유가 정상 길이의 몇 배까지 늘어날 수 있음을 나타내기 위해 사용되기도 하였다. 또한, AFM 탐침에 특정 수용체에 대한 리간드를 붙인 후, 리간드에 대한 수용체의 친화도를 측정할 수 있다.

18.8 방사성동위원소의 이용

추적자(Tracer)는 실험과정 동안에 한 가지 또는 다른 방법으로 그 존재를 드러내며, 그를 통해 위치를 알 수 있거나 추적 관찰할 수 있다. 물질 및 실험 유형에 따라 추적자는 형광 표지, 스핀 표지, 밀도 표지, 또는 방사성 표지될 수 있다. 각각의 경우, 표지된 부분은 상호작용의 특이성에 영향을 주지 않으면서 분자를 검출할 수 있게 한다. 예를 들어, 방사성 분자는 비방사성 분자와 동일한 반응에 참여하지만, 그 위치를 추적하고 존재하는 양을 측정할 수 있다.

원자(철 원자, 염소 원자 또는 다른 유형인지 여부)의 종류와 그것의 화학적 성질은 핵에 존재하는 양전하를 띤 양성자(proton)의 수에 의해 결정된다. 모든 수소 원자는 1개의 양성자를 가지며 모든 헬륨 원자는 2개의 양성자를 가지며 모든 리튬 원자는 3개의 양성자를 갖는다. 그러나 모든 수소, 헬륨 또는 리튬 원자가 같은 수의 중성자를 가지고 있는 것은 아니다. 양성자 수와 중성자 수가 다른 원자를 서로 **동위원소**(*isotope*)라고 한다. 심지어 가장 단순한 원소인 수소조차도 원자 속에 0, 1 또는 2개의 중성자 개수에 따라 3개의 서로 다른 동위원소로 존재할 수 있다. 이 3개의 수소 동위원소 중 2개의 중성자를 포함하고 있는 3중 수소(^3H)만이 방사성을 가진다.

동위원소는 양성자와 중성자의 불안정한 결합을 포함하고 있을 때 방사성을 갖는다. 불안정한 원자는 분리되거나 붕괴되어 보다 안정된 배열을 이루는 경향이 있다. 원자가 붕괴되면 적절한 기기로 관찰할 수 있는 입자 또는 전자기 방사선(electromagnetic radiation)을 방출한다. 방사성동위원소는 원소주기율표 전체에 걸쳐 나타나며 실험실의 비방사성 원소로부터 생성될 수도 있다. 1개 이상의 방사성 원자를 갖는 많은 종류의 생물학 분자들을 구매할 수 있다.

방사성동위원소의 **반감기(half-life, $t_{1/2}$)**는 불안정성을 측정하는 척도이다. 특정 동위원소가 불안정할수록 주어진 원자가 주어진 시간 내에 붕괴될 가능성이 커진다. 3중수소 1큐리(Curie)[2]로 시작하면 약 12년 후에 방사성 물질의 절반이 남게 된다(이것은 이 방사성 동위원소의 반감기임). 광합성과 다른 대사경로에 대한 초기 연구에서 유일하게 이용 가능한 탄소의 방사성동위원소는 ^{11}C였으며, 이는 약 20분의 반감기를 갖는다. ^{11}C를 이용한 실험은 신속하게 수행해야만 물질이 사라지기 전에 동위원소의 양을 측정할 수 있다. 1950년대에 반감기가 5,700년인 방사성동위원소인 ^{14}C를 사용할 수 있게 되어 실험에 큰 도움이 되었다. 세포생물학 연구에서 가장 중요한 방사성 동위원소들의 목록과 그들의 반감기 및 방사선의 특성에 대한 정보를 표 18.1에 나타내었다.

원자가 붕괴되는 동안에 세 가지 종류의 방사선이 방출될 수 있다. α-입자(α-*particle*)는 2개의 양성자와 2개의 중성자로 구성되며, 헬륨 원자의 핵과 동일하다. β-입자(β-*particle*)는 전자와 같고, γ-선(γ-*radiation*)은 전자기 방사선 또는 광자로 구성되어 있다. 가장 일반적으로 사용되는 동위원소는 β-방사체(β-emitter)이며 액체섬광분광계나 자가방사기록법의 두 가지 다른 방법론으로 관찰된다.

액체섬광분광계(*Liquid scintillation spectrometry*)는 주어진 시료에서 방사능의 양을 측정하는 데 사용된다. 이 기술은 방출 입자의 에너지 일부를 흡수하고 그 에너지를 빛의 형태로 방출하기 위해 인광체(*phosphor*) 또는 **섬광체**(*scintillant*)라고 불리는 특정 분자의 특성에 근거한다. 액체섬광계수를 위한 시료를 준비할 때, 시료를 유리나 플라스틱 섬광병에서 인광체 용액과 혼합한다. 이것은 인광체와 방사성 동위원소를 매우 밀접하게 접촉시켜 가장 약한 β-방사체의 방사선도 효율적으로 측정할 수 있게 한다. 일단 혼합되면, 병을 매우 민감한 광 검출기가 포함되어 있는 계수기 아래쪽에 넣는다. 병 내의

[2]큐리는 초당 3.7×10^{10}개의 원자핵이 붕괴될 때 나오는 방사능 양이다.

표 18.1 생물학적 연구에 사용되는 다양한 방사성동위원소의 특성

원소와 원자량	반감기	방출되는 입자 유형
^{3}H	12.3년	베타
^{11}C	20분	베타
^{14}C	5,700년	베타
^{24}Na	15.1시간	베타, 감마
^{32}P	14.3일	베타
^{35}S	87.1일	베타
^{42}K	12.4시간	베타, 감마
^{45}Ca	152일	베타
^{59}Fe	45일	베타, 감마
^{60}Co	5.3년	베타, 감마
^{64}Cu	12.8시간	베타, 감마
^{65}Zn	250일	베타, 감마
^{131}I	8.0일	베타, 감마

방사성 원자가 붕괴됨에 따라 방출된 입자가 섬광을 활성화시켜 빛을 방출한다. 빛은 광탐지기에 의해 검출되고, 신호는 계수관 안에 있는 광전자배증관에 의해 증폭된다. 배경소음을 보정한 후에 각 병에 있는 방사능의 양이 출력물에 표시된다.

자가방사기록법(Autoradiography)은 세포, 폴리아크릴아미드 젤 또는 니트로셀룰로오스 필터에서 특정 동위원소의 위치를 결정하는 데 사용되는 광범위한 기술이다. 자가방사기록법의 중요성은 세포의 합성활동에 대한 초기 발견에서 잘 나타나 있으며 466쪽의 펄스-추적 실험(pulse-chase experiment)에서 잘 설명되었다. 자가방사기록법은 방사성 원자에서 방출된 입자가 사진 감광유제를 활성화시키는 능력을 이용한다. 이것은 빛 또는 X-선이 필름에 코팅된 감광유제를 활성화시키는 것과 거의 같다. 사진 감광유제를 방사성 방출원과 접촉한 후 사진을 현상하면, 방출원에 의해 방출된 입자는 감광유제 내에 작은 검은색의 은 결정(silver grain)을 남긴다. 자가방사기록법은 받침유리나 또는 TEM 그리드에 고정된 조직절편 내의 방사성동위원소의 위치를 확인하는 데 사용된다. 광학현미경을 이용한 자가방사기록법의 준비단계는 다음과 같다. 받침유리 또는 그리드 위에 올려진 절편을 감광유제로 매우 얇게 펴서 바른 후, 차광용기에 넣어 감광유제를 방사선에 노출시킨다. 현상 전에 시료를 오래 놓아둘수록 은 결정이 더 많이 형성된다. 현상된 받침유리 또는 그리드를 현미경으로 검사할 때 조직 바로 위의 유제층에 있는 은 결정의 위치는 아래쪽에 있는 세포의 방사능 위치를 나타낸다. 이 기술을 사용하는 전자현미경 사진이 그림 12.3*a*에 나와 있다.

18.9 세포배양

이 교재 전체에 걸쳐, 단순화되고 조절된 시험관 내에서 특정 과정을 이해하기 위한 세포생물학 연구방법에 대해 강조해 왔다. 이와 같은 연구방법은 복잡한 다세포 생물체 내에서 일반적으로 받는 영향을 제거할 수 있기 때문에, 세포 자체의 연구에도 적용될 수 있다. 생물체 밖에서 세포를 키우는 것, 즉 **세포배양(cell culture)**을 배우는 것은 생물학 전체 연구에서 가장 귀중한 기술업적 중 하나이다. 세포생물학의 모든 학술지를 간략히 살펴보면, 대다수의 논문이 배양된 세포에서 수행된 연구임을 알 수 있다. 그 이유는 다음과 같이 다양하다: 배양된 세포는 대량으로 얻을 수 있다. 대부분의 배양된 세포들은 단일종이다. 또한 내포작용, 세포운동, 세포분열, 막의 물질교환, 거대분자합성 등의 많은 세포내 활동을 세포배양을 이용하여 연구할 수 있다. 그리고 배양된 세포는 분화도 가능하며, 배양된 세포를 이용하여 약물, 호르몬, 성장인자 및 다양한 활성물질들에 대한 세포반응연구도 가능하다.

초기 조직배양은 다양한 정체불명의 물질을 포함한 배지(media)를 사용하였다. 생체에서 얻은 림프액, 혈청 또는 배아 균질액을 첨가함으로써 세포를 배양하였다. 세포를 건강하게 유지하고 잘 증식시키려면 상당히 다양한 종류의 영양분, 호르몬, 성장인자, 영양소 및 보조인자가 필요하다는 것이 밝혀졌다. 오늘날에도 대부분의 배양배지에는 다량의 혈청(serum)이 포함되어 있다. 배양된 세포의 증식에 있어서의 혈청(또는 혈청에 포함된 성장인자)의 중요성은 그림 16.4의 세포성장곡선에 나타나 있다.

세포배양학자의 주요 목적 중 하나는 세포의 성장을 돕는 무혈청(serum-free) 배지를 개발하는 것이다. 다양한 구성성분을 조합하여 세포의 성장과 증식이 잘 일어나는지를 시험하는 실용적인 접근방법을 통하여, 많은 종류의 세포들이 점점 더 혈청 또는 천연체액(natural fluid)이 없는 "인공"배지에서 성공적으로 배양되고 있다. 예상되는 바와 같이, 이렇게 화학적으로 만들어진 배지의 조성은 비교적 복잡하다. 그들은 인슐린, 상피성장인자(EGF), 트랜스페린(transferrin, 철을 세포에 공급)을 포함한 다양한 정제된 단백질과 함께 영양소와 비타민이 혼합되어 구성된다.

조직배양배지는 영양소가 풍부하기 때문에 미생물의 성장을 위한 매우 매력적인 서식지다. 세포배양의 세균 오염을 막기 위해서, 실험장소를 멸균환경으로 만들기 위한 최선을 다해야 한다. 이것은 멸균장갑을 사용하고 모든 소모품과 기기를 멸균하며, 배지에 저농도의 항생제를 첨가하고, 멸균후드 내에서 작업을 함으로써 가능하다

세포배양의 첫 번째 단계는 세포를 얻는 것이다. 대부분의 경우, 액체질소탱크에서 이전에 배양되어 동결된 세포가 들어 있는 유리병을 꺼내어 녹인 다음 배지로 세포를 옮긴다. 세포가 이전의 배양되었기 때문에, 이러한 유형의 배양을 **2차 배양(secondary culture)**이라고 한다. 반면에 **1차 배양(primary culture)**에서는 세포가 생물체로부터 직접 얻어진다. 동물세포의 대부분의 1차 배양은 배아에서 얻어지며 그 조직은 성체세포보다 단일 세포로 더 쉽게 분리된다. 세포분리는 세포들 간의 부착에 관여하는 단백질의 세포외 영역(extracellular domain)을 소화시키는 단백질분해효소(proteolytic enzyme, 예: 트립신)의 도움으로 이루어진다(제11장). 그런 다음 남아 있는 효소를 없애기 위해서 조직을 세척한 후, 일반적으로 Ca^{2+} 이온 대신 Ca^{2+} 에

결합하는 ethylendiamine tetraacetate(EDTA)가 있는 식염수에 조직을 풀어준다. 제11장에서 논의했듯이, Ca^{2+}은 세포-세포 부착에 핵심적인 역할을 하므로, 조직에서 Ca^{2+}을 제거하면, 세포분리가 매우 용이해진다.

정상(Nonmalignant, 비악성) 세포는 노화와 죽음을 겪기 전에 제한된 횟수(일반적으로 50~100)만큼 분화할 수 있다(240쪽). 이 때문에 조직배양연구에서는, 유전자 변형을 통해 무기한 성장할 수 있는 세포를 사용한다. 이러한 유형의 세포는 **세포주(cell line)**라 불리며, 이것을 민감한 실험동물에 주입하면 악성종양으로 성장한다. 배양되고 있는 정상 세포가 저절로 세포주로 변형되는 빈도는 그것이 유래된 생물체에 달려 있다. 예를 들어, 생쥐의 세포는 상대적으로 높은 빈도로 변형되는 반면, 인간 세포는 드물게 변형된다. 사람의 세포주(예: HeLa 세포, 제16장의 시작 부분에서 논의됨)는 일반적으로 사람의 종양 또는 암유발 바이러스 또는 화학물질로 처리된 세포에서 유래한다.

많은 실험실들은 배양접시의 평평한 표면에서 세포를 키우는 전통적인 2차원(*two-dimensional*) 배양시스템에서 합성 및/또는 천연 세포외 물질(extracellular material)로 구성된 3차원 기질에서 세포가 성장하는 3차원(*three-dimensional*) 배양으로 이동하고 있다. 이러한 물질들은 천연기저막(natural basement membrane)으로부터 유래된 단백질 및 기타 성분을 함유한 제품으로 구입할 수 있다(그림 11.4 및 11.8). 체내의 세포는 평평하고 단단한 플라스틱 표면에 살지 않기 때문에 3차원 기질이 배양된 세포에게 훨씬 더 자연스러운 환경이다. 결과적으로, 이 3차원 환경에서의 세포의 형태와 거동은 체내 조직 내에서 관찰되는 세포의 것과 유사하다. 이것은 2종류의 배양시스템에서 세포골격 구조, 세포부착 유형, 신호전달 활성 및 세포분화 상태의 차이를 통해 알 수 있다. 또한 3차원 세포배양시스템은 세포가 표면을 따라 어느 지점에서나 서로 접촉할 수 있기 때문에 세포-세포 상호작용을 연구하는 데 더 적합하다. **그림 18.24**는 평평한 표면 또는 3차원 기질 내에서 성장한 사람의 섬유아세포(fibroblast)의 영상을 보여준다. 그림 18.24*a*의 세포는 바닥층(substratum)에 눌려서 위와 아래 표면이 비정상적으로 넓고 평평한 판상족(lamellipodia)을 갖는 매우 부자연스러운 형태가 된다. 반면, 3차원 배양(그림 18.24*b*)에서 키워진 동일한 유형의 세포는 표면 변형이 없는 전형적인 방추형(spindle-shaped) 구조를 가지고 있다.

많은 다른 종류의 식물세포들 또한 배양이 가능하다. 한 접근법에서, 식물세포를 섬유소분해효소(cellulase)로 처리하면 주변 세포벽이 분해되어, 세포벽이 없는 **원형질체(protoplast)**를 만들 수 있다. 원형질체는 성장과 분열을 촉진하는 화학적 배지에서 배양할 수 있다. 적절한 조건 하에서, 세포는 식물이 재생할 수 있는 싹을 발달시키도록 하는 캘러스(*callus*)라고 불리는 미분화 세포덩어리로 자랄 수 있다. 또 다른 방법으로는, 잎조직의 세포를 호르몬으로 처리하면 차별화된 성질을 잃게 되어 캘러스가 된다. 그런 다음 캘러스를 액체배지로 옮겨 세포배양을 시작할 수 있다.

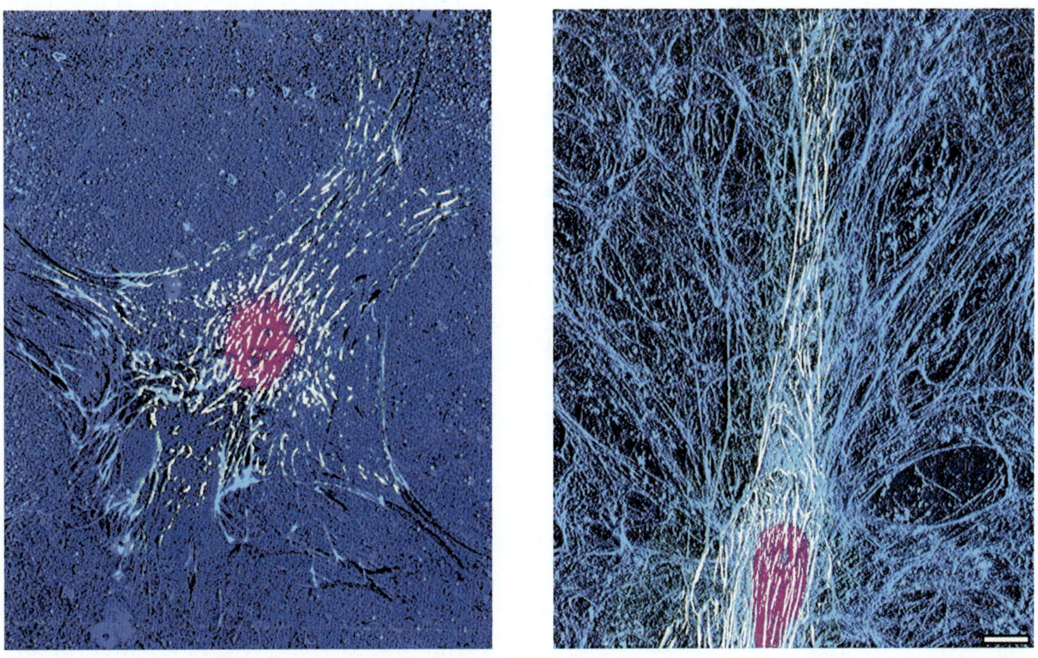

그림 18.24 2차원과 3차원으로 배양한 세포 형태 비교. (*a*) 섬유결합소(fibronectin)를 덧입힌 평평한 바닥층에서 자라는 사람 섬유모세포(fibroblast)는 넓은 판상족을 갖는 매우 평평한 형태를 보인다. 인테그린-함유 부착점(integrin-containing adhesion)이 하얀색을 띤다. (*b*) 같은 종류의 세포를 3차원 기질에서 배양하면, 평평하지 않은 방추형 모양으로 보인다. 세포외 섬유결합소 기질이 파란색으로 보인다. 오른쪽 아래의 줄은 10 μm를 가리킨다.

출처: (a–b) Edna Cukierman, *Cell* 130:603, 2007, Fig. 1에서 발췌. Elsevier의 허가를 얻어 재인쇄함. Kenneth M. Yamada, National Institute of Dental and Craniofacial Research, NIH 제공.

18.10 차등원심분리에 의한 세포 내용물의 분획

대부분의 세포에는 다양한 세포소기관이 있다. 미토콘드리아의 특정 기능을 연구하거나 골지복합체에서 특정 효소를 분리하려는 경우, 먼저 정제된 상태에서 관련 기관을 분리하는 것이 유용하다. 대량의 특정 세포소기관의 분리는 일반적으로 **차등원심분리(differential centrifugation)**에 의해 이루어지는데, 이는 원심분리기가 주변 매질보다 밀도가 높으면 다른 크기와 모양의 입자가 원심분리기의 바닥을 향해 다른 속도로 이동한다는 원리에 따른다.

이 기술을 수행하기 위해, 세포는 먼저 균질기(*homogenizer*)에 의해 물리적으로 파쇄된다. 삼투압으로 인한 막소포의 파열을 방지하기 위하여 세포를 등장성 완충용액(isotonic buffered solution, 일반적으로 설탕을 함유함)에서 균질화시킨다. 그런 후, 원심력을 증가시키면서 균질액을 순차적으로 원심분리한다. 이 기술의 모든 과정은 제12장에서 논의되었고 그림 12.5에서 설명되었다. 처음에, 균질액에 짧은 기간 동안 낮은 원심력을 가하여, 핵(및 나머지 온전한 세포)과 같은 가장 큰 세포소기관을 침전시킨다. 더 큰 원심력을 이용하면, 상대적으로 큰 세포소기관(미토콘드리아, 엽록체, 리소솜 및 퍼옥시솜)이 분리되어 침전된다(그림 12.5). 다음 단계에서, 마이크로솜(세포질의 액포 막과 소포체 막의 일부분)과 리보솜은 상층액에서 분리되어 침전된다. 마지막 단계는 초원심분리기(ultracentrifuge)가 필요하며, 이것을 이용하여 75,000rpm(분당 회전수)인 중력의 50만 배에 해당하는 힘을 만든다. 일단 리보솜이 제거되면, 상층액에는 세포의 수용성 부분과 침전에 의해 제거되기에는 너무 작은 입자만 남는다.

차등원심분리의 초기 단계로는 특정 소기관을 순수하게 정제할 수 없기 때문에 일반적으로 추가 과정이 더 필요하다. 많은 경우에, **그림 18.25**에서 보는 바와 같이, 추가 과정에서는 밀도기울기(density gradient)를 통해 시료의 내용물이 다양한 층으로 나눠도록 원심분리한다. 다양한 분획의 조성은 현미경 검사 또는 특정 세포소기관에 특이적인 것으로 알려진 특정 단백질의 양을 측정하여 결정할 수 있다.

차등원심분리에 의해 분리된 세포소기관은 분리되는 동안 변성조건에 노출되지 않는 한 현저히 높은 정상 활성을 유지한다. 이 방법에 의해 분리된 세포소기관은 막결합단백질 합성(469쪽), 수송소낭 형성(485쪽), DNA 합성(297쪽), 용질 수송 및 이온기울기 형성 등 다양한 세포활동을 연구하는 **무세포계(*cell-free system*)**에서 이용될 수 있다(그림 9.23 참조).

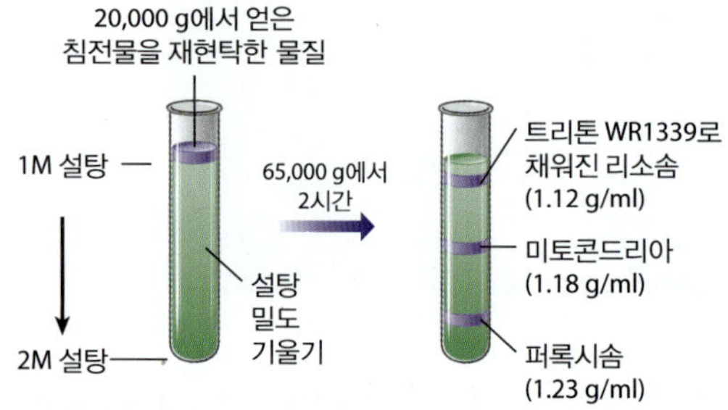

그림 18.25 밀도기울기 평형 원심분리에 의한 준세포 분획 정제. 이 예에서, 매질용액은 연속적인 설탕-밀도기울기를 이룬다. 각각의 세포소기관은 시험관 내에서 자신과 밀도가 같은 위치까지 침전되어 띠를 형성한다. 20,000 g 침전물을 얻는 과정은 그림 12.5에 나와 있다.

18.11 액체칼럼크로마토그래피에 의한 단백질 정제 및 특성 분석

이 책에서 우리는 많은 다른 단백질의 특성을 살펴보았다. 특정 단백질의 구조 또는 기능에 대한 정보를 얻기 위해서, 단백질은 비교적 순수한 상태로 정제되어야 한다. 대부분의 세포는 수천 개의 서로 다른 단백질을 포함하고 있기 때문에, 단일 종의 정제는 특히 단백질이 세포 내에서 낮은 농도로 존재할 경우 어렵다. 이 절에서는 단백질 정제에 사용되는 몇 가지 기술에 대해 간단히 살펴보려한다.

단백질은 일반적으로 오염물질을 단계적으로 제거함으로써 정제한다. 2종류의 단백질은 전체 전하와 같은 1개의 특성이 매우 유사할 수 있는 반면, 분자 크기 또는 모양과 같은 다른 특성은 매우 다를 수 있다. 결과적으로, 주어진 단백질을 완전히 정제하기 위해서는 분리되는 단백질들의 다른 특성을 이용한 연속적인 방법이 필요하다. 정제 정도는 단백질의 **특이활성도(specific activity)**로 측정한다. 이는 시료에 존재하는 단백질의 총량에 대한 분리하려는 단백질 양의 비율을 말한다. 특정 단백질의 확인 가능한 특성 중 일부는 시료에서 분리하려는 단백질의 상대적 양을 결정하기 위한 **분석법(assay)**에 활용될 수 있다. 단백질이 효소인 경우, 그 촉매 활성은 정제 정도를 관찰하기 위한 분석법으로 사용될 수 있다. 또는, 면역, 전기영동, 전자현미경 또는 기타 기준에 기초한 분석법을 사용할 수 있다. 시료의 총단백질량은 총질소량을 비롯한 다양한 특성을 사용하여 측정이 가능하다. 전체 질소량은 매우 정확하게 측정이 가능하며, 모든 단백질에서 그 건조중량(dry weight)의 약 16%로 매우 일정하다.

크로마토그래피(Chromatography)는 용해된 성분의 혼합물을 일부 유형의 다공성 기질에 통과시켜 분획하는 다양한 기술을 지칭하는 용어이다. 액체크로마토그래피 기술에서 혼합물의 성분은 이동하는 용매로 구성된 이동상(mobile phase)과 용매가 이동하는 기질로 구성된 부동상(immobile phase)의 두 가지 상 중 한 가지와 관련이 있다.[3] 아래의 크로마토그래피 과정에서 부동상은 관(column) 속에 채워진 물질이다. 분획할 단백질을 용매에 용해시킨 다음, 관을 통과시킨다. 부동상을 구성하는 물질은 용액에 있는 단백질이 결합할 수 있는 부위를 포함하고 있다. 개별 단백질 분자가 기질물질과 상호작용하면, 관을 통과하는 속도가 느려진다. 따라서 기질물질에 대한 특정 단백질의 친화도가 클수록 관을 통과하는 속도가 느려진다. 혼합물에 있는 서로 다른 단백질은 기질에 대해 다른 친화력을 갖기 때문

[3]액체 크로마토그래피(LC)는 기체 크로마토그래피(GC)와 다르다. GC의 이동상은 비활성 기체이다.

에 서로 다른 속도로 관을 통과한다. 용매가 관을 통과하여 관의 끝 부분에서 방울지어 빠져 나오면, 이를 일련의 시험관에 분획(*fraction*)하여 수집한다. 관 기질에 대해 가장 친화성이 낮은 혼합물의 단백질은 첫 번째 분획으로 관에서 나온다. 길고 좁은 관이 사용되는 고성능 액체크로마토그래피(*high performance liquid chromatography, HPLC*)의 개발로 많은 크로마토그래피의 해상도가 개선되었으며, 이 방법에서 이동상은 고압상태에서 빽빽하게 채워진 비압축성의 매우 작은(직경 5 μm)입자로 이루어진 기질을 통과한다.

이온-교환 크로마토그래피

단백질은 크기가 큰 다원자가(polyvalent) 전해질(electrolyte)이며, 부분적으로 정제된 시료 내의 단백질은 모두가 동일한 전하를 갖지는 않는다. 단백질의 전체 전하는 그 구성성분인 아미노산 각각이 갖는 전하의 합이다. 각 아미노산의 전하가 배지의 pH에 의존하기 때문에(그림 2.27 참조), 각 단백질의 전하는 pH에 의존한다. pH가 낮아짐에 따라, 음으로 하전된 그룹은 중화되고 양으로 하전된 그룹은 더 많아진다. pH가 증가함에 따라 반대가 된다. 단백질의 총음전하의 수가 총양전하의 수와 같을 때의 pH를 **등전점(isoelectric point)**이라고 하며 단백질은 중성을 띤다. 대부분의 단백질의 등전점은 pH 7 이하이다.

이온전하는 **이온-교환 크로마토그래피(ion-exchange chromatography)**를 포함한 다양한 기술에서 정제를 위한 기초로 사용된다. 이온-교환 크로마토그래피는 전하를 띤 그룹과 공유결합하고 있는 셀룰로오스 같은 비활성 기질물질과 단백질이 이온결합을 이루는 정도에 따라 분리가 결정된다. 가장 일반적으로 사용되는 이온교환수지는 디에틸아미노에틸(diethylaminoethyl, DEAE) 셀룰로오스와 카르복시메틸(carboxymethyl, CM) 셀룰로오스이다. DEAE-셀룰로오스는 양전하를 띠고 따라서 음전하를 띤 분자와 결합한다. 이것을 음이온 교환기(*anion exchanger*)라고 한다. CM-셀룰로오스는 음전하를 띠며 양이온 교환기(*cation exchanger*)이다. 수지를 관에 채워 넣은 후, 단백질 용액을 통과시킨다. 이때 사용하는 완충용액은 일부 또는 모든 단백질이 수지에 결합하도록 촉진한다. 단백질은 가역적으로 수지에 결합되며 완충액의 이온세기를 증가시키거나(작은 이온을 넣어 수지의 결합부위에 대해 단백질의 전하를 띤 그룹과 경쟁하도록 하거나) pH를 변화시킴으로써 떨어뜨릴 수 있다. 단백질은 가장 약하게 결합된 것부터 결합강도에 따라 관으로부터 용출된다. **그림 18.26**은 2종류의 단백질을 이온-교환관으로부터 단계적으로 용출하여 분리하는 개요도이다.

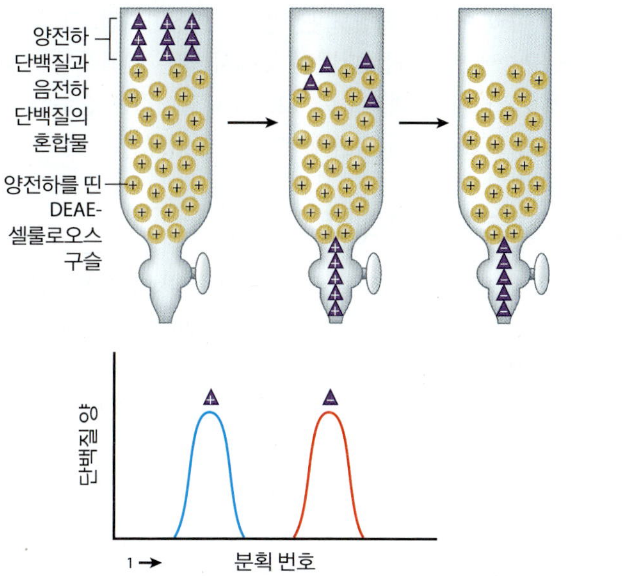

그림 18.26 이온-교환 크로마토그래피. DEAE-셀룰로오스를 이용한 2종류의 단백질 분리. 이 경우, 음전하를 띤 단백질을 결합시키기 위해 양전하 수지를 이용하였다.

젤 여과 크로마토그래피

젤 여과(Gel filtration)는 주로 유효크기(유체역학적 반경, *hydrodynamic radius*)에 따라 단백질(또는 핵산)을 분리한다. 이온-교환 크로마토그래피와 마찬가지로, 작은 구슬로 구성되어 있는 분리용 물질로 관을 채우고, 단백질 용액을 천천히 통과시킨다. 젤 여과에 사용되는 물질은 다공성의 교차-결합 다당류(dextran, agarose)로 구성되어 단백질이 구슬 내외로 확산되도록 한다(**그림 18.27**).

125 kDa의 분자량을 갖는 구형 단백질을 정제한다고 가정해보자. 이 단백질은 유사한 형태의 2개의 오염 단백질을 가진 용액에 존재한다. 1종류는 훨씬 더 크고(250 kDa), 다른 1종류는 훨씬 더 작다(75 kDa). 단백질을 정제할 수 있는 한 가지 방법은 혼합물을 약 200 kDa 미만의 구형 단백질이 들어갈 수 있는 세파덱스(Sephadex) G-150 구슬관을 통과시키는 것이다. 단백질 혼합물이 관을 통과할 때, 250 kDa 단백질은 구슬에 들어가지 못하고 이동하는 용매 상에 용해된 채로 남아 있게 된다. 결과적으로, 250 kDa 단백질은 관에 이미 존재하고 있던 용매(충진 부피)가 전부 흘러나오는 즉시 용출된다. 대조적으로, 다른 2종류의 단백질은 구슬 내의 틈새로 확산될 수 있으며, 관을 통과할 때 시간이 지체된다. 관을 통해 용매가 점점 더

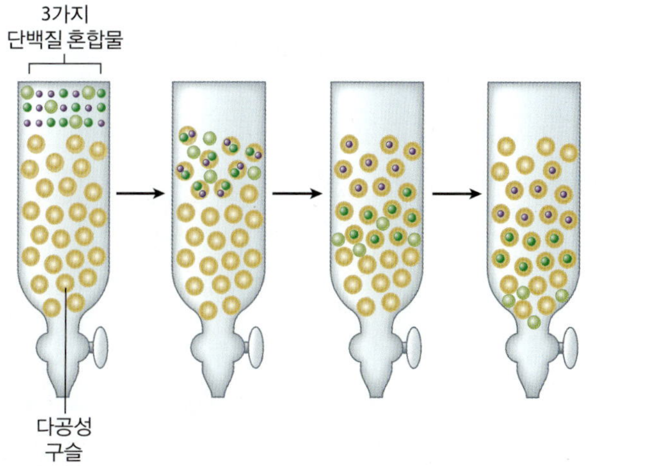

그림 18.27 젤 여과 크로마토그래피. 본문에서 설명한, 분자량이 다른 3종류의 구형단백질을 분리하는 방법. 기본 형태가 유사한 단백질 중에서, 큰 분자가 작은 분자보다 먼저 용출된다.

이동함에 따라 이들 단백질도 관 밑으로 이동하지만, 그 속도는 각각 다르다. 구슬에 들어가는 단백질 중에서 작은 단백질의 이동속도가 큰 것보다 느리다. 결과적으로, 125 kDa 단백질은 순수하게 용출되는 반면, 75 kDa 단백질은 관에 남아 있게 된다.

친화성 크로마토그래피

지금까지 설명한 기술들은 단백질의 본체 특성을 이용하여 효과적으로 정제 또는 분획하는 것이다. **친화성 크로마토그래피(Affinity chromatography)**라고 하는 또 다른 정제기술은 단백질의 고유한 구조적 특성을 이용하여 1종류의 단백질만 특이적으로 용액에서 회수하고, 나머지 다른 단백질들은 용액에 그대로 남아 있게 하는 것이다(**그림 18.28**). 단백질은 기질과 효소, 리간드와 수용체, 항체와 항원 등 특정 물질들끼리 상호 작용한다. 특정 상호작용하는 각 분자(기질, 리간드, 항체 등)가 관 안에 있는 비활성의 부동성 물질[기질(matrix), 그림 18.28*a*]에 공유결합되어 있다. 이 관을 통해 단백질 혼합물을 통과시킴으로써 각각의 특정 단백질들을 용액에서 제거할 수 있다. 예를 들어, 아세틸콜린수용체가 포함된 혼합물을 아세틸콜린 유사체가 공유결합으로 붙어 있는 아가로스 구슬로 채워진 관으로 통과시키고, 관 내부의 환경이 이러한 상호작용을 촉진시키기에 적절하다면, 수용체는 특이적으로 구슬에 결합하게 된다(360쪽). 모든 오염 단백질이 관을 통과하여 빠져 나가면, 관내 용매의 이온조성 및/또는 pH를 변화시킴으로써 아세틸콜린수용체 분자를 기질상의 결합부위로부터 떨어뜨릴 수 있다. 따라서, 크기 또는 전하를 기준으로 단백질을 분리하는 다른 크로마토그래피 과정과 달리, 친화성 크로마토그래피는 단일 단계만으로 원하는 분자를 거의 다 정제할 수 있다. 최근에 정제하려는 단백질의 N 또는 C 말단에 "꼬리표(tag)"라는 특정 단백질을 유전적으로 포함시킨 변형된 단백질을 이용한 친화성 크로마토그래피가 널리 사용되고 있다. 일반적인 꼬리표는 TAP 꼬리표(2.12절에서 논의), 글루타티온-S-전이효소(GST) 꼬리표 또는 His 꼬리표(6개의 연속된 히스티딘으로 구성됨)를 포함한다. His 꼬리표 단백질은 니켈 이온이 고정화된 수지를 사용하여 정제되는 반면 GST 꼬리표 단백질은 글루타티온 고정화 수지를 이용하여 정제된다.

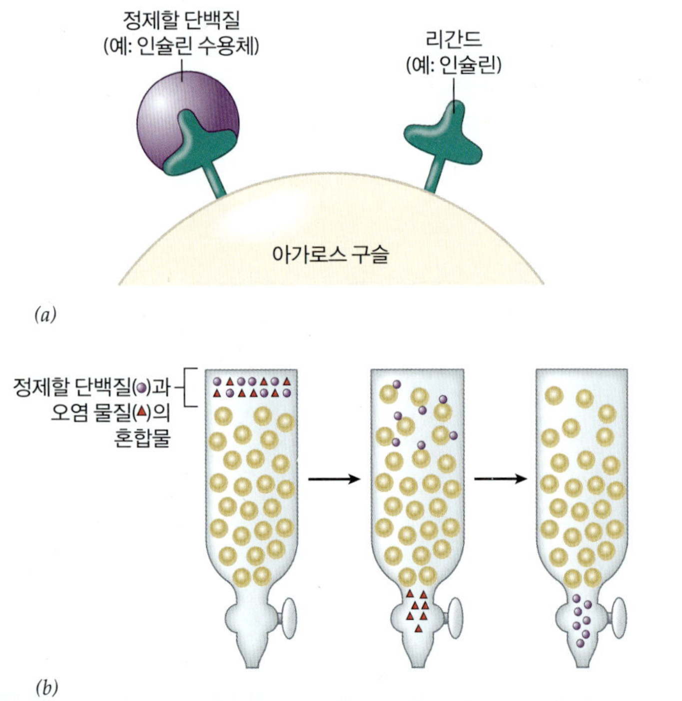

그림 18.28 친화성 크로마토그래피. (*a*) 특정 단백질만 결합할 수 있는 아가로스 구슬의 모식도. (*b*) 크로마토그래피 과정.

18.12 단백질-단백질 상호작용 확인

단백질의 기능에 대해 연구하는 방법 중 한 가지는 그것과 상호작용하는 단백질을 확인하는 것이다. 이미 확인된 특정 단백질과 상호작용할 수 있는 세포내 단백질을 확인하기 위해 여러 가지 기술을 사용할 수 있다. 이 가운데 한 가지는 앞서 설명되었던 친화성 크로마토그래피 기술이며, 또 다른 기술은 항체를 사용하는 기술이다. 예를 들어, 이미 확인되고 정제된 단백질 A가 세포질 내의 단백질 B 및 C와 복합체를 형성한다고 가정해보자. 일단 단백질 A가 정제되면, 이 단백질에 대한 항체를 얻을 수 있고, 만들어진 항체는 용액으로부터 단백질 A를 분리하기 위한 탐침으로 사용된다. A-B-C 단백질 복합체를 포함하는 세포 추출물을 항-A 항체와 함께 반응시키면, 항체와 A 단백질의 결합을 통해 A 단백질에 결합된 다른 단백질도 함께 공침전(*coprecipitation*)이 일어나서, 이들을 같이 확인할 수 있다. DNA 단편의 공침전을 이용한 ChIP 기술이 그림 6.46에서 설명되었다.

단백질-단백질 상호작용을 연구하는 데 널리 사용되는 기술 중 한 가지는 뉴욕주립대학교의 스탠리 필즈(Stanley Fields)와 옥규 송(Ok-kyu Song)이 1989년에 발명한 **효모단백질 잡종법(yeast two-hybrid system)**이다(**그림 18.29**). 이 기술은 β-갈락토시다아제(β-galactosidase, *lacZ*) 등의 리포터(reporter) 유전자의 발현에 의존한다. 이 효소가 효모세포 집단에 존재할 경우, 그 활성은 색깔 변화를 통해서 쉽게 확인이 가능하다. 이 시스템에서 *lacZ* 유전자의 발현은 DNA-결합 영역과 활성화 영역의 2영역을 포함하는 특정 단백질(전사인자)에 의해 활성화된다(그림 18.29*a*). DNA-결합 영역은 프로모터와의 결합을 매개하고, 활성화 영역은 유전자 발현 활성화에 관여하는 다른 단백질과의 상호작용을 매개한다. 전사가 일어나기 위해서는 2영역이 모두 존재해야 한다. 이 기술을 사용하기 위해 두 가지 유형의 재조합 DNA 분자가 필요하다. 한 가지의 DNA 분자는 전사인자의 DNA-결합 영역을 부호화하는 DNA 단편을 포함하는데, 이 부분은 "미끼(bait)" 단백질(X)을 부호화하는 DNA 부분에 연결되어 있다. 미끼단백질은 특성이 확인된 단백질이며, 찾으려는 단백질과 결합할 수 있는 가능성을 갖고 있다. 이 재조합 DNA가 효모세포에서 발현되면 그림 18.29*b*와 같은 잡종단백질이 세포에서 생산된다. 다른 DNA 분자는 활성화 영역을 암호화하는 전사인자의 일부를 포함하는데, 이것은 알려지지 않은 단백질(Y)을 암호화하는 DNA에 연결되어 있다. 그런 DNA(또는 cDNA)는 783쪽에 설명된 것처럼 역

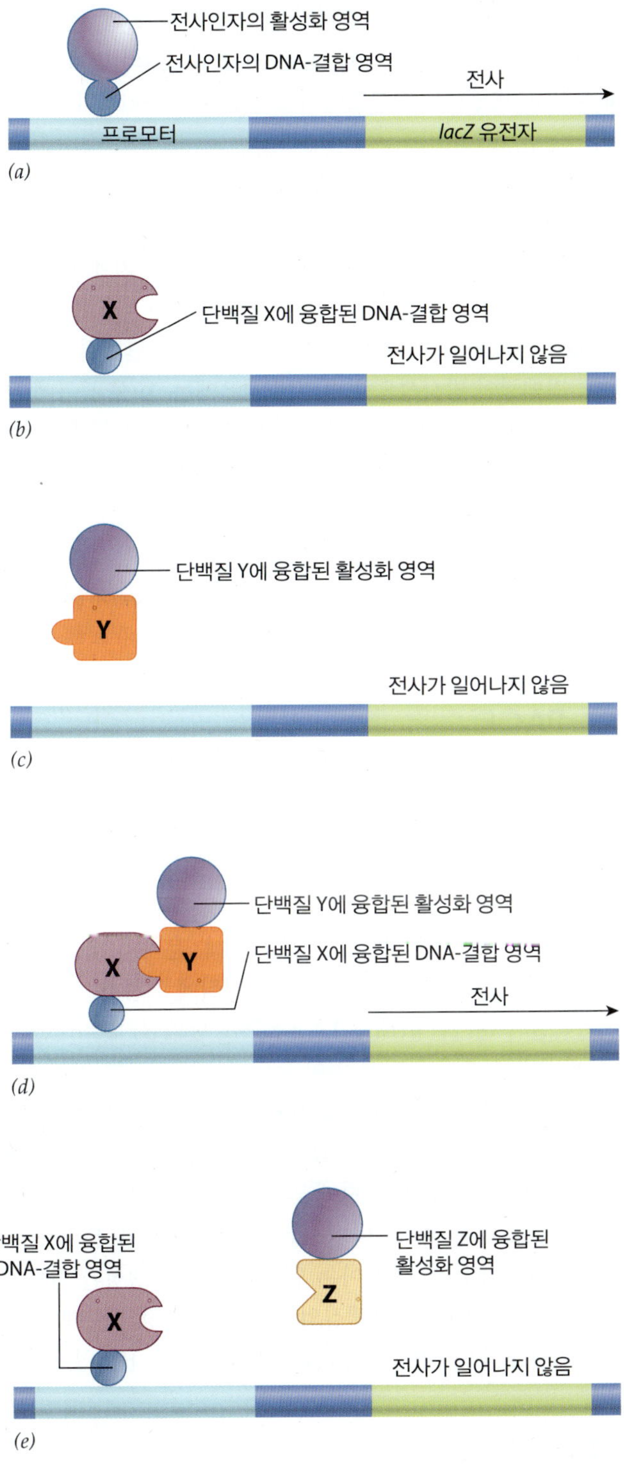

그림 18.29 **효모단백질잡종법의 이용.** 이 방법은 세포가 한 전사인자의 2부분을 연결하는 능력을 얻게 되는지 여부에 따라 단백질-단백질 상호작용의 여부를 결정한다. (*a*) 전사인자의 2부분은 DNA-결합 영역과 활성화 영역으로 나뉘며, β-갈락토시다아제를 부호화하고 있는 유전자(*lacZ*)의 프로모터에 결합한다. (*b*) 이 경우, 효모세포가 전사인자의 DNA-결합 영역을 합성하는데, 이 영역은 알려진 "미끼" 단백질 X와 연결되어 있다. 이 복합체는 전사를 활성화하지 못한다. (*c*) 이 경우, 효모세포가 전사인자의 활성화 영역을 합성하는데, 이 영역은 모르는 "낚시" 단백질 Y와 연결되어 있다. 이 복합체는 전사를 활성화하지 못한다. (*d*) 이 경우, 효모세포는 X와 Y 단백질을 모두 합성하여 완전한 전사인자를 재구성하고, 쉽게 검출이 가능한 *lacZ* 유전자를 발현시킨다. (*e*) 만일 2번째 DNA에 단백질 X과 결합하지 못하는 단백질 Z가 부호화되어 있다면, 리포터 유전자가 발현되지 않는다.

전사효소에 의해 mRNA로부터 만들어진다. Y가 미끼단백질에 결합할 수 있는 단백질이라고 가정해보자. Y를 부호화하는 재조합 DNA가 효모세포에서 발현될 때, 그림 18.29*c*에 보여진 것과 같이 잡종단백질도 세포에서 생성된다. 세포 안에서 X나 Y를 가진 잡종단백질이 단독으로 생산되면, *lacZ* 유전자의 전사를 활성화시킬 수 없다(그림 18.29*b,c*). 그러나 이러한 특정 재조합 DNA 분자가 두 가지 다 동일한 효모세포에 도입되면(그림 18.29*d* 에서와 같이), X와 Y 단백질은 서로 상호작용하여 기능적 전사인자를 재구성할 수 있다. 이것은 β-갈락토시다아제를 생산해 내는 세포의 능력으로 확인이 가능하다. 이 기술을 사용하면, "미끼" 단백질과 상호작용할 수 있는 알려지지 않은 유전자에 의해 부호화된 단백질을 "낚시"할 수 있다. Y2H 기술은 대량의 단백질을 선별하는 데 특히 적합하며, 대규모(높은-처리량) 단백질체학[large-scale (high-trhroughput) proteomics] 연구에서의 이 기술의 사용은 2.12절에서 설명되었다. 최근 몇 년 사이, 효모에서 개척된 효모단백질잡종법을 포유류 세포에도 적용해 오고 있다. 지금까지 포유류의 효모단백질잡종법을 이용한 연구는 대규모 단백질 라이브러리의 선별보다는 특정 단백질의 상호작용에 초점을 두고 있다.

18.13 폴리아크릴아미드 젤전기영동에 의한 단백질 특성 분석

단백질 분리에 널리 사용되는 또 다른 강력한 기술은 **전기영동(electrophoresis)**이다. 전기영동은 전기장에 특정 전하를 띤 분자를 놓았을 때 분자가 이동하는 현상을 이용한다. 단백질의 전기영동 분리는 일반적으로 **폴리아크릴아미드 젤전기영동(polyacrylamide gel electrophoresis, PAGE)**을 사용하며, 장치에 걸린 전류 내에서 단백질은 젤화된 기질을 통해 이동한다. 상기 기질은 교차결합되어 분자체(sieve)를 형성하는 작은 유기 분자(아크릴아미드)의 고분자로 구성된다. 폴리아크릴아미드 젤은 2개의 유리판 사이에 얇은 평판(slab) 또는 유리관 내에서 원통형으로 형성될 수 있다. 일단 젤이 중합되면, 평판(또는 관)은 완충용액이 들어있는 2개의 구획 사이에 놓여진다. 2개의 구획에는 각각 반대의 전극이 연결된다. 평판 젤에서, 농축된 단백질을 포함하고 있는 시료는 **그림 18.30**의 1단계에 보여지는 바와 같이, 젤의 상부를 따라 홈(slot) 내에 적재된다. 단백질 시료는 설탕 또는 글리세롤과 함께 섞어 준비하는데, 그 이유는 밀도를 높여 시료가 상부 구획의 완충액과 혼합되는 것을 방지하기 위함이다. 그런 다음 완충용액 구획 사이에 전압이 가해지고 젤 평판을 가로질러 전류가 흐르면서 단백질이 반대전극으로 이동한다(2단계). 분리는 일반적으로 알칼리성 완충액을 사용하는데, 이는 단백질이 음전하를 띠게 하여 양극을 띠는 젤의 반대쪽 끝으로 이동하도록 한다. 전기영동 후, 젤 평판은 유리판에서 제거되고 염색된다(3단계).

폴리아크릴아미드 젤을 통한 단백질의 상대적인 이동은 분자의 전하밀도(*charge densitiy*, 단위질량당 전하)에 달려 있다. 전하밀도가 클수록 단백질이 젤을 통해 더 강력하게 이동하므로 이동속도가 빨

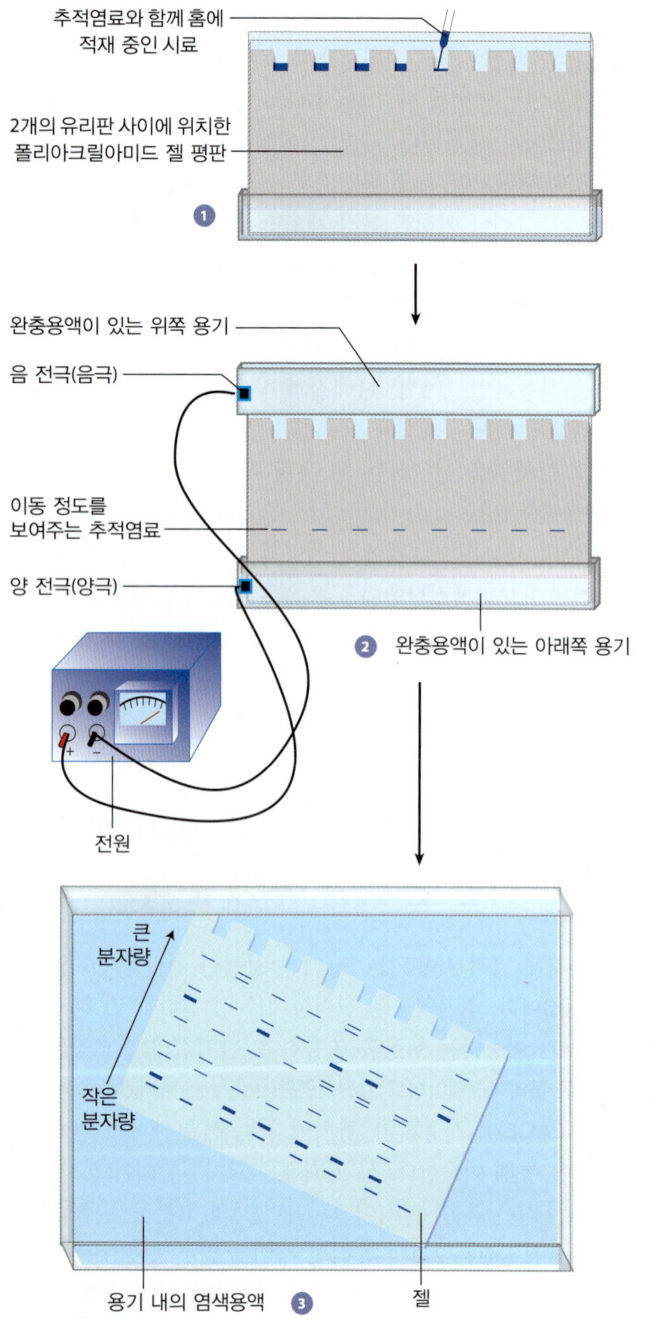

그림 18.30 폴리아크릴아미드 젤 전기영동. 단백질 시료는 일반적으로 설탕 용액에 녹여 밀도에 의해 완충용액과 시료가 섞이지 않도록 하며, 1단계에서 보여지듯이 가는 피펫으로 홈에 적재한다. 2단계에서는 직류를 걸어 주면 단백질이 평행하게 아크릴아미드 젤로 이동한다. 대부분의 경우 계면활성제인 SDS를 사용한다. 이때 단백질은 분자량과 반비례하는 속도로 띠(band)를 이루며 이동한다. 전기영동이 완료되면, 젤을 유리판으로부터 분리하여 염색한다(3단계).

라진다. 그러나 전하밀도는 PAGE 분획에서 중요한 요소 중 하나이지만, 크기와 모양 또한 중요한 역할을 한다. 폴리아크릴아미드는 교차결합된 분자체를 형성하여, 젤을 통한 단백질의 이동을 저해한다. 단백질이 클수록 느리게 움직인다. 모양 또한 중요한 요소이다. 뭉쳐진 구형단백질은 분자량이 비슷하더라도 펼쳐진 섬유성 단백질보다 더 빠르게 이동한다. 젤 준비에 사용되는 아크릴아미드(및 가교제)의 농도 또한 중요한 요소이다. 아크릴아미드의 농도가 낮을수록 젤은 가교결합이 적어지고 주어진 단백질 분자가 더 빠르게 이동한다. 5% 아크릴아미드를 함유한 젤은 60~250 kDa의 단백질을 분리하는데 유용하지만, 15% 아크릴아미드 젤은 10~50 kDa의 단백질을 분리하는 데 유용하다.

전기영동의 진행상황은 가장 빠르게 이동하는 단백질보다 앞서서 이동하는 전하를 띤 **추적염료**(*tracking dye*)를 통해서 확인할 수 있다(2단계, 그림 18.30). 추적염료가 원하는 위치에 다다랐을 때, 전류를 끄고, 젤을 용기에서 꺼낸다. 젤은 일반적으로 쿠마시블루(Coomassie Blue) 또는 은(silver)으로 염색하여 단백질의 위치를 확인한다. 단백질이 방사성으로 표지된 경우에는, X-선 필름에 젤을 올려 놓고 자가방사기록법으로 사진을 찍어 확인하거나 젤을 분획하여 개별 단백질을 분리할 수 있다. 또는 2번째 전기영동 과정을 통해 젤에 있는 단백질을 니트로셀룰로스(nitrocellulose, NC) 막으로 옮겨서 블럿(blot)을 형성할 수도 있다(773쪽). 단백질은 젤 내의 위치에 상응하는 NC 막 표면에 흡수된다. **웨스턴 블럿**(*Western blot*)에서 NC 막 위에 있는 단백질들은 특정 항체와의 상호작용에 의해 확인된다.

SDS–PAGE

폴리아크릴아미드 젤전기영동(PAGE)은 일반적으로 음전하 계면활성제인 도데실황산나트륨염(sodium dodecyl sulfate, SDS)과 함께 수행되며, 많은 양의 SDS가 모든 유형의 단백질 분자에 결합한다(323쪽). 결합된 SDS 분자 사이의 정전기적 반발력은 단백질을 비슷한 막대모양으로 펼쳐지게 한다. 이것을 통해, 분리에 영향을 주는 요소인 모양 차이를 배제시킬 수 있다. 단백질에 결합하는 SDS 분자의 수는 단백질의 분자질량(대략 1.4 g SDS/g 단백질)에 비례한다. 따라서, 각 단백질은 크기에 관계 없이 동일한 전하밀도를 가지며 동일한 힘으로 젤을 통해 이동한다. 그러나 폴리아크릴아미드는 교차결합 정도가 매우 높기 때문에 큰 단백질은 작은 단백질보다 젤 안에서 더 많이 지체된다. 결과적으로, 단백질은 단일 특성(분자량)에 기초하여 SDS–PAGE에 의해 분리된다. 혼합물에서 단백질을 분리하는 것 외에도, SDS–PAGE는 크기를 아는 단백질에 의해 생성된 띠들의 위치와 비교함으로써 다양한 단백질의 분자량을 결정하는 데 사용될 수 있다. SDS–PAGE의 예는 그림 8.32*c* 및 361쪽에 나와 있다.

2차원 전기영동

1975년에 캘리포니아 대학의 패트릭 오퍼렐(Patrick O'Farrell)은 2차원 전기영동(two-dimensional gel electrophoresis)이라는 기술을 개발하였고, 이 기술을 통해 분자의 두 가지 특성을 이용하여 복잡한 단백질 혼합물을 분리했다. 단백질은 먼저 **등전점 전기영동**(*isoelectric focusing*)이라는 기술을 통하여 등전점(763쪽)에 따라 관 모양의 젤에서 분리된다. 분리 후, 젤을 SDS-포화 폴리아크릴아미드 평판 위에 놓고 SDS–PAGE를 진행한다. 단백질은 평판 젤로 이동하여 분자량에 따라 분리된다(**그림 18.31**). 일단 분리되면, 개별 단백질을 젤에서 제거하고 펩티드 단편으로 분해하여 질량분석기로 분석한다. 이 기술의 분해능은 세포에 존재하는 대부분의 단백질을 구별하기에 충

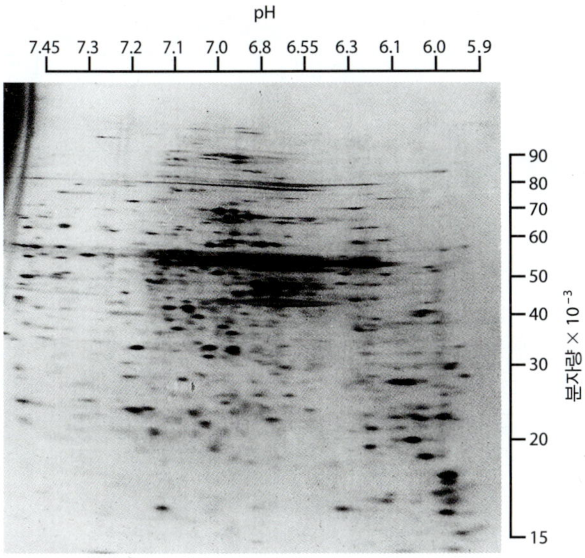

그림 18.31 **2차원 전기영동.** HeLa 세포의 [^{35}S]메티오닌으로 표지된 비히스톤 염색체 단백질의 2차원 폴리아크릴아미드 젤. 이 기술로 1,000개 이상의 다른 단백질을 분석할 수 있다.

출처: J. L. Peterson and E. H. McConkey, *J. Biol. Chem.* 251:550, 1976에서 발췌.

분히 높아서 다른 조건, 다른 분화단계 또는 다른 세포주기 또는 다른 생물체에서 세포에 존재하는 단백질의 변화를 감지하는 데 이상적이다. 그러나 이 기술은 분자량이 크거나 소수성이 높거나 또는 낮은 복제수를 가지는 세포에 존재하는 단백질을 구별하는 데 적합하지 않다.

18.14 분광광도법에 의한 단백질 특성 분석

주어진 용액에 존재하는 단백질(또는 핵산)의 양을 결정하는 가장 간단하고 널리 사용되는 방법 중 한 가지는 그 용액에 의해 흡수되는 특정 파장의 빛의 양을 측정하는 것이다. 이 측정에 사용된 기기는 **분광광도계(spectrophotometer)**이다. 이러한 유형의 측정을 수행하기 위해 용액을 특수한 평면의 석영용기(유리와 달리 자외선을 흡수하지 않기 때문에 석영이 사용됨)에 놓는다. 이것을 **큐벳**(*cuvette*)이라고 하며 분광광도계의 빛 빔에 놓는다. 흡수되지 않은, 용액을 통과하는 빛(즉, 투과된 빛)의 양은 큐벳의 반대쪽에 있는 광전지에 의해 측정된다.

단백질에 포함된 20가지 아미노산 중 두 가지인 티로신(tyrosine)과 페닐알라닌(phenylalanine)은 자외선영역의 빛을 약 280 nm의 최대 흡광도로 흡수한다. 보고자 하는 단백질이 이러한 아미노산의 일반적인 비율을 가지고 있다면, 이 파장에서 용액의 흡광도를 통해 단백질 농도를 측정할 수 있다. 또한, Lowry 또는 Biuret 기술 등의 다양한 화학적 분석법을 사용할 수 있다. 이 방법에서, 용액내 단백질은 색깔을 띠는 산물을 만들어내는 반응에 관여되어 있고, 이 산물의 농도는 단백질 농도에 비례한다.

18.15 질량분석법에 의한 단백질 특성 분석

2.12절에서 논의했듯이, 새롭게 부각되는 단백질체학 분야는 **질량분석법**(*mass spectrometry, MS*)에 의한 단백질 분석에 크게 의존한다. 질량분석법은 주로 분자의 질량을 측정하고, 화학식과 분자구조를 결정하며, 알려지지 않은 물질을 확인하는 데 사용되는 분석기기이다. 질량분석법은 시료의 물질을 양극을 띠는 기체 이온으로 변환하여 구부러진 관을 통해 음극을 띠는 감광판 쪽으로 가속시킴으로써 이러한 분석을 수행한다(**그림 18.32**). 이온이 관을 통과할 때, 자기장에 놓이게 되어 분자량에 따라[또는 더 정확하게는 질량-대-전하(m/z) 비율에 따라] 서로 분리된다. 이온은 관 끝부분에 위치한 전자검출기(electronic detector)에 부딪히게 된다. 작은 이온은 더 빠르게 이동하고, 큰 이온보다 더 빨리 검출기에 부딪힌다. 검출기로의 입력신호는 상승하는 *m*/*z* 비율의 일련의 피크로 변환된다(그림 2.47 참조).

질량분석기는 수년 동안 화학자가 선호하는 분석기기였지만, 생물학자들에게 그 놀라운 분석 능력이 사용된지는 단지 20년에 불과하다. 단백질 생화학자들은 이제 질량분석법을 사용하여 특정 유형의 세포, 세포소기관 또는 단백질 복합체에 존재하는 단백질을 신속하게 확인할 수 있게 되었다. 이 분석을 수행하기 위해, 단백질 시료는 일반적으로 트립신으로 절단되고, 액체 크로마토그래피에 의해 분획된다. 분획된 펩티드는 질량분석기에 도입되어 이온화되고 2개의 방법 중 한 가지에 의해 기체화된다. 이러한 펩티드 이온화 기술의 개발은 질량분석법을 단백질연구에 적용하는 데 핵심적인 역할을 했다. 매트릭스-보조 레이저 탈이온화법(*Matrix-assisted laser desorption ionization, MALDI*)라고 불리는 방법에서 단백질 시료는 결정체 매트릭스의 일부로 만들어져 레이저 펄스에 의해 조사된다. 레이저의 에너지는 매트릭스를 흥분시키고 그 흡수된 에너지는 펩티드를 기체 이온으로 전환시킨다. 전기분무 이온화(*Electrospray ionization,*

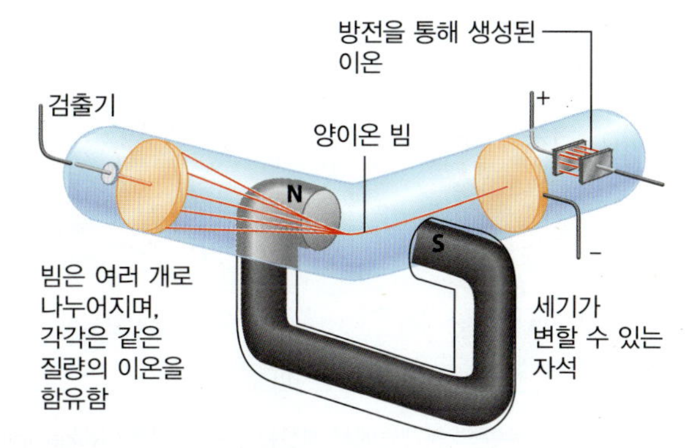

그림 18.32 **질량분석기의 작동 원리.**

출처: J. E. Brady, J. Russell, and J. R. Holum, *Chemistry*, 3d ed.에서 발췌.

ESI)라고 하는 다른 방법에서는 펩티드 용액에 전위가 가해져 펩티드가 이온화되고 액체가 전하를 띤 입자들로 이뤄진 미세한 안개로 분무가 되어 분석기로 들어간다. 그것이 용액내 분자에 작용하기 때문에, ESI는 광범위하게 사용되는 액체 크로마토그래피 기술에 의해 분획된 단백질로부터 얻어진 펩티드를 이온화시키는 데 적합하다.

일단 시료 내의 펩티드의 분자량이 결정되면, 단백질은 2.12절에서 논의된 바와 같이 데이터베이스 탐색에 의해 확인될 수 있다. 각각의 단백질을 확실하게 확인할 수 없는 경우에는 트립신 절단으로 생성된 1개 이상의 펩티드를 2번째 단계에서 단편화하여[4] 다시 한번 질량분석기로 확인한다. 이 2단계 과정(직렬 질량분석법(tandem MS 또는 MS/MS라고 함)은 펩티드의 아미노산 서열을 확인하고, 그 펩티드의 아미노산 서열들을 조합하여 그들이 유래된 단백질을 확인할 수 있다. MS/MS는 매우 성능이 좋아서, 수백 가지의 알려지지 않은 단백질을 포함하고 있는 혼합물을 질량분석법을 사용하여 각 단백질을 분석할 수 있다. 또한 MS/MS는 특정 생리조건 하에서 특정 단백질에 존재하는 특정 번역 후 변형(posttranslational modifiation)을 확인하는 데 사용될 수 있다.

18.16 단백질과 다중 소단위 복합체의 구조 결정

X-선 결정학(X-ray crystallography) 또는 **X-선 회절(X-ray diffraction)**은 단백질 결정체를 사용하며, 미세결정 빔으로 충격을 주어 분석한다(**그림 18.33**). 단백질 원자의 전자에 의해 산란된(회절된) 방사선은 결정체 뒤에 놓인 전자에 민감한 검출기에 부딪힌다. 결정체에 의해 생성된 회절양상은 단백질 내의 구조에 의해 결정된다. 결정체 속에 많은 수의 분자가 반사를 보강하여 마치 1개의 거대한 분자처럼 행동하도록 한다. 그림 2.33의 사진판에서와 같이 반사의 위치와 강도는 수학적으로 단백질 내의 전자밀도와 관련이 있다. 실제 원자의 전자들이 반사를 만들어냈기 때문이다. X-선 회절에 의해 얻어진 분해능은 분석되는 점의 수에 따라 결정된다.

[4]단편화는 펩티드와 불활성 기체의 충돌에 의해 질량 분석기 내에서 이루어진다. 충돌 에너지는 펩티드 결합을 파괴하여 원래의 펩티드 조각을 무작위로 수집한다. 각 단편의 아미노산서열, 즉 원래의 펩티드의 아미노산서열은 데이터베이스를 검색함으로써 결정될 수 있다. 데이터베이스는 유전체에 의해 암호화되어 있는 단백질로부터 얻어질 수 있는 모든 가능한 아미노산서열들에 대한 질량 정보를 포함한다.

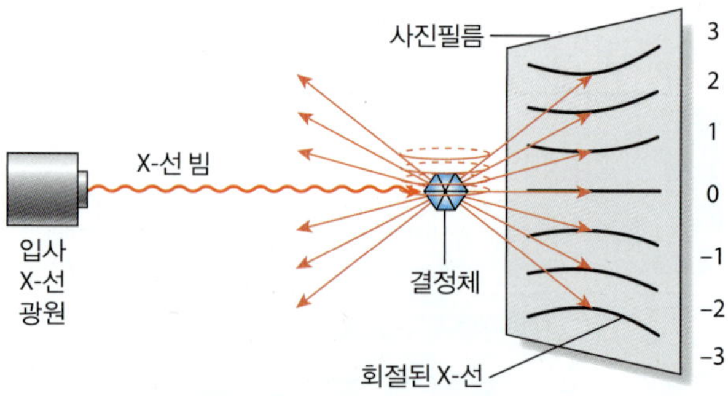

그림 18.33 **X-선 회절 분석.** 결정체의 한 평면상에 위치한 원자들에 의해 사진판에 나타나는 X-선 회절의 개요도. 결정체 내의 원자들의 정렬된 배열은 필름 밖으로 뻗어서 교차하는 반복된 일련의 중첩 원형 파장을 만들어낸다. 가시광선의 회절과 마찬가지로, 파동은 간섭양상을 형성하여 필름의 일부 지점에서는 서로 보강하고 다른 지점에서는 서로 상쇄한다.

마이오글로빈(Myoglobin)은 구조가 X-선 회절에 의해 확인된 최초의 단백질이다. 단백질은 6, 2 및 1.4 Å에서 순차적으로 몇 년에 걸쳐서 분석되었다. 공유결합의 길이가 1~1.5 Å이고, 비공유결합의 길이가 2.8~4 Å인 것을 고려하면 단백질에 대해 수집된 정보는 달성된 분해능에 달려 있다. 이것은 네 가지 수준의 분해능에서 작은 유기분자의 전자밀도를 비교함으로써 설명이 가능하다(**그림 18.34**). 마이오글로빈에서 6 Å의 분해능은 폴리펩티드 사슬이 접혀지는 방식과 헴(heme) 부분의 위치를 보여주기에 충분했지만 사슬 내의 구조를 보기에는 충분하지 않았다. 2 Å의 분해능에서 원자들의 그룹은 서로 분리될 수 있었고 1.4 Å에서는 개별 원자의 위치가 확인되었다. 현재까지 수백 개의 단백질 구조가 원자분해능 <1.2 Å에서 결정되었고, 심지어 약간 낮은 0.66 Å에서도 결정되었다.

수년에 걸쳐 X-선 회절기술이 크게 향상되었다. 헤모글로빈(그림 2.40*b*)의 구조를 푸는 데에 막스 페루츠(Max Perutz)는 22년이 걸렸

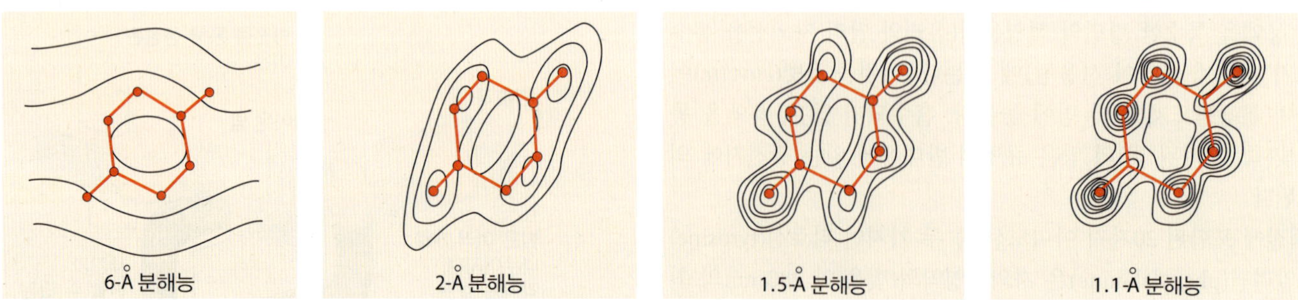

(*a*) (*b*) (*c*) (*d*)

그림 18.34 몇 가지 수준의 분해능에서 계산된 작은 유기분자(diketopiperazine)의 전자밀도 분포. 가장 낮은 분해능(*a*)에서는 분자의 고리 특징만 구별할 수 있지만, 가장 높은 분해능(*d*)에서는 각 원자 주위의 전자밀도(둥근 등고선으로 표시)가 드러난다.

지만, 오늘날에는 몇 주 만에 풀 수 있게 되었다. 최근 연구에서 (1) X-선을 부산물로 생성하는 고에너지 입자가속기인 싱크로트론(synchrotron, 102쪽 참조)으로 강력하고 집중된 X-선 빔을 만들어내고, (2) 회절데이터의 디지털 판독을 가능하게 하는 매우 민감한 전자검출기(charge-coupled devices 또는 CCD)가 사진건판을 대체하였다. 이 장비를 점점 더 고성능의 컴퓨터와 함께 사용하면 충분한 데이터를 수집하고 분석하여 몇 시간 만에 대부분 단백질의 3차 구조를 결정할 수 있다. 이러한 발전의 결과로, 큰 분자 구조의 분석에 X-선 결정학이 적용되어 왔다. 이것은 아마도 제5장에서 논의되는 리보솜의 구조 결정에서 얻은 성공에 의해 가장 잘 설명될 수 있다. 대부분의 경우, 리보솜의 연구에서와 마찬가지로, 이 분야에서 가장 큰 도전은 사용가능한 결정체를 얻는 것이다.

X-선 결정학은 결정화가 잘 되는 가용성 단백질의 구조를 결정하는 데 이상적이지만 리보솜 또는 단백질분해효소복합체(proteasome)와 같은 복합 다소단위 구조나 또는 막단백질에 대해서는 3차원 결정을 얻기가 어렵기 때문에 상당한 도전을 요한다. 이러한 유형의 시료에 대한 구조분석은 종종 높은 분해능의 전자현미경 및 컴퓨터-기반 영상처리기술을 이용하는 대체 기술을 사용하여 수행된다.

전자현미경으로 단일 입자를 연구하는 데에는 일반적으로 두 가지 접근법이 있다. 한 가지 접근법에서, 입자는 전자현미경 그리드 위에 놓여지고, 음성으로 염색된 다음, 공기 중에서 건조된다(755쪽에서 논의됨). 또 다른 접근법은 동결전자현미경(*electron cryomicroscopy* 또는 *cryo-EM*)을 이용하는 것이다. 여기서 입자는 그리드 위에 놓여 고정되거나 염색되지 않고 액체질소로 수화된 상태에서 급속동결된다(**그림 18.35**). 더 높은 해상도의 연구를 위해, 음성으로 염색된 시료의 사용은 대체로 인공산물을 생성할 가능성이 훨씬 적고 입자 구조 내의 내부 특징을 연구하는 데 훨씬 적합한 동결-수화된 입자로 대체되었다. 2경우 모두, 그리드를 현미경 경통에 놓고 입자의 사진을 찍는다. 각 사진은 입자가 그리드 위에 놓인 상태 그대로의 방향에서 얻은 2차원 영상이다. 가능한 모든 방향에서 찍은 수만 개의 서로 다른 시료의 2차원 영상을 고성능 컴퓨터로 분석하여 평균화하면 ~10 Å의 분해능에서 입자를 3차원으로 재구성 할 수 있다. 이 분해능에서 단백질의 폴리펩티드 사슬을 추적할 수 있으며 심지어 부피가 큰 아미노산 곁사슬의 위치를 확인할 수 있다. 동결전자현미경을 통한 진핵세포 리보솜 모형이 그림 2.57에 보여지고, 클라트린 피막소포(clathrin-coated vesicle) 모형은 그림 12.40*c*에, U1 snRNP 입자는 그림 5.31에 나타내었다. 이 기술은 **단일입자 재구성(single-particle reconstruction)**이라고도 하며, 단백질합성의 신장단계와 같은 역동적 과정 동안 다른 단계에 있는 리보솜 등의 구조를 영상으로 포착할 수도 있다. 이 접근법을 사용하여, 번역(translation)의 각 단계에서 발생하는 몇 가지 주요 형태 변화 중 일부가 밝혀졌다.

또한 X-선 결정학에 의해 결정된 원자-분해능 구조는 분해능이 낮은 전자현미경으로 재구성될 수 있다. 이를 통해 다소단위 복합체를 구성하는 개별 분자가 어떻게 상호작용하고 어떻게 특정 활동을 수행하는지를 보여준다. **그림 18.36**은 액틴과 ADF(cofilin 계통의 구성요소, 13.11절)로 구성된 필라멘트의 3차 구조를 보여준다. 두 가지 단백질의 구조는 각각의 X-선 결정학 연구에 의해 확인된 다음 액틴-ADF 필라멘트의 전자현미경 모델에 맞춰진다. 이 그림에 표시된 재구성은 코필린 계통 단백질이 액틴 필라멘트의 절단 및 탈중합을 유도할 수 있다는 기작에 대한 기초가 된다(13.8절).

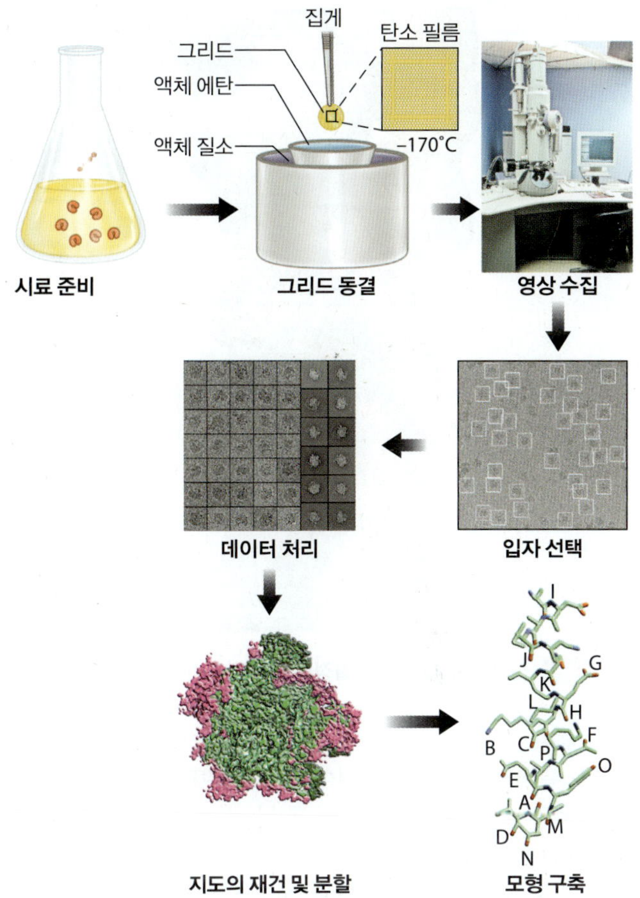

그림 18.35 단일입자 cryo-EM 재구성의 개요. 시료를 준비한 후 소량의 시료를 탄소 그리드 위에 놓고 부드럽게 블로팅하여 과량의 액체를 제거한 다음 신속하게 액체 에탄에 떨어뜨린다. 그리드는 직접전자검출기가 장착된 투과형 전자현미경을 통해 관찰된다. 얻어진 영상으로부터 수천 개의 입자가 선택되어 다른 시료 방향 또는 상태를 나타낼 수 있도록 분류한다. 데이터는 컴퓨터를 통해 처리되고 3D 밀도 지도가 구성되어 단백질의 구조를 나타낸다. 최근의 기술 및 소프트웨어 발전으로 원자수준 구조는 cryo-EM을 사용하여 밝혀졌다.

출처: Zhang Laboratory에서 발췌. Photos: Inga Spence/Science Source Images; Peter Shen and Adam Frost 제공.

동결 시료의 전자현미경 분석은 니코틴성 아세틸콜린 수용체와 같은 막단백질 연구에도 활용될 수 있다(제8장의 <역사적 실험> 참조). 이러한 유형의 분석은 막단백질이 매우 낮은 온도(예: −195°C)에서 막의 평면 내에서 2차원 결정 배열로 빽빽하게 놓여 있어야 한다. 이 기술은 막단백질의 X-선 결정학 연구에 비해 다음과 같은 장점이 있다. 즉, 단백질을 세제로 추출하지 않고 막이 없는 환경에서 결정화하지 않으며 단백질 자체의 천연막 내에서 전체 과정을 진행한다. 제8장의 <역사적 실험>에서 예시된 구조는, 고분해능 전자현미경으로 다양한 각도에서 얻어진 많은 종류의 단백질들의 영상으로부터 결정된 것이다. 이 기술은 전자 결정학(*electron crystallography*)

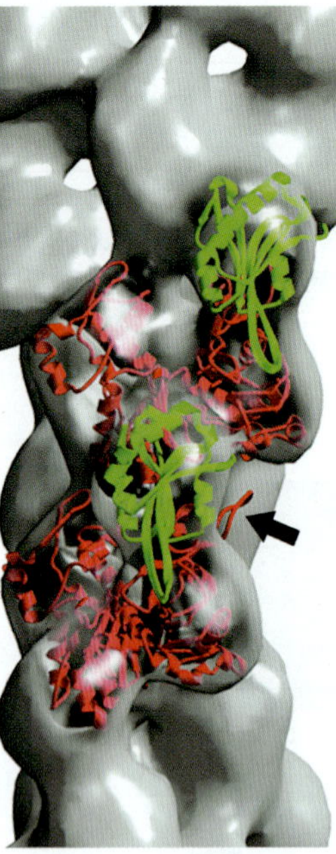

그림 18.36 전자현미경과 X-선 결정학으로 얻어진 종합 자료. 단백질-단백질 상호작용과 다소단위 복합체의 구조에 대한 정보를 알 수 있다. 회색 부분은 전자현미경으로 재구성한 액틴-ADF 섬유의 구조를 말한다. 액틴 단량체(빨간색)와 ADF 분자(초록색)의 고분해능 X-선 결정 구조를 저분해능 전자현미경 구조에 겹쳐지도록 하였다.

출처: Edward H. Egelman 제공, University of Virginia, *J. Cell Biol.* 163:1059, 2003 Fig. 2a에서 발췌. 락펠러대학교 출판부의 허가를 얻어 재사용함.

으로 알려져 있다.

지난 몇 년 동안 새로운 전자검출기 하드웨어와 영상처리 소프트웨어가 개발됨에 따라 cryo-EM을 사용하여 원자수준의 구조가 밝혀졌다. 연구자들은 기술과 시료 준비가 계속해서 개선됨에 따라 멀지 않은 시기에 cryo-EM 기술을 통해 비교적 적은 수의 영상에서 원자수준의 구조를 신속하게 밝혀낼 수 있을 것이라고 예측했다.

18.17 핵산의 분획

모든 체계적인 분획방법은 분리에 영향을 주는 혼합물의 구성성분의 차이점을 이용하여야 한다. 핵산 분자는 전체 크기, 염기 조성, 위상 및 뉴클레오티드서열에서 서로 다를 수 있다. 따라서 핵산에 대한 분획방법은 이들 특징에 기초한다.

젤 전기영동에 의한 DNA 분리

앞서 논의된 단백질 분획에 사용된 다양한 기술 중에서, 젤 전기영동이 분자량(즉, 뉴클레오티드 길이)이 다른 핵산을 분리하는 데에도 널리 사용된다. 수백 개 이하의 뉴클레오티드로 이루어진 작은 RNA 또는 DNA 분자는 일반적으로 폴리아크릴아미드 젤전기영동으로 분리된다. 큰 분자는 교차결합된 폴리아크릴아미드를 통과하는 데 어려움이 있으며 일반적으로 다공성(porosity)이 큰 아가로스 젤(agarose gel)에서 분획된다. 아가로스는 해조류에서 추출한 다당류이며, 뜨거운 완충액에 녹여 주형에 붓고 온도를 낮춤으로써 간단히 젤로 만들 수 있다. 약 25kb 이상의 DNA 분자의 분리는 일반적으로 젤 내의 전기장의 방향이 주기적으로 변하는 펄스장 전기영동(pulsed-field electrophoresis) 기법을 사용하여 수행되며, 이로 인해 DNA 분자는 이동하는 동안 자체 방향을 재조정하게 된다(**그림 18.37a**).

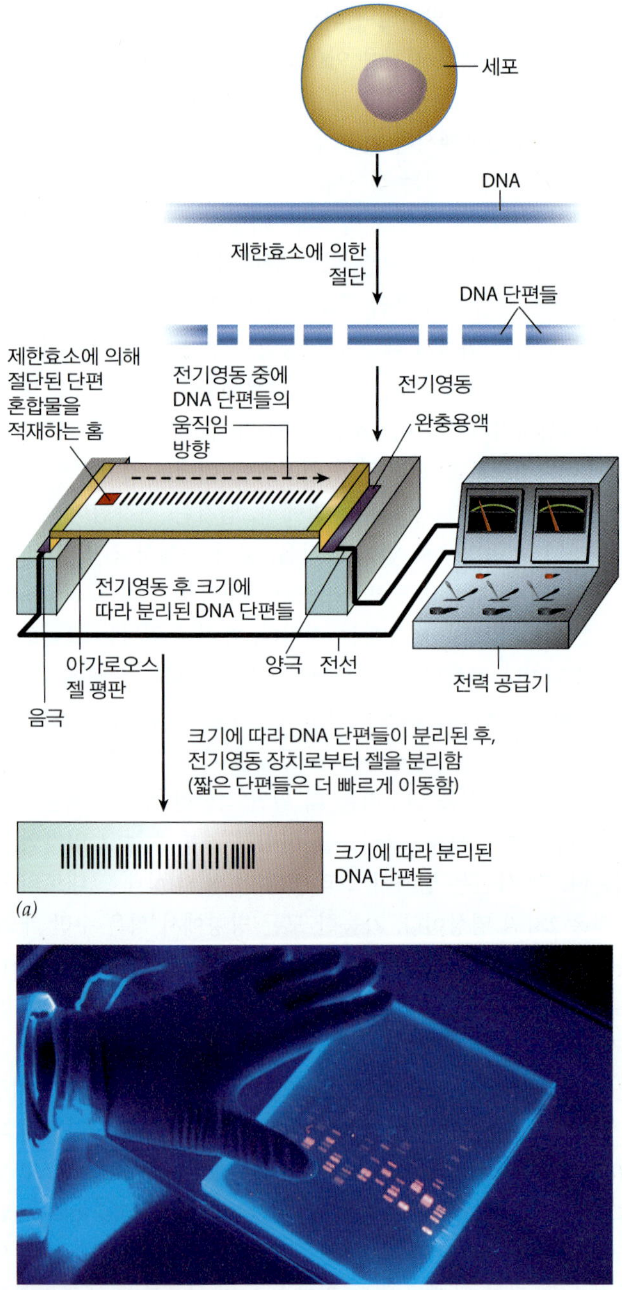

그림 18.37 단일 젤 전기영동 후 제한효소에 의해 잘려진 DNA 단편 분리하기. (*a*) 제한 효소(restriction enzyme)로 DNA를 잘라 단편으로 만든다(774쪽). 단편들의 혼합물을 아가로스 젤 평판의 홈(slot 또는 well)에 넣고 전류를 통하게 한다. 음전하를 띤 DNA 분자가 양극을 향해 이동하며 크기에 따라 분리된다. (*b*) 젤 안에 있는 모든 DNA 단편들을 EtBr 용액에 담궈 염색한 후, 자외선을 이용해 관찰할 수 있다.

출처: (b) Phillipe Plailly/Science Photo Library/Photo Researchers, Inc.

전기영동 후, 에티듐브로마이드(ethidium bromide, EtBr) 같은 염색용액에 겔을 염색하여 DNA 단편들을 관찰할 수 있다. EtBr은 2중나선에 끼어 들어가고, 자외선을 비춰주면 DNA 띠를 형광으로 볼 수 있다(그림 18.37*b*). 겔 전기영동의 감도는 매우 좋기 때문에 단일 뉴클레오티드만 다른, DNA 또는 RNA 분자도 서로 분리될 수 있다. 이러한 특성은 DNA 염기서열결정법(18.22절)에서 매우 중요한 방법이 되었다. 겔을 통한 이동속도는 분자의 모양에도 영향을 받을 수 있기 때문에 전기영동을 사용하여 원형 및 선형 또는 이완 및 초나선 형태와 같은 다른 형태의 분자를 분리할 수 있다(그림 4.13 참조).

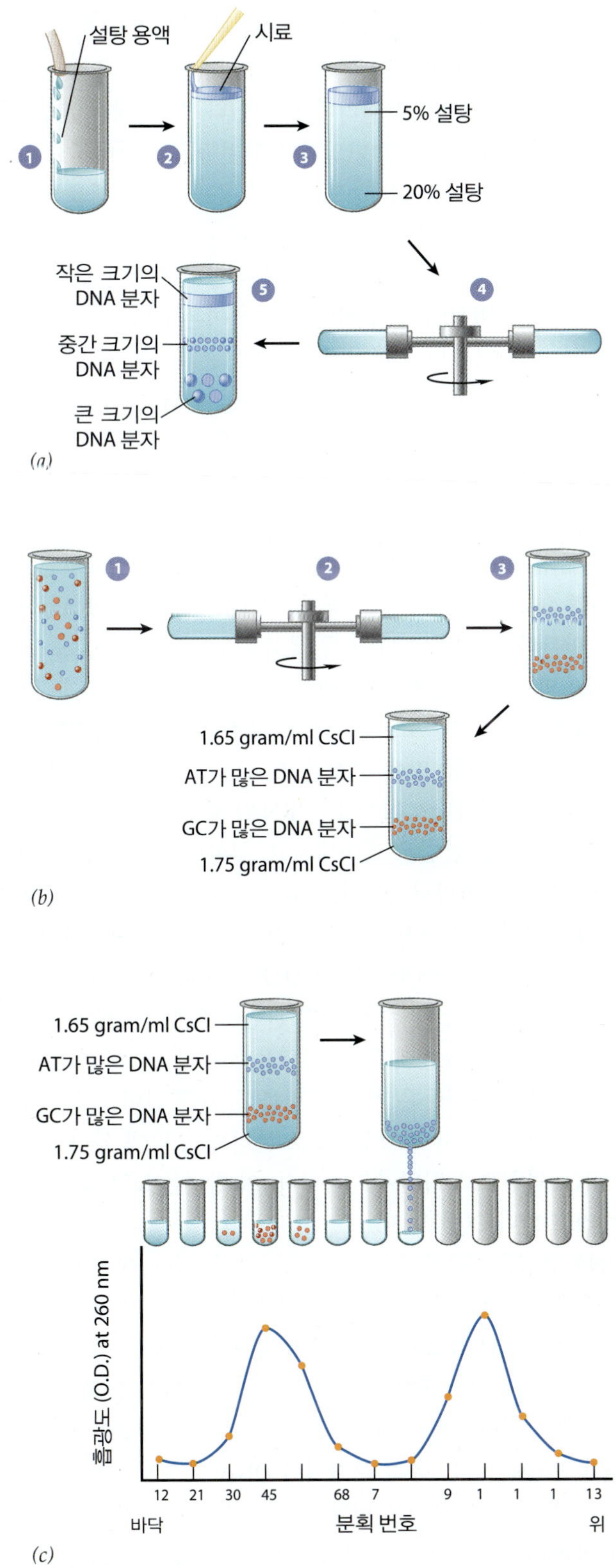

그림 18.38 **핵산 침전 기술.** (*a*) 속도침강에 의한 다른 크기의 DNA 분자 분리. 증가하는 농도의 설탕 용액을 관 벽을 따라 흘려 넣어줌으로써, 관내에 밀도 기울기가 있는 설탕을 형성한다(1단계). 기울기가 형성되면, 시료를 조심스럽게 맨 위에 적재한다(2, 3단계). 그리고 관을 4단계에서 보여지는 것처럼 원심분리(예를 들어, 5시간 동안 50,000 rpm)한다. DNA 분자는 그들의 크기에 기초해서 분리된다(5단계). (*b*) 염기 구성에 기초한 평형침전에 의한 DNA 분자 분리. DNA 시료를 CsCl 용액과 혼합하고(1단계), 원심분리(예를 들어, 72시간 동안 50,000 rpm)한다. CsCl 기울기를 원심분리동안 형성하고(2단계), 동등한 밀도를 가진 위치에서 DNA 분자 띠를 형성한다(3단계). (*c*) 실험 *b*의 관에 구멍을 뚫어 내용물이 흘러나오게 하여 내용물을 분획한다. 각 분획의 용액의 흡광도를 측정하여 그래프로 그린다.

초원심분리에 의한 핵산 분리

일반적인 경험에 따르면 용액(또는 현탁액)의 안정성은 구성성분에 달려 있다. 예를 들어, 크림은 원유 위에 떠 있고, 미세한 침전물은 점차적으로 용기의 바닥에 침전되며, 소금용액은 무기한 안정하다. 물질의 크기, 형태, 밀도와 용매의 밀도와 점도 등 다양한 요인들에 의해 특정 구성성분이 액체 매질에서 침전될지 여부가 결정된다.

용액이나 현탁액의 구성성분 밀도가 용매의 밀도보다 높으면 원심력으로 인해 원심분리 관의 바닥으로 농축된다. 큰 입자는 비슷한 모양과 밀도를 가지는 더 작은 입자보다 더 빨리 침전된다. 분자가 원심분리 과정에서 농축되는 경향은 분자가 보다 균일한(무작위적인) 배치로 재배치되도록 하는 확산효과에 의해 방해 받는다. 초원심분리기(Ultracentrifuge)가 개발됨에 따라 중력의 50만 배 이상의 원심력을 발생시킬 수 있게 되었으며, 이는 확산효과를 극복하고 거대 분자를 원심분리관의 바닥 쪽으로 침전시키는 데 충분하다. 원심분리는 마찰 저항을 최소화하기 위해 거의 진공상태에서 진행된다. DNA(및 RNA) 분자는 초원심분리 기술을 이용하여 광범위하게 분석되고 있다. 이제, 본문에서 논의된 핵산연구에 사용되는 두 가지 종류의 원심분리기술을 살펴볼 것이다. 이러한 기술은 **그림 18.38**에 설명되어 있다.

속도침강 원심분리기에서 원심력에 반응하여 주어진 분자가 움직이는 속도를 침강속도(*sedimentation velocity*)라고 한다. 원심력이 변함에 따라 침강속도도 변하기 때문에, 주어진 분자는 침강속도를 힘으로 나눈 침강계수(sedimentation coefficient)로 특징지어진다. 이 책에서는 다양한 거대 분자와 그 복합체들은 특정한 S값을 갖는다고 본다. 단위 S(또는 Svedberg, 초원심분리기의 발명자의 이름을 딴)는 10^{-13}초의 침강계수와 같다. 액체관을 따라 움직이는 입자의 속도는 형태 등의 많은 요소들과 관련이 있기 때문에, 침강계수로 그 자체의 분자량을 알 수는 없다. 그러나 같은 종류의 입자를 분석하는 경우,

S값으로 상대적 크기를 측정할 수 있다. 예를 들어, 대장균(*E. coli*) 내의 3개의 리보솜 RNA인 5S, 16S 그리고 23S 분자들은 각각 120, 1600 그리고 3200 뉴클레오티드 길이를 갖는다.

속도침강[*velocity*(또는 *rate-zonal*) *sedimentation*]에서 핵산 분자는 뉴클레오티드 길이에 따라 분리된다(그림 18.38*a*). 핵산 분자 혼합물을 포함하는 시료를 농도가 증가하는 설탕(sucrose)(또는 적절한 물질)용액 위에 조심스럽게 적재한다. 이러한 설탕의 농도기울기는 위에서 아래로 갈수록 밀도(및 점성)에 있어서 증가한다. 강한 원심력을 가하면, 분자들은 그들의 침강계수에 따라 정해지는 속도로 설탕층을 이동한다. 침강계수가 클수록, 분자들은 주어진 원심분리시간 동안에 더 멀리 이동한다. 용매의 밀도가 심지어 관의 바닥에서도 핵산 분자의 밀도보다 작기 때문에(설탕 1.2 g/ml, 핵산 1.7 g/ml), 관에 원심력이 가해지는 한 이러한 분자들은 끊임 없이 침전된다. 즉, 원심분리는 결코 평형에 도달하지 않는다. 예정된 원심분리시간이 지난 후 그 관을 원심분리기로부터 빼내면, 그 내용물은 분획된다(그림 18.38*c*에서 보여지듯이). 그리고 다양한 분자들의 상대적인 위치들이 결정된다. 점성을 가지는 설탕은 관내의 내용물이 대류나 조작을 통해 혼합되는 것을 억제하므로 같은 S값을 가지는 분자들이 같은 띠를 형성하며 같은 위치에 머무른다. 침강계수를 알고 있는 표지 분자가 있다면, 알려지지 않은 내용물들의 S값을 알 수 있다. 설탕밀도기울기 원심분리(sucrose-density gradient centrifugation)를 이용하여 얻은 실험결과는 그림 5.11과 5.15에 보여져 있다.

평형원심분리 다른 종류의 원심분리로는 **평형원심분리**(*equilibrium centrifugation*)가 있고(그림 18.38b), 이 방법을 이용하여 핵산 분자들을 그들의 부유밀도에 따라 분리할 수 있다. 이 과정에서, 매우 높은 농도의 중금속인 세슘염용액을 이용한다. DNA를 염화세슘(CsCI, 또는 황화세슘)용액과 섞은 후, 원심분리한다(가장 높은 원심력으로 2~3일 동안). 원심분리 동안에 중금속 세슘 이온은 천천히 바닥으로 침전되어 지속적인 밀도기울기를 형성한다. 그리고 얼마 후, 세슘 이온이 관 바닥으로 침전되려는 경향은 확산에 의해 재분산되려는 경향과 상쇄되어 밀도기울기가 안정화된다. 세슘밀도기울기가 형성됨에 따라, 각각의 DNA 분자들은 원심력에 의해 바닥으로 내려가거나 그들 자신의 부력밀도와 같은 부력을 가지는 위치까지 떠오르다가 멈추게 된다. 같은 밀도를 가지는 분자들은 좁은 띠를 형성한다. 이 기술은 감도가 매우 좋아서, 다른 염기조성을 가지는 DNA 분자들(그림 18.38*b* 참조)이나 다른 동위원소(^{15}N 대 ^{14}N, 그림 6.3*b*)를 가진 DNA 분자들도 분리할 수 있다.

18.18 핵산 혼성화

핵산 혼성화(Nucleic acid hybridization)는 2개의 서로 상보적인 단일가닥 핵산 분자들이 2중가닥인 혼성물(hybrid)을 형성할 수 있다는 관찰을 바탕으로 한 다양한 관련기술들을 포함한다. 같은 길이와 전체 염기조성은 같지만 염기서열은 완전히 다른 수백 개의 DNA 단편들의 혼합물을 생각해 보자. 예를 들어, DNA 단편 중 하나는 β-글로빈 유전자의 일부분이고, 모든 다른 단편들은 관련없는 유전자라고 가정해 보자. β-글로빈 폴리펩티드를 부호화하는 단편과 모든 다른 관련 없는 단편들을 구분하기 위한 유일한 방법은 탐침(probe)이라고 불리는 상보적인 분자를 이용하는 분자혼성화 실험을 하는 것이다.

위의 예에서, 변성된 DNA 단편들의 혼합물과 충분한 양의 β-글로빈 mRNA를 배양하면, 글로빈 단편들은 2중가닥 DNA-RNA 혼성물을 형성하게 되고 나머지 단편들은 단일가닥으로 존재하게 된다. DNA-RNA 혼성물을 단일가닥 단편들로부터 분리해내는 방법들은 다양하다. 예를 들어, 혼합물은 이온화 조건에서 히드록시아파타이트(hydroxyapatite) 컬럼으로 걸러내질 수 있다. 그 안에서 혼성물은 칼슘인산염에 결합하게 되고, 단일가닥 단편들은 결합하지 못하여 칼럼을 빠져 나간다. 다음에는 농도가 높은 용출 완충용액을 넣어 칼럼 안에 결합되어 있는 혼성물을 떨어뜨린다.

핵산혼성화 실험을 위해서는 2종류의 상보적인 단일가닥 핵산들을 2중가닥 분자형성이 잘 일어나는 조건(이온세기, 온도 등)에서 배양해야 한다. 실험유형에 따라서 2종류의 분자들이 한 가지 용액에 존재할 수도 있고, 1종류의 분자는 예를 들어 염색체 안에 위치되어 고정화되어 있을 수도 있다(그림 4.20).

많은 경우에, 혼성화실험에 사용되는 많은 종류의 단일가닥 핵산 중에서 1종류는 젤 속에 있게 된다. 유전체 DNA로부터 단편화되어 젤을 통해 분획되어진 DNA 단편들 중에서 1종류의 DNA를 생각해 보자(**그림 18.39**). 혼성화를 위해서, 젤에서 2중가닥 DNA를 단일가닥으로 만든다. 단일가닥 DNA를 젤로부터 니트로셀룰로오스(nitrocellulose) 막으로 옮긴 후, 진공에서 80°C로 가열하여 막에 고정시킨다. DNA를 니트로셀룰로오스 막으로 옮기는 과정을 블러팅(*blotting*)이라고 한다. DNA를 막에 고정한 후, DNA 단편들에 혼성화가 가능한 표지된 단일가닥 DNA(또는 RNA) 탐침을 막과 함께 배양한다. 결합하지 않은 탐침은 씻어내지고, 결합된 탐침은 그림 18.39에서 보여지듯이 자가방사기록법(autoradiography)으로 확인한다. 그림 18.39에 묘사된 방사성 탐침을 사용한 실험을 서던 블럿[*Southern blot*, 이 방법을 개발한 에드윈 서던(Edwin Southern)의 이름에서 유래함]이라 한다. 젤 안에 수천 개의 관련이 없는 단편들이 존재함에도 불구하고, 특정 뉴클레오티드서열을 포함하는 1개 혹은 몇 개의 DNA 제한효소 단편들은 서던 블럿을 통해 확인이 가능하다(그림 4.19). RNA 분자 또한 전기영동으로 분리하고, 막에 블러팅한 후 표지된 DNA 탐침으로 확인이 가능하다. 이 방법을 노던 블럿(*Northern blot*)이라고 한다(그림 5.33).

DNA 탐침은 다양한 방법으로 표지될 수 있다. 방사성 탐침은 방사성동위원소(^{32}P와 같은)를 분자 내에 1개 혹은 그 이상의 위치에 가지고 있다. 그림 18.39에서와 같이 탐침의 존재는 자가방사기록법으로 검출될 수 있다. 또한 형광단으로 표지된 탐침은 형광으로 검출이 가능하다. 일반적으로 사용되는 또 다른 표지물질은 비오틴(biotin)이다. 이것은 작은 유기 분자이며 DNA 골격과 공유결합을 통해 연결이 가능하다. 비오틴은 단백질 아비딘(avidin) 또는 스트렙타비딘(streptavidin)과 강하게 결합하기 때문에 그들을 이용하여 검출이

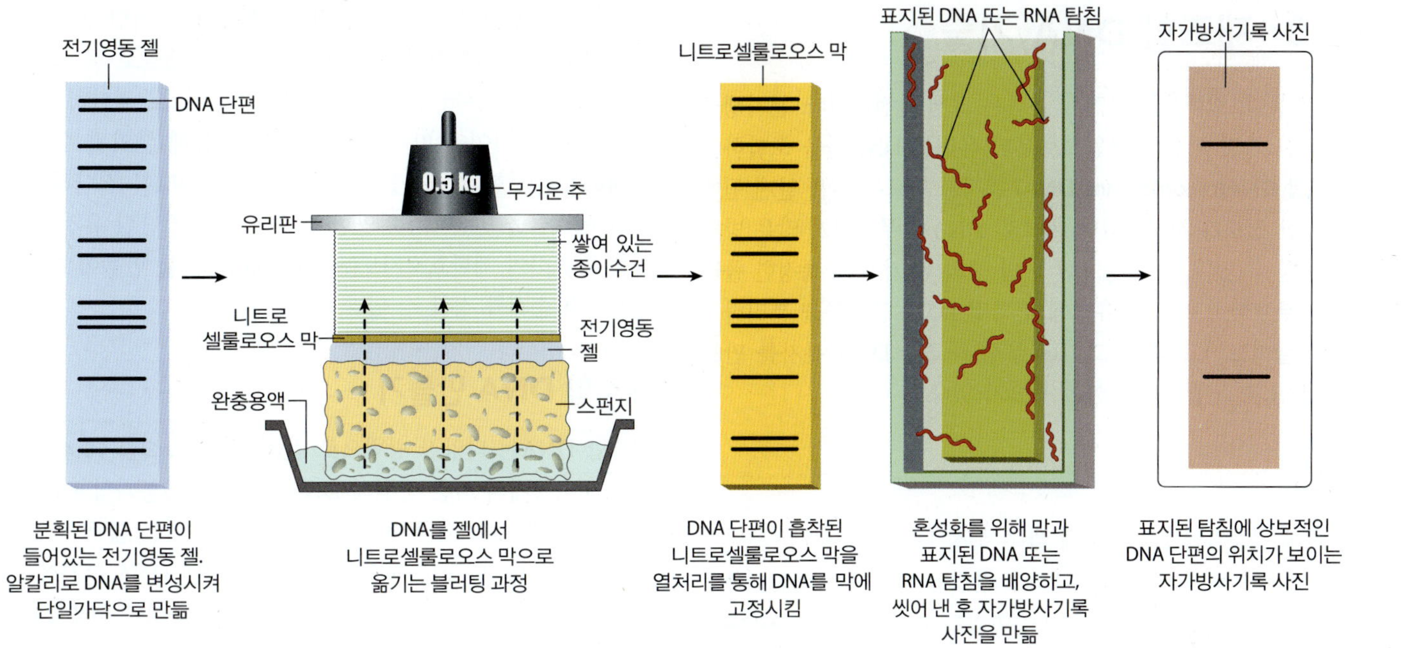

그림 18.39 서던 블럿을 이용하여 젤에 있는 특정 DNA 단편의 위치 확인. 그림에 설명한 것과 같이, 분획된 DNA 단편들은 젤에서 씻어지고, 니트로셀룰로오스 막으로 옮겨진다. 그리고 방사성으로(형광으로) 표지된 DNA(또는 RNA) 탐침과 함께 배양한다. 혼성화된 단편들의 위치는 자가방사기록법(또는 탐침이 형광으로 표지되었다면 현미경으로)으로 확인된다. 블러팅 과정 동안에, 모세관현상에 의해 완충용액은 종이수건으로 끌려 올라간다. 완충용액이 전기영동 젤을 통해 이동함에 따라, DNA 단편은 용해되어 인접한 막 표면으로 옮겨진다.

가능하다. 그림 4.20과 4.21에서 보여지듯이, 검출을 하기 위해서는 아비딘은 형광단 등으로 표지가 되어야만 한다.

핵산 혼성화는 또한 2종류의 서로 다른 생물체로부터 얻어진 2종류의 DNA 시료들 사이의 뉴클레오티드서열의 유사성을 측정하는 데에도 사용될 수 있다. 2종들 간에 진화적인 관계가 멀수록, 그들의 DNA 서열들의 차이는 더 커진다. 종 A와 B로부터 정제된 DNA들을 서로 혼합하고, 변성시킨 후 다시 재결합하도록 하면, A와 B 종으로부터 온 DNA들끼리 서로 결합한 2중가닥 DNA들이 일부 형성된다. 그들은 틀린짝(mismatched) 염기를 포함하고 있기 때문에, 그러한 2중가닥 DNA들은 불안정하고, 이러한 불안정성 때문에 낮은 온도에서 변성이 된다. 서로 다른 종으로부터 얻어진 DNA들이 다양한 조합으로 재결합될 때, 2중가닥 DNA의 녹는점(melting temperature, Tm, 4.7절)은 생물체 간의 진화적 거리를 측정할 수 있는 지표를 제공해 준다. 2종류의 다른 중요한 핵산 혼성화 방법인 **제자리혼성화**(*in situ hybridization*)와 *cDNA* **마이크로어레이에 대한 혼성화**는 140쪽과 249쪽에서 각각 다루고 있다.

18.19 DNA의 화학적 합성

혼성화 분석을 위해서는 탐침으로 사용할 단일가닥 핵산 분자가 필요하다. 실험실에서 수행하는 DNA 조작 및 분석을 위한 기본적인 기술들 또한 단일가닥 핵산 분자, 즉 올리고뉴클레오티드가 필요하다. 따라서 DNA와 RNA의 화학적 합성은 많은 과정을 뒷받침하는 중요한 기술이다.

특정 염기서열을 가지는 폴리뉴클레오티드를 합성하는 화학적 기술은 1960년대 초에 유전 부호를 해독하는 시도 과정에서 고빈드 코라나(H. Gobind Khorana)에 의해 개발되었다. Khorana와 동료들은 그들의 기술을 더 발전시켜, 10년이 지난 후에는 완전한 세균의 티로신 tRNA 유전자를 전사되지 않는 프로모터 부분을 포함하여 합성하는 데에 성공하였다. 총 126염기쌍의 이 유전자를 20개 이상의 단편으로 나누어 각각 합성한 후, 효소를 이용하여 연결하였다. 그런 후에 이 인공유전자를 해당 tRNA에 돌연변이를 가지고 있는 세균세포에 넣었더니, 기존의 결여된 기능이 회복되었다. 1981년에 평균 크기의 단백질인 사람 인터페론을 부호화하는 유전자를 처음으로 화학적으로 합성하였다. 이 합성유전자는 67개의 단편을 합성하고 조립하여 만든 514개의 염기쌍으로 이루어진 단일 2중가닥으로, 세균 RNA 중합효소를 인식하는 개시신호와 종결신호를 포함하고 있다.

뉴클레오티드를 연결하는 화학반응은 자동화되었으며, 올리고뉴클레오티드 합성은 현재 시약저장고에 연결된 컴퓨터 제어기계에 의해 수행된다. 원하는 염기서열을 컴퓨터에 입력하고 장비에 재료가 공급되도록 해주기만 하면 된다. 뉴클레오티드가 분자의 3′에서 5′ 방향으로 한 번에 하나씩 결합되어 올리고뉴클레오티드가 조립되며, 약 200개의 뉴클레오티드까지 만들 수 있다. 이때 비오틴(biotin) 및 형광단(fluorophore)을 넣어 변형시킬 수 있다. 2중가닥 분자가 필요한 경우, 2개의 상보적인 단일가닥을 합성하여 혼성화한다. 더 긴 합성 분자는 19쪽에서 논의된 실험에 의해 설명된 것처럼 단편들을 이어 붙여 만든다.

18.20 재조합 DNA 기술

지난 30년 동안, 진핵생물 유전체 분석은 크게 발전하였다. 분자생물학자들이 한 가지 이상의 근원으로부터 유래한 DNA들을 포함하고 있는 **재조합 DNA(recombinant DNA)** 분자를 만드는 것을 알게 됨에 따라 이러한 진보가 시작되었다. 재조합 DNA는 무수하게 많은 방법으로 사용될 수 있다. 가장 중요한 방법 중의 한 가지인, 특정한 폴리펩티드를 부호화하고 있는 유전체의 특정 DNA 단편들을 분리하는 방법부터 살펴보려고 한다. 그러나 우선 재조합 DNA 분자를 만들 수 있도록 한 효소에 대해 알아볼 필요가 있다.

제한효소

1970년대에, 2중가닥 DNA 내에 짧은 특정 DNA 염기서열을 인식해서 2가닥 모두의 특정 부위의 DNA 골격을 절단하는 핵산분해효소(nuclease)가 세균에서 발견되었다. 이러한 효소를 type II **제한효소(restriction endonucleases** 또는 *restriction enzymes*)라고 한다. 세균세포 안에 침입한 바이러스 DNA를 파괴하여 바이러스의 성장을 제한하기(*restricting*) 때문에 이러한 이름이 붙여졌다. 세균은 효소가 작용하기 쉬운 부위의 염기를 화학적 변형인 메틸화를 시켜 자신의 DNA를 효소로부터 지킨다.

100가지 이상의 서로 다른 DNA 염기서열을 인식하는 제한효소들은 수백 종류의 원핵생물로부터 분리되었다. 이러한 대부분의 제한효소에 의해 인식되는 DNA 염기서열들은 4~6개의 뉴클레오티드로 이루어져 있으며, 특정 유형의 내부 대칭구조를 갖는다. 제한효소인 *Eco*RI에 의해 인식되는 특정 염기서열을 생각해보자.

```
          ↓
3′—CTTAAG—5′
5′—GAATTC—3′
    ↑
```

이러한 DNA 단편을 2중 회전대칭(*two-fold rotational symmetry*)이라고 한다. 그 이유는 염기서열 변화 없이 180°로 회전될 수 있기 때문이다. 따라서, 각각의 가닥에서 같은 방향(3′에서 5′으로 또는 5′에서 3′으로)으로 염기서열을 읽는다면, 염기순서가 같다. 이러한 유형의 대칭을 가지고 있는 염기서열은 회문(*palindromic*)이라고 한다. 제한효소 *Eco*RI이 이러한 회문염기서열을 공격할 때, A와 G 사이에 화살표로 표시된 서열 안에(*in the sequence*) 있는 동일한 부위를 절단한다. 빨간색 점은 효소로부터 숙주 DNA를 보호하기 위해 메틸화된 염기를 가리킨다. 몇몇 제한효소들은 2가닥에서 서로 정확하게 반대방향으로 마주보고 있는 부분을 절단한다. 이것을 비점착성말단(blunt end)이라고 하며 *Eco*RI과 같이 엇자르기(staggered cut)를 통해 점착성말단(sticky end)을 만들기도 한다.

제한효소의 발견 및 정제는 최근 분자생물학자가 이루어낸 업적 중에서 무한한 가치를 가진다. 4~6개의 뉴클레오티드로 이루어진 특정한 염기서열은 단순히 우연적으로도 꽤 자주 나타나기 때문에, 어떤 DNA 유형도 이러한 제한효소에 의해 쉽게 절단될 수 있다. 제한효소를 사용함으로써, 인간 유전체 DNA 또는 어떤 종류의 생물체의 DNA든지 간에 정확하게 한정된 특정 단편들로 절단시킬 수 있다. 특정 개체로부터 얻어진 DNA를 제한효소로 절단하면, 그 생성된 단편들은 길이에 따라 젤 전기영동을 통해 분획될 수 있다(**그림 18.40a**). 다양한 효소들을 이용해서 같은 DNA를 절단하여 다양한 단편 세트들을 만든 후, 다양한 효소에 의해 절단된 유전체 내의 부위를 확인하여 제한효소지도(restriction map)를 만들어 그림 18.40*b* 에서처럼 순서를 정할 수 있다.

재조합 DNA 만들기

재조합 DNA는 다양한 방법으로 만들 수 있다. **그림 18.41**에 보이는 방법에서, 2개의 다른 근원의 DNA 분자들이 2중가닥 DNA를 엇자르기하는 제한효소에 의해 처리된다. 엇자르기는 짧은 단일가닥 꼬리를 남기는데, 이것은 점착성 말단이며 상대 DNA 분자에 있는 상보적인 단일가닥 꼬리에 결합할 수 있다. 결국, 이를 통해 2중가닥 분자를 재구성할 수 있다. 그림 18.41에서처럼, 재조합 분자를 형성하는 DNA 단편들 중 하나는 세균의 플라스미드(plasmid)이다. 플라스미드는 작은 고리형 2중가닥 DNA 분자로서, 세균 염색체와는 별개로 존재한다. 그림 18.41에 있는 또 다른 DNA 단편은 앞선 플라스미드에 사용되었던 같은 제한효소로 처리를 한 인간 세포로부터 얻어진다. 인간 DNA 단편들과 효소 처리된 플라스미드들이 DNA 연결효소와 함께 배양되면, 2종류의 DNA들은 수소결합을 통해 점착성말단들끼리 서로 연결되고, 그림 18.41에서처럼 고리형 재조합 DNA 가 만들어진다. 첫 번째 재조합 DNA 분자는 1972년에 스탠포드 대학교와 캘리포니아 대학교의 폴 버그(Paul Berg), 허버트 보이어(Herbert Boyer), 애니 창(Annie Chang), 스탠리 코헨(Stanley Cohen)에 의해서 만들어졌으며, 이로부터 현대 유전공학이 태동되었다.

방금 설명한 과정들에 의해, 많은 다른 종류의 재조합 분자들이 생산되고, 각각은 세균 플라스미드와 인간 DNA 단편들을 포함하며, 고리구조를 갖는다(그림 18.42 참조). 인간 유전체 중에서 예를 들어 인슐린을 부호화하고 있는 유전자를 분리해낸다고 가정해 보자. 실험목적이 인슐린-부호화 단편을 갖는 1종류의 재조합 DNA를 정제하는 것이기 때문에, 이 단편을 나머지 다른 것에서 분리해야만 한다. 이것은 DNA 클로닝 과정을 통해서 수행된다. DNA 클로닝의 배경이 되는 기본적인 방법론을 설명한 후, 인슐린 유전자에 대해서 다시 설명할 것이다.

DNA 클로닝

DNA 클로닝(DNA cloning)은 매우 많은 양의 특정 DNA 단편을 생산해 내는 기술이다. 클로닝하려는 DNA 단편은 우선 매개체(*vector*) DNA에 연결시킨다. 이것은 외래 DNA를 대장균 등의 적절한 숙주세포로 운반하는 운송수단 역할을 하며, 숙주세포 내에서 복제되도록 하는 염기서열을 포함하고 있다. 세균 숙주에서 DNA를 클로닝하기 위해서 2종류의 매개체가 일반적으로 사용된다. 한 가지 방법은 클로닝하려는 DNA 단편을 앞서 설명했던 방법으로 플라스미드에

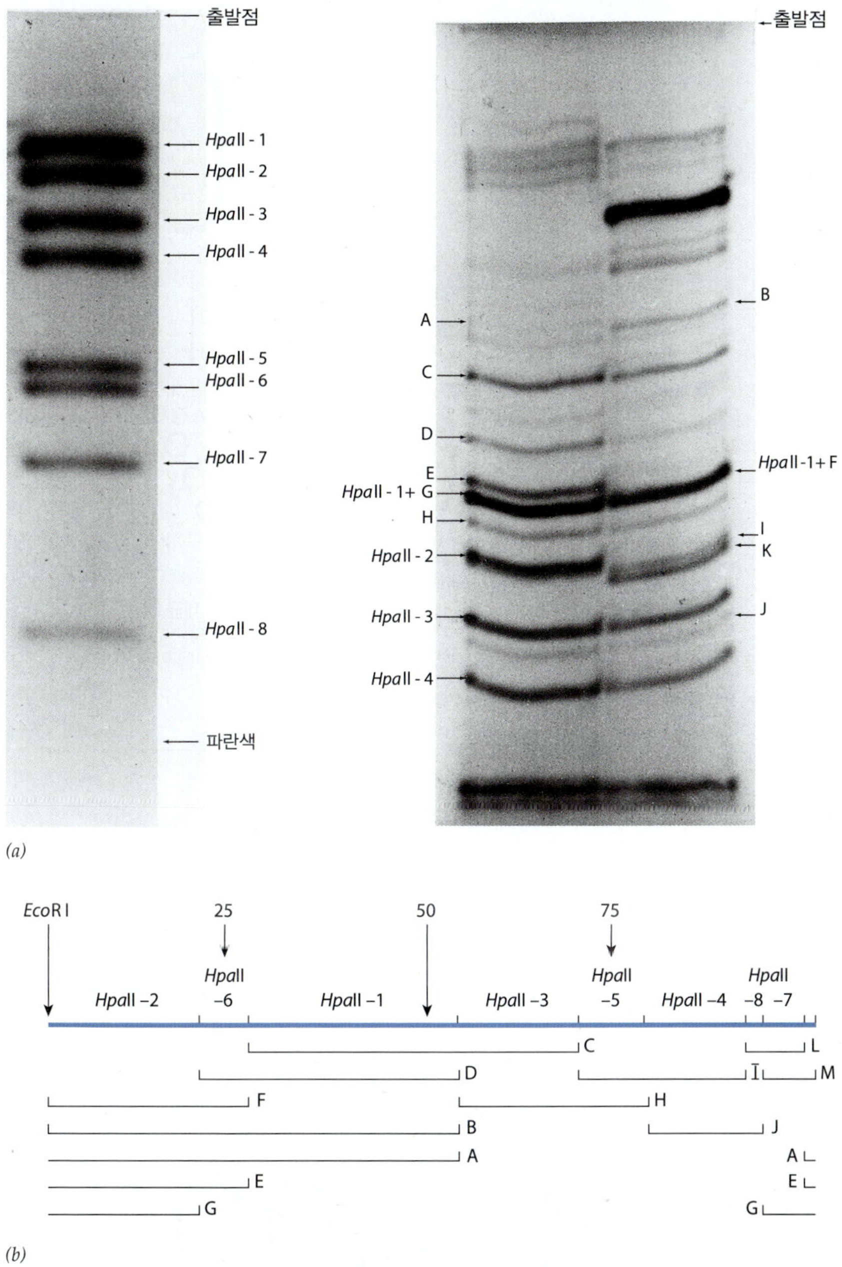

그림 18.40 DNA 종양 바이러스인 폴리오마에서 유래한 작은 고리형 유전체의 제한효소 지도 만들기. (*a*) ^{32}P-표지 DNA 단편의 젤 전기영동을 통한 자가방사기록 사진. 왼쪽에 있는 젤은 폴리오마 유전체를 *Hpa*II로 절단한 후 얻은 DNA 단편의 패턴을 보여준다. 이 8개의 단편들이 어떻게 조립되어 온전한 유전체를 구성하는지 확인하려면, 겹침단편(overlapping fragment)을 만들어야 한다. 온전한 유전체를 다른 부위를 절단하는 다른 종류의 2번째 제한효소로 처리하거나 동일한 효소로 DNA가 완전히 분해되지 않는 조건에서 처리하여 겹침단편을 만든다. 오른쪽에 있는 2개의 젤은 *Hpa*II로 부분처리한 폴리오마 유전체의 단편들이다. 가운데 젤은 초나선 고리형 DNA를 부분분해한 것이고, 오른쪽에 있는 젤은 *Eco*RI(고리형 분자 안에서 단 1회만 절단함)에 의해 고리형 유전체를 선형 분자로 전환시킨 후 *Hpa*II로 절단한 것이다. (*b*) *Hpa*II에 의해 절단된 선형화된 폴리오마 유전체의 제한효소 지도. 완전한 분해에 의해 얻어진 8개의 단편들은 위쪽 DNA에서 보여진다. 부분분해로부터 얻어진 겹침단편들은 지도 아래에 순서대로 배열하였다(단편 L과 M은 오른쪽 젤(*a*)의 바닥으로 이동하였음.)

출처: Beverly E. Griffin, Mike Fried, and Allison Cowie, *Proc. Nat'l. Acad. Sci. U.S.A.* 71:2078, 1974에서 발췌.

연결시켜 세균세포가 플라스미드를 받아들이도록 하여 클로닝하려는 DNA 단편을 세균세포에 도입하는 것이다. 다른 방법으로는, 세균 바이러스 람다(λ)의 유전체 일부분에 DNA 단편을 연결시킨 후, 세균세포 배양액에 감염시켜 외래 DNA 단편을 갖고 있는 바이러스 자손을 많이 만드는 것이다. 두 가지 방법 모두 DNA 단편이 세균 안으로 들어가기만 하면, 박테리아(또는 바이러스) DNA와 함께 복제되어 딸세포(또는 자손 바이러스 입자)로도 들어간다. 따라서, 재조합 DNA의 수는 만들어진 세균세포(또는 바이러스 자손)의 수에 비례하여 증가한다. 1종류의 세균세포 안에 있는 1개의 재조합 플라스미드 또는 바이러스 유전체로부터 수백만 개의 복제된 DNA들이 짧은 시간 안에 만들어질 수 있다. DNA 양이 충분히 증폭된다면, 재조합 DNA는 정제되어 다른 실험에 사용될 수 있다. 특정 DNA 염기서열의 양을 증폭하는 방법으로서 뿐만 아니라, 클로닝은 또한 큰 규모의 이질적인 DNA 분자 집단에서 어떤 것이든 특정한 DNA 단편들을 순수하게 분리해내는 기술로서도 사용될 수 있다. 세균 플라스미드를 이용한 DNA 클로닝부터 설명하려 한다.

세균 플라스미드에서의 진핵세포 DNA 클로닝 클로닝하려는 외래 DNA를 플라스미드에 도입하여 재조합 DNA 분자를 만든다. DNA 클로닝에 쓸 플라스미드는 세균세포에 있는 것을 변형한 것이다. 그들이 유래된 자연적인 원래의 플라스미드와 같이, 이 플라스미드는 복제시작점과 수용세포가 1개 이상의 항생제에 대한 내성을 갖게 하는 1개 이상의 유전자를 포함한다. 항생제 내성은 재조합 플라스미드를 포함하고 있는 세포를 선별해내는 데에 쓰인다.

에이버리(Avery), 맥클러드(Macleod), 맥카티(McCarty)가 처음으로 증명한 것처럼(159쪽), 세균세포는 배지에서 DNA를 받아들일

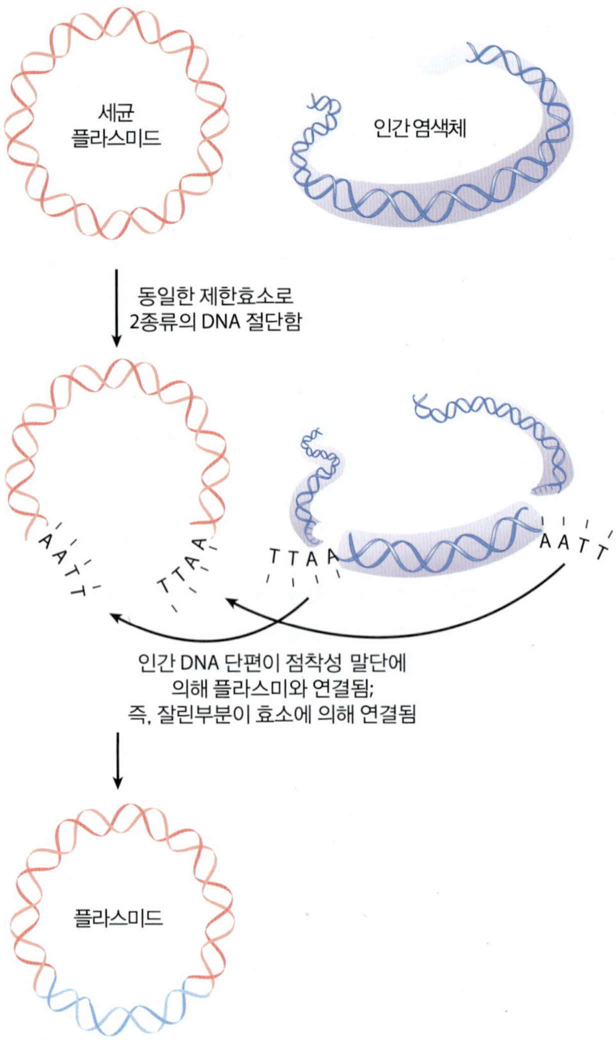

그림 18.41 재조합 DNA 만들기. 이 예에서, 세균 플라스미드는 단일 절단을 만드는 제한효소로 처리되었다. 동일한 제한효소를 이용하여 인간 유전체 DNA를 처리하였다. 동일한 제한효소로 처리되었기 때문에, 절단된 플라스미드 DNA와 인간 DNA 단편은 같은 점착성 말단을 가질 것이다. 이러한 2종류의 DNA들은 함께 배양되어 DNA 연결효소에 의해 공유결합으로 연결되고, 결국 재조합 DNA를 형성한다.

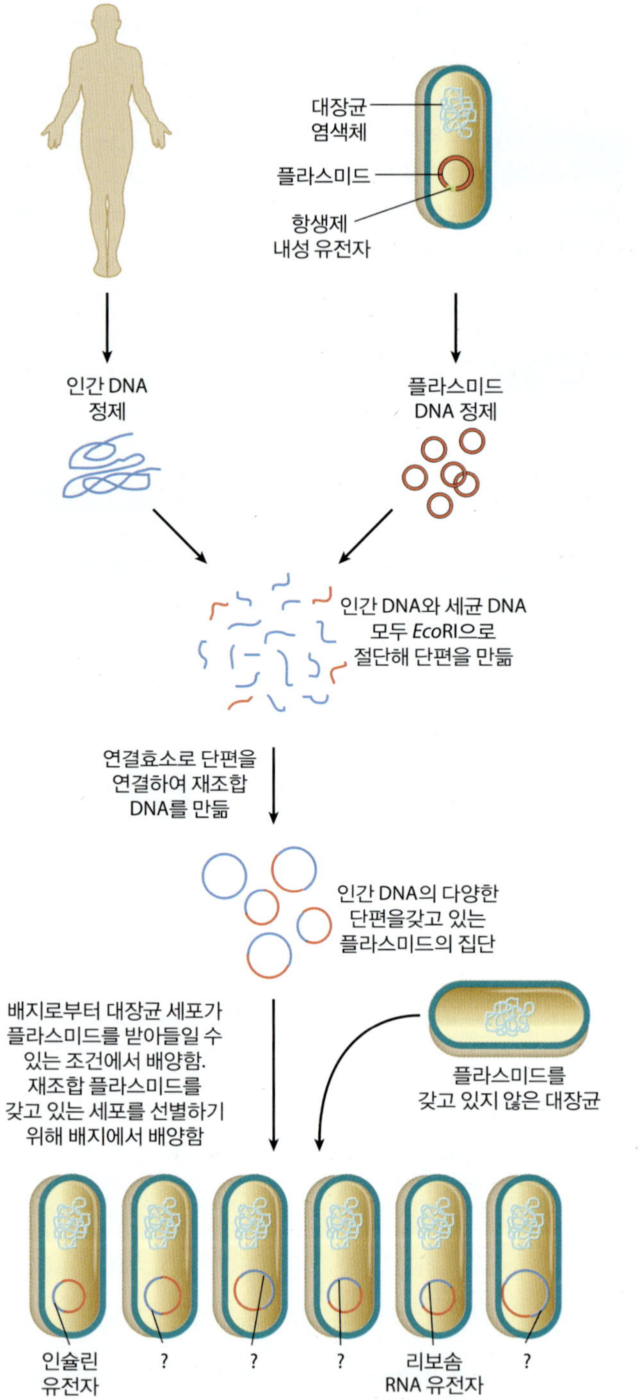

그림 18.42 세균 플라스미드를 이용한 DNA 클로닝의 예. 인간 세포에서 추출한 DNA는 *Eco*RI에 의해서 절단되고 절단된 단편들은 세균 플라스미드에 도입된다. 외래 DNA가 도입되지 않은 세균 플라스미드의 형성을 막는 기술들이 존재한다. 세균세포가 배지로부터 재조합 플라스미드를 받아들이고 나면, 플라스미드를 갖고 있는 세포는 집락을 형성한다. 이 예에서 대부분의 세균은 알려지지 않은 기능(?로 표시)의 진핵세포 DNA를 갖고 있는 반면, 세균 하나는 리보솜 RNA를 부호화하는 DNA의 일부분을 갖고 있고, 또 다른 세균은 인슐린을 부호화하는 DNA를 갖고 있다.

수 있다. 이 현상은 세균세포에서 플라스미드를 클로닝하는 기초가 된다(**그림 18.42**). 가장 일반적으로 사용하는 기술에서는, 칼슘 이온으로 처리된 세균 배양액에 재조합 플라스미드를 넣는다. 짧은 열충격으로 세균들은 배지로부터 DNA를 쉽게 받아들이게 된다. 대게 작은 비율의 세포들만이 재조합 플라스미드 분자를 받아들인다. 재조합 플라스미드가 받아들여지면, 플라스미드는 수용세포 내에서 자동적으로 복제를 하고 세포분화 중에 자손으로까지 플라스미드가 전달된다. 재조합 플라스미드를 포함하고 있는 세포들은 항생제가 존재하는 배지에서 세포를 키움으로써 재조합 플라스미드가 도입되지 않은 세포들로부터 선별될 수 있다. 재조합 플라스미드에는 항생제에 내성을 가지는 유전자가 포함되어 있다.

이 논의는 인슐린 유전자에 대한 염기서열을 갖고 있는 작은 DNA 단편을 분리해내는 것에서 시작되었다. 이러한 점에서, 많은 다른 종류의 재조합 플라스미드를 포함하고 있는 세균집단을 만들었고, 그 중에서 굉장히 작은 수의 플라스미드만이 찾으려고 하는 유전자를 포함하고 있다(그림 18.42). 특정 DNA를 대량으로 생산할 수 있다는 점뿐만 아니라, DNA 클로닝의 큰 이점 중 하나는 혼합물에서 다양한 DNA들을 분리해 낼 수 있다는 것이다. 위에서 언급했듯이, 플라스미드를 가지고 있는 세균은 항생제 처리를 통해서 플라스미드를 갖고 있지 않은 세균으로부터 선별된다. 선별 후, 플라스미드를 가지고 있는 세포를 배양접시에서 낮은 밀도로 자라도록 한다. 이렇게 하면, 각 세포들의 모든 자손들은 물리적으로 서로 떨어져서 자랄 수 있다. 많은 양의 서로 다른 재조합 플라스미드가 처음에 배지에 존재하기 때문에, 접시에 도말한 세포들은 각각 다른 종류의 외래 DNA 단편을 갖고 있다. 다양한 플라스미드를 갖고 있는 세포들이 독립된 집락(colony)을 형성하면, 찾으려고 하는 유전자(이 경우는 인슐린 유전자)를 갖고 있는 소수의 집락을 탐색할 수 있다. 일반적으로 선별은 각각의 집락을 선택하여 배지가 들어 있는 시험관에 넣고 각각 키움으로써 수행된다. 시험관에서 각각 키워진 세균의 플라스미드 DNA 는 분리되어(종종 사용하기 간편한 정제 키트를 사용함) DNA 염기서열 분석을 하게 된다.

파지 유전체에서의 진핵생물 DNA 클로닝 **그림 18.43**에서 보여지듯이, 덜 일반적인 클로닝 매개체는 박테리오파지 람다(bacteriophage λ)이다. λ 유전체는 선형의 2중가닥 DNA 분자이며, 약 50 kb 길이를 갖고 있다. 대부분의 클로닝에 사용되는 변형된 균주는 *Eco*RI에 대한 2개의 절단부위를 가지고 있고, λ 유전체는 3개의 절단부위를 가지고 있다. 편리하게도, 세포를 감염하고 세포를 용해하는 데 필요한 모든 정보가 바깥쪽 2개의 단편에 존재하기 때문에, 없이도 되는 중간 단편은 약 25 kb에 이르는 진핵생물 DNA 단편으로 대체할 수 있다. 재조합 DNA 분자는 시험관 내에서 파지 머리에 포장될 수 있고, 유전공학으로 가공된 이들 파지입자들은 숙주세균을 감염시키는 데 사용될 수 있다. (삽입체가 없는 파지 DNA 분자는 길이가 너무 짧아 파지 머리에 포장될 수 없다.) 세균에서 진핵생물 DNA 단편이 바이러스 DNA와 함께 증폭되어 새롭게 만들어진 바이러스 입자에 포장되고, 세포가 용해될 때 내보내진다. 내보내진 입자들은 새로운 세포들을 감염시키고, 곧 세균 "잔디밭(lawn)"의 감염된 부위에서 플라크(*plaque*)라는 투명한 반점이 나타나게 된다. 각각의 플라크는 수백만 개의 파지 입자들을 포함하고 있고, 이들 입자는 모두 동일한 진핵생물 DNA 단편을 갖는다.

더 큰 크기의 DNA를 클로닝하기 위해서는 BAC이라는 세균이나 YAC이라는 효모를 사용해야 하며, 이에 대해서는 783쪽에 설명되어 있다.

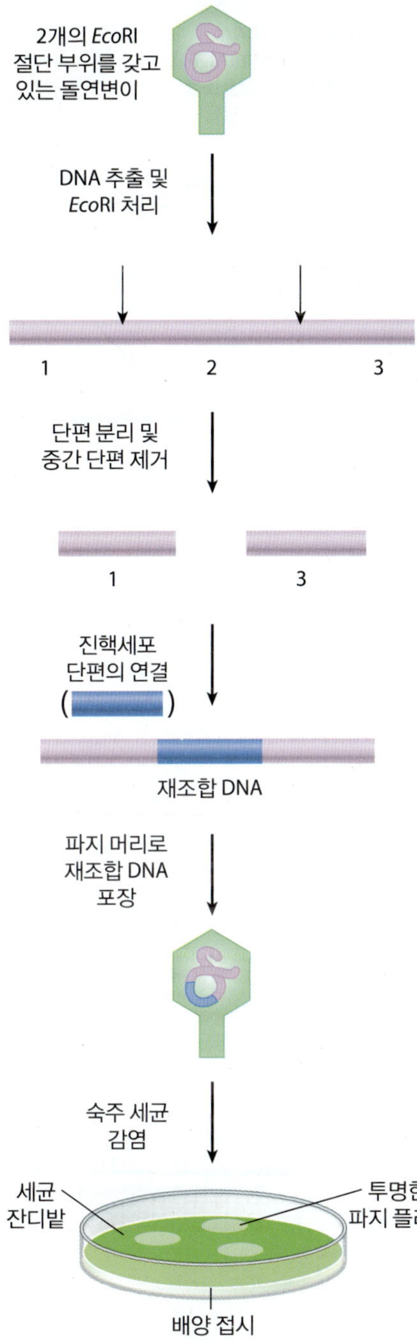

그림 18.43 **람다 파지에 진핵생물의 DNA 단편을 클로닝하는 방법.** 단계들에 대한 설명은 본문에 있다.

18.21 PCR에 의한 DNA 증폭

1983년에, 세터스사(Cetus Corporation)의 캐리 멀리스(Kary Mullis)는 세균세포 없이 특정한 DNA 단편을 증폭할 수 있는 새로운 기술을 개발하였다. 이 기술은 **중합효소연쇄반응(polymerase chain reaction, PCR)**이라고 한다. 1개 이상의 관련 DNA 군집들에 대한 다양한 응용에 맞춰서 다양한 PCR 방법들이 사용되고 있다. 또한, 역전사효소(reverse transcriptase)를 사용하여 RNA를 상보적 DNA로 먼저 변환함으로써, PCR 증폭은 RNA 주형에도 쉽게 적용이 가능하다.

PCR 과정

PCR에 사용되는 기본적인 과정은 **그림 18.44**에서 설명되어진다. 이 기술은 열에 안정한 DNA 중합효소인 *Taq* 중합효소(*Taq polymerase*)를 사용한다. 이 중합효소는 원래 90°C 이상의 온도의 온천에서 사는

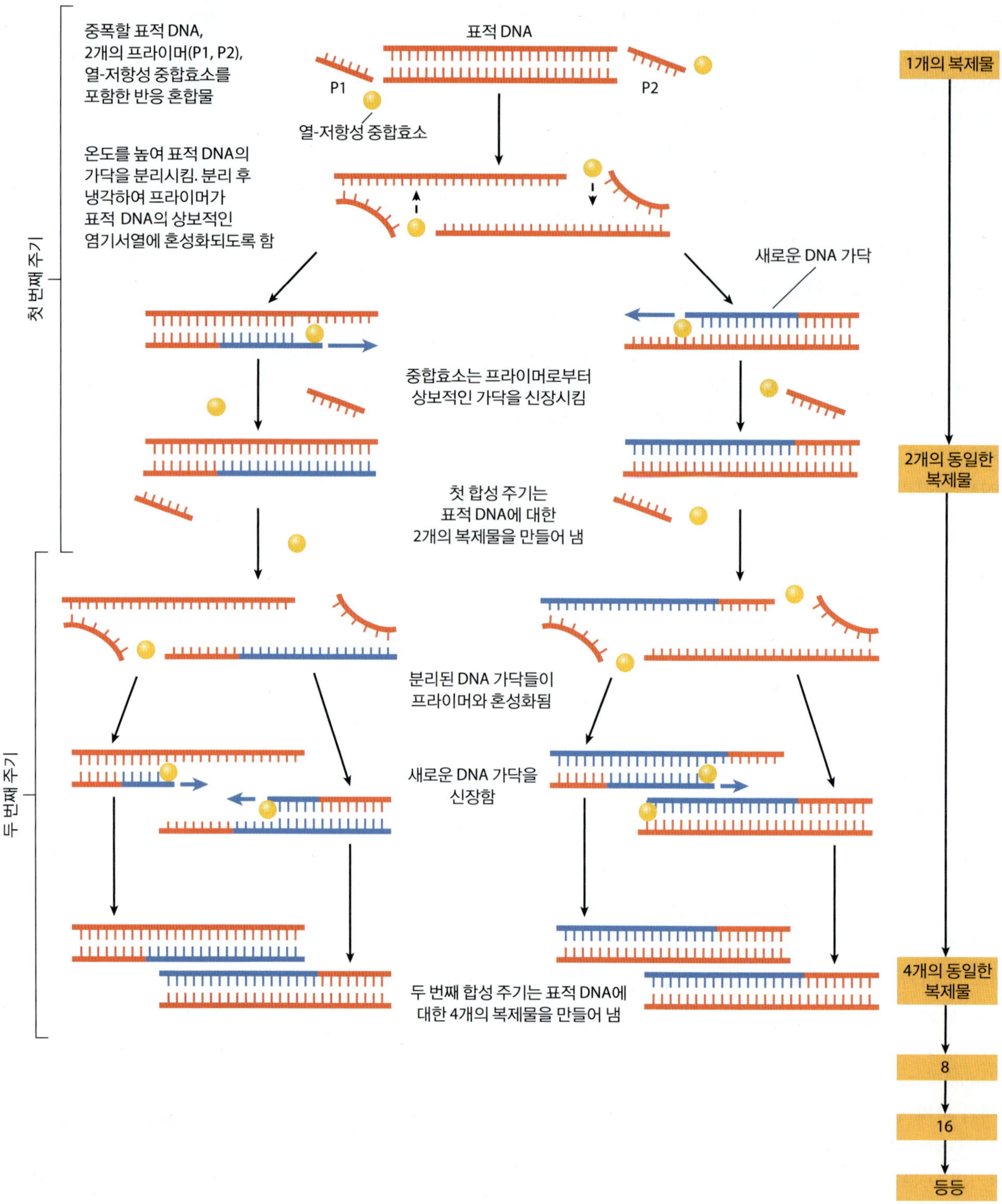

그림 18.44 중합효소연쇄반응(PCR). 본문에서 설명했듯이, 이 기술은 2중가닥 DNA를 단일가닥으로 분리시킬 수 있는 높은 열에도 견디는 열-저항성 DNA 중합효소를 이용한다. 각 복제 주기에서 2중가닥 DNA가 단일가닥으로 분리되고, 선택된 영역의 양 끝쪽에 프라이머가 결합한 후, 중합효소가 그 사이의 단편을 복제한다.

세균인 쎄르무스 아쿠아티쿠스(*Thermus aquaticus*)로부터 정제되었다. 가장 간단한 방법에서는, DNA 시료를 *Taq* 중합효소, 4종류의 데옥시리보뉴클레이티드(dNTP), 그리고 과량의 2종류의 짧은 합성 DNA 단편(oligonucleotides)을 혼합한다. 이 올리고뉴클레오티드는 증폭되어질 DNA 부분의 3′말단들에 있는 DNA 염기서열에 상보적이며, 프라이머(288쪽) 역할을 하는데, 복제단계 동안 뉴클레오티드들이 이 프라이머에 추가되어 붙는다. 그런 다음 혼합물을 약 95°C로 가열하여 시료의 DNA 분자가 2가닥으로 분리되도록 한다. 그리고 혼합물을 약 60°C로 냉각시켜 프라이머가 표적 DNA 가닥에 혼성화되도록 하고, 온도를 약 72°C로 높여서 호열성 중합효소가 프라이머의 3′말단에 뉴클레오티드를 추가하도록 한다. 중합효소가 프라이머를 신장시킴에 따라, 표적 DNA는 선택적으로 복제되어 새로운 상보적인

DNA 가닥을 형성한다. 온도를 다시 높여서 새로 형성된 DNA 가닥과 원래의 DNA 가닥을 서로 분리시킨다. 그런 다음 시료를 냉각시켜 혼합물의 합성 프라이머가 원래 양의 2배로 존재하는 표적 DNA에 다시 한 번 결합할 수 있게 한다. 이러한 주기는 계속해서 반복되며, 각 주기마다 양쪽 끝에 프라이머가 결합된 특정 영역의 2중가닥 DNA 양이 2배로 증가한다. 주기 내에 있는 각 단계들이 일어날 수 있도록 반응혼합물의 온도를 자동으로 변경하는 **열순환기**(*thermal cycler*)를 사용하면 단 몇 시간 만에 특정 부위의 수십억 개에 달하는 복제물을 생성할 수 있다.

PCR의 응용

클로닝 또는 분석을 위한 DNA 증폭하기 PCR은 개발된 이후 많은 용도로 사용되고 있다. 표적서열이 2개의 상보적 프라이머의 뉴클레오티드서열을 미리 정할 수 있을 정도로 충분히 상세하게 알려진다면, PCR을 이용하여 단편을 클로닝하기 전에 특정 DNA 단편의 복제물을 대량으로 만들 수 있다. PCR은 단일 세포에서와 같이 소량의 시료에서 대량의 DNA를 생성할 수 있기 때문에, 특히 원천 DNA가 매우 부족한 경우에 유용하다. PCR은 범죄수사에서 범죄 용의자의 의복에 남겨진 마른 혈흔 또는 심지어 범죄현장에 남아 있는 단일 모낭의 일부에 존재하는 DNA로부터 많은 양의 DNA를 생성하는 데 사용되어 왔다. 이 목적을 위해, 높은 다형성(즉, 집단 내에서 높은 빈도로 다양한)을 보이는 특정 유전체 영역을 선택하여 증폭하며, 이러한 다형성으로 인해 두 개체가 동일한 DNA 단편을 가질 수 없다(그림 4.19). 이 동일한 과정을 통해 수백만 년 동안 잘 보존된 화석 유적에서 DNA 단편을 연구할 수도 있다. PCR에서 DNA 중합효소의 활성은 또한 DNA 염기서열 분석에도 사용된다(18.22절 참조).

특정 DNA 염기서열의 존재 검사하기 조직 시료에 특정 바이러스가 포함되어 있는지 확인하려고 한다고 가정해보자. 서던 혼성화(Southern hybridization, 773쪽) 또는 PCR을 사용하여 확인할 수 있다. PCR 방법에서, 핵산을 시료에서 분리한 다음에 바이러스 DNA에 상보적인 PCR 프라이머와 PCR 시약과 함께 혼합하여 PCR 반응을 수행한다. 바이러스 유전체가 시료에 존재하면 PCR 프라이머가 혼성화되어 PCR 반응을 일으켜 복제물을 생성할 것이다. 만약 바이러스가 존재하지 않으면 PCR 프라이머는 혼성화되지 않으며 복제물도 생성되지 않을 것이다. 따라서, 이 경우에서는 PCR 반응 자체가 검출시스템으로서 작용한다.

DNA 분자 비교하기 2개의 DNA 분자가 동일한 염기서열을 갖는다면, 그들은 동일한 프라이머와의 반응에서 동일한 PCR 산물을 생성할 것이다. 이것은 세균 균주의 유전체 DNA와 같은 두 가지 DNA 시료의 유사성을 비교하여 빠르게 분석하기 위한 전제이다. PCR은 특이적으로 설계되거나 무작위로 생성될 수 있는 몇 가지 프라이머를 사용하여 시료에서 수행된다. 그 후, 산물을 젤 전기영동으로 분리하고 비교한다. 세균 유전체의 서열이 유사할수록 PCR 산물도 유사할 것이다.

DNA 또는 RNA 주형의 정량분석하기 PCR은 혼합 시료에서 특정 뉴클레오티드서열(DNA 또는 RNA)이 얼마나 존재하는지를 결정하는 데 사용될 수도 있다. 생성되는 2중가닥 산물의 양을 정량하기 위해 2중가닥 DNA에 특이적으로 결합하는 염료를 사용한다. 산물의 축적속도는 시료에 존재하는 주형의 양에 비례한다.

또 다른 방법은 "분자비콘(molecular beacons)"이라고 불리는 것을 사용한다. 이들은 한쪽 말단에는 형광단이 그리고 다른 쪽 말단에는 소광제가 결합된 짧은 리포터 올리고뉴클레오티드이고, 증폭될 표적서열의 중간에 혼성화된다. 짧은 올리고뉴클레오티드가 손상되지 않는 한, 형광단과 소광제가 충분히 가깝게 있기 때문에 형광이 소광된다. DNA 중합효소가 주형과 상보적인 새로운 DNA 가닥을 합성하면, 중합효소의 핵산말단가수분해효소(exonuclease) 활성(293쪽)에 의해 리포터 올리고뉴클레오티드가 분해된다. 따라서 형광단은 소광제와 분리되어 형광을 낸다. 주어진 PCR 주기에서 방출된 형광단의 양은 중합효소에 의해 복제되는 주형 분자의 수에 직접적으로 비례한다.

18.22 DNA 염기서열 분석

1970년까지 많은 단백질의 아미노산 서열이 결정되었지만, DNA의 뉴클레오티드 서열분석에 대해서는 사실상 진전이 없었다. 여기에는 여러 가지 이유가 있다. DNA 분자와 달리 폴리펩티드는 다룰 수 있는 정도의 명확한 길이를 가진다. 주어진 폴리펩티드는 쉽게 정제될 수 있으며, 폴리펩티드의 다양한 부위를 절단하여 중첩단편을 만드는 다양한 기술들이 있다. 다양한 특성을 갖는 20개의 상이한 아미노산의 존재는 작은 펩티드의 분리 및 서열 분석을 쉽게 만들었다. 1970년대 중반에 DNA 염기서열 분석 기술에 혁명이 일어났다. 1977년에 약 5375개의 뉴클레오티드를 가지는 ϕX174 바이러스 전체 유전체의 완전한 뉴클레오티드 염기서열이 보고되었다. 분자생물학의 이정표가 된 이 실험은 약 25년 전에 폴리펩티드(인슐린)의 아미노산 서열을 처음으로 분석했던 프레드릭 생어(Frederick Sanger)의 실험실에서 이루어졌다. 2001년에는 약 30억 개의 염기쌍에 해당하는 인간 유전체 서열 초안이 발표되었다. 수백 명의 과학자가 수년간 연구해 온 결과물이다.

이러한 DNA 염기서열 분석기술의 발전은 DNA 염기서열 분석에 대한 분자적 접근, 자동화 기기, 보다 강력한 다용도 컴퓨터, 그리고 데이터 분석을 위한 소프트웨어와 같은 여러 분야의 발전으로 가능해졌다. 초기 열쇠는 큰 DNA 단편의 서열을 결정하기 위한 가능한 접근법의 개발이었다. 이러한 진보는 제한효소의 발견과 클로닝 기술의 발전으로 가능해졌다. 이를 통해, 필요한 생화학적 절차를 수행하기에 충분한 양의 DNA 단편을 준비할 수 있게 되었다.

1980년 영국의 캠브리지(Cambridge)에 있는 의학연구협의회(Medical Research Council)의 Sanger와 A. R. Coulson이 개발한 DNA 염기서열 분석 방법론이 널리 받아들여졌다. PCR 개발에 이어 Sanger-Coulson 염기서열분석 방법과 PCR은 통합되어 하나의 염기서열분석방법이 되었는데, 이것은 Sager-Coulson의 생화학과 PCR의 반복적인 주기 및 자동화를 결합한 것이다. 이른바 주기염기서열분석(cycle sequencing)은 유전체 염기서열분석에 널리 사용되었고 기본 단계는 **그림 18.45**에 설명되어 있다. Sager-Coulson 접근법은 주요 DNA 염기서열 분석 과제에서 더 이상 사용되지 않지만, 인간 유전체 프로젝트를 비롯한 모든 초기 유전체 염기서열분석 연구에 사용된 기술로서의 역사적 중요성뿐만 아니라 생화학 방법론의 우아함 때문에 분자생물학에서 귀중한 학습도구로 여겨진다.

이 방법은 PCR 생성물 또는 클로닝으로 얻어진 DNA 단편인 동일한 주형 분자 집단으로 시작한다. 주형 DNA는 염기서열분석이 될 영역의 한 가닥의 3′말단에 상보적인 프라이머와 혼성화된다. 반응 혼합물은 또한 호열성 Taq DNA 중합효소, 4개의 모든 데옥시리보뉴클레오티드 3인산 전구물질(deoxyribonucleotide triphosphate, dNTPs) 및 저농도의 디데옥시리보뉴클레오시드 3인산(*dideoxyribonucleotide triphosphate, ddNTP*)이라는 변형된 전구물질을 함유한다. 각 *ddNTP*(ddATP, ddGTP, ddCTP 및 ddTTP)의 3′말단에 각각 다른 색의 형광 염료를 붙인다.

염기서열분석 반응은 PCR과 같이 2개의 주형가닥이 변성되도록 하는 온도로 혼합물을 가열함으로써 시작된다(그림 18.45*a*, 1단계). 다음으로, 프라이머가 주형 DNA에 혼성화될 수 있도록 반응을 냉각시킨다(2단계). PCR과 대조적으로 1개의 프라이머만 존재하므로 주형 DNA의 2가닥 중 1개만 프라이머에 혼성화할 수 있다. 3단계에서 *Taq* polymerase는 주형 분자에 상보적인 프라이머의 끝에 dNTP를 추가하여 DNA의 새로운 상보적인 가닥을 합성한다. 이제는 중합효소가 dNTP 대신에 ddNTP를 삽입한다. 디데옥시뉴클레오티드는 2′ 위치 및 3′ 위치 모두에 하이드록실기(—OH)가 없다. 이 뉴클레오티드 중 1개가 신장하는 사슬의 끝 부분에 결합되면 3′ OH가 없기 때문에 중합효소가 다른 뉴클레오티드를 추가할 수 없으므로 사슬 합

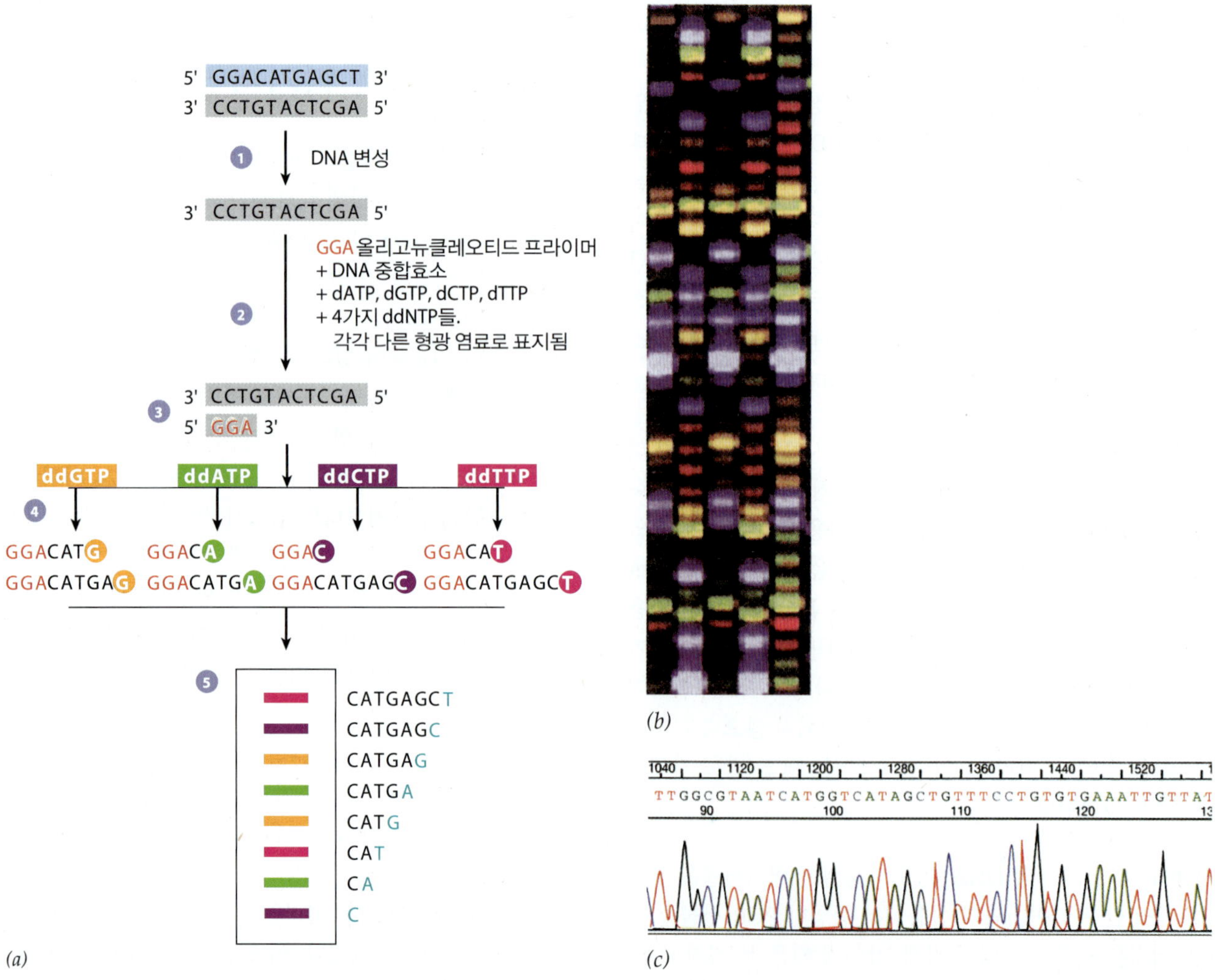

그림 18.45 DNA 염기서열 분석. (*a*) 본문에서 설명한 Sager-Coulson(디데옥시) 기술을 이용하여 가상의 작은 단편 염기서열을 분석하는 기본 단계들. (*b*) 형광으로 표지된 딸 분자들이 분리되어 있는 젤. 띠의 색깔은 DNA 가닥의 3′말단에 있는 디데옥시뉴클레오티드에 따라서 달라진다. (*c*) 주형가닥의 뉴클레오티드의 염기서열은 컴퓨터에 의해 분석되어진다. 컴퓨터는 젤의 바닥부터 위로 띠의 형광 세기 및 파장에 따라 "읽어낸다". 컴퓨터는 "전기영동 그래프"를 만들어낸다. 이것은 DNA 염기서열의 해석과 함께 검출된 형광의 세기와 색깔을 보여준다.

출처: (b, c) Leroy Hood and David Galas, *Nature* 421:445, 2003, Fig. 1c and 1d에서 발췌. Macmillan Publishers Ltd.의 허가를 얻어 재인쇄함.

성이 종결된다(그림 18.45, 4단계). ddNTP가 상응하는 dNTP보다 훨씬 낮은 농도로 반응 혼합물에 존재하기 때문에 ddNTP의 결합은 드물고 무작위적이다. 하나의 사슬의 시작 근처, 다른 사슬의 중간 근처, 또는 제3사슬에서는 아예 결합되지 않을 수 있다. 어떻든지 간에 ddNTP가 결합되면, 그 시점에서 사슬의 신장이 멈춘다.

반응의 사슬 신장 단계가 완료된 후, 온도가 다시 상승되어 새로운 2중 DNA 분자를 변성시킨다. 혼성화, 합성 및 변성의 주기는 여러 번 반복되어 ddNTP가 모든 위치에 결합된 분자를 포함하는 딸 DNA 가닥을 대량을 생성한다. 예를 들어, 주형가닥 상의 모든 A에 대해, 그 위치에서 ddTTP로 종결된 딸 분자가 존재할 것이다. 모든 주기가 완료되면 반응 생성물은 매우 얇은 모세관 젤에서 전기영동에 의해 분리된다(그림 18.45, 5단계).

고-분해능 젤 전기영동은 1개의 뉴클레오티드만 다른 단편을 분리할 수 있으므로 젤의 각 연속적인 띠는 이전 띠의 것보다 1개의 뉴클레오티드만큼 길다. 각 ddNTP는 고유한 형광 염료로 표지되었기 때문에 띠의 색(자동 레이저 검출기로 읽음)은 각 딸 분자의 말단 뉴클레오티드의 동일성을 나타낸다(그림 18.45*b*). 그러므로 젤의 색상 순서는 주형 분자의 염기서열과 일치한다(그림 18.45*c*).

대략 2005년을 시작으로 인간과 인간 외 모든 유전체를 신속하고 저렴하게 염기서열분석한다는 목표에 따라 DNA 염기서열분석 기술의 혁명이 일어나고 있다. 엄청난 양의 DNA를 염기서열분석하는 데 드는 비용은 지난 몇 년 동안 극적으로 감소했으며, 2014년에는 주어진 사람의 유전체를 약 1,000달러 범위의 비용으로 염기서열분석하는 것이 가능해졌다. 이는 불과 몇 년 전보다 훨씬 낮은 가격이다.

이러한 진보는 DNA 염기서열 분석을 위한 완전히 새로운 전략에 의해 가능해졌다. 이러한 새로운 전략 중 첫 번째는 대량 병렬 염기서열분석(*massively parallel sequencing*) 또는 2세대 염기서열분석(*2d generation sequencing*)이라고 하며 지난 몇 년 동안 유전체 염기서열분석을 주도해 왔다. 원래의 인간 유전체 과제의 염기서열분석 단계와 달리 대량 병렬 염기서열분석 기술은 효모 또는 세균에 유전체 단편을 클로닝할 필요가 없다. 대신 단편은 전체 유전체로부터 직접 만들어지며 각각의 단편은 증폭되어 엄청난 양을 형성한다. Sager-Coulson 접근법과 마찬가지로 대량 병렬 염기서열분석 기술은 중합효소에 의한 DNA 합성을 기반으로 하지만 조기 가닥 종결을 이용하지 않으며, 동시에 분석할 수 있는 시료의 수를 제한하는 전기영동을 통한 DNA 가닥 분리도 필요하지 않다. 대신 실시간으로 중합효소에 의해 결합되는 개별 뉴클레오티드를 직접 확인할 수 있다. 이렇게 신속하게 염기서열분석을 할 수 있는 자동화된 장비가 다양하다. 이 모든 경우에 엄청난 수의 DNA 분자(최대~10^9개)가 표면에 고정화된 다음 4개의 다른 NTP가 있는 상태에서 DNA 중합효소로 배양된다. 상보적 가닥이 "평행한(parallel)" DNA 주형으로부터 대량으로 합성될 때, 다양한 방법을 이용하여 이들 각각의 상보적인 가닥에 연속으로 결합되는 뉴클레오티드를 식별한다.

이들 플랫폼 모두에서 합성된 가닥은 전기영동 방법(길이가 약 800 bp)을 이용한 초기 염기서열분석 방법에 비해 상대적으로 짧다 (길이가 100 bp 미만). 이 새로운 염기서열분석기기는 1세대 때 사용된 기기보다 오류가 발생하기 쉽다. 그러나 동시에 읽을 수 있는 각 DNA 가닥의 복제물이 매우 많아서 가장 많이 생성된 서열을 대표 서열로 결정함으로써 높은 정확성을 얻을 수 있다. 합성되는 짧은 단편["리드(read)"라고 함]은 새로운 종의 유전체의 DNA 서열을 결정하려고 할 때 문제가 된다. 매우 많은 수의 짧은 리드를 함께 붙여(조립하여) 진핵세포 염색체에 존재하는 매우 긴 DNA 분자를 만드는 것은 매우 어려울 수 있기 때문이다. 따라서, 이미 특정 DNA 단편을 배치할 수 있는 참고 유전체를 보유하고 있는 인간 종과 같은 종의 개별 유전체를 연구하는 데 가장 적합하다. 쉽지 않음에도 불구하고, 팬더와 같은 새로운 종의 유전체를 이 기술을 사용하여 조립하여 분석하였다. 대량 병렬 염기서열분석기기의 또 다른 문제점은 염기서열 데이터를 개인의 모계 및 부계형 반수체 유전체, 즉 일배체형으로 분류할 수 없다는 것이다(156쪽). 이것은 유전체 의학을 위한 응용에서의 유용성을 제한할 수 있다.

지난 몇 년 동안, 종종 3세대 염기서열분석기기(*thrid-generation sequencers*)라고 불리는 새로운 DNA 염기서열분석 기기가 시장에 소개되었다. 대부분의 이러한 염기서열분석기기들은 뉴클레오티드 서열을 결정하기 위해 매우 다른 기계적 전략을 사용하지만, 단일 DNA 분자(DNA 증폭의 필요성을 제거하는)를 사용하고, 긴 리드(예: 1000개의 뉴클레오티드)를 생성하며, 저렴한 비용으로 2세대 기기보다 빠른 속도를 보여준다. 두 가지의 염기서열분석기술에 대해서 간략하게 살펴볼 것이다. 첫 번째 기술에서는, "나노포어(nanopore)"라는 미세한 구멍을 통해 DNA 분자를 끌어당겨서 한 번에 1개씩 구멍을 통과하여 지나갈 때 뉴클레오티드를 식별하여 염기서열을 분석한다. 각 뉴클레오티드가 차례로 나노포어를 통과할 때 네 가지 뉴클레오티드의 이온 특성 차이에 기초하여 뉴클레오티드를 식별한다. 다수의 나노포어가 동시에 작동하면 매우 빠른 염기서열분석이 가능하다. 다른 3세대 염기서열기술은 "합성에 의한 염기서열분석(sequencing-by-synthesis)" 방식으로 작동한다. 이러한 기기 중 1종류에서 레이저 기반 검출 시스템은 DNA 가닥을 따라 순차적으로 움직이는 단일 DNA 중합효소에 의해 형광으로 표지된 뉴클레오티드가 결합될 때 뉴클레오티드를 식별한다. 수십만 개 이상의 이러한 반응이 서로 다른 DNA 가닥에서 동시에 일어나므로 짧은 반응기간["실행(run)"] 동안 많은 양의 데이터가 생성된다.

일단 DNA 단편의 뉴클레오타티드 서열이 결정되면, 이를 분석하기 위해 다양한 소프트웨어 도구가 사용될 수 있다. 예를 들어, DNA에 의해 부호화된 아미노산 서열을 결정하고 다른 알려진 아미노산서열과 비교하여 폴리펩티드의 가능한 기능에 대한 정보를 제공할 수 있다. 아미노산 서열은 또한 단백질의 3차 구조, 특히 폴리펩티드의 어느 부위가 내재단백질의 막-통과 부위로 작용하는가에 대한 단서를 알려준다. 뉴클레오티드 서열 자체는 또한 다른 알려진 뉴클레오티드 서열과 비교할 수 있다. 이러한 비교는 DNA 서열의 진화적 연관성 또는 내력을 밝히거나, 방금 염기서열분석한 DNA 단편을 확인하거나, 다양한 생물체 또는 개체의 유전체 특징을 비교하는 데 사용할 수 있다.

18.23 DNA 라이브러리

DNA 클로닝은 클론된 DNA 단편의 집합체인 **DNA 라이브러리(DNA libraries)**를 생성하는 데 종종 사용된다. 유전체 라이브러리와 cDNA 라이브러리의 두 가지 기본 유형의 DNA 라이브러리를 만들 수 있다. 유전체 라이브러리(*genomic libraries*)는 핵에서 추출한 전체 DNA로부터 만들어지며 모든 종의 DNA 염기서열을 포함한다. 종의 유전체 라이브러리가 이용 가능해지면, 이 집합체를 사용하여 인간 인슐린 유전자를 포함하는 특정 DNA 서열을 분리할 수 있다. 다른 한편으로, *cDNA* 라이브러리(*cDNA libraries*)는 RNA 집단의 DNA 복제물로부터 유래된다. cDNA 라이브러리는 전형적으로 특정 세포 유형에 존재하는 mRNA로부터 생성되며, 따라서 상기 유형의 세포에서 활성인 유전자에 상응한다.

유전체 라이브러리

먼저 유전체 라이브러리의 생성에 대해서 살펴보려 한다. 한 가지 방법에서는, 유전체 DNA는 효소 농도가 낮은 조건에서 매우 짧은 뉴클레오티드 서열을 인식하는 한두 가지의 제한효소로 처리된다. 여기서 단지 작은 비율만 실제로 절단이 된다. 테트라뉴클레오티드(tetranucleotide) 서열을 인식하는 두 가지의 일반적으로 사용되는 효소는 *Hae*III(GGCC 인식) 과 *Sau3A*(GATC 인식)이다. 주어진 테트라뉴클레오티드 서열은 우연에 의해 어떠한 크기의 DNA 단편이라도 절단할 수 있을 정도의 높은 빈도로 나타난다. 일단 DNA가 부분적으로 분해되면, 젤 전기영동 또는 밀도기울기원심분리에 의해 분획하고, 적당한 크기(예를 들어, 20kb 길이)의 단편을 λ 파지 입자에 편입시킨다. 이들 파지들은 백만 개 정도의 플라크(plaque)를 만드는 데 사용되며, 이 정도의 개수는 포유동물 유전체의 단일 단편이 전부 표현될 수 있는 개수이다.

DNA는 대부분의 인식부위가 효소에 의해서 절단되지 않을 조건에서 효소 처리되기 때문에, DNA는 무작위로 절단되어 단편화된다. 일단 파지 재조합물이 생성되면 나중에 사용하기 위해 저장할 수 있으며, 따라서 이 종의 유전체에 존재하는 모든 DNA 염기서열 수집물을 영구적으로 보존할 수 있다. 라이브러리에서 특정 서열을 분리하기를 원할 때마다, 파지 입자를 세균에서 키워 얻은 다양한 플라크(각각 단일 재조합 파지의 감염에서 비롯됨)를 제자리혼성화법으로 그 서열의 존재를 확인한다.

무작위로 절단된 DNA의 사용은 라이브러리 구축에 이점이 있다. 왜냐하면, 특정 염기서열로부터 양방향으로 신장되는 염색체 부위의 분석에 사용할 수 있는 중복된 단편들을 생성하기 때문이다. 이것은 **염색체이동**(*chromosome walking*)이라고 하는 기술이다. 예를 들어, globin 유전자의 부호화 영역을 포함하는 단편을 분리하는 경우, 그 특정 단편을 표지하고 탐침으로 사용하여 중첩되는 단편에 대한 유전체 라이브러리를 선별할 수 있다. 원래 DNA 분자의 단편 가운데 더 긴 것을 분리해 내면 찾아낸 새로운 단편을 표지하여 탐침으로 사용함으로써 선별하는 과정을 반복한다. 이 방법을 사용하면 염색체의 확장된 영역에서 연결된 서열의 구성을 연구할 수 있다.

플라스미드 또는 람다 파지 매개체는 약 20내지 25 kb보다 큰 DNA를 클로닝하는 데 적합하지 않다. 훨씬 더 큰 DNA 조각을 클로닝할 수 있도록 하는 여러 매개체가 개발되었다. 이 매개체 중 가장 중요한 것 중 하나는 **효모인공염색체(yeast artificial chromosome, YAC)**다. 이 염색체는 1000 kb(100만 염기쌍) 크기의 외래 DNA 단편을 수용할 수 있다. 이름에서 알 수 있듯이, YAC는 정상 효모 염색체를 인위적으로 만든 것이다. S기 동안 복제되어 감수분열 동안 딸세포로 나누어지는 구조에 필요한 효모 염색체의 모든 요소—하나 이상의 복제개시점, 염색체 끝에 있는 말단절(telomere), 염색체가 분리되는 동안 방추사가 부착되는 중심절(centromere)등—를 포함한다. 또한 이러한 요소들뿐만 아니라, YAC는 (1) YAC가 포함된 세포를 YAC가 포함되지 않은 세포로부터 선별해 내기 위한 유전자와 (2) 클론이 될 DNA 단편을 포함한다.

지난 몇 년 동안 유전체를 염기서열분석하는 실험실은 **세균인공염색체(bacterial artificial chromosome, BAC)**라고 불리는 대체 클로닝 매개체에 크게 의존해 왔으며, BAC는 큰 외래 DNA 단편(최대 약 500 kb)을 수용할 수 있다. BAC는 세균복제개시점(origin of replication)과 자신의 복제를 조절하는 데 필요한 유전자를 포함하는 특수한 세균 플라스미드(F 인자)이다. BAC는 고속 염기서열분석 과제에서 YAC보다 유리하다. 왜냐하면 대장균에서 클로닝할 수 있기 때문에 외래 DNA를 쉽게 얻을 수 있고, 세대시간이 매우 짧으며, 단순 배지에서 고밀도로 성장할 수 있고, 클론된 DNA를 재조합을 통해 "변질"시키지 않기 때문이다.

YACs와 BACs에 클론된 DNA 단편은 일반적으로 길이가 100 kb 이상이다. 이러한 큰 크기의 단편은 대개 CG 디뉴클레오티드를 포함하는 특히 긴 뉴클레오티드 서열(7 내지 8 뉴클레오티드)을 인식하는 제한 효소로 DNA를 처리함으로써 생성된다. 264쪽에서 언급했듯이, CG 디뉴클레오티드는 포유동물 유전체에서 특별한 기능을 가지고 있으며, 아마도 이것 때문에 우연에 의한 기대치보다 나타나는 빈도가 낮다. 예를 들어, 8염기 서열인 GCGGCCGC를 인식하는 제한효소 *Not1*은 전형적으로 포유동물 DNA를 수십만 염기쌍의 단편으로 절단한다. 이 단편은 YACs 또는 BACs에 편입될 수 있고 숙주 효모 또는 세균세포 내에 클로닝될 수 있다.

cDNA 라이브러리

지금까지, 추출된 DNA로부터 분리된 DNA 단편, 즉 유전자 단편을 클로닝하는 것에 대해서만 논의하였다. 유전체 DNA를 다룰 때, 일반적으로 수십만 개의 무관한 염기서열 중에서 특정 유전자 또는 유전자군을 분리 하고자 한다. 또한, 유전체 단편의 분리는 (1) 유전자의 부호화 부분에 인접한 조절 염기서열, (2) 비부호화 개재 염기서열, (3) 유전체에서 종종 가까이에 놓여 있는 복합유전자군의 다양한 구성요소, (4) 다른 종의 DNA 비교에서 볼 수 있듯이 DNA 서열의 복제 및 재배열을 포함한 DNA 염기서열의 진화, (5) 전이유전요소의 산재 등을 포함하는 다양한 주제를 연구할 수 있게 한다.

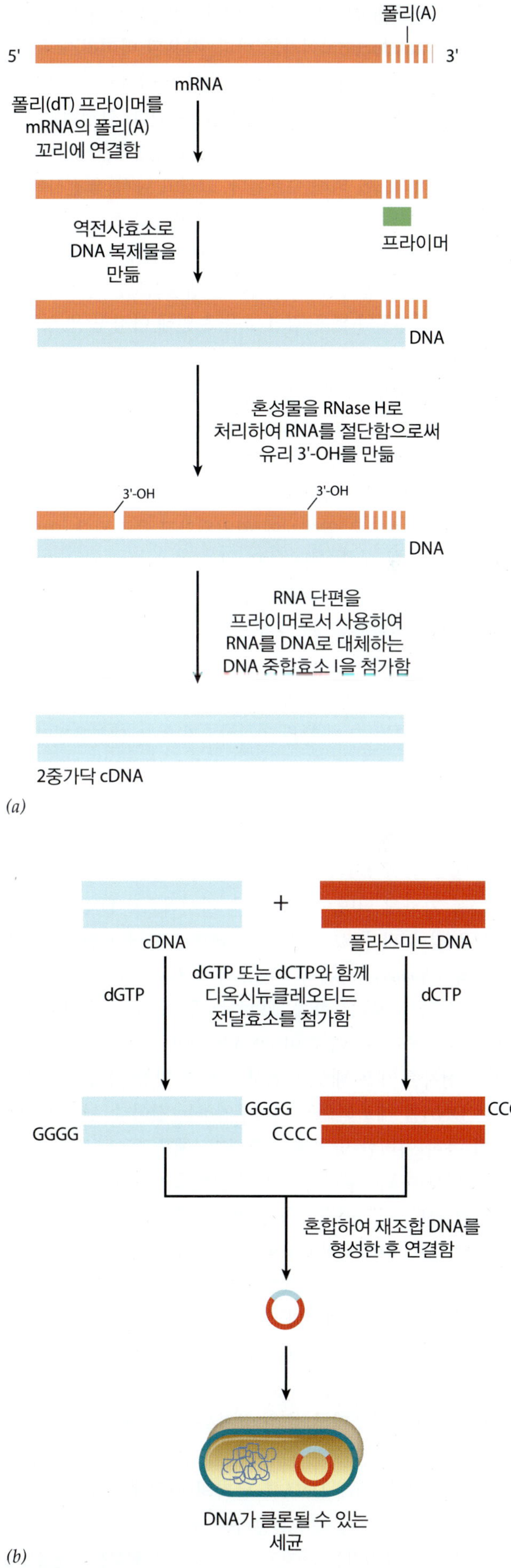

그림 18.46 **플라스미드에 클로닝할 cDNA 합성.** (*a*) cDNA를 만드는 이 방법에서는, 짧은 poly(dT) 프라이머가 mRNA의 poly(A)에 결합되고, mRNA는 역전사효소(DNA 합성 개시에 프라이머를 필요로 하는)에 의해 전사된다. DNA-RNA 혼성물이 형성되면 RNA는 RNase H 처리에 의해서 절단되고, 세균 세포에서 DNA 를 복제할 때와 마찬가지로 DNA 중합효소 I를 첨가하여 RNA를 분해하여 DNA로 대체한다. (*b*) 클로닝하기 위해 짧은 poly(G) 염기서열을 cDNA의 3′ 끝에 추가하고 상보적인 서열의 poly(C)를 플라스미드 DNA의 3′ 끝에 추가하여 비점착성말단(blunt-ended) cDNA를 만든다. 두 DNA를 혼합하여 재조합을 형성하도록 한 후 봉합하여 클론될 세균 세포 형질전환에 사용한다.

유전체 DNA와 대조적으로, cDNA의 클로닝은 유전자 발현 및 선택적 이어맞추기(alternate splicing) 분석에 특히 중요하다. cDNA 라이브러리를 생성하기 위해, mRNA를 분리하여 역전사 효소의 주형으로 사용하여 DNA-RNA 혼성물을 형성한다(**그림 18.46a**). DNA-RNA 혼성물의 RNA를 RNase H로 절단한 후 DNA 중합효소 I로 DNA를 합성하여 2중가닥 cDNA로 전환한다. 2중가닥 cDNA는 원하는 매개체(이 경우에는 플라스미드)와 결합되어 그림 18.46*b*와 같이 클로닝된다. mRNA 집단은 일반적으로 수천 개의 서로 다른 메시지를 포함하지만 개별 mRNA 종류는 현저하게 다른 수(양)로 존재할 수 있나. 결과적으로, cDNA 라이브러리는 드문 mRNA도 포함될 수 있게 하기 위해 100만 가지 정도의 다른 cDNA 클론을 포함해야 한다. 또한, 역전사효소는 매우 효율적인 효소가 아니며, 복제과정이 완료되기 전에 주형 mRNA로부터 떨어지는 경향이 있다. 결과적으로, 완전한 길이의 cDNA 집단을 얻는 것이 어려울 수 있다. 유전체 DNA 단편을 사용하는 실험에서처럼, 클론은 재조합 분자의 이질적인 집단으로부터 하나의 특정 서열을 분리하기 위해 선별되어야 한다.

클론된 cDNA의 분석은 몇 가지 기능을 제공한다. 일반적으로 해당 mRNA 집단보다 다양한 cDNA 집단을 연구하는 것이 더 쉽기 때문에 cDNA를 사용하여 세포에 존재하는 mRNA의 다양성과 풍부성, 두 가지 유형의 세포가 공유하는 mRNA의 비율, 또는 특정 1차 전사체로부터 생성된 선택적으로 이어맞추어진 mRNA의 다양성에 대해서 배울 수 있다. 단일 클론 및 증폭된 cDNA 분자 또한 매우 유용하다. 보다 실제적인 노력에서, 정제된 cDNA는 염기서열 분석을 통해서 폴리펩티드의 아미노산 서열을 결정하는 지름길을 제공할 수 있다. 표지된 cDNA는 재조합 클론 중 상보적 서열을 선별하는 탐침으로서 사용된다, 인트론이 없기 때문에 cDNA는 세균세포 배양에서 진핵생물 단백질을 합성할 때 유전체 단편보다 유리하다.

18.24 진핵세포 및 포유동물 배아세포로의 DNA 전달

앞에서는 진핵생물 유전자를 분리, 변형 및 증폭할 수 있는 방법에 대해서 논의했다. 이 절에서는 유전자를 진핵세포로 도입할 수 있는 몇 가지 방법에 대해서 알아볼 것이다. 이 목표를 달성하기 위해 가장 널리 사용되는 전략 중 하나는 DNA를 비복제성 바이러스의 유전체에 편입하고 세포에 감염시키는 것이다. 바이러스-매개 유전자 전이를 **형질도입(transduction)**이라고 한다. 사용된 바이러스의 유형에 따라 관심 유전자는 몇 시간에서 며칠 동안 일시적으로 발현되거나 숙주 세포의 유전체에 안정적으로 통합될 수 있다. 안정적인 통합은 대개 세포 내에서 DNA로 역전사 되는 RNA 유전체를 갖고 있는 변형된 레트로 바이러스에 의해 수행된다. 그러고 나서, 역전사된 DNA 복제물은 숙주 염색체에 삽입된다. 레트로 바이러스는 특정 유전자가 결핍된 환자 세포에 그 유전자를 전달하기 위해서 유전자 치료에 많이 시도되어 왔다. 일반적으로, 이러한 임상시도는 현재 사용하고 있는 바이러스 매개체의 낮은 감염 효율로 인해 아직 많은 성공을 거두지는 못했다.

나출 DNA를 배양된 세포에 도입하는 **형질주입(transfection)** 방법들이 많이 존재한다. 대개 세포는 칼슘인산 또는 DEAE-덱스트란으로 처리하는데, 이들 모두 첨가된 DNA와 복합체를 형성하여 세포 표면에 잘 부착된다. 대략 10^5개의 세포 중에 1개의 세포만이 DNA가 도입되고, 안정적으로 염색체에 편입된다고 추정된다. 이렇게 작은 비율로 세포가 왜 형질주입이 되는지 알려져 있지는 않지만, 형질주입된 세포들은 일반적으로 몇몇 단편을 받아들인다. 외래 DNA가 도입된 세포들을 선별하는 한 가지 방법은 형질전환이 된 세포만이 특수한 배지에서 살 수 있도록 하는 유전자를 포함시키는 것이다. 형질전환된 세포는 일반적으로 1개 이상의 단편을 받아들이기 때문에, 선별을 위한 유전자는 그 역할을 조사하고자 하는 대상유전자[**전이유전자(transgene)**]와 같은 DNA 단편에 위치에 있지 않아도 된다.

세포에 형질주입시키는 두 가지 다른 방법들에는 전기천공법과 리포펙션이 있다. 전기천공법(*electroporation*)에서는 세포와 DNA를 짧은 전기 펄스를 전달하는 전극이 있는 특수한 용기에서 함께 배양한다. 전류를 가하게 되면, 원형질막은 일시적으로 DNA 분자에 대한 투과성을 갖게 된다. 그 중 일부는 핵으로 들어가 염색체에 통합된다. 리포펙션(*lipofection*)에서는 세포와 양전하를 띠는 지방(양이온 리포솜)과 결합한 DNA를 함께 배양하는데, 이 DNA-지방 복합물은 세포막의 지질 2중층과 융합하여 DNA를 세포질로 운반한다.

외래 유전자를 세포 내로 도입하기 위한 가장 직접적인 방법 중 한 가지는 DNA를 세포핵으로 미세주입하는 것이다. 난모세포와 난자의 핵이 특히 이러한 방법에 적합하다. 예를 들어, 손톱개구리속(*Xenopus*) 난모세포는 외래 유전자의 발현을 연구하는 데에 오랫동안 사용되어 왔다. 난모세포의 핵은 RNA 합성에 필요한 모든 시스템을 가지고 있다. 외래 DNA가 핵으로 주입되면, 빠르게 전사가 일어난다. 게다가, 주입된 주형으로부터 합성된 RNA 들은 정상적인 과정을 거쳐서 세포질로 운반된다. 그 후 단백질로 번역되는데, 이 단백질들은 면역학적으로 또는 그들의 특정 활성에 따라 검출이 가능하다.

주입된 DNA 의 또 다른 좋은 표적은 생쥐 배아의 핵이다(**그림 18.47**). 이 실험에서의 목표는 주입된 세포 내의 유전자의 발현을 관찰하는 것이 아니라, 외래 DNA를 난자의 염색체로 통합시켜 배아 및 성장한 성체의 모든 세포로 전달하는 것이다. 유전적으로 조작되어 염색체에 외래 유전자를 가지고 있는 동물을 **형질전환 동물(transgenic animals)**이라고 한다. 이러한 형질전환 동물을 통해 배아세포에서 특정 유전자가 언제 어디서 발현되는지 관찰할 수 있고, 특정 유전자가 동물의 발달과 생명에 주는 영향을 판단할 수 있다.

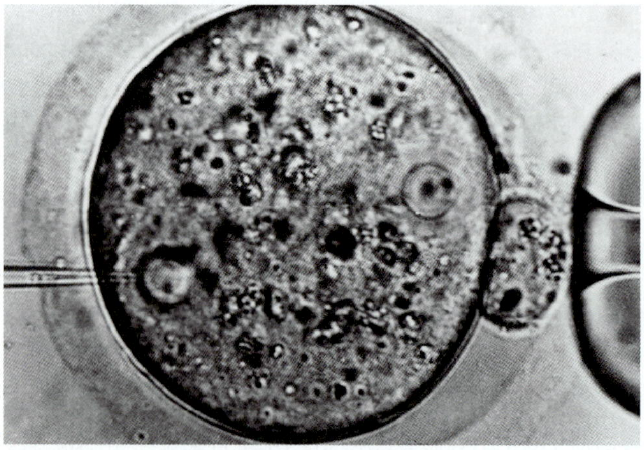

그림 18.47 **최근 수정된 생쥐 난자 핵에 DNA 미세주입.** 난자는 오른쪽에 있는 흡인 피펫에 의해 고정되고, 왼쪽에 있는 주입 피펫은 난자를 관통해 있다.

출처: From Thomas E. Wagner et al., *Proc. Nat'l. Acad. Sci. U.S.A.* 78:6377, 1981.

형질전환 동물

1981년 펜실베이니아 대학(University of Pennsylvania)의 Ralph Brinster(랠프 브린스터)와 워싱턴 대학(University of Washington)의 Richard Palmiter(리차드 팔미터)는 생쥐의 수정란에 쥐 성장호르몬 유전자를 도입하는 데 성공했다. 주입된 DNA는 생쥐 메탈로티오네인(metallothionein) 유전자의 프로모터 영역 바로 다음 위치에 쥐 GH 유전자의 부호화 부분을 포함하도록 구성하였다. 정상적인 조건에서 메탈로티오네인의 합성은 카드뮴 또는 아연 같은 금속, 또는 글루코코르티코이드 호르몬을 투여한 후에 크게 향상된다. 메탈로티오네인 유전자는 강력한 프로모터를 가지고 있으며, GH 유전자를 그 아래쪽에 위치시키면 형질전환 쥐를 금속이나 글루코코르티코이드로 처리함으로써 GH 유전자를 발현시킬 수 있을 것으로 기대된다. **그림 18.48**에서 볼 수 있듯이, 이 기대는 충분히 만족되었다.

실용적인 측면에서, 형질전환 동물은 **동물 모델(animal models)**을 생성하는 방법을 제공하는데, 이들은 정상적으로는 걸리지 않았을 특정 인간 질병을 나타내는 실험용 동물이다. 이 방법의 예로서, 인간 아밀로이드 전구체 단백질(amyloid precursor protein, APP)의 돌연변이 유전자를 가지는 형질전환 생쥐를 들 수 있다. 76쪽에서 설명했듯이, 이 생쥐는 알츠하이머병을 연상시키는 신경 및 행동 증상을 나타내며, 이 끔찍한 질병에 대한 치료법 개발에 중요한 자원이다. 형질전환 동물은 또한 농업생명공학에서도 개발되고 있다. 예를 들어, 외래 성장호르몬 유전자가 염색체에 통합되어 태어난 돼지는 유전자가 결핍된 대조군 동물보다 훨씬 기름기가 없다. 과잉 성장호르몬이 지방보다는 단백질로 영양분의 전환을 촉진하기 때문에 형질전환 동물의 고기는 기름기가 더 적다.

그림 18.48 형질전환 생쥐. 사진은 생후 10주째인 한 배에서 태어난 1쌍의 생쥐다. 큰 생쥐는 메탈로티오네인 프로모터의 아래쪽에 쥐 성장호르몬(GH) 유전자를 갖고 있는 DNA를 주입한 난자로부터 발달하였다. 큰 생쥐의 체중은 44 g이며, 대조군인 작은 생쥐는 29 g이다. 쥐 GH 유전자는 자손에게 전달되었으며, 이들 또한 대조군보다 더 크게 성장하였다.

출처: Ralph L. Brinster 제공, work reported in R. D. Palmiter et al., *Nature* 300:611, 1982에서 발췌. Macmillan Publishers Ltd.의 허가를 얻어 재인쇄함.

형질전환 식물

식물은 또한 유전 공학의 주된 대상이다. 연구자들은 개별 배양 식물 세포로부터 완전한 식물이 자랄 수 있음을 입증했다. 이것은 성숙한 식물로 자랄 수 있는 배양된 세포의 염색체에 DNA를 도입함으로써 식물의 유전적 구성을 바꿀 수 있다. 외래 유전자를 도입하는 한 가지 방법은 아그로박테리움(*Agrobacterium tumefaciens*) 세균의 *Ti* 플라스미드(*Ti plasmid*)에 이들을 도입하는 것이다. 실험실 밖에서 이 세균은 쌍자엽식물과 함께 자라면서, 왕관혹병(crown galls)이라고 불리는 종양덩어리를 형성한다. 감염이 일어나는 동안, *T-DNA* 영역(*T-DNA region*)으로 불리는 Ti 플라스미드의 한 부분이 세균에서 식물세포로 전달된다. 플라스미드의 이 부분은 식물세포의 염색체에 통합되어 세포가 증식하여 세균에 영양분을 제공하게 한다.

Ti 플라스미드를 세균으로부터 분리하여, 외래 유전자와 연결하여 재조합 플라스미드를 만들 수 있다. 이 재조합 플라스미드는 당근 및 담배를 포함하는 미분화 쌍자엽식물 세포와의 배양을 통해 받아들여진다. **그림 18.49**는 재조합 Ti 플라스미드를 이용하여, 새로 형성된 싹의 끝에 분열조직세포로 외래 DNA를 도입하는 것을 보여준다. 그 싹은 뿌리를 내리고 성숙한 식물로 자랄 수 있다. *T-DNA* 형질전환(*T-DNA transformation*)이라고 불리는 이 기술은 곤충을 죽이는 독소를 암호화하는 세균에서 유래한 유전자로 식물세포를 형질전환시켜 곤충 포식자로부터 식물을 보호하는 데 사용되었다.

외래 유전자를 단자엽식물의 세포 내로 도입하기 위한 다른 방법

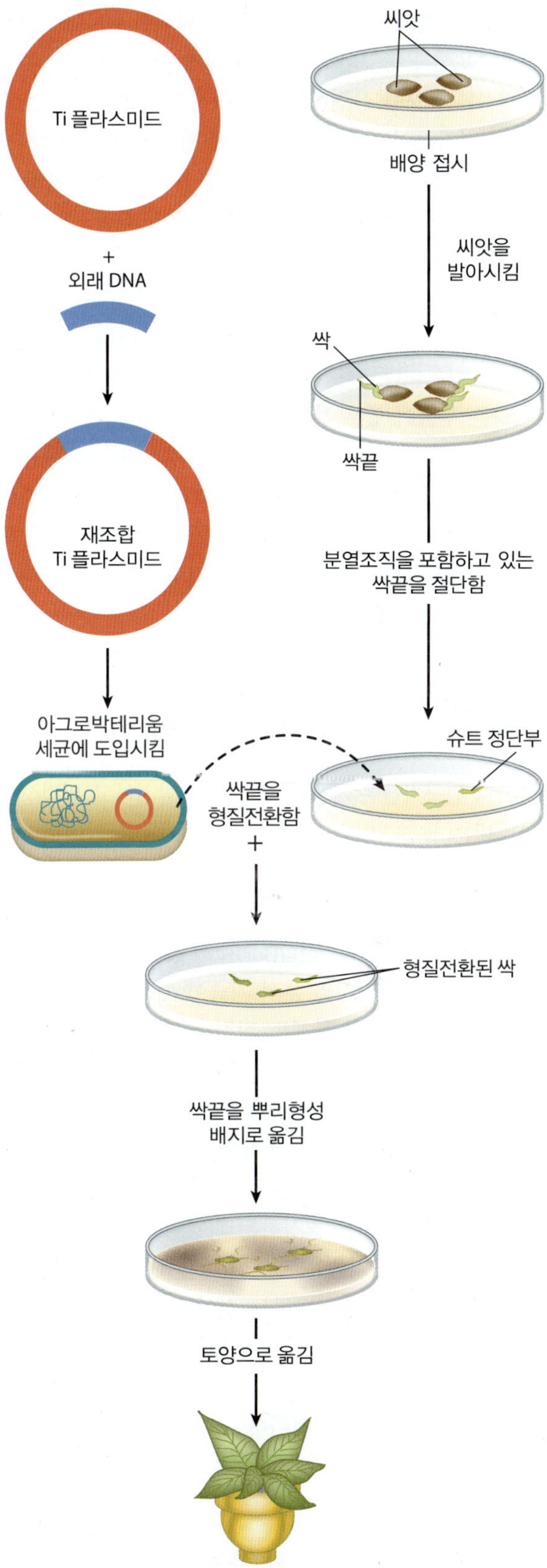

그림 18.49 Ti 플라스미드를 이용한 형질전환 식물의 형성. 전이유전자를 Ti 플라스미드의 DNA에 삽입한 후 숙주 세균에 재도입한다. 재조합 플라스미드를 갖고 있는 세균으로 식물세포를 형질전환시킨다. 여기서는 싹의 끝에 있는 분열조직에서 자른 세포를 이용한 것이다. 형질전환된 싹을 뿌리발달이 가능한 선별배지로 옮겨준다. 뿌리가 형성된 식물을 화분으로 옮긴다.

들이 개발되었다. 색다른 한 가지 방법은, 미세한 DNA로 피복된 텅스텐 탄환을 "유전자 총"으로 식물세포에게 쏘는 것이다. 이 기술은 여러 종류의 식물세포를 유전적으로 변형시키는 데 사용되었다.

식물 유전학자들이 유전 공학을 통해 향상시킬 수 있는 가장 중요한 두 가지 활성은 광합성과 질소 고정이며, 둘 모두 중요한 생체 에너지 작용이다. 광합성 효율이 크게 향상되면 작물 생산량이 크게 증가한다. 광호흡에 덜 민감한 변형된 CO_2-고정 효소를 만들 수 있기를 기대한다(418쪽). 질소 고정은 특정 식물(예컨대, 콩, 땅콩, 알팔파 및 완두콩)과 공생 관계에 있는 특정 속의 세균(예: *Rhizobium*)에 의해 수행되는 활동이다. 세균은 뿌리의 콩과식물 뿌리혹(*leguminous nodules*)이라는 부풀어 있는 부분에 살면서, 대기의 질소를 암모니아로 환원한 다음 식물세포에게 전달한다. 유전학자들은 세균 유전체로부터 이 활동에 관여하는 유전자를 분리하고 이들을 대부분의 질소화합물을 비료에서 공급받는 비콩과식물의 염색체에 도입하는 방법을 찾고 있다. 또는 식물이나 세균의 유전체를 변경하여 새로운 형태의 공생 관계가 개발될 수 있다.

18.25 유전자 교정 및 억제

아주 최근까지 연구자들은 새로운 유전자를 발견하고 비정상적인 표현형을 나타내는 돌연변이를 선별함으로써 기능을 알아냈다(단백질 분비에 관한 연구 12.2절 참조). 무작위 돌연변이 과정을 통해서만 유전자의 존재가 명백해졌다. 돌연변이 표현형을 연구하여 유전자형을 확인하는 이 과정을 순행유전학(*forward genetics*)이라고 한다. 유전자 클로닝 및 DNA 염기서열 분석 기술이 개발된 이래로 부호화된 단백질의 기능에 대해 알지 못해도 직접 유전자를 확인하고 연구할 수 있었다. 이러한 상황은 전체 유전체를 염기서열 분석을 하고 기능이 알려지지 않은 수천 개의 유전자를 확인함으로써 특히 최근 몇 년 사이에 익숙하게 되었다. 지난 20년 동안 **역행유전학**(*reverse genetics*)을 하기 위한 방법을 개발해 왔는데, 이것은 유전형에 대한 지식에 기초하여 표현형(즉, 기능)을 결정하는 과정이다. 역행유전학의 기본 접근법은 특정 유전자의 기능을 제거한 다음 해당 기능의 제거가 표현형에 어떤 효과가 있는지 판단하는 것이다. 먼저 연구자들이 시험관 내(in vitro)에서 유전자에 특정 돌연변이를 어떻게 도입하는지 알아본 후, 생체 내(in vivo)에서 유전자 기능을 제거하기 위해 널리 사용되는 두 가지 기술을 논의할 것이다.

시험관내 돌연변이 유도

이 책 전체에서 분명히 드러나듯이, 자연적으로 발생한 돌연변이의 분리는 유전자와 그 산물의 기능을 결정하는 데 엄청나게 중요한 역할을 해왔다. 그러나 자연적인 돌연변이는 드문 현상이며 특정 단백질의 기능에서 특정 아미노산 잔기의 역할을 연구하기 위해 이러한 돌연변이를 사용하는 것은 적절하지 않다. 생물체가 비정상적인 표현형으로 나타나기를 기다렸다가 그 해당 돌연변이를 확인하기보다 유전자(또는 관련된 조절부위)를 원하는 방식으로 돌연변이시켜 결과적으로 나타나는 표현형 변화를 관찰할 수 있다. 시험관내 돌연변이 유도(*in vitro mutagenesis*)라고 총칭되는 이러한 기술에서, 돌연변이 될 유전자 또는 적어도 유전자 단편은 클론되어 있어야 한다.

브리티시 컬럼비아 대학교(University of British Columbia)의 Michael Smith(마이클 스미스)가 개발한 방법은 **부위-지향적 돌연변이 유발(site-directed mutagenesis, SDM)**로서 하나의 염기를 다른 염기로 대체하거나 또는 아주 적은 수의 염기를 제거하거나 삽입하여 DNA 염기서열에 아주 작고 특이한 변화를 만들어 낼 수 있다. SDM에서는 보통 원하는 변화를 포함하는 DNA 올리고뉴클레오티드를 합성하고, 이 올리고뉴클레오티드가 정상 DNA의 단일가닥과 혼성화되도록 한 다음, 올리고뉴클레오티드를 DNA 중합효소의 프라이머로 사용한다. 중합효소는 정상 DNA에 상보적인 뉴클레오티드를 첨가함으로써 프라이머를 신장시킨다. 그런 다음 변형된 DNA를 클론하여 DNA를 적절한 숙주 세포에 도입한 후 유전자 변형 효과를 확인한다. 과학자들은 일반적으로 SDM을 사용하여 유전자 또는 단백질의 기능에 대해 매우 구체적인 질문을 던진다. 예를 들어, 단백질의 전반적인 기능에서 특정 부위의 역할에 대한 통찰력을 얻기 위해 한 아미노산을 다른 아미노산으로 바꿀 수 있다. 또는 유전자의 조절 영역에 작은 변화를 줘서 유전자 발현에 미치는 영향을 확인할 수 있다. 부위-지향적 돌연변이유발의 목적이 단순히 유전자의 기능을 제거하는 것이라면 덜 구체적인 방법을 사용할 수 있다. 예를 들어, 제한효소 부위에서 유전자 서열을 절단하고 DNA 중합효소를 사용하여 점착성 말단의 단일가닥 부위를 2중가닥 DNA로 만든 다음 이들을 다시 연결하면 단백질의 해독틀을 파괴할 수 있다. 또는 제한효소 단편 전체를 유전자에서 제거할 수 있다.

시험관내에서 돌연변이를 만드는 것은 역행유전학의 한 측면 일 뿐이다. 표현형에 대한 조작된 돌연변이의 효과를 연구하기 위해서는 해당 생물체의 정상 유전자를 돌연변이 대립유전자로 대체할 필요가 있다. 생쥐의 유전체에 돌연변이를 도입하는 기술 개발은 포유동물의 역행유전학 연구의 문을 열었으며, 말 그대로 포유동물 유전자 기능에 대한 연구에 혁명을 일으켰다.

녹아웃 쥐

우리는 이 책의 많은 부분에서 특정 유전자의 기능이 결여된 생쥐의 표현형에 대해서 설명했다. 예를 들어, *p53* 유전자의 기능이 결여된 쥐는 반드시 악성종양이 발병한다(16.6절). **녹아웃 쥐(knockout mice)**라고 불리는 이 동물들은 인간 질병의 유전적 기초에 대한 고유한 통찰력을 줄 수 있고, 특정 유전자의 산물이 관련되어 있는 다양한 세포 활동을 연구하기 위한 기초가 될 수 있다. 녹아웃 쥐는 **그림 18.50**에서 보여지는 일련의 실험과정을 통해서 만들어진다.

녹아웃 쥐를 만드는 데 사용된 다양한 과정은 유타대학교(University of Utah)의 Mario Capecchi(마리오 카페치), 위스콘신대학교(University of Wisconsin)의 Oliver Smithmities(올리버 스미티스) 및 캠브리지대학교(Cambridge University)의 Martin Evans(마틴 에반스)가 1980년대에 개발했다. 첫 번째 단계는 실질적으로 무한한 분

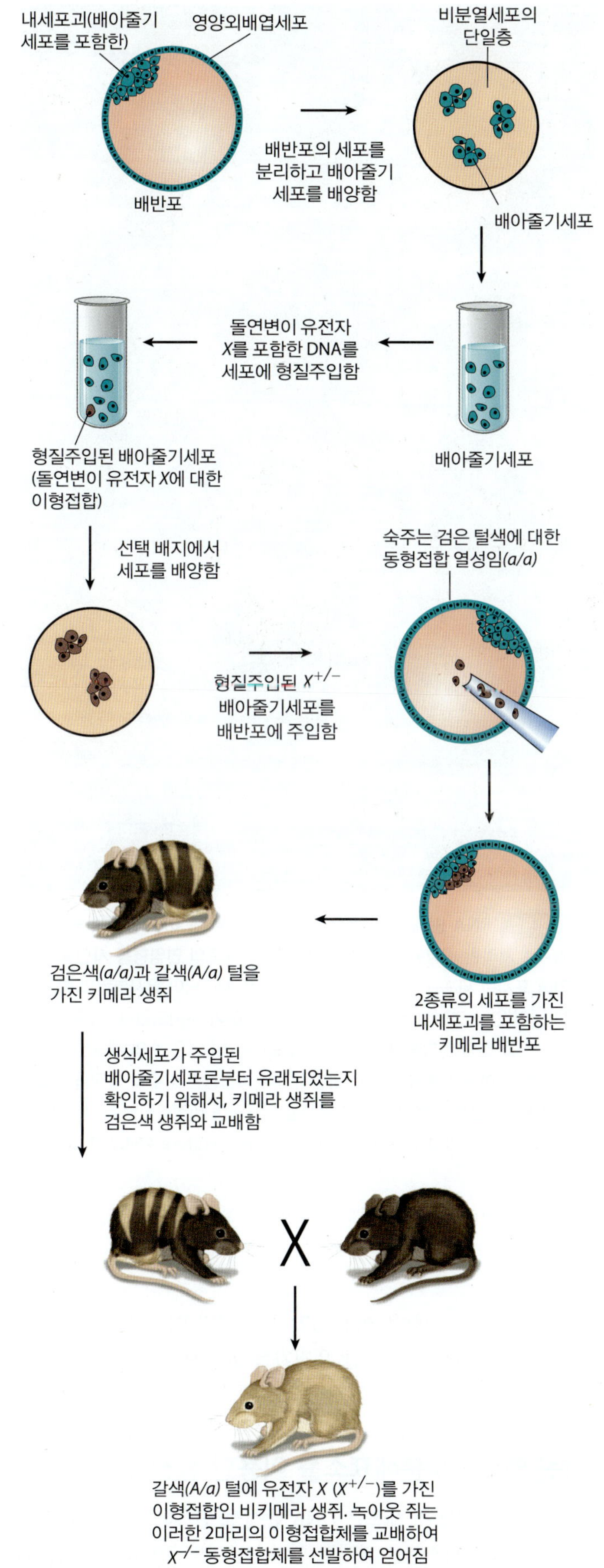

그림 18.50 **녹아웃 쥐의 형성.** 각 단계에 대한 내용은 본문에서 설명하였다.

화 능력을 가진 비정상적인 유형의 세포를 분리하는 것이다. **배아줄기 세포**(**embryonic stem cells**, 23쪽)라고 불리는 이 세포들은 포유동물 배반포(blastocyst)에서 발견되며, 이것은 다른 동물의 포배(blastula) 단계와 비슷한 배아 발달의 초기 단계이다. 포유동물 배반포(그림 18.50)는 2개의 부분으로 구성되어 있다. 외층은 **영양외배엽**(*trophectoderm*)을 구성하며 포유동물 배아의 특유의 외막을 형성한다. 영양외배엽의 내면은 포배강(blastocoel)으로 돌출된 **내세포괴**(*inner cell mass*)라고 하는 세포덩어리와 접촉한다. 내세포괴는 배아를 구성하는 세포를 만든다. 내세포괴는 포유동물을 구성하는 모든 다양한 조직으로 분화하는 배아 줄기(ES) 세포를 포함한다.

배아줄기 세포는 배반포로부터 분리되어 세포가 자라고 증식할 수 있는 조건 하에서 시험관내에서 배양될 수 있다. 그 다음, 배아줄기세포에 특정 DNA 단편을 형질주입시키는데, 이 DNA 단편은 제거할 유전자의 비기능 돌연변이 대립유전자와 실제 변형된 DNA가 유전체의 잘 들어갔는지 선별하는 데 사용하는 항생제-내성 유전자를 포함한다. DNA를 받아들이는 세포 약 10^4개 중에서 1개의 비율로 주입된 DNA가 상동 DNA 염기서열을 대체하는 **상동재조합**(*homologous recombination*) 과정을 거친다. 이러한 과정을 통해 대상 유전자에 대해 이형접합(heterozygous)인 배아줄기 세포가 생성되고 항생제 내성에 기초하여 선별된다. 다음 단계에서, 이렇게 선별된 많은 공여체 배아줄기세포는 수용체 생쥐 배아의 포배강 안으로 주입된다. 그림 18.50에 묘사된 과정에서 수용체 배아는 검은색 혈통에서 얻은 것이다. 다음으로, 배아가 발달하여 태어날 수 있도록 호르몬 처리가 된 암컷 생쥐의 난관에, 주입된 배아가 착상된다. 배아가 대리모에서 자라면서, 주입된 배아줄기세포는 배아의 내세포괴와 결합하여 생식소의 생식세포를 포함한 배아 조직의 형성에 기여한다. 생쥐의 외부털은 공여체와 수용체 혈통의 특징 모두가 나타나기 때문에, 이러한 키메라 생쥐는 구별될 수 있다. 생식세포가 또한 유전자제거 돌연변이를 포함하는지 여부를 결정하기 위해, 키메라 생쥐를 근친교배한 검은색 혈통 개체와 교배한다. 배아세포가 유전자제거 돌연변이를 포함한다면, 자손은 그들의 모든 세포에서 유전자에 대해 이형접합이 된다. 이형접합체(Heterozygotes)는 갈색 털을 가지므로 구별할 수 있다. 이 이형접합체들이 서로 교배되면 돌연변이 대립형질에 대해 동형접합인 자손을 얻는다. 이들이 유전자의 기능이 결여된 녹아웃 쥐다. 유전체 내의 모든 유전자 또는 어떤 DNA 서열이든 간에, 실험적 접근법을 사용하여 원하는 방식으로 변경할 수 있다.

경우에 따라 특정 유전자의 결실은 특정 과정의 부재로 이어질 수 있으며, 이는 유전자가 그 과정에 필수적이라는 확실한 증거를 제공한다. 그러나 종종 필수 과정에 참여하는 것으로 생각되는 유전자를 삭제하여도 동물의 표현형에 변화가 거의 없거나 전혀 없다. 이러한 결과는 해석하기가 어려울 수 있다. 예를 들어, 유전자가 연구하려는 과정에 관여하지 않거나, 일반적으로 유전자 생성물의 부재가 전적으로 다른 유전자의 산물에 의해 보완되는 것이 가능하다. 다른 유전자에 의해 보완되는 경우는, 관련 유전자 2개가 다 결여된 생쥐를 만듦으로써 확인이 가능하다(즉, 2중 유전자제거).

다른 경우, 유전자가 없으면 초기 발달 과정에서 생쥐가 죽어 세포 기능에서 유전자의 역할을 결정하기가 어렵다. 이러한 문제를 해결하기 위해, 흔히 특정 유전자가 발현되는 동물에서 원하는 일부 조직에서만 그 유전자의 발현을 차단하는 기술을 사용한다. 이것을 **조건부 유전자제거(*conditional knockouts*)**라고 한다. 이 방법을 통해 영향을 받은 조직의 발달이나 기능에서 그 유전자의 역할을 연구할 수 있다. 국제 녹아웃 쥐 컨소시엄(International Knockout Mouse Consortium)의 현재 목표는 생쥐 유전체에서 모든 유전자의 조건부 유전자제거를 만드는 것이다.

RNA 방해

녹아웃 쥐는 유전자 기능에 대해 배우는 데 매우 귀중한 방법이지만 이러한 동물을 만드는 것은 힘들고 비용이 많이 든다. 지난 몇 년 동안 역행유전학 분야에서 새로운 기술이 널리 보급되었다. 5.10절에서 논의했듯이, RNA 간섭(RNAi)은 특정 서열이 mRNA 서열 내에 포함되어 있는 작은 2중가닥 siRNA의 존재로 인해 특정 mRNA가 분해되는 과정이다. 식물, 선충 또는 초파리 유전자의 기능은 여러 가지 방법으로 siRNA를 이들 생물체 중 한 가지에 도입하고 해당 mRNA가 감소된 결과로 나타나는 생물체의 표현형을 조사함으로써 연구할 수 있다. 생물체 수준이 아닌 세포 수준에서 유전자의 역할은 배양된 세포의 활성에 대해 동일한 siRNA의 효과를 연구함으로써 확인이 가능하다. 이러한 방법을 사용하여 비교적 짧은 기간에 많은 수의 유전자의 기능에 대한 정보를 수집할 수 있다. 210쪽에서 논의한 것처럼, 지방으로 감싸진 작은 dsRNA로 세포를 배양하거나 siRNA 자체를 생산하도록 포유동물 세포를 유전적으로 변형함으로써 포유동물 세포의 유전자 기능 연구에 RNAi를 사용할 수 있다. 세포 내부에 들어가면 siRNA는 표적 mRNA의 분해를 유도하여 세포가 해당 유전자에 의해 부호화된 단백질을 생성하지 못하게 한다. 세포의 표현형에 결함이 있으면 해당 단백질의 수준이 현저히 낮아졌기 때문일 수 있다. 유전자제거의 경우와 마찬가지로, siRNA로 처리한 후 표현형이 없다고 해서 반드시 해당 유전자가 특정 과정에 관여하지 않는다는 것을 의미하지는 않는다. 다른 유전자가 표적 유전자의 발현억제를 보완하고 있을 수 있기 때문이다.

수천 개의 siRNA가 들어있는 라이브러리 또는 이 RNA를 부호화하는 DNA를 포함하는 매개체는 수많은 모델 생물 및 인간 세포의 유전자 기능 연구에도 사용할 수 있다. 이 라이브러리를 사용하면 사실상 모든 세포 과정에서 유전자의 발현을 제거하는 효과를 연구할 수 있다. 예를 들어, 전체 유전체에 대해서 siRNA 라이브러리로 세포를 처리하고 세포분열시 비정상적인 유사분열방추가 존재하는 세포를 선별함으로써 유사분열방추조립에 관여하는 유전자를 결정할 수 있다. **그림 18.51**은 유사분열의 중기 단계에서 배양된 초파리(*Drosophila*) 세포의 사진을 보여준다. 이 사진에 묘사 된 각각의 세포는 초파리 유전체의 다른 유전자에 대한 siRNA로 처리된 것이다. 이 연구에서 14,000가지가 넘는 siRNA가 사용되었으며, 약 200가지의 siRNA로 처리된 세포들이 비정상적인 중기 방추를 나타냈다. 유사분열방추조립에 영향을 미친 siRNA의 절반 이상이 이전에 이 구조의 형성에 관여하지 않았던 유전자를 표적으로 삼음으로써 이들 유전자의 기능에 대한 새로운 사실을 알게 되었다.

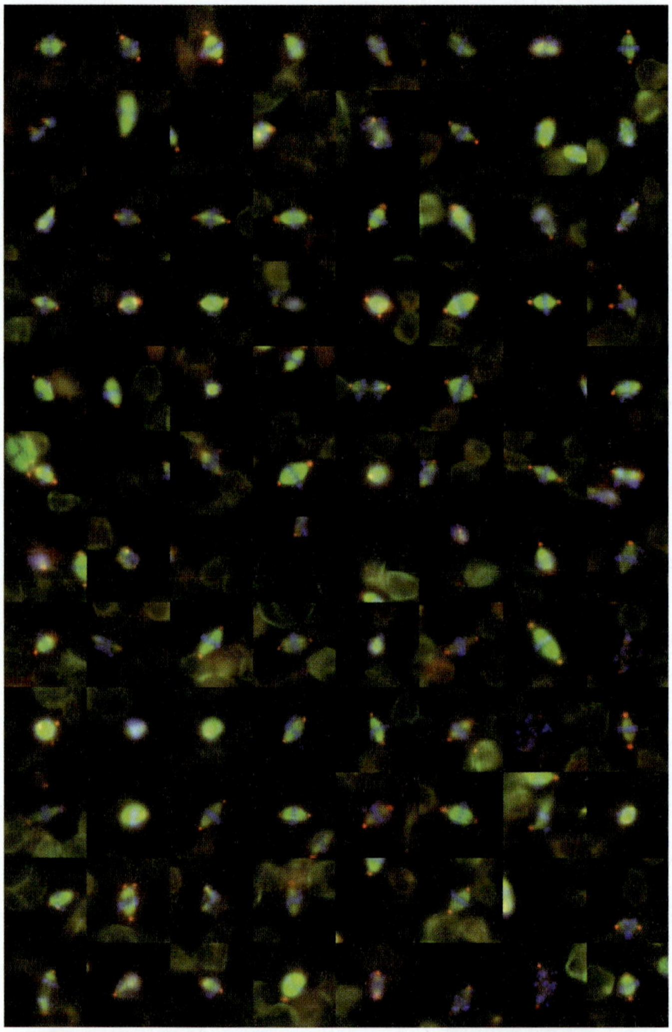

그림 18.51 RNA 방해에 의한 유전자의 기능 확인. 이 그림은 다양한 2중가닥 siRNA로 처리한 배양된 초파리(*Drosophila*) 세포의 면역형광 사진을 보여준다. 여기에 표시된 세포는 후기로 진행을 못하도록 처리되어 유사분열의 중기에 머물러 있다. 이 연구 과정에서, 4백만 개 이상의 세포가 조사되었다. 컴퓨터로 중기의 세포 사진을 선택한 다음 자르고 연결함으로써, 이 많은 수의 세포를 선별하는 것이 가능했다. 이 사진들을 눈으로 관찰하거나 비정상인 방추의 특징을 검출하도록 설계된 프로그램을 사용한 컴퓨터 분석을 이용하여 비정상적인 유사분열방추의 존재를 선별할 수 있었다(같은 유형의 더 큰 연구는 *Nature* 464:721, 2010에서 찾을 수 있다.)

출처: Gohta Goshima and Ronald D. Vale 제공.

조작된 핵산가수분해효소를 이용한 유전자 교정

제7장에서 논의했듯이, 세포는 DNA 손상을 신속하게 인식하고 수선할 수 있는 많은 시스템을 가지고 있다. 2중가닥 절단(double-stranded breaks, DSB)이 DNA에서 일어날 때, 유리말단은 효소에 의해 결합되고 다시 연결된다. 2개의 유리말단을 단순히 비상동말단부착

(nonhomologous end joining, 304쪽)으로 알려진 과정으로 붙이거나 DNA의 상동 조각들을 주형으로 사용하여 수선과정을 진행하는 상동직접수선(homology-directed repair)을 통해서 수선할 수 있다.

지난 10년 동안 연구자들은 세포 또는 생물체의 유전체에 특정한 변화를 주기 위해 2중가닥 절단과 수선 효소를 이용하는 몇 가지 전략을 개발했다. 광범위하게, 모든 관련 기술은 조작된 핵산가수분해효소를 사용하여 특정 표적 염기서열에 2중가닥 절단을 만드는 것과 관련이 있다. 실험 조건에 따라 서열 삽입, 삭제 또는 변경을 포함한 많은 것들이 가능하다.

이 기술의 핵심은, 특정 표적 서열을 인식하고 그 자리에서만 DNA를 효율적으로 절단할 수 있는 핵산가수분해효소를 만드는 것이다. 아연손가락 핵산가수분해효소(zinc-finger nucleases, ZFN)라고 불리는 최초의 조작된 핵산가수분해효소는 비특이적 핵산가수분해효소와 아연손가락단백질(zinc finger protein)의 DNA 인식 영역을 융합하여 만든 것이다. ZFN에 사용되는 아연손가락 모듈의 순서, 개수 및 유형을 다양화함으로써 다양한 DNA 염기서열들을 표적할 수 있다. TALEN은 다른 DNA 인식 단백질 모듈을 사용하여 개발되었지만 비슷한 디자인을 따랐다.

CRISPR이라는 이름의 새로운 유전자 교정 기술은, 2012년에 캘리포니아대학교 버클리 캠퍼스의 Jennifer Doudna(제니퍼 디우드너)와 우메오대학교(Umea University)의 엠마누엘 샤펜티에(Emmanuelle Charpentier)의 실험실에서 처음으로 특징지어지고 브로드 연구소(Broad Institute)의 팽장(Feng Zhang)의 실험실에 의해 포유 동물 세포에서 작동한다고 입증된 이후로 유전자 교정 분야에서 엄청난 주목을 받아오고 있다. CRISPR은 5.12절에서 논의된 바와 같이 세균의 타고난 면역에서 그 역할에 대해 처음 발견되었다. 세균과 고세균이 파지에 노출되면, 일부 종은 파지 DNA의 단편들을 취하여 이를 자신의 유전체에 포함시킨다. 이 DNA는 나중에 RNA로 전사되어 Cas9로 알려진 단백질에 통합될 수 있다. Cas9는 핵산가수분해효소이고 그 안에 있는 RNA의 짧은 파지 서열을 주형으로 사용한다. 이러한 Cas9은 DSB를 통해 세포 내에 도입된 파지 DNA를 확인하고 파괴한다. Doudna와 Charpentier 연구팀은 연구실에서 설계한 RNA를 Cas9에 도입함으로써 시험관 내에서 높은 특이성과 효율로 임의의 서열의 DNA를 확인하고 절단할 수 있는 핵산가수분해효소를 만들 수 있음을 발견했다(**그림 18.52**). 이 발견 이후 수년 동안, CRISPR 시스템은 배양된 인간 세포와 전체 성체 생물체를 포함한 수많은 모델 시스템에서 작동한다는 것을 입증하였다. 현재 연구가 인간의 유전병 치료 방법으로 CRISPR을 개발하는 방향으로 급속하게 변화하고 있지만 아직 해결해야 할 많은 질문(제18장 서론에서 논의된 윤리적 그리고 기술적)이 있다.

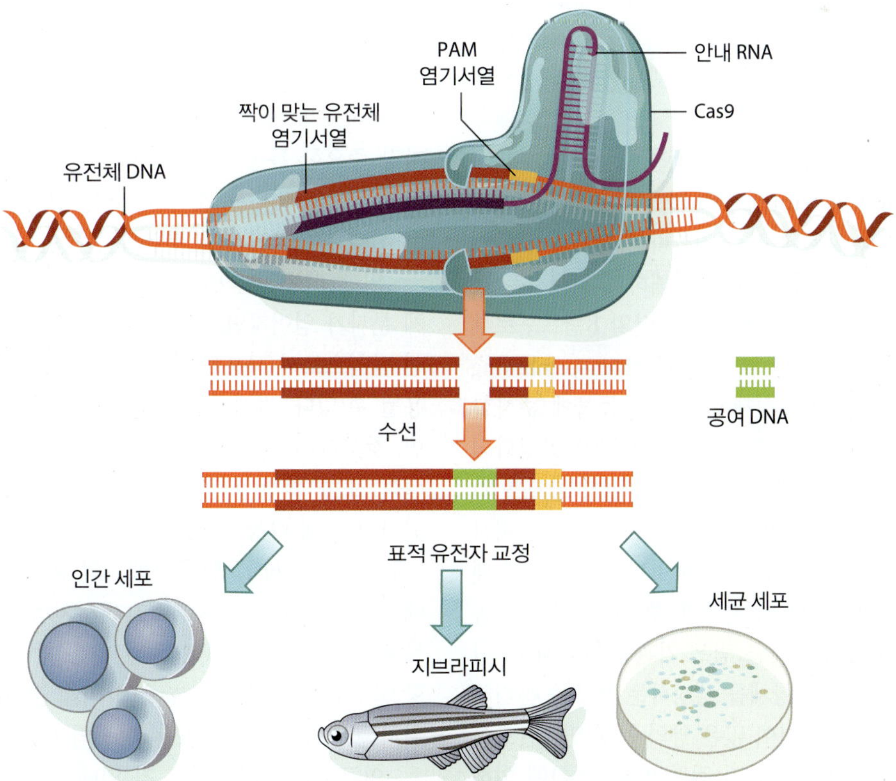

그림 18.52 유전자 교정기술인 CRISPR의 개요. Cas9(파란색)는 표적 유전체 서열(두꺼운 적색 가닥)을 인식하고 염기쌍을 형성할 수 있는 안내 RNA(보라색)를 이용한다. Cas9는 또한 표적 서열의 아래 부분에 있는 PAM 서열(주황색)로 알려진 짧은 서열을 필요로 한다. 일치하는 서열을 발견하면, Cas9는 표적 DNA의 2가닥을 절단하여 DNA 수선 효소에 의해 신속하게 수선되는 DSB를 만든다. CRISPR은 유전체의 특정 위치에 새로운 DNA를 교정, 삭제 또는 추가하는 데 사용할 수 있다.

출처: Jennifer A. Doudna, *Nature* 495:50–51, 2013에서 발췌. Macmillan Publishers Ltd.의 허가를 얻어 재인쇄함.

18.26 항체의 이용

제17장에서 논의한 것처럼, 항체(또는 면역글로불린)는 외래물질이나 항원의 존재에 반응하여 림프 조직에 의해 생성되는 단백질이다. 항체의 가장 눈에 띄는 특성 중 한 가지는 놀라운 특이성이며, 이러한 특성 때문에 생물학적 연구에 매우 유용하게 사용된다. 세포는 수천 개의 서로 다른 단백질을 포함하고 있지만, 항체는 항체 분자의 항원-결합 부위에 맞는 작은 부분을 갖는 세포 내의 선택된 분자에만 결합한다. 단 1개의 아미노산만 다르거나 번역 후 변형이 단 1회 일어나 달라진 2개의 폴리펩타이드를 구별하는 항체를 얻을 수 있다(260쪽 참조).

생물학자들은 오랫동안 항체를 이용하여 다양한 용도로 사용하고 있다. 주어진 항원과 상호 작용하는 주어진 항원에 결합하는 항체 분자를 준비하는 방법에는 기본적으로 두 가지가 있다. 전통적인 방법에서는 동물(일반적으로 토끼 또는 염소)에 반복적으로 항원을 주입하고 몇주 후에 원하는 항체가 포함된 혈액을 채취한다. 전체 혈액에서 세포 및 응고인자를 제거하여 **항혈청(antiserum)**을 생산하고, 이 항혈청을 이용하여 항체역가(antibody titer)를 검사하고 면역글로불린(immunoglobulin)을 정제한다. 이 항체 생산 방법은 계속 사용되고 있지만 특정한 근본적인 단점이 있다. 항체 합성의 기작으로 인해, 동물은 잘 정제된 항원으로 처리하였을지라도, 항상 폴리펩티드 사슬의 가변부(V regions)가 다른 다양한 면역글로불린을 생산한다. 같은 항원에 결합하는 다양한 면역글로불린을 포함하는 항혈청은 다**중클론**(*polyclonal*)이라고 한다. 면역글로불린은 분획되기에는 너무 구조가 유사하기 때문에, 이 기술에 의해 단일 항체를 정제하는 것은 불가능하다.

1975년 영국 케임브리지(Cambridge)의 의학연구위원회(Medical Research Council)의 Cesar Milstein(세자르 밀스타인)과 Georges Kohler(게오르게 쾰러)는 특정 항원에 직접 결합하는 항체를 만들기 위한 광범위한 실험을 수행했다. 그들의 일을 이해하기 위해서는 잠시 주제에서 벗어날 필요가 있다. 항체-생성 세포(단일 B림프구로부터 유도된)의 특정 클론은 동일한 항원 결합자리(antigen-combining sites)를 갖는 항체를 합성한다. 단일 정제된 항원을 동물에 주사할 때 생성되는 항체의 이질성은 서로 다른 많은 B림프구가 활성화되고, 각각 항원의 다른 부분에 대한 친화력을 갖는 막-결합 항체를 가지기 때문이다. 여기에서 중요한 질문이 제기되었다. 이 문제를 피하고 단일 종류의 항체 분자를 얻을 수 있을까? 잠시 다음의 과정에 대한 결과를 생각해보자. 정제된 항원을 동물에게 주사하고, 몇 주 동안 항체 생성을 기다리고, 비장이나 다른 림프 기관을 제거하고, 단일 세포의 현탁액을 만들고, 원하는 항체를 생성하는 세포를 분리하고, 특정 세포를 개별 집락으로 배양하여 많은 양의 특정 면역글로불린을 얻는다. 이러한 과정이 수행되면 단일 집락(또는 클론)에 의해 항체를 생성할 수 있는데, 이 방법을 **단일클론항체(monoclonal antibody)**라고 한다. 그러나 항체-생산 세포는 배양 과정에서 자라지 않고 분열하지 않으므로 단일클론항체를 얻기 위해서는 추가적인 조작이 필요하다.

악성골수종 세포는 배양과정에서 빠르게 성장하여 다량의 항체를 생성하는 암세포의 일종이다. 그러나 골수종 세포는 특정 항원에 반응하여 형성되지 않기 때문에 분석 도구로서 거의 사용되지 않는다. 대신, 골수종 세포는 정상 림프구가 악성 상태로 무작위로 전환되어 발생하기 때문에 악성이 되기 전에 합성하고 있던 항체를 생산한다.

Milstein과 Köhler는 정상적인 항체 생산 림프구와 죽지 않는 골수종 세포의 두 가지 유형의 세포의 특성을 결합했다. 그들은 2종류의 세포를 융합시켜 **혼성세포(hybridomas)**라 불리는 무한정 성장하고 증식하는 잡종세포를 생산함으로써, 대량의 단일(단일클론항체) 항체를 만들어내는 위업을 달성했다. 생산된 항체는 골수종 세포와 융합되기 전에 정상 림프구가 합성하고 있던 것이다.

단일클론항체 생산 절차는 **그림 18.53**에 나와 있다. 항원(수용성 형태 또는 세포의 일부로 존재 함)을 생쥐에 주입하여 특정 항체-형성 세포의 증식을 유발한다(1단계, 그림 18.53). 몇주 후에 비장을 제거하고 단일 세포로 분리하고(2단계), 항체-생성 림프구를 악성 골수종 세포와 융합시켜(3단계), 이러한 잡종세포를 죽지 않는 상태, 즉 무한한 세포분열이 가능하게 만든다. 잡종세포만이 살아남을 수 있는 배양액에서 비융합세포로부터 잡종세포(혼성세포)를 선별한다(4단계). 그런 다음 혼성세포를 별도의 용기에서 클론으로 성장시키고(5단계) 연구 중인 항원에 대한 항체 생산을 위해 개별적으로 선별한다. 적절한 항체(6단계)를 포함하는 잡종세포는 시험관내 또는 생체내(수용체 동물에서 종양 세포로서 성장시킴으로써)에서 클론이 될 수 있고, 무한한 양의 단일클론항체를 생산해 낼 수 있다. 일단 혼성세포가 생산되면 냉동 상태로 무기한 보관할 수 있으며 부분표본(aliquot)으로 만들어 전세계 연구원이 이용할 수 있다. 이 방법론의 가장 중요한 특징 중 한 가지는 항체를 얻기 위해 정제 항원으로 시작할 필요가 없다는 것이다. 사실, 단일클론항체의 표적이 되는 항원은 전체 혼합물의 작은 부분에 불과할 수 있다.

일단 전통적인 면역학적 기술 또는 혼성세포의 형성에 의해 항체 분자가 얻어지면, 이들 분자는 다양한 분석 기술에서 매우 특이적인 탐침으로서 사용될 수 있다. 예를 들어, 항체는 단백질 정제에 사용될 수 있다. 정제된 항체가 가공하지 않은 단백질 혼합물에 첨가되면, 찾고자 하는 특정 단백질은 항체와 결합하여 용액으로부터 침전된다. 또한 항체는 단백질의 혼합물 중에서 특정 단백질(항원)을 확인하기 위해 다양한 분획 절차에 사용될 수 있다. 예를 들어, 웨스턴 블럿(*Western blot*)에서, 단백질의 혼합물은 먼저 2차원 젤 전기영동에 의해 분획된다(그림 18.31에서처럼). 이어서 분획된 단백질을 니트로셀룰로오스 필터에 옮긴 다음 방사성 또는 형광성으로 표지된 항체와 함께 배양한다. 항체에 의해 결합된 특정 단백질의 필터상의 위치는 결합된 방사능 또는 형광의 위치로부터 결정될 수 있다.

연구용으로 사용되는 것 외에도 단일클론항체는 혈액이나 소변에서 특정 단백질의 농도를 검사하는 진단 의학에서 중요한 역할을 한다. 한 예로, 단일클론항체는 임신 후 며칠 동안 소변에 나타나는 단백질(chorionic gonadotrophin)의 존재를 관찰하는 특정 임신진단 테스트에 사용된다. 단일클론항체는 또한 인간 질병 치료에서 치료

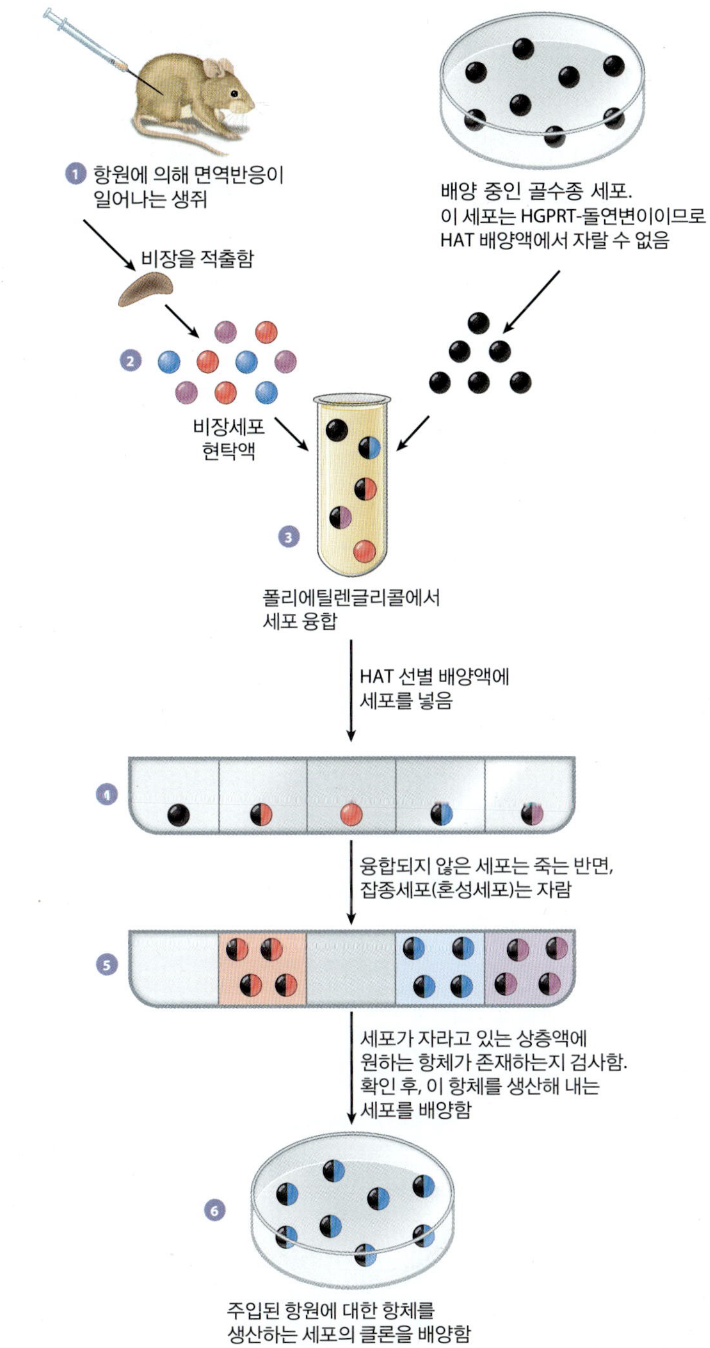

그림 18.53 단일클론항체 형성. 모든 단계는 본문에 설명되어 있다. HAT 배양액은 히포크산틴(hypoxanthine), 아미노프테린(aminopterin) 및 티미딘(thymidine)을 포함하고 있다. 이 과정에서 사용된 융합되지 않은 골수종 세포와 같이, 이 배양액에서는 히포크산틴-구아닌 포스포리보실 전달효소(hypoxanthine-guanine phosphoribosyl transferase, HGPRT)를 가진 세포는 자라지만, 이 효소가 결여된 세포는 자리지 않는다.

제로서 매우 유용하다(655쪽). 현재까지, 인간 단일클론항체를 생산하는 인간 혼성세포를 개발하려는 노력은 성공적이지 못했다. 이 장애물을 극복하기 위해 생쥐의 유전자를 조작하여, 생쥐에서 생성되는 항체의 아미노산 서열을 점차적으로 인간과 같아지게 해왔다. 이러한 인간화 단일클론항체의 여러 가지가 여러 질병의 치료를 위해 승인되었다. 보다 최근에는, 생쥐의 면역 체계를 본질적으로 "인간"과 같아지도록 유전자 조작을 하고 있다. 이 동물들은 완전히 인간적인 구조의 항체를 생산한다.

류마티스 관절염(733쪽)의 치료를 위해 승인된 최초의 완전한 인간항체(Humira)는, 단일클론항체 생산을 위한 방법으로 혼성세포가 아닌 박테리오파지를 사용하는 매우 다른 기술로 생산되었다. 이 기술은 파지 **표출법**(*phage display*)으로 알려져 있다. 이 기술에서, 수십억 개의 다른 파지 입자가 생성되며, 각 파지는 고유한 변이부를 갖는 인간항체 유전자를 가진다(720쪽). 이 광대한 라이브러리 내의 각 파지는 다른 항체, 즉 다른 변이부를 갖는 항체를 만든다. 각각의 경우, 항체유전자는 바이러스 외투 단백질 유전자와 융합되어, 파지가 숙주 세포 내에서 조립될 때 항체 분자가 바이러스 입자 표면에 표출되도록 한다. 특정 치료 항체에 대한 좋은 표적이라고 믿는 단백질(항원)이 있다고 가정해보자. 항원을 정제하고 파지 라이브러리를 구성하는 수십억 개의 파지 입자의 시료와 반응시킨다. 높은 친화력으로 항원에 결합하는 파지를 확인하고 적절한 숙주 세포로 번식하도록 한다. 이렇게 증폭되면 항체 유전자를 부호화하는 DNA를 분리하고 적절한 포유동물 세포를 형질주입시킬 수 있다. 유전적으로 조작된 세포는 대량으로 배양해서 치료용 항체를 적절한 양으로 생산할 수 있다. 배양된 포유동물 세포에서 항체를 생산하는 것은 값 비싼 모험이기 때문에 대안이 되는 "살아 있는 공장"을 모색하고 있다. 이 목적을 위해 고려되는 대안에는 염소, 토끼 및 담배 세포가 있다.

이 책을 빠르게 훑어보면, 특정 단백질의 세포내 면역조직화(immunolocalization)를 보여주는 광학 또는 전자현미경 사진들이 많다. 세포 내에서 단백질의 면역조직화는 특정 단백질에 대한 특이성을 가지는 항체를 사용하여 확인할 수 있다. 일단 준비되면, 항체 분자는 현미경으로 볼 수 있는 물질에 연결(접합)되지만 상호작용의 특이성을 방해하지는 않는다. 광학현미경과 함께 사용하기 위해, 항체는 일반적으로 플루오레세인(fluorecein) 또는 로다민(rhodamine)과 같은 작은 형광 분자와 복합체를 형성하여 세포 또는 세포 절편과 함께 배양된다. 결합부위는 형광현미경으로 관찰한다. 이 기술을 **직접면역형광법(direct immunofluorescence)**이라고 한다. 이 방법을 변형시킨 **간접면역형광법(indirect immunofluorescence)**이라 불리는 방법을 사용하여 항원의 위치를 관찰한다. 간접면역형광법에서는 세포를 비표지(*unlabeled*) 항체와 함께 배양하여 해당 항원과 복합체를 형성시킨다. 항원-항체 복합체의 위치는 형광으로 표지된 항체를 사용하는 2번째 단계에서 확인이 가능하며, 이 형광 항체는 첫 번째 단계에서 사용된 항체에 결합한다. 간접면역형광법에서는 1개의 1차 항체에 수많은 2차 항체가 결합할 수 있기 때문에 더 밝은 영상을 얻을 수 있다. 간접면역형광법은 또한 실용적인 이점이 있다. 결합된(형광) 항체를 쉽게 구입할 수 있다. 면역형광법에서는 항체가 결합한 단백질만 눈에 보이고 그렇지 않은 모든 부분은 보이지 않기 때문에 매우 선명한 영상을 얻을 수 있다. 전자현미경에서 항원의 조직화를 관찰할 때는 철-함유 단백질인 페리틴(ferritin) 또는 금 입자와 같은 전자 밀도가 높은 물질로 표지된 항체를 사용한다. 이 기술의 예가 그림 12.23*c*,*d*에 나와 있다.

용어해설

이 단원에는 주요 용어들과 그것들의 개념을 해설하였다. 각 용어해설의 끝에 있는 괄호 안의 숫자는 용어가 처음으로 정의된 장과 절을 표시한다. 예를 들어, "효소"의 해설 마지막에 있는 (3.2)는 용어 "효소"가 3장 2절에 처음 정의되었다는 것을 나타낸다. <인간 질병과의 연관성> 혹은 <역사적 실험> 등에 정의된 용어들은 괄호 안에 장과 제목을 표기하였다. 예를 들어, 용어의 해설 마지막에 나오는 (제1장 역사적 실험)은 용어가 제1장의 <역사적 실험>에 처음으로 정의되었다는 것을 표시한다.

A

A (aminoacyl) site [A(아미노아실) 자리]: 아미노아실-tRNA가 리보솜-mRNA 복합체에 들어가는 자리. (5.15)

Absorption spectrum (흡수 스펙트럼): 파장에 따라 상대적으로 흡수한 빛의 강도를 나타낸 그래프. (10.4)

Acid (산): 수소 이온을 방출할 수 있는 분자. (2.3)

Acid hydrolase (산성가수분해효소): 산성 pH에서 최적 활성을 갖는 가수분해효소. (12.14)

Actin (액틴): 세포골격을 형성하는 구형 단백질로서, 중합되어 신축성 있는 나선 섬유를 형성하여 미오신과 상호작용할 수 있다. 액틴 섬유들은 진핵세포들에서 기계적 지지, 세포 모양의 결정, 세포의 이동 등에 관여함. (13.8)

Actin-binding protein (액틴-결합 단백질): 다수의 집단에 속하는 100여 가지의 서로 다른 단백질들로서, 액틴 섬유들의 조립 및 물리적 특성뿐만 아니라 액틴 섬유들 사이 및 다른 세포소기관들과의 상호작용 등에 영향을 미침. (13.11)

Action potential (활동 전위): 역치 이상으로 탈분극됨으로써 시작되어 휴지기 전위로 돌아가며 끝나는 막전위의 집단적 변화를 말하며, 흥분성 세포가 자극을 받으면 발생하며 신경전도의 기초로 작용함. (8.14)

Action spectrum (작용 스펙트럼): 다양한 파장의 빛에 따라 산출된 상대적인 생물학적 효율을 나타낸 그래프. (10.4)

Activation energy (활성화 에너지): 화학반응이 이루어지기 위해서 반응물이 필요로 하는 최소 운동에너지. (3.5)

Active site (활성자리): 기질과 직접 결합하는 효소 분자의 일부분. (3.5)

Active transport (능동수송): 에너지를 필요로 하는 수송 과정을 일컬으며, 기질이 특정 막관통 단백질과 결합하면 입체 구조의 변화가 생겨 기질이 전기화학적 기울기를 역행하여 막을 통과함. (8.13)

Adaptive immune response (적응면역반응): 항체와 T 림프구에 의해 일어나는 항원 특이적인 면역반응. (17.1)

Adenosine triphosphate (ATP) (아데노신 삼인산): 3개의 인산기와 결합한 아데노신으로 구성된 뉴클레오티드이며, 원핵세포와 진핵세포에서 즉시 사용할 수 있는 주요 에너지원임. (2.15)

Adherens junction (or zonulae adherens) (접착연접): 주로 상피조직의 인접한 세포들에서 흔히 볼 수 있는 특수화된 형태의 부착 연접이며, 이 부근의 원형질막들은 20~35 nm 정도 떨어져 있고 그 사이에는 카드헤린 분자들이 집중되어 있기 때문에 인접한 세포들은 카드헤린 분자들의 세포외 영역들 사이가 연결됨으로써 이웃하고 있는 세포들은 서로 연결됨. (11.8)

Aerobe (호기성 생물): 에너지가 풍부한 화합물들을 산소-의존적 대사경로를 통해 이용하는 생물. (9.1)

Affinity chromatography (친화성 크로마토그래피): 단백질 고유의 구조적 특성을 이용한 단백질 정제기술이며, 특정 상호작용하는 분자(기질, 리간드, 항원)를 부동의 물질(기질)에 결합시켜 고정해 둔 관을 따라 단백질 용액을 통과시킴으로써 다른 모든 분자들은 용액 속에 남겨 두는 반면 특정 분자만 용액으로부터 빠져나오게 함으로써 정제함. (18.11)

Allele (대립인자): 동일한 유전자의 상대 형태. (4.1)

Allosteric modulation (다른 자리 입체성 조절): 활성자리와는 다른 부위(즉, 다른 자리 입체성 부위)에 결합하는 화합물이 효소와 상호작용함으로써 활성을 조절하는 작용. (3.11)

Allosteric site (다른 자리 입체성 부위): 다른 분자와 결합할 때, 단백질의 구조 변화를 야기하는 단백질의 부위. (3.11)

Alpha (α) helix (α-나선): 사슬의 골격이 나선형 입체구조를 형성하는 폴리펩티드 2차 구조의 한 형태. (2.8)

Amide bond (아미드 결합): 카르복실산과 아민 사이에서(또는 산성작용기와 아미노기 사이에서) 형성된 화학결합이며, 결합의 결과로 물 분자가 생신됨. (2.4)

Aminoacyl-tRNA synthetase (aaRS) (아미노아실-tRNA 합성효소): 아미노산을 그와 대응하는 tRNA(s)의 3′말단에 공유결합으로 연결하는 효소이며, 각 아미노산은 특정 아미노아실-tRNA 합성효소에 의해 인식됨. (5.14)

Amphipathic (양친매성): 소수성 부위와 친수성 부위를 동시에 갖고 있는 분자의 성질. (2.6, 8.2)

Anabolic pathway (동화작용 경로): 비교적 복잡한 생산물을 합성하는 물질대사 경로. (3.8)

Anaerobes (혐기성 생물): 해당 과정 및 발효와 같이 산소-비의존 대사경로를 통해 에너지가 풍부한 화합물들을 대사하는 생물. (9.1)

Anaerobic pathway (혐기성 경로): 산소를 사용하지 않고 포도당으로부터 ATP가 생성되는 효소경로. (3.9)

Anaphase (후기): 자매염색분체가 서로 분리되는 유사분열 과정의 특정 시기. (14.9)

Anaphase A (후기 A): 유사분열 동안 염색체가 극을 향해 이동함. (14.9)

Anaphase B (후기 B): 유사분열 방추체가 신장하여 두 방추체 극이 서로 멀어지게 됨. (14.9)

Angstrom, Å (옹스트롬): 원자 및 분자 크기를 나타내기 위해 사용되는 0.1 nm에 해당하는 단위. (1.6)

Animal model (동물 모델): 사람 관련 특정 질환의 특성들을 보여주는 실험동물. (18.24)

Anion (음이온): 음전하를 띠고 있는 이온화된 원자 또는 분자. (2.1)

Antenna (안테나): 빛을 모으는 광합성 단위분자들로서, 다양한 파장의 광자를 흡수하여 그 에너지를 반응 중심에 있는 색소 분자들에게 전달하는 기능을 담당함. (10.5)

Antibody (항체): 감염체나 항원의 파괴를 촉진하는 면역글로블린 단백질로서, 활성화된 B 림프구인 형질세포에서 만들어져 분비됨. (17.1)

Anticodon (안티코돈): 각 tRNA에 들어 있는 3개의 뉴클레오티드 서열을 일컬으며, 상보적인 mRNA 코돈을 인식하는 데 작용함. (5.14)

Antigen (항원): 면역세포를 활성화시키는 모든 물질들이 해당되며, 외부에서 체내로 들어오는 외부 항원과 우리 몸에서 만들어지는 자가항원으로 구분되지만 일반적인 의미의 항원은 외부 항원을 일컬음. (17.2)

Antigen-presenting cell (APC) (항원-제시 세포): 항원을 T 림프구에 전달할 수 있는 세포. 항원-제시 세포 내에서 단백질 항원을 분해하여 잘게 부수고, 잘게 부수어진 펩티드를 MHC 분자와 결합시킨 다음 펩티드-MHC 복합체는 세포 표면으로 이동하여 펩티드를 T 세포 수용체에 전달함. MHC 클래스 I 분자는 세포질에서 파생된 펩티드 항원을 세포 독성 T 림프구에 전달할 수 있으며, 핵을 가진 모든 세포에서 발현하기 때문에 대부분의 세포가 항원-제시 세포로의 기능을 수행할 수 있음. MHC 클래스 II 분자의 경우 주요 항원 제시 세포(professional antigen presenting cell, pAPC)라 불리는 대식세포, 수지상세포, B 림프구의 표면에서만 발현되며 항원에서 파생된 펩티드를 보조 T 림프구에 전달함. (17.4)

Antiport (역수송): 막을 통과하는 수송 형태의 하나로서, 수송되는 한 종류의 용질이 막을 이동할 때 반대 방향으로 이동하는 다른 종류의 용질의 이동과 짝을 이루게 됨. (8.13)

Antiserum (항혈청): 특정 항원에 노출된 전체 혈액으로부터 세포와 혈액응고인자들을 제거한 후에 얻은 특정 항체를 포함하는 혈청. (18.26)

Apoptosis (세포사멸): 세포의 죽음을 유도하는 신호들에 반응하여 세포가 스스로 단계적으로 죽어가도록 또는 예정된 방식의 세포내 현상을 일컬으며, 세포와 핵이 수축하고, DNA 절단 핵산 내부 가수분해효소의 작용에 의한 염색사가 분쇄되며, 최종적으로 식세포작용에 의해 탐식되고 소화됨. (15.15)

Artifact (인공산물): 살아 있는 세포 내에는 존재하지 않는 물질들의 응집 또는 침전으로 인해 현미경 이미지 상에서 보이는 구조물. (18.5)

Assay (분석법): 효소의 촉매 활성도와 같이 특정 단백질의 성질을 동정할 수 있는 방법들을 일컬으며, 시료 내에 그 단백질의 상대적인 양을 결정하는 데 이용됨. (18.11)

Aster (성상체): 유사분열 동안 각각의 중심체 주변에서 미세소관들이 햇살이 퍼지는 모양과 비슷하게 배열된 것. (14.6)

Asymmetric cell division (비대칭 세포분열): 동일하지 않은 2개의 딸세포를 생성하는 세포분열. (14.1)

Atomic force microscope (AFM) (원자간력현미경): 예리한 탐침으로 시료 표면을 주사하는 방식으로 작동되며, 고감도 계측이 가능하기 때문에 나노기술 및 분자생물학 분야에서 그 중요성이 증가하고 있음. (18.7)

ATP synthase (ATP 합성효소): 미토콘드리아의 내막에 있는 ATP를 합성하는 효소로서, 2개의 주요 요소들(F_1 머리부분과 F_0 기부)로 구성되어 있고, F_0 기부는 막에 묻혀 있음. (9.6)

Autoantibody (자가항체): 우리 몸에서 만들어지는 자가항원을 인식하는 항체. (17.2)

Autoimmune disease (자가면역질환): 면역세포가 우리 몸에서 만들어지는 자가항원을 인식하면 활성화되어 특정 장기나 조직을 공격하여 생기는 인체 질환을 말하며, 다발성 경화증, 인슐린 의존성 당뇨병, 류마티스 관절염 등이 있음. (제17장 인간 질병과의 연관성)

Autophagy (자가포식작용): 세포 자신의 세포소기관들을 파괴하고 교체하는 조절 작용을 일컬으며, 이는 세포소기관을 둘러싸고 있는 막이 리소솜과 융합되면서 진행됨. (12.14)

Autoradiography (자가방사기록법): 세포 속에 방사성 물질로 표지된 어떤 물질의 위치를 추적하여 생화학적 과정들을 시각적으로 볼 수 있게 하는 기술이며, 방사성 동위원소가 들어 있는 조직절편을 얇은 감광유제층으로 덮으면 그 조직에서 나오는 방사선에 노출되고, 덮여 있는 유제를 현상하면 방사성 물질이 들어 있는 세포의 위치가 현미경 하에서 은입자들로 드러남. (12.2, 18.8)

Autotroph (독립영양생물체): 주요 탄소원으로서 이산화탄소에 의존하여 사는 생물체. (10.1)

Axon (축삭돌기): 세포체에서 나온 하나의 신장된 부분이며, 세포체로부터 나가는 신경충격을 표적세포 방향으로 전달함. (8.14)

Axoneme (축사): 섬모 또는 편모의 미세소관이 들어 있는 중앙 핵심부로서, 주변에 9개의 2중관, 중앙에 2개의 미세소관 및 다수의 부속 구조 등으로 구성되어 있음. (13.6)

B

B lymphocyte (or B cell) (B 림프구): 림프구의 일종으로 골수에서 생성되며, 형질세포로 활성화되어 항체를 분비함. (17.1)

Bacterial artificial chromosome (BAC) (세균 인공 염색체): 세균에 클로닝될 수 있는 클로닝 매개체로서 외부의 큰 DNA 조각을 받아들일 수 있으며, 복제개시점 복제를 조절하는 유전자들을 가진 F 플라스미드로 이루어져 있음. (18.23)

Basal body (기저체): 섬모 또는 편모의 밑 부위에 있는 구조로서, 바깥쪽으로 미세소관들을 만들어냄. 구조적으로 중심립과 동일하기 때문에 두 소기관들은 서로 가역적으로 생길 수 있음. (13.4)

Base (염기): 수소 이온을 받아들일 수 있는 분자. (2.3)

Base composition analysis (염기 조성 분석): 여러 가지 표본의 DNA 내에 있는 각 염기의 상대적인 함량. (4.5)

Base excision repair (BER) (염기 절제 복구): 시토신에서 변형되어 생긴 우라실, 구아닌에서 변형된 8-옥소구아닌과 같이 DNA 염기의 변형된 염기를 제거하여 잘라서 붙이며 수선하는 복구 과정. (7.8)

Basement membrane (또는 basal lamina) (기저막): 근육이나 지방세포를 둘러싸고 있거나 피부, 소화기관이나 호흡기관의 내벽, 혈관의 내벽 같은 상피조직의 기저부 표면에 존재하는 약 50~200 nm의 두꺼운 층. (11.2)

Beta (β) clamp (β-클램프): DNA 복제기구인 리플리솜의 비효소적 구성인자 중 하나이며, DNA 가닥을 둘러싸고 있어서 DNA 중합효소가 DNA 주형에 결합된 상태를 유지할 수 있도록 도와주는 도넛 모양의 단백질. (7.4)

Beta (β) pleated sheet (β-병풍 구조): 몇 개의 β-가닥이 서로 평행하게 배열되어 판 형태의 입체 구조를 형성하는 폴리펩티드 2차 구조의 한 형태. (2.8)

Beta (β) strand (β-사슬): 사슬의 골격이 주름 잡힌 입체구조를 갖는 폴리펩티드 2차 구조의 한 형태. (2.8)

Biochemical (생화학 물질): 살아 있는 생명체가 합성한 물질. (2.4)

Bioenergetics (생물에너지론): 살아 있는 개체에서 일어나는 여러 가지 형태의 에너지 변환을 연구하는 학문. (3.1)

Biosynthetic (secretory) pathway [생합성(분비) 경로]: 물질들이 소포체 또는 골지복합체에서 합성되고, 골지복합체를 통과하는 동안 변형되며, 세포내 다양한 목적지들(세포막, 리소솜, 액포)로 수송되는 경로를 말하며, 합성된 많은 물질들은 세포 밖으로 방출되도록 예정되어 있기에 분비 경로라는 용어가 사용됨. (12.1)

Bivalent (2가 염색체): 감수분열 동안 2쌍의 상동염색체가 접합하여 형성된 복합체. (14.12)

Bright-field microscope (명시야현미경): 빛을 집광렌즈를 통해 시료에 수렴시켜 대물렌즈로 들어갈 수 있는 밝은 빛의 원뿔을 형성하는 현미경. (18.2)

Buffer (완충용액): 유리된 수소 이온이나 수산 이온과 상호작용할 수 있는 화합물로 pH 변화를 최소화하는 물질(용액). (2.3)

C

C_4 pathway (C_4 경로): 4개짜리 탄소화합물들(주로 말산과 옥살산)을 생성하기 위하여 이산화탄소수용체로서 인산에놀피루브산을 이용하여 탄소를 고정하는 또 다른 경로. (10.10)

C_3 plant (C_3 식물): 대기 중의 이산화탄소를 고정하기 위해서 C_3 경로에만 의존하는 식물. (10.9)

C_4 plant (C_4 식물): C_4 탄소고정 경로를 이용하는 주로 열대지방의 화본과 식물. (10.10)

Cadherin (카드헤린): 세포와 세포의 접착에 관여하는 칼슘의존성 당단백질들의 집단. (11.7)

Calcium-binding protein (칼슘-결합 단백질): 칼모듈린처럼 칼슘과 반응하여 매우 다양한 종류의 세포내 반응을 유도하는 단백질. (15.12)

Calmodulin (칼모듈린): 작은 칼슘-결합 단백질이며, 각 분자는 4개의 칼슘-결합 부위를 갖고 있음. (15.12)

Calvin cycle (or Calvin-Benson cycle) (캘빈회로): 이산화탄소를 탄수화물로 전환시키는 경로이며, 남세균과 광합성을 하는 모든 진핵세포들에서 작동함. (10.9)

CAM plant (CAM 식물): C_4 식물처럼 이산화탄소를 고정할 때에 PEP 카르복실화효소를 이용하는 식물이지만, 하루 중 서로 다른 시간대에 광-의존반응과 탄소고정을 수행하기 때문에 수분 손실이 최대에 이르는 낮 동안에 기공을 닫을 수 있음. (10.10)

Cancer stem cell (암 줄기세포): 종양을 유지하고 확장하는 능력을 갖춘 특정 종양조직에서 존재하는 것으로 생각되는 세포. (16.16)

Carbohydrate (Glycan) (탄수화물, 글리켄): 세포에서 주로 에너지 저장 및 구조적 물질로서 작용하는 단순당(단당류) 및 다당류 중합체를 포함하는 유기분자. (2.5)

Caspase (카스페이스): 시스테인 단백질가수분해효소군의 한 종류이며, 세포사멸 초기단계에서 활성화되어 세포 죽음 동안 관찰되는 분해 과정들에 관여함. (15.15)

Catabolic pathway (이화작용 경로): 비교적 복잡한 분자들이 더 단순한 물질로 분해되는 대사경로. (3.8)

Cation (양이온): 여분의 양전하를 가진 이온화된 원자 또는 분자. (2.1)

Cell culture (세포배양): 생물체 외부에서 세포를 키우는 기술. (18.9)

Cell cycle (세포주기): 세포가 한 번의 세포분열에서 다음 세포분열로 들어갈 때까지 지나가는 시기들. (14.1)

Cell division (세포분열): 새로운 세포가 다른 살아 있는 세포들로부터 생성되는 과정. (14.1)

Cell-free system (무세포계): 세포 전체를 필요로 하지 않는 세포의 활성을 연구하기 위한 실험장치이며, 흔히 정제된 단백질들 그리고/또는 세포 이하의 분획 등의 준비 과정이 포함되며, 연구 목적에 따라 실험적으로 조정할 수 있음. (12.2)

Cell fusion (세포융합): (같은 종이거나 또는 서로 다른 종에서 온) 2종류의 세포를 결합하여 하나로 이어져 있는 세포막을 갖는 하나의 세포를 만드는 기술. (8.7)

Cell line (세포주): 무한적으로 성장할 수 있도록 유전적으로 변형된 세포들을 일컬으며, 주로 조직배양 연구에 사용됨. (18.9)

Cell-mediated immunity (세포성 면역): T 림프구가 항원에 의해 활성화되어 수행하는 일련의 면역반응. (17.1)

Cell plate (세포판): 새롭게 형성된 두 딸세포들의 세포질 사이에 생기는 구조이며, 식물세포에서 새로운 세포벽을 형성함. (11.12, 14.10)

Cell signaling (세포 신호전달): 세포 밖의 정보가 세포막을 통과하여 세포 내부에서 일련의 분자 간 상호작용을 일으켜 세포의 핵으로 전달되는 세포내 의사소통 방식. (15.1)

Cell theory (세포설): 생물학적 구조에 관한 이론이며, 세 가지 기준을 기본으로 함: 모든 생물체들은 하나 이상의 세포들로 구성되어 있으며, 세포는 생명체의 구조적 기본 단위이고, 세포들은 오직 이미 존재하는 세포들의 분열에 의해서만 생성됨. (1.1)

Cellulose (섬유소): 굵은 밧줄 모양으로 조립되는 β(1 → 4) 결합을 가진 가지가 나지 않은 포도당의 중합체이며, 식물 세포벽의 주요 구성요소로 작용함. (2.5)

Cell wall (세포벽): 세포의 구조물로서 주로 세포를 둘러싸서 지지 및 보호 기능을 수행함. (11.12)

Central Dogma (중심 원리): DNA는 RNA를 만드는 정보를 가지고 있고, RNA는 단백질을 만드는 정보를 포함한다는 개념. (5.1)

Centriole (중심립): 폭이 0.2 μm이고 길이는 폭의 약 2배인 원통형 구조로서, 횡단면을 보면 일정하게 배열되어 있는 9개의 섬유들이 각각 3개의 미세소관들로 이루어진 띠 모양으로 나타남. 중심립들은 거의 항상 쌍으로 존재하며, 이들은 서로 직각으로 배열됨. (13.4)

Centromere (중심절): 유사분열기 염색체에서 관찰되는 눈에 띄게 잘록한 부위이며, 동원체 형성에 필요함. (6.5)

Centrosome (중심체): 미세소관들의 핵이 형성되는 중심립 주변 물질이 2개의 원통형 중심립들을 둘러싸고 있는 복잡한 구조. (13.4, 14.6)

Checkpoint (세포주기 확인점): (1) 만약 염색체 DNA의 일부가 손상된 경우 또는 (2) DNA 복제나 유사분열 동안 염색체 정렬과 같은 어떤 결정적인 과정이 제대로 완료되지 않았을 경우에 세포주기의 진행을 정지시키는 기작. (14.4)

Chemiosmotic mechanism (화학삼투 기작): ATP 합성을 위한 기작이며, 전자가 전자전달사슬을 거쳐 이동하면 세균의 막, 틸라코이드의 막, 미토콘드리아 내막의 막 등을 가로질러서 양성자 기울기가 형성되는데, 이 기울기는 기질을 산화시켜 ADP의 인산화로 연결시키는 고에너지 형성의 중개자 역할을 함. (9.2)

Chemoautotroph (화학독립영양생물체): 이산화탄소를 유기화합물로 전환시키기 위하여 무기분자들(암모니아, 황화수소, 아질산염 등)에 저장된 에너지를 이용하는 독립영양생물체. (10.1)

Chiasmata(단수: chiasma) (교차점): 2가 염색체에서 상동염색체들 사이에 부착하는 특수한 지점을 말하며, 상동염색체들이 감수분열 전기 I의 배사기 초기에 서로 떨어져 이동할 때 관찰되고, 이전 단계에서 일어난 교차에서 유전자 교환이 일어나는 염색체 상의 지점에 위치함. (14.12)

Chlorophyll (엽록소): 빛을 흡수하는 가장 중요한 광합성 색소. (10.4)

Chloroplast (엽록체): 진핵세포들에서 광합성이 일어나는 주요 장소로서, 특별한 막으로 둘러싸인 세포소기관. (10.1)

Cholesterol (콜레스테롤): 동물세포에서 발견되는 스테롤이며, 세포막 지질의 절반까지 차지할 수 있고 막에서 차지하는 상대적 조성비가 막의 유동성에 영향을 미침. (8.2)

Chromatid (염색분체): 쌍을 이룬 막대 모양의 유사분열 염색체를 일컬으며, 쌍은 전단계인 간기에 복제되는 동안 형성된 복사된 염색체에 의해 만들어짐. (14.6)

Chromatin (염색질): 진핵생물의 염색체를 구성하는 핵단백질 복합체. (1.3, 6.2)

Chromatin remodeling complexes (염색질 재구성 복합체): ATP 가수분해 에너지를 이용하여 염색질 구조를 바꿈으로써 전사인자들의 DNA 조절부위 결합을 유도하는 여러 개의 소단위로 구성된 단백질 복합체. (6.14)

Chromatography (크로마토그래피): 부동의 특정 기질을 따라 움직임으로써 용해된 혼합물의 성분들을 분획화 할 수 있도록 다양하게 사용되는 실험방법. (18.11)

Chromosome compaction (or chromosome condensation) [염색체 압축 (또는 염색체 응축)]: 유사분열과 감수분열 단계에서 염색체가 분리될 수 있도록 세포가 염색체를 더 짧고 두꺼운 구조로 전환시키는 과정. (14.6)

Chromosome (염색체): 진핵세포의 핵 속에 있는 DNA로 구성되며, 유전정보의 운반체인 실과 같은 가닥. (4.2)

Cilia (섬모): 다양한 진핵세포들의 표면에서 돌출되어 있는 머리카락 모양 같은 운동성 소기관이며, 세포 표면에 많이 생성되는 경향이 있음. (13.6)

Ciliary dynein (섬모 다이닌): 섬모운동을 위하여 ATP 화학에너지를 기계에너지로 전환시키는 커다란 단백질(2백만 달톤까지) (제9장 인간 질병과의 연관성)

***Cis* cisternae (시스 주머니):** 소포체에 가장 가까운 부위에 있는 골지복합체의 주머니. (12.9)

***Cis* Golgi network (CGN) (근골지망):** 골지복합체에서 소포체에 가장 가까운 입구면에 위치한 주머니이며, 관들이 서로 연결된 그물 모양 구조로 이루어져 있고, 주로 소포체로 되돌려 보내야 할 단백질들과 다음 골지주머니로 보내져야 할 단백질들을 구별하는 분류 장소로서 작용함. (12.9)

Cisternae (시스터나): 골지복합체 주머니를 구성하는 수많은 납작한 주머니 중의 하나. (12.3)

Citric acid cycle (구연산회로): TCA 회로 또는 크렙스회로라고도 알려져 있음. (9.2)

Clonal selection theory (클론 선택 가설): B 림프구와 T 림프구 각각의 클론은 하나의 항원만을 인식할 수 있기 때문에, 각각의 항원을 인식하는 매우 많은 클론이 체내에 존재하고 있다가 특정 항원이 몸 안에 들어왔을 경우에 그 항원에 대한 친화도가 가장 높은 한 가지 클론이 선택되어 활성을 일으킴. (17.2)

Coactivator (보조활성인자): 결합된 전사인자들이 핵심 프로모터에서 전사의 개시를 촉진하도록 돕는 중개자. (6.14)

Coated pit (피복 만입부): 원형질막의 특수화된 영역이며, 내포작용에 의해 세포 속으로 들어오는 물질과 결합하는 수용체들을 모으는 장소로서의 역할을 함. (12.16)

Coated vesicle (피복 소낭): 막으로 된 구획에서 출아하는 소낭을 일컬으며, 출아 과정을 촉진하고 특수한 막단백질과 결합하는 다소단위 단백질 껍질을 갖고 있고, COPI-피복 소낭, COPII-피복 소낭, 클래스린 피복 소낭 등이 있음. (12.10)

Codon (코돈): mRNA에서 3개의 뉴클레오티드(뉴클레오티드 3중자)로서, 특정 아미노산을 지정함. (5.13)

Coenzyme (조효소): 효소의 유기물질 및 비단백질성 구성성분. (3.5)

Cofactor (보조인자): 효소의 비단백질성 구성성분으로서, 무기물질이거나 유기물질일 수 있음. (3.5)

Cohesin (코헤신): 복제된 염색분체들이 세포분열을 하는 동안 분리될 때까지 서로 결합되어 있도록 하는 다단백질 복합체. (14.6)

Collagen (콜라겐): 높은 인장 강도를 지닌 섬유성 당단백질군의 한 종류이며, 세포외기질의 일부로만 기능함. (11.3)

Competitive inhibitor (경쟁적 저해제): 효소의 활성자리에 접근하기 위하여 기질 분자와 경쟁하는 효소저해제. (3.7)

Complementary (상보적): DNA 2중나선의 2가닥에서 뉴클레오티드 서열 사이의 관계를 표현하는 것이며, 뉴클레오티드들의 상대적인 배치로 인하여 구조적으로 제한을 받기 때문에 아데닌-티민 및 구아닌-시토신과 같이 쌍으로 결합함. (4.5)

Complement (보체): 선천성 면역계에 속하는 혈액 내 혈장단백질. 혈액 내에 미생물이 침입하였을 때, 직접적으로 세포 표면에 구멍을 내어 죽이거나 혹은 간접적으로 대식세포의 식세포 작용을 좀 더 용이하게 하여 미생물을 죽일 수 있음. (17.1)

Conductance (전도성): 막을 통과하는 작은 이온의 이동. (8.11)

Confocal scanning microscope (공초점주사현미경): 미세하게 집중된 레이저 빔이 단일 깊이에 있는 시료 표면을 빠르게 주사하여 시료 내부의 얇은 평면(또는 "광학 구획")만을 조명하는 현미경이며, 일반적으로 형광으로 표지된 표본과 함께 사용되고 조명광학구획에서 방출된 빛은

비디오 화면에 구획의 이미지를 형성하는 데 사용됨. (18.3)

Conformation (입체 구조): 살아 있는 세포에서 단백질 및 다른 분자들의 생물학적 활성을 이해하는 데 중요한 분자 속에서 원자들의 3차원적 배열. (2.8)

Conformational change (입체 구조 변화): 생물학적 활성과 관련된 분자 안에서 예측 가능한 이동. (2.9)

Congression (회합): 유사분열의 전중기 동안 복사된 염색체들이 중기판으로 이동하는 현상. (14.7)

Connective tissue (결합조직): 수많은 종류의 다른 섬유들이 특정한 방식으로 서로 상호작용하여 구성된 조직. (예: 피부의 깊은 층인 진피) (11.1)

Connexon (코넥손): 코넥신이라 불리는 내재막 단백질들이 세포막 속에 모여서 형성된 간극연접의 다중 소단위 복합체이며, 각각의 코넥손은 중앙의 구멍 둘레에 배열된 6개의 코넥신 소단위들로 구성됨. (11.1)

Consensus sequence (공통서열): 가장 보편적으로 보존된 서열을 지칭함 [예: 세균의 프로모터에서(−35 요소로 알려져 있는) TTGACA 서열]. (5.3)

Constitutive heterochromatin (구조 이질염색질): 모든 세포에서 응축 상태를 항상 유지하는 염색질을 일컫는 것으로서, 영구적으로 침묵하는 DNA 영역이며 주로 매우 반복적인 뉴클레오티드 서열로 구성됨. (6.4)

Constitutive secretion (지속성 분비): 세포 속에서 합성된 물질들이 세포외 공간으로 지속적으로 분비되는 현상. (12.1)

Contrast (명암대비): 한 물체 안의 가까운 부분들 사이 또는 한 물체와 그 배경 사이에 있어서 나타나는 외관적 차이를 나타내는 현미경의 능력. (18.1)

Conventional (or type II) myosin [재래성(또는 II형) 미오신]: 근육 수축의 주된 운동단백질들인 미오신의 한 집단으로서 근육조직에서 처음 발견되었으나 다양한 비근육세포들에서도 발견되며, 세포분열 동안 세포의 분할, 국소 부착에서의 장력 발생, 성장원추체의 방향 전환 등에 필요함. (13.9)

Copper atoms for the electron transport chain (구리 원자-전자전달사슬): 전자운반체의 한 유형으로, 이 원자들은 미토콘드리아 내막의 단일 단백질복합체 내에 위치함. 구리 원자가 Cu^{2+}와 Cu^{+} 상태로 바뀌면서 하나의 전자를 주고받음. (9.3)

Cotransport (공동수송): 막을 통과하는 두 용질이 짝을 지어 이동하는 과정이며, 두 용질이 같은 방향으로 이동하면 동반수송이라 하고 반대 방향으로 이동하면 역수송이라고 함. (8.13)

Co-translational translocation (번역동시 전위): 소포체 표면에 부착된 리보솜에서 펩티드가 새로이 만들어지는 동안에 이미 만들어진 펩티드는 소포체 막에 있는 단백질 통로를 통해 소포체 내부로 들어가는 과정이 함께 일어나는 현상. (12.4)

Covalent bond (공유결합): 2개의 원자들 사이에서 전자쌍을 서로 공유하는 화학결합의 유형. (2.1)

CRISPR (크리스퍼 유전자 가위): 바이러스를 방어하기 위하여 박테리아에 의해 사용된 방어 과정을 기반으로 한 RNA이며, 진핵세포 유전체를 조작하는 도구가 되어 왔음. (5.12)

Cristae (크리스테): 미토콘드리아의 내막 중 내부로 함입된 부분으로 주름이 많은 것이 특징이며, 이 주름에 산화적 인산화를 위한 분자 기구가 있음. (9.1)

Crossing over (or genetic recombination) [교차 (또는 유전자 재조합)]: 감수분열 과정에서 상동염색체 분절들이 절단되고 재결합됨으로써 일어나는 염색체 상의 유전자 섞임 현상 (이로 인해 연관군이 깨짐). (4.4)

Cyclic photophosphorylation (순환적 광인산화): 엽록체에서 ATP를 생성하는 반응이며, 광계 II와는 무관하게 광계 I에 의해 일어남. (10.8)

Cyclin-dependent kinase (Cdk) (사이클린-의존 인산화효소): 세포주기 내내 세포의 진행을 조절하는 효소. (14.3)

Cytochrome oxidase (시토크롬 산화효소): 전자전달사슬의 마지막 단계, 즉 전자가 시토크롬 *c*에서 산소로 전달되는 반응을 촉매하는 효소복합체이며, 그 과정에서 산소가 소비되며 물이 생성됨. (9.4)

Cytochrome (시토크롬): 전자전달사슬에 있는 전자운반 단백질의 한 종류로서 헴(heme)기를 함유함. (9.3)

Cytokine (사이토카인): 면역세포에서 분비되며, 다른 면역세포의 활성을 조절하는 단백질. (17.4)

Cytokinesis (세포질분열): 세포주기의 한 단계이며, 세포가 물리적인 분열에 의해 2개의 딸세포로 됨. (14.1)

Cytoplasmic dynein (세포질 다이닌): 여러 개의 폴리펩티드 사슬들로 구성되어 분자량이 100만 달톤 이상인 거대한 단백질이며, 힘을 발생시키는 엔진 역할을 하는 2개의 커다란 구형의 머리 부분을 갖고 있어서 유사분열 동안 염색체의 이동 그리고 소낭 및 소기관들의 세포질 내 이동을 위한 미세소관의 음의 말단부위 방향 운동단백질로서 작용함. (13.3)

Cytoskeleton (세포골격): 세 가지의 섬유성 구조들(미세소관, 미세섬유, 중간섬유)로 구성된 정교하고 상호작용하는 연결망 모양의 구조로서, (1) 구조적 지지 작용, (2) 다양한 소기관들의 세포내 위치를 지정하는 틀의 역할, (3) 물질 및 소기관들의 세포내 이동에 필요한 장치의 일부로 작용, (4) 세포의 이동에 필요한 힘을 발생시키는 역할, (5) mRNA를 고착시켜 폴리펩티드로 용이하게 번역하는 장소, (6) 세포막으로부터 세포 내부로 정보를 전달하는 신호전달자 역할 등을 관여함. (13.1)

Cytosol (투명질): 진핵세포의 소기관들 바깥에 존재하는 세포질의 액상 부분. (1.3)

D

Dehydrogenase (탈수소효소): 한 반응물로부터 수소 원자를 제거하여 산화환원 반응을 촉매하는 효소. (3.9)

Deletion (결실): 염색체의 일부 소실로 발생하는 염색체 이상. (제6장 인간 질병과의 연관성)

Deletion mapping (결실지도 작성): DNA 뉴클레오티드 서열에 부분 결실이 있는 인공 DNA 구조물의 발현 조사를 통하여 전사 조절에 중요한 영역을 찾아내는 연구방법. (6.12)

ΔpH (ΔpH): 막으로 나누어진 양측의 pH의 차이를 말하며, 제9장에서는 미토콘드리아 내막 안팎의 pH 차이를 나타냄. (9.5)

Denaturation (변성): DNA의 경우에는 2중나선이 두 가닥으로 완전히 분리된 상태를 말하며, 단백질의 경우에는 온전하게 접힌 상태에서 풀려

진 또는 해체된 상태로의 변화를 의미함. (2.11, 10.8)

Dendrite (수상돌기): 대부분의 신경세포체에서 확장된 가는 돌기를 일컬으며 외부(대부분 다른 신경세포)에서 오는 정보를 받아들임. (8.14)

Dendritic cell (DC) (수지상세포): 주요 항원-제시세포(pAPC)의 한 종류이며, 항원을 인지하여 T 림프구를 활성화시킴. (17.4)

Deoxyribonucleic acid (DNA): 디옥시리보오스를 함유하는 2개의 뉴클레오티드 중합사슬로 구성된 2중가닥의 핵산 형태. (2.15)

Depolarization (탈분극): 막 사이의 전위차가 감소한 상태. (8.14)

Desmosome (or maculae adherens) (데스모솜): 매우 다양한 조직에서 발견되고 카드헤린 단백질들을 포함하고 있는 원반형의 접착성 연접으로서 주로 상피세포 내의 접착 연접의 아랫부분에 위치하며, 이 부근의 원형질막 내부쪽 표면에 존재하는 고밀도의 세포질 플라크는 세포질 전체로 퍼져 있는 중간섬유의 고정부위 역할을 수행함. (11.8)

Differential centrifugation (차등 원심분리): 특정 세포소기관을 대량으로 분리하기 위해 이용되는 기술이며, 둘러싸고 있는 매질보다 밀도가 높은 서로 다른 크기와 모양의 입자들이 원심장 안에 놓여 있을 때에 입자들은 서로 다른 속도로 원심분리 시험관의 바닥쪽을 향하여 이동하는 원리를 이용함. (18.10)

Differentiation (분화): 비특성화된 세포들이 구조와 기능적 측면에서 더 복잡하고 특성화되는 과정. (1.5)

Diffusion (확산): 한 물질이 농도가 높은 곳에서 낮은 곳으로 이동하는 자발적 과정이며, 결국 전체의 농도가 같게 됨. (8.9)

Diploid (배수체): 대부분의 전형적인 체세포에서처럼 각 쌍의 상동염색체 모두를 포함하는 상태이며, 2배체 세포는 2배체 모세포의 유사분열에 의해 생성됨. (4.8)

Direct immunofluorescence (직접 면역형광법): 형광 표지된 항체를 이용하여 세포내 특정 항원의 위치를 형광현미경으로 시각화하는 기술. (18.26)

Dissociation constant (해리상수): 두 분자가 얼마나 서로 단단하게 결합하는지를 나타내는 값. (3.2)

Disulfide bridge (2황화 다리): 폴리펩티드 골격에서 서로 떨어져 있는 2개의 시스테인이나 또는 분리된 2개의 폴리펩티드에 있는 2개의 시스테인 사이에서 형성되며, 단백질의 복잡한 모양을 안정화시키는 것을 돕는 역할을 함. (2.7)

DNA cloning (DNA 클로닝): 특정 DNA 조각을 DNA 운반체에 접합시킨 후, 세균 숙주세포를 통하여 복제함으로써 특정 DNA 조각을 대량으로 생산하는 기술. (18.20)

DNA-dependent RNA polymerase (DNA-의존성 RNA 중합효소): 원핵세포와 진핵세포에서 전사를 담당하고 있는 효소. (5.2)

DNA footprinting (DNA 풋프린팅): 결합인자의 DNA 분해효소 보호여부 조사를 통한 전사인자의 결합부위 조사방법. (6.12)

DNA gyrase (DNA 자이레이스): DNA 복제가 일어나는 과정 동안 진행하는 방향의 DNA 가닥이 점차 꼬이게 되면서 쌓이는 장력을 완화시킴으로써 DNA 분자의 초나선화 상태를 변화시킬 수 있는 제II형 국소이성질화효소임. DNA를 따라 이동하며, 마치 '회전고리(swivel)'처럼 작동해서 양성 초나선 DNA를 음성 초나선 DNA 구조로 바꾸어 줌. (7.2)

DNA library (DNA 라이브러리): 복제 DNA 조각들의 집합체들을 일컬으며, 종류로는 유전체 라이브러리와 상보 DNA 라이브러리가 있음. (18.23)

DNA ligase (DNA 연결효소): DNA 조각을 연결해서 연속하는 가닥으로 만들어 주는 효소 (7.2)

DNA microarray (DNA 미세배열): 각 유전자에서 얻은 DNA를 받침유리 위의 정해진 위치에 순서대로 반점을 찍어서 만든 'DNA 칩'을 일컬으며, 이 받침유리를 형광으로 표지된 cDNA와 함께 배양한 다음에 결합한 정도에 의해 배열된 각 유전자의 발현 정도를 측정함. (6.9)

DNA polymerase (DNA 중합효소): DNA 합성이나 수선 과정 중 새로운 DNA 가닥을 만들어내는 효소. (7.2)

DNA replication (DNA 복제): 세포분열 이전에 세포의 DNA를 복사해 내는 과정. (7.1)

DNA tumor virus (DNA 종양바이러스): 척추동물 세포에 감염되어 암세포로 변환시키는 능력을 가진 바이러스로서, DNA 바이러스는 성숙된 바이러스 입자 내부에 DNA를 보유하고 있음. (16.2)

Dolichol phosphate (돌리콜인산): 20개 이상의 아이소프렌 단위로 구성된 소수성 분자이며, 당단백질 내 탄수화물 사슬의 기부 또는 핵심부를 형성함. (12.6)

Domain (영역): 반 독립적인 방식으로 접히며, 기능을 하는 단백질(또는 RNA) 안에 있는 지역. (2.9)

Double-strand break (DSBs) (2중가닥 절단): 이온화 방사선의 영향으로 흔히 생기는 DNA 손상으로 DNA 2중나선의 양쪽 가닥 모두가 끊어지는 현상을 일컬으며, 2중나선 절단은 세포에 심각한 손상을 일으키므로 최소한 2종류의 독립적인 복구수선 기작이 작동하게 됨 (7.8)

Duplication (중복): 염색체 일부의 사본이 추가적으로 존재하는 염색체 이상. (제6장 인간 질병과의 연관성)

Dynamic instability (동적 불안정성): 미세소관 양의 말단 부위의 조립/해체 특성과 관련되어 있으며, 성장하거나 수축하는 미세소관들이 세포 내 동일한 부위에 공존할 수 있고, 그러한 미세소관의 공존 상태는 예측할 수 없이 변한다는 사실을 설명하고 있음. (13.5)

Dynein (다이닌): 미세소관 음의 말단 부위 방향으로 물질을 운반하는 여러 개의 소단위로 구성된 매우 큰 운동단백질이며, 세포질 다이닌 및 섬모 다이닌으로 구분됨. (13.3)

E

E (exit) site [E(출구) 자리]: 리보솜에 있는 tRNA의 결합자리로서, 신장 중인 펩티드 사슬에 아미노산을 옮겨 준 tRNA가 리보솜으로부터 방출하기 전에 차지하는 자리. (5.15)

Effector (작동인자): 어떤 신호에 대하여 세포내 반응을 일으키는 물질. (15.1)

Electrochemical gradient (전기화학적 기울기): 두 구획 사이에서 전해질이 확산되는 정도를 결정하는 전하와 용질 농도의 종합적 차이. (8.9)

Electron-transfer potential (전자전달 전위): 전자들에 대한 상대적인 친화력. 예로서, 낮은 친화력을 가진 화합물은 산화환원 반응에서 하나 또는 그 이상의 전자를 전달하기 위해 높은 전위를 갖는다고 할 수 있으며, 결과적으로 환원제로 작용함. (9.3)

Electron-transport (or respiratory) chain (전자전달사슬 또는 호흡사슬): 막에 들어 있는 전자운반체들의 사슬로서, 고에너지 전자들은 이 사슬을 통과하면서 순차적으로 그 에너지 상태가 낮아지며 최종적으로 ATP 또는 다른 에너지-저장 분자들을 합성하는 데 쓰이는 에너지가 얻어짐. (9.3)

Electronegative atom (음전기 원자): 더 큰 인력을 가진 원자, 즉 공유결합에서 더 많은 전자를 가질 수 있는 원자. (2.1)

Electrophoresis (전기영동): 전하를 띤 분자를 전기장에 놓았을 때 이동하는 능력에 따라 분획화 하는 기술. (18.13)

Embryonic stem (ES) cell (배아줄기세포): 다른 동물들의 배발생 초기 단계의 포배에 해당하는 포유동물의 배반포에서 발견되는 분화 능력이 무궁무진한 세포의 종류. (제1장 인간 질병과의 연관성, 18.25)

Endergonic reaction (에너지 흡수반응): 열역학적으로 불리한 반응이기 때문에 자연발생적으로 일어나지 않으며, $+\Delta G$ 값을 가짐. (3.2)

Endocytic pathway (내포작용 경로): 세포 밖으로부터 (그리고 세포막 표면으로부터) 세포 안쪽에 있는 엔도솜 및 리소솜 등과 같은 세포소기관들로 물질을 이동시키기 위한 경로. (12.1)

Endocytosis (내포작용): 세포 속으로 액체 및 용질을 흡수하기 위한 기작을 말하며, 비특이적인 부피상 내포작용과 특이적인 수용체-중재 내포작용의 종류가 있는데, 후자는 LDL 또는 트랜스페린과 같은 분자들이 특수한 세포 표면 수용체들과의 결합을 필요로 함. (12.16)

Endomembrane system (내막계): 기능적뿐만 아니라 구조적으로도 서로 관련된 소포체, 골지복합체, 엔도솜, 리소솜, 액포 등을 포함하는 막으로 된 소기관들을 총칭하여 일컬음. (12.1)

Endoplasmic reticulum (ER) (소포체): 관, 주머니, 소낭 등으로 이루어진 소기관으로서, 세포질 속의 액체 내용물을 소포체 막 속의 내강 및 소포체 막 바깥의 세포질 공간으로 분리함. (12.3)

Endosome (엔도솜): 내포작용 경로에 있는 세포소기관들 중 하나이며, 내포작용으로 흡수된 물질들이 초기 엔도솜으로 수송되어 분류된 후에 후기 엔도솜으로 그리고 최종적으로 리소솜으로 운반되며, 후기 엔도솜은 골지복합체에서 수송된 리소솜 효소들의 목적지 역할도 함. (12.17)

Endosymbiont theory (세포내 공생설): 미토콘드리아 및 엽록체가 원시 숙주세포 속에서 공생관계이었던 원핵생물로부터 생겨났다는 학설. (제1장 역사적 실험)

Endothermic reaction (흡열 반응): 일정한 기압과 부피 조건 하에서 열을 얻는 반응. (3.1)

Energy (에너지): 일을 할 수 있는 능력으로, 위치 및 운동에너지의 두 가지 형태가 있음. (3.1)

Enhancer (증폭자): 자신이 조절하는 프로모터의 상류 혹은 하류 쪽으로 상당히 떨어진 곳에 위치하는 DNA의 조절자리이며, 1개 이상의 전사인자가 증폭자에 결합하면 유전자의 전사 속도가 매우 증가할 수 있음. (6.14)

Entropy (S) (엔트로피): 물질의 무작위 운동과 연관된 계 또는 우주에서의 상대적인 무질서를 측정하는 것을 일컬으며, 모든 운동은 절대온도 0도에서 멈추기 때문에 엔트로피는 이 온도에서만 0임. (3.1)

Enzyme inhibitor (효소저해제): 효소와 결합하여 그 활성도를 감소시키는 분자를 일컬으며, 효소와 상호작용하는 성격에 따라 비경쟁적 또는 경쟁적인 것으로 구분됨. (3.7)

Enzyme-substrate (ES) complex (효소-기질 복합체): 반응의 촉매작용이 일어나는 과정에서 효소와 기질 사이의 물리적인 결합 형태. (3.5)

Enzyme (효소): 세포내 반응들에서 절대적으로 중요한 단백질 촉매제. (3.5)

Epigenetic inheritance (후성유전): DNA 뉴클레오티드 서열의 변화 없이 부모세포에서 자손세포로 전달되는 유전적인 변화를 말하며, DNA 메틸화, 히스톤의 공유결합 변형, 다른 유형의 염색질 변형 등에 의해 일어날 수 있음. (6.6)

Epithelial-mesenchymal transition (EMT) (상피간엽전환): 인접한 세포들에서 떨어져 나온 상피세포가 이동하여 중간엽 줄기세포를 형성하는 현상을 말하며, 이들 세포는 매우 다양한 세포 유형으로 분화함. (11.7)

Epithelial tissue (상피조직): 신체 내의 공간을 따라 일렬로 촘촘하게 배열된 세포들로 이루어진 조직. (예) 피부(표피)의 바깥층. (11.1)

Epitope (or antigenic determinant) (에피토프 또는 항원 결정부): 항체에 의해 인식되는 항원의 특정 자리. (17.5)

Equilibrium constant of a reaction (K_{eq}) (반응평형상수): 반응이 평형에 도달했을 때 반응물 농도에 대한 생성물 농도의 비율. (3.2)

Ester bond (에스테르결합): 카르복실산과 알코올 사이에서(또는 산성과 알코올성 작용기 사이에서) 형성되는 화학결합이며, 결합의 결과로 물 분자가 생산됨. (2.4)

Euchromatin (진정염색질): 간기 동안에 분산된 상태로 돌아가는 염색질. (6.4)

Eukaryotic cells (진핵세포): 핵과 같은 소기관을 포함하는 내부 구조의 특성을 갖고 있는 세포(식물, 동물, 원생생물, 진균)로서, 진정한 핵에서 유래되었음. (1.3)

Excitation-contraction coupling (흥분-수축 연결): 근육세포막에 도달한 신경자극을 근섬유 속 근절들의 수축으로 연결하는 단계들. (13.10)

Excited state (활성 상태): 어느 분자가 하나의 광자를 흡수한 후의 전자배열 상태를 일컬으며, 하나의 전자가 안쪽 궤도에서 바깥쪽 궤도로 이동하여 활성화된 상태. (10.4)

Exocytosed (외포 배출된): 외포작용으로 세포 밖으로 배출됨. (12.1)

Exergonic reaction (에너지 방출 반응): 열역학적으로 유리한 반응으로, $-\Delta G$ 값을 가짐. (3.2)

Exocytosis (외포작용): 막의 융합 및 내용물의 방출 과정을 일컬으며, 분비 입자 및 소낭의 막이 세포막과 접촉하여 융합함으로써 하나의 구멍이 형성되고, 이 구멍을 통해서 입자 또는 소낭의 내용물들이 방출됨. (12.13)

Exon junction complex (EJC) (엑손 접합 복합체): 새로이 형성된 엑손-엑손 접합으로부터 20~24개의 뉴클레오티드 상단부의 전사물에 축적되어 있는 단백질 복합체이며, mRNA가 번역이 될 때까지 mRNA와 함께 머무름. (5.16)

Exon shuffling (엑손 뒤섞임): 관련되어 있지 않은 유전자들 사이의 유전적 "모듈(module)"의 이동으로서, 인트론의 존재에 의해 촉진되는데, 인트론은 엑손들 사이에 놓여 있는 불활성의 간격 부위 요소로 역할을 함. (5.8)

Exon (엑손): 성숙한 RNA를 형성하는 데 기여하는 분할유전자 부분. (5.6)

Exothermic reaction (발열 반응): 일정한 기압과 부피 조건하에서 열을 방출하는 반응. (3.1)

Extracellular matrix (ECM) (세포외기질): 세포막의 바로 바깥쪽 지역에 세포외 물질들로 구성된 망이며, 세포의 모양과 활성을 결정하는 데 있어 절대적인 역할을 함. (11.2)

Extracellular messenger molecule (세포외 정보전달 분자): 세포들이 일반적으로 의사소통하는 수단을 일컬으며, 짧은 거리를 이동하여 정보 출처로부터 매우 가까이 있는 세포들을 자극하거나 또는 신체 전체를 이동하여 정보 출처로부터 아주 멀리 떨어져 있는 세포들을 잠재적으로 자극할 수도 있음. (15.1).

F

Facilitated diffusion (촉진 확산): 특정 막단백질과 상호작용하여 물질의 확산 속도를 증가시키는 확산 형태. (8.12)

Facilitative transporter (촉진적 수송체): 특정 물질과 결합하면 입체 구조가 변화되어 그 물질이 농도기울기를 따라 확산되는 것을 촉진하는 막관통 단백질. (8.12)

Facultative heterochromatin (조건적 이질염색질): 한 개체의 일생 중 특정 시기 동안에 특정하게 불활성화된 염색질. (6.4)

Family (집단): 진화 과정 동안 일련의 중복 및 계속된 변형을 거친 단일 조상 유전자로부터 생긴 단백질들의 무리. (2.14)

Fat (지방): 3개의 지방산에 하나의 글리세롤이 에스테르 결합으로 연결된 골격으로 구성된 분자이며, 트리아실글리세롤이라고도 함. (2.6)

Fatty acid (지방산): 한 말단에 카르복실기 하나를 가지면서 가지가 나지 않은 긴 탄화수소. (2.6)

Feedback inhibition (되먹임 저해): 대사경로의 최종산물이 효소와 결합하여 경로를 조절하는 기작이며, 효소의 불활성화를 유도함. (3.11)

Fermentation (발효): 피루브산이 다른 분자(개체에 따라 대개 젖산 또는 에탄올)로 전환되고 해당 과정에서 사용되는 NAD^+가 재생되는 혐기성 대사경로. (3.9)

Fibrous protein (섬유성 단백질): 섬유를 닮은 매우 신장된 3차 구조를 가진 단백질. (2.9)

First law of thermodynamics (열역학 제1법칙): 에너지는 창조되거나 소멸되지 않고 단지 한 물질에서 다른 것으로 전환(변환)된다는 에너지 보존의 법칙. (3.1)

Fixative (고정액): 세포막을 빠르게 침투하여 세포의 구조를 생전에 가까운 상태로 고정하는 데 사용되는 화학 용액. (18.2)

Flagella (편모): 다양한 진핵세포의 표면에 돌출되어 있는 머리카락 모양의 운동성 소기관이며, 섬모와 비교하여 기본적으로 동일한 구조이지만 훨씬 적은 숫자가 발현됨. (13.5)

Flavoprotein (플라보단백질): 전자전달사슬의 전자운반 단백질의 한 종류이며, 보결분자단(prosthetic groups)인 FAD 또는 FMN이 결합되어 있음. (9.3)

Fluorescence in situ hybridization (FISH) (형광 제자리 혼성화): 형광염색으로 표지된 DNA(또는 RNA)를 염색체에 존재하는 단일가닥 DNA와 혼성화시켜 형광현미경으로 위치를 추적하는 기술. (4.7)

Fluorescence recovery after photobleaching (FRAP) (광탈색 후 형광 회복): 막 구성성분의 이동을 연구하기 위한 방법이며, 3단계로 구성됨: (1) 세포의 구성성분에 형광염료를 결합시키고, (2) 세포의 일부를 불가역적으로 탈색시켜서(눈으로 볼 수 있는 일부 형광물질을 제거시켜서), (3) 그 세포의 탈색된 부분에서 형광물질이 다시 나타나는 것(탈색된 부위의 바깥에 있던 형광물질로 염색된 구성성분이 무작위로 이동함에 따라)을 추적 관찰함. (8.7)

Focal adhesion (국소부착): 배양된 세포들이 배양용기의 표면에 부착할 때 특징적으로 나타나는 접착 구조를 일컬으며, 일반적으로 국소 부착 부위의 원형질막에는 인테그린 단백질이 존재하여 배양용기 내 세포외 물질을 세포골격의 일종인 액틴함유 미세섬유에 연결시킴. (11.6)

Frameshift mutation (틀-이동 돌연변이): DNA에서 1개의 뉴클레오티드 쌍이 첨가되거나 결실되어 생긴 돌연변이이며, 돌연변이가 생긴 지점으로부터 남아 있는 암호화 서열에 맞지 않는 해독틀이 형성됨. (5.16)

Free energy change (ΔG) (자유에너지 변화): 반응 과정 동안 일을 할 수 있는 에너지 양의 변화. (3.2)

Free radical (유리기): 짝을 이루지 않은 전자를 함유하여 매우 반응성이 큰 원자 또는 분자. (제2장 인간 질병과의 연관성)

Freeze etching (동결에칭법): 조직을 동결절편한 다음 진공상태로 잠시 노출시킨 후, 절편된 표면의 위와 아래의 얇은 얼음 층을 증발시켜 현미경으로 식별할 수 있도록 하는 기술. (18.5)

Freeze-fracture replication (동결할단복제): 조직 샘플을 먼저 동결시키고, 조직 블록을 최소 저항선인 지질2중층의 두 전단 사이 파쇄선을 따라 칼날로 절단한 다음에 표출된 표면에 금속을 부착하여 전자현미경으로 분석할 수 있는 그림자 복제품(shadowed replica)을 만듦. (14.3, 18.5)

Functional group (작용기): 하나의 단위로 작용하는 원자들의 특정 무리를 일컬으며, 흔히 더 큰 유기 분자들이 갖고 있는 화학적 및 물리적 성질에 영향을 미침. (2.4)

G

γ-tubulin (γ-튜불린): 미세소관의 핵형성에 관여하는 주요 구성요소인 튜불린의 한 종류. (13.4)

G protein-coupled receptor (GPCR) (G 단백질 결합 수용체): 일반적으로 세포막을 7번 관통하는 수용체들을 지칭하며, 리간드가 자신과 특이적으로 결합하는 수용체와 붙게 되면 수용체의 입체구조에 변화가 생기면서 이형 3량체인 G단백질에 대한 친화성이 증가되므로 세포내 반응이 시작됨. (15.3)

Gametophyte (배우자체): 식물의 생활사에서 포자체 시기 동안 생성된 포자로부터 시작되는 반수체시기를 일컬으며, 배우자들이 배우자체 시기 동안에 일어나는 유사분열에 의해 형성됨. (14.11)

Gap junction (간극연접): 동물세포 내에서 세포들 사이의 정보 교환을 위해 특화된 부위를 말하며, 인접한 세포들은 각각의 원형질막이 약 3 nm 이내로 근접하고 있으며, 매우 가느다란 파이프라인 형태의 코넥손이 가로질러 놓여서 작은 분자들의 교환을 허용함. (11.11)

Gated channel (관문 통로): 특정 이온에 대하여 열린 형태와 닫힌 형태로 입체 구조를 변화시킬 수 있는 이온통로를 말하며, 입체구조 변화를 일으키는 과정의 성질에 따라 전압, 화학적 및 기계적 관문 통로 등이 있

음. (8.11)

Gel filtration (젤 여과): 일차적으로 분자량에 따라 단백질(또는 핵산)을 분리하는 정제 기술이며, 작은 구멍이 있는 구슬로 채워진 관을 따라 단백질 시료 용액을 천천히 이동시킴으로써 분리함. (18.11)

Gene duplication (유전자 중복): 일반적으로 불균등 교차의 과정에 의해서 염색체의 일부가 중복되는 현상. (4.8)

Gene expression (유전자 발현): 주어진 유전자로부터 mRNA가 발현되고 궁극적으로 단백질이 생산된다는 개념. (5.1)

Gene regulatory protein (유전자 조절 단백질): DNA의 특정 뉴클레오티드 서열을 인식하고 그 서열에 높은 친화력으로 결합하여 유전자 발현을 변화시킬 수 있는 단백질. (6.1)

General transcription factor (GTF) (일반 전사인자): RNA 중합효소가 전사를 시작할 때 필요한 보조적인 단백질들을 일컬으며, 이 인자들에 "일반"이라는 용어를 붙이는 이유는 중합효소에 의해서 전사되는 다양한 유전자 집합체의 전사에서 이와 동일한 것이 사용되기 때문임. (5.5)

Gene (유전자): 비분자적인 용어로서는 어떤 형질의 특성을 지배하는 유전 단위를 일컬으며, 분자적인 용어로서는 전사는 되지만 암호화되지 않는 부분을 포함하는 단일 폴리펩티드 또는 RNA 분자에 대한 정보를 갖고 있는 DNA의 한 부분을 지칭함. (4.1)

Genetic code (유전 암호): DNA 뉴클레오티드 서열을 단백질 산물로 만들기 위한 정보로 암호화하는 방식. (5.13)

Genetic polymorphism (유전자 다형성): 한 종의 집단에서 개인에 따라 비교적 높은 빈도로 다양하게 존재하는 유전체에서의 자리들. (4.13)

Genome (유전체): 생물의 종마다 보유하고 있는 고유한 유전정보 전체를 말하며, 그 종에서 한 벌의 반수체 염색체 속의 DNA와 같음. (4.1)

Genome-wide association study (GWAS) (전장 유전체 연관분석): 특정 형질과 연관된 특정한 유전적 변이인지의 여부를 밝히고자 하는 과학적 연구 분야. (제10장 인간 질병과의 연관성)

Genome-wide location analysis (게놈 수준 위치 분석): 특정 전사인자에 결합된 게놈의 모든 DNA 뉴클레오티드 서열을 물리적으로 분리한 다음에 어떤 DNA 뉴클레오티드 서열이 존재하는지를 조사하여 주어진 전사인자의 결합자리를 찾아내는 방법. (6.12)

GGA (GGA): 몇 개의 특징적인 영역을 가진 세포소기관의 수송에 관여하는 매개 단백질. (12.11)

Globular protein (구형 단백질): 둥근 공 모양과 같이 촘촘하게 접힌 3차 구조를 가진 단백질. (2.9)

Gluconeogenesis (포도당 신생 과정): 피루브산으로부터 포도당이 합성되는 과정. (3.12)

Glycocalyx (당질피질): 세포막의 외부 표면을 덮고 있는 한 겹의 구조물이며, 세포에 의해 분비되는 세포외 물질들과 함께 막의 탄수화물을 포함하여 세포 표면에 밀접하게 결합되어 있음. (11.2)

Glycogen (글리코겐): 대부분의 동물세포에서 쉽게 사용될 수 있는 화학에너지의 기능을 하는 매우 많은 가지가 있는 포도당 중합체. (2.5)

Glycolipid (당지질): 스핑고신을 갖고 있는 지질이 탄수화물과 결합한 물질. (8.2)

Glycolysis (해당 작용): 포도당 이화작용의 첫 번째 경로로서, 산소를 필요로 하지 않으며 최종산물로 피루브산을 형성함. (3.8)

Glycosaminoglycan (GAG) (글리코사미노글리칸): —A—B—A—B—(A와 B는 서로 다른 두 가지 당을 표시)의 구조로 이루어진 매우 산성을 띠는 다당류. (2.5)

Glycosidic bond (글리코시드 결합): 당 분자 사이에서 형성되는 화학결합. (2.5)

Glycosylation (당화): 당이 단백질 및 지질에 첨가되는 반응. (8.3)

Glycosyltransferase (당전달효소): 특정한 당을 특정한 공여체(뉴클레오티드 당)로부터 특정한 수용체(보통 올리고당 사슬에서 자라고 있는 말단)로 전달하는 효소. (12.6)

Glyoxysome (글리옥시솜): 식물세포에서 발견되는 소기관으로서, 저장된 지방산을 탄수화물로 전환시키는 효소반응이 일어나는 장소. (9.9)

Golgi complex (골지복합체): 가장자리가 팽창되어 있고 소낭들 및 관들이 결합된 납작하고 원반 모양의 주머니들이 특이한 형태로 구성된 활면막들의 망상 구조이며, 주로 가공처리 공장의 역할을 하여 소포체에서 새로 합성된 단백질들이 이곳에서 특수한 방법으로 변형됨. (12.9)

GPI-anchored protein (GPI-고착 단백질): 막 2중층에 있는 글리코실포스파티딜이노시톨(GPI)과 결합하여 막에 고정된 표재 단백질. (8.4)

Grana (그라나): 질서정연하게 층으로 배열한 틸라코이드. (10.2)

Graves' disease (그레이브스병): 자가면역질환의 일종으로, 인체내 갑상샘자극호르몬 수용체에 대한 항체가 생성되어 갑상샘 기능 항진증을 유발함. (제17장 인간 질병과의 연관성)

Ground state (바닥상태 또는 기저상태): 어떤 원자 또는 분자가 흥분되지 않은 상태. (10.4)

Growth cone (성장 원추체): 축삭의 신상에 필요한 운동성이 있는 성장하는 신경세포의 말단 부위. (13.13)

GTP-binding protein (or G-protein) (GTP-결합 단백질 또는 G-단백질): 최소한 두 가지 입체구조(결합된 GTP 분자를 갖는 활성형 그리고 결합된 GDP 분자를 갖는 비활성형) 중 하나의 형태로 존재하면서 다양한 세포의 활동에 중요한 조절 역할을 함. (12.4, 15.2)

Guanosine trisphosphate (GTP) (구아노신 삼인산): 세포의 활성에 매우 중요한 뉴클레오티드의 한 형태이며, 여러 종류의 단백질(G 단백질)에 결합하여 단백질이 활성을 갖도록 하는 스위치로 작용함. (2.15)

H

Half-life (반감기): 방사성 물질의 절반이 붕괴하는 데 필요한 시간을 나타내며, 방사성 동위원소의 불안정성을 나타냄. (18.8)

Haploid (반수체): 2배체와 대조되는 용어로서, 세포들이 오직 각 상동염색체 쌍의 한쪽만 갖고 있는 상태이며, 정자와 같은 반수체 세포는 감수분열에 의해 생성됨. (4.7)

Haplotype (반수체형): 한 세대에서 다음 세대로 온전히 유전되는 경향이 있는 유전체의 한 블록을 일컬으며, 일반적으로 단일염기다형성(SNP)의 일관된 조합이 있을 때 정의할 수 있음. (제4장 인간 질병과의 연관성)

Head group (머리부위): 인지질의 극성을 나타내는 수용성 부위로, 인산기 1개가 여러 개의 작은 친수성 분자들 중의 하나와 결합함. (8.2)

Heat shock response (열충격 반응): 온도의 상승으로 인하여 일어나는 다양한 유전자 발현의 활성화 반응이며, 이 유전자들의 산물(예: 분자 샤페론)은 생명체가 상승된 온도로 인한 손상으로부터 회복되도록 돕는 역할을 함. (제2장 역사적 실험)

Heavy chain (중쇄): 항체의 두 가지 폴리펩티드 사슬 유형 중의 하나로서, 보통 50~70 kD의 분자량을 갖음. (17.5)

Helicase (헬리케이스): ATP 가수분해를 통한 에너지를 이용하여 DNA(또는 RNA) 2중가닥의 뉴클레오티드와 뉴클레오티드를 연결하는 수소결합을 끊어내는 반응을 통해 DNA(또는 RNA) 2중사슬 구조를 풀어주는 효소. (7.3)

Hematopoietic stem cell (HSC) (조혈줄기세포): 자기재생과 모든 혈구세포 형태들로 분화할 수 있는 능력을 가진 세포로 주로 골수에 존재. (제1장 인간 질병과의 연관성)

Hemicellulose (헤미셀룰로오스): 식물의 세포벽에 있는 다당류이며, 그 기본 골격은 포도당 같은 하나의 당과 자일로스와 같은 다른 당의 곁사슬로 구성됨. (11.12)

Hemidesmosome (헤미데스모솜): 상피세포의 기저부 표면에 있는 특수화된 부착 구조로서 상피세포를 밑에 있는 기저막에 접착시키는 역할을 하며, 주로 원형질막의 안쪽 표면에 높은 밀도의 플라크를 포함하고 있어 여기로부터 카드헤린 함유 섬유들이 세포질 속으로 넓게 퍼져 있음. (11.6)

Heterochromatin (이질염색질): 간기 동안에 응축된 상태로 남아 있는 염색질. (6.4)

Heterogeneous nuclear ribonucleoprotein (hnRNP) (이질핵 리보핵산 단백질): 전사된 각 hnRNA가 다양한 단백질들과 결합되어 이루어진 결과물이며, 다음에 일어나는 가공 반응의 기질이 됨. (5.7)

Heterogeneous nuclear RNA (hnRNA) (이질핵 RNA): 다음과 같은 특징을 공유하는 RNA 분자 그룹: (1) 커다란 분자량(~80S 정도 또는 ~5만 뉴클레오티드), (2) 서로 다른 뉴클레오티드 서열, (3) 핵 안에서만 발견되며 pre-mRNA를 포함함. (5.5)

Heterotroph (종속영양생물체): 유기화합물을 생명체 외부의 공급원에 의존하는 생물체. (10.1)

Highly repeated fraction (고도 반복 부위): 유전체마다 적어도 10만 개의 복사본이 있는 일반적으로 짧은(가장 긴 경우, 수백 개의 뉴클레오티드) DNA 서열을 말하며, 보통 척추동물에서 DNA의 10%를 차지함. (4.7)

Histone acetyltransferase (HAT) (히스톤 아세틸전달효소): 핵심 히스톤의 리신과 아르기닌 잔기에 아세틸기를 전달하는 효소이며, 히스톤의 아세틸화는 전사 과정 활성화와 연계되어 있음. (6.14)

Histone code (히스톤 암호): 특정 염색질 부위의 상태와 활성이 그 부위에 있는 뉴클레오솜의 히스톤 꼬리에서 일어나는 특정 공유결합 변형이나 여러 다른 변형들의 조합에 의하여 조절된다는 개념으로서, 이들 변형은 핵심 히스톤 내의 다양한 아미노산 잔기의 아세틸화, 메틸화, 인산화효소들에 의해 수행됨. (6.4)

Histone deacetylase (HDAC) (히스톤 탈아세틸화효소): 핵심 히스톤에서 아세틸기 제거를 촉매하는 효소이며, 전사 억제와 연계되어 있음. (6.16)

Histone (히스톤): 염색질의 작고 잘 정립된 염기성 단백질의 집합. (6.3)

Homogenize (균질화): 세포들을 기계적으로 분쇄시키는 것. (12.2)

Homologous chromosome (상동염색체): 2배체 세포들에서 쌍을 이루고 있는 염색체로서, 각각은 그 염색체가 갖고 있는 2벌의 유전물질 복사본 중에서 하나씩 가지고 있음. (4.3)

Humoral immunity (체액성 면역): 항체에 의해 수행되는 일련의 면역반응. (17.1)

Hybridoma (혼성 세포): 정상적인 항체 생산 림프구와 악성 골수종 세포가 융합된 세포이며, 증식하여 골수종 세포와 융합되기 전 정상세포에 의해 합성되었었던 단일클론항체를 대량 생산함. (18.26)

Hydrogen bond (수소결합): 전기음성도가 큰 원자(따라서 부분적으로 양전하를 가진)에 공유결합으로 연결된 수소 원자와 또 다른 2번째 전기음성도가 큰 원자 사이의 약한 인력을 가진 상호작용. (2.2)

Hydrophilic (친수성): 극성 분자가 둘러싸고 있는 역시 극성인 물 분자와 상호작용하는 경향을 일컬으며, "물을 사랑하는"이라는 의미에서 유래하였음. (2.2)

Hydrophobic interaction (소수성 상호작용): 비극성 분자가 극성인 물 분자에 둘러싸여 물 분자와의 상호작용을 최소화하기 위해 서로 뭉쳐 있으려고 하는 비극성 분자의 경향을 일컬으며, "물을 두려워 하는"이라는 의미에서 유래하였음. (2.2)

Hypertonic (or Hyperosmotic) (고장성): 주어진 구획 속에 있는 용질의 농도에 비하여 그 보다 더 높은 용질의 농도를 갖고 있는 어느 구획의 성질. (8.10)

Hypotonic (or Hypoosmotic) (저장성): 주어진 구획 속에 있는 용질의 농도에 비하여 그 보다 더 낮은 용질의 농도를 갖고 있는 어느 구획의 성질. (8.10)

I

Immune response (면역반응): 생체 내에서 항원에 의해 면역세포가 활성화되어 일어나는 모든 일련의 반응을 일컫는데, 선천면역반응과 적응면역반응의 2형태가 있으며, 적응면역반응은 항원에 처음 노출된 후에 일어나는 1차 면역반응과 동일한 항원에 다시 노출되었을 때에 유도되는 2차 면역반응으로 나뉨. (17.1)

Immune system (면역계): 면역세포를 포함하고 있는 모든 생체내 조직 및 장기. (17.1)

Immunity (면역): 특정한 감염체에 저항성이 생긴 상태를 일컬음. (17.1)

Immunoglobulin superfamily (IgSF) (면역글로블린 상과): 면역글로블린 중쇄 혹은 경쇄와 유사한 구조를 가진 모든 단백질들을 말하며, 70~110개의 아미노산으로 구성된 잘 보존된 영역을 가짐. (11.7, 17.1)

Imprinting (각인): 접합자에 나타나는 유전자의 발현 양상이 정자에 의한 것인지 난자에 의한 것인지에 따라 달라지는 현상. (6.16)

In vitro (생체 외): 몸의 바깥. 배양하여 자란 세포들은 생체 외에서 자랐다고 일컬어지며, 배양된 세포에 관한 연구는 세포 및 분자 생물학자들의 중요한 도구임. (1.2)

Indirect immunofluorescence (간접 면역형광법): 직접 면역형광법을 변형하여 개발된 것이며, 비표지 항체를 세포 내에 해당 항원에 결합시킨 후에 그 비표지 항체에 형광표지된 항체를 새롭게 결합시킴으로써 세포내 항원의 위치를 시각화하는 기술. (18.26)

Induced fit (유도 적합): 화학반응을 진행하기 위해 기질이 결합한 후 발생하는 효소의 입체 구조 변화. (3.6)

Inducer (유도인자): 억제자 단백질에 결합하여 세균 오페론의 전사를 촉진하는 화합물. (6.1)

Inducible operon (유도 오페론): 주요 대사물질에 의한 구조 유전자의 전사가 유도되는 오페론. (6.1)

Inflammation (염증): 손상이나 감염에 의해 특정한 조직에 액체와 면역세포가 축적되어 홍반, 부종, 발열 등이 일어나는 비정상적 생리현상. (17.1)

Inflammatory bowel disease (IBD) (염증성 장질환): 다양한 이유에 의해 장에 염증이 생기는 질환이며, 대표적으로 크론병과 궤양성 대장염 등이 있음. (17.3).

Initiation codon (개시코돈): 리보솜이 mRNA에 결합하는 AUG 3중자 자리를 일컬으며, 리보솜이 전체 유전정보를 정확하게 읽기 위하여 적절한 번역틀(reading frame) 안에 존재함. (5.15)

Initiation factor (개시인자): 세균에서는 IF 그리고 진핵세포에서는 eIF라고 불리는 가용성 단백질들이며, 번역의 시작을 가능하게 함. (5.15)

Initiation of replication (복제 개시): DNA 주형에 DNA 중합효소가 결합하며 개시되는 DNA 복제의 첫 번째 단계로, DNA 2중가닥이 분리되면서 DNA 중합효소가 DNA 복사를 시작할 수 있게 함. (7.2)

Innate immune response (선천면역반응): 획득면역반응이 활성을 일으키기 전에 몸을 보호할 뿐만 아니라 획득면역반응을 유도하기도 하는데, 자연살해세포, 보체, 식세포 작용, 1형 인터페론 등에 의하여 이루어짐. (17.1)

Insulator (절연자): 한 프로모터와 이 프로모터의 증폭자를 다른 프로모터와 증폭자로부터 차단하는 특수 경계 서열을 일컬으며, 핵 기질의 단백질들과 결합하는 것으로 알려짐. (6.14)

Insulin receptor substrate (IRS) (인슐린수용체 물질): 인슐린에 반응하여 인산화되었을 때 일어나는 신호전달 체계의 상부에 위치하여 자신의 하부에 존재하는 다양한 작동인자들을 활성화시키는 단백질. (15.10)

Integral protein (내재 단백질): 지질2중층을 통과하거나 막의 양쪽에 걸쳐 있는 세포막 단백질. (8.4)

Integrin (인테그린): 세포 밖의 분자들과 특이적으로 결합하는 세포막 관통 단백질군. (11.5)

Intermediate filament (IF) (중간섬유): 직경이 약 10 nm인 강한 밧줄 같은 세포골격 섬유로서 세포 종류에 따라 다양한 단백질 소단위들이 비슷한 종류의 섬유소들로 조립될 수 있으며, 세포에 기계적 안정화를 제공하고 조직특이적 기능을 수행하는 데 관여함. (13.1)

Intermembrane space (막간 공간): 미토콘드리아의 내막과 외막 사이에 존재하는 공간. (9.1)

Interphase (간기): 세포주기에서 세포분열과 세포분열 사이의 시기. (14.1)

Intervening sequence (개재서열): 한 유전자의 암호화 서열(엑손) 사이에 끼어 있는 DNA 부분을 일컬으며, 해당 mRNA에서는 빠져 있음. (5.6)

Intraflagellar transport (IFT) (편모 내 수송): 입자들이 편모 또는 섬모의 밑 부분과 윗부분 사이의 양 방향으로 이동하는 현상을 말하며, 축사의 주변부에 있는 2중관들을 따라 이동하는 운동단백질들에 의하여 입자들이 이동함. (13.5)

Intron (인트론): 개재서열에 해당하는 분할유전자 부분. (5.6)

Inversion (역위): 염색체의 2곳이 잘려서 생기는 중심 조각이 반대 순서로 염색체에 다시 삽입된 후 발생하는 염색체 이상. (제6장 인간 질병과의 연관성)

In vitro (생체 외): 몸의 바깥. 배양하여 자란 세포들은 생체 외에서 자랐다고 일컬어지며, 배양된 세포에 관한 연구는 세포 및 분자 생물학자들의 중요한 도구임. (1.2)

Ion (이온): 화학반응 과정에서 하나 또는 그 이상의 전자를 잃어버리거나 받아서 순(net) 양전하 또는 순 음전하를 가진 원자 또는 분자. (2.1)

Ion channel (이온 통로): (이온이 통과할 수 있는 통로를 갖는 내재단백질과 같이) 특정 이온들이 통과하는 막횡단 구조. (8.11)

Ion-exchange chromatography (이온-교환 크로마토그래피): 이온의 전하를 이용하여 서로 다른 단백질들을 분리하는 단백질의 정제 기술. (18.11)

Ionic bond (이온 결합): 서로 반대의 전하를 가진 이온들 사이에서 일어나는 비공유 결합. (2.2)

Iron-sulfur protein (철황 단백질): 철황 중심부를 지닌 일련의 전자 운반 단백질. (9.3)

Irreversible inhibitor (비가역적 저해제): 공유결합 등에 의하여 강하게 결합함으로써 효소 분자를 영구적으로 불활성화 시키는 효소저해제. (3.7)

Isoelectric point (등전점): 단백질을 구성하는 아미노산들 중에서 음전하와 양전하를 띄는 아미노산들이 동일할 때의 pH를 의미하며, 그 단백질은 중성을 나타냄. (18.11)

Isoform (동형): 한 단백질의 서로 다른 변형체들을 일컬으며, 분리되었지만 밀접하게 관련된 유전자들에 의해 암호화될 수 있기도 하며 단일 유전자로부터 선택적 이어맞추기(alternate splicing)에 의해 변형체들이 형성될 수 있음. (2.14)

Isotonic (or Isosmotic) (등장성): 주어진 구획 속에 있는 용질의 농도와 비교하여 그와 동일한 용질의 농도를 갖고 있는 어느 구획의 성질. (8.10)

K

Karyotype (핵형): 상동염색체 쌍을 큰 것부터 작은 것의 순서로 나열한 사진. (6.5)

Kinesin (키네신): 키네신 유사 단백질(KRPs) 집단의 한 구성요소이며, 세포질 내 미세소관들을 따라 소낭들 및 소기관들을 이동시키는 양의 말단부위 방향 운동단백질. (13.3)

Kinetics (속도론): 화학반응의 속도를 연구. (3.7)

Kinetochore (동원체): 중심절 바깥 표면에 존재하는 단추 모양의 구조이며, 방추체의 미세소관이 붙는 자리. (14.6)

Knockout mice (녹아웃 쥐): 특정 기능을 담당하는 유전자를 인위적으로 작용하지 못하게 한 쥐. (18.25)

Krebs cycle (크렙스 회로): TCA 회로 또는 구연산 회로라고도 알려져 있음. (9.2)

L

Lagging strand (지연가닥): DNA 복제를 통해 새롭게 생성되는 DNA 가닥 중 짧은 DNA 절편의 형태로 비연속적으로 합성되는 가닥이며, 이들 DNA 절편의 합성 개시는 기존의 2중가닥 DNA가 풀리면서 새로운 DNA 주형이 어느 정도 노출될 때까지 기다렸다가 합성되므로 선도가닥에 비해 뒤처져 합성되는 것처럼 보여서 뒤처지는 가닥 또는 지연가닥으로 이름이 붙여짐. (7.2)

Lamellipodium (판상족): 이동하는 섬유아세포의 앞 가장자리 부위를 일컬으며, 바닥층을 활주하는 넓고 납작하며 면사포 같은 돌기로서 세포로부터 뻗어 나옴. (13.12)

Last Eukaryotic Common Ancester (LECA) (최종 진핵생물 공통조상): 현존하는 모든 진핵생물종들의 공통조상이었던 생물종을 일컬으며, 진핵세포의 모든 생물학적 특성을 지닌 단세포 생물체라고 추측됨. (제1장 역사적 실험)

Leading strand (선도 가닥): DNA 복제를 통해 새롭게 생성되는 DNA 가닥 중 연속적으로 합성되는 가닥이며, 이는 복제분기점이 진행과 함께 연속적으로 DNA 합성이 진행되기 때문에 지연가닥에 비해 앞서는 가닥 또는 선도가닥으로 이름이 붙여짐. (7.2)

Ligand (리간드): 수용체와 상보적 구조를 가지고 있어서 수용체와 결합할 수 있는 분자. (8.1, 15.1)

Ligand-gated channel (리간드 관문 통로): 리간드의 결합에 의해 열림과 닫힘이 조절되는 이온 통로. (8.11)

Light chain (경쇄): 항체의 두 가지 폴리펩티드 사슬 유형 중에서 상대적으로 작은 분자량(~23 kD)을 가진 단백질. (17.5)

Light-dependent reaction (광-의존반응): 광합성을 구성하는 2개의 연속된 반응 중 첫 번째 반응이며, 태양광의 에너지가 흡수되어 ATP와 NADPH에 저장된 화학에너지로 전환됨. (10.3)

Light harvesting complex II (LHCII) (광수확 복합체 II): 광계의 바깥쪽에 위치한 색소-단백질 복합체이며, 광계 II에서 빛을 모으는 안테나 색소들의 대부분을 포함하고 있음. (10.6)

Light-independent reaction (dark reaction) 광-비의존반응(암반응): 광합성을 구성하는 2개의 연속된 반응 중 두 번째 반응이며, 광-의존반응에서 생성된 ATP 및 NADPH에 저장된 에너지를 이용하여 이산화탄소로부터 탄수화물이 합성됨. (10.3)

Limit of resolution (분해능 한계): 현미경으로 얻을 수 있는 분해능은 조명의 파장에 의해 제한되며, 광학현미경의 경우의 분해능은 200 nm 보다 약간 작음. [$D = 0.61\ \lambda/n \sin\alpha$ (D: 시료에서 두 지점을 분해하기 위해 분리해야 하는 최소 거리, λ: 파장, n: 매질의 굴절률, α: 렌즈의 집광 능력을 나타내는 척도]. (18.1)

Linkage group (연관군): 유전자들에 의해서 조절된 특징들이 독립적으로 분리되지 않고 동일한 염색체 상에 존재하는 유전자 무리. (4.3)

Lipid-anchored protein (지질-고착 단백질): 지질2중층의 외부에 위치하지만 2중층 내의 지질 분자와 공유결합으로 연결된 막단백질. (8.4)

Lipid bilayer (지질2중층): 소수성과 친수성 상호작용에 의해 2중층으로 자가조립된 인지질을 일컬으며 세포막을 이루는 핵심 구조. (8.1)

Lipid raft (지질 뗏목): 콜레스테롤, 당지질, 긴 포화지방산을 함유한 인지질 등이 존재하여 유동성이 감소된 세포막의 미세 영역을 말하며, GPI-고착 단백질과 세포신호전달에 관여하는 단백질들이 위치하는 곳으로 추정됨. (8.6)

Lipid-transfer protein (지질-수송 단백질): 소포체 혹은 다른 소기관들로부터 수송소낭을 이용하지 않고 특정 지질의 이동을 촉진하는 단백질. (12.5)

Liposome (리포솜): 물에서 스스로 구형의 소낭으로 자가조립되는 인공 지질2중층. (8.2)

Locus (복수: loci) (유전자자리): 염색체 상에 있는 유전자의 위치. (4.4)

Luminal (cisternal) space (내강): 소포체 또는 골지복합체의 막으로 에워싸인 세포질의 액체 내용물 부위. (12.3)

Lymphocyte (림프구): 적응면역반응을 일으키는 B 림프구와 T 림프구를 일컬음. (17.1)

Lysosomal storage disorder (리소좀 축적 질환): 리소좀효소의 결핍으로 인해 분해되지 않는 물질이 리소좀 내에 축적되어 이상 증상이 발생하는 질환. (제8장 인간 질병과의 연관성)

M

M phase (M기): 복제된 염색체들이 2개의 핵으로 분리되는 유사분열 과정과 전체 세포가 2개의 딸세포로 나누어지는 세포질 분열시기를 포함하는 세포주기의 특정 단계. (14.1)

Macromolecule (고분자): 세포의 구조와 기능에 매우 중요한 고도로 체계화된 커다란 분자를 일컬으며, 다당류, 특정 지질, 단백질, 핵산 등이 포함됨. (2.4)

Major histocompatibility complex (MHC) (주요 조직적 합성 유전자 복합체): 주요 조직적 합성 유전자 복합체 단백질을 암호화하는 유전체의 한 부분. 일란성 쌍둥이를 제외한 대부분의 사람들은 이 단백질 유전체에 대해 매우 다양한 대립인자를 가지고 있기 때문에 고도의 다형성을 보임: 즉, 세포 표면 단백질인 주요 조직적 합성 유전자 복합체 단백질은 사람마다 각각 서로 다른 형태로 표현되기 때문에, 다른 사람으로부터 공여 받은 장기를 이식할 경우 생체내 면역세포 활성을 유발하여 다른 사람의 장기를 거부하는 경향을 나타냄. (17.9)

Matrix (기질): 미토콘드리아에서 2개의 수용성 구획 중 하나로서, 미토콘드리아의 안쪽에 위치하고, 또 다른 수용성 구획은 막간 공간이라고 하며, 미토콘드리아의 외막과 내막 사이를 일컬음. (9.1)

Matrix metalloproteinase (MMP) (기질 금속단백질분해효소): 아연을 포함하는 효소군의 한 종류이며, 세포 밖의 공간에서 다양한 세포들의 외부 단백질 및 프로테오글리칸 등의 소화에 주로 관여함. (11.4)

Maximal velocity (V_{max}) (최대 반응속도): 주어진 효소 촉매반응에서 일어날 수 있는 가장 빠른 속도를 지칭하며, 효소가 기질로 포화되었을 때 일어남. (3.7)

Mechano-gated channel (기계적 관문 통로): 막에 가해지는 장력 등과 같은 기계적 자극에 의해 개폐가 조절되는 이온 통로. (8.11)

Medial cisternae (중간 주머니): 시스 및 트랜스 주머니 사이에 있는 골지복합체의 주머니. (12.9)

Meiosis (감수분열): 염색체의 수가 반으로 감소되어 각 쌍의 상동염색체들 중 오직 한쪽만을 갖는 세포가 형성되는 과정. (14.11)

Membrane potential (막전위): 막을 가로질러서 나타나는 전위차. (8.14)

Messenger RNA(mRNA) (전령 RNA): 유전자와 이것을 암호화하는 폴리펩티드 사이의 중간 분자를 일컬으며, 유전자를 암호화하는 DNA의 2가닥 중 1개에 상보적인 복사본으로 조립됨. (5.1)

Metabolic intermediate (대사중간산물): 대사경로의 한 단계에서 형성된 화합물. (2.4, 3.8)

Metabolic pathway (대사경로): 세포 기능에 중요한 최종 산물을 합성하기 위한 일련의 화학반응들. (2.4, 3.8)

Metabolism (물질대사): 세포 속에서 일어나는 모든 화학반응들. (1.2, 3.8)

Metaphase (중기): 모든 염색체가 방추체 적도면에 정렬하게 되는 유사분열의 시기이며, 각 염색체의 염색분체 중 하나가 한쪽 극에서부터 온 미세소관과 연결되고, 이 염색체의 다른 자매염색분체는 다른 쪽 극에서부터 유래된 미세소관과 연결됨. (14.8)

Metastasis (전이): 제1차 암종으로부터 신체 모든 부위로 암세포가 퍼져나가 제2차 암종을 형성하는 현상. (제11장 인간 질병과의 연관성)

Methylguanosine cap (메틸구아노신 모자): mRNA 전구체의 5′말단이 변형된 형태로서, 말단의 거꾸로 된 구아노신이 그의 구아닌 염기에 있는 7번 위치에서 메틸화되어 있는 반면에 3인산 다리의 내부에 있는 염기는 그의 리보스에 있는 2번 위치에 메틸화되어 있음; mRNA의 5′말단이 핵산가수분해효소에 의해 분해되는 것을 방지하고, mRNA가 핵으로부터 방출되는 것을 도우며, mRNA 번역을 개시하는 데 중요한 역할을 함. (5.7)

MHC protein (주요 조직적 합성 유전자 복합체 단백질): 항원을 T 림프구에 전달하는 세포 표면 단백질로서, 1형의 경우 핵을 가진 모든 세포에서 발현되어 세포독성 T 림프구에 항원을 전달하며, 2형의 경우 주요 항원제시세포에서 발현되어 보조 T 림프구에 항원을 전달함. (17.9)

Michaelis constant (K_M) (미카엘리스 상수): 효소 반응속도가 최대 속도의 절반이 되었을 때 존재하는 기질의 농도와 같은 값. (3.7)

Microfibril (미세원섬유): 섬유소 분자들의 다발로서, 세포벽에 강직성을 부여하고 인장력에 대항하는 저항성을 제공함. (11.12)

Microfilament (미세섬유): 액틴의 2중나선 중합체로 구성된 8 nm 두께의 단단한 세포골격 구조이며, 세포의 거의 모든 수축과 운동을 담당하는 핵심 역할을 함. (13.7)

Micrometer (마이크로미터): 10^{-6}미터와 같은 길이의 단위. (1.6)

MicroRNA (miRNA) (마이크로 RNA): 20~23개의 뉴클레오티드로 된 작은 RNA이며, 유전체의 많은 부위에서 합성되는데 번역을 억제하거나 상보적인 mRNAs의 분해를 증가시키는 데 관여함. (5.11)

Microsatellite DNA (미세부수체 DNA): 유전체 전체에 걸쳐 산재하는 길이 약 10~40 뉴클레오티드 쌍의 작은 클러스터 내 짧은(1~9 뉴클레오티드 쌍) 서열. (4.7)

Microscope (현미경): 작은 물체의 상을 확대하여 볼 수 있는 기구. (1.1)

Microsome (마이크로솜): 세포들을 균질화한 후에 내막계(주로 소포체 및 골지 복합체)로부터 형성된 이질적인 소낭들. (12.2)

Microtubule-associated protein (MAP) (미세소관-결합 단백질): 미세소관에 포함된 튜불린 이외의 단백질들을 일컬으며, 미세소관들을 서로 연결시켜 다발을 형성하여 교차 다리의 역할을 하고, 미세소관들의 안정성을 증가시키거나 견고성을 변화시킬 수 있을 뿐만 아니라 조립 속도에도 영향을 미칠 수 있음. (13.2)

Microtubule-organizing center (MTOC) (미세소관-형성 중심부): 미세소관 형성의 시작에 관여하는 다양한 특수 구조. (13.4)

Microtubule (미세소관): 속이 비어 있고 벽은 튜불린 단백질로 구성되어 있는 직경 25 nm의 원통형 세포골격 구조이며, αβ 튜불린 이질 2량체들로 조립된 중합체임. 이러한 튜불린 2량체들은 열로 또는 원섬유들로 배열되어 있으며, 견고하기 때문에 흔히 지지 작용을 함. (13.1)

Minisatellite DNA (미소부수체 DNA): 3,000개 이상의 반복서열을 포함하고 있는 클러스터 내 10~100 뉴클레오티드 쌍의 서열. (4.7)

Mismatch repair (MMR) (미스매치 복구): DNA 중합효소에 의해 들어온 정상적인 뉴클레오티드이지만 상보적인 뉴클레오티드 결합(A와 T, C와 G)이 일어나지 못한 경우, 즉 복제 중 교정이 실패한 뉴클레오티드를 제거하는 복구 과정. (7.8)

Mitochondrion (미토콘드리온): 유산소 에너지 전환이 일어나는 세포내 소기관이며, 피루브산과 같은 대사 중간산물을 산화시켜 ATP를 형성함. (9.1)

Mitosis (유사분열): 복제된 염색체들이 정확하게 분리되어 2개의 핵이 형성되는 핵분열 과정이며, 2개의 핵은 모든 염색체의 완전한 사본을 지니고 원래의 세포 속에 존재함. (14.1)

Mitotic spindle (유사분열 방추체): 세포가 유사분열을 하는 동안 복제된 염색체들을 정렬하고 선별하는 기능을 하는 미세소관을 포함하는 장치. (14.6)

Model organism (모델 생물): 훌륭한 연구도구로 이용될 수 있는 특성들을 갖고 있어 연구를 위해 널리 이용되고 있는 세균(대장균), 출아효모(*S. cerevisiae*), 선충(예쁜꼬마선충), 초파리(노랑초파리), 십자화과식물(애기장대), 쥐(생쥐) 등의 생물체. (1.5)

Moderately repeated fraction (중도 반복부위): 진핵세포의 유전체 속에서 수회 내지 수십만 회까지 반복되는 DNA 서열을 일컬으며, 전체 DNA의 20~80% 범위에서 다양하게 존재. 이 서열들은 서로 동일하거나 또는 동일하지 않을 수 있지만 관련되어 있음. (4.7)

Molecular chaperone (분자 샤페론): 바람직하지 않은 상호작용을 방지하여 단백질의 접힘과 조립을 돕는 다양한 단백질 집단. (2.11, 제2장 역사적 실험)

Monoclonal antibody (단일클론 항체): 세포의 단일 콜로니로부터 만들어진 항체. (18.26)

Motor protein (운동단백질): 세포골격에 부착된 물질뿐만 아니라 단백질의 수송에 필요한 기계적 힘을 발생시키기 위하여 ATP 가수분해를 통해 에너지를 이용하는 단백질들이며, 미세소관을 따라 이동하는 키네신과 다이닌 그리고 미세섬유를 따라 이동하는 미오신 등의 세 가지 집단이 있음. (13.2)

Multiple sclerosis (다발성 경화증): 자가면역 질환의 한 종류이며, 신경세포의 축색을 감싸는 미엘린 수초를 면역세포가 파괴하는 질환. (제17장 인간 질병과의 연관성)

Multiprotein complex (다단백질 복합체): 1개 이상의 완전한 단백질이 상호작용하여 형성하는 더 큰 기능적 복합체. (2.10)

Muscle fiber (근섬유): 매우 잘 정렬되어 있고, 여러 개의 핵을 가지며, 수백 개의 얇고 원통형인 근원섬유들로 구성된 굵은 밧줄 같은 구조를 갖는 이유로 골격근육세포를 근섬유라 일컬음. (13.10)

Mutant (돌연변이체): 야생형과 구별되는 유전형질을 갖고 있는 개체. (4.4)

Mutation (돌연변이): 유전자의 자연발생적인 변화로서 영구적이기 때문에 유전적 변화를 야기함. (4.4)

Myelin sheath (미엘린 수초): 척추동물의 대부분의 뉴런을 감싸고 있는 지질이 풍부한 물질. (8.14)

Myofibril (근원섬유): 근섬유들 속에서 발견되는 얇고 원통형의 섬유들을 일컬으며, 각 근원섬유는 일직선상으로 반복적으로 배열된 수축단위(근절)들로 구성되어 있어서, 골격 근육세포들이 가로무늬를 나타냄. (13.10)

N

Nanometer (나노미터): 10^{-9}미터와 같은 길이의 단위. (1.6)

Native (고유한): 살아 있는 세포 안에서 관찰되는 단백질 혹은 다른 고분자들의 자연스런 3차 구조. (2.11)

Natural killer (NK) cell (자연살해세포): 선천면역계에 속하는 면역세포이며, 주로 감염된 숙주세포나 암세포의 세포자살을 유발시킴. (17.1)

Negative staining (음성염색): 고분자량 응집체(바이러스, 리보솜, 다중 소단위 효소, 세포골격 요소 및 단백질 복합체 등)를 포함한 매우 작은 미립자 물질의 위치를 제외하고 표본 그리드의 모든 곳을 중금속 침전물로 염색하는 방법. (18.5)

Nerve gas (신경가스): 신경계에 독성을 미치는 화학물질. (8.0)

Nerve impulse (신경충격): 인접한 막의 확장부위에서 계속 만들어지는 활동전위에 의해 신경세포의 막을 따라 활동전위가 전파되는 과정. (8.15)

Neurofilament (신경섬유): 신경세포의 세포질 속에 있는 느슨하게 구성된 중간섬유 다발들을 일컬으며, 장축은 신경세포의 축삭의 장축과 평행하게 배열되어 있고, NFL, NF-H, NF-M 등 세 가지의 단백질로 구성되어 있음. (13.7)

Neuromuscular junction (신경근육 연접부): 신경세포의 축삭 말단과 근섬유가 만나는 지점으로서, 신경자극이 축삭으로부터 시냅스 간극을 가로질러 근섬유로 전달되는 장소임. (8.16, 13.10)

Neurotransmitter (신경전달물질): 시냅스 전 말단에서 분비되어 시냅스 후 표적세포와 결합함으로써 표적세포의 막전위를 변화시키는 화학물질. (8.16)

Nitrogen fixation (질소 고정): 질소가스가 화학적으로 환원되어 유기화합물들의 구성요소로 전환되는 과정. (1.4)

Noncompetitive inhibitor (비경쟁적 저해제): 기질이 결합하는 효소의 부위에는 같이 결합하지 않는 효소저해제를 말하며, 저해의 정도는 저해제의 농도에만 의존함. (3.7)

Noncovalent bond (비공유결합): 분자 내에서 또는 근처에 있는 2개의 분자들 사이에서 반대 전하를 띤 부분 사이의 인력에 기초한 상대적으로 약한 화학결합. (2.2)

Noncyclic photophosphorylation (비순환적 광인산화): 물 분자에서 $NADP^+$로 전자들이 일직선상의 경로를 거쳐 이동하며 산소를 방출하는 광합성 과정 동안 ATP를 형성하는 현상. (10.8)

Nonpolar molecule (비극성 분자): 거의 같은 전기음성도를 가지고 있기 때문에 공유결합이 거의 대칭의 전하분포를 가진 분자. (2.1)

Non-receptor protein-tyrosine kinase (비수용체 단백질 타이로신 인산화효소): 선별적으로 단백질의 특이적인 타이로신 잔기를 인산화 시킬 수 있는 세포내 인산화효소. (15.8)

Nonrepeated fraction (비반복 부위): 유전체에서 반수체인 염색체 한 벌당 오직 하나의 복사본만 존재하는 DNA 서열을 일컬으며, 히스톤을 제외한 거의 모든 단백질들의 암호를 포함하고 있는 가장 큰 유전정보량을 갖고 있음. (4.7)

Nonsense-mediated decay (NMD) (난센스 중재 붕괴): mRNA 감시기작의 한 유형이며, 미성숙 종결코돈을 포함하는 mRNA를 찾아내어 그들을 파괴시킴. (5.17)

Nonsense mutation (난센스 돌연변이): 유전자 내에 종결코돈을 만드는 돌연변이이며, 암호화된 폴리펩타드 사슬의 미성숙 종결을 유발함. (5.17)

Nuclear envelope (핵막): 진핵세포에서 핵을 세포질과 구분하는 복합 2중막 구조. (6.2)

Nuclear lamina (핵막판): 핵막의 안쪽 표면에 정렬되어 있는 중간섬유로 이루어진 얇은 망상구조. (6.2)

Nuclear localization signal (NLS) (핵 위치 신호): 세포질에서 핵으로의 단백질 이동을 유도하는 운반수용체가 인식하는 단백질 내 아미노산 서열. (6.2)

Nuclear pore complex (NPC) (핵공 복합체): 핵공을 마개처럼 채우는 복잡한 바구니 모양의 장치이며, 세포질과 핵기질 양쪽으로 돌출되어 있음. (6.2)

Nucleic acid hybridization (핵산 혼성화): 상보적 뉴클레오티드 서열을 갖는 2개의 단일가닥 핵산분자들이 2중가닥 혼성물을 형성하는 원리를 이용한 기법. (18.18)

Nucleoid (핵양체): 막으로 둘러싸여 있지는 않으나 염색체 DNA가 뭉쳐져 있는 세포질 부분. (1.3)

Nucleoli (단수: nucleolus) (핵인): 불규칙한 모양의 핵 구조물이며, 리보솜을 생산하는 세포소기관의 역할을 함. (5.4)

Nucleosome (뉴클레오솜): 염색질의 반복되는 소단위를 일컬으며, 히스톤 분자 8개로 구성된 원반모양의 복합체를 거의 2번 감는 146 뉴클레오티드 쌍의 초나선 DNA로 이루어진 뉴클레오솜 핵심 입자를 가지며, 뉴클레오솜 핵심 입자는 길게 뻗은 연결 DNA에 의해 서로 연결됨. (6.3)

Nucleotide (뉴클레오티드): DNA 또는 RNA의 구성요소인 단량체이며, 질소 염기, 당(리보오스 또는 디옥시리보오스) 및 인산기의 3부분으로 구성되어 있고, 인산기는 당의 5′ 탄소에 연결되며 염기는 1′ 탄소에 연결되어 있음. (2.15, 4.5)

Nucleotide excision repair (NER) (뉴클레오티드 절제 복구): 자외선에 의해서 생기는 피리미딘 이량체와 같이 비교적 크기가 큰 DNA 손상부위를 넓게 잘라내고 제거된 부위를 DNA 중합효소로 채우는 자르고 붙이는 기작의 복구 과정. (7.8)

Nucleus (핵): 진핵세포의 유전물질을 포함하는 소기관. (1.3)

O

Objective lens (대물렌즈): 표본의 실제 확대 이미지를 형성하기 위해 표본으로부터 나오는 빛을 받아 집중시키는 광학현미경의 렌즈. (18.1)

Oil (기름): 실온에서 액체인 지방. (2.6)

Okazaki fragment (오카자키 절편): DNA 복제 중에 생성되는 작은 크기의 DNA 조각을 일컬으며, 이렇게 합성된 DNA 조각이 서로 빠르게 연결되면서 좀 더 긴 DNA 지연가닥을 형성하게 됨. (7.2)

Oligosaccharide (올리고당): 여러 개의 단당류가 이어진 탄수화물의 총칭이며, 지질이나 단백질에 공유결합으로 연결되어 각각의 세포를 구별할 수 있게 해주거나 세포와 환경의 상호작용을 돕는 역할을 함. (2.5, 8.3)

Oncogene (발암유전자): 세포의 성장 능력 상실을 촉진하여 세포를 악성 상태로 전환시키는 단백질을 암호화하는 유전자를 일컬으며, 세포를 형질전환시키는 능력을 갖고 있음. (16.4)

Operator (오퍼레이터): 중합효소 결합자리와 첫 번째 구조유전자 사이에 위치하는 세균의 억제인자 결합자리. (6.1)

Operon (오페론): 구조유전자, 프로모터, 오퍼레이터 및 조절유전자를 포함하는 유전자 클러스터로 구성된 세균 염색체의 기능적 복합체. (6.1)

Organelle (소기관): 진핵세포를 특징지을 수 있는 구조적 및 기능적으로 다양한 막으로 둘러싸인 세포내 구조물들. (1.3)

Origin of replication (복제개시점): 박테리아 염색체에서 DNA 복제가 개시되는 특정 부위. (7.2)

Osmosis (삼투): 용질의 농도가 낮은 지역에 있는 물이 용질의 농도가 높은 지역 쪽으로 반투막을 통과하는 성질이며, 두 구획에 있는 용질의 농도를 동일하게 만드는 경향이 있음. (8.10)

Oxidation-reduction (redox) reaction (산화-환원 반응): 반응물들의 전자상태에서 변화가 일어나는 반응. (3.8)

Oxidation-reduction (redox) potential (산화-환원 전위): NAD^+와 NADH와 같은 쌍(couple) 산화환원제 간의 전자 이동에 따른 전압차를 표준쌍(예, H^+ and H_2)에 대하여 상대적으로 표현함. (9.3)

Oxidative phosphorylation (산화적 인산화): TCA 회로와 같은 경로에서 기질이 산화하며 제거된 고에너지 전자들로부터 생긴 에너지가 ATP로 형성되는 과정을 말하며, 미토콘드리아에서 전자들이 전자전달사슬을 거치며 ATP 형성을 위해 에너지를 방출함. (9.3)

Oxidizing agent (산화제): 산화-환원 반응에서 다른 물질은 산화시키고 자신은 환원되는 물질. (3.8)

P

P-body (P-소체): RNA가 저장되거나 분해되는 과정에서 보이는 세포질 입자. (6.18)

P (peptidyl) site [P(펩티딜) 자리]: tRNA가 합성되는 폴리펩티드 사슬에 아미노산을 기증하는 리보솜의 자리. (5.15)

P680: 광계 II의 반응 중심이며, "P"는 색소, "680"은 이 분자가 가장 강력하게 흡수하는 빛의 파장을 의미함. (10.5)

P700: 광계 I의 반응 중심이며, "P"는 색소, "700"은 이 분자가 가장 강력하게 흡수하는 빛의 파장을 의미함. (10.5)

Partition coefficient (분배계수): 어떤 용질이 물에 녹는 용해도에 대한 기름에 녹는 용해도의 비율이며, 생물학적 물질의 상대적 극성을 측정하는 척도. (8.10)

Pectin (펙틴): 음으로 하전된 이질적인 다당류로서 주로 식물세포벽의 기질을 형성하며, 물을 함유하기 때문에 젤 상태를 형성하여 섬유요소들 사이의 공간을 채움. (11.12)

Peptide bond (펩티드 결합): 단백질에서 아미노산을 연결하는 화학결합이며, 한 아미노산의 카르복실기와 2번째 아미노산의 아미노기가 상호작용하여 형성됨. (2.7)

Peptidyl transferase (펩티드기 전달효소): 펩티드 결합 형성을 촉매하는 일을 담당하는 리보솜의 큰 소단위에 있는 부분으로서, 펩티드기 전달효소 활성은 큰 리보솜 RNA 분자에 있음. (5.16)

Pericentriolar material (PCM) (중심립 주변 물질): 동물세포의 중심립 주변에 있는 무정형의 전자밀도가 높은 물질. (13.4)

Peripheral protein (표재단백질): 지질2중층의 바깥쪽에 존재하며 비공유결합을 통해 지질2중층과 결합된 단백질. (8.4)

Peroxisome (퍼옥시솜): 미소체라고도 불리며 단순한 막으로 싸여 다기능을 하는 세포질의 소기관으로서, 과산화수소를 형성하게 하는 기질의 산화를 포함하여 다양한 대사반응들을 수행함. 예로서, 퍼옥시솜은 매우 긴 지방산사슬의 산화, 요산의 산화, 플라스말로젠의 합성 등의 장소이며, 식물에서 퍼옥시솜의 한 유형인 글리옥시솜은 글리옥실산회로를 수행함. (9.9)

Phagocytosis (식세포작용): 입자 상태의 물질이 세포 속으로 취해지는 과정을 일컬으며, 물질들은 함입된 세포막 속에 싸여진 후 세포질 속으로 출아되어 포식소체(phagosome)라고 하는 소낭을 형성함. (12.16)

Phase-contrast microscope (위상차현미경): 굴절률의 차이를 강도(상대적 밝기와 어둠)의 차이로 변환함으로써 투명도가 높은 물체가 눈에 더 잘 보이도록 제작한 현미경. (18.2)

pH: 상대적인 산도를 측정하는 기준으로서, 수학적으로 $-\log[H]$와 동일함. (2.3)

PH domain (PH 영역): 막에 결합된 포스포이노시타이드의 인산화된 이노시톨고리에 결합하는 단백질 영역. (15.4)

Phosphoglyceride (포스포글리세리드): 글리세롤 분자 골격을 가진 인지질. (8.2)

Phosphoinositide (포스포이노시타이드): 여러 신호전달 경로들에서 2차 전달자로서의 역할을 하는 수많은 인산화된 포스파티딜이노시톨 유도체(예: PIP_1, PIP_2, PIP_3)를 포함한 물질. (15.4)

Phospholipid (인지질): 인산기를 가지고 있는 지질로서 세포막 지질2중층의 주요 구성성분이며, 포스포글리세리드와 스핑고마이엘린이 있음. (8.2)

Photoautotroph (광자가영양생물체): 이산화탄소를 유기화합물로 전환시키기 위하여 태양에너지를 이용하는 자가영양생물체. (10.1)

Photolysis (광분해): 광합성을 하는 동안 물이 분해되는 현상. (10.6)

Photon (광자): 빛에너지의 다발을 일컬으며, 파장이 짧을수록 광자의 에너지 값은 더 커짐. (10.4)

Photorespiration (광호흡): 산소가 RuBP에 부착하여 식물이 가장 최근에 고정한 이산화탄소를 방출하게 하는 일련의 반응. (10.9)

Photosynthesis (광합성): 생물이 태양광 에너지를 이용이 가능한 화학 에너지로 전환하는 대사 과정. (10.1)

Photosynthetic unit (광합성 단위): 수백 개의 엽록소 분자들의 집단을 일컬으며, 이들은 함께 광자를 포획해서 에너지를 반응 중심에 있는 색소 분자로 전달함. (10.5)

Photosystem I (PSI) (광계 I): 공간적으로 분리되어 있는 2개의 색소 복합체들 중의 하나이며, 1쌍의 전자를 1분자의 물로부터 제거해서 $NADP^+$로 전달하기 위하여 전자의 에너지를 충분히 증가시키는 데 필요하고, 전자들을 거의 중간 지점에 있는 에너지 수준에서 $NADP^+$ 이상의 에너지 수준까지 끌어 올림. (10.5)

Photosystem II (PSII) (광계 II): 공간적으로 분리되어 있는 2개의 색소 복합체들 중의 하나이며, 1쌍의 전자를 1분자의 물로부터 제거해서 $NADP^+$로 전달하기 위해 전자의 에너지를 충분히 증가시키는 데 필요하고, 전자들을 최저 상태에 있는 물의 에너지 수준으로부터 거의 중간 지점에까지 끌어 올림. (10.5)

Phragmoplast (격벽형성체): 식물세포에서 이전 중기판의 적도면에 배열된 높은 밀도의 물질들을 일컬으며, 소낭 및 결합된 높은 전자밀도의 물질 등과 함께 앞으로 생길 세포판에 수직으로 위치한 서로 얽혀 있는 미세관들의 다발로 이루어져 있음. (14.10)

Pigment (색소): 가시 스펙트럼 안쪽의 특정 파장의 빛을 흡수할 수 있는 능력을 가지고 있는 화학 그룹인 발색단을 갖는 분자들. (10.4)

Piwi-interacting RNA (piRNA) (피위-상호작용 RNA): 24~32개의 뉴클레오티드로 된 작은 RNA이며, 큰 유전체에서 적은 수의 유전자 자리에 의해 암호화되고 생식세포에서 전이 요소의 이동을 억제하는 작용을 함; 단일가닥의 전구체에서 유래하여 가공될 때에 다이서(Dicer)를 필요로 하지 않음. (5.5)

Plasma cell (형질세포): 활성화되어 항체를 분비하는 B 림프구. (17.2)

Plasma membrane (세포막): 원형질막이라고도 하며, 세포 내부와 세포외 환경의 경계 역할을 하는 막. (8.1)

Plasmodesmata(단수: plasmodesma) (원형질연락사): 인접한 식물세포들의 세포벽을 통하여 직접 연결하는 세포질내 통로이며, 원래는 인접한 두 세포의 소포체에서 유래되어 형성된 연결소관(desmotubule)이라는 고밀도의 중심 구조와 세포막이 나란히 배열됨으로써 그 사이에 생성됨. (11.11)

Plasmolysis (원형질 분리): 식물세포를 고장액에 넣었을 때 수축되는 현상이며, 세포막이 세포벽에서 떨어져 나와서 부피가 수축됨. (8.10)

Polar molecule (극성 분자): 다양한 결합을 구성하는 원자들이 서로 매우 다른 전기음성도를 가지고 있기 때문에 전하의 비대칭적인 분포를 가진 분자. (2.1)

Poly(A) tail [폴리(A) 꼬리]: 전사 후 과정에서 mRNA의 3′말단에 첨가되는 여러 개의 아데노신 잔기들. (5.7)

Polyacrylamide gel electrophoresis (PAGE) (폴리아크릴아미드 젤 전기영동): 단백질 분획화 기술의 한 종류이며, 단백질 분자를 거를 수 있는 체를 형성하도록 교차 연결된 작은 유기분자로 구성된 젤에 전기를 걸어주어 단백질을 이동시킴으로써 단백질을 분리함. (18.13)

Polymerase chain reaction (PCR) (중합효소 연쇄 반응): 아주 적은 소량으로 존재하는 DNA의 한 부위를 저비용으로 빠르게 증폭시킬 수 있는 기술. (18.21)

Polypeptide chain (폴리펩티드 사슬): 길고 연속적인 가지가 없는 중합체이며, 공유결합인 펩티드 결합에 의해 아미노산이 서로 연결되어 형성됨. (2.7)

Polyploidization (whole genome duplication) [다배체화 (전유전체 중복)]: 자손세대에서 그의 부모세대 세포보다 2배의 염색체 수를 갖는 현상이며, 새로운 종이 나타나는 진화의 중요한 단계가 될 수 있음. (4.8)

Polyribosome (polysome) [폴리리보솜 (폴리솜): 한 분자의 mRNA에서 그 mRNA를 번역하고 있는 여러 개의 리보솜들로 이루어진 복합체. (5.18)

Polysaccharide (다당류): 글리코시드 결합에 의해 연결된 당단위의 중합체. (2.5)

Polytene chromosome (다사염색체): 곤충의 거대염색체로서 완전히 복제되어 정렬된 DNA 가닥들을 갖고 있으며, 정상 염색체 DNA 가닥보다 그 수가 1,024배 정도됨. (4.4)

Pore domain (세공 영역): 전압 관문 통로의 한 부위로서 세포막을 통해 이온이 통과할 수 있는 통로를 형성함. (8.11)

Postsynaptic cell (시냅스 후 세포): 시냅스에서 신경전달물질을 받는 세포. (8.16)

Posttranslational level control (번역 후 조절): 단백질로의 번역 후에 단백질의 활성이나 안정성 제어를 통해서 일어나는 유전자 발현 조절. (6.8)

Posttranslational modification (PTM) (번역 후 변형): 20가지의 기본 아미노산이 폴리펩티드로 결합된 후에 일어나는 아미노산 곁사슬의 변화. (2.7)

Presynaptic cell (시냅스 전 세포): 시냅스에서 신경전달물질을 전달하는 세포. (8.16)

Pre-RNA (RNA 전구체): 완전히 성숙되지 않은 RNA 분자(예: **pre-mRNA, pre-rRNA** 또는 **pre-tRNA**). (5.3)

Primary culture (1차 배양): 생물체에서 직접 얻은 세포를 배양하는 과정. (18.9)

Primary electron acceptor (1차 전자수용체): 2개의 광계 모두에서 반응중심 색소들로부터 빛에 의해 활성화된 전자를 받는 분자. (10.5)

Primary transcript (or pre-RNA) (1차 전사물): DNA로부터 합성된 초기의 RNA 분자로서 전사되어 나온 DNA의 길이와 동일하며, 전형적으로 잠깐 동안에만 존재하고, 연속적인 "자르기-잇기" 반응에 의해 가공되어서 작고 기능을 가진 RNA로 됨. (5.3)

Primary wall (1차 세포벽): 성장하는 식물세포의 세포벽으로서 신장성을 제공함. (11.12)

Primase (프리메이스): DNA 복제 중에 지연가닥의 개별 오카자키 절편의 합성이 시작될 수 있게 하는 짧은 RNA 프라이머를 합성하는 RNA 중합효소. (7.2)

Primer (프라이머): DNA 중합효소의 DNA 합성 반응에 필요한 3′ OH 말단을 제공하는 DNA 또는 RNA 가닥. (7.2)

Processing-level control (가공-수준 조절): RNA 1차 사본에서 mRNA로의 가공 단계 수준에서의 조절. (6.8)

Processive (진행적): 세포내 도로(예: 미세소관, DNA 분자)를 따라 먼 거리를 떨어지지 않고 이동할 수 있는 단백질들(예: 키네신, RNA 중합

효소)에 적용되는 용어. (13.3)

Prokaryotic cell (원핵세포): 막으로 둘러싸인 소기관들을 갖고 있지 않은 고세균 및 세균을 포함하는 구조적으로 단순한 세포들; "핵 이전"에서 유래됨. (1.3)

Prometaphase (전중기): 유사분열 방추체가 완전하게 조립되고, 염색체가 세포의 중앙으로 자리를 옮기는 유사분열의 시기. (14.7)

Promoter (프로모터): 전사가 시작되기 전에 RNA 중합효소가 결합하는 DNA 부위를 일컬으며, 2가닥의 DNA에서 어떤 가닥을 전사할 것인지와 전사를 어느 자리에서 시작할 것인지를 결정하는 정보를 가지고 있음. (5.2, 6.1)

Proofreading (교정): 단량체가 첨가된 다음에 중합효소에 의해 만들어진 실수를 고치는 과정. (5.2)

Prophase (전기): 유사분열의 첫 번째 시기이며, 복제된 염색체가 분리되기 위하여 준비를 하고 유사분열 장치가 조립됨. (14.6)

Proplastid (전색소체): 색소를 갖고 있지 않은 엽록체의 전구체. (10.2)

Proteasome (단백질분해효소 복합체): 세포질의 단백질이 분해되는 원통 모양의 다단백질 복합체이며, 단백질은 유비퀴틴 분자와 연결되어 일렬로 단백질분해효소 복합체의 중앙에 있는 공간으로 들어감. (6.20)

Protein kinase (단백질 인산화효소): 다른 단백질에 인산기를 전달하는 효소를 일컬으며, 그 단백질이 활성 조절에 종종 영향을 줌. (3.11)

Protein (단백질): 아미노산 단위체들이 구조적 및 기능적으로 매우 다양하게 형성한 중합체. (11.12)

Protein tyrosine kinase (단백질 타이로신 인산화효소): 다른 단백질에 있는 특이적인 타이로신 잔기들을 인산화하는 효소. (15.8)

Proteoglycan (프로테오글리칸): 핵심 단백질 분자에 글리코사미노글리칸 사슬이 붙어서 구성된 단백질과 다당류의 복합체를 일컬으며, 산성을 띠고 있어 매우 많은 수의 양이온들과 결합할 수 있기 때문에 매우 많은 수의 물 분자들을 끌어당겨 압축에 견딜 수 있는 포장 재료와 같은 역할을 수행하여 구멍이 많고 수화된 젤을 형성함. (11.3)

Proteome (단백질체): 특정 생명체, 세포 유형, 세포소기관에 있는 전체 단백질의 목록. (2.12)

Proteomics (단백질체학): 단백질의 다양한 혼합물에 대한 대규모 연구를 수행하는 새롭게 확장되는 단백질 생화학의 분야. (2.12)

Protofilaments (원섬유): 튜불린의 장축에 평행하게 배열된 미세소관의 구형 소단위들이 종으로 배열된 열. (13.2)

Proto-oncogene (원발암유전자): 세포의 활성을 파괴하여 악성 상태로 유도하는 잠재력을 갖고 있는 다양한 유전자 집단을 지칭하며, 세포의 정상적인 활동에서 다양한 기능을 하는 단백질들을 암호화할 뿐만 아니라 발암유전자로 바뀔 수 있음. (16.4)

Proton motive force (Δp) (양성자 구동력): 전자가 전달되는 동안에 양성자들이 전위된 후, 에너지전환 막들(미토콘드리아 내막, 틸라코이드막, 세균의 원형질막)을 가로질러 형성된 전기화학적 기울기를 일컫고, pH 기울기와 전압으로 구성되는 이 기울기의 에너지는 전압으로 측정되며, ATP 형성에 사용됨. (9.5)

Protoplast (원형질체): 세포벽이 섬유소분해효소(cellulase)에 의해 완전히 제거된 식물세포. (18.9)

Provirus (프로바이러스): 숙주세포의 염색체 DNA에 통합된 바이러스 DNA. (1.7)

Pseudogenes (위유전자): 기능을 나타내는 유전자와 유사하지만 돌연변이가 축적되어 기능을 잃게 되는 서열. (4.8)

Purine (퓨린): 2중 고리 구조를 가진 뉴클레오티드에 존재하는 질소 염기의 한 종류이며, DNA와 RNA에서 모두 볼 수 있는 아데닌과 구아닌이 있음. (2.15, 4.5)

Pyrimidine (피리미딘): 단일 고리구조를 가진 뉴클레오티드에 존재하는 질소 염기의 한 종류이며, DNA에서 볼 수 있는 시토신과 티민 그리고 RNA에서 볼 수 있는 시토신과 우라실이 이에 속함. (2.15, 4.5)

Q

Quality control (품질 관리): 세포들은 자신이 합성한 단백질 및 핵산이 적합한 구조를 갖도록 하는 다양한 기작들을 지니고 있음 (예: 잘못 접혀진 단백질들은 소포체로부터 전위되어 세포질에서 단백질분해효소 복합체(proteasome)에 의해 파괴되며, 미성숙한 종결코돈을 갖고 있는 mRNA들은 인식되어 파괴되고, 비정상적인 부분을 갖고 있는 DNA는 인식되어 수선됨). (12.6)

Quaternary structure (4차 구조): 하나 이상의 폴리펩티드 사슬 또는 소단위로 구성된 단백질의 3차원적 구성 체제. (2.10)

R

Rab (랩): 소낭의 수송에 관여하는 단량체 G 단백질들의 집단. (12.12)

Ran (Ran): GTP 결합 단백질로서 활성 상태인 GTP 결합형과 불활성 상태인 GDP 결합형으로 존재하며, 핵 세포질 사이의 수송을 조절함. (6.2)

Ras-MAP kinase cascade (Ras-MAP 인산화효소 신호전달): 다양한 종류의 세포 외부 신호에 반응하여 활성화되고, 세포 증식이나 세포 분화와 같은 필수적인 세포의 생명활동을 조절하는 신호전달경로. (15.9)

rDNA (rDNA): rRNA를 암호화하는 DNA 서열이며, 일반적으로 수백 번 반복되어 있고 전형적으로 유전체 내에서 1개 또는 몇 개 부위에 무리지어 있음. (5.4)

Reaction center chlorophyll (반응중심 엽록소): 광합성 단위에서 수백 개의 엽록소들 가운데 실제로 전자를 전자수용체에 전달하는 유일한 엽록소 분자. (10.5)

Reading frame (번역틀): RNA 서열을 코돈을 구성하는 3개 뉴클레오티드 그룹으로 분할한 것. (5.14)

Receptor (수용체): 특정한 리간드와 결합하는 분자로서, 결합 후 보통 세포 내부로 흡수되거나 신호전달을 야기함. (8.1, 15.1)

Receptor protein-tyrosine kinase (RTK) (수용체 단백질-타이로신 인산화효소): 리간드와 결합한 후에 자신 또는 세포질 내 기질에 있는 타이로신 잔기들을 인산화시킬 수 있는 세포 표면에 존재하는 수용체이며, 주로 세포 성장 및 분화 조절에 관여함. (15.8)

Receptor-mediated endocytosis (RME) (수용체-중재 내포작용): 저밀도 지질단백질이나 트랜스페린과 같은 분자가 세포 표면의 특정 수용체에 결합하여 일어나는 내포작용. (12.16)

Recombinant DNA (재조합 DNA): 한 가지 이상의 생물종으로부터 유래한 DNA 서열들을 갖고 있는 혼성 DNA. (18.20)

Reducing agent (환원제): 산화환원반응에서 자신은 산화되면서 다른 물질을 환원시키는 물질. (3.8)

Reducing power (환원력): 세포 내에서 중간대사물을 생성물로 환원하기 위해 필요로 하는 힘으로서, 보통 NADPH 공급원의 크기로 측정됨. (3.10)

Regulated secretion (조절성 분비): 세포 내에서 합성된 물질들이 세포질의 주변부에서 막에 싸인 분비과립 속에 저장되었다가 방출되는 현상이며, 적절한 자극에 반응하여 일어남. (12.1)

Regulatory gene (조절유전자): 세균의 억제인자 단백질을 암호화하는 유전자. (6.1)

Renaturation (reannealing) (복원): 변성되었던 DNA 2중나선의 상보적인 단일가닥들이 재결합하는 현상. (4.7)

Replica (레플리카): 전자현미경 검사에 사용되는 조직 표면의 금속-탄소 주조물을 일컬으며, 레플리카의 다른 부분에서 금속 두께의 변화는 관측화면에 도달하는 전자의 수를 변화시킴. (18.5)

Replication foci (복제 초점): 세포핵 안에 존재하는 활발한 DNA 복제 분기점의 위치이며 약 50~250개의 복제 초점이 존재하는데, 각 복제 초점은 동시에 뉴클레오티드를 DNA로 연결시키는 약 40개의 복제분기점을 가지고 있음. (7.6)

Replication fork (복제분기점): 복제된 DNA 조각들이 복제되지 않는 DNA 부위가 쌍을 이루어 함께 만나는 지점을 일컬으며, 각 복제분기점은 (1) 부모 DNA 2중나선에서 DNA 2중가닥의 분리가 진행되고 있으며, (2) 새롭게 합성되는 상보적인 가닥에 뉴클레오티드가 활발하게 결합되는 부위라고 할 수 있음. (7.2)

Repressor (억제인자): DNA에 결합하여 전사를 억제하는 유전자 조절 단백질. (6.1)

Resolution (분해능): 시야에 있는 두 인접한 점들을 분별하는 현미경의 능력. (18.1)

Response element (반응요소): 특정 전사인자가 결합하는 유전자의 조절 부위. (6.13)

Resting potential (휴지전위): 외부로부터 자극을 받지 않은 흥분성 세포에서 측정된 전위의 차이. (8.14)

Restriction endonuclease (or restriction enzyme) (제한효소): 세균에 있는 핵산가수분해효소로서, 2중나선 DNA 안의 짧은 길이의 뉴클레오티드 서열을 인식하여 2중나선의 양쪽 가닥의 특이 부위에서 DNA 골격을 절단함. (18.20)

Retrotransposon (역전이인자): 유전체 안에서 이동하기 위해서 역전사효소를 필요로 하는 전이요소. (4.9)

Reverse transcriptase (역전사효소): RNA 의존성 DNA 중합효소를 일컬으며, DNA의 상보적인 가닥을 합성하기 위한 주형으로 RNA를 필요로 하는 효소. (이 효소는 RNA를 갖고 있는 바이러스에서 발견되며 cDNA를 합성하기 위한 실험에 사용됨.) (4.9)

Rheumatoid arthritis (류마티스 관절염): 자가면역 질환의 한 종류이며, 면역세포가 관절을 파괴하는 질환. (제17장 인간 질병과의 연관성)

Ribonucleic acid (RNA): 리보오스를 포함하는 뉴클레오티드의 중합체 사슬로 구성된 단일가닥의 핵산. (2.15)

Ribosomal RNA (or rRNA) (리보솜 RNA): 리보솜의 RNA이며, 다른 분자를 인식하고 결합하여 구조적으로 지지역할을 할 뿐만 아니라 아미노산들이 공유결합으로 연결되는 화학반응을 촉매함. (5.1)

Riboswitch (리보스위치): 대사산물과 결합하면 입체 구조가 변화하여 이 대사산물의 생산과 관련된 유전자 발현을 변화시키도록 하는 mRNA를 지칭하며, 대부분 전사종결 또는 번역 개시를 막음으로써 유전자 발현을 억제함. (6.1)

Ribozyme (리보자임): 세포내 반응에서 촉매 역할을 하는 RNA 분자. (2.15. 11.7)

RNA editing (RNA 교정): RNA로 전사된 후에 1개의 뉴클레오티드를 다른 뉴클레오티드로 바꾸는 반응. (6.17)

RNA interference (RNAi) (RNA 간섭): 2중가닥 RNA가 자신과 동일한 서열을 가진 mRNA를 분해하도록 하는 자연적으로 일어나는 현상; 1차적으로 바이러스의 복제를 막고 전이요소의 이동을 제한하는 기능을 하는 것으로 여겨지는데, 이 두 과정은 모두 2중가닥 RNA 중간산물의 형성을 포함함; 포유동물세포에 ~20개의 뉴클레오티드로 구성된 작은 RNA(siRNAs)를 처리하면 자신과 동일한 서열을 가진 mRNA의 분해를 유도함. (5.10)

RNA sequencing (RNA 뉴클레오티드 서열 결정): 세포에서 분리된 RNA의 뉴클레오티드 서열 결정을 통한 유전자 발현 분석법으로, 게놈의 모든 유전자에서 전사된 RNA의 양을 측정할 수 있음. (6.9)

RNA silencing (RNA 침묵): 작은 비암호화 RNA에서 일어나는 현상이며, 일반적으로 긴 2중가닥 전구체로부터 서열 특이적으로 유래하는 유전자 발현을 억제함. (5.10)

RNA splicing (RNA 이어맞추기): 1차 전사물에서 DNA 개재서열(인트론)을 제거하는 과정. (5.7)

RNA tumor virus (RNA 종양바이러스): 척추동물 세포에 감염되어 암세포로 변환시키는 능력을 가진 레트로바이러스이며, RNA 바이러스는 성숙된 바이러스 입자 내부에 RNA를 보유하고 있음. (16.2)

RNA world (RNA 세계): 생명 진화 과정 초기에 DNA와 단백질이 출현하기 전에 RNA 분자가 유전물질과 촉매자의 두 가지 역할을 수행하던 가상의 단계. (5.0)

Rough endoplasmic reticulum (RER) (조면소포체): 리보솜이 부착된 소포체를 일컬으며, 주로 납작한 주머니들로 구성된 아주 넓은 막으로 된 소기관이며, 분비단백질, 리소솜의 단백질, 막의 내재단백질, 막의 지질 등의 합성에 관여함. (12.3)

S

S phase (S기): 복제가 일어나는 세포주기의 특정 단계. (14.1)

Saltatory conduction (도약 전도): 하나의 활동전위가 미엘린 수초로 싸여 있지 않은 인접한 막에서 다른 활동전위를 일으키는 신경충격의 전파 현상을 말하며, 활동전위가 하나의 랑비에르 결절에서 다음 결절로 도약하도록 하여 신경충격을 전파함. (8.15)

Sarcomeres (근절): 특징적인 띠와 선을 갖고 있어 골격근세포들이 줄무늬 모양을 나타내게 하는 근원섬유의 수축 단위. (13.10)

Sarcoplasmic reticulum (SR) (근소포체): 근원섬유를 둘러싼 긴 원통형 구조를 형성하여 근육세포내 칼슘을 저장하는 조면소포체의 막계. (13.10)

Satellite DNA (부수체 DNA): 유전체 안에 커다란 선형으로 배열된 길이 5~100 뉴클레오티드 쌍의 짧은 서열. (4.7)

Saturated fatty acid (포화지방산): 탄소 사이에 2중 결합이 없는 지방산. (2.6)

Saturation (포화): 모든 효소 또는 수송체가 기질에 결합해 있기 때문에 기질을 더 추가해도 반응속도나 수송속도에 더 이상의 영향을 미치지 못하는 상태. (8.12)

Secondary culture (2차 배양): 이전에 배양된 세포를 옮겨 다시 배양하는 과정. (18.9)

Secondary wall (2차 세포벽): 대부분의 성숙한 식물세포들에서 발견되는 두꺼운 세포벽. (11.12)

Second law of thermodynamics (열역학 제2법칙): 모든 일이 높은 에너지 상태에서 낮은 에너지 상태로 이동한다는 법칙으로, 자연발생적으로 일어남. (3.1)

Second messenger (2차 전달자): 세포 표면에 존재하는 수용체에 1차 전달자(호르몬이나 다른 리간드)가 결합한 결과로써 세포 내에 형성되는 물질. (15.1)

Secreted (분비된): 세포의 바깥으로 배출됨. (12.1)

Secretory granule (분비 과립): 고도로 농축된 분비 물질들을 함유하는 크고 짙게 포장된 막으로 싸인 구조이며, 자극 신호에 따라 세포외 공간으로 방출(분비)됨. (12.1)

Secretory (biosynthetic) pathway [분비(생합성) 경로]: 물질들이 소포체 또는 골지 복합체에서 합성되고, 골지 복합체를 통과하는 동안 변형되며, 세포내 다양한 목적지들(세포막, 리소솜, 액포)로 수송되는 경로를 말하며, 합성된 많은 물질들은 세포 밖으로 방출되도록 예정되어 있기에 분비 경로라는 용어가 사용됨. (12.1)

Section (절편): 매우 얇게 잘린 생체 조직. (18.2)

Selectin (셀렉틴): 다른 세포들의 표면에서 돌출된 탄수화물 그룹의 특이적인 배열을 인식하고 결합하는 막관통 당 단백질군의 일종. (11.7)

Self-assembly (자가조립): 아미노산 서열에 의해 지시된 화학적 성질에 따라 올바른 입체 구조를 취하는 단백질의 성질. (2.11)

Semiconservative (반보존적): 딸세포가 부모 DNA 두 가닥 중 한 가닥만을 전달받게 되는 복제 형태. (7.1)

Semipermeable (반투성): 물은 자유롭게 통과할 수 있지만 작은 이온과 극성 용질은 매우 느리게 통과하는 막의 특성. (8.10)

Side chain or R-group (곁사슬 또는 R-그룹): 아미노산의 기능을 결정하는 작용기이며, 세포에서 흔히 발견되는 20가지의 아미노산에서 하나의 수소 원자에서부터 복잡한 극성 또는 비극성 단위에 이르기까지 다양함. (2.7)

Signal peptidase (신호 펩티드 가수분해효소): 조면소포체에서 새로 합성된 단백질의 N-말단 부위에 있는 신호 펩티드를 제거하는 가수분해효소. (12.4)

Signal recognition particle (SRP) (신호 인식 입자): 6개의 펩티드와 작은 RNA 분자(7S RNA)로 구성되어 있는 입자로서, 리보솜에서 나오는 신호서열을 인식하여 결합한 다음에 소포체막에 결합함. (12.4)

Signal sequence (신호서열): 새로 생성되는 단백질의 N-말단 부위에 위치하는 아미노산들의 특수한 서열을 일컬으며, 단백질을 합성하는 리보솜을 소포체 막에 부착시키며 새로 합성된 단백질을 소포체 내강으로 이동시킴. (12.4)

Signaling pathway (신호전달 경로): 세포내 초고속 정보통신망을 일컬으며, 각각의 신호전달경로는 일련의 특징적인 단백질들로 구성되어 있고, 각 단백질들은 하위의 단백질들의 구조를 변형시켜서 정보를 전달함. (15.1)

Signal transduction (신호전달): 세포 외 신호전달 분자에 의해 운반되는 정보가 세포 내부의 변화를 유도하는 전반적인 과정. (8.1, 15.1)

Single nucleotide polymorphism (SNP) (단일 뉴클레오티드 다형성): 다른 대체 뉴클레오티드들이 존재하는 유전체 부위를 말하며, 집단 내에서 높은 빈도로 발견되고, 유전체지도 연구에서 유용한 유전적 지표들임. (4.13)

Single-particle reconstruction (단일입자 재구성): 저온전자현미경을 사용하여 정제된 수많은 거대 분자(입자로 보임)를 시각화하고 분석하는 기술로서, 거대 분자 또는 거대 분자 복합체의 구조를 풀기 위하여 이용됨. (18.16)

Single-particle tracking (SPT) (단일-입자 추적): 막단백질의 이동을 연구하는 기법이며, 2단계로 구성됨: (1) 단백질 분자에 교질 금입자 등의 볼 수 있는 물질을 결합하여 표지하고, (2) 각각의 표지된 입자의 이동을 현미경으로 추적 관찰함. (8.7)

Single-stranded DNA-binding (or SSB) protein (단일가닥 DNA-결합 단백질): DNA 복제 과정 동안 2중가닥 DNA가 단일가닥으로 분리되는 과정을 촉진시키는 단백질을 말하며, 형성된 단일가닥 DNA에 결합함으로써 이들 단일가닥이 복제가 일어나기 전에 다시 2중가닥으로 재결합되려는 상태를 막아줌. (7.3)

Site-directed mutagenesis (부위-특이적 돌연변이 유도): 특정 아미노산 서열이 바뀐 단백질을 생산하기 위하여 그에 해당하는 유전자를 변형시키는 기술. (2.13, 18.25)

Small interfering RNA (siRNA) (소형간섭 RNA): 2중가닥으로 된 작은 RNA 조각이며, RNA 침묵 동안에 2중가닥의 RNA가 반응을 시작하여 형성됨. (5.10)

Small nucleolar RNA (snoRNA) (소형인 RNA): 인에서 리보솜이 형성되는 동안에 pre-rRNA의 메틸화와 위유리딜화(pseudouridylation)에 필요한 RNA. (5.4)

Small nuclear RNA (snRNA) (소형핵 RNA): mRNA 가공에 필요한 RNA이며, 크기가 작고 (90~300 뉴클레오티드) 핵에서 작용함. (5.7)

Small nucleolar ribonucleoprotein (snoRNP) (소형인 리보핵산단백질): 소형인 RNA(snoRNA)가 특정 단백질들과 싸여져서 형성된 입자이며, 리보솜 RNA의 성숙과 조립에 중요한 역할을 함. (5.4)

Smooth endoplasmic reticulum (SER) (활면소포체): 리보솜이 붙어 있지 않은 소포체를 일컬으며, 막부분은 보통 관모양이고, 세포질에 퍼져 굽어 있는 관들이 서로 연결된 구조를 형성하며, 스테로이드호르몬의 합성, 다양한 유기화합물들의 해독 작용, 포도당 6인산으로부터 포도당의 물질대사화, 그리고 칼슘 이온의 격리 등의 다양한 작용에 관여함. (12.3)

SNARE (스네어): 막의 융합 과정을 중재하는 주요 단백질들이며, t-SNARE들은 목표 구획들의 막 속에 위치되어 있는 반면 v-SNARE들은 출아 과정 동안 형성되는 수송소낭들의 막 속에 위치해 있음. (12.12)

snRNP (소형핵 리보핵산단백질): 이어맞추기 소체(spliceosome)에 함유되어 있으며, snRNA와 특정 단백질로 구성되어 있음. (5.7)

Specific activity (특이 활성도): 시료 내에 존재하는 총단백질에서 특정 단백질이 차지하는 양적인 비율을 나타내며, 단백질 정제의 척도로 이용됨. (18.11)

Specificity (특이성): 생명의 기본이 되는 세포의 구성성분 사이의 선택적인 상호작용의 성질. (2.7)

Spectrophotometer (분광광도계): 특정 파장에서 용액이 흡수하는 빛의 양을 측정하는 기구이며, 분자의 특정 형태의 흡수 성질을 알고 있다면, 적절한 파장에서 그 분자 용액에 의해 흡수하는 빛의 양을 측정하여 분자의 농도를 세밀하게 측정할 수 있음. (18.14)

Sphingolipid (스핑고리피드): 스핑고신의 아미노기에 지방산이 결합되어 있는 막지질의 한 종류(스핑고신 유도체). (8.2)

Spindle assembly checkpoint (SAC) (방추체조립 세포주기 확인점): 세포주기 중기에서 후기로 전환하는 시기에 작동하는 확인점이며, 염색체가 중기판에 적절하게 정렬하는 것이 실패하였을 때 나타남. (14.9)

Splice site (이어맞추기 자리): 각 인트론의 5′말단과 3′말단. (5.7)

Spliceosome (이어맞추기 소체): 다양한 단백질과 몇 개의 특정 리보핵산 단백질들을 포함하는 커다란 복합체이며, 1차 전사물에서 인트론을 제거하는 기능을 함. (5.7)

Split gene (분할 유전자): 끼어 있는 서열(개재 서열)을 가지고 있는 유전자. (5.6)

Spontaneous reaction (자발적 반응): 열역학적으로 유리한 반응으로, 어떠한 외부 에너지의 유입 없이 일어날 수 있음. (3.1)

Sporophyte (포자체): 식물의 생활사에서 2개의 배우자가 결합하여 하나의 접합자를 형성함으로써 시작되는 2배체 시기를 일컬으며, 감수분열이 일어나서 포자가 형성되고 포자는 직접 발아하여 반수체인 배우자체가 형성됨. (14.11)

SRP receptor (신호인식입자 수용체): 소포체 막에 위치하여 신호인식입자-리보솜 복합체와 특이적으로 결합하는 수용체. (12.4)

Standard free-energy change ($\Delta G°'$) (표준 자유에너지 변화): 절대온도 298°C 및 1기압이라는 정해진 표준조건 하에서 1몰의 각 반응물이 1몰의 생성물로 전환될 때 일어나는 자유에너지의 변화. (3.2)

Starch (녹말): 두 가지 포도당 중합체인 아밀로오스와 아밀로펙틴의 혼합물이며, 대부분의 식물세포에서 손쉽게 사용할 수 있는 화학에너지를 공급하는 역할을 함. (2.5)

Steady state (정류 상태): 평형상태에 있지 않더라도 반응물과 생성물의 농도가 기본적으로 일정한 물질대사의 상태. (3.4)

Stem cell (줄기세포): 다양한 세포들로 발생할 수 있는 잠재력을 가진 신체조직에 존재하는 세포들을 일컬으며, (1) 자신과 같은 세포를 생산하는 자기재생 능력 및 (2) 두 가지 이상의 성숙한 세포 형태로 분화할 수 있는 분화 능력을 갖고 있는 미분화 세포라고 정의될 수 있음. (제1장 인간 질병과의 연관성)

Stroma (스트로마): 틸라코이드 바깥쪽의 공간이지만 엽록체 포막 중 상대적으로 불투과성인 내막의 안쪽에 위치한다. (10.2)

Structural gene (구조 유전자): 단백질 분자를 암호화하는 유전자. (8.1)

Subcellular fractionation (세포 이하 분획화): 서로 다른 세포소기관들(핵, 미토콘드리아, 세포막, 소포체 등)을 각각 분리하는 방법. (12.2)

Substrate (기질): 효소와 결합하는 반응물. (3.5)

Substrate-level phosphorylation (기질수준 인산화): 기질로부터 ADP에 인산기를 전달하여 ATP를 직접 생성하는 것. (3.9)

Subunit (소단위): 완전한 단백질 또는 단백질복합체를 형성하기 위해 다른 사슬(소단위)들과 결합하는 폴리펩티드 사슬. (2.10)

Supercoiled (초나선): DNA 나선이 한 바퀴 회전하는 데 뉴클레오티드 쌍이 10개 정도인 DNA 분자. (4.6)

Synapse (시냅스): 신경세포와 표적세포를 연결하는 특수한 형태의 접합 부위. (8.16)

Synapsis (접합): 세포가 감수분열을 하는 동안 상동염색체들이 서로 결합하는 과정. (14.12)

Synaptic cleft (시냅스 간극): 두 흥분성 신경세포 사이의 좁은 틈을 지칭하며, 시냅스 전 세포는 시냅스 쪽으로 신경충격을 전달하고, 시냅스 후 세포는 항상 시냅스의 신호를 받는 쪽에 위치함. (8.16)

Synaptic vesicle (시냅스 소낭): 신경세포의 축삭 말단부위 혹에 있는 신경전달물질 저장소. (8.16)

Synaptonemal complex (SC) (접합사 복합체): 가로로 연결된 많은 섬유를 가지며 나란히 배열된 3개의 막대로 이루어진 사다리와 같은 구조를 일컬으며, 각각의 상동염색체 쌍을 잡아줌으로써 DNA 가닥들 사이의 유전자 재조합이 계속적으로 일어날 수 있도록 함. (14.12)

Systemic lupus erythematosus (SLE) (전신 홍반성 루프스): 전신성 자가면역질환의 한 종류이며, 핵산 또는 히스톤에 대한 자가항체가 생성되어 생기는 질환. (제17장 인간 질병과의 연관성)

T

T-cell receptor (TCR) (T 세포 수용체): T 림프구 표면에 발현되는 단백질로서 특정 항원을 인식하기 위하여 DNA 재배열 과정이 일어나며, 가변부와 불변부 영역을 각각 포함하는 2개의 소단위로 구성됨. (17.4)

T lymphocyte (or T cell) (T 림프구): 흉선에서 발생하며, 주로 바이러스에 감염된 세포나 암세포를 죽이는 세포독성 T 림프구와 주로 사이토카인을 분비하는 보조 T 림프구로 구분됨. (17.1)

Tandem repeat (직렬반복): 부수체, 미소부수체 및 미세부수체 DNA들을 포함하는 반복 DNA 서열. (4.7)

Telomerase (말단절합성효소): 말단절의 돌출된 3′ 끝에 새로운 DNA 반복단위를 추가하는 효소로서, RNA 주형을 이용하여 DNA를 합성하는 역전사효소임. (6.5)

Telomere (말단절): 각 염색체의 양 끝에 '모자(cap)'를 형성하는 특이하게 반복된 DNA 서열 구간. (6.5)

Telophase (말기): 유사분열의 마지막 단계이며, 딸세포들은 간기의 상황으로 돌아감: 현미경으로 관찰했을 때 유사분열 방추체가 해체되고, 핵막이 재형성되며, 염색체들이 사라질 때까지 점차로 흩어짐. (14.10)

Temperature-sensitive (ts) mutation (온도 민감성 돌연변이): 세포나 개체가 더 높은 (제한적인) 온도에서 자랄 때만 표현형이 나타나는 돌연변이를 일컬으며, 이에 비해 더 낮은 (허용적인) 온도에서는 생성되는 단

백질은 활성을 충분히 나타낼 정도로 잘 발현되므로 정상적인 표현형을 나타낼 수 있음. (7.2)

Template (주형): 상보적인 가닥을 합성하기 위한 뉴클레오티드 서열 정보를 가지고 있는 DNA(또는 RNA) 단일가닥 (7.2).

Thermodynamics (열역학): 물리적 우주에서 일에 수반되는 에너지의 변화를 연구하는 학문. (3.1)

Thick filament (굵은 필라멘트): 근절이 특징적인 모양을 갖게 하는 두 가지 섬유 형태 중 하나이며, 주로 미오신으로 구성되어 있고, 육각형으로 배열된 가는 필라멘트들에 의해 둘러싸여 있음. (13.10)

Thin filament (가는 필라멘트): 근절이 특징적인 모양을 갖게 하는 두 가지 섬유 형태 중 하나인데, 주로 액틴으로 구성되어 있고, 각각의 굵은 필라멘트 둘레에 육각형으로 배열되어 있으며, 각각의 가는 필라멘트는 2개의 굵은 필라멘트들 사이에 위치함. (13.10)

Threading (단백질 골격 모델링): 아미노산들을 이미 알려져 있는 유사 단백질의 3차 구조를 기준으로 비슷하게 배열하여 특정 단백질의 3차 구조를 밝히고자 하는 컴퓨터 기반 기술이며, fold recognition이라고도 알려져 있음. (2.11)

Threshold (역치): 흥분성 세포의 탈분극 과정 중 전압 관문 Na^+ 통로가 열리게 되는 세포막 전위로서, Na^+ 유입은 막전위를 짧은 동안 역전시킴. (8.14)

Thylakoid (틸라코이드): 엽록체의 가장 내부에 위치한 납작한 형태의 막성 주머니를 일컬으며, 광합성을 위한 에너지 전환 기구를 보유함. (10.2)

Thyroiditis (갑상샘염): 면역세포가 갑상샘에서 만들어지는 단백질을 인식하여 갑상샘을 파괴하는 질환이며, 갑상샘 기능 저하증을 유발함. (제17장 인간 질병과의 연관성)

Tight junction (밀착연접): 인접한 상피세포들의 접착 복합체의 제일 위쪽에 존재하는 특수화된 구조이며, 인접한 두 세포막들의 내재 단백질들이 간헐적으로 만나는 지점들에서 세포들은 접촉하게 됨. (11.10)

Toll-like receptor (TLR) (톨-유사 수용체): 선천면역계 세포인 수지상세포 또는 대식세포에서 발현하는 세포막 단백질이며, 주로 병원체 유래의 외부 항원을 인식하는 수용체 역할을 하는데, 사람에게는 적어도 10개 이상의 다양한 톨-유사 수용체가 발견되어 각각은 서로 다른 형태의 항원을 인식함. (17.1)

Tonoplast (액포막): 식물세포의 액포를 둘러싸는 막. (12.15)

Topoisomerase (위상이성질화효소): 원핵세포와 진핵세포 모두에 존재하며 DNA 2중가닥 꼬임상태를 변화시킬 수 있는 효소이며, DNA 2중가닥이 풀어져야 할 필요가 있는 DNA 복제 및 전사 과정에 필수적인 효소임. (4.6)

***Trans* cisternae (트랜스 주머니):** 소포체에서 가장 먼 부위에 위치한 골지복합체의 주머니. (12.9)

***Trans* Golgi network (TGN) (원골지망):** 골지복합체의 출구면에 위치하고 관들이 서로 연결된 그물모양 구조로 이루어져 있는 주머니이며, 단백질들을 분류하여 세포 내외의 최종 목적지로 배달되도록 표적화함. (12.9)

Transcription factor (전사인자): (RNA 중합효소를 구성하는 폴리펩티드 이외에) DNA의 특정 부위에 결합하여 그 근처 유전자의 전사를 변화시키는 보조 단백질. (5.2, 6.4)

Transcription (전사): DNA 주형으로부터 상보적인 RNA의 형성 과정. (5.1)

Transcriptional-level control (전사단계 조절): 특정 유전자를 전사할 것인지 그리고 전사한다면 얼마나 자주할 것인지를 결정하는 조절 현상. (6.8)

Transcription unit (전사단위): 1차 전사물이 전사되는 DNA 부위. (5.3)

Transcriptome (전사체): 특정 세포, 조직, 또는 개체에 의해서 전사된 모든 RNA. (5.12)

Transduction (형질도입): 바이러스를 이용하여 세포 유전체 안으로 유전자를 통합시키는 현상. (3.1, 18.24)

Transfection (형질주입): 배양세포 내로 나선 DNA를 주입시키는 과정이며, 일반적으로 세포 속의 유전체 안으로 들어가서 지속적인 발현이 유도됨. (18.24)

Transfer potential (전달전위): 한 분자가 작용기를 다른 분자에게 전달하는 능력의 척도를 표시하는 것으로서, 작용기에 더 높은 친화력을 갖는 분자는 더 좋은 수용체가 되고 더 낮은 친화력을 갖는 분자는 더 좋은 공여체가 됨. (3.9)

Transfer RNA (tRNA) (운반 RNA): mRNA 뉴클레오티드 서열에 암호화된 정보를 폴리펩티드의 아미노산 서열로 번역하는 작은 RNA. (5.1)

Transgene (전이유전자): 형질주입 과정을 통해 세포내 유전체에 안정되게 도입되는 유전자. (18.24)

Transgenic animal (형질전환 동물): 유전공학적 조작으로 염색체에 외래 유전자를 갖고 있는 동물. (18.24)

Transition state (전이상태): 화학반응 동안에 결합이 끊어져서 생성물을 생산하기 위하여 재구성되는 시점. (3.5)

Transition temperature (전이온도): 유동적인 반액체 상태(sol)의 막이 지질 분자의 이동이 매우 억제되는 결정성의 반고체 상태(gel)로 전환될 때의 온도. (8.6)

Translation (번역): mRNA에 의해 암호화된 정보를 사용하여 세포질에서 단백질을 합성하는 과정. (5.1, 5.8)

Translational-level control (번역단계 조절): 특정 mRNA를 실제로 번역할 것인지 그리고 번역한다면 얼마나 자주 또는 얼마나 오랫동안 번역할 것인지를 결정하는 조절 현상. (6.8)

Translocation (전좌): 1개의 염색체에서 모두 또는 일부가 떨어져 나와서 다른 염색체에 부착되어 생기는 염색체 이상. (제6장 인간 질병과의 연관성)

Translocation (전위): 리보솜이 1개의 코돈에서 다음으로 이동하는 번역 과정의 한 단계. (5.16)

Translocon (전위체): 소포체 막 속에 묻혀 있는 단백질 통로로서, 새로 합성된 단백질이 세포질로부터 소포체 내강으로 통과할 때 이를 거쳐 이동함. (12.4)

Transmembrane domain (막횡단 영역): 지질2중층을 통과하는 막단백질 부위로서, 주로 비극성 아미노산들이 α-나선형 구조를 이룸. (8.5)

Transmembrane protein (막관통 단백질): 세포막을 통과하여 막의 양쪽에 걸쳐 있는 단백질. (8.4)

Transmembrane signaling (막횡단 신호전달): 세포막을 통과하는 정보의 전달. (11.9)

Transposable element (전이요소): 한 염색체 상의 한 장소로부터 완전히 다른 자리로 이동하는 DNA 부분을 일컬으며, 흔히 유전자 발현에 영향을 미침. (4.9)

Transposition (전위): DNA 일부가 한 염색체 상의 한 장소로부터 완전히 다른 자리로 이동하는 현상을 말하며, 유전자 발현에 자주 영향을 미침. (4.9)

Transposon (전이인자): 유전체의 한 장소로부터 다른 장소로 이동할 수 있는 DNA 부분. (4.9)

Transverse (T) tubule (가로소관): 골격근 세포에서 발생된 자극이 세포 내부로 전파되도록 하는 막의 함입 부위. (13.10)

Triacylglycerol (트리아실글리세롤): 3개의 지방산이 글리세롤 골격에 에스테르결합으로 연결된 분자이며, 일반적으로 지방이라고 일컬음. (2.6)

Tricarboxylic acid cycle (TCA cycle) (트리카르복실산 회로): 아세틸조효소 A를 산화시켜 에너지로 전환시키는 순환적 물질대사경로이며, 크렙스 회로 또는 시트르산 회로라고도 불림. (3.8, 9.2)

Tumor-suppressor gene (종양억제 유전자): 세포 성장을 억제하여 악성화 되는 것을 막는 단백질을 암호화하는 유전자. (16.4)

Turnover (재편성): 세포내 물질의 조절된 파괴 및 대체. (12.14)

Turnover number (전환수): 단위 시간당 효소 1분자에 의해 생성물로 전환될 수 있는 기질 분자의 최대 수. (3.7)

Type I diabetes (제1형 당뇨병): 자가면역질환의 한 종류이며, 면역세포가 췌장 내 인슐린을 분비하는 β 세포를 파괴하는 질환. (제17장 인간 질병과의 연관성)

U

Ubiquinone (유비퀴논): 전자전달사슬의 한 구성요소이며, 5-탄소 이소프레노이드 단위들로 구성된 긴 소수성 사슬을 갖고 있는 지용성 분자. (9.3)

Ubiquitin (유비퀴틴): 아미노산 서열이 매우 잘 보존된 작은 단백질이며, 내포작용에 의한 내재화 또는 단백질분해효소 복합체에 의해 분해되도록 표적화된 단백질들에 연결됨. (6.20)

Unconventional myosin (비재래성 미오신): 미오신 항목 참조. (13.9)

Unfolded protein response (UPR) (미접힘 단백질 반응): 소포체가 접히지 않은 또는 잘못 접혀진 단백질들을 과잉 상태일 정도로 매우 많이 함유하고 있는 세포에서 일어나는 종합적인 반응이며, 이런 상황을 탐지하는 감지 장치들은 소포체에서 스트레스를 완화시킬 수 있는 단백질을 합성하는 경로를 작동시킴. (12.7)

Unsaturated fatty acid (불포화지방산): 탄소 원자 사이에 하나 또는 그 이상의 2중 결합을 가진 지방산. (2.6)

Untranslated region (UTR) (비번역 부위): mRNA의 5′과 3′ 끝에 포함되어 있는 비암호화 부분. (6.18)

Usher syndrome (어셔 증후군): 청각과 시각 장애를 특징으로 보이는 유전 질환. (11.7)

V

Vacuole (액포): 단일 막으로 싸여 있고 액체로 채워진 구조이며, 많은 식물세포들에서 90% 정도의 부피를 차지함. (12.15)

Van der Waals force (반데르발스 힘): 인접한 원자 또는 분자 사이에서 일시적인 전하의 불균형으로 생기는 약한 인력. (2.2)

Virion (비리온): 세포 밖에 있을 때 존재하는 바이러스의 형태이며, 단백질 또는 지질단백질 캡슐로 둘러싸인 유전물질로 구성됨. (1.7)

Viroid (비로이드): 바이러스와 다르게 RNA만으로 구성된 작은 병원체. (1.7)

Virus (바이러스): 분열을 직접할 수 없기 때문에 세포설에 근거하여 생명체로서 간주되지 않는 작은 병원체. (1.7)

Voltage-gated channel (전압 관문 통로): 세포막 사이의 전압 차이에 따라 열림과 닫힘이 조절되는 이온 통로. (8.11)

Voltage-sensing domain (막전위 감지 영역): 막전위에 반응할 수 있게 하는 전압 관문 통로의 한 부위. (8.11)

W

Whole mount (온조직 표본 고정): 현미경으로 관찰할 표본이며, 생사에 관계 없이 손상되지 않은 완전한 생물체 또는 큰 생물체의 작은 부분을 일컬음. (18.2)

Wild type (야생형): 연구 과정에서 생물들을 교배하였을 경우, 생물의 원래 계통을 지칭함. (4.4)

X

X-ray crystallography (or X-ray diffraction) (X-선 결정학): 단일 파장의 가는 X-선 다발로 단백질 결정에 충격을 가하는 기법이며, 단백질 원자에 있는 전자에 의해 회절된 방사선이 사진판이나 감지 장치에 충돌하고, 결정(체)에 의해 생긴 회절 양상은 단백질 내부의 구조에 의해서 결정됨. (2.9, 18.16)

Y

Yeast artificial chromosome (YAC) (효모 인공염색체): 정상 효모염색체의 인위적인 형태인데, 구조가 S기 동안 복제되고, 유사분열 동안 딸세포와 분리되는 데 필요한 효모염색체의 모든 요소를 포함하며, YAC를 함유한 세포 선별을 위한 특정 산물을 만들어내는 유전자도 포함함. (18.23)

Yeast two-hybrid system (효모 단백질 잡종법): 단백질-단백질 상호작용을 조사하기 위하여 사용되는 기술로서, β-갈락토시데이스와 같은 리포터 유전자의 발현에 의해 결정되는데, 이 효소의 활성도는 효모세포 집단에 이 효소가 존재할 때의 색깔 변화를 알아내는 검사를 통해 쉽게 추적 관찰됨. (18.12)

찾아보기

번호

기타

A

B

C

G

H

I

K

L

M

N

O

P

Q

R

S

T

ㅈ

ㅊ